"十三五"国家重点出版物
出版规划项目

国家出版基金项目
NATIONAL PUBLICATION FOUNDATION

化学工程手册

袁渭康　王静康　费维扬　欧阳平凯　主编

第三版

CHEMICAL
ENGINEERING
HANDBOOK

第 4 卷

化学工业出版社

·北 京·

作为化学工程领域标志性的工具书，本次修订秉承"继承与创新相结合"的编写宗旨，分 5 卷共 30 篇全面阐述了当前化学工程学科领域的基础理论、单元操作、反应器与反应工程以及相关交叉学科及其所体现的发展与研究新成果、新技术。在前版的基础上，各篇在内容上均有较大幅度的更新，特别是加强了信息技术、多尺度理论、微化工技术、离子液体、新材料、催化工程、新能源等方面的介绍。本手册立足学科基础，着眼学术前沿，紧密关联工程应用，全面反映了化工领域在新世纪以来的理论创新与技术应用成果。

本手册可供化学工程、石油化工等领域的工程技术人员使用，也可供相关高等院校的师生参考。

图书在版编目（CIP）数据

化学工程手册 . 第 4 卷/袁渭康等主编 . —3 版 .
—北京：化学工业出版社，2019.6（2024.1重印）
ISBN 978-7-122-34807-4

Ⅰ.①化…　Ⅱ.①袁…　Ⅲ.①化学工程-手册
Ⅳ.①TQ02-62

中国版本图书馆 CIP 数据核字（2019）第 136452 号

责任编辑：张　艳　傅聪智　刘　军　陈　丽　　文字编辑：向　东　孙凤英
责任校对：宋　夏　王素芹　　　　　　　　　　装帧设计：尹琳琳
责任印制：朱希振

出版发行：化学工业出版社（北京市东城区青年湖南街 13 号　邮政编码 100011）
印　　装：北京建宏印刷有限公司
787mm×1092mm　1/16　印张 82¾　字数 2108 千字　　2024 年 1 月北京第 3 版第 2 次印刷

购书咨询：010-64518888　　　　　　　　售后服务：010-64518899
网　　址：http://www.cip.com.cn
凡购买本书，如有缺损质量问题，本社销售中心负责调换。

定　　价：388.00 元

《化学工程手册》（第三版）

编写指导委员会

顾　　问	余国琮	中国科学院院士，天津大学教授
	陈学俊	中国科学院院士，西安交通大学教授
	陈家镛	中国科学院院士，中国科学院过程工程研究所研究员
	胡　英	中国科学院院士，华东理工大学教授
	袁　权	中国科学院院士，中国科学院大连化学物理研究所研究员
	陈俊武	中国科学院院士，中国石油化工集团公司教授级高级工程师
	陈丙珍	中国工程院院士，清华大学教授
	金　涌	中国工程院院士，清华大学教授
	陈敏恒	华东理工大学教授
	朱自强	浙江大学教授
	李成岳	北京化工大学教授
名誉主任	王江平	工业和信息化部副部长
主　　任	李静海	中国科学院院士，中国科学院过程工程研究所研究员
副 主 任	袁渭康	中国工程院院士，华东理工大学教授
	王静康	中国工程院院士，天津大学教授
	费维扬	中国科学院院士，清华大学教授
	欧阳平凯	中国工程院院士，南京工业大学教授
	戴猷元	清华大学教授
秘 书 长	戴猷元	清华大学教授
委　　员	（按姓氏笔画排序）	
	于才渊	大连理工大学教授
	马沛生	天津大学教授
	王静康	中国工程院院士，天津大学教授
	邓麦村	中国科学院大连化学物理研究所研究员
	田　禾	中国科学院院士，华东理工大学教授
	史晓平	河北工业大学副教授
	冯　霄	西安交通大学教授
	邢子文	西安交通大学教授
	朱企新	天津大学教授
	朱庆山	中国科学院过程工程研究所研究员
	任其龙	浙江大学教授
	刘会洲	中国科学院过程工程研究所研究员

刘洪来　华东理工大学教授
孙国刚　中国石油大学（北京）教授
孙宝国　中国工程院院士，北京工商大学教授
杜文莉　华东理工大学教授
李　忠　华南理工大学教授
李伯耿　浙江大学教授
李洪钟　中国科学院院士，中国科学院过程工程研究所研究员
李静海　中国科学院院士，中国科学院过程工程研究所研究员
何鸣元　中国科学院院士，华东师范大学教授
邹志毅　飞翼股份有限公司高级工程师
张锁江　中国科学院院士，中国科学院过程工程研究所研究员
陈建峰　中国工程院院士，北京化工大学教授
欧阳平凯　中国工程院院士，南京工业大学教授
岳国君　中国工程院院士，国家开发投资集团有限公司教授级高级工程师
周兴贵　华东理工大学教授
周伟斌　化学工业出版社社长，编审
周芳德　西安交通大学教授
周国庆　化学工业出版社副总编辑，编审
赵劲松　清华大学教授
段　雪　中国科学院院士，北京化工大学教授
侯　予　西安交通大学教授
费维扬　中国科学院院士，清华大学教授
骆广生　清华大学教授
袁希钢　天津大学教授
袁晴棠　中国工程院院士，中国石油化工集团公司教授级高级工程师
袁渭康　中国工程院院士，华东理工大学教授
都　健　大连理工大学教授
都丽红　上海化工研究院教授级高级工程师
钱　锋　中国工程院院士，华东理工大学教授
钱旭红　中国工程院院士，华东师范大学教授
徐炎华　南京工业大学教授
徐南平　中国工程院院士，南京工业大学教授
高正明　北京化工大学教授
郭烈锦　中国科学院院士，西安交通大学教授
席　光　西安交通大学教授
曹义鸣　中国科学院大连化学物理研究所研究员
曹湘洪　中国工程院院士，中国石油化工集团公司教授级高级工程师
龚俊波　天津大学教授
蒋军成　常州大学教授

鲁习文　华东理工大学教授
谢在库　中国科学院院士，中国石油化工集团公司教授级高级工程师
管国锋　南京工业大学教授
谭天伟　中国工程院院士，北京化工大学教授
潘爱华　工业和信息化部高级工程师
戴干策　华东理工大学教授
戴猷元　清华大学教授

本版编写人员名单

主稿人

于才渊	马沛生	王静康	邓麦村	史晓平	冯霄
邢子文	朱企新	朱庆山	任其龙	刘会洲	刘洪来
江佳佳	孙国刚	杜文莉	李忠	李伯耿	李洪钟
余国琮	邹志毅	周兴贵	周芳德	侯予	骆广生
袁希钢	都健	都丽红	钱锋	徐炎华	高正明
席光	曹义鸣	蒋军成	鲁习文	谢闯	管国锋
谭天伟	戴干策				

编写人员

马友光	马光辉	马沛生	王志	王维	王睿
王文俊	王玉军	王正宝	王宇新	王军武	王如君
王运东	王志荣	王志恒	王利民	王宝和	王彦富
王炳武	王振雷	王彧斐	王海军	王辅臣	王勤辉
王靖岱	王静康	王慧锋	元英进	邓利	邓春
邓麦村	邓淑芳	卢春喜	史晓平	白博峰	包雨云
冯霄	冯连芳	邢子文	邢华斌	邢志祥	尧超群
吕永琴	朱焱	朱卡克	朱永平	朱企新	朱贻安
朱慧铭	任其龙	华蕾娜	庄英萍	刘珞	刘磊
刘会洲	刘良宏	刘春江	刘洪来	刘晓星	刘琳琳
刘新华	江志松	江佳佳	许莉	许建良	许春建
许鹏凯	孙东亮	孙自强	孙国刚	孙京诰	孙津生
阳永荣	苏志国	苏宏业	苏纯洁	李云	李军
李忠	李伟锋	李志鹏	李伯耿	李建明	李建奎
李春忠	李秋萍	李炳志	李继定	李鑫钢	杨立荣
杨良嵘	杨勤民	肖文海	肖文德	肖泽仪	肖静华
吴文平	吴绵斌	邹志毅	邹海魁	宋恭华	初广文
张栩	张楠	张鹏	张永军	张早校	张香平
张新发	张新胜	陈健	陈飞国	陈光文	陈国华
陈标华	罗英武	罗祎青	侍洪波	岳国君	金万勤

周 俊	周光正	周兴贵	周芳德	周迟骏	宗 原
赵 亮	赵贤广	赵建丛	赵雪娥	胡彦杰	钟伟民
侯 予	施从南	姜海波	骆广生	秦 炜	秦 衍
秦培勇	袁希钢	袁佩青	都 健	都丽红	贾红华
夏宁茂	夏良志	夏启斌	夏建业	顾幸生	钱夕元
徐 虹	徐 骥	徐炎华	徐建鸿	徐铜文	奚红霞
高士秋	高正明	高秀峰	郭烈锦	郭锦标	唐忠利
姬 超	姬忠礼	黄 昆	黄雄斌	黄德先	曹义鸣
曹子栋	龚俊波	崔现宝	康 勇	彭延庆	葛 蔚
蒋军成	韩振为	喻健良	程振民	鲁习文	鲁波娜
曾爱武	谢 闯	谢福海	鲍 亮	解惠青	骞伟中
蔡子琦	管国锋	廖 杰	谭天伟	颜学峰	潘 勇
潘旭海	戴干策	戴义平	魏 飞	魏 峰	魏无际

审稿人

马兴华	王世昌	王尚锦	王树楫	王喜忠	朱企新
朱家骅	任其龙	许 莉	苏海佳	李 希	李佑楚
杨志才	张跃军	陈光明	欧阳平凯	罗保林	赵劲松
胡 英	胡修慈	俞金寿	施力田	姚平经	姚虎卿
姚建中	袁孝竞	都丽红	夏国栋	夏淑倩	姬忠礼
黄 洁	鲍晓军	潘勤敏	戴猷元		

参加编辑工作人员名单

(按姓氏笔画排序)

王金生	仇志刚	冉海滢	向 东	孙凤英	刘 军
李 玥	张 艳	陈 丽	周国庆	周伟斌	赵 怡
昝景岩	袁海燕	郭乃铎	傅聪智	戴燕红	

第一版编写人员名单

（按姓氏笔画排序）

编写人员

于鸿寿	于静芬	马兴华	马克承	马继舜	王　楚
王世昌	王永安	王抚华	王明星	王迪生	王彩凤
王喜忠	尤大铖	邓冠云	叶振华	朱才铨	朱长乐
朱企新	朱守一	任德树	刘茉娥	刘隽人	刘淑娟
刘静芳	孙志发	孙启才	麦本熙	劳家仁	李　洲
李　儒	李以圭	李佑楚	李昌文	李金钊	李洪钟
杨守诚	杨志才	时　钧	时铭显	吴乙申	吴志泉
吴锦元	吴鹤峰	邱宣振	余国琮	应燮堂	汪云瑛
沃德邦	沈　复	沈忠耀	沈祖钧	宋　彬	宋　清
张有衡	张茂文	张建初	张廼卿	陈书鑫	陈甘棠
陈彦萼	陈朝瑜	邵惠鹤	林纪方	岳得隆	金鼎五
周肇义	赵士杭	赵纪堂	胡秀华	胡金榜	胡荣泽
侯虞钧	俞电儿	俞金寿	施力才	施从南	费维扬
姚虎卿	夏宁茂	夏诚意	钱家麟	徐功仁	徐自新
徐明善	徐家鼎	郭宜祐	黄长雄	黄延章	黄祖祺
黄鸿鼎	萧成基	盛展武	崔秉懿	章寿华	章思规
梁玉衡	蒋慰孙	傅熷街	蔡振业	谭盈科	樊丽秋
潘积远	戴家幸				

审校人

区灿棋	卢焕章	朱自强	苏元复	时　钧	时铭显
余国琮	汪家鼎	沈　复	张剑秋	张洪沅	陈树功
陈家镛	陈敏恒	林纪方	金鼎五	周春晖	郑　炽
施亚钧	洪国宝	郭宜祐	郭慕孙	萧成基	蔡振业
魏立藩					

第二版编写人员名单

（按姓氏笔画排序）

主稿人

王绍堂	王喜忠	王静康	叶振华	朱有庭	任德树
许晋源	麦本熙	时　钧	时铭显	余国琮	沈忠耀
张祉祐	陆德民	陈学俊	陈家镛	金鼎五	胡　英
胡修慈	施力田	姚虎卿	袁　一	袁　权	袁渭康
郭慕孙	麻德贤	谢国瑞	戴干策	魏立藩	

编写人员

马兴华	王　凯	王宇新	王英琛	王凯军	王学松
王树楹	王喜忠	王静康	方图南	邓　忠	叶振华
申立贤	戎顺熙	吕德伟	朱开宏	朱有庭	朱慧铭
刘会洲	刘淑娟	许晋源	孙启才	麦本熙	李佑楚
李金钊	李洪钟	李静海	李鑫钢	杨守志	杨志才
杨忠高	肖人卓	时　钧	时铭显	吴锦元	吴德钧
沈忠耀	宋海华	张成芳	张祉祐	陆德民	陈丙辰
陈听宽	林猛流	欧阳平凯	欧阳藩	罗北辰	罗保林
金鼎五	金彰礼	周　瑾	周芳德	郑领英	胡　英
胡金榜	胡修慈	柯家骏	俞金寿	俞俊棠	俞裕国
施力田	施从南	姚平经	姚虎卿	贺世群	袁　一
袁　权	袁渭康	耿孝正	徐国光	郭　铨	郭烈锦
黄　洁	麻德贤	董伟志	韩振为	谢国瑞	虞星矩
鲍晓军	蔡志武	阚丹峰	樊丽秋	戴干策	

审稿人

万学达	马沛生	王　楚	冯朴荪	朱自强	劳家仁
李　桢	李绍芬	杨友麒	时　钧	余国琮	汪家鼎
沈　复	张有衡	陈家镛	俞芷青	姚公弼	秦裕珩
萧成基	蒋维钧	潘新章	戴干策	戴猷元	

前　言

化学工业是一类重要的基础工业，在资源、能源、环保、国防、新材料、生物制药等领域都有着广泛的应用，对我国可持续发展具有重要意义。改革开放以来，我国化学工业得到长足的发展，作为国民经济的支柱性产业，总量已达世界第一，但产品结构有待改善，质量和效益有待提高，环保和安全有待加强。面对产业转型升级和节能减排的严峻挑战，人们在努力思考和探索化学工业绿色低碳发展的途径，加强化学工程研究和应用成为一个重要的选项。作为一门重要的工程科学，化学工程内容非常丰富，从学科基础（如化工热力学、反应动力学、传递过程原理和化工数学等）到工程内涵（如反应工程、分离工程、系统工程、安全工程、环境工程等）再到学科前沿（如产品工程、过程强化、多尺度和介尺度理论、微化工、离子液体、超临界流体等）对化学工业和国民经济相关领域起着重要的作用。由于化学工程的重要性和浩瀚艰深的内容，手册就成为教学、科研、设计和生产运行的必备工具书。

《化学工程手册》（第一版）在冯伯华、苏元复和张洪沅等先生的指导下，从1978年开始组稿到1980年开始分册出版，共26篇1000余万字。《化学工程手册》（第二版）在时钧、汪家鼎、余国琮、陈敏恒等先生主持下，对各个篇章都有不同程度的增补，并增列了生物化工和污染治理等篇章，全书共计29篇，于1996年出版。前两版手册都充分展现了当时我国化学工程学科的基础理论水平和技术应用进展情况。出版后，在石油化工及其相关的过程工程行业得到了普遍的使用，为广大工程技术人员、设计工作者和科技工作者提供了很大的帮助，对我国化学工程学科的发展和进步起到了积极的推动作用。《化学工程手册》（第二版）出版至今已历经20余年，随着科学技术和化工产业的飞速发展，作为一本基础性的工具书，内容亟待更新。基础理论的进展和工业应用的实践也都为手册的修订提出了新的要求和增添了新的内容。

《化学工程手册》（第三版）的编写秉承继承与创新相结合的理念，立足学科基础，着眼学术前沿，紧密关联工程应用，致力于促进我国化学工程学科的发展，推动石油化工及其相关的过程工业的提质增效，以及新技术、新产品、新业态的发展。《化学工程手册》（第三版）共分30篇，总篇幅在第二版基础上进行了适度扩充。"化工数学"由第二版中的附录转为第二篇；新增了过程安全篇，树立本质更安全的化工过程设计理念，突出体现以事故预防为主的化工过程风险管控的思想。同时，根据行业发展情况，调整了个别篇章，例如，将工业炉篇并入传热及传热设备篇。另外，各篇均有较大幅度的内容更新，相关篇章加强了信息技术、多尺度理论、微化工技术、离子液体、新材料、催化工程、新能源等新技术的介绍，以全面反映化工领域在新世纪的发展成果。

《化学工程手册》（第三版）的编写得到了工业和信息化部、中国石油和化学工业联合会及化学工业出版社等相关单位的大力支持，在此表示衷心的感谢！同时，对参与本手册组织、编写、审稿等工作的高校、研究院、设计院和企事业单位的所有专家和学者表达我们最诚挚的谢意！尽管我们已尽全力，但限于时间和水平，手册中难免有疏漏及不当之处，恳请读者批评指正！

袁渭康　王静康

费维扬　欧阳平凯

2019 年 5 月

第一版序言

化学工程是以物理、化学、数学的原理为基础，研究化学工业和其他化学类型工业生产中物质的转化，改变物质的组成、性质和状态的一门工程学科。它出现于19世纪下半叶，至本世纪二十年代，从理论上分析和归纳了化学类型（化工、冶金、轻工、医药、核能……）工业生产的物理和化学变化过程，把复杂的工业生产过程归纳成为数不多的若干个单元操作，从而奠定了其科学基础。在以后的发展历程中，进而相继出现了化工热力学、化学反应工程、传递过程、化工系统工程、化工过程动态学和过程控制等新的分支，使化学工程这门工程学科具备更完整的系统性、统一性，成为化学类型工业生产发展的理论基础，是本世纪化学工业持续进展的重要因素。

工业的发展，只有建立在技术进步的基础上，才能有速度、有质量和水平。四十年代初，流态化技术应用于石油催化裂化过程，促使石油工业的面貌发生了划时代的变化。用气体扩散法提取铀235，从核燃料中提取钚，用精密蒸馏方法从普通水中提取重水；用发酵罐深层培养法大规模生产青霉素；建立在现代化工技术基础上的石油化学工业的兴起等等，——这些使人类生活面貌发生了重大变化。六十年代以来，化工系统工程的形成，系统优化数学模型的建立和电子计算机的应用，为化工装置实现大型化和高度自动化，最合理地利用原料和能源创造了条件，使化学工业的科研、设计、设备制造、生产发展踏上了一个技术上的新台阶。化学工程在发展过程中，既不断丰富本学科的内容，又开发了相关的交叉学科。近年来，生物化学工程分支的发展，为重要的高科技部门生物工程的兴起创造了必要的条件。可见，化学工程学科对于化学类型工业和应用化工技术的部门的技术进步与发展，有着至为重要的作用。

由于化学工程学科对于化工类型生产、科研、设计和教育的普遍重要性，在案头备有一部这一领域得心应手的工具书，是广大化工技术人员众望所趋。1901年，世界上第一部《化学工程手册》在英国问世，引起了人们普遍关注。1934年，美国出版了《化学工程师手册》，此后屡次修订，至1984年已出版第六版，这是一部化学工程学科最有代表性的手册。我国从事化学工程的科技、教育专家们，在五十年代，就曾共商组织编纂我国化学工程手册大计，但由于种种原因，迁延至七十年代末中国化工学会重新恢复活动后方始着手。值得庆幸的是，荟集我国化学工程界专家共同编纂的这部重要巨著终于问世了。手册共分 26 篇，先分篇陆续印行，为方便读者使用，现合订成六卷出版。这部手册总结了我国化学工程学科在科研、设计和生产领域的成果，向读者提供理论知识、实用方法和数据，也介绍了国外先进技术和发展趋势。希望这部手册对广大化学工程界科技人员的工作和学习有所裨益，能成为读者的良师益友。我相信，该书在配合当前化学工业尽快克服工艺和工程放大设计方面的薄弱环节，尽快消化引进的先进技术，缩短科研成果转化为生产力的时间等方面将会起积极作用，促进化工的发展。

我作为这部手册编纂工作的主要支持者和组织者，谨向《手册》编委会的编委、承担编写和审校任务的专家、化学工程设计技术中心站、出版社工作人员以及对《手册》编审、出版工作做出贡献的所有同志，致以衷心的感谢，并欢迎广大读者对《手册》的内容和编排提出意见和建议，供将来再版时参考。

冯伯华
1989 年 5 月

第二版前言

《化学工程手册》（第一版）于 1978 年开始组稿，1980 年出版第一册（气液传质设备），以后分册出版，不按篇次，至 1989 年最后一册出版发行，共 26 篇，合计 1000 余万字，卷帙浩繁，堪称巨著。出版之后，因系国内第一次有此手册，深受各方读者欢迎。特别是在装订成六个分册后，传播较广。

手册是一种参考用书，内容须不断更新，方能满足读者需要。最近十几年来，化学工程学科在过程理论和设备设计两方面，都有不少重要进展。计算机的广泛应用，新颖材料的不断出现，能量的有效利用，以及环境治理的严峻形势，对化工工艺设计提出更为严格的和创新的要求。化工实践的成功与否，取决于理论和实际两个方面。也就在这两方面，在第一版出版之后，有了许多充实和发展。手册的第二版是在这种形势下进行修订的。

第二版对于各个篇章都有不同程度的增补，不少篇章还是完全重写的。除此而外，还有几个主要的变动：①增列了生物化工和污染治理两篇，这是适应化学工程学科的发展需要的。②将冷冻内容单独列篇。③将化工应用数学改为化工应用数学方法，编入附录，便于查阅。④增加化工用材料的内容，用列表的方式，排在附录内。

这次再版的总字数，经过反复斟酌，压缩到不超过 600 万字，仅为第一版的二分之一左右，分订两册，便于查阅。

本手册的每一篇都是由高等院校和研究单位的有关专家编写而成，重点在于化工过程的基本理论及其应用。有关化工设备及机器的设计计算，化工出版社正在酝酿另外编写一部专用手册。

本手册的编委会成员、撰稿人及审稿人，对于本书的写成，在全过程中都给予了极大的关怀、具体的指导和积极的参与，在此谨致谢忱。化工出版社领导的关心，有关编辑同志的辛勤劳动，对于本书的出版起了重要的作用。

化学工业部科技司、清华大学化工系、天津大学化学工程研究所、华东理工大学（原华东化工学院），在这本手册编写过程中从各个方面包括经费上给予大力的支持，使本书得以较快的速度出版，特向他们表示深深的谢意。

本手册的第一版得到了冯伯华、苏元复、张洪沅三位同志的关心和指导，冯伯华同志和张洪沅同志还参加了第二版的组织工作，可惜他们未能看到第二版的出版，在此我们谨表示深深的悼念。

时　钧　汪家鼎
余国琮　陈敏恒

CHEMICAL ENGINEERING HANDBOOK

目 录

第 22 篇　液固分离

7 过滤理论及操作 ····························· 22-98

第23篇　气固分离

第 24 篇　粉碎、分级及团聚

第 25 篇 反应动力学及反应器

2 反应工程基本原理 ························· 25-54

第22篇
液固分离

主 稿 人：朱企新　天津大学教授
　　　　　都丽红　上海化工研究院教授级高级工程师
编写人员：朱企新　天津大学教授
　　　　　都丽红　上海化工研究院教授级高级工程师
　　　　　康 勇　天津大学教授
　　　　　许 莉　天津大学教授
　　　　　肖泽仪　四川大学教授
　　　　　李建明　四川大学教授
审 稿 人：姬忠礼　中国石油大学（北京）教授
　　　　　许 莉　天津大学教授

第一版编写人员名单
编写人员：金鼎五　孙启才　朱企新　李 儒　胡金榜
审 校 人：金鼎五

第二版编写人员名单
主 稿 人：金鼎五
编写人员：金鼎五　孙启才　胡金榜

液固分离过程综论

1.1 相关流体力学及计算

过滤过程是液固分离的主要过程之一，其特点是流体流动类型基本上属于极慢的层流流动。影响流动的宏观因素有过滤操作压力、流体流量、流速、温度、滤液黏度、过滤介质等，也与滤饼结构、毛细现象、絮凝、凝聚、电动现象等微观因素有关。固体颗粒粒径越大，宏观因素越占主导；固体颗粒粒径越小，微观因素越突出。由此可见，影响过滤过程的因素很多，用单纯的理论分析来处理过滤过程是很困难的。过滤过程的研究是一门实践性很强的科学，以实践为基础的、经验的、半经验的公式在过滤计算中仍有很大的作用[1,2]。

过滤分离是复相流体通过多孔介质的流动过程。两相流体在微孔介质孔隙中的流动，是研究过滤过程的基础。传统的研究思路是从描述单个粒子在静止流场内沉降现象的 Stoke's 定律演变而得来的。过滤过程是悬浮液流体流经错综复杂的多孔介质滤饼及过滤介质的流动。Kozeny 将复杂的多孔介质以不同直径的毛细管束来表征，而后利用 Hagen-Poiseulle 方程式导出 Caman-Kozeny 方程[3]，其基本内容已为人们所接受。

传统滤饼过滤过程经过近几十年的研究，已有很大进步，但由于过滤过程涉及因素多、实践性强，理论计算结果与实际误差较大[4]。由于数值分析理论和计算方法的进步，计算流体力学（CFD）在采用旋流沉降分离等领域的应用，得到了实测结果的成功验证。对于滤饼过滤，尤其对高黏度、可压缩物料，过滤条件与过滤结果之间的关系错综复杂，常规的回归算法难以适用。引入数据驱动算法进行研究，既不依赖滤饼过滤过程的经验知识，又从实验数据的角度，对过程进行分析，采用数据驱动算法中的支持向量机（support vector machine，SVM）来研究过滤物料中难测量的过滤参数与过滤条件间的关系，可得到较好的预测效果[5]。随着计算技术与实验测试手段的进步，过滤理论及模型化将更加接近实际。

1.2 过程分类

液固分离过程根据原理，主要分为两大类：一类为液体受限制、固体颗粒处于流动的过程，包括浮选、重力沉降和离心沉降等操作；另一类为固体颗粒受限制、液体处于流动的过程，包括滤饼过滤、深层过滤和筛滤等操作。显然，前者取决于固体颗粒和液体之间的密度差；而后者应以具有过滤介质为前提[6,7]。

(1) 浮选 浮选是在悬浮液内充入足够的空气（或其他气体）形成气泡，悬浮液中疏水性的固体颗粒即黏附在气泡上而升到液面，从而将其撇出。产生气泡的方法有分散法、溶入法和电解法等，由此形成不同的浮选操作。浮选在矿砂分离方面早已得到工业应用，目前在造纸、炼油或污水处理等领域也成为一种有效的分离方法[8]。

（2）**重力沉降** 重力沉降是借重力作用分离液固混合物的过程。分离后的底流中含有高浓度的固体，而在上部的溢流中则基本上是清液。重力沉降进行的前提是固体颗粒和悬浮液之间有密度差。

大部分工业用装置都以较简便的沉降槽形式实现沉降操作。沉降槽按分离目的可分为浓缩槽和澄清槽，前者主要目的在于获得浓稠的底流，进料一般都较浓；后者主要目的在于获得澄清的溢流，进料浓度一般都较低。为了增大沉降速率，如工艺条件需要和允许时，可添加絮凝剂或凝聚剂等。

（3）**离心沉降** 离心沉降是在惯性离心力作用下进行的沉降分离过程。悬浮液中固体（或液体）颗粒质点，在旋转时受到的惯性离心力作用可以成百倍或万倍地大于重力，因此对那些在重力场中不能分离的微粒和乳浊液将特别有效。用于离心沉降的装置一般分为：器身固定的，悬浮液在器身内旋转，如旋流器；机身旋转的，由机身带动悬浮液在机内旋转的各种沉降离心机。

① 旋流器 旋流器无转动部件，液流的旋转是悬浮液由泵输送流体进入切向进口时产生的。旋流器内存在的高速度梯度场形成的剪切力，足以引起颗粒凝聚体的破坏，这种作用虽不是分离操作所希望的，但是很适合分级。由于旋流器性能可靠且价格低廉，因此它在分离和分级过程中都得到广泛应用，主要用于增浓操作。

② 沉降离心机 沉降离心机由转鼓带动悬浮液旋转，其旋转液流中无显著剪切作用，这种沉降离心机很适合于分离液-固、液-液-固等有密度差的悬浮液。在现有类型中，碟式分离机和螺旋卸料沉降离心机是完全连续操作的；转鼓上无孔的三足式沉降离心机，无论是利用人工或刮刀卸料都属于间歇操作。

（4）**滤饼过滤** 滤饼过滤有一个形成过程。过滤开始时，由于过滤介质的筛滤作用，有固体颗粒沉积在这个比较薄的可渗透的过滤介质表面。当这层初始滤饼出现于过滤介质上时，沉积过程和截留作用随即转到由初始滤饼层来完成，由于初始滤饼层不断加厚，此时过滤介质只起支撑作用。

在传统的滤饼过滤装置中，滤饼不受搅动，固体颗粒以过滤介质为其流动的终端，因此也可称为终端过滤（dead end filtration）。

（5）**动态过滤（dynamic filtration）** 传统的滤饼过滤是料浆（悬浮液）垂直流向过滤介质表面，固体颗粒大部分被截留在过滤介质表面，形成滤饼层。随着过滤操作的进行，滤饼层增厚，过滤阻力增加，过滤速率逐渐下降，最后导致过滤操作无法进行。

动态过滤是料浆在压力、惯性离心力作用或其他外力作用下，使加入的料浆与过滤面成平行（或旋转）的切向运动，料浆在运动中进行过滤，过滤介质上只积存少量的滤饼（或不积存滤饼），基本上摆脱了滤饼束缚的一种过滤技术。国外也有将动态过滤称为限制滤饼层增长的过滤。过滤机理属于薄层滤饼过滤或无滤饼层过滤。如果过滤介质是多孔烧结金属管、塑料管或非织造的滤毡等，此时动态过滤机理即属于动态过滤与深层过滤的结合，它在许多过滤领域内（包括膜过滤）得到应用，统称为动态过滤（dynamic filtration）或错流过滤（cross flow filtration）[3]。为了保持初始阶段薄层滤饼的高过滤速率，现在提供了多种方法，如以机械的、水力的或电场的人为干扰来限制滤饼增长。

（6）**压榨过滤** 滤饼脱液的目的是当滤饼作为产品需进一步干燥时，可降低滤饼水分，减少干燥过程费用，同时还能减少滤饼体积；当有价值的成分存在于液体中时，可减少有价值的成分的损失，提高滤液回收率。使半流动性或无流动性的液固混合物，通过压缩其体积实现液固分离的设备称为压榨过滤机。过滤操作和压榨操作的目的相同，都是实现液固分离。压榨脱液比干燥脱液经济得多，能同时达到节省能源与有效地利用资源的目的，因此近来有压榨装置的新型过滤设备得到了发展[3]。

机械压榨脱液和气体置换脱液是最常用的两种脱液方式。在某些场合，如压滤机中，两种方式同时并用，这样脱液效果更好。

机械压榨法适用于颗粒可压缩、可变形的滤饼，滤饼的可压缩性越高，压榨脱液的效果也越好。现在常用机械压榨法来降低滤饼的含液率。滤饼的最终含湿量取决于脱液过程的操作条件、液体性质和滤饼结构等[9,10]。

（7）深层过滤（depth filtration）　当处理的液体中所含固体颗粒浓度相当低（质量分数约<0.1%），液流中颗粒的粒径很小，一般液相是有价值的产品时，可用深层过滤器来完成澄清分离要求。

深层过滤是将低浓度料浆通过一定厚度的粒状或纤维滤材（床层），使固体颗粒附着于滤材内部，以获得澄清的滤液，工业上只有在固体颗粒粒径很小或固体体积分数在 0.1% 以下时才采用深层过滤。深层过滤的阻力主要是过滤介质阻力，这个阻力随过滤操作的进行过滤介质内部孔隙通道不断被固体颗粒堵塞而增加。当床层压降达到一定值时，说明床层孔隙大部分被堵塞，过滤速率明显下降，已无法满足工艺操作要求，过滤需终止。

深层过滤使用的技术包括深层床过滤、预敷层过滤、滤芯过滤和滤筒过滤等。这些方法都涉及把固体颗粒截留在多孔介质或预敷层内部，比利用沉降澄清方法可得到更清的滤液。

（8）筛滤　筛滤是借重力使液体通过筛网的操作。各种筛常用于脱水，多层筛也用于分级。为使所有颗粒或絮凝的悬浮液尽快通过筛网，并不致堵塞筛孔，常辅以振动或其他方式的运动。

在筛滤器中有一种称作粗滤器的，将它安放在悬浮液流动系统中，以挡住流体中那些不一定经常出现的，但为下游工艺流程所不能要的大颗粒或其他杂物。

1.3　完整的液固分离过程

随着工业的发展，分离对象越来越扩大，对分离的要求也更高、更严。为了使液固混合物有效和经济地进行分离，对于难分离的悬浮液必须采用过滤分离过程强化技术[11]，如：

① 进行预处理。如加入少量凝聚剂或絮凝剂、表面活性剂等，改变悬浮液的状态；加入助滤剂改善滤饼结构与过滤性能；还有超声处理、降黏处理等。

② 滤饼洗涤。在需要回收固体物质的液体过滤中，往往液体中含有多种可溶性的固体杂质。滤饼洗涤是用与滤液相同或相溶性极好的纯净液体将滤饼内残留的滤液置换出来，以提高滤液的回收率或减少滤饼内滞留杂质含量的一种后处理方法。

③ 多种过滤设备集成化。将多种功能集成配合或集中于一种装置，使之满足各种工艺的要求。

④ 过滤介质的功能化集成。随着科学技术和工业生产的不断发展，对过滤介质的要求越来越高，要求不仅具有机械截留作用，同时还要具有其他功能。新型滤材可以添加高分子树脂、硅藻土、活性炭等；采用电化学吸附加深层机械截留的原理对物料进行选择性过滤，如带电荷吸附作用，含活性炭使其具有吸附、脱色作用，有的过滤介质材质含催化剂能起到

催化反应作用等[12]。

　　重力沉降、分级与旋流器，浮选、离心沉降、滤饼过滤、离心过滤、压榨过滤等过程及设备，设备选型、模拟及放大，过滤介质与选用，过程强化等，均属于环保、资源、能源、材料、水处理、石油、化工、食品、医药、轻工等工业中最常用的操作及不可或缺的技术，将在以下各章中介绍。

　　关于深层过滤和筛滤已在矿业选矿、污水处理、市政用水和交通、机电等领域得到大量应用，本篇也做一概略介绍。

参考文献

[1] 唐立夫. 过滤机. 北京: 机械工业出版社, 1982.

[2] Rushton A, Ward A S, Holdich R G. 固液两相过滤及分离技术. 朱企新, 许莉, 等译. 北京: 化学工业出版社, 2005.

[3] 陈树章. 非均相物系分离. 北京: 化学工业出版社, 1993.

[4] 吕维明. 固液过滤技术. 台北: 高立图书有限公司, 2004.

[5] Li H D, Liang Y Z, Xu Q S. Chemometrics and Intelligent Laboratory Systems, 2009, 95 (2): 188-198.

[6] 康勇, 罗茜. 液体过滤与过滤介质. 北京: 化学工业出版社, 2008.

[7] 罗茜. 液固分离. 北京: 冶金工业出版社, 1997.

[8] 余国琮. 第 22 篇——机械分离//化工机械工程手册: 中卷. 北京: 化学工业出版社, 2002.

[9] 都丽红, 朱企新. 化工进展, 2009, 28 (8): 1307-1312.

[10] Wakeman R J, Tarleton E S. FILTRATION: Equipment Selection Modelling and Process Simulation. New York: Elsevier Advanced Technology, 1999.

[11] 都丽红, 朱企新. 化学工程, 2010, 38 (10): 13-20.

[12] 全国化工设备设计技术中心站机泵技术委员会. 工业离心机和过滤机选用手册. 北京: 化学工业出版社, 2014.

2

沉降分离基本原理

2.1 沉降分离法分类

固液分离中的沉降分离是在重力场中或离心力场中利用液固两相的密度差进行分离的操作。前者简称重力沉降,后者简称离心沉降。沉降分离操作根据分离要求不同而分成浓缩、澄清、分级等。

浓缩的主要目的是提高原料悬浮液中的固相浓度。澄清的主要目的是除去含量较少的固相以得到澄清的液相。在大多数的化工生产实践中,要求沉降分离操作同时进行浓缩和澄清,既得到浓缩的固相物质,又得到澄清的液相。

分级是利用悬浮液中各类固体颗粒所具有的不同的沉降速度,将固体颗粒群分成两类或者两类以上颗粒群的操作。固体颗粒在液体中的沉降速度受颗粒粒径及液固两相密度差两个因素的影响,在用沉降分离法进行分级操作时,应同时考虑这两个因素,确定具体操作条件。

沉降分离过程是悬浮液中悬浮的颗粒群在重力或惯性离心力的作用下,在液体中的运动过程。此过程一般可分为三个区间:①当悬浮液固相浓度较小,大量固相颗粒之间无相互干涉及粘连现象时,是单个颗粒的自由沉降过程;②当达到一定固相浓度时,颗粒的沉降受到相互干涉,这时所有的颗粒作为一个颗粒群体一同沉降,称为干涉沉降过程;③当固相浓度增大到颗粒相互接触的,颗粒沉降受到下面颗粒的制约,沉降速度变得非常缓慢,固相浓度的进一步提高,依靠颗粒本身重量的惯性力所产生的压力,称为压缩沉降过程。

自由沉降与干涉沉降之间分界的极限浓度值,与液固相物料的浓度和性质、固相颗粒尺寸及粒径分布情况等有关。例如,$CaCO_3$ 在水中的悬浮液出现干涉沉降的质量浓度约为 4%,但它在苯或丙酮中的悬浮液出现干涉沉降的质量浓度值只有 1%。

2.2 液体中单个固体颗粒的运动

液体中的固体颗粒除沿力场的力作用线方向运动外,还随液体的运动方向运动。因此,可能出现一维、二维或三维运动情况。如在间歇沉降槽中的固体的沉降,可视为在静止液体中的一维运动;在一端进料和另一端溢流的连续沉降槽中的固体颗粒沉降,可视为二维运动;在沉降离心机或旋流器的旋转液体中,固相颗粒的沉降则为三维运动。从工程实用的观点出发,对于用沉降方法进行液固分离操作,固体颗粒的有效运动是沿力场的力作用线方向上的运动。因此,本节仅阐述固体颗粒沿力场的力作用方向上的一维运动。

2.2.1　单个球形颗粒在静止的无限液体中的沉降运动

固体颗粒在液体连续介质中运动时，要受到介质的阻力。在重力场中沉降时，最初阶段为加速运动，所受阻力随速度的增加而增大。当阻力增大到与推动力相等时，颗粒的沉降速度成为恒速，称为最终沉降速度。最初的加速阶段很短，例如密度为 $3000\,kg \cdot m^{-3}$、粒径分别为 $81\mu m$ 和 $243\mu m$ 的颗粒，在水中重力沉降的加速阶段时间分别为 $0.01s$ 和 $0.1s$。因此，工程计算时，此加速阶段可忽略不计。

由于各种固相颗粒的密度及粒径以及液相的密度和黏度各异，沉降速度也各不相同，因此颗粒周围液体的流型也有所不同。一般将此流型分别为三种：层流型、过渡型、湍流（又称紊流）型。流型不同，影响阻力的规律不同，最终沉降速度的计算公式也不同。

判断三种流型，用下列无量纲数 K[1,2]。

$$K = d\left[\frac{g\rho_1(\rho_s - \rho_1)}{\mu^2}\right]^{1/3} \tag{22-2-1}$$

式中，d 为固体颗粒的粒径；g 为重力加速度；μ 为液体的黏度；ρ_s、ρ_1 分别为固体和液体的密度。

单个球形颗粒在无限的静止液体中最终沉降速度 u 可用下式计算[2]：

$$u = \left[\frac{4gd^{1+n}(\rho_s - \rho_1)}{3b\mu^n\rho_1^{1-n}}\right]^{\frac{1}{2-n}} \tag{22-2-2}$$

式中符号意义同上式，常数 b 和 n 由流型决定，见表 22-2-1。各流型的 K 值范围也见表 22-2-1。

表 22-2-1　由流型决定的 b 和 n 值

流型	K 值	b	n
层流型	$K < 3.3$	24.0	1.0
过渡型	$3.3 \leqslant K \leqslant 43.6$	18.5	0.6
湍流型	$43.6 > K$	0.44	0

K 值大于 2360 时，式（22-2-2）不适用，因为此时微小的速度变化将出现阻力系数的急剧变化。但在化工生产的实际情况中，极少有 K 值大于 2360（约相当于雷诺数 $Re = 2 \times 10^5$）的情况。于是三个流型区的最终沉降速度的计算公式如下：

层流区

$$u = \frac{d^2(\rho_s - \rho_1)g}{18\mu} \tag{22-2-3}$$

过渡区

$$u = 0.1528\left[\frac{d^{1.5}(\rho_s - \rho_1)g}{\mu^{0.6}\rho_1^{0.4}}\right]^{\frac{1}{1.4}} \tag{22-2-4}$$

湍流区

$$u = 1.741 \left[\frac{d(\rho_s - \rho_1)g}{\rho_1} \right]^{0.5} \tag{22-2-5}$$

2.2.2　单个球形颗粒在有限静止液体中的沉降运动

生产实践中的沉降分离过程是在容器（沉降槽或浓缩槽）中进行的。当颗粒粒径 d 与容器直径 D 的比值较显著时，应考虑容器壁对沉降速度的影响，特别是在实验时用量筒或试管离心机进行沉降实验时，更应该考虑器壁的影响。在这种情况下，沉降速度应加以修正。考虑器壁影响的沉降速度 u_w 按下式计算：

$$u_w = \eta_1 u \tag{22-2-6}$$

修正系数 η_1 按下式计算[3,4]：

层流区

$$\eta_1 = \left[\frac{1 - (d/D)}{1 + 0.475(d/D)} \right]^4 \tag{22-2-7}$$

过渡区

$$\eta_1 = \frac{1}{1 + 2.35(d/D)} \tag{22-2-8}$$

湍流区

$$\eta_1 = 1 - (d/D)^{1.5} \tag{22-2-9}$$

当 $d/D < 2 \times 10^{-4}$ 时，器壁对沉降速度的影响小于千分之一，一般可不予考虑。

2.2.3　非球形颗粒的沉降速度

非球形颗粒的形状多式多样，且与同体积的球形颗粒相比，表面积较大，在沉降过程中受到的阻力也较大。在工程实用中，非球形颗粒的沉降速度仍用球形颗粒的速度计算公式计算，但公式中的 d 值需采用非球形颗粒的当量直径 d_e 值或实测值。

实验室测定颗粒粒径及粒径大小分布时，由于测量方法不同，所得结果略有差异。用重力沉降法和离心沉降法所得粒径称为斯托克斯直径 d_{st}，又称水力直径。用 d_{st} 作为 d_e 代入沉降公式计算，所得结果最为接近实际情况。用库尔特计数器（Coulter counter）测量的粒径为等体积当量球直径 d_V，用于计算沉降速度时，所得结果比实际情况略快。

若颗粒的几何形状比较规则，可按表 22-2-2 确定当量直径 d_e[5]。

表 22-2-2　几种典型形状的当量直径 d_e

形状	长片状	方片状	圆片状	圆柱状	针状	立方体	多面体
几何尺寸	长×宽×厚 $a \times b \times s$	长×厚 $a \times s$	直径×厚 $d \times s$	直径×长度 $d \times l$	直径×长度 $d \times l$	边长 a	筛析尺寸 d
d_e	$1.547 s^{1/2}(ab)^{1/4}$	$1.547(as)^{1/2}$	$1.456(ds)^{1/2}$	$1.225 \dfrac{(dl)^{1/2}}{\left(\dfrac{1}{2}+\dfrac{l}{d}\right)^{1/4}}$	$1.225(d^3 l)^{1/4}$	$1.182a$	$0.775d$

以上所述的沉降速度是假定颗粒在静止液体中的运动速度，而工程中常见的情况是液体也以一定的速度运动。这时，颗粒的绝对沉降速度是上述公式计算的速度与液体在沉降方向上分速度的合成速度。故上述公式计算所得沉降速度又称固体颗粒对液体的相对沉降速度。

2.3 流体中颗粒群的运动

2.3.1 干涉沉降

流体中悬浮的颗粒在沉降过程中将引起周围液体的移动。可以认为，液体的移动包括两部分，一部分随同颗粒向下移动，另一部分则向相反方向移动，如图 22-2-1（a）所示。因此，悬浮颗粒群的沉降会出现颗粒间的相互影响。如浓度极低时，颗粒间距离较大，相互影响和作用很小，可视作单个颗粒的自由沉降。但固相浓度增大时，颗粒间的相互影响不能忽视，出现干涉沉降。伯纳（Bernea E）于 1973 年归纳出干涉效应来自三个方面：由于沉降颗粒周围存在大量颗粒，而颗粒密度一般又大于介质密度，使得颗粒像是在密度增大了的介质中沉降一样，这个效应称为准静压效应；颗粒在沉降过程中，由于其附近器壁或其他颗粒的存在，必然引起周围间隙流速的增大，从而使介质的动力阻力增大，如图 22-2-1（b）所示，这个效应称为壁面干涉效应；颗粒在沉降过程中受到周围颗粒的碰撞和摩擦，进行着动量交换，从表观上来看，颗粒似乎是在黏度增大了的介质中沉降一样，这个效应称为动量传递效应[6]。

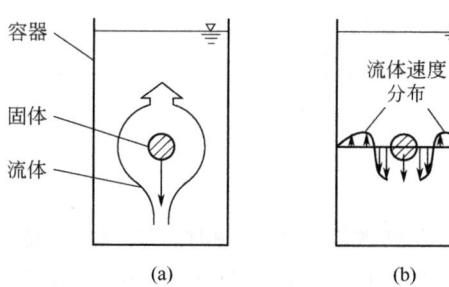

图 22-2-1 容器中颗粒的沉降

此外，沉降推动力降低为固体密度 ρ_s 与悬浮液表观密度 ρ_φ 之差，即：

$$\rho_s - \rho_\varphi = \rho_s - [\varphi\rho_s + (1-\varphi)\rho_1] = (\rho_s - \rho_1)(1-\varphi) \tag{22-2-10}$$

式中　φ——悬浮液中固相浓度，以小数表示。

颗粒群沉降速度的影响因素比较复杂，目前使用的经验公式基本上引入三个方面的影响，即悬浮液中固相浓度 φ、颗粒直径与沉降槽直径之比 d_p/D_T、颗粒沉降雷诺数（包括粒径、自由沉降速度及液体的密度与黏度）。为此，悬浮液中颗粒群的干涉沉降速度 u_φ 可用下式计算[7]：

$$u_\varphi = \eta_2 u \tag{22-2-11}$$

$$\eta_2 = (1-\varphi)^n \tag{22-2-12}$$

式中，$n = f(d_p/D_T, Re)$；u 为单个颗粒的沉降速度；η_2 为干涉沉降影响系数。根据前人的研究结果，表 22-2-3 中列出了一些经验公式[8~11]。由于各研究者的实验条件及实验物料的不同，所得 η_2 值表达式和适应范围有差异。

表 22-2-3　颗粒群干涉沉降影响系数 $\boldsymbol{\eta_2}$

研究者	η_2	适用 φ 值范围	适用 Re 数范围
Garside 和 Al-Dibouni	$\eta_2 = (1-\varphi)^n$ $\dfrac{5.09-n}{n-2.73} = 0.104 Re^{0.877}$	$\varphi < 0.6$	$10^{-3} < Re < 3 \times 10^4$
孙启才[5]	$\eta_2 = (1-\varphi)^{5.5}$	$\varphi < 0.5$	$Re < 2$
Steinour[8]	$\eta_2 = (1-\varphi)^2 10^{-1.82\varphi}$ $\eta_2 = 0.123(1-\varphi)^3/\varphi$	$\varphi < 0.5$ $0.3 < \varphi < 0.7$	$Re < 0.2$
Lewis 等[9]	$\eta_2 = (1-\varphi)^{4.65}$		$1.1 < Re < 26$
Richardson 和 Zaki[10]	$\eta_2 = (1-\varphi)^n$ $n = 4.65 + 19.5\dfrac{d^①}{D}$ $n = \left(4.35 + 17.5\dfrac{d}{D}\right)Re^{-0.03}$ $n = \left(4.45 + 18\dfrac{d}{D}\right)Re^{-0.1}$ $n = 4.45 Re^{-0.1}$ $n = 2.39$		$Re < 0.2$ $0.2 < Re < 1$ $1 < Re < 200$ $200 < Re < 500$ $500 < Re$
白井隆[11]	$\eta_2 = (1-\varphi)^{4.65}$ $\eta_2 = (1-\varphi)^3/(6\varphi)$ $\eta_2 = 0.75(1-\varphi)^2 10^{-1.82\varphi}$	$\varphi \leqslant 0.45$ $0.25 \leqslant \varphi \leqslant 0.7$ $0.3 \leqslant \varphi \leqslant 0.7$	$Re < 1$

① d 为颗粒直径；D 为容器直径。

2.3.2　压缩沉降

悬浮液中，当固相浓度增大到颗粒相互接触时，颗粒沉降受到下面颗粒的制约，沉降变得非常缓慢，所有颗粒依靠颗粒本身重量的惯性力所产生的压力一同沉降，称为压缩沉降过程。例如，工业上使用的连续作业的沉降槽，当其操作稳定后即属于此类情况。如果是间歇操作，如实验室用量筒进行沉降实验，尽管实验设备及方法极为简单，但由于该操作是一个非稳态过程，故其沉降过程极为复杂[7]。

2.3.3　最大通量密度

通量密度是指单位沉降面积上单位时间内流过的固体量，按体积计时，通量密度 Q_s 为：

$$Q_s = \varphi u_\varphi = \varphi \eta_2 u \qquad (22-2-13)$$

对于特定物料而言，u 是定值，故通量密度是固相颗粒体积浓度 φ 的函数。由此可求得最大通量密度下的最宜浓度 φ 值，以供实际液固分离操作中调节进料浓度时参考。例如 $\eta_2 = (1-\varphi)^n$ 时：

$$Q_s = \varphi (1-\varphi)^n u \qquad (22-2-14)$$

设物料一定，u 为定值，求最宜 φ 值，即

$$\frac{dQ_s}{d\varphi} = [(1-\varphi)^n - n\varphi(1-\varphi)^{n-1}]u = 0$$

由此解出 $\varphi = 1/(1+n)$，此即为最宜浓度值。当 $n = 4.65$ 时，$\varphi = 0.177$。此时，最大通量密度为：

$$Q_{s,max} = \varphi(1-\varphi)^n u = 0.0175u$$

2.3.4 临界颗粒直径

实际生产中，悬浮液的固相颗粒群由不同尺寸的颗粒组成，粒径分布是多分散的。在液固分离操作中，悬浮液被分离为沉渣和分离液。设进料悬浮液和分离液中固相颗粒的粒径微分分布曲线分别为 $f(d)$ 和 $f_f(d)$，如图 22-2-2 所示。曲线 $f(d)$ 下的面积表示悬浮液中固相量，$f_f(d)$ 下面积表示分离液中固相量，而两曲线间面积表示沉渣中固相量。从图中可以看出，粒径大于和等于临界直径 d_c 的颗粒全部进入沉渣；小于 d_c 的颗粒，则一部分进入沉渣，另一部分进入分离液，此 d_c 值称为颗粒群中的临界粒径。它的定义是：悬浮液的固相颗粒中能被全部分离出来的颗粒中的最小颗粒粒径。对于某一悬浮液而言，d_c 并非固定不变，它与分离要求和分离设备性能有关，其关联式，对于层流流态的沉降设备可写成[5]：

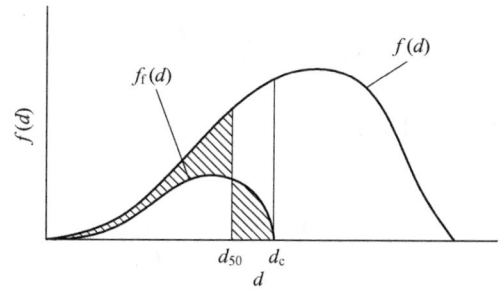

图 22-2-2 悬浮液和分离液中固相颗粒粒径微分分布曲线

$$d_c = (Q/\eta_2 K\Sigma)^{1/2} \tag{22-2-15}$$

式中，Q 为悬浮液流量，即生产中分离设备的生产能力或分离要求的处理量；$K = (\rho_s - \rho_1)g/(18\mu) = \Delta\rho g/(18\mu)$；$\Sigma$ 为分离设备的沉降面积；其余符号同前。

在工程实际应用中，设计时可根据分离要求，即根据悬浮液处理量和分离液澄清度或固相回收率确定 d_c，计算出所需的沉降面积而确定机型和规格；对已有的分离设备校核计算时，根据分离设备的沉降面积，可确定相对的 Q 和 d_c 值。从式（22-2-15）可以看出，对于一定的分离设备，提高生产能力 Q 将使 d_c 值增大，从而使分离效果降低，分离液中固相含量增大。

2.4 总分离效率和部分分离效率

2.4.1 总分离效率

在液固分离操作中，总分离效率是指悬浮液中的固相回收率 E_{Ta} 或液相脱除率 E_{Tf}。由

于在生产或实验中易于取得悬浮液、沉渣和分离液的浓度数据，故多据此求取总分离效率。

设悬浮液的进料流量为 G（以质量计），经分离后的沉渣质量流量为 G_c，分离液流量为 G_f，三者的固相质量浓度分别为 C、C_c、C_f（以小数表示）。根据物料衡算，以下等式成立：

总物料平衡

$$G_r = G_c + G_f \tag{22-2-16}$$

固相物料平衡

$$GC = G_c C_c + G_f C_f \tag{22-2-17}$$

液相物料平衡

$$G(1-C) = G_c(1-C_c) + G_f(1-C_f) \tag{22-2-18}$$

根据以上三式可求得：

沉渣与悬浮液的比例为

$$G_c/G = \frac{C-C_f}{C_c-C_f} \tag{22-2-19}$$

分离液与悬浮液的比例为

$$G_f/G = \frac{C_c-C}{C_c-C_f} \tag{22-2-20}$$

总分离效率分别按以下公式计算：

固相回收率，按定义为

$$E_{Ts} = \frac{G_c C_c}{GC} = \frac{(C-C_f)C_c}{(C_c-C_f)C} \tag{22-2-21}$$

液相脱除率，按定义为

$$E_{Tf} = \frac{G_f(1-C_f)}{G(1-C)} = \frac{(C_c-C)(1-C_f)}{(C_c-C_f)(1-C)} \tag{22-2-22}$$

2.4.2　综合分离效率

液固分离操作中，如果仅只有较高的固相回收率或液相脱除率，不一定有较好的分离效果。对于浓缩，要有较佳的分离效果，不但应有较高的固相回收率 E_{Ts}，而且还必须使沉渣含液量低。沉渣中带走的液量与原料悬浮液中液体量的比率称为沉渣带液率 W_s，按下式计算：

$$W_s = \frac{G_c(1-C_c)}{G(1-C)} = \frac{(C-C_f)(1-C_c)}{(C_c-C_f)(1-C)} \tag{22-2-23}$$

因此，最佳的分离效果应是 E_{Ts} 接近 1，而 W_s 接近 0。于是，判断分离效果好坏的应是 $(E_{Ts}-W_s)$，称为综合分离效率 E_c：

$$E_c = E_{Ts} - W_s = \frac{(C-C_f)(C_c-C)}{C(C_c-C_f)} \tag{22-2-24}$$

对于澄清，不但液相脱除率 E_{Tf} 要高，而且分离液中带走的固相要低，才能得到较好的分离效果，分离液带走的固相量与原料悬浮液中的固相量之比称为分离液中固相带失率 W_f，其计算式为：

$$W_f = \frac{G_f C_f}{GC} = \frac{(C_c - C)C_f}{(C_c - C_f)C} \tag{22-2-25}$$

此时，综合分离效率 $E_c = E_{Tf} - W_f$，其结果与式（22-2-24）相同。

2.4.3 部分分离效率

E_G 为部分分离效率又称级效率，是指悬浮液的多分散性的固相颗粒群中各级尺寸颗粒的分离效率。设颗粒群的尺寸分布是 d_1、d_2、…、d_c、…、d_m，通过分离后，大于临界直径 d_c 的颗粒全部回收，其 $E_G = 100\% = 1$，从 d_1 到 d_c 的颗粒只能部分分离回收，则 $E_G = 0 \sim 100\% = 0 \sim 1$，如图 22-2-3 所示。

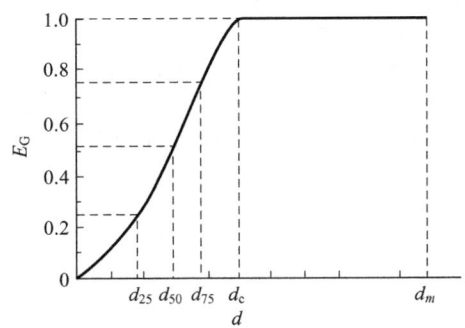

图 22-2-3 级效率 E_G 曲线

设悬浮液、沉渣、分离液中的固相重量分别为 M、M_c 和 M_f，则：

$$M = M_c + M_f \tag{22-2-26}$$

对任一直径 $d_i(i = 1, 2, c, m)$ 颗粒的物料衡算：

$$(M)_{d_i} = (M_c)_{d_i} + (M_f)_{d_i} \tag{22-2-27}$$

式中，三项符号分别表示直径为 d_i 的颗粒在悬浮液、沉渣和分离液中的质量含量。于是，根据级效率定义得：

$$E_G = \frac{(M_c)_{d_i}}{(M)_{d_i}} = \frac{M_c f_c(d_i)}{M_f f(d_i)} \tag{22-2-28}$$

式中，$f(d_i)$ 和 $f_c(d_i)$ 分别表示悬浮液和沉渣中所含直径为 d_i 的颗粒百分数，亦即二者粒径微分分布中所占百分数。考虑到 M_c/M 实则是固相回收率 E_{Ts}，故上式可写成：

$$E_G = E_{Ts} \frac{f_c(d_i)}{f(d_i)} \tag{22-2-29}$$

级效率对于评价分离效率是很有用的。从图 22-2-3 可以看出，级效率曲线愈陡，分级愈明显，分级效果愈好。设 d_{25}、d_{50} 和 d_{75} 分别为级效率等于 0.25、0.50 和 0.75 的颗粒直径，其中 d_{50} 又称分离中径，它与临界直径 d_c 是液固分离中判断分级和分离效果的两个重要颗粒直径。级效率曲线的陡峭度用下式表示：

$$H = \frac{d_{25}}{d_{75}}$$

(22-2-30)

H 值愈大，曲线愈陡，分级愈明显。

参考文献

[1] MaCabe W L, Smith J C. Unit Operations of Chemical Engineering. 3rd ed. New York: McGraw Hill Book Co, 1976.

[2] Carpenter C R. Chem Eng, 1983, 90 (23): 227-231.

[3] Selim M S, Kothari A C, Turian R M. AIChE J, 1983, 29 (6): 1029-1038.

[4] Garside J, Aldibouni M R. Ind Eng Chem Process Des Dev, 1977, 16 (2): 206-214.

[5] 孙启才, 金鼎五. 离心机原理结构与设计计算. 北京: 机械工业出版社, 1986.

[6] 孙体昌. 固液分离. 长沙: 中南大学出版社, 2011.

[7] 杨守志, 孙德堃, 何方箴, 等. 固液分离. 北京: 冶金工业出版社, 2003.

[8] Steinour H H. Ind Eng Chem, 1944, 36: 618-624, 840-847.

[9] Lewis W K, Gilliland ER, Bauer WC. Ind Eng Chem, 1949, 41 (6): 1104-1117.

[10] Richardson J F, Zaki W N. Trans Inst Eng Chem, 1954, 32 (1): 35-52.

[11] 白井隆. 流动层. 北京: 科学技术出版社, 1958.

3

分级与旋流器

3.1 分级装置的类型与性能

分级装置由于所用分散介质的不同而分为两种不同的类型。利用液体介质（主要是水）的称为湿式分级器，利用气体介质（主要是空气）的称为干式分级器。本篇仅介绍湿式分级器，它又分为沉降分级器、水力分级器、机械分级器和离心分级器四种。

3.1.1 沉降分级器

沉降分级器是利用颗粒群中颗粒的重力沉降速度的差异进行分级的最简单的分级设备。在选矿作业中常称为重选设备。典型的几种沉降分级器如图 22-3-1 所示。图中：（a）为全流分级器，由长方形槽或矩形截面的长流槽构成。这种分级器由于粗粒组分不能连续排出，故只能用于间歇操作。为使横截面上流速均匀，可在槽中加多孔整流板。全流分级器可在不同长度上得到不同粒度级别的颗粒。分级的临界颗粒直径可按有关公式计算。（b）为表面流分级器，是由小端在下的圆锥筒或角锥筒所构成的。原料自上表面水平加入，流体流动如图中所示，粗粒沉降在锥底部，由小端底流口排出；细粒随溢流排出。（c）为多级表面流分级器，由多个四角锥筒表面流分级器组成，由于它按由小到大的串联顺序排列，因此可按颗粒尺寸大小逐段分级。（d）为砂锥分级器，由小端在下的圆锥筒组成，与表面流分级器不

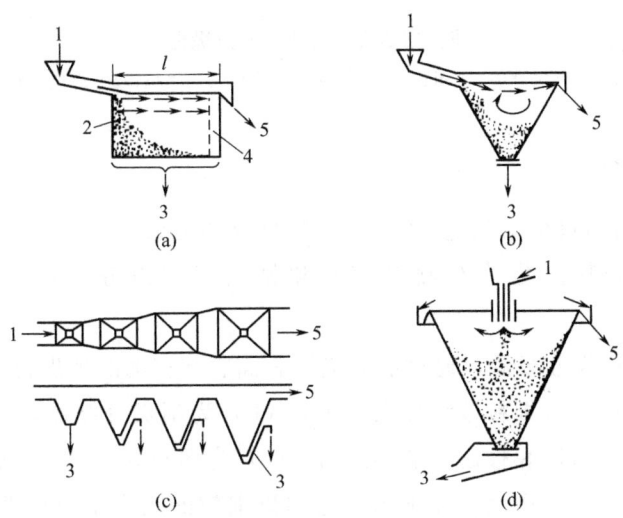

图 22-3-1 几种沉降分级器

1—原液；2,4—整流板；3—粗粒；5—微粒

同之处在于原料从中心加入并由圆周边溢流。这种分级器可做成大容量的。在选矿作业中常用于精选设备之前，作除砂用，圆锥角一般常用 40°～60°。

3.1.2   水力分级器

水力分级器是重力沉降分级器的改进型式，在沉降槽底部或分选室中加入压力水，向上流动的水起淘析作用，带走微粒，可提高分级精度，但要增加水的耗量，如图 22-3-2 所示。图 22-3-2 中（a）为单级水力分级器，在锥底有选别筒，压力水从选别筒进入有助于颗粒的分级；（b）为多级水力分级器，在各级锥底有选别筒（图中只绘出一个），并有隔板以避免各级间溢流液的短路；（c）为多个选别室并联在一起组成的多室式水力分级器，这种分级器容量较大，但粗粒组分的底流浆排出较难；（d）为虹吸式水力分级器，利用虹吸管连续排出含粗粒组分的底流，并可保持选别室中浓度恒定，以提高分级精度。

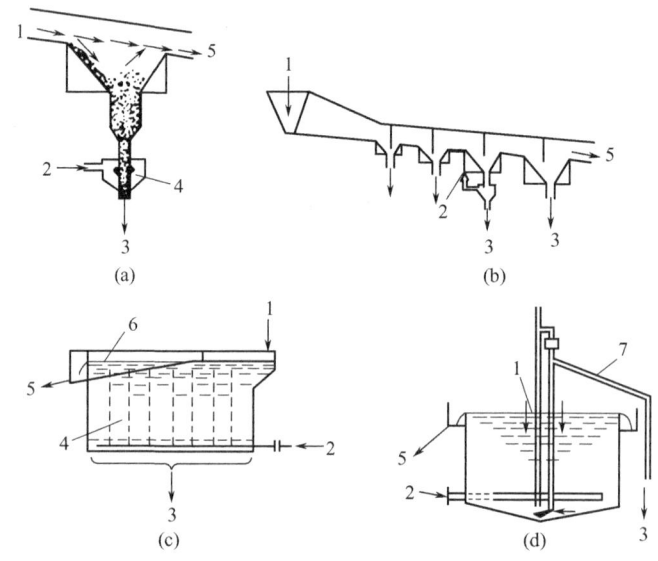

图 22-3-2   几种水力分级器

1—原液；2—压力水；3—粗粒；4—选别室（筒）；5—微粒；6—溢流；7—虹吸管

3.1.3   机械分级器

机械分级器是利用机械装置连续排出粗粒组分的分级装置，处理能力较前两种分级器大。结构上的共同特点是均有倾斜槽底和排出粗粒组分的机械装置，如图 22-3-3 所示。

图 22-3-3(a) 为耙齿分级器，通过沿分级槽斜面底部移动的耙齿将粗粒移送出液面至顶端排出；同时，粗粒中所含细粒被洗掉大部分。（b）为刮板分级器，通过安装在环形皮带上的刮板，将粗粒沿倾斜槽底移送至端部排出。（c）为螺旋分级器，槽底为半圆形并倾斜安置，通过螺旋输送器将粗粒送至端部排出，它淘析细粒的效果不及前两种。（d）为逆流洗涤分级器，它是螺旋分级器的改进形式，也是利用螺旋排出粗粒，但分级槽为倾斜安装的回转圆筒，并在粗粒离开液面后用水洗涤，增加淘洗效果，提高分级精度。（e）为沉降浓缩机

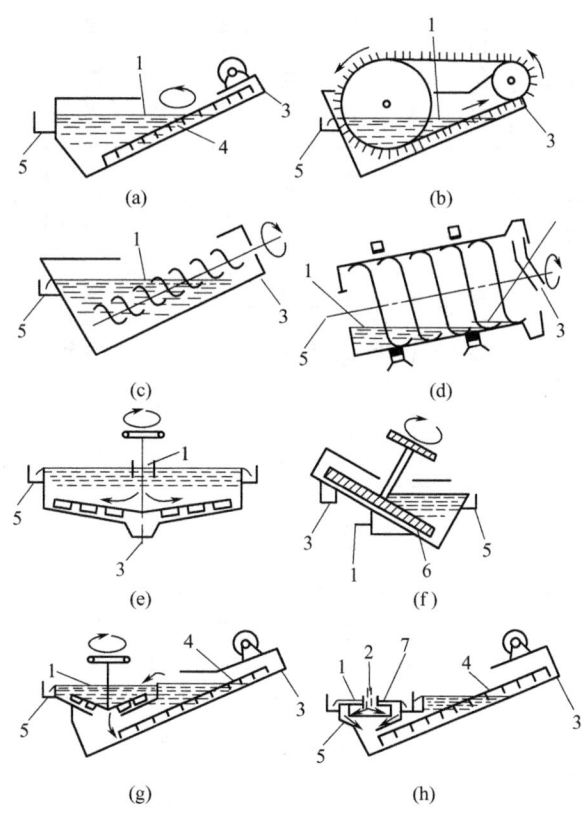

图 22-3-3 几种机械分级器
1—原液；2—压力水；3—粗粒；4—耙；
5—微粒；6—圆盘刮刀；7—振动网

（浓密机），用于分级的一种浓缩分级机，用旋转耙齿将粗粒集中到浅锥底中央排出，原料液供给速度较浓密机大，使溢流液能带走应该分级出来的细粒组分。（f）为洗砂机，在倾斜安装的浅圆筒内装有带刮板的回转圆盘，可将粗粒刮出液面并洗去细粒，主要用于除去混凝土用砂中的黏土。（g）为改进型耙齿分级器，由浓缩分级器与耙齿分级器组合而成。由浓缩分级器底部排出的粗粒组分，再经耙齿分级器洗涤后排出。（h）为水力分级器与耙齿分级器的组合式分级器，原料自水力分级器的振动网上方加入，压力水自振动网下方加入，淘析出的微粒进入溢流，粗粒落入耙齿分级器中，再经洗涤后排出。

3.1.4 离心分级器

利用惯性离心力进行分级操作的分级器称为离心分级器，它包括旋流器和沉降离心机，前者见本章 3.2 节，后者见本篇第 6 章 6.2 节。

3.1.5 分级装置的性能与用途

几种典型的湿式分级器的性能、尺寸、代表性用途列于表 22-3-1[1] 中。

表 22-3-1　几种典型的湿式分级器的性能、尺寸和代表性用途

分级器	尺寸/m 宽	尺寸/m 直径	尺寸/m 长	分级颗粒尺寸/mm	分级精度	进料最大粒径/mm	处理能力/t·h⁻¹	进料固体浓度/%	溢流浓度/%	底流浓度/%	耗水量(水)/(固体)/t·t⁻¹	动力/kW	代表性用途
砂锥[图22-3-1(d)]	—	0.6~4	—	0.04~0.6	低	12	2~100	无限制	5~30	35~60	—	—	除泥、脱水
角锥型水力分级器(干涉沉降型)[图22-3-2(a)]	1.8	—	约12	0.1~0.5	高	12	40~150	30~60	5~20	40~60	4	0.75(调节用)	精矿浓缩、分级、摇床进料调节
各种矩形槽水力分级器[图22-3-2(c)]	各种	—	1.5~6	0.1~2.4	高	12	2~100	30~60	5~20	40~60	4	0.75~1.5(压缩空气)	精矿浓缩、分级、摇床进料调节
虹吸式水力分级器[图22-3-2(d)]	—	1~10	—	0.1~14	高	25	10~100	30~60	1~10	40~60	2	—	精矿浓缩、分级、摇床进料调节
耙齿分级器[图22-3-3(a)]	0.4~6	—	12	0.1~0.8	中	25~40	1~350	无限制	5~65	80~83	由工艺要求决定	0.4~20	闭路磨碎的洗净脱水
刮板分级器[图22-3-3(b)]	0.3~3	—	无限制	0.07~0.6	中	40	5~350	无限制	5~30	70~83	由工艺要求决定	0.75~7.5	闭路磨碎的洗净脱水
螺旋分级器[图22-3-3(c)]	0.4~6	—	12	0.07~0.8	中	25	5~350	无限制	5~30	75~83	由工艺要求决定	0.4~20	闭路磨碎的洗净脱水
逆流洗涤分级器[图22-3-3(d)]	—	0.5~3	12	0.15~0.5	中	70	1~600	无限制	5~30	75~83	由工艺要求决定	0.4~20	闭路磨碎的洗净脱水
螺旋分级器[图22-3-3(e)]	—	1~75	12	0.04~0.15	低	12	5~700	5~20	1~20	30~50	—	0.75~10	微细颗粒回收
洗砂机[图22-3-3(f)]	—	2、3、4	—	0.23~0.6	中	25	25~125	30~35	5~20	80~83	—	4~7.5	除泥、脱水
改进型耙齿分级器[图22-3-3(g)]	0.5~6	1~8.5	12	0.04~0.25	中	12~40	1~30	10~75	5~25	75~83	由工艺要求决定	锥筒耙齿 0.75~5.5　长槽耙齿 0.75~20	闭路粉碎的洗净脱水
水力与耙齿型组合分级器[图22-3-3(h)]	1~4	1~4.2	9	0.07~0.8	高	12~25	5~250	40~80	15~30	75~83	1.5	振动网板 2.2~7.5　长槽耙齿 3.75~15	洗涤粗粒、闭路粉碎的洗净脱水
水力旋流器	—	0.01~1.2	—	0.003~0.5	中	1.4	0.1~300	1~30	5~30	55~70	由工艺要求决定	泵压力 0.2~0.4kgf·cm⁻²	微粒的分级、分离
螺旋沉降离心机	—	0.5~1.4	1.8	0.005~0.15	中	12	约130	1~30	5~30	40~70	由工艺要求决定	7.5~120	微粒的分级、分离

注：1kgf·cm⁻²=98.0665kPa。

3.2　旋流器

旋流器由于构造简单、设备费用低、占地面积小、处理能力大而广泛用于化工、冶金、环保、选矿、制药等工业部门，但对于液-固分离旋流器来说，进料用泵的动能消耗大、旋流器内壁磨损大、操作稳定性差、进料浓度和流量的变化很容易影响其分离性能。

3.2.1　旋流器的结构

旋流器包括液-固分离旋流器和液-液分离旋流器两大类。液-固分离旋流器是由圆柱筒和圆锥筒组成的容器，如图 22-3-4 所示，既可作为分级使用，也可作分离用。悬浮液由进料管沿切线进入圆筒部分，形成旋流如图 22-3-5 所示，外层为下降旋流，内层为上升旋流。下降旋流中的粗粒在离心力作用下向器壁方向运动的同时，被下旋流集聚到下方出口，形成底流浓浆排出。细粒部分被上升内旋流挟带经溢流管排出。旋流器内的流体的运动属三维速度场，由于切向速度对分离的影响较大，研究者较多，提出了不少算式[2]，但用得较多的是谢菲尔德和列波尔提出的计算切向速度 V_t 的公式：

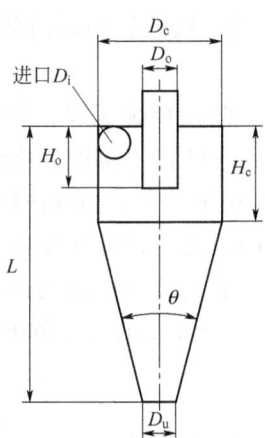

图 22-3-4　旋流器简图

$$V_t r^n = \mathrm{const} \tag{22-3-1}$$

式中，r 为旋流器内任意点位置半径；n 为幂指数，根据不同研究者的资料，n 值变动范围较大，可为 $0.11 \sim 1.0$ [3]。

外旋流靠近圆筒壁处的切向速度 v_{tw} 较进料口处速度 v_i 小，其比值

$$\alpha = v_{tw}/v_i \tag{22-3-2}$$

α 值范围为 $0.15 \sim 0.81$ [3]。对于标准型尺寸的旋流器（表 22-3-3），$n=0.8$，$\alpha=0.45$。但切线速度随着旋转半径的减小而增大，因而内旋流的切线速度 v_{ti} 可能超过进料管口处速度，v_{ti} 与 v_i 的比值 φ 用下式计算：

$$\varphi = \frac{v_{ti}}{v_i} = 17.5 \frac{D_i^2}{D_o D_c} \theta^{0.3} \tag{22-3-3}$$

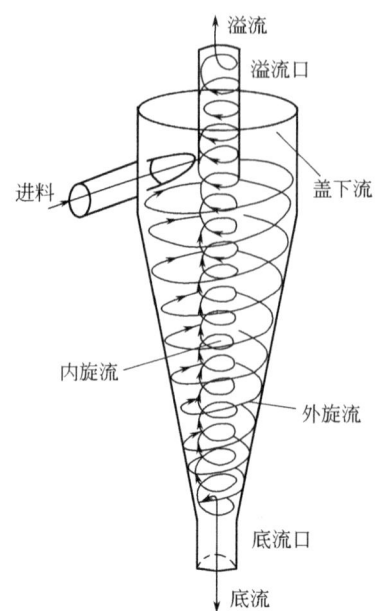

图 22-3-5 旋流器内流型示意图

式中，D_i、D_o、D_c分别为进料管、溢流管和圆筒部分内直径；θ 为旋流器锥筒部分圆锥角，rad。

液-液分离旋流器由切向进口管、圆柱形旋流腔、圆锥形收缩腔、尾锥、尾管和溢流管组成，如图 22-3-6 所示。含油污水从进口管切向进入旋流腔，形成向下做螺旋线流动的外旋流，流至尾锥段下部。在离心力作用下，分散相（油颗粒）向旋流器中心运动并聚成轻相（油芯），形成向上作螺旋线流动的内旋流，最后从溢流管流出，重相（清水）则沿尾管流出，达到油水分离的目的。液-液分离旋流器内的流动属三维速度场，其切向速度也可以用式（22-3-1）来计算。在外螺旋流区，指数 n 的变化范围为 $0.5 \sim 0.9$；在内螺旋流区，n 约为 -1.0[4]。

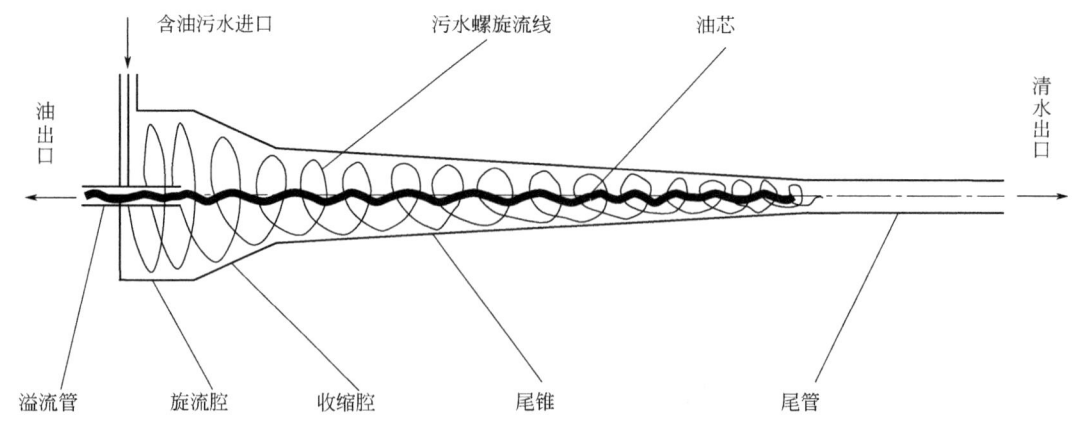

图 22-3-6 旋流器油水分离示意图

3.2.1.1　整体结构形式

（1）液-固分离旋流器　液-固分离旋流器的结构形式主要为圆柱圆锥组合形式，也有由单圆锥或单圆柱筒组成的。圆柱圆锥形旋流器的结构示意图见图 22-3-7。按用途不同，结构上的区别在于圆柱部分长度、锥体角度大小、进料管结构、底流管结构、有无压力水冲洗装置等。

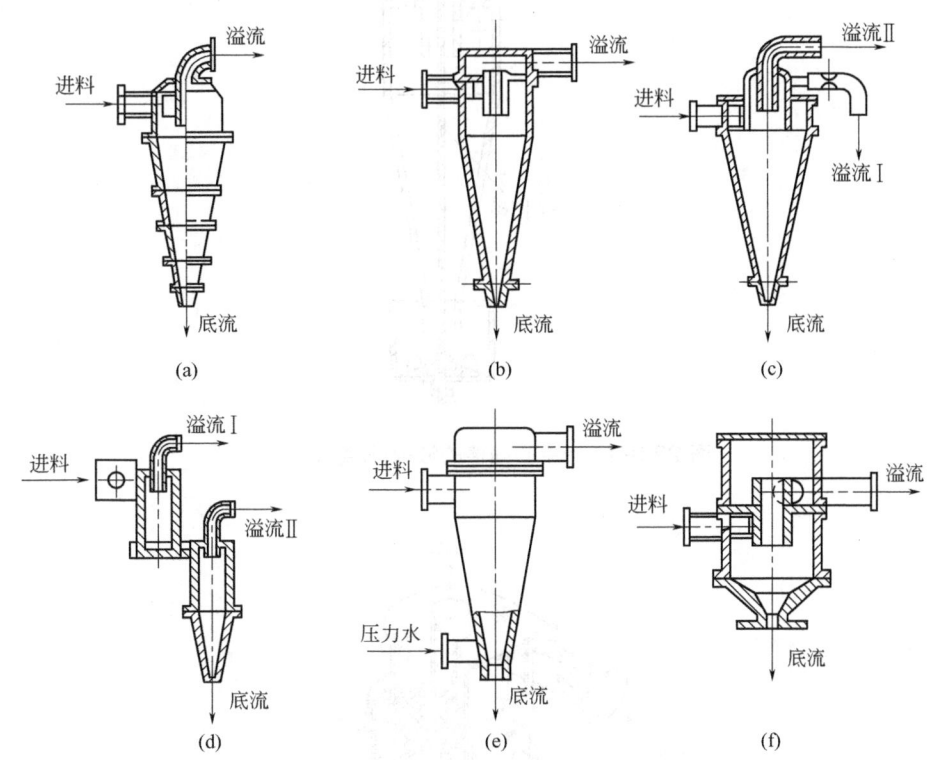

图 22-3-7 圆柱圆锥形旋流器结构示意图

(a)、(b) 通用型旋流器；(c)、(d) 产出三种产品的旋流器；

(e) 有压力水冲洗的旋流器；(f) 大锥角短圆锥旋流器

图 22-3-7 中(a)、(b) 型是通用型液-固分离旋流器；(c) 型可同时获得两种溢流产品，中间粒度产品可作为单独产品，也可返回进料之中，在选矿厂已得到广泛应用；(d) 型主要用于选矿作业，由于全柱型水力旋流器下部也呈柱状，故可有效地抑制粗粒级物料混入溢流，从而能较好地保证溢流产品的质量；(e) 型底部注入压力水可以使底流夹带的细粒级产品回到溢流，提高细粒级产品的回收率和分级效率；(f) 型增大了离心沉降区，有利于液固分离。

为了降低液-固分离旋流器的能耗，稳定其内部流场，提高分级效率，可在旋流器中加中心固棒（图 22-3-8）。此外还可将液-固分离旋流器的柱段管壁改为多孔介质壁，外加一个环隙夹套，然后通过多孔介质壁向旋流器内充入压缩空气（图 22-3-9）。充气可破坏流体边界层对细级别颗粒的屏障作用，使这些颗粒不会全部随边界层进入底流，从而达到减少底流中夹带细级别物料的目的。

(2) 液-液分离旋流器 Thew 的 F 型液-液分离旋流器的结构如图 22-3-10 所示[7]。图22-3-10 中（a）是标准型液-液分离器，乳浊液从进口切向进入旋流器，重相从尾管出口流出，轻相从溢流管出口流出；（b）是指数曲线型旋流器，其圆柱形旋流腔和圆锥形收

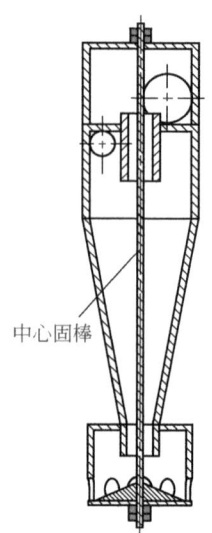

图 22-3-8　带中心固棒的液-固分离旋流器[5]

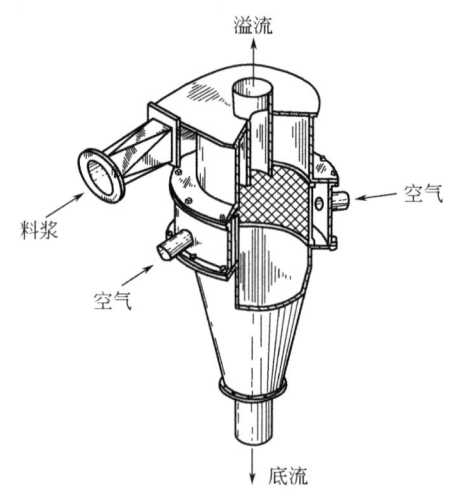

图 22-3-9　具有多孔壁的液-固分离旋流器[6]

缩腔被由指数曲线作为母线绕轴旋转形成的空腔取代，尾锥和尾管段不变；（c）是三锥型旋流器，仅用锥筒取代其圆柱形旋流腔；（d）是抛物线型旋流器，由抛物线作为母线绕轴旋转形成的空腔取代其圆柱形旋流腔和圆锥形收缩腔。这四种型式的旋流器均用于油水分离。与标准型相比，由于在进口段增大了切向速度，减小了湍动能耗散率，消除了循环涡流，指数曲线型旋流器的分离效率可提高 8％；三锥型旋流器的分离效率可提高4.5％；而抛物线型旋流器的分离效率会降低，这是因为进口段的切向速度较低，会形成与标准型一样的循环流。

此外，还有 Amoco 型旋流器和 Kии 型旋流器[8]。

（3）三相分离旋流器　如图 22-3-11 所示。

图 22-3-11 中的三相分离旋流器包括：气-液-固分离旋流器 ［图（a）和图（b）］，液-液-固

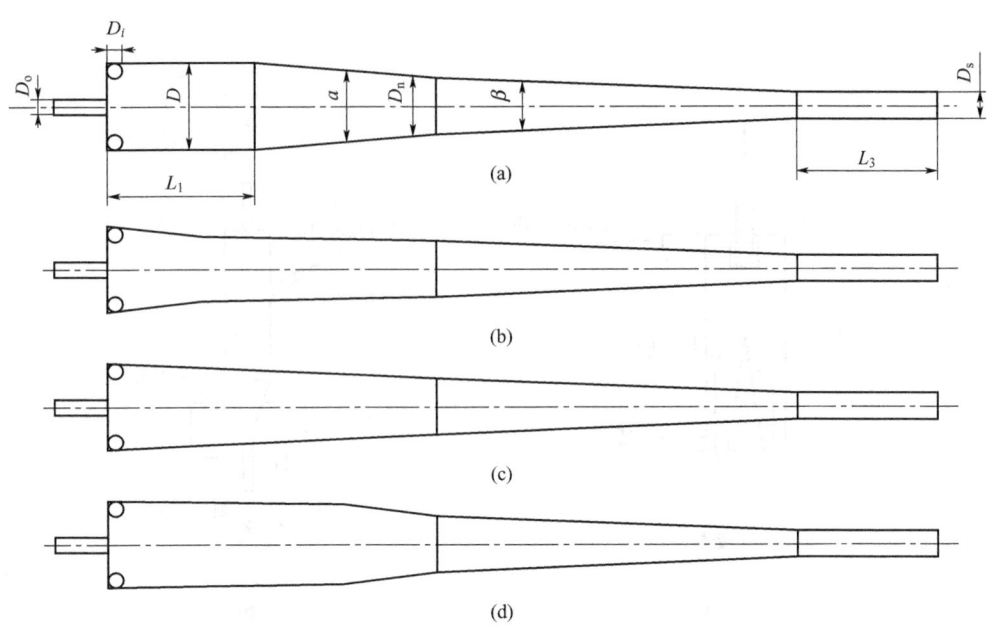

图 22-3-10 几种结构型式的液-液分离旋流器示意图[7]

（a）标准型；（b）指数曲线型；（c）三锥型；（d）抛物线型

分离旋流器［图(c) 和图(d)］和气-液-液分离旋流器三种类型 ［图(e)][9]。对于（a）型旋流器，物料切向进入后，在离心力的作用下气泡向中心处运动，聚并成大气泡，形成空气柱，从溢流管流出，固相颗粒运动到圆筒底部被排出旋流器，含有少量固相的液体从底流管流出。这种旋流器里中心锥的作用是使气泡向上运动，达到分离的目的。（b）型的操作原理与（a）型大致相同，只是液固悬浮液从底流排出，固相颗粒在离心力的作用下被甩向集料器壁，达到固液分离的目的。其进料管从筒段中部斜向插入，有助于气液分离，减少短路流，这种旋流器排渣口的制造精度要求非常高，会增加制造成本。（c）型和（d）型都适用于液-液-固分离，（c）型底流排出口的设计和加工难度较大，（d）型的双溢流管设计比较困难。（e）型用于气-油-水混合物的分离，气体在进料筒段就被分离，而油和水分离靠内部的液-液分离旋流器来完成。

3.2.1.2 进料管结构

各种进料管结构如图 22-3-12 所示。进料接管应避免造成进料流动的湍流情况；因此，①必须保证是切线方向进入旋流器内；②在入口处进料管上需要设置弯管或弯头时，则必须使弯管位于垂直于旋流器轴心线的水平面上且使弯管与切向进口的旋转方向相一致，见图22-3-13。图 22-3-12 中(a)、（b）两种形式容易造成进料口处流体的扰动和湍动，引起较大的局部阻力损失；采用（c）、（d）两种形式可以有效降低能耗，提高旋流器的生产能力。

对于油-水分离旋流器，还可以采用如图 22-3-14 所示的带导流段的矩形切向进口的结构。此种结构可降低进口处流体的扰动，用于油水分离，其效率可达到 99.65%，比阿基米德螺旋线进口的分离效率还要高些[10]。

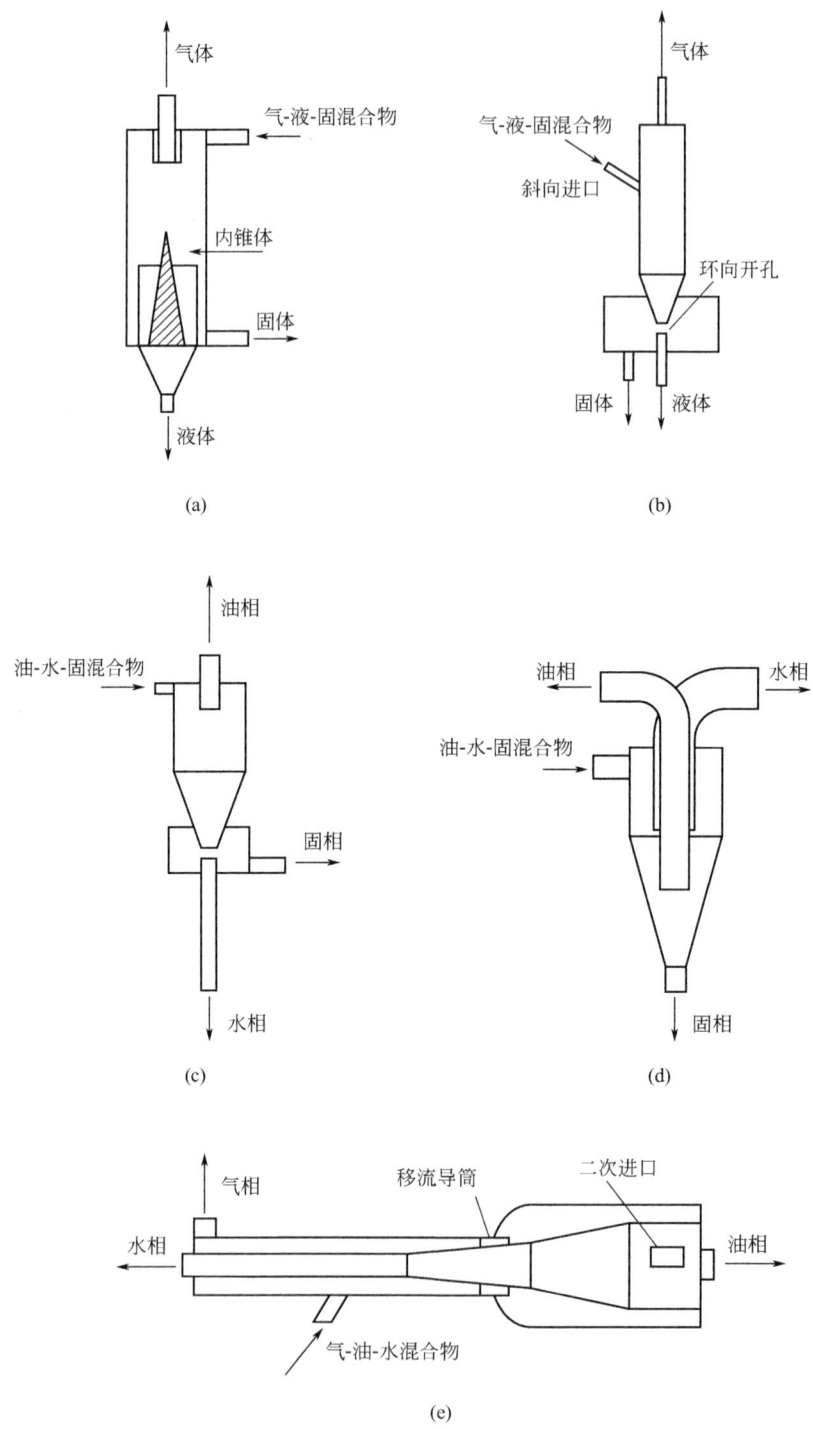

图 22-3-11　三相分离旋流器结构示意图[9]

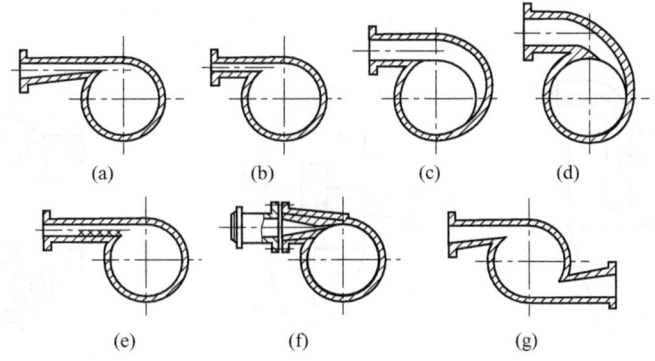

图 22-3-12　旋流器的各种进料管结构示意图

（a）收缩形、矩形或圆形截面；（b）不收缩，圆形截面；（c）螺线型入口；

（d）弓形入口；（e）有可调节楔；（f）带可更换嘴；（g）两个入口

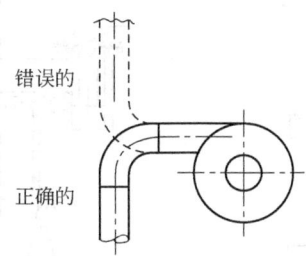

图 22-3-13　进口管上正确布置弯管的位置

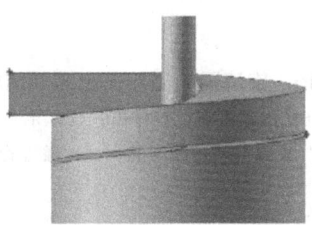

图 22-3-14　带导流段的矩形切向进口结构的示意图

3.2.1.3　溢流管结构

旋流器的溢流排出装置的结构如图 22-3-15 所示。如溢流管的出口位置低于旋流器的溢流管口位置时，应注意对旋流器会产生虹吸作用，将破坏溢流与底流之间的压力平衡，造成操作不稳定。要避免此虹吸作用，可将溢流排入一个高于进料管口位置的漏斗或容器中，如图 22-3-16 所示[11]。

3.2.1.4　底流管结构

底流喷嘴尺寸直接影响底流浓度、分离的效率（中径 d_{50} 的大小）和底流比 R_f 的大小。底流中固体颗粒的磨损性大，故底流管结构一般要考虑耐磨性和喷嘴尺寸可调节与可更换的结构，如图 22-3-17 所示。控制底流浓度稳定的结构可采用图 22-3-18 所示的装置。在喷嘴下加一带十字开口的橡胶膜，可在进料浓度为 1％～25％（质量）时，使底流浓度的变化不超过 1％（质量分数）。

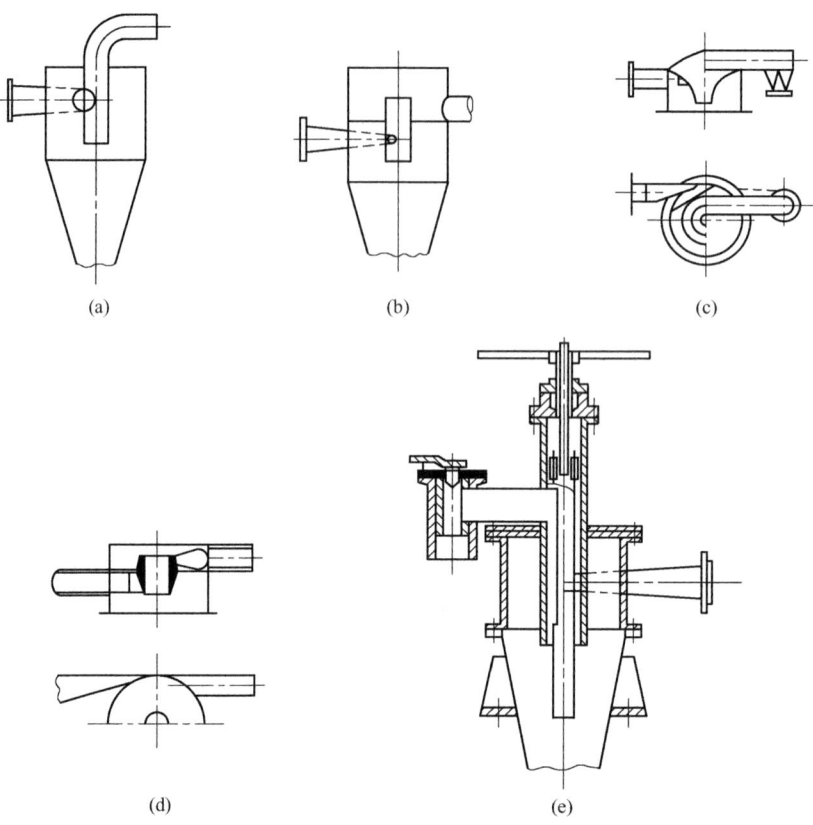

图 22-3-15 旋流器的溢流排出装置结构示意图

（a）溢流管直接排出；（b）由集流室过渡排出；（c）导出管与溢流管成切线安装；
（d）导出管与集流室成切线安装；（e）溢流管深度可调节

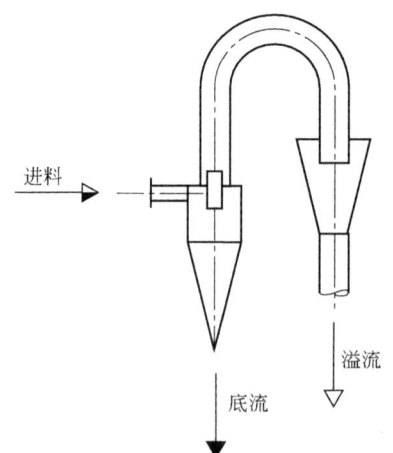

进料 ▶

溢流 ▽

底流 ▼

图 22-3-16 破坏溢流管虹吸作用的结构

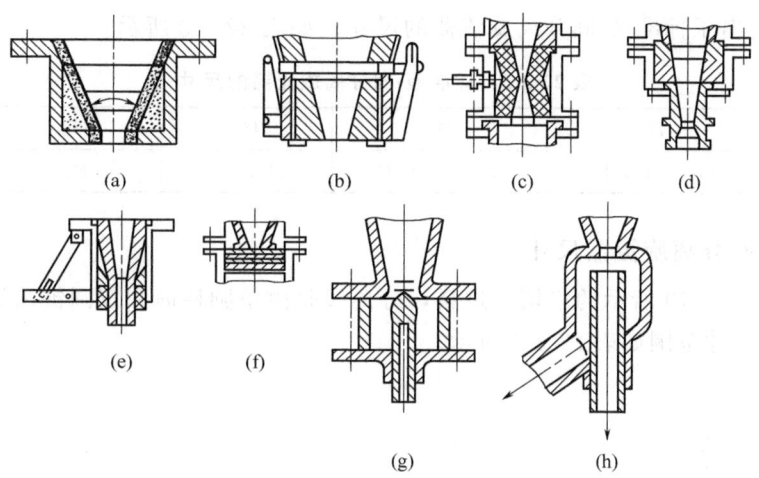

图 22-3-17 旋流器底流管结构示意图

（a）耐磨陶瓷制，不可调节；（b）耐磨材料制，不可调，可更换；（c）橡胶制，可调，可自动控制；（d）～（f）橡胶制，可调，手控；（g）针阀型；（h）可维持底流浓度恒定

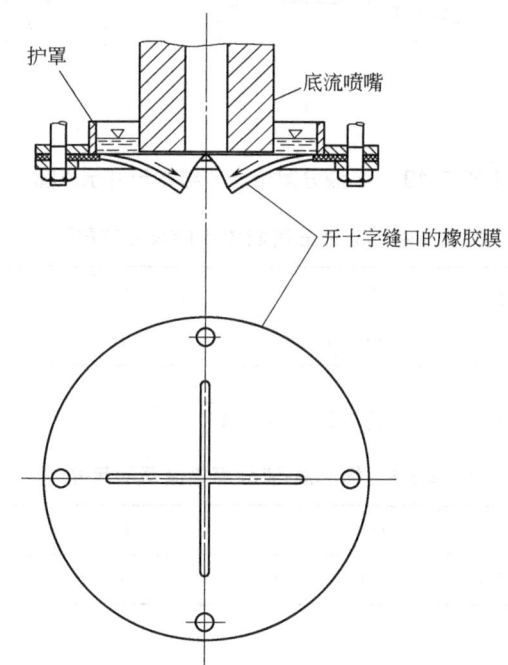

图 22-3-18 控制底流浓度稳定的开槽膜片

3.2.2 旋流器的尺寸

3.2.2.1 液-固分离旋流器尺寸

液-固分离旋流器的常用尺寸范围如表 22-3-2 所示。

表 22-3-2 液-固分离旋流器的尺寸范围

D_c/mm	D_i	D_o	D_u	H_c	θ
10～1220	$(1/3\sim1/10)D_c$	$(1/3\sim1/6)D_c$	$(1/6\sim1/10)D_c$	$(1/5\sim3/2)D_c$	5°～160°[①]

① 用于分离时，$\theta<25°$；用于分级 $\theta=28°\sim160°$。

注：表中符号意义见图 22-3-4。

Bradley 给出了标准液-固分离旋流器的尺寸，如表 22-3-3 所示。

表 22-3-3   标准液-固分离旋流器的尺寸[12]

D_i	D_o	D_u	H_o	H_c	θ
$1/7D_c$	$(1/5 \sim 1/4)D_c$	$(1/6 \sim 1/10)D_c$	$1/2D_c$	D_c	$20°$

3.2.2.2   液-液分离旋流器尺寸

对于如图 22-3-19 所示的双切向进料，分离段是由单圆柱筒和双圆锥筒组成的液-液分离旋流器，常用尺寸范围如表 22-3-4 所示。

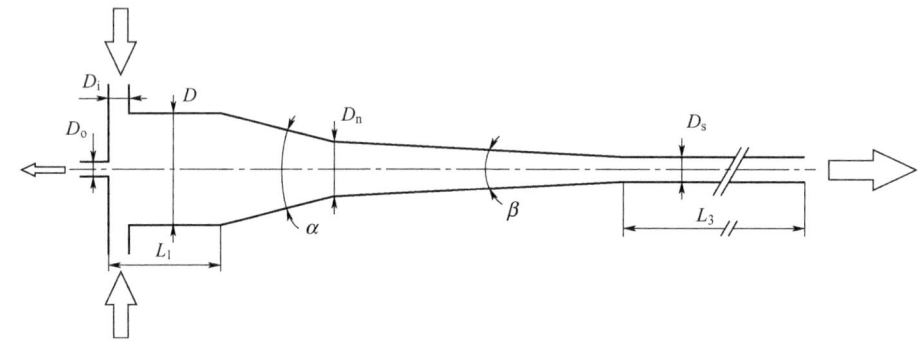

图 22-3-19   液-液分离旋流器结构尺寸示意图[4]

表 22-3-4   液-液分离旋流器的尺寸范围[4,5]

D_n/mm	D	D_i	D_o	D_s	L_1	L_3	$\alpha/(°)$	$\beta/(°)$
$8 \sim 125$	$2D_n$	$0.175D$	$(0.05 \sim 0.1)D$	$0.25D$	D	$(3.5 \sim 15)D$	$15 \sim 30$	1.5

标准液-液分离旋流器的尺寸如表 22-3-5 所示。

表 22-3-5   标准液-液分离旋流器的尺寸[5]

D_n/mm	D	D_i	D_o	D_s	L_1	L_3	$\alpha/(°)$	$\beta/(°)$
20	$2D_n$	$0.175D$	$0.1D$	$0.25D$	D	$5.9D$	15	1.5

3.2.3   旋流器的性能

3.2.3.1   旋流器的操作性能

液-固分离旋流器的操作性能范围如表 22-3-6 所示。

表 22-3-6   液-固分离旋流器操作性能范围

进料压力降 Δp /MPa	进料速率 v_i /m·s^{-1}	分离中径 d_{50} /μm	单台流量 Q /m³·h^{-1}	进料浓度 c (质量分数)/%	底流浓度 c_c (质量分数)/%
$0.02 \sim 0.4$	$3 \sim 15$	$5 \sim 200$	$0.1 \sim 300$	$1 \sim 20$	最大 75

液-液分离旋流器的操作性能范围[8,13~15]如表 22-3-7 所示。

表 22-3-7 液-液分离旋流器操作性能范围

进料压力降 Δp /MPa	进料速率 v_i /m·s^{-1}	分割粒径 d_{50} /μm	单台流量 Q /m^3·h^{-1}	分流比 /%	进料浓度 ρ /kg·L^{-1}	除油率 /%
0.2～0.4	3～10①	>10	0.33～80	1～5	≤0.009	>90

① 双切向进口。

3.2.3.2 流量比 R_f

(1) 液-固分离旋流器 旋流器的底流流量 Q_c 与进料流量 Q 的比值 R_f 称为流量比，它是直接影响操作性能的因素。R_f 值的大小主要取决于底流管径 D_u 与溢流管径 D_c 的比值以及进料流量、压力、循环量等操作条件和溢流与底流排出口结构。以下公式供粗略计算用：

$$R_f = \frac{R_c}{1 + R_a} \tag{22-3-4}$$

式中，R_a 为底流量与溢流量的比值，用下式[15]计算：

$$R_a = 1.9\left(\frac{D_u}{D_o}\right)^{1.75} Q^{-0.75} \tag{22-3-5}$$

式中，Q 为进料流量，L·min^{-1}。

以上 R_f 和 R_a 的计算式可供设计或调整旋流器时，做初步确定底流喷嘴直径之用。

(2) 液-液分离旋流器 液-液分离除油旋流器一般应用于油田各环节含油污水的处理，由于 1L 含油污水只含有几百至几千毫克的原油，分流比较小，一般为 1%～5%，常为 1%～3%[14]。

3.2.3.3 分级效率与分离中径 d_{50}

旋流器的分级效率是指小于临界直径 d_c 的颗粒的部分回收率（亦即级效率），主要是指中径 d_{50} 的颗粒的尺寸大小。

对于液-固分离旋流器，级效率 E_G 可按式(22-3-6) 计算，其曲线见图 22-3-20。

$$E_G = \frac{(M_c)_{d_i}}{(M)_{d_i}} \tag{22-3-6}$$

式中，$(M)_{d_i}$ 和 $(M_c)_{d_i}$ 分别表示悬浮液和沉渣中所含直径为 d_i 的颗粒的质量。

对于旋流器，实际的部分回收率 E_G 在颗粒直径为零时不等于零而等于 R_f （图 22-3-20），这是由于进料中的一部分，因短路直接进入底流所致，从图 22-3-20 可以看出 R_f 值不同，E_G 曲线也不同，中径 d_{50} 之值也不同。为此，需要对实测的 E_G 按下式进行修正，修正的部分回收率（修正级效率）E_c 的曲线如图 22-3-21 所示。设修正后的中径为 d'_{50}，图 22-3-21 为按 d/d'_{50} 描绘成的部分回收率曲线，Bennett[16]在 1936 年提出如下表述的计算式：

$$E_c = \frac{E_G - R_f}{1 - R_f} \tag{22-3-7}$$

$$E_c = 1 - \exp[-(d/d'_{50} - 0.115)^3] \tag{22-3-8}$$

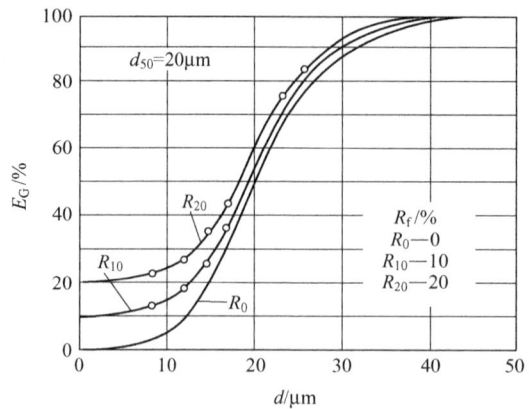

图 22-3-20 部分回收率曲线

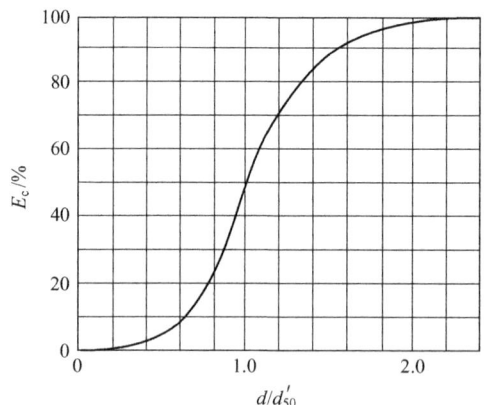

图 22-3-21 修正的部分回收率

Plitt 在 1971 年[17]提出了如下公式:

$$E_c = 1 - \exp[-0.693(d/d'_{50})^m] \tag{22-3-9}$$

$$m = 1.94\exp(-1.58R_f)(D_c^2 h/Q)^{0.15} \tag{22-3-10}$$

式中,R_f 为流量比;D_c 为旋流器溢流管下端口处的筒壁的内直径,cm;h 为旋流器溢流管下端口至底流口的距离,cm;Q 为旋流器的进料流量,L·min^{-1}。

至于分离器的中径 d_{50},由于它是判断旋流器分离性能的指标,研究者甚多,d_{50} 与旋流器结构尺寸、进料浓度与进料量以及固液相密度差等有关,1976 年 Plitt 提出如下计算 d_{50} 的经验式[18]:

$$d_{50} = \frac{0.00269 D_c^{0.46} D_i^{0.6} D_o^{1.21} \exp(6.3C)}{D_u^{0.71}(L-H_o)^{0.38} Q^{0.45}(\rho_s - \rho_l)} \tag{22-3-11}$$

式中,D_c,D_i,D_o,D_u,L,H_o 均是旋流器结构尺寸,见图 22-3-4;C 为进料悬浮液体积分数;Q 为进料流量,m^3·s^{-1};ρ_s,ρ_l 分别为进料悬浮液的固相和液相的密度,kg·m^{-3}。

对于液-液分离旋流器，绝大部分油滴最终会并聚到油芯，此外在分离过程中油滴也会被破碎。因此，无法建立关联式来计算出 d_{50}。但可以用下式来计算除油的级效率 $E_G^{[4]}$：

$$E_G = 1 - \exp\left[-\frac{(1-n)(\rho_d - \rho_w)Qd_d^2\theta_1}{18\mu_w W(r_2^{1-n} - r_1^{1-n})r_r^n(r_2 - r_1)}\right] \qquad (22\text{-}3\text{-}12)$$

式中，ρ_d 为油滴的密度，$kg \cdot m^{-3}$；ρ_w 为水的密度，$kg \cdot m^{-3}$；μ_w 为水的黏度，$Pa \cdot s$；Q 为进料流量，$m^3 \cdot s^{-1}$；d_d 为油滴的直径，m；θ_1 为单位旋流器长度中油滴的运动圈数，m^{-1}；W 为旋流器矩形进口高度，m；n 为幂指数；r_1 为油芯的外径，m；r_2 为旋流器锥段当量体积圆柱体直径，m。

3.2.3.4　处理能力和压力降

一定尺寸旋流器处理给定的料浆，进料量 Q 与进料口和溢出口之间的压力降的关系是相互依赖的。提高压力降必然增大流量，反之亦然。除此之外，增大压力降还会导致中径 d_{50} 变小、R_f 下降、总效率 E_T 上升、底流浓度的提高和溢流液澄清度的提高。对于液-固分离旋流器，其关系式可用下列准数方程表示[19]。

$$Eu = K_p(Re)^{n_p} \qquad (22\text{-}3\text{-}13)$$

式中，Eu 为欧拉数；Re 为雷诺数；K_p 为常数；n_p 为指数，与旋流器具体结构尺寸有关，见表 22-3-8。

表 22-3-8　一些已知的旋流器设计汇总表

旋流器的类型和尺寸	几何尺寸					比例放大系数		
	D_i/D_c	D_o/D_c	H_o/D_c	L/D_c	角 $\theta/(°)$	$St_{50}Eu$	K_p	n_p
Rietema 的结构[20] （最佳分离） $D_c = 0.075m$	0.28	0.34	0.4	5	20	0.0611	24.38	0.3748
Bradley 的结构[21] $D_c = 0.038m$	0.133 (1/7.5)	0.20 (1/5)	0.33 (1/3)	6.85	9	0.1111	446.5	0.323
Mozley 旋流器[22] $D_c = 0.022m$	0.154 (1/6.5)	0.214 (3/14)	0.57 (4/7)	7.43	6	0.203	6381	0
Mozley 旋流器[23] $D_c = 0.044m$	0.160 (1/6.25)	0.25 (1/4)	0.57 (4/7)	7.71	6	0.1508	4451	0
Mozley 旋流器[23] $D_c = 0.04m$	0.197 (1/5)	0.32 (1/3)	0.57 (4/7)	7.71	6	0.2182	3441	0
Warman 3″样机 R[23] $D_c = 0.076m$	0.29 (1/3.5)	0.20 (1/5)	0.1	4.0	1	0.1079	2.61	0.8
RW2515(AKW)[24] $D_c = 0.125m$	0.20 (1/5)	0.32 (1/3)	0.8	6.24	15	0.1642	2458	0

$$Eu = \Delta p / \rho_1\left(\frac{1}{2}v_c^2\right) \qquad (22\text{-}3\text{-}14)$$

$$Re = D_c v_c \rho_1 / \mu \tag{22-3-15}$$

$$K_p = 3 \left(\frac{D_c}{D_i} \right)^2 \left[\frac{1}{\left(\frac{D_o}{D_c} \right)^2 + \left(\frac{D_u}{D_c} \right)^2} \right]^{0.84} \left(\frac{D_c}{L} \right)^{0.646} \tag{22-3-16}$$

$$v_c = 4Q / \pi D_c^2 \tag{22-3-17}$$

式中，D_c，D_i，D_o，D_u，L 均为旋流器的结构尺寸，m；Δp 为旋流器进料口和溢流口之间压力降，Pa；v_c 为旋流器的特征速度，按筒体横截面计算的名义平均流速，m·s^{-1}；ρ_1 为悬浮液液相密度，kg·m^{-3}；μ 为悬浮液液相黏度，Pa·s。

3.2.4　旋流器的设计

3.2.4.1　液-固分离旋流器的设计

随着计算机技术的飞速发展，用数值模拟方法来研究旋流器内单相或两相流动的文献报道越来越多。用计算流体力学可以预测旋流器中的速度分布和压力分布，以及固相颗粒的运动轨迹和浓度分布，从而确定溢流浓度、底流浓度、级效率和总效率。此外，还可以对液-固分离旋流器的结构尺寸进行优化。

液-固旋流器的结构尺寸，如圆筒端部直径 D_c、进口管直径 D_i、溢流管直径 D_o、旋流器长度 L、圆筒部长度 H_c、溢流管在管内长度 H_o 和锥筒锥角 θ 等及其相关比例，如 D_i / D_c、D_o / D_c、D_u / D_c、L / D_c、H_c / D_c 等对旋流器的性能有很大影响。各研究者提出了略有不同的结构尺寸比例值。Rietema[25] 提出的适宜尺寸比例见表 22-3-9。

表 22-3-9　旋流器适宜的结构尺寸比例

用途	D_i / D_c	D_o / D_c	L / D_c	H_c / D_c
分级	1/7	1/7	2.5	0.33~0.4
分离	1/4	1/3	5	0.33~0.4

设计旋流器时，可根据物料性质（固、液相密度，固相粒径，液相黏度）、处理量、分离或分级要求（分离中径 d_{50}）和给定的压力降，先初定结构尺寸比例，再按式(22-3-11)、式(22-3-13)～式(22-3-17) 确定 D_c。此法需试算且无实验数据参考。Svarovsky[19] 提出了将 Q、Δp、D_c、d_{50} 关联在一起的准数方程，用此方程再根据已有实验数据（表 22-3-8），可进行放大设计。准数方程如下[23]：

$$St_{50} \cdot Eu = 常数 \tag{22-3-18}$$

式中，St_{50} 为斯托克斯数，用下式计算，Eu 用式(22-3-13) 计算。

$$St_{50} = \frac{d_{50}^2 (\rho_s - \rho_1) v_c}{18 \mu D_c} \tag{22-3-19}$$

3.2.4.2　液-液分离旋流器的设计

对于液-液分离旋流器，St_{50} 数与 Eu 数不满足式(22-3-18) 的关系，这可能是液滴的变形或破碎造成的[26]。这给此类旋流器的设计带来了许多困难，一般用实验确定标准旋流器的结构和操作参数，然后用流动相似原理进行放大设计。此外，借助于数值仿真技术可以为液-液分离旋流器的结构参数和操作参数的确定提供依据。例如，李玉星等[27]运用计算流体力学的流场模拟和油滴的模拟技术，模拟出旋流器的压降-流量曲线、分离效率-流量曲线及级效率粒径曲线，并与实验数据做了比较。结果表明，在低流量下压降和分离效率的模拟值与实测值十分吻合，而当级效率大于40％时，模拟值与实测值比较吻合，当油滴直径较小时，模拟计算结果存在较大的误差。静态液-液旋流器的进口压力较高，如 Thew 型 60mm 旋流器的最小驱动压力约为 0.58MPa，进料系统难以满足这个条件[8]。标准小直径液-液旋流器（表 22-3-5）有驱动压力低、分离效果好的优点。对某一额定处理量，用小直径旋流器所需根数多，分离效果好，制造费用虽然较高，但操作费用低[27]。因此，对于大流量的油水分离要求，一般采用小直径的油水分离旋流器，多管并联组装在同一圆筒容器中形成模块化组合结构以满足需要，如图 22-3-22 所示。

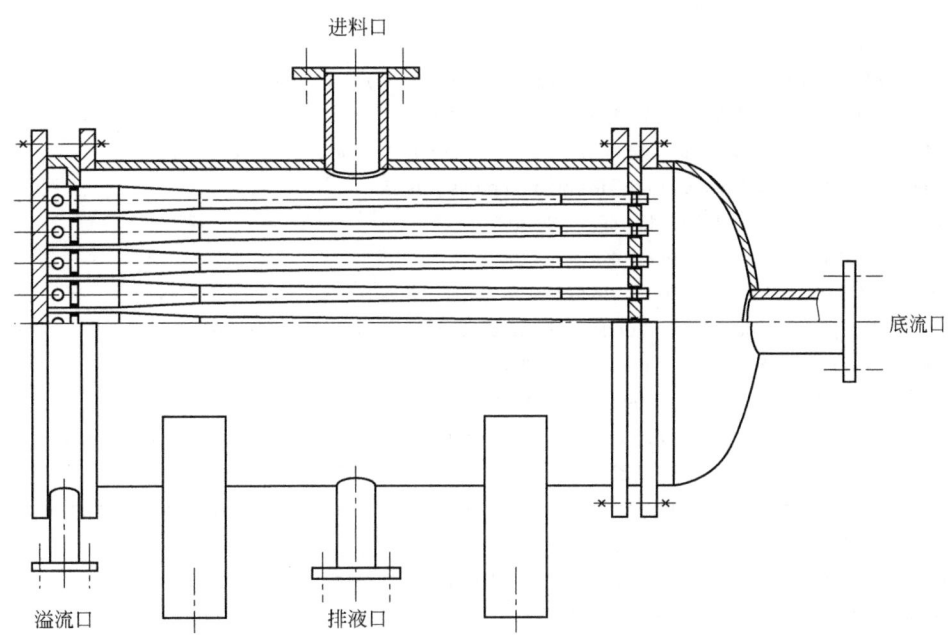

图 22-3-22 模块化大处理量液-液分离旋流器多管并联组装结构

对于油井的井下油水分离，可采用液-液分离旋流器多管串联组装在管柱中形成如图 22-3-23 所示的井下油水分离系统（DOWS)[28]。

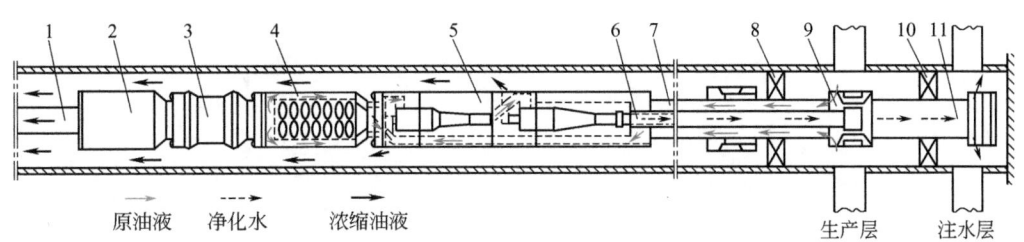

图 22-3-23 采上注下型 DOWS 的井下管柱结构示意图[28]

1—举升油管；2—潜油电机；3—保护器；4—泵；5—模块式油水分离器；

6—内插管；7—外插管；8—上封隔器；9—滑套开关；10—下封隔器；11—注水油管

参考文献

［1］　化学工学協会 . 化学工学便覧：第 4 版 . 東京：丸善株式会社，1978.

［2］　波瓦罗夫 A H. 选矿厂水力旋流器 . 王水嘉，等译 . 北京：冶金工业出版社，1982.

［3］　化学工学協会 . 化学工学便覧：改訂三版 . 東京：丸善株式会社，1968.

［4］　Amini S，Mowla D，Golkar M. Desalination，2012，285：131-137.

［5］　Chu L Y，Yu W，Wang G J，et al. Chem Eng Process，2004，43（12）：1441-1448.

［6］　Miller J D. US 4279743. 1981-07-21.

［7］　Noroozi S，Hashemabadi S H. Chem Eng Res Des，2011，89（7A）：968-977.

［8］　汪华林，钱卓群，魏大妹，等 . 石油化工环境保护，1998（3）：8-17.

［9］　Liu Y C，Cheng Q X，Zhang B，et al. Chem Eng Res Des，2015，100：554-560.

［10］　Li D，Zhou X J，Zhou H A. Procedia Eng，2011，18：369.

［11］　Trawinski H. Eng Mining J，1976，177（9）：115-127.

［12］　白志山，汪华林 . 华东理工大学学报（自然科学版），2006，32（4）：488-491.

［13］　陈海，方福胜 . 中国海上油气（工程），1998，10（4）：14-19.

［14］　安秉威，贺杰，张文中 . 油田地面工程（OSE），1994，13（4）：14-16.

［15］　Bradley D. The Hydrocyclone. Oxford：Pregramon press，1965.

［16］　Bennett J G. J Inst Fuels，1936，10（49）：22-39.

［17］　Plitt L R. CIM Bull，1971，64（708）：42.

［18］　Plitt L R. CIM Bull，1976，69（776）：114-123.

［19］　Svarovsky L. Hydrocyclones. Holt，London：Rinehart and Winston Ltd，1984：92.

［20］　Rietema K. Chem Eng Sci，1961，15（3-4）：298-302.

［21］　Bradley D，Pulling D J. Trans Inst Chem Eng，1959，37（1）：34-43.

［22］　Gibson K. In：Proc Symp on Solid/Liquids Separation Practice，Yorkshire Branch of I Chem E. Leeds，1979：1-10.

［23］　斯瓦罗夫斯基 L. 固液分离 . 第 2 版 . 朱企新，等译 . 北京：化学工业出版社，1990.

［24］　Svarovsky L，Marasinghe B S. In：Priestley G，Stephens H S（Eds）. Cambridge：Int Conf on Hydrocylones，1980：127-142.

［25］　Rietema K，Verver C G. Cyclones in Industry. Armsterdam：Elsevier，1961.

［26］　刘洪，郭清，胡攀峰，等 . 钻采工艺，2007，30（3）：78-81.

［27］　李玉星，冯叔初，寇杰，等 . 石油机械，2000，28（12）：10-13.

［28］　李增亮，董祥伟，赵传伟，等 . 石油机械，2014，42（1）：70-74.

4

重力沉降基本原理与设备

重力沉降指的是依靠重力场，利用颗粒与流体的密度差使其发生相对运动而实现沉降分离的过程。重力沉降常用于悬浮液的澄清与浓缩操作。澄清操作一般是指为获得液体而含固量极少的悬浮液进行的液固分离；浓缩操作是指为获得含液量较少的固体而对悬浮液进行的液固分离。由于澄清与浓缩单元操作在分离机理上存在一定的差异，因而设计方法有别，设备也不同。若生产要求得到澄清的液相和浓缩的固相，则在分离工艺选择、设备设计或选型时应予以兼顾。因为工业生产中悬浮液种类繁多、物料性质差别较大，因此，目前仍采用实验数据进行放大设计。实验数据的获得有三种途径，即实验室实验、半工业实验和工业实验。其中，实验室实验一般为小型间歇规模研究，需要的物料及人力物力较少，而半工业及工业实验为中大规模的连续性实验，需要的物料和投入的人力物力较大。因此，设计澄清或浓缩工艺时一般选择实验室实验，获得必要的实验数据后，再用于连续操作的沉降设备的设计，这样的结果与实际情况常不尽相同，一般采用效率系数（安全系数）加以修正。

4.1 重力沉降类型及沉降曲线[1]

悬浮液中悬浮的固体颗粒群在沉降过程中可能出现四种沉降状态，属于何种沉降状态，主要取决于固相浓度和颗粒间的凝聚倾向以及颗粒粒径的分散程度。

第一种为自由沉降，悬浮液浓度极低时，颗粒间距离较大，各颗粒以各自的沉降速度自由沉降，速度较快的可超过速度较慢的，会出现碰撞，若二者凝聚，将以更大速度沉降，上层液体逐渐变清。

当颗粒自由沉降时，颗粒除受重力、介质浮力和阻力作用外，不受其他因素影响。当一个球形颗粒放在静止流体中，颗粒密度 ρ_s 大于流体密度 ρ_L 时，则颗粒将在重力作用下做沉降运动。设颗粒的初速度为零，则颗粒最初只受重力 F_g 与浮力 F_b 的作用。重力向下，浮力向上。当颗粒直径为 d，其受到的向下的重力和向上的浮力分别用式（22-4-1）和式（22-4-2）表示。

$$F_g = \frac{\pi}{6} d^3 \rho_s g \qquad (22\text{-}4\text{-}1)$$

$$F_b = \frac{\pi}{6} d^3 \rho_L g \qquad (22\text{-}4\text{-}2)$$

式中，ρ_s 为颗粒的密度，$kg \cdot m^{-3}$；ρ_L 为流体相的密度，$kg \cdot m^{-3}$。

此时，液相中悬浮的颗粒将以个体分散的状态在重力的作用下下沉。如果颗粒可以看作球形，则其受到向下的作用力 G_0 为重力与浮力之差，可用式（22-4-3）表示。

$$G_0 = F_g - F_b = \frac{\pi}{6} d^3 (\rho_s - \rho_L) g \qquad (22\text{-}4\text{-}3)$$

G_0 又称作颗粒在介质中受到的有效重力，N。

颗粒在沉降过程中所受到的阻力 F_d 与惯性力 $\rho_L d^2 u^2$ 成正比，可用式(22-4-4) 表示。

$$F_d = \psi \rho_L d^2 u^2 \qquad (22\text{-}4\text{-}4)$$

式中，F_d 为颗粒受到的向上的阻力，N；ψ 为阻力系数，无量纲数，有时阻力系数定义为 $\psi' = F_d / [(\pi/4) d^2 (\rho_L u^2 / 2)]$，即阻力与颗粒的投影面积和动能之积的比，阻力系数 ψ 和 ψ' 之间有系数关系；u 为颗粒-流体相对速度，m·s^{-1}。

根据牛顿第二定律，颗粒的重力沉降运动基本方程式如下：

$$G_0 - F_d = m \frac{\mathrm{d}u}{\mathrm{d}t} \qquad (22\text{-}4\text{-}5)$$

将式(22-4-3) 和式(22-4-4) 的关系代入式(22-4-5)，整理得下式：

$$\frac{\mathrm{d}u}{\mathrm{d}t} = \frac{\rho_s - \rho_L}{\rho_s} g - \frac{6 \psi \rho_L}{\pi d \rho_s} u^2 \qquad (22\text{-}4\text{-}6)$$

由此式可知，右边第一项与 u 无关，第二项随着 u 的增大而增大。因此，随着颗粒向下沉降，u 逐渐增大，$\mathrm{d}u/\mathrm{d}t$ 逐渐减小。当 u 增加到某一定数值时，$\mathrm{d}u/\mathrm{d}t = 0$，于是颗粒开始匀速沉降运动。可见，颗粒的沉降过程分为两个阶段，加速阶段和匀速阶段。加速阶段较短，可以忽略不计，当作只有匀速阶段。在匀速阶段中，颗粒受到阻力与有效重力相等，即 $G_0 = F_d$。此时颗粒运动趋于平衡，沉降速度不再增加而达到最大值。这一速度称为沉降末速度或终端速度，常用 u_0 表示，见式(22-4-7)。

$$\pi d (\rho_s - \rho_L) g = 6 \psi \rho_L u_0^2 \qquad (22\text{-}4\text{-}7)$$

式中，阻力系数 ψ 与颗粒的雷诺数有关，对于球形颗粒在流体中的运动，雷诺数定义为式(22-4-8)，式(22-4-8) 中 μ 为流体相的黏度，Pa·s。

$$Re = \frac{d \rho_L u}{\mu} \qquad (22\text{-}4\text{-}8)$$

瑞利 (L. Rayleigh) 于 1893 年在大量实验数据基础上绘制了阻力系数 ψ 与雷诺数的关系曲线 (图 22-4-1)，该曲线称为瑞利曲线[2]。

根据瑞利曲线，可以得到不同雷诺数范围内阻力系数 ψ 与 Re 的关系。

如果颗粒较小且沉降速度较慢，则颗粒完全处于层流状态，此时阻力系数 ψ 可以表示为 $\psi = 3\pi/Re$，代入式(22-4-7) 可得到自由沉降的速度公式(22-4-9)。

$$u_0 = \frac{(\rho_s - \rho_L) g}{18 \mu} d^2 \qquad (22\text{-}4\text{-}9)$$

这就是斯托克斯公式，适用于 $Re \leqslant 1$ 的范围。该公式微细粒物料的沉降速度正比于颗粒直径的平方。

当颗粒的自由沉降速度增大后，颗粒的雷诺数也相应增大，由图 22-4-1 可以看出，当 $Re > 1$ 后，此时的流形进入过渡区，阻力系数 ψ 与 Re 间的关系比较复杂，不同的区段有不

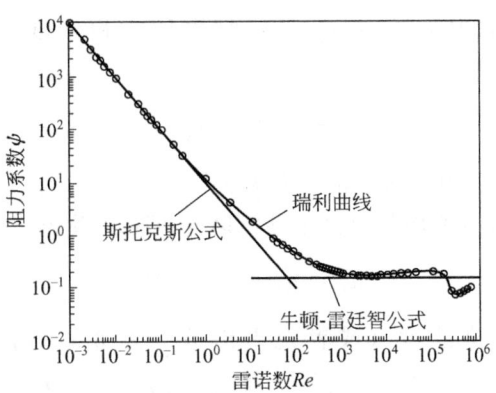

图 22-4-1　瑞利曲线

同的表达式。当雷诺数增大到 5000 以上后，颗粒的沉降速度处于充分发展的湍流状态，此时阻力系数 ψ 不再随雷诺数 Re 的增大而改变。此时 $\psi = \pi/18$，代入式（22-4-7）可以计算得出自由沉降速度：

$$u_0 = \sqrt{\frac{3(\rho_s - \rho_L)gd}{\rho_L}} \tag{22-4-10}$$

上式是牛顿-雷廷智公式，适用于 $Re > 5000$ 的情况。

第二种为干涉沉降，悬浮液浓度较大时，颗粒间距离较小，相互制约而以同样速度沉降，液层与悬浮液层之间有明显界限。

当悬浮液中的颗粒浓度增大后，体系逐渐转为浓相，即使颗粒仍处于分散悬浮状态（即所谓的散式系统），颗粒间的干扰、器壁对颗粒运动的影响增加，而且单个颗粒下沉形成的尾涡亦将影响后续颗粒的沉降。这种情况下颗粒沉降称为干涉沉降。常见的几种干涉沉降形式如图 22-4-2 所示。它们是：①颗粒在粒度和密度均一的粒群中沉降，见图 22-4-2(a)；②颗粒在粒度相同但密度不同的粒群中沉降，见图 22-4-2(b)；③颗粒在粒度和密度均不相同的混合粒群中沉降，见图 22-4-2(c)；④粗颗粒在细微分散悬浮液中沉降，见图 22-4-2(d)。

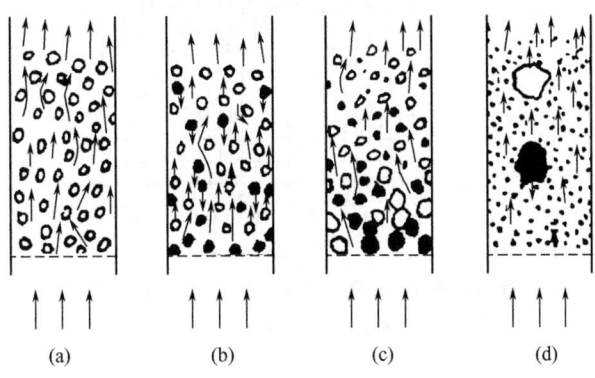

图 22-4-2　常见的几种干涉沉降形式

干涉沉降过程很复杂，目前还很难从理论上得到确切的干涉沉降速度公式，只能用经验公式表示。下面介绍几个经验公式。

(1) 利亚申科经验公式[3]　苏联学者利亚申科把均匀粒群干涉沉降时颗粒的相互碰撞、

摩擦以及通过周围介质的相互影响等效看作阻力系数的增大。干涉沉降阻力系数 ψ_h 与自由沉降阻力系数 ψ 和颗粒的体积分数 φ_B（有时也称容积浓度）之间的关系可表示为式（22-4-11）。

$$\psi_h = \psi (1 - \varphi_B)^{-n_s} \qquad (22\text{-}4\text{-}11)$$

式中，指数 n_s 的大小与颗粒的雷诺数有关。

利亚申科于 1940 年给出了均匀粒群干涉沉降速度的经验公式（22-4-12）。

$$u_h = u_0 (1 - \varphi_B)^n \qquad (22\text{-}4\text{-}12)$$

在假定阻力系数与沉降速度（或者说雷诺数）无关的前提下，利亚申科曾给出式（22-4-11）和式（22-4-12）中指数间的关系，即 $n_s = 2n$。这一关系适用于牛顿-雷廷智公式范围。若在牛顿-雷廷智公式范围内，式（22-4-12）中的指数 n 用 n_N 表示，则 $n_s = 2n_N$。对于斯托克斯公式范围，可以导出 $n_s = n$，即 n_s 为斯托克斯公式范围内的 n 值。这一结果表明无论是层流的斯托克斯公式范围还是湍流的牛顿-雷廷智公式范围，体积分数对阻力系数的影响都是一样的。

利亚申科得出的指数 $n = 2.5 \sim 3.8$。其他学者得到的 n 值在斯托克斯公式范围内，$n_s \approx 4.65$，在牛顿-雷廷智公式范围内均在 $n_N \approx 2.33$，大致有 $n_s = 2n_N$。

① n 值的影响因素。大量的研究表明干涉沉降速度公式（22-4-12）中的 n 值是雷诺数的函数。对于非球形颗粒，n 值还与形状有关。图 22-4-3 是球体、石英颗粒和煤的 n 值与自由沉降雷诺数之间的关系。

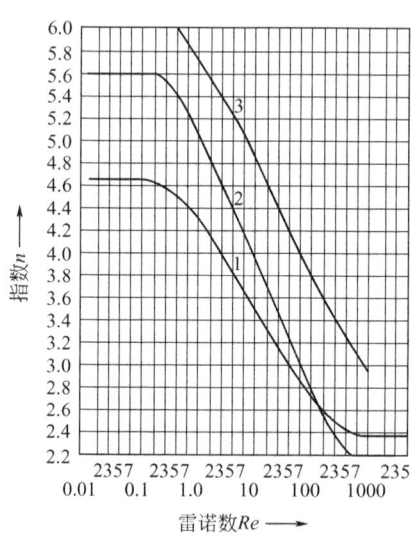

图 22-4-3 n 值与自由沉降雷诺数的关系
1—球体；2—石英；3—煤

从图 22-4-3 可知，n 值与颗粒周围绕流流态有关，在层流流态和湍流流态下，n 值趋近于一个常数。在过渡区，n 值随雷诺数的增大而减小。

② n 值与雷诺数的关系。凯利（E. G. Kelly）和斯波蒂斯伍德（D. J. Spottiswood）于 1982 年提出公式（22-4-12）中指数 n 的变化规律可用式（22-4-13）表示。

$$n = \frac{4.8}{2+m} \qquad (22\text{-}4\text{-}13)$$

式中，m 为瑞利曲线斜率，其在斯托克斯公式范围内为 -1；在牛顿-雷廷智公式范围内为 0；在过渡区内在 $-1 \sim 0$ 变化（可参看图 22-4-1）。对于相同雷诺数情况下，可以把不同形状颗粒的 n 值表达为式（22-4-14）的形式。

$$n = \frac{a}{b+m} \qquad (22\text{-}4\text{-}14)$$

式中，a 和 b 为常数。

（2）干涉沉降速度通用公式 戈罗什柯、罗津鲍姆和托杰斯曾于 1958 年提出均匀球群干涉沉降速度通式，见式（22-4-15）。

$$u_{\mathrm{h}} = u_0 \frac{(1 + 0.0339\sqrt{K'})(1-\varphi_{\mathrm{B}})^{4.75}}{1 + 0.0339\sqrt{K'(1-\varphi_{\mathrm{B}})^{4.75}}} \qquad (22\text{-}4\text{-}15)$$

$$K' = \frac{6G_0\rho_{\mathrm{L}}}{\pi\mu^2} \qquad (22\text{-}4\text{-}16)$$

我国学者姚书典也曾于 1982 年提出了均匀球群干涉沉降速度的通用公式，见式（22-4-17）。

$$u_{\mathrm{h}} = u_0 \frac{\sqrt{1 + \dfrac{G_0\rho_{\mathrm{L}}(1-\varphi_{\mathrm{B}})^{4.65}}{146K\mu^2}} - 1}{\sqrt{1 + \dfrac{G_0\rho_{\mathrm{L}}}{146K\mu^2}} - 1} \qquad (22\text{-}4\text{-}17)$$

式中，K 为颗粒的有效重力 G_0、液体密度 ρ_{L} 和黏度 μ 的函数，表示为式（22-4-18）。

$$K = \frac{1 + \left(1000\dfrac{\mu^2}{G_0\rho_{\mathrm{L}}}\right)^{0.27}}{\left(1 + 1000\dfrac{\mu^2}{G_0\rho_{\mathrm{L}}}\right)^{0.37}} \qquad (22\text{-}4\text{-}18)$$

由于干涉沉降的情况比较复杂，已经导出的各种干涉沉降速度的通用公式形式也很多，不同公式给出的计算结果有时候有较大的差异，特别是在过渡区中差异更大，只适合进行粗略估算。

第三种为分层沉降，即同时存在上述两种沉降状态，中等浓度的悬浮液沉降一短暂时间后，下层浓度增大，出现干涉沉降，上层浓度变稀，处于自由沉降状态。

第四种为压缩沉降，这时颗粒群已沉降在一起，靠颗粒自身重量对下层颗粒产生的压力而压缩，挤压出间隙中的液体。图 22-4-4（a）中下图为只存在第二和第四两种状态的沉降过程，上图为描述沉降过程的沉降曲线。曲线是以清液和悬浮液间界面高度对沉降时间的坐标绘出的。它表示了界面高度对时间的函数，也表示了界面的下降速度。曲线最初的小段弧线表示了短时间的自由沉降状态，从 a 到 b 的直线段是干涉沉降状态下的等速阶段，b 以后为压缩沉降状态的降速阶段，b 称为临界点。干涉沉降速度受浓度影响较大。浓度不同，沉降速度不同，沉降曲线的斜率也不同，见图 22-4-4（b）。

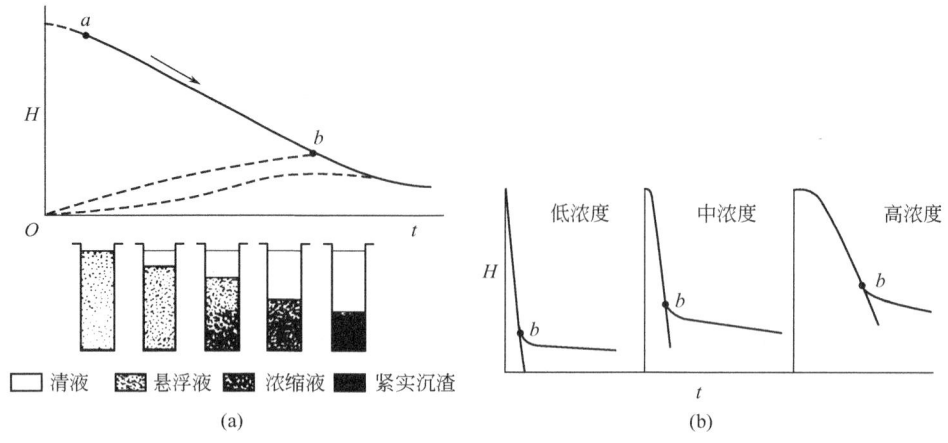

图 22-4-4 沉降状态示意图（a）和沉降曲线图（b）

4.2 重力沉降过程的数学描述[4]

沉降是依靠体积力的作用将颗粒从流体中分离出来的过程，该体积力可以是作用在颗粒上的浮力、重力或离心力。颗粒通过粒径大小和密度表现出来的质量以及悬浮液中颗粒的体积浓度，都与这些状况下悬浮液的沉降行为的描述密切相关。稀释悬浮液的沉降过程中，颗粒可以作为个体进行沉降。在高浓度时，用干涉沉降或干涉浓缩来描述悬浮液沉降过程，这时沉降速度主要是与浓度而不是与颗粒大小有关。

沉降悬浮液的行为主要由两个因素决定。一个是颗粒固相物的浓度；另一个是颗粒的聚集状态。如果固相物浓度低而且也不以任何方式聚集，也就是说，以"颗粒"状态存在，那么颗粒将作为个体进行沉降，其运动规律可以用牛顿定律或斯托克斯定律来描述。然而，如果颗粒浓度非常大以至于颗粒之间几乎都有接触，其干涉程度致使颗粒大小对沉降速度的影响变小，此时沉降速度受浓度的影响要大于其他任何特性参数的影响。

（1）稀悬浮液的沉降 将牛顿第二运动定律应用于实际的场合，可以得到液体中一个小固体颗粒运动的通式。Soo[5]给出了这样一个颗粒所受的力：

$$A - D + F + P - L - B = 0 \tag{22-4-19}$$

式中，A 为作用于颗粒上的惯性力；D 为作用于颗粒上的阻力；F 为作用于颗粒上的场力；P 为流体中的压力梯度引起压力；L 为作用于颗粒表观质量上的加速力；B 为考虑因非稳定状态引起流型偏离的力。

若将上式全面展开，该式将非常复杂而难以求解，因此求解前通常进行简化。例如，如果流体中的压力梯度不太大，则 P 忽略不计；如果流态稳定，则 B 为零；当流体密度低于固体密度时，L 通常可以忽略。如果进行这些简化，则式（22-4-19）变为：

$$A - D + F = 0 \tag{22-4-20}$$

如果球形颗粒的直径为 x（m），则惯性力 A 可用下式给出：

$$A = \frac{\pi x^3}{6}\rho_s \frac{\mathrm{d}u}{\mathrm{d}t} \tag{22-4-21}$$

式中，ρ_s 为固相密度；u 为颗粒与流体间的相对速度；t 是时间。通常用（$\rho_s + k\rho$）代替式中的 ρ_s 项，以计入 L 的影响。k 是一个考虑颗粒周围流体层存在的因子，ρ 是流体密度。k 的值一般取 0.5。

阻力通常用牛顿定律来描述[5]，即：

$$D = C_D Re_p A_p \frac{\rho}{2}u^2 \tag{22-4-22}$$

式中，A_p 是颗粒在流动方向上的投影面积；C_D 是阻力系数。对于任何形状的颗粒，阻力系数是下述颗粒雷诺数的函数：

$$Re_p = \frac{xu\rho}{\mu} \tag{22-4-23}$$

该雷诺数表征颗粒周围流体流动的特性。

阻力系数也可以被看成是颗粒在流动方向上的单位投影面积 A_p，颗粒垂直于运动方向测量上的力 τ（N），与流体动能之比，于是阻力系数：

$$C_D = \frac{2\tau}{\rho u^2} \tag{22-4-24}$$

C_D 与 Re_p 的关系，即标准阻力曲线，示于双对数坐标图 22-4-5 中。

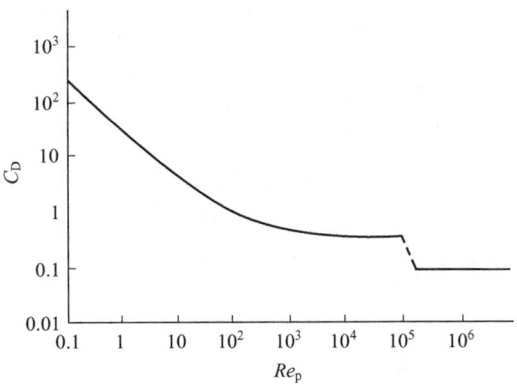

图 22-4-5 标准阻力曲线

随着雷诺数的增大，阻力系数减小。许多研究者导出了一些描述 C_D 与 Re_p 的关系方程式，这些方程式通常局限于一个有限的 Re_p 范围。例如，当 Re_p 值在 10^5 以下时，Khan 和 Richardson[6] 建议采用下式：

$$C_D = (2.249Re_p^{-0.31} + 0.358Re_p^{0.06})^{3.45} \tag{22-4-25}$$

可以看到，当 Re_p 值处于 $10^3 \sim 2\times10^5$ 时，C_D 的值恒定为 0.44；而当 Re_p 值在约 2×10^5 附近时，C_D 值迅速下降到另一个恒定值 0.1。该 C_D 值的陡降现象是由球形颗粒周围流体边界层的流动状态变化而引起的，此时边界层流动状态从层流变为湍流，并且颗粒后方流体边界层开始与颗粒表面分离。

在重力沉降中，起主导作用的场力是作用在颗粒上的重力和浮力，于是：

$$F = \frac{\pi x^3}{6}(\rho_s - \rho)g \qquad (22\text{-}4\text{-}26)$$

因此，式(22-4-20) 的力平衡变为：

$$\frac{\pi x^3}{6}\rho_s \frac{du}{dt} - C_D \frac{\pi x^2}{4} \frac{\rho}{2}u^2 + \frac{\pi x^3}{6}(\rho_s - \rho)g = 0 \qquad (22\text{-}4\text{-}27)$$

而且，如果其中惯性力项被认为非常小而忽略不计，则速度 u 的值变为沉降终速 u_t，由下式给出：

$$\frac{\pi x^3}{6}(\rho_s - \rho)g = C_D \frac{\pi x^2}{4} \frac{\rho}{2}u_t^2 \qquad (22\text{-}4\text{-}28)$$

即

$$u_t = \left[\frac{4(\rho_s - \rho)gx}{3\rho C_D} \right]^{1/2} \qquad (22\text{-}4\text{-}29)$$

如果 C_D 值已知，则 u_t 的值可以由该式算出。

在稀悬浮液沉降中，颗粒雷诺数通常很低（<1.0），此时 C_D 与 Re 的关系可以简单地描述。斯托克斯解出了 Navier-Stokes 方程，该式在忽略惯性力项的假设前提下，描述了仅有重力作为体积力时不可压缩流体中微元体的行为，得到了如下结果：

$$D = 3\pi\mu xu \quad 或 \quad C_D = \frac{24}{Re_p} \qquad (22\text{-}4\text{-}30)$$

当 Re_p 值在 0.2 以下时，这些方程应用时最大误差约为 4%。这些方程应用到某一给定系统时，适用的最大颗粒尺寸可用下式求得：

$$x_{max} = \left[\frac{3.6\mu^2}{(\rho_s - \rho)\rho g} \right]^{1/3} \qquad (22\text{-}4\text{-}31)$$

当采用斯托克斯阻力方程时，式(22-4-20) 的简化力平衡变为：

$$\frac{\pi x^3}{6}\rho_s \frac{du}{dt} - 3\pi\mu xu + \frac{\pi x^3}{6}(\rho_s - \rho)g = 0 \qquad (22\text{-}4\text{-}32)$$

经过初期加速阶段（通常很短）之后，可取加速度项为零，并令 $u = u_t$，则沉降终速 u_t 可由式(22-4-32) 求得：

$$u_t = \frac{x^2}{18\mu}(\rho_s - \rho)g \qquad (22\text{-}4\text{-}33)$$

此即是适用于球形颗粒的斯托克斯定律。

斯托克斯定律的应用受到两点限制。一点限制涉及浓度的影响，适用的浓度应该非常低，要保证沉降颗粒的行为不受任何相邻颗粒存在的影响；另一点限制是颗粒的雷诺数必须不超过 0.2。如果这些条件能满足，沉降过程通常称为"自由沉降"，其沉降终速可用式(22-4-33) 进行可靠的预测。自由沉降的过程包括：在悬浮液中沉降固相与上部液相之间没有明显的界面（即浑浊的悬浮液随着时间延长而慢慢变清），在容器的底部可以观察到沉淀物层。

如果浓度的影响非常显著，则沉降行为不能用上述方法进行描述，而需要寻求其他途径。当颗粒雷诺数大于 0.2 时，需要求解将阻力用上述牛顿定律表示的力平衡方程，而且因阻力系数与沉降速度的相互关系需通过雷诺数联系起来而变得复杂[7]。

当惯性力不能忽略时，Oseen 得出了一个针对球形颗粒的改进的解，其公式为：

$$C_D = \frac{24}{Re_p}\left(1 + \frac{3}{16}Re_p\right) \tag{22-4-34}$$

当雷诺数小于 1.0 时，该式是精确的。

对于包含阻力系数的方程求解，可用迭代方法或是分离变量 u 和 x 的函数，例如：

$$C_D Re_p^2 = \frac{4(\rho_s - \rho)\rho x^3 g}{3\mu^2} = P^3 x^3 \tag{22-4-35}$$

以及

$$\frac{Re_p}{C_D} = \frac{3\rho^2 u^3}{4(\rho_s - \rho)g\mu} = \frac{u^3}{Q^3} \tag{22-4-36}$$

$[(\rho_s - \rho)\rho x^3 g]/\mu^2$ 项通常称为伽利略数 Ga 或阿基米德数 Ar，这些符号将会在关联式中出现。从式(22-4-35)和式(22-4-36)中可以清楚看到，P 和 Q 仅仅依赖于系统特性。利用 $(Re_p/C_D)^{1/3}$ 与 $(C_D Re_p^2)^{1/3}$ 的曲线图（图 22-4-6）可以使这些问题的求解变得容易。

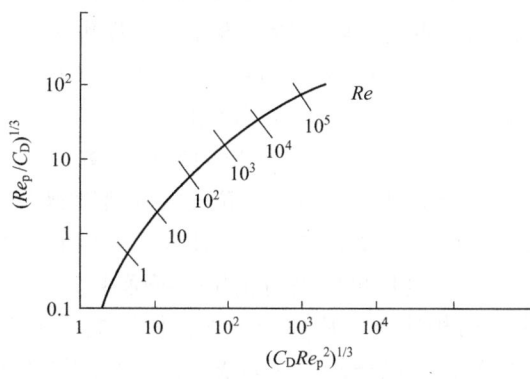

图 22-4-6 （Re_p/C_D）$^{1/3}$ 与（$C_D Re_p^2$）$^{1/3}$ 的关系图

（2）影响重力沉降的因素[8,9] 重力沉降分离的依据是分散相和连续相之间的密度差，其分离效果还与分散相颗粒的大小、形状、浓度、连续相（或介质）的黏度、凝聚剂和絮凝剂的种类及用量、沉降面积、沉降距离以及物料在沉降槽中的停留时间等因素有关。

① 颗粒的性质。球形或近似球形的颗粒或凝聚物显著地比相同重量的非球形的片状或针状颗粒下沉更迅速。絮凝具有将一群尺寸不同和形状不规则的颗粒转变成相当好的球形团粒的明显优点，这可大大地改善悬浮液的沉降特性。

② 浓度。在液体中增加均匀分散的颗粒的数量必减少每个单独的颗粒的下降速度。由于通常称为干涉沉降现象的影响，高浓度的悬浮液表现出单个颗粒的沉降速度急剧减少，由此导致颗粒群以大体相同的速度下降。因为进行沉降的是整个固体颗粒集合的沉降，而不是单个颗粒的沉降，故称这种运动为受阻运动。

人们已观察到与固体浓度变化有关的絮凝悬浮液的沉降特性，呈现出三个完全不同的状态。在低浓度悬浮液中单个颗粒或絮凝团在回流液中独立活动和自由下降，而回流液则在它们之间向上移动。絮团相互接触稀疏的中浓度悬浮液，假如悬浮液高度足够高，则进行沟道式的沉降。这些沟道是被颗粒置换的液体通过絮团向上流动的诱导期中形成的，尺寸与絮团同一数量级。

在高浓度悬浮液中，或在较稀的悬浮液沉降期间形成的中浓度区，或者由于在某个区域缺乏足够高度，或由于接近容器底部而剩余的液体量减少，不可能形成回流液沟道。因此，流体只能是通过原始颗粒间的微小空隙流动，从而导致相对低的压缩速率。该区域中压缩程度取决于覆盖固体的重量。如果絮凝作用的结果是颗粒与颗粒间的架桥，该架桥结构含有相对大量的空隙水，且由于架桥颗粒之间的摩擦力，该结构不易压塌，因而压缩程度较低。

③ 预处理。在絮凝的颗粒中大量较小的颗粒聚集在一起。尽管絮团或者絮凝物以显著高于最快速度的单颗粒的速度沉降，但在其空隙中可能夹带大量的水。絮团的形状和密度与初始颗粒的性质几乎无关。沉降速度的数学预测非常复杂，必须确定与实际颗粒完全不同的新的形状系数和密度值，而且这些值仍然主要通过实验方法获取。絮团的大小，以及在较小范围内絮团的形状，主要取决于使用的絮凝剂的类型。但絮团的沉降速度不仅取决于絮凝剂的类型，而且取决于已发生的分散作用和最终的吸附作用的程度。

④ 沉降容器。靠近沉降颗粒的固定壁或边界的存在，会干扰附近颗粒的正常流型，从而降低沉降速度。如果容器直径或平均直径与颗粒直径之比大于 100，容器壁对颗粒的沉降速度的影响可以忽略。

容器提供的悬浮液高度一般不影响沉降速度或最终获得的沉降浓度。可是如果固体浓度过高时，整个沉降过程期间包含自由沉降阶段，容器必须提供足够的高度。

如果容器壁是竖直的，且横截面积不随高度而变，则容器的形状对沉降速度影响甚微。如果横截面积或壁倾度发生变化，则应考虑对沉降过程的影响。

⑤ 介质的性质。对于一定的固体颗粒，介质的密度和黏度对沉降速度有显著的影响，介质与颗粒的密度差越大，介质的黏度越小，颗粒的沉降速度越大。介质的黏度会随着温度的上升而下降，因此，可通过调节温度而改变沉降速度。如电解二氧化锰生产过程中，重力浓密机中的温度达到 60～70℃，这样可以提高颗粒的沉降速度。

直接由悬浮液及其固-液两相性质，从理论上求得沉降曲线的解析关联式尚未成功。但从已测得的沉降曲线数据来关联其他条件下（如浓度改变）的同类悬浮液的沉降曲线的表达式，已由不少研究者提出。兹介绍下面三种。

4.2.1　Work-Kohler 模型[10]

Work-Kohler 模型用来表示初始浓度相同的悬浮液，在初始高度不同（H_0 和 H_0'）的情况下的两沉降曲线间的关联式，如图 22-4-7 所示，其关联式如下：

$$
\begin{aligned}
H_0/H_0' &= OA_1/OB_1 = OA_2/OB_2 = \cdots \\
&= H_1/H_1' = H_2/H_2' = \cdots \\
&= t_1/t_1' = t_2/t_2' = \cdots
\end{aligned}
\tag{22-4-37}
$$

4.2.2　Roberts 模型[11]

Roberts 关联式是表示压缩段沉降曲线的实验式，压缩段的沉降速度可表示为：

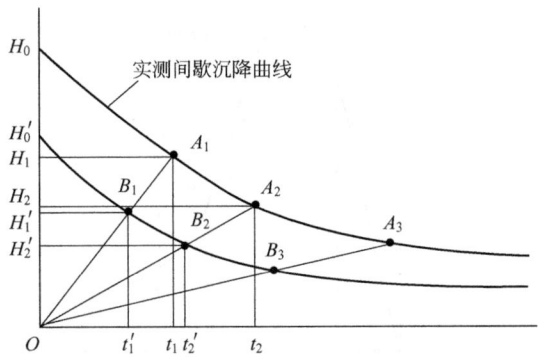

图 22-4-7 Work-Kohler 关联式曲线图

$$-\frac{\mathrm{d}H}{\mathrm{d}t}=k_1(H-H_\infty) \tag{22-4-38}$$

式中，H_∞ 为放置无限长时间后界面的高度。

设压缩段开始时的高度为 H_c、时间为 t_c，到时间 t 时的高度为 H，则上式积分后可得 Roberts 关联式：

$$\frac{H-H_\infty}{H_c-H_\infty}=\mathrm{e}^{-k_1(t-t_c)} \tag{22-4-39}$$

4.2.3 Kynch 理论[12,13]

Kynch 理论由三个定理组成，是根据间歇沉降过程中的物料平衡得出的关于沉降曲线的结论。Kynch 假设悬浮液中颗粒大小相等，形状相同，颗粒间及颗粒与液相间没有质量传递；悬浮液中的固体颗粒相对于容器直径非常小。在此条件下悬浮液任意位置处固体颗粒的沉降速度只是该处悬浮液容积浓度的函数。这是其理论成立的最重要的假设。

(1) 定理 I 如果在沉降高度的任一位置处出现不连续界面（浓度分层）时，则界面的沉降速度为：

$$u=-\frac{\Delta S}{\Delta C} \tag{22-4-40}$$

式中 S——固相的容积通量密度，$m^3 \cdot m^{-2} \cdot s^{-1}$；

       C——固相的容积浓度，$m^3 \cdot m^{-3}$。

设界面以上悬浮液层的容积浓度和通量密度为 C_1 和 S_1，而界面层以下悬浮液层的为 C_2 和 S_2，则界面层的上升速度为：

$$u=\frac{S_1-S_2}{C_2-C_1} \tag{22-4-41}$$

如图 22-4-8 所示，界面扩展速度为 S-C 曲线上 P_1、P_2 点连线的斜率，它表示从浓度 C_1 到 C_2 的速度。在图 22-4-2(a) 中的间歇沉降过程，可能出现：底部密实层与压缩层之界面，压缩层与集合沉降层之间的界面。这些界面向上扩展速度可用上两式计算。

(2) 定理 II 如果在连续相（不存在不连续界面的悬浮液）中任一位置处存在浓度梯度，设该处的浓度为 $C+\mathrm{d}C$，则将以等速度 u 向上扩展：

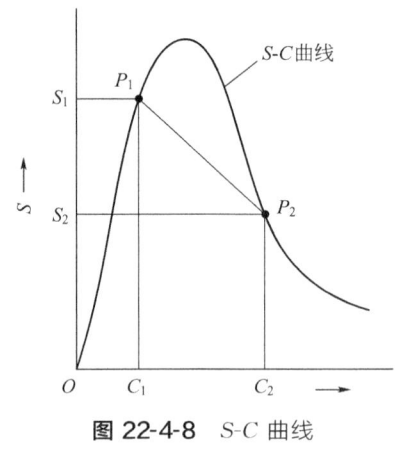

图 22-4-8　S-C 曲线

$$u = \mathrm{d}S/\mathrm{d}C \qquad (22\text{-}4\text{-}42)$$

式(22-4-42) 称为连续性方程，是根据集合沉降（干涉沉降）速度为浓度的函数，$u = u(C)$，而得出的恒浓度层的定理。它说明集合沉降层的浓度保持均匀恒定的现象。

（3）定理Ⅲ　它是描述清液层与悬浮液层间界面沉降速度的定理，可以确定间歇沉降过程中任一时刻清液界面的沉降速度，亦即可以确定任意浓度悬浮液在干涉沉降阶段或压缩阶段的清液界面下降速度。如图 22-4-9 所示的沉降曲线，设初始浓度为 C_0 的悬浮液在沉降高度为 H_0 的情况下开始沉降，任一时刻的沉降速度可用曲线上所对应点的斜率表示，例如超过等速沉降段后进入压缩降速段的 P_1 点，对应的时间为 t_1，此时的浓度 C_1 可根据物料平衡算出：

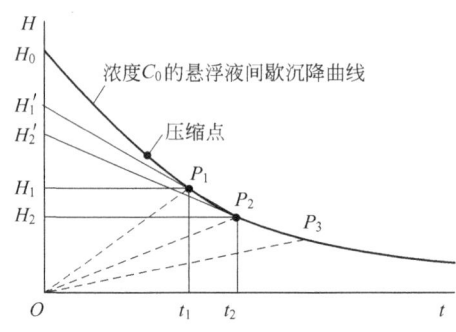

图 22-4-9　间歇沉降曲线

$$C_1 = \frac{C_0 H_0}{H_1} \qquad (22\text{-}4\text{-}43)$$

从 P_1 点作曲线的切线，交纵坐标于 H_1'，则 P_1 点处的界面沉降速度为：

$$u_1 = \frac{H_1' - H_1}{t_1} \qquad (22\text{-}4\text{-}44)$$

以此类推，可同样地得到 P_2、P_3…点的瞬时沉降速度 u_2、u_3…。

4.3　澄清与澄清设备

澄清操作用于固相浓度较低的稀薄悬浮液的澄清，固体颗粒处于自由沉降状态，沉降一段时间后，颗粒尺寸将按高度分级。澄清槽尺寸的设计，将根据流量 Q 和分流液澄清度的要求，由溢流速度 v_0（液体在槽内的上升速度）和悬浮液在槽内的停留时间 t_d 来确定。其关系式如下：

$$v_0 = Q/A \tag{22-4-45}$$

$$t_d = V/Q = AH/Q = H/v_0 \tag{22-4-46}$$

式中　V——澄清区的容积；

　　　A——沉降面积，澄清设备均按澄清区容器的水平投影面积计；

　　　H——澄清区高度，按重力方向测定。

为了根据生产要求的分流液含固量来确定 v_0 和 t_d，必须用原料悬浮液进行实验。有三种不同的实验方法：①长管实验，最常用的可靠方法，但较繁琐；②短管实验，较简单，只能用于沉降过程中颗粒不相互自然凝聚的情况，或用于沉降前已絮凝或聚凝过的情况；③两级实验，用于加絮凝剂的澄清操作，溢流澄清度主要取决于絮凝速度（亦即停留时间），而不取决于溢流速度（亦即絮凝团沉降速度）。在此仅介绍长管实验，其余的可参阅文献[14]。

4.3.1　澄清过程及常用澄清设备

工业生产和废水处理中的固液混合物中常含有极细的微粒，甚至小于 $1\mu m$ 的胶体微粒。这些微粒沉降速度极慢，甚至长期悬浮。要用重力沉降方法除去它们，必须先添加聚凝剂或絮凝剂进行预处理，使它们凝集成团，尺寸变大，增大沉降速度，方能达到澄清目的。这种操作称为凝集澄清。由于原始悬浮液的固体颗粒及液体性质不同，所用的凝集剂不同，相应的机理也不同，可分为聚凝处理和絮凝处理。

(1) 最宜凝集处理条件[15]　从通常的观察知道，适当的搅拌可促进微粒的聚凝，这要比纯粹靠布朗运动的自然碰撞所产生的聚凝在速度上快得多，在效果上要好得多。但若搅拌的速度过快或时间过长，流体产生的剪切力过大，反而使聚凝团再次粉碎。

最宜聚凝条件，按下列无量纲数判断：

$$G_v t = 1 \times 10^4 \sim 1 \times 10^5 \tag{22-4-47}$$

$$G_v t \phi = 100 \sim 500$$

式中　G_v——被搅拌液体的速度梯度的平均值，s^{-1}；

　　　t——搅拌时间，s；

　　　ϕ——悬浮液的固相容积浓度，$kg \cdot m^{-3}$。

G_v 值按下式计算：

$$G_v = \left(\frac{P}{\mu V}\right)^{1/2} \tag{22-4-48}$$

式中　G_v——被搅拌液体的速度梯度的平均值，s^{-1}；

　　　P——消耗在液体中的搅拌功率，可用测定轴功率的方法确定，W；

　　　V——液体容积，m^3；

　　　μ——液体动力黏度，$Pa \cdot s$。

若 $G_v t$ 值或 $G_v t \phi$ 值在式(22-4-47)范围内时，可得较佳的凝集结果。事实上，在凝集过程中，速度梯度 G_v 值的大小在初期和后期应不相同，方能达到最佳效果。凝集初期，因微粒小而分散，需较大速度梯度，以增加微粒的凝集机会和速度；当聚凝团增大后，凝结强度减弱，这时应减小速度梯度，方能既不致破坏已凝集的聚凝团，又继续提供凝集的条件，使之继续长大。因此，最好的凝集操作是用不同的搅拌速度逐级凝集，实验室可用可变转速的搅拌器，工业生产中可用转速不同的搅拌器分级处理。

（2）凝集处理装置 工业生产中的凝集处理装置有以下四类：

① 带搅拌桨的处理槽，多为桨式，转轴水平、垂直或倾斜放置均可。

② 带折流板的处理装置，长槽（多为澄清槽的供料槽）中装若干折流板，或在处理槽中装上迷宫式或蜂窝状的折流结构。

③ 管道混合，由小口径的长管造成湍流，提供所需的速度梯度，即造成混合接触以达到凝集所需的条件。

④ 其他装置，如流化床式、空气鼓泡式等类型的混合搅拌装置。

工业生产中用的典型澄清装置分为以下三类。

① **一次通过型澄清槽** 一次通过是对固体颗粒在槽中的路径而言，图 22-4-10 为水平长槽型澄清槽，图 22-4-11 为圆槽型澄清槽。加入的聚凝剂或絮凝剂用水平的或垂直的桨叶搅拌，形成的聚粒团进入沉降区进行沉降分离。这种类型的澄清槽常用于水处理，由于它的澄清效果不及后面两类澄清槽，故多用来作为中间澄清装置。

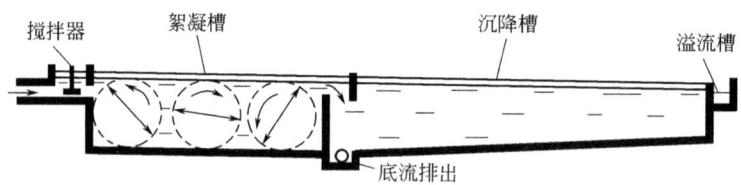

图 22-4-10 水平长槽型澄清槽

② **流化床型澄清槽** 这类型澄清装置的特点是悬浮的微粒和聚凝颗粒可停留在一定区域内，并可在该区内自由移动，类似流化床中粒子的行为。这类澄清器与第三类澄清器不同，没有固体颗粒的再循环。最早的流化床型澄清器为锥形槽结构，如图 22-4-12 所示，与沉降分级器的砂锥相似，但以不同方式进行操作。这种澄清器系统的主要部分应包括：a. 聚凝剂或絮凝剂的配制；b. 进料系统，使原料液与絮凝剂液混合，进行絮凝，以形成聚粒团；c. 稳定的类似流化床的区域，使微小聚粒团长大；d. 澄清液区（或称调节区），在流化区容积波动时作缓冲调节用；e. 澄清液排出结构；f. 浓浆浓缩区；g. 浓浆排出结构。

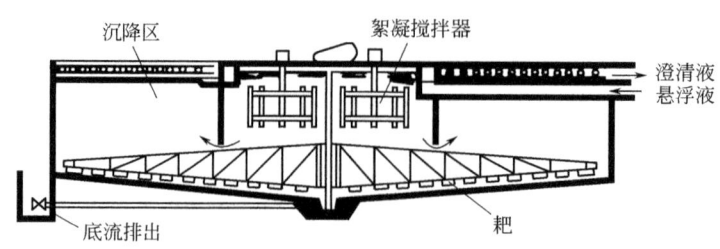

图 22-4-11 圆槽型澄清槽

③ **固体再循环澄清槽** 再循环澄清槽的主要特点是：已沉淀的或部分沉淀的固体颗粒

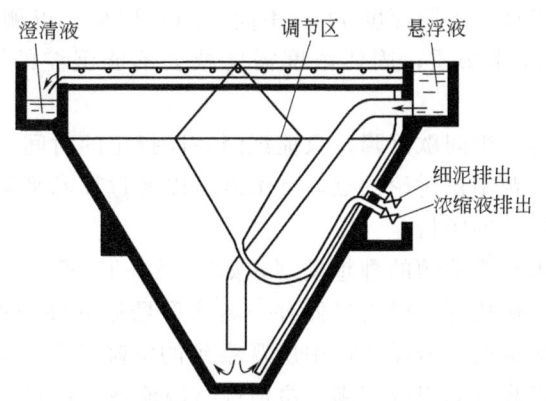

图 22-4-12　流化床型澄清器

用内循环或外循环的方法与加入的原料悬浮液混合。这是因为再循环的固体是已成熟的聚粒，加速了凝集过程和捕集微粒。图 22-4-13 是内部再循环澄清槽，图 22-4-14 是外部再循环澄清槽。这类澄清槽系统的主要组成部分包括：a. 聚凝剂或絮凝剂的配制系统；b. 加入的原料悬浮液与再循环的聚粒团相混合的区域或系统；c. 已混合的聚粒团的分布装置；d. 沉降区域；e. 澄清液的排出结构；f. 浓浆的返回结构，可能仅是一个锥筒（图 22-4-13）或旋转的耙齿（图 22-4-14）；g. 多余浓浆的排出结构。

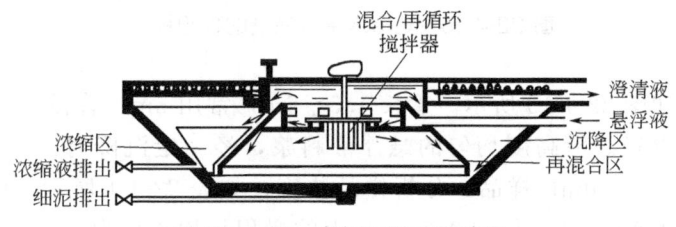

图 22-4-13　内部再循环澄清槽

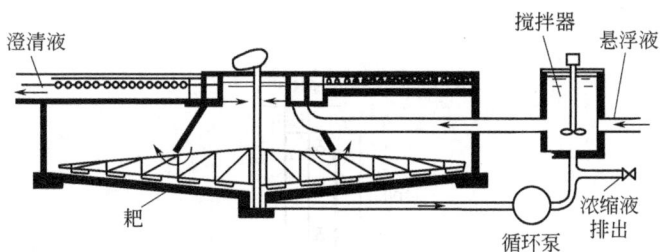

图 22-4-14　外部再循环澄清槽

4.3.2　长管实验[16]

当考虑微粒的不均匀体系时，粒子的大小、形状和密度的精确值及其范围可能都不清楚。在这种情况下，有必要进行一些实验测试。长管实验，其目的是在一根管子中达到所要求的分离程度，此管子高度与水池的深度有相似的值，并允许其内颗粒沉降时间等于水池内停留时间 t_d。在系统变化过程中，颗粒以一个相对缓慢的速度进行一些自然凝聚，而该速度又依赖于停留时间时，这个实验就特别重要。

水池深度和停留时间的组合必须被找出，因为这会给出固相物脱出率的特定水平。为此目的，在一根长管式沉降柱的不同深度 H 和不同时间 t_d 取样，以测定固体浓度 c'。在实验中经常会存在不需要的胶体物质，固体浓度需要减去不能沉淀的固体物质的浓度来进行修正。

这个装置可用以进行一组间歇沉降，只能沉降一段指定的时间，且在所有取样点进行取样测定。所有的点包括问题中被讨论的点，其浓度可以通过算术平均值计算出来。这样，就可模拟在该点之上的上清液的倾析。

长管实验基于矩形水平澄清槽的理想模型，如图 22-4-15 所示。悬浮液从进口侧匀速流向出口端，整个断面上流速相等。设进口处有一圆柱形悬浮液柱与液流等速地移向出口处，则此理想模型槽中的沉降情况与悬浮液柱中所观察到的沉降情况相同。长管实验的目的是：确定何种停留时间与沉降高度的组合能满足澄清度（溢流液含固量）的要求。因此，必须取得一定范围内的一系列沉降深度、浓度和时间的实验数据。

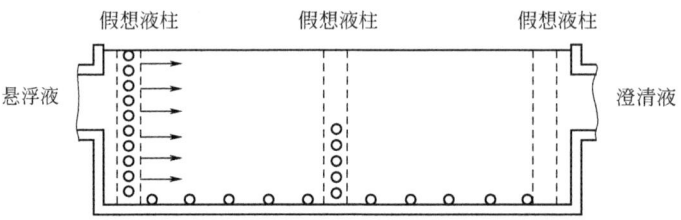

图 22-4-15 矩形水平澄清槽的理想模型

长管实验装置如图 22-4-16 所示。管长 1.5～5m，常用 3m。管径 50～150mm，为避免壁效应，最好用大直径。沿高度均匀的悬浮液料浆，经一定沉降时间，即停留时间 t_d 后，从各取样口取出 100～500mL 样品，分析样品浓度，如表 22-4-1 所示。该悬浮液初始浓度 408mg·L^{-1}，停留时间 0.5h，例如 0.75m 以上的累积平均浓度为 46.7mg·L^{-1}，它表示停留时间 0.5h，并以 0.75m 以上液柱的液体作整流液时的澄清度，此时溢流速度为 1.5m·h^{-1}。

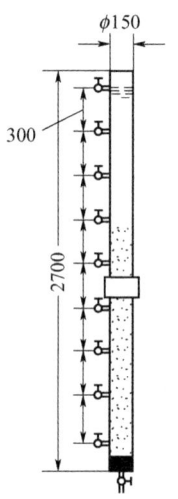

图 22-4-16 长管实验装置

表 22-4-1　长管实验数据

累计高度 H/m	样品浓度/mg·L^{-1}	累计平均浓度/mg·L^{-1}
0.25	42	42
0.50	49	45.5
0.75	49	46.7
1.00	53	48.3
1.25	52	49.0
1.50	54	49.8
1.75	52	50.1
2.00	52	50.4
2.25	54	50.8
2.50	60	51.7
2.75	68	53.2
3.00	60	55.4

实验初始浓度 $C_0=408$mg·L^{-1}，停留时间 $t_d=0.5$h

（1）浓度校正　某些悬浮液含胶体粒子，不能被絮凝剂所絮凝，长期悬浮而不沉降，为计算有效澄清度，应减去这部分粒子，设其浓度为 C_∞，则澄清度的校正浓度为 $C'=C-C_\infty$。C_∞ 根据式（22-4-49）计算[17]：

$$C=\frac{1}{kt_d}+C_\infty \tag{22-4-49}$$

式中　C——澄清液浓度；

　　　C_∞——澄清液中不沉降的胶体粒子浓度；

　　　t_d——沉降时间，即停留时间；

　　　k——与沉降速度有关的常数，由实验确定。

C_∞ 的确定见表 22-4-2 和图 22-4-17。该图是根据表 22-4-2 实验数据中沉降高度为 0.25m 一行的四个停留时间的 C 值描出，图中纵坐标为 C 值，横坐标为 $1/t_d$ 值，所得直线可表示为式（22-4-49），故纵坐标的截距值即为 C_∞，此例中 $C_\infty=14$mg·L^{-1}。从表 22-4-2 中可以看出澄清液的校正浓度 C' 是从澄清液浓度 C 减去 14mg·L^{-1} 后得出的。

表 22-4-2　长管实验的实验数据

时间/h	1/2			1			2			4		
H/m	C/mg·L^{-1}	C'/mg·L^{-1}	v_0/m·h^{-1}	C/mg·L^{-1}	C'/mg·L^{-1}	v_0/m·h^{-1}	C/mg·L^{-1}	C'/mg·L^{-1}	v_0/m·h^{-1}	C/mg·L^{-1}	C'/mg·L^{-1}	v_0/m·h^{-1}
0.25	42.0	28.0	0.5	26.0	12.0	0.25	21.0	7.0	0.125	17.0	3.0	0.063
0.50	45.5	31.5	1.0	29.0	15.0	0.50	21.0	7.0	0.25	17.5	3.5	0.125
0.75	46.7	32.7	1.5	31.0	17.0	0.75	21.7	7.7	0.375	17.7	3.7	0.188
1.00	48.3	34.3	2.0	31.3	17.3	1.00	22.3	8.3	0.50	18.3	4.3	0.250
1.25	49.0	35.0	2.5	31.4	17.4	1.25	22.2	8.2	0.625	17.8	3.8	0.313
1.50	49.8	35.8	3.0	31.7	17.7	1.50	22.3	8.3	0.75	17.8	3.8	0.375
1.75	50.1	36.1	3.5	31.9	17.9	1.75	22.6	8.6	0.875	17.7	3.7	0.438
2.00	50.4	36.4	4.0	32.1	18.1	2.00	22.8	8.8	1.00	17.8	3.8	0.500
2.25	50.8	36.8	4.5	32.2	18.2	2.25	22.9	8.9	1.125	18.1	4.1	0.563
2.50	51.7	37.7	5.0	32.4	18.4	2.50	23.1	9.1	1.25	18.2	4.2	0.625
2.75	53.2	39.2	5.5	32.6	18.6	2.75	23.4	9.4	1.375	18.3	4.3	0.688
3.00	55.4	41.4	6.0	32.8	18.8	3.00	23.5	9.5	1.50	18.3	4.3	0.75

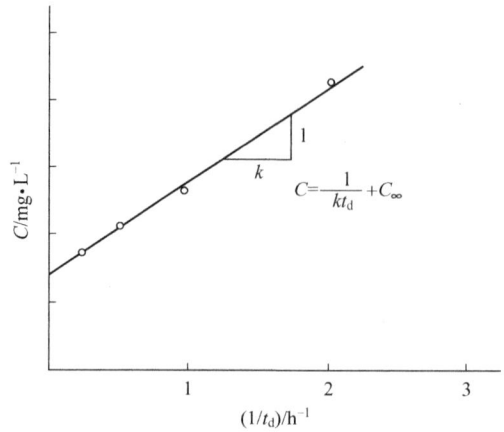

图 22-4-17 澄清度浓度修正

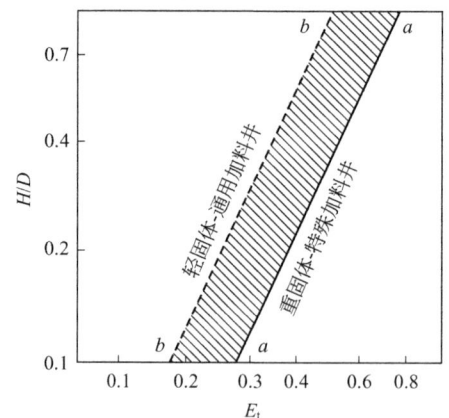

图 22-4-18 确定 E_t 值的线图

（2）效率修正　长管实验基于理想水平澄清槽模型，但实际澄清槽存在扰动，且流速亦非均匀。扰动会使已沉降的颗粒再悬浮，流速不均匀会使部分悬浮液过早溢流，停留时间缩短，分离效率下降。澄清过程的分离效率的理论计算值与实际值相差较大。一般按经验计算分为：①考虑停留时间（与澄清槽容积有关）的效率 E_t；②考虑溢流速度（与澄清槽沉降面积有关）的效率 E_A。根据已有的实际经验，$E_A = 0.65$，E_t 按图 22-4-18 确定。

4.3.3　澄清设备设计

根据长管实验的实验数据（表 22-4-2）进行澄清槽设计。

首先根据实验数据（例如表 22-4-2 所列）和澄清度要求 ［例如 20mg·L^{-1}，修正浓度 $20-14=6$（mg·L^{-1}）］，按对数坐标绘出浓度-溢流速度图（图 22-4-19），再根据图 22-4-19 绘出图 22-4-20，其中 aa 曲线（图 22-4-19 中虚线）是按特定溢流澄清度绘出的 v_0 对 t_d 的曲线，因此 aa 线上任一点对应的 v_0 和 t_d 值均能满足澄清度要求。

【例 22-4-1】　处理流量 $Q = 200$m^3·h^{-1}，进料浓度 408mg·L^{-1}，溢流浓度 20mg·L^{-1}（修正浓度 6mg·L^{-1}），试确定澄清槽直径和高度。

解　初选图 22-4-20 上曲线 aa 上参数点 P 的操作条件，即溢流速度 $v_0 = 1.5$m·h^{-1} 和

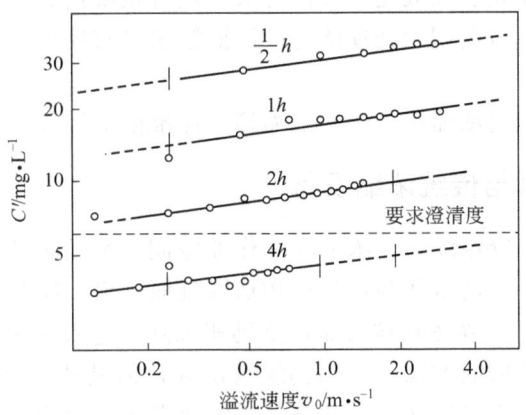

图 22-4-19　按停留时间绘出的 C' 对 v_0 的曲线图

停留时间 $t_d = 3.2$h。

效率系数确定：E_A 一般取 0.65，E_t 初定值取 0.4，于是

澄清槽容积：$V = Qt_d/E_t = 200 \times 3.2/0.4 = 1600 (\text{m}^3)$

澄清槽面积：$A = Q/(v_0 E_A) = 200/(1.5 \times 0.65) = 205 (\text{m}^2)$

澄清槽高度：$H = V/A = 1600/205 = 7.8 (\text{m})$

澄清槽直径：$D = (4A/\pi)^{0.5} = 16.16 (\text{m})$

澄清槽的高径比：$H/D = 7.8/16 = 0.49$

根据 H/D 值从图 22-4-18 上检查效率系数 E_t 值，可看出初定的 E_t 值是合适的。假如不适宜，可在 aa 线上另选定参数点 P，再进行计算。

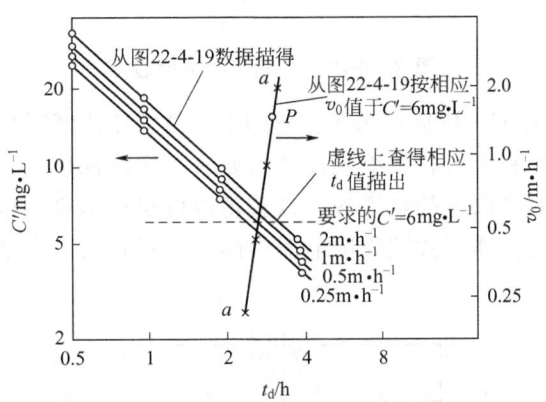

图 22-4-20　按溢流速度绘出的 C' 对 t_d 曲线及按特定溢流澄清度绘出的 v_0 对 t_d 曲线

4.4　重力浓缩过程与设备

重力浓缩设备是在重力场中实现悬浮液浓缩的设备。自从 1905 年道尔（Dorr）发明第一台耙式浓缩机以来，浓缩设备得到了不断的发展。从 20 世纪 60 年代以来，其发展的主要方向是大型化和高效化。浓缩机向大型化发展的结果，使其直径已达 100～200m，因此大大地提高了处理能力。但是，大型化以至超大型化浓缩机的缺点是笨重、占地面积大等。因

而又出现了浓缩机向小型化、高效化发展的势头。随着絮凝剂和凝聚剂的使用而出现的高效浓缩机,显著地提高了单位面积的处理能力。因此浓缩机直径得以大幅度减小,当然,与此同时增加了药剂费用。

常用的浓缩设备有耙式浓缩机、倾斜浓缩箱和深锥浓缩机等。

4.4.1　重力浓缩过程与传统浓缩设备

悬浮液在浓缩池中沉降浓缩时,浓缩池的作业空间一般可分为 5 个区,如图 22-4-21 所示。A 为澄清区,得到的澄清水作为溢流产物从溢流堰排出。B 为自由沉降区,需要浓缩的悬浮液浆体首先进入 B 区,固体颗粒依靠自重迅速沉降,进入压缩区 D,在压缩前,悬浮液中的固体颗粒已形成较紧密的絮团,絮团仍继续沉降,但其速度已较缓慢。E 区为浓缩区,因在此处设有旋转刮板,有时该区的一部分呈浅锥形表面,浓缩物中的水又会在刮板的压力作用下溢出,悬浮液浓度进一步提高,最终由浓缩机的底口排出,称为浓缩机的底流产品。在自由沉降区与压缩区之间,有一个过渡区 C,在该区中,部分颗粒由于自重作用沉降,部分颗粒则受到密集颗粒的阻碍,难以继续沉降。

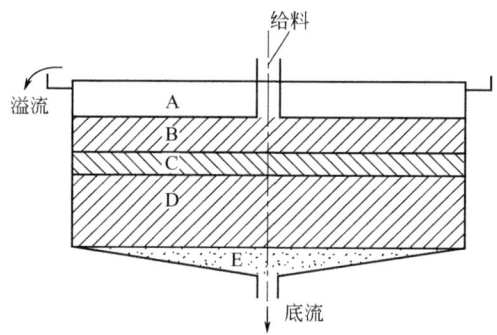

图 22-4-21　浓缩机的浓缩过程

在上述五个区中,B、C、D 区反映了浓缩过程,A、E 两区则是浓缩的结果。从上述分析可知,为使浓缩过程顺利进行,浓缩机池体需要有一定的深度。

浓缩操作用于中等浓度以上的悬浮液,以获得浓度尽可能高的浓缩产品。工业生产中常用的浓缩装置为连续式的。连续式沉降浓缩器中的沉降过程及分层情况如图 22-4-22 所示。

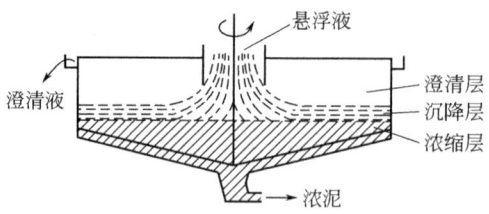

图 22-4-22　连续式沉降浓缩过程示意图

浓缩装置所需的面积和深度将取决于浓缩阶段所需的时间。但若同时要求溢流液具有一定的澄清度,则需按澄清器设计进行校核。

传统的重力浓缩设备主要是耙式浓缩机。耙式浓缩机通常可分为中心传动式和周边传动式两大类。

(1) 中心传动耙式浓缩机　中心传动耙式浓缩机又可分为桥式和柱式两种。桥式中心传动耙式浓缩机构造如图 22-4-23 所示，主要部件为浓缩池、耙架、传动装置、耙架提升装置、给料装置和安全信号装置等。池体上方有一桥架横跨整个池体，桥架上设有传动装置，且用作人行道，故称作桥式中心传动耙式浓缩机。

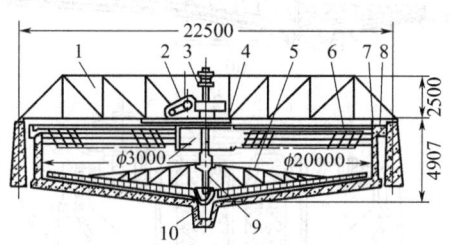

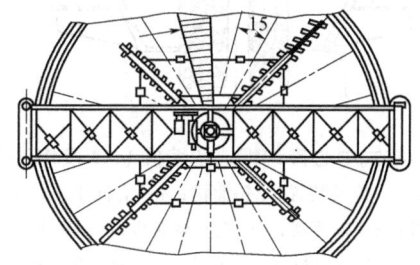

图 22-4-23　桥式中心传动耙式浓缩机结构

1—桁架；2—传动装置；3—耙架提升装置；4—受料筒；5—耙架；
6—倾斜板；7—浓缩池；8—环形溢流槽；9—竖轴；10—卸料斗

圆柱形浓缩池 7 一般用水泥制成，小规格者用钢板制成，池底呈圆锥形（＜12°）或者是平底。在池底中心有一个排出浓缩产品的卸料斗 10，池子上部周边设有环形溢流槽 8，在浓缩池中心安有一根竖轴 9，轴的下端固定有十字形耙架 5。耙架下面装有刮板。耙架与水平面成 8°～15°。竖轴由固定在桁架 1 上的电机经齿轮减速器、中间齿轮和蜗杆减速器带动旋转。料浆沿着桁架上的给料槽流入半浸没在池中澄清区液面下的中心受料筒 4，向池四周辐射。浆体中的固体颗粒逐渐浓缩沉降到底部，并由耙架下面的刮板刮入池中心的卸料斗中，用砂泵排出。上面的澄清水层从池上部的环形溢流槽流出。当给料量过多或沉积物浓度过大时，安全装置发出信号，通过人工手动或自动提耙装置将耙架提起，以免烧坏电机或损坏机件。

国产小型中心传动式浓缩机最小直径为 1.8m，最大的为 12m。

柱式中心传动耙式浓缩机的外貌如图 22-4-24 所示，其耙臂由中心桁架支承，桁架和传动装置置于钢结构或钢筋混凝土结构的中心柱上，或钢筋混凝土沉箱式中空柱上。由电动机 1 带动的涡轮减速机的输出轴上安有齿轮 7，它和内齿圈 8 啮合，内齿圈和稳流筒 9 连在一起，通过它带动中心旋转架（如图中点线的示意）绕中心柱旋转，再带动耙架旋转。可以把一对较长的耙架的横断面做成三角形，三角形斜边两端用铰链和旋转架连接，因为是铰链连接，耙架便可绕三角形斜边转动，当发生淤耙时，耙架受到的阻力增大，通过铰链的作用，可以使耙架向后向上升起。

这种大型中心传动浓缩机的国产规格为 16m、20m、30m、40m 和 53m，已有直径达 100m 的产品，国外产品已达 183m。

（2）周边传动耙式浓缩机　周边传动耙式浓缩机的构造如图 22-4-25 所示。浓缩池一般

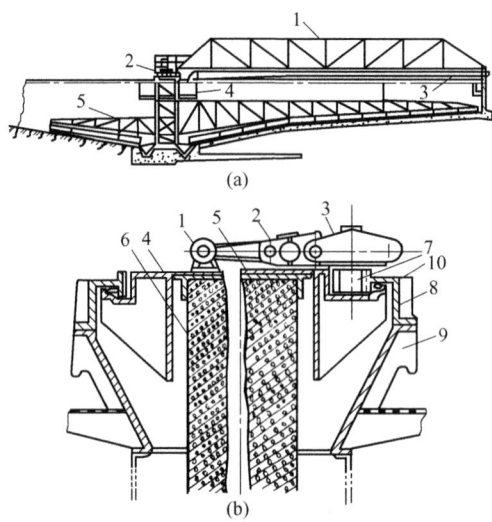

图 22-4-24   柱式中心传动耙式浓缩机（a）及传动机构（b）

（a）1—桁架；2—传动装置；3—溜槽；4—给料井；5—耙架

（b）1—电动机；2—减速器；3—涡轮减速机；4—底座；5—座盖；
6—混凝土支柱；7—齿轮；8—内齿圈；9—稳流筒；10—滚筒

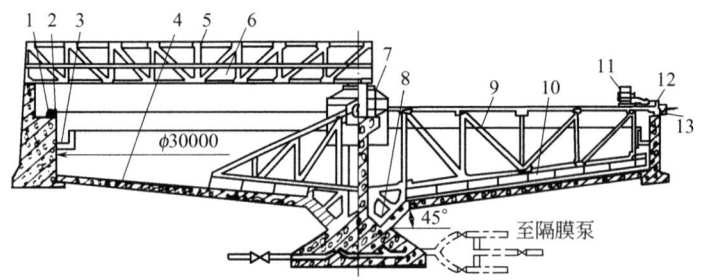

图 22-4-25   周边传动耙式浓缩机结构

1—齿条；2—轨道；3—溢流槽；4—浓缩池；5—托架；6—给料槽；7—集电装置；
8—卸料口；9—耙架；10—刮板；11—传动小车；12—辊轮；13—齿轮

由混凝土制成，其中心有一个钢筋混凝土支柱，耙架一端借助特殊轴承置于中心支柱上，其另一端与传动小车相连接，小车上的辊轮由固定在小车上的电机经减速器、齿轮齿条传动装置驱动，使之在轨道上滚动，带动耙架回转。为了向电机供电，在中心支柱上装有环形接点，沿环滑动的集电接点则与耙架相连，将电流引入电机。

4.4.2　高效浓缩设备及特点

　　近年来，液固分离技术正处于方兴未艾的发展时期，在液固分离的重力浓缩设备领域，也出现了一些新方法和高效率的浓缩设备。其中，主要从两方面提高分离效率和生产效率：一是从设备结构上改进；二是采用絮凝技术使微细颗粒物料絮凝成粗大而近似球形的絮团，使沉降速度加快。

　　高效浓缩机是以絮凝技术为基础的，用于分离含微细颗粒矿浆的沉降设备。因此，高效浓缩机实质上不是单纯的沉降设备，而是结合泥浆层过滤特性的一种新型脱水设备。其主要特点有三个：①在待浓缩的料浆中添加一定量的絮凝剂或凝聚剂，使浆体中的固体颗粒形成絮团或凝聚体，加快其沉降速度，提高浓缩效率；②给料筒向下延伸，将絮凝料浆送至沉积区与澄清区界面上；③设有自动控制系统控制药剂的用量、浓浆层高度和底流浓度等。

高效浓缩机的单位处理能力为一般耙式浓缩机的 4～9 倍，单位面积造价虽然高，但按单位处理能力的投资相比，高效浓缩机要比一般耙式浓缩机约低 30%。高效浓缩机已在矿业、冶金、煤炭、化工和环保部门中得到推广使用。

高效浓缩机有多种类型，最主要的区别在于给料-混凝装置、自控方式和装置方面。

(1) 艾姆科型（Eimco）高效浓缩机[17]　艾姆科型高效浓缩机的结构如图 22-4-26 所示。

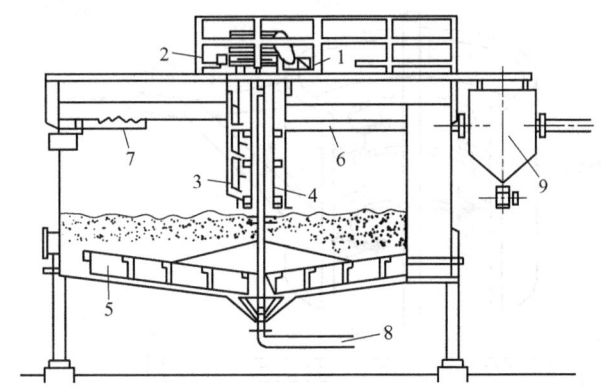

图 22-4-26　艾姆科型高效浓缩机的结构图
1—耙传动装置；2—混合器传动装置；3—絮凝剂给料管；4—给料筒；
5—耙臂；6—给料管；7—溢流槽；8—排料管；9—排气系统

这种高效浓缩机的给料筒 4 内设有搅拌器，搅拌器由专门的混合器传动装置 2 带动旋转，搅拌叶分为三段，叶径逐渐减小，使搅拌强度逐渐降低。料浆先进入排气系统 9，排出空气后经给料管 6 进入给料筒 4，絮凝剂则由絮凝剂给料管 3 分段进入给料筒内和料浆混合，混合后的料浆下部呈放射状由给料筒直接进入浓缩-沉积层的上、中部，料浆絮团迅速沉降，液体则在浆体自重的液压力作用下，向上经浓缩-沉积层过滤出来，形成澄清的溢流液由溢流槽 7 溢出。泥浆从底流排料管 8 排出。

目前这类设备的规格有 $\phi 2.44m \times 2.14m$ 和 $\phi 12.2m \times 3.05m$ 两种。由美国艾姆科公司生产。由于该型高效浓缩机中，颗粒和液体的停留时间大为缩短，固体沉降和液体溢流的速度极快，因此，需采用自动控制系统以调节浓缩-沉降层的高度。

该控制系统可用于测量加料速率、矿浆浓度、絮凝剂加入速率、底流浓度和浓相液位（即浓缩-沉积后界面）。测量到的数据转变为信号传送给微处理机，微处理机将这些信号换算成加料速率对设备加以控制，并对絮凝剂的加入量予以调节。声波料位探测仪发出浓缩-沉降层料位信号，并由此自动调节底流泵的转速，以保持浓缩-沉降层的稳定高度。

(2) 道尔-奥利弗高效浓缩机　美国道尔-奥利弗（Dorr-Oliver）高效浓缩机系统如图 22-4-27 所示。

该设备是由美国道尔-奥利弗公司近年研制而成的。其结构特点是设置了一个独特的 Dyna-Floc 给矿筒。Dyna-Floc 给矿筒是一个具有旋流分散筒的加料混合装置 ［图 22-4-27 (b)］。该给料筒能把浆体平分成两股流量相等但回转方向相反的浆体流。稀释的絮凝剂由

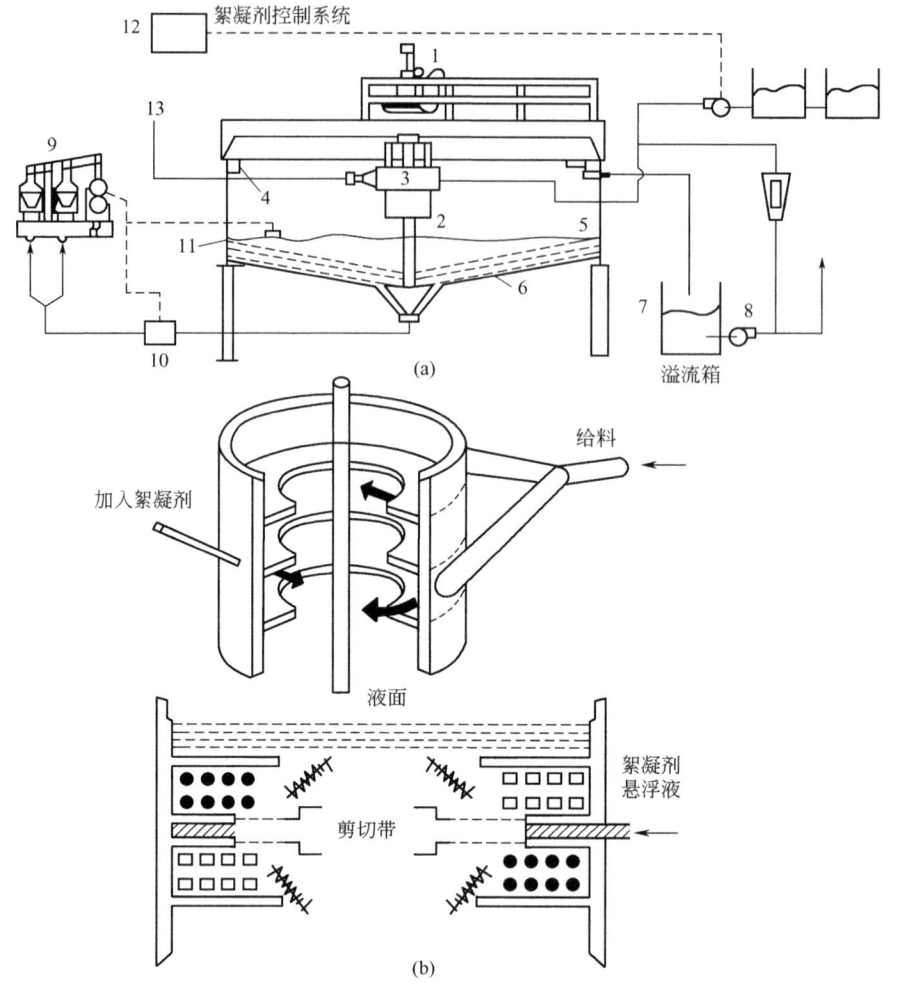

图 22-4-27　道尔-奥利弗高效浓缩机结构示意图

（a）结构示意图；（b）给矿筒截面图

1—传动装置；2—竖轴；3—给矿筒；4—溢流槽；5—槽体；6—耙臂；

7—溢流箱；8—溢流泵；9—底流泵；10—浓度计；11—浓相界面传感器；

12—絮凝剂控制系统；13—给矿管

□ 顺着目视方向流动；● 逆着目视方向流动；〰 涡流形成

中间隔板直接进入快速而均匀混合的剪切流带（这是在两股浆体流相交处产生的），并立即被分散。在该区由于给料动能被消耗，搅动消失，絮凝的浆体向下进入浓缩-沉降区。

这种给料筒能使料浆和絮凝剂得到充分混合，形成均匀的絮团，絮凝后的料浆又被平稳地输送到浓缩-沉积区，絮团不会破裂，因此可大幅度减少絮凝剂用量。

这种给料筒结构简单，配置灵活，可以单个或多个配置在浓缩机中心区的不同位置，便于实现工业化和大型化。这种高效浓缩机也和艾姆科型一样有完整的自动控制系统。由图22-4-27 可见，主要检测目标为浓相液位（即浓缩-沉积后界面）、底流浓度、絮凝剂流量、液位、给料流量等，可把测量到的数据通过微处理机换算成加料速率对设备进行控制，并自动调节底流泵的转速，以保持浓缩-沉降层的稳定高度。

（3）恩维克-克里尔高效浓缩机（E-C 高效浓缩机） 恩维尔-克里尔（Enviro-Clear）高

效浓缩机的结构示意图见图 22-4-28。

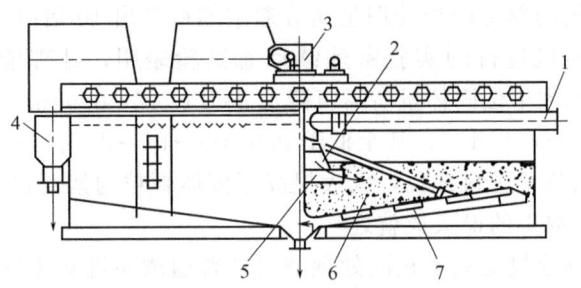

图 22-4-28 E-C 高效浓缩机的结构示意图
1—进料管；2—进料筒；3—传动装置；4—溢流口；
5—进料挡板；6—浓缩层；7—刮泥装置

该设备是由美国阿姆斯特（Amstor）公司的子公司 E-C 公司研制而成的。它是最早出现的一种高效浓缩机，与普通中心传动浓缩机相似，所不同的是加料筒呈倒锥形，加料管将矿浆加入加料筒中，然后斜着下降至冲击挡板上。冲击挡板施加给固体和溶液一个水平分力，使粒状物料和絮团直接进入循环着的浓缩层（絮团层），浓缩层捕集了加进来的固体物料（絮团），而清液必须通过浓缩层毛细通道上升进入溢流堰后排出。浓缩层相当于过滤介质。固液分离主要靠过滤完成，而并非重力所致。

为了保证最佳浓缩效果，浓缩层的料位由探测器测定，并通过调节底流的排出速度加以保证。图 22-4-29 为 E-C 高效浓缩机生产系统图。该系统是美国海湾和西部新泽西锌公司锌矿选厂处理浮选尾矿的生产系统，该系统对浓缩层（泥床）采用了探测头，并设置了报警装置，生产过程实现了自动控制。

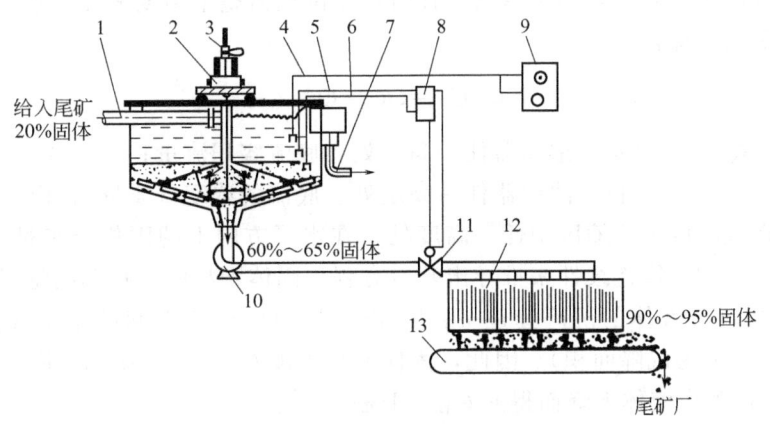

图 22-4-29 E-C 高效浓缩机生产系统图
1—加料管；2—传动装置；3—立轴提升装置；4—高度警报信号；5—高位信号；
6—低位信号；7—上清液出口；8—气动继电器；9—报警器；10—底流泵；
11—受控底流阀；12—真空过滤器；13—滤渣输送带

该生产系统给入的尾矿含固体量为 20%，底流排出泥浆含固体量为 60%～65%。经真空过滤后，滤渣中固体量可达 90%～95%。该型高效浓缩机最初用于制糖工业，后被应用于煤炭工业和冶金工业方面，其直径最大为 16m，传动装置采用液压传动，所需动力相当于具有同样处理能力的普通浓缩机。

（4）高效浓缩机的主要特点　高效浓缩机的主要特点如下：

① 新型高效浓缩机的单位面积处理量比普通浓缩机高出 10 倍以上。例如：美国西部新泽西锌公司对 E-C 浓缩机进行的实验室连续动态试验表明，处理能力比普通浓缩机高出 13.7 倍。普通浓缩机处理单位固体量所需沉降面积为 $0.47 \sim 0.93 m^2 \cdot t^{-1} \cdot d^{-1}$，而高效浓缩机只需 $0.028 \sim 0.056 m^2 \cdot t^{-1} \cdot d^{-1}$，甚至低于 $0.014 m^2 \cdot t^{-1} \cdot d^{-1}$。这主要是高效浓缩机采用了先进的絮凝技术，调整了进料部位，大大提高了固体颗粒的絮凝程度和沉降速度。这是近年来固液沉降分离技术取得的最大成就之一。

② 高效浓缩机的基建投资只为相同处理能力的普通浓缩机基建投资的 38% 左右。

③ 高效浓缩机的操作费用高于普通浓缩机，但由于分离微细颗粒物料可得到较高浓度的底流及电耗较低等有利因素，这种高操作费用可以得到补偿。

④ 对微细颗粒物料的分离，高效浓缩机明显优于普通浓缩机，故特别适用于矿泥含量高的尾矿、泥矿给矿、中间产品以及细泥精矿的浓缩。此外，这类设备在严寒地区、地震地区或现场改造受场地限制的情况下，优越性更大。

我国在选矿生产中也正在推广采用高效浓缩机，并取得了可喜的成就，在黄金、核工业生产中已成功使用。

4.4.3　重力浓缩设备设计与计算

（1）连续浓缩器设计

① Coe-Clevenger 方法[18]　该方法基于连续浓缩器中沉降区固体颗粒沉降速度仅是固相浓度的函数，并认为连续沉降器中不同高度上的不同浓度的沉降速度值，可以采用间歇沉降实验以同样的不同浓度所得的沉降速度数据。据此，当连续浓缩器达到稳定操作状态，并假设溢流澄清度较好，其中含固量忽略不计时，则浓缩器整个高度上任一水平位置处的固相流的通量是相等的。即：

$$Q_0 C_0 = QC = Q_u C_u \qquad (22\text{-}4\text{-}50)$$

式中　Q_0，Q，Q_u——进料、浓缩器任一高度处、底流容积流量；

$\qquad C_0$，C，C_u——进料、浓缩器任一高度处、底流的浓度（质量/容积）。

设浓缩器在沉降区和浓缩区中任一高度处，在水平方向上的固相分布是均匀的。据此，则可按垂直方向上的一维连续性来推导出基本方程。固体颗粒向下移动的绝对速度由两部分组成：a. 固体相对于液体的沉降速度 u；b. 由于排出底流所引起的整个液体的下降速度 v_u，$v_u = Q_u/A$（A 为沉降面积）。因此，固体通量密度 G 可分算为：a. 固体相对于液体沉降而得的 G_s；b. 整个液体下降而得的 G_B。于是：

$$G = G_s + G_B = C(u + v_u) = C\left(u + \frac{Q_u}{A}\right) = \frac{Q_0 C_0}{A} \qquad (22\text{-}4\text{-}51)$$

由式（22-4-50）和式（22-4-51）可导出 Coe-Clevenger 方程：

$$G = \frac{u}{(1/C) - (1/C_u)} \qquad (22\text{-}4\text{-}52)$$

图 22-4-30 是连续浓缩器中浓度与固体通量密度的关系曲线，图中下凹曲线极点所对应的通量值 G_k 称为浓缩器在稳态下的极限固体通量，通过原点做曲线的切线是表示在底流出口层固体颗粒相对于液体的沉降速度 $u = 0$ 时的关系式，$G = Cv_u = CQ_u/A$，见式（22-4-51），

这个切线与 G 线的交点处的 C 值应为底流浓度 C_u 值，它是稳态操作下的最大底流浓度。此时沉降面积按式（22-4-53）算出。

$$G = G_k = \frac{Q_0 C_0}{A} \qquad (22\text{-}4\text{-}53)$$

图 22-4-30 中的 $C\text{-}G$ 关系曲线的数据在连续浓缩中很难取得，可用间歇沉降试验数据进行设计。根据以上各式可导得间歇沉降与连续沉降之间的固体通量的关联式：

$$G_s = G - \frac{G}{C_u}C \qquad (22\text{-}4\text{-}54)$$

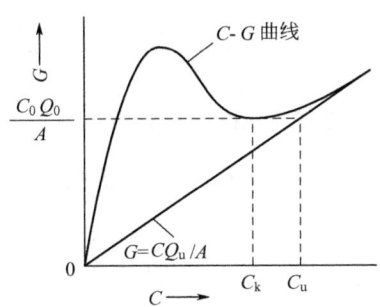

图 22-4-30 连续浓缩器的 $C\text{-}G$ 曲线

图 22-4-31 为间歇沉降试验所得的 $C\text{-}S$ 曲线，曲线拐点的切线方程即为式（22-4-54），此切线与纵坐标的截距为 G_c，与横坐标的交点应为稳态操作的极限通量 G_c 下所能达到的最大底流浓度 C_u。此时可用式（22-4-53）算得沉降面积 A 值。

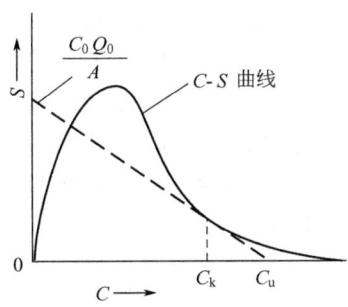

图 22-4-31 间歇沉降 $C\text{-}S$ 曲线

② Talmage-Fitch 方法[19]　此法基于 Kynch 理论并结合 Coe-Clevenger 方程而得到，而且只需用原料悬浮液做一次间歇沉降试验，得出 $H\text{-}t$ 沉降曲线（如图 22-4-32 所示），可以求得单位沉降面积，即浓缩器在单位时间内处理单位重量所需的沉降面积 A_u。避免了 Coe-Clevenger 方法必须做的不同浓度的多次实验。

图 22-4-32 上的曲线，ab 为等速沉降段，bc 为第一次降速段，c 点以后为第二次降速阶段，bc 是浓缩区，c 点以后是压缩区，c 点为临界点。自 c 点作曲线的切线，交 H_u 线于 g 点，其中 H_u 根据所要求的底流浓度 C_u 得出，g 点对应的沉降时间为 t_g。因根据 Kynch 理论有如下关系。

$$C_0 H_0 = C_c H_c = C_u H_u \qquad (22\text{-}4\text{-}55)$$

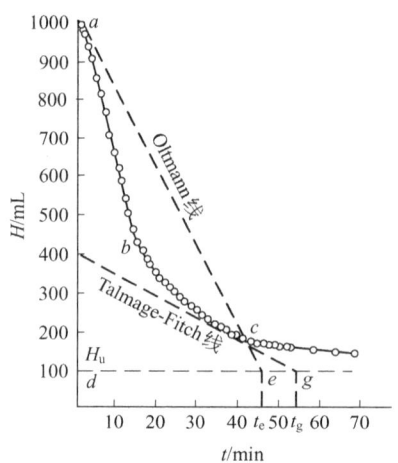

图 22-4-32　重力沉降曲线

式（22-4-52）中，$C=C_c$ 时，$u=u_c$，$G=G_c$，根据 Kynch 理论并由图 22-4-32 知，u_c 应为切线的斜率：

$$u_c=(H_c-H_u)/t_g \tag{22-4-56}$$

将式（22-4-55）和式（22-4-56）代入式（22-4-53）可得到单位面积 A_u 的计算式：

$$A_u=\frac{1}{G_c}=\frac{A}{C_0Q_0}=\frac{t_g}{C_0H_0} \tag{22-4-57}$$

本方法的应用关键在于确定临界点 c，如果 c 点不明显，可采用半对数坐标描绘，此时纵坐轴 H 用对数坐标，可得出明显的转折点 b 和 c 点。

③ Oltmann 修正[20]　实际运用中，以上两种方法所得设计值，Coe-Clevenger 方法值偏小，而 Talmage-Fitch 方法值偏大。Oltmann 提出作如下修正，见图 22-4-32，作 ac 连线，交 H_u 线于 e 点，对应的沉降时间为 t_e，以 t_e 代替 t_g 代入式（22-4-57）计算单位面积 A_u。另外，实际设计中应增加 20% 的安全系数，以及实际计算的时间应扣除曲线 a 点以前的加速段时间 t_a，则实际用的设计公式为：

$$A_u=\frac{1}{G_c}=\frac{A}{C_0Q_0}=\frac{1.2(t_e-t_a)}{C_0H_0} \tag{22-4-58}$$

④ 压缩区高度的确定　浓缩操作的目的是得到高浓度的底流，在沉降面积根据通量密度来决定的情况下，浓缩器必须有足够的压缩区高度，以保证有足够的压缩脱水时间。压缩时间与沉降高度的关系可用 Roberts 公式（22-4-39）计算，式中常数 k_1 由实验确定。一般常用压缩实验数据直接确定压缩区所需高度 H_t。实验所用样品应取浓度较高的样品，估计 24h 后最终沉降固相所占容积约 30% 为宜。压缩实验所得曲线如图 22-4-33 所示，cd 为压缩段，压缩时间 $t_s=t_d-t_c$。压缩区所需高度按下式计算：

$$H_t=G_ct_s\overline{V}/W \tag{22-4-59}$$

式中　G_c——固体通量密度［由式（22-4-58）确定］；

t_s——压缩时间（由实验确定）；

$\overline{V}$——间歇实验中的平均压结容积;

W——间歇实验中样品的固体总重量。

平均压缩容积 $\overline{V}$ 值按图 22-4-33 中 c 至 d 点的平均容积来确定,$\overline{V}$ 值则由 c、d、t_d、t_c 所围面积除以 $(t_d - t_c)$ 而得。

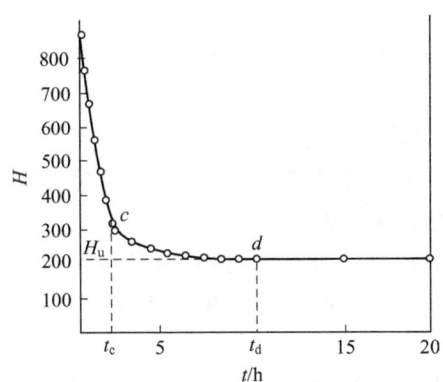

图 22-4-33 压缩沉降时间的实验曲线

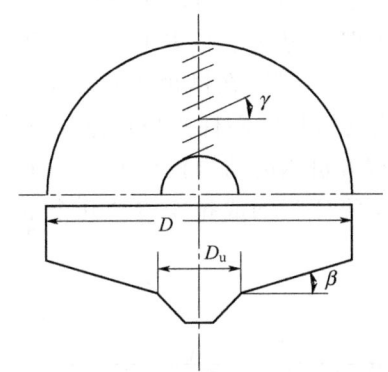

图 22-4-34 集泥耙动力计算简图

求得的压缩区高度 H_t 值如超过 1m 时,则应加以修正,应将式(22-4-59)中的 G_c 降低为 $G'_c = G_c/1.2$。此种修正,通常称为 1 公尺法则。实则是要求降低式(22-4-58)中的 G_c 值,即应该相应增大沉降面积 20%。

⑤ 集泥耙的动力 圆筒形浓缩器具有锥形底及集泥耙,其动力计算用下式(图 22-4-34)。

$$P = P_t \eta \tag{22-4-60}$$

$$P_t = \frac{1}{3} Q_0 C_0 (f_1 \cos\beta - \sin\beta) \frac{D^3 - \frac{1}{2} D_u^3 - \frac{3}{2} D D_u^2}{D^2 - D_u^2} \tag{22-4-61}$$

$$\eta = \frac{f_1 \cos\beta - 1}{\psi \sin(\gamma + \varphi) \left[\cos\gamma + \dfrac{\sin(\gamma + \varphi)}{\cos(\gamma + \varphi) + (1 + \psi)} \right]} \tag{22-4-62}$$

式中 Q_0——进料容积流量,$m^3 \cdot s^{-1}$;

P_t——理论集泥动力,W;

C_0——进料浓度，$N \cdot m^{-3}$；

η——效率系数；

D——容器内直径，m；

D_u——排泥锥坑口内直径，m；

φ——沉泥于钢板表面的摩擦角；

f_1——沉泥与钢板的摩擦系数，$f_1 = tg^{-1} \psi$，$\psi = [f_2 \cos^2 \beta - \sin^2(\gamma + \varphi)]^{1/2} - \cos(\gamma + \varphi)$；

β——浓缩器锥角与水平方向夹角。

（2）连续浓缩装置　间歇沉降浓缩槽结构简单，但排泥困难、耗劳力、操作费用高。因此，工业生产中多采用连续操作浓缩器。

连续操作浓缩器结构包括容器（槽）、引起湍流最少的进料井、集中沉泥的耙、浓泥排出装置。槽的形状，一般多采用圆筒形，较少采用矩形。因前者维持费低、溢流澄清度好、底流浓度较高。

圆筒形连续浓缩器由于支撑和驱动结构不同而分为四种型式：桥式支撑结构；中心柱支撑和中心传动结构；中心柱支撑和周边传动结构；多层式结构。前三种均为单层式的。

① 单层式连续浓缩器　桥式支撑的浓缩器，如图 22-4-35 所示，最大直径可达 50m。传动常用蜗杆、蜗轮副减速，两耙臂固定在中心主轴上。长臂上有足够数量的集泥耙齿（刮刀）。底部中心有集泥排泥用的锥坑。横跨在槽顶的桥由梁和桁架构成，供人行走，支撑传动装置、耙以及进料系统。桥式支撑较中心柱支撑优越之处在于：a. 只有一个排泥口，能得到较密实和浓稠的底流；b. 提升机构的结构较简单；c. 集泥结构简单；d. 可以从桥两端接近中心驱动装置；e. 在逆流洗涤流程的成排安装的几个浓结器之间易于行走、检查和配管等。

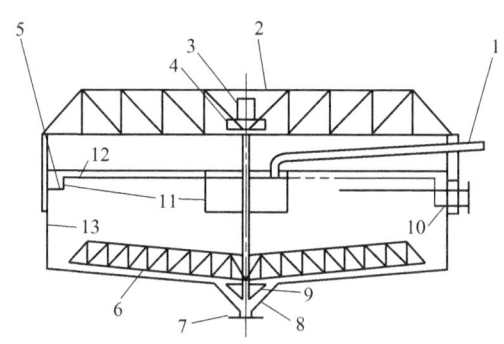

图 22-4-35　桥式支撑连续浓缩器示意图

1—进料；2—支撑钢架；3—耙提升机构；4—耙传动机构；5—溢流堰；6—耙；
7—底流出口；8—排泥锥；9—刮刀；10—溢流出口；11—加料井；12—液位面；13—耙壁

中心支柱式连续浓缩器，如图 22-4-36 所示，常用直径为 $20 \sim 25m$，机械装置由中心的固定钢柱或水泥柱支撑。耙臂支撑在绕中心柱轴回转的驱动架上，提升机构能将耙臂提高 $0.3 \sim 1m$。

周边传动的连续浓缩器与前两种不同的是传动装置在浓缩器的水泥墙上的轨道上行走，用长桁架从周边延伸到中心转动架上来驱动耙臂，这种浓缩器适用于直径大于 60m 的结构。这种结构需厚重的水泥墙，故造价较高，也不适于雨雪较多的地区，并且不能提升耙臂，清

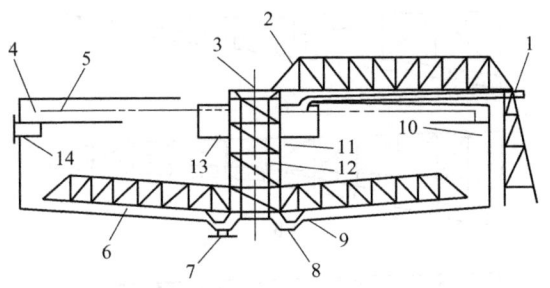

图 22-4-36 中心支柱式连续浓缩器示意图

1—进料；2—钢桁架；3—耙驱动；4—溢流堰；5—液位面；
6—耙；7—底流出口；8—排泥槽；9—刮刀；10—槽壁；
11—驱动架；12—中心支柱；13—加料井；14—溢流出口

洗池底困难。

② 多层式连续浓缩器　多层式连续浓缩器用几个锥形底将立式圆筒槽分为若干层，每层有耙臂和进料管，全部耙臂均由中心主轴传动，如图 22-4-37 所示。每层锥底中心有套管，由耙臂集中的浓浆由此流入下层，最后由底层排出。澄清液由顶层溢流，每层的溢流管均接通槽顶的溢流盒，用以调节各层的液位。这种浓缩器的直径一般不大于 20m，否则锥底的应力过大。

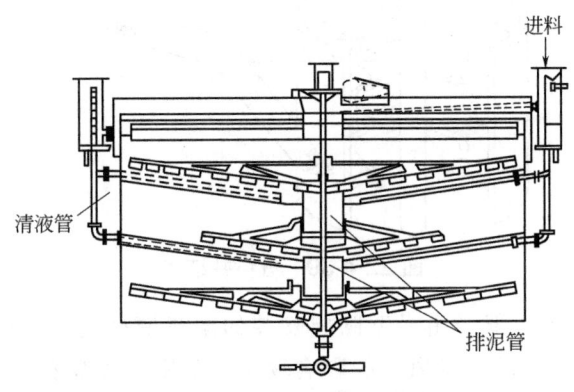

图 22-4-37 多层式连续浓缩器

(3) 连续浓缩器的主要结构

① 集泥耙结构　如图 22-4-38 所示的集泥耙结构，(a) 为常用结构，(b) 用于有两种锥角的锥底，(c) 用于触变性物料，能获得较大的底流浓度。桥式支撑和中心柱支撑并由中心传动的连续浓缩器通常是用两个耙臂，或者再加两个短耙臂。周边传动的连续浓缩器一般均有一个长耙臂和三个短耙臂。臂的速度一般以臂端头的周线速度计，其值视所处理的物料而定。对于沉降速度较慢的物料常用 6～7.5m·min^{-1}，对于快速沉降的物料常用 7.5～10m·min^{-1}，对于浓度较大的结晶物料可高达 15m·min^{-1}。对紧实的沉泥常用刮刀下缘装有钉或锯齿的耙，以便疏松泥层，使耙能起到向中心集泥的作用，这种结构适于用在有提升机构的耙上。

② 提升机构　提升机构可在耙臂受到坚实固体、过多的超尺寸固体、器壁或臂上坍泥或其他对臂的运动有妨碍使阻力不正常上升时将耙臂提升。提升机构的上升和下降操作，小型的可用人工操作，大型重载的用电机带动并自动控制，提升高度可达 1m。特殊设计的提升机构可将传动机构及其平台与耙臂同时提升。

③ 进料井　进料井的结构应使进料液流的湍动最小，以利于固体颗粒的沉降，并避免

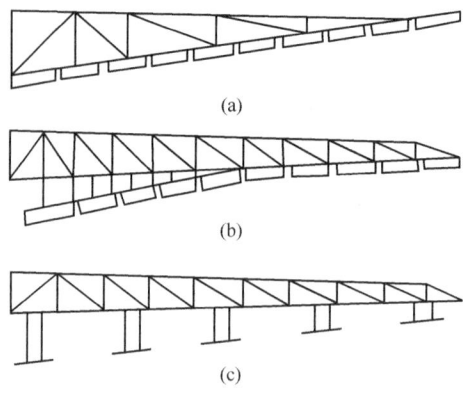

图 22-4-38　集泥耙结构示意图

进料液流短路而进入整流。常用的进料井结构如图 22-4-39 所示，分成两股相等的切向进料流，可促进聚结。进料井内的向下流速，最大不得超过 $1.5 \mathrm{m \cdot min^{-1}}$。进料井筒的长度，如果浓缩器内溢流液上升速度慢且澄清度要求不是主要的情况下，井筒可短些；若澄清度要求较高，或固液相密度差较小时，井筒应长些。

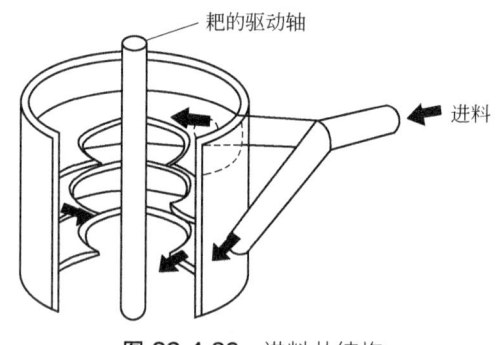

图 22-4-39　进料井结构

④ 整流装置　澄清液一般经由沿壁圆周安装的溢流槽排走。澄清液经矩形堰口、V 形堰口或漫流进入溢流槽，后两种受风力的影响较小，常用于大型浓缩器。小型浓缩器也有将溢流槽沿进料井布置，可增长溢流路程，提高澄清度。堰口整流速度一般为每米长堰口每小时 $5 \sim 8 \mathrm{m^3}$。对于溢流量较大的澄清器，需较长的堰边，这时溢流槽可布置在器内，溢流槽两侧均为堰边。

⑤ 底流装置　底流的排出方法中少数是借重力，大多数是用泵抽出。大多数用离心泵，少数用隔膜泵或其他正位移泵。排泥管可埋在地下或安装在地沟中。安装在地沟中的排泥管易于接近和检修，但造价大。为此，中心支柱式浓缩器可在中心支柱中部设排泥泵室，用潜水泵排泥，或将泵装在支架上，而吸泥管经中心支柱进入集泥坑。对于桥式支撑的浓缩器则经空心的中心轴泵出浓泥。这要求泵有较高的吸入压头，选泵时应予特别注意。

参考文献

[1] 孙体昌. 固液分离. 长沙：中南大学出版社，2011.

[2] [英]拉什顿 A，沃德 A S，霍尔迪奇 R G. 固液两相过滤及分离技术. 第 2 版. 朱企新，许莉，谭蔚，等译. 北京：化学工

业出版社，2005.

[3] 丁启圣，王维一，等．新型实用过滤技术．第2版．北京：冶金工业出版社，2005.

[4] 罗茜．固液分离．北京：冶金工业出版社，1997.

[5] [英]斯瓦罗夫斯基．固液分离．第2版．朱企新，金鼎五，等译．北京：化学工业出版社，1990.

[6] Baldock T E, Tomkins M R, Nielsen P, et al. Coastal Engineering, 2004, 51 (1): 91-100.

[7] 黄枢．金属矿山，1990，19（6）：39-43.

[8] 刘建平，焦峥辉，赵稳．石化技术，2016（2）：79.

[9] 曲景奎，隋智慧，周桂英，等．过滤与分离，2001，11（4）：4-9.

[10] Work L T, Kohler A S. Ind Eng Chem, 1940, 32: 1329-1334.

[11] Roberts E J. Trans AIMME, 1949, 184 (3): 61-64.

[12] Kynch G J. Trans Farad Soc, 1952, 48 (2): 166-176.

[13] Fitch B. AIChE J, 1983, 29 (6): 940-947.

[14] Purchas D B, Wakeman R J. Solid-Liquid Separation Equipment Scale-up. London: Uplands Press, 1986.

[15] Svarovsky L. Solid-Liquid Separation. 4th ed. London: Elsevier Press Ltd, 2001.

[16] Coe H B, Clevenger G H. Trans AIMME, 1916, 55: 356-384.

[17] Talmage W P, Fitch E B. Ind Eng Chem, 1955, 47 (1): 38-41.

[18] 化学工学協会．化学工学便覧．第4版．東京：丸善株式会社，1978.

[19] Perry R H, Green D W. Perry's Chemical Engineers' Handbook. 7th. London: The McGraw-Hill Press Company, 1997.

[20] Rushton A, Ward A S, Holdich R G. Solid-Liquid Filtration and Separation Technology (2nd). Weinheim: VCH Verlagsgesellschaft mbH, 1996.

5

浮选原理及浮选设备

5.1 浮选基本原理及浮选方法

浮选，也称为气浮，是在连续液相环境中利用固液或液液界面特性进行非均相分离的一种方法，在选矿和环保领域具有广泛的应用[1~5]。

泡沫浮选是最常用的浮选方法，适于选别 $5\mu m \sim 0.5mm$ 的固体颗粒或液滴。当分散相的粒度较小，难以浮选时需要对固体颗粒进行凝聚或絮凝。例如，絮凝-浮选是用絮凝剂使细粒的有用矿物絮凝成较大颗粒，脱出脉石细泥后再浮去粗粒脉石。载体浮选是用粒度适于浮选的矿粒作载体，使微细矿粒黏附于载体表面并随之上浮分选。还有用油类使细矿粒团聚进行浮选的油团聚浮选和乳化浮选；以及利用高温化学反应使矿石中金属矿物转化为金属后再浮选的离析浮选等。用泡沫浮选回收水溶液中的金属离子时，先用化学方法将其沉淀或用离子交换树脂吸附，然后再浮选沉淀物或树脂颗粒[5]。

5.1.1 浮选基本原理[4,5]

(1) 矿物表面的润湿性与可浮性 矿物可浮性好坏的最直观标志，是对水的润湿性，如石英和云母等很易被水润湿，而石墨和辉钼矿等不易被水润湿。图 22-5-1 是固液气三相界面的接触情况，图中矿物颗粒上表面是水滴，从左至右随着矿物亲水程度的减弱，水滴越来越难于铺开而成为球形；图中矿物下表面是气泡的附着情况，气泡的形状正好与水滴的形状变化趋势相反，从右至左随着矿物表面亲水性的增强，气泡变为球形。

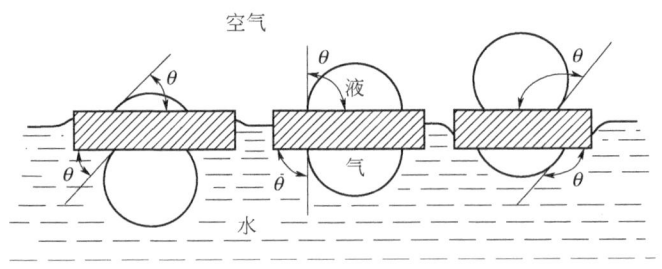

图 22-5-1 矿物表面润湿现象

矿物表面的亲水或疏水程度，常用接触角 θ 来度量。当气泡在矿物表面附着时，如图 22-5-1 所示，一般认为气泡与矿物表面接触处是三相接触，气液固三相间表面张力大小和润湿角之间符合杨氏方程。亲水性矿物接触角小，比较难浮；疏水性矿物接触角大，比较易浮。

(2) 矿物表面晶格特性与可浮性 矿物的物理化学性质，如化学组成、晶格结构及键能大小等都是决定其可浮性的主要因素。矿物经破碎解离后，由于晶格受到破坏，表面有剩余的不饱和键能，也称为表面能。矿物表面这种不饱和的键能，是其可浮性的决定因素之一。矿物表面的不均匀性对其可浮性也有决定性影响。矿物表面的不均匀性是由多种原因同时作用的结果。实际矿物在成矿过程中晶格会产生各种缺陷、空位、夹杂、位错以致嵌镶等，以及矿物内元素间的键合常夹杂化学分子式以外的非计量组成物，从而导致矿物表面的不均匀性。矿物表面的这种物理化学不均匀性直接影响矿物和水及水中的各种组分的相互作用，因而导致其可浮性的变化。矿物在破碎磨细过程中，颗粒表面受到空气中氧气、二氧化碳和水的作用而发生表面氧化，如黄铁矿颗粒的表面氧化后会产生少量可溶性硫酸亚铁成分能改善自身的可浮性，但氧化过度会恶化其可浮性。

（3）矿物表面电性与可浮性 矿物颗粒在水中因离子解离、优先吸附和电离作用会形成双电层，使矿物与水界面产生电位差。浮选剂在固-液界面的吸附，常受矿物表面电性的影响。分析矿物表面电性的变化，是判断矿物可浮性的一种重要方法。调节矿物表面的电性，可以调节矿物的抑制、活化、分散和絮凝等状态。加入无机离子调节矿物的动电位，可影响矿物在矿浆中的分散或聚集状态。一般而言，动电位变小为零，有利于矿物相互接近聚集；反之，动电位增加，水化层增厚，则矿物处于分散状态。

5.1.2　浮选方法及其特点[4~6]

浮选作为一种应用广泛的非均相分离方法，按其发展历史分为全油浮选、表层浮选和泡沫浮选。其中全油浮选是根据各种矿物亲油性和亲水性的不同，加大量油类物质与矿浆混合，将黏附于油层中的亲油矿物分离出来，亲水性的矿物仍留在矿浆中，从而达到矿物分离的目的。表层浮选是将磨碎干粉小心轻轻地撒布在流动的水流表面，疏水性矿物不易被水润湿，依靠表面张力漂浮在水面上，聚集成薄层，成为精矿；易被水润湿的亲水性脉石流入水中作为废弃尾矿排出。泡沫浮选是利用气泡吸附固体颗粒将固体颗粒从水中分离出来的方法。这一过程概念简单、过程复杂、影响因素众多，是分离复杂、低品位矿石中应用最广的一种方法。

5.2　浮选药剂[5,7]

5.2.1　浮选药剂作用原理与分类

浮选药剂是用来改变被浮粒子（固体颗粒或油滴）的物理化学性质，扩大料浆中各组分间可浮性差异，促进各种有机和无机化合物的有效分离[7]。例如在矿物浮选中，对于天然可浮性较好的辉钼矿，在破碎磨矿过程中鳞片状晶体的端头可能断裂，暴露出强键或由于表面的污染和氧化等原因而降低可浮性，但用某些浮选药剂处理后，便可显著增强矿物表面的疏水性，使之有效地进行浮选；又如在含油废水处理中，含油废水经过隔油池只能去除粒度大于 $30\sim50\mu m$ 的油珠，而小于该粒度的分散油和乳化油则可以通过加药浮选的方法去除。可见，浮选药剂是浮选法分离不同物质的关键因素，浮选指标的好坏与能否灵活正确配合使用好各种浮选药剂密切相关。

浮选药剂按其在浮选过程中的用途、药剂属性和解离性质等可分为捕收剂、起泡剂和调整剂三大类。捕收剂是指能选择性地作用于颗粒表面并能使其疏水的有机物质；起泡剂是一种表面活性物质，主要集中于水-气界面，促使气体（一般为空气）在料浆中弥散成小气泡，并能提高气泡的稳定性；调整剂主要用来调整其他药剂（主要为捕收剂）与料浆中被浮物质表面的作用，此外还可以调节料浆的性质，提高浮选过程的选择性。调整剂又可以分为活化剂、抑制剂、pH 值调整剂、分散剂与絮凝剂等。浮选药剂的详细分类见表 22-5-1。

表 22-5-1　浮选药剂分类

浮选药剂类别			典型药剂	浮选药剂类别		典型药剂
捕收剂	极性型	阴离子型 硫代化合物类 黄药类 黑药类 硫氮类 硫醇及其衍生物 硫脲及其衍生物	乙基黄药、丁基黄药 25 号黑药、丁基铵黑药 乙硫氮、丁硫氮 苯并噻唑硫醇 二苯硫醇	起泡剂 羟基化合物	脂肪醇 萜烯醇 酚	松醇油、甲基异丁基甲醇、C₆～C₈ 混合醇、甲酚酸、木馏油
		阴离子型 羟基含氧酸及其皂类 羧酸及其皂、羟基硫酸酯、羟基磺酸及其盐、羟基磷酸、羟基肟酸	油酸、氧化石蜡皂、妥尔油、十六烷基硫酸钠、石油磺酸钠、苯乙烯磷酸、浮锡灵、混合甲苯肟酸、苄基肟酸、异羟肟酸	醚及醚醇	脂肪醚 硫醇	三乙氧基丁烷 乙基聚丙醚醇
					吡啶类	重吡啶
					酮类	樟脑油
		阳离子型 胺类	脂肪胺、醚胺、吡啶盐	月桂胺、混合脂肪胺、烷氧基正丙基胺、烷基吡啶盐酸盐	调整剂 抑制剂	无机化合物	硫酸锌、氰化钠、亚硫酸盐、硫代硫酸盐、重铬酸盐、硫化钠、水玻璃、氟硅酸钠、六偏磷酸钠、石灰
						有机化合物	单宁、淀粉、糊精、木素磺酸钠、羟基甲基纤维素、腐殖酸
		非离子型 硫代化合物类酯、多硫代化合物	Z-200 双黄药		活化剂	硫酸铜、碱土金属及重金属离子的可溶性盐
	非极性型	烃油	煤油、机油、重油、焦油		pH 值调节剂	无机酸、碱	硫酸、石灰、碳酸钠
					分散剂	水玻璃、六偏磷酸钠
					凝聚和絮凝剂	高分子化合物	聚丙烯酰胺、聚丙烯酸

5.2.2　捕收剂

捕收剂是能提高矿物表面疏水性的一大类浮选药剂，也是矿物浮选中最重要的一类药剂。它具有两种最基本的性能：一是能选择性地吸附固着在矿物表面；二是吸附固着后能提高矿物表面的疏水化程度，使之容易在气泡上黏附，从而提高矿物的可浮性。

捕收剂绝大多数都是两性有机化合物，如黄药、油酸、脂肪伯胺等，但也有一些是属于非极性的有机化合物，如煤油等。

理论研究和浮选实践均已表明，对于不同类型的矿石需要选用不同类型的捕收剂。通常根据药剂在水溶液中的解离性质，将捕收剂分为离子型和非离子型两大类型。离子型捕收剂又可根据起捕收作用疏水离子的电性，分为阴离子型、阳离子型和两性型捕收剂。在阴离子型捕收剂中，按极性基的化学组成又进一步分为硫代化合物类捕收剂和烃基含氧酸类捕收剂。对于非离子型捕收剂，则可分为非极性捕收剂与两性捕收剂。

(1) 烃油捕收剂　也称非极性捕收剂，主要包括脂肪烃、脂环烃及芳香烃，如煤油、柴油、重蜡和焦油等。烃油的来源不同，其组分往往存在很大的差异。烃油的基本特点是整个分子的碳氢原子都通过共价键结合，化学活性很低，与极性水分子不发生作用，表现出明显的疏水性和难溶性，也不能解离成离子，因此烃类捕收剂也称中性捕收剂。

由于非极性油类捕收剂无法解离出离子，所以不能和固体表面发生化学吸附或化学反应，只能以物理吸附方式附着于颗粒表面。因此它们只能用于自然可浮性很强的物料的捕收，即只能用于非极性矿物如辉钼矿、石墨天然硫、滑石及煤等的浮选。这类捕收剂的用量一般较大，多在 $0.2 \sim 1 kg \cdot t^{-1}$。由于其难溶于水，故以油滴状存在于水中，在固体表面形成很厚的油膜。

油类捕收剂与阴离子捕收剂联合使用，可显著提高浮选指标。实践中，常常联合使用烃类油和脂肪酸类捕收剂，选别磷灰石或赤铁矿。联合使用可提高浮选效果的原因，主要是阴离子捕收剂先在颗粒表面形成疏水性捕收剂层，此后烃类油再覆盖其表面，从而加强了颗粒表面的疏水性。这样就改善了颗粒和气泡之间的附着，降低了阴离子捕收剂的用量，提高了浮选回收率。

（2）硫代化合物类捕收剂 硫代化合物类捕收剂的特征是亲固基中都含有二价硫，同时疏水基的分子量较小，又可以分为黄药类、黑药类、硫氮类、硫醇（酚）及其衍生物等。各类药剂的基本性质见文献 [7]。

黄药类捕收剂包括黄药和黄药酯等。黄药学名为黄原酸盐，根据其化学组成也称为烃基二硫代碳酸盐，分子式为 ROCSSMe。其中 R 为疏水基，$OCSS^-$ 为亲固基，Me 为 Na^+ 或 K^+。在浮选生产实践中，习惯将乙基黄药称为低级黄药，其他烃链较长的黄药称为高级黄药。黄药在常温下为淡黄色粉剂，常因含有杂质而颜色较深，密度为 $1300 \sim 1700 kg \cdot m^{-3}$，具有刺激性臭味，易溶于水，更容易溶于丙酮或乙醇等有机溶剂，可燃烧，使用时常配成质量分数为 1% 的水溶液。黄药酯的学名为黄原酸酯，其通式为 ROCSSR'。黄药酯是黄药中的碱金属被烃基取代后生成的，可看作是黄药的衍生物。这类捕收剂属于非离子型极性捕收剂，它们在水中的溶解度都很低，大部分呈油状，对铜、锌、钼等金属的硫化物以及沉淀铜、离析铜等具有较高的浮选活性，属于高选择性的捕收剂。黄药酯的突出优点是，即使在低 pH 值条件下，也能浮选某些硫化物矿物。

黑药类也是硫化物矿物浮选的有效捕收剂之一，其分子式是 POPORSSMe，其中 R 是芳香基或烷基，如苯酚、甲酚、苯胺、甲基胺、环己氨基、乙基或丁基等；Me 代表阳离子，为 H^+ 时称为酸式黑药，为 K^+ 时称为钾黑药，为 Na^+ 时称为钠黑药，为 NH_4^+ 时称为铵黑药。黑药的选择性较黄药好，在酸性矿浆中不易分解。必须在酸性环境中浮选时，可选用黑药。工业生产中常用的黑药有甲酚黑药、丁铵黑药、铵黑药和环烷黑药等。

硫氮类捕收剂是二乙胺或二丁胺与二硫化碳、氢氧化钠反应生成的化合物。乙硫氮是白色粉剂，因反应时有少量黄药产生，所以工业品常呈淡黄色，易溶于水，在酸性介质中容易分解。乙硫氮也能与重金属产生不溶性沉淀，其捕收能力较黄药强。乙硫氮对方铅矿、黄铜矿的捕收能力强，对黄铁矿的捕收能力较弱，选择性好，浮选速度快，用量比黄药的少，并且对硫化物矿物的粗粒连生体有较强的捕收能力。对于铜、铅硫化物矿石的分选，使用乙硫氮作捕收剂，能够获得比用黄药更好的分选效果。

（3）羧酸类捕收剂 羧酸，通常又分为脂肪酸和芳香酸。在浮选工业中，脂肪酸比较重要，由于脂肪酸具有很活泼的羧基官能团，故几乎可以浮选所有的矿物，其中特别是不饱和酸，包括油酸、亚油酸、亚麻酸及蓖麻油酸等。这些高级不饱和脂肪酸和相应的饱和脂肪酸

（如硬脂酸）相比较，其熔点较低，对浮选温度敏感性差，化学活性大，凝固点低，捕收性能强。因此，浮选工业上多用高级不饱和脂肪酸及其钠皂。

脂肪酸烃链长短对其捕收性能有较大影响。对正构饱和烷基同系物来说，在一定范围内，随着烃链中碳原子数的增加，其捕收能力逐步提高，但烃链过长，由于药剂的溶解度降低，则会导致其在矿浆中分散不良而降低捕收性能。捕收剂烃链加长，主要是增大了烃链之间的相互作用，使其捕收能力提高，但常因此而缺乏选择性，或表现为浮选矿浆的 pH 值范围变宽。

常用的羧酸类捕收剂主要有油酸及其钠皂、氧化石蜡皂、妥尔油和环烷酸等，其化学共同特性主要是带有活泼的羧基官能团，可与多价金属离子如 Mg^{2+}、Ca^{2+}、Ba^{2+}、Mn^{2+}、Pb^{2+}、Zn^{2+} 等形成沉淀。因此，羧酸类捕收剂可以用来处理含有上述离子的废水及用于选矿中。各种羧酸类捕收剂的基本性质和应用特点见文献 [7]。

（4）胺类捕收剂　胺类捕收剂起捕收作用的是阳离子，故称为阳离子捕收剂，是有色金属氧化物矿物、石英、长石、云母等的常用捕收剂。

胺类捕收剂是氨的衍生物，其种类繁多，按结构可分为伯胺盐、仲胺盐、叔胺盐和季铵盐。胺与氨的性质相似，其水溶液呈碱性，难溶于水，与酸作用生成铵盐后易溶于水。胺与烃基含氧酸类捕收剂相似，这些长链捕收剂在水溶液中超过一定浓度时，会从单个离子或分子缔合成为胶态聚合物即形成胶束，从而使溶液性质发生突然变化。浮选用胺类捕收剂，其碳原子数为 8～20，在水中溶解度小或几乎不溶，可溶于乙醇和乙醚等有机溶剂。通常将乙酸或盐酸和胺作用成为乙酸盐或盐酸盐，再用水稀释到适当浓度而用于浮选。胺的乙酸盐或盐酸盐在溶液中电离出的阳离子是该捕收剂的有效成分。由于胺类捕收剂兼有起泡性，用于浮选时可少加或不加起泡剂，且宜分批添加，并控制适宜的矿浆 pH 值，水的硬度不宜过高，应避免与阴离子捕收剂同时加入。

（5）两性捕收剂　两性捕收剂是指分子中同时具有阴、阳离子两种官能团的捕收剂，其通式为 $R^1X^1R^2X^2$，其中 R^1 为 $C_8 \sim C_{18}$ 的长烃链，R^2 为一个短碳链烷基、芳基或环烷基，X^1 为一个或多个阳离子基团，X^2 为一个或多个阴离子基团。目前常见的两性捕收剂的阴离子基团主要是—COOH 和—SO_3H，阳离子基团主要是—NH_2。含有阴阳两种基团的捕收剂包括各种氨基酸、氨基磺酸以及用于浮选镍矿和次生铀矿的胺醇类黄药、二乙胺黄药等。

两性捕收剂的特点是在碱性溶液中其酸根生成盐，显阴离子性质，在电场中向阳极移动；在酸性介质中具有阳离子官能团作用，在电场中向阴极移动。在等电点时分子呈电中性，在电场中不移动，此时溶解度最小。通过对比两性捕收剂的等电点和介质 pH 值的大小，可以判断捕收剂的荷电情况。

5.2.3　起泡剂

浮选常用的起泡剂均为异极性表面活性剂，其分子的一端为极性基，另一端为非极性基。起泡剂分子的极性基亲水，非极性基亲气，在浮选中主要吸附在液-气界面上，非极性基朝向气相，极性基朝向液相，在液气界面形成定向排列，使水的表面张力降低，增大空气在料浆中的弥散，改变气泡的大小和运动状态，形成大小适宜稳定性合适的泡沫。泡沫是浮选不可缺少的部分，泡沫可分为两相泡沫和三相泡沫。两相泡沫由液、气两相组成，如常见的皂泡等。三相泡沫是由固、液、气三相组成的。过去曾将两相泡沫理论推广到三相泡沫，认为起泡剂就是在液-气界面起表面活性作用的，只要能产生大量的泡沫就认为有利于浮选。

但对浮选三相泡沫的研究结果表明，颗粒对泡沫的形成与稳定有很大的影响。就起泡剂而论，除表面活性物质可作起泡剂外，有的非表面活性物质，由于它们影响颗粒向气泡黏着，所以也可以把它们看作三相泡沫的良好起泡剂。因此，浮选用的起泡剂与其他两相泡沫起泡剂不完全相同。

起泡剂本身最好没有捕收性能，以便于控制浮选过程。起泡剂在起泡过程中的其他作用主要表现为防止气泡的兼并、降低气泡上升速度、影响气泡的大小及分散状态，以及增加气泡的机械强度。

起泡剂一般分为天然起泡剂和人工合成起泡剂。天然起泡剂主要包括松油、松醇油、樟脑油、甲酚酸和重吡啶等；人工合成起泡剂主要有甲基异丁基甲醇、含 $C_6 \sim C_8$ 的混合醇、聚丙二醇烷基醚、1,1,3-三乙氧基丁烷等。松油在浮选中是应用较广的天然起泡剂。它是含萜烯类挥发油的混合物，淡黄色或棕色，具有松香味，其主要成分为 α-萜烯醇，其次为萜醇、仲醇和醚类化合物。松香有较强的起泡能力，因含有一些杂质，具有一定的捕收能力，可以单独使用松香浮选辉钼矿、石墨和煤等。松醇油是以松节油为原料，硫酸作催化剂，酒精或平平加（一种表面活性剂）为乳化剂的参与下，发生水解反应制取的。松醇油起泡性好，能生成大小均匀、黏度中等和稳定性合适的气泡。当其用量过大时，气泡变小，影响浮选指标。甲基异丁基甲醇（MIBC），纯品为无色液体，可用丙酮为原料合成制得，是目前国外广泛应用的起泡剂，泡沫性能好，对提高精矿质量有利。

5.2.4　调整剂

调整剂是控制颗粒与捕收剂作用的一种辅助药剂，为提高浮选过程的选择性，加强捕收剂的作用并改善浮选条件，在浮选过程中常常使用调整剂。调整剂包括活化剂、抑制剂、pH 值调节剂、分散剂、凝聚和絮凝剂等五类。调整剂的品种繁多，基本的作用方式只有三种，即直接在矿物表面发生作用、在矿浆中发生作用或在气泡表面发生作用。

(1) 活化剂　凡能增强物质表面对捕收剂吸附能力的药剂称为活化剂。活化剂作用的机理主要包括：①增加矿物表面活化中心，即增加捕收剂吸附固着区域；②消除有害离子，促进捕收剂的浮选活性；③改善矿粒向气泡附着的状态；④溶去矿物表面阻碍捕收剂作用的抑制薄膜，改善矿物的可浮性。

用作活化剂的物质主要有：有色金属的可溶性盐，如硫酸铜、硝酸铅等；碱土金属盐，如硝酸钙、氯化镁等；可溶性硫化物和氟化物，如硫化钠、氟化钠等；无机酸和碱性物，如硫酸、苛性钠和苏打等。

(2) 抑制剂　凡能削弱捕收剂与浮选物质表面的作用，降低或恶化物质可浮性的药剂统称为抑制剂。抑制剂一般通过三种方式达到抑制作用，从溶液中消除活化离子；消除浮选物质表面的活化薄膜；在浮选物质表面形成亲水的薄膜。实践中常用到的抑制剂主要有石灰、硫酸锌、重铬酸钾、水玻璃、二氧化硫、亚硫酸及其盐、淀粉、鞣质、木质素和羧甲基纤维素等。

石灰是硫化物矿物浮选中常用的一种廉价调整剂，具有强烈的吸水性，加入矿浆后与水作用生成消石灰，可使矿浆的 pH 值提高到 11～12 以上，能有效地抑制黄铁矿、磁黄铁矿等。硫酸锌是闪锌矿的抑制剂，通常在碱性条件下使用，且 pH 值越高其抑制作用越明显。重铬酸钾是方铅矿的抑制剂，对黄铁矿也有抑制作用，主要用在铜铅混合浮选所得中间产物的分离浮选中，抑制方铅矿。水玻璃广泛用作抑制剂和分散剂，它的化学组成通常以

$Na_2O \cdot mSiO_2$ 表示，是各种硅酸钠的混合物，成分常不确定。m 为硅酸钠的"模数"（或称硅钠比），不同用途的水玻璃，其模数相差很大，模数低，碱性强，抑制作用较弱；模数高不易分解，分散不好。浮选通常用模数为 2～3 的水玻璃。二氧化硫及亚硫酸主要用于抑制黄铁矿和闪锌矿。

（3）pH 值调节剂　即为调节酸碱度的药剂，常见的有硫酸、石灰、碳酸钠、氢氧化钠等。pH 值调节剂往往具有多重性，除了调节矿浆或废水的酸碱度外，还常与抑制或活化作用相关联。

矿浆 pH 值对浮选过程的影响主要表现在以下几个方面：影响颗粒表面的电性；影响颗粒表面阳离子的水解；影响捕收剂的水解；影响捕收剂在固-液界面的吸附；影响物料的可浮性。

（4）分散剂　是使料浆中存在的微细颗粒呈悬浮分散状态的调整剂。根据料浆的性质不同，能起分散作用的药剂主要有苏打、水玻璃、三聚磷酸盐、鞣质和木素碳酸盐等。

（5）凝聚和絮凝剂　凝聚剂和絮凝剂正好与分散剂的作用相反，是将料浆中的微细颗粒聚集为大颗粒的药剂。凝聚剂常见的主要是含多价离子的电解质，如硫酸铁、硫酸铝、明矾、硫酸亚铁、碳酸镁、铝酸钠、氯化铁、氯化铝、氯化锌、氢氧化铁、氢氧化铝、氢氧化钙、石灰以及聚合铝和聚合铁等。絮凝剂一般分为：天然高分子絮凝剂，如淀粉、鞣质、纤维素、藻朊酸钠、古尔胶、动物胶和明胶等；人工合成高分子絮凝剂，如聚丙烯酰胺、聚氧化乙烯、聚丙烯酸钠、聚磺化甲基化聚丙烯酰胺、聚乙烯亚胺、聚酰胺基聚胺等；微生物絮凝剂，如霉菌、放线菌和酵母等。

5.3　浮选设备

浮选设备[4～6,8]主要有浮选机、搅拌槽和给药机等。浮选机是实现颗粒与气泡的选择性黏着、进行分离、完成浮选过程的关键性设备。搅拌槽以及给药机则是浮选过程的辅助设备。含有待分选物料的矿浆由给药机添加合适的浮选剂后，通常先加入搅拌槽进行一定时间的强烈搅拌，使药剂均匀分散和溶解，并与颗粒充分接触和混合，使药剂与颗粒相互作用。经搅拌后的矿浆送入浮选机进行充气搅拌，使欲浮的颗粒附着在气泡上，并随之一起浮到矿浆表面形成泡沫层，用刮板刮出即为疏水性产物，而亲水性颗粒则滞留在浮选槽内，经闸门排出，即为亲水性产物。

5.3.1　浮选设备分类

对浮选设备的要求，除了必须保证工作可靠外，还应具有生产能力大、能耗低、耐磨、构造简单、易于维修和造价低廉等特点，还应具有良好的充气性能、足够的搅拌强度，使气泡有适当长的路程形成比较稳定的泡沫区以及可以连续工作并便于调节。因此，根据浮选方法的不同，浮选设备一般可分为布气浮选设备、溶气浮选设备和电浮选设备。

5.3.2　布气浮选设备及其特点

布气浮选是利用机械剪切力，将混合于水中的空气粉碎成细小的气泡后进行浮选。按粉碎气泡的方式不同，布气浮选可以分为泵吸液管吸气浮选、射流浮选、扩散曝气浮选和叶轮浮选四种。

(1) 泵吸液管吸气浮选　泵吸液管吸气浮选是一种最简单的浮选方法。优点是设备简单，但受泵工作特性限制，吸气量不会太大，一般不超过吸液体积的 10%，否则会破坏泵吸液管的负压操作。此外，泵内气泡的粒度较大，因此，浮选效果不好。这种方法用于处理通过除油池后的石油废水，除油效率一般在 50%～65%。

(2) 射流浮选　射流浮选是一种采用以水带气射流器向废水中混入空气进行浮选的方法。射流器的结构如图 22-5-2 所示。由喷嘴射出的高速废水使吸入室形成负压，并从吸气管吸入空气，在水气混合体进入喉管段后进行激烈的能量交换，空气被粉碎成微小的气泡，然后进入扩散段，动能转化为势能，进一步压缩气泡，增大了空气在水中的溶解度，然后在浮选池进行浮选。

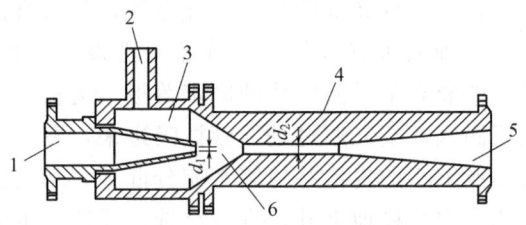

图 22-5-2　射流器结构示意图

1—喷嘴；2—吸气管；3—吸入室（负压段）；

4—喉管段；5—扩散段；6—渐缩段

目前射流浮选技术应用比较广泛，同时对其设备的改进也比较多。典型的是空气喷射旋流浮选机，是将水力旋流器和浮选机相结合起来的一种浮选设备。图 22-5-3 是空气喷射旋流浮选机的结构示意图。它的外形与普通的水力旋流器相似，只是水力旋流器下部为锥体，而空气喷射旋流浮选机从上到下都是圆柱体。气泡发生装置由设置在柱体外壁上的两个空气喷射嘴和多孔材料制成的柱体内壁组成。当通过空气喷射嘴向柱体内吹入空气时，空气通过整个柱体的内壁释放出来，产生大量的细小气泡，分散在整个柱体的空间内。这种产生气泡的方法与传统浮选柱所用的多孔陶瓷产生的气泡有点相似，但是此处的压力更大，是空气发生的喷射。

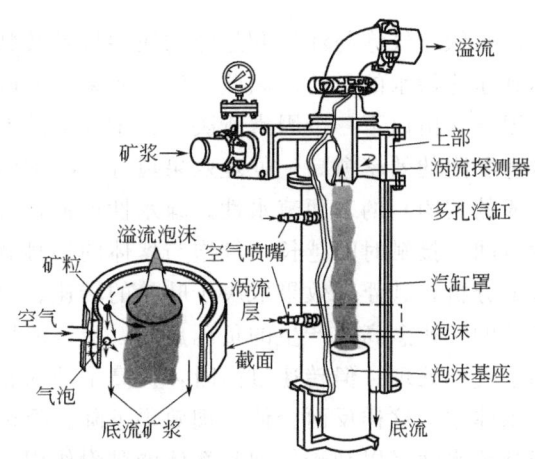

图 22-5-3　空气喷射旋流浮选机结构示意图

给矿矿浆经给矿口沿切向压入柱体内，在柱体内形成螺旋流，这与水力旋流器一样。这种螺旋流对由柱体内壁喷射出的空气进行剪切切割，并与固体颗粒发生剪切碰撞。气泡与矿浆中的疏水颗粒通过剪切碰撞形成矿化泡沫，而亲水颗粒不与气泡黏着。在螺旋流产生的离心力的作用下，亲水颗粒移向柱体的内壁，并向下运动，从底部的沉矿排出口排出，作为尾矿；而矿化泡沫向柱体的中心移动，在柱体的中心形成泡沫柱（如图 22-5-3 中阴影部分所示）。矿化泡沫从柱体顶部的溢流排出口排出，作为泡沫产品收集。

空气喷射旋流浮选机的特点是分选速度快，这是任何其他浮选机所不能达到的。

（3）扩散曝气浮选   是早期使用最为广泛的布气浮选方法。压缩空气通过微孔扩散板或微孔管，使空气以微小的气泡弥散于水中进行浮选。该方法简单易行，但微孔管和微孔板易于堵塞，气泡较大，浮选效果差。

（4）叶轮浮选   叶轮浮选是一种高效的污水处理方法，其具有体积小、处理水量大、污水在装置内的停留时间短、处理效果好等优点。叶轮浮选设备结构如图 22-5-4 所示，叶轮位于浮选池的底部，叶轮上部装有带导向叶片的固定盖板，盖板上开孔。当电动机带动叶轮旋转时，盖板下面形成负压涡区，空气通过进气管被吸进来，废水由盖板上的小孔进入。在叶轮的搅动下，空气被粉碎成细小的气泡并与废水充分混合。水气混合体被甩出导向叶片之外，经整流板稳流后在浮选池内平稳地上升，进行浮选。浮选产生的泡沫不断地被刮板刮出槽外。

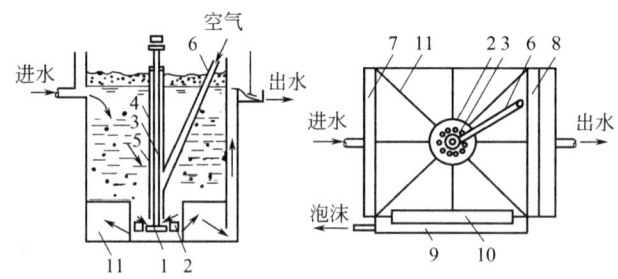

图 22-5-4   叶轮浮选设备结构示意

1—叶轮；2—盖板；3—转轴；4—轴套；5—轴承；6—进气管；

7—进水槽；8—出水槽；9—泡沫槽；10—刮沫板；11—整流板

叶轮浮选法处理含油污水依靠气泡与油珠和悬浮物质的接触及黏附，并携带这些物质脱离水体，上升至水面，达到净化污水的目的。因此，浮选效果主要取决于气泡与油珠的接触效率和黏附效率。这两个因素又由以下三个因素所决定：①气泡的大小和数量、密度。气泡愈小，密度愈大，其接触和黏附的效率愈高，处理效果愈好。②絮体（包括油珠和悬浮固体物质由于絮凝剂作用而形成的絮团）的表面疏水性。疏水性愈强，气泡与絮体的黏附效率愈高。③气泡与絮体的接触时间。接触时间越长，气泡与絮体的接触概率和黏附概率愈大。从叶轮浮选装置的技术参数上分析，其浮选效果取决于叶轮的转速、浮选剂的投加量和污水在浮选池内的停留时间。叶轮的转速愈高，产生的负压愈高，吸入的气量愈大，并且能够将其剪切成更小的气泡而有利于气浮处理。但转速过高时，提高了油珠和悬浮物的乳化程度，使其以更细小的絮体存在于水体中，这样反而会使处理效果下降。浮选剂的投加一方面减弱了絮体表面的亲水性，增强其疏水性，以利于气泡与絮体的黏附作用；另一方面降低了气水界面的界面张力，减小了气泡之间相互兼并的概率，使细小气泡能够稳定地存在于水体中。污水在浮选池中的停留时间，直接影响着气泡与絮体及气泡之间的碰撞接触时间，在气浮处理中，存在着三种不同的碰撞和黏附作用：气泡与絮体之间；气泡与气泡之间；携带絮体的气泡之间。后两种黏附作用会降低水体中的气泡密度，破坏已上升的絮团结构，不利于气浮处理。在停留时间太短时，黏附气泡的絮体未能上浮至水面就随着出水流出，处理效果不理想；停留时间过长时，气泡之间与携带絮体的气泡之间的兼并量增大，也会降低气浮处理的效果[9]。

叶轮浮选所用叶轮的直径一般为 200～400mm，最大不超过 600～700mm。叶轮转速为 900～1500r·min^{-1}。浮选池的有效深度一般为 1500～2000mm，最大不超过 3000mm。叶轮浮选一般适用于处理量不大、污染物浓度较高的污水。用于处理含油废水时，除油效率可达 80%[10]。

5.3.3 溶气浮选设备及其特点

根据气泡在水中析出时所处的压力不同，溶气浮选又可以分为加压溶气浮选和常压溶气真空浮选。前者通过加压使空气溶于水中，然后恢复至常压使水中空气析出。后者是对浮选体系施加真空，使在常压下溶于水中的空气析出。因为维持真空的设备成本高，以及使用真空降压的幅度不大，因此真空方法已经被加压方法所取代。加压溶气浮选也称为溶气浮选。

（1）加压溶气浮选　根据料浆和废水中所含悬浮物的种类、性质、废水处理净化程度和加压方式的不同，溶气浮选流程有三种类型。

① 全流程溶气浮选是将料浆或废水全部用水泵加压，在泵前或泵后注入空气（图 22-5-5）。在溶气罐内，空气溶解于料浆或废水中，然后通过减压阀将料液送入浮选池。料液中溶解的气体迅速析出并形成小气泡黏附于疏水颗粒表面，然后从料液中逸出并形成浮渣泡沫。通过刮板的不停刮动，浮渣泡沫进入浮渣槽，经浮渣管排出[10]。

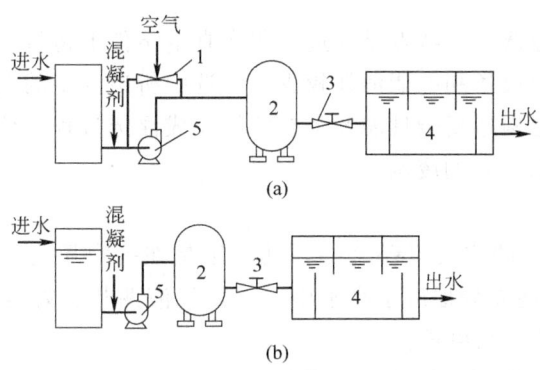

图 22-5-5　全流程溶气浮选流程

（a）泵前加气；（b）泵后加气

1—射流器；2—溶气罐；3—减压阀；4—浮选池；5—泵

全流程溶气浮选的优点是溶气量大，增加了油粒或悬浮颗粒与气泡的接触概率；在处理量相同的条件下，比部分回流溶气浮选所需的浮选槽小，可以减少基建投资，但设备投资和动力消耗较大。

② 部分溶气浮选是取部分废水加压和溶气，其余废水直接进入浮选池并与溶气废水混合（图 22-5-6）。其特点是比全流程溶气浮选所需的压力泵小，动力消耗低；压力泵所造成

的含油废水中乳化油量也较少，浮选池大小与全流程浮选池相近，但比部分回流溶气浮选小[10]。

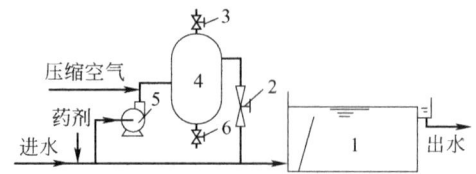

图 22-5-6   部分溶气浮选过程

1—浮选池；2—减压阀；3—排气阀；4—溶气罐；5—加压泵；6—放空阀

③ 部分回流溶气浮选是将一部分废水除油后出水回流加压和溶气，减压后直接进入浮选池，与来自絮凝池的含油废水混合和浮选（图 22-5-7）。回流量一般为含油废水的 25%～50%。其特点是：加压的水量少，动力消耗低；浮选中乳化程度低；浮选池的容积较大。为了提高浮选的处理效果，废水中可以添加一定量的混凝剂或浮选药剂[10]。

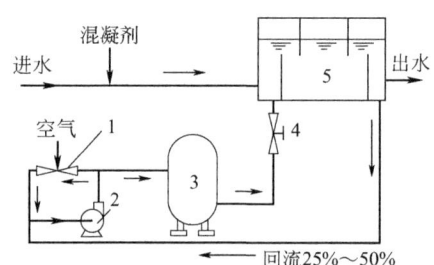

图 22-5-7   部分回流溶气浮选流程

1—射流器；2—加压泵；3—溶气罐；4—减压阀；5—浮选池

（2）常压溶气真空浮选　其特点是浮选过程在真空条件下运行，而空气在废水中的溶解是在常压下完成的，动力设备和电能消耗较少，浮选中析出气量的大小取决于水中空气含量和真空度。缺点是浮选池构造复杂且需要密封才能完成浮选过程。该流程适合处理污染物浓度不高（不超过 $0.3g \cdot L^{-1}$）的废水。

（3）溶气浮选设备

① 溶气罐是溶气浮选的主要设备之一，其作用是在一定压力（加压溶气一般为 0.2～0.6MPa）下，保证空气能充分地溶于废水中，并使气液两相良好混合。混合时间，加压溶气为 1～3min，常压溶气时间更长。

溶气罐的形式可分为静态型和动态型两大类。静态型包括花板式、纵隔板式和横隔板式等。动态型分为填充式和涡轮式。我国一般采用花板式和填充式（图 22-5-8）[10]。

② 浮选池是浮选进行的场所。溶气废水进入浮选池后，气体从废水中析出并在上升过程中黏附微小油滴和固体颗粒，上浮至水面并形成浮渣，由刮渣机除去。浮选池有平流式、竖流式和斜板式等，基本结构如图 22-5-9～图 22-5-11 所示[10]。

a. 平流式浮选池　基本结构如图 22-5-9 所示，含油废水从图中右侧进水管进入，废水中所溶解的气体（一般为空气）以微泡的形式迅速逸出，在此过程中废水中的油滴黏附于向上运动的气泡表面而随气泡一起富集于浮选池废水上层，被刮油机刮入集油槽中而从污油管排出；废水经浮选后从出水管排出。

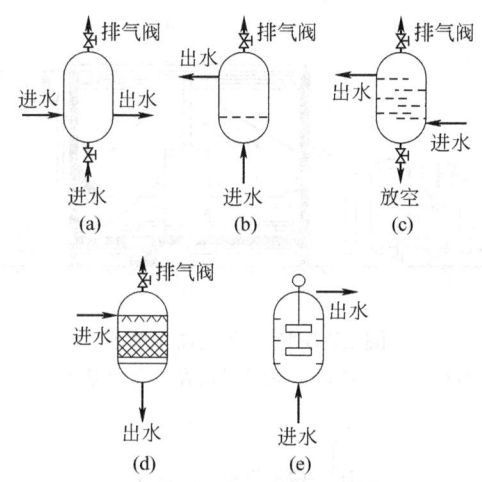

图 22-5-8 常用的溶气罐形式
(a) 纵隔板式；(b) 花板式；(c) 横隔板式；(d) 填充式；(e) 涡轮式

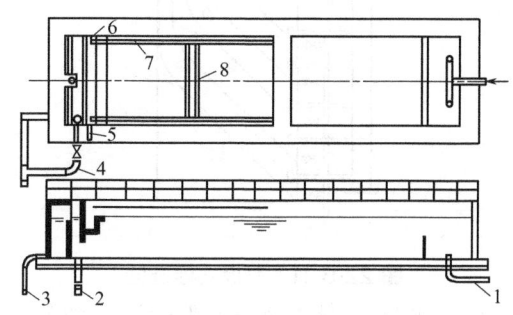

图 22-5-9 平流式浮选池
1—进水管；2、4—排空管；3—出水管；
5—污油管；6—集油管；7—轨道；8—刮油机

b. 竖流式浮选池 基本结构见图 22-5-10，一部分废水经泵直接送入溶气罐，另一部分废水经射流器和从射流器另一管口吸入的空气一起进入溶气罐，溶气罐中的废水和空气混合均匀后进入浮选池内，浮选池内的叶轮在变速器的带动下对废水进行充分搅动，使其中所溶解的空气迅速析出，并携带废水中的油滴进入浮选池的泡沫槽中，然后从泡沫排出管排出；废水中未被浮选的固体沉积物进入沉渣斗从排渣管排出；废水经处理后从浮选池上部的出水管排出。

c. 斜板式浮选池 基本结构见图 22-5-11，浮选室被分成若干小室，每个小室设有进液管将溶气废水引入。废水经浮选后，泡沫由污泥浓缩至上部的刮泡器排出，处理水和沉渣分别由与各小室相通的排水管和排渣管排出。

5.3.4 电浮选设备及其特点

电浮选法处理废水的过程是首先对废水进行电解，这时在阴极产生大量的氢气泡，气泡直径为 $20\sim100\mu m$。废水中疏水的悬浮颗粒黏附于氢气泡上，一起浮出液面，从而达到净化水的目的。与此同时，在阳极电离形成的氢氧化物扩散到废水中起着凝聚剂的作用，可以

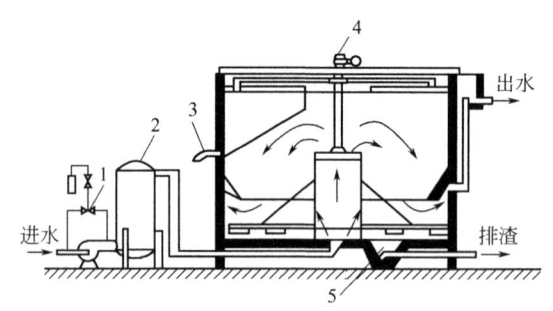

图 22-5-10　竖流式浮选池

1—射流器；2—溶气罐；3—泡沫排出管；4—变速器；5—沉渣口

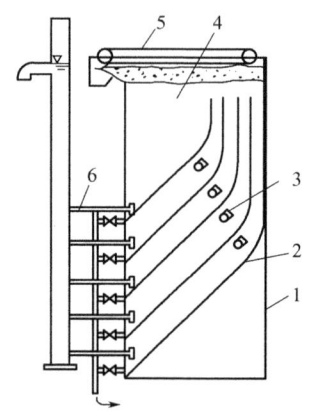

图 22-5-11　斜板式浮选池

1—浮选池；2—斜板；3—混合液入口；4—污泥
浓缩室；5—刮泡器；6—处理水出口

将废水中的胶体颗粒或乳化油凝聚成大颗粒，被气泡捕集浮出液面或沉于浮选池底部。

电浮选的优点是形成的气泡较小；在利用可溶性阳极时，浮选过程和凝聚过程同时进行；装置简单，是一种新的废水净化方法。

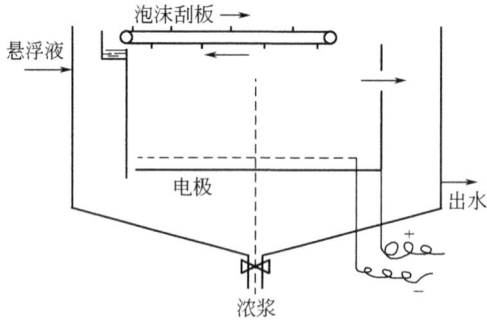

图 22-5-12　电浮选槽结构示意

电浮选槽结构[8]如图 22-5-12 所示，电极位于浮选槽的中下部，浮选槽的底部呈锥形，未被浮选的大颗粒沉积于底部并定期排放。浮选槽的上部设有刮沫装置，将黏附污染物的泡沫刮到泡沫槽内。废水经处理后从浮选槽中上部的排水管排出。浮选槽内电极的材料为低碳钢、铝和石墨。两电极间距一般为 $6\sim100mm$，电流密度为 $40\sim600A\cdot m^{-2}$。

　　一般地，电解浮选中所施加的电场为低压，为 $5\sim10V$。能量的消耗与两电极之间的距离和被处理的悬浮体的电导率有关。电解浮选机比溶气浮选机结构更简单。在浮选槽的下部装置有若干组电极。电极的组数根据槽体的容积和被处理废水中所含疏水颗粒的量来决定。在浮选槽的上部有链式泡沫刮板。废水从槽体底部通过给料管给入槽内，同时电极施加电场，从而在电极周围产生微气泡（也称微泡）。这些微泡在疏水颗粒的表面析出。微泡发生兼并，形成较大的三相气泡，向上浮升，在槽体上部水面处形成泡沫层。通过泡沫刮板把这些泡沫刮出到污泥槽，称为污泥产品。水从右边的底部的排出口排出，称为清净水。

　　显而易见，电解浮选机与溶气浮选机属于同一类型的分选设备。但是，由于电解浮选机能产生更微细的气泡，所以它比溶气浮选机更适合于微细颗粒的浮选分离。或者说，电解浮选机的浮选粒度下限比溶气浮选机更小，它具有上节所述的溶气浮选机具有的所有优点。但是它的主要缺点也相同，即单位时间的疏水颗粒的处理量小。另外，电极的消耗大，需要经常更换电极。生产过程中电极会发出臭味，也是一个问题。

　　电极浮选机已经被工业应用于废水处理和生活用水的处理。

参考文献

［1］ Saththasivam J，Loganathan K，Sarp S. Chemosphere，2016，144（2）：671-680.

［2］ Gerson A，Napier-Munn T. Minerals，2013，3（1）：1-15.

［3］ 时玉龙，王三反，武广，等. 工业水处理，2012，32（2）：20-23.

［4］ Wills B A. Chapter 12 Froth Flotation//Wills' Mineral Processing Technology. 8th Edition. Oxford：Butterworth-Heinemann Press，2016.

［5］ 魏德州. 固体物料分选学. 第2版. 北京：冶金工业出版社，2009.

［6］ 张一敏. 固体物料分选理论与工艺. 北京：冶金工业出版社，2007.

［7］ 朱建光. 浮选药剂. 北京：冶金工业出版社，1993.

［8］ 时钧，汪家鼎，余国琮，等. 化学工程手册：下卷. 北京：化学工业出版社，1996.

［9］ 张宝良，程继顺，乔丽艳. 油田地面工程（OGSE），1995，14（4）：18-19.

［10］ 佟玉衡. 实用废水处理技术. 北京：化学工业出版社，1998.

6

离心沉降分离与沉降离心机

6.1 离心沉降分离原理

6.1.1 转鼓中的离心力场

利用物料之间的密度差，在离心力场中惯性离心力使不同的物相分层，再用各种方法将其分离的离心机就称为沉降离心机。有多种型式的沉降离心机，如螺旋卸料离心机、三足式沉降离心机、管式沉降离心机、碟式离心机等，后两种也常称为离心分离机。

6.1.1.1 离心分离因数

如果在转鼓距离轴心最远的转鼓内壁上来看惯性离心力，令转鼓的内半径为 R，ω 是转鼓角速度，对这个位置处一个质量为 m 的质点，定义 F_r 为离心机的分离因数：

$$F_r = \frac{R\omega^2}{g} \tag{22-6-1}$$

式中，ω 是转鼓角速度；R 是转鼓内半径。

分离因数 F_r 是离心机的基本性能参数，任何离心机，无论沉降还是过滤离心机，其表达式和物理意义都一样。

6.1.1.2 转鼓中的离心液压

离心机工作时，处于转鼓中的液体和固体物料层，在离心力场的作用下将给转鼓内壁以相当大的压力，称为离心液压。

$$p_{\max} = \frac{1}{2}\rho_{\mathrm{mf}}\omega^2(R^2 - r_0^2) \tag{22-6-2}$$

式中，ρ_{mf} 是转鼓内液体物料的密度；ω 是转鼓角速度；R 是转鼓内半径；r_0 是转鼓内自由液面半径。这是离心机的又一个基本公式，在转鼓强度设计和离心沉降分离工艺计算中有重要作用。

6.1.2 离心力场中固体颗粒的沉降运动

在惯性离心力作用下，物料中密度较大的固体或组分会沿径向向外做沉降运动，并在转鼓内壁聚集为沉渣或重相层，靠近自由液面方向的区域成为澄清的液体或轻相层，通过一定方式分别将两部分分离的物料取出转鼓，就是离心沉降分离。

6.1.2.1 转鼓离心力场中固体颗粒的自由沉降运动

在重力场中，单个的标准球形固体颗粒在重力作用下，在流体中会沿垂直方向向下运动，这被称为重力沉降或 Stokes 沉降运动：

$$v_0 = \frac{d^2(\rho_s - \rho_1)g}{18\mu} = \frac{d^2 \Delta \rho g}{18\mu} \tag{22-6-3}$$

式中，ρ_s 和 ρ_1 是固体和液体的密度；μ 是液体黏度；d 是固体颗粒粒径；v_0 是重力沉降速度。

在离心机转鼓中，用离心加速度来代替重力加速度，可以得到离心沉降速度：

$$v = \frac{d^2(\rho_s - \rho_1)\omega^2 r}{18\mu} = \frac{d^2 \Delta \rho g}{18\mu} \frac{\omega^2 r}{g} = v_0 F_r \tag{22-6-4}$$

上式也说明了离心沉降速度与重力沉降速度的关系。

式(22-6-3)是根据颗粒沉降时周围流体绕流为层流流型得到的，适用于较慢的重力沉降。在离心力场中，颗粒沉降速度较快，绕流流型会发展成过渡流或湍流，用准数 A_r 判断，层流区 $A_r < 28.8$，过渡区 $28.8 < A_r < 57600$，湍流区 $A_r > 57600$，在过渡区和湍流区的沉降速度公式为：

过渡区

$$v = 0.1528 \left[\frac{d^{1.6}(\rho_s - \rho_1)\omega^2 r}{\mu^{0.5}\rho_1^{0.4}} \right]^{1/1.4} \tag{22-6-5}$$

湍流区

$$v = 1.741 \left[\frac{d(\rho_s - \rho_1)\omega^2 r}{\rho_1} \right]^{1/2} \tag{22-6-6}$$

流型判断准数　　　　　　$A_r = d^3 \rho_1 \Delta \rho \omega^2 r / \mu^2 \tag{22-6-7}$

式中，v 是颗粒的离心沉降速度；v_0 是颗粒在重力场中的自由沉降速度；F_r 是分离因数；d 是固体颗粒粒径；$\Delta \rho$ 是固液相密度差（$\Delta \rho = \rho_s - \rho_1$）；$\rho_s$、$\rho_1$ 分别是固相和液相的密度；μ 是液体黏度。以上各式是单个颗粒自由沉降速度的计算公式。

6.1.2.2　影响颗粒沉降的一些因素

在重力沉降装置（浓密机、沉降池等）的设计中[1]，一般都认为颗粒只在液池浅表面附近是自由沉降运动。沿深度方向液池被分成四个区域，表面层即区域 1 是溢流清液层或称为澄清区，含固量极低，颗粒的运动几乎可认为是纯粹的 Stokes（斯托克斯）沉降运动；区域 2 称为沉降区，料液含固量就稍高，但颗粒运动也可以看成是自由沉降运动；区域 3 称为压缩区，固体浓度很高，颗粒运动时的团聚和干涉会非常严重，以至于表现为一种"压缩现象"；区域 4 则是沉渣层。离心机转鼓中颗粒沉降运动也应该是这种行为，如图 22-6-1 所示。

因此悬浮液中颗粒的实际沉降行为要复杂得多，前面的沉降计算公式严格地说只适合于表面层区域，或固相浓度非常低的情况，比如低于 0.1%。即使在第二层，颗粒之间的相互影响，或称为颗粒群干涉沉降，就不应该忽略。干涉沉降涉及一些复杂的物理化学机理，如颗粒的电磁特性造成的吸引和排斥、颗粒间的运动碰撞等。实际中，定义一个干涉沉降影响系数来修正自由沉降速度：

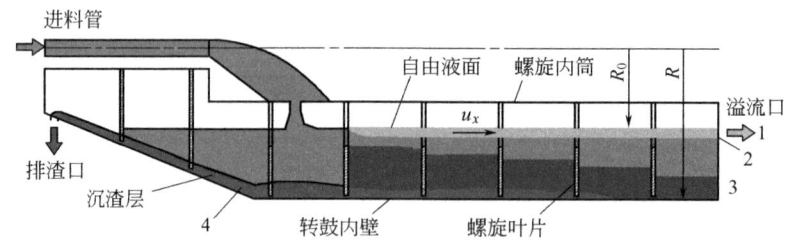

图 22-6-1 固体颗粒在转鼓内液池沿径向的沉降运动行为

1~4—区域 1~区域 4

$$v_\phi = \eta v \tag{22-6-8}$$

干涉沉降影响系数 η 被认为与固相体积浓度相关。

当固体颗粒粒径极小时，其热力学扩散运动（例如布朗运动）可能超过离心沉降运动，意味着颗粒将不会沉降下来而一直处于分散悬浮状态，这就是离心沉降的极限：

$$d_1 = 1.732 \left(\frac{T}{\Delta\rho\omega^2 r} \right)^{1/4} \tag{22-6-9}$$

式中，d_1 是离心沉降极限粒度；T 是料液的热力学温度，K。

6.1.3 转鼓中液体的运动

在沉降离心机中实现液固分离，不仅取决于液固之间的相对运动行为，还取决于液体流动时颗粒的随动（牵连运动）行为，因此在转鼓内及进出口位置液体的流动计算是离心沉降分离理论的另一关键内容。

6.1.3.1 螺旋卸料离心机中的流体流动

图 22-6-2 是卧式螺旋卸料沉降离心机的流动结构示意图，料液从转鼓小端（图 22-6-2 左端）连续地进入，经螺旋筒上的分布孔流进转鼓，在转鼓内形成环形液池，并沿轴向向右流动，在转鼓大端（图 22-6-2 右端）连续溢流出去，而料液中的固体颗粒则沉降到转鼓内壁形成沉渣，被螺旋叶片自右至左向转鼓小端推送出转鼓。螺旋与转鼓间必须有相对运动（转速差），其结构和运动行为对转鼓内流体流动产生主要影响。螺旋使转鼓内流场变得异常复杂，一般的方法不考虑螺旋的存在，认为料液沿轴向以环形形状向溢流口平推流动，流场被简化为圆筒轴对称问题，由此计算液体运动及颗粒的随动，结合颗粒沉降运动，从而计算离心沉降分离行为。

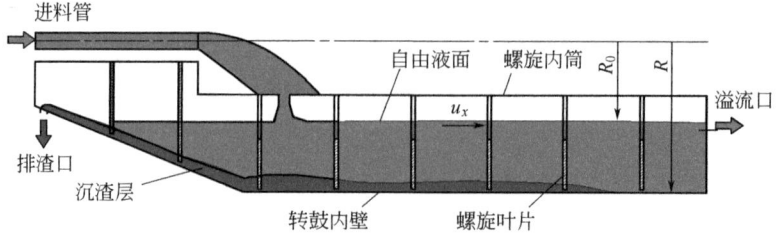

图 22-6-2 卧式螺旋卸料沉降离心机转鼓内的流动

对空转鼓内的液体流动，在计算中也有几种简化。最简单的一种是简化为"活塞式"流动，即料液在没有螺旋的空转鼓内沿轴向方向做流速均匀的一维流动，液体径向速度和周向速度 $u_r = u_\varphi = 0$，且转鼓内液环在整个截面上的流动是均匀的 $u_x = u_m$。

将转鼓内的流动简化为"活塞式"模型过于简单，还需考虑流动的其他重要特征，由此前人提出了很多种不同的流动模型。其中最主要的有：层流流动理论、表面层流动理论、流线流动理论、液体沿螺旋流道流动模型等等。

稍微复杂的简化是层流流动理论，认为料液在没有螺旋且忽略进出口影响的空转鼓内呈层流流动状态，即轴向速度 u_x 在径向方向上的分布是抛物线形的，则自由液面处的流速最大，转鼓壁处的流速为零。采用连续方程和纳维-斯托克斯（Navier-Stokes）方程可求解 u_x。

有一种简化是表面层流动理论，认为转鼓内的液体分为主液层和表面层，主液层只随着转鼓一起回转并轴向流动，表面层是靠近自由液面快速轴向流动的薄层流体，其厚度取决于溢流口处的溢流深度。

还有一种流线流动理论，认为转鼓内流动的流体占据大部分容积，其流动情况完全取决于转鼓壁的形状。采用二维流动方法分析，转鼓内流体流动将形成若干轴对称的流面，流面与转鼓径线截面的交线便是流线，流线的分布由转鼓形状决定。

关于螺旋对转鼓内液体流动的影响，有人提出过两种流动模型：①液体沿螺旋流道流动；②液体沿转鼓轴向流动并考虑螺旋影响。I. I. Vainshtein 等[2] 通过上述模型求解出螺旋通道内流体流动的速度分布公式。

6.1.3.2　碟式离心机中的流体流动

图 22-6-3 是碟式离心机转鼓内的流动结构示意图，料液从转鼓中心的进料管进入，经碟片上的中心孔流入碟片间的缝隙，料液中密度较大的组分（重相）在离心力作用下将聚集到缝隙上部（靠近上片碟片的内表面），并沿碟片表面径向向外流动，密度较低的组分（轻相）则会聚集到缝隙下部（靠近下片碟片的外表面），并沿碟片表面径向向内流动。碟片间的缝隙液层流动没有螺旋之类零件的复杂干扰，关键是轻重两相液层的错流。

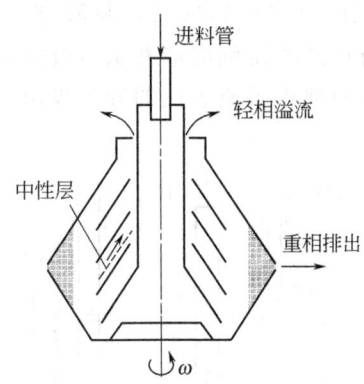

图 22-6-3　碟式离心机转鼓内的流动

6.1.3.3　室式离心机中的流动

图 22-6-4 是室式离心机转鼓内的流动结构示意图，料液从转鼓中心的进料管进入，以折流的形式依次进入各个分离室，固体颗粒按粒径大小分别沉降在各个圆筒内壁上，液体则得到逐级澄清，并沿轴线上流排出。

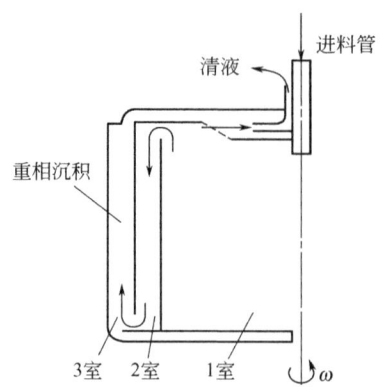

图 22-6-4　室式离心机转鼓内的流动

6.1.3.4　转鼓中流体流动的 CFD 模拟

螺旋卸料沉降离心机转鼓内部流动是相当复杂的，兼具多种流动特征。传统的流动模型描述和简化中任何一个都距离实际特征很远，其计算结果用于离心机分离性能计算有很大误差，工程实际中参考价值低，难以用于设计。颗粒随动是影响分离行为的主要因素，复杂流场分析对更精确计算颗粒随动及分离性能有关键意义。但要采用传统方法完全精确计算实际的转鼓内部流场是困难的，甚至是不可能的。

计算机计算技术的发展使转鼓内部流场精确分析成为可能。把转鼓和螺旋或其他内部结构结合考虑，进行适当简化建模和有限体积元划分，使连续流场离散化，从而把 Navier-Stokes 方程求解问题简化为代数方程求解问题，实现计算机计算求解。这就是螺旋沉降离心机的计算流体力学（CFD）模拟。

6.1.4　转鼓中液固分离的行为模式

6.1.4.1　间歇离心沉降分离

图 22-6-5 是间歇沉降离心机的分离操作模式，料液进入转鼓形成液池，颗粒向转鼓内壁沉降聚集为沉渣，液池表面附近液体得到澄清并从转鼓溢流口溢出，当沉渣层堆积到一定厚度时，停止进料，用撇液管将液池中沉渣表面的液体吸出，再用刮刀卸除沉渣，如此完成一个分离操作循环。

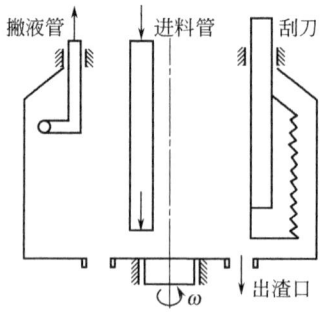

图 22-6-5　间歇沉降离心机的分离操作模式

6.1.4.2　连续离心沉降分离

连续沉降离心机的操作是料液连续进入，不仅分离澄清后的液体连续溢出，沉积在转鼓内壁的沉渣也被某种机构（如卧螺离心机的推料螺旋，或者碟式离心机的卸料喷嘴）连续卸除，即料液在转鼓内被分离成清液和沉渣两部分后又连续同步排出转鼓。图 22-6-2 显示了卧螺离心机的连续沉降分离模式。

6.1.4.3　转鼓中流体运动对颗粒沉降的干扰

离心机沉降分离的主要问题是液体流动夹带固体。间歇沉降离心机转鼓内一般没有其他辅助机构，其流场相对简单，颗粒随流动从溢流口逃逸的现象较轻微。但螺旋卸料沉降离心机这样的连续离心机则不同，螺旋的存在及其运动导致转鼓内流场复杂，一方面螺旋会搅拌沉渣，使已沉积的颗粒重新悬浮；另一方面螺旋叶片的阻碍使液体产生局部涡流，导致较小尺寸的颗粒不沉降，总是处于悬浮状态，并随液体溢流出去。通过转鼓内涡流流动的分析，就有可能较精确地确定流动对颗粒沉降分离的干扰。

6.2　沉降离心机的类型[3]

6.2.1　间歇型沉降离心机

6.2.1.1　三足式沉降离心机

三足式沉降离心机是最常见的间歇沉降离心机，与过滤三足离心机的基本结构完全一样：转鼓悬挂支承在机座的三根支柱上，即包括转鼓、主轴、轴承、轴承座、外壳、驱动电机和传动部件等一体安装在三根支柱上。三根支柱的支撑在水平和垂直方向上都是柔性的，有利于减轻转鼓内物料分布不均引起的振动，使离心机运转平稳。与三足过滤离心机的主要区别是，三足式沉降离心机总要配置一个撇液管机构，用于吸出转鼓内沉渣表面的上清液。

三足式沉降离心机转鼓直径最大可超过 2000mm，分离因数最高可到 2000。

6.2.1.2　卧式刮刀卸料间歇沉降离心机

卧式刮刀卸料间歇沉降离心机的基本结构也与普通的卧式刮刀卸料间歇过滤离心机一致，不同点是，沉降离心机总是配置了撇液管。

卧式刮刀卸料间歇沉降离心机在工业中并不多见。

6.2.1.3　管式沉降离心机和室式沉降离心机

用于液固分离（或液液固三相分离）的管式沉降离心机是很常见的间歇沉降离心机（习惯上称为管式分离机），其得名主要基于两点：一是以细长的管式结构件作为分离元件；二是极高的分离因数。减小分离管直径，可以克服材料自身质量应力的强度限制，从而实现很高的转速和分离因数；通过增加管子长度来保证其分离料液的容积，为了保证细长分离管高速运转时的刚度稳定性，因此其均为立式布局；还采用挠性轴承结构或静压轴承装置，并在转鼓下部装设振幅限制装置，以保证离心管高速运转的稳定性。

管式沉降离心机管直径一般在 40~150mm，很少有达到 200mm 的，长径比为 4~8，转速超过 10000r·m⁻¹，分离因数超过 10000，最高可达数十万，适于固相含量小于 1%、固相粒子尺寸小于 5μm 和固液相密度差甚小的悬浮液的澄清，也适用于轻、重液相密度差很小和分散性很高的乳浊液的分离。

室式离心机是另外一种间歇沉降离心机，尽管工业中并不很常见。其基本结构原理是，直径由小到大的 9 个圆筒同心安装在一根轴上，不同直径意味着具有不同的分离因数，料液经空心轴中心进入，一次流入各个圆筒，料液中的大颗粒会率先在小圆筒筒壁上沉降，最外层的大圆筒则沉降了最小的颗粒，澄清的液体再从外层向内流回，经主轴夹层排出。

室式分离机最多可以重叠 9 个圆筒，分离的最小颗粒直径为 $0.1\mu m$。

6.2.2 连续型沉降离心机

6.2.2.1 螺旋卸料沉降离心机

螺旋卸料沉降离心机是应用广泛的连续沉降离心机，其规格尺寸和应用领域都是最多的。按照转鼓轴线的空间布局，螺旋离心机可分为立式和卧式两种；按照功能侧重不同，其可以分为澄清型、沉降型、分级型、三相型；按照结构特征，其还可以分为带碟片的、带向心泵的、密闭压力结构的等多种。

螺旋卸料沉降离心机的基本技术参数范围：转鼓直径 $160\sim1600mm$，主轴最高转速约 $10000r\cdot m^{-1}$，分离因数约 10000，生产能力约 $190m^3\cdot h^{-1}$。

6.2.2.2 碟式沉降离心机

碟式沉降离心机传统上根据排渣形式分为三种类型：喷嘴排渣、活塞排渣、人工排渣型。前两种为连续进料，清液连续排料，浓缩物或渣连续或间断自动排料，因此基本可看成连续离心机；后一种人工排渣型，进料、排清液和排渣均为人工间断操作，因此属于间歇离心机。人工排渣碟式离心机现在已经很少见。碟式离心机转鼓几乎都为立式布局，起分离功能作用的元件是同轴叠放的"碟片"。碟式离心机属于高转速、小尺寸紧凑离心机，由于可叠放 $50\sim180$ 片碟片，碟片间隙 $0.5\sim1.5mm$，其当量沉降面积可以达到很高，因此属于高效率的沉降离心机。碟式离心机的基本技术参数范围是：转鼓直径 $150\sim900mm$；主轴最高转速 $6000\sim12000r\cdot min^{-1}$；分离因数 $5000\sim14000$；当量沉降面积约为 $30000m^2$；生产能力约 $100m^3\cdot h^{-1}$。

6.2.3 均相分离高速沉降离心机

6.2.3.1 铀浓缩均相分离高速沉降离心机的结构原理

此离心机是利用不同组分间的密度差实现离心分离的机器，主要指铀浓缩离心机。

天然铀中 ^{235}U 的含量仅 0.7%，^{238}U 则占 99% 以上的比例。金属铀经化学反应可生成 UF_6（六氟化铀）气体，其中 $^{235}UF_6$ 与 $^{238}UF_6$ 相比，因为少 3 个中子而稍轻，因此有可能利用强大惯性离心力实现 ^{235}U 的分离浓缩。

图 22-6-6 是铀浓缩均相分离气体高速沉降离心机的结构原理图，其可以归类为一种具有超高分离因数的管式沉降离心机。铀浓缩离心机由转子（离心管）、电机、轴承、壳体、进料和出料管等构成。工作时，UF_6 气体从进料管进入转子内，在惯性离心力作用下，$^{235}UF_6$ 将向靠近中心的区域聚集，而 $^{238}UF_6$ 则会趋向在靠近管壁的外缘区域，管子中心的出料管引出的就是 ^{235}U 浓缩气体。

6.2.3.2 铀浓缩均相分离高速沉降离心机的特征和分离性能

此离心机的基本特征和分离性能如下：

① 转子（离心管）为一垂直细长管，直径小于 $200mm$，长度 $3\sim5m$，转速 $50000\sim70000r\cdot m^{-1}$，转鼓壁线速度 $400\sim500m\cdot s^{-1}$，达到超音速；

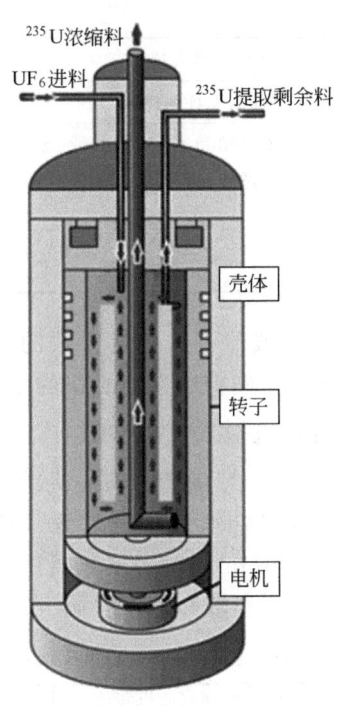

图 22-6-6 铀浓缩均相分离气体高速沉降离心机的结构原理

② 机器内为真空环境；

③ 技术关键包括：一体化电机、磁悬浮轴承、超高强度轻质复合材料（最先进的碳纤维增强复合材料转鼓线速度可达 $600\mathrm{m \cdot s^{-1}}$），等等；

④ 气体离心机的分离因子在线速度 $600\mathrm{m \cdot s^{-1}}$ 时可以达到 1.233，在 $250\mathrm{m \cdot s^{-1}}$ 时也有 1.026，相比之下，传统气体扩散铀浓缩工艺的分离因子为 1.01～1.10；

⑤ 例如，一台 $1.5\mathrm{m} \times 400\mathrm{m \cdot s^{-1}}$（离心管长度×线速度）的离心机，可年产 HEU（高浓缩铀）30g，1000 台串联可年产 20～25kg。

6.2.4 不同类型沉降离心机的适用性和选型原则

6.2.4.1 选型一般原则

沉降离心机的适用性主要取决于其操作方式(连续或间歇)、分离因数（转速）、排渣方式、结构布局（立式或卧式）、当量沉降面积等特征，把这些特征与分离任务（生产能力、液体澄清度或溢流清液含固量、固体回收率或分离效率、渣的含湿量等）、物料的性质（固体液体密度和密度差、液体黏度、固体颗粒粒径和粒径分布等）相结合，可以大致进行一般性选型。表 22-6-1 列出了一些一般性选型原则。

表 22-6-1 沉降离心机的一些选型原则

领域或任务	分离要求或特征	适用离心机
过程工业和矿业中大宗产品生产	固体浓度较高(比如>5%),固液密度差充分,液体黏度适中,颗粒粒径较大(比如>2μm),很大的生产能力,足够的固体回收率和分离/分级效率,适当的溢流澄清度,较低的渣含湿量	螺旋卸料离心机
	固体浓度较低,固液密度差较小,颗粒粒径较小(比如>0.1μm),较大的生产能力,较高的溢流澄清度,液-液两相分离	碟式离心机、螺旋卸料离心机

续表

领域或任务	分离要求或特征	适用离心机
大规模的环境工程	污泥脱水,水(液体)澄清后循环或排放	螺旋卸料离心机
精细化工,生物工业	细胞分离,血液分离,液体精制	碟式离心机、管式离心机
石油天然气钻采	泥浆分离,油回收,废渣浓缩,水回用/无害排放,液-液-固三相分离	螺旋卸料离心机
研发和小试/中试装置	—	三足式沉降离心机

实际工作中，依据表 22-6-1 的一般原则，确定大致的离心机类型，再根据实验和工程实际使用经验，结合一定的理论计算，确定所选离心机的型式、系列和型号等。

6.2.4.2　现行国家标准的沉降离心机型式技术参数

国家标准 JB/T 502—2015 中规定了螺旋卸料离心机的型号系列，离心机转鼓直径和转速也在标准中给出了取值范围，例如卧螺沉降/(过滤)离心机的基本代号用 LW (Z)，LW450 的转鼓直径范围就是 420～470mm。对转鼓长径比则未具体规定。表 22-6-2 列出了几个典型卧螺离心机型号及其主要技术参数和应用领域[5]。

表 22-6-2　典型卧螺离心机系列型号

型号	转鼓直径范围/mm	普通离心机转速/r·min⁻¹	高速离心机转速
LW710	660～750	2849～2673	
LW630	550～650	3121～2871	
LW500	480～540	3609～3403	大于或等于对应直径范围内对应转速时，
LW450	420～470	3858～3647	就属于高速离心机
LW355	310～360	4394～4174	
LW280	240～300	4801～4455	
应用领域	城市生活污泥脱水，DDGS 酒糟脱水，城市自来水污泥脱水，PVC 树脂脱水，粪尿污泥脱水，麸酸脱水，非金属矿黏土粒度的分级脱水，炼油污泥浓缩脱水，造纸废水分离，植物油的澄清分离，制药污泥脱水，石油钻井泥浆分离，印染废水分离，大豆蛋白脱水		

国家标准 JB/T 8103 中用七个部分 (8103.1～8103.7) 分别对碟式离心机做了规定，除了第 1 部分 (JB/T 8103.1—2008) 为通用技术标准外，其余六部分分别对啤酒分离机、乳品分离机、乳胶分离机、淀粉分离机、植物油分离机和酵母分离机六种专业机型做了规定，表 22-6-3 列出了酵母分离碟式离心机型号系列参数 (JB/T 8103.7—2008)[4]。

表 22-6-3　酵母分离碟式离心机型号

型号	处理能力/m³·h⁻¹	电机功率/kW	转鼓直径/mm	转鼓转速/r·min⁻¹
DPJ425	8～15	15/22	425	5500～6700
DPJ475	15～25	30/37	475	5000～6600
DPJ530	20～35	45/55	530	4750～5500
DPJ600	30～50	55/75	600	4500～5000
DPJ670	40～65	75/90	670	4000～4800

6.2.5　沉降离心机的实验和生产能力计算

6.2.5.1　沉降离心机生产能力计算的方法和原理

(1) 颗粒离心沉降运动及其影响因素修正　按照液体在离心机中的流动形式可以将沉降

分离运动分为厚液层型和薄液层型，前者基本以转鼓作为分离元件，液体在转鼓内运动，颗粒沉降到内壁形成沉渣；后者以碟片之类为分离元件，液体在碟片两两之间的夹层内流动，重相或渣沉降到夹层的上（外）表面，轻相或清液则靠近下（内）表面，轻重两相以夹层的中间线（中性层）分界，内外反向/错流流动。显然，液层的厚度对颗粒的离心沉降运动有重要影响。

（2）**转鼓中流体流动分析** 螺旋卸料离心机中的螺旋对液体流动有关键性的影响。螺旋对流动的影响主要是，改变料液流动方向，产生轴向或径向涡流，搅动沉渣使颗粒重新悬浮分散到液层中。碟式离心机的碟片间支撑结构基本不影响流动，但由于间隙很小，且重相和轻相分层反向错流流动，与一般的狭缝流动有很大区别。

（3）**转鼓中颗粒运动计算和 Σ 理论** 沉降离心机生产能力计算方法传统上采用所谓的 Σ 理论，无论对连续式还是间歇式都如此。图 22-6-7 是连续离心机和间歇离心机的分离操作流程。生产能力计算的实质，对连续离心机，就是计算转鼓内颗粒运动时间和料液停留时间及其关系；对间歇离心机，除了要计算这些时间和关系外，还要按操作顺序分段计算其他操作步骤的时间，并累加为离心机操作循环的周期时间。显然，生产能力计算中的关键是沉降计算。

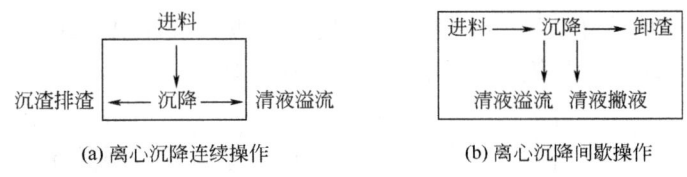

（a）离心沉降连续操作　　　　　　（b）离心沉降间歇操作

图 22-6-7 连续离心机和间歇沉降离心机的分离操作流程

Σ 理论的基本思想是分析颗粒在离心机转鼓内的运动轨迹，以颗粒运动最终沉积到转鼓内壁作为分离计算的准则。如图 22-6-8 所示，从进料管加入的料液沿转鼓轴向流动，其中的颗粒一边随液体一起做轴向运动，一边做径向的离心沉降运动。如此，可以列出颗粒运动轨迹方程：

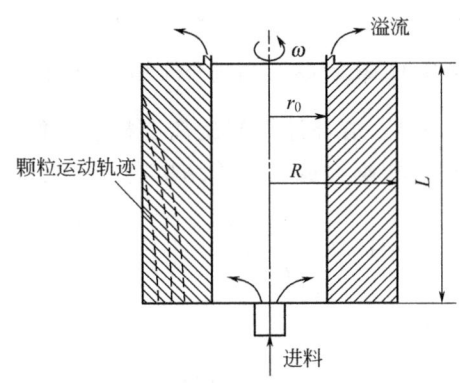

图 22-6-8 沉降离心机生产能力计算的 Σ 理论

$$\frac{dr}{v} = \frac{dz}{u_z} \tag{22-6-10}$$

对变量 r 和 z 在边界条件 $r_0 \sim R$ 和 $0 \sim L$ 进行积分，可以得到生产能力（进料流量）的计算式：

$$Q = v_0 F_r A f(k_0) = v_0 \Sigma f(k_0) \tag{22-6-11}$$

式中，$\Sigma=F_rA=F_r\times2\pi RL$，就是离心机的当量沉降面积；$A$ 是转鼓的内壁几何面积；$k_0=r_0/R$；$f(k_0)$ 是 k_0 的函数，与转鼓结构和流动状态有关。对图 22-6-8 的圆筒形转鼓，如果假定转鼓内流动为最简单的活塞流动，则：

$$f(k_0)=\frac{1}{4}(1+2k_0+k_0^2) \tag{22-6-12}$$

如果把转鼓内流动考虑为黏性流动，料液流速就应该是层流流型。按层流流型计算速度分布，再积分式（22-6-10），则可得：

$$f(k_0)=\frac{1}{2}\times\frac{1+3k_0^4-4k_0^2-4k_0^4\ln k_0}{k_0^2-1-\ln k_0-2(k_0\ln k_0)^2} \tag{22-6-13}$$

6.2.5.2　螺旋卸料沉降离心机的生产能力计算

（1）传统的计算方法[3]　螺旋卸料沉降离心机的转鼓为柱锥复合形状，计算生产能力最简单的方法是按空转鼓进行计算，然后考虑螺旋等因素的影响后进行修正。图 22-6-9 是螺旋卸料沉降离心机的计算模型，按柱锥复合转鼓的边界条件积分式（22-6-10），同样得到式（22-6-11）形式的方程。假定为最简单的活塞流动，则：

$$f(k_0)=\frac{1}{4}\left[(1+2k_0+k_0^2)-\frac{L_2}{L_1+L_2}\left(\frac{2}{3}+\frac{4}{3}k_0\right)\right] \tag{22-6-14}$$

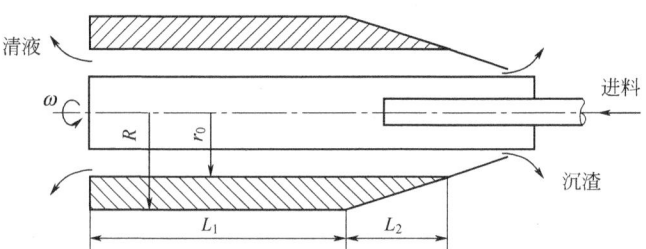

图 22-6-9　螺旋卸料沉降离心机生产能力计算模型

将式（22-6-11）和式（22-6-14）结合计算螺旋离心机生产能力的误差很大，而进行更精确计算的难度又极高。实际中，根据经验对计算结果进行修正，下面是一个修正经验公式：

$$\xi=16.64\left(\frac{\Delta\rho}{\rho_1}\right)^{0.3359}\left(\frac{d_c}{L}\right)^{0.3674} \tag{22-6-15}$$

修正的生产能力计算式为：

$$Q=\xi v_0\Sigma f(k_0) \tag{22-6-16}$$

有一种假设：将螺旋离心机中料液沿螺旋叶片间进行螺旋层流流动，其轴向流速可表达为：

$$u_z=\frac{Q}{\pi(R-r_0)^2}\left(\frac{R}{r}-1\right) \tag{22-6-17}$$

将这个流速公式（22-6-17）结合式（22-6-10）进行积分，仍然得到类似式（22-6-11）的结果，其：

$$f(k_0) = \frac{1}{2} \times \frac{k_0^2 (1-k_0)^2}{1-k_0+k_0 \ln k_0} \qquad (22\text{-}6\text{-}18)$$

（2）CFD 分析基础上的生产能力计算[6,7]　　式(22-6-14)～式(22-6-18) 依据的流动假设与离心机中实际流动情况相差甚远，因此其关于螺旋离心机生产能力的计算结果也就与离心机实际情况严重不符，有时甚至达到数量级的误差。人们长久以来希望通过对转鼓内流动的精确计算来实现离心机生产能力的精确计算。最近公开的一些研究采用 CFD 方法分析转鼓内流场，并据此提出了新的分离准则，其概念、方法和结果显示了这种努力。

在转鼓中螺旋叶片横置于液体流动（轴向）方向上，使流动实际上表现为图 22-6-10 的形式，姑且将其称为翻堰流动。CFD 模拟显示，在接近叶片前端的区域，速度矢量会转向径向向内，在流速增大时还可能产生轴向涡流，同样导致径向向内的流动。这种径向流动与颗粒的沉降运动方向相反，其作用是抵抗沉降，使颗粒产生径向向内浮起的趋势。CFD 方法可以计算出这种径向流速，姑且命名为颗粒上浮速度。图 22-6-11 说明了颗粒沉降运动、上浮运动和轴向运动三者合成的运动模式。

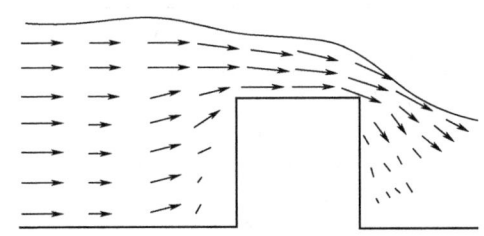

图 22-6-10 转鼓中螺旋叶片条件下的流场 CFD 模拟

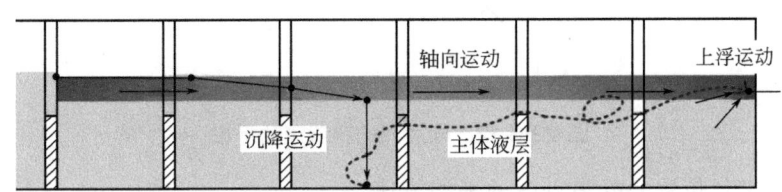

图 22-6-11 转鼓中考虑上浮的颗粒运动模式

这样，作为分离计算准则的式(22-6-10) 中的颗粒径向运动速度 v 就必须包含自身的沉降运动和随液体的上浮运动两部分：

$$\frac{\mathrm{d}r}{v+v_r} = \frac{\mathrm{d}z}{u_z} \qquad (22\text{-}6\text{-}19)$$

如果令径向向外为正向，沉降速度 v 恒为正值，而在涡流或上浮区域的 v_r 则为负值，很可能会出现 $v+v_r \leqslant 0$ 的情况，意味着颗粒将会上浮到自由液面区域并随液体溢流排出。只有当 $v+v_r \geqslant 0$ 时，　颗粒才有可能被截留在转鼓内，实现离心沉降分离。

根据颗粒沉降理论，沉降速度可以表达为粒径的函数：

$$v = f(d) \qquad (22\text{-}6\text{-}20)$$

因此沉降分离生产能力方程可以表达为：

$$\frac{\mathrm{d}r}{f(d)+v_r} = \frac{\mathrm{d}z}{u_z} \qquad (22\text{-}6\text{-}21)$$

如果设定约束条件：

$$\left.\begin{cases} F(d_c) > E_T \\ d > d_c \end{cases}\right\} \qquad (22\text{-}6\text{-}22)$$

式中，E_T 是离心机分离的总效率；$F(d_c)$ 是临界粒度 d_c 的筛上累积分布。则式 (22-6-20) 和式 (22-6-21) 就把螺旋沉降离心机的生产能力、临界粒径、分离效率、分离因数、物料特性、转鼓结构尺寸等关联起来。

这是应用 CFD 计算螺旋卸料沉降离心机生产能力的建模思想方法。

6.2.5.3　碟式离心机的生产能力计算

碟式离心机与转鼓型离心机有两点差别，一是碟片间的狭缝流动；二是沉降分离发生在碟片的锥形内表面上。图 22-6-12 是碟式离心机的碟片间狭缝流动几何关系。碟式离心机沉降分离生产能力也是遵守方程式 (22-6-10) 的，定义料液在碟片狭缝内的流动速度，就可以解方程计算其生产能力。

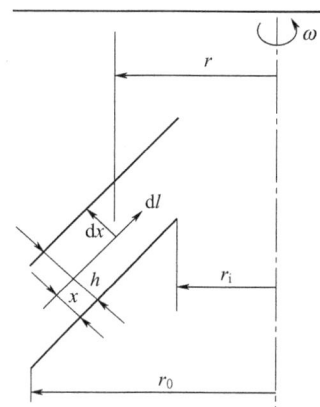

图 22-6-12　碟片间的狭缝流动示意

碟片内某一半径位置 r 处沿母线的平均流速：

$$w_l = \frac{Q}{2\pi r h z} \qquad (22\text{-}6\text{-}23)$$

式中，Q 是料液流量（生产能力）；h 是碟片间隙；z 是碟片数。显然，流速沿碟片径向向外逐渐变慢。

按黏性流动考虑时，碟片间流动速度就有两个分量，一是沿碟片母线的分量，二是沿碟片周向的分量，且都表达为碟片间隙 x 的速度分布函数。

母线流速：

$$w_{lx} = 6w_l \frac{x}{h}\left(1 - \frac{x}{h}\right) \qquad (22\text{-}6\text{-}24)$$

周向流速：

$$w_{\phi x} = \lambda^2 w_l \frac{x}{h}\left(1 - \frac{x}{h}\right) \qquad (22\text{-}6\text{-}25)$$

其中 λ 是流态参数，

$$\lambda = h\sqrt{\frac{\omega \sin\alpha}{v}} \qquad (22\text{-}6\text{-}26)$$

λ<5 时，用式（22-6-24）和式（22-6-25）计算；λ>5 时，狭缝流动计算更复杂。

如果把式（22-6-24）和式（22-6-25）代入式（22-6-10）来求解，问题会变得非常复杂。因此，实际计算时，并不考虑碟片内液体的周向流动，且用平均流速作为母线流速，使得方程式（22-6-10）的求解大大简化。求解结果是，碟式离心机生产能力符合计算式（22-6-11）的形式，其中各项的计算式为：

$$Q = v_0 \Sigma f(k_0) \tag{22-6-27}$$

$$\Sigma = A F_r = 2\pi r_0 H \frac{\omega^2 r_0}{g} \tag{22-6-28}$$

$$f(k_0) = \frac{z}{3}(1 + k_0 + k_0^2) \tag{22-6-29}$$

式中，z 是碟片数；$k_0 = r_i/r_0$；r_i、r_0 分别是碟片锥大小端的半径。

6.2.5.4 其他沉降离心机的生产能力计算

对于管式、三足式、刮刀式、多室式类间歇离心机，生产能力计算方法是先确定各顺序操作步骤的时间并累加得到周期时间，然后将一个操作周期的进料量除以周期时间，即得生产能力。一般间歇离心沉降有如下顺序操作步骤：进料直至形成一定厚度的沉渣，伴随清液溢流，时间为 t_{sf}；在沉渣层以上被拦液板关在转鼓内的清液撇液吸出，时间为 t_s；卸料，时间为 t_p；辅助操作（如清洗），时间为 t_a。

$$T = t_{sf} + t_s + t_p + t_a \tag{22-6-30}$$

$$Q = V/T \tag{22-6-31}$$

沉渣形成时间 t_{sf} 采用方程式（22-6-32）计算：

$$t_{sf} = \frac{V}{v_0 \Sigma f(k_0)} \tag{22-6-32}$$

式中，V 是一次操作循环的进料总体积。

其他时间由经验确定。

6.2.6 沉降离心机分离效率

对方程式（22-6-10）或方程式（22-6-21），如果固定其他条件，只考虑生产能力 Q 和颗粒粒径 d，则对应某个 Q 总能求出一个粒径值，称为临界粒径 d_c，其物理意义是，料液中粒径大于 d_c 的固体颗粒都能 100% 沉降分离，但小于 d_c 的颗粒，分离率就介于 0~100%。因此，定义：

$$E_T = \frac{1}{d_c^2} \int_{d_1}^{d_c} x^2 f(x) \mathrm{d}x + F(d_c) \tag{22-6-33}$$

式中，E_T 为离心机沉降分离的总效率。其中，d_1 是料液中最小颗粒的粒径；$f(x)$ 是颗粒的粒径分布函数；$F(d_c)$ 是 d_c 筛上累积分数。$f(x)$ 通常都是实测值，以图表格式表示，按图形积分求解式（22-6-33）就能计算总效率。

对粒径小于 d_c、分离效率小于 100% 的部分小颗粒，可以用级效率来表征其分离特性。例如，粒径大于 x、小于 d_c 的这部分颗粒，其级效率为：

$$E_G = \frac{1}{d_c^2} \int_x^{d_c} x^2 f(x) \mathrm{d}x \qquad (22\text{-}6\text{-}34)$$

6.3 沉降离心机实验

关于沉降离心机的选型、设计、应用等工程问题，仍然需要通过实验来寻求解决方案。一般要进行两个层面的实验。第一个层面是基础性的，主要解决指定分离任务采用离心沉降方法的可行性问题，比如，决定离心机分离因数、分离效率、操作方式、当量沉降面积等。第二个层面是工程性的，需要解决离心机选型、工艺流程、模拟放大等问题。

6.3.1 离心沉降基础实验

基础实验应包含以下内容和方法：

① 物料性质测试，如悬浮液组成成分，液体密度、黏度，固体密度，颗粒粒径分布等。采用实验室常规测试方法，或直接从已有资料中取得。

② 离心沉降实验，采用直径≤300mm 的沉降三足离心机，或试管离心机，对物料进行沉降分离实验，测试液体澄清特性、沉渣形成特性，如临界粒径、澄清度与澄清时间、沉渣密度、含湿量和形成时间、分离后的粒径分布等。

③ 根据测试数据进行基础计算，例如分离因数、分离效率、当量沉降面积等。

④ 确定离心机操作方式是连续或间歇。

6.3.2 沉降离心机工程实验和模拟放大

6.3.2.1 沉降离心机工程实验[8]

沉降离心机工程实验需要采用小型沉降离心机在近乎完全的工业条件下进行。以螺旋卸料沉降离心机为例，实验系统的内容应该包括：

① 一台 200mm 或更大尺寸的配置齐全且参数调节宽泛的螺旋卸料沉降离心机；

② 典型的螺旋离心机沉降分离工艺装置；

③ 絮凝单元；

④ 进料单元；

⑤ 澄清液排液单元；

⑥ 沉渣排渣单元；

⑦ 各单元或节点较完整和精确测试仪表或手段。

图 22-6-13 是标准的卧式螺旋卸料沉降离心机实验工艺流程。

6.3.2.2 沉降离心机模拟放大

根据小型离心机实验数据可以进行模拟放大，遵循转鼓几何相似、转鼓内流动相似和颗粒沉降特性相似三个准则。以卧式螺旋卸料沉降离心机为例，可以定义其相似准则如下：

(1) 几何相似 转鼓半径、自由液面半径、沉降区长度成比例：

$$\frac{R_i}{R_t} = \frac{r_{0i}}{r_{0t}} = \frac{L_i}{L_t} \qquad (22\text{-}6\text{-}35)$$

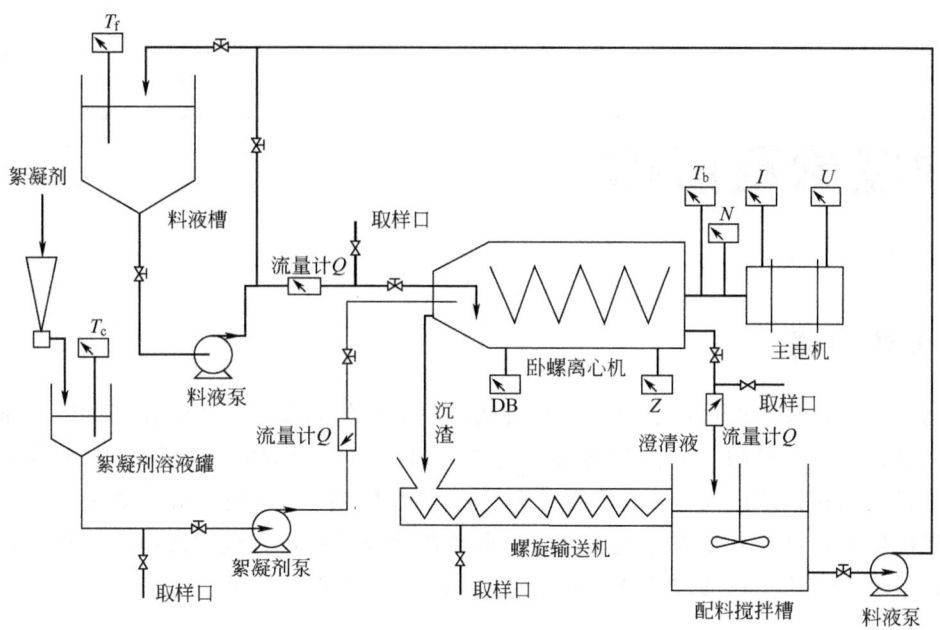

图 22-6-13 卧式螺旋卸料沉降离心机实验工艺流程

(2) 流动相似 雷诺数相近：

$$Re = \frac{Q}{(2h_s + b)v} \tag{22-6-36}$$

(3) 颗粒沉降特性相似 按式(22-6-36)计算的流型判断准数在同一区域。

满足上述三个准则的两台离心机，生产能力就可以放大计算：

$$\frac{Q_i}{Q_t} = \frac{[v_{0i}\Sigma_i f_i(k_0)]_i}{[v_{0t}\Sigma_t f_t(k_0)]_t} \tag{22-6-37}$$

参考文献

[1] Richard W, Steve T. Solid Liquid Separation——Principles of Industrial Filtration (First Edition). Oxford: Elsevier, 2005.

[2] Vainshtein I I, Gol' din E M, Fainerman I A, et al. Theor Found Chem Eng, 1985, 9(1): 77-82.

[3] 孙启才, 金鼎五. 离心机原理结构与设计计算. 北京: 机械工业出版社, 1987.

[4] JB/T 8103. 7—2008, 酵母分离机.

[5] JB/T 502—2015, 螺旋卸料沉降离心机.

[6] 梁毅, 孙恒, 王东琪, 等. 化工设备与管道, 2014, 51(1): 60-64.

[7] 何飘, 梁毅, 应超, 等. 化工设备与管道, 2014, 51(5): 47-51.

[8] Records A, Sutherland K. Decanter Centrifuge Handbook. Amsterdam: Elsevier BV, 2001.

7

过滤理论及操作

7.1 滤饼过滤

将悬浮液（料浆）通过过滤介质进行过滤，料浆中的固体颗粒被阻挡在过滤介质上形成滤饼层；穿过滤饼及过滤介质的清液称为滤液。料浆中含有的固体颗粒浓度从质量分数为 20% 的浓料浆到颗粒浓度大于 1% 的稀料浆的滤饼过滤操作过程是：由于紧靠过滤介质处颗粒间的架桥现象，过滤开始时在过滤介质上形成初始滤饼层，在继续过滤的过程中，逐渐增厚的滤饼层起着阻挡颗粒的过滤作用，这种过滤操作称为滤饼过滤。

7.1.1 滤饼过滤速率与平均过滤比阻

当滤饼层内的液体流速为层流（小于 1mm·s^{-1}）时，滤饼过滤的速率为：

$$\frac{\text{d}V}{A\,\text{d}t} = \frac{\text{d}v}{\text{d}t} = \frac{p}{\mu(R_c + R_m)} \tag{22-7-1}$$

$$R_c = \alpha_{av}\frac{W}{A} = \alpha_{ac}w \tag{22-7-2}$$

式中　R_c——单位过滤面积的滤饼阻力，m^{-1}；

R_m——单位过滤面积的过滤介质的阻力，m^{-1}；

　A——过滤面积，m^2；

　t——过滤时间，s；

　V——过滤 t 秒后得到的全部滤液量，m^3；

　v——单位过滤面积得到的滤液量，$v = V/A$，$\text{m}^3 \cdot \text{m}^{-2}$；

　p——过滤压力，Pa；

　W——全部滤饼的质量，kg；

　w——单位过滤面积干滤饼的质量，$\text{kg} \cdot \text{m}^{-2}$；

　μ——液体的黏度，Pa·s；

α_{av}——Ruth 平均过滤比阻，m·kg^{-1}。

单位过滤面积 A 上单位干质量滤饼产生的过滤阻力称为滤饼的平均过滤比阻，Ruth 用式(22-7-2)表示滤饼阻力 R_c 与单位过滤面积上堆积的滤饼质量 w 成比例，R_m 表示滤布的阻力，比例系数 α_{av} 称为 Ruth 平均过滤比阻。根据物料衡算：料浆质量＝湿滤饼质量＋滤液质量，可得：

$$w = \frac{v\rho s}{1 - ms} \tag{22-7-3}$$

式中 ρ——滤液密度，$kg \cdot m^{-3}$；

    m——滤饼的湿干质量比；

    s——以单位质量料浆中含有的固体的质量分数。

式(22-7-3) 及式(22-7-2) 代入式(22-7-1) 得 Ruth 过滤速率方程式[1]：

$$\frac{dV}{A\,dt} = \frac{dv}{dt} = \frac{p}{\mu\left(\alpha_{av}\dfrac{W}{A} + R_m\right)}$$

$$= \frac{p}{\mu(\alpha_{av}w + R_m)} = \frac{p - p_m}{\mu\alpha_{av}w}$$

$$= \frac{(p - p_m)(1 - ms)}{\mu\alpha_{av}\rho sv} \tag{22-7-4}$$

式中，p_m 表示作用在过滤介质表面的液体压力，$p_m = \mu R_m \dfrac{dv}{dt}$。

Ruth 平均过滤比阻随料浆的种类、特性、浓度和过滤压力变化很大。由实验得到的平均过滤比阻和过滤压力有下列关系：

$$\alpha_{av} = \beta + \alpha_0(p - p_m)^n = \beta + \alpha_0 p^n \tag{22-7-5a}$$

或 $$\alpha_{av} = \alpha_0(p + p_m)^n = \alpha_0 p^n \tag{22-7-5b}$$

式中，β、α_0、n 为实验常数。α_0 称为单位过滤压力比阻，由实验可知，固体颗粒的大小对 α_0 的影响较大。n 为滤饼的压缩指数，$n > 0.5$ 的物料称为高可压缩物料；$n = 0.3 \sim 0.5$ 称为中等可压缩物料；$n < 0.3$ 称为低可压缩物料；$n = 0$ 称为不可压缩物料。固体颗粒尺寸大于 $100\mu m$ 的无机物质，如砂、碳酸氢钠、碳酸钠等均可认为是不可压缩物料[2]。

根据滤饼的平均过滤比阻 α_{av} 的大小可将料浆分为三类，α_{av} 的数量级为 $10^{11} m \cdot kg^{-1}$ 时属于容易过滤的物料；α_{av} 的数量级为 $10^{12} \sim 10^{13} m \cdot kg^{-1}$ 时属于中等容易过滤的物料；α_{av} 的数量级大于 $10^{13} m \cdot kg^{-1}$ 时为难过滤的物料[2]。

也可采用滤饼阻力与滤饼厚度成比例的表示方法，其比例系数称为 Lewis 平均过滤比阻，单位为 m^{-2}。但由于滤饼厚度随压力大小而有变动，对测试带来不便而少用。

7.1.2 比阻 α 和压缩指数 n 值的实验测定[2~4]

(1) 理论依据[1,3] 　根据 Ruth 方程式(22-7-1) 和式(22-7-2) 得到：

$$\frac{dv}{dt} = \frac{\Delta p}{\mu(\alpha_{av}w + \alpha_{av}w_m)} \tag{22-7-6}$$

式中 Δp——过滤压差，Pa；

    μ——液体黏度，$Pa \cdot s$；

    v——单位过滤面积得到的滤液量，$v = V/A$，$m^3 \cdot m^{-2}$；

    V——时间 t 内通过过滤面积的流体体积，m^3；

    A——过滤面积，m^2；

    α_{av}——Ruth 平均过滤比阻，$m \cdot kg^{-1}$；

    w——单位过滤面积得到的干滤饼质量，$kg \cdot m^{-2}$；

w_m——与单位面积上的过滤介质阻力等效的干滤饼质量，$kg \cdot m^{-2}$。

以单位面积进行物料衡算，可以得出：

$$w_m = \frac{\rho v_m s}{1-ms} \tag{22-7-7}$$

$$\frac{t}{v} = \frac{\mu \rho s \alpha_{av}(v+2v_m)}{2\Delta p(1-ms)} = \frac{1}{K}(v+2v_m) \tag{22-7-8}$$

式中 K——Ruth 恒压过滤系数，$K = \dfrac{2\Delta p(1-ms)}{\mu \rho s \alpha_{av}}$，$m^2 \cdot s^{-1}$。

（2）K 值的求解 由式（22-7-8）可以看出，$\dfrac{t}{v}$ 与 v 成线性比例，斜率即为 K 值的倒数，

而当 $\dfrac{t}{v} = 0$ 时，可得到横坐标上的截距 $v_m = -v/2$。

用恒压过滤实验的数据作 $\dfrac{t}{v}$ 与 v 的关系曲线（图 22-7-1）。

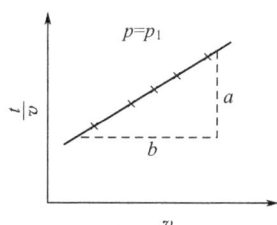

图 22-7-1 $\dfrac{t}{V}$ 与 v 的关系曲线

由图 22-7-1 可以求出 $1/K = a/b$，最后得到 K 值。

（3）Ruth 平均过滤比阻 α_{av} 的计算[4,5] 由 $K = \dfrac{2\Delta p(1-ms)}{\mu \rho s \alpha_{av}}$，导出：

$$\alpha_{av} = \frac{2\Delta p(1-ms)}{\mu \rho s K} \tag{22-7-9}$$

即可得到在一定过滤压差 Δp 下，滤饼的 Ruth 平均比阻 α_{av} 的数值。

（4）求可压缩性系数 n 经大量实验测定，多数可压缩滤饼的平均比阻与过滤压差成指数函数关系：

$$\alpha_{av} = \alpha_0(\Delta p)^n \tag{22-7-10}$$

式中 α_0——单位压差下滤饼的比阻，$m \cdot kg^{-1}$；

n——滤饼的可压缩性指数，无量纲，通常情况下 $n = 0 \sim 1.0$，不可压缩滤饼的 $n = 0$。

对式（22-7-10）等号的两边取对数，得到：

$$\lg \alpha_{av} = \lg \alpha_0 + n\lg \Delta p \tag{22-7-11}$$

作 $\lg \alpha_{av}$-$\lg \Delta p$ 的曲线图（图 22-7-2），该直线的斜率即为可压缩性系数 n。

要测定可压缩性系数 n，应首先在五个以上的压差点进行恒压过滤实验，计算出相应压差下对应的 Ruth 平均比阻 α_{av} 的数值，最后利用图 22-7-2 求出 n 值。

（5）实验装置及测试方法[6,7] 滤饼平均比阻及可压缩性系数的测定装置流程见

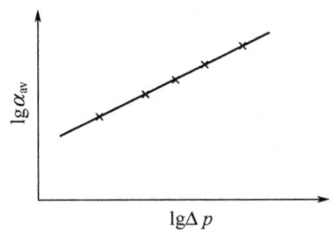

图 22-7-2　$\lg \alpha_{av}$-$\lg \Delta p$ 的关系曲线

图 22-7-3。实验时将一定体积的料浆加入过滤室后，在过滤室的液面上通入规定压力的压缩空气，以保证过滤在恒压下进行。同时记录过滤压差、过滤时间和滤液的体积。由 $\frac{t}{v}$-v 的关系可求出恒压过滤系数 K，再用式（22-7-9）即可计算出在该指定压差下滤饼的 Ruth 平均比阻 α_{av} 的值；测定出一系列不同过滤压差下的滤饼的平均比阻 α_{av} 的值，再依据式（22-7-11）作 $\lg\alpha_{av}$-$\lg\Delta p$ 曲线图求取可压缩性指数 n。

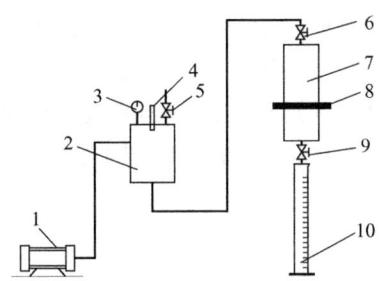

图 22-7-3　滤饼平均比阻和可压缩性系数的实验流程
1—空压机；2—稳压罐；3—气压表；4—安全阀；5—调节阀；
6—进气阀；7—过滤器；8—过滤介质；9—放液阀；10—量筒

7.1.3　恒压过滤[6]

在过滤过程中，过滤压力保持恒定的操作称为恒压过滤。这种操作可以在滤浆储缸中用压缩空气保持恒压；或者如果用定量泵输送滤浆时，用减压阀实现恒压，连续真空过滤机的操作属于恒压过滤。

在 Ruth 过滤速率方程式（22-7-1）中，若过滤介质的阻力 R_m 用虚拟的具有固体质量为 w_m（kg·m^{-2}）的滤饼层产生的当量阻力表示，则：

$$w_m = v_m \rho s / (1 - ms)$$

由式（22-7-3）、式（22-7-7）得：

$$\frac{dv}{dt} = \frac{p(1 - ms)}{\mu \rho s \alpha_{av}(v + v_m)} \tag{22-7-12}$$

由于恒压过滤，过滤压力 p 不变，滤饼的平均过滤比阻 α_{av} 和湿干质量比 m 为常数，积分上式可得 Ruth 恒压过滤速率方程式：

$$(v + v_m)^2 = K(t + t_m) \tag{22-7-13}$$

$$K = \frac{2p(1-ms)}{\mu\rho s\alpha_{av}}$$ (22-7-14)

式中　K——Ruth 的恒压过滤系数，$m^2 \cdot s^{-1}$；

t_m——得到 w_m 的虚拟过滤时间，s。

以式(22-7-12)之倒数积分可得式(22-7-8)，即：

$$\frac{t}{v} = \frac{\mu\rho s\alpha_{av}(v+2v_m)}{2\Delta p(1-ms)} = \frac{1}{K}(v+2v_m)$$

因此，把恒压过滤得实验数据以 $\frac{\Delta t}{\Delta v}$ 对 v，或 $\frac{t}{v}$ 对 v 画图，得到直线关系。由直线得截距求出 v_m。如果滤饼的湿干比 m 已知时，由式(22-7-14)代入已知的物性参数过滤操作的条件，即可计算出过滤比阻 α_{av}。

7.1.4　压缩渗透实验[6~9]

对于压缩性较高的滤饼，虽有恒压实验的结果，但由于实验时形成的滤饼孔隙率，沿整个厚度是不均匀的，致使式(22-7-14)中的 m 实测值不准确。压缩渗透实验的目的是，用机械产生的压力荷载模拟实际滤饼过滤过程中的液体通过滤饼时所产生的累计摩擦曳力，并假定两者所产生的效应（如孔隙率和比阻）均相等。因此用压缩渗透实验得到的数据来求出 α_{av}、m 等过滤特性参数。

7.1.4.1　压缩渗透实验装置

这里介绍一种压缩渗透实验装置，研究所用压力对滤饼比阻和滤饼含固量的影响，称为压缩渗透实验装置（compression permeability，简称 CP 装置），如图 22-7-4 所示[6~8]。

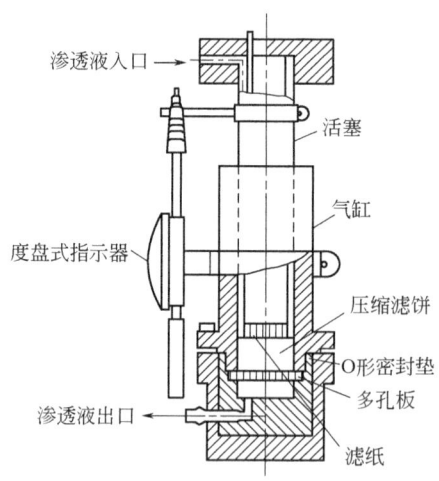

渗透液入口 →

活塞

气缸

度盘式指示器

压缩滤饼

O形密封垫

多孔板

渗透液出口 →

滤纸

图 22-7-4　压缩渗透实验装置

压缩渗透实验装置主要部分是缸体和活塞。把脱气的实验物料放入气缸体内的多孔板和过滤介质之上，然后由缸体内多孔板和过滤介质上部的活塞加荷载于试料，使固体粒子和液体受力，液体沿上下两个方向流出而滤饼被压缩。当试料中液体流出时，使液体承受的荷重（液压）减小，最后全部荷重全由固体颗粒（滤饼层）支撑。如果忽视缸体内壁摩擦的影响，得到孔隙率均匀的压缩滤饼，将每单位面积的压缩荷重 p_s 称作滤饼压缩压力，把孔隙率的平衡值称作平衡孔隙率 ε_0，达到平衡孔隙率需要压缩的时间随滤饼层的厚度和渗透性而异。

7.1.4.2 理论计算分析[6]

(1) 平均孔隙率 ε 和滤饼压缩力 p_s 之间的关系通过实验可得到，在 $p_s < (0.07 \sim 10) \times 10^5 \, \mathrm{Pa}$ 的情况下：

$$
\begin{aligned}
\varepsilon &= \varepsilon_i, \quad p_s \leqslant p_i = 0 \\
\varepsilon &= \varepsilon_0 p_s^{-\lambda}, \quad p_s > p_i
\end{aligned} \tag{22-7-15}
$$

在高压缩力情况下，在全部压缩力范围，孔隙率比 $e = \dfrac{\varepsilon}{1-\varepsilon}$ 近似地表示为：

$$
e = e_0 - C_c \ln p_s
$$

式中，ε_0 和 e_0 为实验常数；λ 和 C_c 表示孔隙和压力的关系，它们的数值愈大，表示滤饼的压缩性愈大；p_i 随压缩实验物料的种类而异，其数值很小，当压缩力小于 p_i 时，取 ε 近似等于 p_i 时的 ε_i。

(2) 根据已知的压缩平衡滤饼的 ε 值，在低压渗透压力下进行渗透实验，由：

$$
q = \frac{1}{A} \times \frac{\mathrm{d}V}{\mathrm{d}\theta} = \frac{\varepsilon^3}{K s_0^2 (1-\varepsilon)^2} \times \frac{p - p_m}{\mu L} = \frac{p - p_m}{\mu \alpha w} \tag{22-7-16}
$$

由此可以决定对应于 ε（或 w）的 α 值。

式中　q——渗透速度，$\mathrm{m \cdot s^{-1}}$；

　　A——渗透面积，$\mathrm{m^2}$；

　　s_0——对应于各 p_s 下压缩滤饼固体的有效比表面积，$\mathrm{m^{-1}}$；

　　K——Kozeny 常数；

　　p_m——通过该装置过滤介质的压力降，Pa；

　　μ——渗透液的黏度，$\mathrm{Pa \cdot s}$；

　　L——对应各 p_s 下的压缩滤饼的厚度，m；

　　α——对应各 p_s 下的压缩平衡滤饼的比阻，$\mathrm{m \cdot kg^{-1}}$；

　　w——该装置每单位面积装入的固体质量，$\mathrm{kg \cdot m^{-2}}$。

压缩平衡滤饼的比阻 α 值，对于同一试料随在实验机中装入的固体浓度不同而不同，在同样条件下 α 与 p_s 的关系近似表示为：

$$
\begin{aligned}
\alpha &= \alpha_i, \quad p \leqslant p_i \\
\alpha &= \beta_p + \alpha_1 p_s^n, \quad p_s > p_i
\end{aligned} \tag{22-7-17}
$$

n 表示 α 和压缩力之间的关系，称为压缩指数，其值与式（22-7-5a）和式（22-7-5b）的非常相似。β_p 与 α_1 均为实验常数。压缩渗透实验值可以按本篇 7.1.2 节介绍的方法进行实测或参考有关资料选用[2,5]。

(3) 过滤滤饼的湿干质量比 m，p_L 和 p_s 沿滤饼的厚度分布如图 22-7-5 所示，它们和过滤压力 p 的关系是：

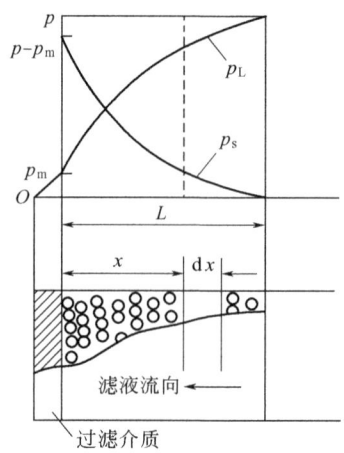

图 22-7-5　过滤滤饼模型

$$p_L + p_s = p$$
$$dp_L + dp_s = 0 \qquad (22\text{-}7\text{-}18)$$

根据滤饼压缩渗透实验，可以估算滤饼平均过滤比阻 α_{av} 和湿干质量 m。如图 22-7-5 所示，在恒压过滤滤饼的 x 位置，其局部孔隙率 ε、局部比阻 α 和该位置滤饼的压缩压力 p_s 保持平衡状态而进行过滤，假定这个平衡关系和借压缩渗透试验得到的关系相等，则过滤滤饼的湿干质量比 m 为：

$$m = 1 + \frac{\rho \varepsilon_{av}}{\rho_s(1 - \varepsilon_{av})} = 1 + \frac{\rho \int_0^1 \varepsilon \, d\left(\dfrac{x}{L}\right)}{\rho_s \int_0^1 (1 - \varepsilon) \, d\left(\dfrac{x}{L}\right)} \qquad (22\text{-}7\text{-}19)$$

式中　ρ_s——固体的真密度，$kg \cdot m^{-3}$；

ρ——渗透液的密度，$kg \cdot m^{-3}$；

ε_{av}——滤饼的平均孔隙率；

ε——滤饼的平衡孔隙率或局部孔隙率。

对于过滤压力为 p 的恒压过滤的滤饼湿干质量比，也可近似经此理论得到，可见参考文献 [8]。

7.1.4.3　由实验得到的压力分别与孔隙率、比阻的典型曲线[8]

图 22-7-6 和图 22-7-7 是用这种装置对高岭土进行实验并绘制的典型曲线，该结果分别反映了这种装置所用压力对孔隙率、滤饼比阻的影响。

通过压缩渗透实验装置（CP 装置）实验，可以提供很有价值的物料过滤特性的综合数据，Grace 于 1953 年首先发表了大量有关数据[7]。

其后，许多学者对 CP 装置及其用于料浆性能测试等方面都做了更深入的研究。CP 装置的弱点逐渐被认识，许多人推荐其行程与缸径之比最好小于 0.6。Tiller 和 Lu 做过多种克服 CP 测试缺陷的尝试[9,10]。最引人注目的缺陷是滤饼与壁面摩擦对滤饼均匀性及压力特性的影响，并且静止状态下的滤饼不能很好地代表过滤时的滤饼。

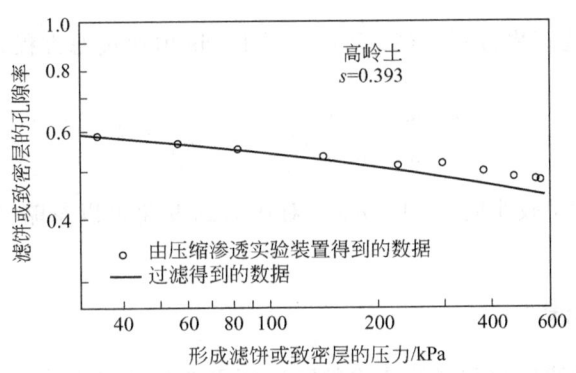

图 22-7-6 由压缩渗透实验装置得到的孔隙率与压力的关系[8]

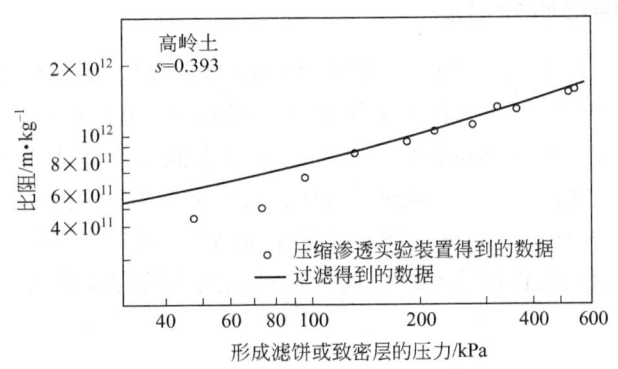

图 22-7-7 由压缩渗透实验装置得到的滤饼比阻与所用压力的关系[8]

Shirato 和 Tiller 等在 CP 装置中考虑壁面摩擦后，其压力表达式通常采用下面的形式[9,11]：

$$\Delta p_s = \left(\Delta p_c + \frac{C_f}{k_0 f} \right) \exp \left(-\frac{4 k_0 f}{D} z \right) - \frac{C_f}{k_0 f} \qquad (22\text{-}7\text{-}20)$$

式中，k_0 为土壤力学中使用的常数，代表静止状态下泥土的压力系数；f 为摩擦系数；C_f 为受压缩滤饼与壁面间的黏性力；D 为 CP 装置内径；z 为测压点与压缩滤饼表面的距离。对于给定的料浆和壁面材料，k_0、f、C_f 为系数，这些系数可由一系列实验并利用数学方法导出[10,12]。

7.1.5 恒速过滤[13]

在过滤过程中，过滤速率保持恒定的操作称为恒速过滤。使用定容排出泵输送滤浆的场合，在过滤初期相当长的时间内，滤液量保持恒定；或者用控制过滤压力的方法保持恒速过滤。

在恒速过滤过程中，过滤压力随着过滤时间的增加而升高，除了压力升高速度非常大的场合，恒速过滤滤饼的平均过滤比阻、湿干质量比可以认为和各压力下对应的恒压过滤滤饼的 α_{av}、m 相同。

平均过滤比阻用式(22-7-5a)：$\alpha_{av} = \alpha_0(p - p_m)^n$，而过滤介质阻力 R_m 在一定的场合，由于 $v = \dfrac{dv}{dt}t$，代入过滤速率方程式(22-7-4)，得 Levis 恒速过滤方程式：

$$\frac{\alpha_0 \mu \rho_s}{1 - ms}\left(\frac{dv}{dt}\right)^2 t = (p - p_m)^{1-n} \tag{22-7-21}$$

因而，当料浆浓度 s 较小时，$(1 - ms)$ 对压力的变化可以忽略，$\lg(p - p_m)$ 和 $\lg t$ 可以用直线关系表示。

7.1.6 变压变速过滤[14]

在过滤过程中，过滤压力和过滤速率都随时间而变化的操作称为变压变速过滤，使用离心泵输送滤浆的场合一般都是变压变速过滤，变压变速过滤可利用泵的性能曲线进行计算。

7.1.7 滤饼过滤理论研究进展

对过滤的研究最早始于 19 世纪初，过滤速率的理论描述始于 19 世纪中期。早在 1842 年 Hagen-Porseuille[2,15] 提出了从黏性流体基本特性的 Nevier-Stokes 方程出发，以光滑圆管（毛细管内）的层流流动为基本条件，描述毛细管内流体流动速率的 H-P 定理。1856 年 Darcy 考察了砂粒床层过滤[16~18]，得到了流体流经砂粒床层时的压力降、流量与砂粒床层之间的关系。1927 年 Kozeny-Carman 将过滤的毛细管模型和渗透模型结合，提出了由固体粒子的尺寸、滤饼结构和操作因素相结合的计算过滤速率的理论公式，形成著名的 Kozeny-Carman 方程[6,15]：

$$\frac{dV}{A\,dt} = \frac{\varepsilon^3 \Delta p}{K s_0^2 (1-\varepsilon)^2 \mu L} = k\frac{\Delta p}{\mu L} \tag{22-7-22}$$

式中，dV/dt 为滤液体积的时间微分；K 为 Kozeny 常数；k 为渗透率。

Kozeny-Carman 推导滤饼比阻表达式时，未涉及粒子形状、粒度分布等因素，形式简洁，这是迄今唯一由固体粒子的尺寸及滤饼结构特性预测滤饼比阻的理论计算式，是过滤基础理论发展的一个重要里程碑。但该式还存在以下不足：由 Kozeny-Carman 公式，在物料颗粒形状、粒度一定的条件下，孔隙率是影响滤饼比阻的主要因素。但孔隙率和孔隙尺寸的大小是不同的两个概念。具有相同孔隙率的滤饼，不一定有相同的孔隙分布，从而会有不同的滤饼阻力和过滤速率。同时，因为没有绝对的不可压缩滤饼，因此滤饼在压力差作用下，在滤饼中产生压缩压强使滤饼颗粒挤压或变形，导致滤饼孔隙率逐层变化，Kozeny-Carman 计算式中的 s_0、K、ε 沿此方向相应发生变化，使得预测滤饼各层比阻及 s_0、K、ε 的变化也很难。

总之，Carman 等提出的计算式考虑了滤饼孔隙率及颗粒大小、比表面积等因素，进一步完善了过滤速率表达式。但是，由于计算式中有些参数测量方法也还不尽精确，甚至无法测量，因此该式在很大程度上存在不足，要进一步完善，还应做更深入的研究。

罗斯（Ruth)[2,6,19] 对过滤阻力进行了大量的研究，用单位质量滤饼的阻力表示滤饼的比阻，且将过滤介质的阻力折合成当量滤饼的阻力，解决了介质阻力的表示方法，并提出了过滤基本方程，这个方程工程应用上已为大家接受。

美国 F. M. Tiller、日本 Shirato 针对传统 Ruth 过滤基本方程的不足，提出了"现代过

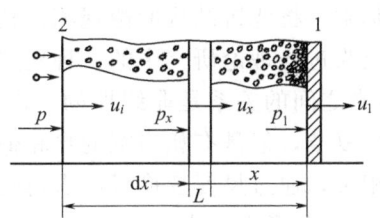

图 22-7-8 滤饼内过滤速度的分布

1—过滤介质；2—滤饼表面

滤理论"[16,20~22]。由 Ruth 过滤方程得到的平均比阻与实验值偏差较大，特别是针对浓悬浮液的过滤。这主要是因为 Ruth 方程假定：恒压过滤的过滤速度 $u = \dfrac{\mathrm{d}V}{A\mathrm{d}t}$ 为常量。实际过滤速度与过滤时间以及滤饼的不同厚度位置有关。在过滤进行的某一瞬时，滤饼表面过滤速度 u_i 最小，过滤介质表面过滤速度 u_1 最大（图 22-7-8）。滤饼的孔隙率大小为 $\varepsilon_i > \varepsilon_x > \varepsilon_1$。孔隙率的减小使原来存留在孔隙内的液体被挤出，越靠近过滤介质，过滤速度越大，过滤速度大小为：$u_i < u_x < u_1$。

现代过滤理论就是建立在不同时间的某瞬时过滤时，滤饼内各点孔隙率不同、过滤速度也不等的基础上的。根据上述现代过滤理论观点，对传统的 Ruth 过滤方程进行修正，仿效平均比阻定义式，得到真实平均比阻 α_T：

$$\alpha_\mathrm{T} = (p - p_1)\frac{\displaystyle\int_0^w \frac{u_x}{u_1}\mathrm{d}\frac{w_x}{w}}{\displaystyle\int_0^{p-p_1}\frac{\mathrm{d}p_s}{\alpha_x}} \tag{22-7-23}$$

$$\alpha_\mathrm{T} = J\alpha \tag{22-7-24}$$

$$J = \int_0^w \frac{u_x}{u_1}\mathrm{d}\frac{w_x}{w} \tag{22-7-25}$$

式中，α_T 为真实平均比阻，$\mathrm{m \cdot kg^{-1}}$；J 为修正因子，无量纲；J 代表过滤速度分布对平均比阻 α 的修正，$J \leqslant 1$，即 $\alpha_\mathrm{T} \leqslant \alpha$。用真实平均比阻 α_T 取代 Ruth 比阻 α，修正后的过滤基本方程如下：

$$\frac{\mathrm{d}V}{\mathrm{d}\theta} = \frac{A\Delta p}{\mu(\alpha_\mathrm{T}w + R_\mathrm{m})} \tag{22-7-26}$$

"现代过滤理论"出现后，未见在实际工程应用中有采用。究其原因可能是：该修正后的过滤基本方程，仍然还是必须要有实验数据作支持。尽管式(22-7-24)中比阻 α 可以由实验通过 Ruth 方程计算得出，但是 J 值的确定还是个问题。虽然有计算式(22-7-25)作依据，但由于物料性质千差万别，就是同一种物料，也存在粒度分布的不同、颗粒形状的不同。而且过滤操作条件多种多样，必须要依靠非常大量的实验数据的支持，同时测试技术与水平远不能满足要求，造成 J 值的确定比较困难。因此"现代过滤理论"多年未见实质性的进步和具体应用。

近年来，扫描电镜和自动图像处理技术的发展，使探索滤饼内部结构的测试成为可能，为滤饼结构的定量描述提供了有力的工具。Mandelbrot（1977）[23]在分形理论方面的开拓性工作又为研究提供了数学分析基础。将滤饼结构的微观测试技术与分形理论相结合，为定量描述滤饼结构提供了新途径，成为过滤理论研究中的一种新趋势。在过滤过程中，过滤结果（目标函数）与影响过滤的各因素之间的关系是非线性的，由形状大小不同的颗粒随机堆砌而成的滤饼，孔隙结构虽然十分复杂，但具有相当宽的自相似区间，是一种分形结构。滤饼分形结构与众多操作参数密切相关，通过尺度变换可以求得孔隙几何结构的分维数，从而对滤饼结构做出数学描述[24,25]。鉴于分形理论本身尚未成熟，从物理学本质上讲，滤饼过滤的特点是渐变的，而分形理论不能描述反映过滤过程的变化。因此分形理论在过滤领域的应用近年来进展缓慢[26]。

对于高黏度物料强化过滤过程（尤其对滤饼过滤），物料性质、过滤条件与过滤结果之间关系的研究，更难以用一般计算机模拟计算来代替。因此，以已有实验数据为基础，采用数据驱动算法进行技术分析，是值得探索的方法之一。数据驱动算法[27,28]是指不需要事先已知系统的精确数学模型，而是"从已有实验数据出发，对系统进行技术分析的方法"。有学者[26]采用数据驱动算法中的神经网络方法（BP）和核函数技术学习方法（SVM），进行计算机模拟，预测预敷加掺浆的滤饼过滤的优化操作工艺条件及过滤效果，经验证表明是可行的。可以证明，针对大量的变化因素且实践性又非常强的液固两相过滤与分离的难题，采用数据驱动算法替代大量实验进行预测，在工业生产实践中可以得到成功应用。

7.2　深层过滤

深层过滤是用深层粒状物组成的过滤介质进行的澄清过滤，而澄清过滤涵盖的范围更广，一般澄清过滤或深层过滤都是为获取洁净的进料液的澄清化过程[6]。

澄清过滤[6]是指除去浓度低于质量浓度 0.1% 的悬浮液中的固体颗粒，采用的方法基本是借助过滤介质的过滤和膜过滤。澄清过程所使用的技术包括：深层过滤、预敷层过滤、滤芯和滤筒过滤。这些方法都是把固体颗粒截留在过滤机的多孔过滤介质内部，它比利用沉降澄清方法可以得到更清的滤液。上面所提到的过滤技术常常是互补的；这些方法都可以完成类似的工作，但通常受到进料速度、进料浓度和工艺经济性等不同的操作条件限制。各种过滤技术的操作条件见表 22-7-1。

表 22-7-1　各种澄清过滤技术的比较[6]

过滤技术	典型表观流速 /$m^3 \cdot m^{-2} \cdot h^{-1}$	固相浓度为 0.1g·L^{-1} 时过滤介质再生前单位过滤面积所得到的滤液体积/$m^3 \cdot m^{-2}$	除去单位质量杂质的相对运行成本①	可以得到的最好滤液质量①
深层过滤	8	60	4	4
预敷过滤	50	1000	3	2
滤芯过滤	20	100	2	3
滤筒过滤	5	0.4	1	5
筛网过滤	35	连续	5	1

① 数值越大表示性能越好或费用越低。

不同的过滤技术可以应用相似的截留机理，对各种截留机理做详细的讨论及更加基础的描述可参见文献[6]。

深层过滤的机理非常复杂，在 Hermans-Bredee-Grace 的过滤理论中，假设过滤介质由直径、长度相同的毛细管群组成，颗粒被捕捉的情况可以出现以下几种形式[6,29]：

① 完全堵塞式　当有一个颗粒通过一根毛细管，在毛细管上端就被捕捉，这个不起作用的毛细管即成为完全堵塞。

② 标准堵塞式　随着过滤的进行，捕捉的颗粒聚集在毛细管内壁，并不断充满其空间，滤液量成比例地减少。

③ 滤饼过滤式。

④ 中间堵塞式　介于标准堵塞式和滤饼过滤式之间。

上述情况下的过滤方程式见表 22-7-2。堵塞过滤式只给出了与过滤时间 t 有关的形式，而没有考虑过滤介质的厚度和向滤液中泄漏的颗粒，这些问题一般是难以处理的。

表 22-7-2　Hermans-Bredee-Grace 的堵塞式[30]

K_b——完全堵塞的堵塞常数，s^{-1}；
K_0, K_i——标准堵塞式、中间堵塞式的堵塞常数，m^{-3}；
K_c——滤饼过滤的堵塞常数，$s \cdot m^{-6}$；
k_n——一般式中的常数（根据 n 的值不同）；
n——根据过滤机理而异的常数；

p——过滤过程中的过滤压力，Pa；
p_0——过滤开始的过滤压力，Pa；
Q——滤液量，$m^3 \cdot s^{-1}$；
Q_0——过滤开始时的滤液量，$m^3 \cdot s^{-1}$；
V——总滤液量，m^3；
θ——过滤时间，s

恒压过滤				
函数形式	完全堵塞	标准堵塞	中间堵塞	滤饼过滤
$\dfrac{d^2\theta}{dv^2}=k_n\left(\dfrac{d\theta}{dv}\right)^n$	$n=2$	$n=\dfrac{3}{2}$	$n=1$	$n=0$
$v=f(\theta)$	$V=\dfrac{Q_0}{K_b}(1-e^{-K_b\theta})$	$\dfrac{\theta}{V}=\dfrac{K_0}{2}\theta+\dfrac{1}{Q_0}$	$K_0V=\ln(1+K_i\theta Q_0)$	$\dfrac{\theta}{V}=\dfrac{K_c}{2}V+\dfrac{1}{Q_0}$
$Q=f(\theta)$	$Q=Q_0 e^{-K_b\theta}$	$Q=\dfrac{Q_0}{\left(\dfrac{K_0}{2}Q_0\theta+1\right)^2}$	$K_1\theta=\dfrac{1}{Q}-\dfrac{1}{Q_0}$	$Q=\dfrac{Q_0}{(1+K_cQ_0^2\theta)^{1/2}}$
$Q=f(V)$	$K_bV=Q_0-Q$	$Q=Q_0\left(1-\dfrac{K_0V}{2}\right)^2$	$Q=Q_c e^{-K_iV}$	$K_cV=\dfrac{1}{Q}-\dfrac{1}{Q_0}$
恒速过滤				
$\dfrac{dp}{dV}=k_n p^n$	$n=2$	$n=\dfrac{3}{2}$	$n=1$	$n=0$
$p=f(V)$	$\dfrac{p_0}{p}=1-\dfrac{K_bV}{Q_0}$	$\left(\dfrac{p_0}{p}\right)^{0.5}=1-\left(\dfrac{K_0}{2}\right)V$	$\ln\left(\dfrac{p}{p_0}\right)=K_iV$	$\dfrac{p}{p_0}=K_cQ_0V+1$
$p=f(\theta)$	$\dfrac{p_0}{p}=1-K_b\theta$	$\dfrac{1}{Q_0}\left(\dfrac{p_0}{p}\right)^{0.5}=\dfrac{1}{Q_0}-\left(\dfrac{K_0}{2}\right)\theta$	$\dfrac{1}{Q_0}\ln\left(\dfrac{p}{p_0}\right)=K_i\theta$	$\dfrac{p}{p_0}=K_cQ_0^2\theta+1$

深层过滤主要用于：分离含固量极低（小于 1%）的悬浮液，深层过滤过程中颗粒被截留于过滤介质内部的孔隙中，而在过滤介质表面一般不形成滤饼层。深层过滤介质有用如砂粒、炭粒等深层粒状介质进行澄清过滤，也可用金属粉末、陶瓷、塑料制成多孔介质以及滤毡、绕线式滤芯等。将深层过滤功能与机械筛滤功能集于一体的熔喷化学纤维滤芯，其滤层是具有一定孔径分布的孔隙，特别适用于各种低浓度悬浮液的精密过滤。

澄清过滤或深层过滤从理论上都属于流体通过多孔介质的渗流，都遵循达西定理。Cleasby 和 Bauman 还指出，即使由于介质被堵塞使过滤的压力降比通过新过滤介质时高几倍，仍然遵循达西定律[4]：

$$-\frac{\mathrm{d}p}{L}=k\ \frac{(1-\varepsilon)^2 u\mu}{\varepsilon^3 d_{\mathrm{p}}^2}\qquad(22\text{-}7\text{-}27)$$

式中，ε 为孔隙率，%；μ 为液体的黏度，Pa·s；k 为过滤介质的渗透率；L 为对应过滤时间的滤饼厚度，m；d_{p} 为平均粒径，μm。

深层过滤的过滤介质的孔径远大于所处理的悬浮液中颗粒粒度（图 22-7-9）。

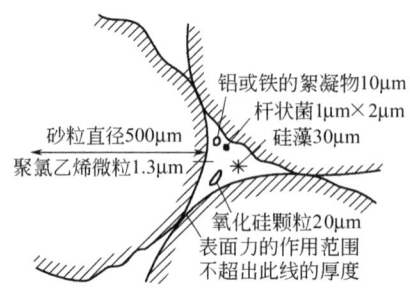

图 22-7-9　深层过滤的介质孔径[6]

随着过滤技术的普遍应用和发展，深层过滤和成饼过滤是互相交叉存在的，深层过滤定义为：既有污染颗粒在过滤介质孔隙中的镶嵌，也有在过滤介质表面的沉积，两种过滤机理同时存在。大多数的滤饼过滤也都是两者并存的现象。深层过滤主要是微孔过滤，包括用于水处理的砂滤和有多种用途的滤芯过滤。

要求深层过滤既有较高的过滤速率，又必须使悬浮液中的固体杂质能顺利地随液流流过颗粒或纤维介质的孔隙，并离开液流附着于过滤介质的表面，这使胶体颗粒的分离更加困难。当过滤介质间的孔隙被填满后，过滤将终止，需要停止进料，或清洗过滤介质使之再生，或弃旧更新。所以深层过滤都是间断作业，有的有反冲洗过程，现在正在研发连续型深层过滤器。

根据深层过滤的特点，进入深层过滤的悬浮液浓度都很低，砂滤时进水浓度一般小于 $100\sim200\,\mathrm{mg\cdot L^{-1}}$；所含固体颗粒粒度小，对滤液的澄清度要求高，水净化后排水的固含量必须低于 $1\sim10\,\mathrm{mg\cdot L^{-1}}$；处理的悬浮液通常要先经过絮凝或凝聚，脱溶也常是不可少的预处理过程。尤其在处理含金属离子的工业废水时，一定要先经过预处理过程，将较粗的粒子或一些金属离子除去后，悬浮液中只剩下悬浮的颗粒后才能进入深层过滤。

7.2.1　深层过滤的颗粒捕获机理

深层过滤的基本过程可分为两个阶段，第一阶段可称为输送阶段，悬浮液中的颗粒在多种作用力的作用下到达过滤介质表面；第二阶段是附着阶段，颗粒在各种物理-化学作用力、流体剪切力、碰撞力等的作用下附着在过滤介质表面并被截留、捕获，当然也可能同时存在，还可能有吸附颗粒的作用。影响过程的主要因素有过滤介质的类型、材质和形状、过滤介质的孔隙率、过滤介质和悬浮液颗粒的 ζ 电位以及被捕集颗粒的粒径、粒径分布、形状、表面性质以及液流的流动等。这些因素的影响比较复杂，例如，过滤介质颗粒表面的光滑和规则程度，既直接影响捕集颗粒的附着，又影响其周围的液流流态。在多孔介质的孔隙中，悬浮液中的颗粒在流体的水动力和颗粒与过滤介质间的多种作用力的综合作用下被捕集，逐渐被截留在过滤介质中，这些作用可用图 22-7-10 表示。

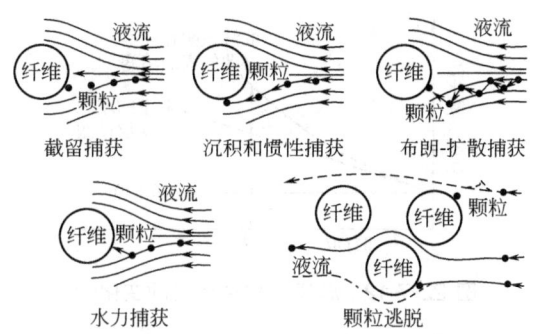

图 22-7-10 颗粒在介质过滤中的运动[4]

7.2.2 深层过滤器性能[29]

(1) 过滤系数 深层过滤器截留效果可定义为：悬浮液在过滤介质中移动单位高度后悬浮液浓度的下降率，以过滤系数表示：

$$\lambda = -\frac{\Delta C}{C} \times \frac{1}{\Delta L} \qquad (22\text{-}7\text{-}28)$$

式中，λ 为过滤系数或澄清系数，m^{-1}；C 为固相体积浓度，%；L 为床层厚度，m；ΔC 为颗粒经过床层高度 ΔL 后浓度降低值。

对式(22-7-28)积分得：

$$\ln \frac{C}{C_0} = -\lambda L \qquad (22\text{-}7\text{-}29)$$

滤液浓度 C 随滤饼厚度上升而成对数关系下降。刚开始浓度较高，随后滤液浓度下降，过一段时间浓度上升（图 22-7-11）。

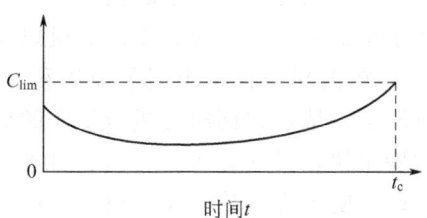

图 22-7-11 滤液浓度随时间变化曲线[29]

(2) 压头损失 总压头损失为：

$$H = H_0 + KvC_0t \qquad (22\text{-}7\text{-}30)$$

式中，H_0 为穿过清洁过滤介质压头损失；H 为总压头损失；K 为实验系数；C_0 为料浆浓度；v 为流速；t 为过滤时间。

减小表面堵塞现象可采用下列方法：进行预处理（如絮凝、凝聚）、预沉淀、降低进口浓度；粗滤脱除悬浮液中较大颗粒；增大过滤速率。总压力损失随时间变化曲线，如图22-7-12所示。

(3) 最佳运行时间 已知当 $t = t_c$ 时，滤液浓度上升到最高值，此时应停止工作。

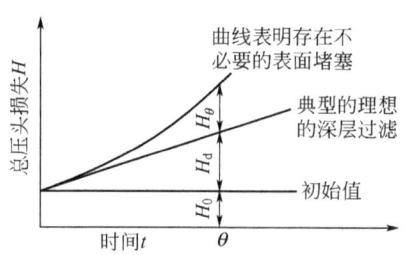

图 22-7-12　总压头损失随时间变化[29]

总压头 H 随时间延长而上升,如图 22-7-13 所示。

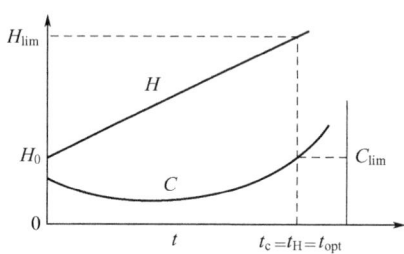

图 22-7-13　过滤器最佳运行时间[29]

7.3　动态过滤

7.3.1　动态过滤技术的发展[2,3]

随着化工、石油、轻工,尤其是精细化工的发展,液固分离技术越来越受到人们重视。动态过滤的出现,使液固分离技术有了明显的提高。

查利斯(Jahreies)在 1942 年首先提出动态过滤技术,20 世纪 60 年代初,开发了在离心力场下的动态过滤,即出现了锥篮离心机、振动型离心机以及不形成滤饼层的高压多管式增浓器等。70 年代先在欧洲,后在美洲和日本出现了加压和有回转叶轮作用的动态过滤技术,开发了连续、多级,能过滤、增浓,并同时可进行洗涤的旋叶压滤机。

旋叶压滤机自问世以来发展很快,日臻完善。美国、日本、苏联、德国的一些研究机构和我国的天津大学、上海化工研究院等都对旋叶压滤机的过滤速率和影响因素,过滤速度衰减、洗涤、消耗,以及旋叶压滤机内的流场(速度、压力场分布)、放大等进行了研究,先后发表了一批在多个领域有实用价值的实验数据。美国、日本相关公司产品有了系列,申请了一批有关该项技术与产品的专利。

7.3.2　动态过滤的特性[2,3,18]

传统的过滤是料浆垂直流向过滤介质表面,固体颗粒被截留在过滤介质表面,形成滤饼层。随着过滤操作的进行,滤饼层增厚,过滤阻力不断增加,过滤速度逐渐下降,最后导致过滤操作无法进行(图 22-7-14)。

动态过滤技术的操作原理与固定滤饼层过滤完全不同[18],动态过滤是料浆在压力、离心力或其他外力(例如刮刀旋转运动和流体与滤饼层表面的切向力)的作用下,物料在运动中进行过滤,过滤介质上不积存或只积存少量的滤饼,它不同于滤饼过滤,其过滤速率基本

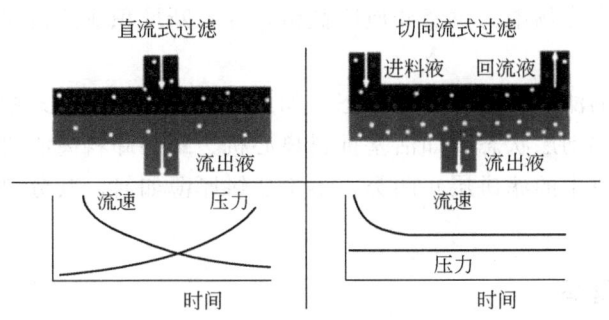

图 22-7-14 两种过滤过程的对比

平稳，操作压力也无需逐步升高（图 22-7-14）。它是源于滤饼层过滤而又基本上摆脱了滤饼束缚的一种过滤技术。如果过滤介质是一般的丝网或织造滤布，此时过滤机理属于动态薄层的滤饼层过滤或无滤饼层的介质过滤[31~33]。如果是多孔烧结金属管、塑料管或非织造的滤毡等，此时动态过滤操作机理即属于动态深层过滤。

　　由于过滤推动力、装置结构、过滤介质不同，所以各类动态过滤装置的流体力学特性也不一样。目前应用的有振动式、进动式、旋管式加压过滤机，旋叶式压滤机，微孔膜过滤器，多孔列管式过滤器等。

7.3.3　动态过滤装置流体力学特性

　　(1)　物料的流变性　当生产中遇到细而黏的难处理物料时，一般都要求测定流变性，而且要区分物料在承受剪切力后，黏性变大还是变小，动态过滤只适用于处理随转速增大黏度变小的平亨型、假塑性型、触变性型的流变性物料，否则操作不能顺利进行。

　　在操作中利用流变性的特点来控制料浆的出口浓度。每种物料增浓至一定程度后都会有一个临界浓度，与此浓度相应的转矩将以渐近线方式陡然上升，以转矩大小即可控制滤渣的出口浓度。

　　(2)　运动状态　动态薄层和无滤饼层是动态过滤中的两类基本运动状态。对于稍有滤饼积存即造成极大过滤阻力的物料，一般多数采用动态薄层的滤饼过滤。

　　(3)　动态过滤中料浆运动速度的影响　动态过滤中料浆的运动速度与旋转件的速度等因素有关，旋转速度愈大，剪切力增加，过滤介质上的滤饼层剪薄，过滤速度大大提高。以单位滤液的消耗来衡量过滤操作的经济效果，即动态薄层滤饼过滤应有一个最宜转速。

　　目前国外旋叶压滤机主要在以下几方面应用：处理金属氢氧化物〔如 $Fe(OH)_2$、$Ca(OH)_2$、$Mg(OH)_2$、$Zn(OH)_2$、$Al(OH)_3$ 等〕，处理金属氧化物（如 Fe_2O_3、TiO_2、PbO_4 等）、黏土（高岭土、SiO_2 等）、活性炭、硅藻土之类的吸附剂，处理催化剂及含溶剂的料浆，颜料（镉黄、铬黄等）、染料（偶氮类、硫化类、荧光类、靛青类），合成树脂（对苯二甲酸、PVA 等）及某些药物等，以上几乎包括了所有常见的难过滤或难洗涤的物料的应用[3]。

7.4　离心过滤

　　离心过滤是以惯性离心力为推动力，用过滤方式来分离固、液两相混合物的操作。悬浮液中的固体颗粒在离心力场中为过滤介质所截留，并不断堆积成滤饼层，液体穿过形成的多孔滤饼层而分离。

离心过滤所形成的滤饼，有固定层状态（如三足式离心机、卧式刮刀卸料离心机、上悬式离心机的滤饼）和移动层状态（如活塞推料离心机、螺旋卸料离心机、离心力卸料离心机和各种振动卸料离心机中的滤饼层）两类，不论滤饼厚薄如何，其分离操作都是以滤饼过滤的方式进行的。

7.4.1　离心过滤速率

离心过滤操作较之加压过滤操作更为复杂，由于过滤推动力是惯性离心力，所以滤饼内的推动力和流道面积随着回转半径的增加而加大，离心惯性力不仅在滤饼表面产生水力压力，而且在滤液流过滤饼时增大了水力压力的压头。过滤式离心机中，滤饼在转鼓壁内过滤介质内侧逐步形成。随着滤饼厚度的增加，过滤面积缩小，液体表观流速变化，因而流动滤液的动能也在变化。所以离心过滤速率与滤饼特性、离心力场的作用和转鼓结构等因素有关。

初期采用的离心过滤速率计算公式，是在压力过滤用的公式基础上根据离心过滤的操作条件加以修正得到的，通过 J. A. Storrow 的实验证明，基本上可以用于不可压缩的滤饼。H. P. Grace 对于滤饼阻力和滤饼的可压缩性做了广泛的研究，企图通过对多种具有可压缩性的物料的渗透率实验数据，来统一解决可压缩滤饼的压力过滤和离心过滤的速率问题。但由于离心过滤过程的复杂性和可压缩滤渣的特殊性，只能以离心过滤速率通用方程的建立及其简化为其初步成果。

目前计算过滤速率仍根据 Storrow 等在 20 世纪 50 年代所建立的方程[34]：

$$Q = \frac{4\pi^3 n^2 \rho h K (r_3^2 - r_1^2)}{\mu \ln(r_3/r_2)} \tag{22-7-31}$$

或

$$Q = \frac{\pi \rho \omega^2 k h (r_3^2 - r_1^2)}{\ln(r_3/r_2)} \tag{22-7-32}$$

式中，Q 为过滤速率；n 为转鼓转速，$n = \omega/(2\pi)$，ω 为转鼓角速度；ρ 为液体密度；h 为转鼓高度；K 为滤饼渗透率；k 为滤饼固有渗透率，$k = K/\mu$；μ 为液体黏度；r_1 为液面内半径；r_2 为滤饼内半径；r_3 为滤饼外半径。

上述公式(22-7-31) 和式(22-7-32) 是在滤饼阻力比较高的情况下忽略过滤介质阻力后给出的。滤饼固有渗透率可由专门装置测定。Grace 在计入过滤介质阻力后给出了下列过滤速率计算公式[35]：

$$Q = \frac{4\pi^2 n^2 \rho h (r_3^2 - r_1^2)}{\mu \left[\alpha \rho_s (1-\varepsilon) \ln(r_3/r_2) + (R_m/r_3)\right]} \tag{22-7-33}$$

式中，α，ε 分别为滤饼平均比阻和孔隙率；ρ_s 为固体密度；R_m 则为过滤介质阻力，其他符号同前。

Grace 认为滤饼比阻 α 和滤饼孔隙率 ε 对于不可压缩或近于不可压缩滤饼而言，基本不随离心过滤的回转半径而变化，因此上式忽略惯性离心力对滤饼比阻 α 和滤饼孔

隙率 ε 的影响。滤饼比阻可采用一般压缩-渗透率数据或用图 22-7-4 所示的压缩渗透装置直接测定。

式（22-7-33）也可以简化为与压力过滤用的同一公式形式：

$$Q = \frac{\Delta p_1}{\mu\left(\dfrac{\alpha W}{\overline{A_{1m}}\,\overline{A_m}} + \dfrac{R_m}{A_3}\right)} \qquad (22\text{-}7\text{-}34)$$

$$\Delta p_1 = \frac{\rho W^2 (r_3^2 - r_1^2)}{2} \qquad (22\text{-}7\text{-}35)$$

式中　W——滤饼中固体颗粒的总质量，$W = \pi h \rho_s (1-\varepsilon)(r_3^2 - r_2^2)$；

$\overline{A_{1m}}$——垂直于流体流动方向滤饼的对数平均截面积，$\overline{A_{1m}} = \dfrac{2\pi h(r_3 - r_2)}{\ln(r_3/r_2)}$；

$\overline{A_m}$——垂直于流体流动方向滤饼的算术平均截面积，$\overline{A_m} = (r_2 + r_3)\pi h$；

A_3——过滤介质有效表面积，$A_3 = 2\pi h r_3$。

其他符号同前。

7.4.2　离心力场下滤饼固有渗透率的测定

处于离心力场下的滤饼承受着相当大的压紧力。因此，根据通常用的真空实验所测定的滤饼渗透率用于离心机，其结果是不可靠的。由于滤饼的渗透率和滤饼的孔隙率的三次方成比例，如果压紧力使孔隙率稍稍改变，就会使渗透率大大降低。为了求得离心机所适用的渗透率，必须在所用的离心力场下测定，在测定渗透率的同时还包括了所要分离液体黏度的影响，由此测出的渗透率即称为这一系统的"固有渗透率"[36]。

图 22-7-15 为测定离心力场下的滤饼渗透率所用的简单实验装置。这套设备是由一个悬挂于实验用的离心机中的"滤杯"所组成的，并用闪频观测器观察之。滤杯须用透明材料制成，例如派热克斯硬质玻璃，上面刻有垂直于轴向的刻度，在滤杯底部装有由多孔杯和金属网所支承的过滤介质。

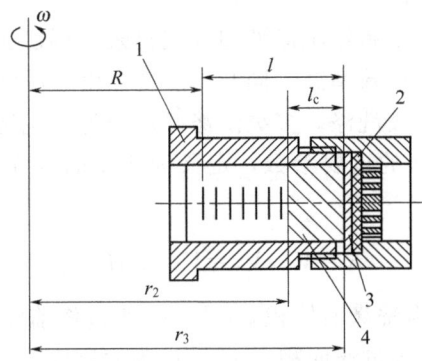

图 22-7-15　测定固有渗透率用的滤杯装置
1—透明滤杯；2—金属网；3—滤布；4—滤饼

试验步骤分两步进行：

(1) 滤杯中盛好需要过滤的悬浮液，以生产规模用的相同分离因数下的速度旋转以保证滤饼所承受的压紧作用和实际分离条件相同。悬浮液的用量应该使形成的滤饼厚度大于20mm，使实验结果更易判别[31]。

(2) 滤杯中重新盛放由真空过滤或其他过滤方法所得到的清滤液，以上述（1）所用的相同分离因数下的速度旋转；利用闪频观测器观察此液相的料面，并测出料液面通过靠近顶端的刻度起直到滤饼表面所需要的时间。

滤液面自坐标半径 R 流到滤饼表面的坐标半径 r_2 所需时间 θ 为：

$$\theta = \frac{r_3 - r_2}{\chi F_r \rho} \ln \frac{r_3 - R}{r_3 - r_2} = \frac{l_c}{\chi F_r \rho} \ln \frac{l}{l_c} \qquad (22\text{-}7\text{-}36)$$

式中，r_2 为滤饼内半径；r_3 为滤饼外半径；F_r 为分离因数。

由此得出固有渗透率 r 为：

$$r = \frac{l_c}{F_r \rho} \ln \frac{l}{l_c} \qquad (22\text{-}7\text{-}37)$$

7.5　滤饼的洗涤

7.5.1　滤饼洗涤目的和洗涤比

为了把残留在滤饼内的可溶性杂质除去以提高产品的纯度或为了回收滤饼中残留的母液，在除渣前需要对滤饼进行洗涤。有时为了洗涤完全，需要经过多次再化浆的过滤操作。

洗涤液应具有的条件是：①能与残留母液很好地混合；②只溶解滤饼中需除去的杂质；③与洗涤后的滤饼固体易于分离；④具有低的黏度。

洗涤过程有置换洗涤和再化浆洗涤。

置换洗涤是洗涤液直接洗涤滤饼表面，并渗入滤饼孔隙进行置换与传质的过程。置换洗涤过程的计算以洗涤动力学为基础，而洗涤动力学的直观描述即洗涤曲线。液流通过滤饼的阻力太大，导致洗涤时间太长，或脱水应力造成滤饼龟裂，无法进行置换洗涤，应采用新鲜的洗涤液将滤饼进行再化浆洗涤。

再化浆洗涤是将所得滤饼重新用洗涤液泡开成料浆，再过滤甚至再压榨过滤。

一般置换洗涤较再化浆洗涤效率高。同时单级洗涤由于洗涤液用量大，洗液浓度低而不能达到预期目的，需要采用多级洗涤，多级洗涤又可分为并流洗涤和逆流洗涤[36]。

洗涤比 R 是研究洗涤过程的重要参数，定义为所用的洗涤液体积与滤饼内残余滤液的体积之比。

$$R = V_w / V_v = V_w / (AL\varepsilon) \qquad (22\text{-}7\text{-}38)$$

式中，R 为洗涤比；V_w 为洗涤液体积，m³；V_v 为洗涤前滤饼内残留的母液体积（滤饼全部空隙体积），m³；A 为有效过滤面积，m²；L 为滤饼厚度，m；ε 为滤饼孔隙率。

7.5.2　置换洗涤

7.5.2.1　洗涤曲线

将洗涤液出口相对浓度 $Y(\%)$ 对洗涤比作图可得到如图 22-7-16 所示[30,37]的洗涤曲线。由实

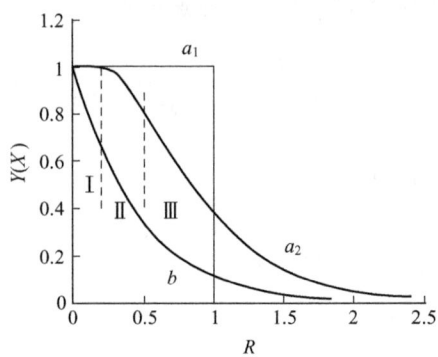

图 22-7-16 滤饼洗涤曲线

验得到的洗涤曲线是洗涤过程的理论研究、计算、设计以及洗涤方式选择的基础。定义 Y 为：

$$Y = \frac{y - y_w}{y_0 - y_w} \tag{22-7-39}$$

式中，y 为某洗涤时刻排出的洗液中的溶质浓度；y_w 为洗液中原有溶质浓度（常假定 $y_w = 0$）；y_0 为初始洗涤时排出的洗涤液中溶质浓度（一般 y_0 即为滤饼中滤液浓度）。

图 22-7-16 为洗涤曲线图，图中曲线 a_1 表示滤饼空隙中的液体全部被洗涤液置换出来的理想置换洗涤过程；实际的洗涤过程如曲线 a_2 所示。曲线 a_2 一般分为三个阶段：开始很短的理想置换洗涤过程（Ⅰ段），经过Ⅱ段的过渡区域，然后就进入以扩散传质为主的洗涤阶段（Ⅲ段），这个阶段是控制洗涤时间和洗涤液用量的关键阶段。

在洗涤比为 R 时，某个时刻从滤饼中排除的溶质分数为 f，残留在滤饼中的溶质分数则为 $(1-f)$，假设固体颗粒没有对溶质产生吸附，则 $X = 1 - f$。如前所述，滤饼洗涤就是用洗涤液置换其内的溶质，洗涤时能够置换出的溶质与洗液量有关，而与其是否含溶质基本无关，因此滤饼中残液的溶质浓度可表示为：

$$x = x_0 X(R) + y[1 - X(R)] \tag{22-7-40}$$

式中，右边第一项表示由滤液初始浓度 x_0 而形成现有滤液的溶质浓度；第二项表示溶质浓度为 y 的洗液带入滤液中的溶质浓度。由式(22-7-40) 得：

$$X(R) = \frac{x - y}{x_0 - y} \tag{22-7-41}$$

以 $X(R)$ 与 R 的关系可作出洗涤曲线，由于它消除了初始洗液溶质浓度的影响，称为通用洗涤曲线。

7.5.2.2 洗涤速率

关于洗涤液用量及洗涤时间（从而算出洗涤速度）的研究尚不充分，必要时应由实验确定[38]。可参考下列公式计算洗涤速度。

当洗涤压力等于最终过滤压力 p 时，洗涤速度为：

$$\left(\frac{dv}{d\theta}\right)_W = r_W \left(\frac{dV}{d\theta}\right)_F \left(\frac{\mu}{\mu_W}\right) = r_W \frac{p}{\mu_W \left(\frac{\alpha \rho_s}{1 - ms} v\right) + R_m} \tag{22-7-42}$$

在恒压过滤中用相同压力洗涤滤饼时，洗涤速度为：

$$\left(\frac{\mathrm{d}v}{\mathrm{d}\theta}\right)_{\mathrm{W}} = r_{\mathrm{W}} \frac{K}{2(v+v_{\mathrm{m}})}\left(\frac{\mu}{\mu_{\mathrm{W}}}\right) = r_{\mathrm{W}}\left(\frac{v}{2\theta}\right)\left(\frac{\mu}{\mu_{\mathrm{W}}}\right) \tag{22-7-43}$$

式中　$\left(\dfrac{\mathrm{d}v}{\mathrm{d}\theta}\right)_{\mathrm{W}}$——洗涤速度，$\mathrm{m}^3 \cdot \mathrm{m}^{-2} \cdot \mathrm{s}^{-1}$；

$\qquad \left(\dfrac{\mathrm{d}V}{\mathrm{d}\theta}\right)_{\mathrm{F}}$——过滤速度，$\mathrm{m} \cdot \mathrm{m}^{-2} \cdot \mathrm{s}^{-1}$；

$\qquad\quad p$——过滤压力，Pa；

$\qquad\quad \theta$——过滤时间，s；

$\qquad\quad K$——Ruth 恒压过滤系数；

$\qquad\quad \mu_{\mathrm{W}}$——洗液黏度，Pa·s；

$\qquad\quad v_{\mathrm{m}}$——得到相当过滤介质阻力滤饼的滤液量，$\mathrm{m}^3 \cdot \mathrm{m}^{-2}$；

$\qquad\quad v$——过滤期间得到的滤液量，$\mathrm{m}^3 \cdot \mathrm{m}^{-2}$；

$\qquad\quad r_{\mathrm{W}}$——过滤器结构（滤液和洗液的流体通道）系数。

叶滤器、单纯洗涤的压滤器等 $r_{\mathrm{W}}=1.0$；完全洗涤的压滤器 $r_{\mathrm{W}}=0.25$，由于在洗涤过程中滤饼的压缩及过滤效果等影响，实际洗涤速度比按式（22-7-42）和式（22-7-43）的计算值要小，可小至 30%。

7.5.2.3　洗涤方程式

对于滤饼洗涤过程中洗涤流出液的溶质浓度与洗液量或洗涤时间的关系有许多的研究，目前常采用下面的简单洗涤方程式。

(1) Rhodes 扩散洗涤式　滤饼的洗涤过程由置换洗涤和扩散洗涤两个过程构成。在扩散洗涤期间，如果各瞬间洗涤流出液溶质浓度与相应滤饼内残留的溶质量成比例时，有下列洗涤式[39]：

$$Y = \exp(-K'\theta_{\mathrm{W}}) = \exp(-K''R) \tag{22-7-44}$$

式中　θ_{W}——恒压洗涤时间，s；

$\quad K'，K''$——实验常数；

$\qquad R$——洗涤液量比，大多数情况下，当 $R=0.5$ 时，由置换洗涤过渡到扩散洗涤，Rhodes 扩散洗涤或适用于洗液和溶质完全混合的情况。

(2) Choudhury，Dahlstrom 及 Monerieff 的扩散洗涤式　Choudhury 等根据 Rhodes 的理论提供用于设计的简单洗涤式[6,40]：

$$Y = [1-(E/100)]^R \tag{22-7-45}$$

式中　E——洗涤效率，%。

实验中 $E=35\% \sim 86\%$，滤饼的渗透率愈低，E 值愈小。

影响滤饼洗涤效率的因素很多[41]，包括：①物性参数，即滤饼固体颗粒直径 d、粒径分布、滤饼孔隙率 ε、料浆密度 ρ；②滤饼厚度 L；③操作参数，即洗涤时间 θ、单位过滤面积洗涤水量 V、洗涤压差 Δp；④过滤设备的结构、洗涤方式等。另外，滤饼可压缩，滤饼出现纵向、横向沟流，严重时滤饼有裂缝等情况，这些都会造成洗涤效率下降。

7.5.2.4　多级逆流置换洗涤[36]

　　由于固液两相分离，不仅涉及两相流体流动，而两相各自的因素又多变，因此过滤洗涤性能必须建立在大量实验的基础上。由于洗涤液溶质浓度对通用洗涤曲线基本无影响，所以可根据通用洗涤曲线来计算多级逆流洗涤结果。连续过滤多级逆流洗涤过程见图 22-7-17。其中 x_i 和 y_i 分别代表第 i 级滤饼中残液浓度和洗涤液滤出液中溶质浓度。

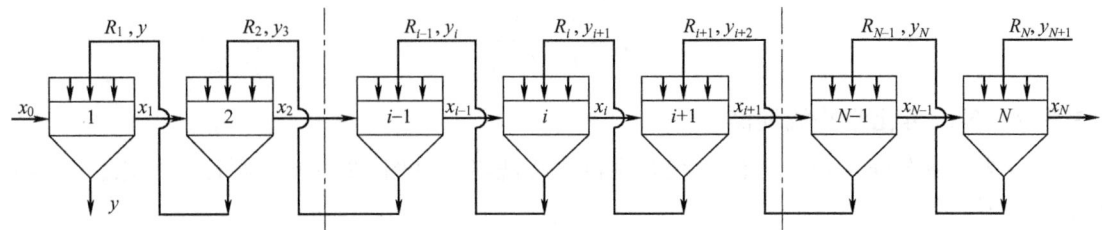

图 22-7-17　连续过滤多级逆流洗涤流程图

　　如图 22-7-17 所示，对第 i 级进行物料衡算，得出：

$$x_{i-1} - x_i = R_i(y_i - y_{i+1}), \ i = 1, 2, \cdots, N \tag{22-7-46}$$

　　故可得 N 个线性方程，但此过程中有 $2N$ 个未知数。由式（22-7-40）和图 22-7-17 得：

　　第 1 级洗涤　相当于洗液浓度为 y_2，洗涤比为 R_1 的单级洗涤，

$$x_1 = x_0 X(R_1) + y_2 [1 - X(R_1)]$$

　　第 2 级洗涤　滤饼相当于在洗涤比为 R_1、R_2 时各洗涤一次；若滤饼被不含溶质洗液洗涤，则 x_2 等于 $x_0 X(R_1 + R_2)$。现在因洗液含有溶质，必然增加每次洗涤时带进滤饼中的溶质浓度 $y_3[1 - X(R_2)]$，这时洗液浓度变为 y_2，再次对滤饼洗涤，则带进滤饼中的溶质为 $y_2[X(R_2) - X(R_1 + R_2)]$，所以：

$$x_2 = x_0 X(R_1 + R_2) + y_2 [X(R_2) - X(R_1 + R_2)] + y_3 [1 - X(R_2)]$$

　　第 i 级洗涤　出口滤饼中残液溶质可表示为：

$$x_i = x_0 X \sum_{k=1}^{i} R_k + \sum_{j=1}^{i} y_{j+1} \left(X \sum_{k=1}^{i-j} R_{i-k+1} - X \sum_{k=1}^{i-j+1} R_{i-k+1} \right) \tag{22-7-47}$$

$$i = 1, 2, \cdots, N, \text{当 } i = j \text{ 时}, X \left(\sum_{k=1}^{i-j} R_{i-k+1} \right) = 1$$

　　对过滤过程中的多级逆流置换洗涤，由式（22-7-46）和式（22-7-47），结合滤饼洗涤的通用洗涤曲线，就可以通过计算代替大量的实验，得到多级逆流置换洗涤结果。

7.5.3　再化浆洗涤[42,43]

7.5.3.1　再化浆洗涤条件

　　当过滤后形成的滤饼阻力太大，用置换洗涤滤饼的时间太长，甚至无法达到预期的洗涤要求；或由于脱水应力造成滤饼龟裂，置换洗涤归于失效；在这些情况下，用新鲜洗涤液对

滤饼进行再化浆后除去滤饼中残留母液等溶质，较有利于滤饼的洗涤。

若用于再化浆的洗涤液体积为 V_W（洗涤液中溶质浓度为 y_W），滤饼经洗涤液再化浆后过滤所得滤液的溶质是 y_s 时，对此单级再化浆洗涤物料衡算得：

$$V_v x_0 + V_W y_W = (V_v + V_W) y_s \qquad (22\text{-}7\text{-}48)$$

则洗涤后求得滤液相对浓度 Y 为：

$$Y = \frac{y_s - y_W}{x_0 - y_W} \qquad (22\text{-}7\text{-}49)$$

7.5.3.2　多级再化浆并流洗涤

若将洗涤液等分 n 份，进行 n 级并流再化浆洗涤，见图 22-7-18，则最后洗涤滤液相对浓度为[6,41]：

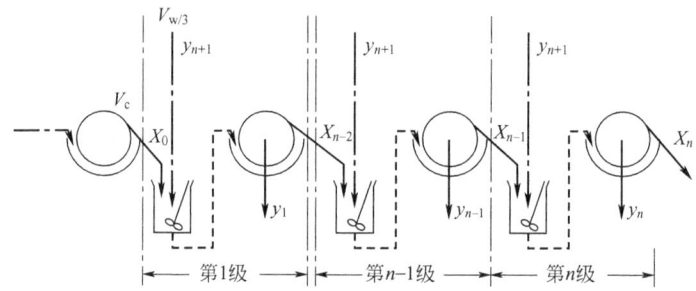

图 22-7-18　n 级并流再化浆洗涤示意图

$$Y = \frac{1}{(1 + R/n)^n} \qquad (22\text{-}7\text{-}50)$$

Rushton 等学者指出[44]：当固相颗粒为多孔性和聚集的情况下，式（22-7-50）应修正为：

$$Y = \left[1 + \frac{R}{n\left(1 + \dfrac{KW}{\rho V_v}\right)} \right]^{-n} \qquad (22\text{-}7\text{-}51)$$

式（22-7-51）中，K 为分布系数，需实验测定；当固相颗粒为非多孔性和聚集的情况下，$K = 0$。W 为滤饼内干固体颗粒的重量。

7.5.3.3　多级再化浆逆流洗涤

图 22-7-19 为多级再化浆逆流洗涤示意图，假设滤液中固体颗粒不吸附滤质，则有第 i 级物料平衡式为：

$$V_W(x_{i-1} - x_i) = V_v(y_i - y_{i+1}) \qquad (22\text{-}7\text{-}52)$$

设各级中滤饼与洗涤液完全混合，滤质在固液两相中分布平衡，则

$$x_i = y_i, \quad i = 1, 2, \cdots, n \qquad (22\text{-}7\text{-}53)$$

由式（22-7-52）和式（22-7-53）得：

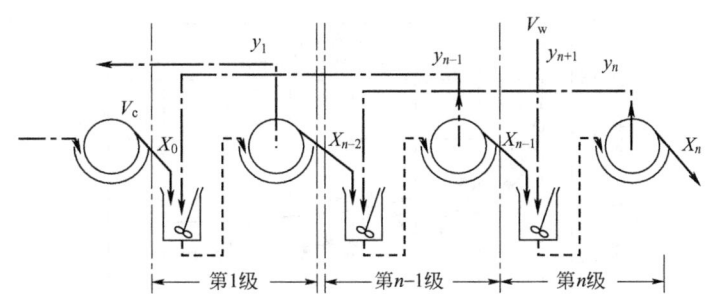

图 22-7-19 n 级再化浆逆流洗涤示意图

$$Y = \frac{x_n - y_{n+1}}{x_0 - y_{n+1}} = \frac{1 - \dfrac{1}{R}}{R^n - \dfrac{1}{R}} \qquad (22\text{-}7\text{-}54)$$

与多级并流洗涤过程相比,多级逆流洗涤效率更高。

7.6 滤饼的脱水

预测过滤机卸出滤饼的含液量,以及达到该含液量所需的时间,是实际生产中的要求。当滤饼作为干燥操作前的中间产品时,为降低热干燥费用,关键是尽量减少滤饼中的含液量,因此在过滤操作阶段,就应考虑滤饼形成后进一步的脱水方法。

目前行之有效的脱水方法之一是加压脱水,例如在板框和厢式压滤机中,在过滤脱水阶段后以更高操作压力压送更多料浆带进的固体颗粒;或者采用压榨隔膜以变容积方式挤压原有滤饼;或者采用表面活性剂调节颗粒表面与液体之间的界面张力,使滤饼中颗粒表面的表面水和颗粒之间的水易于分离。

滤饼脱水方法之二是采用空气以气液混合流动方式置换滤饼层之液体,这在加压、真空或离心过滤机中也都有应用。

7.6.1 滤饼的通气脱水

用通气的方法回收滤饼内残留的母液并且使其脱水。关于通气脱水的计算有 Brownell 等的方法,但其使用范围限于大的成形的固体颗粒。Dahlstrom 等用实验的方法得出通气脱水滤饼含水率与操作条件的关系,见图 22-7-20,并且把这些操作条件归纳为一个相关系数 J_D(单位为 s^{-1})[45]:

$$J_D = 0.102 p \frac{\theta_a}{L} q_a \frac{1}{\mu} \qquad (22\text{-}7\text{-}55)$$

式中,p 为通气脱水的压差,Pa;L 为滤饼厚度,m;θ_a 为脱水时间,s;μ 为母液的黏度,Pa•s;q_a 为通气脱水期间的空气(标准状态)平均速度,$m^3 \cdot m^{-2} \cdot s^{-1}$。

因此,一方面可以由通气实验的结果决定最宜操作条件;另一方面,当过滤操作条件变化时,可以粗略估算出滤饼的含水率。

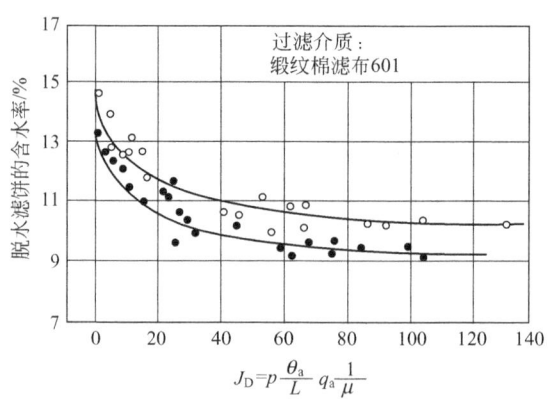

图 22-7-20　用叶滤机实验矿石滤饼的通气脱水结果

7.6.2　离心甩干

离心过滤或离心洗涤过程都是在一定的操作液面下进行的。不论是离心过滤还是离心洗涤，计算操作时的液面极限位置都到滤饼层表面为止，此时滤饼层中所有孔道和孔隙都还充满液体。直到离心过滤或洗涤结束，离心甩干开始，这时滤饼层中的液体在离心力的作用下，渗入滤饼层内，渗入速度的快慢视滤饼层的性质而定，与此同时空气随之进入滤饼层。

离心甩干的实质是气相渗入滤饼层后置换液相的过程，或者是气液两相在颗粒层内的双相流动，它与离心过滤和离心洗涤不同。离心甩干的机理目前研究还很不够。

离心甩干的目的是尽量降低离心过滤或洗涤后滤饼中的最终含液量（或称残液量）。

研究离心甩干仍需以重力场渗滤理论为基础，但离心甩干因离心加速度随床层半径而变化，使颗粒的堆积趋势和作用在残留液体上的离心力也随之而变化，所以问题就更加复杂。

7.6.2.1　颗粒层内含液率的分布

颗粒层内包含的液体可以分为两类：①存在于颗粒内部的液体，以及与外界无通路的空隙中的液体，这类液体不能用离心力进行分离。②存在于颗粒层空隙中的液体，包括：a. 附着于颗粒表面的表面水以及滞留于颗粒表面凹坑处或沟槽内的附着液；b. 存留于颗粒接触处的嵌入液；c. 积存于颗粒层底部的毛细管作用下的液体，如图 22-7-21 所示。

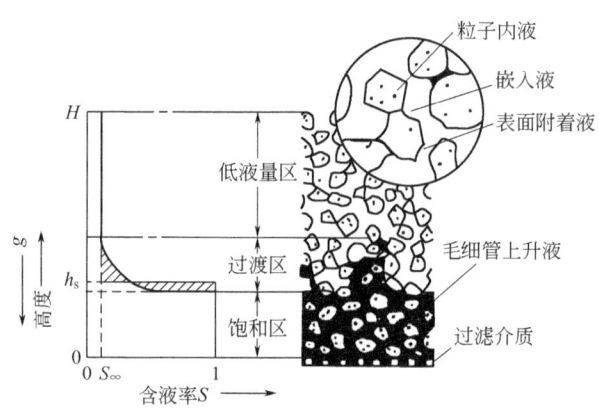

图 22-7-21　颗粒层的含液率分布

由图 22-7-21 可知，在重力场下的含液率分布图由低液量区、过渡区和饱和区组成。低液量区的液体主要由存在于颗粒间的嵌入液和表面附着液组成；过渡区的液体为上述两种液体和由部分毛细管上升的液体共存的状态；饱和区仅为毛细管作用下的上升液。由于过渡区含液率分布受颗粒形状与排列状态等因素的影响，与饱和区没有明显的界线，可以假定将颗粒层分成低液量区和饱和区，此时饱和区的表观高度可称为当量饱和区高度。离心甩干能更多地除去重力场下毛细管作用的液体，使当量饱和区的高度接近于零。

7.6.2.2 离心甩干过程

在没有空气干燥和蒸发的影响下，并假定颗粒层高度与其毛细管上升的高度（近似为 h_s）之比值很大，在重力场和离心力场中，从颗粒层间隙中全部充满液体的状态开始甩干，其过程如图 22-7-22 所示 [图中 z 为液面高度，$V_\infty = A(H-Z)\varepsilon S_\infty$，$V_f$ 为处于膜状流动的液体量]。

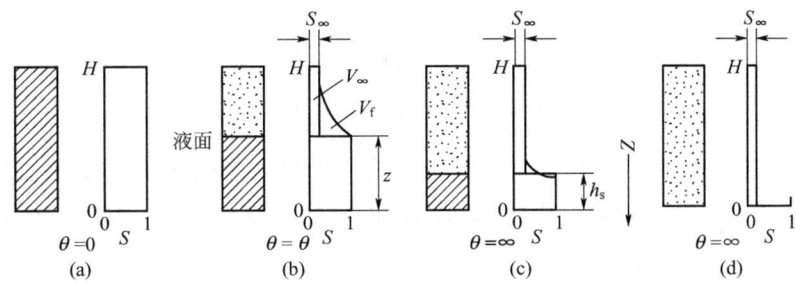

图 22-7-22 甩干过程中层内含液率分布的变化

在甩干开始的初期，液面在颗粒层内下降，如果是间歇操作的过滤式离心机，则气体（一般为空气）开始从颗粒层的表面进入到颗粒的间隙中，残留的液体在颗粒表面呈膜状向下流动。如不存在环境压差，当液层下整体渗滤开始后，渗入的气体量由颗粒层中排出的液体量而定，而液体的排出量仅由作用于液体上的离心力和颗粒层的阻力情况而定。气体渗入一旦开始，不论渗入多少，它将增加颗粒层的阻力，从而影响液体的排出。若离心力场中还有环境压差存在（如抽真空，或虹吸刮刀离心机），则除作用在液体本身的离心力外，在渗入气体的环境压差推动下，还对颗粒层中液体产生替代的作用。

离心甩干作为一个操作阶段，其目的是尽量降低离心过滤或洗涤后的滤饼中最终含液量，或称残留液量。显然，在实验研究工作中，可以尽量延长离心甩干时间，求取一定操作条件下，离心甩干和滤饼中各项作用力，如毛细作用持留力、表面作用力等，达到平衡状态时仍能保留在润湿的滤饼颗粒上的最低液量。这项实验的意义在于确定实际甩干操作的极限值。当然，在实际生产中既不允许这样做，也不合乎最宜操作的原则。因此，就有一个离心甩干的动力学问题，即在离心甩干进行过程中，滤饼中残留液量和甩干时间的关系需解决。

（1）简化后的南尼格-斯托罗公式[46] 可以估算滤饼中残留液量和甩干时间的关系：

$$S_\infty = K \frac{1}{d^{0.5} F_r^{0.5} \rho^{0.25}} \tag{22-7-56}$$

式中，S_∞ 为滤饼在不再有液体渗出，也不发生空气干燥的条件下测得的最低含液量，以液体体积与固体体积之比值表示；d 为固体颗粒的斯托克斯当量直径；F_r 为分离因数；ρ 为液体密度，$kg \cdot m^{-3}$；K 为比例常数。

$$S = \frac{K'}{d}\left(\frac{\mu}{\rho F_r}\right)^{0.5}\frac{(r_3 - r_2)^{0.5}}{\theta^{0.3}} + S_\infty \tag{22-7-57}$$

式中，S 为从自由液面与滤饼表面重合算起，经甩干操作时间 θ 后，滤饼内所含液体体积与固体体积之比值；K' 为比例常数；μ 为液体黏度；r_3、r_2 分别为转鼓内半径和滤饼内表面半径，m；其余符号同上式。

根据实验数据，对于不可压缩滤饼，$(r_3 - r_2)$ 的指数接近 0.8，至于 θ 的指数随不同类型的固体颗粒在 0.3～0.5 变动。上述关系式只是给出了决定 S_∞ 和 S 所需的主要参数。

(2) 韦克曼公式[47]　这是用毛细作用准数计算滤饼中残留液量（达到平衡条件）的公式，式中考虑了气相渗入影响的孔隙结构和表面张力。毛细作用准数代表甩干与阻碍甩干两种作用力的比值，对于离心力场的滤饼：

$$N_{cap} = \frac{\varepsilon^2 d^2 \rho n^2 r}{(1-\varepsilon)^2 \sigma} \tag{22-7-58}$$

$$S_\infty = 0.0524 N_{cap}^{-0.19}, 10^{-5} \leqslant N_{cap} \leqslant 0.14$$
$$S_\infty = 0.0139 N_{cap}^{-0.86}, 0.14 \leqslant N_{cap} \leqslant 10 \tag{22-7-59}$$

式中，N_{cap} 为毛细作用准数；S_∞ 为滤饼中残留液量（液固比值）；ε 为孔隙率；ρ 为液体密度；r 为滤饼中心处半径；n 为单位时间内的旋转次数；σ 为表面张力；d 为颗粒平均直径，m，表达式如下：

$$d = 13.4 \sqrt{\frac{1-\varepsilon}{\alpha \rho s \varepsilon^3}} \tag{22-7-60}$$

毛细作用准数为无量纲准数，可用任何一致的单位代入。

参考文献

[1] Ruth B F, Montillon G H, Montonna R E. Ind Eng Chem , 1933, 25: 153-161; 1935, 27: 708-723; 1946, 38（6）: 564-571.

[2] 陈树章. 非均相物系分离. 北京: 化学工业出版社, 1993: 85.

[3] 余国琮. 化工机械工程手册. 北京: 化学工业出版社, 2003.

[4] 康勇, 罗茜. 液体过滤与过滤介质. 北京: 化学工业出版社, 2008.

[5] Du Lihong, Xu Chen, Li Wenping, et al. Chinese Journal of Chemical Engineering, 2011, 19（5）: 792-798.

[6] Rushton A, Ward A S, Holdich R G. 固液两相过滤及分离技术. 朱企新, 许莉, 谭蔚, 等译. 北京: 化学工业出版社, 2005: 210.

[7] Grace H P. Chem Eng Progr, 1953, 49（6）: 303-318.

[8] Murase T, Iritani E, Cho J H, et al. J Chem Eng Jpn, 1987, 20（3）: 246-251.

[9] Tiller F M, Lu W M. AIChE J, 1972, 18（3）: 569-571.

[10] Tiller F M, Lu W M, Haynes S. AIChE J, 1972, 18（1）: 13-19.

[11] Shirato M, Aragaki T, Ichimura K, et al. J Chem Eng Jpn, 1971, 4（2）: 172-177.

[12] Shirato M, Aragaki T, Mori R, et al. J Chem Eng Jpn, 1968, 1（1）: 86-90.

[13] Walker W H, Levis W K, McAdams W H, et al. The Principles of Chemical Engineering. 3rd Ed. New York: McGraw Hill, 1937.

[14] 化学工会协会. 解说化学工学演习: 下卷. 第2版. 东京: 槙书店, 1973.

［15］ 唐立夫，等．过滤机．北京：机械工业出版社，1984.

［16］ Tiller F M, Li W P, Lee J B. AFS 19th Annual Conference & Expasition, 2006, 5: 1.

［17］ Orr C. Filtration: Principles and Practices: Part I . New York: M. Dekker, 1979: 326.

［18］《化学工程手册》编辑委员会．化学工程手册．北京：化学工业出版社，1989.

［19］ Tiller F M, Li W P, Lee J B. AFS 19th Annual Conference & Expasition, 2006, 5: 1.

［20］ Wakeman R J, Tarleton E S. Filtration: Equipment Selection, modelling and process Simulation. UK: Elsevier, 1999: 291.

［21］ Tiller F M, Crump J R. Chem Eng Progr, 1977, 73（10）: 65-75.

［22］ Shirato M. Memoirs of the Faculty Eng, 1985, 37（1）: 38.

［23］ Mandelbrot B B. 大自然的分形几何．陈守吉，凌复华，译．上海：上海远东出版社，1999: 38.

［24］ 徐新阳，徐继润，刘振山，等．过滤与分离，2001, 11（1）: 12-13.

［25］ Drewes F, Hable A, Kreowski H J, et al. Theor Comput Sci, 1995, 145（1-2）: 159-187.

［26］ 都丽红，李文苹，吴芳，等．第十一届全国非均相分离学术交流会，2013: 19.

［27］ 张青贵．人工神经网络导论．北京：中国水利水电出版社，2004.

［28］ Ham F M, Kostanic I. Principles of Neurocomputing for Science & Engineering. NewYork: McGraw-Hill, 2001.

［29］ 罗茜．液固分离．北京：冶金工业出版社，1997.

［30］ 吕维明．固液过滤技术．台北：高立图书有限公司，2004.

［31］ Svarovsky L. Solid-Liquid Separation, 2ed. 朱企新，等译．北京：化学工业出版社，1990.

［32］ Tiller F M, Cheng K S. Filtr Sep, 1977, 14（1）: 13-16, 18.

［33］ Tobler W. Filtr Sep, 1979, 16（6）: 630-632; 1982, 19（4）: 329-332.

［34］ Haruni, M M, J A Storrow. I E C, 1952: 44, 2751-2767.

［35］ Svarovsky L. Solid-Liquid Separation. London: Butterworth, 1997.

［36］ 孙启才，金鼎五，等．离心机原理结构与设计计算．北京：机械工业出版社，1983.

［37］ 都丽红，王士勇，邓伯虎，等．化学工程，2008, 36（8）: 40-43.

［38］ Ruslim F, Nirshl H, Mezhibor A, et al. Chem Eng Technol, 2007, 30（8）: 1055-1061.

［39］ Rhodes F H. Ind Eng Chem, 1934, 26: 1331-1333.

［40］ Choudhury A P R, Dahlstrom D A. AIChE J, 1957, 3（4）: 433-438.

［41］ 李大仰．石油炼制与化工，2010, 41（4）: 49-53.

［42］ 丁启圣，王维一．新型实用过滤技术．第3版．北京：冶金工业出版社，2011: 80.

［43］ Wakeman R J. Filtration Post-treatment Processes. Amsterdam; New York: Elsevier Scientific Publishing Company, 1975: 131.

［44］ Rushton A. Mathmatical Model and Design Methods in Solid-Liquid Separation. Netherlands: Springer, 1985.

［45］ Silverblatt C E, Dahlstrom D A. Ind Eng Chem, 1954, 46（6）: 1201-1207.

［46］ Schweitzer P A. Handbook of Separation Techniques for Chemical Engineers, 3rd ed. New York: McGraw-Hill Inc, 1997.

［47］ Wakeman R J. Filtr Sep, 1979, 16（6）: 655-656, 658, 660.

8

过滤介质

凡能让悬浮液中的液体通过，又将其中固体颗粒截留，以达到液固分离目的的多孔物质称为过滤介质。它是各种过滤装置的关键组成部分。过滤介质的选用直接影响过滤装置的生产能力及过滤精度。如果选用不当，结构再先进的过滤装置也不能发挥其作用。

8.1 过滤介质的分类及要求

8.1.1 过滤介质的分类

由于被过滤物料的性能及过滤要求千差万别，各种过滤机结构又各不相同，对过滤介质的要求也多种多样。因此，过滤介质的种类繁多，范围从砂层到滤布，从几十微米孔的金属板到微米孔的薄膜等，常用过滤介质分类如图 22-8-1 所示。

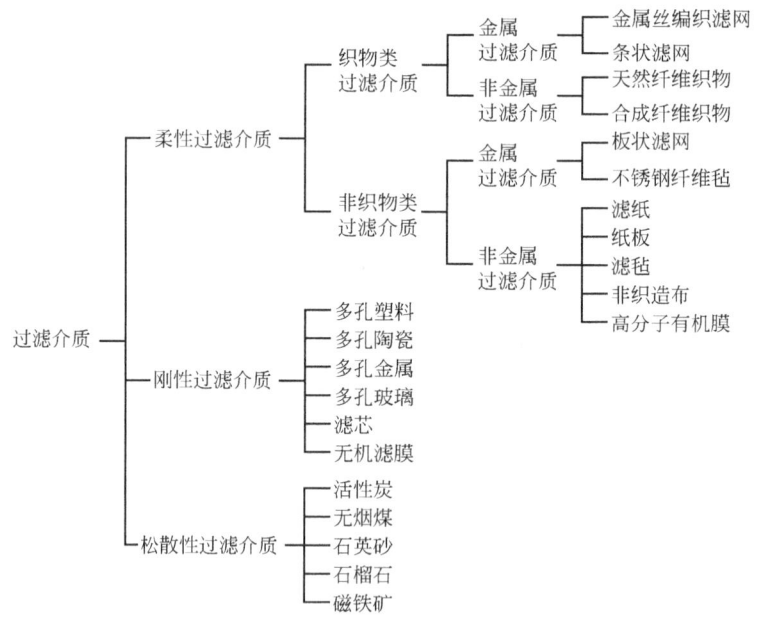

图 22-8-1 常用过滤介质分类

过滤介质按刚性、柔性分类，其种类及能阻挡的最小颗粒尺寸如表 22-8-1 所示。

表 22-8-1 过滤介质种类及阻挡的最小颗粒直径[1,2]

过滤介质的种类	举 例	截留的最小颗粒直径/μm
织物类	天然纤维与合成纤维滤布	10

续表

过滤介质的种类	举　例	截留的最小颗粒直径/μm
非织物类	纤维为材料的滤纸	5
	玻璃纤维为材料的滤纸	2
	纤维板	0.1
	毛毡及针刺毡	10
	不锈钢纤维毡	2
滤网	金属丝平纹编织密纹滤网	40
	金属丝斜纹编织密纹滤网	5
刚性多孔介质	多孔塑料	3
	多孔陶瓷	1
	烧结金属	3
滤芯	表面式滤芯	0.5～50
	深层式滤芯	1
滤膜	反渗透膜	0.0001～0.001
	纳滤膜	0.0009～0.009(或分子量 250～1000)
	超滤膜	0.001～0.1
	微孔膜	0.1～10
松散介质	砂、炭等粉粒	<1

8.1.2　对过滤介质的要求

过滤介质种类繁多，由过滤介质的专业制造厂商提供其规格和基本性能资料，如透水阻力、渗透率，也有用固体颗粒作出的截留率等数据。使用者在此基础上选用过滤介质时，还必须根据要处理物料的情况，对过滤介质进行综合要求的考察，一般应包括：①在过滤开始后不久，过滤介质细孔上截留的颗粒之间能形成架桥现象，截留效果好，滤液达到期望的澄清度；②过滤介质本身结构阻力小，在使用过程中不易堵塞，流动阻力不剧增；③具有耐磨损、抗断裂、尺寸稳定、可加工等良好机械强度性能，耐化学腐蚀、抗微生物滋生、热稳定性好、使用寿命长；④本身的或经加工处理的表面性能好，易于卸渣、易润湿、易清洗、易再生。

实际上，现有过滤介质性能难以完全满足上列要求，很难兼顾，使得过滤介质的选择有一定难度。目前的过滤理论和对过滤介质性能的研究还不能给出具体的选择准则。因此，切实可行的选用方法是将所选过滤介质在过滤面积为 $100cm^2$ 的小型过滤机上做小实验，必要时通过中试规模的所选机型进行实验，在考虑各个因素的前提下，求得满足重点要求的折中方案。

8.2　常用过滤介质

8.2.1　织造滤布

以各种天然及合成纤维为原料织造的各种滤布在过滤操作中应用最为广泛。影响滤布结构及过滤性能的主要因素如下。

8.2.1.1　纤维的性能

各种纤维的物理、化学及机械性质列于表 22-8-2。

表 22-8-2　各种纤维的物理、化学及机械性质

名称	湿断裂强度/g.p.d.[①]	延伸度/%	耐磨性	相对密度	吸水性/%	耐热性(最高使用温度/℃)	耐酸性	耐碱性	耐氧化剂性	耐溶剂性
棉-天然纤维	29.7～57.6	5～10	可	1.55	16～22	良(93)	差	良	可	优
尼龙(聚酰胺)	27～72	30～70	优	1.14	6.5～8.3	良(107～121)	可	优	可	优
聚酯	27～72	10～50	优	1.38	0.04～0.08	可、良(149)	良	良	良	优
聚乙烯(乙烯单体质量分数 85% 以上)	9～63	10～80	良	0.92	0.01	可(66～110)	良	良	差	优
聚丙烯(丙烯聚合体质量分数 85% 以上)	36～72	15～35	优	0.91	0.01～0.1	可、良(121)	优	优	良	良
聚醋酸酯(纤维素醋酸酯)	7.2～10.8	30～50	可	1.30	9～14	良(100)	良	差	良	优
聚丙烯腈(丙烯腈单体聚合体质量分数 85% 以上)	16.2～27	25～70	良	1.17	3～5	良(135～149)	良	可	良	优
聚改性丙烯腈(丙烯腈单体聚合体质量分数 35%～85%)	18～36	14～34	良	1.31	0.04～4	可(71～82)	良	良	良	良
偏氯纶纤维(聚偏氯乙烯纤维)	10.8～20.7	15～30	良	1.7	0.1～1.0	可(71～82)	差、良	良	可	优
羊毛	6.84～14.4	25～35	可	1.3	16～18	可(82～93)	可、差	差	差	差
玻璃纤维	27～54	2～5	差	2.54	0.3 以内	优(288～316)	优	差	优	优
金属纤维(金属、金属包塑料、塑料涂金属)	—	—	良	—	—	良、优	—	—	—	—

① g.p.d. 为每特克数（特：1000m 单根连续细股的纱重，以 g 表示）。

8.2.1.2　纱型

纱的基本型式有三种：

(1) 短纤维纱　是把天然纤维（例如羊毛）用传统的方法纺成纱。纺纱包括加捻（加捻是一个把原料丝绕成线的过程），单位长度的加捻数影响纱的密度和直径。许多合成纤维虽然开始加工成长纤维，但在加工前切割成短纤维，故也可纺成短纤维纱。

(2) 单丝纤维纱　由单根纤维构成。它的加工方法是通过挤压拉出熔融的聚合物，单丝纤维纱的直径取决于挤压喷头的孔径和聚合物的性质。在一般情况下，用于织造单丝纤维滤布的纤维横截面是圆形的。

(3) 复丝纤维纱　是由若干单丝纤维捻在一起构成的。复丝纤维纱的直径、形状及加捻程度是纱结构的重要变量。

纱型结构的特点影响滤布的过滤性能，可参考表 22-8-3。

表 22-8-3　各种不同织物结构过滤性能的比较
（按性能下降次序排列）

变　量	保持性最高	阻力最小	滤饼最干	卸渣最快	寿命最长	堵塞最小
纱型	短纤维 复丝 单丝	单丝 复丝 短纤维	单丝 复丝 短纤维	单丝 复丝 短纤维	短纤维 复丝 单丝	单丝 复丝 短纤维

变　量	保持性最高	阻力最小	滤饼最干	卸渣最快	寿命最长	堵塞最小
纱直径	大 中 小	小 中 大	小 中 大	小 中 大	大 中 小	小 中 大
捻度	低 中 高	高 中 低	高 中 低	高 中 低	低 中 高	高 中 低
线密度	高 中 低	低 中 高	低 中 高	高 中 低	中 高 低	低 中 高
织法花纹	平纹 斜纹 缎纹	缎纹 斜纹 平纹	缎纹 斜纹 平纹	缎纹 斜纹 平纹	斜纹 平纹 缎纹	缎纹 斜纹 平纹

8.2.1.3　滤布的织法与精整

天然及合成纤维滤布的织法基本有三种：平纹、斜纹和缎纹，当然，还有许多其他的织法花纹，如链纹，但都属于上述基本型式的变种。

平纹织法价格最低，孔隙率最小，颗粒的保持性最大，但滤孔易被固体颗粒堵塞；斜纹织法具有中等的颗粒保持性，能提供高的过滤速度并具有良好的耐磨性；缎纹织法颗粒保持性最差，但滤孔不易堵塞，滤渣卸除容易；链纹织法比平纹织法抗拉强度低，颗粒的保持性较差，但滤孔不易堵塞。

为了改善织造滤布的过滤性能，可以采取若干精整技术。应用最广的是矽光、起绒和热处理等过程。矽光是使滤布通过一对高压的热滚筒，把滤布压薄，同时使其表面变得光滑，从而改善其卸渣能力，降低其孔隙率，并使强度降低。起绒是使滤布通过一个细的钢梳，使其表面形成软的绒毛（一面或两面），改进滤布对细颗粒的保持性。热处理有时用于合成纤维，其目的是稳定纤维，同时能使其适用于较高的温度。

8.2.2　非织造滤布及滤纸

非织造滤布是通过机械、化学、热压或其组合方式，将纤维结合成的布状物。非织造滤布的纤维互相交叉，形成的孔隙不规则，孔隙率有的可高达 80%。如果对无纺布的表面进行特殊处理，可形成形状多样而排列不规则的孔。由于属于纤维互相交叉排列，形成三维的空间结构，因此它能在低压差下过滤截留微小颗粒，截留精度高，过滤阻力小。用于制药、涂料、精油、食品、饮料、染料、水泥等工业。适用于重力加压及真空过滤器，但不适用于大型压滤机及转鼓真空过滤机。

滤纸（板）属非织造过滤介质，结构较非织造布紧密，主要用于具有非常细小的颗粒及稀浆液的过滤。滤纸耐强酸、强碱，但湿强度低，易损坏。滤纸厚度可根据过滤压力和密封要求而定，也可制成滤板。

若将非织造滤布及滤纸（板）在液固过滤分离中作为过滤介质，其过滤机理属于深层过滤和滤饼过滤的结合。

非织造滤布又称无纺布，其分类如下[3]：

黏合剂型　包括浸渍法无纺布和黏合剂纤维法无纺布。

　　机械接合型　包括针刺法无纺布（针毡式无纺布）、水刺式无纺布和滚压法无纺布。

　　纺丝型　包括短纤维无纺布和长纤维无纺布。

　　无纺布虽然可用作滤布，但强度和刚性较差，若采用针刺法制成的针毡式无纺布，它克服了原来的无纺布强度和刚性差的缺点，使用效果最好。由于针毡式无纺布的纤维互相交叉在一起，所以孔隙非常多，不规则。无纺布的纤维互相交叉形成三维的空间结构，颗粒的截留性好；缺点是颗粒进入无纺布内部后，堵塞孔隙，不易清洗，而且无纺布表面上的毛绒也使滤饼极难剥离。

　　对针毡式无纺布要进行烧毛、砑光及表面涂覆树脂加工，使之既具有良好的颗粒截留性能，又有良好的滤饼剥离性，而且在针毡无纺布内部的基布又使其具有了纺织滤布那样的强度。

　　针毡无纺布的结构是基布在中层，上层和下层为纤维絮层，也有不带基布的。通过针的冲刺，使部分纤维钻过基布的两面，形成类似毛绒布那样的结构。

8.2.3　金属过滤介质[4,5]

　　金属过滤介质有：烧结金属粉末、烧结金属丝网、烧结金属纤维毡等几种类型。金属过滤介质主要用于液-固、气-固、气-液、液-液、气-水、气-有机溶液、油-水分离等过程。在液-固分离方面，主要用于聚合物、中间聚合体和单体（如聚乙烯、醋酸纤维素、聚酯等）的过滤；催化裂化油浆、加氢原料油、石蜡、硫黄等的过滤，燃料油、液压油、润滑剂等的过滤；饮料，如啤酒、葡萄酒、牛奶等的过滤；液体药品的过滤；液体物料中贵金属催化剂的回收；工业污水、凝结水的净化处理等。在气-固分离方面，主要用于气溶胶分离，高纯气体净化，空气、丙烯气、氢气、尾气的净化过滤，甲烷气体净化过滤，高温煤气与烟气的过滤，工业气体催化剂回收，蒸汽消毒过滤器，仪器仪表保护气体过滤器等。

　　金属过滤介质具有可加工性，可焊接，同时其强度高、耐腐蚀性强、耐温高，而且具有韧性和延展性、导热性、抗热震性、机械性能、过滤性能好等特点。它的过滤特性是：孔型固定、孔径分布集中、良好的渗透性、过滤效率高、再生性好。

8.2.3.1　楔形断面金属丝筛网

　　金属丝的断面形状对筛网的性能有影响，楔形断面金属丝筛网的孔眼不易被颗粒堵塞，而圆形断面金属丝筛网却相反。楔形金属丝筛网的材料有不锈钢、碳素钢、镀锌碳钢、黄铜、紫铜、磷青铜、蒙乃尔合金、铝合金及含镍、钛等的特殊合金。

　　表22-8-4为四种金属丝筛网断面的不同性能比较。

表 22-8-4　金属丝筛网断面形状对筛网性能的影响

筛网性能	圆形	三角形	长方形	楔形
清洗性	差	好	尚可	好
强度	好	好	不好	好
负荷能力	不好	尚可	好	好
孔隙率	差	不好	好	好
使用寿命	尚可	不好	好	好
筛网截留效率	差	差	尚可	好

8.2.3.2 烧结金属丝网

烧结金属丝网以多层金属丝网为基础，通过轧制成型和高温烧结等工艺制备而成；丝网通过高温烧结，形成冶金结合，材料结构强度高、刚性好；孔隙结构规则、稳定，分布均匀、一致，透气性良好；烧结金属丝网多孔材料具有非对称结构，主要表现为表层过滤特性；等效孔径为 $2\sim200\mu m$；孔隙率为 $20\%\sim40\%$。

8.2.3.3 烧结金属纤维毡

烧结金属纤维毡以直径为微米级的不锈钢、高温合金等的纤维为原料，通过布毡、压制和高温烧结等加工工艺而制成；孔隙结构由金属纤维堆垛而成，形状复杂，基本为通孔；纤维通过高温烧结，形成了冶金结构，材料结构强度较高，仍具有良好的柔性，可折叠；金属纤维毡多孔材料为均匀结构，主要呈现为深层过滤特性；等效孔径范围为 $0.5\sim60\mu m$；孔隙率为 $35\%\sim85\%$（图 22-8-2）。

图 22-8-2 金属纤维

烧结金属纤维毡弥补了粉末过滤产品易碎、流量小的不足，解决了滤纸、滤布不耐温和不耐压的特点，具有优异的过滤性能，是理想的耐高温、耐腐蚀、高精度的过滤材料，因此应用较广。例如，比利时的贝卡特纤维技术公司生产的金属纤维烧结毡和针刺毡用于高温过滤，1987 年在德国阿肯大学的真空/加压流化床燃烧器上使用了三年多，气体流量为 $60000 m^3 \cdot h^{-1}$（315℃），入口负载为 $4.5 g \cdot m^{-3}$，75％的粒子小于 $1\mu m$；出口排放量为 $10 mg \cdot m^{-3}$。20 世纪 90 年代初，我国石化行业大多应用比利时进口金属纤维烧结毡作为过滤介质。现在我国也自主开发并生产了此类产品，而且已用于各个行业。表 22-8-5 给出了三种不锈钢烧结过滤元件的比较。

表 22-8-5 三种不锈钢烧结过滤元件的比较

项目	金属网烧结体	粉末烧结体	纤维烧结体
组成材料和尺寸/μm	不锈钢线材 20～100	不锈钢粉末 100～500	不锈钢纤维 1.0～50
过滤精度/μm	15～500	5～80	0.1～100
孔隙率/％	25～40	30～40	60～80
压力损失	中	大	小
寿命	小	中	大
强度	大	大	中

由表 22-8-5 可见，不锈钢纤维烧结过滤元件在过滤精度和寿命方面比较优越，近年来

有正在取代烧结金属网和粉末烧结过滤元件的趋势，并获得了广泛应用。

8.3　陶瓷过滤介质

陶瓷过滤介质[5]因具有耐酸碱、耐高温、抗污染和寿命长等特点，自从商业化后，得到了迅速发展和广泛应用。陶瓷过滤介质（图 22-8-3）的开发在 20 世纪 80 年代中首见于芬兰奥托昆普申请的专利，至 90 年代已经出现以毛细作用为作用原理的 cc 系列过滤机用于有色金属，如 Cu、Al、Pb、Zn、Ni 等精矿的脱水。这种陶瓷过滤介质由普通硬质高密度陶瓷制成，其最主要的结构形式有管状或平板状，成分为硅铝酸盐、碳化硅和氮化硅等，孔径从数百微米到几微米不等。它的过滤原理是（图 22-8-4）：由于采用亲水性陶瓷作滤片，陶瓷滤片的开孔率很高，每个小孔相当于 1 个毛细管；与真空系统相连后，微孔中的水可以阻止气体通过，微孔不与大气相通，减少了对消耗空气所做的功；利用毛细管的毛细效应自然力脱水，所以只需一台很小的真空泵（45m² 陶瓷过滤机只需配 2.2kW 的真空泵），其处理能力大，滤饼含水低，滤饼有一定厚度后，由于滤液、洗液在毛细作用下穿过滤饼形成真空单向流，解决了传统过滤出现的滤饼龟裂；若能通过表面改性，如降低介质表面电荷对荷电微粒的吸引，可以解决一些难过滤物料的过滤和一旦堵塞不易清洗的问题。

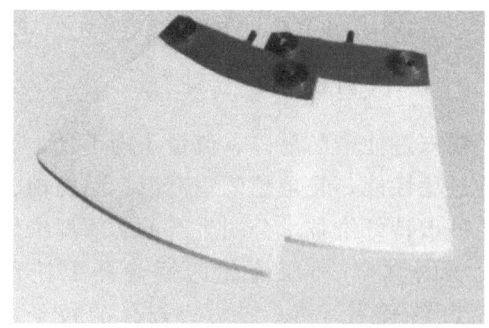

图 22-8-3　陶瓷过滤板

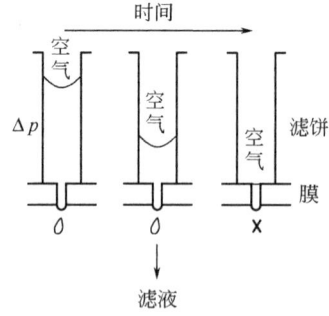

图 22-8-4　毛细管作用下的过滤介质

还有近年来开发的陶瓷膜过滤介质（图 22-8-5），它一般由数层陶瓷材料组成，可以分为支撑层和过滤层两部分。支撑层由粗孔陶瓷组成，一般为平板状和管状，孔隙较大；过滤层为陶瓷膜真正有效过滤的部分，一般由铝的氧化物薄膜组成，过滤层的孔隙较小，材质致密，过滤精度能够达到纳米级。陶瓷膜以其优异的材料性能而能够用于高温、高压、强腐蚀

图 22-8-5 陶瓷超滤膜的多层结构

环境中，在精细化工和石油化工等领域具有较广的应用前景。

总之，陶瓷过滤介质具有：过滤效果明显，滤饼含湿量低，有些在冶炼或精矿中应用后所得滤饼甚至无需干燥和直接运输；比传统的真空过滤机节能 80% 左右，真空度可达 0.9×10^5 Pa；处理能力大，滤液澄清度高，可以循环使用，环保效果好；无滤布损失，维修、安装费低；而且陶瓷介质还具有耐高温、耐腐蚀、易清洗、结构稳定不变形、使用寿命长等突出优点，应用范围越来越广。在气固分离中，陶瓷膜作为多孔结构的非对称膜，其过滤性能类似于固定堆积床层，即被脱除的物质大都在其表面，易于清洗。陶瓷膜过滤器在进行气固分离时，与固液分离的情况类似，可采用终端过滤和错流过滤两种形式。目前用于气固分离的陶瓷膜过滤器，根据膜材形状和排列方式的不同，分为烛式、列管式、蜂窝状和板式等类型。采用陶瓷滤芯对汽车尾气的排放能够起到过滤、吸附的作用，效果十分明显。

8.4　过滤介质的阻力、堵塞

8.4.1　过滤介质的阻力

在滤饼过滤期间，特别是过滤初期，过滤介质的阻力不是一个定值，但在过滤计算中为了简便多按定值处理，一般由实验方法测定。已测得清洁的棉布及尼龙滤布的阻力 $R_m = 10^{-9}$ m^{-1}。如果过滤介质选择适当，其阻力可相当于 0.25～1.5mm 厚的平均滤饼阻力；重复使用的过滤介质，由于滤孔的堵塞，其阻力可达 6～12mm 厚的平均滤饼阻力，关于过滤介质阻力的实验测定表示方法各国有具体规定。

8.4.2　过滤介质的堵塞和洗涤

使用中的过滤介质孔道或快或慢都会引起堵塞[6]，其原因：a. 与过滤介质接触的固体颗粒在过滤介质中形成物理的和化学的凝结或形成化合物；b. 微小的颗粒进过滤介质的毛细孔道而未随滤液流出；c. 当过滤饱和溶液时，在过滤介质的毛细孔道内析出结晶；d. 过滤介质特别是滤布纤维在使用中收缩或者膨胀等。

过滤介质堵塞至一定程度使过滤阻力过大，必须对过滤介质进行适当的洗涤，使之尽可能恢复原来的性能。一般的洗涤液有水或热水、微酸性溶液、碱性溶液以及针对堵塞物的洗液或溶剂。对于非织造滤布以及其他深层过滤介质，若是截留的固相物不溶于水、酸、碱或溶剂，即过滤介质无法再生，则只有丢弃更换新的过滤介质。

8.5 过滤介质的选用

选用过滤介质常常通过实验或经验决定。一般是在考虑了使用条件即耐热性、化学稳定性等以后，要着重考虑适合所选过滤机过滤操作的需要。例如，板框压滤机的滤布要求耐磨性、密封性好，卸渣快，尺寸稳定；刮板卸料的转鼓真空过滤机，要求尺寸稳定，刮板卸料要求滤布耐磨，用空气反吹要求滤布强度高；带式卸料的转鼓真空过滤机除了要求滤布卸渣快外，为了防止伸长要求滤布尺寸稳定，另外，为了支承滤饼要求滤布有一定的抗拉强度。因此，过滤介质的选择首先根据需分离物料的物性参数和分离要求，以及现有过滤介质的性能和参数来选择几种适用的过滤介质。同时，还不能单独考虑介质本身的适用性，因为过滤介质的材质结构、过滤性能及过滤机型式三者之间有相互关系。

8.5.1 选用依据

8.5.1.1 物料的分离要求和物性参数[7]

(1) 过滤要求 涉及处理能力、连续还是间歇操作、要液相还是固相、滤饼是否要求洗涤、液相澄清度、滤饼含湿率。如 FGD 工艺中石膏悬浮液脱水（要求：处理能力大、连续生产、滤饼要求洗涤、滤饼含湿率要求小于10％、滤液澄清度要求不高、浊度小于3‰）。

(2) 固体颗粒特性 主要有颗粒大小、粒径分布、可压缩性、颗粒形状、固体真密度等涉及对过滤介质的精度、卸饼、再生等性能的选择。

(3) 液体特性 主要是黏度、密度、酸碱性、氧化-还原性、对有机物的可溶性及温度等，涉及对过滤介质的耐腐蚀、耐温等性能的选择。

(4) 料浆特性 主要是黏度、密度、浓度、颗粒分散状态等，除涉及以上所述各性能的选择外，还涉及选择深层过滤类过滤介质还是表面过滤类过滤介质。

(5) 过滤机类型 根据生产能力、投资、使用面积等确定过滤机类型，涉及过滤介质的机械性能、再生性能。

综合上述，可归纳出表 22-8-6 选用过滤介质应考虑的主要操作条件。

表 22-8-6 选用过滤介质应考虑的主要操作条件

项目	内容
过滤目的	(a)回收滤液；(b)回收固体；(c)滤液、固体均回收；(d)滤液、固体均不回收
固体颗粒性质	(a)粒度分布；(b)颗粒形状；(c)颗粒密度；(d)颗粒其他特性，如电荷、比表面积等
滤液性质	(a)酸性、中性、碱性；(b)温度；(c)黏度；(d)密度；(e)溶剂等化学性质
料浆特性	(a)固体浓度；(b)颗粒凝集状态；(c)沉降速度；(d)黏度及流变性
滤饼特性	(a)成长速度；(b)可压缩性；(c)滤饼比阻；(d)含固量
处理量与相应的操作方法	(a)重力过滤；(b)真空过滤；(c)加压过滤；(d)离心过滤

8.5.1.2 过滤介质的性能[8]

一种良好的过滤介质需要具有许多不同的特性，主要是指：过滤性能——决定过滤介质完成特定过滤工作的能力；使用性能——控制过滤介质对环境的相容性；机械性能——决定过滤介质适用的过滤机种类。这三种特性细分见表 22-8-7，是过滤介质选用的主要考虑项目。

表 22-8-7 过滤介质应具备的性能

机械性能	使用性能	过滤性能
刚度	化学稳定性	
强度	热稳定性	
蠕变或拉伸抗力	生物学稳定性	截留的最小颗粒
移动的稳定性	动态稳定性	截留效率
抗磨性	吸附性	清洁介质流动阻力
振动稳定性	可湿润性	纳污容量
制造工艺性	卫生和安全性	堵塞倾向
密封性	静电的影响	
可供应尺寸	再生性能	

要选择合适的过滤介质，首先必须了解过滤介质的种类及具备的性能。

8.5.2 选用方法

根据料浆的特性和过滤的要求，结合使用经验，预选出几种比较适合的过滤介质。选用过滤介质应考虑很多因素，经预选后还需要通过实验并根据经验做最后决定。

实验选型，预选出的过滤介质所需的实验包括小型实验、中间实验及工业性实验检验。小型实验在实验室进行，测出过滤介质的过滤速率、过滤精度、滤饼含液量、洗涤效果等，并从中筛选出满意的过滤介质；中间实验主要是考核过滤介质的滤饼剥离能力和过滤介质的再生能力，针对一次性深层过滤介质，需测定其纳污量；工业性实验主要是考核过滤介质的使用效果与寿命。完成以上实验后仍然会同时有几种过滤介质可供使用。最后则应兼顾处理能力、过滤效果、使用寿命及价格等进行技术经济分析，从中确定一种最满意的过滤介质用于工业生产。

8.5.3 织造滤布过滤性能测定标准介绍

关于织造滤布过滤性能测定的标准国内外都有制定，但对织造滤布单个性能测试方法的制定比较多[9~11]，如：美国标准《过滤介质气流阻力的标准测试方法》（ASTM F838-15a）、英国标准《测定纤维织物当量孔径的鼓泡试验》（BS 3321—86）、中国标准《过滤纸和纸板最大孔径的测定》（GB/T 2679.14—1996）、中国标准《纺织品 织物透气性测定》（GB/T 5453—1997）等。

我国工业和信息化部 2011 年发布的 3 个标准：《固液分离用织造滤布 技术条件》（JB/T 11094—2011），主要内容包括：代号表示方法，主要性能指标，制造、加工要求，检验规则以及标志，包装、运输、储运等要求；《固液分离用织造滤布 过滤性能测试方法》（JB/T 11093—2011），主要包括：透气速率、透气阻力、透水速率、透水阻力、滤布的平均孔径，最大孔径、孔径比、最大透过粒径、再生效率、滤饼可剥落性等与过滤有关的性能测试方法[12]；《固液分离用织造滤布 机械和物理性能测试方法》（JB/T 11092—2011），主要包括：断裂、强度、耐磨性、断裂伸长率、耐酸碱（pH 值范围）、耐温、耐潮性、厚度、密度（经纬度）、紧度、每平方米的重量等机械性能的测试方法[13]。

8.6　新型过滤介质的发展

为了使过滤介质的截留颗粒小，过滤效率高，纳污能力大，强度高、寿命长，正开发适用难过滤物料、胶状物、不定形物料、微小颗粒的过滤介质，包括有选择性的液-液-固三相分离用的过滤介质。

(1) 单丝织造滤布　单丝织造滤布具有不易堵塞、再生性能好等优点，它的截留精度随纤维直径减小而提高，采用细纤维是改进过滤介质的发展方向。双层单丝复合织造滤布由于有支撑与分离层，可有单独的性能要求，同时有利于滤液横向流动，增大过滤过程滤布有效过滤面积。双层复合滤布具有：颗粒不易塞在孔隙内，避免滤网堵塞；不易断裂、抗拉及抗弯曲的能力，避免滤机上起折皱，允许操作条件有波动等优点。

(2) 梯度密度的非织造滤布　梯度密度的非织造滤布上层或外层纤维直径比较粗，纤维排列间距较宽，可截留较大的颗粒；下层或内层纤维直径小，密度大，截留细小的颗粒；具有高纳污能力，但再生极困难。

(3) 选择性过滤介质　新型滤材通过添加高分子树脂、硅藻土、高岭土、活性炭等；采用电化学吸附加深层机械截留的原理对物料进行选择性过滤；为增强电荷效应，在硅藻土表面接枝有机电荷修饰剂，滤材是由助滤剂镶嵌于木质纤维基体之中制成的。用带电荷的高分子物质通过化学官能团结合到基体组分中，形成稳定的化学键连接，从而使滤板带有静电捕捉的正电位，形成正电强化的迷宫式通道，可脱除雾浊，截留细菌、颗粒物、胶体碎片和亚微米级的污染物[14]。

(4) 金属过滤介质　金属过滤介质除了常用的烧结金属粉末、烧结金属丝网、烧结金属纤维毡外，近年来金属微孔膜管（图 22-8-6）被开发出来，它的材质有金属镍（合金）、不锈钢；结构形式有片式、管式等。金属微孔膜以超细金属粉末为基础，通过成型、表面处理和高温烧结等工艺制备而成；孔隙结构亦由不规则颗粒堆垛而成，形状复杂，有开孔和盲孔；颗粒之间通过高温烧结，具有较高的结构强度。但由于膜材料很薄（约 $100\mu m$），通常采用强化支撑；膜材料兼具深层和表面过滤分离特性；等效孔径范围为 $0.03\sim5\mu m$；孔隙率为 $20\%\sim60\%$。主要用于高精密的过滤过程，如，军工、航天上的一些过滤过程。近年来，金属过滤介质应用领域还在不断拓宽，如非对称金属过滤介质的开发——GKN 非对称亚微米金属过滤介质；高精度金属丝网的开发——1950♯ 金属丝网的开发（绝对精度 $2\mu m$）；高孔隙率、高强度多孔材料的开发——共晶定向凝固技术（GASAR）和莲藕状孔隙

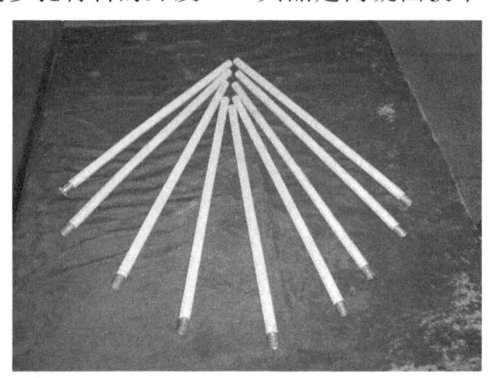

图 22-8-6　金属微孔膜管

结构多孔材料等。

（5）陶瓷过滤介质 继普通多孔陶瓷、蜂窝多孔陶瓷过滤介质之后，最近发展起来的第三代多孔陶瓷过滤介质就是泡沫陶瓷过滤介质（图 22-8-7）。这种高技术陶瓷具有三维连通孔道，同时对其形状、孔尺寸、渗透性、比表面积及化学性能均可进行适度调整变化，制品就像是"被钢化了的泡沫塑料"或"被瓷化了的海绵体"。泡沫陶瓷的加工方法是在聚氨酯泡沫材料加上一层厚度可以控制的陶瓷浆体，然后经过几个阶段的热处理，烧掉其中的有机聚合物，聚合物表面的陶瓷粉末熔结成多孔的泡沫状结构。其特点是孔隙率高，使透过率更大；同时还增强吸附效果，使得截留精度也更高。泡沫陶瓷过滤网拥有很大的比表面积，有利于吸附大量微细杂质。如在浇铸系统中放置泡沫陶瓷过滤片后，可以滤除金属液中存在着的大量杂质、氧化物、熔渣等，同时还使液态金属从紊流转变为层流，这将大大地减少液态金属的再氧化，相应地减少熔渣的形成[15]。

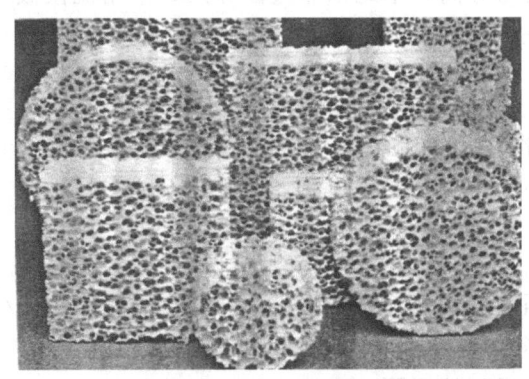

图 22-8-7 泡沫陶瓷过滤介质

参考文献

[1] 都丽红. 化工机械, 2008, 35（3）: 176-182.

[2] 康勇, 罗茜. 液体过滤与过滤介质. 北京: 化学工业出版社, 2008.

[3] 全国化工设备设计技术中心站机泵技术委员会. 工业离心机和过滤机选用手册. 北京: 化学工业出版社, 2014.

[4] 王凡, 匡星, 杨佳慧, 等. 过滤与分离, 2006, 16（3）: 4-7.

[5] 邢毅, 况春江. 过滤与分离, 2004, 14（2）: 1-4.

[6] ［美］克莱德·奥尔. 过滤理论与实践. 绍启祥, 译. 北京: 国防工业出版社, 1982.

[7] 任祥军, 程正勇, 刘杏琴, 等. 膜科学与技术, 2005, 25（2）: 65-68.

[8] 王子宗. 石油化工设计手册: 第三卷, 化工单元过程（上）. 北京: 化学工业出版社, 2015.

[9] ASTM F 838-15 Standard Test Method for Determining Bacterial Retention of Membrane Filters Utilized for Liquid Filtration.

[10] ISO-811-1981（E）. Textile Fabrics-Determination of Resistance to water penetration -Hydrostatic Preasure Test.

[11] ISO 16889—1999 Hydraulic fluid power filters——Multi-pass method for evaluating filtration performance of a filter element.

[12] JB/T 11094—2011. 固液分离用织造滤布技术条件.

[13] JB/T 11092—2011, 固液分离用织造滤布 机械和物理性能测试方法.

[14] Purchas D B. Handbook of Filter Media. Oxford: Elsevier Advanced Technology, 1998.

[15] Schmahl J R, Aubrey L S. 现代铸铁, 2006（2）: 38-45

9

强化过滤过程及应用

随着科学与工程技术的发展，需要固液分离的物料日益增多，其中有很多是难过滤物料，以制药、生物化工、酿酒、食品等行业中的发酵液最为典型。这些物料成分复杂、固体颗粒极小、分散程度高、易变形，形成的滤饼易于压缩，液相黏稠，用传统过滤方法很难进行分离。要对其进行过滤与分离，单纯依靠过滤介质，采用机械截留的机理来进行已经难以实现，必须强化过滤过程来达到分离目的。

9.1 难过滤物料的过滤

9.1.1 难过滤物料

所谓难过滤物料，即高可压缩、高黏度、高分散、固相颗粒极小或是软体颗粒、易变形甚至易发生相变的物料等。

难过滤物料过滤时会遇到的问题：

（1）含有胶体粒子，粒子可压缩性较高，过滤不久阻力迅速上升，使过滤无法进行；

（2）可压缩性物料，滤饼易成糊状，粘在过滤介质表面，容易堵塞孔隙，介质堵塞阻止液体通过（特别是发酵液、制药、酒糟类、有机物等），使操作压力逐步升高；

（3）基于上述原因形成的滤饼结构黏稠或致密、比阻迅速加大、过滤速度急剧下降、滤饼稍有增厚即使滤饼孔隙全部堵死；

（4）过滤滤材孔隙也被小颗粒塞住，需常清洗（特别是针状粒子很难再生，导致滤材寿命缩短）；

（5）对不能絮凝、凝聚的物料，过滤介质又无法阻挡微小颗粒，致使滤液达不到所要求的澄清度，如要澄清液，则要孔隙小的过滤介质，但小孔径容易堵，会降低过滤速度。

因此用传统过滤方法很难进行固液分离，必须采用强化过滤的技术。

9.1.2 难过滤物料强化过滤技术[1,2]

固液两相的过滤技术是个复杂的技术，涉及两相甚至多相流体流动，既有宏观的流体力学因素，如过滤介质特性、滤饼结构、压差、滤液黏度等；又有微观的物化因素，如电动现象、毛细现象、絮凝与聚结现象，必须同时重视理论研究和实验测试。

强化过滤技术更是个复杂的技术，对于上述难过滤物料，要提高过滤效果、强化过滤过程（助过滤技术），更是需要理论的指导和实验测试的支持。

强化过滤过程的方法分两大类：一类是对物料进行预处理，涉及对固相预处理、对液相预处理、对悬浮液整体的预处理；另一类是在过滤过程中，通过限制滤饼层增厚等来降低过滤过程的阻力，达到分离的目的。当然也可以将非均相分离过程技术集成来解决难过滤物料的分离问题。

9.2　对固相预处理

对于细微颗粒的悬浮液，低浓度料浆滤饼阻力大于高浓度料浆的滤饼阻力，所以提高浓度可以改善过滤性能，有利于减少处理量，缩小过滤设备尺寸。因此可以通过对悬浮液中固相进行预处理，即：采用沉降装置，如重力沉降槽（池）、浓密机、旋流分离器等（见沉降章节）；也可以通过添加凝聚剂和絮凝剂后再沉降增浓或采用助滤剂。

9.2.1　凝聚和絮凝

在悬浮液中加适量的凝聚剂或絮凝剂，使分散的细颗粒凝集成较大颗粒团，增大固相颗粒的沉降速度或滤饼层的渗透性，以提高沉降分离或过滤的速率和分离效率。这是目前固相颗粒预处理的主要方法，也称为对固相颗粒进行凝聚和絮凝。

9.2.1.1　凝聚和絮凝机理

悬浮液中固相颗粒表面都带有电荷，粒子表面被一层相反电荷的离子包围，形成双电层；双电层外层随颗粒移动，形成与主液层间剪切滑移，滑移层电位，可用电泳仪测定，称为 ζ 电位[3]（图 22-9-1）。

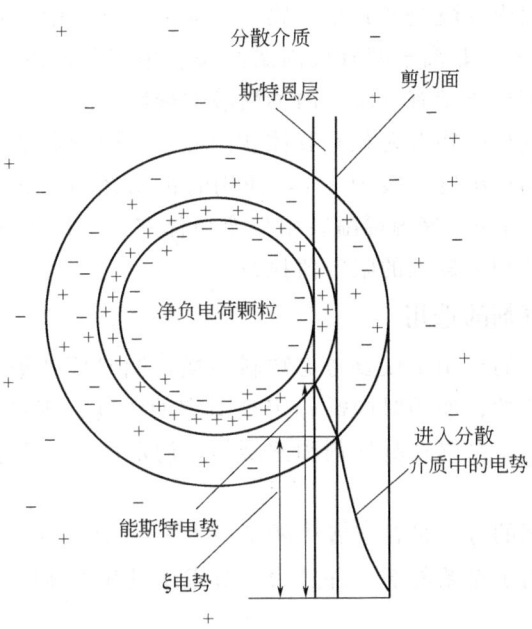

图 22-9-1　净负电荷球形颗粒的双电层模型

凝聚是一种现象。它描述悬浮在溶液中的属于胶体尺寸（一般小于 $1\mu m$）的极细颗粒之间的表面电荷所形成的相互排斥力，被加进的凝聚剂（电解质）降低（压缩双电层）ζ 电位后，由于颗粒间还存在着范德华吸引力，从而使彼此碰撞（布朗运动）的颗粒直接吸附在一起的过程。

由于布朗运动造成颗粒碰撞和接触而黏附在一起的凝聚称为异向凝聚，大于 $1\mu m$ 的颗粒不会出现这种现象。在机械方法造成的剪切运动和速度梯度的作用下使颗粒相互接触而黏附在一起的凝聚称为同向凝聚。

絮凝也是一种现象。它描述悬浮在液体中的颗粒，在加入的絮凝剂（高分子量的聚合物或聚电解质）的"搭桥"作用下，相互凝结在一起，形成较大的絮状凝团的过程。絮凝过程有时还伴随有"中和"和"絮体捕集"的过程。

9.2.1.2　凝聚剂和絮凝剂[3]

(1) 凝聚剂　工业中广泛使用的凝聚剂主要是一些无机化合物，有硫酸铝 $[Al_2(SO_4)_3 \cdot 18H_2O]$、氯化铝（$AlCl_3 \cdot 6H_2O$）、聚合氯化铝 $[Al_2(OH)_nCl_{6-n}]_m$（简称 PAC）、三氯化铁（$FeCl_3 \cdot 6H_2O$）、硫酸亚铁（$FeSO_4 \cdot 7H_2O$）、石灰、硫酸铁 $[Fe_2(SO_4)_3]$、聚合硫酸铁 $\{[Fe_2(OH)_n(SO_4)_{3-\frac{n}{2}}]_m$，简称 PFS$\}$。一般来说，多价离子的凝聚剂比单价的有效。因此，在实际中用得最多的为 Al^{3+}、Fe^{2+}、Fe^{3+} 及 Ca^{2+} 等离子的凝聚剂。

Al^{3+}、Fe^{3+}、Fe^{2+} 及 Ca^{2+} 等对净负电粒子的凝聚颇为有效。Ca^{2+} 主要用于水的处理，铁盐较便宜，且较铝盐有效，但对设备有较强的腐蚀性。一般用量范围为质量分数在 $40\times10^{-6}\sim200\times10^{-6}$；凝聚作用产生的集聚粒子，大小范围可达 1mm。

(2) 絮凝剂　絮凝剂有天然聚合物、合成聚合物和生物絮凝剂。天然聚合物有动物胶、淀粉、明胶、树胶、鞣质和藻朊酸钠（从海藻中提出的多糖化合物）。天然聚合物有较长使用历史，大多用于饮水和食品；存在的主要问题有用量较大，效果不明显。生物絮凝剂如菌类。合成聚合物主要是聚丙烯酰胺及其衍生物，分非离子型（中性）、阴离子型、阳离子型，分子量为 $(0.5\sim20)\times10^6$。非离子型有聚丙烯酰胺、聚氧化乙酰，阴离子型有聚丙烯酰胺共聚物、聚丙烯酸等，阳离子型有聚胺、丙烯酰胺共聚物等。

商品聚丙烯酰胺及其衍生物有粉状和胶体状两种，共同特点是液体黏度高，难以配制成高浓度溶液，使用前的储存浓度一般为 1%，使用时再稀释到 $0.01\%\sim0.1\%$。合成聚合物经验用量每升加 $0.1\sim0.5mg$。聚丙烯酰胺中残余单体有毒，用于饮水、食品、制药工业时对残余单体含量应严格按相关标准的限定值执行。

9.2.1.3　凝聚剂和絮凝剂的选用

最佳凝聚剂和絮凝剂的选用不仅要考虑物料性质，同时要考虑凝聚剂和絮凝剂的成本、可获得性、对环境的污染性；使用时尚需确定最适宜的浓度、用量、搅拌速度、混合时间。因此，通常先用实验室实验来筛选凝聚剂和絮凝剂，初定最宜使用参数，再经生产条件下实验确定。

由于阳离子型絮凝剂的分子量在三者中较低（$\leqslant5\times10^6$），而价格则较贵，因此，一般较多使用非离子型和阴离子型絮凝剂，并且为了节省用量和提高使用效果，常与无机絮凝剂结合使用。

絮凝剂的品种繁多，从低分子量到高分子量，从单一型到复合型，总的趋势是向廉价实用、无毒高效的方向发展。无机絮凝剂价格便宜，但对人类健康和生态环境会产生不利影响。有机高分子絮凝剂用量少，浮渣产量少，絮凝能力强，絮体容易分离，除油及除悬浮物效果好，但这类高聚物的残余单体具有致畸、致癌、致突变效应，因而使其应用范围受到限制；在食品、医药、自来水处理等方面，世界各国对高分子絮凝剂的品质和用量都有限制[3]，如在自来水处理中，日本禁止使用；美国饮用水处理最大添加量为 $1mg \cdot L^{-1}$，蔬菜、水果洗涤用的质量浓度在 $10mg \cdot L^{-1}$ 以下；法国饮用水处理质量浓度在 $1mg \cdot L^{-1}$ 左右等。微生物絮凝剂因不存在二次污染，使用方便，应用前景诱人。微生物絮凝剂将可能在未来取代或部分取代传统的无机高分子和合成有机高分子絮凝剂。微生物絮凝剂的研制和应用方兴未艾，其特性和优势为水处理技术的发展展示了一个广阔的前景。

9.2.1.4 絮凝效果的影响因素

絮凝剂用量、聚合物和固体颗粒的电荷、悬浮液 pH 值和离子强度、聚合物的分子量以及絮凝过程的操作条件（如：搅拌速度、搅拌时间、操作温度等）都会影响絮凝效果。

(1) 絮凝剂用量 絮凝剂浓度太大反而会包围单个颗粒，妨碍搭桥。

(2) 聚合物和固体颗粒的电荷 异性絮凝、同性絮凝（长链个别点有异电荷）、中性絮凝（氢键）。

(3) 悬浮液 pH 值和离子强度 影响固体颗粒表面的电性和电荷密度；影响絮凝剂链上的电性和电荷密度；聚丙烯酰胺在酸性介质中水解成阳离子型，在强碱性介质中水解成阴离子型；pH 值影响水解程度，影响电荷密度。

(4) 聚合物的分子量 特定悬浮液有最佳絮凝剂分子量——链的长度，分子量太小则无法"架桥"；太高则溶解困难，成本高。处理洗煤液和污水时，用大分子量絮凝剂；若用转鼓真空过滤机，采用小分子量絮凝剂，因为可产生含水量小的絮块，容易脱水。

(5) 搅拌速度 快速搅拌，混合均匀，增加碰撞机会，但絮块易破碎，增大用量。开始快速混合，随后慢速成长。

(6) 操作温度 升温可加速扩散和碰撞，但不利于吸附。

9.2.2 助滤剂

随着过滤难度的增加和过滤精度要求的提高，过滤操作过程中如下问题日益突出：①可压缩性高的较难过滤的物料，容易粘在过滤介质表面，堵塞过滤介质，阻止液体通过，使操作压力升高；②随着生物化工、精细化工、制药、轻工对滤液澄清度的要求越来越高，但一般过滤的滤液澄清度达不到要求，要求用孔隙极小的过滤介质，但小孔径易堵，过滤速度低；③过滤含有胶体粒子、含固量太小的物料，如对含固量极小的水要求高纯度的精密过滤处理。

使用助滤剂是帮助过滤操作常用的方法，能使难过滤的物质进行过滤。助滤剂是指那些能提高过滤效率或强化过滤过程的物质，大多是分散的颗粒状或纤维物质，如硅藻土、膨胀珍珠岩等。必须具有颗粒细小且粒度分布范围较窄、坚硬、悬浮性好、化学稳定性好、价格便宜等特点。在过滤过程中，它们实际上起着过滤介质的作用，其主要应用在固体颗粒极小且对滤液有较高要求的场合，譬如水处理、化工及食品、饮料、酒类等工业的过滤分离。使用助滤剂后能有效地扩大滤饼过滤的操作领域并提高过滤精度。

9.2.2.1 助滤剂应具备的条件

助滤剂至少应具备以下条件：

(1) 孔隙率 ε 在 0.7 以上。

(2) 压缩性指数 n 在 0.3 以下。

(3) 对于颗粒尺寸和形状，假定为球形颗粒时，其当量粒径应在 $1\mu m$ 以上，其平均比阻 α_{av} 在 $10m \cdot kg^{-1}$ 以下，但颗粒的形状不应太复杂，否则会增大过滤阻力。

(4) 对于浮游性和沉降性，其表观密度需大于被过滤液体的密度，密度过大和颗粒尺寸过大时，容易在料液中沉降。

(5) 对于不溶性和惰性，是指过滤时助滤剂不溶解在液体中，而且不与液体发生化学反应。

在上述条件中，除颗粒尺寸、形状外，其他的均是由材质本身决定的。也就是说，材质和粒度是助滤剂的两个主要性质。

9.2.2.2　预敷与掺浆

助滤剂的使用方法有预敷层过滤、直接混合的掺浆过滤以及预敷过滤和掺浆过滤相结合三种。

预敷层过滤，是过滤浆料前预先进行助滤剂的循环过滤，使其在过滤介质上形成一个助滤剂的薄层，然后进行正常的过滤操作。预敷层的作用是捕捉微细粒子（约 $1\mu m$），防止过滤介质滤孔的堵塞，提高过滤速率，获得澄清滤液，延长过滤的时间，实际上预敷层起过滤介质的作用。一般过滤机预敷助滤剂层的厚度在 2mm 左右，通常在澄清的液体（大都是水）中加入 0.5%～2%（质量分数）的助滤剂颗粒，借助搅拌将其均匀分散。预敷层同滤饼一起剥离，然后重新敷层。回转真空过滤机的预敷层为 15cm 左右，随滤饼卸料预敷层减薄到一定厚度时再重新敷层。

当滤浆中颗粒细且具有可压缩性时，将助滤剂按实验所得的比例加入到滤浆中进行过滤，这种操作称为掺浆过滤。通常固体粒子的尺寸分布愈宽，生成的滤饼孔隙率和渗透速率愈低，添加助滤剂的作用是改变固体粒子的粒度分布，提高滤饼的孔隙率和渗透能力，减小滤饼的可压缩性，延长过滤时间。根据需要，掺浆加入助滤剂可以单独使用，也可以和预敷层联合使用。

9.2.2.3　常用助滤剂

可作为助滤剂的物质种类有硅藻土、珍珠岩、纤维素、石棉、炭素、纸板及炉渣等。

(1) 硅藻土　硅藻土助滤剂是目前世界上应用最多的一种，它是一种单细胞硅藻微生物残骸的沉积物。把天然硅藻土原料在 800℃下进行干燥，再经粉碎、分级得干燥制品；把硅藻土原料在 1200℃下进行煅烧，再经粉碎、分级得烧成制品；在硅藻土原料中加入少量的碳酸钠或氯化钠，在 1200℃下一同煅烧得熔剂烧成制品。这三种制品的性质列于表 22-9-1。纯硅藻土为白色，形状不规则，不溶于水，耐酸（但不耐氢氟酸），微溶于苛性碱溶液。

表 22-9-1　三种硅藻土制品的性质

项目＼类别		干燥制品	烧成制品	熔剂烧成制品
化学分析/%	SiO_2	86.8	91.0	87.9
	Al_2O_3	4.1	4.6	5.9
	Fe_2O_3	1.6	1.9	1.1
	CaO	1.7	1.4	1.1
	MgO	0.4	0.4	0.3
	其他	0.8	0.4	3.6
	烧灼减量	4.6	0.3	0.1
过滤速率比（相对干燥制品）		1	1～3	3～20
滤饼的假密度/g·cm⁻³		0.24～0.35	0.24～0.36	0.25～0.34

续表

项目 \ 类别		干燥制品	烧成制品	熔剂烧成制品
沉降粒度分析/%	>40μm	2～4	5～12	5～24
	40～20μm	8～12	5～12	7～34
	20～10μm	12～16	10～15	20～30
	10～6μm	12～18	15～20	8～33
	6～2μm	35～40	15～45	4～30
	<2μm	10～20	8～12	1～3
最高水分/%		6.0	0.5	0.6
相对密度		2.00	2.25	2.33
pH 值		6.8～8.0	6.0～8.0	8.0～10.0
325 目筛后残留/%		0～12	0～12	12～35
氮气吸附比表面积/m²·g⁻¹		12～40	2～5	1～3

(2) 膨胀珍珠岩 膨胀珍珠岩助滤剂是把珍珠岩在 $800～1200℃$ 下加热膨胀，再经磨细、分级而得到的。膨胀珍珠岩为白色，具有光滑的球状表面。典型的化学成分为：SiO_2 $74.7\%～77.6\%$，Al_2O_3 $13.2\%～14.3\%$，Fe_2O_3 $0.67\%～0.9\%$，CaO $0.7\%～0.83\%$，MgO $0.03\%～0.05\%$，P_2O_3 少量，TiO_2 0.1%，Na_2SO_4 4.4%，K_2O_5 5.08%，烧灼减量 $1.0\%～11.1\%$；假密度较硅藻土小（$0.1～0.29g·cm^{-3}$），其化学性质与硅藻土相似（pH 应用范围 $4～9$），但不耐碱。由于其结构与硅藻土不同，因此在相同过滤速率下，所得滤液澄清度差。

(3) 纤维素 纤维素助滤剂是将经化学处理后的木浆干燥磨细而得到的，纤维素纤维一般为直径 $15～20μm$、长 $50～100μm$ 的短纤维柱。因其纤维强韧故形成的助滤剂层不易剥落和龟裂，干燥滤饼的假密度为 $0.14～0.32g·cm^{-3}$，可耐高浓度碱（80℃以下）、油（200℃以下）等介质的腐蚀，不含溶于水的矿物质，因此用于锅炉冷凝液过滤时不会因其污染和结垢；因其价格高，但耐压密性不高，可以与硅藻土等混合使用，使滤饼不易龟裂。纤维素是有机物，耐热性差，但可燃性好，过滤后可以通过燃烧滤饼来减少废弃物的体积；精制的纤维素助滤剂能完全燃烧而无灰分，故可用燃烧法回收滤饼，如应用于贵金属沉淀物的回收[2]。此外纤维素助滤剂有一定的静电吸附作用，故可提高过滤效率。但是它的滤饼有压缩性且价格较高，所以只能在特殊要求的过滤中使用。

(4) 炭素 将含沥青质较多的煤与其他炭素原料混合，粉碎后骤然加热至 $600℃$ 左右，燃烧除去其挥发组分，再磨碎分级成炭质助滤剂。其体积密度为 $0.25～0.32g·cm^{-3}$，压缩性小，具有较高的化学稳定性。炭素孔隙率高，有吸附和脱色作用，也可耐高温碱性和酸性溶液，如从高浓度碱液中除汞，在此情况下形成滤饼可煅烧后回收。目前被广泛应用于制药、水的精制等行业。

(5) 石棉 石棉经粉碎、分级而得的纤维可作为助滤剂。它的纤维形状为细管状。主要化学成分是硅酸镁，pH 值为 10.33，莫氏硬度为 $2.5～4$。这种助滤剂的抗拉强度非常大，可达 30MPa，具有强韧性和可压缩性。石棉细粉对人体有害，应用时需谨慎，现在大多已禁用。

(6) 稻壳灰[4,5] 稻壳灰是近年来被开发出的一种新型助滤剂，它是由稻壳在燃烧过程中转换而来的。稻壳作为一种天然碳氢原料，含有 80% 的碳及 20% 的硅，其本身具有完美的多孔结构（图 22-9-2）。适当的温度及时间控制下的燃烧可以消耗掉稻壳中 90% 以上的碳成分，同时保留其本身的多孔结构。这样生产出来的稻壳灰主要成分为二氧化硅，具有多微孔、纯度高、非晶态的性能，并有很高的渗透性及过滤分离效率，是一种很好的过滤材料。孔结构测试表明其平均孔径低于 $1\mu m$，含碳量低、密度小，而且由于稻壳灰的多孔蜂巢状结构及不规则颗粒形状，过滤过程不仅发生在颗粒及颗粒之间的孔隙，而且发生在颗粒内部的孔隙，保证了很高的过滤速率及过滤分离效率。稻壳灰的非晶体，或不含结晶硅的性能除了保证结构的多孔性外，还保证了它在使用过程中的安全性。含有结晶硅的粉尘材料一般认为会导致呼吸系统病变。其他常用的助滤剂比如硅藻土可含高达 60% 的晶体硅，对长期接触该材料的人员健康具有较高的威胁。

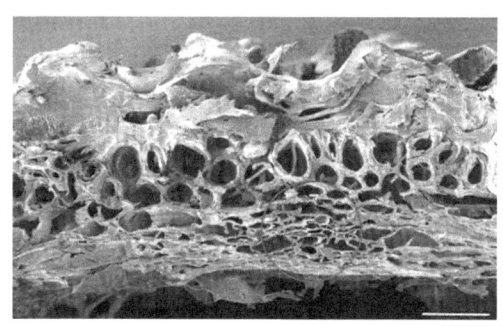

图 22-9-2　稻壳微孔结构

（7）其他　在实际工业应用中，还根据具体情况采用其他物质作为助滤剂，如在工业废水处理中，为降低处理成本，常采用火电厂的废渣粉煤灰作为助滤剂；在难分离的发酵液过滤时，为了使滤渣可以去做饲料，往往用碎米、稻壳作为助滤剂。

9.2.2.4　助滤剂的选用

（1）助滤剂种类的选择　选择助滤剂种类与料浆性质和使用助滤剂的过滤机类型有关，一般首选硅藻土，其占助滤剂使用量的 80%，其次是膨胀珍珠岩，如有特殊需要，可选用其他助滤剂或将几种助滤剂混合使用，以保证适当的过滤速率和满意的过滤效果。表 22-9-2给出了由料浆和过滤机选择助滤剂种类的一些实例。

表 22-9-2　由料浆和过滤机选择助滤剂种类的实例[2,6,7]

料浆	过滤机型式	适用的助滤剂						粒度级别		
		硅藻土	珍珠岩	纤维素	石棉	炭素	混合物	细	中等	粗
蔗糖液	加压滤叶	○	○				○	○	○	
	板框	○	○					○	○	
甜菜糖液	板框	○	○						○	
	加压滤叶	○	○				○		○	
苛性钠	板框	○		○		○			○	
	加压滤叶	○		○		○	○		○	
电解盐水	加压滤叶	○	○			○			○	
铀溶解液	加压滤叶	○	○						○	
	板框	○	○						○	
	转鼓预敷层	○								○

续表

料浆	过滤机型式	适用的助滤剂						粒度级别		
		硅藻土	珍珠岩	纤维素	石棉	炭素	混合物	细	中等	粗
啤酒粗滤	加压滤叶	○	○							
啤酒精滤	加压滤叶	○			○		○	○		
	水平板	○			○			○		
	板框	○			○		○	○		
麦芽汁	加压滤叶	○	○							○
葡萄酒	板框	○		○			○	○	○	
	加压滤叶	○		○			○	○	○	
凝胶	加压滤叶	○					○		○	
	板框	○					○		○	
水	加压滤叶	○	○				○		○	
	转鼓预敷层	○	○	○					○	

注：○表示可选用。

(2) 助滤剂粒度的选择　选择助滤剂粒度时，要兼顾过滤精度和过滤速率的要求，因为过滤速度愈大，澄清度愈低。在满足澄清度的条件下，可选择粗的助滤剂以提高过滤速率，缩短过滤周期；在含有微粒的滤浆中，选用微细颗粒且密度小的助滤剂；而在含有凝聚粒子的滤浆中则选用较粗的助滤剂。硅藻土及珍珠岩助滤剂的粒度分布在主体范围为斯托克斯直径为 $2\sim40\mu m$，因为在过滤系统内，大于 $40\mu m$ 的粒子沉降太快，而小于 $2\mu m$ 的粒子则使过滤阻力太大，含有 1%～5% 大于过滤介质孔径的颗粒分布是必要的。助滤剂粒度的具体选择通过定性分析或实验的方法决定。

(3) 用量的选择[3,6,7]　助滤剂用量的选择，通常由实验的方法确定。助滤剂用量过小，助滤剂的粒子易被杂质包围，造成滤饼层渗透性差，过滤阻力增大，过滤速率降低；助滤剂用量过大，不经济。一般应按照所要求的过滤精度和适宜的过滤速率，根据料浆的浓度和颗粒性质等通过反复实验来确定合适的助滤剂的用量。

① 预敷过滤时助滤剂用量　以降低助滤剂形成的预敷层滤饼的比阻为目的，还应考虑粒度与可压缩性的关系。对于间歇过滤的预敷层，所用助滤剂的量以在过滤介质上形成 1～2mm 为常用标准，这是防止过滤介质堵塞的最小经验值。若助滤剂采用细颗粒的硅藻土或珍珠岩，每平方米过滤面积助滤剂的使用量为 500g；若采用粗粒度时，每平方米过滤面积助滤剂的使用量为 700～1000g，中级别的用量为 700g·m^{-2}。

对于连续的回转转鼓过滤机，预敷层一般取 50～100mm，具体厚度应同时考虑助滤剂滤饼所能形成的厚度和所需过滤速度的厚度。

② 掺浆过滤时助滤剂用量　在进行掺浆加料助滤操作时，助滤剂的加入量与滤浆中固体的数量和性质有关。为了达到要求的滤液澄清度和适当的过滤速度，必须加入足够量的助滤剂。一般加入量为滤浆重量的 0.1%～0.5%。为了选择参考，表 22-9-3 列出几种情况下掺浆加入助滤剂的用量范围。

表 22-9-3　掺浆加入助滤剂的用量范围[2,7,8]

工业	滤液或过滤目的	所用助滤剂粒度			使用量（质量分数）w/%
		粗	中	细	
制糖	洗糖液（下液）			√	0.2～0.8
	洗糖蜜		√		0.5～1.5
	再溶解糖		√	√	0.1～0.2

续表

工业	滤液或过滤目的	所用助滤剂粒度			使用量 （质量分数）$w/\%$
		粗	中	细	
石油	从润滑油中除去白土		√		0.2～2.0
	解除废油的乳浊状态		√	√	0.2～2.0
啤酒	麦汁		√		0.1～0.2
	发酵啤酒		√	√	0.1～0.15
	精滤		√	√	0.02～0.04
油脂	除去加氢后的镍催化剂			√	0.2～0.4
油漆	除去调和漆中的胶状杂质	√	√	√	0.1～0.8
	除去虫胶中的胶状杂质			√	3.0～5.0
水	造纸厂的水		√	√	0.25～0.1
	废水利用		√	√	0.01～0.6
	上水		√		0.006～0.2
医药	抗生素性物质	√	√		0.1～2.0
食品	除去各种杂质	√	√	√	0.1～2.0

9.3　对液相的预处理

9.3.1　降低黏度

降低悬浮液中液体的黏度可增大过滤速率和固体颗粒的最终沉降速度，也可降低滤饼中含液量，提高液固分离效率。一般液体的黏度随温度升高而降低，升温的方法简便有效，为工业生产中所常用的。

降低液体黏度还可用低黏度液体稀释，但由于低黏度的稀释剂价格高需回收，工业生产中只有必要时，如石油脱蜡时才使用。

9.3.2　脱气

溶解于液体中的气体，在过滤过程中，在过滤介质和滤饼层中形成气泡，阻碍液体的过滤。特别是过滤介质厚度增加时，如深层过滤的砂滤器，较易形成气泡。解决方法有：增大过滤压力，以防止液体中出现气体；或过滤前用加热或抽真空等措施对悬浮液脱气。

对液体脱气要增加分离操作的成本，非必要时不采用。

9.4　对悬浮液整体的预处理

9.4.1　冷冻和解冻

将固液混合物先冷冻后解冻可改善过滤性能和沉降性能。由于经济上的考虑，这种方法多用于少量的难处理废液，如：放射性废料，在约－7℃缓慢冷冻1～2h，然后在冷冻状态下保持15min左右，形成的冰晶使未冷冻的液相中的固相浓度增大，并对固体颗粒产生较强的挤压而使它凝聚。经解冻后用重力沉降即可达到分离要求。在食品行业，过滤是果汁生产中液固分离的重要手段，冷冻至 -22℃ 的柑橘汁的黏度从原来的 $16.5mPa \cdot s^{-1}$ 降低至 $2.8mPa \cdot s^{-1}$，室温下自然解冻，经离心分离，其平均过滤速率是未冷冻过的柑橘汁的过滤速率的 3 倍[9]。

9.4.2　超声波处理

超声波用于悬浮液预处理，即利用一定频率和强度的超声波强化颗粒的运动，使颗粒聚集到一起。超声波处理的效果与悬浮液特性、超声波声强度、声频和处理时间有关。参数选择适宜可提高沉降速度 $2 \sim 4$ 倍，否则会导致已凝聚颗粒的再分散或颗粒的破碎。声能达某一临界值时，液相中出现空穴现象，液体进入空穴迅速消失使空穴中颗粒受力而致破碎。若颗粒直径为空穴的 $1/20$ 时，此力可达 4.315×10^3 MPa；若为 $1/100$ 时，此力可达 4.90×10^4 MPa。此声能的临界实测值最低为 $0.3W \cdot cm^{-2}$，高者可达 $12 \sim 22W \cdot cm^{-2}$。输入的声能最好大于临界值。

9.4.3　应用表面活性剂

表面活性剂是指一类在很低浓度时就能显著降低水的表面张力的化合物，它达到一定浓度后可缔合形成胶团，从而可以分别具有润湿、抗黏、乳化或破乳、起泡或消泡以及增溶、分散、洗涤等一系列物理化学作用。根据要处理的料浆选择实验，可选择不同的表面活性剂。表面活性剂是一类灵活多样、用途广泛的精细化工产品[10]。

表面活性剂按其亲水基的结构有：阴离子表面活性剂、阳离子表面活性剂及非离子表面活性剂。此外，还有两性表面活性剂、有机硅表面活性剂。

固相与液相的结合，其界面之间都存在有一层水化膜〔包括固体颗粒与液体（水）之间或过滤介质与液体（水）之间的界面〕，水化膜是由在固体表面定向密集有序排列的水分子组成的，具有与普通水不同的物理性质，如介电常数、密度、热容量均有变化，电导率低，黏度比普通水大，流体流动时在固相界面（颗粒或过滤介质的孔隙周边）的水化膜几乎不移动。而表面活性剂一般是由亲水性基团和疏水性基团的烃链两部分组成的有机化合物，因此，如果加入表面活性剂改变其表面张力，水的偶极子之间的键力削弱，从而降低颗粒表面的水化膜。若固体颗粒表面越疏水，所形成的疏水毛细管壁的黏附功就越小，流体流动阻力小，滤液通过的流速快。

料浆中加入表面活性剂，改变其界面表面张力（或减薄固体表面的水化膜），水化膜的减薄（或破膜），有利于表面水的剥离，即液固两相的分离；同时若该表面活性剂具有较强的渗透性，则可以穿透膜壁或使膜壁破裂，有利于获得细胞膜内的有益成分，提高收率。

在沉降分离和滤饼过滤中，液体和固体接触表面状态对固体渣中所含残余液量有重大影响，例如氧化锌在不同液体中的沉降容积指数见表 22-9-4。

表 22-9-4　氧化锌在不同液体中的沉降容积指数

液体	水	乙醇	四氯化碳	甲苯	乙醚	松节油	石蜡油
沉降容积指数/%	36.6	30.6	27.6	25.8	21.6	18.6	14.4

若在水中加入硫化木质素或吹制亚麻子油等表面活性剂可使沉降容积指数从 36.6% 降至 7.4%。显然，加表面活性剂后可降低渣中含液量。

加酶制剂，如在选矿精制过程中，对 Fe 矿砂加入淀粉后有利于选矿，但在后续用过滤机过滤时，由于加入的淀粉易堵塞过滤介质的微孔，采用加入酶制剂可使淀粉转为液态，而且可调节其与过滤介质之间的界面表面张力来减小透过阻力。

不论加入表面活性剂还是酶制剂，必须对要分离的物料，选择或配制不同的表面活性剂或酶制剂，根据实验结果确定其使用条件。

9.5 限制滤饼层增厚

在滤饼过滤中采用薄层滤饼，或限制、减薄滤饼的方法，即：针对产生阻力的滤饼，通过限制滤饼厚度增长来减薄滤饼采用薄层滤饼过滤甚至无滤饼过滤，从而降低滤饼阻力，增加过滤速率。

9.5.1 薄层滤饼过滤

选择或开发可以控制滤饼厚度的过滤设备可达到薄层滤饼过滤的目的[11]。如选用水平带式真空过滤机，其过滤过程滤饼厚度的控制主要由料浆浓度、颗粒大小、加料速度、滤带速度等因素来决定。在料浆浓度一定的情况下，可以通过水平带式真空过滤机操作过程采用的 PLC 自动控制系统来控制滤饼厚度，提高过滤速率；针对板框和厢式压滤机，采用减小滤室厚度来达到降低滤饼厚度的目的。

9.5.2 移动滤饼层过滤

采用非稳态流动、振动、动态过滤或交叉流过滤（又称横向流动过滤），减薄滤饼或不形成滤饼以减小过滤阻力，提高过滤速率。动态过滤过程中悬浮液始终平行于过滤面流动，过滤介质表面不积存或只积存薄层滤饼，因而避免或减少了滤饼层所造成的过滤阻力。流动状态下的悬浮液浓度不断提高，最终排出过滤机的是尚能流动的悬浮液浓缩浆。这种过滤机的过滤速率比过滤面积相同的板框压滤机高数倍，洗涤效果较好（详见本篇第 10 章）。

其他动态过滤机有旋柱动态压滤机和多孔管动态过滤器（图 22-9-3）。前者的圆柱形内筒（旋柱）动态过滤机旋转，同心的圆筒形外壳固定不动，内筒的外表面和外壳的内表面为过滤面，形成环隙。悬浮液通过环隙完成过滤。后者的悬浮液在压力下送入多孔管（由多孔陶瓷或多孔塑料制成），并在管内快速连续流动，滤液穿过管壁，悬浮液被浓缩后排出。

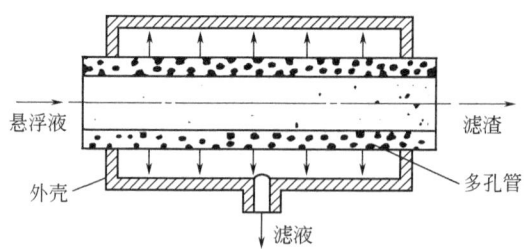

图 22-9-3 多孔管动态过滤器

9.5.3 电场力作用下的过滤

前面介绍：分散于液体中的微粒，表面带有一定的电荷，其大小可以用 ζ 电位来表示。1937 年 Manegold 首先提出附加电场，使粒子在电场力作用下做定向流动，让粒子向过滤介质相反的方向流动，降低滤饼阻力，从而达到强化过滤分离过程的目的。H. Yukawa 等学者[12,13]推导出在恒电流、恒电压条件下可压缩性物料的理论公式，描述了操作条件对电过滤脱水速率和电功率的影响，并对物料通过充满粒子床层的模型做了理论分析。可压缩物料电过滤脱水模型如图 22-9-4 所示，图中 E 为加在过滤床层的电场强度；λ 为料浆的电导率；V 为加在过滤床层上的电压；H 为过滤床层的高度。我国学者[14,15]也在这方面进行过研发工作，上海化工研究院在 H. Yukawa 等的研究基础上，以凝胶类的膨润土悬浮液为物料，分别进行了恒电流、恒电压的实验，结果表明，脱水床层的电过滤速度、单位电过滤脱水量所耗电功与理论分析公式计算结果一致，同时也说明，对带电荷颗粒、滤饼比阻高且可压缩性系数大的凝胶类物料，采用电场力作用下的过滤方法是有效的。

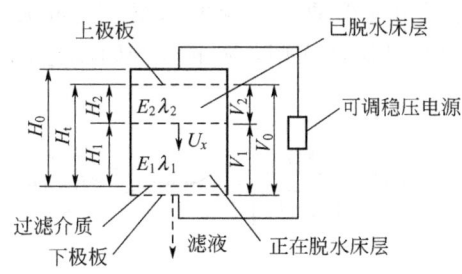

图 22-9-4 电场作用下过滤脱水模型

电场作用下的固液分离，使液相中带电粒子受到电场力的作用。该作用力远大于重力且只作用在粒子上，而不像加压过滤、离心过滤等会引起结构强度问题。大多数分离物系中，组分间的电性差别明显大于组分间的尺寸密度差别。因此电场作用下的过滤分离技术将会在工业提取和污染控制方面得到极好的效果，将在工程领域中得到推广。

9.6 集成工艺的应用

随着工业的发展，难分离物料的过滤往往仅靠单一的分离过程很难达到希望的分离目的，如：

（1）物料性质特殊，如悬浮液浓度过低或固相粒子粒度分布范围过宽，因而只依靠某一种机型无法达到分离任务。

（2）对分离任务有特殊要求的情况，如要求滤饼含液量极低，或要求分离产品（固相或液相）的杂质含量为最少，选一个机种无法达到要求。

（3）有些分离机械往往对进料条件有一定要求，才能达到较佳分离性能，如活塞推料离心机，进料浓度（质量分数）至少大于 30%，最佳的进料浓度是 50%～75%，因此进料前必须增加如旋流器或重力增浓槽对悬浮液进行预浓缩。

（4）在生产中往往要几种不同分离设备互相匹配完成分离要求，如：玉米淀粉生产，为提高淀粉质量等级，必须降低玉米淀粉中蛋白质含量，生产流程中多采用旋流器与碟式离心机联用，对淀粉进行反复多次洗涤、脱水过程；在采矿作业中，精选矿石，为提高矿石有用成分含量，多采用粉碎、湿法细磨后，含细微颗粒的矿浆经浮选、浓缩、脱水等多机种的联合分离；在污水处理中，活性污泥脱水，污水在生化处理后由于固体含量较低（质量分数<1%），且固体密度低，多采用预处理（絮凝）后经浓缩，再经螺旋卸料沉降离心机（或带

式真空过滤机）脱水，最后用带式压榨过滤分离，以便于污泥的运输或焚烧；又如含固体杂质较多（质量分数＞1％）的变压器油，先用分离机（管式或碟片式）除去固体杂质和大部分水分，再用真空滤油机除去其余所含水分，才能得到介电常数较高、纯净的变压器油；又如要得到纯净的液相，如纯水，应先进行絮凝、消毒、沉降，再经深层过滤，要求更高的还应进行膜滤等。

这就要求将非均相分离过程技术集成起来解决问题，下面介绍几个应用实例。

9.6.1　废油集成再生工艺[16]

采用凝聚和絮凝、沉降、吸附过滤、加压过滤、精密过滤等多步固液分离过程来变废为宝（图 22-9-5）。将废油中的固相细小颗粒经凝聚和絮凝变成大颗粒后去沉降池沉降分离，清相去蒸馏，蒸馏后气相冷凝得精制油回用，液相经吸附脱色后过滤，滤液再进行精密过滤后得精制油也回用。

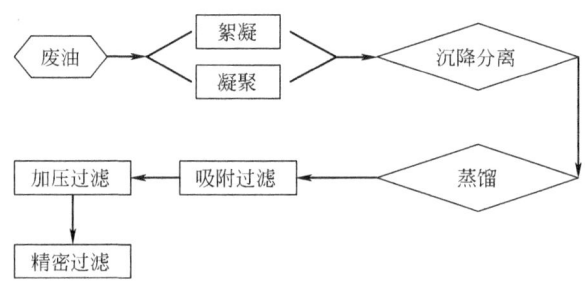

图 22-9-5　废油集成再生工艺

9.6.2　石灰石/石膏法烟气脱硫工艺（FGD）[17]

在 FGD 中，石膏悬浮液的脱水就是先将悬浮液分级、增浓后，顶流回吸收塔结晶槽作为晶核，底流去橡胶带式过滤机进行固液分离（图 22-9-6）。

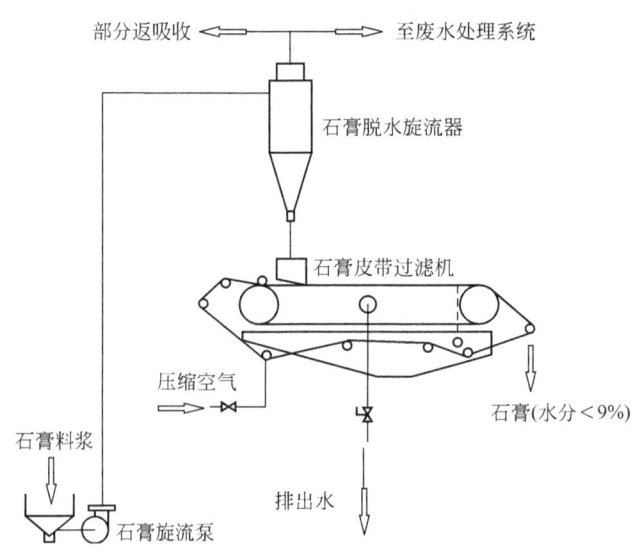

图 22-9-6　湿法烟气脱硫中石膏脱水系统

9.6.3 生物酶解液净化[11]

　　酶解液中固相的含量约为 0.28%，悬浮液中的固体颗粒很细小，5μm 以下的粒子占 40%（粒度分布略）。该料液温度 80℃时固体颗粒细小，形成的滤饼具有可压缩性，属于难过滤物料。由于生产生物保健品，需要密闭操作，设备、滤布易清洗；物料温度降低时，黏度上升，过滤速率降低（14℃时，液相黏度为 6.75mPa·s；45℃时，液相黏度为 3mPa·s），过滤过程应有保温措施。

　　工业生产中对酶解液先进行沉降增浓，再分别对沉降后的浓相和上清液进行过滤。上清液含极少量固相物；浓相固含量 1.68%，由于固相极易变形，过滤很短时间就将滤布堵死。通过添加助滤剂进行掺浆过滤，降低滤饼比阻，增加过滤速率；采用薄层滤饼过滤技术（选择密闭保温带式真空过滤机），控制滤饼厚度，降低滤饼阻力。这两种强化过滤技术的集成，解决了该物料的固液分离问题（图 22-9-7）。

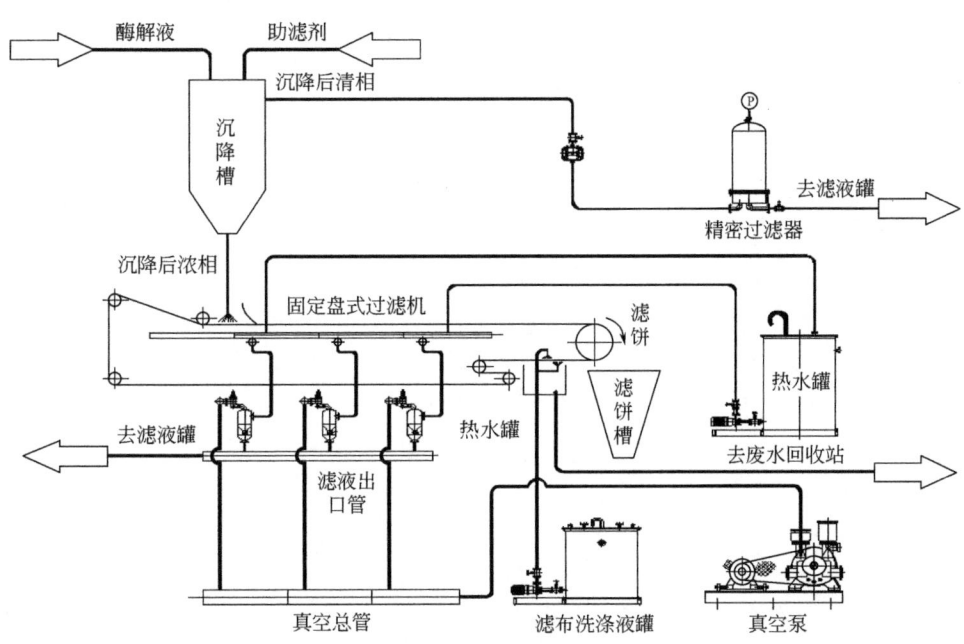

图 22-9-7　固液分离集成系统流程图

参考文献

[1] Rushton A, Ward A S, Holdich R J. 固液两相过滤及分离技术. 朱企新, 许莉, 谭蔚, 等译. 北京: 化学工业出版社, 2005: 29, 113.

[2] 吕维明. 固液过滤技术. 台北: 高立图书有限公司, 1993: 18, 108, 233-251.

[3] Wakeman R J, Tarleton E S. Filtration Equipment Selection Modelling and Process Simulation. 1999.

[4] 李文苹. 第十届全国非均相分离学术交流会论文集, 2010: 8.

[5] 杨凤样, 刘国荣, 贾魁莉, 等. 第十一届全国非均相分离学术交流会论文集, 2013.

[6] 余国琮. 第 22 篇机械分离//化工机械工程手册中卷. 北京: 化学工业出版社, 2002.

［7］ Svarovsky L. 固液分离. 第 2 版. 朱企新, 等译. 北京: 化学工业出版社, 1990.

［8］ 罗茜. 固液分离. 北京: 冶金工业出版社, 1997.

［9］ 郑立辉, 吴高明, 曾治丰, 等. 广西轻工业, 2003, (5): 30-34.

［10］ 胡筱敏. 化学助滤剂. 北京: 冶金工业出版社, 1999.

［11］ 都丽红, 朱企新. 化学工程, 2010, 38 (10): 13-20.

［12］ Hiroshi Yukawa, Hiroshi Yoshida, Kazumasa Kobayashi, et al. J Chem Eng Jpn, 1976, 9 (5): 402-407.

［13］ Hiroshi Yukawa, Hiroshi Yoshida, Kazumasa Kobayashi, et al. J Chem Eng Jpn, 1978, 11 (6): 475-480.

［14］ 金江, 姚公弼. 化工机械, 1993, 20 (6): 311-317.

［15］ 赵宗艾, 钟富优. 过滤与分离, 1994, (3): 1-5.

［16］ 都丽红, 陈奕峰. 第九届全国非均相分离学术交流会论文集, 2007: 1.

［17］ 都丽红, 邓伯虎, 陈奕峰. 流体机械, 2006, 34 (5): 43-45.

10

过滤装置

过滤装置是多种过滤设施的统称，它是在推动力作用下悬浮液中的液体透过过滤介质，固体颗粒被截留，使固体颗粒与液体分离的装置。根据过滤机理可分为滤饼过滤装置或深层过滤装置。在过滤介质表面截留固相颗粒形成一定厚度滤饼层的过滤装置称作滤饼式过滤装置，其处理料液中固相浓度一般为 1%～20%（质量分数）；深层过滤主要用于处理固相浓度相当低（<1%）的悬浮液，由过滤介质内部来截留固体颗粒进行过滤操作的装置，称作深层过滤装置。根据操作方式可分为间歇式和连续式两大类；根据过滤推动力的不同有：依靠物料的静压头、由泵或气体提供的压力、大气压（真空）等做推动力[1,2]。

10.1 重力过滤设备[3~6]

重力过滤是利用过滤介质表面或滤饼上的液层高度作为过滤推动力实现过滤过程的设备。

重力过滤设备的优点是结构简单，附属设备少，造价便宜；缺点是过滤速率低，设备占地面积大，卸渣时劳动强度大，操作不便。因此，工业上使用受到了一定限制。

10.1.1 重力过滤器

重力过滤器由容器和一个可拆的、钻有小孔的或用多孔材料制成的支撑板组成。把过滤介质装在支撑板的上表面，料浆在自身压力作用下进行过滤，滤液储放在下部滤液收集器中或由管道排走。可以直接进行滤饼的置换洗涤。

10.1.2 袋式过滤器

重力袋式过滤器是把编织纤维、毛毡、鞣革做成袋子悬挂在支架上实现过滤的设备，如从油漆颜料中除去团块，从润滑油中除掉污垢。目前已较少见。

10.1.3 砂滤器

由圆筒（或厢体）组成，在筒体内可安放按大小粒级分层的细砂、粗砂、煤块等。颗粒床层就作为过滤介质。在顶部加入物料，滤液通过床层底部的滤液排出孔或通过埋置在过滤介质中的开孔排水管排出。砂滤器是一个澄清装置，一般用于水的过滤。

10.2 加压过滤机[6~8]

加压过滤机是在过滤表面上施加操作压力，在滤液排出口的一侧则为常压或者略高于常压，以形成过滤推动力而进行过滤的装置。过滤操作压力由柱塞泵、隔膜泵、螺杆泵、离心泵、压缩气体以及来自压力反应器的物料提供，操作压力一般为 0.17～0.5MPa，或可更高。加压过滤机多为间歇操作，但也研发出了连续加压过滤机，如连续式加压叶滤机、连续加压转鼓过滤机、旋叶压滤机等。实现间歇加压过滤机的自动化和开发多种新型连续加压过滤机为发展的方向。

10.2.1　间歇加压过滤机

（1）水平板式压滤机[6,7]　水平板式压滤机是在压力容器内装入许多圆形的滤板，如图 22-10-1 所示。滤板可作为一个整体部件从顶端抽出，进行清理或者消毒。设计压力在 0.4MPa，最大压力可达到 2MPa。过滤介质可使用滤纸和滤布，是否用助滤剂视物料性质而定。料浆通过中心或环状加料管导入滤板上表面，进行过滤。卸料时，将滤板组件从壳体内抽出后刮除滤饼。

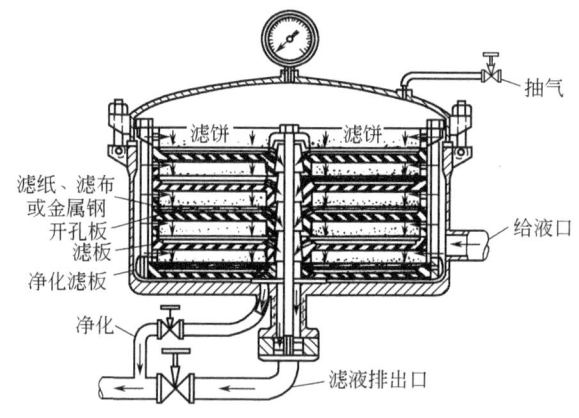

图 22-10-1　水平板式压滤机

水平板式压滤机的优点是结构紧凑、清洁，可在密闭条件下洗涤，滤饼厚度均匀，洗涤效率高。缺点是容量小，占地面积和空间大，过滤面积只是卧式压滤机的一半。主要用在食品、医药工业中要求清洁和无菌条件下的过滤，如猪油过滤、食用油回收等。

水平板式压滤机滤板尺寸为 200～800mm（或更大），一台过滤机的滤板数可多达 42 块，最大过滤面积为 20m²。

（2）板框压滤机[6~9]　板框压滤机主要由固定板、滤框、滤板、压紧板和压紧装置组成。板和框的材料有金属材料、工程塑料等，并有各种形式的滤板表面槽作为排液通路，滤框是中空的。板和框间夹着滤布，在过滤过程中，滤饼在框内积存。单丝滤布在高的操作压力下，滤布薄易被压力压入滤板的沟槽中堵塞滤板上的滤液通道（图 22-10-2），应采取相应技术措施加以防止。

滤板和滤框呈矩形或圆形，垂直悬挂在两根横梁上，固定板于一端，另一端的压紧板前后移动，可把板和框压紧在两板之间，使其紧固而不漏液。压紧方式有手动、机械、液压、自动操作等多种，板框压滤机如图 22-10-3 所示[6~9]。

压滤机通过在板和框角上的通道，或板和框两侧伸出的通道加料和排出滤液。滤液的排出方式分为明流和暗流两种，明流是通过滤板上的滤液阀排到压滤机下部的敞口槽，滤液是可见的，可用于检查过滤滤液的质量等。暗流压滤机的滤液在机内汇集后由总管排出机外，

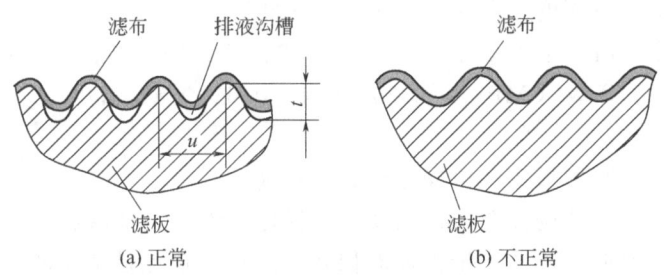

图 22-10-2 滤布陷入排液沟槽

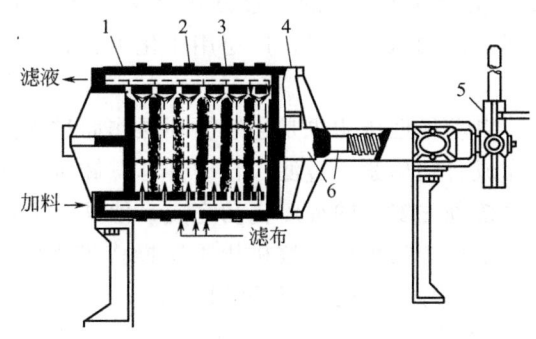

图 22-10-3 板框压滤机

1—固定板；2—滤框；3—滤板；4—压紧板；5—压紧手轮；6—滑轨

用于滤液易挥发或含有毒气体的悬浮液过滤。加料和卸料方法有多种：如底部加料则能够快速排除空气，并且对于一般的固体颗粒能生成厚度非常均匀的滤饼；顶部加料和底部排液，可得到最多的回收液和更干的滤饼，这对于含有大量的固体颗粒有堵塞底部进料口趋势的物料非常适宜；双进料和双排液可适应高过滤速率、高黏度的物料，并且特别适用于预敷过滤机。

关于压滤机滤板尺寸范围，我国标准规定板框压滤机、厢式压滤机、隔膜厢式压滤机其滤板的基本参数见表 22-10-1 和表 22-10-2。

表 22-10-1　常用的板框、厢式和隔膜厢式滤板规格[10,11]

序号	形式	常见尺寸/mm
1	板框式	500×500,630×630,800×800,1000×1000,1250×1250
2	厢式和隔膜厢式	500×500,630×630,800×800,1000×1000,1250×1250,1500×1500,2000×2000

表 22-10-2　滤板尺寸和过滤面积组合的规定[10,11]

方形滤板基本参数				长方形滤板基本参数		圆形滤板基本参数	
板外尺寸/mm	过滤面积/m²	板外尺寸/mm	过滤面积/m²	板外尺寸/mm	过滤面积/m²	框外尺寸/mm	过滤面积/m²
250	0.16~0.6	1000	32~120	1000×1500	70~190	500	5~16
280	0.4~2.2	1250	100~250	1250×1600	125~360	630	11~20
315	0.6~3.0	1500	200~560	1500×2000	400~750	800	20~56
400	1.6~5.0	1600	200~600	2000×2500	800~1600	1000	40~100
500	5~12	2000	560~1180	2500×3000	1000~2000	1250	80~200
630	11~32	2500	800~1800				
800	16~63	3000	1000~2500				

方形滤板压滤机滤室深度公称压力等级[10, 11]如下：

压滤机滤室深度（mm）：15、20、25、30、32、35、40、45、50、60、70、80。

压滤机公称压力等级（MPa）：0.25、0.4、0.6、0.8、1.0、1.2、1.6、2.0、2.5、3.0、4.0。

特殊的金属结构的圆形板压滤机操作压力可更高。

板框压滤机的优点是结构简单，价格便宜，操作弹性大，能够在高压力下操作，滤饼中含液量较一般过滤机的低，单位产量占地面积和空间小。缺点是由于滤饼洗涤不完全，手动拆框劳动强度大，工作条件不好，保压性能差，增加了善后处理工作量。

BMS、BAS、BM、BA型板框压滤机的压紧方式有手动螺旋压紧、机械压紧和液压压紧三类，均为我国生产的间歇式加压过滤机，广泛用于化工、石油、冶金、制药、纺织、食品工业和环保部门。

（3）自动板框压滤机　自动板框压滤机是连续循环操作而过程间歇的板框压滤机。这类机器装有专门的机构分别完成自动压紧、过滤、自动开框、卸饼、冲洗滤布等操作步骤。由电器控制可使各个操作步骤按预先安排的程序自动完成，使整个生产过程实现了半自动控制和远距离操作。因此，克服了传统的板框压滤机用手工操作带来的各种缺点。国产BMZ型自动板框压滤机（Z为自动型代号）的过滤面积为60～100m²，装料总容积为0.93～1.53m³；过滤压力为0.4～0.6MPa。

（4）厢式压滤机[3,5,7]　厢式压滤机与板框压滤机相比，厢式压滤机仅由滤板组成。每块滤板有凹进的两个表面，两块滤板压紧后组成过滤室。料浆通过中心孔加入，滤液在滤板的下角排出，带有中心孔的滤布覆盖在滤板上，滤布的中心加料孔部位压紧在两壁面上或把两壁面的滤布用编织管缝合。其余结构和操作过程与板框压滤机相同。以X代表厢式与板框B相区分。

（5）自动厢式压滤机[6,7]　自动厢式压滤机（包括具有压榨隔膜的厢式压滤机），由拉滤板机构、液压压紧机构、活动压板、固定压板、齿形滤板和隔膜滤板、收集槽及电器控制柜等部分组成。

自动厢式压滤机工作程序为过滤、压榨、卸料周期性操作，其过滤、压榨与卸料过程如图22-10-4所示。

排液形式可分为明流和暗流。振动卸料装置用于滤饼和滤布黏结力较大、不易脱落的物料过滤。在卸料过程中，振打装置抖动滤布促使滤渣脱落。冲洗装置用于滤渣成饼后容易脱落的物料过滤。当布纹内嵌有滤渣颗粒而堵塞滤布孔隙时，过滤效率下降，这时可由自动滤布冲洗装置用高压水逐块将滤布洗净。

滤板的移动可采用自动拉板机构来完成。

由于滤板结构的原因，过滤、洗涤的耐压可更高，滤板的生产容易实现大型化。20年前国内生产滤板的主导产品规格尺寸为小于1000mm×1000mm的滤板，而目前的主导尺寸为1250mm×1250mm、1500mm×1500mm和2000mm×2000mm的滤板。其生产制造水平已接近甚至达到国际水平，替代了进口，并已有部分出口，占有部分国际市场。

这种厢式压滤机的不足是：滤布装拆比较麻烦；由于在过滤过程中滤布受力大，大部分机型（特别是大型尺寸的滤板）需要在滤板结构设计和固定滤布上采取改进技术措施。

自动隔膜厢式压滤机已广泛用于染料、油脂、陶瓷、矿砂、污水处理、化工、医药等行业。

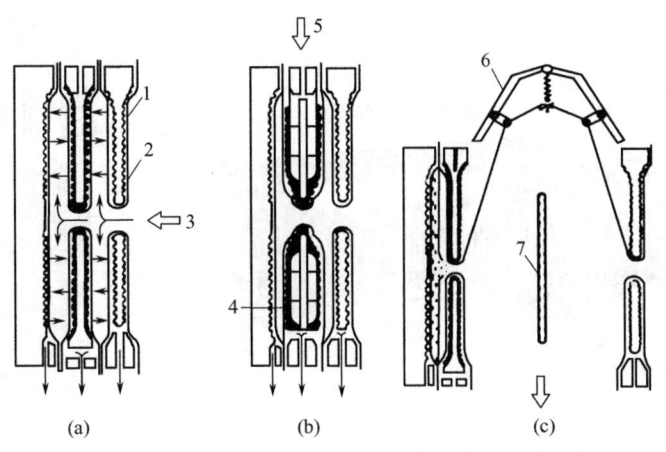

图 22-10-4 厢式压滤机的过滤、压榨、卸料三个程序的工作原理

（a）过滤；（b）压榨；（c）卸料

1—滤板；2—滤布；3—悬浮液；4—隔膜；5—压缩空气；6—"人"字形滤布挂架；7—滤饼

（6）现行国内压滤机行业标准[10~12] 厢式压滤机和板框压滤机，目前国内的标准有以下几个（2013 年修订版）

第 1 部分：形式与基本参数　　　JB/T 4333.1—2013

第 2 部分：技术条件　　　　　　JB/T 4333.2—2013

第 3 部分：滤板　　　　　　　　JB/T 4333.3—2013

第 4 部分：隔膜滤板　　　　　　JB/T 4333.4—2013

各种加压过滤设备虽在生产制造水平上已接近甚至达到国际水平，替代了进口，而且出口也占有一定份额，但在设计、模拟预测及不同工况条件下的优化操作技术等方面还有差距[13,14]。

10.2.2 加压叶滤机[3~5,7]

加压叶滤机是在能耐压的容器中垂直安装多个一组的扁平过滤叶片，叶片有圆形或矩形，过滤叶片的两面都是过滤表面。承压壳体有圆筒形和圆锥形两种。根据轴线的所处位置有卧式加压叶滤机和立式加压叶滤机两种［图 22-10-5（a）和（b）］。

过滤叶片是粗滤网或开槽的板，在表面铺设织物或金属细丝网作为过滤介质。常常把纺织纤维做成袋子状，或缝合，由锁环固定或者压紧。

涂有预敷层的金属丝网过滤介质常用硅藻土作为预敷材料。叶片也可以采用全塑料结构。过滤介质在承受荷载时有可能产生折皱。必须尽可能地张紧以避免由于过度的折皱造成滤布的开裂或下垂。叶片支撑部位可选择在顶部、中部或下部。图 22-10-6 即是预敷层底部支撑式金属丝网滤叶的剖面图[3,5]。

加压叶滤机是间歇操作的。料浆带压进入密闭的壳体内。当料液充满壳体后，在滤叶的表面进行过滤过程。在过滤介质表面生成滤饼，滤液通过单独的输出管线排出或者进入集流管排出。倘若固体颗粒形成的滤饼全部充塞壳体空间，滤饼被压实，卸饼时就比较困难；因此，滤饼的厚度应控制在一定范围内。若滤饼要求洗涤，可将残留的料浆吹除，把洗涤液导入进行洗涤过程。如果采用空气吹除会使滤饼产生裂纹，可用洗液逐步取代残留料浆，以防止滤饼干裂。过滤和洗涤过程结束后，卸出滤饼。对于不同的机型卸料方式各有差异。

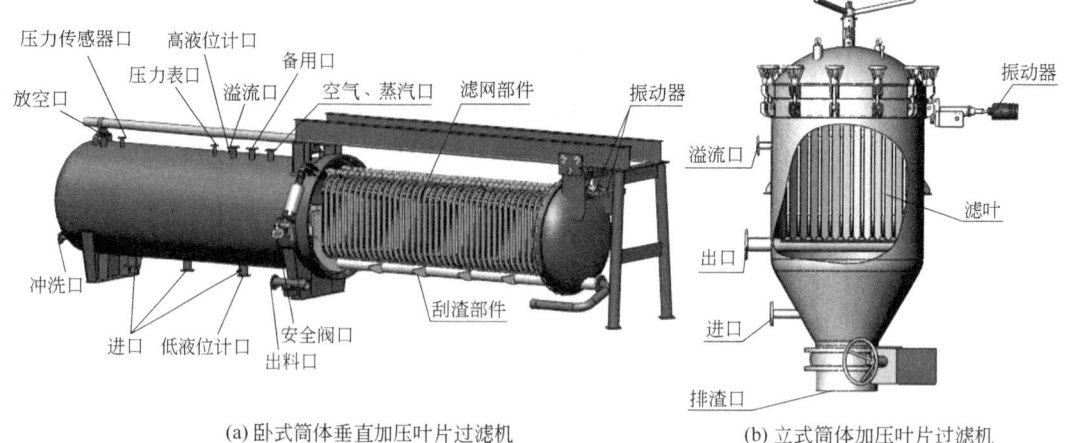

图 22-10-5　加压叶片过滤机[7]

(a) 卧式筒体垂直加压叶片过滤机　　(b) 立式筒体加压叶片过滤机

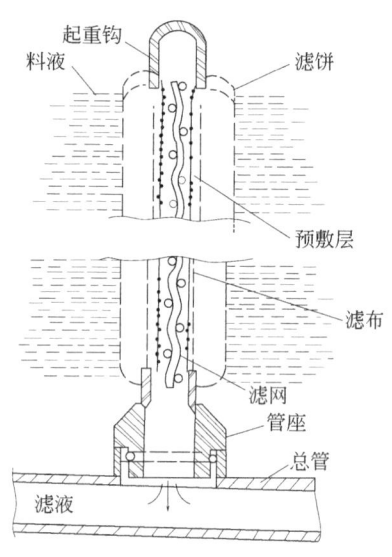

图 22-10-6　预敷层金属丝网叶滤机[3,6]

（1）卧式加压叶滤机[7]　在卧式加压叶滤机中，滤叶安装位置有两种：一种是与轴线平行放置，由壳体上的弦杆支撑着的矩形滤叶；另一种是与壳体轴线垂直的滤叶，专用支架与壳体封头做成一体，把滤叶悬挂起来，或由壳体支撑。

卧式滤叶旋转加压叶滤机结构如图 22-10-7 所示。滤叶固定在回转空心轴上，回转轴兼作滤液排管，以 $1\sim2r\cdot min^{-1}$ 的速度旋转。由于滤叶的旋转运动，滤饼的厚度和密实度比较

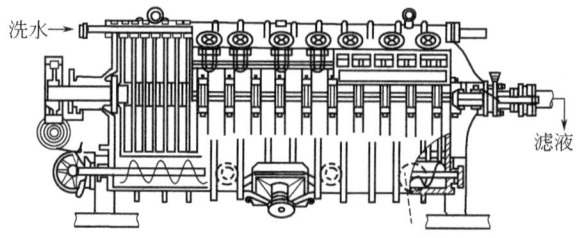

图 22-10-7　卧式滤叶旋转加压叶滤机结构简图[7]

均匀。在机壳的底部安装螺旋输送器，湿法卸饼时，装在顶部的喷嘴对着叶片喷液。用反吹空气吹除滤饼时，不仅可以全部干净地吹除，而且不必打开机壳，落入机壳底部的滤渣由螺旋输送器送出机外。

（2）立式加压叶滤机[7]　立式加压叶滤机的滤叶垂直安装在圆筒形压力容器内，滤叶与壳体轴线平行。其结构型式如图 22-10-8 所示。

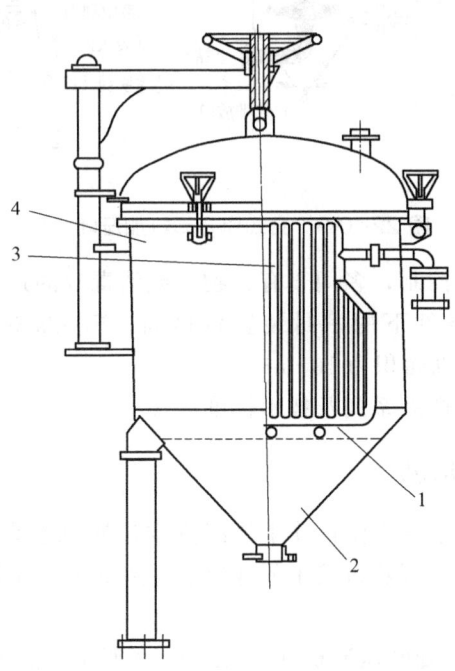

图 22-10-8　立式滤叶冲洗卸料加压叶滤机结构简图
1—集液管；2—锥底；3—滤叶；4—滤槽

滤叶做成不同的尺寸以适应所在位置通体的弦长。滤液管支撑着滤叶，连接处由 O 形环密封。因此，滤叶可以单独从壳体顶部抽出来进行检查和检修。在壳体底部装有滤液清洗器，能使全部的残浆在过滤周期结束时充分得到过滤。

立式加压叶滤机不适合干滤饼卸料，它适合于排卸略湿的滤饼。卸料时，借助于滤叶振动，或用轴向移动的喷嘴以压缩空气或水蒸气吹除，或反吹除。在预敷助滤剂的硅藻土过滤中获得广泛应用。

立式加压叶滤机有时也在圆筒内装有圆形管滤叶。

立式加压过滤机过滤面积有 $0.4m^2$（实验室用），最大可达 $55m^2$ 以上。卧式加压叶滤机可达 $150m^2$。叶片间距离为 $50\sim150mm$。加压圆形管叶滤机最大过滤面积略小于 $27m^2$。

（3）立式离心卸料加压叶滤机[7]　立式离心卸料加压叶滤机是把多片水平滤板水平安装在空心轴上，空心轴兼作排液管。滤板上表面附设滤布或金属丝网，可任意选择预敷层。卸料时空心轴以一定的速度旋转，截留在滤板上表面的固体颗粒在惯性离心力的作用下被抛向机壳，完成卸滤饼过程。图 22-10-9(a) 和 (b)，统称 Funda 过滤机。这种过滤机的进料口、滤液排出口设在机壳下方，便于操作；与其相类似的机型 Schenk 过滤机，驱动装置设在底盘上，重心较低，运转稳定性好，如图 22-10-9(c) 所示。

离心式卸料加压叶滤机操作优点和水平板框压滤机相同。另外，卸料时不用打开机壳，

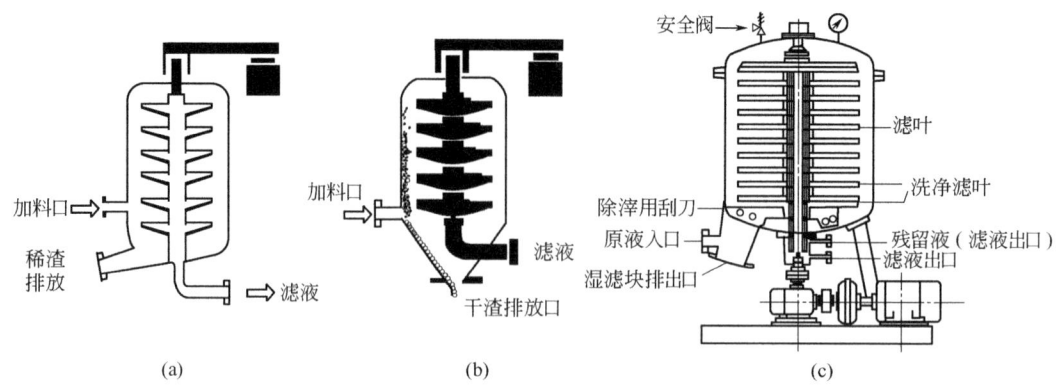

(a)　　　　　　　(b)　　　　　　　(c)

图 22-10-9　立式离心卸料加压叶滤机

劳动强度小，容易实现自动控制，多用于有害物料或消毒剂的过滤。缺点是结构复杂，需要经常维护检修，旋转工作条件下的密封装置价格高。Funda 过滤机过滤面积范围为 $1\sim 50m^2$，最大的 Schenk 过滤机面积为 $100m^2$。

我国加压叶滤机早已有产品系列及技术标准[15]。

10.2.3　连续式加压过滤机

连续式加压过滤机适用于在高温操作下连续真空过滤机不宜过滤的易挥发物质的过滤，比真空过滤机的过滤速率大，可获得较干的滤饼。近来又开发了回转式加压过滤机、连续式加压叶滤机等新产品。

(1) 旋叶压滤机[2,4,5]　旋叶压滤机如图 22-10-10 所示。旋叶压滤机结构为交替排列着的多块固定滤板，滤室两边铺有过滤介质，两滤板之间有以一定圆周速度回转的叶轮。滤板和叶轮之间留有很狭窄的间隙。由加压泵供给料浆，在搅拌状态下过滤[16]。由于有回转叶轮的剪切作用和很狭窄的滤板与叶轮之间的间隙限制了滤饼的增厚，因而形成薄层滤饼，且能进行连续过滤，在带压下连续操作，维持在某一定值的浓度和处理量情况下，控制回转轴的转矩大小，实现排渣阀的自动操作。在国外是一项发明专利技术。目前国外有过滤面积为 $0.5\sim 50m^2$ 的产品[2,4,6]，用于如染料、颜料、药品、碱金属、合成材料、金属氧化物、金属氢氧化物、高分子化合物等各种化工产品及各种废料处理中的过滤和增浓[2,4,6]。

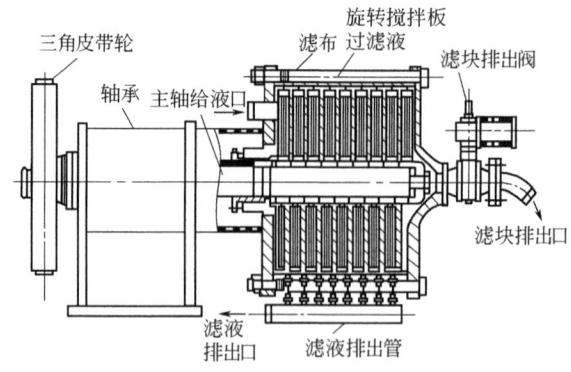

图 22-10-10　旋叶压滤机

（2）立式连续加压过滤机 把垂直放置的容器分隔为储存料浆的滤室、储存洗涤液的洗涤室、除渣室等几个小室。长方形的垂直滤液组在中心轴的带动下旋转的同时连续依次放进各分隔室进行过滤、洗涤、除渣、洗涤滤布等循环操作过程，如图 22-10-11 所示。也可进行循环周期的调节，预涂助滤剂过滤和多级洗涤。

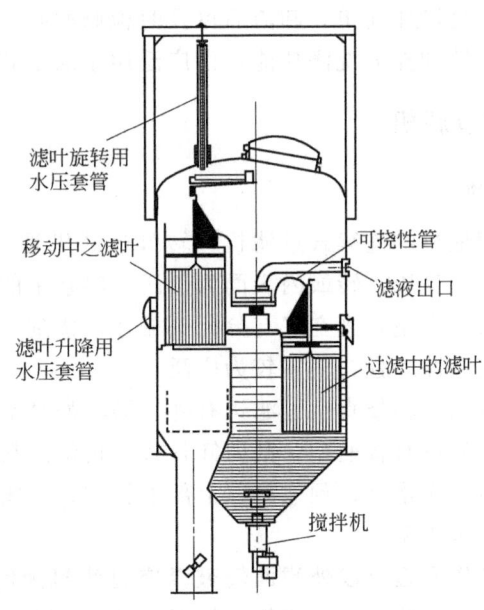

图 22-10-11 立式连续加压叶滤器

（3）连续加压转鼓过滤机 它是一种新型的集过滤、洗涤、干燥等于一体的加压转鼓过滤机。该机国内外均有产品，其特点是：①可在加压（或真空）条件下实现连续过滤、滤饼洗涤、干燥、滤布洗涤。②可在完全密闭状态下工作，不污染环境；操作压力 2～3MPa，推动力远大于真空过滤。③对易挥发、有机溶剂、有毒、易燃、易爆的物料可在加压、密闭状态下过滤，安全可靠。④为提高液固两相收率，可采用丙酮清洗，惰性气体（N_2）置换干燥。⑤可根据要求对物料实现全自动调节。

连续加压转鼓过滤机主要用于有机产品、溶剂及易挥发、易燃、易爆、有毒物料的过滤与洗涤，可用于制药、塑料、染料、化工、颜料、食品及相关行业。

10.3 真空过滤机

真空过滤机是以滤液一侧低于一个大气压，欲过滤的料浆则在大气压下加入的条件下操作，而滤液在收集器内必须增至一个大气压后才能排放，一般采用滤液泵或其他方式排液。真空泵是主要的附属设备，可根据操作要求和经济性选择真空泵、水环泵或往复式泵。间歇式和连续式真空过滤机在生产过程中都得到了广泛的应用。

10.3.1 间歇操作真空过滤机

（1）真空吸滤器 把能够承受负压的重力过滤器的滤液收集罐接入真空系统即组成真空吸滤器。虽然由于真空的作用增加了过滤推动力，但具有与重力过滤器相似的缺点。

（2）真空叶滤器　真空叶滤器（如 Moor 过滤器）是由一串与真空管路相连的滤叶装在机架上形成的一个过滤器组。每个滤叶由带孔管的滤框和在滤框上绷紧的滤袋组成。升降器依次把整个机组送至料浆槽和储渣槽。当送至料浆槽时由真空泵抽吸提供负压，把滤液吸入叶片在滤叶外表面形成滤饼，滤液由管内排走；当送至储渣槽中时由反吹空气卸渣。增设洗涤槽可进行洗涤操作。优点是操作简单，卸渣后可及时检修滤叶，更换方便，对那些滤饼生成周期长的物料有良好适应性和充分洗涤功能，已广泛用于冶金和颜料等行业。

10.3.2　连续操作真空过滤机

10.3.2.1　转鼓真空过滤机[3,4,7]

转鼓真空过滤机是使用最早的连续式过滤机，转鼓过滤机是一个转鼓浸没在料浆槽内，转鼓外表面与料浆接触侧为大气压，转鼓内表面为负压。料浆中的液体在压力差推动下，穿过滤饼、滤布和筛板，进入真空室，真空室与分配头相连，接到机外。转鼓真空过滤机由于操作稳定性较好，对物料适应性较强，使用较为广泛。

（1）转鼓真空过滤机分类　转鼓真空过滤机有外滤面转鼓真空过滤机和内滤面转鼓真空过滤机。外滤面转鼓真空过滤机有普通型，刮刀卸料式、折带卸料式、绳索卸料式、钢丝卸料式、棍子卸料式；深浸型；无格型；预敷型；上部加料型；密闭型；双转鼓型。内滤面转鼓真空过滤机有：普通型；永磁型。

（2）转鼓真空过滤机工作原理（以外滤面转鼓真空过滤机为例）　转鼓过滤机的转鼓是水平放置的，转鼓表面镶有若干块长方形筛板，筛板上铺金属网和滤布。筛板下的转鼓空间被径向筋片分离为若干个过滤室，每个过滤室以单独的孔道连接到轴颈端面的分配头上，转鼓部分浸在槽内。转鼓旋转时，各滤室通过分配头与各固定管顺序接通。转鼓过滤机工作时，转鼓浸没在料浆槽内，转鼓上真空室一侧为负压，转鼓外表面与料浆接触侧为大气压，转鼓内表面为负压。料浆中的液体在压力差推动下，穿过滤饼、滤布和筛板，进入真空室，真空室与分配头相连，因此整个转鼓的工作分为过滤、洗涤脱水、卸料和再生区，每个滤室相继顺序通过四个区即完成一工作周期，各个滤室在不同时间相继通过某一区域即构成过滤机连续工作，如图 22-10-12 所示。

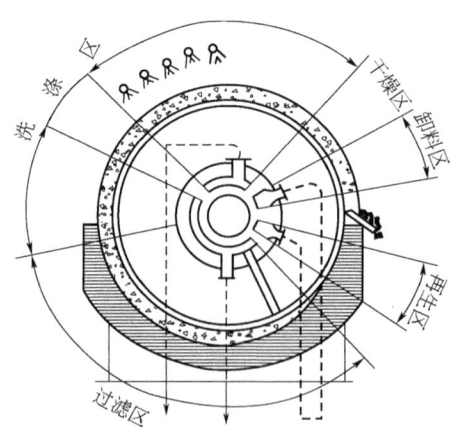

图 22-10-12　转鼓真空过滤机工作原理

为防止料浆中的固体物在料浆槽中沉降，在料浆槽中设置了摆动式搅拌器，摆动速度和转鼓的转速，均可根据物料性质、浓度等由无级变速器或同步电机变频调节。

（3）目前使用的转鼓真空过滤机的参数[12,17]

① 转鼓的驱动使用可调速的机构，转速为 $1/12\sim2r\cdot min^{-1}$。

② 转鼓浸没槽内的搅拌器应保证料浆中的固体颗粒不发生沉降，常用的搅拌频率为＞16 次·min^{-1}。

③ 转鼓浸沉槽应保证转鼓的表面积有 30％～40％浸沉在料浆中，即转鼓浸沉角为 120°，当滤饼需要洗涤时，可在转鼓的上方设有 2～3 排的洗涤水喷嘴，将洗涤水喷淋到滤饼的表面，喷嘴的流量可调节。

④ 调整转鼓的转速、加料浓度及速度来控制滤饼的厚度，以达到最佳的使用效果（生产能力、滤饼洗涤效果、洗涤水用量、滤饼含湿率等参数）。

（4）转鼓真空过滤机的流程图[7]　图 22-10-13 为一个简单的转鼓真空过滤机工作流程图。

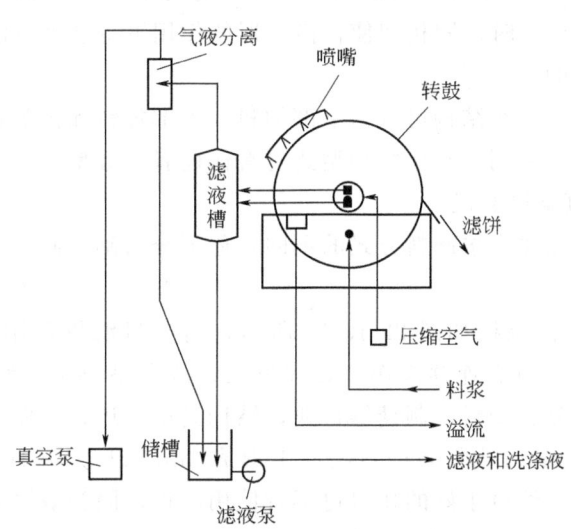

图 22-10-13　转鼓真空过滤机工作流程图

（5）转鼓真空过滤机的性能调节　转鼓真空过滤机的性能是通过调节转鼓速度、真空度和转鼓浸没率三个主要操作变量来实现的。任何一个变量都会同时影响到滤饼的形成、抽干时间、生产能力和滤饼的卸除。转速可在一定的范围内调节，在一定转速下得到所需的滤饼干燥程度和最大的生产能力。转鼓的浸没率视料浆的过滤特性而定，对于极易生成滤饼的料浆，浸没率可以小，对于不易生成滤饼的料浆，浸没率可高达 60％，常用的浸没率为30％～40％；滤饼厚度保持在 40mm 以内，对难过滤的胶状物料，厚度可小至 10mm 左右。所得滤饼的含湿量，常在 30％左右。

（6）转鼓真空过滤机适用范围[4,5]　转鼓真空过滤机应在如下工况要求下使用，才能达到满意的使用效果。

① 料浆中固体颗粒沉降速度不能太快，使用一般的搅拌器能保证形成均匀的悬浮液；

② 滤饼不需要过长的抽干时间就能达到所要求的滤饼含湿率；

③ 滤饼能采用单级洗涤方法达到工艺所要求的纯度或者能有效回收滤饼中的残留物；

④ 滤液和洗涤水之间没有严格分割的要求。

滤饼形成速度快，能在 400～500mmHg（1mmHg＝133.322Pa）真空条件下，在数秒内形成滤饼，通常料浆的浓度（含固率）应在 1%～20%，滤液的固体含量允许达到 0.1%～0.5%。广泛地用于食品（如淀粉脱水和过滤）、医药、化工和废水处理、冶金、采矿、石油精炼、钢厂和发电厂的粉煤灰脱水等场合。

（7）转鼓真空过滤机优缺点

① 优点：能连续和自动操作，操作人员少，效率高，适应性好，能有效地进行洗涤与脱水，洗涤液和滤液可以分开。

② 缺点：成本高，使用范围受热液体或挥发性液体的蒸气压限制，对沸点低或在操作温度下滤液易挥发的物料不能采用；难以处理含固量多和固相颗粒及性质变化大的物料。

（8）外滤面转鼓真空过滤机　外滤面转鼓真空过滤机广泛用于化工、冶金、制药、食品、石油精炼、造纸以及废水处理等行业；主要用于过滤流动性好，不太稀薄的悬浮液。对难于过滤的或固相浓度低的悬浮液，如果转鼓各区在悬浮液中停留时间为 4min，而滤饼的厚度还不到 5mm 时，最好不要采用外滤面转鼓真空过滤机；当固相密度大或颗粒太粗，固相沉降速度大于 $12mm \cdot s^{-1}$ 时，固相即使在搅拌器的作用下也会大量沉淀。采用外滤面转鼓真空过滤机也是不适当的。

外滤面转鼓真空过滤机按结构可分为下部加料、上部加料和预敷转鼓三种。其中下部加料式转鼓真空过滤机最为常用，其他两种型式可看作前者的改型。

① 下部加料转鼓真空过滤机

下部加料转鼓真空过滤机按卸料方式的不同，还可分为刮刀卸料式、折带式、绳索卸料式、卸料辊卸料式等[1,5]。

a. 刮刀卸料式　工作流程如图 22-10-13 所示，这类过滤机适用于分离粒度为 0.01～1mm、易过滤的悬浮液，具有连续操作、处理量大、滤布易再生、滤饼能洗涤的优点。广泛用于化工、制药、食品、染料、制糖等行业，结构简单，运转及保养容易，造价低。采用此机的料浆，必须能在 5min 内在转鼓过滤面上形成 3mm 以上均匀的滤饼，同时滤饼应有较好的透气性。滤饼透气性过于好的物料也不宜使用此机，因为滤饼会从过滤面上脱落。

b. 折带式　工作原理：无端滤布在转鼓体上不固定，绕过几个辊轮后环绕在转鼓体上。

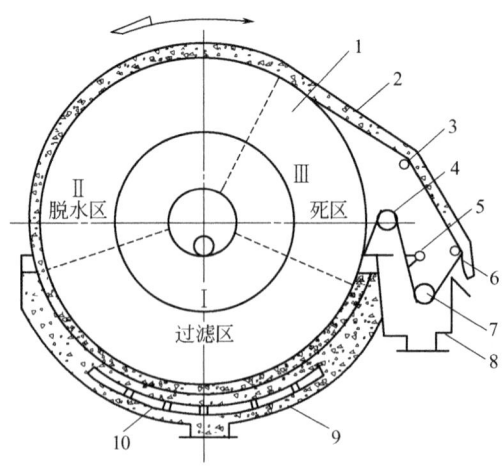

图 22-10-14　折带式外滤面转鼓真空过滤机

1—转鼓；2—滤布；3—分层辊；4—导向辊；5—清洗管；6—卸饼辊；
7—张紧辊；8—清洗槽；9—搅拌槽；10—料浆槽

转鼓旋转时，带动滤布运动，在真空压差作用下，料浆槽中的料浆被吸附在滤布上，形成滤饼。随着转鼓转动，滤饼中水分不断吸出，滤饼随滤布离开转鼓后，运行到卸料辊时被卸除。滤布被清洗后又返回转鼓体（图 22-10-14）。这类过滤机适用于粒度小、不易沉淀、具有一般黏度的物料的过滤。广泛用于过滤浮选后的有色金属精矿和浮选后尾煤以及污水处理。优点是过滤速度恒定，效率高，滤饼含湿量低。

c. 绳索卸料式　工作原理：用有一定间距的绳索卸料。绳索随着转鼓一起旋转，绳索时而同转鼓接触，时而离开转鼓而循环运行（图 22-10-15），当绳索离开转鼓面时，便将滤饼从转鼓上剥离，并在卸饼辊处卸除。由于可以成功地剥离非常薄（如 1.6mm）的滤饼，因此，可以过滤难过滤、黏性大的物料，如玉米淀粉、丙烯聚合物、锌钛白（立德粉）等，不适合于过滤容易堵塞滤布、滤饼易龟裂的滤浆。

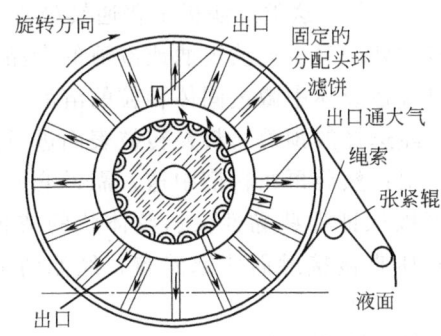

图 22-10-15　绳索卸料式外滤面转鼓真空过滤机

d. 卸料辊卸料式　卸料辊卸料工作原理如图 22-10-16 所示，卸料辊安装在转鼓近旁真空停止区，当转鼓过滤面上的黏性滤饼与旋转的卸料辊接触时，因附着力的作用将滤饼卷起，然后由刮刀或另一辊子将滤饼卸除。卸料辊能黏附滤饼的材料（或者用同样的材料包覆）制成。该机适用于化工、制药、食品等行业及过滤不易堵塞滤布的黏料浆。它更换滤布容易，卸料不用反吹，也无需用金属丝压住滤布。缺点是滤布易堵塞，当滤饼厚度超过限值时，滤饼便难卸。

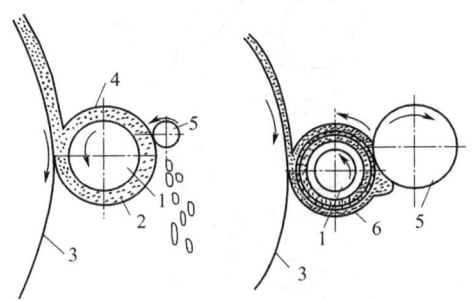

图 22-10-16　卸料辊卸料方式

1—卸料辊；2—滤饼；3—转鼓；4—薄滤饼层；5—滤饼卸除辊；6—圆柱形筛

也有采用卸料辊与刮刀相结合的型式。

② 上部加料转鼓真空过滤机[1,5]　料浆为大颗粒的物料，由于颗粒沉降速度很快，不能使用一般类型的转鼓过滤机，应该采用转鼓真空过滤机的改进型，如 Peterson TFR 型。料浆在接近转鼓的顶部加入到正在上升的转鼓表面上，在底部卸除的滤饼落入收集槽，几乎

是在一半转鼓的表面进行过滤和干燥。

③ 无格式转鼓真空过滤机[1]   无格式转鼓真空过滤机在结构上没有分配头,转鼓内也无配管,所以真空系统的压力损失少,操作中转鼓内全部被抽成真空;没有刮削器或钢丝而采用脉动的反吹空气除去滤饼;取消了机械搅拌装置,专门设计了锥形加料器用来防止料浆的沉淀;由于转鼓的转速很高,形成的薄层滤饼排液速率很大,转鼓的有效工作面积大。为了适应不同的情况采用溢流手段来维持操作液面。

无格式转鼓真空过滤机具有很高的处理能力,用于处理过滤性能好的料浆,以效率高著称。最大转鼓直径为 1.5m。主要的优点是能生成薄层滤饼,产量高,洗涤效果好,并能单独收集洗液和滤液,空气和滤液流动阻力小,单位面积的过滤能力大,滤布不易堵塞,寿命长。缺点是真空源的容量大,投资多。

④ 预敷层转鼓真空过滤机[3,5,7]   这类过滤机是普通转鼓真空过滤机的改进型。它的独特的过滤和卸饼手段已为许多难处理又需连续过滤或澄清的产品开辟了新途径,尤其适合处理黏性大、胶体状的或带有包含在胶体中微量固体颗粒的溶液。

在操作过程中,首先将已经选择的预敷滤料在转鼓表面进行过滤,形成有一定厚度的预敷层,预敷层起一个架桥的作用;然后再在料槽中送入需过滤的料浆,固体颗粒在预敷层表面沉积形成滤饼层,预敷层可以保证那些黏性大、胶体状的或包含在胶体中的微量固体颗粒,在过滤开始后不与过滤介质直接接触而堵塞滤布,经滤清的液体进入过滤设备的排液槽内。

当转鼓转动时,开始过滤的固体颗粒薄层连续在表面上生成滤饼,并在旋转中依次通过洗涤和干燥区域至卸渣点。在卸渣点给进的刮刀刮下固体薄片。清洗过后的转鼓转至料槽下部继续吸滤生成滤饼层,如图 22-10-17 所示。预敷层转鼓真空过滤,可以有恒定的、较高的过滤速率,良好的澄清过程。预敷层颗粒组成、厚度、连续过滤和澄清的周期等,均应由物料的性质与生产的要求通过实验来确定。

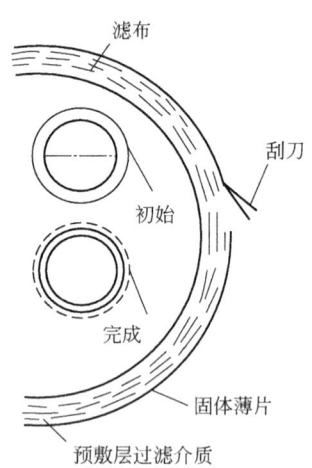

图 22-10-17 预敷层转鼓真空过滤机操作示意图

⑤ 外滤面转鼓真空过滤机的主要技术特性   外滤面转鼓真空过滤机的主要技术特性如表 22-10-3 所示[17]。

外滤面转鼓真空过滤机已应用于下列物质的过滤操作:偶氮染料、石棉、硅酸铝胶、砷酸钙和亚砷酸钙、碳酸氢钠、钒酸、钨酸、钨酸铝、氢氧化铝、氢氧化亚镍、石墨、高岭土、碳酸钙、碳酸镁、碳酸锌、淀粉、硅氟酸、冰晶石、锌钡白、精选铜矿、白垩、偏碳酸、菱镁矿、石油脱蜡、萘、铁钒合金废水、磷酸钙肥料、萤石、硫酸钒、硫酸铬、硫酸锌、磷酸石膏、氟盐、水泥渣等。

表 22-10-3 外滤面转鼓真空过滤机的主要技术特性[17]

过滤面积/m²	转鼓直径/m		转鼓转速/r·min⁻¹	过滤面积/m²	转鼓直径/m		转鼓转速/r·min⁻¹
	第1系列	第2系列			第1系列	第2系列	
0.25,0.5	0.5	—	0.08~16	30,35		2.7	0.08~16
1,2	1.0			40,45	3	3.35	
3,4	1.6	1.25,1.75		50		3.5	
5				60,65	3.5	3.35	
6		1.8		70,75		4.0	
8,10	2.0	2.25		85			
13		2.6		100	4.0	—	
15,20,25	2.5	2.4,2.6					

注：转鼓转速一般为 0.08~4.5r·min⁻¹。

国外外滤面转鼓真空过滤机的过滤面积最大可达 131.9m²，转鼓直径为 4.2m。

(9) 内滤面转鼓真空过滤机[12] 内滤面转鼓真空过滤机的过滤表面在转鼓的内部，适用于过滤固相粒子粗细不同且沉降速度大（大于 8mm·s⁻¹）的悬浮液。工作原理如图 22-10-18所示。转鼓水平放置在托轮上，并在托轮的带动下旋转。悬浮液经输送管送入转鼓内部，转鼓内壁焊有纵向板条，板条上铺设筛板和滤布，从而在转鼓、板条和滤布间形成若干个滤室。转鼓旋转时，滤室与轴颈上的分配头连接，各滤室按顺序通过四个区完成一个工作周期，若干个滤室在不同时间相继通过同一区域即构成过滤机的连续工作。自动回转阀控制各室的真空度，和普通转鼓真空过滤机一样，仅能利用一半过滤面积。在浸液的下部形成

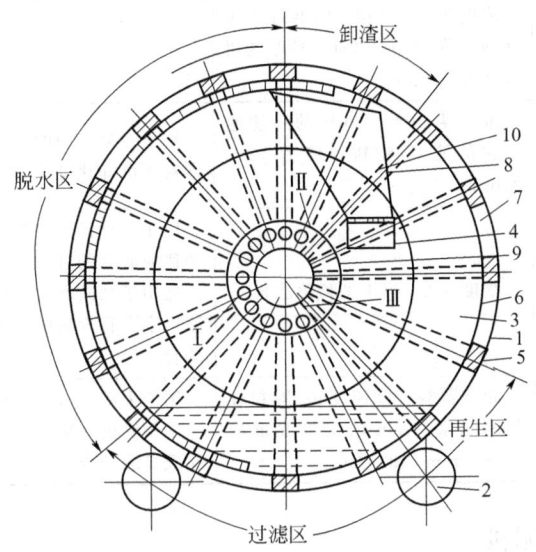

图 22-10-18 内滤面转鼓真空过滤机工作原理

1—转鼓；2—托轮；3—挡液板；4—带式输送机；5—纵向板条；
6—滤布；7—过滤室；8—管道；9—分配头；10—料斗

滤饼,当它上升时不仅进行脱液而且可以进行洗涤,卸除的滤饼通过过滤机敞口落入槽式输送机排出。内滤面转鼓真空过滤机的转鼓直径一般为 1.2～4.2m,过滤面积为 1.5～25m²,我国最大的内滤面转鼓真空过滤机的过滤面积为 40m²。

优点:a. 不需要料浆槽和搅拌装置,成本低;b. 能适应进料浓度的变化;c. 由于过滤在转鼓的内侧,很容易对这种过滤机采取保温措施。

缺点:a. 转鼓表面积只有一部分得到利用;b. 由于循环时间短,洗涤时间有限,且洗涤液只能以与重力相反的方向流动;c. 滤饼需要有一定的黏性,否则到卸料位置前便会脱落,使真空度下降,进料料浆流量亦会发生变化;d. 湿槽卸料只适宜于卸除易碎的滤饼;e. 更换滤布困难。

内滤面转鼓真空过滤机[12]主要应用于矿石和湿法冶金中,已在精选铅矿、锌矿、铜矿、磷精矿、浮选铁矿、浮选铁精矿、铅精矿、磁选铁精矿、混合铁精矿等选矿行业得到广泛应用。

(10) 转鼓真空过滤机的型式及其适用范围 见表 22-10-4。

表 22-10-4　转鼓真空过滤机的型式及其适用范围[3,4,7]

机型		适用的滤浆	适用范围及注意事项
外滤面转鼓真空过滤机	刮刀卸料式	浓度为 5%～60%的中～低过滤速度的滤浆,滤饼不黏且厚度超过 5～6mm	是用途最广的机型,适用于化学工业、冶金、矿山、废水处理等领域
	绳索卸料式	浓度为 5%～60%的中～低过滤速度的滤浆,滤饼厚度超过 1.6～5mm	对于固体颗粒在滤浆槽内几乎不能悬浮的滤浆、滤饼通气性好,滤饼在自重下易从转鼓上脱落的滤浆不适宜
	折带卸料式	浓度为 2%～65%的中～低过滤速度的滤浆,5min 内必须在转鼓面上形成超过 3mm 厚的均匀滤饼	滤饼的洗涤效果不如水平带式、翻斗式和转台式
	卸料辊卸料式	浓度为 5%～40%的低过滤速度的滤浆,滤饼有黏性,且厚度超过 0.5～2mm	
上部加料式转鼓真空过滤机		浓度为 10%～70%的过滤速度快的滤浆,滤饼厚度为 12～20mm	用于含盐水中的结晶盐和结晶性化工产品的过滤,即对于沉降速度快,颗粒粗的滤浆适宜
预敷层转鼓真空过滤机		浓度为 2%以下的稀薄滤浆	用于各种稀薄滤浆的澄清过滤,适用于糊状、胶质和稀薄滤浆的过滤; 适用于细微颗粒易堵塞过滤介质的难过滤滤浆,但滤饼中含有少量助滤剂,所以不宜用在滤饼为产品的场合
内滤面转鼓真空过滤机		固体颗粒沉降速度快,颗粒较粗的滤浆,1min 内至少要形成 15～20mm 厚的滤饼	用于采矿、冶金工业; 用于滤饼易从滤布上脱落的场合,不宜用在滤饼需要洗涤的场合

10.3.2.2　圆盘真空过滤机[5,6]

圆盘真空过滤机是一种连续操作的回转真空过滤机,国产 P40/4-L 圆盘真空过滤机如图 22-10-19 所示。结构是由许多等距的安装在空心轴上的过滤圆盘组成的,由齿轮带动空心轴旋转。被分割成扇面的过滤圆盘材质为铝,也可用其他金属、塑料或木材制造,圆盘平

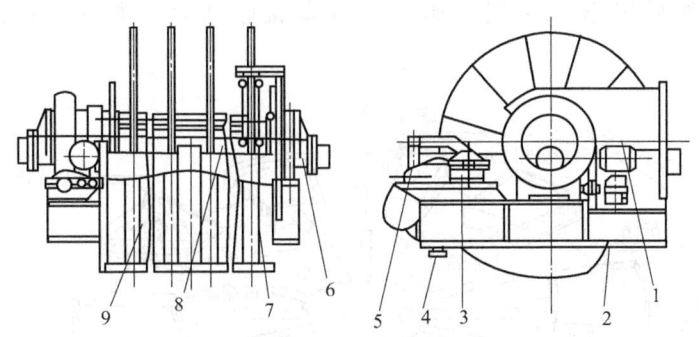

图 22-10-19 P40/4-L 圆盘真空过滤机

1—过滤盘；2—主传动机构；3—搅拌传动机构；4—瞬时吹风系统；

5—搅拌器；6—分配头；7—刮板；8—主轴；9—槽体

面上都有肋条以便用来支撑滤布，形成排液通道。

每个扇形面有一个排液嘴，通过中心轴上的径向孔流入导液总管。每个扇形面都可单独更换。

套装在扇形面上的滤袋在排液嘴处用软带把袋口扎紧，同时装上橡胶圈可在导管和中心轴之间形成牢固的接口。通过料浆底部的多支路管提供料液。多余部分通过过滤机料浆的溢流口返回到供料槽，过滤过程结束后，可用刮刀或小型喷嘴卸料。

圆盘真空过滤机产品系列、规格见参考文献 [18]。

10.3.2.3　转台真空过滤机[1,5,6]

这种过滤机实际上是一个由若干扇形平盘组成的旋转环形转台，如图 22-10-20 所示。每一个扇形平台上铺设一层过滤介质，即形成一个过滤室。在转台的下方，直接与自动旋转阀相通的排水室与真空装置相连，为过滤室提供真空。料浆在加料位置由泵注入扇形盘上进行过滤，在卸饼位置，滤饼由螺旋提升机提升越过过滤机上沿抛出，但约有 3mm 厚滤饼层留在过滤介质上，用高速喷嘴吹扫，由反吹空气携带返回加料槽，重新作为料浆。可进行逆流洗涤。过滤过程在加料位置与卸饼位置之间完成。Dorr-Oliver 转台真空过滤机的直径为 0.9～7m，有效过滤面积约占 80%。转台真空过滤机产品系列、规格见参考文献 [19]。

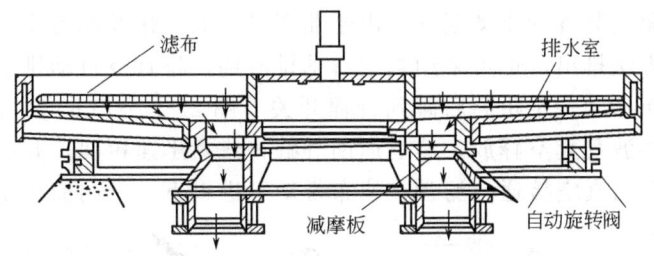

滤布　排水室　减摩板　自动旋转阀

图 22-10-20 转台真空过滤机

10.3.2.4　翻盘真空过滤机[1,5,6]

翻盘真空过滤机是转台真空过滤机的改进型式。实际上是把四条边用堰围起来的扇形盘，然后用径向臂把每个扇形盘连接到中心真空阀上，由装在圆环轨道上的滚轮带动扇形盘旋转，在滤饼卸料位置上，用一个机构使扇形盘反转，需要时，借助于空气的急剧吹扫和喷水将滤饼除掉，然后扇形盘回到初始位置准备接收新鲜的料浆。过滤的工作原理见图 22-10-21。

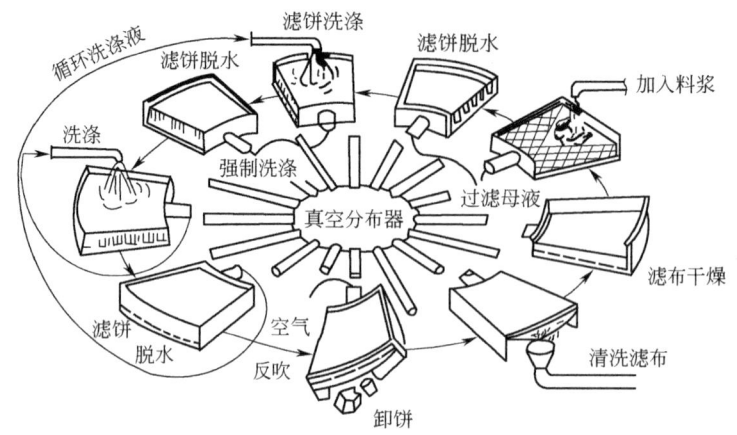

图 22-10-21　翻盘真空过滤机工作原理

与转台真空过滤机相比，翻盘真空过滤机除每个滤盘可以单独形成滤饼，能过滤黏稠的物料外，还有洗涤充分、容易卸饼、过滤介质再生冲洗效果好、适应性强等优点。而机构复杂、小型机器成本高是它的缺点。过滤机的过滤面积为 $1.5 \sim 75 m^2$。

翻盘真空过滤机产品系列、规格见参考文献 [20]。

10.3.2.5　带式真空过滤机

水平带式真空过滤机具有水平过滤面上加料和卸除滤饼方便等特点，是近年来发展最快的一种真空过滤设备。按结构原理分为移动室带式真空过滤机（DI 型）、橡胶带式真空过滤机（DU 型）、固定盘式带式真空过滤机（DJ 型）三种，分别适用于不同场合。

（1）移动室带式真空过滤机（DI 型）　图 22-10-22 为 DI 型水平带式真空过滤机的工作原理图[6]，这种型式的水平带式真空过滤机采用普通滤布作为环形滤带，工作时，由图 22-10-22(a)可见，料浆进入加料后，在真空负压的作用下料浆的液体经过滤饼、滤布、滤盘集液管后进入滤液槽，固体颗粒被滤布截留形成滤饼。滤带和滤盘在驱动辊带动下一起水平移动，滤带带着滤饼，依次经过过滤区、洗涤区而后进入抽干区使滤饼进一步脱水，形成较干燥的滤饼，在驱动装置的驱动辊处，由于曲率半径的变化及刮刀作用卸料；滤液槽内液体可采用大气腿的方法排出，也可采用真空自动排液罐，将真空自动排液罐内的滤液排向大气侧。滤盘随着滤布移动一定距离后碰到行程开关 [图 22-10-22(b)]，在气控系统作用下，通过真空切换阀，将滤盘真空释放，然后返回气缸将滤盘迅速拉回，并触发行程开关，通过切换阀动作，使滤盘与真空接通，滤盘在滤布带动下进入下一个向前移动的工作阶段。如此

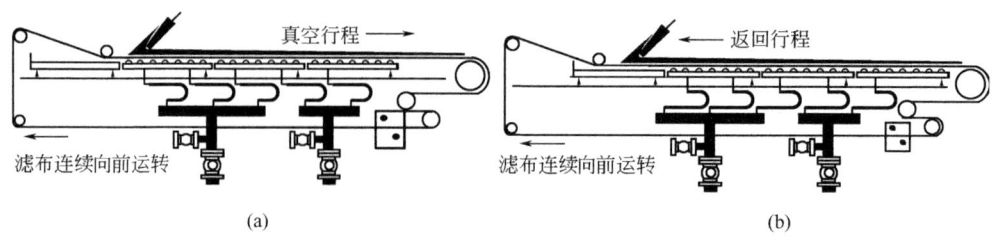

图 22-10-22　DI 型水平带式真空过滤机工作原理图

反复动作，滤布则连续向前移动。

图 22-10-23 为 DI 型带式真空过滤机的结构简图，它主要由进料装置、真空室（滤盘）、驱动装置、滤布清洗装置、滤布张紧装置、滤布纠偏辊、滤布改向辊以及气控箱、真空切换阀、卸料刮刀等组成。其特点是：加料、过滤、洗涤、卸滤饼、滤布再生可连续自动完成，自动化程度高，维护费用较低；可对物料进行多级平流或逆流洗涤，滤饼洗涤效率高，可得到高浓度的洗液；过滤液（母液）和洗涤液可分开收集；对过滤性差、黏度高的物料，可实现薄层快速过滤；模块式设计，可灵活组合，调节设备的过滤面积和过滤区、洗涤区、吸干区的比例，适应性强；采用 PLC 控制，便于远程及集中控制。

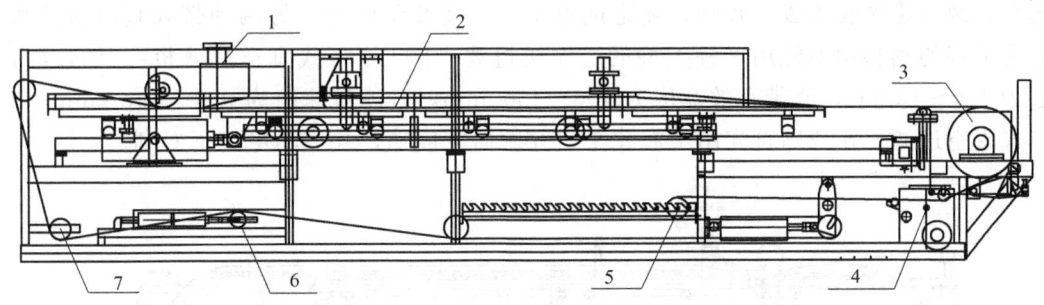

图 22-10-23　DI 型带式真空过滤机结构简图

1—进料装置；2—真空室；3—驱动装置；4—滤布清洗装置；5—滤布张紧装置；
6—滤布纠偏辊；7—滤布改向辊

缺点是返回行程是空载，因而相对橡胶带式真空过滤机，生产效率较低。DI 型带式真空过滤机[2]的过滤面积一般为 $0.6\sim56\text{m}^2$，滤带有效宽度为 $315\sim3150\text{mm}$，过滤带速度为 $0.3\sim6\text{m}\cdot\text{min}^{-1}$。

（2）橡胶带式真空过滤机（DU 型）　图 22-10-24 为 DU 型橡胶带式真空过滤机的工作原理图[6]。从图可见，物料进入设备后，在真空负压的作用下物料中液体经过滤饼、滤布、真空室至气液分离器后排出，而固相颗粒由于滤布的拦截作用，支撑滤布的橡胶带在驱动辊的带动下带着滤布和滤饼向前移动至洗涤区用洗涤水洗涤滤饼，而后进入干燥区，由于真空抽吸作用，空气通过滤饼的毛细管，把毛细管中的液体置换排出从而使滤饼进一步脱水，形

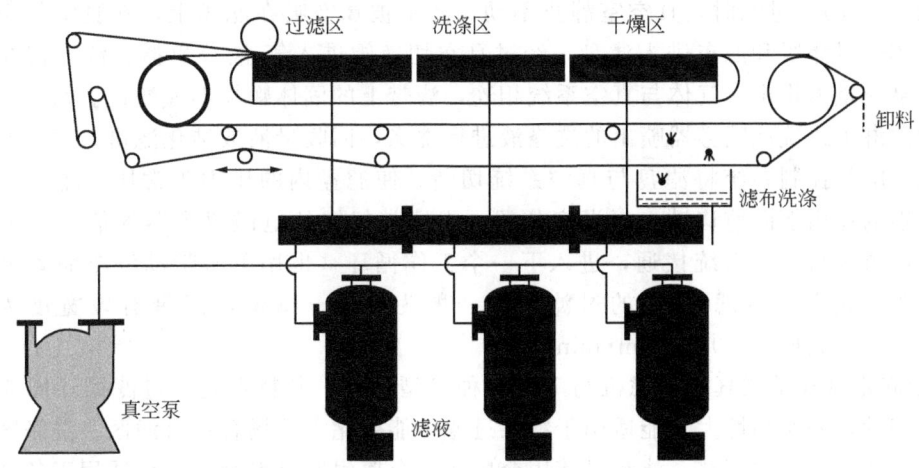

图 22-10-24　DU 型橡胶带式真空过滤机工作原理图

成比较干燥的滤饼并在卸料辊处排出。

图 22-10-25 为 DU 型橡胶带式真空过滤机结构简图。它由转向辊、从动辊、加料箱、隔离器、真空箱、驱动辊、滤布清洗、胶带托辊、纠偏装置和滤布张紧辊等组成。这种型式带滤机采用一条橡胶脱液带（简称橡胶带）作为支撑带，橡胶带上开有相当密的沟槽，沟槽中开有贯穿孔，滤布放在橡胶带上，真空箱通过真空总管和真空泵相连，从而在滤布和胶带之间形成了真空抽吸区，胶带和真空盒之间有以水来润滑的摩擦带，以减少胶带移动过程中和真空盒之间的摩擦，延长胶带的使用寿命。优点是由于橡胶带本身的强度足已支撑滤布承受真空吸力，因此滤布本身不受力，滤布寿命较长，特别适用于料浆过滤速度快、处理量大的场合；缺点是橡胶带成本较高，需定期更换，安装及调试均比另两种带式真空过滤机难，所有含溶剂的物料均不能用这种类型的过滤机过滤。DU 型带式真空过滤机[21]的过滤面积一般为 $1.0 \sim 135 m^2$，滤带有效宽度为 $400 \sim 4500 mm$，过滤带速度为 $0.3 \sim 30 m \cdot min^{-1}$。橡胶带式真空过滤机在我国首先由上海化工研究院研究成功，并成功申请了专利。

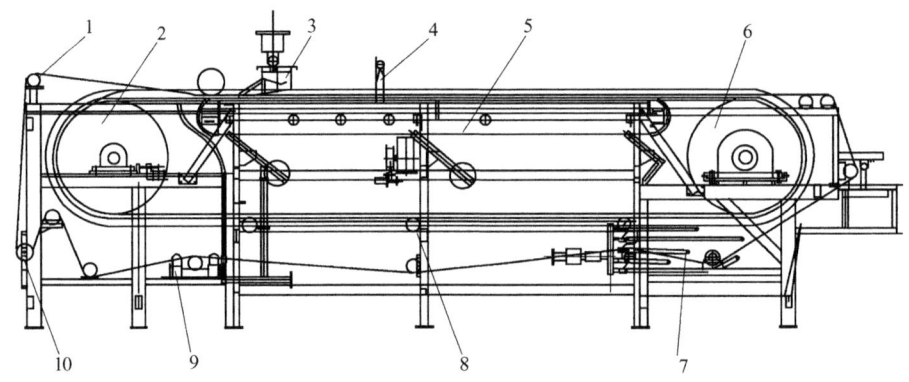

图 22-10-25　DU 型橡胶带式真空过滤机结构简图

1—转向辊；2—从动辊；3—加料箱；4—隔离器；5—真空箱；6—驱动辊；

7—滤布清洗；8—胶带托辊；9—纠偏装置；10—滤布张紧辊

(3) 固定盘式带式真空过滤机（DJ 型）　DJ 型固定盘式带式真空过滤机[21]也是用滤布制成环形滤带，料浆和洗涤液连续地加到水平放置的覆有滤布的滤盘上，滤盘与真空系统接通（图 22-10-26）。过滤时，真空室静止不动，滤带被真空吸在滤盘上，在真空作用下，料浆中的液体经过滤饼和滤布进入滤盘，经过真空切换阀进入气-液分离器。滤液留在分离器内，依靠泵或重力排出，气体与真空系统相连，滤带上的固体颗粒形成滤饼。在洗涤区滤饼由洗涤槽内淋下或洗涤喷雾器喷出的洗涤液进行洗涤，回收母液或纯化滤饼。当过滤进行一定时间后，电气控制系统将滤盘与真空系统切断，使滤盘内的压力为常压，滤布在撑带气缸、撑带辊的作用下向前移动，至设定位置，由撑带气缸的电磁感应器的信号、通过 PLC 发出，滤盘再次与真空系统接通，进入下一个工作循环（也用电机带动滤布而省去撑带气缸）。DJ 型带式真空过滤机[12]的过滤面积一般为 $0.6 \sim 28 m^2$，滤带有效宽度为 $315 \sim 2000 mm$，过滤带速度为 $0.3 \sim 6 m \cdot min^{-1}$。

DJ 型固定盘式带式真空过滤机与上述两种机型相比，其特点是：过滤循环周期可以在大范围内变动，操作弹性大，能适用于料浆过滤性能变化大的场合；过滤区、洗涤区、吸干区的分布可按工艺要求调整；滤盘可使用金属或非金属耐腐材料制造，可适用于各种耐腐性强的物料；可附加滤饼的压干及吹干区，滤饼的含湿率低；可附加密闭装置，用于过滤洗涤

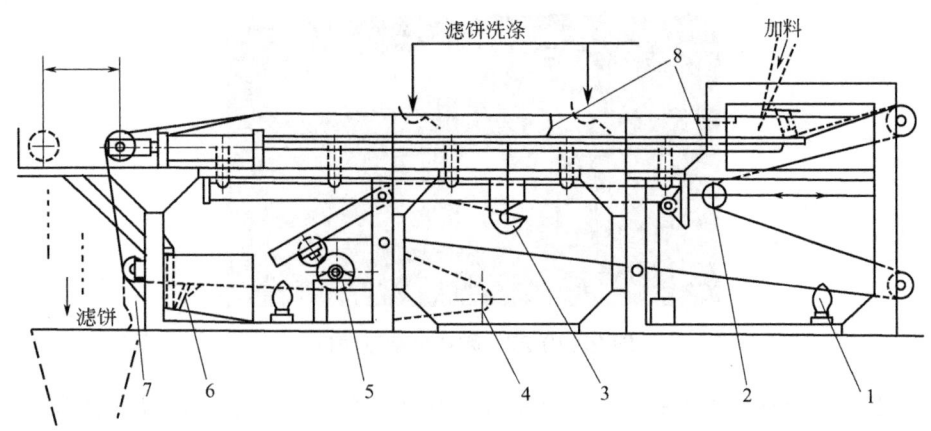

图 22-10-26 DJ 型固定盘式带式真空过滤机简图

1—滤带纠偏装置；2—滤带张紧装置；3—排气阀和真空阀；4—移动滤布气缸；
5—滤带传动辊；6—滤带冲洗装置；7—卸料装置；8—堰

有毒或易挥发料浆。

和其他真空过滤机相比，水平带式真空过滤机的优点是：适用于处理难以机械输送的易碎物料和沉降快、易絮凝的物料；滤布不易堵塞，工作周期短，单位过滤面积的处理能力大；可以最大限度地保持真空度；洗涤效果好，对物料的适用性好；滤饼厚度可调，操作弹性大。带式真空过滤机的缺点为：占地面积大。水平带式真空过滤机的性能是通过真空度和滤带速度两个主要操作变量调整的，滤带速度快慢，需根据物料过滤性能好坏来定。实际过程要根据物料的工艺条件，通过试验选择适当的真空度及适宜的滤带速度。

水平带式真空过滤机的适用范围很广，可应用于化工、制药（包括酶类及各种抗生素）、食品、冶金、矿山、农药、造纸、染料、污水处理等行业。对于沉降速度较快的物料的分离性能尤佳，当滤饼需逆流洗涤时更为优良。在冶金矿山行业，可用来处理铅锌、钒渣、铀矿水冶、黄金、仲钨酸铵、五氧化二钒、碳酸锰；合成树脂行业，可用来处理 ABS 树脂；催化剂行业，可用来处理氢氧化铝；肥料行业，可用来处理钾肥；农药行业，可用来处理四硝基间甲酚、40％嘧啶氧磷乳剂；食品行业，可用来处理柠檬酸、硫酸钙；在废水处理行业，可用来处理硫酸污泥、燃煤尘浆、含氟石灰；化工原料行业，处理硫酸铝残渣、火电厂烟气脱硫中石膏脱水等[6]。

美国 Dorr-Oliver 公司还开发了一种连续移动室带式真空过滤机。它结合了固定室式和移动室式过滤机的优点，应用前景较为宽广。主要特点是原来不可拆的真空滤室由许多个可分开或合拢的小滤盘代替，实现了滤盘和滤布一起向前移动，因而不必使用真空切换阀，控制系统也更加简单、工作可靠，同时降低了成本[6]。

10.3.2.6 陶瓷真空过滤机[4,7]

(1) 陶瓷真空过滤机原理 陶瓷真空过滤机（图 22-10-27）在 20 世纪 80 年代首见于芬兰奥托昆普申请的专利，采用的过滤介质是涂膜陶瓷板，至 90 年代已经出现以毛细作用为作用原理的 CC 系列过滤机用于有色金属，如 Cu、Al、Pb、Zn、Ni 等精矿的脱水。这种陶瓷过滤介质由普通硬质高密度陶瓷制成。它的过滤原理是：由于采用亲水性陶瓷作滤片，取代了滤布及传统的立式压滤机，而且陶瓷滤片的开孔率很高（>50％～60％），每个小孔相

图 22-10-27　陶瓷真空过滤机

当于 1 个毛细管,与真空系统相连后,微孔中的水可以阻止气体通过,减少对消耗空气所做的功,所以只需一台很小的真空泵,(45m² 陶瓷过滤机只需配 2.2kW 的真空泵)其处理能力大,滤饼含水低。

(2) 陶瓷真空过滤机的结构简介[7,12]　陶瓷真空过滤机由转子、分配头、搅拌器、刮刀、料浆槽及反冲清洗系统组成。过滤开始时,浸没在料浆槽的陶瓷过滤板在真空的作用下,在陶瓷板表面形成一层较厚的颗粒堆积层,滤液通过陶瓷板过滤至分配头达到真空罐;在干燥区,滤饼在真空作用下继续脱水,使滤饼进一步干燥;滤饼干燥后,在卸料区时被刮刀刮下通过皮带输送至所需的地方;卸料后的陶瓷板最后进入反冲洗区,经过滤后的反冲洗液通过分配头进入陶瓷板,冲洗堵塞在陶瓷板微孔上的颗粒,至此完成一个过滤操作循环。当过滤机运行较长时间后,可以采用超声及化学介质联合清洗以保持过滤机的高效运行。目前该设备已广泛用于矿山、有色金属、黑色金属、非金属等精矿及尾矿脱水,化工行业氧化物,制药及环保污水污泥废酸处理,电解渣、浸出渣、炉渣的脱水等[22,23]。

我国陶瓷圆盘真空过滤机主要技术参数见表 22-10-5。

表 22-10-5　陶瓷圆盘真空过滤机主要技术参数[24]

项目	单位	参数	
过滤面积	m²	第Ⅰ系列	1,2,6,9,15,21,24,30,36,45,60,80,100,120,144,150
		第Ⅱ系列	3,4,8,10,12,18,20,27,33,39,42,52,110,130
主轴转鼓体上单元盘过滤面积	m²	1,2,3,4,5,6	
主轴转鼓体转速	r·min⁻¹	0.3~3	

10.3.2.7　圆盘真空增浓过滤装置[3,6]

增浓过滤装置是用来除去部分液体以增加悬浮液固体浓度的设备。进行增浓的目的是作为过滤过程的预处理以提高经济性,并满足某些操作过程的需要,提高悬浮液的含固量。

圆盘真空增浓过滤装置主要是由一个分割成扇形面的圆盘过滤元件和真空分配阀,另有真空、蒸汽或残液反吹控制阀系统及料浆罐等,圆盘过滤元件全部浸入料浆罐的料浆中,真空分配阀提供过滤所需的真空度,可在任一要求的部位进行空气、蒸汽或残液反吹,圆盘真空增浓过滤装置,如图 22-10-28 所示。这种过滤装置的过滤操作进行到盘上积聚了相当厚度的滤饼为止,于是卸除的滤饼落入筒内,滤饼迅速降落在锥形底部,用隔膜泵连续地抽出,并准备重新开始下一个操作循环。

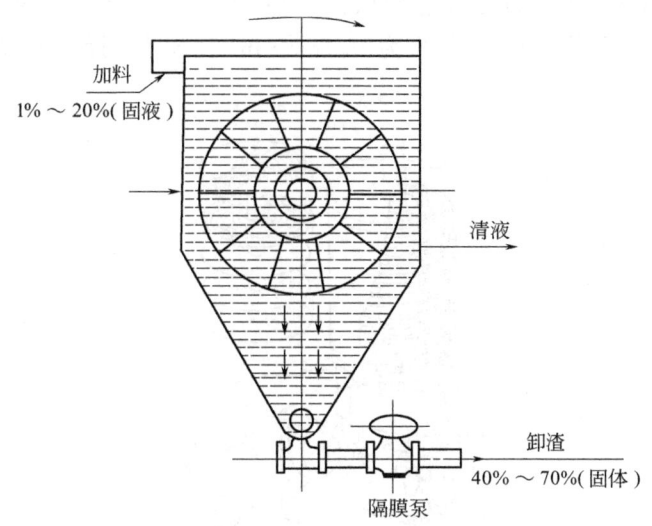

图 22-10-28　圆盘真空增浓过滤装置

10.3.3　深层（澄清）过滤装置

澄清过滤器用于分离仅含微量极细颗粒的悬浮液，有时也叫作精细过滤器。物料的固体含量在 0.1% 以下，颗粒直径一般为 $0.01 \sim 100 \mu m$。由于需要除去的固体量太少，或由于固体颗粒截留在过滤介质内部，而不是在过滤介质的表面过滤。在饮料和水的过滤、药物过滤、燃料油和润滑油的澄清、电镀液调整以及干洗剂回收等领域应用很广。

多数滤饼式过滤装置能起到澄清作用，但效率很低。已经开发了许多澄清过滤器可专门用于澄清和精滤，费用较低。澄清过滤器有盘式压滤器和预敷层压滤器、滤筒式澄清过滤器和膜滤器等。

10.3.3.1　盘式压滤器

这一类型的压滤器是用多层棉纱纤维压制的过滤元件，多层滤纸或其他材料作为过滤介质，已广泛用于饮料、电镀溶液以及其他含有极少量悬浮物质的低黏度液体的提纯。盘式压滤器是指在封闭的压力容器内装入由纤维编织物制造组成的盘状组合件设备。过滤盘可预先组装成自撑式组件，如图 22-10-29 所示；或者把每一块过滤盘相对搁放在每个滤网骨架上，

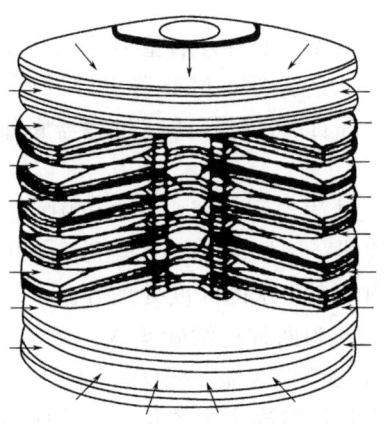

图 22-10-29　预组装式盘式压滤器组件

当过滤器密封后，盘式组合件就处于密封状态，如图 22-10-30 所示。滤液通过这些过滤盘进入中央或四周的流出管。流速大约为 $0.1m^3 \cdot m^{-2} \cdot s^{-1}$。操作压力正常操作时不超过 0.34MPa。

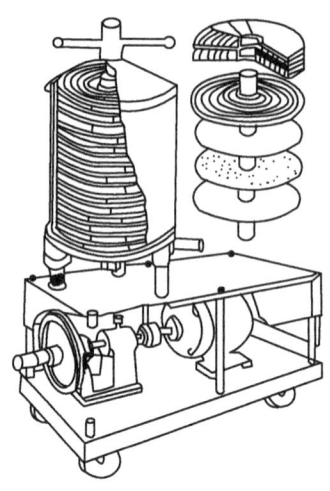

图 22-10-30　盘式压滤器

10.3.3.2　预敷层压滤器

预敷层压滤器是由一个或者多个滤叶、滤板和过滤管组成的。由硅藻土或其他助滤剂沉积在这些过滤介质表面形成过滤面。当处理含胶体状或黏性很大颗粒料浆时，为了获得较高的平均过滤速度，可在料浆中掺加助滤剂。这类压滤器广泛用于清洗剂的回收、游泳池污水的澄清等。

预敷层压滤器的滤芯有多种形式。例如：装在垂直圆筒内的衬有滤网的矩形滤叶、装在水平圆筒内带有覆盖层滤网的垂直圆形滤叶、圆形多空陶瓷滤叶、金属线缠绕式圆形滤叶、微孔碳、金属布或微孔不锈钢片和纤维覆盖物等。这种过滤器可以单独拆下每一个滤叶后进行检查或更换。

多数预敷层压滤器新产品的特点取决于过滤循环结束后所使用的卸渣方法。卸渣方法有用水反冲、空气反吹、喷射、振动、刮削、离心作用以及采用各种液流喷射机构。

10.3.3.3　快速深层过滤设备[25]

深层过滤设备的种类很多，主要类型有开启重力式和密闭压力式两大类。

(1) 开启重力式　结构简单，造价低，过滤器下部的砾石粒度从 35～40mm 到 3mm，砾石下可用多孔板支承，其上是砾石层、砂层等。过滤器底部有筛板，进水、气管道等。图 22-10-31 为上流式圆筒形砂滤器。

图 22-10-32 为放射水平流式砂滤器示意图，进水由中心管向四周经过砂滤层后流出。

(2) 密闭压力式　加压砂滤器，用压缩空气（或利用静压水头）加压，这种压力砂滤器已得到广泛应用，包括游泳池用水、污水的深度处理等。

(3) 连续砂滤器　图 22-10-33 为两种连续砂滤器。

Tenten 型连续砂滤器是用压缩空气使滤砂循环，入料从中心放射状通过砂层，上部圆锥的设计要使返回的净砂能形成其自然静止摩擦角（自然倾角）。用于过滤的砂粒慢慢下降，同时收集悬浮液中沉淀的颗粒，然后通过机体外的空气提升管道将砂净化后再返回到过滤

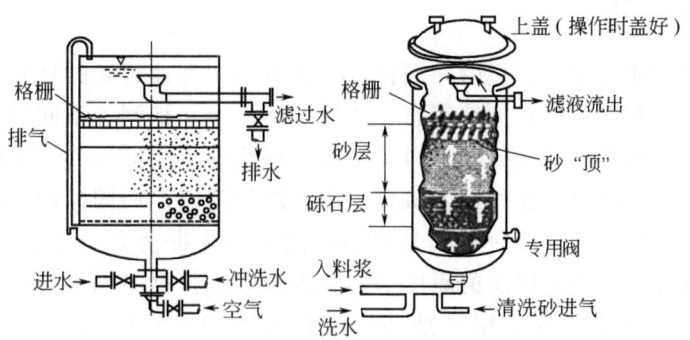

图 22-10-31 上流式圆筒形砂滤器

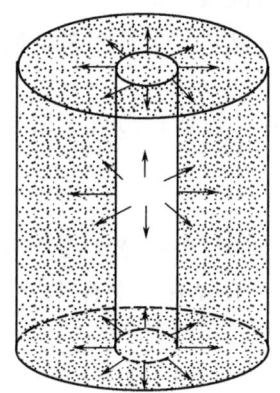

图 22-10-32 放射水平流式砂滤器示意图

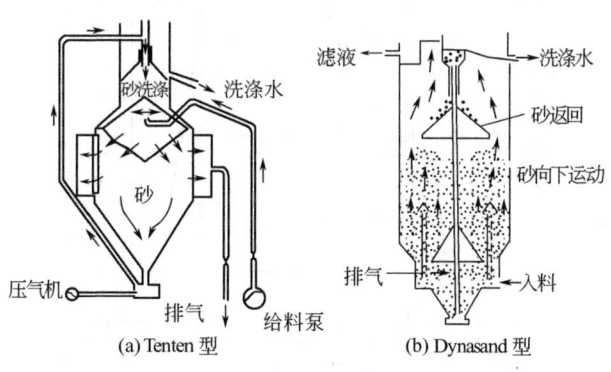

(a) Tenten 型　　　(b) Dynasand 型

图 22-10-33 两种连续砂滤器示意图

机，铺落在设备的上层；滤液则从上部透过多孔壁流出。此设备已用于三次水处理、工业造纸废水处理、废水除铁等场合。排水的 BOD（生化需氧量）：悬浮固体为 10：10（$mg \cdot L^{-1}$）。

Dynasand 型是连续反洗的上流砂滤器，料液和下降的砂对流，在砂的上层收集滤液。连续空气提升清洗和循环介质，洗涤水液面在滤液出口下一点。Dynasand 型连续砂滤器操作成本较低，可以与 Lamella 重力沉降器组配套为最终的精处理。

10. 4   离心过滤机

离心过滤机有多种类型，它们的共同特点是具有一个高速旋转的且开有多个滤液通孔的转鼓，在转鼓的内表面分别敷有如编织布、金属丝网、金属板网等不同的过滤介质。当料浆定量加入转鼓内时，高速转动转鼓带动料浆旋转，料浆获得惯性离心力而向鼓壁运动，液体通过过滤介质的孔道经鼓壁开孔处进入机壳，由出液管流出。而固体颗粒被挡在过滤介质的内表面形成滤饼层。所以，离心过滤机是以惯性离心力为推动力，用过滤方式来分离固-液两相悬浮液的过滤机械。当滤饼层的厚度增到预定值时，依据不同机型的卸料方式，将滤饼卸除，需要洗涤滤饼或需要最大限度地回收滤饼内夹带的液体时，可在滤饼表面喷洒洗涤液。

离心过滤机的推动力是分离因数 F_r 的函数，F_r 由转鼓半径、转鼓转数决定，$F_r = R\omega^2/g$。由于转鼓转数受到使用的转鼓材料的机械性能、传动构件的结构及加工安装精度、支撑型式等因数的限制，而不能无限提高，所以，对于不同类型的离心过滤机其分离因数均限制在一定范围，一般为几百至几千。

离心过滤机适用于处理中粗颗粒并形成近似可压缩与不可压缩性滤饼的物料。

10. 4. 1   离心操作循环[3,4,7]

在过滤操作中，形成移动滤饼层的属于连续式操作离心机，形成固定滤饼层的是间歇式操作离心机。间歇式操作的离心机一般含有七个操作阶段，图 22-10-34 表示了一个典型的操作循环，分述如下：

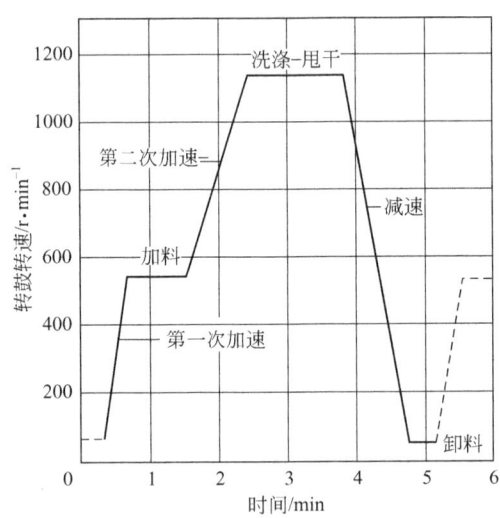

图 22-10-34   间歇式过滤离心机的操作循环

（1）第一次加速阶段   这是指转鼓启动加速到加料所需的速度。加速所需的时间与转鼓的惯性矩以及驱动电机启动转矩有关。

（2）加料阶段   如果待过滤的料液体积小于转鼓容料体积，加料可以采用尽可能高的速度。如果加料体积大于转鼓容料体积，则加料速度应固定在当加料阀不断开闭、料液将充满转鼓时的速度。选择加料速度应考虑能够形成均匀分布的滤饼层。

第22篇

（3）**第二次加速阶段** 在加料停止后，转鼓就可加速到最高速度以尽快地脱除母液，这一时间长短的选择取决于操作工艺条件及电机特性。对于某些离心机进行过滤操作时，还设置了加料后的全速运转阶段，这一阶段直至料液面下降到滤饼层表面位置。在料液面未达到滤饼层表面之前，一般不应进行洗涤操作，否则洗涤液和剩余料液因未分开而沾污，使洗涤效率低下。

（4）**洗涤阶段** 在洗涤阶段加入洗液的最大深度为转鼓的拦液板的内缘尺寸，运转至液面降至滤饼表面为止，加入洗涤速度受限于驱动电机功率，洗涤空转时间可尽量缩短，甚至降到零。

（5）**甩干阶段** 甩干阶段内，液面穿过滤饼层被尽量脱出，因而随着液面的降低，滤饼厚度也减小，完成了最后的过滤过程。

（6）**减速阶段** 减速阶段的操作线斜率与驱动系统的类别和使用特性有关，与制动系统吸收能量的速率有关。减速阶段的时间一般为 $50\sim250\mathrm{s}$。

（7）**卸料阶段** 卸料阶段的时间受多种因素的影响，它取决于卸料所需功率、滤饼卸料特性及卸料刮刀和其他装置的结构设计，一般为 $5\sim60\mathrm{s}$，对于难以用刮刀卸料的可以规定更长的时间。

综上所述，间歇操作的过滤离心机，除全速运转的刮刀卸料离心机可以省去加速阶段和减速阶段外，其余离心机的操作循环所需的时间均为上述各项之和。这是固定滤饼层过滤难以克服的缺点。

10.4.2　间歇式操作离心机

10.4.2.1　三足式、平板式离心机[4,7,26]

三足式离心机是世界上最早出现的过滤式离心机。1836 年第一台用于棉布脱水的工业用三足式离心机在德国问世后，带来了离心机与分离机的发展。由于其特殊性，迄今为止，三足式离心机仍是分离机械产品中为数最多、应用最广的过滤式离心机之一。目前国内各行业中使用的三足式离心机仍多达数万台。近年来，随着 GMP 的认证，原在医药原料加工行业使用的三足式离心机已不适应，随之一种替代机型——平板式离心机诞生。两者的工作原理完全相同，只是支撑的形式不同。三足式、平板式离心机适用于固体粒径从 $5\mu\mathrm{m}$ 至数毫米、固含量为 5%～75%的悬浮液分离，也可用于块状及成件物品（如纺织品）的脱液。目前常用的三足式、平板式离心机按其卸料方式有人工上卸料、人工下卸料、吊袋上卸料、刮刀下卸料等多种形式。

（1）**三足式、平板式离心机的特点**

① 对物料的适应性强。选用合适的过滤介质，可以分离粒径为微米级的细颗粒，也可用来进行成件物品的脱液处理。通过调整分离操作的时间，此类离心机适用于过滤难易程度不同的各种悬浮液分离，对滤饼有不同洗涤要求时也能适用。

② 此类离心机结构简单，制造、安装、维修方便，成本低，操作方便，是目前市场占有率最大的人工上卸料离心机。

③ 三足式的弹性悬挂式支承结构及平板式的弹性阻尼减振基础，能减少由不均匀负载引起的振动，使离心机运转平稳。

④ 三足式、平板式离心机的缺点是：间歇式循环操作。除机械卸料外，进料一般为静止或低速，然后升速分离，往往会由于布料的不均匀，导致离心机振动偏大，刹车片机械磨

损严重，且生产能力低。人工上卸料的此类离心机劳动强度大，操作条件差，特别是在化工等行业，敞开机壳卸料，环境污染严重，所以一般用于中小规模、投资成本较低的生产过程中。

（2）三足式、平板式离心机工作原理　三足式、平板式离心机的结构简图如图 22-10-35 所示。工作时，需分离的悬浮液（或成件物品）被加入铺有过滤介质的离心机开孔转鼓内，在惯性离心力的作用下，悬浮液向转鼓壁运动，固相颗粒被过滤介质截留，形成滤饼层；而液体和部分穿过过滤介质的颗粒，通过转鼓上开设的小孔排出转鼓，实现固-液两相的分离。根据不同的分离工艺，在形成滤饼层后，还可加入洗涤、置换液，对滤饼进行洗涤，再进行最终的甩干、脱液分离，直至达到分离要求后，降速或机械刹停，采用人工或机械方式卸饼。

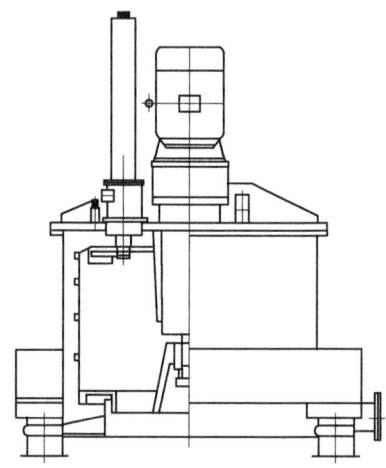

图 22-10-35　三足式、平板式离心机结构简图

（3）三足式、平板式离心机主要部件　三足式、平板式离心机主要由转鼓、主轴、底座、机壳、支承和驱动等部分构成。两者的主要区别就在于支承形式上，三足式离心机的支承为悬挂式支承，平板式离心机的支承则为弹性阻尼支承。近年来，随着此类离心机在精细化工、医药化工等行业中的应用，各种辅助功能也随之增加。

（4）卸料方式[7,26]　三足式、平板式离心机的卸料方式可分为人工与机械两类。人工卸料离心机的劳动强度大（特别是人工上部卸料形式），生产效率低，但对物料的适应性较强，不易引起固相颗粒晶体的破坏。机械卸料的三足式、平板式离心机是循环操作形式，工人劳动强度低，易于实现自动和程序控制，应用日趋广泛。

①　吊袋式卸料　采用这种卸料方式时，转鼓的拦液板与转鼓能方便地拆装，且转鼓拦液板与滤袋组合成一体。过滤结束后，离心机停止转动，通过辅助吊具将滤袋连同转鼓拦液板一并吊出进行卸料（图 22-10-36 和图 22-10-37）。这种卸料方式是人工上部卸料形式的改革，可大幅降低工人的劳动强度，但仍为间歇操作，需一定的辅助装置，常用于难以用刮刀或人工卸除的黏稠滤饼，及对滤饼质量要求较高的场合。如在柠檬酸生产及医药化工等领域较多采用。

②　刮刀下部卸料[7,26]　由于分离过程中形成的滤饼紧贴在转鼓内壁的过滤介质上，需使用机械刮刀将滤饼从转鼓内刮削，再借助重力将其从转鼓底部排料口排出。机械刮刀下卸料应在转鼓低转速时完成滤饼的刮卸。

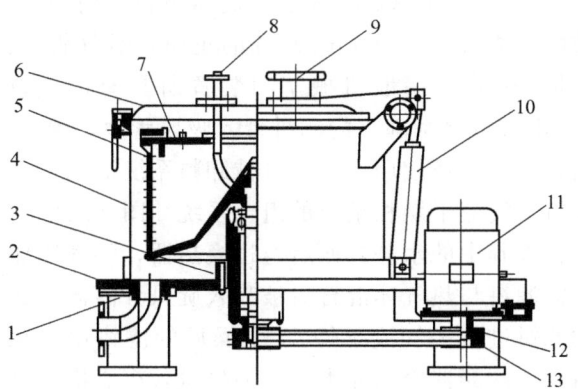

图 22-10-36 采用翻盖形式的吊袋上卸料平板式离心机结构简图

1—阻尼减震器；2—平台；3—轴承座；4—机壳；5—转鼓；6—翻盖；7—吊盘；
8—洗涤管；9—进料管；10—弹簧缸；11—电机；12—带轮；13—传动胶带

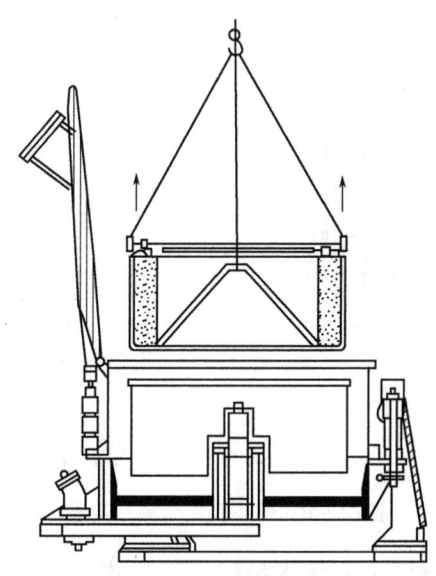

图 22-10-37 三足式吊袋卸料离心机吊袋机构

机械刮刀下部卸料三足式、平板式离心机结构上的共同特点是转鼓底部和机壳底座上均有轮辐状的筋板和大孔，以利于滤饼的外卸。机械刮刀为径向移动宽刮刀，刮刀固定于刀杆上，刀架沿两导轨作径向移动，刮刀的宽度比转鼓高度稍短，卸料时，刮削在转鼓整个高度内同时进行，故卸料迅速，但由于使用宽刮刀，刮削阻力较大，易引起振动，应在低速下刮削卸料。三足式、平板式离心机还有机械刮刀螺旋上部卸料等形式。

③ 机械刮刀-螺旋上部卸料　机构由窄刮刀和螺旋输送器组成。卸料时，离心机转鼓降至低速后，刮刀先沿径向切入滤饼层，再作轴向运动将滤饼刮下，刮削下的滤饼进入装有螺旋的输送器内，通过垂直或倾斜安装的螺旋输送器被送出离心机外。

④ 立式活塞上部卸料　是三足式、平板式离心机中唯一可连续操作的一种机型。其相当于一台立式的活塞推料离心机。其推料盘不但与转鼓同步旋转，还作轴向的往复运动，连续不断地将滤饼从转鼓上部推出。

⑤ 气流机械卸料[7,26]   气流机械卸料是利用高压风机，将空气（或氮气）送入密闭的离心机转鼓内，使转鼓内形成200～400mm水柱的正压，吸气管道的端部兼作刮刀，除其形状有利于切削滤饼外，还兼有一般机械刮刀装置所具有的摆动和轴向移动功能［图22-10-38(a)］。卸料时，由气流将刮削下的滤饼带入吸风管道，通过旋风分离器，滤饼由旋风分离器的排料口排出，气体循环使用。气流机械卸料系统适用于不易阻塞管路且较疏松的滤饼，它是采用气流卸料与气流干燥相结合的组合系统［图22-10-38(b)］。要求：离心风机送出的气体先经冷却，除去其中的水分，而后通过换热器，将气体加热至合适的温度后送入离心机转鼓内，刮削下的滤饼与热气体混合后被吸入旋风分离器，通过旋风分离器将固、气分离（期间对脱液后的滤饼进行了气流干燥）。干燥后的滤饼由旋风分离器的排料口排出，而湿热气体通过风机后进入冷凝器冷却除水，再加热送入离心机。这种组合气流系统仅适用于分离后滤饼含液量较低的晶状或分散性很好的固体[7,26]。

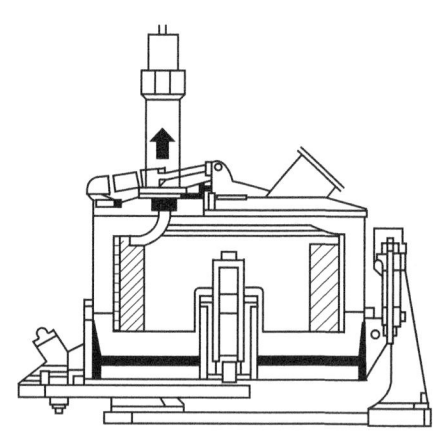
(a) 三足式气力抽送离心机结构

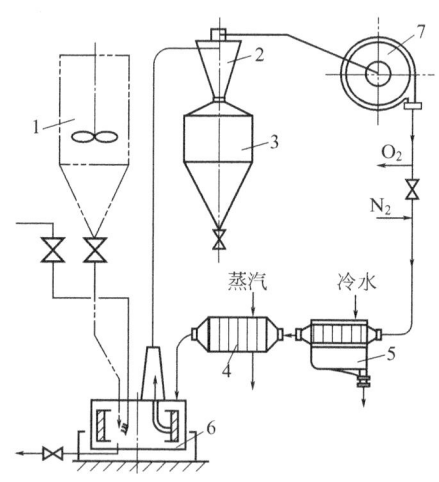
(b) 气流卸料系统示意
1—料浆高位槽；2—旋风分离器；3—产品储槽；
4—换热器；5—冷凝器；6—离心机；7—风机

图22-10-38   气流机械卸料图

（5）三足式、平板式离心机主要技术参数   三足式、平板式离心机是目前国内生产最多、应用最广泛的过滤离心机。目前国内生产的三足式、平板式离心机的主要技术参数为[12,27]：

转鼓直径   300～1600mm

转鼓转速   800～3000r·min^{-1}

转鼓容积   5～1000L

（6）三足式、平板式离心机机型选择   合理选择不同卸料方式的三足式、平板式离心机机型，有助于企业选择性价比最优的离心机。选择应遵循以下原则：

① 生产规模较大，滤饼含液量有严格要求或对滤饼的洗涤有一定要求时，一般可选用下部卸料或自动刮刀下部卸料的三足式、平板式离心机。转鼓直径以1000～1250mm为好。这种类型的三足式、平板式离心机，容积适中，分离因数为500～800，可获得含液量较低的滤饼，也可获得较好的滤饼洗涤效果。

② 三足式、平板式离心机用于纺织品或纤维脱液时，应当选用人工上部卸料的三足式、

平板式离心机。选用的转鼓直径应尽可能大而分离因数尽可能低一些，大直径转鼓可增加每批的装料量，以提高生产能力。同时，对于易脱水的纺织品类物料也不必选用高分离因数的离心机，以节省投资和操作费用。当用于小零件的洗涤脱液时，一般选用下部人工卸料的三足式、平板式离心机，分离因数也可适当低一些。

③ 当生产规模不大，且是间歇批量生产，或产品的品种经常变化，或用于分离的产品对固相颗粒外形有较高要求时，亦可选用人工上部卸料的三足式、平板式离心机。

④ 用以分离的滤饼较疏松、密度小（如羽绒），不易堵塞输送管道，可考虑选用自动抽吸上部卸料的三足式、平板式离心机。在选用这类离心机时，须考虑抽吸气流输送对物料的适应性。

⑤ 当选用刮刀卸料形式时，考虑滤饼的可剥落性、黏性、可压缩性及坚硬程度，正确地选择刮刀的宽度、形式、刮削方式及驱动形式等。建议进行模拟试验，以保证选择的正确性。

⑥ 离心机应用于医药化工、精细化工及食品加工等行业时，如对离心机的清洗有较高要求时应选用平板式离心机。虽价格较高，但其克服了三足式离心机悬挂机构外露、密封性能差等缺陷，同时在结构设计上更符合GMP的要求。

10.4.2.2 卧式刮刀卸料离心机[7,28]

卧式刮刀卸料离心机其主轴水平支承在一对滚动轴承上，转鼓装在主轴的外伸端。它用刮刀卸除转鼓中滤渣，是在全速运转下按设定的操作循环过程的全自动运转离心机。

这一类型的离心机适用于分离含固相颗粒≥0.01mm的悬浮液，固相物料可得到较好的脱水和洗涤。对物料的适应性强，可广泛用于化工、制药、制盐、轻工等行业。

卧式刮刀卸料离心机的刮刀机构有提升式和旋转式两种，刮刀有宽刮刀与窄刮刀之分。刮刀装在刀架的刀杆上，由油压系统推动其提升和旋转即可将滤渣从转鼓内卸出。

国家标准规定刮刀卸料离心机型式代号为G[12,27]，有过滤型（—），虹吸型（H），双转鼓型（S）。刮刀有旋转宽刮刀（K）、旋转窄刮刀（Z）、提升窄刮刀（T）。卸料方式有斜槽排渣（—）、螺旋排渣（L）、密闭防爆（F）等。例如代号为GK800-N型，表示转鼓直径为800mm，宽刮刀，斜槽排渣，耐腐材料的卧式刮刀卸料离心机。

图22-10-39为卧式刮刀卸料离心机结构示意图。

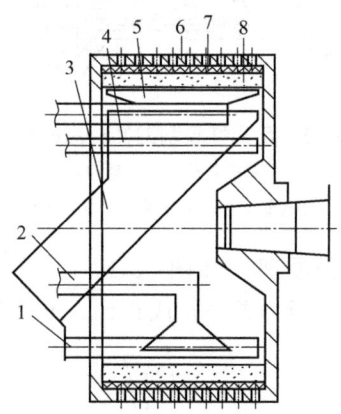

图 22-10-39 卧式刮刀卸料离心机结构示意图

1—耙齿；2—进料管；3—料斗；4—洗涤液管；5—刮刀；6—转鼓；7—过滤介质；8—滤饼层

　　卧式刮刀卸料离心机的优点是处理量大，分离与洗涤效果好，各工序可视物料的工艺而加以调整，适应性好。缺点是振动较大，刮刀容易磨损，固相颗粒容易破碎。由于刮刀卸料后转鼓网上仍留有一层薄滤饼，对分离效果有影响，因此，不适用于易使滤网堵塞而又无法再生的物料。

　　卧式刮刀卸料离心机主要技术参数见参考文献［12，28］。

　　国内目前生产的卧式刮刀卸料离心机的主要技术参数为：

转鼓直径　　450～2000mm

转鼓转速　　800～3000r·min^{-1}

工作容积　　15～1100L

分离因数　　140～2830

　　卧式刮刀卸料离心机主要发展趋势是：增大转鼓直径和采用双转鼓结构[26]。双转鼓有两个转鼓（共用一个转鼓底）可增加过滤面积，从而提高生产能力，并可将操作工序错开排列，使整台离心机的动力消耗在各个阶段比较均衡。但自从提出构想后由于转鼓实在太重、太大，功率也太大，加工与安装维修带来很多问题，多年未见推广应用。

10.4.2.3　虹吸刮刀卸料离心机[3~5]

　　虹吸刮刀卸料离心机是一种借助惯性离心力、虹吸的共同作用，实现液固分离的卧式刮刀卸料离心机。主要适用于分离悬浮液中固相颗粒较细、黏度较高、悬浮液浓度波动较大等难分离的物料，如用于分离重碱、聚丙烯腈、维生素B、碳酸钠、磷酸钙、化肥、淀粉、安乃近、聚丙烯等。卧式虹吸刮刀卸料离心机工作原理如图22-10-40所示[4]。

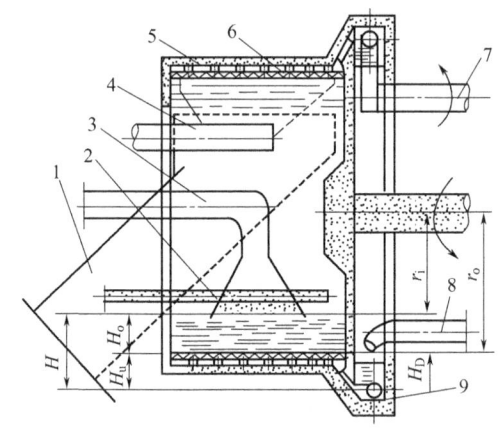

图 22-10-40　卧式虹吸刮刀卸料离心机工作原理
1—料斗；2—洗涤液管；3—进料管；4—刮刀；5—转鼓；6—过滤介质；
7—虹吸管；8—反冲洗管；9—虹吸室

　　(1) 虹吸刮刀卸料离心机工作原理　如图22-10-40所示，普通卧式刮刀卸料离心机的离心过滤速度 v 与过滤介质两侧的压力差 Δp 成正比，并与滤饼层的厚度 H' 成反比，即：

$$v = K' \frac{\Delta p}{H'} \tag{22-10-1}$$

　　式中，v 为过滤速度，m^3·m^{-2}·s^{-1}；Δp 为过滤压力差，Pa；K' 为比例常数，m^3·s·kg^{-1}；H' 为滤饼层厚度，m。

如图 22-10-40 所示，如滤液的密度为 ρ，转鼓内物料层内半径为 r_i，转鼓内半径为 r_o，转鼓回转角速度为 ω，则压力差 Δp 为：

$$\Delta p = \frac{\rho \omega^2}{2}(r_o^2 - r_i^2) \qquad (22\text{-}10\text{-}2)$$

因分离因数 F_r 为：

$$F_r = \frac{r \omega^2}{g} \approx \frac{r_o + r_i}{2g} \omega^2 \qquad (22\text{-}10\text{-}3)$$

设液面高度为 H_o，

$$H_o = r_o - r_i$$

将 F_r 和 H_o 代入式(22-10-2)，则 Δp 为：

$$\Delta p = \frac{\rho \omega^2}{2}(r_o^2 - r_i^2) = F_r \rho g (r_o - r_i) = F_r \rho H_o g \qquad (22\text{-}10\text{-}4)$$

将式(22-10-4) 代入式(22-10-1) 中，得到：

$$v = K' F_r \rho g \frac{H_o}{H'} = K \frac{H_o}{H'} \qquad (22\text{-}10\text{-}5)$$

$$K = K' F_r \rho g$$

由式(22-10-5) 可知，离心过滤速度 v 与液面高度 H_o 成正比，与滤饼层厚度 H' 成反比。

分析式(22-10-1) 和式(22-10-5) 可知，增加过滤介质两侧的压力差或液面高度均可提高过滤速度，从而提高分离效果。虹吸刮刀卸料离心机就是利用这一原则，在过滤介质的一侧采用虹吸的原理，以增加过滤介质两侧的压力差来提高过滤速度。

由图 22-10-40 可知，位于过滤介质外侧的排液用虹吸管吸液口与过滤介质外侧面间存在着一层液层，在计算过滤速度时须考虑这一液层高度 H_u 的作用，即：

$$v = K \frac{H_o + H_u}{H'} \qquad (22\text{-}10\text{-}6)$$

式中　H_u——虹吸室形成的附加压头，m。

由上式可知，由于虹吸室形成的附加压头 H_u，增加了附加的过滤推动力，使过滤速度提高，但 H_u 不可无限增加，当 H_u 增加到过滤介质外侧出现蒸气层时，虹吸推动力就不再增加。由图 22-10-40 可知，当利用虹吸管的移动来调节虹吸室液面高度时，使虹吸室的液面半径大于滤饼层的外半径，则可增加过滤速度，两者差越大，过滤速度的增加效果越明显。

(2) 虹吸刮刀卸料离心机工作时，在进料阶段，虹吸管的吸液口位置内移，减小虹吸室的液面半径与滤饼层的外半径的差值，可使悬浮液中的滤饼分布均匀，减小进料时离心机的振动；过滤阶段，虹吸管的吸液口位置外移，增大虹吸室的液面与滤饼层的外半径的差值，提高过滤速度；洗涤阶段则将虹吸管的吸液口位置内移，减小虹吸室的液面半径与滤饼层的外半径的差值，使洗涤在较小的过滤推动力下进行，延长洗涤液在滤饼内的停留时间，提高洗涤质量；脱液阶段则将虹吸管的吸液口位置外移，增大虹吸室的液面与滤饼层的外半径的差值，提高过滤速度，可缩短分离时间，获得更低的滤饼含液量；反冲洗阶段，可将虹吸管的吸液口位置内移，使虹吸室的液面半径与过滤介质分布圆半径的差值变为负值，通过两者间的压差，使过滤介质获得充分的反冲洗，同时通过过滤介质在洗液中的浸泡作用，使过滤介质获得充分的再生效果。

（3）虹吸刮刀离心机的结构与卧式刮刀卸料离心机的结构基本相同，仅增加了虹吸管与反冲洗管，转鼓则由内、外两层构成。内转鼓与普通的沉降转鼓相似，转鼓壁上不开孔，而在与外转鼓连接的外缘处开设有一排排液孔。外转鼓与内转鼓轴向相连，但直径大于内转鼓，而宽度较窄，其与虹吸管组合，借助液体形成了虹吸抽吸作用。由于虹吸作用，其较同规格的普通卧式刮刀卸料离心机具有更佳的分离效果和更高的生产能力。借助反冲洗，可使过滤介质获得更佳的再生洗涤效果。

（4）虹吸刮刀卸料离心机特点

① 与相同规格的卧式刮刀卸料离心机相比，生产能力高40%～60%，且滤饼的含液量低2%～5%；

② 调节虹吸管的吸液口位置可调节过滤速度，实现进料、分离、滤饼洗涤和滤饼脱液时不同的过滤速度，可使操作始终在最佳状态下进行，进料时通过调整虹吸管位置，降低过滤速度从而使离心机运转平稳；

③ 通过反冲洗，可使过滤介质获得良好的再生条件，克服了普通刮刀卸料离心机的残余滤饼层问题，特别适合一些滤饼经刮刀卸料后易结硬的物料分离。

目前，我国虹吸刮刀卸料离心机的主要技术参数如下[12,27]：

转鼓直径	400～1800mm	分离因数	630～2000
转鼓转速	760～2000r·min^{-1}	有效容积	11～1400L

10.4.2.4 卧式刮刀卸料密闭防爆离心机[7,12,28]

卧式刮刀卸料密闭防爆离心机是为了满足化工、医药等行业的密闭、防爆需求，在卧式刮刀卸料离心机的基础上通过改进而发展起来的一种机型。一般分为普通型和GMP型密闭防爆两种类型。

普通型卧式刮刀卸料密闭防爆离心机的结构与普通卧式刮刀卸料离心机相同，仅是根据密闭、防爆的特殊要求，在局部结构上有所改进，主要表现在以下几个方面：

① 机壳、门盖、轴承座等与物料接触面采取了密封措施，防止机内物料及气体的外泄，出料一般采用螺旋输送机或斜斗与滤饼输送管道相连；

② 在门盖、靠近机壳的轴承室处设有氮气充入接管，以降低离心机机壳内氧气的含量（浓度）；

③ 离心机现场的电气、仪表采用防（隔）爆形式，防（隔）爆等级与现场要求及物料介质相匹配；

④ 可能产生静电的部位及零配件，采用防静电形式及接地导通接线等措施，避免电荷的积聚；

⑤ 在控制方面，增加机壳内氧气含量检测（或压力检测）、惰性气体控制系统、门盖零转速打开等保护措施（机壳门盖开启时，必须在停机状态，即转鼓转速为零，以确保安全）。

GMP型卧式刮刀卸料密闭防爆离心机[7,12,28] 在结构上将传动（包括主轴、轴承室、液压系统等）与分离（包括机壳、门盖、转鼓等）分为非洁净与洁净两区域。在洁净区内与物料接触部分，除了材料必须满足不与物料发生化学、物理反应以外，还必须在结构等方面确保不污染物料，不能有死角，避免积料；卸料需卸尽；便于检查和清洗及在线清洗，甚至在线消毒等。

10.4.2.5 卧式活塞推料离心机[7,12,29]

(1) 卧式活塞推料离心机是自动操作、连续加料、脉动卸料的过滤式离心机。适用于分离含固相颗粒直径≥0.25mm 的结晶状或纤维状物料的悬浮液。与刮刀卸料离心机相比，对固体颗粒的破碎要轻，但要求有比较稳定的进料浓度，一般固含量应大于 30%，对于一些固含量小于 30% 的物料可采用预增浓装置，如加料管与锥形布料斗之间的料液预处理装置，用布料斗兼作增浓装置，用推料活塞兼作预脱水机构等，处理量大，单位产量耗电量少。

(2) 卧式活塞推料离心机广泛用于化学工业、食品工业及国防工业等领域，可分离食用糖、无机盐类、有机中间体、塑料、纤维及火箭燃料等 300 多种物料，尤其在碳铵、硫铵、食盐、尿素生产中应用最多。

卧式活塞推料离心机国家标准代号为 H，根据转鼓形状不同，有圆柱形、柱锥形转鼓，双级、多级转鼓。目前应用最多的是具有一个圆柱形转鼓（HY）和两个圆柱形转鼓（HR）的产品[29]。

图 22-10-41 表示了具有双级转鼓的卧式活塞推料离心机的结构。

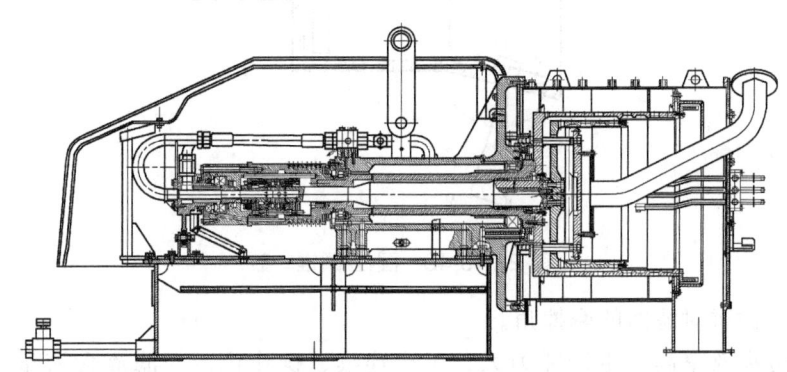

图 22-10-41 双级转鼓的卧式活塞推料离心机结构简图

活塞推料离心机由传动系统、液压系统、复合油缸、推料盘、转鼓等组成。主轴水平支承在两滚动轴承上，转鼓装在主轴的外伸端。转鼓内以压紧环固定着条形滤网。主轴为空心轴，内装推杆，推杆一端与推料盘相连，另一端与油缸内的活塞相连。活塞、推杆、推料盘除与转鼓一起旋转外，还作轴向往复运动，不断把物料向前端推送，直至把物料推出转鼓，实现卸料。

(3) 新一代柱锥形转鼓双级活塞推料离心机结构见图 22-10-42，在选材上能实现根据被分离物料的特性，综合考虑腐蚀与磨损等诸多影响因素，在奥氏体不锈钢、双相钢、钛材等范围内合理选材；此外柱锥形双级活塞推料离心机的外转鼓为柱锥形，在锥端转鼓内随着转鼓直径的逐渐变大，滤饼层得以不断地翻松，且滤饼层逐渐变薄，从而使固相颗粒间的游离水得以更充分地排出，由此可获得更低的滤饼含液量。

图 22-10-43 为改进的离心机转鼓。转鼓由圆锥段和圆柱段组成。在圆锥部分，滤饼上作用着惯性离心力 C 的分力 $F=C\sin\alpha$，减小了推料器推动滤饼前进所需的力。同时，滤饼在圆锥面上向大端移动过程中厚度逐渐减薄，使液体更容易从滤饼中分离。转鼓的圆锥段的

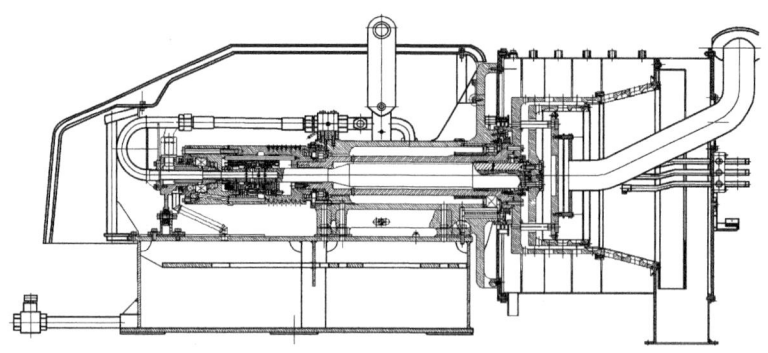

图 22-10-42 柱锥形转鼓双级活塞推料离心机结构简图

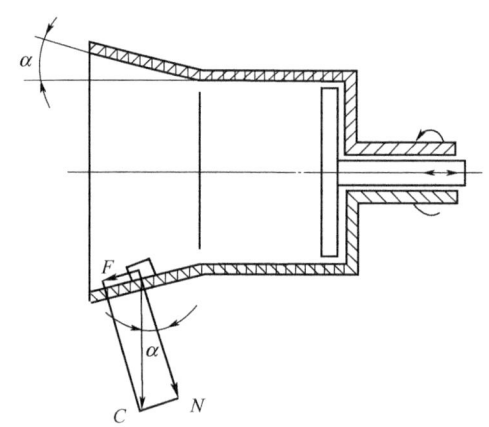

图 22-10-43 圆柱-圆锥转鼓

半锥角 α 应小于滤饼对滤网的摩擦角。

该机具有分离效率高、生产能力大、生产连续、操作稳定、滤渣含液量低、滤渣破碎小、功率消耗均匀等特点，适于中、粗颗粒，浓度高的悬浮液的过滤脱水。

(4) 国内目前生产的活塞推料离心机的主要技术参数为[12,29]：

转鼓直径　400 ～1200mm　　　　推料次数　20～108 次·min^{-1}

转鼓转速　550～2600r·min^{-1}　　推料行程　40～80mm

10.4.2.6　上悬式过滤离心机[12,30]

上悬式过滤离心机（图 22-10-44）是一种按过滤循环规律间歇操作的离心机，它适用于分离含中等颗粒（0.1～1mm）和细颗粒（0.01～0.1mm）的悬浮液。如砂糖、味精、葡萄糖、盐类及聚氯乙烯树脂等。

上悬式过滤离心机的主轴垂直悬挂在机架上，转鼓在主轴的下端，轴系挠性支承，当装料不均匀时，可以自动调整保证运转平稳。卸料方式有机械卸料、人工卸料、重力卸料。操作方式为自动操作、手控操作、人工操作。

目前国内主要生产的上悬式离心机的主要技术参数[12,30]：

转鼓内径　1000～1700mm　　　　转鼓容积　210～1600L

转鼓转速　960～1450r·min^{-1}　　分离因数　510～160

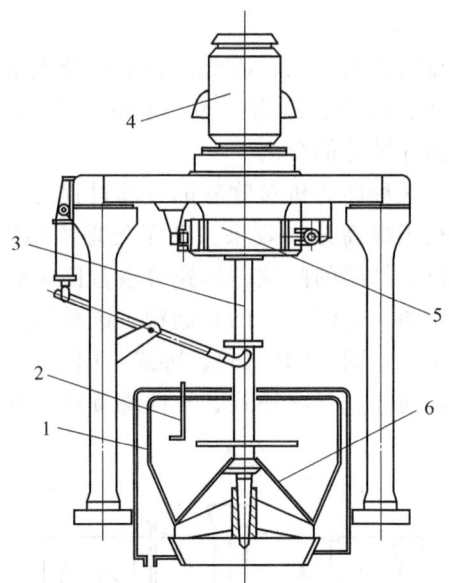

图 22-10-44 上悬式过滤离心机结构示意图

1—转鼓；2—洗涤管；3—主轴；4—电动机；5—制动器；6—封罩

10. 4. 3 连续操作离心机

（1）卧式螺旋卸料过滤离心机[12,31] 卧式螺旋卸料过滤离心机是一种以薄层分离固液混合物的连续操作离心机，结构示意图见图 22-10-45。

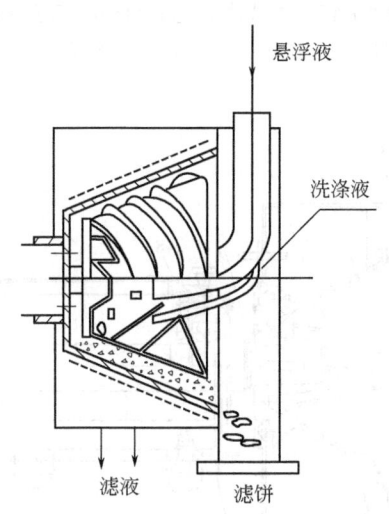

图 22-10-45 卧式螺旋卸料过滤离心机示意图

螺旋卸料过滤离心机主要技术参数[12,31]如下。

① 国内目前生产的立式螺旋卸料过滤离心机的主要技术参数为：

转鼓直径　200～800mm

转鼓转速　950～4000r·min^{-1}

② 国内目前生产的卧式螺旋卸料过滤离心机的主要技术参数为：

转鼓直径　200～1500mm

转鼓转速　$800 \sim 3500 r \cdot min^{-1}$

这种过滤离心机具有较高的分离因数,因此体积小,处理量大。广泛应用于硫铵、氯化钾、硫酸亚铁、硫酸铜、食盐、石膏、尿素、ABS 树脂、聚氯乙烯、离子交换树脂、玉米淀粉、活性炭、硝化纤维、棉纤维等的分离。

(2) 离心力卸料离心机　这种离心机对物料的过滤过程是一种动态过滤。过滤分离时薄层滤饼不断移动与更新,有利于提高分离效果。适于处理固相颗粒≥0.2mm 的易过滤的悬浮液。当离心机的转鼓的锥角、筛网的间隙、转速等参数固定后,则只适用于某一种类型的物料的分离,所以使用范围受到一定限制。已在制糖、碳酸氢铵、精制盐生产中推广应用。

离心力卸料离心机分为立式(图 22-10-46)、卧式(图 22-10-47)。按其作用原理有过滤型、沉降型。在过滤型中有普通式、反跳环式、导向螺旋式;沉降型有双转鼓式。

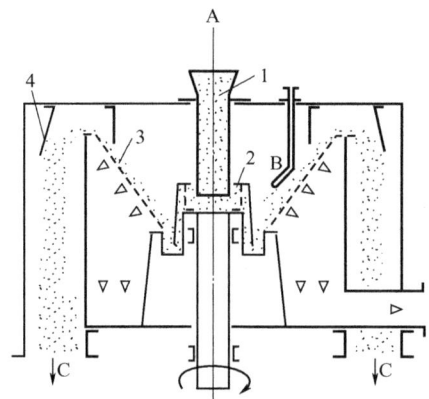

图 22-10-46　立式离心力卸料离心机工作原理

1—进料管;2—布料器;3—转鼓;4—外壳;A—悬浮液;B—洗涤液;C—滤饼

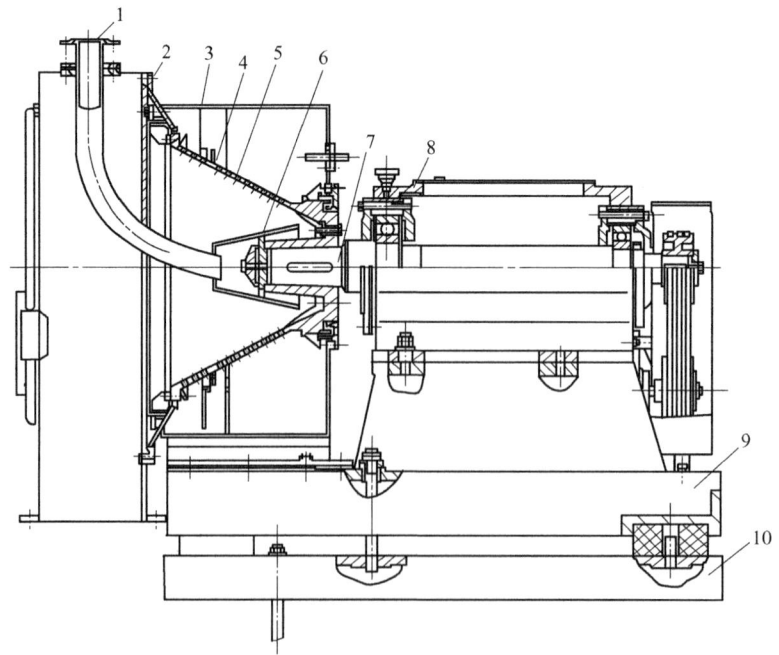

图 22-10-47　卧式离心力卸料离心机结构

1—进料管;2—前机壳;3—中机壳;4—转鼓;5—筛网;6—布料斗;7—主轴;8—轴承座;9—机座;10—底座

离心力卸料离心机的国家标准代号为（I），分为立式（L）、卧式（W）；按其作用原理有过滤型（—）、沉降型（C）；在过滤型中有普通式（—）、反跳环式（F）、导向螺旋式（D）；沉降型有双转鼓式（S）。如代号为 IL800 的离心力卸料离心机，表示了该型式为立式、转鼓大端筛网、内径为 800mm 的普通式过滤离心机。

目前，我国生产的产品有 IL800-N、IL1000-N、IW500-N、IW650-N。

离心力卸料离心机结构简单，能自动连续操作，处理量大，因此，在一些生产领域已开始取代其他结构较复杂的离心机。

国内目前生产的立式离心力卸料离心机的主要技术参数为[12,32]：

转鼓直径　　300～1600mm

转鼓转速　　600～3500r·min⁻¹

转鼓半锥角　30°～35°

国内目前生产的卧式离心力卸料离心机的主要技术参数为：

转鼓直径　　350～650mm

转鼓转速　　1000～3000r·min⁻¹

转鼓半锥角　25°～35°

(3) 振动卸料离心机[12]　　振动卸料离心机具有惯性离心力卸料离心机的优点，并在此基础上做了改进。

振动卸料离心机可连续操作，处理能力大，适用于分离固体颗粒尺寸大于 300μm、易过滤的悬浮液。如：海盐脱水、冶金选矿、煤粒脱水等。

振动卸料离心机安装型式有立式、卧式。产生振动的方式有活塞连杆激振、偏心滑块激振、扭振。

(4) 进动卸料离心机[12]　　进动卸料离心机是一种新型、自动、连续式的过滤离心机，它能在低分离因数下利用进动运动原理做到惯性卸料和强化液固分离过程。这种机器有两种锥角的转鼓，适用于含聚苯乙烯、氯化钠、氯化钾等固体颗粒（粒径≥0.1mm）的悬浮液的分离。

进动卸料离心机的优点是：生产能力大、动力消耗少、运转平稳、不需要笨重的基础。一台转鼓直径为 800mm 的进动离心机，用于分离磷酸钙，其生产能力是直径 1200mm 的多级活塞离心机生产能力的两倍，而吨能耗仅为后者的 15%。

参考文献

[1] 章棣. 分离机械选型与使用手册. 北京: 机械工业出版社, 1998.

[2] 陈树章. 非均相物系分离. 北京: 化学工业出版社, 1993.

[3] 时钧, 汪家鼎, 余国琮, 等. 化学工程手册. 第 2 版: 第 22 篇液固分离. 北京: 化学工业出版社, 1996.

[4] 余国琮. 化工机械工程手册: 中卷. 第 22 篇机械分离. 北京: 化学工业出版社, 2003.

[5] 机械工程手册编委会. 机械工程手册. 第 2 版: 通用设备卷: 第 9 篇分离机械. 北京: 机械工业出版社, 1997.

[6] 王子宗. 石油化工设计手册: 第 3 卷, 化工单元过程（上）. 北京: 化学工业出版社, 2015.

[7] 全国化工设备设计技术中心站机泵技术委员会. 工业离心机和过滤机选用手册. 北京: 化学工业出版社, 2014.

[8] Perry R H, Green D W. Perry's Chemical Engineers' Handbook. 7th ed. London: The McGraw-Hill Press Company, 1997.

[9] James O M. Perry's Chemical Engineers' Handbook. 8th ed. London: The McGraw-Hill Press Company, 2008.

［10］　JB/T 4333.1—2013. 厢式板框压滤机 第 1 部分：型式与参数.

［11］　JB/T 4333.3—2013. 厢式板框压滤机 第 3 部分：滤板.

［12］　全国分离机械标准化技术委员会. 分离机械标准汇编. 2009.

［13］　Rushton A，Ward A S，Holdich R G. Solid-Liquid Filtration and Separation Technolgy. 2nd ed. 朱企新，许莉，谭蔚，等译. 北京：化学工业出版社，1996.

［14］　Wakeman R J. Filtration Equipment Selection，Modelling and Process Simulation. UK：Elsevier，1999：291～306.

［15］　JB/T 9097—2011. 加压叶滤机.

［16］　Svarovsky L. Solid-Liquid Separation. 2ed. 朱企新，等译. 北京：化学工业出版社，1990.

［17］　JB/T 3200—2008. 外滤面转鼓真空过滤机.

［18］　JB/T 10409—2013. 圆盘加压过滤机.

［19］　JB/T 11096—2011. 转台真空过滤机.

［20］　JB/T 5282—2010. 翻盘真空过滤机.

［21］　JB/T 8653—2013. 水平带式真空过滤机.

［22］　都丽红，朱企新. 化学工程，2010，38（10）：13-20.

［23］　都丽红. 化工机械，2008，35（3）：176-182.

［24］　JB/T 10966—2010. 陶瓷圆盘真空过滤机.

［25］　康勇，罗茜. 液体过滤与过滤介质. 北京：化学工业出版社，2008.

［26］　孙启才，金鼎五. 离心机原理结构与设计计算. 北京：机械工业出版社，1987.

［27］　JB/T 10769.1—2007. 三足式及平板式离心机 第 1 部分：型式和基本参数.

［28］　JB/T 7220—2015. 刮刀卸料离心机.

［29］　JB/T 447—2015. 活塞推料离心机.

［30］　JB/T 4064—2015. 上悬式离心机.

［31］　JB/T 8652—2008. 螺旋卸料过滤离心机.

［32］　JB/T 8101—2010. 离心卸料离心机.

11

压榨过滤及设备

11.1 压榨脱液原理

滤饼脱液，是指滤饼卸除前的脱水处理、与液固分离常用的"脱水"含义不同，也与将滤饼进行再干燥处理的脱水概念不同。滤饼脱液是对滤饼施加压榨机械力或流体动力，使滤饼孔隙内的滤液被置换的过程，如图 22-11-1 所示。

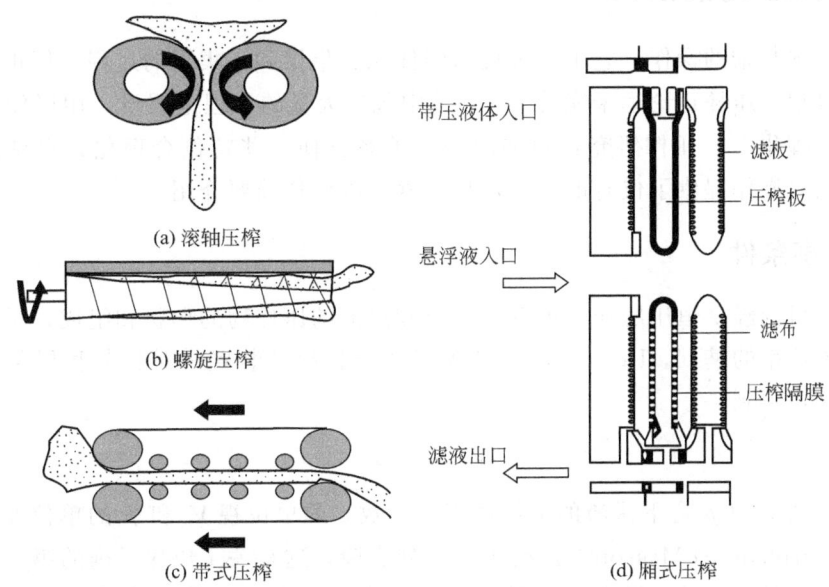

图 22-11-1　压榨脱液[1,2]

滤饼脱液的目的是当滤饼作为产品需进一步干燥时，可降低滤饼水分，减少干燥过程费用，同时还能减小滤饼体积，节省运输费用和少占储存场地；当有价值的成分存在于液体中时，可减少有价值成分的损失，提高滤液回收率。

工业上滤饼的脱液有[1]：

（1）机械压榨法，即对滤饼施加机械压力，滤饼受压缩，存留在孔隙中的液体被挤压出来，孔隙减小，达到脱液的目的。

（2）气体置换法，即利用气体穿过滤饼层，将孔隙内残留的液体带走，或采用真空抽吸脱液，这些脱液的方法可使滤饼的孔隙率不变。

（3）水力脱液法，如在压滤机中改变料浆的流动方向，向滤饼施加液体力导致局部孔隙明显下降，对滤饼脱液。

（4）其他的物理和化学脱液法。使半流动性或无流动性的液固混合物，通过压缩其体积实现液固分离。

过滤操作和压榨操作的目的相同，都是实现液固分离。区别在于，前者的滤浆必须具有流动性，可用泵来输送；后者的液固混合物输送较为困难，而且要求获得比前者含液量更低的滤饼。压榨脱液比干燥脱液经济得多，能达到节省能源与有效地利用资源的要求，因此有压榨装置的新型过滤设备得到了发展。

机械压榨脱液和气体置换脱液是最常用的两种脱液方式，在某些场合，如压滤机中，两种方式同时使用，这样脱液效果更好。

机械压榨法适用于其颗粒可压缩、可变形的滤饼，滤饼的可压缩性越高，压榨脱液的效果也越好。现在常用机械压榨法来降低滤饼的含液率。滤饼的最终含湿量取决于脱液过程、液体性质和滤饼结构等[3~5]。

11.2　压榨理论的研究

压榨是一项复杂的操作，它主要表现为固体颗粒集聚和半集聚的过程，但也涉及液体从固体分离的过程。压榨理论远未完善[5,6]，其中包括大量的半理论假设，用以使生产和实验的观察结果合理化[1]。压榨研究者归纳的经验关系已使一些特例合理化并得到应用，由于这些经验关系对操作提供了仅有的已知定量观察，因此作简要介绍。

11.2.1　平衡条件

了解压榨机内经受恒压压榨不再发生变形和渗流的压榨物的形状和组成，是理解压榨过程和研究平衡速率的基础。Deerr[7]在一小型筒式压榨机的装置中对甘蔗和甜菜渣的压榨过程进行了研究，得到：

$$V_c = c / p^n \qquad (22\text{-}11\text{-}1)$$

式中，V_c 为压力 p 之下饼渣的平衡体积；系数 c 的单位视 V_c 和 p 的单位而定；指数 n 随 p 变化。Gurnham 和 Masson[8]进行了一系列实验，这是关于压榨平衡的第一个带有权威性的研究。研究是在一试验筒内（面积 $0.5\mathrm{cm}^2$ 的筒式压榨机）和一台面积 $64.5\mathrm{cm}^2$ 的笼式压榨机内进行的。研究者得出结论，随着纤维滤饼块上压紧压力的增加，滤饼块中固体部分的平衡堆积密度增加，其增加量与用于进一步压榨的压力增量部分成正比

$$\mathrm{d}p / p = K \mathrm{d}\rho_c' = K' \mathrm{d}(1/V_c) \qquad (22\text{-}11\text{-}2)$$

式中　ρ_c'——干饼块的堆积密度。

或写成积分形式：

$$\lg p = k + k' / V_c \qquad (22\text{-}11\text{-}3)$$

式中，ρ_c' 是干饼块的堆积密度。K、K'、k 和 k' 的值取决于压榨物料、压榨条件和 p、V_c、ρ_c' 的量纲。

对于棉纤维、毛线、毛毡、石棉纤维、纸浆和木浆（干的和用水、油及其他液体润湿的）等物料，式(22-11-3)与 Gurnham 和 Masson 的观察结果相吻合，与 Deerr 大部分数据也相符。

11.2.2 压榨速率

对于压榨设备的设计，仅有平衡数据是不够的，压榨机的尺寸和生产能力取决于压榨达到平衡时的速率，即液体从饼渣中榨出的速率。

Koo 等通过一系列实验，证明一定籽油回收分数 W/W_0 所需时间，基本上取决于压榨压力和榨出油的黏度[9]：

$$W/W_0 = C'p^{1/2}\theta^{1/6}/\nu^a \tag{22-11-4}$$

式中，W 为一定时间内油的榨出量；W_0 为原物料里含油量；θ 为时间；ν 为压榨温度下油的运动黏度；指数 a 取决于油籽的种类和处理工艺；系数 C' 为压榨常数，由待榨物料的种类、处理工艺等决定，其量纲与式(22-11-4)中其他各变量所选单位有关。式(22-11-4)是 Koo 通过实验得出的，实验条件为：压力 6.8～30.6MPa，温度 288～398K，压榨时间 0.5～0.9h。

在以往关于压榨速率的研究中，Shirato 等做了最基本和广泛的工作，他们将其与土壤压密原理[10,11]结合起来，将压榨操作用于浆状物料或半固态滤饼。定义过滤比 U_f、压密比 U_c 计算式如下：

$$U_f = \frac{L_0 - L}{L_0 - L_1}$$

$$U_c = (L_0 - L)/(L_0 - L_\infty) \tag{22-11-5}$$

式中　L——压榨时间为 θ_c 时的滤饼厚度，m；

　　L_0——压榨时间为 0 时的滤饼厚度，m；

　　L_∞——过滤终了滤饼的厚度，m。

Shirato 等证明由 Terzaghi 模型可导出压密比 U_c：

$$U_c = 1 - \exp\left(-\frac{\pi}{4}T_c\right) \tag{22-11-6}$$

$$T_c = \frac{i^2 C_e \theta_c}{W_0^2} \tag{22-11-7}$$

式中，T_c 为压密时间因素；i 为排液表面数；W_0 为单位排液面上滤饼所占体积；C_e 为修正压密系数，随压密滤饼内的位置 L 与时间 θ_c 的改变而变，严格地说并不是一个定值，只有取其适当的平均值才能作为常数对待。C_e 是支配压榨速率的一个重要参数。C_e 值愈大，压榨愈快，即 U_c 很快达到较大的值。

C_e 与物料的特性和压榨条件有关，不同研究工作者提供了不同的计算方法。Shirato 等导出：

$$C_e = \frac{p_{sav}}{\mu \rho_s C_c \alpha_{av}} \tag{22-11-8}$$

式中，p_{sav} 为平均压榨压力；α_{av} 为滤饼的平均过滤比阻；C_c 为 Terzaghi-Peck 压缩指数[12]。显然求取 C_e 值需用两套试验装置测定出 C_c 和 α_{av}。

李庆斌等[13]对中等可压缩滤饼和在操作压力不大于 5×10^5Pa 的条件下，推导出了对方形或圆形滤室均能适用的过滤压密方程式，用过滤压密试验即可定出压密系数 C_e。

唐立夫等结合自动厢式及板框式压滤机的橡胶膜压榨技术，利用压缩渗透室装置进行了一维恒压压榨脱水的理论研究[14]；并对 C_e 压密系数的测定与多种计算方法作了对比，指出计算方法不同对 C_e 值也有影响[15,16]。

目前还没有文献报道，对不可压缩物料采用压榨脱水是有效的[17]。Purchas 研究指出，真正的不可压缩滤饼，不可能通过过滤后的压榨来脱水。随滤饼压缩指数增加，压榨的实用性增加。当 n 达到某一阈值时，压榨操作开始具有吸引力。阈值的大小决定于压榨的物料及应用场合，但 Purchas 提出一个保守些的数值，阈值取 0.2。

11.2.3　连续压榨

对于连续螺旋压榨机的压榨过程还没有建立起全面的理论。螺旋效率，即相对于螺旋投影面的固体向前移动量。位移的偏差似乎是由物料内部的剪切运动造成的。

在螺旋压榨机内，具有内部抗剪切力的物料（例如纸浆和煤浆）易于脱水，而淤泥或黏土，则可能不受影响地滑过螺旋。为使这类物料在螺旋压榨机内脱水，将螺旋的转速限制在一极限值下是必要的。该极限值取决于物料的特性和压榨机的大小。设置螺旋板牙和选择恰当螺距对于改善压榨机性能是重要的。

在螺旋压榨机内，某些部位压力可很高，但在纸浆脱水操作中仅为 6.8～13.6MPa。

连续压榨最宜操作条件如下。

连续压榨所采用的操作条件不同，将使得到的压榨效果不同，因此有必要对工艺操作参数加以选择。以连续螺旋压榨机压榨油为例，对压力、压榨时间和压榨温度三个操作条件进行选择。

(1) 合理的压力要求　压力大小与榨料压缩程度之间存在着一定的函数关系，但压力的增加与榨料的压缩有一个限度，在某一条件下压力增加到极大值而榨料压缩到最小值时，形成不可压缩体，此时即达到临界压力，再增加压力也无意义。这个临界压力是实现合理压榨过程中的主要参数。但鉴于目前对于压力的实测还有待完善，常常采用压缩比曲线来描述压榨过程的压力变化，从而来指导整个压榨过程。

(2) 合理的压榨时间　压榨所得的液体量会随着压榨时间的增长而增加，但压榨时间过长，压榨效果下降，还会影响设备处理量，所以应选取合理的压榨时间。目前多采用实测和计算相结合的方法来求取合理的压榨时间，理论公式如下[18]：

$$T = \frac{60 V_z r_u}{QB} \tag{22-11-9}$$

式中，T 为压榨时间，min；V_z 为螺旋压榨机的压榨腔总的空余体积，cm^3；B 为滤饼的出饼率；Q 为连续压榨所要求的产量；r_u 为饼的密度，$kg \cdot cm^{-3}$。

(3) 压榨过程的保温　连续压榨过程中所产生的温度变化会对榨料造成严重的影响，从而也将会对压榨过程产生不利影响，为了提高压榨效果，必须对压榨过程中温度加以控制，创造最合理的压榨条件。

11.3 压榨过滤

11.3.1 压榨过滤机的分类

目前我国压榨过滤机产品的分类如下[6,19~21]：

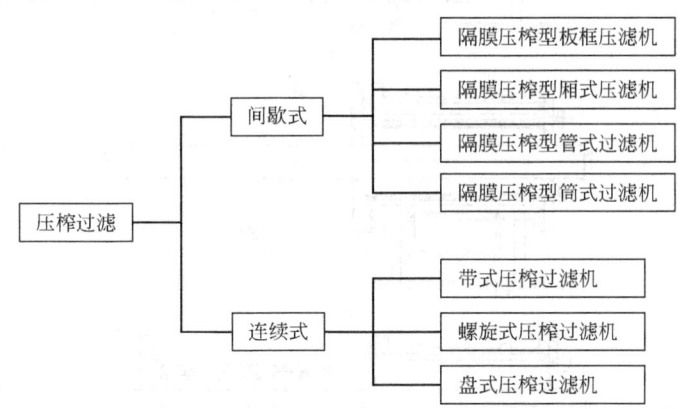

机械压榨脱液是一种常见的能耗低而又有效的滤饼脱液方法。过滤机上常用的机械压榨形式有隔膜压榨型筒式、管式压榨、带式压榨、盘式压榨和螺旋式压榨等。前2种形式适合于间歇过滤机，后3种适合于连续式过滤机。

滤饼的压榨脱液过程一般分为两个阶段，第一阶段为过滤阶段，第二阶段为靠滤饼的压榨、蠕变脱水阶段。这种压榨脱液方法仅适用于可压缩性滤饼。

11.3.2 间歇式压榨过滤装置

11.3.2.1 隔膜压榨型筒式过滤机[24]

隔膜压榨型筒式过滤机结构及工作过程，见图 22-11-2。把滤浆送入内外筒之间的环隙内进行加压过滤，滤液进过滤介质从多孔内筒排出 [图 22-11-2(a)]；当滤饼达到一定厚度后即停止过滤，这时应用压力水或压缩空气推动压榨膜进行压榨过滤，其压力值随滤浆的性质及滤饼含液量要求而异，一般不大于 1.4MPa [图 22-11-2(b)]；当压榨膜卸压后，可借助液压传动装置将内筒从外筒中推出，并可旋转180°，以卸除滤饼 [图 22-11-2(c)]。

隔膜压榨型筒式过滤机的主要特点是：可在不同滤饼厚度时停止过滤，根据物料的性能和最佳操作周期，滤饼厚度可控制在 25~65mm。因此它可在多变工艺条件下操作。

11.3.2.2 螺旋（连续）式压榨过滤机[19,21,24]

螺旋式压榨脱液装置比较简单，由带滤孔的压榨圆筒和贴近筒内壁的可旋转锥形螺旋组成（图 22-11-3）。螺旋外形呈锥形，滤室入口大、出口小，滤浆被旋转的螺旋状叶片从滤室大端推向小端。由于滤室空间逐渐减小，因此滤饼受到了一个逐渐增大的压榨力的作用而使液体脱除。

螺旋压榨的脱液效果与螺旋杆轴的直径、长度、速度和结构形式、压榨力梯度分布及压榨时间有关。一般螺杆的旋转速度很低，仅为 $0.05\sim1\text{r}\cdot\text{min}^{-1}$，脱水效果还与物料本身的性质及其在脱水过程中发生的变化有关。由于螺旋压榨脱水方式有很高的压榨力，因此已在处理污泥中得到应用。

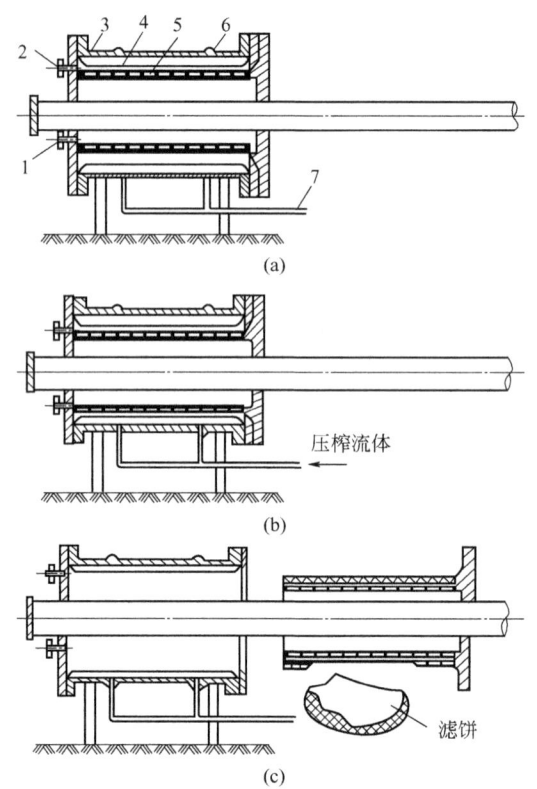

图 22-11-2   隔膜压榨型筒式过滤机结构及工作过程

（a）过滤；（b）压榨；（c）卸除滤饼

1—排液口；2—进料口；3—外筒；4—压榨膜；5—过滤介质；6—多孔内筒；7—压榨系统

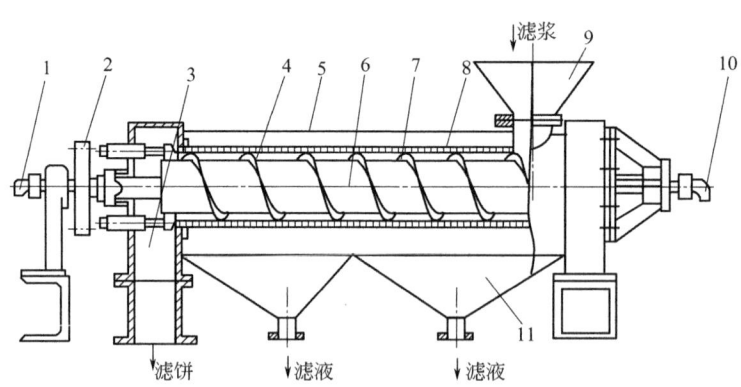

图 22-11-3   螺旋压榨过滤机结构

1—冷凝水出口；2—主动轮；3—排渣口；4—螺旋；5—外壳；6—空心螺旋轴；

7—滤网；8—带孔圆筒；9—料斗；10—蒸汽入口；11—接液盘

　　螺旋压榨机械的特点是结构简单，压榨力大，脱液效果好，动力消耗少，可以连续作业。这种脱液方式常用于榨油、合成橡胶工业中的聚合物脱液及鱼肉磨碎后的压榨脱液，尤其适用于对污泥及各种废弃物进行高效脱液。

11.3.2.3 厢式隔膜加压压榨过滤机[1,19~21,24]

隔膜压榨技术出现于 20 世纪 50 年代末期,主要用于解决板框压滤机的滤饼进一步脱液的问题。压榨后的滤饼含湿量再进一步下降,因此这种应用技术发展很快。

隔膜压榨对具有弹性变形的隔膜,用压缩空气或水对滤饼施加机械压榨力,来推动隔膜变形实施挤压,使滤室容积变小。隔膜压榨压力太低则不能充分发挥压榨作用,压榨力过高,要增加隔膜强度,还会使滤布和压榨隔膜的寿命降低。压榨力的大小由物料的性质、可压缩性及最终产品的含湿量的要求来定。

当压榨力在 0.8MPa 以下时,常采用压缩空气,压榨压力在 0.8MPa 以上时多用水。采用水比用空气要好,原因是无噪声。

隔膜压榨脱水的优点:

① 压榨压力高,脱水效果好,可得到含水率较低的滤饼,若压榨后再用压缩空气吹干,滤饼不会产生龟裂,可减少压缩空气用量。

② 能耗少,时间短,效率高。若要从滤渣中榨出 $1m^3$ 的滤液,只需要向隔膜内供给同体积的水或压缩空气,成本低廉。

③ 对于某些生产工艺,采用隔膜压榨脱液可以省掉随后单独的压榨和干燥过程。

④ 滤饼经压榨可置换滤饼中残存液体,节省洗液和时间。

⑤ 滤饼含湿量低,易于剥离。

11.3.3 压榨过滤、脱液[1]

过滤操作的处理对象是用泵可以输送的流动料浆,压榨操作是处理高浓度的料浆,或半固体的湿润粒状物料。从流体通过多孔滤饼层的观点分析,对高浓度料浆,压榨过程的原理可划分为两个阶段。

第一阶段实际上是过滤过程,料浆在压力的作用下脱液、生成滤饼,与过滤过程无异;第二阶段为压密过程,滤饼进一步压密、脱液。

压榨过程同过滤一样,由压榨压力、滤液量随压榨时间的变化,压榨也可分为三种操作类型:恒压压榨、恒速率压榨和变压-变速压榨。本节讨论恒压压榨。

11.3.3.1 压榨过滤期的方程[1,22]

料浆在压榨装置内先经历恒压过滤期,图 22-11-4 为压榨过滤期滤饼形成示意图。图 22-11-4(a)表示料浆的过滤,料浆厚度减少,滤饼厚度增大。图 22-11-4(b) 为料浆全部生成滤饼,过滤期终止。

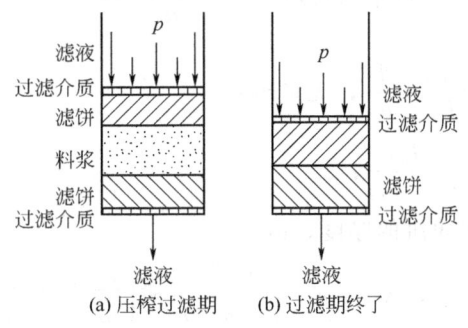

图 22-11-4 压榨过滤期

恒压过滤方程：

$$(q+q_0)^2 = K(\theta+\theta_e) \tag{22-11-10}$$

式中　q——单位滤饼面积的滤液量；

$\qquad q_0$——单位滤饼面积的当量滤液量；

$\qquad K$——过滤常数，$\mathrm{m^2 \cdot s^{-1}}$；

$\qquad \theta$——过滤时间，s；

$\qquad \theta_e$——虚拟过滤时间，s。

在压榨操作中，通常用滤饼的厚度来衡量压榨的程度，于是式（22-11-10）改写成：

$$L_0 + L + L_e = i[K(\theta+\theta_e)]^{1/2} \tag{22-11-11}$$

式中　L_e——过滤介质的当量厚度，m；

$\qquad L$——对应过滤时间滤饼的厚度，m；

$\qquad L_0$——初始的料浆厚度，m；

$\qquad i$——排液面数，单面排滤液 $i=1$，双面排滤液 $i=2$。

过滤期终了时，滤饼的最大厚度 L_1，可由物料衡算计算：

$$L_1 = \left(\frac{m-1}{\rho} + \frac{1}{\rho_g}\right)w_0 \tag{22-11-12}$$

式中　L_1——过滤期终了滤饼的厚度，m；

$\qquad m$——湿干滤饼质量比；

$\qquad \rho$——滤液密度，$\mathrm{kg \cdot m^{-1}}$；

$\qquad \rho_g$——滤饼密度，$\mathrm{kg \cdot m^{-1}}$；

$\qquad w_0$——压榨装置单位面积装入的固体质量，$\mathrm{kg \cdot m^{-2}}$。

过滤期分离的全部滤液量（q）用下式计算：

$$q = L_0 - L_1 = \frac{1-mc_g}{\rho c_g}w_0 \tag{22-11-13}$$

式中　c_g——料浆中固相的质量分数。

用式（22-11-13）除以式（22-11-11）得

$$(U_f+U_0) = \frac{i[K_w(\theta+\theta_e)]^{1/2}}{w_0} \tag{22-11-14}$$

式中　U_f——过滤比，$U_f = \dfrac{L_0-L}{L_0-L_1}$，无量纲；

$\qquad U_0$——虚拟过滤比，$\dfrac{L}{L_0-L_1}$；

$\qquad L$——对应过滤时间滤饼的厚度，m；

$\qquad K_w$——修正的过滤常数，$K_w = K\,\dfrac{\rho^2 c_g^2}{(1-mc_g)^2}$ 或 $\left(\dfrac{2\Delta p}{\mu\alpha}\dfrac{\rho c_g}{1-mc_g}\right)$，$\mathrm{m^2 \cdot s^{-1} \cdot kg^2 \cdot m^{-3}}$。

式（22-11-14）亦可改写成：

$$U_f = \frac{i\sqrt{K_w}}{w_0}(\sqrt{\theta + \theta_e} - \sqrt{\theta_e}) \qquad (22\text{-}11\text{-}15)$$

式(22-11-15)为过滤比与过滤时间关系式，称为恒压压榨的过滤期方程。U_f表示过程进行的程度，过滤期开始时：$\theta = 0$，$U_f = 0$。过滤期终了时：$\theta = \theta_e$，$U_f = 1$。由式(22-11-15)看出，过滤比U_f与时间$\sqrt{\theta + \theta_e}$成线性关系，且在达到相同的过滤比时，所需的时间与w_0^2成比例的增大，常数K_w、U_0由实验测定。

11.3.3.2 压榨压密期的方程[1]

过滤期终了时，$L = L_1$，随后进入压密期，恒压过滤滤饼内，流体压强p_x和压缩压强p_s的分布为恒定，在压密期p_x和p_s发生了根本的变化，这时，滤饼内的液体被挤压出来，压缩压强p_s不断下降，压密期间压榨压强p、流体压强p_x和压缩压强p_s仍然保持$p_s = p - p_x$的关系，在压密初期部分的压强被孔隙内的液体所支持，随着液体的被挤出，这部分压强不断向固体粒子转移，直到滤饼内所有位置的p_x降为0，这时压密期达到p_s与p相等的极限状态，压密期完全终止，但实际操作中，在平衡状态前已经停止作业。

压密期解析式为：

$$U_c = \frac{L_1 - L}{L_1 - L_\infty} = 1 - \exp\left(-\frac{\pi^2 i^2 c_g \theta_c}{4w_0^2}\right) \qquad (22\text{-}11\text{-}16)$$

式中，U_c为压密比；θ_c为压密时间，s；L_∞为压密时间无限长的理论滤饼厚度，m。

式(22-11-16)称为恒压压密方程，压密比表示滤饼的压密程度，压密开始时：$\theta_0 = 0$，$U_c = 0$。压密终了时：$U_0 \approx 1.0$。实验证明，多数滤饼压榨到90%压密点附近，滤饼的厚度与L_∞之间相差约10%。若系数C_e已知，由θ_c可计算滤饼厚度、脱液量及接近压密平衡状态的程度。与过滤期一样，在达到同一压密比时，所需时间与w_0^2成比例增大。

11.3.4 厢式加压，立式压榨过滤机

11.3.4.1 厢式压榨过滤机[1,19,21,24]

(1) 隔膜压榨厢式压滤机是普通厢式压滤机的改进，特点为滤室容积可在一定范围内变化。为了取得更干的滤饼和更短的过滤周期，滤室由普通厢式滤板和两边的压榨膜片组成，当完成过滤后，在压榨膜片内侧充注气体或液体产生机械挤压力，使具有弹性变形的压榨膜片变形，压迫滤饼，进而挤出滤饼内残留的滤液或洗涤液，最终得到更干的滤饼。图22-11-5为压榨隔膜板，图22-11-6为隔膜工作示意图。

(2) 现有的压榨膜片材质，主要采用聚丙烯、热塑性弹性体等材料。结构上有嵌入式和整体焊接等形式。压榨压力一般为$0.8 \sim 1.6$MPa（或更大）。隔膜压榨厢式压滤机优点有：得到更干的滤饼，卸饼容易；过滤效率高，滤饼含水量低。

(3) 隔膜厢式压榨过滤机操作过程

① 加料阶段　流量大，膜片在支承体上，开始形成滤饼。

② 部分形成滤饼阶段　流量减少，部分形成滤饼，阻力加大，膜片在支承体上。

③ 压榨阶段　停止进料，膜片压缩滤饼，滤液量加大，排液时间短。

④ 回吹卸料阶段　回吹，膜片上无载荷，无压力。

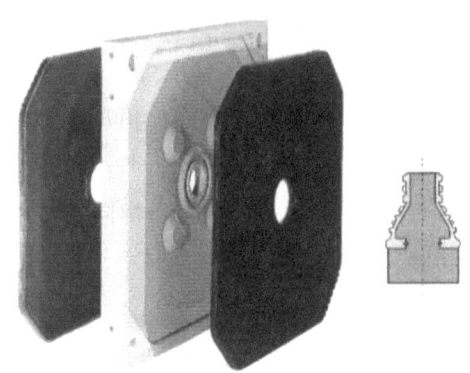

图 22-11-5 压榨隔膜板（组合式）

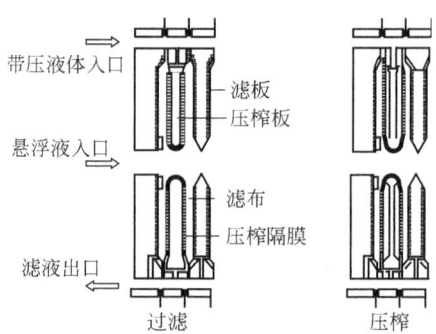

图 22-11-6 隔膜工作的示意图[22]

11.3.4.2 厢式压榨过滤机操作条件的选择[23]

（1）不同过滤压力时滤液量、湿含量的变化 与传统的加压过滤相比，带有隔膜的厢式压滤机，在过滤进行到一定阶段后停止进料，通过高压气体或液体压缩膜片，由膜片进一步挤压滤饼使滤饼脱液加快，滤饼含湿量降低。

图 22-11-7 为过滤液力挤压与隔膜挤压得到的滤液量 V 与时间 t 的过滤特性曲线。

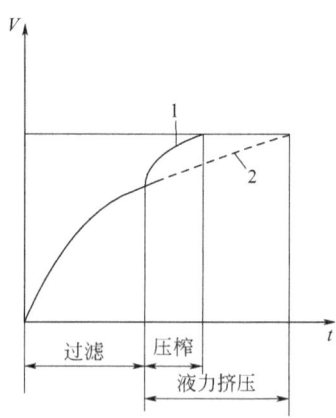

图 22-11-7 滤液量 V 与时间 t 的过滤特性曲线[22]

1—隔膜压榨；2—液力挤压

采用具有机械压榨的压滤机，对相同物料用不同压力进行实验，用硅藻土与黏土 1∶1

混合，浓度为 15%（质量分数）的悬浮液进行实验，不同过滤压力得到不同过滤曲线与湿含量（图 22-11-8，表 22-11-1）。

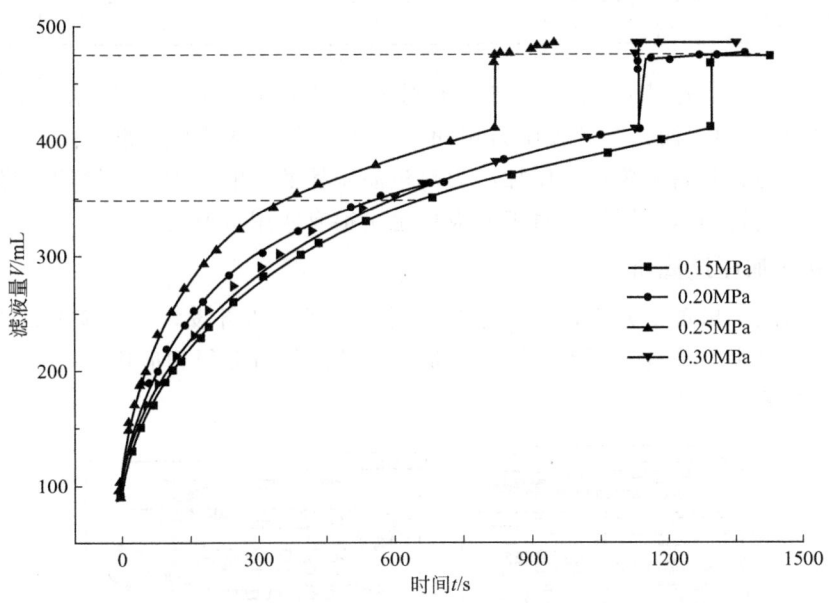

图 22-11-8 不同压力下的滤液量变化曲线

表 22-11-1 不同压力下压榨过滤后滤饼湿含量[23]

操作压力/MPa	0.15	0.20	0.30
滤饼湿含量(质量分数)/%	55.0	49.5	48.3

（2）不同压榨起始点的压榨过滤实验结果 所谓压榨起始点，即：一般认为过滤终了才开始压榨，事实上这不尽合理，也不经济。如能在过滤终了前某一时间进行压榨，对进一步脱液及缩短整个脱液时间更为有利。

由图 22-11-9 的实验结果可知，在过滤压力与压榨压力均为 0.25MPa 时，要得到相同的滤液（450mL），由于起始压榨点不同分别需 300s、380s、400s、420s，而只有当滤液大于 380mL 时开始压榨，滤饼湿含量最低，过滤效率高（表 22-11-2）。

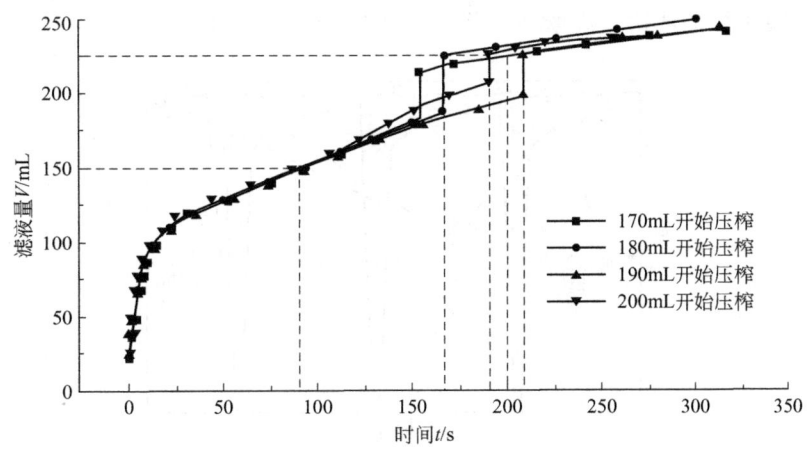

图 22-11-9 不同压榨起始点的实验曲线

表 22-11-2　不同压榨起始点的滤饼湿含量

压榨起始点/mL	360	380	400	420
滤饼湿含量(质量分数)/%	50.4	46.8	46.8	47.3

同时研究者对：①过滤压力、压榨压力对脱液结果的影响；②过滤压力相同（均为 0.20MPa），压榨压力不同；③压榨压力相同，过滤压力不同时的过滤压榨试验比较。可以看出不同过滤压力、起始压榨点、压榨压力对过滤压榨的影响。优化条件的选择以及这些实验过程从机理上进行的深入研究，对工业应用也是很有实用价值的[23]。

11.3.4.3　立式加压过滤机

立式压滤机最早出现于苏联，后由芬兰公司作了进一步开发，已在矿物、食品、医药、生物化工、工业废水、染料、颜料、涂料、造纸、油漆等行业得到应用。

（1）操作过程　见图 22-11-10。

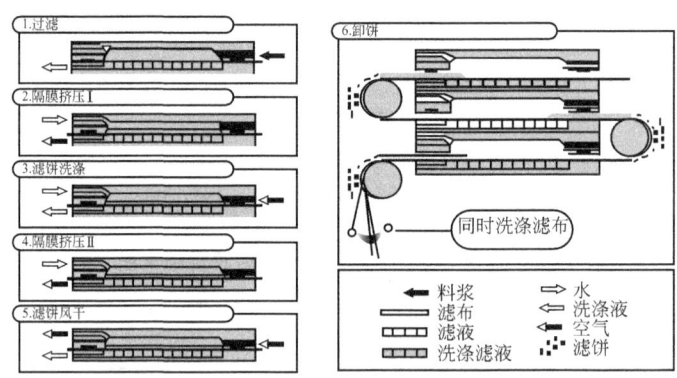

图 22-11-10　滤布自动行走立式压滤机工作过程

（2）优点

① 该机可以全自动操作，加料、过滤、洗涤时间都短。由于洗涤后均进行压榨，所以其生产能力比传统压滤机高几倍。

② 由于进行了有效压榨，降低了滤饼含水量，从而明显降低后续干燥能耗。

③ 预压榨和后压榨，节省了洗涤滤饼的能耗，提高了洗涤效率。

④ 经过隔膜压榨的滤饼，在吹风干燥时可以减少空气消耗。

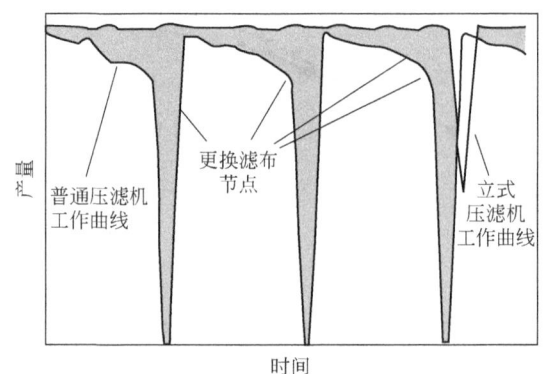

图 22-11-11　普通加压过滤机与立式压榨的比较

与普通加压过滤机相比（图 22-11-11），图最上面的轮廓线是立式压榨过滤机的产量与过滤时间的关系曲线，下面的轮廓线为间歇式压滤机三个操作周期的产量与时间的关系曲线。图中立式压榨过滤机与普通间歇过滤机的轮廓线之间的阴影部分为该两种不同机型产量的差值。

11.4 带式压榨过滤[19,21]

带式压榨过滤机最早于 1963 年出现在欧洲，用于污泥脱水，后用于造纸工业等多个工业生产领域。近年来废水处理广为重视，随着各种预处理技术的发展及机械压榨技术的进步，带式压榨过滤机成为污泥脱水行业的主流设备之一。

我国于 20 世纪 70 年代，开始将带式压榨过滤机应用于生产。带式压榨过滤机主要用于环保、水处理、造纸、印染、制药、采矿、钢铁、煤炭等多个行业，尤其在城市污水处理和工业污泥脱水中应用最为普遍。

带式压榨过滤机是借助两根无端滤带缠绕在一系列顺序排列、大小不等的辊轮上，利用滤带间的挤压和剪切作用脱除料浆中水分的一种过滤设备。带式压榨过滤机由于压榨辊采用不同的布置与组合可形成很多不同的机型，尽管其产品结构各异，但基本工作原理与压榨方式大体相同，压榨辊的压榨方式共分两种，即相对辊式和水平辊式（图 22-11-12）。

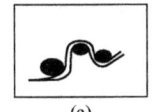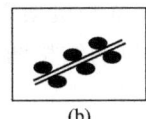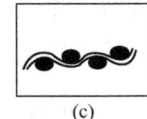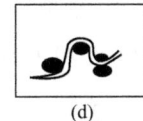

(a)　　　　(b)　　　　(c)　　　　(d)

图 22-11-12 压榨辊的压榨方式[19]
(a) S形；(b) P形；(c) W形；(d) SP形

① 相对辊式由于作用于辊间的压力脱水，具有接触面积小、压榨力大、压榨时间短的特点；

② 水平辊式是利用滤带张力对辊子曲面施加压力，具有接触面宽、压力小、压榨时间长的特点。

目前我国有普通（DY）型、压滤段隔膜挤压（DYG）型、压滤段高压带压榨（DVD）型、相对辊压榨（DYX）型及真空预脱水（DYZ）5 个系列产品。

带式压榨过滤机具有结构简单、脱水效率高、处理量大、能耗低、噪声小、自动化程度高，可以连续作业、易于维护等优点。

11.4.1 普通（DY）型带式压榨过滤机[19,21]

普通（DY）型带式压榨过滤机在国产的 5 个系列产品中结构最为简单，且造价低廉。图 22-11-13 是普通（DY）型带式压榨过滤机的工作原理图。

普通（DY）型带式压榨过滤机的工作过程分为 4 个阶段：

① 预处理阶段。原始料浆的含固量一般很低，必须利用重力沉降或其他方式提高料浆浓度，以降低处理成本。

② 重力脱水阶段。

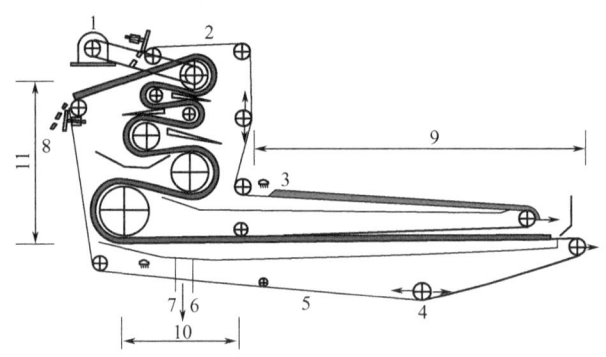

图 22-11-13　DY 型带式压榨过滤机的工作原理图

1—驱动装置；2—上滤带；3—进料；4—纠偏装置；5—下滤布；6—滤液；7—清洗液；
8—滤饼脱水；9—重力脱水区；10—楔形压榨区；11—S 形脱水区

③ 楔形预压脱水阶段。开始进入楔形压榨区段，滤带间隙逐渐缩小，开始对污泥施加挤压和剪切作用，使污泥再次脱水，在正常情况下污泥在压榨脱水段不会被挤出。

④ 压榨脱水阶段。污泥经过压榨辊系的反复挤压与剪切作用，脱去大量毛细作用水，卸料后滤布经清洗进入下一个循环。

普通（DY）型带式压榨过滤机的结构主要由给料器、张紧辊、张紧装置、纠偏装置、清洗装置、驱动装置、上滤带、下滤带、卸料装置和机架等部件组成。

图 22-11-14 是普通（DY）型带式压榨过滤机的结构图。

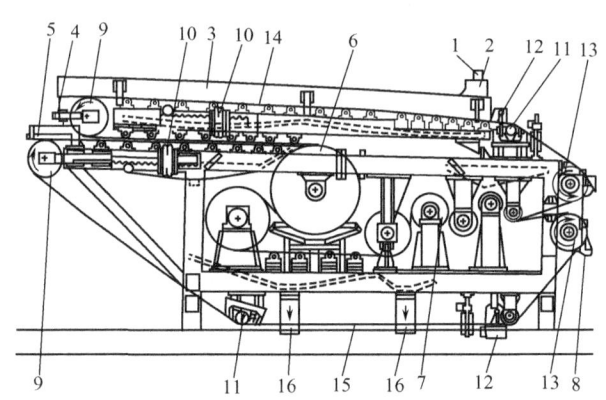

图 22-11-14　DY 型带式压榨过滤机结构图

1—入料口；2—给料器；3—重力脱水区；4—挡料装置；5—楔形区；6—低压区；
7—高压区；8—卸料装置；9—张紧辊；10—张紧装置；11—纠偏装置；12—清洗装置；
13—驱动装置；14—上滤带；15—下滤带；16—排水口

11.4.2　国外带式压榨过滤机[23,24]

德国 HUBER-DB/BS 弧形带式压滤机，是德国著名的 Klein 公司的更新和发展产品。其中 BS 弧形带式压滤机为全封闭结构，并可实现与 DB 带式浓缩机组合为浓缩脱水一体机。

英国 Klampress Ⅱ 带式压滤机，借鉴世界各国同类脱水机的特点，使脱水性能比Ⅰ型机和一般同类产品要提高 50% 左右。适用于大、中、小城镇的市政和工业污泥处理。

　　韩国裕泉 NP 重载带式压滤机，采用高强度材料制作，具有处理能力大、脱水效率高、使用寿命长等特点。采用高品质的滤带及 SUS 的喷嘴，确保压滤机的性能和品质。广泛应用于市政污水和工业废水的污泥脱水处理。

11.4.3　浓缩脱水一体机

　　随着国内外对环保的重视，为了满足逐步严格的污水排放标准，传统的污泥浓缩池已不再适用于一些特殊污泥的浓缩，浓缩脱水一体机就应运而生。

　　浓缩脱水一体机是将污泥浓缩段与污泥脱水段组合于一体的新型过滤设备。由于浓缩阶段要接受的水力负荷很高，而这一阶段固体含量少，又非常难以分离，因此预浓缩阶段是浓缩脱水一体化设备的技术关键。浓缩脱水加带式压榨一体机的结构有利于强化压榨脱水。按浓缩形式来划分，主要有带式浓缩/带式脱水，转鼓、转筛浓缩/带式脱水，螺旋预浓缩/带式脱水和离心浓缩/带式脱水等 4 种。

　　我国浓缩脱水一体机产品，主要有带式浓缩与筒式浓缩两种。带式压榨过滤机，一般用于污泥脱水，可以处理经过重力浓缩后的污泥，进泥含水率为 97％左右。带式压榨过滤机的应用技术关键是絮凝预处理和滤带的选用。

　　表 22-11-3 是我国带式压榨过滤机产品主要技术参数[20,25]。

表 22-11-3　带式压榨过滤机主要技术参数[20,25]

滤带宽度/mm	滤带线速度范围/m·min⁻¹	滤带宽度/mm	滤带线速度范围/m·min⁻¹
500		2000	
1000	0.3～10	2500	0.3～10
1500		3000	

11.4.4　真空型带式压榨过滤机

　　真空型带式压榨过滤机由真空区段和压榨脱水区段组成，是在普通带式压榨过滤机的前部增加真空过滤室。对某些物料考虑到真空预脱水效果比重力脱水好得多，先利用真空吸力进行脱水，然后进入带式压榨过滤机的压榨区进行再脱水。国外有资料介绍：真空型带式压榨过滤机比普通型带式压榨过滤机的生产能力大 30％～50％，滤饼含水量小 5％～8％。目前国内只有在真空型带式过滤机末端另加一个压榨辊，对卸料前的滤饼再进行一次挤压。

参考文献

[1] 陈树章. 非均相物系分离. 北京: 化学工业出版社, 1993.
[2] 吕维明. 固液过滤技术. 台北: 高立图书有限公司, 2004.
[3] 康勇, 罗茜. 液体过滤与过滤介质. 北京: 化学工业出版社, 2008.
[4] 白户纹平. 加压压榨过滤原理与实践. 名古屋: 名古屋大学刊物, 1988.
[5] Shirato, 等. 加压压榨过滤——过滤与分离. 朱企新, 等译校. 1993: N3, N4; 1994 N1.
[6] 余国琮. 化工机械工程手册. 北京: 化学工业出版社, 2003.
[7] Deerr. Hawaii Sugar Plant. Assoc Exp Sta, Agric, chem Ser, Bull, 1908: 22; 1910: 30; 1912: 38.
[8] Gurnham C F, Masson H J. Ind Eng Chem, 1946, 38 (12): 1309-1315.
[9] Koo E C. Ind Eng Chem, 1942, 34: 342-345.

［10］ Terzaghi K， Peck R B. Soil Mechanics in Engineering Practice. New York： John Wiley & Sons， 1948.

［11］ Shirato. Filtration-Principles and Practices. Florida： CRC Press，1987.

［12］ Terzaghi K， Peck R B. Soil Mechanics in Engineering Practice， 2nd ed. New York： Wiley， 1967.

［13］ 李庆斌，孙赤，王中来，等．化工学报，1987，（2）：230-239.

［14］ 唐立夫，杨德武，孙明文．化学工程，1989，17（1）：67-72.

［15］ 唐立夫，杨德武．流体工程，1987，（12）：26-29.

［16］ 孙明文．机械设计与制造，2003，（3）：90-92.

［17］ Shirato M， Murase T， Atsumi K， et al. Shirato M， Aragaki T， Iritani， E. J Chem Eng Jpn， 1979， 12（1）： 51-55；12（2）：162-164.

［18］ 倪培德．油脂科技，1982，（1）：27-42.

［19］ 机械工程手册编委会．机械工程手册．第 2 版：通用设备卷，第 9 篇分离机械．北京：机械工业出版社，1997.

［20］ 全国化工设备设计技术中心站机泵技术委员会．工业离心机和过滤机选用手册．北京：化学工业出版社，2014.

［21］ 章棣．分离机械选型与使用手册．北京：机械工业出版社，1998.

［22］ Rushton A， Ward A S， Holdich R G. 固液两相过滤及分离技术．朱企新，许莉，谭蔚，等译．北京：化学工业出版社，2005.

［23］ 都丽红，朱企新．化工进展，2009，28（8）：1307-1312.

［24］ PerryR H，Green D W. Perry's Chemical Engineers' Handbook. 8th ed. 北京：科学出版社，2008.

［25］ JB/T 8102—2008. 带式压榨过滤机．

12

液固分离设备的选型步骤和模拟放大

生产中要分离的液-固、液-液-固非均相混合物的种类繁多，且被分离物料的特性和分离要求又各不相同；同时可供选择的分离机械品种、规格日渐增多，但每一种分离机械的适用范围也都有一定的局限性，因此对分离机械选型是复杂而又细致的工作。

12.1 选型目的、步骤

12.1.1 造型目的

对悬浮液若初步决定采用过滤分离方法进行液固分离，为准确选择机型、规格及确定操作的工艺条件，应先进行小型试验，解决以下三个问题：①考察用过滤分离方法进行物料分离的可行性；②确定过滤分离设备的类型、大小以及工艺操作条件；③结合市场信息对选择的设备类型、工艺操作条件、生产能力、物料消耗及能耗等技术指标，进行经济评价。技术上可行、经济上合理，是正确选择过滤设备的基本原则。

分离机械的选型方法，可以有表格法和图表法两种。不论用哪种方法作为选型都必须预先了解：

① 欲分离物料的性质；

② 分离任务与要求；

③ 各种类型分离机械的适用范围。

12.1.2 选型步骤

选用液固分离设备一般可按如下步骤进行。

(1) 明确分离任务 即要对分离问题的性质进行细微和全面的了解和分析，要使分离设备能有效地工作，还需使其与工艺流程中一系列的设备相互匹配。

(2) 确定分离过程条件 要详细了解被分离物料的性质，处理量大小，最终有用产品（是固相，或液相，或者是两相都要），对分离设备材料的限制，对产品含固量、滤饼含湿量的要求，分离过程在工艺流程中的重要程度等。

物料性质包括料浆浓度、颗粒特性、密度、液相黏度、密度和其他一些物性等，以及物料性质是稳定的还是可变的等。

(3) 了解物料性质及对分离过程及设备的影响 被分离物料的主要性质及对液固分离过程和设备的影响见表 22-12-1。

(4) 初步选型 根据对市场上可供选择的分离设备的类型和主要特点的了解，按给定的过程条件，初选出可能应用的分离设备。液固分离设备分为沉降、过滤分离和压榨三大类型，各有其主要特点。

表 22-12-1 物料性质对分离过程及设备的影响[1~3]

物料性质	对分离过程及设备的影响
悬浮液浓度	机型选择,过滤和沉降生产能力
固相粒度及分布	沉降速度,过滤速度,沉渣或滤渣含湿量,分离液含固量
固液相密度差	沉降速度,澄清液含固量
液相黏度	沉降速度,过滤速度,沉渣或滤渣含湿量
固体亲水性	沉渣或滤渣含湿量
pH 值	设备材料选择,加絮凝剂种类及数量
磨损性	设备的选材和结构
腐蚀性	设备材料选择,机型选择,过滤介质选择
毒性,挥发性,防爆性	机型选择,密封材料、结构

用沉降类设备进行分离操作,要求物料的固、液两相应有一定的密度差,一般这类设备可以连续运行,生产能力较大,可分离浓度低、黏度较大、固相颗粒细微和形成可压缩性沉渣的悬浮液,可作为澄清、浓缩、粒度分级使用;但沉渣的含湿量较高,沉渣不能洗涤或洗涤效果差。

过滤分离设备可获得含湿量低的滤渣和高浓度的滤液,滤液的含固量可很低,洗涤效果较好,但过滤分离设备所选的过滤介质再生较麻烦,除生产能力小的精细过滤外,一般适合较粗大颗粒的分离。

压榨设备滤渣的含湿量低,连续压榨设备生产能力大,能耗较低。但一般只适合高浓度、含粗大颗粒或纤维物料的可压缩物料。

(5) 试样及初步试验 初选分离设备完毕后,应收集有代表性的试样,供初步试验时使用。试样应从多个连续的批次中选取,保证所取试样在试验前性质不发生变化。在实验室进行沉降或过滤或压榨的初步试验,其结果有助于对分离设备的规格、生产能力、过滤面积、沉渣密度、滤渣含湿量、洗涤要求等作出初步估算。

对以上初步的选型结果进行审查。满足分离任务和要求的机型可能不止一种,最终的选择往往取决于经济性,包括设备的可获得性,设备的价格、质量和可靠性,占地面积,附属设备,维修是否方便和维修费用等。

12.2 液固分离设备的选型

初步选型方法有表格法与图表法两种[4,5]。

对物料进行悬浮液的沉降特性试验和悬浮液过滤特性试验的方法,可以作为按表格法或图表法进行初步选型的依据。如无相应比较成熟的设备使用经验可借鉴,则应分别进行:重力沉降试验、离心沉降试验、真空漏斗过滤试验、真空滤叶试验、加压滤叶试验等,然后再进行设备选型可更为确切。

12.2.1 表格法[3,6,7]

利用沉降原理进行分离,与选择重力沉降设备还是离心沉降设备,以及固相颗粒的粒径大小、分布、形状、固-液相密度及两相密度差、黏度、表面张力等性质有关,各种沉降式分离机械的适用范围应依据物料这些主要性质来划分;用过滤分离原理进行分离的各种过滤分离机械则与固相颗粒粒径、分布、颗粒形状、颗粒群的比表面积、物料可压缩性、液相的黏度、表面张力、固液相间的亲和程度等有关，要系统测定这些主要性能，实验技术、仪器仪表等须有一定条件，又需耗费较多时间。为简化起见可以分别测定固相悬浮颗粒在液相中的沉降速度及对悬浮液过滤的滤饼生成速度，以便综合反映物料的物性，用以确定物料分离的难易程度。

12.2.1.1　悬浮液沉降特性[3,6,7]

将悬浮液放在 1000mL 的量筒中搅拌均匀后，测定固体颗粒的沉降速度，沉降 30min 时液相的澄清度，以及沉降 24h 的沉渣容积比（结果用 A、B、C 依次编号），如图 22-12-1 所示。图中表示了固体颗粒沉降速度、分离液澄清度、沉渣容积比，其中 A、D、F 则表明这类悬浮液难分离，通常需要采用浓缩、加热或絮凝等预处理方法才能得到满意的分离效果。

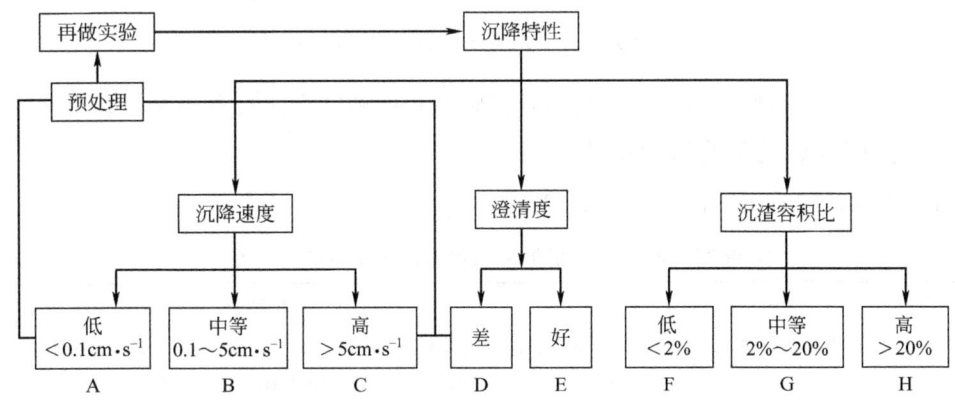

图 22-12-1　悬浮液沉降特性实验

12.2.1.2　悬浮液过滤特性[3,6,8]

75mm 布氏漏斗中加入 240mL 悬浮液，在 49.33kPa 真空度下过滤，从滤饼的增长率得到如图 22-12-2 所示的悬浮液过滤特性，图中分为 4 级（编号 I～L）。反映了液相通过固相颗粒层（滤饼）的过滤阻力的综合特性。过滤时滤饼增长率慢的悬浮液，需要进行预处理。悬浮液的沉降特性和过滤特性，可用来指导分离机械的初步选型。

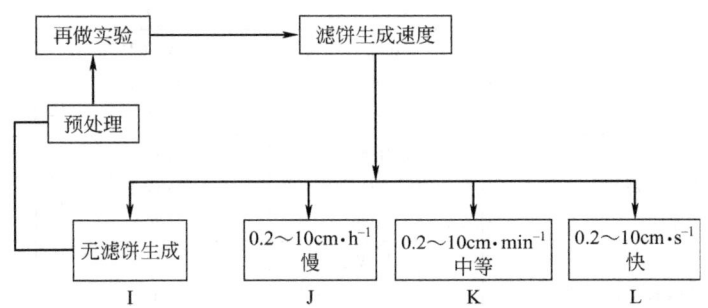

图 22-12-2　滤饼生成速度实验

12.2.1.3　液固分离的任务和要求[3,4,6]

液固分离的任务和要求如图 22-12-3 所示（编号为 a～i），除此外还有一些特殊要求，

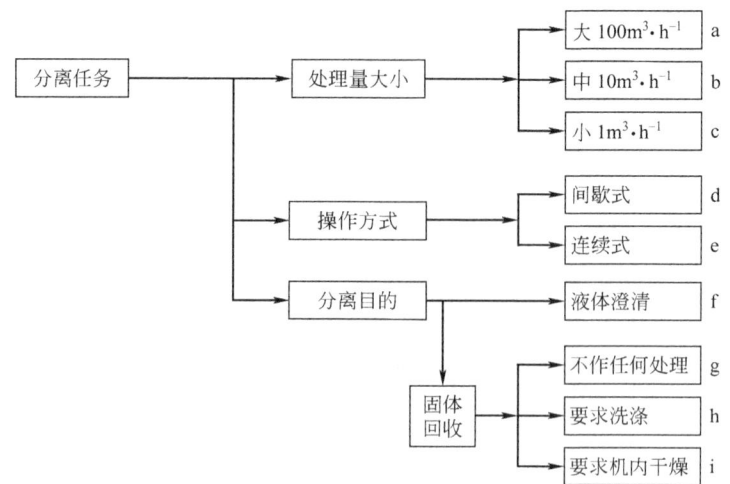

图 22-12-3　液固分离的任务和要求

例如液相是易挥发、易燃、易爆炸的物料，固相颗粒的硬度大而具有较大的磨损性等。

12.2.1.4　液固分离设备的适用特性

液固分离设备的适用特性，见表 22-12-2。

表 22-12-2　各类液固分离设备的适用特性[3,4,8,9]

序号	分离设备类型	适用特性		
		能达到的分离任务 （图 22-12-3）	所处理物料的沉降特性 （图 22-12-1）	所处理物料的过滤特性 （图 22-12-2）
1	垂直滤叶加压叶滤机	a,b 或 c d f,g,h 或 i	A 或 B D 或 E F 或 G	I 或 J
2	水平滤叶加压叶滤机	b 或 c d g 或 h	A 或 B D 或 E F 或 G	J 或 K
3	带式压榨过滤机	a,b 或 c e g	B D 或 E G	J
4	筒式过滤机	b 或 c d f	A 或 B D 或 E F	
5	转鼓真空过滤机	a,b 或 c d f,g,h	A 或 B D 或 E F 或 G	J 或 K
6	上部加料转鼓真空过滤机	a,b 或 c e g,h(或 i)	C E G 或 H	L
7	预敷层转鼓真空过滤机	a,b 或 c e f(或 g)	A D 或 E F(或 G)	I(或 J)

序号	分离设备类型	适用特性		
		能达到的分离任务 (图 22-12-3)	所处理物料的沉降特性 (图 22-12-1)	所处理物料的过滤特性 (图 22-12-2)
8	圆盘真空过滤机	a,b 或 c e g	A 或 B D 或 E G 或 G	J 或 K
9	水平带式真空过滤机、翻斗真空 过滤机或转台真空过滤机	a,b 或 c d 或 e g 或 h	A,B 或 C D 或 E F,G 或 H	J,K 或 L
10	深层床过滤器	a 或 b e f	A D F	I
11	压滤机(板框式或厢式)	a,b 或 c d f,g,h 或 i	A(或 B) D 或 E F,G 或 H	I 或 J
12	卧式刮刀卸料过滤离心机、 虹吸刮刀卸料过滤离心机[9,10]	a,b 或 c d g 或 h	A,B(或 C) D 或 E G 或 H	K 或 L
13	活塞推料离心机、柱锥形 双级活塞推料离心机[9,10]	a 或 b e g 或 h	B 或 C E G 或 H	K,或 L
14	上悬式、三足式离心机,平板式离心机[9]	b 或 c d g 或 h	A,B 或 C D 或 E G 或 H	K,J 或 L
15	离心卸料或进动卸料离心机	a e g	C E H	L
16	螺旋卸料过滤离心机	a e g	C E H	K 或 L
17	浮选设备	a 或 b e f 或 g	A 或 B D 或 E F	
18	重力沉降设备	a,b 或 c d 或 e f,g 或 h	B 或 C E F 或 G	
19	旋液分离器	a,b 或 c d 或 e f,g 或 h	B 或 C D 或 E F,G 或 H	
20	带压榨隔膜的压滤机	a,b 或 c d 或 e g(或 h)	A(或 B) D 或 E G 或 H	J 或 K
21	精细过滤设备 超细过滤设备	b,c(或 a) d(或 e) f	A D F	I

续表

序号	分离设备类型	适用特性		
		能达到的分离任务 (图 22-12-3)	所处理物料的沉降特性 (图 22-12-1)	所处理物料的过滤特性 (图 22-12-2)
22	振动筛	a,b 或 c d 或 e f 或 g	B 或 C E F 或 G	K 或 L
23	螺旋挤压机	a 或 b d 或 e g	A D 或 E H	I 或 J
24	管式分离机	b(或 c) d f 或 g	A 或 B D 或 E F	
25	撇液管排液的沉降离心机 (三足式、卧式刮刀卸料式)	b 或 c d f 或 g	B(或)A D 或 E F,G 或 H	
26	碟式分离机	a,b 或 c d 或 e f 或 g	A 或 B D 或 E F 或 G	
27	螺旋卸料沉降离心机	a,b 或 c e f,g(h 或 i)	B,C(或 A) E(或 D) F,G 或 H	
28	粗滤器	a,b 或 c d 或 e f(或 g)	C E(或 D) F	K 或 L
29	旋叶压滤机	b 或 c e f,g 或 h	A 或 B D 或 E F,G 或 H	I,J 或 K

12.2.2 图表法

根据小型测试结果及已知的液固分离设备——过滤离心机，沉降离心机、分离机和过滤机的适用范围（表 22-12-3～表 22-12-7）来进行初选。

12.2.2.1 过滤离心机的适用范围

各种过滤离心机可适用范围和能达到的效果，以及适用物料的性能表，分别见表 22-12-3 和表 22-12-4。

表 22-12-3   过滤离心机的适用范围及分离效果[12～14]

项目	滤渣固定型		滤渣移动型				
	三足式 上悬式	刮刀卸料	活塞推料		螺旋卸料	离心卸料	振动卸料
			单级	多级			
滤液含固量	少	少	较少		较高	较少	较高
滤渣洗涤效果	优	优	可	优	可	可	可
对固相颗粒的破损度	小	大	中～小		中	中～小	

续表

项目	滤渣固定型		滤渣移动型				
	三足式上悬式	刮刀卸料	活塞推料		螺旋卸料	离心卸料	振动卸料
			单级	多级			
进料的含固量/%	10～60	10～60	30～70	20～80	30～70	40～80	40～80
分离固相颗粒直径/mm	0.05～5	0.05～5	0.1～5	0.07～5	0.05	0.05	0.1
一般可达到最高分离因数 F_r	1500	2500	1000	1200	3000	2500	400
滤渣卸出周期	间歇	间歇	脉动		连续	连续	连续
滤渣卸出方式	人工、自重或刮刀	刮刀	推料盘		螺旋	离心力	惯性力
使用滤网	各种滤网	各种滤网	金属条网或板网		金属板网		

表 22-12-4 过滤离心机适用物料的性能表[1,3,4]

物料性质 \ 机型	离心力卸料式	振动卸料式	螺旋卸料式	单级或多级活塞推料式	刮刀卸料卧式自动	自动刮刀卸料三足或上悬式	人工刮刀卸料三足或上悬式
最小粒子/μm	250	500	150	80	20	20	10
最大粒子/μm	10000	10000	5000	5000	2000	1000	1000
料浆含固量/%	40～80	40～80	25～75	15～75	10～50	5～20	2～10
固体生产能力/t·h⁻¹	5～40	5～150	1～150	0.5～50	0.25～20	0.1～5	0.1～1
洗涤性能	差	不能	差	良	良	优	优
滤饼状态	干	干	干	干	干	紧密	膏状
	粒状	粒状	粒状	粒状	粒状	粒状	粒状
滤液澄清度	中	中	差	良	良	优	优

注：表中粒子尺寸范围是指该机种最适宜的应用范围。

12.2.2.2 沉降离心机、分离机的适用范围，适用物料及分离能力

沉降离心机、分离机的适用范围见表 22-12-5。

表 22-12-5 沉降离心机、分离机的适用范围[4,5,9]

项目	蝶式分离机			管式分离机	室式分离机	螺旋卸料离心机		刮刀、三足沉降离心机
	人工排渣	环阀排渣	喷嘴排渣			圆锥转鼓	柱-锥转鼓	
完成澄清分离过程	优	优	良	优	优	可	良	良
完成沉降浓缩过程	良	优	优	良	良	可	优	优
完成液液分离	优	优	优	优	不能	不能	不能	不可
完成液液固分离	优	优	优	优	不能	不能	可以	不可
沉渣卸出方式	停机取出	间歇取出	连续喷出	停机取出	停机取出	螺旋连续排出		间歇取出
沉渣卸出状况	团块状	糊糕状	糊糕状	团块状	团块状	较干		团块状
进料含固量/%	<1	<5	<10	<0.1		5～50	3～50	<10
分离固相颗粒直径/μm	0.5～15	0.5～15	0.5～15	0.1～1		>10	>10	>10
两相相对密度差	≥0.01					≥0.05		
一般最高分离因数 F_r	10000	10000	10000	60000	8000	4000	4000	1500

沉降离心机适用物料及分离能力见表 22-12-6。

表 22-12-6   沉降离心机适用物料及分离能力[9,13~15]

机型 物料性质	卧室螺旋卸料离心机	喷嘴排渣碟式分离机	环式排渣碟式分离机	人工排渣碟式分离机	人工排渣管式分离机	三足式人工或刮刀卸料离心机
最小粒径/μm 最大粒径/μm	2 5000	0.25 50	0.25 200	0.25 200	0.1 200	2 5000
物料质量分数/% 离心澄清时间/min	2~60 0~3	2~20 1~10	0.1~5 1~10	<1.0 1~0	<1.0 2~20	0.1~5 0~3
分离能力 　固相量/kg·h⁻¹ 　液相量/m³·h⁻¹	50~50000 0.2~100	5~1500 0.2~160	0.5~750 0.5~40	0.5~50 0.2~100	0.05~2.5 0.05~4	10~2500 0.2~20
洗涤情况	可能	可能	不能	不能	不能	不能
沉渣状况	膏状 粒状	可流动性 膏状	可流动性 膏状	膏状 密实的	膏状 密实的	密实的
分离液澄清度	优良	优良	优良	优良	优良	优良

注：最小粒径系指能被该机种分离出的最小粒度，其大小指固液相对密度差为 1.6，液相黏度为 0.001Pa·s，其他密度差和黏度时的粒度则按 Stokes 公式转换。

12.2.2.3   过滤机的适用料浆和适用范围

过滤机的适用料浆和使用范围见表 22-12-7。

表 22-12-7   过滤机的适用料浆和适用范围[3,7,12]

过滤方式	机型	适用的料浆	适用范围及注意事项
连续式 真空过滤	转鼓真空过滤机 　刮刀卸料	浓度为 5%~60% 的中、低过滤速度的滤浆，滤饼不黏且厚度超过 5~6mm	用途最广的机型。适用于化工、石油化工、冶金、矿山和废水处理等部门。对于固体颗粒在滤浆槽内几乎不能悬浮滤浆，滤饼通气性太好，滤饼在自重下易从转鼓上脱落的滤浆不宜使用。滤饼的洗涤效果不如水平型过滤机
	拆带卸料	浓度为 2%~65% 的中、低过滤速递的滤浆，5min 内必须在转鼓面上形成超过 3mm 厚的均匀滤饼	
	绳索卸料	浓度为 5%~60% 的中、低过滤速度的滤浆，滤饼厚度 1.6~5mm	
	卸料辊卸料	浓度为 5%~40% 的低过滤速度的滤浆，滤饼有黏性且厚度为 0.5~2mm	
	上部加料型转鼓真空过滤机	浓度为 10%~70% 的过滤速度快的滤浆，滤饼厚 12~20mm	用于盐水中含结晶盐、结晶化工产品的过滤，即适用于沉降速度快、颗粒粗的滤浆
	内滤面转速真空过滤机	沉降速度快、颗粒较粗的滤浆，滤饼厚 12~20mm	用于采矿、冶金工业。适用于滤饼易从滤布上脱落的场合，不宜用在滤饼需要洗涤的场合
	圆盘真空过滤机	过滤速度快的滤浆，1min 内至少要形成 15~20mm 厚的滤饼	用于矿石粉、浮选精煤粉、水泥原料等的过滤；因为过滤棉垂直，所以滤饼不能洗涤

过滤方式	机型	适用的料浆	适用范围及注意事项
连续式真空过滤	翻斗真空过滤机	过滤速度快的滤浆,浓度 30%～50%,滤饼厚度 12～20mm	广泛用于磷酸工业;适用于沉降速度快、颗粒粗的滤浆,能多级逆流洗涤
	转台真空过滤机	固体颗粒沉降速度快的滤浆,1min 内形成超过 20mm 的滤饼	用于磷酸工业等;适用于沉降速度快的滤浆以及颗粒密度小、浮在液面上的滤浆;不宜用在要求滤饼洗涤效果好的场合
	水平带式真空过滤机	浓度为 5%～70% 的过滤速度快的滤浆,滤饼厚 4～5mm	用于磷酸工业、无机化工、制药、冶金及造纸等领域;适用于沉降性好的粗颗粒滤浆,滤饼洗涤效果好
	预敷层转鼓真空过滤机	浓度为 2% 以下的稀薄滤浆	用于各种稀薄滤浆的澄清过滤;适用于糊状、胶质和稀薄滤浆的过滤;适用于细微颗粒易堵塞过滤介质的难过滤滤浆,因卸料中含有少量助滤剂,不宜用在需获得滤饼的场合
间歇式真空过滤	真空叶滤机 真空抽滤器	适用于广泛的滤浆	不适于大规模生产的过滤
连续式加压过滤	转鼓加压过滤机 垂直圆盘加压过滤机	适用于各种浓度的高黏性滤浆	用于化工、石油化工等领域;因过滤推动力较大,处理量大,适用于易挥发物料的过滤
	预敷层转鼓加压过滤机	适用于稀薄滤浆	用于真空过滤机难以处理的滤浆的澄清过滤
间歇加压过滤	板框压滤机 厢式压滤机	适用于广泛的滤浆	用于食品、冶金、颜料、染料、采矿、化工、石油化工、医药等领域
	加压叶滤机	适用于广泛的滤浆	用于大规模过滤和澄清过滤,后者需用预敷层
重力过滤器	砂滤器	适用于极稀薄滤浆	用于饮用水、工业用水的澄清过滤,废水和下水的三次处理,沉降分离装置和凝聚沉淀装置的溢流水的过滤

12.3 选型试验方法[8,10～12]

选型前除对物料进行基本物性测定外,还必须对要分离的物料进行与过滤分离有关的过滤试验及离心分离性能测定,来判别选择过滤分离的可行性,进行可行性试验时首先要重视试验样品的提取。

取样生产过程中的物料,由于生产条件不一定稳定,物料的浓度和悬浮液的温度等都可能变动,因此,必须间断取样,间隔时间和次数则视物料本身物性决定。例如,对有时效性的物料,条件允许最好在现场进行试验。

12.3.1 过滤试验方法[3,8,10]

(1) 真空抽滤 试验流程参见图 22-12-4。试样在烧杯中搅拌均匀后倒入布氏漏斗,固

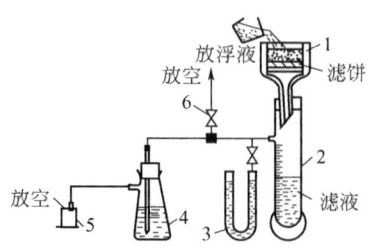

图 22-12-4　真空抽滤流程

1—布氏漏斗；2—滤液容器；3—压差计；4—吸湿器；5—真空泵；6—旋塞

相颗粒在滤布上生成滤饼，滤液穿过滤饼和滤布流入滤液容器，按一定时间间隔同时记录过滤时间、滤液体积和压差计的压强差。压滤压强用放空旋塞调节。

（2）滤叶试验[3,11,12]

①　真空滤叶试验　真空滤叶试验流程见图 22-12-5，搅匀桶内的料浆，将滤叶试验器置于料浆桶内，在一定真空度下过滤。滤液流入滤液瓶，滤饼截留在滤布上。滤叶试验器可以水平朝上、朝下或垂直放置。持续一定过滤时间后，取出滤叶，继续抽真空，将滤饼脱水干燥。记录形成滤饼和滤饼脱水的时间、真空度、滤布的堵塞情况、料浆浓度、滤液量、湿干滤饼的重量、滤饼的剥离性等试验数据和现象。改变真空度，反复试验。

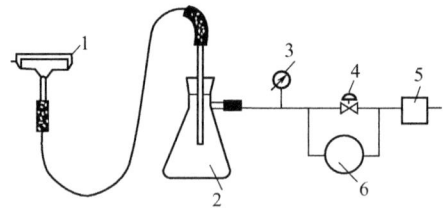

图 22-12-5　真空滤叶试验流程

1—滤布；2—滤液瓶；3—真空表；4—真空调节阀；5—气体流量计；6—真空泵

②　加压滤叶试验[3,10,11]　试验流程图见图 22-12-6。滤叶内安有弹性的压榨隔膜。试验时，高压氮气将料浆送入滤叶，进行加压过滤，滤液排入量筒；持续一定过滤时间后，停止供料；向盛水的缓冲罐加压，加压水输入滤叶试验器中的压榨隔膜，实现滤饼的压榨脱水。除了获得与真空滤叶相同的试验数据外，加压滤叶还可以取得以下的试验数据：过滤时间、压榨时间和滤饼量的关系；过滤压力、压榨压力同滤饼含湿量的关系。由试验结果最后确定过滤机的型式、过滤介质以及操作条件。

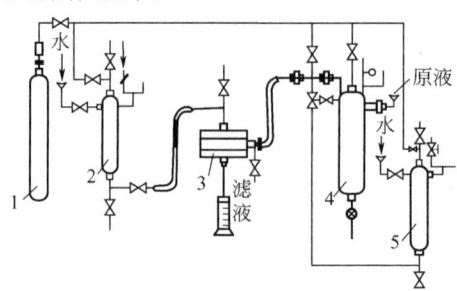

图 22-12-6　加压过滤用的滤叶试验装置

1—氮气瓶；2—缓冲槽；3—滤叶；4—料浆槽；5—洗涤水槽

做加压滤叶试验时，如滤饼需要洗涤，停止过滤后用来自气瓶中的压力，将洗水槽中的洗水压入滤叶，对滤饼进行洗涤，用量筒测量通过滤饼流出的滤液或洗水量，计算洗水用量与滤饼总残留母液的关系，以确定生产中需用的洗水量。也可根据测定的滤饼形成时间，选择分离设备。

由试验结果最后确定过滤机的型式、过滤介质以及操作条件。

(3) 离心过滤试验[4,15,16]　用图表法选择分离机械，可以根据固相粒子大小尺寸、物料浓度及按滤饼计算的生产能力、滤饼状态、滤液澄清度等，可对过滤离心机作初步选择参考，见表 22-12-3 和表 22-12-4。

这些方法比较粗糙，但可为初选参考用。

12.3.2　沉降试验方法[6,9,13,15]

12.3.2.1　重力沉降试验[6,9]

重力沉降所需仪器非常简单：1000mL 或 200mL 量筒，精度 0.1s 的秒表，2000mL 烧杯，可变速试验型搅拌器，250～300mm 钢板尺。

重力沉降试验方法：将被分离物料 1～2L 置于烧杯中；用搅拌器搅匀（15～30min）后，倾入量筒中，到量筒满刻度线为止，开始观察沉降情况，以秒表记录沉降时间和清液层与悬浮液层之间界面下降的高度（距离）。用界面下降的高度（距离）除以沉降时间，即得该物料的沉降速度。同时观察上部清液层的澄清度；有时沉降也会出现三层的现象，最上层是澄清液，下层是悬浮液，中间有一层极细粒子形成混浊层，且界面不清，细粒子沉降速度极慢，清液层迟迟不出现。这种现象反映出固相粒度分布比较分散，细粒子占有一定比例，且悬浮液的固相浓度又不够高，不能形成干涉沉降；在重力沉降过程中，粗、细粒子各以其自身沉降速度沉降，粗粒快，细粒慢，因而形成三层。至于用哪两层之间的界面的沉降速度作为选型的依据，则视分离要求而定。最后，将盛有悬浮液的量筒静置至少 24h，待固相全部沉底后，测量固相物质体积占总体积的百分比值。

12.3.2.2　离心沉降试验[13,15]

重力沉降速度很慢，例如速度小于 1mm·h^{-1}，则表明固相粒子极细，粒度一般小于 20μm，这时多选用沉降离心机，因此必须做离心沉降试验。

所需仪器有：试管离心机（试管最好有刻度）、1000mL 烧杯、搅拌器、秒表。

离心试验方法：将物料盛于烧杯中，用搅拌器搅拌 15～30min；待搅拌均匀后，倾入试管离心机的试管中；试验转速可定为分离因数为 1000 的转速，半径可定为在试管旋转起来后在空间的位置（水平或倾斜）时，试管长度的中间位置距回转轴心的距离。达预定转速后，运转 15s 停机，取出试管观察；如液体不清，再放入运转 15s，再停机观察，如此继续下去，直至液体完全澄清为止。该参数可作为选择离心机的参考依据，见表 22-12-6，然后倾出试管上部清液，用玻璃棒取出沉渣，观察沉渣状况。

12.4　小型试验机试验[4,5]

12.4.1　小型试验机试验的目的

实验室试验不可能完全与实际生产的工况和操作条件吻合，仅根据实验室试验结果所选定的机种，实际用于生产时有可能导致失误。通常，可用初步选定机种的小型试验机进行试验，试验场地可在工厂现场，将物料从生产线上分出支流，用较少的物料，按预定的操作方法和试验方案进行试验，其结果最接近实际。

12.4.2　如何选择小型试验机[4,5]

(1) 选定机种　选机种的方法有两种，一是按前面初选方法选定机种；二是根据已有的生产流程所用的机种，或近似物料生产流程所用机种来选定机种。

(2) 向生产该机种的生产厂咨询　了解厂家是否生产该机种的小型试验机，或用该机种中最小规格尺寸的生产用机做现场试验。

12.4.3　小型试验机试验方法

(1) 试验方案

① 试验目的和要求；

② 试验流程及其所需附属装置和设备；

③ 试验所需测量仪器、仪表；

④ 试验操作条件，如操作压力、操作方式、进料流量的变化量、操作温度、其他条件（如离心机的转速、差转速、预敷层过滤机预敷层厚度的变化量；碟式分离机溢流环口径的改变、水平带式真空过滤机滤袋速度的改变等，洗水量的变化量）；

⑤ 取样点和取样方法及每次取样量；

⑥ 数据记录表格，最好采用数据自动采集、记录、分析、打印。

(2) 试验程序

① 现场试验　进料系统只需从生产主流程中分出一支线即可。卸料系统应考虑滤饼和滤液用容器收集或是回流入原生产系统中。

② 实验室的小型试验机试验　试验流程必须配置一套加料系统，包括容积较大（至少 $3\sim5m^3$）、可供连续试验 1h 以上的物料储槽；为保持进料量流量稳定的高位进料槽，液位高度应高于试验机 $3\sim5m$，高位槽应开有溢流口，以保持液面高度的稳定。为保持进料悬浮液浓度均匀，储料槽和高位槽均需装搅拌装置。输料管路尽可能短和少用弯头。进料的取样口最好靠近试验机进料口。进料泵一般多用离心泵。对于加压过滤机，为保持进料压力稳定，最好采用容积式泵，如螺杆泵、柱塞泵、隔膜泵。

12.5　选型试验的模拟放大[4,5,12]

小规模试验所用的设备较简单，物料用量也较少，为获得可靠结果，试验时还必须注意以下几点：

① 试验所用物料的形成和处理必须与实际生产完全相同。

② 由于试验设备小（沉降试验仅用量筒，过滤试验仅用直径 50mm 的布氏漏斗或滤叶）和规模小，因此各种试验数据的测量必须尽可能精确，仪器设备必须事前进行校正，以避免放大设计时造成较大的放大相对误差。

③ 试验时必须控制温度，使其不发生较大的波动，特别是黏度对温度敏感的液体和饱和溶液等物料。

12.5.1 过滤机的模拟放大[3,12,16]

从试验机数据放大到工业用机需要考虑三个放大修正系数：

① 过滤速度修正系数 试验机过滤速度应乘以0.8，即放大时要考虑工业机的洗涤不完善或不能洗涤，滤布被细粒子堵塞而增加了过滤阻力。

② 过滤面积的修正系数 工业机有效过滤面积为名义过滤面积的94%～97%。

③ 卸料的修正系数 对理想状态而言，过滤机无论用什么卸料机构，滤饼都应该100%卸除；但实际生产中是不可能的。这与机器的卸料机构和操作的不完善有关，无确定的修正系数，通常由实际经验确定。

间歇过滤机有：加压容器式过滤机，板框、厢式压滤机，变容积的隔膜压榨过滤机。这类过滤机辅助操作时间长，生产能力低，一般均用于难过滤的细颗粒物料，或者用连续过滤机无法过滤的物料。

过滤机的模拟放大计算[3,4,9]最简单的方法是利用标准滤饼生成时间（standard cake formationg time，SCFT）试验所得的 T_F 值进行放大计算。

(1) 连续过滤机过滤面积的计算 设 A 为过滤面积，m^2；d 为滤饼厚度，cm；S 为滤饼生成时间占每操作周期的百分数，%（表 22-12-8）；T_F 为标准滤饼生成时间，min。

则可得到每个操作周期滤饼体积为：$Ad/100(m^3)$

每个操作周期的时间为：$\dfrac{T_F}{60S}$ （h）

每小时过滤得到的滤饼体积 V 为：

$$V=\frac{ASd\times 60}{T_F\times 100}=0.6\,\frac{ASd}{T_F} \tag{22-12-1}$$

无论是真空过滤或加压过滤试验，每次试验条件随机性很大，特别是试验的过滤压力不可能完全相同，所用的过滤时间不同，所得滤饼厚度也各不相同，为了便于利用试验数据，对不同物料的过滤特性相互比较，便于以此选择机种和对机种进行模拟放大，特提出用标准滤饼生成时间来统一试验数据。标准滤饼生成时间 T_F 是：在过滤压差为0.1MPa时，生成厚度1cm的滤饼厚度所需要的时间。

① 标准滤饼生成时间的求法 试验用布氏漏斗或滤叶均可。每个试验所用压差可任意选定，每个试验至少重复三次以上，每次均应记录过滤时间及相应的滤饼厚度。由于滤饼厚度与过滤时间的平方根成正比，所以用对数坐标纸描绘滤饼厚度 d 与过滤时间 T_G 的数据可得一直线（图 22-12-7），但试验压差与标准滤饼生成时间 T_F 所定义的压差0.1MPa不同，因此试验数据中的过滤时间应加以校正，按公式(22-12-2)进行计算。式中 K_p 成为压差

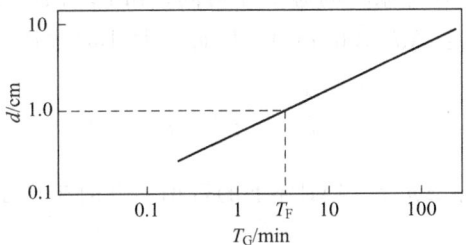

图 22-12-7 标准滤饼生成时间

因子。

$$T_F = T_G K_p = T_G \left(\frac{p_g}{p_F}\right)^{1-n} \tag{22-12-2}$$

式中　T_G——过滤试验所用的过滤时间，min；

p_g——过滤试验所用的过滤压差，MPa；

p_F——标准滤饼生成时间所定义的压差值，为 0.1 MPa；

K_p——压差因子，无量纲数；

n——滤饼可压缩性系数，无量纲数。

$$K_p = \left(\frac{p_g}{p_F}\right)^{1-n} \tag{22-12-3}$$

根据 SCFT 的定义和试验数据，T_F 是在 $d=1\mathrm{cm}$，过滤压差为 0.1MPa 时所得的过滤时间。因此，$d=1\mathrm{cm}$ 生产 $1\mathrm{m}^3$ 滤饼所需的过滤面积 A 为：

$$A = \frac{T_F}{0.6S} = \frac{1.67 T_F}{S} \tag{22-12-4}$$

如工业机的滤饼厚度不是 1cm，过滤压力差也不是 0.1MPa，则式中的 T_F 应加以校正，见式(22-12-2)。

② 连续过滤机的 S 值　见表 22-12-8。

表 22-12-8　各种连续过滤机的 S 值　　　　　单位：%

过滤机型式		名义值	有效值
转鼓式	刮刀卸料	35	30
	卸料辊卸料	35	30
	折带卸料	35	30
	绳索卸料	35	30
	预敷层式	35、55、85	35、55、85
水平带式		按需要	按需要
转台式		按需要	按需要
翻斗式		按需要	按需要
圆盘式		35	28

(2) 间歇式过滤机过滤面积的计算　设 A 为过滤面积，m^2；d 为滤饼厚度，cm；T_D 为辅助操作时间，min；T_C 为每循环的总工作时间，min，$T_C = T_F + T_D$。

于是，每循环的产量为：$Ad/100(\mathrm{m}^3)$。因此，每小时滤饼的产量为：

$$\frac{Ad}{100} \times \frac{60}{T_F + T_D}$$

而 T_F 值是在 $d=1\mathrm{cm}$、$\Delta p = 0.1\mathrm{MPa}$ 下的数据，此时生产 $1\mathrm{m}^3$ 滤饼所需过滤面积 A 按下式计算：

$$A = 1.67(T_F + T_D) \tag{22-12-5}$$

式中，T_C为每循环的总工作时间，min；T_D为辅助操作时间，min。

如滤饼厚度超过 1cm，压差也不同，T_F应作修正。

① 过滤压差不等于 0.1MPa 时 T_F 的修正：

按式：

$$T_F p_F^{1-n} = T_S p_S^{1-n}$$

$$T_S = T_F \left(\frac{p_F}{p_S}\right)^{1-n} = K_e T_F \qquad (22\text{-}12\text{-}6)$$

$$K_e = \left(\frac{0.1}{p_S}\right)^{1-n}$$

式中，T_F为标准滤饼生成时间，min；T_S为工业机实际过滤时间，min；p_F为标准过滤压差，为 0.1MPa；p_S为工业机所用过滤压差，MPa；n为压缩性系数，对于不可压缩性滤饼 $n=0$；K_e为过滤压差修正系数。

② 滤饼厚度不等于 1cm 时的修正：

根据过滤方程，忽略过滤介质阻力，则：

$$T = \frac{1}{2} a V^2 \qquad (22\text{-}12\text{-}7)$$

因对给定物料 a 系常数，故 $T \propto V^2$。

但 $V \propto d$，因此 $T \propto d^2$。

若 d_F 为在标准滤饼生成时间 T_F 下的滤饼厚度，则 $d_F = 1$cm；d_s 为工业用机的滤饼厚度，cm。

于是：

$$\frac{T_F}{T_S} = \left(\frac{d_F}{d_s}\right)^2$$

$$T_S = K'_T T_F \qquad (22\text{-}12\text{-}8)$$

$$K'_T = \left(\frac{d_s}{d_F}\right)^2 = d_s^2$$

式中，K'_T为参数，无量纲。

12.5.2 离心机的模拟放大

12.5.2.1 过滤离心机的模拟放大[4,5]

过滤离心机的模拟放大与过滤机一样，应采用过滤试验的数据。每次试验条件随机性很大，特别是试验的过滤压力不可能相同，所用过滤时间不同，所得滤饼厚度也各不相同。为了便于得到试验数据，对不同物料的过滤特性相互比较，并便于选择机种，对机种进行模拟放大，也采用标准滤饼生成时间（standard cake formation time，SCFT）来统一试验数据。

(1) 根据 SCFT 选择过滤离心机

① 标准滤饼生成时间的求法（同本篇 12.5.1 过滤机的模拟放大）。

② 滤饼压缩性系数 n（见本篇第 7 章）。

根据标准滤饼生成时间、固相粒子尺寸、物料浓度及按滤饼计算的生产能力，可对过滤离心机作选择。

(2) 连续式过滤离心机的模拟放大[4,11]　连续式过滤离心机是指离心过滤操作的各工序，如进料、过滤、洗涤、脱液、卸料都同时连续进行的离心机。这类离心机的特点是所有工序均在全速下进行，机器启动达全速后，不再有降速卸料等操作情况出现，因此生产能力较大，适于处理较易过滤的物料，以及易脱水的粗粒或结晶物料。如振动卸料或离心力卸料离心机、进动卸料离心机、螺旋卸料过滤离心机和活塞推料离心机。

连续式过滤离心机的模拟放大见参考文献 [8,11]。

(3) 间歇式过滤离心机的模拟放大[4,5]　间歇式过滤离心机是指操作循环中的加料、过滤、脱水、洗涤、干燥、卸料各工序不能同时进行，只能分阶段进行，至少加料和卸料是分别进行的。全速自动刮刀卸料或降速三足式自动刮刀卸料离心机、上悬式机械刮刀卸料或降速自动重力卸料离心机均属间歇过滤离心机。

间歇式过滤离心机和连续式过滤离心机的模拟放大计算不相同，具体如何修正，详见参考文献 [13]。

12.5.2.2　沉降离心机的模拟放大[13]

见本篇第 6 章离心沉降分离与沉降离心机的 "6.3.2 沉降离心机工程实验和模拟放大"。

参考文献

[1] 时钧，汪家鼎，余国琮，等．化学工程手册：第 22 篇．北京：化学工业出版社，1996.

[2] Svarovsky L. Solid-Liquid Separation. 2nd ed. 朱企新，等译．北京：化学工业出版社，1990.

[3] 余国琮．化工机械工程手册：中卷，第 22 篇机械分离．北京：化学工业出版社，2003.

[4] 章棣．分离机械选型与使用手册．北京：机械工业出版社，1998.

[5] 机械工程手册编委会．机械工程手册．第 2 版：通用设备卷，第 9 篇分离机械．北京：机械工业出版社，1997.

[6] 化工部化学工程设计技术中心站．化学工程：过滤设计手册．1996，24.

[7] 王子宗．石油化工设计手册：第三卷，化工单元过程（上）．北京：化学工业出版社，2015.

[8] 吕维明．固液过滤技术．台北：高立图书有限公司，2004.

[9] 全国化工设备设计技术中心站机泵技术委员会．工业离心机和过滤机选用手册．北京：化学工业出版社，2014.

[10] James O M. Perry's Chemical Engineers' Handbook. 8th ed. London: The McGraw-Hill Press Company, 2008.

[11] Rushton A, Ward A S, Holdich R G. 固液两相过滤及分离技术．朱企新，许莉，谭蔚，等译．北京：化学工业出版社，2005.

[12] Wakeman R J. Filtr Sep, 1995, 32（4）: 337-341.

[13] 孙启才，金鼎五．离心机原理结构与设计计算．北京：机械工业出版社，1987.

[14] 全国分离机械标准化技术委员会．分离机械标准汇编．2009.

[15] 孙启才．分离机械．北京：化学工业出版社，1993.

[16] Tiller F M, Cheng K S. Filtr Sep, 1977, 14（1）: 13-16, 18.

符号说明

英文

D_c	液-液分离旋流器进口圆筒段直径
d	固体颗粒粒径，μm
E_c	综合分离效率
E_G	级效率
E_{Ts}	固相回收率
Eu	欧拉数
F_g	重力，N
F_b	浮力，N
F	固体颗粒的累积粒径分布
F_r	分离因数
f	摩擦系数
G	悬浮液的进料流量
G_c	经分离后的沉渣质量流量
G_f	分离液流量
g	重力加速度，$m \cdot s^{-1}$
H_c	旋流器圆筒部分的长度，m
H	碟片间隙，m
k_0	土壤力学中使用的常数，代表静止状态下泥土的压力系数
K	Ruth 恒压过滤系数
L	转鼓长度，m；滤饼厚度，m
m	滤饼的湿干质量比
n	转鼓转速，$n = \omega / (2\pi)$
N_{cap}	毛细作用准数
Δp	旋流器进料口和溢流口之间的压力降，Pa
p	离心液压，Pa；过滤压力，Pa
Δp	过滤压差，Pa
Q	悬浮液流量（分离要求处理量）；料液流量，$m^3 \cdot h^{-1}$（$m^3 \cdot s^{-1}$）过滤速率
q	渗透速度，$m \cdot s^{-1}$
Re	雷诺数
R_f	分流比，底流流量与进料流量的比值

Re_p	颗粒的雷诺数
r_0	转鼓内自由液面半径，m
r_i	碟片锥小端半径，m
r_o	碟片锥大端半径，m
R_c	单位过滤面积的滤饼阻力，m^{-1}
R_m	单位过滤面积的过滤介质的阻力，m^{-1}
St_{50}	斯托克斯数
s	以单位重量料浆中含有的固体重量表示的浓度
s_0	各 p_s 下压缩滤饼固体的有效比表面积，m^{-1}
t，θ	过滤时间、离心机操作时间，s
u	过滤时间，s
u_w	考虑器壁影响的沉降速度
u_φ	干涉沉降速度
U	颗粒与流体相对速度，$m \cdot s^{-1}$
u_0	沉降终端速度，$m \cdot s^{-1}$
u	转鼓轴向料液流速，$m \cdot s^{-1}$
V	过滤 t 秒后得到的全部滤液量，m^3
v	单位过滤面积得到的滤液量，$m^3 \cdot m^{-2}$
	过滤期间得到的滤液量，$m^3 \cdot m^{-2}$
V_w	洗涤液体积，m^3
W	全部滤饼的质量，kg
w	单位过滤面积得到的干滤饼重量，$kg \cdot m^{-2}$
w_m	与单位面积上的过滤介质阻力等效的干滤饼重量，$kg \cdot m^{-2}$

希文

α_{av}	Ruth 平均过滤比阻，$m \cdot kg^{-1}$
α	滤饼比阻，$m \cdot kg^{-1}$
ε	滤饼的平均孔隙率或局部孔隙率
ε_{av}	滤饼的平均孔隙率
η_1	修正系数
η_2	干涉沉降影响系数
θ_W	恒压洗涤时间，s
θ	过滤时间，s
θ_a	脱水时间，s
μ	流相黏度，$Pa \cdot s$
ν	颗粒沉降速度，$m \cdot s^{-1}$
ν_0	颗粒在重力场中的沉降速度，$m \cdot s^{-1}$
σ	界面表面张力，$N \cdot m^{-1}$
ρ_φ	悬浮液表观密度
ρ_s	颗粒密度，$kg \cdot m^{-3}$

ρ_L 流体密度，kg·m^{-3}

$\Delta\rho$ 固液相密度差，kg·m^{-3}

Σ 分离设备的沉降面积或当量沉降面积

ψ 自由沉降阻力系数，无量纲数

ψ_h 干涉沉降阻力系数，无量纲数

φ_B 颗粒的体积分数，%

ω 转鼓角速度，s^{-1}；单位过滤面积滤饼的重量，kg·m^{-2}；该装置每单位面积装入的固体重量，kg·m^{-2}

第23篇
气固分离

主 稿 人：孙国刚　中国石油大学（北京）教授
　　　　　朱企新　天津大学教授
编写人员：孙国刚　中国石油大学（北京）教授
　　　　　姬忠礼　中国石油大学（北京）教授
　　　　　李秋萍　上海化工研究院教授级高级工程师
　　　　　施从南　中石化南京工程有限公司高级工程师
审 稿 人：都丽红　上海化工研究院教授级高级工程师
　　　　　朱企新　天津大学教授

第一版编写人员名单
编写人员：时铭显　汪云瑛　刘隽人　应燮堂　施从南　劳家仁
审 校 人：时铭显

第二版编写人员名单
主 稿 人：时铭显
编写人员：施从南

概述

1.1 气固分离的目的与要求

气固分离是一个重要的化工单元操作，在一切伴有气固两相的生产过程中都是不可缺少的一个环节；在化工、石油、煤炭、冶金、电力、水泥、纺织、食品、轻工等工业以及环境保护过程中有着广泛的应用。

气固分离的工业应用按其目的要求可以归纳为三大类。

① 回收有用的物料。如各种流化床反应器内将催化剂回收返回床层，在化肥、农药、颜料、洗涤剂及各种聚合物等的气流干燥过程中收集粉料产品，在有色金属冶炼过程中回收贵重的金属粉末等。

② 获得洁净的气体。如在硫酸生产中，通过硫铁矿焙烧制备的原料气必须除去砷、硒等微粒，以保证后道生产工序的顺利进行；在天然气进入合成氨厂的大型离心压缩机之前必须除净其中所含的细尘，以保证压缩机的安全运转；在炼油厂催化裂化再生烟气的能量回收系统中，需将高温烟气中大于 $10\mu m$ 的颗粒除净，以保证高温烟气轮机的长周期安全运行。

③ 净化废气保护环境。各国对于燃煤锅炉、炼钢炉、有色金属冶炼炉、矿烧结机、水泥窑以及炭黑生产、石灰煅烧、颜料和复合磷肥等生产中的尾气排放要求都有明确的规定。例如，美国环保局规定电厂燃煤锅炉烟气的排尘浓度不大于 $20mg \cdot m^{-3}$[1]。我国规定：$65t \cdot h^{-1}$ 及以下锅炉，各种容量的热水锅炉及有机热载体锅炉、层燃炉、抛煤机炉，使用燃煤、燃油和燃气时烟尘的特别排放限制值分别为 $30mg \cdot m^{-3}$、$30mg \cdot m^{-3}$、$20mg \cdot m^{-3}$[2]；$65t \cdot h^{-1}$ 以上的发电锅炉，燃煤、燃油和燃气时的烟尘排放浓度限值分别为 $30mg \cdot m^{-3}$、$30mg \cdot m^{-3}$、$5mg \cdot m^{-3}$，重点地区的特别排放限值为 $20mg \cdot m^{-3}$、$20mg \cdot m^{-3}$、$5mg \cdot m^{-3}$[3]。水泥窑粉尘排放浓度不得大于 $30mg \cdot m^{-3}$ （特别排放限值为 $20mg \cdot m^{-3}$）[4]。石油催化裂化催化剂再生烟气颗粒物排放限值为 $50mg \cdot m^{-3}$ （特别排放限值为 $30mg \cdot m^{-3}$）[5]。

当然，上述三类目的不是截然分开的，对于某些工业应用，可能三者兼有。

1.2 颗粒捕集分离的一般机理

1.2.1 颗粒捕集分离的一般概念

如图 23-1-1 所示，含有固体颗粒的气体进入分离区，在某几种力的作用下，颗粒偏离气流，经过足够的时间后，移到了分界面上，附着在上面，并不断被除去，以便为新的颗粒继续附着创造条件。

由此可见，要从气流中将颗粒分离出来，必备的基本条件是：

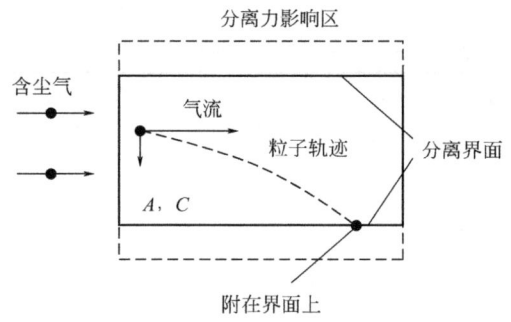

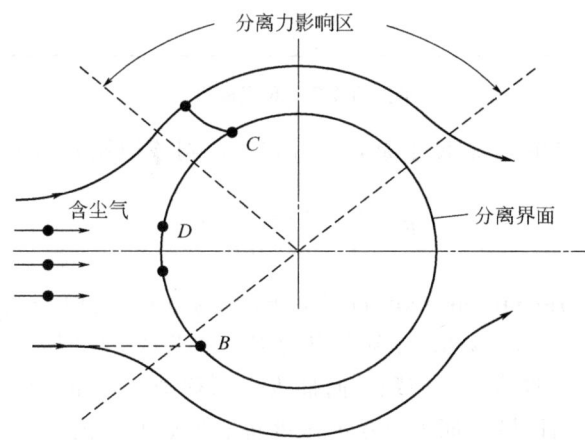

图 23-1-1 颗粒捕集机理示意

① 有分离界面可让颗粒附着在上面,如容器器壁、某固体表面、大颗粒物料表面、织物或纤维表面、液滴或液膜等;

② 有使颗粒运动轨迹偏离气体流线的作用力,常见的有重力、离心力、惯性力、扩散、静电力、直接拦截等,此外还有热聚力、声波和光压等;

③ 有足够的时间使颗粒移到分离界面上,这就要求控制含尘气流的流速;

④ 能使附着在界面上的颗粒不断被除去而不会重新返混进入气流内,这就是排料过程,有连续式和间歇式两种。

1.2.2 颗粒捕集分离的基本模型

气固分离方法很多,但从分离机理看,它们的基本物理模型有三种。

(1) 塞流模型(plug flow model) 如图 23-1-2 所示,颗粒完全不返混,气流带动颗粒前进的速度为 v,捕集力推动颗粒向捕集界面移动的速度为 u_i,则颗粒向捕集界面移动的轨迹可表示为:$\dfrac{\mathrm{d}h}{\mathrm{d}l} = \dfrac{u_i}{v}$。

现设有一颗粒,原始位置在 h_i 处,沿气流方向移动了距离 l_i 后就被捕集下来。若 $l_i \leqslant L$,则其分离效率为 100%。于是有一个临界原始位置 h_{ci},该处的颗粒沿气流方向移动的距离恰等于 L,即:

$$\int_0^{h_{ci}} \mathrm{d}h = \int_0^L \frac{u_i}{v} \mathrm{d}l$$

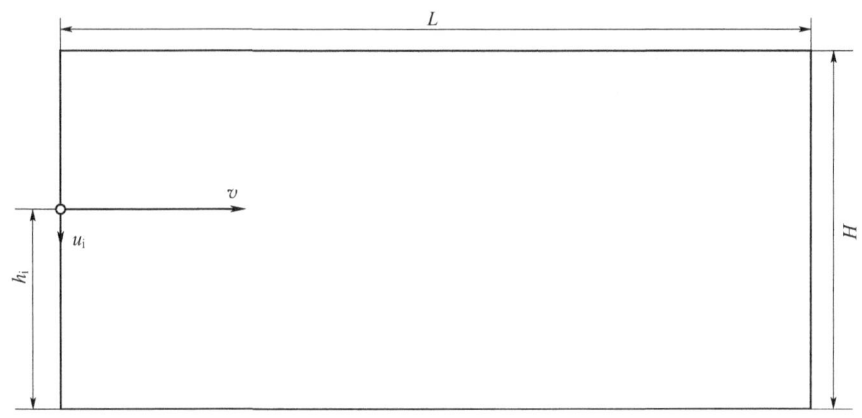

图 23-1-2   塞流模型

设在入口处，该颗粒在 H 高度上是均匀分布的，则该颗粒分离效率便可表示为：

$$E = \frac{h_{ci}}{H} = \int_0^L \frac{u_i}{vH} \mathrm{d}l \tag{23-1-1}$$

（2）横混模型（lateral mixing model）   由于湍流扩散，此模型假设颗粒在捕集分离空间的横截面上是混合均匀的，沿轴向上则近于塞流。如图 23-1-3 所示，在 $\mathrm{d}t$ 时间内，气流带动颗粒走过距离 $\mathrm{d}l$，同时捕集力使颗粒向捕集界面移动 $u_i \mathrm{d}t$ 的距离。若任一瞬时该横截面处的颗粒浓度为 n_i，则该横截面上颗粒的浓度将发生如下变化：

$$-\frac{\mathrm{d}n_i}{n_i} = \frac{u_i \mathrm{d}t}{H} = \frac{u_i}{vH} \mathrm{d}l$$

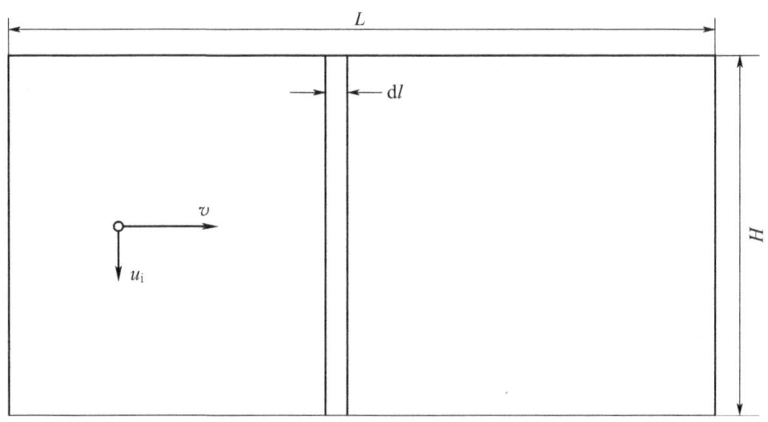

图 23-1-3   横混模型

设进入捕集分离空间的原始浓度为 n_0，离开捕集分离空间的浓度为 n_L，则该颗粒的分离效率便可表示为：

$$E_i = 1 - \frac{n_L}{n_0} = 1 - \exp\left(-\int_0^L \frac{u_i}{vH} \mathrm{d}l\right) \tag{23-1-2}$$

若设 u_i、v 均与 L 无关，而且 u_i 正比于 d_p^m，则上式又可表示成如下形式：

$$E_i = 1 - \exp(-Ad_p^m) \tag{23-1-3}$$

（3）全返混模型（back mixing model） 若假设颗粒在捕集分离空间的整个体积内是混合均匀的，即在同一时刻，空间各点的颗粒浓度都一样，经过一定时间后，由于颗粒不断向捕集面移动，浓度就会变小，如图 23-1-4 所示。现从空间切取一单元宽度的体积来分析。在单位时间内，向捕集界面移动的颗粒量应为 $Lu_i n_i(db)$，而被气流带出捕集分离空间的颗粒量为 $Hvn_i(db)$，于是该颗粒的分离效率可表示为：

$$E_i = \frac{Lu_i n_i(db)}{Lu_i n_i(db) + Hvn_i(db)} = \frac{\dfrac{u_i L}{vH}}{1 + \dfrac{u_i L}{vH}} \tag{23-1-4}$$

若设 u_i 正比于 d_p^m，则上式可表示为：

$$E_i = \frac{Ad_p^m}{1 + Ad_p^m} \tag{23-1-5}$$

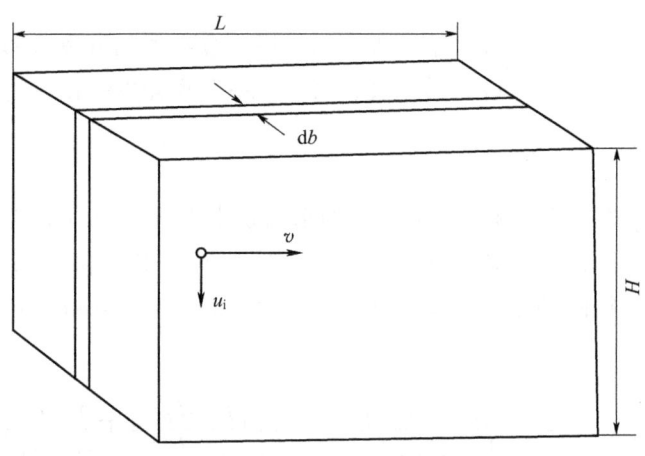

图 23-1-4　全返混模型

当然，在实际的分离设备中，由于各种二次涡、颗粒的碰撞弹跳以及被二次卷扬等因素，其分离模型远比这类基本理论模型复杂得多。

1.3　气固分离设备的主要性能指标

一台气固分离设备的主要性能有：表示气固分离效果的分离效率 E 及粒级效率 $E_i(d_p)$；表示能耗指标的压降 PD；表示生产能力的处理气量 Q_i；表示经济指标的单位处理气量的造价、操作费及寿命等。一般以前两种为最主要指标。

1.3.1　分离效率

对每台分离设备而言，分离效率（collection efficiency）的定义式为：

$$E = \frac{\text{单位时间内捕集的粉料重量 } W_c(\text{kg})}{\text{单位时间内进入该分离器的粉料重量 } W_i(\text{kg})}$$

或 $$E = 1 - \frac{\text{出口气体内含粉料浓度 } C_e(\text{g} \cdot \text{N}^{-1} \cdot \text{m}^{-3})}{\text{入口气体内含粉料浓度 } C_i(\text{g} \cdot \text{N}^{-1} \cdot \text{m}^{-3})} \quad (23\text{-}1\text{-}6)$$

有时因分离效率很高，不便比较，而且主要目标是控制出口浓度 C_e，所以也可以用另外一些指标来表示其分离效果，如有：

带出率（或透过率）(penetration)：

$$P = \frac{C_e}{C_i} = 1 - E \quad (23\text{-}1\text{-}7)$$

净化指数 (decontamination index)：

$$\text{DI} = \lg \frac{1}{P} \quad (23\text{-}1\text{-}8)$$

若几台分离器串联运行，处理气量都一样，则该系统的总分离效率可按下式计算：

$$E_T = 1 - (1 - E_1)(1 - E_2)(1 - E_3)\cdots = 1 - P_1 P_2 P_3 \cdots \quad (23\text{-}1\text{-}9)$$

式中 E_1，E_2，$E_3\cdots$——第一级、第二级、第三级…分离器的分离效率；

P_1，P_2，$P_3\cdots$——第一级、第二级、第三级…分离器的带出率。

1.3.2 粒级效率

设某一粒径为 d_p 的颗粒，在进入分离器的全部粉尘中所占的质量频率为 $f_i(d_p)$，在出口净化气内粉尘中所占的质量频率为 $f_e(d_p)$，在捕集下来的粉尘内所占的质量频率为 $f_c(d_p)$，则粒径 d_p 颗粒的捕集分离效率称为"粒级效率"（grade efficiency 或 fractional efficiency），定义为：

$$E_i(d_p) = 1 - \frac{C_e f_e(d_p)}{C_i f_i(d_p)} = \left(1 - \frac{C_e}{C_i}\right)\frac{f_c(d_p)}{f_i(d_p)} = E \frac{f_c(d_p)}{f_i(d_p)} \quad (23\text{-}1\text{-}10)$$

由前可知，分离效率是对进入分离器的整个粉粒群而言的，所以它不仅随分离器的不同而变化，而且对于同一分离器，还随入口粉料的粗细而变化。为此，分离效率不宜用来比较分离器本身性能的高低，除非所用的入口粉料完全一样。粒级效率则是对某个粒径的颗粒而言的，这就与入口粉料的粗细无关，只取决于分离器本身性能及单个颗粒的本身性质，所以用它来衡量分离器的性能就较为适宜。

两种效率的相互关系可表示为：

$$E_i(d_p) = E \frac{f_c(d_p)}{f_i(d_p)} = 1 - (1 - E)\frac{f_e(d_p)}{f_i(d_p)} = \frac{E}{E + (1 - E)f_e(d_p)/[f_c(d_p)]} \quad (23\text{-}1\text{-}11)$$

$$E = \sum_{i=0}^{\infty} E_i(d_p)f_i(d_p) = \int_0^{\infty} E_i(d_p)f_i(d_p)\text{d}(d_p) \quad (23\text{-}1\text{-}12)$$

式中，$f_i(d_p)$ 为进入分离器的粉料中粒径 d_p 颗粒所占有的分布密度，其定义为：

$$f_i(d_p) = \lim_{\Delta d_p \to 0} \frac{f_i(d_p)}{\Delta d_p}$$

在标定一台分离器的性能时，通过对进、出口气流中的颗粒采样，获得 C_i、$f_i(d_p)$、C_e、$f_e(d_p)$ 等数值，便可用式（23-1-10）等算得它的粒级效率。实际中往往采样分析分离器捕集的粉料的粒径分布 $f_c(d_p)$ 更容易求得，所以也可以采用捕集粉料的粒径分布 $f_c(d_p)$ 和分离器的分离效率 E 来计算粒级效率 $E_i(d_p)$。

在设计一台新分离器时，往往采用某种粒级效率计算公式，并对进口粉料作粒径分布的测定，然后用式（23-1-12）估算其分离效率。此时若不能用积分直接求出，则一般可将粒径分成许多小区段，分别计算后再累加之。

1.3.3 净化气内颗粒的粒度分布

对于要获得洁净气体的场合，分离器出口净化气体内颗粒的粒度分布（particle size distribution）也是一个重要的性能指标。若已知分离器的分离效率 E、粒级效率 $E_i(d_p)$ 以及入口粉料的粒度分布频率 $f_i(d_p)$，则可用下式算得出口净化气内颗粒的粒径分布频率 $f_e(d_p)$：

$$f_e(d_p) = \frac{1 - E_i(d_p)}{1 - E} f_i(d_p) \tag{23-1-13}$$

1.3.4 压降

分离器进口与出口的全压之差称为分离器压降 PD（pressure drop），其大小不仅取决于分离器的结构型式，还与分离器的操作条件（如气体密度、气流速度等）有密切关系。一般为方便起见，常写成如下形式：

$$PD = \xi \frac{\rho_f v^2}{2} \tag{23-1-14}$$

式中　ρ_f——流体密度，$kg \cdot m^{-3}$；

　　　v——分离器进口流体速率，$m \cdot s^{-1}$；

　　　ξ——阻力系数，与分离器结构型式、尺寸、表面粗糙度及雷诺数等有关。

分离器压降所需能耗（kW）为：

$$P_E = Q_i \cdot PD \times 10^{-3} \tag{23-1-15}$$

式中　Q_i——按入口状态计算的处理气量，$m^3 \cdot s^{-1}$；

　　　PD——分离器压降，Pa。

各类分离器的能耗差别很大，一般在 $0.4 \sim 20 kW \cdot s^{-1} \cdot m^{-3}$ 间。有些分离器还需要有另外附加的能耗，如电除尘器的电能消耗、洗涤器的液体泵的动力消耗、过滤器的反吹风能量消耗等，但一般都不大，分离器本身压降的能耗是主要的。

1.4 气固分离设备的分类

工业上实用的气固分离设备一般可归纳为四大类，见表 23-1-1。

表 23-1-1　气固分离方法与设备

分类	机械力分离			电除尘	过滤分离	洗涤分离
图例						
	(a)	(b)	(c)	(d)	(e)	(f)
主要作用力	重力	惯性力	离心力	库仑力	惯性碰撞，拦截，扩散等	惯性碰撞，拦截，扩散等
分离界面	流动死区	器壁	器壁	沉降电极	滤料层	液滴表面
排料	重力	重力	重力，气流曳力	振打	脉冲反吹	液体排走
气速/$m \cdot s^{-1}$	1.5～2	15～20	20～30	0.8～1.5	0.01～0.3	0.5～100
压降	很小	中等	较大	很小	中等	中等到较大
经济除净粒径/μm	≥100	≥40	≥5～10	≥0.01～0.1	≥0.1	≥1～0.1
使用温度	不限	不限	不限	对温度敏感	取决于滤料	常温
造价	低	低	低	很高	高	中等
操作费	很低	很低	低	中	较高	中等到高

　　重力沉降器的结构最简单，造价低，但气速较低，设备很庞大，而且一般只能分离 $100\mu m$ 以上的粗颗粒。若利用惯性效应使颗粒从气流中分离出来，就可大大提高气流速度，使设备紧凑，这便是惯性分离器，常可用作含尘量高的气体的预处理。若再使气流作高速旋转，则颗粒可受到几千倍于重力的离心力，故可分离 $5～10\mu m$ 的细粒，这就是各种旋风分离器。这类靠机械力将颗粒从气流中分离出来的设备，结构都较简单，能在高压、高温、高含尘浓度等十分苛刻的条件下工作，造价又不高，维护管理简单，所以应用最广泛。

　　洗涤分离一定要用某种洗涤液，所以只能在较低温度下使用，且要有液体回收及循环系统，所以应用受到了很大的限制。

　　过滤法可有效地捕集 $1\mu m$ 以下微粒，优点是效率高、结构较简单、对粉尘的理化特性不敏感。它的缺点是过滤压降波动、滤料易损坏，需经常更换；滤速不能高，设备庞大。袋式过滤器不适用于高温（一般低于250℃），有结露、粉料黏结的环境，运行维护费用高。颗粒层过滤器及陶瓷、金属纤维制的、粉末烧结的过滤器等可在高温下应用。

　　电除尘对 $1\mu m$ 以下微粒有很好的分离效率，压降很低，并可在高温（约400℃）下使用，但要求颗粒的比电阻值在 $1\times10^4～5\times10^{10}$ $\Omega \cdot cm$ 间，所含颗粒浓度一般在 $30g \cdot m^{-3}$ 以下为宜；操作管理的要求较高，通过收集板的气流要求非常均匀，设备庞大。

　　此外，还有将多种除尘机理结合在一起以进一步提高除尘效果的复合式除尘器，其中多数复合除尘器（技术）利用了静电作用，如湿式静电除尘器、电袋复合除尘器，对于控制 $PM_{2.5}$ 等微细粉尘排放具有良好的效果，已投入工业应用，是一种重要的技术发展方向。

　　在常规除尘器前设置预处理设施，利用声、电、磁、光辐射、吸附剂、湍流以及边界层热沉积、蒸气相变等措施，促进微细粒子团聚（凝并）长大，然后在常规除尘器中捕集去除，得到了一定的研究与开发，这些措施各有优缺点及适用场合，但目前尚无大量工业应用。

总之，气固分离方法及设备很多，应用要根据需要和条件进行合理的选择。

1.5 气固分离设备的采样测试技术

测定一台分离器的性能，主要就是测定其处理气量、入口温度与压力、压降、进出口气体内所含颗粒的浓度及其粒度分布等。有关气量、温度与压力等参数的测量可参见一般热工参数测量的书籍，这里只介绍从含尘气流中采取颗粒样品的方法。

在分离设备进出口管道内流动着的含尘气流中，颗粒在管道横截面上的分布是很不均匀的，而且是随机的，所以在采样位置、采样设备、采样条件及采样方法等方面均应遵循一定的规则，力求减小误差。各国均有这类采样测试技术规范可供参照使用[6]，其主要内容大同小异，分述于后。

1.5.1 采样位置及采样点

最好是在垂直管道上采样，因为颗粒在水平管道内会沉积在管子的下部。为了减少气流的湍动对颗粒分布的影响，采样口应选在距上游管件 8～10 倍管径处，距下游管件的距离应为 3～5 倍管径。应同时在两条直径线上采样，一条直径线应在上游弯头平面的平面内。

由于颗粒在管道截面上分布不匀，一般应采取多点采样后取其平均值。方法是将圆形截面分成几个面积相等的同心圆环，然后以该截面两条互相垂直的直径上各圆环的中点作为采样点，如图 23-1-5 所示。

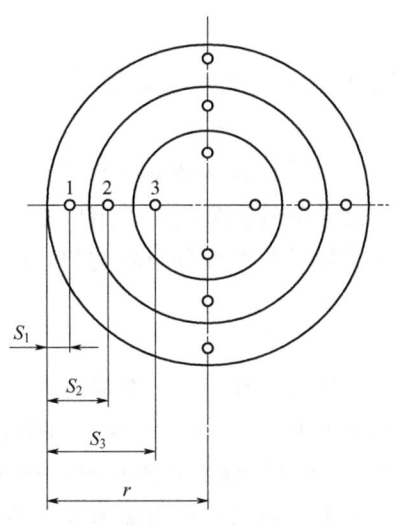

图 23-1-5 采样点布置

若采样位置符合上述要求，则对于直径小于 0.3m 的小烟道，采样可取烟道中心一点；对于 0.3～0.6m 的管径，可以划分成 1～2 个等面积环；对于 0.6～1.0m 的管径，应划分成 2～3 个环。若采样位置不能满足上述要求，则要增加采样点数，见图 23-1-6，图上所示为两条相互垂直的直径线上的采样点总数。

单环采样点距管内壁为：$S_1 = 0.146D = 0.29r$，对于完全湍流，这大致也是管内平均流速点。

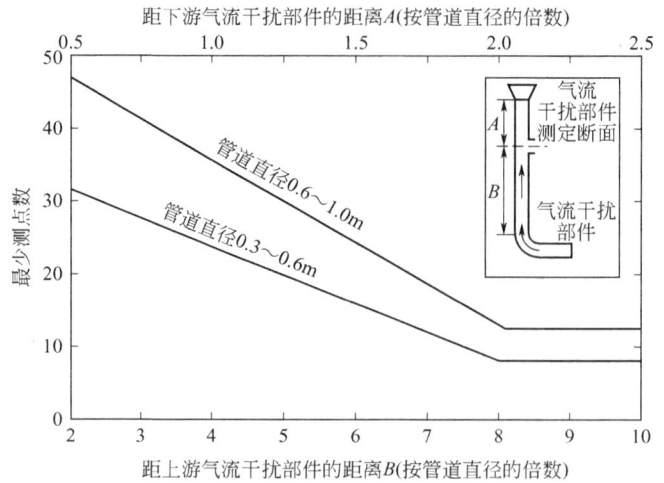

图 23-1-6 采样点的确定

两环采样点距管内壁分别为：$S_1=0.134r$；$S_2=0.5r$。

三环采样点距管内壁分别为：$S_1=0.087r$；$S_2=0.293r$；$S_3=0.592r$。

计算的通式为：

$$S_i=\left(1-\sqrt{\frac{2i-1}{2n}}\right)r \qquad (23-1-16)$$

式中　i——第 i 个圆环；

n——共划分为 n 个圆环；

S_i——第 i 个圆环上采样点离一侧管内壁的距离；

r——管道内半径。

若管径较小，又是高温带压，则采样极为困难。Stairmand[7] 建议用单点采样，采样点设在管道中心轴线处，但在其上游 3 倍管径处应在管道中心装一块圆形挡板，此挡板的面积是管道截面积的一半。这样有利于使颗粒浓度分布较均匀，但对测定粒径大小不起作用。

1.5.2 采样的条件与设备

用采样嘴放在管道内迎着来流抽气采样时，一般应遵循等动采样原则，就是采样嘴内含尘气流速度应等于管道内该采样点处的含尘气流速度，如图 23-1-7 所示。可见，若采样嘴内流速小于该处管内流速，气流就会向外绕流过采样嘴，而颗粒却由于惯性而冲入采样嘴内，结果使所采样品内粗粒含量偏多。若采样嘴内流速大于该处管内流速，则相反，使所采样品内粗粒含量过少。所以只有使采样符合等动原则，所采样品内含颗粒情况才和管内一样。当然，对于小于 $10\mu m$ 的细粒，它惯性小，非等动的影响就不大。

许多学者对于非等动对采样浓度的影响做过研究工作，其中以 Zeuker（1971）[7] 的修正较为确切，它的形式为：

$$\frac{C}{C_0}=\frac{v_g}{v_p}+\alpha\left(1-\frac{v_g}{v_p}\right) \qquad (23-1-17)$$

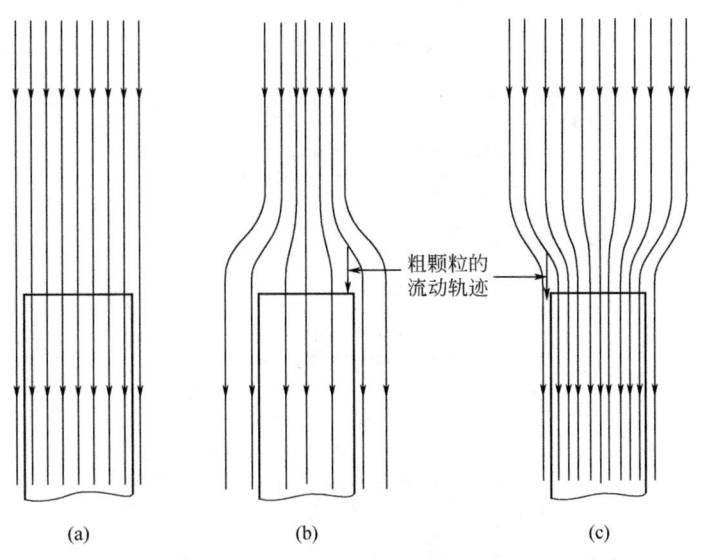

图 23-1-7 采样情况

(a) 等动取样，浓度和级配都有代表性；(b) 取样速度太慢，所取试样中粗粒过多；
(c) 取样速度太快，所取试样中粗粒不足

$$\alpha = \frac{1}{1 + \exp[1.04 + 2.06(\lg S_t)]}$$

$$S_t = \frac{v_g u_s}{g d}$$

式中　C——采样测得的颗粒浓度，$g \cdot m^{-3}$；

C_0——管道内实际的颗粒浓度，$g \cdot m^{-3}$；

v_g——管道内该点处实际的气流速度，$m \cdot s^{-1}$；

v_p——采样嘴内气流速度，$m \cdot s^{-1}$；

d——采样嘴内径，m；

u_s——颗粒的终端自由沉降速度，$m \cdot s^{-1}$。

采样嘴的形状要做成渐缩锐边圆形，以免头部钝边使它的前方形成堤坝效应而使颗粒偏高。最简单的见图 23-1-8，较好的是英国 BS3405 的规定[7]，见图 23-1-9。

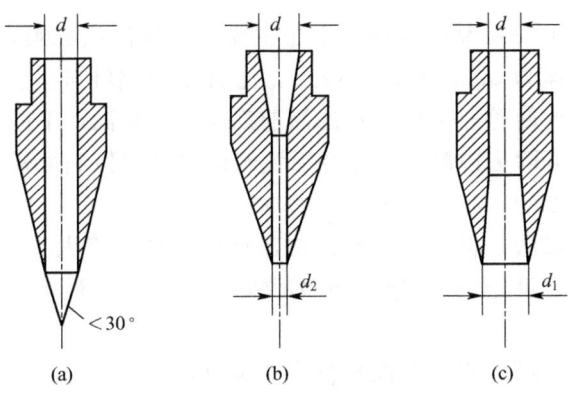

图 23-1-8 采样嘴

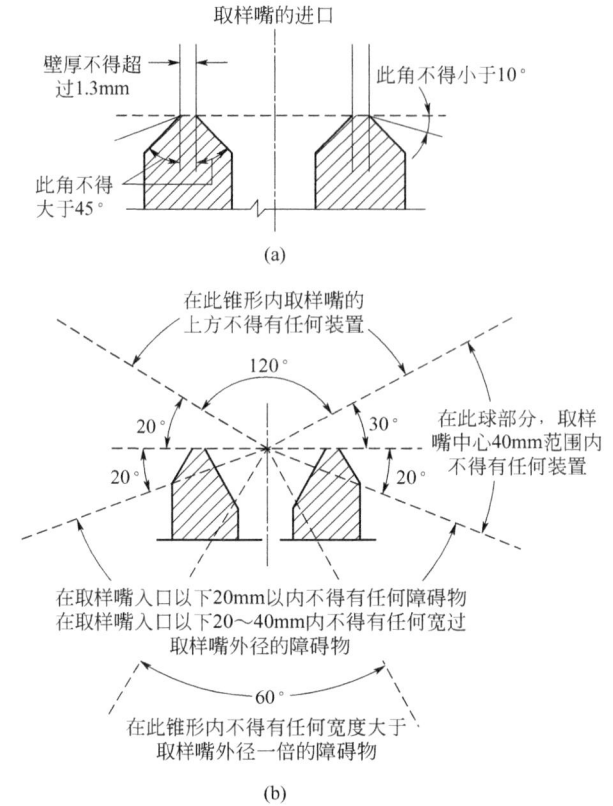

图 23-1-9　采样嘴头部的要求

采样嘴口径不宜过小，以免粗粒进不去；但也不宜过大，以免抽气动力过大而不方便。国内常用的口径是 6mm、8mm、10mm、12mm 等几种。

安装时，应使采样嘴的中心轴线与管内气体流向一致。若采样嘴轴线与气体流向偏斜一个 θ 角，则粗粒的进入会受影响。在 θ 角很小时，Fuchs（1975）认为其影响可用下式表示[7]：

$$\frac{C}{C_0} = 1 - \frac{4}{\pi} S_t \sin\theta \qquad (23\text{-}1\text{-}18)$$

颗粒样品的收集有干法和湿法两种。干法主要用过滤筒或滤膜，可将 $0.01 \sim 0.1 \mu m$ 的颗粒基本捕集下来，滤速为 $0.05 \sim 0.5 m \cdot s^{-1}$，滤材用玻璃纤维等。在温度很高的情况下，也可用陶瓷及微孔金属滤筒等。采样气在滤筒前都应保持高温，不能有冷凝水析出。过滤以后，则应冷却到常温，并除去冷凝水，干燥后流经流量计以控制采样气量，达到等动采样的原则，其典型流程见图 23-1-10。

湿法是用冲击瓶洗涤法，将采样气通入洗涤液内，便可将大于 $1 \mu m$ 的颗粒全部捕集下来。若含尘浓度较大，也可先用小型旋风分离器除去大部分较粗颗粒，再用过滤或洗涤捕集细颗粒。

对于大直径管道，还可将滤筒直接装在采样嘴的后面，一起放在管道内，这样可提高测量精度，免除颗粒经细长的采样管产生沉降所带来的误差。

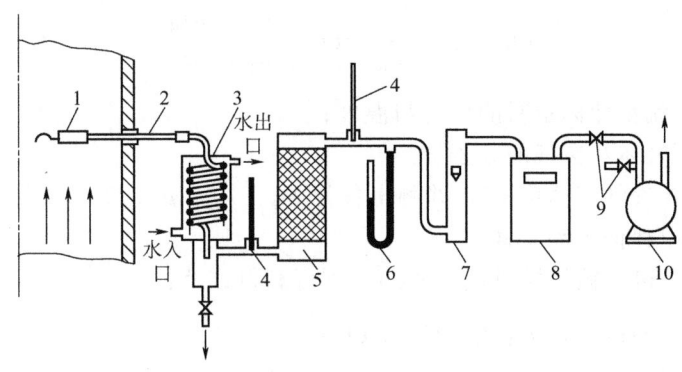

图 23-1-10 采样系统组成

1—滤筒；2—采样管；3—冷凝器；4—温度计；5—干燥器；6—压力计；7—转子流量计；
8—累积流量计；9—螺旋夹；10—抽气泵

1.5.3 抽气采样的计算

为了达到等动采样，在管内采样处的温度与压力下，进入采样嘴的气体体积流量（$m^3 \cdot s^{-1}$）应为：

$$Q_g = \frac{\pi}{4} d^2 v_g \tag{23-1-19}$$

含有水蒸气，故状态方程应为：

$$p_g Q_g = (G_g R_g + G_s R_s) T_g$$

式中 p_g——管道内采样处的绝对压力，Pa；

       T_g——管道内采样处的热力学温度，K；

       G_g——所采气量 Q_g 中干气的质量流量，$kg \cdot s^{-1}$；

       G_s——所采气量 Q_g 中水汽的质量流量，$kg \cdot s^{-1}$，可从称量析出的冷凝水而算得；

R_g，R_s——干气和水汽的气体常数，为 $8314/M_r$，$J \cdot kg^{-1} \cdot K^{-1}$，$M_r$ 为该气体的分子量；

       d——采样嘴内径，m；

       v_g——管道内采样处气流速度，$m \cdot s^{-1}$。

进入流量计的气体已除去冷凝水，则它的状态方程可写为：

$$p_0 Q_0 = G_g R_g T_0$$

式中 p_0——进入流量计时的气体绝对压力，Pa；

       T_0——进入流量计时的气体热力学温度，K；

       Q_0——进入流量计的气体流量，$m^3 \cdot s^{-1}$。

合并以上几式，得：

$$Q_0 = \left(\frac{\pi}{4} d^2 v_g \frac{p_g}{T_g} - G_s R_s \right) \frac{T_0}{p_0} \tag{23-1-20}$$

若用的是转子流量计，则因流量计上的读数是按标准空气进行标定的，所以要按气体密度的不同进行修正，流量计上读数 Q_b（$m^3 \cdot s^{-1}$）与进入流量计的气体量 Q_0 的关系为：

$$Q_b = Q_0 \sqrt{\frac{\rho_0}{\rho_b}} = Q_0 \sqrt{\frac{p_0 T_b M_g}{p_b T_0 M_s}} \tag{23-1-21}$$

式中　　p_b，T_b——流量计标定时的压力与温度；

　　　　M_g，M_s——气体及空气的分子量。

若已知管内采样处气流速度 v_g，并测出各处 p_g、T_g、p_0、T_0、G_s 等，便可求得流量计上应有的读数，以保证等动采样。

若在 t 时间内采得的颗粒样质量 $G_p(g)$，则可算得该处：

湿基含尘浓度（$g \cdot m^{-3}$）为：$C = G_p/(t Q_g)$

干基含尘浓度（$g \cdot m^{-3}$）为：$C = G_p/(t Q_0)$

若将 Q_g 或 Q_0 换算成标准状态下的体积，则还可算出 $C(g \cdot m^{-3})$（湿基或干基）。

颗粒浓度和粒径的测量方法有许多种，但大致可分为基于取样的方法和基于非取样（实时、在线）的方法两大类。直接抽取法（含稀释取样）是传统的方法，抽取粉尘，然后称重计算测定粉尘的浓度，分析粒度，这是国际上公认的标准方法，为各国规范采用，也是鉴定非取样法准确性的方法。非取样的方法（在线分析法），如在除尘设备进出管线上安装利用光学、电荷、超声、射线、图像分析等原理工作的仪器，结合采用计算机操作和控制，具有实时快速、非接触、在线、无需取样和连续测量等优点，能直接给出粉尘的排放浓度和粒径大小，近年来发展很快；但其测量值受颗粒物的尺寸大小、分布、气体的湿度等因素的影响较大，通常需要在现场进行标定。

下面简述几种常见在线监测方法的基本原理。

（1）光透射法　由于光的透视性，易于实现光电之间的转换和与计算机的连接等，使得基于光学原理的测量方法能够对污染源进行远距离的连续测量。国外早在 20 世纪 70 年代就推出了用以测量烟尘浓度的不透明度测尘仪（浊度计）。光透射法是基于朗伯-比尔定律而设计的烟尘浓度测定仪。当一束光通过含有颗粒物的烟气时，其光强因烟气中颗粒物对光的吸收和散射作用而减弱。光透射法测尘仪，分单光程和双光程两种。双光程测尘仪已有广泛的应用。从仪器使用的光源看，有钨灯、石英卤素灯光源测尘仪和激光光源测尘仪，激光光源有氦氖气体激光光源和半导体激光光源。钨灯光源寿命较短，半导体激光器（650～670nm）由于具有稳定性高和使用寿命长的特点已经在测尘仪上得到广泛应用。

（2）光散射法　光散射法利用颗粒物对入射光的散射作用来测量烟尘。当入射光束照射颗粒物时，颗粒物对光在所有方向散射，某一方向的散射光经聚焦后由检测器检测，在一定范围内，监测信号与颗粒物浓度成比例。光散射法可实现对排放源的远距离、实时、在线和连续测量，可直接给出烟气中以 $mg \cdot m^{-3}$ 表示的烟尘排放浓度。后向散射法测尘仪是光散射法的代表产品，光源可采用近红外或激光二极管，与光透射法相比，仪器安装简单，只在烟道单面安装。

（3）电荷法　运动的颗粒与插入流场的金属电极之间由于摩擦会产生等量的符号相反的静电荷，通过测量金属电极对地的静电流就可以得到颗粒的浓度值。一般来说，颗粒浓度与静电流之间的关系并非是线性关系，往往还受到环境和颗粒流动特性影响。目前的研究：一是从电动力学的角度出发，寻找描述颗粒浓度与静电流之间关系的更加精确的理论计算模型；二是研究不同材料颗粒摩擦生电的机理和特征。另外，由于粉尘之间的碰撞和摩擦，粉尘颗粒也会因失去电子而带静电，其电荷量随粉尘浓度、流速的变化而按一定规律变化，电荷量在粉尘的流动中同时形成一个可变的静电场。利用静电感应原理测得静电场的大小及变化，通过信号处理，即可显示一定粉体浓度的数值。

（4）β 射线法　β 射线是放射线的一种，是一种电子流。所以在通过粉尘颗粒时，和颗粒内的电子发生散射、冲突而被吸收。当 β 射线的能量恒定时，这一吸收量就与颗粒的质量成正比，不受其粒径、分布、颜色、烟气湿度等的影响。测尘仪将烟气中颗粒物按等速采样方法采集到滤纸上，利用 β 射线吸收方式，根据滤纸在采样前后吸收 β 射线的差求出滤纸捕集颗粒物的质量。其测量的动态范围宽，空间分辨率高。但是由于存在放射性辐射源，容易产生辐射泄漏，因此用于现场测量对操作人员的素质要求较高。同时，系统需要增加各种屏蔽措施，结构设备复杂且昂贵。β 射线法一般只用于对测量有特殊要求的场合。

参考文献

[1]　US EPA. Standards of performance for electric utility steamgenerating units. Washington DC: USEP, 2006.

[2]　GB 13271—2014 锅炉大气污染物排放标准. 北京: 中国环境科学出版社, 2014.

[3]　GB 13223—2011 火电厂大气污染物排放标准. 北京: 中国环境科学出版社, 2011.

[4]　GB 4915—2013 水泥工业大气污染物排放标准. 北京: 中国环境科学出版社, 2013.

[5]　GB 31570—2015 石油炼制工业污染物排放标准. 北京: 中国环境科学出版社, 2015.

[6]　GB/T 16157—1996 固定污染源排气中颗粒物测定和气态污染物采样方法. 北京: 中国环境科学出版社, 1996.

[7]　Allen T. Particle Size Measurement. 4th ed. New York: Chapmanand Hall, 1990.

2

机械力分离

机械力分离方法主要有三种——重力沉降、惯性分离及旋风分离，是工业上应用最广泛的方法。

2.1 重力沉降器

重力沉降器是一种只依靠颗粒在重力场中发生沉降作用而将颗粒从气流中分离出来的设备，它的典型结构见图 23-2-1。

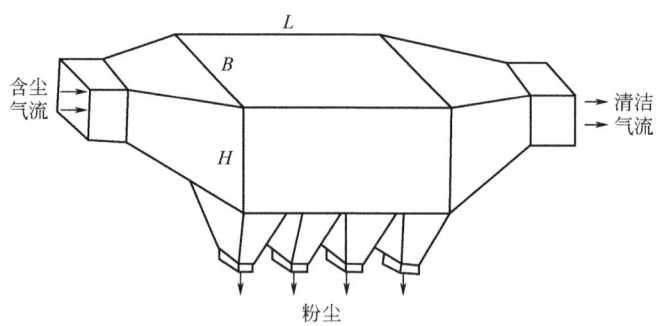

图 23-2-1 重力沉降器

2.1.1 重力沉降器的分离效率

在图 23-2-1 所示的重力沉降器内，设入口含尘气流内颗粒沿入口截面上是均匀分布的，进入沉降器后气速变小，一般属于层流范围，颗粒则在重力场作用下逐渐沉降下来，积集在沉降器的下部而被除去。

在层流条件下，可假设颗粒在横截面上没有返混，应为塞流分离模型。对于某个粒径为 d_p 的颗粒而言，向沉降器下部移动的速度为 u_i，就是该颗粒的终端沉降速度 u_{si}，与路径无关。气速 v 也沿长度方向无变化，于是由式（23-1-1）可推得其粒级效率为：

$$E_i = \frac{u_{si}L}{vH} = \frac{L}{vH}\sqrt{\frac{4(\rho_p - \rho_g)d_p g}{3\rho_g C_D}} \qquad (23\text{-}2\text{-}1)$$

式中　L——沿气流方向的沉降器长度，m；

　　　H——沉降器高度，m，

　　　v——沉降器横截面上气流平均速度，m·s^{-1}；

　　ρ_p，ρ_g——颗粒密度及气体密度，kg·m^{-3}；

　　　d_p——颗粒直径，m；

C_D——气流对颗粒的阻力系数，可参见本手册第 20 篇，若可判定该颗粒雷诺数属于 Stokes 区，则有 $C_D = 24/Re_p$；

Re_p——颗粒雷诺数，$Re_p = \dfrac{d_p v_r \rho_g}{\mu}$；

v_r——气体与颗粒间在颗粒运动方向上的速度差值，$\text{m} \cdot \text{s}^{-1}$；

μ——气体的动力黏度，$\text{Pa} \cdot \text{s}$。

若取 $C_D = 24/Re_p$，并考虑到实际情况的复杂性，则上式可写成：

$$E_i = k \frac{u_{si} L}{v H} = k \frac{(\rho_p - \rho_g) g B L}{18 \mu Q_i} d_p^2 \tag{23-2-2}$$

式中 B——沉降室的宽度，m；

Q_i——进入沉降室的气量，$\text{m}^3 \cdot \text{s}^{-1}$；

k——修正系数，一般可取 0.5～0.6。

由上式可知，要提高细颗粒的捕集效率，应尽量减少气速 v 和沉降器高度 H，尽量加大沉降器宽度 B 和长度 L，但这样所需设备就会过于庞大，并不经济。为克服这个缺点，可在沉降室内加水平隔板，做成如图 23-2-2 所示的多层沉降器。于是，对每一格而言，有效沉降高度便变为 $H/(n+1)$，这时粒级效率就可提高 $(n+1)$ 倍，n 为水平隔板数目。但隔板上沉降下来的粉尘很难清除，气速稍大，就会再次扬起。一般常选用气速为 0.3～3 $\text{m} \cdot \text{s}^{-1}$，对密度小的轻颗粒应尽量选用较低的气速。

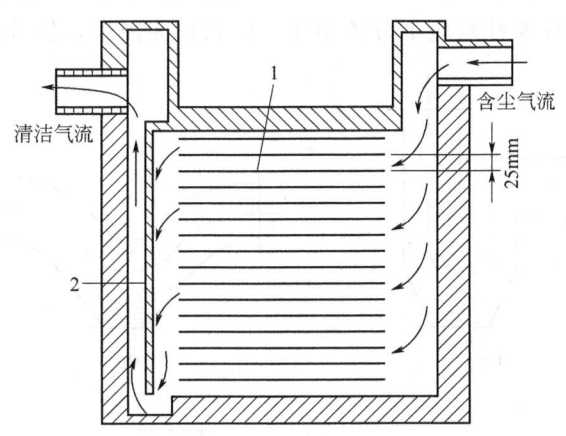

图 23-2-2 多层沉降器
1—隔板；2—挡板

2.1.2 重力沉降器的压降

重力沉降器的压降 $PD(\text{Pa})$ 主要由进、出口的局部阻力损失及器内沿程阻力损失等组成，可表示如下：

$$PD = \left(f \frac{L}{R_h} + \xi_i + \xi_0 \right) \frac{\rho_g v^2}{2} \tag{23-2-3}$$

式中 f——沉降器内摩擦系数，一般 $f \leqslant 0.01$；

ξ_i——进口局部阻力系数，$\xi_i = \left(\dfrac{BH}{A_i} - 1\right)^2$；

ξ_0——出口局部阻力系数，$\xi_0 = 0.45\left(1 - \dfrac{A_0}{BH}\right)$；

A_i，A_0——进口前及出口后的管道截面积，m^2；

R_h——沉降器的水力半径，$R_h = \dfrac{BH}{2(B+H)}$，m。

一般重力沉降器的压降很小，在几十帕左右，而主要损失是在进口处，所以可将进口做成喇叭形或设置气流分布板以减少涡流损失。

2.2　惯性分离器

在惯性分离器内，主要是使气流急速转向，或冲击在挡板上再急速转向，其中颗粒由于惯性效应，其运动轨迹便会偏离气流轨迹，从而使两者获得分离。气流速度高，这种惯性效应就大，所以这种分离器的体积不会太大，可捕集到 $30\sim40\mu m$ 的颗粒。

2.2.1　惯性分离器的结构型式

要使含尘气流急速转向，可有许多办法，但大体上有两类：

(1) 无分流式惯性分离器　图 23-2-3 中的几种实例，入口气流作为一个整体，依靠较为急剧的转折，使颗粒在惯性效应下分离出来。结构较为简单，但分离效率不是太高。

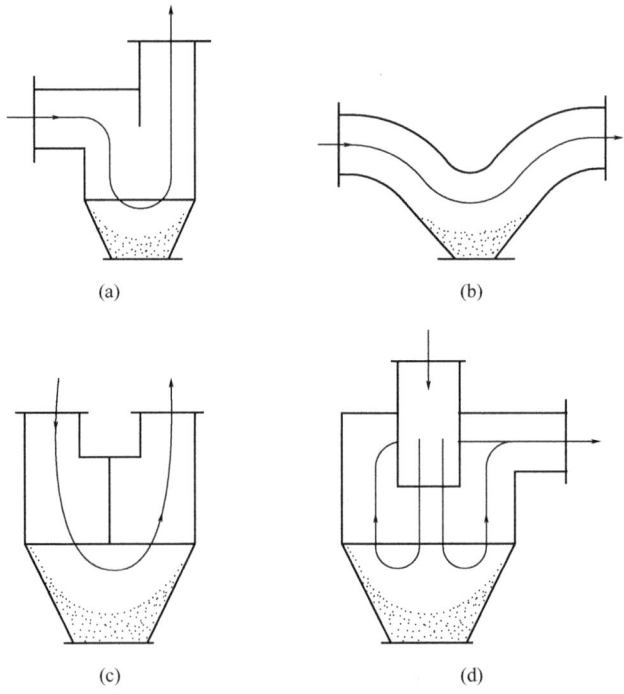

图 23-2-3　无分流式惯性分离器

(2) 分流式惯性分离器　为使任意一股气流都有同样的较小回转半径及较大回转角，可以采用各种挡板结构,最简单的便是图 23-2-4 所示的百叶窗式挡板。提高气流在急剧转折前的速度,可以有效地提高分离效率;但如果过高,又会引起已捕集颗粒的二次飞扬,故一般多选用 $12\sim15\,\mathrm{m\cdot s^{-1}}$。百叶挡板的尺寸对分离效率也有影响,一般采用挡板长度为 20mm 左右,挡板之间距离 $5\sim6\mathrm{mm}$,挡板与铅垂线间的夹角在 30°左右,使气流回转角有 150° 左右。

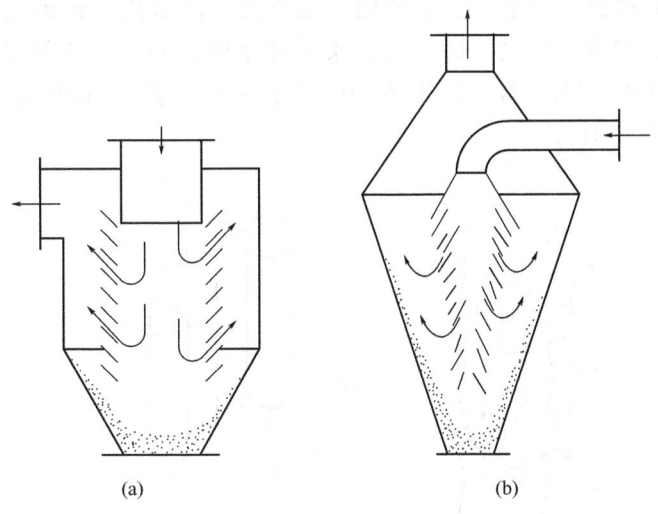

图 23-2-4 百叶窗式惯性分离器

从图 23-2-4 的结构可知,含尘气流进入后,不断从百叶板间隙中流出,颗粒也不断被分离出来。但越往下的气量越小,气速也渐变小,惯性效应也随之减小,若能在底部抽走 10%的气量,即采用带有下泄气流的百叶窗式分离器,将有助于提高分离效率。图 23-2-5

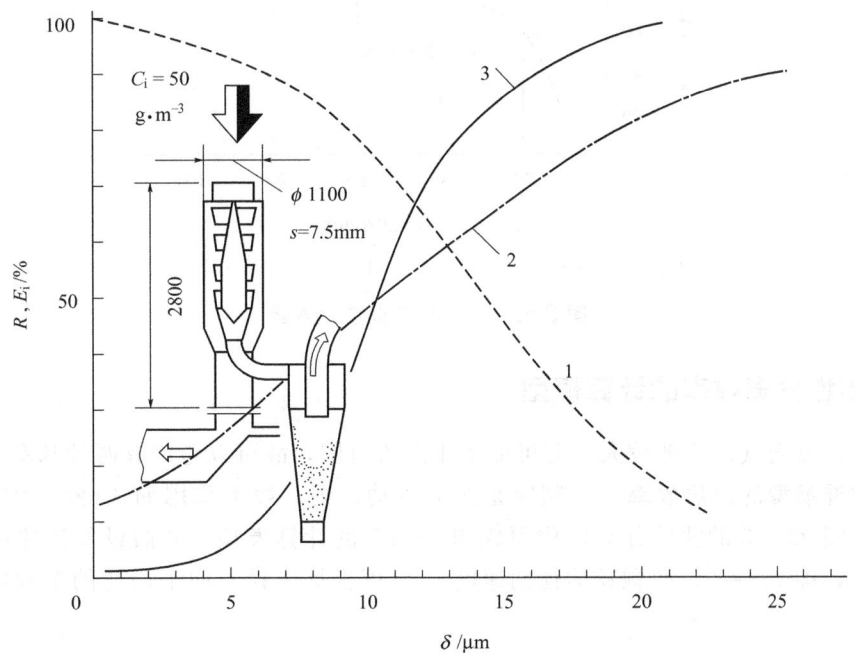

图 23-2-5 百叶窗式惯性分离器与旋风分离器的组合

1—入口粉尘的筛上粒度分布;2—百叶窗式分离器的粒级效率;3—旋风分离器的粒级效率

是这种结构的一个实例，百叶窗式惯性分离器直径为 1100mm，入口气量为 40000m³·h⁻¹，入口含尘浓度为 50g·m⁻³，有 10% 的下泄气流，带着已被分离出来的粉尘进入一个直径为 800mm 的旋风分离器内，可将 20μm 以上的颗粒基本除净[1]。

挡板还可以做成如图 23-2-6 所示的形状，可以有效地防止已被捕集的颗粒被气流冲刷而产生二次飞扬。沿气流方向上设置的挡板可有 3～6 排或更多，由于气流的路线弯弯曲曲，故称为迷宫式惯性分离器。图 23-2-6 上所附曲线是该分离器用于锅炉飞灰除尘时的粒级效率。它的阻力很小，只有 15～100Pa。用它来处理水泥厂石灰石干燥窑气，气量为 47600 m³·h⁻¹，温度为 130℃，入口含尘浓度为 20～70g·m⁻³，其中 38% 是小于 10μm 的颗粒，可得除尘效率为 80%～91%[2]。

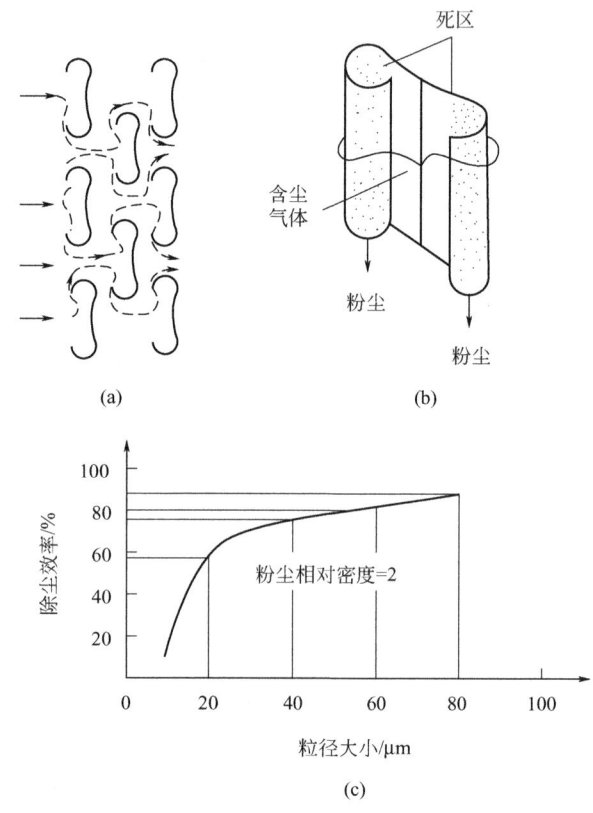

图 23-2-6　迷宫式惯性分离器

2.2.2　惯性分离效率的计算模型

惯性分离器内气流速度较大，有可能属于湍流范围，故可以考虑有两种基本计算模型。

(1) 横混模型的分离效率　若判定是湍流流动，则一般可采用如式(23-1-2) 所示的横混模型。将图 23-2-3 的惯性分离器化简成图 23-2-7 的计算模型，并假设气流速度分布服从自由涡分布，即 $v_t r = c$；而颗粒的径向速度 u_r，可根据半径方向上简化的单颗粒运动方程推得为：

$$u_r = \frac{f \rho_p d_p^2 u_t^2}{18\mu} \frac{1}{r}$$

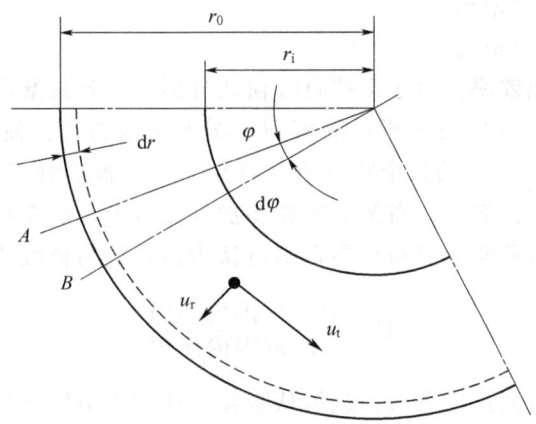

图 23-2-7 惯性分离器的横混模型

于是可导出其粒级效率为：

$$E_i = 1 - \exp\left[-\frac{f\rho_p d_p^2 Q_i \varphi}{18\mu r_0 (r_0 - r_i) b \ln(r_0/r_i)}\right] \tag{23-2-4}$$

$$f = 1 + \frac{1}{6} Re_p^{2/3}$$

式中　Q_i——进入分离器的气量，$\mathrm{m^3 \cdot s^{-1}}$；

b——分离器的宽度，m；

φ——分离器内气流实有的回转角；

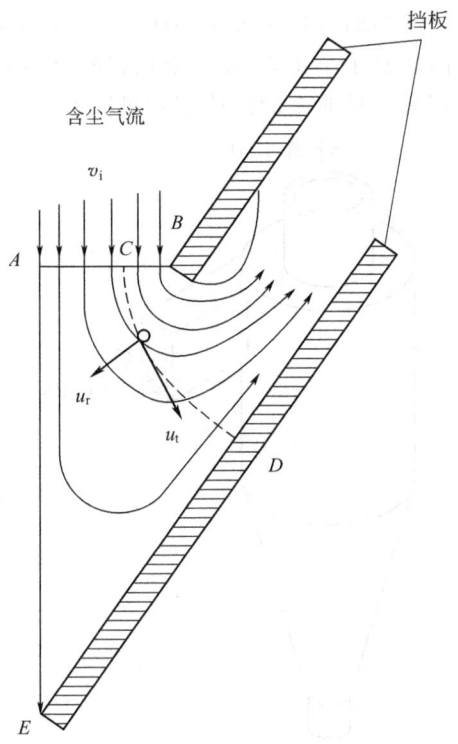

图 23-2-8 惯性分离器的塞流模型

　　ρ_{p}——颗粒密度，$\mathrm{kg \cdot m^{-3}}$；

　　μ——气体黏度，$\mathrm{Pa \cdot s}$。

（2）塞流模型的分离效率　对于某些百叶窗式分离器，若按塞流流动考虑，则气流及颗粒的运动轨迹可化简成如图 23-2-8 所示的模型，图上实线为气体流线，虚线为颗粒运动轨迹。若定义在入口截面上 C 处的某个颗粒的轨迹与下一挡板恰好正交于 D 点，称此条轨迹为界限线，则可假设：在此界限线右侧的颗粒将被气流带走，而在其左侧的颗粒则被分离出来；又假设该颗粒在入口截面上分布均匀，则可认为该颗粒的粒级效率为：

$$E_{\mathrm{i}} = \frac{AC \text{ 范围内面积}}{AB \text{ 范围内面积}}$$

所以只要确定出气流的速度分布，就可从颗粒运动方程中算出其运动轨迹，从而求得其粒级效率。

2.3　旋风分离器

　　含有颗粒的气体在作高速旋转运动时，其中的颗粒所受到的离心力要比重力大几百倍到几千倍，所以可大大地提高其分离效率，能分离的最小颗粒直径可到 $5 \mu \mathrm{m}$ 左右。

　　实现气体高速旋转的方法有两大类：一类是气体通过某种入口装置而产生旋转运动，统称为旋风分离器；另一类是依靠某种高速回转的机械，迫使其中的气体也随之作旋转运动，统称为离心机。由于后一类的结构复杂，有回转部件，所以其应用受到很大限制。在气固两相分离工程中，应用最广泛的还是旋风分离器。它的结构简单，单位处理气量所需的体积很小，造价低，维护方便，又可耐高温（可超过 $1000\,^{\circ}\mathrm{C}$）、耐高压，也可适用于含尘浓度很高的情况。但它的压降一般较高，对于小于 $5 \mu \mathrm{m}$ 的细颗粒的分离效率不高。

　　旋风分离器的结构型式很多，最典型的结构型式见图 23-2-9，它由切向入口、圆筒及圆

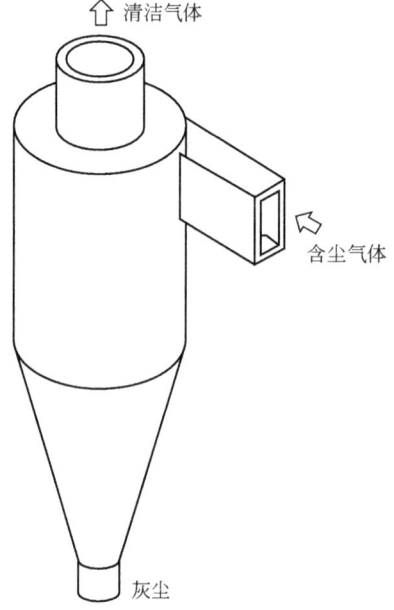

图 23-2-9　旋风分离器构成

锥体形成的分离空间、净化气排出及捕集颗粒的排出等几部分组成。各部分的结构有很多型式，从而组成了各种型式的旋风分离器，但它们的气固两相分离原理都是一样，只是性能上有差异以适应各种不同的用途。

2.3.1　旋风分离器内的气流运动

旋风分离器内是三维湍流的强旋流，在主流上还伴有许多局部二次涡。主流是双层旋流，如图 23-2-10 所示，外侧向下旋转（外旋流），中心向上旋转（内旋流），但旋转方向相同。内旋流（也称旋涡核）的旋转速度远高于外旋流。对于轴向进气口的旋风分离器，涡核中心和排气管轴心在一条线上，非对称的切向进口旋风分离器的涡核中心和分离器的几何中心不完全重合，涡核尾端绕分离器几何中心摆动；如果涡核尾端靠近分离器锥体壁面，这会将已浓集到器壁的颗粒重新卷扬起来进入内旋流，使分离效率降低，同时还会造成分离器器壁磨损；因此，旋风分离器设计时应当充分考虑这种涡核"摆尾"的影响（图 23-2-11）。

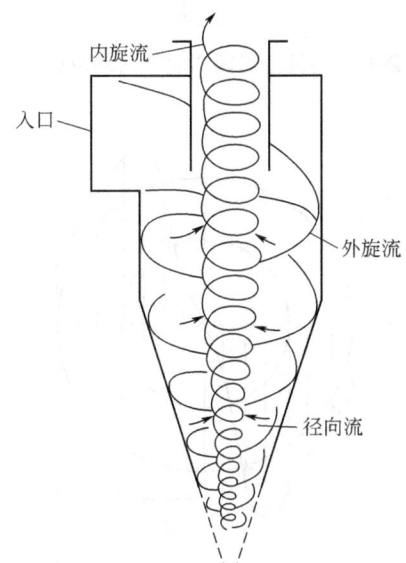

图 23-2-10　旋风分离器内双层旋流

Ter Linder[3] 通过实验测量了一种筒锥式旋风分离器内的切向、径向和轴向速度，以及全压、静压的截面分布，后来又有许多研究者采用热线风速仪、激光多普勒流速仪等手段进行了测量，基本弄清了旋风分离器内的气体流动分布规律。

(1) 切向速度 v_t　旋风分离器内的气流速度分布，切向速度占主导地位，由它带动颗粒作高速回转运动，在离心效应下颗粒被甩向器壁处而被分离出来，所以切向速度增大，分离效率会提高。它的典型分布是内外两层旋流，沿轴向的变化很小；在任一横截面上的分布可从图 23-2-12 上看得更清楚，外旋流是准自由涡，内旋流是准强制涡，一般可用下列公式表达：

外旋流：
$$v_t r^n = c_1 \tag{23-2-5}$$

内旋流：
$$v_t = c_2 r^m \tag{23-2-6}$$

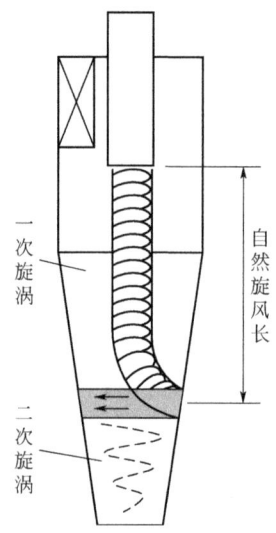

图 23-2-11　旋风分离器内涡核摆动及自然旋风长

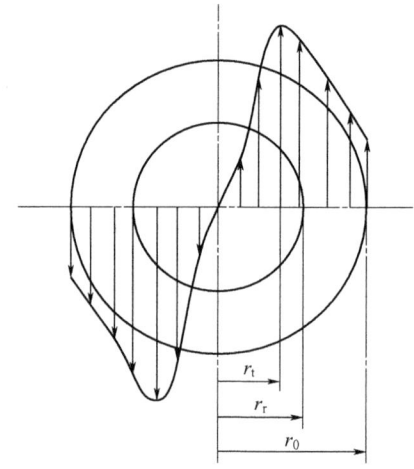

图 23-2-12　旋风分离器横截面上切向速度分布

式中　　c_1，c_2——常数，由实验定出；

$\quad\quad n$，m——旋流指数，随旋风分离器的尺寸及操作条件而变化，一般在 $0.5 \sim 0.7$，Alexander 建议 n 值为 $n = 1 - (1 - 0.668D^{0.14})(T/283)^{0.3}$，其中，$D$ 为旋风分离器筒体直径，m，T 为热力学温度，K；

$\quad\quad r$——离中心轴线的径向距离，m。

内外旋流的分界处有最大的切向速度 v_{tm}，分界点半径 r_t 主要取决于排气管的下口半径 r_r，与轴向位置的关系不大，一般为 $r_t = (0.65 \sim 0.8)r_r$。

虽然器壁的速度为零，但边界层很薄，所以在图 23-2-13 中，靠近器壁处仍有较大的切向气速。Alexander 根据实验提出如下的器壁处切向气速 $v_{t1}(\text{m·s}^{-1})$ 的计算式：

$$\frac{v_{t1}}{v_i} = 2.15\sqrt{\frac{A_i}{d_e D}}$$

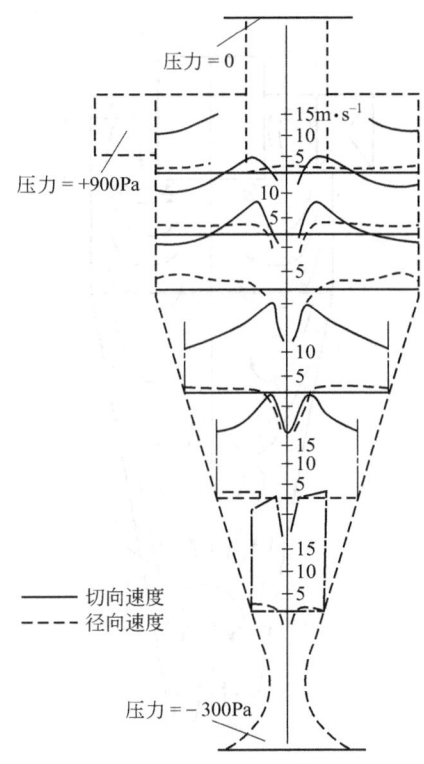

压力 = 0

15m·s⁻¹
10
5

压力 = +900Pa

10
5

10
5

5

10
5

15
10
5

15
10
5

—— 切向速度
---- 径向速度

压力 = −300Pa

图 23-2-13 旋风分离器不同横截面上的切向、径向速度分布[3]

式中，v_i 为旋风分离器的进口气速，m·s⁻¹；A_i 为旋风分离器的进口面积，m²；D、d_e 分别为旋风分离器筒体与排气管的直径，m。

(2) 轴向速度 v_z 旋风分离器内的轴向速度沿径向的分布较复杂，中心的轴向气速既可能向上也可能向下，而且沿轴向上的变化也很大，轴对称性不如切向速度，外侧是下行流，内侧是上行流，上下行流的交界面形状大体与旋风分离器形状相似。外侧下行流的气体流量沿轴向向下逐渐变小，最后有 15%~40% 会进入灰斗，把捕集的颗粒沉降于灰斗后再从中心返回到旋风分离器内。这时总会夹带一部分细颗粒进入中心向上的气流中，对分离是很不利的。外侧下行流的向下轴向气速远大于颗粒的终端沉降速度，所以旋风分离器不是垂直放置也可顺利排灰。

(3) 径向速度 v_r 旋风分离器内的径向速度一般要比切向速度小一个数量级，大部分是向心的，只在中心涡核处才有小部分的向外的径向流。径向速度的分布十分复杂，很难测准，在径向上呈非轴对称性，在轴向上变化很大。

(4) 静压 p 在强旋流中，一般静压主要取决于切向速度，可近似表达为：$\dfrac{\mathrm{d}p}{\mathrm{d}r} = \dfrac{\rho_g v_t^2}{r}$。随半径的缩小静压 p 急剧降低，中心涡核处静压远低于入口处静压，而且也低于排气管内平均静压，同时灰斗内平均静压也低于入口处静压。当旋风分离器在负压下操作时，若灰斗密封不好，将有气体漏入，增大了向上的气速，使分离效率急剧下降。

(5) 局部二次流 除上述主流外，还有几处局部二次流，主要有：

① 环形空间的纵向环流 在旋风分离器顶板下方，由于静压分布的特点，会形成一股向上、向心的环流，如图 23-2-14 所示。这种环流会把一部分已浓集在器壁处的颗粒向上带

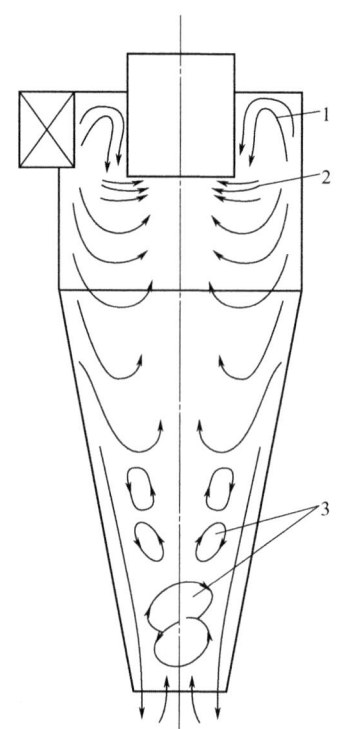

图 23-2-14   局部二次流

1—上部纵向环流；2—短路流；3—偏心环流

到顶板处而形成一层"上灰环"，并不时被带入排气管内从而降低分离效率。

② 排气管下口附近的短路流   排气管下口附近，往往有较大的向心径向速度。这就在排气管下口附近形成短路流。短路流范围不大，但由于该处向心径向速度高达每秒几米，会夹带大量颗粒进入排气管，对分离效率很不利。

③ 排尘口附近的偏心环流   进入灰斗的一部分气体在从中心部位返回旋风分离器锥体下端时，与该处高速旋转的内旋流混合，产生强烈的动量交换和湍流能量耗散，使内旋流不稳定，其下端产生"摆尾"现象，形成若干个偏心的纵向环流，容易把已浓集在器壁处的颗粒重新卷扬起来而进入向上的内旋流中，这种返混会大大降低分离效率。

此外，器壁表面的凹凸不平处及筒体的不圆度等，也会产生一些局部小旋涡，将已浓集在器壁处的颗粒重新卷扬起来，也不利于分离。

2.3.2   旋风分离器内的颗粒运动

旋风分离器与气力输送不同，空间内气体中的颗粒含量不是很多，所以可假设颗粒的存在不影响气体流场，颗粒与颗粒间的相互作用也可忽略不计，只考虑气流对颗粒的曳力及重力，于是可写出旋风分离器内颗粒的运动方程。

在圆柱坐标内，任意时刻 t 在某个位置 (r, θ, z) 处的颗粒的瞬时速度可表示为：

$$\vec{u}_p = \left(\frac{\mathrm{d}r}{\mathrm{d}t}, \ r\frac{\mathrm{d}\theta}{\mathrm{d}t}, \ \frac{\mathrm{d}z}{\mathrm{d}t} \right)$$

它的动量方程为：

切向
$$\frac{d}{dt}\left(r^2\frac{d\theta}{dt}\right)=-\frac{fr}{\tau}\left(r\frac{d\theta}{dt}-v_t\right) \tag{23-2-7a}$$

径向
$$\frac{d^2r}{dt^2}-r\left(\frac{d\theta}{dt}\right)^2=-\frac{f}{\tau}\left(\frac{dr}{dt}+v_r\right) \tag{23-2-7b}$$

轴向
$$\frac{d^2z}{dt^2}=-g-\frac{f}{\tau}\left(\frac{dz}{dt}-v_z\right) \tag{23-2-7c}$$

$$\tau=\frac{\rho_p d_p^2}{18\mu}$$

$$f=1+\frac{1}{6}Re_p^{2/3}$$

$$Re_p=\frac{\rho_g d_p(\Delta v)}{\mu}$$

式中　　ρ_p——颗粒密度，$kg\cdot m^{-3}$；

　　　d_p——颗粒的当量直径，m；

　　　μ——气体黏度，$Pa\cdot s$；

　　　ρ_g——气体密度，$kg\cdot m^{-3}$；

　　　Δv——颗粒与气流间的相对速度，$m\cdot s^{-1}$；

v_t，v_r，v_z——气体的切向、径向与轴向速度，$m\cdot s^{-1}$。

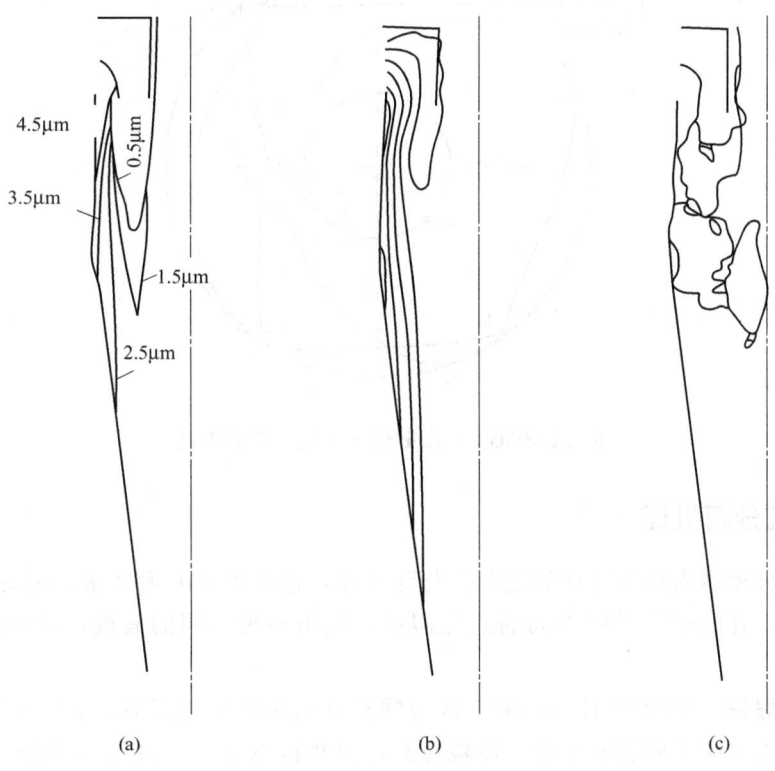

图 23-2-15 颗粒的运动轨迹

(a) 不同粒径；(b) 不同位置；(c) 1μm 细粒

这是一组耦合的非线性微分方程组，尚无解析解。Boysan 等[4]将求解湍流动量方程的代数应力模型与上述颗粒动量方程联立求解，用有限差分法在计算机上进行数值计算，求得了颗粒的运动轨迹，如图 23-2-15 所示。图（a）表示同一位置上不同粒径（$d_p = 0.5 \sim 4.5\mu m$）的颗粒运动轨迹，有的很快就到达器壁即被捕集下来，有的则会从排气管中逃逸。图（b）表示同一颗粒（$d_p = 2\mu m$）在不同位置时的运动轨迹，在入口顶板处的颗粒会从排气管中逃逸，而在入口底板处的颗粒就会被捕集。图（c）表示细颗粒（$d_p = 1\mu m$）受气流脉动速度的影响，是一种随机脉动轨迹，既可被粗颗粒夹带到器壁处而被捕集，又可很快被带入排气管而逃逸。从灰斗中被夹带上来的颗粒处于向上的内旋流中也有这种类似现象。

实际上，颗粒在旋风分离器内除受气流曳力和重力外，还受到各种扩散作用及颗粒与器壁、颗粒与颗粒间的碰撞弹跳等的影响，是十分复杂的，它的运动带有很大的随机性，例如图 23-2-16 中，表示了入口颗粒的不同状态。颗粒 1 有可能贴壁回转而下，就被全部捕集；颗粒 2 碰撞弹跳一次后又贴壁回转而下，也可被捕集；颗粒 3 一次碰撞弹跳后就被气流带入排气管；颗粒 5 很细，直接被带入排气管；颗粒 4 有可能多次碰撞弹跳，其轨迹呈多边形，也是可捕集的，但也可能在强湍流脉动气流中，随机地有时像颗粒 2，有时又像颗粒 3 的轨迹，较为复杂，不好判定。这些均说明在实际旋风分离器内，不可能截然分出一种临界粒径，大于它的全被捕集，小于它的全被带出，所以给分离理论的建立带来了很大的困难。

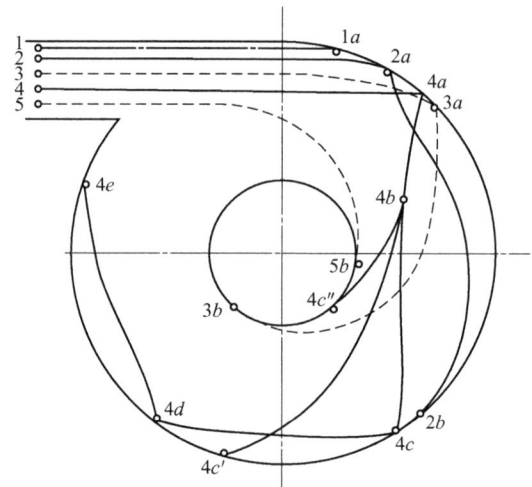

图 23-2-16　入口截面上颗粒运动的轨迹

2.3.3　旋风分离机理

由于旋风分离器内颗粒运动的复杂性与随机性，迄今尚无准确可靠、能反映各种影响因素的分离理论，各国学者采用不同的简化假设，提出多种不同的假说，比较经典的主要有三类。

（1）转圈假说　1932 年 Rosin 等[5]认为颗粒进入旋风分离器后，就一面向下作螺旋运动，一面在离心效应下向器壁浮游。设颗粒在器内共转 N 圈，用时 t_N，则可定义：凡位于排气管外径 r_e 处的颗粒，若能在时间 t_N 内恰好浮游到器壁，就认为它的捕集效率为 100%，此颗粒的粒径称为临界粒径 d_{100}，可用下式表达：

$$d_{100} = \sqrt{\frac{9\mu b}{2\pi N \rho_p v_i}\left(1+\frac{r_e}{r_0}\right)} \qquad (23\text{-}2\text{-}8)$$

Lapple 等[6]认为 d_{100} 不易测准，应着重考虑位于平均半径 $\left(\dfrac{r_0+r_e}{2}\right)$ 处的颗粒，它的效率就是 50%，定义此颗粒的粒径为切割粒径 d_{c50}，可用下式表达：

$$d_{c50} = \sqrt{\frac{9\mu b}{2\pi N \rho_p v_i}} \qquad (23\text{-}2\text{-}9)$$

式中　b——旋风分离器入口宽度，m；

　r_0,r_e——旋风分离器半径及排气管半径，m；

　v_i——旋风分离器入口气速，m·s^{-1}；

　N——颗粒所转圈数，Rosin 等认为 $N=4$，Lapple 则取 $N=5$。

由于此假设中没有考虑向心径向气速对颗粒的拉带作用，而且 N 值也不易确定，故现在已很少应用。

(2) 平衡轨道假说　1956 年 Barth 指出[7]：每个颗粒都会受到向外离心力 F_c 及向内气流曳力 F_D 的作用，当此两力平衡时，此颗粒就没有径向位移，而只是在一定半径的圆形轨道上作回转，此半径即为该颗粒的平衡轨道半径 r_b。若此平衡轨道位于外侧下行流中，此颗粒则可以被 100% 捕集；但若位于内侧上行流中，则其捕集效率就不好确定。现定义位于内外旋流交界处，即 $r_b=r_t$ 时，此颗粒的捕集效率为 50%，其粒径便称为切割粒径 d_{c50}。设颗粒较细，服从 Stokes 阻力定律，便可推出下式：

$$d_{c50} = \frac{1}{\omega}\sqrt{\frac{9\mu A_i}{\pi \rho_p v_i H_s}} \qquad (23\text{-}2\text{-}10)$$

$$\omega = v_{tm}/v_i$$

式中　A_i——旋风分离器入口面积，m^2；

　H_s——排气管下端到排尘口的距离，m；

　v_{tm}——在 r_t 处的最大切向气速，m·s^{-1}。

从切割粒径的大小，便可判断该分离器的效率高低。切割粒径越小，表示该条件下的分离效率越高。上式计算中最大困难是确定 ω 的值，它随旋风分离器的结构型式与尺寸关系的变化而变化，不同的学者提出不同的计算公式，详见有关文献 [2，8，9]。Muschelknautz 等[10]对 Barth 模型进行了持续的改进，最新的模型已可考虑旋风分离器壁面粗糙度、入口颗粒浓度、粒径分布对分离效率的影响，这使模型已可对大多数应用工况下的分离效率作出合理精度的计算。当然，模型考虑的因素越多，其复杂性也越大。

(3) 横混假说　1972 年 Licht 与 Leith 等[11]认为在分离器空间内的颗粒已很细小，湍流扩散的影响是很强烈的，可以假设在分离器的任一横截面上，任意瞬时的颗粒浓度分布是均匀的，但在近壁处的边界层内是层流运动，只要颗粒在离心效应下克服气流阻力到达此边界层内，就可以被捕集下来。据此推出了粒级效率的公式：

$$E_i = 1 - \exp\left[-2\left(K\psi\right)^{\frac{1}{2n+2}}\right] \qquad (23\text{-}2\text{-}11)$$

$$K = 10 K_A K_V$$

$$K_A = \frac{\pi D^2}{4A_i}$$

$$K_V = \frac{V_1 + 0.5V_2}{D^3}$$

$$\psi = (1+n)St$$

式中　V_1——在分离器入口高度一半以下的环形空间的体积，m^3；

V_2——分离器排气管下口以下的分离空间体积减去内旋流的体积，m^3；

D——旋风分离器筒体直径，m；

St——斯托克斯数，$St = \dfrac{\rho_p d_p^2 v_i}{18\mu D}$；

n——旋流指数，由实验定，常为 0.5～0.7。

由上式可见，包含主要操作参数 μ、v_i、ρ_p 等的 St 数十分重要，此值越大，效率越高。另外，分离器几何尺寸的影响都集中反映在 K_A、K_V 两个无量纲参数内，前者反映入口尺寸的影响，后者反映高径比及排气管尺寸的影响，由此便可分析判断分离器主要几何尺寸对其效率的影响程度。对于几何相似的分离器，由于 K_A、K_V 值都相同，所以只要 St 数一样，便有相同的分离效率。但是横混假说也存在一些明显的不足，首先是不能反映入口气速、排气管径对效率的影响趋势，其次是停留时间的计算不准确，另外也没有包含入口颗粒浓度等的影响，模型计算出的分离效率往往偏低。因此，后人对这一模型进行了许多修正或改进[12~14]。

一般而言，较细的颗粒采用横混假说较为合理，而较粗的颗粒则似乎更接近于平衡轨道假说。对旋风分离器内颗粒浓度分布的研究，发现在分离器内整个空间内的颗粒浓度分布是很复杂的，吴小林等[15]实测所得的浓度分布曲线如图 23-2-17 所示，在顶板附近及排尘口附近有很高的浓度，内旋流区的浓度分布近似于横混假设，外旋流区则沿径向有较大变化，所以应分为几个区域作不同的处理。Dietz[16]首先将旋风分离器内分成环形空间、外旋流区及内旋流区，每个区内仍采用横混假设，区与区之间有颗粒质量交换，列出各区的颗粒质量守恒方程，便可推导得新的粒级效率计算公式。Mothes 又在排尘口附近划分出一个灰斗返混区，引入区间的颗粒扩散及灰斗返混量，又推导出了另一套粒级效率计算公式[17]。文献中这类方法还有许多，但多较粗糙，计算比较复杂。

2.3.4　旋风分离器的计算流体力学模拟

近年来，越来越多的人采用计算流体力学数值模拟（CFD）来进行旋风分离器内气固流动行为、压降、分离效率的预测[4,18,19]。

在计算流体动力学中，气体流动的控制方程是用有限差分形式表示的纳维-斯托克斯方程，可通过在整个分离器内的网格点来求解。颗粒则可处理为旋风分离器中的第二种流体或单颗粒，即欧拉法或拉格朗日颗粒跟踪法，并可在计算中跟踪它的运动轨迹。由于旋风分离器内的气体流动是受限空间的非稳态各向异性的三维强旋湍流，显然，成功的模拟应反映这些流动特征，因此应采用大涡模拟（LES）或直接数值模拟（DNS）等时间相关的湍流方法，但这些方法对计算机的能力要求相当高，除非是一些尺度较小、形状简单的分离器，对大多数实际应用的分离器一般都难以实现。这就需要使用一些湍流模型［雷诺应力模型

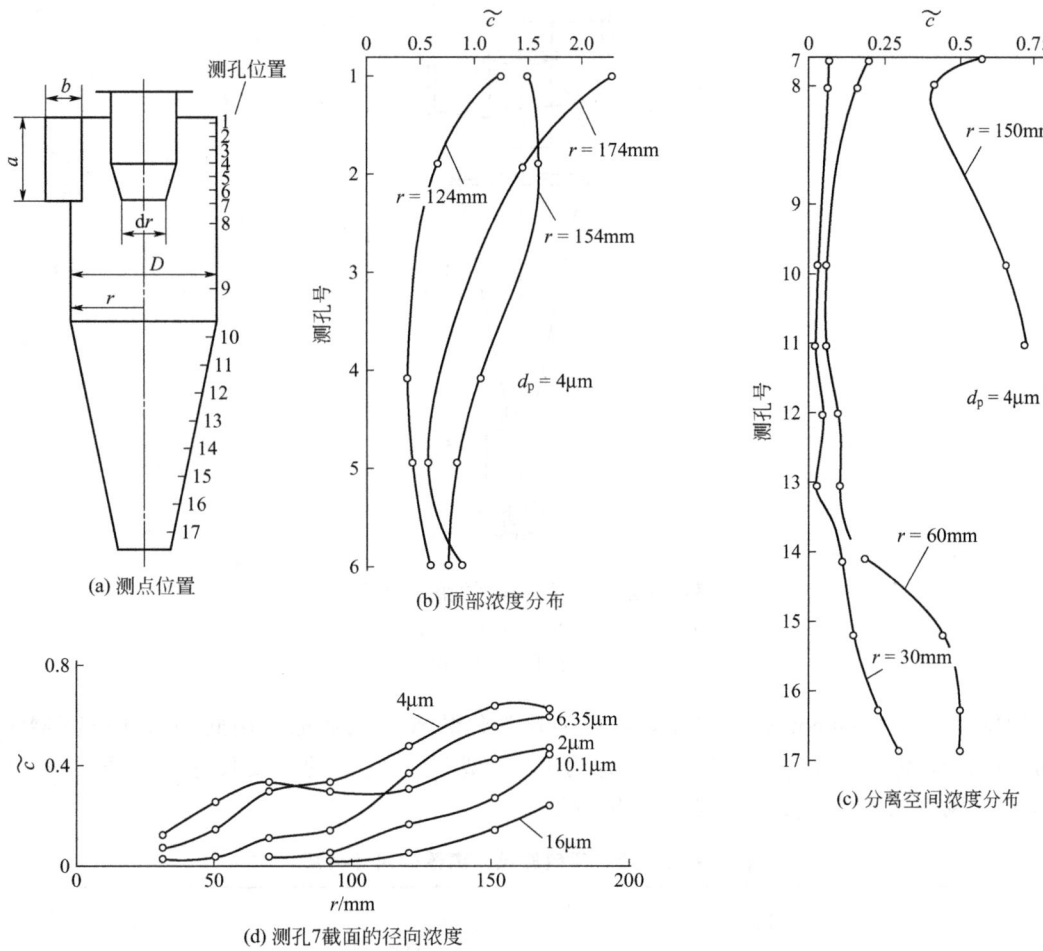

图 23-2-17　旋风分离器内颗粒浓度分布曲线[15]（$\tilde{c} = C/C_i$；$D = 400mm$）

（RSM）最为常用]，模拟湍流对气体平均流场的影响[19]。

目前已有许多文献采用 CFD 模拟计算旋风分离器内的流速与压力分布、压降、分离效率，考察几何结构尺寸、入口气速、颗粒浓度与颗粒直径、温度、压力等许多因素的影响，分析旋风分离器的磨损问题，大大丰富了对旋风分离器内流动过程的认识，并且不断有新的研究成果发表。CFD 模拟已成为旋风分离器内部气固流动过程研究及性能分析的一个主要手段。

2.4　切流式旋风分离器的结构与设计

旋风分离器的类型很多，但以图 23-2-9 所示的切向入流式的为最常用，对其研究也较系统。

2.4.1　切流式旋风分离器的典型结构与运用

国内外常用的结构型式主要有如下几种。

（1）螺旋顶型旋风分离器　为了消除顶板下的"顶灰环"，可将顶部做成图 23-2-18 所

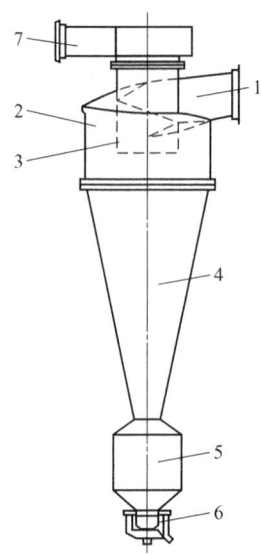

图 23-2-18   螺旋顶型旋风分离器

1—进气口；2—外筒；3—排气管；4—锥体；

5—灰斗；6—排灰阀；7—出口蜗壳

示的螺旋状。美国 Ducon 公司曾在炼油厂催化裂化装置内成功地应用此种型式分离器来回收昂贵的催化剂[20]。国内类似的型式称为 CLG 型[21]。它们的主要尺寸关系见表 23-2-1。CLG 型旋风分离器的主要特征参数见表 23-2-2。

表 23-2-1   螺旋顶型旋风分离器的尺寸关系

型式	Ducon 型[20]		CLG 型[21]
	SDC 型	SDM 型	
螺旋顶倾角	10°～15°（一般以 12°为好）		10°
入口截面比,K_A	6.6～10	5.5～5.8	7.76
排气管直径比,d_e/D	0.54～0.56	0.53～0.54	0.55
排尘口直径比,d_c/D	0.24	0.24	0.17
高径比,$(H_1+H_2)/D$	2.42	2.42	3.5

表 23-2-2   CLG 型旋风分离器的主要特征参数[21]

入口气速/m·s^{-1}	截面气速/m·s^{-1}	压降/Pa	烟气除尘效率/%	钢耗量/kg·(1000m^3·h)$^{-1}$
16	2	294～491	85～90	63.5～67

（2）旁室型旋风分离器   为消除"顶灰环"的不利影响，应将浓集在器壁处的颗粒及时排走，最早的办法是在简体外附加一条螺旋线排尘通道，如图 23-2-19 所示。在美国称为 Van-Tongeren 型，国内称为 XLP 型[21]。其中 XLP/A 型为双锥体，细颗粒一般浓集在顶板下的"顶灰环"中，被引入上部垂直的外旁路内；粗颗粒一般浓集在中间锥体处，被引入下部的螺旋旁路内。这种型式用于锅炉烟气除尘时，适宜的入口气速可选 12～20m·s^{-1}，压降一般为 490～880Pa，除尘效率可达 85%～90%，钢耗量较大，为 80～120kg·(1000m^3·h)$^{-1}$。

为了消除"顶灰环"也可用内旁室结构，见图 23-2-20。美国称为 Buell 型，国内称为 B

第 **23** 篇

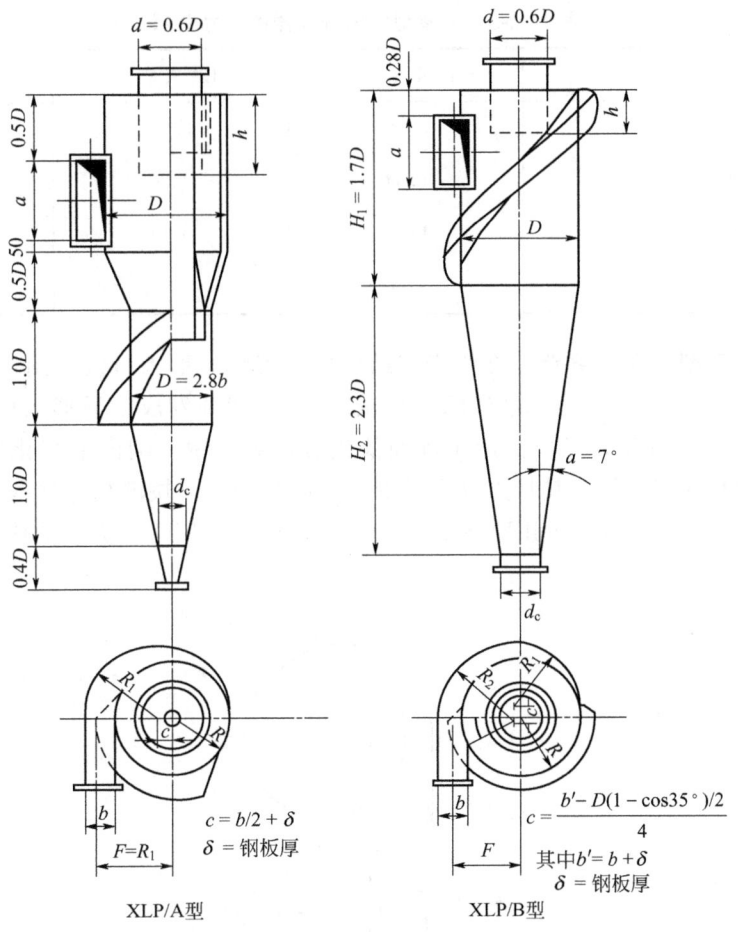

$$c = b/2 + \delta$$
δ = 钢板厚

XLP/A型

$$c = \frac{b' - D(1 - \cos 35°)/2}{4}$$
其中 $b' = b + \delta$
δ = 钢板厚

XLP/B型

图 23-2-19 带外旁路的旋风分离器

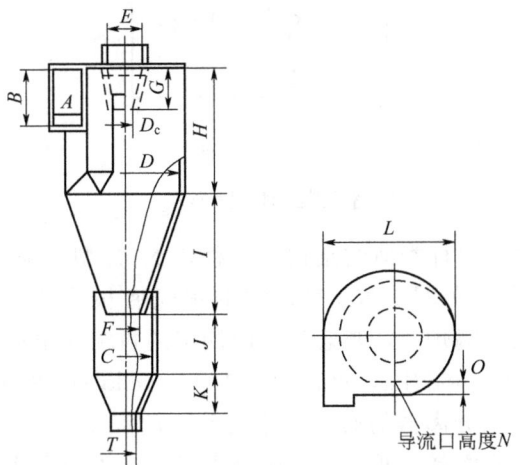

导流口高度N

图 23-2-20 带内旁室的旋风分离器

型。旁室要紧靠顶板，其尺寸视入口含尘浓度而异，一般为旋风分离器入口面积的 5%～8%，使进入旁室的气量为总气量的 10%左右，其典型尺寸关系见表 23-2-3。

表 23-2-3　旁室型旋风分离器的尺寸关系

型式	Buell 型[20]	XLP/A 型[21]	XLP/B 型[21]
入口截面比,K_A	4.3	3.87	4.36
排气管直径比,d_e/D	0.54	0.6	0.6
排尘口直径比,d_c/D	0.4	0.18	0.43
高径比,$(H_1+H_2)/D$	2.66	4	4.2

　　(3) 异形入口型旋风分离器　在蜗壳型结构内，若将矩形入口改为图 23-2-21 所示的异形入口，使 $ab=cd=$ 常数，可基本消除"顶灰环"，这就开发成了异形入口型旋风分离器。在美国称为 Catclone II 型，已广泛用于炼油催化裂化装置中。国内上海化工研究院开发的这类旋风分离器称为 ET 型，其特点是在异形入口内又加了一块渐缩弯挡板。在相同的气量及压降下，其除尘效率可比 Buell 型高出 3%～8%，已广泛用于各类石油化工生产装置的流化床内。

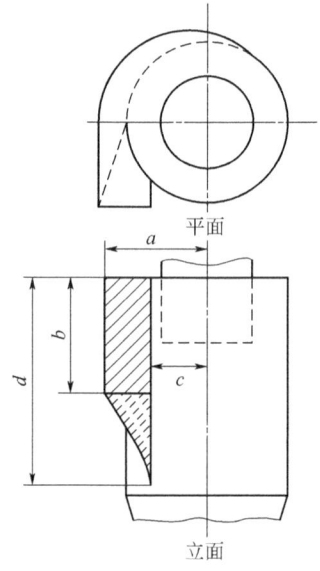

图 23-2-21　异形入口

　　依此原理国内还开发了两种类似的结构，一种是 XCX 型，采用 270°蜗壳斜底板，入口为正方形，锥体较长；另一种是 XND 型，它的蜗壳底板采用了扭板型式，扭角是 90°。XCX 型用于 10t·h⁻¹ 抛煤机锅炉上，热态运行时测定的粒级效率见图 23-2-22[21]，此时的除尘效率为 88%，压降为 588～883Pa，钢耗量为 100～150kg·(1000m³·h)⁻¹。入口气速一般用 16～26m·s⁻¹。这类旋风分离器的典型尺寸关系见表 23-2-4。

　　(4) 扩散锥体型旋风分离器　通常的旋风分离器的锥体均为渐缩形，这样可减少进入灰斗气量，从而减小灰斗返回气的夹带返混。但这种渐缩锥体也有两个问题：一是器壁处浓集的颗粒旋转速度随锥体直径的缩小而加大，易使锥体下部的磨损加剧，对自燃的粉末，还有

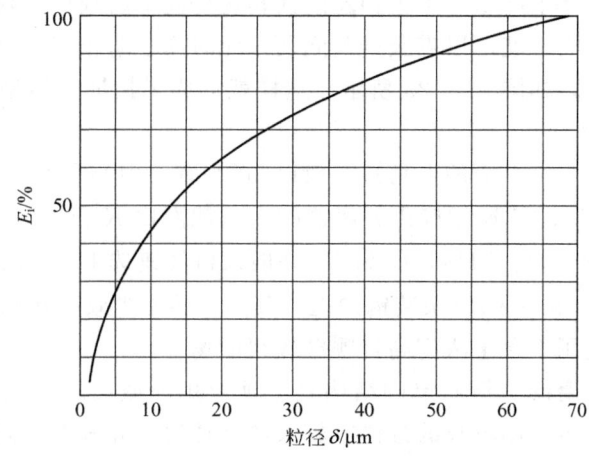

图 23-2-22 XCX 型分离器的热态粒级效率[21]

表 23-2-4 异形入口型旋风分离器的尺寸关系

型式	Catclone Ⅱ 型	XCX 型[21]
入口截面比,K_A	4.4～7.5	13.65
排气管直径比,d_e/D	0.25～0.54	0.5
排尘口直径比,d_c/D	0.4	0.25
高径比,$(H_1+H_2)/D$	3.35	4.05

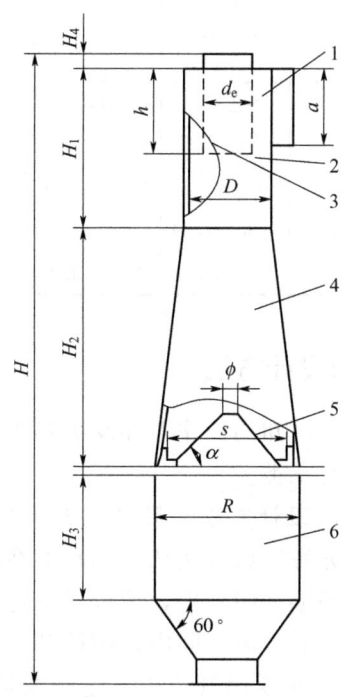

图 23-2-23 扩散锥体型旋风分离器

1—进气口；2—筒体；3—排气管；

4—扩散形锥体；5—反射屏；6—灰斗

自燃的危险；二是在锥体下部易产生粗颗粒的回转灰环而不易顺畅排料。若将渐缩锥体改为渐扩形锥体，即上小下大，就可以克服这些问题。此时为了防止灰斗返气的夹带返混，应在锥体下端加一个反射屏，如图 23-2-23 所示，这样就形成了扩散锥体型旋风分离器，国内型号称为 CLK 型[21]。

反射屏的倾斜角（与水平面的夹角）一般以 60° 为宜，中心有返气孔，直径以 0.05D 为宜，最大也不超过 0.1D。CLK 型旋风分离器的入口截面比 $K_A = 3.27 \sim 5.23$，排气管直径比 $d_e/D = 0.5$，高径比 $(H_1 + H_2)/D$ 为 5。一般入口气速选 $12 \sim 16 \mathrm{m \cdot s^{-1}}$，钢耗量为 $80 \sim 100 \mathrm{kg \cdot (1000 m^3 \cdot h)^{-1}}$。在 $4 \mathrm{t \cdot h^{-1}}$ 快装锅炉上，其热运转除尘效率在 $85\% \sim 90\%$，但其操作弹性较差。一般推荐它用于含尘浓度高且颗粒较粗的场合。

（5）通用型旋风分离器　最简单的结构是平顶及矩形截面入口组成的通用型旋风分离器，为了提高效率，一般采用较长的锥体或较大的高径比，并根据不同的性能要求而采用不同的进出口面积比。

一般入口可分为直切式和蜗壳式两种。蜗壳采用渐开线形状，常用 90° 及 180° 蜗壳。这类旋风分离器的尺寸关系随各生产厂家而定，变化很大，典型的举例见表 23-2-5。CZT 型[2] 是我国开发的一种长锥体的分离器，入口矩形截面的高宽比较大。PV 型由中国石油大学开发[26]，采用 180° 蜗壳入口，平顶板，高径比较大。美国 Emtrol 公司的旋风分离器为 90° 蜗壳和直切入口两种，高径比也较大。欧洲国家大多采用直切入口。

表 23-2-5　通用型旋风分离器某些典型尺寸关系

形式	中国		美国 Emtrol[25]	德国[24]	英国		捷克[22]	
	CZT[2]	PV[26]			Stairmand 高效[8]	Swift 高效[23]	T1	T2
入口结构	蜗壳	蜗壳	蜗壳直切	直切	直切	直切	直切	直切
入口截面比，K_A	6.1	2.5~16	约 4.5	10~36	7.85	8.5	8.72	4.79
排气管直径比，d_e/D	0.5	0.25~0.6	0.3~0.5	0.33~0.25	0.5	0.4	0.35	0.5
排尘口直径比，d_c/D	—	~0.4	0.38~0.39	—	0.375	0.4	0.24	0.26
高径比，$(H_1+H_2)/D$	3.62	~3.6	~3.6	1.25~3.9	4	3.9	4.25	6

2.4.2　切流式旋风分离器的设计方法

旋风分离器的设计主要是根据已知的操作条件及所需性能，确定其结构型式及尺寸。目前工业上主要可采用的设计方法有三类。

（1）以平衡轨道假说为基础的设计方法　最具代表性的是由德国 Barth-Muschelknautz 提出的基于平衡轨道假说的设计方法。该方法认为颗粒群在旋风分离器内有两种分离过程：一种是在进气室（即切向入口和环形空间）内，颗粒群在离心效应下迅速被甩向边壁，称为一次分离；另一种是在排气管以下的分离空间内，颗粒以一定角度碰撞器壁后弹跳返回气流中，或由于各种局部二次涡的夹带而返回气流中，这些颗粒在旋转气流中还可以被分离出来，称为二次分离。一次分离的效率是 100%，二次分离的效率就是以平衡轨道假说为基础而计算的粒级效率。一次分离和二次分离的作用与旋风分离器入口固气质量比 c_{in}（$c_{in} = M_{solids}/M_{gas}$）有关，存在一个极限入口固气质量比 c_{lim}。当 $c_{in} > c_{lim}$ 时，分离器的分离过程包含一次和二次分离两部分；当 $c_{in} \leqslant c_{lim}$ 时，分离器的分离过程仅包含二次分离过程或主要为二次分离过程。

Muschelknautz方法[10]认为，这个极限入口固气质量比 c_{lim} 与分离器入口固气质量比 c_{in}、入口粉尘的质量平均粒径 d_{med} 以及分离器内旋涡区的切割粒径 d_{c50} 有关。因此，Muschelknautz方法推荐计算 c_{lim} 的一种方法为：

$$c_{lim} = 0.025 \frac{d_{c50}}{d_{med}} (10c_{in})^{0.15} \qquad （当 c_{in} \geqslant 0.1 时）$$

$$c_{lim} = 0.025 \frac{d_{c50}}{d_{med}} (10c_{in})^{-0.11-0.10\ln c_{in}} \qquad （当 c_{in} < 0.1 时）$$

若 $c_{in} \leqslant c_{lim}$，即在低入口颗粒浓度情况下，此时分离器内只有二次分离部分，则粒径 d_p 的粒级效率采用下式计算：

$$E_i(d_p) = \frac{1}{1 + \left(\dfrac{d_{c50}}{d_p}\right)^m} \qquad\qquad (23\text{-}2\text{-}12\text{a})$$

式中，m 为与分离器相关的经验指数，一般为 $2 \sim 7$；对于设计合理且器壁光滑的旋风分离器，$m = 4 \sim 6$，一般计算可取 $m = 5$。

总效率可由分离器入口的颗粒质量分布频率 $f_i(d_p)$ 和粒级效率 $E_i(d_p)$ 计算：

$$E = \sum_{i=1}^{N} E_i(d_p) f_i(d_p) \qquad\qquad (23\text{-}2\text{-}12\text{b})$$

若 $c_{in} > c_{lim}$，即在高入口颗粒浓度情况下，此时分离总效率包括一次分离和二次分离两部分，所以总效率为：

$$E = \left(1 - \frac{c_{lim}}{c_{in}}\right) + \frac{c_{lim}}{c_{in}} \sum_{i=1}^{N} E_i(d_p) f_i(d_p) \qquad\qquad (23\text{-}2\text{-}13)$$

完成上述计算需要知道旋风分离器内旋涡区二次分离的切割粒径 d_{c50}。基于平衡轨道假设，且假设分离器排气管下口短路流量为入口总气量 Q 的 10% 时，

$$d_{c50} = \sqrt{\frac{18\mu \times 0.9Q}{2\pi(\rho_p - \rho_g) v_{\theta CS}^2 (H - S)}} \qquad\qquad (23\text{-}2\text{-}14\text{a})$$

此式只在斯托克斯范围内有效，这可以通过雷诺数 $Re = \dfrac{\rho_g U_{pt50} d_{c50}}{\mu}$ 来验证。其中，U_{pt50} 是旋风分离器 CS 圆柱面上的切割粒径的终端速度，$U_{pt50} = v_{rCS} = \dfrac{Q}{2\pi R_e H_{CS}}$；$H_{CS}$ 为 CS 圆柱高度，v_{rCS} 为流过 CS 圆柱面的径向气速。

如果 Re 小于 0.5，d_{c50} 则应用斯托克斯定律来计算：

$$d_{c50} = 5.18 \frac{\mu^{0.375} \rho_g^{0.25} U_{pt50}^{0.875}}{\left[\dfrac{(\rho_p - \rho_g)^{0.625} v_{\theta CS}^2}{R_e}\right]^{0.625}} \qquad\qquad (23\text{-}2\text{-}14\text{b})$$

式中，$v_{\theta CS}$ 为内旋涡半径 R_{CS} 处的气体切向速度，$v_{\theta CS}=v_{\theta w}(R/R_e)\left/\left[1+\dfrac{fA_S v_{\theta w}\sqrt{R/R_e}}{2Q}\right]\right.$；

A_S 为分离器的总内表面积，包括顶板、筒体和锥体的内表面以及升气管的外表面，

$$A_S=\pi\left[R^2-R_e^2+2R(H-H_c)+(R+R_d)\sqrt{H_c^2+(R-R_d)^2}+2R_e S\right]$$

$v_{\theta w}$ 为器壁表面的切向速度；$v_{\theta w}=\dfrac{v_{in}R_{in}}{\alpha R}$；$v_{in}$ 为入口气速，$v_{in}=\dfrac{Q}{A_{in}}=\dfrac{Q}{ab}$；

α 为矩形入口旋风分离器的入口收缩系数，

$$\alpha=\frac{1}{\beta}\left\{1-\sqrt{1+4\left[\left(\frac{\beta}{2}\right)^2-\frac{\beta}{2}\right]\sqrt{1-\frac{(1-\beta^2)(2\beta-\beta^2)}{1+c_{in}}}}\right\},\quad \beta=b\left/\left(\frac{1}{2}D\right)\right.=b/R。$$

f 为旋风分离器内总摩擦系数，包含纯气流与壁面的摩擦系数 f_{air} 和气固两相流与壁面的摩擦系数 f_{gs} 两部分。

$$f=f_{air}+f_{gs}=f_{air}+0.25\sqrt{Ec_{in}Fr_e\frac{\rho_g}{\rho_{str}}\left(\frac{R}{R_e}\right)^{-\frac{5}{8}}} \tag{23-2-15}$$

气相的壁面摩擦系数 f_{air} 是旋风分离器壁面雷诺数 Re_R 和壁面相对粗糙度 k_s/R 的函数，旋风分离器锥体和圆筒体部分分别用不同的近似拟合式计算。

对于旋风分离器锥体部分，

$$f_{air}=0.323Re_R^{-0.623}+\left[\lg\left(\frac{1.6}{k_s/R-0.000599}\right)^{2.38}\right]^{-2}\left[1+\frac{2.25\times10^5}{Re_R^2\,(k_s/R-0.000599)^{0.213}}\right]^{-1}$$

对旋风分离器圆柱体部分，

$$f_{air}=\frac{1.51}{Re_R}+\left[\lg\left(\frac{1.29}{k_s/R-0.000599}\right)^{2.59}\right]^{-2}\left[1+\frac{2.14\times10^5}{Re_R^{1.64}}\right]^{-1}$$

k_s 是旋风分离器内表面的绝对粗糙度，对于一般商用钢管 k_s 值可取 0.046mm，而砖砌表面、防腐材料的表面、耐火衬里的表面，k_s 可高达 3mm。如果器壁的相对粗糙度 k_s/R 值小于 0.0006（即光滑壁面），则取 $k_s/R=0.0006$ 来计算 f_{air}。

$Fr_e=v_e/\sqrt{2gR_e}$ 为气体流出旋风分离器排气管的佛罗德数，v_e 是升气管进口气体的轴向表观速度。

旋风分离器筒体的雷诺数 Re_R 为：

$$Re_R=\frac{R_{in}R_m v_{zw}\rho_g}{H\mu[1+(v_{zw}/v_{\theta m})^2]}$$

式中　R_m——几何平均半径，$R_m=\sqrt{R_e R}$；

　　　$v_{\theta m}$——气体的几何平均旋转速度，$v_{\theta m}=\sqrt{v_{\theta w}v_{\theta CS}}$，它取决于近壁处的切向速度 $v_{\theta w}$ 和内旋涡半径 R_{CS} 处的切向速度 $v_{\theta CS}$；

　　　v_{zw}——旋风分离器器壁处的轴向速度，$v_{zw}=\dfrac{0.9Q}{\pi(R^2-R_m^2)}$，在大多数情况下 $v_{zw}/v_{\theta m}$ 是一个很小的量，对于 Re_R 值远大于 2000 的工业用旋风分离器来说，$v_{zw}/$

$v_{\theta m}$可以省略。

式(23-2-15)中 E 为旋风分离器的总效率，在计算开始时这个数是未知的，因此需假定一个初值 E，然后在计算中对它进行迭代修正。

ρ_{str} 为旋风分离器颗粒灰带密度，一般为所分离粉料堆积密度的 0.3～0.5 倍，缺少具体数据时，可假设为 0.4 倍粉料堆积密度。

上述计算中所涉及的旋风分离器几何尺寸符号及气流速度等符号的含义见图 23-2-24。

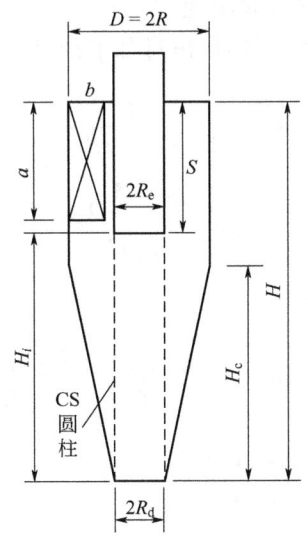

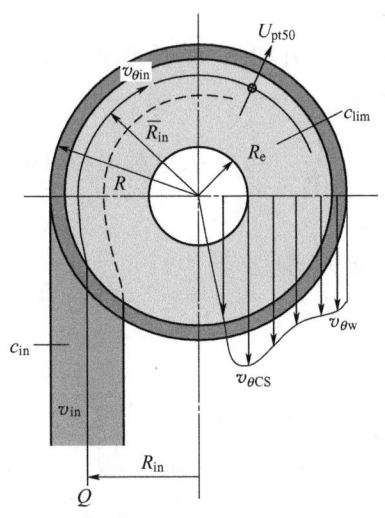

图 23-2-24 典型筒锥型旋风分离器示意图

关于旋风分离器的压降，Muschelknautz 方法[10]认为主要由气固两相与器壁摩擦损失和旋风分离器的内部旋转流动损失造成，后者常常是总压力损失中的主要部分，有时还包括进口部分的加速损失。即：

$$PD = PD_{body} + PD_e + PD_{acc} \tag{23-2-16}$$

$$PD_{body} = \frac{fA_s\rho_g(v_{\theta w}v_{\theta CS})^{1.5}}{2\times0.9Q}$$

$$PD_e = \left[2 + \left(\frac{v_{\theta CS}}{v_e} \right)^2 + 3 \left(\frac{v_{\theta CS}}{v_e} \right)^{\frac{4}{3}} \right] \frac{1}{2} \rho_g V_e^2$$

$$PD_{acc} = (1 + c_{in}) \frac{\rho_g (v_2^2 - v_1^2)}{2}$$

式中，PD_{acc} 为高颗粒浓度工况下旋风分离器入口段气固混合物加速的压力损失；v_1、v_2 分别是入口段上、下游的气固混合物流速。

基于平衡轨道假说，Iozia 等[27,28]还提出过如下的计算公式：

粒级效率： $$E_i = \frac{1}{1 + (d_{c50}/d_p)^\beta} \tag{23-2-17}$$

切割粒径： $$d_{c50} = \sqrt{\frac{9\mu Q}{\pi \rho_p H_s v_{tm}^2}} \tag{23-2-18}$$

旋风筒内最大的气流切向速度：

$$v_{tm} = 5.26 v_i K_A^{-0.61} \left(\frac{d_e}{D} \right)^{-0.74} \left(\frac{H_T}{D} \right)^{-0.33}$$

式中　Q——进入旋风分离器的气量，$m^3 \cdot s^{-1}$；

v_i——旋风分离器入口气速，$m^3 \cdot s^{-1}$；

ρ_p——颗粒密度，$kg \cdot m^{-3}$；

μ——气体动力黏度，$Pa \cdot s$；

β——指数，由实验确定，例如有如下形式 $\ln\beta = 1.05(\ln K_A)^2 - 4.7\ln K_A - 0.87\ln d_{c50} - 4.585$；

K_A——入口截面比，$K_A = \dfrac{\pi D^2}{4ab}$，$ab$ 为入口截面积（m^2）；

d_e——排气管下口直径，m；

H_T——旋风分离器筒体＋锥体高度，m；

H_s——分离空间有效高度，m。

若 $d_t < d_c$，$H_s = H_T - h$

若 $d_t > d_c$，$H_s = (H_T - h) - \dfrac{H_T - h}{D/d_c - 1} \left(\dfrac{d_t}{d_c} - 1 \right)$

式中　d_t——内旋流直径，m，$d_t = 0.5 D K_A^{0.25} \left(\dfrac{d_e}{D} \right)^{1.4}$；

d_c——排尘口直径，m；

h——排气管插入深度，m；

D——旋风分离器筒段直径，m。

（2）以横混假说为基础的设计方法　早先都用 Licht 与 Leith 的粒级效率公式(23-2-11)来计算分离效率。20 世纪 80 年代，美国 Dietz 首先提出了分区模型，各区仍以横混假说为基础，推出了新的粒级效率计算公式[16]：

$$E_i(d_p) = 1 - \left[K_0 - (K_1^2 + K_2)^{1/2}\right] \exp\left[\frac{-\pi D(h-a)}{ab} St\right] \quad (23\text{-}2\text{-}19)$$

$$K_0 = \frac{1}{2}\left[1 + \left(\frac{d_e}{D}\right)^{2n}\left(1 + \frac{ab}{2\pi H_s D} \times \frac{1}{St}\right)\right]$$

$$K_1 = \frac{1}{2}\left[1 - \left(\frac{d_e}{D}\right)^{2n}\left(1 + \frac{ab}{2\pi H_s D} \times \frac{1}{St}\right)\right]$$

$$K_2 = \left(\frac{d_e}{D}\right)^{2n}$$

$$St = \frac{\rho_p v_i d_p^2}{18\mu D}$$

式中　n——旋转速度指数，由实验定，一般在 $0.5 \sim 0.8$；

　　a，b——旋风分离器入口的高度与宽度，m。

在上述计算公式内都没有考虑入口含尘浓度 C_i 的影响，但实际上，若入口浓度高，分离效率也随之升高，这是由于颗粒间相互夹带等原因，目前尚无成熟的计算公式，一般用下式来作修正：

$$\frac{1-E_1}{1-E_2} = \left(\frac{C_{i2}}{C_{i1}}\right)^m \quad (23\text{-}2\text{-}20)$$

式中　E_1，E_2——两种入口浓度下的分离效率；

　　C_{i1}，C_{i2}——两种相应的入口浓度，$g \cdot m^{-3}$；

　　　　m——指数，由实验确定，例如 Stern 推荐[29]用 $m = 0.2$，Baxter 用[30] $m = 0.182$，池森龟鹤[31]用 $m = 0.27$ 等。

从粒级效率的计算公式看，入口气速增加，效率会提高。但实际上，当入口气速超过某一值后，反而使效率下降。这是因为气速过大，会将已沉积在器壁处的颗粒群重新卷扬起返回气流中而形成返混现象。

旋风分离器压降的计算公式很多[32~35]，最简单且较符合实际的公式为：

$$PD = \xi_i \frac{\rho_g v_i^2}{2} \quad (23\text{-}2\text{-}21a)$$

$$\xi_i = \frac{k}{K_A \tilde{d}_e^2} \quad (23\text{-}2\text{-}21b)$$

式中　$\tilde{d}_e$——$\tilde{d}_e = d_e/D$，d_e 为排气管下口直径；

　　k——常数，因结构尺寸不同而异，例如 Shepherd 与 Lapple 取 $k = 12.56$[32]，First[33] 取 $k = \dfrac{18.85}{(\tilde{H}_1 \tilde{H}_2)^{1/3}}$，Stern[29] 取表 23-2-6 的数值，$\tilde{H}_1 = H_1/D$，$\tilde{H}_2 = H_2/D$；

　　H_1，H_2——旋风分离器的筒段长与锥段长。

表 23-2-6 不同尺寸下的 k 值

入口型式	$\tilde{d}_c$	$(H_1+H_2)/D$	k
直切入口	0.333	0.67	30.62
	0.5	2	22
	0.67	3.33	19.23
	0.5~0.25	2~1	14.13
180°蜗壳	0.333	1.67	19.625
	0.67	1.33	18.06
	0.5	2	17.27

至于气流中含尘浓度 C_i 对压降的影响，研究得很不够，一般只是认为由于有颗粒群存在，会降低气流切向速度，减小含尘气流的边界层厚度，从而会使压降变小。Briggs 建议用下式来修正[36]：

$$PD_c = PD/(1+k_1 C_i^x) \tag{23-2-22}$$

式中　PD_c——入口含尘浓度 C_i 时的压降，Pa；

PD——纯气流时的压降，见式(23-2-21)，Pa；

C_i——入口含尘浓度，$g \cdot m^{-3}$；

k_1——系数，可取 0.023[37]；

x——指数，可取 0.69[37]。

进一步发现，当 $C_i > 1000 g \cdot m^{-3}$ 后，随着 C_i 的增大，压降又会慢慢升高，这是因为在高浓度时，粉尘在器壁上呈一条密集的螺旋形灰带，它与气流的相互作用就会减弱[37]。

(3) 以尺寸分类优化为基础的设计方法　为了更好地反映各种结构参数与操作条件对旋风分离器性能的影响，中国石油大学等单位经过上千次的实验，发展了一套以尺寸分类优化为基础的设计方法[26,38]，它包括三个部分：

① 旋风分离器尺寸分类优化方法　旋风分离器的许多尺寸可以按其对性能的不同影响而分成三类：a. 第一类尺寸只对效率有影响，对压降基本无影响，如排尘口直径 d_c、高径比 $(H_1+H_2)/D$、排气管插入深度 h、入口高度比 a/b 等，这些均可通过流场分析及性能试验等确定其最佳值，在设计中不宜任意变动。b. 第二类尺寸对效率与压降均有明显的影响，主要是入口截面比 K_A 及排气管下口直径比 $\tilde{d}_e$ 这两个关键参数，要用后述的组合优化方法来确定它们的最佳匹配关系。c. 第三类尺寸对效率与压降基本上都无影响，如灰斗尺寸与排气管上端尺寸等，这就可从磨损与操作弹性等方面综合考虑选定。有了这种尺寸分类优化法，在众多结构参数中只需抓住 K_A 与 $\tilde{d}_e$ 这两个关键参数，就有可能依靠有限的实验在相似原理的指导下回归出性能计算公式及优化组合设计方法。

② 用相似准数关联的性能计算法　根据气固两相运动方程的相似分析，可以得到影响旋风分离器性能的相似准数为：气相准数有雷诺数 $Re = \dfrac{\rho_g v_i D}{K_A \tilde{d}_e \mu}$，佛罗德数 $Fr = \dfrac{g H_s K_A^2}{v_i^2}$；

固相准数有斯托克斯数 $St = \dfrac{\rho_p d_p^2 v_i}{18 \mu D}$ 以及单值性条件 $D_d = d_p/d_m$，$\tilde{\rho} = \rho_p/\rho_g$，$D_t = d_m/D$，$C_1 = C_i/\rho_g$ 等（其中，d_m 为分离器入口颗粒群的中位粒径，m；H_s 为排气管下端到排尘口

的距离，m），还有两个结构参数 K_A 与 $\tilde{d}_e$。将上千个实验参数用上述无量纲准数关联，可得到粒级效率计算公式为[39]：

$$E_i(d_p)=\begin{cases}1-\exp(-4.241\,\psi^{1.32}C_I^{b_0}) & \psi\geqslant1.10\\1-\exp(-4.306\,\psi^{1.16}C_I^{b_0}) & 0.7\leqslant\psi\leqslant1.10\\1-\exp(-4.111\,\psi^{1.03}C_I^{b_0}) & \psi\leqslant0.70\end{cases}\qquad(23\text{-}2\text{-}23)$$

式中，$\psi=St^aRe^bFr^cD_d^dD_t^ed_e^f\rho^g$；$b_0=0.115\exp\left(-\dfrac{2}{5+125\,C_I}\right)$；$a$，$b$，$c$，$d$，$e$，$f$，$g$ 均为由实验确定的常数，就不一一列举，具体可参考有关文献 [39~41]。

上述公式的适用范围为：$Stk\leqslant2$；$10^5\leqslant Re\leqslant2\times10^6$；$0.1\leqslant Fr\leqslant18$；$0.2\leqslant\tilde{d}_e\leqslant0.6$；$C_i=10\text{g}\cdot\text{m}^{-3}$。

对于不同入口含尘浓度下效率的修正也可采用 API 修正曲线[42]，见图 23-2-25。先设 $C_{i0}=10\text{g}\cdot\text{m}^{-3}$，用式（23-2-23）及式（23-1-12）算出此条件下的该旋风分离器的分离效率 E_0，再查图 23-2-25 便可得到在实际入口浓度下的分离效率。

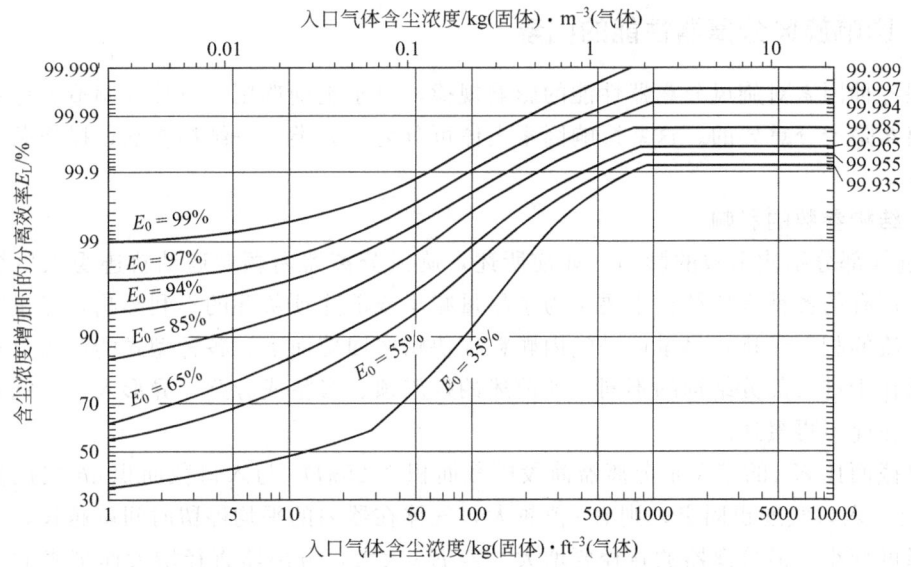

图 23-2-25　入口浓度对分离效率的修正（ Geldart A 类和 C 类颗粒适用 ）[42]

（E_0 是 $C_{i0}=10\text{g}\cdot\text{m}^{-3}$ 条件下的分离效率，1ft=0.3048m）

影响旋风分离器压降的因素除结构参数 K_A 与 $\tilde{d}_e$，还有入口气速 v_i、入口浓度 C_i 及气体密度 ρ_g 等。入口浓度的影响较复杂，有两种不同趋势。一方面是气流内颗粒相会减小气流旋转速度及器壁处的气流边界层，另一方面又会加大混合物的密度而增加入口局部损失，所以可写成[41]：

$$PD=\left(\rho_g+\frac{C_i}{1000}\right)\frac{v_i^2}{2}+\xi_i\left(\frac{C_{i0}}{C_i}\right)^{0.045}\frac{\rho_g v_i^2}{2}\qquad(23\text{-}2\text{-}24)$$

$$\xi_i=8.54K_A^{-0.833}\tilde{d}_e^{-1.745}D^{0.161}Re_i^{0.036}-1$$

$$Re_i = \rho_g v_i D / \mu$$

式中　　C_i——实际的入口含尘浓度，g·m^{-3}；

$\quad\quad C_{i0}$——10g·m^{-3}；

$\quad\quad D$——分离器筒径，m。

③ 四参数优化组合设计程序，在给定的压降下，四个主要参数（筒体直径 D、入口截面比 K_A、排气管下口直径比 $\tilde{d}_e$、入口气速 v_i）的不同组合会得不同的分离效率，因此就有个优化组合的问题。应用式(23-2-23)、式(23-2-24) 等可编成一个"四参数优化组合设计程序"。只要输入已知的设计条件：如处理气量 Q（m^3·s^{-1}）、入口状态下的气体密度 ρ_g（kg·m^{-3}）与黏度 μ（Pa·s）、入口含尘浓度 C_i（g·m^{-3}）及其粒度分布、颗粒密度 ρ_p（kg·m^{-3}）；同时给定几个限值，如最大许可直径、最大许可压降及许可入口气速等，就可算出在此压降下的最佳分离效率与出口含尘浓度，定出与此相应的主要尺寸。

中国石油大学开发的 PV 型旋风分离器就是用这套优化方法设计的结构简单而各部分尺寸经过优化组合而获得高效率的一类旋风分离器，已在炼油、石油化工等行业中得到了广泛应用。

2.4.3　影响旋风分离器性能的因素

掌握各种因素对旋风分离器性能的影响规律，对于正确选用、设计、制造、操作与维护旋风分离器是十分重要的。这些影响因素大体可分为三大类——结构参数、操作条件与制造安装质量。

（1）结构参数的影响

① 进气部分结构参数的影响　如前所述，旋风分离器内颗粒运动轨迹受入口结构的影响很大，现有的各种入口结构主要是为了尽量减小或消除顶灰环的不利影响，尽量减小进气与内部旋流的相互干扰，尽量使进气内颗粒很快贴壁回旋而下。各种型式的旋风分离器的差别几乎都在于进气部分结构的不同，如前述的螺旋顶、旁室或旁路、异形入口、蜗壳或直切入口等，在此不再赘述。

入口截面比 K_A 的定义是分离器筒段横截面积 $0.25\pi D^2$ 与入口截面积 ab 之比值。若气量 Q 一定，入口气速也固定，则 K_A 值越大，气体在器内的平均停留时间就越长，效率可提高，压降可变小，但分离器的直径要增大。若 K_A 太大，分离器直径增大而带来的不利影响就会抵消由于气体在器内平均停留时间增长所带来的有利作用，效率的提高不明显，而金属消耗量却增加很多，就不经济。所以单台高效旋风分离器常取 $K_A = 6 \sim 10$；而大气量分离器可取 $K_A \leqslant 3$，一般常用的 K_A 值为 $4 \sim 6$。

矩形入口的高宽比 a/b 一般常在 $2.2 \sim 2.5$，最大不超过 $3.75 \sim 4$。对于直切式入口，宽度 b 必须小于 $0.5(D - d_e)$，否则入口气流将会冲撞到排气管，对效率与压降都不利。此外若入口宽度 b 太大，会使进气颗粒中有一部分太靠近排气管，很易被短路流带入排气管内。另外，高宽比过大，旋转气流的螺距就会很大，在分离器内的有效旋转圈数少，使颗粒的停留时间过短，不易被分离出来，也是不利的。

入口处加导流板，可以减少入口气流与器内旋流的相互干扰，有利于降低压降，但也会增加磨损，通常还会导致效率下降。所以一般在效率很高，希望降低压降、增加处理气量的情况下才推荐采用，并且最好同时增加排气管的插深。

② 排气部分结构参数的影响　排气管下端直径比 $\tilde{d}_e(\tilde{d}_e = d_e/D)$ 是个十分重要的参数，它决定了内外旋流的分界点位置及最大切向速度值，因而对效率与压降都有明显影响。$\tilde{d}_e$ 值越小，外旋流区越大，离心力场增强，效率与压降都随之提高。从兼顾效率与压降这两个方面来看，一般取 $\tilde{d}_e = 0.5$ 左右为宜。若主要希望高效，压降限制不严，则可选用较小 $\tilde{d}_e$ 值。但 $\tilde{d}_e$ 过小也不好，此时排气管末端的向心径向气流变大，对分离有不利影响，所以一般 $\tilde{d}_e$ 不宜小于 0.25。有学者[22]认为：排气管横截面积 A_e 与入口截面 A_i 的比值宜在 0.7～2，以 A_e/A_i 在 1 左右居多。这两个截面之和，若取为 $0.25\pi D^2/4$，则有较高效率；若取为 $0.7\pi D^2/4$，则为低阻型；一般常取为 $0.5\pi D^2/4$。

排气管的插入深度 h 的影响较小，一般可取 $h = (0.8 \sim 1.2)a$。若太短，易使排气管末端的短路流加剧，不利于分离。若过长，反使分离空间高度 H_s 变短，对效率也无好处，而压降还稍有增加。

进入排气管内的净化气流还在高速旋转，这会增加分离器的压降。所以为减少分离器的压降可在排气管内采用一些结构来减弱这种旋转。德国 Muschelknautz 总结了几种结构的效果[43]，见图 23-2-26。若以直管形排气管的阻力系数为 1，则在排气管出口处装一个蜗壳，阻力系数可降为 0.88。将排气管做成上大下小的锥形，阻力系数可降为 0.69。若在排气管内装导向叶片，将旋转气流变为轴向气流，就可大大降低阻力，使阻力系数降为 0.56，甚至到 0.38。但这些降阻措施同时都会使效率有所降低，所以要综合考虑，不可随意采用。

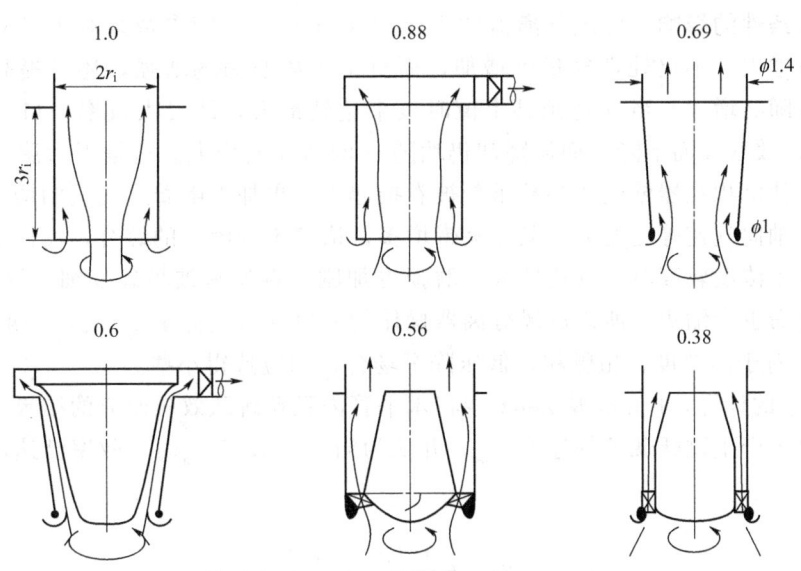

图 23-2-26　排气管结构对减小压降的影响

③ 排尘部分结构参数的影响　在一般旋风分离器内，主要是靠近器壁处的下行气流将已浓集在器壁处的颗粒排入灰斗的，所以总不可避免会有一部分气流进入灰斗，而后再返回到分离器内。此部分返气总会夹带部分细颗粒，影响到效率的提高，因此排尘口结构和尺寸就是个很重要的问题[44]。若排尘口过大，进入灰斗的气量增多，这种返气夹带也会增多，对提高效率不利。但若排尘口过小，不稳定的内旋流下端的摆动将会把排尘口处浓集在壁上的粉尘重新卷扬起来而带入上行的内旋流中，也不利于提高效率。所以最适宜的排尘口直径只要稍大于内旋流直径，或等于 0.8 倍排气管下口直径即可。常见的为 $(0.24 \sim 0.5)D$，还

要视排尘量多少而合理选定。另外，还要合理选定锥体段的锥顶角，从避免产生下灰环的角度来看，一般此角度在 $10°\sim20°$ 为宜。颗粒越粗，此角度就应考虑选得稍小些。

为了尽量减少灰斗返气的夹带，日本的池森龟鹤[31]认为：从排气管下端到灰斗内粉尘层表面的距离至少应大于 10 倍排气管直径；粉尘越细，此距离应越大才好。在排尘口下部装一个尖端朝上的圆锥或板，称为"涡旋稳定器"，可防止强旋流直接旋入灰斗和涡尾摆动，减小灰斗返气的夹带，据称可提高效率 $1\%\sim4\%$。德国的标准设计中均采用了此措施，圆锥底径稍大于排尘口直径，与排尘口间隙大约为 0.25 倍排尘口直径。

④ 总体尺寸的影响　旋风分离器直径对分离效率的影响较大。若每台旋风分离器的处理气量一定，则采用较小的截面气速 $v_0[v_0=Q/(0.785D^2)]$，可使气流在器内有较长的平均停留时间，有利于效率的提高与压降的降低，但分离器直径就要加大，金属消耗量也加大。若截面气速一定，则旋风分离器的直径越小，离心力场越强，效率可明显提高，所以在一定气量下，采用多台小直径分离器并联运行，可获得高效率，这就是多管型旋风分离器，但它的金属消耗量也会加大。

旋风分离器的高径比 $(H_1+H_2)/D$，尤其是分离空间的高径比 H_s/D 对分离效率有较大的影响。此值提高，灰斗返混上来的细颗粒就有充足的时间获得二次再分离，效率可提高，所以高效结构一般都采用大的高径比。但 H_s/D 值有个最佳值，过大也会使效率降低，此最佳值与粉尘的粗细、分离器结构、进排气口面积比等有关，多数分离器可取 $H_s/D=3\sim4$。Hoffmann 等[45]曾实验报道，当 $(H_1+H_2)/D$ 大于 5.65 时，效率急剧降低。

(2) 操作条件的影响　旋风分离器的入口气速 v_i 是个关键参数。对于尺寸一定的分离器，入口气速增大，不仅处理气量可增加，而且由于离心力场增强，还可提高效率，但压降、磨损等也随之增大。当 v_i 达到某个值时效率达到最大，即最大效率入口气速为 v_{iemax}，v_i 大于 v_{iemax}，效率反而下降，而压降却仍然随 v_i 的增加而增大。这是因为湍流及颗粒碰撞弹跳等因素促使沉积在器壁处的颗粒重新被卷扬起来；再加上随着进气量的增大，使向心径向气速及向上轴向气速等也变大，灰斗夹带增多，诸多不利因素的综合，反使效率下降。此外，在入口含尘浓度较高时，气速增大，磨损也加剧，颗粒易被粉碎变细，导致效率下降；同时分离器寿命也会缩短。所以旋风分离器操作的入口气速应低于 v_{iemax}，一般常选在 $12\sim26\ \mathrm{m\cdot s^{-1}}$ 间，对于高浓度、粗颗粒、低压降等场合，均应选得小些。

有关 v_{iemax} 的计算，Kalen 及 Zenz[46]将水平管内颗粒跳跃效应研究的结果推广用于旋风分离器，推出了产生跳跃现象的速度 v_{sa}，并认为当 $v_i=1.25v_{sa}$ 时，效率已达最大值，并由此计算 v_{iemax}[30]：

$$v_{iemax}=231.6\ \frac{4g\mu\rho_p}{3\rho_g^2}\frac{b/D}{1-b/D}b^{0.201} \tag{23-2-25}$$

但在实际中，有时此式算出的 v_{iemax} 太大，不仅压降过大而不允许，而且过分磨损也是不允许的。时铭显[47]根据 PV 型分离器的试验数据，引入了 K_A 和 D 这两个参数的影响对上式修正，提出了另一个 v_{iemax} 计算式：

$$v_{iemax}=19K_A^{1.4}\ \frac{4g\mu_g\rho_p}{3\rho_g^2}\times\frac{bD}{1-bD}\times\left(\frac{b}{D}\right)^{0.2}$$

Yang 等[48]通过考虑颗粒与器壁的碰撞也提出了一个 v_{iemax} 计算式。

气体的温度也有重要影响。温度升高，一方面气体黏度变大，使颗粒受到的向心曳力加大，于是分离效率会下降；另一方面气体的密度变小，使压降也变小。所以高温旋风分离器应选用较大的入口气速及 K_A 值。

当同一分离器所处理的气体流量相同时，气体黏度对除尘效率的影响可以采用下式进行近似估算：$(100-E_{T_1})/(100-E_{T_2})=\sqrt{\mu_{T_1}/\mu_{T_2}}$，其中，$E_{T_1}$、$E_{T_2}$ 分别为温度 T_1、T_2 下的总效率，μ_{T_1}、μ_{T_2} 分别为温度 T_1、T_2 下的气体黏度。

气体的压力只影响到气体的密度，故主要只影响压降。气体的压力越高或气体的密度越大，压降就越大；分离效率理论上也会下降，但气体的密度与固体的密度相比几乎可以忽略，所以气体压力或气体密度对分离效率的影响一般说来比较小。

气体含湿量对旋风分离器的操作和性能有较大影响，例如，对于分散性很好但黏着性很小的粉尘（如小于 $10\mu m$ 的颗粒含量 $30\%\sim50\%$，湿度约 1%），用旋风分离器从干燥气体中分离捕集这些粉尘的效果并不好，如将气体的含湿量提高到 $5\%\sim10\%$，此时由于颗粒较易碰撞黏结成较大的颗粒，分离效率反而将显著提高。但目前对这一问题研究不多。

气体内所含颗粒物料的物性对旋风分离器性能的影响很大，其中尤以颗粒密度 ρ_p 及粒径分布的影响为显著。ρ_p 值大，粒径粗，无疑使分离效率大为提高，对压降则无影响。由于分离器的切割粒径 d_{50} 在理论计算式中是与颗粒密度 ρ_p 的平方根成反比，故也可采用和估算黏度影响类似的方法估算颗粒密度对效率的影响，即：$(100-E_{T_1})/(100-E_{T_2})=\sqrt{\rho_{p_2}/\rho_{p_1}}$。对于有较强黏附性与团聚性的粉料，如化工塑料粉等，要防止它们黏附于器壁上，堵塞排尘口，使分离过程无法进行。此时应提高入口气速，使 v_i 大于 $15m\cdot s^{-1}$，并尽量使器壁光滑，采用较小的锥顶角和较大的排尘口。操作时还要防止器壁上有冷凝水析出。

入口气体内所含颗粒的浓度 C_i 对效率与压降均有相当大的影响，但目前研究得还不够充分，尚无成熟的定量计算方法。许多试验表明，入口含尘浓度增加，粉尘的凝集、团聚及碰撞裹带性能增加，分离器的分离效率会相应增加，但出口排气中的含尘浓度也会随入口处的粉尘浓度的增加而增加；分离器的压降则以某一入口含尘浓度（如 $0.5\sim1.0kg\cdot m^{-3}$，随颗粒特性和操作条件而变）为转折点，随入口含尘浓度的增加先降低而后再缓慢增加，其原因的简单分析如前述。

灰斗的操作也很重要。由于旋风分离器中心的压力远低于边壁处压力，所以灰斗在排尘过程中必须防止外面的气体漏入灰斗。因为一旦有气体漏入，将会加剧灰斗返气的夹带，导致效率下降，所以改进灰斗下面的锁气排灰机构是十分重要的。

相反，若能从灰斗内向外抽出一小部分气体，就可以减弱灰斗返气的夹带效应，对提高效率有好处。例如 Stairmand[8] 实验指出，向外抽出 10% 气体，粉尘的带出率将可减少 $20\%\sim28\%$，只是这部分外抽气内还有不少粉尘，需另加一个小分离器，这样能耗及设备均要增加，所以要综合考虑后才可采用。

（3）制造安装质量的影响　旋风分离器结构较简单，制造安装并不难，但有几个问题却对效率有相当大的影响，必须严格控制。主要的有：①排气管与分离器的筒体、锥体和排尘口等都要保持严格的同心度，否则不稳定的内旋流就会偏离分离器的几何中心轴线，更容易产生大的摆尾现象，将排尘口处已沉积的粉尘再次扬起，大大降低效率。所以一般工业上的旋风分离器都要求这些部位的不同心度控制在 $3mm$ 以内。②分离器筒体的内表面的不圆度也要严格控制，否则作圆周运动的颗粒更容易与器壁产生碰撞弹跳，重新被带入上行的内旋流中，导致效率的下降。一般要求椭圆度不超过 $0.5\%D$。③分离器的内壁粗糙度也会影响分离器的效率与压降。增加壁面的粗糙度，会减弱气流旋涡强度，使旋流切向速度降低，分离器压降降低，效率下降。而且较大的壁面粗糙不平还会引起壁面较大的局部涡流，使浓集在壁面附近的微尘粒被抛入上升的气流中，从而降低收尘效率。因此，分离器内壁表面应力求光滑，不能有局部凸起或凹坑，尤其是顺着颗粒运动方向上不应有局部凸起，应避免没有打磨光滑的焊缝、表面不平的法兰接头等。

2.5　其他型式旋风分离器的结构与应用

主要介绍多管式旋风分离器及旋流式分离器，并简介某些新的结构型式。

2.5.1　多管式旋风分离器的设计与应用

对于处理气量很大、分离效率又要求很高的场合，往往采用许多小直径旋风分离器并联运行。为了简化进出口管路连接，使设备紧凑，常采用公用的进、排气室及灰斗，这就发展成为多管式旋风分离器，如图 23-2-27 所示。

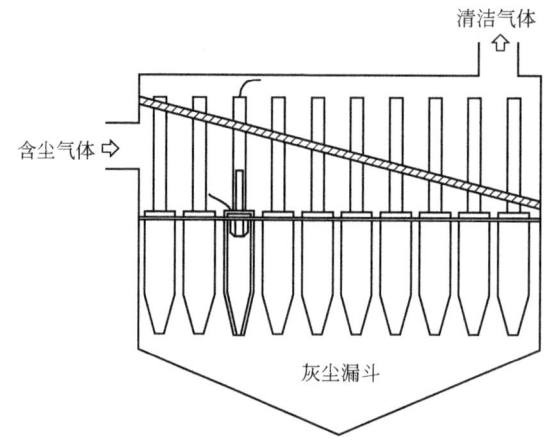

图 23-2-27　多管式旋风分离器

多管式旋风分离器的性能取决于每个小旋风分离器（简称为旋风管），但它的分离效率有时会低于每个旋风管的分离效率，其原因主要是各个旋风管的压降若不一样，在公用灰斗的情况下，灰斗内含尘气会倒流入那些压降较高的旋风管内，形成所谓的窜流返混，使这些旋风管的分离效率大为降低，从而使多管式旋风分离器的总效率降低。所以，要提高这类分离器的效率，不仅要提高各个旋风管的效率，还要保证各个旋风管的压降一样，进气量均匀，不发生窜流返混现象。

为了克服这种不利的窜流返混现象，一般要采取如下一些措施：①进气室容积要适当大些。在旋风管的压降较低时，可采用如图 23-2-27 所示的渐缩形进气室，但每个旋风管的排气管要一样长，这样才可保证各个旋风管的进气量基本相同。若采用高压降的旋风管，只要进气室容积较大，也可不采用什么特殊的设计。②各个旋风管的尺寸必须完全一样，且要严格保证制造质量，才可在相同的进气量下具有相同的压降。③若有可能，可从灰斗内向外抽少量气，例如外抽 2%～3% 的进气量时，窜流返混现象就可基本停止。

（1）旋风管的结构型式 按进气方式分类，旋风管有两大类型，即切向进气型和轴向进气型，如图 23-2-28 所示。

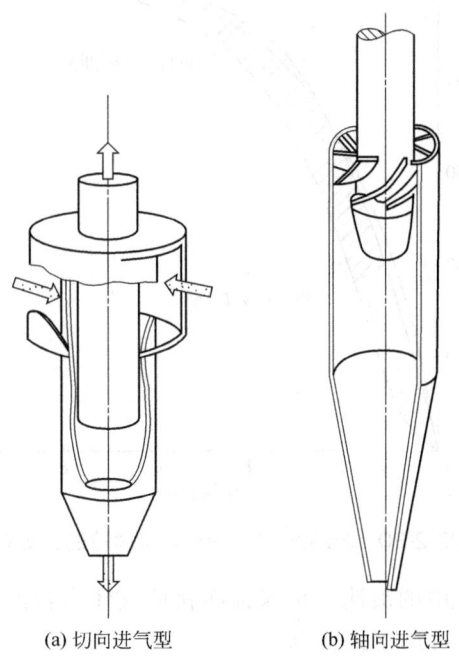

(a) 切向进气型   (b) 轴向进气型

图 23-2-28 两类旋风管

① 切向进气型旋风管 为使各旋风管进气量分配均匀，一般都采用多道切向进气的方式。典型的结构见图 23-2-28(a) 及图 23-2-29，它是一种双蜗壳型对称入口，美国称为 Aerotec 型，公称直径有 $\phi50\text{mm}$、$\phi75\text{mm}$、$\phi100\text{mm}$ 三种规格。用于天然气除尘，截面气速最大不超过 $9.6\text{m}\cdot\text{s}^{-1}$，否则磨损严重，又易使粗颗粒碰撞弹跳带出；但最低又不小于 $2.4\text{m}\cdot\text{s}^{-1}$，否则分离效率较低。以 $\phi50\text{mm}$ 旋风管为例，它的粒级效率曲线见图 23-2-30，基本上可除净

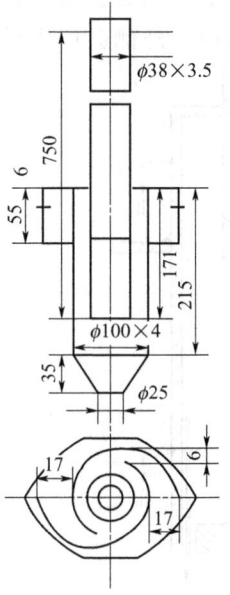

图 23-2-29 双蜗壳入口型旋风分离器

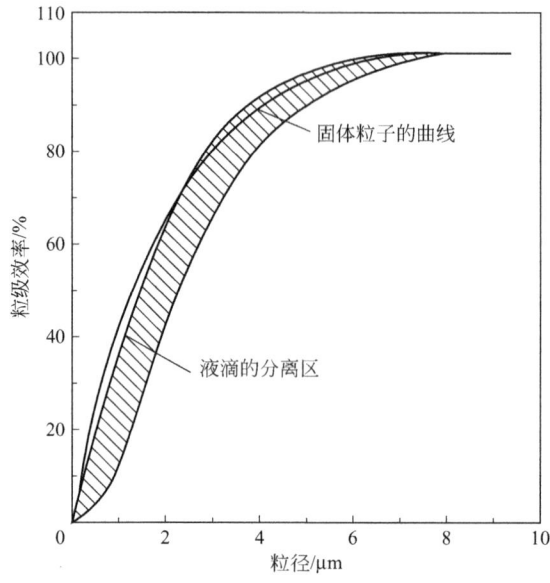

图 23-2-30　ϕ50mm Aerotec 型旋风管的粒级效率

8μm 以上的颗粒。对于气体中的液滴，可保证净化后气体中含液量不超过 $0.013\mathrm{cm}^3 \cdot \mathrm{m}^{-3}$。

该旋风管的压降（Pa）可用下式估算：

$$PD = \xi_0 \frac{\rho_\mathrm{g} v_0^2}{2} \qquad (23\text{-}2\text{-}26)$$

式中　ρ_g——气体密度，$\mathrm{kg} \cdot \mathrm{m}^{-3}$；

　　　v_0——旋风管的截面气速，$\mathrm{m} \cdot \mathrm{s}^{-1}$；

　　　ξ_0——阻力系数，可近似取 ξ_0 为 $8 \sim 9$。

图 23-2-31 是一种多孔切向进气型旋风管。考虑到图 23-2-29 所示的双蜗壳进口结构，当气流绕流过该旋风管时，在蜗壳的内、外侧会产生局部旋涡，既增大了阻力，又不利于颗

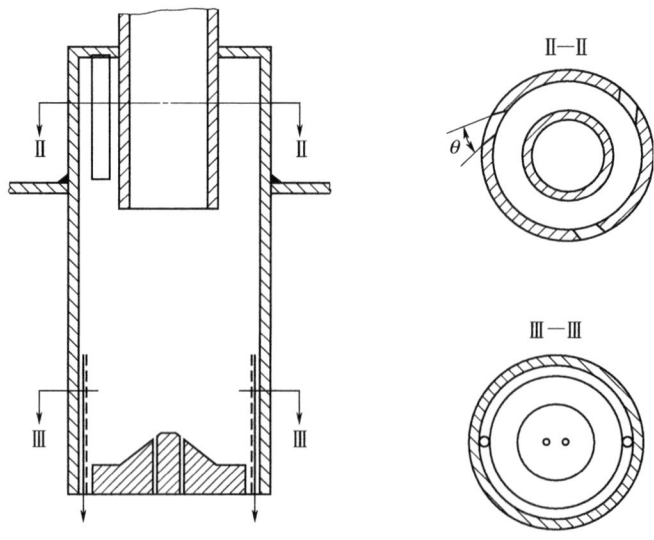

图 23-2-31　多孔切向进气型旋风管

粒的分离，所以要在壁上直接开切向孔进气。开孔的形状呈渐缩型。θ 角一般可为 $30°\sim$ $45°$，过大或过小都会加剧颗粒对器壁的冲撞。底部加了一个特殊形状的排尘底板，可减少窜流返混现象的发生。该旋风管曾用在日本水岛炼油厂的年处理量为 96 万吨的催化裂化装置的第三级旋风分离器内，据称可将 $7\mu m$ 以上的催化剂颗粒基本除净，效果较好[49]。

②轴向进气型旋风管　在立管型多管旋风分离器中，轴向进气的方式往往有利于进气分配均匀，所以这类旋风管应用最广。较早的结构如图 23-2-28(b) 所示，是美国 UOP 公司的产品，其直径有 $\phi 50mm$、$\phi 150mm$、$\phi 250mm$ 三种规格。用在天然气除尘方面，气量可在正常值的 $30\%\sim114\%$ 变动；对于 $8\mu m$ 颗粒，粒级效率可达 99.8%[50]。图 23-2-32 (a)[51] 是一种燃气轮机用的高温旋风管，称为"Dunlab型"，其入口用导向叶片，使气流转变为旋转气流。筒身全为直筒形，使颗粒快速排走，防止煤粉颗粒因摩擦生热而自燃。排尘口用环形槽，并向外抽气 $1\%\sim1.5\%$，以使排尘通畅。飞灰除尘效率可达 90% 左右。20 世纪 60 年代 Shell 石油公司开发的旋风管见图 23-2-32(b)，直径为 250mm，高径比约为 4[52]。排尘底板上开有两个 $10mm\times20mm$ 的排尘孔。排尘底板的上缘与管壁间的环隙宽度为 $5\sim6mm$，这样可防止大块固体物料堵塞排尘孔。70 年代又将排尘底板去掉[53]，发现排尘气在排出旋风管底部时，会形成一股旋转气流屏障，灰斗返回气中夹带的颗粒不容易进入其中，反而可以减少灰斗返气的夹带返混，而且又不会发生排尘通道堵塞的毛病。这种旋风管的截面气速要选用稍大些，它们与导向叶片出口角 β 的关系可见表 23-2-7。已在催化裂化装置的第三级旋风分离器内广泛应用，在 $600\sim650℃$ 下，净化后烟气内大于 $10\mu m$ 颗粒还有 $3\%\sim6\%$（质量分数），大于 $20\mu m$ 颗粒已全部除净[54]。

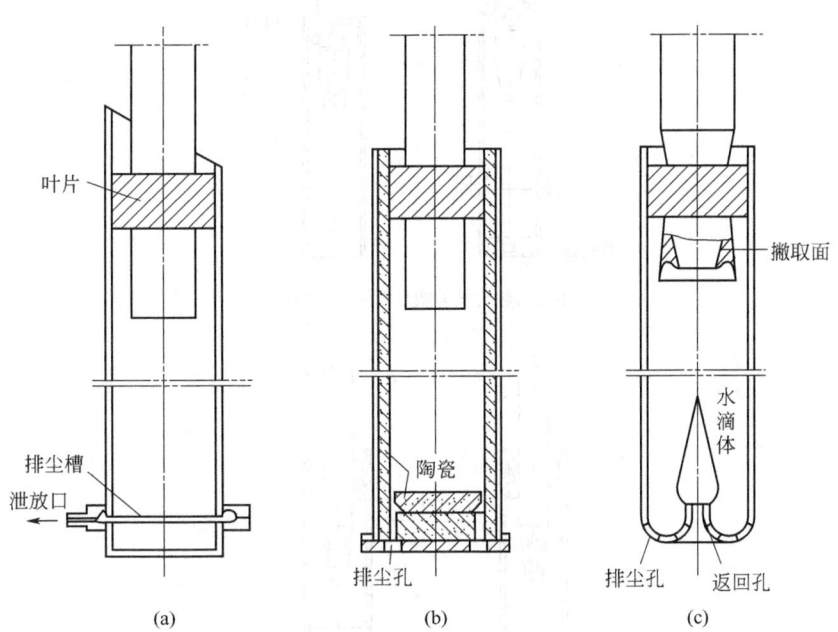

图 23-2-32　直筒型导叶式旋风管

表 23-2-7　无底板型旋风管的参数[53]

导叶出口角	30°	20°	10°
宜用截面气速 v_0/m·s^{-1}	14.5	10.6	7.55
催化剂的切割粒径 d_{c50}/μm	2.5	1.86	1.65

　　图 23-2-32(c) 是美国燃烧工程公司开发的一种双旋流型旋风管[55]，进气采用渐缩喷嘴形的叶片通道，叶片出口与水平面间的夹角很小，喷出气流的切向速度很高而轴向速度较小，这样既可增强离心力场，又可延长气体在管内的停留时间，所以效率可提高。排尘底板做成碗形，使旋转气流均匀连续地转折而上，不会产生局部旋涡，而且中间还有个水滴状体，可稳定内旋流。在排气管下口有一个撇取面，它可迫使内旋流外缘中夹带的粉尘被撇取到外旋流中进行二次分离，不至于进入排气管。为防止窜流返混，底部抽气 5%。对于 $\phi300mm$ 的旋风管，用于粉煤锅炉上，可除净大于 $15\mu m$ 的飞灰，$5\mu m$ 颗粒的效率可达 91%。

　　国内也陆续开发了一系列高性能的旋风管。20 世纪 80 年代主要是中国石油大学和中国石化北京石油设计院等合作研制的 EPVC 型 [图 23-2-33(a)]，它的关键技术是分流型芯管[56]（图 23-2-34），可提高细粉分离效率而不增加压降，还可优化导向叶片参数。开始时底部带泄料盘，后来将其取消，可防止堵塞。在常温下用 325 目滑石粉进行试验，对比得 EPVC 型与其他型式旋风管的性能见图 23-2-35。图中套管型旋风管为中国石化洛阳石化工程公司开发。

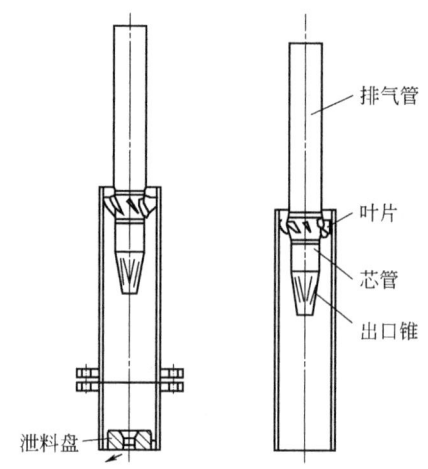

(a) 中国石油大学早期开发的立式旋风管

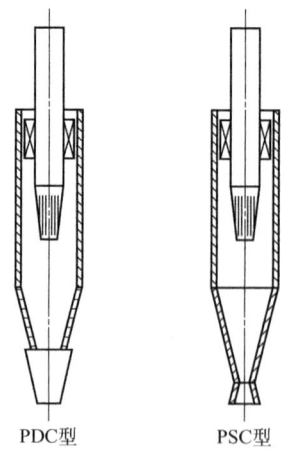

PDC型　　　　　PSC型

(b) PDC型与PSC型立式旋风管

图 23-2-33　中国石油大学开发的立式旋风管

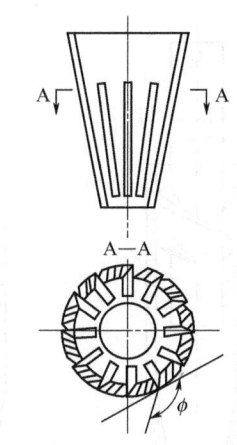

图 23-2-34 分流型芯管

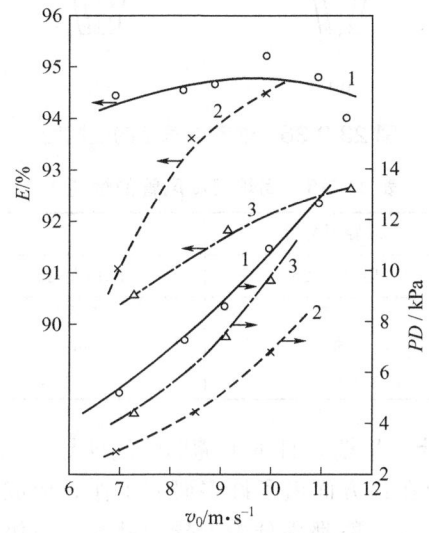

图 23-2-35 3 种旋风管的性能对比
1—EPVC 型（无底板）；2—图 23-2-32（b）（无底板）；
3—套管型（无底板）

20 世纪 90 年代中国石油大学又进一步开发成功 PDC 型和 PSC 型 [图 23-2-33(b)][57]，在排尘口处增设"防返混锥"或"防返混泄料槽孔"，解决了排尘口返混影响效率以及排尘锥磨损、防高温冲击、排尘口结垢堵塞的工业应用难题。以上的几次改进使旋风管分离性能不断提高。这些旋风管均已广泛用于炼油厂催化裂化装置的第三级旋风分离器中，可在 650℃下将 10μm 颗粒基本除净。

我国在锅炉飞灰除尘方面也有采用多管式旋风分离器的，其中的旋风管有两种型式，见图 23-2-36，都是轴向进气型，只是导向叶片分为螺旋形 [图(a)] 及花瓣形 [由八片叶片组成，如图(b)]。直径有 ϕ100mm、ϕ150mm、ϕ200mm、ϕ250mm 四种规格，对于黏性大的粉尘，一般都用 ϕ250mm，以防堵塞。对于常用的 ϕ250mm 旋风管，在截面气速为 4.5m·s^{-1}，气体黏度为 2.37×10Pa·s，颗粒密度为 2200kg·m^{-3} 时，它的性能可见表23-2-8。

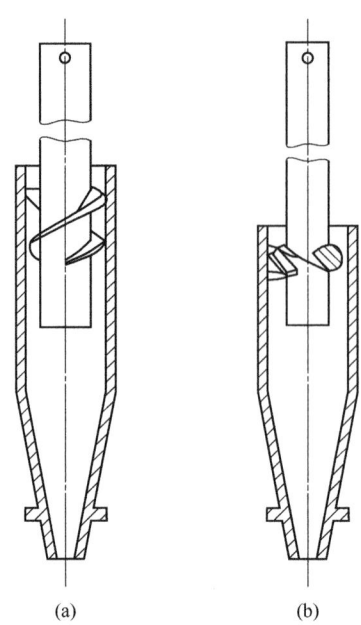

图 **23-2-36**　轴向进气型的旋风管

表 **23-2-8**　锅炉用旋风管的性能[2]

形式	螺旋形导叶	花瓣形导叶	
	出口角 25°	出口角 25°	出口角 30°
切割粒径 $d_{c50}/\mu m$	4.5	3.85	5
阻力系数 ξ_0[式(23-2-26)]	85	90	65
宜用截面气速/m•s^{-1}	3.83~4.5	3.7~4.34	4.4~5.1

（2）导叶式旋风管的设计　早期，日本上滝巽曾经就导叶式旋风管的设计做过研究[58]。20 世纪 80 年代中国石油大学在这方面做了许多研究工作，形成了一套设计方法。

① 导向叶片的设计[59,60]　一般都用分瓣形导向叶片，每瓣叶片的曲面可以是一条与一圆柱面相交，并且与该圆柱面在交点处的法线保持一定交角的任意曲线（母线），沿着圆柱面上一条光滑曲线（准线）连续运动所形成的曲面。为了制造方便，工业上常用的是直母线形成的叶片曲面，如图 23-2-37 所示。设有一根与圆柱面相交的直线 N，它与 xoy 面的夹角

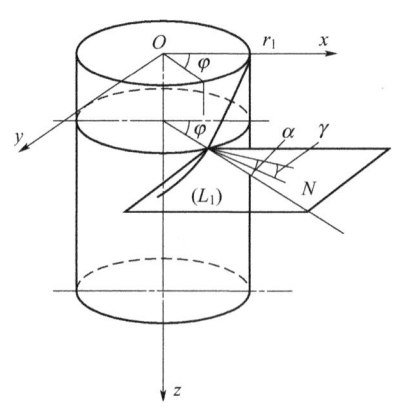

图 **23-2-37**　叶片曲面的形成

为 γ，它在 xoy 面上的投影线与圆柱面在交点处的法线间的夹角为 α。N 线沿着圆柱面上的一条光滑曲线 L_1 连续运动所形成的轨迹，即为叶片曲面。这个曲面被两个半径分别为 r_1（即为旋风管导叶的根径）与 r_2（即为旋风管内半径）的圆柱面所截的部分，即为叶片工作曲面。叶片曲面与 r_2 圆柱面的交线为另一条光滑曲线 L_2，L_1、L_2 这两条曲线分别称为叶片曲面的内、外准线。

直母线叶片曲面的标准方程为：

$$\frac{x-r_1\cos\varphi}{\cos\gamma\cos(\varphi-\alpha)}=\frac{Y-r_1\sin\varphi}{\cos\gamma\sin(\varphi-\alpha)}=\frac{Z-z}{\sin\gamma}=t \tag{23-2-27}$$

内、外准线方程分别为：

$$r_1\varphi=f(Z)$$

$$F(Z)=r_2\varphi=\frac{r_2}{r_1}f(Z)-r_2\theta \tag{23-2-28}$$

角 ϕ、φ、θ、α 等的关系见图 23-2-38，θ 角可由下式求得：

$$\cos\theta=\frac{1}{r_2}\left(r_1\sin^2\alpha+\sqrt{r_2^2-r_1^2\sin^2\alpha}\cos\alpha\right)$$

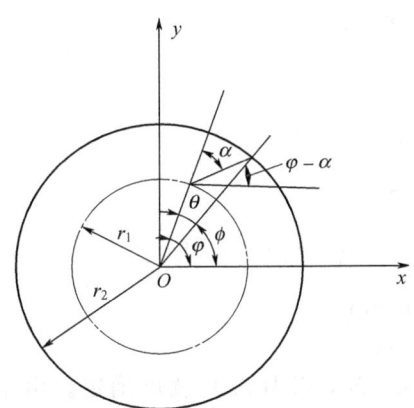

图 23-2-38 几个角度间的关系

若取 $\gamma=0$，即叶片曲面的直母线与 xoy 面平行时，就是"割线叶片"。此时若再取 $\alpha=0$，则为"正交直母线叶片"，它的曲面方程及准线方程可简化为：

$$Y=X\tan\varphi;\quad r_1\varphi=f(Z);\quad F(Z)=\frac{r_2}{r_1}f(Z) \tag{23-2-29}$$

常用的准线函数类型有圆弧函数和幂函数等，它们在 r_1 圆柱面上的展开图形如图 23-2-39 所示。

圆弧形叶片的内准线方程为：

$$\eta=r_1\varphi=\rho-\sqrt{\rho^2-Z^2}=f(Z) \tag{23-2-30}$$

式中 ρ——曲率半径，$\rho=\dfrac{l_b}{1-\sin\beta_1}=\dfrac{h_b}{\cos\beta_1}$；

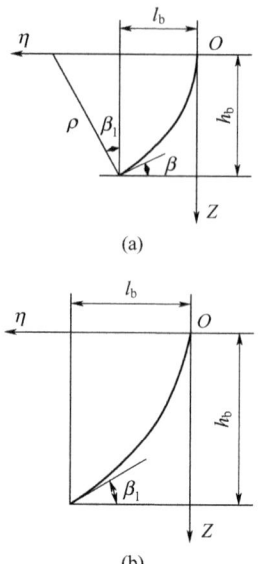

图 23-2-39　叶片内准线

（a）圆弧函数；（b）幂函数

l_b——叶片包弧长，$l_b = r_1 \alpha_0$；

α_0——叶片包角；

h_b——叶片高；

β_1——叶片内边处出口角。

幂函数叶片的内准线方程为：

$$\eta = r_1 \varphi = A Z^B = f(Z) \tag{23-2-31}$$

式中，$A = l_b / h_b^B$；$B = \dfrac{h_b \cot \beta_1}{l_b}$。

只要确定三个参数 β_1、h_b、l_b，叶片形状就可确定。由于正交直母线叶片用得较多，故着重讨论它的设计方法。一般，叶形对旋风管性能的影响不大，故从便于制造的角度，常选用圆弧形叶片，其内准线在平面上的展开为一段半径为 ρ 的圆弧，外准线在平面上的展开则为一段椭圆曲线，其方程为：

$$\xi = r_2 \varphi = F(Z) = \frac{r_2}{r_1} f(Z) = \frac{r_2}{r_1} \rho - \frac{r_2}{r_1} \sqrt{\rho^2 - Z^2} \tag{23-2-32}$$

在任意半径处的叶片出口角为：$\beta = \tan^{-1} \left(\dfrac{r_1}{r} \tan \beta_1 \right)$

叶片有关参数的选定对旋风管的性能有较大的影响。叶片出口角 β_1 是最重要的参数，β_1 角越小，叶片出口的切向速度越大，压降也越大，效率也会提高，但有一定限度，所以高效旋风管的一般选取范围为 $\beta_1 = 20° \sim 30°$。为了防止轴向进气在两个相邻叶片间走短路，影响切向速度，一般要求两相邻叶片要有一段重叠度。对于常用的八片叶片，叶片包弧角 α_0 以 60° 为好。叶片根径比 $\tilde{d}$（$\tilde{d} = r_1 / r_2$）选取较大时，叶片宽度小，入口进流面积变小，处理气量也变小,但对效率的提高有好处,综合考虑,一般取 $\tilde{a}=0.72\sim0.64$ 为宜。

叶片的进出口截面比 $\tilde{A}$ 也是个十分重要的参数,它由下式近似计算:

$$\tilde{A}=\frac{\pi(r_1+r_2)-ns}{n(d'-\delta)\left(1+\dfrac{r_2-r_1}{2r_1}\sin^2\beta_1\right)} \tag{23-2-33}$$

式中 n——叶片数,一般取 $n=8$;

  s——叶片厚,mm;

 r_2,r_1——叶片的外半径与内半径,mm;

  d'——叶片内准线展开图上,后一叶片的出口点到前一叶片准线的最短距离。

对于圆弧叶片,有:

$$d'=\sqrt{(\rho-\eta_0)^2+z_0^2}-\rho$$

$$\eta_0=\left(\alpha_0-\frac{2\pi}{n}\right)r_1+t\cos\beta_1$$

$$z_0=h_b+t\sin\beta_1$$

$$h_b=\rho\cos\beta_1$$

式中 ρ——叶片内准线的圆弧半径,mm;

  t——叶片出口直边长,mm;

  α_0——叶片包弧角,常取 $\pi/3$。

$\tilde{A}$ 值取得小,压降可较低,但效率也不高。对于压降不作严格限制而要求高效的旋风管,可取 $\tilde{A}=2.4\sim3.2$。

② 高效旋风管尺寸的确定[61]   导叶式旋风管的常用直径是 250mm。直径减小,效率提高,但易堵塞,且粗颗粒由于弹跳而容易被带出,这时必须要求旋风管内壁加工光滑,保证圆度。

旋风管的长度由导向叶片高度 h_b、排气管插入深度 h_r 及排气管下口以下的分离空间高度 H_s 三段组成。由于一般高效旋风管的截面气速选取较高,例如 $v_0=8\sim10\text{m}\cdot\text{s}^{-1}$,所以 H_s 值一般宜选取大些,如取 $H_s=(2.8\sim3)D$。排气管插入深度 h_r 要使气流喷出叶片后能旋转一圈后再进入下部分离空间,以便有足够时间将大部分颗粒甩到管壁,免被排气管下口短路流卷入排气管内,为此,可用:

$$h_r=(4-4.8)d_b\tan\beta_1$$

式中 d_b——叶片根径,mm。

排气管下口直径变小,可提高效率,但压降也增大了。一般较宜用的下口直径为 $d_e=(0.5\sim0.4)D$。

若在排气管下面加一个分流型芯管,则分流型芯管的适宜参数有如下关系:

$$\tilde{d}_e^2(\tilde{a}+1)=0.33$$

$$\tilde{d}_e = d_e / D$$

式中 d_e——分流型芯管下口直径，mm；

    $\tilde{a}$——分流型芯管开缝面积与下口面积之比。

(3) 多管式旋风分离器的应用   多管式旋风分离器从性能上可分为两类：一类是低阻型，主要用于燃煤锅炉飞灰的除尘。另一类是高效型，主要用于石油化工及能源工业中，使用环境不是温度很高就是压力较高，且进口颗粒很细，而净化要求却很高。例如炼油厂催化裂化高温再生烟气净化用于能量回收系统的第三级分离器、燃煤沸腾炉高温燃气的净化、高压天然气的净化等。从旋风管的布置方式看，也有两种型式：立管式及卧管式。

锅炉除尘用的低阻型立管式多管分离器，如图 23-2-27 所示，旋风管采用图 23-2-36 所示的型式，其主要参数及性能可参见表 23-2-8。

锅炉除尘用的低阻型卧管式多管分离器的旋风管较特殊，见图 23-2-40[21]。每个旋风管直径为 180mm，中间开四条切向缝，作为含尘气的入口。其 K_A 为 5.68，截面气速为 3.52m·s^{-1}。排气管直径为 100mm。较为特殊的是两端都各有一个排尘孔，随排尘而进入灰斗的少量气体把绝大部分粉尘分离出去后，可从一端中心的返气孔返回进行二次分离，这样可提高细尘的分离效率。在进口烟气流速为 20m·s^{-1} 时，压降为 687～893Pa，除尘效率可高达 95% 左右。但金属消耗量也较大，需 350～400kg·(1000m^3·h)$^{-1}$。

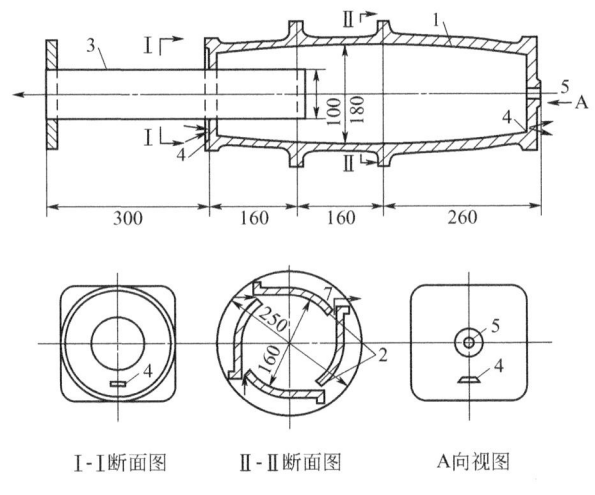

图 23-2-40   卧管式旋风管
1—外壳；2—进气口；3—排气管；4—排尘孔；5—返气孔

2.5.2   旋流式分离器的设计与应用

(1) 性能特点及应用   旋流式分离器是德国西门子公司在 20 世纪 60 年代开发并用于工业上的，原名 Drehstromungsentstauber（简称 DSE 型），国内又称为"龙卷风型"。

旋流式分离器的基本结构如图 23-2-41 所示，有切向和轴向的多喷嘴型、切向单喷嘴型、导向叶片型和反射型几种型式。要处理的含尘气从下部中间引入，经导向叶片转变成 25～35m·s^{-1} 的高速旋转上行气流，同时将颗粒甩向外缘。上部再用一定方式引入旋转向下的二次风，此二次风的旋转方向与中间含尘气的旋转方向相同，气速为 50～80m·s^{-1}。这样，二次风可加强内部含尘气流的旋转强度，使颗粒更快地甩向器壁，并被二次风带下，经

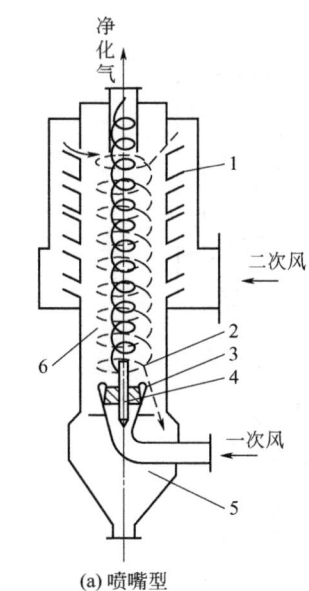

(a) 喷嘴型

1—二次风喷嘴；2—稳流体；
3—进口流线；4——一次风导叶片；
5—灰斗；6—分离室

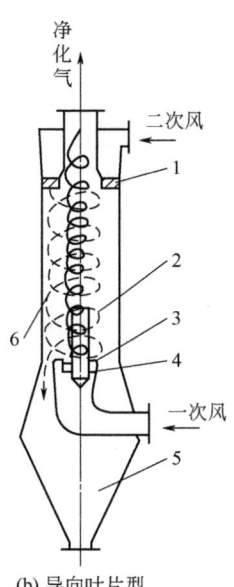

(b) 导向叶片型

1—导向叶片；2—稳流体；
3—进口流线；4——一次风导叶片；
5—灰斗；6—分离室

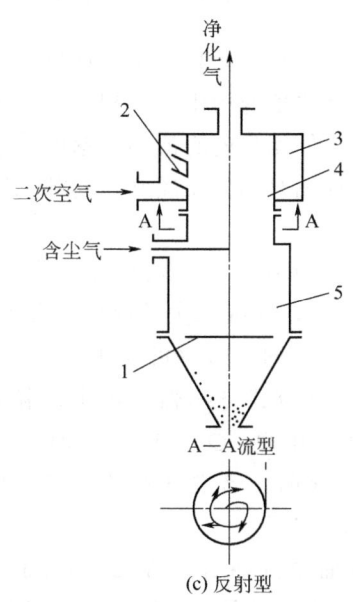

(c) 反射型

1—反射板；2—喷嘴；3—夹套；
4—二次分离室；5——一次分离

图 23-2-41 旋流式分离器基本结构

排尘环隙而排入灰斗。中心的净化气向上排出。这种分离器的基本原理与切流式旋风分离器大同小异，但由于采用高速二次气流，加大了气流的旋转速度，增强了分离粉尘的离心力，而且降低了湍流扰动的影响，从而可使其分离粒径小于 $5\mu m$，只是结构较复杂、能耗较大，故应用中受到了一定的限制。但在反射型龙卷风分离器中，压降大的缺点已有所克服。

国内外都用五孔探针对这种分离器的流场做过测定[62~64]，其流速分布形态见图 23-2-42。图中还附上一条虚线 v'_t，这是一般切流式旋风分离器的切向速度分布，可见它

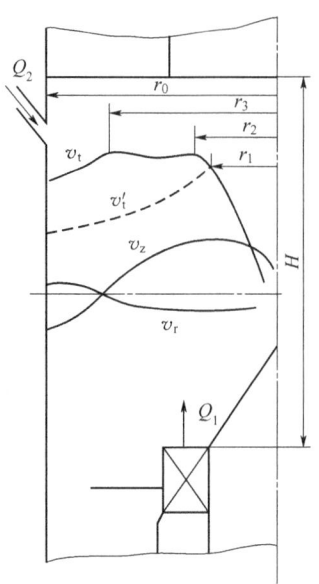

图 23-2-42   龙卷风型分离器内速度分布

r_1—入口导向叶片中心稳流芯半径；r_2—核心强制涡半径；r_3—中间混流区半径；

r_0—分离器半径；Q_1—待处理的一次风流量；Q_2—二次风流量

不如旋流式分离器的切向速度分布那样平坦而且较高，这也是旋流式分离器效率较高的原因之一。从轴向速度看，外侧向下，将浓集的粉尘带下到灰斗；中心部分向上，使分出粉尘后的净化气向上排出。从径向速度看，外侧是向心流动，速度较小；中间部分是向外流动，没有排气管下口处的向心短路流，而且轴对称分布较好，局部二次涡也很少，这些无疑都有利于分离过程。

1976 年 Lancaster 与 Ciliberti[65] 对 ϕ100mm 的旋流式分离器，用中位粒径为 3.7μm 的细石灰粉（$\rho_p = 2000$kg·m^{-3}）做实验，发现二次风量与一次风量之比 $Q_2/Q_1 = 0.58$ 时，效率只有 60%～66%；而在 $Q_2/Q_1 = 1.7$ 时，效率可高达 77%～83%。

日本小川明等[1] 对 ϕ150mm 的旋流式分离器，用中位粒径为 4.78～12.44μm 的飞灰（$\rho_p = 2140$kg·m^{-3}）做实验，也认为在 $Q_2/Q_1 = 1$～1.9 时可获得最佳的分离效率。有效分离空间高度则在 3.1D 左右为宜，此时，若总压降在 1.5～2.5kPa，分离效率可以达到 98%～99%，切割粒径 d_{c50} 可在 1μm 以下。

我国凌志光等[66] 也做过较为细致的研究，在 ϕ196mm 的旋流式分离器内，发现当 $Q_2/(Q_1 + Q_2)$ 小于 1/3 时，在一次风旋流室上方就会出现局部旋涡，在外侧形成向上的逆气流，从而在器壁处产生灰环，不利于排尘，增加了返混，使效率降低。当 $Q_2/(Q_1 + Q_2)$ 在 0.5～0.6 时，滑石粉效率在 88.8%～91.6%，而当 $Q_1 = 0$，含尘气从二次风处引入时，分离效率反会提高，这是因为二次风喷嘴处有抽吸作用，将周围的粉尘卷入，形成浓集而向下的螺旋灰环运动，对分离有利。

旋流式分离器在国内的应用并不广泛，但也有了一些成功的应用经验。例如上海油墨厂曾用它用作第二级分离器，回收电子复印粉，以净化气部分循环返回作为二次风，$Q_2/(Q_1 + Q_2)$ 取 0.687，二次风喷嘴出口速度为 $v_2 = 77$m·s^{-1}，压降为 5100Pa，分离效率可达 93% 左右。原广州电器科学研究所在粉末涂料静电喷涂工艺中采用了旋流式分离器，对低压聚乙烯粉的回收率可达 99%。原上海炼油厂曾在年处理量 60 万吨的催化裂化装置中，采用 $\phi1000\text{mm}$ 的喷嘴型龙卷风型分离器作为高温烟气能量回收系统的第三级分离器用，截面气速为 $4.25\sim7\text{m}\cdot\text{s}^{-1}$，压降一般为 $8000\sim12000\text{Pa}$，在 $600℃$ 的高温下，在入口含尘浓度为 $1.5\sim10\text{g}\cdot\text{m}^{-3}$ 的变动条件下，实测的分离效率为 $80\%\sim85\%$，出口净化器内大于 $10\mu\text{m}$ 的颗粒含量一般在 $3\%\sim5\%$。

(2) 结构型式及参数　根据上海化工研究院等单位的研究，旋流式分离器的有关结构参数可选择如下。

一般，旋流式分离器的一次含尘气均用导向叶片引入，导叶出口角（出口边与水平线的夹角）φ_1 一般可用 $20°\sim30°$，含尘气从导叶出口喷出的速度（v_1）一般取 $v_1=25\sim35\text{m}\cdot\text{s}^{-1}$，于是可算出导向器的有关尺寸（参见图 23-2-44）：

$$\pi(r_2^2-r_1^2)-n(r_2^2-r_1^2)b=\frac{Q_1}{v_1\sin\varphi_1} \tag{23-2-34}$$

式中　r_2——一次风导向叶片的外缘半径，m；

　　　r_1——导向器中心稳流芯的半径，一般可取 $r_1=(0.15\sim0.2)D$，m；

　　　b——叶片宽度，m；

　　　n——叶片数目。

二次风的选择有四种方案（图 23-2-43）：

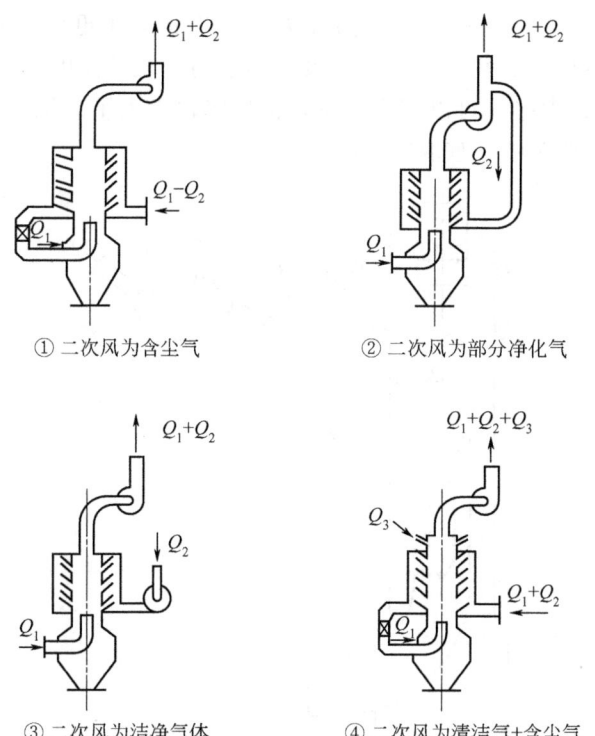

① 二次风为含尘气　　　　② 二次风为部分净化气

③ 二次风为洁净气体　　　　④ 二次风为清洁气+含尘气

图 23-2-43　二次风的引入方式

① 二次风采用待处理的含尘气，此时二次风分数 $x=Q_2/(Q_1+Q_2)$ 值要取大些。例如可用 $x=0.8$，其优点是可用同一个风机输送一次及二次含尘气，设备尺寸较小，但分离效

率低些。

② 将本次分离器出口的净化气用风机增压后作为二次风引入，这样出口净化气中所带走的微尘还可以得到进一步的净化，故总分离效率较高，但设备的总尺寸要增大，还因采用的 x 较大，使设备的实际处理气量大为下降。

③ 二次风采用另外的洁净气体，这样 x 值可取小，可用小风量的高压风机，而分离效率较高，但设备总费用可能更高。

④ 大部分二次风采用待处理的含尘气，而只在靠近净化气排出口附近加入另外的洁净二次风，其量只是总气量的 10%，增加的风机的量不大，但可以提高不少效率。还可以将待处理含尘气从切向进入二次风的夹套内，将夹套内靠近外壁含尘浓度较高的气流作为一次风，其含尘浓度较低的作为二次风，这样既可以简化设备，又可获得比第①种方案更高的效率。

二次风引入的方式一般有两种型式。

a. 喷嘴型（图 23-2-44） 二次风由几排斜向下的喷嘴引入，各个喷嘴直径推荐用 $d = (0.05\sim0.07)D$，当分离器尺寸大时，比例系数可能要小些，喷嘴的排列宜等角等距。在纵剖上，喷嘴的轴线与主轴的夹角 β 一般取 $30°$ 左右。在水平剖面上，喷嘴轴线与法线的夹角 $\alpha = 58°\sim60°$，割线插入分离器，而且插入深度接近于零。为降低压降，各喷嘴的入口可加工成喇叭口，每个喷嘴长 $l = 3d$，在同一水平面上，只放置间隔为 $180°$ 的两个喷嘴。在纵剖面上，喷嘴的排数不宜过多，分离器大时取 3 排，互成 $120°$；分离器小时，设置 2 排，互成 $180°$。排间距 h，对于 $D \leqslant 700\text{mm}$ 的分离器，$h = 0.4D$；对于更大的分离器，取 $h = 0.3D$，最后一排喷嘴与导向器出口之间的距离为有效分离空间，取其高度 $H = (3.3\sim3.6)D$ 为好。二次风喷出速度 v_2 取得大些，可以调高效率，但压降也增大了。综合考虑，一般推荐用 $v_2 = 50\sim80\text{m·s}^{-1}$；对于细颗粒，宜取得大些。

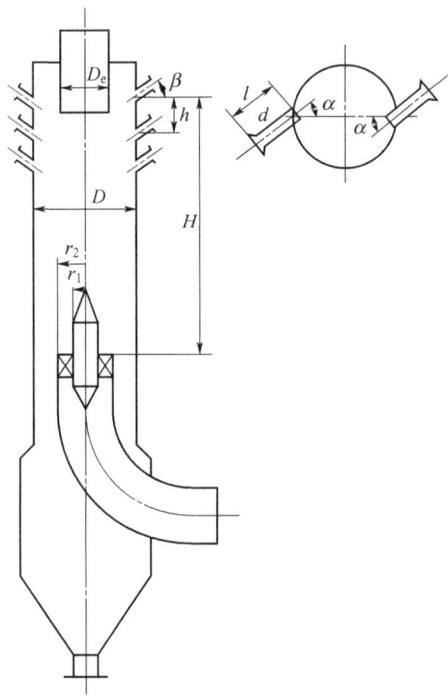

图 23-2-44 旋流式分离器尺寸表示

　　b. 导叶型　二次风由顶部的导向叶片引入，一般导叶出口（与水平线夹角）取 $\varphi_2 = 40°$ 为宜。导叶出口到下部一次风导向器出口之间的有效分离距离，其高度 H 宜取为（3～3.3）D。

　　这两种型式的净化气出口管直径一般常用 $0.45D$，其插入深度一般能罩住分离器上部第一排喷嘴出口即可，以便防止喷嘴气流走短路。

　　分离器直径（m）一般可按照下式估算确定：

$$D = \sqrt{\frac{4(Q_1 + Q_2)}{\pi v_0}} \qquad (23\text{-}2\text{-}35)$$

式中　v_0——截面气速，一般推荐采用 $v_0 = 4～5.5\text{m} \cdot \text{s}^{-1}$。

2.5.3　部分排气再循环式旋风分离器系统

　　提高分离效率的措施之一是将排气浓集的部分高尘气体循环返回分离器再次收集，这就是近年国内外研发的部分排气再循环式旋风分离器系统。图 23-2-45 为国外公司推出的两种这类系统[67,68]。图 23-2-45（a）为一美国公司设计[67]，称为"Core Separator"，采用直流

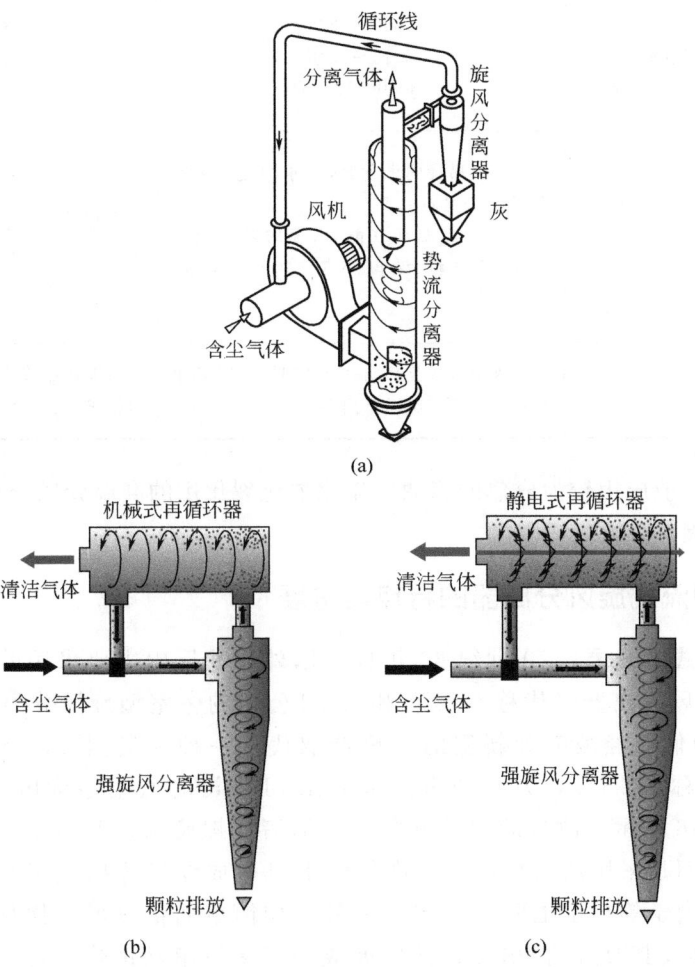

图 23-2-45　部分排气再循环式旋风分离器系统

分离器将粉尘与气体分离并浓集，在逆流反转式旋风分离器中收集，旋风分离器的排气及未收集的粉尘再循环至直流分离器中继续浓集。据报道，这种"Core Separator"在美国及欧洲有近百套应用，涉及矿业、冶金、化工、燃煤电站锅炉、木材锅炉、干燥及酸性气去除等，其性能优于高能文氏管洗涤器，与中效静电除尘器相当。采用静电强化粉尘分离与浓集的，则称为"ElectroCore Separator"。图23-2-45（b）为葡萄牙一公司设计[68]，称为"ReCyclone MH"。图23-2-45（c）为其静电加强型，称为"ReCyclone EH"。这种"ReCyclone"系统已应用于木屑燃烧发电锅炉、化学品干燥、制药、水泥等装置的尾气除尘。据称，"ReCyclone EH"甚至可以替代布袋除尘器用于工业尾气去除 $1\sim5\mu m$ 的细尘，而其电耗只有普通静电除尘器的 $10\%\sim15\%$，设备投资只相当于电除尘器的 65% 左右。

2.6 高温旋风分离器的特点及应用

典型的高温旋风分离器的应用条件可见表23-2-9。

表 23-2-9 高温旋风分离器的应用条件

应用领域		炼油厂流化催化裂化	煤的增压流化燃烧及气化
操作条件	温度/℃ 压力（绝）/MPa 入口颗粒浓度/g·m^{-3}	$650\sim720$ $0.15\sim0.28$ $3000\sim10000$	$800\sim900$ $0.6\sim1.6$ $30\sim60$
分离要求及其目的		为节约昂贵的催化剂，要求净化后浓度降到 $0.5\sim1g\cdot m^{-3}$ 为回收高温烟气能量，要求除净大于 $10\mu m$ 的颗粒，浓度小于 $150\sim200mg\cdot m^{-3}$	为保护燃气轮机，要求除净大于 $10\mu m$ 的颗粒，浓度小于 $150mg\cdot m^{-3}$
常用设备情况		两级切流式旋风分离器串联，有时还串联一个多管式旋风分离器	两级切流式旋风分离器串联，或一级切流式串联一级多管式旋风分离器

本节主要以工业应用较为成熟的炼油厂流化催化裂化用的高温旋风分离系统为主来说明它们的特点及进展。

2.6.1 高温切流式旋风分离器的特点与进展

（1）结构型式的发展 20世纪60年代，国外炼油厂内主要采用的是美国Ducon公司的螺旋顶型旋风分离器（代称D型）和Buell公司的旁室型旋风分离器（代称B型）。70年代以后，他们已经被两种新型的分离器取代，一种为美国GE公司的异型入口型旋风分离器（代称GE型），另一种为美国Emtrol公司的通用型旋风分离器（代称DE型），如图23-2-46所示。改进的主要方向是取消诸如螺旋顶、旁室等不便于制作耐磨衬里的复杂结构，而是采用加大高径比与排气管下口做成缩口等措施来获得高效率。与此同时，中国石油大学等单位也联合研制了一种结构简单而依靠尺寸优化来获得高效率的PV型旋风分离器及其改进的PS型，并发展成一套多级串联优化设计方法。上述这些新型高效旋风分离器在国内炼油厂均已推广采用，他们在催化裂化装置中应用的结构参数举例见表 23-2-10。在 ϕ400mm 的实验模型上用 325 目滑石粉实验时的对比结果见图 23-2-47、图 23-2-48。图 23-2-49 则是灰斗漏风后效率下降的情况对比。可见，PV 型的性能明显优于 D 型和 B 型，比国外 GE 型旋风分离器的性能也稍好，这也可从表 23-2-11 的工业应用标定得到证实。

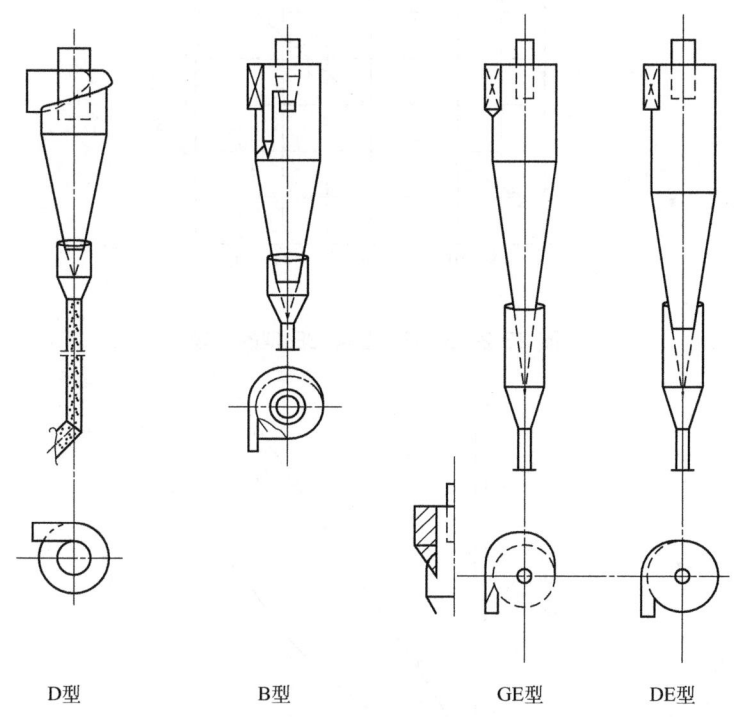

D型　　　　　　B型　　　　　　GE型　　　　　　DE型

图 23-2-46 高温旋风分离器

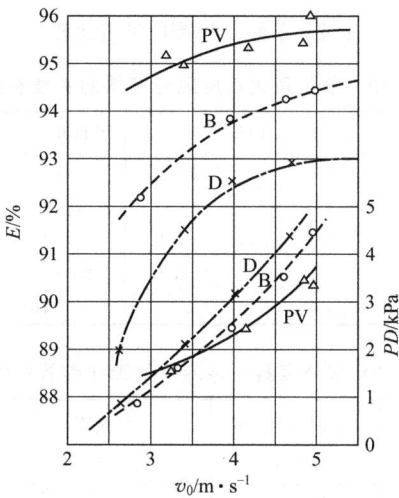

图 23-2-47 PV 型与 D 型、B 型的比较

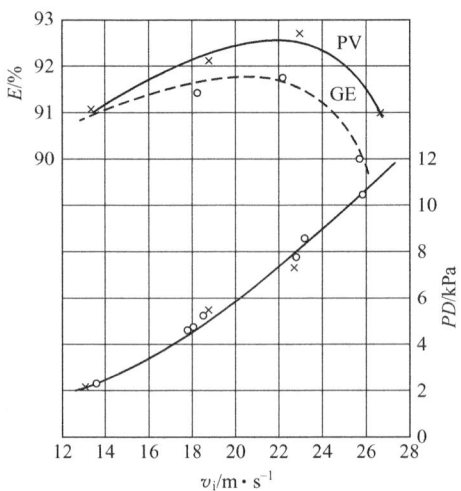

图 23-2-48 PV 型与 GE 型的比较

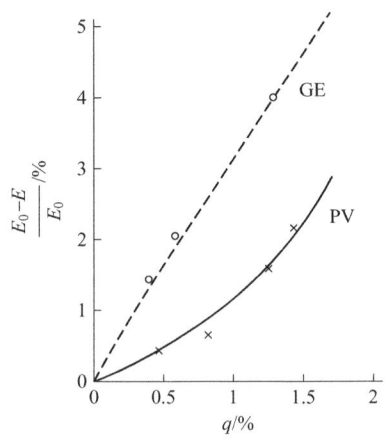

图 23-2-49 抗漏风性的比较

表 23-2-10 催化裂化用旋风分离器的主要参数举例

型式	K_Λ	$\tilde{d}_1$	$\tilde{d}_c$	$(H_1+H_2)/D$	锥顶角/(°)	入口结构
D 型	6	0.54	0.24	2.42	28	螺旋顶,直切矩形
B 型	4.3	0.44	0.4	2.66	25.4	180°蜗壳,小旁室
GE 型	4.75~5.5	0.3~0.45	约 0.4	3.3~3.4	16~17	180°蜗壳,斜底板入口
DE 型	约 4.5	0.3~0.5	约 0.4	3.5~3.6	20~21	一级用 90°蜗壳,二级用直切入口
PV 型	4~6.5	0.3~0.45	约 0.4	3~3.6	15~16	180°蜗壳

表 23-2-11 PV 型分离器在炼油催化裂化装置中的应用举例

装置处理量 /万吨·a^{-1}		一旋入口浓度 /kg·m^{-3}	二旋出口浓度 /g·m^{-3}	总效率 /%	总压降 /kPa	加工每吨油的催化剂 损耗/kg·t^{-1}
15	D 型	约 3.54	约 0.85	99.976	—	0.73~1.55
	PV 型	约 3.8	0.304	99.992	6.5~7.1	0.3~0.5
72	D 型	约 12	1.1~1.49	99.9876~99.9908	—	0.683~0.947
	PV 型	约 19	0.294~0.402	99.99745~99.99827	9.25~9.38	0.262~0.386

（2）高温下的排料结构　高温旋风分离器有负压差下和正压差下两种排料情况，前者如各种流化床的内置式旋风分离器，将回收的物料循环排回流化床；后者如煤粉增压燃烧的飞灰排放入灰仓等。但不论何种情况，均要求在锁气下排料，所以一般要配置有料封能力的料腿。

对于在负压差下排料的料腿，颗粒物料以基本恒定的质量流率 W_s（kg·m^{-2}·s^{-1}）沿料腿做重力流落时，将夹带部分气体一起向下运动；此时，颗粒物料的势能将转化为气体的压力能，使气体的静压 p 沿料腿向下逐渐升高，气固混合物的空隙率 ε 逐渐减小。若料腿下端 d 点的气体压力可以升高到稍稍高于同一水平面上流化床层内 F 点的压力，则料腿就可以实现锁气排料，如图 23-2-50 所示。

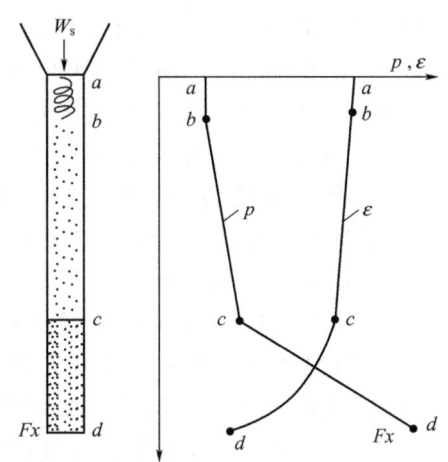

图 23-2-50　料腿内两相流情况

这时，料腿内的典型气固两相流态为：①上段是旋转段。当 W_s 大时，此段不明显；当 W_s 小于 100kg·m^{-2}·s^{-1} 时，此段长度一般在 0.8~1m 之间，是磨损较严重的地方，应加耐磨衬里。②中段是稀相流落段，压力与空隙率的变化均较小。③下段是密相流落段，在 C 处呈现有料面，但此料面位置是波动的。

若料腿下端不加任何约束，则在 W_s 较大，颗粒群的真实速度 $W_s/[\rho_p(1-\varepsilon)]$ 大于气泡的相对上升速度 u_b 时，整个 bcd 段呈气固相绝对并流向下运动，可能会没有明显的密相料面，但也能达到锁气排料的要求。当 $\dfrac{W_s}{\rho_p(1-\varepsilon)} < u_b$ 时，料腿外压力较高的气体就会以气泡的形式窜入料腿内，影响旋风分离器的正常下料，严重时会大大降低其效率。所以要使下段无约束的料腿能锁气排料，必须满足 $\dfrac{W_s}{\rho_p(1-\varepsilon)} > u_b$ 的条件。催化裂化再生器内第一级旋风分离器便是此例。它的质量流率常在 200kg·m^{-2}·s^{-1} 以上，可满足此条件。但在工业应用中，为防止流化床内气泡直接冲入料腿内，还在料腿下端设一防倒流锥，其结构尺寸见图 23-2-51。图中有关尺寸可选取如下[69]：

$$d_0 = (1.5 \sim 2)d_d, \quad h = (1 \sim 1.5)d_d, \quad \alpha = 90° \sim 120°$$

若料腿内固相质量流率 W_s 小于 100kg·m^{-2}·s^{-1}，例如第二级旋风分离器，则料腿下端必须安装某种"阀"来加以约束，如滴流阀（国内称为"翼阀"）、重锤阀、J 形或 L 形阀

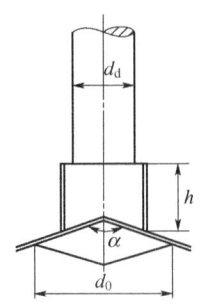

图 23-2-51 防倒流锥

（又称象鼻弯管）、V 形阀（又称气孔溢流阀）等，如图 23-2-52 所示。目前在高温的催化裂化装置内应用成熟的是翼阀，它主要由斜管段、吊环和阀板等组成 [图 23-2-52(a)]。在正常操作时，阀板是常开的，其开启角度随 W_s 值的增大而增大，但最大不超过 20°～22°。若阀板较轻，悬挂角 β 较小，料腿内的密相料面容易出现较大的波动，阀板时开时关，严重时变为周期性排料，料腿外气体便会一股股的窜入料腿内，操作就不正常了。若阀板过重，悬挂角 β 较大，料腿的长径比较大，而颗粒又很细，内摩擦角过大时，物料有可能在斜管段下端积聚而使阀板打不开。从散料力学可知，管内物料积聚到某一高度后，在它上面物料的重量对管下端物料层内的应力状态就没有影响了。所以一旦物料下端呈架桥积聚，料面便不断上升，排料堵塞，旋风分离器失效。为避免此种现象的出现，可在斜管段最下端处通入少量的松动风，使该物料处于流化状态，料柱压力，便可传递下来，阀板便可以打开而顺利排料。工业上一般推荐：斜管段倾角 α 为 30°左右，阀板悬挂角 β 为 5°～9°，阀板厚度为 10～14mm，阀板与斜管段段口之间不必过分强调密封，只要其静止间隙不超过 0.25mm 即可。

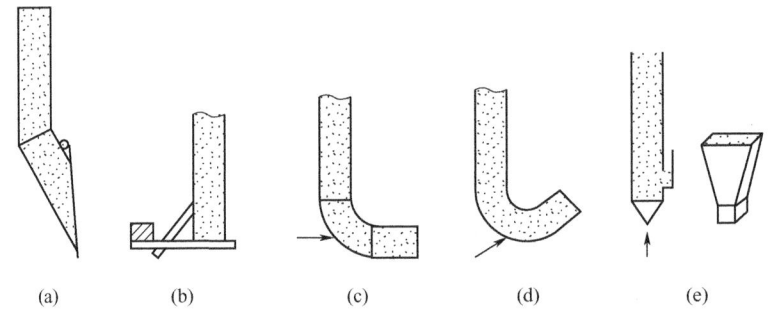

图 23-2-52 料腿下端的"阀"
(a) 翼阀；(b) 重锤阀；(c) L 形阀；(d) J 形阀；(e) V 形阀

通常，翼阀浸没在流化床的密相床层内，其下端离流化分布器的间距为 500～1000mm，其上端离流化床面的距离也应为 500～1000mm，因为这两处均是流化不稳定区。翼阀的出口则一般朝向器壁作径向布置。

其他各类阀在工业上应用较少，可参考文献 [70～74]。

（3）高温耐磨衬里 高温旋风分离器内壁一般都有耐磨衬里层，若为外置式旋风分离器，则为隔热加耐磨的双层衬里。依照衬里结构和衬里混凝土的性能可分为：(a) 龟甲网隔热耐磨

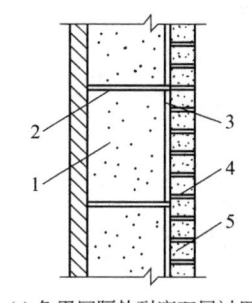

(a) 龟甲网隔热耐磨双层衬里

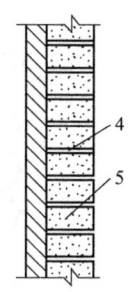

(b) 龟甲网耐磨或高耐磨单层衬里

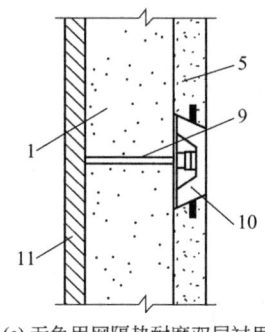

(c) 无龟甲网隔热耐磨双层衬里

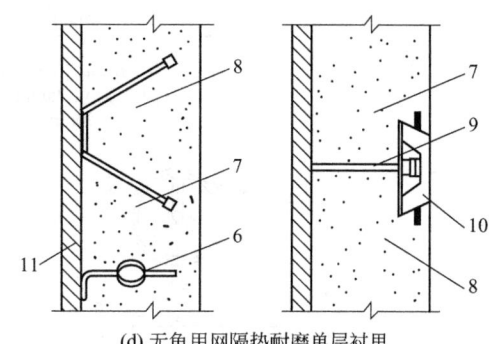

(d) 无龟甲网隔热耐磨单层衬里

图 23-2-53 隔热耐磨衬里结构

1—隔热混凝土；2—柱形锚固钉；3—端板；4—龟甲网；5—耐磨/高耐磨混凝土；6—Ω 形锚固钉；
7—钢纤维；8—隔热耐磨混凝土；9—柱形螺栓；10—侧拉型圆环；11—器壁

双层衬里；(b) 龟甲网隔热耐磨或高耐磨单层衬里；(c) 无龟甲网隔热耐磨双层衬里；(d) 无龟甲网隔热耐磨或高耐磨单层衬里 4 种型式(图 23-2-53)[75,76]。龟甲网隔热耐磨双层衬里的耐磨或高耐磨混凝土层厚度宜为 26mm 或 31mm；无龟甲网隔热耐磨双层衬里的耐磨或高耐磨混凝土厚度宜为 20mm 或 25mm；无龟甲网隔热耐磨单层衬里的总厚度不宜小于 80mm。

端板、柱形锚固钉的材质一般采用 0Cr13；Y 形、V 形、S 形及 Ω 形锚固钉的材质应采用 0Cr18Ni9；单层和双层侧拉型圆环（包括柱型螺栓）、龟甲网的材质，当器壁为碳钢或 Cr-Mo 钢时宜用 0Cr13；器壁为不锈钢时宜用 0Cr18Ni9。锚固钉材质采用 0Cr13 时，应以退火状态供货，且其硬度值不应大于 180HB。

龟甲网的典型结构及双层侧拉型圆环结构见图 23-2-54。

常用的耐磨衬里为磷酸铝-刚玉型的耐磨衬里，它的骨料是电熔白刚玉，黏结剂是磷酸铝，促凝剂是耐火水泥和磨细的氢氧化铝。干料中白刚玉、耐火水泥和氢氧化铝细粉三者的重量比约为 100：2：1。磷酸铝溶液的加入量约为刚玉总量的 15%[75]。为了使耐磨衬里能牢固地附着在器壁上，不至于在热胀冷缩时脱落，常用龟甲网做骨架，焊牢在器壁上。采用无龟甲网的耐磨衬里时，还应在每立方米衬里混凝土料内掺入 40～50kg 不锈钢纤维，当使用环境的温度在 800℃ 以下时，材质应用 Cr18Ni9 型，在 800℃ 以上时应用 Cr25Ni20 型。衬里混凝土的类别、级别、性能指标要求见表 23-2-12。

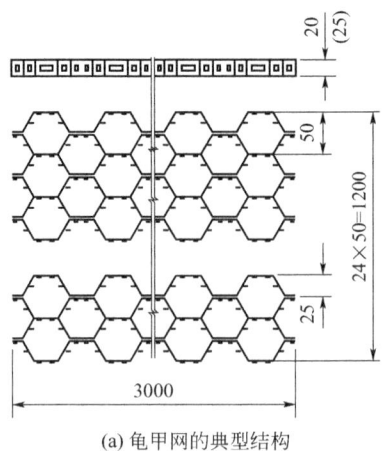

(a) 龟甲网的典型结构
(钢带厚度1.75mm或2mm，宽度
20mm或25mm)

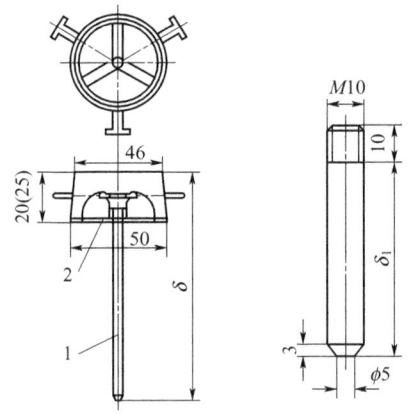

(b) 双层侧拉型圆环

1—柱形螺栓；2—侧拉圆环；δ—隔热耐磨衬
里总厚度；δ_1—隔热层厚度

图 23-2-54　龟甲网的典型结构及双层侧拉型圆环结构[76]

表 23-2-12　衬里混凝土的类别、级别、性能指标要求[76]

类别	级别	热面温度/℃	体积密度/kg·m⁻³	耐压强度/MPa	抗折强度/MPa	线变化率/%	热导率/W·m⁻¹·K⁻¹	三氧化二铝/%	三氧化二铁/%	常温耐磨性/cm³
高耐磨	A 级	110	≤3100	≥80.0	≥10.0	—	—	≥85	≤1.0	≤6
		540	≤2950	≥80.0	≥10.0	0～-0.3	—			
		815	≤2950	≥80.0	≥10.0	—	—			
耐磨	B1 级	110	≤2500	≥60.0	≥8.0	—	—	≥50	≤2.5	≤12
		540	≤2450	≥50.0	≥7.0	—	—			
		815	≤2450	≥50.0	≥7.0	0～-0.2	≤0.90			
	B2 级	110	≤2300	≥40.0	≥6.0	—	—			
		540	≤2250	≥30.0	≥5.0	—	—			
		815	≤2250	≥30.0	≥5.0	0～-0.2	≤0.80			

类别	级别	热面温度 /℃	体积密度 /kg·m⁻³	耐压强度 /MPa	抗折强度 /MPa	线变化率 /%	热导率 /W·m⁻¹·K⁻¹	三氧化二铝/%	三氧化二铁/%	常温耐磨性/cm³
隔热耐磨	C1级	110	≤1800	≥40.0	≥7.0	—	—	≥36	≤3.0	≤18
		540	≤1750	≥35.0	≥6.0	—	0.45～0.55			
		815	≤1750	≥35.0	≥5.0	0～-0.2	0.50～0.59			
	C2级	110	≤1600	≥35.0	≥5.0	—	—	≥30	≤5.0	≤20
		540	≤1550	≥30.0	≥4.0	—	0.35～0.42			
		815	≤1550	≥25.0	≥3.0	0～-0.2	0.40～0.49			
	C3级	110	≤1400	≥20.0	≥3.0	—	—	≥30	≤5.0	≤20
		540	≤1350	≥15.0	≥2.5	—	0.26～0.35			
		815	≤1350	≥15.0	≥2.5	0～-0.2	0.34～0.40			
隔热	D1级	110	≤1100	≥8.0	≥2.5	—	—	—	—	—
		540	≤1050	≥7.0	≥2.0	0～-0.2	≤0.25			
	D2级	110	≤1000	≥7.0	≥2.0	—	—			
		540	≤950	≥6.0	≥1.5	0～-0.2	≤0.23			

注：性能指标为未掺入钢纤维时的测定值。

这类耐磨衬里均应遵循严格的烘烤制度，控制升、降温时间和恒温温度及时间，具体可参见 GB 50474—2008《隔热耐磨衬里技术规范》。表 23-2-13 为针对水硬性结合衬里的烘烤制度。

表 23-2-13 水硬性结合衬里的烘烤制度

温度区间/℃	升、降温速度/℃·h⁻¹	所需时间/h
常温～150	5～10	13～26
150±5	0	24
150～315	10～15	11～17
315±5	0	24
315～540	20～25	9～12
540±5	0	24
540～常温	≤25	≥21

衬里的牌号，国外最常用的是 Resco AA-22，国内常用的有 JA-95、TA218 等，JA-95 的技术指标见表 23-2-14。

表 23-2-14 JA-95 耐磨衬里的技术指标

热处理温度/℃	抗折强度/MPa	抗压强度/MPa	线变化/%	体积密度/kg·m⁻³
110	4.4～9.8	29～78	-0.3～0	>2920
540	6.3～11.3	54～94	-0.5～0	>2850
815	5.8～9.8	52～89	-0.5～0	2810

对于内隔热衬里的技术指标可见表 23-2-15[75]。

第 23 篇

表 23-2-15　内隔热衬里的技术指标

项目	手工捣制			机械喷涂		
	3d 常温	105℃	900℃	3d 常温	105℃	900℃
密度/kg·m^{-3}	1200~1400	850~1000	800~950	1250~1450	900~1100	850~1000
抗压强度/MPa		1.5~2.5	1~1.5		2~3.5	1.5~2
线收缩率/%	550℃下为 0.25~0.3			900℃下为 0.35~0.5		
热导率/W·m^{-1}·K^{-1}	500℃下为 0.291					
耐火度/℃	约 1200					

2.6.2　高温多管式旋风分离器的进展

温度越高，旋风分离器的效率越低，在 650~900℃ 要除净大于 10μm 的颗粒是很困难的，目前工业上应用较为成功的是多管式旋风分离器。

(1) 立管型多管式旋风分离器　国内外炼油厂催化裂化装置高温烟气能量回收系统中常用的多管旋风分离器有 Shell 公司的立式旋涡管第三级分离器（Swirltube TSS）、KBR 公司的 CycloFines 第三级分离器、UOP 公司的直流旋风管第三级分离器等，图 23-2-55(a) 为 Shell 的立式旋涡管第三级分离器，旋风管直径为 250mm，长 1~1.3m，每根处理气量为 1800~2200m^3·h^{-1}，压降为 10~15kPa。图 23-2-32(b) 为美国所用旋风分离管及其随后新改进的无排尘底板的新结构。日本有图 23-2-31 所示的多孔切向进气型旋风管。我国早期主要用 EPVC 型及套管型旋风管，近年主要用改进的 PDC 型及 PSC 型，如前所述。EPVC 型及 Shell 早期的旋风管冷态下性能对比可参见图 23-2-35，国内催化装置立管型第三级分离器在工业应用现场标定的结果见表 23-2-16。图 23-2-55(b) 为 UOP 公司的直流旋风管第三级分离器，其净化气体从旋风管下部轴向引出，而被分离的颗粒随少量烟气从位于旋风管下部侧壁的细长槽口的切线方向引出。由于进、出的烟气在同一方向，减少了出口气体对已分离的细粉夹带，同时压降低，单管处理气量大。这些立管式多管旋风分离器，应用于催化裂化烟气能量回收系统，正常工作条件下，据称都可将出口烟气排尘控制在 50mg·m^{-3} 以下。KBR 宣称其在澳大利亚 Altona 炼厂的 CycloFines 总效率为 90.6%~91.3%，已将出口烟气中的颗粒浓度降到 10~20mg·m^{-3}，且基本除净大于 5μm 的颗粒物[77]。

表 23-2-16　我国开发的立管型多管式旋风分离器工业运行性能[20]

旋风管型号	EPVC I	EPVC II	PDC　PSC
入口颗粒浓度/mg·m^{-3}	约 700	约 500	400~1000
入口中位粒径/μm		约 7	6.2~8.3
出口颗粒浓度/mg·m^{-3}	70~138	58~75	28~59
出口粒径>10μm/%	3.3~4.4	0~1.7	0
出口粒径>7μm/%		3~5	0~1.4
总效率/%	82~89	约 86	85~90

(2) 多个切流式旋风子并联式旋风分离器　美国 Buell 公司、Emtrol 公司等还设计了多个切流式旋风子并联式旋风分离器来净化催化裂化装置高温烟气。图 23-2-56(a) 为 Emtrol 公司的设计，所采用的旋风子为一般切流反转式旋风分离器，旋风子的直径介于前述的立式旋风管与再生器两级串联的旋风分离器直径之间，多组并联后纳于一个大容器中。国内也有

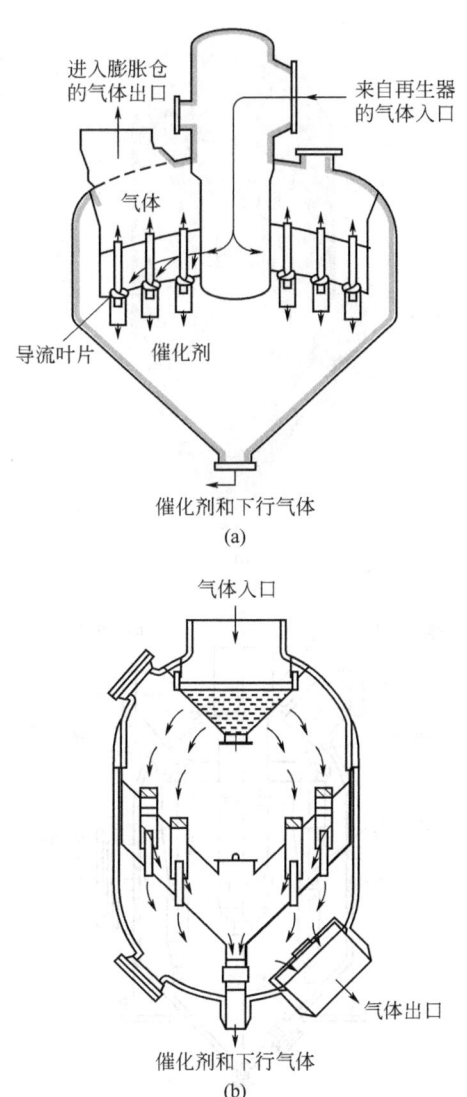

图 23-2-55 立管型多管式旋风分离器[20]

类似的设计，如中国石化工程建设公司设计的 BSX 型第三级分离器[78] [图 23-2-56（b）]。BSX 型的工业标定结果表明：三旋出口烟气中催化剂浓度为 $64 \sim 76 \text{mg} \cdot \text{m}^{-3}$，粒径大于 $7 \mu \text{m}$ 的催化剂细粉基本除尽[79]。

（3）卧管型多管旋风分离器   20 世纪 80 年代初美国 Polutrol 公司推出其专利产品——Euripos 型卧管式多管旋风分离器[80]，见图 23-2-57。旋风分离器为 $\phi 250 \text{mm}$ 的直切入口式旋风管，内衬 25mm 厚钢纤耐磨衬里（Resco AA-22），呈水平放置。迄今已有 7~8 套在美国的炼油厂运行。

中国石油大学等单位也联合研制成了这类分离器，所用旋风管也是直切入口式，但各部分尺寸均经优化设计，工业应用的有 PT-Ⅱ型和 PT-Ⅲ型两种型号（图 23-2-58）。PT-Ⅱ型旋风管具有双道双切向入口和排尘口防返混锥，内径为 250mm 的单管处理工况下气量为 $1000 \text{m}^3 \cdot \text{h}^{-1}$，低于 PDC 型立管式的 $2400 \text{m}^3 \cdot \text{h}^{-1}$，但效率很好，压降在 10kPa 左右[81]。PT-Ⅲ型旋风管将直径增加到 300mm，并增用了分流型芯管、优化防返混锥结构，入口改

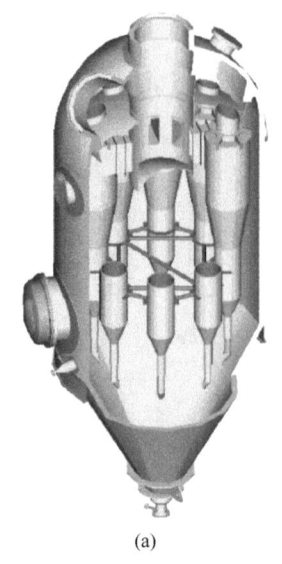

(a)

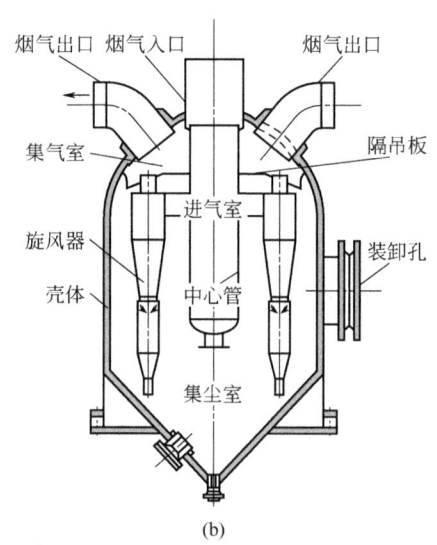

(b)

图 23-2-56 多个切流式旋风子并联式旋风分离器[78]

用弧形板通道，增加防堵塞措施，单管截面积负荷比 PT-Ⅱ 型提高 35％，达到 $2000m^3 \cdot h^{-1}$ 左右，使单管同一负荷造价比 PDC 型立管少 15％，总处理气量为 $400000m^3 \cdot h^{-1}$ 的三旋总造价减少 23％。所开发的卧管型多管旋风分离器有两种型号，一种是 PHM 型，其中旋风管水平放置；另一种是 PIM 型，其中旋风管斜置，而且旋风管的排尘口处装有独特的"防返混锥"。工业标定证实：PHM 型可以把高温烟气内大于 $10\mu m$ 的颗粒除净，PIM 型则可以把高温烟气内大于 $8\mu m$ 的颗粒除净。

卧管式多管分离器与立管相比较，有以下几个优点：①立管型有两块很大的隔板，在短期超温情况下操作很容易产生较大的形变，导致上部入口管上的波形膨胀节拉裂，气体走短路，效率大幅度下降。卧管式全用回转结构，就没有这种问题，可以承受短期超温操作，安全可靠性好。②卧管型的进气室有一定的惯性预分作用，若偶有粗粒进入，也不会进入旋风管，安全可靠。③旋风管结构简单，效率高，单位气量造价低。④卧管式多管分离器外形尺

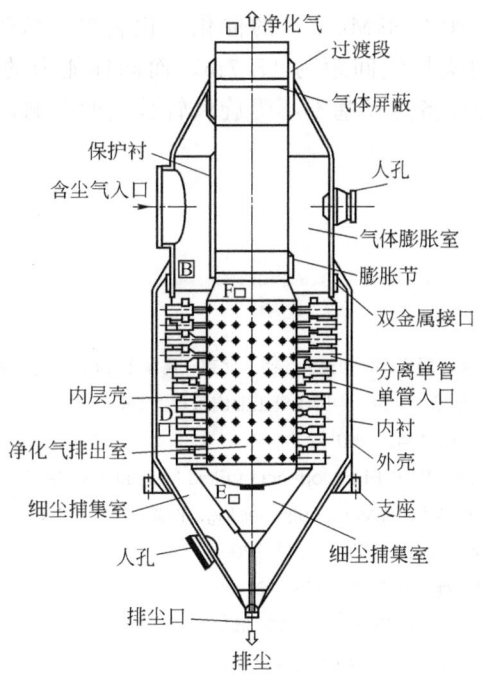

图 23-2-57 Euripos 型卧管式多管旋风分离器[80]

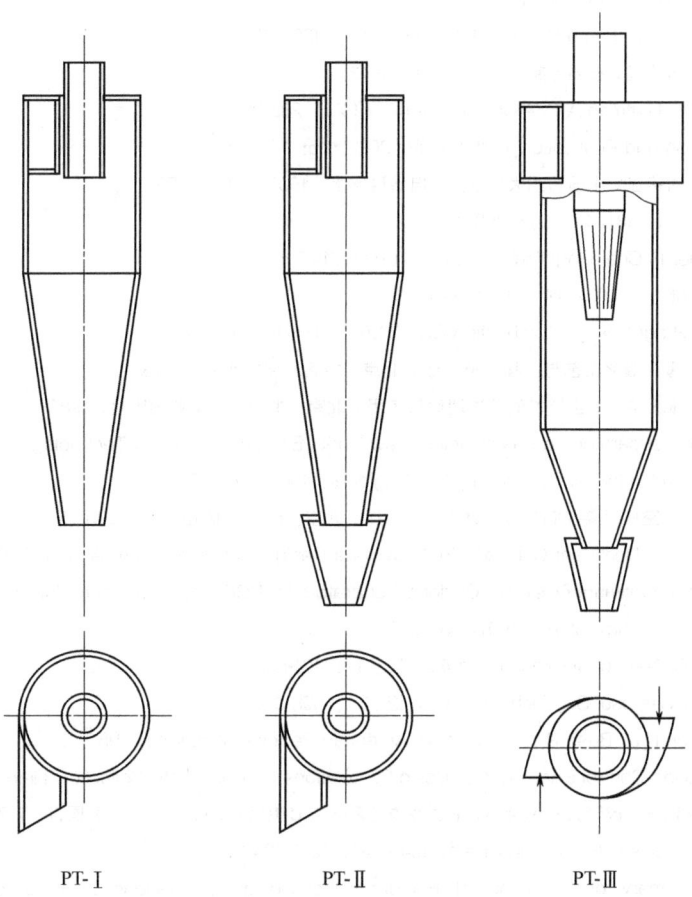

PT-Ⅰ   PT-Ⅱ   PT-Ⅲ

图 23-2-58 卧管型多管旋风分离器的旋风管

寸较小，占地较省。例如一个 2.35Mt•a^{-1} 的催化裂化装置，烟气流量 3350m^3•min^{-1}，设备外径仅为 4.88m，上下封头切线间距为 17.7m，而同样能力的立式多管三级旋风分离器直径则在 7.5m 以上。另外设备直径基本不受旋风管数量的影响，所以特别适合于大处理能力的装置。

参考文献

[1] [日]小川明. 气体中颗粒的分离. 周世辉, 刘隽人, 译. 北京: 化学工业出版社, 1991.

[2] 谭天佑, 梁凤珍. 工业通风除尘技术. 北京: 中国建筑工业出版社, 1984.

[3] Linder A J T. Proc Inst Mech Eng, 1949, 160: 233-251.

[4] Boysan F, Swithenbank J, Ayers W H. Ebcyclopedia of Fluid Mechanics, 1986, 4: 1307-1329.

[5] Rosin P, Rammler E, Intelmann W. Zeit Ver Deutscher Ing, 1932, 76: 433-437.

[6] Lapple C E. Am Ind Hyg Assoc Quart, 1950, 11(1): 40-48.

[7] Barth W. Brennstoff-Waerme-Kraft, 1956, 8(1): 1-9.

[8] Stairmand C J. Trans Inst Chem Eng, 1951, 29: 356-383.

[9] Dirgo J, Leith D. Aerosol Sci Tech, 1985, 4(4): 401-415.

[10] Hoffmann A C, Stein L E. Gas Cyclones and Swirl Tubes: Principles, Design and Operation. 2th. Berlin, Heidelberg: Springer-Verlag, 2008.

[11] Leith D, Licht W. AIChE Symp Series, 1972, 68(126): 196-206.

[12] 孙国刚, 汪云瑛, 时铭显. 石油炼制, 1989, (4): 18-26.

[13] Clift R, Ghadiri M, Hoffman A C. AIChE J, 1991, 37(2): 285-289.

[14] Zhao B. Separation and Purification Technology, 2012, 85: 171-177

[15] 吴小林, 黄学东, 时铭显. 中国石油大学学报: 自然科学版, 1993(4): 54-59.

[16] Dietz P W. AIChE J, 1981, 27(6): 888-892.

[17] Mothers H, Loffler F. Chem Ing Tech, 1984, 56(9): 714-715.

[18] Derksen J J. AIChE J, 2003, 49(6): 1359-1371.

[19] Cortes C, Gil A. Progr Energy Combustion Sci, 2007, 33(5): 409-452.

[20] 陈俊武, 许友好. 催化裂化工艺与工程. 第 3 版. 北京: 中国石化出版社, 2015.

[21] 陈明绍, 吴光兴, 张大中. 除尘技术的基本理论与应用. 北京: 中国建筑工业出版社, 1981.

[22] Štorch O. Industrial separators forgas cleaning. New York: Elsevier Science & Technology, 1979.

[23] Swift P. Dust Control in Industry-2. Steam Heat Engineer, 1969, 38: 453.

[24] 布拉沃尔, 瓦尔玛. 空气污染控制设备. 赵汝林, 等译. 北京: 机械工业出版社, 1985.

[25] Giuricich N, Kalen B. Dominant Criteria in FCC Cyclone Design. Katalistiks' 3rd Annual FCC symp, 1982, 26-27.

[26] Shi Ming-Xian et al. Optimum Design of Cyclone Separators for FCC Units. Proc ofthe Int Conf on Pet Ref and Petrochem Processing. Beijing, China, 1991, 331-337.

[27] Iozia D L, Leith D. Aerosol Sci Technol, 1989, 10(3): 491-500.

[28] Iozia D L, Leith D. Aerosol Sci Technol, 1990, 12(3): 598-606.

[29] Stern A C, Caplan K J, Bush P D. New York: American Petroleum Institute, 1955, 1.

[30] Licht W. Air Pollution Control Engineering: Basic Calculations for Particulate Collection. New York: M Dekker, 1980.

[31] 池森龟鹤, 井伊谷钢一. 改订大气污染ハンドブック(2)(除じり装置编). 東京: 産業図書, 1976.

[32] Shepherd C B, Lapple C E. Ind Eng Chem, 1940, 32: 1246-1248.

[33] First M W. Summary of Fundamental Factors inthe Design of Cyclone Dust Collectors [D]. Harvard University, 1950.

[34] Stairmand C J. Engineering, 1949, 168（4369）: 409-412.

[35] Alexander R M K. Proc Aust Inst Min Met, 1949, 152（3）: 202.

[36] Briggs L W. Trans AIChE, 1946, 42（30）: 511-526.

[37] Comas M, Comas J, Chetrit C, et al. Power Technol, 1991, 66（2）: 143-148.

[38] Sun G, Chen J, Shi M. ChinaParticuology, 2005, 3（1）: 43-46.

[39] Jin Y H, Chen J Y, Shi M X. Computation Method of FCC Units Cyclone Performance. Proc of Int Conf on Pet Ref and Petrochem Processing, Beijing, China, 1991, 1562-1568.

[40] 金有海, 时铭显. 石油大学学报（自然科学版）, 1990, 14（5）: 46-54.

[41] 罗晓兰, 陈建义, 金有海, 等. 工程热物理学报, 1992, 13（3）: 282-285.

[42] Green D W, Perry R H. Perry's Chemical Engineers' Handbook, Eighth Edition, Section17, New York: McGraw-Hill, 2008.

[43] Muschelknautz E. VDI-Berichte, 1980, 363: 49-60.

[44] Obermair S, Woisetschlager J, Staudinger G. Powder Technol, 2003, 138（2-3）: 239-251.

[45] Hoffmann A C, De Groot M, Peng W, et al. AIChE J, 2001, 47（11）: 2452-2460.

[46] Kalen B, Zenz F A. AIChE Symp Series, 1974, 70（137）: 388-396.

[47] 时铭显, 吴小林. 化工机械, 1993, 20（4）: 187-192.

[48] Yang J, Sun G, Zhan M. Powder Technol, 2015, 286: 124-131.

[49] 张荣克, 廖仲武. 催化裂化装置第三级旋风分离器技术现状、展望及设想. 炼油设计-催化裂化技术交流会专集, 1984.

[50] 时铭显. 华东石油学院学报, 1980（1）: 64-76.

[51] Yellott J I, Broadley P R. Ind Eng Chem, 1955, 47（5）: 944-952.

[52] Wilson J G, Dygert J C. Seperators and Turboex pander for Errosive Errosive Enivorments. Proc of 7th World Petroleum Congress, 1967, 6: 99-105.

[53] UKPatent, 1411136. 1974.

[54] Khouw F H H, Nieskens M, Borley M J H, et al. The Shell Residue FCC Process Commercial Experiences and Future Developments. NPRA Annual Meeting. 1990: 25-27.

[55] Fernandes JH, Daily WB, Walpole RH. Combusion, 1968, 39（8）: 24-29.

[56] 毛羽, 时铭显, 刘隽人, 等. CN 86100974.6. 1986-02-06.

[57] 金有海, 王建军, 王宏伟, 等. 中国石油大学学报（自然科学版）, 2006, 30（6）: 71-76.

[58] 上滝巔. 日本机械学会论文集（日文）, 1954, 20（97）: 604-620.

[59] 毛羽, 时铭显. 华东石油学院学报（自然科学版）, 1983, 7（3）: 306-318.

[60] 毛羽, 时铭显. 华东石油学院学报（自然科学版）, 1985（2）: 005.

[61] 时铭显, 毛羽. 华东石油学院学报（自然科学版）, 1985, 9（3）: 51-58.

[62] Klein H. Keramische Zeitschrift, 1968, 20（8）: 479-484.

[63] Schmidt K R. Staub, 1963, 23（11）: 491-501.

[64] Pieper R. VDI-Berichte（VDI-Rep）, 1977, 294: 93.

[65] Ciliberti D F, Lancaster BW. AIChE J, 1977, 22（2）: 394-398.

[66] 凌志光, 黄存魁. 力学学报, 1989, 21（3）: 266-272.

[67] Wysk, R. Smolensky, L A. Filtration & Separation, 1993, 30（1）: 29-31

[68] Salcedo R, Paiva J. Filtration & Separation, 2010, 47（1）: 36-39.

[69] 石油工业部第二炼油设计研究院. 催化裂化工艺设计. 北京: 石油工业出版社, 1983, 257-261.

[70] Bristow T C, Shingles T. Cyclone Dipleg and Trickle Valve Operation, in Fluidization VI, Grace JR, et al Eds, 1989: 161-168.

[71] Knowlton T. Nonmechanical solids feed and recycle devices for circulating fluidized beds, in Circulating Fluidized Bed Technology II, Basu P, Large J, Eds. Oxford, UK: Pergamon Press, 1988: 31-41.

[72] Knowlton T M, Hirsan I. Hydrocarbon Processing, 1978, 57（3）: 149-156.

［73］ Leung L S，Chong Y O，Lottes，J. Powder Technol，1987，49（3）：271-276.

［74］ Li H Z，Kwauk M. Chem Eng Res Des，1991，69（5）：355-360.

［75］ 杨鸣皋著．石油化工厂设备检修手册：第三分册∥土建工程．北京：中国石化出版社，1991：84-120.

［76］ GB 50474—2008 隔热耐磨衬里技术规范．北京，中国计划出版社，2009.

［77］ Niccum P K，Gbordzoe E，Lang S. FCC Flue Gas Emission Control Options. National Petrochemical Refiners Asso-
ciation（2002 Annual Meeting），San Antonio，TX，USA，2002：1～6

［78］ 黄荣臻，闫涛，房家贵．石油化工设备技术，2005，26（1）：29-31.

［79］ 谢凯云，阎涛．炼油技术与工程，2010，40（4）：30-32.

［80］ USPatent 4398932．1983.

［81］ 刘隽人，田志鸿，时铭显．石油大学学报（自然科学版），1992，16（4）：46-50.

3

过滤分离

　　过滤就是利用多孔体从气体或液体中除去分散固体颗粒的净化过程。过滤时，由于惯性碰撞、拦截、扩散以及重力、静电力等作用，使悬浮于流体中的固体颗粒沉积于多孔体表面或容纳于多孔体中。作为过滤器核心元件的多孔介质材料，其结构可以是纤维状的、多孔状的、颗粒状的，或者这些结构的组合体，统称为过滤材料，即滤料。

　　工业用过滤器主要有四大类型：

　　袋式过滤器——利用有机或无机纤维做成过滤用布袋，又称纤维过滤器，一般属于表面过滤。滤袋需定期进行清灰再生，型式很多，应用最为广泛。

　　空气过滤器——滤料可以是纤维织物，也可以是松堆纤维；型式很多，可分为不再生、间歇再生及连续再生三种；多用于通风及空气洁净系统，一般要求入口含尘浓度低于 $50\,\mathrm{mg \cdot m^{-3}}$。

　　滤管式过滤器——利用纤维材料或粉末材料制成具有一定刚性的过滤管元件，既可以加工成具有深层过滤作用的元件，也可以加工为能够定期清灰再生的表面过滤元件。主要用于高压或高温等工艺过程中的气体净化。

　　颗粒层过滤器——利用颗粒状物料作为滤料，一般属于深层过滤，也需要定期清灰再生，在温度较高的场合，其应用日益增多。

3.1　过滤分离的机理

　　在过滤器内，滤料是由许多单个的捕集体（圆柱形纤维或圆球形颗粒）以一定方式排列组合而成的。在各个捕集体之间存在有孔隙，一般要捕集的粉尘颗粒尺寸小于这些孔隙，所以当含尘气流绕流过这些捕集体而弯弯曲曲地通过孔隙时，筛滤效应的作用并不大，主要是依靠惯性碰撞、拦截、扩散以及重力沉降、静电吸引等作用，使粉尘颗粒黏附在捕集体上而从气体中分离出来，如图 23-3-1 所示。

　　这些捕集机理所依据的基本方程有三类：

　　① 只考虑流体阻力与外力（静电力与重力）的单个颗粒运动方程：

$$(St)\frac{\mathrm{d}^2\widetilde{x}}{\mathrm{d}\tau^2}+\frac{\mathrm{d}\widetilde{x}}{\mathrm{d}\tau}-\widetilde{v}_x=G_x+K_{\mathrm{E}x}$$

$$(St)\frac{\mathrm{d}^2\widetilde{y}}{\mathrm{d}\tau^2}+\frac{\mathrm{d}\widetilde{y}}{\mathrm{d}\tau}-\widetilde{v}_y=G_y+K_{\mathrm{E}y}$$

$$(23\text{-}3\text{-}1)$$

　　② 不考虑流体运动的颗粒相扩散方程：

$$\frac{\partial n}{\partial t}=D\left(\frac{\partial^2 n}{\partial x^2}+\frac{\partial^2 n}{\partial y^2}+\frac{\partial^2 n}{\partial z^2}\right)$$

$$(23\text{-}3\text{-}2)$$

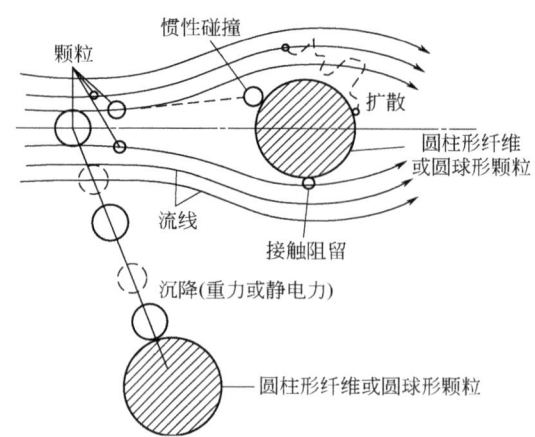

图 23-3-1   过滤捕集机理

③ 流体绕流捕集体时的运动方程，其中流体绕流的速度分布可表达成：

$$(\tilde{v}_x , \tilde{v}_y) = f(Re , \tilde{x} , \tilde{y}) \tag{23-3-3}$$

式中，n 为颗粒相的个数（或质量）浓度，个·m^{-3}（kg·m^{-3}）；D 为颗粒相的扩散系数，$m^2 \cdot s^{-1}$。

影响捕集机理的主要参数便是上述基本方程中的若干无量纲参数，它们的定义与作用见表 23-3-1。式中有关的无量纲参数分别为：无量纲坐标 $\tilde{x} = x/d_f$，$\tilde{y} = y/d_f$；无量纲时间 $\tau = v_0 t/d_f$；无量纲速度 $\tilde{v}_x = v_x/v_0$，$\tilde{v}_y = v_y/v_0$；无量纲浓度 $\tilde{n} = n/n_0$ 等。

表 23-3-1   分析颗粒捕集机理的主要无量纲参数

符号	名称	定义	物理意义	主要用途
Re	雷诺数	$Re = \dfrac{\rho_g v_0 d_f}{\mu}$	流体惯性力/黏性力	流体型态
St	斯托克斯数	$St = \dfrac{\rho_p d_p^2 C_C v_0}{18 \mu d_f}$	颗粒惯性力/黏性阻力	惯性碰撞
Pe	佩克勒数	$Pe = \dfrac{v_0 d_f}{D_{mp}}$	惯性力产生的颗粒迁移量/布朗扩散产生的颗粒迁移量	布朗扩散
G	重力参数	$G = \dfrac{\rho_p d_p^2 C c g}{18 \mu v_0}$	颗粒终端速度/流体速度	重力沉降
K_E	静电常数		静电力/流体对颗粒的曳力	静电吸引
Kn	克努森数	$Kn = \dfrac{2\lambda}{d_p}$	气体分子平均自由程/特征尺度	颗粒运动尺度

注：表中各个符号的意义为：ρ_g，ρ_p 为气体、颗粒的密度，kg·m^{-3}；μ 为气体的动力黏度，Pa·s；C_C 为 Cunningham 修正系数；D_{mp} 为颗粒扩散系数，$m^2 \cdot s^{-1}$；v_0 为流体在远离捕集体处的速度，m·s^{-1}；d_f 为捕集体直径，m；d_p 为粉尘颗粒当量直径，m。

3.1.1   惯性碰撞

惯性碰撞是各种捕集机理中最重要的，尤其对于 $d_p \geqslant 1 \mu m$ 颗粒。在这种效应中，起主导作用的是颗粒的惯性，所以要在不计 G 和 K_E 的情况下用式（23-3-1），求解颗粒的碰撞极限轨迹，如图 23-3-2 所示。在此极限迹线范围内的所有颗粒都可以因惯性碰撞于捕集体上而被捕集。由式（23-3-1）和式（23-3-3）可知，颗粒在流场中的运动特性取决于 St 数和气体流动参数 Re，因此惯性捕集效率可表示为：

$$E_1 = f(St, Re) \tag{23-3-4}$$

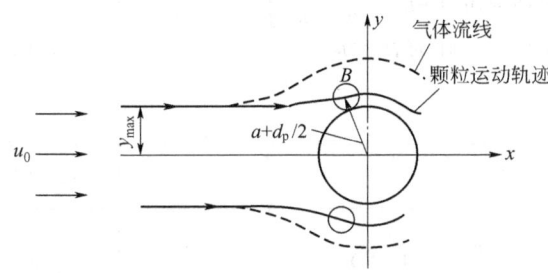

图 23-3-2 惯性碰撞的颗粒轨迹

但要从式（23-3-1）求解图 23-3-2 中的极限轨迹直径是非常困难的，不少研究工作者在不同简化假设下提出了许多计算公式，较常见的列于表 23-3-2。

表 23-3-2 惯性碰撞效率的计算公式

捕集体	流动状态	公式	公式编号	作者
圆柱体	黏流（$Re \leqslant 1$）	$1 - \dfrac{1.2}{Re^{0.2}St^{0.54}} + \dfrac{0.36}{Re^{0.4}St^{1.08}}$	(23-3-5)	Davies[1]
	势流 ($Re \rightarrow \infty$)	$\dfrac{St}{St + 1.5}$	(23-3-6)	Subramanyam 等[2]
	过渡区 ($Re = 10$)	$\dfrac{St^3}{St^3 + 0.77St^2 + 0.22}$	(23-3-7)	Landahl 等[3]
圆球体	黏流	$\left[1 + \dfrac{0.75\ln(4St)}{2St - 1.214}\right]^{-2}$	(23-3-8)	Langmuir 等[4]
	势流	$\dfrac{St^2}{(St + 0.25)^2}$ ($St > 0.3$) $0.00376 - 0.464St + 9.68St^2 - 16.2St^3$ ($0.0416 \leqslant St \leqslant 0.3$)	(23-3-9)	Langmuir[4] Herne[5]

3.1.2 直接拦截

有些微细颗粒的惯性很小，基本上可以跟随流线而运动，在流体绕流过捕集体时，若颗粒半径大于或等于该流线与捕集体表面之间的距离，则颗粒便可被捕集下来，所以它与 St 数无关，而与 Re 数及拦截参数 R ($R = d_p/d_f$) 有关，常见的计算拦截效率 E_R 的公式见表 23-3-3。

表 23-3-3　拦截效率的计算公式

捕集体	流动状态	公式	公式编号	作者
圆柱体	黏流	$\dfrac{1}{(2-\ln Re)}\left[(1+R)\ln(1+R)-\dfrac{R(2+R)}{2(1+R)}\right]$ 若 $R<0.07$，$Re\ll0.5$ 时，可表示为： $E_R=\dfrac{R^2}{2-\ln Re}$	(23-3-10)	Langmuir[6]
	势流	$1+R-\dfrac{1}{1+R}$	(23-3-11)	Ranz 等[7]
圆球体	黏流	$(1+R)^2-1.5(1+R)+\dfrac{1}{2(1+R)}$ $R<0.1$	(23-3-12)	Fuchs[8]，谭天祐等[9]
	势流	$(1+R)^2-\dfrac{1}{1+R}$ $R<0.1$	(23-3-13)	Ranz 等[7] 谭天祐等[9]

3.1.3　布朗扩散

在布朗扩散效应下，粒径小于 $0.5\mu m$ 的超微颗粒会绕流线作不规则运动，若它离捕集体较近，就会碰撞到捕集体上而被捕集。扩散捕集效率 E_D 的常见计算公式见表 23-3-4，主要是 Pe 数及 Re 数的函数。

表 23-3-4　扩散捕集效率的计算公式

捕集体	流动状态	公式	公式编号	作者
圆柱体	黏流 $\left(\begin{array}{c}Re<1\\Pe\ll1\end{array}\right)$	$\dfrac{2\pi}{Pe(1.502-\ln Pe)}$	(23-3-14)	Matteson 等[10]
	黏流 $\left(\begin{array}{c}Re<1\\Pe\geqslant1\end{array}\right)$	$2La^{-1}\left[2(1+x)\ln(1+x)-(1+x)+\dfrac{1}{(1+x)}\right]$ $x=1.308(La/Pe)^{1/3}$ $La=2.002-\ln Re$	(23-3-15)	Langmuir 等[6]
	黏流 (Pe 很大)	$K\cdot La^{-1/3}Pe^{-2/3}$　$(K=1.71\sim2.92)$	(23-3-16)	Langmuir 等[6]
	势流 $\left(\begin{array}{c}Re\gg1\\Pe\gg1\end{array}\right)$	$K\cdot Pe^{-1/2}$　$(K=\dfrac{\pi}{2}\sim3.19)$	(23-3-17)	Stairmand 等[11]
圆球体		$\dfrac{4}{Pe}(2+0.557Re^{1/8}Pe^{3/8})$	(23-3-18)	Johnstone 等[12]

3.1.4　重力沉降

对于水平放置的圆柱捕集体，Ranz 及 Wong[7] 提出服从 Stokes 阻力定律的颗粒的重力沉降捕集效率应为：

$$E_G = G = \frac{C_C \rho_p d_p^2 g}{18 \mu v_0} \tag{23-3-19}$$

由上式可知，只有当颗粒较大、气体速度较小时，重力沉降的作用才较明显。

上式适用于气流方向与重力方向相同的情况，对于任意横向放置的圆柱体，则上式的数值还要乘以圆柱体在垂直于气流方向上的投影面积与顺着气流方向上的投影面积之比值。

3.1.5 静电吸引

对于服从 Stokes 阻力定律的颗粒，静电力可写成无量纲参数 K_E，而静电吸引捕集效率则为 K_E 的函数，它们的计算公式见表 23-3-5。可见，颗粒越小，静电吸引效应越显著。此特性常用来改善超微颗粒的除尘效果，如采用驻极体的纤维，使它带上静电等。

表 23-3-5 静电吸引捕集效率的计算公式

荷电情况	参数	圆柱体[13]	公式编号	圆球体[14,15]	公式编号
颗粒荷电捕集体中性	E_{EM}	黏流：$2\sqrt{\dfrac{K_{EM}}{La}}$	(23-3-20)	$1.58\sqrt{K_{EM}}$	(23-3-24)
		势流：$(6\pi K_{EM})^{1/3}$	(23-3-21)	$2.89 K_{EM}^{0.353}$ $(0.02 \leqslant K_{EM} \leqslant 0.1)$	(23-3-25)
	K_{EM}	$\left(\dfrac{\varepsilon_c - 1}{\varepsilon_c + 1}\right)\left(\dfrac{C_C q^2}{3\pi \mu d_p d_f^2 \varepsilon_0 v_0}\right)$		$\dfrac{C_C q^2}{3\pi^2 \mu d_p d_f^2 \varepsilon_0 v_0}$	
颗粒中性捕集体荷电	E_{EI}	$\left(\dfrac{3\pi}{2} K_{EI}\right)^{1/3}$ （当 $\dfrac{2r}{d_f} \gg 1$ 时）	(23-3-22)	$\left(\dfrac{15\pi}{8} K_{EI}\right)^{0.4}$	(23-3-26)
	K_{EI}	$\dfrac{4}{3\pi}\left(\dfrac{\varepsilon_p - 1}{\varepsilon_p + 2}\right)\left(\dfrac{C_C d_p^2 Q_a^2}{d_f^3 \mu \varepsilon_0 v_0}\right)$		$\left(\dfrac{\varepsilon_p - 1}{\varepsilon_p + 2}\right)\left(\dfrac{2 C_C d_p^2 Q_b^2}{3\pi \mu d_f \varepsilon_0 v_0}\right)$	
两者荷异性电	E_{EC}	$-\pi K_{EC}$	(23-3-23)	$-4 K_{EC}$	(23-3-27)
	K_{EC}	$\dfrac{4 Q_a q C_C}{3\pi \mu d_f \varepsilon_0 v_0}$		$\dfrac{C_C q Q_b}{3\pi \mu d_f \varepsilon_0 v_0}$	

注：表中各个符号的意义为：Q_a 为单位长度捕集体上电荷量，C；Q_b 为单位面积捕集体上电荷量，C；q 为颗粒的电荷量，C；ε_0 为自由空间的介电常数，$\varepsilon_0 = 8.85 \times 10^{-12}\text{C} \cdot \text{V}^{-1} \cdot \text{m}^{-1}$；$\varepsilon_p$ 为颗粒的介电常数，$\text{C} \cdot \text{V}^{-1} \cdot \text{m}^{-1}$；$\varepsilon_c$ 为捕集体的介电常数，$\text{C} \cdot \text{V}^{-1} \cdot \text{m}^{-1}$；$r$ 为颗粒与捕集体间的距离，m。

从式(23-3-4)～式(23-3-19)可见，影响捕集效率的因素主要有：尘粒直径 d_p、流体速度 v_0 与捕集体直径 d_f 等，它们的影响趋势参见表 23-3-6。一般在颗粒直径很小时，以扩散效应为主；粒径大及流速高时，惯性效应突出，拦截效应则介于其间；重力沉降在大粒径、低流速下有较大作用；在不加外电场时，静电效应不会太大。表 23-3-7 为扩散、拦截、惯性碰撞和重力沉降分别起主要作用时的颗粒粒径范围[16]。图 23-3-3 比较了不同颗粒大小时各种过滤机理所起的作用[17]。由图中可知，存在某种粒径或某个速度时，各种捕集机理的综合效果最差，此时，将在给定运行条件下滤料的粒径效率曲线上的效率称为最低过滤效率，与效率最低点对应的粒径称为最易穿透粒径。这说明滤料效率曲线与旋风分离器的效率曲线有本质区别，在选择滤料及确定操作参数时要注意。

表 23-3-6　各种机制对过滤效果的影响

影响因素	纤维直径小	纤维间速度小	气体过滤速度小	粉尘粒径大	粉尘密度大
重力作用	无影响	无影响	减少	增加	增加
筛分作用	增加	增加	无影响	增加	无影响
惯性作用	增加	增加	减少	增加	增加
拦截作用	增加	增加	无影响	增加	无影响
扩散作用	增加	增加	增加	减少	减少
静电作用	减少	增加	增加	减少	减少

表 23-3-7　单纤维捕集机理及其对应的颗粒直径范围

机理	颗粒大小/μm	机理	颗粒大小/μm
扩散沉降	<0.3	惯性碰撞	1～20
直接拦截	0.3～10	重力沉降	≥20

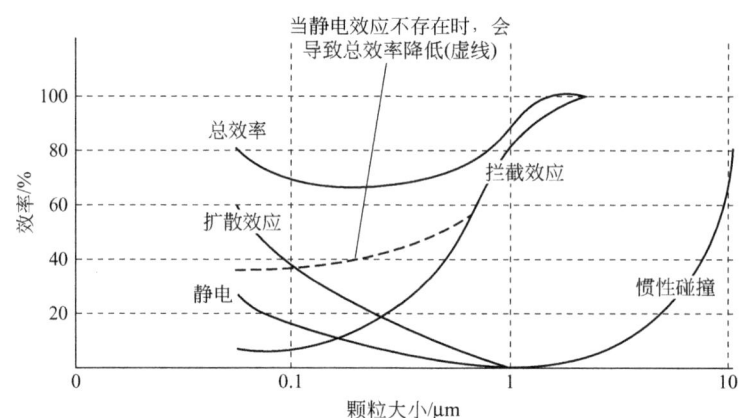

图 23-3-3　不同颗粒大小时各种过滤机理对过滤效率的影响

3.1.6　各种捕集机理的联合效应

在实际过滤中，经常是各种捕集机理同时存在的，在一个纤维过滤介质内，固体颗粒被捕集可能由于各种机理的共同作用，也可能由于一种或某几种主要机理的作用。

前面有关单根纤维的效率公式都是针对单一过滤机理而建立的，当实际纤维的过滤机理主要由拦截效应和布朗运动扩散效应引起时，可以直接采用两种效率之和得到单根纤维的总效率。当气流中存在大颗粒时，此时对应的惯性碰撞机理不能忽略，可以采用颗粒轨道模型模拟计算纤维的总效率。单根纤维理论在实际运用中的主要问题是如何确定多种机理同时作用时的总效率计算。此时最简单的方法就是扩散、拦截和惯性等各种效率的直接叠加，即公式：

$$E = E_R + E_D + E_I \tag{23-3-28}$$

当只有纯惯性和纯扩散作用时，可运用此计算公式，但当必须另外考虑颗粒尺寸的影响时，研究者们就将"理想拦截"看成与惯性和扩散各自独立的过滤过程。很多研究者经常将纯惯性、纯扩散和理想拦截三者相加来计算合并的单纤维总效率。有的研究者在三者之外又加入或减去某些修正项。Davies[1]给出了单根纤维总效率的表达式：

$$E = E_D + E_{DR} + E_R + E_I \tag{23-3-29}$$

$$E_{DR} = 1.24 K u^{-\frac{1}{2}} Pe^{-\frac{1}{2}} \left(\frac{d_p}{d_f}\right)^{\frac{2}{3}}$$

式中，E 为单根纤维总效率；E_D 为纯扩散单根纤维效率；E_{DR} 为扩散效应和拦截效应的相互作用引起的捕集效率[18]；E_R 为纯拦截单根纤维效率；E_I 为纯惯性单根纤维效率。

另外一个计算总效率的方法就是独立原则，即假定各种过滤机理单独作用，因此含尘气体经过纤维滤材后的颗粒总透过率应等于对应各种过滤机理产生的透过率乘积[17]。即：

$$E = 1 - (1 - E_R)(1 - E_D)(1 - E_I) \tag{23-3-30}$$

上述计算公式是指孤立捕集体的情况，实际的滤材是由具有一定厚度的纤维材料或颗粒材料组成的，其中纤维直径及纤维排布方向或颗粒直径及排布等，与单根纤维或单个颗粒捕集体的假设具有较大的差别。因此可以先在一定的假设条件下，得到理想情况下滤材效率，然后再依据实际数据进行修正。

3.1.7 过滤材料的捕集效率

Brown[19]在假定滤材内纤维直径相同且规则排布的前提下，得到了滤材过滤效率 E_m 和单根纤维捕集体的效率 E 的关系式，即著名的"对数穿透理论"。通过一定变换，得出了滤材过滤效率为：

$$E_m = 1 - \exp\left[-\frac{4\alpha E h}{\pi(1-\alpha)d_f}\right] \tag{23-3-31}$$

式中，h 为滤材厚度，m；E 为滤材内单根纤维的捕集效率；$\alpha = 1 - \varepsilon$，ε 为滤材的孔隙率。

但在实际过滤器内，捕集体是以一定方式排列组合成一个群体的。这个群体中的每一个捕集体的捕集效率必然会受到其邻近捕集体的影响，所以它的数值往往要大于孤立捕集体的效率。由于纤维滤材内的颗粒捕集过程可认为是滤材纤维孔隙内的气固两相流动，因此可以采用气固两相流动模型分析不同直径颗粒在流场的运动特性，得到颗粒过滤效率。有关气固两相流动数值计算的方法主要有：欧拉-欧拉方法和欧拉-拉格朗日方法。欧拉-欧拉方法主要应用于稠密颗粒相的气固流动体系，也称为颗粒相拟流体模型。它把颗粒相处理为具有连续介质特性的、与连续相气体相互渗透的拟流体，流体连续相和颗粒相都在欧拉坐标系下求解。欧拉-拉格朗日方法则将流体相处理为连续相，在欧拉坐标系下建立纳维-斯托克斯方法求解其流动特性；而在拉格朗日坐标下，应用牛顿第二定律跟踪求解流场的每个固体颗粒的运动轨迹，反映整个颗粒相流动特性，又称为颗粒轨道方法。目前滤材内颗粒捕集效率的数值计算方法可分为以下三个过程：

① 采用计算流体力学方法模拟流场，利用颗粒轨道模型计算颗粒运动轨迹，进而得到惯性碰撞效率。

② 气体流场和颗粒都作为连续相，分别采用流动方程和对流扩散传质方程，得到颗粒沉积速率，可称为欧拉方法。

③ 采用布朗动力学方法模拟颗粒的实际运动，计算颗粒总效率，该方法可以同时考虑各种机理产生的捕集效率，称为拉格朗日方法。

Ramarao 和 Balazy 等[17,20~22] 运用 Brownian 动力学（Brownian dynamics，BD）方法估算纤维的总效率。该模型同时考虑了确定性和随机性的作用力，同时考虑了多种机理的作用，即采用颗粒运动的随机轨道方法确定颗粒在纤维表面的沉降，采用计算流体力学方法可以分析颗粒在扩散作用下的运动和捕集效率。将方程（23-3-1）中的外力用布朗运动的随机作用力代替，在过滤速度为 $1m \cdot s^{-1}$、颗粒密度为 $1g \cdot cm^{-3}$、滤材纤维直径为 $10\mu m$ 的情况下，计算出的过滤效率如图 23-3-3 所示。由图中可以看出，扩散效应主要对直径小于 $0.4\mu m$ 的颗粒起作用，而颗粒轨迹中的拦截效应和惯性效应则主要用于 $0.3\mu m$ 以上的颗粒，两种叠加原则得到的总效率基本相同。

3.2　袋式过滤器

袋式过滤器是工业过滤除尘设备中应用最广的一类。它的捕集效率高，一般可达到99%以上，而且可以捕集不同性质的粉尘，适应性广；处理气量可由每小时几百立方米到数十万立方米，使用灵活；结构简单，性能稳定，维修也较方便；但其应用范围主要受滤料的耐温、耐腐蚀性等的限制，一般仅用于250℃以下，也不适用于黏附性很强及吸湿性强的粉尘；设备尺寸及占地面积也比较大。

袋式过滤器的结构型式很多，按滤袋形状可分为圆袋、扁袋、折叠筒式以及双层滤袋等。其中，圆袋结构简单，清灰容易，应用最广；而扁袋和折叠筒式则可大大提高单位体积内的过滤面积。按过滤方式可分为内滤式和外滤式，其中内滤式为含尘气流由袋内流向袋外，利用滤袋内侧捕集粉尘；而外滤式为含尘气流由袋外流向袋内，利用滤袋外侧捕集粉尘。袋式过滤器按清灰方式分为：脉冲喷吹类、逆气流反吹类、机械振动类和复合式清灰类四种型式，各种清灰方式的效果比较见表 23-3-8[23,24]。

表 23-3-8　滤袋的清灰方式效果比较表

清灰方式		适用滤料	允许温度	过滤风速	粉尘负荷	除超微粉尘的效率	清灰均匀性	滤袋磨损	设备耐久性	设备造价	动力费用
脉冲喷吹式清灰	整室	织物、针刺毡	中	高	高	高	好	低	好	高	中
	分排	织物、针刺毡	中	高	很高	高	一般	一般	好	高	高
逆气流反吹式清灰	不缩袋	织物、针刺毡	高	一般	一般	好	好	低	好	一般	中低
	缩袋	织物、针刺毡	高	一般	一般	好	一般	高	好	一般	中低
机械振动式清灰		织物、针刺毡	中	一般	一般	一般	一般	一般	低	一般	中低

3.2.1　袋式过滤器的性能

(1) 滤尘效率　在袋式过滤器中，过滤过程分成两个阶段：初始阶段和表面粉尘层过滤阶段。在初始过滤阶段，当含尘气体绕流通过清洁滤料内的纤维捕集体时，由于前述的惯性碰撞、拦截、扩散、沉降等各种机理的联合作用而把气体中的粉尘颗粒捕集在滤料上，当这些捕集的粉尘不断增加时，一部分粉尘嵌入到滤料内部，另一部分附着在其表面形成粉尘层。当滤料表面的粉尘层达到一定厚度时，粉尘层内的孔隙会明显小于滤料内孔隙，所以此时的过滤主要靠粉尘层的筛滤效应，捕集效率显著提高，压降也随之增加，称为表面粉尘层过滤阶段。由此可见，工业袋滤器的滤尘性能受滤料上粉尘层的影响很大，滤料则主要起着形成与支撑粉尘层的作用。清灰时滤料迎风侧表面应保留一定厚度的残余粉尘层，过度清灰会引起效率显著下降，加快滤料损坏。有时滤料上局部较大的孔隙不足以使粉尘在其上架桥堆积，则该处出现"穿刺"通道，细颗粒会透过，使效率有所下降。所以根据粉尘的性质，合理地选用滤料是保证过滤效率的关键。一般当滤料孔径与尘粒直径之比小于 10 时，粉尘就易在滤料孔上架桥堆积而形成粉尘层。

图 23-3-4 是同一滤料在不同过滤工况下的除尘效率。新滤料的除尘效率相当低，积尘后的滤料对于粒径大于 $1.0\mu m$ 的粉尘，则不难达到 99% 以上的效率；而清灰后由于滤料还保留一定的残留粉尘（称初始粉尘层），其效率虽稍有降低，但仍可正常工作。对于粒径为 $0.2\sim0.5\mu m$ 的粉尘颗粒，不论在什么工况下，其效率均较低。

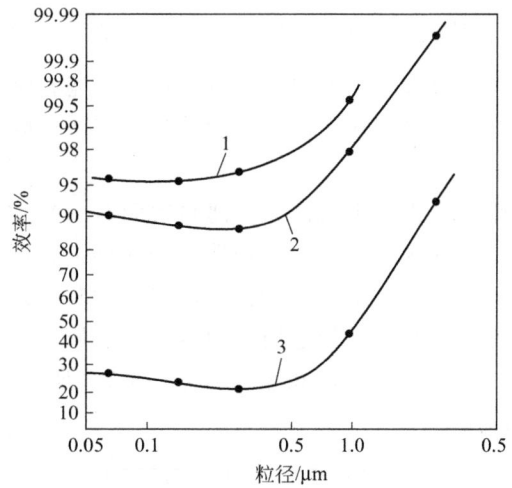

图 23-3-4 同种滤料在不同状态下的除尘效率
1—积尘的滤料；2—清灰后的滤料；3—清洁滤料

含尘气体通过滤料表面的速度称为过滤速度，它对粉尘的捕集效率有显著影响。实验表明，过滤速度增大一倍，粉尘透过率可能增加 2 倍甚至 4 倍以上。积尘后，滤速的影响相对要小得多，但滤速过高会使滤料上迅速形成粉尘层，引起清灰频繁。实际运行过程中，织物滤料的滤速常选 $0.5\sim2m\cdot min^{-1}$，毡滤料则可选 $1\sim5m\cdot min^{-1}$。

(2) 压降　袋式过滤器的压降不但决定其能耗，而且还影响除尘效率和清灰周期等。它与过滤器结构型式、滤料种类、气体和粉尘性质、过滤速度、入口含尘浓度以及清灰方式等诸多因素有关。

袋式过滤器的总压降 PD，可由设备本体的阻力 PD_c、洁净滤料的阻力 PD_f 和滤料表面粉尘层的阻力 PD_d 三部分组成，即：

$$PD=PD_c+PD_f+PD_d \tag{23-3-32}$$

设备本体的阻力PD_c是指气体通过过滤器进出口及内部挡板、文氏管等产生的压力损失，它与过滤器的结构型式及过滤速度有关，很难用统一表达式进行计算，通常为$200\sim500Pa$。

洁净滤料的阻力PD_f主要取决于滤料结构、过滤速度及气体黏度，可用下式计算：

$$PD_f=\xi_f\mu_f v \tag{23-3-33}$$

式中　μ_f——气体的动力黏度，$Pa\cdot s$；

　　　v——过滤速度，$m\cdot s^{-1}$；

　　　ξ_f——滤料本身的阻力系数，m^{-1}，各种滤料的阻力系数可通过实验确定。

滤料上粉尘层的压降PD_d为：

$$PD_d=\xi_d\mu_f v=am\mu_f v \tag{23-3-34}$$

式中　ξ_d——粉尘层的阻力系数，m^{-1}；

　　　a——粉尘层的比阻力，$m\cdot kg^{-1}$；

　　　m——滤料上总粉尘负荷，$kg\cdot m^{-2}$。

这样，积尘滤料的压降PD_t即为

$$PD_t=PD_f+PD_d=(\xi_f+\xi_d)\mu_f v=(\xi_f+am)\mu_f v \tag{23-3-35}$$

袋式过滤器的压力损失在很大程度上取决于过滤速度。滤料结构和表面处理情况也有一定影响。清灰方式对袋滤器压降也有很大影响，脉冲喷吹清灰压降最低，其他清灰方式的压降则较高。

（3）过滤速度　过滤速度是指含尘气体通过滤料表面时的平均速度，它是袋式过滤器处理气体能力的重要技术指标，其选择是由粉尘物性、滤料种类、清灰方式和清灰效率等因素而定的，一般选用范围为$0.2\sim6m\cdot min^{-1}$。滤速高，则设备紧凑、费用低，但阻力高、效率低，还会导致滤料上的粉尘层厚度增加过快，使得清灰频繁。过滤速度对除尘效率有明显的影响。而积尘后，滤速的影响相对要小得多，如图23-3-5所示。实际上，过滤速度的影响主要表现在过滤器的压降上。

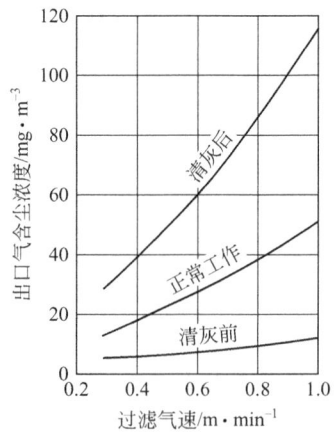

图 23-3-5　气速与出口气含尘浓度的关系

对不同结构型式的袋滤器，亦有其适宜的过滤速度如下：

脉冲喷吹清灰袋滤器　　　　　　　　　　　　　　　　　　　　$2\sim4m\cdot min^{-1}$

简易清灰袋滤器	$0.15 \sim 0.6 \mathrm{m \cdot min^{-1}}$
逆气流清灰袋滤器	$0.5 \sim 1.2 \mathrm{m \cdot min^{-1}}$
逆气流机械振打联合清灰袋滤器	$0.75 \sim 2 \mathrm{m \cdot min^{-1}}$
气环反吹清灰袋滤器	$3 \sim 6 \mathrm{m \cdot min^{-1}}$
机械振打清灰袋滤器	$0.6 \sim 1.6 \mathrm{m \cdot min^{-1}}$

(4) 滤袋寿命　滤袋寿命是衡量袋式过滤器性能的主要指标之一，滤袋的寿命一般以总袋数的 10% 已破损时的使用时间来定义，或由于粉尘堵塞，使风量减少 10% 以上的时间来定义的。滤袋寿命与滤料的材质、过滤速度、气体温度、气体湿度、气体含尘浓度、粉尘性质、过滤器结构以及清灰方式等因素有关。目前，滤袋的使用寿命普遍可达两年以上。

3.2.2　滤料

滤料性能的优劣直接决定了袋滤器性能的高低。因此，正确选择滤料是选用和设计袋滤器的关键。目前袋滤器主要以纤维织物作为滤袋材料。近年来出现了以塑料、金属、陶瓷制造的微孔过滤元件，以及陶瓷纤维制造的管状过滤元件，其应用逐渐增多，见本章高温过滤器部分。

3.2.2.1　滤料的性能指标

(1) 过滤效率与压力损失　滤料的过滤效率和压力损失与滤料本身的结构有关，更取决于滤料上所形成的粉尘层特性。

(2) 容尘量　容尘量是指达到指定压力损失时，单位面积滤料上沉积的粉尘量（$\mathrm{kg \cdot m^{-2}}$）。它与滤料的孔隙率及透气率等因素有关。在一定压力损失范围内，滤料的容尘量大，可以延长清灰周期，增加滤袋的使用寿命，一般毛毡滤料较织物滤料容尘量大。

(3) 透气率　透气率是指一定压差下，通过单位面积滤料上的气体量（$\mathrm{m^3 \cdot min^{-1} \cdot m^{-2}}$），它取决于滤料的种类、直径以及滤料的结构及制造工艺。透气率低，过滤效率高，阻力也大；透气率高，单位面积上允许的气体流量也大。标定透气率所规定的压差，各国取值不同，美国、日本取 127Pa，瑞典取 100Pa，德国取 200Pa，我国常取 127Pa。透气率一般指清洁滤料的透气率，当滤料上积有粉尘后，透气率要降低。

(4) 粉尘剥落性　粉尘剥落性主要影响清灰的难易，滤料表面愈光滑，剥落性愈好，清灰就愈容易。因此有时为了增加表面光滑性，常对一些滤料进行表面覆膜工艺处理。

滤料的性能指标除了以上过滤指标外，还包括理化性能指标和机械性能指标。滤料的理化性能指标主要包括：单位面积重量、厚度、密度、耐温耐热性、静电性、吸湿性、耐燃性等；而滤料的机械性能指标主要包括：拉伸强度、断裂强度、耐磨性等。

3.2.2.2　滤料的结构和类型

滤料按加工方法可分为织造滤料、非织造滤料、覆膜滤料及特殊滤料等几种结构类型。按所用材质将滤料分为四类：合成纤维滤料、玻璃纤维滤料、复合纤维滤料以及其他材质滤料[25,26]。

(1) 织造滤料　可分为平纹、斜纹、缎纹及绒布等几种。

平纹布因其透气性较差，已很少用作滤料。斜纹布的过滤效率、清灰效率及耐磨性均较好，是织物滤料中较常用的一种。缎纹布的透气性及弹性均较好，但过滤效率及强度稍差。在气体过滤中常用斜纹及缎纹织布。

绒布是将一定组织的机织布经起绒工序而制成的，多为单面绒布。其过滤效率高、透气性好、容尘量大，能形成多孔的粉尘层，故亦为气体过滤所常用。

（2）非织造滤料 非织造滤料为采用非织造技术直接将纤维制成滤料。常用的有针刺毡，它是在底布的两面铺以纤维，或完全采用纤维以针刺法成型，再经后处理而成。针刺毡纤维间的细孔分布均匀，孔隙率可高达70％～80％。其压降低于织布，而过滤效率却高于织布，而且易于清灰，现已广泛用于各种反吹清灰类的袋式过滤器。

可以用作滤料的纤维种类繁多，如天然纤维、合成纤维、玻璃纤维、陶瓷纤维、炭素纤维、金属纤维、复合纤维等，其中天然纤维已逐渐被合成纤维及无机纤维滤料所取代。

应用最广的是聚酯纤维类滤料，可在130℃下长期工作。国内主要品种有"208"工业涤纶绒布及"729"筒形聚酯纤维类滤料，它们与同类的日本滤料的主要性能比较见表23-3-9。

表 23-3-9 聚酯纤维类滤料的性能指标

项目		208	729-Ⅰ	729-Ⅱ	729-Ⅲ	729-Ⅳa	729-Ⅳb	日本滤料		备注
								NAKAO	JAF	
厚度/mm		1.97	0.613	0.84	0.77	0.54	0.72	0.74	0.72	Y531 测定
密度/g·cm^{-3}		385	314.4	318	322.7	306.9	310.1	317	307	
断裂强力（20cm×15cm）/N	经向	3172.2	2302.4	2736.9	2753.5	3831	2880	3173.5	2554.5	Instron 测定
	纬向	1089.7	1818.0	1790.6	2008.2	1936.7	2048.5	2100.3	1778.6	
透气率/m^3·m^{-2}·min^{-1}		12.8	10.4	6.5	4.4	9.6	8.5	6.7	7.7	AP-360 测定
耐磨次数		67196	53680	69985	58760	55750	47750	47550	50750	负荷 784g·m^{-2}
熔点/℃			258	260	264	274	270	262	273	
热收缩/％		4	10.75			5.6	7.3	9.25	7.4	

聚酰胺纤维（锦纶）的长期使用温度为75～85℃。聚丙烯腈纤维（腈纶）的长期使用温度为110～130℃，短期可达150℃。尼毛特2号及尼棉特4A号则是维纶（聚乙烯醇纤维）与羊毛或棉的混合织物，并起绒，其耐磨性、过滤性能及透气性均较好，但只能在100℃以下工作。

可耐200～300℃温度的滤料主要有：芳香族聚酰胺（芳纶，商品名为Nomex）、聚酰亚胺（PI，商品名为P84）、聚苯硫醚（PPS，商品名为莱能）、聚四氟乙烯纤维（PTFE，Teflon）、聚砜酰胺纤维（芳砜纶，简称PST）和玻璃纤维等。除了上述几种滤料外，还有把不同耐温纤维复合形成复合滤料，例如氟美斯滤料就是其中的一种。以上几种耐高温材料制成的针刺毡滤布的性能参数见表23-3-10。

玻璃纤维是由熔融的玻璃液拉制而成的，有不同的化学成分。用于制造过滤材料的玻璃纤维有两类：一类是铝硼硅酸盐玻璃，即无碱玻璃纤维；另一类是钠钙硅酸盐玻璃，即中碱玻璃纤维。通常，中碱玻璃纤维的单丝直径在8μm左右，无碱玻璃纤维的直径为5.5μm左右。玻璃纤维的特点是耐高温（使用温度为230～280℃），吸湿性及延伸率小，抗拉强度大，耐酸性好，造价低。但不耐磨、不耐碱，其致命的弱点是抗折性差，故通常需进行表面处理。表面浸渍处理可改善和提高玻璃纤维的抗折、耐磨、耐温、疏水及柔软等性能。用于袋式过滤器的玻璃纤维材料可以是平幅过滤布、玻璃纤维膨体纱滤布和玻璃纤维针刺毡。玻璃纤维针刺毡长期工作温度为220℃，主要用于脉冲喷吹式袋滤器，允许的过滤气速较大。此外，玻璃纤维经表面处理后可加工成覆膜滤料。

表 23-3-10 高温制成的针刺毡滤布技术性能参数

名称		芳纶针刺毡	P84 针刺毡	莱能针刺毡	诺梅克斯针刺毡	芳砜纶针刺毡	碳纤维复合针刺毡	氟美斯
原名		芳香族聚酰胺	芳香族聚酰亚胺	聚苯硫醚	诺梅克斯纤维	芳砜纶纤维	碳纤维	诺梅克斯玻璃纤维
克重/g·m^{-2}		450~600	450~600	450~600	450~700	450~500	350~800	800
厚度/mm		1.4~3.5	1.4~3.5	1.4~3.5	2~2.5	2~2.7	1.4~3.0	1.80
孔隙率/%		65~90	65~90	65~90	60~80	70~80	65~90	
透气量/dm^3·m^{-2}·s^{-1}		90~440	90~440	90~440	150	100	90~400	130~300
断裂强度(20cm×50cm)/N	经向	800~1000	800~1000	800~1000	800~1000	700	600~1400	1600
	纬向	1000~1200	1000~1200	1000~1200	1000~1200	1050	800~1700	1400
断裂伸长/%	经向	≤50	≤50	≤50	15~40	20	<40	
	纬向	≤55	≤55	≤55	15~45	25	<40	
表面处理		烧毛面	烧毛面	烧毛面	烧毛面	烧毛面	烧毛面	
耐热性/℃	连续性	200	250	190	200	200	200	260
	瞬时	250	300	230	220	270	250	300
化学稳定性	耐酸性	一般	好	好	好	良好	好	
	耐碱性	一般	好	好	好	耐弱碱	中	

(3) 覆膜滤料 覆膜滤料是用两种或两种以上各具特点的滤料复合成一体。在针刺滤料或机织滤料表面覆以微孔薄膜滤料可实现表面过滤，使粉尘只停留于表面，容易脱落，即提高了滤料的剥离性。这种滤料的初阻力较覆膜前略有增加，但过滤器运行后，由于粉尘剥离性好、易清灰，当工况稳定后，滤料阻力不再上升而是趋于平稳，明显低于常规不覆膜滤料。

覆膜滤料性能优异，其过滤方法是膜表面过滤，近100％截留被滤物，具有以下特点：

① 过滤效率高 使用覆膜滤料可实现表面过滤，使得粉尘不能透入滤料内部，无论是粗、细粉尘，全部沉积在滤料表面，即靠膜本身孔径截留被滤物，无初滤期，开始就是有效过滤，近百分之百的时间处于过滤状态。

② 低压降、高通量连续工作 传统的深层过滤材料，一旦投入使用后，内部堆积的粉尘造成阻塞现象，透气性便迅速下降，从而增加了过滤设备的阻力。而覆膜滤料由于微细孔径，使粉尘穿透率近于零，投入使用后提供极佳的过滤效率，当沉积在薄膜滤料表面的粉尘达到一定厚度时，就会自动脱落，易清灰，使过滤压降始终保持在很低的水平，气体流量始终保持在较高水平，可连续工作。

③ 容易清灰 由于滤料的操作压力损失直接取决于清灰后剩留或滞留在滤料表面上的粉尘量，传统深层滤料清灰时间长。而覆膜滤料仅需数秒钟即可，具有非常优越的清灰特性，每次清灰都能彻底除去尘层，滤料内部不会造成堵塞，能经常维持在较低压力损失的工况下工作。

④ 寿命长 覆膜滤料是由一种强韧而柔软的纤维结构，与强度高的基材复合而成的，拥有足够的机械强度，加之有卓越的脱灰性，降低了清灰强度，在低而稳的压力损失下，能长期使用，延长了滤料寿命。

常用的覆膜滤料是在聚酯（PET）、聚丙烯（PP）、芳纶（Nomex）、聚四氟乙烯（PT-FE）、玻璃纤维等的针刺毡或机织布基底上覆以聚四氟乙烯膨体微孔薄膜，其覆合方式分为黏合剂覆合和热压覆合。热压覆合是先将基底滤料烧毛，然后使薄膜与基底共同通过一系列轧辊，在温度和压力的作用下，两者结合在一起。热塑性的基底可以直接进行热覆合，如果不是热塑性基底，则需要用聚四氟乙烯处理后再热覆合。黏合剂覆合强度较低，而且黏合剂会降低膜的透气性。部分覆膜滤布技术性能指标见表 23-3-11。

表 23-3-11　部分覆膜滤布技术性能指标

品种指标项目		薄膜复合聚酯针刺毡滤料	薄膜复合729滤料	薄膜复合聚丙烯针刺毡滤料	薄膜复合Nomex针刺毡滤料	薄膜复合玻璃纤维	抗静电薄膜复合MP922滤料	抗静电薄膜复合聚酯针刺毡滤料
薄膜材质		聚四氟乙烯	聚四氟乙烯	聚四氟乙烯	聚四氟乙烯	聚四氟乙烯	聚四氟乙烯	聚四氟乙烯
基布材质		聚酯	聚酯	聚丙烯	Nomex	玻璃纤维	聚酯不锈钢	聚酯＋不锈钢＋导电纤维
结构		针刺毡	缎纹	针刺毡	针刺毡	缎纹	缎纹	缎纹
克重/g·m^{-2}		500	310	500	500	500	315	500
厚度/mm		2.0	0.66	2.1	2.3	0.5	0.7	2.0
断裂强度/N	经向	1000	3100	900	950	2250	3100	1300
	纬向	1300	2200	1200	1000	2250	3300	1600
断裂伸长率/%	经向	18	25	34	27		25	12
	纬向	46	22	30	38		18	16
透气量/dm^3·m^{-2}·s^{-1}		20～30	20～30	20～30	20～30	20～30	20～30	20～30
		30～40	30～40	30～40	30～40	30～40	30～40	30～40
摩擦荷电电荷密度/μC·m^{-2}							＜7	＜7
摩擦电位/V							＜500	＜500
体积电阻/Ω							＜10^9	＜10^9
使用温度/℃		≤130	≤130	≤90	≤200	≤260	≤130	≤130
耐化学性	耐酸	良好	良好	极好	良好	良好	良好	良好
	耐碱	良好	良好	极好	尚好	尚好	良好	良好
其他		另有防水防油基布						另有阻燃型基布

3.2.3　袋式过滤器的结构型式与应用

袋式过滤器根据其滤袋的形状、清灰方式、箱体结构以及气流方向等，可以组成多种多样的结构型式，本节主要介绍应用较为广泛的典型结构型式及其主要参数[24,27,28]。

（1）脉冲喷吹袋式过滤器　在不中断过滤气流的情况下，使压缩空气通过文氏管引射器瞬时喷到外滤式袋的内部实现脉冲清灰。这种方式的清灰效率高，滤袋寿命长，维修简单，成为应用最多的一种袋滤器。其工作原理如图 23-3-6 所示，压缩空气由脉冲控制仪及控制阀控制，由气包经脉冲阀从喷管上对准连接在滤袋上口处的文氏管中心的喷吹孔，瞬时高速射向滤袋内，形成一次气流。同时，高速气流在喷过文氏管时又可诱导相当于喷吹气体本身体积 5～7 倍的净化气（二次气流），一起进入滤袋，形成一股与过滤气流相反的逆向气流，使滤袋发生脉冲胀缩变形和振动，将吸附在滤袋外表面的粉尘层

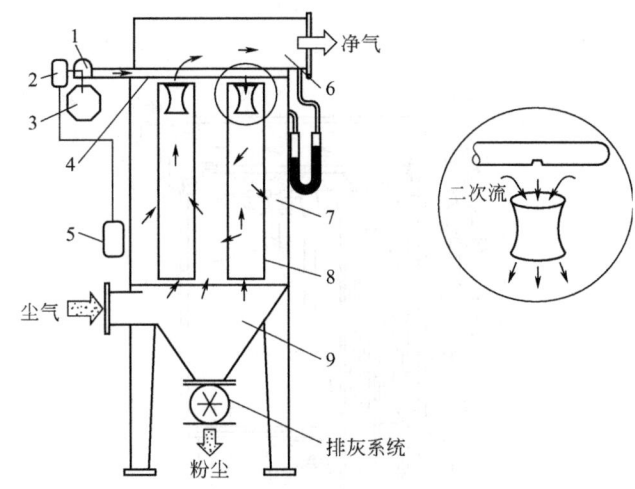

图 23-3-6 脉冲喷吹袋式过滤器工作原理

1—脉冲阀；2—控制阀；3—气包；4—喷吹管；5—控制仪；

6—上箱体；7—中箱体；8—滤袋；9—下箱体

清除。

　　在图 23-3-7 所示的脉冲反吹清灰系统中，脉冲阀是影响过滤器清灰性能的关键部件，主要分为直角式、淹没式和直通式三类。淹没式脉冲阀减少了流道阻力，适用于喷吹压力低的场合，且可降低能耗和延长阀片寿命。直通式的构造特点是气体进出口位于一条直线上，其优点是安装方便，常用于气箱脉冲过滤器，但气流经过阀体的阻力较大。目前常用的喷吹压力在 0.2～0.8MPa。

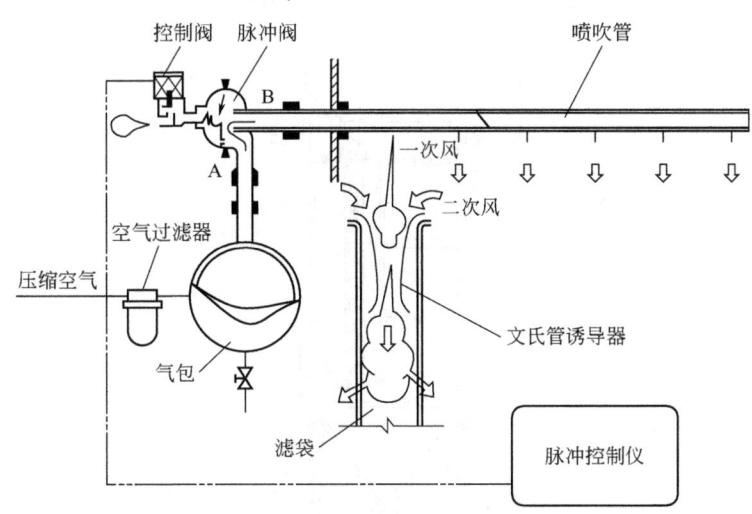

图 23-3-7 脉冲反吹清灰系统组成

　　脉冲喷吹袋式过滤器按气流喷吹方式可分为如下几类：

　　① 逆喷式脉冲袋式过滤器　逆喷式脉冲袋式过滤器的主要特点是含尘气体从下部箱体进入过滤器，其流动方向与脉冲喷吹方向以及粉尘落入灰斗的方向相反，净化后的气体经上部引射器后由净化气体箱排出，因此阻力较大，喷吹压力一般需要 0.5～0.7MPa，如图 23-3-8 所示。

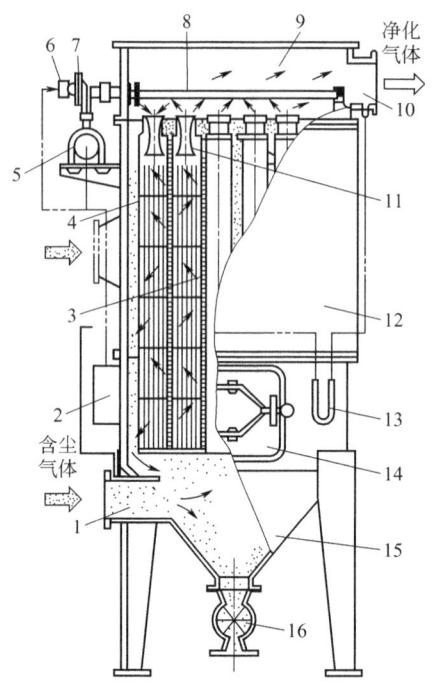

图 23-3-8   逆喷式脉冲袋式过滤器

1—进气箱；2—脉冲控制仪；3—滤袋；4—滤袋框架；5—气包；6—控制阀；7—脉冲阀；
8—喷吹管；9—净气箱；10—净气出口；11—文氏管；12—积尘箱；13—U 形压力计；
14—检查门；15—集尘斗；16—排灰装置

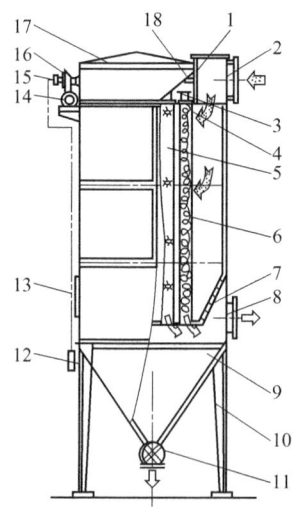

图 23-3-9   顺喷式脉冲袋式过滤器

1—进气箱；2—进风管；3—引射器；4—多孔板；5—滤袋；6—弹簧骨架；7—净气联箱；
8—出风管；9—灰斗；10—支腿；11—排灰阀；12—脉冲控制仪；13—检查门；
14—气包；15—电磁阀；16—脉冲阀；17—上翻盖；18—喷吹管

② 顺喷式脉冲袋式过滤器 顺喷式脉冲袋式过滤器的结构如图 23-3-9 所示，气流由过滤器上部箱体进入，其流动方向与脉冲喷吹方向以及清灰后粉尘落入灰斗的方向一致，净化后气体不经过文氏管引射器，而是由下部箱体的净气联箱排出，故过滤器压降可大大降低，并有利于粉尘沉降落入灰斗。当压降为 750～1800Pa 时，过滤气速可提高到 2.6～5.6m·min^{-1}，滤袋可长达 4.25m。

③ 对喷式脉冲袋式过滤器 对喷式脉冲袋式过滤器的特点是采用上、下对喷的清灰方式，从而可增加滤袋长度，如图 23-3-10 所示。在上箱体和净气联箱内都安装有喷吹管，清灰时上下喷吹管同时从滤袋两端进行喷吹。由于采用了低压喷吹系统，喷吹压力可降到 0.2～0.4MPa，能耗可减少 50% 以上。由于在滤袋上下两端同时进行喷吹，增加了喷吹强度，加长了滤袋，其滤袋长度可达 5m。

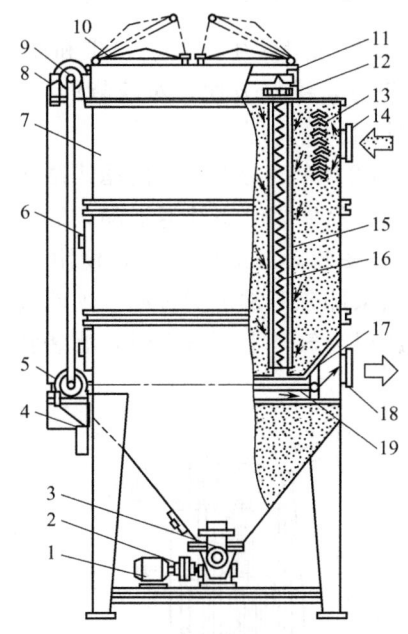

图 23-3-10 对喷式脉冲袋式过滤器

1—电机；2—减速机；3—出灰阀；4—数控仪；5—下气包；6—检查门；7—箱体；8—电磁阀；
9—上气包；10—上盖；11—上喷管；12—下喷管；13—挡灰板；14—进风口；15—弹簧骨架；
16—滤袋；17—净气联箱；18—出风口；19—下喷管

(2) 反吹袋式过滤器 这类过滤器的清灰是借助于空气或高压循环气体以与含尘气流相反的方向通过滤袋，由于反方向的清灰气流直接冲击粉尘层，同时还由于气流方向的改变，滤袋发生胀缩变形的振动，使粉尘层破坏与脱落。逆气流清灰又可分为气流反吹与气流反吸两种方式，反吹风速一般可取过滤气速的 1.5～2 倍。这类过滤器都做成多室结构，轮流切换过滤或清灰操作。典型结构型式有如下两种。

① 分室反吹袋式过滤器 图 23-3-11 是下进气内滤式结构，通常分成若干个室，每室均有分别与各总管相连的含尘气体进口管、净化气出口管、反吹风（或反吸风）管和灰斗。净化气出口管设有切换阀（一次阀门），反吹风管设有逆气流阀（二次阀门）。各过滤室按顺序逐室进行清灰。这种过滤器的过滤气速较低，一般为 0.5～1.2m·min^{-1}，压降通常控制在 1～1.5kPa。滤袋直径较大，最大可达 300mm。滤袋长度一般为 8～12m。清灰时间一般为

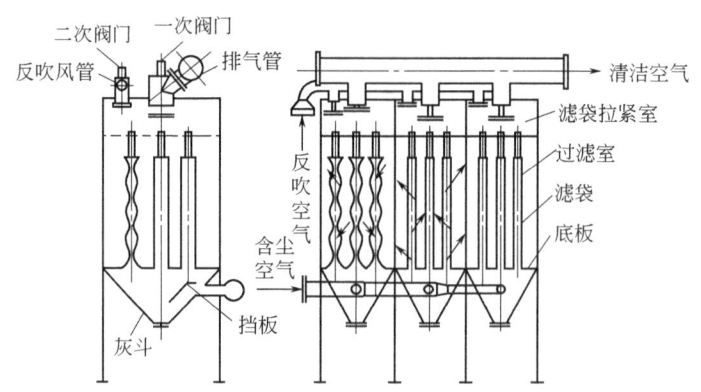

图 23-3-11　分室反吹袋式过滤器

3～5min，清灰周期为 0.5～3h，视入口含尘浓度、粉尘和滤料特性等因素而定。该类过滤器的特点是结构简单，清灰效果好，维修方便，对滤袋的损伤少，特别适用于玻璃纤维滤袋，处理气量大，可以减少占地面积。

② 气环反吹袋式过滤器　图 23-3-12 为上进气内滤式结构。高压空气通过反吹风管与气环相连，气环箱由传动装置带动，沿滤袋上下往返运动，运动速度为 7.8m·min⁻¹。从气环管上宽度为 0.5～0.6mm 的环形夹缝向滤袋内喷吹，使附着在滤袋内表面的粉尘层剥离。每个滤袋只有一小段在清灰，其余部分照常进行过滤，因此过滤器是连续工作运行的。由于气环的内径略小于滤袋外径，所以当气环上下滑动时，滤袋就会稍有变形，使较厚的粉尘层也容易剥落。

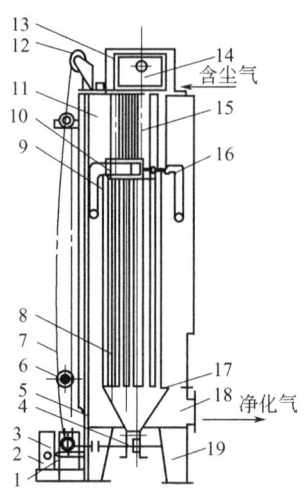

图 23-3-12　气环反吹袋式过滤器

1—齿轮箱；2—减速机；3—传动装置；4—排灰阀；5—下部箱体；6—链轮；7—链条；8—滤袋；
9—反吹气管；10—气环箱；11—中部箱体；12—滑轮组；13—上部箱体；14—进气口；
15—钢丝绳；16—气环管；17—灰斗；18—排气口；19—支脚

由于气环反吹清灰能力强，故过滤速度可取较高值，一般为 4～6m·min⁻¹。又由于采用了上进气方式，它可适用于高浓度、较潮湿的粉尘，以及回收贵重粉料和捕集有毒粉尘等。

③ 回转反吹袋式过滤器　回转反吹袋式过滤器是应用空气喷嘴，分别采用回转方式逐个对滤袋进行逆向反吹清灰的。回转反吹袋式过滤器结构如图 23-3-13 所示，都采用下进风外滤式结构，其滤袋形状可为扁袋、圆袋和椭圆袋等型式。含尘气流由进气口沿切向进入过滤器后，气流在下部圆筒段内旋转，直径较大的粉尘在离心力和重力作用下沿筒壁进入灰斗；而较细的粉尘则随气流上升由滤袋外壁进入，净化气体穿过滤袋由上口排出。当滤袋室的阻力增加到某一规定值时，反吹风机及回转机构同时启动，这时反吹气流自中心管送至回转悬臂，经喷吹孔垂直向下吹入滤袋内，使滤袋膨胀，实现清灰。回转悬臂每隔一定时间移动一个角度，当回转悬臂旋转一周时，整个滤袋室内的每一排滤袋都进行了一次清灰过程。

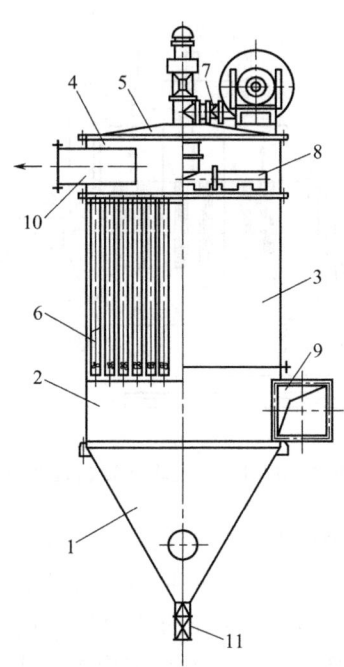

图 23-3-13　回转反吹袋式过滤器

1—灰斗；2—下箱体；3—中箱体；4—上箱体；5—顶盖；6—滤袋；
7—反吹风机；8—回转反吹装置；9—进风口；10—出风口；
11—卸灰装置

(3) 振动式袋式过滤器　这种袋式过滤器是利用机械振动装置，周期性振打滤袋进行清灰。有三种振动方式：①使滤袋沿垂直方向振动，可采用定期提升滤袋吊挂框架的方法，也可利用偏心轮振打框架的方法；②使滤袋沿水平方向振动，可分为上部振打与腰部振打两种；③使滤袋扭转以破碎粉尘层。机械振动袋式过滤器的过滤速度常取 $0.6 \sim 1.6 \mathrm{m \cdot min^{-1}}$，压降为 $800 \sim 1200 \mathrm{Pa}$。它的结构简单，清灰效果好，一般多采用停风清灰的间歇操作，适用于处理风量小及含尘浓度不大的场合。

(4) 复合式袋式过滤器　复合式袋式过滤器是以袋式过滤器为基础，并与其他清灰方式和分离技术组合起来的过滤器，如振动/反吹风袋式过滤器、声波/反吹风袋式过滤器、静电袋式过滤器等。

静电袋式复合过滤器是利用静电力与过滤方式相结合的一种复合式过滤器，在袋式过滤器前增设电场除尘，使含尘气体在过滤之前经过一个电晕荷电过程，去除部分粉尘并给剩余粉尘荷电，预荷电后的粉尘可以提高袋式过滤器的效率，并且使得滤袋表面的粉尘层疏松，进而可以降低过滤阻力，延长喷吹周期，降低喷吹压力，显著延长滤袋的寿命。静电袋式复合过滤器在水泥厂和燃煤电厂静电除尘器改造中得到了广泛的应用。图 23-3-14 所示为静电袋式复合过滤器，烟气从过滤器进气喇叭口引入，经两层气流均布板，使气流沿电场断面分布均匀后进入电场，烟气中的粉尘有 70%～80% 被电场收集下来，烟气由水平流动折向电场下部，然后从下而上运动，通入除尘室。滤袋采用外滤式结构，其长度不小于 6m，直径为 120～295mm。清灰为逆气流反吹方式，一般为定压差方式自动控制。在平均过滤速度为 1.31m·min⁻¹ 时，过滤器压降为 1960～2450Pa，平均捕尘效率可达 99.59%[29]。

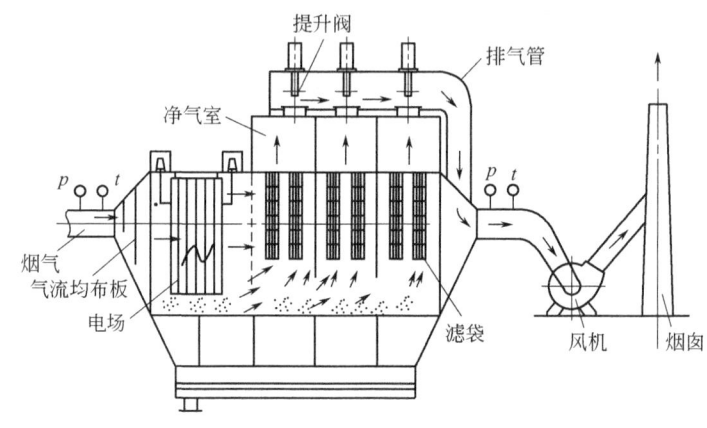

图 23-3-14　静电袋式复合过滤器

（5）袋式过滤系统设计的几个问题　袋式过滤系统设计中，除要根据操作条件及净化要求而合理地选择滤料及清灰方式外，还有一些问题需要注意。

① 含尘气体的预处理问题　若所需处理的含尘气体的温度过高，滤料很难长期承受，则在条件许可时，可用混入少许环境空气、或喷雾冷却、或换热冷却等方法先将气体温度降到滤料允许值后，再进行过滤净化。对含尘浓度很高的气体，可用旋风分离器作为预除尘器，或采用特殊结构的袋式过滤器，如加宽袋距、连续清灰、入口沉降室或切向入口等。若气体内还含有少量油雾，只要滤布上吸附的粉尘量远远超过油雾量，即可防止油雾黏结的麻烦。对于容易吸湿与潮解的粉尘，应采用表面光滑不起绒的滤布，或采用预涂层办法，即先向滤袋上通入助滤剂，如硅藻土或石灰粉。对于含湿气体，应注意设备保温，防止有冷凝水析出。对于可燃性粉尘，要严格采取防火防爆措施，如清除滤布静电，稀释可燃性粉尘的浓度，设置安全孔和消防设备等。

② 脉冲喷吹参数的合理选定　脉冲喷吹系统包括控制仪、控制阀、脉冲阀、喷吹管与气包等。控制仪是向控制阀发出脉冲信号的仪器，有电控、气控与机控三种，前者最为常用。

脉冲喷吹的三个主要参数——喷吹压力、喷吹周期、喷吹时间，既是保证袋式过滤器正常运行的关键，也直接影响到压缩空气消耗量。

喷吹压力越大，诱导的二次气流越多，所形成的反吹气速越大，清灰效果越好。但压力过高时，也会出现过度清灰，反而影响净化效率。由于压缩空气的压力相当大的一部分用于克服喷吹系统本身的阻力，且脉冲阀的阻力占比较大，因此设计中应多选用淹没式脉冲阀或双膜片脉冲阀等低阻力的阀，进而降低喷吹压力，节约能耗。

喷吹周期的长短直接影响袋式过滤器的压降。一般当过滤速度小于 $1.5 \sim 2 \text{m·min}^{-1}$、入口含尘浓度为 $5 \sim 10 \text{g·m}^{-3}$ 时，喷吹周期可取 $5 \sim 15 \text{min}$；当入口含尘浓度小于 5g·m^{-3} 时，喷吹周期可增到 $15 \sim 30 \text{min}$。当过滤速度大于 $1.5 \sim 2 \text{m·min}^{-1}$，入口含尘浓度大于 10g·m^{-3} 时，喷吹周期可取 $1 \sim 5 \text{min}$。

喷吹时间即脉冲阀开启喷吹时间。一般喷吹时间长，喷入滤袋内的压缩空气量多，清灰效果好。但喷吹时间增加到一定值后，对清灰效果的影响就不明显了。

3.3 空气过滤器

通常把用以净化局部空间空气的除尘设备称为空气过滤器，主要用于通风和空调进气系统。空气过滤器的主要特点是在滤料内部捕集低浓度的粉尘，属于深层过滤，滤材以效率高和阻力低为目标，因此滤料孔隙率比袋式过滤器所用滤料大，一般不需要清灰再生，而是定期更换。空气过滤器的入口质量浓度一般低于每立方米几十毫克，因此其出口质量浓度可以低到以 1m^3 空气中颗粒个数计量。空气过滤器所用的过滤气速一般为 $0.1 \sim 2.5 \text{m·s}^{-1}$，常比袋式过滤器要高 $1 \sim 2$ 个数量级，而袋式过滤器的过滤速度则为 $0.6 \sim 1.6 \text{m·min}^{-1}$[30]。

3.3.1 空气过滤器的性能参数

(1) 阻力 由于空气过滤器的阻力在运行初期和随后运行过程中是不断变化的，因而通常采用初阻力和终阻力来表示其性能。过滤器的初阻力是指过滤器未积尘时在额定风量下的阻力；而终阻力是指在使用一定时间后，其积尘量达到一定数量时的阻力。因此终阻力与容尘量有关。一般把达到初阻力 $2 \sim 4$ 倍时的阻力定义为终阻力。过滤阻力可用下式表示为：

$$PD = av + bv^2 \qquad (23\text{-}3\text{-}36)$$

式中 v——过滤器表观截面气速，m·s^{-1}；

a, b——试验系数，由制造厂家提供。

上式中 av 表示滤料的阻力，与速度呈线性关系；bv^2 表示过滤器的结构阻力。

(2) 效率 空气过滤器的效率分为两种：计重效率和计数效率。当被过滤气体中的含尘浓度以质量浓度来表示时，则为计重效率；当过滤气体中的含尘浓度以计数浓度来表示时，则为计数效率，一般用于超高效过滤器的性能评定。

在空气净化系统内，通常都把不同效率等级的过滤器串联使用。例如，对于净化要求不是很高的场合，第一级可用粗效过滤器，第二级用中效或亚高效过滤器便可满足要求。对于净化要求很高的半导体集成电路制造、光学透镜制造、磁带制造、精密仪表制造以及医药制备等场合，则必须再串联第三级高效过滤器，将 $0.1 \sim 1 \mu\text{m}$ 微尘也滤去，使每立方米气体内所含 $0.5 \mu\text{m}$ 以上的微粒个数低于 4000 个。多级过滤器串联后的总捕尘效率为：

$$E_t = 1 - (1 - E_1)(1 - E_2)(1 - E_3) \qquad (23\text{-}3\text{-}37)$$

式中，E_1、E_2、E_3 分别为第一、第二、第三级过滤器的捕集效率。

(3) 容尘量 容尘量是指过滤器由初阻力变化到终阻力时所能容纳和截留的额定粉尘量，以每平方米过滤面积上的粉尘量表示。当空气过滤器达到额定容尘量后需要取下来清洗再生或自清洁再生，有时是重新更换滤料。因而容尘量的大小是表示空气过滤器寿命长短的重要指标。一般取过滤器终阻力为初阻力两倍时的沉积灰尘的重量，作为该过滤器的容尘量。

3.3.2　空气过滤器的分类

空气过滤器按过滤效率可分为粗效（C1～C4）、中效（Z1～Z3）、高中效（GZ）、亚高效（YG）、高效（G）和超高效（CG）空气过滤器六类，见表23-3-12～表23-3-14。其中高效空气过滤器（G）又细分为 A、B 和 C 三种类别，超高效空气过滤器（CG）则细分为 D、E 和 F 三种类别[31,32]。

表 23-3-12　一般通风用过滤器过滤性能

性能指标 性能类别	代号	迎面风速 /m·s^{-1}	额定风量下的效率 （E）/%		额定风量下的 初阻力（Δp_i）/Pa	额定风量下的 终阻力（Δp_i）/Pa
亚高效	YG	1.0	粒径≥0.5μm	99.9＞E≥95	≤120	240
高中效	GZ	1.5		95＞E≥70	≤100	200
中效1	Z1	2.0		70＞E≥60	≤80	160
中效2	Z2			60＞E≥40		
中效3	Z3			40＞E≥20		
粗效1	C1	2.5	粒径≥2.0μm	E≥50	≤50	100
粗效2	C2			50＞E≥20		
粗效3	C3		标准人工 尘计重效率	E≥50		
粗效4	C4			50＞E≥10		

注：当效率测量结果同时满足表中两个类别时，按较高类别评定。

表 23-3-13　高效（G）空气过滤器过滤性能

类别	额定风量下的钠焰法效率/%	20%额定风量下的钠焰法效率/%	额定风量下的初阻力/Pa
A	99.99＞E≥99.9	无要求	≤190
B	99.999＞E≥99.99	99.99	≤220
C	E≥99.999	99.999	≤250

表 23-3-14　超高效（CG）空气过滤器过滤性能

类别	额定风量下的计数法效率/%	额定风量下的初阻力/Pa	备注
D	99.999	≤250	扫描检漏
E	99.9999	≤250	扫描检漏
F	99.99999	≤250	扫描检漏

空气过滤器按所用材质可分为：天然纤维、合成纤维、玻璃纤维和复合材料等。按结构型式可分为：平板式、折叠式、袋式、卷绕式、筒式和静电式六类。按滤料更换方式可分为：可清洗、可更换和一次性使用三类。

3.3.3 空气过滤器的结构型式

(1) 粗、中效空气过滤器的结构型式

① 填充式空气过滤器 填充式空气过滤器的元件由两个平行的金属网框体组成，滤材夹持于网框之中。滤材为蓬松的针刺无纺布或经树脂处理的玻璃纤维毡，外框有多种廉价材料，如硬纸板、镀锌板或铝合金。填充式空气过滤器具有价格便宜、通用性好、节省场地和结构简单等特点，其过滤效率为粗效 C1～C4 等级，主要用于比较干净场所的空调系统过滤和净化要求不高的空调系统。

② 袋式空气过滤器 袋式过滤器是集中通风系统最常见的一次性过滤器，具有处理风量大、阻力低、有效过滤面积大、容尘量高和使用寿命长等特点。其过滤效率等级为 C3～C4，可除去空气中 5μm 以上的大颗粒粉尘，使得空气得到初步净化，以减少后续中效和高效空气过滤器的负荷。滤材主要为涤纶无纺布或玻璃纤维、合成纤维等。

③ 自动卷绕式空气过滤器 自动卷绕式过滤器按净化级别以粗效为主，它是以纤维卷材为过滤介质，以过滤器前后压差为传感信号进行自动控制更新滤料的粗、中效过滤器。其特点是处理风量大，整卷换料周期从数月到 1 年不等，维护工作量小。自动卷绕式过滤器所配用的滤材有多种：玻璃纤维蓬松毡、疏松的化纤无纺布。按滤材工作面类形可分为平板形和人字形两种，其结构如图 23-3-15 和图 23-3-16 所示。

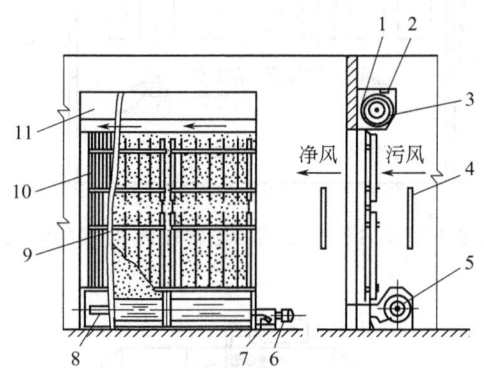

图 23-3-15 自动卷绕式空气过滤器（平板形）

1—压板；2—行程开关；3—清洁滤材；4—静压管；5—积尘滤材；6—电机；
7—减速器；8—下料辊；9—压料栏；10—挡料栏；11—上箱

④ 自洁式空气过滤器 自洁式空气过滤器选用折叠式圆筒过滤元件，常用于燃气轮机、大型鼓风机和制氧机等大型动力设备的空气净化。滤筒在使用中配有脉冲喷吹清灰和相应的自动控制装置。滤材可选用防水型过滤纸，具有抗水雾性能。自洁式空气过滤器具有如下特点：a. 是在程序控制下实现空气过滤元件的自动清洁；b. 过滤效率高，在潮湿地区工作受影响不大；c. 阻力损失小。自洁式空气过滤器的过滤元件一般为刚性圆筒结构，使用高效木浆滤纸或玻璃纤维纸折叠制成滤芯，用多孔的硬质同心圆形骨架作为支撑，滤纸为表面过滤。每隔一定的时间，利用工作压力为 0.7MPa 的压缩空气进行脉冲反吹，清除滤纸表面的粉尘。大型燃气轮机等所用的脉冲空气自清洁过滤装置分悬吊灯笼式底部进气和立式两面迎

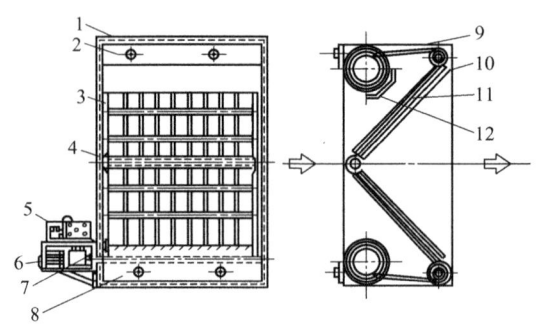

图 23-3-16　自动卷绕式空气过滤器（人字形）

1—外框；2—上箱；3—滤料滑槽；4—改向轴；5—自动控制箱；6—支架；7—双级蜗轮减速器；

8—下箱；9—滤料；10—挡料栏；11—压料栏；12—限位器

风进气两种方式，如图 23-3-17 和图 23-3-18 所示[33]。

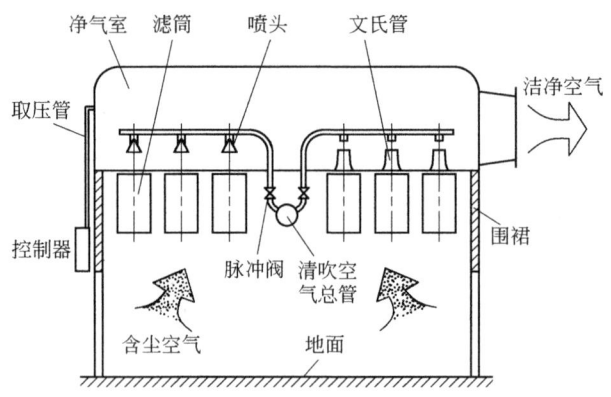

图 23-3-17　脉冲空气自清洁过滤装置（悬吊灯笼式）

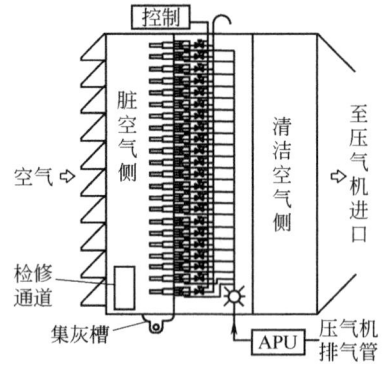

图 23-3-18　脉冲空气自清洁过滤装置（立式两面迎风）

　　（2）高效空气过滤器的结构型式　高效空气过滤器用超细玻璃纤维纸、合成纤维纸作为过滤材料，采用钠焰法或油雾法检测，其效率应在 99.9% 以上。高效空气过滤器按滤芯结构分为有隔板过滤器和无隔板过滤器两类，其结构如图 23-3-19 所示。

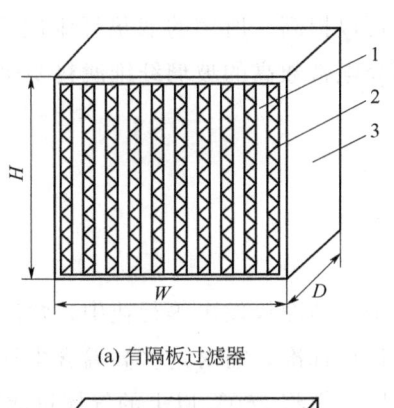

(a) 有隔板过滤器

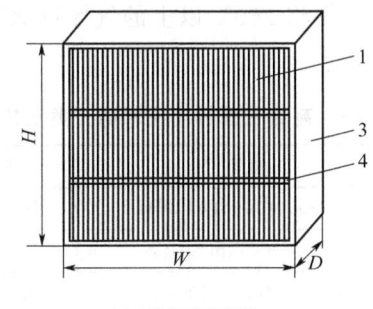

(b) 无隔板过滤器

图 23-3-19 高效空气过滤器

1—滤料；2—分隔板；3—框架；4—分隔物

有隔板空气过滤器由过滤纸、分隔纸、分隔板和外框等组成，按所需深度滤料往返折叠制成，在被折叠的滤料之间靠波纹状分隔板支撑着，在一定的体积内可以极大地增加过滤面积，降低风速，保证过滤器具有较高的效率、较低的阻力和较大的容尘量。有隔板过滤器用作高中效、亚高效和高效过滤器，其常用规格尺寸为 484mm × 484mm × 220mm 和 630mm×630mm×220mm，过滤面积分别为 10m² 和 18m²，所处理的额定风量分别为 1000m³·h⁻¹ 和 1500m³·h⁻¹。过滤材料为玻璃纤维滤纸，分隔板可采用铝箔、塑料板、胶版印刷纸等，外框选用镀锌钢板、胶合板、铝型材和不锈钢板。目前常使用的黏结剂为聚氨酯胶黏剂，特殊场合采用聚硅氧烷、PVC 等。

无隔板过滤器按所需深度将滤料往返折叠，在被折叠的滤料之间用线状黏结剂或其他支撑物支撑着，进而形成空气通道，为目前洁净工程中最常见的结构型式。无隔板过滤器的效率等级为高效和超高效，用于各种洁净厂房的末端过滤、洁净工作台过滤。无隔板高效过滤器已经替代了大部分传统有隔板高效过滤器。尺寸规格：边框宽度为 203mm、305mm、610mm、762mm、915mm、1219mm，厚度为 65～90mm。无隔板过滤器的分隔物可采用热溶胶、玻璃纤维纸条和阻燃丝线等，过滤材料有玻璃纤维滤纸和聚四氟乙烯纤维滤纸。

(3) 静电空气过滤器 将滤料放入电场中，滤料与尘粒都受静电力的作用而极化，可明显提高捕尘效率。一般是把滤垫折叠成锯齿形，用金属网支撑，每一锯齿的顶部接地，中部设置一对地保持几千伏电压的绝缘体，因滤垫的介电常数大约是空气的两倍，所以放电极和接地极之间的电场集中在滤垫内，且电场强度是均匀的。在电场内细微尘粒的迁移要比只受惯性作用时快，所以捕尘效率可以提高。所用的滤垫纤维应具有高的比电阻和低的吸湿性，以保持其中的电场。一般使用介电常数高的玻璃纤维滤料要比用合成纤维滤料好，而且孔隙率越大，电极化效应越显著。

3.4 高温过滤器

在石油化工、煤化工、冶金、洁净煤发电等行业中，常涉及高温含尘气体，为了满足不同工艺需要、余热回收和环保排放标准，需对这些高温含尘气体进行气固分离。为了与常规的袋式过滤器的应用范围相区别，常将 260℃ 以上的气体过滤技术称为高温过滤。表23-3-15 为高温气固分离技术的分类及其特点。

表 23-3-15   高温气固分离技术的分类及其特点

分离器型式		效率/%	压降	处理流量	最高使用温度/℃
旋风分离器	传统型	>90(10μm 以上颗粒)	中～高	很高	1100
	改进型	>90(5μm 以上)	中～高	很高	1100
静电除尘器		>99(0.1～100μm)	很低	低到中	500
颗粒层过滤器		>98	中	高	1000
陶瓷纤维滤袋			低	低到中	370
刚性过滤器	陶瓷过滤管	>99.5	中到高	中到高	850
	金属过滤管	>99.5	中到高	中到高	600
	错流式过滤器	>99.5	低到中	中到高	800

在洁净煤燃烧发电技术中，整体煤气化联合循环（IGCC-CC）和增压流化床燃气-蒸汽联合循环（PFBC-CC）等发电技术都涉及高温气体（260～850℃）过滤技术，其目的是保护燃气轮机等关键工艺设备及满足环境排放标准。在干粉煤气化生产合成氨和甲醇等煤化工工艺中，由气化炉产生的合成气经急冷后温度约为350℃，压力约为 3.98MPa，要求净化后含尘浓度低于 $20mg \cdot m^{-3}$，为此必须采用大型高温过滤器。在炼油厂气相吸附（S-Zorb）方法生产超低硫的清洁汽油工艺、催化裂化装置烟气能量回收系统中都需要在高温和一定压力工况下除去气体中的吸附剂和催化剂等固体颗粒。此外，在生物质气化、垃圾焚烧和固体废弃物处理等工艺过程中，高温气体过滤技术也得到了广泛应用[34,35]。表 23-3-16 给出了几种典型应用场合的参数[36,37]。

表 23-3-16   高温过滤器应用场合的参数

应用场合	操作温度/℃	操作压力/MPa	过滤管材料	过滤速度/m·min⁻¹
PFBC 洁净煤发电	小于 850	1～1.2	陶瓷	
IGCC	250～400	<8.0	陶瓷或金属	
干粉煤气化	250～285	2.6	陶瓷或金属	1.0～1.5
放射性废弃物焚烧或热解	500～900		陶瓷	
生物质气化或热解	500～900		陶瓷	

应用场合	操作温度/℃	操作压力/MPa	过滤管材料	过滤速度/m·min⁻¹
催化裂化烟气能量回收	500～600	0.3	金属或陶瓷	1.5～2.5
垃圾焚烧或热解	200～350(焚烧) 350～500(热解)		陶瓷纤维	1.2～1.5

　　由于高温气体过滤器的性能与高温气体的操作工况、气体组成以及颗粒物性密切相关，高温过滤技术的关键问题是核心过滤元件的过滤性能与循环再生特性、高温过滤器的结构设计以及安全稳定运行。

3.4.1　高温过滤元件

　　高温过滤元件不仅要求具有良好的机械性能、抗热冲击特性，还要求对 H_2S、HCl 以及 NH_3 等气体具有可靠的化学稳定特性。高温过滤元件主要由陶瓷多孔材料和耐高温金属多孔材料两大类组成。高温过滤元件的结构可分为试管式、通管式以及错流式等。由于高温气体中颗粒物含量高，多采用在线脉冲反吹清灰方式实现过滤元件的循环再生。

　　目前在高温下应用较广的为陶瓷管式过滤器，它有试管式与通管式两种，都用脉冲喷吹清灰[38,39]。

　　(1) 试管式过滤元件　过滤元件垂直安装在过滤器的管板上，滤管为底部封闭、上部敞口的结构，气体由滤管外壁沿径向进入过滤管内部，净化后气体由上部敞口端排出。

　　高温陶瓷过滤材料主要有两类：一类是以颗粒粉末烧结为主的低孔隙度结构，孔隙率约为 40%；另一类是以纤维烧结为主的高孔隙度结构，孔隙率可高达 90%[37]。

　　陶瓷粉末过滤管可采用对称和非对称结构，非对称结构由双层或多层具有不同孔隙结构的材料组成。双层过滤管由孔径较大的内部支撑体层和孔径相对较小的外壁过滤膜层组成，可实现表面过滤，承受温度可达到 1000℃。例如美国 Pall 公司生产的 Dia-Schumalith 系列过滤管，内部支撑体由碳化硅颗粒制成，其平均孔径约为 $50\mu m$，过滤膜则由莫来石颗粒、碳化硅颗粒或氧化铝纤维等制成，其平均孔径约 $10\mu m$，过滤膜厚度 $150\sim200\mu m$，过滤管外径 60mm，管体壁厚 10mm，过滤管长度 1～2.5m。过滤管支撑体材料主要有碳化硅、刚玉、堇青石和莫来石等。

　　陶瓷纤维类过滤元件可分为陶瓷过滤袋和刚性陶瓷过滤管。陶瓷过滤袋在脉冲反吹过程中引起振动而影响其运行寿命，一般适合于 370℃ 下的工况[38]。刚性陶瓷纤维过滤管具有较高的孔隙率、重量较轻、阻力较小和不易受到热冲击等特点，可耐高达 850℃ 温度，实际使用多在 500℃ 以下。德国 BWF 公司等生产的过滤管上部呈锥形结构，便于密封和安装，滤管直径 60～200mm。陶瓷纤维种类有氧化铝纤维、莫来石纤维、堇青石纤维、碳化硅纤维和硅酸铝纤维等。表 23-3-17 给出了以上几种陶瓷过滤材料的主要性能指标。

　　近年来，针对烟气中颗粒物分离和降低 NO_x 排放的要求，利用氨法选择性催化还原（NH_3-SCR）技术，以陶瓷粉末烧结或陶瓷纤维烧结过滤管为载体，研制出了具有催化与过滤双重功能的过滤管，可以同时去除高温气体的氮氧化物和颗粒物。Pall 公司在试管式过滤管支撑体外表面覆上一层 TiO_2-V_2O_5-WO_3 催化剂，然后再在催化剂层外面覆上过滤膜层，

表 23-3-17   几种陶瓷过滤材料的主要性能指标对比

材料名称	化学组成	线膨胀系数 /$10^{-6}°C^{-1}$	抗热震性能	适宜操作 温度/℃	抗氧化能力	机械强度
刚玉	Al_2O_3	8.8	低	≤500	较好	较高
莫来石	$3Al_2O_3 \cdot 2SiO_2$	5.3	较好	≤1100	较好	较高
堇青石	$2Al_2O_3 \cdot 5SiO_2 \cdot 2MgO$	1.8	较好	≤1000	较好	一般
硅酸铝纤维	$3Al_2O_3 \cdot 2SiO_2$	6.1	好	≤1000	较好	差
碳化硅	SiC	4.7	较好	≤950	差	高

以避免气体中颗粒在催化剂内的沉积,其过滤管如图 23-3-20 所示。利用图 23-3-20 所示的过滤装置,实现了 250~350℃气体中颗粒物分离和脱硝一体化,在烟气处理和生物质气化等领域具有重要的应用前景[40,41]。

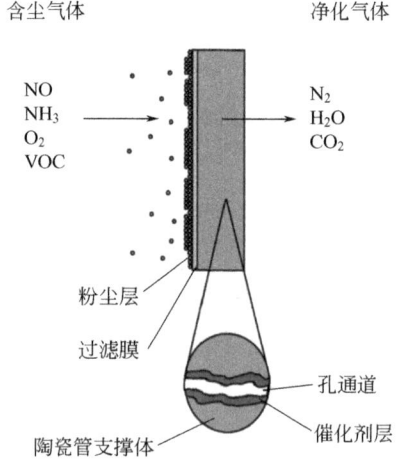

图 23-3-20   催化与过滤复合管结构

由金属多孔材料制成的试管式过滤元件也可分为金属粉末烧结、金属纤维烧结和金属丝网烧结等类型。金属粉末烧结过滤元件的孔隙率为 25%~60%,可采用单层均质结构和双层非对称结构。例如在由 Fe_3Al 基金属间化合物粉末制备的过滤管表面加上氧化铝膜层既可以避免细粉尘沉积,也可以避免滤管支撑体腐蚀等。金属纤维烧结过滤元件是由直径 2~40μm 的金属短纤维烧结而成的,其孔隙率可达 95%,可在 600℃下长期使用,还可以采用折叠型式,增加单根滤管的过滤面积。烧结金属纤维过滤管是由金属板网、粗金属纤维和细金属纤维三层复合组成,经高温真空烧结成一体的过滤元件,具有易于脉冲反吹清灰、过滤阻力低和过滤精度高等特点。金属丝网过滤元件则由不同孔径的金属网复合制成。目前常用的金属过滤材料分为 310S、Inconel 600、Monel 和 Hastelloy X 等,最高可耐 650℃。由 Fe_3Al、FeCrAl 等制成的过滤管可耐 1000℃。美国 Pall、Mott 公司为金属粉末烧结和金属纤维过滤管的主要生产厂家,已在石油化工和煤化工领域得到了广泛应用。我国安泰科技股份公司、西北有色金属研究院等单位也相继研制出了高温金属粉末过滤管和高温金属纤维过滤管,并相继在干粉煤气化和炼油厂催化汽油气相吸附脱硫(S-Zorb)工艺中得到了应用。表 23-3-18 给出了常用试管式过滤元件的性能对比。

表 23-3-18 常用试管式过滤元件的性能比较

类型	陶瓷粉末过滤管	陶瓷纤维过滤管	陶瓷纤维滤袋	金属粉末过滤管	金属纤维过滤管
结构	非对称-双层结构 支撑体厚为10mm 膜层150～200μm	均匀结构	均匀结构	对称和非对称	支撑体层厚度:1～3mm 纤维过滤层厚度＞0.2mm
尺寸/mm	外径60;内径40; 长度1500～2000	外径 60、150、200; 长度950～2000	外径120; 长度1800	外径60～300; 长度1500	外径60～150
厚度/mm	10～15	9～20	2～3	1.5～6	0.2～1.2
材料	支撑体:SiC、Al_2O_3等粉末 膜:莫来石($3Al_2O_3 \cdot 2SiO_2$)	SiO_2,Al_2O_3,CaO/MgO 无机矿物纤维 纤维直径3.2μm	SiO_2,Al_2O_3等纤维	304L 316L Hastelloy X Inconel 600, Fe_3Al	316L, Inconel 600 Inconel 601, Hastelloy X FeCrAlloy
过滤精度	0.3～0.5μm 大于99.9%	出口浓度小于1mg·m^{-3} 效率大于99.99%	大于99.5% 过滤精度小于1μm	出口浓度小于1mg·m^{-3}	大于99.9%
表观密度/kg·m^{-3}	1250～2200	180～450	250～300	1500～3600	900～3000
孔隙率/%	30～50	85～95	20～60	60～85
透气率(200Pa)/L·dm^{-2}·min^{-1}	15～150	2000～3600	1400～3000	25～750	2000～3600
耐温/℃	750(氧化环境) 600(还原环境)	850	370	360(316L); 950(Hastelloy X); 560(Inconel 600); 650(Fe_3Al)	360(316L); 560(Inconel 601); 900(Hastelloy X); 1000(FeCrAlloy)
热膨胀系数(25～1000℃)/10^{-6}℃$^{-1}$	1.2～8.8	6.0		18.5	17.6
热导率/W·m^{-1}·K^{-1}	2.5(200℃)			6.3(20℃)	4.2(20℃)

（2）通管式过滤元件 过滤管上下均不封闭，两端用特殊结构固定在管板上，既保证密封，又能解决热膨胀。采用内过滤方式，气体由过滤管内部沿径向向外流动，净化后的气体由过滤管外的环形空间排出。日本 Asahi 玻璃公司生产的均质堇青石过滤管孔径范围为 4～60μm，外径170mm，厚15mm，长3m。滤速为 3～5m·min^{-1}，稳定压降在 11.7kPa。当压降升高到 19.7kPa 时就要反吹清灰。当操作压力为 1.5MPa 时，反吹压力宜用 3.5MPa。反吹间隔随入口含尘浓度的增大而缩短[42]。

（3）错流式过滤元件 由美国 Westinghouse 电力公司开发的十字流型多孔陶瓷片式过滤器，在每两片多孔陶瓷薄片间用一种耐高温的波状板隔开，相邻层间的波状板的方向是互相垂直的，所以含尘气通道与净化气体通道为图 23-3-21 所示的十字交叉流形式。由多组过

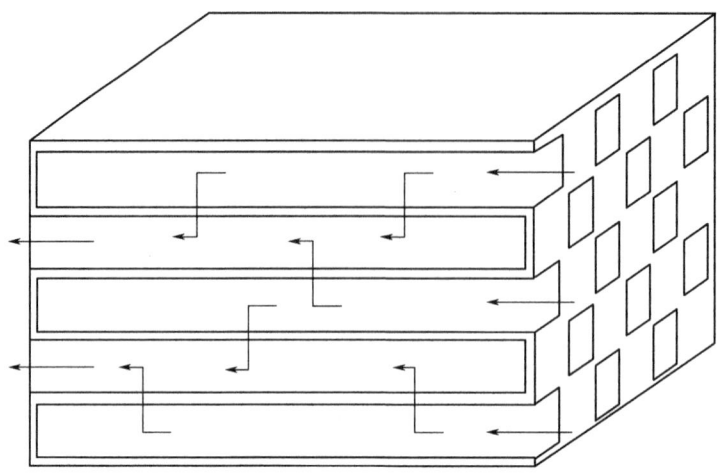

图 23-3-21　错流式过滤元件

滤元件组成一个过滤单元；若干单元再组合成一台过滤器。错流式过滤元件具有过滤阻力损失小、便于安装和维护、单位体积的过滤面积大等特点[43]。

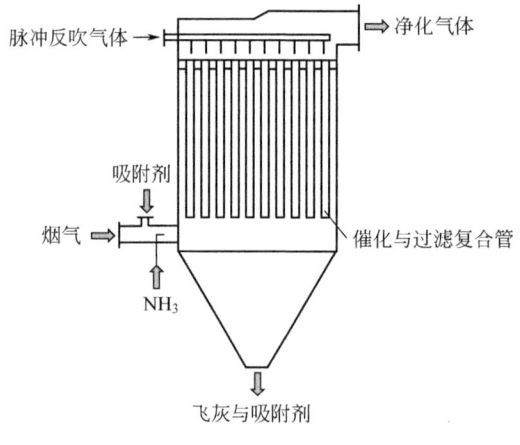

(a) 常用结构型式

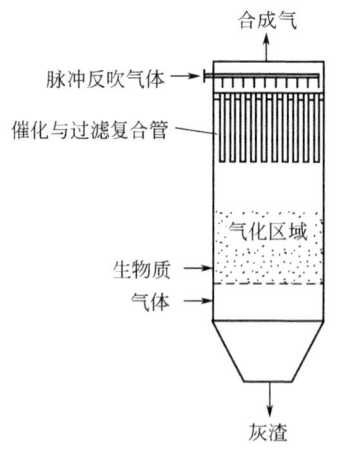

(b) 反应与过滤组合型式

图 23-3-22　行列式过滤器

3.4.2 高温过滤器的结构型式

(1) 试管式过滤器　由试管式过滤元件组成的过滤器可分为行列式反吹型和分组反吹型两种。行列反吹型高温气体过滤器排列方式简单，管板通常为方形结构，过滤管在管板上按行列等间距方式排布，如图 23-3-22 所示[37,44]，其中图 23-3-22（b）为由催化与过滤复合管组成的行列式过滤器。其结构型式与常规的袋式过滤器类似，但在高温工况下管板的热膨胀以及喷管与过滤管中心的对中则是需要解决的关键问题。这类过滤器结构紧凑，占地空间较小，常用于工艺气量大、含尘浓度高的高温气体除尘领域，尤其适用于常压或操作压力较低的场合。

分组反吹型过滤器采用一组喷嘴及其引射器同时反吹由几十根过滤管组成的组件，每台过滤器可分为 12 组或 24 组，可采用单层多组排列或多层多组排列方式。

单层多组排列结构的过滤器如图 23-3-23 和图 23-3-24 所示。例如 Shell 干粉煤气化工艺中采用的过滤器即为该结构型式，由 48 根过滤管组成一组，每组共用一个引射器，采用氮气或工艺合成气反吹。这种排列方式结构简单，有效增加了被剥离粉尘的沉降空间。但是安装的过滤管数量有限，过滤面积较小，悬挂方式产生的拉应力容易造成过滤管断裂，同时进气方式导致气量分布不均匀，易发生粉尘架桥。针对频繁发生的过滤管断裂等问题，Pall 公司研发了一种故障安全保障技术，即在每根过滤管上部出口处安装由金属纤维组成的安全保障滤芯，当下部陶瓷过滤管发生断裂时，含尘气体通过安全保障滤芯，避免了含尘气体进入上部的净化气体侧，仍能保证整个过滤器的可靠运行，安全保障滤芯的安装位置如图 23-3-24所示[37]。

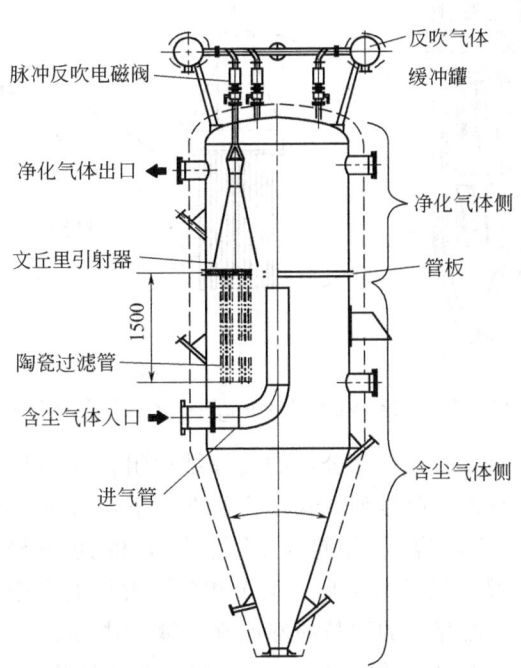

图 23-3-23　单层排布的高温气体过滤器

多层排列方式的过滤器主要由美国 Siemens Westinghouse 电力公司研制，其结构如图 23-3-25 所示。一定数量的过滤管组成一个管束，每组管束中安装数十根过滤管，每个管束

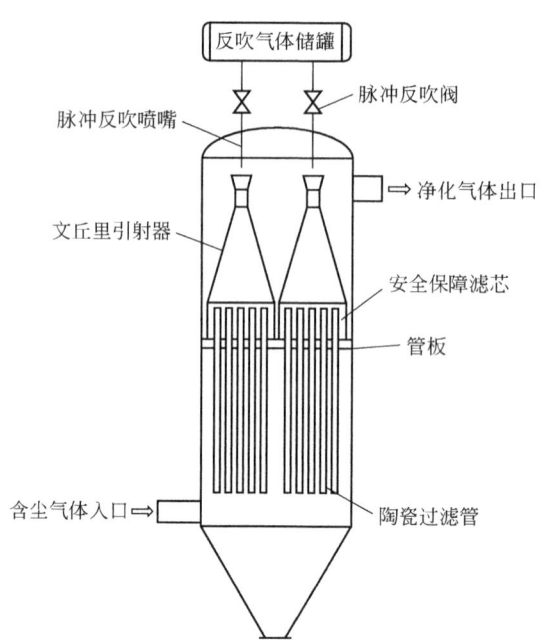

图 23-3-24   带有安全保障滤芯的高温气体过滤器

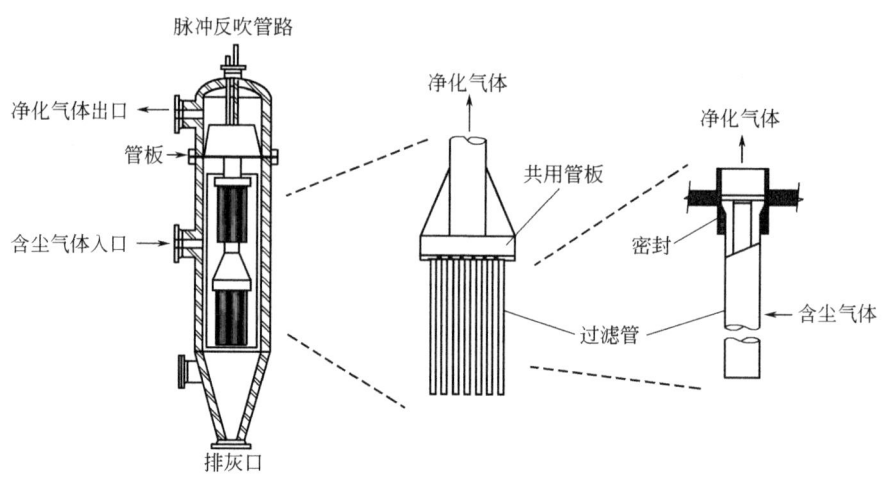

图 23-3-25   Siemens Westinghouse 高温气体过滤器

共用一个反吹系统，多个管束通过一个公用的支撑结构组合在一起。这种结构可以有效增加过滤器单位体积内的过滤面积，但排列方式较为复杂，下层管束影响粉尘的沉降，导致剥离粉尘在管束腔体外壁沉积，容易引起上层粉尘架桥而导致过滤管断裂。Siemens Westinghouse 公司将管束腔体设计为锥形，但沉积问题并没有完全得到解决[45]。

　　针对常规的试管式过滤器存在的颗粒易穿嵌在过滤管内部、频繁反吹降低过滤管寿命以及表面过滤速度低等问题，提出了图 23-3-26 所示的组合式结构，该结构在含尘气体入口增加了引射器，使得从过滤器下部引射部分净化气体进行循环，进而利用循环气体在过滤管外壁产生向下的剪切应力及时去除过滤管表面的粉尘层，既可以显著降低脉冲反吹次数，又可以减少细颗粒沉积[46]。

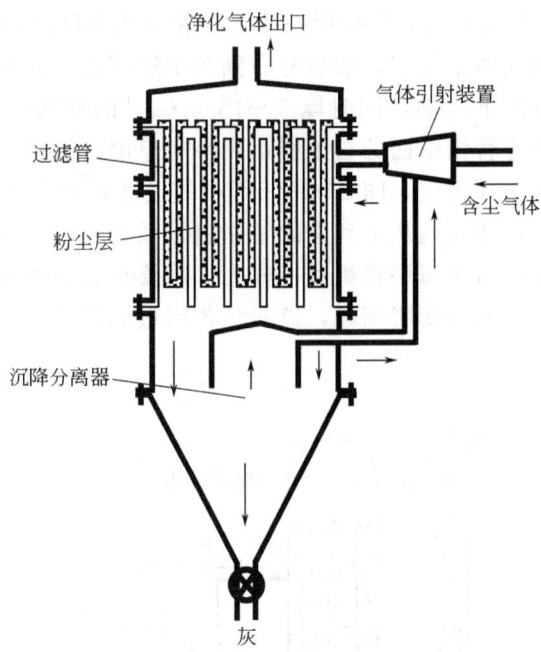

图 23-3-26　组合式高温气体过滤器

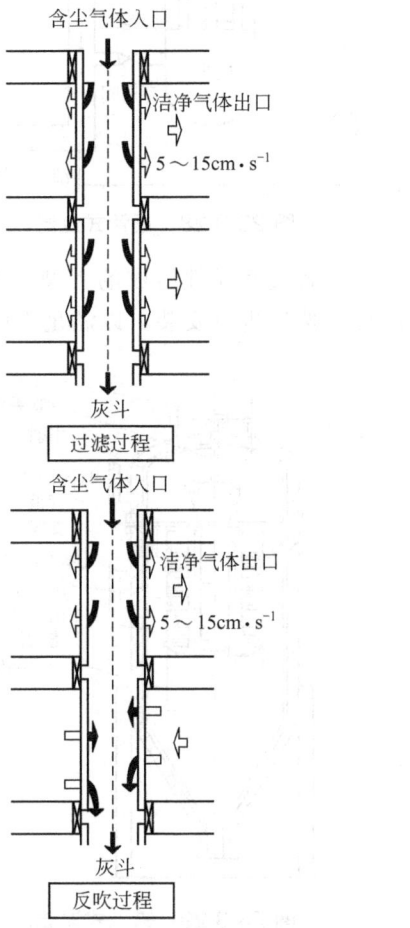

图 23-3-27　通管式过滤器的过滤与脉冲反吹过程

（2）通管式过滤器 图 23-3-27 为通管式过滤器的过滤和脉冲反吹过程示意图，含尘气体由过滤器上部进入含尘气体集气室，然后分布到各个通管式过滤管内部，含尘气体在过滤管内部一边以一定的速度向下运动，同时以 $5\sim15\mathrm{cm\cdot s^{-1}}$ 的径向速度穿过过滤管壁面向外流动实现气体过滤，当过滤管内壁面的粉尘层达到一定厚度时，高压脉冲反吹气体由过滤管外向内反吹进行过滤管的循环再生。图 23-3-28 所示的过滤器内安装了 3 层管板，将过滤器内的过滤空间分为两层，过滤器内从上到下的整根过滤管是由每层的各段过滤管连接而成，连接处位于分布管板位置。由于每层管板直径较大，需要在管板的夹套层内通入循环水进行冷却，以解决分布管板的径向热膨胀问题，以避免各层过滤管连接处热应力过大导致过滤管断裂或密封失效问题。

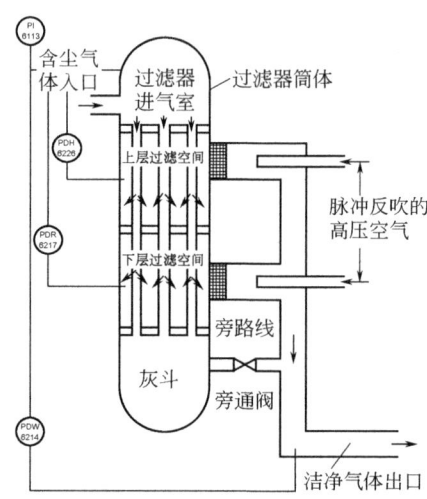

图 23-3-28 通管式过滤器

（3）错流式过滤器 由错流式过滤元件组成的大型过滤装置如图 23-3-29 所示，首先由多个错流式过滤元件组成组件，然后进行安装，以满足大的气体流量要求[43]。

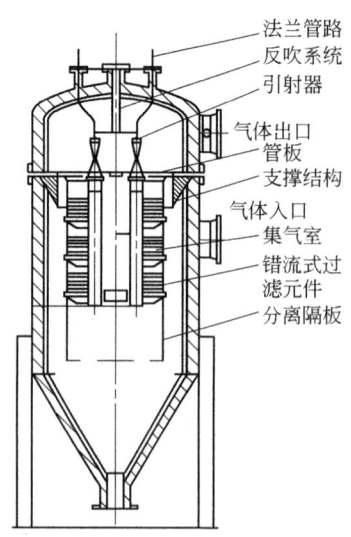

图 23-3-29 错流式过滤器

3.5 高压过滤器

3.5.1 高压过滤器原理与结构型式

过滤分离器主要用于除去气体中的固体颗粒，有时要兼顾液滴的分离。在天然气集输和长输管道站常用于除去 $1\mu m$ 以上的固体颗粒和液滴，安装在多管旋风分离器之后。当天然气对直径小于 $0.3\mu m$ 的液滴分离要求高时，过滤分离器出口尚需配置与之串联的聚结过滤器。图 23-3-30 为卧式过滤分离器的结构图，过滤分离器内部由管板将腔体分成两段，左侧的含尘气体段与气体进口管相连，右侧的净化气体段与气体出口管相连，两段内分别安装过滤分离滤芯和气液分离元件。天然气首先由过滤分离器顶部入口垂直进入含尘气体段，含尘气体撞击到滤芯的金属支撑管上，流动方向由垂直方向变为水平方向，含尘气体中直径较大的固体颗粒和液滴在重力作用下沉降到容器底部，使气体中的颗粒物得到初步分离，滤芯的金属支撑管可以避免进口管中的高速含尘气流直接冲击过滤元件。过滤分离器采用双鞍座支撑，进气侧端部为快开盲板，便于更换滤芯。卧式过滤分离器内部管板两侧气体的阻力由压差计测定，当滤芯压差达到规定的极限值时，则需更换滤芯。

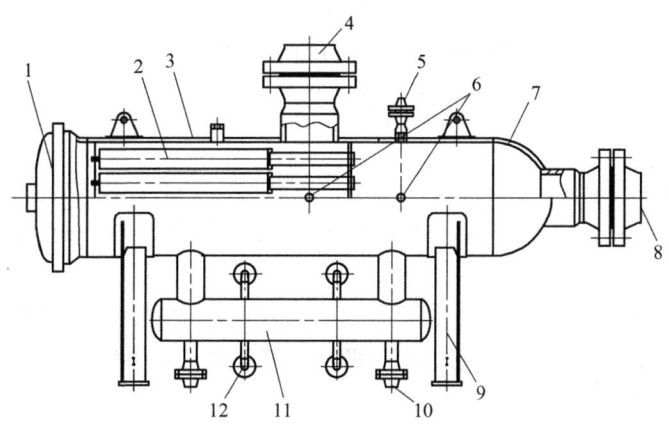

图 23-3-30 卧式过滤分离器的结构图

1—快开盲板；2—滤芯；3—筒体；4—进气口；5—放空口；6—压差计口；7—封头；8—出气口；

9—支座；10—排污口；11—集液包；12—液位计口

图 23-3-31 为立式过滤分离器的结构图，具有滤芯气流分布均匀、排尘排液顺畅和占地空间小等特点，一般用于处理气量小和过滤精度要求高的场合，但其缺点是需要配置快开盲板操作平台。

3.5.2 高压过滤元件

高压过滤元件按结构可分为两种：表面过滤和深层过滤。

表面过滤多采用折叠型式，在同样滤芯结构尺寸的情况下可以显著增加过滤面积。深层过滤则多采用滤材多层缠绕结构。表面过滤的折叠滤芯主要有内部的骨架支撑层、起过滤作用的折叠层、靠近滤芯外表面的保护套层。滤芯由外到内过滤时，粉尘在折叠过滤层表面被拦截下来，净化气体进入滤芯内部。

而深层过滤则会使得颗粒穿嵌在多层滤材内部，净化后气体进入滤芯内部。

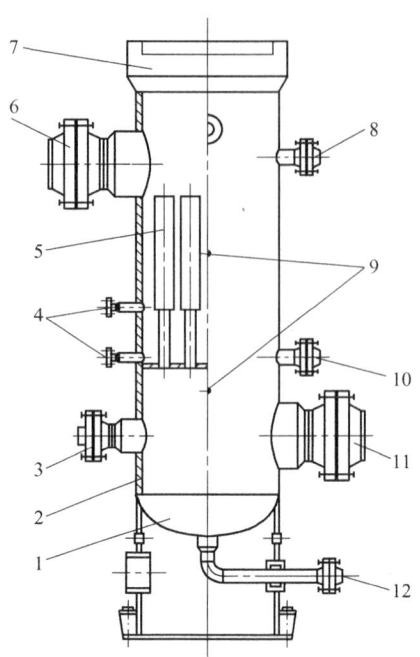

图 23-3-31 立式过滤分离器结构

1—封头；2—筒体；3—手孔；4—液位计口；5—滤芯；6—进气口；7—快开
盲板；8—放空阀；9—压差计口；10,12—排污口；11—出气口

滤芯主要包含以下参数：

（1）初始压差 在额定处理量、操作压力以及操作温度时，过滤元件为新元件时的压差。

（2）推荐的更换压差 随着滤芯累积处理气体量的增加和滤芯使用时间的增长，过滤层内或表面的粉尘量逐渐增加，导致滤芯内外两侧的压差增加，综合考虑滤芯成本费用和耗能费用后确定的更换压差。

（3）骨架强度 即滤芯骨架所能承受的内外静压差。由过滤材料加工成圆柱形滤芯时，一般需要配置金属骨架，以保证滤芯的刚度和强度。当过滤气体由内向外流动时，滤芯内部的压力高于滤芯外侧的压力，此时滤芯骨架强度为保证滤芯骨架不被压破时承受的最大压差。当过滤气体由滤芯外侧向内流动时，此时滤芯骨架强度为保证滤芯骨架不被压溃时承受的最大压差。骨架强度应远高于最大允许压差。例如某滤芯的初始压差约为 13.8kPa，更换压差为 68.95~137.9kPa，骨架强度约为 689.5kPa。

滤芯通常情况下为一端敞开、另一端封闭的结构。两端均安装有端盖，敞开端的端盖上安装有密封垫圈，封闭端则为密封端盖。端盖和滤材之间需要密封胶进行密封。滤芯沿厚度方向由骨架、过滤层组成。骨架用于支撑滤材，所选用的骨架和端盖材料应依据处理气体的腐蚀性以及其中的固体颗粒和液滴成分确定，常用碳钢、镀锌板、不锈钢和高分子材料等。

3.5.3 高压过滤器的性能参数

（1）过滤效率和过滤精度要求 过滤效率是指对过滤分离器的过滤元件进行试验时，被过滤元件过滤下来的颗粒物浓度与过滤前浓度之比,单位以百分比(%)表示[47]。

在天然气用过滤分离器中,常分别对固体颗粒物和液滴的效率提出要求,例如长输管道压气站离心压缩机前工艺气滤芯的过滤性能指标为[48]:

固体粉尘　$1\mu m$,效率大于 99.9%

　　　　　$5\mu m$,效率为 100%

液滴　　　$5\mu m$,效率为 98%

此处效率皆为由质量浓度得到的计重效率。

(2) 压降参数　在过滤气体的正常操作压力和温度下,过滤元件在给定处理气量时的前后压差,称为过滤元件的压降。通常要求过滤分离器正常操作时的压差值低于某一极限压差,当达到极限压差时应更换过滤元件。

最大允许压降是指滤芯结构在不发生破坏的情况下所能承受的最大内外压差,且应大于滤芯的更换压差。

过滤元件的使用寿命是指过滤分离器内的过滤元件在保证压差小于更换要求值,且保证过滤后气体中颗粒物含量和粒径大小满足过滤效率要求时,过滤元件的使用周期。

(3) 过滤速度　过滤气体的流量与过滤元件迎风侧面积的比值,单位为 $m \cdot s^{-1}$。过滤速度越快,所需要的过滤面积越小。过滤速度反映了过滤元件的通流能力,速度越高,其对应的阻力也越高。

3.6　颗粒层过滤器

颗粒层过滤器与袋式过滤器类似,其区别就是过滤介质不同。颗粒层过滤器采用具有一定粒度的颗粒物料作为滤料来捕集含尘气体中的固体粉尘,过滤过程中大颗粒的粉尘主要借助于惯性力,小颗粒的粉尘主要依靠固体滤料及过滤下来的粉尘的表面拦截和附着作用分离,分离效率随颗粒层厚度的增加而提高。因为滤料孔隙小,能过滤细小粉尘。又由于采用砂砾作滤料,因而可以过滤高温气体中的粉尘以及具有腐蚀性、磨蚀性大的粉尘。颗粒层过滤器的适应性较广,而且可使用的温度高;过滤气体速度远高于袋式过滤器,压降中等;滤料耐久、耐腐蚀和耐磨损,使用寿命长。但对细微粉尘的捕集效率并不高,清灰系统较复杂,且设备庞大、结构复杂、维修繁杂。

颗粒层过滤器按床层性质分为固定床、移动床、流化床三类,前者最为常见,但近年来移动床结构型式发展较快。按清灰方式可分为耙式清灰、沸腾式清灰和移动式清灰等[27]。颗粒物滤料一般选用含二氧化硅 99% 以上的石英砂,也可以使用金属屑、玻璃珠、矿渣和塑料颗粒等。常用的滤料直径为 $1\sim 6mm$,床层厚度为 $120\sim 170mm$,截面过滤速度为 $0.3\sim 0.7m \cdot s^{-1}$。

3.6.1　颗粒层过滤器的性能

(1) 捕尘效率　颗粒层过滤器是利用深层过滤原理制成的床层过滤器,主要是靠惯性碰撞、拦截、扩散、重力沉降与静电吸引等效应来捕集粉尘的,可以参见表 23-3-19[49~51]。

表 23-3-19　颗粒捕集效率的主要准数

	无量纲准数	效率公式	适用范围
惯性	$St=\dfrac{\rho_{\mathrm{p}}d_{\mathrm{p}}^{2}C_{\mathrm{c}}v_{0}}{18\mu d_{\mathrm{f}}}$ 斯托克斯数	$E_{\mathrm{I}}=\dfrac{2St^{3.9}}{4.34\times10^{-6}+St^{3.9}}$	$St'=St\left[1+\dfrac{1.75Re_{0}}{150(1-\varepsilon)}\right]$ $0.01<St'<0.03$
扩散	$Pe=\dfrac{v_{0}d_{\mathrm{f}}}{D}$ 佩克勒数	$E_{\mathrm{D}}=4g(\varepsilon)Pe^{-\frac{2}{3}}$ $E_{\mathrm{D}}=4.52(\varepsilon Pe)^{-\frac{1}{2}}$	$Re_{0}<1$ $Re_{0}<30$
拦截	$Re=\dfrac{\rho_{\mathrm{g}}v_{0}d_{\mathrm{f}}}{\mu}$ 雷诺数	$E_{\mathrm{R}}=\dfrac{3}{2}g(\varepsilon)^{3}R$ $E_{\mathrm{R}}=\dfrac{3}{\varepsilon}R$	$Re_{0}<1$ $Re_{0}<30$ $g(\varepsilon)=\left\{\dfrac{2[1-(1-\varepsilon)^{\frac{1}{3}}]}{2-3(1-\varepsilon)^{\frac{1}{3}}+3(1-\varepsilon)^{\frac{5}{3}}-2(1-\varepsilon)^{2}}\right\}^{\frac{1}{3}}$ $R=d_{\mathrm{p}}/d_{\mathrm{f}}$
重力	$G=\dfrac{\rho_{\mathrm{p}}d_{\mathrm{p}}^{2}C_{\mathrm{c}}u}{18\mu v_{0}}$ 重力参数	$E_{\mathrm{G}}=GSt$	

对于理想均匀圆球状滤料所组成的填充层，其总捕尘效率可写成[52]：

$$E_{\mathrm{t}}=1-\exp\left[\frac{-3(1-\varepsilon)L}{2\varepsilon d_{\mathrm{f}}}E\right] \qquad (23\text{-}3\text{-}38)$$

式中　L——垂直于气流方向的填充层厚度，m；

　　　d_{f}——颗粒物料的平均直径，m；

　　　ε——填充层的孔隙率；

　　　E——考虑了颗粒与颗粒间相互影响的颗粒物料的捕尘效率，$E=E_{\mathrm{I}}+E_{\mathrm{D}}+E_{\mathrm{R}}+E_{\mathrm{G}}$。

（2）压降　颗粒层过滤器在过滤时是固定床，在清灰反吹时是流化床，二者的流体力学规律各不相同。

① 过滤阶段　过滤时的压降主要取决于滤料种类、大小及床层厚度，并随气速的增加而增加，目前比较通用的是 Ergun 公式：

$$PD/L=150\,\frac{(1-\varepsilon)^{2}}{\varepsilon^{3}}\times\frac{\mu v}{d_{\mathrm{f}}^{2}}+1.75\,\frac{(1-\varepsilon)}{\varepsilon^{3}}\times\frac{\rho_{\mathrm{g}}v^{2}}{d_{\mathrm{f}}} \qquad (23\text{-}3\text{-}39)$$

式中　μ——气体黏度，Pa·s；

　　　ρ_{g}——气体密度，kg·m^{-3}；

　　　v——过滤器表观截面气速，m·s^{-1}。

随着过滤过程的延续，待颗粒层内的含尘量达到一个特定数值时，压降会显著增大，而且开始波动，这就意味着需要清灰了。

② 反吹清灰阶段　反吹清灰借助由下而上的气流使颗粒层松动、膨胀以致流化起来，从而把颗粒间的粉尘吹走。反吹气速应足以把最大、最重的粉尘吹走，但又不能吹走最小、最轻的颗粒体，因此反吹气速应大于最大粉尘颗粒的自由沉降速度，而小于最小粉尘颗粒的自由沉降速度，一般常为过滤气速的 1.2～1.67 倍。

3.6.2 颗粒层过滤器的结构型式与应用

(1) 耙式颗粒层过滤器 图 23-3-32 所示的耙式颗粒层过滤器是应用最多的一种固定床过滤器。过滤时，含尘气体由进气换向阀进入，自上而下地通过颗粒层过滤，净化气经排气换向阀排出。反洗时，反洗气由排气换向阀进入，自下而上通过颗粒层，同时开动耙子搅动床层，吹走黏附其中的粉尘。

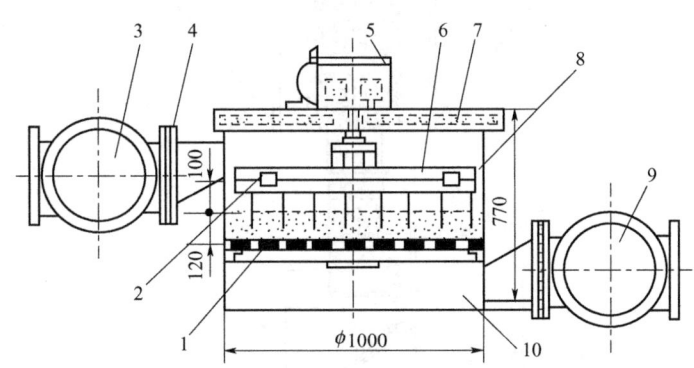

图 23-3-32 耙式颗粒层过滤器
1—滤网板；2—活络支架；3—进气换向阀；4—斜垫铁；5—减速机；
6—耙子；7—冷却水夹套；8—壳体；9—排气换向阀；10—净气室

一般颗粒层采用 2~3mm 石英砂，床层厚度为 120mm。过滤速度为 0.7m·s^{-1}，压降为 900~1100Pa。反洗气速为 0.83m·s^{-1}，压降为 1800Pa。反洗时间为 1min，反洗间隔为 12min，一般为 1~3 台并联运行，可轮流停气反洗。

由于颗粒层过滤器容尘量较小，需设置前置旋风分离器进行预分离，二者组合而形成旋风颗粒层过滤器。其过滤及反洗工作原理与耙式颗粒层过滤器相同。采用的颗粒直径为 1~6mm，床层直径为 1.3~2.8m，床层厚度为 100~200mm。过滤气速为 0.4~0.5m·s^{-1}，压降为 700~1300Pa。反洗气速为 0.48~0.6m·s^{-1}，反洗时间为 2~3min，反洗周期为 1.5~4h。允许入口含尘浓度为 300g·m^{-3}。一般许用温度为 350℃，短时最高可达 450℃。

(2) 移动床颗粒层过滤器 移动床颗粒层过滤器的结构如图 23-3-33 所示，它通过颗粒滤料因重力缓慢向下移动，来达到更新滤料的目的，一般采用垂直床层。滤层可制成平板式，也可制成筒状，采用筛网或百叶窗夹持下的给定厚度垂直滤层。根据气流方向和颗粒移动方向可分为平行流式和交叉流式。目前多采用交叉流式，其优点是结构简单、实用，能连续运行。

(3) 沸腾床颗粒层过滤器 沸腾床颗粒层过滤器采用沸腾清灰方式，反吹气体速度必须大于颗粒层由固定床转化为流化床的临界流化速度，以使颗粒沸腾。同时，要求反吹气体速度小于滤料颗粒开始被吹走时的终端速度，使得颗粒不被吹走。图 23-3-34 是由两个筒组成的多层沸腾床颗粒层过滤器，它与单颗粒层过滤器的不同之处在于：一是筒体内设置了多层颗粒床，提高了处理气量，使得结构紧凑；二是采用流态化理论，定期进行沸腾反吹清灰。含尘气体进入上筒体后，首先将粗粉尘分离然后落入下部灰斗，细粉尘则随气流经中间插管进入过滤床层，净化后的气体最后由排气管排出。当床层含尘量达到一定值时，关闭进气口，利用阀门启动反吹气体，反吹气体由床层底部筛网向上进入，使颗粒滤料均匀沸腾，达

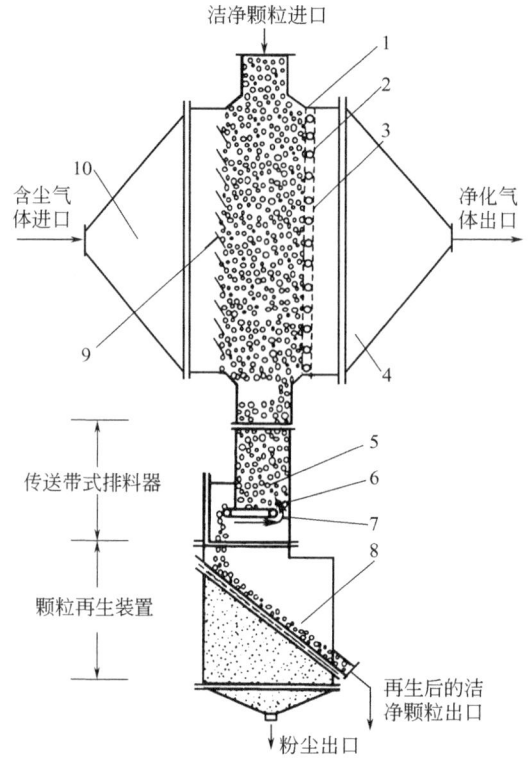

图 23-3-33 移动床颗粒层过滤器

1—颗粒层；2—支承轴；3—环状筛网；4—净气箱；5—可调节挡板；6—传送带；
7—转轴；8—筛网；9—百叶窗式挡板；10—进气箱

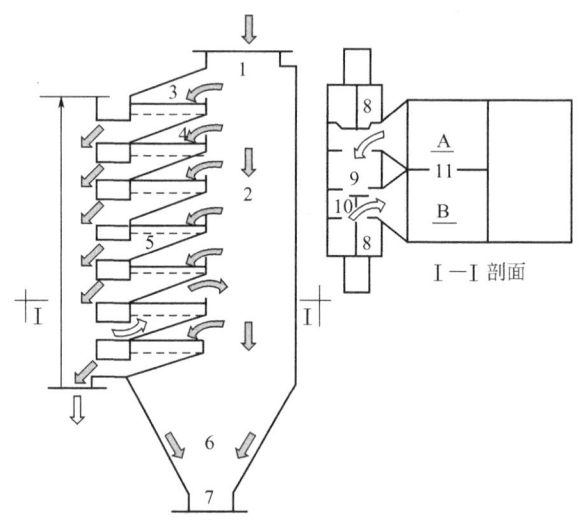

图 23-3-34 多层沸腾床颗粒层过滤器

1—进气口；2—沉降室；3—过滤空间；4—颗粒层；5—筛网；6—灰斗；
7—排灰口；8—反吹风口；9—净化气出口；10—阀门；11—隔板

到清灰目的。过滤器所需层数根据气量决定，处理气量大时采用多台并联。

（4）静电颗粒层过滤器 静电颗粒层过滤器是先进行预荷电，然后再进行床层过滤的装置。在多数情况下，气流中粉尘所带电荷量很小，若无外加电场作用，依靠静电力捕集粉尘的作用是十分微小的。在沸腾床颗粒层过滤器内或移动床颗粒层过滤器内施加一外电场，使气流中的粉尘在进入过滤层前尽量荷电，从而可以增强粉尘凝聚和颗粒层的过滤作用，提高其过滤效率。

图 23-3-35(a) 为多层结构沸腾床过滤器与静电场组成的静电沸腾床颗粒层过滤器，通过在沉降室内设置电晕极，外接高压直流电源，形成预荷电装置，可以显著提高细小粉尘的分离效率。图 23-3-35(b) 为利用静电增强的百叶窗式移动床颗粒层过滤器，在两侧百叶窗通道内为向下缓慢移动的颗粒床，其中插有收尘电极。过滤器的中间则有电晕极，使粉尘带电。烟气经下部颗粒层过滤后，所剩余的细微粒子再经中心电晕极放电而带电荷后，实现电除尘；最后经上部颗粒层过滤后排出。

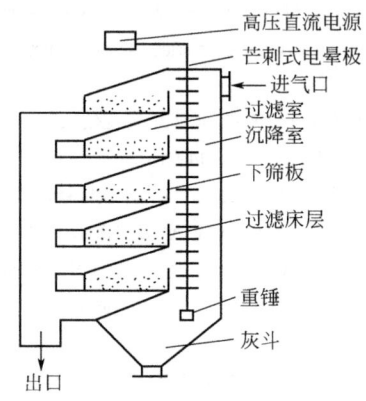

(a) 静电沸腾床颗粒层过滤器

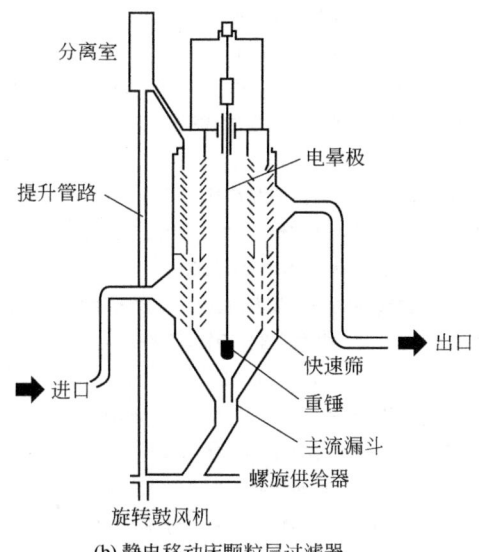

(b) 静电移动床颗粒层过滤器

图 23-3-35 静电颗粒层过滤器

参考文献

[1] Davies C N. Air Filtration. London: Academic Press, 1973.

[2] Subramanyam M V, Kuloor N R. Annals of Occupational Hygiene, 1969, 12 (1): 9-25.

[3] Landahl H D, Hermann R G. Journal of Colloid Science, 1949, 4 (2): 103-136.

［4］ Langmuir I, Blodgett K. US Army Air Forces Tech. Washington: Report No 5418, 1946.

［5］ Herne H. The classical computations of the aerodynamic capture of particles by spheres, in Aerodynamic Capture of Particles, ed. Richardson E G. Pergamon Press: London Oxford, 1960: 26-34.

［6］ Langmuir I. OSRD Report, 1942, 865.

［7］ Ranz W E, Wong J B. Ind Eng Chem, 1952, 44（6）: 1371-1381.

［8］ Fuchs N A. The Mechanics of Aerosols. New York: Dover Publication, 1964.

［9］ 谭天祐, 梁凤珍. 工业通风除尘技术. 北京: 中国建筑工业出版社, 1984.

［10］ Matteson M J, Orr C. Filtration principles and practices. 2nd ed. New York: Marcel Dekker Inc, 1986.

［11］ Stairmand C J. Transactions Institute of Chemical Engineers, 1950, 28: 130-139.

［12］ Johnstone H F, Roberts M N. Industrial and Engineering Chemistry Research, 1949, 41（11）: 2417-2423.

［13］ Licht W. Air pollution control engineering: Basic calculations for particulate collection. New York: Marcel Dekker Inc, 1980.

［14］ Kraemer H F, Johnstone H F. Ind Eng Chem, 1955, 47（12）: 2426-2434.

［15］ Nielsen K A, Hill J C. Ind Eng Chem, 1976, 15（3）: 149-157.

［16］ 姜凤有. 工业除尘设备-设计、制作、安装与管理. 北京: 冶金工业出版社, 2007.

［17］ Ramarao B V, Tien C, Mohan S. Journal of Aerosol Science, 1994, 25（2）: 295-313.

［18］ Stechkina I B, Fuchs N A. Annals of Occupational Hygiene, 1966, 9: 59-64.

［19］ Brown R C. Air Filtration: an Integrated Approach to the Theory and Applications of Fibrous Filters. Oxford: Pergamon Press, 1993.

［20］ Bałazy A, Podgórski A. Journal of Colloid and Interface Science, 2007, 311: 323-337.

［21］ Wang Q, Maze B, Tafreshi H V, et al. Chemical Engineering Science, 2006, 61（15）: 4871-4883.

［22］ Hosseini S A, Tafreshi H V. Separation and Purification Technology, 2010, 74（2）: 160-169.

［23］ 王纯, 张殿印. 除尘设备手册. 北京: 化学工业出版社, 2009.

［24］ 张殿印, 王纯. 除尘器手册. 北京: 化学工业出版社, 2014.

［25］ Sutherland K. Filters and filtration handbook. 5th ed. Oxford: Butterworth-Heinemann, 2008.

［26］ 嵇敬文, 陈安琪. 锅炉烟气袋式除尘技术. 北京: 中国电力出版社, 2006.

［27］ 金国淼. 除尘器. 北京: 化学工业出版社, 2008.

［28］ 张殿印, 王纯. 脉冲袋式除尘器手册. 北京: 化学工业出版社, 2010.

［29］ 朱廷钰, 李玉然. 烧结烟气排放控制技术及其工程应用. 北京: 冶金工业出版社, 2015.

［30］ 许钟麟. 空气洁净技术原理. 第 3 版. 北京: 科学出版社, 2003.

［31］ GB/T 6165—2008　高效空气过滤器性能试验方法: 效率和阻力. 北京: 中国标准出版社, 2009.

［32］ GB/T 13554—2008　高效空气过滤器. 北京: 中国标准出版社, 2009.

［33］ 林公舒, 杨道刚. 现代大功率发电用燃气轮机. 北京: 机械工业出版社, 2007.

［34］ 向晓东. 烟尘纤维过滤理论、技术及应用. 北京: 冶金工业出版社, 2007.

［35］ 郭丰年, 徐太平. 实用袋滤除尘技术. 北京: 冶金工业出版社, 2015.

［36］ Lupion M, Navarrete B, Alonso-Farinas B, et al. Fuel, 2013, 108: 24-30.

［37］ Heidenreich S. Hot gas filtration- A review. Fuel, 2013, 104: 83-94.

［38］ Lupión M, Gutiérrez F J, Benito Navarrete, et al. Fuel, 2010, 89: 848-854.

［39］ 姬忠礼. 高温陶瓷过滤元件的研究进展. 化工装备技术, 2000, 21（3）: 1-6.

［40］ Heidenreich S, Nacken M, Hackel M, et al. Powder Technol, 2008, 180: 86-90.

［41］ Nacken M, Heidenreich S, Hackel M, et al. Applice catalysis: B environmenral, 2007, 70: 370-376.

［42］ Sasatsu H, Misawa N, Abe R, et al. Prediction for pressure drop across CTF at Wakamatsu 71MWe PFBC combined cycle power plant. High temperature gas cleaning, 1999: 261-275.

［43］ Seville J P K. Gas cleaning in Demanding applications. London: Blackie Academic & Professional, 1997.

［44］ Heidenreich S. Progress in Energy and Combustion Science, 2015, 46: 72-95.

［45］ Guan X, Gardner B, Martin R A, et al. Powder Technol, 2008, 180（1）: 122-128.

[46] Sharma S D, Dolan M, Ilyushechkin A Y, et al. Fuel, 2010, 89（4）: 817-826.

[47] SY/T 6882—2012 输气管道过滤分离设备规范. 北京: 石油工业出版社, 2013.

[48] SY/T 7034—2016 长输管道站场用天然气滤芯的试验方法. 北京: 石油工业出版社, 2014.

[49] CalE, Tardos G I, Pfeffer R. AIChE J, 1985, 31（7）: 1093-1104.

[50] Tardos G I, Pfeffer R. AIChE J, 1980, 26（4）: 698-701.

[51] Tardos G I, Gutfinger C, Abuaf N. AIChE J, 1976, 22（6）: 1147-1150.

[52] Fayed M E, Otten L. Handbook of powder science and technology. 2nd ed. Springer Science, 1997.

4

湿法捕集

湿法捕集是采用液体（通常为水）作为捕集体，将气体内所含固体粉尘捕集的单元操作，所用设备统称湿法洗涤器（wet scrubber）。它与干法捕集比较，有如下一些特点：

① 在除尘的同时还能除去气相中的有害组分（只要选择适当的液体吸收剂），并能对高温气体起到冷却降温的作用，广泛用于环保一体化装置，非常适合在易燃易爆场合中使用。

② 在能量消耗相同的情况下，湿法除尘效率高于干法机械式除尘。

③ 湿式捕集的粉尘，不会产生二次飞扬。

④ 湿法除尘器的结构较过滤式除尘器和静电除尘器简单，除尘效率高，操作灵活性大，采用增加洗涤液流量，或改变气体流速等方法能有效地提高除尘效率，在高含尘浓度条件下，也能达到粉尘排放浓度的要求。

湿法捕集由于采用液体作为捕集体，由此也带来了不足：

① 湿法洗涤器分离下来的粉尘是以污水和泥浆形式排出，必须进行再处理，否则将会造成二次污染，净化气夹带有雾沫，需进一步用捕沫设备清除。

② 不能用于憎水性和水硬性粉尘的捕集。

③ 要注意设备的防腐蚀问题，在冬季严寒地区要注意防冻。

④ 湿法洗涤需要消耗一定量的水，这给缺水地区的使用带来一定的困难。

⑤ 虽然湿法除尘器结构比较简单，造价也不高，但还需要配置一套液体供给及回收处理系统，这样总的造价及操作维护等费用也不低。

总之，在确定除尘方案时，必须根据生产的实际情况，分析利弊，做出综合评估，才能获得满意的结果。

4.1 湿法捕集机理与洗涤器分类

湿法捕集是通过流体动力的推动来捕集尘粒的，湿法洗涤器的捕集体与尘粒的接触形式主要有三种：液滴、液膜及液层（或泡沫层），它们的形态不是固定不变的，而且还可能伴有蒸发或冷凝的过程，所以影响因素较多，捕集机理较为复杂。

① 液滴的产生基本上有两种方法，一种是使液体通过喷嘴而雾化，另一种是用高速气流将液体雾化。液体呈分散相，含有固体颗粒的气体则呈连续相，两相间存在着相对速度，依靠颗粒对于液滴的惯性碰撞、拦截、扩散、重力、静电吸引等效应而将颗粒捕集。

② 液膜是将液体淋洒在填料上而在填料表面形成的很薄的液膜。此时，液体和气体都是连续相，气体在通过这些液膜时也会产生上述各种捕集效应。

③ 液层的作用是使气体通过液层时生成气泡，气体变为分散相，液体则为连续相，颗粒在气泡中依靠惯性、重力和扩散等机理而产生沉降，被液体带走。

4.1.1 液滴捕集机理

单个液滴捕集机理与单个固体捕集体的捕集机理是十分类似的，主要是靠惯性碰撞、拦截、扩散、重力、静电吸引等效应而将颗粒捕集。Goldshmid 及 Calvert 认为[1]，液滴形状及摆动对惯性碰撞效应很小，但液体对要捕集的颗粒间的表面张力却有较大影响，尤其在斯托克斯数 $St = 0.05 \sim 0.275$ 时，对憎液性颗粒的捕集效率是很低的。此外，液滴若有蒸发，则会阻止颗粒黏附在它上面，捕集效率也不高；相反，若气体内饱和了该液体的蒸气，并冷凝到液滴上，则会促使颗粒向液滴碰撞，捕集效率会提高。

(1) 惯性碰撞   对于球状液滴，在势流条件下，当 $St \geqslant 0.1$ 时，推荐采用下列经验式计算惯性捕集效率[1]：

$$E_{\mathrm{Ip}} = \left(\frac{St_{\mathrm{d}}}{St_{\mathrm{d}} + 0.35} \right)^2 \tag{23-4-1}$$

$$St_{\mathrm{d}} = \frac{Cu\rho_{\mathrm{p}} d_{\mathrm{p}}^2 v_{\mathrm{r}}}{18\mu_{\mathrm{g}} d_1}$$

式中 d_1——液滴直径，m；

ρ_{p}——被捕集的颗粒的密度，$\mathrm{kg \cdot m^{-3}}$；

μ_{g}——气体的动力黏度，$\mathrm{Pa \cdot s}$；

d_{p}——被捕集的颗粒粒径，m；

v_{r}——气体与液滴间的相对速度，$\mathrm{m \cdot s^{-1}}$；

Cu——Cunningham 修正系数。

此外还有其他经验公式，可参考文献 [2，3]。

(2) 直接拦截   在势流条件下，对于球状液滴，Ranz 及 Wong[4] 推荐用下式计算拦截捕集效率：

$$E_{\mathrm{R}} = (1+R)^2 - \frac{1}{1+R} \tag{23-4-2}$$

式中，$R = d_{\mathrm{p}}/d_1$。

(3) 重力沉降   一般，液滴直径 d_1 远大于要捕集的颗粒直径 d_{p}，液滴的终端沉降速度远大于颗粒的沉降速度，后者可以忽略不计，两者间的相对速度就是液滴的终端沉降速度 u_{al}。假设在沉降过程中，液滴形状不变，并忽略扩散及拦截等影响，则重力沉降的捕集效率可根据 Langmuir 的内插公式计算[5]：

$$E_{\mathrm{G}} = \frac{E_{\mathrm{IV}} + E_{\mathrm{IP}} \dfrac{Re_{\mathrm{d}}}{60}}{1 + \dfrac{Re_{\mathrm{d}}}{60}} \tag{23-4-3}$$

式中 E_{IV}，E_{IP}——圆球捕集体分别在黏流及势流条件下的惯性捕集效率，可查图 23-4-1；

Re_{d}——液滴雷诺数，$Re_{\mathrm{d}} = \dfrac{\rho_{\mathrm{g}} d_1 v_{\mathrm{r}}}{\mu_{\mathrm{g}}}$；

v_{r}——气体与液滴间的相对速度，在重力沉降捕集中，近似认为 $v_{\mathrm{r}} = u_{\mathrm{al}}$；

u_{al}——液滴的终端沉降速度，一般因液滴较大，已超出 Stokes 定律的范围，故要按 Allen 区来计算。

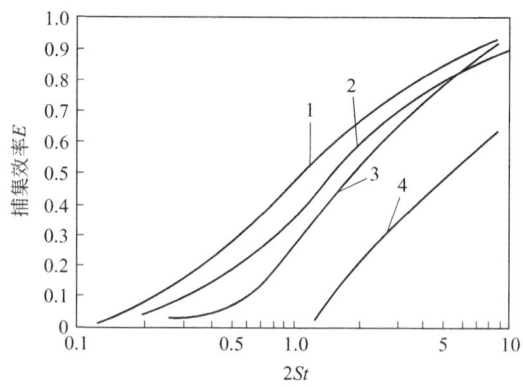

图 23-4-1　惯性碰撞效率

1—圆球体（势流，理论）；2—圆球体（试验）；

3—圆柱体（试验）；4—圆球体（黏流，理论）

利用上式，可算出对于 $\rho_p = 2000 \text{kg} \cdot \text{m}^{-3}$，$d_p = 1 \sim 20 \mu \text{m}$ 的颗粒的捕集效率，发现当液滴 $d_1 = 1 \sim 2 \text{mm}$ 时，效率最高[6]。

（4）扩散沉降　Hidy 及 Brock[7] 根据扩散方程算出在静止气体中，液滴上的颗粒扩散沉降量（$\text{g} \cdot \text{s}^{-1}$）为：

$$\phi = 4 \pi D_{mp} C_i r_1 \tag{23-4-4a}$$

在流动气体中，此扩散沉降量还和 Re_d 及 Sc 数等有关，有如下关系：

当 $Sc = 10^6$，$Re_d > 3$ 时，

$$\phi = 2 \pi D_{mp} r_1 C_i Re_d^{1/3} Sc^{1/3} \tag{23-4-4b}$$

当 $Sc = 10^6$，$Re_d = 600 \sim 2600$ 时，

$$\phi = 1.6 \pi D_{mp} r_1 C_i Re_d^{1/2} Sc^{1/3} \tag{23-4-4c}$$

当 $Sc = 3$，$Re_d = 100 \sim 700$ 时，

$$\phi = 1.9 \pi D_{mp} r_1 C_i Re_d^{1/2} Sc^{1/3} \tag{23-4-4d}$$

式中　Sc——Schmidt 数，$Sc = \dfrac{\mu_g}{\rho_g D_{mp}}$；

D_{mp}——颗粒的布朗扩散系数；

C_i——气体内所含颗粒浓度，$\text{g} \cdot \text{cm}^{-3}$；

r_1——液滴半径，cm。

4.1.2　液膜捕集机理

液膜捕集是利用填料或壁面表面上形成的很薄层的液膜捕集粉尘。气体在通过这些液膜时就会依靠惯性、拦截、扩散、重力和静电吸引等效应捕集颗粒或者依靠离心力作用将粉尘甩向壁面为液膜所附[8]。

液膜的黏度和表面张力对液膜运动有很大的影响，并且液膜厚度也是影响湿法装置的关键因素。在液膜厚度大于粉尘粒子的横向尺寸时，颗粒从液膜逸出所需的能量远大于颗粒浸入液膜所需的能量。所以，为达到一定的除尘效果防止颗粒碰撞后被气流重新带走，液膜厚度不应小于 0.2~0.3mm。当气流中固体颗粒浓度过高，则从流动液膜中遇到液膜内其他已捕获颗粒的概率增加，颗粒就有可能重新回到气流中，除尘效率下降。液膜厚度与其流动状态有关，随雷诺数提高液膜厚度下降，从而导致捕集粉尘的能力降低。表 23-4-1 给出在不同雷诺数下液膜的表现形式。

表 23-4-1   在不同雷诺数下液膜的表现形式[9]

雷诺数范围	流动状态
$Re < 30$	层状流动
$30 < Re < 400$	波浪形和层状流动
$Re > 400$	紊流流动

在层状流动状态下，液膜厚度基本不发生变化，可按下式计算：

$$\delta_{\mathrm{m}} = \sqrt[3]{\frac{3\nu_1 V_1}{gL\cos\beta}} \tag{23-4-5}$$

式中　V_1——液膜的体积流量，$m^3 \cdot s^{-1}$；
　　　L——液膜的宽度，m；
　　　ν_1——液体的运动黏度，$m^2 \cdot s^{-1}$；
　　　β——粉尘粒子的形状角；
　　　g——重力加速度，$m \cdot s^{-2}$。

液膜呈波浪形和层状流动时，液膜的最大厚度计算式为：

$$\delta_{\mathrm{m,max}} = \sqrt[3]{\frac{2.4\nu_1 V_1}{g}} \tag{23-4-6}$$

紊流流动的液膜厚度可从下式求解得到：

$$\frac{V_1}{\nu_1 L} = \sqrt{\frac{g\delta_{\mathrm{m}}^3}{\nu_1}\left(1 - \frac{\rho_{\mathrm{g}}}{\rho_1}\right)}\left[3 + 2.5Ln\sqrt{\frac{g\delta_{\mathrm{m}}^3}{\nu_1^2}\left(1 - \frac{\rho_{\mathrm{g}}}{\rho_1}\right)}\right] - 39 \tag{23-4-7}$$

在液膜厚度方向液体的流速 u_y 服从指数分布规律，即：

$$\frac{u_y}{u_{y=-\delta_{\mathrm{m}}}} = \left(\frac{y}{\delta_{\mathrm{m}}}\right)^{1/7} \tag{23-4-8}$$

式中　y——液膜厚度。

在重力作用下液膜下降的平均速度可按下式计算：

$$u_{\mathrm{m}} = \frac{\rho_1 g\delta_{\mathrm{m}}^2\cos\beta}{3\mu_1} \tag{23-4-9}$$

4.1.3　气泡内颗粒的捕集机理

气体穿过液层而鼓泡，在气泡内的颗粒由于惯性、扩散、静电等作用而被液沫捕集，重力作用则可忽略。这时，颗粒的表面性质十分重要，亲液性颗粒远比憎液性颗粒容易捕集得多。加入表面活性剂将会降低捕集效率。液温升高也会使效率降低。饱和了液体蒸气的热气体穿入冷液层中，则可大大提高捕集效率。

(1) 气泡内的惯性捕集   气泡内的惯性捕集有两个过程——气泡形成时的捕集及由于气泡上升时在气泡内的气体及颗粒环流而产生的沉降。在筛板式泡沫塔内，主要捕集是发生在气泡形成时，它犹如一股射流冲击在半球形穹顶，其中的颗粒由于离心沉降而被捕集在气泡壁上。Taheri 及 Calvert[10] 假设此气体射流面对着气泡内表面被分成许多小旋涡，而在气泡壁处的气流切向速度保持为常数，就等于射流速度；在流动路程上不断有颗粒的混合，颗粒都服从 Stokes 定律。于是得出了气泡形成时的惯性捕集效率为：

$$E_B = 1 - \exp(-ASt_b) \tag{23-4-10}$$

$$St_b = \frac{Cud_p^2\rho_p v_h}{18\mu_g d_h}$$

式中 A——系数，实验常数，$A = 80F^2$（当 $0.35 < F < 0.65$ 时）；

　　F——泡沫密度，为筛孔板上的清液高与泡沫总高之比值；

　　Cu——Cunningham 修正系数；

　　μ_g——气体的动力黏度，Pa·s；

　　v_h——筛孔气速，m·s^{-1}；

　　d_h——筛孔直径，m。

(2) 气泡内的扩散捕集   气泡在上升过程中，气泡内的气体环流会促使颗粒向气泡壁扩散沉降，这种扩散可用 Higbie 穿透理论来描述气泡内的传质方程，并用类比法推广到颗粒传递，则可写出泡沫层内的扩散捕集效率为：

$$E_D = 1 - \exp\left[-\frac{6H}{\pi}\left(\frac{3D_{mp}}{\pi r_b^2 v_b}\right)^{1/2}\right] \tag{23-4-11}$$

式中 H——泡沫层高度，cm；

　　r_b——气泡半径，cm。

在工业常用的 $Re_d = 2100 \sim 10000$ 时，可用下式计算气泡半径 r_b[6]。

$$r_b = 0.355(Re_b)^{-0.05}$$

$$Re_b = \frac{\rho_g d_h v_h}{\mu_g}$$

式中，Re_b 为筛孔雷诺数。

　　v_b 为气泡上升速度，cm·s^{-1}；它与气泡大小有关，按照 Levich (1962) 的研究：

当 $r_b \leqslant 0.05$mm 时，$v_b = \dfrac{4gr_b^2}{3\nu_l}$；

当 $r_b = 0.1 \sim 0.75$cm 时，$v_b = 25 \sim 30$cm·s^{-1}。

式中 ν_l——液体的运动黏度，cm^2·s^{-1}；

　　μ_g——气体的动力黏度，g·cm^{-1}·s^{-1}；

ρ_g——气体的密度，kg·m^{-3}；

g——重力加速度，cm·s^{-2}。

4.1.4　湿法洗涤器的分类

湿法洗涤器设计的关键是要使气液两相充分接触，增加液体与固体颗粒的碰撞概率。常用的气液接触方式大体上有以下三种：

① 将液体雾化成细小液滴，要求雾化液滴尽可能均匀分散于气相内，依靠液滴对固体颗粒的碰撞、拦截、团聚等作用捕集固体颗粒。

② 使液体形成表面积很大的液膜，当气体与液膜接触时，利用黏附作用与扩散作用捕集固体颗粒。

③ 液体形成一些液层，气体则以气泡形式通过液层，此时，气泡中的固体颗粒依靠惯性、重力和扩散等作用产生沉降，进入液相，达到气固分离的目的。

实际使用的湿法洗涤器可能是上述一种、两种，甚至是三种接触方式兼而有之，故形成了众多的结构型式，有着各不相同的性能特点及设计方法，可分成若干类型，见表23-4-2。

表 23-4-2　湿法洗涤器的分类

类型	洗涤器名称	基本特性
液滴接触型	喷淋塔(图23-4-2)	用雾化喷嘴将液体雾化成细小液滴,气体是连续相,与之逆流运动,压降低,液量消耗大。可除去大于几微米的颗粒
	喷射洗涤器(图23-4-3)	要用高压雾化喷嘴,气体与液滴是同向流,但两者间相对速度高,能耗高。可除净大于 $1\mu m$ 的颗粒
液滴接触型	离心喷淋洗涤器(图23-4-4)	将离心分离与湿法捕集结合,可捕集大于 $1\mu m$ 的颗粒。压降为 $750\sim2000Pa$
	液柱塔(图23-4-5)	液柱塔是在喷淋塔的基础上发展起来的一种新型湿法洗涤器,塔内的气体自下而上流动,洗涤液由塔下部的喷嘴自下向上喷射,喷射液柱达到最高点后,自然散开,形成无数液滴并作重力沉降,与上升的气流产生高效的气液接触,达到高效洗涤作用
	文氏管洗涤器(图23-4-6)	利用文氏管将气体速度升高到 $60\sim120m\cdot s^{-1}$,吸入液体,使之雾化成细小液滴,它与气体间的相对速度很高。高压降文氏管(10^4Pa)可清除小于 $1\mu m$ 的亚微颗粒,很适用于处理黏性粉尘
液膜接触型	填料塔(图23-4-7)	利用各种散堆填料(如 Raschig 环、Pall 环、Intalox 环等),使液体形成表面积很大的液膜,增大两相接触面积。每米床层压降约为 10^3Pa。一个 2m 床层可清除大于几微米的颗粒,但入口的颗粒浓度不宜过高,以免堵塞床层。另外,还有大型高效规整填料塔
	湍球塔(图23-4-8)	将填料改为塑料球、玻璃球或者圆卵石,使气体流速加大到可将球状填料浮动起来,液体可从上、下两面喷淋到床层,这样可加大气液相接触强度,又可清除填料上积尘。每级床层压降为 $700\sim1500Pa$,可清除 $1\mu m$ 颗粒
	竖管式水膜除尘器(图23-4-27)	除尘器顶部的水箱中的水经控制调节,流入管内,并溢流而出,沿管子的外壁表面均匀流下形成良好的水膜。当含尘气体通过垂直交错的管束时,含尘气体也不断地改变流向,尘粒在惯性力作用下被黏附于管壁的水膜上,随后流入排水槽和沉淀池
	水膜旋风除尘器(图23-4-28 和图23-4-29)	将干式旋风除尘器的离心力作用原理应用于在器壁上形成液膜的湿式除尘器中,该装置使含尘气体中的粉尘粒子借助于气流作旋转运动所产生的离心力冲击被水润湿的壁面上而被捕获

续表

类型	洗涤器名称	基本特性
泡沫接触型	筛板塔(图 23-4-9)	在筛板塔上保持一定高度的液体层,气体从下而上穿过筛板鼓泡进入液层内形成泡沫接触。它又有:无溢流及有溢流两种形式。板可有多层
	冲击式泡沫洗涤器(图 23-4-10)	气体鼓泡后又冲击到上面的挡板上,可大大提高其净化效果,一般在压降 400Pa 时,可清除大于 $1\mu m$ 的颗粒
	动力波泡沫洗涤器(图 23-4-11)	气液两相在洗涤管内高速逆向对撞,当达到动量平衡时,形成一个高度湍动的泡沫区,泡沫区内气液两相接触表面积极大,而且不断地得到更新,达到高效的洗涤效果
其他型式	冲击洗涤器(图 23-4-12)	气体冲入液体内,转折 180° 再冲出液面,激起水雾,可多次得到净化。压降为 $(1\sim5)\times10^3 Pa$,可清除几微米的颗粒

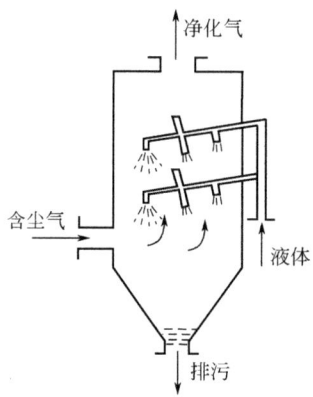

图 23-4-2 喷淋塔

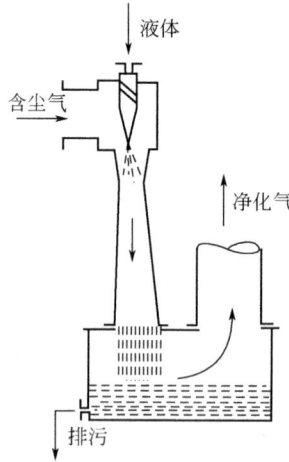

图 23-4-3 喷射洗涤器

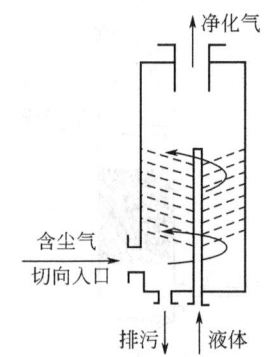

图 23-4-4　离心喷淋洗涤器

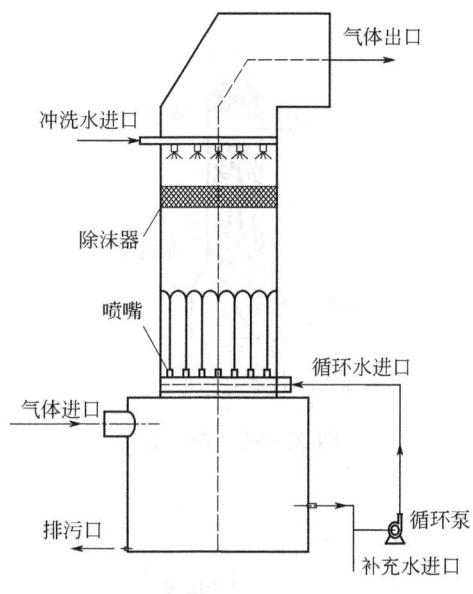

图 23-4-5　液柱塔

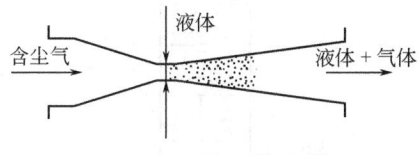

图 23-4-6　文氏管洗涤器

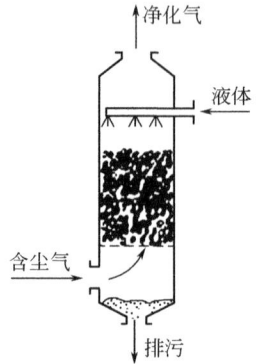

图 23-4-7　填料塔

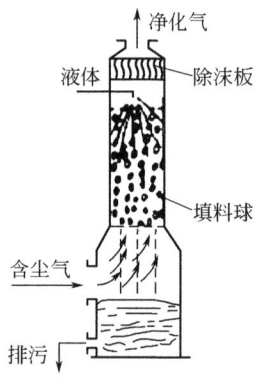

图 23-4-8　湍球塔

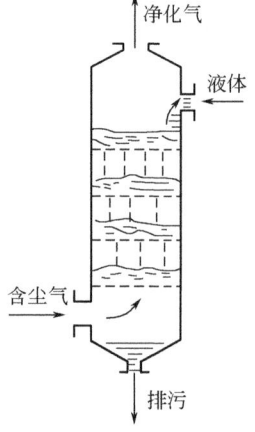

图 23-4-9　筛板塔

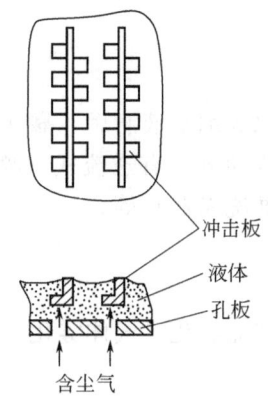

图 23-4-10 冲击式泡沫洗涤器

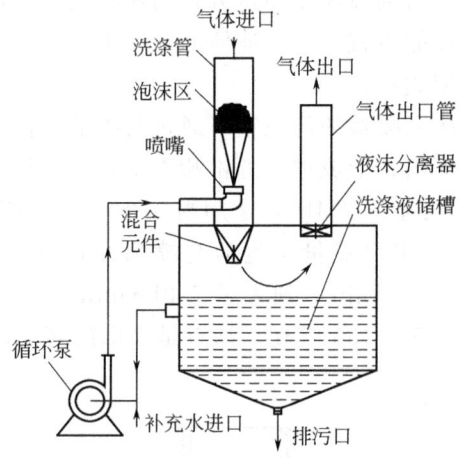

图 23-4-11 动力波泡沫洗涤器

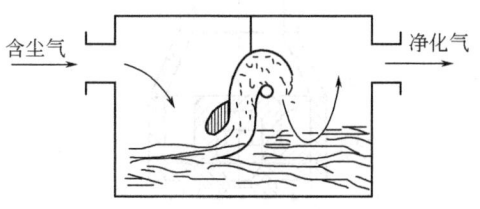

图 23-4-12 冲击洗涤器

Wicke 和 Krebs[11]对几种湿法洗涤器的特性进行比较，见表 23-4-3，所用尘粒的真密度为 2600kg·m^{-3}。

表 23-4-3 湿法洗涤器的特性比较[11]

洗涤器	气液相对速度/m·s^{-1}	液气比/L·m^{-3}	切割粒径/μm	压降/kPa	能量消耗/MJ·1000m^{-3}	
					气相	液相
喷淋塔	1	0.05~10	≥1.1	0.2~2	0.36~4.32	0.036~18
冲击洗涤器	8~15	—	0.7~1	1.8~2.8	3.6~4.32	0
离心喷淋洗涤器	25~30	0.8~3.5	0.4~0.6	0.4~1.0	0.72~1.8	7.2~14.4
喷射洗涤器	15~25	5~25	0.6~0.9	—	0	23.4
文氏管洗涤器	40~150	0.5~5	0.1~0.4	3~20	5.4~25.2	0.36~5.4

4.2 液滴接触型洗涤器

液滴接触型洗涤器是将液体雾化成细小液滴后，靠众多的分散液滴来捕集气流中的固体颗粒的洗涤器。气体与液滴的相互流动方式有逆流式（喷淋塔）、并流式（喷射洗涤器、文氏管洗涤器）及交叉流式（离心喷淋洗涤器）等。

4.2.1 液体的雾化

液体的雾化方法有压力雾化、转盘雾化、气体雾化、声波雾化等，工业上常用的是前三种，尤其是第一种。

4.2.1.1 压力雾化

压力雾化是将具有较高压力的液体以一定方式高速喷入气体内而形成雾化液滴的一类方法，它较为简单、造价低，耗能也较小，但液体的黏度不能太高，其中的固体微粒含量不能太高。压力雾化喷嘴的常用型式有：

(1) 空心锥式　将液体压入喷嘴的旋流室，通过其中的切向开口或固定螺旋芯子，产生旋转运动，从一个缩口高速喷出，形成中空的锥状水伞，与气体冲击而分散成液滴。典型结构见图 23-4-13。所用压力不会超过 2MPa，常用为 0.2～0.25MPa，其液量与压力的平方根近似成正比。在一定压力下，出口液量又近似与喷嘴缩口面积成正比。一般缩口直径从 0.5～50mm，液量相应从 0.04L·min^{-1} 到大于 750L·min^{-1}。雾化的水滴较细，大部分在 0.5mm 以下。雾化喷射角在 15°～135°变化。缺点是喷出的雾滴流呈中空锥状，使液滴在设备的截面上分布不匀。

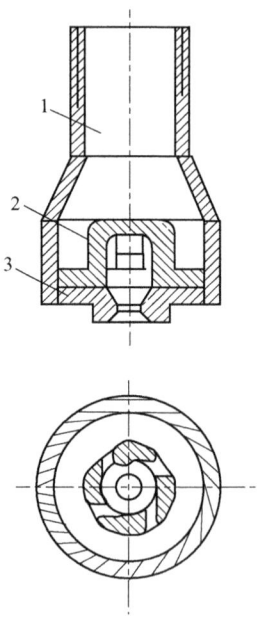

图 23-4-13　空心锥式喷嘴
1—外壳；2—旋流片；3—喷嘴

(2) 实心锥式　基本原理同空心锥式，只是旋流室内采用的导流芯不同，喷出雾液可呈实心锥伞状，液滴可在设备整个横截面上均匀分布。喷射角一般为 30°～100°，液量为 4～

$1000L \cdot min^{-1}$。

（3）冲击式 将压力液体引入冲击到一个固体表面而分散成液滴，可产生较为均匀的液滴大小。喷雾形状可以是中空锥伞，也可以是盘状的。

对压力雾化喷嘴的要求是：雾化液滴的粒径分布范围要尽可能狭窄，而液滴数目要尽可能多。在这方面，空心锥式比实心锥式要好些，故更为常用。

4.2.1.2 转盘雾化

这种雾化器是将低压液体引入一个转盘的中心附近，靠转盘的高速转动（每分钟几百转到 $50000r \cdot min^{-1}$）将液体高速甩出而雾化。转盘上或带有周向叶片，或带有径向叶片，或只是有径向沟槽。转盘直径为 $5\sim75cm$。

4.2.1.3 气体雾化

气体雾化是利用高速气流将液膜分裂成细雾，两种流体的接触点可在嘴内，也可在嘴外。它的雾化效果好，液滴很细，可小于 $50\mu m$。又可雾化黏性很高的液体，但耗能约几倍于压力雾化，故用得不多。

气体雾化时，液体压力主要影响供液量，对于液滴大小的影响甚微，一般不会高于 $0.4MPa$。液滴大小主要取决于气体压力及流量，气体压力及流量不足时，液滴就粗大。

4.2.2 液滴接触型洗涤器的性能与应用

4.2.2.1 喷淋塔

喷淋塔是最简单的洗涤器，如图 23-4-2 所示。雾化喷嘴可以多排布置，含尘气体则由下而上，经过一排排向下喷淋的液滴，将其中颗粒除去。它的常用设计参数为：雾化喷嘴所用液压一般为 $0.14\sim0.73MPa$；液气比可用 $0.066\sim0.266L \cdot m^{-3}$；塔内气体流速取 $0.6\sim1.2m \cdot s^{-1}$；气体停留时间为 $20\sim30s$；气体压降一般为 $200Pa$ 左右。在这种条件下，一般可捕集大于 $5\mu m$ 的颗粒，效率并不高。若要捕集更细颗粒，可将液滴雾化得更细。但细小液滴易于蒸发，又易被气流带走，也影响效率。Stairmand 给出了图 23-4-14 所示的关系，曲线上数字表示要捕集的颗粒直径[12]。可见最佳的液滴直径为 $0.5\sim1mm$，选用空心锥式或实心锥式的压力雾化喷嘴即可。

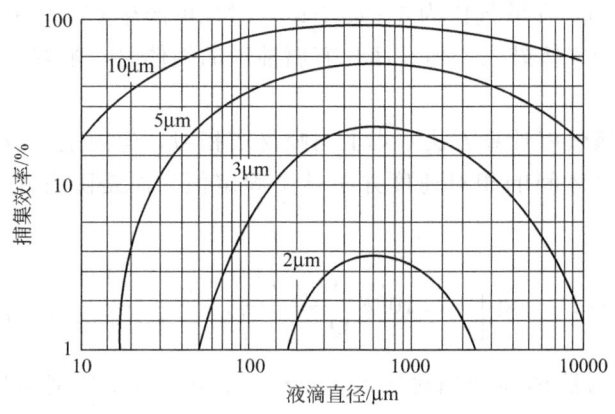

图 23-4-14 液滴直径与惯性捕集效率之关系

若只考虑重力沉降及惯性碰撞，忽略扩散及拦截效应等，并假设液滴大小都一样，液滴之间无相互干扰；所有尘粒在塔的横截面上是混合均匀的，便可得出逆流式喷淋塔的粒级效率为：

$$E_i = 1 - \exp\left(-1.5k\,\frac{u_{al} - u_{ap}}{u_{al} - v_g}\frac{Q_1}{Q_g}\frac{H}{d_1}E_{Ti}\right) \tag{23-4-12}$$

式中　　E_i——粒级效率；

E_{Ti}——单个液滴的惯性捕集效率，一般推荐用式（23-4-3），若为势流，且只考虑惯性碰撞，则可用式（23-4-1）；

H——有效捕集高度，m；

u_{al}，u_{ap}——液滴及尘粒的终端沉降速度，m·s^{-1}；

d_1——液滴的粒径，m；

k——由于液滴分布不均匀而引入的修正系数，由实验定；

Q_1——液体的流量，m^3·h^{-1}；

Q_g——气体的流量，m^3·h^{-1}；

v_g——塔内气体速度，m·s^{-1}。

为了进一步提高喷淋洗涤的效果，又要使设备紧凑，可以在塔内设置多排喷嘴，组成喷射网络，称为复喷式洗涤器。它的设计参数一般为：喷雾压力大于0.4MPa，液滴喷射速度为20~30m·s^{-1}；塔内气速在12~35m·s^{-1}，气体通过每排喷嘴的压降为150~400Pa。当喷嘴孔径为4~12mm、喷嘴排数为3~9排时，液气比在3~6L·m^{-3}。若每排喷嘴的除尘效率都相同为E_i，则n排喷嘴的总除尘效率便为：$E = 1 - (1 - E_i)^n$。

在设计时，每排喷嘴所占的截面积不超过洗涤器横截面积的10%，以免压降过高。为确保喷液网络能覆盖住整个截面积，各排喷嘴应相互交错排列，最外圈喷嘴与器壁的间距应小于100mm。

4.2.2.2　喷射洗涤器

这种洗涤器的结构示意见图23-4-3，外形很像文氏管洗涤器，只是液体由泵送到安装在器顶的雾化喷嘴内高速喷出。此时，由于高速液流的喷射，而且液气比较大，故在喷射洗涤器的喉部可产生抽力而将含尘气体抽吸进来，这恰与文氏管洗涤器相反。所用液体压力一般为0.15~0.5MPa（表），在液气比为6~13L·m^{-3}时，可产生250Pa的抽力。在液气比不大时，也可用风机将含尘气体鼓入。但在净化有腐蚀性的气体时，最好不用风机，而用高液气比将气体抽吸进去。

这种洗涤器的粒级效率计算方法基本上与喷淋塔相似，但因是气液并流，液滴喷出速度又很高，所以液滴与气体间的相对速度并不是个固定值，而是随着路程而变化的，于是式（23-4-12）应改写成：

$$E_i = 1 - \exp\left[-0.108k\,\frac{Q_1\rho_1 d_1^{0.6}}{Q_g\rho_g^{0.4}\mu_g^{0.6}}\int_{v_{r1}}^{v_{r2}}\frac{v_r^{1.6}}{(v_r+\varphi)^2}dv_r\right] \tag{23-4-13}$$

式中，v_r为气体与液体间的相对速度，m·s^{-1}；v_{r1}，v_{r2}分别为接触开始与终了时的v_r；ρ_1为液体的密度，kg·m^{-3}；$\varphi = 6.3\mu_g d_1/(Cu\rho_p d_p^2)$；$k = 1/\left(1 + \dfrac{0.19}{d_p}\right)$，此处$d_p$单位用μm。

Harris[13]对中位粒径为 $5.5\mu m$ 的飞灰等实验结果可见图 23-4-15,它的除尘效率可用经验公式:

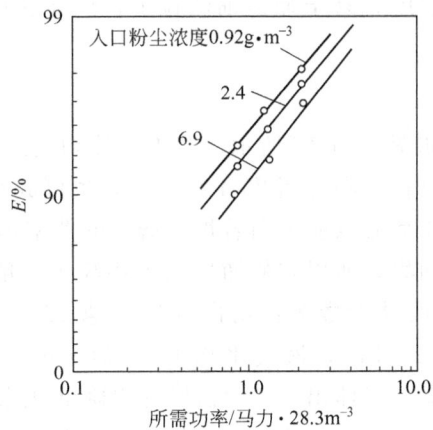

图 23-4-15 用喷射洗涤器捕集飞灰

(1 马力 = 745.7W)

$$E = 1 - \exp\left(-7.475 \times 10^{-4} \frac{W_1 l_e}{d_1} E_T\right) \qquad (23\text{-}4\text{-}14)$$

式中,W_1 为液气比,$L \cdot m^{-3}$;l_e 为有效洗涤距离,m,一般可在 $(0.2 \sim 1.3) \times 10^{-3}$ m;E_T 一般可用式(23-4-1) 计算。

喷射洗涤器的喉颈处气速常在 $12 \sim 14 m \cdot s^{-1}$,雾化的液滴又较大,并流的液滴与气流间的相对速度并不高,因此只能捕集 $5 \sim 10\mu m$ 的颗粒。若要捕集更细的颗粒,可采用图 23-4-16所示的两级串联喷射洗涤器,其中第一级采用压缩空气或蒸汽来雾化液体以获得细小液滴,第二级则为常规的喷射洗涤器。木村等[14]对平均粒径为 $0.2\mu m$ 的炭黑微粒进行的捕集实验,可得经验公式为:

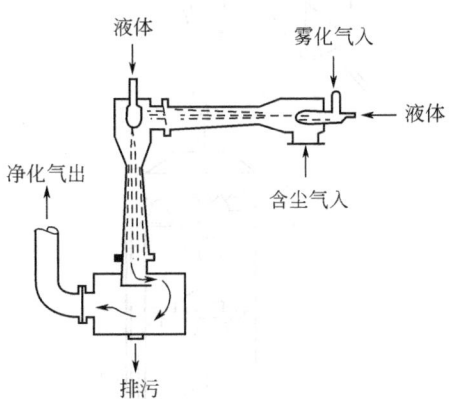

图 23-4-16 两级串联喷射洗涤器

$$E = 1 - \exp\left[-f_a \left(\frac{d_a}{d_0}\right)^2 W_1 \times 10^{-3}\right] \qquad (23\text{-}4\text{-}15)$$

式中,d_a,d_0 为喷管喉部及喷嘴的出口直径,m;f_a 为 St 数的函数,对直喷式喷嘴,可用 $f_a \approx 1.76$,对于旋流喷嘴,可用 $f_a \approx 3.47$。

Wicke[15]采用这种两级串联喷射洗涤器及 ϕ8mm 圆锥喷嘴，可将气体中大于 3μm 的颗粒除净。Gardenier[16]用高温加压水作洗涤液，由于部分液体在喷嘴出口处蒸发膨胀，可大大加速液滴与气流间的相对速度，易于捕集细微粒子，例如它可有效地捕集小于 0.5μm 的硅铁电炉废气内的微尘。

4.2.2.3   离心喷淋洗涤器

典型的离心喷淋洗涤器如图 23-4-17 所示。含尘气体切向进入，同时压力雾化喷嘴也向气流喷淋液滴，雾化喷嘴可放在中心 [图 23-4-17(a)]，也可放在器顶 [图 23-4-17(b)]。因此，悬浮于气流中的粉粒既在离心效应下向着被湿润了的器壁运动而被捕集，又在运动过程中与液滴发生惯性碰撞而被捕集，所以它的捕集效率要高于一般喷淋塔或干式旋风分离器。这种离心喷淋洗涤器的常用设计参数为：切向入口气速 15～30m·s^{-1}；器横截面上气速 1.2～2.4m·s^{-1}；压降 0.5～2.5kPa；液气比 0.4～1.3L·m^{-3}。为防止气体内夹带水雾太多，在喷淋管上部设有挡水盘。气体出口有整流叶片以降低洗涤器压降[17,18]。Johnstone 和 Robert[19]曾对设备直径 0.6m、入口气速 17m·s^{-1} 的离心喷淋洗涤器的粒级效率作过计算，在向心加速度为 100g 的条件下，计算结果见图 23-4-18。可见有一个最佳液滴直径，在此例中为 100μm 左右。某些工业应用的情况见表 23-4-4。

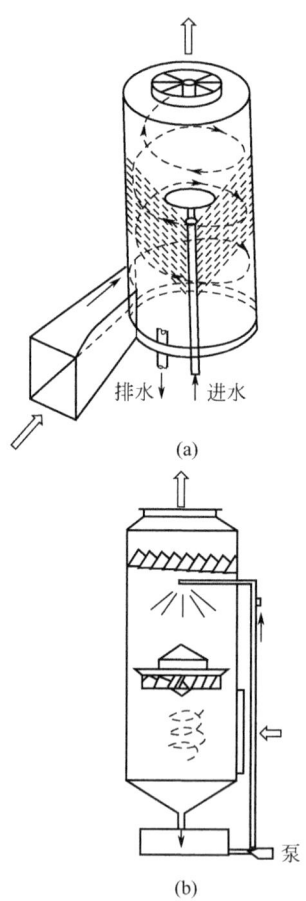

(a)

(b)

图 23-4-17   离心喷淋洗涤器

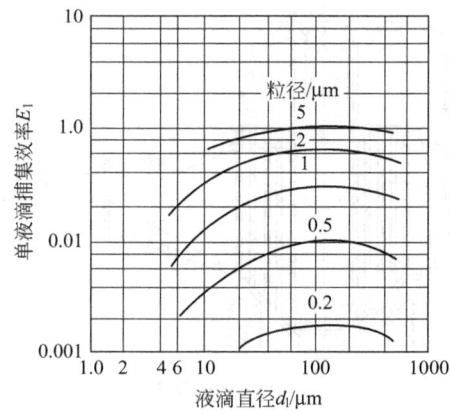

图 23-4-18　离心喷淋洗涤器的粒级效率

表 23-4-4　离心喷淋洗涤器的应用情况

尘源	粒径/μm	含尘浓度/$g \cdot m^{-3}$		捕集效率/%
		入口	出口	
锅炉飞灰	＞2.5	1.12~5.9	0.046~0.106	88~98.8
铁矿石,焦炭	0.5~20	6.9~55	0.069~0.184	99
石灰窑	1~25	17.7	0.576	97
生石灰	2~40	21.2	0.184	99
铅反射炉	0.5~2	1.15~4.6	0.053~0.092	95~98

图 23-4-19 是另一种同心圆式离心喷淋洗涤器,其筒体由缺口同心圆挡板组成,每圈空间的上部均设有喷淋器,喷出的液雾在挡板的内外表面上形成水膜。排出管内也有喷嘴。由于各挡板间的径向宽度小,尘粒在离心效应下很快就到达挡板表面,被水膜捕集;一些细微尘粒在排气管内再被洗涤一次,所以总的捕集效率较高,只是材料用量较大。

这类洗涤器的粒级效率为[6]:

$$E_i = 1 - (1 - E_{ic})(1 - E_{is}) \tag{23-4-16}$$

式中　E_{ic}——旋风分离的粒级效率,可按本篇第 2 章有关公式计算;

　　　E_{is}——喷淋捕集的粒级效率,这是一种水平交叉流动情况,若只考虑惯性碰撞效应,则可由下式计算。

$$E_{is} = 1 - \exp\{-E_{Ti}[3Q_1(r_0 - r_s)/2Q_g d_1]\} \tag{23-4-17}$$

式中　E_{Ti}——单个液滴的惯性捕集效率,可按式(23-4-1) 计算;

　　　r_0——洗涤器的半径,m;

　　　r_s——喷嘴安放处离器中心轴线的距离,m。

当洗涤器入口气速为 15$m \cdot s^{-1}$,尘粒密度 $\rho_p = 2600 kg \cdot m^{-3}$,液滴直径 $d_1 = 200 \mu m$ 时,在不同液气比 Q_1/Q_g 情况下的粒级效率计算结果如表 23-4-5 所示。

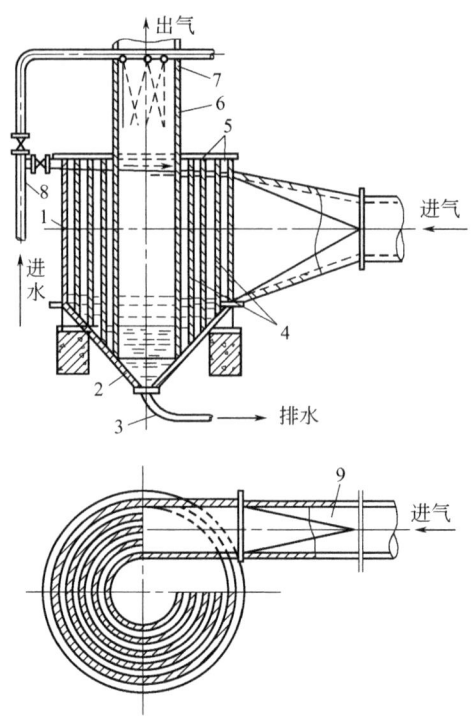

图 23-4-19　同心圆式离心喷淋洗涤器

1—外壳；2—水槽；3—泥浆出口；4—同心圆挡板；5,7—喷嘴；

6—排气管；8—供水管；9—进气管

表 23-4-5　同心圆式离心喷淋洗涤器的粒级效率[6]

	$d_p/\mu m$	0.5	0.707	1	2	4
$E_i(d_p)/\%$	$Q_1/Q_g=0.8\times10^{-3}$	50	58.6	71	94.5	99
	$Q_1/Q_g=2\times10^{-3}$	54	68	85.9	97.5	99.6

4.2.2.4　液柱塔

　　液柱塔[20]是在喷淋塔的基础上发展起来的一种新型湿式洗涤设备，如图 23-4-5 所示。气体由设备下部进入，净化后气体经除沫器后由顶部出口管排出。塔内的气体自下而上流动，与喷淋塔的气流运动状态相同。所不同的是，洗涤液是由塔下部的喷嘴自下向上喷射进入设备，喷射液柱在达到最高点后，自然散开，形成无数液滴作重力沉降，与上升的气流产生高效的气液接触，达到高效洗涤除尘作用。

　　液柱塔与喷淋塔最大区别是，喷淋塔采用雾化喷射，对喷嘴有较高的要求，否则易出现堵塞等问题。而液柱塔采用的是射流喷嘴，喷嘴结构简单，喷头孔径大，不易堵塞，而且系统能够在比较大的范围内调节，因此对控制水平和循环水清洁度要求不高。另外，由于液柱塔仅设置一层喷嘴，而且安装在设备下部，位置较低，安装及维护方便。

　　液柱塔内向上喷射的液柱与塔内的气流为同向运动，由于高速喷射的液柱会对气流产生一定的引射作用，有助于降低气体的阻力。

　　上升液柱动能为零时，液柱自然散开产生的液滴，一般粒径都比较大，虽然可大大降低除沫器的负荷，但液相的比表面积明显减少，影响捕集效率，所以必须要提高液气比，考虑到喷射散开的覆盖面积比较小，要求布置较多的喷嘴，一般要求每平方米安装约 4 个喷嘴。

液柱塔的常用设计参数为：

空塔速度 $v_g = 4.2 \sim 5.6 \, \text{m·s}^{-1}$

液气比 $W_1 = 13 \sim 25 \, \text{L·m}^{-3}$（气）

液体喷射压力 $p_1 = (0.7 \sim 1) \times 10^5 \, \text{Pa}$

4.2.2.5 文氏管洗涤器

文氏管洗涤器主要由渐缩管、喉管、渐扩管及脱液器等组成，如图 23-4-20 所示。含尘气体进入文氏管后逐渐加速，到喉管时速度达到最高，将该处引入的液体雾化成细小液滴。由于此处的气体与液滴的相对速度很高，故具有较高的捕集效率。

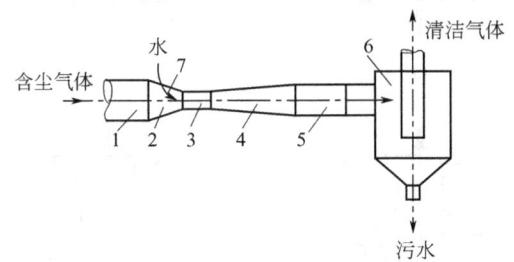

图 23-4-20 文氏管洗涤器组成

1—入口风管；2—渐缩管；3—喉管；4—渐扩管；5—风管；
6—脱液器；7—雾化喷嘴

(1) 文氏管洗涤器的分类 文氏管洗涤器的类型较多，按外形可分为圆形与矩形两大类；按引液方式又可分为中心喷液 [图 23-4-21(a)]、周边径向喷液 [图 23-4-21(b)]、液膜引入 [图 23-4-21(c)] 及借气流能量引入 [图 23-4-21(d)] 等。文氏管的喉管气速是决定除尘效率的关键，为了确保在含尘气量变化时，仍能维持最佳的喉管操作气速，出现了可调节喉管断面大小的各种方法：可用翻板式或滑块式（对矩形文氏管），也可用推杆式或重铊式（对圆形文氏管），变径式文氏管见图 23-4-22。

(2) 文氏管洗涤器的捕集效率 计算原理图见图 23-4-23，液体从 A 处引入，被高速气流抽引并雾化，液滴开始时的速度为 0，在气流曳力下被加速，直到十分接近气体速度时为止。当液滴与气体间有相对速度时，气体内的固体颗粒主要以惯性碰撞效应被液滴捕集，此捕集过程直到两者相对速度为 0 时为止。随着相对速度的变小，捕集效率也逐步降低，所以精确计算此捕集过程十分困难。

吉田等[21]求解液滴运动方程，假设阻力系数位于 Allen 区，喉部气速 $v = 80 \, \text{m·s}^{-1}$，液气比为 $0.4 \, \text{L·m}^{-3}$，算出不同大小的液滴的速度变化曲线见图 23-4-24，图上虚线为气速变化曲线。

Calvert 等[6]假设，在气液间相对速度达到 $f v_a$ 时，方开始捕集过程，而到相对速度为 0 时，捕集终止。从而推得文氏管洗涤器的粒级效率公式为：

$$E_i = 1 - \exp\left(0.0364 \frac{Q_1}{Q_g} \frac{v_a d_1 \rho_1}{\mu_g} F\right) \tag{23-4-18}$$

$$F = \frac{1}{St}\left(-0.35 - Stf + 0.7\ln\frac{Stf + 0.35}{0.35} + \frac{0.12}{0.35 + Stf}\right)$$

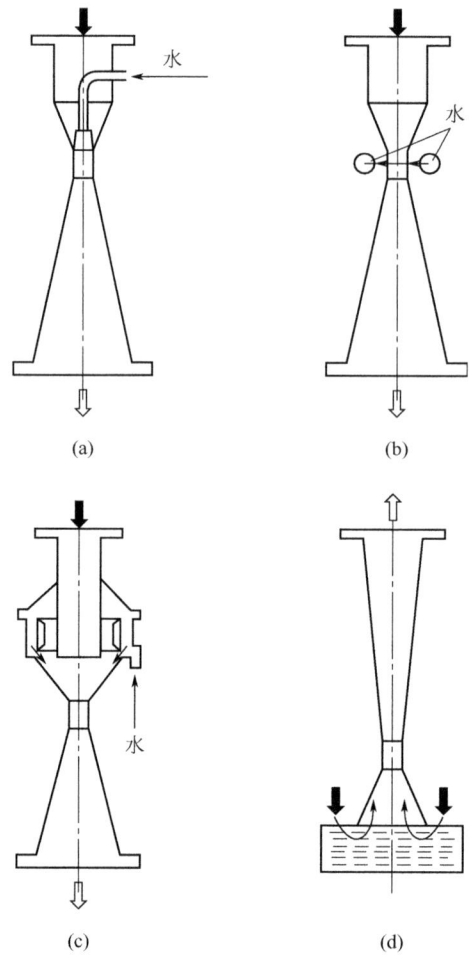

图 23-4-21   文氏管洗涤器的引液方式

$$St = \frac{C_u \rho_p d_p^2 v_a}{18 \mu_g d_1}$$

式中，f 为实验修正系数，根据许多学者的实验，Calvert 等建议：对亲水性颗粒，$f \approx$ 0.25；对憎水性颗粒，$f \approx 0.4 \sim 0.5$；对飞灰（大型洗涤器），$f \approx 0.5$。当 $Q_1/Q_g < 0.2 \times 10^{-3}$ 时，f 会增大。

利用此公式可以分析各种影响因素，找出最宜操作参数。

图 23-4-25 为一个算例，条件是：$\rho_1 = 1000 \mathrm{kg \cdot m^{-3}}$；$\mu_g = 1.8 \times 10^{-5} \mathrm{Pa \cdot s}$；$f = 0.25$，纵坐标是空气动力切割粒径 d_{pac}。可见，在给定恒压下，有最小 d_{pac} 点。在此 d_{pac} 点的左边，是气速高而液气比小，对细颗粒有高效率。在此最小 d_{pac} 点右边，是气速低而液气比高，对粗颗粒有较高效率。对于粗、细颗粒均有的粉尘，则在此最小 d_{pac} 点时有最高的效率。

还有许多计算模型，可参见文献［22～25］，此处不赘述。

影响文氏管洗涤器捕集效率的主要因素是喉管气速 v_a 和液气比 W_1。对于细颗粒，气速的影响更为主要；而对于粗颗粒，则液气比的影响更重要。所以需依据不同情况，合理地选定最宜的气速与液气比。表 23-4-6 列出了一些应用实例，可供参考。

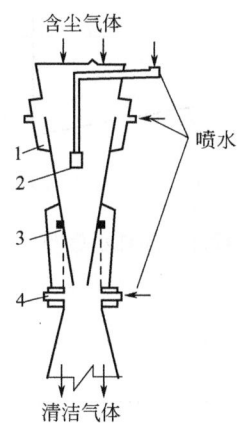

(a) 翻板式
1—溢流槽；2—喷嘴；
3—调节翻板；4—下层喷嘴

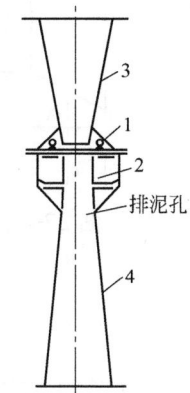

(b) 滑块式
1—喷嘴；2—滑块；
3—渐缩管；4—渐扩管

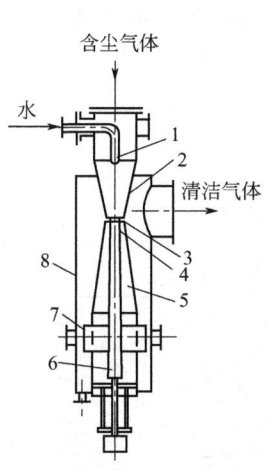

(c) 推杆式
1—喷嘴；2—渐缩管；
3—喉管；4—调节锥；
5—渐扩管；6—导向块；
7—离心脱水器；8—筒体

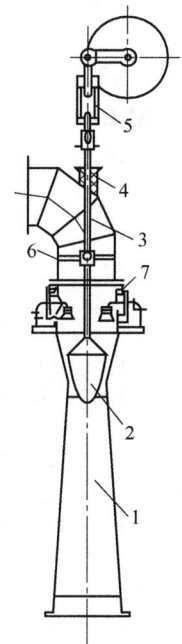

(d) 重铊式
1—渐扩管；2—重铊；
3—拉杆；4—密封圈；
5—连接环；6—弯管；
7—喷嘴

图 23-4-22 变径式文氏管

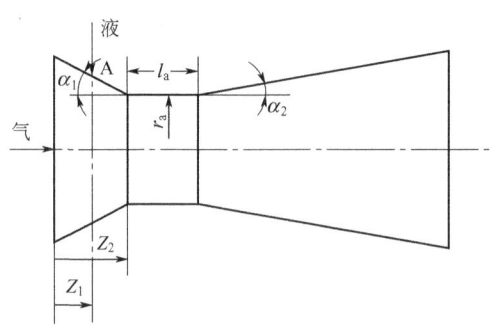

图 23-4-23　文氏管计算原理示意图

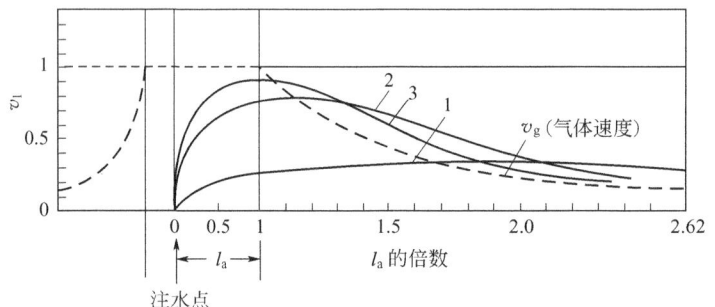

图 23-4-24　文氏管洗涤器内液滴速度的变化

1—d_1 为 556μm；2—d_1 为 69.5μm；3—d_1 为 34.7μm

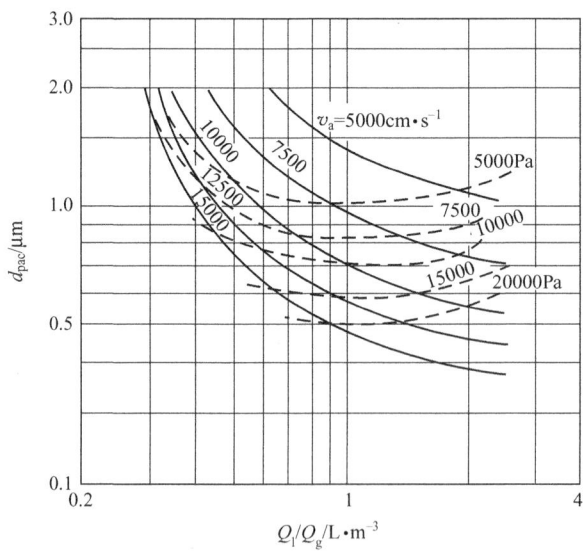

图 23-4-25　文氏管洗涤器算例

表 23-4-6 文氏管洗涤器的工业应用实例

生产过程	粉尘名称	进口含尘浓度 /g·m⁻³(标准)	出口含尘浓度 /g·m⁻³(标准)	除尘效率 /%
炭黑	炭黑	7.58	0.12	98.42
铅质油漆	铝粉	1.25	0.003	99.76
颜料生产	炭黑	0.685	0.0068	99
染料生产	靛蓝	0.047	0.013	72.34
石灰煅烧	石灰及氧化钠微粉	16.0	0.045	99.72
橡胶生产	炭黑	0.7	0.007	99.0
氧化铝生产	硅铝粉	2.0	0.005	99.75

(3) 文氏管洗涤器的压降 文氏管洗涤器的压降主要包括：气体流过文氏管的压降，为粉碎和加速液滴所需压降以及气液混相造成的壁面摩擦损失等。一般可写成[12]：

$$PD=\left(\xi_d+\xi_w\frac{\rho_1 Q_1}{\rho_g Q_g}\right)\frac{\rho_g v_a^2}{2} \tag{23-4-19}$$

式中 PD——洗涤器压降，Pa；

ξ_d——干阻力系数。

在喉管长 $l_a \leqslant 0.15d_a$ 时，$\xi_d=0.12\sim0.15$；当喉管长为 $10d_a\geqslant l_a\geqslant0.15d_a$ 时，

$$\xi_d=0.165+0.034\frac{l_a}{d_a}+\left(0.06+0.028\frac{l_a}{d_a}\right)M \tag{23-4-20}$$

式中 M——马赫数，即为 v_a 与文氏管出口状态下的音速之比；

d_a——喉管直径，m，对于矩形文氏管，则为其当量水力直径。

ξ_w 为湿阻力系数，可用下式估算。

$$\xi_w=A\xi_d\left(\frac{Q_1}{Q_g}\right)^B \tag{23-4-21}$$

式中，A、B 为实验常数，见表 23-4-7。

表 23-4-7 实验常数 A 与 B[22]

喷液方式	喉管气速 v_a/m·s⁻¹	喉管长度 l_a/m	A	B
中心喷,水膜淋	>80 <80	$(0.15\sim12)d_a$	$1.68\left(\frac{l_a}{d_a}\right)^{0.29}$ $3.49\left(\frac{l_a}{d_a}\right)^{0.266}$	$1-1.12\left(\frac{l_a}{d_a}\right)^{0.045}$ $1-0.98\left(\frac{l_a}{d_a}\right)^{0.026}$
在渐缩管前中心喷	40~150	$0.15d_a$	0.215	-0.54
在渐缩管内周边喷	>80 <80	$0.15d_a$	31.4 1.4	0.024 -0.316
喉口为环状,中心喷液	30~100	—	0.08	-0.502
最优形状的文氏管,中心喷液	40~150	$0.15d_a$	0.63	-0.3

还有许多研究工作者得出了其他公式，可参见文献 [21, 24, 26~30]。

Muir 等[31]认为效率与压降有如下关系：

$$E = 1 - \exp(-a \cdot PD^b) \tag{23-4-22}$$

式中，a、b 等由实验确定；PD 的单位为 Pa。对于液气比大于 $1.6 \text{L} \cdot \text{m}^{-3}$ 的情况，不同的文氏管结构型式的 a、b 值大体上相同，$a \approx 0.137$，$b \approx 0.4357$。

(4) 文氏管洗涤器的设计　以圆形文氏管洗涤器为例，先根据选定的喉管流速 v_a，以及处理气量 Q_g 算出喉管直径 d_a(m)：

$$d_a = \sqrt{\frac{Q_g}{2826 v_a}} \tag{23-4-23}$$

式中，v_a 为喉管流速，$\text{m} \cdot \text{s}^{-1}$；对于要求捕集效率不高时，选 $v_a = 40 \sim 60 \text{m} \cdot \text{s}^{-1}$；对于要求较高的捕集效率，选 $v_a = 80 \sim 120 \text{m} \cdot \text{s}^{-1}$。

喉管长度一般可取 $l_a > 0.15 d_a$。在周边喷雾时，应保证 $l_a > 100 \text{mm}$。对于大型文氏管，当 $d_a > 250 \text{mm}$ 时，应取较长 $l_a \approx (0.7 \sim 0.75) d_a$。渐缩管的张角 α_1 一般可取 $25° \sim 28°$，最大取 $30°$。渐扩管的张角 α_2 一般可取 $4° \sim 7°$，过大了易产生旋涡脱体，影响压降及效率。

对于矩形文氏管洗涤器，喉管截面积 A_a(m^2) 可用下式确定：

$$A_a = \frac{Q_g}{C \sqrt{PD/\rho_g}} \tag{23-4-24}$$

式中　C——校正系数，由实验定。

对于 $\rho_g = 0.96 \text{kg} \cdot \text{m}^{-3}$ 的气体，不同液气比时的 C 值可见表 23-4-8。

表 23-4-8　矩形文氏管的 C 值[32]

$\dfrac{Q_1}{Q_g} \times 10^3$	0	0.535	0.8	0.937	1.34	2	2.64	4	5.28	8
C	4823	4800	3840	3734	3560	3284	2985	2136	1539	1459

当含饱和水蒸气的气体密度增加到 $1.6 \text{kg} \cdot \text{m}^{-3}$ 以前，表 23-4-8 内 C 值变化不大。但当 $\rho_g = 1.6 \text{kg} \cdot \text{m}^{-3}$，$Q_1/Q_g = 1.34 \times 10^{-3}$ 时，表 23-4-8 中 C 值就会增大到 10910。

文氏管洗涤器设计时一般可按低阻型及高效型两类来考虑。低阻型文氏管洗涤器的主要参数为：$v_a = 40 \sim 60 \text{m} \cdot \text{s}^{-1}$；$Q_1/Q_g = (0.15 \sim 0.6) \times 10^{-3}$，$PD = 0.6 \sim 5 \text{kPa}$，适用于捕集较粗颗粒或烟气调质。高效型文氏管洗涤器的主要参数为：$v_a = 60 \sim 120 \text{m} \cdot \text{s}^{-1}$，$Q_1/Q_g = (0.2 \sim 0.8) \times 10^{-3}$，$PD = 5 \sim 20 \text{kPa}$，可有效地捕集气体中的 $0.5 \sim 1 \mu \text{m}$ 的微粒。

4.3　液膜接触型洗涤器

液膜接触型洗涤器是将液体淋洒在填料或壁面上，在表面形成很薄的液膜，气体在通过这些液膜时产生捕集效应。应用液膜捕尘的湿法捕集装置主要有填料塔（图 23-4-7）、湍球塔、竖管式水膜除尘器、旋风水膜除尘器等。填料塔在传质部分有详细介绍，此处不赘述。

4.3.1　湍球塔

填料塔作为洗涤除尘设备时，入口含尘浓度不能过高，否则易产生堵塞现象，若将静止的填充床改变为流化床，就可解决此问题，这就是湍球塔，其典型结构可见图 23-4-26。在两块开孔率很大的孔板或栅板间，放置轻质空心球。含尘气从下部进入，以较大速度将空心球填料流化起来。洗涤液则从上面喷淋下来，被流化状态下的小球激烈扰动，小球在湍动旋转及相互碰撞中，又使液膜表面不断更新，强化了气液两相间的接触，可大大提高除尘效率。

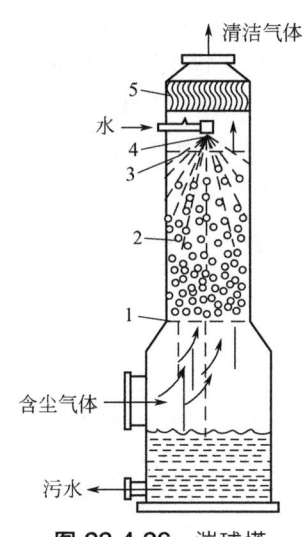

图 23-4-26 湍球塔

1—支撑筛板；2—填料球；3—挡球筛板；4—喷嘴；5—除沫板

4.3.1.1 湍球塔的常规设计

(1) 小球选取 湍球塔所用的小球直径通常为 $\phi15mm$、$\phi20mm$、$\phi25mm$、$\phi30mm$ 和 $\phi38mm$。为防止在操作时产生小球疏密不匀而影响气液的良好接触，当塔径大于 200mm 时，湍球塔塔径 D 与填料小球直径 d_B 之比应大于 10，常用 $\phi38mm$、$\phi30mm$ 和 $\phi25mm$ 的球。当塔径小于 200mm 时，该比值应大于 5，可用 $\phi20mm$ 和 $\phi15mm$ 的球。也有在同一填料层中装置不同直径的球，小球在上部湍动，大球在下部湍动，以提高整个空间的利用率。小球的密度一般在 $150\sim650kg\cdot m^{-3}$，操作压力大时，选取较大密度。实验证明，用直径为$20\sim40mm$、密度为 $200\sim300kg\cdot m^{-3}$ 的填料小球净化含尘气体，效率最佳。小球的材料取决于介质的性质和操作条件，要求耐磨、耐蚀、耐温、耐压。目前，使用较多的是高密度聚乙烯球和聚丙烯球。国外尚有用不锈钢、铝或玻璃钢以及其他新型材料做的薄壳体。球形填料的技术性能如表 23-4-9 所示。

表 23-4-9 球形填料的技术性能[33]

直径 /mm	质量 /g·个⁻¹	密度 /kg·m⁻³	材料	使用温度 /℃	耐蚀性能	直径 /mm	质量 /g·个⁻¹	密度 /kg·m⁻³	材料	使用温度 /℃	耐蚀性能
$\phi15$	0.636	360	聚乙烯	<80	耐酸碱	$\phi38$	4.437	160	聚乙烯	<80	耐酸碱
$\phi20$	1.817	433	聚乙烯	<80	耐酸碱	$\phi38$	4.437	160	聚丙烯	<110	耐酸碱
$\phi25$	2.882	248	聚乙烯	<80	耐酸碱	$\phi38$	2.764	101	赛璐珞	<50	耐酸碱
$\phi30$	4.034	285	聚乙烯	<80	耐酸碱						

(2) 静止床层高度 静止床层高度 H_{st} 是湍球塔的一项重要参数。静止床层高度与塔径

之比 H_{st}/D 大于1时，易发生腾涌现象，小球呈集团状上、下运动，影响气液的良好接触。而当 H_{st} 超过两支撑栅板间距 H（也称塔板间距或板间距）的50%以后，则失去湍球塔的特性，而与填料塔相似，即随气体速度的增大，压降急剧地升高。因此，在满足 H_{st}/D 小于1的条件下，可取 $H_{st}=(0.15\sim0.4)H$ [33]。

（3）板间距　湍球塔的板间距应使小球的自由运动有足够的高度，而不使其撞击顶部栅板。H 一般取 1000～1500mm。气速较大时可取上限，气速较小时可取下限。压力较高时板间距可以小些，若气速较大而小球密度较小时，板间距可以取大于1500mm。设计时，板间距 H 大致为床层膨胀高度 H_c 的 1.25 倍，或静止床层高度 H_{st} 的 2.5～5 倍。当操作气速在 $2\sim5\text{m}\cdot\text{s}^{-1}$ 及液体喷淋密度大于 $25\text{m}^3\cdot\text{m}^{-2}\cdot\text{h}^{-1}$ 时，床层膨胀高度 H_c 与静止床层高度 H_{st} 应满足如下关系式[34]：

$$\frac{H_c}{H_{st}}=Kv^{1.147}L^{0.7} \tag{23-4-25}$$

式中　v——操作气速，$\text{m}\cdot\text{s}^{-1}$；

L——液体喷淋密度，$\text{m}^3\cdot\text{m}^{-2}\cdot\text{h}^{-1}$；

K——系数，取 $K=0.045\sim0.08$，平均可取 $K=0.06$。

（4）空塔气速　球体从静止状态转为运动状态所需的最低气速为湍球塔的临界速度 v_c。对于气-固系统，球体颗粒的临界气速按下式计算[34]：

$$v_c=\sqrt{\frac{2gd_B(\rho_B-\rho_g)}{\xi_B\rho_g(1-\varepsilon)}} \tag{23-4-26}$$

式中　v_c——临界气速，$\text{m}\cdot\text{s}^{-1}$；

d_B——填料小球直径；

ε——填料床空隙率；

ρ_B——小球的密度，$\text{kg}\cdot\text{m}^{-3}$；

ξ_B——小球的阻力系数，参见表23-4-10。

表 23-4-10　小球阻力系数值[34]

小球球径/mm	材料	ξ_B
38	赛璐珞	14.6
38	聚乙烯	12.0
20	聚乙烯	5.0
15	聚乙烯	8.0

为使塔内保持湍动状态，气体流速应大于临界气速。通常操作气速（空塔速度）可取 $(1.5\sim3)v_c$，喷淋量大时可取较大的数值。对于除尘过程，空塔速度选取范围为 $1.8\sim2.5\text{m}\cdot\text{s}^{-1}$。当使用的洗涤液容易起泡时，空塔速度不宜过高，以避免产生雾沫夹带。

（5）喷淋密度　湍球塔在较大的喷淋量范围内均能保持较好效率，对于除尘过程，喷淋密度一般可取 $35\sim40\text{m}^3\cdot\text{m}^{-2}\cdot\text{h}^{-1}$。

4.3.1.2　湍球塔的性能计算

（1）压降　影响湍球塔压降的因素很多，如操作条件、气液的物性、小球的直径和密度、填充高度、空塔速度、喷淋密度、栅板开孔率等。不同的喷淋密度下有不同的经验计算公式[34]：

当喷淋密度 L 小于 $20\mathrm{m^3 \cdot m^{-2} \cdot h^{-1}}$ 时，压降为：

$$PD = H_{st}g(2.92\gamma_L^{1/3}d^{-2/3}L^{1/3}\rho_1 + \rho_B - \rho_g)(1-\varepsilon_0) \tag{23-4-27}$$

式中　ε_0——床层平均空隙率，%；

　　γ_L——液体运动黏度，$\mathrm{m^2 \cdot s^{-1}}$。

当 L 大于 $20\mathrm{m^3 \cdot m^{-2} \cdot h^{-1}}$ 时，压降可看作由三部分组成，即：

$$PD = PD_1 + PD_2 + PD_3 \tag{23-4-28}$$

式中　PD_1——气体通过支撑栅板的干板压降，Pa；

　　PD_2——球体湍动（干球层）引起的压降，Pa；

　　PD_3——床层持液量产生的压降，Pa。

PD_1 可按多孔板的局部压降计算：

$$PD_1 = \left[(1-0.9\varepsilon_1)^2 + 0.5 + \frac{4000\varepsilon_1\delta}{\left(\frac{v_0 d_e\rho_g}{\mu_g}\right)^{0.2}}\right]\frac{\rho_g v_0^2}{2} \tag{23-4-29}$$

式中　ε_1——支撑栅板的自由截面率，%；

　　δ——支撑栅板的厚度，m；

　　v_0——气体流过栅板孔（或栅缝）的速度，$\mathrm{m \cdot s^{-1}}$；

　　d_e——当量直径，m。

对于圆孔形筛板筛孔当量直径 d_e 等于筛孔孔径，对于条缝形栅板，若缝宽为 a，长为 b。则：

$$d_e = \frac{4ab}{2(a+b)} \tag{23-4-30}$$

PD_2 可按气固流化床压降计算：

$$PD_2 = H_{st}g(\rho_B - \rho_g)(1-\varepsilon_0) \tag{23-4-31}$$

PD_3 可按下式计算：

$$PD_3 = f\frac{4L_c}{\pi D^2}\rho_1 g \tag{23-4-32}$$

式中　L_c——床层持液量，$\mathrm{m^3}$；

　　f——修正系数，可取 $f = 0.85 \sim 0.95$，对于大直径塔，f 取大值。

(2) 除尘效率　湍球塔的除尘效率较高，一般对于 $2\mu\mathrm{m}$ 以上的细尘颗粒除尘效率可达 99% 以上，湍球塔的粒级效率可用下式计算[35]：

$$E_i(d_p) = 1 - \exp\left(-4.9\times10^6 V_l^{33}V_g^{0.36}St\frac{H_c}{d_B}\right) \tag{23-4-33}$$

$$St = \frac{\rho_p d_p^2 V_{gb}}{18\mu_g d_B}$$

式中　V_{gb}——填料床空隙实际气速，$m·s^{-1}$，$V_{gb}=V_g/\varepsilon$；

　　　d_B——填料球直径，m；

　　　H_c——湍球塔填料床膨胀后高度，m。

4.3.1.3　湍球塔的使用情况

用于除尘的湍球塔使用情况见表 23-4-11。

表 23-4-11　湍球塔使用情况[33]

用途		煤气除尘、煤焦油降温及去除部分 H_2S	半水煤气清洗	炉气净化	煤气用水除尘	普钙中氟用水吸收
操作压力/MPa					$-0.0035\sim-0.0016$	0.01
操作温度/℃					$50\sim60$	
塔径/mm		1400	684	1350	400	800
板间距/mm	第一段	1500		1100	1000	1850
	第二段	850		1100	1000	2050
静止床层高/mm	第一段	250	200	300	400	330
	第二段	150	200	300	350	330
填充小球	直径/mm	38	25	36	30	38
	材料	聚乙烯	聚乙烯	聚氯乙烯	高压聚乙烯	聚乙烯
筛板开孔/%				54	46	40
气速/$m·s^{-1}$		4	$1.2\sim4.5$	2.54	$2.3\sim2.5$	1.91
喷淋密度/$m^3·m^{-2}·h^{-1}$				25.1	$37.5\sim40$	13.1
操作条件			入塔 H_2S $0.61g·m^{-3}$ 出塔 H_2S $0.02g·m^{-3}$		入塔含尘 $372.1mg·m^{-3}$ 出塔含尘 $32mg·m^{-3}$	入塔含氟 $0.599g·m^{-3}$ 出塔含氟 $0.094g·m^{-3}$
效率/%			96.6	$80\sim90$	91.5	94.3
压降/Pa		1500		$1500\sim1800$	350	1360

4.3.2　竖管式水膜除尘器

竖管式水膜除尘器[33]由水箱、管束、排水槽和沉淀池等组成，如图 23-4-27 所示。除尘器顶部的水箱中的水经控制调节，流入管内，并溢流而出，沿管子的外壁表面均匀流下形成良好的水膜。当含尘气体通过垂直交错的管束时，含尘气体也不断地改变流向，尘粒在惯性力作用下被黏附于管壁的水膜上，随后流入排水槽和沉淀池。

每根管束长度不宜超过 2m，并需交错布置，管束一般为 $4\sim5$ 排，管束压降为 $100\sim150Pa$，全系统压降为 $300\sim500Pa$。含尘气体通过管束时，如采用自然引风，流速取 $3m·s^{-1}$ 为宜；如采用机械引风，流速可取 $5m·s^{-1}$ 左右。每净化 $1m^3$ 含尘气体约耗水 $0.25kg$。除尘效率为 $85\%\sim90\%$。竖管式水膜除尘器技术性能和尺寸见图 23-4-27 和表 23-4-12。

4.3.3　旋风水膜除尘器

将干式旋风除尘器的离心力作用原理应用于在器壁上形成液膜的湿式除尘器中，该装置

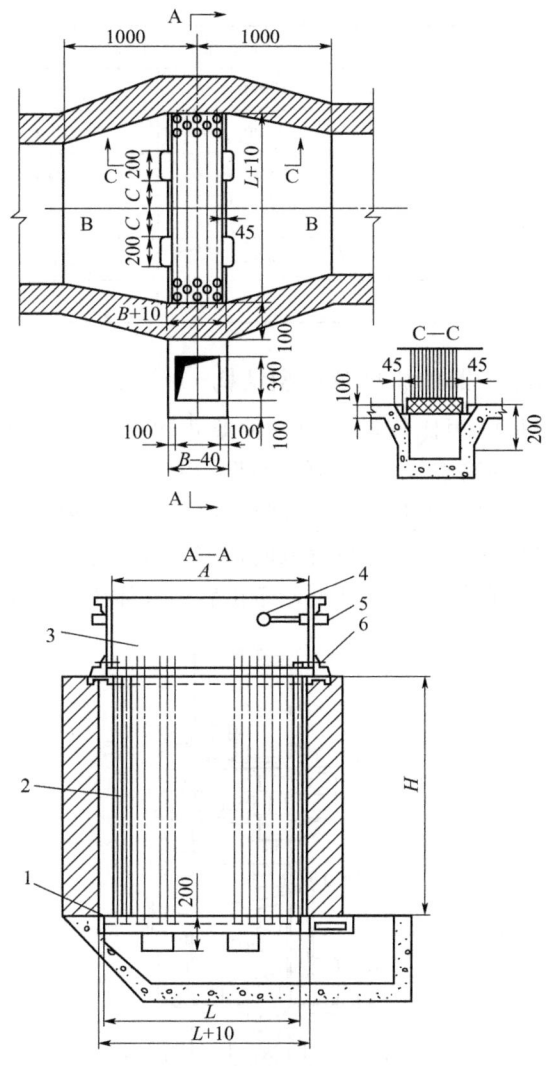

图 23-4-27 竖管式水膜除尘器

1—底板；2—管束；3—水箱；4—浮球阀；5—进水管；6—排水管

使含尘气体中的粉尘粒子借助气流作旋转运动所生产的离心力冲击被水润湿的壁面而被捕获。装置可分为两大类，即立式水膜旋风除尘器和卧式水膜旋风除尘器[8]。

表 23-4-12 竖管式水膜除尘器技术性能和尺寸

项目	处理烟气量/m³·h⁻¹			
	9000	13000	18000	30000
除尘器截面积/m²	0.85×0.9=0.765	1.0×1.4=1.4	1.3×1.5=1.95	1.6×1.7=2.72
除尘器最小烟气流通面积/m²	0.417	0.818	1.135	1.579
通过除尘器的烟气流速/m·s⁻¹	5.57	4.38	4.40	5.28
管束数及排数/根(排)	53/5	63/5	83/5	103/5
L/mm	850	1000	1300	1600

续表

项目	处理烟气量/m³·h⁻¹			
	9000	13000	18000	30000
H/mm	900	1400	1500	1700
C/mm	150	200	240	325
B/mm	310	310	310	310
A/mm	950	1100	1400	1700
可配锅炉/t·h⁻¹	2	4	6.5	10

4.3.3.1　立式水膜旋风除尘器的原理及典型结构

立式水膜旋风除尘器是应用比较广泛的一种湿式除尘器，国内所用的型号为 CLS 型，如图 23-4-28 所示。该类型的喷嘴设在筒体的上部，由切向将水雾喷向器壁，在筒体内壁表面始终保持一层连续不断地均匀往下流动的水膜。含尘气体由筒体下部切向进入除尘器并以旋转气流上升，气流中的粉尘粒子被离心力甩向器壁，并为下降流动的水膜捕尘体所捕获。粉尘粒子随沉渣水由除尘器底部排渣口排出，净化后的气体由筒体上部排出[36,37]。

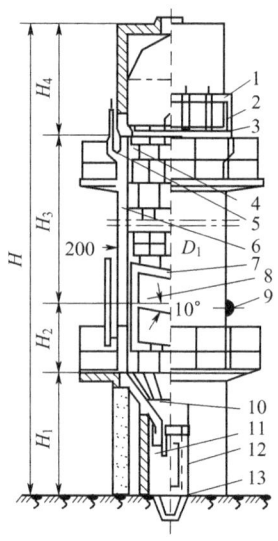

图 23-4-28　立式水膜旋风除尘器
1—环形集水管；2—扩散管；3—挡水堰；4—水越入区；5—溢水槽；6—筒体内壁；
7—烟道进口；8—挡水槽；9—通灰孔；10—锥形灰斗；11—水封池；
12—插板门；13—灰沟

这种除尘器的入口最大允许浓度为 20g·m⁻³，处理大于此浓度的含尘气体时，应在其前设一预除尘器，以降低进气含尘浓度。

立式水膜旋风除尘器除尘效率一般可保证在 90% 以上，甚至可达到 95%，器壁磨损比干式旋风除尘器低。按除尘器规格不同，设有 3～7 个喷嘴，喷水压力 294～588Pa，耗水量为 0.1～0.45L·m⁻³。

有时某些工业含尘气体还含有有毒、有害的气体成分，这类有害气体将与制作除尘器的金属材料发生腐蚀反应，这时可以应用麻石水膜旋风除尘器（筒体用麻石和混凝土砌筑）来有效地解决除尘过程中的腐蚀问题。

4.3.3.2 卧式水膜旋风除尘器的原理及典型结构

卧式水膜旋风除尘器又称鼓形除尘器或旋筒式水膜除尘器，如图 23-4-29 所示，由内筒、外筒、螺旋形导流片、集尘水箱和给排水装置等组成。内、外筒间装螺旋形导流片使除尘器形成一螺旋形气流通道。当气流以高速冲击到水箱内的水面上时，一方面尘粒因惯性作用而落入水中；另一方面冲击水面激起的水滴与尘粒相碰，也将尘粒捕获。同时，气流携带着水滴继续作螺旋运动，水滴被离心力甩向外壁，在外筒内壁形成一层 3～5mm 的水膜，将沉降到其上的尘粒捕获。除尘效率可在 90% 以上，甚至可达到 98% 以上[33]。

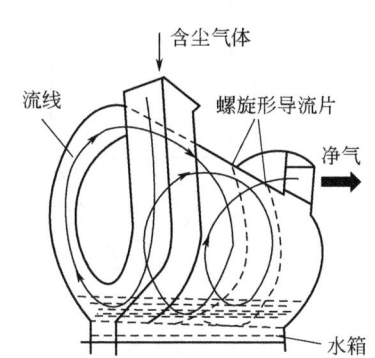

图 23-4-29 卧式水膜旋风除尘器

4.4 泡沫接触型洗涤器

4.4.1 筛板塔

4.4.1.1 工作原理

泡沫接触型洗涤器的典型结构是筛板塔。若液体与气体都是通过筛孔而逆流接触，称为无溢流式，又称淋降板塔，见图 23-4-30(a)。若液体横流过筛板再从降液管中流下，气体通过筛孔穿入液层内，则称为溢流式，见图 23-4-30(b)。

作为除尘器，一般以淋降板塔为主。洗涤液从设备上部，通过喷嘴雾化成细液滴均匀地向下喷淋，形成一个喷淋洗涤区。含尘气体从下部进入设备，以一定气速通过筛板的小孔进入液层，形成一连串不连续的气泡，称为鼓泡层。当气泡到达液层表面时，由于液体与气体之间界面的表面张力作用，气泡逐渐积累增多形成了泡沫层。泡沫层上部气泡破裂，并产生许多细小飞沫，被称为溅沫区。由于泡沫层内存在着大量由水膜相连的气泡，这些气泡不断破裂和更新，使气液两相剧烈扰动，接触良好，是洗涤除尘的主要作用区。

这类洗涤器要求在板上保持有稳定的泡沫层高度，而泡沫层的形成与气流速度有关。以无溢流式筛板塔为例，如图 23-4-31 所示。在供液量一定的条件下，当气速（指空塔气速）低时（图上 0～1 区），板上只能保持很薄水层，形不成泡沫；随着气速增大（图上 1～2 区），板上水层中形成了不连续的气泡，大部分仍为水层，称为鼓泡层。气速继续增大（图上 2～3 区），该区存在着大量由水膜相连的气泡，气泡不断破裂和更新，气液两相扰动剧烈，接触良好。在此区内，随着流速的增大，压降却变化不大，是泡沫除尘的主要工作区。

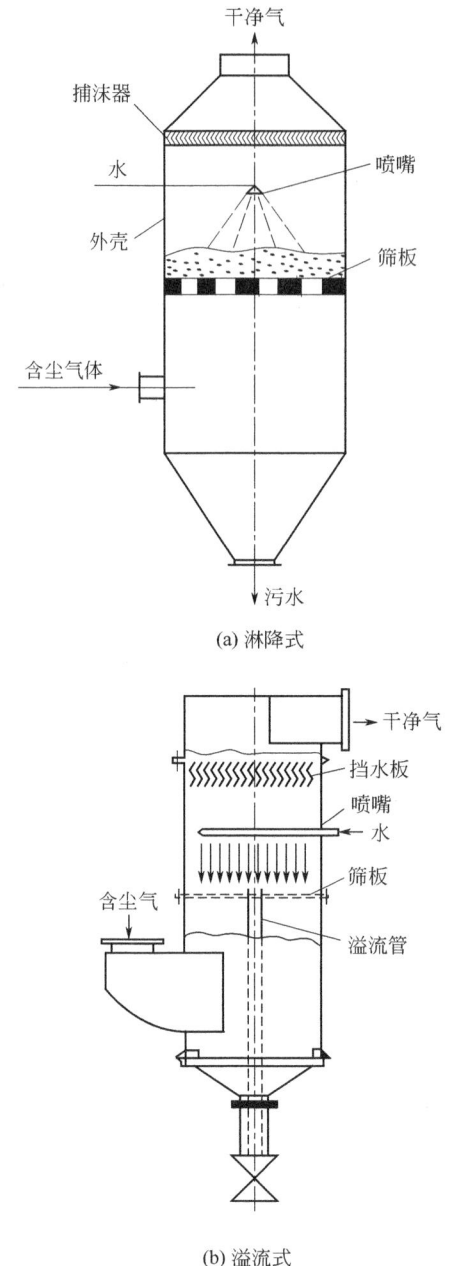

(a) 淋降式

(b) 溢流式

图 23-4-30　筛板塔结构示意图

气速再加大（图中 3～4 区），泡沫层被撕裂，形成飞溅，压降迅速升高，液雾夹带严重，是
不允许的。一般无溢流式筛板塔的空塔气速控制在 1～3m·s^{-1}，保持板上为稳定的泡沫区
（图上 2～3 区）。对于溢流式筛板塔，气速要足够大，以防止液体从筛孔中漏下，但不能超
过该塔的液泛速度，一般要保持筛孔气速在 18～30m·s^{-1}，相应的筛孔雷诺数为 $Re_b =$
3100～10000，此时形成的气泡直径保持在 $d_b = 0.45$cm 左右。溢流式筛板塔的稳定操作区
比淋降板塔的大，但结构稍稍复杂些。

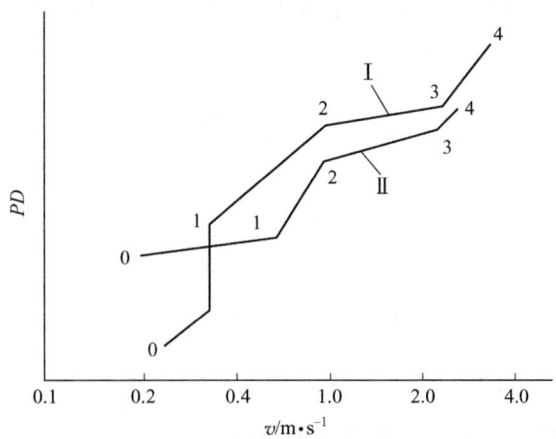

图 23-4-31 无溢流式筛板塔的气速与压降关系
Ⅰ—条缝形筛板；Ⅱ—圆孔形筛板

4.4.1.2 性能计算

筛板塔泡沫洗涤器的捕尘机理以气泡形成时的惯性碰撞捕集及气泡上升过程中在气泡内的扩散捕集为主。每层筛板的除尘效率可按下列经验公式计算[38]：

$$E_i = E_{i0} \left(\frac{v_g}{2} \right)^{0.036} \left(\frac{H}{0.09} \right)^{0.032} \tag{23-4-34}$$

式中，E_{i0} 是在 $v_g = 2\text{m} \cdot \text{s}^{-1}$ 及 $H = 0.09\text{m}$ 条件下实验得出的粒级效率，见图 23-4-32。图中横坐标为尘粒的空气动力直径 $d_{pa} = d_p \sqrt{Cu\rho_p}$，图上曲线 1 表示 $\rho_p d_p^2 > 1$ 的亲水性粉尘和 $\rho_p d_p^2 > 43.5$ 的憎水性粉尘；曲线 2 用于 $\rho_p d_p^2 < 43.5$ 的憎水性粉尘。d_{pa} 的单位为 $\text{kg}^{1/2} \cdot \text{m}^{-1/2}$。$H$ 为板上泡沫层高度，可由下式计算：

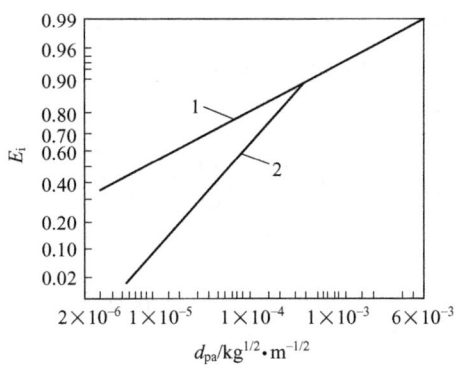

图 23-4-32 泡沫洗涤器的粒级效率

$$H = 0.23 \left(\frac{Q_l}{Q_g} \right)^{0.45} (\phi_0^2 d_h)^{-0.55} \tag{23-4-35}$$

式中，d_h 为筛孔直径，cm；ϕ_0 为筛板开孔率。

若有多层筛板，板数为 n，气体连续通过各层塔板，则全塔的除尘效率为：

$$\sum E_i = 1 - (1 - E_i)^n \tag{23-4-36}$$

无溢流式筛板塔的压降可看作是由筛板压降 PD_a 和泡沫层压降 PD_B 相加而成的，即 $PD = PD_a + PD_B$，其中：

$$PD_a = 14.5 k_a \frac{\rho_g v_0^2}{2} \qquad (23\text{-}4\text{-}37)$$

对于条缝形筛板 $$PD_B = \frac{2\sigma}{b} \qquad (23\text{-}4\text{-}38a)$$

对于圆孔形筛板 $$PD_B = \frac{4\sigma}{1.3 d_h + 0.08 d_h^2} \qquad (23\text{-}4\text{-}38b)$$

式中　v_0——筛孔气速，$m \cdot s^{-1}$；

　　　σ——液体与气体界面处的表面张力，$N \cdot m^{-1}$；

　　　b——条缝宽，m，常用 $b = 4 \sim 5mm$；

　　　k_a——筛板厚度系数，见表 23-4-13。

表 23-4-13　筛板厚度系数

筛板厚度/mm	1	3	5	7.5	10	15	20
k_a	1.25	1.1	1.0	1.15	1.3	1.5	1.7

由表 23-4-13 可见，筛板的最佳厚度应为 $4 \sim 6mm$，此时筛板的阻力最小。

工业用筛板塔的设计参数为：液气比 $0.4 L \cdot m^{-3}$；筛孔气速 $13 \sim 19 m \cdot s^{-1}$，空塔气速 $1.3 \sim 2.5 m \cdot s^{-1}$，压降 $600 \sim 800 Pa$。

维持泡沫状态操作的最大空塔气速可由下式求得：

$$u_{max} = 1350 \frac{\varepsilon_0^2 d_h}{A} + 0.154 \qquad (23\text{-}4\text{-}39)$$

式中　u_{max}——最大空塔速度，$m \cdot s^{-1}$；

　　　ε_0——筛板开孔率，常为 $0.15 \sim 0.25$；

　　　d_h——筛孔直径，m。

$$A = 38.8 L^{-0.57} \left(\frac{Q_l}{Q_g}\right)^{0.7} \left(\frac{\rho_g}{\rho_l}\right)^{0.35} \qquad (23\text{-}4\text{-}40)$$

式中　L——喷淋密度，$kg \cdot m^{-2} \cdot s^{-1}$。

对于条缝形筛板，式（23-4-39）内的 d_h 即为条缝宽度 b 的 2 倍。一般无溢流式筛板的最大气速常在 $2 \sim 2.3 m \cdot s^{-1}$。

4.4.1.3　改进型结构型式

图 23-4-33 是一种带稳流器的筛板塔[12]，其中稳流器为一蜂巢状网格，它可将泡沫分割成许多小方格，增加泡沫层的稳定性，这样可使最大空塔气速加大到 $4 m \cdot s^{-1}$，扩大了泡沫洗涤器的适宜工作区，并可大大减少用液量。所用稳流器尺寸为：板高 40mm，方格大小为 $35mm \times 35mm \times 40mm$。这种泡沫洗涤器的最宜工作条件为：$H = 100 \sim 120mm$，$u_g = 2.5 \sim 3.5 m \cdot s^{-1}$，$Q_l/Q_g = (0.05 \sim 0.1) \times 10^{-3}$，$d_h = 5 \sim 6mm$，$\varepsilon_0 = 0.18 \sim 0.2$。

图 23-4-34 是另一种筛板塔，它在筛孔板上多加了一层可活动的冲击板。此冲击板一般

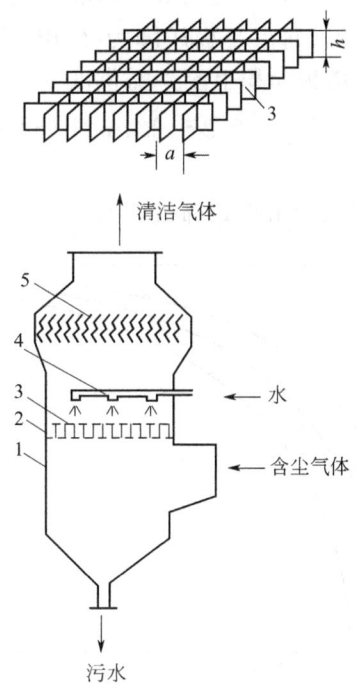

图 23-4-33 带稳流器的筛板塔

1—外壳；2—圆孔形筛板；3—稳流器；4—喷嘴；5—挡水板

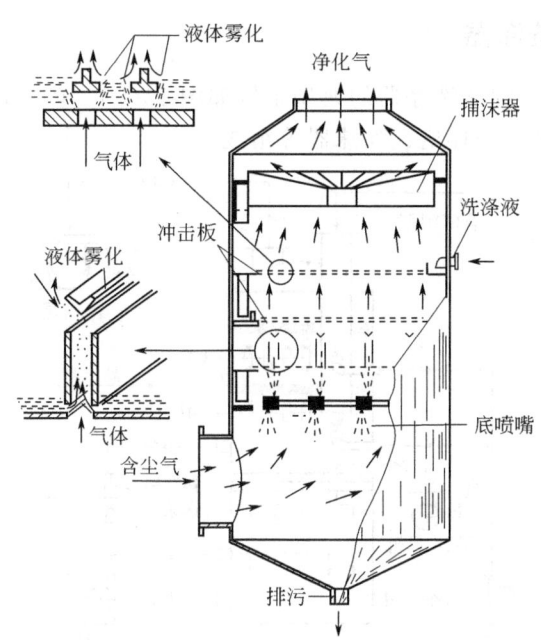

图 23-4-34 带冲击板的筛板塔

放置在筛孔气体射流的最小气流截面处，离筛孔板只有几毫米，但必须浸没在液层内。当气体从筛孔中以较大速度（可高达 $15\mathrm{m \cdot s^{-1}}$ 左右）喷出时，直接冲击到上面的冲击板上，激起泡沫和水花，加大接触面积，可有效提高除尘效率。这种泡沫器的筛板一般钻圆形孔，每平方米板上的孔数为 6000～30000 个，孔径为 3～5mm，两层塔板间距为 600mm，所用液气比平均为 (0.13～0.27)×10^{-3}，每层平板压降为 250Pa 左右，液层压降为 250～500Pa。为了必需的液封，每平方米有效塔板面积上至少需供液 0.041m³。空塔气速可高达 4.27m·s^{-1}，但在一般情况下，若使 $v_g\sqrt{\rho_g} = 2.2～2.4\text{m}^{-1/2}\cdot\text{kg}^{1/2}\cdot\text{s}^{-1}$，可获得较高的除尘效率[32]。

1969 年 Slycatalog 给出多层的冲击板式筛板塔的粒级效率，见图 23-4-35。

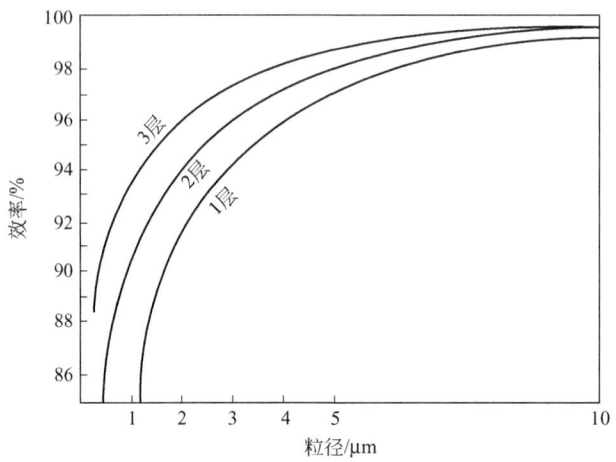

图 23-4-35　多层冲击板式筛板塔的效率

4.4.2　动力波泡沫洗涤器

动力波（dyna-wave）泡沫洗涤器的典型结构如图 23-4-11（一级）和图 23-4-36（二级）所示，它由洗涤管、喷嘴、循环槽、除沫器等组成[39]。

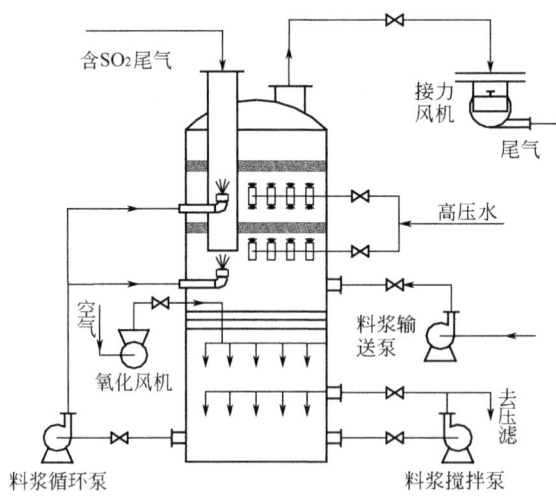

图 23-4-36　二级动力波泡沫洗涤器

4.4.2.1　工作原理

含尘气体自上向下高速进入洗涤管，洗涤液通过循环泵由特殊结构的喷嘴自下向上逆流喷入气流中，气液两相高速逆向对撞，当气液两相的动量达到平衡时，形成一个高度湍动的泡沫区,利用泡沫区液体表面积大而且能迅速更新的特点,强化了气液传质、传热过程,可同时完成烟道气急冷、酸性气体脱出及固体粉尘脱除三项功能。

4.4.2.2 性能特点

① 净化效率高。由于采用了撞击流技术,强化了气液传质、传热过程,明显地提高了洗涤效率,洗涤效率高达99%以上,远高于喷淋塔、填料塔等传统的洗涤设备。

② 能耗低,其阻力损失仅为文丘里洗涤器的一半不到。由于在运行过程中既利用了气流的能量,也巧妙地利用了液流的能量,而且因为泵的效率通常高于风机,所以,与等效率的其他设备相比,其阻力适中。

③ 采用了合适的液沫分离器,使出口气体中的液沫夹带量<30mg·m^{-3},无需后续除沫设备,减少设备投资。

④ 采用特殊结构的大孔径喷嘴,有效地避免了液相内所含固体颗粒的堵塞问题,有利于洗涤液的循环使用,减少了污水处理量。循环液含固量可达20%左右。

⑤ 洗涤器结构紧凑、造价低、占地面积小。采用动力波净化系统的投资,比采用传统的工艺与设备要节省30%以上。

⑥ 设备内部无任何活动部件,安装维修简单,设备的可靠性好,连续运行周期长。

⑦ 操作弹性大,适用范围广,能适用于处理气量波动较大的场合,气量波动范围可达50%~100%。

⑧ 有良好的快速传热效果。

4.5 其他型式洗涤器

4.5.1 冲击式洗涤器

冲击式洗涤器的基本特点是将含尘气体高速冲击液体,激起浪花及许多液滴,捕集尘粒后,这些液滴与气体分开,重新返回液体接受槽内,由于液滴是靠气流激发产生的,因此又

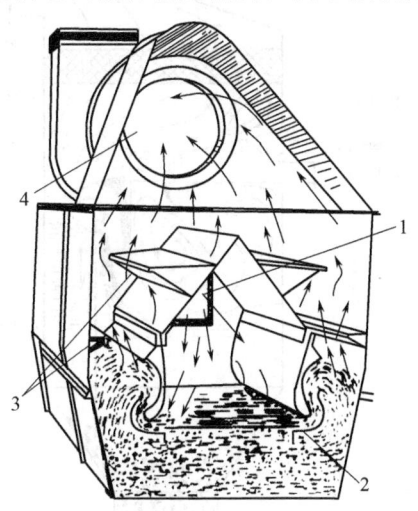

图 23-4-37 Rotoclone 型自激雾化式洗涤器

1—进气装置;2—导向叶片;3—液滴分离器;4—气体导出装置

可称为自激雾化式洗涤器，它的结构型式很多，典型的一种见图 23-4-37。下面为液体接受槽，双侧有 S 形通道，含尘气流自中部进入，分两侧通过 S 形通道，激起许多液滴，产生捕尘过程。随气体通过的液量约 $2.67L \cdot m^{-3}$，液体在器内循环，总消耗量很少，约为 $0.134 L \cdot m^{-3}$，压降为 $1 \sim 2kPa$。气体通过间隙时的速度至少为 $15m \cdot s^{-1}$。在气量波动 $\pm 25\%$ 时，它们的除尘效率变化不大。

在大型洗涤器中，下部还装有清除泥浆的设备，见图 23-4-38。它的单位叶片长度的处理气量以 $5800m^3 \cdot h^{-1}$ 为好，消耗能量较小。

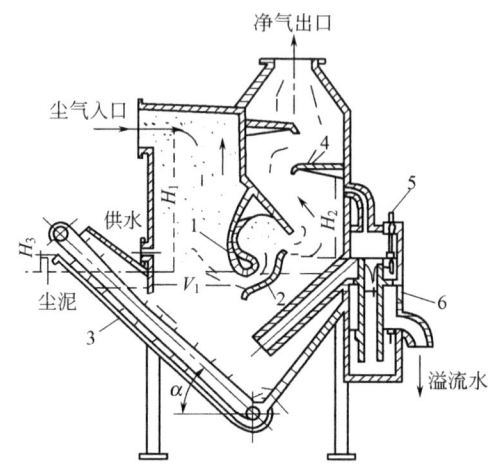

图 23-4-38　自激式洗涤器

1—上叶片；2—下叶片；3—刮泥装置；4—挡水板；5—水位控制装置；6—溢流水箱

Tichomir 等[40]推出的一种高压降两级冲击式洗涤器如图 23-4-39 所示。在气体流量为 $3500 \sim 8500m^3 \cdot h^{-1}$ 时的压降为 $4 \sim 8 kPa$，对于 $2\mu m$ 尘粒的捕集效率很高。

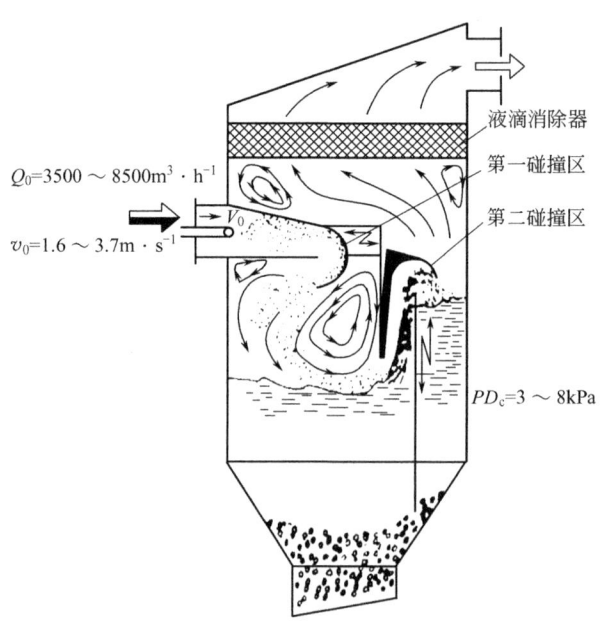

图 23-4-39　两级冲击式洗涤器

自激式洗涤器的捕尘机理与文氏管洗涤器类似，主要靠液滴的惯性碰撞捕集，故可用文氏管洗涤器的方法来计算其粒级效率，只是式中的液滴直径不一样。

一般自激式洗涤器的性能可见表 23-4-14，工业应用情况见表 23-4-15。

表 23-4-14　自激式洗涤器一些性能[41]

气速 /m·s^{-1}	激起液滴平均直径/μm	可捕集的颗粒直径/μm	气速 /m·s^{-1}	激起液滴平均直径/μm	可捕集的颗粒直径/μm
15.24	366	>5	121.92	72	<1
30.48	205	>2	189	58	<1
60.96	125	>1			

表 23-4-15　自激式洗涤器的应用情况[12]

尘源	入口浓度/g·m^{-3}	出口浓度/g·m^{-3}	效率/%
电炉烟气	0.62	0.147	76.3
锅炉飞灰	3.0	0.011	99.6
褐煤尘	4.0	0.039	99
烧结尘	6.9	0.045	99.3
炭黑	0.51	0.005	99
石棉纤维	1.0	0.0048	99.5
花岗岩粉尘	10	0.046	99.5
石灰	10	0.4	96
陶瓷磨光尘	0.92	0.018	98
喷砂	1.38	0.055	96
金属抛光尘	0.28	0.03	89.3

4.5.2　旋流板洗涤器

旋流板洗涤器是一种效率高、压降低的除尘设备，因制造与安装简单，能耗低，在工业上得到了广泛的应用。其核心部件是旋流板，N 个旋流板组装在一个筒体中，便构成一台旋流板洗涤器，其结构见图 23-4-40[33]。其工作原理是：气体从洗涤器下部进入设备，通过旋流叶片使气流由轴向流变为旋转流，作螺旋向上流动。洗涤液从上部进入中心盲板，并往四周分散，流向各叶片，在叶片上形成薄膜层，同时也被旋转气流喷洒成液滴，随气流作旋转运动，在离心力作用下，气流中的尘粒、液滴及黏附着尘粒的液滴均被甩向筒壁而被捕集，然后沿筒壁向下流入集液槽，再通过溢流装置流到下一块中心盲板上，进行多级洗涤操作，直至流到最下一块旋流板后，进入底部储液槽。气体中未被黏附的尘粒在上升的过程中还可以经上块旋流板再次清除，净化气从顶部排气管排出。

旋流板局部结构如图 23-4-41 所示。它由中心盲板、旋流叶片、罩筒、集液槽、溢流管等组成。

4.5.2.1　结构设计

按塔器设计方式，首先确定旋流板洗涤器开孔的动能因子 F_0[33,42]：

$$F_0 = v_0 \sqrt{\rho_g} \qquad (23\text{-}4\text{-}41)$$

式中　F_0——气体通过旋流板开孔的动能因子，kg$^{0.5}$·m$^{-0.5}$·s^{-1}，对除尘过程，常压下 F_0 可取 12～15，加压时可相应增大；

　　　v_0——气体通过旋流板开孔的气速，m·s^{-1}。

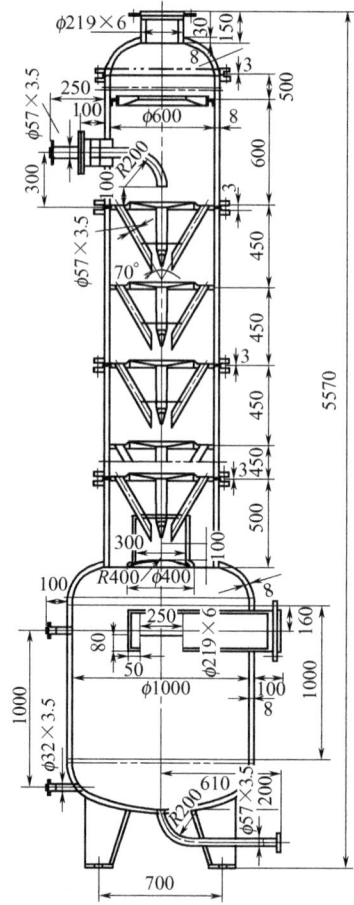

图 23-4-40　旋流板洗涤器

由流速与流量之间的关系可得：

$$A_0 = \frac{Q_g}{3600 v_0} = \frac{Q_g \sqrt{\rho_g}}{3600 F_0} \tag{23-4-42}$$

式中　A_0——旋流板开孔面积，m^2。

旋流叶片外径 D_x 与旋流板开孔面积 A_0 关系为：

$$A_0 = 0.785 \frac{D_x^2 - D_m^2}{10^6}\left[\sin\alpha - \frac{2m\delta}{\pi(D_x - D_m)}\right] \tag{23-4-43}$$

式中　D_x——旋流叶片外径，m；

D_m——盲板直径，m，一般可取 $D_m = (1/4 \sim 1/3)D_x$；

m——旋流叶片数，在 $D_x \leqslant \phi 1.0 m$ 时，取 m 为 24，$D_x \geqslant \phi 1.0 m$ 时，叶片数 m 值也随之增加；

δ——叶片厚度，m，叶片采用碳钢板、铝板制作，取 $\delta = 3mm$，选用不锈钢制作，取 $\delta = 1.5 \sim 2mm$，选用塑料板制作，取 $\delta = 4 \sim 5mm$；

α——叶片仰角，一般可取 $\alpha = 25°$。

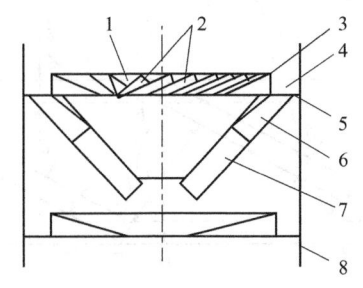

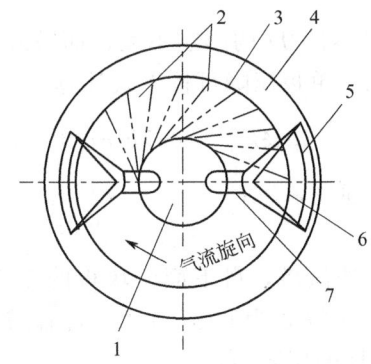

图 23-4-41　旋流板局部结构示意图

1—盲板；2—旋流叶片；3—罩筒；4—集液槽；
5—溢流口；6—异形接管；7—圆形溢流管；8—塔壁

按气液比大小，可估算设备内径为：

$$D \approx (1.1 \sim 1.4) D_x \tag{23-4-44}$$

式中　D——外筒体内径，m。

罩筒高度（图 23-4-42）按下式计算：

$$h_x = \frac{\pi D_x}{m} \sin\alpha + \delta \tag{23-4-45}$$

式中　h_x——罩筒高度，m。

叶片间在外沿处的最大距离（图 23-4-42），可近似地取为：

$$l = h_x - 2\delta \tag{23-4-46}$$

旋流板的板间距 H 应高于塔壁上的液环区。可按下式进行估算，一般不小于 400mm。

$$H = 0.01 F_0 (0.8 + D_x - D_m) \times (0.5 + 2v_0) + 0.1 \tag{23-4-47}$$

式中　H——旋流塔的板间距，m；

v_0——溢流口的液流速度，m·s^{-1}，$v_0 = L/A_y$；

L——溢流流量，m^3·s^{-1}；

A_y——溢流口面积，m^2。

4.5.2.2　性能计算

(1) 压降　在正常情况下，旋流板的湿板压降 PD 与流量有关，在液体喷淋密度不超

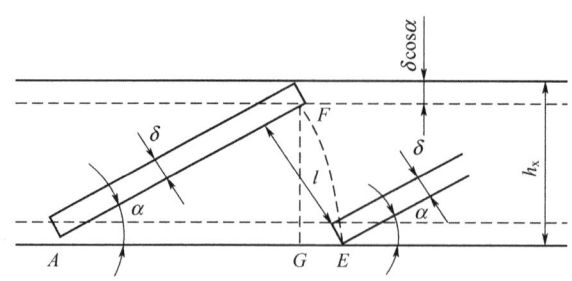

图 23-4-42　叶片最大距离及罩筒高度示意图

过 $100\text{m}^3 \cdot \text{m}^{-2} \cdot \text{h}^{-1}$ 时，喷淋密度对 PD 的影响不大；而溢流口的液速 v_0 直接关系到板上的液层厚度，对压降有明显的影响，单板压降可按下式计算：

$$PD' = 0.5\xi F_0^2 + 36.7 F_0 v_0 + 40.8 \tag{23-4-48}$$

式中　PD'——单块旋流板压力损失，Pa；

　　　ζ——旋流板阻力系数。

对于几块旋流板串联操作的洗涤塔，最下面一块板的 ζ 为 1.4～1.7，上面各板因气液已在旋转，阻力系数有所降低，一般 ζ 为 0.8～1.2。若总塔板数为 N，最下一块板取 $\zeta=1.6$，其余各板取 $\zeta=1.1$，则全塔的压降为：

$$PD_N \approx (0.55N + 0.25) F_0^2 + 36.7 N F_0 v_0 + 40.8 N \tag{23-4-49}$$

若在 N 块塔板之上再加一块相同的旋流板作除沫板，因其液体负荷量小，可略去上式中 $36.7 F_0 v_0$ 一项。则 $N+1$ 块板的总压降为：

$$PD_{N+1} \approx (0.55N + 0.8) F_0^2 + 36.7 N F_0 v_0 + 40.8(N+1) \tag{23-4-50}$$

式中　PD_N——N 块除尘旋流板总压降，Pa；

　　　PD_{N+1}——N 块除尘板加一块除沫板的总压降，Pa。

(2) 除尘效率　旋流板塔的除尘效率随旋流板的层数、直径大小以及气流上升速度等因素变化。用于除尘、除雾或脱水时单层板效率在 90% 以上。用于化学吸收或水气接触传热时，单层板效率在 50% 以上，并且随着板层数的增加，效率也随之增加。

4.5.2.3　使用情况

旋流板洗涤器的使用情况见表 23-4-16。

表 23-4-16　旋流板洗涤器的使用情况[33]

名称或用途	塔径/mm	气量/m³·h⁻¹	液量/m³·h⁻¹	旋流板直径/mm	盲板直径/mm	叶片仰角/(°)	叶片径向角/(°)	叶片数/个	叶片厚度/mm	罩筒高度/mm	降液管面积/cm²(个数)	穿孔动能因子/kg⁰·⁵·m⁻¹·s⁻¹	板间距/mm	塔板数(除雾板数)
洗气塔	1200	10000(最大时)	60	1000	342	25	20	24		55	300(3)		1500	3(1)
旋流板湿式除尘器	700	1200	20	570	200	25	20°37′	12	4.5		无		450	1(1)

续表

名称或用途	塔径/mm	气量/m³·h⁻¹	液量/m³·h⁻¹	旋流板直径/mm	盲板直径/mm	叶片仰角/(°)	叶片径向角/(°)	叶片数/个	叶片厚度/mm	罩筒高度/mm	降液管面积/cm²(个数)	穿孔动能因子/kg⁰·⁵·m⁻¹·s⁻¹	板间距/mm	塔板数(除雾板数)
除炭黑	800	干煤气12000	油4t·h⁻¹	630	160	25	15	24			无	14	500	2(0)
碳化清洗塔	600	4160	10~15	400	160	25		24	3	24	75(4)		450	5(1)

4.5.3 强化型洗涤器

利用蒸汽冷凝在颗粒上及外加电场等的作用,可以强化湿法捕集,提高洗涤器捕集细粒的效率。现简介几种新型洗涤器。

4.5.3.1 Solivore 洗涤器

图 23-4-43(a) 为单级 Solivore 洗涤器示意图,含尘气体先进入上部饱和室,依靠细喷雾使气体饱和水汽,并将粗颗粒捕集下来。而后,饱和气体以高速通过文氏管喉部,又将一部分细颗粒捕集。气体进入渐扩管后,速度降低而静压回升,水蒸气开始冷凝在细颗粒上。水滴与水膜包住的尘粒之间由于密度不同产生速度差,使它们相互碰撞,形成团聚,便可将细粒捕集。此种洗涤器,用于锅炉除尘,压降只有 300~400Pa,效率便可达 99%[12]。

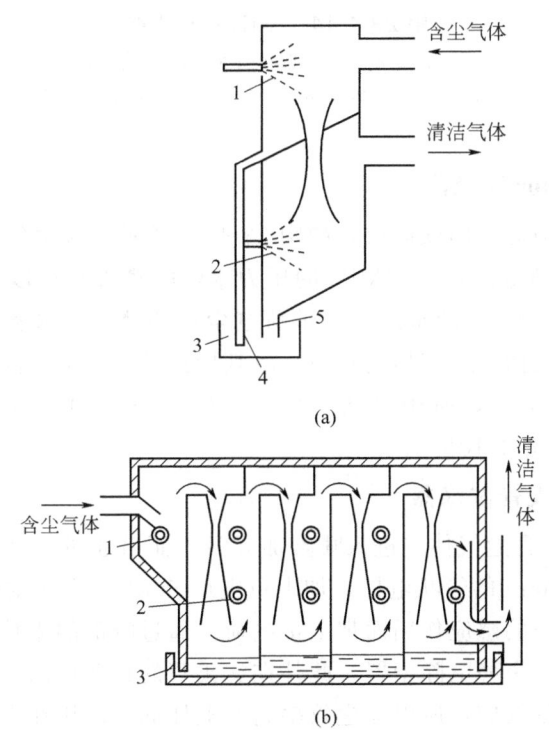

图 23-4-43 Solivore 洗涤器

1—细喷;2—粗喷;3—水槽;4—粗颗粒沉降;5—细颗粒沉降

在氧气顶吹转炉烟气除尘中，采用了图 23-4-43(b) 所示的四级 Solivore 除尘器，效率可达 99.9%～99.95%。压降为 2000～3000Pa，用于高炉烟气除尘，对平均粒径为 $0.3\mu m$ 的粉尘，效率可达 99.9%[12]。

4.5.3.2　ADTEC 洗涤器

图 23-4-44 为 ADTEC 洗涤器示意图。加热到 150～200℃的高温水从喷嘴喷出后，一部分生成平均直径小于 $10\mu m$ 的细雾滴，一部分（约 15%）蒸发为水汽，形成双相高速气流，使水滴与颗粒间的速度差高达 $240m \cdot s^{-1}$，大大提高了惯性捕集效率。在随后的混合管中，蒸汽开始冷凝，使颗粒直径增大，更易分离出来。所以这种洗涤器对于 $0.1\mu m$ 微粒仍有较高效率。例如对于 $0.5\mu m$ 以下的铁合金微粒，采用此洗涤器，水温 150～200℃，水气比 $0.7～1.4kg \cdot kg^{-1}$，捕集效率可高达 99% 以上[12,16]。

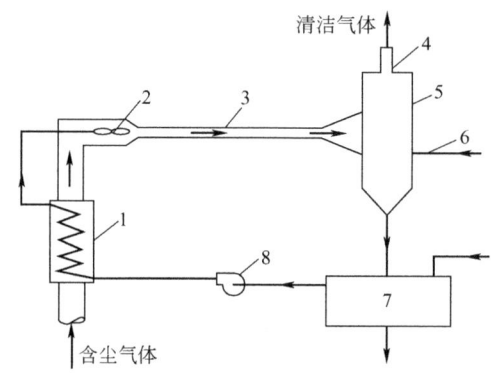

图 23-4-44　ADTEC 洗涤器
1—热交换器；2—两相喷嘴；3—混合管；
4—烟囱；5—脱水器；6—补水；7—污水槽；8—水泵

4.5.3.3　Electrodynactor 洗涤器

这种洗涤器由三级喷雾室串联而成，如图 23-4-45 所示。含尘气在进入每级前都先经过一个电离器，使尘粒带荷电。1～1.7MPa 的压力水经喷嘴雾化后以 $50m \cdot s^{-1}$ 速度喷入气流中，生成平均粒径小于 $500\mu m$ 的水滴，受带荷电尘粒的诱导，水滴带反向电荷。这样，尘粒与水滴间，既有惯性碰撞，又有静电吸引，故其捕集效率大为提高。对 $0.1～0.8\mu m$ 微粒的捕集效率可达 96%～98%，所用水气比为 $(0.67～1) \times 10^{-3} m^3 \cdot m^{-3}$，电离区电压为 15～24kV，总耗电量只增加 10%[12]。

4.5.3.4　EDV 静电文氏管洗涤器

如图 23-4-46 所示，含尘气体先进入喷雾加湿室，而后通过一个低压文氏管，在文氏管喉口中放一个直径为 80mm 的管状电极，加上负电压 50kV。在正对电极的上方，有一个喷嘴，喷出的水雾由于电极的感应作用而带上正电荷。通过喉部的尘粒则带上负电荷，它穿过带正电荷的水雾，好似一个静电除尘器。此外在文氏管的扩散段内，由于蒸汽冷凝，使尘粒团聚长大，更加强了捕集效应，所以除尘效率高而电耗低。已用在有色冶金、炼钢、锅炉及垃圾焚烧炉的烟气除尘上。

此外，还有在填料上荷电的 IWS 洗涤器、使水滴荷电的 CDS 洗涤器等，均是用外加电

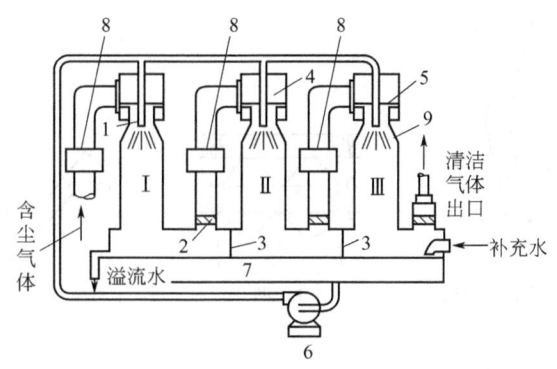

图 23-4-45 Electrodynactor 洗涤器

1—喷嘴；2—脱水器；3—挡板；4—增压室；5—撞击板；6—水泵；
7—污水槽；8—电离器；9—洗涤塔

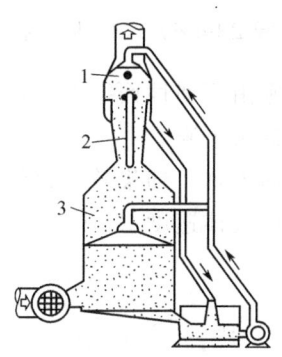

图 23-4-46 EDV 洗涤器

1—静电喷雾；2—电晕电极；3—喷雾加湿室

场强化洗涤除尘的新型洗涤器，可参考有关资料[12]。

4.6 捕沫装置

在湿法捕集的各类洗涤器中，净化后气体内难免夹带有许多液雾，而液雾内往往都捕集了一些粉尘，故要用某种捕沫设备将这些液雾除去，以免影响气体的品质或下一道工序。从气体中分离雾沫的办法很多，有重力沉降、惯性碰撞、离心分离、静电吸引等，对于直径大于 $50\mu m$ 的液滴，可用重力沉降法；$5\mu m$ 以上液滴可用惯性碰撞及离心分离法；对于小于 $5\mu m$ 的细雾则要用纤维过滤或静电除雾法。有些除沫器可直接安装在湿法除尘器内，有些只能作为单独设备串联在湿法除尘器后面。另外，由于液沫内往往都捕集了一些粉尘，因此，选用除沫器时一定要考虑粉尘的堵塞问题。现简单介绍几种常用的捕沫设备。

4.6.1 惯性捕沫器

惯性捕沫器是应用最广泛的一种，它利用惯性使液滴与固体表面撞击而使液滴凝并、黏附而被捕集，常见型式如图 23-4-47 所示。这种设备大体上可分为两类：一类是使气流通过

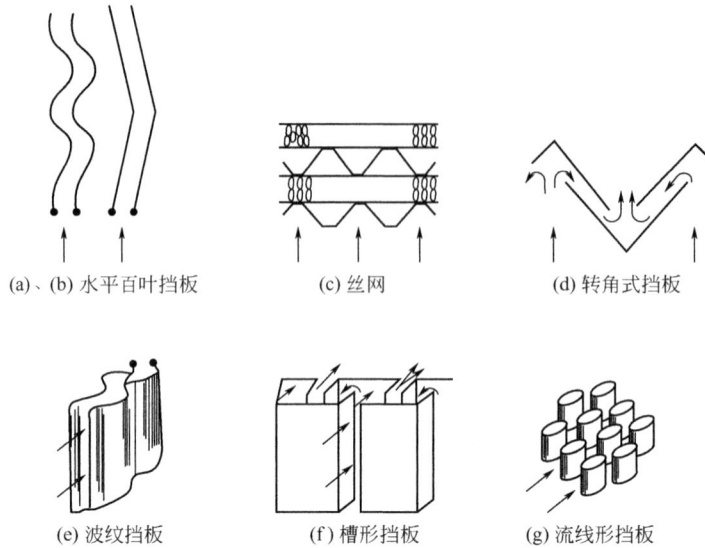

(a)、(b) 水平百叶挡板　　(c) 丝网　　(d) 转角式挡板

(e) 波纹挡板　　(f) 槽形挡板　　(g) 流线形挡板

图 23-4-47　惯性捕沫器

曲折的挡板，流线多次偏转，液滴则由于惯性而撞在挡板上被捕集下来；另一类是采用各种填料，气流穿过填料层时，液滴被捕集下来。

惯性碰撞效应随气流速度增加而增强，捕集效率也随之而提高。但气速过高又会带来二次夹带的问题，所以有一个最大许可气体速度（$m \cdot s^{-1}$）[12]

$$v_{gmax} = k \sqrt{\frac{\rho_1 - \rho_g}{\rho_g}} \tag{23-4-51}$$

式中　ρ_1——液体密度；

　　　ρ_g——气体密度；

　　　k——系数，随捕沫器结构型式而异。

对于流线形挡板，$k = 0.305$；

对于百叶挡板，$k = 0.122$；

对于一般网格过滤，$k = 0.107 \sim 0.122$。

一般的挡板式捕沫器的效率不高，而丝网捕沫器则有较高的效率，能除净大于 $8\mu m$ 的液滴。丝网材料可用不锈钢丝、镀锌铁丝、紫铜丝、锦纶丝、聚乙烯丝及聚四氟乙烯丝等。金属丝径为 $0.1 \sim 0.27mm$，非金属丝径为 $0.2 \sim 0.8mm$。丝网卷成盘状，每盘高 $100 \sim 150mm$，具有 $97\% \sim 99\%$ 的空隙率，所以它的压降很小，不到 250Pa。通过丝网的实用气速一般可取 $0.75 v_{gmax}$（水平安装时）或 $0.4 v_{gmax}$（垂直安装时）。

捕沫器的冲洗系统作用是定期洗掉除沫板片或丝网上的浆体与固体沉积物，保持板片或丝网清洁、湿润，防止板片或丝网结垢和堵塞流道。冲洗系统的设计是冲洗必须覆盖捕沫器的整个表面，冲洗喷嘴一般采用实心锥形喷雾类型，喷射水雾的断面呈圆形，喷射角为 $90°$，喷射液滴粒径不能太小，因为细液滴很容易被气流带走。冲洗水量也是设计捕沫器冲洗系统的重要参数之一，冲洗水量太小，效果不佳；冲洗水量太大，会使捕沫器板片上充满水沫，造成气流二次夹带水滴量增多。

4.6.2 复挡捕沫器

复挡捕沫器[43]的捕集机理与旋风分离器相同，它由一个带切向进口管的垂直筒体及上、下两个锥体组成，如图 23-4-48 所示。在圆筒内设置若干块同心圆弧挡板，构成若干条槽道。气流从切向进口管进入圆筒体内，被圆弧挡板分割成若干股气流，分别沿槽道作螺旋向上流动，最后汇合于设备的上锥体，从顶部中心的出口管排出。气流沿槽道作螺旋流动时，气流中夹带的雾沫或其他微小颗粒，在离心力作用下，产生向外径向位移，当微粒撞到垂直板面时就被黏附，形成液膜而被捕集，最后流入下锥体，从底部排液口排出。

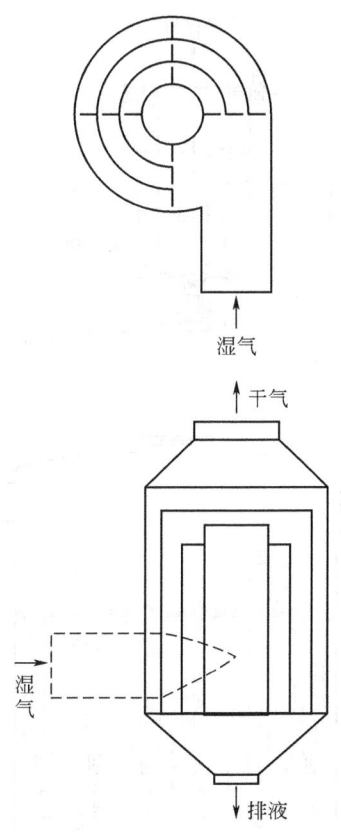

图 23-4-48 复挡捕沫器

捕沫器直径一般取进口管径的 3 倍，中心管径一般与进口管径相近。器体高径比在 1.1~1.3。进、排气管内气速一般取 15m·s⁻¹ 左右。最大处理气量可达 56000Nm³·h⁻¹。上海化工研究院[43]用真空泵油雾测试了 ϕ530mm 矩形进口复挡捕沫器的压降与效率，见表 23-4-17。

表 23-4-17 复挡捕沫器性能[43]

进口气速/m·s⁻¹	压降/Pa	效率/%
11.89	253	91.2
14.63	393	93.5
18.51	610	94.6
23.41	1015	96.2
26.42	1226	97.9

4.6.3 纤维除雾器

用纤维过滤器捕集细雾有很高的效率，常用的纤维除雾器如图 23-4-49 所示，它由许多过滤单元组成，每个过滤单元由两个同心筛网或者平行平板筛网和其间填入的压缩纤维床构成。常用过滤线速为 $0.1\sim0.2m\cdot s^{-1}$，一般可除去 $3\mu m$ 以上细雾，效率 99％以上，压降为 $0.6\sim3kPa$。高效设计时可捕集直径小于 $0.1\mu m$ 或者更小的亚微米级雾粒。压缩纤维床材料可为特种玻璃、陶瓷、聚丙烯、聚四氟乙烯或者聚酯纤维、金属等。这种高效除雾器已广泛用于工业生产中，如表 23-4-18 所示。

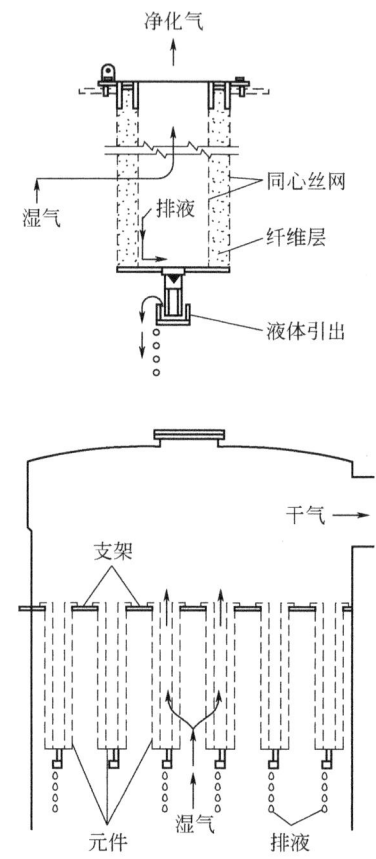

图 23-4-49　纤维除雾器

表 23-4-18　高效纤维除雾器的应用[41]

气体	雾沫	温度/℃	压力（G）/MPa
空气	油及水	15～38	0.14～20
空气	硫酸、磺酸、烃	38～49	0～0.14
空气及三氧化硫	发烟硫酸	27～38	0.07～0.14
乙炔	水	4～10	0.14
氨	油	65	0.85～1
合成氨气	油	21～38	20～37.4

气体	雾沫	温度/℃	压力(G)/MPa
二氧化碳	水及油	32～43	0.41～2
氯气(干)	硫酸	27～49	0.1～0.34
氢气	油	38	16.3
氢气	水	38	0.02～0.1
氯化氢	甲苯、氯甲苯等	约20	常压
合成甲醇气	油	约38	34～37
氮气	硝酸	约38	0.5～0.75
氮气	油	38～40	0.68～20.4
天然气	水及单乙醇胺	27～38	1.36

4.6.4　旋流板除沫器

旋流板除沫器一般可直接安装在塔器的顶部，结构如图 23-4-50 所示[42]。主要由旋流叶片、罩筒与壁面溢流槽组成，结构简单，体积小。气流穿过旋流叶片变成旋转气流，它所夹带的液滴在离心力作用下以一定的仰角被甩向壁面，被壁面黏附、凝集，最后流入溢流槽而被捕集。旋流板除沫器的捕沫效率较高，在国内有不少工厂应用，使用效果良好。

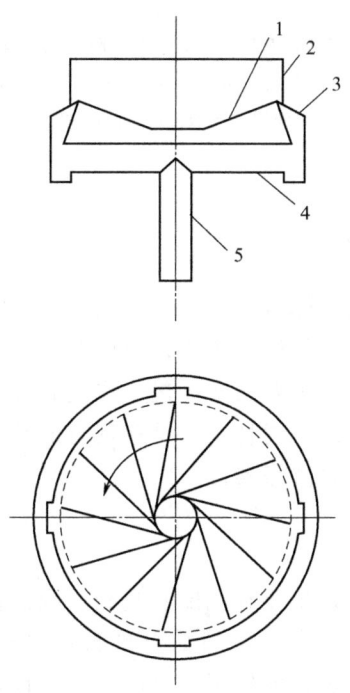

图 23-4-50　旋流板除沫器结构
1—旋流叶片；2—罩筒；3—溢流箱；4—溢流支管；5—中心溢流管

旋流板除沫器的切向气速一般可取 $10\sim17\mathrm{m\cdot s^{-1}}$，与旋风分离器入口气速相近，但其压降较小，可近似地按下式进行计算[42]：

$$PD = \xi \frac{v_0^2}{2}\rho_\mathrm{g} \tag{23-4-52}$$

式中 ξ——阻力系数，一般为 1.4～2。

双程旋流板除沫器结构如图 23-4-51 所示。在外筒体内增加一个同心圆筒（或称为内挡圈），直径为外筒体的 0.65～0.7 倍。内挡圈内外分别设计成两个旋流板结构，形成了双程旋转流及两个捕集壁面与受液槽，提高了捕沫效率。与单程旋转板相比，双程旋流板除沫器阻力下降了 10%，在穿孔速度为 $10\sim18\mathrm{m\cdot s^{-1}}$ 的条件下，除沫效率保持稳定不变。而单程旋流板除沫器的穿孔速度由 $10\mathrm{m\cdot s^{-1}}$ 提高至 $18\mathrm{m\cdot s^{-1}}$ 时，捕沫效率有所下降。

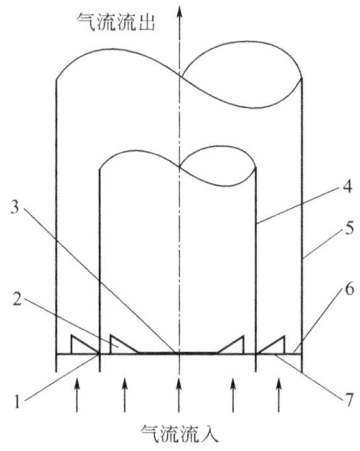

图 23-4-51   双程旋流板除沫器结构

1—内程受液槽；2—内程旋流板；3—中心盲板；4—内挡圈；5—外筒体；

6—外程受液槽；7—外程旋流板

4.7   湿法洗涤技术进展

采用湿法洗涤可以实现高温气体急冷降温、气固分离（除尘净化）或脱除气体中的有害成分，也可以实现除尘和脱除有害气体一体化，应用范围较广。

随着环保标准的日益严格，要求湿法洗涤进一步提高洗涤效率，满足排放或超低排放标准，为此采取的技术措施主要有以下两种：一是在现有的基础上进行结构改进研究；二是着重于研究开发独特的新型气液接触洗涤器。

4.7.1   结构改进研究

在脱除有害气体的应用方面，主要有脱硫、脱硝、脱氯化氢或氟化氢、脱氨等，尤以脱硫技术和设备的研发最为活跃。随着 SO_2 排放标准日益严格，湿法脱硫技术也取得了快速发展。国外第一套湿法烟气脱硫装置诞生于 20 世纪 70 年代，在 80 年代和 90 年代初经历三代发展高峰，不仅提高了湿法烟气脱硫系统的可靠性和脱硫效率，而且降低了投资费用，拓展了脱硫副产物回收的商业化途径。我国近年来对 SO_2 的排放标准规定越来越严格，设计传质效率高、运行成本低的脱硫设备也成为脱硫领域的研究热点之一。在吸收国外先进成熟技术的基础上，我国研究与开发的烟气脱硫技术已达 50 多种，一些关键技术，如防结垢堵塞、防腐、气水分离、灰分分离等均取得较大进展。传统的脱硫吸收塔主要有喷淋空塔、填料塔、板式塔等。主流塔型是喷淋空塔，喷淋塔的优点是内部构件少，不易结垢堵塞，压降也较低，运行可靠性高；缺点是气液接触面积小，传质效率低，循环泵必须提供足够大的压力，以保证浆液良好的雾化效果。另外，浆液中的脱硫剂颗粒或除尘颗粒不能太大，否则易导致喷头堵塞。强化喷淋塔传质效果的方法包括：优化喷嘴结构和布置方式，以提高吸收液的雾化效果；适当增大烟气流速以促进气相传质。近年来中国石油大学（北京），开发了一种文氏棒塔，即在喷淋塔内设置了一层或多层文丘里棒层，将文丘里棒与空塔喷淋技术有机结合，使新的文氏棒塔既具有喷淋空塔压降低的好处，也有填料塔气液分布好，鼓泡塔"液包气"传热传质推动力大、效率高的优点[44]。

液柱塔是近几年在喷淋塔的基础上发展而来的一种新型湿式洗涤设备，液柱塔与喷淋塔的最大区别是，喷淋塔采用雾化喷射，对喷嘴有较高的要求，否则易出现堵塞等问题。而液柱塔采用的是射流喷嘴，喷嘴结构简单，喷头孔径大，不易堵塞，而且系统能够在比较大的范围内调节，因此对控制水平和循环水清洁度要求不高。另外，由于液柱塔仅设置一层喷嘴，而且安装在设备下部，位置较低，安装及维护方便[45~47]。

4.7.2 新型湿法洗涤器的开发

化工过程强化技术是解决传统设备传质效率低、投资成本高等难题的途径之一。如，超重力技术作为一种新型过程强化技术，与传统化工技术相比，具有传递效率高、设备体积小、占地少、气相压降小、液体利用率高、能耗低等优势，可用于一些传统技术不能胜任的场合；又如，旋转填料床（rotating packed bed，RPB）是利用高速旋转的填料产生几百至几千倍于重力加速度的超重力场，使液膜流速比在重力场中提高 10 倍，与气体进行逆流、并流或错流接触，可大大强化气液两相间的微观混合与气液间的传质，体积传质系数比重力场中可提高 1~2 个数量级，具有设备体积小、气相压降小、安装维护方便、开停车方便的特点。中北大学超重力中心开发的超重力除尘技术已成功应用于煤化工生产过程中的燃煤锅炉除尘、富铵钙粉尘回收。旋转填料床反应时间短，液气比小，设备体积小，SO_2 强化吸收效果显著，具有较好的开发应用价值，但气速偏低是限制其工业化推广的主要原因[48]。

湿式静电除尘技术是在电除尘的基础上发展而来的，是当前国际领先水平的除尘环保技术，已在欧洲、美国、日本等国家和地区广泛应用，效果很好。国内"菲达"等企业自主开发的先进湿式电除尘技术，已在 $300\sim1000MW$ 的近百台燃煤电厂取得成功应用。达到了 $5mg \cdot m^{-3}$ 超低排放的先进水平，还可有效收集微细颗粒物（$PM_{2.5}$ 粉尘、SO_3 酸雾、气溶胶）、重金属（Hg、Pb、Cr）及 As 和有机污染物（多环芳烃、二噁英）等，且运行稳定可靠、效率高，为燃煤电厂实现超低排放提供了可靠的技术保障。

参考文献

[1] Goldshmid Y, Calvert S. AIChE J, 1963, 9（3）: 352-358.

[2] 木村典夫. 化学工学, 1973, 37（3）: 223-225.

[3] 上冈豊. 机械学会论文集, 1957, 23（129）: 309; 1957, 23（133）: 623; 1958, 24（145）: 630; 1959, 25

（149）: 36.

[4]　Ranz W E，Wong J B. Ind Chem Eng，1952，44（6）: 1371-1381.

[5]　Langmuir I. J Met，1948，5（5）: 175-192.

[6]　Calvert S，et al. Wet Scrubber System Study，Vol 1，Scrubber Handbook. Springfield，Virginia: National Technical Information Service，1972.

[7]　Hidy G M，Brock J R. The Dynamics of Aerocolloidal System. Oxford: Pergamon Press，1970.

[8]　岑可法，倪明江，严建华，等. 气固分离理论及技术. 杭州: 浙江大学出版社，1999.

[9]　林肇信. 大气污染控制工程. 北京: 高等教育出版社，1991.

[10]　Taheri M，Calvert S. J Air Poll Cont Assoc，1968，18（4）: 240-245.

[11]　Wicke M，Krebs F E. Chemime Ingenieur Technik，1971，43（6）: 386-391.

[12]　Stairmand C J. High Efficiency Gas Clearing Problems with Hot Gases. Filtration and Separation,1980（3）.

[13]　Harris LS. J Air Poll Cont Assoc，1963，13（12）: 613-616; 1965，15（7）: 302-305.

[14]　木村典夫，阿部二郎，井伊谷钢一. 化学工学，1960，24（1）: 28-32.

[15]　Wicke M. VDI-Z,1970（3）:33.

[16]　Gardenier H E. J Air Poll Cont Assoc，1974，24（10）: 954-957.

[17]　Kleinschmidt R V. Trans ASME，1941，63（4）: 349-357.

[18]　Engle M D. Trans ASME，1937，59（5）: 355-371.

[19]　Johnstone H F，Feild RB. Ind Chem Eng，1954，46（8）: 1601-1608.

[20]　周至祥，段建中，薛建明. 火电厂湿法烟气脱硫技术手册. 北京: 中国电力出版社，2006.

[21]　吉田哲夫，森岛直正，铃木基光，等. 化学工学，1965，29（5）: 308-316.

[22]　Licht W. Air Pollution Control Engineering-Basic Calculations for Particulate Collection，2nd ed. New York: M Dekker，1988.

[23]　Yung S C，Wilburn NP. Environ Sci Tech，1978，12（4）: 456-459.

[24]　Boll R H. Ind Eng Chem Funda，1973，12（1）: 40-50.

[25]　Placek T D，Peters L K. AIChE J，1981，27（6）: 984-993.

[26]　吉田哲夫，森岛直正，林道雄. 化学工学，1960，24（1）: 20-27.

[27]　金冈千嘉男，吉冈直哉，井伊谷钢一，等. 化学工学，1972，36（1）: 104-108.

[28]　Hollands K G. Goel K C. Ind Eng Chem Funda，1975，14（1）: 16-22.

[29]　Hesketh H E. J Air Poll Cont Assoc，1974，24（10）: 939-942.

[30]　吉田哲夫，森岛直正. 化学工学，1961，25（4）: 298-299.

[31]　Muir D M，Grant CD，Miheisi Y. Filtration & Separation，1978，15（4）: 332-336，338-340.

[32]　Hesketh H D，Schifftner K C. Wet Scrubbers，2nd ed. CRC Press，1996.

[33]　金国淼，等. 除尘器. 北京: 化学工业出版社，2008.

[34]　周兴求. 环保设备设计手册——大气污染控制设备. 北京: 化学工业出版社，2004.

[35]　时钧，汪家鼎，余国琮，等. 化学工程手册. 北京: 化学工业出版社，1989.

[36]　陈明绍，等. 除尘技术的基本理论及应用. 北京: 中国建筑工业出版社，1981

[37]　陈世敏. 除尘技术与设备. 北京: 人民邮电出版社，1988.

[38]　Tate R W，Marshall W R. Chem Eng Prog，1953，49（4）: 169-174; 49（5）: 226-234.

[39]　李秋萍，邵国兴，程建伟. 化工装备技术，2006，27（1）: 17-20.

[40]　Tichormir S，Stoyanora A. Staub，1981，41（11）: 433.

[41]　Perry R H，Chilton C H. Chemical Engineer's Handbook，5th edition. New York: McGraw-Hill Book Co，1974.

[42]　浙江大学化工原理教研组. 化学工程，1975，3: 13-45.

[43]　陈俊杰，李峻宇，邵国兴. 复挡除沫器的分离性能. 第二届全国非均相分离学术交流会论文集，杭州，1990.

[44] 孙国刚，王晓晗，王新成，等．炼油技术与工程，2015，45（4）：20-23.

[45] 李晓，段振亚，陈莹，李建隆．化工进展，2007，26（增刊）：11-14.

[46] 潘利祥，孙国刚．煤炭转化，2004，27（3）：64-67.

[47] 潘利祥，孙国刚．化学工程，2006，34（6）：12-16.

[48] 渠丽丽，刘有智，楚素珍，等．天然气化工，2011，36（2）：55-59.

5

电除尘

自 1907 年 Cottrell 首先成功地将电除尘器用于工业气体净化以来，电除尘器迅速得到了推广应用，到 20 世纪 60 年代电除尘器的应用已遍及各工业领域。随着研究的不断深入，电除尘器的设计日臻完善，其除尘效率高、气流阻力低、经济性好、适应范围广且无二次污染等优点也日益凸显，使电除尘器已成为现代工业粉尘治理的主流设备之一。

5.1 电除尘的基本原理

各种类型和结构的电除尘器都基于相同的工作原理。电除尘器的放电极（或称电晕极）与收尘极（或称集尘极）和高压电源的正极（又称阳极）与负极（又称阴极）相接，维持一个足以使气体发生电离的静电场；当含尘气流通过两级间时，在放电极周围强电场的作用下发生电离，产生大量电子和气体离子并使粉尘粒子荷电，荷电后的粒子在电场力作用下向收尘极运动并在收尘极上沉积，从而使粉尘与气体分离。当收尘极上粉尘达到一定厚度，利用清灰机构将收尘极上粉尘清除（包括放电极上的积灰）到下部灰斗。因此，电除尘的基本过程包括四个阶段：气体电离；粉尘获得离子而荷电；荷电粉尘向电极移动；将电极上的粉尘清除掉。

5.1.1 气体的电离和导电过程

气体中的自由电子从电场获得能量，和中性气体分子碰撞，使其分离为阳离子和阴离子（包括自由电子），这种现象称为气体的电离。

在高压电场作用下产生的气体电离是一种自发性过程，不需特殊的外加能量，电除尘就是建立在气体自发性电离的基础上的。此时气体分子电离所产生的离子便可传送电流，形成导电过程，如图 23-5-1 所示。在 AB 阶段，气体导电仅借助于大气中所存在的少量自由电子。在 BC 阶段，电压的升高使全部电子获得足够的动能。当电压高于 C' 点时，已获得足够能量的电子足以使与其发生碰撞的中性气体分子电离，开始产生新的离子并传送电流，

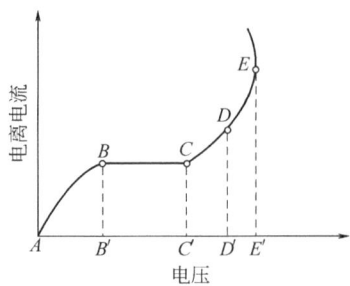

图 23-5-1　气体导电过程的曲线

C'点的电压称为临界电离电压。电子与气体中性分子碰撞时，将其外围的电子冲击出来使其成为阳离子，而被冲击出来的自由电子又与其他中性分子结合而成为阴离子。由于阴离子的迁移率比阳离子的迁移率大，因此在CD阶段中使气体发生碰撞电离的离子只有阴离子。当电压继续升高到D'点时，迁移率较小的阳离子也因获得足够能量而与中性分子发生碰撞电离，因此电场中连续不断地生成大量新离子，在放电极周围的电离区内，可以在黑暗中观察到一连串淡蓝色的光点或光环，称为电晕，并伴随有可听到的咝咝响声。DE阶段称电晕放电阶段，此时通过气体的电离电流称为电晕电流，开始发生电晕时的电压（即D'点的电压）称为临界电晕电压。电除尘就是利用两电极间的电晕放电阶段而工作的。当电压继续升到E'点时，由于电晕范围扩大，使电极之间可能产生剧烈的火花，甚至产生电弧。此时，电极间的介质全部产生电击穿现象，电压急剧下降而电流大增，电除尘过程已无法进行。E'点的电压称为火花放电电压，所以$D'E'$段就是电除尘的电压工作带，此段越宽，电除尘器的工作状况越稳定。

根据放电极的极性不同，电晕有阴电晕和阳电晕之分。阳电晕时产生的臭氧较少，常用于空气净化中。工业电除尘则几乎都用阴电晕，这是因为在相同条件下，它可以获得比阳电晕高一些的电晕电流，而且其火花放电电压也远比阳电晕时要高。但阴电晕的形成只在具有很大电子亲和力的条件中才有可能，惰性气体如氮气等的中性气体分子不能吸附自由电子，故不宜用阴电晕工作。

要保持稳定的电晕放电，必须形成一个非均匀电场，即在放电极周围具有最大的电场强度，而在放电极较远处，电场强度较小，所以两个电极中的一个的曲率半径应远小于另一个的曲率半径，如一根细线对着一个圆筒，或一根导线对着一块平板等，这就形成了管式和板式电除尘器。

图 23-5-2 为一个电除尘过程的示意图。图 23-5-2(a) 和 (b) 分别表明在一个管式和板式电除尘器中的电场线，电晕电极是负极，收尘电极是正极。图 23-5-2(c) 表示靠近电晕电极处产生的自由电子沿着电场线移向收尘电极的情况。这些电子可能直接撞击到粉尘微粒上，从而使粉尘荷电并使它移向收尘电极。也可能是气体分子吸附电子而电离成为一个负的气体离子，再撞击粉尘微粒使它移向收尘电极。

在电晕放电过程中，电压u与电晕线的比电流i（A·m^{-1}）的关系为：

$$i = Fu(u - u_0) \tag{23-5-1}$$

式中 u——在两电极上施加的外电压，V；

u_0——临界电晕电压，V。

对于管式电除尘器：

$$u_0 = r_a E_0 \ln r_b / r_a \tag{23-5-2a}$$

对于板式电除尘器：

$$u_0 = r_a E_0 \ln d / r_a \tag{23-5-2b}$$

式中 r_a——电晕线半径，m；

r_b——管式电除尘器的收尘管半径，m；

d——板式电除尘器的某种几何参数，m，见图 23-5-3；

E_0——始发电晕电场强度，A·m^{-1}。

对于阴电晕：

$$E_0 = f(31.02\delta + 9.54\sqrt{\frac{\delta}{r_a}}) \times 10^5 \tag{23-5-3}$$

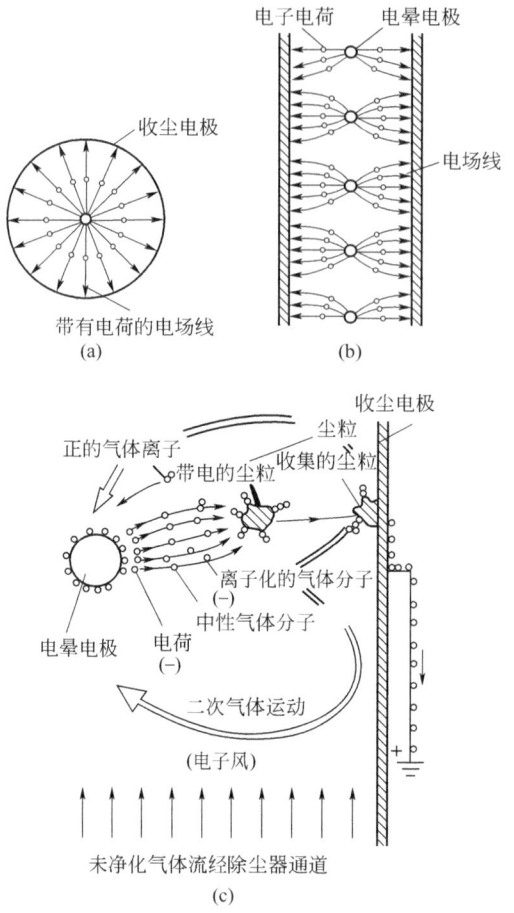

图 23-5-2 电除尘过程的示意图

（a）管式电除尘器中的电场线；（b）板式电除尘器中的电场线；
（c）粉尘荷电在电场中沿着电场线移向收尘电极的情况

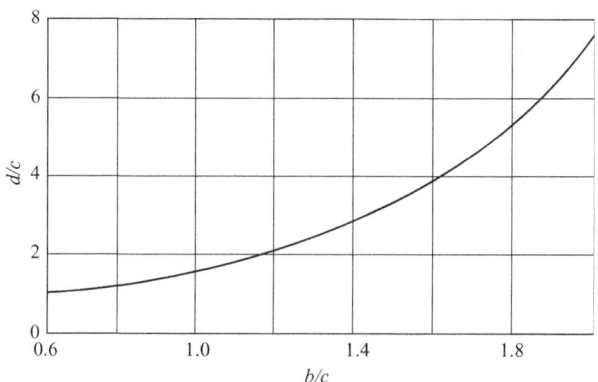

图 23-5-3 d/c 与 b/c 的关系

b—板与线的间距；*c*—线与线的间距

$$\delta = 2.94 \times 10^{-3} \frac{p}{T}$$

式中　p——气体的实际压力，Pa；

　　　T——气体的实际温度，K；

　　　f——粗糙度校正系数，一般光滑的圆线 $f=1$，有损伤或被污染的金属线 $f=0.5 \sim 0.7$。

式(23-5-1)中 F 为参数，对于管式电除尘器：

$$F = \frac{8\pi\varepsilon_0 k}{r_b^2 \ln(r_b/r_a)}$$

对于板式电除尘器：

$$F = \frac{4\pi\varepsilon_0 k}{b^2 \ln(d/r_a)}$$

式中　ε_0——真空中的介电常数；

　　　k——离子迁移率，即荷电粒子沿电场方向的运动速度与电场强度之比。

对于单一气体：

$$k = k_N \sqrt{\frac{T}{273}} \frac{10^5}{p} \frac{1 + \dfrac{S}{273}}{1 + \dfrac{S}{T}} \ (\mathrm{m^3 \cdot V^{-1} \cdot s^{-1}})$$

对于两种气体的混合物：

$$k = \frac{100 k_1 k_2}{c_1 k_2 + c_2 k_1} \ (\mathrm{m^3 \cdot V^{-1} \cdot s^{-1}})$$

式中　k_N——标准状态下的离子迁移率，见表23-5-1；

　　　S——常数，见表23-5-2；

　　　c_1，c_2——气体混合物内不同气体的浓度，体积分数。

表 23-5-1　蒸气和一些气体单电荷离子在 0℃ 和 101.325kPa 时的迁移率

气 体 名 称	迁移率/cm² · V⁻¹ · s⁻¹		气 体 名 称	迁移率/cm² · V⁻¹ · s⁻¹	
	k_N^-	k_N^+		k_N^-	k_N^+
干空气	2.10	1.32	C_2H_5OH	0.37	0.36
空气(很纯的)	2.48	1.84	CO	1.14	1.11
饱和空气(26℃)	1.58	—	CO_2(很纯的)$\varepsilon \approx 0$	2.5×10^4	—
H_2	8.13	5.92	CO_2(干的)	0.96	—
H_2(很纯的)$\varepsilon \approx 0$	7.74×10^3	—	CO_2(饱和蒸汽)25℃	0.82	—
O_2	1.84	1.32	SO_2	0.41	0.41
N_2	1.84	1.28	N_2O	0.91	0.83
N_2(很纯的)	1.44×10^2	1.28	H_2O(100℃)	0.567	0.62
N_2(很纯的)$\varepsilon \approx 0$	3.15×10^4	—	NH_3	0.66	0.57
He	6.31	5.13	H_2S	0.71	0.71
He(很纯的)	5.0×10^2	—	Cl_2	0.74	0.74
H_2(很纯的)$\varepsilon \approx 0$	2.24×10^4	19.7	C_2H_2	0.84	0.79
N_2	—	9.87	HCl	0.62	0.53
Ar	1.71	1.32	SF_6	0.57	—
Ar(很纯的)$\varepsilon \approx 0$	6.31×10^4	1.32			

表 23-5-2 几种气体的常数 S 值

气体名称	S	气体名称	S	气体名称	S
干空气	$330(k_-)$	O_2	505	CO_2	356
空气(很纯的)	$509(k_+)$	N_2	525	NH_3	1960
H_2	800	CO	570	SO_2	875

在收尘极附近的电场强度 E_p（$V \cdot m^{-1}$）可用下式近似算出：

对于管式电除尘器：

$$E_p = \sqrt{\frac{i}{2\pi\varepsilon_0 k}} \qquad (23\text{-}5\text{-}4a)$$

对于板式电除尘器：

$$E_p = \sqrt{\frac{ib}{\pi\varepsilon_0 ck}} \qquad (23\text{-}5\text{-}4b)$$

由于一般 b/c 在 1 左右，故管式电除尘器只要有大约一半的电流，就可使收尘极附近的电场强度与板式电除尘器的电场强度相同。

5.1.2 收尘空间尘粒的荷电

尘粒荷电有两种机理：电场荷电和扩散荷电。对于粒径小于 $0.2\mu m$ 的尘粒，扩散荷电是主要的。对于粒径大于 $0.5\mu m$ 的尘粒，电场荷电是主要的。若粒径在 $0.2 \sim 0.5\mu m$ 之间，则两者均起作用。

5.1.2.1 电场荷电

在电场作用下，离子沿电力线移动，与尘粒碰撞黏附于其上并将电荷传给尘粒，故称为电场荷电或轰击荷电，其荷电量是电场强度 E 和粉尘绝缘特性的函数。

对于球形尘粒，尘粒表面的电荷量（C）为：

$$q_p = \pi\varepsilon_0 d_p^2 E_2 \qquad (23\text{-}5\text{-}5)$$

而其饱和电荷量则为：

$$q_{ps} = \frac{3\varepsilon_r}{\varepsilon_r + 2}\pi\varepsilon_0 d_p^2 E_\infty \qquad (23\text{-}5\text{-}6)$$

式中　ε_r——尘粒相对介电常数；

d_p——尘粒的直径，m；

ε_0——真空的介电常数；

E_2——尘粒荷电后的电场强度，$V \cdot m^{-1}$；

E_∞——离尘粒距离很远处的电场强度，$V \cdot m^{-1}$。

设 N 为尘粒附近空间单位容积中的离子数，$t_0 = \dfrac{4\varepsilon_0}{Nek}$ 为荷电过程的时间常数，则球形尘粒的荷电速率可用图 23-5-4 表示。由图可见，尘粒在获得 75% 左右饱和电荷时所需时间是短的，但如要获得 99% 以上的饱和电荷，这就需要较长的时间。但在电除尘器中，一般

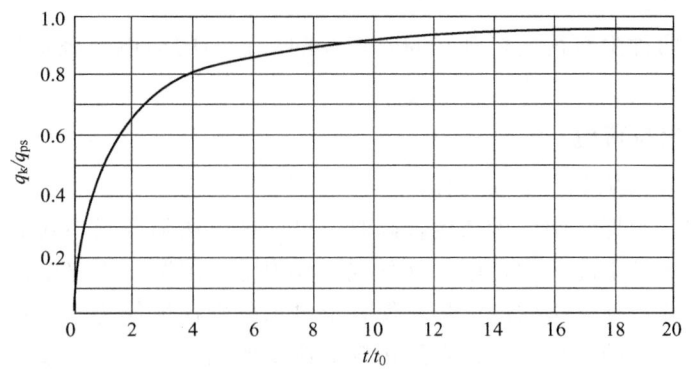

图 23-5-4　球形尘粒的荷电速率

t_0 在 $10^{-2} \sim 10^{-3}$ s，故在 $1 \sim 0.1$ s 内便可获得 99% 的饱和电荷量。这就是说，尘粒进入电除尘器几厘米的极短时间内，其荷电就基本完成。

5.1.2.2　扩散荷电

尘粒的扩散荷电是由离子的无规则运动造成的，虽然外加电场有助于扩散荷电，但并不依赖于它。尘粒的荷电量 q_p（C）随时间 t 的增加而增加，没有饱和状态，可用下式计算：

$$q_p = ne = \frac{2\pi\varepsilon_0 k_0 T d_p}{e}\ln\left(1 + \frac{e^2 N d_p t}{2\varepsilon_0\sqrt{2m\pi k_0 T}}\right) \qquad (23\text{-}5\text{-}7)$$

式中　　n——尘粒所得单位电荷数；

e——电子电荷，1.6×10^{-19} C；

k_0——玻尔兹曼常数，1.38×10^{-23} J·K^{-1}；

T——热力学温度，K；

t——时间，s；

N——单位体积中的离子数，个·m^{-3}；

m——离子的质量，kg。

两种荷电机理所获电荷量的比较可见表 23-5-3。

表 23-5-3　两种荷电机理所获电荷量的比较

尘粒半径 /μm	在 t 秒内尘粒所获得的单位电荷数											
	电场荷电时间 t/s				扩散荷电时间 t/s				扩散荷电时间 t/s(考虑电场作用)			
	0.01	0.1	1.0	∞	0.01	0.1	1.0	10	0.01	0.1	1.0	10
0.1	1	3	4	4	3	7	11	15	2	5	10	14
1.0	120	340	410	420	70	110	150	190	150	190	230	270
10.0	12000	34000	41000	42000	1100	1500	1900	2300	14000	14400	14800	15200

注：表中计算所采用的数据如下

$T = 300$K；$N = 5\times10^{13}$个·m^{-3}；$E = 200$kV·m^{-1}；$\varepsilon_r = 3$。

由表可看出，对于半径为 1μm 的尘粒，两种荷电机理所获得的电荷量，在数量级上是相同的，对于半径小于 0.1μm 的尘粒，主要是靠扩散荷电；对于半径大于 1μm 的尘粒，主要是靠电场荷电，它较离子扩散所获得的电荷量要大得多。粒径愈大，差别也愈大，此时扩散荷电就可忽略不计。

一般情况下,两种尘粒荷电机理是同时存在的,它们的荷电率叠加计算方法较为复杂,可见参考文献[1]。

5.1.2.3　反常的尘粒荷电

常见的反常的尘粒荷电有下列三种:

(1) 电晕闭塞　当烟气中含尘浓度很高时,可能把电场强度减小到电晕始发值,电晕电流大大降低,以致尘粒不能正常荷电,这种现象称为电晕闭塞。为避免此现象的发生,在设计电除尘器时可用几个独立串联的电场,使各个电场分别在最佳的电压和电流下运行。同时还要控制电除尘器入口的含尘浓度,在采用圆形或星形电晕线时,一般入口含尘浓度应小于 $60 \mathrm{g \cdot m^{-3}}$;在采用芒刺形电晕线时,入口含尘浓度可允许高达 $100 \mathrm{g \cdot m^{-3}}$ 左右。

(2) 反电晕　收尘极表面被一层导电不良的尘粒覆盖,造成电极表面发生局部放电的现象,称为反电晕。当尘粒的比电阻超过 $2 \times 10^{10} \Omega \cdot cm$ 时就会出现反电晕,若比电阻大于 $10^{11} \Omega \cdot cm$,则反电晕严重。轻微的反电晕会降低火花放电电压,严重的反电晕则在收尘极表面产生阳离子放电,与来自电晕极的阴离子中和,从而使尘粒的电荷大大减少。要消除反电晕现象,一般可对烟气进行尘粒比电阻的调理。常采用的调理方法有喷雾增湿或添加 SO_3、NH_3 等化学剂,调理后可使尘粒的比电阻降到 $2 \times 10^{10} \Omega \cdot cm$ 以下。

(3) 尘粒重返气流　当尘粒比电阻较低时,荷电尘粒到达收尘极表面后,很快完成电性中和,此时若气体速度高,气流分布不均匀,或有异常的紊流时,则可能发生收尘极上灰尘层表面的尘粒被气流重新带走,这种现象称为尘粒重返气流或称再飞散,从而降低了除尘效率。

5.1.3　尘粒的驱进速度

当荷电尘粒在电场力的作用下向收尘极运动时,若电场力和气流曳力达到平衡,荷电尘粒便向收尘极作等速运动,此速度称为尘粒的驱进速度。为简化计算,一般只考虑电场荷电,尘粒的理论驱进速度($\mathrm{m \cdot s^{-1}}$)便可用下式表示。

$$\omega = \frac{q_{ps} E_c}{3 \pi d_p \mu} = \frac{\varepsilon_r \varepsilon_0}{\varepsilon_r + 2} \frac{d_p E \infty E_c}{\mu} \qquad (23\text{-}5\text{-}8)$$

一般,上式中的 $E \infty$ 可取收尘区电场强度 E_p,并令荷电区的电场强度 E_c 和收尘区的电场强度 E_p 相等,可见式(23-5-4)。上式中 μ 为气体的动力黏度($\mathrm{Pa \cdot s}$)。单纯从理论计算上来确定尘粒驱进速度是很困难的,因为驱进速度还受烟气的成分、温度、含尘浓度和尘粒的直径、化学成分、比电阻以及内部结构等多种因素的影响。设计时通常都用有效驱进速度来计算。有效驱进速度是根据某一电除尘器实际测定的除尘效率和收尘极总面积以及操作气体流量,利用除尘效率指数方程式反算出来的驱进速度。表23-5-4~表23-5-7为收集到的一些有效驱进速度的数据。

表 23-5-4　主要工业窑炉电除尘器的电场风速和有效驱进速度

主要工业炉窑的电除尘器	电场风速/m·s⁻¹	有效驱进速度/cm·s⁻¹
热电站锅炉飞灰	1.2~2.4	5.0~15
纸浆和造纸工业黑液回收锅炉	0.9~1.8	5.0~10

续表

主要工业炉窑的电除尘器		电场风速/m·s⁻¹	有效驱进速度/cm·s⁻¹
钢铁工业	烧结机	1.2~1.5	2.3~11.5
	高炉	2.7~3.6	9.7~11.3
	吹氧平炉	1.0~1.5	7.0~9.5
	碱性氧气顶吹转炉	1.0~1.5	7.0~9.0
	焦炭炉	0.6~1.2	6.7~16.1
水泥工业	湿法窑	0.9~1.2	8.0~11.5
	立波尔窑	0.8~1.0	6.5~8.6
	干法窑 增湿	0.7~1.0	6.0~12
	不增湿	0.4~0.7	4.0~6.0
	烘干机	0.8~1.2	10~12
	磨机	0.7~0.9	9~10
	熟料箅式冷却机	1.0~1.2	11~13.5
都市垃圾焚烧炉		1.1~1.4	4.0~12
接触分解过程			3~11.8
铝煅烧炉			8.2~12.4
铜焙烧炉			3.6~4.2
有色金属转炉		0.6	7.3
冲天炉(灰口铁)		15	3.0~3.6
硫酸雾		0.9~1.5	6.1~9.1

表 23-5-5 某些部门实测的有效驱进速度

粉尘种类	有效驱进速度/cm·s⁻¹	粉尘种类	有效驱进速度/cm·s⁻¹
锅炉飞灰	4~20 (4①~16)	镁砂	4.7
水泥	9.45	氧化锌,氧化铝	4
铁矿烧结灰尘	6~20	石膏	19.5
氧化亚铁 FeO	7~22	氧化铝熟料	13
焦油	8~23	氧化铝	6.4
石灰石	3~55		

① 德国鲁奇公司数据。

表 23-5-6 国内有关工厂测定推算的有效驱进速度数据

厂 名	有效驱进速度/cm·s⁻¹	厂 名	有效驱进速度 cm·s⁻¹
首钢二烧结厂机尾(40m²)	7.1	青州造纸厂碱回收(18.75m²)	4
武钢一烧结厂机尾(40m²)	12.5	上海宝钢烧结厂 FSCS 型(264m²)	6
鞍钢三烧结厂机尾(40m²)	11.30	元宝山发电厂(173m²)	10
武钢耐火厂石灰车间活性石灰石(81.9m²)	5	南化磷肥厂硫酸二车间(40m²)	6

第23篇

表 23-5-7   美国所用电除尘器有效驱进速度典型数据①

应 用 项 目	有效驱进速度 /cm·s⁻¹	应 用 项 目	有效驱进速度 /cm·s⁻¹
粉煤(飞灰)	10~13	闪速焙烧炉	7.5
造纸厂	7.5	多膛焙烧炉	7.8
平炉	5.7	湿法生产普通水泥	10~11.1
二次高炉(80%铸造生铁)	12.3	干法生产普通水泥	5.7~6.9
石膏	15.6~19.2	催化剂尘	7.5
酸雾(H₂SO₄)	5.7~7.5	灰口铁冲天炉(铁焦比=10)	3.0~3.6
酸雾(TiO₂)	5.7~7.5		

① 发表于 *Air Pollution Engineering Manual* 1973，未说明是在何种具体条件下的数据。

图 23-5-5 是美国应用的电除尘器有效驱进速度（ω_e）变化范围[2]。

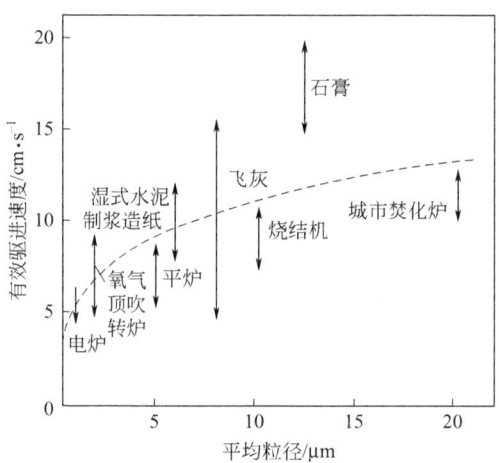

图 23-5-5 ω_e 变化范围以及 ω_e 和灰尘粒度的关系

5.1.4   收尘效率的计算

电除尘器的收尘效率首先由 Deutsch 推出[3]，对于管式电除尘器（图 23-5-6）为：

$$E=1-e^{-\frac{2L}{b^v}\omega} \tag{23-5-9}$$

对于板式电除尘器（图 23-5-7）为：

$$E=1-e^{-\frac{L}{b^v}\omega} \tag{23-5-10}$$

上述公式也可统一写成：

$$E=1-e^{-f\omega}=1-e^{-\frac{A}{Q}\omega} \tag{23-5-11}$$

式中 L——电除尘器的长度，m；

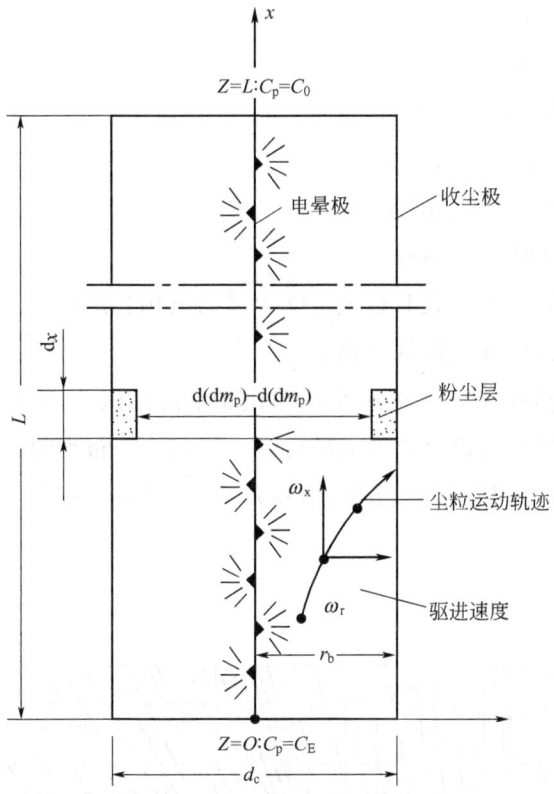

图 23-5-6 管式电除尘器除尘效率公式推导示意图

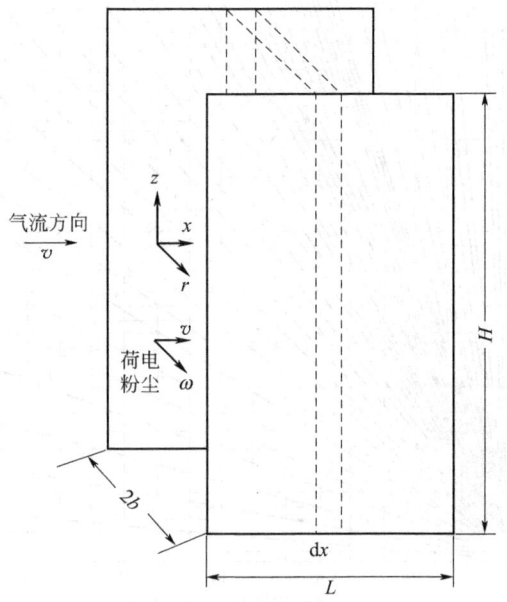

图 23-5-7 板式电除尘器粉尘捕集示意图

ω——驱进速度，m·s^{-1}；

v——气流速度，m·s^{-1}；

A——收尘极板的表面积，m^2；

Q——烟气流量，m^3·s^{-1}；

b——板式电除尘器异极间距，m；

f——比除尘极面积，m^2·s·m^{-3}。

在有相同收尘效率时，若管式和板式电除尘器的电场长度和极间距相同，则管式电除尘器的许可气流速度是板式电除尘器的 2 倍。

图 23-5-8 表示除尘效率 E，驱进速度 ω 和比除尘极面积 f 的列线图，便于计算。

由于 Deutsch 公式是在假设尘粒进电场后完全荷电；分布均匀；无冲刷；无二次飞扬等条件下推导出的理论公式，因此与实测结果有差异。多年来发展了不少修正公式，可参考文献[4,5]。

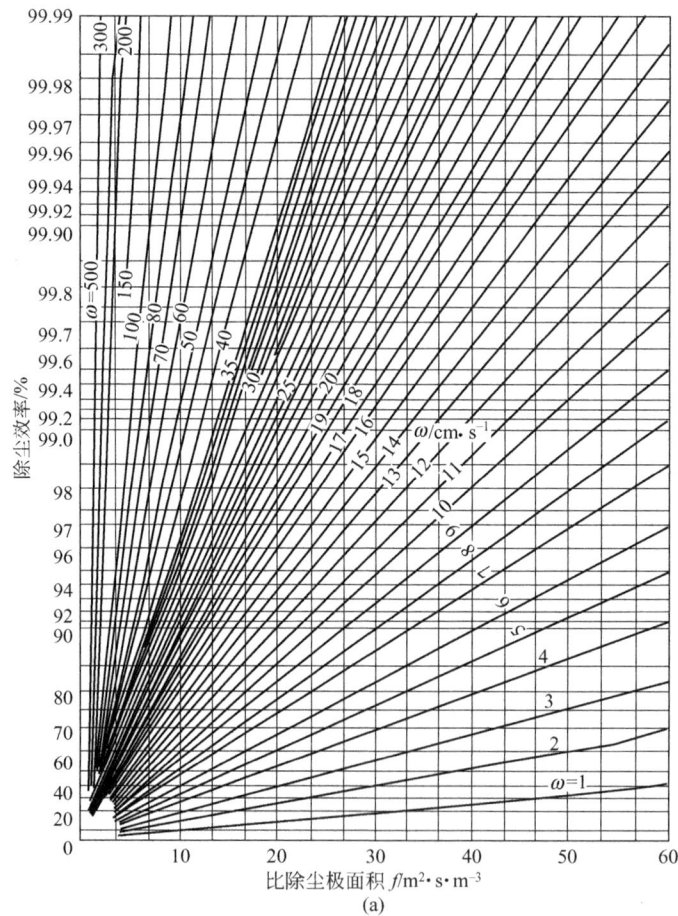

(a)

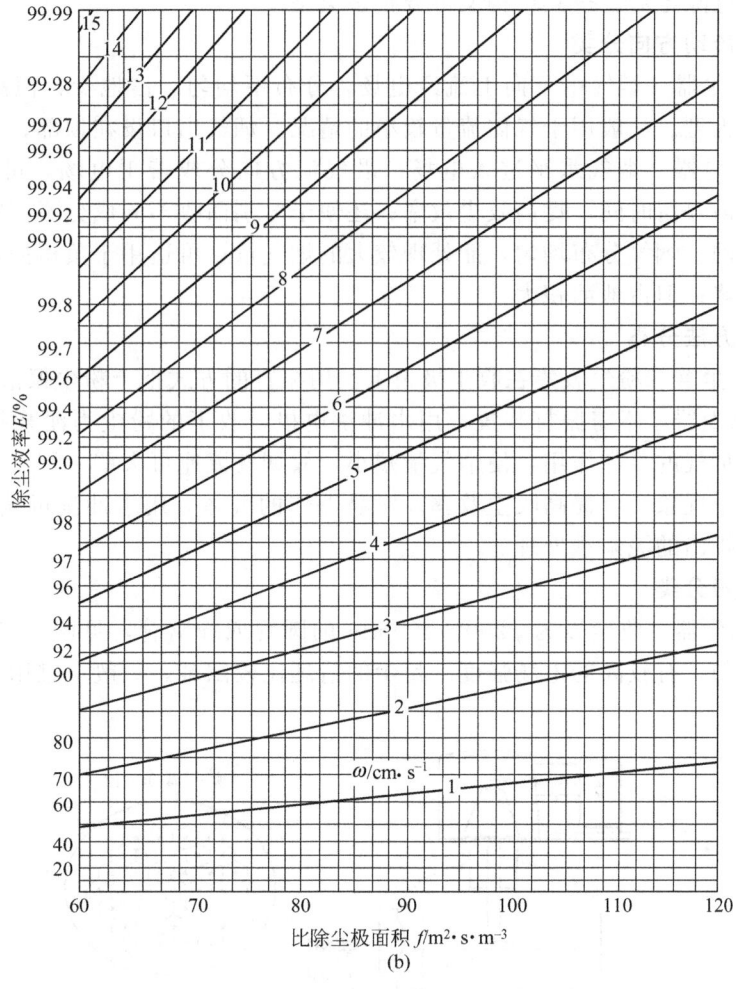

图 23-5-8 除尘效率 E, 驱进速度 ω 和比表面积值 f 的列线图

5.2 电除尘器的分类和应用

5.2.1 电除尘器的分类

电除尘器根据电晕线和收尘极板的配置方法可分为两大类。

5.2.1.1 双区电除尘器

粉尘的荷电和收集在结构不同的两个区域内进行:第一个区域装有电晕极,进行粉尘的荷电;第二个区域装有收尘极,完成荷电后的粉尘收集。它也可适用于高电阻率粉尘的除尘,可以防止反电晕,并具有体形小、耗钢少、耗电少等特点。这种除尘器曾主要用于空气净化,近年来已开始用到工业废气净化方面。

5.2.1.2 单区电除尘器

电晕极和收尘极都在同一区域内,因此粉尘的荷电和收集都在同一区域内进行。工业生产上大多用这种电除尘器。按其结构又可分很多类型。

(1) 按烟气流动方向分类

① 立式电除尘器　烟气由下向上流经电场，分布不均匀。占地少，但高度较大，检修不便，不宜做成大型。一般用于气体流量较小的情况。烟气出口设在顶部，可节约管道。

② 卧式电除尘器　烟气水平进入电场，沿气流方向分成若干电场，可以分电场供电，延长尘粒在电场内停留时间，提高收尘效率；还便于分别回收不同成分不同粒度的粉尘以达到分类富集的目的。烟气分布均匀，能处理较大的烟气量；可适用于负压操作，且设备高度低，便于安装检修；但占地面积大。

(2) 按清灰方法分类

① 干式电除尘器　粉尘收集在收尘极板上，用振打的方式把干粉尘振落下来。

② 湿式电除尘器　不需振打装置，用水冲洗电极，收下的粉尘为泥浆状。操作温度较低，又由于水对烟气的冷却作用，使烟气量减小，故烟气流速可大些。用水冲洗，故粉尘无二次飞扬和反电晕现象，可提高收尘效率。对易爆炸的气体，用水冲洗可减少爆炸的危险。但设备易腐蚀，排出的泥浆难处理。

(3) 按收尘极分类

① 管式电除尘器　收尘极为 φ200～300mm 的圆管或蜂窝管，见图 23-5-9。其特点是：电场强度比较均匀，有较高的电场强度。粉尘的清理比较困难，一般不宜用于干式除尘，通常用于湿式除尘。

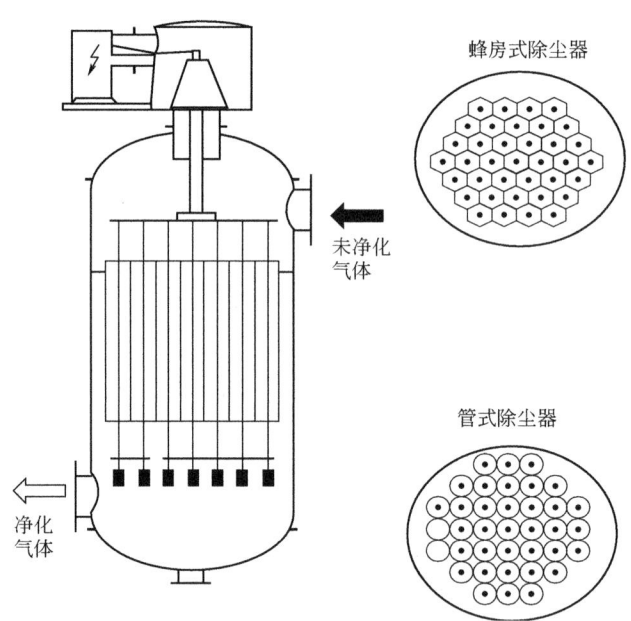

图 23-5-9 管式电除尘器

② 板式电除尘器　这种电除尘器具有各种型式的收尘极板，极间距离一般为 250～400mm，电晕极安放在板的中间，悬挂在框架上，电除尘器的长度根据对除尘效率的要求确定，它是工业中最广泛采用的型式，见图 23-5-10。

(4) 按电晕极采用的极性分类

① 正电晕电除尘器　在电晕极施加正极高压，而收尘极为负极接地。其特点是：击穿电压低，工作时不如负电晕稳定。不产生臭氧及氮氧化物，因此常用来作空气净化。

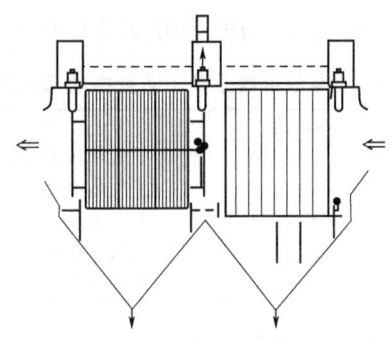

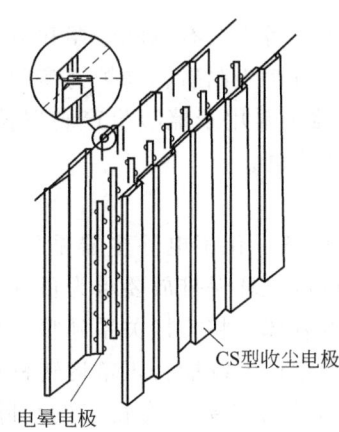

CS型收尘电极

电晕电极

图 23-5-10 板式电除尘器

② 负电晕电除尘器 这是工业上常用的电除尘器，在电极上施加负极高压，收尘极为正极接地，工作时电晕稳定。

(5) 按供给电源的性质分类

① 交流电除尘器 用交流电直接供给除尘器，省去了整流装置，电源简单，但为间歇供电，如何保证收尘效率，目前还在研究。

② 直流电除尘器 电源是经过整流后的直流高压电流，电源电压稳定，是目前电除尘器中最常用的。

5.2.2 电除尘器的典型应用

电除尘器在工业中的典型应用如表 23-5-8 所示。

表 23-5-8 电除尘器在工业中的典型应用

工业名称	应 用 范 围
火力发电	燃油锅炉,燃煤锅炉,磁流体发电
黑色冶金	高炉,烧结炉,平炉,转炉,电炉,火焰加热炉
有色冶金	各种熔化炉,焙烧炉
建筑材料	水泥窑,烘干机,磨机,玻璃熔化炉,陶瓷加热炉
化工工业	硫酸,氯化铵,炭黑,黄磷生产,增塑剂烟雾,焦油沥青,石油油水分离
造纸工业	碱回收,石灰窑
废物焚烧	城市垃圾焚烧,火葬场,放射性物质焚烧
铸造厂	化铁炉,型砂回收
空气净化	医疗单位空气除菌,食品、制药、纺织、计算机、手表工业、仪器和精密机械

电除尘器在工业应用中的主要工艺数据的适用范围如表23-5-9所示。

表 23-5-9   电除尘器主要工艺数据的适用范围

序号	项　　目	适用范围	序号	项　　目	适用范围
1	处理气量/m³·h⁻¹	1000~229×10⁵	6	气体压力/Pa	+200~-2000
2	粉尘粒径/μm	0.01~100	7	气体温度/℃	380以下
3	含尘浓度/g·m⁻³	<100	8	阻力/Pa	196.2
4	气流速度/m·s⁻¹	0.5~2.5	9	灰尘比电阻/Ω·cm	10⁴~2×10¹³
5	粉尘停留时间/s	2.25~12	10	除尘效率/%	95~99.99

5.2.3   化工电除尘器的技术特点及设计对策

在化工生产中,采用的静电设备主要有电除尘器和电除雾器两大类。电除尘器,大部分用于硫铁矿沸腾焙烧制酸,少部分用于制磷、高炉钙镁肥及碳素焙烧的生产装置中,常用的规格在 $5 \sim 60m^2$ 之间。电除雾器主要用于硫酸生产装置捕集酸雾以及化肥生产装置捕集煤焦油,常用的规格在 36~420 管之间。

(1) 技术特点

① 是参与生产过程的重要设备　化工电除尘器是化工生产系统中的重要设备,它不同于建材、冶金、电力等行业中以满足环保排放要求为目的的电除尘器。化工生产中的电除尘和电除雾器,其可靠性和运行的好坏,将直接关系到整个生产的流程能否畅通。对电除尘器所选用的技术参数、性能指标与生产系统能否正常运转密切相关。

② 处理的烟气含尘量大,工艺系统要求有稳定的高除尘率　硫铁矿制酸生产中出炉烟气含尘很高,为了降低电除尘器入口含尘,在有些装置中,进入电除尘器前设置了预除尘设备,使进入电除尘器的含尘量控制在 $20 \sim 40g \cdot m^{-3}$；在一些大型生产装置中,为了减少系统阻力,不设预除尘设备,在运转情况下,进入电除尘器的含尘量可高达 $250 \sim 300g \cdot m^{-3}$。从整个生产系统要求考虑,为了保证生产下游的净化系统不堵塞酸循环管路和不生成酸性污泥,因此要求电除尘器有很高的除尘效率,一般要大于99%。

在电炉制磷的生产过程中,炉气进入电除尘器的尘含量为 $50 \sim 150g \cdot m^{-3}$。商品黄磷国家标准规定纯度要≥99.9%,在生产中为了减少泥磷的产生和处理麻烦,因此对电除尘效率要求大于99.9%。总之,由于化工生产的特定情况,要求电除尘器有稳定的高除尘效率,它的效率不仅是衡量设备正常与否的指标,而且还是决定化工产品质量好坏的重要因素。

③ 处理的烟气有毒,或易燃爆,设备的密封要求严　在化工生产中电除尘器处理的含烟尘炉气,大部分均为有毒或易燃爆的介质。在硫酸除尘器中进入有毒的高浓度 SO_2 烟气时,为防止气体外泄一般采取负压操作,操作压力一般为 $-1500 \sim -2500Pa$,在负压操作的情况下如设备密封不好,则会吸入空气,使局部炉气温度降低,造成炉气中 SO_3 冷凝,同时由于过量的空气中 O_2 与炉气中的 SO_2 部分反应产生 SO_3,使炉气中的 SO_3 含量增高,从而使尘粒的硫酸盐成分增加,粉尘发黏,电极"肥大",除尘失效。

电炉制黄磷生产的电除尘器,处理介质为含烟尘的磷蒸气,为避免空气漏入导致燃烧损失,一般采取正压操作。但如设备密封不严、操作不当,空气也会从出灰装置漏入除尘器内,同样也会使烟气中磷蒸气燃烧成磷酸或偏磷酸,它不仅会使粉尘发黏,影响除尘效率,更严重的会使整台设备很快遭受腐蚀。

④ 处理的烟气露点高,操作温度高,对高压绝缘要求高　在制酸电除尘器中,炉气中硫酸露点温度因气体成分而异,一般为 $193 \sim 233℃$；电炉制磷电除尘器烟气露点取决于磷蒸

气含量和磷蒸气分压，有时烟气露点温度会高达280℃，根据生产工艺要求，为避免烟气结露，电除尘器必须在高于烟气露点温度时运行操作。

（2）设计对策

① 充分掌握烟尘性质，正确选取有关参数，从工程系统来确定最佳操作条件。化工电除尘器要想达到最佳效率，其操作条件的选定应首先从生产所用的原料开始考虑，不同的原料成分和采用的处理方法会影响电除尘器操作运行。在硫酸生产中原料采用硫铁矿还是硫精矿，其所含化学成分、水分对电除尘器所处理的烟尘颗粒、尘量以及烟尘的比电阻均有影响。对电炉制磷用的电除尘器，其操作条件同样也随所用的炉料类型和磷矿加工处理的方法的改变而变化。

操作温度除考虑烟气的最高露点外，还应从设备的热损失、漏气率以及生产系统的能量回收等方面考虑。在制酸电除尘器中，硫酸的露点决定于原料中的水分和硫的含量、过剩燃烧空气和烟气中SO_2/SO_3之间的平衡状态。为了尽可能在电除尘器前的余热锅炉中回收更多的热量，因此要降低烟气出锅炉的温度，但温度不能降得过低，否则将形成SO_3冷凝，给电除尘器操作带来困难，制酸电除尘器经过几十年的生产经验总结，若进口温度控制在320～350℃，SO_3含量<0.1%（或SO_2含量>12.5%，O_2含量<2%），严格按照这样的操作条件，则电除尘效率可达到99%以上，设备可长期稳定运行。同样对电炉制磷的电除尘器，综合考虑露点温度、烟尘的电阻率和热损失等因素，其炉气温度必须控制在250～300℃。

出口含尘量指标主要决定化工生产中的电除尘器后续工序的运行要求。制酸电除尘器出口含尘量一般控制在≤$0.2g \cdot m^{-3}$，大型装置控制在$0.15g \cdot m^{-3}$，按此指标计算，每生产1t硫酸，进入净化工序循环酸中的灰尘量，仅为0.45kg，数量少，容易处理；若出口含尘指标提高，则稀酸中酸泥含量增大，管道、泵等磨损严重，甚至造成循环系统堵塞。

② 高含尘气体的气流分布要从工程系统来考虑，电场采用大极板间距，提高电压，加大极板电流密度。

处理高含尘气体时，分布板的块数及其开孔形状对气流分布十分重要，它不仅要使气体在电除尘器内均匀分布，同时要考虑到高含尘气体在进口处可能造成堵塞。在做气流分布模拟试验时，应从工程系统的角度对电除尘器前后的设备以及进出口接管的布置同时考虑。在大型硫酸生产装置中，电除尘器前设有水平流横向冲刷的余热锅炉，该锅炉的管束布置类似于电除尘器的阳极板，为电除尘器的气体均匀分布创造了条件。因此在这种情况下当锅炉与电除尘器直接接通时，可不设或仅设一块分布板，就能保证电除尘器内的气流均匀分布。

处理高含尘气体的另一对策是：电场采用大极板间距，提高电压，加大极板电流密度。化工常规设计的极板间距大多为300mm，对于处理高含尘电除尘器极板间距采用400～600mm。实践证明，电场极板间距加大后，极板电流密度可达到0.6～$0.8mA \cdot m^{-2}$，电场的收尘效率可大于90%。

③ 高温运行的电除尘器，应正确地设计计算所要求的热膨胀量、主要部件的高温应力强度，以保证壳体内部构件在运行中不变形，选择耐高温绝缘材料是持续运行的关键。

解决壳体的膨胀位移，除一般在壳体下部设有固定支座和滚动支座外，主要是在进出口处设有允许轴向和径向位移的特殊挠性膨胀节。在壳体内部阴阳极与壳体之间的膨胀，虽不需考虑热膨胀的消除措施，但必须考虑留有足够的自由膨胀间隙。对于所有的振打设施应放在强度和刚度足够的支架上，以防止壳体或顶板变形引起振打的传动系统破坏。其余如顶部防雨屋顶以及附属于壳体的走道、护栏、扶梯等都应留有一定的伸缩量。

制酸电除尘器大部分采用阴极侧向中部振打结构。解决好阴极侧向振打，绝缘材料是连续运行的关键。化工电除尘器采用特种高强度、耐高温高压的阴极振打绝缘瓷轴（95 瓷转轴），从而保证生产装置持续运行。

④ 为满足系统不稳定和任意开停的要求，采用封闭式的阴极吊挂结构（图 23-5-27）。

⑤ 细致地考虑保温与系统的密闭。化工电除尘器通过计算确定需要的保温层厚度。保温结构一般采用硅酸铝毡和空气层，外部再包铝皮。电炉制磷电除尘器，为保证烟气温度均匀，采用了整体夹套内输入加热空气密闭循环的保温方法。在保温结构设计中特别要注意防止局部散热，凡与壳体相连的外部构件应设计成活连接件，并在连接件间衬以隔热垫层。

与保温密切相关的另一方面是系统的密闭，化工电除尘器由于处理的介质有毒。要求系统有较好的密闭性，制酸电除尘允许的漏气率≤2%。为保证达到这点要求，系统设备之间的连接要紧凑，没有多余的管道，对最容易泄漏的排灰装置采用双层排灰阀，并严格按规定的程序进行操作，避免空气漏入。

硫酸生产的电除尘器和电除雾器应用实例的主要参数如表 23-5-10～表 23-5-12 所示。大型水泥厂常用的 CDWY 型电除尘器的主要参数见表 23-5-13，75t·h⁻¹煤粉锅炉用电除尘器的主要参数可见表 23-5-14。

表 23-5-10　化工企业电除尘器应用实例

型 号	S_4L_{40}	Ln40	2DC-3-20	DCC-15	2DCZ-3-20	DCZ-13	LD1201	LD801	LD401	DCC-25
烟气量/m³·h⁻¹	111,709	131,100		16000			33000	22000	10970	30000
有效截面积/m²	40	40	20	15	20	13	37	24.5	11.4	25
室数	单室	单室	双室	单室	双室	单室	单室	单室	单室	单室
电场数	4	3	3	3	3	2	3	3	3	3
电场风速/m·s⁻¹	0.8	0.95	0.6	0.65	0.6	0.6	0.57	0.53	0.64	0.8
极间距离/mm	150	一电场 300 二、三电场 150	150	一电场 200 二、三电场 150	150	150	150	150	150	一电场 200 二、三电场 150
极板形式	Z	CSW₂	棒帏	C	Z	Z	C	C	Z	C
极线形式	芒刺线	星形	圆线	RS	星形	RS	RS	RS	针刺	RS
操作温度/℃	350	350	400	350	380	350	350	320	370	350
操作压力/Pa	−2450	−1962	−1962	−1962	−1962	−1962	−1962	−1962	−1962	−1962
总收尘面积/m²	3370	3730		856					365	1422
收尘极振打方式				挠　臂　振　打						
电晕极振打方式	侧向振打	侧向振打	顶部	侧向振打	提升脱钩	侧向振打	侧向振打	侧向振打	侧向振打	侧向振打
入口含尘/g·m⁻³	35	250	25	65	25	30	30	20	20	65
出口含尘/g·m⁻³	0.2	0.1	0.2	0.2	0.2	0.2	0.2	0.2	0.2	0.2
效率/%	99.4	99.96	99	99.6	99	99.3	99.3	99	99	99.6
高压硅整流器型号	GGA 0.4/60	一场 VT840/65 二、三场 VT 1680/50	GGA 0.2/60	GGA 0.4/60	GGA 0.2/60	GGA 0.2/60	GGA 0.4/60	GGA 0.2/60	GGA 0.2/60	GGA 0.2/60
高压硅整流器数/台	4	3	3	3	4	2	3	3	3	3

表 23-5-11 化工湿式塑料管电除雾器

型 式	收尘管截面积 /m²	处理气量 /m³·h⁻¹	收尘管直径 /mm	电晕型式	工作压力 /Pa	工作温度 /℃	绝缘箱电加热器功率/kW
36 管塑料管束型	1.82	4300	250	φ12 包铅星型线	−7848	<40	6×1.5
76 管塑料管束型	3.73	9100	250	φ12 包铅星型线	−7848	<40	12×1.5
86 管塑料管束型	4.22	10000	250	φ12 包铅星型线	−7848	<40	12×1.5
92 管塑料管束型	4.51	11000	250	φ12 包铅星型线	−7848	<40	12×1.5
120 管塑料管束型	5.89	14400	250	φ12 包铅星型线	−7848	<40	12×1.5
121 管塑料管束型	5.94	14500	250	φ12 包铅星型线	−7848	<40	19.2
152 管塑料管束型	7.46	18240	250	φ12 包铅星型线	−7848	<40	12×1.5
168 管塑料管束型	8.24	20100	250	φ12 包铅星型线	−7848	<40	12×1.5
174 管塑料列管型	8.54	21000	250	φ12 包铅星型线	−7848	<40	12×1.5
216 管塑料管束型	10.59	26000	250	φ12 包铅星型线	−7848	<40	12×1.5
146 管铅列管型	7.16	17500	250	φ12 包铅星型线	−7848	<40	9×1.5
177 管铅列管型	8.68	21240	250	φ12 包铅星型线	−7848	<40	9×1.5
306 管铅列管型	15.01	36720	250	φ12 包铅星型线	−7848	<40	9×1.5

表 23-5-12 化工湿式玻璃钢电除雾器

规格型号	电场截面积/m²	管数	内切圆直径/mm	管长/m	工作温度 /℃	工作压力 /kPa	操作气量/m³·h⁻¹
DWFC-4.15	4.15	37	φ360	4.5	≤45	−10～+15	10500～13500
DWFC−6.16	6.16	55	φ360	4.5	≤45	−10～+15	15500～20000
DWFC-10.3	10.3	92	φ360	4.5	≤45	−10～+15	26000～33000
DWFC-12.1	12.1	108	φ360	4.5	≤45	−10～+15	30500～39000
DWFC-13.5	13.5	120	φ360	4.5	≤45	−10～+15	34000～43500
DWFC-17.5	17.5	156	φ360	4.5	≤45	−10～+15	44000～56000
DWFC-20.6	20.6	184	φ360	4.5	≤45	−10～+15	52000～67000
DWFC-24.2	24.2	216	φ360	4.5	≤45	−10～+15	31000～78000
DWFC-26.4	26.4	236	φ360	4.5	≤45	−10～+15	66500～85000
DWFC-30.5	30.5	272	φ360	4.5	≤45	−10～+15	76800～98000
DWFC-34.5	34.5	308	φ360	4.5	≤45	−10～+15	86900～11200
DWFC-39.5	39.5	352	φ360	4.5	≤45	−10～+15	99500～128000
DWFC-47.0	47.0	420	φ360	4.5	≤45	−10～+15	118500～152000

表 23-5-13 水泥工业 CDWY 型电除尘器主要技术参数

基 本 参 数		型 号							
		CDWY 30/3	CDWY 40/3	CDWY 50/3	CDWY 60/3	CDWY 70/3	CDWY 85/3/2	CDWY 85/4/2	CDWY 163/3/2
电场名义截面积/m²		30	40	50	60	70	85	85	163
处理烟气量/m³·h⁻¹		75600~ 10800	100800~ 144000	126000~ 180000	151200~ 216000	176400~ 252000	214200~ 306000	214200~ 306000	411000~ 587000
电场风速/m·s⁻¹		0.7~1.0							
同极间距/mm		300							400
电场数/个		3						4	3
电场长度(每个)/m		3.6		4.0					
收尘极总面积/m²		2172	2840	3985	4712	5400	6720	8960	9792
烟气阻力/Pa		<200							
设计收尘效率/%		99.81						99.97	99.81
重量/t		117	153	179	219	268	318	425	430
配用硅整流器	型号	GGAJO₂ -0.2/60	GGAJO₂ -0.3/60	GGAJO₂ -0.4/60	GGAJO₂ -0.6/60	GGAJO₂ -0.6/60	GGAJO₂ -0.6/60	GGAJO₂ -0.6/60	GGAJO₂ -0.7/72
	电流/mA	200	300	400	600	600	600	600	700
	电压/kV	60							72
	台数/台	3						6	8	6

注：1. CDWY30~CDWY85 型,如用于干法窑除尘,电场风速不得大于 0.7m·s⁻¹。

2. CDWY85/4/2 与 CDWY85/3/2 型的处理烟气量相同,但前者收尘效率高,可用于环境保护要求更严格的地区。

表 23-5-14 75t·h⁻¹ 煤粉锅炉用电除尘器技术参数

序号	项 目	技术参数	序号	项 目	技术参数
1	型号规格	卧式 40m²,双室双电场 Z 型极板星形电晕线	10	收尘极振打周期/s	50
			11	电晕极框架排数	26
2	生产能力/m³·h⁻¹	144000~130000	12	电晕线总长度/m	4127.76
3	电场风速/m·s⁻¹	1.0~1.25	13	阻力/Pa	147.15
4	异极间距/mm	140	14	烟气允许最高温度/℃	200
5	电场有效长度/m	6.45		/K	473
6	尘粒在电场停留时间/s	5.1~6.45	15	设计效率/%	97
7	收尘极板排数	30	16	设备外形尺寸/m	长 12.2,宽 11.0,高 12.0
8	收尘极板总面积/m²	1848	17	设备总重/t	93
9	收尘极板长度/m	6.5			

5.3 电除尘器的总体设计

电除尘器的型式多样,但都由电除尘器本体、电气部分和辅助设备三大部分组成。本体部分由阳极系统、阴极系统、进出口气流分布结构、壳体和灰斗等组成。电气部分由高压电源（包括其控制系统）和低压控制系统组成。电除尘器总体设计就是根据用户的使用要求及使用的工艺参数条件,确定出电除尘器的规格型号、电场区极配型式、比收尘面积、电场风速、除尘性能等主要参数，进而绘制出电除尘器的总体布置图。电除尘器属非标设备，为保证产品质量及降低成本，方便维护维修，设计时还须通晓国家和行业的电除尘器各项标准与规范[18]。

5.3.1 电除尘器的工艺设计

5.3.1.1 工艺设计需要的数据

① 需要处理的烟气量（$m^3 \cdot h^{-1}$）。

② 烟气进口含尘浓度（$g \cdot m^{-3}$）。

③ 烟气粉尘性质，包括粉尘粒度分布、化学成分、比电阻、真密度及堆积密度等。

④ 烟气的性质，包括温度、湿度、压力、烟气成分等。

⑤ 出口烟气的允许的含尘浓度。

5.3.1.2 工艺设计的主要内容

① 根据烟气和粉尘的性质以及实践经验，确定粉尘粒子的驱进速度 ω。

② 由式 $f = \dfrac{1}{\omega} \ln f = \dfrac{1}{\omega} \ln \dfrac{1}{1-E}$ 计算比收尘面积。

③ 由式 $A = fQ$ 计算收尘面积。

④ 由式 $A = 2nLH$ 计算通道数。

⑤ 由式 $V = \dfrac{Q}{nb_1 h}$ 计算气体流速。

⑥ 由公式 $t = \dfrac{L}{V}$ 计算停留时间。

硫酸电除尘电场风速一般为 $0.6 \sim 0.8 m \cdot s^{-1}$，气体在电场停留时间 $> 12s$，以上计算若不合适，则重新选取除尘效率 E 和电场有效高度重新进行计算。

5.3.2 主要部件设计和结构型式

电除尘器的主要部件有收尘极板、电晕极、气流分布装置与高压绝缘子等。

5.3.2.1 收尘极板

（1）收尘极板的设计原则

① 要有光滑的表面，没有锐边和凸起，电场强度要高，电流分布要均匀，图 23-5-11 表示几种极板表面电流的分布状况。

② 要有较好的防止粉尘二次飞扬的性能，即要求不受气流冲刷的死区的投影面与总投影面积之比（称为"有效率"）应尽可能地高。表 23-5-15 表示几种极板的"有效率"。

③ 单位集尘面积的钢耗量（亦称比钢耗）要小。电场截面积 $5 \sim 20 m^2$ 时的比钢耗平均为 $75 kg \cdot m^{-2}$；$30 \sim 40 m^2$ 时的比钢耗平均为 $60 kg \cdot m^{-2}$；$50 \sim 60 m^2$ 时的比钢耗平均为 $45 kg \cdot m^{-2}$；$70 \sim 220 m^2$ 时的比钢耗平均为 $45.18 kg \cdot m^{-2}$。

④ 必须有良好的振打性能，用较小的振打力即可使极板表面获得足够的振打加速度，且尽可能均匀。图 23-5-12 表示 C 型、CS 型和 CSW 型极板振打加速度分布情况，其中图（a）为 C 型 6m 高 12 块板组合，图（b）为 CS 型 6m 高 8 块板组合，图（c）为 CSW 型 15m 高 11 块板组合；图 23-5-13 表示鱼鳞极板和 C 型极板在振打时板面加速度

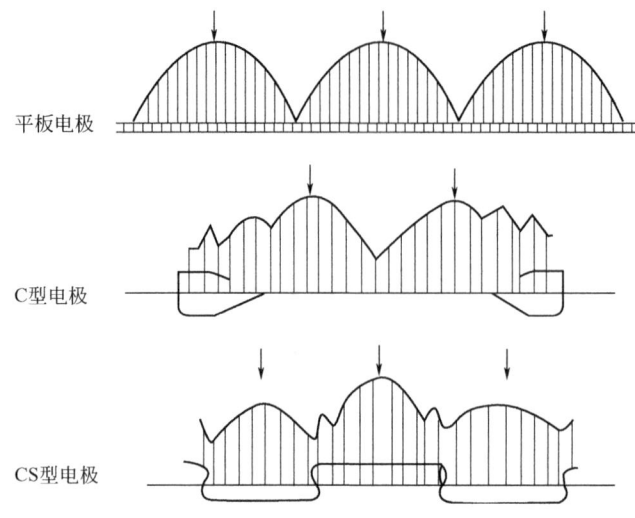

图 23-5-11　几种极板表面电流分布情况

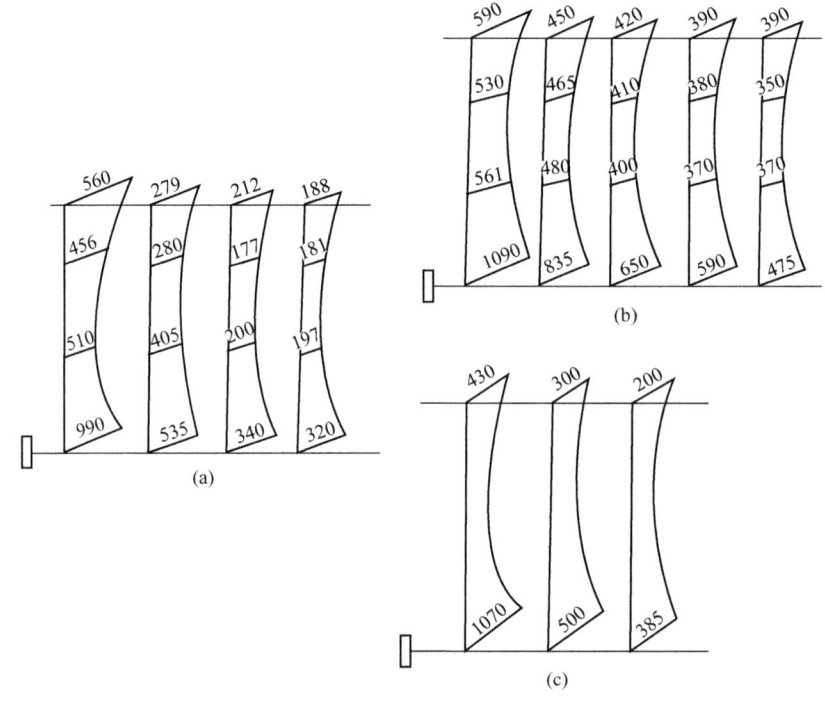

图 23-5-12　C 型、CS 型和 CSW 型极板振打加速度分布情况

的传递情况。

表 23-5-15　几种极板的"有效率"

极板形式	有效率/%	极板形式	有效率/%
C 型	40	W 型	68
波型	58	V 型	100

⑤ 热稳定性好，保证在操作温度下不发生扭变。

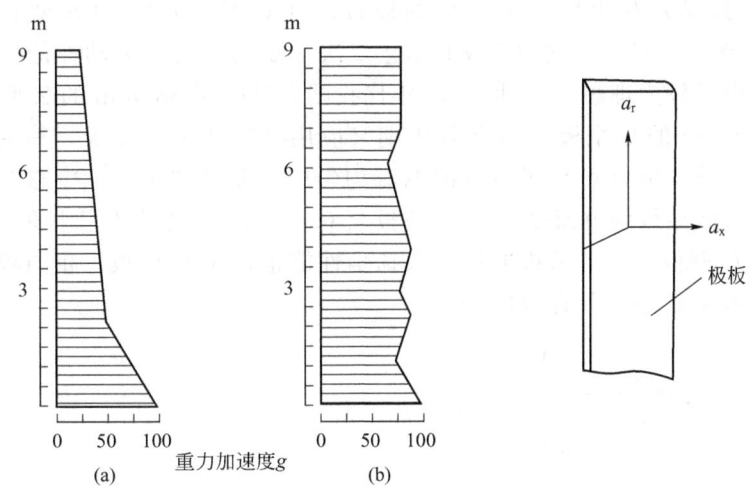

图 23-5-13　鱼鳞极板和 C 型极板在振打时板面加速度传递情况（a_x）

(a) 鱼鳞极板；(b) C 型极板

⑥ 形状简单，便于达到制造和安装的精度要求。

(2) 极板的型式　极板的型式很多，大致可分成三类。

① 平板式　主要有棒帏式和网状电极等 [图 23-5-14(a)、(b)]，它们的结构简单，高温变形小，但防止二次飞扬的性能差，常用于高温和电场气速不高的场合。

② 箱式　主要有鱼鳞板式、袋式和郁金花板电极等 [图 23-5-14(c)、(d)、(f)]，它们有较好的防止二次飞扬的性能，但钢材消耗量大，振动性能差。

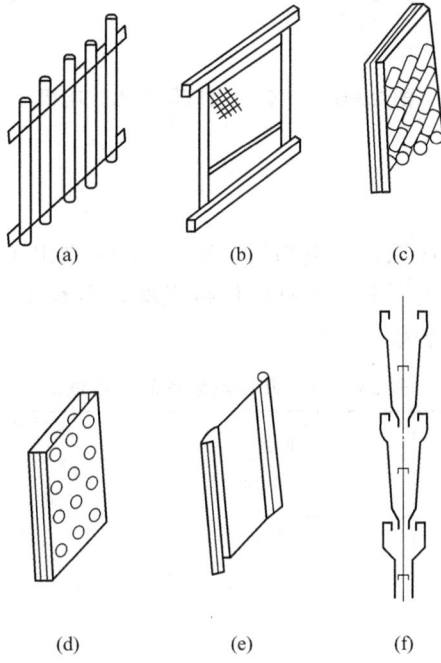

图 23-5-14　收尘极板的型式

(a) 棒帏式；(b) 网状；(c) 鱼鳞板式；

(d) 袋式；(e) Z 型板式；(f) 郁金花式

③ 型板式　这是现代电除尘器常用的极板，有 C 型、Z 型、CS 型和 ZT 型电极等[图 23-5-14(e)、图 23-5-15]。它们有较好防止二次飞扬的性能，振动性能也好，有较大的收尘面积，空间电场较为理想。20 世纪 60 年代我国大量应用 385mm 的 Z 型极板，70 年代又广泛应用宽 480mm 的 C 型板，80 年代中期又应用 ZT-24 型波纹板，其主要优点是板电流密度更为均匀。波型板与 C 型板运行的电流均匀度、振打加速度、冷态与热态效率对比试验的结果表明，波型板的电流密度比 C 型板高 6.06%。当电晕功率下降时，波型板除尘效率的下降也比 C 型板少。波型板的抗二次扬尘性能也优于 C 型板。相同板厚、板宽和刚度情况下，波型板比 C 型板节省钢材 8%左右。

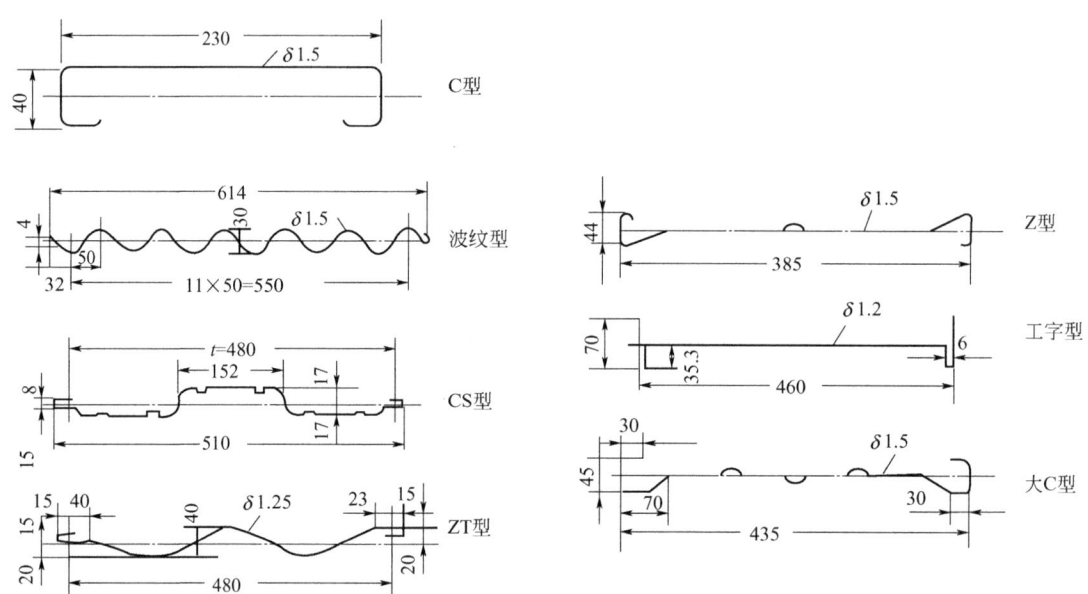

图 23-5-15　各种型式的型板式电极

5.3.2.2　电晕极

（1）电晕极的设计原则

① 放电性能好，临界电压低，放电均匀，表 23-5-16 列出了几种电晕线的放电强度。

② 在保证必要的放电强度下具有足够的机械强度，不断线。

③ 易清灰，耐腐蚀，安装维修方便。

表 23-5-16　几种电晕线的放电强度　　　　　　　单位：μA

电压 /kV	刀形线 厚 1.5mm 宽 7mm	星形线 3mm/4mm	锯齿形线 厚 1.5mm 宽 13mm	带形线 厚 1.5mm 宽 7mm
50	249	90	231	192
55	325	136	310	262
60	405	192	390	330
65	495	267	470	415
70	600	340	570	510

④ 生产使用中除尘效率高。表 23-5-17 是法国 Chauton 研究所对几种电晕线试验测得的有

效驱进速度,从表中可见锯齿线的性能最好,在电压44kV时,驱进速度可达34.5cm·s^{-1};而且随风速的增大,驱进速度ω还有增大的趋势。而针刺线、星形线、圆形线等在风速1.35~1.40m·s^{-1}时,驱进速度已达最高值,而后又随风速的增加而下降。

表 23-5-17 几种电晕线的驱进速度 ω

电晕线形式	电压/kV	两种风速下驱进速度/cm·s^{-1}		备注
		1.06m·s^{-1}	1.48m·s^{-1}	
针刺线	44	26.4	29.5	风速为1.35m·s^{-1}时, ω最高为29.8cm·s^{-1}
	40	25.0	28.8	
星形线	44	26.3	28.5	风速为1.38m·s^{-1}时, ω最高为29.0cm·s^{-1}
	40	25.0	26.0	
圆形线	44	25.9	28.2	风速为1.40m·s^{-1}时, ω最高为28.4cm·s^{-1}
	40	24.4	26.5	
芒刺角钢线(芒刺垂直于气流)	44	23.8	27.4	
	40	22.2	25.6	
芒刺角钢线(芒刺平行于气流)	44	22.1		
	40	22.0	25.9	
锯齿形线	44	25.8	34.5	
	40	24.5	28.0	

(2) 电晕线的型式 电晕线可分为没有固定放电点的非可控电极和有固定放电点的可控制电极两大类。

① 没有固定放电点的非可控电极,见图23-5-16,有如下几种:

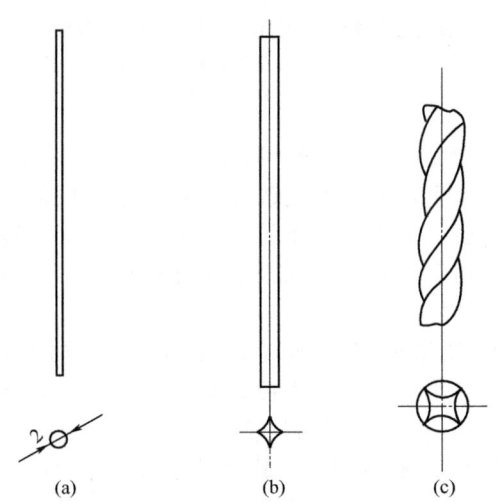

(a)   (b)   (c)

图 23-5-16 没有固定放电点的非可控电极
(a) 圆形线;(b) 星形线;(c) 麻花星形线

a. 圆形线 这是使用最早最简单的电晕线,圆线一般用 ϕ2~3mm 的 Cr15Ni60 或 Cr20Ni80 的合金丝制成。它的起始电晕电压较高;放电强度与线直径成反比;需要较大的振打力才能使粉尘脱落;在高温下线可以自由伸长,不变形;气流速度高时,线易晃动,因此烟气流速不能太高。

b. 星形线 采用 ϕ6~4mm 普通钢或合金钢冷拉成星形断面,有时将线扭成麻花形,有助于保持线的平直度并加大尖锐边的长度,从而可以提高电晕电流。这种线的断面呈棱形,截面积比较大,机械强度好;因线截面的尖角曲率半径小,故放电性能比圆线好;电晕线置于整个框架中，有利于振打加速度的传递；在高温使用时易松动，振打时产生晃动，影响电压升高。

② 有固定放电点的可控制电极，如图 23-5-17 所示，有如下几种：

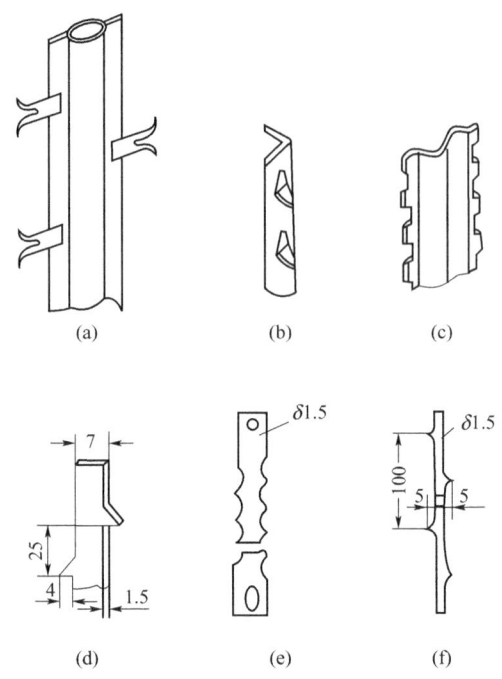

图 23-5-17   有固定放电点的可控电极
（a）管状芒刺；（b）角钢芒刺；（c）波形芒刺
（d）扁钢芒刺；（e）锯形芒刺；（f）条形芒刺

a. 芒刺形线   有角钢芒刺、波形芒刺、扁钢芒刺、锯形芒刺、条形芒刺等。这种线具有较好的放电性能，起始电晕电压低；通过改变芒刺放电点的间距和选择不同高度的芒刺，可取得最佳电晕电流值；强度高，工作时不晃动，火花侵蚀少。其中尤以锯齿形线的电流较大，板电流密度较为均匀。角钢芒刺形线的极电流分布则很不均匀，若与 CSV 型极板相配，此缺点更为突出。

b. 管状芒刺线   这种线又称 RS 线（real-strong），是由瑞士 Elex 公司提出的，现在我国电除尘器中已广泛使用。它采用圆管作支撑，交叉的芒刺伸出圆管两侧。这种线由于有特别的易放电的尖端，放在相同情况下，芒刺线比星形线的电流高，放电性能好；结构上采用薄板冲制成型，刚度和强度好，不断裂，不产生火花烧蚀；不易结灰，安装方便，更换容易。但这种线有一个很大的缺点，即板面电流密度不匀，对应于中心管处有电流死区。我国经多年的研究探索，对这种线进行改进，在中心管上冲出尖刺以消除死区，减小刺距以消除齿间电流谷值，减小齿身宽度和中心管尺寸，齿长也做些调整，有的齿尖不弯向极板而是平行于极板，也可以改进电分布，并提高击穿场强。

5.3.2.3   气流分布装置

电除尘内气流分布的均匀程度对除尘效率影响很大。

（1）气流分布装置的设计原则

① 理想的均匀流动应要求流动断面缓变及流速很低来达到层流流动，在电除尘器内主要是依靠导向板和分布板的恰当配置，使气流获得较均匀分布。

② 电除尘器的进出管道设计，应尽量保证进入电除尘器的气流分布均匀，尤其是多台电除尘器并联使用时应尽量使进出管道在收尘系统的中心。

③ 对于不能产生收尘作用的电场外区间，如极板上下空间、极板与壳体的空间，应设阻流板，以减少未经电场的气体带走粉尘。

④ 为保证分布板的清洁，设备应有定时的振打机构。

⑤ 分布板的板数越多，分布效果越好。

（2）气流分布装置

① 导流装置　电除尘器的气体进口有中心进气和上部进气两种，为使气流分布均匀，在气流转变处要加设导流装置，图 23-5-18 和图 23-5-19 为方格形和三角形的导流装置。中心进气的导流板方向按电场的分段高度确定，见图 23-5-20。上进气的导流板则设在箱的上部，见图 23-5-21。

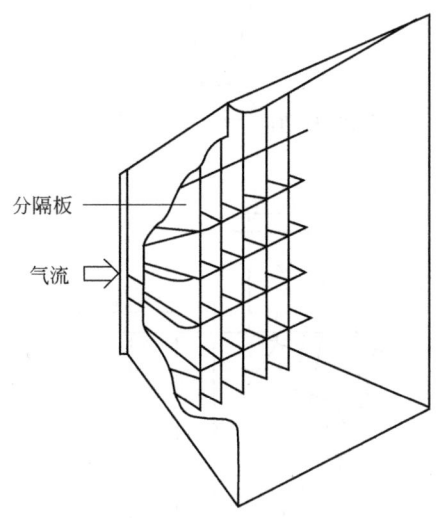

分隔板

气流

图 23-5-18　方格形导流装置

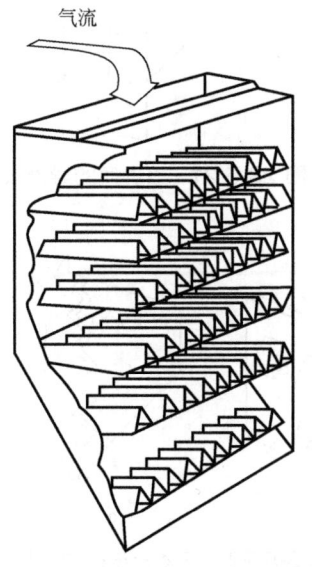

气流

图 23-5-19　三角形导流装置

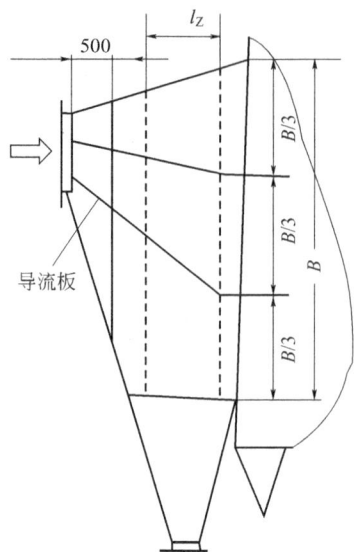

图 23-5-20　中心进气的导流板

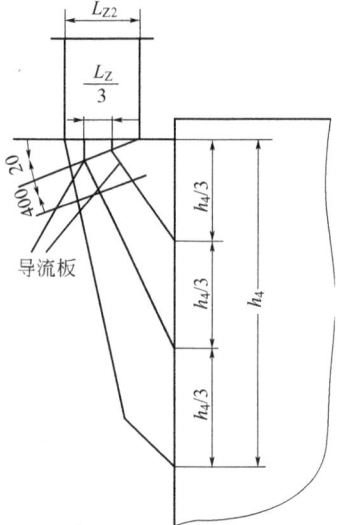

图 23-5-21　上进气的导流板

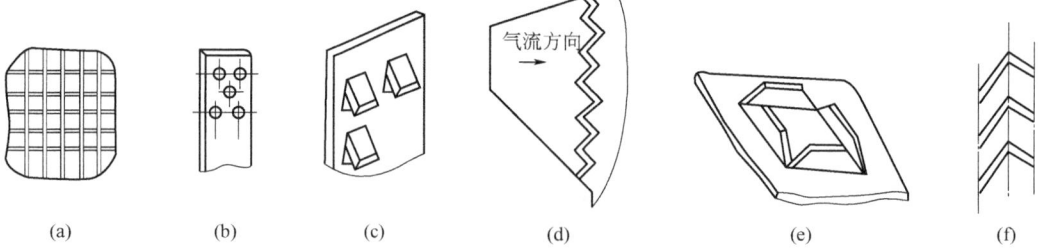

图 23-5-22　气体分布板的结构型式

（a）方孔板；（b）圆孔板；（c）百叶式；（d）锯齿形；（e）X 型；（f）垂直折板式

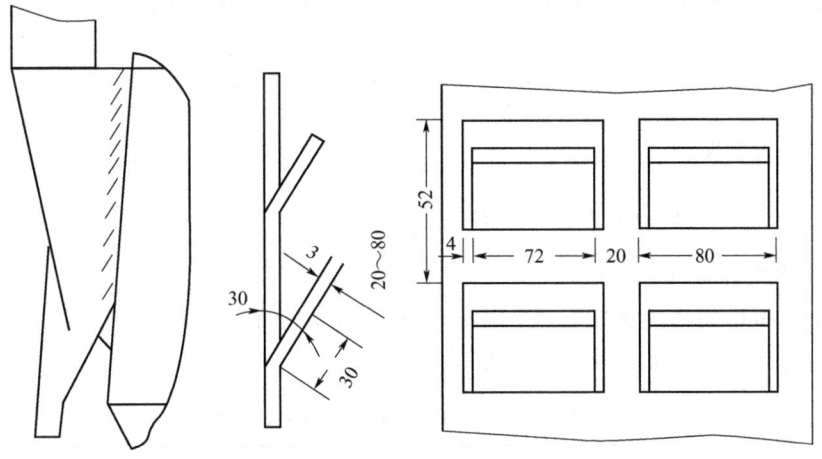

图 23-5-23 百叶式分布板

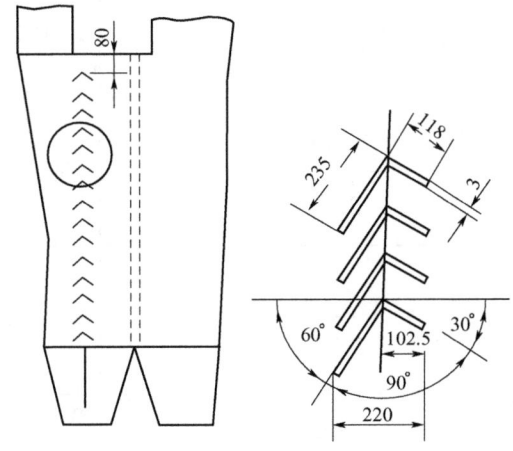

图 23-5-24 垂直折板式分布板

② 分布板　在进气箱内设置的气体分布板型式很多,见图 23-5-22。其中圆孔板和方孔板的开孔率可取 1∶7.5,百叶式分布板的开孔率可取 1∶10,X 型分布板开孔率可取1∶15。百叶式及垂直折板式适用于上进气,见图 23-5-23、图 23-5-24。对于中心进气,目前最广泛使用的是圆孔分布板。

分布板的块数 n 可根据电除尘器截面积 F_k 与进气管面积 F_0 之比来确定。

当 $F_k/F_0 < 6$ 时,取 $n=1$;

$6 < F_k/F_0 < 20$ 时,取 $n=2$;

$20 < F_k/F_0 < 50$ 时,取 $n=3$。

为保证气流速度分布均匀,多孔板要有合适的阻力系数,其值应为:

$$\xi = N_0 (F_k/F_0)^{2/n} - 1 \qquad (23-5-12)$$

式中　ξ——阻力系数;

N_0——气流入口处按气流动量计算的速度场系数,对于直管或带有导向板的弯头$N_0=$
　　　　1.2,对于不带导向板的缓慢弯管,当弯管后面没有平直段时 $N_0 \approx 1.8 \sim 2$;

n——多孔板层数。

确定合适的阻力系数后，便可用下式确定出合适的分布板上开孔率 f：

$$\xi = (0.707\sqrt{1-f} + 1 - f)^2 \frac{1}{f^2} \qquad (23\text{-}5\text{-}13)$$

每两层多孔板的距离 $l_2 \geqslant 0.2D_r$

式中　D_r——除尘器截面的水力直径，$D_r = \dfrac{4F_k}{n_k}$；

　　　n_k——除尘器截面的周长。

(3) 气流分布均匀性的评定标准　电除尘器中气流分布均匀性的评定，通常采用概率指数定理，常用的评定标准如表 23-5-18 所示。

表 23-5-18　气流分布均匀性的评定标准

标　准　名　称	评　定　公　式	要求的质量标准
苏联速度场系数法	$M = \dfrac{\sum\limits_{i=1}^{n} V_1^2}{n}$	$1 \leqslant M \leqslant 1.1 \sim 1.2$
苏联容积利用系数法	$n_1 = \dfrac{\left(\sum\limits_{i=1}^{n} V_1\right)^2}{n\sum\limits_{i=1}^{n} V_1^2}$	$0.833 \sim 0.91 \leqslant n_1 \leqslant 1$
日本海重工业株式会社标准	$A = 1 - \dfrac{\sum\limits_{i=1}^{n} \lvert V_1 - \overline{V} \rvert}{2n\overline{V}}$	$A \geqslant 85\%$
德国 Lugi 公司标准	$S_r = \dfrac{1}{\overline{V}} \times \sqrt{\dfrac{\sum\limits_{i=1}^{n}(\overline{V} - V_1)^2}{n-1}} \times 100\%$	按图 23-5-25 求 $\Delta\omega$ 值。 $\Delta\omega \leqslant 3\%\overline{\omega}$ 很好 $\Delta\omega < 8\%\overline{\omega}$ 合格 $\Delta\omega > 8\%\overline{\omega}$ 不合格 $\overline{\omega}$ 为按平均风速计算的驱进速度
美国相对均方根法（RMS 标准）	$\sigma = \sqrt{\dfrac{1}{n}\sum\limits_{i=1}^{n}\left[\dfrac{V_1 - \overline{V}}{\overline{V}}\right]^2}$	$\sigma \leqslant 0.1$ 优 $\sigma \leqslant 0.15$ 良 $\sigma \leqslant 0.25$ 合格
美国 ICCI 法	在电除尘器入口方向距分布板 1.5m 断面处测定 85% 的测点上速度值不超过平均速度的 ±25%；100% 的测点速度值不超过平均速度的 ±40%	
瑞士 Elex 公司标准	在所有测定断面上，允许 5% 点的流速高于平均速度，5% 点的速度小于平均速度	

注：V_1 为断面上任一点的速度，$\mathrm{m \cdot s^{-1}}$；$\overline{V}$ 为断面平均流速，$\mathrm{m \cdot s^{-1}}$；n 为断面测定点数；S_r 为偏离系数。

5.3.2.4　高压绝缘子

高压绝缘子是支撑整个电晕极系统并与接地部件绝缘的重要部件。按用途分为支柱绝缘子、绝缘套管和电瓷转轴三种，其中绝缘套管按材质又分为石英玻璃管和瓷套管两种。三种绝缘子采用电工陶瓷材料时又分为普通长石瓷、氧化铝瓷和高温锆质瓷。作为电除尘器的瓷绝缘子应满足以下要求：耐热程度高、机械强度高、高温时电绝缘性能好、

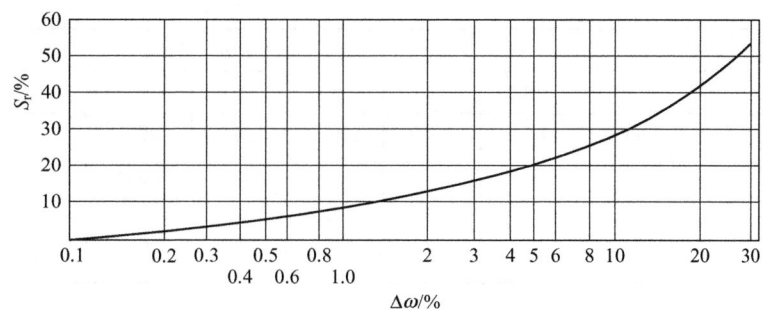

图 23-5-25 偏离系数与驱进速度变化量关系

耐腐蚀性强、耐冷热急变性能好、表面光滑不积灰、化学稳定性高等。各种高压绝缘子材料的特性如表 23-5-19 所示。

表 23-5-19 各种高压绝缘子材料的特性

特　　　　性	长石陶瓷	氧化铝陶瓷	锆质陶瓷	石英玻璃
长期使用温度/℃	100	200	300	400
吸水率/%	<0.1	<0.1	<0.1	
骤冷骤热性(温度差)/℃	130	180	280	780
热膨胀系数(40~450℃)/$10^{-6}℃^{-1}$	6.5	6	3	0.54
莫氏硬度	7.5	8	8	11
抗弯强度/MPa	120	200	140	>35
抗压强度/MPa	500	800		>40
冲击强度/cm·kg	3	4.5		4
击穿电压强度/kV·mm^{-1}	7~14	7~14	10	10~32①
体积固有电阻(20℃)/Ω·cm	>10^{13}	>10^{13}	>10^{13}	10^{15}
(200℃)/Ω·cm	10^8	10^{12}	10^{12}	10^{13}
(300℃)/Ω·cm	10^6	10^8	10^{10}	$5×10^9$②

① 常温下为 32kV·mm^{-1}，标准规定为 10~14kV·mm^{-1}。

② 系在 400℃时测得的数据。

高压绝缘子根据应用场合与电压不同有许多种规格，其主要尺寸与性能分别见表 23-5-20、表 23-5-21 以及图 23-5-26。

表 23-5-20 高压绝缘子规格

电压等级/kV	规格尺寸/mm									
	ϕ_1	ϕ_2	h_1	ϕ_3	ϕ_4	h_2	δ	ϕ_5	ϕ_6	h_3
60	120	90	500	270	430	500	30	90	155	630
100	190	165	650	360	640	800	30	100	165	710
120	190	165	800	360	720	900	30	100	165	850

表 23-5-21 高压绝缘子机械电气性能

绝缘子形式	支柱绝缘子			绝缘套管			电瓷转轴		
电压/kV	60	100	120	60	100	120	60	100	120
交流耐压/kV	125	170	220	125	170	220	125	170	220
击穿电压/kV	200	270	350	200	270	350	200	270	350

续表

绝缘子形式	支柱绝缘子			绝缘套管			电瓷转轴		
电压/kV	60	100	120	60	100	120	60	100	120
抗压荷重/kg	6000	6000	6000	12000	12000	12000	—	—	—
抗压破坏荷重/kg	—	—	—	50000	55000	50000	—	—	—
抗弯破坏荷重/kg	700	700	700	—	—	—	—	—	—
抗转矩荷重/N·m	—	—	—	—	—	—	1470	1470	1470

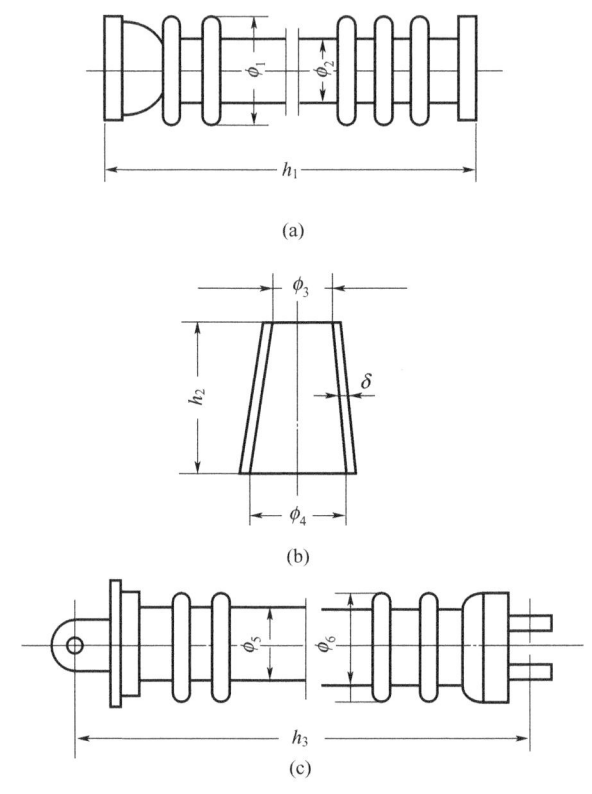

(a)

(b)

(c)

图 23-5-26　高压绝缘子

（a）支柱绝缘子；（b）绝缘套管；（c）电瓷转轴

化工生产用封闭式绝缘子结构。

一般在高压绝缘子附近设有保温箱，以防止周围温度太低，表面出现冷凝酸和水雾破坏绝缘性能。但对比化工电除尘器的石英绝缘套管，由于它的下部是敞开的，与电场直接相通，在生产投运后，尤其是当系统开车之初有很多因素造成系统不稳定，或在系统短时停车时，这样就无法阻止含尘烟气窜入石英管内部。另外化工生产的烟气含有大量的二氧化硫，一旦系统投入运行，电除尘器是无法打开的，绝缘损害短时无法处理。为解决上述情况，开发了封闭式的绝缘子结构，见图 23-5-27。这个结构虽然多了一些绝缘件，但满足了系统不稳定和任意开停车对电除尘器能立即投入的要求。经多个生产厂十多年来的使用，深受欢迎。

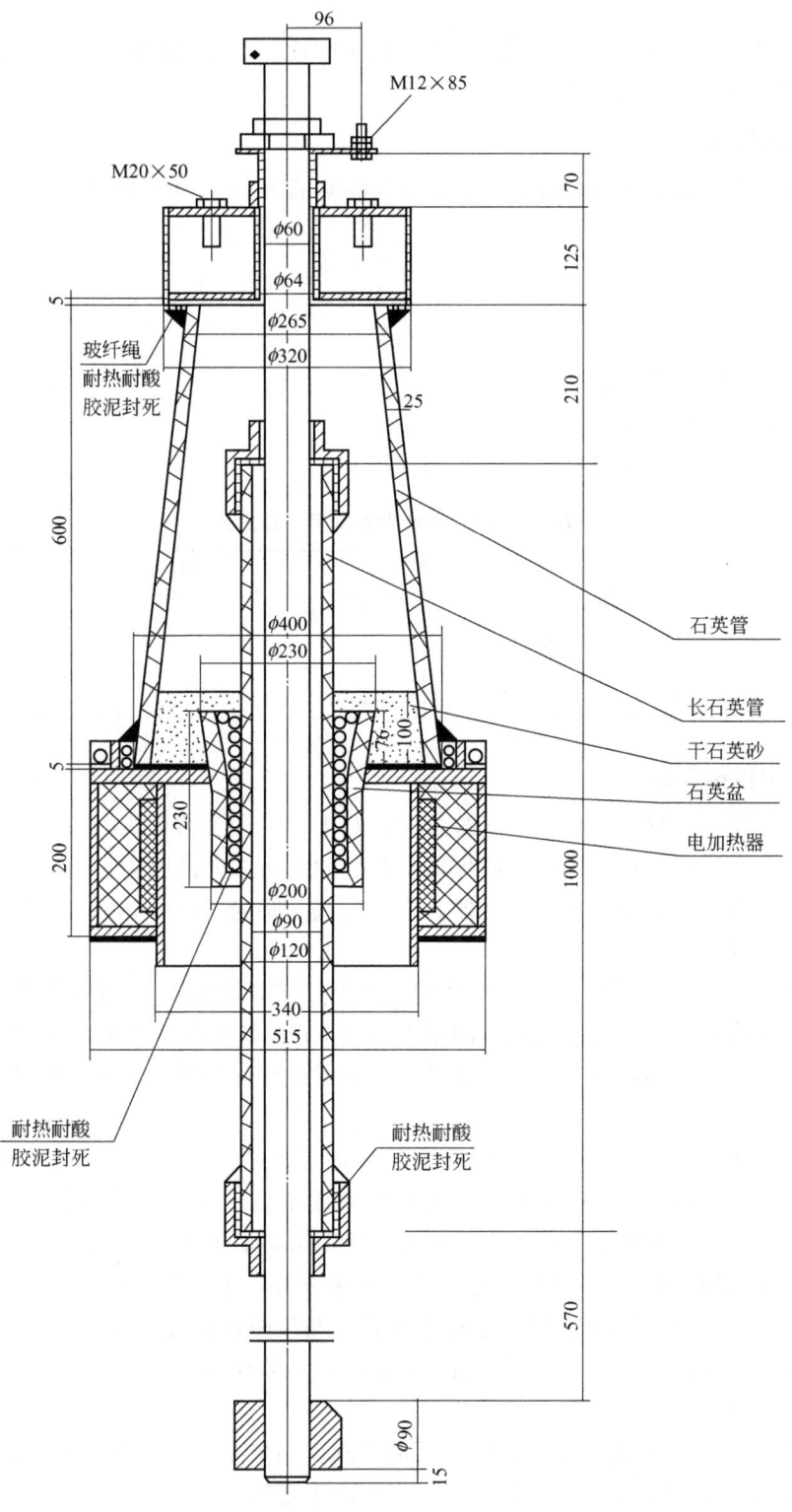

图 23-5-27 封闭式绝缘子结构

5.3.3 主要参数的确定

电除尘器的主要参数是：电场风速、收尘极板间距、电晕线间距、板线匹配、粉尘驱进速度、电场数以及主要结构尺寸等。

5.3.3.1 电场风速

电除尘器在单位时间内处理的烟气量与电场垂直气流方向的断面积之比称为电场风速，即

$$v = \frac{Q}{F_k} \tag{23-5-14}$$

式中　Q——被净化的烟气量，$m^3 \cdot s^{-1}$；

　　　F_k——垂直气流方向的电场断面积，m^2。

工业电除尘器常用的电场风速如表 23-5-22 所示。

表 23-5-22　电除尘器常用电场风速

收尘极型式	电场风速/$m \cdot s^{-1}$
棒帏式、网式、板式	0.4～0.8
槽型、C型、Z型	0.8～1.5
袋式、鱼鳞式	1～2
圆管、蜂窝式	0.6～1

5.3.3.2 收尘极板间距

(1) 一般间距　根据 Deutsch 效率的公式，对于一定宽度的板式电除尘器，在两排收尘极板之间应有一个最佳间距，此间距既保证在最高除尘效率时的收尘极板面积，又能保证最佳效率时的操作电压。对于管式电除尘器，一般板线间距为 250～300mm。对于板式电除尘器，极板间距常取 250～350mm。

(2) 宽间距　1975 年以后，国外对宽间距进行了广泛的研究，结果表明，由于极间距加宽，增加了绝缘距离，抑制了电场"闪络"，提高了电场电压，增大了粉尘驱进速度，在处理相同烟气量和达到相同除尘效率的条件下，所需收尘面积减少，整个设备耗材减少，安装维修方便。

宽间距一般为 400～1000mm，此时需要相应地提供超高压供电设备和承受超高压的绝缘材料。在图 23-5-28 所示的粉尘驱进速度和极间距的曲线上，当曲线的二阶导数为正值时，ω 值的增大率高于极间距的增长率，此时极间距可考虑加大。

宽间距在我国应用已有 30 余年，绝大部分效果良好，主要结果有：

① 火花电压、线电流密度、驱进速度均大体上与极距成直线关系。

② 极距加大，使总电晕电流有较大的下降，其下降程度较火花电压上升的程度要大，所以总的电晕功率下降。

③ 极距加大，线径对起晕电压的影响逐渐下降，但极距对起晕电压的影响不大。

④ 极距加大，除尘效率一般不降低，很多情况下还有一定提高。

在电极型式和电晕线间距不变的前提下，只要单位气量的电晕功率不变，则不论极距多大，其除尘效率不变。但极距过分增大，驱进速度反而下降，因此有一最佳极距。电晕线的

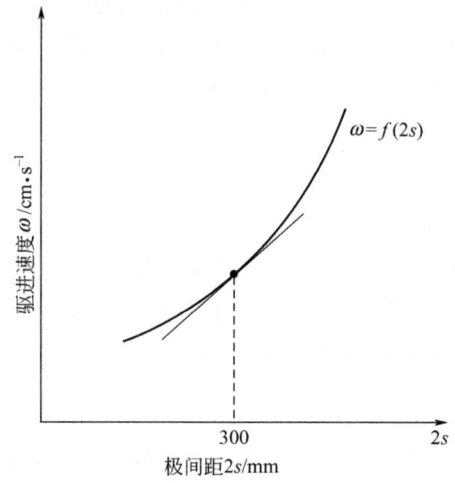

图 23-5-28 粉尘驱进速度与极间距的关系

型式对最佳极距和相应的驱进速度影响不大。随着气速的上升，宽极距电除尘器的除尘效率下降程度很显著，甚至可降低到常规极距电除尘器的效率以下。

当线径和极距成比例增大时，近板处场强和垂直于极板方向上的场强平均值均上升，预示着宽极距加上粗的电晕线对高比电阻的粉尘有很好的效果[7]。

5.3.3.3 电晕线间距

在管式电除尘器中，一根收尘管装有一根电晕线，因此不存在电晕线间的相互影响。但在板式电除尘器中电晕线的间距对电晕电流大小会有一定影响。若电晕线间距太小则会产生电晕干扰，由于负电场抑制作用会使导线的单位电流值降低，除尘效率下降。图 23-5-29 表示一个圆形断面电晕线在常温下，电晕线间距与电晕电流的关系。由图可见，随电晕线间距

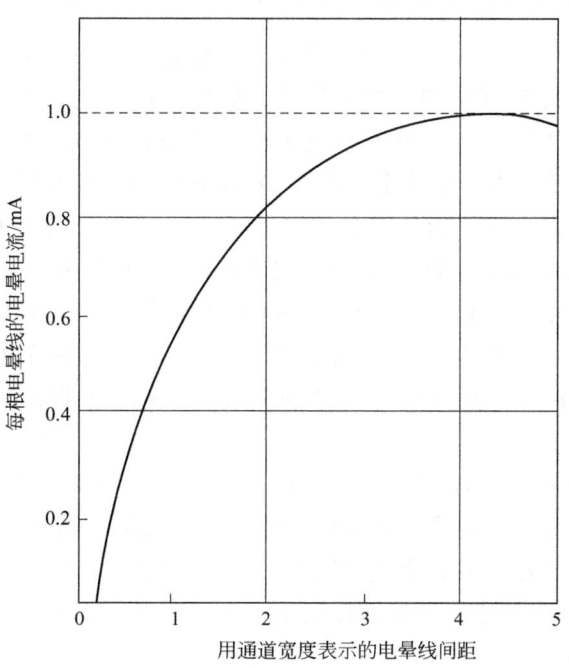

图 23-5-29 通道宽度与电晕线间距之比与电晕电流的关系

的增大，电晕电流值也随之增大，当线距等于几倍通道宽度时，电晕电流趋向定值。线距与板电流的关系一般是：当线距从小变大时，板上电流历经两个峰值，前峰值大于后峰值。对应于前峰值的线距即为最佳线距。电压上升，最佳线距趋于缩小。一般情况下，线距减小，板电流均匀度改善。

5.3.3.4　板线匹配

我国经多年研究认为，用 ZT-24 型波形板与新开发的十字形电晕线相配，可得到最均匀的电流密度。而 CSV 型极板与角钢芒刺匹配时，板电流密度很不均匀，是一种不好的配合。750mm 宽的 C 型板，电流分布也较差。对于宽 385mm 的 Z 型板，若改配两根星形线或锯齿形线，板面电场强度和电流密度均可提高。

5.3.3.5　粉尘驱进速度 ω

有效驱进速度的数值，几乎每个国家、每个公司都有自己的经验数据。

对于电厂锅炉用电除尘器，煤的含硫量和粉尘颗粒直径是影响驱进速度的主要因素。当煤含硫量大于 0.5% 而小于 2%、粉尘中氯化钠含量大于 0.3% 时，电晕线采用芒刺线；极板间距为 300mm 时，电厂锅炉用电除尘器的驱进速度（cm·s^{-1}）可按下式计算：

$$\omega = 7.4kS^{0.625} \tag{23-5-15}$$

式中　S——煤的硫含量，%；

　　　k——平均粒度影响系数，按表 23-5-23 选定。

表 23-5-23　平均粒度影响系数

$d_{pm}/\mu m$	10	15	20	25	30	35
k	0.9	0.95	1	1.05	1.1	1.15

我国在数学模型方面作了较广泛的探索研究，根据国外 Flagen 关于飞灰形成的模型，Dample 和 Volmer 等关于粒子破裂、挥发集结、凝聚等的模型，提出了计算飞灰粒径分布的模型。再根据 Dohlin 的煤灰与飞灰在烟气中浓度的经验关系，Bickelhaupt 关于飞灰比电阻与化学成分、SO$_3$ 含量、水分的关系，以及 Dubard 关于电除尘器工作电压电流与煤质的关系等，建立了计算飞灰电除尘器的综合数学模型[19]。它包括飞灰粉径分布计算、比电阻计算、电除尘器工作点估算和性能估算，并用我国 12 个煤种在满足电除尘器出口浓度在 80mg·m^{-3} 的要求下，计算了电除尘器所需要的收尘面积（300mm 极间距时）。计算得出的电除尘器几何尺寸是：电场数为 3；每个电场有效长度为 4m；每个电场通道数为 20；每个电场有效高度为 7.5m；板间距 300mm；线间距 250mm；板线配置型式为 ϕ3mm 圆线加平板。

鲁奇公司认为：燃煤烟气的电除尘器的驱进速度应为 $\omega = 4 \sim 16$cm·s^{-1}。当含尘气体温度为 100℃，露点温度为 65℃，含尘浓度为 1000g·m^{-3} 时，ω 可取 16cm·s^{-1}；当含尘气体温度为 140℃，露点温度为 35℃，含尘浓度为 20g·m^{-3} 时，ω 取 4cm·s^{-1}。

瑞士 Elex 公司建议转炉有效驱进速度取 10~8cm·s^{-1}，吹氧平炉取 8~9.5cm·s^{-1}，烧结烟气取 12~13.5cm·s^{-1}。

表 23-5-24 为建材水泥厂使用的电除尘器驱进速度计算方法。

表 23-5-24 建材水泥厂不同部位使用电除尘器的驱进速度计算方法

电除尘器使用部位	使用条件	ω /cm·s^{-1}	说 明
湿法回转窑	入窑料浆水分在 30%以上	$\omega = C_1 \dfrac{2S}{300} \omega_{01}$	C_1—温度系数; $2S$—同极间距,mm; ω_{01}—当同极间距 300mm 时温度为 180℃粉尘的驱进速度,取 8.5cm·s^{-1}
立波尔窑	料球水分大于4% 系统漏风率小于 40%	$\omega = C_2 \dfrac{2S}{300} \omega_{02}$	C_2—温度系数; ω_{02}—当同极间距 300mm、温度 120℃时粉尘的驱进速度,取 6.5cm·s^{-1}
带预热锅炉的回转窑	在窑尾装设增湿塔	$\omega = b_1 \dfrac{2S}{300} \omega_{03}$	b_1—根据增湿水量确定的系数; ω_{03}—当同极间距 300mm、烟气温度 130~150℃、增湿水量为 0.2kg 水·kg^{-1}熟料时的粉尘驱进速度,取 8cm·s^{-1}
干法悬浮预热器窑	在窑尾装设增湿塔	$\omega = b_2 q_{c1} \dfrac{2S}{300} \omega_{04}$	b_2—增湿水量系数; q_{c1}—当要求出口浓度小于 100mg·m^{-3}时修正系数; ω_{04}—当同极间距为 300mm、温度 150℃、增湿水量为 0.2kg 水·kg^{-1}熟料时粉尘驱进速度,取 8cm·s^{-1}
熟料冷却机	同极间距采用 400mm	$\omega = C_3 q_{c2} \omega_{05}$	C_3—烟气温度系数; q_{c2}—当出口浓度小于 100mg·m^{-3}的修正系数; ω_{05}—当温度为 150℃、出口浓度为 100mg·m^{-3}时粉尘的驱进速度,该值可取 12cm·s^{-1}
烘干机	当物料水分大于 8%	$\omega = \dfrac{2S}{400} \omega_{06}$	ω_{06}—11cm·s^{-1}
喷水的水泥磨机	喷水	$\omega = C_4 q_{c3} \dfrac{2S}{400} \omega_{07}$	C_4—烟气温度系数; q_{c3}—随气体露点值变化系数; ω_{07}—同极间距 300mm、气体温度为 75℃、露点为 35℃时驱进速度,可取 6.5cm·s^{-1}

5.3.3.6 电场数 n

在卧式电除尘器中,为了适应生产要求,一般把电极沿气流方向分成几段,即称几个电场。电场数的确定可按如下原则:

① 按设计要求的基本除尘效率来确定电场数,见表 23-5-25。

表 23-5-25 电场数 n 的确定

电场数 n	2	3	4	5
基本除尘效率/%	97.1	98.7	99.3	99.6

② 按配置的供电机组大小,考虑能达到的最佳电流/电压来确定电场数。

③ 按承载绝缘套管能承受的载荷大小来确定电场数。

结合我国具体情况，建议单电场长度以取 3.5～4m 为宜，从驱进速度及效率等综合考虑时，电场数可按表 23-5-26 选择。

表 23-5-26 电场数 n 的选择

$-v\ln(1-E)$	<3.6～4	>4～7	>7～9
$\omega \leqslant 5\text{m} \cdot \text{s}^{-1}$	3	4	5
$\omega > 5～9\text{m} \cdot \text{s}^{-1}$	2	3	4
$\omega \geqslant 9～13\text{m} \cdot \text{s}^{-1}$	1	2	3

5.3.3.7 电场断面积 F'

电场断面积是收尘极板有效高度与电场内有效宽度的乘积，每个进口所对应的断面要接近正方形或高度略大于宽度（最大值取 1.3 倍），以使气流沿断面均匀分布，故极板的高度（图 23-5-30）为：

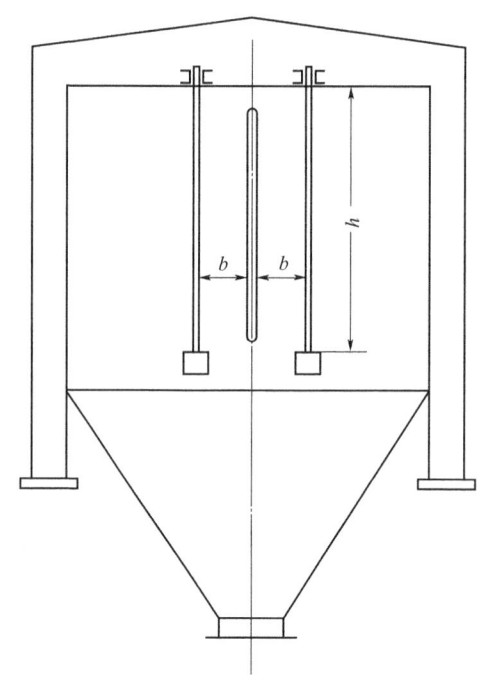

图 23-5-30 电除尘器进气方向断面

当电场断面积 $F' \leqslant 80\text{m}^2$ 时，取 $h = \sqrt{F'}$ ；

当电场断面积 $F' > 80\text{m}^2$ 时，取 $h = \sqrt{\dfrac{F'}{2}}$ 。

5.3.3.8 通道数 Z

$$Z = \frac{F'}{(2b - K')h} \tag{23-5-16}$$

式中　$2b$——相邻两极板中心距，m；

　　　K'——收尘极板阻流宽度，m，按图 23-5-31 确定。

极 板 型 式	K'	
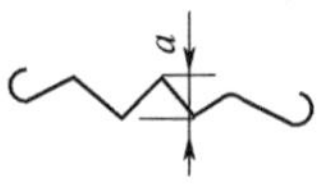	a	
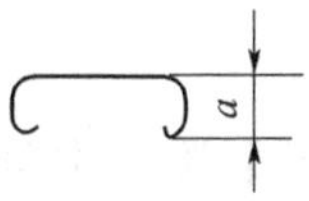	a	
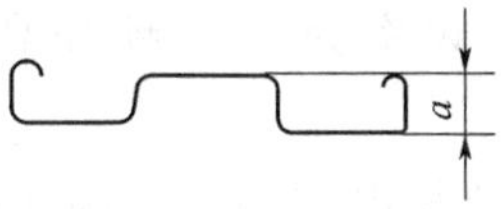	a	
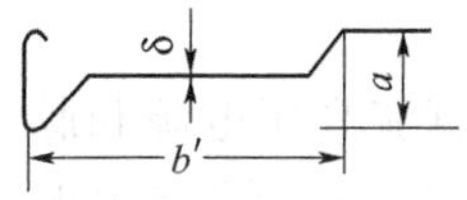	$\dfrac{b'}{a} \leqslant 4.5$	$\dfrac{a}{2}$
	$\dfrac{b'}{a} > 4.5$	δ

图 23-5-31 收尘极板的阻流宽度

计算所得的通道数需取整数,当采用双进风口时,Z 应取偶数。这样电场有效宽度便为:

$$B_{\mathrm{e}} = Z(2b - K') \tag{23-5-17}$$

电除尘器的实际断面积为:

$$F_{\mathrm{k}} = hB_{\mathrm{e}} \tag{23-5-18}$$

5.3.3.9 电场长度 L

$$L = \dfrac{A}{2nZh} \tag{23-5-19}$$

式中　n——电场数;

A——收尘极板面积,m^2;

Z——通道数;

h——极板有效高度,m。

5.4　电除尘器的供电装置

5.4.1　供电装置的基本性能和分类

5.4.1.1　供电装置的基本性能

要求供电装置应具有下列主要性能:

① 在烟气和粉尘等工况条件变化时，能始终在接近电场临界击穿电压下工作，并向电场提供最大的有效平均电晕功率。

② 具有完整的连锁保护系统，当某一环节失灵时，其他环节能协同工作进行保护，设备工作稳定可靠。

③ 寿命长，操作、检查、维修工作量少。

④ 自动化程度高。

5.4.1.2　供电装置的分类

(1) 按工作频率分类　高压电源可分为工频高压电源、中频高压电源、高频高压电源。工频高压电源的工作频率为当地市电 50Hz 或 60Hz；高频高压电源采用逆变工作方式，工作频率一般在 10kHz 以上；中频高压电源工作频率介于工频和高频两者之间，一般为 400Hz～2kHz。

(2) 按电源输入形式分类　高压电源可分为单相电源输入的高压电源和三相输入的高压电源。三相工频高压电源输入电源为三相，高频高压电源的输入电源一般为三相；常规工频高压硅整流电源属于单相输入高压电源。

(3) 按电源输出形式分类　高压电源可分为直流高压电源和脉冲高压电源。直流高压电源一般具有直流输出和间隙脉冲输出两种工作方式，工频直流电源的间歇脉冲输出电压波形的宽度（全导通的情况下）为 10ms 或 8.33ms；高频高压电源可输出最小脉冲电压波形的宽度为毫秒至几百微秒；脉冲高压电源的脉冲电压波形宽度一般在 100μs 以下，脉冲电压波形宽度在几微秒或更低的脉冲电源为窄脉冲电源[20]。

5.4.2　供电装置的适用性

5.4.2.1　高频电压电源

高频高压电源是新一代电除尘器电源，其工作频率为几万赫兹。它不仅具有重量轻、体积小、结构紧凑、三相负载对称、功率因素和效率高的特点，且由于高频电源工作在纯直流方式下，可以大大提高荷电性能，提高除尘效率。

(1) 高频电源的原理　高频电源采用现代电子技术，将三相工频电源经三相整流成直流，经逆变电路逆变成 10kHz 以上的高频交流电流，然后通过高频变压器升压，经高频整流器进行整流滤波，形成几万赫兹的高频电流给除尘器电场供电。

高频电源主要包括三个部分：逆变器、变压器、控制器。其中全桥变换器实现直流到高频交流的转换，高频变压器/高频整流器实现升压整流输出，为电除尘器提供供电电源。其功率控制方法有脉冲高度调制、脉冲宽度调制和脉冲频率调制三种方法。高频电源的供电电流由一系列窄脉冲构成，其幅度、宽度及频率均可以调整，以满足电除尘器的工况要求，提供最佳电压波形，达到最佳除尘效果。

(2) 高频电源的主要特点

① 高频电源在纯直流供电条件下，可以在逼近电除尘器的击穿电压下稳定工作，这样就可以使其供给电场内的平均电压比工频电源供给的电压提高 25%～30%。

② 高频电源工作在脉冲方式时，其脉冲宽度在几百微秒到几毫秒之间，在较窄的高压脉冲作用下，可以有效提高脉冲峰值电压，增加粉尘荷电量，克服反电晕，增加粉尘驱进速度，提高除尘效率。

③ 控制方式灵活，可以根据电除尘器的具体工况提供最合适的波形电压，提高电除尘器对不同运行工况的适应性。

④ 高频电源本身效率和功率因素均可达 0.95，远远高于常规工频电源，同时高频电源具有优越的脉冲供电方式，因此其节能效果比常规电源更为显著。

⑤ 高频电源可在几十微秒内关断输出，在很短的时间内使火花熄灭，5～15ms 恢复全功率供电，在 100 次·min^{-1} 的火花率下，平均输出高压无下降。

⑥ 体积小，重量轻（为工频电源的 1/5～1/3），控制柜和变压器一体化，并可直接在电除尘器顶部安装，节省电缆费用 1/3，由于不单独使用高压控制柜，减少了控制室面积，降低了工程造价。

(3) 高频高压电源应用场合

① 应用于高粉尘浓度的电场，可以提高电场的工作电压和荷电电流，特别是在电除尘器入口粉尘浓度高于 30g·m^{-3} 和高电场风速（大于 1.1m·s^{-1}）时，应优先考虑在第一电场配套应用高频高压电源。

② 当粉尘比电阻比较高时，电除尘器后级电场选用高频电源，应用高频电源脉冲工作以克服反电晕，可提高除尘效率[20]。

5.4.2.2 常规工频高压电源

常规工频高压电源是电除尘器目前最为成熟和应用最多的电源。经过长期的使用和完善，已形成稳定可靠的控制技术，随着电子技术的发展和进步，数字化、智能化成为电除尘器电源发展的主导方向。

(1) 常规工频高压电源的原理　常规工频高压电源使用单相 380V 交流输入，通过两只可控硅反并联调压后，经单相变压器升压整流，实现对电除尘器的供电，原理框图如图 23-5-32 所示。

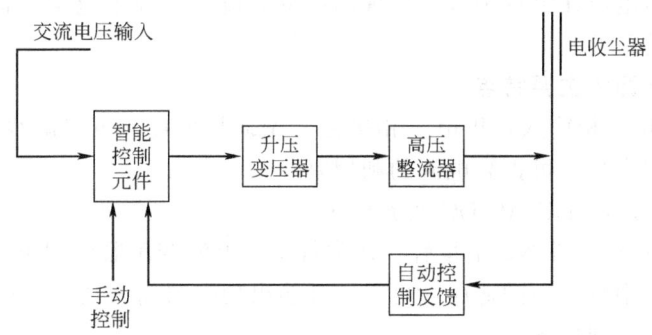

图 23-5-32　单相电源原理框图

(2) 常规工频高压电源的特点

① 现代工频高压电源均采用了先进的智能控制器，比传统的模拟控制具有更强的智能控制性能和更高的可靠性，确保电除尘器高效运行；它内置了可自动分析电场工况特性、降功率振打和反电晕控制等技术，具备了独立的控制和优化能力，拥有更加完善的火花跟踪和处理能力。

② 采用智能控制器作为电除尘器核心控制器，具有灵活多变的控制方式，根据不同的工况状态，选择不同的工作方式。一般具有以下几种方式：火花跟踪控制方式、提高平均电压控制方式、间歇脉冲控制方式、恒定火花率控制方式、反电晕检测控制方式、临界火花控

制方式等。

③ 采用多种先进的数字通信方式如以太网通信（TCP/IP 通信方式）、现场总线通信方式、串行通信方式等，与上位机系统通信；接受上位机传达的操作指令和向上传递运行参数和状态设定；能在上位机上设定电流，设定控制方式，能远程启动，远程停机，在上位机失效的情况下，智能控制器可以作为一台独立单元进行操作，并接受操作人员的手动控制。

④ 具有负载短路，负载开路，过流保护，偏励磁保护，油温超限保护和自检恢复等功能。

⑤ 可以实现高、低压控制一体化设计，在高压控制柜实现部分低压控制；控制器除了控制整流变压器外，还有另外的 I/O 接口，用来控制振打电机、加热器或排灰电机。

（3）常规工频高压电源应用场合   常规工频高压电源是一种经典的电除尘供电设备，技术成熟，运行可靠，维护简便，适用于绝大多数电除尘工况应用条件。与高频电源等新型电源相比，在克服高浓度粉尘电晕封闭和高比电阻反电晕等方面略显不足，功率参数和设备效率也降低[20]。

5.4.2.3   中频高压电源

（1）中频高压电源的原理   中频电源具有与高频电源相类似的特点：电源三相输入，三相供电平衡，无缺相损耗，功率因数和电源效率均可达 0.9。从结构上看中频高压电源采用控制柜与变压整流分体式结构，结构型式与常规电源相同，由于其结构与常规工频电源相同，中频电源也具有常规电源的特点，如维护方便、可靠性高、大功率实现容易等。

中频电源工作频率一般在几百赫兹，输出电压纹波较常规工频电源小，中频电源输入电场的平均直流电压比工频电源高 20%，中频电源的输出电压纹波系数小于 5%，从而避免了工频电源纹波大峰值电压在电场中容易出现闪络的问题，提高了电除尘器电场的直流电压，达到提高除尘效率的目的。

（2）中频高压电源的主要特点

① 中频电源采用三相输入，用电三相平衡，无缺相损耗，可以减少初级电流；采用调幅调压方式，功率因素高，可提高电源的利用率。

② 中频电源采用 AC-DC-AC-DC 变流技术。

③ 中频电流整流变压器小，重量轻，比常规工频电源变压器体积小 1/3，安装方便，与常规工频电源相比，中频电源的适应性更强。其输出功率与输入功率之比可达 0.9，比常规工频电源有更高的电能利用率。

④ 输出电压的波纹系数小，电压峰谷值与平均值基本一致，波纹系数小于工频电源，可有效地提高电场输入功率。

⑤ 有好的火花控制特性，中频电源的关断时间较少，火花能量较小，电场恢复快，可有效提高电场的平均电压，并能自动适应工况条件的变化，无需人工调节，闪络火花能量小于工频电源。

⑥ 间歇供电方式可任意调节占空比，脉宽最小可达 2.5ms；只有灵活的间歇比组合，可抑制反电晕现象，适用于高比电阻粉尘工况。

（3）中频高压电源应用场合

① 中频电源应用于高粉尘浓度的电场；可以提高电场的工作电压和荷电电流。

② 当粉尘的电阻比较高时，中频电源应用脉冲供电，以克服反电晕[20]。

5.4.2.4 三相工频高压电源

(1) 三相工频高压电源的原理 三相工频高压电源是采用三相 380VAC 50Hz 交流输入，各相电压、电源、磁通的大小相等，相位上依次相差 120°，通过三路六只可控硅反并联调压，经三相变压器升压整流，对电除尘器供电，三相工频高压电源电网供电平衡，无缺相损耗，可以减少初级电流，设备效率较常规电源高。

同常规单相高压电源相比，三相电源输出电压的波纹系数较小，二次平均电压高，输出电流大，对于中、低电阻粉尘，需要提高运行电流的场合，可以显著地提高除尘效率。电源原理框图如图 23-5-33 所示。

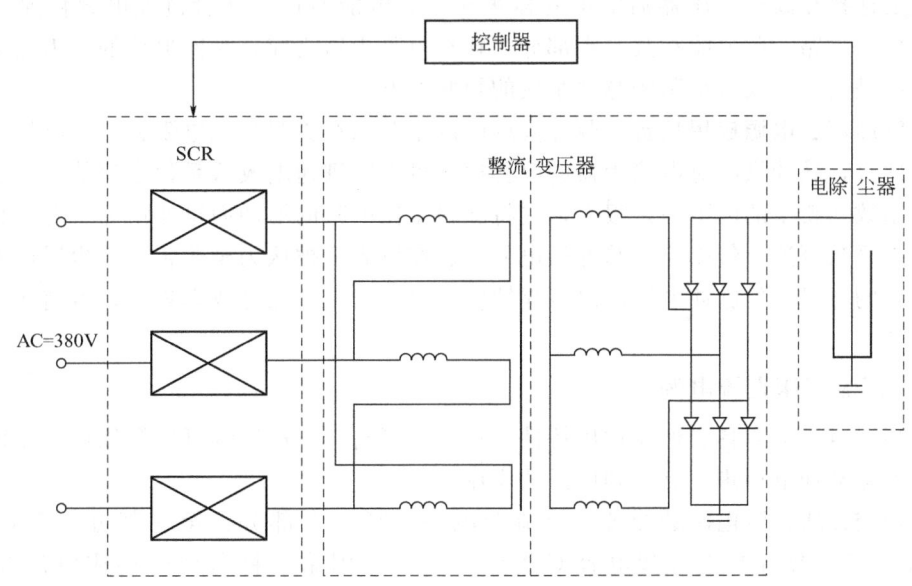

图 23-5-33 三相工频高压电源原理框图

(2) 三相工频高压电源的主要特点

① 输出直流电压平稳，较常规电源波动小，运行电压可提高 20% 以上，可提高除尘效率。

② 三相供电平衡，提高设备效率，有利于节能。

③ 三相电源与电场闪络时的火花强度大，火花封锁时间长。

(3) 三相工频高压电源的应用场合

① 三相电源应用于高粉尘浓度的电场，可以提高电场的工作电压和荷电电流。

② 适合应用于电除尘器比较稳定的工况条件[20]。

5.4.2.5 脉冲高压电源

脉冲高压电源以窄脉冲（120μs 以下）电压波形输出为基本工作方式，其主要目的是在不降低或提高电除尘器峰值电压的情况下，通过改变脉冲重复频率调节电晕电流，以抑制反电晕发生，使电除尘器在收集高比电阻粉尘上有更高的收尘效率。

(1) 脉冲高压电源的原理及主要特点 常见的脉冲供电装有三种类型。

第一种类型是脉冲高压电源装置使用火花间隙产生脉冲，这种方法虽然装置简单、费用较低，然而要求有高精度的维护水平，其脉冲宽度在微秒量级或更窄。工作峰值电压比常规电源提高较显著，但目前功率容量相对较小。

第二种类型是采用储能式原理，由储能电容、脉冲变压器漏抗以及电除尘器电容组成串级振荡电路产生脉冲，在脉冲期间未被电除尘器耗用的脉冲能量通过反馈二极管回送到储能电容储存起来，以供下一个脉冲使用，因此具有显著的节能优点。这种供电装置的典型技术参数是：脉冲宽度 $75\sim120\mu s$，脉冲频率 $25\sim400Hz$，基础直流电压 40kV，脉冲幅值 60kV。上述两种装置都常常设有独立的变压控制器来产生基础直流电压，在此基础上叠加高压脉冲。

第三种类型是多脉冲供电装置，这种装置的特点是基础直流电压和叠加的脉冲都取自同一个特殊的变压整流器，所产生脉冲是每间隔 $3\sim100ms$ 发出 $50\sim100\mu s$ 宽的短脉冲群，其运行原理是连接在高压变压器后的电容器被充电，电能通过晶体管链经电感传递到电除尘器，形成振荡电路，此电能在其基本部分消耗在电除尘器之前是来回振荡的，因而每次振荡产生的脉冲是由许多挨得很紧密脉冲组成的短脉冲群。

（2）脉冲高压电源应用场合　脉冲高压电源主要用在克服高比电阻粉尘及电晕，提高除尘效率的地方，脉冲供电对电除尘器的改善通常可由驱进速度改善系数来评估。现场试验表明，改善系数与粉尘的电阻关系很大，它将随粉尘比电阻的增加而迅速增加。对于高比电阻粉尘，改善系数可达 2 倍以上。脉冲供电方式已在世界上被认为是改善电除尘器性能和降低能耗最有效的方式，但脉冲电源解决可靠性问题难度较大，加之成本较高，目前在国内应用较少[20]。

5.4.2.6　恒流高压直流电源

恒流高压直流电源具有恒流输出特性、功率因素高、工作连续可靠等优点，在很多特殊环境，如电除雾和电捕焦，已得到广泛的应用。

（1）恒流高压直流电源的原理　恒流源电路包括三个部分：第一部分为 L-C 谐振变换器，每个变换器由电感 L 和电容 C 组成一个回路网络，将电压转换成电流源；第二部分为直流高压发生器 T/R；第三部分为反馈控制系统，主要由半导体器件和接触器构成，两相交流电压源输入经 L-C 谐振变换为电流源，然后经升压整流输出直流电压，为电除尘器提供高压电源，反馈控制系统为高压输出提供闭环控制环境，恒流高压直流原理框图如图 23-5-34 所示。

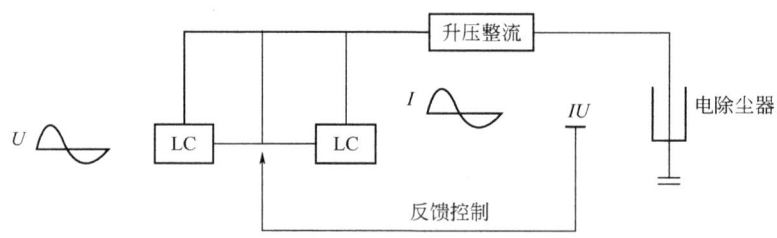

图 23-5-34　恒流高压直流电源原理框图

（2）恒流高压直流电源的主要特点

① 具有恒流输出特性；

② 电流反馈控制能自动适应工况变化；

③ 采用并联模块化设计，结构清晰，故障率低，最大程度保障可连续工作；

④ 功率因素高，$\cos f=0.9$，而且不随运行功率水平而变化；

⑤ 输入、输出电压为完整的正弦波，不干扰电网；

⑥ 大容量恒流高压电源成本较高。

(3) 恒流高压直流电源应用场合 电除雾和电捕焦常用于现场条件恶劣、小容量的场合。

许多新型高效电源技术在新建电除尘器或电除尘器提效节能改造等工程实践上成功应用，它们或独立应用，或多种电源组合应用，或机电一体化综合应用，为电除尘器实现超低排放和节能做出了巨大的贡献[12,20]。

5.4.3 供电装置的设备容量选型

5.4.3.1 电流容量选型

(1) 板电流的选型 板电流密度的选择，应根据各种电晕线型式、极配型式，结合电除尘器在具体烟气工况中运行的实际电流，区别前后电场电流密度的差别，适当考虑空载试验的需求来确定。

以常规电源为例，板电流密度一般在 $0.2 \sim 0.5 \mathrm{mA \cdot m^{-3}}$ 范围内选取。

(2) 线电流的选型 电晕线的线电流密度可以作为电流选型的参考而使用，但使用时特别要注意电晕线与极板的配置型式。

根据放电方式，电晕线大致有三种类型：点放电型（如芒刺线）、线放电型（如星形线）、面放电型（如圆形线）等。

我国电除尘器应用了许多种电晕线，由于电晕线的形状不同，其起晕电压和线电流密度均不相同。在同极距 400mm 的情况下，线电流密度一般按 $0.10 \sim 0.21 \mathrm{mA \cdot m^{-1}}$ 选取。确定线电流密度应考虑极线型式以及烟尘性质，粉尘比电阻较高时，线电流密度选取较低值。

对于放电性能较好的极线，如管状芒刺线，可按 $0.15 \sim 0.21 \mathrm{mA \cdot m^{-1}}$ 选取，锯齿线可按 $0.12 \sim 0.2 \mathrm{mA \cdot m^{-1}}$ 选取，星形线可按 $0.08 \sim 0.12 \mathrm{mA \cdot m^{-1}}$ 选取。

(3) 电流容量的选型 供电装置的容量选型以收尘极板的电流为主要参数来进行，并参考电晕极的极配型式、线电流密度，来确定供电装置的电流容量。也就是说供电装置的电流容量选型应以收尘极板电流密度为主、电晕线电流密度为辅进行，设计选型将更为合理。供电装置的电源容量由已选择的板电流密度和供电区域内集尘面积大小，再考虑一定的设计余量（一般 5%）来确定。

表 23-5-27 所述常规工频电源的电流密度是根据常规电源在火花跟踪方式下电流密度应用经验总结得出的。

表 23-5-27 各种放电线与不同高压电源的板电流密度选型（同极距 400mm）

单位：$\mathrm{mA \cdot m^{-2}}$

极线形式	电源形式	第一电场	第二电场	第三电场	第四电场	第五电场
点放电型	常规工频高压电源	0.30~0.40	0.32~0.42	0.35~0.45	0.35~0.45	0.35~0.45
	高频高压电源	0.30~0.45	0.32~0.45	0.35~0.45	0.35~0.45	0.35~0.45

续表

极线形式	电源形式	第一电场	第二电场	第三电场	第四电场	第五电场
线放电型	常规工频高压电源	0.25～0.35	0.27～0.37	0.30～0.40	0.30～0.40	0.30～0.40
	高频高压电源	0.25～0.40	0.27～0.40	0.30～0.40	0.30～0.40	0.30～0.40
面放电型	常规工频高压电源	0.20～0.30	0.22～0.32	0.25～0.35	0.25～0.35	0.25～0.35
	高频高压电源	0.20～0.35	0.22～0.35	0.25～0.35	0.25～0.35	0.25～0.35

　　高频高压电源在电除尘器前电场（第一、二电场）应用纯直流方式工作时需要更高的电流密度，但高频电源在后续电场一般工作在脉冲工作方式，此时电流密度的选择只用于确定标称额定电流，根据经验和常规工频电源一致。

　　中频电源的工作方式与高频电源类似，选择的电流密度可以参照高频电源的电流密度来选择。

　　三相电源在前电场的电流密度选择可以参照高频电源，但后续电场如果是工作在连续直流工作方式下，则应适当地提高电流密度，表 23-5-28 列出常规工频的各种电流容量适配于常规电场的大小规格（极板面积）。高频电源、中频电源、三相电源等其他型式电源可根据各种电源特点参考使用[20]。

表 23-5-28　各种电流容量选型推荐表（单室单电场）

电流容量/A	电除尘器截面积/m²	极板面积/m²	电流容量/A	电除尘器截面积/m²	极板面积/m²
0.1	9～16	250～300	1.4	123～221	3500～4200
0.2	18～32	500～600	1.6	140～253	4000～4800
0.3	26～47	750～900	1.8	158～284	4500～5400
0.4	35～63	1000～1200	2.0	175～315	5000～6000
0.5	44～79	1200～1500	2.2	193～345	5500～6600
0.6	53～95	1500～1800	2.4	211～379	6000～7200
0.7	61～110	1750～2100	2.6	228～411	6500～7800
0.8	70～132	2000～2500	2.8	246～442	7000～8400
1.0	88～158	2500～3000	3.0	263～474	7500～9000
1.2	105～189	3000～3600			

5.4.3.2　电压等级选型

　　高压电源的电压等级选型，是根据本体不同的极间距结构、电场大小以及烟尘特性等因素确定的。在极间距一定的条件下，向电场施加的电压与电场结构型式及烟尘工艺条件有关。通常电除尘器工作时的平均电场强度为 $3\sim4kV\cdot cm^{-1}$，即对同极距为 300mm 的常规电除尘器，常规电压电源的平均电压可选择 45～60kV，相对应的峰值电压 64～85kV；对于同极距为 400mm 的常规电除尘器，常规高压电压的平均电压可选择 60～72kV，相对应的峰值电压 85～101kV。电压等级与电场同极距关系在一般情况下的选型见表 23-5-29。

表 23-5-29　电场在不同极距时的额定电压选型表

极间距/mm 电场电压/kV 电源类型	300	400	450
单相工频电源	60～66	66～72	72～80
高频电源	66～72	72～80	80～90

中频电源的工作方式与高频电源类似，选择的电压可以参考高频电源的电压等级选择；三相电源可在单相工频电源和高频电源之间的电压等级选择[20]。

5.5　常规电除尘器的选型计算

目前，国内电除尘器生产厂家很多，对于常规的电除尘器，一般不需要自行设计，只需选型就可以了。选型计算步骤如下：

(1) 计算收尘极板总面积　由 Deutsch 公式 ［式(23-5-11)］可知，当已知烟气处理量 Q、有效驱进速度 ω 和实际设计所需要的总除尘效率 E，便可确定所需要的收尘极板总面积 A

$$A=-\frac{Q\ln(1-E)}{\omega} \qquad (23\text{-}5\text{-}20)$$

式中的设计效率 $E=1-\dfrac{C}{C_0}$；其中 C_0 为入口含尘质量浓度，$kg \cdot m^{-3}$；C 为出口含尘质量浓度，$kg \cdot m^{-3}$。

通常，出口含尘质量浓度是按标准状态下，由排放标准 C 确定的，

$$C=\frac{T_0 p}{T p_0}C_0 \approx \frac{T_0}{T}C_0 \qquad (23\text{-}5\text{-}21)$$

式中，T_0 为热力学温度，K，$T_0=273K$；T 为烟气实际温度，K；p_0 为标准大气压，$p_0=101.325kPa$；p 为烟气实际压力，Pa。

(2) 确定通道数和电场长度　初定电场断面积

$$F'=-\frac{Q}{3600v} \qquad (23\text{-}5\text{-}22)$$

其中电场风速的取值范围通常在 $0.7～1.5m \cdot s^{-1}$ 之间，计算建议取 $1m \cdot s^{-1}$。需要说明的是，工程上习惯以电除尘器断面积描述其大小，如 $80m^2$ 电除尘器，是指断面积为 $80m^2$ 的电除尘器，而不是总收尘面积。

当 $F' \leqslant 80m^2$，极板高度为 $h=\sqrt{F'}$；当 $F'>80m^2$，应采取双进进口，进口断面应接近正方形，其电场高度为 $h=\sqrt{F'/2}$。

电场高度（极板高度）需圆整，当 $h \leqslant 8m$，以 0.5m 为一级；当 $h>8m$，以 1m 为一级。

按式(23-5-16)计算电除尘器的通道数 Z，其中，收尘极板阻流宽度 K' 按选定的收尘极板的形式确定，如对于大 C 型板，$K'=45mm$。

通道数要圆整。电除尘器的有效宽度按式(23-5-17)计算，实际有效断面积为 $F=hB_e$，电除尘器的总长度 $L=A/(2Zh)$。

单一电场的长度 l 通常选 $l=3\sim4\mathrm{m}$，于是电场数 $n=L/l$。

有了烟气总流量、电除尘器断面积、通道数、电场长度和电场数等参数，就能容易地进行电除尘器的选型。当然，在选型时还要综合考虑温度、湿度、粉尘特性等，这样才能合理地选择合适的电除尘器。

5.6　电除尘器的技术发展

Deutsch 公式[式(23-5-11)]的建立基于 4 个基本假设：任意断面上粉尘浓度分布均匀；整个电场中气流速度均等；电场中的尘粒很快达到饱和电量；没有二次扬尘、沉积尘的反电晕和离子风的影响。在实际工业电除尘器中，这些假设都很难满足，实际捕集效率都低于式(23-5-11)的计算结果。于是，所有的科学问题与工程应用问题几乎全部集中在式(23-5-11)。为尽可能接近 Deutsch 的上述假设，提高电除尘器捕集效率、满足日益严格的环保要求，国内外对电除尘器的基础理论和应用问题进行了广泛且深入的研究，如，不同烟尘性质（浓度、粒子分布、温度等）条件下不同电极形式的伏安特性、反电晕控制、离子风的影响、电除尘器的结构、气流分布、除尘性能、电源、控制等；陆续开发设计出了许多新型、非常规的电除尘器。这些非常规电除尘器主要表现在：一是满足严格的排放标准，解决微细粉尘（微粒）的控制问题；二是要解决高比电阻粉尘的捕集问题。

下面介绍近年发展的几种具有代表性的非常规电除尘器技术。

5.6.1　超高压宽极距电除尘器(WS 型)

这种除尘器与传统的结构相类似，所不同的是将极间距加宽，达 $400\sim1000\mathrm{mm}$，电压提高到 $80\sim200\mathrm{kV}$ 以上。对于超高压电除尘器的理论研究还不够，一般认为在宽间距电除尘器中除了原来库仑力的作用外，更多的是利用高电压下产生的电风（离子风），加速了粉尘向收尘极的移动[6~8]。

（1）WS 型电除尘器的主要特点

① 由于极距增加，反电晕的影响较小，可收集的粉尘比电阻的上限范围从 $10^{11}\Omega\cdot\mathrm{cm}$ 升高到 $10^{13}\Omega\cdot\mathrm{cm}$，下限从 $10^{4}\Omega\cdot\mathrm{cm}$ 降到 $10^{3}\Omega\cdot\mathrm{cm}$。

② 极距增加，电晕线电压提高，电晕区域扩大，中心电风速度增加，荷正电的粉尘在趋向电晕极途中被中和，并更易被电风吹向收尘极，从而使电晕线粘灰肥大的过程减缓。

③ 极距增加，制造和安装精度可提高，从而使反电晕的影响减小，火花频率大大降低，运行稳定。

④ 极距加宽，极线和极板减少，整体构件重量减轻，钢材消耗少，费用降低。

⑤ 极距加宽，人可以在极距内自由进出，维修方便，同时振打机构转动部件相应减少，维修工作量少。

各种型号的 WS 型电除尘器的用途如表 23-5-30 所示。

（2）WS 型电除尘器主要参数的确定

① 极距选取：决定极距的主要因素是除尘器入口粉尘浓度，当浓度小于 $1\mathrm{g}\cdot\mathrm{m}^{-3}$ 时，除尘器前后两电场或三电场的极距可选择同一较大的极距。若浓度较大时，则一电场通常选取小极距（$300\sim400\mathrm{mm}$），二、三电场选较大极距（$600\sim800\mathrm{mm}$），极距的最终选择应从粉尘的特性和经济效果统一考虑。

表 23-5-30　各种型号 WS 型电除尘器的用途

型　号	收尘极间距/mm	运行电压/kV	主　要　用　途
WS-S	300～400	60～80	电炉
WS-N	400～600	60～120	水泥工业
WS-V	600～1000	120～200	火力发电,玻璃工业,化学工业
WS-C	不同间距组合	60～200	焚烧炉钢铁工业

② 驱进速度的选取：收尘总面积的计算仍按 Deutsch 公式，但具体数据应按实验和大量运行测试数据综合考虑。

③ 电场风速选取：一般为 $1\sim1.4\,\mathrm{m\cdot s^{-1}}$，也有选用 $0.6\sim0.8\,\mathrm{m\cdot s^{-1}}$，但当入口粉尘浓度在 $0.01\,\mathrm{g\cdot m^{-3}}$ 以下，或粉尘的粒度和密度都很小时，则宜选用较小风速。

④ 供电配置方式：多数采用分区单机供电，如图 23-5-35 所示。

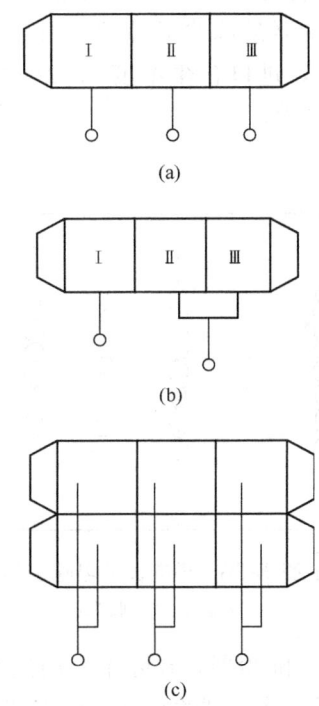

图 23-5-35　WS 型电除尘器几种供电配置方式

(3) WS 型电除尘器的组合与应用

① 干式 WS 电除尘器：适用于粉尘比电阻在 $10^3\sim10^{13}\,\Omega\cdot\mathrm{cm}$。当粉尘进口浓度为 $20\,\mathrm{g\cdot m^{-3}}$ 以上，或粉尘中粗颗粒含量较大时，应在 WS 型电除尘器前加惯性除尘器。

② 调湿装置加干式 WS 型电除尘器：当粉尘比电阻大于 $10^{11}\,\Omega\cdot\mathrm{cm}$ 时，需在电除尘器前设置调湿装置，烟气经调湿装置后降低了温度，从而降低了粉尘比电阻，使其适合于 WS 型电除尘器的使用条件。进入调湿装置的烟气温度不低于 250℃，进入电除尘器的温度不低于 150℃。

③ 脱硫调湿装置加干式 WS 型电除尘器：当烟气中含有较多的 SO_x 时，由于 SO_x 附在粉尘表面，使粉尘具有黏附性，电晕线容易肥大，收尘极难以清灰，并会腐蚀电晕线和极板。可在调湿塔上喷 NaOH 溶液，使它与烟气中的 SO_x 反应生成 Na_2SO_4，这样能避免粉

尘的黏附和腐蚀。这种脱硫调湿装置可除去 $60\% \sim 80\%$ 的 SO_x，经脱硫调湿装置后进入电除尘器的气体温度应大于 $150℃$。

④ 湿式除尘器：可适用于比电阻为 $10^3 \sim 10^5 \Omega \cdot cm$ 的粉尘，可捕集 $0.1 \mu m$ 的粉尘，并可除去烟气中部分 SO_x 及有害气体。这种除尘器需要有湿灰处理系统，从电除尘器排出的低温和带水蒸气的气体需要进行再热处理，同时喷淋的水要经过水处理后才能循环使用。

⑤ 混合式（干式加湿式）电除尘器：这种除尘器大体与湿式电除尘器相同，但其前面设有喷雾干燥器，因而可以回收干燥的粉尘。当处理的烟气条件必须采用湿式电除尘器而同时又必须回收干燥的粉尘为产品或原料时，就可选用混合式电除尘器。

5.6.2　横向极板电除尘器

通常的电除尘器，气流流动方向与收尘极板的设置是平行的，这样气流的流动方向与粉尘的驱进方向互相垂直，从而影响除尘效果。1963 年德国提出采用与气流方向垂直的极板布置方式，试验表明比常规电除尘器的除尘效率高。1973 年苏联进行的工业性试验表明（图 23-5-36），风速 $0.8 m \cdot s^{-1}$ 时，进口含尘浓度 $0.2 \sim 4.5 g \cdot m^{-3}$，出口含尘浓度小于 $40 mg \cdot m^{-3}$，效率达 $95\% \sim 99\%$[8,9]。

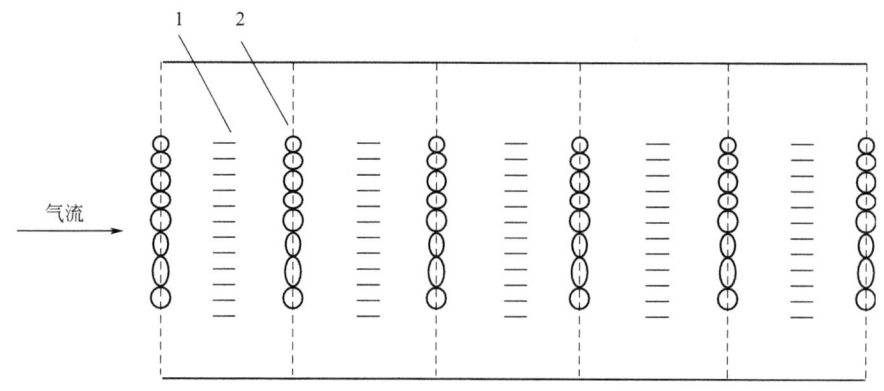

图 23-5-36　横向极板电除尘器
1—放电极；2—收尘器

图 23-5-37 为另一种横向极板电除尘器，在除尘器内连续设多孔板，各板间隔地施加高电压和接地，板与板间形成静电场，将此试验设备串联在普通电除尘器后，使原有电除尘器的效率由 97% 提高到 99.7%。适当布置电极的位置，12 对多孔板的阻力可低于 $130Pa$。

横向极板也可以与常规电除尘器联合使用，即在常规电除尘器的每个电场的极板之后，加设 $1 \sim 2$ 排横向电极。图 23-5-38 为这种布置方式，也称为 PAC-ES 型双电除尘器，它能捕集比电阻低于 $10^4 \Omega \cdot cm$ 和高于 $10^{10} \Omega \cdot cm$ 的普通除尘器不能捕集的粉尘。图中 PAC 部主要是使烟气中的粉尘带电，同时也进行捕集，ES 部主要是捕集和凝聚由 PAC 出来的带电粉尘。PAC 和 ES 这两部分组成一个收尘单元，单元数有多少要根据需要确定，并从壳体的入口到出口顺序排列。

PAC-ES 型电除尘器的特点：

① 能防止由于粉尘导电性不好而产生的反电晕现象。由于施加了脉冲电压，所以对置电极面上的电流密度均匀，而且能根据粉尘层比电阻的不同来控制电流大小，从而抑制粉尘层被击穿。

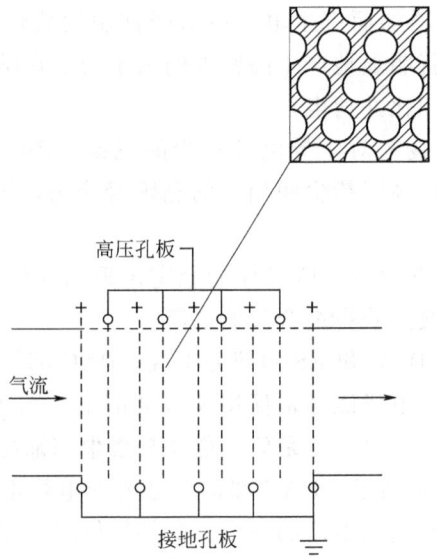

图 23-5-37 多孔板电除尘器

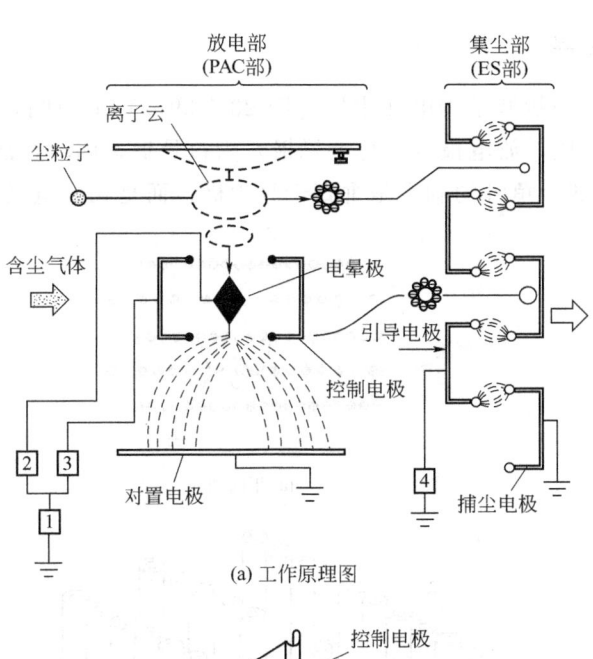

(a) 工作原理图

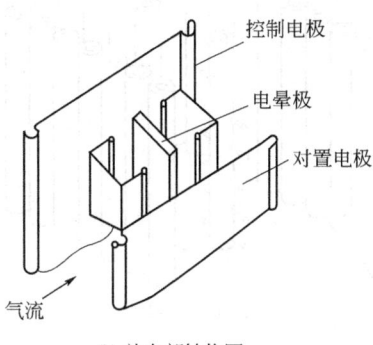

(b) 放电部结构图

图 23-5-38 多孔板电除尘器

②能缓和由于细粉尘的增加而产生电晕电流受抑制的故障。在控制电极和电晕极间施加脉冲电压时，只是一瞬间就明显地产生高密度的离子云，在脉冲的休止时间内库仑力分散静电离子云，能够使电流均匀化并荷电。

③能防止粉尘的二次飞扬。对于导电性粉尘的飞扬，PAS-ES型电除尘器在堆积的粉尘层内形成强有力的电场，提高了粉尘间相互的黏附凝聚力，因此细粉尘凝聚成大的颗粒，在重力作用下，粉尘容易脱落。

④由于是在最佳的情况下运转，所以性能稳定，根据气体温度和粉尘浓度的变化来控制电晕极尖端的电场强度，便能获得最合适的电流。

⑤设备能够小型化。由PAC和ES两部分组成，PAC部能防止由于反电晕现象而产生的粉尘电荷减少和中和，使主电场能经常保持在最高值下给粉尘荷电。ES部能把带电的粉尘凝聚成大颗粒，易被捕集。总之无论是放电部还是集尘部都能充分发挥各自的机能。

⑥省电。在所要的荷电时间里，PAC部供给必要的电晕电流；而在ES部只需要施加电压，所以电力的消耗是一般电除尘器的一半。此外气体阻力在整个装置中约为250 Pa。

⑦电晕极采用刚性结构，能有效地消除断线事故和避免维修上的事故，保证长期连续运转。

5.6.3　原式电除尘器

这是日本提出的一种新型结构电除尘器［图23-5-39(a)平面图，(b)立体图］[10]。收尘极由一系圆管排列组成，放电极（也称电晕极）为鱼骨形，同时在放电极轴线上设辅助电极，由3～5根圆管组成。鱼骨的刺不是垂直于收尘极，而是在放电极平面内。

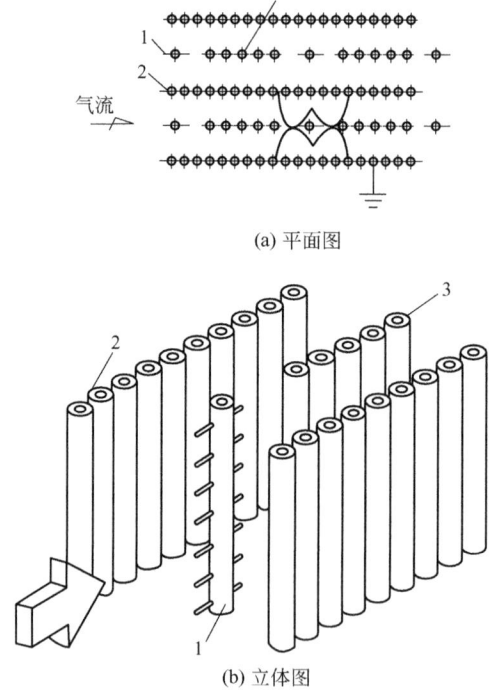

(a) 平面图

(b) 立体图

图 23-5-39　原式电除尘器
1—鱼骨形放电极（－）；2—收尘极（＋）；3—辅助电机（－）

（1）原式电除尘器的特点

① 因具有三个电极，故可以调整电场的极配方式，改变电场状态，以处理各种不同特性的粉尘，适应性广。

② 采用鱼骨形放电极，运行过程中不会发生断线和阴极肥大，放电效果好。

③ 由于设置的辅助电极带负电，因而可以收集带正电荷的粉尘，并在同等容积下扩大了收尘面积。

由于全部采用管状结构，收尘极与电晕极的机械变形和热变形小，因而维修管理简单。

（2）原式电除尘器的应用 表 23-5-31 是原式电除尘器在某些工业试验中的试验结果。

表 23-5-31　原式电除尘器在某些工业试验中的试验结果

| 废气种类 | 测定号 | 气流速度 /m·s^{-1} | 停留时间 /s | 入口气体温度 /℃ | 粉尘浓度/g·m^{-3} | | 除尘效率 /% |
					入 口	出 口	
水泥熟料冷却器	1～2	0.85	4.7	284	23.8	0.004	99.98
	1～2	1.0	4.0	296	20.2	0.005	99.97
	1～3	1.2	3.3	315	35.9	0.019	99.95
水泥回转窑	2～1	0.6	6.7	269	55.7	0.023	99.96
	2～2	0.8	5.0	296	60.4	0.023	99.96
	2～3	1.0	4.0	301	57.8	0.067	99.88
原料碾机	3～1	1.0	4.0	97	36.0	0.006	99.98
	3～2	1.25	3.5	96	31.9	0.009	99.97
	3～3	1.5	2.7	100	33.9	0.023	99.93

5.6.4　电袋复合除尘器

电除尘具有处理烟气量大、运行阻力低、耐温性能好等优点，但除尘效率受粉尘特性及工况条件变化影响较大，细颗粒物捕集难，难以长期稳定达标排放。袋式除尘具有高效的捕集全尺寸颗粒物且捕集效率高的优点，但运行阻力偏高，滤袋使用寿命较短。20 世纪 90 年代中期，我国环保企业总结了电除尘和袋式除尘的优点与不足，深入研究了电除尘与袋式除尘的复合机理和内在联系，自主研发电袋复合除尘技术，首先在水泥行业应用取得突破，随即又在 50 MW 燃煤电厂机组获得成功应用，之后又推广到 100～1000MW 各个等级机组，成为燃煤电厂烟尘达标排放的主要技术手段[11～13]。

（1）基本原理 电袋复合除尘器是在一个箱体内紧凑地安装电场区和滤袋区，有机结合电除尘和袋式除尘两种机理的一种新型除尘器，基本工作原理是利用前级电场区收集大部分的粉尘和使烟尘荷电，利用后级滤袋区过滤拦截剩余的粉尘，实现烟气的净化。

对电袋复合除尘器来说，其前级电场具有电除尘的工作原理，最重要的作用是对粉尘颗粒进行收尘和荷电，相比之下，在除尘效率方面不需要太高要求，可由后级袋式除尘保证。

含尘烟气经过电场时，粉尘颗粒被荷电或极化凝并，荷电粉尘在静电力的作用下被收尘极捕集。未被捕集的粉尘在流向滤袋区的过程中，再次因静电力的作用而凝并，粉尘粒径增大而不容易穿透滤料；同时荷电粉尘在向滤袋表面沉积的过程中受库仑力、极化力和电场力的协同作用，使得微细尘粒凝并、吸附、有序排列，实现对烟气中粉尘的高效脱除。研究电袋复合除尘技术的关键在于，深入研究并掌握电袋复合结构下的除尘机理及合理的匹配，特别是滤袋区，因来流颗粒的电荷特性发生了重要变化。电袋复合除尘对颗粒物的脱除不是简单的静电加上袋式除尘，其除尘过程存在相互影响及补偿机制；后级袋区的结构牵涉电区的流场分布，从而影响电区的除尘效率；前级电区的结构决定进入袋区的颗粒物浓度和粒径分布；来自电区的颗粒影响袋区的粉尘层结构，以及过滤和清灰特性；两区协同清灰有助于抑制清灰期间的颗粒物逃逸。研究并掌握粉尘荷电过滤及极化聚并的内在规律，开发增强粉尘荷电和极化聚并技术，强化电、袋两个除尘区的耦合作用，实现复合除尘技术的最优分级和最佳参数匹配，有助于最大限度地发挥除尘设备的最佳功能，提高除尘净化效率及设备运行的稳定性和可靠性，获取高效、低阻、长寿命的综合高性能。

（2）技术特点

① 除尘性能不受烟尘特性等因素影响，长期稳定超低排放。由于除尘过程由电场区和滤袋区协同完成，出口排放浓度最终由滤袋区掌握，对粉尘成分、比电阻等特性不敏感，因此适应工况条件更为宽广。出口排放浓度可控制在 $30\ \mathrm{mg \cdot m^{-3}}$ 以下，甚至达到 $15\ \mathrm{mg \cdot m^{-3}}$ 以下，并长期稳定运行。

② 捕集细颗粒物（PM$_{2.5}$）效率高。电袋复合除尘器电场区使微细颗粒发生电凝并，滤袋表面粉尘的链状尘饼结构对 PM$_{2.5}$ 具有良好捕集效果。实测证明 PM$_{2.5}$ 的脱除效率可达 $98.1\% \sim 99.89\%$。

③ 电袋协同脱汞，提高气态汞脱除率。电袋协同脱汞技术是以改性活性炭等作为活性吸附剂脱除汞及其化合物的前沿技术。其主要工作原理是在电场区和滤袋区之间设置活性吸附剂吸附装置，活性吸附剂与浓度较低的粉尘在混合、过滤、沉积过程中吸附气态汞，效率高达 90% 以上。为提高吸收剂利用率，滤袋区的粉尘和吸附剂混合物经灰斗循环系统多次利用，直至吸收剂达到饱和状态时被排出。

④ 在相同工艺和运行条件下，运行阻力明显低于纯袋式除尘器。

⑤ 降低滤袋破损率，延长滤袋使用寿命。

⑥ 运行稳定，能耗低。

⑦ 操作便捷，维护方便。

（3）主要性能指标

① 除尘器出口气体含尘浓度低于 $30\mathrm{mg \cdot m^{-3}}$（标准状态，干基）或达到相应的排放限值要求。

② 除尘器进出口压力降小于或等于 1200 Pa。

③ 除尘器漏风率小于或等于 3%。

④ 滤袋使用寿命：在 3 年内破损率小于 1%，整机滤袋使用寿命不低于 3 年。

（4）应用实例[12]

① 2003 年首台电袋复合除尘器成功应用于上海浦东水泥厂窑尾除尘。至 2014 年底，水泥生产线窑尾除尘配套电袋复合除尘器超过 100 台套，其中最大配套应用生产线 $8000\mathrm{t \cdot d^{-1}}$。

② 2005 年应用于烧煤电厂 ——天津军粮热电厂 50MW 机组，至 2014 年底燃煤电厂配套电袋复合除尘器已投运机组产量超过 $1.415 \times 10^8\mathrm{kW}$，占全国烧煤机组容量 17%。电袋复合除尘器总台套超过 600 台，其中 300MW 及以上机组超过 330 台套，1000MW 及以上机组 12 台。

5.6.5　低低温电除尘器

低低温电除尘技术是实现烧煤电厂节能减排的有效技术之一，进一步扩大了电除尘器的适用范围，实现高效除尘和稳定排放，满足新环保标准要求，并可去除烟气中大部分

的 SO_3[12,13]。

(1) 基本原理 通过热回收器（又称烟气冷却器）或烟气换热系统（包括热回收器和再加热器）降低电除尘器入口烟气温度至酸露点以下，一般在 90℃ 左右，使烟气中的大部分 SO_3 在热回收器中冷凝成硫酸雾并黏附在粉尘表面，使粉尘性质发生了很大的变化，降低粉尘比电阻，避免反电晕现象；同时，烟气温度的降低使烟气流量减小并有效提高电场运行时的击穿电压，从而大幅度提高除尘效率，并去除大部分 SO_3。

(2) 技术特点

① 除尘效率高 根据烟气温度与粉尘比电阻的关系，在低温区，表面比电阻占主导地位，并随着温度的降低而降低。低温电除尘器入口烟气温度降低至酸露点以下，使粉尘的电阻处在电除尘器高效收尘的区域。粉尘性质的变化和烟气温度的降低均促使了粉尘比电阻大幅下降，避免了反电晕现象，从而提高了除尘效率。

进入电除尘器的烟气温度降低，使电场击穿电压上升，从而提高除尘效率。工程测试表明，排烟温度每降低 10℃，电场击穿电压将上升 3% 左右。在低低温条件下，由于有效避免了反电晕，击穿电压的上升幅度将更大。

由于进入电除尘的烟气温度降低，烟气流量下降，电除尘器电场流速降低，增加了粉尘在电场的停留时间，同时比集尘面积增大，从而提高了除尘效率。

② 去除烟气中大部分 SO_3 烟气温度降至酸露点以下，气态的 SO_3 将冷凝成液态的硫酸雾，因烟气含尘浓度高，粉尘总表面积大，这为硫酸雾的凝结附着提供了良好的条件。国外有关研究表明，低低温电除尘系统对于 SO_3 去除率一般在 80% 以上，最高可达 95%，是目前 SO_3 去除率最高的烟气处理设备。

③ 提高湿法脱硫系统协同除尘效果 低温电除尘器出口烟尘平均粒径一般为 $1 \sim 2.5\mu m$，低低温电除尘器出口粉尘平均粒径一般可大于 $3\mu m$，低低温电除尘器出口粉尘平均粒径明显高于低温电除尘器；当采用低低温电除尘器时，脱硫出口烟尘浓度明显降低，可有效提高湿法脱硫系统的协同除尘效果。

④ 节能效果明显 研究表明，当仅采用热回收器时，对于 1 台 1000MW 机组，烟气温度降低 30℃ 可回收热量 $1.50 \times 10^8 kJ \cdot h^{-1}$（相当于 $5.3t$ 标煤·h^{-1}）。当采用烟气换热系统时，回收的热量主要传送到再加热器提高烟囱烟气温度，以此来提升外排污物的扩散性。由于烟气温度的降低。上述两种形式均可节约湿法脱硫系统水量，可使风机的电耗和脱硫系统用电率减小。

⑤ 二次扬尘有所增加 粉尘比电阻的降低会削弱捕集到阳极板上的粉尘的静电黏附力，从而导致二次扬尘现象比低温电除尘器适当增加，但在采取相应措施后，二次扬尘等现象能得到很好的控制。

(3) 应用实例[12]

① 华能榆社电厂 4 号机（300MW）改造工程，2014 年 8 月投产运行，10 月份经南京电力设备质量性能检测中心测试，低低温电除尘器出口浓度为 $18.7mg \cdot m^{-3}$，经湿法脱硫系统后，烟气排放浓度为 $8mg \cdot m^{-3}$。

② 华能长兴电厂 1 号、2 号机（$2 \times 660MW$）新建工程，2014 年 12 月投运，经浙江省环境监测中心测试：满负荷工况，1 号机组出口烟尘、SO_2、NO_x 排放分别为 $3.64mg \cdot m^{-3}$、$2.91mg \cdot m^{-3}$、$13.6mg \cdot m^{-3}$；2 号机组出口烟尘、SO_2、NO_x 排放分别为 $3.32mg \cdot m^{-3}$、$5.91mg \cdot m^{-3}$、$15.8mg \cdot m^{-3}$；1 号机组电除尘器出口烟尘浓度约为 $12mg \cdot m^{-3}$，湿法脱硫装置

第 23 篇

的协同除尘效率约70%。

③ 江西新昌厂2×700MW机组改造工程，2013年7月投运后，经江西电力科学研究院测试，低低温电除尘器出口烟尘浓度降至17.25mg•m^{-3}，SO$_3$脱除率88.1%，PM$_{2.5}$脱除率达到99.8%以上，气态汞捕集效率达到40%以上，节省煤耗2.53g•kW^{-1}•h^{-1}。

④ 浙江嘉华电厂三期7号、8号机（2×1000MW）改造工程，2014年3月投运，改造后电除尘出口烟尘浓度降至20mg•m^{-3}左右。

5.6.6　湿式电除尘器

湿式电除尘器与干式电除尘器除尘原理相同，都经历了电离、荷电、收集和清灰四个阶段。与干式电除尘器不同的是，金属板式湿式电除尘器采用液体冲洗集尘极表面来进行清灰，导电玻璃钢管式湿式电除尘器采用液膜自流并辅以间断喷淋实现阳极和阴极部件清灰，而干式电除尘器采用振打或钢刷清灰。在湿式电除尘器里，水雾使粉尘凝并，荷电后一起被收集，收集到极板上的水滴形成水膜，可以使极板保持洁净。其性能不受粉尘性质影响，没有二次扬尘，没有运动部件，因此运行稳定可靠、除尘效率高。此外，湿式电除尘器对SO$_3$、PM$_{2.5}$等细微颗粒物有很好的脱除效果，应用于湿法烟气脱硫系统能够消除"石膏雨""蓝烟"酸雾等污染问题，还可缓解下游烟道、烟囱的腐蚀，减少防腐成本。

湿式电除尘器按阳极板的结构特征可分为板式湿式电除尘器和管式湿式电除尘器。板式湿式电除尘器主要指金属板式湿式电除尘器，管式湿式电除尘器主要指导电玻璃钢管式湿式电除尘器。

以湿式电除尘技术为核心技术路线已成为我国燃煤电厂实现烟气超低排放的主流技术路线之一。工业应用实例[21,22]，如：广州恒运电厂9号机（330MW）改造工程湿式电除尘器出口颗粒物排放浓度为1.94mg•m^{-3}；神华国华舟山电厂二期4号机（350MW）新建工程湿式电除尘器出口颗粒物排放浓度为2.55mg•m^{-3}；国华定州电厂3号机（660MW）改造工程湿式电除尘器出口颗粒物排放浓度为2mg•m^{-3}；三河电厂4号机组湿式电除尘器出口颗粒物排放浓度为0.41mg•m^{-3}，液滴浓度为2.7mg•m^{-3}。

5.6.7　微细颗粒电凝并技术

尽管电除尘器对各种粒径总的除尘效率可高达99.7%，但对微细颗粒的除尘效果并不理想，特别是对粒径范围在0.1~1μm的亚微米颗粒除尘效率不足85%，这些微细颗粒物对人体危险极大，同时又严重地污染环境。

电凝并技术是收集微细颗粒物的一种有效方法，凝并是指微细颗粒通过物理或化学途径互相接触而结合成较大的颗粒的过程，凝并可以作为除尘的预处理阶段，使小颗粒长大，再利用静电除尘设备加以收集，可以大大提高收尘效率[14,15]。

电凝并实际上是在静电力作用下的热凝并过程，是通过增加微细颗粒的荷电能力，从而增加颗粒间的凝并效应。电凝并的效果取决于粒子的浓度、粒径、电荷的分布以及外电场的强弱，不同粒子的不同速度和振幅导致了微粒间的碰撞和凝并。

近年来国内外在应用电凝并技术收集亚微米粉尘研究方面取得了显著进步，电凝并研究可概括为以下三个方面。

① 异极性荷电粉尘的库仑凝并。

② 同极性荷电粉尘在交变电场中的凝并。

③ 异极性荷电粉尘在交变电场中的凝并（主要发展方向）。

目前，关于电凝并的研究主要集中在如何提高超细颗粒物的凝并速度或凝并系数，使超细颗粒物在较短时间内快速凝并成大粒径颗粒，从而提高传统电除尘器的除尘效率。由于超细颗粒物的微观复杂性，现在的研究主要集中在电凝并机理以及试验研究上，而且仅使用电凝并一种方法促进颗粒凝并的效率有限，将电凝并方法同其他凝并方法配合使用可以明显提高颗粒凝并效率。

随着环保标准的逐渐提高，超细颗粒物脱除技术，尤其是超细颗粒物凝并技术一直是学者研究的热点，但由于超细颗粒物的微观性和凝并过程的复杂性，对凝并过程的控制机理主要根据理论推导或实际的方法推测，带有很大的不稳定性。因此，如何揭示超细颗粒物的生成、排放、凝并、脱除机理，一直是凝并技术研究的难点。评价某种凝并技术是否具有工程应用的价值，一方面是要在保证凝并效果的前提下，运行尽可能安全、稳定、可靠；另一方面是要控制初投资成本及运行费用。目前各种凝并技术多停留在理论及试验研究阶段，尚无十分成功的工程案例，距离大规模商业应用还有一定距离，PM$_{2.5}$凝并技术在国内的推广应用任重而道远。

5.6.8　Indigo 凝聚器

全尺寸原型 Indigo 凝聚器的构思和试验开始于 1999 年，其后各项试验持续到 2002 年，三年的试验中获得了大量数据。据此，2002 年澳大利亚开发了商业的 Indigo 凝聚器，同年 11 月，在进行原型机试验的澳大利亚 Vales Point 电厂，建造了一套实用装置。随后在澳大利亚和美国多个燃煤电厂进行了生产使用，通过多种仪器测定，证实了各个电厂、各种形式的锅炉，多个大小殊异的电除尘器上且在燃用多种煤炭的情况下，装设全尺寸商业规格的 Indigo 凝聚器，其烟尘的排放都显著地减少了[16,17]。

Indigo 凝聚器含有两项专利技术，能使细尘附着到粗尘上而为电除尘器所捕集，第一项是滚动凝聚（FAP），它是一种物理过程，并不需要供电。第二项是双极静电凝聚（BEAP），它需要电力使灰尘荷电。两种机制相结合可使得细尘大为减少。

滚动凝聚是基于强化流动体使大小不同的粒子有选择地混合，增强粗细粒子之间的物理作用，从而促其相互碰撞，形成聚合的粒团，减少细粒子的数目。

双极静电凝聚过程（BEAP）有两个关键作用，可以减少细粒子的排放。第一，双级荷电有一组正、负相间的平行通道。气体和灰尘通过时，按其通道的正或负，分别获得正电荷或负电荷，这样灰尘一半荷正电、另一半荷负电。第二，专门设计的、对粒径有选择性的混合系统（SSMS），既能使气体中荷正电的细粒子与从相邻极性通道流出的荷负电的粗粒子混合，又能使荷负电的细粒子与荷正电的粗粒子混合。

Indigo 凝聚器安装在电除尘器前长 5 m 的进口烟道处。其中气体流速常达 10m·s^{-1} 以上。高流速能使其接地极板不需要像电除尘器那样振打就能保持洁净，从而节约了维护费用。对于 100MW 的发电机组，Indigo 凝聚器只需要 5kW 左右的电力。对于引风机，增加的阻力约 200Pa，运行费用低。不管是在水平段还是垂直段双极荷电器和 SSMS 总共只需要 5m 的直管段即可。

对 Indigo 凝聚器，国内相关单位自 2008 年开始研发，已在 300MW 机组、135MW 机组上得到应用。第三方测试机构对 300MW 机组应用工程的测试结果表明，ESP 出口 PM$_{2.5}$浓度下降 30％以上，总烟尘质量浓度下降 20％以上。

5.6.9　旋转电极式电除尘技术

国内相关企业"十一五"末建成热态旋转电极式电除尘中试装置、旋转电极式电场等试验装备，在此基础上完成了大量试验验证，全面掌握了核心技术，攻克了设备的可靠性、零部件的使用寿命、选型设计的准确性等多项技术难点，并对阳极板同步传动方式、清灰刷组件结构等进行了创新设计，提高了设备的可靠性。同时，针对旋转电极式电除尘的主动轴、链条、链轮、清灰刷、旋转阳极板等关键零部件的设计、材料选取、热处理、加工工艺等做了进一步研究和优化设计，使设备的可靠性和零部件的使用寿命得到了充分的保证。截至 2016 年底，该技术已在数十套大中型燃煤电站机组中应用，装机总容量超 60000MW[21,22]。

参考文献

[1] Jr Oglesby S, Nichols G B 著. 电除尘器（中译本）. 谭天佑，译. 北京：水利电力出版社，1983.

[2] Jr Oglesby S. Design Considerations of Electrostatic Precipitators. Proc of Specialty Conference on Design, Operations, and Maintanance of High Efficiency Particulate Control Equipment, 1973.

[3] Deutsch W. Annalen der Physik. 1922, 68（12）：335-344.

[4] White H J. 工业电收尘. 王成汉，译. 北京：冶金工业出版社，1984：167-197.

[5] 嵇敬文. 除尘器. 北京：中国建筑工业出版社，1981.

[6] 编辑部. 硫酸工业，1977，6：55-60.

[7] 贺克斌，郝吉明. 清华大学学报：自然科学版，1991，31（6）：80-86.

[8] 纪鹿鸣. 硫酸工业，1980，6：34-42.

[9] 邬长福，周永安. 工业安全与防尘，1996（11）：6-9.

[10] 李荣超，王卫，杨丽娟. 工业安全与环保，2005，31（5）：26-27.

[11] 全国环保产品标准化技术委员会环境保护机械与技术委员会. 电袋复合除尘器. 北京：中国电力出版社，2015.

[12] 中国环境保护产业协会电除尘委员会. 燃煤电厂烟气超低排放技术. 北京：中国电力出版社，2015.

[13] 熊桂龙，李水清，陈晟，等. 中国电机工程学报，2015，35（9）：2217-2223.

[14] 向晓东，陈旺生. 建筑热能通风空调，2000，19（1）：9-11.

[15] 许德玄. 环境工程，1997，15（6）：25-28.

[16] 石零，陈红梅，杨成武. 江汉大学学报：自然科学版，2013，41（2）：40-46.

[17] 陈冬林，吴康，曾稀. 环境工程，2014，32（9）：70-73.

[18] 机械工业环境保护标准化技术委员会. 机械工业环境保护机械标准汇编，2013-2015.

[19] 贺克斌. 燃煤飞灰电除尘特性的模拟与分析. 北京：清华大学，1990.

[20] 中国环境保护产业协会电除尘委员会. 电除尘供电装置选型设计指导书. 北京：中国电力出版社，2013.

[21] 中国环境保护产业协会电除尘委员会. 电除尘行业 2016 年发展综述. 中国环保产业，2017（05）：14-21.

[22] 舒英钢，刘学军，胡汉芳. 电除尘行业 2017 年发展综述. 中国环保产业，2018（06）：25-34.

符号说明

C	颗粒浓度，$kg \cdot m^{-3}$
C_D	曳力系数
D	直径，m
d_1	液滴的粒径，m
d_p	被捕集的颗粒粒径，m
d_{c50}	切割粒径，m
E	分离效率
E	电场强度，$V \cdot m^{-1}$
f	摩擦系数
g	重力加速度，$m \cdot s^{-2}$
Kn	努森数
p	压力，Pa
PD	压力降，Pa
Q_1	液体流量，$m^3 \cdot h^{-1}$
Q，Q_g	气体流量，$m^3 \cdot h^{-1}$
v，V	气体速度，$m \cdot s^{-1}$
R，r	半径，m
Pe	佩克莱数
Re	雷诺数
St	斯托克斯数
Sc	施密特数
t	时间，s

希腊字母

μ_g	气体的动力黏度，$Pa \cdot s$
μ_1	液体的动力黏度，$Pa \cdot s$
ρ_p	被捕集的颗粒的密度，$kg \cdot m^{-3}$
ρ_1	液体的密度，$kg \cdot m^{-3}$
ρ_g	气体的密度，$kg \cdot m^{-3}$
ξ	阻力系数
σ	液体与气体界面处的表面张力，$N \cdot m^{-1}$
ε	介电常数、空隙率
ω	驱进速度，$m \cdot s^{-1}$

第 24 篇
粉碎、分级及团聚

主 稿 人、编写人员：邹志毅　飞翼股份有限公司高级工程师
审 稿 人：戴猷元　清华大学教授

第一版编写人员名单
编写人员：任德树

第二版编写人员名单
主 稿 人：任德树
编写人员：陈丙辰　杨忠高

粉碎

1.1 概述

粉碎是指采用机械方法使松散固体物料粒度减小的过程。粉碎包括破碎和磨碎，是一个不涉及实际的粉碎作用机理的通称。其目的是使固体物料的粒度减小和比表面增加，可用来实现：

① 更快的化学反应，如催化剂的接触反应、固体燃料的燃烧与气化。

② 更快的溶解、吸附和干燥。

③ 与其他原料更均匀地混合。

④ 更好的效用和更方便的商业使用，如在食品、化工、医药、化肥、农药等工业部门。

⑤ 更适宜于运输和储存，如粉末物料和料浆可分别利用风力和水力输送。

⑥ 更好地保护环境，如将城市垃圾进行粉碎后再处理。

⑦ 使有用矿物颗粒和脉石颗粒产生单体解离，然后采用选别法进行分离和提纯，得到较纯的精矿。

⑧ 通常粉碎产品粒度（指产品中最大颗粒的粒度）大于 5mm 时称为破碎，在 $60\mu m \sim 5mm$ 之间称为磨碎，小于 $60\mu m$（有时可达几微米）时称为超细磨碎。

粉碎设备有多种不同的类型，但每种设备有其不同的适用范围，如图 24-1-1 所示。

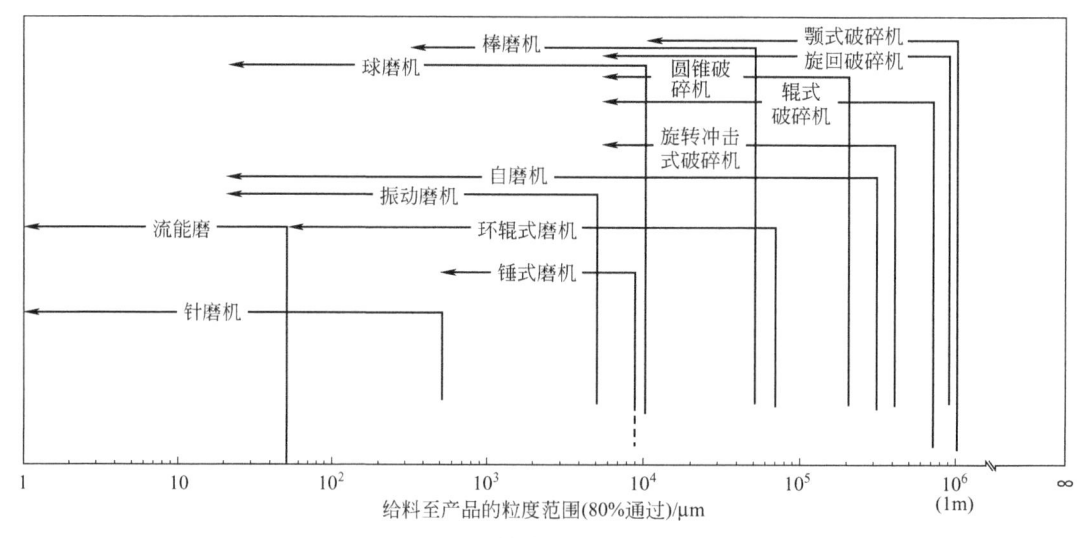

图 24-1-1 粉碎设备的适用范围

近年来，最引人注目的粉碎技术的发展体现在以下四个方面：

① 粉碎设备的大型化。

② 能源费用的增高，使相应注意力集中在节能高效设备上，比如高压辊磨机、细磨设备等。

③ 高新技术在粉碎设备设计上的应用，比如有限元、离散元分析等。

④ 数学模型在粉碎工艺、设备和回路设计及生产实践上的应用。

1.2　粉碎能耗

在一些工业部门中，碎磨车间的投资和生产费用占据很大的比例，例如在一些金属矿选矿厂，碎磨车间约占选矿厂投资费用的 60%、生产费用的 40% 以上。生产费用中包括能耗和钢耗等。粉碎是选矿中能耗最大的作业，占选矿能耗的 90%，粉碎也是采矿中能耗最大的作业，占采矿能耗的 44%，如图 24-1-2 所示[1]。

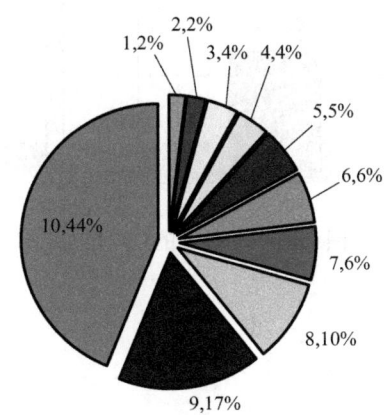

图 24-1-2　不同设备在采矿中的能耗占比

1—爆破；2—脱水；3—分选；4—电气；

5—钻探；6—辅助；7—挖掘；8—通风；

9—物料搬运；10—粉碎

粉碎的能耗极其巨大。以 2001 年西方四个矿业大国的粉碎能耗数据为例，美国用于粉碎的能耗是 1095.9 亿千瓦·时，占美国全国能耗的 0.39%[2]；加拿大用于粉碎的能耗是 407.65 亿千瓦·时，占加拿大全国能耗的 1.86%[3]；澳大利亚用于粉碎的能耗是 211.93 亿千瓦·时，占澳大利亚全国能耗的 1.48%[4]；南非用于粉碎的能耗是 257.95 亿千瓦·时，占南非全国能耗的 1.8%[5]。全世界范围内各种粉碎生产的电能消耗占全世界总电耗的 2%~3%[6]。又以美国的粉碎能耗统计数据为例，1980 年美国粉碎能耗为 290 亿千瓦·时，到 2006 年粉碎能耗增加到 1600 亿千瓦·时，示于图 24-1-3[7~10]。因此，在粉碎这一领域内节能降耗，可以产生巨大的社会和经济效益，具有重大和深远的意义。

视物料的可磨性和磨碎的粒度的不同，磨碎物料消耗的能量变化较大，能耗范围为 1.43~134.5kW·h·t^{-1}[11]，磨碎消耗件（如衬板和磨碎介质）的磨损达 50~1000g·t^{-1}（钢耗）以上。粉碎的钢耗也是极其巨大的。据统计，美国每年在粉碎消耗件上的花费相当于 18 亿千瓦·时的能耗[11]。

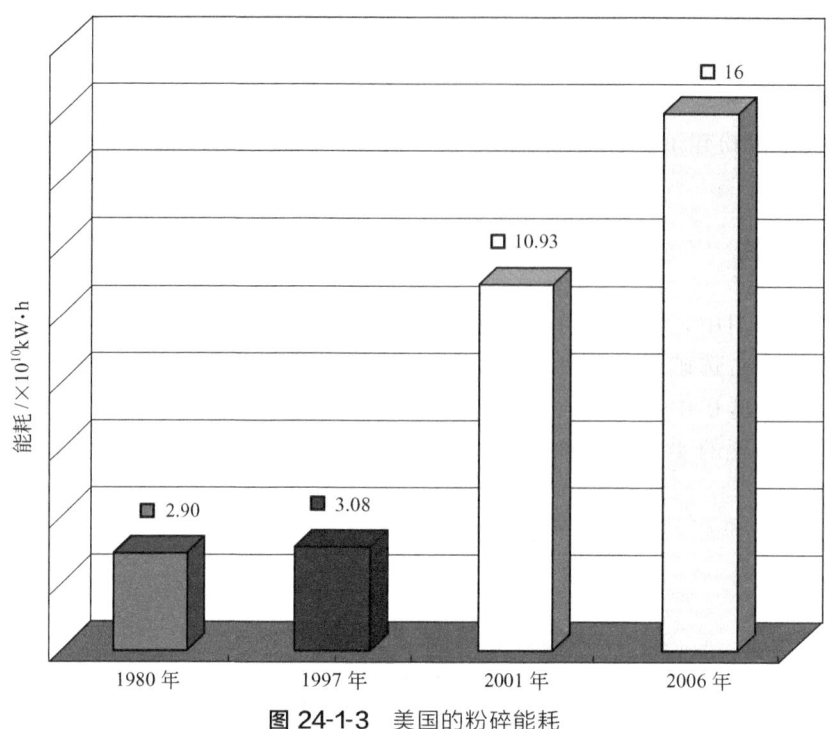

图 24-1-3 美国的粉碎能耗

1.3 粉碎常用术语

1.3.1 粉碎比

粉碎产品的粒度在 5mm 以上的作业，称为破碎，在 5mm 以下的作业称为磨碎。破碎和磨碎统称为粉碎。粉碎比即物料经过破碎或磨碎后其粒度减小的倍数，通常用 i 表示，计算公式如下：

$$i = D/d \qquad (24\text{-}1\text{-}1)$$

式中，D 为给料粒度（即给料中最大颗粒的尺寸）；d 为破碎或磨碎产品的粒度（即产品中最大颗粒的尺寸）。

在生产中常以粉碎前后的物料有 80% 通过某筛的筛孔尺寸来代表物料的粒度。举例：一台粗碎机给料粒度 $D_{80} = 400mm$，破碎产品粒度 $d_{80} = 100mm$，则粉碎比为 $\dfrac{D_{80}}{d_{80}} = \dfrac{400}{100} = 4$。

各种粉碎机械的粉碎比不相同，均有一定的范围；对于坚硬物料，破碎机的粉碎比在 3～10 之间，磨碎机的粉碎比达 40～400 以上。对一定性质的物料，粉碎比是确定粉碎机械的主要依据。

1.3.2 粉碎流程

在实际应用中，需要的粉碎比往往较大，例如把粒度为 600mm 的给料送入一台旋回破碎机破碎至 250mm 以下，再送入中碎和细碎圆锥破碎机分别破碎至 50mm 和 8mm 以下，最后送入球磨机磨碎至最终产品粒度（如 0.2mm），如图 24-1-4 所示。图 24-1-4 表示粉碎作业的过程，称作粉碎（或破碎及磨碎）流程。由图 24-1-4 还可看出，物料在给入各破碎机之前先进行筛分，筛子的筛孔大致等于破碎机排料（破碎产品）的粒度（在此分别为 250mm、50mm、8mm），以分出给料中已经小于破碎机排料粒度的那部分物料，减轻破碎机的负荷。这种筛分称作"预先筛分"。在细碎圆锥破碎机之后有所谓"检查筛分"，其筛孔尺寸（在此为 8mm）大致等于预先筛分的筛孔尺寸。检查筛分的筛上产品为粒度＞8mm 的不合格产品，被送回破碎机再度破碎，筛下产品为粒度＜8mm 的合格产品，送至球磨机进行磨碎。球磨机的磨碎产品，送螺旋分级机进行"检查分级"，分出粒度＜0.2mm 的合格产品及粒度＞0.2mm 的不合格产品，后者送回球磨机再度磨碎。

1.3.3 破碎段或磨碎段

物料每经过一次破碎机或磨碎机，称为一个破碎段或磨碎段。图 24-1-4 的粉碎流程有三个破碎段和一个磨碎段，分别称为粗碎段、中碎段、细碎段和磨碎段。有时磨碎段还再分成粗磨段、中磨段、细磨段。通常各个破碎段和磨碎段按粒度的划分大致如表 24-1-1 所示。

表 24-1-1　粉碎作业的分类

作业	段数	最大粒度/mm	
		给料	产品
破碎	粗碎(一段破碎)	1500	500
	中碎(二段破碎)	500	150
	细碎(三段破碎)	150	50
磨碎	粗磨	50	5
	中磨	5	0.5
	细磨	0.5	0.05
超细磨	超细磨	0.05	0.005

上述按粒度大小的分类方法仅适用于颚式、旋回、圆锥、辊式等破碎机或只具有磨碎功能的磨碎机。对于另一些破碎机则不适用，如锤式或冲击式破碎机，能将 1000mm 左右的大块物料一次破碎至 10～30mm 以下，又如一段自磨机（第 3.4.1 节）能将 600mm 的大块物料直接磨碎至 0.1mm 以下，即一台机器兼有粗、中、细碎或兼有破碎与磨碎的功能。

1.3.4 过粉碎

虽然粉碎物料时要求把全部或大部分（80％或 95％）物料粉碎至要求的粒度以下，但其中小于某一粒度下限的产品应尽量少。在粉碎过程中产生小于规定粒度下限产品的现象，称为过粉碎。例如在选矿厂，重力选矿法通常能处理的粒度下限是 19μm，浮游选矿法是 5～10μm。因此，磨碎重选或浮选给料时，产生小于 19μm 或小于 5～10μm 的粒级，就属

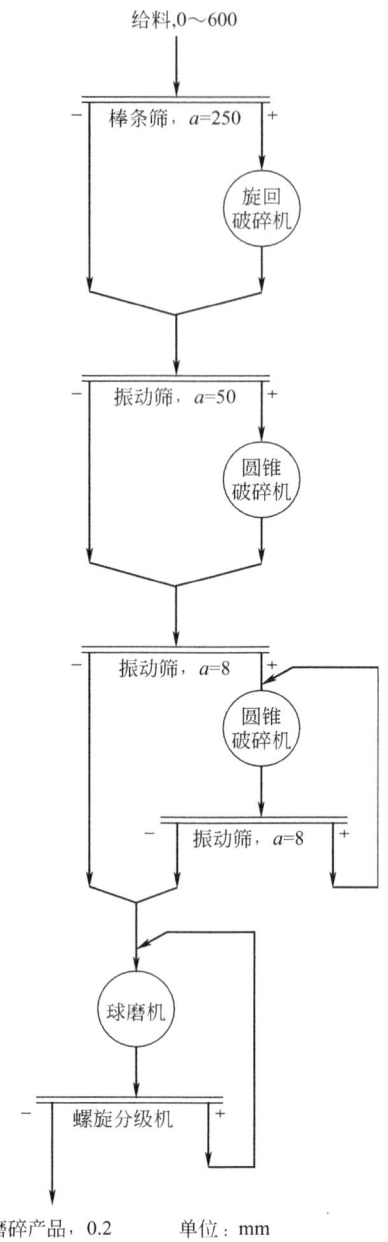

图 24-1-4 破碎和磨碎流程

于过粉碎粒级。又如用镁法生产的海绵钛，成品粒度的要求为 0.084～12.7mm；铁合金厂使用的焦炭还原剂，成品粒度的要求为 3～15mm。这时，小于粒度下限（即 0.084mm 或 3mm）的过粉碎粒级，只能当作废品或大幅度减价处理，使经济上蒙受损失。

过粉碎往往对下游的工艺产生一些负面影响，比如矿石的泥化、沉降速度的降低和毛细力的增加，如图 24-1-5 所示[12]。

在某些工业部门，除了对产品的粒度上限和粒度下限有要求外，还对中间某些粒级的含量波动范围有规定，人造砂就是一例。为此，需采用比较复杂的碎磨流程，而且对设备的选型和操作等的要求也更高。

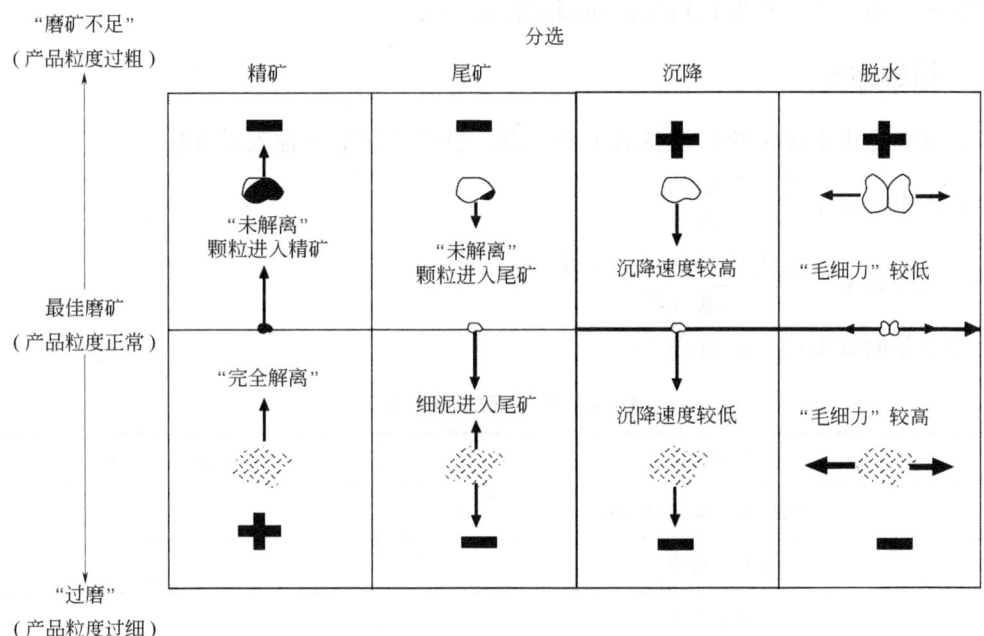

图 24-1-5 过粉碎的影响示意图

1.3.5 粉碎限

另外,通过向固体颗粒施加机械力来实现粒度变小也是有限的。这是因为随着粒度减小,颗粒比表面积增大并且表面被活化,当颗粒尺寸超过一定的极限时,颗粒彼此结合并且颗粒粒径增大,这种现象被称为逆粉碎现象。

图 24-1-6 示出了一个这样的例子。开始时粉碎产品粒度随粉碎时间的增加而变细,但粉碎经过一定时间之后达到所谓"粉碎限",这以后尽管粉碎时间增加,产品粒度却不变细,

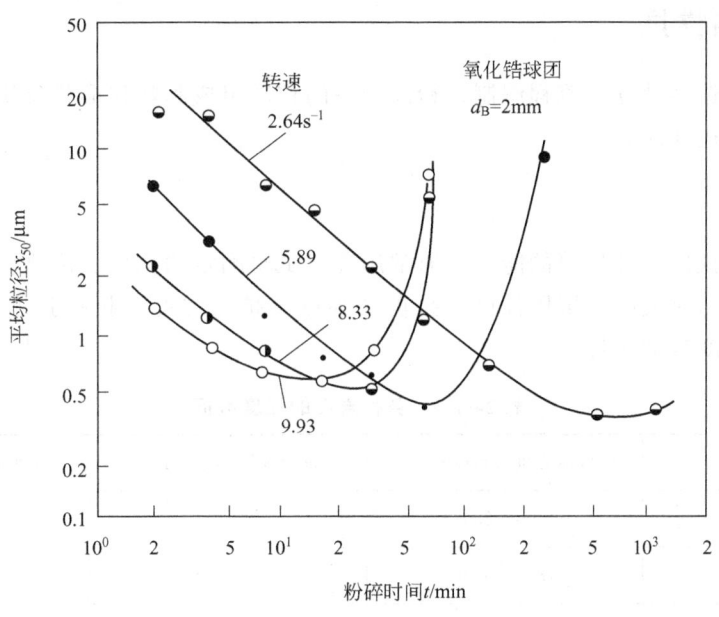

图 24-1-6 逆粉碎现象

反而在粉碎机中产生一种造粒现象，使颗粒粒径增大[13]。

1.3.6　粉碎效率

粉碎效率是用来评价粉碎设备的重要参数，通常有如下几种表示方法。

（1）理想效率＝$\dfrac{粉碎有用功}{输入功}$

（2）实际效率＝$\dfrac{输入功－机械损失功}{输入功}$

粉碎设备的效率很低，见表 24-1-2[14]。

表 24-1-2　粉碎设备的效率

设备名称	粉碎效率/%
颚式破碎机和辊式破碎机	70～90
旋回破碎机	80
圆锥破碎机	60
冲击式破碎机	30～40
辊式盘磨机	0.7～15
球磨机	5
冲击式磨机	1～10
高压辊磨机	20～30

1.4　物料的性质

粉碎机械的选型计算、流程编制、粉碎产品的粒度组成和颗粒形状及粉碎工作件的磨损等，与物料的下述性质有关。

1.4.1　强度

强度是固体抵抗机械粉碎的能力。通常用静载试验测定的抗压、抗拉、抗弯和抗剪切强度来表示。许多结果表明，抗压强度＞抗剪切强度＞抗弯强度＞抗拉强度。表 24-1-3 列出了各种岩石的强度数据[15]。

表 24-1-3　各种岩石的强度数据

岩石名称	抗压强度/kgf·cm^{-2}	抗拉强度/kgf·cm^{-2}	抗剪切强度/kgf·cm^{-2}
花岗岩	1000～2500	70～250	140～500
闪绿岩	1800～3000	150～300	
粗粒玄武岩	2000～3500	150～350	250～600

岩石名称	抗压强度/kgf·cm^{-2}	抗拉强度/kgf·cm^{-2}	抗剪切强度/kgf·cm^{-2}
辉长岩	1800～3000	150～300	
玄武岩	1500～3000	100～300	200～600
砂岩	200～1700	40～250	80～400
页岩	100～1000	20～100	30～300
石灰岩	300～2500	50～250	100～500
白云岩	800～2500	150～250	
煤	50～500	20～50	
硅岩	1500～3000	100～300	200～600
片麻岩	500～2000	50～200	
大理石	1000～2500	70～200	150～300
板岩	1000～2000	70～200	

注：1kgf＝9.80665N，下同。

物料强度同物料的种类和形态等有关。对于同一物料，强度还与其粒度有关，粒度小的颗粒的宏观和微观裂纹较少，强度较高。强度还往往与硬度有关，硬度高的物料，其强度和对粉碎的阻力也较大。

物料的强度表示粉碎物料的难易程度。已知某物料的抗压、抗拉及抗剪切强度，就可明确地知道需要多大的压力、拉力和剪切力才能粉碎它。

1.4.2 硬度

硬度是一物体抵抗其他物体刻划、压入或磨蚀其表面的能力。测定硬度有划痕法、压入法、弹子回跳法和磨蚀法等，大都只适用于矿物或组织简单的物料，对由多种性质不同的矿物组成的岩矿，磨蚀法较合适。

在划痕试验时，通过与一系列从滑石（最软的）到金刚石（最硬的）的标准试样相比较，来确定物料表面对划痕的抵抗能力，这种试验方法主要用于试验矿石和耐火材料。划痕法得到的是莫氏硬度，它分为 10 个等级，反映的是物料的相对硬度，但不能提供硬度的绝对值，常见矿物的莫氏硬度数据见表 24-1-4[16]。

表 24-1-4　莫氏硬度数据[16]

硬度	矿物名称(软质)	硬度	矿物名称(硬质)
1	滑石、石墨、高岭土	5	磷灰石、铬铁矿、磷矿石
1～1.5	辉钼矿、黏土、叶蜡石	5～5.5	玻璃、硬质石灰石
2	石膏、辉锑矿、硫黄、陶土、芒硝	6	长石、辉石、角闪石
2～2.5	褐煤、方铅矿、岩盐	6～6.5	赤铁矿、硫化铁矿

硬度	矿物名称（软质）	硬度	矿物名称（硬质）
3	方解石、钒铅矿、云母、水泥熟料	7	石英、火打石、花岗岩、砂岩
3～3.5	重晶石、白铅矿、天青石、毒重石	8	黄玉石、绿柱石、电气石
3.5～4	白云石、铜矿	9	刚玉、青玉、金刚砂
4	萤石、黄铁矿	10	金刚石
4～4.5	菱铁矿、菱苦土矿		

俄国的普罗托吉雅可诺夫 （M. M. Protodyaknov） 认为，岩石的坚固性在各方面的表现是趋于一致的，难破碎的岩石，用各种方法都难破碎，而易碎岩石，用各种方法都易破碎。于是他提出用坚固性系数即普氏硬度系数 f 来表示岩石的相对坚固性。用普氏硬度系数将岩石分为十个等级，普氏硬度系数 f 值为 0.3～20。f 值越大，表示岩石越坚硬。

测定它的方法较多，可以用材料试验得到的各种应力强度来换算，也可以用各种工艺试验的结果来换算。根据规则，试块的单轴抗压强度换算是最常见的，换算公式如下：

$$f = 0.01 \times UCS \tag{24-1-2}$$

式中　UCS——单轴抗压强度，$kgf \cdot cm^{-2}$。

我国过去习惯用普氏硬度系数，故许多矿山的岩矿的普氏硬度系数已经测定，如表 24-1-5 给出了我国一些金属矿石的普氏硬度系数。

表 24-1-5　我国一些金属矿石的普氏硬度系数

矿石名称	普氏硬度系数	矿石名称	普氏硬度系数	矿石名称	普氏硬度系数
大孤山赤铁矿	12～18	大冶铁矿	10～16	水口山铅锌矿	8～10
大孤山磁铁矿	12～16	大吉山钨矿	10～14	青城子铅锌矿	8
东鞍山铁矿	12～18	通化铜矿	8～12	凹山铁矿	8～12
南芬铁矿	12～16	桓仁铅锌矿	8～12	因民铜矿	8～10
海南铁矿	12～15	新冶铜矿	8～10	双塔山铁矿	9～13

硬度虽然也是表示物料抗粉碎能力的一种重要指标，但毕竟是参考性的，很少用它来研究粉碎工作。

丹弗 （Denver） 设备公司按邦德功指数 W_i 将矿石划分为五个等级，如软矿石 [$W_i <$ 6.5kW·h·st^{-1}，1st （短吨）=0.907t，下同]，中硬矿石 （$W_i = 12$kW·h·st^{-1}），硬矿石 （$W_i > 18$kW·h·st^{-1}） 等，见表 24-1-6[17]。

表 24-1-6　邦德功指数 W_i

项目	软	中硬偏软	中等硬度	中硬偏硬	硬矿石
$W_i / kW \cdot h \cdot st^{-1}$	6.5	9	12	15	18

1.4.3 脆性

物料的脆性或韧性无确切的量的概念。粉碎作业处理的物料多呈脆性，韧性物料需要用特殊方法，例如高速冲击剪切或超低温进行粉碎。

1.4.4 可碎性（可磨性）及其测定

可碎性（可磨性）是指物料被粉碎的难易程度，用一定的试验方法定量测定其标准产品的单位指定产品粉碎能耗或单位能耗指定产品产量表示。

可碎性是指在一定粉碎条件下物料从某一粒度粉碎至指定粒度所需的比功耗，可用单位质量物料从某一粒度粉碎至指定粒度所需的能耗表示。可碎性受物料性质影响，还受物料粒度、粉碎方式(粉碎设备、粉碎工艺）等因素的影响。已经提出的可磨性测定方法有多种，可分为两大类，一类是模拟粉碎机械的施力状况，如 JK 落重试验、低能冲击破碎试验和高能冲击破碎试验等；另一类是用尺码小的同型设备做试验，如用实验室型磨机测可磨性。表 24-1-7[18]列出了一些最常见的、较成熟的实验室可碎性测定试验方法，下面逐一介绍。

表 24-1-7 可碎性测定试验方法汇总表

试验方法	磨机直径/m	最大粒径/mm	最小粒径/mm	样品需求量/kg	类型	稳态
邦德球磨功指数试验	0.305	3.3	0.149	10	闭路	是
SPI 试验	0.305	38	—	10	间歇	否
SMC 试验	—	32		20	单颗粒	否
邦德棒磨功指数试验	0.305	13	1.2	15	闭路	是
邦德低能冲击试验	—	75		25	单颗粒	否
落重试验	—	63		75	单颗粒	否
麦克弗森自磨试验	0.45	32	1.2	175	连续	是
介质适应性试验	1.83	165		750	间歇	否
半工业试验	1.75	150~200	依厂家而异	>50000	连续	是
实验室高压辊磨机试验	0.25	12.5	—	250	连续	是

1.4.4.1 抗冲击强度试验

物料的抗冲击强度试验可以采用摆锤法进行测定。摆锤法的示意图如图 24-1-7 所示。

两个重各为 13.6kg 的摆锤装在 26 英寸自行车的车轮轮毂的外侧，车轮装在底架上，可以自由转动。在正常位置时（摆锤在最低位置），两个摆锤之间有 50mm 的间隙，每个摆锤至旋转中心的距离为 412.73mm。取粒度为 50~75mm 的试样 20 块。选取试样时应尽量挑选具有两个近似平行的表面，并测出两个平行表面的距离（即试样的厚度）。将试样置于两个摆锤之间，使摆锤打击的部位大致在表面的中心。令两个摆锤从正常位置向上摆动 5°，同时放开两个摆锤，使其往下摆动并打击试样。如试样未破碎，则令摆锤向上移动的角度以 5°的间隔逐次增加，然后下落打击试样，一直到试样发生破碎为止。记录摆锤向上移动的角度并算出下落的高度及冲击能量，按式（24-1-3）算出表示物料冲击强度的邦德冲

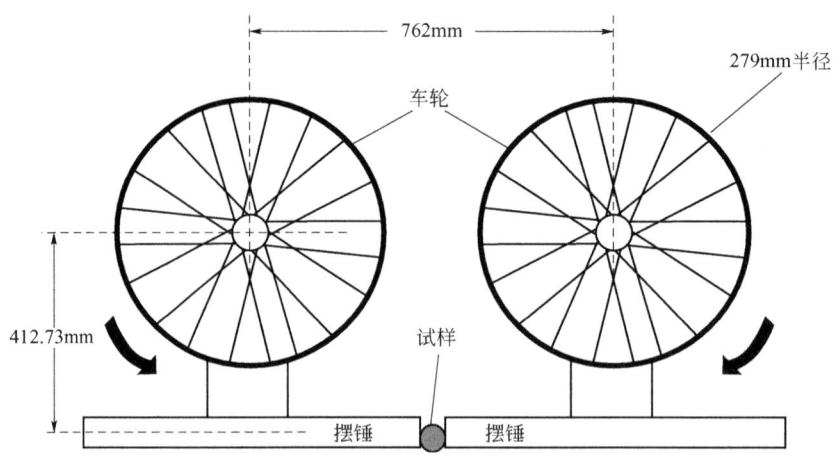

图 24-1-7　摆锤法试验装置示意图

击功指数：

$$W_i = 2.59 \frac{E}{D\delta} \tag{24-1-3}$$

式中　W_i——邦德冲击功指数，$kW \cdot h \cdot st^{-1}$；

　　　E——两个摆锤的冲击功，$kg \cdot cm$；

　　　D——试样料块的厚度，mm；

　　　δ——试样的密度，$g \cdot cm^{-3}$。

1.4.4.2　哈氏可磨性指数

哈德格罗夫（Hardgrove）可磨性指数（简称哈氏可磨性指数）测定用试验装置如图 24-1-8 所示[19]。试验装置主要由 1 个圆筒形槽子、8 个直径 25.4mm 的钢球和 1 个旋转的上部圆盘组成。上部圆盘除旋转外，以 291N 的垂直压力作用于钢球上。在槽内加入 16～30 目的物料 50g，令上圆盘转动 60r 后，取出试样，在 200 目的标准筛上筛分，称量小于 200 目的筛下物料重量 W，按式（24-1-4）计算哈氏可磨性指数 HGI：

$$HGI = 13 + 6.93W \tag{24-1-4}$$

这种方法主要用于测定煤的可磨性。物料的哈氏可磨性指数越大，表示物料越容易磨细。

1.4.4.3　邦德球磨功指数

试验装置是 ϕ305mm × 305mm、光滑筒体（无衬板）的标准球磨机。装入直径为 36.8mm、29.7mm、25.4mm、19.0mm、15.9mm 的钢球，各直径的钢球数量分别为 43 个、67 个、10 个、71 个、94 个。球荷重量为 20.1kg。

邦德球磨功指数的测定方法如下：

① 待测试样预先破碎至＜3.36mm。

② 取松散容积为 700cm³ 的干试样装入球磨机内，运转 100r 后将物料卸出，用筛孔尺寸为 D（例如 75μm）的筛子筛出产品（筛下物），计算每转新生成的产品量 G（单位为 $g \cdot r^{-1}$）。

③ 将筛上物料返回球磨机，并用原待测物料补足 700cm³，根据上一循环的值和按

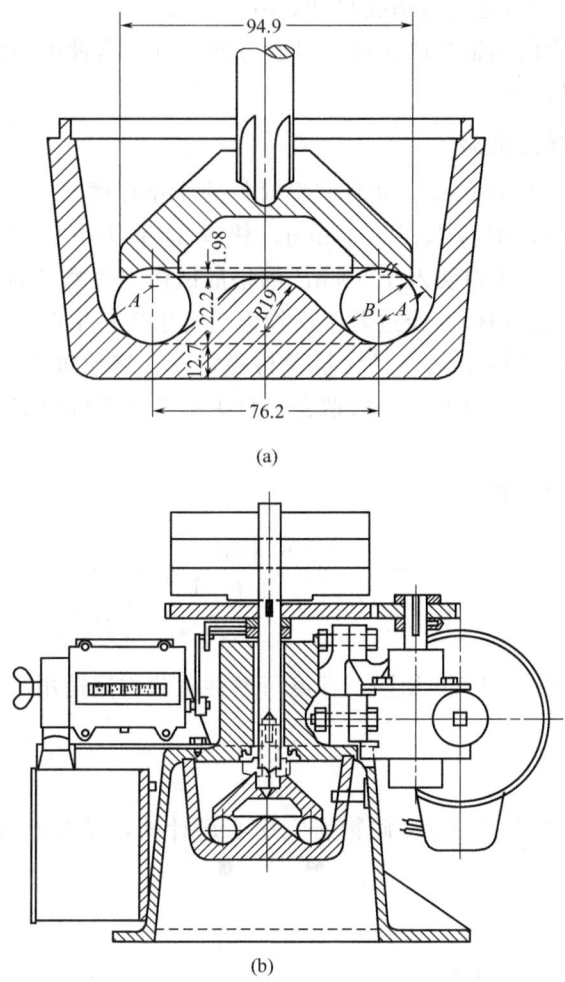

(a)

(b)

图 24-1-8　哈氏可磨性指数测定用试验装置

250％循环负荷计算的预期产品量确定转速并运转，然后进行筛分，再计算每转新生成的产品量。

　④ 重复进行上述步骤，直至达到稳定的 G，求最后 3 次 G 的平均值，要求最后 3 次的最大值与最小值之差小于 3％。

　⑤ 对产品（最后 3 次筛分的产物）进行筛分分析，求出 80％产品通过量的方筛孔的孔径 P_{80}（单位为 μm）。

　最后按式（24-1-5）计算邦德球磨功指数 W_i

$$W_i = \frac{4.906}{(P_i)^{0.23}(G_{pb})^{0.82}\left(\dfrac{1}{\sqrt{P_{80}}} - \dfrac{1}{\sqrt{F_{80}}}\right)} \tag{24-1-5}$$

式中　W_i——球磨功指数，kW·h·t^{-1}；

　　　P_i——试验用成品筛的筛孔尺寸，试验筛孔径一般为 75μm；

　　　G_{pb}——试验磨机产生的成品量，g·r^{-1}；

　　　P_{80}——成品 80％通过的筛孔尺寸，μm；

F_{80}——入磨给料 80% 通过的筛孔尺寸，μm。

邦德球磨可磨性试验仅用很少的试样，试验方便易行。这种可磨性试验方法适用于磨碎产品的粒度在 28~500 目之间。

1.4.4.4　邦德棒磨可磨性试验

试验装置是 ϕ305mm×610mm、装有波形衬板的小型棒磨机。装入 6 根直径 32mm、2 根直径 44.5mm 的钢棒，钢板长为 534mm，棒荷总重为 33.38kg。待测试样破碎至 12.5mm 以下，在棒磨机筒体内装入 1250cm³ 的松散试样。棒磨机的转速为 46r·min⁻¹。

同邦德球磨功指数试验相似，经过若干次摸索后可求出每个磨碎周期需要的转速，使磨碎产品中合格粒级的含量达到 50%，且含量保持稳定。合格粒级含量为 50%，即相当于闭路磨碎时的循环负荷系数 C 为 100%。所谓合格粒级的含量保持稳定，即 C 值的波动在 2% 以内。

可按式（24-1-6）计算功指数：

$$W_i = \frac{6.836}{(P_i)^{0.23}(G_{pb})^{0.625}\left(\dfrac{1}{\sqrt{P_{80}}}-\dfrac{1}{\sqrt{F_{80}}}\right)} \tag{24-1-6}$$

式中符号的意义与式（24-1-5）相同。棒磨可磨性试验方法适用于磨碎产品的粒度在 3~65 目之间。

1.4.4.5　JK 落重仪试验

JK 落重仪试验是由澳大利亚 JK 矿物研究中心设计的，试验装置如图 24-1-9 所示[20]。

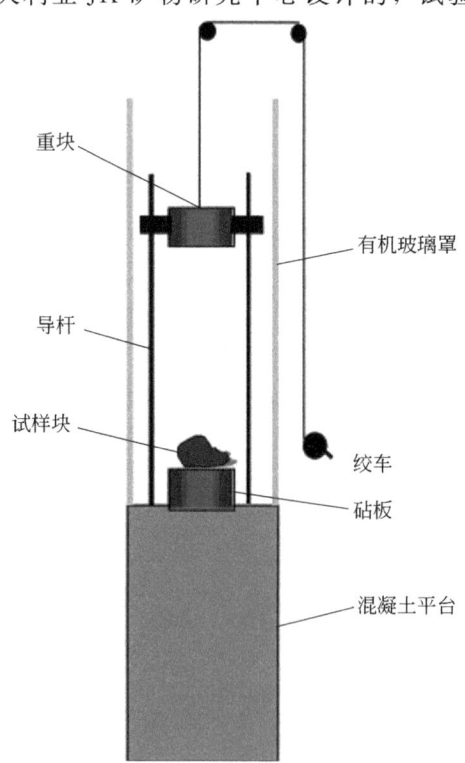

图 24-1-9　JK 落重仪试验装置

试验的第一部分是测试冲击破碎。

重块为圆柱形冲击头，试样放在铁砧上，通过调整重块的重量和它落下的高度可以产生不同的冲击能，冲击能范围为 0.1~2.5kW•h•t^{-1}。从一定的高度落下。所用试样分为 5 个粒级，粒度范围为 13~63mm。试验结果得到两个参数：A 和 b。这些参数用于磨碎回路的模拟。试验中，记录试样重块重量变化、提升高度和落下次数。

试验的第二部分是磨蚀破碎试验，它使用 53mm×375mm 的试样，重为 3kg。试样给入 ϕ300mm×300mm 的实验室型磨机中，旋转 10min 后卸料，对磨碎产品进行粒度分析。

1.4.4.6 SAGDesign 试验

SAGDesign 试验是专门开发出来用于半自磨和球磨机的选型。试验装置采用 ϕ488mm×163mm 的实验室型半自磨机。内有尺寸为 38mm 的 8 个方形提升板。装入 11% 的钢球和 15% 的试样，总充填率为 26%。球荷重为 16kg，其中 51mm 和 38mm 的钢球各占一半。转速为 46.2r•min^{-1}（临界转速的 76%）[21]。

该试验的第一部分首先测量将物料从粒度为 $P_{80}=150$mm 磨碎到粒度为 $P_{80}=1.7$mm 时，半自磨机小齿轮所需的能量。半自磨机的给料粒度是小于 19mm 的占 80%，试验所需的矿样为 4.5L。试验采用阶段磨矿，对于硬矿石，第一个磨矿循环是 462 转（约 10min），对于软矿石则可少一些。第一个磨矿循环结束后卸料，将矿石和钢球分离开，并采用 1.7mm 的筛子对磨碎后的矿石进行筛分。筛分后，小于 1.7mm 的细粒被除去，钢球和大于 1.7mm 的矿石再装入半自磨机内继续磨矿。一旦 60% 小于 1.7mm 的矿石被除去，则停止细粒筛除，磨矿继续进行，直到半自磨产品的粒度达到 80% 小于 1.7mm 为止。达到这一终点时磨机的总转数即为 SAGDesign 半自磨磨矿结果。

试验的第二部分是测试半自磨产品的邦德球磨功指数。

SAGDesign 试验方法中的半自磨机所需功率有如下关系：

$$N=n\frac{16000+g}{447.3g} \tag{24-1-7}$$

式中　N——半自磨机所需的轴功率，kW•h•t^{-1}；

　　　n——半自磨机将给定的矿石磨碎到产品粒度达到 80% 小于 1.7mm 时的转数；

　　　g——所试验矿石的质量，即 4.5L 的矿石质量，g；

　16000——半自磨机中添加钢球的质量，g。

式(24-1-7)为一线性函数，试验结果的可重复性很好，偏差小于±3%。目前奥图泰拥有该试验方法的专利权，Starkey 公司拥有商业使用权。

1.4.4.7 介质适应性试验

介质适应性试验的目的是评价在被磨物料中可以充当磨碎介质的数量有多少。介质适应性试验首先由阿里斯查尔默斯（Alis Chalmers）公司开发出来，由沃威（Orway）矿物咨询公司和爱姆德（Amdel）公司进行试验。介质适应性试验是采用 ϕ1800mm×300mm 密闭型自磨介质试验机，对被磨矿石或物料进行介质适应性试验。试验时，被磨物料分成 165~150mm、150~138mm、138~125mm、125~113mm 和 113~100mm 五个粒级，从每个粒级中采用 10 个较大的矿块并称重，计 50 个试料块，加入磨机内，磨机转速为 26r•min^{-1}，旋转 500r（约 20min）后卸料，并对磨碎产品进行粒度分析。对每一个粒级中残存试料块

（最小粒度约 64~51mm）进行计数和称重。对小于 51mm 的磨碎产品部分进行筛分，最小筛孔为 3 网目。接下来对每一个粒级中的残存试料块分别进行一系列的低能量的邦德冲击试验[22,23]。

1.4.4.8 SPI 试验

SPI 是指半自磨功率指数。该试验采用 $\phi 300mm \times 100mm$ 半自磨机，添加 25mm 的钢球。给料量为 2kg，将其破碎到小于 19mm（P_{80} 约为 12.5mm），然后在半自磨机中进行批次磨碎试验，直到产品粒度达到 $P_{80}=1.7mm$ 为止。达到该点的磨碎时间（以 min 表示）即为 SPI 值。采用式(24-1-8) 来计算半自磨机的比能：

$$SAG = K\left(\frac{SPI}{T_{80}^{0.5}}\right)^n f_{sag} \tag{24-1-8}$$

式中 SAG——比能，$kW \cdot h \cdot t^{-1}$；

K，n——经验常数；

T_{80}——岩石粒度参数；

f_{sag}——子模型，在该模型中包括了给料粒度和砾石破碎的影响。

这是采用实验室数据来预测半自磨机功率的经验公式。SPI 由试验测得。至今已经进行了 2500 多个 SPI 试验。

1.4.4.9 SMC 试验

JK 落重仪试验需要的样品量较大。因为成本高，大块岩芯样品不常获得，而小直径的岩芯样品更普遍。这限制了 JK 落重仪试验的应用。SMC 试验是由澳大利亚 SMCC 公司开发的一项半自磨磨矿试验。它是一个简略化的 JK 落重试验。该方法采用 2~3kg 的钻探岩芯样品，切成 27~32mm 的岩块，置于 JK 落重试验仪上进行破碎。将破碎后的产品进行筛分，绘制产品粒度与破碎能量的关系曲线，获得落重指数 DW_i。至今已经进行了 3000 多个 SMC 试验。采用实际运转的自磨和半自磨机的大型数据库，推导出如下计算自磨和半自磨机比能的公式：

$$SE = KF_{80}^a DW_i^b [1+c(1-e^{-dJ})]^{-1}\phi^e f(A_r)g(x) \tag{24-1-9}$$

式中 SE——比能（单位能量）；

F_{80}——给料 80% 通过的粒度；

DW_i——落重指数（来自 SMC 试验）；

J——加球量，体积百分比，%；

ϕ——磨机转速（临界转速的百分比）；

$f(A_r)$——磨机长径比的函数；

$g(x)$——滚筒筛筛孔的函数；

a,b,c,d,e——常数；

K——常数，它的值取决于是否采用砾石破碎机。

该方法的优点是：采用的试样量少，可利用小尺寸的岩芯样，成本较低。

1.4.4.10 麦克弗森自磨试验

麦克弗森（MacPherson）自磨试验测定自磨功指数。采用 1 台直径 460mm 干式气落式半自磨机，添加 8% 的钢球。矿石或岩芯样借助自动控制系统给入磨机，给料粒度通常小于 32mm，以恒定重量和一定规格的钢球作为磨矿介质。磨矿试验是闭路连续试验，运行至少 6h 直到实现稳定状态。试验完成后，对磨碎产品进行粒度分析，并根据磨机功率和给矿量进行邦德功指数计算，这样得到的功指数，称为麦克弗森自磨功指数。它能够与邦德棒磨功指数和球磨功指数一起使用，为自磨和半自磨回路确定功耗和回路配置方案。

1.4.4.11 高压辊磨试验

当只有有限的样品可资利用时，可以采用实验室型高压辊磨机如 LABWAL 试验装置进行试验。试验结果可以用来对工业规模的高压辊磨机进行初步的选型。样品要求和该实验装置的参数见表 24-1-8。

表 24-1-8　高压辊磨试验样品要求和装置的参数

最大给料粒度	<12mm
辊径	0.25m 或 0.3m
辊宽	0.1m 或 0.07m
辊速	$0.2\sim0.9\text{m}\cdot\text{s}^{-1}$
耐磨	轮胎
磨损表面	光面，嵌钉
样品量	每批次试验 30kg

1.4.5　水分和泥质含量

物料的表面水分和泥质含量对粉碎影响较大，如在粉碎、储存和运输时发生黏结和堵塞。通常将水分限制在 5%~10% 以下。如原料水分过高，则采取如下措施：

① 采用湿法磨碎。用球磨机进行湿法磨碎时，在给料中要加适量的水，磨碎产品为料浆状体。

② 对物料进行干燥，或采用兼有粉碎和干燥的联合装置。

③ 在破碎机某些部件上局部加热（锤碎机或冲击或破碎机的衬板或冲击板），可减少粘连。

1.4.6　磨蚀性

物料的磨蚀性是物料对粉碎工作件（齿板、板锤、钢球、衬板等）产生磨损程度的一种性质。粉碎工作件的磨损程度称为钢耗，通常以粉碎物料时粉碎工作件的金属消耗量（钢耗，$\text{g}\cdot\text{t}^{-1}$）表示。

物料的磨蚀性虽然同物料的强度、硬度有关，但后两者还不能完全反映磨蚀性。例如抗压强度和普氏硬度系数相近的鞍山大孤山和南芬磁铁石英岩，用同样的美制牙轮钻头 HH77 对两者钻孔。

矿石或岩石中的石英含量和煤中的灰分含量，对物料的磨蚀性有较大的影响，含量越高，磨蚀性越强。岩石的表面形态（粗糙度）和是否颗粒大小相间也影响其磨蚀性。

1.4.7　晶粒结构和内部组织

许多物料是矿物晶粒或质量的集合体，晶粒有粗粒或细粒之分，集合体可以是块状、纤维状或海绵状结构。它们在粉碎时将对粉碎能耗、粉碎产品的颗粒形状及粒度组成等产生影响。

有些物料有明显的解理面。解理由分子或原子定向排列造成。在粉碎时，物料易于沿着这些解理面发生粉碎。物料颗粒可以有一个、两个或多个解理面。另一些物料没有明显的解理面，沿着不同方向粉碎的难易程度无差别。

物料粉碎后具有不同形状的断裂面，这也是由其内部组织所决定的。在粉碎实践中，可产生光滑、不平整、交错（锯齿状）、贝壳等形状的断裂面。

1.5　颗粒的形状

颗粒的形状是指一个颗粒的轮廓边界或表面上各点所构成的图像。它与物料种类、成分、解理、结构等因素有关，并对颗粒群的许多性质产生影响。在工程应用中，针对不同的使用目的，对颗粒形状有不同的要求。例如，石料破碎作业除了对产品粒度有要求之外，还对颗粒形状有要求。德国公路规程规定粒度为5～35mm的铺路石料中，立方体颗粒不得少于80%。所谓立方体，是指在颗粒的三维尺寸 a、b、c（其中 $a>b>c$）中，a/c 不得大于3。详见德国国家标准 DIN EN 933-4。破碎产品中立方体含量同破碎机设计和操作有关。如用 Calibrator 圆锥破碎机破碎某玄武岩时，给料粒度12～25mm，排料口宽度7.5mm，破碎产品粒度＞5mm 为65%，其中各粒级立方体颗粒含量分别为：5～8mm 粒级89.6%；8～11mm 粒级95.4%；11～16mm 粒级95.9%。

颗粒形状有块状（近似于球形体或立方体），棱角状［图24-1-10(a)］，扁尖状［又称鱼

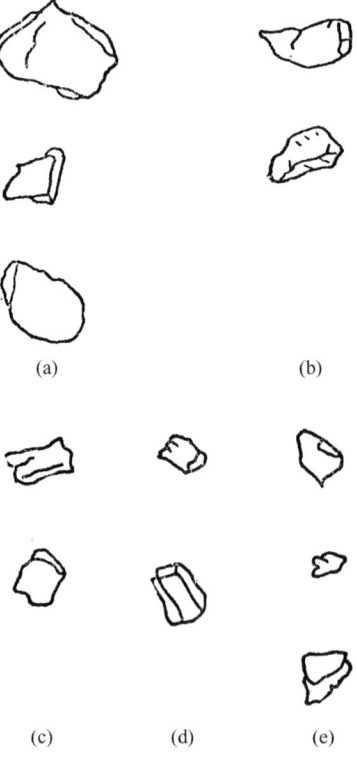

(a)　　　　　　　　　　(b)

(c)　　(d)　　(e)

图 24-1-10　物料的颗粒形状

状，图 24-1-10(b)]，片状 [最典型的是云母，图 24-1-10(c)]，柱状 [图 24-1-10(d)]，不规则形状 [卵石状、树枝状、海绵状、盘状、洋葱状等，图 24-1-10(e)] 和纤维状（如石棉）等。这些对实际颗粒形状的定性描述已远不能满足材料科学和工程对颗粒形状定量表征的需要。用某些几何参数的组合对颗粒的形状作定量描述，称为形状因子。形状因子分为形状系数和形状指数两类。

颗粒的表面积、体积、比表面积等几何参数与某种规定的粒径 d 的相应次方的比例关系称为形状系数。形状系数具有较明确的物理意义。

(1) 形状系数 形状系数有三种，即表面积形状系数、体积形状系数和比表面积形状系数，它们的定义如下：

$$\Phi_S = S/d^2 \qquad (24\text{-}1\text{-}10)$$

$$\Phi_V = V/d^3 \qquad (24\text{-}1\text{-}11)$$

$$\Phi_{SV} = \Phi_S/\Phi_V \qquad (24\text{-}1\text{-}12)$$

式中　S——颗粒的表面积；

　　　V——颗粒的体积；

　　　d——投影直径。

(2) 形状指数 形状指数与形状系数有所不同，它没有明确的物理意义，只是按各种数学式计算出来的数值。

颗粒的瓦德尔（Waddell）球形度的定义是与颗粒等体积的球的表面积和颗粒的实际表面积之比[24]。它描述颗粒形状接近球形的程度，其计算公式如下：

$$\psi_W = \left(\frac{D_V}{D_S}\right)^2 = \frac{D_{SV}}{D_V} \qquad (24\text{-}1\text{-}13)$$

一般 $\psi_W < 1$，对于球形，$\psi_W = 1$。表 24-1-9 列出几种物料的球形度的测量值。颗粒形状同球状差别越大，ψ_W 值越小。

表 24-1-9　一些物料的球形度的测量值

物料名称	球形度 ψ_W	物料名称	球形度 ψ_W
钨粉	0.85	煤粉	0.606
糖	0.848	水泥	0.57
烟尘（圆形的）	0.82	玻璃尘	0.526
钾盐	0.7	软木颗粒	0.505
砂（圆形的）	0.7	云母尘粒	0.108
可可粉	0.606		

1.6　物料的粒度及表示方法

粒度是指颗粒所占空间的线性尺寸。颗粒粒度是反映颗粒粗细程度的一种常用的定量几何量。鉴于物料颗粒的形状不规则，粒度的表示方法较多，单个颗粒和颗粒群粒度有其各自的表示方法。

1.6.1 单个颗粒粒度

球形颗粒用直径来表示其大小，对于不规则颗粒，最好用单一的量来表示颗粒的大小，其表示方法主要有三轴径、球当量直径、物理当量直径、圆当量直径、统计平均直径和筛分直径等六大类。

(1) 三轴径   将颗粒放稳（重心最低），设想一个外切于颗粒的长方体，则长方体的长度×宽度×高度表示颗粒的三维尺寸，如图 24-1-11 所示。此法适用于大块颗粒（>200mm），特别是当颗粒要通过一个孔口（如破碎机给料口、料仓的排出口等）时，要规定颗粒的最大尺寸。

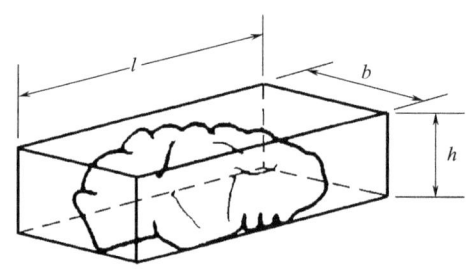

图 24-1-11   颗粒的三维尺寸表示

设颗粒的三维尺寸分别是 l、b、h（$l>b>h$），以颗粒的长度、宽度、高度定义的粒度平均值称为三轴平均径，其计算公式和物理意义列于表 24-1-10 中。这种方法对于必须强调长形颗粒存在的情况较适用。

表 24-1-10   三轴径平均值的计算公式

名称	符号	计算式	物理意义
二轴平均径	d_b	$\dfrac{l+b}{2}$	平面图形的算术平均
三轴平均径	D_c	$\dfrac{l+b+h}{3}$	算术平均
三轴调和平均径	D_x	$\dfrac{3}{\dfrac{1}{l}+\dfrac{1}{b}+\dfrac{1}{h}}$	同外接长方体有相同比表面积的球的直径或立方体的一边长
二轴几何平均径	d_y	$\sqrt{lb}$	平面图形的几何平均
三轴几何平均径	d_z	$\sqrt[3]{lbh}$	同外接长方体有相同表面积的立方体的一边长

(2) 球当量直径   取与颗粒的某一几何量（例如面积、体积等）相同的球形颗粒的直径作为粒径，通常用光散射法测定。颗粒球当量直径和表示方法列于表 24-1-11。

表 24-1-11　球当量直径和表示方法

名称	符号	计算式	物理意义
体积直径	d_V	$(3V/\pi)^{1/3}$	与颗粒具有相同体积的球的直径
面积直径	d_S	$(S/\pi)^{1/2}$	与颗粒具有相同面积的球的直径
面积体积直径	d_{SV}	d_S^2/d_V^2	与颗粒具有相同表面积和体积之比的球的直径

（3）物理当量直径　取与颗粒某一物理量相同的球形颗粒的直径作为粒径，例如，用沉降法测得的直径，称为斯托克斯当量直径，是指与测量颗粒的密度、自由沉降速度均相同的球形颗粒的直径。物理当量直径和表示方法列于表 24-1-12。

表 24-1-12　物理当量直径和表示方法

名称	符号	计算式	物理意义
阻力直径	d_d	$F_R = \psi v^2 d_d^2 \rho$	在黏度相同的流体中，与颗粒相比具有等密度、等阻力的球的直径
自由沉降直径	d_f	$v^2 = \pi d_f(\rho_s - \rho_1)g/(6\psi\rho_1)$	在相同流体中，与颗粒相比具有等密度、等沉降速度的球的直径
斯托克斯当量直径	d_{St}	$d_{St}^2 = 18v\eta/[g(\rho_s - \rho_1)]$	层流取颗粒的自由沉降直径

（4）圆当量直径　圆当量直径有两种，一是用与颗粒投影图形面积相等的圆代表颗粒投影像，与颗粒投影图形面积相等的圆的直径称为等面积圆当量直径，又称为海伍德直径。二是与颗粒投影图形周长相等的圆的直径称为等周长圆当量直径。颗粒的圆当量直径和表示方法列于表 24-1-13。

表 24-1-13　圆当量直径和表示方法

名称	符号	计算式	物理意义
投影面积直径	d_a	$(4A/\pi)^{1/2}$	与颗粒在稳定位置投影面积相等的圆的直径
随机定向投影面积直径	d_p	$(4A_1/\pi)^{1/2}$	与任意位置颗粒投影面积相等的圆的直径
周长直径	d_π	$L/(4A/\pi)^{1/2}$	与颗粒投影外形周长相等的圆的直径

（5）统计平均直径　统计平均直径按测定方法分为如下几种，如图 24-1-12 和表 24-1-14 所示。

 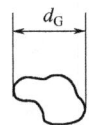 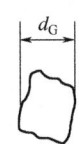 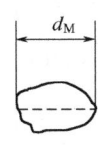 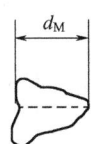 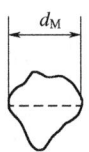

图 24-1-12　定向粒度 d_G 和定向面积等分粒度 d_M

表 24-1-14　统计平均直径

名称	符号	物理意义
菲雷特直径	d_G	与颗粒投影外形相切的一对平行线之间的距离
马丁直径	d_M	沿一定方向把投影面积二等分线的长度
剪切直径	D_{SH}	用图像剪切圆镜测得的颗粒宽度
最大弦直径	D_{CH}	与颗粒轮廓所限定的一直线最大长度

- 菲雷特（Feret）直径 d_G，又称为定向粒度；
- 马丁（Martin）直径，又称为定向面积等分粒度 d_M；
- 剪切直径；
- 最大弦直径。

（6）筛分直径　筛分直径是用筛分法测得的粒径，是颗粒可通过筛子的最小方孔的宽度。通常有几种标准筛系列可供使用，筛孔尺寸取决于网丝的粗细。标准筛系见表24-1-15。

表 24-1-15　标准筛系

| 国际标准筛 | 中国标准筛 | | 泰勒标准筛 | | 美国标准筛 | 日本 JIS | 前苏联筛 | 英国标准筛 BS 1796 | | 德国标准筛 DIN 1171 | |
孔径/mm	网目孔/in	孔径/mm	网目孔/in	孔径/mm	孔径/mm	孔径/mm	孔径/mm	网目孔/in	孔径/mm	网目孔/in	孔径/mm
						9.52					
8			2.5	7.925	8	7.93		—	—		
6.3			3	6.68	6.73	6.73		3	5.60		
			3.5	5.691	5.66	5.66		3.5	4.76		
5	4	5	4	4.699	4.76	4.76		4	4.00		
4	5	4	5	3.962	4	4		5	3.35		
3.35	6	3.52	6	3.327	3.36	3.36		6	2.80		
2.8			7	2.794	2.83	2.83		7	2.36		
2.3	8	2.616	8	2.262	2.38	2.38		8	2.00		
2	10	1.98	9	1.981	2	2	2	—	—		
							1.7				
1.6	12	1.66	10	1.651	1.68	1.68	1.6	10	1.7	4	1.5
1.4	14	1.43	12	1.397	1.41	1.41	1.4	12	1.40	5	1.2
	16	1.27					1.25	—	—		
1.18			14	1.168	1.19	1.19	1.18	14	1.18	6	1.02
1	20	0.995	16	0.991	1	1	1	16	1.00		
0.8	24	0.823	20	0.833	0.84	0.84	0.8	16	0.79		
0.71			24	0.701	0.71	0.71	0.71			8	0.75
	28	0.674					0.63	20	0.64	10	0.6
0.6	32	0.56	28	0.589	0.59	0.59	0.6			11	0.54
0.5	34	0.533	32	0.495	0.5	0.5	0.5			12	0.49
	42	0.452					0.425				
0.4			35	0.417	0.42	0.42	0.4	30	0.42	14	0.43
0.355	48	0.376	42	0.351	0.35	0.35	0.355	40	0.32	16	0.385
							0.315				
0.30	60	0.295	48	0.295	0.297	0.297	0.3			20	0.3
0.25	70	0.251	60	0.246	0.25	0.25	0.25	50	0.25	24	0.25
							0.212				
0.2	80	0.2	65	0.208	0.21	0.21	0.2	60	0.21	30	0.2
0.18			80	0.175	0.177	0.177	0.18	70	0.18		
							0.16	80	0.16		
0.15	110	0.139	100	0.147	0.149	0.149	0.15	90	0.14	40	0.15
0.125	120	0.13	115	0.124	0.125	0.125	0.125	100	0.13	50	0.12
	160	0.097					0.106				
0.1	180	0.09	150	0.104	0.105	0.105	0.1	120	0.11	60	0.1
0.09			170	0.088	0.088	0.088	0.09			70	0.088
	200	0.077					0.08	150	0.08		
0.075			200	0.074	0.074	0.074	0.075			80	0.075
0.063	230	0.065	0	0.062	0.062	0.062	0.063	200	0.06	100	0.06
0.05	280	0.056	270	0.053	0.052	0.053	0.05				
0.04	320	0.05	325	0.043	0.044	0.044	0.04				
			400	0.038							

1.6.2 颗粒群的粒度表示方法

① 用筛孔尺寸表示。

设颗粒群能通过尺寸为 a_{n+1} 的筛孔，但被尺寸为 a_n 的筛孔所阻留（$a_{n+1} > a_n$），则该组颗粒群的粒度为 $a_n \sim a_{n+1}$。

此为最常用的测定颗粒粒度的方法，适用于测定粒度为 $0.037 \sim 200\text{mm}$ 的颗粒。

对于尺寸较小的筛孔，各国制定了标准筛，其正方形筛孔的边长为筛孔尺寸。标准筛相邻筛孔的尺寸以几何级数递增，公比为 2、$\sqrt{2}$（1.414）、$\sqrt[4]{2}$（1.189）和 $\sqrt[10]{10}$（1.259）。

除了用方形筛孔的边长表示筛孔尺寸外，还可用网目和每平方厘米的筛孔数目表示，网目是每英寸长度的筛孔数目（mesh）。网目数越高，筛孔尺寸越小，常用的有 200 网目（或称 200 目）和 100 网目。为了网目数能表示筛孔的精确尺寸，必须对编织筛网的网丝直径或筛孔净尺寸做统一规定。用每平方厘米的筛孔数目表示筛孔尺寸时，常用的有 $900 \text{孔} \cdot \text{cm}^{-2}$ 和 $4900 \text{孔} \cdot \text{cm}^{-2}$，其网丝直径也做了统一规定。表 24-1-15 列出各国的标准筛。

② 用 <200 目的细粒含量（称筛下）或 >200 目的粗粒含量（称为筛余）来表示。这种方法常用于表示磨碎产物的细度：当 <200 目的含量越高（即 >200 目的筛余越低），则磨碎产品越细。

③ 用相当于细粒累积含量为 80% 或 95% 时的相应粒度来表示。令粉碎机给料粒度和排料粒度分别以 D 和 d 表示，则给料中相当于细粒含量为 80% 和 95% 的给料粒度以 D_{80} 和 D_{95} 表示，相应的排料粒度以 d_{80} 和 d_{95} 表示。在破碎作业中物料的粒度较大，常用 D_{80} 和 d_{80} 表示给料和排料粒度，而磨碎作业中常用 D_{95} 和 d_{95} 表示给料和排料粒度。

④ 颗粒群的名义（平均）粒度有多种表示方法。

设粒度为 d_1、d_2、$\cdots$、d_n 的粒级重量分别为 W_1、W_2、$\cdots$、W_n，相应的粒级含量分别为 β_1、β_2、$\cdots$、β_n，则各种计算名义粒度的方法列于表 24-1-16。计算时，粒度 d_1、d_2、$\cdots$、d_n 是筛析时相邻筛孔尺寸的平均值，最好用几何平均值，以较多地考虑细粒影响。例如，对于 $1 \sim 2\text{mm}$ 的粒级，其几何平均值为 $=1.414\text{mm}$。

表 24-1-16 颗粒群的名义粒度

算术平均直径	$d_1 = \sum W_x d_x / \sum W_x = \sum \beta_x d_x / 100$
几何平均直径	$d_2 = (d_1^{W_1} d_2^{W_2} \cdots d_n^{W_n})^{\frac{1}{\sum W_x}}$ 或 $\lg d_2 = \dfrac{W_1 \lg d_1 + W_2 \lg d_2 + \cdots + W_n \lg d_n}{\sum W_x} = \dfrac{\beta_1 \lg d_1 + \beta_2 \lg d_2 + \cdots + \beta_n \lg d_n}{100}$
调和平均直径	$d_3 = \dfrac{\sum W_x}{\sum \frac{W_x}{d_x}} = \dfrac{100}{\sum \frac{\beta_x}{d_x}}$
面积长度平均直径	$d_4 = \sum W_x d_x^2 / \sum W_x d_x$
体积面积平均直径	$d_5 = \sum W_x d_x^3 / \sum W_x d_x^2$
表面积平均直径	$d_6 = [\sum W_x d_x^2 / \sum W_x]^{1/2}$
体积平均直径	$d_7 = [\sum W_x d_x^3 / \sum W_x]^{1/3}$
比表面平均直径	$d_8 = 6/(\delta S_8)$
中径	d_{50}

在表 24-1-16 中，比表面平均直径 d 公式中的 S_8 为颗粒群的质量平均比表面，$cm^2 \cdot g^{-1}$，δ 为物料密度，$g \cdot cm^{-3}$。中径 d_{50} 为颗粒群中相当于细粒累积含量为 50% 时的粒度。

1.6.3 粒度分布的表示方法

由于总的颗粒群由各种粒度的颗粒群（称为粒级或级别）组成，为表示各种粒级占总的颗粒群的含量，通常用粒度表格、粒度曲线和粒度公式表示。

1.6.3.1 粒度表格

物料在一组筛孔不同的筛子（称为套筛）上进行筛分（筛析），得出粒度为 a_1、a_2、…、a_n 的 n 个粒级，各粒级占全部粒级的含量分别为 β_1、β_2、…、β_n，称作各粒度的粒级含量或粒级产率。如将小于某一粒度 a 的各个粒级含量累加，则为该粒级的细粒累积含量或细粒累积产率。反之，如将大于某一粒度 a 的各个粒级含量累加，则为该粒级的粗粒累积含量或粗粒累积产率。将每个粒级含量或累积含量列成表格，以表示颗粒群的粒度分布，如表 24-1-17 所示。

表 24-1-17　粒度分布表格

粒级/μm	质量/g	粒级含量/%	筛下累积含量/%	筛上累积含量/%
>3350	0	0	100	0
<3350,>2360	7.3	1.231	98.77	1.23
<2360,>1180	70.3	11.855	86.91	13.09
<1180,>600	262.2	44.216	42.70	57.3
<600,>300	187.2	31.568	11.13	88.87
<300,>150	52.7	8.887	2.24	97.76
<150,>75	8.9	1.501	0.74	99.26
<75	4.4	0.74		
	593	100		

1.6.3.2 粒度曲线

粒度数据的图示法通常是以横坐标（x 轴）列出颗粒粒度，以纵坐标（y 轴）列出测得的基准量。表示数量有两种方法：一种是列出每一个粒级中的量（绝对量、分数或百分数），另一种是列出高于或低于某一粒度的累积量（分数或百分数）。

常用的方法是绘制累积分布图。其横坐标为颗粒的大小，纵坐标是大于或小于颗粒大小的百分率。此法的优点是：可以在图上直接读出中值和任何两种颗粒大小之间的百分率。由于累积曲线往往看不出细节，所以为了使相同大小各级可以比较起见，一般采用相对百分频率来作图。当颗粒大小范围很宽时，尤其是采用几何分级时，最好采用对数坐标。

（1）累积含量表示的粒度曲线　为了便于观察各粒级物料的分布规律，常将表格中的数据绘成各种粒度特性曲线。常用的绘图法有三种，即算术坐标法、半对数坐标法和全对数坐标法。

① 算术坐标法。算术坐标法是横、纵坐标均采用等距的算术刻度，横坐标表示颗粒粒

度大小，纵坐标表示大于或小于某一筛孔尺寸的颗粒的累积含量。将表 24-1-17 中的粒度分析数据绘成粒度曲线，见图 24-1-13。此法适用于粒度范围窄的物料。其主要缺点是粒度标度在细粒一端被压缩，也就是，在细粒级别处，各点挤在一起，不易分辨。为了使细粒级在横坐标上分散开，特别是当颗粒群的粒度范围较广时，横坐标应采用对数坐标。

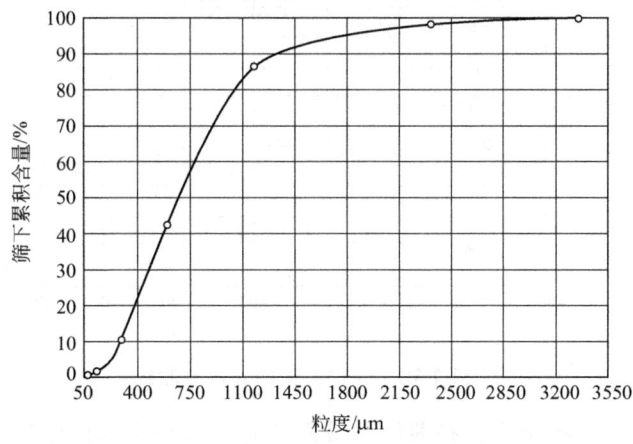

图 24-1-13 算术坐标的粒度曲线

② 半对数坐标法。半对数坐标法的横坐标为粒度大小，按对数划分刻度（但图中仍标注原颗粒尺寸）；纵坐标仍采用算术坐标，故称为半对数坐标法。横坐标采用对数坐标，我们将表 24-1-17 中的数据绘成粒度曲线，见图 24-1-14。这种绘图法适用于粒度范围较宽的物料。

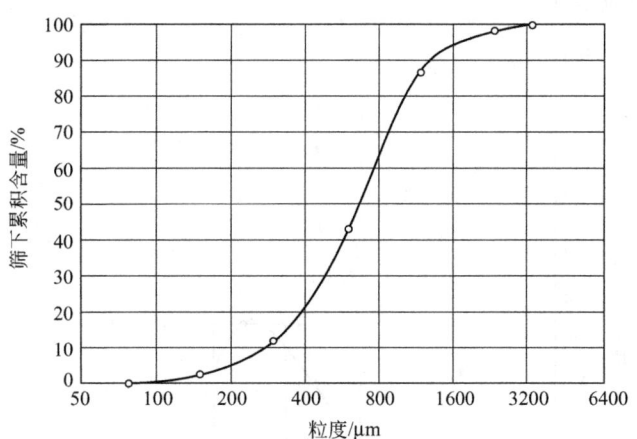

图 24-1-14 半对数坐标的粒度曲线

③ 全对数坐标法。此法的纵、横坐标全按对数划分刻度。一般粒度组成均匀的物料，用此法绘图后，常可得出直线，这样就有可能利用该直线延长线，通过外插法求出比最细的筛孔更细的那一部分物料的产率。同时，也易于求出该直线的方程，从该直线的斜率，还可判断破碎机的工作情况与产品质量。例如斜率愈大，就表示所得产物的粒度范围愈窄，就是过粉碎及泥化现象愈小。

横坐标和纵坐标都采用对数坐标，将表 24-1-17 中的数据绘成粒度曲线，见图 24-1-15。从图 24-1-15 中可以看出：物料的粒度分布画在这种坐标上时，中间一段近似于直线。这种绘图法适用于粒度范围较宽的物料。

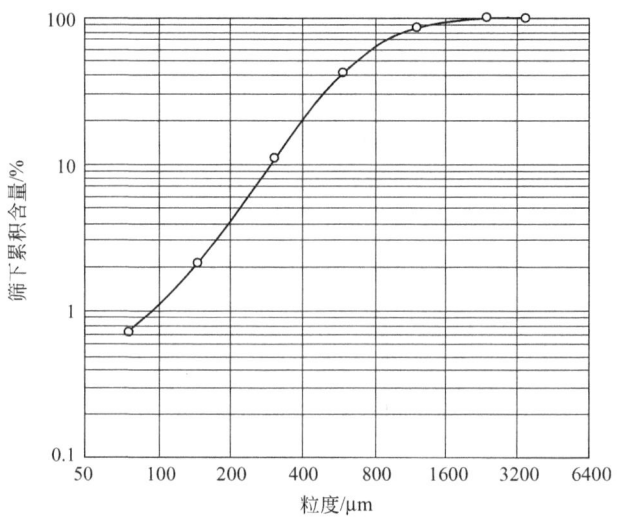

图 24-1-15 全对数坐标的粒度曲线

（2）粒级分布直方图和频率分布曲线   最简单的方法是绘制特性频率直方图。该图横坐标为粒径，纵坐标为该粒径范围的粒子数（或称频数），每一级的高度与该级中的粒子数成正比。粒度频率曲线可视为直方图经平滑处理后的一条连续曲线。在绘制粒度频率曲线时，每一给定粒级的颗粒粒度是以该粒级上下限的算术平均值表示。图 24-1-16 为以直方图和频率曲线表示的表 24-1-17 中物料的粒度分布。此曲线上对应于纵坐标最大点的粒度，表示物料中该粒度附近的颗粒最多。

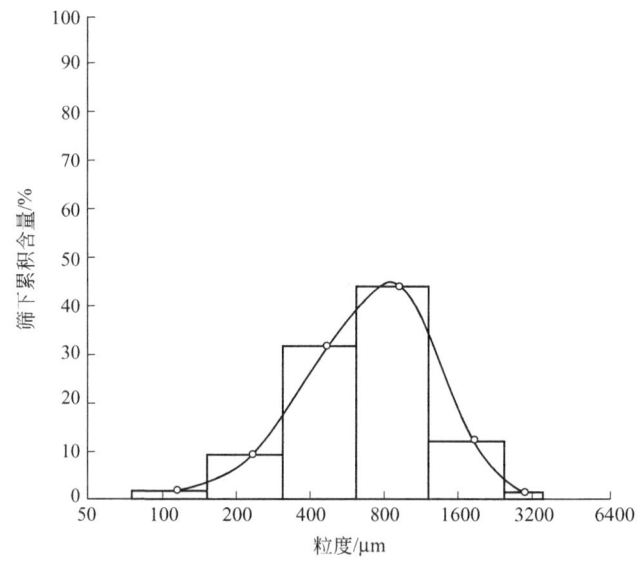

图 24-1-16   粒度分布的直方图和频率曲线

在评价磨碎回路的性能时，粒度分析是非常重要的。谈论磨矿细度时，通常提及筛下累积粒度曲线上的一点，即 80% 通过粒度，也就是 P_{80}，P_{80} 为 $1091\mu m$。虽然这并没有给出物料的全部粒度分布，但却易于对磨矿回路作例行控制。例如，如果磨矿作业要求的磨矿产品粒度为 $80\% - 75\mu m$，则在例行控制中，操作人员只需以该粒度为基准筛分一部分磨矿产品。如果筛分结果只有 $60\% - 75\mu m$，则产品太粗，可立即采取控制步骤来弥补矿石的欠磨。

1.6.4 粒度分布函数

虽然粒度分布用表格和图形表示比较直观和简便，但是不便于将它们与其他物理量相联系，进行研究。经过长期不断的研究，人们发现，用相应的经验方程式去修正粉碎产物粒度分析数据的分布曲线可以得到近似表征粒度分布的方程式，称为粒度特性方程式，或称为粒度分布函数。这些粒度分布函数的导出不是出于严格的、能揭示各种大小颗粒产生过程规律的理论，而是出自试验数据。同样的粒度分析数据，采用不同的数学方法处理会得到不同的粒度分布方程式，仅准确度不同。有时要用一个以上的方程式才能将全部粒度分析数据概括；有时还找不到足以概括粒度分析数据的方程式。已经找到的粒度分布方程式有十多种。对于粉碎操作中得到的非均匀粒度分布，最常用的是高登-舒曼和罗辛-拉姆勒尔的两个参数方程式。

(1) 高登-舒曼公式 高登（A. M. Gaudin）和舒曼（R. Schuhmann）等人提出下列粒度公式：

$$F(x) = 100 \left(\frac{x}{k}\right)^m \tag{24-1-14}$$

两边取对数得到：

$$\lg F(x) = A + m \lg x \tag{24-1-15}$$

式中 $F(x)$——通过筛孔尺寸为 x 的筛孔的筛下累积质量分数，%；

          x——颗粒粒度（筛孔尺寸）；

          k——理论最大颗粒的粒度（或粒度模数）；

          m——分布常数，与物料性质有关；

          A——直线在纵坐标上的截距，$A = \lg 100 - m \lg k$。

m 的值决定了分布曲线的特征；当 $m = 1$ 时，分布曲线就成为一条直线。若 $m < 1$，则该累计频率曲线是上凸的，若 $m > 1$，则该累计频率曲线是下凹的。根据 m 值的大小就可以判断物料中是以粗粒为主还是细粒为主。

对于多数物料，在中间粒度区间此公式较适用。在全对数坐标上，按此粒度公式画成的粒度曲线近似于直线。

(2) 罗辛-拉姆勒尔公式 此式由罗辛-拉姆勒尔（Rosin-Rammler）于 1934 年用统计方法研究粉碎产品的粒度特性而导出，得到了更广泛的应用。其式如下：

$$F(x) = 100 - 100 \exp\left[-\left(\frac{x}{k}\right)^n\right] \tag{24-1-16}$$

或

$$R(x) = 100 \exp\left[-\left(\frac{x}{k}\right)^n\right] \tag{24-1-16a}$$

式中 $F(x)$——筛孔尺寸为 x 的筛下累积质量分数，%；

          $R(x)$——筛孔尺寸为 x 的筛上累积质量分数，%；

          x——颗粒粒度（筛孔尺寸），μm；

          k——特征粒径，表示颗粒群的粗细程度；

          n——均匀性系数，表示粒度分布范围的宽窄程度，值越小，粒度分布范围越广，对于粉尘及粉碎产物，往往 $n \leqslant 1$。

当 $x=k$ 时，则 $R(x)=100\mathrm{e}^{-1}=100/2.718=36.8$

对式（24-1-16a）取两次对数，得出

$$\ln\left[\ln\left(\frac{100}{R(x)}\right)\right]=n\ln\left(\frac{x}{k}\right)+\ln(\ln\mathrm{e})=n\ln D+C \qquad (24\text{-}1\text{-}17)$$

式中，$C=\ln(\ln\mathrm{e})-n\ln k$。

在 $\ln D$ 与 $\ln[\ln(100/R(x))]$ 坐标系中，式（24-1-17）作图呈直线，根据斜率可求 n，由 $R(x)=36.8$ 可求 x。这种图就称为罗辛-拉姆勒尔-斯珀林-贝纳特图，简称 R-R-S-B 图。

实际应用时有专用坐标纸，即 R-R 纸，其纵坐标是双重对数，横坐标是对数，使用十分方便。现举例说明，如图 24-1-17 所示。

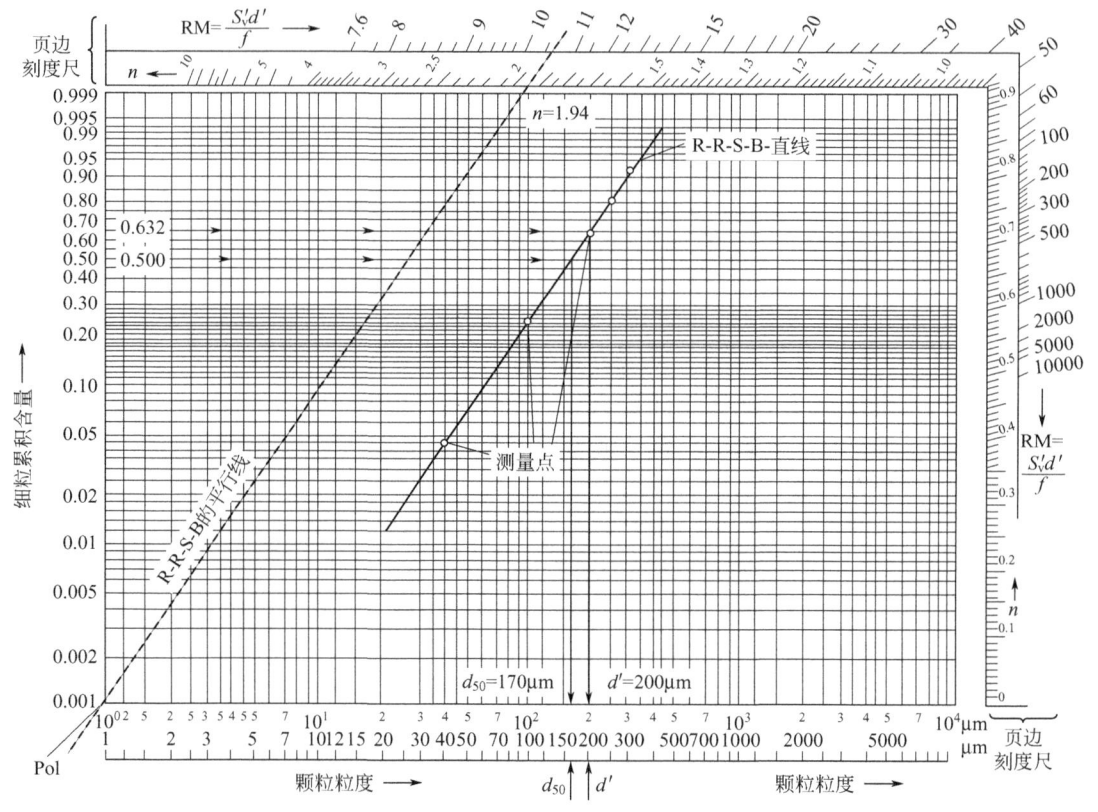

图 24-1-17 罗辛-拉姆勒尔粒度曲线

图 24-1-17 是罗辛-拉姆勒尔粒度曲线，其纵坐标是双对数坐标，横坐标为一般对数坐标。这种坐标系统的纵坐标在两端（当累积含量<25％和>75％的区间）的间隔较大。

在粒度曲线上，如曲线的斜度大，表示多数颗粒集中于较窄的粒度范围内，即为窄粒度分布。如斜度小，为宽粒度分布。

在以纵坐标用双对数坐标、横坐标为一般对数坐标（图 24-1-17）上绘制物料粒度曲线时，如粒度分布符合于式（24-1-16）或式（24-1-17），则给出一条斜率为 n 的直线。实际上，多数粉碎产品在罗辛-拉姆勒尔坐标上画出的粒度曲线，仅在中间一段近似于直线。

多数破碎和磨碎产物的粒度分布都服从罗辛-拉姆勒尔分布规律，尤其是煤、石灰石等脆性物料经各种破碎和磨碎设备处理后的产物。

1.6.5 粒度测定法

颗粒粒度的测定方法很多，应当根据研究的目的选择最适当的方法。常用的粒度测量方法及其适用范围如表 24-1-18 所示[24]。

1.6.5.1 筛分法

筛分法是让物料通过一系列不同筛孔的标准筛，将其分离成若干个粒级，再分别称重，求得以质量分数表示的粒度分布。筛分法适用于约 20μm～100mm 之间的粒度分布测量，如采用电成形筛（微孔筛），其筛孔尺寸可至 5μm，甚至更小。

表 24-1-18　粒度测定法

方法	原理	装置	粒度范围 /μm	粒度分散类型	粒度分布类型	当量直径
筛分法	在筛网上通过振动分离	筛子	20～2500	筛孔大小	质量	d_V
		电成形微孔筛	5～200			
沉降法	沉降效应，随时间和位置的变化	安德烈森吸管	重力沉降：1～200	静态沉降速度	质量	d_{St}
		沉降天平，光电沉降仪	离心沉降：0.5～30		质量	
显微镜法	颗粒投影像的尺寸	光学显微镜	0.4～200	投影长度	个数	d_A
		电子显微镜	1×10^{-4}～200		个数	
直接计数法	利用因颗粒的存在而在电路中产生的电阻变化	库尔特计数器	0.5～250	电场干涉	个数	d_V
	应用夫琅和费（Fraunhofer）激光衍射原理	Fraunhofer 激光衍射仪	光衰减 1～2000	光学尺寸	体积	d_V
		红外扫描激光仪	光散射 2～200		个数	
		光子相关光谱仪	光子光谱 0.01～3		个数	

1.6.5.2 沉降法

根据在适当的介质（液体或气体）中的沉降颗粒的大小与沉降速度之间的关系测定颗粒粒径的方法叫沉降法。这种方法的原理简单，测定范围广，曾经是一种被广泛应用的粒度测量方法。沉降法按力场不同可分为重力场和离心力场两类。

(1) 重力沉降　颗粒在静止的气体或液体中，依靠重力克服介质的阻力和浮力自然沉降。

(2) 离心沉降　在离心力场中，颗粒的沉降速度明显提高。本法适合测量纳米级颗粒，可测量 0.007～30μm 的颗粒，若与重力沉降法相结合，则可将测量上限提高到 1000μm。

1.6.5.3 显微镜法

显微镜法是唯一可以观察和测量单个颗粒的方法，因此它是测量粒度的最基本方法。经常用显微镜法来标定其他方法，或帮助分析其他几种方法测量结果的差异。它的明显优势是：在获得颗粒粒度的同时，也得到了颗粒形态特征方面的数据。

光学显微镜的放大倍数可达 1000～1500 倍，根据光学仪器的分辨率，光学显微镜测量粒度的范围大致为 0.2～200μm；透射电子显微镜测量粒度的范围为 1nm～5μm；扫描电子显微镜测量的最小粒度约为 10nm。基本上所有的显微镜法测量的样品量是极少的，为了使试样具有真正的代表性，必须非常精心地取样。样品的制备也很重要，颗粒的互搭重叠和在显微镜载片上的取样错误是常遇到的问题。这些问题可以通过分析制作的样品的整个区域而不仅仅是中心区域来得到解决，以及通过分析大量的显微镜载片来减少不同样品之间的变化。

1.6.5.4 激光法

激光法是近几十年发展起来的颗粒粒度测量方法，具有快速、重复性好、测量和处理易实现自动化、测量范围广的优点，且为非接触操作，适合在线测量。20 世纪 70 年代以来激光法在粒度测量上已开始获得广泛的应用。

1.6.5.5 光散射法

光散射法利用颗粒对激光的散射角度随粒度而改变的原理测定粉体的粒度分布。

1.6.5.6 消光法

消光法是通过测定经粉体散射和吸收后的光强度在入射方向上的衰减确定粒度。光源产生的单色光经过聚光透镜、光阑和准直透镜变为一束平行光，穿过在气体或液体中的分散的粉体，然后通过透镜和光阑被光电探测器接收。测定消光度后，利用消光系数和粒径的关系，可求得其粒度，该法测定速度快。

1.6.5.7 电传感法

电传感法是将被测颗粒分散在导电的电解质溶液中，在该导电液中置一开有小孔的隔板，并将两个电极分别于小孔两侧插入导电液中。在压差作用下，颗粒随导电液逐个地通过小孔。每个颗粒通过小孔时产生的电阻变化表现为一个与颗粒体积或直径成正比的电压脉冲。对于球形颗粒，悬浮液的电阻变化 ΔR 与颗粒体积 V 即 d^3 成正比。

仪器对脉冲按其大小归挡（颗粒体积或粒度的间隔），进行计数，因此，可以给出颗粒体积或粒度（体积直径）的个数分布。同时，也可给出单位体积导电液中的总粒数和各挡大小的粒数。

1.6.5.8 气体吸附法

气体吸附法是基于多分子层吸附理论。使气体分子吸附于微粒表面，通过测定气体吸附量，可换算出物料比表面积。用吸附法测定的最小孔径为 1.5～2mm，最大为 300mm。对于更小或更大的孔，其测定误差偏大。纳米陶瓷的一次颗粒小于 100nm，聚集形成的孔径应小于 100nm，可用气体吸附法测定。

1.6.5.9 水力分析法

水力分析法简称为水析法，是根据颗粒的沉降速度间接地测定物料粒度组成的方法，用于小于 0.1mm 物料粒度组成的测定。此法的优点是可以连续分出不同的粒度组分，一次能得到多级产品，因而在工作量大的情况下具有明显的优越性。

常用的水析法有三种：淘析法、上升水流法和离心沉降法。

(1) 淘析法 淘析法是利用上升流体，往往是水流或气流，进行颗粒分级的方法。淘析法的基本原理是利用逐步缩短沉降时间的方法，由细颗粒到粗颗粒，逐步将各粒级物料从试料中淘析出来。

(2) 上升水流法 上升水流法的典型装置是连续水析器，基本原理是利用相同的上升水量在不同直径的分级管中产生不同的上升水速，粒度不同的颗粒按其沉降速度不同分成若干粒级。该水析器除主要工作部件分级管外，还有给水装置、水玻璃添加装置、给料装置和溢流接收装置等。分级管的直径由给水量和分级粒径确定。

(3) 离心沉降法 离心沉降法常采用旋流分级器，其基本原理是利用离心力代替重力场进行分级过程。在旋流器内，物料分级的快慢取决于离心沉降速度。微小球颗粒在离心场中的径向沉降速度，可根据在旋转介质中球体所受离心力和介质阻力的平衡条件下求出：

$$v_r = \frac{d^2(\rho_s - \rho_f)}{18\mu} \times \frac{u_t}{r} \tag{24-1-18}$$

式中　v_r——球体在离心场中径向运动速度，m·s⁻¹；

ρ_s——颗粒密度，kg·m⁻³；

ρ_f——介质密度，kg·m⁻³；

μ——介质黏度系数，N·s·m⁻²；

r——球体所在瞬间位置离回转轴的距离，m；

u_t——离心场中半径为 r 的某点切向速度，m·s⁻¹；

d——颗粒分离粒度，m。

旋流分级器示意图如图 24-1-18 所示。5 个旋流器的安装方向与一般旋流器的安装方向相反，是底流口（即沉砂口）垂直向上。5 个旋流器互相串联并平行排列，这样每个旋流器的溢流口都在下方，并作为下一个旋流器的进料口。每个旋流器的底流口均与装有排料阀的圆形小容器相通。试验时，排料阀是关闭的，底流不排出。水通过控制流量泵送给旋流分级

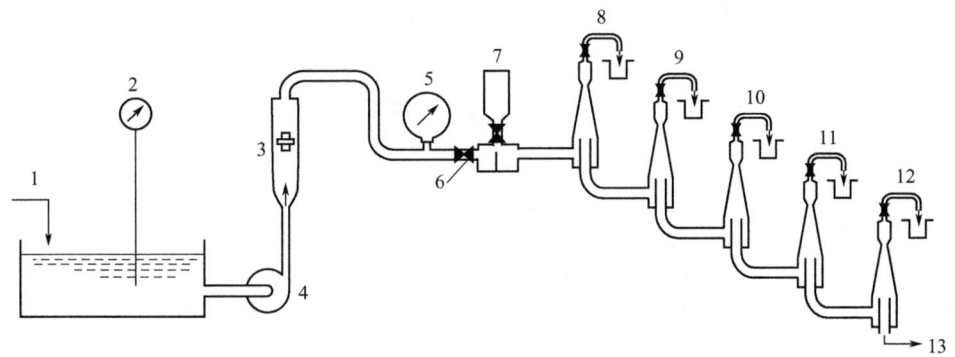

图 24-1-18　旋流分级器示意图

1—主水管；2—温度计；3—转子流量计；4—泵；5—压力表；6—流量控制；7—试样容器；
8—1 号旋流器；9—2 号旋流器；10—3 号旋流器；11—4 号旋流器；12—5 号旋流器；13—废弃

第24篇

器，经称重的固体试样给至旋流器的前头。液体切向进入旋流器引起旋转运动，结果，一部分液体与沉降较快的颗粒一起进入底流排出口；余下的一部分液体与沉降较慢的颗粒一起通过旋流器溢流口排出，进入该系列的下一个旋流器。每个旋流器的入口面积和溢流口直径沿液体流动方向递减，其结果相应增大了入口流速和旋流器内的离心力，从而依次降低了旋流器分离粒度下限。

整个水析时间约为 20min，此后，将每个底流排出口容器内的物料排入单独的烧杯，将不同粒级收集起来。该方法分级速度快，分级效果好。对粒度范围为 8～50μm、密度类似石英（2.7kg·m^{-3}）的物料，广泛使用这种方法进行常规试验和选厂控制；对于密度高的颗粒，如方铅矿（密度 7.5kg·m^{-3}），则可分离低至 4μm 的颗粒。

1.7　粉碎原理和粉碎能耗假说

1.7.1　粉碎原理

1.7.1.1　岩石破裂机理

岩石的应力-应变曲线与金属材料的应力-应变曲线很不一样。观测得到的脆性物料破裂的典型的四个阶段如图 24-1-19 所示。在第 Ⅰ 和 Ⅱ 阶段主要是弹性行为，但是在第 Ⅱ 阶段不仅发生变形，也存在彼此相对滑移。在第 Ⅲ 阶段，第 Ⅱ 阶段继续存在，并形成轴向裂缝，这引起岩石的膨胀，图 24-1-19 中应力-应变曲线形状发生较大的变化说明了这点。第 Ⅳ 阶段，在颗粒边界的缝隙变大，产生畸形，导致快速破裂。

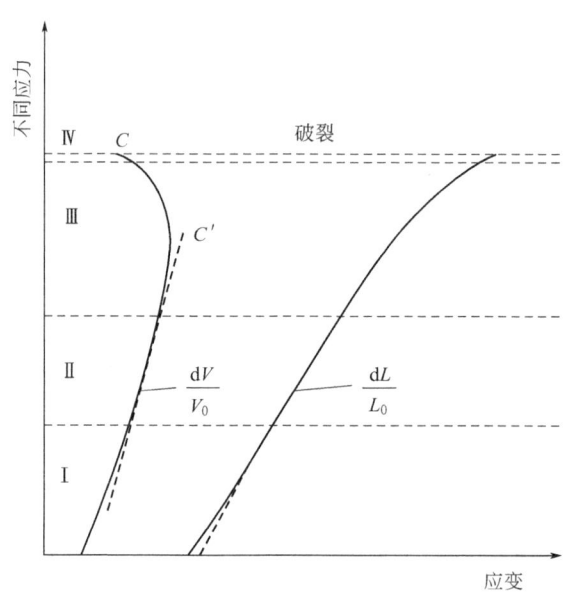

图 24-1-19　岩石破裂的应力-应变行为的四个阶段

即使岩石均匀地受力，内应力也不会均匀地分布，因为岩石由多种多样的矿物组成，而矿物又呈不同粒度的颗粒分散在其中。应力的分布取决于个别矿物的机械性质，更为重要的是取决于基岩内是否存在裂缝或裂隙，裂缝或裂隙是应力集中区。

1.7.1.2 粉碎机理

尽管粉碎理论假定物料是脆性的，但实际上晶体可以储存能量而不致破裂，当应力取消后，能量即被释放。这种行为称为弹性。

按照格里菲斯的能量平衡概念，当弹性体中储存的应变势能因突然松弛而释放的能量大于新生表面能时，裂缝扩展使物料破裂。脆性物料主要通过裂缝扩展来释放应变能。韧性物料能够减弱应变能而不致裂缝扩展，其机理是塑性流动，在此情况下，原子或分子之间彼此发生相对滑动，能量消耗于物料的变形。

天然的颗粒呈不规则形状，载荷不均匀，而且是通过接触点或接触面的方式受到外加载荷的作用。粉碎主要通过压碎、冲击和研磨来实现。依据岩石力学和载荷类型可分辨出三种基本的破裂类型，即压缩破裂、拉伸破裂和剪切破裂。

当一个不规则颗粒被压碎时，粉碎后的产品分离成两种截然不同的粒级：因拉伸破裂生成的粗粒级，在载荷点附近因压缩破裂生成的细粒。

冲击破碎时，由于快速载荷，颗粒经受的平均应力高于低速载荷时的应力。结果，颗粒吸收的能量多于达到简单破碎所需的能量，因此迅速破碎，而主要是拉力破碎。粉碎后产品在粒度和形状上往往非常相似。在粉碎过程中颗粒通常是由于受拉伸而破裂，而不是受压缩而破裂。

若有一对集中载荷相向地压缩一个颗粒（如图 24-1-20），在其中产生了拉伸应力，那

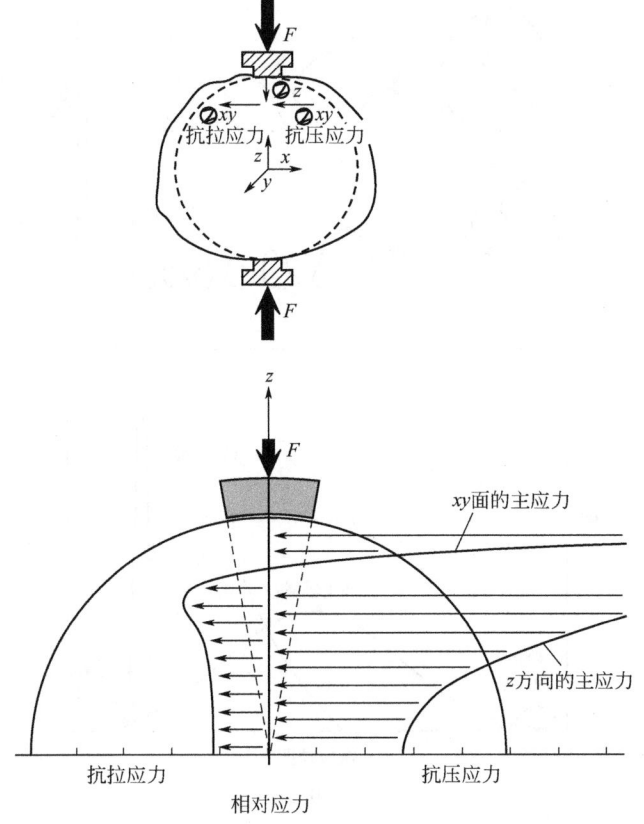

图 24-1-20 颗粒在局部压缩载荷下的主应力分布

么这个颗粒是怎样由于拉伸应力的作用而破裂的呢？已经证明，不规则颗粒的应力和形变特征与相同条件下球体的这些特征是相似的，因此对球体进行分析。球体颗粒轴线上的应力分布如图 24-1-20 所示。尽管整个颗粒在 z 方向的主应力是压缩应力，但是在平面上主应力随位置不同而改变：靠近着力点是压缩应力，在颗粒中间是拉伸应力。由于固体颗粒在拉伸状态下总是显得比在压缩状态下脆弱得多，固体颗粒的破裂主要是起源于拉伸应力。令颗粒承受图 24-1-20 所示的集中载荷，就会由于拉伸破裂而破裂成少数大块，加上由于着力点附近受压缩而碎裂成的许多小碎块。描述颗粒中应力分布的方程式是复杂的，此处不予引用[25]。

要想使一个颗粒破裂，就需要一个外加的足以超过该颗粒的破裂强度的应力。颗粒破裂的方式取决于它的特性以及向颗粒施加外力的方式。施加到颗粒上的力可以是压缩力，如图 24-1-20 所示，它使颗粒因受拉伸而破裂。当然，除了压缩力之外，也可以向颗粒施加剪切力，比如两个颗粒相互摩擦时就施加了剪切力。

单颗粒破碎通常存在三个破碎机理。

磨剥破碎机理示于图 24-1-21(a)。

劈碎破碎机理示于图 24-1-21(b)。

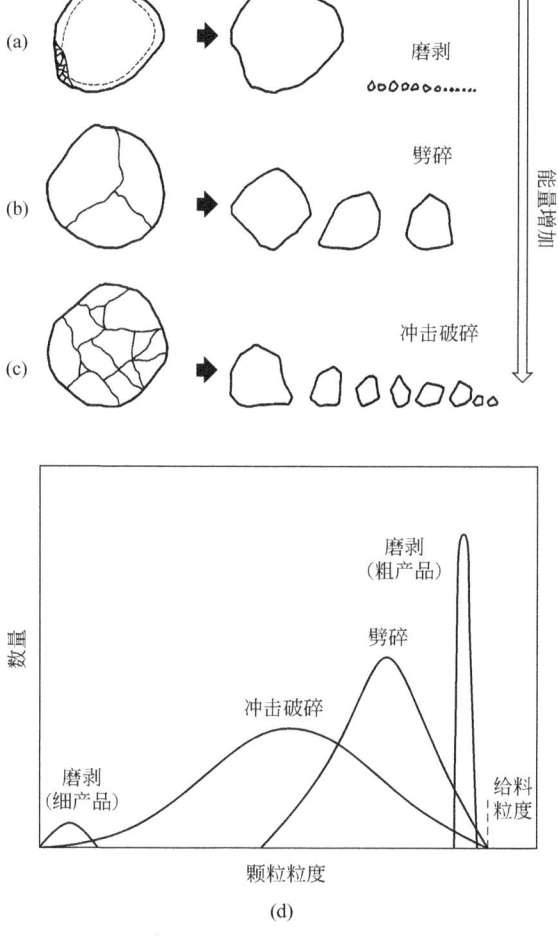

图 24-1-21　颗粒破碎机理的图示及其产品粒度分布

冲击破碎或剪切破碎产生更多的细粒产品。在实践中，剪切破裂主要是由于颗粒与颗粒之间的相互作用（粒间粉碎）而产生的。这种破碎机理示于图 24-1-21(c)。

破碎是粉碎机械利用粉碎工作件（齿板、辊子、锤头、钢球等）对物料施力而使其粉碎。利用机械力粉碎固体物料的方法主要有以下四种：压碎、研磨、击碎、磨削。施力种类有压力、弯曲、剪切、劈碎、研磨、打击、冲击等。一些粉碎方式如图 24-1-22 所示。

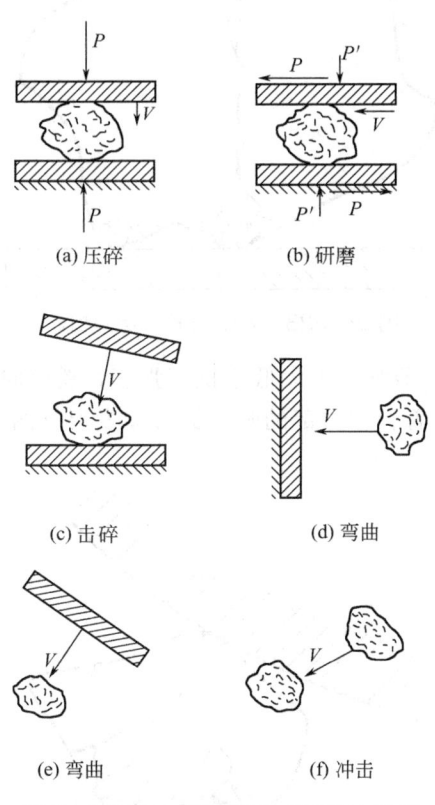

图 24-1-22　一些粉碎方式和施力种类

（1）压碎　将固体物料置于两个破碎工作面之间，施加压力后，物料因压应力达到其抗压强度限而破碎。

（2）研磨　物料受运动工作面压力和剪切力作用，因剪应力超过物料的剪切强度限而被研碎。研磨也称为剪切。

（3）击碎　物料在瞬间受到外来的冲击力作用而被粉碎。

（4）磨削　物料与运动的工作面之间存在相对运动而受一定的压力和剪切力作用。当剪切应力达到物料的剪切强度时，物料即被粉碎。研磨破碎多产生细粒，效率低，能耗大。这种方法多用于小块物料的细磨。

施力的作用很复杂，往往是若干种施力作用同时存在。大多数待粉碎物料呈脆性。为了有助于粉碎工作件咬住物料，减少粉碎阻力和过粉碎，粉碎工作件制成具有尖锐程度不同的刃，称为齿牙。施力开始时，物料在同齿牙接触的部分首先发生局部粉碎，然后产生较大的裂缝，最终导致物料全部粉碎。图 24-1-23 为产生局部粉碎（在同齿牙接触处）和全部粉碎的示意图。

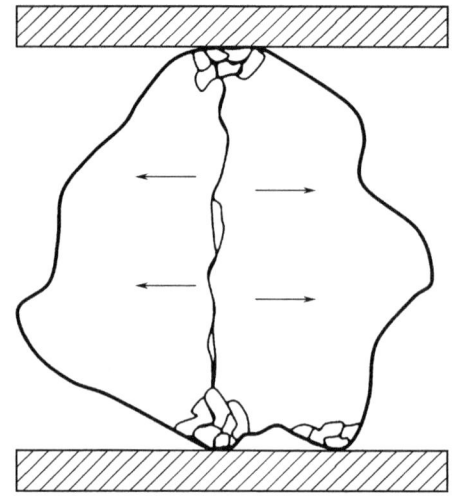

图 24-1-23   局部粉碎和全部粉碎

由于脆性物料的抗拉和抗剪强度大大低于抗压强度，粉碎时产生的裂缝往往顺着施力方向、与施力方向成 45°角或沿着颗粒内部的脆弱面方向发展（图 24-1-24）。

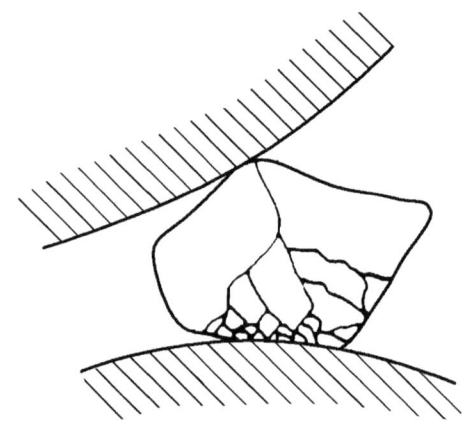

图 24-1-24   颗粒发生脆性粉碎时的裂缝

在打击或冲击粉碎时，粉碎工作件或颗粒的功能迅速转变为物料的变形功，并产生较大的应力集中导致物料粉碎。物料在打击或冲击作用下，在颗粒内部产生向四方传播的应力波，并在内部缺陷、裂纹、晶粒界面等处产生应力集中，物料将首先沿这些脆弱面粉碎。

对于组织不均匀或由多种成分组成的物料，在所谓自由破碎（颗粒发生破碎时有一定自由伸展余地）条件下，裂缝和断裂面将首先发生于强度小的成分表面及其内部。在破碎产品中，强度大的成分粒度较大，强度小的成分粒度较小，产生所谓"选择性破碎"作用。例如煤炭中含的矸石和黄铁矿杂质，其强度较煤本身的强度大。利用选择性破碎原理的"圆筒式碎煤机"将原煤破碎后，产品中煤本身的粒度较小，而矸石和黄铁矿破碎后则粒度较大。通过对破碎产品进行筛分可将煤同矸石或黄铁矿分开，从而得到高质量的煤炭。

在实践中，施力种类因物料性质、粒度及对粉碎产品的要求而异：

（1）粒度较大的中等坚硬物料　用压碎、冲击，粉碎工作件上有形状不同的齿牙。

(2) 粒度较小的坚硬物料 用压碎、冲击，粉碎工作件表面光滑，无齿牙。

(3) 粉状或泥状物料 研磨、冲击、压碎。

(4) 磨蚀性弱的物料 冲击、打击、劈碎、研磨，粉碎工作件上有不同锐利程度的齿牙。

(5) 磨蚀性强的物料 以压碎为主，粉碎工作件表面光滑。

(6) 韧性物料 用剪切或快速冲击。

(7) 建筑行业的石料 冲击、打击、压碎作用下的自由粉碎。

(8) 多成分物料 冲击作用下的选择性粉碎。

1.7.1.3 粉碎能耗分析

研究粉碎过程的能量利用效率，首先要分析粉碎过程进行时能量的转换和平衡，明确哪些项目对粉碎过程是有用的，哪些项目属于损失，这正是对热力学第一定律的具体应用。表24-1-19是几个粉碎能量平衡的例子，它们仅包括几个主要的和明显的项目，实际情况比这更复杂[15]。按照朗夫（Rumpf）的分析：输入的机械能呈热能散出一部分，而此部分热能又可为物料吸收再转换为机械能；能量转换可引起物质结构变化、吸附和化学反应，而这些发生后的结果又会引起能量的转换。粉碎期间能量转化是一个很复杂的过程，见图24-1-25给出的粉碎期间能量转换示意图[26]。

表 24-1-19 粉碎设备的能量损耗分配表

项目	管磨机	三锥磨机磨碎矿石	辊磨机粉碎石炭	三锥磨机磨碎硫酸钙矿石	实验用小型振动磨（砂、石灰石）	生产中的水泥磨机（熟料）
机械损失	12.3	—	—	—	55～69	8.2～14.9
筒体辐射热	6.4	21	8	20	8～20	8.7～22.2
粉碎产物带走的热	47.6	26	18	37	18～34	42.7～71.6
空气带走的热	31.0	19	14	29	—	11.2～16.3
水分蒸发所需的热		38	56	15	—	—
粉碎介质的磨损发热、发声及水分蒸发所耗的热	3				—	—
理想的粉碎有用功	0.6	—	—	—	—	0.14～0.22

粉碎能量消耗于以下几个方面：

① 粉碎机械传动中的能耗；

② 颗粒在粉碎发生前的变形能；

③ 粉碎产品新增加表面积的表面能；

④ 颗粒表面结构发生变化所消耗的能，如产生表面活性点、表面形成无定形层或氧化物层；

⑤ 晶体结构发生局部错位变化所消耗的能；

⑥ 工作件与物料、磨介与磨介之间的摩擦、振动及其他能耗。

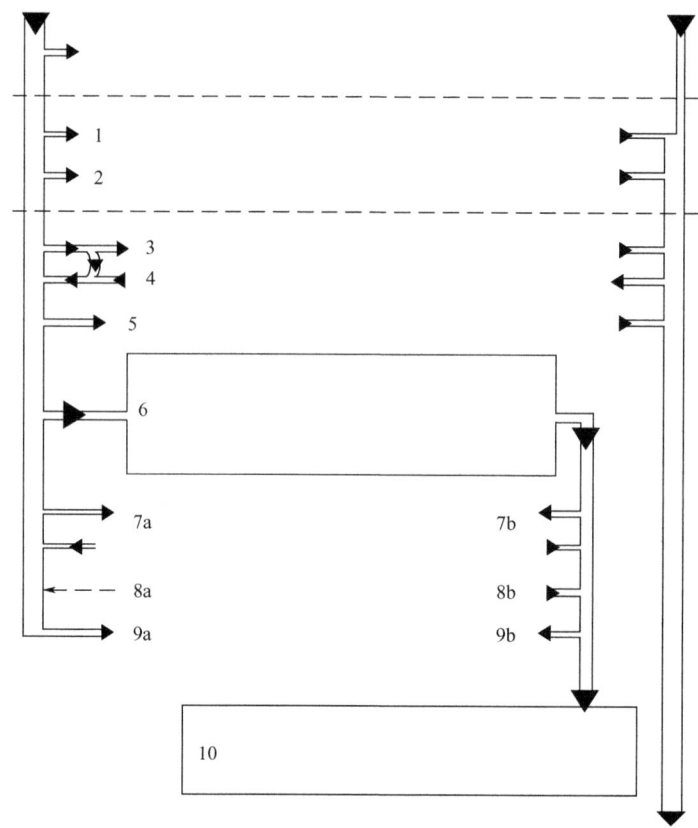

图 24-1-25   粉碎期间能量转换示意图

1—颗粒以外；2—颗粒集合体荷重；3—塑性变形；4—内部应力；5—在裂缝尖处的塑性变形；

6—新表面、结构的变化、电子的能量状态；7a,7b—化学反应；8a,8b—吸附；

9a,9b—放电、放射；10—团聚、最终的表面、最终的结构

1.7.2   粉碎能耗理论

物料受外力作用而粉碎的机理是复杂的，至今尚无普遍适用的理论。关于粉碎能耗与物料粒度减小的关系，不同学者从不同角度进行了大量的研究，提出了若干种所谓的"粉碎理论"，其中公认比较有价值的有以下三种假说。

1.7.2.1   表面积假说

这是雷廷格（P. R. von Rittinger）于 1867 年提出来的，又称雷廷格假说。该假说认为：粉碎能耗与粉碎后物料的新生表面积成正比，或粉碎单位质量物料的能耗与新生的表面积成正比：

$$E = K_1 \Delta S \tag{24-1-19}$$

式中 E——粉碎能耗；

ΔS——粉碎后物料表面积的增加；

K_1——比例常数。

形状一致的颗粒群的表面积与它的粒度成反比，假定表面形状系数为常数，雷廷格假说

可以表述如下：

$$E = K\left(\frac{1}{d} - \frac{1}{D}\right) \tag{24-1-20}$$

式中　E——粉碎能耗；

　　　K——比例常数；

　　　D——粉碎前物料粒度；

　　　d——粉碎后物料粒度。

实践表明，雷廷格假说对于粉碎产品最大粒度在 0.01～1mm 的破碎作业能耗计算是较为适用的。例如，设物料自粒度 D 磨碎至某一粒度的能耗已知，可按式（24-1-20）求出系数 K，已知 K 后，从给料粒度 D 磨碎至任何产品粒度 d 的能耗都可求出。但在实用中，由于调和平均粒度的计算较繁，常用相当于累积细粒含量为 95％的给料和产品粒度 D_{95} 和 d_{95} 来代替。

1.7.2.2　体积假说

体积假说是由基克（Friedrich Kick）于 1885 年提出的。基克的体积假说认为：不管物料的初始粒度是多少，将单位质量的物料粉碎获得一定的粉碎比（体积比）所消耗的能量是常数，或者说，粉碎所消耗的能量与被粉碎物料的粉碎比（体积比）成正比[27～29]。其粉碎能耗同给料及粉碎产品粒度之间的关系，如式（24-1-21）：

$$E = K\ln\left(\frac{D}{d}\right) \tag{24-1-21}$$

当粉碎产品的粒度大于 10mm（粗碎和中碎）时，粉碎能耗可用式（24-1-21）来计算。这时，由于粉碎产品的粒度较大，颗粒表面积增加不显著，从而表面能及表面和颗粒内部结构变化等消耗的能较少，局部破碎作用也是次要的，而消耗于物料的变形和破碎机传动机构的摩擦等能耗，都同颗粒体积成正比，故可用体积假说来计算破碎能耗。

1.7.2.3　邦德假说

实践表明，体积能耗假说适用于粗碎和中碎，面积假说适用于细磨，但在两者之间，即在细碎和粗磨（粉碎产品粒度 1～10mm）阶段，两者的误差都较大，不适用。邦德（F.C.Bond）于 1952 年提出邦德假说，又称第三粉碎能耗理论。邦德提出计算能耗的公式（24-1-22）较为适用：

$$E = 10W_i\left(\frac{1}{\sqrt{d_{80}}} - \frac{1}{\sqrt{D_{80}}}\right) \tag{24-1-22}$$

式中　　　E——破碎 1t（短吨）物料的能耗，kW·h；

　　　　　W_i——功指数，kW·h·t^{-1}；

d_{80}，D_{80}——粉碎产品或给料相当于细粒累积含量为 80％的粒度，μm。

功指数 W_i 可假想为从粒度无限大破碎至粒度 $d_{80}=100\mu$m 时，每单位质量物料所消耗的能量。功指数 W_i 在一定程度上表示物料粉碎的难易程度，是表示可碎性或可磨性的一种方法。物料可碎性或可磨性的试验测定方法已在本章第 1.4.4 节中介绍。表 24-1-20 列出一些物料的 W_i 值。

表 24-1-20 邦德磨碎功指数

物料	密度 /t·m^{-3}	功指数 W_i/kW·h·t^{-1}	物料	密度 /t·m^{-3}	功指数 W_i/kW·h·t^{-1}
煅烧黏土	2.32	1.43	石英	2.64	12.77
玻璃	2.58	3.08	硅铁矿	4.91	12.83
重晶石	4.28	6.24	钼矿	2.7	12.97
黏土	2.23	7.1	硅酸钠	2.1	13
锰铁矿	5.91	7.77	磷肥	2.65	13.03
石膏岩	2.69	8.16	铁矿	4.27	13.11
烧结矿	3	8.77	铜矿	3.02	13.13
铬铁矿	6.75	8.87	水泥熟料	3.09	13.49
钾碱矿	2.37	8.88	硅石	2.71	13.53
黄铁矿	3.48	8.9	板石	2.48	13.83
铝矾土	2.38	9.45	花岗岩	2.68	14.39
磁黄铁矿	4.04	9.57	金矿	2.86	14.83
铬矿石	4.06	9.6	铁燧岩	3.52	14.87
萤石	2.98	9.76	正长岩	2.73	14.9
磷酸盐矿	2.66	10.13	磷矿	3.2	16.16
珊瑚	2.7	10.16	页岩	2.58	16.4
方铅矿	5.39	10.19	石英砂	2.65	16.46
磁铁矿	3.88	10.21	银矿	2.72	17.3
水泥生料	2.67	10.57	铀矿	2.7	17.63
锡岩	3.94	10.81	油页岩	1.76	18.1
白云石	2.82	11.31	辉长岩	2.83	18.45
铅锌矿	3.37	11.35	蓝晶石	3.23	18.87
煤	1.63	11.37	闪长岩	2.78	19.4
铅矿石	3.44	11.4	片麻岩	2.71	20.13
砂岩	2.68	11.53	玄武岩	2.89	20.41
石灰石	2.69	11.61	焦炭	1.51	20.7
长石	2.59	11.67	暗色岩	2.86	21.1
镍矿	3.32	11.88	安山岩	2.84	22.13
钛矿	4.23	11.88	砾石	2.7	25.17
浮石	1.96	11.93	燧石	2.65	26.16
金红石矿	2.84	12.12	碳化硅	2.73	26.17
高炉渣	2.39	12.16	石墨	1.75	45.03
石英岩	2.71	12.18	刚玉	3.48	58.18
石榴石	3.30	12.37	金刚砂	3.98	59.7
锌矿	3.68	12.42	石油焦	1.78	73.8
锰矿	3.74	12.46	云母	2.89	134.5
赤铁矿	3.76	12.68			

邦德假说并不是以近代对于裂缝的产生和扩展的研究为根据提出的，而是根据试验总结出来的经验公式，所作的说明也只是为了解释其公式的需要而作的假定。

应该指出，在使用计算粉碎能耗的公式时，必须考虑到物料性质、粒度、粉碎设备、粉碎的具体情况，特别要参考实际生产数据及物料的可碎性或可磨性试验数据来对公式中的系数和计算结果加以修正，才能用来估算、评价或对比粉碎过磨及粉碎设备的能耗。

1961 年芬兰的胡基（R. T. Hukki）教授基于许多工业生产的数据对这三个假说作了广泛和精致的验证工作，得到粉碎消耗的能量与粉碎产物粒度的关系示于图 24-1-26[30]。胡基的这一研究给人的启示是，这三个假说不过是代表粉碎能耗与粉碎产物粒度关系曲线上的三个特殊范围，大量的粉碎现象是处于它们之间的，人们对比 10μm 更细的粉碎功耗规律知之甚少。

同时图 24-1-26 也清楚地表明，基克假说在破碎范围约大于 10mm 时是适用的，雷廷格假说可用于 10～1000μm 的细磨范围，而邦德假说适用于产品粒度为 0.02～25mm 的棒磨和球磨范围，大多数的应用仍是落在这一粒度范围之内。这也说明了为什么邦德假说是如此得成功，以致今天还在继续用它来设计粉碎回路磨碎到大约 200μm 的粒度。

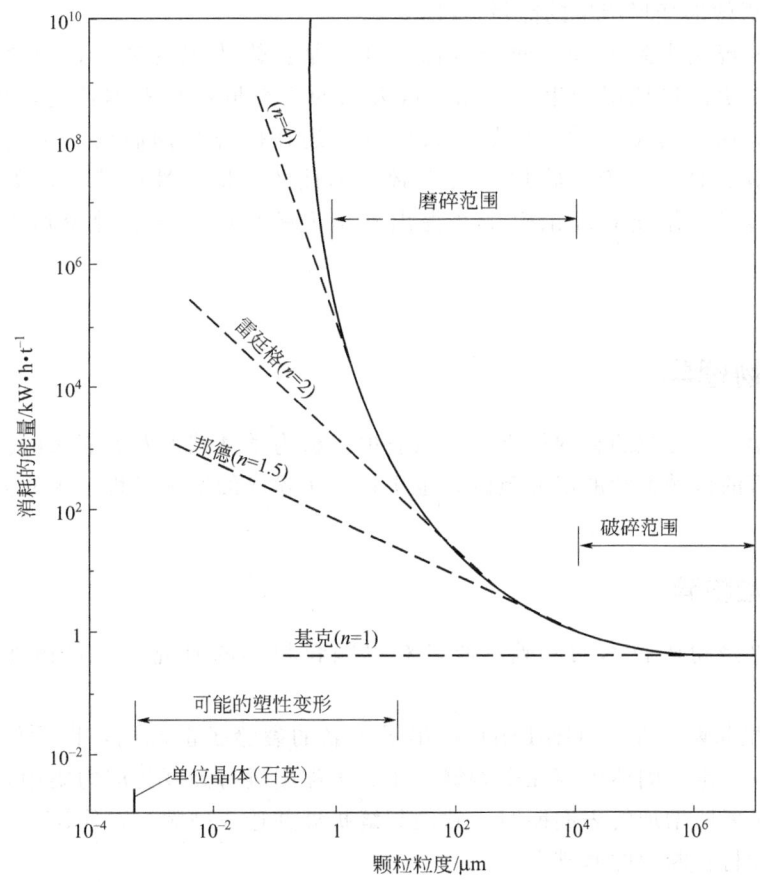

图 24-1-26 粉碎消耗的能量与粉碎产物粒度的关系

关于粉碎能耗与粒度减少的关系，沃尔克（D. R. Walker）等人首先于 1937 年提出了如下的通式：

$$dE = -Kx^{-n}dx \qquad (24\text{-}1\text{-}23)$$

式中，K 为与物料性质及设备性能有关的参数；n 为与破碎程度有关的指数，负号表示粉碎消耗的能量。当 $n=2$ 时，积分上式得雷廷格公式；令 $n=1.5$ 而后积分，得邦德公式；$n=1$ 时的积分结果即基克公式。

胡基认为 n 是一个随 x 值的变化而变化的函数，因而提出了如下更为一般的公式：

$$dE = -C\frac{dx}{x^{f(x)}} \qquad (24\text{-}1\text{-}24)$$

式中，C 为与物料性质及设备性能有关的参数；$f(x)$ 为尚待确定的函数，负号表示粉碎消耗的能量。当 $f(x)=1$ 时，积分式(24-1-24)得雷廷格公式；令式(24-1-23)中的 $n=0.5$ 而后积分，得邦德公式；$n=0$ 时的积分结果即基克公式。

雷廷格假说、基克假说和邦德假说都是经验关系式，它们三者都具有如下的缺陷：
① 缺乏与物料强度相联系的物理意义；
② 没有考虑给料和粉碎产品的粒度分布；
③ 没有考虑颗粒之间的相互反应；
④ 没有考虑塑形变形产生的能量消耗。

目前的研究现状大致可分为两个方面。其一是：修改现有理论，使之较为合理，并研究如何使它能更准确地用于生产实际。这方面的研究虽不是根本性的，也难有所突破，但对实际有用，而且易于见效。例如，人们今天还在研究邦德假说，用它来进行磨机的选型和设计。其二是：从粉碎物理学入手做根本性的、机理性的研究，如单粒破碎，但尚未达到可以经过总结建立理论模型并提出新学说的程度。下节对粉碎物理学做一个简单的介绍。

1.8 粉碎物理学

粉碎物理学是在传统的粉碎原理——岩石的机械力学基础上发展起来的。粉碎物理学极大地扩展了岩石的机械力学的研究范围，也更接近于粉碎的实际过程。主要方面有单颗粒粉碎和料层粉碎等。

1.8.1 单颗粒粉碎

单颗粒粉碎是粉碎技术的基础。通过对单颗粒粉碎的研究，粉碎物理学已逐渐建立起来。

1920 年格里弗斯（A. A. Griffith）提出了著名的裂缝扩散准则，即裂缝扩展的能量平衡理论。该理论假定：固体内存在微裂缝，于其尖端附近有高度的应力集中，当所储弹性形变能大于裂缝扩展所增加的表面能时，致使裂缝扩展并造成破裂。该假说自 1921 年提出后，已成为研究脆性材料断裂的基础[30]。

1937 年斯麦卡（A. Smekal）发表的论文"硬物料粉碎的基本过程"中提出了所谓的缺陷位置（defect location）理论。缺陷位置造成的微裂缝，使应力集中于裂缝的尖端，它超过分子的抗拉强度（约 $10^3 \sim 10^4\,\text{MPa}$），而分子的抗拉强度比脆性物料的实际强度大 $2\sim3$ 个数量级，故脆性破坏常由拉应力引起，即使是压荷载也有拉应力发生[31,32]。

1962 年朗夫（Hans Rumpf）发表的论文"关于粉碎物理的基本规律"中，论述了裂缝扩展所需的能量为新生表面上表面能与裂缝扩展的动能之和，对格里弗斯学说有所修改，并提出了比格里弗斯更完整的关于裂缝的能量平衡理论。该理论认为，粉碎的能量来源包括：

① 外力；

② 由外力引起的应力场；

③ 结构缺陷、热处理等引起的残余应力；

④ 成分的热能；

⑤ 在裂缝尖端或破裂表面上的化学反应或吸附。

引起粉碎能量消耗包括：

① 新表面的生成；

② 在裂缝尖端周围产生的塑性变形；

③ 在裂缝附近的物质结构的变化；

④ 由电荷分离或卸荷产生的电现象；

⑤ 在裂缝尖端或破裂表面上的吸热化学反应或吸附；

⑥ 弹性波的动能。

朗夫对尺寸很小的单颗粒的破裂过程也进行了研究[33]。在这种场合下，不能忽视塑性变形，当变形很大而又不发生破裂的时候，就达到了可磨度极限。这个极限就是某种物料能够被粉碎的最小粒度，不应该把它与最小的破碎产物粒度（它可以小于可磨性极限）混淆在一起。研究结果表明，石英颗粒的可磨性极限是 $1\mu m$，石灰石颗粒的可磨性极限是 $3\sim5\mu m$。

能量利用率 E_u 是指新生表面积 ΔS 与粉碎所需的单位能量 E（或单位粉碎功 W）之比。单颗粒粉碎的能量利用率最高，故可用它作为评价实际粉碎机械的效率的标准。

图 24-1-27 显示了朗夫获得的不同粒度的石灰石单颗粒粉碎试验结果。从此图中可以清

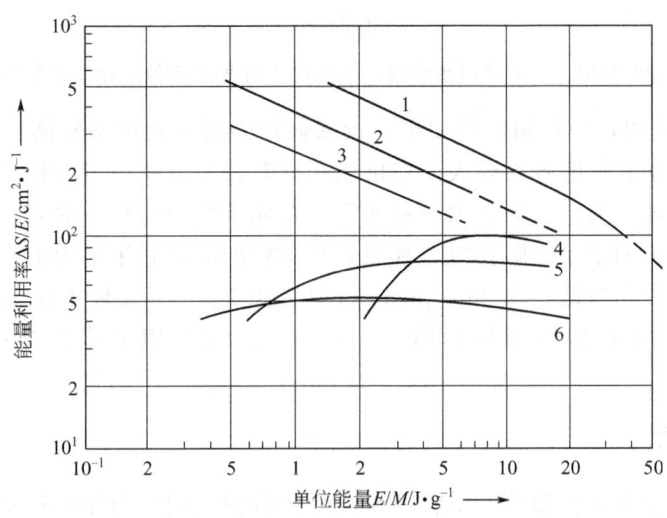

图 24-1-27 不同粒度的石灰石单颗粒粉碎试验结果

1—粒径为 0.1mm（慢压）；2—粒径为 1mm（慢压）；3—粒径为 5mm（慢压）；

4—粒径为 0.08mm（冲击）；5—粒径为 0.54mm（冲击）；6—粒径为 6～7mm（冲击）

楚地看出，压力粉碎的能量利用率比冲击粉碎的要高得多。对于压力和冲击这两种情况，在单位能量不变的情况下，能量利用率随石灰石粒度的变细而增加。随着单位能量的增加，压缩应力的能量效率直线下降。另一方面，冲击粉碎的能量利用率具有最大值，这相应于几乎100%的粉碎概率。该最高值还随着颗粒粒度的增加而降低。对于主要发生塑性变形的物料来说，冲击粉碎的效果比压力粉碎的更好[34]。

舒纳特（Schonert）于 20 世纪 80 年代归纳了应力状态与颗粒的关系，他指出相关材料特性可分为两类：第一类是作为反抗粉碎阻力参数；第二类是应力所产生的结果参数。舒纳特等人对此进行了较全面的研究，推进了单颗粒粉碎理论的发展。

水泥熟料单颗粒粉碎的试验结果见图 24-1-28。粒度和粉碎比是可变的参数。斜率为 1 的直线对应着一个恒定的能量利用率，在此图中即对应着 $100 \mathrm{cm}^2 \cdot \mathrm{J}^{-1}$。测得的新生比表面积与单位能量的关系曲线的斜率皆小于 1，这意味着随着单位能量的增加，能量利用率降低。料层粉碎也具有相同的规律[35]。

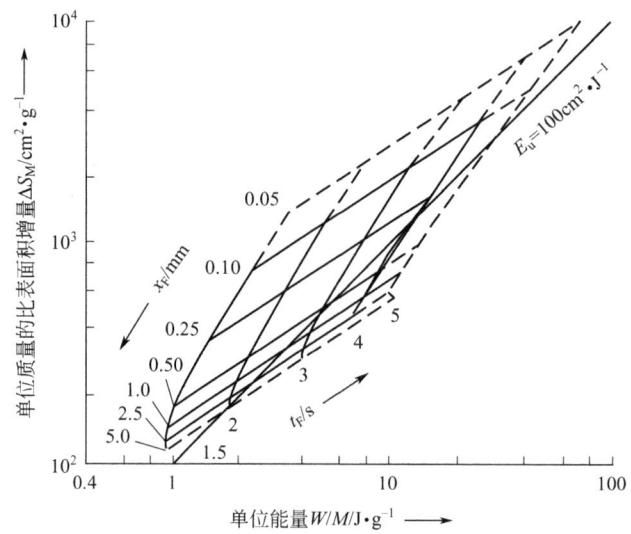

图 24-1-28　水泥熟料单颗粒的新生比表面积与单位能量的关系曲线

图 24-1-28 还表明，与较粗颗粒相比，较细颗粒的能量利用率较高。这个结果乍一看来会令人惊讶，因为细颗粒的强度较大，在机械粉碎时自然需要更多的粉碎能量。然而，从物理原理上这是可以理解的，因为就细颗粒而言，存储于颗粒体积中的应力能量能够更有效地得到利用。当应力施加于单个颗粒时，水泥熟料颗粒的能量利用率为 $100 \sim 200 \mathrm{cm}^2 \cdot \mathrm{J}^{-1}$，而球磨机的能量利用率相当低，为 $20 \sim 40 \mathrm{cm}^2 \cdot \mathrm{J}^{-1}$。图 24-1-29 比较了压力和冲击的能量利用率。压力粉碎显示出更好的能量利用率。但是，这仅适用于脆性材料，不适用于黏性物质[36]。

1.8.2　料层粉碎

料层粉碎有别于单颗粒粉碎。单颗粒粉碎是指颗粒受到应力作用及发生粉碎是各自独立进行的，即不存在颗粒之间的相互作用。而料层粉碎是指大量的颗粒相互聚集，彼此接触所形成的颗粒群受到应力作用而发生的粉碎现象，即存在颗粒间的相互作用。

1979 年舒纳特从物料粉碎的能量观点出发，对传统的粉磨方式进行了系统的实验研究

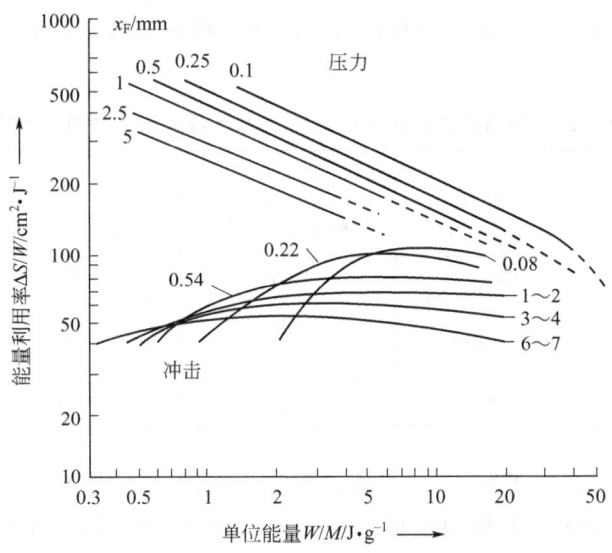

图 24-1-29 能量利用率与单位能量的关系

和理论探讨，首次提出了高压作用下的"料层粉碎"概念。他指出："物料不是在破碎机工作面上或其他粉磨介质间作单颗粒粉碎（破碎或粉磨），而是作为一层（或一个料层）得到粉碎。料层在高压下形成，压力导致颗粒挤压其他邻近颗粒，直到其主要部分破碎、断裂，产生裂缝或劈碎"。

霍夫曼（Hoffmann）和舒纳特用几种不同粒度的玻璃球和石英颗粒在较大的应力范围内进行了压碎研究。测量了应变曲线、功耗、粉碎概率及粒度分布等参数。结果说明，粉碎功耗和粉碎概率与不同粒度颗粒的混合比例密切相关，随着大颗粒的增加，物料的压力强度明显下降，粉碎概率提高，而且小颗粒对大球颗粒在受载时有保护效应，直径相差越大，表现的效应越明显[37]。阿齐兹（Aziz）等人进行了水泥熟料的单颗粒与料层粉碎的对比研究。在压力机套模中用 0.1～3.2mm 的试料，在不同的压力下，使压缩比在 1.5～4.0 范围内变化，料层为 1～25 层之间进行试验。研究证实，料层粉碎有一个明显增加的粉碎阻力，如在压缩比为 1.5 时，单颗粒的压缩阻力为 5～10MPa，而料层粉碎阻力为 50MPa 以上。同时证实，体积中的固体百分率为 10% 时，表现为单颗粒粉碎行为；超过 45%，则为料层粉碎行为。固体百分率愈大，粉碎阻力愈大，达到给定的压缩比，所需压力增加；压力较小，粉碎产品较粗。在同样的压力条件下，颗粒层数愈少，产品愈细。粉碎概率随单位功耗的增长而增长。给料粒度较粗，粉碎概率增加。粉碎函数与单位粉碎能在对数坐标上呈直线关系[38]。

表 24-1-21 说明，要使具有不同粒度的石英岩在平行施压体间受压时的粉碎概率到达 50%，则压力为 F_{50}，粉碎能为 W_{50}。可以清楚地看到，单颗粒粉碎所需的能量仅约为料层粉碎的 20%～50%。而要使粉碎概率达到 50%，需施加于料层的每个初始颗粒的压力 F_{50} 约为粉碎单颗粒压力的 10%～25%。存在这些差别的原因在于：在单颗粒粉碎中，消耗的能量主要用于使易碎物料发生弹性变形直至破裂；而在料层粉碎中，粉碎能包括使初始颗粒及其碎片破裂和使料层中发生塑性变形和挤压所做功。因此，在料层受压过程中，要使破碎概率达到 50% 所需的能量输入比单颗粒粉碎要高得多。在低强度颗粒破碎后，施加在初始

粒度中窄粒级料层上的全部压力都聚集在数量已经减少了的初始颗粒上，这样作用在每个颗粒上的平均压力就增加了，因而施加在料层中的初始颗粒上的压力 F_{50} 要小于单颗粒粉碎中的压力。

表 24-1-21　使石英岩粉碎概率达到 50% 所需的压力和粉碎能的比较

粒度范围/mm	单颗粒粉碎		料层粉碎	
	压力 F_{50}/N	粉碎能 W_{50}/J	压力 F_{50}/N	粉碎能 W_{50}/J
5.0～6.3	650	0.07	150	0.16
6.3～8.0	875	0.10	210	0.52
8.0～16.0	2300	0.60	330	2.40
16.0～18.0	3200	0.88	350	3.30

Hanisch 等人研究了粒度为 2～3.15mm 石英岩料层在不同几何形状之间随应力强度而变化的粉碎特性。不同的几何构型包括平板-平板，平板-圆柱体，平板-球体，圆柱体-圆柱体，球体-球体，圆柱体-两个圆柱体和球体-两个球体，如图 24-1-30 所示。最重要的研究结果是能量利用率主要取决于物料消耗的能量，而几何形状几乎没有影响，见图 24-1-31[39]。

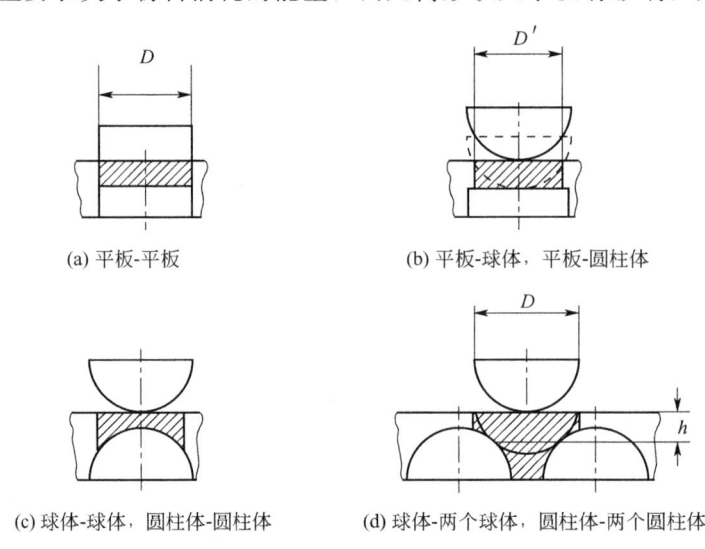

(a) 平板-平板

(b) 平板-球体，平板-圆柱体

(c) 球体-球体，圆柱体-圆柱体

(d) 球体-两个球体，圆柱体-两个圆柱体

图 24-1-30　用于研究无侧限料层粉碎的几何构型

图中剖面线表示物料层

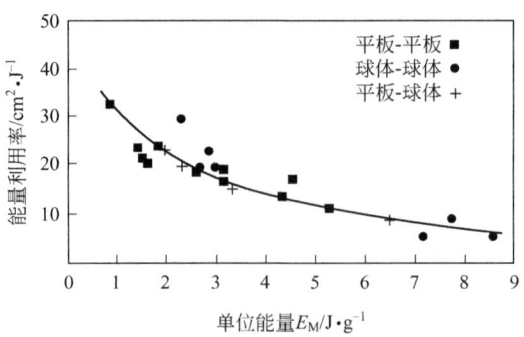

图 24-1-31　无侧限的料层粉碎的能量利用率

料层是否稳定对料层粉碎非常重要。在高达 35MPa 的压应力下，巴斯（Buss）对有侧限和无侧限的料层粉碎行为进行了研究。研究表明，在同样的压力条件下，当压力约低于 10MPa 时，两者具有相同的能量利用率，但若超过这个压力限，有侧限料层的能量利用率比无侧限料层的更高[40]。

参考文献

［1］ BCS/US Department of Energy Industrial Technologies Program: Mining Industry Energy Bandwidth Study, June 2007.

［2］ Gorain B K. Physical Processing: Innovations in Mineral Processing, Chapter 2, Innovative Process Development in Metallurgical Industry. Springer, 2016: 9-65.

［3］ EIA 2007. Energy Consumption by sector. Energy Information Administration, Monthly Energy Review, July 18, 2007. Table 2. 1. http: //www. eia. doe. gov/emer/consump. html.

［4］ EIA 2005. international, South Africa. Energy Information administration, 2005. http: //www. eia. doe. gov/emeu/inter-national/safrica. html.

［5］ SOE 2006. indicators: HS-33 Energy use by sector. State of Environment, Australian Government, Department of the environment and water resources, 2006. http: //www. environment. gov. au/soe/2006/publications.

［6］ NRC 2004. Improving Energy Performance in Canada—report to Parliament Under the Energy efficiency act, Energy Publications, Office of Energy efficiency, Natural Resource Canada, Ottawa, ON, 2004: 13.

［7］ DOE 1981. Comminution and energy consumption. US Department of Energy report, document NMAB-364. Washington: National Academy Press, 1981.

［8］ Ballantyne G R, Powell M S, Tiang M. Proportion of Energy Attributable to Comminution//11th AusIMM Mill Operators' Conference 2012, Hobart, Tasmania, October, 2012.

［9］ DOE 2002. Mining industry of the future: Energy and environmental profile of the US mining industry. 2002.

［10］ DOE 2001. Mining: Industry of the future. Office of Industrial Technologies, Office of energy efficiency and renewable energy, doc/GO-102001-1157, 2001.

［11］ Fuerstenau M C, Han K N. Principles of Mineral Processing. Littleton Colorado: SME, 2003.

［12］ Metso Minerals. Basics in Minerals Processing, 2015.

［13］ 横山豊和, 谷山芳樹. 粉体工学会誌, 1991, 28（12）.

［14］ Bernotat S, Schonert K. Size Reduction. Ullmann Encyclopedia of Chemical Technology, 2005.

［15］ [日]化学工学協会. 化学工学便覧. 第4版. 東京: 丸善株式会社, 1978.

［16］ Tanaka H. Nendo Kagaku, 1968, 7: 41-50.

［17］ Tsakalakis K G, Stamboltzis G A. Modelling the Specific Grinding Energy and Ball Mill Scaleup//11th IFAC Symposium on Automation in Mining, Mineral and Metal Processing, Nancy, France, September, 2004.

［18］ McKen A, Williams S. An Overview of the Small-scale Tests Available to Characterise Ore Grindability. SAG, 2006.

［19］ ASTM D409/D409M. Test Method for Grindability of Coal by the Hardgrove - Machine method. Book of Standards Volume: 05. 06.

［20］ Napier-Munn T J, Morrel S, Morrison R D, et al. Mineral Comminution Circuits: Their Operation and Optimisation. Brisbane: JKMRC, The University of Queensland, 1999.

［21］ Starkey J. SAG 2006, Vancouver, 2006: IV-240-254.

［22］ Weiss N L. SME Mineral Processing Handbook, Vol 1. Littleton Colorado: SME, 1985.

［23］ Rowland C A, Kjos D M. Autogenous and Semi-autogenous Mill Selection and Design. Acapulco, Mexico: SME Fall Meeting, 1974.

［24］ Luckert K. Handbuch der mechanischen Fest-Flussig-Trennung. Essen: Vulkan-Verlag, 2004.

［25］ Wadell H. J Geol, 1932, 40（5）: 443-451; 1933, 41（3）: 310-331.

［26］ Kelly E G, Spottiswood D J. Introduction to Mineral Processing. New York: John Wiley & Sons, 1982.

［27］ Rumpf H. Powder Technology, 1973, 7（3）: 145-159.

［28］ Lynch A J, Rowland C A. The History of Grinding. Littleton Colorado: SME, 2005.

［29］ Richards R H, Locke C E. A Textbook of Ore Dressing. New York: McGraw-Hill, 1940.

［30］ Hukki R T. Tran AIME/SME, 1961, 220: 403-408.

［31］ 陈颙，黄庭芳，刘恩儒 . 岩石物理学 . 合肥: 中国科学技术大学出版社，2009.

［32］ Smekal A. Zeitschr. VDI, 1937, 81: 1321.

［33］ Beke Bela. The Process of Fine Grinding. Martinus Nijhoff, 1981.

［34］ Rumf H. Mechanische Verfahrenstechnik. Munchen: Carl Hanser Verlag, 1975.

［35］ Goll G, Hanisch J. Aufbereit Tech, 1987, 28: 582.

［36］ Bernotat S, Schonert K. Ullmann's Encyclopedia of Industrial Chemistry. Weinheim: Wiley-VCH Verlag, 2011.

［37］ Aziz J A. Comminution of cement clinkers in single particle, particle layers and bed of particle situtations. Universitat Karlsruhe, 1979.

［38］ Hoffmann N, et al. Chem Ing Tech, 1976, 48: 329.

［39］ Hanisch J, Schubert H. Neue Bergbautech, 1982, 12: 646.

［40］ Buss B, Hanisch J, Schubert H. Neue Bergbautechmik, 1982, 12（5）: 277.

2

破碎

2.1 概述

破碎是粉碎的第一个阶段，通常是干法作业，分粗碎和中碎两段或粗碎、中碎和细碎三段或粗碎、中碎、细碎和超细碎四段。

就破碎机而言，其破碎方式和设备类型很多，通常是按照破碎物料时所施加的挤压、剪切、冲击、研磨等破碎力进行分类的。

挤压式破碎机包括颚式、旋回、圆锥、辊式和高压辊磨机五种类型。这些破碎机在破碎物料过程中，都是通过固定面和活动面对物料相互挤压而达到粉碎的。

冲击式破碎机最典型的特点，就是利用高速旋转的转子或锤子来击碎物料。根据冲击作用的破碎原理而产生的锤式破碎机和反击式破碎机，除了向待碎的物料施加冲击力外，还经常伴有剪切力和研磨力的联合作用，以便对在旋转的转子或锤子与固定筛条之间的物料进行冲击和研磨而破碎。

各种类型的破碎机都有自己的特点及其适用范围。例如，颚式或旋回式破碎机一般用来粗碎大块坚硬或磨蚀性很强的物料。它们不适于破碎潮湿性和黏性物料。

辊式破碎机破碎的产品中立方体颗粒较多，能处理非常坚硬的、湿度大或像黏土一样的矿物。虽然这种设备的破碎比较小，但是这个缺陷可以通过安装两段三辊或四辊式机型得以补偿。辊式破碎机还用于坚硬物料且排料粒度很细的场合。

冲击式和锤式破碎机具有很大的破碎比，一般能处理大块物料，且能生产出大量的细粒产品的矿物。

表 24-2-1 为工业上常用的破碎设备的分类情况。

表 24-2-1　常用的破碎设备

作业	破碎机名称	主要破碎方法	粉碎比	适用物料性质
粗碎	颚式破碎机	压碎	(4∶1)～(9∶1)	各种硬度物料
	旋回破碎机	压碎	(3∶1)～(10∶1)	各种硬度物料
	锤式破碎机	击碎	(20∶1)～(40∶1)	中硬以下、脆性、SiO_2 含量较低的物料
	反击式破碎机	击碎	40∶1	中硬以下、脆性、SiO_2 含量较低的物料
中碎	圆锥破碎机	压碎	(6∶1)～(8∶1)	各种硬度物料,含泥、含水低的物料
	冲击式破碎机	压碎	(8∶1)～(10∶1)	中硬以下、脆性、SiO_2 含量较低的物料
	锤式破碎机	压碎	(8∶1)～(10∶1)	中硬以下、脆性、SiO_2 含量较低的物料
	单辊辊式破碎机	击碎	7∶1	脆软及非磨蚀性物料

续表

作业	破碎机名称	主要破碎方法	粉碎比	适用物料性质
细碎	短头圆锥破碎机	压碎	(4:1)～(6:1)	各种硬度物料,含泥、含水低的物料
	辊式破碎机	压碎	(3:1)～(15:1)	中硬以下、非黏性、SiO_2含量较低的物料
	锤式破碎机	击碎	(4:1)～(10:1)	中硬以下、脆性、SiO_2含量较低的物料
	立式冲击破碎机	击碎	(8:1)～(10:1)	中硬以下、脆性、SiO_2含量较低的物料
	高压辊磨机	压碎	(10:1)～(15:1)	中硬以下、脆性、含泥、含水低的物料
超细碎	新型圆锥破碎机	压碎	(10:1)～(20:1)	各种硬度物料、非黏性、含水低的物料
	立式冲击破碎机	击碎	(10:1)～(15:1)	中硬以下、脆性、含泥、含水低的物料
	高压辊磨机	压碎	(10:1)～(15:1)	中硬以下、脆性、含泥、含水低的物料

破碎机常按物料性质、粒度、处理能力、用途、工厂规模和厂址地形等因素进行选型。

① 破碎坚硬、脆性物料时,可以按给料粒度或产品粒度来选用破碎机。粗碎机(给料粒度≤1500mm,产品粒度 100～350mm),选用颚式或旋回破碎机;中碎机(给料粒度 150～350mm,产品粒度 19～150mm) 和细碎机(给料粒度 19～150mm,产品粒度 5～30mm),多数选用圆锥破碎机,少数采用颚式或辊式破碎机;对于产品粒度小于 5mm 的超细破碎机,选用旋盘 (gyradisc) 式破碎机、光面辊式破碎机或高压辊磨机。

② 对于中硬和软质物料的破碎,可选用锤式破碎机、冲击式破碎机、齿面辊式破碎机等。锤式和冲击式破碎机的破碎比和处理能力很大,例如把给料粒度＜1300mm 和＜300mm 的物料分别碎至＜70mm 和＜10mm,从而兼有粗碎和中碎或中碎和细碎的作用。

③ 工厂规模较大,山坡建厂者,宜用旋回破碎机作为粗碎;工厂规模小,平地建厂者,粗碎作业可选用颚式破碎机。

2.2　颚式破碎机

2.2.1　类型和构造

颚式破碎机由于具有构造简单、制造容易、维护方便和造价低廉等优点,所以在冶金矿山、建筑、交通和化工等工业部门中获得极其广泛的应用。特别是在中、小型选矿厂和矿山,使用这种类型破碎机的最多。这种破碎机还可以安装在活动的机架上,作为移动式破碎机在不同地点进行破碎工作。

根据动颚的悬挂位置的不同,颚式破碎机可分为上部悬挂型和下部悬挂型两种。现在,各类矿山使用的基本上都是上部悬挂型颚式破碎机。

按照动颚运动的方式,颚式破碎机又可分为简单摆动型 [简称简摆型,图 24-2-1(a)] 和复杂摆动型 [简称复摆型,图 24-2-1(b)] 两类。

2.2.1.1　简摆型颚式破碎机

简单摆动型颚式破碎机简称为简摆型颚式破碎机,这种颚式破碎机应用很广。图 24-2-2 是简摆型颚式破碎机,主要由破碎腔、调整装置、保险装置、支承装置和传动机构等部分组

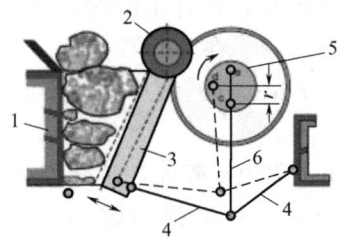

(a) 简单摆动型

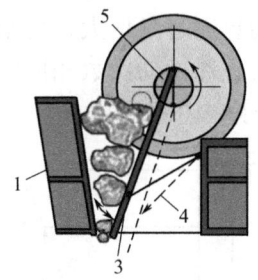

(b) 复杂摆动型

图 24-2-1　颚式破碎机的主要类型

1—固定颚；2—动颚悬挂轴；3—动颚；4—前（后）推力板；5—偏心轴；6—连杆

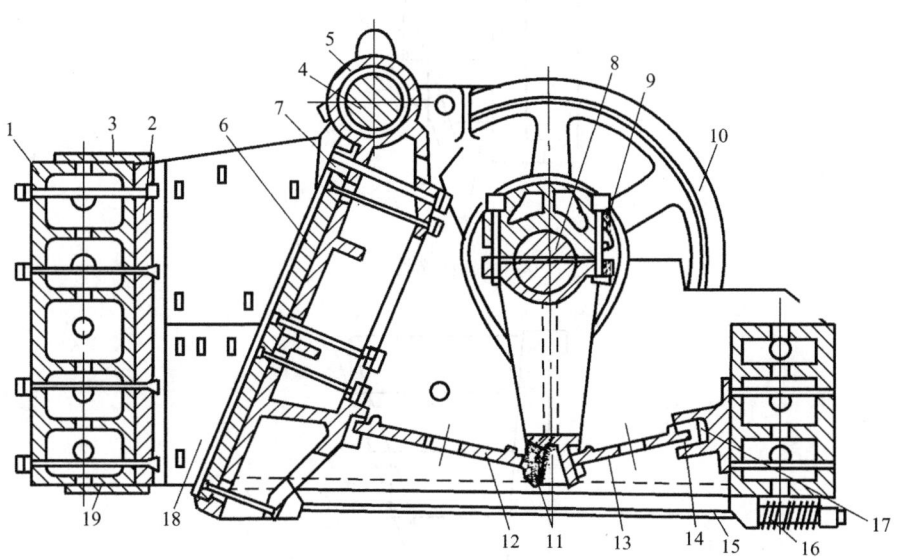

图 24-2-2　简摆型颚式破碎机

1—机架；2,6—齿板，3—压板；4—心轴；5—动颚；7—螺栓；8—偏心轴；9—连杆；
10—皮带轮；11,14—推力板支座；12—前推力板；13—后推力板；15—拉杆；
16—弹簧；17—垫板；18—侧衬板；19—钢板

成。图中机架的前端壁是固定颚，心轴（又称动颚悬挂轴）支承在机架侧壁的轴承中，心轴中部悬挂着动颚。偏心轴由主轴承支承，偏心轴上装有连杆。连杆下部备有前后推力板，当电动机通过三角皮带来带动皮带轮和偏心轴旋转时，垂直的连杆即产生上下运动，并带动前推力板作前后运动。当连杆向上运动时，前推力板即推动动颚向前靠近固定颚，这时处在破碎腔内的物料即被破碎，称为工作行程；连杆下降时，动颚退到原来位置，即离开固定颚时，已碎的物料随即排出，称为空行程。在空行程期间，装在偏心轴上的飞轮（图中未示出）和皮带轮将能量储存起来，以便在工作行程中释放出能量，从而减少偏心轴转速及电动机功率的波动。

　　动颚和固定颚之间的梯形空间，称为破碎腔，是破碎物料的工作部分。破碎腔的形状直接影响生产能力、动力消耗、衬（齿）板磨损和破碎比，有直线型和曲线型两种，如图24-2-3所示。曲线型破碎腔将颚板下部的齿板制成曲线形状，使得破碎腔的啮角（动颚和固定颚衬板之间的夹角）从上向下逐渐减小，在动颚每产生一次开启或闭合期间，所形成的梯形断面的物料体积往下逐渐增加，即物料通过量增大，使堵塞点位置上移，在排矿口附近不易发生堵塞现象。实践表明，当动颚行程和摆动次数相同时，曲线型破碎腔的生产能力提高 28%，齿板磨损降低 20%，并且节省能耗 10% 左右。

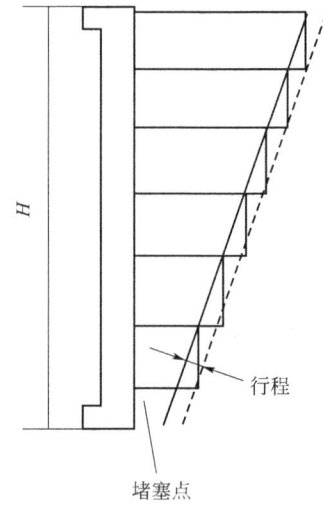

(a) 直线型破碎腔

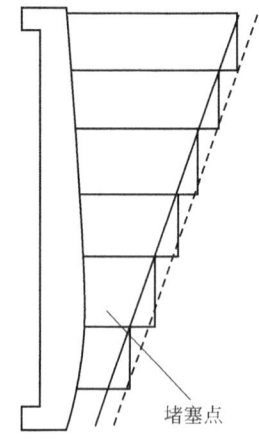

(b) 曲线型破碎腔

图 24-2-3　破碎腔的形状

固定颚和动颚齿板上的齿形为三角形断面，而且固定颚齿板的齿峰与动颚齿板的齿谷相对，以产生集中应力及弯曲应力，有利于物料破碎。为了提高齿板的使用寿命，除采用耐磨合金钢制作外，大型破碎机的齿板往往做成 2～3 块分别安装，以便工作一段时间后，可将上下两部分齿板调换使用。

齿板的材质对颚板寿命、生产费用和破碎产品粒度分布等有很大影响。齿板普遍采用高锰钢（含锰 12%～14%或更高）制造。近年来，我国研制成功合金铸铁（如高铬铸铁、镍硬铸铁和中锰球铁等）齿板，其使用寿命比高锰钢提高很多。

排料口的调整装置是在后推力板与后支座之间，装有一组垫板，改变垫板的厚度或个数，即可调整排料口的宽度。大型颚式破碎机多用这种调整装置。还有一种楔块调整装置，如图 24-2-4 中的楔块，借助于螺栓与螺母或蜗杆、蜗轮，或者利用链式传动装置使后楔块作上下移动，则前楔块沿水平方向前后移动，推力板及动颚随之移动，从而调节排料口的宽度。第三种调整排料口宽度的装置是在后推力板支座与机架后壁之间安置液压油缸和活塞，活塞的移动推动推力板和动颚移动，达到调节排料口宽度的目的。

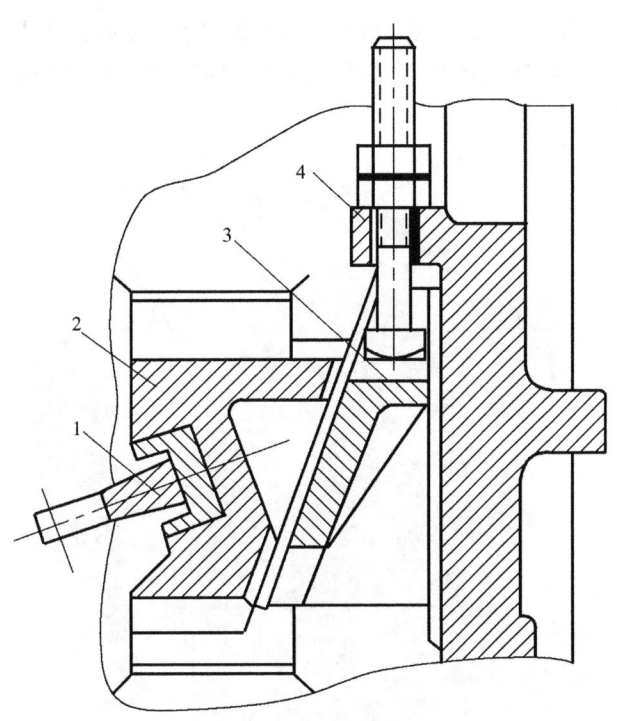

图 24-2-4 楔块调整装置
1—推力板；2—楔块；3—调整楔块；4—机架

推力板是破碎机的保险装置（简摆型颚式破碎机利用其后推力板作保险装置）。推力板通常用铸铁制造，并在断面上开设若干个小孔，以降低强度，当非破碎物进入破碎腔时，后推力板首先从小孔处折断，以保护设备其他部件免遭损坏。另一种保险装置是后推力板分成两部分用铆钉铆接而成，以便破碎腔进入非破碎物体时，销钉首先剪断，破碎机立即停止运转。还有一种是液压连杆的保险装置。该连杆上装有液压油缸和活塞；油缸与连杆头相连，活塞同推力板支座相连。当非破碎物进入破碎腔时，活塞上的作用力增大，油缸内油压随之增大并超过规定的压力时，压力油将通过高压溢流阀排出，活塞及推力板停止动作。

颚式破碎机的偏心轴常用优质合金钢制造，我国采用 42MnMoV、30Mn2MoB、34CrMo 等钢种。悬挂轴用 45 号钢制造。

颚式破碎机的轴承为具有巴氏合金轴瓦的滑动轴承或滚动轴承。我国目前仅在小型颚式破碎机上使用滚动轴承。滑动轴承的润滑很重要，通常采用稀油润滑系统，并兼有润滑和冷却双重作用。

颚式破碎机的机架由铸钢或钢板焊接制成。大型破碎机多用焊接机架。

2.2.1.2　复摆型颚式破碎机

复杂摆动型颚式破碎机简称为复摆型颚式破碎机。这种破碎机只有一个推力板，而且动颚的悬挂轴同时是传动的偏心轴，取消了连杆等部件，机器重量较简摆型颚式破碎机减轻 20%～30%。由于该破碎机的动颚直接悬挂在偏心轴（图 24-2-5）上，所以动颚的运动轨迹较复杂。在简摆型颚式破碎机中，动颚的运动行程是以心轴为中心作往复摆动的圆弧运动，行程可分为水平和垂直的两个分量，其比例大致如图 24-2-6(a) 所示。复摆型颚式破碎机的动颚运动轨迹，在动颚上端近似为圆形，中部近似为椭圆形，下端则为圆弧形，其水平与垂直行程的比例大致如图 24-2-6(b) 所示。实践表明，在设备规格等条件相同时，复摆型颚式破碎机的生产能力比简摆型颚式破碎机增加约 30%，但齿板的磨损要比后者严重。

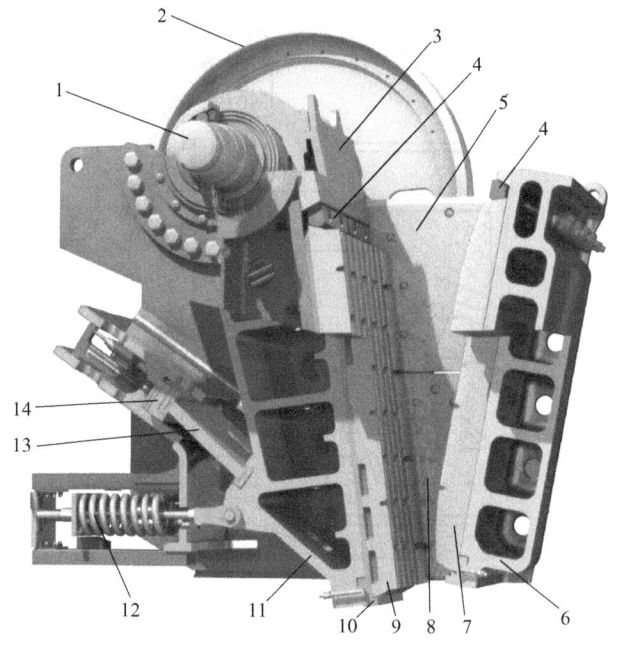

图 24-2-5　复摆型颚式破碎机（图片来自山特维克）

1—偏心轴；2—飞轮；3—头部护板；4—压条；5—上颊板；
6—前机架；7—定颚衬板；8—下颊板；9—动颚衬板；
10—支承条；11—动颚；12—拉杆；
13—肘板；14—排矿口调整

固定颚和动颚齿板、破碎腔形状和保险装置等结构与简摆型颚式破碎机相似。

颚式破碎机的规格是以给料口的尺寸（宽度×长度）表示。颚式破碎机的生产能力列于

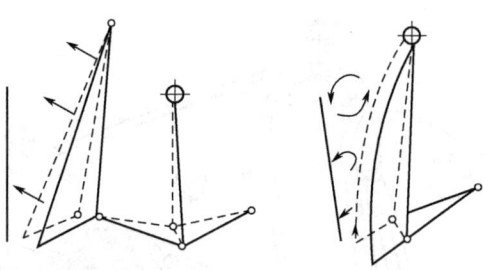

(a) 简摆型颚式破碎机　　(b) 复摆型颚式破碎机

图 24-2-6 颚式破碎机动颚的运动轨迹

表 24-2-2 中。

表 24-2-2　颚式破碎机生产能力　　　　单位：m³·h⁻¹

给料口尺寸/in×in	电机/kW	开边排料口/mm								
		25	32	38	51	63	76	102	127	152
10×20	14	127	154	182	230	310				
10×24	11	145	173	200	310	300				
15×24	22		209	245	300	381	454			
14×24	19			236	700	372	454			
24×36	56					863	103	136		
30×42	75					113	136	182	227	272

给料口尺寸/in×in	电机/kW	开边排料口/mm								
		63	76	102	127	152	178	203	229	254
32×42	75		227	263	300	327	363			
36×48	93	189	245	300	354	409				
42×48	110			345	381	426	463	490	527	
48×60	1580				436	481	517	554	600	
56×72	186					454	500	567	617	
66×84	225					700	772	863	950	

注：1in＝2.54cm，下同。

2.2.1.3　直接传动颚式破碎机

直接传动颚式破碎机（图 24-2-7）没有后推力板，偏心轴位于下部，偏心轴转动时直接推动动颚而破碎物料。用于粗碎各种坚硬物料[1]。

在常规传动的简摆颚式破碎机中，其连杆及连杆轴承的受力约为推力板受力的 1/3，而在直接传动简摆颚式破碎机中，全部作用力都加到轴承和偏心轴上，从而对轴承及偏心轴都有很高的要求。当动颚行程相同时，由于这种破碎机直接推动动颚，其偏心轴的偏心距比常规传动颚式破碎机的偏心距要小。

通常使用不同长度的推力板或采用增减垫板的厚度和个数来实现排料口宽度的粗调，通过转动轴承头中的偏心衬套来进行精细调整。

2.2.1.4　冲击颚式破碎机

冲击颚式破碎机是一种利用冲击能来破碎高强度（350MPa 以上）物料的破碎设备。该机具有不同啮角的破碎腔，越接近给料口，啮角和破碎空间越大，除满足给料粒度大的要求

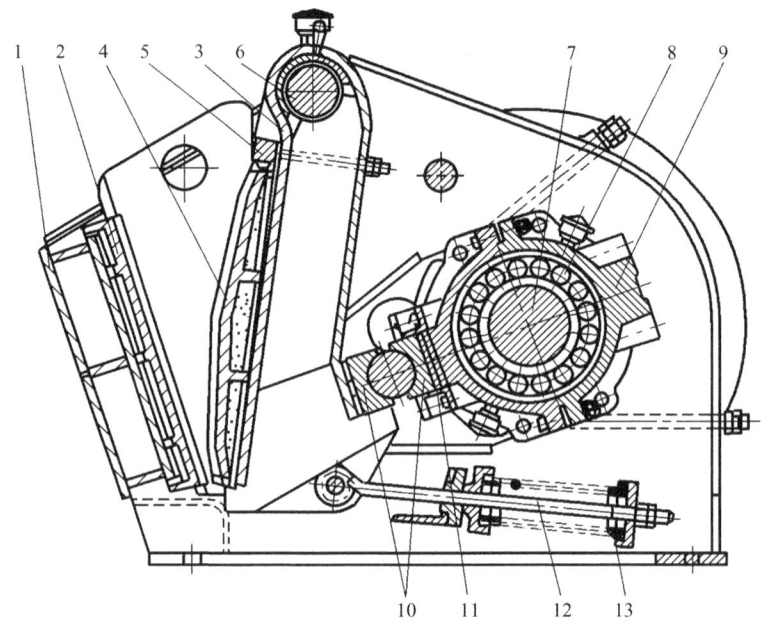

图 24-2-7 直接传动颚式破碎机

1—外壳；2—固定颚板；3—动颚；4—动颚板；5—夹紧楔块；6—动颚轴；7—偏心轴；

8—偏心轴轴承；9—轴承头；10—推力板；11—隔板；12—弹簧拉杆；13—回拉弹簧

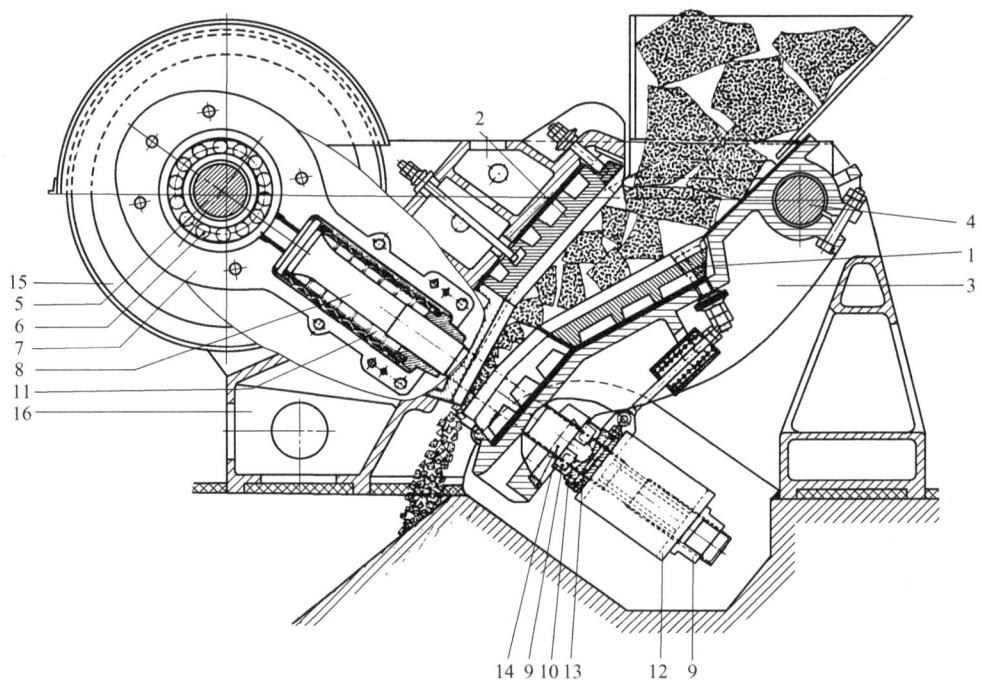

图 24-2-8 冲击颚式破碎机（图片来自蒂森克虏伯）

1—动颚衬板；2—固定颚衬板；3—动颚；4—心轴；5—偏心轴；6—滚子轴承；7—连杆体；8—连杆；

9—调整螺钉；10—楔块；11—过载保护弹簧；12—横梁；13—支承板；14—支承头；15—飞轮；16—机架

外，还能使物料受到冲击破碎作用。同时，排料口处的啮角较小，有利于排料，减少了堵塞现象。这种破碎机采用偏心轴的高转速（高达 $500\sim1200\text{r}\cdot\text{min}^{-1}$）使动颚产生冲击和挤压作用而破碎物料。图 24-2-8 为冲击颚式破碎机结构图[2]。

这种破碎机的连杆上装有作为设备保险的盘形弹簧。当非破碎物进入破碎腔时，弹簧可以退让，以保护破碎机的安全。

目前，德国蒂森克虏伯公司制造的用于粗、中、细破碎的冲击颚式破碎机共有 24 种规格。该破碎机特别适用于高强度物料（如铁合金等）和中硬物料的粗碎和中碎作业。用作粗碎时，给料粒度最大可达 1800mm，排料粒度最小可达 260mm，生产能力可达 $650\text{m}^3\cdot\text{h}^{-1}$ 左右。

2.2.1.5 其他类型颚式破碎机

双动颚颚式破碎机的结构示意图如图 24-2-9 所示。该机的结构特点是：采用同步运动的双动颚机构；上下对称的变啮角的破碎腔；动颚的推力板采用负倾角支承；以及采用低悬挂的偏心轴等机构[3]。

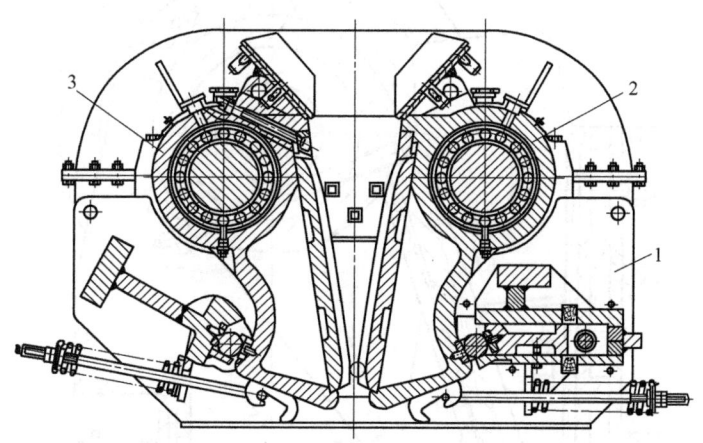

图 24-2-9 双动颚颚式破碎机示意图
1—机架；2，3—带传动轴的颚板

振动颚式破碎机是由俄罗斯米哈诺布尔选矿研究设计院研制，利用不平衡振动器产生的离心惯性力和高频振动实现破碎。它具有双动颚结构，如图 24-2-10 所示，弹性支承在机架上，机架的扭力轴上分别悬挂着两个动颚，动颚装有同步运转的不平衡振动器。当两个不平衡振动器作相向旋转时，分别推动动颚，相对于扭力轴作相反方向的往复摆动。两个动颚相互靠近时，处在破碎腔内的物料即被破碎。通过扭力轴可以调整动颚摆动振幅，从而控制破碎产品的粒度。适用于破碎铁合金、金属屑、边脚钢料、砂轮和冶炼炉渣等难碎物料，还可用于破碎冰冻的鱼块，并减少对鱼本身的损伤。可破碎的物料抗压强度高达500MPa。设备规格为 80mm×300mm、100mm×300mm、100mm×1400mm、200mm×1400mm 和 440mm×1200mm 等。动颚摆动频率为 13～24Hz，功率 15～74kW，破碎比可达 4～20[4]。

上推复摆型颚式破碎机将推力板装置由向下支承改为向上支承机构，并增大传动角 γ，使得 $\gamma>90°$（下推复摆型颚式破碎机的 $\gamma<90°$），如图 24-2-11 所示，从而改变了动颚的运动特性，减少了动颚的垂直行程，而保持动颚原来的水平行程。另一个结构特点是，将传统

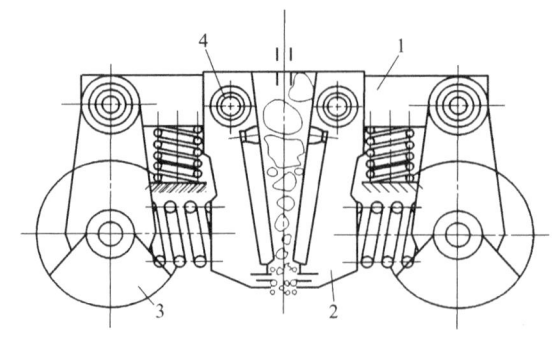

图 24-2-10　振动颚式破碎机结构简图

1—机架；2—动颚；3—不平衡振动器；4—扭力轴

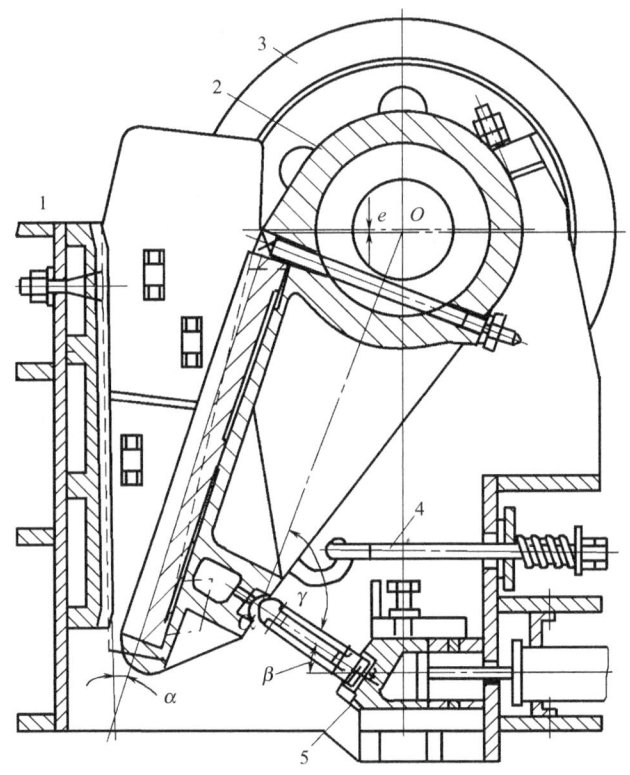

图 24-2-11　上推复摆型颚式破碎机

1—机架；2—动颚；3—皮带轮；

4—拉紧装置；5—调整装置

的颚式破碎机的正悬挂方式（即动颚悬挂点在垂直方向上的位置高于给料口的位置），改为负（或零）悬挂方式，即动颚悬挂点的垂直位置下移至接近于或低于给料口的位置。既增大动颚在上端的水平行程，又降低设备高度和重量。

2.2.2　颚式破碎机的参数

2.2.2.1　啮角

破碎机的动颚与固定颚之间的夹角 α（图 24-2-12），称为啮角。啮角的上限应能保证破碎时咬住物料不被挤出破碎腔。同时，在调节排料口的宽度时，啮角是变化的。排料口宽度减小，啮角增大；反之，排料口宽度增大，而啮角减小。啮角增大，破碎比也增大，但生产能力相应减少。所以啮角大小的选择还应当考虑破碎能力和破碎比之间的关系。

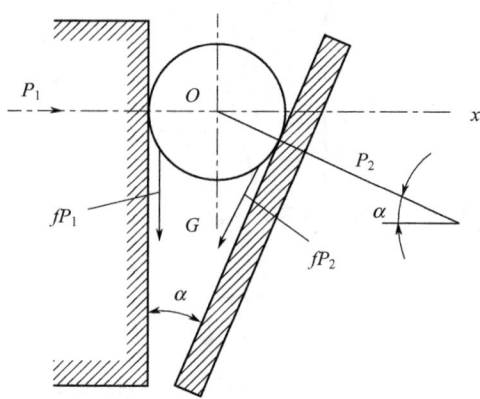

图 24-2-12 颚式破碎机的啮角

理论上两颚板之间极限啮角的大小，可通过颚板上的受力分析求出。当颚板压住物料时，作用在物料上的力如图 24-2-12 所示。

设颚板对物料的垂直作用力为 P_1、P_2，物料沿颚板表面所受的摩擦力为 fP_1 和 fP_2，其中 f 表示物料与颚板之间的摩擦系数。物料的重量与作用力 P_1、P_2 相比很小，故可忽略。由图 24-2-12 中两个颚板受力情况的分析，可分别列出 x 轴和 y 轴的力平衡方程式：

$$P_1 - P_2\cos\alpha - fP_2\sin\alpha = 0 \tag{24-2-1}$$

$$-fP_1 - fP_2\cos\alpha + P_2\sin\alpha = 0 \tag{24-2-2}$$

通过简单的运算，可得：

$$\tan\alpha = 2f/(1-f^2) \tag{24-2-3}$$

摩擦系数 f 可用摩擦角 ψ 表示，即 $f = \tan\psi$，代入式（24-2-3）

$$\tan\alpha = \tan 2\psi$$
$$\alpha = 2\psi \tag{24-2-4}$$

式（24-2-4）表明，啮角的最大值为摩擦角的两倍。通常情况下，物料与颚板之间的摩擦系数 $f = 0.2 \sim 0.3$，相当于摩擦角 $\psi \approx 12°$。因此，颚式破碎机的啮角通常取为 $18° \sim 24°$。

2.2.2.2 偏心轴的转速

颚式破碎机偏心轴的转速即为动颚前后摆动的次数。偏心轴转一圈，动颚往复摆动一次，前半圈为工作行程，后半圈为空行程。转速太快，已碎的物料还来不及从破碎腔中排出，动颚又向前摆动而影响排料，不利于提高破碎机生产能力。转速太慢，破碎腔内物料已经排出，但动颚还未开始工作行程，同样不利于破碎机生产能力的发挥。

图 24-2-13 是破碎腔排料口处的排料情况示意图。左方为固定颚，右方的实线和虚线分别为动颚闭合和开启时的位置，梯形面积表示动颚每次开启将排出的物料。动颚闭合时将物料压碎，并以 C_4B_4 表示动颚开启时能够排出物料的最大宽度。

当动颚由 A_1 退到 A_2，破碎腔内的物料仍处于压紧状态，物料从 A_2 起开始排料，一直延续到右死点 A_3，而达到闭合行程的 A_4 才告结束。此时，偏心轴大致转动 $120°$，即 $1/3$

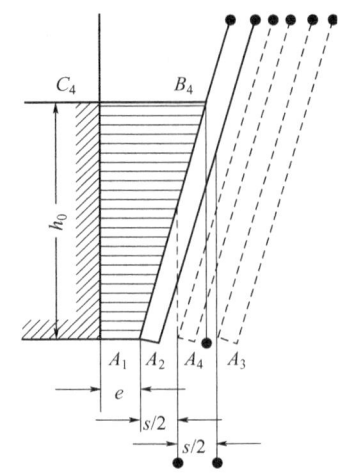

图 24-2-13 颚式破碎机的排料示意图

转，其时间 t 与转速 n 的关系为：

$$t = \frac{60}{3n} = \frac{20}{n}$$

梯形体的高度 h_0 为

$$h_0 = A_4 B_4 = \frac{3s}{4\tan\alpha}$$

式中　s——动颚在排料口处的水平行程，cm；

　　　α——破碎腔的啮角，(°)。

按自由落体定律，在时间 t 时物料下落的距离 $h_0 = \frac{1}{2}gt^2$。

$$h_0 = \frac{3s}{4\tan\alpha} = \frac{1}{2}gt^2 = \frac{1}{2}g\left(\frac{20}{n}\right)^2$$

$$n \cong 500\sqrt{\frac{\tan\alpha}{s}} \tag{24-2-5}$$

设备规格＞900mm×1200mm 的颚式破碎机，推荐用式(24-2-5)计算偏心轴的转速。

对于规格≤900mm×1200mm 的颚式破碎机，推荐采用式(24-2-6)计算转速：

$$n \cong 665\sqrt{\frac{\tan\alpha}{s}} \tag{24-2-6}$$

在实际生产中，常用下列简单的公式来确定颚式破碎机的转速。

当破碎机给料口宽度 $B \leqslant 1200$mm，偏心轴转速为：

$$n = 310 - 145B \qquad \text{r·min}^{-1} \tag{24-2-7}$$

而给料口宽度 $B > 1200$mm，则

$$n = 160 - 42B \qquad \text{r·min}^{-1} \tag{24-2-8}$$

式中 B——颚式破碎机的给料口宽度，m。

利用式(24-2-7)和式(24-2-8)算出的偏心轴转速，与颚式破碎机实际采用的转速较接近，见表 24-2-3。

表 24-2-3 颚式破碎机偏心轴转速的对比情况

破碎机型和规格/mm		颚式破碎机的偏心轴转速/r·min^{-1}	
		按式(24-2-7)或式(24-2-8)计算	实际采用(按产品目录)
简单摆动	1500×2100	97	100
	1200×1500	136	135
	990×1200	180	180
复杂摆动	600×900	223	250
	400×600	252	250
	250×400	274	300
	150×250	228	300

2.2.2.3 生产能力

影响颚式破碎机生产能力的因素很多，如物料性质、转速、动颚运动特性等。要准确地确定颚式破碎机的处理量，必须考虑啮角、行程、速度等因素的影响，但在以往的计算处理量的公式中，没有全面地考虑这些影响因素。因此，计算其处理量的公式没有一个是完全令人满意的。不同研究者提出了各自不同的公式，见表 24-2-4[5~12]。

表 24-2-4 颚式破碎机处理量的经验公式

序号	提出者	公式
1	Rose	$Q_s = 2820 W L_T^{0.5} (2L_{MIN} + L_T) \left(\dfrac{R}{R-1} \right)^{0.5}$
2	Hersam	$Q = 59.8 \left[\dfrac{L_T (2L_{MIN} + L_T) w G v \rho_s K}{G - L_{MIN}} \right]$
3	Michaelson	$Q = \dfrac{7.037 \times 10^5 W K' (L_{MIN} + L_T)}{v}$
4	Broman	$Q_s = \dfrac{W L_{MAX} L_T K 60 v}{\tan\alpha}$
5	Taggart	$Q_s = 930 W L_{MAX}$
6	Plaksin	$Q = 5ksb \times 10^{-4}$
7	Gieskieng	$Q_s = c\gamma b_1 s_1 hme\eta \times 10^{-7}$
8	Lewenson	$Q_s = 150 n b_2 s_2 d\mu\gamma$
9	Razumov	$Q_s = 1.5 f\gamma b_1 \left(s' + \dfrac{h}{2} \right) mh \times 10^{-7}$

注：Q——破碎机生产能力，t·h^{-1}；W——动颚板宽度，m；L_T——动颚在排料口处的行程，m；L_{MIN}——紧边排矿口；R——破碎比；G——给料口宽度，m；v——转速，r·min^{-1}，ρ_s——物料密度；K——系数，实验室破碎机取 0.75；K'——系数；L_{MAX}——开边排矿口；α——啮角，(°)；s_1——破碎机排料口宽度，mm；b_1——颚式破碎机排料口长度，mm；c——根据给料中存在的细粒量和颚板表面特征决定的系数；γ——物料的密度，t·m^{-3}；h——颚板摆动幅度，cm；m——每分钟冲击次数；e——颚板夹角的修正系数，26°时为 1，夹角每减少 1°，系数增大 3%；η——破碎机的理论生产能力与实际生产能力之比，约为 0.8~0.9；n——传动轴转速，r·min^{-1}；b_2——动颚板宽度，m；s_2——动颚板摆动幅度，m；d——物料破碎后的平均粒度，m；μ——物料破碎后的松散系数，根据它的物理特性而定，约为 0.25~0.50；f——松散系数，约为 0.3~0.7；s'——破碎机紧边排料口宽度，mm。

图 24-2-14 给出了采用 6 个不同的公式得到的颚式破碎机生产能力的计算结果，并与设备制造商的数据进行了比较[13]。从此图中可以明显地看出，若 S_c 值（与表面特性相关的参数）为 1.0，Rose 公式的计算结果对破碎机制造商推荐的生产能力做出了过高的估算。颚式破碎机生产能力的计算非常依赖于被破碎矿石的 S_c 值。若 S_c 值为 0.5，其生产能力的计算值则降低到已安装工厂的数据范围内。大多数其他计算方法往往估计出比制造商推荐值更高的生产能力，因此，应当始终咨询破碎机制造商。

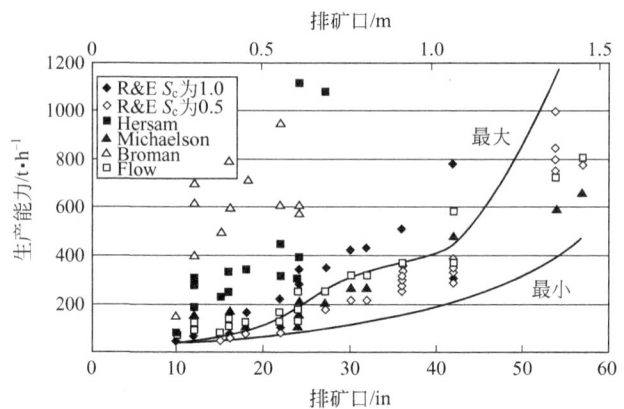

图 24-2-14 采用不同公式计算得到的颚式破碎机生产能力的比较

图中计算所采用的数据是：密度 $2.6 \text{kg} \cdot \text{m}^{-3}$，$f(P_K) = 0.65$，$f(\beta) = 1.0$ 和 $S_c = 0.5 \sim 1.0$（R&E）；
$K = 0.4$（Hersam）；$K' = 0.3$（Michaelson）；$K = 1.5$（Broman）；$v = 275 \text{r} \cdot \text{min}^{-1}$。最大值和最小值
曲线为供应商推荐的破碎机正常操作的生产能力范围

在实际工作中，常用下面的经验公式计算颚式破碎机的处理量，即

$$Q = K_1 K_2 q_0 e \frac{\gamma}{1.6} \tag{24-2-9}$$

式中　K_1——物料可碎性系数，查表 24-2-5；

K_2——物料粒度修正系数，查表 24-2-6；

q_0——破碎机单位排料口宽度的处理能力，$\text{t} \cdot \text{h}^{-1} \cdot \text{mm}^{-1}$，查表 24-2-7；

e——排料口宽度，mm；

γ——物料的松散体积密度，$\text{t} \cdot \text{m}^{-3}$。

表 24-2-5　物料可碎性系数 K_1

物料的普氏系数	<1	1~5	5~15	15~20	>20
可碎性系数 K_1	1.3~1.4	1.15~1.25	1.0	0.8~0.9	0.65~0.75

表 24-2-6　物料粒度修正系数 K_2

给料最大粒度 $D_{\max}$/给料宽度 B	0.85	0.6	0.4
K_2	1.0	1.1	1.2

表 24-2-7　颚式破碎机单位排料口宽度的处理能力

破碎机规格/mm×mm	250×400	400×600	600×900	900×1200	1200×1500	1500×2100
q_0/$\text{t} \cdot \text{h}^{-1} \cdot \text{mm}^{-1}$	0.4	0.65	0.95~1.0	1.25~1.3	1.9	2.7

2. 2. 2. 4 电动机功率

（1）按动颚受力计算破碎机的功率 在一般情况下，动颚的最大受力 P_{max}（kgf）为：

$$P_{max} = 27LH \tag{24-2-10}$$

式中 L，H——破碎腔的长度和高度，cm。

动颚的平均受力 $P = 0.2P_{max}$。在计算破碎机功率时，应该用平均受力 P 的作用点处的行程 s'：对于复摆型颚式破碎机，$s' = 0.5s$（s 为动颚在排料口处的行程）；对于简摆型颚式破碎机，$s' = (0.56 \sim 0.6)s$，颚式破碎机的功率 N（kW）为：

$$N = \frac{Ps'n}{102 \times 60\eta} \times 10^{-2} \tag{24-2-11}$$

式中 s'——动颚的平均受力的作用点处的行程，cm；

n——动颚偏心轴的转速，r·min^{-1}；

η——破碎机的传动效率，取 $0.6 \sim 0.75$。

电动机的安装功率 N_m 为：

$$N_m \cong 1.5N \tag{24-2-12}$$

（2）功率的经验公式 对于设备规格为 $900\text{mm} \times 1200\text{mm}$ 以上的大型颚式破碎机，功率 N（kW）为：

$$N = \left(\frac{1}{100} \sim \frac{1}{120}\right)BL \tag{24-2-13}$$

对于规格为 $600\text{mm} \times 900\text{mm}$ 以下的中、小型颚式破碎机，功率为：

$$N = \left(\frac{1}{50} \sim \frac{1}{70}\right)BL \tag{24-2-14}$$

式中 B，L——破碎机给料口的宽度和长度，cm。

（3）电动机功率的另一个经验公式 简摆型颚式破碎机的功率 N 为：

$$N \approx 10LHsn \tag{24-2-15}$$

式中 s——动颚在排料口处的行程，m。

复摆型颚式破碎机的功率按式（24-2-16）计算：

$$N \approx 18LHrn \tag{24-2-16}$$

式中 r——偏心轴的偏心距，m。

颚式破碎机的规格是以给料口的尺寸（宽度 B × 长度 L）表示。目前颚式破碎机的最大规格是 1600mm 开口 × 1900mm 宽。这种规格的破碎机能处理的最大矿块为 1.22m，排矿口为 300mm，破碎能力约为 1200t·h^{-1}。然而刘易斯（Lewis）认为，破碎能力超过 545t·h^{-1}，颚式破碎机相对于旋回破碎机的使用经济性优势逐渐减少，若超过 725t·h^{-1} 时，在经济上则不如旋回破碎机[14]。

2.3　旋回破碎机

2.3.1　旋回破碎机的类型和工作原理

旋回破碎机是一种圆锥破碎机,有人将旋回破碎机称为粗碎圆锥破碎机,广泛应用于各种坚硬物料的粗碎。当给料粒度或设备规格相同时,旋回破碎机的生产能力比颚式破碎机大 2 倍以上,故在大型金属矿山中用作粗碎破碎机。

根据传动和保险方式的不同分为:液压式和普通式两种〔见图 24-2-15(a)、(b)〕;根据排料方式的不同分为:侧卸式与中心排料式两种〔见图 24-2-15(b)、(c)〕。在这三种类型中,悬轴式中心排料旋回破碎机的应用最广泛。

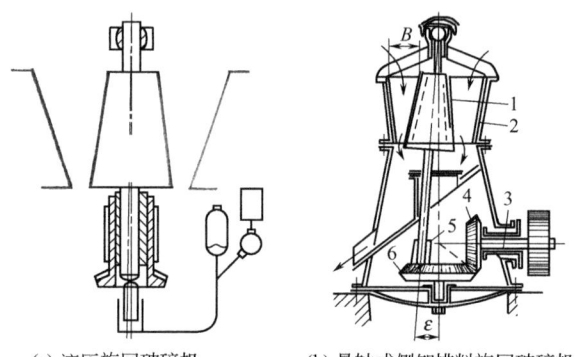

(a) 液压旋回破碎机　　　　(b) 悬轴式侧卸排料旋回破碎机

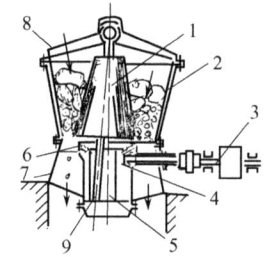

(c) 悬轴式中心排料旋回破碎机

图 24-2-15　旋回破碎机类型

1—动锥;2—固定锥;3—传动轴;4—小伞齿轮;5—偏心轴套;6—大伞齿轮;

7—机架;8—悬挂主轴的横梁;9—主轴

旋回破碎机的简要结构见图 24-2-15(c)。旋回破碎机的机体由破碎腔、调整装置、悬挂装置和机架等主要部分构成。破碎腔是由动锥(破碎锥)和固定锥组成的环形空间,动锥固定于主轴上。主轴上端通过悬挂装置由横梁支承,下端插入偏心轴套内。当偏心轴套经大小伞齿轮带动主轴转动时,动锥即产生以悬挂点为中心的旋回运动,并在运动中,动锥时而靠近,时而远离固定锥。当动锥靠近时,给入的物料在动锥与固定锥之间受到挤压和弯曲作用而破碎;当动锥远离时,该部分物料向下排卸。物料经如此反复破碎后从破碎腔底部排出。

动锥和固定锥的表面都敷有锰钢衬板或齿板。由于动锥衬板下部不断磨损,排料口宽度和破碎产品粒度逐渐增大,需利用主轴上端的调整装置进行调节。调节排料口宽度时,先取下轴帽,用吊车将主轴稍稍向上吊起,取出楔形键,然后再顺转或逆转锥形螺母,使主轴和动锥上升或下降，排料口宽度则减小或增大。当调整到要求的排料口宽度时，打入楔形键，装好轴帽。

普通旋回破碎机的过载保险装置，通常是利用安在传动皮带轮上的保险销子。一旦非破碎物进入破碎腔而出现过载时，销子即剪断，机器则停止运转。

偏心轴套的内外表浇铸（或熔焊）巴氏含金，但外表面只在 3/4 面积上浇铸巴氏合金。为防止粉尘进入偏心轴套等运动部件中，在动锥下部装有挡油环及密封套环。

从旋回破碎机上部看，破碎腔是环形的。因此，在破碎腔内的物料还受到弯曲作用。而且在任一瞬间，都有一部分物料正在受到动锥的压碎作用，在它对面的那部分物料则正在向下排卸，因此机器的工作是连续的。图 24-2-16 是旋回破碎机破碎作用机理的高保真数值模拟。

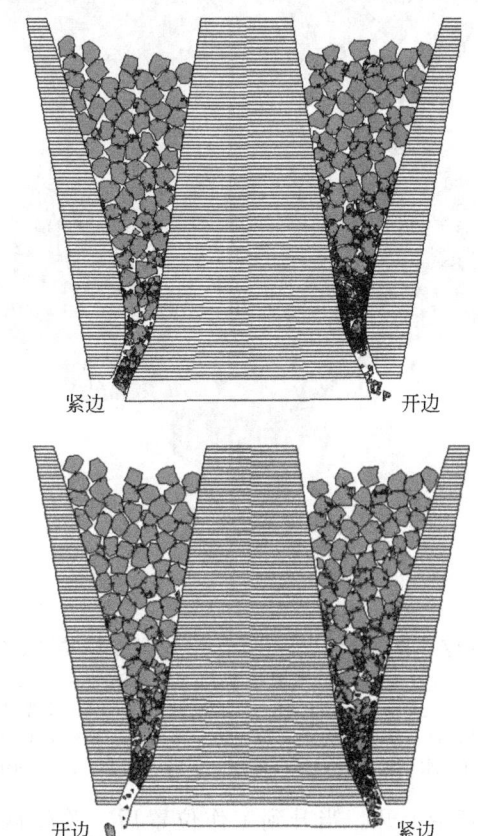

图 24-2-16　旋回破碎机破碎作用机理的高保真数值模拟（HFS）

2.3.2　旋回破碎机的构造

液压旋回破碎机的结构图如图 24-2-17 所示。油缸安装在破碎机主轴的下部，用来支承动锥和主轴的重量，并由缸体、活塞和摩擦盘等组成。油缸的上部有三个摩擦盘，上摩擦盘和下摩擦盘分别固定于主轴和活塞上，中摩擦盘的上表面是球面，下表面是平面。破碎机工作时，中摩擦盘的上球面和下平面与上下摩擦盘都有相对滑动。改变油缸内的油量即可调整排矿口的大小。

旋回破碎机的液压系统如图 24-2-18 所示。蓄能器内的充气压力为 1100kPa。破碎机启动前，先向油缸内充油。充油时，关闭截止阀 4b、打开截止阀 4a，开动单级叶片泵。油压

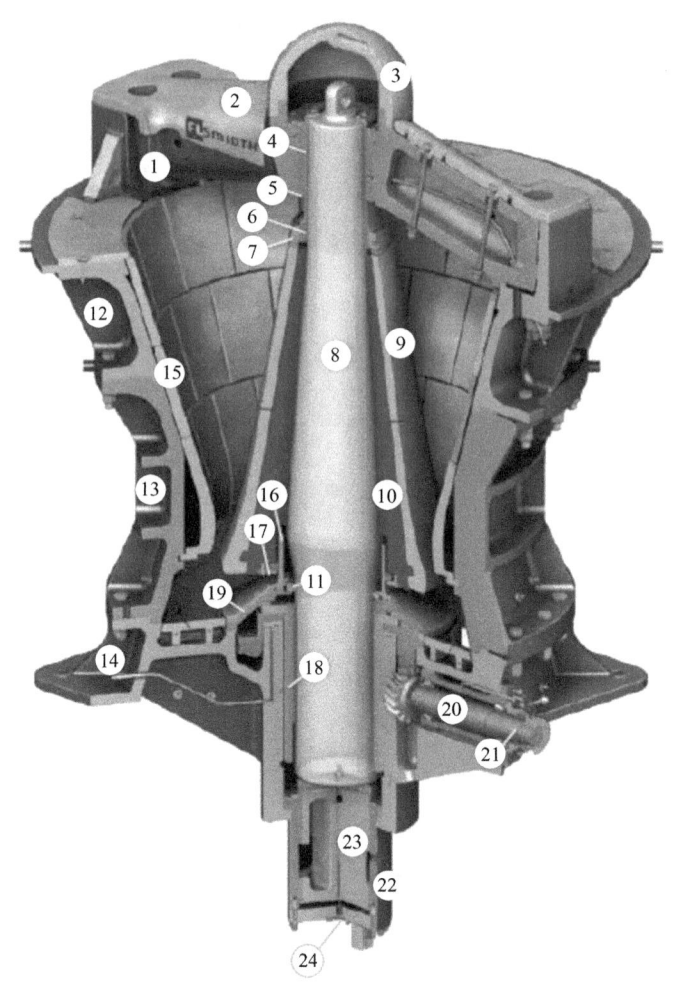

图 24-2-17　液压旋回破碎机结构（图片来自艾法史密斯）

1—臂架；2—臂架护板；3—臂架帽；4—臂架衬套；5—臂架油封；6—螺纹主轴瓦；7—头螺母；
8—主轴；9—动锥；10—动锥中心体；11—分段接触油封；12—上架体；13—中间架体；
14—下架体；15—定锥；16—防尘密封帽；17—防尘密封环；18—偏心套；19—齿轮箱护板；
20—水平轴；21—水平轴密封；22—液压缸；23—活塞；24—动锥位置传感器

达到 8~1100kPa 时，动锥开始上升。当升到工作位置后，关闭截止阀 4a 和叶片泵。这时，液压系统的油缸压力与破碎机工作的破碎力相平衡。

这个液压系统既是旋回破碎机排料口的调整装置，又是设备的过载保险装置。当增大排料口宽度时，打开截止阀 4a 和 4b，油缸内的油在动锥自重的作用下流回叶片泵。动锥下降到需要的位置后，立即关闭截止阀。当需要减小排料口尺寸时，打开截止阀 4a，启动油泵向油缸内充油，动锥开始上升，直至达到要求的排料口尺寸时，关闭截止阀 4a 和停止油泵。

当非破碎物进入破碎腔时，动锥受力激增，并向下猛压活塞，使油缸内的油压大于蓄能器内的气体压力，于是油缸内的油被挤入蓄能器中，动锥开始下降，排料口增大而排出非破碎物。排出之后，由于单向节流阀的作用，蓄能器中的油缓慢地流向油缸，使动锥缓慢地恢复原位。

目前各国生产的旋回破碎机均向大型化方向发展。大型旋回破碎机的主要参数见表 24-2-8。

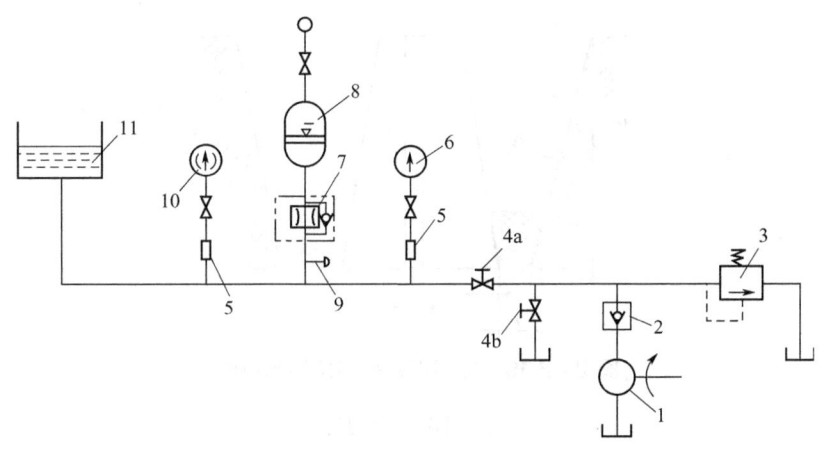

图 24-2-18   旋回破碎机液压系统示意图

1—蓄能器；2—单向节流阀；3—换气阀；4a,4b—截止阀；5—截止阀 A；6—溢流阀；
7—单向阀；8—单级叶片泵；9—油箱；10—截止阀 B；11—油缸

表 24-2-8   大型旋回破碎机主要参数

破碎机厂家	规格 /mm	动锥直径 /mm	给料口尺寸 /mm	电机功率 /kW	设备重量 /t	产量/$t \cdot h^{-1}$
美卓矿机	1524×2794	2794	1524	1200	553	5535～8890
山特维克	1549×2692	2692	1549	950	500	3800～8250
艾法史密斯	1600×3000	3000	1600	1200	525	6208～9490
蒂森克虏伯	1600×2896	2896	1600	1100	563	4835～10335

目前世界上最大规格的旋回破碎机是德国蒂森克努伯公司制造的 1600mm×2896mm 旋回破碎机，用于 Iriana Jaya 的 Grasberg 铜金矿，其处理能力超过 10000t·h^{-1}。

2.3.3   旋回破碎机的参数

旋回破碎机的啮角、转速、处理能力和电动机功率等主要参数的理论计算公式与生产实际有较大出入，在此着重介绍比较适用的半经验公式或经验公式。

(1) 啮角   旋回破碎机在动锥和固定锥之间破碎物料的作用，与简摆型颚式破碎机在动颚和固定颚之间破碎物料相似，因此前面关于颚式破碎机啮角的分析推导也适用于旋回破碎机。

旋回破碎机的啮角是动锥与固定锥之间的夹角，按图 24-2-19 可得出：

$$\alpha = \alpha_1 + \alpha_2 \leqslant 2\varphi \qquad (24\text{-}2\text{-}17)$$

式中 α_1——固定锥锥角，(°)；

$\quad\quad \alpha_2$——动锥锥角，(°)；

$\quad\quad \varphi$——摩擦角，(°)。

由于旋回破碎机是连续工作且动锥进行旋回运动，所以它的啮角比颚式破碎机的选得略大，一般取 $\alpha = 22° \sim 28°$（最大可达 $30°$）。

(2) 转速   转速的经验公式有：

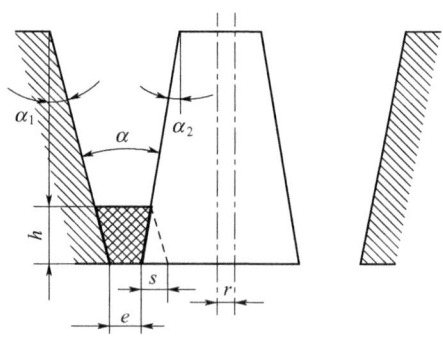

图 24-2-19   旋回破碎机啮角的示意图

$$n = 160 - 42B \tag{24-2-18}$$

$$n = 175 - 50B \tag{24-2-19}$$

式中 n——动锥的转速，$r \cdot min^{-1}$；

　　　　B——破碎机的给料口宽度，m。

式（24-2-18）与式（24-2-19）的计算结果与产品目录中实际使用的颇为接近（表24-2-9）。

表 24-2-9   按理论公式和经验公式计算的转速

破碎机规格/mm	理论公式[①]/$r \cdot min^{-1}$	式(24-2-18)/$r \cdot min^{-1}$	式(24-2-19)/$r \cdot min^{-1}$	实际采用/$r \cdot min^{-1}$
500	292	139	150	140
700	—	131	140	140
900	232	122	130	125
1200	238	110	115	110

① $n \approx 470 \sqrt{\dfrac{\tan\alpha_1 + \tan\alpha_2}{s}}$，$s$ 为动锥底部的行程，cm。

（3）处理能力

$$Q = K_1 K_2 q_0 e \frac{\gamma}{1.6} \tag{24-2-20}$$

式中 Q——处理能力，$t \cdot h^{-1}$；

　　　　K_1——物料的可碎性系数（表24-2-10）；

　　　　K_2——物料粒度的修正系数（表24-2-11）；

　　　　q_0——破碎机单位排料口宽度的生产能力，$t \cdot h^{-1} \cdot mm^{-1}$（表24-2-12）；

　　　　γ——松散体积密度，$t \cdot m^{-3}$；

　　　　e——排料口宽度，mm。

表 24-2-10   物料的可碎性系数 K_1

物料的普氏硬度系数	<1	1～5	5～15	15～20	>20
可碎性系数 K_1	1.3～1.4	1.15～1.25	1.0	0.8～0.9	0.65～0.75

表 24-2-11   物料粒度修正系数 K_2

给料最大粒度 D_{max}/给料口宽度 B	0.85	0.6	0.4
粒度修正系数 K_2	1.0	1.1	1.2

表 24-2-12 旋回破碎机的 q_0 值

旋回破碎机规格/mm	500×75	700×300	900×160	1200×180	1500×180	1500×300
q_0/t•h^{-1}•mm^{-1}	2.5	3.0	4.5	6.0	10.5	13.5

另一种计算处理能力的经验公式：

$$Q = Ke\gamma D^{2.5} \tag{24-2-21}$$

式中　K——经验系数，一般 $K=0.95\sim0.98$；

　　　D——动锥底部直径，m；

　　　e,γ——符号的意义同式(24-2-20)，单位分别为 mm 和 t•m^{-3}。

（4）电动机功率

$$N = 85KD^2 \tag{24-2-22}$$

式中　N——电动机功率，kW；

　　　D——动锥底部直径，m；

　　　K——系数，按表 24-2-13 选取。

表 24-2-13 系数 K 值

给料口宽度/mm	500	700	900	1200	1500
K	1.00	1.00	1.00	0.91	0.85

2.3.4 颚式与旋回破碎机的比较和选择

颚式破碎机与旋回破碎机各有优缺点。大体上比较其特点，则如表 24-2-14 所示。

表 24-2-14 颚式破碎机与旋回破碎机的比较

项目	颚式破碎机	旋回破碎机
粉碎能力	产出少量大块	产出大量中块
能力范围	有大、中、小各种类型	只有大型
安装	机身低,振动多	机身高,基础大
拆装工作	比较容易	困难
粉碎粒度	不够一致	均匀
动力	大	小

塔加特（Taggart）给出了一个指导性的关系式：若粉碎能力（t•h^{-1}）<161.7×开口（开口以 m^2 为单位），则选择颚式破碎机；若粉碎能力（t•h^{-1}）>161.7×开口（开口以 m^2 为单位），则选择旋回破碎机。

2.3.5 颚-旋式破碎机

为了解决旋回破碎机在一定给料粒度时生产能力过大的问题，研制了颚-旋式破碎机。

该机的主体结构仍是旋回破碎机，只是将给料口的一侧向外扩大（图 24-2-20），使给料粒度比规格相同的一般旋回破碎机增加 1 倍。这种破碎机用于石灰石等中硬物料的粗碎设备，效果比较显著。例如，将规格为 700mm 旋回破碎机改为 1000mm/150mm 的颚-旋式破碎机，给料的最大粒度由原来的 500mm 增大到 800mm，而设备的台时生产能力与 1200mm×1500mm 简摆型颚式破碎机相接近，而且无需另设给料设备。

图 24-2-20   颚-旋式破碎机
（图片来自蒂森克虏伯）

2.4   圆锥破碎机

2.4.1   圆锥破碎机的类型和构造

通常所谓的圆锥破碎机用于坚硬物料的中碎和细碎，前者叫作标准型圆锥破碎机，后者称为短头型圆锥破碎机。

中、细碎圆锥破碎机的构造基本相同，其工作原理与旋回破碎机相似。但圆锥破碎机与旋回破碎机结构方面的主要区别为：

① 圆锥破碎机的动锥不是靠主轴悬挂在机器上部的横梁上面，而是由动锥体下方的球面来支承；

② 旋回破碎机是利用动锥的上升或下降，调节排料口的宽度，圆锥破碎机利用调整固定锥（调整环）的高度位置，来实现排料口的宽度大小；

③ 常规旋回破碎机通常采用液压缸和蓄能器进行保险，弹簧圆锥破碎机用机身周围的弹簧作为保险装置；

④ 破碎腔形状不同，圆锥破碎机的动锥和固定锥的锥角大，破碎腔（从上部看）的直径越接近排料口越大，在排料口附近还有一个较长的平行区。

2.4.1.1 弹簧圆锥破碎机

弹簧圆锥破碎机（图 24-2-21）的主要构造由机架、动锥、固定锥及弹簧组成。破碎腔由固定锥和动锥构成，两个锥体表面均敷有耐磨合金钢的衬板。定锥衬板固定在调整环上。调整环的外侧借助锯齿形螺纹与支承环连接。支承环不能转动，拧动调整环即改变固定锥的高度位置，从而调节排料口的宽度。

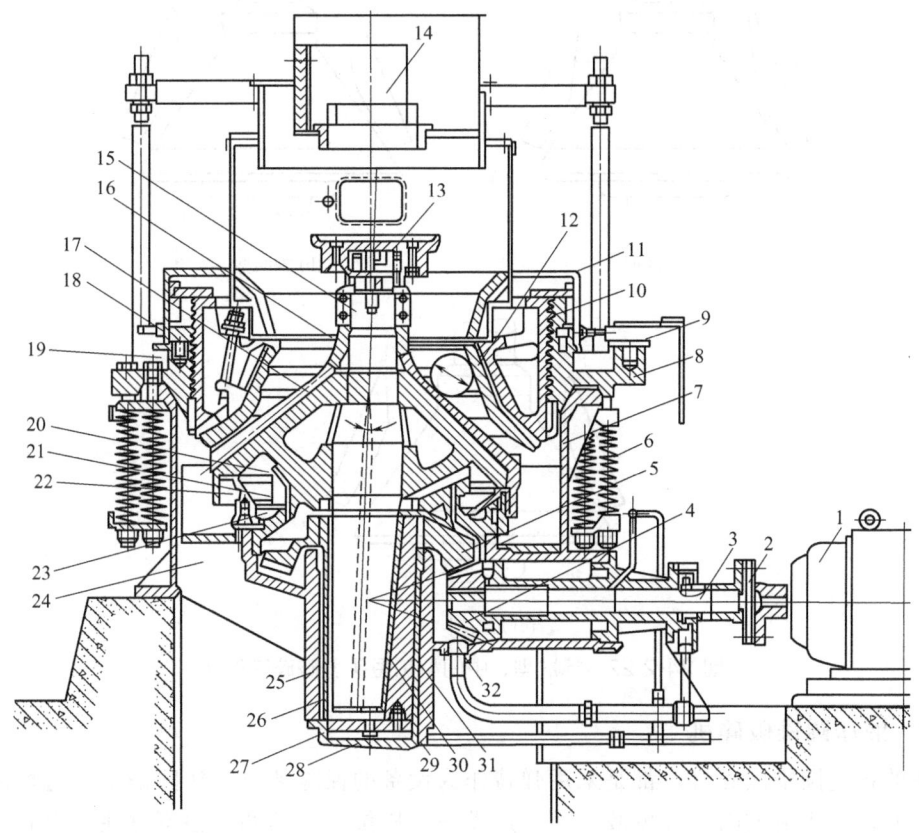

图 24-2-21 弹簧圆锥破碎机

1—电动机；2—联轴节；3—传动轴；4—小圆锥齿轮；5—大圆锥齿轮；6—保险弹簧；7—机架；
8—支承环；9—推动油缸；10—调整环；11—防尘罩；12—固定锥衬板；13—给矿盘；
14—给矿箱；15—主轴；16—可动锥衬板；17—可动锥体；18—锁紧螺母；19—活塞；
20—球面轴瓦；21—球面轴承座；22—球开颈圈；23—环形槽；24—筋板；25—中心套筒；
26—衬套；27—止推圆盘；28—机架下盖；29—进油孔；30—锥形衬套；
31—偏心轴承；32—排油孔

支承环借助一组弹簧压紧在机架的周围，此弹簧即为破碎机的保险装置。在正常工作时，弹簧产生足够的压力以平衡固定锥受到的破碎力。当非破碎物进入破碎腔时，由于动锥对于固定锥的作用力激增，弹簧退让，使支承环和调整环的一侧向上抬起，增大了排料口的宽度，可排出非破碎物。然后，弹簧的压力使支承环恢复至原来的位置。

圆锥破碎机工作过程中，为避免粉尘进入球面轴承及传动部件内部，在球面轴承上设有水封防尘装置。

圆锥破碎机的两个锥体（动锥和定锥）在排料口附近有一个平行区，为了保证破碎产品达到一定的细度和均匀度，平行区要有一定的长度，使物料在排出之前，在平行区至少要受到一次的挤压或破碎作用。平行区的长度与破碎产品要求的粒度、破碎机的规格和类型有关。根据平行带区的长度不同，圆锥破碎机的破碎腔分为标准型、中间型和短头型，如图 24-2-22 所示。

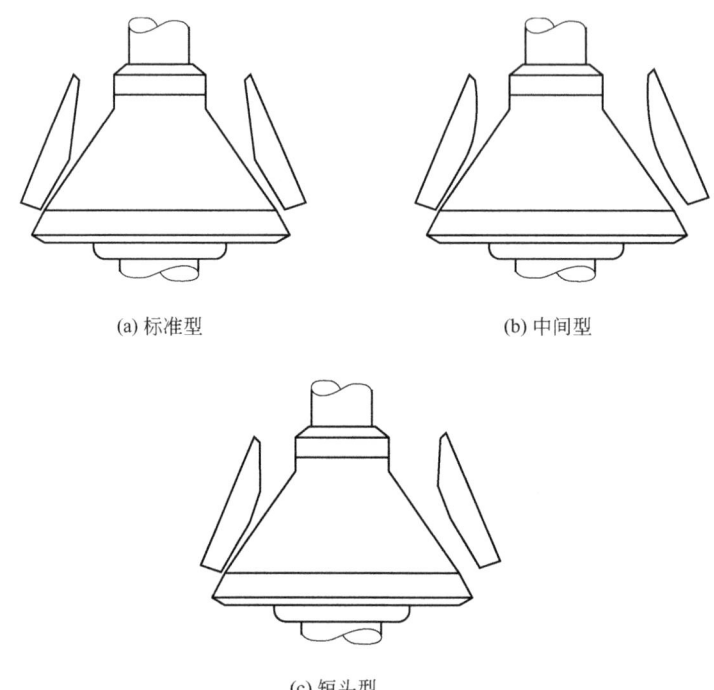

(a) 标准型　　　　(b) 中间型

(c) 短头型

图 24-2-22　标准型、中间型和短头型破碎腔形状

2.4.1.2　液压圆锥破碎机

上述的各类圆锥破碎机，都是采用弹簧作为设备的保险装置。实践证明，这种保险装置的可靠性差，易于造成断轴等事故。而且这类破碎机排料口的调节很不方便。为此，国内外都在大力生产和推广应用液压圆锥破碎机。

液压圆锥破碎机可分为单缸和多缸等型式。多缸液压圆锥破碎机，一般用 12～24 个油缸代替弹簧圆锥破碎机的保险弹簧，而以液压油缸作为保险装置，其排料口的调节仍与弹簧圆锥破碎机相同。而单缸液压圆锥破碎机的保险作用和排料口的调节全由置于主轴下部的单个油缸来完成。尽管油缸数量和安装位置不同，但它们的工作原理和基本结构及液压系统是相似的。

单缸液压圆锥破碎机，就其对矿石的破碎作用和破碎过程来说，同弹簧式圆锥破碎机基本是一样的。

图 24-2-23 为单缸液压圆锥破碎机的结构。这种形式的单缸液压圆锥破碎机，与弹簧式圆锥破碎机相比，主要特点在于它采用了液压调整、液压保险和液压卸载（卸除堵塞的物料）。底部单缸液压圆锥破碎机的液压调节和保险的作用原理如图 24-2-24 所示。

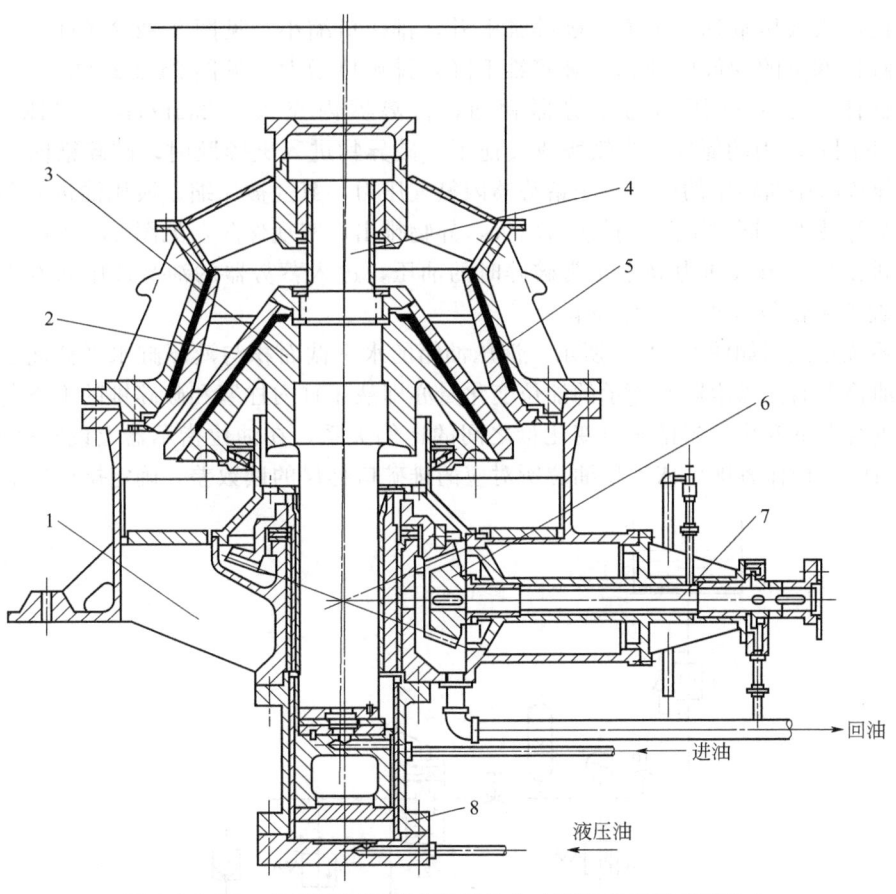

图 24-2-23　单缸液压圆锥破碎机结构（图片来自美卓矿机）

1—筋板；2,5—衬板；3—动锥；4—主轴；6—小圆锥齿轮；7—传动轴；8—液压缸

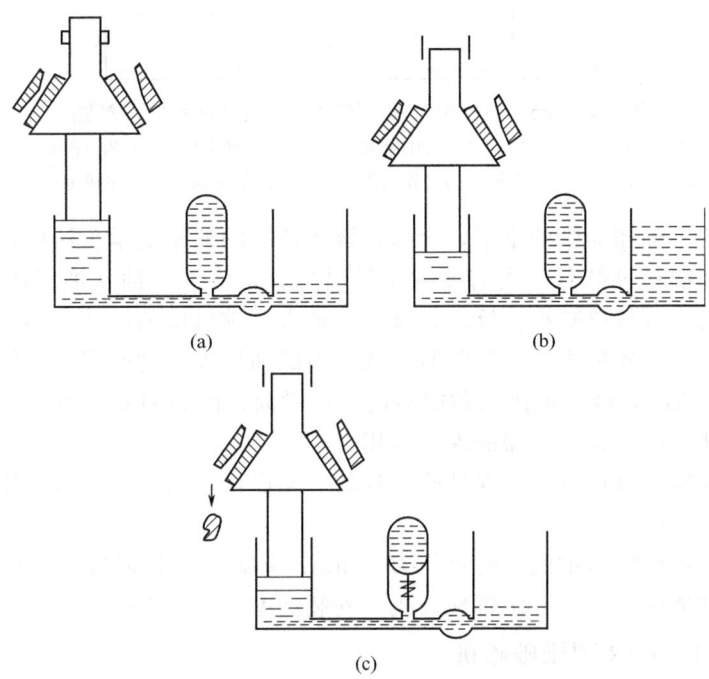

图 24-2-24　液压调节和保险的作用原理

液压油压入液压缸柱塞下方，破碎锥上升，排矿口缩小，见图 24-2-24（a）。

液压缸柱塞下的油放回油箱，破碎锥下降，排矿口增大，见图 24-2-24（b）。

液压缸柱塞下方高压油与蓄势器相通，蓄势器内充入 502kgf·cm^{-2}（1kgf·cm^{-2} = 0.1MPa，下同）压力的氮气。当铁块或其他不可破异物进入破碎腔时，破碎锥向下压的垂直力增大，导致高压油路中的油压大于蓄势器内氮气压力，氮气被压缩，液压油进入蓄势器，液压缸内柱塞与破碎锥同时下降，排矿口增大，异物排出，实现保险，见图 24-2-24（c）。

异物排出后，氮气压力高于正常破碎时的油压，进入蓄势器的油又被压回液压缸，使柱塞上升，破碎锥恢复到正常工作位置。

液压系统示意图如图 24-2-25 所示。液压油箱的水平截面积与液压缸水平截面积相等，因此，液压油箱上油位指示器所指示的油位变化量亦即液压缸内柱塞和破碎锥的上下起落量，利用破碎锥垂直上下变化量与排矿口变化量之间的比例关系，在油位指示器上设置排矿口标尺，调整排矿口时，操作者即可依液压油位所对应的排矿口标尺的读数差，确定排矿口的变化量。

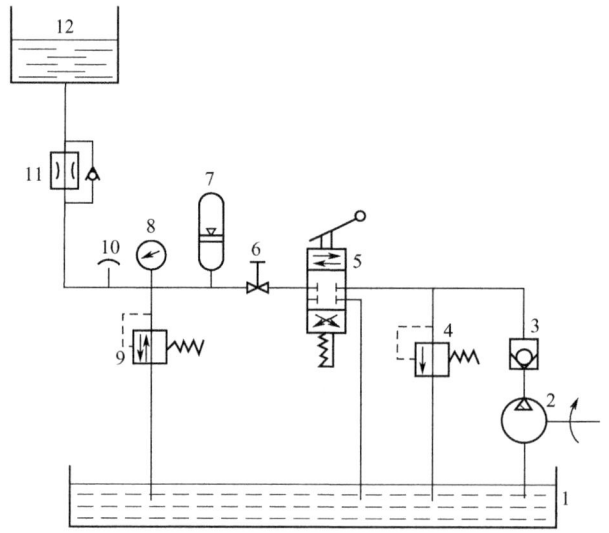

图 24-2-25　底部单缸液压圆锥破碎机液压系统示意图

1—油箱；2—油泵；3—单向阀；4—高压溢流阀；5—手动换向阀；6—截止阀；7—蓄势器；
8—压力表；9—安全阀；10—放气阀；11—单向节流阀；12—主机液压缸

这种破碎机的主轴和动锥的重量，全部由液压油缸的油压支承。油压系统包括液压油缸和活塞、蓄能器和油箱等部分。当需要减小排料口时，将液压油从油箱压入油缸的活塞下方，这时动锥升起，排料口减小；反之，排料口增大。排料口的尺寸大小，可由油位指示器直接显示出来。当非破碎物进入破碎腔时，油路中的油压大于蓄能器的氮气压力，蓄能器内的压力一般为 5000kPa，液压油进入蓄能器内，这时油缸内的油塞和动锥即同时下降，排料口增大，排出非破碎物，起到机器的保险作用。

单缸液压圆锥破碎机很容易实现破碎过程的自动操作，而且它的重量较轻。这种破碎机在我国已得到广泛应用。

圆锥破碎机的规格以动锥底部的直径 D（mm）来表示。目前世界上最大规格的圆锥破碎机是美卓矿机制造的 MP2500 圆锥破碎机，安装功率为 2000kW。

2.4.1.3　CALIBRATOR 圆锥破碎机

CALIBRATOR 圆锥破碎机（图 24-2-26）的固定锥衬板安装在上部机架上，动锥支承在球面支承上。球面支承自液压缸或一组环形弹簧支承。环形弹簧装于主轴内。该破碎机的结构上有一些创新的特点，即保险装置和排料口调整装置设在球面支承上；使用环形弹簧的 CALIBRATOR 圆锥破碎机，其特点之一是阻尼大。当非破碎物进入破碎腔时，环形弹簧受压变形，动锥及球面支承向下退让。排出非破碎物后，动锥及球面支承缓慢地恢复到原位，从而减小冲击和减轻衬板的磨损。排料口的宽度利用手轮通过圆锥齿轮来调节球面支承的上升或下降，从指针及刻度盘中读出动锥升降的高度位置，从而达到排料口需要调节的宽度。

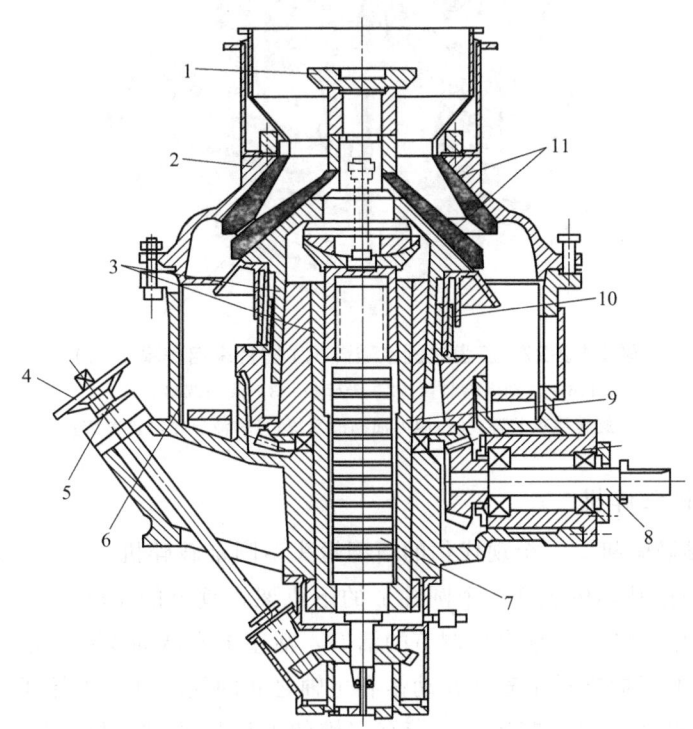

图 24-2-26 CALIBRATOR 圆锥破碎机

1—给料盘；2—上部机架；3—滑动瓦；4—手轮；5—刻度盘；6—下部机架；
7—环形弹簧；8—传动轴；9—主轴；10—迷宫式密封；11—衬板

现在也有用液压代替环形弹簧的液压 CALIBRATOR 圆锥破碎机，装有标准型、中间型、细型和超细型四种衬板。

2.4.1.4　旋盘式圆锥破碎机

美卓矿机的旋盘式圆锥破碎机（图 24-2-27）是一种细碎破碎机，其保险装置、排料口调节装置、球面支承等结构，与一般短头型圆锥破碎机相似。但衬板和破碎腔形状比较特殊，即破碎机的平行区的衬板极短，倾角又平缓，物料在破碎腔内形成很厚的"密实的聚积层"，颗粒在动锥作用下依靠相互挤压研磨而粉碎。这种作用称为粒间粉碎，其优点一是能在同样的排料口宽度下得到粒度较细的产品粒度，二是由于破碎作用主要在颗粒之间进行，衬板的磨损较低。

采用这种破碎机对某物料二次细碎时，细碎产品粒度可降低至 $100\%-7\text{mm}$（循环负荷 $\leqslant 50\%$）或 $100\%-3\text{mm}$（循环负荷 $<150\%$），从而提高球磨机产量并降低能耗。

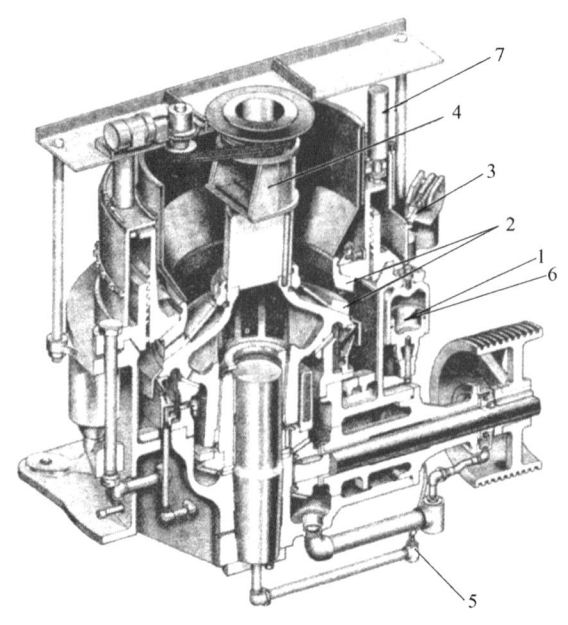

图 24-2-27   旋盘式圆锥破碎机（图片来自美卓矿机）

1,6—气动保险装置；2—破碎板；3—液力调整装置；

4—旋转给料装置；5—压力油润滑系统；7—液压控制锁紧装置

2.4.1.5   新型圆锥破碎机

（1）HKB 圆锥破碎机   一个现代化的新型短头型圆锥破碎机——HKB 圆锥破碎机如图 24-2-28 所示，该圆锥破碎机包括一个圆柱形的下机架，垂直的主轴固定于其上。上主轴采用中空轴设计，其中容纳一个垂直可调节的活塞，活塞上有球面支承轴承，用于悬垂的动锥的轴向引导。动锥的径向支承由安装在动锥和主轴之间的偏心轴套来保证。锥齿轮带动偏心轴套旋转，从而使得动锥作旋摆运动。带有定锥的上机架通过螺栓连接牢固地连在下机架

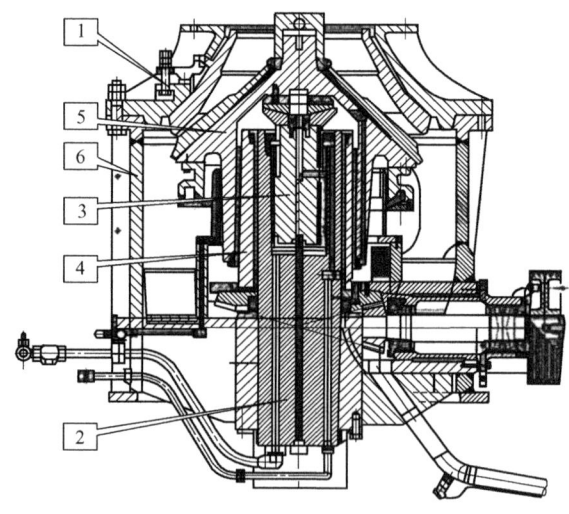

图 24-2-28   HKB 圆锥破碎机（图片来自蒂森克虏伯）

1—上机架；2—主轴；3—可调节的活塞；4—偏心轴套；5—动锥；6—圆柱形下机架

上。通过液压方式提升或降低主轴中的活塞，达到调整排矿口宽度的目的。

当不易破碎的异物通过时，一旦接近预设定的液压压力，动锥将向下偏离，达到保护设备的目的。

该圆锥破碎机（型号为 HKB 1050）已经在矿渣和骨料破碎中得到了很好的应用。用于破碎砾石，产量可达到 200t·h^{-1}，进料尺寸 F_{80} 为 35mm，产品尺寸 P_{80} 为 12mm。

（2）惯性圆锥破碎机 惯性圆锥破碎机由俄罗斯米哈诺布尔选矿研究设计院（OAO Mekhanobr Tekhnika）于 20 世纪 80 年代中期研发成功，可粉碎任何强度的物料：从金属合金到超硬陶瓷以及从岩石到工业废料、植物材料和食物。在惯性圆锥破碎机中，采用不平衡振动器作破碎锥体的驱动装置，取代了破碎机中采用 100 多年之久的传统偏心轴套。惯性圆锥破碎机的结构简图见图 24-2-29，其技术特点列于表 24-2-15[15,16]。

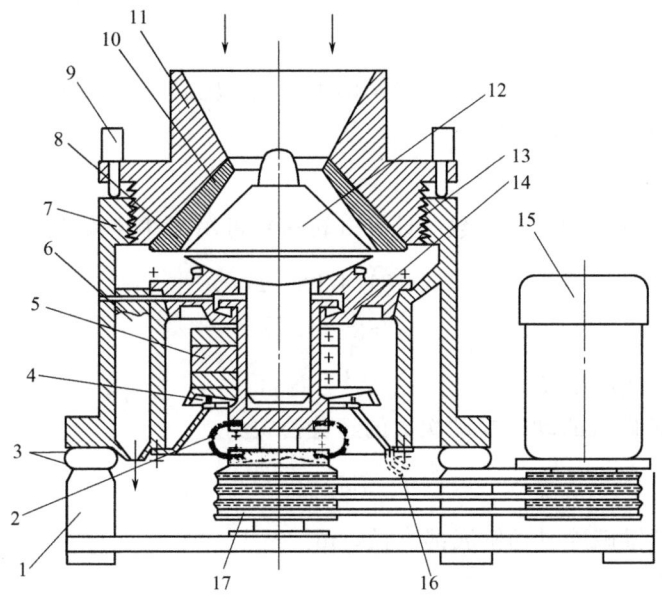

图 24-2-29 惯性圆锥破碎机简图

1—底架；2—伸缩联轴带；3—减振器；4,13—密封装置；5—不平衡转子的旋转配重；6—供油孔；

7—外壳；8—内圆锥球面支座；9—环形液压止动器；10—外圆锥；11—调整环；12—内圆锥；

14—轴承衬；15—电动机；16—排油孔；17—三角皮带传动

表 24-2-15 惯性圆锥破碎机的技术性能

性能	60	100	200	300	450	600	900	1200	1750	2200
处理量(水分<3%)/t·h^{-1}	0.01	0.03	0.1	1	4	22	42	85	150	259
原矿粒度/mm	6	10	25	20	35	50	60	80	90	110
筛上物占 5%的产品最大粒度/mm	0.2	0.3	0.5	2	3	5	7	8	10	14
装机功率/kW	0.55	1	3	11	30	75	160	200	500	800
机重/t	0.02	0.03	0.2	1.35	2	6.7	20	30	90	180
外形尺寸/mm										
长	380	400	930	1420	1400	2300	3300	3800	6500	6600
宽	190	210	365	800	1000	1350	2200	2500	1000	4000
高	300	350	750	1175	1650	2500	2300	3000	5400	6000

　　惯性圆锥破碎机的主要特点是：

　　在这种破碎机里，破碎锥借助两个不平衡振动器使其在固定锥内运动。振动器安装在水平摇臂的两端。摇臂的心轴用球面活接头同破碎锥的主轴连接。

　　两个不平衡振动器由于自同步的缘故，所以作同步和同相旋转。不平衡振动器由支承架上的电动机通过万向轴带动旋转。

　　工业试验表明，惯性圆锥破碎机具有下列优点：破碎比高（超过 20）；最终产品粒度小；由于设备为动态平衡，所以不需要构筑整体基础；最终产品的粒度与排矿口的宽度无关；排除了由于掉入非破碎物体而造成的损坏事故；破碎机可以不设给矿机而直接安装在矿仓下面（挤满给矿作业）。

2.4.2　圆锥破碎机的参数

2.4.2.1　啮角

　　圆锥破碎机的啮角（动锥与固定锥之间的夹角）α 应满足 $\alpha \leqslant 2\phi$（ϕ 为物料与衬板之间的摩擦系数）。通常取 $\alpha = 21° \sim 23°$。

2.4.2.2　转速

　　弹簧圆锥破碎机动锥的摆动次数的计算（转速）可用下述经验公式：

$$n = 81(4.92 - D) \tag{24-2-23}$$

$$n = 320/\sqrt{D} \tag{24-2-24}$$

式中　D——动锥的底部直径，m。

　　单缸液压圆锥破碎机的动锥摆动次数的经验公式为：

$$n = 400 - 90D \tag{24-2-25}$$

式中　D——液压圆锥破碎机动锥底部直径，m。

2.4.2.3　处理能力

　　圆锥破碎机的处理能力与物料性质及其操作条件等因素有关。工业生产中，标准型圆锥破碎机多是开路操作，而短头型圆锥破碎机通常与筛分机构成闭路操作。

　　(1) 圆锥破碎机开路操作的处理能力

　　① 理论公式。根据推导和整理后，处理能力公式为：

$$Q = 188neLD_c\gamma\mu \tag{24-2-26}$$

式中　e——排料口的平行带宽度，m；

　　　　n——动锥的主轴转速，$r \cdot min^{-1}$；

　　　　L——平行区的长度，m；

　　　　D_c——平行区的直径，$D_c \approx D$（动锥的底部直径，m）；

　　　　γ——物料的松散体积密度，$t \cdot m^{-3}$；

　　　　μ——物料的松散系数。

　　② 经验公式

$$Q = K_1 K_2 q_0 e \frac{\gamma}{1.6} \tag{24-2-27}$$

式中 K_1——给料的颗粒形状及可碎性修正系数,通常为 $1\sim1.3$,当颗粒多呈块状且易碎
时取上限;

e,γ——符号的意义和单位同式(24-2-26);

K_2——物料粒度的修正系数,查表 24-2-16;

q_0——圆锥破碎机单位排料口宽度的处理能力,$t\cdot h^{-1}\cdot mm^{-1}$,分别查表 24-2-17 和
表 24-2-18。

表 24-2-16 弹簧圆锥破碎机的矿石粒度的修正系数 K_2

标准型或中间型圆锥破碎机		短头型圆锥破碎机	
e/B	K_2	e/B	K_2
0.60	$0.90\sim0.98$	0.35	$0.90\sim0.94$
0.55	$0.92\sim1.00$	0.25	$1.00\sim1.05$
0.40	$0.96\sim1.06$	0.15	$1.06\sim1.12$
0.35	$1.00\sim1.10$	0.075	$1.14\sim1.20$

注:1. e 指上段破碎机的排料口;B 为本段破碎机(中碎或细碎圆锥破碎机)给料口。当闭路破碎时,系指闭路破碎机的排料口与给料口的比值。

2. 设有预先筛分取小值;不设预先筛分取大值。

表 24-2-17 开路破碎时,标准型和中间型圆锥破碎机的 q_0 值

破碎机规格/mm	$\phi600$	$\phi900$	$\phi1200$	$\phi1650$	$\phi1750$	$\phi2100$	$\phi2200$
单位处理能力 q_0 /$t\cdot h^{-1}\cdot mm^{-1}$	1.0	2.5	$4.0\sim4.5$	$7.8\sim8.0$	$8.0\sim9.0$	$13.0\sim13.5$	$14.0\sim15.0$

注:当排料口小时取大值;排料口大时取小值。

表 24-2-18 开路破碎时,短头型圆锥破碎机的 q_0 值

破碎机规格/mm	$\phi900$	$\phi1200$	$\phi1650$	$\phi1750$	$\phi2100$	$\phi2200$
单位处理能力 q_0 /$t\cdot h^{-1}\cdot mm^{-1}$	4.0	6.5	12.0	14.0	21.0	24.0

(2) 圆锥破碎机闭路操作的处理能力

① 中间型圆锥破碎机的处理能力为:

$$Q_闭=KQ_开 \tag{24-2-28}$$

式中 $Q_闭$——中间型圆锥破碎机闭路操作的处理能力,$t\cdot h^{-1}$;

$Q_开$——中间型圆锥破碎机开路操作的处理能力,$t\cdot h^{-1}$,按式(24-2-27)计算;

K——闭路破碎时给料粒度变细的系数,一般取 $K=1.15\sim1.40$,物料硬时取
小值。

② 短头型圆锥破碎机的处理能力为

$$Q_闭 = k_1 q_0 e \frac{\gamma}{1.6} \qquad (24\text{-}2\text{-}29)$$

式中　$Q_闭$——短头型圆锥破碎机闭路破碎时的处理能力，$t \cdot h^{-1}$；

　　　e，γ——符号的意义和单位同式(24-2-27)；

　　　q_0——短头型圆锥破碎机闭路工作时单位排料口宽度的生产能力，$t \cdot h^{-1} \cdot mm^{-1}$，查表 24-2-19。

表 24-2-19　短头型圆锥破碎机闭路工作时的 q_0 值

破碎机规格/mm	1650	1750	2100	2200
单位处理能力 q_0/$t \cdot h^{-1} \cdot mm^{-1}$	12.8	16.6	21.5	24

2.4.2.4　电动机功率

弹簧圆锥破碎机的电动机功率，按下述的经验公式计算：

$$N = (60 \sim 65) D^2 \qquad (24\text{-}2\text{-}30)$$

式中　N——电动机功率，kW；

　　　D——动锥底部直径，m。

2.4.2.5　圆锥破碎机的产品粒度特性

标准型圆锥破碎机的典型破碎产品粒度曲线如图 24-2-30 所示。

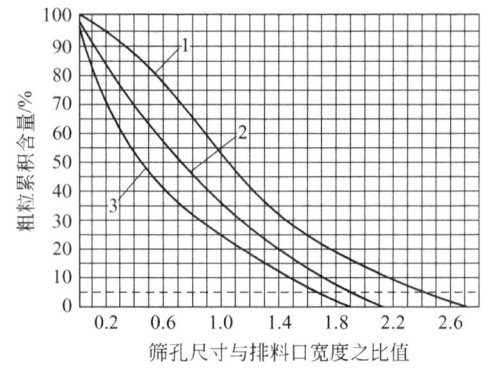

图 24-2-30　标准型圆锥破碎机的典型破碎产品粒度曲线
1~3—难碎、中等、易碎性矿石

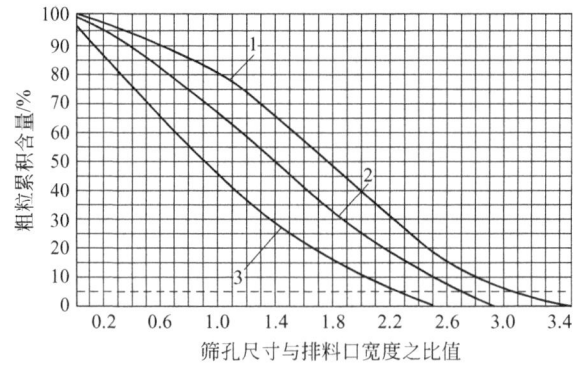

图 24-2-31　短头型圆锥破碎机开路工作时破碎产品的粒度曲线
1~3—难碎、中等和易碎性矿石

短头型圆锥破碎机开路、闭路工作时的典型破碎产品粒度曲线，分别如图 24-2-31 和图 24-2-32 所示。

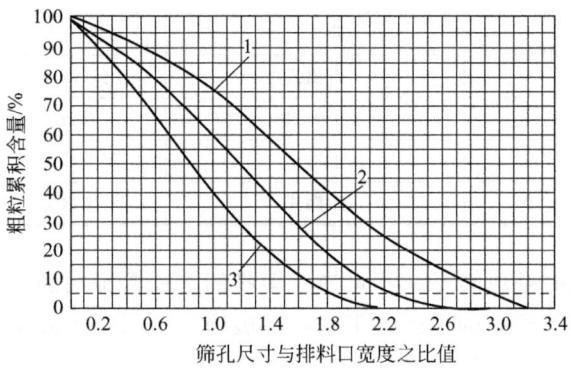

图 24-2-32 短头型圆锥破碎机闭路工作时破碎产品的粒度曲线

1～3—难碎、中等和易碎性矿石

2.5 锤式破碎机

2.5.1 锤式破碎机的类型和构造

锤式破碎机，简称锤碎机。锤式破碎机的结构类型很多，按回转轴的数目不同可分为单转子式和双转子式；按转子的回转方向分为可逆式和不可逆式；按锤头的排数分为单排式和多排式；按锤头装配方式分为固定式和铰接式。详细的锤式破碎机分类见表 24-2-20[17]。

表 24-2-20 锤式破碎机的分类

类别	转速/m·s⁻¹	结构特点		
		破碎腔	排料方式	其他
慢速锤式破碎机	17～25	带盛料承击筐	有排料箅子	单转子 双转子
快速锤式破碎机	40～70	承击式 通用型	有排料箅子	单转子 双转子
		承击式 带行走破碎板	有排料箅子 无排料箅子	单转子
		平击式	有排料箅子 无排料箅子	可逆转 单转子 不可逆转
		仰击式	有排料箅子 无排料箅子	单转子
中速锤式破碎机	30～40	承击式 通用型	有排料箅子 无排料箅子	单、双转子
		承击式 带行走破碎板	有排料箅子 无排料箅子	单转子
		平击式	有排料箅子 无排料箅子	可逆转 单转子 不可逆转
		仰击式 通用型	有排料箅子 无排料箅子	单转子
		仰击式 带给料辊	有排料箅子 无排料箅子	单转子

续表

类别	转速/m·s^{-1}	结构特点		
特殊的	熟料破碎机	慢及中速度	仰击式	无排料算子
			击出式	机外带算子
	生料破碎机	中速度	平击式	风扫的
	环锤式破碎机	中速度	承击式	有排料算子
	立轴锤式破碎机	中速度	立筒式	无排料算子

工业部门中最常用的是单转子、不可逆、多排的、铰接锤头的锤碎机。通用的锤碎机主要用于水泥厂、化工厂等矿山的中硬以下物料的破碎。专用的锤碎机则用于破碎废钢屑、垃圾等特殊物料。

图 24-2-33 为我国大、中型水泥厂常用的单转子、不可逆的、规格为 ϕ1600mm × 1600mm 锤碎机，由传动部、转子、轴承、筛条和机壳等部分组成。

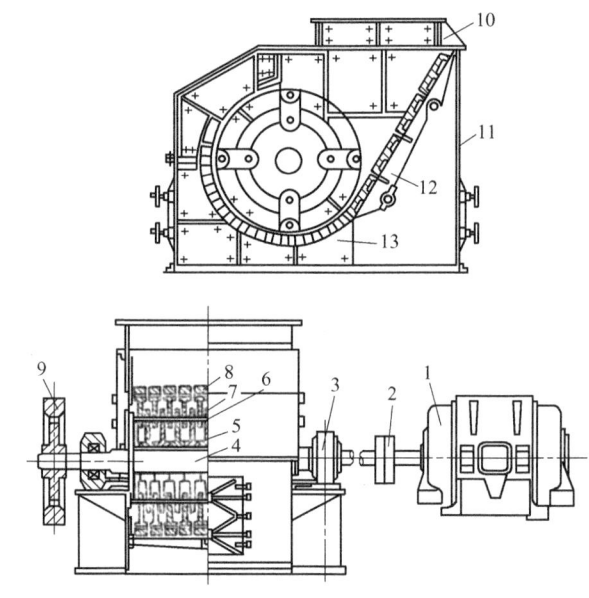

图 24-2-33　ϕ1600mm × 1600mm 锤式破碎机

1—电动机；2—联轴器；3—轴承；4—主轴；5—圆盘；6—销轴；7—轴套；
8—锤子；9—飞轮；10—进料口；11—机壳；12—衬板；13—筛板

转子是锤式破碎机的主要机构，由主轴、锤架和锤子（头）等部件构成。主轴是支承破碎机转子的主要零件，要求具有较高强度和韧性的材质制造（如用 35 号磁锰钼钒钢锻造）。主轴的断面形状多为圆形，有的为正方形。

锤子（头）是破碎机的工作机构，又是设备的主要磨损件，通常采用优质钢、高锰钢或其他合金钢（如 30CrNiMoRe 钢）制作，并要求锤头的形状、尺寸和重量必须设计合理，除有效地破碎物料外，还要在锤子磨损后能够上下或者前后调头使用。锤子的形状如图 24-2-34所示。图 24-2-34（a）、（b）两种锤子磨损后，可以上下左右四次调头使用；图 24-2-34（c）、（d）两种能够左右两次调转方向使用，而图 24-2-34（d）中锤子重量为 30～60kg，图 24-2-34（e）、（f）两种锤子重量为 50～60kg，用于破碎粒度较大和比较难碎的物料。装在转子圆盘上的每个锤子的重量必须相等，使转子转动时不产生振动。在更换锤子时，应将对面位置上的锤子成对地进行更换，以保持转子的平衡。

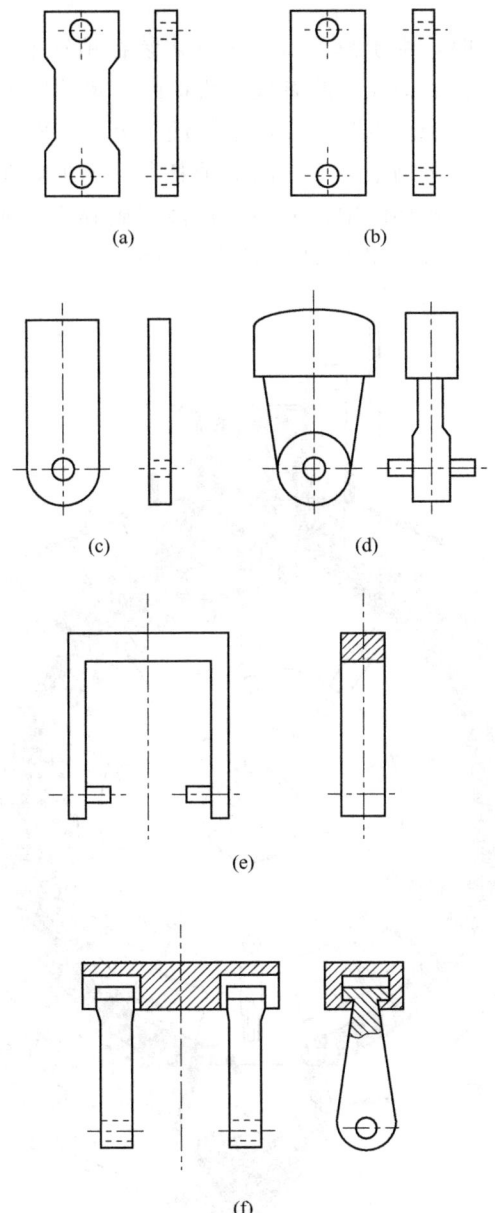

图 24-2-34 锤子的形状

锤架用于悬挂锤子用。锤架本身虽然不起破碎物料的作用，但它常与破碎物料接触而造成磨损，所以，锤架常用优质的铸钢制作。

筛板或筛条的主要作用是控制破碎产品的粒度，同时还与转子构成圆弧形的破碎腔。合格的产品通过筛孔（常为 $10\sim20mm$）排出，大于筛孔的物料留在筛板上继续受到锤头的冲击和研磨作用而破碎，通过筛孔排出。筛条的断面形状有三角形、梯形和矩形等。筛条也是锤式破碎机的磨损件，常用高锰钢等合金钢制作。筛条的排列方式与锤子（头）运动方向相垂直，并与转子的回转半径保持一定的间隙。筛孔尺寸视产品粒度和物料性质而定。当破碎易碎物料、产品的粒度较细时，筛孔尺寸选为破碎产品的最大粒度的 3～6 倍；当破碎难碎物料、产品的粒度较粗时，筛孔选为破碎产品的最大粒度的 1.5～2 倍。

当非破碎物进入破碎腔时，由于锤子以铰接方式装在销轴上，在旋转时锤子向外张开，一旦遇到非破碎物，锤子可往后退让，起着破碎机保险装置的作用。

不可逆锤式破碎机具有一个严重的缺点，就是锤头极易一面磨损。要想把锤头翻过来再使用，必须停车把锤头卸下，再倒个装上，因而消耗很多时间，浪费人力，减少了作业率。为了克服这种缺点，在许多工业部门中，采用可逆锤式破碎机，如图 24-2-35 所示。单转子可逆锤式破碎机的规格和基本参数如表 24-2-21 所示[18]。

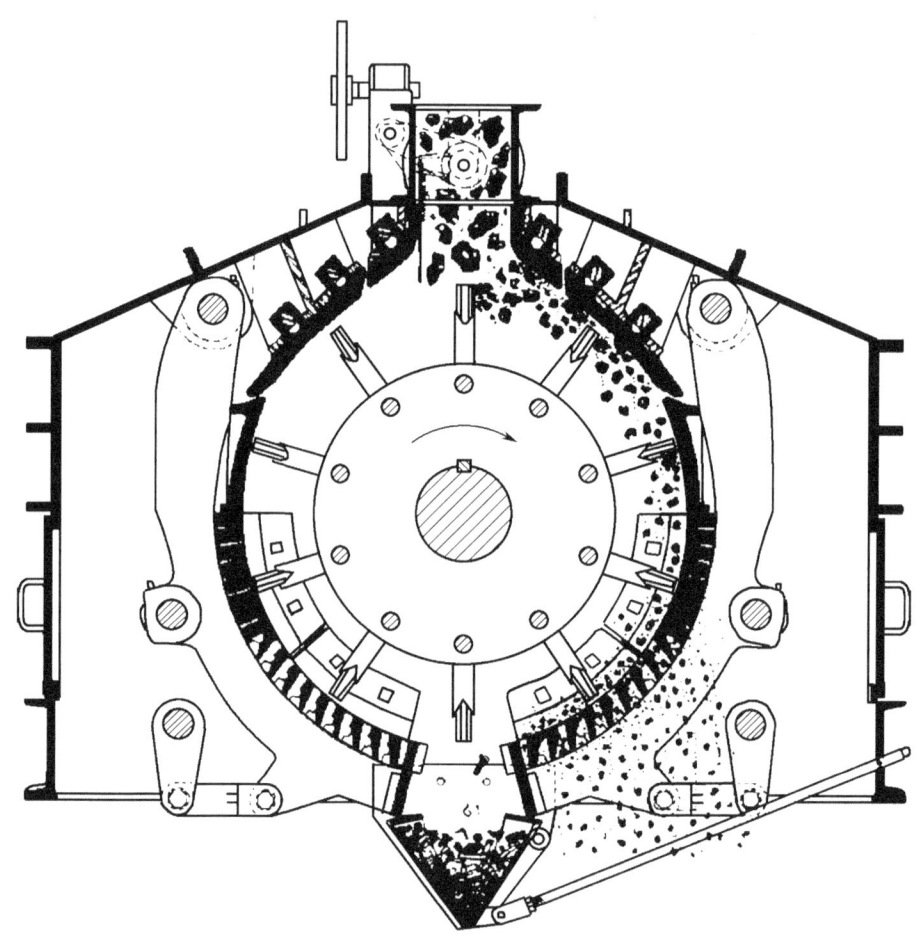

图 24-2-35　可逆锤式破碎机（图片来自宾夕法尼亚破碎机）

表 24-2-21　单转子可逆锤式破碎机的规格和参数

转子(直径×长度)/mm	生产能力/t·h⁻¹	电机功率/kW	物料名称	给料粒度/mm	排料粒度/mm
1000×1000	75	75～110	煤	100	10
1200×1200	120	90～160	煤	100	10
1400×1400	150	200～355	煤	100	10

续表

转子(直径×长度)/mm	生产能力/t·h⁻¹	电机功率/kW	物料名称	给料粒度/mm	排料粒度/mm
1400×1800	250	355~710	煤	100	10
1600×2200	400	500~800	煤	100	10
1600×2600	500	560~1000	煤	100	10
1600×3000	600	630~1250	煤	100	10
1600×3400	800	750~1400	煤	100	10

注：数据来自山特维克。

2.5.2　MAMMUT 锤式破碎机

　　水泥厂要求将大块原料经过一次破碎达到磨机给料粒度的需求，德国蒂森克虏伯公司制造的 MAMMUT 单转子锤式破碎机就是为上述应用而设计的。

　　这种破碎机（图 24-2-36）的结构特点是在给料部附近设有冲击板，其作用与冲击式破碎机的冲击板相似，故可称为"冲击-锤式破碎机"；采用短而重的锤头，锤头可以绕销轴转动，在破碎过大的物料时，其料块重量超出锤头所能破碎的范围，锤头边冲击边向后转动以起保险作用。破碎潮湿或多泥物料时，冲击板设有外部的加热装置，防止物料粘连。

　　这种锤碎机用于破碎石灰石、泥灰石、白云石、石膏、黏土、岩盐等中硬及韧性物料，具有节能、简化破碎流程、减少设备和基建投资等经济效益。例如可将给料块度为 600~700mm 的石灰石一次破碎到 0~25mm 占 95%，可直接给入管磨机。设备和基建投资节省一半，而且破碎能耗只有 1kW·h·t⁻¹ 左右。

2.5.3　锤式破碎机的应用

　　锤碎机用于破碎各种中硬且磨蚀性弱的物料。我国大、中型水泥厂多采用单转子的、不可逆的 $\phi1600mm×1600mm$ 和单转子的、可逆的 $\phi1430mm×1300mm$ 锤碎机，可将给料粒度为 350~400mm 的石灰石，经一段破碎至 95% 为 −25mm，直接送至磨碎系统。小型水泥厂采用的规格有 $\phi1000mm×1000mm$ 和 $\phi1000mm×800mm$，或更小规格的。

　　在炼焦厂，锤碎机用于煤的破碎，例如使用单转子锤式破碎机（锤子的线速度为 30~50 m·s⁻¹）将煤碎到 85% −3~15mm，每台设备的生产能力视规格不同可达 100~200t·h⁻¹ 以上。

　　锤碎机由于具有一定的混匀和自行清理的作用，可用来破碎含有水分及油质的有机物，如饲料、骨头和制备鱼粉等。

　　锤碎机可将建材、陶瓷、耐火材料等工业部门使用的黏土破碎至 0.06~5mm，特殊用途的锤碎机，还可用于破碎金属切屑等。

2.5.4　锤式破碎机的参数

2.5.4.1　转速

　　锤碎机转子的转速按锤子端部的圆周速度计算。圆周速度决定于物料性质、给料和破碎产品的粒度、锤子的材质和设备结构等因素。该速度通常在 35~75m·s⁻¹ 之间。实践证明，

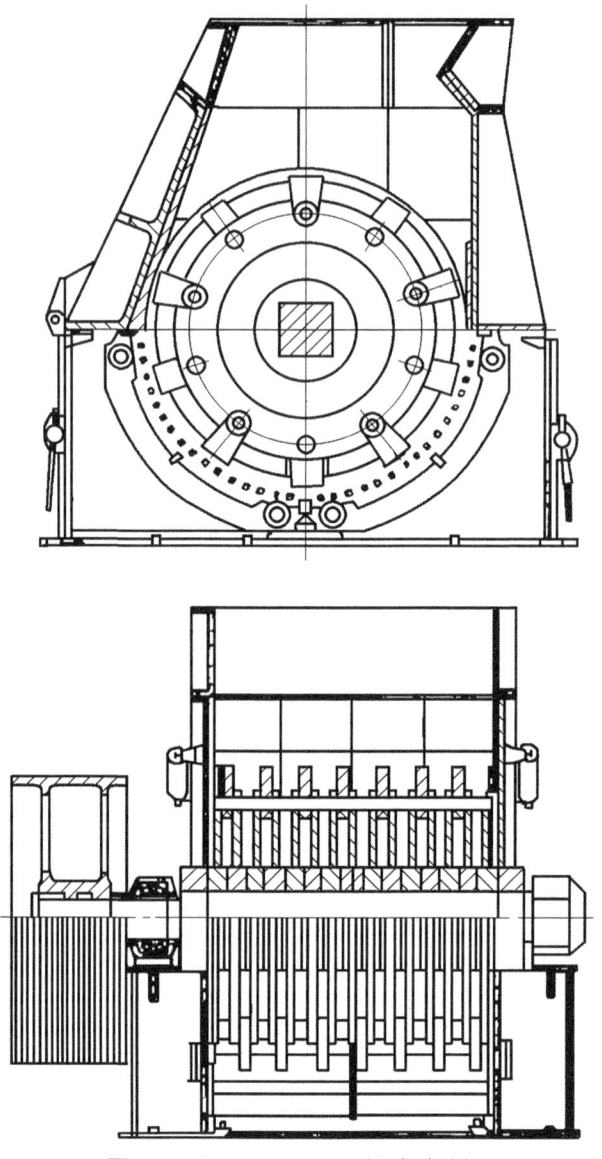

图 24-2-36 MAMMUT 锤式破碎机

破碎煤时，圆周速度一般为 $50\sim70\mathrm{m\cdot s^{-1}}$；破碎石灰石时，圆周速度一般为 $40\sim55\mathrm{m\cdot s^{-1}}$。圆周速度越高，破碎产品粒度越细，但锤子、研磨板的磨损也越大。

2.5.4.2 处理能力

锤碎机的处理能力，通常按制造厂家产品目录的技术特征并参照实际生产数据来计算。

下面介绍的是计算处理能力的经验公式：

$$Q=k_{\mathrm{g}}\phi Lr \tag{24-2-31}$$

式中　Q——锤碎机的处理能力，$\mathrm{t\cdot h^{-1}}$；

ϕ，L——转子的直径和长度，m；

r——物料的松散体积密度，$\mathrm{t\cdot m^{-3}}$；

k_{g}——经验系数，取决于物料性质、设备的结构和参数等。破碎石灰石等中硬物料时，$k_g=30\sim45$（设备规格较大时，取上限）；破碎煤时，$k_g=130\sim150$。

2.5.4.3 电动机功率

锤碎机的电动机功率除查阅制造厂家给出的技术数据外，可按下述的经验公式近似计算：

$$N=k_n\phi^2 Ln \tag{24-2-32}$$

式中　N——电动机功率，kW；

　ϕ, L——转子的直径和长度，m；

　n——转子的转速，$r \cdot min^{-1}$；

　k_n——经验系数，$k_n=0.1\sim0.2$。

$$N=(0.1\sim0.15)iQ \tag{24-2-33}$$

式中　N——电动机所需的功率，kW；

　i——破碎机的破碎比；

　Q——破碎机的处理能力，$t \cdot h^{-1}$。

2.5.4.4 锤碎机结构尺寸的选择

锤碎机转子直径通常为最大给料粒度的2～8倍。转子的直径与长度的比值一般为0.7～1.5，如需要的生产能力较大时，该比值取下限。装有筛条的锤碎机，其筛孔尺寸约为破碎产品最大粒度的1.5倍。

2.5.4.5 锤子重量的计算

锤碎机的锤子重量和转子转速是影响破碎机的处理能力和功率消耗的主要因素。一般先确定转子的转速或锤子的圆周速度，再确定锤子所需的重量。在多数情况下，锤子的重量可按下列经验公式计算：

$$G=(1.5\sim2)G_m \tag{24-2-34}$$

式中　G——每个锤子的重量，kg；

　G_m——最大块物料的重量，kg。

2.6　冲击式破碎机

2.6.1　冲击式破碎机的类型和构造

冲击式破碎机又称反击式破碎机，它的分类与锤式破碎机的分类相似。它的不同类型如图24-2-37所示。

双转子冲击式破碎机的两个转子的转动方向可为同向，也可为异向。双转子的配置可以在同一水平或在不同水平上。最常用的是单转子、不可逆、固定锤头式冲击式破碎机。但双转子冲击式破碎机的应用近来也日渐增多。

图24-2-38是国产的$\phi1000mm \times 700mm$单转子冲击式破碎机。这种破碎机主要由机壳、转子和冲击板（或反击板）等部分组成。电动机通过三角皮带带动转子，物料经给料口进入破碎腔（转子与冲击板组成的空间），在板锤和冲击板之间受到多次的冲击和反弹。碎

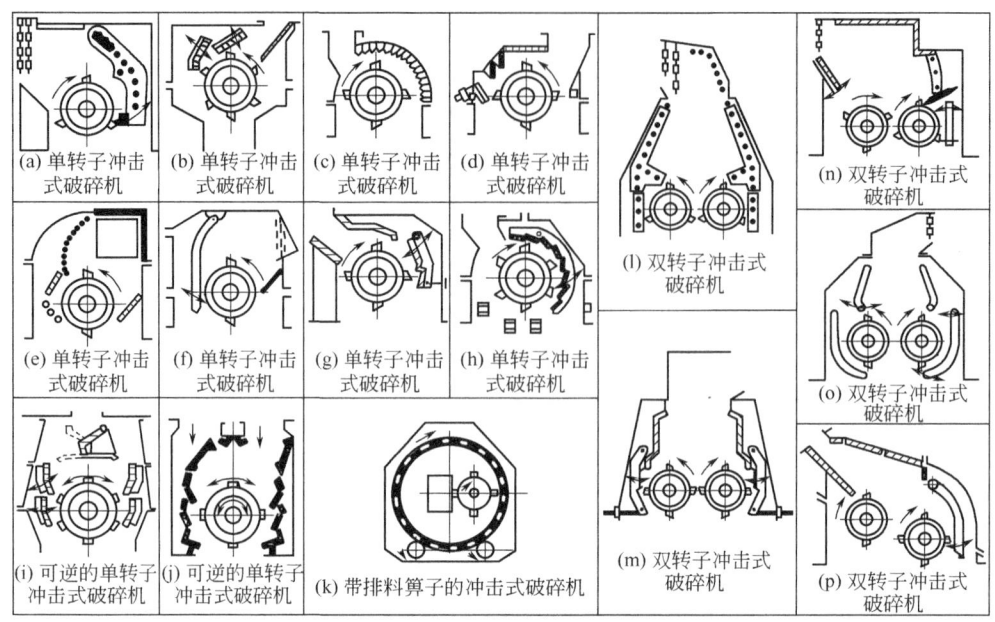

图 24-2-37　不同类型的冲击式破碎机

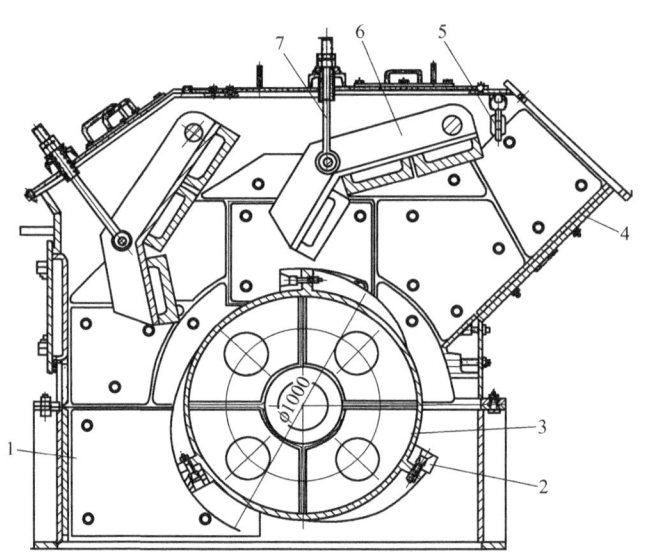

图 24-2-38　ϕ1000mm×700mm 单转子冲击式破碎机

1—机架；2—板锤；3—转子；4—给料口；5—链幕；6—冲击板；7—拉杆

块在转子上受到板锤的冲击，再抛向第二冲击板。第二冲击板与转子之间构成第二段破碎腔，并重复上述破碎过程。物料在破碎腔内除了受到板锤和冲击板的反复冲击破碎外，物料颗粒之间也相互冲击、破碎，最后从破碎机下部排出。

就结构和原理而言，冲击式与锤式破碎机有如下主要区别。

① 冲击式破碎机的板锤和转子之间是刚性连接，利用整个转子的惯性冲击物料。物料在破碎时，不仅获得较大的速度和功能，向冲击板冲击而破碎，而且在破碎过程中，物料与物料之间发生相互冲击破碎作用。

② 冲击式破碎机的冲击板（多为两个）同板锤组成破碎腔。物料在板锤的冲击作用

下，以高速度先冲向第一段冲击板组成的破碎腔进行破碎，然后再冲向第二段破碎腔继续破碎。

③ 冲击式破碎机通常无筛条或筛板。物料经板锤和冲击板多次反复冲击破碎，其破碎产品的粒度由物料性质、板锤速度、板锤和冲击板之间的径向间隙和机器结构等决定。

④ 冲击板的一端铰接于机架上，另一端用弹簧或拉杆悬挂在机架上。当破碎腔进入非破碎物时，冲击板受到很大压力，并绕着铰链摆动一定的角度，使板锤和冲击板之间的间隙增大而排出异物。然后，冲击板恢复原位，进行正常工作。

冲击式破碎机具有生产能力高、破碎比大、破碎效率高、设备重量轻和产品粒度均匀等优点。但破碎坚硬或磨蚀性强的物料时，板锤和冲击板的磨损严重。板锤和冲击板常用高锰钢和高铬铸铁等材质制作，用 15Cr2Mo1Cu 高铬铸铁制造冲击板，破碎硅石，使用寿命比用高锰钢提高 2～4 倍。

冲击式破碎机的板锤和冲击板的结构形状，对破碎效果影响很大。板锤的断面形状常用的有长条形、I 形、T 形和 S 形等。冲击板的表面形状主要有折线形（图 24-2-38）和渐开线形（图 24-2-39）等。后者的破碎效率高，因在冲击板的各点上，物料都是以垂直方向撞击冲击板的表面，实践中有时采用多段圆弧构成模拟渐开线的冲击板（图 24-2-39）。

第 24 篇

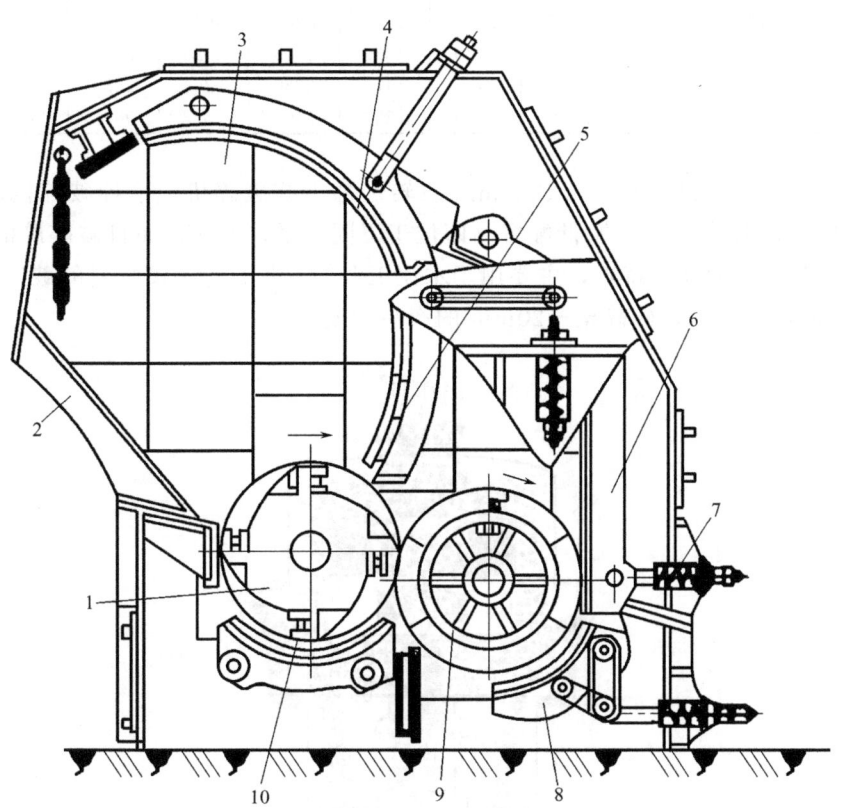

图 24-2-39 ϕ1250mm × 1250mm 双转子冲击式破碎机
1—第一转子；2—给料口；3—机壳；4—第一挡板；
5—下挡板；6—第二挡板；7—弹簧；
8,10—筛条；9—第二转子

国产冲击式破碎机的技术特征，列于表 24-2-22。

表 24-2-22 冲击式破碎机的技术特征

项目	单转子									双转子
	φ500mm ×400mm	φ1000mm ×700mm	φ1250mm ×1000mm	φ750mm ×500mm	φ750mm ×700mm	φ1100mm ×850mm	φ1100mm ×1200mm	φ1250mm ×1400mm	φ1600mm ×1600mm	φ1250mm ×1250mm
给料口尺寸/mm	320× 250	670× 400	1000× 550	520× 350	720× 350	—	—	1440× 450	1645× 500	1440× 1320
给料最大粒度/mm	100	250	250	80	80	80～ 200	80～ 200	80	80	800
破碎产品粒度/mm	<20	<30	50	80% <3	80% <3	80%< (3～15)	80%< (3～15)	80% <3	80% <3	90% <2
生产能力/t·h^{-1}	4～8	15～30	40～80	20	50	100	200	300	500	80～150
转子转速/r·min^{-1}	960	680	475	1470	1470	980	980	985	735	535/720
板锤线速/r·min^{-1}	—	35.5	31	58	58	56	56	64.5	62	36/48
板锤数目	3	3	6	4	4	6	6	8	10	4/6
电动机功率/kW	7.5	40	95	30	75	130	240	380	625	130/155
电动机电压/V	380	380	380	380	380	380	380	6000	3000	
外形尺寸/mm										
长度	1200	2170	3357	2141	2375	3204	3622	5697	4975	5200
宽度	1000	2650	2255	1670	1670	2400	2400	2448	3080	2400
高度	1160	1850	2460	1470	1470	2280	2280	2088	2700	5000
机重/kg	1350	5320	13418	1869	2358	5400	7217	9048	14500	64000

图 24-2-39 是国产 φ1250mm×1250mm 双转子冲击式破碎机。这种破碎机的两个转子做同向高速旋转，但转子采用高-低配置（即位于不同水平）方式，而且破碎腔的空间较大，有破碎比大、生产能力高等特点，主要用于水泥工业的石灰石等中硬物料的破碎，能将给料粒度为 850mm 的石灰石，破碎至－20mm 的产品粒度。

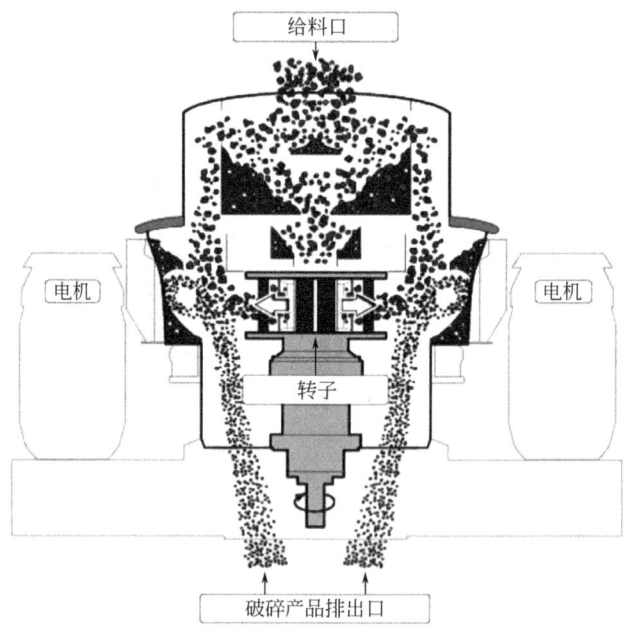

图 24-2-40 巴马克立式冲击破碎机（图片来自美卓矿机）

2.6.2 其他型式的冲击式破碎机

2.6.2.1 立式冲击破碎机

这种没有冲击板（或锤头）的立式冲击破碎机（图 24-2-40），主要是以物料互相冲击作用原理进行破碎的自碎机。

该破碎机的结构型式是由焊接的圆筒和垂直安装在立轴上的转子组成。在转子工作区内，圆筒内侧安装有保护筒体的钢衬板，或在圆筒内侧设计成能够形成物料层的衬垫，如图 24-2-40 所示。电动机通过皮带使转子作高速（转子的线速度达 $60\sim100\text{m}\cdot\text{s}^{-1}$）旋转，给料在转子的离心力作用下，被加速至 $650g$（g 为重力加速度）左右的加速度，随后抛向形成料层衬垫的破碎腔内，物料在剧烈的相互撞击和研磨下被破碎，粉碎产品从排料口排出。

美卓矿机生产的巴马克（Barmac）立式冲击破碎机的技术特征列于表 24-2-23。我国研制的立式冲击破碎机的技术特征列于表 24-2-24。

表 24-2-23　Barmac 立式冲击破碎机的技术特征

型号	B3100SE	B5100SE	B6150SE	B7150SE	B9100SE	XD120
最大给料粒度/mm	20	32	44	66	66	76
转子直径/mm	300	500	690	840	840 或 990	1200
电机功率/kW	11～15	37～55	75～150	150～300	370～600	800
转子转速/r·min^{-1}	3000～5300	1500～3600	1500～2500	1100～2200	1000～1800	800～1400
生产能力/t·h^{-1}	3～23	10～104	40～285	80～470	260～1580	550～2080
机重/kg	973	3037	6730	11833	14357	23310

表 24-2-24　我国立式冲击破碎机的技术特征

型号	VSI500	VSI630	VSI800	VSI1000	VSI1250
给料粒度/mm	＜50	＜50	＜60	＜100	＜100
转子转速/r·min^{-1}	2000～3000	1500～2500	1200～2000	1000～1700	800～1450
电机功率/kW	30～55	45～75	75～130	110～220	180～300
产量/t·h^{-1}	15～30	30～50	50～100	75～150	180～300

立式冲击破碎机具有机件磨损小、处理能力高、单位电耗和设备费用较低、铁质污染少以及产品中立方体颗粒较多等优点。

这种破碎饥不足之处是给料块度受到限制，大块需要预先破碎。适用于破碎脆性、坚硬的及磨蚀性强的各种物料，如矿渣、刚玉、石英、碳化硅等。

2.6.2.2 Hardopact 型冲击式破碎机

一般的冲击式破碎机的破碎效果虽然较好，但仅适用于破碎中硬以下、磨蚀性较弱的物料。Hardopact 型冲击式破碎机能够破碎较为坚硬的物料，例如用于破碎玄武岩、花岗岩、刚玉、硬质石灰岩、金属矿石及石英含量较高，抗压强度超过 $2500\text{kgf}\cdot\text{cm}^{-2}$ 的物料。

图 24-2-41 是这种破碎机的结构图，上部机壳以下部铰链为轴可以向外翻转，使全部冲击板暴露在外面，便于维修。转子由若干个正方形钢盘和板锤构成。板锤采用特厚的、不需加工

的合金钢制作。转子采用低速运转，其线速度为 $26\sim32m\cdot s^{-1}$，比同规格的一般的冲击破碎机约低 $15\%\sim20\%$，以减少板锤的磨损。为了低速运转时仍能保证破碎产品粒度，采用了三块冲击（挡）板，将整个破碎腔分为三部分，并且利用两个调整螺栓调节冲击（挡）板的位置。

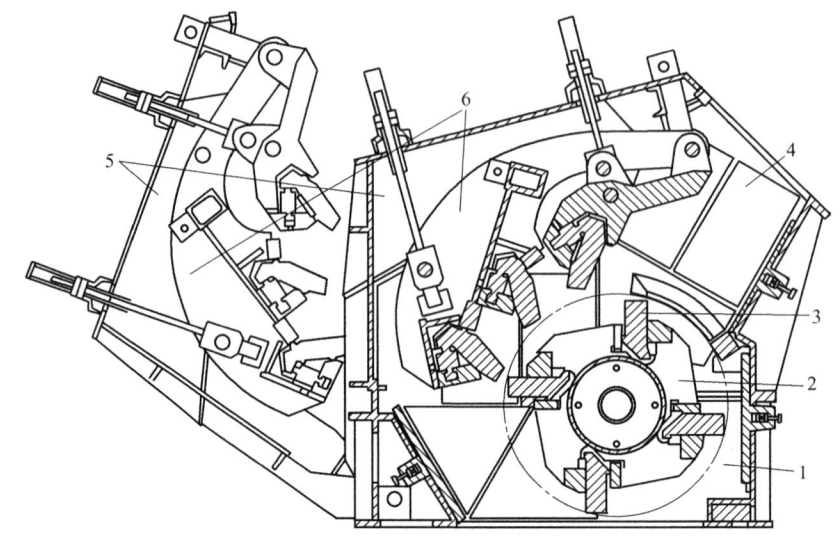

图 24-2-41 Hardopact 型冲击破碎机
1—焊接底架；2—转子；3—板锤；4—右部机架；5—铰接件；6—冲击板

这种冲击式破碎机没有研磨板，主要是利用冲击原理破碎物料，并具有能耗较低、产品颗粒多为立方体、维修方便等优点。表 24-2-25 为该破碎机的技术特征。这种破碎机破碎砂砾、黑斑岩和辉长岩时的破碎指标如表 24-2-26 所示。

表 24-2-25　Hardopact 型冲击破碎机的技术特征

转子(直径×长度)/mm	1000×700	1000×1050	1250×1050	1250×1400	1600×1400	1600×2100
给料口尺寸/mm	730×400	1080×400	1080×400	1430×400	1430×500	2130×500
最大给料粒度/mm	300	350	350	350	400	400
生产量/t·h⁻¹	30~50	50~80	70~120	95~145	120~190	160~240
电动机功率/kW	30~55	55~90	110~160	130~180	130~180	160~220
机重/t	8	10	13	16	23	27.5

表 24-2-26　Hardopact 型冲击破碎机的破碎指标

物料	砂砾	黑斑岩	辉长岩
机器规格(ϕ×L)/mm	1000×700	1000×1050	1250×1050
给料粒度/mm	32~250	40~250	10~200
生产量/t·h⁻¹	46	70	110
板锤速度/m·s⁻¹	26	29.2	32.7
冲击板/板锤间距/mm	50/30/10	65/42/20	60/40/20
单位功耗/kW·h·t⁻¹	0.83	0.94	1.02
板锤净磨损/g·t⁻¹	38	8	15
一套板锤破碎物料量/t	8000	45000	18000

2.6.2.3　Universal 型冲击式破碎机

这种破碎机用于破碎民用废料和工业废料等特殊用途，前者通常破碎到 85%－50mm，后者一般破碎到 60%－50mm，经破碎和分解后的废料，其体积仅占原来的 30%。

该破碎机（图 24-2-42）的板锤只有两个，利用楔块或液压装置固定于转子的凹槽中，冲击板由一组（约 10 个）钢条组成，用弹簧支承。冲击板下面安装的研磨板以及筛条，视破碎产品粒度的需要，在生产中可以反装上冲击板或研磨板。机壳采用液压装置开闭。非破碎物进入破碎机，受到板锤打击经过链幕从机器上部排出。该机已制成直径×长度为 $\phi 1600\text{mm}\times 2000\text{mm}$ 和 $\phi 2000\text{mm}\times 3000\text{mm}$ 两种规格。

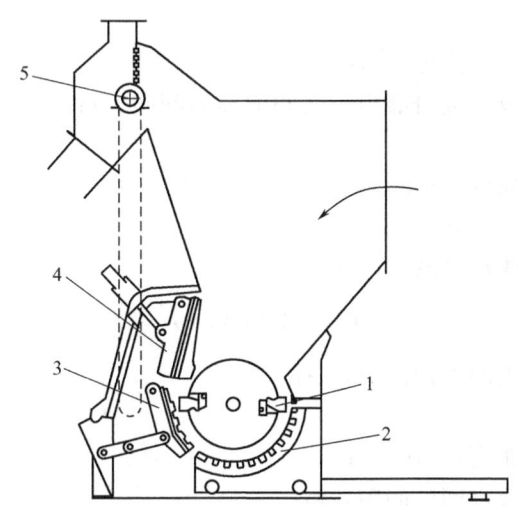

图 24-2-42　破碎废料用的 Universal 型冲击式破碎机
1—板锤；2—筛条；3—研磨板；4—冲击板；5—链幕

2.6.3　冲击式破碎机的应用

冲击式破碎机的用途极为广泛，如德国 Hazemag 公司生产的各种型号的冲击式破碎机已用于 50 种行业，例如建材、煤炭、矿石、兽骨、食品、垃圾、塑料等。

采石场开采出来的石料，经冲击式破碎机破碎后，可用于修路或制备混凝土。另外，还有破碎石料的专用于生产人工砂的冲击式破碎机。

冲击式破碎机破碎石棉矿时，有时分为两段进行：第一段破碎机的转子采用中速运转，使石棉纤维与脉石分离；第二段转子采用高速，使石棉分离成单体纤维。

在破碎炼焦煤时，由于破碎产品要求的粒度较细，通常采用装有研磨板的冲击式破碎机，破碎产品中 85%～90%－2mm，40%－0.5mm。

特殊用途的冲击式破碎机可用于破碎民用和工业用的废料。

2.6.4　冲击式破碎机的参数

2.6.4.1　转速

冲击式破碎机的转速决定于板锤端部的圆周速度的大小。破碎石灰石时，板锤的圆周速度为 $30\sim 40\text{m}\cdot\text{s}^{-1}$；破碎煤时，圆周速度可达 $50\sim 65\text{m}\cdot\text{s}^{-1}$。对于双转子冲击式破碎机，通常第一个转子的圆周速度低于第二个转子，如将石灰石或潮湿、黏性较强的泥灰岩破碎至 30mm 时，第一与第二转子的圆周速度分别为 $36\text{m}\cdot\text{s}^{-1}$ 和 $45\text{m}\cdot\text{s}^{-1}$。

2.6.4.2　处理能力

除按生产厂家提供有关冲击式破碎机的技术特征并参阅生产实践的数据外，也可按公式计算它的处理能力。该式为：

$$Q = 60k_q N(h+e)Ldn\gamma \tag{24-2-35}$$

式中　Q——冲击式破碎机的处理能力，$\text{t}\cdot\text{h}^{-1}$；

$\quad\quad k_q$——系数，$k_q \cong 1$；

$\quad\quad N$——板锤的个数；

$\quad\quad h$——板锤伸出转子的高度，m；

$\quad\quad e$——板锤与冲击板（或研磨板）之间的径向间隙，m；

$\quad\quad L$——转子的长度，m；

$\quad\quad d$——最大的排料粒度，m；

$\quad\quad n$——转子的转速，$\text{r}\cdot\text{min}^{-1}$；

$\quad\quad \gamma$——物料的松散体积密度，$\text{t}\cdot\text{m}^{-3}$。

$$Q = 3600LVe\gamma\mu \tag{24-2-36}$$

式中　Q——冲击式破碎机的处理能力，$\text{t}\cdot\text{h}^{-1}$；

$\quad\quad L$——转子的长度，m；

$\quad\quad V$——板锤的圆周速度，$\text{m}\cdot\text{s}^{-1}$；

$\quad\quad e$——板锤与冲击板之间的间隙，m；

$\quad\quad \gamma$——物料的松散体积密度，$\text{t}\cdot\text{m}^{-3}$；

$\quad\quad \mu$——松散系数，取为 $0.2\sim0.7$。

2.6.4.3　电动机功率

电机功率按照下列的经验公式计算：

$$N = W_0 Q \tag{24-2-37}$$

式中　N——冲击式破碎机的电动机功率，kW；

$\quad\quad W_0$——物料破碎的比功耗，$\text{kW}\cdot\text{h}\cdot\text{t}^{-1}$，建议取为 $1.2\sim2.4$；

$\quad\quad Q$——冲击式破碎机的处理能力，$\text{t}\cdot\text{h}^{-1}$。

2.7　辊式破碎机

2.7.1　辊式破碎机的类型和构造

辊式破碎机具有结构简单、工作可靠和过粉碎少等优点，按辊子的数目，可分为单辊、双辊、三辊和四辊破碎机。按辊子表面的形状，可以分为光面和齿面辊碎机。

光面双辊破碎机的辊面耐磨性强，主要用于中碎、细碎坚硬的、磨蚀性强的物料，如矿石、刚玉、碳化硅等。单辊破碎机的辊面通常都是带齿的。这种辊碎机适用于粗碎或中碎中硬以下的物料，例如，石灰石、煤炭、泥灰岩等。我国生产的齿面双辊破碎机和齿面单辊破碎机，最大给料粒度分别达到 800mm 和 1000mm，用作粗碎。

2.7.1.1 双辊破碎机

图 24-2-43 为双辊破碎机的示意图。该机的工作机构是辊子，可动辊子支承在活动轴承上，辊子支承在固定轴承上。工作时，两个辊子由电动机带动作相向转动。物料给入两个辊子之间，在辊子与物料之间的摩擦力作用下，受到辊子的挤压而粉碎。破碎的产品从两个辊子之间的间隙处排出。两个辊子之间的最小间隙即是排料口宽度。

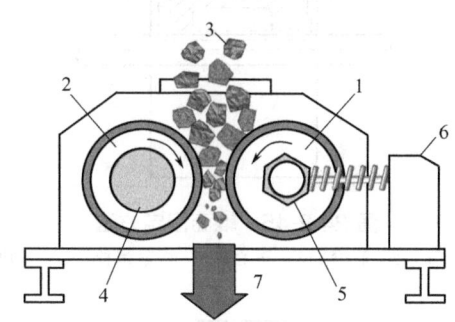

图 24-2-43　双辊破碎机示意图

1—可动辊子；2—辊子；3—给料；4—固定轴承；

5—活动轴承；6—机架；7—产品

图 24-2-44 为双辊破碎机的结构图，由机架、辊子、传动装置和弹簧保险装置等组成。图中由两台电动机通过皮带轮分别带动两个辊子作相向转动。活动轴承的轴承座可以沿机架导轨水平移动，既可以借此调节排料口宽度，又可以作为破碎机的保险装置。改变装在活动轴承滑轨上的垫片数目和厚度，可调节活动轴承的极限位置，并且调节了排料口的宽度。当非破碎物进入破碎腔时，辊子受的作用力激增，迫使活动轴承压缩弹簧向右移动，使排料口

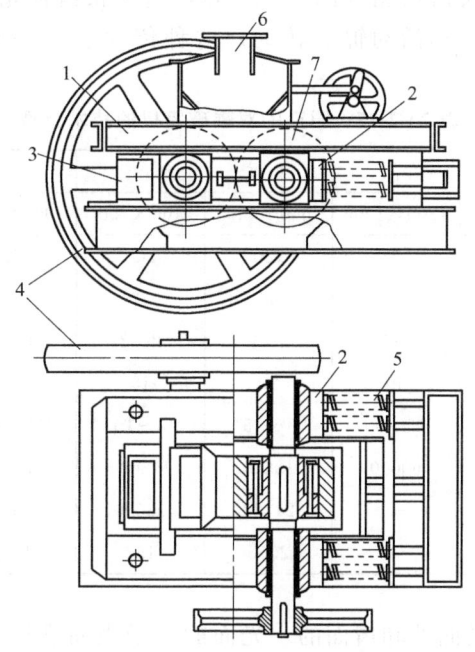

图 24-2-44　双辊破碎机的结构图

1—机架；2—活动轴承；3—固定轴承；4—皮带轮；5—弹簧；6—给料部；7—辊子

宽度增大,排出非破碎物,起到设备保险装置的作用。辊子(图 24-2-45)由辊面(或辊皮)、辊心、主轴和轴毂等部件组成。辊面是破碎机的主要磨损件,由高锰钢或其他合金钢制作。国产的双辊破碎机的技术特性见表 24-2-27。

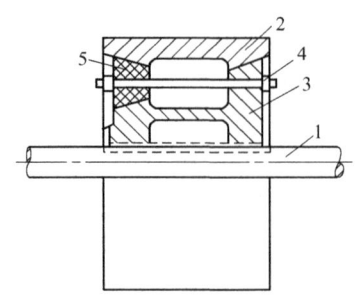

图 24-2-45 辊面固定方法
1—轴;2—辊套;3—辊心;4—夹紧螺栓;5—楔块

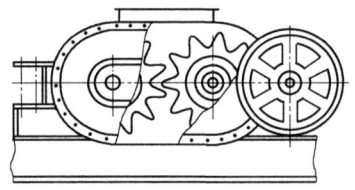

图 24-2-46 长齿齿轮

双辊破碎机的另一种传动方式,仅用一台电动机通过皮带和一对长齿齿轮装置,而使两个辊子作相向转动。当电机带动三角皮带驱动装在固定轴承上的固定辊子,该辊子的主轴另一端装有特制的长齿齿轮(图 24-2-46),这个长齿齿轮带动装在活动轴承主轴上的另一个长齿齿轮,从而驱动活动辊子转动。这种传动装置一般用于较低转速的双辊破碎机。

表 24-2-27　国产的双辊破碎机的技术特性

机器的规格 (辊子直径×长度)/mm	光面			齿面		
	1200×1000	600×400	400×250	900×900	750×600	450×500
辊子转速/r·min^{-1}	122	120	200	37.5	50	64
最大给料粒度/mm	40	36	32	800	600	200
最大产品粒度/mm	2~12	2~9	2~8	100~150	50~125	25~100
电动机功率/kW	40	20	10	28	20~22	8~11
处理能力/t·h^{-1}	15~90	4~15	5~10	125~180	60~125	20~55
弹簧力(正常时)/kg	60000	13500	4800	5440	6300	4660
(最大时)/kg	—	24300	13000	13000	15000	10600
机重/t	—	2.55	1.3	13.3	6.7	3.7

双辊破碎机的辊面有光面的和齿面的。光面的辊子表面磨损较低,适用于破碎坚硬的、磨蚀性强的物料;带有齿形的辊面,其破碎效果较好,但抗磨损能力差,不适用于破碎磨蚀性强的物料。

2.7.1.2 单辊破碎机

单辊破碎机的辊面都是带齿的（齿面），其构造如图 24-2-47 所示。该机由一个转动的辊子和一个砧板构成曲线形破碎腔。物料进入破碎腔，即受辊齿的挤压、剪切和劈碎等联合作用而被破碎，破碎产品即从下部排出。

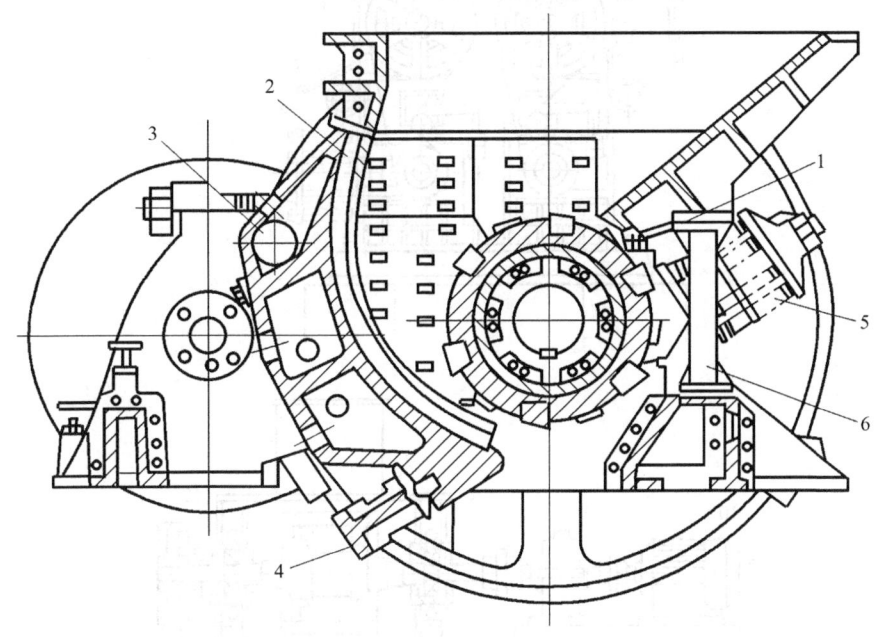

图 24-2-47 单辊破碎机
1—辊子；2—砧板；3—心轴；4—支座；5—弹簧；6—机架

辊子上的齿形，可视物料性质、粒度要求和工作条件制成板状或环状（分别称为齿板或齿环）。齿板或齿环磨损后可以更换。

砧板的上端悬挂在心轴上，下端支承在由螺杆与弹簧相连的支座中。当非破碎物进入破碎腔时，砧板受力激增，支座通过螺杆压缩弹簧，使砧板向左退让，排料口宽度增大，非破碎物随之排出，以此保护设备。

2.7.1.3 三辊和四辊破碎机

三辊和四辊破碎机的破碎比大、占地面积少。三辊破碎机由一台单辊破碎机和一台双辊破碎机组合而成；四辊破碎机由两台规格相间的双辊破碎机上下重叠配置而成（图 24-2-48）。电动机经减速器和联轴器带动辊子，其中一台电动机带动右上方的辊子，另一台电动机带动左下方的辊子。每个辊子的主轴的一端都装有皮带轮，以带动另外两个辊子。当物料由给料口给入破碎机内，受到辊子的压碎并向下方排料，再进入下面另一对辊子继续破碎后，破碎产品从下部排出。在每台的双辊破碎机中，一个辊子支承在固定轴承上，另一个辊子支承在活动轴承（由弹簧及垫片压紧）上。弹簧就是破碎机的保险装置。

2.7.2 辊式破碎机的参数

2.7.2.1 辊子直径

光面双辊破碎机辊子直径的理论公式的推导。设给料直径为 D 的球体，辊面和物料之

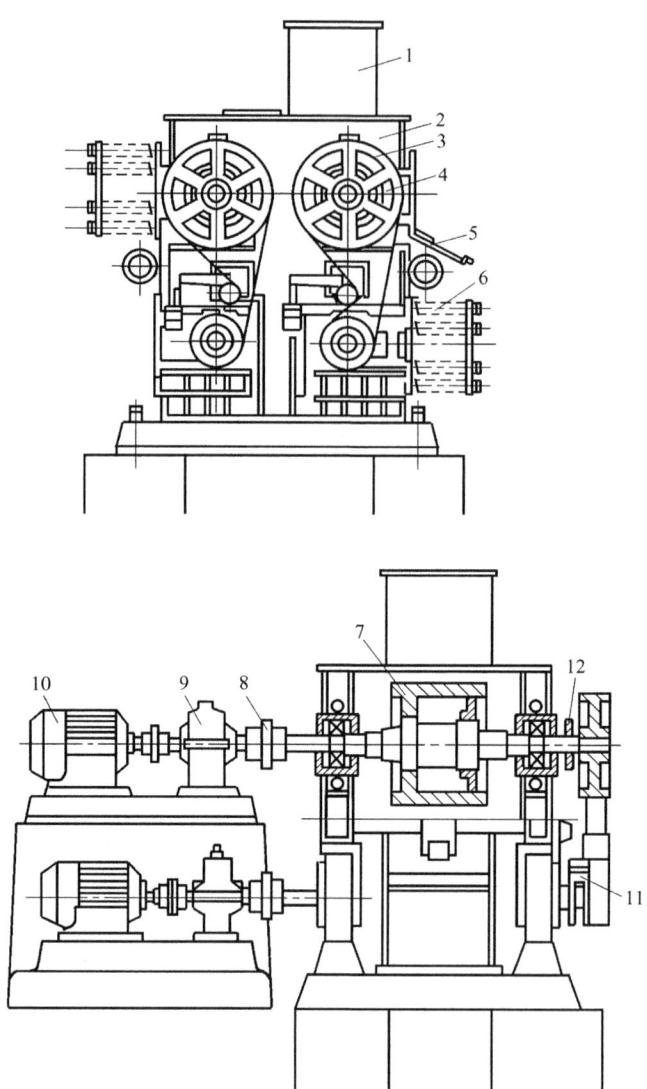

图 24-2-48　ϕ900mm × 700mm 四辊破碎机

1—给料口；2—机架；3—皮带轮；4—轴承；5—切削装置；6—弹簧；7—辊面；8—联轴器；
9—减速器；10—电动机；11—干油润滑；12—链轮

间产生的正压力 P 和摩擦力 F，如图 24-2-49 所示。由正压力引起的摩擦力 $F = Pf$，f 为静摩擦系数。力 P 和 F 可分解为水平分力和垂直分力，只有在下列条件下，两个辊子才能咬住物料并产生破碎：

$$2P\sin\frac{\alpha}{2} \leqslant 2Pf\cos\frac{\alpha}{2} \tag{24-2-38}$$

$$\tan\frac{\alpha}{2} \leqslant f \leqslant \tan\phi_1$$

或　　　　　　　　　　　　　　　　　$$\alpha \leqslant 2\phi_1 \tag{24-2-39}$$

式中　α——物料与辊面之间的啮角，(°)；

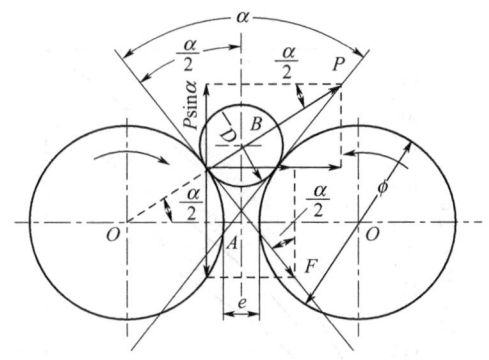

图 24-2-49 双辊破碎机的啮角计算

ϕ_1——物料与辊面之间的摩擦角，一般 $f=0.3$，$\phi_1=16°40'$。

由图 24-2-49 中直角三角形 OAB 得出：

$$\cos\frac{\alpha}{2}=\frac{\dfrac{e+\phi}{2}}{\dfrac{\phi+D}{2}}=\frac{\phi+e}{\phi+D}$$

由于排料口宽度 $e\ll\phi$（辊子直径），可略去 e，则 $D=\dfrac{\phi\left(1-\cos\dfrac{\alpha}{2}\right)}{\cos\dfrac{\alpha}{2}}$

以 $\alpha=2\phi_1=33°20'$ 代入

$$D=\frac{1}{20}\phi \tag{24-2-40}$$

或

$$\phi=20D \tag{24-2-41}$$

可见，光面双辊破碎机的辊子直径至少等于最大给料粒度的 20 倍。

齿面辊碎机的 ϕ/D 值较光面辊碎机小，其数值取决于齿形及齿高。使用正常齿时，$\phi/D=1.5\sim6$；使用槽形齿面时，$\phi/D=10\sim12$。

根据生产实践，破碎煤时，最大给料粒度与辊子直径及齿形的关系如图 24-2-50 所示。

图 24-2-51 为某厂根据生产经验绘制的给料粒度与辊子直径的关系曲线。

2.7.2.2　辊面的圆周速度和辊子的转速

光面辊碎机在破碎中硬物料且破碎比为 4 时的辊面圆周速度 V 为：

$$V=\frac{1.27\sqrt{\phi}}{\sqrt[4]{\left(\dfrac{\phi+D}{\phi+e}\right)^2-1}} \tag{24-2-42}$$

式中　V——辊面的圆周速度，$\mathrm{m\cdot s^{-1}}$；

ϕ——辊子的直径，m；

D——最大给料粒度，m；

e——排料口宽度，m。

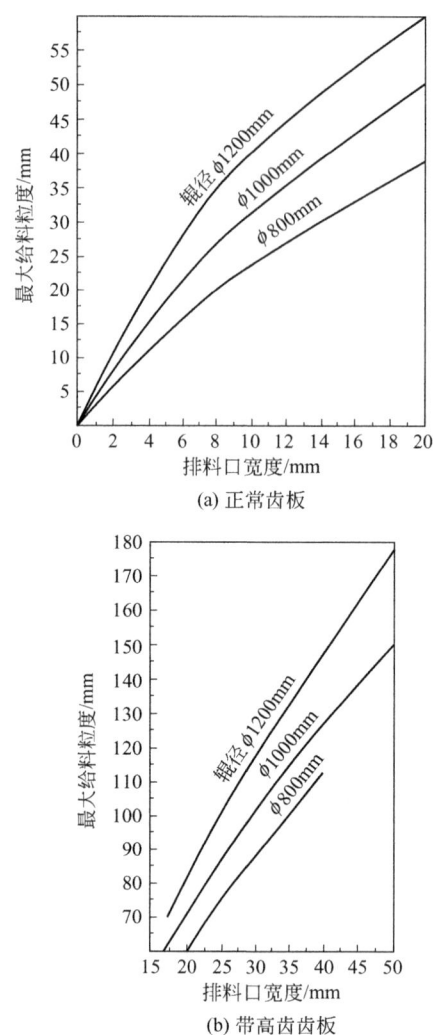

(a) 正常齿板

(b) 带高齿齿板

图 24-2-50　破碎煤时最大给料粒度与辊径的关系

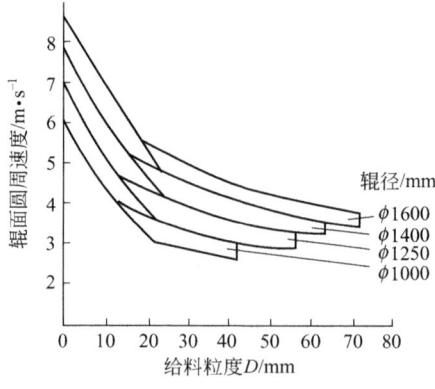

图 24-2-51　给料粒度与辊径关系

圆周速度通常在 $1.5\sim7\mathrm{m\cdot s^{-1}}$ 之间。破碎的物料越硬、给料粒度越大，以及使用齿面辊子时，圆周速度取小值。高速齿面辊碎机的圆周速度可达 $8\sim10\mathrm{m\cdot s^{-1}}$，不仅适用于破碎给料粒度较大的软或中硬物料，而且能破碎有明显解离或自然脆弱裂纹的坚硬物料。

另外，考虑了辊子直径、给料粒度、物料与辊面之间的摩擦系数等因素的辊子转速计算公式为：

$$n=K\sqrt{\frac{f}{\phi D\gamma}} \tag{24-2-43}$$

式中 K——与辊面形状有关的系数，$K=120\sim240$，光面的辊碎机，取上限；齿面或槽形齿的辊碎机，取下限。

图 24-2-51 也反映了辊面圆周速度与给料粒度和辊子直径之间的关系。速度的上限适用于形状近似于球形的物料，速度下限适用于给料是粉碎后的产品或物料颗粒多呈棱角的情况。

2.7.2.3 处理能力

辊碎机的处理能力与排料口尺寸、辊子圆周速度和辊碎机的规格尺寸等因素密切相关。通过理论推导和简单整理后，得出以下的理论公式：

$$Q=188eL\phi n\gamma\mu \tag{24-2-44}$$

式中 Q——辊碎机的处理能力，$\mathrm{t\cdot h^{-1}}$；

e——排料口宽度，m；

L，ϕ——辊子的长度与直径，m；

n——辊子的转速，$\mathrm{r\cdot min^{-1}}$；

γ——物料的松散体积密度，$\mathrm{t\cdot m^{-3}}$；

μ——物料的松散系数，处理中硬物料、破碎比为 4、给料粒度为 $0.8\times$ 破碎机的最大给料粒度时，$\mu=0.3\sim0.5$；给料粒度为 $(0.8\sim1)\times$ 破碎机的最大给料粒度时，$\mu=0.25\sim0.5$；若破碎比较小，μ 最大可取 0.8；破碎煤、焦炭或潮湿物料时，$\mu=0.4\sim0.75$。

2.7.2.4 电动机功率

辊碎机的电动机功率，通常按照经验公式计算或生产数据来确定。

光面辊碎机破碎中硬物料时的电动机功率公式为：

$$N=0.795KLV \tag{24-2-45}$$

式中 N——电动机功率，kW；

K——与料和破碎产品粒度有关的系数，$K=0.6D/d+0.15$（式中 D 为给料粒度，d 为破碎产品粒度）；

L——辊子的长度，m；

V——辊面的圆周速度，$\mathrm{m\cdot s^{-1}}$。

对于齿面辊碎机破碎煤或焦炭时，电动机功率为：

$$N=KL\phi n \tag{24-2-46}$$

式中 N——电动机功率，kW；

L，ϕ——辊子的长度和直径，m；

　　n——辊子的转速，r•min^{-1}；

　　K——系数，破碎煤时，$K=0.85$。

H. Motek 提出，当辊面的圆周速度为 $2.5\sim3.5$m•s^{-1}、破碎软物料时的电动机功率公式：

$$N=0.06\frac{D}{e}Q\gamma \qquad (24\text{-}2\text{-}47)$$

式中　N——电动机功率，kW；

　　D——辊碎机的给料粒度，mm；

　　e——排料口宽度，mm；

　　Q——破碎机的处理能力，m^3•h^{-1}；

　　γ——物料的松散表观密度，t•m^{-3}。

在破碎焦炭或石灰石等中硬物料时，电动机功率较式(24-2-46)计算出的数值高些。

2.8　高压辊磨机

高压辊磨机又称辊压机，是一种新型粉碎机，其外形与辊式破碎机很相似，而工作原理、结构及配套设施有很大差异。

在水泥工业，高压辊磨机常与风力分级机（选粉机），有时还包括打散机和球磨机及其他辅助设备和控制仪表等，组成高压辊磨机粉碎系统。该系统是从 20 世纪 70 年代开始研制并逐渐发展成熟的粉碎新技术，其核心设备是高压辊磨机。

高压辊磨机的出现是粉碎技术的一个突破。在建材和其他需要粉碎系统的工业部门，采用或增设高压辊磨机一般可取得明显的经济效益，既可以大幅度地提高系统的处理能力，又能降低系统的比能耗（粉碎单位重量物料的能耗）。

2.8.1　工作原理

高压辊磨机的两个辊子对物料施以巨大作用力（高达 20MN），将粉碎所需能耗作用于物料上，使物料在辊子间粉碎和压实成所谓的"压片"。在该过程中，物料颗粒内部产生大量裂纹，结构被破坏，使其易于粉碎（即物料的可磨性得到改善）。

图 24-2-52 是高压辊磨机工作原理示意图。装在机架上的两个辊子，其中一个是固定辊，固定于机架上，另一个是可沿导轨移动的活动辊。活动辊借液压系统的推力，推向两辊子之间的物料及固定辊。破碎至 30mm 左右的物料，经溜槽给入辊子之间的楔形空间，被旋转的辊子咬住而随辊子向下运动。在向下运动过程中，受到辊子强大压力作用而被压实和粉碎，最后从下部排出。高压辊磨机与普通对辊机不同，普通对辊机的颗粒破碎基本上呈单颗粒方式破碎，因此产品粒度粗。高压辊磨机是以料层粉碎方式进行，产生大量细粒，破碎产品单个颗粒里面有众多的裂纹，随后更容易进行单体分离。

为了高压辊磨机有效工作，必须满足下列要求。

① 为了将所需粉碎能量和作用力施加给物料，采用料柱充满方式给料，使物料密集而均匀地给入两个辊子的楔形区。通常在两个辊子中间偏上位置设置一缓冲料仓。该料仓由压

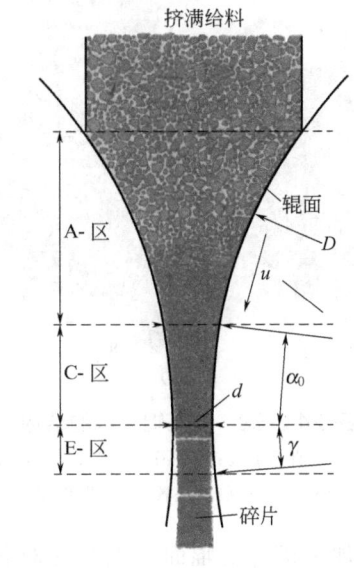

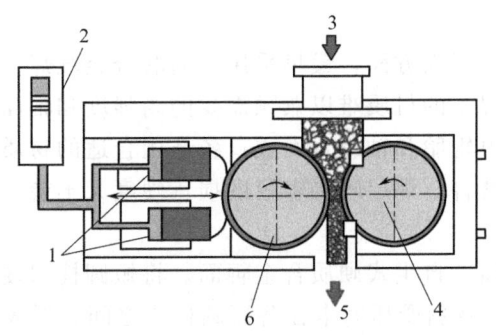

图 24-2-52 高压辊磨机工作原理示意图

1—液压缸；2—氮气缸；3—给料；4—固定辊；5—产品；6—可动辊

力传感器支承。通过压力传感器使电子秤调节给料量，保证缓冲仓至楔形区溜槽内形成具有固定高度的料柱，料柱的压力使物料强制给入楔形区，使给料均匀，机器工作平稳，不产生振动。

② 由于辊面和物料之间在巨大压力下产生的研磨和磨损，辊面材质要有良好的耐磨性，且辊面维修和更换方便。高压辊磨机除了用于粉碎石灰石等水泥原料及水泥熟料外，还用于粉碎磨蚀性强的金属矿石等物料。对于后者，辊面的耐磨性尤为重要。

③ 机器结构和各机件必须坚固、可靠，以承受巨大的作用力并传递粉碎功率。特别是支承辊子的四个滚动轴承，技术要求极高。

④ 设有完善的控制和自动化装置。

2.8.2　高压辊磨机的主要结构

高压辊磨机的主要结构包括压辊轴承、传动装置、主机架、液压系统和喂料装置等。高压辊磨机的结构如图 24-2-53 所示。

2.8.2.1　辊面结构

目前辊面结构有光滑辊面和沟槽辊面两大类，其中沟槽辊面应用最广。沟槽辊面又分为

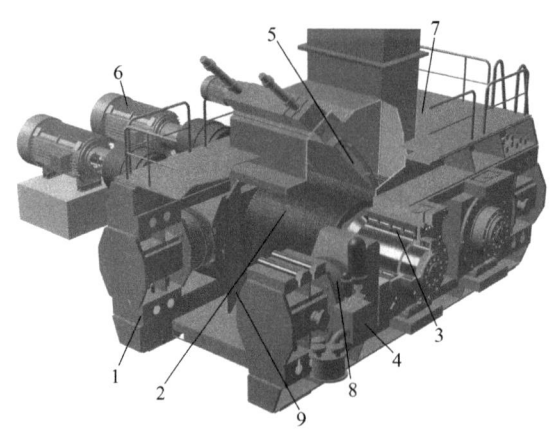

图 24-2-53 高压辊磨机的结构

1—机架；2—磨辊；3—轴承系统；4—液压装置；5—液压缸；6—检修门；
7—驱动；8—喂料装置；9—操作平台

堆焊沟槽辊面，柱钉辊面和辊面加工槽、坑辊面。辊面的寿命及其维修是否方便是高压辊磨机性能的关键。

（1）堆焊辊面 在耐磨辊面方面，最早采用将耐磨合金堆焊于整体辊子上。整体辊子由高强度钢制成。鉴于整体辊子的材质难以兼顾需要的高强度和辊面堆焊时需要的良好焊接性的要求，改为将辊子制成由辊胎和轴组合而成，各选用合适的材质，将辊胎热装于轴上。在辊胎上堆焊耐磨合金。耐磨合金焊层既要求耐磨损，硬度又不能太大（约 HRC=60），防止受力时掉皮（龟裂）。

（2）硬质合金柱钉辊面 自生式硬质合金辊面。将短圆柱状硬质合金块以矩阵分布形式镶在辊面上（图 24-2-54）。物料受压时卡在各短圆柱块之间，形成由物料构成的自生式衬板而保护辊面。即使物料的磨蚀性强，这种辊面的寿命也在 2000h 以上。它还能承受偶然给入硬质杂物而引起的压力峰值，且善于咬住物料，防止物料在辊面上打滑，从而提高处理能力。这对于潮湿和细粒给料尤为有利[19]。

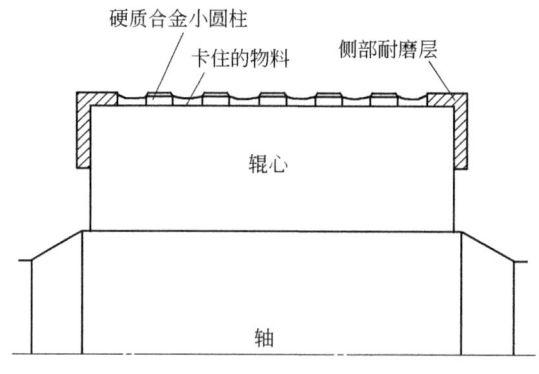

图 24-2-54 自生式硬质合金辊面

由于其耐磨特性得到改善，柱钉辊面［图 24-2-55（a）］在新设计尤其是在处理硬岩的应用中已成为标准配置。大多数辊面都使用自生耐磨层，即粉碎的入料被捕获在辊面上并保留在柱钉之间的间隙中，形成耐磨保护层，并带柱钉侧端保护，如图 24-2-55（b）所示。

Hexadur 辊面通常用于水泥应用，如图 24-2-55（c）所示。这种辊面采用具有专利的耐

第
24
篇

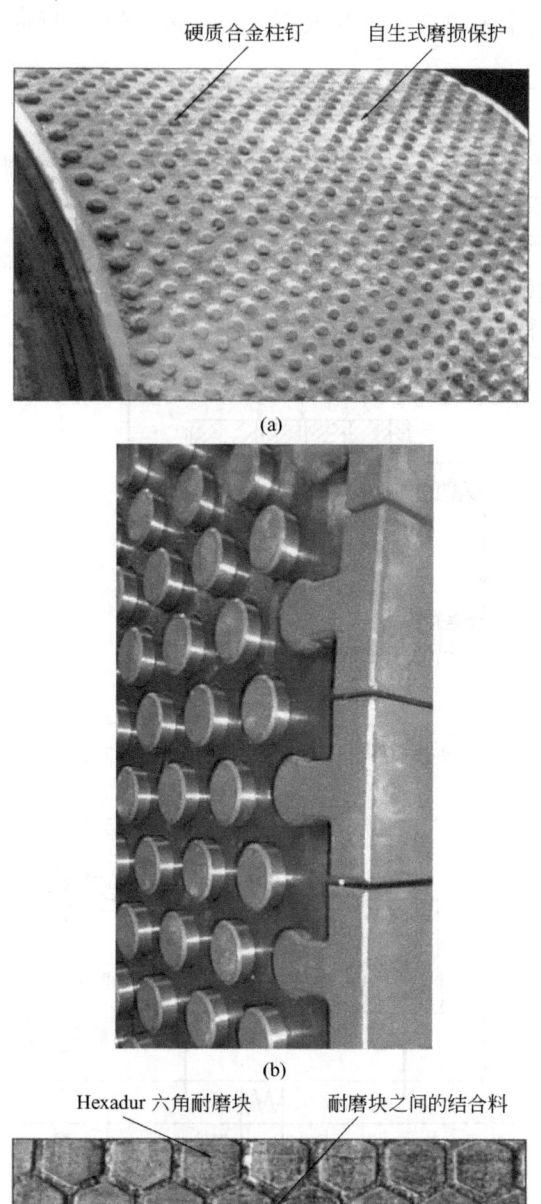

硬质合金柱钉　　自生式磨损保护

(a)

(b)

Hexadur 六角耐磨块　　耐磨块之间的结合料

(c)

图 24-2-55 硬质合金辊面

磨材料，辊面结构由许多正六边形耐磨块组成，每个正六边形耐磨块之间是较软的结合料。正六边形耐磨块是粉末冶金硬质合金，强度高，具有很好的耐磨性、延展性和断裂韧性，但它的使用寿命较短[20]。

2.8.2.2　主轴承

鉴于高压辊磨机辊子的巨大作用力由主轴承支承，对轴承的要求很高，轴承的设计和润滑等必须完善，并具有较长的使用寿命。KHD 洪堡·威达克公司对于规格小于 RP10 者，采用常规自调心滚柱轴承，而大于 RP10 者，采用新型有四排圆柱形滚柱的径向轴承（图24-2-56）来承受巨大的径向力，另设一个小止推轴承承受轴向力。四排圆柱形滚柱轴承采用新型稀油循环润滑代替常规干油（润滑脂）润滑（图 24-2-57）。

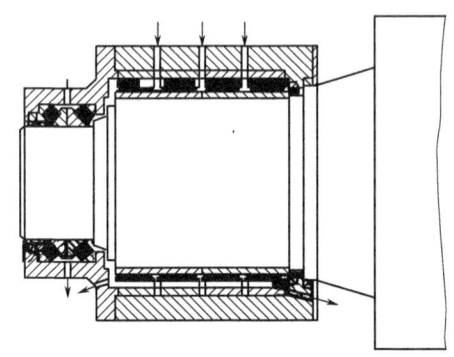

图 24-2-56　有四排圆柱形滚柱的径向轴承

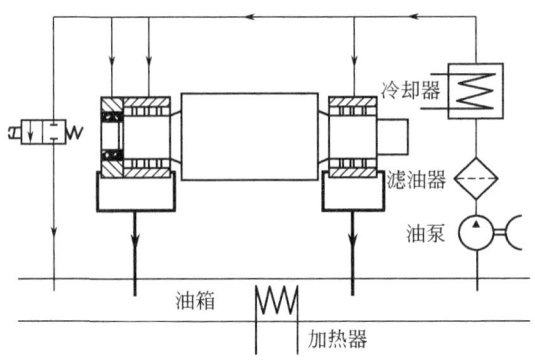

图 24-2-57　干油润滑系统示意图

2.8.2.3　传动装置

为了满足活动辊水平移动，又要保持双辊平行，辊压机的传动装置大致可分为以下几种方式。一种是辊轴用联轴节和行星减速机直接相连在一起，电动机悬挂在减速机上通过三角皮带传动，整个传动机构和辊轴同时运动。另一种是电机置于地上通过万向联轴节、减速机与辊轴相接，由万向联轴节来适应双辊之间的摆动。以上两种均为双传动，但是亦有单传动的，一个电机、一个减速机通过 2 个联轴节与 2 个辊轴相接。

2.8.2.4　主机架

主机架采用焊接结构，由上、下横梁及立柱组成，相互之间通过螺栓连接。辊子之间的作用力由钢结构上的剪切销钉承受，使螺栓不受剪力。固定辊的轴承座与底架端部之间有橡皮起缓冲作用，活动辊的轴承底部衬以聚四氟乙烯，支承活动辊的轴承座处铆有光滑镍板，主机架亦有铰接的。

2.8.2.5 液压系统

液压系统是为压辊提供压力而设。主要由油泵、蓄能器和液压缸、控制阀件等组成。蓄能器预先充压至小于正常操作压力，当系统压力达一定值时喂料，辊子后退，继续供压至操作设定值时，油泵停止。正常工作情况下，油泵不工作。系统中如压力过大，液压油排至蓄能器，使压力降低，保护设备。如压力继续超过上限值，自动卸压。在操作中系统压力低于下限值，自动启泵增压。

2.8.2.6 喂料装置

喂料装置是满足辊压机满料操作的重要装置。它由弹性支承的侧挡板和调整喂料量的调节插板组成，通过改变喂料量以与料饼厚度相适应。

2.8.3 高压辊磨机的技术特点和产品粒度

高压辊磨机的特点主要表现在：当产品料级相同时，安装开路作业的高压辊磨机作预磨，可使原有球磨机回路的生产能力增加 30%～55%；采用高压辊磨机与球磨机在局部闭路中工作，使原有磨矿回路的生产能力增加 100%；采用高压辊磨机可大量节约比功耗；在磨碎介质和衬板的磨损方面，高压辊磨机同干式多室球磨机第一室（同样作预磨）相比，减少到小于 1%；与同作粗磨用的湿式球磨机或半自磨机相比，减少到小于 0.1%；采用高压辊磨机，使许多的矿石加工过程可以取消中破碎，并增大生产能力；降低了操作费用；在生产能力一定时，高压辊磨机的尺寸远远小于相应的球磨机或半自磨机的尺寸，设备尺寸的减小使所需建筑物尺寸减小了 25%～30%，即相对地降低了基建费用。

表 24-2-28 列出了主要厂家的设备规格和处理能力[21]。德国 KHD 洪堡·威达克公司在高压辊磨机技术方面发展较早，表 24-2-29 是该公司按辊子间作用力的大小进行分类的 12 个系列。

表 24-2-28 主要厂家设备的规格和处理能力

项目	KHD	艾法史密斯	魁佩恩	波利鸠斯	美卓	FCB
辊径/m	1～2.6	0.58～2.7	0.8～2.8	0.95～2.6	0.8～3.0	1.6～4.6
辊宽/m	0.5～2.3	0.26～1.85	0.2～1.6	0.65～1.75	0.5～2	0.54～1.67
功率/kW	280～6000	100～5800	150～4000	440～6800	220～11500	200～3800
处理量/t·h^{-1}	30～4200	100～3000	35～2000	≫3000	70～4800	70～1200

表 24-2-29 KHD 高压辊磨机规格

规格	挤压辊直径 D/mm	挤压辊宽度 W/mm	通过量 G/t·h^{-1}	质量/t
RPS 7-140/110	1400	1100	400～900	94
RPS 7-170/110	1700	1100	600～1300	109

续表

规格	挤压辊直径 D/mm	挤压辊宽度 W/mm	通过量 G/t·h^{-1}	质量/t
RPS 10-170/110	1700	1100	600～1300	122
RPS 10-170/140	1700	1400	800～1600	134
RPS 13-170/140	1700	1400	800～1600	160
RPS 13-170/180	1700	1800	1000～2100	171
RPS 16-170/180	1700	1800	1000～2100	210
RPS 18-200/180	2000	1800	1400～2900	238
RPS 20-220/200	2200	2000	1900～3900	314
RPS 20-260/200	2600	2000	2600～5400	321
RPS 24-300/200	3000	2000	3500～7200	397
RPS 27-300/220	3000	2200	3900～8000	424

高压辊磨机的给料粒度与圆锥破碎机的给料粒度相似，但由于不同的破碎机理，它们的产品粒度分布曲线是不同的，高压辊磨机产生了更多的细颗粒。图 24-2-58 是分别采用高压辊磨机和圆锥破碎机对铁矿石进行破碎后的产品粒度曲线。对于相同的 P_{80}，圆锥破碎机的产品小于 $800\mu m$ 的累积含量是 20%，而高压辊磨机是 44%，两者相差 24 个百分点[22]。

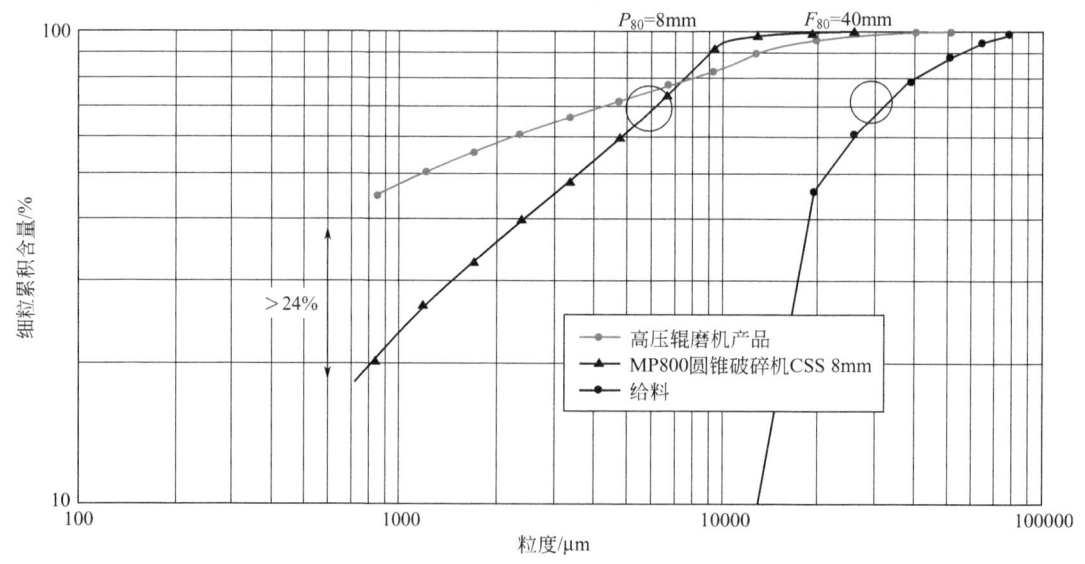

图 24-2-58　高压辊磨机与圆锥破碎机产品粒度的比较（图片来源：伟尔矿业）

目前，已经在生产中使用的最大规格的高压辊磨机为 Polysius（伯利鸠斯）生产的 24/16 型高压辊磨机，辊径 2.46m，辊宽 1.6m，每台功率 $2×2800kW$，共有 4 台用于澳大利亚的 Boddington 金矿。

2.8.4 高压辊磨机的主要参数

(1) 结构参数 辊压机的主要结构参数有：钳角、辊子尺寸、两辊间隙宽度和最大给料粒度等。

① 钳角。从球形物料与辊子接触点分别引两条切线，它们的夹角称为辊压机的钳角。它与排料间隙的关系为

$$\alpha_{ip} = \arccos\left[1 - \left(\frac{\delta_c}{\gamma_f} - 1\right) \times \frac{s}{1000D}\right] \tag{24-2-48}$$

$$\alpha_{sp} = \arccos\left[1 - \left(\frac{X_{max}}{s} - 1\right) \times \frac{s}{1000D}\right] \tag{24-2-49}$$

式中　α_{ip}——料层粉碎啮角；

α_{sp}——单颗粒粉碎啮角；

s——料饼厚度，基本同间隙，mm；

δ_c——料饼密度，t·m^{-3}；

X_{max}——最大颗粒尺寸，mm；

D——辊子直径，mm；

γ_f——物料松散密度，t·m^{-3}。

② 辊子尺寸。辊子宽径比（L/D）称为辊压机的几何参数，对于同一种物料，尺寸越大，生产能力越大。对于几何参数相似或相同的磨机（宽径比不变），同样的喂入条件和线速度，磨机产量与辊子直径的平方成正比。辊子宽径比较小，根据资料统计，辊子宽径比一般为

$$\frac{L}{D} = \frac{1}{3} \sim 1 \tag{24-2-50}$$

③ 两辊间隙宽度。两辊间隙宽度 e 与辊子直径 D 的比值（e/D）称为相对间隙宽度，比值为 0.01～0.02，即两辊间隙宽度约为辊子直径的 1%～2%。辊子间隙宽度与磨机的物料通过量密切相关，间隙越大，通过量也就越大，因此，辊子间隙设计为可调，视物料性质（硬度、形状、结构特点等）、温度、粒度组成、最大给料粒度、物料与辊间的摩擦力等因素而定。两辊间的间隙宽度一般为 6～12mm。

④ 最大给料粒度。最大给料粒度与辊子直径有以下关系

$$d_{max} \approx 0.05D \tag{24-2-51}$$

一般认为小于 3%D 的基本粒度应占总量的 95% 以上，个别的最大粒度也不应大于 5%D。

(2) 主要工艺参数

① 辊压力。辊间平均辊压与高压辊磨机单位压力 p 成正比，即

$$P_{cp} = \frac{2F}{BD\sin\alpha} \tag{24-2-52}$$

式中　F——高压辊磨机的总力，kN；

B——高压辊磨机辊宽，m；

　　　　D——高压辊磨机直径，m；

　　　　α——啮角，(°)；

　　　　P_{cp}——平均辊压，kN·m^{-2}。

　　实际上真正对辊压效果起作用的是最大压力，可按下式计算：

$$P_{max} = \frac{F}{1000kDL\alpha} \tag{24-2-53}$$

式中　P_{max}——最大辊压，kN·m^{-2}；

　　　　F——辊压机的总力，kN；

　　　　L——压辊宽度，m；

　　　　D——压辊直径，m；

　　　　k——物料压缩特性系数，取值为 0.18～0.23；

　　　　α——啮角，(°)。

　　② 辊速。高压辊磨机的辊速有两种表示方法：一种是以辊子圆周线速度表示；另一种是以辊子转速表示。

　　辊子的线速度与生产能力有关，转速快，能力大，但超过一定速度，能力不再增加。但同时，线速度快，机器所消耗的功率也会增大，超过一定数值时，还会增大辊子与物料之间的相对滑动，使辊子咬合不良，加剧辊面的磨损。高压辊磨机的实际速度过去一般为 1～1.2m·s^{-1}，现在一般达 1.5～1.6m·s^{-1}，有的还略高。

　　对于不同直径的辊子圆周线速度，Klymowsky（克鲁莫斯基）建议采用如下公式计算[23]：

　　a. 对于压辊直径<2m，圆周速度取 $v_p \leqslant 1.35\sqrt{D}$；

　　b. 对于压辊直径>2m，圆周速度取 $v_p \leqslant D$。

　　式中，D 为辊子外径。

　　③ 比能耗。高压辊磨机粉碎物料过程的比能耗可以通过式(24-2-54)计算。它用于计算高压辊磨机的能耗，即确定高压辊磨机的功率。

$$E_{cs} = \frac{P}{G} \tag{24-2-54}$$

式中　E_{cs}——比能耗；

　　　　P——总功率；

　　　　G——生产率。

　　④ 生产能力。高压辊磨机的生产能力可按式(24-2-55)计算。

$$Q = 3600\frac{\gamma_1\gamma_2}{\gamma_2-\gamma_1}(1-\cos\beta)DB\upsilon \tag{24-2-55}$$

式中　Q——高压辊磨机的通过量，t·h^{-1}；

　　　　D——压辊的公称直径，m；

　　　　B——压辊的公称宽度，m；

　　　　β——粒间挤压的啮入角，(°)；

v——高压辊磨机线速度，$m \cdot s^{-1}$；

γ_1——挤压前松散物料的密度，$t \cdot m^{-3}$；

γ_2——挤压后料饼的密度，$t \cdot m^{-3}$。

⑤ 驱动功率。高压辊磨机的装机功率可以通过式（24-2-56）进行计算。

$$P_{\text{装}} = \eta E_{cs} G \tag{24-2-56}$$

式中　$P_{\text{装}}$——高压辊磨机装机功率；

η——电动机容量系数；

E_{cs}——比能耗；

G——生产率。

2.8.5　高压辊磨机的应用

1990 年以前，高压辊磨机的应用领域限于建材行业，主要用于水泥生料和熟料的粉磨。在处理高磨损性矿石时，存在辊面磨损严重、维修量大和售价昂贵等问题，但随着粉碎工艺和机械零部件的改进以及耐磨辊面技术的出现，其应用已逐渐扩大至其他工业部门，包括金刚石矿的解离粉碎、铁矿石粉碎、铁矿球团原料准备前的细磨、有色和贵金属矿石的粉碎等。据不完全统计，全世界已有数百台高压辊磨机投入使用。

高压辊磨机具有如下的优势，在不远的将来，高压辊磨机的应用会得到更大的发展。

① 它可替代中、细碎和粗磨，或直接获得最终粉磨的产品，因此可以简化粉碎流程；

② 在碎磨流程中采用高压辊磨机，可使全流程节能 20％以上，产量提高 30％～40％；

③ 高压辊磨机粉碎产品为布满微裂纹的扁平料片，有利于提高下游作业的金属回收率。

参考文献

[1] Hoffl K. Zerkleinerungs-und Klassiermaschinen. Leipzig: Springer, 1986.

[2] Stieβ M, Mechanische Verfahrenstechnik 2. Berlin: Springer, 1994.

[3] 申柯连科 С Ф，等. 黑色金属矿选矿手册. 殷俊良，等译. 北京: 冶金工业出版社，1985.

[4] 第三届全国选矿设备学术会议筹委会. 第三届全国选矿设备学术会议论文集. 北京: 冶金工业出版社，1995.

[5] Rose H E. English J E Trans IMM, 1967, 76: C32.

[6] Hersam E A. Trans AIME, 1923, 68: 463.

[7] Broman J. Eng Mining J, 1984（6）: 69.

[8] Taggart A J. Handbook of mineral dressing. New York: John Wiley, 1945.

[9] Plaksin I N, Rudenko K G, Smirnov A N, et al. Technologische Ausrustung von Aufbereitungsanlagen. Moskau: Ugletechizdat, 1955.

[10] Gieskeing D H. Mining Transactions, 1949, 184: 239.

[11] Razumov K A. Projektierung von Aufbereitungsanlagen. Moskau: Staatlicher Wissenscha ftlich-technischer Verlag, 1952.

[12] 广东省国际经济技术合作公司. 粉碎与制成. 北京: 中国建筑工业出版社，1985.

[13] Gupta. Introduction to Mineral Processing Design. 2nd Edition. Amsterdam: Elsevier, 2016.

[14] Lewis F M, et al. Mining Engineering, 1976, 28（9）: 29-34.

[15] Ревнивпев В И，Денисов Г А. 国外金属矿选矿，1992（8）: 1.

[16] 罗秀建. 有色金属（选矿部分），1999, 3: 20.

[17]　徐秉权. 粉碎新工艺、新设备与节能技术. 长沙: 中南工业大学出版社, 1992.

[18]　Sandvik Rock Processing Guide 2016, Standard Edtion. 2016-02-01.

[19]　任德树. 金属矿山, 增刊, 2009 (11): 79.

[20]　Kawatra S K. Advances in Comminution. Littleton: SME, 2006.

[21]　Lynch A. Comminution Handbook. Carlton: AusIMM, 2015.

[22]　任德树. 金属矿山, 2002 (12): 10.

[23]　Klymowsky R, Patzelt N, Knecht J, et al. Proceedings of Mineral Processing Plant Design Practice and Control, SME Conference, Vancouver, 1, 2002.

3

磨碎

3.1 概述

磨碎是粉碎过程的最后一段，是以挤压、冲击和研磨等方式将物料粉碎到细粉状态的过程。磨碎一般是湿磨，但也可以干磨。磨碎作业中使用最广的是圆筒形磨机。其磨碎过程是将物料给入连续转动的钢制圆筒，圆筒内装有松散的粉碎体——研磨介质，它们在磨机内自由地运动，从而磨碎物料。磨碎介质可以是钢棒、钢球或坚硬的岩石，在某些情况下可以是物料本身[1,2]。在磨机的不同转速下，研磨介质可以通过上述任何一种方式磨碎物料。根据为研磨介质传递运动的方式的不同，磨机可分为容器驱动式磨机和介质搅拌磨机两大类，容器驱动式磨机又分为滚筒式磨机、振动磨机和行星磨机。根据研磨介质的不同，滚筒式磨机又分为棒磨机、球磨机、砾磨机和自磨机等。根据产品粒径，磨碎操作分为粗磨（将物料磨碎到约 0.1mm）、细磨（将物料磨碎到约 60μm）和超细磨（将物料磨碎到 5μm 以下）。磨机的详细分类见表 24-3-1[3]。

磨碎是能耗和钢耗（磨机工作件的磨损）很高的作业。对于同一物料（如石灰石或水泥熟料），如磨碎 1t 物料至相同细度时的能耗（kW·h）越低，则该流程式磨碎系统的效率或经济效益就越高。

磨碎可以用闭路流程或开路流程。闭路流程中磨机排料或/和给料混合送分级机。分级机将物料分为已达到合格粒度和较粗的两部分。达到合格粒度的部分是最终产品，未达到合格粒度的较粗部分被送回磨机再度磨碎。后者由于返回磨机循环，也称作"返砂"或"循环料"。返砂或循环料同给料之比，称作循环系数。循环系数常用百分数表示，如循环系数为200%，意味着返砂为给料量的两倍。

在湿法闭路磨碎流程中，分级要选用机械分级机或水力旋流器。在干法闭路磨碎流程中，分级机采用各种类型的风力分级机（在水泥行业称作选粉机）。

除管磨机和棒磨机采用开路磨碎流程外，其余类型磨机常采用闭路磨碎流程。

闭路的优点是节能和减少过粉碎。在该流程中，已达到合格粒度的产品及时从分级机作为产品排出，能耗和过粉碎较少。缺点是流程和设备系统较复杂。

在开路流程中，必须将全部物料一次磨碎至合格粒度然后从磨机排出。磨机中先达到合格粒度的那部分物料，也要等到全部物料磨至合格粒度后才能排出，就是所谓"过粉碎"，它消耗无益的能量，使磨碎能耗增加。开路磨碎系统的优点是设备简单，控制容易。

表 24-3-1   磨机的分类

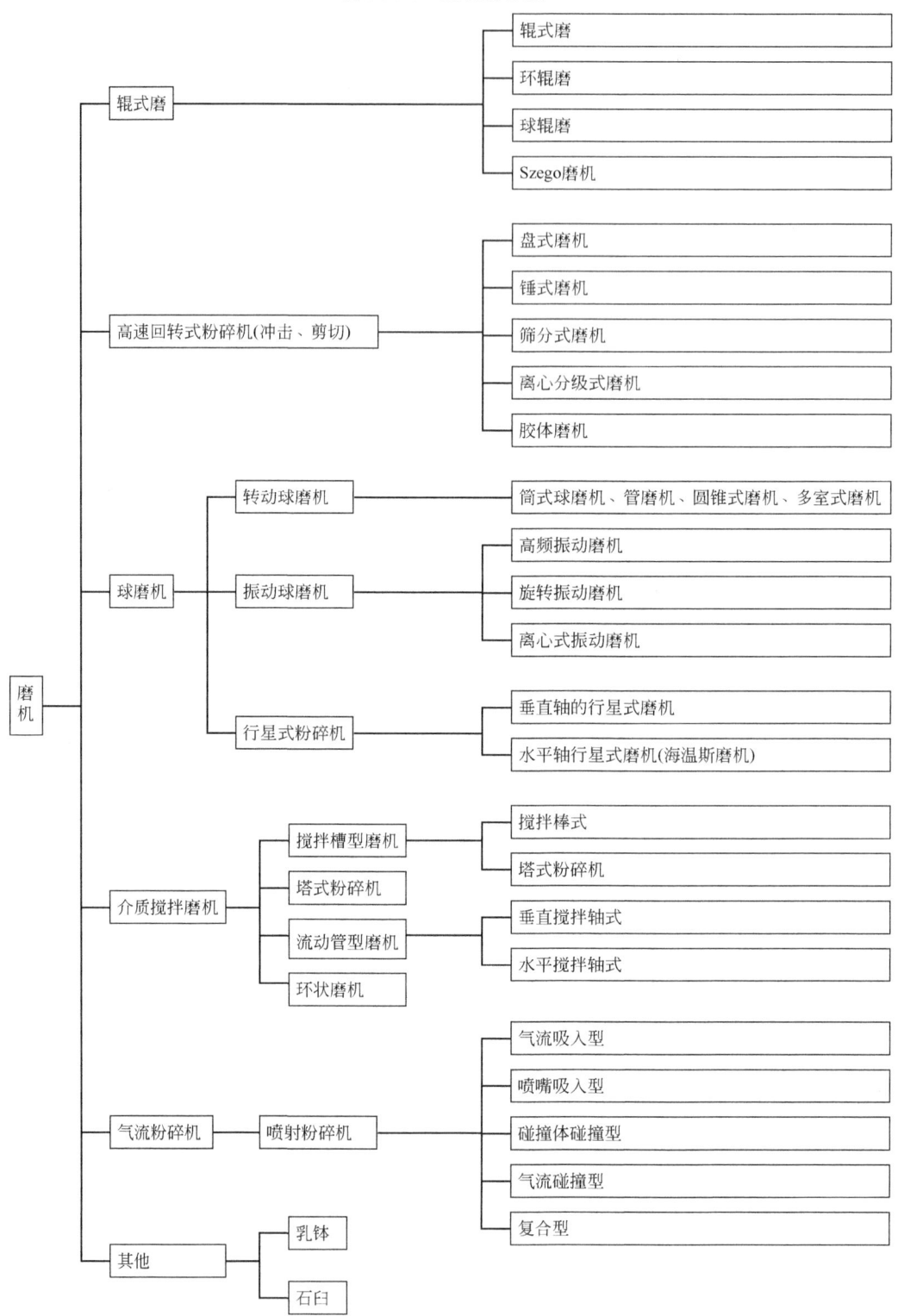

3.2 球磨机

　　世界上首台滚筒式磨机是球磨机，发明于 19 世纪 70 年代，用于水泥熟料的磨碎[4]。随后球磨机得到了最为广泛的应用。球磨机在水泥行业也被称为管磨机。

3.2.1 类型

　　球磨机是应用最广泛的磨碎机，类型较多。按磨机的排料方式可分为溢流型球磨机和格子型球磨机，分别如图 24-3-1(a) 和 (b)；按磨机筒体形状可分为筒形、锥形和管形。一般将长径比小于 2∶1 的称为球磨机，长径比大于 2∶1 的称为管磨机。图 24-3-1(c) 为锥形球磨机，图 24-3-1(d) 为管磨机。

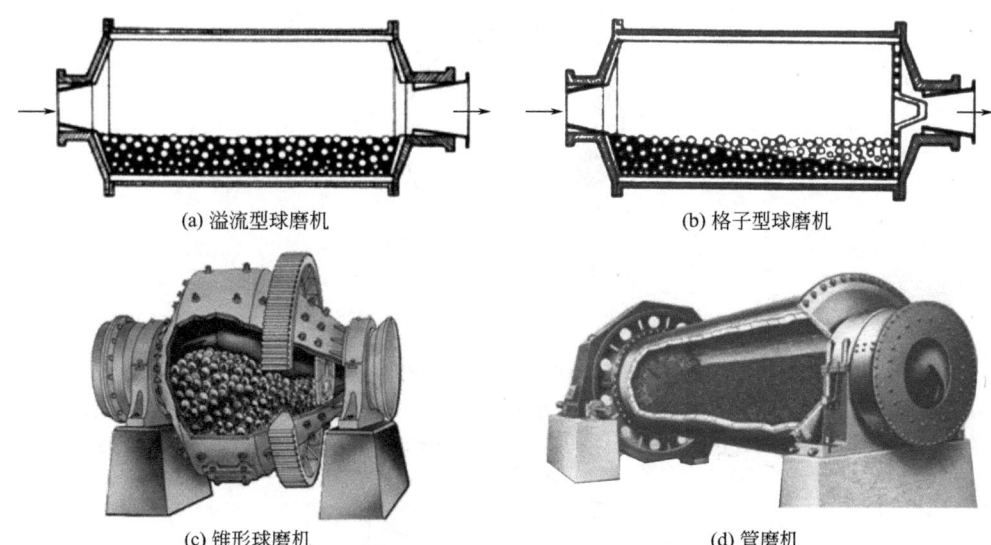

(a) 溢流型球磨机　　　　　　　　　　　　(b) 格子型球磨机

(c) 锥形球磨机　　　　　　　　　　　　(d) 管磨机

图 24-3-1　球磨机类型（图片来自美卓矿机）

3.2.2 球磨机的工作原理

　　球磨机由圆柱形筒体、端盖、传动大齿圈和轴承（图 24-3-2）等部件组成。筒体内装入直径为 25～150mm 钢球，称为研磨介质，其装入量为整个筒体有效容积的 25%～45%，筒体两端有端盖，端盖的法兰圈用螺钉同筒体的法兰圈连接。端盖中部有中空轴颈，它支撑于轴承上。筒体上装有大齿圈，由电动机通过小齿轮带动大齿圈和筒体低速转动。当筒体转动时，研磨介质随筒体上升至一定高度后，呈抛物线轨迹抛落或呈泻落下滑，如图 24-3-2(b) 所示。

　　物料从左端的中空轴颈给入筒体，逐渐向右端扩散移动。在此过程中物料遭到钢球的冲击和研磨作用而粉碎，最后从右端的中空轴颈排出磨机外，如图 24-3-2(a) 所示。这种磨碎后的料浆，在磨机排料端经中空轴颈溢流排出，称为溢流型球磨机。磨碎后的物料经排料端附近的格子板排出的，称为格子型球磨机，如图 24-3-3 所示。格子板由若干扇形板组成，扇形板上有宽度为 8～20mm 的长孔。物料通过孔隙进入格子板与端盖之间的空间，该空间被若干块辐射状的提升板分开。筒体转动时，提升板将物料向上提举，提至一定高度后物料下滑经过锥形块 [图 24-3-3(a)] 向中空轴颈折转并排出。图 24-3-1(b) 和 (d) 是格子排料

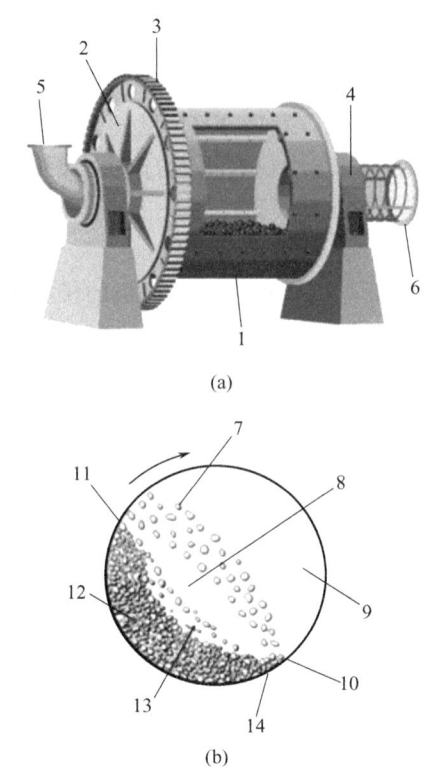

(a)

(b)

图 24-3-2 球磨机的工作原理示意图

1—筒体；2—端盖；3—传动大齿圈；4—轴承；5—给料；6—圆筒筛；7—抛落的研磨介质；
8—死区；9—空区；10—冲击区；11—肩部；12—研磨区；13—泻落的研磨介质；14—趾

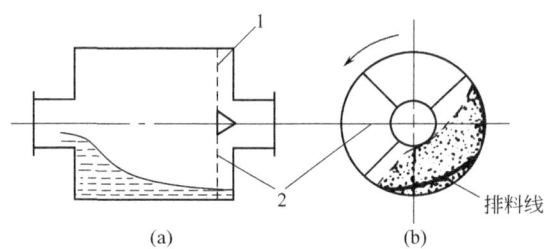

排料线

(a)   (b)

图 24-3-3 格子型球磨机

1—格子板；2—提升板

型，图 24-3-1(a) 是溢流排料型。

当筒体旋转时，在衬板与研磨介质之间以及研磨介质相互之间的摩擦力、压力和研磨介质由于旋转产生的离心力等作用下，在筒体下部的研磨介质将随筒体内壁上运动一段距离然后下落。视磨机直径、转速、衬板类型、研磨介质重量等因素，研磨介质可呈泻落式或抛落式下落，或呈离心状态随筒体一起旋转（图 24-3-4）。

当钢球的充填率（全部钢球表观容积占筒体内部有效容积的百分数或分数）较高，达 $40\%\sim50\%$，且磨机转速较低时，断面呈月牙状的研磨介质随筒体升至大约与垂线成 $40°\sim50°$ 角后（在此期间各层研磨介质之间有相对滑动，称为滑落），研磨介质一层层地往下滑滚，如图 24-3-4(a) 所示，这种运动状态称为泻落状态。在这种运动状态下，钢球间隙里的

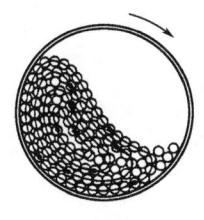
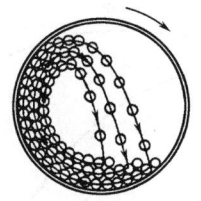
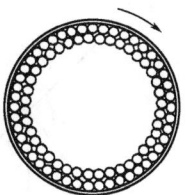

(a) 泻落　　　　　　　　(b) 抛落　　　　　　　　(c) 离心旋转

图 24-3-4 球磨机里钢球运动状态

物料主要因钢球互相滑滚时产生的压碎和研磨作用而粉碎。

当磨机转速较高，下部研磨介质随筒体提升至一定高度后，将脱离筒体沿抛物线轨迹呈自由落体下落，称为"抛落状态"[图 24-3-4(b)]。抛落的钢球对处于下部位置的物料产生冲击和研磨的粉碎作用。

当磨机转速进一步提高，离心力使研磨介质形成随筒壁一起旋转的环状体，即离心旋转状态，对物料的粉碎作用也停止 [图 24-3-4(c)]。因此，实践中筒体转速应控制在能使研磨介质产生泻落和抛落状态。

当圆周速度为 v 的筒体推举钢球至 A（图 24-3-5）时，设钢球重力的法向分力和离心力相等，则钢球将离开筒壁以抛物线轨迹抛落，A 点称为脱离点。磨机转速越高，离心力越大，钢球开始抛落的 A 点的位置就越高。若转速继续增加，离心力 C 增加至与钢球重力 G 相等，钢球将随筒体上升至顶点 Z 而不抛落，出现离心旋转状态。

令钢球质量为 m，筒体转速、半径、直径、线速度分别为 n、R、D 和 v，θ 为钢球开始抛射的点 A 与圆心的连线 OA 同垂直轴的夹角，如图 24-3-5。处于 A 点的钢球，其重力的法向分力和离心力相等，即存在如下关系式[5,6]：

$$F_c = F_g \cos\theta$$

$$\frac{mv^2}{R} = G\cos\theta$$

$G = mg$ 和 $v = \dfrac{2\pi R n}{60}$ 代入上式并化简得到：

$$n = \frac{30\sqrt{2g}\sqrt{\cos\theta}}{\pi\sqrt{D}} \cong \frac{42.3\sqrt{\cos\theta}}{\sqrt{D}} \qquad (24-3-1)$$

式中　R——磨机的有效半径，m；

　　　D——磨机的有效内径，m。

设 $\theta = 0°$，则出现离心旋转状态，钢球停止抛射，由式（24-3-1）得到：

$$n_c = \frac{42.3}{\sqrt{D}} \qquad (24-3-2)$$

式中　n_c——研磨介质产生离心旋转时磨机转速，称为临界转速，r·min^{-1}。

筒体内各层钢球的回转半径不同。内层钢球的回转半径 R_b 小，其相应的 n_c 大。如磨机转速等于式（24-3-2）算出的 n_c，靠近筒体的外层钢球紧贴筒体不抛射，里面各层钢球还未达到其相应的临界转速而继续呈抛射状态。在生产实践中，选用磨机转速应低于式（24-3-2）

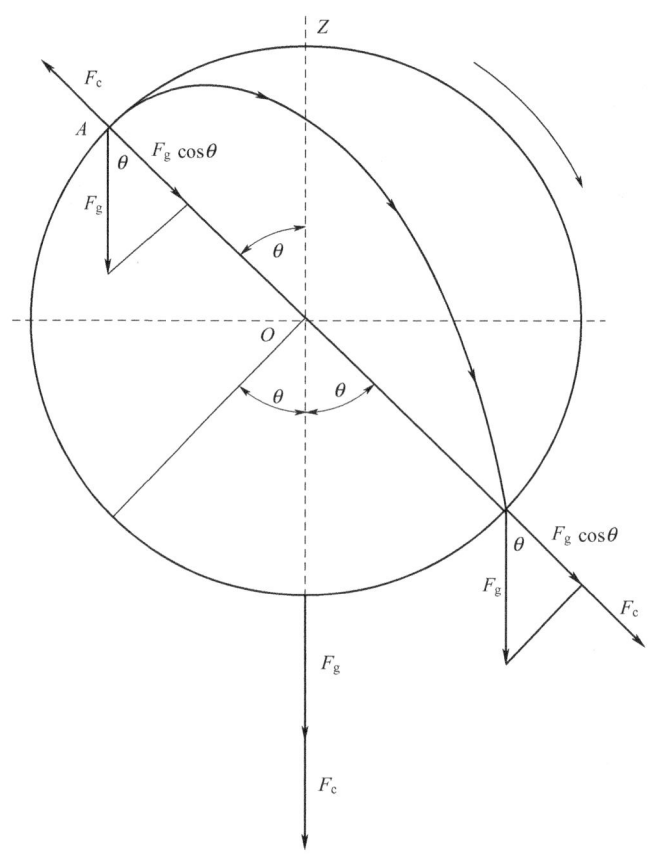

图 24-3-5   球磨机中单个钢球的受力分析

的临界转速，使各层钢球都不发生离心旋转状态，通常将式（24-3-2）乘以一个小于 1 的系数，称转速率，以 Ψ 表示，算出磨机的工作转速。球磨机转速率通常在 0.65～0.78 之间。

视衬板的光滑程度，当筒体旋转时，钢球有时同筒体内壁之间发生滑动，使钢球层的实际转速低于筒体的转速。即使筒体的转速达到式（24-3-2）给出的临界转速 n_c，外层钢球也不致发生离心旋转状态。实际的研磨介质运动状态描述如下：

（1）滑落   在下部的研磨介质随筒体上升区，研磨介质一方面随筒壁或相邻外层研磨介质上升，另一方面内外各层研磨介质的上升圆周速度并非与回转半径成比例：内层研磨介质上升较慢，相对于外层（回转半径较大处）研磨介质有向下的相对滑动，最外面一层研磨介质则有相对于筒壁的下滑运动。这种在上升区各层研磨介质之间的相对运动，称为滑落。转速率或充填率越高，滑落现象越少；反之，滑落现象显著。

（2）泻落   研磨介质从最高点下落时不产生抛射运动，而是外层研磨介质沿着相邻内层研磨介质往下滑落，有如瀑布下泻，称为泻落。转速率由低开始增加时，泻落现象随之增加，当转速率超过 80% 后又将减少。研磨介质充填率增加，泻落现象将略减。

（3）抛落   研磨介质被提升至脱离点后呈抛物线下落，称为抛落。转速率和研磨介质充填率越高，抛落现象越显著。

在一般情况下，上述三种运动现象都存在，但所占比率各不相同。在正常转速率下，当研磨介质充填率小于 45% 时，滑落占的比率较少，抛落中等，泻落最多；当研磨介质充填率大于 45% 时，滑落占的比率仍最少，泻落中等，抛落最多。

当转速率较高，抛落态占的比率最高时，小钢球趋向于聚集在研磨介质外层，大钢球趋向于聚集在内层。当泻落态占的比率较大时，将出现相反情况：大钢球趋向于聚集在外层，小钢球在内层。

3.2.3 球磨机的结构

3.2.3.1 溢流型球磨机

球磨机的简体（图 24-3-6）由厚度约 5～36mm 的钢板焊成，两端有铸钢端盖，通过法兰盘同简体连接。端盖上的中空轴颈支承于主轴承上。简体和端盖内壁敷以衬板。大齿圈固定于简体上。电动机通过小齿轮驱动大齿圈和简体旋转。物料经给料器通过左方中空轴颈给入简体。简体内装有按一定直径配比的钢球作为研磨介质。物料在简体内经钢球磨碎后经端盖和中空轴颈溢流排出机外。简体上开有 1～2 个人孔，供安装及更换衬板之用。端盖和中空轴颈通常是一个整体铸钢件。球磨机最常用的是滑动轴承，其直径很大，但长度小。轴瓦用巴氏合金浇铸或采用加工的青铜轴瓦。球磨机用的滑动轴承仅在下部有半圆形轴瓦。

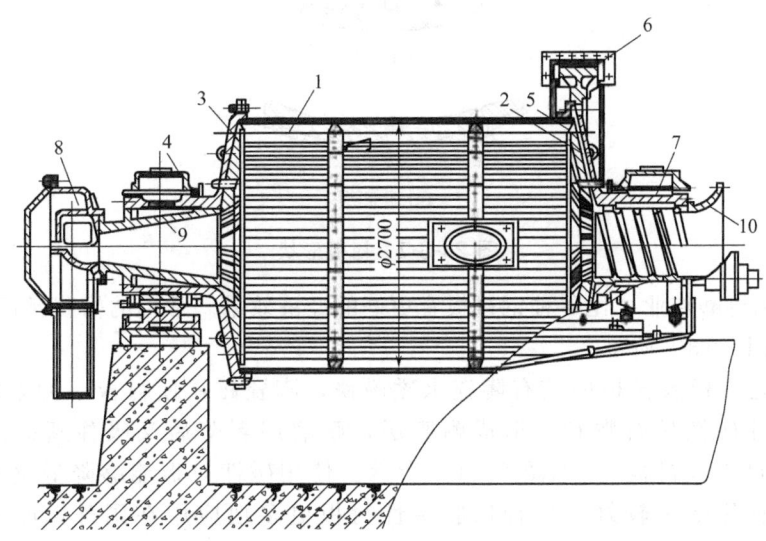

图 24-3-6 溢流型球磨机

1—简体；2,3—端盖；4,7—主轴承；5—衬板；6—大齿圈；8—给料器；9,10—中空轴颈

简体内的衬板不仅防止简体遭受磨损，而且衬板的形状和尺寸影响钢球的运动规律及磨碎效率。衬板的材质有高锰钢、高铬铸铁、硬镍铸铁、中锰球铁和橡胶等。衬板厚度通常为 50～130mm。衬板与简体之间垫有胶合板、石棉垫、橡皮垫等，以缓冲钢球和物料对简体的冲击。衬板一般用螺钉固定于简体上，螺母下面有密封用橡皮和金属垫圈。

常用衬板的形状如图 24-3-7 所示。形状较平滑的衬板使钢球同衬板之间的相对滑动较大，产生较多的研磨作用，钢球提升高度和抛射所耗的能较少，适于细磨。凸起形衬板对钢球的推举作用强，使钢球提升高度大，抛射作用强，对处于下部的球荷的搅动作用强。衬板的形状、凸起或压条高度、间距等数据必须同物料性质、钢球尺寸和生产要求等相适应。

橡胶衬板耐磨损、重量轻、拆装方便、噪声小，可以减少每吨矿石的加工费用，主要用

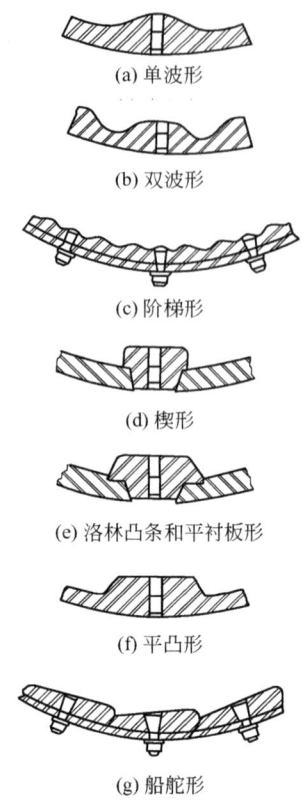

(a) 单波形

(b) 双波形

(c) 阶梯形

(d) 楔形

(e) 洛林凸条和平衬板形

(f) 平凸形

(g) 船舵形

图 24-3-7   衬板形状

在第二段磨矿和再磨作业，比各种钢衬板有更好的经济效果。常用的橡胶衬板有方形、标准形和 K 形，如图 24-3-8 所示。

磁性衬板是在橡胶衬板内装有陶瓷永磁磁铁，陶瓷磁铁使衬板一侧牢固地附着于筒体，另一侧吸住磁性矿石颗粒，形成耐磨层，耐磨层剥落后又吸住新的磁粒，循环不已，也称作"自生式衬板"，如图 24-3-9 所示。使用磁性衬板能够降低钢耗和能耗，在一些工业部门使用效果较好。这种橡胶磁性衬板更多地应用在国外，而我国基本上采用金属磁性衬板。

大型球磨机可采用同步电动机、小齿轮和大齿圈传动，或采用异步电动机、减速器、小齿轮和大齿圈传动（图 24-3-10）。同步电动机系统的传动效率高、占地少，工作可靠，改善电网的功率因数，但价格较高；异步电动机系统需要多用一台大型减速机。小型球磨机也可用异步电动机、皮带、小齿轮和大齿圈传动，但传动效率低，占地多，维修复杂。超大型球磨机采用环形电动机无齿轮传动。

送入球磨机的给料可以是原料、破碎产品或分级机的返砂（粗产品）。给料器将它们送入磨机磨碎。干法磨碎时，给料器可以用简单的溜槽、螺旋给料器、圆盘给料器等。湿法磨碎时常用鼓形、蜗形和联合型给料器等。

鼓形给料器［图 24-3-11(a)］装于球磨机中空轴颈头部，随之转动，用于最大粒度为 70mm 的开路磨碎系统。筒体由铸铁或钢板焊接而成，其内部有螺旋形隔板。盖子制成截锥形，左方是进料孔。在筒体和盖子之间的隔板开有使物料进入筒体螺旋部的扇形孔。物料通过进料孔和扇形孔进入筒体，由筒体内部的螺旋形提升板将物料举起送入磨机的中空轴颈

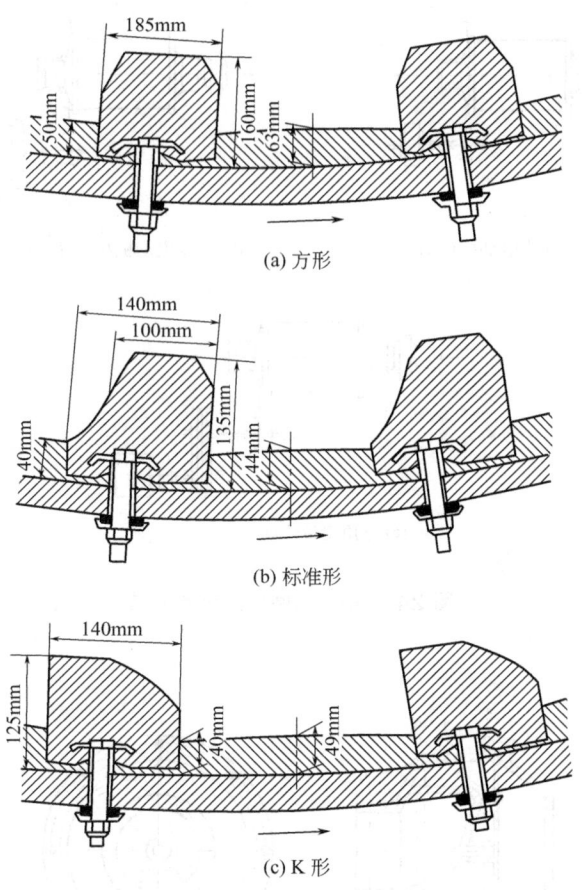

(a) 方形

(b) 标准形

(c) K形

图 24-3-8 橡胶衬板

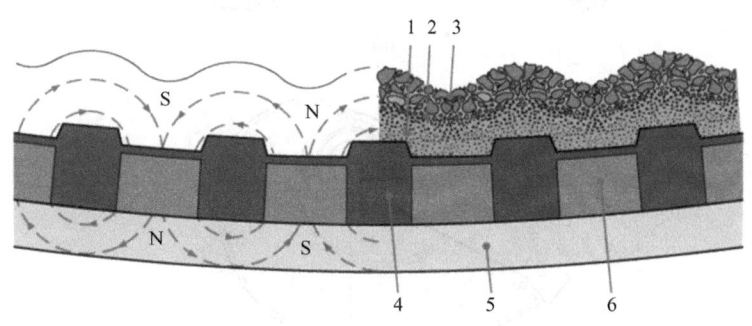

图 24-3-9 磁性衬板

1—细颗粒磁性材料的均质层；2—粗颗粒的磁性材料层；3—粗细颗粒磁性材料的
流态化层；4—永磁铁；5—磨机筒体；6—橡胶

内。蜗形给料器有螺旋形勺子［图 24-3-11（b）］，在转动时由下面的料槽将物料铲入勺内，物料沿螺旋形勺子内壁移动而被提升并送入中空轴颈。联合给料器（图 24-3-12）兼有鼓形和蜗形给料器的作用。原料或破碎产品通过盖子的孔由螺旋形提升板提升，直接送入中空轴颈，返砂送入料槽，由勺子和勺头掏起后，经筒体的螺旋形提升板送入中空轴颈。大型球磨机给料普遍采用给料小车。

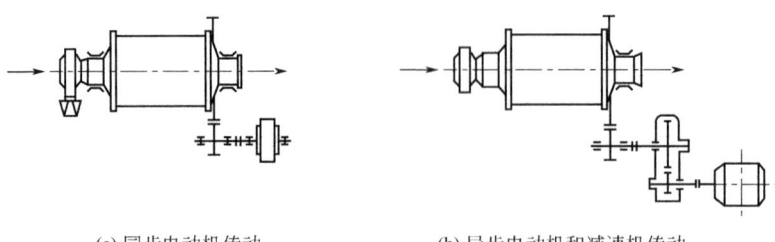

(a) 同步电动机传动　　　(b) 异步电动机和减速机传动

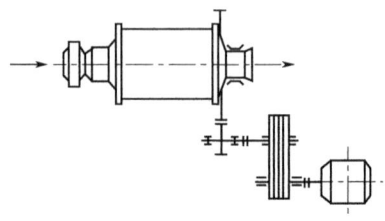

(c) 三角皮带传动

图 24-3-10　球磨机的传动方式

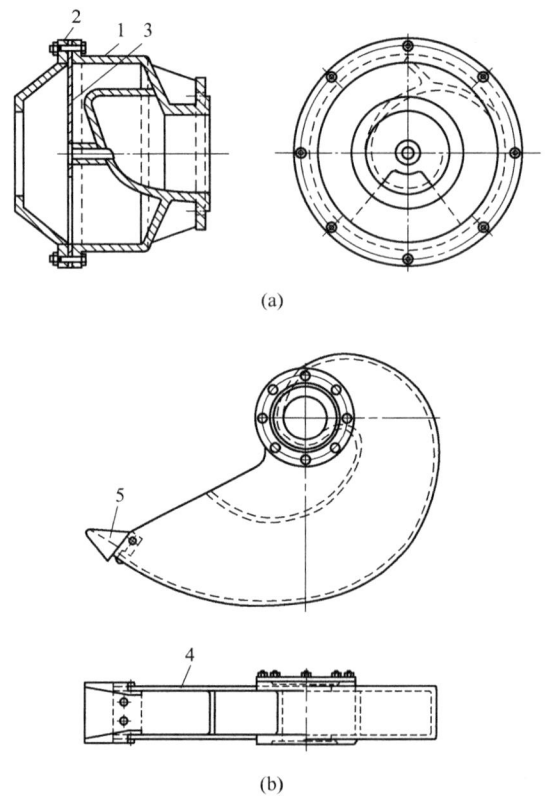

(a)

(b)

图 24-3-11　鼓形和蜗形给料器

1—筒体；2—盖子；3—隔板；4—勺子；5—勺头

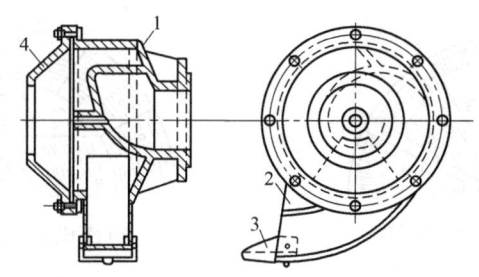

图 24-3-12 联合给料器

1—筒体；2—勺子；3—勺头；4—盖子

3.2.3.2 格子型球磨机

格子型球磨机利用排料格子板来加速排料。溢流型球磨机的物料或料浆在排料端的料位大致在中空轴颈下端位置，比格子型球磨机物料在排料端的料位高，这使溢流型球磨机排料不如格子型球磨机通畅，某些已达到磨碎细度的料不能及时排出，导致过粉碎及产量较低。

格子型球磨机的主要结构如图 24-3-13 所示。除排料格子板外，其结构基本和溢流型球磨机相同。各公司生产的格子板的孔型、尺寸、排列方式各不相同（图 24-3-14）[7]。孔眼依物料运动方向有 3°~6° 斜度，防止物料或小钢球卡住孔眼而堵塞。孔眼在小端的宽度为 8~20mm。格子板一般用高锰钢制造。

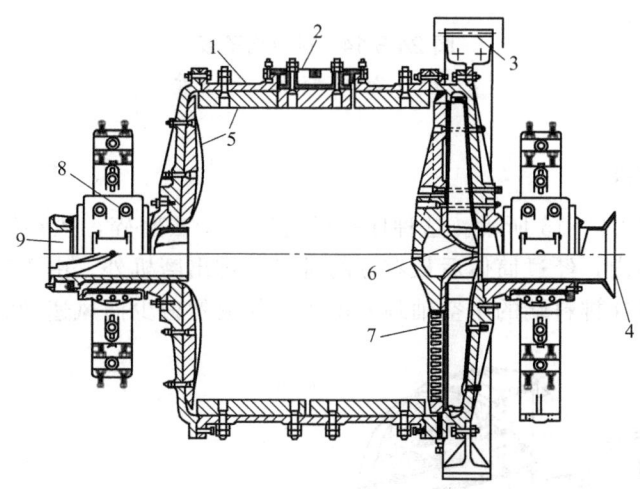

图 24-3-13 格子型球磨机

1—筒体；2—人孔；3—大齿轮；4—排料口；5—衬板；6—排料锥；

7—格子板；8—中空轴颈；9—给料口

目前世界上已经投入使用的最大的球磨机规格为 $\phi 8.5\text{m} \times 13.4\text{m}$，功率为 22000kW，见表 24-3-2。

表 24-3-2 大型球磨机的规格和电机功率

项目	美卓	伯利鸠斯	奥图泰	艾法史密斯	中信重机
直径/m	7.9	7.3	8.5	8.2	7.9
长度/m	12.5	12.5	13.4	13.1	13.6
安装功率/MW	15	13.3	22	16.8	17

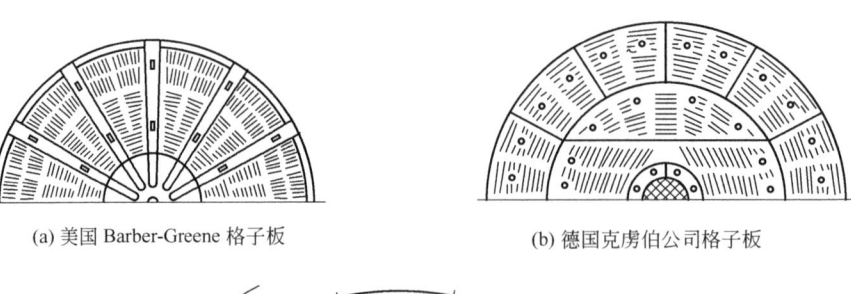

(a) 美国 Barber-Greene 格子板　　　　　　　(b) 德国克虏伯公司格子板

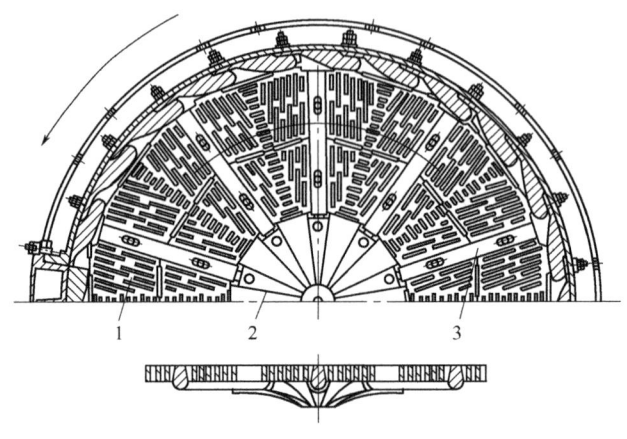

(c) 前苏联格子板

图 24-3-14　排料格子板

1—栅栏；2—锥圈衬板；3—销栓

3.2.3.3　风扫球磨机

　　风扫球磨机如图 24-3-15 所示。这种球磨机是进行干法磨碎，风和给料从左方的给料口和中空轴颈给入磨机内，经过简体后从右方的排料口排出磨机外。由于简体直径较大，风速在简体部分较低，但在排料端的中空轴颈处由于直径突然减少而风速加大，可以将磨至一定

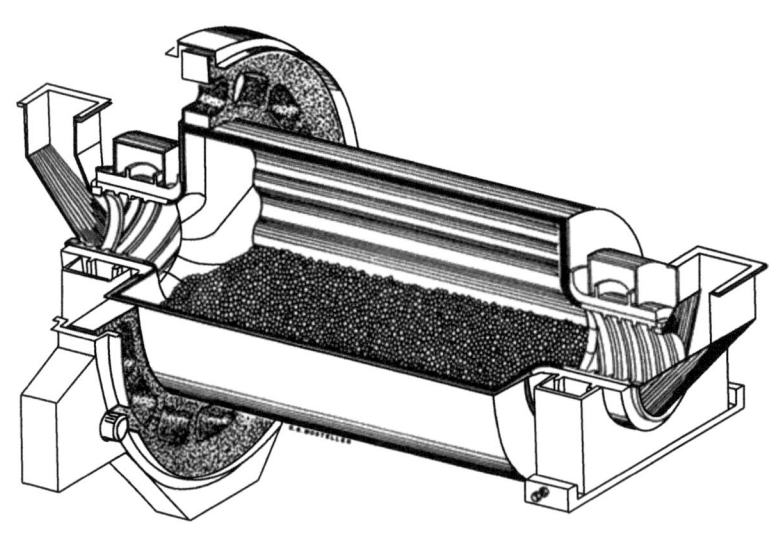

图 24-3-15　风扫球磨机

细度的粉末夹带排出。这些夹带有粉末的风通常送至风力分级机和除尘器，粉末在该处被分离排出，而风则返回球磨机，继续排送粉末。

通常这种球磨机使用热风进行工作。热风除输送物料以外，还起干燥作用。

3.2.3.4 管磨机

管磨机长度大（长度 L：直径 $\phi=3\sim6$），物料通过筒体的时间长，产品粒度细。它广泛用于水泥工业（将熟料加石膏磨成水泥的水泥磨）和硅酸盐工业部门。

用隔仓板将管磨机分为两或三个仓室，称为多仓管磨机或分室磨。图 24-3-16 是三仓管磨机，在各仓之间的格子板称为隔仓板。隔仓板有单、双层两种结构。双层隔仓板设有提升板，物料通过板一端的孔眼进入隔仓板内部，由径向提升板将物料提升后，从另一端排出。单层隔仓板没有提升板，物料通过其算板孔眼而钢球被阻留。第 1 仓内由于物料粒度大通常装入大球，充填率低，以冲击破碎为主，第 2、3 仓装入尺寸较小的钢球（$\phi38\sim44mm$）或钢段（$\phi24mm\times24mm$）。多仓磨优点之一就是利用隔仓板将大、中、小钢球或钢段分开，以适应各仓内物料的粒度，以便有效地粉碎。第 1、2 仓之间的隔仓板算缝尺寸约为 $8\sim10mm$，第 2、3 仓之间隔仓板算缝尺寸约为 $6\sim8mm$，第 3 仓与排料端盖之间的排料算子板算缝尺寸为 $4\sim6mm$，各仓的长度按实际情况决定，占筒体总长度的百分数大致为：

第 1 仓：20%～30%；

第 2 仓：25%～30%；

第 3 仓：40%～55%。

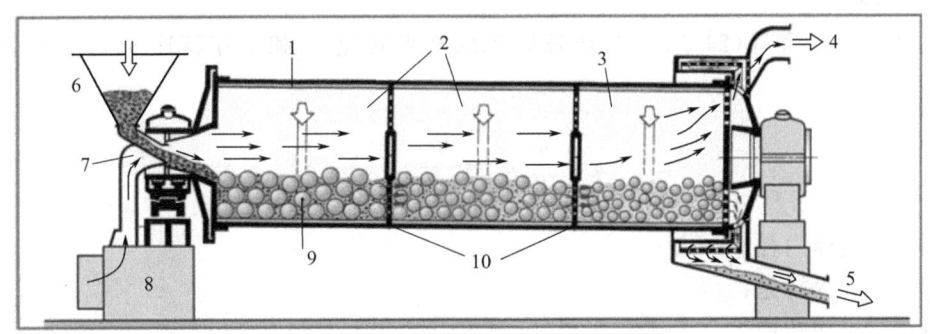

图 24-3-16 管磨机的结构

1—铺有耐磨衬板的磨机筒体；2—磨矿仓；3—细磨仓；4—分选空气出口；
5—细粒排出口；6—给料；7—分选空气；8—外壳；9—钢球；10—格子板

多仓管磨机的优点是给料端附近的粗物料受到大钢球的粉碎，而随着物料向排料端运动，粒度变细，受到中钢球和小钢球或钢段的粉碎。"钢球分级衬板"使各衬板突起部在筒体内构成螺旋形或其他特殊排列的凸起，在筒体转动时突起部使较大的和较小的钢球分别向给料端和排料端聚集，也起到大球打粗料、小球打细料的作用。两仓管磨机可以在各仓分别装入尺寸不同的研磨介质，还可以第 1 仓装钢棒，第 2 仓装钢球（也称棒球磨）。

多仓磨各仓的最佳研磨介质尺寸应同该仓的物料粒度保持一定的关系（图 24-3-17）。如第 3 仓的进料粒度是 $d_{80}=200\mu m$，研磨介质（小圆柱体）直径应为 12mm 左右。对于快硬和超级快硬水泥，细磨仓的进料粒度 $d_{80}=50\sim60\mu m$，研磨介

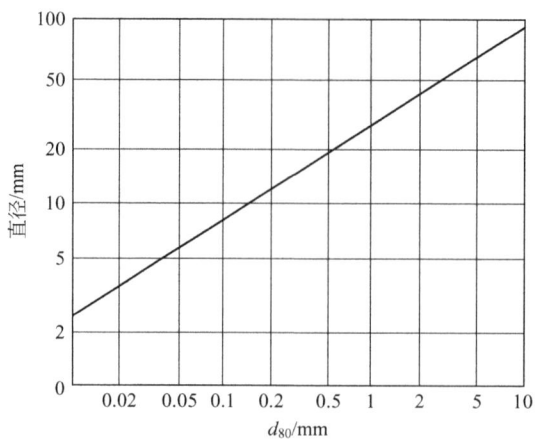

图 24-3-17   研磨介质尺寸同各仓进料粒度的关系

质直径应为 6～7mm。但在惯用的多仓磨中，由于细磨仓用隔仓板排料，而隔仓板的算缝尺寸不能做得很小，故研磨介质尺寸一般大于 12mm，从而对上述品种水泥采用开路磨碎的效果较差。对比表面（Blaine 透气法比表面）在 3200cm² · g⁻¹ 以下的普通水泥，则可用多仓管磨机进行开路磨碎。

3.2.4   球磨机的工作参数

3.2.4.1   转速

按式(24-3-1) 和式(24-3-2) 导出球磨机的临界转速 n_c 和工作转速 n。令 Ψ 为转速率（%），则

$$n = \frac{\Psi}{100} n_c = \frac{\Psi}{100} \times \frac{42.3}{\sqrt{D}} \qquad (24\text{-}3\text{-}3)$$

式中 D——筒体内径，m；

　　　　n_c——临界转速；

　　　　n——工作转速。

理论上，可以推导出研磨介质的最大抛射功处于转速率 $\Psi = 88\%$，但推导时许多实际因素未考虑在内：如下部研磨介质在随筒壁上升期间的滑落及所做的研磨功，转速率对于比能耗的影响，研磨介质充填率，衬板形状和几何参数，给料和磨碎产品粒度，湿法磨碎时料浆的浓度，等等。

确定磨机转速时要考虑转速对衬板磨损的影响。转速增加时，一方面使研磨介质冲击力及衬板磨损增加，另一方面将减少研磨介质与衬板间的相对滑动，使衬板的磨损减少。装有较光滑衬板的磨机，其转速率比装有较高凸起压条的衬板的磨机高。磨机的处理量在一定范围内随转速率的增加而增加，但是比能耗往往也增加。转速还要同研磨介质充填率适应，当研磨介质充填率增加时，转速率应减小。例如，当研磨介质充填率为 40%～50% 时，相应的转速率取 80%～82%。通常在综合考虑上述因素后并参考生产经验，将球磨机和管磨机的转速率选在 65%～78% 之间较多；在细磨段、选矿厂的中矿再磨段及筒体直径较大时取下限。

不同规格的球磨机的转速率的选取,可参考表24-3-3给出的推荐值。

表 24-3-3 球磨机的转速率

磨机内径/m	推荐的转速率/%
0~1.8	80~78
1.8~2.7	78~75
2.7~3.7	75~72
3.7~4.6	72~69
>4.6	69~66

3.2.4.2 研磨介质充填率

提高研磨介质充填率,研磨介质重量增加,在一定条件下可提高处理能力。但研磨介质充填率也不能过高,原因有三:一是用溢流型球磨机研磨介质可能会从中空轴颈排出;二是会使粉碎作用相对较弱的内层研磨介质的数量增加;三是在抛射钢球的落点处(脚趾区)钢球堆积较多,减缓了钢球的冲击,影响粉碎效率。

在选矿工业中,当研磨介质充填率约为55%时,磨机处理量和功率消耗达最大值,但比能耗增加。在生产实践中,湿法溢流型球磨机的研磨介质充填率取40%,格子型球磨机取40%~50%,以45%左右居多。干法磨碎时,在研磨介质层之间的物料使研磨介质层膨胀,物料受到研磨介质的阻碍而轴向流动性较差,故研磨介质充填率选得较低,通常在28%~35%之间。棒磨机的钢棒充填率,在湿法磨碎时取35%~40%,干法磨碎时取35%。

前已述及,研磨介质充填率同磨机转速率要适应。但各厂矿生产情况变动幅度较大;如前苏联一些矿山采用高转速率和低充填率(分别为78%和40%),美国有的矿山采用低转速率和高充填率(分别为66%和44%),墨西哥Sicarta矿山采用低转速率和低充填率(分别为68%和38%)的工作制度,而水泥工业采用的开路磨碎,磨机充填率还要低10%左右。

根据研磨介质充填率计算筒体内研磨介质重量时,研磨介质的表观密度 γ 可近似地选取下列数据:锻钢球 $\gamma=4.5\sim4.8\text{t}\cdot\text{m}^{-3}$,铸钢球 $\gamma=4.35\sim4.65\text{t}\cdot\text{m}^{-3}$,钢棒 $\gamma=6\sim6.5\text{t}\cdot\text{m}^{-3}$。

3.2.4.3 钢球的配比

钢球层(或称球荷)是由各种直径钢球按一定比例组成(称配比或称级配)。为了提高磨碎效率,钢球层的配比应合理。例如,给料粒度大时,需装入较多直径较大的钢球,其粉碎作用和冲击力较强;但在同样研磨介质重量下,大钢球的数目、彼此间接触点和对物料的粉碎次数均比小钢球少,研磨作用也较弱。

除给料粒度外,钢球层配比还要考虑磨碎细度、磨机筒体直径和转速率、衬板寿命和不同规格钢球的价格等。通常磨碎产品的粒度越细、筒体直径越大,小钢球占的比率应越多。小钢球对筒体产生的磨损较少,但使用寿命较短,单位重量的价格较高[8]。

(1) 最初装球时钢球的配比 确定最初装球时钢球的配比有如下三种方法[8]。

① 根据给料(闭路磨碎时还包括返砂)的粒度分布将给料(包括返砂)的粒级(其中小于磨碎细度的粒级除外)适当地合并为若干组,求出各粒级粉碎时的相应钢球直径,使各种直径的钢球占钢球总量的比率大致等于相应粒级占给料的比率。计算举例列于表24-3-4。

举例中用了 7 种规格的钢球，但一般情况下，选用 3～4 种规格的钢球即可，以简化管理和操作。

表 24-3-4　最初装球时钢球配比计算

粒度 /mm	给料粒级含量/%	返砂粒级含量/%	给料＋返砂粒级含量/%	扣除<0.147mm 后的给料加返砂		钢球配比		
				粒级含量/%	累积含量/%	钢球直径/mm	含量/%	累积含量/%
12	49.5	—	49.5/4＝12.375①	17.9②	17.9	100③	15	15
10	26.5	—	26.5/4＝6.625	9.5	27.4	80	15	30
8.6	4.0	—	4.0/4＝1.0	1.44	28.84			
6.4	15.0	—	15.0/4＝3.75	5.42	34.26	70	10	40
4.0	5.0	—	5.0/4＝1.25	1.80	36.06			
0.991	—	20.0	20.0×3/4＝15.00	21.7	57.76	60	15	55
0.47	—	11.0	11.0×3/4＝8.25	11.9	69.66	50	15	70
0.295	—	16.7	16.7×3/4＝12.525	17.98	87.64	40	15	85
0.208	—	9.3	9.3×3/4＝6.975	10.16	97.80	30	15	100
0.147	—	2.0	2.0×3/4＝1.50	2.20	100.00			
<0.147	—	41.0	41.0×3/4＝30.75	—				
合计	100	100	100	100				

① 设循环负荷系数为 300%，新给料占球磨机给料的 1/4，返砂占 3/4。

② 本数据的算法是：12.375/（100－30.75）＝17.9。

③ 东北历年经验，最大球径是 100mm，最小球径是 30～40mm。某铜矿选厂的经验是 100mm 适于磨碎 10mm 的矿石，30mm 适于磨碎 0.2mm 的矿石。

② 根据给料粒度和生产经验选定若干种钢球直径，使每种直径的钢球的总面积相等，据此算出每种钢球占的比率。

各种直径的锻造钢球的重量、表面积和每吨钢球的数目列于表 24-3-5。设某球磨机需装入钢球 8150kg，钢球直径为 63.5mm、76mm、89mm 和 101mm 四种。从表 24-3-5 上查出每个钢球的表面积 Y 及重量 X，则单位表面积的钢球重量为 X/Y。将各直径钢球的 X/Y 化为占总的 $\Sigma(X/Y)$ 的比率，即该直径钢球占总钢球中的比率，并满足各种直径钢球总的表面积相等这一条件。以该比率乘以钢球总重量，即该直径钢球的重量。计算结果列于表 24-3-6。

表 24-3-5　锻造钢球的数据

钢球直径/mm	12.7	19	22	25.4	31.8	38	44.5	50.8	63.5	76	89	101	127
每个钢球重/kg	0.0087	0.0287	0.045	0.068	0.132	0.227	0.362	0.495	1.06	1.82	2.9	4.32	8.45
每个钢球表面积/cm²	5.1	11.3	15.2	20.3	31.8	45.4	62.2	81.1	127	181	249	320	507
每吨钢球数目	122433	36289	22832	15331	7843	4534	2835	1920	979	565	347	233	120

表 24-3-6 钢球配比计算

钢球直径/mm	每个钢球重 (X)/kg	每个钢球的表面 积(Y)/cm²	$X/Y/\text{kg·cm}^{-2}$	$(X/Y)/\sum(X/Y)/\%$	钢球总重/kg
63.5	1.06	127	0.08346	19.2	1565
76	1.82	181	0.01005	23.1	1883
89	2.9	249	0.01165	26.7	2176
101	4.32	320	0.01350	31.0	2526
总计			0.043546	100.0	8150

③ 各种直径钢球占全部钢球的比率，与其直径成正比。设球磨机规格为 $\phi 2900\text{mm} \times 3200\text{mm}$，给料粒度 $D = 75\text{mm}$，磨碎产品粒度 $d_{80} = 0.1\text{mm}$，按生产经验选定直径为 60mm、50mm、40mm、30mm 钢球共 35t。令各直径钢球的比率正比于其直径，算出的结果列于表 24-3-7。

表 24-3-7 钢球配比的计算

钢球直径 D_B/mm	60	50	40	30
$D_B / \sum D_B \times 100 / \%$	33.3	27.8	22.2	16.7
各种直径的钢球重/t	11.7	9.7	7.8	5.8

(2) 在生产过程中补加钢球的配比 钢球在磨碎过程中不断磨损：抛落状态下钢球的磨损与其冲击力有关，即与钢球重量（或直径的三次方）有关。研磨状态下与钢球的表面积（或直径的二次方）有关。球磨机中钢球兼有冲击和研磨作用，令其磨损与钢球直径的 n 次方（n 在 2~3 之间）成正比，则

$$\frac{\mathrm{d}W}{\mathrm{d}t} = KD_B^n \qquad (24\text{-}3\text{-}4)$$

式中 X——直径为 D_B 的钢球的重量；

t——时间。

随着钢球的磨损而需定期补加直径 D_{B1} 钢球，以保证磨机内钢球总重量不变。经过一段时间后，达到由各种直径钢球组成和稳定的钢球层，可按式(24-3-5)导出在稳定状态下钢球层的钢球直径分布（用直径大于 D_B 的累积含量表示）：

$$x = \frac{D_{B1}^{6-n} - D_B^{6-n}}{D_{B1}^{6-n}} \times 100 = \left[1 - \left(\frac{D_B}{D_{B1}}\right)^{6-n}\right] \times 100 \qquad (24\text{-}3\text{-}5)$$

式中 x——钢球层中直径大于 D_B 的钢球的累计百分率，%；

D_{B1}——补加钢球的直径，mm。

实践中补加的是若干种（通常为 4 种）直径的钢球，以减少钢球直径分布的波动。补加钢球的最小直径约为 20mm，最大直径视物料可磨性及粒度在 40~125mm 之间，表 24-3-8 是生产实践中常采用的补加钢球的最大直径。

表 24-3-8　补加钢球的最大直径

给料粒度/mm	12～20	10～12	8～10	5～8
补加钢球的最大直径/mm	120	100	90	80
给料粒度/mm	2.5～6	1.2～4	0.6～2	0.3～1
补加钢球的最大直径/mm	70	60	50	40

下面三个经验公式可用于计算装入钢球的最大直径：

（a）拉苏莫夫（K. A. Разумов）公式

$$D_B = iD^n \qquad\qquad (24\text{-}3\text{-}6)$$

（b）奥列夫斯基（B. A. Олевский）公式

$$D_B = 6 \lg d \sqrt{D} \qquad\qquad (24\text{-}3\text{-}7)$$

（c）邦德（F. C. Bond）公式

$$D_B = 21.9 \left[\frac{D_{80} W_i}{K \Psi} \left(\frac{\delta}{\sqrt{D}} \right)^{1/2} \right]^{1/2} \qquad\qquad (24\text{-}3\text{-}8)$$

式中　D_B——钢球最大直径，mm；

$\quad\quad D$——最大给料粒度，mm；

$\quad\quad i，n$——系数，取决于物料性质，通常分别取 28 和 1/3；

$\quad\quad d$——磨碎产品粒度，μm；

$\quad\quad D_{80}$——按细粒累积含量为 80% 的给料粒度，μm；

$\quad\quad W_i$——功指数，kW·h·t^{-1}（短吨），软物料为 7～11，中硬物料为 11～17；硬物料＞17；

$\quad\quad \Psi$——球磨机转速率，%；

$\quad\quad K$——磨机类型系数，溢流型＝350，格子型湿法＝330，格子型干法＝335；

$\quad\quad \delta$——物料密度。

设球磨机在稳定工作状态下钢球的直径分布已知，或选定某一种最佳的钢球直径分布，则可据此算出补加钢球直径的配比如下：

已知球磨机稳定工作时的钢球直径分布见表 24-3-9。

表 24-3-9　球磨机稳定工作时的钢球直径分布

钢球直径/mm	80～100	70～80	60～70	50～60
钢球累积含量/%	15	30	40	54
钢球直径/mm	40～50	30～40	20～30	
钢球累积含量/%	68	82	95	

设补加钢球的直径分别是为 100mm、80mm、70mm、60mm、50mm、40mm 和 30mm。按式（24-3-4）算出磨损后达稳定状态时的钢球直径分布，列于表 24-3-10。令 β_{100}、β_{80}、β_{70}、β_{60}、β_{50}、β_{40}、β_{30} 分别为各种直径钢球占补加钢球总重的百分率。由于在稳定状态下＞80mm 钢球占钢球总重的 15%，而表 24-3-10 中，补加的直径为 100mm 的钢球磨损

后，>80mm 者占 56.2%，故补加的直径为 100mm 的钢球的 β_{100} 为：

$$\beta_{100} = \frac{15\%}{56.2} \times 100 = 26.7\% \qquad (24\text{-}3\text{-}9)$$

表 24-3-10　补加钢球磨损后的直径分布　　　　　　　单位：%

钢球直径/mm	补加钢球直径/mm						
	100	80	70	60	50	40	30
80~100	56.2①						
70~80	73.2	39					
60~70	84.9	65.5	43.4				
50~60	92.3	82.4	71.3	50			
40~50	96.2	92.3	80.0	77.7	56.2		
30~40	98.1	97.3	89.2	92.3	84.9	55	
20~30	99.7	99.1	99.0	98.5	96.7	92.3	77.7

① $x_{80} = 1 - \left(\dfrac{D_{80}}{D_{100}}\right)^{6-2.3} = 1 - \left(\dfrac{80}{100}\right)^{3.7} = 0.562$。

　　在稳定状态下的钢球直径分布中，>70mm 者应占钢球总量的 30%。由于直径 >70mm 钢球是由直径为 100mm 和 80mm 钢球磨损而成，故

$$\beta_{100} \times \frac{73.2\%}{100} + \beta_{80} \times \frac{39\%}{100} = 30\% \qquad (24\text{-}3\text{-}10\text{a})$$

$$\beta_{80} = 26.8\%$$

同理，

$$\beta_{100} \times \frac{84.9\%}{100} + \beta_{80} \times \frac{65.5\%}{100} + \beta_{70} \times \frac{43.4\%}{100} = 40\% \qquad (24\text{-}3\text{-}10\text{b})$$

$$\beta_{70} \approx 0\%$$

依次算出 $\beta_{60} = 14.5\%$，$\beta_{50} = 11\%$，$\beta_{40} = 10.5\%$，$\beta_{30} = 9.3\%$。将各 β 值圆整后列于表 24-3-11。

表 24-3-11　补加钢球的直径分布

钢球直径/mm	100	80	70	60	50	40	30
计算的各尺寸钢球产率/%	26.7	26.8	0	14.5	11	10.5	9.3
圆整后的各尺寸钢球产率/%	25	25	10	15	10	15	0

　　按圆整后的各 β 值及钢球磨损后的直径分布，求出实际的、稳定状态下钢球直径分布（表 24-3-12），与要求的钢球直径分布较接近。

　　图 24-3-18 的三条曲线分别为最初装入的、稳定状态下的及补加钢球后的直径分布。曲线表明，三种情况下的钢球直径分布变化不大。稳定状态前的钢球直径分布在左边两条曲线之间波动。由于波动幅度不大，磨机的效率较高且较稳定。

第 24 篇

表 24-3-12　要求的和实际的钢球直径分布

钢球直径 /mm	要求的尺 寸组成/%	补加钢球直径/mm						实际的钢球 尺寸组成/%
		100	80	70	60	50	40	
		补加钢球的尺寸组成/%						
		25	25	10	15	10	15	
80～100	15	14.05						14.05
70～80	30	18.30	9.75					28.05
60～70	40	21.23	16.38	4.34				41.95
50～60	54	23.08	17.6	7.13	7.5			55.31
40～50	68	24.05	23.75	8.00	11.66	5.62		83.08
30～40	82	24.06	24.3	9.57	12.35	8.49	9.83	89.18
20～30	95	24.7	24.78	9.70	14.77	9.66	13.85	97.76

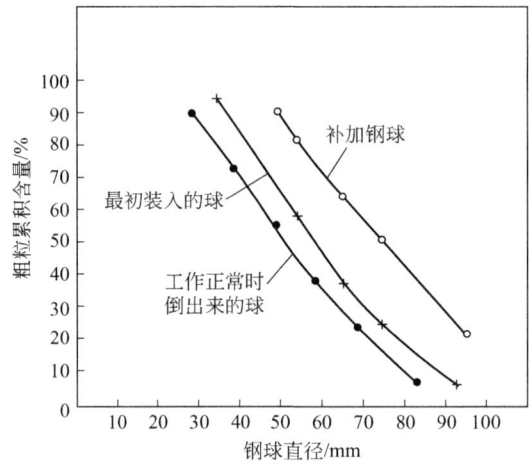

图 24-3-18　钢球的直径分布

3.2.4.4　球磨机的功率消耗

　　球磨机将研磨介质和物料向上提升到脱离点，并以一定的速度抛射出去，因而要消耗功率。还有一部分功率消耗于球磨机的轴承和传动装置中。关于磨机功率的计算，大多数是计算出有用功率 N，然后乘一系列修正系数得到磨机的拖动电机安装功率。球磨机的有用功率，可以用理论公式或经验公式来计算。

　　(1) 理论公式　球磨机通过筒体内壁和载荷之间的摩擦向载荷提供动能。在球磨机稳定运转的情况下，研磨介质在球磨机中有固定的、不对称的分布，球荷重心偏离球磨机轴线，于是产生一个转矩 M，反抗这个转矩需要做功。如果研磨介质和物料的总重量为 G，则转矩 T 大约为 G 和重心至轴心距离 d_c 的乘积，见图 24-3-19。则有：

$$T = Gd_c = M_c g d_c \tag{24-3-11}$$

角速度为 ω 的磨机，在没有机械损失时其理论功率 P 等于转矩和角速度的乘积，即：

$$P = T\omega = Gd_c\omega \tag{24-3-12}$$

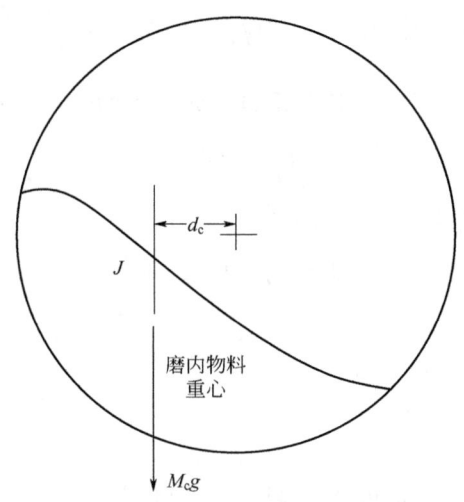

J

d_c

磨内物料
重心

$M_c g$

图 24-3-19 球磨机钢球和磨料的转矩示意图

因此，
$$P = 2\pi n M_c g d_c \qquad (24\text{-}3\text{-}13)$$

球的密度为 ρ，堆体积和空隙率分别为 V 和 ε，则：

$$G = G_K + G_G = (1 - \varepsilon_K)\rho_K V_K + (1 - \varepsilon_G)\rho_G V_G \qquad (24\text{-}3\text{-}14)$$

被磨物料充填率为 ϕ，其堆体积 V_G 与介质孔隙率 ε_K 的关系为：

$$V_G = \phi_G \varepsilon_K V_K \qquad (24\text{-}3\text{-}15)$$

故上式变为：

$$G = G_K \{1 + \phi_G \varepsilon_K (1 - \varepsilon_G)\rho_G / [(1 - \varepsilon_K)\rho_K]\} \qquad (24\text{-}3\text{-}16)$$

通常取 $\varepsilon_K = \varepsilon_G = 0.4$，则：

$$G = G_K (1 + 0.4\phi_G \rho_G / \rho_K) \qquad (24\text{-}3\text{-}17)$$

在一般操作中取 $\phi_G \approx 1$，钢球密度 $\rho_K = 7.8\,\text{g} \cdot \text{cm}^{-3}$，矿物平均密度 $\rho_G = 3\,\text{g} \cdot \text{cm}^{-3}$，则上式最后一项为 0.15。因此物料装载量的波动对总重量和传动功率没有重要的影响。由此得到传动功率为：

$$P = G_K d_c \omega [1 + 0.4\phi_G (\rho_G / \rho_K)] \qquad (24\text{-}3\text{-}18)$$

重心至轴线的距离 d_c 是未知数，它与被磨物料的性质、筒体直径、钢球与衬板及球层间的摩擦、球径、充填率和转速率有关。此外，衬板的形状和数量对 d_c 值也有影响。因此

$$\frac{d_c}{D} = f\left(\phi_K, \frac{n}{n_c}, \frac{d}{D}, \text{衬板}\right) \qquad (24\text{-}3\text{-}19)$$

因为 $\omega = (\omega / \omega_c)\omega_c = (n / n_c)\sqrt{2g / D}$ $\qquad (24\text{-}3\text{-}20)$

代入公式(24-3-12)，最后得到：

$$P = G_K D(n/n_c)\sqrt{2g/D}\,\omega[1 + 0.4\phi_G (\rho_G / \rho_K)]f\left(\phi_K, \frac{n}{n_c}, \frac{d}{D}, \text{衬板}\right)$$

$$P = G_K (n/n_c) \sqrt{2gD} [1 + 0.4\phi_G (\rho_G/\rho_K)] f(\phi_K, \frac{n}{n_c}, \frac{d}{D}, 衬板) \qquad (24\text{-}3\text{-}21)$$

理论上，功率消耗正比于长度、负荷重量、转矩臂的长度以及角速度，因此得到：

$$P \propto LD^{2.5} \qquad (24\text{-}3\text{-}22)$$

计算磨机净功率的一个简单的公式如下[9]：

$$P = 2\phi_c D_m^{2.5} L_e K \qquad (24\text{-}3\text{-}23)$$

式中 P——净功率，kW；

D_m——磨机有效直径，m；

L_e——有效研磨长度，m；

ϕ_c——转速率；

K——校正系数，它的取值可从图 24-3-20 中获得。

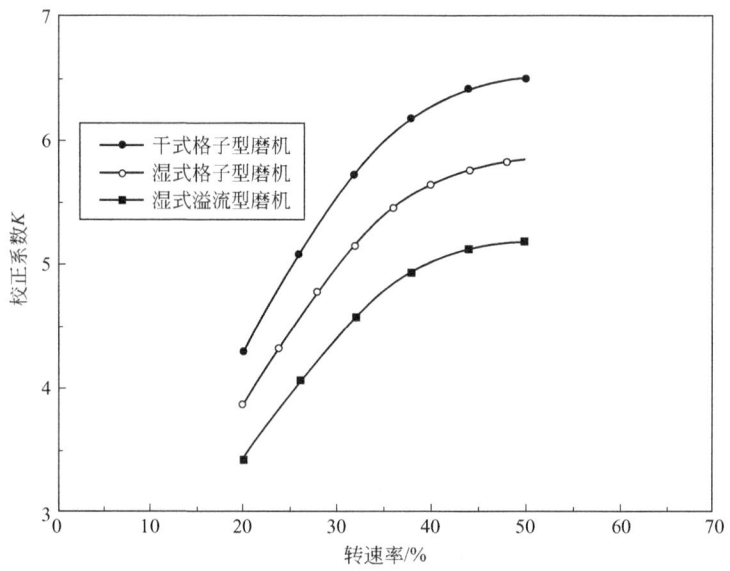

图 24-3-20   球磨机转速率与校正系数的关系

(2) 经验公式

① 布兰克（Blanc）经验式。不同直径的磨机，在相同并有相似衬板的情况下，运动状态相似，因此式(24-3-21)可简化为：

$$P = CM_B \sqrt{D} \qquad (24\text{-}3\text{-}24)$$

这就是布兰克（Blanc）经验式[10~12]。

式中 C——系数，由实测确定；

M_B——钢球装载量；

D——磨机有效直径，m。

$$P = \frac{KM_B \sqrt{D}}{1.3596} \qquad (24\text{-}3\text{-}25)$$

这是布兰克（Blanc）经验式的又一个表达式[13]。

式中 K——与磨机负荷有关的系数，由表 24-3-13 确定。

表 24-3-13 K 系数的取值

研磨介质	钢球充填率				
	0.1	0.2	0.3	0.4	0.5
钢球＞60mm	11.9	11.0	9.9	8.5	7.0
钢球＜60mm	11.5	10.6	9.5	8.2	6.8
圆柱形介质 Cylpebs	11.1	10.2	9.2	8.0	6.0
铁/钢质研磨介质(平均)	11.5	10.6	9.53	8.23	6.8

② 邦德经验公式。采用邦德经验公式进行球磨机功率的计算，公式如下[14]：

$$P=15.6D^{0.3}\phi_c(1-0.937J_B)\left(1-\frac{0.1}{2^{9-10\phi_c}}\right) \tag{24-3-26}$$

式中 P——磨机中每吨球所需的磨矿功率，kW；

D——磨机有效内径，m；

ϕ_c——比转速；

J_B——钢球充填率，%。

钢球装载量 M 的计算：

$$M=\frac{\pi D^2}{4}J_BL\rho_b(1-0.4) \tag{24-3-27}$$

③ 罗兰德（Rowland）公式。采用罗兰德修正的邦德经验公式进行球磨机功率的计算，公式如下[15]：

$$P=4.879D^{0.3}(3.2-3V_p)C_s\left(1-\frac{0.1}{2^{9-10C_s}}\right)+S_s \tag{24-3-28}$$

$$S_s=1.102\left(\frac{B-12.5D}{50.8}\right) \tag{24-3-29}$$

式中 P——磨机中每吨球所需的磨矿功率，kW；

D——磨机有效内径，m；

C_s——比转速，%；

V_p——钢球充填率，%；

B——球径，mm；

D——磨机衬板内侧直径，m；

S_s——球径系数。

下面通过一个例子来说明球磨机功率的计算。

【例 24-3-1】 一台直径 3.5m（有效研磨长度为 3.5m）的溢流型球磨机装有厚度为 75mm 的衬板和直径为 70mm 的钢球。球磨机的综合充填率为 40%，磨机转速为 17.6r·min⁻¹。计算这台球磨机的所需功率。

解 步骤 1：

球磨机的衬板内侧直径 $D_i = 3.5 - 2 \times 0.075 = 3.35$（m）

根据式(24-3-2) 求得临界转速：

$$n_c = \frac{42.3}{(3.35 - 0.07)^{0.5}} = 23.4(\text{r} \cdot \text{min}^{-1}) \tag{24-3-30}$$

因为磨机的转速为 $17.6 \text{r} \cdot \text{min}^{-1}$，这样磨机的比转速为

$$\frac{17.6}{23.4} \times 100 = 75\%$$

步骤 2：采用邦德公式。

由邦德公式(24-3-26) 得到如下：

$$P = 15.6 \times 3.35^{0.3} \times 0.75 \times (1 - 0.937 \times 0.4) \times \left(1 - \frac{0.1}{2^{9 - 10 \times 0.75}}\right) \tag{24-3-31}$$
$$= 10.14 \text{ (kW} \cdot \text{t}^{-1})$$

由公式(24-3-27) 得到：

$$M = \frac{3.14159 \times 3.35^2}{4} \times 0.4 \times 3.5 \times 7.8 \times (1 - 0.4) = 57.75(\text{t})$$

因此，功率 P 为

$$P = 10.14 \times 57.75 = 586(\text{kW})$$

步骤 3：采用罗兰德公式。

由罗兰德公式(24-3-28) 得到如下：

$$P = 4.879 \times 3.35^{0.3} \times (3.2 - 3 \times 0.4) \times 0.75 \times \left(1 - \frac{0.1}{2^{9 - 10 \times 0.75}}\right) + S_s$$
$$= 10.15 \text{ (kW} \cdot \text{t}^{-1})$$

因为磨机直径大于 3.3m，应考虑球径系数加以修正。由公式(24-3-29) 得到如下：

$$S_s = 1.102 \times \left(\frac{70 - 12.5 \times 3.35}{50.8}\right) = 0.61(\text{kW} \cdot \text{t}^{-1})$$

因此，功率 P 为

$$P = (10.15 + 0.61) \times 57.75 = 621(\text{kW})$$

步骤 4：图表法。

根据 AC 公司（美卓）磨机选型计算图表（如图 24-3-21）从此图中查得，3.35m 对应 $160 \text{kW} \cdot \text{m}^{-1}$，从而计算得到功率 $= 160 \text{kW} \cdot \text{m}^{-1} \times 3.5\text{m} = 560\text{kW}$。

步骤 5：软件计算方法。

根据美卓公司磨机功率分析软件，得到如下计算结果：

钢球充填率/%	小齿轮轴功率/kW	钢球充填率/%	小齿轮轴功率/kW
45	618	30	523
40	598	25	464
35	567		

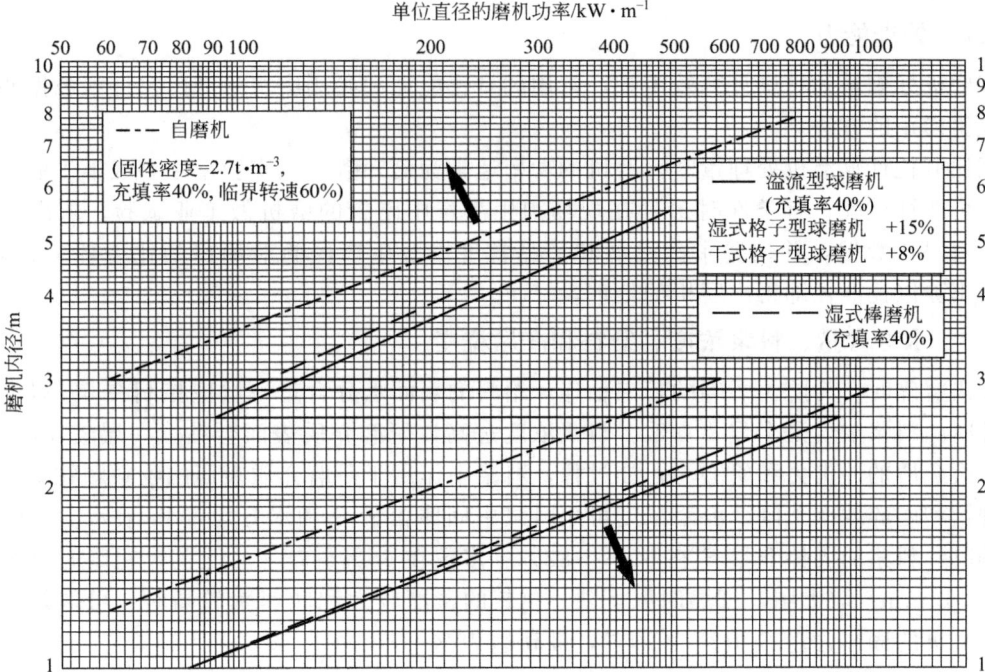

图 24-3-21 美卓磨机选型计算图表

在钢球充填率为 40% 时，小齿轮轴功率为 598kW。

步骤 6：采用布兰克公式。

已知钢球尺寸大于 60mm，且 $J_B = 0.4$，$K = 8.5$，

依据公式 (24-3-25) 得到：

$$P = \frac{8.5 \times 57.75 \times \sqrt{3.35}}{1.3596} = 661 (\text{kW})$$

3.2.4.5 按比能耗和生产量求球磨机的功率

按给定磨碎条件下磨碎 1t 物料的能耗（比能耗），可用实验室磨机测得的实际数据或用功指数和邦德公式计算。求出比能耗之后，乘以所要求的生产量，即得出磨机功率。然后从磨机的技术特性表上，查出所需要的球磨机的规格。

磨机配用的电动机功率，可以用经验公式，或查生产厂家样本上的数据，或用理论推导并乘以校正系数来确定。

【例 24-3-2】 一台球磨机磨碎铁矿石，给料粒度为 80%－2mm，产品粒度为 80%－115μm，湿法闭路作业，要求处理量为 527t·h^{-1}。试验测得该铁矿石的邦德功指数为 12.9kW·h·t^{-1}。试计算溢流型球磨机的功率。

解 采用邦德公式 (24-1-22)，得到如下：

$$W = 10 \times 12.9 \times \left(\frac{1}{\sqrt{115}} - \frac{1}{\sqrt{2000}} \right) = 9.14 (\text{kW·h·t}^{-1})$$

因此功率 $P = 527 \times 9.14 = 4816.8$(kW)

3.2.4.6　处理能力

球磨机处理量的精确计算较困难，常用的有比能耗和参阅磨机生产厂家样本数据并结合生产经验修正的方法。

用比能耗计算磨机处理量时，磨机的功率通常为已知数，用实验室小型或半工业型球磨机进行可磨性试验，有条件时最好在现场利用生产中闲置的磨机做工业试验，求出比能耗（kW·h·t^{-1}）数据，并按要求的给料和产品粒度以及生产经验对测出的比能耗进行修正。磨机功率除以比能耗即得出磨机的处理量（t·h^{-1}）。

3.2.4.7　水分含量、料浆浓度、给料和产品粒度

干法磨碎时，为防止磨碎的粉末粘连，给料的表面水分含量一般应控制在 5% 以下。湿法磨碎时，料浆浓度是个重要参数。料浆浓度过高，研磨介质表面会粘上一层较厚的料浆，减弱研磨介质的冲击力和研磨力；如过稀，料浆中作用于研磨介质表面的物料颗粒太少，导致处理量和磨碎效率下降。料浆浓度可用料浆中固体含量 S 和水分含量 W 表示。球磨机湿法磨碎时，料浆的固体含量 S 在 60%～82%（多数在 65%～78%）之间，粗磨时（产品粒度 $\alpha > 0.15$mm）取上限，细磨时取下限。物料的密度较大和转速率较高时，可取较大的 S 值。棒磨机的固体含量 S 值约为 70%，最高达 78%～80%。

球磨机的给料粒度在 6～25mm 之间。新型破碎机可将坚硬物料粒度破碎至 10mm 以下，然后给入磨机。由于磨机的购置费用和生产费用都很高，降低磨机的给料粒度，即所谓"多碎少磨"，显然是有利的。球磨机磨碎产品的粒度一般在 0.42mm（40 网目）以下。

3.3　棒磨机

3.3.1　棒磨机的构造

棒磨机虽然在结构上和球磨机相似，但两者有以下区别：

① 棒磨机用直径 50～100mm、长度略短于筒体长度的钢棒作研磨介质；

② 棒磨机筒体长度与直径之比一般为 1.5～2，而最常用的球磨机是短筒式，其比值≤1.5。

按排料方式的不同，棒磨机分为溢流型、端部周边排料型、中部周边排料型和开口型等四种，分别如图 24-3-22～图 24-3-25 所示，但以溢流型为主。

图 24-3-22 为溢流型棒磨机，其筒体、轴承、传动等同溢流型球磨机相似，但转速率选得较低，研磨介质（钢棒）的运动形式主要是泻落式。棒磨机常用的衬板是波形或阶梯形的。由于钢棒之间是线接触，首先受到钢棒冲击和研磨作用的是粗颗粒，而细颗粒夹杂在粗颗粒之间，受不到钢棒的作用，从而棒磨机的磨碎产品粒度较均匀，过粉碎较少。

开口型棒磨机（图 24-3-25）给料端的端盖和中空轴颈同一般棒磨机或球磨机相似，但排料端无中空轴颈，端盖只有一个直径较大的孔，筒体在排料端附近有轮圈，轮圈由两个托轮支撑，棒磨机仍由小齿轮和大齿圈驱动。在排料端有一个锥形盖，通过一对铰链装在独立

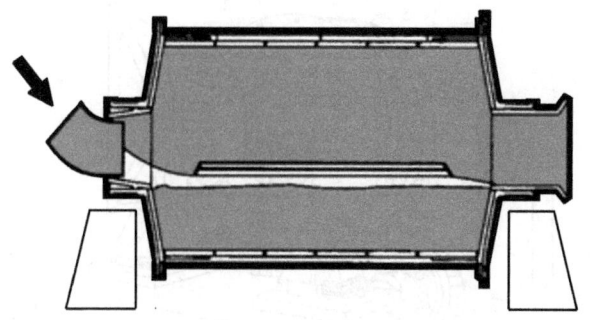

图 24-3-22 溢流型棒磨机

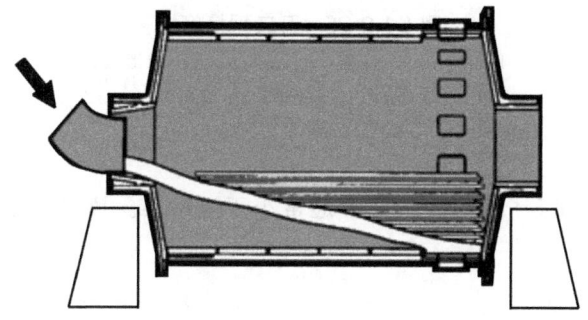

图 24-3-23 端部周边排料型棒磨机

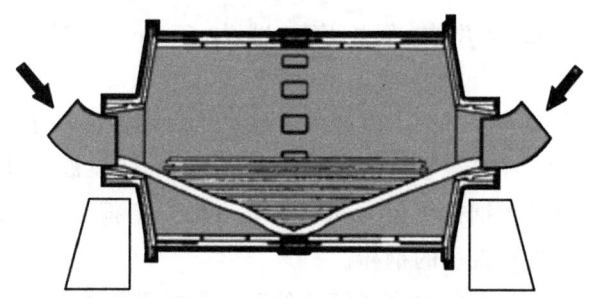

图 24-3-24 中部周边排料型棒磨机

的机架上，磨碎产品通过锥形盖同筒体之间的圆周缝隙排出。

中部周边排料型棒磨机从筒体两端的中空轴颈给料，而排料在筒体中部（图 24-3-24），两端给入的物料在钢棒之间使钢棒张开（但棒与棒间保持平行），物料轴向运动快，排料通畅，过粉碎少，产品中立方体颗粒较多。

棒磨机筒体由厚度为 9.5～64mm 钢板制成，中空轴颈和端盖或是一整体铸钢件，利用法兰盘同筒体连接，或是钢板压制成型的端盖同筒体焊接，而用铸钢或米汉纳（Meehanite）变形铸铁制成的中空轴颈是单独的部件，用螺钉同焊在端盖上的环形体相连。

锥形端盖同钢棒层之间有一个月牙形空间，该处可堆积一些物料，便于给料端物料进入钢棒层或排料端物料排出机外。中空轴颈直径较大，人员可从中空轴颈进入机内进行维修，

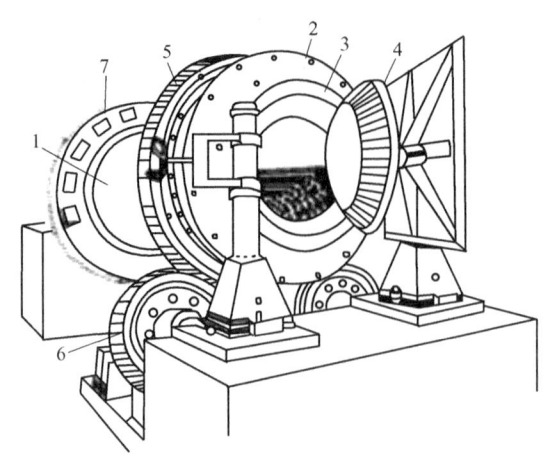

图 24-3-25　开口型棒磨机

1—筒体；2—端盖；3—排料环；4—锥形盖；

5—轮圈；6—托轮；7—大齿圈

无需另设人孔。

棒磨机的给料粒度在 5～50mm 之间，通常小于 20mm。棒磨机磨碎产品的粒度一般在 0.4～5mm 以下。

3.3.2　钢棒的配比

棒磨机常用的钢棒直径为 50～100mm，个别情况下可达 150mm，长度为筒体有效长度（筒体长度减去端盖衬板厚度的净长度）减去 150mm，或从筒体名义长度减去 300～400mm。

钢棒的废弃直径约为 25～40mm，因磨损至该尺寸后钢棒即易于折断或弯曲。当最大钢棒直径为 100～115mm 时，钢棒磨损至直径约 38mm 后，往往被折断，折断的碎钢棒可在机器运转时排出机外；当最大钢棒直径为 50～60mm 时，磨损至一定程度的钢棒易于弯曲，操作时需定期清理出已达废弃直径的钢棒。

各种直径钢棒的配比以满足每种直径钢棒的总面积相等的条件，算出各种直径钢棒占钢棒总重的比率。设某棒磨机的钢棒总重 22660kg，采用长度为 3050mm，直径分别为 63.5mm、76mm、89mm、101mm 的钢棒。计算钢棒直径分布时，先求出长度为 3050mm 的各种直径钢棒重量和表面积（表 24-3-14）。以钢棒的表面积（以 Y 表示）除重量（以 X 表示），得出单位表面积的钢棒重量（X/Y）。各直径钢棒的（X/Y）值被 $\Sigma(X/Y)$ 除，按各种直径钢棒总的表面积相等这一条件，得出各直径钢棒重占总的钢棒重的比率。计算结果列于表 24-3-15。

表 24-3-14　长度为 3050mm 钢棒的重量和表面积

钢棒直径/mm	25.4	31.8	38	50.8	63.5	76	89	101	127
每个钢棒重量/kg	12.7	19.1	27.2	48.5	75.8	109	149	194	304
每个钢棒表面积/cm²	2434	3047	3641	4868	6084	7282	8528	9678	12200

表 24-3-15　钢棒配比计算

钢棒直径/mm	每个钢棒重量 (X)/kg	每个钢棒的表面积 (Y)/cm²	(X/Y)/kg·cm⁻²	$(X/Y)/\sum(X/Y)$/%	钢棒重量/kg
63.5	75.8	6084	0.01246	19.2	4351
76	109	7282	0.01497	23.1	5234
89	149	8528	0.01747	26.9	6096
101	194	9678	0.02000	30.8	6979
总计			0.0649	100.0	22660

3.4　自磨机

自磨是指在没有任何其他研磨介质的情况下物料依靠本身的作用而被磨碎的过程[16]。自磨机不是用钢球或钢棒作研磨介质进行粉碎，而是利用物料之间的相互粉碎作用，即大块物料对小块物料及大块物料之间施加冲击和研磨，大块物料本身也遭到粉碎和磨损成为中块或小块的一种磨碎机。一般来说自磨分为以下三种[17~19]：

(1) 矿块自磨（或称第一段自磨）　一般从采矿场采出的矿石经一段破碎后碎至约350mm，送入自磨机进行自磨。

(2) 半自磨　第一段自磨机中加入占磨机有效容积 3%~10% 的大钢球以提高自磨机效率；钢球的作用是破碎自磨机中的"临界颗粒"（即难磨颗粒）。

(3) 砾磨　磨机中供给砾石作为磨碎介质。

对于第一段自磨和半自磨有干式和湿式作业两种。前者靠风力运输，又称气落式，磨机长径比（L/D）一般为 0.3~0.1；湿式自磨靠水力运输，又称瀑落式（或哈丁式），磨机长径比有两种，一种为 0.3~0.5，另一种为 1.0~1.5。砾磨均为湿式作业。

常规磨碎作业的生产费用主要是能耗与钢耗：钢耗又主要是研磨介质（钢球或钢棒）的消耗。由于自磨机不用钢球，半自磨机仅用少量钢球，则钢耗费用大为减少。另外，自磨机是简化粉碎流程：在粉碎系统中可以省中碎机和细碎机，在一些情况下可以完全不用破碎机。自磨机同常规粉碎系统相比，缺点是比能耗约高 20%~35%，以及处理量受原料性质影响而波动较大。

3.4.1　一段自磨机

一段自磨机可将矿山开采的 300~400mm 的原料，直接粉碎至 14 目（1.17mm）以下，只有一个粉碎段，由此得名，其直径很大，长度一般较小，图 24-3-26 是 ϕ4000mm × 1400mm 干法一段自磨机。筒体由钢板焊成，两端有法兰。带中空轴颈的端盖用螺钉同筒体法兰连接。筒体交替装有平衬板和提升板（图 24-3-27）。提升板的凸起高度 H 同间距 L 的关系必须合理。物料经中空轴颈给入机内，在物料自身的冲击和研磨下而粉碎，粉碎产品自排料端中空轴颈溢流排出。自磨机粉磨过程有如下特征：(a) 筒体内大块趋向集中于内层，中块在中间，细粒趋向集中于外层（径向偏析）。在外层的物料，抛射运动状态较明显，在内层的物料，泻落运动状态较显著。这种径向偏析现象在转速高时越为明显。(b) 为了避免物料轴向偏析，除筒体长度较小外，在端盖衬板上设置波峰板（图 24-3-26 中三角形凸起

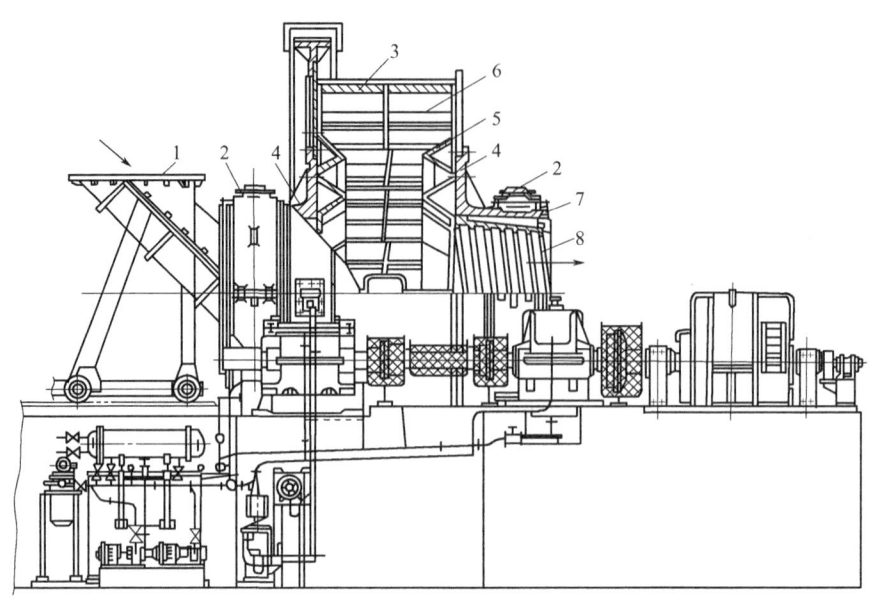

图 24-3-26　干法一段自磨机

1—给矿漏斗；2—轴承；3—磨机筒体；4—端板；5—波峰衬板；
6—T 形衬板；7—排矿端轴承；8—排矿衬套及自返装置

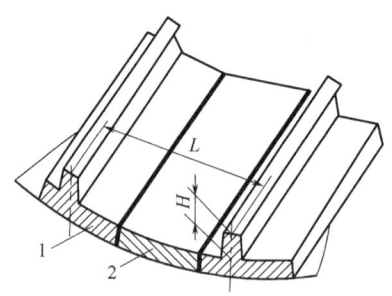

图 24-3-27　自磨机筒体衬板

1—提升板；2—平衬板

部分），使端盖附近物料被抛向中部，不仅减少轴向偏析，且有助于加强物料之间的冲击和研磨。（c）研磨工作占重要的比重，约占总粉碎工作一半以上。（d）由于筒体长度小，物料在筒体内停留时间较短，过粉碎较少，磨碎产品有较窄的粒度分布。（e）波峰板对筒体底部物料产生楔住物料的作用，有助于提升物料。

湿法自磨机（图 24-3-28）的筒体、端盖、中空轴颈、传动装置配置同干法一段自磨机，或与球磨机相似。端盖衬板上有辐射状凸起，使物料随筒体旋转而向上提升，减少物料沿端盖衬板滑动造成的磨损。在排料端端盖附近有格子板，其筛孔位置与形状由生产经验确定，格子板靠近中心部位有波峰板，使物料向中部折射并减少磨损，筒体衬板用交替安装的平衬板和提升板。排料端中空轴颈内有自返装置。自返装置由圆筒筛、筛上粗粒级提升板（在圆筒筛排料端）和螺旋输送叶片组成。自磨机排料经中空轴颈送至圆筒筛上，筛下的细粒级是最终产品，筛上的粗粒级经提升板提升送螺旋输送叶片并返回自磨机内。

自磨机的转速率同物料性质及工作条件等有关；多数自磨机的转速率在 0.7～0.75 之

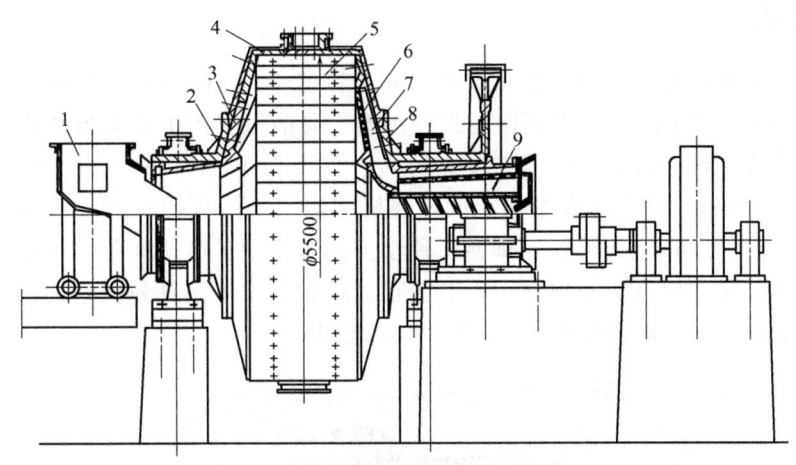

图 24-3-28　湿法自磨机

1—给料小车；2—给矿端盖；3—给矿端盖衬板；4—筒体；5—筒体衬板；
6—格子板；7—提升板；8—排矿端盖；9—自返装置

间，也有一些取 0.8~0.85。较先进的采用能调速的电气传动装置，例如用变频交流传动、直流变速传动，可控硅串级调速等。

美洲一些国家的一段自磨机的筒体长度小于其直径，而欧洲和南非的一段自磨机的筒体长度略大于直径。

一段自磨机由于规格大、负荷重，轴承常采用最先进的静压油膜轴承，在这种轴承中，高压油泵将压力约 7MPa 的高压油注入轴瓦的高压油入口，迫使轴颈与轴瓦略为分开，形成厚度约 0.2mm 的油膜。即使停机时轴颈停止转动，油膜仍可存在，故称为静压油膜润滑轴承，可以有效地避免金属摩擦，减少能耗。

鉴于物料在自磨机内靠本身的相互作用而粉碎，粉碎裂缝常发生于晶粒或集合体界面，因此物料的性质、结构等的影响较大，在晶粒粒度或集合体粒度附近的粒级较多，过粉碎和泥化较少，物料中各成分单体解离较好。但物料要有较大的密度（通常大于 2.6kg·m^{-3}），才能有效地用于自磨机，因此，国外自磨机 60% 用于磨碎铁矿石，30% 用于磨碎铜矿石。

在干法和湿法自磨机对比方面，干法自磨机的比能耗将高（干法自磨机常用风扫排料，即令大量空气从给料中空轴颈送入机内，这股风夹带细物料从排料端中空轴颈排出），投资费用高，但钢耗（仅限于衬板的钢耗）费用较低，可以得出干的产品，但湿法自磨机比能耗较干法低，在自磨机应用方面占据主导地位。

同球磨机和棒磨机的研磨介质配比相似，自磨机给料的粒度分布对磨碎效果影响较大。给料粒度分布视物料性质和生产情况而定。例如，有的矿山使给料中>100~150mm 粒级占一定比率，有的使给料中>25mm 粒级占一定比率，还有的使给料中>300mm 和<300mm 粒级各占 50%。由于原料中粒度分布波动较大，需将原料过筛．然后按一定比例取出相应粒级入自磨机，如果原料中大块过多，可将大块破碎来弥补，如果大块不足，则自磨机不适用，而需要采用下面讨论的半自磨机或用常规磨碎系统。

目前世界上装机功率最大的自磨机规格为 ϕ12.19m×10.97m，应用于中信泰富的澳大利亚铁矿，共有 6 台，每台自磨机的装机功率为 28000kW，采用环形电机驱动。

3.4.2 砾磨机

当物料已由常规粉磨系统或一段自磨机粉碎至粒度<13mm而最终磨碎产品粒度要求在200目（0.074mm）以下时，可用砾磨机进行细磨。砾磨机实质上也是自磨机，但研磨介质不是钢球，而是从原料中取出的中等粒度（约38～200mm）的料块，作为研磨介质。

如图24-3-29所示，砾磨机在结构上同球磨机相似：筒体直径一般小于其长度（长度与直径之比值在1～2之间），其给料、排料、传动方式等也同球磨机相似。但由于料块的密度低于钢球的密度，同样规格和充填率，砾磨机重量较轻，功率消耗较低，而且湿法磨碎时给料中料浆浓度应较低，其固体含量在53%～73%之间。

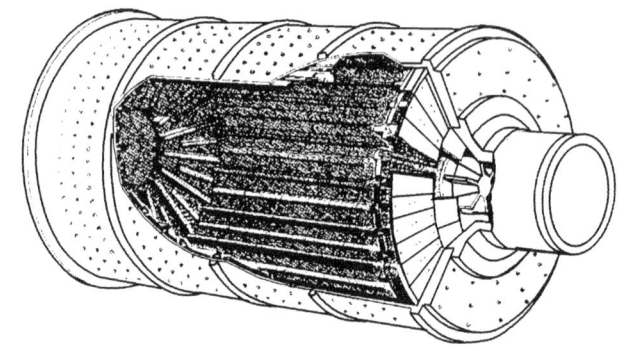

图 24-3-29 砾磨机

砾磨机常使用橡胶衬板，理由是：（a）衬板受到研磨介质的压力较小；（b）砾磨机以研磨工作为主，冲击相对较少，这种工作状态对于使用橡胶衬板最为适用。

除利用中等块度的物料作为研磨介质外，砾磨机还可以用燧石、陶瓷球等不含铁的物料作研磨介质，配用硅石砌制衬板或橡胶衬板，使砾磨机磨碎产品中不含铁，即避免铁污染。但这种砾磨机已不是自磨机而是为了防止铁污染的细磨机了。

砾磨机可用于铀矿、金矿、有色金属矿、铁矿及其他物料的磨碎。

3.4.3 半自磨机

自磨机是以被粉碎物料本身作为研磨介质的磨矿设备。半自磨机是指除了以被粉碎物料本身作为磨碎介质外，还添加少量的钢球作为磨碎介质。一般半自磨机的装球率为4%～15%。但在南非的生产实践中，半自磨机的装球率高达35%[2]。大量的试验研究和生产实践表明，采用半自磨是提高自磨处理能力的主要和较好的措施，是自磨的发展方向。

半自磨机的应用范围，已从处理非金属矿石扩展到黑色金属，有色金属铜矿、钼矿、铅锌矿和稀有金属矿石等方面。随着半自磨技术的不断完善，应用范围将会进一步扩大。目前生产上应用的最大规格的半自磨机的驱动功率达28000kW，见表24-3-16。

表 24-3-16 最大规格的半自磨机

直径/m	长度/m	功率/kW	矿石名称	选厂名称	国家	投产年份
12.19	7.92	28000	铜矿	Toromocho	秘鲁	2013
12.8	7.62	28000	金铜矿	Conga	秘鲁	2015

3.4.3.1　半自磨机的主要结构和磨碎原理

半自磨机包括磨机筒体、端盖、可拆卸的中空轴承、给矿溜槽、给料端中空轴承衬板、卸料端中空轴承衬板、两套球窝式轴承、外部的静油压润滑系统、环形斜齿轮、合金钢铸造的小齿轮、小齿轮球形滚珠轴承（带 RTD 和底板）、齿轮和小齿轮保护罩、喷油润滑系统、空气离合器、排矿圆筒筛、金属衬板、一套轻便式的微拖系统、一套千斤顶系统和同步电机。

半自磨机是一个直径较大、长度较小的扁圆鼓状筒体。湿式半自磨机端盖本身为锥体。从给矿端由给矿小车给入矿石和水，矿浆自排矿端流出。磨机在电机的驱动下，以一定的转速旋转，研磨介质和矿石被带到一定的高度，然后落下。介质下落到底部时产生冲击破碎力，同时在底部下落区改变方向又随筒体旋转，这样周而复始地进行。在介质相互碰撞、换向，以及随筒体旋转时，由于滚动和剪切作用又产生强烈的磨碎力和磨蚀力。在上述冲击破碎力、磨碎力和磨蚀力的作用下物料被磨碎。湿式半自磨机均采用格子板排矿，用以加大排矿速度和减少物料过磨，同时阻止大块物料的排出。

自磨/半自磨磨矿技术作为降低选矿厂基建投资和生产费用的一种途径已得到公认。发展的总趋势是利用自磨或半自磨机与球磨机构成磨矿流程，为下一步分选作业提供原料。

（1）筒体

① 筒体型式的选择。半自磨机筒体形式有圆筒形和圆锥形两种，如图 24-3-30 所示。早期美国哈丁（Hardinge）自磨机外形的突出特点是直径大、长度短的圆锥形筒体结构，如图 24-3-30(d) 所示，主要为了提高自磨机的侧壁效应和防止粒度的偏析。美国阿里斯查默（Allis Chalmers）自磨机外形的突出特点是直径大、长度短的圆筒形筒体结构，如图 24-3-30(c) 所示。

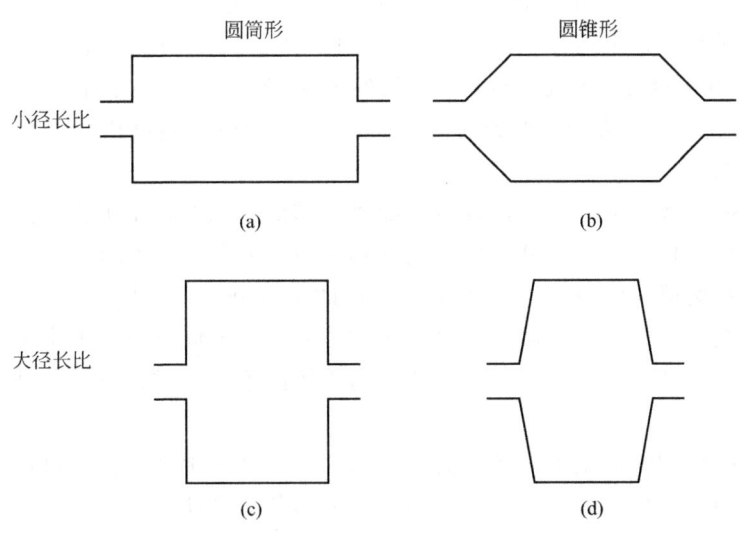

图 24-3-30　半自磨机筒体型式

从径长比的观点来看，世界上主要有两种倾向，澳洲和北美洲采用高的径长比，径长比为 1.5～3，而欧洲和南非则采用低的径长比，长度为直径的 1.5～3 倍。通常半自磨机的生产能力 Q 随磨机规格的增大而增加，即 $Q=K_1K_2D^{2.5}L^{0.85\sim0.95}$。因此直径对生产能力的影响比长度更显著。但径长比有一适宜值，世界上各国都在研究和试验以便确定合适的半自磨机径长比。目前各国仍遵循原有的习惯做法，如表 24-3-17 所示。

表 24-3-17　直径 9.75m 半自磨机的发展情况

年份	厂家	矿石	直径/m	长度/m	台数	功率/kW	径长比 D/L	国家
1968	怒江	磁铁矿	9.75	3.66	2	2×2250	2.66	澳大利亚
1971	艾兰	铜矿	9.75	4.27	6	2×2610	2.28	加拿大
1972	希米尔卡敏	铜矿	9.75	4.27	2	2×2984	2.28	加拿大
1971	洛奈克斯	铜钼矿	9.75	4.65	2	2×2985	2.10	加拿大
1982	欧克特蒂	铜金矿	9.75	4.88	2	2×3495	2.00	巴布亚新几内亚
1989	克拉拉贝尔	镍矿	9.75	4.72	1	2×4100	2.07	加拿大
1989	芒特艾萨	铜矿	9.75	4.40	2	2×3730	2.22	澳大利亚
1996	哈克贝利	铜钼矿	9.75	4.42	1	2×4100	2.21	加拿大
1997	萨尔切斯曼	铜矿	9.75	4.88	1	2×4100	2.00	伊朗
1998	松贡	铜矿	9.75	4.88	1	2×4100	2.00	伊朗
2005	福朗田	铜矿	9.75	6.10	1	12000	1.60	民主刚果
2006	堪桑斯	铜矿	9.75	6.10	1	12000	1.60	赞比亚
2006	亚纳科查	金矿	9.75	10.40	1	16490	0.94	秘鲁
2007	普朗	铜矿	9.75	4.72	1	2×4100	2.07	中国

② 筒体结构的设计。磨机筒体的应力计算也是一个相当复杂的弹性力学问题。采用有限元分析法在电子计算机上可以完成这一计算。图 24-3-31 是典型的磨机筒体有限元分析云图。端盖与筒体的连接处、端盖与中空轴颈的连接处，历来是人们最感兴趣的区域。图 24-3-32 是采用有限元分析法计算得到的一台 9.75m×6.1m 半自磨机端盖和中空轴颈关键部位的应力分布云图。

在 20 世纪 80 年代以前，人们对过渡板缺乏足够的认识时，不少磨机筒体设计成通长等厚、没有过渡板的结构，并认为这样的结构和强度没有问题。然而该处出现裂纹的情况时有发生。美卓公司在磨机筒体设计中采用了过渡板的结构型式，如图 24-3-33，即是在圆柱形筒体的两端和法兰之间焊一圈过渡板。过渡板的尺寸是根据筒体应力大小进行的计算结果来确定，从而使筒体尺寸得到最佳化。筒体法兰与筒体的连接形式在设计大型磨机时也是非常重要的。

（2）端盖　磨机的端盖是个关键型的结构部件。它必须承受筒体、衬板、介质和处理物料的重量以及周期性的负荷力的作用。复杂的筒体形状、筒体法兰的连接松紧程度、锥体部位到中空轴颈的形状变化、加在中空轴承的荷重和轴颈椭圆度等因素，使磨机端盖的应力分析较为困难。目前大多采用有限元法用计算机来执行这种复杂的应力分析和计算。

（3）中空轴承　磨机的中空轴承是磨机运转的关键部件。轴承的压力要根据转动的磨机重量，加上总的设计负荷量以及这些力对于每个中空轴承所产生的力矩，精确计算而确定。如果磨机要设计成可逆转的，那么中空轴承完全实现自调是非常重要的，因为只有这样才可

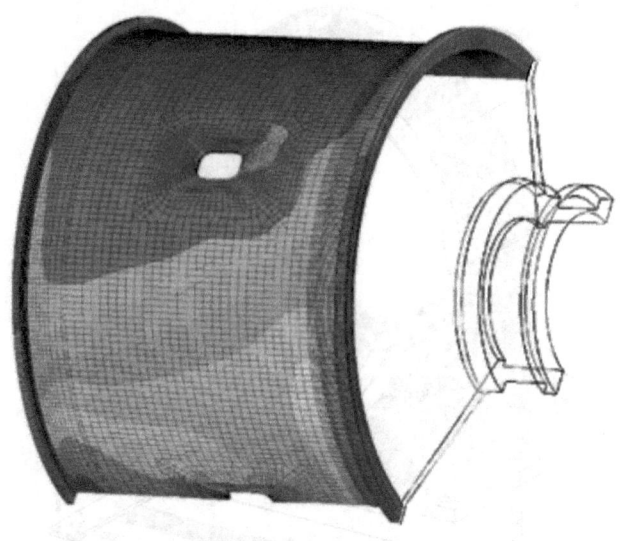

图 24-3-31 典型的磨机筒体有限元分析云图

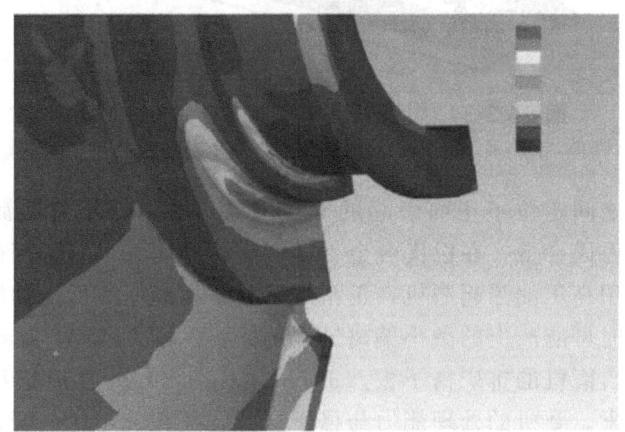

图 24-3-32 半自磨机关键部位的应力分布云图

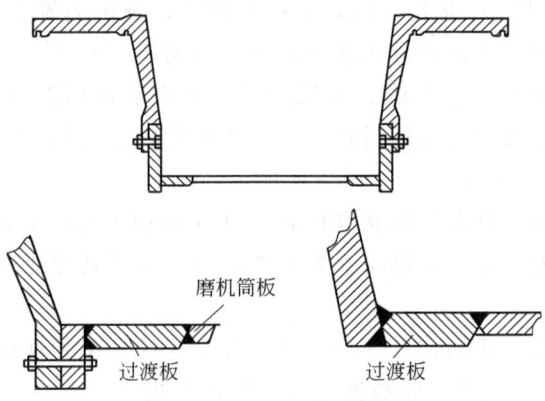

图 24-3-33 筒体过渡板结构

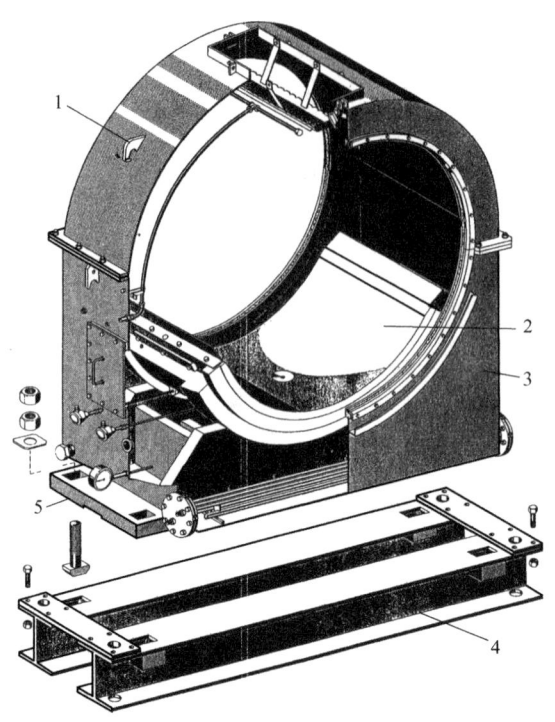

图 24-3-34　动压轴承（图片来自伯力鸠斯）
1—吊耳；2—轴套；3—轴承座；4—钢支承框架；5—底座

以消除由于轴承和轴之间定位不正而引起的发热现象。中空轴承的轴瓦呈 120°弧形，并且可以更换，通常采用巴氏合金。在巴氏合金下部嵌有冷却用蛇形管，用循环水进行冷却。磨机在启动和停车要采用高压油浮起磨机，正常运转时采用高压或低压油润滑。轴承可自动调心，已适应磨机运转时可能产生的微小偏离轴线的需要。图 24-3-34 为动压轴承。

（4）格子板　半自磨机的排矿格子板（discharge grate）开孔形状及开孔面积是决定磨机处理能力的关键因素。磨机的处理能力与格子板开孔面积成正比，开孔面积越大，处理能力越大。格子板的开孔形状、位置及孔的大小与所处理矿石的性质和碎磨回路的性质有关，如果排出的砾石不能通过循环在磨机中积累，则处理此类矿石，磨机的格子板开孔宜大，循环负荷也大，磨机的处理能力也大；如果矿石硬度大，排出的砾石会通过循环在磨机中积累，则此类矿石需在回路中采用破碎机来处理排出的砾石（顽石），而格子板的开孔大小则取决于顽石破碎机的给料矿粒度上限，要综合考虑整个磨矿回路（SABC 或 ABC）的处理能力。同时，上述情况也都要考虑通过格子板排出的物料中磨损后的钢球的粒度。排矿端的结构布置示意如图 24-3-35 所示。

格子板的形状、规格、开孔的形状和位置、开孔面积等与矿石的性质（如硬度）、磨机的运行参数（转速率、充填率、充球率、磨矿浓度等）及其处理能力等密切相关，不同的矿山不尽相同。

格子板均安装于紧靠磨机筒体的一排，其开孔面积的大小和规格取决于顽石量和矿浆流量。根据 Dominion 工程公司的经验数据（曲线形矿浆提升器）[20]，不管是大径长比还是小径长比的磨机，其开孔面积：按顽石计算，0.17742m²；按矿浆流量计算，366.12m²。

（5）矿浆提升器　在磨矿过程中，除了排矿格子板之外，矿浆提升器（pulp lifter）的

图 24-3-35 半自磨机排矿端的结构示意图
（图片来自美卓矿机）

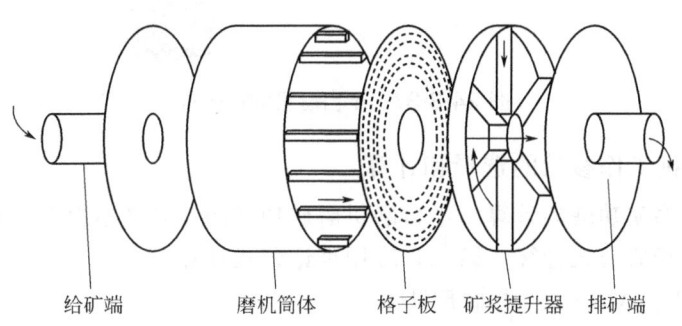

给矿端　　磨机筒体　　格子板　　矿浆提升器　　排矿端

图 24-3-36 放射状矿浆提升器示意图

性能也决定着磨机的通过能力，起着极其重要的作用。湿法磨碎之后，矿浆透过格子板，透过的矿浆通过提升器将其提升至中空轴排出。矿浆提升器排出矿浆速度的快慢，直接影响着自磨机或半自磨机的处理能力和磨矿效率。

常用的矿浆提升器为放射状矿浆提升器（见图 24-3-36），使用中发现，放射状矿浆提升器在矿浆提升的过程中存在返流和滞留现象，且其量的多少与格子板的开孔面积、磨机的充填率也密切相关，同时也与磨机的转速率有关。当转速过高时，会有部分矿浆由于离心力的作用而滞留在矿浆提升器上，并进入下一个循环。转速率不高时，部分矿浆会由于散逸作用而回流，并通过格子板返回到磨机内，使得在磨机筒体内易形成"浆池"，影响磨机的处理能力和磨碎效率，同时也影响磨机的功率输出。

（6）排矿锥 排矿锥（discharge cone）是自磨机或半自磨机内的物料排出的最后通道，通过格子板的矿浆及物料由矿浆提升器提升后自流给入排矿锥，在排矿锥的作用下经磨机的排矿端中空轴排出。因而，排矿锥是半自磨机或自磨机中磨损最强烈、最集中的区域。在大型自磨机或半自磨机（如 9.75m 以上）的结构上，排矿锥已经是常规配置。

排矿锥由于结构上、质量上、安装过程等多方面的原因，通常分成多瓣，安装好后即为一个锥形，如图 24-3-37 所示。

图 24-3-37　半自磨机的排矿锥

3.4.3.2　半自磨机工作参数的选择和计算

（1）半自磨机磨矿功耗的计算　半自磨机磨矿功耗的计算基本上有三种方法：第一，相似计算；第二，半经验公式计算；第三，应用理论公式计算。

① Austin 公式。Austin 公式如下[21]：

$$P = KD^{2.5}L(1-AJ_{\text{total}})\left[(1-\varepsilon_{\text{B}})\left(\frac{\rho_{\text{solids}}}{w_{\text{c}}}\right)J_{\text{total}}+0.6J_{\text{balls}}\left(\rho_{\text{balls}}-\frac{\rho_{\text{solids}}}{w_{\text{c}}}\right)\right]\phi_{\text{c}}\left(1-\frac{0.1}{2^{9-10\phi_{\text{c}}}}\right)$$

(24-3-32a)

$$P = 10.6D^{2.5}L(1-1.03J)\left[(1-\varepsilon_{\text{B}})\left(\frac{\rho_{\text{s}}}{w_{\text{c}}}\right)J+0.6J_{\text{B}}\left(\rho_{\text{b}}-\frac{\rho_{\text{s}}}{w_{\text{c}}}\right)\right]\phi_{\text{c}}\left(1-\frac{0.1}{2^{9-10\phi_{\text{c}}}}\right)$$

(24-3-32b)

② Morrell 模型。Morrell 采用如下一组数学模型或数学公式来计算磨机的功率[22,23]。

a. 描述趾角和肩角变化的数学模型。趾角和肩角变化的数学模型如下（图 24-3-38）：

$$\theta_{\text{T}} = 2.5307(1.2796-J_{\text{t}})(1-e^{-19.42(\phi_{\text{c}}-\phi)})+\pi/2$$

(24-3-33)

$$\phi_{\text{c}} = \phi; \qquad\qquad \phi > 0.35(3.364-J_{\text{t}})$$

(24-3-34a)

$$\phi_{\text{c}} = 0.35(3.364-J_{\text{t}}); \qquad \phi \leqslant 0.35(3.364-J_{\text{t}})$$

(24-3-34b)

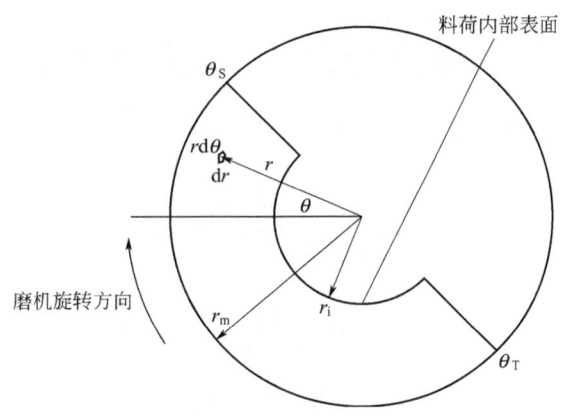

图 24-3-38 料荷运动示意图[23]

$$\theta_S = \pi/2 - (\theta_T - \pi/2)\left[(0.3386 + 0.1041\phi) + (1.54 - 2.5673\phi)J_t\right] \qquad (24\text{-}3\text{-}35)$$

b. 参数 z 的数学模型

$$z = (1 - J_t)^{0.4532} \qquad (24\text{-}3\text{-}36)$$

c. 功率模型。滚筒式磨机的直径为 D，长度为 L，其他的几何尺寸和参数见图 24-3-39。

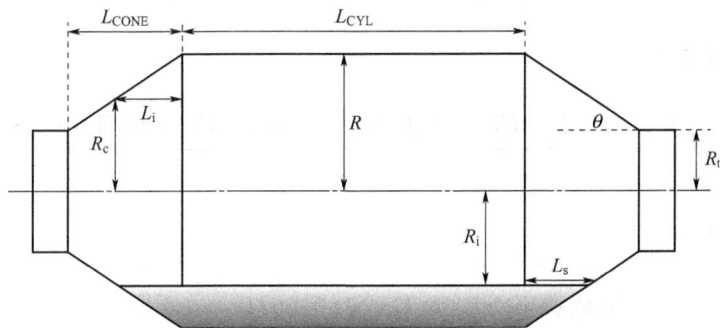

图 24-3-39 滚筒式磨机几何尺寸示意图

磨机圆柱体部分的功率模型如下：

$$P_{net} = \frac{\pi g L N_m r_m}{3(r_m - z r_i)}\left[2r_m^3 - 3z r_m^2 r_i + r_i^3(3z - 2)\right]$$

$$\left[\rho_c(\sin\theta_S - \sin\theta_T) + \rho_p(\sin\theta_T - \sin\theta_{TO})\right]$$

$$+ L\rho_c\left(\frac{N_m r_m \pi}{r_m - z r_i}\right)^3\left[(r_m - z r_i)^4 - r_i^4(z - 1)^4\right] \qquad (24\text{-}3\text{-}37)$$

锥体部分的功率模型为：

$$P_c = \frac{\pi L_d g N_m}{3(r_m - r_t)}(r_m^4 - 4r_m r_i^3 + 3r_i^4)$$

$$\left\{\rho_c(\sin\theta_S - \sin\theta_T) + \rho_p(\sin\theta_T - \sin\theta_{TO})\right\}$$

$$+\frac{2\pi^3 N_{\mathrm{m}}^3 L_{\mathrm{d}}\rho_{\mathrm{c}}}{5(r_{\mathrm{m}}-r_{\mathrm{t}})}(r_{\mathrm{m}}^5-5r_{\mathrm{m}}r_{\mathrm{i}}^4+4r_{\mathrm{i}}^5) \tag{24-3-38}$$

d. 料荷内表面

$$r_{\mathrm{i}}=r_{\mathrm{m}}\left(1-\frac{2\pi\beta J_{\mathrm{t}}}{2\pi+\theta_{\mathrm{S}}-\theta_{\mathrm{T}}}\right)^{0.5} \tag{24-3-39}$$

$$\beta=\frac{t_{\mathrm{c}}}{t_{\mathrm{f}}+t_{\mathrm{c}}} \tag{24-3-39a}$$

$$t_{\mathrm{c}}=\frac{2\pi-\theta_{\mathrm{T}}+\theta_{\mathrm{S}}}{2\pi\overline{N}} \tag{24-3-40}$$

$$\overline{N}\approx\frac{N_{\mathrm{m}}}{2} \tag{24-3-41}$$

$$t_{\mathrm{f}}\approx\left[\frac{2\overline{r}(\sin\theta_{\mathrm{S}}-\sin\theta_{\mathrm{T}})}{g}\right]^{0.5} \tag{24-3-42}$$

$$\overline{r}\approx\frac{r_{\mathrm{m}}}{2}\left[1+\left(1-\frac{2\pi J_{\mathrm{t}}}{2\pi+\theta_{\mathrm{S}}-\theta_{\mathrm{T}}}\right)^{0.5}\right] \tag{24-3-43}$$

e. 料荷和矿浆密度

$$\rho_{\mathrm{c}}=\frac{[J_{\mathrm{t}}\rho_{\mathrm{o}}(1-E+EUS)+J_{\mathrm{B}}(\rho_{\mathrm{b}}-\rho_{\mathrm{o}})(1-E)+J_{\mathrm{t}}EU(1-S)]}{J_{\mathrm{t}}} \tag{24-3-44}$$

f. 空载时功率模型

$$空载功率=1.68[D^{2.5}\phi(0.667L_{\mathrm{d}}+L)]^{0.82} \tag{24-3-45}$$

g. 总功率

$$总功率=空载功率+(k\times料荷运动所需功率) \tag{24-3-46}$$

上述的一组数学模型，也被采用在 JKMRC 模型中。采用上述的一组数学模型得到的净功率为料荷运动所需的功率，因此它不同于小齿轮轴功率。

计算实例：

一台规格为 8m×4m 的半自磨机，其设计和操作数据如下，试计算此半自磨机的功率。

参数	数值	参数	数值
衬板内侧直径/m	8	矿石密度/t·m⁻³	2.75
圆筒体衬板内侧长度/m	4	钢球密度/t·m⁻³	7.8
给料圆锥角度/(°)	15	料浆排放浓度(体积分数)/%	45.9
排料圆锥角度/(°)	15	综合充填率	0.35
中空轴颈直径/m	2	钢球充填率	0.10
磨机转速率	0.72	排矿型式	格子型
磨机转速/r·min⁻¹	10.77	衬板内侧中心线长度/m	6

计算方法 1

采用奥斯汀（Austin）公式计算，按公式(24-3-32b)，有用功率为：

$$P = 10.6 \times 8^{2.5} \times 4 \times (1 - 1.03 \times 0.35)$$

$$\times \left[(1-0.3) \times \left(\frac{2.75}{0.7} \right) \times 0.35 + 0.6 \times 0.10 \times \left(7.8 - \frac{2.75}{0.7} \right) \right]$$

$$\times 0.72 \times \left(1 - \frac{0.1}{2^{9-10 \times 0.72}} \right) = 4101 (\text{kW})$$

圆锥部分的功率为 5%[21]，这样总的轴功率为 4306kW。

计算方法 2

采用美卓公司的计算公式得到半自磨机功率如下：

综合充填率/% \ 功率/kW \ 钢球充填率/%	0	2	4	6	8	10	12	15
20	2286	2594	2901	3209	3517	3824	4131	4580
24	2578	2867	3156	3445	3734	4023	4312	4733
30	2940	3203	3466	3730	3994	4257	4521	4903
35	3177	3421	3665	3909	4153	4397	4628	4990

从上述计算结果得到半自磨机功率为 4397kW。

计算方法 3

采用 Morrell 的功率模型 C 计算功率，计算步骤如下：

步骤 1：计算料荷密度。

从磨机设计和操作数据中已知：

$\rho_o = 2.75 \text{t} \cdot \text{m}^{-3}$

$\rho_b = 7.8 \text{t} \cdot \text{m}^{-3}$

$J_t = 0.35$

$J_B = 0.1$

$S = 0.459$

假设 $U = 1$，$E = 0.4$

根据公式(24-3-44) 计算得到：$\rho_c = 3.237 \text{t} \cdot \text{m}^{-3}$

步骤 2：计算脚趾角、矿浆脚趾角和肩角。

从磨机设计和操作数据中已知：

$J_t = 0.35$

$\phi = 0.72$

根据公式(24-3-34b) 计算得到：$\phi_c = 1.0549$

根据公式(24-3-33) 计算得到：$\theta_T = 3.9198$

由于磨机是格子型，所以 $\theta_{TO} = \theta_T$

根据公式(24-3-35) 计算得到：$\theta_S = 0.853$

步骤 3：计算料荷内部表面半径（r_i）。

从磨机设计和操作数据中已知：

$J_t = 0.35$

$r_m = $ 直径 $/2 = 4m$

$N_m = $ 磨机转速 $/60 = 0.1795 r \cdot s^{-1}$。

从上述计算已得到：

$\theta_T = 3.9198$

$\theta_S = 0.853$

根据公式（24-3-39）和式（24-3-40）计算得到：$t_c = 5.7s$

根据公式（24-3-41）和式（24-3-42）计算得到：$t_f = 0.963s$

根据公式（24-3-39a）计算得到：$\beta = 0.855$

根据公式（24-3-39）计算得到：$r_i = 2.58m$

步骤 4：计算参数 z。

从磨机设计和操作数据中已知：

$J_t = 0.35$

根据公式（24-3-36）计算得到：$z = 0.8226$

步骤 5：计算圆柱体部分的理论功率。

从磨机设计和操作数据中已知：

$J_t = 0.35$

$r_m = $ 直径 $/2 = 4m$

$N_m = $ 磨机转速 $/60 = 0.1795 r \cdot s^{-1}$

$L = 4m$

从以前的计算结果：

$\theta_T = 3.9198$

$\theta_{TO} = \theta_T$

$\theta_S = 0.853$

$z = 0.8226$

$r_i = 2.58m$

$\rho_c = 3.237 t \cdot m^{-3}$

$g = 9.814 m \cdot s^{-2}$

根据公式（24-3-37）计算得到：$P_{net} = 2809 kW$

步骤 6：计算圆锥端部分的理论功率。

从 $r_t = 1m$

$L_d = $（中心线长度－圆筒体长度）$/2 = 1m$

根据公式（24-3-38）计算得到：$P_c = 304 kW$

步骤 7：计算空载时的功率。

从输入数据

$D = 8m$

$\phi = 0.72$

$L = 4m$

根据公式（24-3-45）计算得到：空载功率 $= 315 kW$

步骤 8：计算总功率。

料荷运动所需功率＝$P_{net}+P_c$＝3113kW

空载功率＝315kW

校正系数（k）＝1.26

根据公式(24-3-46)计算得到：总功率＝空载功率＋（k×料荷运动所需功率）＝4237kW

计算方法 4

采用 JKsim 软件计算得到的功率计算结果如下：

磨机数据			总功率
直径/m	8		4237kW
筒体长度(衬板内侧)/m	4		
给料圆锥角度/(°)	15		
排料圆锥角度/(°)	15		空载功率
中空轴直径/m	2		315kW
临界转速率	0.72		
装球率/%	10		
综合充填率/%	35		
物料充填率/%	1		半自磨 F_{80} 估算
矿石密度/t·m⁻³	2.75	ta①	0.435
液体密度/t·m⁻³	1		
排料浓度/%	70	css②	152.4
排料方式	格子型		半自磨 F_{80}（根据 Morrell 公式）
			97mm

① 表示常数。

② 表示粗碎机紧边排矿口尺寸。

(2) 半自磨机适宜的转速和介质充填率 世界上大多数半自磨机的转速率在70%～85%范围内。在瑞典60%～75%的转速率较为普遍。一般来说，半自磨机应采用变速驱动，变速范围为临界转速的60%～80%，当矿石性质变化或提升棒磨损后，根据具体情况改变半自磨机的转速率以保证磨机处理能力的稳定。

部分铜矿选矿厂的半自磨机转速率和介质充填率见表24-3-18[24]。

表 24-3-18 部分铜矿选矿厂的半自磨机转速率和介质充填率

项目	皮马	洛奈克斯	希米尔卡敏	艾兰
半自磨机规格/m×m	8.53×3.66	9.75×4.72	9.75×4.26	9.75×4.26
数量	2	2	2	2
安装功率/kW	4474	5966	5966	4474
小齿轮数量	2	2	2	2
循环负荷/%	30	6～10	375～500	250
功指数/kW·h·t⁻¹	11.9～26.2	12～27	21～35	11～22
磨机转速/r·min⁻¹	10.95	10.04	10.4	—
磨机转速率/%	75	73.2	76	72
介质充填率/%	6～8	6～8	7～8	7.5～8
钢球尺寸/mm	100	127mm 20%，100mm 80%	100	75

3.5 振动磨、行星磨和离心磨

3.5.1 振动磨

振动磨最早出现在德国，1936 年德国 Siebtechnik 公司研制出第一台振动磨[25]，1940 年巴赫曼（Bachmann）系统地提出了振动磨矿理论。1950 年年中，由 KHD 设计的 Palla U 系列双筒振动磨机获得了振动磨机最重要的突破[26]。20 世纪 50 年代由间歇式向连续式发展，60 年代形成系列化产品，70 年代广泛应用于矿物粉碎的许多领域。振动磨与一般常规球磨机的磨矿原理的区别在于，前者利用机械使磨机筒体产生强烈转动和振动，从而将物料粉碎。一般磨机的振动加速度约为 $1g$（重力加速度），振动磨的振动加速度可达（$3 \sim 10$）g；其振动频率可达 $20 \sim 25$ Hz，故它有很强的粉碎作用。振动磨机中研磨介质的高频冲击，还可阻止被磨物料表面裂缝的重新聚合，其产品粒度可达几个微米，故可用作超细磨。

3.5.1.1 振动磨构造和工作原理

(1) 构造 振动磨的基本构造是由磨机筒体、激振器、支撑弹簧及驱动电机等主要部件组成，图 24-3-40 为回转式振动磨的示意图。回转式振动磨的筒体支撑在弹簧上，主轴的两端有偏心配重，主轴的轴承装在筒体上，并通过挠性联轴器与电动机连接。当电动机带动主轴快速旋转时，偏心配重产生的离心力使筒体产生近似椭圆轨迹的运动，这种高速回转的运动使磨机筒体中的研磨介质和物料呈悬浮状态，研磨介质的抛射冲击和研磨作用可有效地粉碎物料。

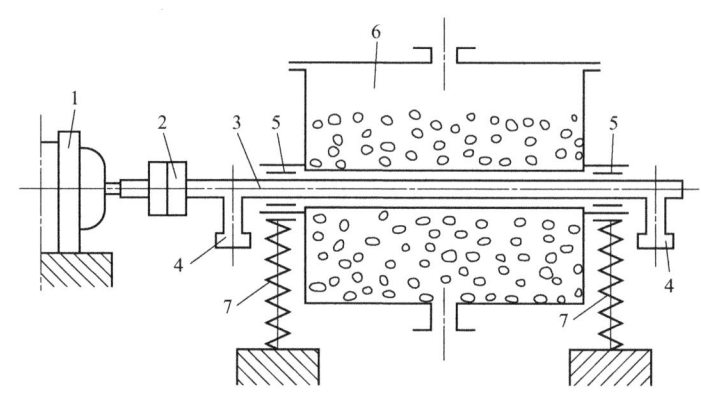

图 24-3-40 回转式振动磨
1—电动机；2—挠性联轴器；3—主轴；4—偏心配重；5—轴承；6—筒体；7—弹簧

(2) 工作原理 工作原理如图 24-3-41 所示。物料和研磨介质装入弹簧支撑的磨筒内，磨机主轴旋转时，由偏心激振器驱动磨体作圆周运动，通过研磨介质的高频振动对物料作冲击、摩擦、剪切等作用而将其粉碎。

3.5.1.2 振动磨的类型

振动磨机按照振动机构特点分为惯性式和回转式（图 24-3-40）；按筒体数目可分为单筒式和多筒式；按装入的研磨介质类型又可分为振动球磨机和振动棒磨机。按操作方式可分为间歇式和连续式等。

(1) 间歇式振动磨 图 24-3-42 为一单筒间歇式振动磨，它属于惯性式振动磨。各制造

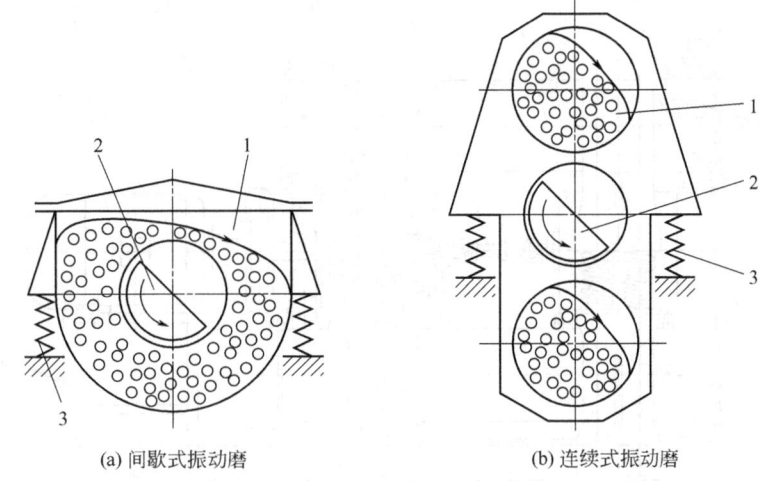

(a) 间歇式振动磨　　　　　　(b) 连续式振动磨

图 24-3-41　振动磨工作原理图

1—研磨筒；2—偏心激振器；3—弹簧

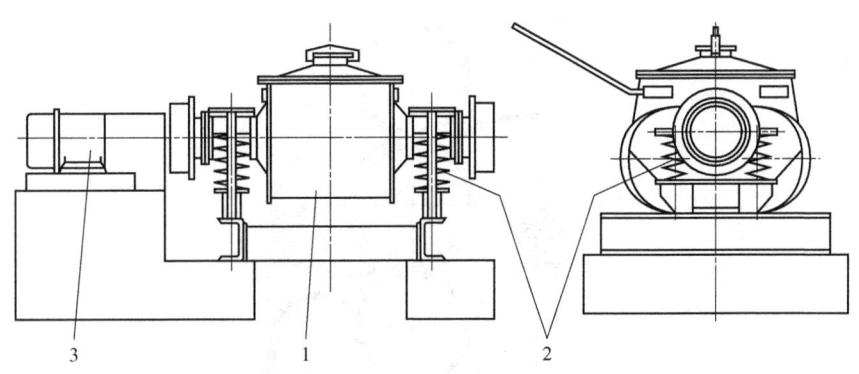

图 24-3-42　单筒间歇式振动磨

1—研磨筒；2—弹簧；3—驱动器

商制造的间歇式振动磨机的容积为 0.6～1000L。该振动磨包括一个安装在板簧上的研磨筒。板簧仍然由螺旋弹簧支撑。驱动器通过可调节的平衡重块来激振研磨筒，激振频率约在 $1000～1500min^{-1}$ 之间，振动圆直径为 6～12mm[27]。

电机带动主轴旋转时，由于轴上偏重飞轮产生离心力使筒体振动，强制筒体内研磨介质和物料高频振动。因而使研磨介质之间产生强烈的冲击、摩擦、剪切作用，使物料粉碎成微细颗粒。

(2) 连续式振动磨　图 24-3-43 为双筒连续式振动磨。该振动磨由带冷却或加热套的上筒体和下筒体组成。这上下两个圆筒依靠支撑板安置在主轴上，并坐落在支座上，而支座又通过弹簧安置在机座上；主轴通过万向联轴器、联轴器与电动机连接；上筒体出口与下筒体入口由上、下筒体连接管相连，上、下两个筒体出口端均有带孔隔板。

物料由加料口加入上筒体内进行粗研磨，被磨碎的物料通过带孔隔板，经上下筒体连接管被吸入下筒体，在下筒体内被磨成细粉。产品通过带孔隔板，经出料口排出。

(3) 几种典型的振动磨　德国 KHD 研制的帕拉（Palla）型振动磨是垂直式上下布置的双筒振动磨[27,28]，如图 24-3-44所示。该机有上、下两个筒体，筒体由 2～4 个支撑板连接；

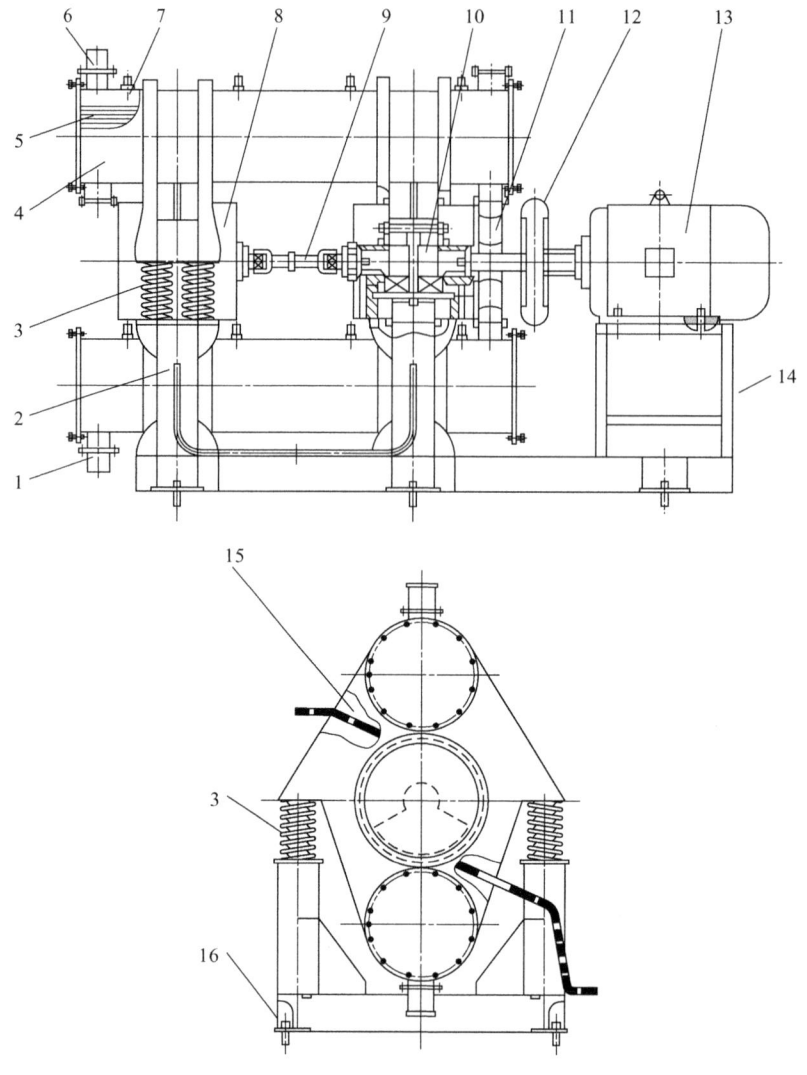

图 24-3-43 双筒连续式振动磨

1—出料口；2—机座；3—弹性支撑；4—磨筒；5—研磨介质；6—进料口；
7—衬筒；8—防护罩；9—万向联轴器；10—激振器；11—连接管；12—挠性
联轴器；13—电动机；14—电动机支架；15—冷却水管；16—机座

支撑板由橡胶弹簧支撑在机架上。主轴上安装有偏心配重，前者通过万向联轴器与电动机相
连。每个偏心配重又各由两小块偏重组成，调节二者的角度可改变离心力的大小，从而可调
节筒体的振幅。帕拉型振动磨的筒体直径一般为 200～650mm，长度为 1300～4300mm，长
径比较大。筒体一端连接给料部，另一端连接排料部，也可根据需要在中部连接给料和排料
端，组成不同型式的联合振动磨机组。如图 24-3-45 所示，图 24-3-45（a）为串联机组，物料
流经筒体时间最长，可达 1h，适用于物料较硬、给料粒度较大及产品粒度较细的场合。图
24-3-45（d）为 1/4 并联机组，物料流经时间最短，仅有 0.5min 左右。图 24-3-45（b）为并联
机组，图 24-3-45（c）为半并联机组，它们的磨碎时间约为 1min。帕拉型振动磨由于可根据
工作需要组合成不同的机组型，非常灵活、方便，故应用较广。

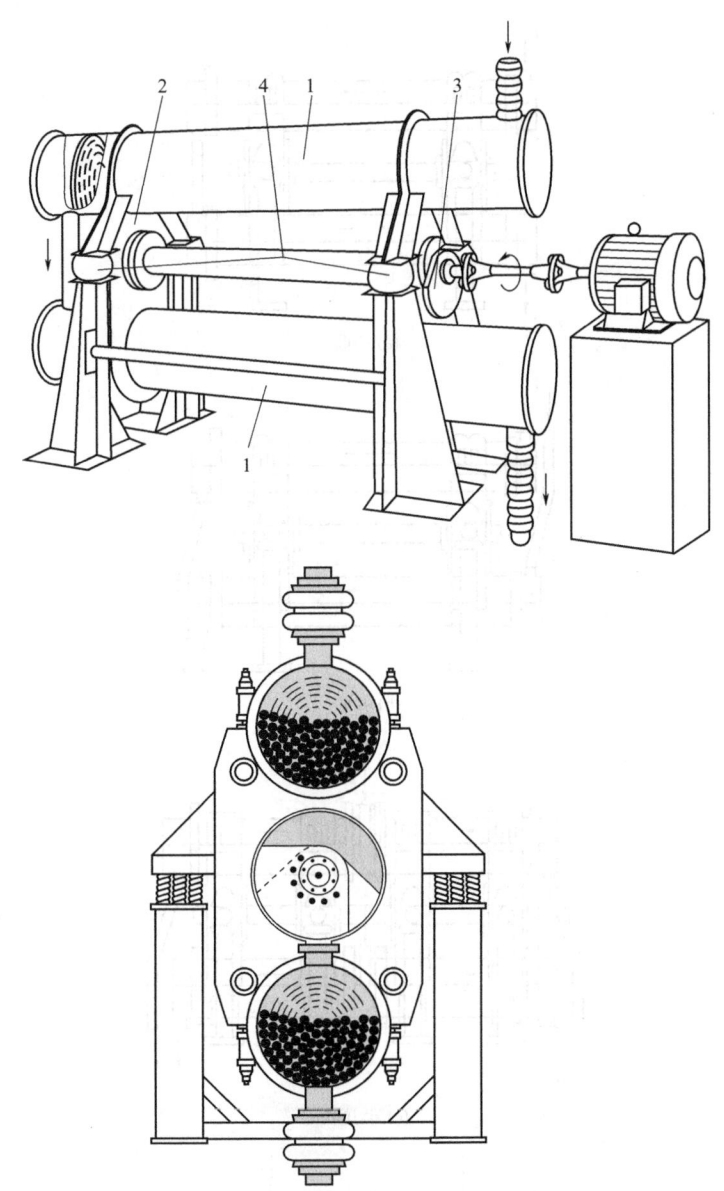

图 24-3-44 帕拉 (Palla) 型振动磨
1—筒体；2—支撑板；3—橡胶弹簧；4—主轴

AUBEMA 振动磨是斜立式双筒振动磨，如图 24-3-46 所示。该振动磨有两个研磨筒，连接上下研磨筒的机架倾斜布置，与垂线倾斜 30°。磨机的这种特殊设计可以保证被磨物料沿切线进入较低的研磨筒，并且立即落入磨球层以避免不合要求的过大颗粒。上面的研磨筒装有一个给料的输入管。下面的研磨筒装有一个排料的输出管。

在两个研磨筒之间有一个偏心重块，后者通过柔性万向节与一台 $1000\sim1500\rm{r\cdot min^{-1}}$ 的电机相连。偏心装置的转动使研磨筒产生振动，振动圆圈达数毫米。调整偏心重块能获得理想的研磨效果，振幅和加速度也可以调整。一般以 8g 的重力加速度运转。研磨介质充填率约为 $60\%\sim70\%$，钢球直径通常为 $10\sim50\rm{mm}$[29]。

待磨物料像流体一样呈一种复杂旋转的螺旋线纵向通过研磨筒，研磨介质通过摩擦作用

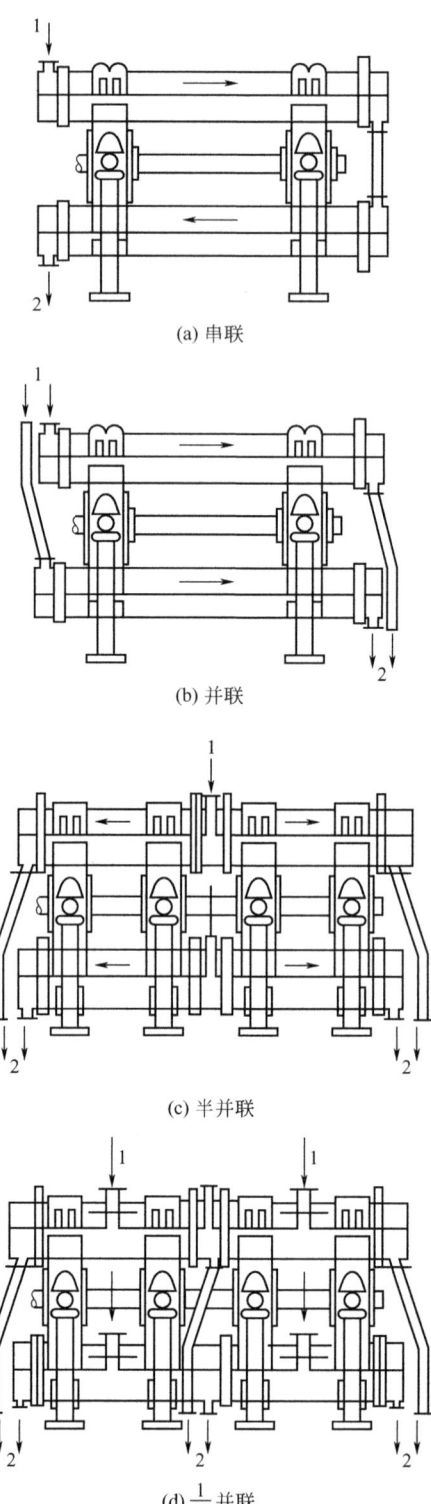

(a) 串联

(b) 并联

(c) 半并联

(d) $\frac{1}{4}$ 并联

图 24-3-45 帕拉型振动磨连接方式

1—给料；2—产品

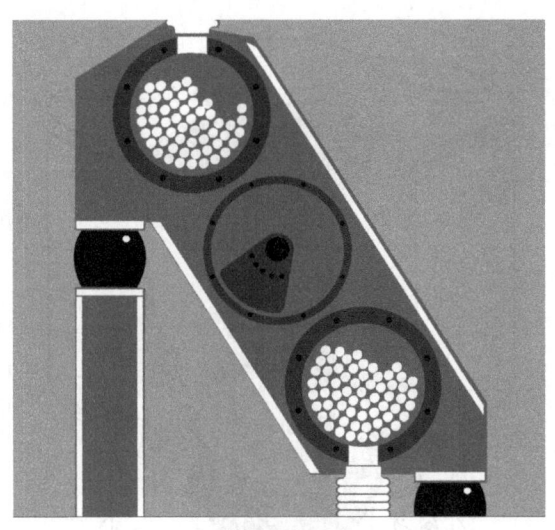

图 24-3-46 AUBEMA 双筒振动磨示意图（图片来自 AUBEMA）

磨碎物料。

与其他类型的磨机相比较，振动磨机的突出特点是能耗低、占地面积小、研磨介质和铠装内衬磨损较小。

高能振动磨可将物料磨碎至大约 $500\mathrm{m^2 \cdot g^{-1}}$ 的表面积，这是常规磨机所达不到的细度[30]。目前最大的振动磨机的安装功率达 160kW。

美卓矿机在 20 世纪 50 年代中期研制的单筒振动磨，其结构如图 24-3-47 所示。筒体直径突破了通常的 $\phi0.65\mathrm{m}$，达到 $\phi0.762\mathrm{m}$。该振动磨采用双电机驱动，最大容积为 880L，振动强度达 $100\mathrm{m \cdot s^{-2}}$。定型产品只有两个型号，性能参数见表 24-3-19[31]。对于所有粒度小于 4 目或更细的物料的粉碎，该振动磨几乎都适用。

图 24-3-47 单筒振动磨（图片来自美卓矿机）

表 24-3-19 美卓矿机单筒振动磨性能参数

型号	粉磨腔		电机 1500RPM	净重/t
	直径/mm	长度/mm		
1518	381	457	2×5.5kW	1.22
3034	762	863	2×37kW	6.3

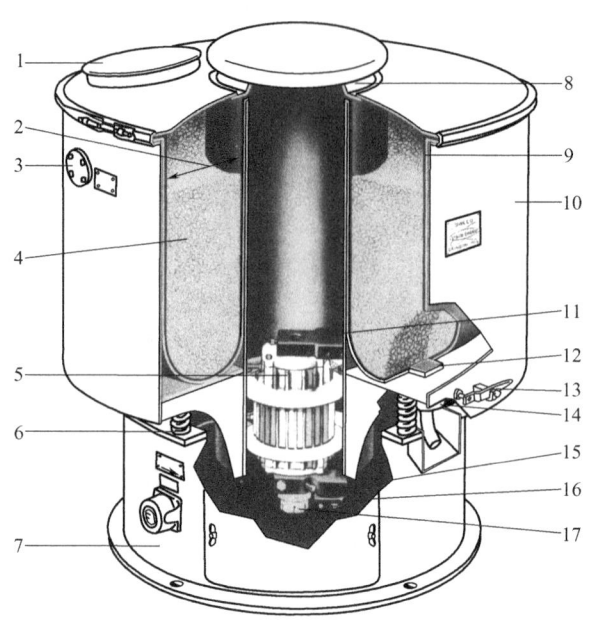

图 24-3-48　Vibro-Energy 振动磨机（图片来自美国 Sweco 公司）

1—给料口；2—磨矿室；3—串联研磨入口；4—研磨介质；5—电机；6—弹簧；7—基座；
8—中心柱；9—耐磨内衬；10—外机壳；11—上部重块；12—介质支承座；13—排料阀柄；
14—排料阀；15—下部重块；16—下部重块板；17—超前角刻度调节

图 24-3-48 所示为美国 Sweco 公司制造的 Vibro-Energy 振动磨机。它通过设置于研磨室下部的电机驱动可调节的偏心重块产生振动。它的振幅一般为 1～2mm；振动频率 17～24.33Hz；介质充填率 60%～80%；研磨产品细度可在 5μm 以下。这种振动磨采用环筒形磨腔。其激振轴和环式磨腔采用垂直布置方式，机体在空间用三维高频振动。介质在整个空间内的能量分布均匀，从而改善了能量利用，提高了粉磨效率[32]。Vibro-Energy 振动磨机操作数据见表 24-3-20。

表 24-3-20　Vibro-Energy 振动磨机操作数据

物料	给料粒度/目	产品粒度	给料固含量/%	输入功/kW·h·t⁻¹
熔融氧化铝	−60	90%−6μm	50	444
硫化硒	12%+100	1μm	50	240

德国 Siebtechnik 公司和克劳斯塔尔技术大学在 20 世纪 90 年代合作开发了一种单筒偏心振动磨，该振动磨机如图 24-3-49 所示[33]。它有一带磨介的圆柱形研磨室，在研磨室侧边有一个经横梁连接的激振器，它在研磨室重心轴线和质心之外被牢固地固定着。紧靠横梁的是驱动装置，和对面放的配重轴平行，同样也是牢固地固定，研磨室安装在底架上通过弹簧支承用以产生振动。物料的给入是通过位于研磨室最高处的进料口进行的，研磨好的颗粒则是通过最下端位置即出料口实现的，出料口配备了一个带孔的金属片，以拦住研磨体。振动磨的驱动装置是通过一个交流电机借助于一个万向轴来驱动的，如图 24-3-49 所示，这种磨机振动借助于一个不平衡重量锤以偏心轮的形式靠激励器来产生。

纵观各国振动磨的发展，表现为品类繁多，结构不断出新，然而，其振动强度参数始终未突破 100m·s⁻²，振幅也仅限于 3～9mm(8～15mm) 之间。因此，单机的粉磨能力偏低，

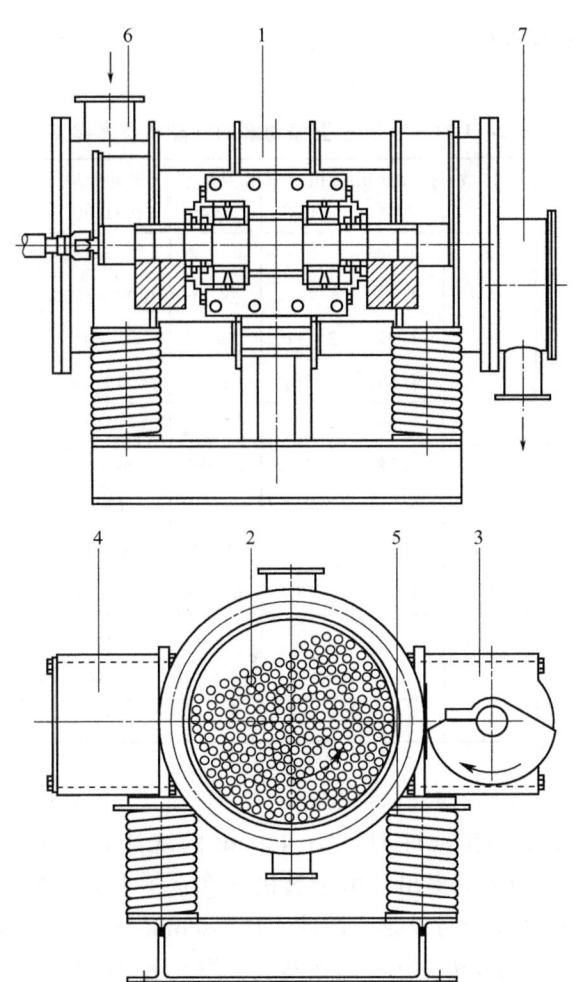

图 24-3-49 单筒偏心振动磨（图片来自 Siebtechnik）
1—圆柱形研磨室；2—磨介；3—激振器；4—配重；
5—螺栓；6—进料口；7—出料口

能耗过大，多适用于一定规模的细磨或超细粉磨生产，对具有相当生产规模的粉磨工程却缺乏广义上的配套能力。各国主要振动磨的设备参数与生产能力对比如表 24-3-21[34]。

3.5.1.3 技术参数

（1）振动强度 振动强度为振幅和激振角速度的平方之积与重力加速度的比值。振动磨以高于重力加速度近 10 倍的振动强度运行，振动强度这一参数是影响粉磨效率的最重要的因素之一，一直是各国讨论的焦点。

1940 年德国学者 D. Bachmann 率先指出了振动强度对磨碎效率的影响，并提出研磨介质"统计共振"学说，认为：只有当介质做抛掷运动的周期是磨机振动周期的整数倍时，粉磨效率是最佳的。他在简化和假设的基础上推导出产生研磨介质统计共振的条件为[35,36]：

$$K = r\omega^2/g = \sqrt{1 + (\pi n)^2} \qquad (24\text{-}3\text{-}47)$$

式中 r——振幅，mm；

　　　ω——振动圆频率，s^{-1}；

n——频率化（正整数）；

g——重力加速度。

表 24-3-21　各国主要振动磨的性能和技术参数

生产国	型号规格	筒体数 /个	有效容积 /m³	装机功率 /kW	振动强度 /m·s⁻²	振动频率 /次·min⁻¹	振幅 /mm	研磨体量 /t	生产能力 /t·h⁻¹
德国	Palla50U	2	1.30	55	60～90	1000～1500	3～6	4.0	1.5～3.0
	AUBEMA3160/350	2	1.98	75	约70	1000～1500	3～6	6.0	
	VAR10-U25/5	5	1.77	2×110	90	1000	8.5		
	GSM2504	4	1.90	110	约70	1000～1500	3～7	7.0	
美国	Allis chalmers	1	0.88	2×55	约100	1140	7		
日本	CH-50	2	1.18	75	40～80	1000～1200	3～8	4.4	0.8～1.7
	C-60	2	0.98	2×37	50～80	1200	3～5	4.0	
	VAMT-8000	2	0.8	55	约70	1000～1200	5～7		
	RSM-50	2	1.18	75	60～100	1000～1200	5～7		
前苏联	M1000-1.0	1	1.0	70	75	1500	3	3.7	～3.0
	M1000-1.5	2	1.0	160	60～80	1000	6～8	3.8	
中国	SM1000	3	1.0	75	100	1200	7	3.0	1.5～2.0

若 $n=1,2,3,\cdots$，则 $K=3.3,6.36,9.47,\cdots$

但是经后人大量的试验和实践证明，Bachmann 的统计共振效应是很微弱的。20 世纪 60 年代初，英国学者 H. E. Rose 提出：由于磨机存在水平方向的振动，干扰了铅垂方向运动，使得研磨介质的运动过程极为复杂。因此，D. Bachmann 的理论缺乏实际意义。

Rose 和 Sullivan 利用量纲分析方法导出在断续工作下比表面和磨碎时间的关系如下[37]：

$$\frac{\mathrm{d}S_s}{\mathrm{d}t}=\frac{k\omega^3 A^3 \delta_B}{H}\left(\frac{D_B}{d}\right)\frac{1}{2}f_1\left(\frac{\omega^2 A}{g}\right)f_2(\mu_B)f_3(\mu_m)\qquad(24\text{-}3\text{-}48)$$

式中　S_s——物料比表面积，$cm^2 \cdot cm^{-3}$；

k——系数；

ω——振动频率，$rad \cdot s^{-1}$；

A——振幅，mm；

δ_B——钢球密度，$g \cdot cm^{-3}$；

D_B——钢球直径，mm；

μ_B——钢球充填率，%；

d——给料粒度，mm；

H——物料可磨度，$H \approx 0.058 W_i$，W_i 为邦德球磨功指数，$kW \cdot h \cdot t^{-1}$；

μ_m——物料充填率，%。

Rose 还得出振动强度 $f\left(\dfrac{\omega^2 \alpha}{g}\right)$ 与粉磨效率的关系如图 24-3-50[38]。

试验表明，当 $\omega^2 A > 3g$ 时，函数 $f_1(\omega^2 A/g) \approx 1$，函数 $f_2(\mu_B)$ 和 $f_3(\mu_m)$ 的值分别列于表 24-3-22 和表 24-3-23 中。由此得出磨碎产物比表面和磨碎时间 t 的关系为：

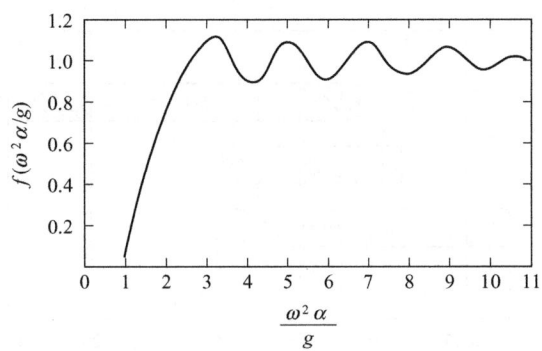

图 24-3-50 振动强度与粉磨效率的关系

$$S_B = \frac{k\omega^3 A^3 \delta_B}{H}\left(\frac{D_B}{d}\right)^{\frac{1}{2}} f_2(\mu_B) f_3(\mu_m) t \qquad (24-3-49)$$

（2）振动磨功率 振动磨电动机功率 N（kW）可用下述经验公式计算[36,39]：

$$N = 0.6\omega^3 A^2 M_c \qquad (24-3-50)$$

式中 M_c——研磨介质加物料总重量，kg；

其他符号意义同上。

表 24-3-22 函数 $f_2(\mu_B)$ 值

μ_B	0	20	40	60	80	100
$f_2(\mu_B)$	1	1	1.2	1.6	1.9	1.6

表 24-3-23 函数 $f_3(\mu_m)$ 值

μ_m	10	25	50	75	100	125	150
$f_3(\mu_m)$	5	2	1.2	1	1	1	1

（3）振动频率 振动磨振动频率通常为 $1000\sim1500$ 次·min^{-1}（相当于 $\omega \cong 100\sim$ $150\,\mathrm{rad\cdot s}^{-1}$）。振幅约为 $3\sim20\,\mathrm{mm}$。振幅 A 与给料粒度 D 之间的关系一般为 $A=(1\sim2)$ D。最大给料粒度一般小于 $10\,\mathrm{mm}$，产品粒度可达 $10\,\mu\mathrm{m}$。

（4）介质直径 振动磨的介质直径较小，一般为给料量的 $5\sim10$ 倍，给料粒度较小时介质直径为 $10\sim15\,\mathrm{mm}$。图 24-3-51 示出了不同形状研磨介质尺寸与给料和产品粒度之间的大致关系[28]。

（5）介质充填率 振动磨的研磨介质充填率较一般球磨机高，约为 $60\%\sim80\%$，物料充填率（筒体内物料体积占研磨介质之间空隙的百分率）一般为 $100\%\sim130\%$。如图 24-3-52 所示[25]，当研磨介质充填率为 $80\%\sim90\%$ 时到达了最大的磨碎速率。

振动球磨机的研磨介质除球体外，也可采用钢段、小圆柱等。

振动磨在工作过程中除产生强烈振动外，筒体也产生反向转动，但其频率很小，约为振动频率的 1% 左右。

振动磨可用于干法和湿法两种作业。干磨时物料含水分增加，磨机处理能力迅速下降；物料中所含水分最多不应超过 5%。

第**24**篇

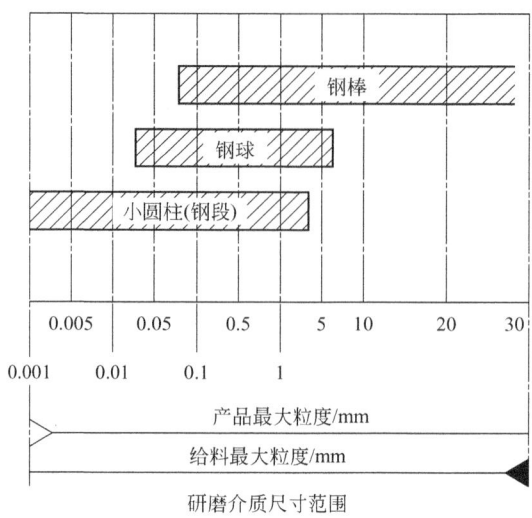

图 24-3-51 不同形状研磨介质尺寸与给料粒度
和产品粒度之间的关系

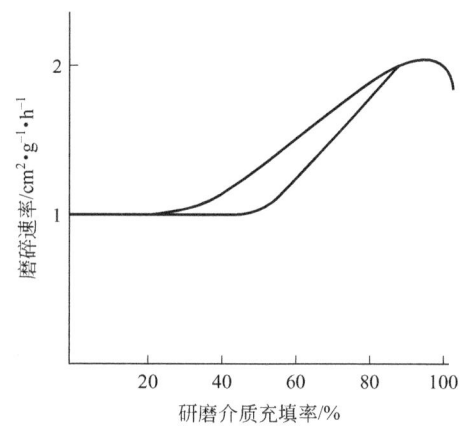

图 24-3-52 振动磨研磨介质充填率与磨碎速率的关系

振动磨的优点是单位磨机容积产量大、磨碎效率高、占地面积小、流程简单；可用于物料的细磨或超细磨。改进磨机筒体使之密封，或充以惰性气体可用于易燃、易爆及易于氧化的固体物料。利用液氮等可进行超低温磨碎，用以磨碎塑性材料或铁合金等极硬材料。

振动磨的缺点是机械部件强度及加工要求高，特别是规格较大的振动磨，其弹簧和轴承易损坏，振动噪声较大。这种设备规格不能很大，故不能满足大规模生产量的要求。

3.5.1.4 振动磨的应用

振动磨用于间歇或连续的干法或湿法作业，可用于粉碎水泥、氧化铁、锆英石、钨砂、硬质合金、颜料、木屑、蜡石、石墨、滑石、氧化铝等物料。产品粒度可达 $10\mu m$ 以下，细磨时可达 $1\mu m$，但产量急剧降低。当被粉碎物料要求不含铁时，可用瓷球和胶衬。表 24-3-24是振动磨超细粉碎的部分实例。

表 24-3-24 振动磨的超细粉碎实例

物料名称	给料粒度	产品粒度	粉碎时间/h	粉碎方式	介质种类
滑石	$-100\mu m$	$d_{50}=0.91\mu m$	8	干式连续	瓷球
高岭土	$-2\mu m\ 42\%$	$-2\mu m\ 90\%$	3	湿式连续	瓷球
钼矿	$-210\mu m$	$-3\mu m\ 77.8\%$	7	丙酮湿式连续	不锈钢球
鳞片石墨	$-20\mu m$	$d_{50}=0.22\mu m$	24	湿式连续	瓷球
硅藻土	$2\sim50\mu m$	$-20\mu m\ 96.2\%$	6	干式连续	瓷球

3.5.2 行星磨

行星磨是靠本身强烈的自转和公转使介质产生巨大的冲击、研磨作用，将物料粉碎的磨矿设备。图 24-3-53 示出了这种磨机的结构与工作原理。当主轴由电机带动旋转时，连杆和筒体将绕公轴旋转；同时固定齿轮带动传动齿轮转动，由此使装有研磨介质的筒体绕各自的轴心自转。这种公转加自转的运动使介质产生冲击、摩擦力而粉碎物料，特别是后者在行星磨中占主导地位。

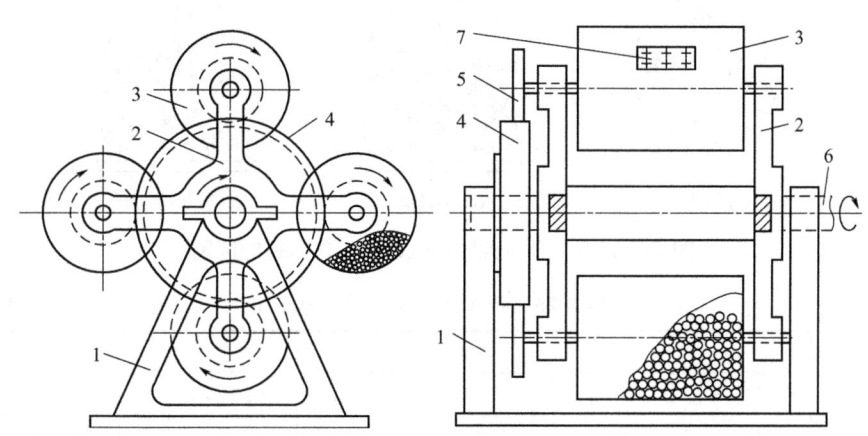

图 24-3-53 行星磨示意图
1—机架；2—连接杆；3—筒体；4—固定齿轮；5—传动齿轮；6—传动轴；7—料孔

为了提高行星磨的粉碎效能，华南理工大学研制出了一种行星振动磨（图 24-3-54）。它由动力系统、传动系统、振动系统和行星系统四部分组成。动力系统的电动机经挠性联轴器与Ⅰ号轴联系；传动系统包括Ⅰ～Ⅳ号胶带轮和Ⅱ号轴；Ⅰ、Ⅱ号胶带轮构成第一级减速系统，Ⅲ、Ⅳ号胶带轮构成第二级减速系统。Ⅰ号轴，偏心配道，Ⅰ、Ⅱ号支架，振动架和弹簧构成振动系统。振动架把Ⅰ、Ⅱ号支架固定起来置于弹簧上构成振动框架。偏心配重旋转时产生的离心力使框架发生振动。Ⅴ、Ⅵ号胶带轮，主转轮，连接管，磨筒及其轴组成行星系统，Ⅱ号胶带轮和主转轮同步运转；前者的转动形成磨筒绕Ⅰ号轴公转，Ⅱ号轮带动Ⅵ号轮形成筒体绕自身轴的自转。这种磨机兼有行星磨和振动磨二者的特点，具有较高的冲击、研磨作用，故粉碎作用强，是一种有效的超细磨设备。图 24-3-55 示出了行星磨、振动磨和行星振动磨三种类型磨机粉碎原理的区别。表 24-3-25 示出了行星振动磨粉碎锆英石、工业氧化铝的产品粒度分布。

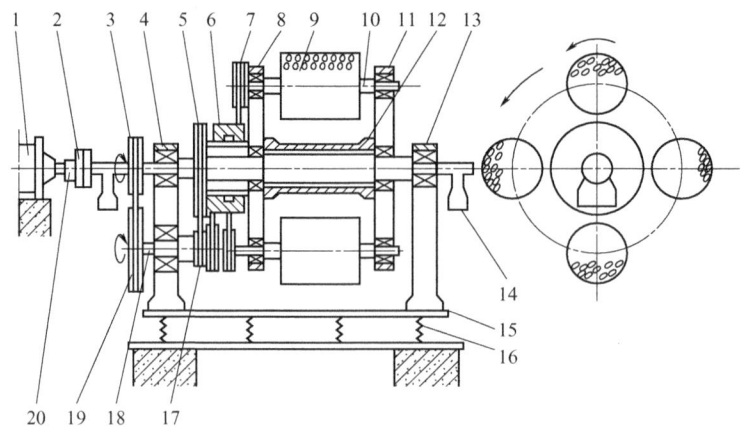

图 24-3-54   行星振动磨结构示意图

1—电动机；2—挠性联轴器；3—Ⅰ号胶带轮；4—Ⅰ号支架；5—Ⅳ号胶带轮；6—Ⅴ号胶带轮；
7—Ⅵ号胶带轮；8—主转轴；9—磨筒；10—磨筒轴；11—从转轮；12—连接管；13—Ⅱ号支架；
14—偏心配重；15—振动架；16—弹簧；17—Ⅲ号胶带轮；18—Ⅱ号轴；19—Ⅱ号胶带轮；20—Ⅰ号轴

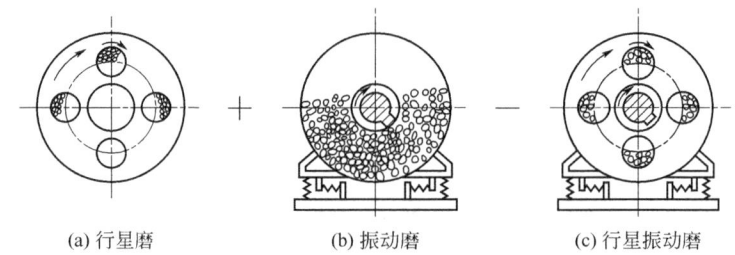

(a) 行星磨   (b) 振动磨   (c) 行星振动磨

图 24-3-55   三种类型磨机粉碎工作原理的区别

表 24-3-25   行星振动磨产品粒度分布   单位：%

原料	粒度/μm						算术平均粒度/μm
	−10+8	−8+5	−5+3	−3+1	−1+0.5	−0.5	
锆英石	1.0	5.8	6.9	22.2	24.0	43.1	1.45
工业氧化铝	1.3	4.0	4.2	19.3	47.7	47.7	1.23

3.5.3   离心磨

离心磨基本原理是使研磨介质产生离心力从而加强研磨介质对物料的研磨作用。由于加大介质研磨作用的方式和结构有各种各样，因此离心机的结构形式也有很多种。总的来看，按照筒体安装的特点可分为立式和卧式两大类；二者均可进行干式或湿式作业。

图 24-3-56 示出了多室离心磨的结构：筒体内装立轴，其上有几层叶片将筒体分成多个磨矿区间，每个磨矿区间内装研磨介质（钢球或钢段）及物料，当主轴旋转时，由叶片带动使研磨介质旋转，从而产生离心研磨力将物料粉碎。

图 24-3-57 为前苏联研制的卧式离心磨。固定筒体内敷有形如两个截圆锥组成的衬板（为带轮翅的转子），它经轮毂固定在转轴上。轮毂上设有循环孔，以便研磨介质和矿浆的循环流通。给料量由转子和衬板之间的间隙来调节。转子带动轮翅旋转产生离心力，在此离心

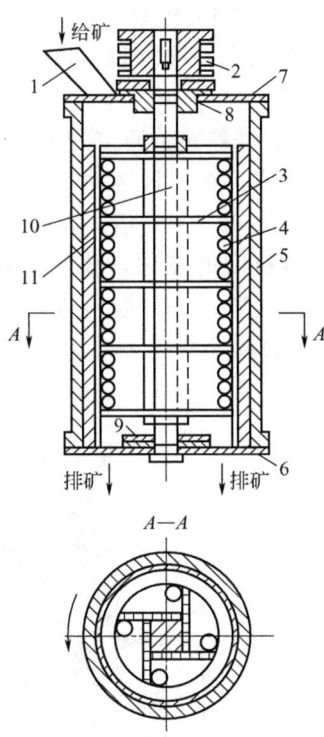

图 24-3-56 多室离心磨

1—给料器；2—皮带轮；3—圆盘；4—钢球；5—筒体；6—下端盖；7—上端盖；
8,9—主轴承；10—主轴；11—衬板

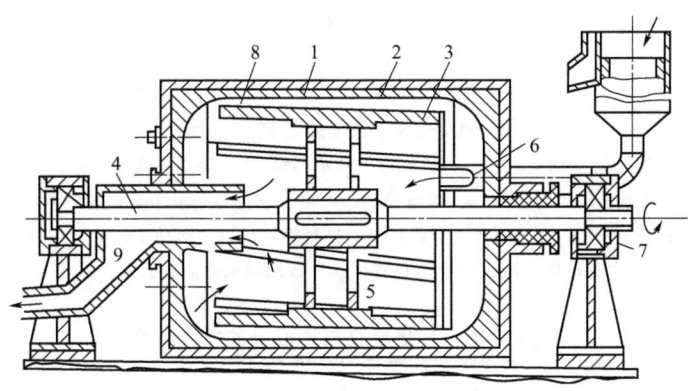

图 24-3-57 卧式离心磨

1—筒体；2—衬板；3—转子；4—转轴；5—轮毂；6—循环孔；
7—轴承；8—间隙；9—排料管

力作用下使矿浆受到较大的压力；物料在介质的冲击、研磨作用下被粉碎。该离心磨在前苏联的巴尔哈什选矿厂进行过工业试验。该磨技术参数如下：筒体内径 750mm，长 1000mm，有效容积 0.35m³；转子内径 700mm，长 800mm，圆周速度 12m·s⁻¹；电动机功率 75kW；研磨介质直径 6mm，装入量 150～250kg。该磨与一台普通球磨机平行工作，用于处理重砂精矿经水力旋流器分级的沉砂。试验结果如下：当给料浓度为 55％～60％时，离心磨按原

矿计最大处理量为 $71.4\text{t}\cdot\text{m}^{-3}\cdot\text{h}^{-1}$，平均为 $32.3\text{t}\cdot\text{m}^{-3}\cdot\text{h}^{-1}$，较一般球磨机大得多。按 0.074mm 计的磨矿产品电耗与磨矿条件有关，约为 $11\sim26\text{kW}\cdot\text{h}\cdot\text{t}^{-1}$。试验表明，该离心磨的磨矿效率较一般球磨机高很多，且噪声小。

图 24-3-58 为高强度立式离心磨。磨料室为直立空心圆锥，内装研磨介质，下部带排料格筛。磨料锥呈旋转加振动的运动型式；在这种运动型式下研磨介质产生很强的粉碎作用。这种离心磨的粉碎效率为常规筒形磨的 $50\sim100$ 倍。其特点是：（a）在磨料腔中介质尺寸从上而下由大变小，这有利于适应物料粒度的变化，故粉碎效率可增高；（b）振动大大简化物料进入磨料腔，不需另外特殊给料装置；（c）磨料锥仅绕自心轴缓慢旋转，无临界转速。表 24-3-26 示出了高强度立式离心磨的技术特性[40]。

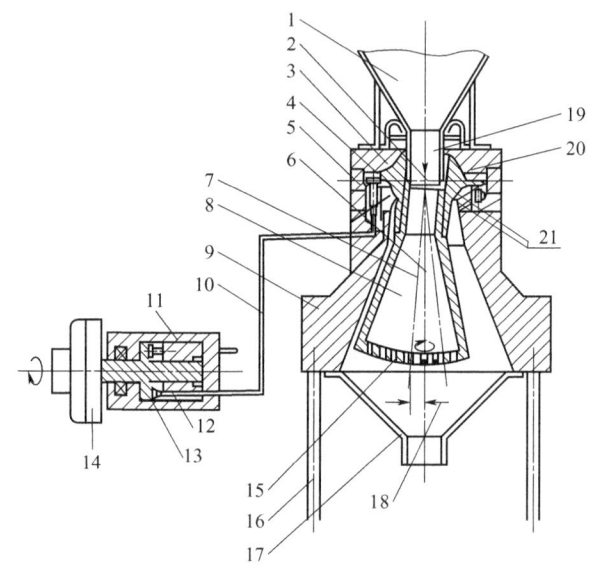

图 24-3-58　高强度立式离心磨

1—给料槽；2—章动点；3—章动毂；4—轴承凸缘；5—液压马达活塞；6—章动轴；
7—章动磨机轴；8—磨矿室；9—配重物；10—液压管；11—液压泵；12—液压泵活塞；
13—旋转凸轮板；14—气动离合器；15—排料格筛；16—活动支架；17—排料管；
18—最大章动偏心距；19—给料管；20—章动轴承表面；21—球形密封圈

表 24-3-26　高强度立式离心磨的技术特性

技术参数 ＼ 规格/mm	200	500	1000
磨矿室容积/L	4.2	66	530
球荷重量(充填率50%)/kg	10	155	1250
章动速度/r·min^{-1}	1160	735	500
最大径向摆幅(偏心距)/mm	33	83	170
净功率/kW	11	170	1400
总高度/mm	550	1400	2800
固定壳体直径/mm	600	1500	3000
相当于常规球磨机的尺寸(近似值)$(D\times L)$/m	0.9×1.2	2.4×2.4	4.7×4.6

图 24-3-59 为德国鲁奇公司离心磨结构示意图[41]。装有衬板的可更换磨矿筒，借助于

加紧螺栓固定在转臂上；穿过横臂的两根偏心轴同步旋转时，固定在横臂 V 形槽中的磨机筒体也围绕一个平行于筒体轴心线的轴作圆周运动。筒体高速回转时，筒体内的物料和介质达到离心磨矿的目的。

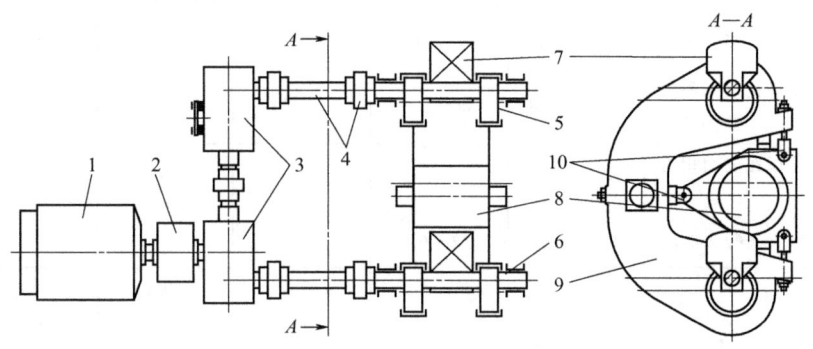

图 24-3-59 鲁奇公司离心磨的结构示意图

1—电机；2—离合器；3—变速箱；4—离合器连同离合器轴；5—偏心驱动装置；
6—偏心轴轴承；7—平衡铁；8—研磨管；9—U 形振动器；10—研磨管支撑

南非某铁矿要求的磨矿产品粒度为比表面积 $1700 \sim 1800 \mathrm{cm}^2 \cdot \mathrm{g}^{-1}$，给料粒度为 6mm，年处理量 2000×10^4 t，与水力旋流器构成闭路作业。采用一台 $\phi 1.0 \mathrm{m} \times 1.2 \mathrm{m}$ 离心磨和一台 $\phi 4.2 \mathrm{m} \times 8.5 \mathrm{m}$ 球磨机进行了试验比较。结果表明，采用离心磨代替球磨机对选别作业的工艺制度并无影响，但离心磨机组的总成本为球磨机组的 74%[42]。

南非矿山局和德国鲁奇公司合作开发了 $\phi 1.0 \mathrm{m} \times 1.2 \mathrm{m}$、功率 1000kW 的离心磨，在南非西部深层金矿运行了 1000 多个小时。结果表明，在各个性能方面，离心磨与常规的 $\phi 4 \mathrm{m} \times 6 \mathrm{m}$ 球磨机是相当的[43]。

3.6 辊磨机

辊磨机的定义是："该机具有圆的磨盘，磨矿介质（磨辊或球）在其上滚动。磨矿介质由重力或离心力、弹簧、液力、气力系统压在磨盘上。磨盘和磨矿介质均可被驱动[44]。"辊磨机的主轴通常是垂直安置的，又称立式磨机或立磨。它是由若干转动的辊子施力于物料进行粉碎的设备。根据磨机的结构型式可分为圆盘固定式和转动式两类；根据工作圆辊的施力方式可分为悬辊式、弹簧辊式或液压辊式。表 24-3-27 列出了一些主要辊磨机的技术特征[4,25]。这类设备主要用于磨碎脆性或中等硬度的物料，同球磨机或锤式磨机对比，其优点是能耗低，例如将 HGI 为 60、粒度为 99%—19mm 的煤磨碎至粒度为 80%—200 目，辊磨机的比能耗为 $6.8 \mathrm{kW} \cdot \mathrm{h} \cdot \mathrm{t}^{-1}$，锤式磨的比能耗为 $16.4 \mathrm{kW} \cdot \mathrm{h} \cdot \mathrm{t}^{-1}$，球磨机的比能耗为 $14.9 \mathrm{kW} \cdot \mathrm{h} \cdot \mathrm{t}^{-1}$[45]。辊磨机的缺点是辊子和底盘磨损较快，维修费用较高。

表 24-3-27 主要辊磨机技术特征

名称	功率/kW	处理能力/t·h⁻¹	数量	辊或球	磨盘	型号
艾法史密斯磨			3~4	圆柱磨辊	平盘	Atox
水泥	800~11000	35~685				
炉渣	900~13200	25~500				

续表

名称	功率/kW	处理能力 /t·h^{-1}	数量	辊或球	磨盘	型号
伯利鸠斯磨			3～6	轮胎分半直辊	沟槽形盘	RM
水泥生料	580～4800	90～740	3			
水泥熟料（布莱恩比表面积为 3000cm^2·g^{-1}）	502～3188	33～209	3			
粒状炉渣（布莱恩比表面积为 4500cm^2·g^{-1}）	700～4450	22～139				
硬煤（哈德格罗夫指数为 50）	30～1250	22～96				
莱歇磨			2～4	圆锥辊	平盘	LM
煤	400～2400	40～300	1			
水泥	2500～7800	60～340				
矿	7800	＞2000				
普费佛磨				轮胎斜辊	沟槽形盘	MPS
水泥生料	1600～12000	250～1400				
粒状炉渣（布莱恩比表面积为 2000～6000cm^2·g^{-1}）	2500～12000	70～390				
水泥（布莱恩比表面积为 2000～6000cm^2·g^{-1}）	2200～12000	80～550				

3.6.1 悬辊式圆盘固定型盘磨机

雷蒙磨（Raymond mill）属悬辊式圆盘固定型盘磨机，系中等转速细磨设备。它广泛用于磨碎煤炭、非金属矿、玻璃、陶瓷、水泥、石膏、农药和化肥等物料，其产品细度在120～325 目范围内；但与空气分级设备结合可分出很细的产品。根据辊子的数目又有三辊（通称：3R）、四辊（4R）和五辊（5R）几种。

如图 24-3-60 所示，雷蒙磨辊子的轴安装在快速转动的梅花架上，磨环是固定不动的；梅花架上可悬挂 3～5 个转辊，每个辊子绕机体中心公转的同时又绕本身轴心自转，由此将由给料部流入落到磨环上的物料粉碎。铲刀可将物料铲到研磨区去进行研磨。雷蒙磨通常与风力分级构成闭路工作，物料随风流从排料口排出后进入风力分级，粗大颗粒可返回再粉碎。

影响雷蒙磨的参数有辊子转速、个数、主风机风量、风压、给料硬度及粒度、水分、风力分级机性能等。

雷蒙磨与管磨机对比，其主要优点是送入热风能同时进行磨碎和烘干两种作业，将含水15％～20％的原料进行烘干；单位比电耗低 20％～30％，其不同磨碎产品细度的比能耗如图 24-3-61 所示；占地面积小，只有管磨机的 50％左右；整个系统投资也较低。雷蒙磨的缺点是辊套磨损严重，一般为 4500～8000h；故需采用硬度高、耐磨性能好的材质。表 24-3-28列出了国外某发电厂雷蒙磨的部件磨损数据。

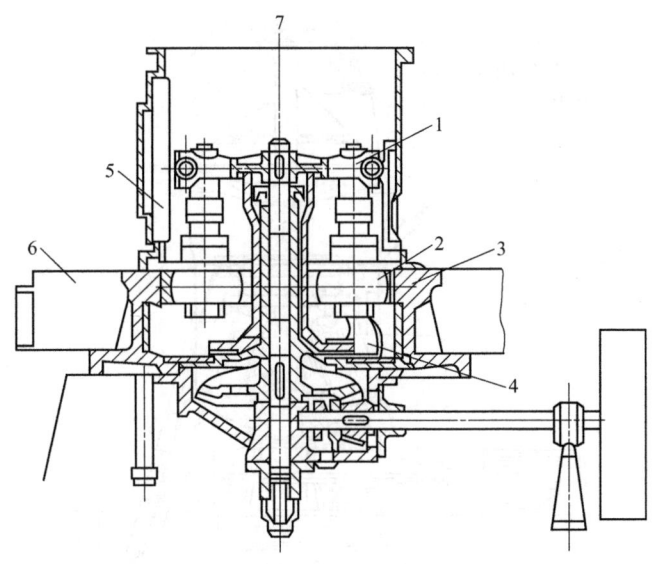

图 24-3-60 雷蒙磨结构示意图

1—梅花架；2—辊子；3—磨环；4—铲刀；5—给料部；6—返风箱；7—排料口

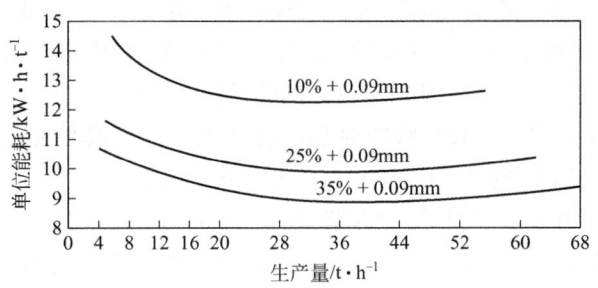

图 24-3-61 盘磨机的比能耗

表 24-3-28 雷蒙磨的部件磨损数据

磨损部件	材质	寿命/h	磨煤总量/t	总磨损量/g·t⁻¹	附注
磨环	高锰钢，12%～14%Mn	17000	135000	} 24	煤的灰分30%、水分5%～8%、Hardgrove 硬度70～85、磨碎细度15%＞0.09mm
辊套	金属模白口铁	7500	70000		
盘磨机机壳的衬壳	高锰钢，12%～14%Mn	6000	53000		
磨环 a	Vautid 100	18000	245000	18.5（磨环 a）20.5（磨环 b）	煤的灰分30%、水分7%、Hardgrove 硬度80～100、磨碎细度25%～30%＞0.09mm
磨环 b	高锰钢，12%～14%Mn	10700	145000		
辊套	CA 4	6400	87000		
盘磨机机壳的衬板	CA 4	5700	77000		

3.6.2 弹簧辊磨机

弹簧辊磨机（MPS磨）（图24-3-62）的特点是磨盘是转动的，2～4个磨辊借油压而被紧压在磨盘上。物料经密封装置加到磨盘上，在此受挤压、研磨而被粉碎。气流自下方给入，夹带磨碎的物料向上流入风力分级机，经分级后细颗粒进入细粒分级和除尘装置而回

第 24 篇

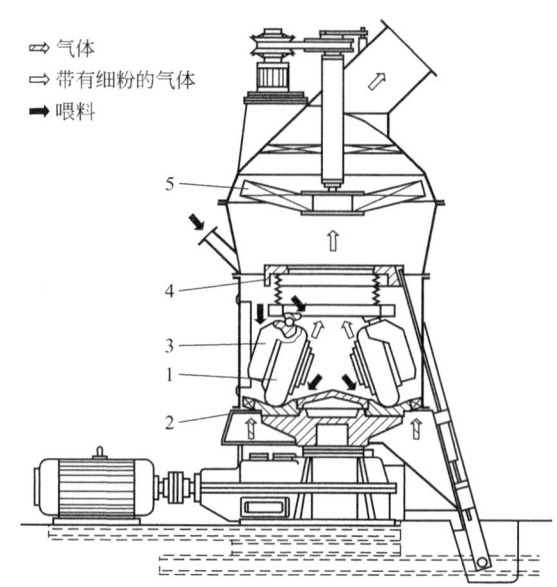

⇨ 气体
⇨ 带有细粉的气体
➡ 喂料

图 24-3-62 弹簧辊磨机（图片来自 Gebr. Pfeiffer）
1—磨辊；2—磨盘；3—液压拉杆；4—压紧环；5—选粉机

收，粗粉返回磨盘再磨碎。磨辊由液压装置调控压力、磨盘由立式减速机带动回转。

MPS 磨在工作原理和结构上同莱歇磨相似。主要区别在于 MPS 磨的磨辊为鼓形，采用多辊统一施压，而莱歇磨的磨辊为锥形，采用单辊施压，其他装置基本相同。在相同的粉磨能力时，莱歇磨的磨盘直径比 MPS 磨的要小，磨盘周围通气孔的数量也较少，在一定的风速下有较小的空气量，因此莱歇磨内空气压力比 MPS 磨高 20% 左右。

通过施压使磨辊压在磨盘上的压紧装置如图 24-3-63 所示[46]。在启动时，液压换向器使磨辊升起，脱离磨盘，其间隙为 4～10mm，如图 24-3-63（b）所示。该间隙由安装在摆动杆上的调整螺钉进行调整，从而实现空载启动。目的是减少噪声，降低启动力矩，减少磨损。在操作中断料时亦能自动抬辊。喂料后，磨辊下落，压力开关打开，提升压力，进行操作。如图 24-3-63（a）所示。这种单辊施压方式由于磨辊上部没有止推架，所以可以翻出机外，方便检修。如图 24-3-63（c）所示。

由于这种辊磨机内的物料量较少，启动后很快就达到操作稳定状态；由于操作反应快，故磨碎产品的粒度较均匀。送入热风，该机器可对潮湿物料进行磨碎和干燥，例如，给入含水 20% 左右的物料时，经磨碎后产品含水可降至 1% 以下。这种辊磨机占地面积小、产量大，适于磨碎中硬以下物料；给料粒度可达 150mm，产品粒度可达 90μm 以下。

莱歇磨主要用于水泥、固体燃料和冶炼炉渣的磨碎。目前工业应用的最大的莱歇磨型号为 LM70.4+4CS，功率达 8.8MW，采用紧凑型行星电机驱动技术（COPE drive），2017 年在尼日利亚联合水泥公司（UNICEM）年产 250 万吨 Mfamosing 水泥厂二期扩建工程中投入使用，用于磨碎 $370t \cdot h^{-1}$ 水泥熟料，磨矿细度达 $4700cm^2 \cdot g^{-1}$（Blaine 值）[47]。

与湿式球磨机相比较，干式辊磨机不仅能量效率高、磨损低，而且处理量大，这种优势促进了辊磨机的更广泛的使用，例如，2017 年 Santral 矿业公司在土耳其的一家金矿采用了一台莱歇磨干磨金矿，虽然它在矿业上的应用还是一项比较新的举措。

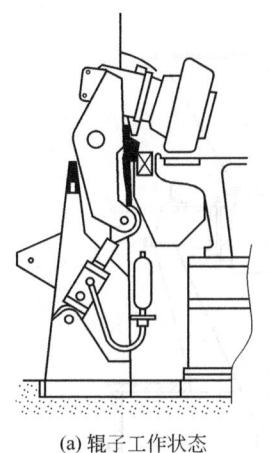

(a) 辊子工作状态

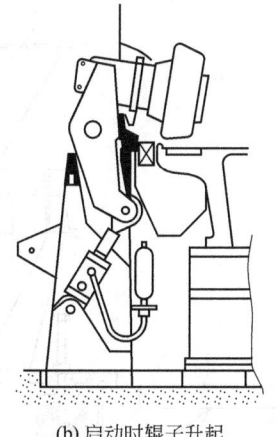

(b) 启动时辊子升起

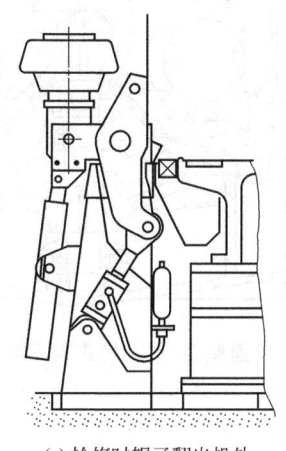

(c) 检修时辊子翻出机外

图 24-3-63 莱歇磨辊子压紧装置

3.6.3 钢球盘磨机

钢球盘磨机（图 24-3-64）与辊式盘磨机的最大区别在于，前者以大钢球代替辊子作为磨碎工具。根据钢球排数分为单排球和多排球。这种盘磨机可装 10～14 个单排钢球。钢球处于两个座圈之间，上座圈不转动，借弹簧或液压装置施力于钢球上。下座圈（即磨盘）在机架上，由传动轴带动旋转，从而使钢球转动产生粉碎作用。钢球直径为 235～1070mm，产量很高。

3.7 搅拌磨

搅拌磨机是由一个静置的内填小直径研磨介质的简体和一个搅拌装置组成，通过搅拌装置搅动研磨介质产生摩擦、剪切和冲击粉碎物料的一种超细粉碎设备。在搅拌磨机中，研磨介质不像球磨机那样有规则地整体运动，而是做无规则运动。

搅拌磨机种类较多，从安放方式分为立式搅拌磨机和卧式搅拌磨机；从工艺方式分为间歇式搅拌磨机、循环式搅拌磨机、连续式搅拌磨机；从工作环境分为干式搅拌磨机和湿式搅拌磨机。从搅拌器结构形式分为盘式搅拌磨机、环式搅拌磨机、棒式搅拌磨机、螺旋式搅拌磨机。

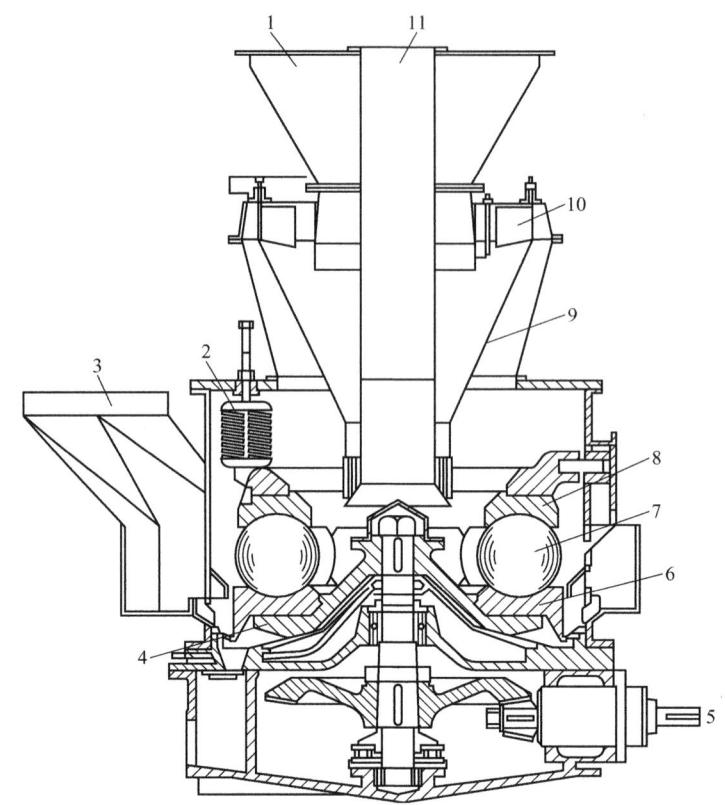

图 24-3-64   钢球盘磨机（图片来自 Babcock and Wilcox）

1—磨碎产品出口；2—弹簧；3—热风入口；4—机架；5—传动轴；6—磨盘；7—钢球；
8—上座圈；9—分级机；10—叶片；11—给料入口

搅拌磨机为磨机筒体内装有搅拌装置和球介质（陶瓷球、玻璃球或钢球等），借搅拌装置的转动使研磨介质运动，从而产生粉碎作用将物料磨碎。

根据结构将这类磨机分为螺旋式、搅拌槽式、流通管式和环形等（图 24-3-65 和表 24-3-29）[48]。搅拌磨可用作超细磨机、搅拌混合机或分散机。这类磨机可用于干、湿两种作业。干式磨矿时，对物料的压力强度增加、颗粒间表面能增大，颗粒易于产生凝聚。湿式磨矿时颗粒间分散好，其表面能降低，可阻止颗粒间产生凝聚，所以，超细磨时湿式作业较好。

表 24-3-29   搅拌磨机的分类表

分类	构造与操作特点	应用范围
塔式磨机（螺旋搅拌磨机）	筒径比大，螺旋搅拌器，干式、湿式两用	矿物加工（金矿、铅锌矿再磨）、非金属深加工、化工原料
槽式搅拌磨机	搅拌装置可采用棒、盘、环循环，连续、间歇式，干式、湿式两用	精细陶瓷、粉末冶金、非金属深加工、磨料和磁性材料
流通管式搅拌磨机	砂磨机，主要是湿式，少量干式	油墨、涂料、染料、工业填料
环形搅拌磨机	两圆筒，内筒回转，介质小，湿式	涂料、染料、高新材料

搅拌磨机具有如下优点：

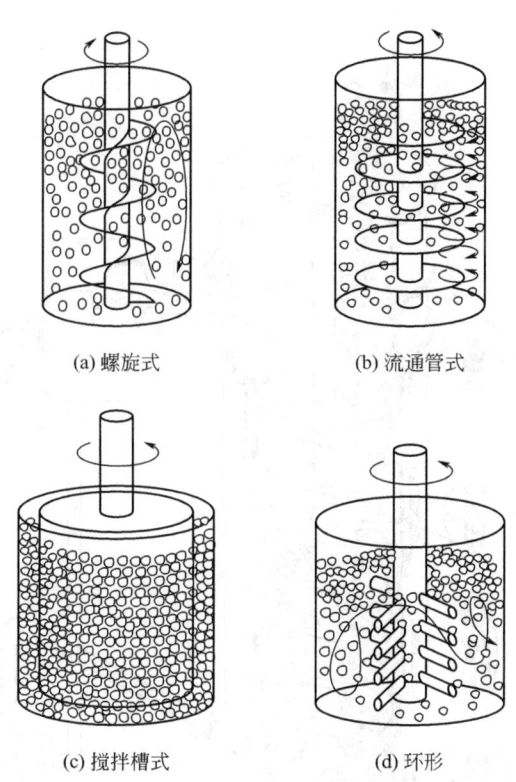

(a) 螺旋式   (b) 流通管式

(c) 搅拌槽式   (d) 环形

图 24-3-65 搅拌磨机的类型

① 产品可以磨至 $1\mu m$ 以内，搅拌磨机采用高转速和高介质充填料及小介质尺寸球，利用摩擦力研磨物料，所以能有效地磨细物料。

② 能量利用率高，由于高磨机转速、高介质充填料，使搅拌磨机获得了极高的功率密度，从而使细颗粒物料的研磨时间大大缩短。由于采用小介质尺寸球，提高了研磨机会，提高了物料的研磨效率。例如塔式磨机与常规卧式球磨机相比节能 50% 以上。

③ 产品粒度容易调节。

④ 振动小、噪声低。

⑤ 结构简单、操作容易。

搅拌磨机广泛应用在矿物加工、化工、非金属深加工、粉末冶金、硬质合金、磁性材料、磨料、精细陶瓷、涂料、染料等行业进行物料细磨或超细磨作业。

3.7.1 塔式磨

塔式磨（图 24-3-66）实际上为一垂直的圆筒球磨机，它由筒体、螺旋搅拌叶片、驱动装置和分级设备等部分组成。塔式磨的规格以筒体内径 D 和高 H 表示，即 $D \times H$。

塔式磨机分湿法和干法两种。图 24-3-66 示出了湿式塔式磨的工作原理。电动机带动立式螺旋搅拌器转动，从而使研磨介质运动、研磨介质沿螺旋立轴上升至一定高度后再沿筒体和螺旋之间的间隙下降，如此周而复始，将物料磨碎。要磨的物料和水从筒体上部给入，细颗粒从磨机上部溢出。经过分级后较粗颗粒由泵给入磨机再粉碎，较细颗粒即为磨矿产品。

图 24-3-67 和图 24-3-68 分别示出了湿、干两种作业塔式磨机的闭路工作系统。

塔式磨机的磨碎作用主要是研磨，因此其给料粒度不能太大，一般小于 3mm；球径一

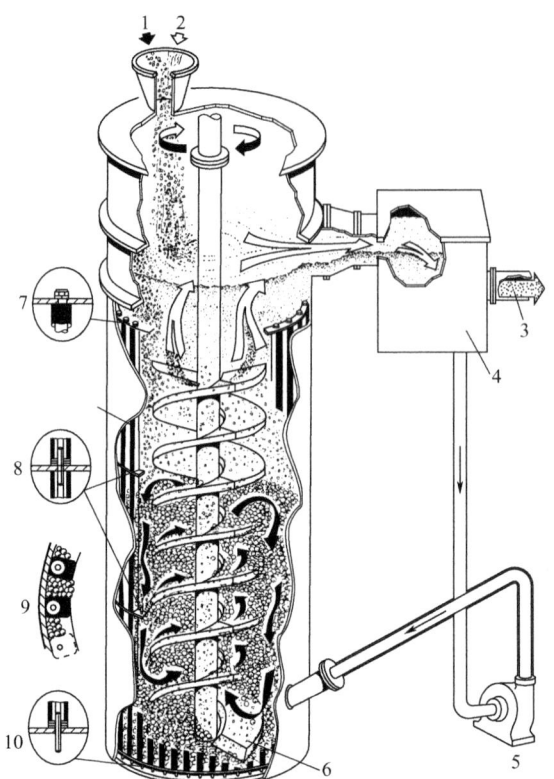

图 24-3-66　湿式塔式磨工作原理示意图（图片来自美卓矿机）

1—给料；2—给水；3—磨碎产品；4—分级机；5—循环泵；6—螺旋衬板；
7—顶条连接件；8—中间条连接件；9—保护条平面视图；10—底条连接件

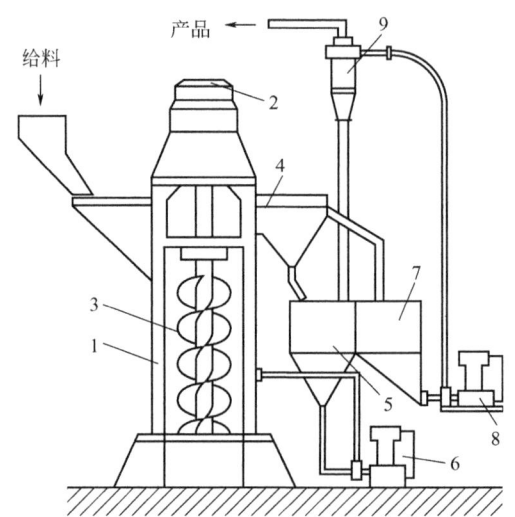

图 24-3-67　湿式塔式磨工作系统

1—垂直圆形筒体；2—电机驱动部分；3—螺旋搅拌器；4—分级箱；
5,7—砂泵池；6,8—砂泵；9—水力旋流器

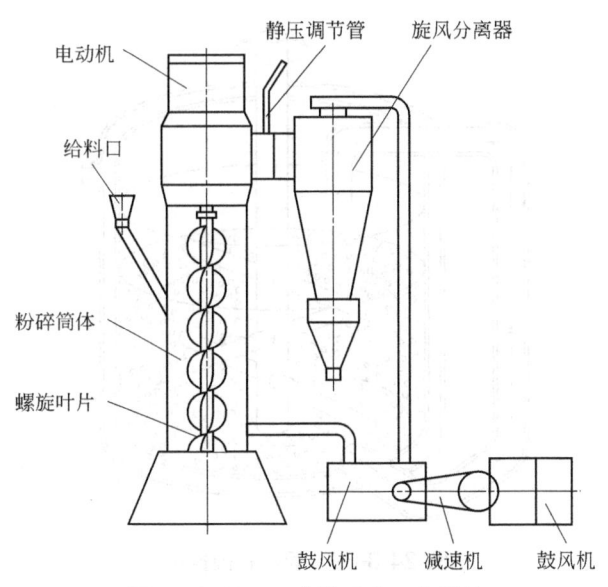

电动机　静压调节管　旋风分离器
给料口
粉碎筒体
螺旋叶片
鼓风机　减速机　鼓风机

图 24-3-68 干式塔式磨工作系统

般不大于 25mm，作为超细磨时，介质尺寸更小。塔式磨机最早于 1953 年由日本的河端重胜博士研制，后来逐渐为其他国家采用。它主要用于中硬矿石的磨碎（如石灰石、磷灰石、岩盐、碳酸钙等），或金属矿石选矿中矿的再磨（如铁矿石）、浸出（如金、钼）。

塔式磨机的优点是：研磨介质在水平方向旋转，不像卧式磨机那样在垂直方向作抛物线运动，这样研磨介质就不需克服重力做功从而可节省运动能量；塔式磨机筒体直径小、高度大，因而增加研磨介质对物料的压力和研磨力，这在一定程度上也节省能量；故塔式磨特别适用于细磨和超细磨。根据国内外经验，当塔式磨产品粒度小于 $75\mu m$ 且给料粒度不大于 3mm，其磨矿能耗较一般磨机节省很多。当产品粒度较粗时，例如大于 $75\mu m$，通常塔式磨不比一般球磨机节省能量。

塔式磨机的缺点是：搅拌部件及筒体衬板磨损严重；磨机的 H/D 有一定限制，高度 H 太大则对下部介质压力太大，物料研磨并不一定需要如此大的压力，反而增加了磨损和搅拌部件结构设计的困难。

3.7.2 间歇式搅拌磨

如图 24-3-69 所示，这类间歇式搅拌磨机的结构是在立式圆筒体内的主轴上安装不同形状的搅拌器件（如螺旋形、盘形、棒形等），当主轴由电动机带动旋转时，将使磨机内研磨介质和物料产生强烈剪切、磨剥作用，从而将物料粉碎[49]。

磨机的筒体外壁给入冷却水，以冷却由于研磨而产生的热量；因是间歇式作业，产品可根据要求磨得很细。这种磨机可用于碳化钨、陶瓷材料、钴粉、炭黑、油墨等难于细磨物料的超细磨碎。

3.7.3 环形搅拌磨

这种磨机外形像"W"形（图 24-3-70），其特点是筒体由内外层的环形部分、类似"W"形的筒体组成。磨矿之前，将物料（加水）和研磨介质（玻璃球等）同时给入环形筒体内，由于内外层筒体的旋转运动，使处在窄缝中的物料受到均匀的剪切力而被磨碎。磨机

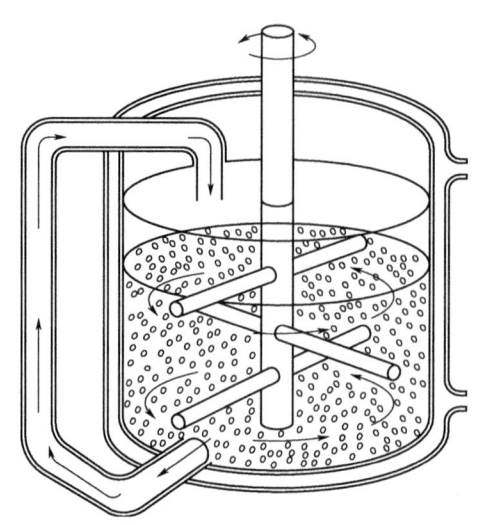

图 24-3-69　间歇式搅拌磨

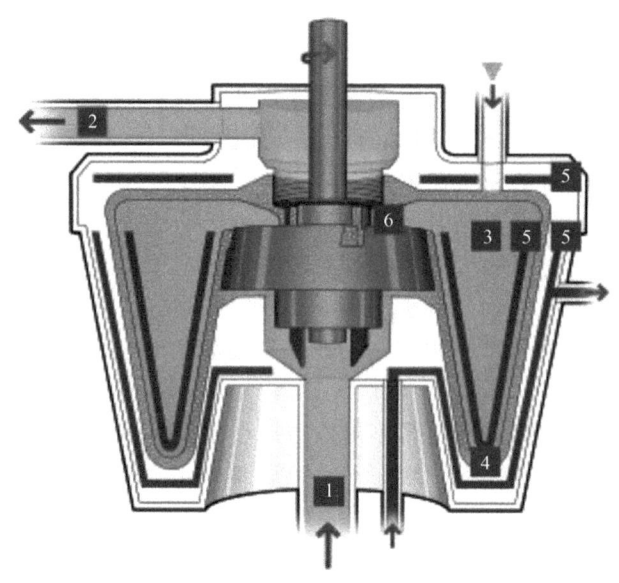

图 24-3-70　环形搅拌磨（图片来自 Fryma Koruma）

1—原料；2—产品出口管；3—转子；4—研磨缝隙；5—加热/冷却；6—研磨介质循环通道

外层为带窄缝的双层环形体，内注冷却水。

这种磨机加入的玻璃球为 0.5~3mm，例如粉碎氧化锆可得小于 0.5μm 的产品。

3.7.4　氮化硅高能搅拌球磨机

图 24-3-71 示出了专用于磨碎氮化硅用的高能搅拌球磨机[50]，其特点是所有与被磨物料氮化硅接触的部件都用氮化碳制成，如研磨介质、筒体衬里、搅拌器等。这样能改善氮化硅的表面反应活性，调节粒度分布，提高其成型性。磨机筒体内研磨介质充填率达 $90\% \sim 95\%$，搅拌轴转速达 $1000 \sim 3000 \mathrm{r \cdot min^{-1}}$，其他输入能量密度达 $1000 \mathrm{kW \cdot m^{-3}}$，大大超过一般磨机，故称高能搅拌磨。研磨介质直径 2mm，产品粒度

可达 $0.2 \sim 1.0 \mu m$。

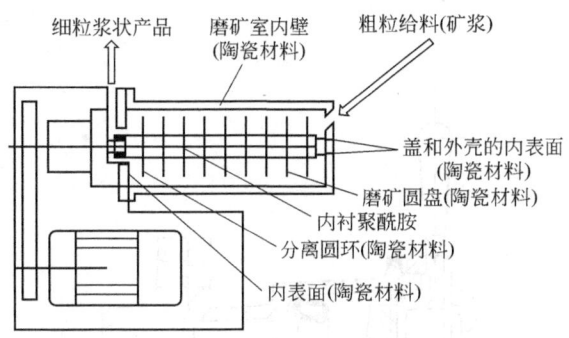

图 24-3-71 用于氮化硅细磨的高能搅拌球磨机

3.7.5 卧式搅拌磨

除了立式连续搅拌磨外，还有各种类型的卧式连续搅拌磨，如超达公司的艾萨磨机（图 24-3-72）和 Union Process 制造的 DM 型卧式连续搅拌磨等。

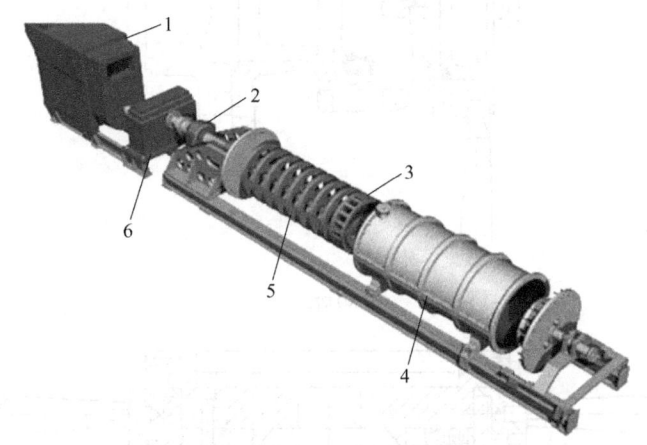

图 24-3-72 艾萨磨机

1—电机；2—轴承；3—产品分离器；4—磨机筒体；5—磨盘；6—减速机

3.8 胶体磨

胶体磨属于高速旋转类型细磨设备，其工作原理是使液流及颗粒以高速进入磨机内狭窄空隙内，利用高速旋转的转齿及液流相对运动产生的剪切力而将物料粉碎和分散（图 24-3-73）。这种磨机除可以细磨中等硬度以下的固体物料外，还可用于将轻度黏结颗粒集合体分散于液相中。例如，磨细颜料，分散于液体中成为涂料；或用于制备糖浆、油膏、牙膏、化妆品，或用于制备豆浆等食品工业。

根据其主轴位置，胶体磨可分为立式和卧式两种。根据胶体磨的结构可分为：齿式（图 24-3-74）、透平式（图 24-3-75）、轮盘式（如砂轮磨）等。图 24-3-76 为应用较广泛的盘式胶体磨结构示意图，其粉碎部件由定齿和转齿组成；两齿的间隙为 $0.03 \sim 1.0 mm$，可用调节

　　套调节。物料由给料漏斗给入，被磨碎的产品由排料槽排出。

　　胶体磨适用于化工原料、医药、食品等工业。

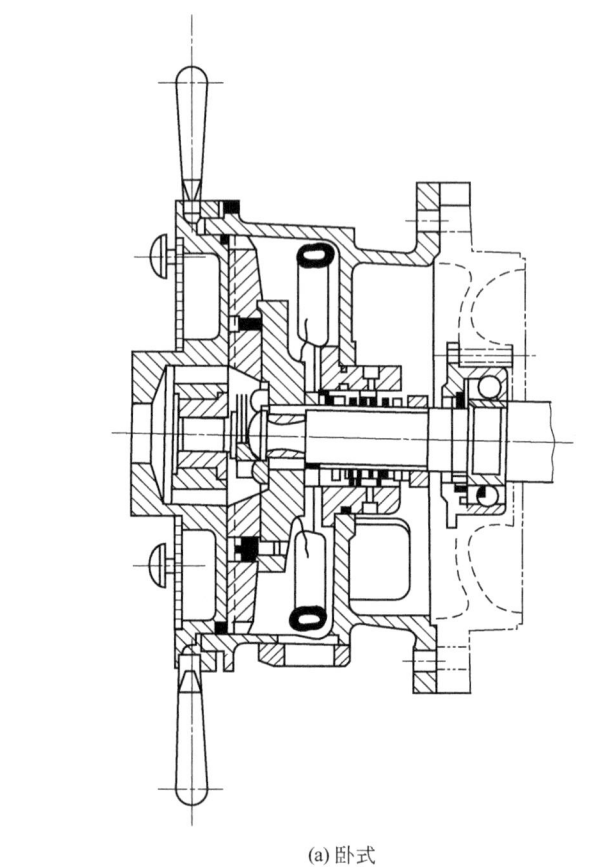

(a) 卧式

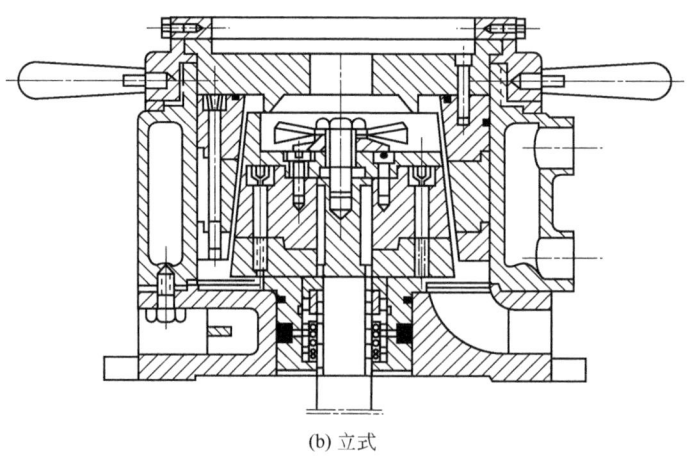

(b) 立式

图 24-3-73   胶体磨结构示意图

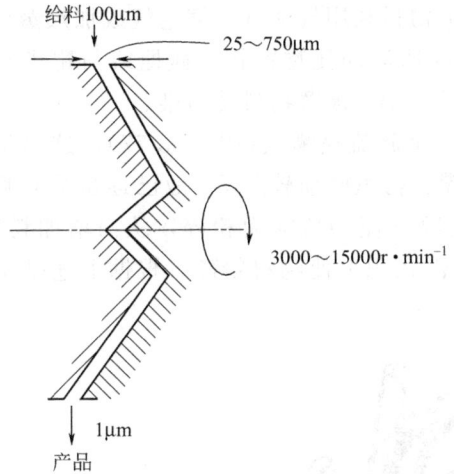

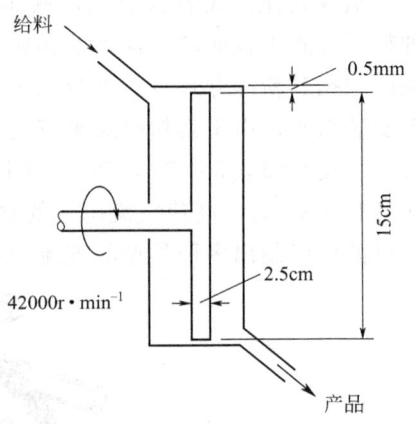

图 24-3-74 齿式胶体磨工作原理图　　　　**图 24-3-75** 透平式胶体磨工作原理图

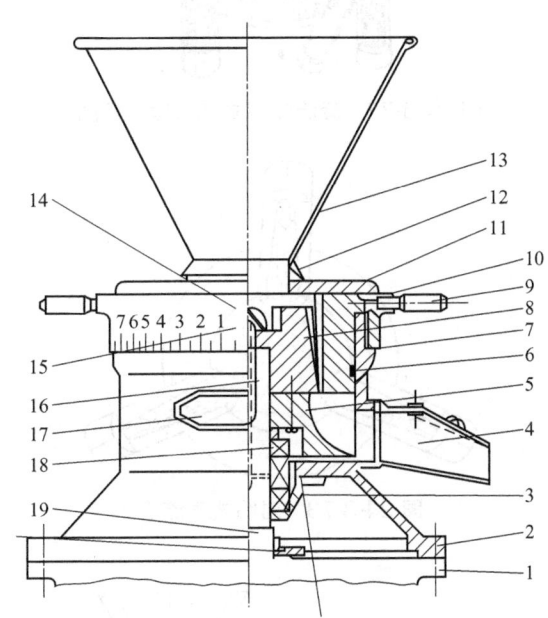

图 24-3-76 盘式胶体磨结构示意图

1—电机；2—机座；3—密封盖；4—排料槽；5—圆盘；6,11—O形丁腈橡胶密封圈；7—定齿；8—转齿；
9—手柄；10—间隙调节套；12—垫圈；13—给料斗；14—盖形螺母；15—注油孔；
16—主轴；17—铭牌；18—机械密封；19—甩油盘

3.9　气流磨

　　气流磨又叫喷射磨或能流磨，其工作特点是物料利用气体（压缩空气或加热蒸汽）为载体，通过喷嘴或其他方式射入磨机，从而产生高速运动使物料相互碰撞或与靶子碰撞而粉碎。这种粉碎方式不仅能产生极细的颗粒，而且可避免被磨物料受污染。

　　气流磨根据其粉碎方式特点可分为三类，一是旋流喷嘴式（图 24-3-77），这是早期的气流磨喷嘴安装型式，由于其粉碎效果较差且喷嘴、衬里磨损较严重.故已逐步被对喷式或靶式所取代。二是对喷式（图 24-3-78），物料在对喷气流中碰撞而粉碎，从而增加粉碎效果。三是靶式（图 24-3-79），高速气流携带的物料冲击在靶上使物料粉碎。根据上述基本气流粉碎原理，目前已研制出多种类型的气流磨机。

图 24-3-77　旋流喷嘴式气流磨示意图

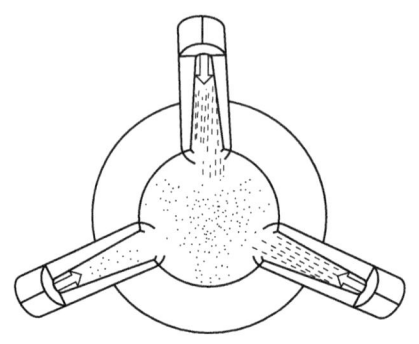

图 24-3-78　对喷式气流磨

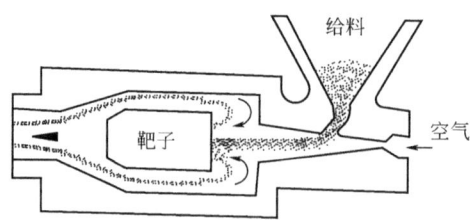

图 24-3-79　靶式气流磨

3.9.1　扁平式气流磨

　　扁平式气流磨也称圆盘式气流磨（Micronizer）。这种气流磨（图 24-3-80）沿粉磨室的圆周安装多个（6～12个）喷嘴，各喷嘴都倾斜成一定角度。气流携带物料以高压（0.2～0.9MPa）喷入磨机，在磨机内形成高速旋流，使颗粒彼此间产生冲击、剪切作用而粉碎。被粉碎颗粒随气流从圆盘中部排出进入空气分级机分出。扁平式气流磨粉碎能力较低，物料与气流在同一喷嘴给入，气流在粉磨中高速旋转，故喷嘴与衬里磨损较快，不适于处理较硬物料。

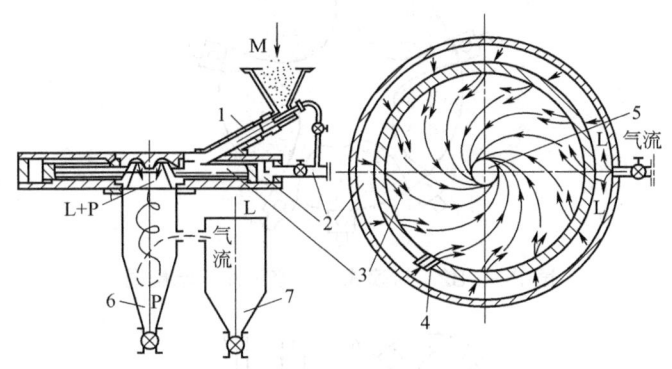

图 24-3-80　扁平式气流磨

1—给料喷嘴；2—压缩空气；3—粉碎室；4—喷嘴；5—旋流区；6—气力
旋流器；7—滤尘器；L—气流；M—原料；P—最终产品

3.9.2　椭圆管式气流磨

图 24-3-81 为椭圆管式气流磨工作示意图。在椭圆管的下方弯曲处安装气流喷嘴，物料由侧面给入后在射流区受到加速和粉碎作用，而后被气流带向上方，细颗粒在分级区经导向阀由上料孔排出，粗颗粒下落再粉碎。这种气流磨的优点是喷入气流和物料给入分开，减轻了喷嘴的磨损。此外，椭圆管内物料有自行分级作用，形成闭路循环，故产品粒度较均匀，粉磨效果较好。

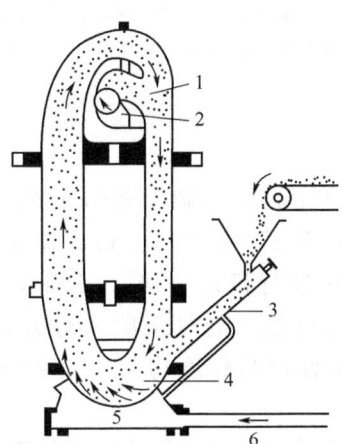

图 24-3-81　椭圆管式气流磨

1—导向阀；2—出料孔；3—气流管；4—粉碎管；5—喷嘴；6—空气

3.9.3　对喷式气流磨

对喷式气流磨的基本特点是气流喷嘴相对安装，这样携带物料的气流进入磨机后直接相对碰撞（图 24-3-82），加强了粉碎效果。图 24-3-83 示出一种特罗斯特型气流磨工作示意图。这种气流磨的气流和物料为对喷式，上部类似扁平气流磨的旋流分级。在旋流分级区细粒产品进入空气分级机，粗颗粒下落再粉碎。

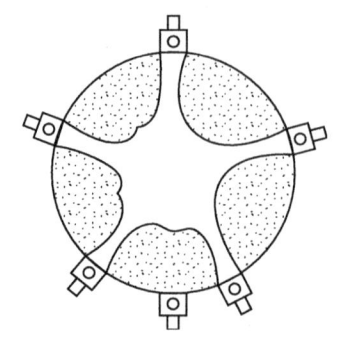

图 24-3-82　对喷式气流磨工作区示意图

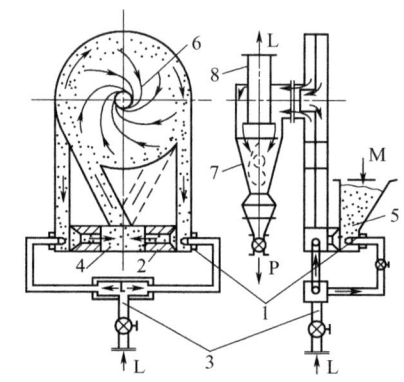

图 24-3-83　特罗斯特型气流磨

1—喷嘴；2—喷射泵；3—压缩空气；4—粉
磨室；5—料仓；6—旋流分级区；7—旋流器；
8—滤尘器；L—气流；M—物料；P—产品

3.9.4　复合式气流磨

复合式气流磨是在上述几种气流磨基础上改进而研制的新型气流磨，其主要特点是：采用复合力场粉碎，如对喷-靶式（图 24-3-84）、流化床对喷式（图 24-3-85）；另外，磨机上部装有转轮分级机对物料进行机内分级，粗颗粒下落再粉碎，细颗粒排出机外回收。复合气流磨的特点是：物料给入与气流喷入分开，喷嘴磨损降低；对喷-冲击联合作用提高粉碎效果；机内分级使产品粒度均匀。表 24-3-30 列出了国外流化床对喷式气流磨应用实例。

流化床对喷式气流磨是将逆向喷射原理与流化床中的膨胀气体喷射流相结合的产物。德国 Alpine 公司生产的 AFG 流化床对喷式气流磨的工作原理见图 24-3-85。物料经原料入口送入研磨室；空气通过 3～7 个喷嘴逆向喷入研磨室，使被磨物料颗粒在各喷嘴交汇点流态化，互相冲击碰撞而粉碎。在负压气流的带动下，粉碎后的物料随上升气流进入顶部设置的 ATP 涡轮分级机，合格的细粒产品经分级机排出，粗颗粒受重力沉降的作用返回粉碎区再次粉磨。其主要特点是：由于物料不通过喷嘴，也很少碰撞内壁，因而磨损很轻微，可粉碎

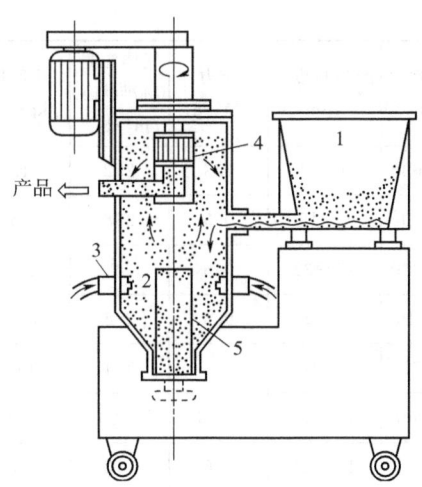

图 24-3-84 对喷-靶式气流磨

1—给料机；2—粉碎区；3—喷嘴；4—分级转子；5—中心冲击板

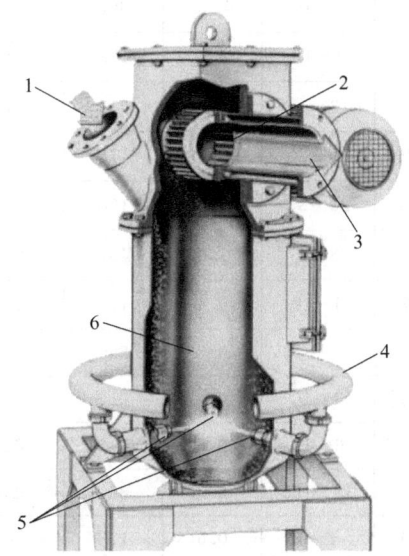

图 24-3-85 流化床对喷式气流磨

1—原料入口；2—分级转子；3—粉碎产品；4—空气环形管；5—喷嘴；6—粉碎区

高硬度物料。其能耗与其他类型气流磨相比低 30%～40%。给料莫氏硬度最大为 10，产品粒度为 95%通过 2～200μm。噪声小于 82dB（A 声级）[51]。

表 24-3-30 流化床对喷式气流磨的应用

物料	AFG-型	给料粒度① /μm	产品粒度① /μm	压力 /MPa	气体流量 (标准状态) /m³·h⁻¹	处理量 /kg·h⁻¹	比能耗 /kW·h· kg⁻¹	注
青霉素	200-R	11～36	5～15	0.4	199	66	0.30	充 N_2
牙科玻璃	100	42～150	4～8	0.5	38	0.9	4.5	陶瓷转轮
Al_2O_3	400	15～45	4～9	0.6	712	65	1.20	陶瓷转轮

续表

物料	AFG-型	给料粒度[①]/μm	产品粒度[①]/μm	压力/MPa	气体流量(标准状态)/m³·h⁻¹	处理量/kg·h⁻¹	比能耗/kW·h·kg⁻¹	注
珐琅	200	630～1600	9～24	0.3	252	19	1.14	陶瓷转轮
长石	200	30～130	6～15	0.5	238	25	0.99	陶瓷转轮
牙瓷	100	150～1000	12～32	0.5	39	2.1	2.03	陶瓷转轮
石英	200	240～315	10～24	0.6	278	48	0.06	陶瓷转轮
高岭土	400	6～47	3～10	0.7	814	140	0.68	陶瓷转轮
荧光粉	400-R	50～4000	13～20	0.08	1120	351	0.11	陶瓷转轮，松散
调色剂 1	400	2000	11～23	0.6	712	51	1.52	
粉末涂料	200	23～80	6～11	0.6	178	34	0.65	
PE-脂	400	12～30	7～11	0.8	916	60	1.90	
PE-金属球	400	−6000	8～16	0.95	662	27	3.15	
硅（99.8%）	200	125～630	4～10	0.6	178	11	1.98	充 N₂，陶瓷转轮
钕铁硼	200-R	17～150	13～—	0.45	219	11	1.90	充 N₂，陶瓷转轮
Mo-Fe	200	500～1200	10～20	0.6	178	4.2	4.95	陶瓷转轮
Fe(90%)＋Al	200	24～50	20～35	0.6	178	52	10.70	陶瓷转轮
Ni-Co 金属	200-R	43～85	28～47	1.0	437	2.3	24.70	陶瓷转轮
硅	200-R	31～57	6～12	0.6	178	25	0.87	N₂
Ti	200-R	—		0.6	260	90	0.33	110℃，松散
氧化铁（红）	400	17～50	3～10	0.6	712	94	0.82	
氧化铁（黑）	400	500～1500	6～13	0.6	712	62	1.23	
母炼胶	400-R	80～350	38～190	0.45	851	625	0.12	
氧化镁	200	11～49	4～8	0.6	178	30	0.73	
色素（黄）	200-R	—	—	0.5	180	75	0.26	松散
金属粉	400-S	120～240	110～230	0.34	1100	250	2.30	选择磨碎
调色剂 2	400-S	14～23	—	0.03	335	50	0.21	循环温度 78℃
滑石	400	14～64	4～12	0.6	675	70	1.04	180℃
硅胶	200	47～109	6～18	0.6	178	90	0.24	150℃
斑脱土	400	23～100	4～12	0.6	712	92	0.81	150℃

① 表示 $d_{50} \sim d_{97}$。

气流磨为目前很重要的超细粉磨设备，它广泛用于化工、医药、建材、电器等物料的超细磨碎，气流磨产品粒度可达 $5 \sim 10 \mu m$ 以下，且纯净不被污染。气流磨的缺点是给料粒度不应太大，附属设备多，如空气压缩机、气水（油）分离器、气力分级设备等。处理量小、电耗高、生产成本高，例如处理 1t 物料电耗为 $70 \sim 1000 kW \cdot h$，有的甚至高到 $2000 kW \cdot h$ 以上。

3.10　新的磨碎技术的应用

3.10.1　助磨技术

3.10.1.1　微波助磨

加热固体时，热在其中传播，固体体积膨胀，不同的组分具有不同的膨胀系数，有些固体还会发生相变，以及受约束的固体内存在热应力。加热固体表现出的这些性质可以应用于粉碎作业，使粉碎效率提高。近年来微波加热作为一种新兴的助磨技术受到了越来越多的关注。

所谓微波，就是频率在 $0.3\sim300GHz$、波长在 $1000\sim1mm$ 范围内的电磁波。微波是一种高频电磁波，能够渗透到矿物内部，使物质分子产生取向极化和变形极化，随着电极的不断变化，极化方向也在不断变化，从而出现矿物体的自加热效应，温度升高。但是，由于矿石中的各种矿物性质不同，吸波特性也有差异，从而导致矿石中的各个矿物产生温度差，加之各矿物的热膨胀系数也不同，结果就会产生热裂等现象，使矿物体系中产生微裂纹并使原有的微裂纹扩展，从而有利于后续的粉碎作业[52]。

3.10.1.2　超声波粉碎

超声波是指频率在 $20000Hz$ 以上，不能引起正常人听觉反应的机械振动波，其特征是频率高、波长短、绕射现象小，具有聚束、定向及反射、透射等特性。超声波粉碎是利用超声波能量的两个优点：高能量密度（每平方厘米接触面有数千千瓦能量）和高频应力（$20kHz$）。使用的高密度表面能量可能转换成一个小的粉碎活性区域，允许被处理的物料有较短的滞留时间。采用频率很高的应力直接使得破碎率提高。这两点是互为补充的。早在 20 世纪 80 年代末、90 年代初，美国犹他粉碎中心对超声波粉碎技术进行了开发，组装并研究了 1 台超声波粉碎设备[53,54]。通过采用一种特殊的压电陶瓷并对其预加 $>10^4kPa$ 的负荷以获得最大强度，使超声波转换器取得了重大改进。这种改进的系统使用稳定，而快速的振动促进矿石疲劳破裂，从而产生更有效的粉碎效果；对不同的物料用超声波啮辊磨机使矿粒成功地得到了粉碎；石灰石的超声波粗碎和干式球磨结果比较表明，超声波设备的产品比球磨机的产品粒度分布更窄，特别是在产品的粗粒级范围内很少残存大颗粒，在超细粒级范围内避免了物料过粉碎。这种特点使超声波粉碎设备除了在选矿领域应用外，可能在别的领域获得更为有意义的应用，例如粉末冶金或材料科学。

3.10.1.3　高压电脉冲粉碎技术

高压电脉冲粉碎是基于水中高压放电实现的一项世界先进的粉碎技术。瑞士 SelFrag 公司利用这项技术制造出了商用的高压电脉冲粉碎机[55]。有实验室间歇型和半工业连续生产型两种类型，处理量分别为 $1.5t\cdot h^{-1}$、$10t\cdot h^{-1}$。它的粉碎机理是：设备能产生 $90\sim200kV$ 的高压，然后在几微秒的极短时间里通过高压工作电极放电，瞬间产生强烈的高压电脉冲波传播到固体样品上，使固体颗粒主要沿着天然的边缘（如颗粒边界、包裹体、不同物相之间）破裂，这种粉碎效果有点类似于 TNT 等的化学爆炸过程，正是这种选择性粉碎机理，使得固体样品中的矿物能被完全解离出来，而保持完整的晶形而不被破坏（图 24-3-86）。

目前高压电脉冲粉碎技术已在地球科学中得到了应用，它可以把岩石样品中各种矿物完全解离出来，比如锆石、独居石、磷灰石、石英、云母等，为从岩石中挑选单矿物提供了一

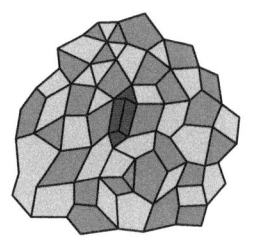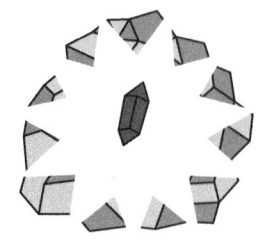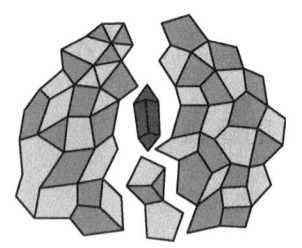

图 24-3-86 高压电脉冲粉碎机理示意图

个新的途径。此外，该技术还可以应用在电子设备的废物回收利用，以及金红石、铜矿等金属矿的磨碎作业[56]。

高压电脉冲粉碎机已用于单晶和多晶硅的生产。高压电脉冲粉碎机与锤碎机和颚式破碎机的粉碎性能对比，列于表 24-3-31。

表 24-3-31 高压电脉冲粉碎机与锤碎机和颚式破碎机的粉碎性能对比

颗粒粒度目标值:>80%2～40mm	锤碎机	颚式破碎机	高压电脉冲粉碎机
自动化程度	没有	局部	全自动化
2mm 损失率	5%	5%	3%
污染深度	10～50μm	10～50μm	1～3μm
金属污染	W	W,WC,Co	Fe
为了达到<1×10^{-9}需要蚀刻	重	重	轻
颗粒形状	针形,带尖锋	针形,带尖锋	圆形,没有尖锋

采用高压电脉冲粉碎机对矿料进行预处理，可以弱化矿料，产生许多裂缝，使矿料变得易磨。

对比传统的粉碎方法（破碎＋碎磨），这种高选择性的粉碎方法有很多优点：容易清洗，没有交叉污染；破碎在水中进行，没有粉尘；没有噪声污染；选择性破碎，不破坏矿物晶形。

3.10.2 磨机的优化

3.10.2.1 离散元分析（DEM）

自从 1990 年 Mishra 和 Rajamani 首次应用二维离散元方法模拟球磨机内研磨介质运动以来[57]，离散元方法已被广泛地用来模拟不同类型的磨碎设备，在磨机上的应用得到了长足的发展。

（1）磨机功率 在 20 世纪 70 年代，粉碎领域盛行的研究课题是用于磨机功率计算的邦德公式的改进和发展。其中转矩-力臂公式占主导地位。

然而所有这些模型都不能对提升板几何或钢球大小分布的变化做出反应，这使得离散元模拟技术崭露头角，因为它能够对泻落料荷的行为和泻落料荷层，以及抛落料荷层中的钢球的行为作出解释。钢球与钢球、衬板和提升板等之间的成千上万次碰撞所消耗的能量总和即获得磨机功率。

不同物料的颗粒粒度分布和物料参数（如恢复系数、摩擦系数、刚度、密度等）是不同的。离散元仿真可以很容易地分析这些物料参数的变化对功率的影响。Cleary 的研究结果表明，在磨机转速率 $N \leqslant 75\%$ 时，恢复系数对功率的影响较小，而摩擦系数的变化对功率的影响较为明显[58]。

离散元法在模拟磨机中物料运动时能够考虑不同操作条件和设计参数的影响，因而可以比较准确地预测磨机的功率。Rajamani 等人采用 2D 离散元模拟软件 Millsoft 模拟得到了直径在 $0.25 \sim 10.2 \mathrm{m}$ 之间的球磨机的功率值，与实际值进行了对比，两者十分接近。证明了 2D 离散元方法能够比较精确地预测球磨机的功率[59]。

(2) 衬板的设计　通过离散元法可以研究衬板的倾角、高度和数量等参数对磨机的功耗和冲击能量等工作性能的影响，为磨机衬板的设计和优化提供解决方案。在经过许多实践验证之后，离散元法已经成为磨机筒体衬板和提升板设计的一个可靠的工具。

Makokha 等对于原有的衬板和对磨损衬板用装有可拆卸的提升条进行改装的衬板进行仿真，并将仿真得到的球磨机的运动形态和功率与试验结果进行对比，验证了 DEM 的可靠性，说明 DEM 可以用于衬板的选择和已有衬板的改进设计，从而优化衬板性能，延长使用寿命。

(3) 衬板磨损模拟　通过离散元法可以获得颗粒与磨机内表面之间的碰撞力的详细估算，从而根据不同摩擦作用的磨损率可以估算出关键部件如半自磨机提升器的相对磨损和磨损变化。

Cleary 采用了两种方法来预测衬板的冲击破坏。第一种为颗粒与衬板之间的正向碰撞带来的能量损失，第二种为测量碰撞的过量动能。低速碰撞（小于 $0.1 \mathrm{m \cdot s^{-1}}$）数量较多，但对衬板破坏作用小，高速碰撞对衬板破坏大。图 24-3-87 所示为滚筒磨机的冲击破坏。整个提升棒顶部的磨损都很大，峰值出现在顶角处。前后面由于受陡峭面角和封闭提升空间引起抛落流的保护而破坏很小。当提升棒打击底脚区的介质时，在提升棒引导面的上部产生较强的磨损。衬板的磨损很高，中间部位最高。这种破坏由抛落流穿透提升棒间重击衬板引起。衬板的中间部分是最受冲击的，因此磨损程度最高[60]。

Powell 等人应用离散元软件对球磨机的工作过程进行了仿真，成功地预测了不同形状的提升条的磨损速率，为优化衬板提升条的几何形状提供了依据。

(4) 在磨碎设备中的应用　应用离散元法预测了自磨机和半自磨机中不同尺寸和形状的矿石颗粒对粉磨过程的影响，图 24-3-88 为半自磨机中矿石颗粒为非球形，研磨介质为球形时的仿真结果[61]。

研究发现，自磨机、半自磨机中大多数的物料进行的是低能碰撞，其中只有 0.1% 的碰撞能导致物料颗粒经一次碰撞就产生破损；有 2.0% 的碰撞能够引起物料颗粒的累计破损；其他的碰撞只能引起物料颗粒的表层磨损。研究结果可为今后更合理地设计自磨机和半自磨机提供了重要的参考。

在矿物的细磨和超细磨领域，普通的卧式球磨机的能量利用率低、能耗高，而采用以摩擦研磨施力方式为主的塔式磨机能量利用率高，磨矿效果好。

Cleary 等人首次应用离散元法研究了一个工业规模的塔磨机（大约有 1000 万个颗粒）中研磨介质的流动情况，如图 24-3-89 所示。仿真结果中颗粒的颜色代表其轴向速度的大小，这清楚地表明了塔磨机内螺旋搅拌器中研磨介质的上向流，以及螺旋搅拌器之外的环形

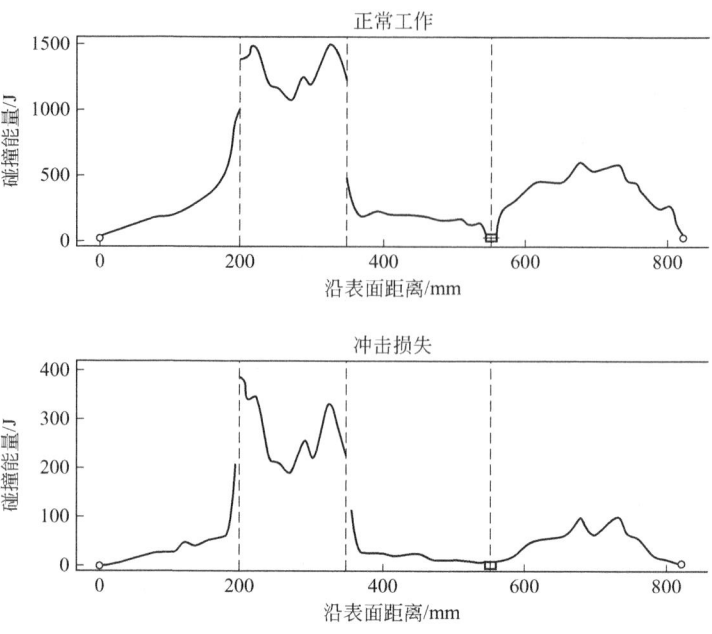

图 24-3-87   滚筒磨机的冲击破坏

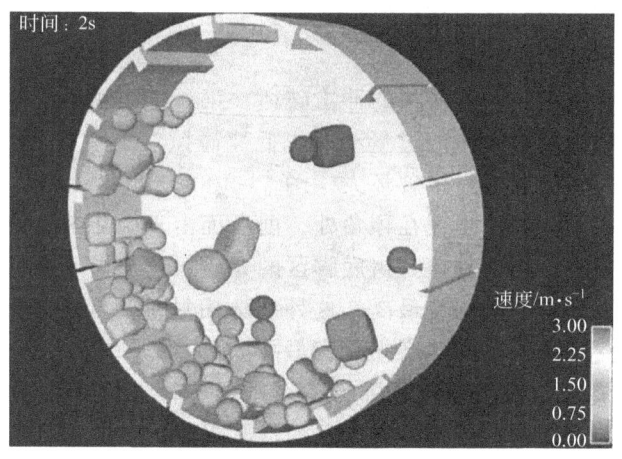

图 24-3-88   半自磨机仿真结果

区域里研磨介质的下行流[62,63]。Sinnott 等人应用三维 DEM 仿真从介质运动、能耗和碰撞环境、联合模拟模型研究了塔磨机中研磨对磨机工作过程的影响，并应用离散元法探究了非球形的研磨介质对塔式磨机工作性能的影响[64]。

Sinnott 等人应用 DEM-SPH 联合模拟模型研究了塔磨机中研磨对磨机工作过程的影响，并应用离散元法探究了非球形的研磨介质对塔式磨机工作性能的影响[65]。

西安理工大学闫民和郭天德等采用离散元法对振动磨机进行了建模和分析，尽管计算机技术的发展促进了 DEM 模拟仿真技术的进步，但是由于无法对大量的颗粒状态进行实际试验，从而验证 DEM 仿真的准确性，所以限制了 DEM 技术在实际工业中的应用。如何将模拟仿真结果与实际的试验数据进行对比验证仍有大量的工作要做，但是可以肯定，使用 DEM 进行模拟仿真进行预测的结果要远远比使用半经验模型预测的结果准确。

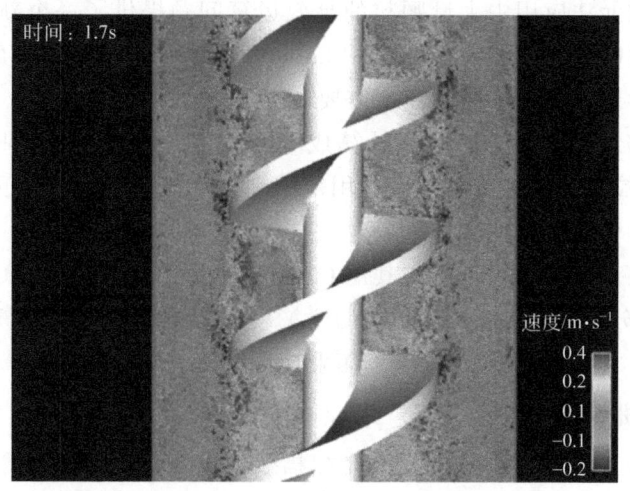

图 24-3-89 塔磨机内研磨介质的流动过程

(5) 磨机介质的运动学和动力学的模拟 采用 DEM 技术还可以对磨机内矿浆中的颗粒状态以及磨碎情况进行模拟仿真。

三维离散元仿真的一个特点是能够跟踪磨机矿浆流中的每一个颗粒的运动，模拟颗粒与颗粒之间的碰撞以及颗粒与衬板、格子板和矿浆提升器等周边环境的碰撞。图 24-3-90(a) 所示为 $1.8m \times 0.6m$ 半自磨机中的钢球的模拟仿真实例。图 24-3-90(b) 所示为 $1.8m \times 0.6m$ 半自磨机中的颗粒的模拟仿真实例[65]。

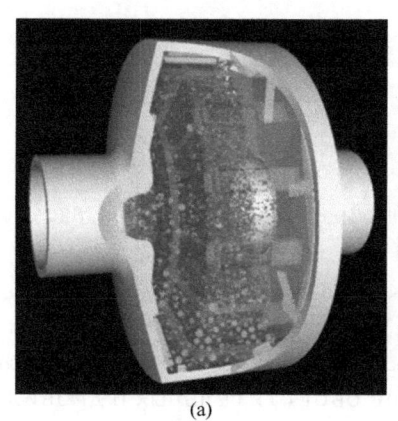
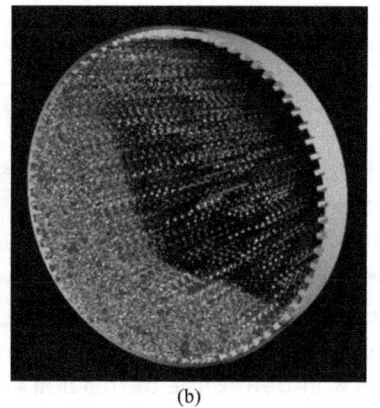

(a)　　　　　　　　　　　　　　　(b)

图 24-3-90 半自磨机中的钢球和颗粒运动的三维离散元模拟

利用离散元法对半自磨机进行建模可以帮助理解磨机负载的动力学，并提供优化磨机的设计、控制以及降低磨损的方案。这有助于减少停工时间，提高磨机效率，增大处理量，降低能耗和易损件消耗等。

(6) 离散元的计算 目前离散元模拟技术已经达到了采用三维离散元方法来模拟生产规模的磨机的水平。对于不断增加的更加复杂的过程，三维离散元仿真技术对筒体内拥有千万个颗粒的大型磨机的模拟仿真是一项非常耗时的工作，需要大量的计算资源。对于拥有超过100000 个颗粒的大规模离散元仿真计算，即便采用多节点处理器、克雷（CARY）计算机和并行计算算法仍需要数周的计算时间。

模拟计算和计算时间。在这方面最新的进展是 GPU 计算。基于 GPU 的计算机图形学加速算法为解决离散元法应用中大量颗粒的高效运算问题提供了一个新的方法。采用 GPU 计算技术后，计算时间大大缩短，例如采用 250000 个球形颗粒的半自磨机的模拟需要 8h，采用 1000000 个球形颗粒的球磨机的模拟需要 27h。

预计在人们能够承受的计算时间和计算成本的范围内，离散元工业仿真的颗粒数将达 10 亿个。10 亿个颗粒不仅意味着离散元应用范围和仿真规模的增加，更意味着离散元仿真将得出更多有趣和有价值的结论。

在工业应用中离散元法通常还需与其他 CAE 工具联合使用，比如 CFD（计算流体动力学）、FEA（有限元分析）、RBD（刚体动力学）等连续体分析方法，DEM 模型还可以与 PBM 模型联合使用，进而解决更加复杂的工业应用问题。

3. 10. 2. 2　提高磨机效率

通过一台专门校正过的 Terrestrial 激光扫描仪，MillMapper 技术能够在 15min 内扫描和记录下磨机内全部衬板表面，提供衬板厚度测量数据多达 1000 万个，在所有磨损处的衬板厚度的测量准确度为 ±3mm。在完成扫描之后，这些原始数据被上传和处理来建立高清晰度的 3D 模型，软件能够自动分辨出高磨损区和不对称的磨损样式，对裂开的衬板、松动的衬板和破损的格子板也能够容易地分辨出来，最终绘制出衬板磨损跟踪曲线并提供智能化的预测报告[66]。

MillMapper 技术的采用能够延长衬板使用寿命，优化衬板的设计，探明出衬板的早期故障并增加磨机的运转率。

参考文献

［1］ Taggart A F. Handbook of Mineral Dressing. New York: Wiley, 1945.
［2］ Wills B A, Finch J A. Mineral Processing Technology. 8th edition. Amsterdam: Elsevier, 2016.
［3］ 神保元二. 粉体工学会誌, 1985, 22（6）: 380.
［4］ Lynch A. Comminution Handbook. Carlton Victoria: AusIMM, 2015.
［5］ Davis E W. Bulletin AIME, 1919, 146: 111-156.
［6］ Kelly E G, Spottiswood D J. Introduction to Mineral Processing. New York: Wiley-Interscience, 1982.
［7］ БЕРЕНОВ Д И. ДРОБИЛЬНОЕ ОБОРУДОВАНИЕ ОБОГАТИТЕЛЬНЫХ И ДРОБИЛЬНЫХ ФАБРИК. СВЕРДЛОВСК, 1958.
［8］ 任德树. 粉碎筛分原理与设备. 北京: 冶金工业出版社, 1984.
［9］ King R P. Modeling and Simulation of Mineral Processing Systems. Littleton, Colorado: SME, 2012.
［10］ Blanc E C, Eckardt H. Technologies der Brecher, Muhlen und Siebvorrichtungen. Deutsche Bearbeitung: Springer, 1928.
［11］ Blanc E C. Aufbreitungs Technik, 1962（3）.
［12］ Mittag C. Die Hartzerkleinerung. Berlin: Springer-Verlag, 1953.
［13］ Hoffl K. Zerkleinerungs - und Klassier-maschinen. Berlin: Springer-Verlag, 1986.
［14］ Bond F C. British Chemical Engineering, 1961, 6(6): 378-385.
［15］ Rowland C A, Kjos D M. Mineral Processing Plant Design//Mular A L, Bhappu R B. Chapter 12. New York: SME of AIME, 1978.
［16］ Digre M. Wet Autogenous grinding in tumbling mills. AIME Annual Meeting, Denver, Colorado, 1970.

[17] 陈炳辰. 磨矿原理. 北京: 冶金工业出版社, 1989.

[18] Bond F C. Engineering & Mining Journal, 1964, 165(8): 105-111.

[19] Lynch A J, Rowland C A. The History of Grinding. Littleton, Colorado: SME, 2005.

[20] Mular A L, Halbe D N, Barratt D J. Mineral Processing Plant Design, Practice, and Control. Littleton, Colorado: SME, 2002.

[21] Austin L G, Shoji K, Bell D. PowderTechnology, 1982, 21(1): 127-133.

[22] Morrel S. Trans IMM, 1992, 101: C25-32.

[23] Morrell S. Prediction of Power draw in tumbling mills. The University of Queensland, 1993.

[24] Weiss N L. SME Mineral Processing Handbook: Vol. 1. Littleton: SME, 1985.

[25] Lowrison G C. Curshing and Grinding: The Size Reduction of Solid Materials. Cleveland: CRC Press Inc, 1974.

[26] Gock, E, Corell J. BHM, 2006, 151(6): 237.

[27] Schubert H. Aufbereitung fester mineralischer Rohstoffe, Band I, VEB Deutscher Verlag fur Grundstoffindustrie, Leipzig, 1989.

[28] Andres K, Haude F. The Journal of the Southern African Institute of Mining and Metallurgy, 2010, 110(3).

[29] Russell A. Ind Miner, 1989(4): 57-70.

[30] Wills B A, Napier-Munn T J. Mineral Processing Technolgy. Amsterdam: Elsevire, 2006.

[31] Vibration Ball Mills brochure, Metso Minerals. 2000.

[32] Weiss N L. SME Mineral Processing Handbook. Volume 1. New York: AIME, 1985.

[33] Gock E, Kurrer K E//Ozbayoglu, et al. Minearl Processing on the verge of the 21st Century. Rotterdam: Balkema, 2000: 23-24.

[34] 王忩, 罗帆. 中国建材装备, 1998 (5): 14-17.

[35] Bachmann D. VDI-Verfahrenstechnik Beiheft, 1940(2): 43.

[36] Tarjan G. Mineral Processing Vol. 1. Fundamentals, Comminution, Sizing and Classification. Budapest: Akamemiai Kiado, 1981.

[37] Rose H E, Sullivan R M E. Vibration Mills and Vibration Milling. London: Constable, 1961.

[38] Rose H. A report to Chemical Engineers. London. 1967.

[39] Marshall V C. Comminution. London: Institute of Chemical Engineers, 1980.

[40] Boyes J M. International Journal of Mineral Processing, 1988, 22(1-4): 413.

[41] Hoffl. Zerkleinerungs-und Klassiermaschinen, 1981.

[42] Grizina K, Meiler H, Rosenstock F. Aufbereitungstechnik, 1981, 22(6): 303.

[43] Lloyd J D, et al. Journal of the South African Institute of Mining and Metallurgy, 1982 (6): 149.

[44] DIN241000 Teil 2. Mechanische Zerkleinerung, 1983.

[45] Luckie, Austin. Coal Grinding Technology—A Manual for Process Engineers, 1980.

[46] Brundiek H. Aufbereitungs-Technik, 1989, 30(10): 610.

[47] Jimmy Swira. African Mining Brief. Feb 8, 2017.

[48] 伊藤光弘. 粉粒体装置. 东京: 东京电机大学出版局, 2011.

[49] Klimpel R R. Introduction to the Principles of Size Reduction of Particles by Mechanical Means. Gainesville: Engineering Research Center at the University of Florida, 1997: 1-41.

[50] 郑水林译. 粉碎工程, 1992 (4): 13.

[51] Lin G. Powder and Bulk Handling, 2016(6): 5.

[52] 魏延涛, 刘亮. 矿业快报, 2008, 24(10): 69-71.

[53] Yerkovic C, Menacho J, Gaete L. Minerals Engineering, 1993, 6(6): 607-617.

[54] Lo Y C. Proceedings of the XIII International Mineral Processing Congress, 1993, 1: 145-153.

[55] Wang E. Minerals Engineering, 2012 (5):

[56] 刘建辉, 刘敦一, 等. 岩石矿物学杂志, 2012 (5):

[57] Mishra B K, Rajamani R K. KONA Powder and Particle, 1990, 8(8): 92.

[58] Cleary P W. Minerals Engineering, 1998, 11(11): 1061-1080.

［59］ Rajamani R K，Mishra B K，Venugopal R，et al. Powder Technology，2000，109：105-112.

［60］ Cleary P W. Minerals Engineering，2001，14(10)：1295.

［61］ Cleary P W. Fngineering Computations，2009，26(6)：698-743.

［62］ Powell M S，Weerasekara N S，Cole，S，et al. Minerals Engineering，2011，24(3)：341-351.

［63］ Delaney G W，Cleary P W，Morrison R D，et al. Minerals Engineering，2013，50-51(5)：132-139.

［64］ Sinnott，Cleary P W，Morrison R D. Minerals Engineering，2011，24(2)：152-159.

［65］ Morrison R D，Cleary P W. Minerals Eningeering，2004，17：1117-1124.

［66］ Franke J，Lichti D D. Proceedings of the 40th Annual Canadian Mineral Processors Conference. Ottawa. 2008：391.

4

筛分

4.1 概述

筛分是将松散的固体混合物料通过单层或多层筛面的筛孔，按照粒度分成若干个粒级的物理过程。迄今为止，筛分仍然是最精确的颗粒分级过程。在生产中，根据筛分作业的目的和用途，采用各种不同的筛分机。

筛分时，小于筛孔的较细颗粒（如图 24-4-1 中的 m_F）通过筛孔成为筛下产品；大于筛孔的较粗颗粒（如图 24-4-1 中的 m_G）留在筛面上成为筛上产品[1]。例如，筛孔尺寸为 12mm，筛上产品用＋12mm 表示；筛下产品用－12mm 表示。若用 n 层筛面来筛分物料，可得到 $n＋1$ 种产品。

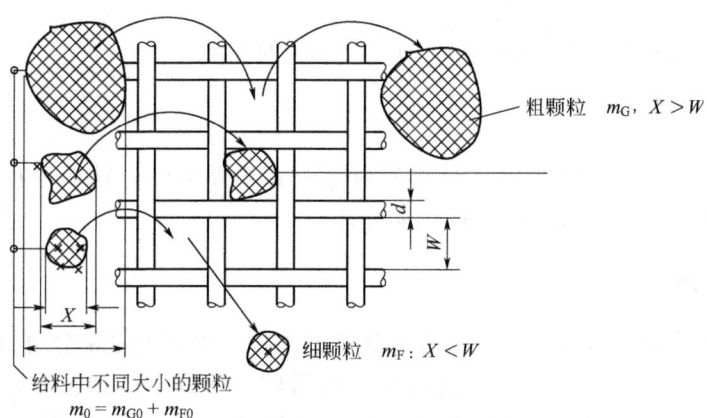

图 24-4-1 筛分：按照给料中颗粒大小 X 和筛孔大小 W 的
比较，分离成粗颗粒和细颗粒

4.2 筛分作业的应用

筛分作业广泛应用于各个部门，可以用作干式和湿式筛分。在工业中，筛分作业可以分为如下七种[2~4]。

4.2.1 准备筛分

即物料在进入下一作业之前所进行的准备工作。例如，在选矿或选煤之前将物料筛分成若干个粒级，送至下一个选别作业分别处理，以提高选矿或选煤指标。

4.2.2　预先筛分和检查筛分

这两种筛分作业常与破碎作业配合使用。预先筛分是在物料给入破碎机之前进行的筛分，主要是将给料中小于破碎产品粒度的细粒级预先筛分出去的作业，以减轻破碎机的负荷及物料的过粉碎。多数破碎作业都设置预先筛分。

检查筛分（即控制筛分）通常用于闭路破碎作业将破碎产品进行筛分的作业。目的是控制破碎产品，以符合粒度要求，并把经过筛分后的大于筛孔尺寸的粗颗粒，返回原破碎机继续进行破碎。

4.2.3　最终筛分

这种筛分的目的是将物料分为用户所需要的各种粒级产品，便于用户使用。例如，在煤炭工业，在动力煤发送之前常用筛分方法将其分为各种粒级。在建筑工业，对石块和砂子的粒度也按用户的要求用筛分方法分成不同的粒级。其他如冶金、炼焦炭、化工等部门，都对物料粒度有一定要求，均要采用最终筛分工艺。最终筛分也叫独立筛分。

4.2.4　脱水筛分

使湿的物料脱除其中自由的水。

4.2.5　脱泥筛分

从湿的或干的物料中脱除一般粒度小于 0.5mm 的细泥。

4.2.6　介质回收筛分

在重介质选矿中，采用筛分方法分离矿粒上附有的极细的磁铁矿等重介质，即脱除介质。或者在磨矿回路中，回收磨机中的磨矿介质。

4.2.7　选择筛分

当物料中有用成分在各粒级中的分布有显著差别时，可以通过筛分将有用成分富集的粒级同有用成分含量较少的粒级分开，前者成为粗精矿，后者送选别工序，或者当作尾矿丢弃。这种对有用成分起选择作用的筛分工序，实质上也是一种选别工序，因而也称为"筛选"。

4.3　筛面

筛面是筛分机进行筛分的主要工作部件。筛面上有各种形状的筛孔（如方形、长方形、圆形和条缝形等），筛孔形状一方面由筛面制造方法所决定（例如，编织筛网的筛孔不可能做成圆形），另一方面由筛分工艺、颗粒形状、筛孔尺寸及筛面有效面积所决定。

筛面有效面积（即筛面开孔率）是指筛面上筛孔所占面积与整个筛面面积之比值。筛面的有效面积越大，意味着细粒级通过筛孔的概率越高，即筛子的处理能力越大，筛分效率越高。在筛孔尺寸、网丝直径或筛孔间距相等时，筛面的有效面积，以长方形最大，方形次之，圆形最小。

4.3.1 筛面的种类

物料筛分可采用棒条筛、冲孔筛板、金属丝编织筛网和条缝筛面作为筛分的工作面。

4.3.1.1 棒条筛

棒条筛由一组平行安置的具有一定断面形状的钢棒条组成。棒条断面形状如图 24-4-2 所示。筛面中两个棒条之间的缝隙即为筛孔，筛孔的形状为长方形，长方形的短边为筛孔尺寸。这种筛面用于固定筛或重型振动筛上，适用于对大块（粒度大于 50mm）物料进行预先筛分。

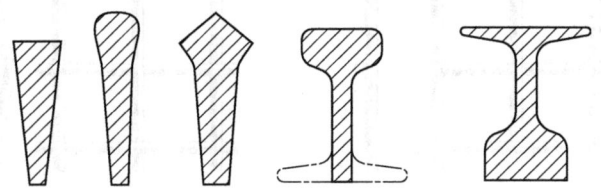

图 24-4-2　棒条的断面形状

4.3.1.2 冲孔筛板

冲孔筛板一般是在厚度为 5～12mm 的钢板上冲孔（筛孔）制成的。筛孔的形状有圆形、方形和长方形等。筛孔尺寸通常为 12～50mm，主要用于中等粒级物料的筛分。

冲孔筛板的筛孔排列方式如图 24-4-3 所示[5,6]。图 24-4-3(a)、(c)、(d) 的筛孔是交错排列，图 24-4-3(b) 的筛孔为平行排列。筛孔的间距应考虑筛面的强度和筛子的有效面积两

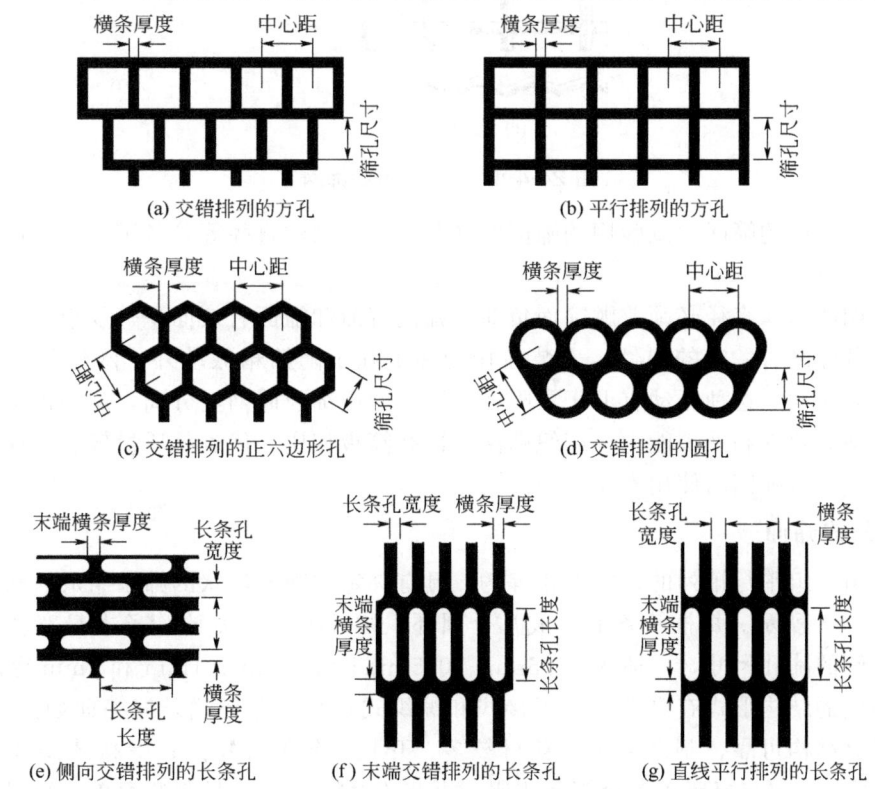

(a) 交错排列的方孔　　　　　　(b) 平行排列的方孔

(c) 交错排列的正六边形孔　　　　(d) 交错排列的圆孔

(e) 侧向交错排列的长条孔　(f) 末端交错排列的长条孔　(g) 直线平行排列的长条孔

图 24-4-3　冲孔筛板上筛孔的形状和排列方式

个因素。

4.3.1.3 金属丝编织筛网

筛网由金属丝（钢丝或铜丝等）的经线和纬线垂直编织而成（图24-4-4）。编织筛网可用作工业筛和试验筛的筛网。工业筛筛网的筛孔形状有方形和长方形两种，方形的较常用。而长方形筛孔的筛网，其长边通常平行于物料运动的方向。长方形筛孔的优点是筛网的有效面积大，筛分效率高。但它不适用于筛分含片状颗粒的物料。试验筛筛网的筛孔都是方形的。工业筛的筛孔尺寸通常为 $3\sim100\text{mm}$。试验筛的筛孔尺寸可小到 $37\mu\text{m}$，有的甚至更小。

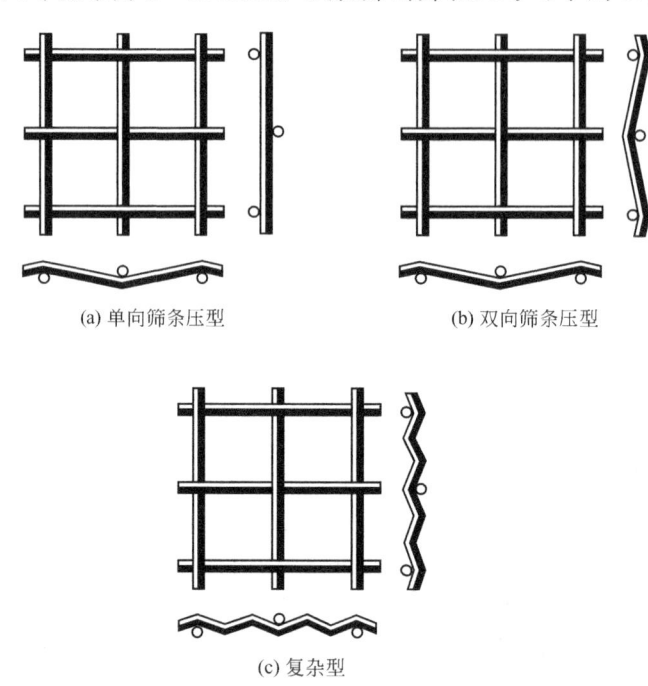

(a) 单向筛条压型   (b) 双向筛条压型

(c) 复杂型

图 24-4-4 金属丝编织筛网

目前，工业用的筛网和试验用的筛网的筛孔尺寸与网丝直径等，各国都已形成自己的标准（表24-1-15）。

编织筛网的网丝直径必须兼顾筛面负荷、筛网寿命和筛面有效面积等要求。

由于这种筛网有一定的弹性，安装在振动筛上除了随筛箱振动外，网丝还产生一些颤动，称为高阶振动。这种振动有助于黏附在网丝上的微细粒同网丝分离，从而避免了筛孔堵塞，提高了筛分效率和处理能力。编织筛网与冲孔筛板相比，优点是质量轻、筛面开孔率大和筛分效率高。但筛网的使用寿命较短。

4.3.1.4 条缝筛面

条缝筛由一组平行排列的、宽度相等的、具有一定的断面形状的筛条组成。筛条的断面形状如图24-4-5所示。每根筛条上弯成几个圆环，圆环处的宽度比筛条本身宽度大，其差值构成条缝筛的筛孔尺寸，一般为 0.25mm、0.5mm、0.75mm、1mm 和 2mm 等。

条缝筛面的结构形式有穿环式、焊接式和编织式三种。穿环式条缝筛面如图24-4-6(a)所示，它具有结构可靠、制造复杂、耗材较多、开孔率较低等特点；焊接式条缝筛面如图24-4-6(b)所示，它与穿环式条缝筛面相比，可节约材料30%，且制造简单；编织式条缝筛

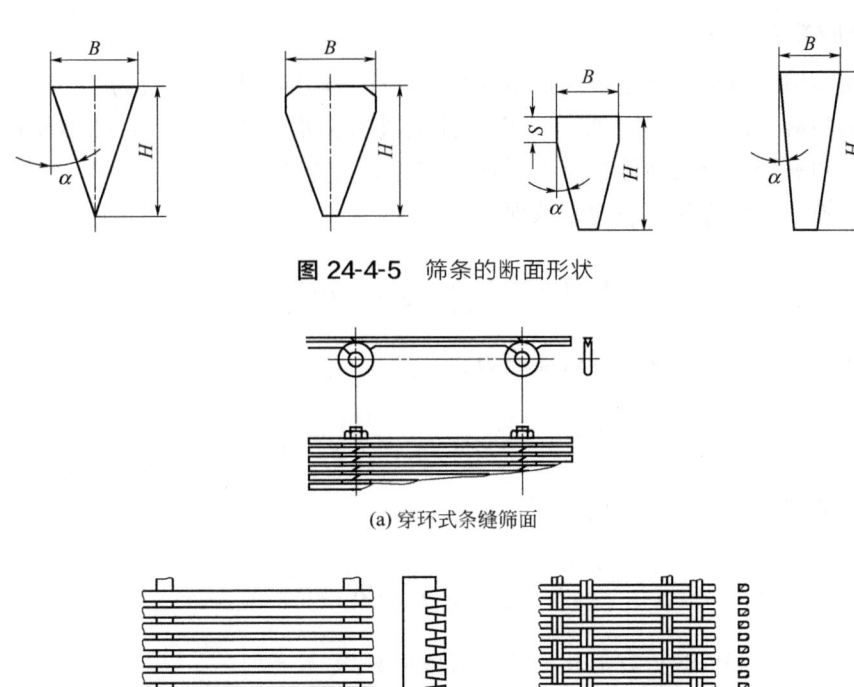

图 24-4-5 筛条的断面形状

(a) 穿环式条缝筛面

(b) 焊接式条缝筛面　　(c) 编织式条缝筛面

图 24-4-6 条缝筛面

面如图 24-4-6(c) 所示,它具有开孔率较高、质量小、拆装方便等优点,但使用寿命较低。

在煤矿中,煤的脱水和脱介作业普遍采用穿孔式条缝筛。条缝筛可用作细筛的分级作业。条缝筛板的技术规格见表 24-4-1[7,8]。近年来,焊接式条缝筛已开始推广应用。

表 24-4-1 条缝筛板技术规格

代号	L 条背高/mm	圆孔直径/mm	圈中心至条背距离/mm	筛缝/mm		条背宽/mm		倾角
尺寸	70	8.2	10.5	1.75	±0.03	1.5	±0.03	8°,12°,15°
				2.25		2		
				2.4	±0.05	2.1	±0.05	
				2.7		2.2		
				3.1		2.6		
				3.15		2.65		
				3.5		3		

筛面固定的可靠性对筛条(网)的使用寿命和筛分效率的影响很大。筛面安装在筛分机的筛箱上,固定于筛箱上的方法有:拉钩张紧法、木楔压紧法和压条固定法等。通常冲孔筛板和条缝筛面的两侧用木楔条压紧,筛面的中间部分用方头螺钉压紧。编织筛面(网)的两侧用拉钩装置钩紧固定,筛面的中间部分再用 U 形螺钉压紧。

4.3.1.5 橡胶筛面

橡胶筛面多用于黑色和有色金属矿山的矿石筛分。筛面的厚度一般为 12~20mm，筛孔应比要筛分的物料粒度大 10%~25%。橡胶筛面具有耐磨、寿命长、筛孔不易堵塞、噪声小、维护方便和筛分效率较高等特点。平均工作寿命约为 2000h。

对于圆形筛孔平行排列，筛面有效面积为：

$$A = 0.7854 \frac{a^2}{(a+S)^2} \times 100\%$$

圆形筛孔三角形排列的筛面有效面积为：

$$A = 0.905 \frac{a^2}{(a+S)^2} \times 100\%$$

方形筛孔筛面的筛面有效面积为：

$$A = \frac{a^2}{(a+S)^2} \times 100\%$$

具有长×宽为 $a \times W$ 的长方形孔的筛面有效面积为

$$A = \frac{aW}{(a+S)(W+S)}$$

式中　a——筛孔尺寸；
　　　S——最小壁厚。

4.3.2 筛面的材料

筛分机的筛面（网）过去一直采用耐磨的低碳钢、高碳钢、不锈钢和弹簧钢等金属材料制作。生产中，这类合金钢的筛面（网）普遍存在着使用寿命短、筛分效率低和噪声大等问题。据调查，我国金属矿山、煤矿、水泥厂等常用的筛分机的金属筛板（网）的使用寿命为：编织筛网一般在 20d 以下，冲孔筛板为 10~15d，条缝筛 1~2 个月，脱水筛板 2~3 个月。表 24-4-2 为我国某铁矿各种金属筛板（网）的使用情况。

表 24-4-2　某铁矿金属筛板（网）的使用情况

筛板种类	钢板冲孔(冲孔筛板)	钢条编织	钢条焊制		
筛孔尺寸/mm	$\phi 20$	20×90	20×45	16×75	12×23
有效面积/%	29.70	59.50	39.00	54.50	41.00
筛分效率/%	15.00	89.00	86.00	89.6	49.50
筛条直径/mm	—	6	16	6	12
使用期限/d	10~15	3~4	7~8	3~4	6~7
生产流程状况	开路	开路	开路	开路	闭路

为了解决金属筛面（网）的使用寿命短和筛分效率低等问题，近几年来，我国成功地研

制了各类筛分机使用的尼龙筛条（网）、橡胶和聚氨酯筛板（网），效果很显著。聚氨酯筛板（网）与金属筛板（网）比较，具有如下的独特优点。

a. 耐磨性能佳，使用寿命长。

b. 筛分效率高，处理能力大。聚氨酯筛板具有很高的弹性和韧性，筛分过程中，筛孔基本不堵塞，明显地提高了筛分效率和处理能力。

c. 噪声强度明显降低。噪声是环境污染的公害之一，不仅直接危害工人的身心健康，而且降低工人的劳动生产率，甚至造成工伤事故。聚氨酯筛板为弹性体，具有很强的减振和阻尼作用，生产噪声明显降低。据测定，聚氨酯筛分机的噪声强度可降低 8～10dB（A）。

d. 筛子重量轻。同样规格的筛板（网）（如 1500mm×3000mm 振动筛），铁织筛网质量为 40kg，而聚氨酯筛板的质量不到 10kg，这样，就明显地减轻了设备负荷，延长了筛子弹簧的使用寿命。同时还节省能源和降低电耗，一般电耗降低约 12%。

e. 减少更换筛网的次数和工时。聚氨酯筛更换筛板的周期可达近 3 年，在此期间内，只要每隔 2 个月去加固或更换一次固定筛面的木楔条即可。这样就节省了更换筛板的劳动工时和停机时间，提高了设备运转率和处理能力。

f. 适应性很强。在含有油、酸、碱性介质中均能适应。同时具有抗腐蚀性能，在各种矿浆条件下使用，几乎不产生腐蚀磨损。还具有良好的耐低温性能，一般在 −30～−70℃ 低温情况下，仍能保持弹性性能，能适应室内或露天作业。

聚氨酯的属性介于橡胶和塑料之间，它既具有橡胶的弹性和韧性，又具有塑料的高强度，是一种综合性能优良的新型的高分子聚合材料。也是制作各类筛分机的筛板（网）较理想的耐磨材料。目前，聚氨酯筛板（网）在国外得到广泛的应用。

橡胶筛面（板）可以直接由耐磨橡胶制成，也可以在有钢板、钢缆、编织物等的芯子外面包裹耐磨橡胶制成。筛孔形状有方形、长方形、圆形和条缝形等，筛孔尺寸般为 1～150mm，筛面的厚度通常为 12～20mm。瑞典制造的 Trellslot 脱水筛的橡胶筛面，筛孔尺寸最小只有 0.1～3mm。瑞典斯克加（Skega）公司生产的橡胶棒条筛的筛孔尺寸达 175mm。表 24-4-3 为美国 Flexdek 橡胶筛面的筛孔尺寸和筛面厚度。橡胶筛面的有效面积（开孔率）比规格相同的金属筛板（网）小些，详见表 24-4-4。

国产橡胶筛板的技术规格如表 24-4-5 所示。橡胶筛板的使用寿命比金属冲孔筛板提高很多，还具有筛孔不堵塞、筛分效率高、噪声低、质量轻和拆装方便等优点。

表 24-4-3　Flexdek 橡胶筛面的筛孔尺寸和筛面厚度

筛孔形状	圆孔				方孔			条缝孔				
筛孔尺寸/mm	4.8	12.5	25.4	40.5	9.5	25.4	42	1×25	2×25	3×25	6.3×25	25×44.3
筛面厚度/mm	3～4.8	7～8.7	22.4	37.5	5.5	22.4	37.5	3	3		5.5～7	11.9～15

表 24-4-4　橡胶筛面的筛孔尺寸和筛面有效面积

方形筛孔尺寸/mm	20	25	30	35	40	50	60	70	75	80	90	100	120	140	150
筛面有效面积/%	42.2	43.0	43.5	42.5	42.2	43.0	42.3	42.8	43.0	43.2	43.5	37.8	39.0	43.7	43.8
长方形筛孔尺寸/mm	4×20		6×20		8×20		10×20		12×20		15×20			18×20	
筛面有效面积/%	30.8		32.3		34.8		32.8		39.4		33.0			39.6	

表 24-4-5　国产橡胶筛板的技术规格

橡胶筛板的规格/mm	筛孔尺寸/mm	筛板厚度/mm
900×900	22×65	15
600×1800	14×45	20
800×978	26×56	20
860×920	13×15	15
750×860	13×15	15

4.3.3　筛分效率及其影响因素

在理想的筛分情况下，给料中小于筛孔尺寸的细粒级应该全部通过筛孔，成为筛下产品；粗粒级全部留在筛面上，成为筛上产品。在实际情况下，给料中大部分细粒级可通过筛孔排出，另有一部分细粒级则夹杂在粗粒级中成为筛上产品排出。筛上产品中夹杂的细粒级越少，说明筛分效果越好，筛分过程越完全。为了评定筛分的完全程度，引用筛分效率这个指标。

4.3.3.1　筛分效率计算

筛分效率，是指实际得到的筛下产品重量与给入筛子的物料中所含粒度小于筛孔尺寸的物料的质量之比。

以 Q_1、Q_2、Q_3 分别代表筛子的给料、筛下产品和筛上产品的物料质量。

以 β_1、β_2、β_3 代表相应的各产品中小于筛孔级别的含量（％）。显然 $\beta_2=100\%$。

则筛分效率 E 为：

$$E=\frac{Q_2}{Q_1\beta_1}\times100\% \tag{24-4-1}$$

工业生产中，筛分作业是连续进行的，Q_1 和 Q_2 的质量很难测得。实际上，只要测出各产品中小于筛孔级别的含量百分比，就可以计算出筛分效率，其计算公式可按下述推导得到：

按质量平衡关系得：

$$Q_1=Q_2+Q_3 \tag{24-4-2}$$

按小于筛孔粒级质量的平衡关系得到：

$$Q_1\beta_1=Q_2\beta_2+Q_3\beta_3 \tag{24-4-3}$$

求解上述的三个方程式，并消去 Q_1 值，即可得到：

$$E=\frac{\beta_2(\beta_1-\beta_3)}{\beta_1(\beta_2-\beta_3)}\times100\% \tag{24-4-4}$$

由于 $\beta_2=100\%$，故

$$E=\frac{100\%(\beta_1-\beta_3)}{\beta_1(100\%-\beta_3)}\times100\% \tag{24-4-5}$$

实际生产中，测定筛分机的筛分效率，首先要取有代表性的试样，然后对试样进行筛析，求出筛子给料中和筛上产品中小于筛孔级别的含量，即可按式（24-4-5）计算出筛分效率。

4.3.3.2 影响筛分效率的因素

评价筛分作业主要有两个技术指标：筛分机的筛分效率和处理能力。前者是质指标，后者是量指标。影响筛分效率的因素很多，大致可以归纳为物料性质和筛分机两个方面（表24-4-6）。

表 24-4-6　影响筛分效率的因素

物料性质方面	筛分机方面			
	筛面	筛面的振动	颗粒的运动	操作条件
粒度分布	筛机类型	振动形式	料层厚度	给料方法
颗粒形状	筛面宽度	振动方向	运动速度	给料速度
含泥量	筛面长度	振幅	堵塞筛孔作用	筛子安装状况
含水量	筛孔（网）形状	频率	分散性、成层性	防止筛孔堵塞的方法
颗粒密度	筛孔尺寸			
颗粒硬度	筛面倾角			
抗压强度	筛面（网）层数			
附着聚凝性	筛面（网）材料			
带电性	筛面张紧方向			
	筛面弹性			

（1）给料的粒度分布　给料的粒度分布是影响筛分效率和处理能力的关键因素。由于小于1/2筛孔的颗粒通过筛孔的阻力小，筛分时很容易通过筛孔，给料中此种粒度的颗粒比例越大，透筛率越高，则筛分效率越高。一般情况下，给料中接近筛孔尺寸的颗粒越多，筛孔越容易堵塞，筛分就越困难。如果筛孔发生堵塞，颗粒透筛率和筛分效率明显降低。在接近筛孔的颗粒中，特别是那些颗粒直径约为筛孔尺寸的0.7～1.0倍的所谓"难筛颗粒"，它们通过筛孔（网）的阻力大且难于透筛，给料中这种粒度的颗粒越多，筛子的处理能力和筛分效率均明显降低。另外，颗粒直径约为筛孔尺寸的1.0～1.5倍时，如果成为筛孔堵塞的原因，则阻碍小颗粒和筛下物通过，而使筛子的处理能力和筛分效率下降。

（2）给料的水分和泥质含量　颗粒的表面水分和颗粒之间的水分含量，特别是当筛孔尺寸较小而物料中含泥量较多的情况下，对于筛分效率的影响就较大。生产实践表明，当给料中不含或含很少的泥质且筛孔尺寸大于25mm时，颗粒水分对筛分过程的影响不大；当筛孔尺寸较小时，由于细粒的团聚，容易使筛孔发生堵塞，因而水分和矿泥的大小对筛分过程的影响较大；当给料中的含泥量较高而筛孔尺寸较小时，即使物料中含有少量水分，也会使颗粒具有黏附性和凝聚性，一方面细泥黏着筛面堵塞筛孔，另一方面黏附在较大颗粒上而不能透过筛孔，这样就对筛分过程产生重大影响，筛分效率和处理能力显著降低。此时，就要采取加水冲洗以除去泥质。我国南方很多选矿厂在矿石破碎的筛分作业中常常附设加水洗矿作业。根据经验，在筛分碎石时，给料的水分达到2%，通常是可以筛分的；水分超过5%，属于潮湿物料的筛分，则筛分过程很困难。图24-4-7为对粉煤进行筛分的实例。粉煤的水分含量低于 5％，可作为干粉煤处理（干式筛分），筛分效率较高；水分达到 5％～50％，为不可能筛分的黏结范围，筛分效率几乎为零；水分超过此范围，物料流动性变好，则属于混式筛分范围，筛分效率又将增高。

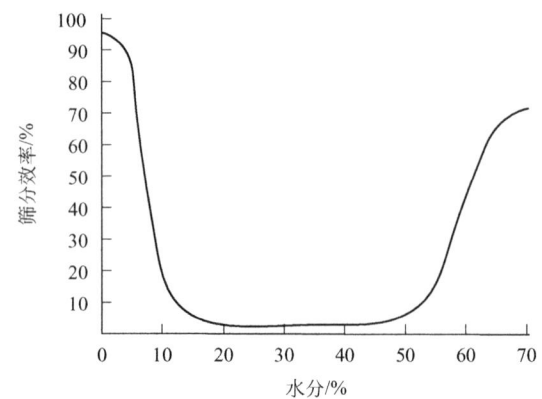

图 24-4-7　水分对粉煤筛分的影响

（3）筛孔的尺寸和形状　筛孔尺寸较大时，筛面的有效面积较大，筛分效率较高，此时物料的含水量对筛分效率的影响较小，一般情况下可使用方形筛孔。当筛孔较小且给料的水分含量较高时，由于方形孔的四个角附近容易发生粘连而堵塞筛孔，可用圆形筛孔。长方形筛孔适用于筛孔尺寸较小、给料中片状或条状颗粒较少的物料，其筛面有效面积和筛分效率较高，而长孔方向应与物料在筛面上的运动方向一致。

（4）筛面的长度和宽度　筛面宽度和长度分别对处理能力和筛分效率产生决定性的影响。在筛子处理能力和物料在筛面上的运动速度恒定情况下，筛面宽度越大，料层厚度越薄；长度越大，物料在筛面上的筛分时间就越长。这些都有助于筛分指标的提高。因此，筛面的长度与宽度的比值通常为 2.5～3。

（5）振动的幅度与频率　振动的目的在于使筛面上物料不断跳动前进，促进物料的松散和分层，防止筛孔堵塞，细粒很容易通过筛孔。一般来讲，筛分粒度小的物料采用小振幅、高频率的振动筛分机。

（6）筛面的倾角　筛分机通常都是倾斜安装的，这就需要正确地选择合适的筛面倾角。生产实践表明，倾角太大，物料在筛面上的运动速度太快，料层不易松散、分层，细粒通过筛孔网难，筛分效率明显降低；倾角过小，处理能力随之减小。所以当产品质量要求一定时，就应有一个合适的筛面倾角。筛面倾角对筛分效率的影响见表 24-4-7。

表 24-4-7　筛面的倾角与筛分效率的关系[①]

筛面的倾角/(°)	筛分效率/％	筛面的倾角/(°)	筛分效率/％
10	87.9	20	93.80
13	93.47	25	88.10
15	94.51		

① 1800mm×3600mm 振动筛。

（7）筛面的给料量　给料量过大，不仅是筛子的负荷过重而影响筛分机的寿命，更重要的是筛面上的料层过厚，影响了物料的分层和透筛过程，筛分效率则明显降低，如图 24-4-8 所示。

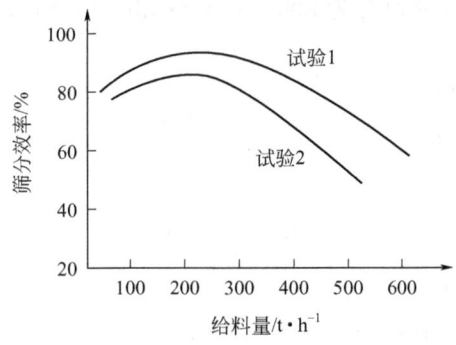

图 24-4-8 给料量对筛分效率的影响

4.4 筛分设备

工业上使用的筛分机种类很多，大致分为：物料运动方向与筛（面网）垂直的振动筛和进行旋回运动的旋转筛两大类。图 24-4-9 为主要筛分机的分类情况[1,9,10]。

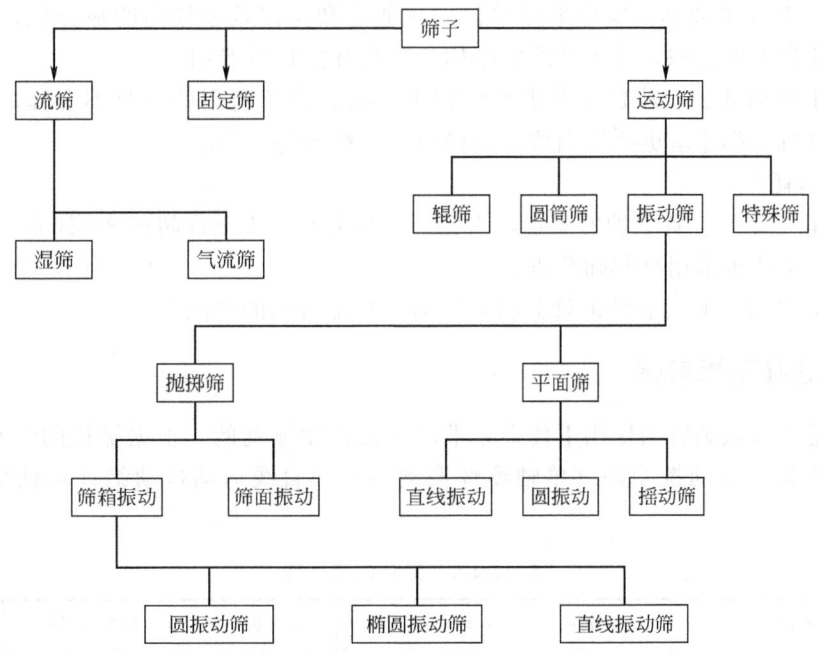

图 24-4-9 主要筛分机的分类

在选择筛分设备之前，首先应当充分了解各种筛分机的机械特性，例如：

① 筛面宽度；

② 筛面长度：宽度和长度之比；

③ 振动形式：圆形、椭圆形、直线振动及其他；

④ 振动方向；

⑤ 振幅（旋转半径）；

⑥ 振动次数（频率）：例如，旋转筛的振动次数一般为 $200 \sim 300 \text{r} \cdot \text{min}^{-1}$，而振幅约为

20～50mm；振动筛的振动次数通常为 800～1500r•min^{-1}，而振幅约为 2～8mm；

⑦ 筛板（网）层数；

⑧ 筛网（板）张紧方向；

⑨ 筛孔堵塞的解决方法；

⑩ 振动强度（K）。

$$K = A\omega^2/g$$

式中　A——筛子振幅，mm；

　　　ω——振动角速度，rad•s^{-1}；

　　　g——重力加速度，$g = 981$cm•s^{-2}。

工业用振动筛 $K = 3～5$，有的甚至达到 7。

工业上用的筛子应满足下列基本要求。

a. 筛面要耐磨损、抗腐蚀、可靠性好。筛分机往往都在非常恶劣的工况下工作，因此，要求筛分机能够长时间安全可靠地运行，而筛面的耐磨性是设备运行可靠性的重要问题。当前普遍采用耐磨橡胶、聚氨酯等高强度和高弹性的新型材料来制作筛分机的筛面，能够耐磨损、抗腐蚀，使用寿命比钢筛面（网）长，机器的重量减少，噪声降低。

b. 单位处理能力要高。应该采用单位处理能力和生产效率较高的筛分机，既可减小筛子的规格尺寸和占地面积，又可节约钢结构、厂房和能耗等费用。

c. 维修的时间要少。从费用和占地面积上来看，设置备用筛子是不合算的。因此，任何类型的筛分机，都要求更换筛面快，维修时间一般不超过 1h。

d. 能量消耗少。

e. 噪声低。按照设备维护的规定，多数筛分机的噪声不允许超过 85dB（A），因此，在大多数场合，不能再采用高频筛分机。

表 24-4-8 给出了有代表性的筛分机，作为选择筛分机的指南[11]。

4.4.1　振动筛和概率筛

振动筛是在激振装置的作用下使筛箱带动筛面产生振动的。根据筛箱的运动轨迹不同，振动筛可以分为圆运动振动筛（单轴惯性振动筛）和直线运动振动筛（双轴惯性振动筛）两类。

表 24-4-8　筛分机的选择

筛型项目	旋转筛	圆形振动筛	水平振动筛	倾斜振动筛	概率筛
筛分粒度/mm	0.1～3	0.3～3	0.8～50	8～100	0.7～7
处理量（最大）/m³•h^{-1}	15	6	—	100	80
物料最高温度/℃	120	120	300	200	120
最大颗粒直径/mm	30	30	300	200	50
筛分效率	◎	○	○	○	○
附着水分	◎	×	×	×	×
湿式筛分	×	◎	○	○	×

筛型项目	旋转筛	圆形振动筛	水平振动筛	倾斜振动筛	概率筛
处理物料（粉状）	◎	×	×	×	×
处理物料（粒状）	◎	◎	○	×	○
处理物料（块状）	×	×	○	◎	○
受矿部分的材质	◎	○	○	○	○
安装高度	○	○	◎	○	○
安装空间	◎	◎	○	○	◎
高处安装	×	◎	○	○	◎

注：◎表示良好；○表示可以；×表示不可以。

4.4.1.1 圆运动惯性振动筛

这种振动筛是由单轴激振器回转时产生的惯性力迫使筛箱振动。筛箱的运动轨迹为圆形或椭圆形。

圆运动惯性振动筛又可分为纯振动筛和自定中心振动筛。纯振动筛［图 24-4-10(a)］的轴承中心与皮带轮中心位于同一直线上。筛子工作时，皮带轮就随筛箱一起振动。这样，不仅筛子的振幅受到限制，一般不大于 3mm，而且由于三角皮带的反复伸缩，使得皮带易损坏。在自定中心振动筛［图 24-4-10(b)］上，皮带轮的中心不是位于轴承中心的同一中心线上，而是位于轴承中心和偏心块的重心之间，并保持下述的平衡关系：

$$MA = mr \tag{24-4-6}$$

式中　M——筛箱和负荷的总质量；

　　　A——筛箱的振幅；

　　　m——偏心块的质量；

　　　r——偏心块的重心至回转中心的距离。

当筛子工作时，筛框绕轴线 $O\text{-}O$ 作振幅为 A 的圆运动，而皮带轮的轴线只作回转运动，并维持在空间的位置不变。这种筛分机克服了皮带轮随筛箱一起振动的缺点。

目前，自定中心振动筛获得了最广泛的应用。

图 24-4-11 为国产 1500mm×4000mm 悬挂式自定中心振动筛。筛箱由四根带弹簧的吊杆悬挂在厂房的楼板或支架上。筛箱由筛框、筛面（网）和压紧装置组成。筛面上装有单层或双层筛网。筛箱的倾角为 15°～20°。偏心轴式的激振器通过轴承座安装在筛箱的侧壁钢板上，如图 24-4-12 所示。激振器的主轴上除配有向一方突起的偏心重外，在轴的两端装有带偏心块的皮带轮和圆盘。筛箱的振幅可通过增减皮带轮和圆盘上的偏心块调整。当主轴旋转时，由于激振器回转时产生的激振力，使得筛箱产生圆形轨迹的振动。这时，圆盘上的偏心块的重量，应该保证它们所产生的惯性离心力，能够平衡筛箱旋转（回转半径等于筛箱工作时的振幅）时所产生的惯性离心力，如公式(24-4-6)所示。这样筛框就绕轴线 $O\text{-}O$ 作圆运动，而皮带轮的中心在空间的位置保持不动，因此，这种振动方式的筛子称为自定中心振动筛。

国产圆运动振动筛的技术特征列于表 24-4-9[12]。

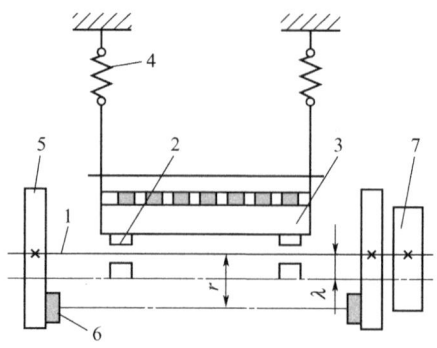

(a) 纯振动筛

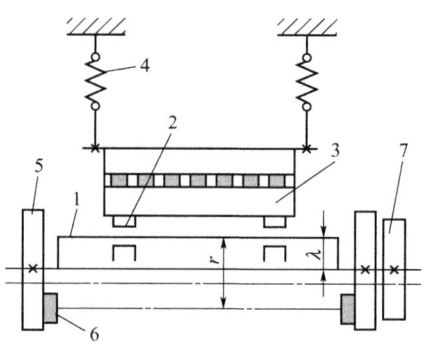

(b) 自定中心振动筛

图 24-4-10　圆运动振动筛结构示意图

1—主轴；2—轴承；3—筛箱；4—吊杆弹簧；5—圆盘；6—偏心块；7—皮带轮

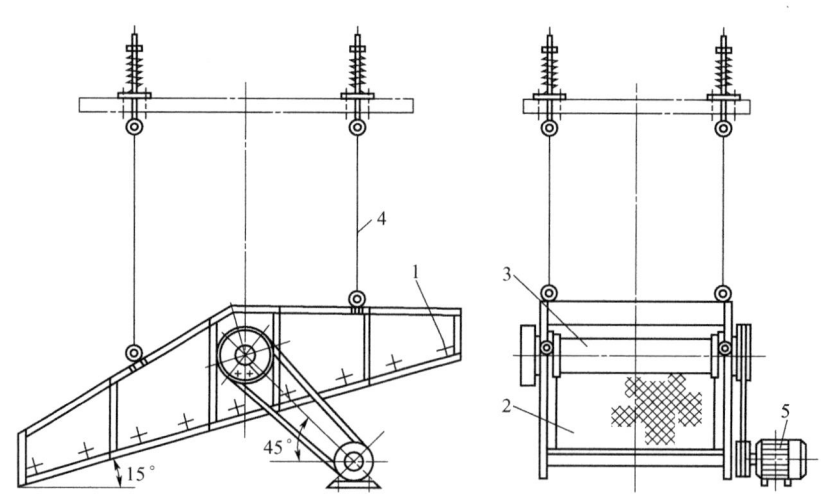

图 24-4-11　国产 1500mm × 4000mm 悬挂式自定中心振动筛

1—筛箱；2—筛网；3—激振器；4—弹簧吊杆；5—轴承座

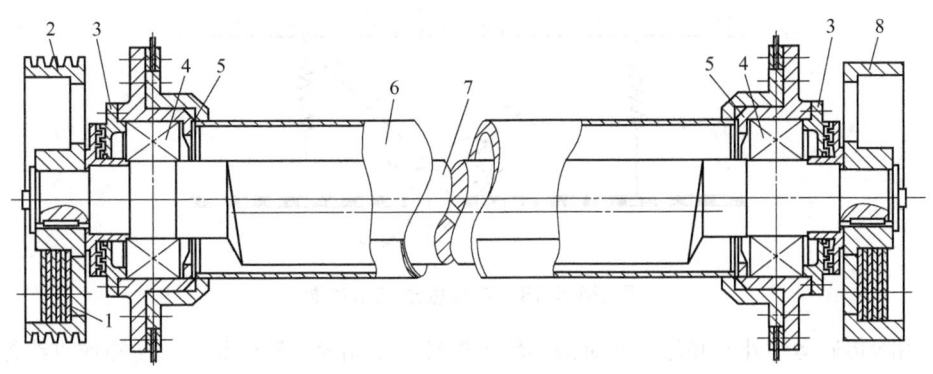

图 24-4-12 自定中心振动筛的激振器

1—偏心块；2—皮带轮；3—轴承端盖；4—滚动轴承；

5—轴承座；6—圆筒；7—主轴；8—圆盘

表 24-4-9 国产圆运动振动筛的技术特征

参数 型号	筛面				给料粒度 /mm	处理量 /t·h⁻¹	振次 /r·min⁻¹	双振幅 /mm	功率 /kW
	层数	面积 /m²	倾角 /(°)	筛孔尺寸 /mm					
ZD918	1	1.6	20	1～25	≤60	10～30	1000	6	2.2
2ZD918	2								
ZD1224	1	2.9	20	6～40	≤100	70～210	850	6～7	4
2ZD1224	2								
ZD1530	1	4.5	20	6～50	≤100	90～270	920	6～7	5.5
2ZD1530	2						850		
ZD1540	1	6	20	6～50	≤100	90～270	850	7	7.5
2ZD1540	2								
ZD1836	1	6.5	20	6～50	≤150	100～300	850	7	11
ZD1836J	1	6.5	20	43×58 87×104	≤150	100～300	850	7	11
ZD2160	1	12	20	10～50	≤150	240～540	900	8	22

注：处理量为参考值，以松散密度为 1.2kg·m⁻³ 的矿石为计算依据。

对于筛分粗粒度、大密度的物料，通常采用座式的自定中心重型振动筛。这种振动筛也是采用皮带轮偏心式的激振器。

4.4.1.2 直线运动惯性振动筛

直线运动振动筛是一种直线振动筛。筛箱的振动由激振器产生。激振器有两个装有重量相等的偏心块的主轴（图 24-4-13），以相同速度作相反方向的旋转（通常用两个齿轮啮合，以保证两个轴的同步旋转）。由图 24-4-13 可知，不论两个偏心轴的位置如何，各个偏心块所产生的离心力 F（$F=mr\omega^2$，式中，m、r 分别为偏心块的质量和回转半径；ω 为角速度）在 X 轴方向的分力互相抵消，在 Y 轴方向的分力互相叠加而成为一个往复的激振力 AB，使筛箱在 Y 轴方向上产生往复的、直线轨迹的振动。

直线运动振动筛有悬挂式和座式两种。图 24-4-14 为悬挂式直线运动振动筛。这种筛分机采用箱式激振器。该激振器的结构紧凑，四个偏心块成对地布置在箱体之外，箱体内装有两个齿

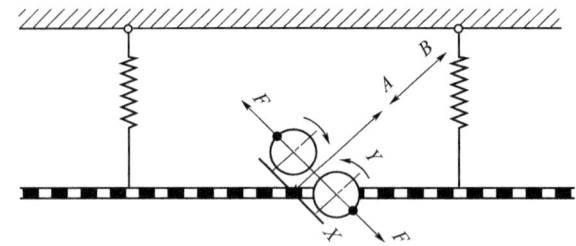

图 24-4-13 双轴振动筛示意图

轮，其作用除传递运动外，并保证两对偏心块的旋转速度相等、转向相反，使筛作直线振动。

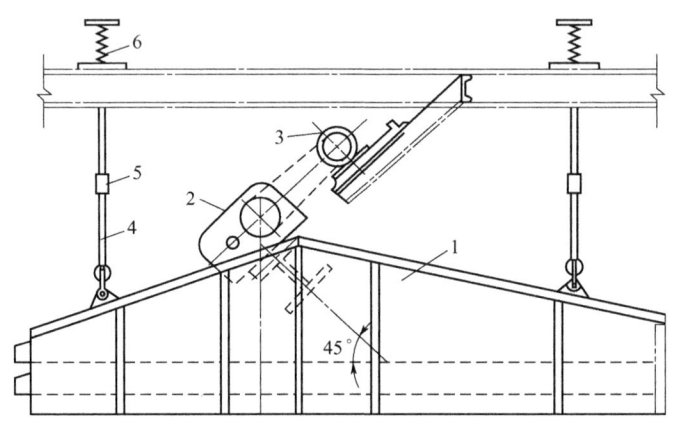

图 24-4-14 悬挂式直线运动振动筛

1—筛箱；2—箱式激振器；3—电动机；4—钢丝绳；5—防摆配重；6—隔振弹簧

4.4.1.3　振动筛的参数

（1）筛面倾角 β　筛面倾角直接影响筛子处理能力和筛分效率。当筛子的其他参数一定时，筛面倾角越大，筛子处理能力也越大，筛分效率则越低。

圆或椭圆运动振动筛的筛面倾角为 15°～25°之间，装在破碎车间的振动筛常用 20°，筛分潮湿物料时，倾角应选取较大值，偏心轴式圆振筛的倾角多选用 20°。直线运动振动筛的筛面倾角为 0°～8°，在特殊情况下，还可选取负值的筛面倾角，即物料顺着筛面向上运动（或跳动），而筛面略向上倾斜，上倾角度为 −2°～−5°。

（2）振动方向角 α　振动方向角一般在 30°～60°范围内选取。振动方向角大，物料抛掷高度较高，筛分效率高，适用于难筛物料（如碎石、焦炭和烧结矿等），振动方向角可达 60°。直线运动振动筛通常选用 45°的振动方向角。

（3）振幅 A 和主轴转速 n　振动筛的振幅 A 通常为 2～8mm，筛孔较小或用于脱水筛分时取小值；筛孔较大或易于被难筛颗粒卡住时取大值，以促使难筛颗粒跳出。

表 24-4-10 为振动筛常用的振幅和主轴转速，计算 An^2 的经验公式为：

$$An^2 = (4\sim6) \times 10^5 \tag{24-4-7}$$

式中　A——振幅，mm；

　　　n——主轴转速，r·min^{-1}。

可将式(24-4-7)计算结果同表 24-4-10 的数据进行比较。

表 24-4-10 振动筛常用的振幅和主轴转速

筛孔尺寸/mm	1	2	6	12	25	50	75	100
振幅/mm	1	1.5	2	3	3.5	4.5	5.5	6.5
主轴转速/r·min⁻¹	1600	1500	1400	1000	950	900	850	800

(4) 物料在筛面上的运动速度和料层厚度 物料在筛面上的运动速度直接影响筛子的处理能力。运动速度通常为 $0.12\sim0.4\,\mathrm{m\cdot s^{-1}}$，最大速度可达 $1.2\,\mathrm{m\cdot s^{-1}}$。圆振动筛的运动速度与筛面倾角有关，如表 24-4-11 所示。

表 24-4-11 圆振动筛的运动速度与筛面倾角的关系

筛面倾角/(°)	18	20	22	25
物料在筛面上的运动速度/m·s⁻¹	0.31	0.41	0.51	0.61

料层厚度可按以下经验公式计算，即

料层厚度与筛孔尺寸 a 的关系式为：

$$料层厚度\leqslant(3\sim4)a \tag{24-4-8}$$

料层厚度与筛上产品的平均粒径 $\bar{d}$ 的关系式为：

$$料层厚度=(2\sim2.5)\bar{d} \tag{24-4-9}$$

(5) 颗粒抛射系数 K_v 颗粒抛射系数 $K_v=\dfrac{A\omega^2}{g\cos\beta}$（$\omega$ 为 $\mathrm{rad\cdot s^{-1}}$，表示筛轴转速）或近似为 $K_v=\dfrac{An^2}{91g\cos\beta}$。

该值表明物料在筛面上跳动的急剧程度。为了防止筛孔堵塞并提高筛分效率和处理能力，必须合理选择 K_v 值。图 24-4-15 为不同 K_v 值时的颗粒抛射轨迹和筛面的位移曲线关系[1]。

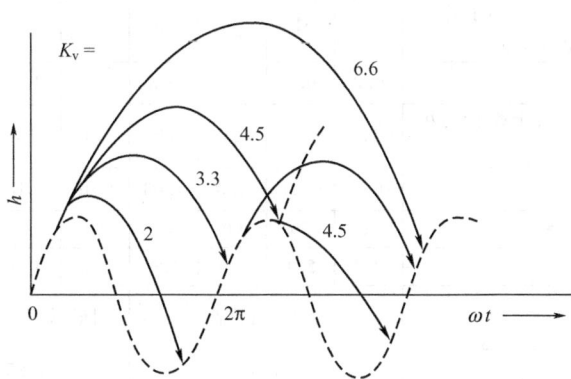

图 24-4-15 颗粒抛射轨迹和筛面的位移曲线

在实用中，抛射系数 K_v 值为：

（a）$K_v<1.5$。此时颗粒基本上不能从筛面上抛起，筛孔易堵塞，筛分效率低，筛分过程很难进行。

（b）$K_v=1.5\sim2.0$。此值适用于易筛物料，如煤炭的最终筛分等。

（c）$K_v = 2.0 \sim 2.5$。该值适用于难筛物料，但希望物料在筛分过程中产生的过粉碎现象较少的场合。

（d）$K_v = 2.5 \sim 3.5$。适用于难筛颗粒，其筛分效果较好，但产生较多的过粉碎情况。

（e）$K_v > 4.0$。这时物料颗粒除在筛面上发生抛射外，还可能在筛面上发生滑动。一般情况下不采用此值。

对于各种振动筛，其抛射系数依据所处理物料的性质而定。对于单轴振动筛取 $D = 3 \sim 3.5$；对于双轴振动筛取 $D = 2.2 \sim 3$；对于共振筛取 $D = 2 \sim 3.3$[13]。

（6）振动筛选型计算 这里仅介绍根据入筛给料量和根据筛下产品量的两种计算筛子处理能力（生产量）的方法。

① 根据给料量计算。振动筛处理能力的计算公式为[14,15]：

$$Q = qF\gamma KLMNOP \tag{24-4-10}$$

式中 Q——筛分机的处理能力（按入筛给料量），$t \cdot h^{-1}$；

      q——单位筛面面积的处理能力（生产量），$m^3 \cdot m^{-2} \cdot h^{-1}$，其值如表 24-4-12 所示；

      F——筛面的有效面积，m^2；

      γ——物料的表观密度，$t \cdot m^{-3}$；

$K，L，M，N，O，P$——校正系数，详见表 24-4-13。

表 24-4-12 单位筛面面积的处理能力（生产量）

筛孔尺寸/mm	0.16	0.2	0.3	0.4	0.6	0.8	1.17	2.0	3.15	5
单位生产量 $q/m^3 \cdot m^{-2} \cdot h^{-1}$	1.9	2.2	2.5	2.8	3.2	3.7	4.4	5.5	7.0	11
筛孔尺寸/mm	8	10	16	20	25	31.5	40	50	80	100
单位生产量 $q/m^3 \cdot m^{-2} \cdot h^{-1}$	17	19	25.5	28	31	34	38	42	56	63

表 24-4-13 系数 K、L、M、N、O、P 值

系数	影响因素	影响因素的数据及系数值									
K	细粒含量	给料中粒度小于筛孔一半的累积含量/%	0	10	20	30	40	50	60	70	80	90
		K 值	0.2	0.4	0.6	0.8	1.0	1.2	1.4	1.6	1.8	2.0
L	粗粒含量	给料中大于筛孔的粗粒累积含量/%	10	20	25	30	40	50	60	70	80	90
		L 值	0.94	0.97	1.0	1.03	1.09	1.18	1.32	1.55	2.0	3.36
M	筛分效率	筛分效率/%	40	50	60	70	80	90	92	94	96	98
		M 值	2.3	2.1	1.9	1.6	1.3	1.0	0.9	0.8	0.6	0.4
N	颗粒形状	颗粒形状	各种破碎产品				圆形（如海中砾石）			煤		
		N 值	1.0				1.25			1.5		
O	湿度	物料的湿度	筛孔小于25mm			筛孔大于25mm						
		O 值	干的 1.0	湿的 0.75~0.85	成团的 0.2~0.6	0.9~1.0（视湿度而定）						
P	筛分方法	筛分方法	筛孔小于25mm			筛孔大于25mm						
		P 值	干的 1.0	湿的 1.25~1.40		其他 1.0						

② 根据筛下产品量计算。这种方法是根据筛下产品量求出需要的筛面面积，然后按所需要的筛面面积来选择筛子[16,17]：

$$A = \frac{Q}{C\gamma FESDOW} \tag{24-4-11}$$

式中　Q——筛下产品量，$t \cdot h^{-1}$；

　　　C——单位筛面面积的筛下产品量，$t \cdot m^{-2} \cdot h^{-1}$，见图 24-4-16；

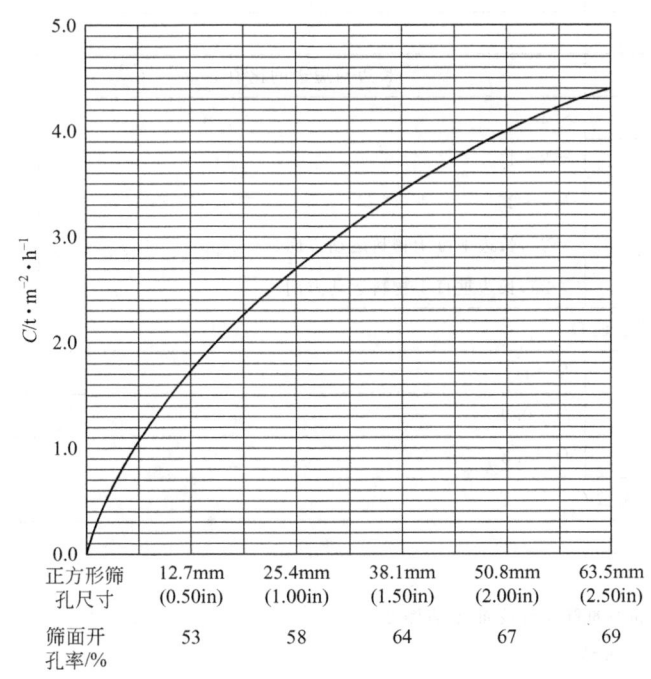

图 24-4-16　单位筛面面积的筛下产品量

（根据物料松散密度为 $1.6 t \cdot m^{-3}$ 计算得到的）

　　　γ——物料的松散密度，$t \cdot m^{-3}$；

　　　F——细粒影响系数（表 24-4-14）；

　　　E——筛分效率影响系数（表 24-4-14）；

　　　S——筛孔形状系数（表 24-4-14）；

　　　D——多层筛面的筛面位置系数（表 24-4-14）；

　　　O——筛面有效面积修正系数（表 24-4-14）；

　　　W——湿法筛分系数（表 24-4-14）。

按上述公式算出所需要的筛面面积后，即可选定筛子的规格（长度和宽度）。然后，按选定的筛子的宽度，并按筛面倾斜角来选定物料沿筛面运动的速度，验算料层厚度。如前所述，料层厚度不得大于筛孔尺寸的 4 倍。

4.4.1.4　概率筛

概率筛是瑞典人摩根森（Fredrik Mogensen）博士于 1952 年首先研制成功的，所以又称为摩根森筛[18,19]。

表 24-4-14　振动筛处理能力计算的修正系数 F、E、S、D、O、W

a. 细粒影响系数 F

给料中粒度小于筛孔尺寸一半的细粒级含量/%	0	10	20	30	40	50	60	70	80	85	90	95
F	0.44	0.55	0.7	0.8	1	1.2	1.4	1.8	2.2	2.5	3	3.75

b. 筛分效率影响系数 E

筛分效率/%	70	80	85	90	95
E	2.25	1.75	1.5	1.25	1

c. 筛孔形状系数 S

筛孔形状	长边与短边的比值	S
方孔或长孔	<2	1
长孔	$=2\sim4$	1.15
	$=4\sim25$	1.2
	>25,长边平行于物料运动方向	1.4
	>25,长边垂直于物料运动方向	1.3

d. 多层筛面的筛面位置系数 D

上层	$D=1$
中间层	$D=0.9$
下层	$D=0.8$

e. 筛面有效面积的修正系数 O

$$O=\frac{A_{有效}}{A^*_{有效}}$$

$A_{有效}$：各种筛孔尺寸下的标准筛面有效面积,查图 24-4-16

$A^*_{有效}$：选用的筛面的有效面积

f. 湿法筛分系数 W

筛孔尺寸/mm	≤0.8	<1.6	<3.2	<5	<8	<9.5	<13	<20	<25	>50
W	1.25	3	3.5	3.5	3	2.5	1.75	1.35	1.25	1

概率筛由惯性激振器（类似直线振动筛的激振器）产生往复方向的激振力，使筛分机振动并进行筛分，所以它也是一种振动筛。但是它的工作原理与传统的振动筛不同。概率筛是利用大筛孔、大倾角的多层筛面进行粒度分离的筛分作业，筛分过程中，各层筛孔尺寸都比分离粒度大得多，而且往往是用几层倾斜的筛板多次筛分一种产物，物料的透筛率很高，颗粒尺寸越小于筛孔尺寸，就越容易通过筛孔，而颗粒大小和筛孔尺寸越接近，通过筛孔就越困难，从而解决了难筛颗粒的堵塞筛孔而影响细粒透筛的难题。因此，概率筛是利用物料通过筛孔的透筛概率来完成整个筛分作业的。

概率筛的主要特点：

(1) 采用大筛孔　每层筛面的筛孔尺寸都远远大于该层筛面的实际分离粒度，通常筛孔尺寸比分离粒度大 2～10 倍。而且筛面从上到下的各层筛孔大小是逐层递减的，这样物料迅速透过筛孔，即使筛分潮湿物料，筛孔亦不易堵塞，筛分效率明显提高。

(2) 采用大倾角筛面　概率筛筛面倾角为 30°～60°，筛面各层自上而下的倾角是逐层递增的（图 24-4-17），故物料运动速度比传统振动筛快 3～4 倍，实现了快速筛分，物料在筛面上的停留时间短，筛子的单位面积的处理能力比传统的振动筛提高 5～20 倍（图 24-4-18）。

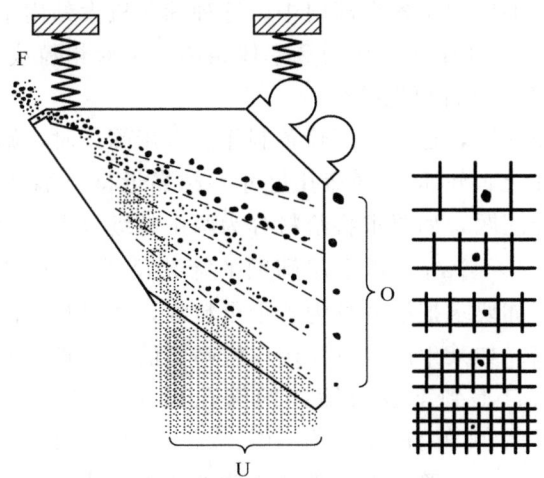

图 24-4-17 概率筛的工作原理示意图[20]

F—给料；O—筛上产品；U—筛下产品

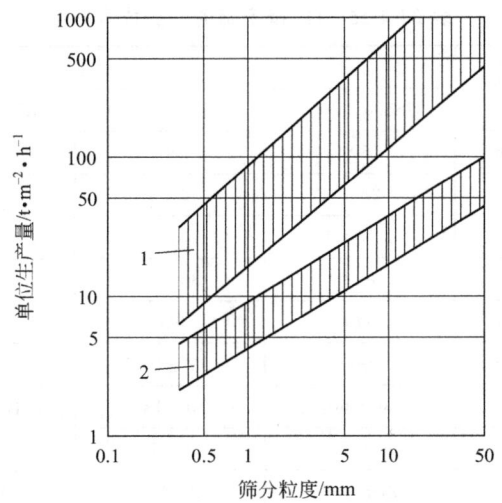

图 24-4-18 概率筛和传统振动筛的单位面积处理能力

1—概率筛；2—传统振动筛（圆运动和直线运动）

（3）采用多层筛面 一般采用 3～6 层重叠装置的筛板（面），各层筛面的倾角从上到下逐层递增，而筛孔尺寸则从上到下逐层递减，一次就可筛分出多种合格产品。不仅加速了物料的分层过程，实现了薄层筛分，而且提高筛分机处理能力和筛分效率。

（4）采用高频率、低振幅 在筛分机中，通常以物料颗粒在筛面上不发生堵塞为出发点来选择振幅。由于概率筛筛孔堵塞的可能性极小，故振幅可选得小些（如 0.6～1mm），而振动频率可适当地增大（如 3000Hz），这样对提高筛分效率和实现快速筛分是有利的。

（5）采用全封闭的筛箱 在筛分机中，机器噪声和灰尘污染问题越来越为人们所重视。概率筛的噪声，主要来自两台带偏心块的马达，这种传动装置的特点是运转很平稳，即使转速高达 2900r·min^{-1}，噪声仍不大，对操作人员的健康没有什么危害。正如噪声问题一样，灰尘造成环境污染的问题也必须解决。概率筛已经较好地实现了防尘的筛分。

目前，概率筛已成功地应用于各个部门中。这种筛分机大都用于细、中粒级物料的检查筛分。筛分粒度一般为 0.2～15mm。作为概率棒条筛，可对粗粒或很粗物料（通常为 25～300mm，甚至更大的粒度）进行预先筛分。

概率筛的筛面可以用筛网，也可以用筛条制作。采用筛条时，筛条的方向同物料在筛面上运动方向平行，各筛条之间的间距（筛孔尺寸）越靠近排料端越大，目的是防止颗粒卡住。关于筛网尺寸的选择问题，如要求将给料分为两个粒级（大于和小于分级粒度 d_T），最下层的筛网尺寸选为 $(1.4～4)d_T$，最上层筛网的筛孔尺寸选为 $(5～50)d_T$，中间各层筛网的筛孔尺寸在此之间。如要求把给料分为若干个粒级，各层筛面的筛孔尺寸分别为该层筛面筛分粒度的 $(2～4)$ 倍。如某生产单位使用 5 层筛面的概率筛，要求将给料分为大于和小于 2.5mm 的两个粒级。自上到下各层筛面的筛孔尺寸分别选为 10mm、10mm、8mm、6mm、4mm，各层筛面的倾角分别选为 10°、17°、24°、31°、38°，激振器的转速为 3000r·min^{-1}，振幅为 0.6mm，筛子的处理能力为 2.68t·h^{-1}。实际筛分结果是筛分粒度为 2.497mm，最下层筛面的筛孔尺寸与筛分粒度的比值为 4/2.497＝1.6。

目前，国产的概率筛的主要技术规格如表 24-4-15 所示。

表 24-4-15　GS 概率筛的主要技术规格

名称		单位	型号			
			GS500×2000	GS1000×2000	GS1500×2000	GS2000×2000
最大入料粒度		mm	50	50	50	50
筛网层数		层	2～3	2～3	2～3	2～3
筛面面积		m^2	0.75～1	1.5～2	2.25～3	3～4
筛面倾角		(°)	30～60	30～60	30～60	30～60
振动频率		r·min^{-1}	940	940	940	940
双振幅		mm	7～10	7～10	7～10	7～10
生产能力		t·h^{-1}	40～60	80～120	100～160	160～200
筛分效率		%	60～70	60～70	60～70	60～70
电机	型号	—	ZDS32-6	ZDS41-6	ZDS51-6	ZDS52-6
	转速	r·min^{-1}	940	940	940	940
	功率	kW	1.1×2	1.5×2	3×2	4×2
外形尺寸		mm×mm×mm	2040×761×2510	2040×1216×2510	2040×1716×2510	2040×2256×2510
质量		kg	625	1250	1875	2500

4.4.2　弧形筛和细筛

4.4.2.1　弧形筛

1950 年荷兰矿山局（Dutch States Mines）首先使用了弧形筛，所以弧形筛又称为 DSM 弧形筛[21]。

（1）弧形筛的工作原理和特点　弧形筛是一种湿式细粒筛分设备，结构很简单，主要包括圆弧形筛面和给料嘴（或喷嘴）两个部分。筛面是由一组平行排列的并弯成一定弧度的筛条构成（图 24-4-19），而筛条的排列方向与矿浆在筛面上的运动方向垂直。筛条之间的缝隙大小，即筛孔尺寸。给料嘴（或喷嘴）为一个扁平的矩形，以使矿浆在筛面整个宽度上形成均匀的薄层料流，而且给料嘴和筛面的接触必须保证料浆成切线方向给入筛子工作面。

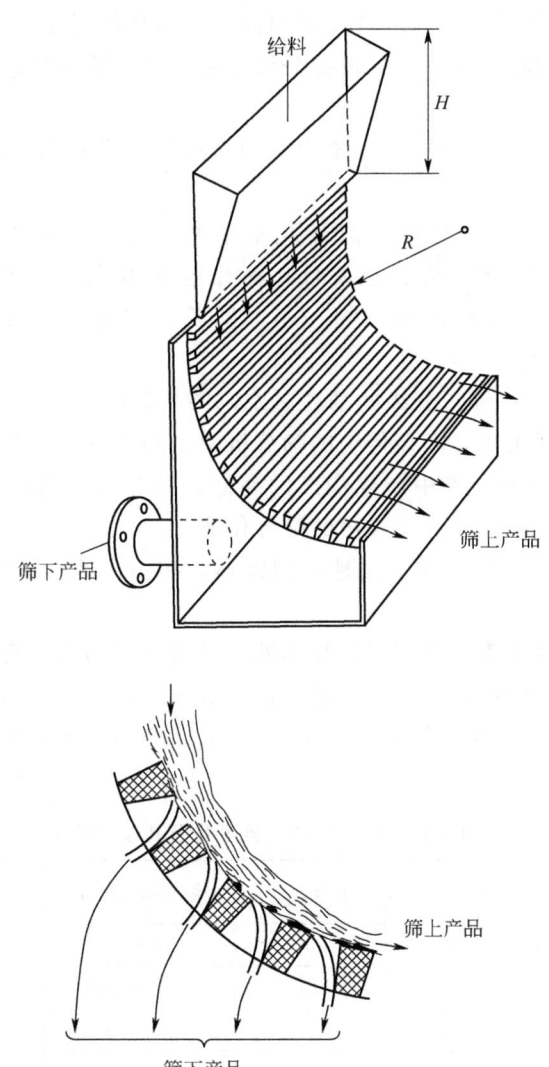

图 24-4-19　弧形筛的结构和筛分原理简图

当矿浆经过给料嘴（或喷嘴），以一定的速度沿圆弧切线方向给入筛面，并且垂直地流过横向排列的筛条（图 24-4-19），当料浆层由一根筛条流到另一根筛条的过程中，由于筛条边棱的切割作用，使得筛面上的料浆分离为被切割的和未被切割两个部分。被切割的这部分矿浆，在离心力作用下，通过筛孔，成为筛下产品；未被切割的另一部分矿浆，在惯性力作用下，越过筛面，成为筛上产品。

弧形筛的分离粒径和筛孔尺寸之间的关系与振动筛有原则区别。设弧形筛的筛孔尺寸为 s，由于矿浆在筛面上受到重力、离心力及筛条边棱对矿浆产生切割作用，通过筛孔流到筛下的矿浆层厚度约为 s 的 $1/4$。这样的料层厚度中，能被筛条边棱切割的粒度是小于 $1/2s$ 和更细的矿浆颗粒，大于 $1/2s$ 的颗粒几乎全部都留在筛上粗粒矿浆中，而通过筛孔尺寸的筛下产品粒度绝大部分相当于筛孔尺寸 s 的 $1/2$，弧形筛的规格用曲率半径 R、筛面宽度 B 和弧度 α 来表示，通常写成 $R \times B \times \alpha$，给料可以是自流给料式或压力喷嘴给料。同常规筛分机相比，弧形筛有它的特点。

① 单位面积处理能力高。筛下产品粒度相同时，弧形筛的单位面积处理能力通常是振动筛的 10 倍，甚至有的高达 40 倍。弧形筛分级小麦、玉米淀粉料浆时，其单位面积处理能力比振动筛提高 100 倍。

② 单位电耗低。对于自流给料（无压力）的弧形筛，没有运动部分，筛子本身不消耗动力，筛面磨损较小。

③ 筛孔基本不堵塞。分级粒度小但筛孔不堵塞，即使在料浆的流动性小（含泥量高）和矿浆浓度大等不利的情况下分级时，筛孔也基本未发生明显的堵塞现象。这是由于筛子的分级粒度大致为筛孔尺寸的一半，即筛孔尺寸比筛下产品中的分级粒径约大 1 倍的缘故。

④ 产品分级的精度高。筛子分级的细粒矿浆，产品粒度均匀，消除了产品中的粗颗粒，而且筛条磨损后分级粒度减小。而在传统的筛分机中，随着筛面的磨损分级粒度却在增大。

⑤ 筛子无噪声。筛分机生产中产生噪声的高低，在今天已引起人们极大的关注。弧形筛是固定式筛分机，无运动件，是无噪声的筛分作业。

⑥ 占地面积小。筛子结构简单，占地面积极小，如一台处理能力为 $50\text{t} \cdot \text{h}^{-1}$ 的弧形筛，占地面积不超过 3m^2。

（2）筛条 筛条是构成弧形筛筛面的基本件，又是筛子的主要磨损件。它的断面形状和尺寸不仅直接影响筛面的使用寿命，而且还对筛分效果产生影响。筛条的断面形状主要有梯形、矩形、三角形和矩-梯形复合断面形状等。表 24-4-16 列出了弧形筛的筛条型号及其技术特征。

表 24-4-16 弧形筛的筛条型号及其技术特征

型号	宽度/mm	高度/mm	角度/(°)	最小筛孔尺寸	最小分级粒度 网目
1	1.17	3.2	8	$75\mu\text{m}$	400
2	1.55	2.54	13	$75\mu\text{m}$	400
3	1.75	4.32	8	0.75mm	48
4	2.3	3.68	13	0.33mm	80
5	2.3	3.55	5	0.75mm	48
6	2.67	8.25	5	1.25mm	28
7	3.00	4.7	13	0.33mm	80
8	3.04	3.81	16	0.5mm	65
9	3.3	6.35	8	1mm	32

筛条边棱是否锋利，对于弧形筛的筛分过程和筛下产品的通过量具有重要作用。在给料压力基本不变的情况下，筛下产品的通过量在很大程度上表明了筛条边棱对矿浆层的切割作用的大小。而且筛条边棱越锋利，对矿浆层的切割作用和筛分过程越有利。随着筛条边棱的

逐渐磨损，筛下产品通过量和筛分作用明显减弱。

筛面的使用寿命与筛条材料、给料速度、物料硬度和筛条断面形状等因素有关。目前，筛条的材料可以用各种耐腐蚀、耐磨损的不锈钢以及橡胶、尼龙和聚氨酯等制作。不锈钢筛条的使用寿命随给料方式不同而异。压力给料的弧形筛，不锈钢筛条寿命仅有 1 个月。现将我国 270°压力给料弧形筛使用的尼龙筛条和包胶筛条的应用情况简介如下。

① 尼龙（1010）筛条。耐磨性能好，抗腐蚀性很强；给料压力为 2kgf·cm^{-2} 时，使用寿命一般为 2～2.5 个月，筛条边棱很锋利；价格低于同规格的不锈钢筛条；重量很轻；筛孔尺寸能够保证。

② 包胶筛条（即在 Q235 钢的薄片上包裹一层一定厚度的耐磨橡胶）。耐磨损、抗腐蚀性强，当给矿压力为 2kgf·cm^{-2} 时，筛条寿命通常为 3～4 个月；价格低于同规格的尼龙（1010）筛条；加工方便。但橡胶弹性大，当给料压力达 3kgf·cm^{-2} 时，橡胶筛条易变形，筛孔尺寸不能保证。

(3) 弧形筛的参数

① 筛面弧度。弧度是构成筛面形状的基本因素，又是区分筛子类型和给料方式的主要标志。筛面弧度主要有 45°、60°、90°、120°、180°、270°和 300°等类型。前三种弧度主要用于选矿厂、选煤厂的矿（煤）浆的分级、脱水和脱泥，而且全都采用自流给料，矿浆的给料速度为 3～8m·s^{-1}。弧度≥180°的弧形筛，通常全用压力给料。压力给料利用一个扁平形喷嘴（喷嘴宽度与筛面宽度相等）将矿浆喷射至筛面上，速度达到 10～16m·s^{-1}。弧度为 270°的弧形筛，主要用于水泥工业中的生料浆的分级。300°弧形筛主要用于食品、淀粉等料浆的分离。

弧度为 180°和 270°的弧形筛分别如图 24-4-20 和图 24-4-21 所示[2,22]。

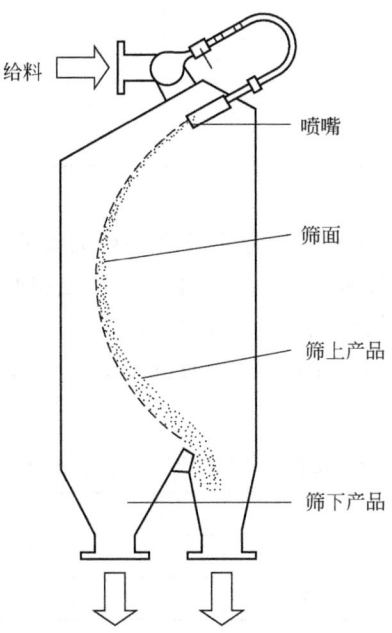

给料
喷嘴
筛面
筛上产品
筛下产品

图 24-4-20 弧度为 180°的弧形筛

② 筛子的曲率半径和宽度。在相同条件下，筛面曲率半径同弧形筛处理能力成正比。目前，压力给料的弧形筛的曲率半径通常为 500～600mm；自流给料弧形筛的曲率半径多用

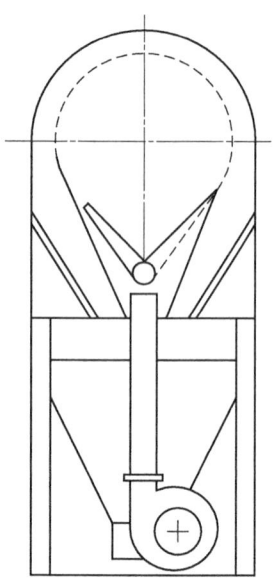

图 24-4-21　弧度为 270°的弧形筛

1500～2000mm。

筛面宽度也是决定筛子处理能力的主要因素。在料浆流速相同时，筛面越宽，处理能力越大，当前弧度为 270°弧形筛的筛面宽度通常用 450～500mm。我国煤用的弧度为 45°弧形筛的筛面宽度和曲率半径如表 24-4-17 所示[23]。

表 24-4-17　固定式弧形筛① 的规格

筛面宽度/mm	1000	1000	1250	1250	1500
曲率半径/mm	1000	1500	1000	1500	1500
筛面宽度/mm	1500	1750	1750	2250	
曲率半径/mm	2000	1500	2000	2000	

① 筛孔尺寸为 0.75～1mm。

③ 筛孔尺寸与分级粒度。弧形筛的分级粒度一般为筛孔尺寸的一半。粗分级时筛孔尺寸选为 0.5～1.0mm。细分级时筛孔尺寸取决于筛面弧度和产品细度。水泥生料浆分级用的 270°弧形筛采用 0.3～0.4mm 的筛孔尺寸（表 24-4-18）。分离淀粉的 300°弧形筛用的筛孔尺寸只有 0.05～0.075mm。对于带有敲打装置的自流给料弧形筛（图 24-4-22），其分级粒度可小到 325 目（0.044mm）。

表 24-4-18　筛孔尺寸与筛下产品的粒度之间的关系

筛孔尺寸/mm		0.30	0.35	0.40	0.45	0.50
粗粒累积产率/%	900 孔·cm^{-2}	0.9	1.5	2.7	3.7	5.3
	4900 孔·cm^{-2}	11	14	17	21	25

图 24-4-23 是筛孔尺寸与筛下产品的最大粒度（矩形区的横坐标的上限）或分配曲线中 50%的粒度 d_T 或 d_{50}（矩形区的横坐标的下限）之间的关系。

④ 给料压力。图 24-4-24 是料浆压力与筛分效率的关系。料浆压力越大，筛分效率越

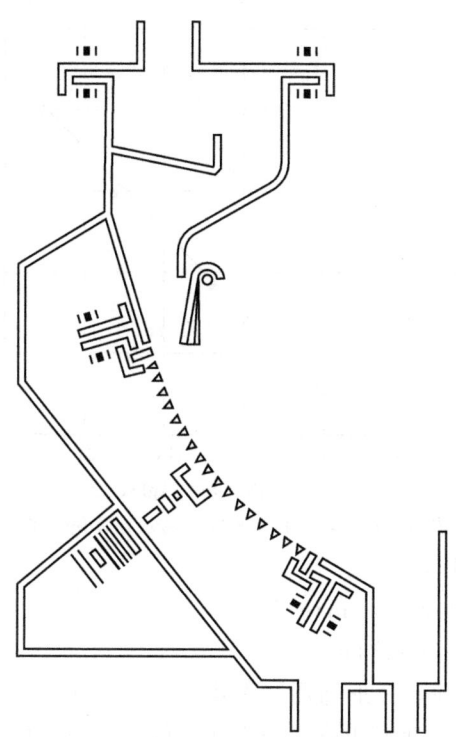

图 24-4-22　带有敲打装置的弧形筛

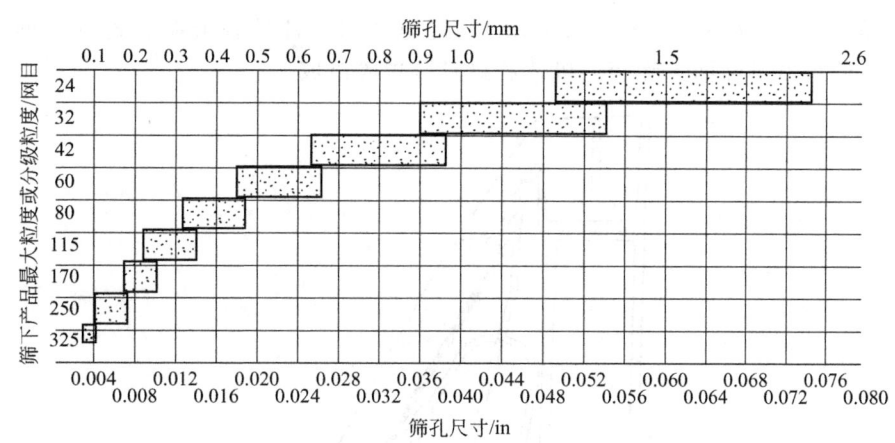

图 24-4-23　筛孔尺寸与筛下产品最大粒度的关系

高。闭路磨矿中筛分效率高意味着筛上产品中的细粒级含量较少，循环负荷和生产费用降低。

　　给料压力还与筛条材质和料浆浓度有关。实践表明，采用尼龙（1010）筛条的 270°弧形筛，给料压力一般为 150～200kPa；而使用包胶筛条的 270°弧形筛，在同样的筛分情况下，给料压力通常为 200～250kPa，这是由于包胶筛条工作面不光滑、黏滞力较大的缘故。

　　⑤ 处理能力。弧形筛处理能力可按下面经验公式近似地计算[2,24]：

$$Q = CFV \tag{24-4-12}$$

式中　Q——料浆的流量，$m^3 \cdot h^{-1}$；

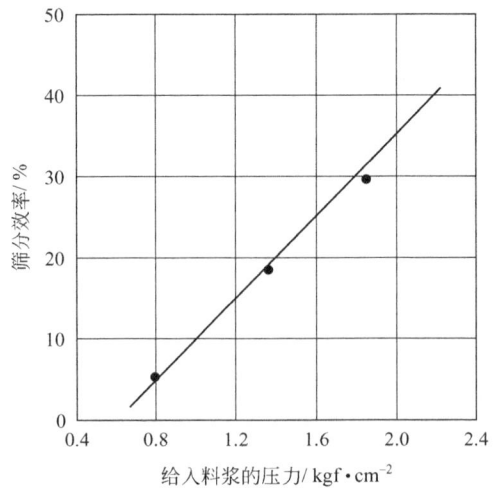

图 24-4-24 料浆压力与筛分效率的关系

F——筛面的有效面积，m^2；

V——料浆在给料端的速度，$m \cdot s^{-1}$；

C——常数，在 $160 \sim 200$ 之间。

(4) 弧形筛的应用 目前，弧形筛用于选煤、选矿、化工、粮食淀粉（小麦、玉米、土豆等）、食品（蔗糖）、医药、纸浆和蔬菜等工业部门的分级、脱水和脱泥等作业。

4.4.2.2 细筛

细筛的筛孔尺寸较小（一般 $\leqslant 0.3mm$），这里介绍一种具有击振装置的平面细筛（图 24-4-25），由给料器、筛面、筛箱、机体和敲打装置等组成。

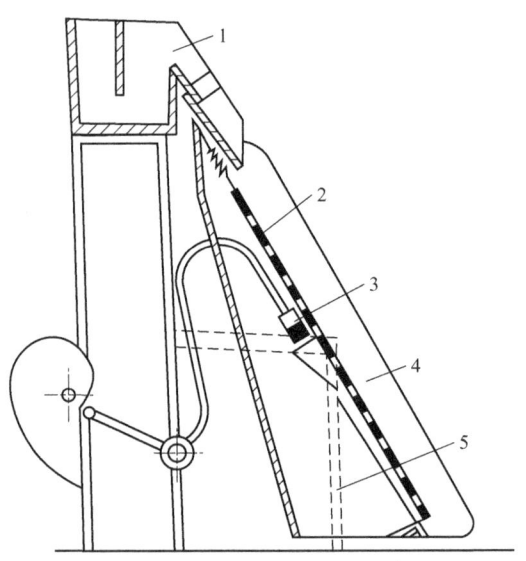

图 24-4-25 具有击振装置的平面细筛的示意图

1—给料器；2—筛面；3—敲打装置；4—筛箱；5—机体

给料器是由缓冲箱和匀分器构成。缓冲箱采用阀门控制，以保持箱内的矿浆呈恒压状况，并均匀而平稳地给到筛面上。给料量通过阀门进行调节控制。筛面由安装在筛箱上平行排列的筛条组成。这些筛条布置在倾角为 55°～60° 的平面上。筛箱利用弹簧悬挂在机体上面。在筛箱的背面有一个敲打装置，周期性地以打击锤敲打筛箱，使筛面产生瞬时振动，防止筛孔堵塞。敲打装置是平面细筛唯一的运动部件。此敲打装置也有利用气动活塞装置或装在机体上带偏心重的电机等形式。击振细筛的技术性能列于表 24-4-19。

表 24-4-19 击振筛筛条和筛算的性能比较

项目 条件	筛孔尺寸 /mm	有效筛孔面积/m²	处理能力 /t·h⁻¹	筛下产率① /%	筛下－200目含量/%	品位提高幅度②/%	敲打高度 /mm	频率 /r·min⁻¹
不锈钢筛条	0.15～0.2不等	0.029	3～5	50～55	90	2.2～3.5	225	30～35
尼龙筛条	0.2不等	0.029	3～5	55～60	90	2.5左右	225	10～16
尼龙筛算	0.2均匀	0.041	5～8	65～70	95	2.5～3.5	225	6～8

① 筛下产率为一、二段筛下；

② 品位提高幅度为整个流程提高的幅度。

击振细筛采用湿式作业，工作原理与自流给料的弧形筛比较近似。料浆在筛面上运动过程中，由于重力作用使料浆每经过一根筛条，都要受到筛条边棱的切割作用，被切割的一层细粒料浆，通过筛孔为筛下产品；未被切割的粗粒料浆，仍在筛条上继续流动，即为筛上产品。在击振细筛中，料浆运动的方向及料浆在筛面上的运动速度是基本保持不变的。

击振细筛的筛分粒度与筛孔尺寸的关系，如表 24-4-20 所示。

表 24-4-20 击振细筛的筛分粒度与筛孔尺寸的关系

筛孔尺寸/mm	0.10	0.15	0.20	0.25	0.30
筛分粒度/mm	0.044	0.063	0.074	0.10	0.15

击振细筛是 20 世纪 60 年代发展起来的细筛设备，最先应用在美国、加拿大等国的磁铁矿选厂，主要用于分级物料粒度小于 200 目或 325 目的筛分作业。20 世纪 70 年代，尼龙算击振细筛在我国 20 多家磁铁矿选矿厂得到了推广应用，使用台数超过 1000 台。这种用尼龙筛条制作的击振细筛的主要缺点是筛面的有效面积（开孔率）低（例如筛孔为 0.1mm 的细筛，其有效面积仅有 4%～8%），致使筛分效率和处理能力低。

4.4.2.3 高频细筛

德瑞克叠层高频细筛于 2001 年首次投入使用，现已广泛应用于湿式筛分作业[25,26]。这种高频细筛包括多达五个单独的筛板，一个筛板位于另一个上方叠放布置，并行操作，如图 24-4-26 所示。"堆叠"设计使得设备的处理能力大而占地面积小。矿浆从分矿器上部或下部给入，经分矿器均匀分成多路，再经给矿软管分别进入多个给矿器。给矿器将矿浆沿筛面宽度（最大 6m）方向均匀地分布在筛面上。筛面上的物料由于连续受到高频率小振幅的振动，在倾斜的筛面上做连续的跳跃，使物料分散，细粒物料在调匀的过程中透过筛孔称为筛下产品，而大于筛孔的物料在倾斜的筛面上做连续的向前跳跃，最后跳出筛网成为筛上产品。

配置的聚酯筛网，开孔率高达 35%～45%，最小孔径 45μm，独有的耐磨防堵特性，使得过去认为难筛分或不可筛分的细粒物料筛分成为可能。它具有寿命长、开孔率高、处理量大的优点，这些是传统金属筛网所无法比拟的。双振动电机为所有筛板提供均匀的线性运

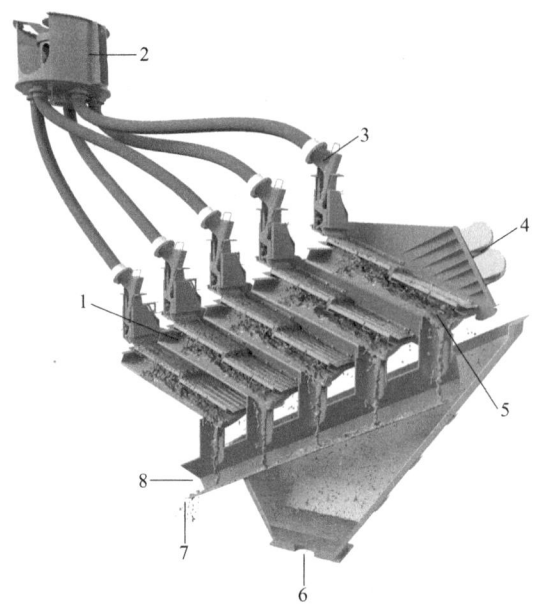

图 24-4-26 德瑞克叠层高频细筛

1—两个筛板之间易于维护的通道；2—5路料浆分配器；3—给矿箱；4—双振动器；
5—在筛板下面的筛下受料盘；6—筛上产品；7—筛下产品；8—筛下受料溜槽

动。直线振动配合 $15°\sim25°$ 的筛面倾角，筛分物料流动区域延长，传递速度更快。变频设计，可以有效地控制筛分粒度。

仅仅从按颗粒尺寸进行分级来说，与水力旋流器相比较，筛分可以实现粒级更窄的分离，并减少致密矿物的过磨。有几个碱金属、磷酸盐和铁矿的选矿厂，他们在闭式球磨回路中用德瑞克叠层高频细筛取代水力旋流器获得了较好的效果。一个例子是秘鲁的 Minera Cerro Lingo 选厂，该厂生产铜、铅、锌精矿。用四台德瑞克叠层高频细筛代替球磨回路中的直径 66cm 的水力旋流器，结果是循环负荷从 260% 减少到 108%，且处理量增加了 14%[26]。

参考文献

［1］ Schmidt P//Ullmann Encyclopedia of technical chemistry. Weinheim: Wiley-VCH Verlag, 2005.

［2］ 任德树. 粉碎筛分原理与设备. 北京: 冶金工业出版社, 1984.

［3］ 《选矿手册》编辑委员会. 选矿手册第二卷第一分册. 北京: 冶金工业出版社, 1993.

［4］ Wills B A, Finch J A. Mineral Processing Technology. Amsterdam: Elsevier, 2015.

［5］ Taggart A F. Handbook of mineral dressing. New York: Wiley, 1953.

［6］ Matthews C W//Weiss N L. SME Mineral processing handbook. New York: SME/AIME, 1985: 3E1-13.

［7］ JB/T 2446—92 煤用脱水筛条.

［8］ JB/T 2447—92 煤用条缝筛板.

［9］ Kelly E G, Spotiswood D J. Introduction to Mineral Processing. New York: Wiley, 1982.

［10］ Schmidt P, Korber R, Coopers M. Sieben und siebmaschinen Grundlagen und Anwendung. Weinheim: Wiley-VCH, 2003.

［11］ 谷本友秀. 化学工場, 1981, 25（4）: 31-35.

［12］ JB/T 1086—2010 矿用单轴振动筛 .

［13］ 闻邦椿，刘树英 . 现代振动筛分技术及设备设计 . 北京：冶金工业出版社，2015.

［14］ Олевский В А. Конструкции и расчеты грохотов. Москва：Металлургиздат, 1955.

［15］ Шинкоренко С Ф，Маргулис В С. Справочник по обогащению и агломерации руд черных металлов. Москва：Недра, 1964.

［16］ Colman K G，Tyler W S. Selection guidelines for size and type. of vibrating screens in ore crushing plants//Mular A L，Bhappu R B. Mineral Processing Plant Design. second. New York：SME of AIME，1980：341-361.

［17］ Schubert H. Aufbereitung fester mineralischer Rohstoffe：Band I. Leipzig：VEB Deutscher Verlag fur Grundstoffin-dustrie，1989.

［18］ Mogensen F. The Quarry Managers' Journal，1965(10)：409-414.

［19］ 张国旺 . 现代选矿技术手册 第 1 册：破碎筛分与磨矿分级 . 北京：冶金工业出版社，2016.

［20］ Hansen H. Aufbereitungs Technik，2000，41(7)：325-329.

［21］ Kellerwessal H. Aufbereitung disperser Feststoffe. Dusseldorf：VDI Verlag，1991.

［22］ Wills B A. Mineral Processing Technology. Oxford：Pergamon Press，1992.

［23］ JB/T 2445—2015 固定式弧形筛 .

［24］ Fontein F J. Aufbereitungs Technik，1961，2(2)：85-98.

［25］ 周洪林 . 金属矿山，2002（10）：35.

［26］ Valine S B，et al//Malhotra D，et al. Recent Advances in Mineral Processing Plant Design. Littleton：SME，2009：433-443.

第
24
篇

5

分级

5.1 概述

分级是根据固体颗粒在流体介质中沉降速度的不同，把混合物分离成两种或两种以上产品的一种方法[1,2]。分级最常用的流体介质为水，其次为空气。前者称为湿式分级，或水力分级，后者称为干式分级，或风力分级。这两种分级过程的基本原理是一样的。在流体中将松散物料按粒度大小分离成两种或两种以上粒度级别较窄的产品所用的设备称为分级机。沉降的粗粒部分称为沉砂，悬浮的细粒部分称为溢流。由于筛分机也可用于分级作业，广义而言，分级设备也包括部分筛分机械，但它指专用于细颗粒物料的粒度分离。

分级设备的分离方法很多，但按分级过程所用介质的不同可分为两大类，即湿式分级设备和干式分级设备。这两大类分级设备又各有很多类型。

概括而言，湿式分级机又分为以下几类：

① 机械分级机，其特点是利用机械机构将沉砂排出，如螺旋分级机、耙式分级机、浮槽分级机等。

② 非机械分级机，其特点是根据颗粒在水中沉降速度的不同进行物料分级，分级后的粗粒产品（沉砂）借重力或离心力排出；如圆锥水力分级机、水力旋流器、多室水力分级箱等。

③ 湿式筛分分级机，其特点是利用筛面对液、固两相流（矿浆）进行粒度分离，如旋流筛、立式圆筒筛、高频细筛、弧形筛、固定细筛等。这种分级设备已在第4章中叙述。

干式分级机（或风力分级机）也有很多类型：单纯靠颗粒在气流中的沉降速度差来进行粒度分离的设备，其特点是分级机不带运动部件，如沉降箱、旋风集尘器、文丘里管除尘器等；带运动部件的风力分级，其特点是分级机中附加转轮、转盘等机械以增加分级效果，如旋流分散空气分级机、高速转盘空气分级机、涡轮空气分级机；这些空气分级机效率高，可用于微细或超细物料的分级。

在处理各种不同类型的固体颗粒物料的工业领域，分级是最重要的单元操作之一，它可应用于如下情形：

① 分离成较粗和较细的粒级，典型地用于分离那些因太细而采用筛分方法不经济的颗粒；

② 富集较细但较重的颗粒，使它们与较粗但较轻的颗粒分离；

③ 将宽粒级分布的物料分离成几个窄粒级的级别；

④ 将磨矿产物中粒级合格的部分及时分离出来，避免不必要的磨碎，达到控制闭路磨矿的目的。

5.2 湿式分级设备

5.2.1 机械分级机

机械分级机是一种连续地把物料分成较细粒级和较粗粒级的分级设备。在机械分级机中，颗粒的分离过程基本上是在料浆从给料处流至溢流处的流动过程中进行的。较粗的颗粒在中途沉降，而细小的颗粒随溢流经溢流堰排出。分级机的机械机构必须完成两个任务：①促使溢流加速排出；②保证连续不断地把经脱水的沉降粗砂排出去。

影响机械分级机工作性能的因素较多，主要是给料粒度、固体密度、料浆浓度、搅拌强度、溢流面面积、溢流区体积、溢流堰高度以及水槽倾斜度等因素。

机械分级机在槽下部形成沉降区，按颗粒的运动情况可分为五个部分（图 24-5-1）：1 区表面与溢流堰一样高，允许很轻很细的颗粒溢流进入溢流槽。2 区料浆的浓度较低，颗粒按自由沉降的规律下沉。3 区料浆的浓度较高，颗粒受到干涉沉降的作用。4 区是受到螺旋叶片往上推动的粗砂，粗砂在此区受到一些搅拌作用及冲洗水的作用，使混入粗砂中的细颗粒得以分出。露出料浆液面的粗砂运动的距离越长，粗砂的脱水效果越好。5 区是沉在槽底的粗砂，基本固定不动，但可保护槽底免受磨损。

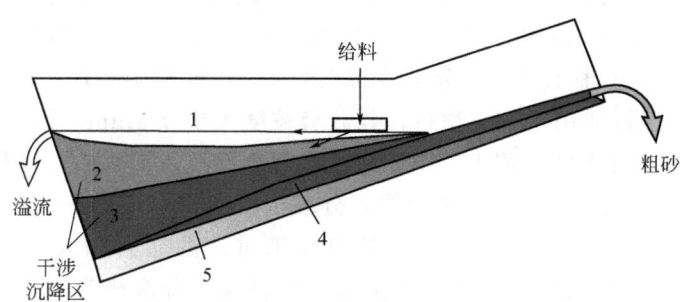

图 24-5-1　颗粒在机械分级机中的运动

较之水力旋流器，机械分级机的特点是生产能力高，并且脱水后的沉砂排出的位置高于料浆溢流面，这样使得机械分级机适宜与磨矿机组成闭路操作。根据排矿机构和分级槽子的形状的不同，机械分级机可分为耙式分级机、螺旋分级机和浮槽式分级机等三种类型[3]。

5.2.1.1 螺旋分级机

螺旋分级机的构造如图 24-5-2 所示，在倾斜半圆形金属槽内安装有双头螺旋，后者装

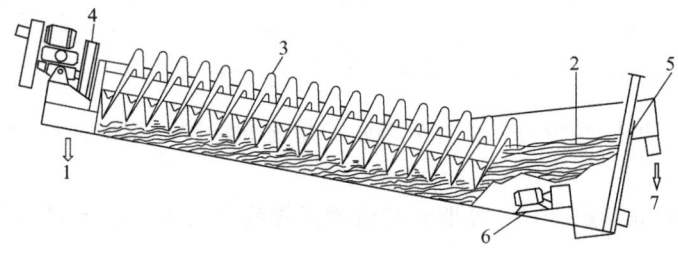

图 24-5-2　螺旋分级机构造示意图

1—沉砂；2—沉降池顶部；3—输送螺旋；4—驱动
装置；5—溢流堰；6—提升装置；7—溢流

在空心轴上。螺旋轴的上端用轴承支撑在支座上,下端支撑在特制密封的止推轴承内。提升机构可使螺旋上下升降。图 24-5-3 示出螺旋分级机的工作原理。矿浆从槽子下端一侧给入,粗粒沉在槽底,由连续转动的螺旋将其运至槽的上端排出。细颗粒从下端溢流堰溢出。螺旋的作用一是运输沉砂,二是搅动矿浆阻止细颗粒或密度较大的颗粒沉淀,以提高分级效率。

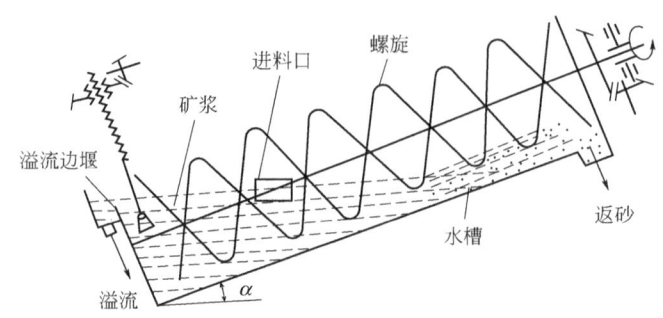

图 24-5-3　螺旋分级机工作原理图

螺旋分级机的规格以螺旋直径表示。根据螺旋的数目分为单螺旋或双螺旋分级机。按溢流堰的高矮又分为低堰式、高堰式和沉没式三种。低堰式的溢流堰低于螺旋下端轴承中心[图 24-5-4(a)],其沉降区面积相对较小且螺旋搅动较激烈,故用于粗分级或洗矿作业。高堰式的溢流堰在螺旋下端轴承之上,分级区面积增大,下端螺旋叶片局部露在液面之上 [图 24-5-4(b)]。这种分级机适用于中粒物料,其分级粒度大于 0.2mm。沉没式的溢流堰更高,如图 24-5-4(c) 所示,分级区面积大,下端螺旋叶片全部浸入矿浆中。这种型式的螺旋分级机分离粒度可很细,适用于细粒物料的分级,分级粒度范围为 0.21～0.075mm[4]。

螺旋分级机是一种老式分级设备,其缺点是笨重、占地面积大、检修工作量大、分级效率低,且不易实现自动化。目前生产的最大规格螺旋分级机为双螺旋 3m 直径,其最大处理量不能与大规格球磨机(例如 $D \geqslant 5.0m$)匹配。因此已逐步为其他分级设备所取代。但螺旋分级机具有工作稳定、易于操作、返砂浓度较高(固体含量 65%～80%)、对磨矿作业有利等优点,故国内选矿生产中仍大量使用。表 24-5-1 示出螺旋分级机螺旋直径的修正系数。

表 24-5-1　螺旋分级机螺旋直径修正系数

D/m	1.5	2	2.4	3
高堰式	1	1.05	1.1	1.15
沉没式	1	0.93	0.86	0.86

螺旋分级机主要根据经验公式计算处理量、溢流和沉砂处理量,后两者都必须同时满足要求。

(1) 按溢流计的处理量[5,6]　高堰式和沉没式螺旋分级机按溢流量(指固体重量)计的生产能力:

$$Q = 4.55mD^{1.765}k_1k_2k_3k_4 \tag{24-5-1}$$

式中　m——螺旋个数;

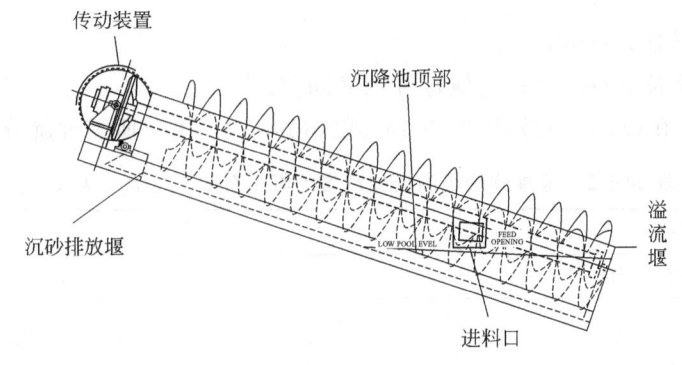

(a) 低堰式

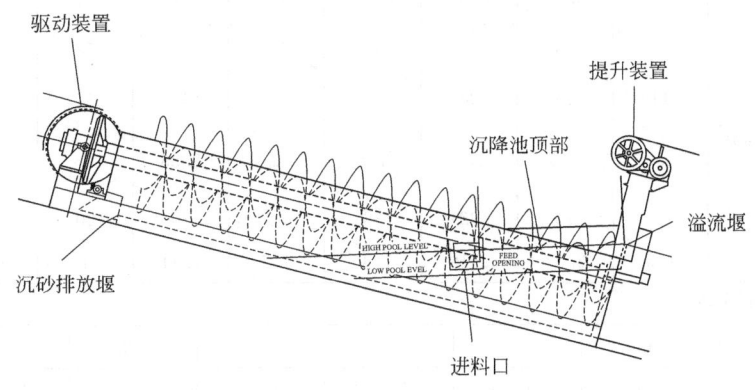

(b) 高堰式

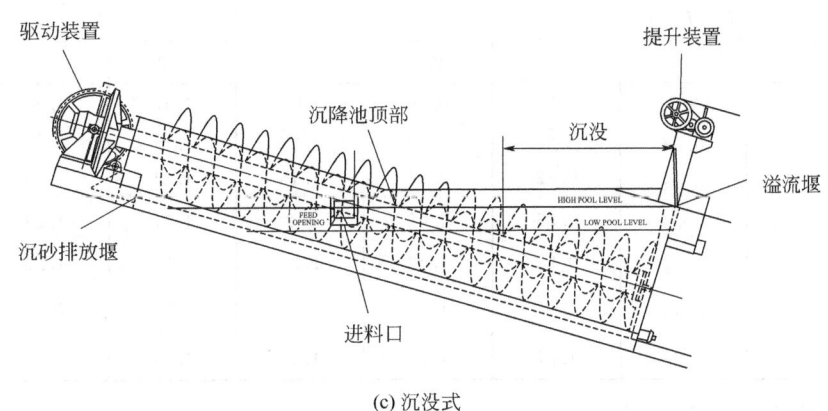

(c) 沉没式

图 24-5-4 三种类型螺旋分级机示意图

k_1——物料密度修正系数，按表 24-5-2 计算；

k_2——溢流粒度修正系数，按表 24-5-2 计算；

k_3——分级槽坡度修正系数，按表 24-5-2 计算；

k_4——溢流浓度修正系数，按表 24-5-2 计算。

（2）按返砂计的处理量[5,6] 高堰式和沉没式螺旋分级机按返砂量（指固体重量）计的
生产能力 $Q_返$（t·h^{-1}）按式（24-5-2）计算：

$$Q_{返}=5.45mD^3n(\delta/2.7)k_3 \tag{24-5-2}$$

式中　n——螺旋转速，r·min^{-1}；

　　　δ——矿石密度，t·m^{-3}；其他符号意义同前。

已知处理量 Q 和 $Q_{返}$，可按式（24-5-1）或式（24-5-2）求出所需螺旋分级机规格及台数。

表 24-5-2　螺旋分级机溢流处理量的修正系数 k_1、k_2、k_3、k_4

a. 物料密度修正系数，k_1

$k_1=\gamma/2.7$（密度的范围 2～5t·m^{-3}）

b. 溢流粒度修正系数，k_2

项目	标明的溢流粒度 d_{95}/mm								
	1.17	0.83	0.59	0.42	0.3	0.21	0.15	0.1	0.074
溢流中<0.074mm/%	17	23	31	41	53	65	78	88	95
<0.045mm/%	11	15	20	27	36	45	50	72	83
基准的溢流液固比 $D_m^*(\gamma=2.7\text{t·m}^{-3})$	1.3	1.5	1.6	1.8	2	2.33	4	4.5	5.7
固体浓度/%	43	40	38	36	33	30	20	18	16.5
k_2	2.5	2.37	2.19	1.96	1.7	1.41	1	0.67	0.46

c. 分级槽坡度修正系数，k_3

坡度/(°)	14	15	16	17	18	19	20
k_3	1.12	1.1	1.06	1.03	1	0.97	0.94

d. 溢流浓度修正系数，k_4（考虑实际所要求的溢流液固比 $D_m=m_1/m_s$）

矿浆密度/kg·m^{-3}	D_m/D_m^* 值						
	0.4	0.6	0.8	1	1.2	1.5	2
2700	0.6	0.73	0.86	1	1.13	1.33	1.67
3000	0.63	0.77	0.93	1.07	1.23	1.44	1.82
3300	0.66	0.82	0.98	1.15	1.31	1.55	1.97
3500	0.68	0.85	1.02	1.2	1.37	1.63	2.07
4000	0.73	0.92	1.12	1.32	1.52	1.81	2.32
4500	0.78	1	1.22	1.45	1.66	1.99	2.56
5000	0.83	1.07	1.32	1.57	1.81	2.18	2.81

注：D_m^* 参见 b. 项。

5.2.1.2　耙式分级机

耙式分级机与螺旋分级机总体结构相似，但用耙子作为运输沉砂的机构，故称耙式分级机。图 24-5-5 为耙式分级机的结构图[7]。

耙式分级机为老式设备，有单耙、双耙、四耙等。由于其构造复杂，生产能力较低，返砂含水较高，除极少数老选矿厂仍使用外，已不多见。

5.2.1.3　浮槽式分级机

浮槽式分级机类似耙式分级机，其下端上部安装一带搅拌器的圆筒，该带搅拌器的圆筒

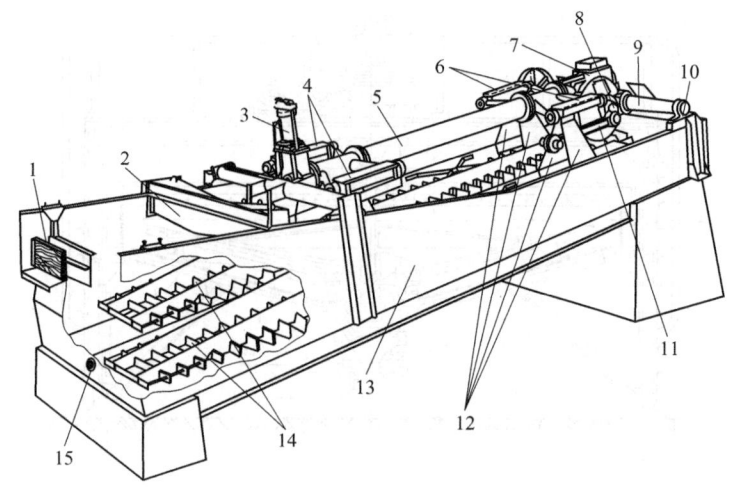

图 24-5-5 耙式分级机结构示意图（图片来自艾法史密斯）

1—溢流堰；2—给料溜槽；3—提升装置；4—后十字头导杆；5—传动管；
6—前十字头导杆；7—齿轮箱；8—曲轴；9—支撑管；10—支撑轴承；11—连杆；
12—前支板；13—槽体；14—耙子；15—排水塞

称为浮槽，故称浮槽式分级机[8]。图 24-5-6 示出这种分级机的结构。矿浆给入浮槽中，细粒物料从溢流堰排出，粗大颗粒下沉于底部，然后由运动的耙子将沉砂运至分级槽上部排出。这种分级机由于分级区面积大且较平稳，故适用于细粒分级。此设备去掉浮槽即可改为耙式分级机。

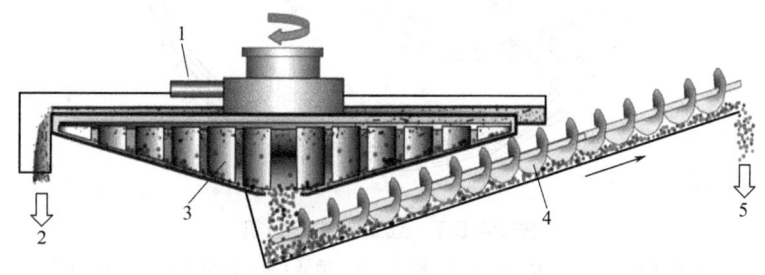

图 24-5-6 浮槽式分级机

1—给料；2—溢流；3—刮板；4—螺旋输送机；5—沉砂

浮槽式分级机由于占地面积大、构造复杂、维修麻烦，且处理量低，故除特殊需要外，已很少采用。

5.2.1.4 立式耙式分级机（水力分离机）

立式耙式分级机的结构如图 24-5-7 所示[9]。与前三种机械分级机的最大区别为立式圆筒，内装缓慢旋转的耙子；矿浆从上部给入，细颗粒从周边溢流堰排出，粗大颗粒构成底流（沉砂）从下部排出。这种分级设备常用作细分级、脱泥或浓缩用。这种分级机直径为 5～15m，占地面积大，沉砂用泵才能使之返回磨机。其最大优点为分级粒度细，适用于细分级，如 $-74\mu m$ 物料分级。

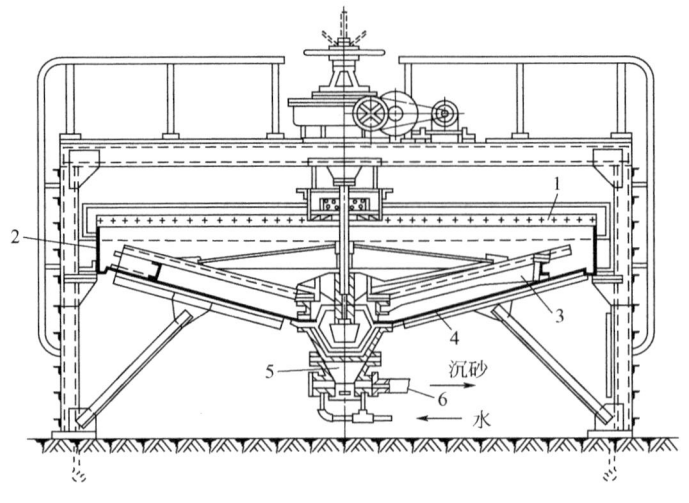

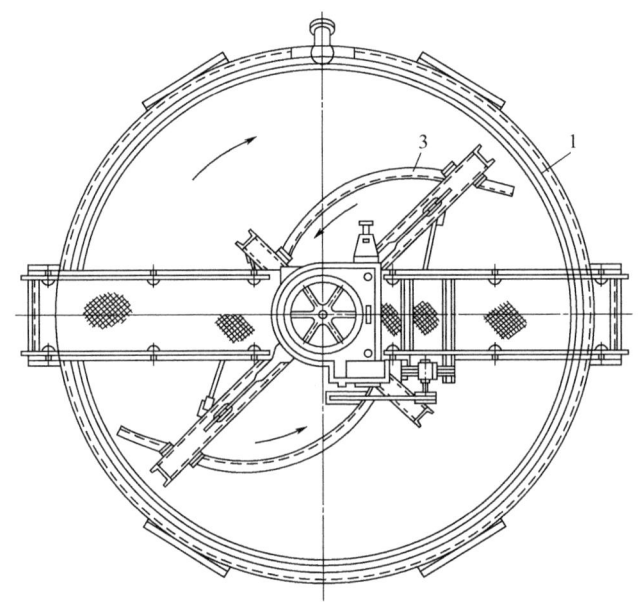

图 24-5-7　立式耙式分级机

1—环形溢流槽；2—分级槽；3—耙子；4—槽底；5—排砂孔；6—沉砂导管

5.2.2 非机械分级机

5.2.2.1 圆锥分级机

圆锥分级机的特点是矿浆给入立式圆锥筒体内，颗粒在筒体的流体介质中按沉降速度的差异而分离；细小颗粒从圆锥上部溢流堰排出，粗大颗粒沉降在锥体下部借重力排出。圆锥分级机主要有四种，即脱泥斗、自动排料圆锥分级机、胡基（Hukki）圆锥分级机、虹吸排料圆锥分级机。

（1）脱泥斗　脱泥斗是一种最简单的圆锥分级机，其结构见图 24-5-8 [10]。压水水管主要为了防止沉砂管堵塞，同时可造成上升水流以提高分离效果。脱泥斗的锥角一般为 55°～60°，端部圆锥内径 1.5～3.0m。脱泥斗主要用于重选厂的分级和分选前物料的浓缩或脱泥；

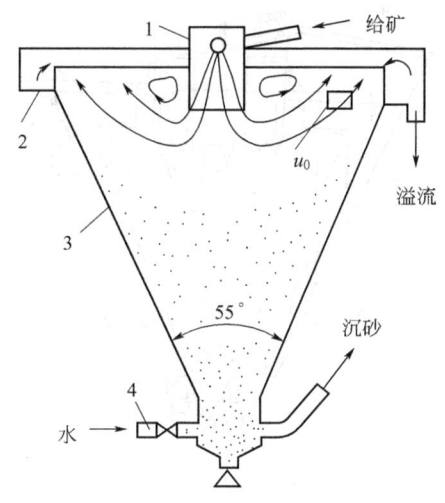

图 24-5-8 脱泥斗
1—给矿筒；2—环形溢流槽；3—圆锥体；4—压力水管

给料粒度一般不大于 $2\sim3mm$，溢流粒度一般为 $74\mu m$。

（2）自动排料圆锥分级机 这种圆锥分级机是在脱泥斗的基础上改进而来，又分砂锥 ［图 24-5-9（a）］和泥锥 ［图 24-5-9（b）］两种。它们都是利用浮漂杠杆原理来使沉砂口阀门打开增大，或关闭缩小，达到控制沉砂浓度和排出量的目的。两者的主要区别在于控制沉砂的装置略有区别。这种分级机的给料应安装除渣筛，以预先清除木屑、过大颗粒等杂质，以免堵塞沉砂口。

（3）胡基圆锥分级机 这种分级机是芬兰的赫尔辛基大学胡基（Hukki）教授首先研制的。它的主要特点是锥体下部装有搅拌器和沉砂自动排放装置，并可给入清水。借用这些装置可提高分级效果和阻止沉砂口堵塞。图 24-5-10 示出了这种分级机的结构[11]。

（4）虹吸排料圆锥分级机 图 24-5-11 示出了这种分级机的结构及工作原理[10]。其最大特点是采用虹吸原理排出底部沉砂，沉砂吸程的高低用自动控制装置调节，借以保持沉砂的排出速度和浓度稳定。

这种分级机的直径有 0.9m、2.4m、3.6m、4.2m、4.8m 和 5.4m 多种规格，用于细分级和脱泥非常有效。

5.2.2.2 多室水力分级机

这种水力分级机的特点是利用不同粒度颗粒在水中沉降速度的不同而分离出多个窄粒级产品。这类分级机主要用于处理摇床、跳汰机和螺旋选矿机等重选设备和给料，当重选设备的给料粒度较窄时，选别指标可以改善。

多室水力分级机最常用者有机械搅拌式水力分级机、筛板式水力分级机和多室水冲箱。

（1）机械搅拌式水力分级机 图 24-5-12 示出了机械搅拌式水力分级机的结构示意图[10]。这种分级机的特点是：整个分级机由 $4\sim8$ 个分级室联结而成，各室的宽度和高度由给料端至溢流端逐次增加；各分级室下部收缩成圆筒状；各分级室下部有搅拌叶片，并经过给水管补加压力水，这样可以提高分级效率和防止各分级室沉砂口的堵塞。从给料端至排料端各分级室排出的产品粒度依次变细，最后分级室排出的溢流产品粒度最细。

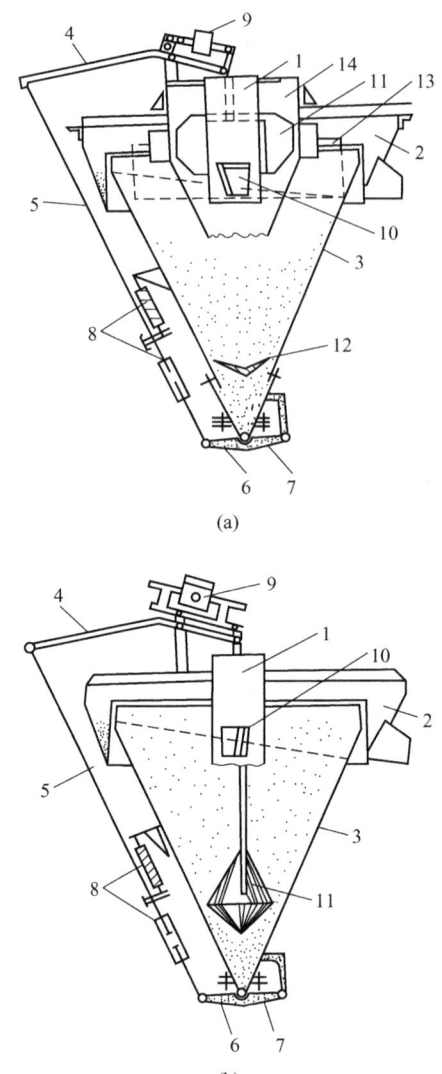

图 24-5-9　自动排料圆锥分级机

1—给矿筒；2—溢流槽；3—圆锥体；4,6—杠杆；5—连杆；7—活阀；8—弹簧；
9—平衡锤；10—缓冲器；11—浮漂；12—隔板；13—减缩环；14—内圆锥

这种分级机的优点是可得粒度较窄的多个产品，且沉砂浓度较高，可达 40%～50%；分级效率较高，耗水量较少，一般处理 1t 物料约耗水 2～3m³；处理量较大，四室分级机每小时处理量约 10～25t。

（2）筛板式水力分级机　筛板式水力分级机又名法连瓦尔德（Fahrenwald）式水力分级机，其结构如图 24-5-13 所示[10,12]。其结构特点是分级机由 3～8 个断面近似正方形的分级室组合而成，各分级室底部安装有孔径为 3～6mm 的筛板。压力水由下部供给，流经筛孔构成上升水流，这样形成颗粒悬浮。粗颗粒下沉形成沉砂，经筛板中间的排砂孔排出。排砂孔的锥形塞与启动连杆相连，当筛板上沉砂增多时，下部料浆浓度加大，因压力加大，水将从静压管中进入隔膜室，从而使连杆提升锥形塞将沉砂排出。

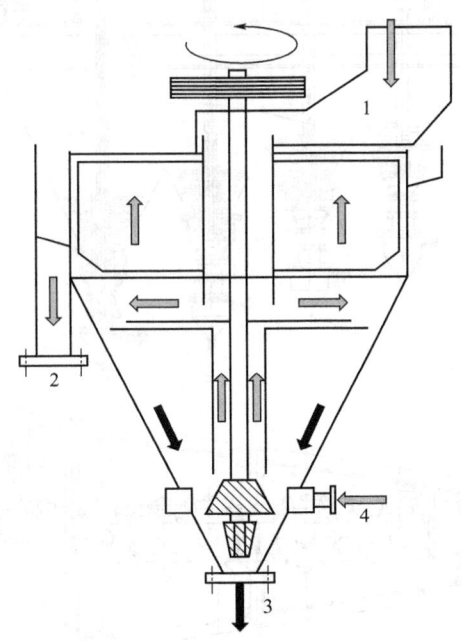

图 24-5-10 胡基圆锥分级机

1—给矿；2—溢流；3—沉砂；4—水

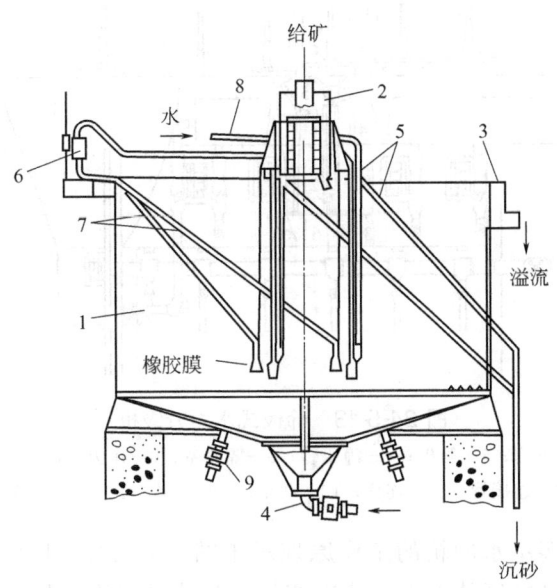

图 24-5-11 虹吸排料圆锥分级机

1—分级槽；2—给矿筒；3—溢流槽；4—压力水管；5—虹吸管；6—检测器；

7—测压管；8—水管；9—清洗管

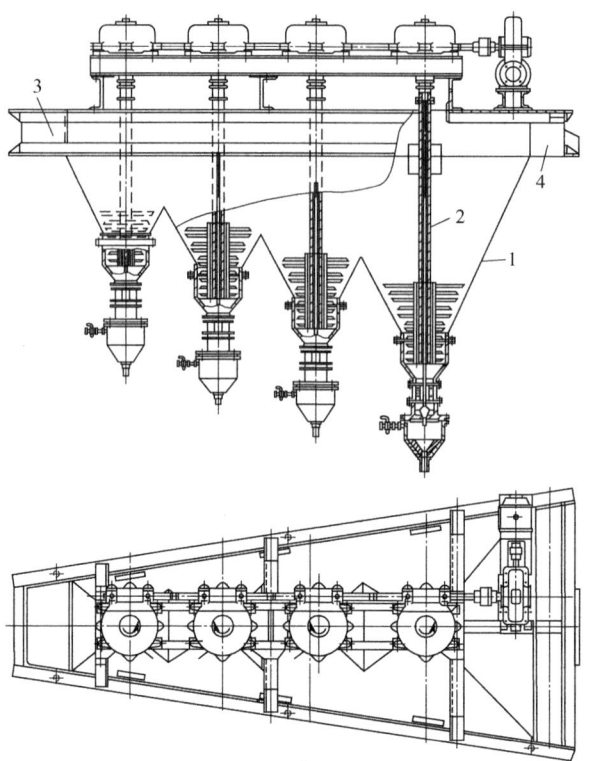

图 24-5-12   机械搅拌式水力分级机

1—分级室；2—搅拌轴；3—装载滑槽；4—排矿通道

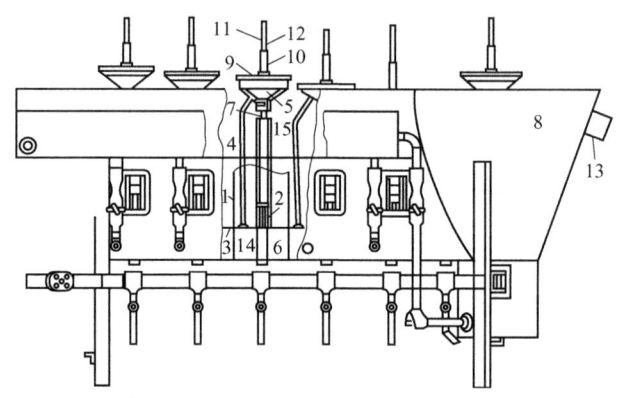

图 24-5-13   筛板式水力分级机

1—分级室；2—锥形塞；3—筛板；4—静压管；5—隔膜室；6—压力管；7—小管；8—溢流槽；
9—隔膜；10—连接管；11—连杆；12—联结；13—溢流口；14—沉砂管；15—套管

（3）多室水冲箱   多室水冲箱的工作原理示于图 24-5-14。其特点是：各串联的分级室从上至下有一落差，产品粒度从上而下依次变粗；各分级室均安装筛板，筛孔 1～2mm；筛板上铺有粒度 5～8mm、厚 30～50mm 的床层。床层物料为密度较大的物料，如硅铁、磁铁矿等。压力水由各分级室下部给入，穿过床层形成均匀上升水流。

水冲箱可单台使用，也可多台串联使用，其优点是分级效率高、耗水量少、沉砂浓度

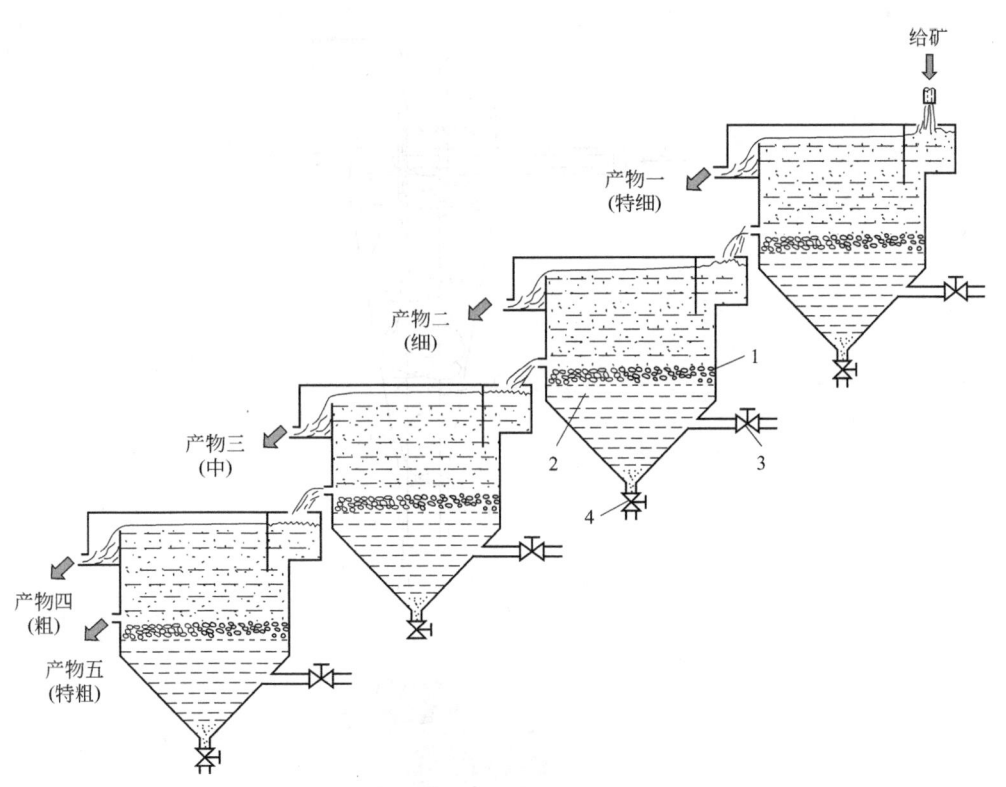

图 24-5-14 多室水冲箱

1—人工床层；2—筛板；3—给水阀；4—排污阀（清理用）

高，可在 50％～80％范围内调节。

5.2.2.3 水力旋流器

（1）水力旋流器的分级原理　水力旋流器是一种连续作业的分级设备，它是利用离心力来加速颗粒的沉降速度，其作用原理如图 24-5-15（a）所示[13,14]，其基本结构如图 24-5-15（b）所示。料浆以一定压力从给料口进入，在旋流器给料室形成环流，这样造成不同尺寸及不同密度的固体颗粒与流体产生不同的相对离心力，粗大颗粒趋向周边，然后沿器壁下落，最后构成沉砂从下端沉砂口排出。细小颗粒从上部溢流口构成溢流排出。

水力旋流器由于处理量大、效率高、体积小且无运动部件，故在工业上广泛应用于分级、脱泥、脱水以及选别作业等。

旋流器的规格以圆柱体内径 D 的尺寸表示，目前工业上应用的旋流器尺寸最小为 10mm，最大可达 2500mm。水力旋流器分两大类，一为分级、脱水、脱泥用旋流器，二为选别用旋流器；它们的主要区别在于锥角和柱体高度与锥体高度比值的大小。选别用旋流器锥角较大，一般大于 30°，柱、锥高度比较小。这里着重讨论分级水力旋流器。

分级用水力旋流器的主要特点是锥体较高、锥角较小，其给料口呈切线、渐开线等形式。目前多用后者。最有名的渐开线水力旋流器为 Krebs 型。

（2）水力旋流器中流体流动及模拟　水力旋流器是利用非轴对称流动来实现粒度分离的分离器，也就是说进料不在中心且仅在一个或两个位置进料。为了弄清水力旋流器工作原理，必须考虑在水力旋流器中存在的三个速度分量和它的不对称性质。旋流器内部任何一点

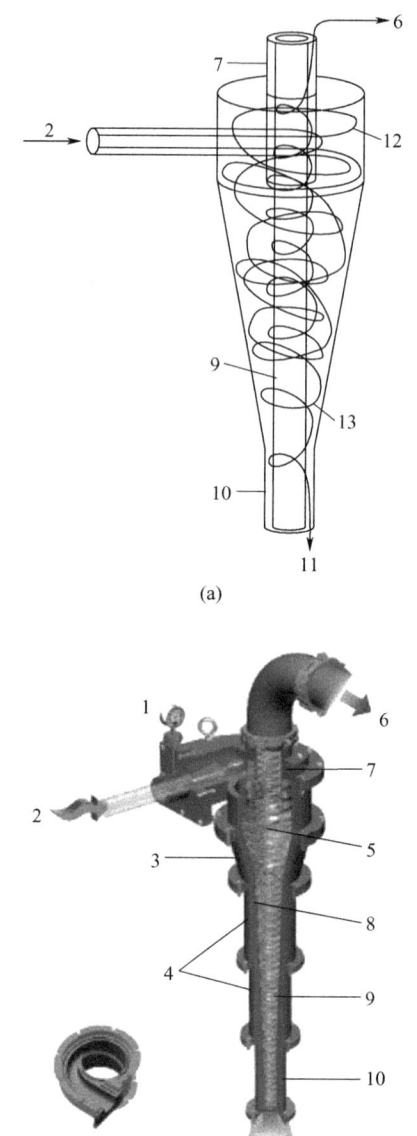

图 24-5-15 水力旋流器作用原理示意图

1—压力表；2—给料口；3—上圆锥体；4—下圆锥体；5—给料室；6—溢流；7—导流管；8—内衬；
9—空气柱；10—沉砂口；11—底流；12—轻、细颗粒的轨迹；13—重、粗颗粒的轨迹

的液体或固体的速度可分解为三个分量：轴向分量、径向分量和切向分量。目前对这三个速度分量尚无十分满意的测量。凯尔萨尔（Kelsall）曾采用不干扰液流的光学仪器对透明旋流器中悬浮到水介质中的微粒铝粉运动的切向速度和轴向速度进行过系统测定。根据其测定结果，运用图解连续性原理由轴向速度分布推算出径向速度，从而得出三个速度分布规律的模型。几十年来，一直被人们广泛引用，实践证明，凯尔萨尔的切向速度和轴向速度分布规律符合生产实际，而径向速度分布规律则同生产实际相矛盾。近年来，庞学诗、舍别列维奇

（М. А. Шевлевич）、徐继润和顾方历等采用流体力学理论分析法和激光测速法，对分级旋流器和重介质旋流器的三维速度进行了系统的分析和测定，其结果见图 24-5-16[15]。

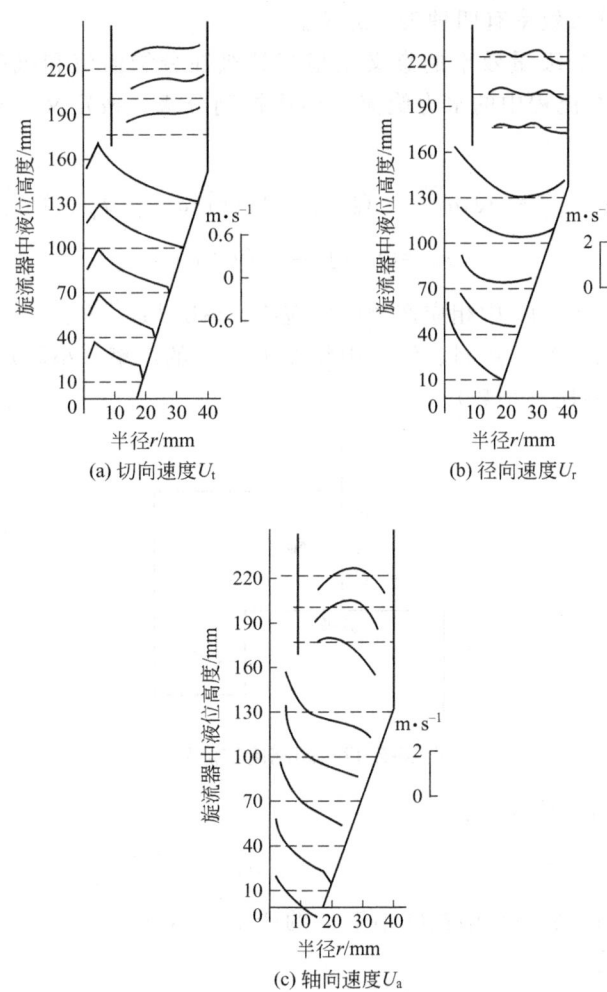

图 24-5-16　水力旋流器中的三个速度分量

为了真实地描述旋流器内的流体流动状况，水力旋流器分级的模拟需要考虑旋流器内的湍流流动、矿浆流变性对流场的影响和含有不同粒度颗粒的多相流，对这些变量需要很大的计算量。通过先进的湍流模型，在水力旋流器几何空间内进行 CFD 模拟，弄清不同的流动物理特性，正确地预测流体流动。然后，采用欧拉-欧拉或拉格朗日多相流方法，应用合适的颗粒传输模型模拟颗粒的行为。

（3）水力旋流器的参数　水力旋流器的工作指标主要是处理量、分级效率和分离粒度等，影响这些指标的因素有两大类：

① 结构参数。如旋流器的直径，给料口、溢流口和底流口尺寸，旋流器锥角等。

② 操作参数。如给料压力、浓度，给料的粒度分布、密度和形状等。

上述影响因素是互相关联的，因此在设计和选用水力旋流器时，结构参数尽可能满足工艺要求，在实际生产中则应要求保证一定的给料量、给料压力、给料浓度等，只有这样才能保证较好的工作指标。

一般来说，大规格旋流器处理量大、溢流粒度粗，小规格旋流器处理量小、溢流粒度细，因此当要求处理量大、溢流粒度细时，采用小直径旋流器来解决。

（4）分级效率   分级效率有四种表示方法。

① 分级量效率 ε。分级量效率的意义是指某粒级在分级溢流和沉砂中的回收率。如图 24-5-17 所示，磨矿分级流程中的水力旋流器用作控制分级，按定义，分级溢流 4 的量效率可由式（24-5-3）求出：

$$\varepsilon_{c-x} = Q_4 a_{c-x}/(Q_3 a_{F-x}) = r'_4 (a_{c-x}/a_{F-x}) \tag{24-5-3}$$

$$r'_4 = Q_4/Q_3 = 1/(1+c) \tag{24-5-4}$$

式中 Q_3，Q_4——图 24-5-17 中相应产物固体流率，t·h^{-1}；

a_{F-x}，a_{c-x}——图 24-5-17 给料、溢流中粒度小于 x 的产率（小数）；

c——返砂比（小数）。

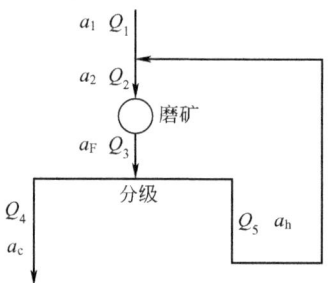

图 24-5-17   闭路磨矿流程

由此可得 ε_{c-x} 的另一计算式：

$$\varepsilon_{c-x} = a_{c-x}(a_{F-x} - a_{h-x})/[a_{F-x}(a_{c-x} - a_{h-x})] \tag{24-5-5}$$

式中 a_{h-x}——产物 5（沉砂）中粒度小于 x 的产率（小数）。

其他符号意义同前。

同理可得沉砂粒度大于 x 的量效率等式如下：

$$\varepsilon_{h+x} = a_{h+x}(a_{F+x} - a_{c+x})/[a_{F+x}(a_{h+x} - a_{c+x})] \tag{24-5-6}$$

式中 a_{F+x}，a_{c+x}，a_{h+x}——图 24-5-17 中给料、溢流、沉砂中所含粒度大于 x 的产率（小数）。

② 分级质效率 E。理想的分级情况是溢流中不含粗颗粒、沉砂中不含细颗粒，因此评价溢流或沉砂产品质量时应考虑其中粗、细颗粒混杂的情况。

溢流质效率 $E_{c质} = \varepsilon_{c-x} - \varepsilon_{c+x}$ \hfill (24-5-7)

沉砂质效率 $E_{h质} = \varepsilon_{h+x} - \varepsilon_{h-x}$ \hfill (24-5-8)

式中 ε_{c+x}，ε_{h-x}——溢流中粗颗粒、沉砂中细颗粒回收率（量效率）。

上面两式也通称为牛顿分级效率。

由量效率 ε 和质效率 E 的定义可以证明，按溢流计算的质效率 $E_{c质}$ 等于按沉砂计算的质效率 $E_{h质}$。因此，按分级质效率评价分级过程更能确切反映分级机工作状况。

由以上诸式可以得出通用的计算分级质效率的计算式为

$$E_质 = (a_{F-x} - a_{h-x})(a_{c-x} - a_{F-x})/[a_{F-x}(a_{c-x} - a_{h-x})(1-a_{F-x})] \quad (24\text{-}5\text{-}9)$$

式中所有值均为小数。

③ 分级修正效率 E_{cr}。按固体颗粒在流体沉降规律进行分级的设备，无论是螺旋分级机或是水力旋流器，按式(24-5-6)算出的沉砂量效率绘制效率曲线时都不交于坐标原点（图24-5-18）。这是因为沉砂和溢流中混杂有"未经分级"的原给料。设沉砂中混入的未经分级的量占分级给料量为 y_1（即回收率），溢流中混入的未经分级的量占分级给料量为 y_2，去掉短路量 y_1 及 y_2 后真正由于分级作用而进入沉砂中粗级别的回收率应为：

$$E_{cr} = (q_{h+x} - y_1)/(1 - y_1 - y_2) \quad (24\text{-}5\text{-}10)$$

一般来说 $y_2 \approx 1\% \sim 3\%$，可忽略不计。这样一来可得沉砂的真实量效率 E_{cr}，即

$$E_{cr} = (\varepsilon_{h+x} - y_1)/(1 - y_1) \quad (24\text{-}5\text{-}11)$$

E_{cr} 称为修正效率，按 E_{cr} 值绘制的效率曲线通过坐标原点（图24-5-18）。

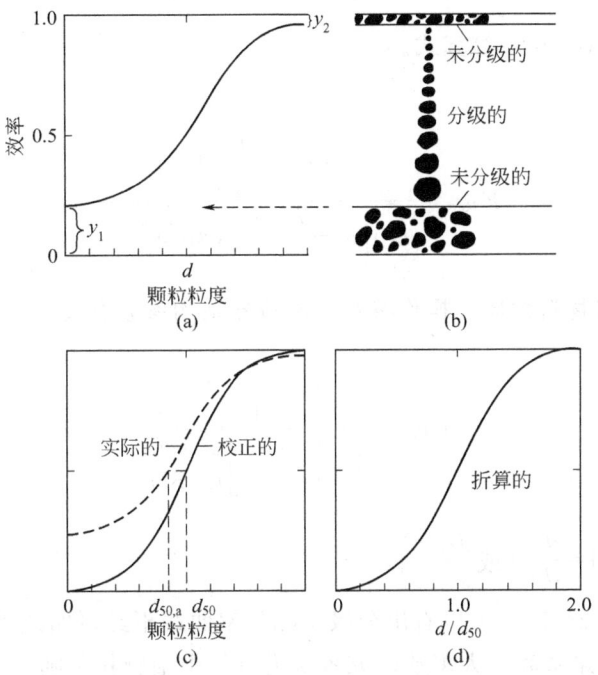

图 24-5-18 实际效率、修正效率和折算效率曲线形式[14]

④ 分级折算效率 E_{Red} 及分离粒度 d_{50}。分级过程某一粒级进入溢流和沉砂的概率相等，即各为 50%，称此粒度为分离粒度，常以 d_{50} 表示（图24-5-18）。实测分离粒度 d_{50}（量效率曲线）通称"表观分离粒度"，由修正效率曲线上所得分离粒度称"真实分离粒度"，常以 $d_{50(c)}$ 表之。$d_{50} < d_{50(c)}$。

修正效率曲线横坐标以无量纲量 $d/d_{50(c)}$ 表示所得的曲线称为折算效率曲线，其中 d 为任意粒度值。大量试验表明，折算效率曲线都呈"S"形。与修正效率 0.25 和 0.75（图24-5-19）相应的粒度值 d_{25}（或 $d_{0.25}$）和 d_{75}（或 $d_{0.75}$）的比值 SI 称为效率曲线"陡度"；陡度值 SI 愈大，效率曲线愈"陡"，表明分级愈精确；反之分级效率不高。

描述"S"形曲线有很多公式，最常用的折算效率曲线公式有林奇（Lynch）、罗杰斯

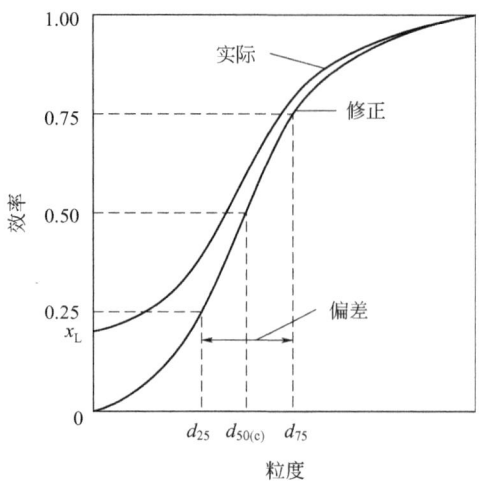

图 24-5-19 典型的效率曲线

（Rogers）、奥斯汀（Austin）等算式。

林奇算式：

$$E_{Red} = \frac{\exp\left[\alpha\dfrac{d}{d_{50(c)}}\right] - 1}{\exp\left[\alpha\dfrac{d}{d_{50(c)}}\right] + \exp[\alpha] - 2} \tag{24-5-12}$$

式中 α——常数，与物料性质、操作参数、旋流器结构参数有关。

奥斯汀算式：

$$E_{Red} = \frac{1}{1 + \left[\dfrac{d}{d_{50(c)}}\right]^{\frac{2.196}{\ln(SI)}}} \tag{24-5-13}$$

式中   SI——陡度，$SI = \dfrac{d_{25}}{d_{75}}\left(\text{或}\dfrac{d_{0.25}}{d_{0.75}}\right)$。

由图 24-5-18、图 24-5-19 可以看出分级实际效率曲线不经过曲线坐标原点而与纵坐标相交，其截距 y_1 称为短路系数。大多数研究者认为沉砂中细颗粒是随进入沉砂中的水带入的。因此，短路系数与水力旋流器沉砂中水量分布有关，即短路系数 R_f 等于：

$$R_f = y_1 = W_h / W_f \tag{24-5-14}$$

式中 W_h，W_f——水力旋流器沉砂、给料中水量，t·h^{-1}。

（5）水力旋流器的生产能力   水力旋流器的生产能力常用单位时间内通过给料管的矿浆体积流量表示。水力旋流器的生产能力计算式，按其来由可分为半经验模型和经验模型两大类。本手册仅选择一些适应性较强又比较准确的模型加以介绍，供读者使用。

① 半经验模型：波瓦洛夫的半经验公式。波瓦洛夫（Поваров）根据伯努利方程，导出了水力旋流器生产能力的半经验模型[16,17]。

$$Q = 3K_D K_a D_i D_o \sqrt{\Delta p} \tag{24-5-15}$$

$$K_D = 0.8 + \frac{1.2}{1 + 0.1D} \qquad (24\text{-}5\text{-}16)$$

$$K_a = 0.79 + \frac{0.044}{0.0379 + \text{tg}\frac{\alpha}{2}} \qquad (24\text{-}5\text{-}17)$$

式中　Q——按给料体积计算的处理量，$m^3 \cdot h^{-1}$；

D_i，D_o——入料口和溢流口直径，cm；

K_a——旋流器锥角修正系数；

K_D——旋流器直径修正系数；

Δp——旋流器入料口压力，MPa；

α——旋流器锥角，(°)。

关于溢流口尺寸 D_o，旋流器直径 D_c，入料口尺寸 D_i 和沉砂口直径 D_u 之间的关系，波瓦洛夫建议如下[17,18]：

$$D_o \approx (0.2 \sim 0.4) D_c$$

$$D_i \approx (0.15 \sim 0.25) D_c \qquad (24\text{-}5\text{-}18)$$

$$D_u \approx (0.15 \sim 0.8) D_o$$

波瓦洛夫的旋流器生产能力计算公式在我国有广泛的影响。我国以往选矿设计中旋流器的选择计算，基本上是采用波瓦洛夫计算法。

② 经验模型

a. 达尔斯特罗姆模型。达尔斯特罗姆（Dahlstrom）是对旋流器性能进行详细试验研究的先驱者。他于 1949 年最早提出如下模型[19]：

$$Q = k(D_i D_o)^{0.9} \sqrt{\Delta p} \qquad (24\text{-}5\text{-}19)$$

式中　Q——给料量，$L \cdot min^{-1}$；

D_i——给料口直径，cm；

D_o——溢流口直径，cm；

Δp——给料压力，Pa；

k——系数。

b. 特拉文斯基模型。特拉文斯基（Trawinski）模型为[20]：

$$Q = k(D_i D_o)^{0.9} \sqrt{\frac{\Delta p}{\rho}} \qquad (24\text{-}5\text{-}20)$$

式中　ρ——料浆密度，$g \cdot cm^{-3}$；

k——系数，当旋流器的锥角为 15°～30° 时，$k = 0.5$。

其他符号同上。

c. 切斯顿模型。切斯顿（Chaston）模型为[21]：

$$Q = kA \sqrt{\Delta p} \qquad (24\text{-}5\text{-}21)$$

式中　A——入料口面积，cm^2；其他符号同上。

第**24**篇

　　d. 普利特模型。普利特（L. R. Plitt）采用三种不同规格的水力旋流器对硅石进行了大量的试验后，根据试验结果运用数学分析法得到压力降与生产能力的函数关系式[22]：

$$Q = \frac{F_2 \Delta p^{0.56} D_c^{0.21} D_i^{0.53} h^{0.16} (D_u^2 + D_o^2)^{0.49}}{\exp(0.0031 C_v)} \tag{24-5-22}$$

式中　Δp——旋流器给料压力，kPa；

　　　　D_c——旋流器内部直径，cm；

　　　　D_i——旋流器入料口直径，cm；

　　　　D_o——旋流器溢流口直径，cm；

　　　　D_u——旋流器沉砂口直径，cm；

　　　　C_v——给料料浆体积浓度，%；

　　　　F_2——与物料有关的常数，通过试验来确定；

　　　　h——自由漩涡高度，即漩涡溢流管入口到沉砂口之间的距离，cm。

　　e. 林奇和劳模型。林奇和劳（Lynch and Rao）采用多种规格的水力旋流器对纯度为 99% 的石灰石进行工业性试验后，根据试验结果建立了如下的生产能力模型[23,24]：

　　当给料粒度不变时：

$$Q = k D_o^{0.73} D_i^{0.86} \Delta p^{0.42} \tag{24-5-23}$$

　　当给料粒度变化较大时：

$$Q = k D_o^{0.68} D_i^{0.85} D_u^{0.16} \Delta p^{0.49} \beta_{-0.053}^{-0.35} \tag{24-5-24}$$

式中　$\beta_{-0.053}$——给料中 -0.053mm 粒级含量，%。

　　f. 阿特本模型。阿特本（R. A. Arterburn）采用标准的 Krebs 旋流器进行了大量的科学试验后，依据试验结果建立了如下的生产能力模型[25]：

$$Q = 0.009 D^2 \sqrt{\Delta p} \tag{24-5-25}$$

　　g. 苗拉和朱尔模型。苗拉和朱尔（J. L. Mular and N. A. Jull）也采用标准的 Krebs 旋流器的试验结果，建立了如下的生产能力模型[26]：

$$Q = 0.009 4 D^2 \sqrt{\Delta p} \tag{24-5-26}$$

　　生产能力的一般模型为：

$$Q \approx 0.0095 D_c^2 \sqrt{\Delta p} \tag{24-5-27}$$

（6）分离粒度 d_{50c} 模型

① 半经验模型

a. 波瓦洛夫的半经验模型[4,16]：

$$d_{50} = 0.83 \sqrt{\frac{D_c D_o C_{iw}}{D_u K_D \Delta p^{0.5} (\rho_s - \rho_l)}} \tag{24-5-28}$$

式中　C_{iw}——入料料浆质量浓度，%；

　　　　K_D——旋流器直径修正系数，其他符号同前。

　　式（24-5-28）考虑了水力旋流器工作中的各主要影响因素，故计算结果较符合实际。缺点是需经实测并利用回归分析方法求出相应系数。

b. 布列德里模型。布列德里（Bradley）模型为[27]：

$$d_{50}=k\left[\frac{D_c^3\eta}{Q(\rho_s-\rho_1)}\right]^n \tag{24-5-29}$$

式中　D_c——旋流器直径；

　　　　η——液体黏度；

　　　　Q——给料体积流量；

　　　　ρ_s——给料中固体密度，$t\cdot m^{-3}$；

　　　　ρ_1——液体密度，$t\cdot m^{-3}$；

　　　　n——流体动力常数；

　　　　k——修正系数。

② 经验模型。分离粒度的经验模型是根据水力旋流器的生产实践和科学试验测得的大量数据，通过数学处理得到的。这类模型很多，现择其主要模型介绍如下：

a. 达尔斯特罗姆模型。达尔斯特罗姆于 1949 年最早提出分离粒度的经验模型[17]。该模型为：

$$d_{50}=\frac{C(D_oD_i)^{0.68}}{Q^{0.53}}\left(\frac{1.73}{\rho_s-\rho}\right)^{0.5} \tag{24-5-30}$$

b. 林奇和劳经验模型。1977 年林奇和劳（Lynch and Rao）根据他们的研究资料建立了旋流器分离粒度的校正值 d_{50c} 模型[23,24]：

$$\lg d_{50c}=K_1D_o-K_2D_u+K_3D_i+K_4C_{iw}-K_5Q+K_6 \tag{24-5-31}$$

式中　D_o——溢流口直径；

　　　　D_u——底流口直径；

　　　　D_i——给料口直径；

　　$K_1\sim K_6$——待测回归系数；

　　　　C_{iw}——给料中固体的质量分数；

　　　　Q——给料体积流量。

c. 普利特模型。普利特（Plitt）模型如下[21]：

$$d_{50c}=\frac{F_2D_c^{0.46}D_i^{0.6}D_o^{1.21}\exp(0.063C_v)}{D_u^{0.71}h^{0.38}Q^{0.45}(\rho_s-\rho_1)^{0.5}} \tag{24-5-32}$$

式中　D_c——旋流器内部直径，cm；

　　　　D_i——旋流器入料口直径，cm；

　　　　D_o——旋流器溢流口直径，cm；

　　　　D_u——旋流器沉砂口直径，cm；

　　　　C_v——给料中固体的体积浓度，％；

　　　　h——旋流器中自由漩涡高度，即漩涡溢流管入口到沉砂口之间的距离；

　　　　F_2——与物料有关的常数，通过试验来确定；其他符号同前。

d. Nageswararao 模型

$$d_{50c} = kD_o \left(\frac{d_i}{d_c}\right)\theta^{0.15}\left(\frac{L_c}{D_c}\right)D_c^{0.35}\left(\frac{D_o}{D_c}\right)^{0.52}\left(\frac{D_u}{D_c}\right)^{-0.47}\lambda^{0.93}\left(\frac{p}{\rho_p g D_c}\right)^{-0.22} \quad (24\text{-}5\text{-}33)$$

e. JKTech 模型

$$d_{50c} = kD_o \left(\frac{d_i}{d_c}\right)\theta^{0.15}\left(\frac{L_c}{D_c}\right)D_c^{0.35}\left(\frac{D_o}{D_c}\right)^{0.52}\left(\frac{D_u}{D_c}\right)^{-0.47}\lambda^{0.93}\left(\frac{p}{\rho_p g D_c}\right)^{-0.22} \quad (24\text{-}5\text{-}34)$$

这些模型容易被编入电子表格（spreadsheet）中去，在工艺设计和优化方面尤其有用。一些专门的计算机模拟器，如 JKSimMet 模拟软件的旋流器模拟子模块采用了 JKTech 模型，MODSIM 的旋流器模拟子模块采用了普利特（Plitt）模型。

图 24-5-20 给出了 Krebs 典型的水力旋流器性能曲线。适用的条件是：入料固体浓度小于 30%，固体密度为 2.5～3.2t·m^{-3}。图中 D 表示旋流器直径，单位为 in。

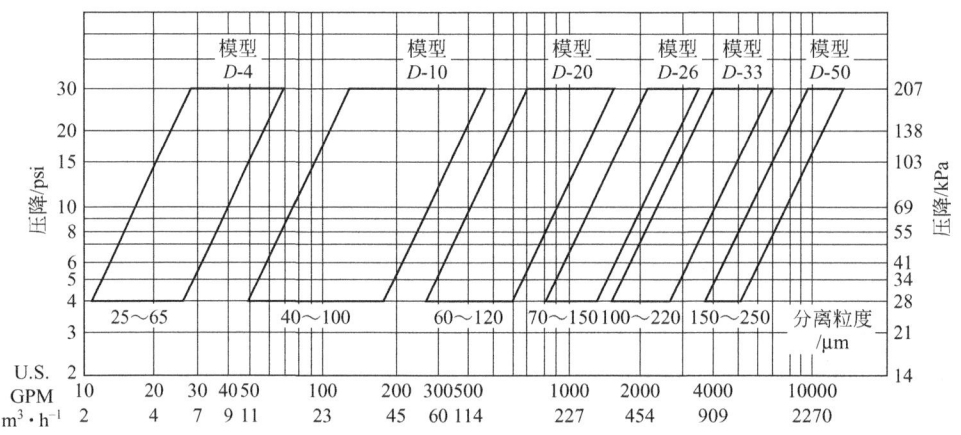

图 24-5-20 Krebs 典型的水力旋流器性能曲线

（7）水力旋流器选型计算 实例：某铜矿选矿厂采用旋流器同球磨机构成闭路磨矿回路，按如下条件选择和计算水力旋流器的规格和台数。

分级溢流细度：$-75\mu m$ 60%（$-115\mu m$ 80%）

旋流器给矿压力 = 80kPa

进入旋流器的矿浆量 $Q = 1324.2 m^3 \cdot h^{-1}$

旋流器给矿中固体的体积浓度为 33.3%（质量分数为 58.6%），固体真密度为 2.83t·m^{-3}。

解答：

采用阿特本计算方法。

步骤 1：计算校正分离粒度。

水力旋流器分级的目的是获得具有一定粒度组成的溢流产品，通常以固体颗粒通过某一指定粒度的百分含量表示。溢流粒度分布和获得这一指定的粒度分离所需的校正分离粒度 d_{50c} 之间的关系，可以采用如下的经验公式来描述。

$$d_{50c} = K d_T$$

式中 d_{50c}——校正分离粒度，μm；

　　　　d_T——指定粒度，μm；

K—— 同指定粒度的百分含量有关的系数，见表24-5-3。

表 24-5-3　校正分离粒度 d_{50c} 与溢流中指定粒度的百分含量的关系

溢流中指定粒度的百分含量/%	98.8	95.0	90.0	80.0	70.0	60.0	50.0
系数 $K(d_{50c}/d_{\mathrm{T}})$	0.54	0.73	0.91	1.25	1.67	2.08	2.78

由表24-5-3查得 $K=2.08$，代入上式得到：

$$d_{50c}=2.08P_{80}=2.08\times75=156\mu m$$

步骤2：计算基本校正分离粒度。

基本校正分离粒度为：

$$d_{50c(基)}=\frac{d_{50c}}{C_1C_2C_3}$$

式中，C_1、C_2、C_3 均为校正系数。

$$C_1=\left(\frac{53-V}{53}\right)^{-1.43}$$

式中，V 为给矿中固体的体积分数。

$$C_1=\left(\frac{53-33.3}{53}\right)^{-1.43}=4.117$$

$$C_2=3.27(\Delta p)^{-0.28}$$

$$C_2=3.27\times80^{-0.28}=0.96$$

$$C_3=\left(\frac{1.65}{\rho_s-1}\right)^{0.5}$$

$$C_3=\left(\frac{1.65}{2.83-1}\right)^{0.5}=0.95$$

这样，

$$d_{50c(基)}=\frac{156}{4.117\times0.96\times0.95}=41.55$$

步骤3：计算旋流器的直径。

根据基本校正分离粒度计算旋流器直径。

根据阿特本 d_{50c} 分离粒度公式：$d_{50c(基)}=2.84D_c^{0.66}$

得到：

$$D_c=\left(\frac{d_{50c(基)}}{2.84}\right)^{1.51}$$

$$D_c=\left(\frac{d_{50c(基)}}{2.84}\right)^{1.51}=56.4cm=564mm$$

根据计算结果，应选 $D_c=610mm$。

第 **24** 篇

步骤 4：计算旋流器的台数。

根据阿特本处理能力公式：
$$q = 0.009\, D_c^2 \sqrt{\Delta p}$$

得到：
$$q = 0.009 \times 61^2 \times \sqrt{80} = 299.5 \ \mathrm{m^3 \cdot h^{-1}}$$

要求的旋流器处理能力为 $1324.2\mathrm{m^3 \cdot h^{-1}}$，则旋流器的台数 n 为

$$n = \frac{Q}{q} = \frac{1324.2}{299.5} = 4.4$$

选取 5 台。按 25% 备用，则总台数选取 7 台。

以上计算是按照"标准型旋流器"计算法计算的。计算的标准条件是：给料中水温为 20℃，固体颗粒为球体，其密度为 $2.65\mathrm{t \cdot m^{-3}}$；底流中短路量为 y_1，其值等于底流中水量分布率 R_f，旋流器压力降取 69kPa；折算效率 E_{Red} 按式(24-5-12) 计算，其中 $\alpha = 4$。根据上述条件计算所需水力旋流器规格和台数，然后过渡到工业实际条件下所需的水力旋流器。

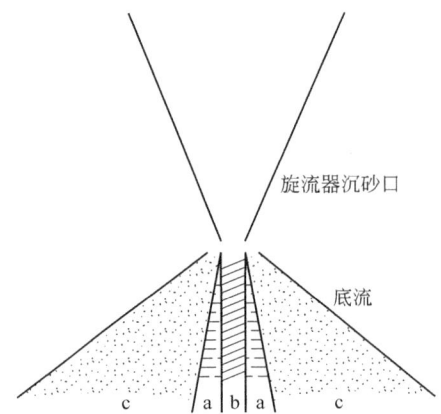

图 24-5-21 沉砂口大小对底流的影响

a—正确操作；b—绳索状态，沉砂口太小；c—底流太稀，沉砂口太大

东北大学利用相似原理和试验验证建立了包括所有水力旋流器参数的优化模拟器，利用其优化模拟器（数学模型组）可求出任意条件下所需的水力旋流器参数。

水力旋流器的沉砂口尺寸在很大粒度上决定沉砂产品的浓度和粒度。图 24-5-21 示出了沉砂口大小对水力旋流器底流排出形状的影响。在适宜条件下排料应形成 20°～30° 夹角的"伞状"喷射。这样空气能进入旋流器，被分级的粗颗粒能顺利排出，同时也能增大底流浓度（可大于 50%），可减少底流中细颗粒含量。沉砂口过小会出现"麻花状"排料；在这种情况下，空气柱消失，形成与沉砂口相同非常浓的矿浆流，粗大颗粒从溢流口排出，使分级效率降低。沉砂口过大将形成"伞面状"排料，底流浓度变稀，细颗粒更多地混入底流，致使分级效率下降。因此，生产中保持适宜的沉砂口尺寸非常重要。但是在生产中沉砂口极易磨损，为此，根据生产要求能自动调节沉砂口尺寸使分级指标符合生产要求，是非常必要的。图 24-5-22 示出了沉砂口自动调节的几种方案。

东北大学研究了一种改变水力旋流器安装倾角的办法，可调节旋流器指标。例如垂直工作的旋流器当沉砂口磨损后，可根据沉砂口磨损的情况改变旋流器倾角，保持其指标不变。

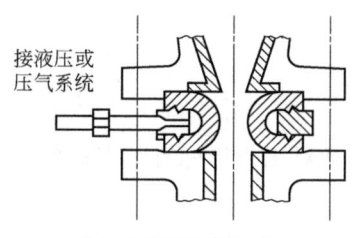

(a) 液压或压气控制(一)

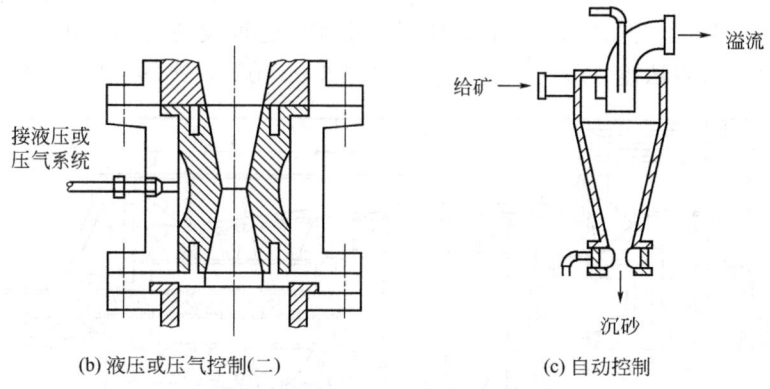

(b) 液压或压气控制(二)　　　　　(c) 自动控制

图 24-5-22　可调节的沉砂口

根据理论分析和实际验证可以得出如下结论：旋流器规格不变时处理量 Q_V 与其给料压力 p 的 1/2 次方成比例，分离粒度 d_{50} 与 p 的 1/4 次方成反比例，即：

$$\frac{Q_{V\text{-}1}}{Q_{V\text{-}2}}=\left(\frac{p_1}{p_2}\right)^{\frac{1}{2}}\;;\quad \frac{d_{50\text{-}1}}{d_{50\text{-}2}}=\left(\frac{p_1}{p_2}\right)^{\frac{1}{4}}$$

也就是说，旋流器规格不变，欲使处理量增加 1 倍，给料压力应增大 4 倍；欲使分离粒度减小到原来的 50%，则给料压力需增加 16 倍；这样做在生产中是不利的。

反之，旋流器入口压力不变时，处理量与旋流器直径 D 的二次方成比例；分离粒度不变时，处理量与 D 的三次方成比例，即：

$$\frac{Q_{V\text{-}1}}{Q_{V\text{-}2}}=\left(\frac{D_1}{D_2}\right)^{2}\;;\quad \frac{Q_{V\text{-}1}}{Q_{V\text{-}2}}=\left(\frac{D_1}{D_2}\right)^{3}$$

因此在实际应用中主要不是靠改变操作压力来改变旋流器生产指标，而是靠改变旋流器结构参数（主要为直径 D 及沉砂口 d_h）。欲使分离粒度细，应采用小直径旋流器；欲使处理量大，则采用大直径旋流器；分离粒度细且要求处理量大时，采用小直径旋流器组。

目前湿式超细分级作业，例如分出小于 $10\mu m$ 的颗粒，可采用直径 $D=10mm$ 的旋流器。

水力旋流器与其他分级机相比，其优点是：

a. 没有运动部件，构造简单；

b. 单位容积处理能力大；

c. 矿浆在机器里的停留的量和时间少，停工时容易处理；

d. 分级效率高，有时可高达 80%，其他分级机的分级效率一般为 60% 左右；

e. 设备费低。

其缺点是：

a. 砂泵的动力消耗大；

b. 机件磨损剧烈；

c. 给料浓度及粒度的微小波动对工作指标有很多影响。

5.2.2.4　卧式离心分级机

卧式离心分级机因颗粒在其中受到很大离心力，可达重力的 $100\sim400$ 倍，分离粒度可很小（可达 $5\sim10\mu m$），沉砂浓度可很大（可达 80%）。这种设备主要用于细粒物料的脱水和脱泥，也可用于分级。图 24-5-23 示出其工作原理。这种设备可用于化工产品、医药等物料的脱水和分级；进料浓度 $2\%\sim50\%$，进料温度 $0\sim100℃$，进料粒度 $0.005\sim5mm$。

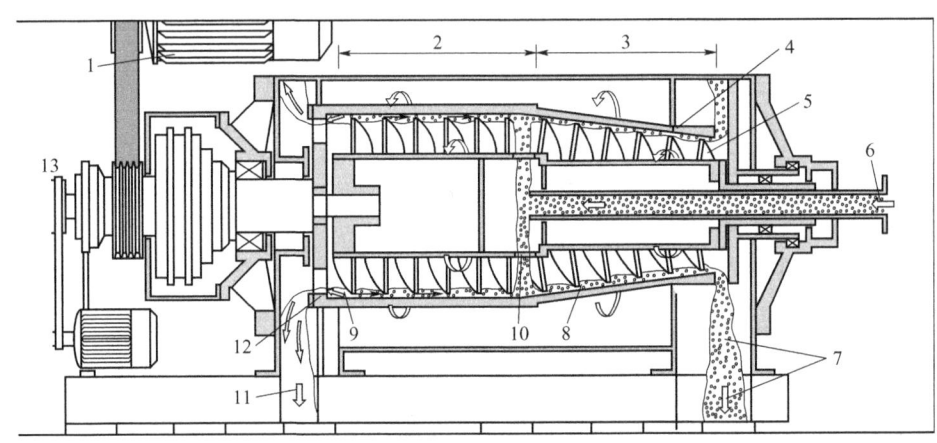

图 24-5-23　卧式螺旋排料离心分级机工作示意图
1—电机；2—沉降区；3—脱水区；4—转鼓；5—螺旋推进器；6—进料口；7—沉砂排放；
8—沉砂；9—分离液；10—送入料开口；11—分离液排放；12—溢流环；13—螺杆传动

5.3　干式分级设备

以空气作介质的粒度分级过程称为干式分级或风力分级。干式分级主要用于不能用湿法处理或湿法处理不经济的物料，如滑石、高岭土、铝矾土、硅灰石等原料利用气流磨或其他干法加工处理物料的分级，或某些化工、建材、冶金等原料干法加工过程原料和产品的分级，以及粉尘、烟道尘、废气的除尘作业。风力分级所处理的物料的粒度一般为 $2\sim0.005mm$，所含水分不能超过 $4\%\sim5\%$，否则在分级过程中将发生细粒团聚和黏着现象。

风力分级的原理与水力分级基本一样，风力分级是利用固体颗粒在气流中沉降速度差或者利用轨迹不同来进行的。其主要区别在于空气的密度及黏度较水小得多，因此颗粒基本上是在重力场中（或离心场中）运动，所受阻力较小。但是空气分级易污染环境，且物料在物流中的分散性不如在水中分散性好，因此分级粒度精确性较差。

风力分级机类型很多，按是否具有运动部件划分可分为两大类，即不带运动部件和带运动部件。前者主要有沉降箱、旋风集尘器、布袋除尘器、文丘里管除尘器等，后者有转盘对流分级机、涡轮分级机等。

5.3.1 不带运动部件的风力分级机

5.3.1.1 沉降箱

常用的有烟道沉降箱 [图 24-5-24(a)]、隔板沉降箱 [图 24-5-24(b)]。沉降箱结构简单，阻力小，使用方便。通常沉降箱用于清除粗大颗粒，其集尘效率约为 40%～50%，阻力损失约 5～20mmH$_2$O（1mmH$_2$O＝9.80665N，下同）。

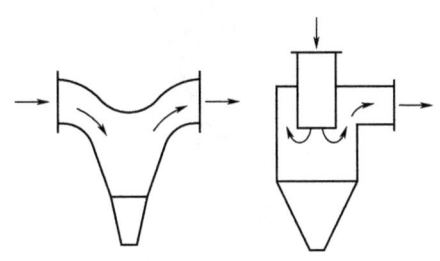

(a) 烟道沉降箱

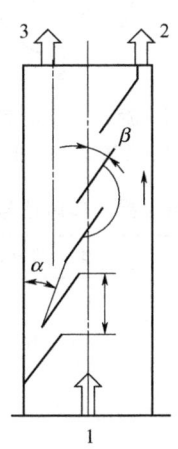

(b) 隔板沉降箱

图 24-5-24 沉降箱

1—入料；2—含尘气流；3—净化气流

5.3.1.2 旋风集尘器

旋风集尘器的工作原理与水力旋流器相似，也属离心力场分级设备，图 24-5-25 示出该设备操作示意图。旋风集尘器分为左旋（顶视反时针方向旋转）"N"型和右旋（顶视顺时针方向旋转）"S"型。旋风集尘器为广泛应用的风力分级设备，它可多个串联使用；常用旋风集尘器直径为 0.15～3.6m 之间，进口风速 12～20m·s^{-1}，分离粒度 5～100μm，分级效率可达 70%～90%。表 24-5-4 列出了旋风集尘器入口风速与分级粒度的关系，表 24-5-5 列出了 CLP/B 型旋风集尘器技术特性[3]。

5.3.1.3 DSX 型旋流分散分级机

图 24-5-26 是这种分级机的结构示意图。带固体颗粒的两相气流旋流给入，经分级后可得超细、微细及粗粒三种产品。带超细颗粒的气流从上部排出，在离心力、中心锥和分级锥

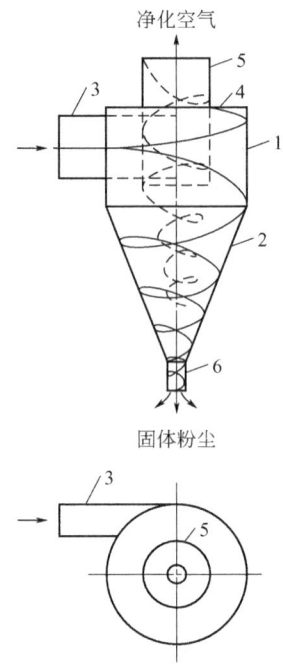

图 24-5-25　旋风集尘器操作示意图

1—圆筒部分；2—圆锥体；3—进气管；4—上盖；5—排气管；6—排尘口

表 24-5-4　旋风集尘器入口风速与分级粒度的关系

分离粒度 /μm	集尘器直径/m					
	0.15	0.3	0.6	1.2	1.8	3.6
	气流最低速度/m·s^{-1}					
100			0.2	0.5	0.7	1.5
50	0.2	0.5	1	1.8	3	6.1
20	1.5	3	6.1	12.2	18.3	36.6
10	6.1	12.2	24.4	48.8	73.2	146.3
5	24.4	48.8	97.5	195.1	292.6	609.6

表 24-5-5　CLP/B 型旋风集尘器技术特性

筒体直径/mm	进口风速/m·s^{-1}			进口尺寸/mm×mm
	12	15	18	
	风量/m³·h^{-1}			
1250	9390	11740	14090	315×690
1250	121500	15190	18230	375×750
1500	14150	17690	21230	390×840
1500	17500	21870	26240	450×900
1750	18890	24860	29830	465×990
1750	23820	29770	35720	525×1050
2000	26590	33240	39870	540×1140

续表

筒体直径/mm	进口风速/m·s⁻¹			进口尺寸/mm×mm
	12	15	18	
	风量/m³·h⁻¹			
2000	31100	38880	46660	600×1200
2250	34290	42840	51410	6150×1290
2250	39370	49210	59050	675×1350
2500	42920	53650	64390	690×1440
2500	48600	60750	72900	750×1500
2750	52500	65690	78820	765×1590
2750	58100	73510	88210	825×1690
3000	63140	78930	94710	840×1740
3000	69980	87480	104980	900×1800

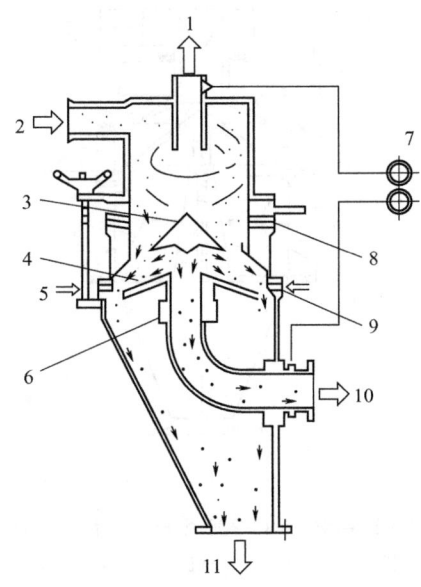

图 24-5-26 DSX 型旋流分散分级机

1—气流出口；2—物料和空气入口；3—中心锥；4—分级锥；5—二次气流；6,8—调整环；
7—压力计；9—导向板；10—细粉及气流出口；11—粗粉出口

的作用下得到微细、粗粒两种产品。二次风流经导向叶片导入分级区（图 24-5-27）用以净化粗粒产品。这种分级机的分离粒度 $d_{50} \approx 1 \sim 300 \mu m$ 之间，处理能力 $1000 kg \cdot h^{-1}$ 左右，空气耗量 $2 \sim 10 m^3 \cdot min^{-1}$。

5.3.1.4 MC-200 型旋流分散分级机

该设备的工作原理示于图 24-5-28。物料由上部给到涡流区，经导向锥在离心力和风力作用下分为粗、细两种产品，前者沿器壁下流最后由出口排出，后者经导向锥中空区从上部出口排出。二次风流由入口给入，以加强分级作用。调节二次风压、风量及分级锥高度可以控制分

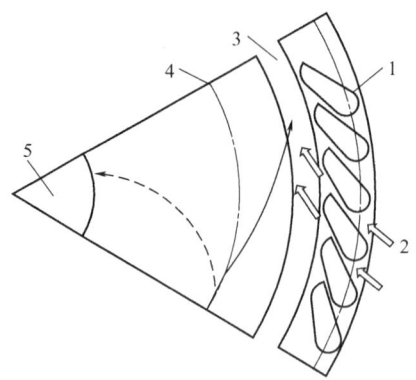

图 24-5-27 DSX 型分级机分级区
1—导向板；2—二次气流；3—粗粒出口；4—给料缝；5—细粉和气流出口

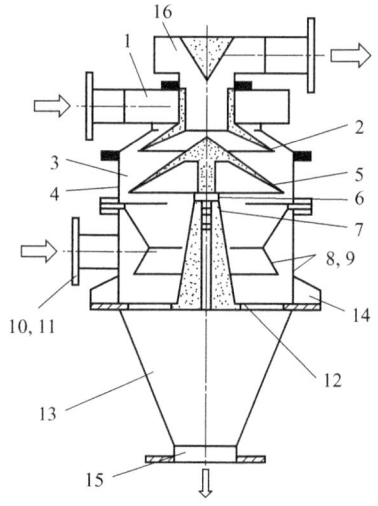

图 24-5-28 MC-200 型旋流分散分级机
1—上涡流室；2—导向锥；3—分级室；4—机壳；5—分级锥；6—调整环；7—主架；
8,9—调节导向板；10—二次供风口；11—调整二次供风的螺形阀；12—支承架；
13—涡流室；14—托架；15—粗粉出口；16—上出口室

离粒度 $d_{50}=5\sim50\mu m$。该设备处理能力为 $0.5\sim1000kg\cdot h^{-1}$。

5.3.2　带运动部件的风力分级机

带运动部件的风力分级机的分级效率较高，但阻力较大，消耗电能也高。这种设备常与其他分级设备配合使用。

5.3.2.1　循环气流及旋风器式分级（选粉）机

图 24-5-29 是循环气流及旋风器式分级机的结构与工作原理。物料经给料部和给料管送至旋转的分散盘上，在离心力作用下甩至分级区。旋转叶轮和分散盘由电动机和减速器带

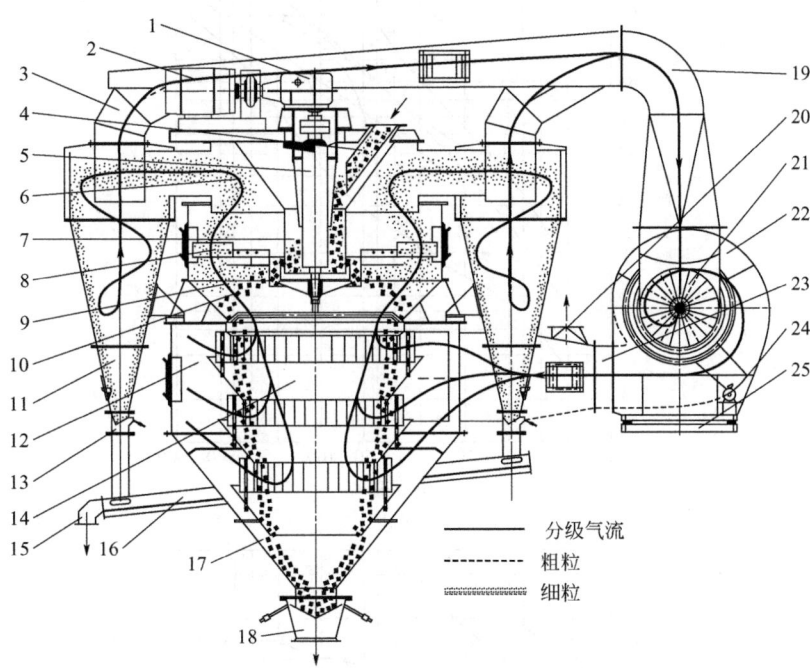

图 24-5-29 循环气流分级机

1—减速机；2—电动机；3—总风管；4—给料部；5—轴承部；6—排风部；
7—给料管；8—旋转叶轮；9—物料分散管；10—分级区；11—旋风器；
12—中部机体；13—细粒级密闭排出口；14—洒落区；15—细粒级排出口；
16—细粒级输送溜槽；17—下部机体；18—粗粒级密闭排出口；19—风管；
20—送集尘器；21—节流阀或叶片调节器；22—鼓风机；23—补偿器；
24—调节器的传动装置；25—机座

动，转动部件支撑于轴承部内。鼓风机将气流送洒落区，使夹杂于粗粒级中的细粒级有机会随气流向上排至分级区。气流夹带细粒级经排风部排至旋风器。若干个（最多 8 个）旋风器布置在分级区的圆形机体周围。物料在分级区在离心力和上升旋转气流作用下分为粗粒级和细粒级。粗粒级经下部机体和粗粒级密闭排出口排出，细粒级随气流向上运动，排至旋流器，自旋流器下部的密闭排出口排出，经输送溜槽，最后自细粒级排出口排出。

在旋风器内脱除了细粒级的空气，经风管返回鼓风机。鼓风机的风量可由节流阀或叶片调节器通过传动装置调节。鼓风机和节流装置装在机座上。

与惯用的风力分级机不同，循环气流分级机的气流不是由分级机内部的叶轮而是由单独的鼓风机所产生。由于循环气流已经在旋流器内将细粒级分出，从而物料不与鼓风机接触，鼓风机叶片的磨损大为减少。分级粒度可通过气流量与旋转叶轮的转速调节，分级粒度可在相当于比表面在 $2500\sim7000\text{cm}^2\cdot\text{g}^{-1}$ 之间加以调节。

这种分级机的分级效果较好，生产量大。还可以向机内导入新鲜空气使物料冷却，或导入热气使物料干燥，操作较灵活。旋风器、排风部、下部机体的内壁有熔化玄武岩衬里，叶轮及周围的机体用硬镍铸铁制造，抗磨损性能很好。

图 24-5-30(a) 是循环气流及旋风器式分级机分别对水泥生料（虚线）和熟石灰（实线）

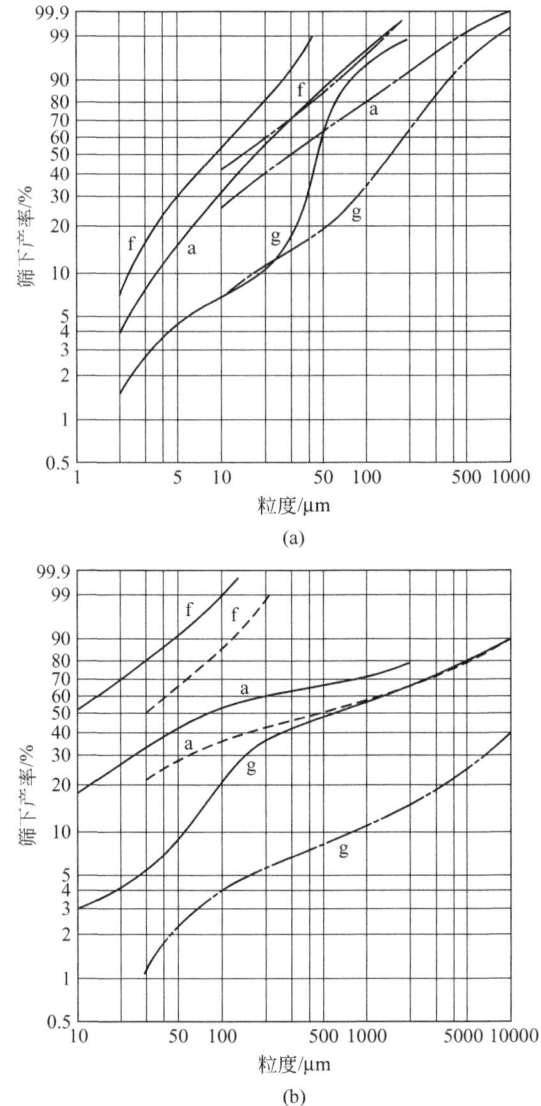

图 24-5-30 循环气流及旋风器式分级机对水泥生料（虚线）和熟石灰
（实线）分级时的粒度曲线（a）与比表面为 6000cm^2·g^{-1}（实线）
和 3000cm^2·g^{-1}（虚线）的粒度曲线（b）

a—给料；f—细粒级产品；g—粗粒级产品

分级时的粒度曲线，图 24-5-30（b）是分别对比表面为 6000cm^2·g^{-1}（实线）和 3000cm^2·g^{-1}（虚线）分级时的粒度曲线。在各种分级粒度下的细粒级产品（当循环负荷系数为 200%～300%时）的生产量示于图 24-5-31，分级机的技术特征列于表 24-5-6。

5.3.2.2　涡轮分级机

待分级物料和气流经涡轮分级机（图 24-5-32）的给料管、可调管子送入机内，经过锥形体而进入分级区。轴带动涡轮旋转，涡轮的转速是可调的，以改变分级粒度。细粒级物料随气流经过叶片之间的间隙，向上经细粒排出口排出，粗粒级被叶片所阻留，沿中部机体的内壁向下运动，经环形体自下部机体的粗粒排出口排出。冲洗气流经气流入口

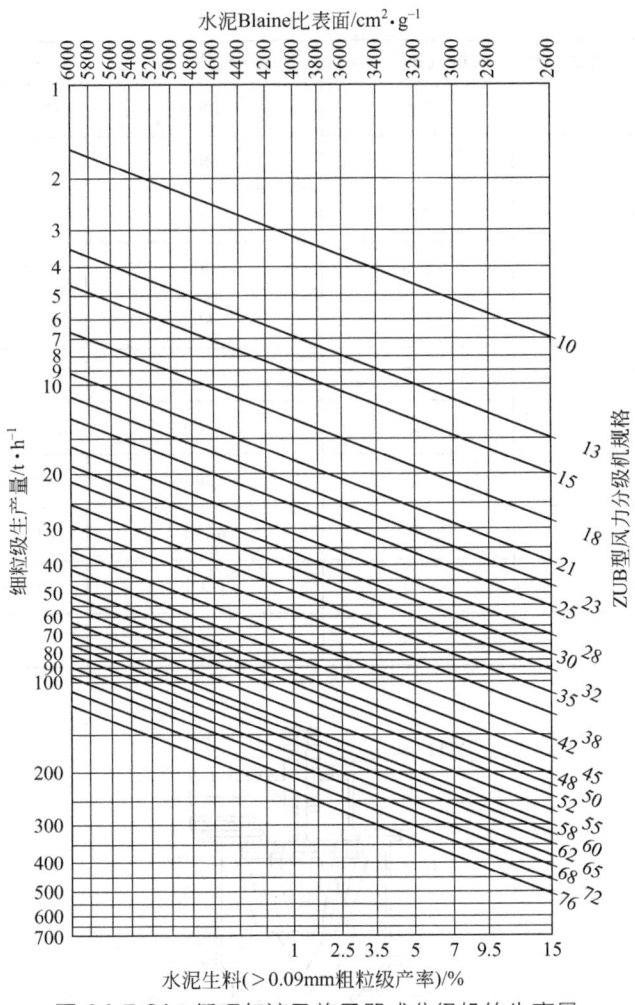

图 24-5-31 循环气流及旋风器式分级机的生产量

表 24-5-6 循环气流及旋风器式分级机的技术特征

型号	旋转时轮电动机功率/kW	鼓风机功率/kW	分级区机体直径/mm	机重/kg	宽度×厚度×高度/m
ZUB 15	13	18.5	1500	5600	2.5×2.9×3.56
ZUB 18	18	30	1800	7950	3.05×3.52×4.22
ZUB 21	26	37	2100	12900	3.5×4.05×4.65
ZUB 23	32	45	2300	14300	3.8×4.4×5.15
ZUB 25	36	55	2506	16200	4.26×4.92×5.7
ZUB 28	48	75	2800	18200	4.77×5.52×5.9
ZUB 30	55	85	3000	22800	5.02×5.8×6.48
ZUB 32	65	100	3200	26000	5.2×6×7.05
ZUB 35	80	110	3500	31500	5.9×6.7×7.05
ZUB 38	90	125	3800	34500	5.9×6.7×7.68
ZUB 42	110	165	4200	48000	6.5×7.4×8.03
ZUB 45	130	175	4500	54000	7.1×8.1×8.44

第 24 篇

续表

型号	旋转时轮电动机功率/kW	鼓风机功率/kW	分级区机体直径/mm	机重/kg	宽度×厚度×高度/m
ZUB 48	150	190	4800	68000	7.5×8.7×9.04
ZUB 50	160	220	5000	72000	8.1×9.3×9.84
ZUB 52	180	250	5200	78000	8.8×9.85×10.24
ZUB 55	200	275	5500	87000	9.2×10.2×10.8
ZUB 58	220	300	5800	98000	10.4×10.6×11.1
ZUB 60	260	320	6000	107000	10.5×10.8×11.3
ZUB 62	300	340	6200	115000	11.2×11×11.5
ZUB 65	340	380	6500	126000	11.58×11.6×11.9
ZUB 68	380	450	6800	141000	12.6×12.3×12.3
ZUB 72	420	480	7200	158000	13.2×12.9×12.8
ZUB 76	460	520	7500	176000	14×13.7×13.3

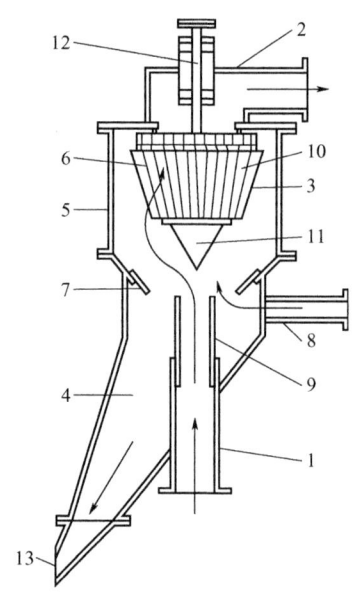

图 24-5-32   涡轮分级机

1—给料管；2—细粒排出口；3—涡轮；4—下部机体；5—中部机体；6—叶片之间的间隙；7—环形体；
8—气流入口；9—可调节的管子；10—叶片；11—锥形体；12—轴；13—粗粒排出口

送入机内，流过沿环形体下落的粗粒物料，并将其中夹杂的细粒级物料分出，向上排送，以提高分级效率。这种涡轮式分级机同一台鼓风机相连，鼓风机将气流及细粒级产品自细粒排出口抽走。

涡轮分级机适用的分级粒度范围较广，为 0.005～0.14mm，可以同闭路磨碎配套作检查分级用。

参考文献

[1] Wills B A, Finch J A. Mineral Processing Technology. 8th. Amsterdam: Elsevier, 2015.

[2] Austin L G, Klimpel R R, Luckie P T. Process Engineering in Size Reduction: Ball Milling. Littleton, Colorado: SME, 1984.

[3] 周恩浦. 选矿机械. 长沙: 中南大学出版社, 2014.

[4] Mular A L, Bhappu R B. Mineral Processing Plant Design. New York: SME/AIME, 1980.

[5] Перов В А, Роваров А И. Обогащение Руд, 1981, 26 (4): 19.

[6] Schubert H. Aufbereitung fester mineralischer Rohstoffe: Band I. Leipzig: VEB Dt Verl fur Grundstoffind, 1989.

[7] Weiss N L. SME Mineral Processing Handbook. Volume 1. New York: AIME, 1985.

[8] Щинкоренко С Ф Справочник По Оьогашению И Агломерации Рудчерных Металлов, Москва: Недра. 1964.

[9] Справочник По Оьогашению Руд, Том Первый, Москва: Издатепьство《 Н Е Д Р А 》, 1972.

[10] 《选矿手册》编辑委员会. 选矿手册, 第 2 卷, 第 2 分册. 北京: 冶金工业出版社, 1993.

[11] Heiskanen K, Particle Classification. London: Chapman & Hall, 1993.

[12] Taggart A F. Elements of Ore Dressing. New York: John Wiley & Sons Inc, 1951.

[13] King R P. Modelling and Simulation of Mineral Processing System. Englewood: Society for Mining, Metallurgy and Exploration Inc, 2012.

[14] Kelly E G, Spottiswood D J. Introduction to Mineral Processing. New York: John Wiley & Sons, 1982.

[15] 庞学诗. 水力旋流器理论与应用. 长沙: 中南大学出版社, 2005.

[16] Поваров А И, Щербков А А. Обогащение руд, 1965, 10 (2): 3-10.

[17] Поваров А И Гидроциклоны на Обогатительны Фабриках. Москва: Недра, 1978.

[18] Svarovsky L. Hydrocyclones. London: Holt, Rinehart and Winston, 1984.

[19] Dahlstrom D A. Trans Amer Inst Min (Metall) Engrs, 1949, 184: 331.

[20] Trawinski H F. Chem Ing Tech, 1958, 30: 85.

[21] Chaston I R M. Bulletin IMM, 1958, 67: 358.

[22] Plitt L R. CIM Bull, 1976, 69: 114.

[23] Lynch A J. Mineral Crushing and Grinding Circuits: Their Simulation, Optimization, Design and Control. Amsterdam: Elsevier, 1977.

[24] Lynch A J, Rao T C. Modelling and scale-up of hydrocyclone classifiers // Proc 11th Int Mineral Processing Congress, Gagliari, 1975: 1-25.

[25] Arterburn R A // Mular A L, Jorgensen G V. Design and Installation of Comminution Circuits. New York: AIME, 1982: 592-607.

[26] Mular Jull // Mular A L, Bhappu R B. Mineral Processing Plant Design. New York: SME/AIME, 1980.

[27] Bradley D. The Hydrocyclone. Oxford: Pergamon Press, 1965.

6

团聚和团聚设备

团聚（agglomeration）又称造块或造粒，是使粒状物料聚合或固结为较大粒度的团块状产物的过程[1,2]，如将铁矿粉、煤粉、添加物等经过一系列机械和加温处理，制成冶炼所需要粒度的球团矿或烧结矿。团聚生产的团块，可以具有一定的尺寸、形状和质量（例如药片），也可以是形状近似于球状或块状、粒度在一定范围内的团块。因此，团聚是破碎或磨碎的反过程；前者使原料的粒度变大，后者使其粒度变小。破碎或磨碎主要靠机械的作用力，温度仅起辅助作用（如磨碎与干燥联合装置中热风起干燥作用，深冷振动磨的超低温使物料呈脆性而利于粉碎，但物料不起化学变化），而团聚时物料有时要受到高温的作用，发生了复杂的物理与化学变化。

团聚过程区别于聚集成临时的、松散的、强度很弱的絮凝体的絮凝过程，也区别于经过熔化或溶解然后凝固成均质产品的过程，团聚是使原料颗粒团聚一起、具有一定机械强度但原始颗粒仍然保存的一种过程。

团聚有时需要采用添加剂。添加剂有的是为改变原料性质而加入的，有的是为提高产品的机械强度而加入的黏结剂。

就团聚的处理量而言，铁矿粉的烧结与球团居于首位，我国每年要对数亿吨的铁矿粉和浮选铁矿进行烧结与球团以供高炉炼铁需要。其次是将机械化采煤、选煤的大量粉煤压制成煤砖，特别是地质年代较轻的褐煤往往不需要黏结剂即可制成强度较高、抗风化的褐煤煤砖，供民用或低温干馏等下一步加工的需求。在化工、建材、轻工、医药等部门，团聚的应用也很广泛。常用的团聚方法、设备和应用范围列于表 24-6-1。

表 24-6-1　团聚的方法、设备和应用

团聚的方法	设备	应用
压块	模型冲压机	塑料制品、粉末冶金制品
	压片机	药片、催化剂、化工产品、陶瓷产品、金属粉末
	对辊压型机	氯化钠、氯化钾、有机化合物、矿石、煤、焦炭、石灰、海绵钛、磷酸盐
	切块机	药品、塑料、黏土制品、碳素制品、化工产品、肥料、橡胶产品、饲料
	螺旋挤压机、柱塞挤压机	铝矾土、塑料、稀土氯化物、黏土
造球	圆筒造球机、圆盘造球机	铁矿和有色金属的球团矿、肥料、非金属矿、黏土、炭黑、废料
烧结或加热固结	带式烧结机、烧结盘、带式焙烧机、竖炉、链算机-回转窑	由铁矿、有色金属矿和非金属矿制成烧结矿和球团矿，水泥熟料,固体废料
其他方法		
喷丸法	喷丸塔	尿素、硝酸铵、树脂、煤焦油沥青
溶胶法	喷雾柱	金属的球状二碳化物
流态化法	流态化床层	药片、液态的放射性废料
凝聚法	搅拌机	分离并团聚液体中的固体颗粒
聚合法	锥形混合机	咖啡、糊精产品,淀粉、脱脂的干乳品

6.1 压片和压片设备

由粉粒状物料在较大压力下利用模压、辊压或液压驱动的活塞压制成型，可制成具有一定形状和尺寸（如药片的厚度）的压片或压块。因此，压片设备可分为有压模（如模压冲压机、冲模压片机和对辊压型机等）和无压模（如切块机、螺旋挤压机和活塞挤压机等）两大类。

6.1.1 压片机

用于制药工业的压片机有单冲压片机、旋转式压片机和高速压片机。

6.1.1.1 单冲压片机

在制药厂的片剂生产中，早期使用的单冲压片机，只有一副冲模，利用偏心轮及凸轮机构等的作用在其旋转一周时即完成充填、压片和出片的三个步骤，如图 24-6-1 所示[3]。该图的步骤 1 中，团粒状（或粉状）物料从斜槽流入压模，停留在下冲头上，完成充填；接着，斜槽离开，上冲头向下压实物料，即为压片（步骤 2）；然后，两个冲头向上提升，将压（药）片推出模子（步骤 3），而斜槽回到原来的位置。斜槽中粉粒状物料的高度由料斗中的重力给料来控制。

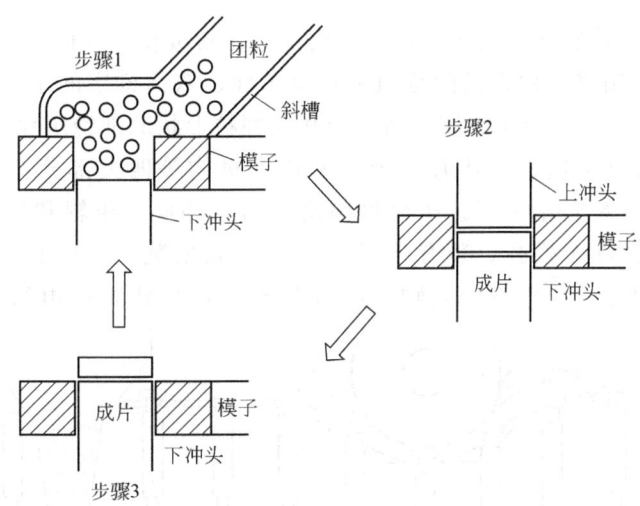

图 24-6-1 单冲压片机制造药片的过程

这种压片机是小型台式压片机，适于小批量、多品种生产。采用电动机驱动时，最大压（药）片直径为 12mm，最大充填深度 11mm，最大压力 1.5t，产量每分钟 100 片。该机的压片由于采用上冲头冲压制成，压片受力不均匀，上面的压力大于下面，压片中心的压力较小，使药片内部的密度和硬度不一致，表面容易出现裂纹。

6.1.1.2 旋转式压片机

旋转式压片机是一种多冲压片机，即在一个转动的圆盘上安装着一系列的冲模和上、下冲头，冲头在凸轮上滑动，其原理示意图如图 24-6-2 所示[3]。在圆盘旋转一周中，连续地完成药片的充填、压片和出片等基本过程，并克服了单冲压片机的缺点，使压片在产量和质量上取得大幅度的提高。旋转式压片机是当前制药工业中片剂生产最主要的压片设备。

旋转式压片机是以转盘上的模孔数目作为机器的型号规格。例如，转盘上模孔数目为

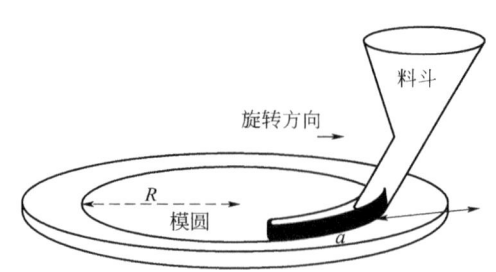

图 24-6-2　旋转式压片机的原理示意图

33，则称为 33 冲压片机。

　　旋转式压片机按转盘旋转一周完成充填、压片、出片的次数，分为单压、双压、三压和四压等。单压是指转盘转动一周完成充填、压片、出片一次。双压是完成两次，其压片产量比单压增大 1 倍。三压、四压的产量为单压的 3 倍、4 倍，但实际应用较少。生产中使用的多是双压或单压压片机。

　　目前，我国生产的单压压片机有 19 冲和 20 冲。双压压片机有：21 冲、25 冲、27 冲、33 冲、35 冲、37 冲、55 冲等。药厂生产片剂使用最广泛的是 ZP-19 型单压压片机和 ZP-33 型双压压片机。

　　ZP-33 型压片机是旋转式连续压片机，适用于将含粉量在 100 目（0.147mm）以上不超过 10% 的干燥颗粒压制成各种直径的普通圆片及单面、双面刻字的字片。也能压制成形状各异的异形药片[4]。但不适用半固体、潮湿的和无颗粒形状的细粉压片。

　　该机结构大致可分为给料、压片、吸粉和传动机构等四大部分，其设备展开示意图及压片全过程如图 24-6-3 所示[3]。压片机构由转盘、冲模、压辊和导轨等组成。转盘的圆周上均匀地布置着 33 个模孔，装有 33 套冲模。转盘安装在立轴上，由蜗杆传动转盘下层（分为 3 层）的蜗轮，使转盘绕立轴顺时针旋转。颗粒状物料由给料器给入冲模的模

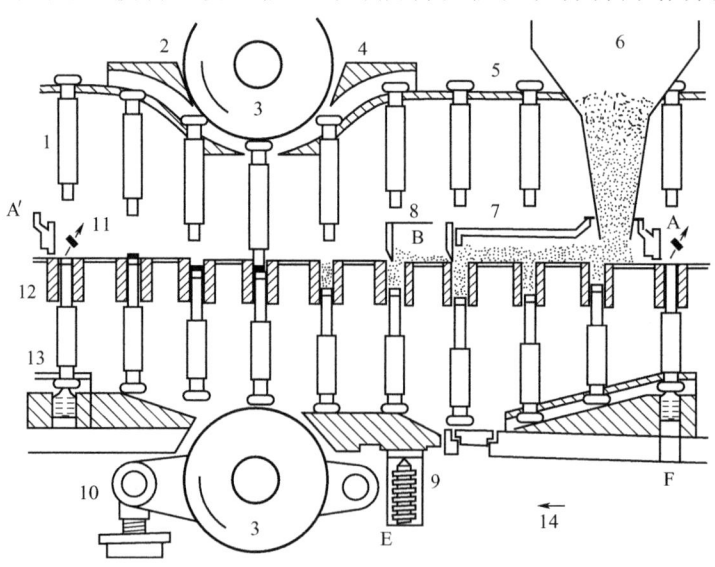

图 24-6-3　旋转式压片机的展开图及压片全过程

1—上冲头；2—升高凸轮；3—压辊；4—降下凸轮；5—凸轮；6—料斗；7—加料板；8—刮平；
9—下冲头进口塞；10—导辊；11—停止凸轮；12—横台；13—下冲头；14—冲头移动方向

孔中（模孔中的下冲头下降一些）充填，B点处物料被刮平。在到达两个压辊的压点处，冲模中的上冲头下降和下冲头上升以压制药片。然后两个冲头均上升（由于凸轮的作用），推出压片。随着转盘的转动，推出的药片被给料器的挡板改变方向送入排片槽中。药片的质量由图 24-6-3 中的螺栓调节物料充填量的装置 E 来控制。压片所需的压力由两压辊的相对位置来调节。

冲模是压片机的基本部件，由上、下冲头及中模构成（图24-6-4）。冲模加工尺寸为统一标准尺寸，具有互换性。冲模的规格以冲头直径或中模孔径来表示，一般为 3～20mm，共有 28 种规格[5]。冲模、冲头在压片中受的压力很大，需选用合适的材质。常用合金钢材料（如 GCr15 等）制作，并热处理以提高硬度。

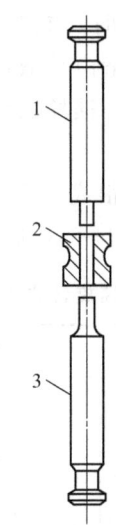

图 24-6-4 冲模

1—上冲头；2—中模；3—下冲头

冲头的类型较多，冲头形状（图 24-6-5）决定于药片的形状，主要有浅凹形（圆形）、深凹形（糖衣片）、平面形、圆柱形等。还有异形冲头，如椭圆形、三角形等。

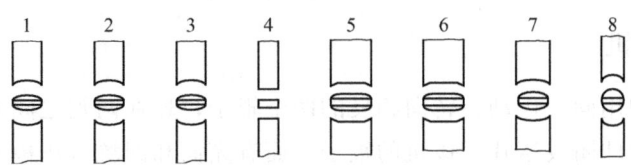

图 24-6-5 冲头和药片形状

ZP-33 型压片机的主要技术参数列于表 24-6-2。

吸粉装置的作用，就是将压片过程中冲模上产生的飞粉和中模中的漏粉，通过吸气管回收到吸粉箱内，以避免污染生产环境，也延长了中模和冲头的使用寿命。

6.1.1.3 高速压片机

高速压片机是一种先进的旋转式压片机，通常通过增加冲模的套数、改进给料装置和装设二次压缩点等措施来达到高速运行的目的[6]。其结构为双压式，每台压片机有两个旋转圆盘和两个给料器。为适应高速压片的需要，采用自动给料装置，而且药片重量、压辊的压

表 24-6-2   ZP-33 型压片机的主要技术参数

项目	参数	项目	参数
转盘的冲模数目/个	33	中模直径/mm	26
最大压片的压力/t	4	中模厚度/mm	22
最大压片直径/mm	12	转盘的转速/r·min⁻¹	快速:1～28 慢速:11～20
最大充填深度/mm	15	每小时压片的产量/万片	快速:6～11
压片厚度范围/mm	1～6		慢速:4.5～8
上、下冲头直径/mm	22		

力和转盘的转速均可预先调节。压力过载时，能够自动卸压。片重误差控制在 ±2% 以内，不合格药片自动剔除。生产中，药片的产量由计数器显示，产量可以预先设定，达到预定产量即自动停机。采用微电脑装置来监测冲头损坏的位置。该机还装有过载报警和故障报警装置等。

高速旋转式压片机的突出优点是产量很高、质量优良。例如 TPR 700 旋转压片机的产量每小时超过 100 万片，其性能参数如表 24-6-3 所示。

表 24-6-3   高速旋转式压片机的参数

型号规格	49	61	73	81
冲头数目/个	49	61	73	81
最大第 1 次操作压力/kN	100	100	100	100
最大第 2 次操作压力/kN	100	100	100	100
最大充填深度/mm	21	18	18	18
最大药片直径/in	25	16	13	11
最大产量/片·h⁻¹	528000	657500	786000	1008000

6.1.2　对辊压型机

这种压型机是利用同步运动、转向相反的两个辊子，处在两辊之间的粉粒状物料多次受压，被挤压成致密的球团或压片。该机的辊子表面有光面和凹坑（压模）等形状。前者与光面双辊破碎机极为相似，物料在光滑的辊面之间被压制成密实的带状产品，然后用破碎机和筛分机进行粉碎和筛选，筛分出来的过大或过小的产品返回再处理，如图 24-6-6 所示[7]。后者的辊面上刻有凹坑，当辊子旋转时将凹坑内的物料压实。对辊压型机压制的团块重量为几克至 2500g。将规定的物料量给入高速旋转的辊子的凹坑内是较困难的。为此，研制了多种类型的给料机。

团块的质量同压力大小有关。压块设备必须产生足够的压力，以压缩物料发生紧密，使毛细水和缝隙水被挤至颗粒表面，起润滑、液体连接桥及分子力的作用。在辊子之间互相作用的压力是压型机的一个重要参数，折算为每厘米辊子长度通常在 180～18000kg 之间。对辊压型机的产量可达 50t·h⁻¹，其主要技术特征列于表 24-6-4[8]。

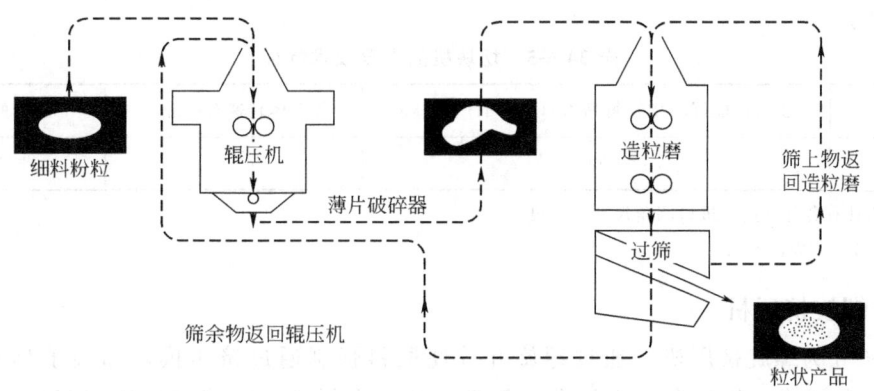

图 24-6-6 对辊压型机和破碎机联合进行压块的流程

表 24-6-4 对辊压型机的主要技术特征

压力范围 /kgf·cm^{-2}	能耗 /kW·h·t^{-1}	无黏合剂	有黏合剂	应用
35~1400(低压)	2~4	混合肥料、磷酸盐矿石、页岩、尿素	煤、木炭、焦炭、烟煤、饲料、糖果	磷酸盐矿石、尿素
1400~3500(中压)	4~8	丙烯酸树脂、塑料、聚氯乙烯、氯化铵、铜化合物、铅	铁合金、氯石、镍	
3500~5600(高压)	8~16	铝、铜、锌、煅烧白云石、石灰、氧化镁、碳酸镁、氯化钠、钠和钾化合物	烟灰、铁矿石	烟灰、氯化铁、铁矿石、金属废屑
>5600(超高压)	>16	金属粉末、钛		金属废屑

6.1.3 切块机和螺旋挤压机

6.1.3.1 切块机

切块机（图 24-6-7）具有一个由电动机带动旋转的压模和一个自由旋转的辊子。压模呈环形，环形体的许多孔构成压模。压模制成各种形状，湿物料给在环形体内，经过辊子与环形体之间的楔形空间时被挤压而进入压模。物料与压模壁之间的摩擦力使物料产生紧密作用而被压实。环形体外面有切刀，将挤出的料块切断。切块机的产量取决于物料性质（易流动性和腐蚀性）、粒度、水分含量、压模形状和环形体转速等。压块性能好的物料在直径 6.35mm 压模中每马力每小时的产量达 90kg。表 24-6-5 列出常用切块机的主

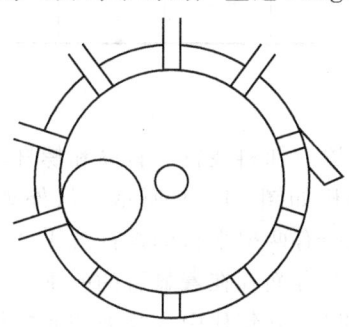

图 24-6-7 切块机示意图

要技术特征。

表 24-6-5　切块机的主要技术特征

功率/hp	压块性能好的物料每马力每小时的产量/kg	环形体转速/r·min⁻¹	压模的孔径①
20～125	200	75～500	1.6～32

① 压模孔具有各种锥度、进口圆角尺寸及厚度。

注：1hp=745.7W，下同。

6.1.3.2　螺旋挤压机

图 24-6-8 为螺旋挤压机，通过螺旋叶片使散料强制通过挤压模，如模子具有圆形孔，将挤压成一个圆棒；如具有长方形孔，将挤压成一个板条。螺旋挤压机用于压制塑料。表 24-6-6 列出挤压几种物料的单位（能耗）产量及螺旋挤压机的主要技术特征。

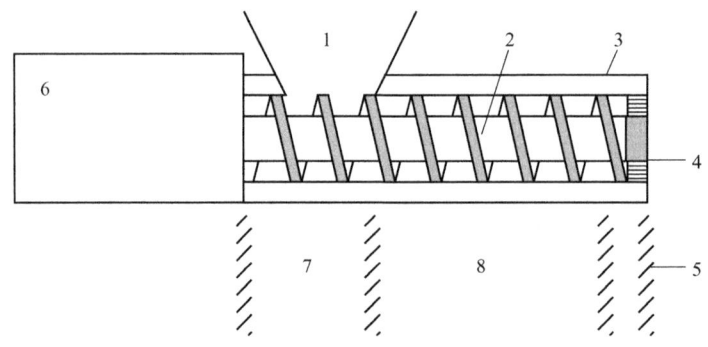

图 24-6-8　螺旋挤压机[9]

1—料斗；2—螺杆；3—冷却/加热套；4—模；5—挤压区；6—传动装置；

7—给料区；8—压制区

表 24-6-6　螺旋挤压机的主要技术特征

功率/hp	直径/mm	低密度聚乙烯挤压时产量/kg·h⁻¹	单位能量(h_p-h_r)的产量/kg						
			硬聚氯乙烯	塑性聚氯乙烯	冲击聚苯乙烯	ABS三元共聚物	低密度聚乙烯	高密度聚乙烯	聚丙烯、尼龙
15	45	60	3～5	5～6	3.6～5.5	2.3～4.1	3～5	1.8～3.6	2.3～4.5
25	60	115							
50	90	200							
100	120	360							

6.1.3.3　双螺杆挤出造粒机

双螺杆挤出造粒机由传动装置、加料装置、料筒和螺杆等几个部分组成，各部件的作用与单螺杆挤出造粒机相似，其结构如图 24-6-9 所示。从外观上看，与单螺杆挤出造粒机的区别之处在于双螺杆挤出造粒机中有两根平行的螺杆置于"∞"形截面的料筒中，但它们在物料的传送方式和流动速度场两个方面存在着显著的差别。

双螺杆挤出造粒机是在 20 世纪 70 年代引入高剪切制粒机之后的又一个湿法制粒工艺的创新[10]。双螺杆挤出造粒机已广泛应用于食品和塑料工业，用于连续制备各种粒状材料。

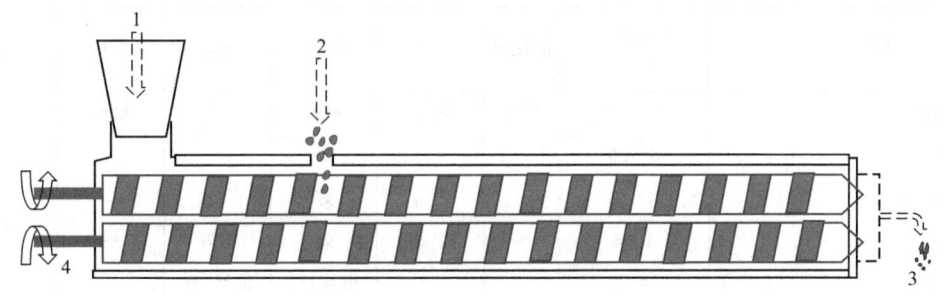

图 24-6-9　双螺杆挤出造粒机
1—给料；2—黏合剂；3—出口；4—螺杆

它在制药工业中的首次应用，是 Gamlen 和 Eardley 采用这种设备用于湿法制备乙酰氨基酚、乳糖、微晶纤维素（MCC）和羟丙基甲基纤维素（HPMC）的棒状压块[11]。后来，Lindberg 等人使用双螺杆挤出造粒工艺生产出泡腾片[12]。

6.1.4　压片和压块的黏合剂

压片和压块时可以添加黏合剂和润滑剂，也可以不用这些添加剂。

添加黏合剂不仅产生黏结作用，还减少颗粒之间以及颗粒和模壁之间的摩擦，提高团块的某些性能，如热稳定性、碱度、还原性等。黏合剂通常是软而易于变形的物质，它黏附于颗粒表面以减少其粗糙度及颗粒间的摩擦，使压模的模壁得到润滑，并渗透到裂缝或孔隙深处从而增大了颗粒间的接触面积。有的黏合剂直接提高生团块的强度，有的则在固结过程中起作用。

常用的无机物黏合剂有石灰、水泥、膨润土、水玻璃、铸铁屑、高炉渣、氧化镁、苛性钠和苛性钾、碳酸盐、氯化物、硫酸盐、黏土、硅藻土等，有机物黏合剂有沥青、亚硫酸纸浆废液、废糖浆、蜡、胶、皂液、淀粉、糊精、海生植物、泥煤、石油沥青乳浊液等。在压片（tableting）时，常用的黏合剂和润滑剂列于表 24-6-7[8]。

表 24-6-7　压片时使用的添加剂及其效果

	项目	用量(干重)/%	催化剂	陶瓷	化工	食品	金属粉末	医药
黏合剂	藻朊琼脂	2.5~3	—	好；很好	好；中等	好；中等	—	好
	糊精	1~4	—	很好	好	好	—	—
	葡萄糖(成分:dextrose)	5~20	—	—	很好；好	很好；好	—	很好
	明胶	1~3	—	—	好；好	好；好	—	很好
	葡萄糖(成分:glucose)	1~5	—	很好	很好	好	—	很好
	动物胶	1~5	—	不好	很好		—	
	树胶	1~5	—	很好	很好	很好	—	很好
	乳糖	5~20	—	—	好	好	—	很好
	沥青	2~50	不好	—	很好		—	

续表

项目		用量(干重)/%	催化剂	陶瓷	化工	食品	金属粉末	医药
黏合剂	树脂	0.5~5	很好	很好	很好	—	很好	
	盐	5~20	—	—	好	—	—	很好
	硅酸钠	1~4	—	中等	好			
	淀粉	1~3	—	很好	好	很好	—	很好
	糖	2~20	—	—	很好;好	很好;好		很好
	亚硫酸盐废液	1~5		很好	很好			
	蜡	2~5		中等	中等	不好	很好	不好
	水	0.5~25	很好	中等	—	中等	—	中等
润滑剂	苯(甲)酸钠	1~4			不好	—		不好
	硼酸	2~5	—	—	不好	—	—	不好
	石墨	0.25~2	很好	—	很好	—	好;中等	
	油	0.25~1	—	很好	中等	中等	中等	中等
	肥皂	0.5~2			中等			不好
	淀粉	1~5	—	—	中等	中等	—	好;中等
	硬脂酸盐							
	铝	0.25~2	好	好	好	—	好	
	镁、钙	0.25~2	很好	很好	很好	很好	好	很好
	钠	0.25~2	—	—	好	—	—	好
	锂、锌	0.25~2	很好	很好	很好		很好	
	硬脂酸	0.25~2	好	好	很好	很好	好	很好
	氢化植物油(sterotex)	0.25~2	很好	很好	很好	很好	很好	很好
	滑石	1~5	中等	好	好	—	—	很好
	蜡	1~5	—	好;中等	中等		好;中等	不好
	水	0.1~5	很好	很好	中等	中等	—	中等

6.2　造球和造球设备

工业生产中的造球过程，泛指将粉体（或物料）与加入的浆液在造球机中加工成具有一定形状和尺寸的球团或粒化的过程。一般，球团的大小约在几厘米以下，最小的可达几十微米。

粉体与浆液一起给入圆筒式、圆盘式、辊筒式、振动式或搅拌式造球机内制成球团。造球机以圆筒式和圆盘式造球机最为常用，造球用的浆液以低黏度的液体（通常是水）最为常用。

6.2.1　造球过程

干粉料不可能滚动成球粒。水分不足或过多，也都会影响造球效率和料粒质量。显然，水分是造球过程的先决条件。造球时物料的水分及粒度大致如表 24-6-8 所示。

表 24-6-8 造球物料的粒度和水分含量

物料名称	沉淀的碳酸钙	消石灰	煤粉	焙烧的亚钒酸铵	铅锌精矿	焙烧黄铁矿精矿	铁燧岩精矿	磁铁矿精矿	开采铁原矿
水分含量/%	29.5～32.1	25.7～26.6	20.8～22.1	20.9～21.8	6.9～7.2	12.2～12.8	9.2～10.1	9.8～10.2	10.3～10.9
粒度/目	200	325	48	200	20	100	150	325	10

物料名称	井下开采铁矿	碱性氧气转炉烟尘	水泥生料	烟灰	烟灰与废水浆混合物	煤与石灰石混合物	煤与铁矿混合物	铁矿与石灰混合物	煤、铁、石灰石混合物
水分含量/%	10.4～10.7	9.2～9.6	13.0～13.9	24.9～25.8	25.7～27.1	21.3～22.8	12.8～13.9	9.7～10.9	13.3～14.8
粒度/目	6.5	1μm	150	150	150	100	48	100	14

造球过程可分三个阶段:形成母球、母球长大和长大后的母球(又称生球)进一步紧密,如图 24-6-10 所示[13,14]。这三个阶段主要靠加水润湿和用滚动的方法在造球机内实现。

图 24-6-10 造球过程示意图

(1) 形成母球 这一阶段具有决定意义的是加水润湿。当物料润湿到最大分子结合水后,成球过程才明显地开始;润湿到毛细水阶段时,成球过程较快地发展,因为已润湿的物料在造球机中受到滚动和搓动的作用后,借毛细力的作用颗粒聚集一起而形成母球。一般情况下物料的粒度要小(80% 以上＜ 200 目)、水分要较低(磁铁矿水分要求为 8%～10%),使各个颗粒为吸附水和薄膜水所覆盖,毛细水仅存在于个别的颗粒接触点上。这种不均匀润湿的物料在造球机中受到机械力使其颗粒之间接触更加紧密，形成更细的毛细管，在颗粒接触的地方形成凹液面，产生的毛细黏结力使颗粒聚集而形成颗粒集合体（母球）。然而在形成母球以后，如果润湿过程停止了，母球是不能长大的。

（2）母球长大　母球长大的条件是在母球表面其水分含量接近于适宜的毛细水含量。母球在造球机内滚动时被进一步压密，引起毛细管形状和尺寸的改变，从而过剩的毛细水被挤到母球的表面。过湿的母球表面可粘上一些润湿程度较低的颗粒。经过一段时间，为了使母球继续长大，必须往母球表面喷水，使母球的表面过湿。但长大了的母球如果主要是毛细力的作用，各颗粒间的黏结强度仍很不够。

（3）母球进一步紧密　在这一阶段，停止补充润湿，让生球中挤出来的多余水分为未充分润湿的精矿层所吸收，并在造球机的机械力的作用下，使生球的颗粒进一步紧密，使薄膜水层有可能互相接触。这将使生球的颗粒之间存在着分子黏结力、毛细黏结力和内摩擦力，生球的机械强度将增加。如果将生球中全部毛细水排除，便得出机械强度最大的生球。湿度较低的精矿应吸收掉生球表面被挤出的多余水分，以避免生球发生黏结及强度降低。

在粉料的表面性质中，对造球过程起着作用的主要有颗粒表面的亲水性、形状与孔隙率。亲水性高，易被水润湿，毛细管力大，毛细管水和薄膜水的数量就高，受毛细管力影响的毛细管水的迁移速度也大，这都表示造球性好。

表面形状决定了接触表面积，接触表面积大，易于造球，球粒强度高。表面孔隙率大，则物料的吸水性大，有利于造球。

粒度愈小和具有合适的粒度分布，则接触面积增加和排列紧密，表面水膜减薄，毛细管的平均半径也减小，而使分子黏结力增大。虽然粉料的粒度愈细，能使毛细管力增大，但细料也会因毛细管径变小，而使毛细管水的迁移速度减慢，造球缓慢。如图24-6-11中曲线 a 所示，石英砂的造球表面积值应在 $2300 \sim 4600\text{cm}^2 \cdot \text{g}^{-1}$。正如以上所述，由于其毛细管黏结力的作用增强，而使造球的机械强度升高。如图 24-6-11 曲线 b 所示，造球的机械强度只有在砂子的上述最适宜造球范围内，才能随着比表面积的增加而提高，在此范围以上，机械强度的增加显得不大。

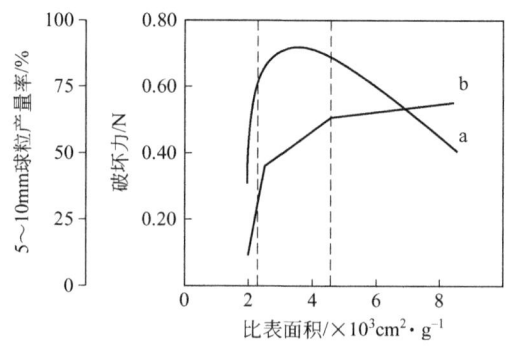

图 24-6-11　粉料粒度对造球的影响

为了保证造球，要掌握加水与加料方法。造球前物料的湿度如果等于造球时最适宜的水分，在造球过程中不再补加水；如果大于最适宜的水分，则需添加干的物料。这两种情况有许多缺点，已不再使用。目前广泛使用的方法是使物料在造球前的水分不足时在造球过程中补加水。加水时，应该使大部分补加水以滴状加在"成球区"的物料流上，在水滴的周围，毛细力使物料形成母球。然后，小部分补加水（即补加水的不足部分）以喷雾状加在"长球区"的母球表面上，促使母球迅速长大。在"紧密区"，长大了的母球在滚动受搓压过程中，水分从内部被挤出，使生球显得过湿。

关于加料方法，应将小部分原料加在"成球区"，大部分物料加在"长球区"，而不应在"紧密区"下料。但上面讲到，生球在紧密区显得过湿，必须有一些较干物料以吸收其多余水分。若造球机顺时针转动，物料包括生球有向下、向左汇集趋势，那些在右侧的"成球区"、中心区及左侧的"长球区"多余的物料，将汇集到左侧边缘"紧密区"的下方，而造球机左侧边缘的运动是由下而上，多余物料就被带到整个左侧边缘"紧密区"，可吸收生球表面的多余水分。

6.2.2　造球设备

圆筒造球机应用较早，其构造与圆筒干燥机大体相似，如图 24-6-12 所示，通常由可变速电动机驱动。圆筒是倾斜安置的（倾角＜10°），其端部有的是开口的，有的是装有环形端板，或利用环形隔板制成多仓式圆筒造球机。圆筒内装有与筒壁平行的刮板来调节床层厚度。水分可在物料给入圆筒造球机之前添加（给入混合机中），也可在圆筒前端装设喷水装置添加。圆筒的长度影响物料在圆筒造球机内的停留时间（通常 1～2min），通常为筒体直径的 2～3 倍以上，停留时间还可以利用隔板加以调节。一台长度 7～8m、直径 2.5m、圆周速度 82.5m·min⁻¹、倾角 2°～5°的圆筒造球机，每日可生产 1000t 直径 15mm 的铁矿生球。常用的圆筒造球机的主要技术特征列于表 24-6-9。

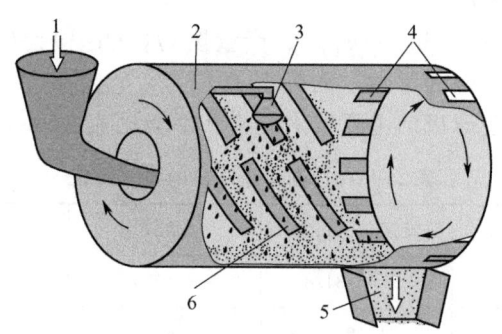

图 24-6-12　圆筒造球机

1—进料；2—造球圆筒；3—洒水喷嘴；

4—排料口；5—颗粒状产品排出；6—隔板

表 24-6-9　圆筒造球机的主要技术特征

应用	直径/m	长度/m	转速/r·min⁻¹	产量/t·h⁻¹	功率/hp
肥料造球	1.5～3.4	2～7.6	9～15	15～40	25～100
铁矿石造球	2.7～3.0	7.6～9.1	12～13	30～35	50～60

圆筒造球机造出的球粒，粒度不均匀，需将粒度过小的球粒筛出返回造球机，筛下的小球粒量（循环负荷）可达给料量的 100%～400%，使设备（筛子和返料系统）复杂化。圆筒造球机的优点是产量大、生产稳定、处理易于扬尘及造球时发生化学反应的物料（如肥料的氨化）的效果较好。

圆盘造球机（图 24-6-13）由钢板制成的圆盘装在垂直于盘面的中心轴上。圆盘倾斜安

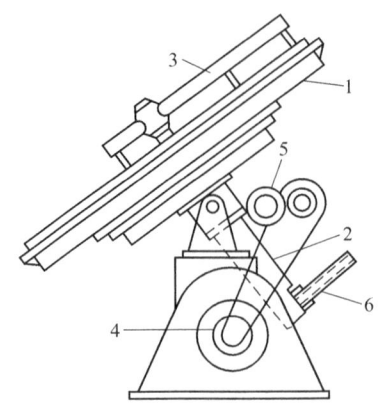

图 24-6-13   圆盘造球机
1—圆盘；2—中心轴；3—刮刀架；4—电动机；5—减速器；6—调倾角螺栓杆

置，由电动机通过减速器、中心轴等带动旋转。圆盘的倾角（通常 35°～55°）可以借助调节螺栓进行调整。盘深约为 0.2 倍的直径。圆盘造球机有简易式、带外环式、台阶式、截锥式等型式。盘面上的刮刀装在刮刀架上，其位置高度决定底料的层厚。刮刀为矩形，两边焊有硬质合金，磨损后可以调头。造球机使用皮带给料机经轮式混合机给在造球机上，可以减小落差，使下料不会打坏生球，也不会把物料黏结在底盘上影响造球。圆盘造球机最大给料粒度约 30～50 目，其中＜200 目者低于 25%（铁矿石造球时粒度约 40%～80% －325 目）。目前这种造球机的应用最为广泛。

圆盘造球机的功率可按 $N(\mathrm{hp})=k_1\phi^2$、产量按 $Q(\mathrm{t\cdot h^{-1}})=k_2\phi^2$ 的经验公式计算，式中 ϕ 为圆盘直径，m；k_1、k_2 为常数，约等于 1.4。

我国目前常用的圆盘造球机的主要技术规格和性能见表 24-6-10。

表 24-6-10   圆盘造球机的技术特征

规格/mm	圆盘边高/mm	转速/r·min⁻¹	倾角/(°)	产量/t·h⁻¹	功率/kW
ϕ1000	250	19.5～34.8	35～55	1	4.5
ϕ1600	350	19	45	3	4.5
ϕ2000	350	17	40～50	4	14
ϕ2500	500	12	35～55	8～10	13
ϕ3000	380	15.2	45	6～8	17
ϕ3200	480～640	9.06	35～55	15～20	22
ϕ3500	500	10～11	45～57	12～13	28
ϕ4200	450	7～10	40～50	15～20	40
ϕ5000	600	5～9	45	16	60
ϕ5500	600	6.5～8.1	47	20～25	75
ϕ6000	600	6.5～9	45～47	40～75	75
ϕ7500	1000	5～8	45～53	90～150	110

辊筒造球机由两个分别带有半圆形凹槽的辊筒组成，如图 24-6-14 所示。粉状物料给入两辊之间，由于辊筒的相向转动，粉料在辊面的凹槽之间被压成致密的球形颗粒后排出。辊筒的转速不宜太快，应允许粉料中的空气即时排出，一般转速 $10\sim45\rm{m\cdot min^{-1}}$。辊筒压力为 $5\sim10\rm{kgf\cdot cm^{-2}}$ 时，可压制出 $4\sim5\rm{cm}$ 的球粒。

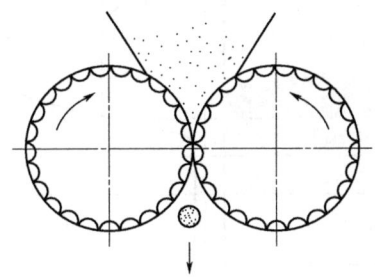

图 24-6-14 辊筒造球机结构示意图

6.3 烧结和烧结设备

高炉炼铁时，要求入料的粒度大于 $5\sim10\rm{mm}$，通常应在 $10\sim80\rm{mm}$ 之间。我国贫矿较多，铁矿石必须经过破碎、磨碎、浮选、磁选（有时还要进行还原焙烧）、脱水与干燥等作业，得出粒度在 $0.1\rm{mm}$ 以下的精矿。这些精矿以及矿石中的粉矿，经过烧结或球团，制成粒度为 $10\sim80\rm{mm}$ 的烧结矿或球团矿。它们是高炉炼铁的优质原料。

6.3.1 烧结过程

铁矿石的烧结是将铁矿粉、铁精矿、石灰石、生石灰、焦末等原料，利用布料设备均匀地给在一个缓慢运动的烧结台车上，台车借传动装置移动。铁矿粉、精矿、石灰石、焦末等原料构成所谓烧结料。烧结料的粒度约为 $0\sim3\rm{mm}$。在烧结台车上面有点火器，下面有若干个风箱。抽风机通过大烟道和风箱，将空气通过台车上的烧结料层自上往下抽吸。使用矿粉时，抽风的负压（真空度）约为 $600\sim900\rm{mmH_2O}$；使用精矿时，约为 $900\sim1200\rm{mmH_2O}$。烧结料内的燃料经过点火器而燃烧，使烧结料依次发生水汽蒸发、冷凝、干燥、燃烧、固结、冷却等过程，聚集成粒度较大的所谓烧结矿，最后自机尾排出。排出的烧结矿经单辊破碎机破碎至 $80\rm{mm}$ 左右以下，给至热矿筛，在此将破碎后的烧结矿筛分为 $0\sim7\rm{mm}$、$7\sim15\rm{mm}$、$15\sim80\rm{mm}$ 等粒级（具体的筛分粒度视情况而略有变化）。其中 $7\sim15\rm{mm}$ 的烧结矿作为底料返回至烧结机首部的底料布料器。这些底料可保护台车上的箅条不致烧坏，并减少抽风所夹带的粉尘进入风箱，从而减少抽风机叶轮的磨损。$15\sim80\rm{mm}$ 粒级是成品，送往高炉去炼铁。$0\sim7\rm{mm}$ 粒级则会同原料一起，作为烧结料的一部分再度送去烧结。

烧结过程如图 24-6-15 所示[15]，空气从上向下通过烧结料层而进入下面的风箱，料层表面着火的燃烧带随着上部燃料燃烧完毕而逐步向下面料层移动。当燃烧带到达炉箅后，烧结的过程即终结。烧结料层可以人为地大致划分为四个带：水分冷凝和烧结料过湿带、干燥和预热带、燃料燃烧带、烧结矿固结和冷却带。

烧结料点火后，料中的水分开始蒸发并随废气往下运动。经过料层中的冷料部分时，水蒸气发生冷凝，并使这部分烧结料过湿，即超过其原始水分。冷凝的水分使料层的透气性恶

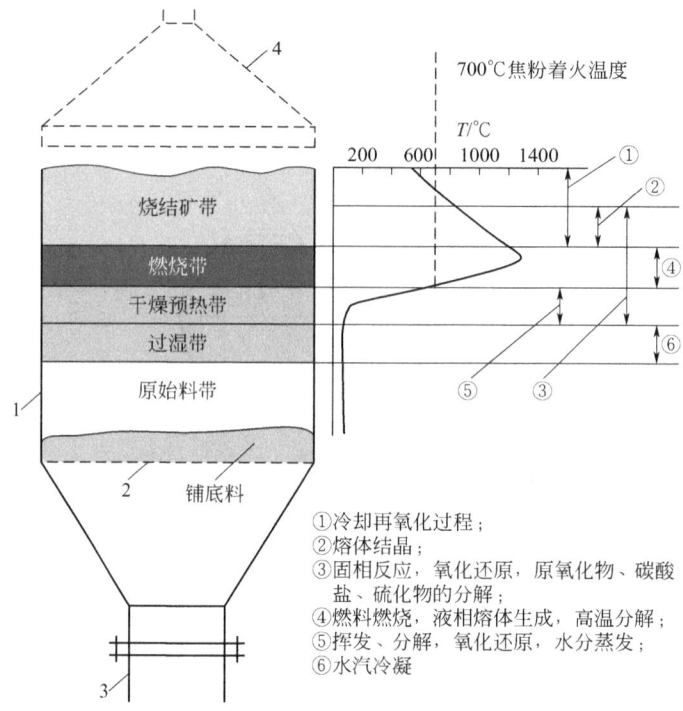

图 24-6-15 烧结过程
1—烧结杯；2—炉箅；3—废气出口；4—点火器

化，气流通过料层的阻力增加。当烧结未制粒的精矿或制粒后的料球的强度较差时，阻力的增加较多；当烧结粒度较粗的粉矿或小颗粒褐铁矿时，鉴于由褐铁矿制粒后的料球具有足够的强度且具有较强的吸湿能力，冷凝过程对透气性的影响较小。烧结料层的这个带，称作水分冷凝和烧结料过湿带。

在干燥和预热带中，料层中的水分蒸发，并被预热至燃料着火的温度（700℃）。在预热带，发生碳酸盐分解，硫化物的分解，着火、氧化，燃料分解，挥发物挥发，部分铁矿石的氧化和还原，以及组分间的固相反应（表 24-6-11）。在这个带如发生料球炸裂，将导致料层的透气性变坏。由于气流的温度随着料层温度的增加而增加，气体的体积以及通过料层的气流速度将增加。这两个因素使气流流过料层的阻力变大。

表 24-6-11 固相反应的最初产物

固体组分	混合物中分子的比例	反应的最初产物
CaO-SiO$_2$	3:1,2:1,3:2,1:1	2CaO·SiO$_2$
MgO-SiO$_2$	2:1,1:1	2MgO·SiO$_2$
CaO-Fe$_2$O$_3$	2:1,1:1	CaO·Fe$_2$O$_3$
CaO-Al$_2$O$_3$	3:1,5:3,1:1,1:2,1:6	CaO·Al$_2$O$_3$
MgO-Al$_2$O$_3$	1:1,1:6	MgO·Al$_2$O$_3$

在燃料燃烧带，料层的温度升高，矿石发生软化和熔化，产生液相熔体（表 24-6-12），矿石发生软化和熔化的温度范围越宽，这个带的厚度和气流通过的阻力也越大。一般说来，具有酸性脉石的矿石，其软化和熔化的温度范围比具有碱性脉石的大。因此，某些具有碱性

脉石的磁铁矿或往烧结料中加入石灰石等熔剂时，垂直烧结速度较高。在最高温度带，除固体燃料燃烧和液相生成外，将继续进行和完成碳酸盐的分解，氧化钙与烧结料组分相互作用的吸热和放热，硫化物的氧化，硫酸盐的分解，磁铁矿的氧化和在某些区域内高级氧化物的还原，以及当温度高于 $1250\sim1300℃$ 以上时赤铁矿的热分解等。

随着烧结料中燃烧的结束，料层的温度开始降低，物料从糊状物过渡到固体状态。这时，烧结矿在燃烧带所形成的网孔结构保存下来，并在从糊状过渡到固体状的很短期间内，进行了熔体的结晶和凝析出新的矿物的过程。在空气通过的孔道周围，可能发生低级氧化物的再氧化过程。在烧结矿固结和冷却带，气流通过的阻力较小。松密度较大的细粒矿石烧结时，得到弱熔化的微孔的烧结矿，对气流通过的阻力相对较大；松密度较小的矿石或在烧结料中添有熔剂时，形成粗孔烧结矿，对气流通过的阻力较小。

生产出来的烧结矿为多种矿物组成的复合体，其机械强度与还原性同矿物组成有关。表 24-6-13 是我国某些烧结矿的化学组成和矿物组成。

表 24-6-12 铁矿石烧结时可能形成的易熔化合物和易熔体有关数据

体系组分	熔相的特性	熔化温度/℃
$FeO\text{-}Fe_3O_4$	共熔混合物	1220
$FeO\text{-}SiO_2$	$2FeO\cdot SiO_2$ $FeO\cdot SiO_2\text{-}SiO_2$，共熔混合物 $2FeO\cdot SiO_2\text{-}FeO$，共熔混合物	1205 1178 1177
$Fe_3O_4\text{-}2FeO\cdot SiO_2$	$2FeO\cdot SiO_2\text{-}Fe_3O_4$，共熔混合物	1142
$MnO\text{-}SiO_2$	$2FeO\cdot SiO_2\text{-}Fe_3O_4$，共熔混合物 $MnO\cdot SiO_2$，异成分熔化 $2MnO\cdot SiO_2$，异成分熔化	1251(1183、1208)[①] 1291(1215)[①] 1323
$MnO\text{-}Mn_2O_3\text{-}SiO_2$	$MnO\text{-}Mn_3O_4\text{-}2MnO\cdot SiO_2$，共熔混合物	1303
$CaO\text{-}Fe_2O_3$	$CaO\cdot Fe_2O_3\longrightarrow$ 熔体 $+2CaO\cdot Fe_2O_3$，异成分熔化 $CaO\cdot Fe_2O_3\text{-}CaO\cdot 2Fe_2O_3$，共熔混合物 $2CaO\cdot Fe_2O_3$ $CaO\cdot 2Fe_2O_3\longrightarrow$ 熔体 $+Fe_2O_3$，异成分熔化	1216 1205 1449 1226
$Fe\text{-}Fe_2O_3\text{-}CaO$	$(CaO18\%+FeO82\%)\text{-}2CaO\cdot Fe_2O_3$，共熔混合物，固体熔液	1140
$CaO\cdot SiO_2\text{-}2CaO\cdot Fe_2O_3$	$CaO\cdot SiO_2\text{-}2CaO\cdot Fe_2O_3$，共熔混合物	1280
$2FeO\cdot SiO_2\text{-}2CaO\cdot SiO_2$	$(CaO)_x\cdot(FeO)_{2-x}\cdot SiO_2$，钙铁橄榄石，$x=0.19$	1150
$2CaO\cdot SiO_2\text{-}FeO$	$2CaO\cdot SiO_2\text{-}FeO$，共熔混合物	1280
$Fe_3O_4\cdot Fe_2O_3\text{-}CaO\cdot Fe_2O_3$	$Fe_3O_4\begin{cases}CaO\cdot Fe_2O_3\\2CaO\cdot Fe_2O_3，共熔混合物\end{cases}$	1180
$Fe_2O_3\cdot SiO_2\text{-}CaO$	$CaO\cdot SiO_2\text{-}2CaO\cdot Fe_2O_3$，共熔混合物 $2CaO\cdot SiO_2\text{-}CaO\cdot Fe_2O_3\text{-}CaO\cdot Fe_2O_3$，共熔混合物	1180 1192
$4CaO\cdot Al_2O_3\cdot Fe_2O_3\text{-}2CaO\cdot SiO_2$	$4CaO\cdot Al_2O_3\cdot Fe_2O_3\text{-}2CaO\cdot SiO_2$，共熔混合物	1340
$2Na_2O\cdot Fe_2O_3\text{-}2CaO\cdot SiO_2$	$2Na_2O\cdot Fe_2O_3\text{-}2CaO\cdot SiO_2$，共熔混合物	1110
$FeO\cdot Al_2O_3$	$FeO\text{-}FeO\cdot Al_2O_3$，共熔混合物	1305
$FeO\text{-}SiO_2\text{-}Al_2O_3$	$FeO\cdot Al_2O_3\text{-}SiO_2\text{-}3Al_2O_3\cdot 2SiO_2$，共熔混合物 $2FeO\cdot Al_2O_3\text{-}FeO\cdot Al_2O_3\text{-}SiO_2$，共熔混合物	1205 1073

① 括号内为不同研究工作者所得的结果。

表 24-6-13　烧结矿的化学组成和矿物组成

编号	化学成分/%									碱度 CaO/SiO$_2$
	TFe	FeO	SiO$_2$	CaO	MgO	Al$_2$O$_3$	P	S	Mn	
1	51.1	11	9.87	11.76	3.74	2.98	0.198	0.086	0.19	1.18
2	52.64	14.3	9.02	12.51	1.89	2.94	0.056	0.072	0.366	1.5
3	49.99	11.7	12.14	13.18	3.02	0.96	0.024	0.045	0.134	1.09
4	49.40	19.4	12.19	16.43	0.87	1.28	0.026	0.061	0.345	1.27
5	48.17	18.4	12.14	15.93	3.01	1.94	0.039	0.045	0.112	1.52
6	49.57	16.5	12.16	14.92	2.82	1.05	0.021	—	0.102	1.23
7	27.91	11.3	15	38.47	3.3	2.74	0.253	0.187	0.48	2.56

矿物组成/%												
磁铁矿	赤铁矿	玻璃质	铁酸一钙	铁酸二钙	钙铁橄榄石	正硅酸钙	硅灰石	石英	富氏体	铁橄榄石	金属铁	其他
56.4	10.4	17.3	5.8	0.56	7.2	0.45	少	0.36	0.4	—	0.54	0.4
55.6	7.2	15.7	14.7	—	4.5	0.72	0.45	少	0.31	—	0.18	0.45
51.2	9.65	16.6	4.02	—	14.5	0.52	0.41	1.67	0.26	—	—	0.59
44	17.11	14.5	2.93	0.49	14.1	0.88	0.78	1.7	0.58	—	0.24	1.8
42	12.5	20.3	3	—	4.5	0.8	0.11	—	0.15	0.45	0.03	8
53.5	3.9	11.6	2.44	—	16.6	0.32	0.42	0.58	0.21	—	0.32	10
20.3	0.86	22.8	25.6	2.8	8.6	5.85	少	—	—	—	0.8	10.5

6.3.2　烧结设备

目前广泛使用的烧结机是带式烧结机，由传动装置、台车、风箱等部分组成（图 24-6-16）。传动装置利用直流电动机通过减速器、齿轮副来传动星轮而带动台车在轨道上行走。在台车上布料完毕后，运动至点火器下进行料面点火。台车是烧结机最重要的组成部分。装料、点火、抽风烧结至机尾卸料等全套烧结作业都在烧结机上进行。

大型烧结机的面积高达 660m^2。带式烧结机的技术特征列于表 24-6-14。带式烧结机车间布置图如图 24-6-17 所示。

表 24-6-14　带式烧结机的技术特征

有效烧结面积/m^2	台车宽度×有效长度/m	台车挡板高/mm	行走速度/m·min^{-1}	有效烧结面积/m^2	台车宽度×有效长度/m	台车挡板高/mm	行走速度/m·min^{-1}
24	1.5×16	500	0.64~1.94	180	3.0×60	610	1.5~4.5
36	1.5×24	500	0.64~1.94	265	3.5×75.75	650	2.06~6.18
50	2×25	500	0.64~1.94	300	4.0×75	650	1.7~5.1
75	2.5×30	500	0.84~2.52	495	5.5×90	670	2.4~7.2
90	2.5×36	500	0.84~2.52	606	5.5×110	750	1.5~4.5
130	2.5×52	500	1.3~3.9	660	5.5×120	700	1.6~4.8

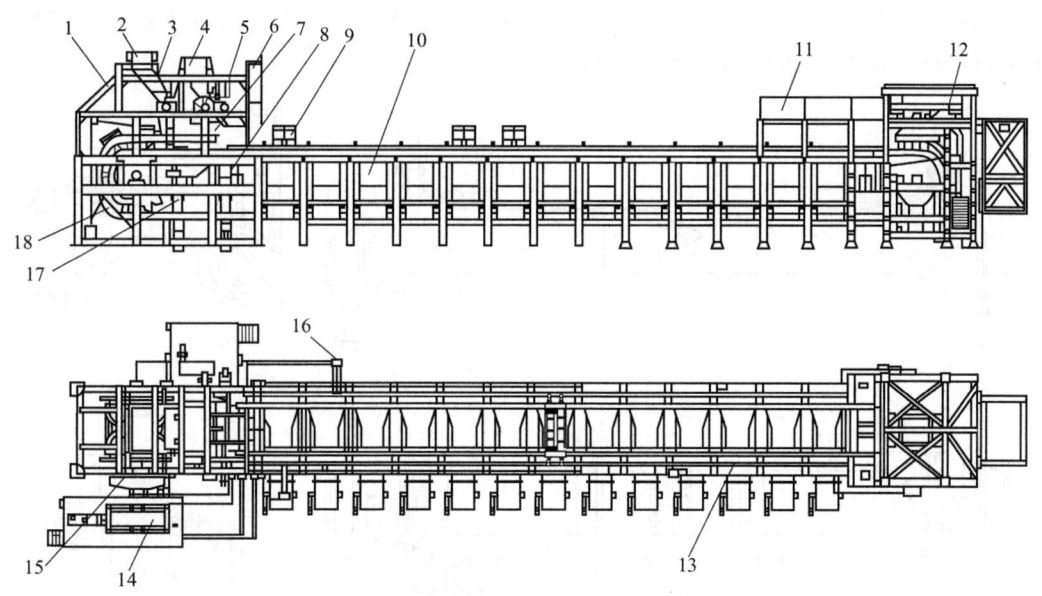

图 24-6-16　带式烧结机示意图

1—机架；2—铺底料装置；3—液压千斤顶；4—给矿机；5—布料机；6—隔热装置；7—松料器；
8—头部灰箱 1；9—台车；10—风箱；11—尾部密封罩；12—尾部移动装置；13—轨道装置；
14—传动装置；15—头部星轮；16—集中润滑系统；17—头部灰箱 2；18—头部弯道

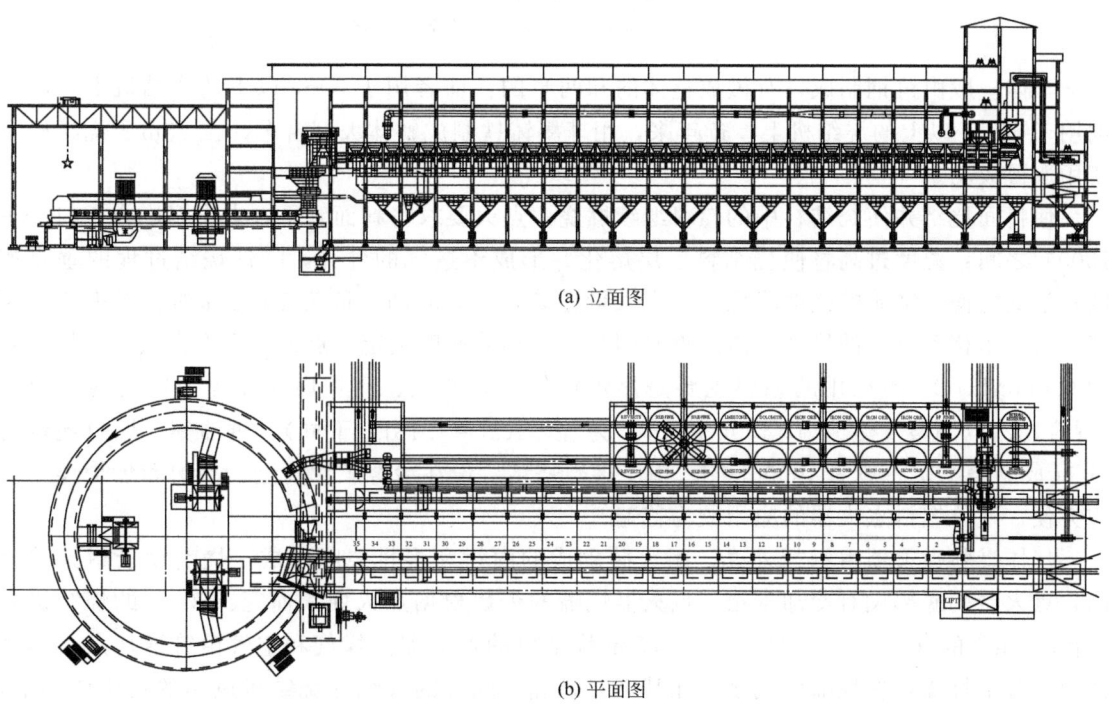

(a) 立面图

(b) 平面图

图 24-6-17　带式烧结机车间布置图（图片来自奥图泰）

烧结台车由车体、栏板、滚轮、算条等部件组成，如图 24-6-18 所示[13]。台车的车体有四条横梁，铸成的算条放在横梁上。算条的间隙为 6mm，算条的空隙面积约占 12％。在车体的两侧有可更换的铸铁栏板，用螺钉将其固定。台车下部装有可更换的滑板，当台车在轨道上行走时，滑板沿风箱两侧滑道滑行。

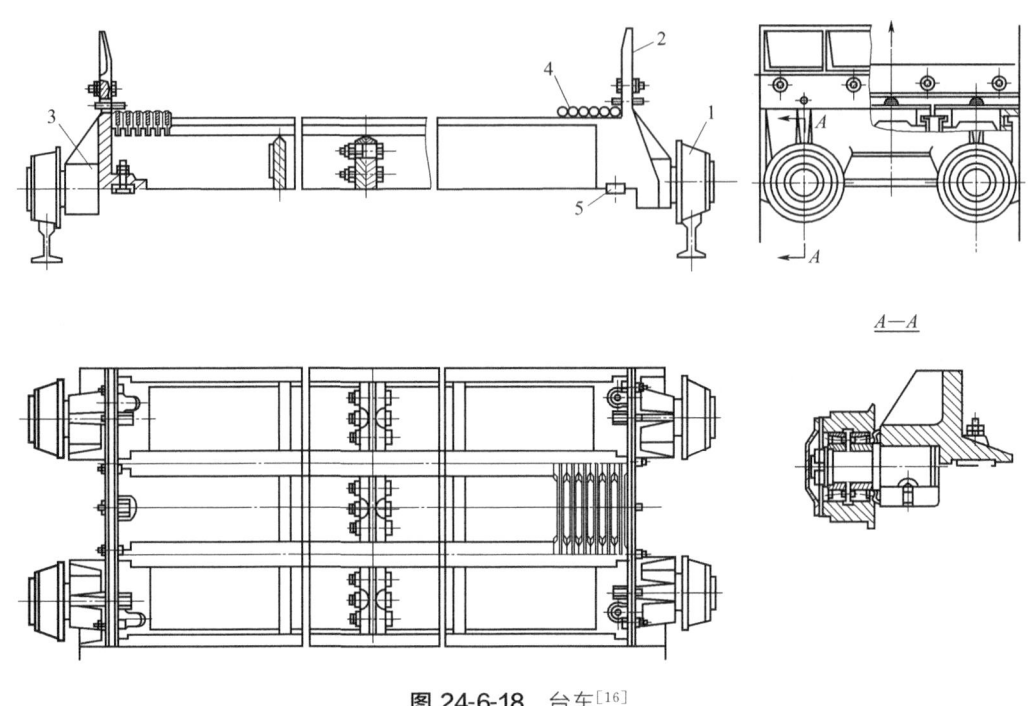

A—A

图 24-6-18   台车[16]

1—滚轮；2—栏板；3—车体；4—算条；5—滑板

车体一般由铸钢制成，有做成整体的和两半的：前者用于 50m^2 以下的烧结机上，后者则用于 50m^2 以上的烧结机上。近年来，用球墨铸铁制成整体大型台车，在 75m^2 烧结机上使用取得成功。

使料面烧结并使烧结料中的燃料继续燃烧。点火要求将料面刮平，点火温度介于 1100～1300℃ 之间：温度过高将使烧结料表层熔化并形成不透气的外壳，降低烧结过程的垂直速度；过低将使烧结矿的强度降低，产生大量返矿。点火时间一般为 1min 左右。点火器的长度（沿台车移动方向的尺寸）由点火时间和台车移动速度决定。点火真空度在铁矿石烧结时为 600mmH$_2$O，点火用的燃料主要是焦炉煤气、天然气、高炉煤气和焦炉煤气的混合气（混合比例以调整发热值为 1400kcal·m^{-3} 为宜，1cal＝4.18J，下同）、重油等。燃料耗量对于 1t 成品烧结矿一般为 40000kcal。由于多数烧结厂设在冶金工厂附近，高炉和焦炉煤气供应方便，气体燃料点火器的应用较为普遍。

气体燃料点火器由钢板外壳、耐火砖砌成的内衬和多排烧嘴组成。烧嘴设于耐火砖衬内，点火器的底部设有冷却水箱。点火器烧嘴的个数根据点火面积而定：50m^2 的烧结机有 5 个，75m^2 的有 6 个。图 24-6-19 为 75m^2 烧结机的点火器。煤气和空气由管道从点火器两侧引入各个烧嘴，在烧嘴中混合并其下方燃烧，燃烧的火焰在烧结机风箱的负压作用下，点着烧结料中的燃料。

新型点火炉特点是点火热量集中，要求烧嘴的火焰短，因此炉膛高度较低，沿点火装置

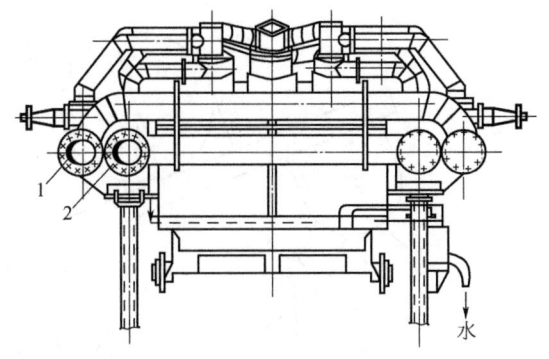

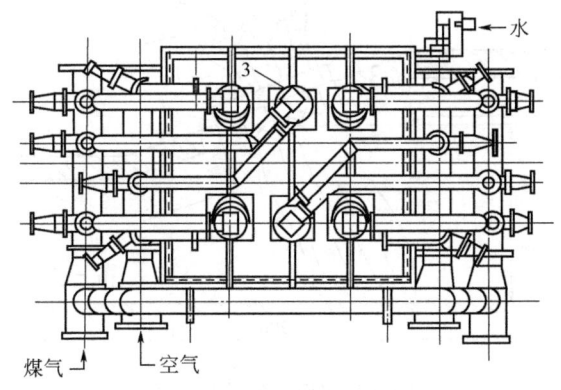

图 24-6-19 气体燃料点火器
1—煤气管；2—空气管；3—烧嘴

横剖面在混合料表面形成一个带状的高温区，使混合料在很短的时间内被点燃并进行烧结。这种新的点火装置节省气体燃料比较显著，重量也比原来的点火装置要轻得多。表 24-6-15 列出点火器的技术特征。

表 24-6-15 点火器的技术特征

型式	点火器燃烧室容积/m³	燃料压力/kPa	空气压力/kPa	点火器包括内衬的重量/t	点火器火焰区的面积/m²
气体燃料点火器（用于 50m² 烧结机）	3.0	1	1.5	12.2	24.0
气体燃料点火器（用于 75m² 烧结机）	7.5	1	1.5	26.5	5.63

6.3.3 铁矿烧结技术的新进展

为了进一步提高和改善现有的烧结工艺和技术，适应未来铁矿石贫化的需要，各国开展了大量的研究工作，使铁矿烧结技术得到了长足的发展。

6.3.3.1 低温烧结

为进一步提高高炉炼铁效率，需改善烧结矿的还原性，生产低 FeO 烧结矿。日本、澳大利亚等国学者结合他们本国烧结原料以赤、褐铁矿为主的特点，首先提出了低温烧结的概念。低温烧结是一种在较低温度（1250～1300℃）下，以强度好、还原性高的针状铁酸钙作

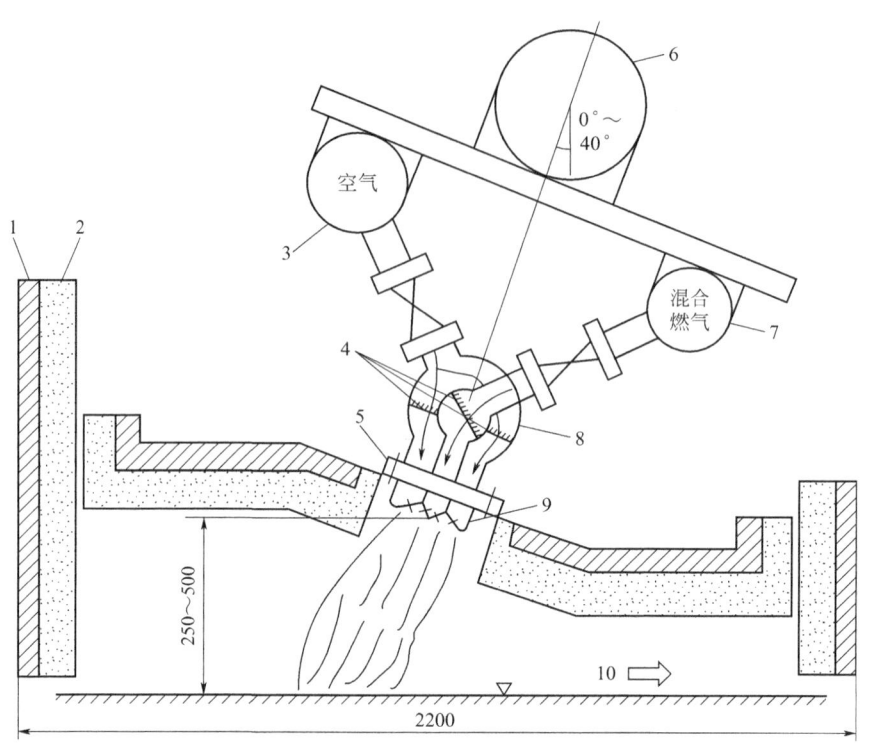

图 24-6-20 新型点火器

1—轻质浇注料；2—高铝浇注料；3—空气管；4—整流板；5—法兰；6—支承管；

7—混合燃气管；8—烧嘴；9—喷嘴；10—边墙

为主要黏结相（约占 40%），同时使烧结矿中含有较高比例（约 40%）还原性高的残留原矿——赤铁矿的烧结技术[15]。低温烧结工艺实质上是在高碱度厚料层的条件下，降低烧结温度，发展氧化气氛，使烧结矿以低温型纤细状铁酸钙为主要黏结相。

该技术已在日本和澳大利亚等国得到工业应用，效果显著。例如，1982 年时世界上最大的烧结机——日本八幡钢铁厂的若松烧结机（600m²）采用低温烧结法，成功地生产出高还原性低渣量的烧结矿，落下强度（SI）大于 94%，低温还原粉化率（RDI）不超过 37%，还原度（RI）约为 70%。1983 年日本和歌山烧结厂进行低温烧结后，烧结矿 FeO 从 4.19% 降到 3.14%，焦粉量从 $45.2kg \cdot t^{-1}$ 减少到 $43kg \cdot t^{-1}$，JIS 还原度从 65.9% 增加至 70.5%，RDI 从 37.6% 降至 34.6%。高炉使用这种烧结矿后，焦比降低 $7kg \cdot t^{-1}$，生铁含 Si 从 0.58% 降至 0.3%。

6.3.3.2 低 SiO_2 烧结矿的生产

日本神户钢铁公司已掌握一种能改善还原性的低 SiO_2 烧结矿生产方法，即在造球工艺中，采用褐铁矿和赤铁矿作球核，以低 SiO_2、低 Al_2O_3 铁精矿粉作黏附粉；另外，适当提高烧结矿碱度和 MgO 含量以及尽可能地限制产量的降低和 RDI 值的增加。采用这一工艺后，神户厂烧结矿的 SiO_2 含量已由 5.6% 降到 4.9%，其还原性和高温性能也有很大改善。神户 3# 高炉使用低 SiO_2 烧结矿后，由于高炉下部透气性增强（尽管上部减弱），促使整个高炉透气性增强，从而有助于矿焦比和煤粉喷吹率的显著提高[17]。

6.3.3.3 双层烧结

(1) 双层配碳烧结工艺 从烧结过程的温度变化来看，最理想的配碳方法是由上层至下层配碳逐渐递减，这可保持烧结温度的稳定。

前苏联使用柯尔舒诺夫双层配碳烧结试验时，上层配碳3.8%，下层配碳3.2%。其结果，上下层烧结矿质量均有新的改善，烧结成品率和产量得以提高，焦耗降低8%。德国采用双层配碳烧结，烧结矿性能也均有新的改善，焦耗可降低15%。

(2) 双层碱度烧结工艺 前苏联新利佩茨克烧结厂开发了一种粉矿和精矿的双层烧结新工艺，其实质就是在一台烧结机上同时烧结两种碱度不同的混合料。该工艺是通过往烧结机上双层装料来实现的。该厂采用这一新工艺后，其烧结矿的主要技术经济指标得到明显改善。这从而启发人们：掌握不同碱度的烧结工艺是很重要的。

6.3.3.4 小球团烧结

小球团烧结法是20世纪80年代末至90年代初开发出来的新的烧结技术。目的是使烧结机能够处理大量的细粒铁精矿粉。因为随着铁精矿配比的增大，传统烧结法的生产率显著下降。在国外最早开发此项技术的是日本钢管公司研究所并首先在日本钢管公司的福山钢铁厂投入应用[18,19]。小球团烧结法可以像球团工艺一样使用细粒铁精矿并可同时处理烧结原料，所以这种工艺在国外也称为混合球团烧结工艺（简称HPS工艺）。采用三段制粒流程，将混合料制成一定粒度的小球（粒度上限一般为10mm，下限为3mm)[20]，生球外滚焦粉后，通过梭式布料器布到炉箅上，连续焙烧形成类似葡萄状的球团烧结矿。

日本钢管公司1988年11月在福山5#烧结机上应用了以返矿为核粒的小球团烧结法[18,19]。在不增加作为黏结剂的生石灰用量的情况下，该方法便可使微粉原料小球化，并可稳定地增加10%左右的微粉原料。采用该工艺后，烧结矿的还原性得到改善，烧结料中配碳量减少。

小球团烧结法能适应粗、细原料粒级，可扩大烧结用原料来源。采用圆盘造球机制粒，可提高制料效果，改善料层透气性，提高烧结矿产量。

北京科技大学和北京钢铁研究总院率先在国内开展小球团烧结法试验研究，安钢等根据研究结果先后建厂实施[15]。

6.3.3.5 镶嵌式烧结法

镶嵌式烧结法（MEBIOS）最初是由M.E.Kasai提出的，目的是利用劣质化的资源，使其在普通的烧结条件下能够形成合适的孔隙结构，确保烧结矿的产质量。其方法为通过利用小球附近的边缘效应，且小球自身不会过熔，使烧结料层形成较好的孔隙结构，改善烧结料层的透气性[21]。

6.3.3.6 废气循环利用烧结法[22]

(1) EOS工艺 EOS工艺见图24-6-21。其运行方式是先将所有烧结烟道排出的废气混合，然后将混合气40%~45%借助于辅助风机循环到烧结台车的热风罩内（除去点火装置，烧结台车剩余部分全部用热风罩密封），循环途中添加新鲜空气，以保证烧结气流介质中的氧气含量充足（O_2 14%~15%）。EOS工艺可确保45%~50%的烧结废气不会排放到大气中。

荷兰艾默伊登烧结厂采用EOS工艺，烧结总废气排放量大幅降低，除废气中CO_2含量

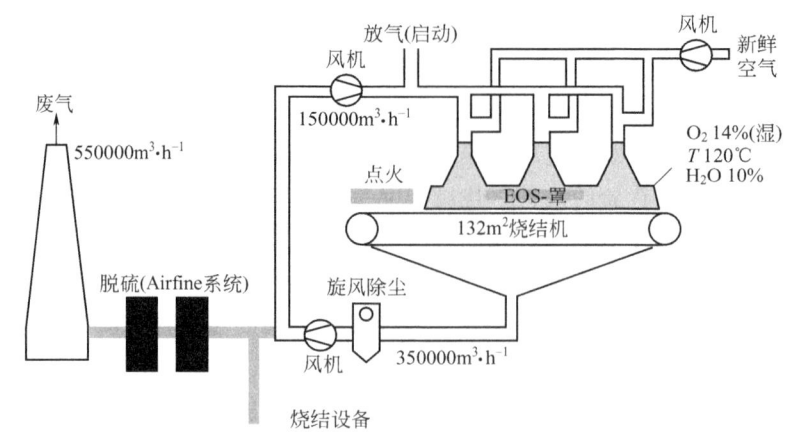

图 24-6-21   EOS 工艺示意图

有所升高之外，粉尘、其他污染气体（NO_x、SO_2、C_xH_y、PCDD/F）的含量明显降低。

（2）**LEEP 工艺**   LEEP 工艺是基于烧结过程废气成分分布不均匀的特点而开发的，如图 24-6-22 所示。将废气风箱分为两部分，第一部分主要进行烧结料层水分的蒸发，第二部分主要进行高浓度 SO_2、氯化物、PCDD/F 的释放；而 CO、CO_2、NO_x 在两个部分即整个烧结过程中均匀分布。

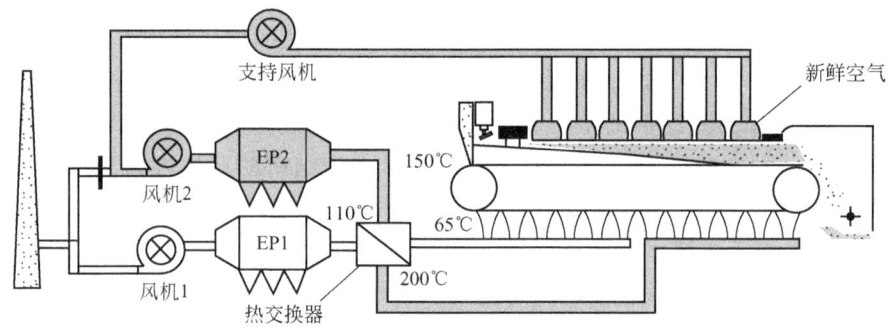

图 24-6-22   LEEP 工艺示意图

LEEP 工艺是将第二部分含污染物成分高的废气循环到覆盖整个烧结机的循环罩内，同时导入新鲜空气以保证氧气含量充足。进入烧结过程的污染物走向不同，粉尘被烧结矿层过滤，PCDD/F 经高温作用分解，SO_2 和氯化物被吸收，CO 在燃烧前沿的二次燃烧中为烧结提供热量，因而可适当减少固体燃料的用量。

由于第二部分的废气在循环罩内进行再循环，仅仅是前半部分的、含污染物较低的废气经烟囱排放到大气中，这显著地减少了废气的排放量。废气中含有的排放物取决于烧结料层中对粉尘的接纳效率、氯化物和 SO_2 的吸附效率，以及当循环气体通过火焰前沿时某些气体（如 CO，PCCD／F）的氧化。

LEEP 工艺设置一个热交换器，将第一部分冷废气与第二部分热循环废气进行热交换，适当降低热循环废气温度，使烧结厂现有风机能如在常规烧结状态下一样正常地工作，适当提高冷废气的温度，使气体温度保持在露点以上，抑制腐蚀作用。

与常规烧结工艺相比较，LEEP 工艺可使粉尘与 CO 的减排量在 50％ 以上，SO_2 和 NO

的减排量可达 35% 和 50%，HF/HCl 稳定减排 50%，PCDD/F 减排效果最佳，达 75%～85%，固体燃料消耗量降低 5～7kg·t^{-1} 烧结矿。可见，LEEP 工艺获得了显著的节能减排效果，有益于环境保护。

(3) EPOSINT 工艺 EPOSINT 工艺是一种选择性废气循环工艺。循环废气取自于邻近烧结结束且废气温度快速升高区域的风箱，原因是这些风箱内废气中颗粒物与污染物浓度高。循环混合气的温度高于酸露点，从而避免腐蚀问题，如图 24-6-23 所示。

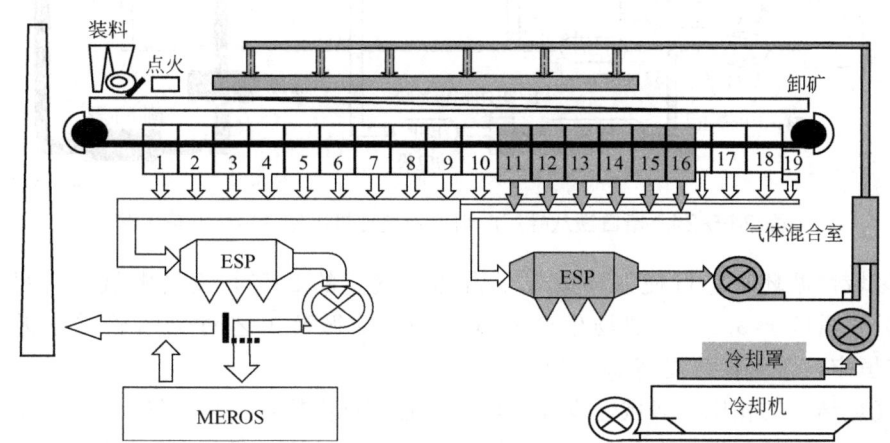

图 24-6-23 EPOSINT 废气循环工艺示意图

EPOSINT 工艺中的循环罩设计具有独特之处：一是循环罩覆盖烧结机的宽度，通过非接触型窄缝迷宫式密封来防止循环废气和灰尘从罩内自动逸出；二是循环罩不延伸到烧结机末端，从而让新鲜空气通过最后几个风箱流入烧结床，这样保证烧结矿在进入冷却机之前得到足够的冷却，同时有助于台车的拆除，为其维修带来了方便。

EPOSINT 选择性废气循环工艺，和 EOS、LEEP 工艺一样，降低了能源消耗，减少了40% 的废气排放量，降低了焦粉用量。至于污染物循环，NO_x 与 PCDD/F 会在烧结床内分解从而降低了排放量，SO_2 会被烧结矿吸收，CO 的二次燃烧可用作能源，粉尘循环也降低其排放量。冷却室热风的利用，也减轻了冷却室粉尘的排放。

(4) 区域性废气循环工艺 新日铁八幡厂户畑 3 号烧结机区域性废气循环工艺示意图见图 24-6-24。

区域性废气循环工艺，其原理是烧结机局部抽风、局部循环到烧结矿上层。这种选择性局部抽风与局部循环工艺是与 EOS 工艺的最大区别。新日铁八幡厂户畑 3 号 480m^2 烧结机被分为 4 个不同区域：

区域①：对应烧结原料的点火预热段，废气循环到烧结机的中部，废气特点是高 O_2、低 H_2O、低温。

区域②：废气经除尘后直接从烟囱排出，废气特点是低 SO_2、低 O_2、高 H_2O、低温。

区域③：废气经除尘、脱硫 [$Mg(OH)_2$ 溶液洗涤]、除雾后与区域 2 废气共同从烟囱排出，废气特点是高 SO_2、低 O_2、高 H_2O、低温。

区域④：对应燃烧前沿附近的高温段，废气循环到烧结机的前半部，在点火区后面，废气特点是高 SO_2、高 O_2、低 H_2O、超高温度。

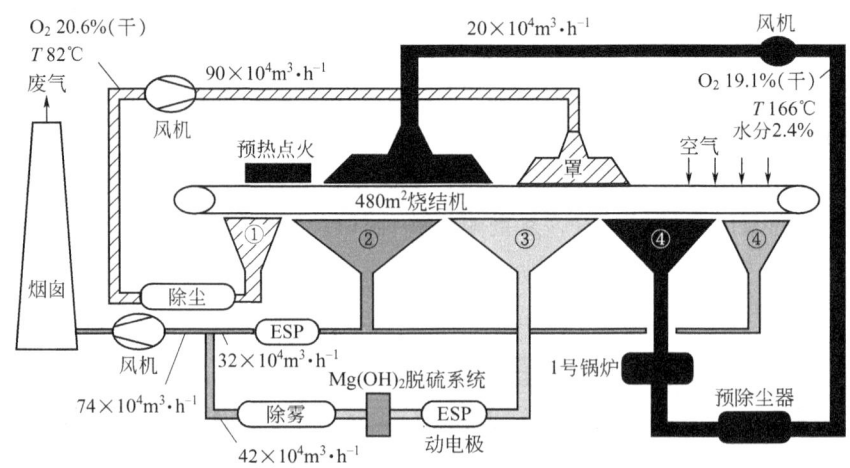

图 24-6-24 新日铁八幡厂户畑 3 号烧结机区域性废气循环工艺

这种区域性循环工艺可使循环废气量占总废气量的 25%，废气中氧气含量平均高于 19%，水分含量低于 3.6%。现场生产实践表明，此循环工艺对烧结矿质量无负面影响（RDI 保持恒定，落下指数提高 0.5%）。

与常规烧结工艺相比，区域性废气循环工艺有两点优势：一是废气中未用的氧气可被循环到烧结机进行有效利用；二是将来自不同区域的废气依据其成分进行分别处理，从而明显减少了废气治理设施的投资和运营成本。

6.4 球团矿生产工艺与设备

许多钢铁厂以球团矿为炼铁原料。生产球团矿时，一般用铁矿选矿厂湿法磁选或浮选法选出的精矿作原料。但精矿在过滤脱水后水分仍然较高，需要进行干燥。如原料的粒度较粗，还需要将粒度磨碎至 70% 以上 <0.043mm，为此可采用 $\phi 4400mm \times 14000mm$ 的双仓热风干燥磨碎联合机（第一仓长度 3000mm、第二仓长度 10500mm），将物料干燥并磨碎至约为 60% <325 目的细度。

球团厂使用的原料种类较少，故配料、混合工艺比较简单。精矿和熔剂大多采用圆盘给料机进行给料，并经过电子皮带秤进行称量。混合多采用圆筒混合机的一次混合方法。

混匀的球团原料在造球机内制成生球，生球送至焙烧设备使其固结，成为成品球团矿。

球团矿的铁含量要求 >64%，SiO_2 含量 5%±0.25%，碱金属、Al_2O_3 和磷的含量要求较低，粒度为 9.5~16mm 的粒级含量约 95%、>12.7mm 的累积含量 <10%，转鼓系数（>6.3mm）>95%，$\phi 9.5mm$ 球的抗压强度 >1.96kN。

6.4.1 球团矿生产工艺

球团是一种使铁精矿或粉矿团聚成高炉炼铁所需要的球团矿的作业。在生产过程中物料不仅由于颗粒密集和成型而发生物理性质（形状、大小、孔隙率、表观密度、机械强度）上的变化，而且发生化学性质（还原性、化学组成、热稳定性）的变化，使球团矿石的炼铁性能得到改善。

球团矿的生产包括造球过程和固结过程。

原料的粒度、亲水性、颗粒形状、湿度及添加物等对造球过程影响较大。当原料的粒度越小且具有合适的粒度分布，颗粒间的排列将越紧密，毛细管的平均半径越小，分子水使颗粒间的黏结力越大和生球的强度越高。各种原料都有其适宜的造球粒度：磁铁矿精矿的粒度应<0.2mm，其中<200目含量大于80%，赤铁矿精矿的粒度应70%<200目。加入有效的添加物后，能造球的原料粒度可提高，其最大粒度可达3~12mm。原料粒度也不应过小，否则将导致成球过程中毛细水的迁移速度的降低，从而需要较长的造球时间。

原料的亲水性越高，则颗粒被水润湿的能力和毛细力越大，薄膜水和毛细水的含量越高，毛细水的迁移速度越快，这些都意味着成球性越好。铁矿石的亲水性按递增顺序为：磁铁矿-赤铁矿-菱铁矿-褐铁矿。铁矿中脉石的亲水性也有重要的影响，我国某铁矿由于含疏水的云母较多，成球性就较差。

颗粒的形状影响颗粒间接触表面积的大小及成球性的好坏。褐铁矿颗粒表面粗糙呈针状，接触面积大，因而成球性较好。赤铁矿或磁铁矿颗粒多呈块状并且表面圆滑，成球性则较差。

原料的湿度对造球的影响甚大。如湿度过低，生球形成很慢，且结构脆弱；如过高，则母球易于互相黏结或变形使生球粒度不均匀，在造球机上将破坏母球的正常运行轨道或失去滚动能力。每一种精矿的最适宜湿度要用试验方法确定，而且波动的范围很窄（±0.5%）。磁铁矿和赤铁矿造球时最适宜的湿度为8%~10%、褐铁矿为14%~28%。

在造球原料中加入消石灰、石灰石粉、皂土、$CaCl_2$等添加物后，能改善物料的成球性。消石灰的粒度小、比表面大、亲水性好、黏结力强，其成球性指数大于0.8。添加消石灰提高了毛细水和分子水的含量以及颗粒间的黏结力；如添加过多，将降低物料的成球速度。石灰石粉（化工厂的废料，称苛化泥）的亲水性强，颗粒的表面粗糙。添加石灰石粉能增大颗粒间的排列紧密程度，通常与消石灰混合使用。消石灰的粒度应≤1mm，添加量为1%~2%，皂土主要是高岭土（$Al_2O_3 \cdot 4SiO_2 \cdot H_2O + nH_2O$）组成的黏土，亲水性和黏结性强，添加量通常为0.6%~0.8%。$CaCl_2$在水中能提高水的表面张力（溶解1g $CaCl_2$，于$100cm^3$的水中能增加水的表面张力0.29dyn·cm^{-1}，1dyn=10^{-5}N，下同）。氯化钙水溶液的黏度较大。添加$CaCl_2$使最大分子水的含量增加，从而提高了物料的成球性指数，但在使用高浓度溶液（大于1000g·L^{-1}）时，毛细水的迁移速度减慢，不利于母球长大。

此外，使用固体燃料焙烧球团时，通常使用煤粉或焦粉。如将煤粉混入精矿中造球，会降低生球的强度、降低造球的速度，因为它们的亲水性比矿粉小；如果在生球表面滚上一层煤粉或焦粉，则对生球强度无甚影响，但需防止煤粉或焦粉脱落的问题。

造球过程造出的生球，需经过焙烧以生产出强度和还原性良好的球团矿。焙烧视原料性质和焙烧条件（焙烧温度、加热速度、高温时间、气氛、点火制度、冷却方法、生球尺寸等）而发生不同的固结过程。

在氧化气氛中焙烧磁铁矿（Fe_3O_4）生球时，氧化作用在200~300℃时开始发生，生成Fe_2O_3（赤铁矿）微晶。由于新生成的Fe_2O_3微晶的原子具有高度的迁移能力，加热到900℃时微晶长大，使处于各个磁铁矿颗粒接触点的Fe_2O_3微晶长大成为"连接桥"，又称Fe_2O_3微晶键，将生球中各颗粒互相黏结，如图24-6-25（a）所示。继续加热到超过900℃时（主要指1000~1300℃左右）Fe_2O_3的微晶能够再结晶，使微晶长大成相互紧密连成一片的赤铁矿晶体［图24-6-25（b）］。在中性或还原性气氛中焙烧磁铁矿生球时，在950℃以上温

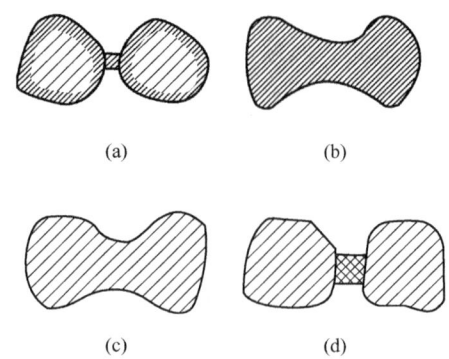

图 24-6-25 磁铁矿生球焙烧时颗粒的连接形式

赤铁矿；磁铁矿；硅酸铁

度下生球中的 Fe_3O_4 颗粒可以再结晶和晶粒长大，产生所谓 Fe_3O_4 键的连接形式，使磁铁矿颗粒彼此连接起来〔图 24-6-25(c)〕。如磁铁矿生球中含有一定数量的 SiO_2 并在还原、中性或弱氧化气氛中在高于 1000℃的温度下焙烧，可能生成液相的 $2FeO \cdot SiO_2$（硅酸铁），并且很容易和 FeO、SiO_2 再生成熔点更低的低熔体。这些易熔物凝固后把生球中的矿粒黏结起来〔图 24-6-25(d)〕。但 $2FeO \cdot SiO_2$ 成玻璃状、性脆、强度低（这种球团矿的强度小于40kg）、在高炉冶炼中极难还原，因此不是一种良好的焙烧固结形式。

在氧化气氛中焙烧赤铁矿生球时，颗粒在 1300℃时结晶缓慢，升至 1300~1400℃时晶粒才较快地长大，颗粒之间发生相互连生而固结。在还原气氛中焙烧赤铁矿生球时，赤铁矿颗粒还原成磁铁矿和 FeO，在 900℃下发生 Fe_3O_4 再结晶而使生球固结；当生球中含有一定数量的 SiO_2 时，在高于 1000℃温度下将出现液相的 $2FeO \cdot SiO_2$ 使生球固结。实际生产中往往对赤铁矿生球添加石灰石等。它们在氧化气氛中熔烧时，形成 $CaO \cdot Fe_2O_3$ 或 $CaO \cdot SiO_2$ 的液相产物，润湿赤铁矿颗粒，并在冷却时将生球黏结成球团矿。

6.4.2 球团矿生产设备

混匀的球团原料在造球机内生产生球。对于铁矿石，主要使用圆盘造球机（图 24-6-13）造生球。生球再用竖炉、带式焙烧机、链箅机-回转窑等进行焙烧固结成为球团矿。

6.4.2.1 竖炉

竖炉是用得最早的一种焙烧球团矿的设备，按逆流原则进行热交换。生球通过在炉顶的布料设备被均匀地装入炉内，燃烧室的热气从喷火门进入炉内，自下向上流动的热气与自上而下的生球进行热交换。生球经过干燥和预热后进入焙烧区，在该处进行固结反应成为球团矿。热球团矿继续向下运动，进入炉子下部的冷却区，同从下部进入的上升冷空气进行热交换而冷却，最后从炉底排出。图 24-6-26 是焙烧球团矿的竖炉[23]。燃烧室的截面是矩形的，分布在炉子长度方向的两侧，利用燃烧煤气（或重油）后的热废气对竖炉供热。热废气的温度，可通过闸门调节煤气（或重油）量进行调节；对于纯净的磁铁矿，焙烧温度为 1300~1350℃；对于熔剂性球团为 1150~1200℃，一般入炉废气中含氧 2%~4%，即在氧化气氛中焙烧。要避免在焙烧带产生还原性气氛，应提高煤气与空气的混合效果及矩形燃烧室的长宽比（某厂采用的长宽比为 2.9）。焙烧室的平均截面积，我国为 8m² 左右。其上部为炉口，从炉口到卸料器的距离为 7.5~10m，有效容积为 60~90m³，长宽比在 3~3.25 之间，长度

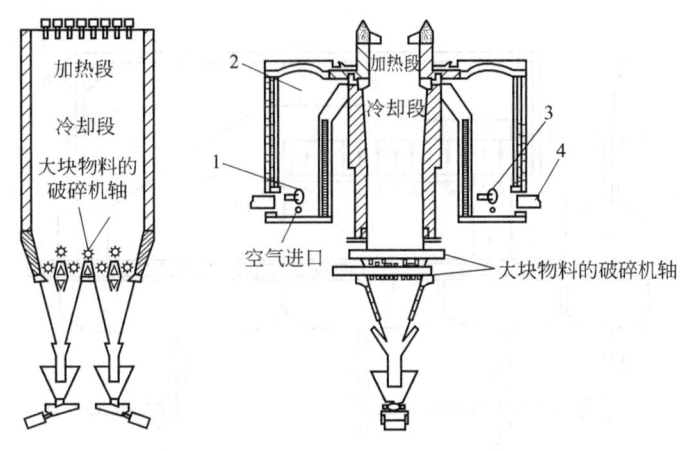

图 24-6-26 竖炉

1—主燃烧器；2—燃烧室；3—辅助燃烧器；4—管线

一般为 $4.6\sim5.1\mathrm{m}$。对于这种规格的焙烧室，其燃烧室容积为 $60\sim65\mathrm{m}^3$。辊式卸料器又称排矿辊，把熟料均匀地排出炉外，还兼有破碎大块的作用。

焙烧好的球团需要很快地冷却，以便运输和储存。冷风从下方引入炉内，需要把大部分冷风在进入焙烧带之前引出。一种比较好的方法是设置导风墙（图 24-6-27）。由于导风墙的结构简单、阻力小，大部分冷风通过导风墙排出，炉料同冷风的热交换较好，并利用这部分风的余热在炉口干燥生球。

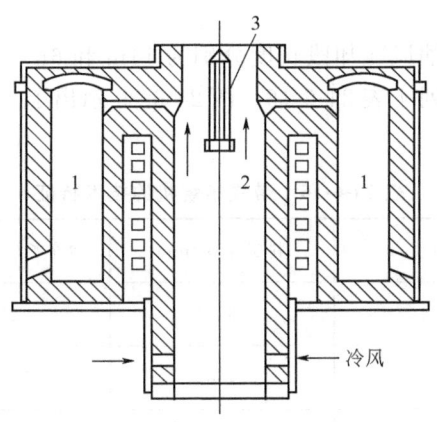

图 24-6-27 设有导风墙的竖炉示意图

1—燃烧室；2—焙烧室；3—导风墙

6.4.2.2 带式焙烧机

带式焙烧机与带式烧结机相似。一般沿整个带式焙烧机长度分为干燥、预热、点火（采用固体燃料时）、焙烧、均热、冷却等区。带式机上球层厚度为 $300\sim500\mathrm{mm}$，生球粒度为 $9\sim16\mathrm{mm}$，由于球层的透气性好，抽风机和鼓风机的压力较小。采用气（液）体燃料的带式焙烧机如图 24-6-28 所示[23]。它将鼓风循环和抽风循环混合使用，利用冷却段热风直接循环换热，改善了热能的利用。某厂装有长度 54m、宽度 2.5m、有效焙烧面积 $135\mathrm{m}^2$ 的带式焙烧机，其各段长度及温度值如下：

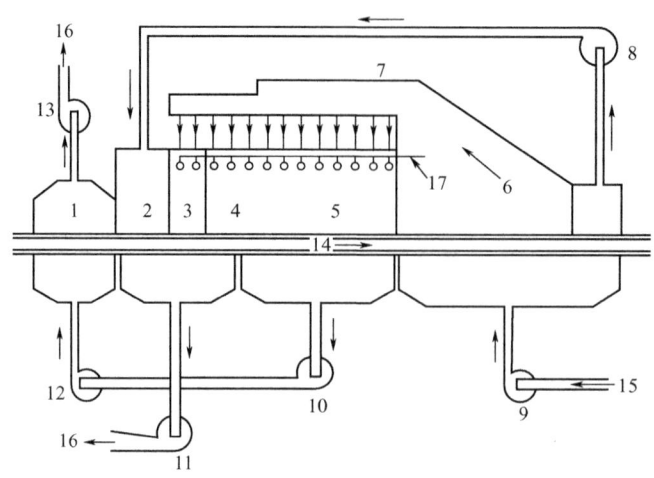

图 24-6-28　带式焙烧机的气体循环流程

1—鼓风干燥区；2—抽风干燥区；3—抽风预热区；4—抽风焙烧区；5—抽风均热区；6—鼓风冷却区；
7—换热管路；8—炉罩热风机；9—冷却风机；10—风箱换热风机；11—风箱排风机；
12—鼓风干燥风机；13—炉罩排风机；14—球团矿；15—冷风；16—去烟囱；17—燃料油

干燥段：长 12m、温度 400～800℃；

预热段：长 6m、温度 900～1100℃；

焙烧段：长 10m、温度 1200～1300℃；

均热段：长 4m；

冷却段：鼓风冷却段和抽风冷却段长度分别为 14m 和 6m。

带式焙烧机的技术特征列于表 24-6-16。图 24-6-29 示出了一个最新的现代化带式焙烧机车间。

表 24-6-16　带式焙烧机的技术特征

有效焙烧面积/m²	长度×宽度/m	料层厚度/mm	台车长度×宽度/m	电动机功率/kW
108	2×54	370	2×1	20
306	3×102.9	450	3×1.5	64
520	4×130	400	4×1.5	32×2
780	5×165	400	5×1.5	64

6.4.2.3　链箅机-回转窑

用链箅机-回转窑焙烧球团的方法，最先是由美国阿里斯·恰默斯公司研究出来的。世界上第一个链箅机-回转窑球团厂于 1960 年在亨博尔特矿业公司（Humboldt Mining Co.）建成投产。其工艺过程是：准备好的混合料（铁精矿、石灰石和膨润土）给入圆筒造球机或圆盘造球机造球，生球经生球筛清除碎粉后铺到移动的链箅机上（生球在链箅机上处于相对静止状态）进行干燥和换热，然后送入回转窑内滚动，进行高温固结。由于不断地滚动，使

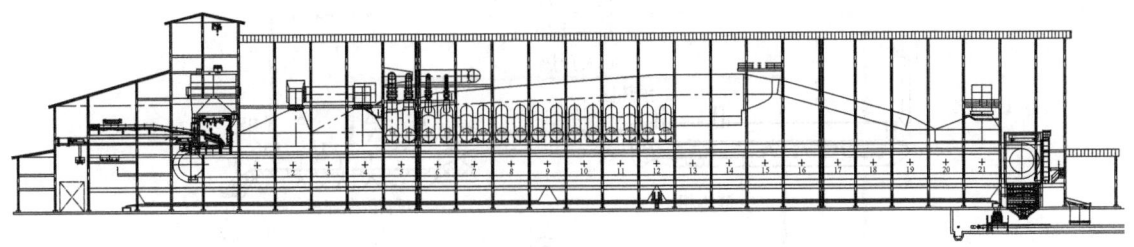

(a) 立面图

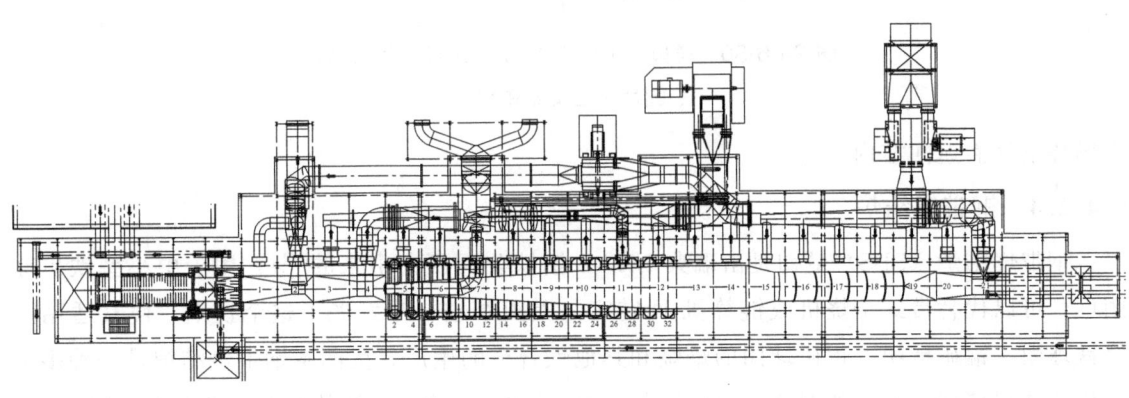

(b) 平面图

图 24-6-29 带式焙烧机车间总图（图片来自奥图泰）

每个球的各部位加热均匀，提高了焙烧效果和球团矿的质量。另一特点是可以控制窑内气氛：不仅可生产氧化性球团矿，而且可生产还原性（金属化）球团矿，以及综合处理多金属矿物，如氯化焙烧等。链箅机-回转窑的生产过程和气流循环见图 24-6-30，生球的干燥和预热在链箅机上进行，焙烧和冷却分别在回转窑和冷却机内进行。生球在链箅机的料层厚度为 150～200mm。链箅机沿长度方向可分为两段（一段干燥、一段预热）或三段（两段干燥、一段预热），又可按风箱分室的数目分为两室式（干燥和预热段各有一个抽风室，或第一干燥段有一个鼓风室，第二干燥段和预热段共用一个抽风室）和三室式（第一、二干燥段和预热段各有一个抽风室）。

链箅机由链板、链轮、传动装置等组成，装在衬有耐火砖的室内，并用隔板分为两段或三段。一般利用回转窑排出的热气（1000～1100℃）进行生球预热，然后热气经过除尘设备除尘后给至干燥段，这时温度降到 300～400℃。由干燥段排出的废气排入大气，预热后的生球送至回转窑进行焙烧。回转窑由筒体、托辊、挡辊、传动装置等组成。筒体由钢板焊成，内部衬以厚度 100～200mm 的耐火砖，支承于 2～9 对托辊上。筒体同水平线有 3％～6％的倾斜。在传动装置附近，筒体上装有滚圈并在其两侧由挡辊支承，防止轴向错动。回转窑卸料端装有喷嘴，将燃料喷入燃烧。窑内温度控制在 1300～1350℃，热气流与物料流逆向运动，进行热交换。

从回转窑排出的高温球团矿，卸到环式冷却机中进行冷却，一般采用鼓风冷却。冷却气体约可回收 75％的球团矿的热量，使排出的温度达 800～900℃的热气作为回转窑喷嘴的二

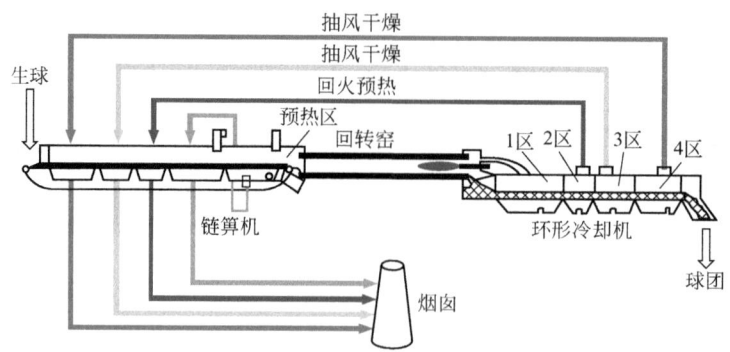

图 24-6-30 链箅机-回转窑的生产过程和气流循环
（图片来自美卓矿机）

次燃烧空气而返回窑内。

6. 4. 2. 4 钢带烧结炉

钢带烧结炉（SBS）最初是由瑞典 LKAB 钢铁公司研究出来的[24]，用于中小型铁矿球团厂，可以代替带式焙烧机或链箅机-回转窑。奥图泰进一步发展了这个技术，使其适用于铬铁球团、锰矿球团、铌矿球团的焙烧和其他铁合金的生产。奥图泰钢带烧结炉是一种多室结构的球团焙烧设备，如图 24-6-31 所示。厚度为 2mm 的、有孔的合金钢带上有厚度 200～250mm 的铺底料，其上为厚度 250～350mm 的生球料层[25]。沿钢带长度分为加热段（又分为干燥、预热、焙烧三个带）和冷却段，使用三台风机单独控制各个带的风量。冷却带的风机使冷却段的风量与加热段相平衡。冷却段排出的热风用于干燥生球或作为助燃空气。钢带烧结炉工艺流程如图 24-6-32 所示[26]。典型的铬铁矿球团烧结的技术规格见表 24-6-17 [27]。

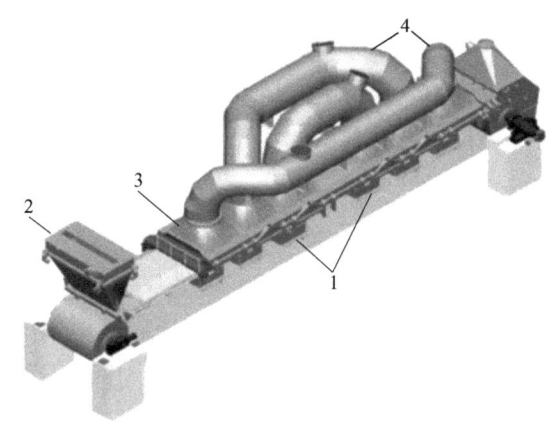

图 24-6-31 钢带烧结炉（图片来自奥图泰）
1—风箱组件；2—梭式布料机；3—烟罩；4—余热回收系统

该技术的特点是：在这种烧结炉中，可以精确地控制气流和烧结条件，从而做到生产出的球团矿质量高且能耗低。该烧结炉的结构非常紧凑且气密性好，因此投资成本适中，生产成本低，节能减排，满足严格的环保要求。

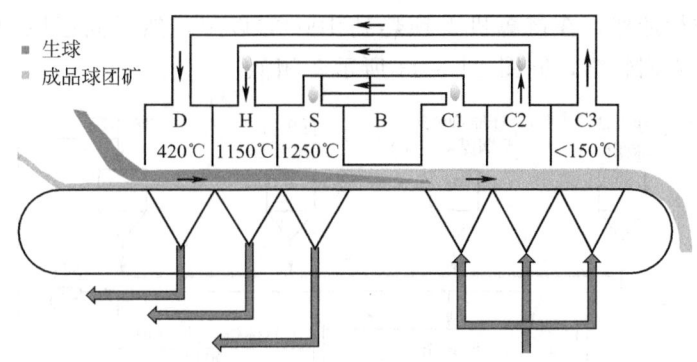

图 24-6-32　钢带烧结炉工艺流程图

D—干燥段；H—预热段；S—烧结段；B—平衡段；C1～C3—冷却段

表 24-6-17　用于铬铁矿球团的钢带烧结炉的技术规格

设计处理量	300000～700000t·a⁻¹
总长度	30～45m
宽度	4～6m
外部能量消耗	150～250kW·h·t⁻¹
电能消耗总量	50～80kW·h·t⁻¹
生球给矿量	50～110t·h⁻¹
烧结室温度	1300～1400℃
废气总量(标准状态)	100000～250000m³·h⁻¹
废气温度	50～150℃
冷却气总量(标准状态)	100000～250000m³·h⁻¹
烧结球团生产量	45～90t·h⁻¹

6.4.3　球团矿技术的新进展

6.4.3.1　金属化球团矿

　　将生球或经氧化焙烧后的球团矿，用固体或气体还原剂预还原以除去铁矿石中的氧量，就得到一部分或大部分氧化铁转变为金属铁的金属化球团矿，它们用于炼铁时可大大降低焦比、提高产量：金属铁每增加10%，焦比可降低5%～6%、产量可提高5%～9%左右。炼铁时用的是金属化程度较低（20%～50%）、酸性脉石含量较高的球团矿。电炉炼钢时使用金属化球团矿可提高产量约达45%，并降低耐火材料、电极等的消耗，用的是金属化程度较高（70%～90%）、酸性脉石含量尽量少的金属化球团矿。

　　生产金属化球团矿主要有三种方法。

　　(1) 回转窑法　又称 SL/RN 法或 Krupp 法。若原料为块矿或氧化性球团矿，可用图24-6-33 所示的工艺流程。使用无烟煤作还原剂时，须添加天然气或重油作辅助燃料来提高窑内温度；使用年轻褐煤作还原剂时，可不加辅助燃料。若原料为粉矿或精矿时，精矿或经过细磨的粉矿先进行造球，在链箅机上预热到 1000℃ 以上，然后同还原剂、回炉焦炭、石灰石或白云石等送入回转窑，同图 24-6-33 所示者相似。

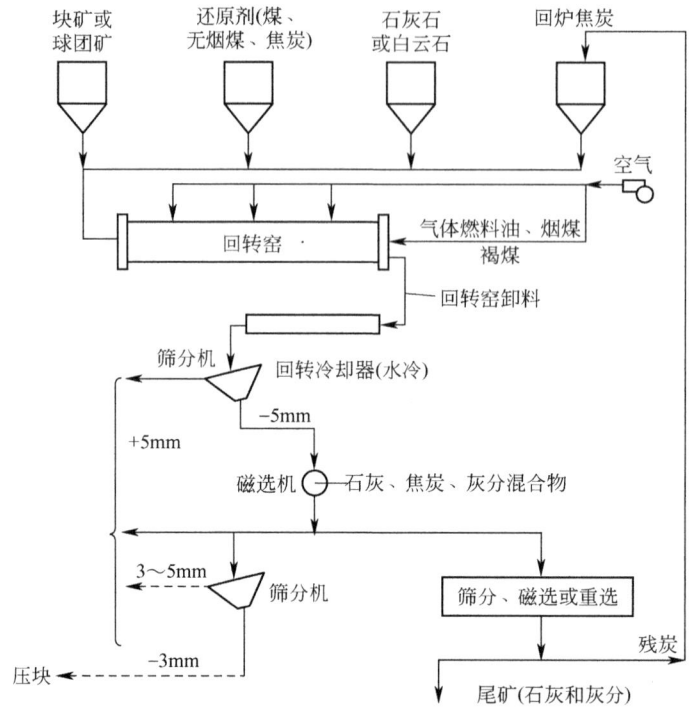

图 24-6-33　回转窑法生产金属化球团矿

(2) 竖炉法　又称 Midrex 法。该法首先将铁精矿制成的生球在竖炉中氧化焙烧，经固结后的球团矿趁热送入还原竖炉进行还原。还原剂采用天然气，生产的金属化球团的金属化程度可达 95% 左右。

(3) 竖罐法　又称 HYL 法。以氧化球团矿为原料。还原剂为天然气与蒸汽混合物通过镍接触剂进行裂化后得到 CO 和 H_2 的混合气体。氧化球团矿置于呈固定床的竖罐式反应器内。还原气体由上而下使球团矿还原，通常可得到金属化程度达 87% 左右的金属化球团矿。

6.4.3.2　水硬性球团矿

采用硅酸盐水泥（或无石膏的水泥熟料）、矿渣水泥等作黏结剂，不需要高温处理可使球团矿固结而得到水硬性球团矿，又称冷固球团。其生产工艺是：经真空过滤机脱水至水分为 8% 的精矿，以及经过球磨机、棒磨机细磨的水泥熟料，给入中部周边排料型棒磨机进行混匀，水泥熟料的用量约占给料的 10%，并加入适量的水。混匀后送圆盘造球机造出水分 9%～10% 的生球。生球在撒有精矿粉的皮带机上使表面裹上一层精矿后送入第一级硬化仓。第一级硬化仓内装有 2/3 的生球和 1/3 的精矿，后者用来保护生球表面并填充球间空隙。物料在第一级硬化仓内储存 30～40h，其强度达到最终强度的 20%～30%，卸出的球团矿经筛分以分出碎粒后给入第二级硬化仓，储存 5d 达到最终强度的 70%～80%，送堆料场再储存 2～3 周，即为成品球团矿。生产水硬性球团矿的基建费用仅为焙烧球团矿的 1/3、生产费用低 17%～28%。但这种方法由于未经过高温处理，故不能去硫、砷等有害杂质。国外生产的一种水硬性球团矿的物理化学性质列于表 24-6-18。

表 24-6-18 水硬性球团矿的物理化学性质

化学性质		物理性质	
水泥给入量/%	10	平均粒度/mm	15
TFe/%	60.1	矿物密度/g·mm⁻³	4.3
FeO/%	25.5	孔隙度/%	27
SiO₂/%	4.6	松容积密度/t·m⁻³	2
Al₂O₃/%	0.8	抗压强度/kgf·球⁻¹	
CaO/%	7.4	粒度为 10~12.5mm	86±16
MgO/%	1.0	粒度为 12.5~12.7mm	104±37
P/%	0.037	转鼓系数(>6.4mm 的产率)/%	94.6
S/%	0.025		
CaO/SiO₂	1.60		
水分含量/%	6~7		

6.4.3.3 碳酸化固结球团矿

碳酸化固结是将生球置于 CO_2 的气流中，使生球中的石灰碳酸化而固结，其过程如下：

a. $Ca(OH)_2$ 从饱和溶液中逐渐结晶出来；

b. $Ca(OH)_2$ 从 CO_2 的气体介质中（如石灰窑废气、高炉煤气的燃烧产物等）吸收 CO_2，生成 $CaCO_3$，即 $Ca(OH)_2 + CO_2 + nH_2O \rightleftharpoons CaCO_3 + (n+1)H_2O$。

碳酸化球团法不仅可以由铁精矿和消石灰两种原料制成熔剂性球团矿，还可以由铁精矿、消石灰、无烟煤粉等多种原料制成综合性球团矿。这不仅解决了铁矿粉选块问题，还解决了以无烟煤代替冶金焦炭的问题，其生产工艺如下：

将铁矿粉（含铁 60%以上、粒度为 50%<0.18mm）、无烟煤粉、消石灰按 42：42：16 的配比给入搅拌机初步混匀，再送入笼式破碎机进一步破碎与混匀后，送入辊式压团机压制成生球，并送至碳化罐（直径 3m、高度 2.5m、容积 14m³、装入生球 15t）制成碳酸化球团矿，其物理化学性质列于表 24-6-19。

表 24-6-19 碳酸化球团的物理化学性质

全铁含量 TFe/%	CaO /%	SiO₂ /%	Al₂O₃ /%	球的粒度 /mm	球团矿的转鼓系数		球团矿质量/g
					大于 20mm 的含量/%	小于 5mm 的含量/%	
27.81	18.56	12.16	1.67	50×40×30	72.5	15.5 57	

6.5 喷射造粒

在细粉的造粒方法中，以液状或半液状形式的物料利用不同的设备喷射到气流中，借助热量或物质传递而形成固体颗粒。此过程所用的工艺有：喷雾干燥法，喷丸法和流态化床层法等。

6.5.1　喷雾干燥法

喷雾干燥法包括四个基本操作过程，如图 24-6-34 所示。给入的液状粉料被分散成雾滴状，并与气流混合，喷入干燥室。然后，雾滴中的水分蒸发，形成颗粒。干燥后的颗粒进入旋风收尘器分离而成为干的产品。

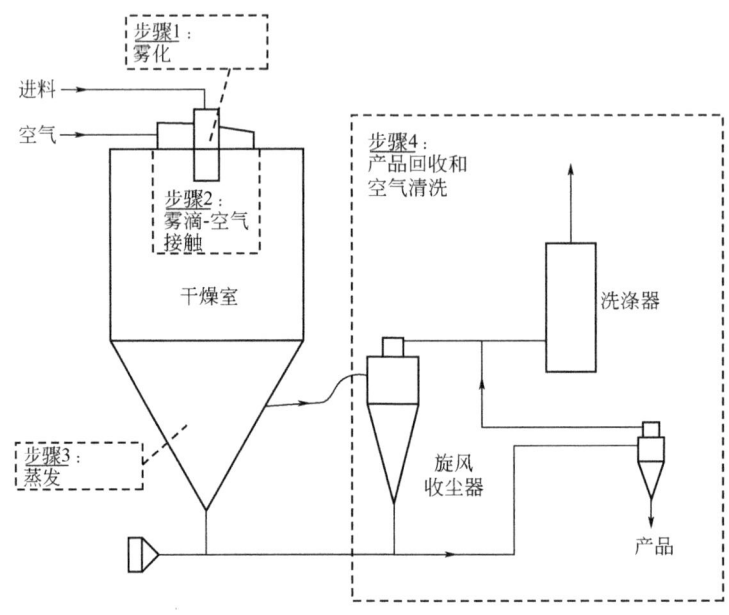

图 24-6-34　喷雾干燥法的基本过程

在此过程中，液状物料分散成喷雾液滴或雾化与空气接触，这是喷雾干燥法的关键。将给料分散为雾状液滴，一般采用离心喷雾器或喷嘴。使用离心喷雾器［图 24-6-35(a)］时，液体进入旋转轮子的中心（带有叶片），然后在四周甩出并破裂成微细液滴。使用的喷嘴还有压力喷嘴和气动喷嘴，如图 24-6-35(b) 和（c）所示。

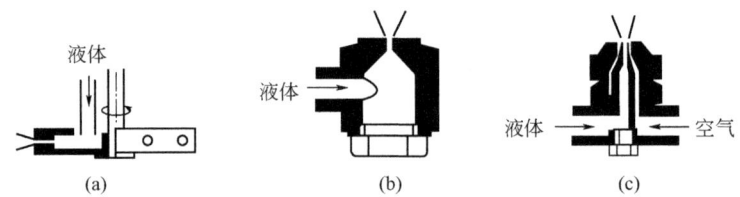

图 24-6-35　采用液体给料的喷雾方法

喷雾干燥法是一种传统造粒法，图 24-6-36 说明了喷雾法与湿法制备陶瓷砖瓦的比较。

6.5.2　喷丸法

此法是以熔融物喷雾、冷却、凝固、冷冻而快速形成团粒。它与喷雾干燥法的相似之处，即熔融体给料在喷雾室顶部分散成雾滴，然后落到干燥室底部时凝固成团粒产品。它与喷雾法的不同点是直接用烧熔后熔融液体喷成雾滴，所以在喷丸塔内主要通过冷却形成团粒

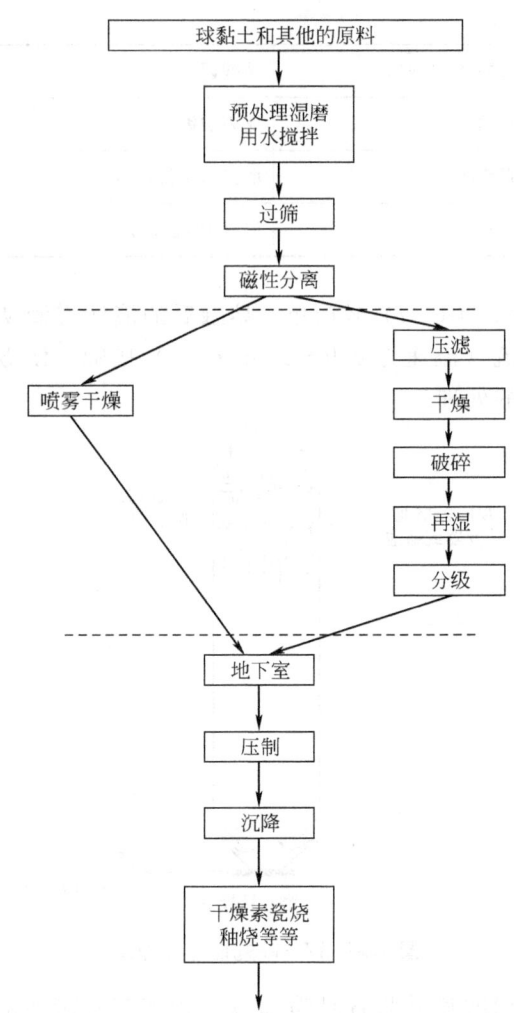

图 24-6-36 喷雾法与湿法制备陶瓷砖瓦的比较

而不是依靠干燥成型。喷丸法的产品粒径较大,一般达 3mm。由于球粒尺寸很大,它的生产一般在高度与直径的比值很大的喷丸塔内进行,以保证颗粒到达塔底部时充分地凝固。喷丸法使用的原料是熔点低但在熔化时又不分解的材料。尿素和硝酸铵化肥即用这种方法进行生产。其他可用于喷雾制丸的原料列于表 24-6-20。

表 24-6-20 喷雾制丸的某些典型原料

黏附剂	己二酸	α-萘酚	硝酸铵和添加剂
沥青柏油	双酚 A	沥青	碳(硬)沥青
苛性钠	鲸蜡醇	煤衍生石蜡	煤焦油沥青
二氯联苯胺	脂肪酸	脂肪醇	环氧树脂
烃类树脂	高熔无机盐	油墨配方	月桂(十二烷)酸
十四烷酸	肉豆蔻醇	石油蜡	五氯苯酚
石油蜡	苯酚树脂-酚醛清漆树脂	松香树脂	聚乙烯树脂

续表

聚苯乙烯树脂	聚丙烯-马来酸酐	硝酸钾	树脂
乙二醇钠	硝酸钠	亚硝酸钠	硫酸钠
硬脂酸	硬脂酰醇	取代脂肪化合物	取代脂肪酸胺
硫	尿素和添加剂	尿素-硫混合物	石蜡-树脂混合物

　　喷丸塔的作用原理（图24-6-37）较简单，熔融后的液体雾滴从塔顶的喷雾嘴喷入，雾滴下落时与冷却的空气逆流（流速为$0.9\sim2.0\,\mathrm{m\cdot s^{-1}}$）接触，使雾滴凝固成颗粒，然后从塔底部被输出再作下一步的处理。

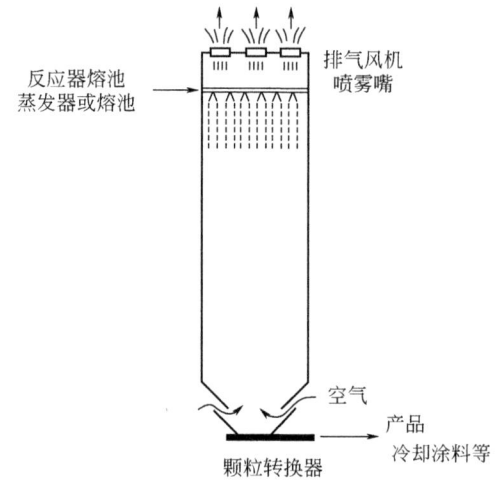

图 24-6-37　喷丸塔的原理图

　　在化肥工业中，最常用的喷雾装置是喷嘴或喷管和多孔旋转器（图24-6-38）。对于黏

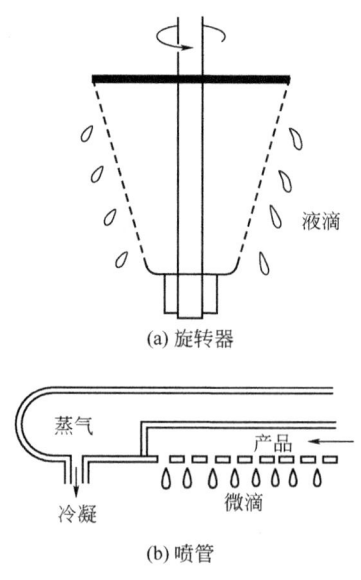

图 24-6-38　喷雾装置

性、高熔点和黏胶性的材料如树脂类，热喷射系统已开发了一种加热干燥室的方法。喷嘴安装在喷丸塔顶部，在塔顶上用辐射加热来调节干燥室，不允许冷空气流过该区域。这样可以避免喷嘴堵塞（冷冻），并且可保证在凝固开始前，液流可从喷嘴出口处就被分散成雾滴。

根据物料的熔点、黏度和表面张力等基本数据及实验室试验来确定最佳的工作温度、压力和喷嘴的尺寸。喷丸塔的高度由冷却温度、熔液下落所需的路程等条件而定。对于硝酸铵制丸时，塔高约达 40～60m。喷丸塔的断面面积决定喷嘴的数目，而数目由需要的产量决定。

表 24-6-21 是两种化肥料使用的喷丸塔的尺寸与性能参数。

表 24-6-21 喷丸塔的尺寸及其性能

喷丸塔尺寸		
喷雾管的高度/ft		130
矩形横截面/ft×ft		11×21.4
冷却空气		
速度/lb·in^{-1}		360000
进口温度		室温
温度/℉		15
熔液		
类型	尿素	硝酸铵
速度/lb·in^{-1}	35200(190lbH$_2$O)	43720(90lbH$_2$O)
进口温度/℉	275	365
成团粒		
出口温度/℉	120	225
尺寸/mm	大约 1～3	

注：1ft=0.3048m，1lb=0.45359237kg，$t/℃=\frac{5}{9}(t/℉-32)$，下同。

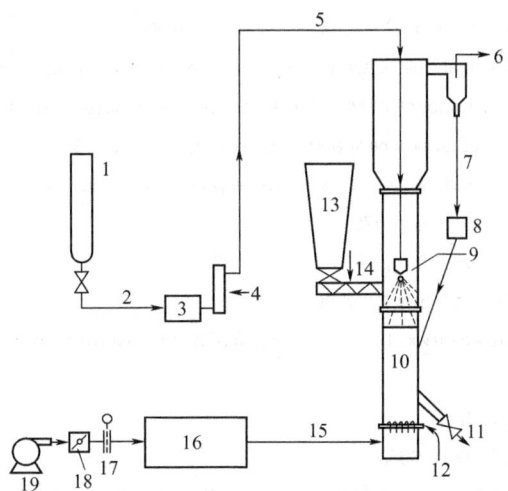

图 24-6-39 流态化床层喷雾造粒的典型装置

1—造粒液体储存器；2—流体加料；3—计量器；4—转子流量计；5—造粒液体给料；6—排入大气；7—再循环细粉；
8—滴流阀门；9—喷嘴；10—流态化床；11—结束造粒去回收器；12—空气分布板；13—料斗；
14—螺旋加料器；15—加热滤过的空气；16—热交换；17—孔板流量斗；18—调节风门；19—鼓风机

6.5.3　流态化床层法

此法是将熔液、液体喷在加热干燥的流态化床层上（或沸腾层），这时干燥和颗粒形成同时进行。颗粒长大既可通过细粒的聚集作用，也可以固体沉淀于颗粒表面使其长大。

典型的流态化床层喷雾造粒装置如图 24-6-39 所示。流态化使用的气体在外部加热，并通过一个分配板进入床层的底部。除作为产品的支撑外，分配板还能保证在造粒器的横截面上的流体介质产生均匀分布。喷雾给料区的流动性不好就会形成大的结块。同时，流态化床的形状多是圆锥形的，气体速度在靠近分配板孔附近比较大。因此必须选好流化速度，这样可使喷雾给料沉积在流态化床层的表面保持运动状态。

由于具备无运动的机械部件、不需要密封、易于实现远距离控制等优点，此工艺适用于处理液体反应堆的废燃料，以及制药厂用来将制粒、混合和干燥等过程联合起来以生产药片等。

参考文献

［1］　Pietsch W. Agglomeration Processes: Phenomena, Technologies, Equipment. Weinheim: Wiley-VCH, 2002.

［2］　日本粉体工业协会. 造粒便览. 东京：オーム社, 1975.

［3］　Fayed M E, Otten L. Handbook of Powder Science &Technology. New York: Chapman & Hall, 1997.

［4］　赵宗艾. 药物制剂机械. 北京：化学工业出版社, 1998.

［5］　JB 20022—2004 压片机药片冲模.

［6］　朱国民. 药物制剂设备. 北京：化学工业出版社, 2018.

［7］　Pietsch W. Roller Pressing. London: Heyden, 1976.

［8］　Capes C E. Particle Size Enlargement. Amsterdam: Elsevier, 1980.

［9］　Ghebre-Sellassie I. Pharmaceutical Pelletization Handbook. New York: Marcel Dekker. 1989.

［10］　Narang A S, Badawy S I F. Handbook of Pharmaceutical Wet Granulation. Amsterdam: Elsevier, 2019.

［11］　Gamlen M J, Eardley C. Drug Development and Industrial Pharmacy, 1986, 12: 1701.

［12］　Lindberg N O, Tufvesson C, Holm P, et al. Drug Development and Industrial Pharmacy, 1988, 14: 1791.

［13］　Meyer K. Zement-Kalk-Gips, 1952 (6): 175.

［14］　东畑平一郎, 关口勲. 粉体工学研究会誌, 1970, 7 (2): 133.

［15］　姜涛. 铁矿造块学. 长沙：中南大学出版社, 2016.

［16］　Щинкоренко С Ф Справочник По Ооогашению И Агломерации Рул Черных Металов. Москва: Нелра, 1964.

［17］　邹志毅. 烧结球团, 1992 (5): 50.

［18］　稻角忠弘. 鉄と钢, 1996, 82 (12): 965.

［19］　Niwa Y, Sakamoto, Komats S, et al. ISIJ International, 1993, 33 (4): 454.

［20］　丹羽康夫, 坂本登, 小松修. 鉄と钢, 1992, 78 (7): 1029.

［21］　Kasai E, Komarov S, Nushiro K, et al. ISIJ International, 2005, 45 (4): 538.

［22］　Roudier S, Sancho L D, Remus R, et al. Best Available Techniques (BAT) Reference Document for Iron and Steel Production: Industrial Emissions Directive 2010/75/EU: Integrated Pollution Prevention and Control. JRC Working

Papers JRC69967, Joint Research Centre (Seville site) . 2013.

[23] Ball D F. Agglomeration of Iron Ore. London: Heinemann Educational, 1973.

[24] Honkaniemi M, Krogerus H, Daavittila J D, et al. The Proceedings of the 6th International Ferroalloys Congress. Cape Town, Vol. 1. Johannesburg, SAIMM. 1992: 79-86.

[25] Krogerus H, Daavittila J D, Vehvilainen J, et al. The Proceedings of the 8th International Ferroalloys Congress. Beijing: China Science and Technology Press, 1998.

[26] Hekkala L, Fabritius T, Harkki J. The Proceedings of the 10th International Ferroalloys Congress. Cape Town, Vol. 1. Johannesburg, SAIMM. 2004.

[27] Outotec Steel Belt Sintering. Finland. 2015.

第
24
篇

7

粉碎和团聚流程

7.1 粉碎段数

粉碎作业的原料很广泛，包括从矿山开采出的各种金属和非金属矿石、工业矿物原料和矿物燃料，从采石场采出的石料和土方，以及各种加工中间产品。其中中间产品一般粒度较小（≤100mm），而矿山开采的矿石粒度较大：从露天矿山或采石场开采出来的原料，最大粒度可达 300～1500mm；从地下矿山开采出来的原矿，通常在井下破碎至小于 300～500mm，以便用箕斗或矿车提升到井上，送粉碎车间或送入料仓储存。

粉碎产品的粒度要求视用途而异：为了使有用的成分从脉石中解离出来，金属矿石通常需磨碎至 200 目以下，甚至磨碎至 90%＜325 目。高标号水泥磨碎的细度也较高，快硬水泥需要磨碎至比表面 $4500cm^2 \cdot g^{-1}$ 以上。

物料又可粗略分为坚硬而磨蚀性强的物料和中硬或软质且磨蚀性弱的物料。为了将粒度高达 300～1500mm 的坚硬给料粉碎至 200～325 目以下，通常要经过多段破碎与磨碎作业（一段自磨机及某些中硬或软质物料的粉碎机是例外，它们将大块给料一次粉碎至要求的产品粒度）。对于坚硬物料，每台破碎机的粉碎比通常在 3～10 之间，物料经过1～4 段的破碎，最终破碎至 4～20mm（物料每经过一次破碎机或磨碎机，分别称为一段破碎或一段磨碎）；磨碎可以是一、二或三段，将粒度为 4～20mm 的破碎产品磨碎至0.1mm 以下。对于软质或中硬物料，可选用较大破碎比的粉碎机，将给料一次粉碎至要求的产品粒度。

坚硬、磨蚀性强的物料三段破碎时，常将破碎作业分为粗碎、中碎、细碎三个破碎段。粗碎段有时还分为一次和二次粗碎，细碎段有时还分为一次和二次细碎。对于这类物料，各破碎段使用的破碎机类型和大致粒度范围如表 24-7-1。

表 24-7-1 破碎段使用的破碎机类型和大致粒度范围

破碎段	给料粒度/mm	排料粒度/mm	破碎机类型
粗碎	≤1500	100～300	旋回破碎机、颚式破碎机
中碎	100～450	32～125	标准型圆锥破碎机、中碎用旋回破碎机、颚式破碎机、辊式破碎机
细碎	19～150	5～25	短头型圆锥破碎机、颚式破碎机、辊式破碎机
第 4 段破碎	6～50	0.83～9.5	Gyradisc 旋盘式圆锥破碎机、辊式破碎机

为了实现规定的粉碎要求，不论是坚硬物料，还是中硬与软质物料，必须使各种类型破碎机、磨碎机、筛子与分级机以及仓储和输送设备等互相有机配合，才能最合理、最经济地工作。这些机械设备的选型、配合和工作顺序等构成所谓的粉碎流程。

7.2 粉碎流程

按物料性质和应用要求虽然有各种各样的粉碎流程，但它们都是由下列原则流程（图 24-7-1）组合而成。

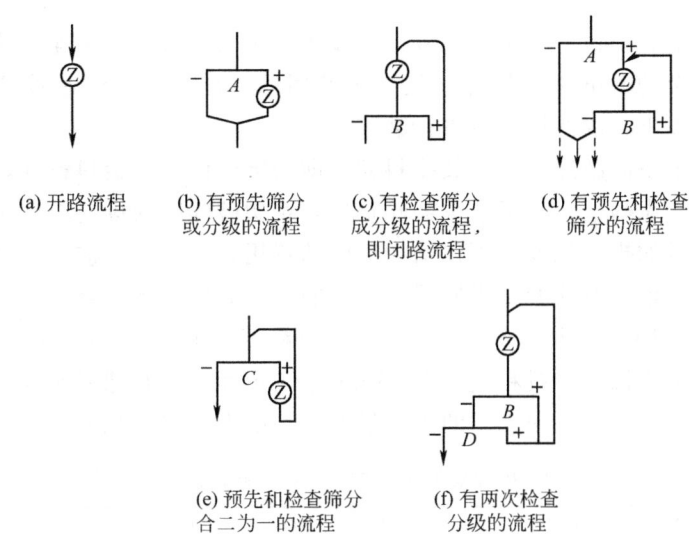

(a) 开路流程　(b) 有预先筛分　(c) 有检查筛分　(d) 有预先和检查
　　　　　　　或分级的流程　成分级的流程，　　筛分的流程
　　　　　　　　　　　　　　即闭路流程

(e) 预先和检查筛分　(f) 有两次检查
　　合二为一的流程　　　分级的流程

图 24-7-1 粉碎原则流程

Z 为粉碎机械，横线为筛分或分级机械，＋号和一号分别表示粗粒级和细粒级筛分或分级产品

开路流程用于对粉碎产品粒度要求不严格以及粉碎产品粒度较均匀的场合，例如在粗碎段及多段磨碎时使用棒磨机的粗磨段。在管磨机内磨碎水泥熟料，或对粒度较细的粗精矿和中矿再磨，常采用开路流程。

在有预先筛分或分级的粉碎流程中，预先筛分或分级将给料中的细粒级分出，一方面减少破碎机或磨碎机的给料量及能耗，另一方面减少物料的过粉碎。在短头型圆锥破碎机中，特别是当物料的水分含量较高时，预先筛分将细粒级分出能改善物料在破碎腔内的运动与防止造块现象。粗碎、中碎、细碎与粗磨段，常采用这种流程。

闭路粉碎流程保证粉碎产品达到要求的粒度后才作为最终产品排出，能减少比能耗、钢耗和过粉碎，并提高产量，常用于细碎段与细磨段。其中筛子或分级机分出的粗粒级产品（返砂）返回破碎机或磨机再度粉碎，返砂量与给料量之比为循环负荷系数（以百分率表示）。循环负荷系数越高，说明粉碎机排料中的合格细粒级的含量越低、粉碎机内物料的平均粒度越大。返砂的运输费用及粉碎机的通过量（等于给料加返砂），随循环负荷系数的增加而增加。

用球磨机把物料用湿法磨碎至 10 目以下时，一般用闭路粉碎流程，用细筛、机械分级机或水力旋流器作检查分级。在特殊情况下，棒磨机也有采用闭路粉碎流程的，在磨碎铁矿石、钾盐、烧绿石（铌矿石）时即有这类情况。

兼有预先分级和检查分级的流程除具有前述两种流程的特点外，预先分级将原料中的原生矿泥（原生矿泥是磨碎以前已经在原料中的矿泥。磨碎时新产生的矿泥称为次生矿泥）单独分出，必要时还可将原生矿泥单独处理。

将预先筛分或分级分别同检查筛分或分级合二为一的粉碎流程在工艺上与不合二为一的

流程相同，但减少了筛分或分级设备的数量。

对磨碎产品进行两次分级的流程，用于磨碎产品粒度要求较细的场合。第一次称为检查分级，第二次称为控制分级。由于控制分级的溢流量较少，可以使溢流产品达到较高的细度。

7.2.1　破碎流程

破碎作业的目的有二：一是按用途或下一步加工的粒度要求，将较大粒度的原料破碎。如将煤或焦炭破碎至 20mm 以下供煤气发生炉使用；二是为磨碎作业做准备，如将大块物料破碎至一定粒度以下，以便送磨机进行磨碎。

为磨碎作业做准备的破碎作业，其排料粒度即为磨碎作业的给料粒度，需要按破碎和磨碎总的生产费用来考虑确定。为了减少磨碎费用，希望破碎段的排料粒度越小越好。对于坚硬物料，减小破碎段的排料粒度，不仅增加破碎的费用，而且对于惯用的细碎机，排料粒度的减小是有限度的。根据目前的技术发展水平，磨碎段如果设有棒磨机，破碎段的排料粒度一般在 20~25mm 之间。如果未设棒磨机，则排料粒度在 4~15mm 之间（除 Gyradisc 超细碎机以外，惯用的细碎机的排料粒度<4~6mm，但实际上是很难达到的）。破碎段的排料粒度（即磨碎段的给料粒度）同工厂的生产量有关，如表 24-7-2 所示。

表 24-7-2　破碎段的排料粒度（即磨碎段的给料粒度）

磨碎车间的生产量/t·d⁻¹	500	2500	10000	40000
磨碎段的给料粒度/mm	10~15	6~12	5~10	4~8

为磨碎作准备的破碎坚硬物料的流程如图 24-7-2 所示。图 24-7-2(a) 和（b）是两段破

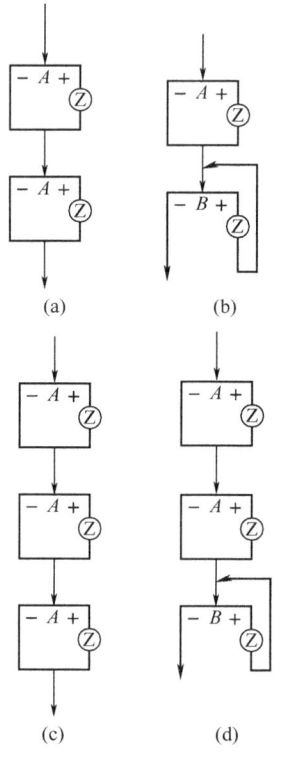

图 24-7-2　坚硬物料多段破碎流程

碎流程，仅用于原矿粒度及生产量较小的选矿厂。图 24-7-2(a) 中的两个破碎段都采用开路流程，其破碎产品的粒度较大，适用于在磨碎段设有棒磨机的场合；图 24-7-2(b) 中的细碎段采用闭路流程，能向磨碎段提供较细粒度的产品。图 24-7-2(c) 和（d）是三段破碎流程，适用于生产量较大的工厂。如果生产量和给料粒度很大，还可采用两段粗碎、一段中碎、一段细碎的四段破碎流程，其细碎段采用开路流程还是闭路流程，取决于对破碎产品的粒度要求以及选定的磨碎作业的给料粒度。开路流程比闭路流程简单、经济（可以省去检查筛分以及输送其筛上产品的设备、配置方便、厂房面积省）。

采用闭路流程的细碎段利用检查筛分来控制产品的最大粒度。各种破碎机的破碎产品，含有一定数量粒度大于排料口宽度的"超粒"，超粒的粒度可以比破碎机的排料口宽度大得多，有时达 2 倍以上。令超粒的粒度同排料口宽度的比值为超粒的相对粒度，以 d_r 表示，表 24-7-3 列出了采用不同类型破碎机破碎可碎性不同的坚硬物料所获得的破碎产品的超粒含量和超粒的 d_r。对于旋回破碎机和颚式破碎机，排料口宽度指动颚或破碎锥开启时的宽度；对于标准型和短头型破碎机，排料口宽度指破碎锥闭合时的宽度。

表 24-7-3　破碎机的破碎产品中的超粒含量和超粒的 d_r

物料的可碎性	旋回破碎机		颚式破碎机		标准圆锥破碎机		短头圆锥破碎机	
	超粒含量 /%	相对粒度， d_r	超粒含量 /%	相对粒度， d_r	超粒含量 /%	相对粒度， d_r	超粒含量 /%	相对粒度， d_r
难碎	35	1.65	38	1.75	53	2.4	75	2.9～3.0
中等可碎性	20	1.45	25	1.6	35	1.9	60	2.2～2.7
易碎	12	1.25	13	1.4	22	1.6	38	1.8～2.2

7.2.2　磨碎流程

对于软质物料，破碎和磨碎可以用破碎比较大的破碎机（如锤碎或反击式破碎机）一次完成；对于坚硬物料，磨碎段数一般为一、二或三段，主要取决于磨碎产品的粒度、物料的可磨性和磨碎车间的规模（小时处理量）等。对于大、中型厂，当磨碎产品的粒度小于 0.15～0.2mm 时（约相当于 60%～70%＜200 目），通常采用两段磨碎流程；对于小型厂，为了简化流程和减少设备数目，即使磨碎产品的粒度小至 80%＜200 目，仍采用一段磨碎流程。两段磨碎流程还用于给料粒度较大而选择"棒磨机-球磨机"组合时的情况。

一段磨碎通常用闭路磨碎流程（图 24-7-3），图 24-7-3(a) 是最普通的一种。粒度为 6～20mm 的物料直接给入磨碎机，磨碎产品通过检查分级分为溢流（最终磨碎产品）和返砂（循环负荷）。返砂使通过磨碎机总的物料量（等于给料+返砂，称为通过量）增加，由于物料在磨碎机内的停留时间（磨碎时间）同通过量成反比，返砂增加使磨机的吞吐量增加，磨碎时间和过粉碎减少，产品中粗粒级含量以及（当返砂不超过某极限值时）产量增加。

图 24-7-3(b) 是有预先分级和检查分级的一段磨碎流程。预先分级将给料中的可溶性盐类和给料中已有的合格细粒级分出，必要时可单独进行处理。这种流程常用于给料粒度较小（约小于 6～7mm）、给料中的合格细粒级的含量较高（约大于 14%～15%）的场合。如给料中的可溶性盐和合格细粒级不需要单独处理且一台分级机的生产量即可满足需要时，也可将预先分级和检查分级合二为一。

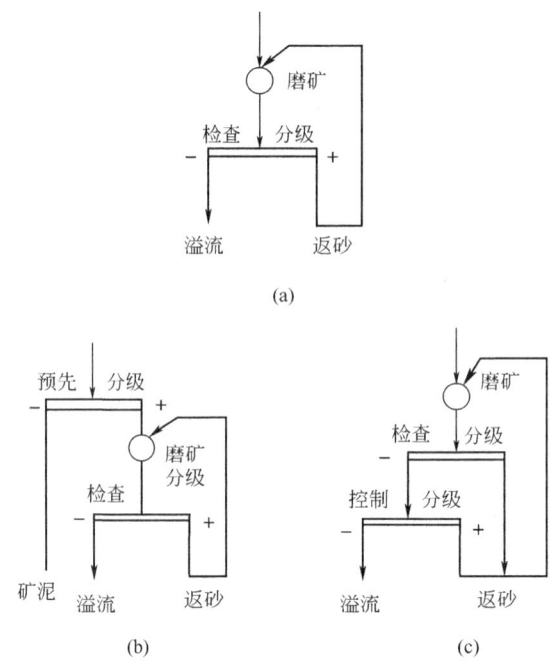

图 24-7-3　一段磨碎流程

图 24-7-3(c) 是有所谓控制分级的一段磨碎流程，磨碎产品先后经过检查分级和控制分级的处理，从而保证最终磨碎产品（控制分级的溢流）达到要求的细度。产品中夹杂的不合格的粗粒级的数量较少。但检查分级的溢流量较大（大于磨碎段的给料量），有时给分级机的操作带来一些困难。

一段磨碎流程具有投资省、操作与调节容易、没有段与段之间的物料运输问题、采用多条生产线时全部磨碎机便于配置在同一水平上等优点。缺点是磨碎机的破碎比较大以及钢球的合理配比困难。在大、中型工厂，当磨碎粒度小于 0.15mm 时，常采用两段磨碎流程。两段磨碎流程的粗磨段可以装入直径较大的钢球或使用棒磨机，细磨段可以装入直径较小的钢球，以提高磨碎效率、降低磨碎产品的粒度。

图 24-7-4 是第一段为开路的两段磨碎流程，这时，粗磨段常使用棒磨机。棒磨机的给料粒度可以较大，但棒磨机的排料粒度较粗、浓度较大，需要用坡度较陡的自流运输槽或者用运输机将棒磨机的排料送至细磨段。图 24-7-4(b) 的流程中，将预先分级和检查分级分开，预先分级的溢流可送去单独处理。图 24-7-4(c) 的流程中，粗磨段也设置预先分级，可将给料中的可溶性盐类及合格细粒级分出并单独处理。图 24-7-4(b) 和（c）的流程一个共同问题，是细磨段的预先分级已将给料中的合格细粒级及给料中的易碎成分分出，从而粗磨段的分级机的给料有时泥质含量过少（如送至细磨段的物料多呈结晶状时），这将给检查分级的操作带来一定的困难。

图 24-7-5 是第一段为闭路的两段磨碎流程。图 24-7-5(a) 和（b）的区别，在于第二段磨碎流程的预先分级和检查分级是否分开。如两者合在一起，则分级机的溢流产品量较大，如两者分开，则多用一台分级机，且给矿中的合格细泥级和给矿的易碎成分已在第二段的预先分级中分出，第二段的检查分级机的操作有时产生困难。这种两段磨碎流程必须适当地选择第一段分级机溢流的细度，使两段磨碎的负荷分配合理。它适用于磨碎产品的粒度较细的

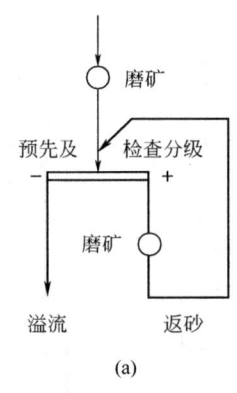

(a)

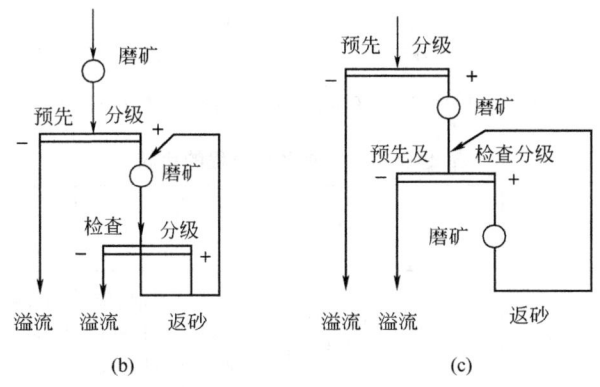

(b)   (c)

图 24-7-4 第一段为开路的两段磨碎流程

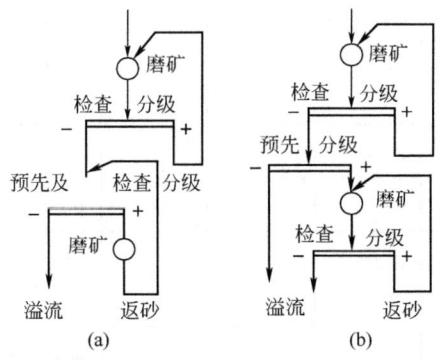

(a)   (b)

图 24-7-5 第一段为闭路的两段磨碎流程

场合（小于 0.15mm）。由于两个磨碎段之间用坡度较小的溜槽来运送溢流产品，配置较简单。

图 24-7-6 是第一段为局部闭路的两段磨碎流程。在这种流程中，没有磨碎段之间的负荷分配问题。第一段和第二段都得到最终磨细产品。由于第一段的部分返砂送至第二段进行闭路磨碎，减少了第一段磨碎的负担，使第二段的给料粒度较均匀，操作较易，磨碎效率较高。缺点是返砂从第一段向第二段输送需要坡度较大的溜槽或使用运输机械。图 24-7-6(b) 流程在第二段使用两段分级，最终产品的粒度细，分级效率提高。

表 24-7-4 给出了八种磨碎流程的比较[1]。

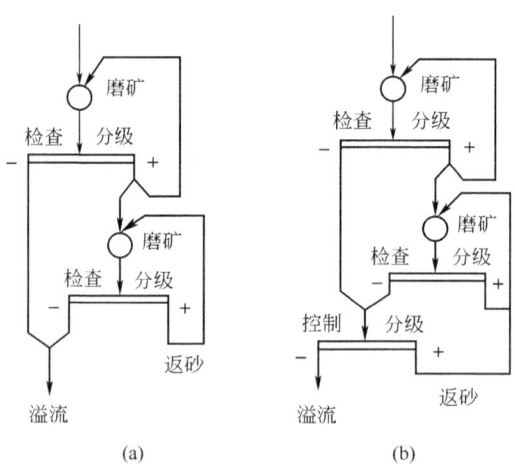

图 24-7-6   第一段为局部闭路的两段磨碎流程

表 24-7-4   八种磨碎流程的比较

序号 流程类型 比较内容	1 一段自磨	2 一段半 自磨	3 一段自磨、 二段球磨	4 一段半自 磨、二段 球磨	5 圆锥破碎 机-棒磨机- 砾磨机	6 圆锥破碎 机-棒磨机- 球磨机	7 圆锥破碎 机-单段球 磨机	8 高能自控破 碎-单段球 磨机
1. 投资	2	1	5	3	8	7	6	4
2. 操作费用 (1)维护费用 (2)金属消耗 (3)动力消耗	1 1 8	8 8 7	2 2 6	7 7 5	5 4 3	6 6 2	4 5 4	3 3 1
3. 流程效率	8	7	6	5	3	1	4	2
4. 介质(金属)工作效率	—	5	—	5	3	3	1	1
5. 处理能力波动	7(3%～ 400%)	8(2%～ 600%)	6	5	4	1	3	2
6. 自动化要求	绝对需要	绝对需要	绝对需要	绝对需要	砾磨部分 需要	可以 人工操作	可以人工 操作	破碎机 需要
7. 达到设计指标时间	2～3 年	2～3 年	2～3 年	第一段需 要 2～3 年	1 年	2～3 个月	1～2 个月	1～2 个月
8. 所需试验内容 (1)介质适应性 (2)邦德可磨度 (3)冲击功指数 (4)磨损 (5)半工业试验	√ √ √ √ √	√ √ √ √ √	√ √ √ √ √	√ √ √ √ √	√ × ×(√) √ ×	× √ ×(√) √ ×	× √ √ √ ×	× √ √ √ ×

序号 流程类型 比较内容	1 一段自磨	2 一段半自磨	3 一段自磨、二段球磨	4 一段半自磨、二段球磨	5 圆锥破碎机-棒磨机-砾磨机	6 圆锥破碎机-棒磨机-球磨机	7 圆锥破碎机-单段球磨机	8 高能自控破碎-单段球磨机
9. 产品控制能力	8	7	6	5	4	1	3	2
10. 分级段数	—	—	3	4	6	5	2	1
11. 运转率/%	87~95	80~92	87~95	80~92	94~96	94~96	96~98	96~98
12. 给矿粒度 F（第一段磨矿）/mm	200~250	200~250	200~250	200~250	13.2	13.2	10	7
13. 对黏性或潮湿矿石的适应性	2	1	4	3	5	6	7	8

注：1. 表中比较内容中的数字顺序 1，2，3……表示良好程序，1 为最好，8 为最差。

2. √表示需要进行试验和测定，×表示不需要进行试验和测定。

7.3 粉碎流程的应用实例

有些粉碎流程除包括破碎机、磨机、筛子、分级机及其外形图外，还示出输送机、溜槽、给料机、水泵等辅助设备，甚至包括某些检测仪表。另一些粉碎流程为了简单、醒目，仅着重标明粉碎和筛分分级之间的关系，在流程图上略去了各种辅助设备。粉碎机和磨机用圆圈表示，筛子和分级机用双横线表示，另一些设备可用矩形图等表示。

7.3.1 铁矿选厂的粉碎流程

图 24-7-7 是我国某铁矿选厂的粉碎流程，包括三段破碎和两段磨碎。原矿用大卡车或铁路矿车运来，排入容量为 400t 的料仓，经筛孔为 1000mm 的棒条筛进行预先筛分后，送入 1000mm×1200mm 的旋回破碎机，其排料口宽度为 300mm。中碎使用三台 ϕ2200mm 标准型圆锥破碎机，其排料口宽度为 70mm。细碎用六台 ϕ2200mm 短头型圆锥破碎机，其排料口宽度为 20mm。第一段磨碎用 ϕ2100mm×3600mm 球磨机，其钢球直径为 127mm，同机械分级机配用进行闭路磨碎。分级机排出的细粒级送直径为 ϕ3000mm 的脱泥筒选出粗精矿 C 和尾矿 T。尾矿丢弃，粗精矿在水力旋流器内预先分级，其中粗粒级送第三段球磨机，细粒级产品（粒度为 80%＜200 目）送二次磁选机，球磨机装有直径 50mm 的钢球，排料送回水力旋流器进行检查分级。二次磁选机丢弃一部分尾矿 T，粗精矿 C 在尼龙棒条的弧形筛上分级；弧形筛的筛孔为 0.2mm，筛上产品送回水力旋流器，筛下产品经磁选机两次磁选后，送真空过滤机脱水，得到最终精矿，磁选机的尾矿丢弃。该选矿厂共有 11 条此种作业线。

7.3.2 碎石厂的粉碎流程

某石料厂要求将给料破碎并筛分成 12.7mm、19mm、12.7~25.4mm、19~37mm 等粒级，其给料的粒度特性见表 24-7-5。

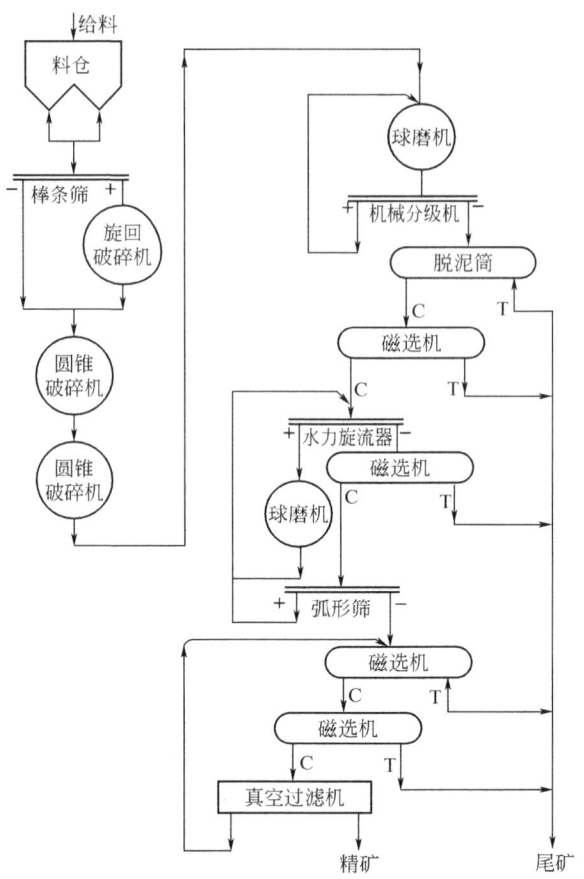

图 24-7-7　铁矿选厂的粉碎流程

C—粗精矿；T—尾矿

表 24-7-5　给料粒度分布

粒度/mm	380	250	75	51	25.4	19	12.7	9.5	4.76	1.2
细粒累积含量/%	100	95	80	74	61	53	40	33	20	11

该厂流程如图 24-7-8 所示。粒度为 100~380mm 的给料送筛孔尺寸为 100mm 的棒条筛上；筛下产品直接送至料堆，筛上产品经 600mm×900mm 颚式破碎机破碎后送料堆。颚式破碎机的生产量为 115~150t·h^{-1}。料堆存放的物料送至圆振动筛上。振动筛有三层筛面，筛面面积为 1800mm×4800mm，筛孔尺寸分别为 4.75mm、19mm 和 37mm。>37mm 粒级以及 >19mm 粒级中的一部分送 ϕ1300mm 标准型圆锥破碎机，其排料口宽度调至 25.4mm，破碎产品送至 ϕ1300mm 短头型圆锥破碎机进行闭路破碎的振动筛上，振动筛装有筛孔为 12.7mm、25.4mm 的筛面，其中大于 25.4mm 的筛上产品及一部分 12.7~25.4mm 的粒级送圆锥破碎机，其排料口宽度为 12.7mm。

标准型和短头型圆锥破碎机的破碎产品的粒度特性及振动筛的给料粒度特性列于表 24-7-6。

如市场上 <5mm 粒级的需要增多，可使用 ϕ1200mm 的 Gyradisc 型圆锥破碎机将 >5mm 的粒级破碎。由于这种破碎机需要满载给料（堆满给料），在破碎机之前设置料仓

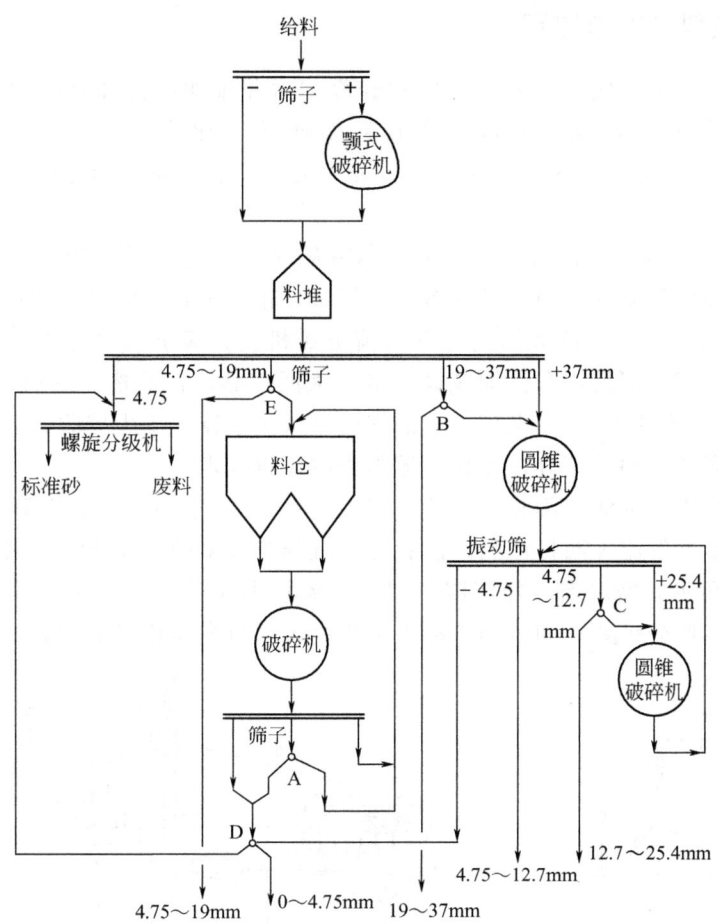

图 24-7-8 碎石厂的粉碎流程

及给料机（图 24-7-8 中未示出）。破碎产品在 1800mm×4800mm 的双层圆振动筛上进行筛分。如生产标准砂，还必须将 0～4 目粒级送螺旋分级机，使标准砂中＜100 目及＜200 目的含量符合规定的要求，图 24-7-8 中 A、B、C、D、E 是按生产需要控制物料输送路线的阀门。

表 24-7-6 破碎产品及振动筛给料的粒级生产量和粒度特性

粒度/mm	标准型圆锥破碎机		短头型圆锥破碎机		振动筛给料	
	粒级生产量/t·h⁻¹	粒级含量/%	粒级生产量/t·h⁻¹	粒级含量/%	粒级生产量/t·h⁻¹	粒级含量/%
＋25.4	80	40	—	—	80	22.2
−25.4＋12.7	76	38	55	34.4	131	36.4
−12.7＋4.75	44	22	63	39.4	107	29.7
−4.75	—	—	42	26.2	42	11.7
总　计	200	100	160	100	360	100

第 **24** 篇

7.3.3   水泥熟料的磨碎流程

用石灰石等原料焙烧成水泥熟料，熟料经冷却后并添加石膏和其他添加物等送入水泥磨，磨碎至适宜的粒度，成为水泥。磨碎粒度通常用比表面积即每克水泥的表面积（$cm^2 \cdot g^{-1}$）表示。水泥比表面积一般在 $3000cm^2 \cdot g^{-1}$ 以上，视其标号确定。比表面积采用 Blaine 透气法测定。

图 24-7-9 是磨碎水泥熟料的流程。水泥熟料从料仓经皮带秤 3 和给料运输带送入双仓管磨机。磨碎产品由气流（风扫）送入沉降分级室，粗粒级在沉降分级室中沉降下来，经溜槽 7、9，斗式提升机送至带旋风器的循环气流分级机。分级机得出合格细粒级、粗粒级和带细尘的循环气流三种产品：合格细粒级是最终水泥产品，自溜槽 12 排出；粗粒级经皮带秤 11 返回球磨机（循环负荷），夹带细尘的气流排入集尘器，集尘器收集的细尘也排入溜槽 12，成为最终水泥产品的一部分，净化气流则由鼓风机抽走。

没有在沉降分级室沉淀的细粒级，随气流一起运送至预分级机（旋风器分级机），分为粗粒级和夹带细尘的气流等两种产品。前者并入沉降分级室的粗粒级，后者也排入集尘器。

由图 24-7-9 可见，磨碎产品经沉降分级室、旋风器预分级机、带旋风器的循环气流分级机等多次分级，使分级效率和磨碎效率得以提高，气流的净化较为彻底。

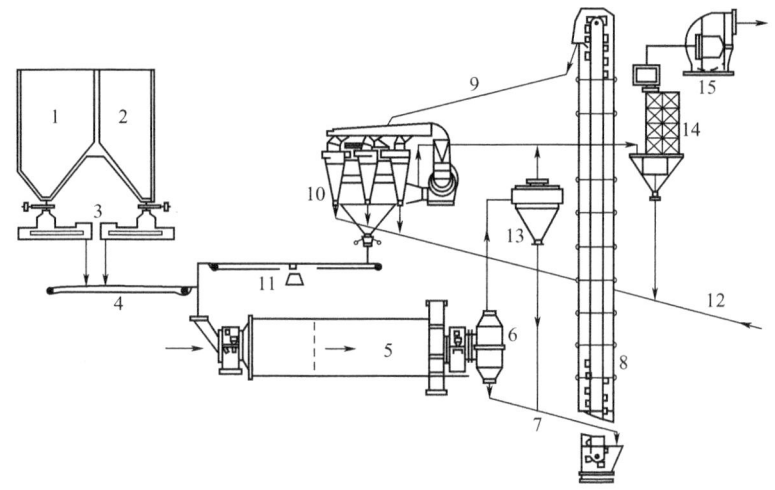

图 24-7-9   磨碎水泥熟料的流程

1,2—料仓；3,11—皮带秤；4—给料运输带；5—双室球磨机；6—沉降分级室；

7,9,12—溜槽；8—斗式提升机；10—带旋风器的循环气流分级机；

13—预分级机（旋风器分级机）；14—集尘器；15—鼓风机

7.3.4   磨碎煤粉的流程

使用盘磨机磨碎煤粉来供应锅炉燃烧时，可以是正压操作，也可以是负压操作，图 24-7-10 是正压操作磨碎煤粉的流程。主鼓风机将空气排入空气预热器，预热气流后，分为两股：一股是作为二次空气直接排入锅炉，另一股作为一次空气向锅炉排送经盘磨机磨碎的煤粉，一次空气在经过盘磨机的磨碎空间时，夹带合格细粒级（煤粉）并直接经过喷嘴吹入锅炉燃烧。由于系统处于正压之下，各部分必须是密封的。

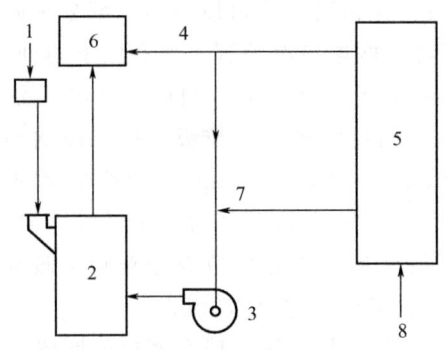

图 24-7-10 磨碎煤粉的正压操作的流程

1—给料器；2—盘磨机；3—鼓风机；4—二次空气；5—空气预热器；

6—锅炉；7——次空气；8—空气入口

在这种流程中，由于煤粉不经过鼓风机，因此鼓风机叶片等的磨损较少，适用于磨碎含有较多石英或黄铁矿的磨蚀性较强的煤，或磨碎细度较高的场合。流程中各点的压降和压力大致如下：盘磨机的压降为 $210\sim270\mathrm{mmH_2O}$，管路和喷嘴的压降为 $300\sim400\mathrm{mmH_2O}$，锅炉内的压力为 $150\sim400\mathrm{mmH_2O}$，空气预热器的压力（也就是鼓风机入口处的压力）为 $450\mathrm{mmH_2O}$。因此，鼓风机只需产生 $550\mathrm{mmH_2O}$ 以下的压差。由于设有空气预热器，磨碎机出口处的气流温度为 $100℃$。

图 24-7-11 是磨碎煤粉的负压操作的流程。主鼓风机将气流排入空气预热器，气流分为一次空气和二次空气两股。煤经给料器送入盘磨机。鼓风机抽吸一次空气及所夹持的煤粉，经喷嘴排入锅炉。流程中各点的压力大致如下：空气预热器的压力为 $200\mathrm{mmH_2O}$，盘磨机的气流入口和出口处的压力分别为 $100\sim250\mathrm{mmH_2O}$ 和 $-80\mathrm{mmH_2O}$，鼓风机的入口和出口处的压力分别为 $-100\mathrm{mmH_2O}$ 和 $400\mathrm{mmH_2O}$，锅炉内的压力为 $-10\mathrm{mmH_2O}$。

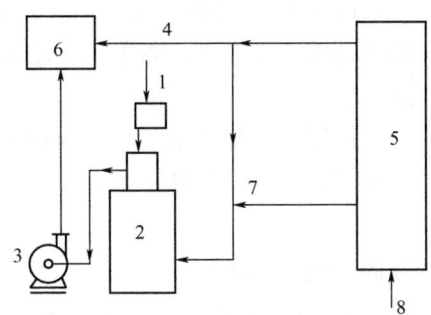

图 24-7-11 磨碎煤粉的负压操作的流程

1—给料器；2—盘磨机；3—鼓风机；4—二次空气；5—空气预热器；

6—锅炉；7——次空气；8—空气入口

7.3.5 自磨工艺流程

采用自磨的工艺流程可以是一段、两段或三段。一段流程需要的设备和投资少，适用于要求的磨碎粒度较粗及物料中不出现"顽石"积累等情况。一段自磨流程可以是全自磨或半自磨。

第24篇

若要求的磨碎粒度较细或者在粗磨之后可以分离一部分尾矿以减少后面工序的负担（粗粒抛尾），可采用两段自磨流程。两段自磨流程主要有以下四种：

（a）第一段自磨（autogenous）或半自磨，自磨的磨细产品分为粗、细两个粒级，其中粗粒级经破碎（crushing）后返回自磨机，细粒级送第二段的球磨机（ball mill）磨碎至成品细度。这种流程取 autogenous，ball，crushing 三个英文字的字首，又称 ABC 流程。

（b）第一段自磨或半自磨，磨细产品筛分为三个粒级，其中粗、细粒级送第二段的砾磨机（pebble milling），中间粒级和多余的粗粒级经破碎机破碎后（crushing）返回一段自磨机。这种流程取三个英文字的字首，称 APC 流程。

（c）第一段半闭路的两段自磨流程。第一段自磨机的磨碎产品分为粗、细两种粒级，粗粒级经破碎后送第二段的球磨机进行细磨，细粒级产品经分级机分为达到成品细度和未达到成品细度的两种产品，后者返回自磨机再度磨碎。

（d）采用惯用的破碎流程将原料破碎，破碎产品送至棒磨机粗磨，然后送砾磨机细磨。

7.3.5.1　单段自磨流程

Alrosa 金刚石矿位于俄罗斯联邦萨哈共和国的 Aikhal 地区，地处西伯利亚的东北部。采矿为露天和地下两种采矿工艺。为了使这种金刚石矿能够以最大的颗粒得到回收，理想的方法是金刚石在没有被打碎的情况下从脉石中解离出来。为此金刚石开采和回收的所有工序都围绕这个目的进行设计。工艺流程中排除了所有可能造成金刚石损坏的环节，取消了原设计的破碎机。这样原矿在采场破碎到粒度小于 1.2m 之后直接给入磨矿机[2]。

磨机的设计要求是：设计一台自磨机能够处理 1.2m 的给矿粒度，给料溜槽能够满足 1.2m 的给料粒度且不会堵塞，采用橡胶衬板和橡胶格子板以避免金刚石的损坏，在 10~12 个月之内交货到西伯利亚现场，采用俄罗斯标准进行设计。

最终选择的自磨机为美卓 10.4m×4m 的自磨机（图 24-7-12），临界转速为 72%~75%，处理能力 600~700t·h^{-1}，最大的产品粒度为 50mm。自磨机的驱动采用 5600kW、转速 1000r·min^{-1} 的带有液体变阻器的异步电机，通过单个减速机和弹性联轴器，采用常规的齿轮驱动方式，同时带有微拖装置。

为了最大限度地减少金刚石的损坏，磨机安装了橡胶衬板和橡胶格子板。

磨机运行的处理能力为 300~700t·h^{-1}，平均为 600t·h^{-1}。从力学性能上讲，磨机运行得相当好。

7.3.5.2　自磨＋球磨＋顽石破碎流程（ABC）

我国某铁矿选矿厂最初采用一段自磨流程，矿石是平均普氏硬度 $f=8~16$ 的贫磁铁矿，岩石很硬。粒度约 1000mm 的给料经 1500mm×2100mm 颚式破碎机破碎后，送入 ϕ5.5m湿式自磨机进行磨碎。自磨机的排料在自磨机本身所带的圆筒筛上筛分，其中 >10mm 粗粒级产品由自返装置返回自磨机，<10mm 细粒级产品送 ϕ2400mm 螺旋分级机，分出的粗粒级亦返回自磨机（循环负荷），细粒级为最终磨碎产品，其粒度的 60%<200 目，送去脱泥和磁选处理。

后来因采至深部，矿石变硬，以至难磨粒级（顽石）积累，发生"胀肚"现象。为解决这一问题，改用两段磨碎、第一段用自磨机的半闭路流程，如图 24-7-13 所示。在自磨机的排料格子板上开设 80mm×80mm 的排料口，排出的物料经圆筒筛筛分为 10~80mm 和

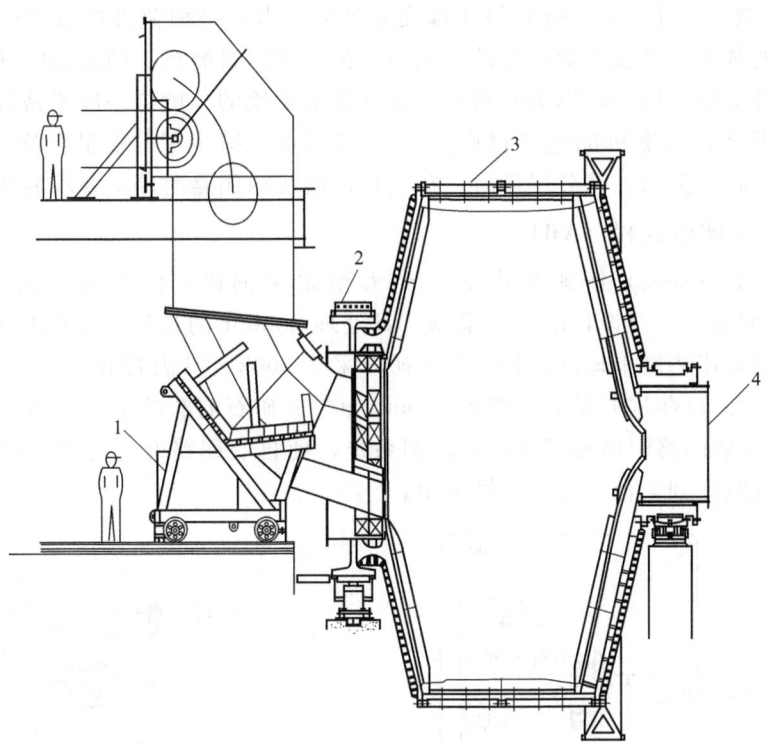

图 24-7-12　自磨机（图片来自美卓矿机）

1—给料小车；2—大齿圈；3—半自磨筒体；4—排料端

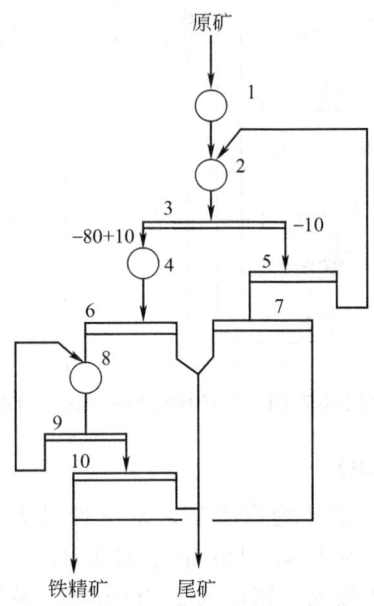

图 24-7-13　自磨＋球磨＋顽石破碎的自磨流程

1—粗碎；2—自磨机；3—圆筒筛；4—顽石破碎机；5—螺旋分级机；

6—干式磁选；7，10—脱泥与磁选；8—球磨机；9—分级机

<10mm两个粒级。其中<10mm 粒级送螺旋分级机分为合格细粒级产品和返砂，合格细粒级送至下一步的脱泥与磁选作业，返砂（循环负荷）送回自磨机。圆筒筛的筛上产品含较多的顽石，送破碎机进行破碎，以消除顽石。在分级机溢流的粒度与一段闭路自磨流程溢流的粒度相似的情况下，自磨机的生产量提高了 50％以上，减少了"胀肚"次数，操作稳定。破碎产品经干法磁选分出一部分尾矿后，在一台球磨机内闭路磨碎至要求的磨碎产品粒度。

7.3.5.3　自磨＋球磨流程（AB）

帕拉博拉（Palabora）铜矿是南非一个大型露天铜矿，位于南非北部的法利包瓦（Phaleborwa）城附近。原设计的露天采场、日处理 36000t 的选厂和冶炼厂均于 1967 年投产。矿石的磨碎采用棒磨＋球磨流程。露天矿开采于 2003 年 1 月停止。

地下开采于 2003 年底开始，规模为 30000t•d^{-1}。矿石的磨碎采用自磨＋球磨流程，见图 24-7-14。在自磨回路中增加了给矿量控制系统，使自磨回路变得更加简单和稳定。所需球磨机的数量也减少到 4 台，另一台做备用。

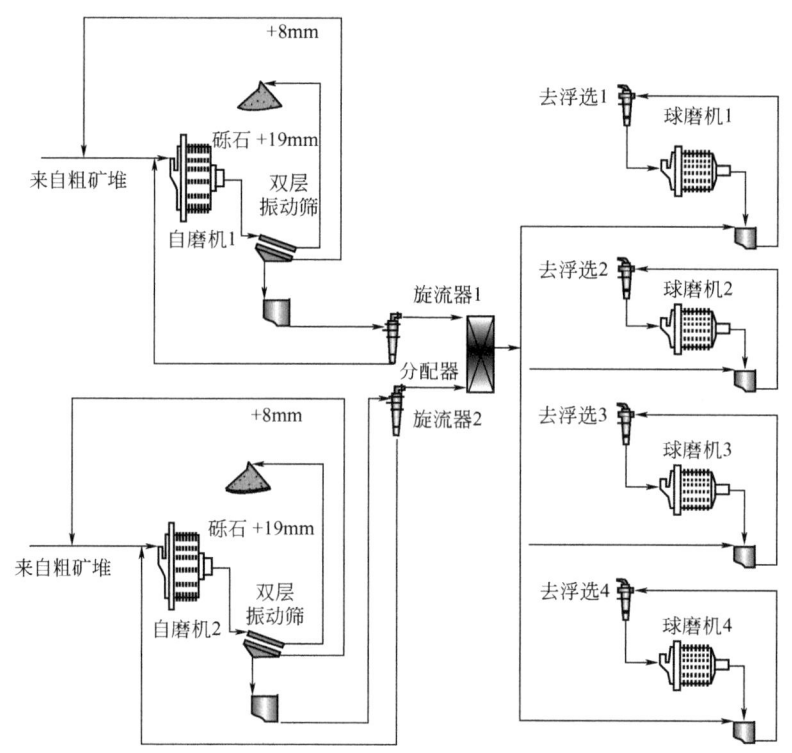

图 24-7-14　帕拉博拉铜矿磨矿流程

7.3.5.4　自磨＋砾磨流程（AB）

波利登公司艾蒂克（Aitik）铜矿为露天矿，是欧洲最大的铜矿之一，位于瑞典北部北极圈以北 100km 处。艾蒂克选矿厂处理低品位的黄铜矿——黄铁矿矿石，其铜品位为 0.41％。矿石的品位和组成变化较大，密度为 2.8t•m^{-3}。最早于 1968 年投入生产，有两条棒磨＋砾磨生产线，年处理量为 200 万吨。这些年对老选厂进行了四次扩建，年生产能力达到了 5400 万吨。总磨矿能力为 153000t•d^{-1}，但具体的实际处理量取决于矿石的可磨性或硬度。平均能耗约为 11～12kW•h•t^{-1}。磨矿共有 A、B、C、D 和 E 等 5 个系统。

磨矿 A 系统包括 2 个系列，每个系列的第一段采用 1 台 3.25m×4.5m 棒磨机，用

3600kW 电机驱动，每台磨机的处理量为 150t·h⁻¹；第二段磨矿采用一台 4.5m×4.5m 砾磨机，用 2500kW 电机驱动。这个棒磨系统已经停止生产，现在使用的 7 个磨矿系列均采用自磨＋砾磨流程。

磨矿 B 系统包括 2 个系列，每个系列的第一段采用 1 台 6m×10.5m 自磨机，用 3600kW 电机驱动，每台磨机的处理量为 300t·h⁻¹；第二段磨矿采用一台 4.5m×4.8m 砾磨机，用 1250kW 电机驱动。

磨矿 C 系统包括 1 个系列，第一段采用 1 台 6.7m×12.5m 自磨机，用 6600kW 电机驱动，每台磨机的处理量为 460t·h⁻¹；第二段磨矿采用 1 台 5.2m×6.8m 砾磨机，用 2500kW 电机驱动。

磨矿 D 系统包括 2 个系列，每个系列的第一段采用 1 台 6.7m×12.5m 自磨机，用 6000kW 电机驱动，每台磨机的处理量为 460t·h⁻¹；第二段磨矿采用一台 5.2m×6.8m 砾磨机，用 3000kW 电机驱动。

2010 年投入生产的磨矿 E 系统包括 2 个系列，每个系列的第一段采用 1 台 11.6m×13.1m 自磨机，用 22500kW 电机驱动，每台磨机的处理量为 2200t·h⁻¹；第二段磨矿采用一台 9.1m×10.7m 砾磨机，采用两台 5000kW 电机变速驱动。第一段自磨机排矿通过圆筒筛第一部分的筛下物料（<15mm）直接给入砾磨机；通过圆筒筛第二部分的筛下产品（15～30mm）为中间部分，返回自磨机；筛上部分（30～80mm）为砾石，砾石或者给入砾磨机，或者作为磨矿介质给入再磨机，或者返回到自磨机。砾磨机的排矿给入 4 台平行的螺旋分级机。螺旋分级机沉砂返回至自磨机，溢流去浮选。螺旋分级机溢流产品的粒度为 -175μm占 80%。图 24-7-15 是其中的一个系列[3]。

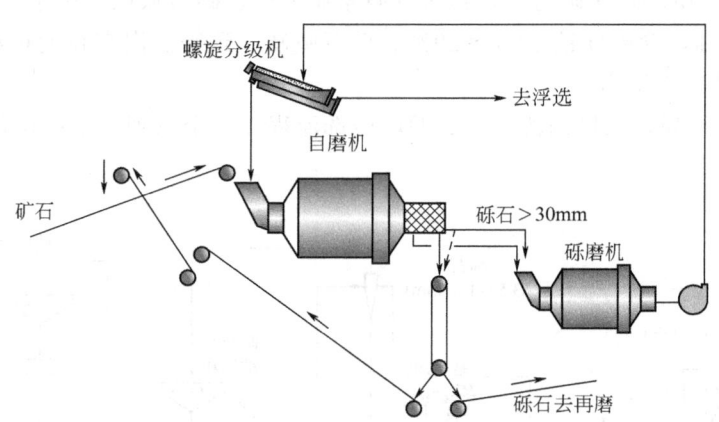

图 24-7-15 新建磨矿系统流程图

值得指出的是，艾蒂克选矿厂在常规流程、自磨＋砾磨流程的对比方面提供了有益的经验。磨矿 A 系统采用棒磨＋砾磨流程，棒磨机排矿直接给入砾磨机。砾磨机排矿给入螺旋分级机进行分级，螺旋分级机的返砂返回棒磨机，溢流给入水力旋流器。旋流器溢流送去浮选，沉砂返回砾磨机。生产实践表明，砾磨机排矿先进入螺旋分级机分级，可排除碎砾石以避免旋流器沉砂嘴的堵塞，且可保持砾磨机不受临界难磨粒子的影响，因此，生产十分稳定。该厂后来扩建采用自磨＋砾磨流程，后一流程的投资费用较前一流程低 18%。由于自磨＋砾磨流程的磨矿产品粒度较细，故铜精矿品位及回收率均较高，但其磨矿的能量效率较棒磨＋砾磨流程低，见表 24-7-7[4]。

表 24-7-7　磨矿系统流程比较

| 流程 | 给矿/t·h⁻¹ | 第一段磨机 | | | | 第二段磨机 | | | | 混合扫选的浮选尾矿/%Cu | 铜精矿中铜含量/% |
		功率/kW	电耗/kW·h·t⁻¹	磨机排矿−325目/%	可磨性/kg·kW⁻¹·h⁻¹	功率/kW	电耗/kW·h·t⁻¹	浮选给矿−325目/%	可磨性/kg·kW⁻¹·h⁻¹		
艾蒂克选厂棒磨-砾磨（1972 年平均值）	405	1080	2.8	14.4	30.4	1520	3.8	29	36.6	0.04	28
艾蒂克选厂自磨-砾磨（1973 年 2 月取样）	450	5824	13.5	26	18.6	1281	2.8	36.5	26.8	0.02	30

7.3.5.5　自磨＋砾磨＋高压辊磨流程（AB）

恩派尔（Empire）铁矿位于美国北部密歇根州马凯特县帕默之北，属于克利夫兰克利夫斯公司。该矿采用露天开采方式，恩派尔选厂是美国第一个采用自磨-砾磨流程的选厂。

矿山于 1960 年开始建设，于 1963 年末生产出第一批球团矿。最初设计的生产能力为年处理原矿 300 万吨，年产球团矿 120 万吨。随后经过 1967 年、1974 年和 1979 年的三次扩建，恩派尔铁矿达到年产球团矿 810 万吨的生产能力。到 2000 年上半年，年生产能力超过 2.03 亿吨[5]。生产的铁精矿含铁 66.5%，含 SiO_2 6.6%。

矿石中的铁矿物以磁铁矿为主，其次有假象赤铁矿、碳酸铁以及少量土状赤铁矿和针铁矿。矿石含铁 34%，含磁性铁 28%～29%。矿石坚硬、致密，嵌布粒度很细，需磨至 90% −25μm 方能使铁矿物解离。

选矿共 24 个系列，采用两段磨矿、两段磁选流程。一个系列的选矿设备联系图如图 24-7-16。

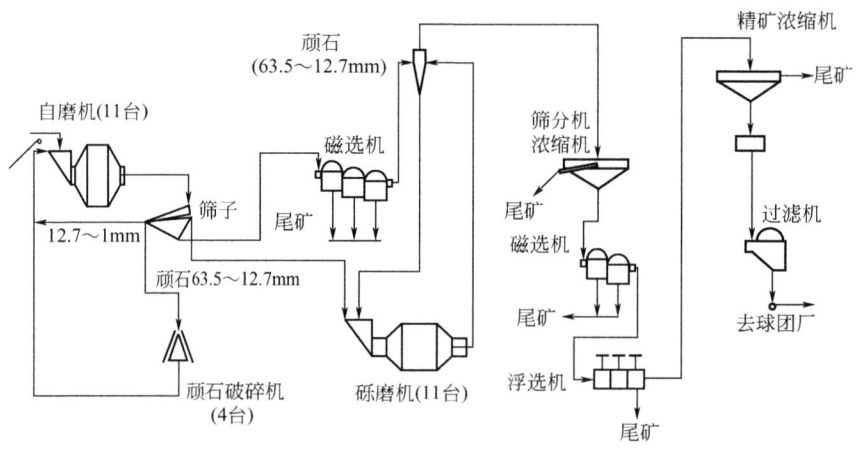

图 24-7-16　有顽石破碎的选矿流程图（11～21 系列）

第一段磨矿：自磨机与双层振动筛和弧形筛组成闭路。1～16 系列采用美卓 7.3m×2.4m 自磨机，17～21 系列采用 7.6m×3.7m 自磨机。自磨机的排矿给到双层振动筛，上层筛筛孔为 38mm，下层筛筛孔为 2mm。上层筛的筛上产品给入砾磨机作为砾石，下层筛的筛上产品及多余的砾石返回第一段自磨机，下层筛的筛下产品用泵输送给弧形筛，筛孔为 0.84mm，筛上产品返回第一段自磨机。

弧形筛的筛下产品给入三筒磁选机粗选，可丢掉占原矿产率约为 50% 的尾矿，磁选机的磁性产品给入第二段磨矿回路中的水力旋流器。

第二段磨矿：砾磨机与旋流器组成闭路。砾磨机为 $3.7m \times 7.6m$，用 1250hp 电机驱动，21 台砾磨机。磨矿浓度控制在 65% 左右，砾磨机的充填率为 40%~50%。旋流器有直径 254mm 和 381mm 两种，其沉砂返回砾磨机，溢流（粒度为 92%~93%$-25\mu m$）给入直径 14m 虹吸分级机或 26m 浓密机进行脱泥，它的溢流作为尾矿抛弃，沉砂给入双筒磁选机精选，丢掉尾矿，选得含铁 64% 以上的精矿，此精矿然后再用阳离子反浮选选出连生体，以提高铁品位，降低硅含量。

1996 年在第 Ⅳ 期工程中选用了一台高压辊磨机来处理 2.13m 的短头型破碎机破碎后的顽石。工艺流程图如图 24-7-17 所示。高压辊磨机的处理能力为 $400t \cdot h^{-1}$，给矿粒度为 80%$-9.5mm$，产品粒度为 80%$-2.58mm$，开路破碎。设备型号为 RPSR7.0-140/80，辊径为 1400mm，宽为 800mm，最大比压力为 $6.25N \cdot mm^{-2}$，驱动功率为 $2 \times 670kW$，通过行星齿轮减速机变速驱动，辊面线速度为 $0.9 \sim 1.8 m \cdot s^{-1}$。采用 Solvis 控制系统监控压力、间隙宽度和速度，以及检测功率、油压、润滑系统和其他运行参数。

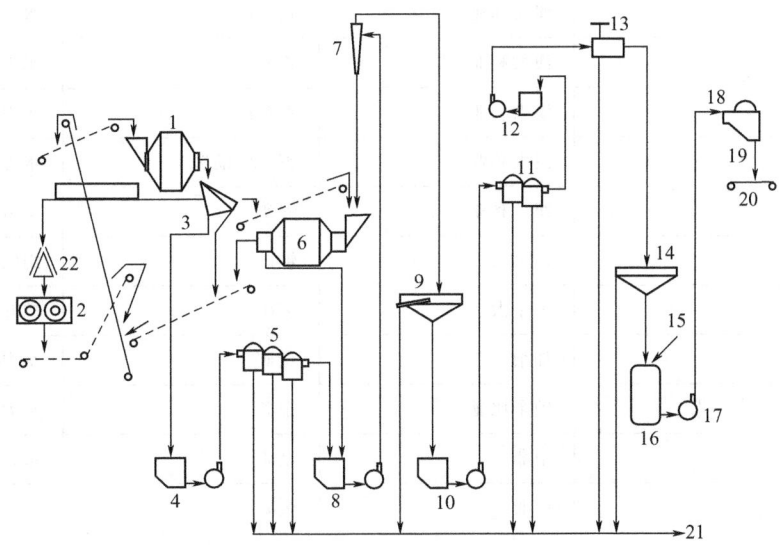

图 24-7-17 采用高压辊磨机的选矿流程图

1—自磨机；2—高压辊磨机；3—振动筛；4—磁选机喂料泵；5—磁选机；6—砾磨机；
7—水力旋流器；8—水力旋流器喂料泵；9—虹吸分级机；10—精选磁选机喂料泵；
11—精选磁选机；12—精选磁选机精矿输送泵；13—浮选机；14—精矿浓密机；
15—助熔岩石；16—料浆槽；17—过滤机喂料泵；18—精矿过滤机；19—含水 10.6% 的滤饼；
20—精矿输送皮带去球团厂；21—去尾矿；22—顽石破碎机

运行数据表明，随着高压辊磨机的运行，自磨机的平均处理能力至少提高了 20%，在处理一些不同类型的矿石时，甚至提高了 40%。相应的自磨机的比能耗也降低了，降低的幅度大约为处理能力幅度的 2/3。同时使自磨机回路筛下产品的粒度分布变粗了，基本上是

100％小于 1mm，小于 $25\mu m$ 的含量降低了约 5％～10％。这使得磁粗选的性能得到了改善，特别是提高了磁性铁的回收率。

7.3.6　半自磨机的粉碎流程

根据所处理矿石的性质不同，半自磨流程分为四种不同的基本流程：单段半自磨、半自磨＋球磨、半自磨＋砾磨、半自磨＋球磨＋破碎。

7.3.6.1　单段半自磨流程

采用单段半自磨的选厂较少，部分应用实例见表 24-7-8。当要求的磨矿产品粒度较粗时，可以考虑采用。一般采用如图 24-7-18 所示的带旋流器的流程。也有些选厂采用以筛子构成闭路的流程。美国科罗拉多州亨德森（Henderson）钼选矿厂的磨矿是采用单段半自磨回路一个很成功的例子。在采用该流程的所有选厂中，它的磨矿处理量最大，是北美最大的钼选厂，2002 年产量为 9300t 精矿含钼。磨矿回路采用半自磨机与水力旋流器构成闭路。使用一台美卓 9.14m×3.35m、7000hp 半自磨机，三台美卓 8.53m×4.57m、7000hp 半自磨机，这四台半自磨机均采用双齿轮驱动方式。至今该厂已经生产运行了 30 多年[6]。

表 24-7-8　采用单段半自磨的选厂

选厂名称	国家	矿石名称	分级机类型
Cannington	澳大利亚	铅锌矿	水力旋流器
Leinster Nickel	澳大利亚	镍矿	水力旋流器
Mt Isa	澳大利亚	铜金矿	水力旋流器
Olympic Dam	澳大利亚	铜、金、铀矿	水力旋流器
Kambalda Nickel	澳大利亚	镍矿	水力旋流器
Mc Arthur River	加拿大	铀矿	细筛
Williams Mine	加拿大	金矿	螺旋分级机
Tarkwa Ghana	加纳	金矿	水力旋流器
Navachab	纳米比亚	金矿	水力旋流器
Cooke Mine	南非	金矿	水力旋流器
Driefontein	南非	金矿	水力旋流器
Impala Merensky	南非	铂矿	水力旋流器
Kopanang	南非	金矿	水力旋流器
Leeudoorn	南非	金矿	水力旋流器
Mponang	南非	金矿	水力旋流器
Palabora	南非	铜矿	水力旋流器
Vaal Reefs	南非	金矿	水力旋流器
Ammeberg Mining	瑞典	铅锌矿	水力旋流器
Henderson Mine	美国	钼矿	水力旋流器

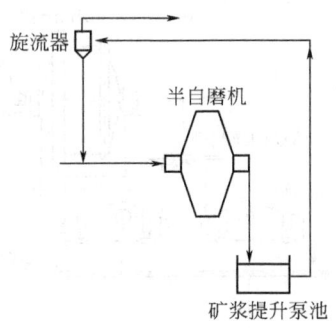

图 24-7-18 单段半自磨流程

加拿大麦克阿瑟铀矿（McArthur River）是世界上最大的高品位铀矿，平均品位为 21%，选矿厂的设计能力（当前的生产能力）为年产 1800 万磅 U_3O_8。磨矿回路采用的是单台美卓 $2.9m×4.72m$、功率为 700hp 的半自磨机。由于磨矿工段设在井下，为了通过竖井便于运输到井下的磨矿操作间，该半自磨机的筒体是分成若干段制造，并在井下安装的。磨矿流程见图 24-7-19，是单段半自磨与筛子构成闭路的流程[7,8]。

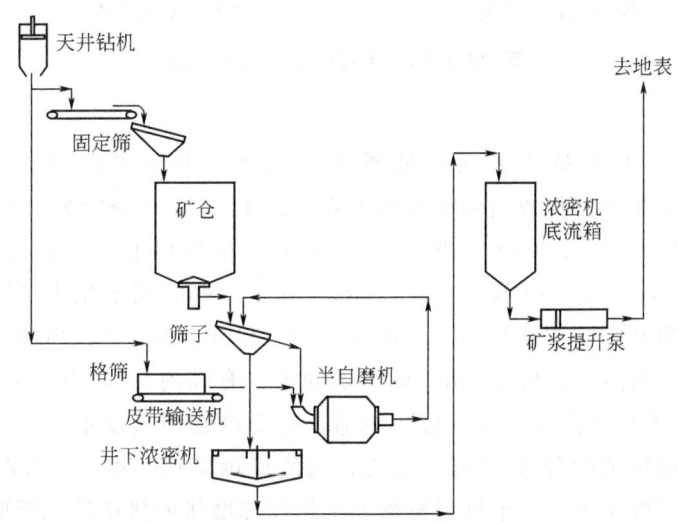

图 24-7-19 麦克阿瑟铀矿半自磨流程

7.3.6.2 半自磨+球磨磨矿工艺流程

(1) 大红山铁矿磨碎流程 云南大红山铁矿选矿厂在国内铁矿领域首次应用大型半自磨机。在设计之前采用 $\phi 1.8m×0.3m$ 试验用的泻落式半自磨机，进行了半工业型半自磨试验，根据试验的结果确定该矿不需要设顽石破碎设施，因此采用半自磨+球磨磨矿流程。半自磨机为 $\phi 8.53m×4.27m$ 湿式半自球磨机。球磨机为 2 台 $\phi 4.8m×7m$ 溢流型球磨机。图 24-7-20 为昆钢大红山铁矿 400 万吨·年$^{-1}$ 选厂半自磨+球磨磨矿分级流程设备联系图[9]。

选厂于 2006 年 12 月底建成，2007 年为试产期，2008 年处理量超过设计规模，最高达到 482.5 万吨·年$^{-1}$。

(2) 冬瓜山铜矿选矿厂磨矿工艺流程 冬瓜山铜矿选矿厂是我国第一个采用半自磨机+球磨机工艺的大型选矿厂，属于铜陵有色集团公司，设计处理能力为每天 1.3 万吨，于

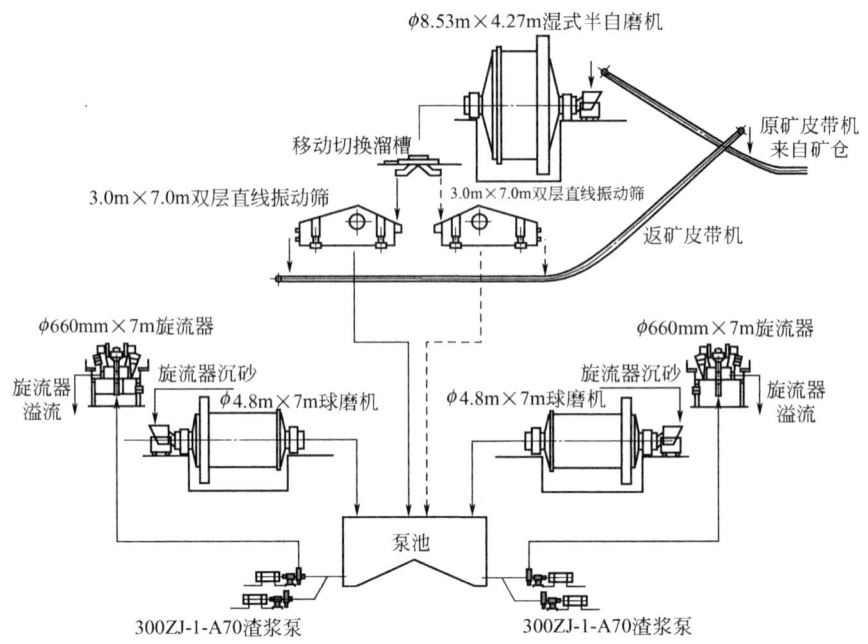

图 24-7-20　大红山铁矿磨碎流程

2004 年 10 月投产。

　　冬瓜山铜矿选矿厂磨碎工艺流程见图 24-7-21[9]。井下采出的矿石采用一台 42-65 MK-Ⅱ旋回破碎机作粗碎，粗碎后的矿石硬度系数在 13 左右，密度为 3.2t•m⁻³，矿石松散系数为 1.6。矿石粒度为＜250mm，小于 150mm 的占 60％以上，小于 0.01mm 的占 2％左右。由 1.4m 胶带运输机送入由美卓提供的 $\phi8.53m\times3.96m$ 格子型半自磨机。半自磨机配用 4850kW 同步电机和变频调速机构，转速 n 为 0～11.6r•min⁻¹；高静压油膜主轴承；筒体衬板厚度 75mm，由高出衬板 160mm 的压条固定；有效内径 R_a 为 4.19m，临界转速 N_c 为 14.65r•min⁻¹。半自磨机排矿端设有圆筒筛，筛上产物通过皮带再返回半自磨机。粗磨球磨机为中信重机制造的两台 $\phi5.03m\times8.3m$ 溢流型球磨机，由 3300kW 低速同步电机驱动，磁性筒体衬板厚度 70mm。半自磨机筛下产物和球磨机的排矿给入粗磨泵池，通过两台渣浆泵分别给入两组 $\phi660mm$ 旋流器组进行分级，旋流器溢流进入浮选，沉砂给入粗磨球磨机再磨，半自磨机给料粒度为－250mm，设计排料粒度为－2.5mm。旋流器最终溢流浓

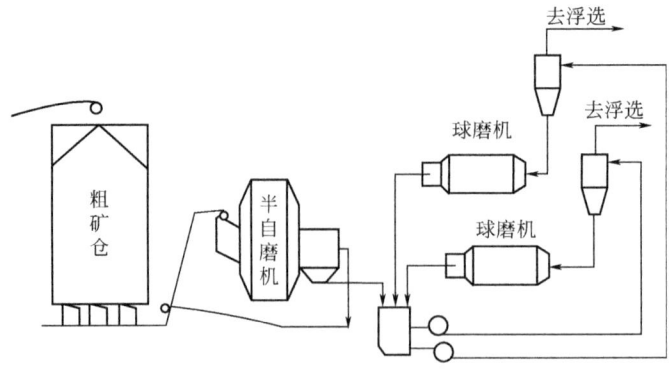

图 24-7-21　冬瓜山铜矿选矿厂磨碎工艺流程

度为 30%～35%，磨矿细度—0.074mm 含量占 70%～75%。

(3) 袁家村铁矿半自磨＋球磨磨矿工艺 袁家村铁矿选矿厂年处理原矿 2200 万吨。选矿工艺采用两段连续磨矿-弱磁-强磁-再磨-阴离子反浮选工艺流程。磨矿采用半自磨＋球磨＋再磨流程，见图 24-7-22。

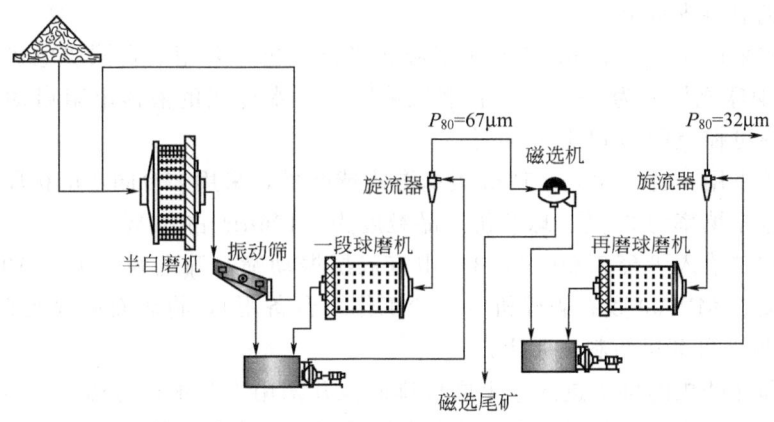

图 24-7-22 袁家村铁矿磨矿工艺流程

设计之前委托 SGS 加拿大湖田研究所对原矿石进行了广泛的磨矿试验，内容包括 JKTech 落重试验、MacPherson 自磨可磨度试验、邦德低能冲击试验、邦德棒磨和球磨可磨度试验以及邦德磨蚀试验。

SGS 加拿大湖田研究所根据试验的结果对半自磨工艺进行了模拟，并确定了半自磨机的选型。

袁家村铁矿磨矿系统由三个系列组成，均采用半自磨＋两段球磨磨矿工艺和弱磁-强磁-再磨-阴离子反浮选选别工艺，见图 24-7-22。采场采出矿石经旋回破碎机进行粗破碎至 250～0mm，通过皮带输送至原矿堆场进行仓储。然后通过给矿皮带运输至半自磨机进行磨矿，半自磨机排矿产品通过直线振动筛进行筛分，筛上产品通过返矿皮带返回半自磨机给矿皮带，筛下产品（12.7～0mm）经过一段旋流器分级，沉砂给入溢流型球磨机内进行磨矿，球磨机排矿和直线振动筛筛下产品经渣浆泵送至一段旋流器进行分级，一段旋流器溢流产品（—200 目含量≥85%）经弱磁选后，尾矿浓缩后进入强磁机进行强磁选，强磁精矿与弱磁精矿混合后泵送至二段旋流器进行分级，沉砂进入再磨机内进行磨矿，再磨机排矿和混合精矿泵送至二段旋流器进行分级，溢流（—325 目含量为≥90.5%）经浓密机浓缩，其底流给入浮选作业，浮选精矿浓缩后通过精矿管道输送至过滤车间进行脱水，最终铁精矿品位为（TFe）65%。强磁尾矿和浮选尾矿分别经浓密机浓缩，底流经隔膜泵输送至尾矿库进行堆存，溢流返回选厂循环使用。

7.3.6.3 SABC 流程

(1) Ahafo 金矿 Newmont 矿业公司 Ahafo 金矿位于加纳，选厂每年处理矿石 750 万吨，平均品位 2.1g·t^{-1}，开采寿命 20 年。每年生产约 15.6t（500000 盎司）黄金。2006 年 7 月 18 日出产了第一批黄金。

选厂采用一段开路破碎。露天采场采出的原矿石采用卡特皮勒 785 自卸矿车运到破碎段，直接卸入 1 台 1.37m×1.9m 美卓 SuperiorⅡ型旋回破碎机，破碎机的给料仓有效容积为 225t。旋回破碎机的排矿卸到 1 个有效容量为 300t 的缓冲矿仓。粗碎后的矿石经胶带输送机运至有效容量为 11250t 的储矿场。储矿场的有效容量相当于半自磨机 12h 的给料量。该破碎系统的一个独特之处是有一个单独的氧化矿破碎系统。氧化矿采用卡特皮勒 992 装载机卸入有效容积为 225t 的破碎机的给料仓,此给料仓下面装有 1 台 1.5m 宽、液压驱动的板式给矿机,该板式给矿机将氧化矿给入 1 台 0.6m MMD 四辊破碎机,破碎后的氧化矿直接卸入半自磨机喂料皮带上。

第一段磨矿采用 1 台 10.4m×5m 美卓湿式半自磨机,采用 2 台同步电机驱动,总功率为 13000kW,钢球充填率为 18%。半自磨机采用一台水冷式的液体电阻启动器进行变速控制,磨机转速率可控范围为 62%～78%。

第二段磨矿采用 1 台 7.32m×12m 美卓湿式球磨机,采用 2 台同步电机驱动,总功率为 13000kW,钢球充填率为 34%。球磨机产品粒度为 $-106\mu m$ 占 80%。

半自磨机排矿给入 1 台 3.6m×7.3m 申克双层振动筛,筛上粒度大于 10mm 顽石通过皮带返回 2 台美卓 MP800 顽石破碎机 (一台工作一台备用),将顽石破碎到粒度为 $-12mm$ 占 80% 并返回到半自磨机给料皮带上。

半自磨机和球磨机的排矿进入一个磨机排矿池并采用工艺水进行稀释,然后泵送至一组 11 台直径为 660mm 的克莱布斯 gMax 型水力旋流器。水力旋流器底流返回至球磨机,固体浓度为 30% 的溢流作为给料被泵送到炭浸回路浸出槽。其碎磨工艺流程图如图 24-7-23 所示[10,11]。

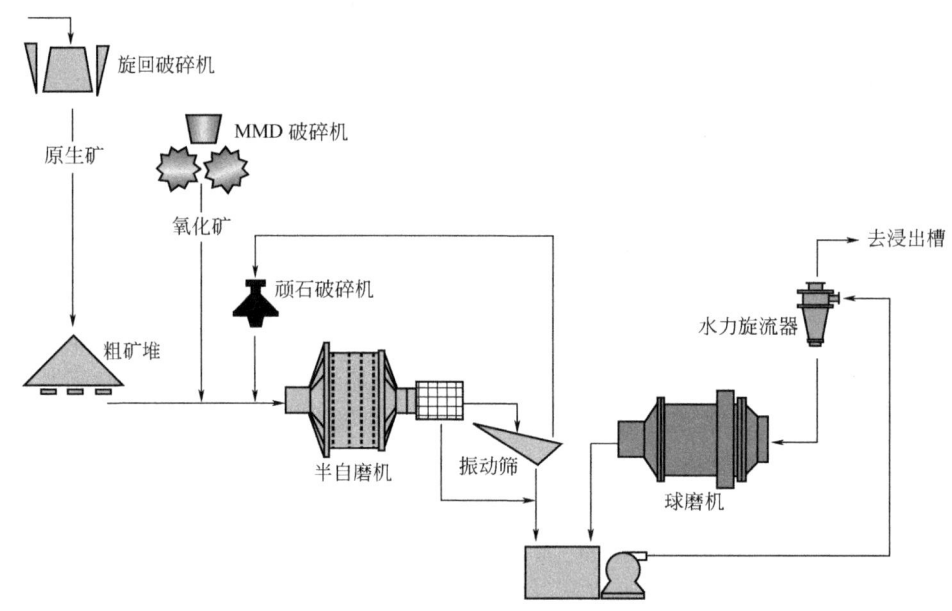

图 24-7-23 Ahafo 金矿选厂碎磨工艺流程图

(2) 乌山铜钼矿 乌奴格吐山铜钼矿 (简称乌山) 隶属于中国黄金集团内蒙古矿业有限公司。分一期工程和二期工程。

一期工程设计规模 36000t·d^{-1},分为两个系列,每个系列的设计能力为 18000t·d^{-1}。2009 年 8 月 26 日试生产,目前单系列生产能力达到 826t·h^{-1}。乌山为国内首家采用 SABC 碎磨流程的大型有色金属选矿厂。

一期工程如图 24-7-24[11]。露天采出的矿石粗碎后产品粒度 $-300mm$,经胶带输送机运至储矿堆场,再经重型板式给矿机及胶带输送机给入 $\phi8.8m×4.8m$ 半自磨机。半自磨机排

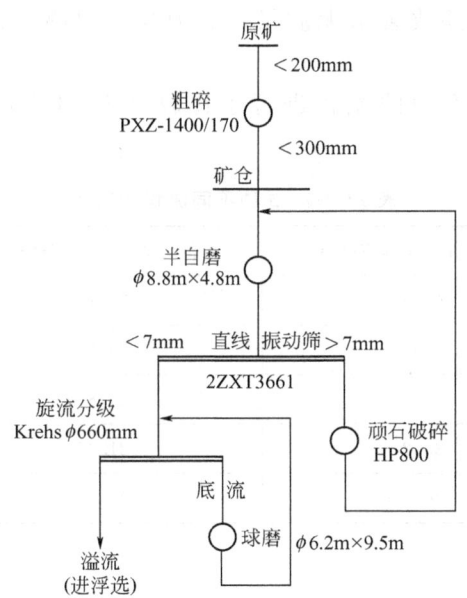

图 24-7-24 乌山铜钼矿选厂一期碎磨工艺流程

矿经磁力弧除铁及直线振动筛分级，筛上＋7mm 顽石给入顽石仓，由 HP800 圆锥破碎机开路破碎后返回半自磨机；筛下－7mm 产品进入由 $\phi6.2m\times9.5m$ 球磨机及 10-GMAX26 旋流器构成的闭路磨矿系统。旋流器溢流细度为－200 目占 60%～65%、沉砂返回球磨机。

二期工程设计规模 35000t·d^{-1}（考虑富裕系数 1.2，即 42000t·d^{-1}）。是国内单系列规模最大的有色金属选矿厂。2012 年 7 月试生产，2012 年 10 月 SABC 碎磨系统达产达标。二期设计在一期生产实践的基础上，对一期生产暴露出的问题进行了系统的分析和总结，尤其对 SABC 碎磨系统的设备进行了优化计算。从实际生产指标来看，二期工程的 SABC 碎磨工艺生产的直接成本低于一期工程，说明二期工程的单系列流程配置和设备选型要优于一期工程的双系列；并且二期工程的钢球和衬板的消耗指标明显也低于一期。二期选厂自投产以来，工艺流程稳定、设备运转良好，现二期工程的 SABC 碎磨系统的生产能力已达到 1896 t·h^{-1}，效果显著。

二期工程的碎磨工艺为：露天采出的矿石粗碎后产品粒度小于 300mm，经胶带输送机运至储矿堆场，再经重型板式给矿机及胶带输送机给入 $\phi11.0m\times5.4m$ 半自磨机。半自磨机排矿经 MA2410 磁力弧除铁及 LH3673DD 直线振动筛分级，筛上＞7mm 顽石给入顽石仓，由 HP800 圆锥破碎机开路破碎后返回半自磨机；筛下＜－7mm 产品进入由 $\phi7.9m\times$ 13.72m 溢流型球磨机及 10- R3312 旋流器构成的闭路磨矿系统。旋流器沉砂返回球磨机，旋流器溢流细度为＜200 目占 62%～65%、溢流浓度 33%～35%。

7.3.7　高压辊磨流程

1990 年以前，高压辊磨机的应用领域限于建材行业（主要用于粉碎水泥熟料）。随着粉碎工艺和机械零部件的改进，高压辊磨机系统已逐渐扩大应用于其他工业部门。

7.3.7.1　在水泥行业的应用

在建材行业中，高压辊磨机主要用于粉碎水泥熟料。半终粉碎流程能够兼顾节能、提高粉碎系统的处理能力并改善水泥质量，成为高压辊磨机系统在水泥厂的主要工艺流程。

Aydogan 对如下 5 种不同的流程进行了比较（表 24-7-9）。流程图见图 24-7-25～图24-7-29[12]。

表 24-7-9　5 种不同流程的比较

流程	高压辊磨机比能/kW·h·t⁻¹	总的磨矿比能/kW·h·t⁻¹	产品粒度/μm
流程 1	4.05	34.19	33
流程 2	8.93	29.57	68
流程 3	—	29.85	29
流程 4	8.02	21.65	28
流程 5	9.8	23.03	31

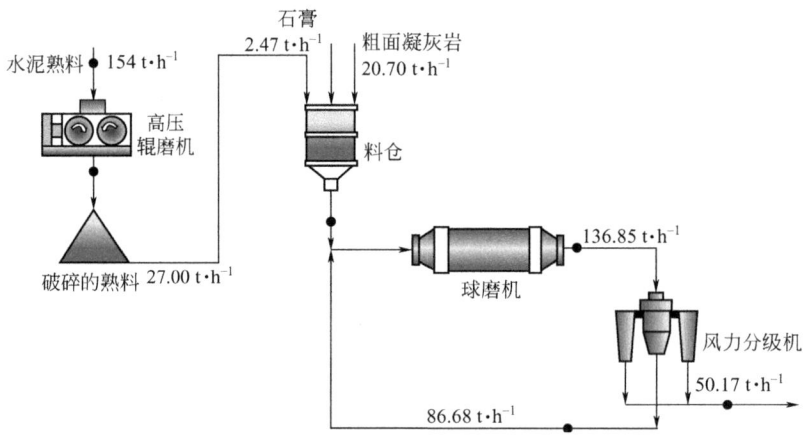

图 24-7-25　没有循环的开路高压辊磨机-闭路球磨（流程 1）

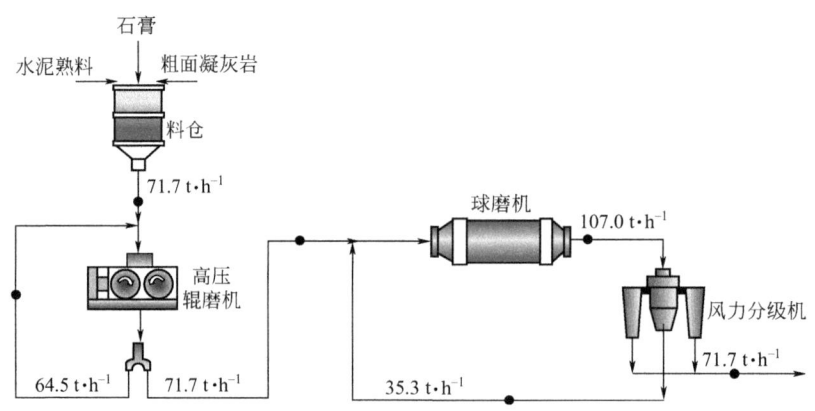

图 24-7-26　带局部循环的开路高压辊磨机-闭路球磨（流程 2）

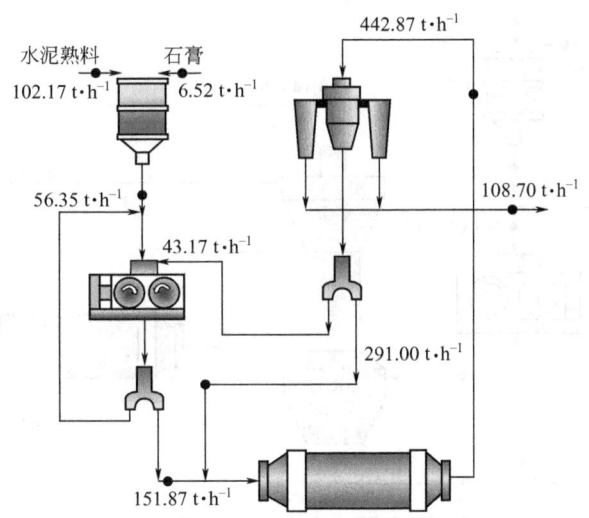

图 24-7-27 混合磨碎（流程 3）

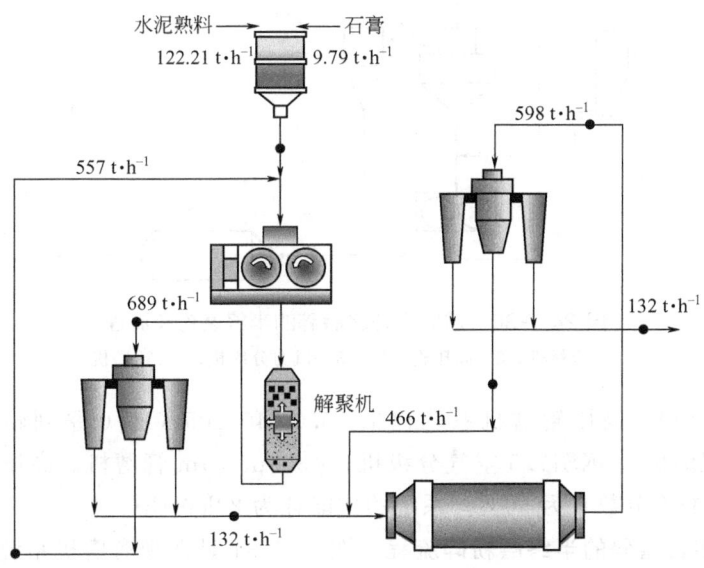

图 24-7-28 闭路高压辊磨机-闭路球磨（流程 4）

流程 1：没有循环的开路高压辊磨机-闭路球磨；

流程 2：带局部循环的开路高压辊磨机-闭路球磨；

流程 3：混合磨碎；

流程 4：闭路高压辊磨机-闭路球磨；

流程 5：半终磨。

从表 24-7-9 中可以清楚地看出：总的磨矿比能耗随着高压辊磨机循环负荷的增加而降低。

（1）球磨机开路磨碎的半终磨粉碎流程　球磨机开路磨碎的半终磨粉碎流程如图 24-7-30。物料为水泥熟料，粉碎系统的处理能力为 110t·h^{-1}，产品细度为 3200cm^2·g^{-1}

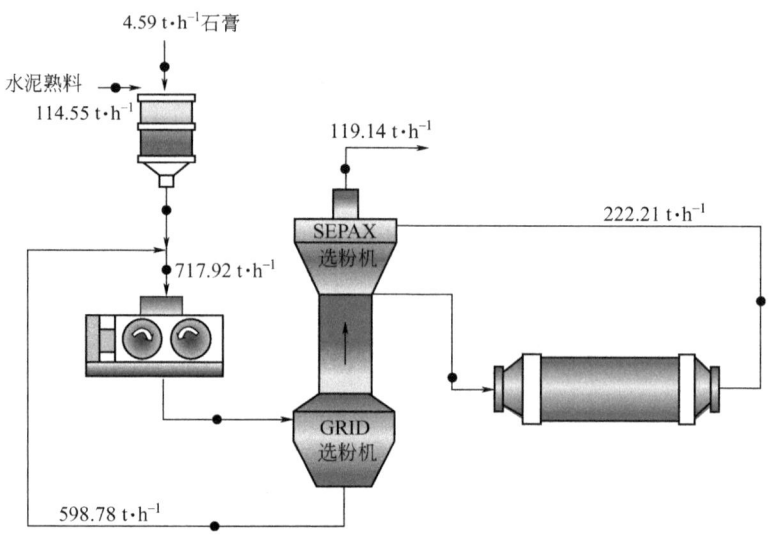

图 24-7-29　半终磨（流程 5）

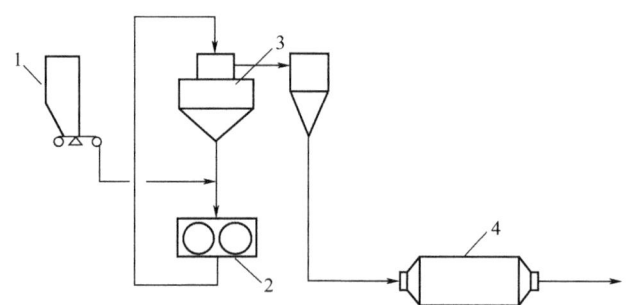

图 24-7-30　球磨机开路磨碎的半终磨粉碎流程
1—给料机；2—高压辊磨机；3—风力分级机；4—球磨机

（Blaine 透气比表面）。高压辊磨机系统包括 15.0-140/105（15.0 系列辊径 140cm，辊宽 105cm）型高压辊磨机，SKS17.5 空气分级机，ϕ3.8m×9m 管磨机。高压辊磨机的功率比（即占系统总功率的百分数）为 50%。系统的比能耗为 29kW·h·t^{-1}。

　　（2）球磨机闭路磨碎的半终磨粉碎流程　图 24-7-31 是在现有磨机系统中增添半终磨粉碎流程的高压辊磨机系统，使处理能力从 107t·h^{-1}增加至 260t·h^{-1}。系统中设置 20.0-170/

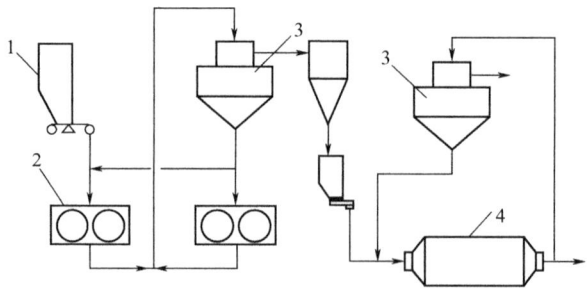

图 24-7-31　球磨机闭路磨碎的半终磨粉碎流程
1—给料机；2—高压辊磨机；3—风力分级机；4—球磨机

130 和 20.0-115/100 高压辊磨机各一台（其中一台高压辊磨机的给料全部是风力分级机的粗产品），SKS350P 带打散机的风力分级机一台（风力分级机处理能力达 1000t·h^{-1} 以上），ϕ4.4m×14m 闭路磨碎的球磨机和小型风力分级机各一台。高压辊磨机的功率比为 45%。粉碎系统的比能耗从原来的 42.9kW·h·t^{-1} 降至 30.7kW·h·t^{-1}，增添高压辊磨机后，利用原来的 4200kW 的管磨机，即将处理能力提高至 260t·h^{-1}。如果不设高压辊磨机半终磨粉碎流程，为达到 260t·h^{-1}，需设置功率为 10200kW 的管磨机系统。

7.3.7.2　在矿物工业中的应用

（1）塞罗维德铜矿粉碎流程　塞罗维德（Cerro Verde）铜矿是一个露天开采的斑岩型铜钼矿，位于秘鲁南部城市阿雷基帕（Arequipa）西南 30km 处。处理较硬的原生硫化铜矿，主要是黄铜矿和辉钼矿，塞罗维德（Cerro Verde）铜矿平均铜品位 0.4%，钼品位 0.016%，邦德功指数为 15.3kW·h·t^{-1}。

选厂采用堆浸、萃取、电积工艺流程，是世界上最大的采用堆浸萃取工艺的选矿厂之一。

① C1 选矿厂粉碎流程。C1 选矿厂于 2006 年末投产，设计处理能力为 108000t·d^{-1}，最近生产能力增加到 120000t·d^{-1}。采用粗碎中碎高压辊磨球磨流程（图 24-7-32）。碎磨回路包括：1 台 1.5m×2.9m 粗碎机，4 台 MP1000 圆锥破碎机与干式筛分机构成闭路，4 台 2.4m×1.6m 高压辊磨机与湿式筛分机构成闭路，4 台 7.3m×11m 球磨机与旋流器构成闭路。这是在铜矿和硬岩采矿上第一次采用了高压辊磨机。

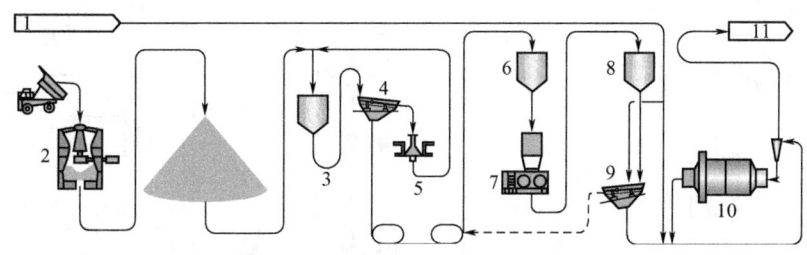

图 24-7-32　Cerro Verde 高压辊磨流程

1—工艺水；2—粗碎机；3—粗矿仓；4—振动筛；5—中碎机；6—粉矿仓；

7—高压辊磨机；8—球磨机给料仓；9—球磨机给料振动筛；10—球磨机；11—浮选

② C2 选矿厂粉碎流程。C2 选矿厂于 2015 年 9 月建成投产，处理能力为 240000t·d^{-1}。采用粗碎中碎高压辊磨球磨流程。碎磨回路包括：1 台 1524mm×2870mm 粗碎机，4 台 MP1000 圆锥破碎机与干式筛分机构成闭路，4 台 2.4×1.65m 高压辊磨机与湿式筛分机构成闭路，4 台 7.3m×10.7m 筒体支撑型球磨机与旋流器构成闭路。

a. 第一、二段破碎和筛分。第一段破碎采用两台旋回破碎机，规格为 1.5m×2.9m，电动机功率 746kW。破碎后的产品，经排矿漏斗给至一台 2.7m 的板式给矿机，然后排到一条 1829mm×461m 的粗碎排料皮带运输机上，经粗矿堆缓存后，给至 8 台 1.8m 的板式给矿机的任一台中，然后排到两条 1829mm×474m 的粗矿取料皮带运输机上。粗碎产品和中碎产品经第一、二段破碎共用的一台排矿皮带机运至筛分车间的两个单独的粗矿石缓冲仓（4×650t）。每个缓冲仓下面有 4 个 2134mm 带式给料机分别给入 4 台 3.6m×7.9m 的双层振动筛。双层振动筛的筛上物通过两台梭式皮带输送机（1829mm×399m）运至中碎机给料仓。中碎机给料仓有 8 个室，每个容量为 700t，总储存量为 5600t。每个室下面有 1 台 1829mm 可伸缩的带式给料机往一台 MP250 圆锥破碎机喂料。一共有 8 台圆锥破碎机，圆锥破碎机的排矿通过中碎机排料皮带机返回至粗矿石筛分车间。粗矿石筛分机的筛下产品通过 2 个 2438mm×481m 第三段破碎给料缓冲仓的进料输送机给入一个高压辊磨机缓冲仓。

b. 第三段破碎和筛分。第三段破碎采用 8 台高压辊磨机，规格为 2.4m×1.65m，采用双电机变速驱动，功率 5000kW。高压辊磨机缓冲仓有 8 个室，每个室的容量为 1800t，总储存量为 14400t。每个室中的物料由一台带式给料机给入一台 2134mm 高压辊磨机进料输送机上，喂入高压辊磨机。

c. 磨矿和分级。磨矿工段有 6 个并列的系列，每个系统包括 1 台闭路作业的 22000kW 无齿轮传动的 8.2m×14.6m 筒体支撑型球磨机。球磨机的排矿由共用的砂泵扬至直径 30in 的水力旋流器，旋流器底流为球磨机的给矿，溢流为浮选给矿[13]。

(2) Boddington 金矿粉碎流程 Boddington 金矿位于西澳佩斯东南 130km、Boddington 镇西北 12km。该矿为露天开采。选厂于 2009 年 9 月投产，处理能力 3500 万吨·年$^{-1}$。

Boddington 的碎磨作业包括粗碎、第二段闭路破碎、采用高压辊磨机的第三段闭路破碎及与旋流器构成闭路的球磨回路。磨矿回路的产品粒度 $P_{80}=150\mu m$。磨矿产品经浮选得到含金的铜精矿，经过滤后销售到海外的冶炼厂。浮选尾矿经浸出后进一步回收金。选厂处理能力为 5Mt·a^{-1}（即 105000t·d^{-1}），原矿品位为含金 1g·t^{-1}，含铜 0.11%。其碎磨工艺流程如图 24-7-33 所示[14]。

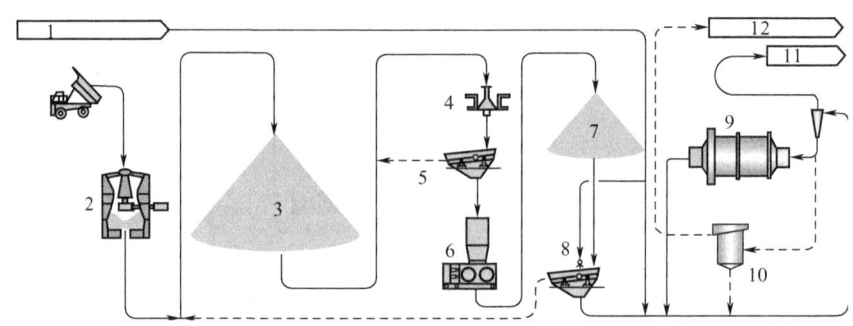

图 24-7-33 Boddington 金矿的碎磨工艺流程
1—工艺水；2—粗碎机；3—粗矿堆；4—中碎机；5—粗筛；6—高压辊磨机；7—粉矿堆；
8—细筛；9—球磨机；10—闪速浮选机；11—浮选；12—重选

粗碎站位于采场边沿，采用两台 1524mm×2870mm XHD 粗碎旋回破碎机，开边排矿口为 175mm，处理能力为 3670t·h^{-1}，产品粒度 $P_{80}=165mm$，粗碎产品用带式输送机运送到 2.5km 之外位于选矿厂的粗矿堆。粗矿堆的有效容积为 40000t，总容积近 400000t。

粗矿堆下面有 3 台板式给矿机，将矿石给到第二段破碎（中碎）的给矿带式输送机上。中碎有 6 个给料缓冲矿仓、6 台 MP1000 圆锥破碎机，粗矿堆来的原矿直接给到圆锥破碎机，破碎后的产品给到 4 台筛孔为 55mm 的 3.6m×7.3m 单层香蕉筛，筛下产品给到第三段破碎回路，筛上产品返回中碎。

第三段破碎（细碎）有 4 个给矿缓冲矿仓、4 台 φ2.4m×1.65m 高压辊磨机，每台高压辊磨机装有 2 台 2800kW 的变速驱动装置。高压辊磨机的产品送到总有效容积为 20000t 的 4 个粉矿仓，可以满足选矿厂 4h 的处理能力。4 台高压辊磨机与 8 台（每台高压辊磨机 2 台）

3.66m×7.93m 的湿式筛构成闭路，湿式筛的筛孔为 10mm。湿式筛的筛上产品返回高压辊磨机，筛下产品给到磨矿回路。

磨矿共有四个平行的系列，每个系列有一台规格为 7.9m×13.4m 的球磨机，配备 2×8000kW 定速电机，每台球磨机与 12 台 ϕ660mm 的旋流器构成闭路。湿筛的筛下产品自流到球磨机的排矿溜槽中，与球磨机排矿一起用泵送到旋流器分级，旋流器底流返回球磨机，一段磨矿回路的产品粒度 $P_{80}=150\mu m$。

磨矿回路中安装有闪速浮选作业，用来处理一部分旋流器底流，闪速浮选的精矿采用重力选矿机处理，重选的尾矿给到精选作业，重选的精矿集中氰化，浸出液用泵送到电积回路，浸渣送到精矿浓缩机。

旋流器的溢流送到浮选回路，粗选的精矿经再磨到 $P_{80}=25\mu m$，经过三次精选得到最终铜金精矿，然后经浓缩、过滤，用卡车送到港口外销。铜金精矿含铜 16%～22%，回收率为 75%～85%；含金 75～100g·t^{-1}，回收率为 50%～60%。

7.4　团聚流程

7.4.1　铁矿烧结流程

宝钢炼铁厂烧结分厂现有 3 台大型烧结机，年产优质烧结矿 1700 万吨。烧结工序多项技术经济指标已经跨入世界一流的行列，并在低价矿使用、厚料层烧结、高铁低硅分烧结及以煤代焦等方面形成了自己的核心技术，为宝钢股份本部 4 座 4000m^3 以上的特大型高炉的稳定高效运行提供了可靠保证。

7.4.1.1　宝钢烧结工艺流程

宝钢铁矿石烧结工艺流程如图 24-7-34 所示。

7.4.1.2　主要的工艺流程

宝钢烧结车间设备联系图如图 24-7-35 所示。

(1) 配料和混料　储矿槽将各种原料按一定配比，通过槽下的定量给料装置（CFW）排出，汇集到配料皮带上，分别经一混、二混，混合加水、造球。

(2) 台车铺底料和布料　混合好的烧结料送混合料槽，经槽下圆辊给矿机（布料器）铺到烧结机台车上，台车底部为算条，为了防止算条间隙落料和保护算条不被烧结矿黏结，延长算条的使用寿命，在算条上面铺了一层粒度为 10～20mm 成品烧结矿作为铺底料。

(3) 点火烧结　布好混合料的台车在轨道上移动，经过点火炉使料层表面燃料点燃，同时下部风箱强制抽风，使烧结过程继续向下进行。台车到达机尾时，燃烧层到达料层底部，混合料变成烧结饼，最后在机尾端卸下。

(4) 成品烧结矿处理　使烧结饼卸落，经冷却、破碎和数次筛分后，按粒度分成成品矿、铺底料和返矿。成品矿送往高炉，铺底料送铺底料槽，返矿则送返矿槽参加配料，再度在上述系统中循环。

(5) 焦粉处理系统　作为烧结燃料的焦粉是利用高炉筛下焦（<25mm），经磨碎后得到的。焦粉粒度的适宜范围与原料性质有关，一般控制在 0.5～3mm 范围内。平均粒度的

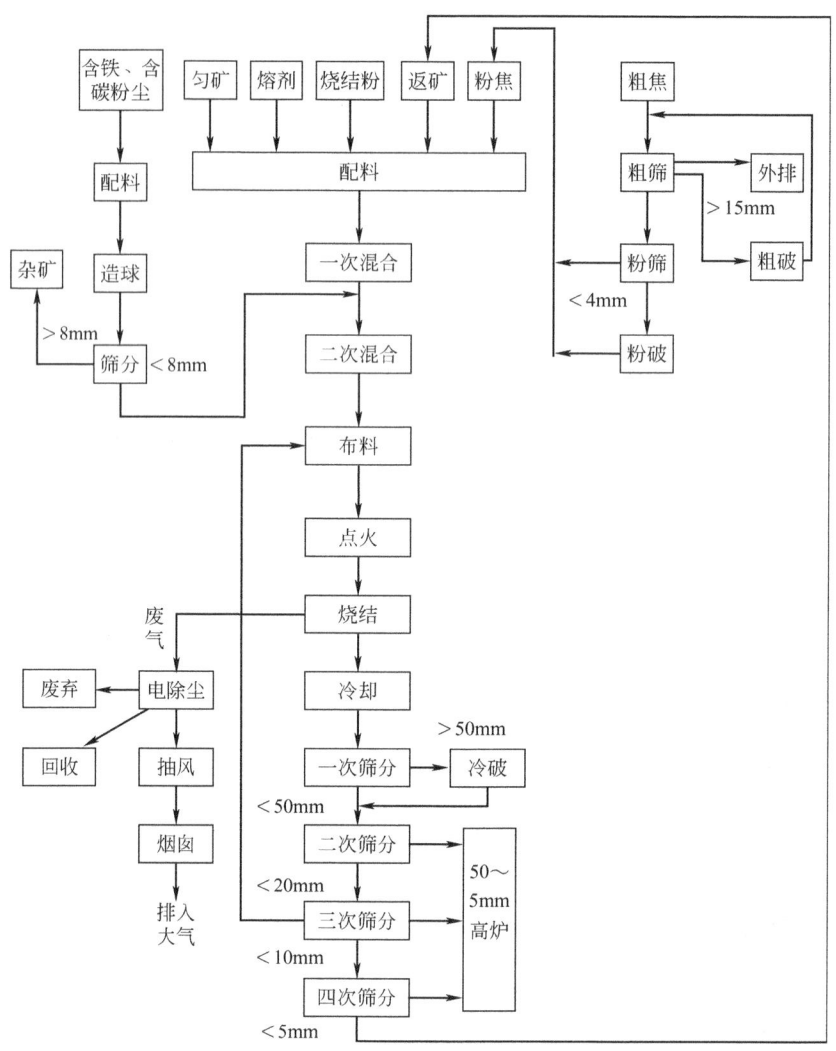

图 24-7-34　宝钢铁矿石烧结工艺流程图

目标值一般为 $1.0 \sim 1.8 \text{mm}$。

（6）除尘系统　烧结废气中含粉尘约 $0.2 \sim 0.7 \text{g} \cdot \text{m}^{-3}$，从环境保护和防止抽风机叶片磨损考虑，设置了除尘器。过去一般采用旋风除尘器，因其除尘效率较低，为使从烟囱排出的废气粉尘浓度达到标准要求，宝钢烧结机主排气系统采用宽间距高电压的 ESCS 型电除尘器，使厂区环境得到净化。除主排气系统外，烧结厂内主要扬尘点（如烧结机排矿部、成品矿整粒系统等）均采用了 EP 型电除尘器和布袋除尘器，使工作环境得到进一步净化。

7.4.2　竖炉球团

图 24-7-36 是某竖炉焙烧球团矿车间设备联系图，单炉日产量稳定在 700t 以上，原料为单一的磁铁矿精矿，其粒度较粗（39.6%＋200 目），SiO_2 含量较低（2.78%～3.24%），配料比为铁精矿和消石灰分别为 95% 和 5%，炉利用系数为 $3.22 \sim 3.86 \text{t} \cdot \text{m}^{-2} \cdot \text{h}^{-1}$。

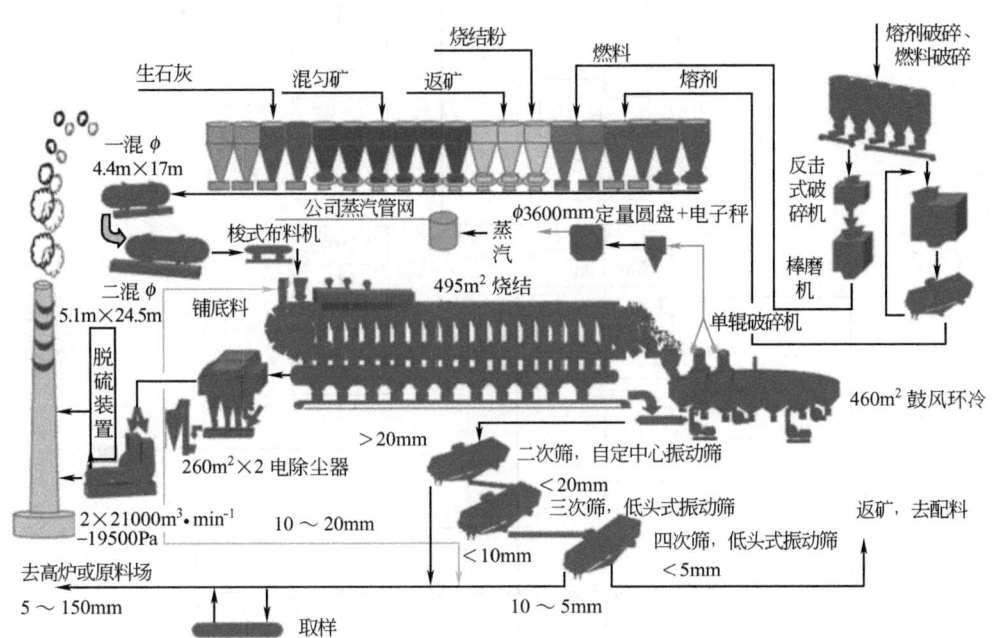

图 24-7-35 宝钢装备 495m² 烧结机的烧结车间设备联系图

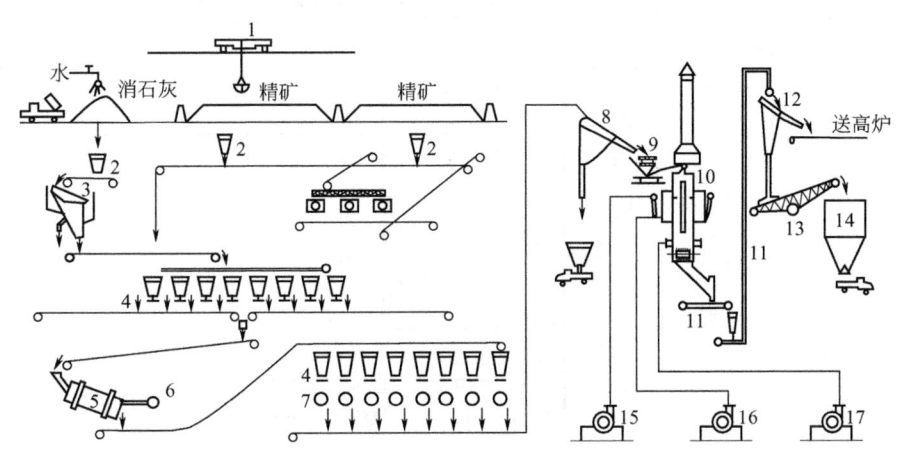

图 24-7-36 竖炉焙烧球团矿车间的设备联系图

1—抓斗；2—料仓；3—振动筛；4—圆盘给料机；5—圆筒混合机；6—煤气烘干炉；7—圆盘造球机；
8—圆辊筛；9—布料车；10—竖炉；11—链板机；12—棒条筛；13—移动皮带运输机；
14—返矿槽；15—煤气加压机；16—助燃风机；17—冷却风机

7.4.3 链箅机-回转窑生产球团矿流程

图 24-7-37 是武钢鄂州球团厂使用链箅机-回转窑生产球团矿的流程。

武钢矿业公司鄂州链箅机-回转窑球团厂一期设计规模为年产 500 万吨酸性球团矿，单线生产能力居世界首位，采用链箅机-回转窑-环冷机生产工艺，造球、焙烧工艺由美卓公司提供基本设计、设备关键部件和自动控制系统，另外高压辊磨机、强力混合机等也引进国外

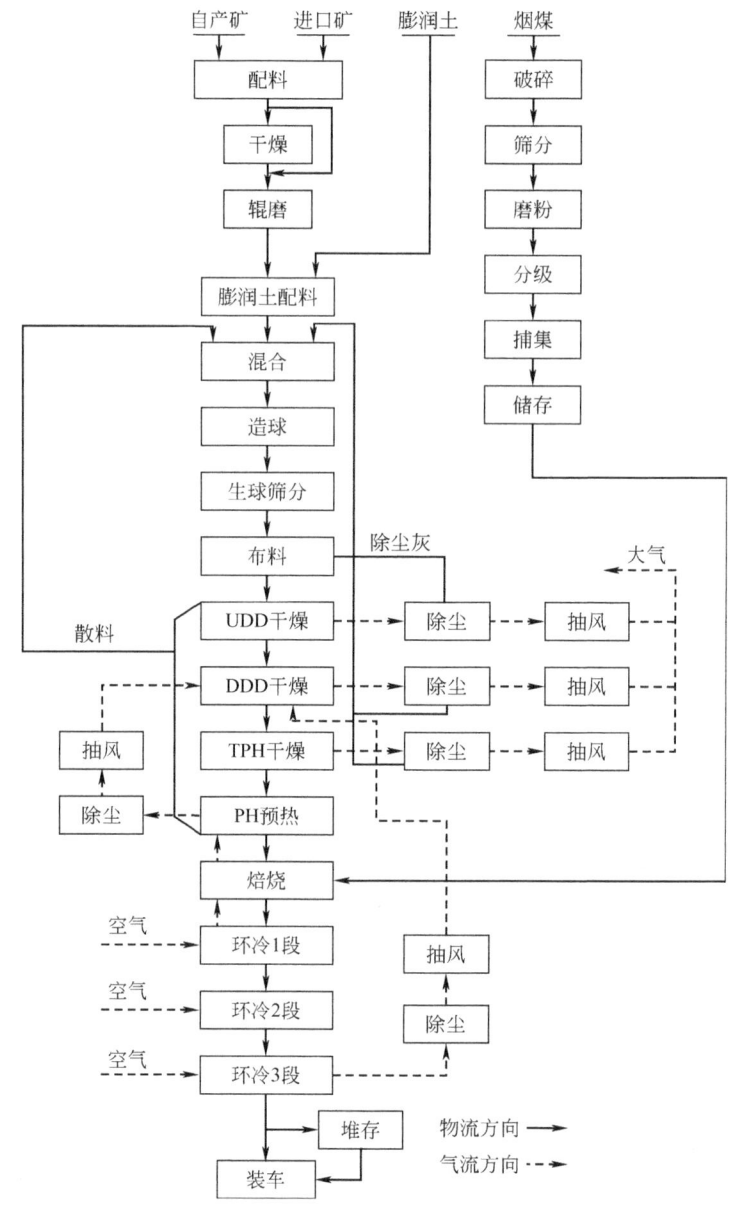

图 24-7-37 鄂州球团厂链箅机-回转窑生产球团矿的工艺流程

的先进设备。一期工程于 2004 年 11 月 18 日开工建设，2005 年 12 月 31 日建成投产。

武钢 500 万吨·年$^{-1}$链箅机-回转窑工艺布置合理，采用了新工艺、新设备，为产量、质量达标创造了条件。尤其是在引进、消化吸收国外先进技术上取得了很好的成效，经过对部分工艺、设备的改造创新，产品质量达到国际标准，为武钢高炉供应优质原料。

工艺技术主要特点如下。

（1）精矿受卸与堆取 铁精矿质量及供应的稳定是保证球团生产质量稳定的先决条件。为了确保球团厂生产的稳定，配套建设了大型的原料堆场。该原料堆场有三个料条，有效堆存容量 78 万吨。进口矿经海运转内河航运抵鄂州，自产铁精矿经铁路运输进厂，在地下受矿槽经链斗卸矿机卸至地下沟槽，再由胶带机输送于料场。

（2）原料处理

① 精矿配料。采用定量圆盘给料机＋电子皮带秤自动配料系统。采用重量法配料，保证稳定生产。

② 精矿干燥。干燥设备采用 $\phi 4m \times 30m$ 转筒干燥机，干燥热源采用沸腾炉燃烧供热，从干燥机排出的含尘废气经净化（旋风除尘器＋布袋除尘器）处理后排放，干燥系统还设有旁路系统，仅在精矿水分满足工艺要求或者干燥机短时故障时使用。

③ 高压辊磨。高压辊磨工艺对于增加物料表面积、改善物料表面活性和提高生球强度有着显著的作用。该厂高压辊磨机由德国引进，处理能力为 $760t \cdot h^{-1}$，采用边料循环辊磨工艺。

④ 混合。为了保证微量黏结剂能与铁精矿充分混匀，采用德国爱立许公司立式强力混合机进行混匀作业。混合机规格选型 DW31/7，处理能力 $700 \sim 800t \cdot h^{-1}$，混合时间 $60 \sim 70s$。

（3）造球及布料 造球工序采用美卓公司设计的圆筒造球机造球工艺，圆筒造球机规格 $\phi 5m \times 13m$，倾角 $7°$，造球系统共设置了 6 个造球系列，每个系列由称量皮带机、喂料皮带机、圆筒造球机、排料皮带机、辊式筛分机及若干条返料皮带机组成，构成一个闭路循环系统。生球通过辊式筛分机分级，$9 \sim 16mm$ 为合格产品送至下道工序；$-9mm$ 小球通过返料皮带机送回本系列造球机重新造球（简称小循环）；$+16mm$ 大球经粉碎机打碎后，6 个系列的返料汇集至一条皮带机上，送至混合料缓冲槽再重新造球（简称大循环）。

6 个造球系列的合格生球汇集至一条 $B1400mm$ 的梭式皮带机上，通过梭式皮带机作往复运动将生球平铺至一条宽皮带机上，然后由该宽皮带机将其送至辊式布料机上，最终通过辊式布料机筛分后将生球均匀地平铺至链算机算床上，生球布料高度178mm。

（4）生球干燥、预热、焙烧及冷却 生球的干燥与预热在链算机上进行，链算机炉罩分为四段：UDD（鼓风干燥）段、DDD（抽风干燥）段、TPH（过渡预热）段和 PH（预热）段。生球进入链算机炉罩后，依次经过各段时被逐渐升温，从而完成了生球的干燥和预热过程。链算机炉罩的供热主要利用回转窑和环冷机的载热废气。回转窑的高温废气供给链算机段，PH 段炉罩设有重油烧嘴，以弥补热量不足。从 PH 段排出的低温废气又供给 DDD 段，环冷机一段的高温废气供给回转窑窑头作二次助燃风，二段中温废气供给 TPH 段，HI 段低温废气供给 UDD 段。

回转窑供热采用煤粉和天然气，燃煤经磨细后从窑头（卸料端）用高压空气喷入。从回转窑排出的球团矿进入环冷机冷却，环冷机分为三个冷却段，一冷段的高温废气引入窑内作二次风，二冷段的中温废气被引至链算机 TPH 段，三冷段炉罩的低温废气供给链算机 UDD 段。

三大主机主要规格如下：

链算机　　　 $5.664m \times 67.26m$

有效面积　　 $345m^2$

回转窑　　　 $\phi 6.858m \times 45.72m$

斜率　　　　 4%

环冷机　　　中径　　 $21.94m$

　　　　台车宽度　　3.65m

　　　　台车栏板高度　762m

　　宽 4m 的带式布料机将生球以 180mm 料层厚度铺到链箅机上，链箅机的干燥段热风温度为 250℃，生球排出吸湿水分；脱水段热风温度为 400℃，脱除结晶水，随后进入热风为 1100℃ 的预热带。生球在链箅机上停留共 15min。获得足够强度的预热球团矿落到回转窑，在 1300～1350℃ 下熔烧 30min（重油经回转窑排料端的喷嘴喷入燃烧），送至环式冷却机上冷却至 120℃。冷却机上料层厚度为 760mm，分为高、低温两段进行鼓风冷却，每段配一台风机，高温段的热风作为二次燃烧空气返回回转窑，以回收其热量。该厂每吨成品球团矿热耗为 $(285\sim310)\times10^3$ kcal。

7.4.4　带式焙烧机工艺流程

7.4.4.1　工艺流程

　　首钢京唐钢铁厂球团项目新建一条 400 万吨·年$^{-1}$ 球团生产线。主体设备为 1 台有效面积 504m^2 的带式焙烧机，工艺流程如图 24-7-38 所示。

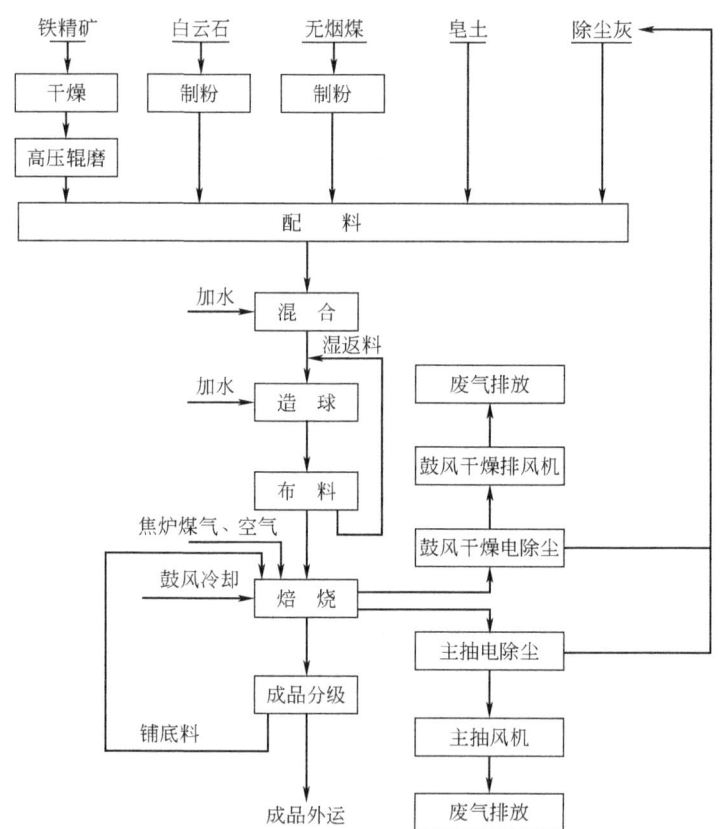

图 24-7-38　带式焙烧机工艺流程

7.4.4.2　带式焙烧机工艺技术主要特点

　　(1) 采用大型带式焙烧机球团技术　该项目是国内最大规模的 400 万吨·年$^{-1}$ 带式焙烧机球团生产线，采用有效面积为 504m^2 的大型带式焙烧机。该项目由奥图泰德国公司和首钢国际工程公司联合设计，奥图泰德国公司负责带式焙烧机的基本设计和关键部件的供货，首钢国际工程公司负责详细设计和其他设备的供货。该项目具有单机生产能力大、对原料适应性强、燃料消耗低、设备运行可靠、环保指标好的特点和优势，满足了首钢京唐 5500m³ 特大型高炉高效、稳定生产对炉料的要求。

带式机全长 126m，分鼓风干燥段、抽风干燥段、预热段、蜡烧段、均热段、一冷段、二冷段 7 个工艺段，其中预热、焙烧 45m，焙烧燃料采用焦炉煤气，配备专用焦炉煤气烧嘴 32 个，左右分别布置 16 对烧嘴，每个烧嘴配备一套自动调节装置，单个或分组开启、调温可控，这样的设计确保了焙烧段长度可变，适应了原料变化需要，满足了全磁铁矿生产到全赤铁矿生产的不同需要。

(2) 整体布置设计 从熔燃制备、预配料、干燥、辊压、配料、混合、造球、焙烧、冷却到成品分级整体布置，实现了紧密衔接，最大限度地缩短物流运距、减少物料转运。全厂仅有两个转运站。

(3) 干燥辊磨系统设计 在常规配置基础上增加了干燥、辊磨工序，确保了球团主原料精矿粉水分稳定、粒度及比表面积的均匀，提高了原料成球性。

采用直径 φ5m 的圆筒干燥机，驱动装置选用了 180° 布置的液压电动机，降低了驱动功率，提高了运转稳定性和干燥效果，并可根据进料铁精矿水分调整转速。

根据球团干燥特点，选择长径比为 4.4 的短粗型圆筒干燥机，相比常规长径比干燥机，具有筒体用钢量少、驱动功率小、尾气出筒体流速低等优势。驱动功率小能够减少电耗，降低运营成本；尾气出筒体的流速低，相应能够减小除尘器的负荷，确保排放达标。

干燥系统设有将燃气炉热气连到干燥筒出口尾气罩的补热系统，能够确保尾气在露点以上，从而保证系统稳定运行。

(4) 熔燃制备设计 增加了熔剂、燃料制备工序，采用内配固体燃料工艺，增加成品球团的孔隙率和还原性，降低总燃料消耗、降低台车箅条的温度和风机的电耗。此种高气孔率、高还原性的球团用于高炉生产能提高生产率和降低热耗。

将熔燃制备系统与配料室邻建，熔燃制备收粉尘器置于配料室顶部，省去了将熔剂粉从熔燃制备系统输送到配料室的设备，流程简单。

熔燃制备系统采用热废气回用新工艺，降低系统热耗，降低热风炉设备规格，减少设备投资，控制磨机入口热风含氧量在 8% 以下，从而保证煤制粉的安全，减少废气排放量，有利于环保。

(5) φ7.5m 圆盘造球机 采用 φ7.5m 固定刮刀圆盘造球机，可调整倾角，可变频调速，成球率高，循环负荷小，利用系数高；固定刮刀采用新型布置，增加造球盘处理量 25%。

(6) 采用先进的布料工艺 采用布料胶带机＋宽皮带＋双层辊筛布料工艺和球团专用布料胶带机，减少了生球的转运次数和落差，提高了生球粒度合格率，布料均匀，保证在带式焙烧机上生球层具有较好的透气性，并降低了厂房高度和占地面积。

7.4.5 金属化球团工艺流程

图 24-7-39 是用固体燃料为还原剂、以回转窑为反应器生产金属化球团矿（SL/RN 或 Krupp 法）的流程，即还原剂和生球（或氧化焙烧固结后的球团矿）同时进入回转窑内还原焙烧，得到金属化程度达 90% 以上、粒度为 5～15mm、可作炼钢原料的金属化球团

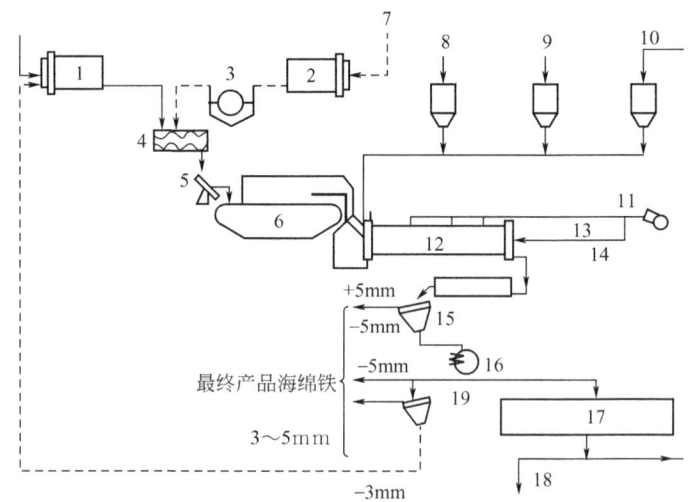

图 24-7-39　回转窑生产金属化球团矿（SL/RN 或 Krupp 法）的流程

1—干磨；2—湿磨；3—过滤机；4—混合机；5—造球机；6—链箅机；7—粉矿；
8—还原剂；9—石灰石或白云石；10—回炉焦炭；11—空气；12—回转窑；
13—气体燃料；14—油烟煤或新褐煤；15,19—筛分机；16—磁选机；
17—筛分磁选和重选；18—尾矿（石灰和灰分）

矿。粉矿经磨碎和造球后，在链箅机上干燥和预热，使部分固结而具有一定的强度，并同还原剂、焦炭、石灰石等送入回转窑进行还原焙烧。还原的产品经冷却器冷却、磁选、重选、自磁选等作业得出金属产品（海绵铁或金属化球团）、非金属产品（回炉焦炭）和尾矿（石灰和灰分）。

图 24-7-40 是竖炉法（Midrex）生产金属化球团的流程。在竖炉中焙烧固结的球团矿送入还原竖炉进行还原。还原剂用经裂化处理主要含 H_2 和 CO 的天然气，反应后的煤气从竖炉上部引出，可重新进入裂化车间或用作动力燃料。竖炉上部温度约 $860\sim1200℃$，进行预还原，下部通入冷的惰性气体使球团冷却至 85℃，竖炉法的热耗为每吨球团矿 9.85GJ。

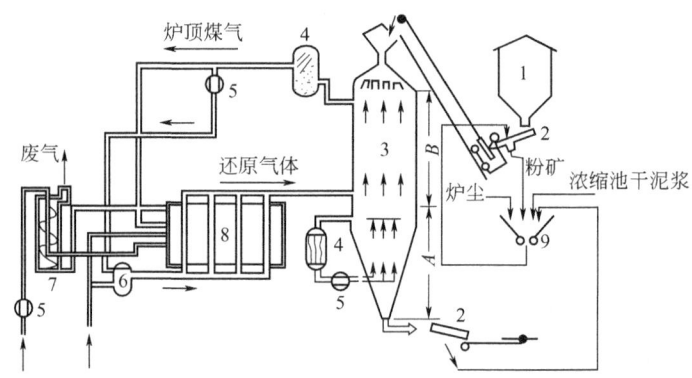

图 24-7-40　竖炉法（Midrex）生产金属化球团的流程

1—氧化球团矿仓；2—振动筛；3—还原竖炉；4—洗涤器；5—鼓风机；6—气体混合器；7—换热器；
8—天然气转换器；9—压团机；A—冷却区；B—还原区

参考文献

［1］ Flavel M D, Rowland C A Jr. Mineral & Metallurgical Processing, 1984, (4): 209.

［2］ Dubiansky J, Ulrich P // Proc International Conference on SAG, 2001. Vancouver, Canada: Department of Mining Engineering University of British Columbia, 2001: 217-226.

［3］ Markstrom S // Proc International Conference on SAG, 2011, Vancouver, Canada: Department of Mining Engineering University of British Columbia, 2001, Paper 62# .

［4］ Fahlstrom P H. Design and Operation of two stage Rod-pebble and autogenous-pebble grinding circuit // SME annual meeting, 1974.

［5］ Koski A E. Mining Engineering, 2000, 52 (9): 47.

［6］ 邹志毅. 金属矿山增刊, 2004 (10): 89.

［7］ Dyck K B // Proc International Conference on SAG, 2001: 1-125.

［8］ Rodgers C // Canadian Mineral Processor Conference, January, 2001.

［9］ 张国旺. 现代选矿技术手册 (第 1 册 破碎筛分与磨矿分级). 北京: 冶金工业出版社, 2016.

［10］ Dance A, Mwansa S, Valery W, et al // Proc International Conference on SAG, 2011.

［11］ Mitchell J, Jorgensen M. Mining Engineering, 2007, 59 (3).

［12］ Aydogan N A, Ergun L, Benzer H. Mineral Engineering, 2006, 19 (2): 130.

［13］ Koski S, Vanderbeek J, Enriquez J // Proc International Conference on SAG, 2011.

［14］ Dunne R, Hart S, Parker B, et al. Proceedings of World Gold 2007 Conference, Cains, Australia. 22-24 October 2007.

符号说明

A	入料口面积，cm^2
A	筛子振幅，mm
a_{c-x}	溢流中粒度小于 x 的产率（小数）
a_{F-x}	给料中粒度小于 x 的产率（小数）
a	筛孔尺寸
A	振幅，mm
A	直线在纵坐标上的截距
b_1	颚式破碎机排料口长度，mm
b_2	动颚板宽度，m
B	辊压机辊宽，m
B	破碎机的给料口宽度，m
B	球径，mm
B	压辊的公称宽度，m
C_{iw}	给料中固体的质量分数
C_{iw}	入料料浆质量浓度，%
C_s	比转速，%
C_v	给料料浆体积浓度，%
C_v	给料中固体的体积浓度，%
C	常数
C	单位筛面面积的筛下产品量，$t \cdot m^{-2} \cdot h^{-1}$
c	返砂比
c	根据给料中存在的细粒量和颚板表面特征决定的系数
D	动锥底部的直径，m
d_{50c}	校正分离粒度，μm
d_{80}	细粒累积含量为 80% 的产品粒度，μm
D_{80}	细粒累积含量为 80% 的给料粒度，μm
D_{B1}	补加钢球的直径，mm
D_B	钢球直径，mm
D_B	钢球最大直径，mm；
D_e	平行区的直径，m
D_c	旋流器内部直径，cm
D_c	旋流器直径，cm
D_i	旋流器入料口直径，cm
D_m	磨机有效直径，m
D_o	旋流器溢流口直径，cm
d_T	指定粒度，μm

D_u	旋流器沉砂口（底流口）直径，cm
D	多层筛面的筛面位置系数
d	粉碎后物料粒度
D	粉碎前物料粒度
D	给料粒度，mm
d	给料粒度，mm
D	辊压机直径，m
D	辊子外径
D	辊子直径，mm
d	颗粒分离粒度，m
D	磨机衬板内侧直径，m
D	磨机有效内径，m
d	磨碎产品粒度，μm
D	破碎或磨碎产品的粒度
D	试样料块的厚度，mm
D	筒体内径，m
d	投影直径
d	物料破碎后的平均粒度，m
D	压辊的公称直径，m
D	压辊直径，m
d	最大排料粒度，m
D	最大给料粒度，mm
E_{cs}	比功耗
e	板锤与冲击板（或研磨板）之间的径向间隙，m
e	颚板夹角的修正系数
E	粉碎能耗
E	两个摆锤的冲击功，kgf·cm
e	排料口的平行带宽度，m
e	排料口宽度，mm
E	破碎物料的能耗，kW·h·t^{-1}
E	筛分效率影响系数
$f(A_r)$	磨机长径比的函数
$F(x)$	筛孔尺寸为 x 的筛下累积质量分数，%
F_2	与物料有关的常数，通过试验来确定
F_{80}	入磨给料 80% 通过的筛孔尺寸，μm
f_{sag}	子模型，在该模型中包括了给料粒度和砾石破碎的影响
F	辊压机的总力，kN
F	筛面的有效面积，m^2
f	松散系数
F	细粒影响系数
G_m	最大块物料的质量，kg
G_{pb}	试验磨机产生的成品量，g·r^{-1}
G	给料口宽度，m
G	每个锤子的质量，kg

G	生产率
g	所试验矿石的质量
g	重力加速度，$g=981\mathrm{cm\cdot s^{-2}}$
h	板锤伸出转子的高度，m
h	颚板摆动幅度，cm
H	物料可磨度
h	旋流器中自由漩涡高度，即漩涡溢流管入口到沉砂口之间的距离，cm
i	破碎机的破碎比
J_{B}	钢球充填率，%
J	加球量，体积分数，%
K_1	比例常数
K_1	给料的颗粒形状及可碎性修正系数
K_1	物料的可碎性系数
k_1	物料密度修正系数
k_2	分级粒度修正系数
K_2	物料粒度修正系数
k_3	分级槽坡度修正系数
k_4	溢流浓度修正系数
K_{D}	旋流器直径修正系数
k_{g}	经验系数
K_{L}	校正系数
k_{n}	经验系数
k_{q}	系数
K	比例常数
K	闭路破碎时给料粒度变细的系数
K	常数
K	经验系数
k	理论最大颗粒的粒度（或粒度模数）
K	磨机类型系数
k	特征粒径，表示颗粒群的粗细程度
K	同指定粒度的百分含量有关的系数
k	物料压缩特性系数
k	修正系数
K	与料和破碎产品粒度有关的系数
K'	系数
K_{α}	旋流器锥角修正系数
L_{e}	有效研磨长度，m
L_{MAX}	开边排矿口
L_{MIN}	紧边排矿口
L_{T}	动颚在排料口处的行程，m
L	辊子的长度，m
L	平行区的长度，m
L	破碎机给料口的长度，cm
L	破碎腔的长度，cm

L	压辊宽度，m
L	转子的长度，m
M_B	钢球装载量
M_c	研磨介质加物料总质量，kg
m	分布常数，与物料性质有关
m	螺旋的个数
m	每分钟冲击次数
m	偏心块的质量
M	筛箱和负荷的总质量
n_c	临界转速
N	板锤的个数
n	半自磨机将给定的矿石磨碎到产品粒度达到80%小于1.7mm时的转数
N	半自磨机所需的轴功率，$kW \cdot h \cdot t^{-1}$
N	冲击破碎机的电动机功率，kW
n	传动轴转速，$r \cdot min^{-1}$
N	电动机功率，kW
n	动颚偏心轴的转速，$r \cdot min^{-1}$
N	动锥的主轴转速，$r \cdot min^{-1}$
N	动锥的转速，$r \cdot min^{-1}$
n	工作转速
n	辊子的转速，$r \cdot min^{-1}$
n	均匀性系数
n	流体动力常数
n	螺旋转速，$r \cdot min^{-1}$
n	频率化（正整数）
n	主轴转速，$r \cdot min^{-1}$
n	转子的转速，$r \cdot min^{-1}$
O	有效面积修正系数
P_{80}	80%成品通过的筛孔尺寸，μm
P_{cp}	平均辊压，$kN \cdot m^{-2}$
P_i	试验用成品筛的筛孔尺寸
P_{max}	最大辊压，$kN \cdot m^{-2}$
P	净功率，kW
P	磨机所需的磨矿功率，$kW \cdot t^{-1}$
P	总功率，kW
$P_装$	辊压机装机功率
q_0	破碎机单位排料口宽度的生产能力，$t \cdot h^{-1} \cdot mm^{-1}$
Q_3、Q_4	相应产物的固体流量，$t \cdot h^{-1}$
Q	按给料体积计算的处理量，$m^3 \cdot h^{-1}$
Q	冲击破碎机的处理能力，$t \cdot h^{-1}$
Q	锤碎机的处理能力，$t \cdot h^{-1}$
q	单位筛面面积的处理能力（生产量），$m^3 \cdot m^{-2} \cdot h^{-1}$
Q	给料量，$L \cdot min^{-1}$
Q	给料体积流量

Q	辊碎机的处理能力，$t \cdot h^{-1}$
Q	辊压机的通过量，$t \cdot h^{-1}$
Q	料浆的流量，$m^3 \cdot h^{-1}$
Q	破碎机的处理能力
Q	破碎机生产能力，$t \cdot h^{-1}$
Q	筛分机的处理能力（按入筛给料量），$t \cdot h^{-1}$
Q	筛下产品量，$t \cdot h^{-1}$
$Q_闭$	短头型圆锥破碎机闭路破碎时的处理能力，$t \cdot h^{-1}$
$Q_闭$	中间型圆锥破碎机闭路操作的处理能力，$t \cdot h^{-1}$
$Q_开$	中间型圆锥破碎机开路操作的处理能力，$t \cdot h^{-1}$
$R(x)$	筛孔尺寸为 x 的筛上累积质量分数，%
R	磨机的有效半径，m
r	偏心块的重心至回转中心的距离
r	偏心轴的偏心距，m
R	破碎比
r	球体所在瞬间位置离回转轴的距离，m
R	物料的松散体积密度，$t \cdot m^{-3}$
r	振幅，mm
s'	动颚的平均受力的作用点处的行程，cm
s_1	破碎机排料口宽度，mm
s_2	动颚板摆动幅度，m
SAG	比能，$kW \cdot h \cdot t^{-1}$
SE	比能（单位能量）
S_s	球径系数
s	动颚在排料口处的行程，m
S	颗粒的表面积
s	料饼厚度，基本同间隙，mm
s	破碎机排料口宽度，mm
S	筛孔形状系数
S	物料比表面积，$cm^2 \cdot cm^{-3}$
S	最小壁厚
s'	破碎机紧边排料口宽度，mm
T_{80}	岩石粒度参数
t	时间
UCS	单轴抗压强度，$kgf \cdot cm^{-2}$
u_t	离心场中半径为 r 的某点切向速度，$m \cdot s^{-1}$
V_p	钢球充填率，%
v_r	球体在离心场中径向运动速度，$m \cdot s^{-1}$
V	板锤的圆周速度，$m \cdot s^{-1}$
V	辊子的圆周速度，$m \cdot s^{-1}$
V	颗粒的体积
V	料浆在给料端的速度，$m \cdot s^{-1}$
v	转速，$r \cdot min^{-1}$
W_0	物料破碎的比功耗，$kW \cdot h \cdot t^{-1}$

W_f	水力旋流器给料中水量，$t \cdot h^{-1}$
W_h	水力旋流器沉砂中水量，$t \cdot h^{-1}$
W_i	球磨功指数，$kW \cdot h \cdot t^{-1}$
W_i	邦德冲击功指数，$kW \cdot h \cdot st^{-1}$
W_i	功指数，$kW \cdot h \cdot t^{-1}$
W	动颚板宽度，m
W	湿式筛分系数
W	直径为D_B的钢球的质量
X_{max}	最大颗粒尺寸，mm
x	颗粒粒度（筛孔尺寸），μm
Δp	给料压力，Pa
Δp	旋流器给料压力，kPa
Δp	旋流器入料口压力，MPa
ΔS	粉碎后物料表面积的增加
Ψ	球磨机转速率，%
ϕ_c	比转速
ϕ_c	转速率
ϕ	物料与辊面之间的摩擦角
ϕ	辊子的直径，m
ϕ	转子的直径，m
α_1	固定锥锥角，(°)
α_2	动锥锥角，(°)
α_{ip}	料层粉碎啮角
α_{sp}	单颗粒粉碎啮角
α	常数
α	啮角，(°)
α	破碎腔的啮角，(°)
α	物料与辊面之间的啮角，(°)
α	旋流器锥角，(°)
$\beta_{-0.053}$	给料中-0.053mm粒级含量，%
β	粒间挤压的啮入角，(°)
γ_1	挤压前松散物料的密度，$t \cdot m^{-3}$
γ_2	挤压后料饼的密度，$t \cdot m^{-3}$
γ_f	物料松散密度，$t \cdot m^{-3}$
γ	钢球层中直径大于D_B的钢球的累计百分率，%
γ	物料的表观密度，$t \cdot m^{-3}$
γ	物料的密度，$t \cdot m^{-3}$
γ	物料的松散表观密度，$t \cdot m^{-3}$
γ	物料的松散密度，$t \cdot m^{-3}$
γ	物料的松散体积密度，$t \cdot m^{-3}$
δ_B	钢球密度，$g \cdot cm^{-3}$
δ_c	料饼密度，$t \cdot m^{-3}$
δ	矿石密度，$t \cdot m^{-3}$
δ	试样的密度，$g \cdot cm^{-3}$

δ	物料密度
ε_{c+x}	溢流中粗颗粒回收率（量效率）
ε_{h-x}	沉砂中细颗粒回收率（量效率）
η	电动机容量系数
η	破碎机的传动效率
η	破碎机的理论生产能力与实际生产能力之比
η	液体黏度
μ_B	钢球充填率，％
μ_m	物料充填率，％
μ	介质黏度系数，$N \cdot s \cdot m^{-2}$
μ	松散系数
ρ	料浆密度，$g \cdot cm^{-3}$
ρ_f	介质密度，$kg \cdot m^{-3}$
ρ_l	液体密度，$t \cdot m^{-3}$
ρ_s	给料中固体密度，$t \cdot m^{-3}$
ρ_s	颗粒密度，$kg \cdot m^{-3}$
ρ_s	物料密度，$t \cdot m^{-3}$
υ	高压辊磨机线速度，$m \cdot s^{-1}$
φ	摩擦角，（°）
ω	振动角速度，$rad \cdot s^{-1}$
ω	振动频率，$rad \cdot s^{-1}$
ω	振动圆频率，$1 \cdot s^{-1}$

第25篇

反应动力学及反应器

主 稿 人：李伯耿　浙江大学教授
　　　　　周兴贵　华东理工大学教授

编写人员：陈标华　北京工业大学教授　　　陈光文　中国科学院大连化学
　　　　　程振民　华东理工大学教授　　　　　　　　物理研究所研究员
　　　　　冯连芳　浙江大学教授　　　　　初广文　北京化工大学教授
　　　　　李伯耿　浙江大学教授　　　　　胡彦杰　华东理工大学教授
　　　　　罗英武　浙江大学教授　　　　　李春忠　华东理工大学教授
　　　　　王辅臣　华东理工大学教授　　　宋恭华　华东理工大学教授
　　　　　王文俊　浙江大学教授　　　　　王靖岱　浙江大学教授
　　　　　肖文德　上海交通大学教授　　　王正宝　浙江大学教授
　　　　　袁佩青　华东理工大学副教授　　阳永荣　浙江大学教授
　　　　　周兴贵　华东理工大学教授　　　张新胜　华东理工大学教授
　　　　　朱贻安　华东理工大学教授　　　朱卡克　华东理工大学教授
　　　　　彭延庆　华东理工大学副教授　　李伟锋　华东理工大学教授
　　　　　尧超群　中国科学院大连化学　　许建良　华东理工大学副教授
　　　　　　　　　物理研究所副研究员　　刘良宏　美国过程与装备集成
　　　　　许鹏凯　上海华力微电子有限　　　　　　　开发咨询公司博士
　　　　　　　　　公司博士
　　　　　邹海魁　北京化工大学教授
审 稿 人：朱家骅　四川大学教授

第一版编写人员名单
编写人员：陈甘棠　施立才
审 校 人：陈家镛

第二版编写人员名单
主 稿 人：袁渭康
编写人员：袁渭康　吕德伟　朱开宏　戎顺熙　王　凯　张成芳

反应过程动力学

反应过程动力学主要研究化学反应过程的速率及其与温度、浓度（压力）、催化剂等因素的关系。反应过程的速率通常以单位时间内反应物或生成物物质的量的变化来表示。与化学动力学研究反应机理和本征动力学参数（如反应级数、反应速率常数、活化能、指前因子）不同，化工反应过程动力学一般研究工业实际反应过程中所发生的各种化学过程和物理过程，旨在揭示工业反应过程的综合规律，进行化工工艺及反应器的设计。化工反应过程动力学研究还可用于工业催化剂的筛选，其模型则可用于化工过程的仿真与优化。文献 [1] 表明，聚合反应过程动力学的模型化还可用于精准地调控聚合过程产物的链结构和聚集态结构。

关于反应过程动力学的全面、详尽的资料可见文献 [2～5,15]。

1.1 基本概念

1.1.1 化学反应计量方程

用来表示各参与反应的反应组分在反应过程中相互间的量的变化关系的方程称为化学计量方程，由 S 个组分参与反应的化学计量方程可写成：

$$\alpha_1 A_1 + \alpha_2 A_2 + \cdots + \alpha_S A_S = 0 \tag{25-1-1}$$

或
$$\sum_{i=1}^{S} \alpha_i A_i = 0 \tag{25-1-2}$$

式中　$A_1, A_2, \cdots, A_S$——参与反应的各组分量；

$\alpha_1, \alpha_2, \cdots, \alpha_S$——各相应反应组分的计量系数，定义反应产物的计量系数为正值，反应物的计量系数为负值。

1.1.2 独立反应数

当用不等于零和 1 的系数 λ 去乘以式(25-1-2)后会得到一系列的具有不同计量系数的计量方程，即

$$\sum_{i=1}^{S} (\lambda \alpha_i) A_i = 0 \tag{25-1-3}$$

但它们之间含有一个数值上不等于 1 的公因子，因此它是非独立的计量方程，它们所表示的反应组分之间量的变化关系是相同的，即只有一个独立的计量方程。而有些反应系统需两个或两个以上的独立计量方程方能唯一地给出各组分量的变化关系。所谓独立反应数就是所需

的独立计量方程的数目。例如，氨合成反应只需一个计量方程即可确定各反应组分之间量的变化关系，即

$$2NH_3+(-1)N_2+(-3)H_2 = 0 \tag{25-1-4}$$

所以其独立反应数为 1。

而由 CO、H_2、CH_3OH、CH_4 和 H_2O 等五个组分在一定反应条件下所发生的反应就需要两个独立计量方程描述，即：

$$CO+2H_2 = CH_3OH \tag{25-1-5}$$

$$CO+3H_2 = CH_4 + H_2O \tag{25-1-6}$$

所以，该反应系统的独立反应数为 2。

式(25-1-5) 和式(25-1-6) 两个反应方程式只描述了反应系统中各组分转化量之间存在的关系，与反应历程和反应机理无关。

1.1.3 化学反应速率的定义

一个反应的反应速率定义为其中某一组分的生成速率。如对下式表示的反应：

$$aA+bB \longrightarrow rR+sS \tag{25-1-7}$$

其反应速率可以用 R 的生成速率 r_R 来表示。反应速率是单位反应容量在单位时间（秒、分、时等）生成的某一组分的量（通常是物质的量）。

反应容量是定义反应速率所用的基准，可以是反应器体积（升、立方米）、反应物料容积（升、立方米）；或固体催化剂的重量（千克）、体积（升、立方米）或表面积（平方米）。

在给出一个反应的反应速率时，需要指定这个反应中的一个组分和所用的反应容量。如对反应式(25-1-7)，如果使用催化剂，其反应速率为 r_R，mol·h^{-1}·kg^{-1}(cat)。

即这个反应的反应速率是在每千克催化剂上 1h 内生成 r_R(mol) 的产物 R。

这个反应中其他组分的反应速率（按定义为生成速率）分别为 r_A、r_B、r_S，与 r_R 之间有以下关系：

$$\frac{|-r_A|}{a}=\frac{|-r_B|}{b}=\frac{r_S}{s}=\frac{r_R}{r} \tag{25-1-8}$$

作为反应物，其反应速率为负值。在给出一个反应的速率方程时，通常以如下形式表示：

$$(-r_A)=f(T,C) \tag{25-1-9}$$

将反应速率统一定义为某一组分的生成速率，不管其是反应物还是生成物，是为了对各组分进行物料衡算时有一个统一的形式。

式(25-1-9) 通常进一步写成如下形式：

$$-r_A=kf(C_i) \tag{25-1-10}$$

其中 k 为反应速率常数。这样写可将温度和浓度对反应速率的影响独立开来，但这只是为了方便理解和应用的一种简化，其中的反应速率常数可能并不是一个常数，而与浓度水平有关。

反应速率中的浓度项常以幂函数形式表示：

$$-r_A = k C_A^a C_B^b \qquad (25\text{-}1\text{-}11)$$

式中 C_A，C_B——反应组分 A 和 B 的浓度；

$\quad\quad a$，b——反应级数；

$\quad\quad k$——速率常数或称比反应速率。

如果反应是可逆的，

$$a A + b B \Longleftrightarrow r R + s S$$

A 的生成速率可表示为

$$-r_A = k_+ C_A^a C_B^b - k_- C_R^r C_S^s$$

式中，$k_- = k_+ / K$，K 为反应平衡常数。

有许多反应的速率方程必须采用双曲函数型，例如溴化氢的合成反应（$H_2 + Br_2 \Longleftrightarrow 2HBr$）即为双曲函数型速率方程：

$$r_{HBr} = \frac{k_1 C_{H_2} C_{Br_2}^{1/2}}{1 + k_2 (C_{HBr} / C_{Br_2})} \qquad (25\text{-}1\text{-}12)$$

它通常是由反应机理导得的。这种形式的方程如以幂函数动力学近似，其反应速率常数和反应级数都将随浓度水平变化。

化学反应是物质的本性，只决定于各物质的浓度、所处的温度（和接触的催化剂），在反应器的操作时间和空间上发生浓度和温度的变化是反应的结果。值得注意的是，对连续流动反应器，在达到定态时反应器内的浓度并不随时间发生任何变化，这并不说明反应不发生，或反应速率为 0。反应的结果表现在反应器在空间（如进出口，或流动方向）上的浓度差异。

1.1.4 反应级数

在式(25-1-11)所示的速率方程中，各浓度项上方的幂 a 和 b 分别是组分 A 和 B 的反应级数；这些幂的代数和称为总反应级数。a 和 b 由实验确定，不一定等于各组分的计量系数，且可以是整数、分数或负数，但总反应级数一般小于 3。反应级数与反应机理无关，它只表明反应速率对各组分浓度的敏感程度。对于复杂反应可有效地利用反应级数的相对大小来改善反应的产物分布。

1.1.5 速率常数

式(25-1-11)中的系数 k 称为速率常数，它在数值上等于当 $C_A = C_B = 1.0$ 时的反应速率，故通常又称为比反应速率。它与除反应组分浓度外的其他因素有关，如温度、压力、催化剂及其浓度，以及所采用的溶剂等。

k 值通常都由实验测得，其与反应温度 T 的关系一般用 Arrhenius 方程表示：

$$k = k_0 \exp\left(-\frac{E}{RT}\right) \qquad (25\text{-}1\text{-}13)$$

式中 k_0——频率因子或指前因子；

R——通用气体常数，$J\cdot mol^{-1}\cdot K^{-1}$；

E——反应活化能，$J\cdot mol^{-1}$，它表明将反应分子"激发"到可进行反应的"活化状态"时所需的能量。

E 数值的大小直接反映了反应的难易程度以及反应速率对温度的敏感程度（参见图 25-1-1）。

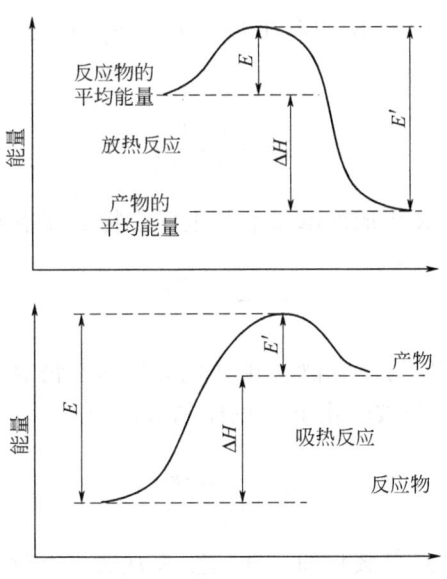

图 25-1-1 放热反应与吸热反应的活化能

k 的单位随反应速率的定义及反应级数而定，当反应速率采用 $kmol\cdot m^{-3}\cdot h^{-1}$ 为单位时，k 的单位为 $h^{-1}\cdot(kmol\cdot m^{-3})^{[1-(a+b)]}$；对于气相反应，常用组分的分压来代替速率方程中的浓度，即式(25-1-11) 可写成：

$$-r_A=k_p p_A^a p_B^b \tag{25-1-14}$$

式中 p_A，p_B——组分 A 和 B 的分压；

k_p——用分压表示速率方程时的速率常数。

当为理想气体时，应用 $C_i=\dfrac{p_i}{RT}$ 关系可得：

$$k=(RT)^{a+b}k_p \tag{25-1-15}$$

1.1.6 单一反应、复合反应

单一反应是只需一个计量方程来描述的反应。

当反应系统需要两个或更多独立计量方程来描述时称为复合反应，此时独立反应数目即为独立的计量方程数。如果各个反应都是从相同的反应物按各自的计量关系同时进行反应，则为并联反应；如果某些反应产物能继续进行另一反应而生成新的产物，这样依次发生的反应称为串联反应。如

$$A+B\begin{array}{c}\nearrow R\\ \searrow S\end{array}\qquad 并联反应 \tag{25-1-16}$$

$$A+B \longrightarrow R \longrightarrow S \quad 串联反应 \tag{25-1-17}$$

这类复合反应将同时生成许多产物，而往往只有其中某种产物（主产物）才是我们所需要的，相应的反应称为主反应。其他的产物和反应则为副产物和副反应。工业过程总是期望尽可能抑制副反应以提高主产物的量，尽可能减少原料在副反应中的消耗以达降低成本的目的。常采用下列术语来衡量复合反应：

① 收率 ϕ，它是生成主产物 R 的摩尔数 $(n_R - n_{R0})$ 与反应物 A 所消耗掉的摩尔数 $(n_{A0} - n_A)$ 之比，即

$$\phi = \frac{n_R - n_{R0}}{n_{A0} - n_A} \tag{25-1-18}$$

② 得率 y，它是主产物 R 生成的摩尔数与主反应物 A 的初始摩尔数之比，即

$$y = \frac{n_R - n_{R0}}{n_{A0}} \tag{25-1-19}$$

③ 选择性 S，它是指消耗的反应物 A 中转化为目标产物 R 的比例。如 A 被消耗掉的摩尔数为 $n_{A0} - n_A$，其中 $n_{A \to R}$ 为被转化至 R 的摩尔数，则

$$S = \frac{n_{A \to R}}{n_{A0} - n_A} \tag{25-1-20}$$

如果反应中 A 和 R 的计量系数相同，选择性 S 从数字上就等于收率。

提高反应的得率、收率或选择性仍是工业反应过程所追求的目标。

如果一个组分出现在多个反应中，该组分的净生产速率为其在各个反应中的生产速率之和。

1.1.7　基元反应

即便是单一反应，在许多场合反应级数与化学计量系数是不一致的，即化学计量式并不反映实际的反应历程。实际反应历程可能是由一系列依次进行的不能进一步细分的基本反应步骤所构成，这些基本反应步骤叫基元反应，其反应速率可直接根据质量作用定律确定。基元反应的计量系数就是反应级数。

1.1.8　反应动力学方程

反应速率方程描述的是反应速率与反应物浓度与温度的关系。对一个包含若干基元反应步骤的反应（总包反应），其速率方程可用经验模型对实验数据通过简单回归而得。这种速率方程可能在实验范围内是准确的，但外推时存在很大的不确定性。

如果在关联动力学数据时考虑了反应的具体过程，即考虑了其中涉及的基元反应步骤，再通过合理简化获得某一总包反应的速率方程，这个方程就称为动力学方程，其中的参数（动力学参数）可通过实验数据回归或理论计算而定。动力学方程不仅给出一个总包反应的反应速率，还包含了反应机理（基元反应步骤）的信息。

1.1.9　动力学方程推导

在根据基元反应步骤推导反应动力学方程时常采用以下两种方法：

（1） 在各基元反应中，如果其中的一基元反应步骤的正反应速率远低于其他基元步骤，则这一基元反应对总包反应的速率起控制作用，因此称为决速步。决速步远离平衡，而其他基元反应接近平衡。根据总包反应速率就是决速步的反应速率、决速步之前的其他各基元反应处于拟平衡态的假定可推导出总包反应动力学方程。

（2） 各基元反应中如有两个或更多基元反应都对总包反应速率有重要影响，表现在多个基元反应的正反应速率具有相同的数量级，这时可假定反应过程中一些中间产物浓度"拟定常态"，即不随时间变化，由此推导出总包反应动力学方程。

【例 25-1-1】 利用拟平衡态假设推导反应动力学方程。

五氧化二氮热分解反应的计量方程为

$$2N_2O_5 \Longrightarrow 4NO_2 + O_2 \qquad (25\text{-}1\text{-}21)$$

由实验测得其速率方程为：

$$-r_{N_2O_5} = kC_{N_2O_5} \qquad (25\text{-}1\text{-}22)$$

假定该反应由下述三个基元反应依次进行所构成，即：

$$N_2O_5 \underset{k_2}{\overset{k_1}{\rightleftharpoons}} NO_2 + NO_3 \qquad (25\text{-}1\text{-}23)$$

$$NO_3 + NO_2 \xrightarrow{k_3} NO + O_2 + NO_2 \,(\text{速率控制步骤}) \qquad (25\text{-}1\text{-}24)$$

$$NO + NO_3 \xrightarrow{k_4} 2NO_2 \qquad (25\text{-}1\text{-}25)$$

式（25-1-24）所示的基元反应为速率控制步骤，它的速率就是整个反应的速率，即：

$$-r_{N_2O_5} = k_3 C_{NO_3} C_{NO_2} \qquad (25\text{-}1\text{-}26)$$

式（25-1-23）处于"拟平衡态"：

$$C_{NO_3} C_{NO_2} = \frac{k_1}{k_2} C_{N_2O_5} \qquad (25\text{-}1\text{-}27)$$

代入式（25-1-26），可得 N_2O_5 热分解反应的速率方程为：

$$-r_{N_2O_5} = kC_{N_2O_5} \qquad (25\text{-}1\text{-}28)$$

式中

$$k = k_1 k_3 / k_2 \qquad (25\text{-}1\text{-}29)$$

利用拟定常态推导反应动力学方程的例子见以下链反应。

1.1.10 链反应

有许多反应一经"激发"即能发生一系列链反应。燃烧、爆炸、烃类的裂解、自由基聚合以及许多氧化、卤化反应都是链反应。它通常包括链的引发、生长、转移和终止等步骤。以 $H_2 + Br_2 \longrightarrow 2HBr$ 为例：

链引发 $\qquad\qquad\qquad\qquad Br_2 \xrightarrow{k_1} 2Br \cdot$

链生长 $H_2 + Br \cdot \xrightarrow{\ k_2\ } HBr + H \cdot$

链转移 $H \cdot + Br_2 \xrightarrow{\ k_3\ } HBr + Br \cdot$

$H \cdot + HBr \xrightarrow{\ k_4\ } H_2 + Br \cdot$

链终止 $Br \cdot + Br \cdot \xrightarrow{\ k_5\ } Br_2$

1.1.10.1 链反应的速率式

速率式可通过下列步骤来导得，以 HBr 合成反应为例。

(1) 写出 HBr 的生成速率式

$$r_{HBr} = k_2 C_{Br \cdot} C_{H_2} + k_3 C_{H \cdot} C_{Br_2} - k_4 C_{H \cdot} C_{HBr} \tag{25-1-30}$$

(2) 用拟定常态假定（即 $Br \cdot$ 和 $H \cdot$ 的净生成速率为零）求得自由基浓度 $C_{H \cdot}$、$C_{Br \cdot}$ 的表达式：

$$C_{Br \cdot} = \left(\frac{k_1}{k_5} C_{Br_2} \right)^{1/2} \tag{25-1-31}$$

$$C_{H \cdot} = \frac{k_2 C_{H_2} \sqrt{\dfrac{k_1}{k_5} C_{Br_2}}}{k_3 C_{Br_2} + k_4 C_{HBr}} \tag{25-1-32}$$

(3) 将自由基浓度式代入产物 HBr 的生成速率式可得出以可测定组分的浓度来表示的速率式

$$r_{HBr} = \frac{2 k_2 \sqrt{\dfrac{k_1}{k_5}} C_{H_2} C_{Br_2}^{1/2}}{1 + \dfrac{k_4}{k_3} \dfrac{C_{HBr}}{C_{Br_2}}} \tag{25-1-33}$$

许多链反应均可得到类似的速率式，可以用下面的通式来表示链反应的速率：

$$r = A k_p \left(\frac{k_i}{k_t} \right)^{\frac{1}{B}} f(C) \tag{25-1-34}$$

式中 A，B——常数，随反应而定；

$f(C)$——反应浓度的函数式，亦随反应而定；

k_i，k_p 和 k_t——链引发、链转移和链终止反应的速率常数。

若将式(25-1-34)与一般速率式 $r = k f(C)$ 相比，可得如下链反应的速率常数 k：

$$k = A k_p \left(\frac{k_i}{k_t} \right)^{\frac{1}{B}} \tag{25-1-35}$$

应用 Arrhenius 方程得到链反应的活化能 E 为：

$$E = E_p + \frac{1}{B}(E_i - E_t) \tag{25-1-36}$$

式中，E_i、E_p 和 E_t 分别为链引发、链转移和链终止反应的活化能。该式表明：链引发、链转移的活化能愈大，链反应就愈不易发生；链终止的活化能愈大则愈有利于链反应的进行。

1.1.10.2 支链反应

链反应在其链转移过程中，每个链转移反应都会产生数个新的链传递物，这样就产生了支链，而每个新产生的支链在转移过程中还会增加新的支链，这类链反应称为支链反应。以氢在气相中和氧反应为例，其反应机理为：

链引发：
$$H_2 \longrightarrow 2H \cdot$$

链转移和支化：
$$H \cdot + O_2 \longrightarrow OH \cdot + O \cdot$$
$$O \cdot + H_2 \longrightarrow OH \cdot + H \cdot$$
$$OH \cdot + H_2 \longrightarrow H_2O + H \cdot$$

空间断链：
$$H \cdot + O_2 + M \longrightarrow HO_2 \cdot + M$$
$$HO_2 \cdot + H_2 \longrightarrow H_2O + OH \cdot$$

器壁断链：
$$HO_2 \cdot + 器壁 \longrightarrow 失活$$
$$H \cdot + 器壁 \longrightarrow \frac{1}{2} H_2$$
$$OH \cdot + 器壁 \longrightarrow 失活$$

若将链转移和支化过程的三个基元反应相加可得：
$$H \cdot + 3H_2 + O_2 \longrightarrow 2H_2O + 3H \cdot$$

该式表明，在链转移和支化过程中每一个 H· 将给出 3 个 H·，因而导致反应速率急剧增大，甚至导致爆炸。亦可将支链反应机理写成如下更一般化的形式：

链引发：
$$M \xrightarrow{k_1} R \cdot （链传递物）$$

链支化：
$$R \cdot + M \xrightarrow{k_2} \alpha R \cdot + M'$$
$$R \cdot + M \xrightarrow{k_3} 产物$$
$$R \cdot \xrightarrow{k_4} 链在器壁消失$$
$$R \cdot \xrightarrow{k_5} 链在气相中消失$$

式中的 α 表示一个链传递物所产生新链传递物的个数。应用建立速率式的步骤可导得支链反应的速率式：

$$r = \frac{k_1 k_3 C_M^2}{k_3 C_M + (k_4 + k_5) - k_2(\alpha - 1)C_M} \tag{25-1-37}$$

或写成更一般的形式：

第 25 篇

$$r = \frac{F(C)}{f_S + f_C + A(1-\alpha)} \tag{25-1-38}$$

式中 A——反应物浓度的函数或常数；

$F(C)$——反应物浓度的函数；

f_S——链在器壁上消失的参数；

f_C——链在气相中消失的参数。

在支链反应中，$\alpha > 1.0$。所以，当 α 足够大或 f_S、f_C 足够小都会导致式（25-1-38）右端的分母趋于零，即：

$$f_S + f_C + A(1-\alpha) \approx 0 \tag{25-1-39}$$

即反应速率趋于无穷大而发生爆炸，所以可利用上式来寻找避免发生爆炸的条件。

1.1.11 反应速率理论简述

1.1.11.1 碰撞理论

按照碰撞理论，当反应分子相互碰撞时，只有那些具有克服反应势垒的足够能量的活化分子按一定方向进行碰撞（即有效碰撞）时才导致化学反应，所以单位体积、单位时间内反应生成的产物的分子数（反应速率）等于反应分子之间的有效碰撞数。

以反应 $\alpha_A A + \alpha_B B \longrightarrow \alpha_C C$ 为例，

$$r_C = fZ \tag{25-1-40}$$

式中 f——有效碰撞系数；

Z——1mL 物料中在 1s 内 A 与 B 的碰撞数目。

对于理想气体，根据分子运动学说可导得：

$$r_C = \sigma_{AB}^2 \left(8\pi RT \frac{M_A + M_B}{M_A M_B} \right)^{1/2} e^{-E/(RT)} C_A C_B \tag{25-1-41}$$

式中 σ_{AB}——A 与 B 碰撞的有效直径，m；

M_A，M_B——A 与 B 的分子量。

速率常数 k 与温度关系为

$$k = \sigma_{AB}^2 \left(8\pi RT \frac{M_A + M_B}{M_A M_B} \right)^{1/2} e^{-E/(RT)} \tag{25-1-42}$$

与 Arrhenius 式相比可知，指前因子 k_0 与 $T^{1/2}$ 呈正比，即

$$k_0 = \sigma_{AB}^2 \left(8\pi RT \frac{M_A + M_B}{M_A M_B} \right)^{1/2} \tag{25-1-43}$$

1.1.11.2 绝对速率理论（过渡态或活性配合物理论）

该理论以量子力学为基础，以 A+B $\longrightarrow$ C 的反应为例，假定该反应由两个基元反应所构成：

$$A + B \Longleftrightarrow (AB)^* \text{（达平衡）} \tag{25-1-44}$$

$$(AB)^* \longrightarrow C(速率控制步骤) \tag{25-1-45}$$

式中，$(AB)^*$ 为活性配合物，它分解成产物 C 的基元反应速率即为产物 C 的生成速率，而 $(AB)^*$ 的分解速率等于其分解频率 ν 与 $(AB)^*$ 浓度 $C_{(AB)^*}$ 的乘积。即

$$r_c = \nu C_{(AB)^*} \tag{25-1-46}$$

由统计力学可导得

$$\nu = KT/h \tag{25-1-47}$$

式中　K——玻尔兹曼常数，$1.380 \times 10^{-16} \mathrm{erg \cdot K^{-1}}$；

　　　h——普朗克常数，$6.624 \times 10^{-27} \mathrm{erg \cdot s}$。

$C_{(AB)^*}$ 可由平衡关系导得

$$K^* = \frac{\gamma_{(AB)^*} C_{(AB)^*}}{\gamma_A \gamma_B C_A C_B} \tag{25-1-48}$$

式中　$\gamma_{(AB)^*}$，γ_A，γ_B——$(AB)^*$、A、B 的活度系数；

　　　K^*——式（25-1-44）的平衡常数，它与标准自由能 G^* 有 $K^* = \mathrm{e}^{-\Delta G^*/(RT)}$ 关系。

从热力学可知，G^* 和焓 H^*、熵 S^* 具有 $\Delta G^* = \Delta H^* - T\Delta S^*$ 的关系，最后可得反应速率方程：

$$r_C = \frac{KT}{h} \frac{r_A r_B}{r_{(AB)^*}} \mathrm{e}^{\left(\frac{\Delta S^*}{R} - \frac{\Delta H^*}{RT}\right)} C_A C_B \tag{25-1-49}$$

与 Arrhenius 式相比可知，活化能 E 即为焓变 ΔH^*，而指前因子 k_0 与熵变有关，即

$$k_0 = \frac{KT}{h} \frac{r_A r_B}{r_{(AB)^*}} \mathrm{e}^{\Delta S^*/R} \tag{25-1-50}$$

因此，已知活性配合物 $(AB)^*$ 的结构而算出生成 $(AB)^*$ 的熵变和焓变，即可通过绝对速率理论来计算反应速率式的指前因子和反应活化能。但由于缺乏有关活性配合物的结构的知识，使得绝对速率理论受到很大的限制。

1.2　聚合反应动力学[6~9]

由低分子单体合成聚合物的反应称作聚合反应，简称聚合。与低分子化合物的合成反应相比，它不仅机理更为复杂，而且产物通常是结构单元相同但其数量与排列方式不同的同系物所组成的混合物。因此，对于聚合反应，除了要考虑单体转化率或官能团反应程度外，还需特别重视产物的分子结构及其多分散性。同样的单体，可聚合成不同分子结构的聚合物，其性能可千差万别，应用领域也大不相同。

1.2.1　聚合反应的分类和特点

1.2.1.1　分类

聚合反应有两种重要的分类方法。

一种是按单体结构和反应类型分，将聚合反应分成加成聚合（简称加聚）和缩合聚合（简称缩聚）两类。

加成聚合是由一种或一种以上的单体相互加成而生成聚合物，这通常是通过单体中的不饱和链而实现的。如苯乙烯加聚生成聚苯乙烯的反应：

$$\tag{25-1-51}$$

而缩聚反应则靠单体两端所具有的活泼基团的相互作用，缩去小分子后而连接起来。如己二胺和己二酸缩聚生成尼龙 66 的反应：

$$n[NH_2(CH_2)_6NH_2]+n[HOCO(CH_2)_4COOH]\longrightarrow$$
$$-[NH(CH_2)_6NH-CO(CH_2)_4CO]_n-+(2n-1)H_2O \tag{25-1-52}$$

也有很多不同于上述例子的聚合反应，如开环聚合反应：

$$n[NH(CH_2)_5CO] \longrightarrow [NH(CH_2)_5CO]_n \tag{25-1-53}$$

及加成缩聚反应：

$$\tag{25-1-54}$$

另一种聚合反应的分类系按聚合机理和动力学，分成连锁聚合和逐步聚合两大类。个别聚合反应可能介于两者之间。

多数烯类单体（如乙烯、丙烯、苯乙烯、氯乙烯、丁二烯等）的加聚反应属于连锁机理。连锁聚合需要活性中心，活性中心可以是自由基、阴离子或阳离子，因此有自由基聚合、阴离子聚合和阳离子聚合之分。连锁聚合过程由链引发、增长、终止等基元反应组成，各基元反应的速率和活化能差别很大。链引发形成活性中心，活性中心与单体的不断加成使链迅速增长，活性中心的破坏则导致链终止。连锁聚合中，活性链一旦被引发便迅速增长，直至终止。形成一条大分子链的时间非常短，在秒数量级；产物分子量随转化率变化不大，如图 25-1-2 中的曲线 1。如若没有链终止反应（如活性阴离子聚合），则分子量随时间不断地增大（如图 25-1-2 中的曲线 2），形成大分子链的时间可长至聚合反应结束。

多数缩聚反应属于逐步聚合，其特征是低分子转变成高分子缓慢逐步地进行，每步反应的速率和活化能大致相同。两单体分子反应，形成二聚体；二聚体与单体反应，形成三聚体；二聚体相互反应，则成四聚体。反应早期，单体很快聚合成二、三、四聚体等，这些低聚物常称作齐聚物。短期内单体转化率就很高，反应基团的转化率却很低。随后，低聚物间继续相互缩聚，分子量缓慢增加，直至基团转化率（称反应程度）很高（＞98%）时，分子

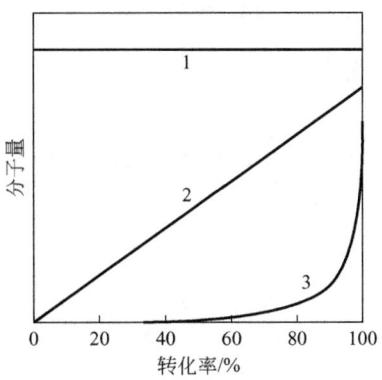

图 25-1-2 不同机理聚合反应的分子量-转化率关系

1—自由基聚合；2—活性阴离子聚合；3—缩聚反应

量才达到较高的数值，如图 25-1-2 中的曲线 3，形成大分子链的时间也可长至聚合反应结束。

加聚与缩聚之分较直观，而动力学模型的建立则需根据聚合反应的机理。

1.2.1.2　聚合物的分子结构及其多分散性

形成一条大分子链的聚合反应事实上是无数个多概率事件的组合，这就造成了聚合产物分子结构（多称链结构）的多样性和多分散性。实际聚合过程中，反应器内的温度分布、浓度分布和停留时间分布等更加剧了聚合物分子结构的多分散性。表征聚合物分子结构及其多分散性的指标通常有分子量及其分布、共聚组成及其分布、共聚单元序列分布、对映体异构、顺反异构等。

一条聚合物大分子链往往是由许多相同的、简单的重复结构单元（又称链节）连接而成的。这种重复结构单元来自单体。聚合反应时，单体分子进入到大分子链中，形成基本的结构单元。当聚合物是由一种单体加聚反应而得时，重复结构单元的元素组成与结构单元，以及单元单体完全相同。聚合物分子中所含重复结构单元的数目，也即单体单元的数目称聚合度，其与单体分子量的乘积即为聚合物分子量。聚合过程中形成的聚合物分子的聚合度往往不一样，即存在着多分散性，故需用平均聚合度或平均分子量来替代。

平均分子量有多种表示法，最常用的有：

(1) 数均分子量 $\overline{M}_n$。它的定义为：

$$\overline{M}_n = \sum_{j=2}^{\infty} M_j N_j \Big/ \sum_{j=2}^{\infty} N_j \tag{25-1-55}$$

式中，N_j 是由 j 个单体组成的（即聚合度为 j）聚合物的分子数；M_j 是单体的分子量；$\sum_{j=2}^{\infty} N_j$ 表示聚合物分子的总数。所以 $\overline{M}_n$ 是数量平均值。可以用同样的方法来定义数均聚合度 $\overline{P}_n$：

$$\overline{P}_n = \sum_{j=2}^{\infty} j[P_j] \Big/ \sum_{j=2}^{\infty} [P_j] \tag{25-1-56}$$

式中，$[P_j]$ 是聚合度为 j 的聚合物的分子浓度。显然，

$$\overline{M}_n = M \overline{P}_n \tag{25-1-57}$$

（**2**）重均分子量 $\overline{M}_w$。其定义为：

$$\overline{M}_w = \sum_{j=2}^{\infty} M_j^2 N_j \Big/ \sum_{j=2}^{\infty} M_j N_j \tag{25-1-58}$$

重均聚合度 $\overline{P}_w$ 可表示为：

$$\overline{P}_w = \sum_{j=2}^{\infty} j^2 [P_j] \Big/ \sum_{j=2}^{\infty} [P_j] \tag{25-1-59}$$

若定义 m 次矩为：

$$\mu_m = \sum_{j=2}^{\infty} j^m [P_j] \tag{25-1-60}$$

则数均聚合度及重均聚合度也可写成：

$$\overline{P}_n = \mu_1 / \mu_0 \; ; \overline{P}_w = \mu_2 / \mu_1 \tag{25-1-61}$$

（**3**）黏均分子量 $\overline{M}_\nu$，由黏度法测得，其定义为：

$$\overline{M}_\nu = \Big(\sum_{j=2}^{\infty} M_j^{\alpha+1} N_j \Big/ \sum_{j=2}^{\infty} M_j N_j \Big)^{\frac{1}{\alpha}} \tag{25-1-62}$$

式中，α 是高分子稀溶液特性黏度-分子量关系式中的指数，一般在 $0.5 \sim 0.9$ 之间。相应的黏均聚合度 $\overline{P}_\nu$ 表示为：

$$\overline{P}_\nu = (\mu_{\alpha+1} / \mu_1)^{\frac{1}{\alpha}} \tag{25-1-63}$$

三种平均分子量大小依次为：$\overline{M}_w > \overline{M}_\nu > \overline{M}_n$。测定数均、重均和黏均分子量方法各不相同。采用凝胶渗透色谱（GPC）仪，则可同时测得三种平均分子量。

至于分子量分布亦可按数量或重量为基准而定义如下：

数量为基准的分布：

$$F(j) = [P_j] \Big/ \sum_{j=2}^{\infty} [P_j] \tag{25-1-64}$$

重量为基准的分布：

$$W(j) = j [P_j] \Big/ \sum_{j=2}^{\infty} j [P_j] \tag{25-1-65}$$

一般来说，$\overline{P}_Z > \overline{P}_w > \overline{P}_n$。当分子量分布为正态分布时，则 $\overline{P}_Z : \overline{P}_w : \overline{P}_n = 3 : 2 : 1$ 这里 $\overline{P}_Z$ 为 Z 均聚合度（$\overline{P}_Z = \mu_3 / \mu_2$）；若高聚物的分子大小均一，则 $\overline{P}_Z = \overline{P}_w = \overline{P}_n$，但这显然是不可能的。通常 $\overline{P}_w$ 与 $\overline{P}_n$ 必有差别，一般可用 $\overline{P}_w / \overline{P}_n$ 这一比值来衡量分子量分布的情况：该比值愈大，分子量的分布就愈宽，故该比值又称为"分散指数"。

1. 2. 1. 3　瞬间平均聚合度和聚合度分布

上述的定义均是在聚合到一定程度后对所有的分子加以计算的积分值。对反应某一时刻生成的聚合物，它们的平均聚合度称瞬间平均聚合度，用相应的小写字母来表示。

瞬间数均聚合度 $\overline{p}_n$：

$$\overline{p}_n = \sum_{j=2}^{\infty} j r_{P_j} / \sum_{j=2}^{\infty} r_{P_j} = \frac{-r_M}{r_{P_0}} \qquad (25\text{-}1\text{-}66)$$

式中　r_{P_j}——聚合度为 j 的聚合体的生成速率；

　　　$-r_M$——单体的消耗速率；

　　　r_{P_0}——死聚体（不具反应活性的聚合体）的生成速率。

瞬间重均聚合度 $\overline{p}_w$：

$$\overline{p}_w = \sum_{j=2}^{\infty} j^2 r_{P_j} / \sum_{j=2}^{\infty} j r_{P_j} = \sum_{j=2}^{\infty} j^2 r_{P_j} / -r_M \qquad (25\text{-}1\text{-}67)$$

瞬间 Z 均聚合度 $\overline{p}_Z$：

$$\overline{p}_Z = \sum_{j=2}^{\infty} j^3 r_{P_j} / \sum_{j=2}^{\infty} j^2 r_{P_j} \qquad (25\text{-}1\text{-}68)$$

瞬间数均聚合度分布 $f(j)$：

$$f(j) = r_{P_j} / \sum_{j=2}^{\infty} r_{P_j} = \frac{r_{P_j}}{r_{P_0}} = \frac{\overline{p}_n r_{P_j}}{-r_M} \qquad (25\text{-}1\text{-}69)$$

瞬间重均聚合度分布 $w(j)$：

$$w(j) = j r_{P_j} / \sum_{j=2}^{\infty} j r_{P_j} = \frac{j r_{P_j}}{-r_M} = \frac{j f(j)}{\overline{p}_n} \qquad (25\text{-}1\text{-}70)$$

$f(j)$ 与 $F(j)$ 以及 $w(j)$ 和 $W(j)$ 之间存在着微分与积分的关系。

1.2.1.4　聚合方法

烯类单体聚合反应的主要特点之一是有较大的聚合热（见表 25-1-1），而反应对温度又十分敏感，温度增高，聚合物的分子量迅速下降，分子量分布变宽。这将严重影响聚合物的机械物理性能而导致产品不合格，因而选定好聚合方法以便有效地取走反应热量和控制温度是至关重要的。

表 25-1-1　若干单体的聚合热[11]

单体	聚合热/kJ·mol^{-1}	单体	聚合热/kJ·mol^{-1}
乙烯	106.2～109	丙烯腈	72.5
丙烯	86	醋酸乙烯	89.2
丁二烯(1,4 加成)	78.4	甲基丙烯酸甲酯	54.5～57
		甲醛	56.5
异戊二烯	74.6	氧化乙烯	94.7
苯乙烯	67～73.4	氯丁二烯	67.8
氯乙烯	96.4	丙烯酸	62.8～77.5
偏二氯乙烯	60.4	异丁烯	51.5

烯类单体的聚合反应工业常采用以下几种方法：

（1）本体聚合　聚合反应在不含溶剂的单体液体中进行。其优点是产品纯，不需多少后处理。缺点是不易移去热量，尤其是当转化率高，反应液黏度增大，则更难移去反应热而造成分子量分布宽，影响到产品的性能。本体聚合一般在多釜串联或釜塔串联的反应器中进行，以确保较大的单位体积的传热面积。

（2）溶液聚合　单体溶于适当的溶剂中进行聚合反应。其优点是可借助溶剂的强制对流或直接蒸发移去反应热、控制反应温度，尤其适用于反应速度快、催化剂又不能遇到水、产品多为弹性体的离子型聚合反应。其缺点是要进行单体和溶剂的回收、聚合体的干燥等后处理过程。对于自由基聚合，溶液聚合还可能因向溶剂的链转移而使产物的分子量偏低。自由基溶液聚合速度较慢，单只搅拌釜的单位体积传热面积一般已满足移去聚合反应热的要求。而对于快速阴离子聚合反应，则须采用多釜串联或管式反应器。

（3）悬浮聚合　将单体分散于水中并在单体液滴中进行聚合反应，这样便于解决传热问题。但悬浮聚合过程中，分散相从单体液滴变为聚合物颗粒，不仅需要加入分散剂，而且须有足够的搅拌剪切强度，以防止液滴聚并成团。因而悬浮聚合不宜采用连续聚合，一般以间歇的方式在搅拌釜中进行。

（4）乳液聚合　将单体分散在溶有乳化剂和引发剂的水介质中，反应在单体增溶的胶束中进行。它具有反应速度快、分子量高和传热效果好等优点。但由于乳化剂不易从产品中洗净，一般只用于对产品纯度要求不高的场合。乳液聚合也多在搅拌釜中进行。乳液聚合体系较稳定，故可采用连续聚合方式。工业上，为制得具有特殊结构的聚合物乳胶粒（如核壳结构的乳胶粒）常采用半连续乳液聚合的方式。

（5）淤浆聚合　将气体状乙烯或丙烯溶于高度净化的溶剂中，在负载型催化剂的作用下进行聚合反应，生成的聚合物为固体颗粒，因而聚合体系呈气-液-固淤浆状。淤浆聚合反应可在搅拌釜或环管反应器中进行。淤浆聚合的催化剂活性很高，且聚合过程中存在着聚合物复制催化剂载体形貌的现象，因此聚合体系无须引入分散剂，聚合后也无须洗去聚合物中残留的催化剂。

（6）气相聚合　将负载型催化剂和气体状乙烯或丙烯分别由中部和底部引入流化床反应器，进行气固相催化的聚合反应，生成的聚合物为固体颗粒，在反应器的底部被引出；未反应的单体则在流化床反应器的顶部流出，并与新鲜单体一起被引入反应器。气相聚合的催化剂活性也很高，也存在着聚合物颗粒形貌的复制现象。传统的气相聚合反应，因流化床反应器撤热能力的限制，单体的单程转化率被限定在很低的范围。目前，不少企业采取将沸点接近于聚合温度的惰性溶剂也引入到流化床反应器中，以求通过惰性溶剂在反应器内的汽化来提高反应器的撤热能力。采用这一方法，可使单体的单程转化率提高数倍。

逐步聚合的反应热不大。工业上常采用熔融聚合、溶液聚合、界面缩聚和固相缩聚等四种聚合方法：

（1）熔融聚合　类似于本体聚合，只有单体和少量催化剂（如需要），产物纯净。因聚合产物易结晶，聚合多在单体和聚合物熔点以上的温度进行。因聚合热不大，往往还须加热以弥补反应器的热损失。对于平衡缩聚反应，为提高聚合物的分子量，须减压脱除副产物。熔融缩聚在大部分时间内产物的分子量和体系黏度不高，物料的混合和低分子物的脱除并不困难。只在聚合的后期对反应器中小分子的扩散传质才有更高的要求，因而工业上一般将后缩聚反应置于具有良好扩散传质能力的特殊反应器中。

（2）**溶液聚合**　单体加催化剂在适当的溶剂（包括水）中进行聚合。所用的单体一般活性较高，聚合产物呈无定形，聚合温度可以较低，副反应也较少。如属平衡缩聚，则通过蒸馏或加碱成盐除去副产物。如前所述，溶液聚合的缺点是要回收溶剂，聚合物中残余溶剂的脱挥也比较困难。

（3）**界面缩聚**　两种单体分别溶于水和有机溶剂中，在界面处进行聚合。界面缩聚单体间的反应活性很高，例如二元胺和二酰氯，在室温下就能很快聚合，聚合速率受扩散控制。工业实施时，应有足够的搅拌强度。界面缩聚不必严格控制两单体的等基团数，且反应快、分子量较熔融聚合产物高，但原料酰氯较贵，溶剂用量多，回收麻烦。

（4）**固相缩聚**　发生在聚合物固体颗粒中，通常是熔融缩聚的补充，以进一步提高聚合物的分子量（因聚合物的特性黏数得以提高，故工业上称为增黏）。固相缩聚一般在移动床反应器中进行，聚合物颗粒从移动床反应器的顶部引入，连续地下行，热氮气或空气由底部进入反应器，在加热聚合物颗粒的同时带走因缩聚产生的小分子。聚合反应在接近聚合物熔点的温度下进行。温度越低，聚合物颗粒的结晶度越高，缩聚反应及小分子的扩散越困难。温度过高，则聚合物颗粒易粘连，不利于工业操作。

1.2.2　缩聚动力学

缩聚是一可逆反应，一般可写成如下反应式：

$$n\,aAa + n\,bBb \Longrightarrow a(AB)_n b + (2n-1)ab \tag{25-1-71}$$

式中，a 和 b 分别表示单体 A 和 B 两端的活性基团。以聚酯为例，单体中的一类活性基团为羧基，另一类活性基团为羟基，如聚合不外加强酸催化剂，而靠羧基自身的催化作用，并以羧基的消失速率表示反应速率，则其速率式可写成：

$$-\frac{d[COOH]}{dt} = k[-COOH][-COOH][-OH]$$

当官能团是等当量的，并以 [M] 表示羧基的浓度，则速率式可写成

$$-\frac{d[M]}{dt} = k\,[M]^3 \tag{25-1-72}$$

如用外加强酸催化剂，则反应速率式为

$$-\frac{d[M]}{dt} = k'[M]^2 \tag{25-1-73}$$

以 N_0 表示官能团 a 的起始数；N 表示反应后 a 的剩余数，定义 a 的反应程度 $p = \dfrac{N_0 - N}{N_0}$，则 p 与数均聚合度 $\overline{P}_n$ 之间有如下关系：

$$p = \frac{N_0 - N}{N_0} = 1 - \frac{1}{P_n} \tag{25-1-74}$$

或

$$\overline{P}_n = \frac{1}{1-p} \tag{25-1-75}$$

重均聚合度 $\overline{P}_w$，为：

$$\overline{P}_w = \frac{1+p}{1-p} \tag{25-1-76}$$

代表分子量分布宽度的分散度 $\overline{D}$ 为：

$$\overline{D} = \frac{\overline{P}_w}{\overline{P}_n} = 1+p \tag{25-1-77}$$

当两种官能团数目不等，且其比为 $\beta = \dfrac{N_a}{N_b}$ 时，则 $\overline{P}_n$ 与 p 有如下关系：

$$\overline{P}_n = \frac{1+\beta}{2\beta(1-p)(1-\beta)} \tag{25-1-78}$$

缩聚通常是分步进行的，在很短的时间内单体即可达很高的转化率，但产物的聚合度不高，以后这些低聚物再逐步缩合成高聚物。为获得高聚合度的产物，应注意：①尽量将生成的低分子物从系统中排除掉；②严格保持原料单体中官能团数的等当量。

1.2.3　加聚反应动力学

属于连锁反应机理，而根据连锁聚合活性中心的不同，又分为自由基（或游离基）聚合和离子型聚合两种。

1.2.3.1　自由基聚合[7,8,10]

自由基聚合由链的引发、增长、终止和转移等各基元反应所组成，表 25-1-2 列出了上述这些基元反应和相应的速率式。根据这些基元反应的组合并应用拟定态假定可以导出总反应速率 $-\dfrac{d[M]}{dt}$ 的表达式，在生成高分子的场合，总反应速率可视为等于链增长速率，即：

$$r = -\frac{d[M]}{dt} = k_p[M][P^*] \tag{25-1-79}$$

式中　　$[P^*]$ ——　$[P^*] = \displaystyle\sum_{j=1}^{\infty} P_j^*$ 系活性链的总浓度；

$\qquad P_j^*$ ——链长为 j 的活性链的浓度；

$\qquad [M]$ ——单体的浓度；

$\qquad k_p$ ——链增长反应的速率常数。

表 25-1-3～表 25-1-5 分别为若干引发剂的分解速率常数、引发效率及若干单体的增长速率常数和终止速率常数。表 25-1-6～表 25-1-8 为若干链转移常数。

表 25-1-2　自由基聚合反应的机理和基元反应速率式

基元反应	速率式	公式号
引发： 光引发 $M \rightarrow P_1^*$ 引发剂引发	$r_i = f(I)$	(25-1-80)
$I \xrightarrow{k_d} 2R_0$	$r_d = 2k_d f[I]$	(25-1-81)

基元反应	速率式	公式号
$R_0 + M \xrightarrow{k_i} P_1^*$ 双分子热引发	$r_i = k_i[R_0][M]$	(25-1-82)
$M + M \xrightarrow{k_i} P_1^* + P_1^*$	$r_i = 2k_i[M]^2$	(25-1-83)
增长 $P_j^* + M \xrightarrow{k_p} P_{j+1}^*$	$r_p = k_p[M][P^*]$	(25-1-84)
转移: 向单体转移 $P_j^* + M \xrightarrow{k_{fM}} P_j + P_1^*$ 向溶剂转移 $P_j^* + S \xrightarrow{k_{fs}} P_j + S^*$	$r_{fM} = k_{fM}[M][P^*]$ $r_{fs} = k_{fs}[S][P^*]$	(25-1-85) (25-1-86)
终止: 单基终止 $P_j^* \xrightarrow{k_{t1}} P_j$ 双基终止 歧化 $P_j^* + P_i^* \xrightarrow{k_{td}} P_j + P_i$ 偶合 $P_j^* + P_i^* \xrightarrow{k_{tc}} P_{j+i}$	$r_{t1} = k_{t1}[P^*]$ $r_{td} = k_{td}[P^*]^2$ $r_{tc} = k_{tc}[P^*]^2$	(25-1-87) (25-1-88) (25-1-89)

注: 表中式(25-1-80) 中的 I 为光强度; 式(25-1-81) 中的 $[I]$ 为引发剂浓度, f 为引发效率。$P^* = \sum_j P_j^*$ 。

表 25-1-3 若干引发剂的分解速率常数 k_d

引发剂	溶剂	温度/℃	k_d/s^{-1}
过氧化苯甲酰(BPO)	苯	60	1.96×10^{-6}
	苯	T/K	$6.0 \times 10^{14} \exp \dfrac{-30700}{RT}$
偶氮二异丁腈(ABIN)	各种溶剂	60	11.5×10^{-6}
过氧化十二酰(LPO)	苯	60	9.17×10^{-6}
过氧化氢异丙苯(CHP)	苯-苯乙烯	T/K	$2.7 \times 10^{12} \exp \dfrac{-30400}{RT}$

表 25-1-4 若干引发剂的引发效率 f

单体	引发剂	条件	f
苯乙烯	BPO	本体,60℃	0.52
	BPO	苯,60℃	1.00
	ABIN	本体,60℃	0.70
	ABIN	苯,60℃	0.435
丙烯腈	ABIN	95%乙醇,55℃	1.00
醋酸乙烯	ABIN	本体,55℃	0.83
	ABIN	54%乙醇,55℃	0.64
氯乙烯	ABIN	67%丙酮,55℃	0.77
	ABIN	52%丙酮,55℃	0.70

表 25-1-5　若干单体的增长速率常数和终止速率常数

单体	$k_p/mol \cdot s^{-1}$		$E_p/$ /kJ·mol^{-1}	$A_p \times 10^{-7}$	$k_t \times 10^{-7}/mol \cdot s^{-1}$		$E_t/$ /kJ·mol^{-1}	$A_t \times 10^{-9}$
	30℃	60℃			30℃	60℃		
醋酸乙烯	1240	3700	30.5	24	3.1	7.4	2108	210
苯乙烯	55	176	30.5	2.2	2.5	2.5	10.05	1.3
甲基丙烯酸甲酯	143	367	26.3	0.51	0.61	0.61	11.72	0.7
氯乙烯	—	12300	—	—	—	—	—	—
丁二烯	—	100	38.9	12	—	—	—	—
异戊二烯	—	50	38.9	12	—	—	—	—

表 25-1-6　向单体的链转移常数（60℃）（$C_M = k_{fm}/k_p$）

单体	丙烯酰胺	丙烯腈	丙烯酸甲酯	甲基丙烯酸甲酯	苯乙烯	醋酸乙烯	氯乙烯(30℃)
$C_M \times 10^4$	0.6	0.26～0.3	0.036～0.325	0.07～0.18	0.6～1.1	1.75～2.3	6.25

表 25-1-7　向引发剂的链转移常数（60℃）

引发剂	$C_I (= k_{fI}/k_p)$		引发剂	$C_I (= k_{fI}/k_p)$	
	在苯乙烯聚合中	在甲基丙烯酸甲酯聚合中		在苯乙烯聚合中	在甲基丙烯酸甲酯聚合中
ABIN	0	0	BPO	0.048～0.055	0.02
CPO	0.01	—	t-BuPO	0.035	1.27
LPO(70℃)	0.024	—	CHP	0.063	0.33

表 25-1-8　向溶剂的链转移常数（60℃）

溶剂	$C_S (= k_{fs}/k_p) \times 10^4$		溶剂	$C_S (= k_{fs}/k_p) \times 10^4$	
	苯乙烯聚合	醋酸乙烯聚合		苯乙烯聚合	醋酸乙烯聚合
苯	0.023	1.2	丙酮	0.40(30℃)	11.7
环氧乙烷	0.031	7.0	氯仿	0.5	150
庚烷	0.42	17.0(50℃)	四氯化碳	90	9600
甲苯	0.125	21.6	正丁基硫醇	210000	480000

　　当聚合反应场所的黏度不是很高的情况下，自由基聚合反应均能满足拟定常态假定，因而可以方便地利用表 25-1-2 所示的机理来导出自由基反应的各种动力学方程式（见表 25-1-9）。累积的数均聚合度 $\overline{P}_n$ 则可按式（25-1-90）计算：

$$\frac{1}{\overline{P}_n} = \frac{1}{[M]_0 - [M]} \int_{[M]}^{[M]_0} \frac{1}{\overline{P}_n} d[M] \tag{25-1-90}$$

　　式中，[M] 表示单位的浓度；下标 0 表示初始值。

　　当聚合反应场所的黏度较高时，长链自由基的扩散发生困难，自由基的双基终止无论歧化或是偶合，速度均大幅度下降（随转化率的升高，双基终止速率系数不断大幅下降），自由基的浓度因此而大大增加，拟定常态假定不适用，学界称为"凝胶效应"。这时，聚合反应速率上升，即出现"自动加速"现象；聚合产物的聚合度也上升。因此，表 25-1-9 中歧化终止和偶合终止两行的各表达式均不适用。但若聚合体系的终止反应仅是单基终止，则因

表 25-1-9　拟定常态自由基聚合动力学的一些结果

r_t	r_i	$[P^*]$	$r_i=\dfrac{-d[M]}{dt}$	$1/\bar{P}$	$-d[P_j]/d[M]$	$\dfrac{[M]}{[M]_0}$
$k_{tl}[P^*]$ （单基终止）	$f(I)$	$f[I]/k_{tl}$	$\dfrac{f[I]k_p[M]}{k_{tl}}$			$\exp\dfrac{-f(I)k_p t}{k_{tl}}$
	$2fk_d[I]$	$\dfrac{2fk_d[I]}{k_{tl}}$	$\dfrac{2fk_dk_p[I][M]}{k_{tl}}$	$\dfrac{k_{fm}}{k_p[M]}+\dfrac{k_{tl}}{k_p[M]}$	$\xi^2(1+\xi)^{-1}$	$\exp\dfrac{-2fk_dk_p[I]}{k_{tl}}t$
	$k_i[M]^2$	$k_i[M]^2/k_{tl}$	$k_ik_p[M]^3/k_{tl}$			$\left(1+\dfrac{2k_ik_p[M]_0^2}{k_{tl}}t\right)^{-1/2}$
$k_d[P^*]^2$ （歧化终止）	$f(I)$	$[f[I]/k_{td}]^{\frac12}$	$k_p\left(\dfrac{f[I]}{k_{td}}\right)^{\frac12}[M]$	$\dfrac{(f[I]k_{td})^{\frac12}}{k_p[M]}+\dfrac{k_{fm}}{k_p}$		$\exp\left\{-k_p\left[\dfrac{f(I)}{k_{td}}\right]^{\frac12}t\right\}$
	$2fk_d[I]$	$\left(\dfrac{2fk_d[I]}{k_{td}}\right)^{\frac12}$	$k_p\left(\dfrac{2fk_d[I]}{k_{td}}\right)^{\frac12}[M]$	$\dfrac{k_{fm}+(2fk_dk_{td}[I])^{\frac12}}{k_p[M]}$	$\xi^2(1+\xi)^{-1}$	$\exp\left\{-k_pt\left(\dfrac{2fk_d[I]}{k_{td}}\right)^{\frac12}\right\}$
	$k_i[M]^2$	$\left(\dfrac{k_i}{k_{td}}\right)^{\frac12}[M]$	$k_p\left(\dfrac{k_i}{k_{td}}\right)^{\frac12}[M]^2$	$\dfrac{(k_ik_{td})^{\frac12}}{k_p}+\dfrac{k_{fm}}{k_p}$		$\left\{1+k_p\left(\dfrac{k_t}{k_{td}}\right)^{\frac12}[M]_0t\right\}^{-1}$
$k_{tc}[P^*]^2$ （偶合终止）	$f(I)$	同歧化	同歧化	$\left\{\dfrac{[f(I)k_{tc}]^{\frac12}}{2k_p[M]}(j-1)+\dfrac{k_t}{k_p}\xi\right\}(1+\xi)^{-1}$	$\left\{\dfrac{[f(I)k_{tc}]^{\frac12}}{2k_p[M]}\xi^2(j-1)+\dfrac{k_t}{k_p}\xi\right\}(1+\xi)^{-1}$	$\exp\left\{-k_p\left[\dfrac{f(I)}{k_{tc}}\right]^{\frac12}t\right\}$
	$2fk_d[I]$	同歧化	同歧化	$\dfrac{(k_ik_{tc})^{\frac12}}{k_p}+\dfrac{k_{fm}}{k_p}$	以 $2fk_d[I]$ 代替上式中的 $f(I)$ 即可	$\left\{1+k_p\left(\dfrac{k_t}{k_{tc}}\right)^{\frac12}[M]_0t\right\}^{-1}$
	$k_i[M]^2$	同歧化	同歧化	$\dfrac{(k_ik_{tc})^{\frac12}}{k_p}+\dfrac{k_{fm}}{k_p}$	$\left[\dfrac{(2k_ik_{tc})^{\frac12}}{k_p}\xi^2(j-1)+\dfrac{k_{fm}}{k_p}\xi\right](1+\xi)^{-1}$	

注：除偶合终止外，$\xi=1/\bar{P}$。

其与增长反应类似，为长链自由基与小分子的反应，所以拟定常态假定仍基本适用。

当聚合反应场所的黏度很高时，单体小分子的扩散也发生困难，增长反应的速率系数及聚合速率也开始大幅下降，学界称为"玻璃化效应"。这时，表 25-1-9 中的各式均不适用。

有关自由基聚合增长速率和终止速率系数与聚合体系黏度或单体转化率的关系式参见文献 [10,13]。

1.2.3.2   自由基共聚[12]

以上讨论仅限于只有一种单体所进行的自由基聚合反应，又称"均聚反应"，所生成的聚合物为均聚物。有两种（或两种以上）单体所进行的自由基聚合反应称共聚合反应，相应的高分子产物称为共聚物。共聚反应可以改善聚合物产品的性能，扩大品种与使用范围。

以 M_1、M_2 两个单体的共聚为例，可以有下列四种链增长反应。

$$\begin{array}{cc}
\text{增长反应} & \text{速率式} \\
M_1^* + M_1 \xrightarrow{k_{11}} M_1^* & k_{11}[M_1^*][M_1] \\
M_1^* + M_2 \xrightarrow{k_{12}} M_2^* & k_{12}[M_1^*][M_2] \\
M_2^* + M_1 \xrightarrow{k_{21}} M_1^* & k_{21}[M_2^*][M_1] \\
M_2^* + M_2 \xrightarrow{k_{22}} M_2^* & k_{22}[M_2^*][M_2]
\end{array}$$

应用拟定常态假定，则末端为 M_1、M_2 的活性链浓度 $[M_1^*]$ 和 $[M_2^*]$ 恒定，可得：

$$\frac{-d[M_1]}{-d[M_2]} = \frac{[M_1]}{[M_2]} \times \frac{\gamma_1[M_1]+[M_2]}{\gamma_2[M_2]+[M_1]} = \frac{[m_1]}{[m_2]} \qquad (25\text{-}1\text{-}91)$$

式中，$\gamma_1 = k_{11}/k_{12}$；$\gamma_2 = k_{22}/k_{21}$。它们代表两种单体的反应活性之比，通常称为竞聚率，由实验测得。表 25-1-10 为某些自由基共聚的竞聚率数值。$[m_1]/[m_2]$ 代表瞬间进入聚合物中的单体比，它等于单体的瞬间消失比。对式(25-1-91) 积分，得：

$$\ln\frac{[M_1]}{[M_2]} = \frac{1-\gamma_1\gamma_2}{(1-\gamma_1)(1-\gamma_2)} \ln \frac{(\gamma_1-1)\dfrac{[M_2]}{[M_1]}-\gamma_2+1}{(\gamma_1-1)\dfrac{[M_2]_0}{[M_1]_0}-\gamma_2+1} \qquad (25\text{-}1\text{-}92)$$

式中，$[M_1]_0$ 及 $[M_2]_0$ 分别表示单体 M_1 和 M_2 的起始浓度。

表 25-1-10   某些二元单体自由基共聚的竞聚率数值

M_1	M_2	γ_1	γ_2	$\gamma_1\gamma_2$	$T/℃$
苯乙烯	丁二烯	0.78 ± 0.01	1.39 ± 0.03	1.08	60
苯乙烯	甲基丙烯酸甲酯	0.520 ± 0.026	0.46 ± 0.026	0.24	60
醋酸乙烯	氯乙烯	0.23 ± 0.02	1.68 ± 0.08	0.38	60
丙烯腈	丁二烯	0.00 ± 0.04	0.35 ± 0.08	<0.016	50
偏二氯乙烯	氯乙烯	1.8 ± 0.5	0.2 ± 0.2		45
丁二烯	对氯苯乙烯	1.07	0.42	0.5	50
四氯乙烯	三氟氯乙烯	1.0	1.0		60

若以 f_1 表示单体中 M_1 的摩尔分数，则

$$f_1 = \frac{[M_1]}{[M_1] + [M_2]} \qquad (25\text{-}1\text{-}93)$$

以 F_1 表示瞬间生成的共聚体中 M_1 的摩尔分数，则

$$F_1 = \frac{d[M_1]}{d([M_1] + [M_2])} \qquad (25\text{-}1\text{-}94)$$

F_1 和 f_1 之间存在如下关系：

$$F_1 = \frac{(\gamma_1 - 1)f_1^2 + f_1}{(\gamma_1 + \gamma_2 - 2)f_1^2 + 2(1 - \gamma_2)f_1 + \gamma_2} \qquad (25\text{-}1\text{-}95)$$

上式表示了单体中的组成与聚合物组成之间的关系。图 25-1-3 给出了不同竞聚率 γ_1、γ_2 条件下 F_1 与 f_1 之间关系。图中曲线 a 为 $\gamma_1 > 1$ 和 $\gamma_2 < 1$ 的情况，表示 M_2 结合到 M_1^* 或 M_2^* 上的能力都比 M_1 弱，因此共聚物中 M_1 的摩尔分数 F_1 高于单体中的摩尔分数 f_1；曲线 d 的情况恰恰相反；而曲线 b 和 c 均与对角线有交点，即所谓恒比点。在此交点处 F_1 和 f_1 相同。累积的共聚物组成 $\langle F_1 \rangle$ 可由物料衡算获得：

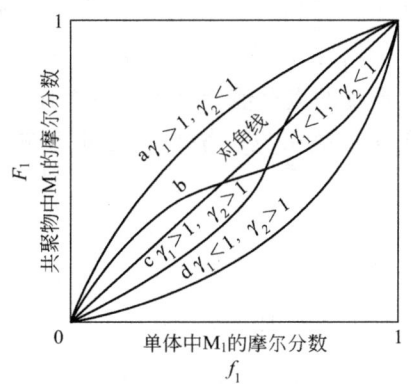

图 25-1-3 单体组成 f_1 与共聚物组成 F_1 的关系

$$\langle F_1 \rangle = [f_{10} - f_1([M]/[M]_0)] / [1 - ([M]/[M]_0)] \qquad (25\text{-}1\text{-}96)$$

对于多元共聚亦可类似地加以处理，如 M_1、M_2 和 M_3 三种单体共聚，可有下述 9 个增长反应：

增长反应	速率式
$M_1^* + M_1 \xrightarrow{k_{11}} M_1^*$	$k_{11}[M_1^*][M_1]$
$M_1^* + M_2 \xrightarrow{k_{12}} M_2^*$	$k_{12}[M_1^*][M_2]$
$M_1^* + M_3 \xrightarrow{k_{13}} M_3^*$	$k_{13}[M_1^*][M_3]$
$M_2^* + M_1 \xrightarrow{k_{21}} M_1^*$	$k_{21}[M_2^*][M_1]$

$$M_2^* + M_2 \xrightarrow{k_{22}} M_2^* \qquad k_{22}[M_2^*][M_2]$$

$$M_2^* + M_3 \xrightarrow{k_{23}} M_3^* \qquad k_{23}[M_2^*][M_3]$$

$$M_3^* + M_1 \xrightarrow{k_{31}} M_1^* \qquad k_{31}[M_3^*][M_1]$$

$$M_3^* + M_2 \xrightarrow{k_{32}} M_2^* \qquad k_{32}[M_3^*][M_2]$$

$$M_3^* + M_3 \xrightarrow{k_{33}} M_3^* \qquad k_{33}[M_3^*][M_3]$$

应用拟定常态假定，可求得三元共聚物的瞬间组成的关系：

$$-d[M_1] : -d[M_2] : -d[M_3] = [m_1] : [m_2] : [m_3]$$

$$= [M_1]\left(\frac{[M_1]}{r_{31}r_{21}} + \frac{[M_2]}{r_{21}r_{32}} + \frac{[M_3]}{r_{31}r_{23}}\right)\left([M_1] + \frac{[M_2]}{r_{12}} + \frac{[M_3]}{r_{13}}\right)$$

$$: [M_2]\left(\frac{[M_1]}{r_{12}r_{31}} + \frac{[M_2]}{r_{12}r_{32}} + \frac{[M_3]}{r_{32}r_{13}}\right)\left([M_2] + \frac{[M_1]}{r_{21}} + \frac{[M_3]}{r_{23}}\right) \qquad (95\text{-}1\text{-}97)$$

$$: [M_3]\left(\frac{[M_1]}{r_{13}r_{21}} + \frac{[M_2]}{r_{23}r_{12}} + \frac{[M_3]}{r_{13}r_{23}}\right)\left([M_3] + \frac{[M_1]}{r_{31}} + \frac{[M_2]}{r_{32}}\right)$$

式中，$r_{12} = k_{11}/k_{12}$；$r_{13} = k_{11}/k_{13}$；$r_{21} = k_{22}/k_{21}$；$r_{23} = k_{22}/k_{23}$；$r_{31} = k_{33}/k_{31}$；$r_{32} = k_{33}/k_{32}$。所以，只要有了二元系统的竞聚值就可以算出多元系统的瞬间组成。

与处理均聚反应相同，可以按链引发、增长、终止和转移等步骤写出二元共聚的机理式：

步骤	反应	速率式
引发：		

分解 $\quad I \xrightarrow{k_d} 2R_0 \qquad\qquad r_i = 2k_d[I]$

引发 $\quad R_0 + M_1 \xrightarrow{k_{i1}} M_1^* \qquad\qquad r_{i1}$

$\qquad\quad R_0 + M_2 \xrightarrow{k_{i2}} M_2^* \qquad\qquad r_{i2}$

增长： $\quad M_1^* + M_1 \xrightarrow{k_{11}} M_1^* \qquad k_{11}[M_1^*][M_1]$

$\qquad\qquad M_1^* + M_2 \xrightarrow{k_{12}} M_2^* \qquad k_{12}[M_1^*][M_2]$

$\qquad\qquad M_2^* + M_1 \xrightarrow{k_{21}} M_1^* \qquad k_{21}[M_2^*][M_1]$

$\qquad\qquad M_2^* + M_2 \xrightarrow{k_{22}} M_2^* \qquad k_{22}[M_2^*][M_2]$

终止： $\quad M_1^* + M_1^* \xrightarrow{k_{t11}} \sigma P \qquad k_{t11}[M_1^*]^2$

$\qquad\qquad M_1^* + M_2^* \xrightarrow{k_{t12}} \sigma P \qquad k_{t12}[M_1^*][M_2^*]$

$\qquad\qquad M_2^* + M_2^* \xrightarrow{k_{t22}} \sigma P \qquad k_{t22}[M_2^*]^2$

偶合终止 $\sigma=1$，歧化终止 $\sigma=2$

转移：

$$M_1^* + M_1 \xrightarrow{k_{M11}} P + M_1^* \qquad k_{M11}[M_1^*][M_1]$$

$$M_1^* + M_2 \xrightarrow{k_{M12}} P + M_2^* \qquad k_{M12}[M_1^*][M_2]$$

$$M_2^* + M_1 \xrightarrow{k_{M21}} P + M_1^* \qquad k_{M21}[M_2^*][M_1]$$

$$M_2^* + M_2 \xrightarrow{k_{M22}} P + M_2^* \qquad k_{M22}[M_2^*][M_2]$$

根据拟定常态假定，则两种自由基浓度 $[M_1^*]$、$[M_2^*]$ 恒定，引发速率等于终止速率（即 $r_i = r_{i1} + r_{i2} = r_t$），且共聚速率可以用增长速率来代替，即可导出共聚速率式。当不考虑链转移时，

$$-\frac{d([M_1]+[M_2])}{dt}=\frac{r_i^{\frac{1}{2}}(\gamma_1[M_1]^2+2[M_1][M_2]+\gamma_2[M_2]^2)}{(\delta_1^2\gamma_1^2[M_1]^2+2\phi\gamma_1\gamma_2\delta_1\delta_2[M_1][M_2]+\delta_2^2\gamma_2^2[M_2]^2)^{\frac{1}{2}}}$$

$$(25\text{-}1\text{-}98)$$

式中

$$\delta_1=(2k_{t11}/k_{11}^2)^{\frac{1}{2}};\ \delta_2=(2k_{t22}/k_{22}^2)^{\frac{1}{2}};\ \phi=k_{t12}/[2(k_{t11}k_{t22})^{\frac{1}{2}}] \qquad (25\text{-}1\text{-}99)$$

因为瞬间平均聚合度等于总的单体消失速率与死聚物 P 的增长速率之比，故当不考虑链转移时的瞬间平均聚合度 $\overline{p_{n,0}}$ 为：

$$\overline{p_{n,0}}=\frac{\gamma_1[M_1]^2+2[M_1][M_2]+\gamma_2[M_2]^2}{\left(\frac{1}{2}\sigma\right)r_i^{\frac{1}{2}}(\delta_1^2\gamma_1^2[M_1]^2+2\phi\gamma_1\gamma_2\delta_1\delta_2[M_1][M_2]+\delta_2^2\gamma_2^2[M_2]^2)^{\frac{1}{2}}}$$

$$(25\text{-}1\text{-}100)$$

若考虑链转移反应，瞬间平均聚合度 $\overline{p_n}$ 为：

$$\frac{1}{\overline{p_n}}=\frac{1}{\overline{p_{n,0}}}+\frac{C_{M11}r_1[M_1]^2+(C_{M12}+C_{M21})[M_1][M_2]+C_{M22}r_2[M_2]^2}{r_1[M_1]^2+2[M_1][M_2]+r_2[M_2]^2}$$

$$(25\text{-}1\text{-}101)$$

式中，$C_{M11}=k_{M11}/k_{11}$；$C_{M22}=k_{M22}/k_{22}$；$C_{M12}=k_{M12}/k_{12}$；$C_{M21}=k_{M21}/k_{21}$。

关于共聚反应动力学的详尽资料可见文献 [11，12]。

1.2.3.3 乳液聚合[7,8,13]

上述自由基聚合反应均为均相聚合反应。悬浮聚合与乳液聚合属于非均相聚合反应。悬浮聚合的反应场所为单体液滴，聚合体系如同无数个本体聚合反应器分散在水介质中，因此其聚合动力学与本体聚合反应类似。

经典乳液聚合体系的相态特征如图 25-1-4 所示，聚合发生前单体、乳化剂分别处在水溶液、胶束（或单体增溶胶束）和单体液滴三相中。水溶性引发剂在水中分解成初级自由基，引发微溶于水中的单体并增长成短链自由基。短链自由基只增长少量的单体单元就与初级自由基一起被单体增溶胶束所捕获，引发其中的单体聚合而成核再成乳胶粒。因单体液滴

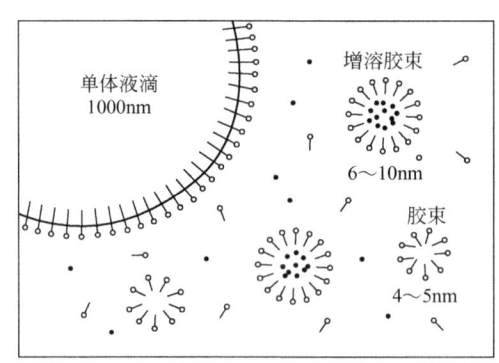

图 25-1-4 经典乳液聚合体系的相态特征

数是增溶胶束和乳胶粒数的百万分之一，虽其直径较大，但表面积仍远小于增溶胶束和乳胶粒，故其捕捉水相中自由基的能力极小，只能作为单体的仓库不断为聚合反应提供原料，故聚合反应的场所为乳胶粒。聚合速率和瞬时数均聚合度的表达式分别为：

$$r = N_p k_p [M^p] \overline{n} / N_A \tag{25-1-102}$$

$$\overline{p_n} = \frac{r_p}{r_i} = N_p k_p [M^p] \overline{n} / R_i \tag{25-1-103}$$

式中，r_p 为一个乳胶粒中的增长速率；r_i 为一个乳胶粒中的引发速率；N_p 为单位体积反应器中乳胶粒的个数，与乳化剂的种类和浓度及引发速率有关，约 $10^{16} \sim 10^{18}$ L^{-1}；k_p 为单体的增长速率常数；$[M^p]$ 为乳胶粒内的单体浓度，可通过单体的相平衡来计算；$\overline{n}$ 为乳胶粒内的平均自由基数，个；N_A 为阿伏伽德罗常数；R_i 为总引发速率。

随着聚合反应的进行，乳胶粒内的单体由单体液滴通过水相扩散来补充，且构成动平衡，保持浓度不变；同时，原来构成胶束的乳化剂不足以覆盖逐渐长大的乳胶粒表面，于是就由未曾成核的胶束中乳化剂通过水相扩散来补充，直至体系中不再存在未成核的胶束，即成核期结束，称乳液聚合的第 I 阶段。因反应初期的乳胶粒较小（仅十几纳米），只能容纳 1 个自由基。水相中的第 2 个自由基一旦进入乳胶粒，即发生双基终止，使乳胶粒内的自由基数变为零。第 3 个自由基进入胶粒后，又引发聚合；第 4 个自由基进入，再终止；如此反复进行，乳胶粒中的自由基数在 0 和 1 之间，称为 0-1 系；乳胶粒内的平均自由基数 $\overline{n}$ = 0.5。因此，乳液聚合第 I 阶段的聚合速率随 N_p 的增加而不断增加。

第 I 阶段结束后，N_p 不再增加，聚合速率保持不变，直至单体液滴消失，即乳液聚合的第 II 阶段。

随着单体液滴的消失，$[M^p]$ 不再保持恒定，聚合速率随之不断减小，聚合反应进入第 III 阶段。

各阶段乳液聚合动力学曲线见图 25-1-5。

实际聚合体系中，在反应的中后期，乳胶粒变大，自由基的"隔离作用"变弱，每个乳胶粒也可能容纳几个自由基（$\overline{n} \geqslant 0.5$），且同时引发链增长。$\overline{n}$ 的确定，对于聚合速率和聚合度的测算十分重要，许多研究者作了尝试，但非常繁杂，不仅应用范围有限，而且使用不方便[13]。Li 和 Brooks[14] 基于乳胶粒内的自由基数呈二项分布的假定，提出了如下乳胶粒内平均自由基数的测算方程：

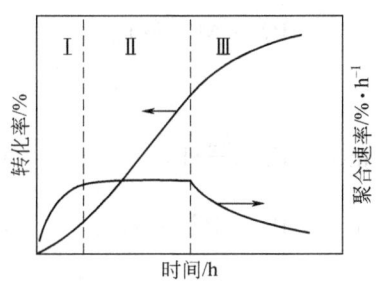

图 25-1-5 乳液聚合动力学曲线示意图

Ⅰ—增速期；Ⅱ—恒速期；Ⅲ—降速期

$$\frac{\mathrm{d}\overline{n}}{\mathrm{d}t} = \sigma - k\overline{n} - 2\chi\left(\sum_{i=0}^{\infty}i^2\upsilon_i - \overline{n}\right) \tag{25-1-104}$$

式中，σ 为自由基被乳胶粒捕获的速率；k 为自由基从乳胶粒中脱离的速率常数；χ 为自由基在乳胶粒中双基终止速率常数；υ_i 为含 i 个自由基的乳胶粒数与总乳胶粒数之比。

式(25-1-104) 的积分形式为：

$$\overline{n} = \frac{2\sigma(1-\mathrm{e}^{-qt})}{(k+q)-(k-q)\mathrm{e}^{-qt}} \tag{25-1-105}$$

当时间 t 较大时，聚合体系处于拟定常态时，

$$\overline{n} = \frac{2\sigma}{k+q} \tag{25-1-106}$$

式中，$q = \sqrt{k^2 + 4\sigma f\chi}$；$f = \dfrac{2(2\sigma+k)}{2\sigma+k+\chi}$。

式(25-1-105) 和式(25-1-106) 十分简明，应用方便，且适用范围广，称为 Li-Brooks 公式[15]，并被 *Polymer Reaction Engineering Handbook*[13] 推荐使用。

有两种情况可导致液滴成核：一是液滴小而多，表面积与增溶胶束相当，可参与吸附水中形成的自由基，引发成核，而后发育成胶粒；另一是用油溶性引发剂，溶于单体液滴内，就地引发聚合，类似液滴内的本体聚合。细乳液聚合具备这双重条件，因此是液滴成核。

1.2.3.4 离子型聚合[7,8,13,16]

离子型聚合通常都是溶液聚合。溶剂分子对离子的形态有重要影响，可以有两类离子形态：自由离子（以 $P^\vee$ 及 $B^\wedge$ 表示，$\vee$，$\wedge$ 表示相反的两种离子）和离子对（以 $P^\vee : B^\wedge$ 表示）。

自由离子可以独立自由地运动，可由催化剂活性组分或活性配合物分解成两个自由离子 $A^\vee$ 及 $B^\wedge$：

$$C \Longrightarrow A^\vee + B^\wedge \qquad K(\text{平衡常数}) = \frac{[C]}{[A][B]} \tag{25-1-107}$$

然后再按下述机理进行离子型聚合：

步骤	反应	速率式
引发：	$A^\vee + M \xrightarrow{k_i} P_1^\vee$	$r_i = k_i[A^\vee][M]$

增长：$\qquad$ $P_j^{\vee} + M \xrightarrow{k_p} P_{j+1}^{\vee}$ $\qquad$ $r_p = k_p [P^{\vee}][M]$

终止：

单基终止 $\qquad$ $P_j^{\vee} \xrightarrow{k_{t1}} P_j$ $\qquad$ $r_{t1} = k_{t1}[P^{\vee}]$

双基终止 $\qquad$ $P_j^{\vee} + B^{\wedge} \xrightarrow{k_{t2}} P_j$ $\qquad$ $r_{t2} = k_{t2}[P^{\vee}][B^{\wedge}]$

转移：

向单体转移 $\qquad$ $P_j^{\vee} + M \xrightarrow{k_{fm}} P_j + P_1^{\vee}$ $\qquad$ $r_{fM} = k_{fM}[P^{\vee}][M]$

向溶剂转移 $\qquad$ $P_j^{\vee} + S \xrightarrow{k_{fm}} P_j + S^{\vee}$ $\qquad$ $r_{fS} = k_{fS}[P^{\vee}][S]$

离子对的形成通常须经过松弛步骤，即首先从原来的紧离子对（以符号：隔开表示）受溶剂作用而活化成松离子对（以符号∷隔开），然后将单体分子配位到其中再生成新的离子对。其引发机理可以表示如下：

引发： $C \underset{k_d'}{\overset{k_d}{\rightleftharpoons}} A^{\vee} : B^{\wedge} \xrightarrow[\text{松弛}]{(1)} A^{\vee} \colon\colon B^{\wedge} \xrightarrow[\text{+M,配位}]{(2)} A^{\vee} : M : B^{\wedge} \xrightarrow[\text{加成}]{(3)} P_j^{\vee} : B^{\wedge}$

引发速率视哪一个为控制步骤而定。

当步骤（2）为控制步骤时：

$$r_i = k_i [A^{\vee}][M] \qquad (25\text{-}1\text{-}108)$$

当步骤（1）或步骤（3）为控制步骤时：

$$r_i = k_i [A^{\vee}] \qquad (25\text{-}1\text{-}109)$$

类此可写出链增长机理：

$$P_j^{\vee} : B^{\wedge} \xrightarrow{\text{松弛}} P_j^{\vee} \colon\colon B^{\wedge} \xrightarrow[\text{配位}]{+M} P_j^{\vee} : M : B^{\wedge} \xrightarrow{\text{加成}} P_{j+1}^{\vee} : B^{\wedge}$$

当为配位控制时：

$$r_p = k_p [P_j^{\vee}][M] \qquad (25\text{-}1\text{-}110)$$

当为松弛或加成控制时：

$$r_p = k_p [P_j^{\vee}] \qquad (25\text{-}1\text{-}111)$$

终止：只有单基终止，即

$$P_j^{\vee} : B^{\wedge} \xrightarrow{k_{t1}} P_j \qquad r_{t1} = k_{t1}[P^{\vee}] \qquad (25\text{-}1\text{-}112)$$

转移：

向单体转移 $\qquad$ $P_j^{\vee} : B^{\wedge} + M \xrightarrow{k_{fM}} P_j + P_1^{\vee} : B^{\wedge}$ $\qquad$ $r_{fM} = k_{fM}[P^{\vee}][M]$ $\quad$ (25-1-113)

向溶剂转移 $\qquad$ $P_j^{\vee} : B^{\wedge} + S \xrightarrow{k_{fM}} P_j + S_1^{\vee} : B^{\wedge}$ $\qquad$ $r_{fS} = k_{fS}[P^{\vee}][S]$ $\quad$ (25-1-114)

根据上述机理并借助拟定常态假定可导出相应的速率式。表 25-1-11 汇总了离子型聚合的若

表 25-1-11　离子型聚合的若干基础动力学模型

步骤＼模型	1	2	3	4	5	6	7	8	9	10	11	12
引发 r_i（反应）	$C \xrightleftharpoons[k'_d]{k_d} A^V :: B^\wedge \longrightarrow A^V ::: B^\wedge$；$\xrightarrow{M} A^V :: M : B^\wedge \longrightarrow P_1^V : B^\wedge$		$C \xrightleftharpoons[k'_d]{k_d} A^V + B^\wedge$；$\xrightarrow{M} P_1^V$		$C + M \longrightarrow P_1^V : B^\wedge$		$C + M \longrightarrow P_1^V + B^\wedge$		$C + M \xrightleftharpoons[k'_d]{k_d} CM$；$CM + M \longrightarrow P_1^V : CM^\wedge$；$K_d = \dfrac{[CM]}{[C][M]}$		$C + M \xrightleftharpoons[k'_d]{k_d} CM$；$CM + M \longrightarrow P_1^V + CM^\wedge$；$K_d = \dfrac{[CM]}{[C][M]}$	
引发 r_i（速率）	$k_i[A^V][M]$	$k_i[A^V]$	$k_i[A^V][M]$	$k_i[A^V][M]$	$k_i[C][M]$	$k_i[C][M]$	$k_i[C][M]$	$k_i[C][M]$	$k_i k_d[C][M]^2$	$k_i k_d[C][M]^2$	$k_i k_d[C][M]^2$	$k_i k_d[C][M]^2$
增长 r_p（反应）	$P_j^V : B^\wedge \longrightarrow P_j^V ::: B^V$；$\xrightarrow{M} P_{j+1}^V : M : B^\wedge$；$\longrightarrow P_{j+1}^V : B^\wedge$		$P_j^V + M \longrightarrow P_{j+1}^V$		$P_j^V : B^\wedge \longrightarrow P_j^V ::: B^V$；$\xrightarrow{M} P_{j+1}^V : M : B^\wedge$；$\longrightarrow P_{j+1}^V : B^\wedge$		$P_j^V + M \longrightarrow P_{j+1}^V$		$P_j^V : B^\wedge \longrightarrow P_j^V ::: B^V$；$\xrightarrow{M} P_{j+1}^V : M : B^\wedge$；$\longrightarrow P_{j+1}^V : B^\wedge$		$P_j^V + M \longrightarrow P_{j+1}^V$	
增长 r_p（速率）	$k_p[P^V]$	$k_p[P^V]$	$k_p[P^V][M]$	$k_p[P^V][M]$	$k_p[P^V][M]$	$k_p[P^V]$	$k_p[P^V][M]$	$k_p[P^V][M]$	$k_p[P^V][M]$	$k_p[P^V]$	$k_p[P^V][M]$	$k_p[P^V][M]$
终止 r_t（反应）			$P_j^V \longrightarrow P_j$	$P_j^V + B^\wedge \longrightarrow P_j$	$P_j^V : B^\wedge \longrightarrow P_j$		$P_j^V \longrightarrow P_j$	$P_j^V + B^\wedge \longrightarrow P_j$	$P_j^V : B^\wedge \longrightarrow P_j$		$P_j^V \longrightarrow P_j$	$P_j^V + CM^\wedge \longrightarrow P_j$
终止 r_t（速率）	$k_{t1}[P^V]$	$k_{t1}[P^V]$	$k_{t1}[P^V]$	$k_{t2}[P^V][B^\wedge]$	$k_{t1}[P^V]$		$k_{t1}[P^V]$	$k_{t2}[P^V][B^\wedge]$	$k_{t1}[P^V]$		$k_{t1}[P^V]$	$k_{t2}[P^V][CM]$
向单体转移 r_{fM}（反应）	$P_j^V : B^\wedge + M \longrightarrow P_j + P_1^V :: B^\wedge$		$P_j^V + M \longrightarrow P_j + P_1^V$		$P_j^V : B^\wedge + M \longrightarrow P_j + P_1^V :: B^\wedge$		$P_j^V : B^\wedge + M \longrightarrow P_j + P_1^V :: B^\wedge$		$P_j^V : B^\wedge + M \longrightarrow P_j + P_1^V :: B^\wedge$		$P_1^V + M \longrightarrow P_j + P_1^V$	
向单体转移 r_{fM}（速率）	$k_{fM}[P^V][M]$	$k_{fM}[P^V][M]$	$k_{fM}[P^V][M]$	$k_{fM}[P^V][M]$	$k_{fM}[P^V][M]$	$k_{fM}[P^V][M]$	$k_{fM}[P^V][M]$	$k_{fM}[P^V][M]$	$k_{fM}[P^V][M]$	$k_{fM}[P^V][M]$	$k_{fM}[P^V][M]$	$k_{fM}[P^V][M]$
向溶剂转移 r_{fS}（反应）	$P_j^V : B^\wedge + S^V \longrightarrow P_j + S^V : B^\wedge$		$P_j^V + S \longrightarrow P_j + S^V$		$P_j^V : B^\wedge + S \longrightarrow P_j + S^V : B^\wedge$		$P_j^V : B^\wedge + S^V \longrightarrow P_j + S^V : B^\wedge$		$P_j^V : B^\wedge + S \longrightarrow P_j + S^V : B^\wedge$		$P_j^V + S \longrightarrow P_j + S^V$	
向溶剂转移 r_{fS}（速率）	$k_{fS}[P^V][S]$	$k_{fS}[P^V][S]$	$k_{fS}[P^V][S]$	$k_{fS}[P^V][S]$	$k_{fS}[P^V][S]$	$k_{fS}[P^V][S]$	$k_{fS}[P^V][S]$	$k_{fS}[P^V][S]$	$k_{fS}[P^V][S]$	$k_{fS}[P^V][S]$	$k_{fS}[P^V][S]$	$k_{fS}[P^V][S]$

干基础动力学模型，并在表 25-1-12 中列出各模型导出的离子型聚合反应的速率方程式。累积平均聚合度的通式为：

$$\frac{1}{\bar{P}_n} = \alpha + \frac{\beta}{[\mathrm{M}]_0 x} \ln\left(\frac{1}{1-x}\right) + \gamma([\mathrm{M}]_0 x) \tag{25-1-115}$$

式中，x 为转化率；α，β 和 γ 的表达式列于表 25-1-13 中。

分子量分布的计算通式为：

$$[\mathrm{P}_j] = \int_{[\mathrm{M}]_f}^{[\mathrm{M}]_0} \phi\, \mathrm{d}[\mathrm{M}] \tag{25-1-116}$$

式中，下标 0 及 f 表示初始及终了值；函数 ϕ 见表 25-1-14。式（25-1-116）可用数值求解。实际聚合体系中，有时自由离子和离子对同时并存，其动力学更为复杂。

表 25-1-12　离子型聚合反应速率式

模型	γ（速率式）	模型	γ（速率式）
1,3	$\dfrac{k_d k_p}{k_{t1}}[\mathrm{M}][\mathrm{C}]$	8	$k_p\left(\dfrac{k_i}{k_{t2}}\right)^{\frac{1}{2}}[\mathrm{M}]^{\frac{3}{2}}[\mathrm{C}]^{\frac{1}{2}}$
2	$\dfrac{k_d k_p}{k_{t1}}[\mathrm{C}]$	9,11	$\dfrac{k_i k_p K_d}{k_{t1}}[\mathrm{M}]^3[\mathrm{C}]$
4	$\dfrac{k_d^2 k_p}{k_i k_d k_{t2}}[\mathrm{C}]$	10	$\dfrac{k_i k_p K_d}{k_{t1}}[\mathrm{M}]^2[\mathrm{C}]$
5,7	$\dfrac{k_i k_p}{k_{t1}}[\mathrm{M}]^2[\mathrm{C}]$	12	$k_p\left(\dfrac{k_i K_d}{k_{t2}}\right)^{\frac{1}{2}}[\mathrm{M}]^2[\mathrm{C}]^{\frac{1}{2}}$
6	$\dfrac{k_i k_p}{k_{t1}}[\mathrm{M}][\mathrm{C}]$		

注：速率式通式 $\gamma = -\dfrac{\mathrm{d}[\mathrm{M}]}{\mathrm{d}t} = k\,[\mathrm{M}]^m\,[\mathrm{C}]^n$；$m = 0 \sim 3$；通常 $n = 1$。

表 25-1-13　式（25-1-115）中的参数 α，β 和 γ

模型	α	β	γ
1,3,5,7,9,11	k_{fm}/k_p	$(k_{t1}+k_{fs}[\mathrm{S}])/k_p$	0
2,6,10	$(k_{t1}+k_{fs}[\mathrm{S}])/k_p$	0	$k_{fm}[\mathrm{M}]_0(2-x)/2k_p$
4	$(k_{fm}+k_{t2}K_d/k_d)/k_p$	$k_{fs}[\mathrm{S}]/k_p$	0
8	k_{fm}/k_p	$k_{fs}[\mathrm{S}]/k_p$	$\dfrac{2\,(k_{t2}k_i[\mathrm{C}]/[\mathrm{M}]_0)^{\frac{1}{2}}}{k_p[1+(1-x)^{\frac{1}{2}}]}$
12	$[k_{fm}+(k_{t2}k_i K_d[\mathrm{C}]^{\frac{1}{2}})]/k_p$	$k_{fs}[\mathrm{S}]/k_p$	0

表 25-1-14　式（25-1-116）中的函数 ϕ

模型	ϕ
1,3,5,7,9,11	$\left(\dfrac{k_{t1}+k_{fs}[\mathrm{S}]+k_{fm}}{k_p[\mathrm{M}]}\right)^2\left[\dfrac{k_p[\mathrm{M}]}{k_{t1}+k_{fs}[\mathrm{S}]+(k_p+k_{fm})[\mathrm{M}]}\right]^j$
2,6,10	$\left(\dfrac{k_{t1}+k_{fs}[\mathrm{S}]+k_{fm}[\mathrm{M}]}{k_p}\right)^2\left[\dfrac{k_p}{k_{t1}+k_p+k_{fs}[\mathrm{S}]+k_{fm}[\mathrm{M}]}\right]^j$

模型	ϕ
4	$\left(\dfrac{\dfrac{k_{t2}k_iK_d[M]}{k_d}+k_{fs}[S]+k_{fm}[M]}{k_p[M]}\right)^2\left[\dfrac{k_p[M]}{k_{fs}[s]+\left(k_p+k_{fm}+\dfrac{k_{t2}k_iK_d}{k_d}\right)[M]}\right]^j$
8	$\left(\dfrac{k_{t1}k_i[M][C]^{\frac{1}{2}}+k_{fs}[S]+k_{fm}[M]}{k_p[M]}\right)^2\left[\dfrac{k_p[M]}{k_{t1}k_i[M][C]^{\frac{1}{2}}+k_{fs}[S]+(k_p+k_{fm})[M]}\right]^j$
12	$\left(\dfrac{k_{t2}k_iK_d[M][C]^{\frac{1}{2}}+k_{fs}[S]+k_{fm}[M]}{k_p[M]}\right)^2\left[\dfrac{k_p[M]}{k_{t2}k_iK_d[M][C]^{\frac{1}{2}}+k_{fs}[S]+(k_p+k_{fm})[M]}\right]^j$

1.2.3.5　配位聚合[7,8,13]

配位聚合也是一个离子型聚合过程。按照其增长链端基的性质可以分为配位阴离子聚合和配位阳离子聚合。配位聚合的增长反应包括两步：①乙烯基单体在具有空位的催化剂上配位并活化；②被活化的单体在过渡金属烷基 M—R 中间插入而聚合。这两个过程反复进行，就形成高分子量的聚合物。最常用的配位聚合催化剂是由过渡金属化合物和金属有机化合物组成的齐格勒-纳塔催化剂。

配位聚合的特点是可以选择不同的催化剂和聚合条件以制备特定立构规整性（对映体异构、顺反异构的定向性）的聚合物，因而也称定向聚合。高分子化学工业中的许多重要产品（如高密度聚乙烯、等规聚丙烯、顺丁橡胶、异戊橡胶等）都是由配位聚合反应生产的。

工业上，由 Kaminsky 催化剂[17]和 π-烯丙基型催化剂催化的烯烃、共轭二烯烃聚合反应多采用均相溶液聚合工艺，前述离子型聚合的动力学方程均适用。但由齐格勒-纳塔催化剂催化的烯烃配位聚合反应，则普遍采用淤浆聚合、气相聚合等非均相聚合过程。催化剂的活性中心负载在 $MgCl_2$ 载体颗粒上，液体或气体状单体经扩散与活性中心相接触进而发生聚合反应，因此聚合速率不仅与活性中心的浓度有关，而且很大程度上受单体扩散速率的影响。催化剂载体的颗粒形态、单体分子的大小以及反应体系的压力均会影响聚合速率。同一催化剂体系，乙烯的扩散速率快于丙烯，其聚合速率往往也快。不仅如此，负载型齐格勒-纳塔催化剂还具有多种类型的活性中心。不同类型的活性中心对烯烃聚合的催化活性也不同，因而其产物的聚合度分布远较由单活性中心催化剂（如 Kaminsky 催化剂）催化制得的聚合物分布宽。

不少研究者都尝试建立负载型催化剂催化的烯烃淤浆聚合和气相聚合动力学模型，但因催化剂形态结构和聚合条件的不同往往缺少通用性。文献［13］介绍了一些动力学建模的方法。

1.3　气固相（催化）反应动力学

1.3.1　气固催化反应的宏观特征

气固催化反应的特点是反应进行的实际场合在固体的表面（包括微孔内表面）上，而所有的反应物却存在于气相中，因此相间的传递过程是气固相（包括非催化）反应所不可缺少的步骤，其反应的宏观历程由下述各步骤依次组成。

① 反应组分从气相通过相界面向固体外表面进行，即外扩散过程；

② 通过外扩散抵达固体外表面的反应组分进一步向固体微孔的内表面进行扩散，即内扩散过程，与此同时在表面上有反应发生；

③ 反应组分在固体内、外表面上进行化学反应；

④ 反应产物从固体内表面向外表面扩散；

⑤ 产物从固体外表面通过相界面向气体扩散。

当外、内扩散阻力可以忽略，即固体内外表面和气相主体不存在浓度差和温度差时，整个气固相反应只存在第三步的表面反应过程，此时反应多动力学控制。

1.3.2　气固催化的本征动力学

1.3.2.1　反应速率的定义

常用于定义气固催化反应速率的基准有以下几种：以反应器内的单位催化剂重量 W、单位催化剂表面积 S、单位反应器体积内催化剂粒子的体积 V_p 或单位反应器体积 V_r 为基准，其中以催化剂重量为最常用的基准。而这些基准之间可按下式进行换算：

$$(-r_A)W = (-r_A')S = (-r_A'')V_p = (-r_A''')V_r \tag{25-1-117}$$

1.3.2.2　气固催化反应机理与速率式[18~21]

一般认为固体催化剂是通过其表面上的活性中心对气相的反应组分进行吸附来实现其催化作用的。气固催化反应是由气相反应组分在催化剂表面上的活性中心的吸附步骤、吸附态反应物之间的表面反应和产物的解吸等基元反应步骤所组成，以下述两组分的气固催化反应为例：

$$A + B \underset{k'}{\overset{k}{\rightleftharpoons}} S + R \tag{25-1-118}$$

可以写出其反应机理式的各步基元反应。

反应式　　　　　　　　　　　　　　　　　　速率式

吸附步骤：　$\underset{(气相)}{A} + \underset{(活性中心)}{\sigma} \underset{k_A'}{\overset{k_A}{\rightleftharpoons}} \underset{(吸附态)}{A\sigma}$　　　$(-r_A)_{ad} = k_A p_A \theta_V - k_A' \theta_A$

$B + \sigma \underset{k_B'}{\overset{k_B}{\rightleftharpoons}} B\sigma$　　　$(-r_B)_{ad} = k_B p_B \theta_V - k_B' \theta_B$

表面反应步骤：　$A\sigma + B\sigma \underset{k_r'}{\overset{k_r}{\rightleftharpoons}} S\sigma + R\sigma$　　　$(-r_A)_r = k_r \theta_A \theta_B - k_r' \theta_R \theta_S$

产物从固体表面的解吸：　$S\sigma \underset{k_S'}{\overset{k_S}{\rightleftharpoons}} S + \sigma$　　　$(r_S)_d = k_S' p_S \theta_V - k_S \theta_S$

$R\sigma \underset{k_R'}{\overset{k_R}{\rightleftharpoons}} R + \sigma$　　　$(-r_R)_d = k_R' p_R \theta_V - k_R \theta_R$

式中，k_i、k_i' 表示 i 组分吸附和解吸的速率常数；p_i 表示 i 组分在气相中的分压；θ_i 表示 i 组分在固体表面上的覆盖分率；θ_V 表示未被覆盖活性中心所占的分率，所以它们之间存在如下关系：

$$\theta_V = 1 - \sum_{i=1}^{n} \theta_i \tag{25-1-119}$$

可以应用控制步骤的假定按上述机理式来导出速率方程。即整个反应速率等于控制步骤的反应速率，而不是控制步骤的各基元反应达平衡。如式(25-1-119)所示，反应是以 A 的吸附步骤为控制步骤时，总反应的速率方程为：

$$-r_A = (-r_A)_{ad} = \frac{k_A\left(p_A - \dfrac{1}{K}\dfrac{p_S p_R}{p_B}\right)}{1 + \dfrac{K_A}{K}\dfrac{p_R p_S}{p_B} + K_B p_B + K_R p_R + K_S p_S} \tag{25-1-120}$$

当表面反应为速率控制步骤时，总反应速率式为：

$$-r_A = (-r_A)_r = \frac{k\left(p_A p_B - \dfrac{1}{K}p_R p_S\right)}{(1 + K_A p_A + K_B p_B + K_R p_R + K_S p_S)^2} \tag{25-1-121}$$

当以 R 从表面的解吸为速率控制步骤时，相应的总反应速率方程为：

$$-r_A = (-r_R)_d = \frac{k\left(\dfrac{p_A p_B}{p_S} - \dfrac{p_R}{K}\right)}{1 + K_A p_A + K_B p_B + KK_R \dfrac{p_A p_B}{p_R} + K_S p_S} \tag{25-1-122}$$

在上述各式中

$$K_A = \frac{k_A}{k'_A} = \frac{\theta_A}{p_A \theta_V}; \quad K_B = \frac{k_B}{k'_B} = \frac{\theta_B}{p_B \theta_V}$$

$$K_S = \frac{k_S}{k'_S} = \frac{\theta_S}{p_S \theta_V}; \quad K_R = \frac{k_R}{k'_R} = \frac{\theta_R}{p_R \theta_V}$$

即各组分的吸附平衡常数。K 为化学平衡常数，应有

$$K = \frac{K_r K_A K_B}{K_R K_S} = \frac{p_R p_S}{p_A p_B} \tag{25-1-123}$$

K_r 为表面反应平衡常数：

$$K_r = \frac{k_r}{k'_r} = \frac{\theta_S \theta_R}{\theta_A \theta_B} \tag{25-1-124}$$

可以把依上述机理进行气固相催化反应的速率式用下面的通式来表示：

$$(-r_A) = \frac{(速率常数项)(推动力项)}{(吸附项)^n} \tag{25-1-125}$$

式中的各项的形式及 n 的数值取决于：①所采用的化学吸附模型，如上面所用的吸附模型是 Langmuir 的均匀表面吸附模型，不同的模型具有不同的吸附速率式和吸附等温式。表 25-1-15 列出了常用于气固催化动力学解析的三种吸附等温式和吸附速率式。其中应用最广的是 Langmuir 吸附等温式，所得的反应速率方程都是如式(25-1-125)通式所示的双曲型

速率式。而基于 Freundlich 和 Temkin 吸附模型所导得的反应速率方程多为幂函数型。②吸附步骤的吸附机理，表 25-1-16 列出了不同吸附机理的吸附等温式和吸附速率式。③哪一步是速率控制步骤。表 25-1-17 ～表 25-1-19 分别列出了各种场合的速率常数项、推动力项和吸附项。④n 的数值等于速率控制步骤中参与反应的活性中心数。

表 25-1-20 列举了某些反应机理和相应的反应速率方程。

表 25-1-15　吸附等温式和吸附速率式

吸附模型	吸附等温式	吸附速率式
Langmuir	$\theta_\Lambda=\dfrac{K_\Lambda p_\Lambda}{1+K_\Lambda p_\Lambda}$　$K_\Lambda=k_\Lambda/k'_\Lambda$	$(-r_\Lambda)_{ad}=k_\Lambda p_\Lambda\theta_V-k'_\Lambda\theta_\Lambda$
Freundlich	$\theta_\Lambda=bp^{1/n}$ $b=(k_\Lambda/k'_\Lambda)^{1/n}$　$n=\alpha+\beta$	$(-r_\Lambda)_{ad}=k_\Lambda p_\Lambda\theta_\Lambda^{-\alpha}-k'_\Lambda\theta_\Lambda^{\beta}$
Temkin	$\theta_\Lambda=\dfrac{1}{f}\ln(K_\Lambda p_\Lambda)$　$f=h+g$；$K_\Lambda=\dfrac{k_\Lambda}{k'_\Lambda}$	$(-r_\Lambda)_{ad}=k_\Lambda p_\Lambda\exp(-g\theta_\Lambda)-k'_\Lambda\exp(h\theta_\Lambda)$

表 25-1-16　不同吸附机理的吸附等温式和吸附速率式

吸附机理	机理式	吸附等温式	吸附速率式
单一吸附	$A+\sigma\underset{k'_\Lambda}{\overset{k_\Lambda}{\rightleftharpoons}}A\sigma$	$\theta_\Lambda=\dfrac{K_\Lambda p_\Lambda}{1+K_\Lambda p_\Lambda}$	$(-r_\Lambda)_{ad}=k_\Lambda p_\Lambda\theta_V-k'_\Lambda\theta_\Lambda$
解离吸附	$A+2\sigma\underset{k'_\Lambda}{\overset{k_\Lambda}{\rightleftharpoons}}2A'\sigma$	$\theta_\Lambda=\dfrac{\sqrt{K_\Lambda p_\Lambda}}{1+\sqrt{K_\Lambda p_\Lambda}}$	$(-r_\Lambda)_{ad}=k_\Lambda p_\Lambda\theta_V^2-k'_\Lambda\theta_\Lambda^2$
会合吸附	$2A+\sigma\underset{k'_\Lambda}{\overset{k_\Lambda}{\rightleftharpoons}}A_2\sigma$	$\theta_\Lambda=\dfrac{K_\Lambda p_\Lambda^2}{1+K_\Lambda p_\Lambda^2}$	$(-r_\Lambda)_{ad}=k_\Lambda p_\Lambda^2\theta_V-k'_\Lambda\theta_\Lambda$

注：式中，$\theta_V=1-\theta_\Lambda$。

表 25-1-17　某些场合中式（25-1-125）中的速率常数项

控制步骤	速率常数项			
A 的吸附控制	k_Λ			
B 的吸附控制	k_B			
R 的脱附控制	$k_R K$			
A 的解离吸附控制	k_Λ			
表面反应控制	$A\rightleftharpoons R$	$A\rightleftharpoons R+S$	$A+B\rightleftharpoons R$	$A+B\rightleftharpoons R+S$
无解离吸附	$k_r K_\Lambda$	$k_r K_\Lambda$	$k_r K_\Lambda K_B$	$k_r K_\Lambda K_B$
A 解离吸附	$k_r K_\Lambda$	$k_r K_\Lambda$	$k_r K_\Lambda K_B$	$k_r K_\Lambda K_B$
B 不吸附	$k_r K_\Lambda$	$k_r K_\Lambda$	$k_r K_\Lambda$	$k_r K_\Lambda$

表 25-1-18　式（25-1-125）中的推动力项

反应控制步骤	$A\rightleftharpoons R$	$A\rightleftharpoons R+S$	$A+B\rightleftharpoons R$	$A+B\rightleftharpoons R+S$
A 的吸附控制	$p_\Lambda-\dfrac{p_R}{K}$	$p_\Lambda-\dfrac{p_R p_S}{K}$	$p_\Lambda-\dfrac{p_R}{Kp_B}$	$p_\Lambda-\dfrac{p_R p_S}{Kp_B}$
B 的吸附控制	0	0	$p_B-\dfrac{p_R}{Kp_\Lambda}$	$p_B-\dfrac{p_R p_S}{Kp_\Lambda}$
R 的解吸控制	$p_\Lambda-\dfrac{p_R}{K}$	$\dfrac{p_\Lambda}{p_S}-\dfrac{p_R}{K}$	$p_\Lambda p_B-\dfrac{p_R}{K}$	$\dfrac{p_\Lambda p_B}{p_S}-\dfrac{p_R}{K}$

反应控制步骤	A $\rightleftharpoons$ R	A $\rightleftharpoons$ R+S	A+B $\rightleftharpoons$ R	A+B $\rightleftharpoons$ R+S
表面反应控制	$p_A - \dfrac{p_R}{K}$	$p_A - \dfrac{p_R p_S}{K}$	$p_A p_B - \dfrac{p_R}{K}$	$p_A p_B - \dfrac{p_R p_S}{K}$
气相 A 与表面吸附态 B 表面反应控制	0	0	$p_A p_B - \dfrac{p_R}{K}$	$p_A p_B - \dfrac{p_R p_S}{K}$

表 25-1-19 式(25-1-125) 中吸附项

反应控制步骤	反应			
	A $\rightleftharpoons$ R	A $\rightleftharpoons$ R+S	A+B $\rightleftharpoons$ R	A+B $\rightleftharpoons$ R+S
A 吸附控制，以表列项替代 $K_A p_A$	$\dfrac{K_A p_R}{K}$	$\dfrac{K_A p_R p_S}{K}$	$\dfrac{K_A p_R}{K p_B}$	$\dfrac{K_A p_R p_S}{K p_B}$
B 吸附控制，以表列项替代 $K_B p_B$	0	0	$\dfrac{K_B p_R}{K p_A}$	$\dfrac{K_B p_R p_S}{K p_A}$
R 解吸控制，以表列项替代 $K_R p_R$	$K K_R p_A$	$K K_R \dfrac{p_A}{p_S}$	$K_R K p_A p_B$	$\dfrac{K K_R p_A p_B}{p_S}$
A 解离吸附控制以表列项替代 $K_A p_A$	$\sqrt{\dfrac{K_A p_R}{K}}$	$\sqrt{\dfrac{K_A p_R p_S}{K}}$	$\sqrt{\dfrac{K_A p_R}{K p_B}}$	$\sqrt{\dfrac{K_A p_R p_S}{K p_B}}$

注：以表中的项替代 $(1 + K_A p_A + K_B p_B + \cdots)^n$ 的相应项。

表 25-1-20 反应机理与速率方程举例

反应	机理	控制步骤	速率方程
A $\rightleftharpoons$ R	A+σ $\rightleftharpoons$ Aσ Aσ $\rightleftharpoons$ Rσ Rσ $\rightleftharpoons$ R+σ	A+σ $\rightleftharpoons$ Aσ	$-r_A = \dfrac{k\left(p_A - \dfrac{p_R}{K}\right)}{1 + \dfrac{r_N}{K} p_R + K_R p_R}$
		Aσ $\rightleftharpoons$ Rσ	$-r_A = \dfrac{k\left(p_A - \dfrac{p_R}{K}\right)}{1 + K_A p_A + K_R p_R}$
		Rσ $\rightleftharpoons$ R+σ	$-r_A = \dfrac{k\left(p_A - \dfrac{p_R}{K}\right)}{1 + K_A p_A + K_R p_R}$
A $\rightleftharpoons$ R+S	A+σ $\rightleftharpoons$ Aσ Aσ+σ $\rightleftharpoons$ Rσ+Sσ Rσ $\rightleftharpoons$ R+σ Sσ $\rightleftharpoons$ S+σ	A 吸附控制	$-r_A = \dfrac{k\left(p_A - \dfrac{p_R p_S}{K}\right)}{1 + \dfrac{K_A}{K} p_R p_S + K_R p_R + K_S p_S}$
		表面反应控制	$-r_A = \dfrac{k\left(p_A - \dfrac{p_R p_S}{K}\right)}{(1 + K_A p_A + K_R p_R + K_S p_S)^2}$
		R 解吸控制	$-r_A = \dfrac{k\left(\dfrac{p_A}{p_S} - \dfrac{p_R}{K}\right)}{\left(1 + K_A p_A + K_S p_S + K K_R \dfrac{p_A}{p_S}\right)^2}$

反应	机理	控制步骤	速率方程
$A \Longrightarrow R+S$	$A+\sigma \Longrightarrow A\sigma$ $A\sigma \Longrightarrow R\sigma + S$ $R\sigma \Longrightarrow R+S$	A 吸附控制	$-r_A = \dfrac{k\left(p_A - \dfrac{p_R p_S}{K}\right)}{1 + \dfrac{K_A}{K}p_R + K_R p_R}$
		表面反应控制	$-r_A = \dfrac{k\left(p_A - \dfrac{p_R p_S}{K}\right)}{1 + K_A p_A + K_R p_R}$
		R 解吸控制	$-r_A = \dfrac{k\left(\dfrac{p_A}{p_S} - \dfrac{p_R}{K}\right)}{1 + K_A p_A + K_R K p_A}$
$A+B \Longrightarrow R+S$	$A+\sigma \Longrightarrow A\sigma$ $B+\sigma \Longrightarrow B\sigma$ $A\sigma + B\sigma \Longrightarrow R\sigma + S\sigma$ $R\sigma \Longrightarrow R+\sigma$ $S\sigma \Longrightarrow S+\sigma$	A 吸附控制	$-r_A = \dfrac{k\left(p_A - \dfrac{p_R p_S}{K p_B}\right)}{1 + K_B p_B + \dfrac{K_A}{K}\dfrac{p_R p_S}{p_B} + K_R p_R + K_S p_S}$
		B 吸附控制	$-r_A = \dfrac{k\left(p_B - \dfrac{p_R p_S}{K p_A}\right)}{1 + K_A p_A + \dfrac{K_B}{K}\dfrac{p_R p_S}{p_A} + K_R p_R + K_S p_S}$
		表面反应控制	$-r_A = \dfrac{k\left(p_A p_B - \dfrac{p_R p_S}{K}\right)}{(1 + K_A p_A + K_B p_B + K_R p_R + K_S p_S)^2}$
		R 解吸控制	$-r_A = \dfrac{k\left(\dfrac{p_A p_R}{p_S} - \dfrac{p_R}{K}\right)}{1 + K_A p_A + K_B p_B + K_R K \dfrac{p_A p_B}{p_S} + K_S p_S}$

注：上述式中 k 指速率常数；K 为反应平衡常数。

在烯烃和芳烃的气固催化氧化反应中还常用到氧化-还原（Redox）机理和混合型反应机理。Redox 机理：该机理假定在催化剂表面含有具氧化活性的结晶氧（占表面的分率为 θ_{ox}）和失去结晶氧的还原态活性中心（以 θ_{red} 表示表面分率），且

$$\theta_{ox} + \theta_{red} = 1.0 \qquad (25\text{-}1\text{-}126)$$

有机物 A 在表面催化氧化机理可以表示为：

(1)
$$\underset{\text{晶格氧}}{A + Cat\text{-}O} \xrightarrow{k_1} \underset{\text{产物}}{R} + \underset{\text{还原态}}{Cat} \quad \text{（氧化反应）}$$

$$\text{速率} \quad r_1 = k_1 p_A^m \theta_{ox} \qquad (25\text{-}1\text{-}127)$$

(2) 还原态晶格的氧化反应：

$$Cat + \frac{1}{2}O_2 \xrightarrow{k_2} Cat\text{-}O \qquad (25\text{-}1\text{-}128)$$

$$速率 \quad r_2 = k_2 p_{O_2}^n \theta_{red} \tag{25-1-129}$$

式中，p_{O_2} 为氧的分压。

若每氧化 1mol A 需消耗 $\beta(mol)$ 的氧，则在定常态下有

$$\beta r_1 = r_2$$

或

$$\beta k_1 p_A^m \theta_{ox} = k_2 p_{O_2}^n (1 - \theta_{ox}) \tag{25-1-130}$$

最后可得到 A 的氧化速率方程为：

$$-r_A = r_1 = 1 \bigg/ \left(\frac{1}{k_1 p_A^m} + \frac{\beta}{k_2 p_{O_2}^n} \right) \tag{25-1-131}$$

当催化剂的再氧化反应为速率控制时，即

$$k_1 p_A^m \gg k_2 p_{O_2}^n / \beta$$

则速率式可简化为：

$$-r_A = \frac{k_2}{\beta} p_{O_2}^n \tag{25-1-132}$$

当有机物 A 在催化剂表面的氧化为速率控制步骤时，即 $(k_2 p_{O_2}^n / \beta) \gg k_1 p_A^m$，则反应速率式简化为：

$$-r_A = k_1 p_A^m \tag{25-1-133}$$

对于大多数有机物质的催化氧化反应 $m = 1.0$。一些芳烃在 V-Mo-P 催化剂上的氧化反应常为式(25-1-132) 所示的速率方程；而烯烃的催化氧化则常具有式(25-1-133) 所示的速率方程。混合型反应机理[21]：它可以视为是对 Redox 机理的某种修正。该模型假定反应物首先化学吸附于含晶格氧的活性中心上，然后发生表面氧化反应生成产物和还原态的活性中心，最后是还原态活性中心的再氧化。其机理式可写成：

$$\overset{\theta_{ox}}{A + Cat\text{-}O} \underset{k_A'}{\overset{k_A}{\rightleftharpoons}} \overset{\theta_A}{A \cdot Cat\text{-}O} \quad (吸附)$$

$$r_1 = k_A p_A \theta_{ox} - k_A' \theta_A$$

$$A \cdot Cat\text{-}O \xrightarrow{k_r} R(产物) + \overset{\theta_{red}}{Cat} \quad (表面反应)$$

$$r_r = k_r \theta_A$$

$$Cat + \frac{1}{2} O_2 \underset{r_2}{\overset{k_2}{\longrightarrow}} Cat\text{-}O \quad (再氧化)$$

$$r_2 = k_2 p_{O_2} \theta_{red}$$

$$\theta_A + \theta_{ox} + \theta_{red} = 1.0$$

最后可导得 A 的氧化速率方程为：

$$-r_A = \frac{k_r K_A p_A}{1 + K_A p_A + \dfrac{\beta K_A k_r}{k_2}\dfrac{p_A}{p_{O_2}}} \tag{25-1-134}$$

蒽的气固相催化氧化反应就有如上所示的速率方程。

表 25-1-21 列举了若干重要的气固催化反应动力学的实例。

表 25-1-21 若干重要的气固催化反应动力学的实例

反应	催化剂与反应条件	反应速率式举例
丁烯氧化脱氢制丁二烯 $C_4H_8 \rightleftharpoons C_4H_6 + H_2$	磷钼铋催化剂 410~470℃	$-r_A = k p_{C_4H_8}$
乙苯脱氢制苯乙烯 $C_6H_5C_2H_5 \rightleftharpoons C_6H_5CH\!=\!CH_2 + H_2$	氧化铁催化剂 600~640℃	$-r_A = k[P_E - (p_S p_H / K)]$ 下标：E—乙苯；S—水蒸气；H—氢
乙炔法合成氯乙烯 $C_2H_2 + HCl \longrightarrow C_2H_3Cl$	HgCl$_2$-活性炭 100~180℃	$-r_A = \dfrac{k K_H p_A p_H}{1 + K_H p_H + K_{VC} p_{VC}}$ 下标：H—HCl；VC—C_2H_3Cl；A—C_2H_2
苯加氢制环己烷 $C_6H_6 + 3H_2 \longrightarrow C_6H_{12}$	Ni 100~200℃	$-r_A = \dfrac{k K_H^3 K_B p_H^3 p_B}{1 + K_B p_B + K_H p_H + K_N p_N + K_C p_C}$ 下标：H—H_2；B—苯；N—惰性组成；C—C_6H_6
合成光气 $CO + Cl_2 \longrightarrow COCl_2$	活性炭催化剂	$-r_A = \dfrac{k K_{CO} K_{Cl_2} p_{CO} p_{Cl_2}}{1 + K_{Cl_2} p_{Cl_2} + K_{COCl_2} p_{COCl_2}}$ 或 $-r_A = k p_{CO} (p_{Cl_2})^{1/2}$
乙烯氧氯化制二氯乙烷 $C_2H_4 + 2HCl + \frac{1}{2}O_2 \longrightarrow$ $C_2H_4Cl_2 + H_2O$	CuCl$_2$-Al$_2$O$_3$ 约 230℃	$-r_A = \dfrac{k K_E K_O^{1/2} P_E P_O^{1/2}}{[1 + K_E p_E + (K_O p_O)^{1/2}]^2}$ 下标：E—C_2H_4；O—O_2
乙烯气相合成醋酸乙烯 $C_2H_4 + CH_3COOH + \frac{1}{2}O_2$ $\longrightarrow CH_3COOC_2H_3 + H_2O$	Pd 系催化剂 160~180℃ 6~8kgf/cm^2	$-r_A = \dfrac{k p_A p_C p_B^{1/2}}{[1 + K_A p_A + (K_B p_B)^{1/2}]^{1/2}}$ 下标：A—C_2H_4；B—O_2；C—CH_3COOH
乙炔法合成醋酸乙烯 $C_2H_2 + CH_3COOH \longrightarrow$ $CH_3COOC_2H_3$	(CH$_3$COO)$_2$Zn- 活性炭 约 200℃	$-r_A = \dfrac{k p_A}{1 + K_C p_C}$ 下标：A—C_2H_4；C—$CH_3COOC_2H_3$
丙烯氨氧化制丙烯腈 $C_3H_6 + NH_3 + \frac{3}{2}O_2 \longrightarrow$ $C_2H_3CN + 3H_2O$	磷钼铋铈催化剂 约 470℃	$-r_A = k p_{C_3H_6}$
萘氧化制苯酐	钒催化剂 330~420℃	$-r_A = \dfrac{k_O p_O k_n p_n}{k_O p_O + \beta k_n p_n}$ β—常数；下标：O—氧；n—萘
合成氨 $\frac{1}{2}N_2 + \frac{3}{2}H_2 \rightleftharpoons NH_3$	Fe 催化剂 400~500℃ 300kgf/cm^2	$-r_A = k_1 p_{N_2}\left(\dfrac{p_{H_2}^3}{p_{NH_3}^2}\right)^{0.5} - k_2\left(\dfrac{p_{NH_3}^3}{p_{H_2}^3}\right)^{0.5}$

反应	催化剂与反应条件	反应速率式举例
水煤气变换反应 $CO+H_2O \rightleftharpoons CO_2+H_2$	Fe_2O_3 约 540℃	$-r_A = k_1 p_{CO}\left(\dfrac{p_{H_2O}}{p_{H_2}}\right)^{0.5} - k_2 p_{CO_2}\left(\dfrac{p_{H_2}}{p_{H_2O}}\right)^{0.5}$
二氧化硫氧化 $2SO_2+O_2 \longrightarrow 2SO_3$	钒催化剂 400~600℃	$-r_A = k_1 p_{O_2}\left(\dfrac{p_{SO_2}}{p_{SO_3}}\right)^{0.8} - k_2\left(\dfrac{p_{SO_3}}{p_{SO_2}}\right)^{0.2}$
合成甲醇 $CO+2H_2 \longrightarrow CH_3OH$	$ZnO\text{-}Cr_2O_3$ 325~375℃ 220~300kgf/cm²	$-r_A = \dfrac{k p_{H_2} p_{CO}^{0.25}}{p_{CH_3OH}^{0.25}}$

注：1kgf/cm²=98.0665kPa。

1.4　催化剂的失活

　　催化剂随着使用时间的增长而会逐渐降低其反应活性，这就是催化剂的失活。造成失活的原因十分复杂而多样，大致有如下几种：①中毒，原料中某些杂质能牢固地不可逆地化学吸附于催化剂表面的活性中心上，这将导致永久性中毒；如果这些杂质只有可逆地吸附于表面上，则中毒只是暂时性的、可再生的。②结焦，即由反应过程中带入的、生成的不挥发物质（如高聚物或结炭）覆盖了活性中心或者堵塞微孔。③老化，催化剂的物理结构发生了变化，如晶粒长大、比表面积减少以及表面熔结等。有些失活可以通过烧炭、溶剂处理等手段进行再生以恢复其活性，有些则是完全不可再生的。

　　通常用催化剂在某瞬间的实际反应速率 $-r_A$ 与催化剂的初始的反应速率 $(-r_A)_0$ 之比值来量化催化剂失活状态，并称为活性系数（或活性度），以 Ψ 记之，即

$$\Psi = \frac{-r_A}{(-r_A)_0} \tag{25-1-135}$$

　　描述催化剂失活的两种极限情况是均匀失活和孔口失活，前者相当于有毒物质或结炭在活性中心上的吸附速率远较其他反应组分在微孔的内扩散速率为慢的场合，因此粒内各处是均匀失活；而后者情况则恰恰相反，所以失活是壳层开始并逐渐向颗粒中心扩展，直至全部失活。这里考虑均匀失活情况，假定新催化剂不存在内扩散阻力。若以 a_p 表示失活表面占催化剂表面的分率，则对于一级反应，在某瞬间催化剂的实际反应速率 $-r_A$ 应有：

$$-r_A = \eta k(1-a_p)C_{A,s} \tag{25-1-136}$$

　　式中，$C_{A,s}$ 是 A 组分在催化剂外表面上浓度；η 为催化剂的效率因子。根据 Ψ 的定义应有：

$$\Psi = \eta k(1-a_p)C_{A,s}/(kC_{A,s}) = \eta(1-a_p) \tag{25-1-137}$$

当失活催化剂无内扩散阻力（如在失活之初），即 $\eta=1.0$，此时：

$$\Psi = 1-a_p \tag{25-1-138}$$

当催化剂因结焦失活存在严重内扩散阻力（如 $\phi_S > 10$）时，$\eta = \dfrac{3}{\phi_S}$，故

$$\Psi = \frac{-r_A}{(-r_A)_0} = \frac{\dfrac{3}{\phi_S}k(1-a_p)C_{A,s}}{kC_{A,s}} = \frac{3}{R}\sqrt{\frac{D_{e,A}(1-a_p)}{k}} \qquad (25\text{-}1\text{-}139)$$

即此时
$$\Psi = \sqrt{1-a_p} \qquad (25\text{-}1\text{-}140)$$

图 25-1-6 中的曲线 A 和 B 即为式(25-1-138) 和式(25-1-140) 所示的情况。对于孔口失活可导得：

$$\Psi = \cfrac{1}{\cfrac{1}{\eta(1-a_p)} + \cfrac{\phi_S^2}{3}\cdot\cfrac{1-(1-a_p)^{1/3}}{(1-a_p)^{1/3}}} \qquad (25\text{-}1\text{-}141)$$

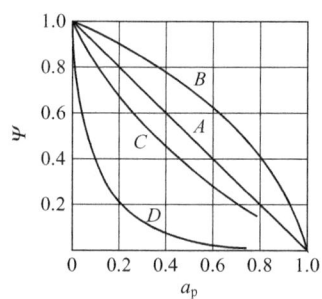

图 25-1-6　均匀失活与孔口失活

A—慢反应均匀中毒 $\eta \to 1$；B—快反应均匀中毒 $\eta \leqslant 0.2$；
C—慢反应孔口中毒 $\phi_S = 3.0$；D—快反应孔口中毒 $\phi_S = 4.0$

图 25-1-6 中的曲线 C 和 D 即为这种孔口失活的情况。由于造成失活的因素甚多，在文献中有种种不同的表达式，其中较为通用表示多种失活机理的方法是由 Levenspiel 所推荐的幂函数型失活速率方程。以 A→R（主反应）的 n 级不可逆为例，反应速率式：

$$(-r_A) = \Psi(-r_A)_0 = \Psi k C_A^n \qquad (25\text{-}1\text{-}142)$$

失活速率式：

$$\frac{\mathrm{d}\Psi}{\mathrm{d}t} = k_d C_i^m \Psi^d \qquad (25\text{-}1\text{-}143)$$

式中　k_d——失活速率常数，并符合 Arrhenius 关系；

　　　C_i——造成催化剂失活的组分。

表 25-1-22 列出了四种不同失活情况的失活反应式及其相应的失活速率方程。

失活速率方程中的反应级数 m 值可视为与反应计量系数相同。指数 d 之值应由实验确定，一般情况：当毒物组分在催化剂内的扩散阻力很小时 $d \approx 0$；当为平行失活且对 A 无内扩散阻力时，$d = 1.0$；平行失活但对 A 有很强的内扩散阻力时，$d \to 3.0$；对于串联失活，$d \approx 1.00$。有关催化剂失活全面资料可见文献 [22～24]。

表 25-1-22 失活反应式与失活速率方程

失活反应式	失活速率方程
A $\longrightarrow$ R+P↓（平行失活）	$-\dfrac{\mathrm{d}\Psi}{\mathrm{d}t}=k_\mathrm{d}C_\mathrm{A}^m\Psi^d$
A $\longrightarrow$ R $\longrightarrow$ P↓（串联失活）	$-\dfrac{\mathrm{d}\Psi}{\mathrm{d}t}=k_\mathrm{d}C_\mathrm{R}^m\Psi^d$
$\begin{array}{l} \text{A} \longrightarrow \text{R} \\ \text{A} \longrightarrow \text{P↓} \end{array}$（平行失活）	$-\dfrac{\mathrm{d}\Psi}{\mathrm{d}t}=k_\mathrm{d}C_\mathrm{P}^m\Psi^d$
与反应组分无关的独立失活	$-\dfrac{\mathrm{d}\Psi}{\mathrm{d}t}=k_\mathrm{d}\Psi^d$

1.5 实验研究方法和数据处理

反应动力学实验研究的目的在于获取有关化学反应的化学特征，即从动力学实验数据分析中筛选出合理的反应网络、反应机理模型，并据此导出相应的速率方程，给出有关动力学的参数值、检验机理模型和速率方程对实验数据的吻合程度等。为了满足上述目的，合理的实验步骤大致如下。

(1) 组织实验并对实验结果作线性回归分析，以获取反应的某些重要特征，如反应对反应组分的反应级数，是否存在串联或并联反应等，此为预实验阶段。

(2) 根据由第（1）步所得的初步结果，结合其他有关知识建立可能存在的反应机理模型。根据鉴别反应网络和机理模型的需要设计一些必要的补充实验，综合所有的实验结果对反应网络和机理模型进行筛选。

(3) 对所选中的最合适的模型进行参数估值，参数值用非线性回归法来确定，应当对其准确性进行检验。

1.5.1 研究反应动力学用的实验室反应器

反应动力学研究要使用反应器，并最终用于反应器。在进行动力学实验时，反应器选型和操作条件选取的一个基本要求是使动力学数据处理尽可能简单，以便于用理想反应器模型进行描述。这方面的深入知识参阅"2.1 理想反应器"。为了消除动力学与设备和操作条件的相关性，对多相反应，如气固催化反应，在进行动力学实验时要排除传递的影响。这方面的深入知识参阅"2.3 反应相的内部和外部传递"。

用于动力学实验研究的反应器从反应物是否流动分为间歇式和流通式两种，如图 25-1-7 所示。在如图 25-1-7(a) 所示的间歇式反应器中所取得的实验数据是相应于某个反应时间 t 下反应组分的浓度 C，而不能直接取得相应于某反应组成下的反应速率，为了获取反应速率的数据必须从所得的 C 对 t 的数据进行微分计算（图解或数值微分），所以这类反应器又称积分反应器。由图 25-1-7(b) 所示的流通反应器中所获得的数据通过物料衡算即可得到相应于某反应组成下的反应速率，故通常称为微分反应器。图 25-1-7 所示的这类搅拌釜式实验反应器主要用于液相反应的动力学研究，内设的混合装置（搅拌器）必须保证器内反应流体的组成和温度均一。对于非均相的气固催化反应，常用如图 25-1-9 所示的管式固定床反应器。

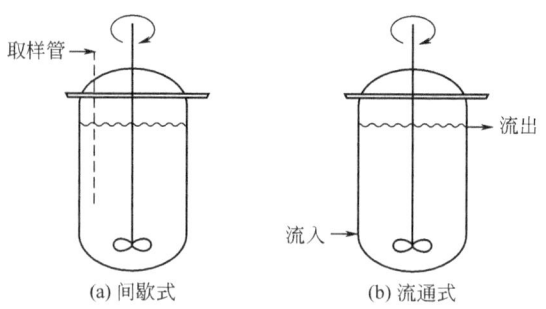

图 25-1-7　用于液相反应的实验型反应器

为了避免流体的流型及内、外扩散过程和器内温度分布对测定动力学参数的影响，这类反应器必须满足下述条件。

(1) 保证反应流体在器内呈平推式流动，为此床内的固体填充高度 L 与颗粒粒径 d_p 之比 L/d_p 应大于 50，或满足下列不等式[25]

$$L/d_p > \frac{20n}{(Pe)_a} \ln \frac{C_{A0}}{C_{Ae}} \qquad (25\text{-}1\text{-}144)$$

式中　n——幂指数速率方程的反应级数；

　　　C_{A0}——组分 A 在进口气体中的浓度；

　　　C_{Ae}——组分 A 在出口气体中的浓度；

　　　$(Pe)_a$——固定床轴向 Peclet 数。

$(Pe)_a$ 定义为：

$$(Pe)_a = d_p u / D_a$$

式中　d_p——颗粒直径，m；

　　　u——气体的表观流动速度，$m \cdot h^{-1}$；

　　　D_a——床层的轴向分散系数。

同时，反应管直径 D 与颗粒粒径 d_p 之比应满足：

$$D/d_p > 10 \qquad (25\text{-}1\text{-}145)$$

(2) 为确保排除内外扩散过程的影响，必须控制床层内催化剂用量（一定空速下）在大于某个值下和粒径小于某个值下进行实验。为了确定最少催化剂用量，其实验方法是在实验要求的最高反应温度和最低空速（此时外扩散影响最严重）下，通过改变床层内催化剂的用量 W 来测定出口的转化率 x_A，并作 x_A 对 W 的图，如图 25-1-8(a) 所示，以确定最小的催化剂用量。为了确定催化剂最大粒径，可在恒定的反应温度和恒定空速下考察粒径 d_p 对出口转化率的影响，并观察 x_A 对 d_p 的关系，如图 25-1-8(b) 所示。

在床层中催化剂用量必须大于 W_1，粒径 d_p 必须小于 d_{p1}。

(3) 尽可能消除床层内径向和轴向温度分布，对于气固催化管式固定床积分反应器来说此点尤其重要。由于积分反应器的反应转化率高，为消除床层内温度分布，需用对反应为惰性具有良好导热性能的固体稀释剂掺混到催化剂颗粒中以增大传热面积和径向热导率。但为避免大量固体稀释剂导致气体与催化剂的接触不良，应控制稀释比 b_v（惰性固体体积与固体催化剂体积之比）满足下列不等式[26]：

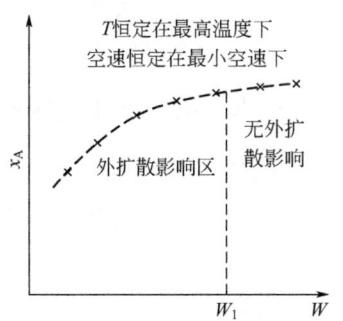

(a) 排除外扩散的最少催化剂量W的确定

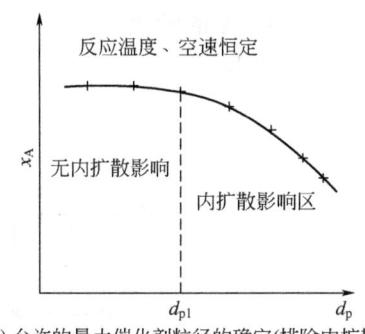

(b) 允许的最大催化剂粒径的确定(排除内扩散)

图 25-1-8 排除内、外扩散影响所确定的实验条件

$$b_v < \frac{\delta_x}{250} \frac{L}{d_p} \qquad (25\text{-}1\text{-}146)$$

管式固定床积分反应器［图 25-1-9(a)］和微分反应器［图 25-1-9(b)］的差别仅是前者所用的催化剂量多，进出口的转化率差值大，可以在很宽的组成范围内考察反应组成对反应速率的影响，所得数据是出口转化率 x_A 随气体空速的变化，不可直接获得反应速率值；而管式固定床微分反应器内的催化剂量少，其反应进出口转化率的净增值 Δx_A 很小，一般控制在 10% 以内，因此它可以直接通过物料衡算得到相应于反应器进出口平均组成下的反应速率值 $-r_A$，即：

$$-r_A = F_{A0} \frac{\Delta x_A}{W} \qquad (25\text{-}1\text{-}147)$$

式中 Δx_A——反应气通过反应器后转化率的净增值，$\Delta x_A = x_{A0} - x_{A1}$［见图 25-1-9(b)］；

$\quad\quad -r_A$——以单位质量催化剂计的组分 A 的反应速率；

$\quad\quad F_{A0}$——反应气中组分 A 在反应器入口处的摩尔流率；

$\quad\quad W$——管式微分反应器内催化剂的装填量。

显然，Δx_A 愈小则式(25-1-147)就愈准，但它受分析精度限制不宜太小。同时为了在宽阔组成范围考察反应组成对反应速率的影响，常需在微分反应器前串联一个预反应器，以便调节微分反应器的气体入口组成。

图 25-1-9(c) 所示的是带有外循环的微分反应器，即在环路中借助循环泵将反应器出口气体大部分送回到微分反应器的入口处与反应原料混合，借此通过调节循环比 R 来改变微分反应器的入口气体组成，它可从下式算得［参看图 25-1-9(c)］：

$$x_{A1} = \frac{F_{A0} x_{A0} + R F_{A0} x_{Af}}{(R+1) F_{A0}} \tag{25-1-148}$$

通过对反应器进出口的物料衡算可求得组分 A 的反应速率：

$$-r_A = (R+1) F_{A0} (x_{Af} - x_{A0}) / W \tag{25-1-149}$$

式中 R——循环比（反应后 A 返回入口处的摩尔流率与新鲜原料气中 A 的摩尔流率之比）；

     F_{A0}——新鲜原料气中 A 的摩尔流率；

     x_{A0}——原料气中 A 的起始转化率；

     x_{Af}——出微分反应器的反应气流中 A 的转化率；

     W——微分反应器内催化剂的装填量。

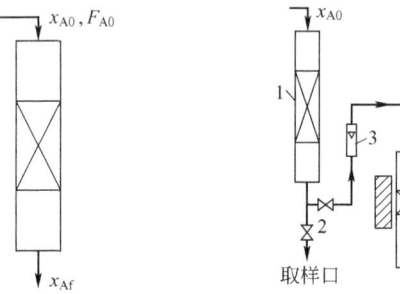

(a) 固定床积分反应器   (b) 固定床微分反应器

1—预反应器；2—调节阀；3—流速计；
4—加热恒温金属块；5—微分反应器

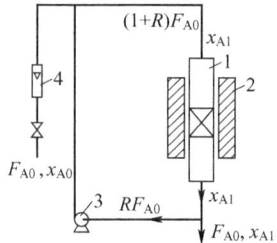

(c) 外循环的微分反应器

1—反应器；2—加热恒温块；
3—循环泵；4—流速计

图 25-1-9 管式固定床反应器

由式(25-1-148)可知，当循环比很大时（一般要求 $R > 25$），x_{A1} 和 x_{Af} 的差值就很小，而使微分反应器在温度和组成方面都实际上接近于无梯度的要求，从而可以获得反应速率的精确值。但此外循环反应器存在较大的非反应空间（循环管路所占的容积），故每改变一次实验条件均需要有较长的稳定时间。同时，为了防止反应产物的冷凝，需使整个反应系统处于较高的温度之下，也给实验带来困难。

图 25-1-10 所示的反应器为内循环无梯度微分反应器，它在原理上与外循环管式微分反应器相同，但具有非反应空间小、整个装置紧凑易于实现等温等优点。它还可以直接用工业原粒径催化剂，模拟工业固定床反应器的操作条件进行实验研究，以测定催化剂原颗粒的宏

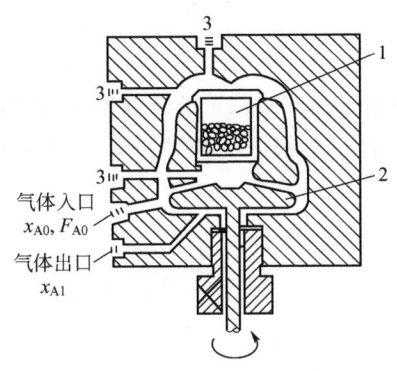

图 25-1-10 内循环无梯度微分式反应器

1—催化剂筐；2—叶轮；3—热电偶插入孔

观动力学数据，利用这些数据可直接对工业固定床反应器进行设计和操作分析。

但是，由于在高循环比下操作的内循环反应器具有全混流的特点，对于复杂反应体系来说，在高转化率下其产物分布将不同于平推流的产物分布。这一点将通过设置预反应器以改变原始气体组分的办法来解决。

图 25-1-11 所示的是转筐式微分反应器，它是将催化剂（可以是工业用的大颗粒催化剂）置于可高速旋转的催化剂筐中，通过调节它的转速来模拟工业反应器的传递条件，在催化剂筐下端装有叶轮，与催化剂筐一起固定在相同的转轴上。它的作用在于使反应器内的反应气体达到完全混合，因此它实际上是一个完全混合流的微分反应器。对组分 A 作物料衡算即可得到 A 的反应速率 $-r_A$：

$$-r_A = F_{A0}(x_{Af} - x_{A0})/W \tag{25-1-150}$$

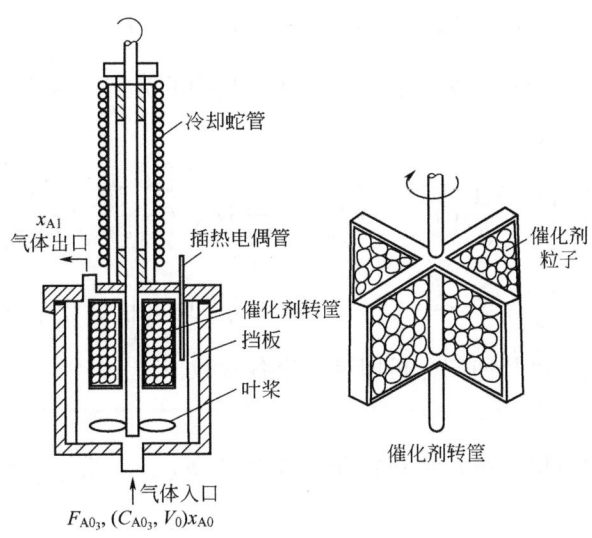

图 25-1-11 转筐式微分反应器

1.5.2 动力学方程的确定和参数估值

由于从积分反应器和微分反应器中所获得的实验数据的性质不同，因而数据处理的方法亦分积分法和微分法两种。

1.5.2.1 积分法

该法是基于微分速率方程和由积分反应器所获得的动力学数据之上，通过积分（或数值求解）来确定模型和参数的。在积分反应器内取一微元单位 dw 对反应组分 A 作物料衡算。

$$-r_A = \frac{F_{A0}\,dx_A}{dw} \tag{25-1-151}$$

或

$$\frac{W}{F_{A0}} = \int_{x_{A0}}^{x_{Af}} \frac{dx_A}{-r_A} \tag{25-1-152}$$

由预试验或其他化学知识给出可能的反应机理，并由此导出 $(-r_A)$ 的表达式：

$$-r_A = kf(C_i)$$

或

$$\frac{W}{F_{A0}} = \frac{1}{k}\int_{x_{A0}}^{x_{Af}} \frac{dx_A}{f(C_i)} \tag{25-1-153}$$

式（25-1-153）可根据 $f(C_i)$ 函数形式复杂程度或积分或是数值计算来确定其中的动力学参数和速率常数，将不同温度下获得的速率常数代入 Arrhenius 方程以确定指前因子和反应活化能。对于所有可能的速率方程均需按上法来定取参数值，然后与实验数据进行回归分析，从中筛选出合理的且吻合程度最好的速率方程。例如萘的催化氧化反应，若按氧化还原机理可导得萘的反应速率方程为：

$$-r_A = kp_Ap_B/(K_Ap_A + K_Bp_B + K_Cp_C) \tag{25-1-154}$$

式中，p_A、p_B 和 p_C 分别为萘、氧和萘醌在气相中的分压。将式（25-1-154）代入式（25-1-153）中可得：

$$\frac{W}{F_{A0}} = a\int_{x_{A0}}^{x_{Af}} \frac{1}{p_B}dx_A + b\int_{x_{A0}}^{x_{Af}} \frac{1}{p_A}dx_A + c\int_{x_{A0}}^{x_{Af}} \frac{p_C}{p_Ap_B}dx_A \tag{25-1-155}$$

式中，$a = \dfrac{K_A}{k}$；$b = \dfrac{K_B}{k}$；$c = \dfrac{K_C}{k}$；p_A、p_B 和 p_C 均可根据化学计量方程化为 x_A 的函数，积分后将实验值代入进行回归分析即可确定各常数值。

1.5.2.2 微分法

根据微分反应器的数据，可直接获得相应于各个 p_A、p_B 和 p_C 下反应速率，并将速率方程式（25-1-154）写成：

$$\frac{p_Ap_B}{-r_A} = ap_A + bp_B + cp_C \tag{25-1-156}$$

直接将实验数据代入上式，应用最小二乘法即可求得各个反应温度下的常数 k、K_A、K_S 和 K_B。然后再根据 Arrhenius 方程来确定指前因子和活化能。在评选和检验反应机理模型时，通常采用下列准则：

① 反应机理是否能合理地解释化学反应的本征特性；

② 由反应机理所导出的反应速率方程是否能精确地拟合动力学实验数据；

③ 所有的动力学常数应均为正值，并能很好地满足 Arrhenius 方程。

如所提出的反应机理不能满足上述准则，就应对反应机理重新进行考虑，直至满足上述原则为止。

【例 25-1-2】 已知由反应式 A+B $\rightleftharpoons$ R 的气固催化反应中，催化剂对组分 A 的化学吸附能力远大于对组分 B 和产物 R 的吸附能力，且该反应的平衡常数值很大，可近似地按不可逆反应处理。下面讨论该如何组织动力学实验来确定该反应的机理模型。

为获得反应动力学机理的某些信息，首先组织一些单响应的预实验：

（1） 固定反应组分 B 的分压，在恒定的反应温度下考察反应速率 $(-r_A)$，对组分 A 分压 p_A 的响应值，若所得结果如图 25-1-12(a) 所示，即 $(-r_A)$ 随 p_A 单调上升，则表明在催化剂表面上只可能有一种类型的活性中心存在，该活性中心吸附了组分 A 以后再与气相中的组分 B 发生表面反应而生成产物 R。若在 $(-r_A)$-p_A 的相图上出现一个最大点 ［如图 25-1-12(b) 所示］，则表明表面反应是在吸附态 A 和吸附态 B 之间进行，同时还可能存在两种类型的活性中心 σ_1 和 σ_2，它们分别吸附组分 A 和 B，形成 $A\sigma_1$ 和 $B\sigma_2$，然后这两者再发生表面反应。

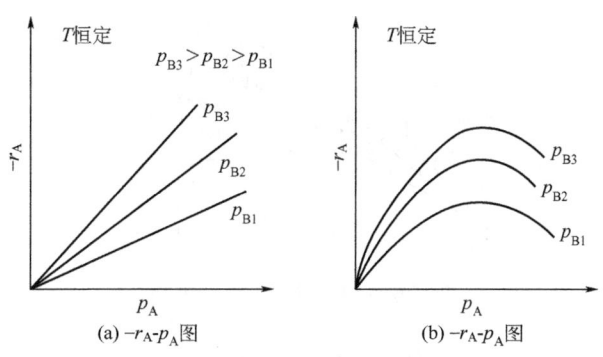

图 25-1-12 A 分压对反应速率的两种不同影响

（2） 为了判明催化剂是存在一类还是两类活化中心，可以组织以下两个实验：首先向反应器通入只含组分 A 的气体，待达饱和吸附后再通入只含组分 B 的气体，分析反应气出口是否有产物 R 生成。然后将通气顺序倒过来（即先通 B 后通 A）进行同样的实验。如果两组实验中只有一组实验有产物 R 产生则说明表面上只有一种类型的活化中心存在（如果两组实验现象是相同，则表明有两类活性中心存在，且表面反应是在 $A\sigma_1$ 和 $B\sigma_2$ 之间进行）。

由上述单响应实验可以确定该反应的机理模型可能为：

$$A+\sigma \rightleftharpoons A\sigma$$

$$B+\sigma \rightleftharpoons B\sigma$$

$$A\sigma+B \rightleftharpoons R\sigma（或 A\sigma+B\sigma \rightleftharpoons R\sigma+\sigma）$$

$$R\sigma \rightleftharpoons R+\sigma$$

考虑到不同的控制步骤和吸附项的影响可能导出九个速率方程，例如当以 $A\sigma$ 和 B 的表面反应为控制步骤，且不考虑 B 和 R 的吸附对反应速率的影响，则可得速率方程为：

$$-r_{A}=kr_{A}p_{B}/(1+K_{A}p_{A}) \tag{25-1-157}$$

根据上述初步结果进行一些补充实验，最后从所有的实验数据来节选出最合格的速率方程。

1.5.3　用于模型判别的最佳序贯法实验设计[27~30]

大多数的实验设计均属于析因型的实验设计，对于复杂系统，其候选模型甚多时，为了提高实验的效率，可采用最佳序贯判别的实验设计。

假定必须在两个模型 $y^{(1)}=ax+b$ 和 $y^{(2)}=ax$ 之间进行判别，其中 y 为因变量（如反应转化率或反应速率），则可在预期的两模型差异最大（即"散度"最大）的地方安排一次实验。就这两个模型而言，如图 25-1-13 所示，应在自变量 x 值接近零和 x_j 的地方安排实验，因在这两点处两个模型间的散度最大。假定已在 $(n-1)$ 个 x 值下完成了 $(n-1)$ 个实验，则可得到参数 a 和 b 的估算值。为设计第 n 次试验，在 x 轴上感兴趣的区域（"可操作区"）划分为一定数目的区间。格点用 i 来编号。然后计算各格点上 $\hat{y}^{(1)}$ 和 $\hat{y}^{(2)}$ 的估算值，进而由式(25-1-158)算出这两个模型估算的 y 值的散度，即：

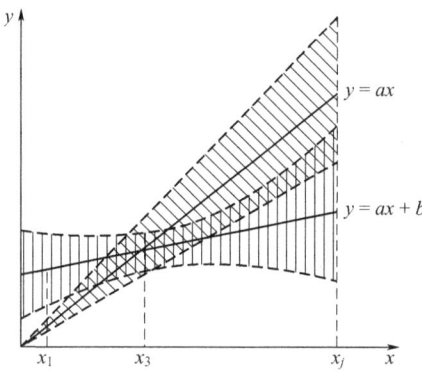

图 25-1-13　置信区域的覆盖

$$D_{i,n}=[\hat{y}_{i}^{(1)}-\hat{y}_{i}^{(2)}]^{2} \tag{25-1-158}$$

并将实验点设定在 x 轴上使 $D_{i,n}$ 最大的格点所相应的位置上来进行第 n 次实验。

上述判据可方便地推广应用于两个以上模型的情况，其型式如下：

$$D_{i,n}=\sum_{k=1}^{m}\sum_{l=k+1}^{m}[\hat{y}_{i}^{(k)}-\hat{y}_{i}^{(l)}]^{2} \tag{25-1-159}$$

式中，k 和 l 为模型编号；下标 i 为格点编号。采用双重加和号可保证每个模型依次被作为基准。有关更详尽论述和应用实例参看文献 [27~29]。

1.5.4　用于参数估值的最佳序贯法设计

即便是完成了模型判别，从中选出最合适的模型，但往往还必须得到比判别过程中所确定的更为精确的参数估算值。Box 及其合作者开发了一种降低参数估算值不定性的序贯设计法[27]，其目的在于缩小参数估算值的联合置信容积。图 25-1-14 表示包含三个参数的速率方程的联合置信域的实例[31]。它对双曲型速率方程是很典型的，狭长形状主要是由于各个参数估算值之间高度相关所造成。大幅度地改变估算值，方程与实验数据总的拟合情况仍可

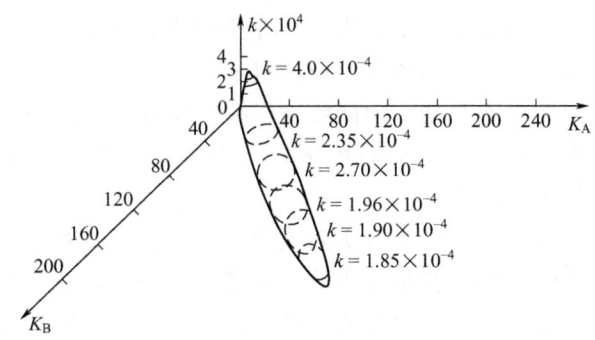

图 25-1-14 含有三个参数的非均相催化反应速率方程的置信域

保持不变。问题是要合理地选择实验点，使得可用最少的实验次数使置信容积达到最小。

令反应速率式为：

$$r = f(p_A, p_B, p_S \cdots k, K_A, K_B \cdots) \qquad (25\text{-}1\text{-}160)$$

或更简洁地写成：

$$r = f(\boldsymbol{P}, \boldsymbol{K}) \qquad (25\text{-}1\text{-}161)$$

以 $f_{u,i}$ 给出 r 对任一参数的偏导数：

$$f_{u,i} = \left.\frac{\partial f(\boldsymbol{P_u}, \boldsymbol{K})}{\partial \boldsymbol{K_i}}\right|_{K=K} \qquad (25\text{-}1\text{-}162)$$

在第 u 组实验条件下求 $\boldsymbol{P_u}$ 值，$\boldsymbol{K}$ 代入某组参数 K_0。在（$n-1$）次实验后，该偏导数矩阵 $\boldsymbol{F}$ 包括（$n-1$）行和 V 列（V 为参数数目）。当 $\boldsymbol{F}^T$ 为 $\boldsymbol{F}$ 的转置矩阵时，乘积 $\boldsymbol{F}^T\boldsymbol{F}$ 为 （$V \times V$）阶矩阵。Box 等[32]指出，在某些可接受的假定下，选择使行列式 $\boldsymbol{F}^T\boldsymbol{F}$ 极大的格点可作为第 n 次实验的条件，将使参数估算值的联合置信容积极小。有关该法的应用实例可参见文献 [33]。

1.6 基于反应动力学的催化剂筛选

化学反应工程以工业规模进行的化学反应过程及其反应器作为研究对象，其目的在于实现反应过程的优化。化学反应器的设计除了需要选择合适的反应器类型以及确定工艺条件外，最重要的是计算反应器的体积。获得化学反应速率与反应条件之间的关系是计算反应器体积的先决条件，也是化学反应动力学研究的核心内容。

传统化学反应工程中使用的动力学称为宏观动力学。宏观动力学方程的建立主要包含以下几步。首先，尝试依据有限的光谱实验数据构建一条可能的反应路径；然后，假设总包反应中的某一步反应（大多数情况下为非基元步）作为整个过程的速率控制步，而其他反应步骤处于准平衡状态下；进而，通过求解方程组获得速率表达式；最后，将速率方程与动力学实验数据进行拟合验证，从中选择出能够描述反应动力学行为的速率表达式。宏观动力学既可以是排除了质量传递、热量传递以及动量传递等物理影响因素，从而研究反应速率与反应物浓度、温度、催化剂和溶剂种类之间关系的本征动力学（即揭示化学反应自身的规律），亦可以是在传质、传热、催化剂失活以及反应器稳定性等因素影响下的表观动力学。其主要任务是通过建立半经验的总包反应速率方程，指导反应器的设计和优化。然而，以上述方式获得的速率方程反过来却不能推演出整个反应的机理。这是因为不同的反应机理有可能获得相同的反应速率方程。因此，宏观动力学能够获得特定反应条件范围内的反应速率，对于反应器设计而言是直接而有效的工具，但是由于它无法提供任何与反应机理相关的有价值信息，所以对于催化剂选择没有帮助。

与之相反，微观动力学试图通过来自实验或者理论计算的表面热力学和动力学数据，在分子水平上描述化学反应包含的所有基元步骤。在描述过程中，对于整个过程的反应速率控制步和最丰表面物种不作任何假定，而是通过微观动力学分析得到反应中间产物的表面覆盖率，从而获得基元反应速率，最终确定反应的主要反应路径（dominant reaction pathway）和速率控制步（rate-determining step）。需要强调的是，这里提到的用于催化剂筛选的微观动力学是指包含了催化反应中涉及的基本表面化学的动力学，需要能够在原子水平上对催化过程进行描述。它起源于 20 世纪 80 年代后期，是由 Dumesic 以及 Froment 等分别独立创建并逐渐发展起来的。微观动力学包含微观动力学分析（microkinetic analysis）和催化反应综合（catalytic reaction synthesis）两个部分。微观动力学分析通过研究一个催化循环中发生于催化剂表面的一系列基元步相互之间，及其与表面之间的关系来考察催化反应。催化反应综合是将来源于实验和理论的表面化学信息结合起来，阐述如何通过调变催化剂、催化反应循环和反应条件，提高目标产物的产率。例如，在过渡金属合金催化剂的筛选过程中，前者用于研究单金属表面上特定反应的反应机理，后者用于完成合金催化剂的筛选工作。

在采用微观动力学分析一个给定催化过程的反应机理时，重要的一步是通过 Arrhenius 方程来估算基元反应的速率常数。而速率常数估算的前提是采用实验的或者计算的方法获取基元反应的指前因子（preexponential factor）和活化能。对于指前因子而言，通常采用碰撞理论（collision theory）或者过渡态理论（transition state theory）来获得其数量级。由于碰撞理论无法包含分子构型在估算中产生的影响，因此过渡态理论无论从合理性还是准确性的角度都更加适用。过渡态理论的基本假设是反应物与过渡态构型中的活性配合物之间存在准平衡关系，因此过程的准平衡常数（$K^{\neq}$）可以定义为：

$$K^{\neq} = \exp\left(-\frac{\Delta G^{\ominus\neq}}{k_B T}\right) = \exp\left(\frac{\Delta S^{\ominus\neq}}{k_B}\right)\exp\left(-\frac{\Delta H^{\ominus\neq}}{k_B T}\right) \tag{25-1-163}$$

式中，$\Delta G^{\ominus\neq}$，$\Delta S^{\ominus\neq}$ 和 $\Delta H^{\ominus\neq}$ 分别是由反应物生成活性配合物的标准自由能变、标准熵变和标准焓变；k_B 为 Boltzmann 常数；T 为反应温度。

在过渡态理论中，化学反应速率表示为活性配合物的浓度与频率因子（$k_B T/h$）之间的乘积，其中 h 为 Planck 常数，因此化学反应速率常数（k）可以表示为：

$$k = \frac{k_B T}{h}\exp\frac{\Delta S^{\ominus\neq}}{k_B}\exp\left(-\frac{\Delta H^{\ominus\neq}}{k_B T}\right) \tag{25-1-164}$$

式中，指前因子 A 为：

$$A = \frac{k_B T}{h}\exp\frac{\Delta S^{\ominus\neq}}{k_B} \tag{25-1-165}$$

在过去相当长的一段时间内，由于无法合理地估算出上述标准自由能变、标准熵变和标准焓变，实验科学家往往是先依据化学反应速率和反应活化能获得某些化学过程的指前因子，然后将这些结果用以经验性地估算相似反应的指前因子。例如，分子吸附的指前因子为 $10^1 \sim 10^3$ Pa•s^{-1}，而基于 Langmuir-Hinshelwood 机理发生的表面化学反应的指前因子为 $10^8 \sim 10^{13}$ s^{-1}。如果没有可以参考的经验性数据，经常采用的方法是在忽略熵变影响的前提下，采用频率因子对于不同温度下的指前因子进行估算。相对于指前因子，实验方法对于基元反应活化能的估算显得更加困难，主要遵循以下 3 步：首先，假设各基元步在气相中进行，估算其反应热，该估算主要依赖于实验测量获得的键能数据以及分子、自由基和离子的形成能；随后，通过引入气相物质的吸附热，将气相反应热转化为表面反应热，这一步中包含的表面成键和断键能来源于程序升温脱附和微量热实验等，事实上这些键能是动力学模型中十分重要的参数；最后，依据基元反应活化能与其反应热之间的经验线性关系估算活化能。由于过去采用已有的实验数据进行反应速率常数的估算是唯一可行的手段，因此微观动力学分析被视为实验科学家的一种动力学研究工具。

从 20 世纪 90 年代开始，随着高性能计算机群的快速发展以及量子化学方法的普遍运用，采用团簇或者周期性模型获得与表面和吸附质之间相互作用相关的能量、频率和几何结构已经成为可能。一方面，超级计算机的硬件处理能力已经能够成功地处理复杂体系；另一方面，基于密度泛函理论（density functional theory，DFT）的第一性原理计算的计算精度足以描绘过渡金属及其合金对于特定化学反应的活性和选择性的变化趋势，已经成为描述多相催化过程的一个强有力工具。依据能量最小化原则进行构型优化以及采用 NEB（nudged elastic band）等方法搜寻基元反应的过渡态，DFT 计算不仅能够直观地描述吸附构型和过渡态结构，更加重要的是它能够提供能量和频率信息，结合统计热力学和过渡态理论，计算出基元反应的指前因子和活化能。然后，通过求解微观动力学模型获得各种反应中间体的表面覆盖率和各基元反应的反应速率，并最终获取反应的主要反应路径和相应的速率控制步，从而确立完整的反应机理，并为催化反应综合打下基础。同时，在采用微观动力学分析了解了反应机理的基础上，依据例如 Langmuir-Hinshelwood 或者 Eley-Rideal 机理，亦可写出适用于不同反应条件下的总包反应宏观动力学方程，从而用于反应器的设计和优化。目前，通过 DFT 计算获得的反应热和活化能相较于实验结果，其误差为 $0.1 \sim 0.2$ eV。虽然这一误差导致定量重现实验中的反应速率还存在一定困难，但是这个计算精度足以预测不同反应体系中反应速率的变化趋势，而且只要抓住了催化反应中关键表面化学的基元反应步，采用较为准确但可能更加耗时的计算方法或者结合一些已知的表面热力学和表面动力学实验数据对计算结果进行校正，就有可能半定量地获得复杂反应体系的动力学。

微观动力学分析不仅能够计算出反应速率，而且可以抽象出标识催化反应活性的描述符（descriptor）并确定其最优范围。对于一个基元反应来讲，在忽略熵贡献的前提下，其反应活化能（E_{act}）与反应热（ΔH）之间存在线性关系，即 Brønsted-Evans-Polanyi（BEP）关系[19,20]：

$$E_{act} = E_0 + \alpha \Delta H \quad (0 < \alpha < 1) \qquad (25\text{-}1\text{-}166)$$

式中，α 是一个介于 0 和 1 之间的系数；E_0 是常数。换句话讲，如果忽略熵的影响，那么当基元反应的反应放热量增大或者吸热量减小时，其活化能会降低，反之亦然。因此，BEP 关系构架起了动力学和热力学之间的桥梁，常常被用来解释实验中观察到的催化活性变化规律以及估算反应活化能。由于过去采用实验方法准确地测量基元反应的活化能和反应热比较困难，因此，缺少对于这一线性关系的直接和定量的证据支持。直到最近10年，一系列针对过渡金属表面上化学反应的DFT计算工作证明了BEP关系的正确性与可靠性。

气固相催化过程的反应机理必然包含反应物的吸附以及产物的脱附。倘若催化剂表面与吸附质之间的相互作用过弱（解离吸附放热量低或者吸热量高），那么依据BEP关系，反应物的解离活化能将过高而降低总包反应速率；反之，倘若催化表面与吸附质之间的相互作用过强，则反应物的解离反应活化能会很低，然而此时脱附反应的活化能将过高从而降低脱附速率，最终造成表面活性位数量的减少而降低总包反应速率。因此对于一个特定的催化反应来讲，最优的催化剂应该与反应物、中间体和产物之间存在强度适中的相互作用，此即为Sabatier规则。其定量表现为不同催化剂表面上的总包反应转化频率（turnover frequency，TOF）与描述符（可能为吸附热或者反应热等物理量）之间呈现火山形曲线（volcano curve）关系。通过火山形曲线，研究者能够进一步确定标识催化反应活性的描述符的最佳范围，从而完成微观动力学分析。在此基础上，只需计算候选材料表面相应描述符的数值，而不是计算整个反应网络的动力学和热力学参数，即可在描述符的最佳范围内筛选出具有高活性、选择性、稳定性以及价格低廉的催化材料。

依据基于描述符的微观动力学分析，可在比以往多几个数量级的催化材料中筛选催化剂，同时显著地减少实验工作量。然而，采用该方法进行催化剂筛选依然面临一些问题。首先，DFT计算的精度依赖于其交换-相关泛函（exchange-correlation functional）的精度。过去交换-相关泛函的发展主要聚焦于如何合理地描述分子的构型以及解离能，而对于决定化学反应动力学的反应能垒以及弱相互作用的描述（特别是van der Waals相互作用）却不甚精确。另外，由于DFT用于计算电子-电子排斥作用的交换-相关泛函（甚至DFT本身）是在单粒子近似的基础上发展起来的，因此，传统的电子结构计算方法不能很好地描述强电子相关（strongly correlated）体系，例如过渡金属氧化物或氮化物，这就局限了结合DFT计算结果的微观动力学模拟的应用范围。其次，采用多金属合金催化剂代替贵金属催化剂是一个发展方向，但是这种替换增加了反应系统的复杂性。如何在工业生产中保持催化剂活性，金属颗粒的热稳定性和催化稳定性是将要面临的一个课题。

参考文献

[1] Li B-G, Wang W-J. Macromol React Eng, 2015, 9: 385-395.

[2] Stauffer C H. Table of Chemical Kinetics, Homogeneous Reactions (Supplementary Tables). National Bureau of Standards Monograph 34. Washington D C: US Government Printing Office, 1961.

[3] Benson S W. The Foundations of Chemical Kinetics. New York: McGraw-Hill, 1960.

[4] Hill C G Jr, Root T W. An Introduction to Chemical Engineering Kinetics and Reactor Design. 2nd ed. New York: John Wiley & Sons, 2014.

[5] Levenspiel O. Chemical Reaction Engineering. 3rd ed. New York: John Wiley & Sons, 1998.

[6] 陈甘棠. 化学反应工程. 第3版. 北京: 化学工业出版社, 2007.

[7] Odian G. Principles of Polymerization. 4th ed. New York: John Wiley & Sons, 2004.

[8] 潘祖仁. 高分子化学. 第5版. 北京: 化学工业出版社, 2011.

[9] Biesenberger J A, Sebastian D H. Principles of Polymerization Engineering. New York: John Wiley & Sons, 1983.

[10] 潘祖仁, 于再璋. 自由基聚合. 北京: 化学工业出版社, 1983.

[11] Brandrup J, Immergut E H, Grulke E A. Polymer Handbook. 4th ed. New York: Wiley, 1999.

[12] 应圣康, 余丰年. 共聚合原理. 北京: 化学工业出版社, 1984.

[13] Meyer T, Keurentjes J. Handbook of Polymer Reaction Engineering. Weinheim: Wiley-VCH Verlag, 2005.

[14] Li B-G, Brooks B W. J Polym Sci, Part A: Polym Chem, 1993, 31: 2397-2402.

[15] Rajabi-Hamanea M, Engellb S. Chem Eng Sci, 2007, 62: 5282-5289.

[16] 应圣康, 郭少华, 等. 离子型聚合. 北京: 化学工业出版社, 1988.

[17] 黄葆同, 陈伟. 茂金属催化剂及其烯烃聚合物. 北京: 化学工业出版社, 2000.

[18] Dotson N A, Galvan R, Laurence R, et al. Polymerization Process Modeling. New York: VCH Publishers Inc, 1996.

[19] Carberry J J. Chemical and Catalytic Reaction Engineering. New York: McGraw-Hill, 1976.

[20] Satterfield C N. Mass transfer in Heterogeneous Catalysis. Cambridge: MIT Press, 1970.

[21] Subramanian P, Murthy M S. I&EC Process Des Dev, 1972, 11: 242-246.

[22] Rase H F. Chemical Reactor Design for Process Plants. Deactivation of Catalysts. New York: John Wiley & Sons, 1977.

[23] Hughes R. Deactivation of Catalysts. London: Academic Press, 1984.

[24] Levenspiel O. Chem Eng Sci, 1980, 35: 1821-1839.

[25] Mears D E. Chem Eng Sci, 1971, 26: 1361-1366.

[26] Ergun S. Chem Eng Progr, 1952, 48: 89-94.

[27] Box G E P, Hill W J. Technometrics, 1967, 9: 57-71.

[28] Hosten L H, Froment G F. Proc 4th Int Symp Chem React Eng. Heidelberg: 1976.

[29] Dumez F J, Hosten L H, Froment G F. I&EC Fundam, 1977, 16: 298-301.

[30] Franckaerts J, Froment G F. Chem Eng Sci, 1964, 19: 807-818.

[31] Kittrell J R. Adv Chem Eng, 1970, 8: 97-183.

[32] Box G E P, Lucas H L. Biometrika, 1959, 46: 77-90.

[33] Juusola J A, Bacon D W, Downie J. Can J Chem Eng, 1972, 50: 796-801.

2

反应工程基本原理

2.1 理想反应器

理想反应器又称为简单反应器。根据反应器的操作方式和物料的流型，可分为以下三类：

① 理想间歇反应器；

② 平推流反应器；

③ 全混流反应器。

这三类反应器的流型是在实际反应器流型的基础上经过理想化而获得的。通常，实际反应器的流型较为复杂，但作为一种简化处理方法，作为实际反应器流型的几种极限情况，理想反应器的概念对于分析实际反应器是十分有帮助的。

反应器分析的基础是质量衡算与能量衡算。

对于反应器内指定边界内的控制体，在任一时刻 t 对组分 j 可以进行物质的量衡算：

$$F_{j,\text{in}} - F_{j,\text{out}} + R_j = \frac{\mathrm{d}N_j}{\mathrm{d}t} \tag{25-2-1}$$

式中，$F_{j,\text{in}}$ 表示进入控制体内 j 的摩尔流率；$F_{j,\text{out}}$ 为离开控制体 j 的摩尔流率；R_j 为控制体内 j 的生成速率；N_j 表示 t 时刻控制体内 j 的累积速率，当控制体达到稳定态时，即系统变量不随时间发生变化时，有 $\frac{\mathrm{d}N_j}{\mathrm{d}t} = 0$。

如果该控制体内的系统变量（如温度、各组分浓度、催化剂活性等）在系统内部不随空间位置而变，则 R_j 为控制体的体积 V 与组分 j 的反应速率 r_j 的乘积

$$R_j = r_j V \tag{25-2-2}$$

如果控制体内 r_j 随着空间位置发生变化，则可以利用积分的定义，得到 R_j 与 r_j 的关系

$$R_j = \int_0^V r_j \, \mathrm{d}V \tag{25-2-3}$$

$F_{j,\text{in}}$ 和 $F_{j,\text{out}}$ 为进出控制体 j 的摩尔流率，这一过程遵循传质原理，通过对流流动、扩散等过程实现。

类似的，可以得到反应器内任意控制体的能量衡算方程

$$\sum_{j=1}^n F_{j,\text{in}} H_{j,\text{in}} - \sum_{j=1}^n F_{j,\text{out}} H_{j,\text{out}} + Q - W_s = \frac{\mathrm{d}E_T}{\mathrm{d}t} \tag{25-2-4}$$

式中，$H_{j,\text{in}}$ 和 $H_{j,\text{out}}$ 分别为进出控制体组分 j 的焓；Q 为流入控制体的热，如通过釜的夹套或盘管等换热装置传递给反应器的热量；W_s 常被称为轴功，通常是由搅拌器等装置产生；E_T 是控制体的总能量，当系统处于稳定态时 $\dfrac{\mathrm{d}E_T}{\mathrm{d}t}=0$。

在反应系统中，通常动能、势能和电、磁等能量与焓、热传递和功相比都微不足道，因此可以忽略不计，此时组分 j 的能量可以表示为

$$E_j = U_j = H_j - pV_j \tag{25-2-5}$$

式中，U_j 为内能；pV_j 为压力与摩尔体积的乘积，即体积功。
则系统的总能

$$E_T = \sum_{j=1}^{n} N_j E_j = \sum_{j=1}^{n} N_j (H_j - pV_j) \tag{25-2-6}$$

式中，N_j 为组分 j 的物质的量。将式（25-2-6）对时间 t 进行微分

$$\frac{\mathrm{d}E_T}{\mathrm{d}t} = \sum_{j=1}^{n} N_j \frac{\partial H_j}{\partial t} + \sum_{j=1}^{n} H_j \frac{\partial N_j}{\partial t} - \frac{\partial \left(p \sum_{j=1}^{n} N_j V_j \right)}{\partial t} \tag{25-2-7}$$

在体系的体积和总压的变化可以忽略时，式（25-2-7）中的最后一项可以忽略，则能量衡算方程简化为

$$\sum_{j=1}^{n} F_{j,\text{in}} H_{j,\text{in}} - \sum_{j=1}^{n} F_{j,\text{out}} H_{j,\text{out}} + Q - W_s = \sum_{j=1}^{n} N_j \frac{\partial H_j}{\partial t} + \sum_{j=1}^{n} H_j \frac{\partial N_j}{\partial t} \tag{25-2-8}$$

以上在建立质量和能量衡算过程中，没有限定反应器的结构，因此适用于任意的反应器型式。但是反应器处理的物系千差万别，结构复杂多变，反应器内的传递现象也会十分复杂，此时衡算方程中的质量和能量传递项的计算会比较困难。对于一些理想反应器，由于反应器内的流型简单，质量与能量衡算容易进行。

2.1.1 理想间歇反应器

2.1.1.1 基本概念

图 25-2-1 所示的间歇搅拌釜是最常见的间歇反应器。反应物料按一定配比一次加入反应器内，开动搅拌，使反应器内物料浓度和温度保持均一。通常这种反应器配有夹套（或蛇管），可提供或移走热量，控制反应温度。经过一定反应时间，反应达到要求的转化率后，将物料排出反应器完成一个生产周期。

实际间歇反应器有操作灵活、易于适应不同操作条件和产品品种的优点，适用于小批量、多品种、反应时间较长的产品生产，如精细化工产品生产。间歇反应器的缺点是：装料、卸料等辅助操作要耗费一定时间，产品质量不易稳定。

对剧烈搅拌下的缓慢反应，反应器内各处物料的组成和温度均为一致，即任一处的组成和温度皆可作为反应器状态的代表，通常可将实际间歇反应器简化为理想间歇反应器。

2.1.1.2 等温操作的计算

间歇反应器的操作是一非定态过程，反应器内物料的组成只随反应时间而变化。对等温

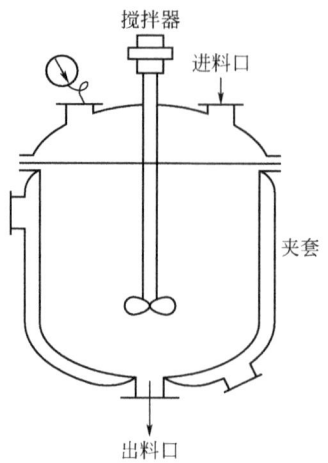

图 25-2-1　间歇搅拌釜示意图

操作，间歇反应器的计算仅涉及物料衡算。

（1）物料衡算方程　对简单反应 $A \longrightarrow R$，间歇反应器的物料衡算方程为：

$$n_{A0} \frac{\mathrm{d}x_A}{\mathrm{d}t} = (-r_A)V \tag{25-2-9}$$

式中　n_{A0}——初始时刻组分 A 的物质的量，mol；

x_A——组分 A 的转化率；

t——时间，s；

$(-r_A)$——反应速率，$\mathrm{mol \cdot m^{-3} \cdot s^{-1}}$；

V——反应物料容积，$\mathrm{m^3}$。

整理并积分上式，可得达到某一转化率 x_A 所需的时间 t：

$$t = n_{A0} \int_0^{x_A} \frac{\mathrm{d}x_A}{(-r_A)V} \tag{25-2-10}$$

这是间歇反应器计算的通式，可用解析法或图解积分法求解。

在恒容条件下，式(25-2-10) 可简化为：

$$t = C_{A0} \int_0^{x_A} \frac{\mathrm{d}x_A}{(-r_A)} = -\int_{C_{A0}}^{C_A} \frac{\mathrm{d}C_A}{(-r_A)} \tag{25-2-11}$$

式中　C_A——组分 A 的浓度，$\mathrm{mol \cdot m^{-3}}$；

C_{A0}——组分 A 的初始浓度，$\mathrm{mol \cdot m^{-3}}$。

当采用幂函数型动力学方程时有：

$$(-r_A) = kC_A^n = k\left[C_{A0}(1-x_A)\right]^n \tag{25-2-12}$$

式中　k——反应速率常数，$(\mathrm{m^3})^{n-1} \cdot \mathrm{mol^{-1}} \cdot \mathrm{s^{-1}}$；

n——反应级数。

将式(25-2-12) 代入式(25-2-11) 可积分求得不同反应速率方程对应的反应时间与转化率的关系，如表 25-2-1 所列。

表 25-2-1　简单反应在等温、恒容时转化率与反应时间的关系

反应	反应速率方程	转化率与反应时间关系
$A \longrightarrow \nu P$	$(-r_A) = kC_A$	$t = \dfrac{1}{k}\ln\dfrac{1}{1-x_A}$
$\nu A \longrightarrow \nu P$	$(-r_A) = kC_A^2$	$t = \dfrac{1}{kC_{A0}}\dfrac{x_A}{1-x_A}$
$A+B \longrightarrow \nu P$ $M_{BA} \neq 1$	$(-r_A) = kC_A C_B$	$t = \dfrac{1}{kC_{A0}(M_{BA}-1)}\ln\dfrac{M_{BA}-x_A}{M_{BA}(1-x_A)}$
$A+B \longrightarrow \nu P$ $M_{BA} = 1$	$(-r_A) = kC_A C_B$	$t = \dfrac{1}{kC_{A0}}\ln\dfrac{x_A}{1-x_A}$
$A+2B \longrightarrow \nu P$ $M_{BA} \neq 2$	$(-r_A) = kC_A C_B$	$t = \dfrac{1}{kC_{A0}(M_{BA}-2)}\ln\dfrac{M_{BA}-2x_A}{M_{BA}(1-x_A)}$
$A+2B \longrightarrow \nu P$ $M_{BA} = 2$	$(-r_A) = kC_A C_B$	$t = \dfrac{1}{2kC_{A0}}\dfrac{x_A}{1-x_A}$
$aA+bB \longrightarrow \nu P$ $M_{BA} = \dfrac{b}{a}$ $\alpha + \beta \neq 1$	$(-r_A) = kC_A^{\alpha} C_B^{\beta}$	$t = \dfrac{1}{kM_{BA}(\alpha+\beta-1)C_{A0}^{\alpha+\beta-1}}\dfrac{1}{(1-x_A)^{\alpha+\beta-1}}-1$
$aA+bB \longrightarrow \nu P$ $M_{BA} \neq \dfrac{b}{a}$ $\alpha + \beta = 1$	$(-r_A) = kC_A^{\alpha} C_B^{\beta}$	$t = \dfrac{1}{(M_{BA})^{\beta}k}\ln\dfrac{1}{1-x_A}$
$aA+bB \longrightarrow \nu P$ $M_{BA} = \dfrac{b}{a}$	$(-r_A) = kC_A C_B$	$t = \dfrac{1}{kM_{BA}C_{A0}}\dfrac{x_A}{1-x_A}$
$aA+bB \longrightarrow \nu P$ $M_{BA} \neq \dfrac{b}{a}$	$(-r_A) = kC_A C_B$	$t = \dfrac{1}{kC_{A0}\left[M_{BA}-\left(\dfrac{b}{a}\right)\right]}\ln\dfrac{M_{BA}-\left(\dfrac{b}{a}\right)x_A}{M_{BA}(1-x_A)}$
$A \longrightarrow \nu P$	$(-r_A) = kC_A^n$	$t = \dfrac{1}{kC_{A0}^{n-1}(n-1)}\left[(1-x_A)^{1-n}-1\right],\ n \neq 1$
$A+2B \longrightarrow \nu P$ $M_{BA} = 2$	$(-r_A) = kC_A C_B^2$	$t = \dfrac{1}{8kC_{A0}^2}\left[\dfrac{1}{(1-x_A)^2}-1\right]$
$A+2B \longrightarrow \nu P$ $M_{BA} \neq 2$	$(-r_A) = kC_A C_B^2$	$t = \dfrac{1}{kC_{A0}^2(2-M_{BA})^2}\ln\left[\dfrac{M_{BA}-2x_A}{M_{BA}(1-x_A)}+\dfrac{2x_A(2-M_{BA})}{M_{BA}(M_{BA}-2x_A)}\right]$
$A+B+C \longrightarrow \nu P$ $M_{BA} \neq 1$ $M_{CA} \neq 1$	$(-r_A) = kC_A C_B C_C$	$kt = \dfrac{1}{(C_{A0}-C_{B0})(C_{A0}-C_{C0})}\ln\dfrac{1}{1-x_A}+\dfrac{1}{(C_{B0}-C_{A0})(C_{B0}-C_{C0})}\ln\dfrac{M_{BA}}{M_{BA}-x_A}+$ $\dfrac{1}{(C_{C0}-C_{A0})(C_{C0}-C_{B0})}\ln\dfrac{M_{CA}}{M_{CA}-x_A}$

反应	反应速率方程	转化率与反应时间关系
$A+B \longrightarrow \nu P$ $M_{BA}=1$	$(-r_A)=kC_A C_B^2$	$t=\dfrac{1}{2kC_{A0}^2}\left[\dfrac{1}{(1-x_A)^2}-1\right]$
$A+B \longrightarrow \nu P$ $M_{BA}\neq 1$	$(-r_A)=kC_A C_B^2$	$t=\dfrac{1}{kC_{A0}^2(1-M_{BA})^2}\ln\left[\dfrac{M_{BA}-x_A}{M_{BA}(1-x_A)}+\dfrac{x_A(1-M_{BA})}{M_{BA}(M_{BA}-x_A)}\right]$

注：式中，$t=M_{BA}=C_{B0}/C_{A0}$；$M_{CA}=\dfrac{C_{C0}}{C_{A0}}$。

对可逆反应，如 $A \underset{k'}{\overset{k}{\rightleftharpoons}} R$，其反应速率方程为

$$-r_A=kC_A-k'C_R=k\left(C_A-\frac{1}{K}C_R\right) \tag{25-2-13}$$

式中　k'——逆反应速率常数；

　　　K——反应平衡常数，k/k'。

在等温、恒容条件下，从式(25-2-10) 出发得到：

$$t=\frac{K}{k(K+1)}\ln\frac{K-M_{RA}}{K-M_{RA}-(K+1)x_A} \tag{25-2-14}$$

式中，$M_{RA}=C_{R0}/C_{A0}$，R 组分和 A 组分的初始摩尔比。对其他简单可逆反应，其在等温、恒容时转化率与反应时间的关系见表 25-2-2。

表 25-2-2　可逆反应在等温、恒容时转化率与反应时间的关系（产物的初始浓度为 0）

反应	反应速率方程	反应速率的积分式
$A \underset{k'}{\overset{k}{\rightleftharpoons}} R$ 一级	$-r_A=kC_A-k'C_R$ $=(k+k')C_A-k'C_{A0}$	$(k+k')t=\ln\dfrac{C_{A0}-C_{Ae}}{C_A-C_{Ae}}$ C_{Ae} 为反应平衡时 A 的浓度
$A \underset{k'}{\overset{k}{\rightleftharpoons}} R+S$ 一级，二级	$-r_A=kC_A-k'C_R C_S$ $=k\left[C_A-\dfrac{1}{K}(C_{A0}-C_A)^2\right]$	$kt=\dfrac{C_{A0}C_{Ae}}{C_{A0}+C_{Ae}}\ln\dfrac{C_{A0}^2-C_{Ae}C_A}{C_{A0}(C_A-C_{Ae})}$
$A+B \underset{k'}{\overset{k}{\rightleftharpoons}} R$ 二级，一级，$C_{A0}=C_{B0}$	$-r_A=kC_A C_B-k'C_R$ $=k\left[C_A^2-\dfrac{1}{K}(C_{A0}-C_A)\right]$	$kt=\dfrac{C_{A0}-C_{Ae}}{C_{Ae}(2C_{A0}-C_{Ae})}\ln\dfrac{C_{A0}C_{Ae}(C_{A0}-C_{Ae})+C_A(C_{A0}-C_{Ae})^2}{C_{A0}^2(C_A-C_{Ae})}$
$A+B \underset{k'}{\overset{k}{\rightleftharpoons}} R+S$ 二级，$C_{A0}=C_{B0}$	$-r_A=kC_A C_B-k'C_R C_S$ $=k\left[C_A^2-\dfrac{1}{K}(C_{A0}-C_A)^2\right]$	$kt=\dfrac{\sqrt{K}}{mC_{A0}}\ln\dfrac{x_{Ae}-(2x_{Ae}-1)x_A}{x_{Ae}-x_A}$，$m=2$，$x_{Ae}$ 为 A 的平衡转化率
$2A \underset{k'}{\overset{k}{\rightleftharpoons}} 2R$ 二级	$-r_A=kC_A^2-k'C_R^2$ $=k\left[C_A^2-\dfrac{1}{K}(C_{A0}-C_A)^2\right]$	$kt=\dfrac{\sqrt{K}}{mC_{A0}}\ln\dfrac{x_{Ae}-(2x_{Ae}-1)x_A}{x_{Ae}-x_A}$，$m=2$
$2A \underset{k'}{\overset{k}{\rightleftharpoons}} R+S$ 二级	$-r_A=kC_A^2-k'C_R C_S$ $=k\left[C_A^2-\dfrac{1}{4K}(C_{A0}-C_A)^2\right]$	$kt=\dfrac{\sqrt{K}}{mC_{A0}}\ln\dfrac{x_{Ae}-(2x_{Ae}-1)x_A}{x_{Ae}-x_A}$，$m=1$
$A+B \underset{k'}{\overset{k}{\rightleftharpoons}} R$ 二级	$-r_A=kC_A C_B-k'C_R^2$ $=k\left[C_A^2-\dfrac{4}{K}(C_{A0}-C_A)^2\right]$	$kt=\dfrac{\sqrt{K}}{mC_{A0}}\ln\dfrac{x_{Ae}-(2x_{Ae}-1)x_A}{x_{Ae}-x_A}$，$m=4$

对复合反应，首先需要写出各组分的净生成速率方程，如对并联反应

$$A \overset{k_1}{\underset{k_2}{\diagdown}} \begin{matrix} P \\ S \end{matrix}$$

各组分的净生成速率为

$$-r_A = (k_1 + k_2)C_A \tag{25-2-15}$$

$$r_P = k_1 C_A \tag{25-2-16}$$

$$r_S = k_2 C_A \tag{25-2-17}$$

在等温、恒容条件下，从式（25-2-10）出发可得

$$C_A = C_{A0}\exp[-(k_1 + k_2)t] \tag{25-2-18}$$

$$C_P = C_{P0} + \frac{k_1}{k_1 + k_2}(C_{A0} - C_A) \tag{25-2-19}$$

$$C_S = C_{S0} + \frac{k_2}{k_1 + k_2}(C_{A0} - C_A) \tag{25-2-20}$$

若产物 P 为主产物，则有

$$\phi = \frac{C_P - C_{P0}}{C_{A0} - C_A} = \frac{k_1}{k_1 + k_2} \tag{25-2-21}$$

$$\frac{C_P - C_{P0}}{C_S - C_{S0}} = \frac{k_1}{k_2} \tag{25-2-22}$$

对于复合反应的结果见表 25-2-3。

表 25-2-3　复合反应在等温、恒容时转化率与反应时间的关系（产物的初始浓度为 0）

反应	反应速率方程	反应速率式的积分式
$A \overset{k_1}{\underset{k_2}{\diagdown}} \begin{matrix} P\text{二级} \\ S\text{一级} \end{matrix}$	$-r_A = (k_1 C_A + k_2)C_A$	$C_A = \dfrac{C_{A0}(k_1 C_A + k_2)}{k_1 C_{A0} + k_2}\exp(k_2 t)$
	$r_P = \dfrac{dC_P}{dt} = k_1 C_A^2$	$C_P = (C_{A0} - C_A)\left[1 + \dfrac{k_2}{k_1(C_{A0} - C_A)}\ln\dfrac{\frac{k_2}{k_1 C_{A0}} + \frac{C_A}{C_{A0}}}{1 + \frac{k_2}{k_1 C_{A0}}}\right]$
	$r_S = k_2 C_A$	$C_S = \dfrac{k_2}{k_1}\ln\dfrac{1 + \frac{k_2}{k_1 C_{A0}}}{\frac{C_A}{C_{A0}} + \frac{k_2}{k_1 C_{A0}}}$
$A \xrightarrow{k_1} P \xrightarrow{k_2} S$ 均为一级	$-r_A = k_1 C_A$	$C_A = C_{A0}\exp(-k_1 t)$
	$r_P = k_1 C_A - k_2 C_P$	$C_P = \dfrac{k_1 C_{A0}}{k_2 - k_1}[\exp(-k_1 t) - \exp(-k_2 t)]$
	$r_S = k_2 C_P$	$C_S = C_{A0}\left[1 + \dfrac{k_1\exp(-k_2 t) - k_2\exp(-k_1 t)}{k_2 - k_1}\right]$

续表

反应	反应速率方程	反应速率式的积分式
$A \xrightarrow{k_1} R \xrightarrow{k_2}$ $S \xrightarrow{k_3} W$	$-r_A = k_1 C_A$	$C_A = C_{A0} \exp(-k_1 t)$
	$r_R = k_1 C_A - k_2 C_R$	$C_P = \dfrac{k_1 C_{A0}}{k_1 - k_2}[\exp(-k_2 t) - \exp(-k_1 t)]$
	$r_S = k_2 C_R - k_3 C_S$	$C_S = C_{A0}\left[\dfrac{k_1 k_2 \exp(-k_1 t)}{(k_1-k_2)(k_1-k_3)} + \dfrac{k_1 k_2 \exp(-k_2 t)}{(k_2-k_1)(k_2-k_3)} + \dfrac{k_1 k_2 \exp(-k_3 t)}{(k_3-k_1)(k_3-k_2)}\right]$
	$r_W = k_3 C_S$	$C_W = C_{A0}\left[1 + \dfrac{k_2 k_3 \exp(-k_1 t)}{(k_3-k_1)(k_1-k_2)} + \dfrac{k_3 k_1 \exp(-k_2 t)}{(k_1-k_2)(k_2-k_3)} + \dfrac{k_1 k_2 \exp(-k_3 t)}{(k_2-k_3)(k_3-k_1)}\right]$
$A \overset{k_1}{\underset{k_2}{\Large\diagup\diagdown}} \begin{matrix} M \xrightarrow{k_3} N \\ R \xrightarrow{k_4} S \end{matrix}$	$-r_A = (k_1 + k_2) C_A$	$C_A = C_{A0} \exp[-(k_1+k_2)t]$
	$r_M = k_1 C_A - k_3 C_M$	$C_M = C_{A0}\left\{\dfrac{k_1 \exp[-(k_1+k_2)t]}{k_3 - k_1 - k_2} + \dfrac{k_1 \exp(-k_3 t)}{k_1+k_2-k_3}\right\}$
	$r_N = k_3 C_M$	$C_N = C_{A0}\left\{\dfrac{k_1 k_3 \exp[-(k_1+k_2)t]}{(k_1+k_2-k_3)(k_1+k_2)} + \dfrac{k_1 k_3 \exp(-k_3 t)}{(k_3-k_1-k_2)k_3} + \dfrac{k_1 k_3}{k_3(k_1+k_2)}\right\}$
	$r_R = k_2 C_A - k_4 C_R$ $r_S = k_4 C_R$	仿 C_M 及 C_N 可写出 C_R、C_S 的表达式

在分析复合反应时可遵循以下原则：

① 增高反应温度有利于活化能较高的反应，降低温度则反之。

② A 组分的浓度高，有利于对 A 反应级数较高的反应。反之，A 组分浓度低，则有利于对 A 反应级数较低的反应。

③ 对于串联反应，(如 A $\longrightarrow$ P $\longrightarrow$ S)，若中间产物 P 为主产物，为使 P 得率高，勿使不同浓度的 A 或 P 的物料混在一起，即以分批式或平推流操作为宜。

有关复合反应进一步的动力学资料可参看参考文献 [7]。

(2) 配料比的影响　对反应 A+B $\longrightarrow$ R，如速率方程为

$$(-r_A) = k C_A C_B \tag{25-2-23}$$

在工业中，为了使价格较高的、或在后续工序中较难分离的组分 A 的残余浓度尽可能低，也为了缩短反应时间，常采用使反应物 B 过量的操作方法。

定义配料比

$$m = \frac{C_B}{C_{A0}} \tag{25-2-24}$$

于是，反应过程中组分 B 的浓度为：

$$C_B = C_{B0} - (C_{A0} - C_A) = C_A + (m-1)C_{A0} \tag{25-2-25}$$

代入动力学方程

$$(-r_A) = kC_A[C_A + (m-1)C_{A0}] \tag{25-2-26}$$

将此式代入式(25-2-11) 积分可得：

$$C_{A0}kt = \frac{1}{m-1}\ln\frac{(m-1)C_{A0} + C_A}{mC_A} = \frac{1}{m-1}\ln\frac{m - x_A}{m(1 - x_A)} \tag{25-2-27}$$

或写成

$$C_{B0}kt = \frac{m}{m-1}\ln\frac{m - x_A}{m(1 - x_A)} \tag{25-2-28}$$

以无量纲反应时间 $C_{B0}kt$ 为纵坐标，转化率 x_A 为横坐标，将式(25-2-28)标绘为图 25-2-2。由图可见，配料比的影响特别表现在当 A 的转化率较高（反应后期）时。

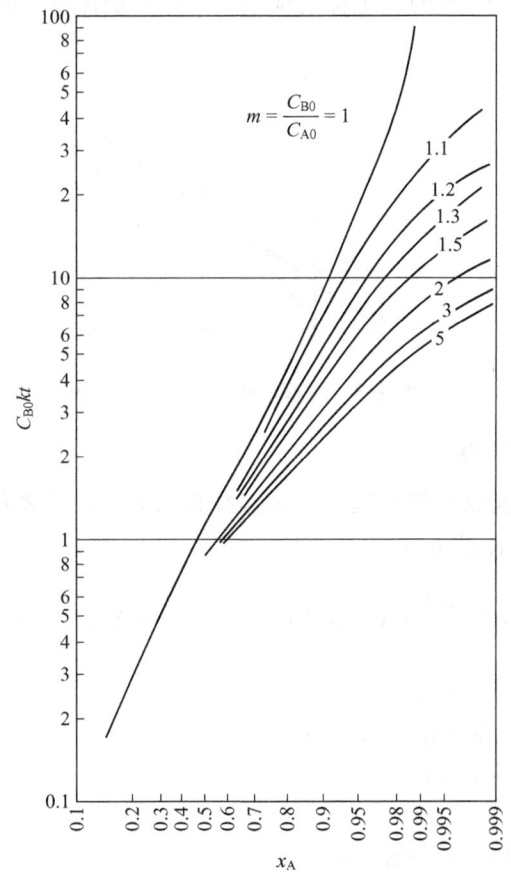

图 25-2-2 过量浓度对反应时间的影响

(3) 反应时间的优化[1,2]　间歇反应器单位反应时间内的产物产量为：

$$F_R = \frac{C_R V}{t + t_0} \tag{25-2-29}$$

式中 C_R——反应终止时产物的浓度；

t_0——装卸料等辅助操作所需的时间。

反应时间优化的目的为确定一个使 F_R 为最大的反应时间，将式（25-2-29）对 t 求导得：

$$\frac{dF_R}{dt} = \frac{V\left[(t+t_0)\dfrac{dC_R}{dt} - C_R\right]}{(t+t_0)^2} \tag{25-2-30}$$

当 $\dfrac{dF_R}{dt} = 0$ 时，F_R 为最大。最优反应时间应满足下式：

$$\frac{dC_R}{dt} = \frac{C_R}{t+t_0} \tag{25-2-31}$$

已知 C_R 和 t 的关系后，可用解析法或图解法由式（25-2-31）求得最优反应时间。图 25-2-3 中曲线 OMN 为 C_R 和 t 的关系，由 A 点 $(-t_0, 0)$ 对曲线 OMN 作切线 AM，其斜率为 $\dfrac{C_R}{t+t_0}$，满足式（25-2-31）。M 点的横坐标对应的 t 值即为最优反应时间。

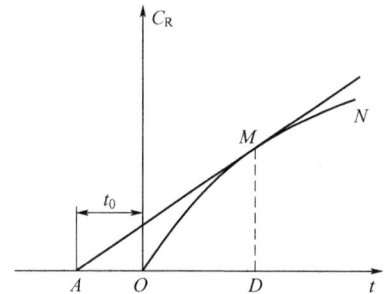

图 25-2-3 图解法确定最优反应时间

2.1.1.3 非等温操作的计算[3]

（1）物料衡算方程和能量衡算方程 非等温操作的间歇反应器的计算需联立求解物料衡算方程式（25-2-9）和能量衡算方程：

$$MC_p\frac{dT}{dt} = (-\Delta H)(-r_A)V + hA(T_S - T) \tag{25-2-32}$$

式中 M——反应物料质量，kg；

C_p——恒压比热容，$kJ \cdot kg^{-1} \cdot K^{-1}$；

T——反应物料温度，K；

$-\Delta H$——反应热，$kJ \cdot mol^{-1}$；

h——传热系数，$kJ \cdot m^{-2} \cdot K^{-1} \cdot s^{-1}$；

A——传热面积，m^2；

T_S——冷却介质温度，K。

一般而言，式（25-2-9）和式（25-2-32）的联立求解需采用数值法。但对绝热操作的间歇反应器，式（25-2-32）中最后一项为零，转化率和反应温度间存在简单的线性关系：

$$T = T_0 + \Delta T_{ad}x_A \tag{25-2-33}$$

式中，$\Delta T_{ad} = \dfrac{n_{A0}(-\Delta H)}{MC_p}$，为绝热升温。

采用幂函数数型动力学方程时，将式(25-2-33)代入式(25-2-11)可得达到要求转化率 x_A 所需的反应时间：

$$t = \frac{1}{k_0 C_{A0}^{n-1}} \int_0^{x_A} \frac{\mathrm{d}x_A}{(1-x_A)^n \exp \dfrac{-E}{R(T_0 + \Delta T_{ad} x_A)}} \tag{25-2-34}$$

式中 k_0——频率因子，$(m^3)^{n-1} \cdot (mol^{n-1} \cdot s)^{-1}$；

  E——活化能，$kJ \cdot mol^{-1}$；

  R——通用气体常数，$8.31 kJ \cdot mol^{-1} \cdot K^{-1}$。

式(25-2-34)可用数值法或图解积分法计算。

(2) 温度序列的优化[2,6]

① 可逆反应 对可逆反应 $A \underset{k_2}{\overset{k_1}{\rightleftharpoons}} R$，反应速率可表示为：

$$(-r_A) = (k_1 + k_2)C_{A0}(x_{Ae} - x_A) \tag{25-2-35}$$

式中，x_{Ae} 为平衡转化率。对吸热反应，k_1、k_2 和 x_{Ae} 均随温度升高而增大，因此反应速率也随温度升高而增大。对放热反应，k_1、k_2 随温度升高而增大，但 x_{Ae} 随温度升高而减小，因此，对每一转化率，均存在一使反应速率为最大的最优温度。最优温度满足如下条件：

$$\frac{\partial(-r_A)}{\partial T} = 0 \tag{25-2-36}$$

若 $t=0$ 时，$C_R = 0$，式(25-2-35)可改写为

$$(-r_A) = k_1 C_{A0}(1-x_A) - k_2 C_{A0} x_A \tag{25-2-37}$$

利用式(25-2-36)可求得最优反应温度

$$T_{opt} = \left[\frac{-R}{E_1 - E_2} \ln\left(\frac{k_{20}E_2}{k_{10}E_1} \frac{x_A}{1-x_A} \right) \right]^{-1} = \left[-\frac{1}{B_1} \ln(B_2 B_3) \right]^{-1} \tag{25-2-38}$$

式中，$B_1 = \dfrac{E_1 - E_2}{R}$；$B_2 = \dfrac{k_{20}E_2}{k_{10}E_1}$；$B_3 = \dfrac{x_A}{1-x_A}$。

对其他类型的单个可逆反应，B_1 和 B_2 与上述表达式相同，B_3 则取决于反应类型：

反应类型	B_3
$A \rightleftharpoons R+S$	$\dfrac{C_{A0} x_A^2}{1-x_A}$
$A+B \rightleftharpoons R$	$\dfrac{x_A}{C_{A0}(1-x_A)(m-x_A)}$
$A+B \rightleftharpoons R+S$	$\dfrac{x_A^2}{(1-x_A)(m-x_A)}$

② 连串反应和平行反应 当存在连串副反应和平行副反应时，除考虑反应速率外，还应考虑目的产物的选择性。当以获得最大产率为目标时，对若干常见反应模式的适宜温度序列如表 25-2-4 所列。

表 25-2-4 若干常见反应模式的适宜温度序列

反应模式	反应特性	温度序列
$A+B \xrightarrow[2]{1} R$; $\xrightarrow{3} S$	$E_3>E_1, E_2>E_1$ $E_3>E_1>E_2$ $E_2>E_1>E_3$	渐降(初始温度不宜过高) 渐升 渐降(高初始温度)
$A+B \xrightarrow{1} R \xrightarrow{2} S$	$E_2>E_1$	渐降
$A+B \xrightarrow[2]{1} R$; $\xrightarrow{2} S$	$E_2>E_1$	低温
$A+B \xrightarrow{1} Q \xrightarrow{3} R$; $\xrightarrow{2} S_1$; $\xrightarrow{4} S_2$	$E_1>E_2, E_3>E_4$ $E_1<E_2, E_3<E_4$ $E_1<E_2, E_3>E_4$ $E_1>E_2, E_3<E_4$	高温 低温 渐升 渐降

2.1.2 平推流反应器[3,7]

这是一种理想化的流动反应器，也称为活塞流反应器，如图 25-2-4 所示意，即假定反应物料微元均以相同的速度沿着与反应器轴线平行的路径运动，前后不存在混合（返混）。在实际应用中，长径比较大的管式反应器和固定床反应器通常可视作平推流反应器。平推流反应器是流动反应器的一种极限情形。由于不存在返混（见本章 2.2 节），反应器内的宏观浓度梯度为最大。

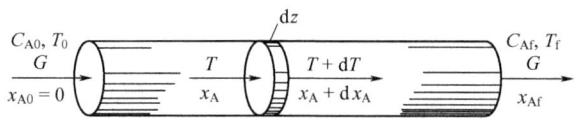

图 25-2-4 平推流反应器示意图

2.1.2.1 恒容反应系统的计算

对简单反应 $A+B \longrightarrow R$，平推流反应器的物料衡算方程和能量衡算方程为：

$$G \frac{dC_A}{dz} = \pi d^2(-r_A) \tag{25-2-39}$$

$$G\rho C_p \frac{\mathrm{d}T}{\mathrm{d}z} = \pi d^2 (-r_A)(-\Delta H) + \pi dh (T_S - T) \tag{25-2-40}$$

式中　G——反应物流体积流率，$\mathrm{m}^3 \cdot \mathrm{s}^{-1}$；

　　　z——轴向距离，m；

　　　d——反应器直径，m；

　　　h——给热系数，$\mathrm{J} \cdot \mathrm{s}^{-1} \cdot \mathrm{m}^{-2} \cdot \mathrm{K}^{-1}$；

　　　ρ——气体密度，$\mathrm{kg} \cdot \mathrm{m}^{-3}$。

液相反应系统以及等温、等压、反应前后物料总摩尔数不变的气相反应系统可作为恒容系统处理。当采用幂函数型动力学方程时，式(25-2-39) 和式(25-2-40) 可改写为：

$$G \frac{\mathrm{d}x_A}{\mathrm{d}z} = \pi d^2 k C_{A0}^{n-1} (1-x_A)^n \tag{25-2-41}$$

$$G\rho C_p \frac{\mathrm{d}T}{\mathrm{d}z} = \pi d^2 k \left[C_{A0}(1-x_A) \right]^n (-\Delta H) + \pi dh (T_S - T) \tag{25-2-42}$$

上述微分方程的初始条件为：

$$z = 0，\ x_A = 0，\ T = T_0 \tag{25-2-43}$$

用解析法、图解法或数值法求解式(25-2-41) 和式(25-2-42) 可得一定长度的反应器所能达到的转化率，或达到要求的转化率所需的反应器长度。

在等温操作时，恒容平推流反应器的计算仅需对式(25-2-41) 进行积分。不同级数反应的积分结果列于表 25-2-5。

表 25-2-5　等温、恒容平推流反应器计算式

反应级数	反应速率方程	设计方程	转化率方程
零级	$(-r_A) = k$	$V = \dfrac{GC_{A0}x_A}{k}$	$x_A = \dfrac{Vk}{GC_{A0}}$
一级	$(-r_A) = kC_A$	$V = \dfrac{G}{k} \ln \dfrac{1}{1-x_A}$	$x_A = 1 - \mathrm{e}^{\frac{Vk}{G}}$
二级	$(-r_A) = kC_A^2$ $(-r_A) = kC_A C_B$ $C_{A0} \neq C_{B0}\ \ S = \dfrac{C_{B0} - C_{A0}}{C_{A0}}$	$V = \dfrac{G}{kC_{A0}} \ln \dfrac{x_A}{1-x_A}$ $V = \dfrac{G}{SkC_{A0}} \ln \dfrac{(1+S)-x_A}{(1+S)(1-x_A)}$	$x_A = \dfrac{VkC_{A0}}{G+VkC_{A0}}$ $x_A = \dfrac{(1+S)(\mathrm{e}^V S^{kC_{A0}/G}-1)}{(1+S)\mathrm{e}^V S^{kC_{A0}/G}-1}$
n 级	$(-r_A) = kC_A^n$	$V = \dfrac{G}{(n-1)kC_{A0}^{n-1}} \left[(1-x_A)^{1-n} - 1 \right]$	$x_A = 1 - \left[1 + \dfrac{(n-1)kC_{A0}^{n-1}V}{G} \right]^{\frac{1}{1-n}}$

2.1.2.2　变容反应系统的计算

对反应前后物料总摩尔数有变化的气相反应系统，在进行平推流反应器计算时必须考虑反应物料体积变化的影响。对变温操作的平推流反应器，这时必须用数值法联立求解式

(25-2-39) 和式(25-2-40)。如果是简单反应，对等温操作的平推流反应器可应用膨胀率（ε）法或膨胀因子（δ）法，对式(25-2-39) 进行积分，得到解析表达式。

（1）膨胀率（ε_A）法 膨胀率 ε_A 的定义是反应组分 A 全部转化后系统体积变化的分率，即

$$\varepsilon_A = \frac{G_1 - G_0}{G_0} \tag{25-2-44}$$

式中 G_0——反应物系的初始体积；

G_1——A 全部转化后反应系统的体积。

可得转化率为 x_A 时反应系统的体积为：

$$G = G_0(1 + \varepsilon_A x_A) \tag{25-2-45}$$

此式可用于计算转化率为 x_A 时系统中各组分的浓度。例如，对反应

$$A \rightleftharpoons R + S$$

若各组分的初始浓度分别为 C_{A0}、C_{R0} 和 C_{S0}，则当转化率为 x_A 时，各组分的浓度为：

$$C_A = C_{A0} \frac{1 - x_A}{1 + \varepsilon_A x_A}$$

$$C_R = \frac{C_{R0} + C_{A0} x_A}{1 + \varepsilon_A x_A}$$

$$C_S = \frac{C_{S0} + C_{A0} x_A}{1 + \varepsilon_A x_A}$$

将各组分浓度代入式(25-2-39)中的反应速率式可得用膨胀率法计算的等温、变容平推流反应器设计式，如表 25-2-6 所示。

（2）膨胀因子（δ）法 膨胀因子的定义是消耗 1mol 反应物 A 反应系统总摩尔数的变化，例如，对反应

$$aA + bB \longrightarrow rR + sS$$

$$\delta_A = \frac{(r+s) - (a+b)}{a} \tag{25-2-46}$$

利用上式可得转化率为 x_A 时反应物系的体积：

$$G = G_0(1 + \delta_A y_{A0} x_A) \tag{25-2-47}$$

式中，y_{A0} 为进料中组分 A 的摩尔分数。由式(25-2-47) 和式(25-2-45) 可见

$$\varepsilon_A = \delta_A y_{A0} \tag{25-2-48}$$

因此，只需将表 25-2-6 中各式中的 ε_A 代之以 $\delta_A y_0$ 即可获得应用膨胀因子（δ）法的等温、变容平推流反应器计算式。

对复杂反应和非等温等压条件，需要利用气体状态方程建立体积流率、摩尔浓度、温度和压力之间的联系。

表 25-2-6 等温、变容平推流反应器计算式（ε_A 法）

反应级数	反应速率方程	设计方程
零级	$(-r_A) = k$	$V = \dfrac{G_0 C_{A0} x_A}{k}$
一级	$(-r_A) = k C_A$	$V = \dfrac{G_0}{k}\left[-(1+\varepsilon_A)\ln(1-x_A) - \varepsilon_A x_A\right]$
二级	$(-r_A) = k C_A^2$	$V = \dfrac{G_0}{k C_{A0}}\left[2\varepsilon_A(1+\varepsilon_A)\ln(1-x_A) + \varepsilon_A^2 x_A + (1+\varepsilon_A)^2\dfrac{x_A}{1-x_A}\right]$
一级可逆 $A \rightleftharpoons bB$	$(-r_A) = k_1 C_A - k_2 C_B$ $\dfrac{C_{B0}}{C_{A0}} = \beta$	$V = \dfrac{(\beta + b x_{Ac}) G_0}{k_1(\beta + b)}\left[-(1+\varepsilon_A x_A)\ln\left(1 - \dfrac{x_A}{x_{Ac}}\right) - \varepsilon_A x_A\right]$

2.1.2.3 和间歇反应器的比较

将平推流反应器的物料衡算方程、能量衡算方程与理想间歇反应器的相应方程比较，差别只在于空间变量 x 和时间变量 t。因此，间歇反应器最优温度序列讨论中得到的结论完全适用于平推流反应器。

2.1.3 全混流反应器[8,9]

全混流反应器是另一种理想化的流动反应器，如图 25-2-5 全混流反应器示意图所示，即假定反应物料一进入反应器即和反应器内的物料完全混合，反应器内各处物料的组成和温度均匀，且等于反应器出口处的组成和温度。实用中，强烈搅拌的连续流动搅拌釜式反应器可视作全混流反应器。全混流反应器是流动反应器的另一种极限情形。由于返混为无穷大，反应器内的宏观浓度梯度和温度梯度为零。

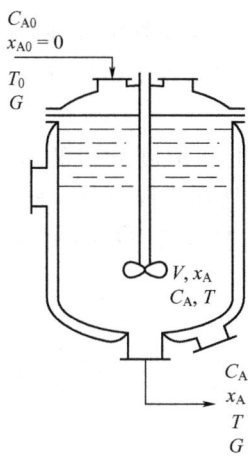

图 25-2-5 全混流反应器示意图

2.1.3.1 物料衡算和能量衡算

全混流反应器的物料衡算方程和能量衡算方程分别为：

$$G(C_{A0} - C_A) = G C_{A0}(1 - x_A) = (-r_A)V \qquad (25\text{-}2\text{-}49)$$

$$G\rho C_p(T-T_0)=(-r_A)V(-\Delta H)+hA(T_S-T) \tag{25-2-50}$$

当反应温度 T 确定时，可利用式（25-2-49）计算为达到一定转化率所需的反应器体积 V，或具有一定体积的反应器所能达到的转化率。需要注意的是，上式的 C_p 为基于进料组成的恒压比热容，而（$-\Delta H$）为一个反应（对应一个计量方程）在出口温度（T）下的反应热。

不同级数反应的计算式列于表 25-2-7。

表 25-2-7　等温全混流反应器计算式

反应级数	反应速率方程	设计计算方程	操作计算方程
零级	$(-r_A)=k$	$V=\dfrac{GC_{A0}x_A}{k}$	$x_A=\dfrac{kV}{GC_{A0}}$
一级	$(-r_A)=kC_A$	$V=\dfrac{G}{k}\dfrac{x_A}{1-x_A}$	$x_A=1-\dfrac{1}{1+V/G}$
二级	$(-r_A)=kC_A^2$	$V=\dfrac{Gx_A}{kC_{A0}(1-x_A)^2}$	$x_A=1-\dfrac{\sqrt{1+4C_{A0}kV/G}-1}{2C_{A0}k(V/G)}$

物料衡算方程和能量衡算方程的联立求解方法将随问题规定方式的不同而有所差异。对规定进料条件、反应温度和出口转化率计算反应器容积和热交换面积的设计型问题，由于反应温度已规定，因此可由式（25-2-49）求得反应器容积 V，然后根据选定的冷却（或加热）介质温度由式（25-2-50）求得换热面积 A。对已知进料条件、反应器容积、换热面积和冷却（加热）介质温度计算出口转化率和温度的操作型问题，由于反应温度未知，需先假设一反应温度，由式（25-2-49）求得出口转化率，再利用式（25-2-50）求得反应温度。若反应温度的计算值和假设值不一致，还需重复上述计算步骤。

2.1.3.2　和平推流反应器的比较

在平推流反应器中，由进口到出口反应物浓度逐渐降低，生成物浓度逐渐升高；在全混流反应器中，反应物浓度和生成物浓度均等于出口浓度。这种浓度分布的差异对不同类型的反应会产生不同的影响。

(1) 简单反应　对简单反应，上述浓度分布的差异仅仅影响宏观反应速率。利用表 25-2-5 和表 25-2-7 所示的平推流反应器和全混流反应器的计算式，可以得到在相同反应条件下，为达到相同转化率，这两种反应器所需容积的比值为：

一级反应

$$\frac{V_m}{V_p}=\frac{\dfrac{x_A}{1-x_A}}{-\ln(1-x_A)} \tag{25-2-51}$$

n 级反应（$n\neq1$）

$$\frac{V_m}{V_p}=\frac{\dfrac{x_A}{(1-x_A)^n}}{\dfrac{(1-x_A)^{1-n}-1}{n-1}} \tag{25-2-52}$$

式中，V_m 为全混反应器所需的容积；V_p 为平推流反应器所需的容积。以 V_m/V_p 为纵坐标，$1-x_A$ 为横坐标，n 为参数，式（25-2-51）和式（25-2-52）可标绘成图 25-2-6。由图

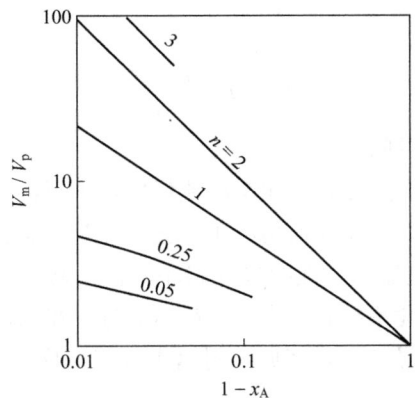

图 25-2-6 不同转化率时全混流反应器和平推流反应器的容积比较

可见，反应级数越低，转化率越低，这两种反应器的差别越小。而在高反应级数、高转化率的条件下，全混流反应器的生产强度比平推流反应器低得多。例如，对二级反应，当转化率 x_A 为 99% 时，全混流反应器所需的容积比平推流反应器大 100 倍。

（2）平行反应 对平行反应

$$A \overset{k_1}{\underset{k_2}{<}} \begin{matrix} R \\ S \end{matrix}$$

$$(-r_1) = k_1 C_A^{n_1}$$

$$(-r_2) = k_2 C_A^{n_2}$$

反应的瞬时选择性为

$$S = \frac{k_1 C_A^{n_1}}{k_1 C_A^{n_1} + k_2 C_A^{n_2}} = \frac{1}{1 + \dfrac{k_2}{k_1} C_A^{n_2 - n_1}} \tag{25-2-53}$$

可见，当主反应级数 n_1 高于平行副反应级数 n_2 时，反应物浓度 C_A 越高，瞬时选择性越高，因此平推流反应器的选择性高于全混流反应器。当 n_2 大于 n_1 时则反之。

（3）连串反应 对连串反应

$$A \overset{k_1}{\longrightarrow} R \overset{k_2}{\longrightarrow} S$$

目的产物 R 的生成速率为

$$-r_R = k_1 C_A - k_2 C_R \tag{25-2-54}$$

由于全混流反应器中反应物浓度 C_A 低于平推流反应器，目的产物浓度 C_R 高于平推流反应器，所以全混流反应器的选择性总是低于平推流反应器。

将式（25-2-54）分别代入全混流反应器和平推流反应器的物料衡算方程，可得到全混流反应器中目的产物 R 的出口浓度为

$$(C_R)_m = \frac{C_{A0} k_1 \tau}{(1 + k_1 \tau)(1 + k_2 \tau)} \tag{25-2-55}$$

第 25 篇

平推流反应器中 R 的出口浓度为

$$(C_R)_p = \frac{k_1 C_{A0}}{k_1 - k_2}(e^{-k_2\tau} - e^{-k_1\tau}) \tag{25-2-56}$$

式中 τ——反应器平均停留时间，s。

以 k_2/k_1 为参数，可将平推流反应器和全混流反应器中目的产物 R 的选择性和反应物 A 的转化率绘成图 25-2-7。由图可见，在任何情况下，全混流反应器的选择性总是低于平推流反应器。当 $k_2/k_1 \gg 1$ 时，两种反应器选择性的差别趋小，但高转化率下，选择性会变得很差。因此，对这类系统，宜采用低转化率操作。当 $k_2/k_1 \ll 1$ 时，在高转化率下仍能保持较高的选择性，但两种反应器选择性的差异较大，因此，对这类系统，反应器的选型是重要的。

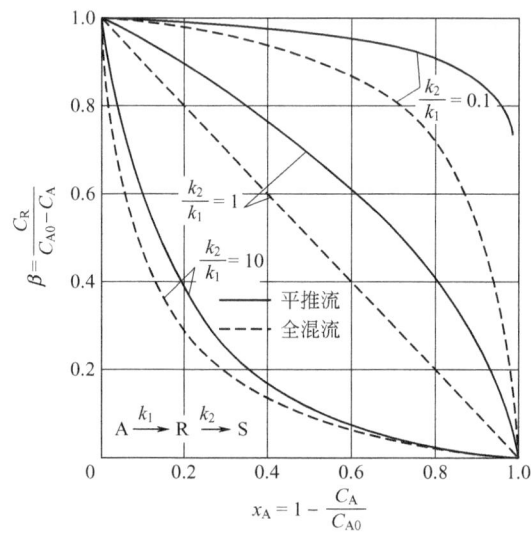

图 25-2-7   平推流和全混流反应器中连串反应选择性的比较

2.1.4   组合反应器

工业生产上，为了适应不同反应系统的特性，常常采用相同或不同型式理想反应器的各种组合，以提高反应器生产强度或改善反应选择性。若干常见的组合反应器及其适用范围列于表 25-2-8。

表 25-2-8   若干常见组合反应器及其适用范围

组合方式	图示	适用反应	效果
一、全混流反应器串联		主反应级数低于副反应的平行反应	提高目的产物选择性
		主反应级数高于副反应的平行反应	提高目的产物选择性
		反应级数 $n > 0$ 的简单反应	提高反应器生产强度

组合方式	图示	适用反应	效果
二、全混流反应器＋平推流反应器	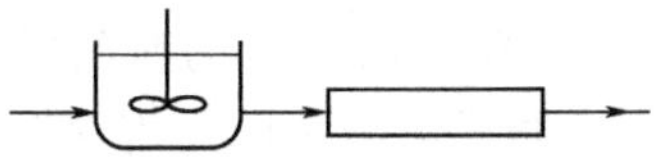	自催化反应 平行-串联反应: $A \xrightarrow{1} R \xrightarrow{2} S$　反应级数 $n_3 > n_1$	提高反应器生产强度 提高目的产物选择性
三、分段进料反应器	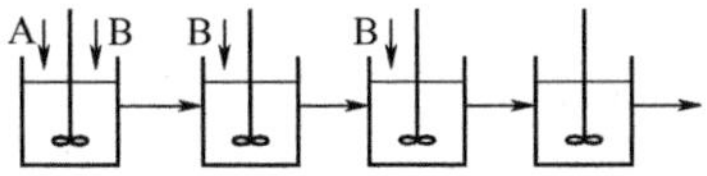	平行反应: $A+B \begin{smallmatrix} 1 \\ \nearrow \\ \searrow \\ 2 \end{smallmatrix} \begin{smallmatrix} R \\ \\ S \end{smallmatrix}$ 反应级数 $n_{A1} > n_{A2}$,$n_{B1} < n_{B2}$	提高目的产物选择性
四、循环反应器	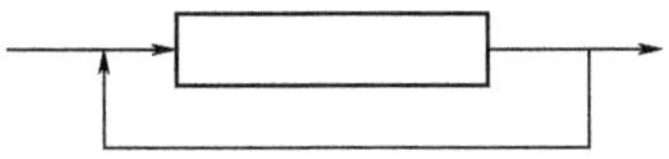	自催化反应 副反应级数高于主反应的平行反应	提高反应器生产强度 提高目的产物选择性

2.2　返混和停留时间分布

2.2.1　返混

返混又称为逆向混合,指连续流动反应器中不同时间进入反应器的物料之间的混合。造成返混的原因有:循环流动、湍流和分子扩散以及不均匀的流速分布。

返混的结果是使反应器尺度上的浓度分布和温度分布趋于平坦。对反应的利弊视反应特性不同而异:

① 对正级数反应,由于返混降低了反应器中反应物的浓度,使反应速率降低;

② 对有连串副反应的反应,返混使反应器中反应物浓度降低,产物浓度升高,因而将降低反应选择性;

③ 对有平行副反应的反应,如果主反应级数高于副反应级数,返混使选择性下降,如果主反应级数低于副反应级数,返混使选择性上升;

④ 对负级数反应,自催化反应以及其他需要均匀浓度或温度的反应(如利用反应放热)通过快速混合使反应原料迅速升温,返混是有利因素。

2.2.2　停留时间分布[8~12]

反应器中物料的返混程度一般不能直接测定,需根据实验测定的物料停留时间分布,并借助流动模型以定量描述。停留时间分布系指反应器内或反应器出口处物料微元在反应器中已停留时间的分布。

2. 2. 2. 1   停留时间分布的描述

停留时间分布可以指某一时刻整个反应器或反应器内某处物料在反应器中已停留的时间的分布（年龄分布），也指在反应器出口的物料在反应器中已停留的时间的分布。显然，寿命分布即为反应器出口处的年龄分布。影响一个反应器反应结果的是寿命分布，因此这里只介绍寿命分布，以下所指停留时间分布均为寿命分布。寿命分布可用分布密度或分布函数进行描述。图 25-2-8 为寿命分布密度 $E(t)$，图中阴影面积 $E(t)\mathrm{d}t$ 表示寿命在 t 到 $t+\mathrm{d}t$ 之间的物料占总物料的分率。图 25-2-9 为寿命分布函数 $F(t)$，图中纵坐标高度 $F(t)$ 表示寿命小于 t 的物料占总物料的分率。显然，两者之间有如下关系：

$$F(t)=\int_0^t E(t)\mathrm{d}t \tag{25-2-57}$$

或

$$E(t)=\frac{\mathrm{d}F(t)}{\mathrm{d}t} \tag{25-2-58}$$

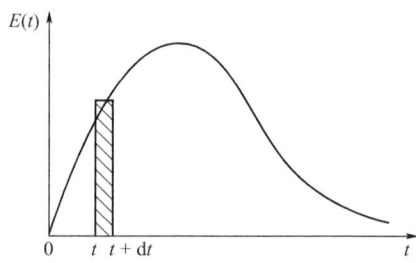

图 25-2-8   寿命分布密度 $E(t)$

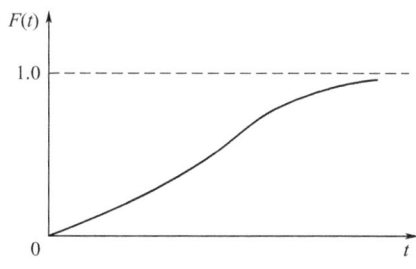

图 25-2-9   寿命分布函数 $F(t)$

根据这两个函数的定义，必定有

$$\int_0^\infty E(t)\mathrm{d}t = F(\infty)=1 \tag{25-2-59}$$

简单的流动过程的停留时间分布可通过理论计算获得，而实际反应器内的流动过程通常很复杂，其停留时间要通过实验测定。

2. 2. 2. 2   停留时间分布的实验测定[13,14]

停留时间分布的实验测定采用信号响应法。在反应器进口处输入某种信号（通常为一种示踪物，如有色液体或放射性同位素等），在出口处连续或定时地检测对于输入信号的响应值［如示踪物浓度 $C(t)$］，即得响应曲线。

所用的示踪物应符合如下条件：①与反应物流互混，且物理性质相近，不致影响流动状态；②示踪物的浓度能方便、准确地检测；③示踪物不会被器壁、催化剂颗粒等吸附。

常用的输入信号可有以下几种。

（1）脉冲信号 在远小于平均停留时间的瞬间，在反应器进口一次输入一定量的示踪物，同时在反应器出口开始检测示踪物浓度 $C_E(t)$，即可得如图 25-2-10(a) 所示的响应曲线，并可用下式计算寿命分布密度函数：

$$E(t) = \frac{C_E(t)}{\int_0^\infty C_E(t)\mathrm{d}t} \tag{25-2-60}$$

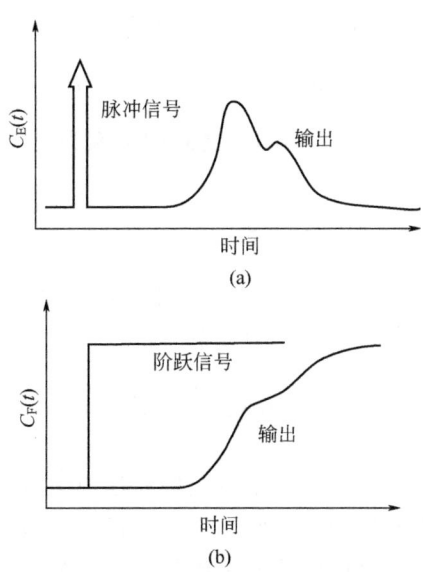

图 25-2-10 脉冲与阶跃信号的响应曲线

（2）阶跃信号 在某一瞬间将反应器进料切换成示踪物浓度为 C_0 的物系，与此同时开始在反应器出口检测出口物流中示踪物浓度 $C_F(t)$ 的变化，得到如图 25-2-10(b) 所示的响应曲线，并可用下式计算寿命分布函数：

$$F(t) = \frac{C_F(t)}{C_0} \tag{25-2-61}$$

（3）周期信号 输入示踪物浓度呈周期变化（例如正弦波），测定出口响应曲线振幅和相位的变化，经一定数学运算可得到 $E(t)$ 和 $F(t)$。与前两种方法相比，周期信号法的优点是，当进料体积流量和反应器内的混合状况因示踪剂的输入而发生微小变化时，仍能获得比较准确的结果，但实验技术和数学处理都较复杂。

2.2.2.3 停留时间分布函数的数字特征

（1）数学期望 数学期望为 $E(t)$ 曲线对原点的一阶矩，即平均停留时间 τ：

$$\tau = \int_0^\infty tE(t)\mathrm{d}t \tag{25-2-62}$$

（2）方差　为 $E(t)$ 曲线对平均停留时间的二阶矩，表示停留时间的离散程度：

$$\sigma_t^2 = \int_0^\infty tE(t)\mathrm{d}t \tag{25-2-63}$$

2.2.2.4　用对比时间 θ 表示的分布函数

对比时间的定义为

$$\theta = \frac{t}{\tau} \tag{25-2-64}$$

因此，对比平均停留时间 $\bar{\theta} = \dfrac{t}{\tau} = 1$。

用对比时间 θ 表示的分布函数和以真实时间 t 表示的分布函数间有如下关系：

$$F_\theta(\theta) = F_t(\theta\tau) = F_t(t) \tag{25-2-65}$$

$$E_\theta(\theta) = \tau E_t(\theta\tau) = \tau E_t(t) \tag{25-2-66}$$

对比时间 θ 的方差 σ^2（即无量纲方差）和 σ_t^2 之间的关系为：

$$\sigma^2 = \frac{\sigma_t^2}{\tau^2} \tag{25-2-67}$$

σ^2 的取值范围在 0 与 1 之间，便于用来比较停留时间分布的分散程度。

用对比时间表示的不同分布函数之间的关系为：

$$E(\theta) = \frac{\mathrm{d}F(\theta)}{\mathrm{d}\theta} \tag{25-2-68}$$

在反应器设计阶段，停留时间分布通常在结构和规模与真实反应器一致的冷模实验装置上进行，实验结果对改进反应器结构有重要作用。在操作阶段，停留时间分布实验可直接在反应器上进行，实验结果可用于对反应器的操作状况进行分析和诊断。

2.2.3　流动模型[15]

真实的连续流动反应器可能不是平推流，也不是全混流，因此不能使用这两种理想反应器进行操作或设计计算。流动模型概念的提出就是为了解决这一问题。所谓流动模型，就是可用数学描述的一些流动方式（如平推流、全混流、含有轴向分散的平推流、层流等）及这些流动方式的组合，其停留时间分布特征（通常只关注平均停留时间和无量纲方差）与真实反应器的停留时间分布特征相似。

2.2.3.1　平推流模型

平推流模型又称活塞流模型或理想排挤模型，是一种返混量为零的理想化流动模型。其特点是反应器径向具有严格均匀的流速和流体性状（压力、温度和组成），轴向不存在任何形式的混合，物料具有严格划一的停留时间。平推流模型的寿命分布密度函数 $E(t)$ 和寿命分布函数 $F(t)$，如图 25-2-11 所示，或表示为：

$$t < \tau, F(t) = 0, E(t) = 0, I(t) = \frac{1}{\tau}$$

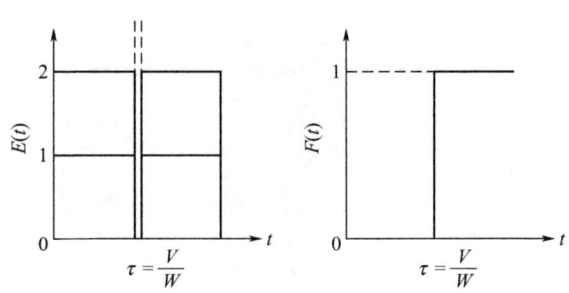

图 25-2-11　平推流的 $E(t)$ 和 $F(t)$ 曲线

$$t=\tau,\ F(t)=1,\ E(t)=\infty,\ I(t)=0$$

$$t>\tau,\ F(t)=1,\ E(t)=0,\ I(t)=0$$

停留时间分布的方差 $\sigma^2=0$。

2.2.3.2　全混流模型

全混流模型又称理想混合模型，是一种返混程度为无穷大的理想化流动模型。其特点是物料进入反应器的瞬间即与反应器内原有的物料完全混合，反应器内物料的组成和温度处处相等，且等于反应器出口处物料的组成和温度，物流有很宽的停留时间分布。全混流模型的 $F(t)$ 和 $E(t)$ 曲线如图 25-2-12 所示，或表示为

$$F(t)=1-\mathrm{e}^{-t/\tau} \tag{25-2-69}$$

$$E(t)=I(t)=\frac{1}{\tau}\mathrm{e}^{-t/\tau} \tag{25-2-70}$$

停留时间分布的方差 $\sigma^2=1$。

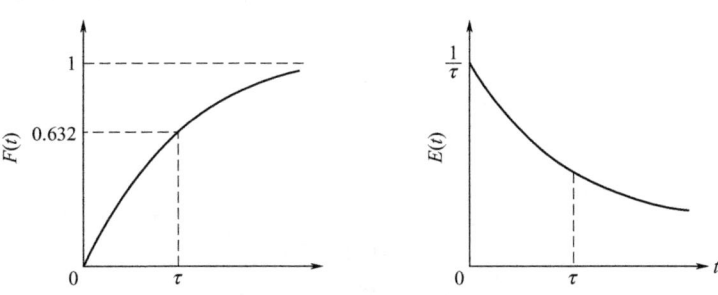

图 25-2-12　全混流的 $F(t)$ 和 $E(t)$ 曲线

2.2.3.3　轴向分散模型

这是一种适合于描述返混程度较小的非理想流动的流动模型。它仿照分子扩散的概念，在平推流流动上叠加一轴向扩散过程，以表示由各种因素造成的沿流动方向的返混，如图 25-2-13 所示。

通过微元管段的物料衡算，可导得分散模型的基本方程：

$$\frac{\partial c}{\partial t}=D_{\mathrm{ea}}\frac{\partial^2 c}{\partial z^2}-u\frac{\partial c}{\partial z} \tag{25-2-71}$$

式中，D_{ea} 称为轴向分散系数，系仿照分子扩散系数定义，用来反映返混程度大小的模

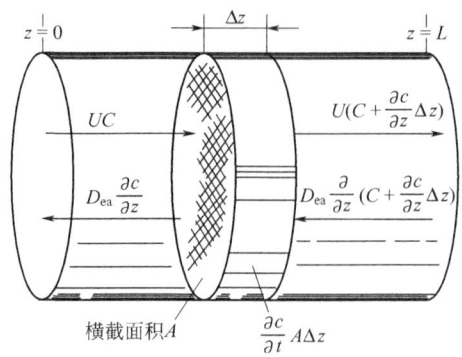

图 25-2-13　分散模型示意图

型参数，其数值取决于反应器结构、流动状况、物料性质等因素，可由实验测定的停留时间分布通过计算获得。

令
$$\bar{c}=\frac{c}{C_0},\ \theta=\frac{t}{\tau},\ l=\frac{z}{L}$$

将式（25-2-71）无量纲化：

$$\frac{\partial \bar{c}}{\partial \theta}=\frac{D_{ea}}{uL}\frac{\partial^2 \bar{c}}{\partial l^2}-\frac{\partial \bar{c}}{\partial l}=\frac{1}{Pe}\frac{\partial^2 \bar{c}}{\partial l^2}-\frac{\partial \bar{c}}{\partial l} \tag{25-2-72}$$

式中，$Pe=\dfrac{uL}{D_{ea}}$ 称为彼克列（Peclet）数，其物理意义是轴向对流流动与轴向分散流动的相对大小。

当采用阶跃示踪实验且返混较小时，式（25-2-71）的边界条件和初始条件为：

边界条件

$$c=\begin{cases}C_0 & \text{在 } z=-\infty,\quad t\geqslant 0 \\ 0 & \text{在 } z=\infty,\quad t\geqslant 0\end{cases}$$

初始条件

$$c=\begin{cases}0 & \text{在 } z>0, t=0 \\ C_0 & \text{在 } z<0, t=0\end{cases}$$

利用上述定解条件求解式（25-2-71）可得停留时间分布函数：

$$F(t)=\frac{c}{c_0}=\frac{1}{2}\left\{1-\mathrm{erf}\left[\frac{1}{2}\sqrt{\frac{uL}{D_{ea}}}\frac{1-\dfrac{t}{L/u}}{\sqrt{t/(L/u)}}\right]\right\} \tag{25-2-73}$$

式中，erf 表示误差函数，其定义为

$$\mathrm{erf}(y)=\frac{2}{\sqrt{\pi}}\int_0^y e^{-x^2}\,dx$$

有以下性质：

$$erf(\pm\infty)=\pm 1$$

$$erf(0)=0$$

$$erf(-y)=-erf(y)$$

采用对比停留时间，式(25-2-73)可改写为

$$F(\theta)=\frac{c}{C_0}=\frac{1}{2}\left[1-erf\left(\frac{1}{2}\sqrt{Pe}\frac{1-\theta}{\sqrt{\theta}}\right)\right] \tag{25-2-74}$$

由上式可求得：

$$E(\theta)=\frac{1}{\partial\sqrt{\pi\theta^3/Pe}}\exp\left[-\frac{(1-\theta)^2}{4\theta/Pe}\right] \tag{25-2-75}$$

和

$$I(\theta)=\frac{1}{2}\left[1+erf\left(\frac{1}{2}\sqrt{Pe}\frac{1-\theta}{\sqrt{\theta}}\right)\right] \tag{25-2-76}$$

对比停留时间分布的方差可由式(25-2-75)求得：

$$\sigma^2=\frac{\partial}{Pe}=\frac{\partial D_{ea}}{uL} \tag{25-2-77}$$

以 Pe 为参数将式(25-2-74)和式(25-2-75)作图可得如图25-2-14(a)和（b）所示的曲线族。由图25-2-14可见，Pe越大，反应器内的流动状况越接近平推流；反之，Pe越小，则越接近全混流。

2.2.3.4 多级全混流模型

这种流动模型使用了细胞池概念，如图25-2-15所示，适合于描述返混程度较大的非理想流动。该模型把反应器中的返混看成和 N 个等容的全混流反应器串联而级间无返混时所具有的返混程度等效。

多级全混流模型的各种停留时间分布函数为：

$$F(t)=1-e^{-Nt/\tau}\left[1+\frac{Nt}{\tau}+\frac{1}{2!}\left(\frac{Nt}{\tau}\right)^2+\frac{1}{3!}\left(\frac{Nt}{\tau}\right)^3+\cdots+\frac{1}{(N-1)!}\left(\frac{Nt}{\tau}\right)^{N-1}\right] \tag{25-2-78}$$

$$E(t)=\frac{N^N}{(N-1)!}\frac{1}{\tau}\left(\frac{t}{\tau}\right)^{N-1}e^{-Nt/\tau} \tag{25-2-79}$$

$$I(t)=\frac{1}{\tau}e^{-Nt/\tau}\left[1+\frac{Nt}{\tau}+\frac{1}{2!}\left(\frac{Nt}{\tau}\right)^2+\frac{1}{3!}\left(\frac{Nt}{\tau}\right)^3+\cdots+\frac{1}{(N-1)!}\left(\frac{Nt}{\tau}\right)^{N-1}\right] \tag{25-2-80}$$

$$F(\theta)=1-e^{-N\theta}\left[1+N\theta+\frac{(N\theta)^2}{2!}+\frac{(N\theta)^3}{3!}+\cdots+\frac{(N\theta)^{N-1}}{(N-1)!}\right] \tag{25-2-81}$$

$$E(\theta)=\frac{N^N}{(N-1)!}\theta^{N-1}e^{-N\theta} \tag{25-2-82}$$

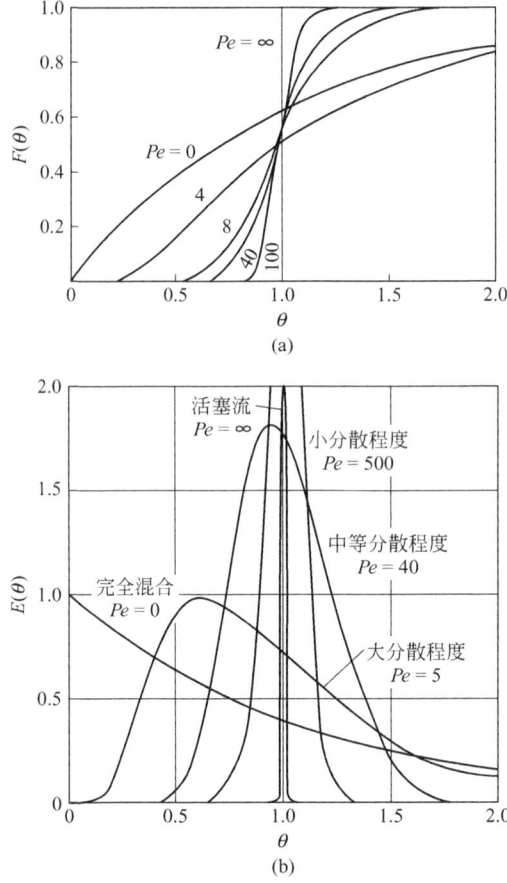

图 25-2-14　分散模型的 F（θ）和 E（θ）曲线

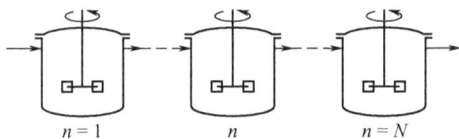

图 25-2-15　多级全混流模型

$$I(\theta) = \mathrm{e}^{-N\theta}\left[1 + N\theta + \frac{(N\theta)^2}{2!} + \frac{(N\theta)^3}{3!} + \cdots + \frac{(N\theta)^{N-1}}{(N-1)!}\right] \tag{25-2-83}$$

多级全混流模型对比停留时间 θ 的方差为：

$$\sigma^2 = \frac{1}{N} \tag{25-2-84}$$

将式（25-2-81）和式（25-2-82）以 N 为参数进行标绘可得如图 25-2-16（a）和（b）所示的曲线族。由图可见，随着 N 增大，E 曲线的峰形变得越窄；当 N 趋于无穷大时，则接近平推流的情况，而 $N=1$ 时，即为全混流模型。

2.2.3.5　组合模型

对于许多实际反应器，有时上述各种模型均不能令人满意地描述流动状况，于是提出了

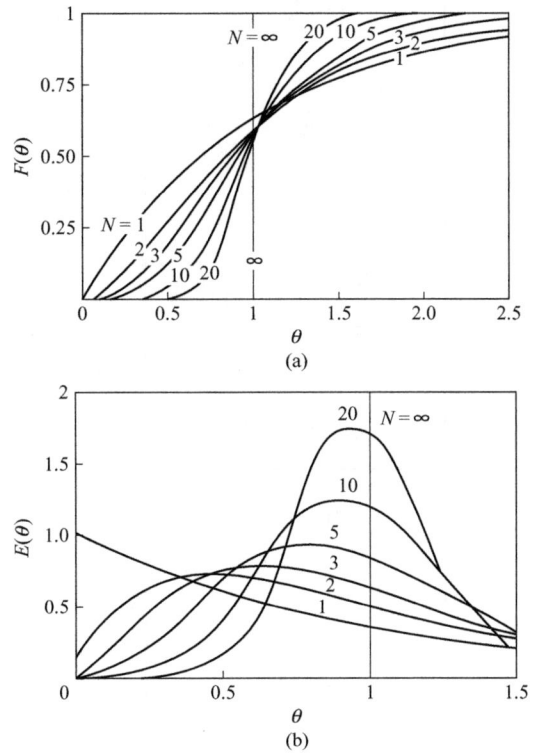

图 25-2-16　多级全混流模型的 $F(\theta)$ 和 $E(\theta)$ 曲线

把真实反应器内的流动状况设想为由几种简化流动模式组合而成的组合模型。常用的简化流动模式包括平推流、全混流、死区、短路、循环流等。几种应用较多的组合模型及其停留时间分布函数列于表 25-2-9。

2.2.4　非理想流动反应器的计算

平推流反应器和全混流反应器的计算见本章 2.1 节。当返混量介于两者之间时，可采用某种非理想流动模型，通过实验测得的停留时间分布，估计模型参数（对理想流动模型如平推流模型和全混流模型，只有一个参数，即反应器体积，调节这个参数可使流动模型的平均停留时间与真实反应器的停留时间一致；而对非理想流动模型，除反应器体积外，还需要至少一个参数，如多级全混流模型中的串联反应器个数，或分散模型中的 Pe 数，调节这个模型参数可使流动模型的停留时间方差与真实反应器的停留时间方差一致）。确定了流动模型参数后，就可用这个流动模型进行反应器计算。

2.2.4.1　多级全混流模型的反应器计算

当采用多级全混流模型时，在确定了模型参数 N 后，就可按照多级全混釜串联的计算方法进行计算。由第 i 釜的物料衡算可得：

$$\tau_i = \frac{C_{Ai-1} - C_{Ai}}{k_1 C_{Ai}^m} \qquad (25\text{-}2\text{-}85)$$

利用上式可根据规定的 i 级的出口浓度 C_{Ai} 计算该级的平均停留时间 τ_i，或根据 i 级的平均停留时间计算该级的出口浓度 C_{Ai}。对一级不可逆反应可以得到如下结果：

表 25-2-9　组合模型及其停留时间分布函数[16]

流型	图示	模型参数	$F(t)$	$E(t)$
全混流＋死区＋短路	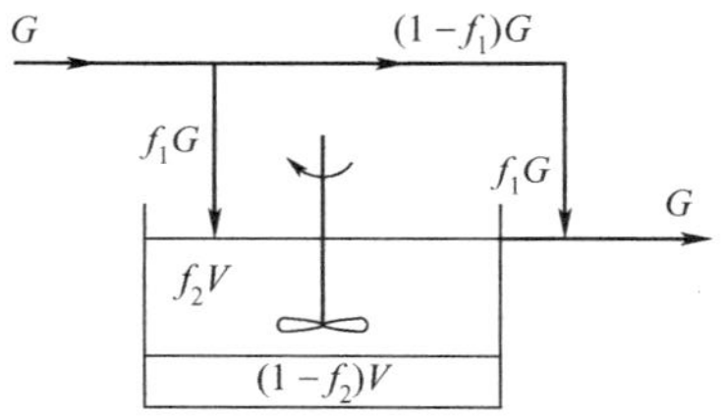	f_1：进反应器的物料分率 f_2：全混流区域占反应器容积的分率	$1-f_1\exp\left(-\dfrac{f_1 G}{f_2 V}t\right)$	$\dfrac{f_1^2 G}{f_2 V}\exp\left(-\dfrac{f_1 G}{f_2 V}t\right)$
平推流＋全混流（串联）	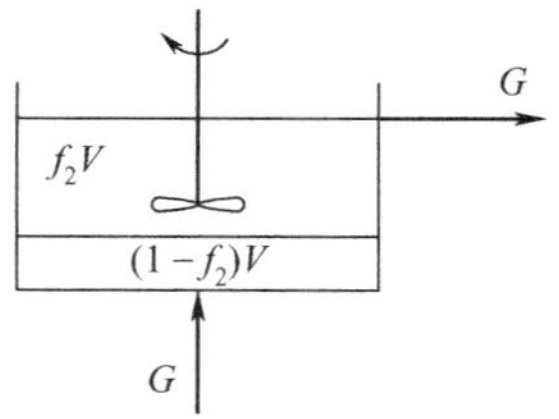	f_2：全混流区域占反应器容积的分率	$t<(1-f_2)(V/G)：0$ $t\geq(1-f_2)(V/G)：1-\exp\left\{-\dfrac{1}{f_2}\left[\dfrac{Gt}{V}-(1-f_2)\right]\right\}$	$t<(1-f_2)(V/G)：0$ $t\geq(1-f_2)(V/G)：\dfrac{G}{f_2 V}\exp\left\{-\dfrac{1}{f_2}\left[\dfrac{Gt}{V}-(1-f_2)\right]\right\}$
全混流＋平推流（并联）＋短路	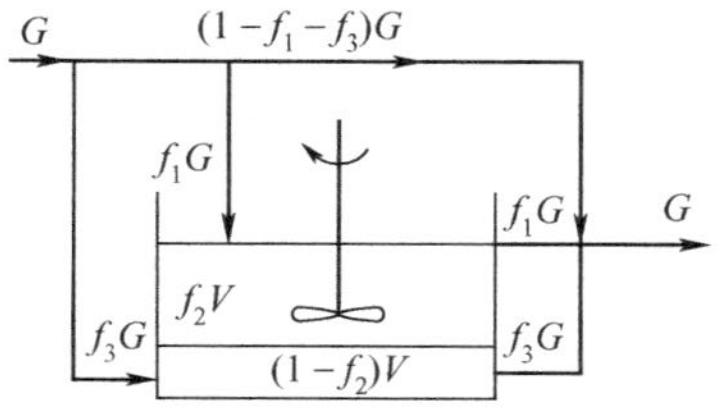	f_1：经全混流区域的物料分率 f_2：全混流区域占反应器容积的分率 f_3：经平推流区域物料分率	$t<\dfrac{(1-f_2)V}{f_3 G}$： $1-f_3-f_1\exp\left(-\dfrac{f_1 G}{f_2 V}t\right)$ $t\geq\dfrac{(1-f_2)V}{f_3 G}$： $1-f_1\exp\left(-\dfrac{f_1 G}{f_2 V}t\right)$	$\dfrac{f_1^2 G}{f_2 V}\exp\left(-\dfrac{f_1 G}{f_2 V}t\right)$

续表

流型	图示	模型参数	$F(t)$	$E(t)$
全混流＋平推流（并串联）＋短路	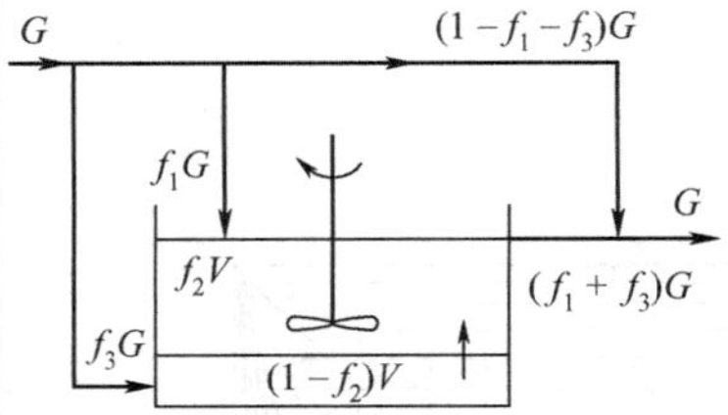 （图示：G，$(1-f_1-f_3)G$，$(f_1+f_3)G$，f_1G，f_2V，f_3G，$(1-f_2)V$）	f_1：经混流区域的物料分率 f_2：全混流区域占反应器容积的分率 f_3：经平推流区域的物料分率	$t < \dfrac{(1-f_2)V}{f_3G}$； $1 - f_3 - f_1\exp\left(-\dfrac{(f_1+f_3)Gt}{f_2V}\right)$ $t \geq \dfrac{(1-f_2)V}{f_3G}$ $1 - \left[f_1 + f_3\exp\dfrac{(f_1+f_3)(1-f_2)}{f_2f_3}\right]\times$ $\exp\left[-\dfrac{(f_1+f_3)Gt}{f_2V}\right]$	$t < \dfrac{(1-f_2)V}{f_3G}$； $\dfrac{f_1(f_1+f_3)G}{f_2V}\exp\dfrac{(f_1+f_3)Gt}{f_2V}$ $t \geq \dfrac{(1-f_2)V}{f_3G}$ $\left[f_1 + f_3\exp\dfrac{(f_1+f_3)(1-f_2)}{f_2f_3}\right]\times$ $\exp\left[-\dfrac{(f_1+f_3)Gt}{f_2V}\right]$
全混流＋平推流（循环）＋短路	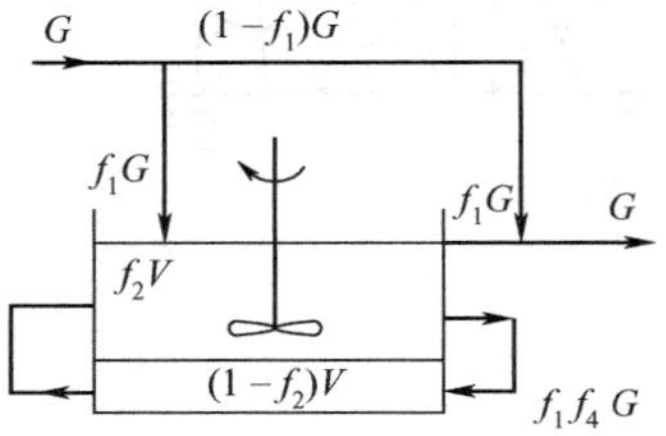 （图示：G，$(1-f_1)G$，f_1G，f_1f_4G，f_2V，$(1-f_2)V$）	f_1：经混流区域的物料分率 f_2：全混流区域占反应器容积的分率 f_4：经平推流区域循环流占进全混流区域物料的分率	$1 - \dfrac{f_1f_4^2}{(1+f_4)^2}\left[1 + e^{\alpha\beta}\left(\dfrac{f_4}{1+f_4} - \dfrac{1-f_2}{f_2} + \dfrac{f_1f_4Gt}{f_2V}\right)\right]$ $- \dfrac{f_1e^{-\alpha t}}{1+f_4}$ 式中 $\alpha = \dfrac{f_1(f_1+f_4)G}{f_2V}$ $\beta = \dfrac{(1-f_2)V}{f_1f_4G}$	$\dfrac{f_1e^{-\alpha t}}{1+f_4}\left\{\alpha + e^{\alpha\beta}\times\right.$ $\left.\left[\dfrac{\alpha f_4}{1+f_4} - \dfrac{\alpha(1-f_2)}{f_2} + \dfrac{f_1f_4G}{f_2V}(\alpha t-1)\right]\right\}$

$$C_{AN} = \frac{C_{A0}}{(1+k\tau_i)^N} \qquad (25\text{-}2\text{-}86)$$

对一级反应和二级反应，不同返混程度对反应器体积和转化率的比较分别如图 25-2-17 和图 25-2-18 所示。图中纵坐标为 V_m/V_p，其中 V_m 为具有一定返混的反应器达到规定转化率 x_A 时所需的反应器体积；V_p 为平推流反应器所需的体积。图中的虚线为无量纲反应速率等值线。对一级反应和二级反应，无量纲反应速率的定义分别为 $k\tau$ 和 $kC_{A0}\tau$。

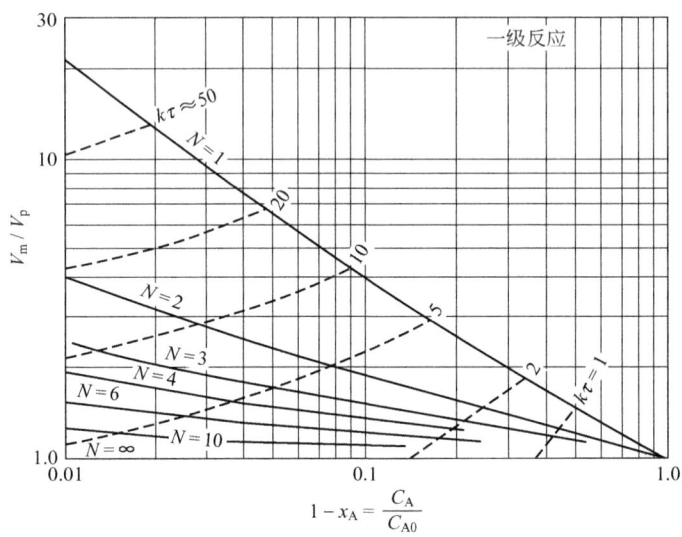

图 25-2-17　返混对一级反应结果的影响（多级全混流模型）

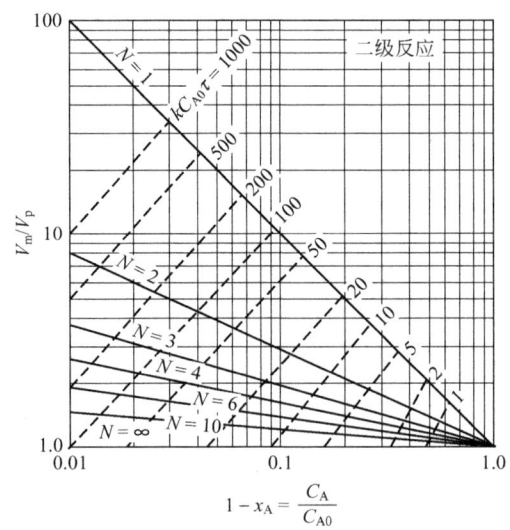

图 25-2-18　返混对二级反应结果的影响（多级全混流模型）

2.2.4.2　分散模型的反应器计算[17,18]

采用分散模型时，在定态条件下对微元段作物料衡算可得：

$$D_{ea}\frac{\mathrm{d}^2 C_A}{\mathrm{d}z^2} - u\frac{\mathrm{d}C_A}{\mathrm{d}z} - kC_A^n = 0 \qquad (25\text{-}2\text{-}87)$$

令

$$C_A = C_{A0}(1 - x_A)$$

$$l = z/L = \frac{z}{u\tau}$$

将式(25-2-87) 写成无量纲形式：

$$\frac{1}{Pe}\frac{\mathrm{d}^2 x_A}{\mathrm{d}l^2} - \frac{\mathrm{d}x_A}{\mathrm{d}l} - k\tau C_{A0}^{n-1}(1 - x_A)^n = 0 \qquad (25\text{-}2\text{-}88)$$

上述方程的边界条件为

$$l = 0, u = u(1 - x_A)_{\neq 0} + D_{ea}\left(\frac{\mathrm{d}x_A}{\mathrm{d}l}\right)_{\neq 0}$$

$$l = 1, \quad \frac{\mathrm{d}x_A}{\mathrm{d}l} = 0$$

对一级反应可得解析解：

$$1 - x_A = \frac{4a\exp(Pe/2)}{(1+a)^2\exp\left(\dfrac{a}{2}Pe\right) - (1-a)^2\exp\left(-\dfrac{a}{2}Pe\right)} \qquad (25\text{-}2\text{-}89)$$

式中 $a = \sqrt{1 + \dfrac{4k\tau}{Pe}}$。

以 Pe 数为参数，对式(25-2-89) 进行标绘可得如图 25-2-19 所示的曲线族。对二级反应，需用数值方法求解方程式(25-2-88)，其结果如图 25-2-20 所示。利用这些图，可根据

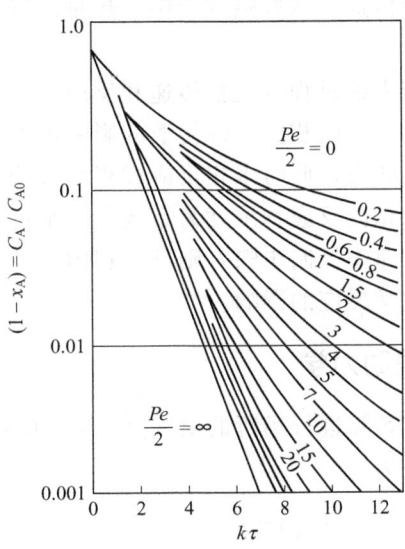

图 25-2-19 返混对一级反应转化率的影响（分散模型）

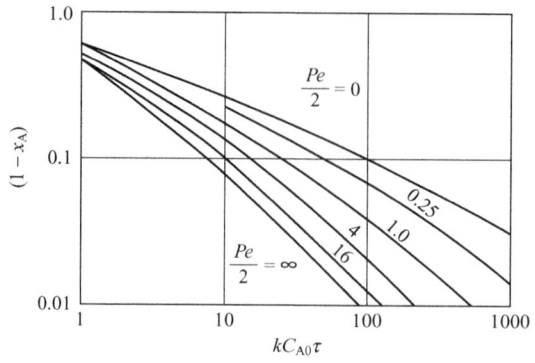

图 25-2-20　返混对二级反应转化率的影响（分散模型）

Pe 数方便地查得反应结果。

　　以上计算，均假设模型参数（以 Pe 或 N 表示）为已知。对管式反应器（空管或填有固体颗粒），已就 Pe 数与操作状况和填充条件的关系进行过大量实验，并与图表形式给出，可直接使用。因此在用分散模型进行反应器计算时，没有必要先进行停留时间分布实验。

2.3　反应相的内部和外部传递

　　多相反应过程又称非均相反应过程，系指反应物系中存在两个或更多个相的反应过程。与均相反应过程相比，多相反应过程的传递特征是：反应通常在一相中进行。例如，气固相催化反应中，反应在固体催化剂的活性中心上进行；气液相反应中，反应在液相中进行。发生反应的相称为反应相，以有别于非反应相。为使反应得以进行，非反应相中的反应物必须先传递到反应相的外表面（外部传质），然后再由反应相外表面向反应相内部传递（内部传质）。外部传质和内部传质的一个重量差别是前者为单纯的传质过程，后者则为传质和反应同时进行的过程。由于化学反应均伴有一定的热效应，因此在质量传递的同时，在反应相内部和外部还存在着相应的热量传递。在放热反应中，热量由反应相向非反应相传递；对于吸热反应，传热方向相反。

　　反应相外部的传递过程与内部过程（包括传递和反应）是串联进行的。当化学反应为多相反应过程的速率控制步骤时，反应相内、外传质的影响可忽略，反应相内的反应物浓度和反应相外的相等或处于相平衡状态，此时多相反应过程可按均相反应过程处理。当反应相外传质为速率控制步骤时，反应相内反应物浓度为零或化学平衡浓度，此时多相反应过程可按传质过程处理。若过程不存在速率控制步骤，则反应相内、外均存在浓度梯度，进行过程计算时，必须同时考虑传质和化学反应的影响。

2.3.1　本征动力学与表观动力学

　　化学反应的速率是由反应实际进行场所的温度 T_s 和反应物浓度 C_{AS} 决定的。当采用幂函数型动力学方程时，可表示为

$$(-r_A) = k_{i0} e^{-E_i/(RT_s)} C_{AS}^{n_i} \qquad (25\text{-}2\text{-}90)$$

这种排除了传递过程影响的动力学方程为本征动力学方程。其中的参数 k_{i0}、E_i 和 n_i

分别称为本征的频率因子、活化能和反应级数。

但在多相反应过程中，反应实际进行场所的温度和反应物浓度难以测定。容易测定的是非反应相（如气固相催化反应中的气相主体的温度 T_0 和反应物浓度 C_{A0}）。由于传递的影响，T_0 和 T_s，C_{A0} 和 C_{AS} 一般并不相等。为了克服这种温度和浓度不均一带来的困难，通常采用两种工程处理方法：效率因子法和表观动力学法。

效率因子法系将非反应相主体的温度 T_0 和反应物浓度 C_{A0} 表示式（25-2-90）中的温度和浓度项，乘以效率因子 η 来考虑传递过程对反应速率的影响：

$$(-r_A)=\eta k_{i0}\,e^{-E_i/(RT_0)}C_{A0}^{n_i} \tag{25-2-91}$$

考虑外部传递影响的效率因子称为外部效率因子，考虑内部传递影响的效率因子称为内部效率因子，同时考虑两者的为总效率因子。

表观动力学法则将非反应相的温度、反应物浓度和反应速率直接关联得动力学方程：

$$(-r_A)=k_{a0}\,e^{-E_a/(RT_0)}C_{A0}^{n_a} \tag{25-2-92}$$

式中，k_{a0}、E_a 和 n_a 分别为表观的频率因子、活化能和反应级数。虽然表观动力学方程和本征动力学方程在形式上并无二致，但方程中参数的物理意义却并不相同：本征动力学方程中的 k_{i0}、E_i 和 n_i 仅由反应特性决定，而表观动力学方程中的 k_{a0}、E_a 和 n_a 则由反应特性和传递特性共同决定。

这两种方法的区别在于：效率因子法将反应特性和传递特性对表观反应速率的影响作了区分，而表观动力学法则将两者交融。显然，前者有益于剖析，后者便于应用。为了揭示多相反应过程中传递的作用，本篇主要将采用效率因子法进行分析，但这并不意味着两种方法实际应用机会的多寡。

2.3.2 气固相催化反应中的传递过程[20]

气固相催化反应中的质量和热量传递包括气相主体和固体催化剂之间的外部传递问题和固体催化剂的内部传递问题。

2.3.2.1 外部传递的影响[21]

为了定量地描述外部传质和传热对反应速率的影响，定义有外部传递时的反应速率和无外部传递时的反应速率之比为外部效率因子：

$$\eta_e=\frac{有外部传递影响的反应速率}{无外部传递影响的反应速率}$$

(1) 等温外部效率因子 当气相主体温度和催化剂外表面温度相等时，外部效率因子可由 Damköhle 数 Da 确定。对外部传质与催化反应的串联过程，在定态条件下有：

$$k_g a(C_0-C_s)=kC_s^n \tag{25-2-93}$$

式中，k_g 为气相传质系数，$m\cdot s^{-1}$；a 为单位催化剂体积的外表面积，$m^2\cdot m^{-3}$；k 为反应速率常数。从上式出发有：

$$\left(\frac{C_s}{C_0}\right)^n+\frac{1}{Da}\frac{C_s}{C_0}-\frac{1}{Da}=0 \tag{25-2-94}$$

其中

$$Da = \frac{k C_0^n}{k_g a C_0} \tag{25-2-95}$$

Da 的物理意义为最大反应速率（催化剂外表面反应物浓度等于气相主体浓度时的反应速率）和最大传质速率（催化剂外表面反应物浓度为零时的传质速率）之比。从式（25-2-94）可确定催化剂外表面浓度 C_s，再根据效率因子定义：

$$\eta_e = \left(\frac{C_{Aes}}{C_{Ab}} \right)^n \tag{25-2-96}$$

可获得不同反应级数下的效率因子与 Da 的关系，结果列于表 25-2-10。

不同级数反应的催化剂外表面浓度及外部效率因子与 Damköhler 数的关系列于表 25-2-10，并将 η_e 与 Da 的关系标绘如图 25-2-21 所示。

表 25-2-10 催化剂外表面浓度、外部效率因子与 Damköhle 数的关系

反应级数	外表面浓度	外部效率因子
1/2 级反应	$\dfrac{C_0}{2}\left[(2+Da)^2 - \sqrt{(2+Da^2)^2 - 4} \right]$	$\dfrac{1}{2}\left(\sqrt{4+Da^2} - Da \right)$
一级反应	$\dfrac{C_0}{1+Da}$	$\dfrac{1}{1+Da}$
二级反应	$\dfrac{C_0}{2Da}\left(\sqrt{1+4Da} - 1 \right)$	$\left[\dfrac{1}{2Da}\left(\sqrt{1+4Da} - 1 \right) \right]^2$

由图 25-2-21 可见：在等温条件下，对正级数反应，η_e 恒小于 1。当 Da 值接近 0 时，η_e 接近于 1，表示过程为反应控制，表观动力学与本征动力学接近。如果 Da 值很大，η_e 很小，表观速率取决于传质速率，表观动力学与扩散动力学接近，表示过程为传质控制。表观反应级数趋近一级，表观活化能趋近传质活化能（通常为 $8 \sim 16 kJ \cdot mol^{-1}$，远低于常见的化学反应的本征活化能）。

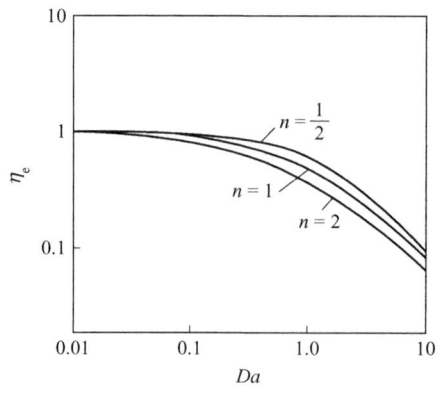

图 25-2-21 正级数反应的等温外部效率因子

由于外部效率因子 η_e 是 Da 的函数，而在 Da 中包含了本征反应速率常数 k。因此，只有当 k 为已知时，才能计算 Da 和 η_e，并对外部传质的影响作出判断。然而，更常见的情形

是通过测定一定操作条件下的表观反应速率 $(-r_A)_{obs}$ 以判断在此操作条件下外部传质的影响。矛盾之处在于本征速率常数 k 为未知，所以无法通过上述途径估计外部传质对反应的影响。这一困难可通过将 η_e 表示为可观察参数 $\eta_e Da$ 的函数而得以避免。

由式(25-2-91)表观反应速率与气相主体浓度的关系为：

$$(-r_A)_{obs} = \eta_e k C_0^n$$

按 Da 的定义，则有：

$$\eta_e Da = \eta_e \frac{kC_0^n}{k_g a C_0} = \frac{(-r_A)_{obs}}{k_g a C_0} \tag{25-2-97}$$

可见，$\eta_e Da$ 可以根据实验测定的表观反应速率 $(-r_A)_{obs}$ 以及 C_0 和 k_g、a 进行计算。a 由催化剂的形状和粒度求得，k_g 则可利用传质 j 因子和 Re 的关系进行计算

$$j_D = \frac{k_g \rho}{G} Sc^{2/3} = \frac{0.725}{Re^{0.41} - 0.15} \tag{25-2-98}$$

上式适用于 Re 为 $0.8 \sim 2130$，Sc（Schmidt 数）为 $0.6 \sim 1300$。

不同级数反应的 $\eta_e Da$ 和 η_e 的关系，可由表 25-2-10 所列的式子求得，见图 25-2-22。

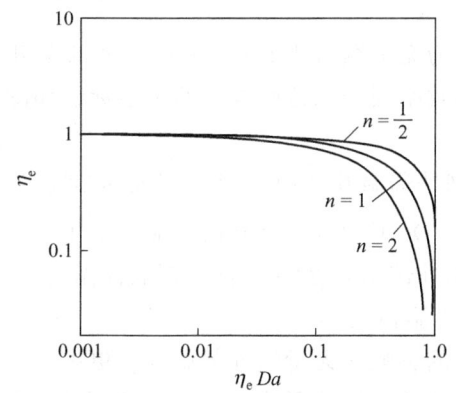

图 25-2-22 外部效率因子和可观察参数 $\eta_e Da$ 的关系

（2）不等温外部效率因子 当催化剂表面温度 T_s 和气相主体温度 T_0 不相等时，外部效率因子为

$$\eta_e = \frac{k_s}{k_0} \left(\frac{C_s}{C_0}\right)^n \tag{25-2-99}$$

式中，k_s 和 k_0 分别为温度 T_s 和 T_0 下的反应速率常数。

由于外部传质与反应相内的化学反应为一串联过程，必有：

$$k_g a (C_0 - C_s) = k_0 C_s^n = (-r_A)_{obs} = \eta_e k_0 C_0^n \tag{25-2-100}$$

整理后得，

$$\frac{C_s}{C_0} = 1 - \eta_e Da \tag{25-2-101}$$

式(25-2-99)中两个反应速率常数的比值可表示为：

$$\frac{k_s}{k_0} = \exp\left[-\varepsilon\left(\frac{1}{\theta}-1\right)\right]$$

式中，$\varepsilon = \dfrac{E}{RT_0}$ 为无量纲活化能，或 Arrhenius 数；$\theta = \dfrac{T_s}{T_0}$ 为无量纲表面温度。

利用传质-传热类似律可导得，

$$\theta = 1 + \bar{\beta}\eta_e Da \tag{25-2-102}$$

式中，$\bar{\beta}$ 为无量纲外部温升，可由无量纲绝热温升 $\beta = \dfrac{(-\Delta H)\,C_0}{\rho C_p T_0}$ 和 Lewis 数 $Le = Sc/Pr = \dfrac{\lambda}{C_p \rho_D}$ 计算，

$$\bar{\beta} = \beta Le^{-2/3} \tag{25-2-103}$$

将式（25-2-101）～式（25-2-103）代入式（25-2-99），可得

$$\eta_e = (1 - \eta_e Da)^n \exp\left[-\varepsilon\left(\frac{1}{1 + \bar{\beta}\eta_e Da}-1\right)\right] \tag{25-2-104}$$

可见，不等温外部效率因子为无量纲活化能 ε、无量纲外部温升 $\bar{\beta}$ 和可观察参数 $\eta_e Da$ 的函数。一级反应的不等温外部效率因子和这些参数的关系标绘如图 25-2-23 所示。

由图 25-2-23 可见：

① 对放热反应，无量纲外部温升 $\bar{\beta} > 0$，催化剂表面温度 T_s 高于气相主体温度 T_0，外部效率因子比等温条件（$\bar{\beta} = 0$）下大，而且其值可能大于 1；

② 对吸热反应，无量纲外部温升 $\bar{\beta} < 0$，催化剂表面温度 T_s 低于气相主体温度 T_0，外部效率因子恒小于 1，且比等温情况小；

③ Arrhenius 数 ε 对 η_e 的影响比无量纲外部温升 $\bar{\beta}$ 更敏感。

（3）外部传递对复杂反应选择性的影响 对于复杂反应，外部传递不仅影响反应速率，也影响反应的选择性。

对串联反应，目的产物为 B：

$$A \xrightarrow{k_1} B \xrightarrow{k_2} C$$

若主、副反应均为一级，且各组分的传质系数相等，在等温条件下，目的产物 B 的选择性可用下式计算：

$$S_B = \frac{-dC_B}{dC_A} = \frac{1}{1 + Da_2} - \frac{C_{B0}(1 + Da_1)}{K_0 C_{A0}(1 + Da_2)} \tag{25-2-105}$$

式中，C_{A0}，C_{B0} 分别为组分 A 和 B 在气相主体中的浓度；$Da_1\left(=\dfrac{k_1}{k_g a}\right)$ 和 $Da_2\left(=\dfrac{k_2}{k_g a}\right)$ 分别为主、副反应的 Damköhler 数；K_0 为主、副反应速率常数之比，$K_0 = \dfrac{k_1}{k_2}$。

当 $Da_1 = Da_2 = 0$，即过程为化学反应控制时，式（25-2-105）为

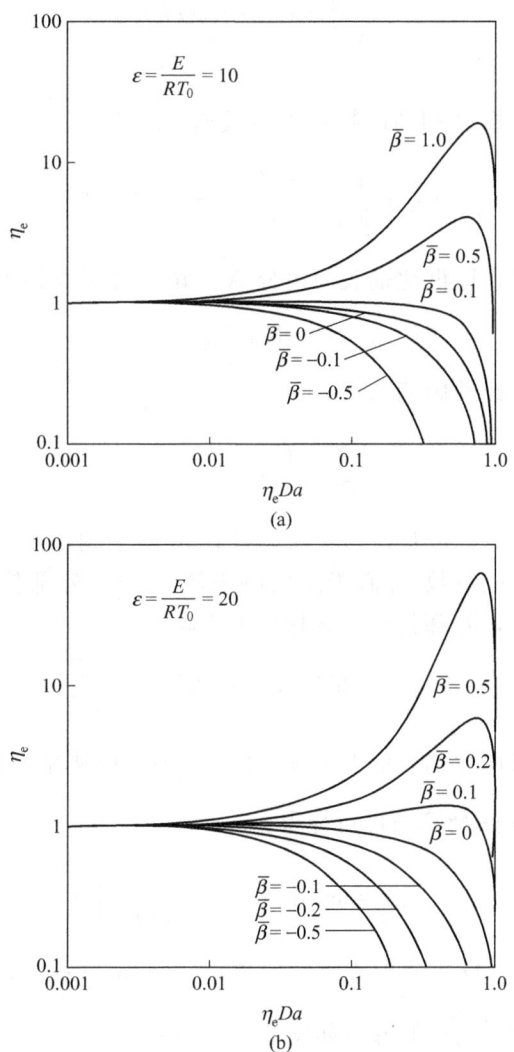

图 25-2-23 不等温外部效率因子和可观察变量的关系（一级反应）

$$S_B = 1 - \frac{C_{B0}}{K_0 C_{A0}} \qquad (25\text{-}2\text{-}106)$$

和均相反应的选择性计算式完全一致。

当目的产物 B 在气相主体中的浓度很小时，式（25-2-105）右边第二项可略去，于是有，

$$S_B = \frac{1}{1 + Da_2} \qquad (25\text{-}2\text{-}107)$$

即 B 的选择性仅取决于反应 2 的反应速率和组分 B 从催化剂表面的逃逸速率之比。当 Da_2 趋于零时，S_B 接近 1；当 Da_2 趋于无穷大时，Y_B 接近零。因此，对于如邻二甲苯氧化生产苯酐的过程，B 为目的产物，则应尽可能减小扩散阻力。当 C 为目的产物，如汽车废气的催化燃烧，应尽可能使过程处于扩散控制。

对平行反应

$$A \xrightarrow{k_1} B \qquad 对A为n_1级反应$$
$$A \xrightarrow{k_2} C \qquad 对A为n_2级反应$$

等温条件下，目的产物 B 和副产物 C 的生成速率之比为

$$S_B = \frac{dC_B}{dC_C} = \frac{k_1}{k_2} \frac{C_{AS}^{n_1}}{C_{AS}^{n_2}} = K_0 C_{AS}^{n_1 - n_2} \qquad (25\text{-}2\text{-}108)$$

如果外部传质阻力可忽略，即催化剂表面组分 A 的浓度等于气相主体浓度，则有

$$S_0 = K_0 C_{A0}^{n_1 - n_2} \qquad (25\text{-}2\text{-}109)$$

于是，传质阻力对选择性比的影响为：

$$\frac{S_a}{S_0} = \left(\frac{C_{AS}}{C_{A0}} \right)^{n_1 - n_2} \qquad (25\text{-}2\text{-}110)$$

由于 C_{AS} 恒小于 C_{A0}，由上式可知；当主反应级数 n_1 高于副反应级数 n_2 时，外部传质阻力将使选择性降低；当主反应级数 n_1 低于副反应级数 n_2 时，外部传质阻力将使选择性升高；当主、副反应级数相等时，外部传质对选择性无影响。

式(25-2-105) 和式(25-2-108) 中都包含参数 $K_0 = \frac{k_1(T_0)}{k_2(T_0)}$，当气相主体温度和催化剂表面温度不相等时，应以催化剂表面温度 T_S 下主、副反应速率常数之比 $K_S = \frac{k_1(T_S)}{k_2(T_S)}$ 代替 K_0。按 Arrhenius 方程和热衡算条件可导得：

$$\frac{K_S}{K_0} = \exp \left[(\varepsilon_1 - \varepsilon_2) \frac{q}{ha T_S} \right] \qquad (25\text{-}2\text{-}111)$$

式中，q 为单位时间内反应放出或吸收的热量，$kJ \cdot m^{-3} \cdot s^{-1}$；$h$ 为相际传热系数，$kJ \cdot m^{-2} \cdot s^{-1} \cdot K^{-1}$。不同条件下 $\frac{K_S}{K_0}$ 的取值如图 25-2-24 所示。

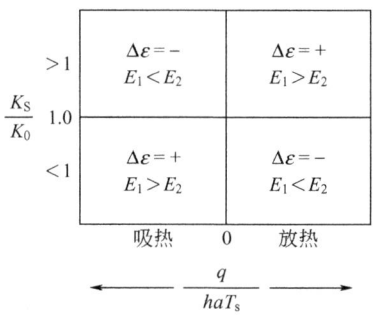

图 25-2-24　放热反应和吸热反应中相际温差对 $\frac{K_S}{K_0}$ 的影响

由式(25-2-105) 和式(25-2-108) 可知，无论对串联反应还是平行反应，K_0 增大都有利于提高选择性。因此，由式(25-2-111) 和图 25-2-24 可见：对吸热反应，$q < 0$，当 $\varepsilon_1 < \varepsilon_2$ 时，$\frac{K_S}{K_0} > 1$，选择性将改善；当 $\varepsilon_1 > \varepsilon_2$ 时，$\frac{K_S}{K_0} < 1$，选择性将变差。对放热反应，$q > 0$，

当 $\varepsilon_1 > \varepsilon_2$ 时，$\dfrac{K_S}{K_0} > 1$，选择性将改善；$\varepsilon_1 < \varepsilon_2$ 时，$\dfrac{K_S}{K_0} < 1$，选择性将变差。

2.3.2.2 内部传递的影响

和外部传递问题不同，催化剂内部的传质、传热和化学反应不是简单的串联过程，而是传递和反应同时发生并相互影响的过程。内部传递过程对反应速率的影响可用内部效率因子 η_i 表征，其定义为：

$$\eta_i = \frac{催化剂颗粒的实际反应速率}{催化剂内部和外表面浓度、温度相等时的反应速率}$$

(1) 等温内部效率因子　当催化剂颗粒内不存在温度梯度时，内部效率因子 η_i 可表示为 Thiele 模数 φ 的函数[22]。Thiele 模数亦为一无量纲准数，其物理意义为最大反应速率（催化剂内部反应物浓度等于外表面浓度时的反应速率）和最大内部传质速率（催化剂内部反应物浓度为零时的内部传质速率）之比。当采用幂函数型动力学方程时，Thiele 模数 φ 可表示为：

$$\varphi = R \sqrt{\frac{k C_{AS}^{n-1}}{D_e}} \tag{25-2-112}$$

式中，R 为颗粒的定性尺寸，m，对球形颗粒为球半径，对无限长圆柱为圆柱半径，对无限大平板为平板厚度之半；D_e 为颗粒内的有限扩散系数，$m^2 \cdot s^{-1}$。

通过求解催化剂颗粒内部的反应——扩散方程可求得不同形状催化剂中不同级数反应的内部效率因子 η_i 和 φ 的关系[8]。表 25-2-11 为不同形状催化剂中一级反应的内部效率因子 η_i 和 φ 的关系。

表 25-2-11　一级反应的内部效率因子 η_i 和 φ 的关系

催化剂形状	内部效率因子	渐近线方程
圆球	$\dfrac{3}{\varphi}\left(\dfrac{1}{\tanh\varphi} - \dfrac{1}{\varphi}\right)$	$\dfrac{3}{\varphi}$
无限长圆柱	$\dfrac{2}{\varphi}\dfrac{I_1(\varphi)}{I_0(\varphi)}$ $I_0、I_1$ 分别为零阶、一阶修正贝塞尔方程	$\dfrac{2}{\varphi}$
无限大薄片	$\dfrac{\tanh\varphi}{\varphi}$	$\dfrac{1}{\varphi}$

表 25-2-11 中的内部效率因子关系式可标绘成图 25-2-25 中的曲线。由图可见，这三条曲线都有各自的渐近线，其渐近线方程列于表 25-2-11 的最右一栏。Aris[23] 提出了定义另一形式的 Thiele 模数

$$\Phi = L \sqrt{\frac{k C_{AS}^{n-1}}{D_e}} \tag{25-2-113}$$

使这些曲线统一化。式中，L 为催化剂颗粒的特征尺寸，其定义为

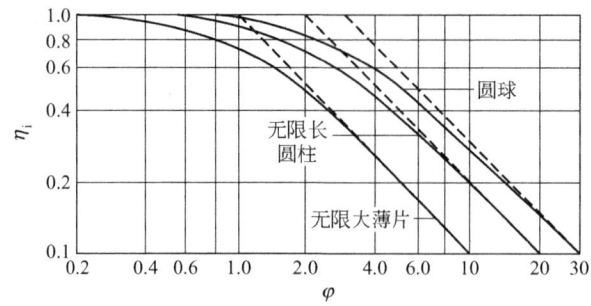

图 25-2-25　催化剂内部效率因子 η_i 与 Thiele 模数 φ 的关系

$$L = \frac{V_p}{S_p} \tag{25-2-114}$$

式中　V_p——颗粒体积，m^3；

　　　S_p——颗粒外表面积，m^2。

对球形颗粒、无限长圆柱和无限大薄片，L 分别为 $\dfrac{R}{3}$、$\dfrac{R}{2}$ 和 R。

图 25-2-26 为内部效率因子和 Thiele 模数 Φ 的标绘。由图可见，不同形状催化剂的曲线几乎是重合的，相互间的最大偏差约为 $10\% \sim 15\%$。从工程计算的角度来看，采用统一的计算式是可以接受的。

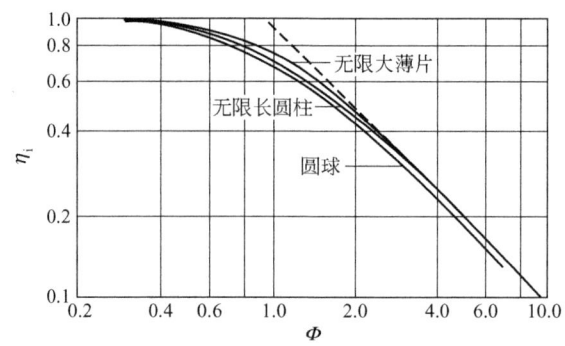

图 25-2-26　催化剂内部效率因子 η_i 与 Φ 的关系

对球形颗粒，显然有

$$\Phi = \frac{\varphi}{3} \tag{25-2-115}$$

将此式代入表 25-2-11 中相应的关系式可得

$$\eta_i = \frac{1}{\Phi}\left[\frac{1}{\tanh(3\Phi)} - \frac{1}{3\Phi}\right] \tag{25-2-116}$$

式（25-2-116）常被作为普遍化的内部效率因子计算式，即使对不规则形状的催化剂，它也是适用的。

由图 25-2-26 可见，Φ 和内部效率因子的关系可分为三个区域：

① $\Phi < 0.4$ 时，η_i 几乎等于 1，即在这一区域内颗粒内传质对反应速率的影响可忽略；

② $0.4<\Phi<3$ 时，内扩散对反应速率的影响逐渐显现；

③ $\Phi>3$ 时，内扩散对反应速率会有严重的影响，$\ln\eta_i$-$\ln\Phi$ 曲线的这一部分呈直线。由于 Φ 足够大时，$\tanh\Phi$ 趋近 1，因此由式（25-2-116）可得这时内部效率因子 η_i 和 Thiele 模数 Φ 成反比。

（2）非等温内部效率因子 在催化剂颗粒内部，除了存在传质阻力引起的浓度分布外，还会存在传热阻力引起的相应温度分布。当需考虑温度分布影响时，需通过联立求解物料衡算和热量衡算方程得到颗粒内的浓度分布和温度分布，才能算得内部效率因子。对球形颗粒且反应为一级时，上述方程分别为：

$$D_e\left(\frac{d^2 C_A}{dr^2}+\frac{2}{r}\frac{dC_A}{dr}\right)=k(T)C_A \tag{25-2-117}$$

和

$$\lambda\left(\frac{d^2 T}{dr^2}+\frac{2}{r}\frac{dT}{dr}\right)=-k(T)C_A(-\Delta H) \tag{25-2-118}$$

式中，λ 为催化剂的有效热导率，$kJ\cdot m^{-1}\cdot s^{-1}\cdot K^{-1}$。令 $f=\dfrac{C_A}{C_{AS}}$，$\rho=\dfrac{r}{R}$，$\theta=\dfrac{T}{T_s}$，$\varepsilon=\dfrac{E}{RT_s}$，可将上两式无量纲化，可得

$$\frac{d^2 f}{d\rho^2}+\frac{2}{\rho}\frac{df}{d\rho}=\varphi^2 f\exp\left[\varepsilon\left(1-\frac{1}{\theta}\right)\right] \tag{25-2-119}$$

$$\frac{d^2\theta}{d\rho^2}+\frac{2}{\rho}\frac{d\theta}{d\rho}=-r\varphi^2 f\exp\left[\varepsilon\left(1-\frac{1}{\theta}\right)\right] \tag{25-2-120}$$

式中，φ 为 Thiele 模数；r 为以催化剂表面浓度为基准的无量纲内部绝热温升，系颗粒内可能最大温差和表面温度之比，可由式（25-2-121）计算：

$$r=\frac{(T-T_s)_{max}}{T_s}=\frac{D(-\Delta H)C_{AS}}{\lambda T_s} \tag{25-2-121}$$

可见，在非等温条件下，催化剂颗粒内的浓度分布和温度分布是 φ、ε、r 三个无量纲参数的函数。因此，不等温内部效率因子也是这三个参数的函数。由于方程式（5-2-118）和方程式（25-2-119）的非线性性质，只能借助数值方法求解。图 25-2-27 系对 $\varepsilon=20$，根据数值计算结果标绘的在球形催化剂上进行一级不可逆反应时内部效率因子 η_i 与 φ 和 r 的关系。不同 ε 数值的计算结果见文献 [24]。

由图 25-2-27 可见，当 $r>0$，即反应为放热时，内部效率因子可大于1。对 $r<0$ 即反应吸热，效率因子将小于等温情况的效率因子。图中 $r=0$ 的曲线即表示等温情况。

（3）内部传递对复杂反应选择性的影响[6,25]

① 对串联反应

$$A\xrightarrow{k_1}P\xrightarrow{k_2}S$$

若主、副反应均为一级，催化剂为球形，在等温条件下联立求解组分 A 和 P 的反应——扩散方程，可得目的产物 P 的选择性为：

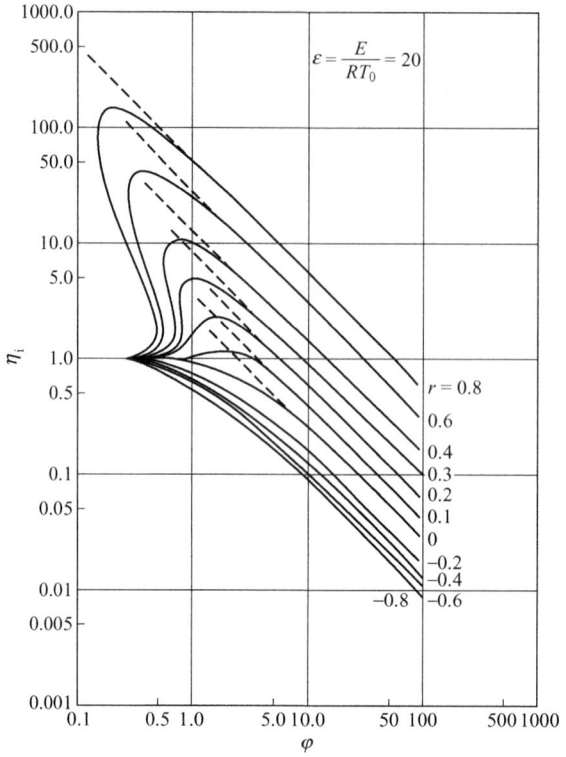

图 25-2-27　球形催化剂的不等温内部效率因子

$$\frac{r_P}{(-r_A)}=\frac{\alpha K}{\alpha K-1}-\frac{\alpha \eta_{i2}\varphi_2^2}{\eta_{i1}\varphi_1^2}\left(\frac{C_{PS}}{C_{AS}}+\frac{K}{\alpha K-1}\right) \tag{25-2-122}$$

式中，α 为组分 P 和 A 的粒内扩散系数之比；K 为主、副反应速率常数之比；η_{i1} 和 η_{i2} 分别为主、副反应的内部效率因子；φ_1 和 φ_2 分别为主、副反应的 Thiele 模数。当内扩散阻力很大$\left(\eta_{i1}=\dfrac{1}{\varphi_1},\ \eta_{i2}=\dfrac{1}{\varphi_2}\right)$，且 $\alpha=1$ 时，上式简化为：

$$\frac{r_P}{(-r_A)}=\frac{\sqrt{K}}{\sqrt{K}+1}-\frac{C_{PS}}{C_{AS}}\sqrt{\frac{1}{K}} \tag{25-2-123}$$

与不存在内扩散阻力（即均相串联反应）的选择性计算式

$$\left[\frac{r_P}{(-r_A)}\right]_0=1-\frac{C_{PS}}{KC_{AS}} \tag{25-2-124}$$

相比，可得无内扩散影响和内扩散阻力很大时选择性之差为：

$$\Delta\left[\frac{r_P}{(-r_A)}\right]=\left[\frac{r_P}{(-r_A)}\right]_0-\left[\frac{r_P}{(-r_A)}\right]=\left(1-\frac{\sqrt{K}}{\sqrt{K}+1}\right)-\frac{C_{PS}}{KC_{AS}}(1-\sqrt{K})$$

$$\tag{25-2-125}$$

当 $K>1$，即 $k_1>k_2$ 时，上式右边恒大于零，内扩散使串联反应选择性下降。当 $K<1$ 时，若 $K>\dfrac{C_{PS}}{C_{AS}+C_{PS}}$，上式右边大于零，内扩散使串联反应选择性变差；若

$K<\dfrac{C_{PS}}{C_{AS}+C_{PS}}$，内扩散阻力有利于改善串联反应选择性；若 $K=\dfrac{C_{PS}}{C_{AS}+C_{PS}}$，内扩散阻力对串联反应选择性无影响。

② 对平行反应

$$A\begin{array}{c}\nearrow k_1 \; B \quad 对A为n_1级反应\\ \searrow k_2 \; C \quad 对A为n_2级反应\end{array}$$

等温条件下，催化剂内任一点目的产物 B 和副产物 C 的选择性之比为

$$S=\frac{r_B}{r_C}=\frac{k_1}{k_2}\frac{C_A^{n_1}}{C_A^{n_2}}=K_0 C_A^{n_1-n_2} \tag{25-2-126}$$

如果内部传质阻力可忽略，即催化剂内任一点组分 A 的浓度均等于表面浓度，则有

$$S_s=K_0 C_{AS}^{n_1-n_2} \tag{25-2-127}$$

于是，内部传质阻力对选择性比的影响可表示为：

$$\frac{S}{S_s}=\left(\frac{C_A}{C_{AS}}\right)^{n_1-n_2} \tag{25-2-128}$$

由于 C_A 恒小于 C_{AS}，所以当 $n_1<n_2$ 时，内部传质阻力使选择性升高；$n_1>n_2$ 时，内部传质阻力使选择性降低；$n_1=n_2$ 时，内部传质对选择性无影响。和讨论外部传递的影响时相似，催化剂内部的温度分布对反应选择性的影响也可通过考察传递过程对 $K=\dfrac{k_1}{k_2}$ 的影响予以判断，由图 25-2-27 得出的结论对内部传递同样适用。

2.3.3 气液相反应过程

气液相反应过程的理论基础是由日本学者八田四郎次在双膜理论的基础上完成的[26]。虽然，后来又出现了溶质渗透理论[27]、表面更新理论[6]等描述气液反应过程的模型，但这些模型所得的结果与双膜理论并无显著的差异。双膜理论概念简明，数学处理方便，所以被广泛沿用。详见本篇第 7 章。

2.3.4 气固相非催化反应[26]

2.3.4.1 基本特征

与气固相催化反应相比，气固相非催化反应的一个重要特征是：在反应过程中，某种或某些固体组分将在反应过程中被消耗掉，颗粒内部状态随时间而变化，因此这种过程往往具有动态的特性。

在处理气固相非催化反应时，问题的复杂程度取决于扩散速率和化学反应速率的相对大小。图 25-2-28 以 H_2 还原 Fe_2O_3 为例，说明了可能遇到的几种典型情形。图 25-2-28（b）中，$r=R$ 处表示固体颗粒外表面，阴影部分为反应区，C_0、C_s、C_2 和 C_1 分别为气相主体、颗粒外表面、反应区外表面和反应区内表面的气体反应物浓度。

如果气体反应物通过气膜和颗粒内部的扩散相对于化学反应是很快的，气体可渗透到整个颗粒内部，那么过程具有均相反应的特征，气相反应物和固相反应物的浓度分布如图

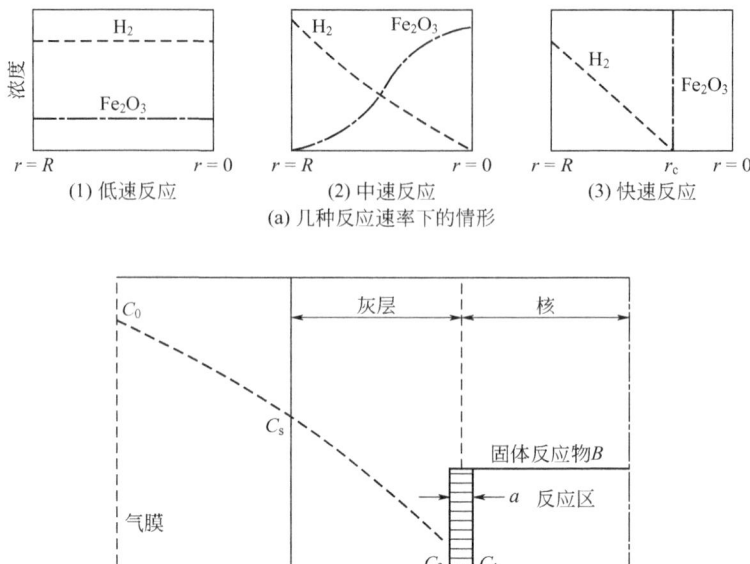

图 25-2-28　气固相非催化反应中的浓度分布

25-2-28(a)(1) 所示。

如果化学反应是很快的，反应区将局限于固体颗粒内的一个薄层中，固体颗粒被反应区分隔成两部分：一部分是已反应的部分，即灰层或壳层；另一部分是未反应的核。在极端情况下，即化学反应是极快的，这时反应区将缩为一个面，气体反应物一接触未反应的固体即被消耗掉，所以在反应界面上气相反应物的浓度为零，这时气相和固相反应物的浓度分布如图 25-2-28(a)(3) 所示。

对介于上述两种极端情况之间的中速反应——灰层，反应区和未反应核之间没有明显的界面，这时气相和固相反应物的浓度分布如图 25-2-28(a)(2) 所示，代表了气固相非催化反应最一般的情况。

2.3.4.2　一般模型

等温条件下，球形颗粒内气相反应物 A 的物料衡算方程为：

$$\frac{\partial}{\partial t}(\varepsilon_s C_A) = \frac{1}{r^2}\frac{\partial}{\partial r}\left(D_e r^2 \frac{\partial C_A}{\partial r}\right) - r_A \rho_s \tag{25-2-129}$$

式中，ε_s 为颗粒内的孔隙率；ρ_s 为颗粒密度；r_A 为组分 A 的反应速率。

固体反应组分 s 的物料衡算方程为：

$$\frac{\partial C_s}{\partial t} = -r_s \rho_s \tag{25-2-130}$$

式中，r_s 为组分 s 的反应速率，和 r_A 之间服从化学计量关系。

上述微分方程的初始条件为：

$$t = 0, C_A = C_{A0}, C_s = C_{s0} \tag{25-2-131}$$

边界条件为:

$$r=0, \quad \frac{\partial C_A}{\partial r}=0$$

$$r=R, \quad D_e \frac{\partial C_A}{\partial r}=k_g(C_{A0}-C_{AS}) \tag{25-2-132}$$

式(25-2-129)中,有效扩散系数 D_e 随着反应进行过程中固体性状的变化而异。Wen[27]提出了一种简化处理方法,认为 D_e 在反应过程中只有两个数值:一个是通过未反应或部分反应的固体的扩散系数 D_e,另一个是通过已完全反应的固体(即灰层)的扩散系数 $D_{e'}$。于是,在反应的第一阶段,即灰层形成以前,式(25-2-129)可简化为:

$$\varepsilon_s \frac{\partial C_A}{\partial t}=D_e\left(\frac{\partial^2 C_A}{\partial r^2}+\frac{2}{r}\frac{\partial C_A}{\partial r}\right)-r_A\rho_s \tag{25-2-133}$$

固相物料衡算方程及初始条件、边界条件仍为式(25-2-130)～式(25-2-132)。

第二阶段自颗粒表面固相反应物浓度降低为零时开始,灰层开始很薄,然后逐渐延伸至颗粒中心。在灰层中只有气相反应物的传递,不再有化学反应,式(25-2-129)简化为:

$$D_e'\left(\frac{\partial^2 C_A'}{\partial r^2}+\frac{2}{r}\frac{\partial C_A}{\partial r}\right)=0 \tag{25-2-134}$$

式中,C_A' 表示灰层中组分 A 的浓度。如在固体反应物尚未耗尽的部分,方程式(25-2-133)和式(25-2-130)仍适用。除边界条件式(25-2-132)外,在距颗粒中心 r_m、灰层和反应层的交界处需补充一组边界条件,以表示气相反应物浓度 C_A 分布的连续性和在 $r=r_m$ 两侧扩散通量相等:

$$r=r_m, \quad C_A=C_A'$$

$$D_e' \frac{dC_A'}{dr}=D_e \frac{dC_A}{dr} \tag{25-2-135}$$

反应的第一阶段延续的时间及第一阶段结束时固相转化率的大小取决于极限反应速率和极限扩散速率的比值,即 Thiele 模数:

$$\varphi=R\sqrt{\frac{kC_{AS}^{n-1}C_s^m}{D_e}} \tag{25-2-136}$$

式中,C_{AS} 为颗粒外表面气相反应物浓度;C_s 为固体反应物浓度;n、m 分别为对气相反应物和固相反应物的反应级数。图 25-2-29 表示当 $D_e=D_e'$ 时,不同 Thiele 模数的反应体系的固体反应物转化率与无量纲反应时间的关系。无量纲反应时间的定义为反应时间 t 和固相反应物完全转化所需时间 t^* 之比。图中的虚线表示第一阶段和第二阶段的分界线。

由图 25-2-29 可见,当内扩散影响严重时(如 $\varphi>5$),第一阶段在固体转化率小于 50% 时即已结束,此后必须采用复杂的第二阶段模型方程进行计算。当内扩散影响很小时(如 $\varphi<1$),第一阶段结束时固体转化率已超过 90%。在 $\varphi=0$ 的极端情况下,反应过程始终处于第一阶段。

2.3.4.3 缩核模型

缩核模型,也称壳层推进模型(shell progressive model),是处理气固相非催化反应最

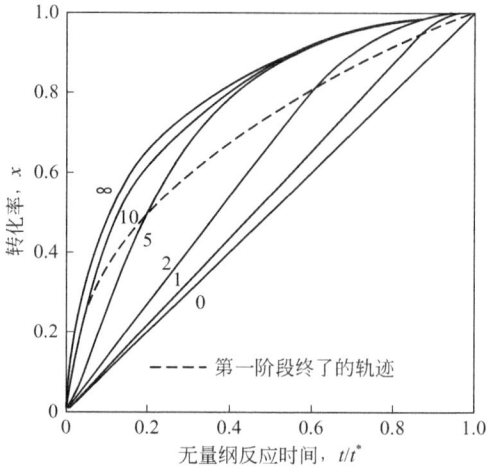

图 25-2-29 $D_e = D'_e$ 时固体反应物转化率与无量纲反应时间关系

常使用的一种模型。图 25-2-30 为该模型的示意图。

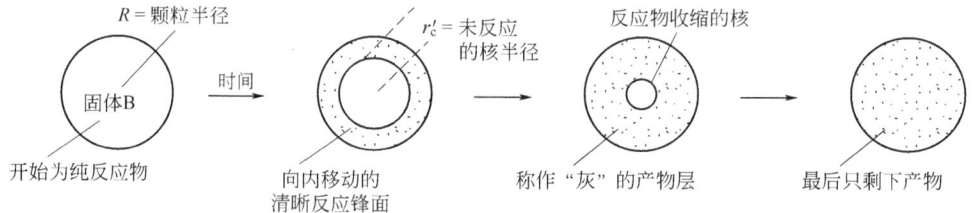

图 25-2-30 缩核模型示意图

对未反应核是多孔性的气固相反应，当反应很快，Damköhler 数为

$$Da = \frac{kR}{D_e} \geqslant \frac{4 \times 10^4}{LS} \tag{25-2-137}$$

时，可用缩核模型处理。式中，k 为反应速率常数；L 为颗粒特征尺寸（$1/L$ 即为单位体积颗粒的外表面积）；S 为单位体积颗粒的总表面积。

如果灰层是多孔的，而未反应核是无孔的，即气相反应物不能渗入未反应核，灰层和核的分界面即为反应面。这时即使反应不是很快，也可用缩核模型处理。这种情况相当于 D_e 接近零，Da 趋近无穷大，式(25-2-137) 自然满足。

当缩核模型适用时，气固相非催化反应

$$bA + S \longrightarrow R$$

可设想成由以下三个串联步骤组成：

① 组分 A 经过气膜扩散到固体表面；

② 组分 A 通过灰层扩散到未反应核表面；

③ 在未反应核表面上，组分 A 和 S 进行反应。

这些步骤的阻力可能相差很大，其中速率最低者为过程的控制步骤。不同形状的固体颗粒，处于不同速率控制步骤时，固体颗粒完全转化所需的时间为 t^*，以及转化率达到 x_s，所需的时间为 t 的计算式列于表 25-2-12。

表 25-2-12 缩核模型转化率-时间计算式

颗粒形状	气膜扩散控制	灰层扩散控制	反应控制
扁平片 $x_s = 1 - \dfrac{1}{L}$	$\dfrac{t}{t^*} = x_s$ $t^* = \dfrac{b\rho_s L}{k_g C_{A0}}$	$\dfrac{t}{t^*} = x_s^2$ $t^* = \dfrac{b\rho_s L^2}{2D_e C_{A0}}$	$\dfrac{t}{t^*} = x_s$ $t^* = \dfrac{b\rho_s L}{k C_{A0}}$
圆柱体 $x_s = 1 - \left(\dfrac{r_c}{R}\right)^2$	$\dfrac{t}{t^*} = x_s$ $t^* = \dfrac{b\rho_s R}{2k_g C_{A0}}$	$\dfrac{t}{\tau} = x_s + (1-x_s)\ln(1-x_s)$ $t^* = \dfrac{b\rho_s R^2}{4D_e C_{A0}}$	$\dfrac{t}{t^*} = 1-(1-x_s)^{1/2}$ $t^* = \dfrac{b\rho_s R}{k C_{A0}}$
球形 $x_s = 1 - \left(\dfrac{r_c}{R}\right)^3$	$\dfrac{t}{t^*} = x_s$ $t^* = \dfrac{b\rho_s R}{3k_g C_{A0}}$	$\dfrac{t}{t^*} = 1-3(1-x_s)^{2/3}+2(1-x_s)$ $t^* = \dfrac{b\rho_s R^2}{6D_e C_{A0}}$	$\dfrac{t}{t^*} = 1-(1-x_s)^{1/3}$ $t^* = \dfrac{b\rho_s R}{k C_{A0}}$

当上述三个步骤的阻力都不能忽略时，颗粒完全转化所需的时间 $t^*_{总}$ 为：

$$t^*_{总} = t^*_{气膜} + t^*_{灰层} + t^*_{反应} \qquad (25\text{-}2\text{-}138)$$

式中，$t^*_{气膜}$、$t^*_{灰层}$、$t^*_{反应}$ 分别为气膜扩散控制、灰层扩散控制和反应控制时使颗粒完全转化所需的时间。而转化率达到 x_s，所需的时间为：

$$t_{总} = t_{气膜} + t_{灰层} + t_{反应} \qquad (25\text{-}2\text{-}139)$$

综上所述，多相反应系统的传递过程涉及几个基本的观念：

① 反应速率和传递速率都具有相对的含义。由于传递和反应通常是串联进行的，对不同的反应体系，不存在某种固有的规律。工程研究的一个重要任务是，判别某一具体过程的速率控制步骤，并据此考虑反应器的选型开发。

② 均相和多相也具有某种相对的含义。当传递速率对表观反应速率的影响可以忽略时，多相系统实际上退化为一个准均相系统。从工程的观点考虑问题，这种对问题简化了的认识是十分必要和有助的。

③ 从工程的观点，各种计算式和图表的作用主要应该是指导对问题的分析和判断，而不是定量的计算。原因之一是有一些参数通常不易测得，如催化剂内部有效扩散系数等。分析和判断的主要目的应是获得对速率控制步骤的认识。

2.4 混合及其对反应结果的影响[6]

反应器内的混合分为两类：一类是原料之间的预混合，如物料 A 和 B 之间的混合；另一类是反应器内部流体混合的情况。对 PFR 反应器，所有的流体微团有相同的初始浓度和停留时间，因此在反应器轴向上任意界面上的所有微团浓度相同，故在 PFT 反应器内流体的混合情况对反应结果无影响。但对任意的有返混发生的反应器，不同微团因停留时间不同而具有不同的浓度，不同微团之间的混合情况对反应器出口浓度有重要影响。对间歇反应器，由于传热的不均匀性，反应器在空间上存在浓度分布，具有不同浓度的微团之间的混合状态也将影响最终的反应结果。

2.4.1　微观混合与宏观混合

根据混合发生的尺度，反应器中的混合现象可以分为微观混合和宏观混合两类。微观混合指小尺度的湍流流动，流体破碎成微团，微团之间碰撞、合并和再分散，以及通过分子扩散使反应系统达到分子尺度均匀的过程。宏观混合则指大尺度（如设备尺度）的混合现象，如搅拌釜式反应器中，由于机械搅拌作用，使反应物流发生设备尺度环流，从而使物料在设备尺度上得到混合。

反应物系的微观混合机理随物系相态的不同会有很大的差异。

两种互溶流体之间通过混合达到微观均匀的过程通常可分为两步：第一步系借助主体流动、湍流脉动将流体分散成不同尺度的微团；第二步是这些微团间的碰撞、凝集和分裂以及微团内的分子扩散。当然，只要经历的时间足够长，对这类系统仅仅依靠分子扩散也能达到分子尺度的均匀，主体流动和湍流脉动的作用是使达到微观均匀所需时间大大缩短。但由湍流理论可知[28,29]，剧烈的湍动也只能将流体破碎成 $10 \sim 100\mu m$ 的微团，要达到分子尺度的均匀，分子扩散是必不可少的。

当两种流体不互溶时，例如在气-液相反应和液-液相反应中，宏观流动和湍流脉动将使一相破碎成液滴（或气泡）分散在另一相中，前者称为分散相，后者称为连续相，连续相的组成可借助主体流动、湍流脉动和分子扩散而达到均一。作为分散相的液滴（或气泡）之间的混合则是通过液滴（或气泡）之间的碰撞、合并和再分裂进行的，滴（泡）际混合的程度则取决于碰撞、合并和再分裂的频率。

当反应系统中存在固相反应物时，例如在进行固相加工过程的流化床反应器中，固体颗粒的剧烈运动可以使它们达到充分的宏观混合，即在反应器内任何部位取出足够数量的固体颗粒，其平均反应程度将是均一的。但是，当考察的尺度缩小到单个颗粒时，则会发现它们的反应程度各不相同。这是由于固体颗粒具有不可凝并的特点，在不同颗粒之间不会发生任何混合。

由上所述可知，反应物系混合状态存在两个极限：一是各微团间发生充分的混合而达到分子尺度的均匀，如两种互溶流体之间的混合；二是各微团间完全不发生混合，如固体反应物料间。前者称为微观完全混合，后者称为微观完全离析。在气-液和液-液相反应过程中发生的滴（泡）际混合一般介于这两种极限情况之间。

2.4.2　微观混合对快速反应产物分布的影响[19]

本节的重点是原料预混合，包括不同反应物之间的混合以及原料与反应器中物料的混合。预混合程度不同将在不同尺度上产生浓度的不均匀性。

在制备催化剂、超细颗粒、染料、颜料等产品的化工生产过程中，往往会涉及快速反应过程。当反应物系达到反应器尺度上的微观均匀时，相当部分的反应物已被消耗掉，甚至反应物料还未完全混合均匀就已被反应完毕。对这类反应过程，物系的混合状态和速率对产物分布和产品质量有着重要的影响，甚至可能成为反应成败的关键。

两种或两种以上反应物参与的均相反应过程，都存在着在反应大量进行前反应物料是否在整个反应器尺度达到分子尺度均匀的微观混合问题。如反应缓慢，由于在达到混合均匀的短暂时间内的反应量可忽略，混合的影响可不予考虑。如反应快速，在通过分子扩散达成微观均匀的过程中，反应可能已大量进行，甚至已经完成。对这类反应系统，关注的重点已不是微观混合对反应速率的影响，而应是对复杂反应选择性的影响。

例如，对如下伴有并、串联副反应的快速反应系统，

$$A \xrightarrow{B} AB \xrightarrow{B} AB_n$$

目的产物为 AB。为了抑制生成 AB_n 的副反应，进料配比应使反应物 A 过量。但当预混合不够充分时，在反应器中将存在较大的物料 B 的微团，物料 A 在向这些微团扩散时将进行反应。即使总的物料配比是 A 过量，但在物料 B 的微团内不是 A 过量，而是物料 B 大大过量，从而会使反应选择性严重恶化。对这类反应过程，影响选择性的主要因素已不是反应动力学，而是预混合。

反应和微观混合的快慢可用特征反应时间 t_R 和特征扩散时间 t_D 来表征[31]。特征反应时间为以初始反应速率 kC_{A0}^n 将初浓度为 C_{A0} 的反应物全部耗尽所需的时间，即

$$t_R = \frac{C_{A0}}{kC_{A0}^n} = \frac{1}{kC_{A0}^{n-1}} \tag{25-2-140}$$

特征扩散时间可用下式计算：

$$t_D = 2(\gamma/\varepsilon)^{1/2} \text{arcsin}h(0.05Sc) \tag{25-2-141}$$

式中，γ 为动力黏度 $m^2 \cdot s^{-1}$；ε 为单位重量的能量耗散速率，$W \cdot kg^{-1}$ 或 $m^2 \cdot s^{-3}$；Sc 为 Schmidt 数。

当 $t_D \ll t_R$，为慢反应过程，反应动力学为过程的控制因素；

当 $t_D \gg t_R$，为飞速反应过程，微观混合为过程的控制因素；

当 $t_D \approx t_R$，为快反应过程，反应动力学和微观混合同为过程控制因素。

2.4.3 微观混合对反应转化率的影响

本节的重点是反应器内不同年龄的物料之间的混合。

在连续流动反应器中，当物料的微观混合状态处于微观完全混合和微观完全离析这两种极限状态时，反应器的计算需采用不同的方法。对微观完全混合的反应体系，在进行物料衡算时可以整个反应器（全混流反应器）或反应器的某一微元体（如平推流反应器）为考察对象，其中物料的浓度可以认为是均一的，在本篇 2.1 节关于理想反应器的分析中采用的就是这种方法。对非理想反应器，利用流动模型也可进行类似的计算。但对微观完全离析的反应体系，不同微团之间不发生任何物质交换，这种以整个反应器或反应器的某一微元为控制体建立衡算方程的方法不再适用，因为此时控制体中不同物料微团的浓度各不相同。对这类体系，必须把每一个物料微团看成一个微型的间歇反应器，这些间歇反应器经过一定停留时间后自反应器出口离开，反应器出口反应物的浓度为这些间歇反应器离开反应器时浓度的平均值，可表示为

$$\begin{bmatrix} 出口流中 \\ 反应物的 \\ 平均浓度 \end{bmatrix} = \sum \begin{bmatrix} 停留时间介于 t \\ 和 t+dt 间的微团 \\ 内的反应物浓度 \end{bmatrix} \begin{bmatrix} 出口介于微团流中 \\ 停留时间 t 和 t+dt \\ 间的所占的分率 \end{bmatrix}$$

等号右端的加和包括出口流中的全部物料微团，于是

$$\overline{C_A} = \int_0^\infty C_A(t) E(t)\,\mathrm{d}t \tag{25-2-142}$$

式中每一微团的浓度 $C_A(t)$ 取决于该微团在反应器中的停留时间 t，可由如下物料衡算方程计算

$$-\frac{\mathrm{d}C_A(t)}{\mathrm{d}t} = r_A[C_A(t)] \tag{25-2-143}$$

上式的初始条件为

$$C_A(0) = C_{A0} \tag{25-2-144}$$

微观完全混合和完全离析状态下，不同级数的反应在全混流反应器中出口转化率的计算式列于表 25-2-13。

表 25-2-13　全混流反应器中微观完全混合和完全离析状态下的转化率

反应级数	微观完全混合	微观完全离析
0	$K\tau/C_{A0} \leqslant 1$ $\dfrac{C_A}{C_{A0}} = 1 - \dfrac{K\tau}{C_{A0}}$ $K\tau/C_{A0} > 1 \quad \dfrac{C_A}{C_{A0}} = 0$	$\dfrac{C_A}{C_{A0}} = 1 - \dfrac{K\tau}{C_{A0}}\left[1 - \mathrm{e}^{-C_{A0}/(K\tau)}\right]$
$\dfrac{1}{2}$	$\dfrac{K\tau}{C_{A0}^{1/2}} = \dfrac{1}{\sqrt{1-x_A}}$	$x_A = \dfrac{K\tau}{C_{A0}^{1/2}} - \dfrac{1}{2}\dfrac{K^2\tau^2}{C_{A0}} + \dfrac{1}{2}\dfrac{K^2\tau^2}{C_{A0}}\exp\left[-2C_{A0}^{1/2}/(K\tau)\right]$ $0 \leqslant K\tau/C_{A0}^{1/2} \leqslant 2$
1	$C_A/C_{A0} = \dfrac{1}{1+k\tau}$	$C_A/C_{A0} = \dfrac{1}{1+k\tau}$
2	$\dfrac{C_A}{C_{A0}} = \dfrac{\sqrt{1+4kC_{A0}\tau}-1}{2KC_{A0}\tau}$	$C_A/C_{A0} = \alpha\mathrm{e}^\alpha E_i(\alpha)$ $\alpha = 1/kC_{A0}\tau$ $E_i(\alpha) = \displaystyle\int_0^\infty \dfrac{\mathrm{e}^{-\alpha}}{t}\,\mathrm{d}t$
n	$\left(\dfrac{C_A}{C_{A0}}\right)^n C_{A0}^{n-1}k\tau + \dfrac{C_A}{C_{A0}} - 1 = 0$	$C_A/C_{A0} = \dfrac{1}{\tau}\displaystyle\int_0^\infty \left[1 + (n-1)C_{A0}^{n-1}k\tau\right]^{\frac{1}{n-1}}\mathrm{e}^{t/\tau}\,\mathrm{d}t$

图 25-2-31 对 $\dfrac{1}{2}$ 级、一级和二级反应标绘了微观完全混合和完全离析状态下全混流反应器的转化率 x_A 和无量纲反应时间 $kC_{A0}^{n-1}\tau$ 的关系[30]。由图可见：

① 对一级反应，微观混合程度对转化率没有影响；对级数大于 1 的反应，微观混合将使转化率降低；对级数小于 1 的反应，微观混合将使转化率升高。

② 微观混合的两种极端状况造成的转化率的差别不超过 20%。

显然，微观混合程度对反应转化率的影响随反应器停留时间分布的变窄而逐渐减弱。平推流反应器微观混合程度对转化率没有影响。这是因为在平推流反应器中，即使存在微观混合，也只能是停留时间相同的流体微团间的混合，不影响反应转化率。

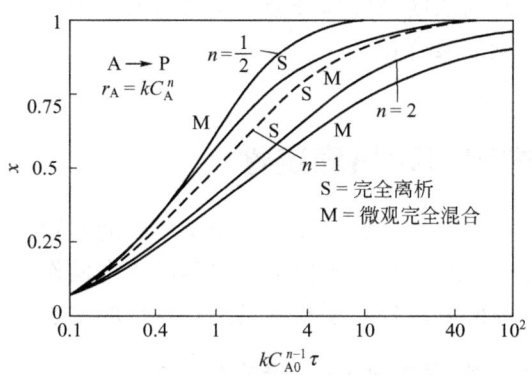

图 25-2-31 全混流反应器中微观完全混合和
完全离析状态对转化率的影响

2.4.4 微观混合对聚合反应的影响[4,5]

聚合反应是一类特殊的复杂反应，其产物为分子量不同的许多同系列大分子所组成的混合物。聚合反应体系的混合状态不仅会影响聚合反应的速率，而且会影响许多与聚合物的性质密切相关的结构参数，如平均分子量、共聚物组成、颗粒大小、支化度以及这些参数的分布。

对形成长链高分子时间较短的传统连锁聚合过程，微观混合往往使分子量分布变窄，而对形成长链高分子时间较长的逐步聚合过程，微观混合则使分子量分布变宽。

在伴有支化的连锁聚合中，混合对分子量分布的影响与一般聚合反应不同[32]。图 25-2-32标绘了在不同型式的反应器中伴有支化的连锁反应系统分子量分布随转化率的变化。可见在高转化率下微观均匀的全混流反应器的分子量分布比间歇反应器宽得多。

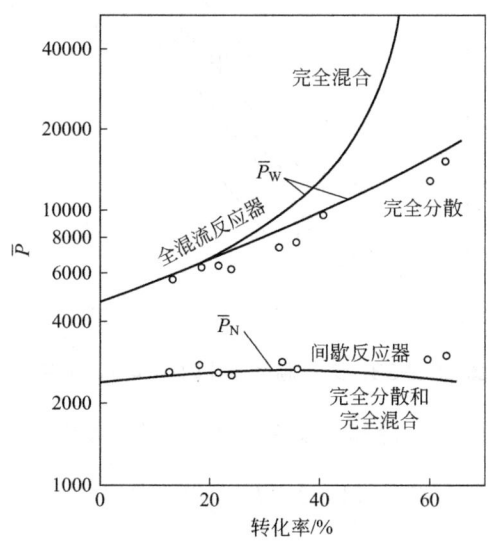

图 25-2-32 不同型式的反应器中伴有支化的连锁聚合的
分子量分布和转化率的关系

对使用引发剂的快速聚合过程，引发剂和单体的预混合对分子量分布也会产生重大影响。预混合不充分时，引发剂浓度高的部分会产生大量低分子量的聚合物，而在引发剂浓度低的部分则会生成高分子量的聚合物。

2.5　反应器的多重定态和热稳定性

反应器的多重定态和热稳定性是放热反应系统所特有的问题，源于反应温度和反应速率之间存在的非线性关系和强交互作用。为保证反应器的正常操作，在发生放热反应的反应器设计中，除了满足热量平衡的要求外，还要满足热稳定性的要求。

2.5.1　全混流反应器的多重定态和热稳定性[6,33]

2.5.1.1　全混流反应器的多重定态

在全混流反应器中进行一放热反应时，若反应为一级，反应温度为 T，从物料和能量衡算方程出发，可推导出则其发热速率为：

$$Q_g = \Delta T_{ad} \frac{k_0 e^{-E/(R\tau)}}{1 + k_0 e^{-E/(RT)} \tau} = \Delta T_{ad} \frac{k\tau}{1 + k\tau} \qquad (25\text{-}2\text{-}145)$$

$$G(T) = y_{A0} X_A (-\Delta H_R^0) = y_{A0} (-\Delta H_R^0) \frac{\tau k_0 e^{-E/(RT)}}{1 + \tau k_0 e^{-E/(RT)}} \qquad (25\text{-}2\text{-}146)$$

由上式可见，当停留时间 τ 一定时，若 T 很小，则有 $k\tau \ll 1$，这时 Q_g 线为一指数曲线；若 T 很大，则有 $k\tau \gg 1$，$Q_g = \Delta T_{ad}$，这时 Q_g 线为一平行于 T 轴的直线；所以 Q_g 线为一 S 形曲线，如图 25-2-33 所示。

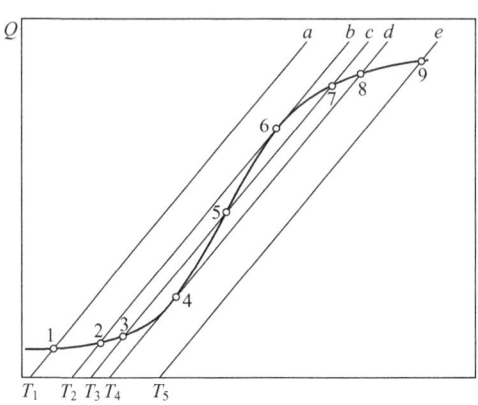

图 25-2-33　进料温度变化时操作状态的变化

当反应物的进料温度为 T_0，冷却介质温度为 T_c 时，反应器的移热速率为：

$$Q_r = (1 + N)T - (T_0 + NT_c) \qquad (25\text{-}2\text{-}147)$$

可见移热速率与反应温度的关系为一直线，其斜率为 $1 + N$，截距为 $kBFl - (T_0 + NT_c)$，$N = \dfrac{h_f A}{G\rho C_p}$，为反应器传热能力和反应物流热容之比。不同进料温度下的移热线亦已标绘在图 25-2-33 中。

图 25-2-33 中发热线和移热线的交点即为定态操作点，即 $Q_g = Q_t$。由图可见，对简单反应，定态点数目最多为 3，最少为 1。图中直线 c 和 S 形曲线有三个交点，表示在相同的操作条件下，反应器可能处于不同的操作状态：可能在高温、高转化率下操作（点 7），也可能在低温、低转化率下操作（点 3），还可能在中温、中转化率下操作（点 5）。反应器究竟处于哪一操作状态，取决于它是如何达到这种操作条件的。

当进料温度为 T_1 时，移热线 a 与发热线相交于点 1，是该操作条件下唯一的定态点。如果逐渐提高进料温度，反应温度将沿 S 形曲线的下半支逐渐升高。当进料温度升高到 T_2，移热线和发热线的交点将多于一个，反应器进入多定态区。但由于此时进料温度是由低温逐步提高到 T_3 的，反应器的实际操作点仍在 S 形曲线的下部，即点 3。这种状况将持续到进料温度等于 T_4。待进料温度略微超过 T_4，反应器的状态会突跃到位于 S 形曲线上半支的点 8。注意这里说的突跃，并不是指反应器温度随时间变化的速率，而是指反应器入口温度有微小变化后，反应器操作达到定态之后（可能要经过很长时间）反应器内或出口的温度有很大变化。继续提高进料温度至 T_5，反应温度会逐渐升高至点 9。进料温度自 T_5 下行至 T_4，反应器又进入多态区。但由于此时进料温度是由高温逐渐下降到 T_3 的，反应器的实际操作点将在 S 形曲线的上部，即点 7。这种状况将持续到进料温度为 T_2。此时，若进料温度进一步下降，反应温度将自点 6 突然下跌至点 2。

上述进料温度和反应温度的关系标绘于图 25-2-34。可见反应温度随进料温度在 T_4 和 T_2 发生突跃。当进料温度在二者之间时，反应器存在多个定常态。在进料温度上升及下降的过程中，反应温度状态经历了 1-2-3-4-8-7-6-2-1 这一回路，此为温度滞后现象，是多态的一个重要特征。

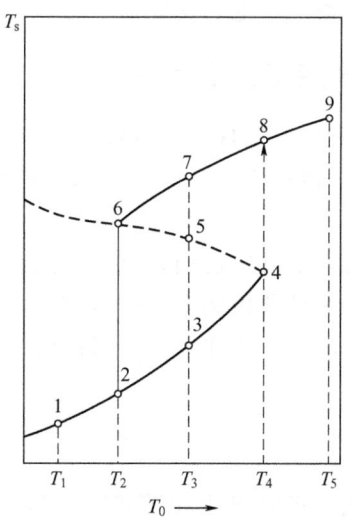

图 25-2-34 进料温度和反应温度的关系

2.5.1.2　全混流反应器的稳定性判据[34,35]

稳定性系指处于定常态系统的抗扰动的能力。处于某定常态的系统受到扰动（如温度扰动）后将偏离该定常态，扰动消失后系统若能恢复到原定常态，则称系统对该定常态是稳定的；反之，若系统不能恢复到原定常态，则称系统的该定常态是不稳定的。

图 25-2-33 中移热线 c 与 S 形曲线的三个交点 3、5、7 虽然均为定态点，但从稳定性

的角度考察，它们的性质是不同的。点 3 和点 7 是稳定的定态点。操作状态处于这两点的反应器受到扰动后，操作状态将偏离原定态点；扰动消失后，反应器会自动恢复到原定态点。定态点 5 是不稳定的，当在点 5 操作的反应器受到扰动而偏离点 5，在扰动消失后，反应器不能自动恢复到原定态点，其操作状态将下移至下定态点 3，或上移至上定态点 7。

通过分析定态点 3、5、7 的移热线斜率和发热线斜率的关系，移热线斜率大于发热线斜率是定态稳定的必要条件：

$$\left(\frac{\mathrm{d}Q_r}{\mathrm{d}T}\right)_s > \left(\frac{\mathrm{d}Q_g}{\mathrm{d}T}\right)_s \tag{25-2-148}$$

此仅为定态稳定的必要条件之一，称为斜率条件。将发热线方程式（25-2-145）和移热线方程式（25-2-146）代入，并利用热平衡条件，上式可表示为

$$\left[1-\frac{\tau}{C_{A0}}\left(\frac{\partial r_A}{\partial x_A}\right)_s\right](1+N) > \frac{\tau\Delta T_{ad}}{C_{A0}}\left(\frac{\partial r_A}{\partial T}\right)_s \tag{25-2-149}$$

定态稳定的另一个必要条件为动态条件。需借助扰动分析法才能发现，其表示式为：

$$\left[1-\frac{\tau}{C_{A0}}\left(\frac{\partial r_A}{\partial x_A}\right)_s\right]+1+N > \frac{\tau\Delta T_{ad}}{C_{A0}}\left(\frac{\partial r_A}{\partial T}\right)_s \tag{25-2-150}$$

斜率条件和动态条件一起构成了定态稳定的充分条件。

由式（25-2-149）和式（25-2-150）可见，对绝热反应器 $N=0$，所以当斜率条件满足时，动态条件必然满足。因此，斜率条件是绝热反应器定态稳定的充分必要条件。

2.5.2　单颗粒催化剂的多重定态和稳定性[9,36]

在固定床反应器中，由于颗粒之间的接触导热作用通常可忽略不计，因此单颗粒催化剂保持定态操作的条件是：催化剂颗粒表面上的反应放热速率等于颗粒向周围流体的传热速率。

当反应温度较低时，过程为化学反应控制，反应放热速率与温度的关系呈指数函数的形式。反应温度较高时，过程转化为扩散控制，放热速率基本上与温度无关，放热曲线趋于平坦。可见，放热速率随催化剂温度的变化亦为一 S 形曲线。催化剂颗粒与周围流体间的散热速率为

$$q_r = h_f a(T_a - T_b) \tag{25-2-151}$$

催化剂颗粒的散热线亦为一直线。将放热线和散热线一起标绘于图 25-2-35，两线的交点即为一定气相主体浓度和温度下催化剂颗粒的定态操作点。由图可见，对简单反应，在一定条件下，催化剂颗粒的放热线和散热线亦可以有三个交点，即催化剂可以有三个定态温度，如图 25-2-35 中的 T_A、T_B 和 T_C。此为催化剂颗粒的多重定态问题。低操作点 A 和高操作点 C 是稳定的，而中间的定态操作点 B 则是不稳定的。

如流体浓度和线速度一定，当流体温度自 T_{ex} 逐渐上升时，催化剂颗粒温度也将逐渐升高。当流体温度一旦超过 T_{ig}，催化剂颗粒温度会出现突跃而升至 T_{si}，此即催化剂颗粒的"着火"现象。这时的流体温度 T_{ig} 为催化剂颗粒的着火温度。对处于上操作点的催化剂颗

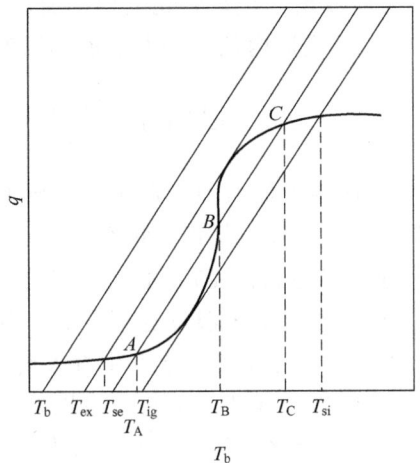

图 25-2-35 催化剂颗粒的多重定态

粒，当流体温度逐渐下降时，催化剂颗粒温度也将逐渐下降。当流体温度一旦低于 T_{ex}，催化剂颗粒温度将下跌至 T_{se}。此即催化剂颗粒的"熄火"现象，这时的流体温度 T_{ex} 为催化剂颗粒的熄火温度。

显然，熄火温度必低于着火温度。对一定的反应和催化剂颗粒，着火温度和熄火温度均仅为流体浓度和流速的函数，可以通过实验测定，也可由计算获得。

把考察的范围由一粒催化剂扩大到整个反应器，则可用上述分析来判别反应器的操作状态。当反应器内气体流速一定时，着火温度和气体浓度之间存在一一对应的关系。在以温度 T 为纵坐标、气体浓度 C 为横坐标的相平面图上可用一条曲线表示，如图 25-2-36 中的曲线 AB。同样，当气体流速一定时，熄火温度和气体浓度之间亦存在一一对应的关系，如图 25-2-36 中的曲线 $A'B'$ 所示。当气流主体的状态（T，C）在 AB 线以上的区域时，与之接触的催化剂颗粒一定处于着火状态。当气流主体的状态在 $A'B'$ 线以下区域时，与之接触的催化剂颗粒一定处于熄火状态。当气流主体的状态在着火线与熄火线之间时，催化剂颗粒处于哪一态由该催化剂原来所处的状态决定。对整个反应器而言，只要反应器内某一位置的催化剂（极限条件下为最后一排催化剂）处于着火状态，则其后的催化剂都将处于着火状态，该反应器处于着火状态。若反应器内所有的催化剂都处于熄火状态，则称该反应器处于熄火状态。

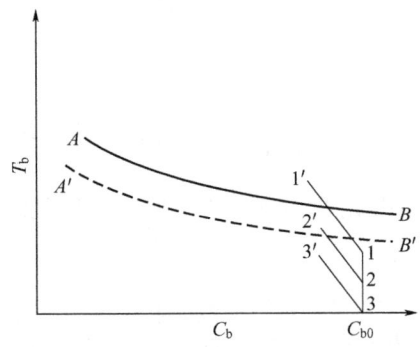

图 25-2-36 说明绝热固定床反应器多态的相平面图

　　在绝热固定床反应器内，反应放出的热量将完全用来加热反应物系自身。若反应器进口流体浓度为 C_{b0}，温度为 T_{b0}，则反应器内任一截面上流体温度和浓度的关系为

$$T_b = T_{b0} + \Delta T_{ad}\left(1 - \frac{C_b}{C_{b0}}\right) \qquad (25\text{-}2\text{-}152)$$

将式(25-2-152)标绘在 $T\text{-}C$ 相平面图上显然为一直线，为绝热反应器的操作线。

　　利用着火线、熄火线和操作线，可以方便地分析绝热固定床反应器的操作状态。设一催化剂全部处于低态的反应器的进口状态为图 25-2-36 中的点 2，即进口浓度为 C_{b0}，进口温度为 T_2。随着反应的进行，浓度逐渐降低，温度逐渐升高，到反应器出口处气体状态为点 $2'$。由于点 $2'$ 在着火线以下，所以该反应器内不会发生着火现象。如将反应器的进口温度提高到 T_1，则反应器内气体状态将沿操作线 1-$1'$ 变化，可以发现经过一定长度的催化剂床层后，操作线将和着火线相交。该处的催化剂颗粒将发生着火，而且该点以后的催化剂颗粒都将处于着火态。再将反应器的进口温度降低至 T_2，由于点 $2'$ 在熄火线以上，所以反应器仍将处于着火状态。对存在多重定态的固定床反应器，若将进口温度和出口温度相标绘，也会发现前面提到过的温度滞后现象。如将反应器的进口温度进一步降低至 T_3，由于反应器的出口状态点 $3'$ 已处于熄火线以下，反应器将熄火。

2.5.3　列管式固定床反应器的稳定条件[37,38]

　　列管式固定床反应器中进行的放热反应，在传热方面也必须同时满足热平衡和热稳定条件。这类反应器的传热主要在径向进行，其热量衡算方程可写为

$$\lambda_{er}\left(\frac{d^2 T}{dr^2} + \frac{1}{r}\frac{dT}{dr}\right) = -k_0 e^{-E/(RT)} C_A^2 (-\Delta H) \qquad (25\text{-}2\text{-}153)$$

式中，λ_{er} 为径向有效热导率，$kJ \cdot m^{-1} \cdot s^{-1} \cdot K^{-1}$。边界条件为：

$$r = 0, \quad \frac{dT}{dr} = 0$$

$$r = R_0, \quad T = T_w \qquad (25\text{-}2\text{-}154)$$

将上述方程无量纲化，可发现无量纲温度

$$\theta = \frac{T - T_c}{T_c}\frac{E}{RT_c} \qquad (25\text{-}2\text{-}155)$$

的分布仅由无量纲参数 δ 决定：

$$\delta = (-\Delta H)\frac{E}{RT_w^2 \lambda_{er}} k_0 e^{-E/(RT_w)} R_0^2 \qquad (25\text{-}2\text{-}156)$$

$\delta_{er} = 2.0$ 是稳定的临界条件。由此及由式(25-2-156)可以得到列管反应器的最大允许管径为：

$$R_{max} = \sqrt{\frac{2\lambda_{er}RT_w{}^2}{(-\Delta H)k_0 e^{-E/(RT)}E}} \qquad (25\text{-}2\text{-}157)$$

此外，当 $\delta_{cr} = 2.0$ 时还可解得 $\theta_{max} = 1.37$，即径向最大温差为：

$$(T - T_w)_{max} = 1.37 \frac{RT_w^2}{E} \qquad (25\text{-}2\text{-}158)$$

式(25-2-157)和式(25-2-158)是稳定条件对列管式反应器管径和径向温差的限制。进行强放热反应的列管式反应器都必须采用很小的管径以保证传热面以及使用高温载热体作为冷却介质以限制温差,其原因就是为了满足热稳定性条件。

列管反应器中某一局部的不稳定可能会造成整个反应器的不稳定,也可能随主体流动将不稳定因素排除,使反应器仍恢复原来的操作状态。这取决于反应器中热反馈的大小。

常见的热反馈机理有:自热式反应器中进出口物料之间传热,循环反应器中循环物流带入的热量,返混,固体颗粒间沿轴向的热传导及通过反应器壁的轴向热传导等。

自热式反应器中进出口物料之间的传热和循环反应器中循环物流带入的热量往往会造成相当大的热反馈,引起反应器稳定性问题。这类反应器为达到有意义的转化率,通常选择在高定态点操作;但设计或操作的不当都可能造成反应器操作处于低定态点。

固体催化剂的有效导热性通常很差,因此催化剂床层的热传导引起的热反馈通常是不重要的。实验室反应器壁轴向热传导引起的热反馈对产生多重定态可能起重要作用。在丁烯氧化脱氢的实验室研究中,曾观察到由此引起的多态现象,但在工业反应器中,器壁轴向热传导的影响大为减小,其行为与实验室反应器有重大差异[39],必须在放大中予以注意。

返混对管式反应器出现多重定态的影响已用扩散模型进行了广泛的研究[30]。图 25-2-37 为用扩散模型求解不同返混时反应器的出口温度。当返混较小时,只有唯一的稳定解,当返混程度大于一定数值时,出口温度出现多解,且其中有一个解是不稳定的,即只有当热反馈大于一定程度时才可能出现反应器的整体不稳定。反应器可能出现多态的返混程度临界值取决于反应热效应、活化能和操作条件。计算表明,工业管式反应器(包括固定床反应器)的返混程度通常远小于其临界值。例如,合成甲醇反应器当 $Pe = \dfrac{uL}{D_e}$ 小于 30 时会引起多态,而实际反应器的 Pe 数大于 600;乙烯氧化反应器 Pe 数小于 200 时会引起多态,实际反应器的 Pe 数大于 2500。因此,除少数薄床层的固定床反应器可能因返混引起多态外,大多数管式反应器和固定床反应器的返混都不致引起不稳定。

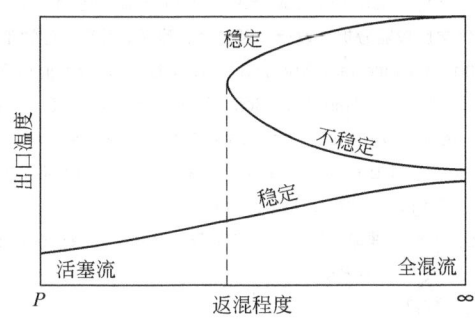

图 25-2-37 反应器出口温度和返混程度的关系

参考文献

[1] 李绍芬. 化学与催化反应工程. 北京:化学工业出版社,1986:60.

［2］ Aris R. Introduction to the Analysis of Chemical Reactors. Englwood Cliffs: Prentice-Hall, 1965: 314.

［3］ Cooper R, Jeffreys G V. Chemical Kinetics and Reactor Design. Englwood Cliffs: Prentice-Hall, 1971: 129.

［4］ Biesenberger J A, Sebastian D H. Principles of Polymerization Engineering, Chapter 3. New York: John Wiley & Sons, Inc. 1983: 256-368.

［5］ Dotson N A, Galvan R, Laurence R L, et al. Polymerization Process Modeling, Chapter 6. New York: VCH Publishers, Inc. 1996: 259-303.

［6］ Denbigh K G, Turner J C R. 化学反应器理论——导论. 第 2 版. 顾其威, 等译. 北京: 化学工业出版社, 1980.

［7］ Westerterp K R, Van Swaaij W P M. Chemical Reactor Design and Operation. 2nd Edition. New York: John Wiley & Sons, Inc. 1991.

［8］ Levenspiel O. Chemical Reaction Engineering. 3rd ed. New York: Wiley, 1998.

［9］ 陈甘棠, 等. 化学反应工程. 第 3 版. 北京: 化学工业出版社, 2007.

［10］ 陈敏恒, 翁元恒. 化学反应工程基本原理. 第 2 版. 北京: 化学工业出版社, 1986.

［11］ Froment G F, Bischoff K B, Wilde J D. Chemical Reactor Analysis and Design. 3rd Ed. New York: John Wiley & Sons Inc, 2011.

［12］ Seinfeld J H, Lapidus L. 化工过程数学模型理论∥第六章. 赵维彭, 等译. 南京: 江苏科学技术出版社, 1981.

［13］ Hongen J O. Experiences and Experiments with Process Dynamics, CEP Monograph Ser. No. 4（1964）.

［14］ Perry R H, Green D W. Perry's Chemical Engineering Hangbook, Section 23. 7th Ed. New York: McGraw-Hill Companies Inc, 1997.

［15］ Wen C Y, Fan L T. Models for Flow Systems and Chemical Reactors. New York: Marcel Dekker, 1975.

［16］ Cooper R, Jeffreys G V. Chemical Kinetics and Reactor Design. Englwood Cliffs: Prentice-Hall, 1971: 266.

［17］ Danckwerts P V. Chem Eng Sci, 1953, 2: 1-13.

［18］ Danckwerts P V. Chem Eng Sci, 1958, 8: 93-102.

［19］ 陈敏恒, 袁渭康. 工业反应过程的开发方法. 北京: 化学工业出版社, 1985: 30.

［20］ Carberry J J. Chemical and Catalytic Reaction Engineering. New York: McGraw Hill, 1976: 194-244.

［21］ Cassiere G, Carberry J J. Chem Eng Educ, 1973, 7（1）: 22-26.

［22］ Thiele E W. Ind & Eng Chem, 1939, 31（1）: 916-920.

［23］ Aris R. Chem Eng Sci, 1957, 50（6）: 262-268.

［24］ Weisz P B, Hicks J S. Chem Eng Sci, 1962, 17（4）: 265-275.

［25］ Wheeler A. Adv Catal, 1951, 3（6）: 249-327.

［26］ O 列文斯比尔. 化学反应器. 郑运扬, 赵永丰, 等译. 北京: 烃加工出版社, 1988: 251-318.

［27］ Wen C Y. Ind & Eng Chem, 1968, 60（9）: 34-54.

［28］ Hinze J O. Turbulence. 2nd Ed. New York: McGraw-Hill, 1975.

［29］ Brodkey R S. Turbulence in Mixing Operation. New York: Academic Press Inc, 1975.

［30］ Froment G F, Bischoff K B. 化学反应器分析与设计. 邹仁鋆, 等译. 北京: 化学工业出版社, 1985: 653.

［31］ Bourne J R. Proced of The 8th International Symposium on Chemical Reaction Engineering. Edinburgh: 1984: 797.

［32］ Nagasubramanian K, Graessley W W. Chem Eng Sci, 1970, 25（10）: 1549-1558.

［33］ Aris R. Elementary Chemical Reactor Analysis. Englwood Cliffs: Prentice-Hall, 1969.

［34］ Perlmutter D D. Stability of Chemical Reactor. Englwood Cliffs: Prentice-Hall, 1972.

［35］ Gilles E D, Hofmann H. Chem Eng Sci, 1961, 15（3-4）: 328-331.

［36］ Lapidus L, Amundso N R. 化学反应器理论∥第四章. 周佩正, 等译. 北京: 石油工业出版社, 1984.

［37］ 朱葆琳, 王学松. 化工学报, 1957（1）: 51-88.

［38］ 陈敏恒. 化学世界, 1965（2）: 81-83.

［39］ 戴迎春, 陈良恒, 袁渭康. Chem Eng Sci, 1991, 46（7）: 1679-1684.

3

化学反应器概述

    化学反应器为在其中实现一个或几个化学反应，并使反应物通过化学反应转变为反应产物的装置。反应器主要用于从反应原料制备目的产物。此处的定义不包括主要用于其他目的的反应系统，如主要为产生能量者。

    化学反应器是过程工业（包括石油炼制，金属冶炼，化学、生物和相关工业等）的核心设备。通常反应器的上游和下游会有一些其他工业装置相配合以构成整个流程。这些装置用物理方法实现反应原料和产物的分离和传热。整体的考虑以体现系统的合理性为必要。化学反应器亦用于处理工业废液、废气以减少污染。

3.1 化学反应器分类

    由于化学反应种类繁多，性质各异。化学反应器的一个特点是具有相差甚远的构型和尺寸，如窑炉、锅炉、釜、塔、混合器、高炉、回转窑，甚至简单的管子。实现化学反应为其共同点，但特殊性的考虑十分重要。虽难以获得统一的分类方法，但可从影响反应的几个最重要方面大致区分。

3.1.1 按反应器中的物相分类

    这是最显而易见的分类法。可分为单（均）相和多（复）相。后者亦称非均相。单相可为单一气相或单一液相。多相可分为气-液（G-L）相，液-液（L-L）相，气-固（G-S）相，液-固（L-S）相和气-液-固（G-L-S）相。也可有两种以上流体相和固相的反应。固体相之间反应通常通过一种流体相中介进行，也属上述系统之一。在各呈现于反应器的物相中，可有反应物和催化剂，如气-固反应，固体相可为催化剂，进行气相催化反应；也可为反应物，进行固相反应。多相反应尚包括反应物为均相，但生成的产物为另一相，或反应物为多相，形成均相产物者。

3.1.2 按操作方式分类

    反应器可分为间歇操作，连续操作和半连续（或半间歇）操作。间歇反应器系一次加入反应物，反应器为一封闭系统，待反应结束后排出反应产物。反之，反应物系连续加入连续操作反应器中，产物连续排出，为一开放系统。半连续操作介于二者之间：一种反应物一次加入反应器，其他反应物连续加入，直至反应结束或反应器充满，则停止操作排出产物。间歇和半连续为在非定态条件下操作，连续则为一种定态操作。非定态操作还包括强制的浓度振荡操作和强制的流向交换操作，以适应特殊的要求。

3.1.3　按物料流动状态分类

连续反应器的流动状态（如返混）影响反应器中反应物的浓度分布和温度分布，也影响反应物通过反应器的停留时间分布，对反应结果有重要效应。活塞流型和全混流型为返混量为零和为无穷大这两种极限。实际工业反应器中物料流型只可能趋近前者（统称管式反应器）或后者（统称搅拌釜式反应器或釜式反应器），不可能完全一致。应根据反应特征选择反应器的流动形态。为了限制返混，且同时具有较大的反应体积，可以采用多级串联搅拌釜式反应器。表 25-3-1 为不同类型反应器在工业生产中的应用[1]。

表 25-3-1　不同类型反应器在工业生产中的应用

存在的物相	操作方式			
	间歇	连续		
		管式	多级釜式	釜式
单相				
G	少用或不用	常用(裂解炉)	少用或不用	少用或不用
L	常用(溶液聚合)	较常用	较常用	常用(溶液聚合)
多相				
G-L	较常用(发酵罐)	常用(填料塔)	较常用(板式塔)	常用(搅拌釜鼓泡塔)
L-L	较常用(搅拌釜)	较常用	较常用(筛板塔)	较常用(搅拌釜)
G-S	少用或不用	常用(固定床,移动床,回转炉)	较常用(多层流化床)	常用(流化床,提升管)
L-S	较常用(搅拌釜)	较常用(固定床,移动床)	较常用(多层流化床)	较常用(流化床)
G-L-S		常用(涓流床,高炉)	较常用	常用(浆料反应器)

3.1.4　按传热特征分类

化学反应不可避免地伴有热效应。无热交换的反应器为绝热反应器，该类反应器内的温度分布与反应物的转化程度和热效应等因素直接有关。热交换能力极强（或热效应可以忽略的）以致可视为等温的反应器为等温反应器。工业上常见的为非等温、非绝热反应器，有一定的换热能力，既不属于绝热型，也不属于等温型。

如上述分类以外，尚可按物料的流向（并流或逆流）等其他特点分类。

各类反应器适用于不同反应。间歇反应器操作灵活，适合于多品种生产，产量小，反应时间长的情形，但操作控制不便，产品质量不易稳定。连续反应器适用于大生产量品种。管式反应器由于体积限制，适用于快反应；较慢反应由于其对停留时间的要求，常考虑釜式。

3.2　反应器内的浓度和温度特征

化学反应器的功能是提供一个合适的环境，使所需实现的化学反应得以顺利进行，以生产目的产物。但反应器内各处存在各种不均匀性，即使对单相系统也不例外。对于一个特定的反应，其速率和选择性取决于反应场所的浓度和温度，后两者则取决于反应系统提供的流动、传热和传质条件。以固体催化反应为例，反应只在催化剂表面进行，除反应特征外，表面的浓度和温度取决于外扩散和传热条件等物理因素。一个良好的反应系统应能提供适合于一个特定化学反应的浓度和温度条件。所谓浓度和温度条件，应从三种尺度来观察：反应器（宏观）尺度，分散相（颗粒液滴、气泡等）尺度和分子（微观）尺度。

3.2.1 反应器内的返混和反应物的宏观浓度

返混是控制反应器内反应物浓度的主要手段。仅从提高反应速率、提高单程转化率而言，应减少返混，维持尽可能高的反应物宏观浓度（除极少量负级数反应外），管式反应器是有利的。管式反应器的限制是，对于一定的反应器体积要求，管长可能过长，流动阻力可能过大。在工业中对于有些反应（如主反应级数低于副反应者），返混是一有利因素。从传热来考虑，返混有利于减少反应器内的温差。间歇反应器不存在返混问题，其浓度随时间的变化相当于一个活塞流型反应器中浓度随器长的变化。图 25-3-1 表示了几种简单反应器的操作[2]。显然釜式反应釜内反应物浓度最低。控制反应物浓度使之有利于反应的一种有效途径为采用多级串联。另一种途径则为半连续操作，如图 25-3-2(a) 所示。这一操作方式有利于需要维持反应物 A 高浓度，反应物 B 低浓度的系统。如为连续管式和多釜串联，则可采用反应物 B 多处进料的方案 ［图 25-3-2(b) 和 (c)］。此外，尚有多种控制反应物宏观浓度的方案，如反应物器外循环等。当然在循环过程中通常伴有换热或反应产物的分离以控制浓度和温度使之有利于反应过程的目标。

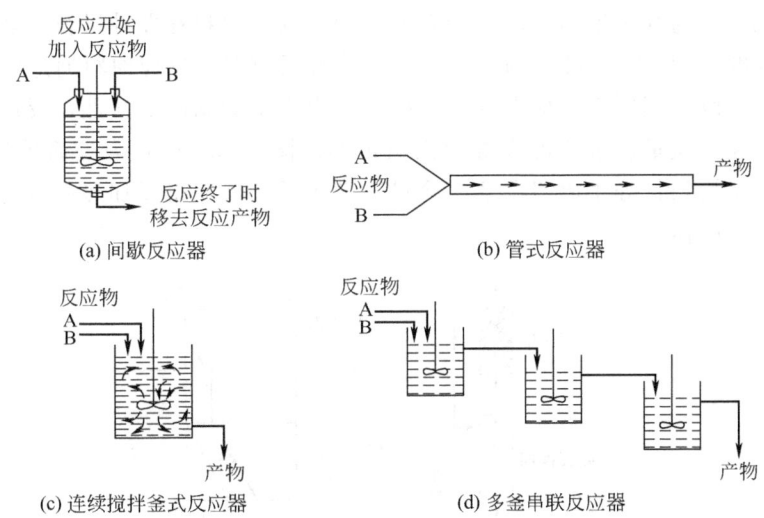

图 25-3-1 反应器的几种基本型式

3.2.2 宏观温度

对多数反应，温度对反应结果的影响甚于浓度的影响。绝热式反应器内宏观温度仅由返混决定：绝热釜式反应器内温度均匀，等于出口温度，绝热管式则呈渐升或渐降（视反应热效应而定）。非绝热、非等温反应器内的温度分布由反应器换热能力决定。换热对于管式反应器，由于各处的反应热效应不同，可能在反应器中部出现温度的极值（最高温度或最低温度）[3]。

为了充分利用一些放热反应的反应热，可以设计自热式反应器，以利用反应释放的热量来加热反应原料使之达到所需的温度。图 25-3-3 为自热式反应器的几个例子及其温度分

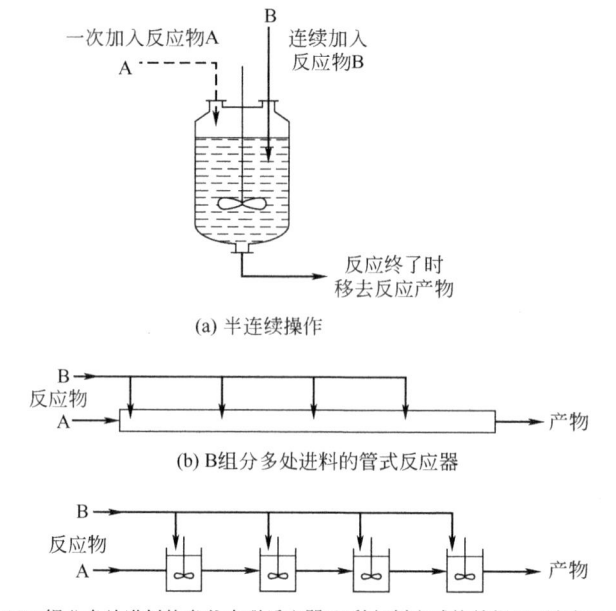

图 25-3-2　反应物的不同加入方式以控制浓度

布[2]。图 25-3-3(a) 为利用绝热反应器的高温产物和低温原料在器外进行换热，使反应原料达到所需反应温度。图 25-3-3(b) 为一自热式多管式反应器，反应原料通过管间与反应管内的高温物料换热，以达到所需反应温度，并控制管内物系的温度。显然，反应管内的温度控制是由管长、管径、流量、进口温度等因素决定的。图 25-3-3(c) 为一简单的釜式反应器，由于全混而使温度均匀且等于出口温度，冷料一进入反应器就得以加热而进行反应，也可认为是一种自热式反应器。

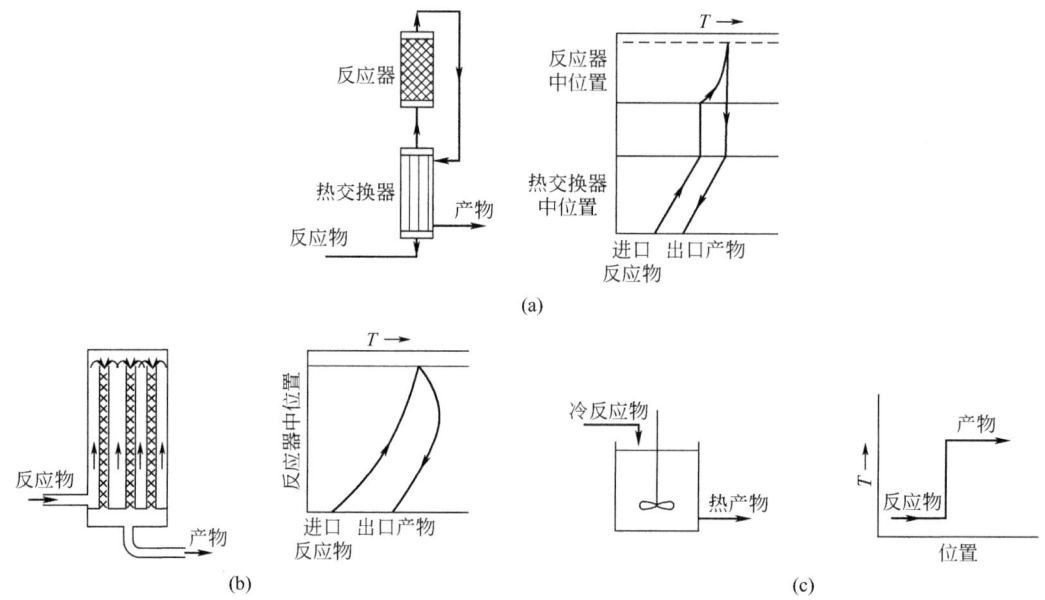

图 25-3-3　自热式反应器的几种型式

另一类用以控制反应器内宏观温度的是多段（或多级、多层）、段间换热式反应器，多用于实现可逆反应。为了提高可逆放热反应的转化率，通常需要控制物料温度使之实现反应速率和化学平衡之间的优化关系。图 25-3-4(a) 和 (b) 为两种段间换热的例子。图 25-3-4 (a) 为通过间壁换热降低（或提高）第一段绝热反应器出口物料的温度，然后进入第二段。图 25-3-4(b) 为通过直接引入冷料（或热料），与第一段出口物料混合后达到一定温度再进入第二段。图 25-3-4(c) 简单地解释了段间间壁换热的反应过程。进口温度为 T_0 的反应物在第一段绝热反应器中转化使温度提高到 T_1，经过换热温度降至 T_2，通过第二段绝热反应器再行反应以提高转化率，温度相应升至 T_3。

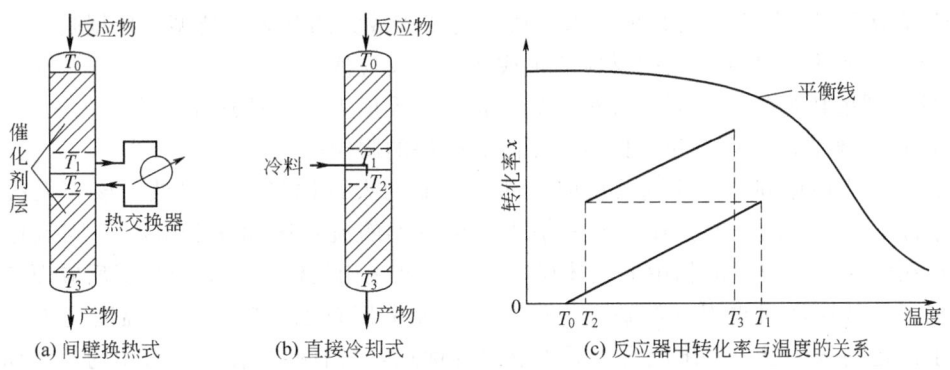

图 25-3-4　有段间换热功能的绝热反应器

3.2.3　分散相的传质和传热

多相反应器中反应多在分散相（液滴，颗粒）进行，相内外存在一定的浓度和温度分布。反应器设计应能控制分散相的尺度和流动状态使之对反应有利。分散相内外部扩散影响显著时可减小分散相尺度，如通过加强搅拌、增加流速等手段，对于固体物料则可用较细颗粒。一些特殊的传递问题，如气固流化床中出现气泡相和乳化相之间的传递也可通过床结构和气体流动予以改善。气泡和液滴是可破碎和可凝并的。破碎和凝并的程度与反应器构型和流动条件有关，也是导致传质和传热的一个因素。

反应器中分散相的含量和分散状态一般用下列指标表达：空隙率 ε 表示气液或气固系统中气相占有的反应体积比率；颗粒、气泡或液滴的直径 d_p 衡量分散相的尺度；比表面积 a，即单位反应器体积所包含的分散相表面积，是一个综合的指标，它与传质系数 k_L 在一起构成一个重要的传质能力指标 k_La，在气液和液液反应系统中常用。

3.2.4　预混合

即使在单相系统中也可能存在浓度或温度的不均匀性，虽然这种不均匀性用肉眼观察不到。当互溶的 A 和 B 两种流体混合时，流体流动只能将 A、B 两种流体微团的尺度减小到一定程度，进一步的混合则必须通过分子的扩散。微团尺度的混合与离析虽不影响物料在反应器中的停留时间分布，但却对反应结果产生影响。为了促使 A 和 B 分子的接触和反应，预混合是一种有效手段。预混合器置于主反应器的上游，一般是一个小体积、高湍流的装置，目的是通过增加湍流强度以降低湍流尺度，以便在较短时间内降低离析程度。

3.2.5 反应系统

反应器很少单独运行，一般伴有传热和分离装置，形成一个互为联系的系统。工业生产中可以通过分离装置移去某一组分，如可逆反应的反应产物，建立对反应有利的浓度条件。分离装置可以单独设置，也可以与反应器结合，如膜反应器、催化精馏器等。

3.3　化学反应器的特性及比较

化学反应器型式繁多，合理的选型是成功的工程放大的基础。选型的依据是：

① 反应的动力学特征，主副反应的生成途径，反应速率等；

② 反应器的传递特征，返混大小，流动状态，界面大小，换热能力等；

③ 过程的要求，转化率和选择性，压降和能耗的限制等。

表 25-3-2 为使用固体催化剂的反应器部分性能的大致比较[1]。显然，该表无法包括一些特定条件下反应器的性能。作为两种最主要反应器的流化床和固定床，气-固流化床有返混大，存在气泡相，使气泡相中的气体反应不全，乳化相气体又可能因过度反应而产生副产物，催化剂易破损且回收困难等缺点。但它有可能采用较细颗粒，床层温度均匀，易于换热，便于催化剂从床层中移出经再生后再返回等优点，对有些过程是很适用的。例如，一些强放热过程，一些对转化率的要求并不很苛刻的过程，一些催化剂需要连续再生的过程比较适用。固定床反应器返混小，流型适于要求转化率高的过程，但温度不易均匀，由于参数敏感性等问题而需要采用熔盐等高温热载体。两者之间的利弊得失需按实际情况全面衡量确定。应该注意到，这些优缺点是相对的，流化床的气泡存在，对于快反应，无疑是增加了另一层传质障碍，但对慢反应，这种阻力是不重要的。各取所长进行组合也是可能的，如在低转化率和放热量大时采用流化床，然后为了获得高转化率而采用固定床，那时放热量较小，温控较易。表 25-3-3 为几种反应器的大致适用性。

表 25-3-2　固体催化剂的反应器技术性能比较

反应器类型 性能比较	固定床				移动床	悬浮催化剂		
	绝热		多管		绝热	流化床		提升管
	G	G-L	G	G-L	G	G	G-L	G
提供的催化剂可再生性能	较好	较好	较差	较差	好	好	好	好
浓度分布	好	较好	好	较好	好	差	差	好
温度控制	差	差	较差	较差	差	较好	好	较好
催化剂-产物分离性	好	好	好	好	较好	较差	较差	差
催化剂替换性	差	差	差	差	较好	较好	较好	较好
压降	较低	较高	较低	较高	较低	较低	较高	较低
传热介质要求	—	—	高	较高	—	较低	较低	较低

表 25-3-3　不同条件下固体催化反应器的适用性

反应器类型	操作方式				热交换		流体相	
	间歇	连续			无(绝热)	有	一个流体相 G 或 L	两个流体相 G-L
		管式	全混式	多段式				
固定床	少用	很常用	少用	很常用	很常用	很常用	G 很常用 L 少用	很常用
移动床	不适用	少用	不适用	不适用	常用	少用	G 常用 L 少用	少用
流化床	不适用	不适用	常用	少用	常用	很常用	G 很常用 L 少用	常用
提升式	不适用	常用	不适用	不适用	常用	少用	G 带用 L 少用	少用

另一类为数众多的反应器为气液反应器。各类气泡反应器在气液界面大小，液存量等方面可有极大出入。选用的主要原则是，快反应应选用大界面反应器如喷洒塔、喷射器（如文氏洗涤器等），慢反应选用大液存量反应器，如鼓泡塔、搅拌釜等。表 25-3-4 表示了这类反应器的大致适用性。

表 25-3-4　气液反应器的适用性

反应器	鼓泡塔	有气相循环的鼓泡塔	搅拌釜	浮阀塔	筛板塔	填料塔	喷射器	喷洒塔
快反应	不适用	不适用	可用	可用	可用	适用	适用	适用
慢反应	适用	适用	可用	可用	可用	不适用	不适用	不适用
高处理量	适用	可用	不适用	适用	适用	适用	适用	适用
高气相转化率	不适用	可用	可用	适用	适用	适用	可用	可用
高液相转化率	不适用	不适用	适用	适用	适用	适用	不适用	不适用
低压降	可用	可用	可用	可用	适用	适用	适用	适用

3.4　化学反应器的开发

化学反应器的开发，大致可以遵循图 25-3-5 所示的程序[4]。首先应尽可能收集被开发反应系统的文献报道，已有的实验室试验资料（如催化剂制备和性能测试等），以及已有的可供参考的其他材料，以便对该反应过程的特征有尽可能多的了解，并尽可能从这些材料中作出一些初步判断，构思初步的反应器构型，做出开发工作的初步决策[4,5]。通常，做到这一步还须配合预实验，视开发工作的经验和反应过程的复杂性而异。预实验的目的为进一步揭示反应过程的特征，为决策提供依据。在反应器构型的基础上，或可通过过程的分解和简化，构造反应过程的数学模型，用实验检验模型的合理性，并进行模型参数的估计；或可通过确定开发放大判据，并用实验筛选这些判据，按筛选的判据进行放大。然后或由中试检验开发放大的可靠性，再进一步放大。当然如对该过程的放大已有较大把握，也可不经中试直接放大。反应器的开发放大工作除需保证开发质量和可靠性外，尚要求开发周期短、耗费低。减少中试层次十分重要。一个十分重要的观点是，开发工作完全不同于研究工作。开发

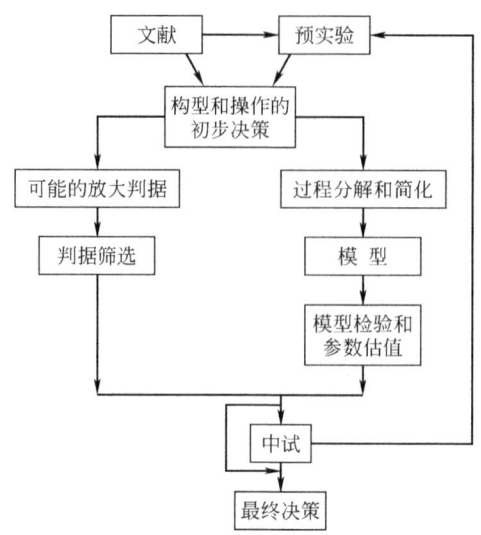

图 25-3-5   化学反应器开发程序示意

工作不应是研究一般规律，而是应该揭示和利用过程的特殊性质以实现反应器的工业化。所规划的开发实验和反应过程模型应尽可能直观和简单。

3.4.1   预实验

预实验（认识实验，析因实验和鉴别实验等[4]）主要是为了定性地揭示反应过程的特征，诸如是否存在副反应，副产物主要是由串联反应产生还是由平行反应产生，温度的影响程度，几个反应的活化能相对大小及为了提高目的产物的选择性，哪一种反应物应该过量，等等。了解了这些特征，就可以构思反应器构型，反应器操作和控制，以及放大的途径。

预实验涉及多种技巧。基于开发这一有限的目标，预实验可在最简单可行的装置中进行。可经常利用实验等效性[4]的观念，如要考察返混对一个串联反应 A $\xrightarrow{B}$ P $\xrightarrow{B}$ Q 的影响，P 为目的产物，Q 为副产物。在实验室小型反应器中很难做到不同返混程度。可以人为地改变 P 的浓度，其效应与改变返混相同。

3.4.2   敏感性分析

指与反应过程有关的各种变量（如温度、浓度、线速、冷却介质温度等）和参数（如有效扩散系数，有效热导率等)[6]对反应结果的敏感性。对于不敏感的量，在实验中可以不予考虑，从而减少开发实验工作量；在设计中选择变量在不敏感区操作[4]，则操作波动的影响可以减小。

敏感性可以通过模拟计算或鉴别实验进行分析。对于反应控制的过程，传质的影响可以不计，则相接触界面面积和传质系数遂为次要因素；反之，对于传质控制的过程，动力学测定的重要性退居次要。要提高反应速率，首先应改善传质条件。可以根据文献的报道进行模拟计算以判断参变量的敏感性。由于并不确切了解待开发过程的一些参数值，可以在合理的范围内进行假设，如参考文献报道的类似过程参数高值和低值，并假定本待开发过程的参数在这两个极端值之间，视其对待考察量的效应以确定其是否敏感[7]。也可以根据实验鉴别以判断参数的敏感性。就某一操作变量在一定范围内变化，视其对待考察量的效应以确定其是否敏感。因此，敏感性分析也即主次影响因素的分析；择其主要者，弃其次要者，是开发的要旨。

3.4.3　过程分解和简化，过程模型和模拟

过程分解最通常地被理解为空间或时间上的分解。在反应工程中则经常着眼于物理过程与化学过程的分解，使影响因素的作周界限更为清晰。图 25-3-6 是分解的直观显示，也表明影响的走向[4]。它的含义是，反应过程问题可被分解为两个部分：左边部分属工程因素，包括反应器中的流动，传热和传质特征，各种操作方式特征等；右边部分则是反应规律，它是物系的反应特征，与反应器型式及操作等无关。

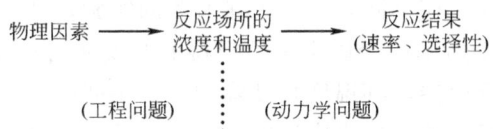

图 25-3-6　物理因素和化学因素的分解：物理因素必然通过
影响浓度和温度才对反应结果产生影响

简化是一种必要的技巧，是将实际过程定量化的必要手段。简化时除了基于对反应过程本身的理解外，还应充分利用工程实际赋予的特殊性。工程问题的特殊性系指本待开发过程的一些工程约束，如一定的温度、压力范围、一定的浓度配比条件等。在一定的约束（范围）内，一般意义上的非线性问题很有可能被近似为一个线性问题，十分便于处理[8]。

完全依赖数学模型法开发工业反应器的实例仅见于一些简单过程。原因是模型可能因过分简化而失真，也含有多个参数，这些参数的准确估计不易实现。但是，利用数学模型方法表示反应过程的一些定量关系是很有效的。特别是经过分解和简化，模型可非常简单实用。它们也可用于过程优化[8]。

在开发过程中应尽可能利用模型方法和过程的计算机模拟，以部分地代替实验工作，虽然有时模拟的结果直接用于过程放大还存在问题。利用事前模拟[4]，即实验工作前的计算机模拟以分析各个因素的敏感性，十分有助于实验的有效规划和加速开发过程。

3.4.4　放大判据

从图 25-3-5 可以看出，在作出反应器构型和操作的初步决策以后，放大工作可以通过两个不同的途径开展：模型和判据。当然，这并不意味着两者的截然割裂。如果能简化过程，设法获得一些定量关系，则主要可沿模型方法进行。如过程过于复杂，简化模型实际上并不可能，则应遵循另一途径，寻找放大判据，用实验进行判据筛选，再确定该少数判据的适宜范围进行放大。判据体现了多种影响因素模糊综合的结果。如一个连续液-液相聚合反应器的预反应器，需强烈搅拌以保证产物质量。预反应器的放大判据可为搅拌 Re，单位体积输入功率，搅拌端点线速等。可通过不同尺寸搅拌实验以筛选可用的放大判据进行放大。

3.4.5　冷模试验

冷模试验是反应器放大的重要环节。反应特征不随反应器尺寸而变。因此揭示反应特征的实验理应只需在小型反应器内进行。流动和传质等传递过程特征则随反应器尺寸而异，其影响应在较大规模上考察，以尽可能接近工业实际。这种冷模试验（无反应条件下的试验）

一般在较大规模下实现，且用模拟物料（如空气，水，砂石等）以节省费用，减少污染。原则上说，将"热态"小试（有真实反应）所得的反应特征和冷模试验所得传递特征通过计算机综合，即可得到反应器放大的依据。

在实用上，并非所有过程皆能按这一分解和综合的程序完成开发。常见的情形是，就冷模对单项的传递特征进行考察并获得局部意义上的结果，例如，使进入固定床反应器的气体得以均布，且流体阻力较小的气体均布器[9]。另外则是通过小试确定在一定温度和气速下的所需床高。其结合则可形成一项较完整的开发技术。

3.4.6   开发实验规划

与探索一般规律的研究工作不同，开发工作所需的实验是针对特定过程的。实验规划的针对性十分重要。图 25-3-7 所示两个固定床反应器的开发实验说明这个观点。图 25-3-7(a)是一个设想中的大型绝热反应器，其温度是渐降的。取小截面床层单独构成一个小型绝热反应器，测定其反应特征，但必须保持小床温度分布与大反应器等同。图 25-3-7(c) 为实验室小型反应器示意，用多段温控保持反应器绝热，即管内外温差（近似）为零。以此来保证（近似）相等的温度分布，所得结果即可代表大型反应器的规律。

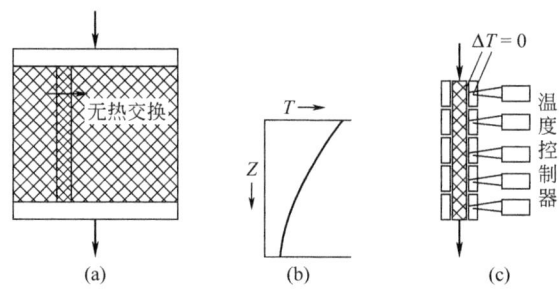

图 25-3-7　大型绝热反应器开发示意

图 25-3-8 为一大型多管固定床反应器。取多管反应器的一根管在同样条件下作单管热态实验，得到反应特征，剩下的就是单管和多管反应器在管外热载体流动和换热能力方面的差别。通过冷模试验研究多管反应器管外热载体的传递，即可得到反应器放大依据。

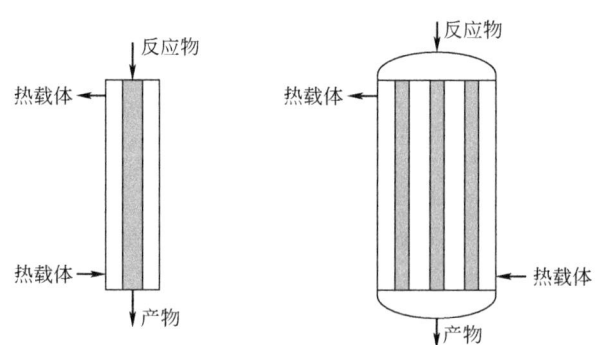

图 25-3-8　大型多管固定床反应器开发示意

可以看到，在反应器开发中，不论具体使用何种方法，均不能回避实验工作。实验规划决定着开发工作的质量。

参考文献

［1］ Trambouze P，Van Landeghem H，Wauquier J P. Chemical Reactors，Design，Engineering，Operation. Houston: Gulf Publishing Company，1988.

［2］ Coulson J M，Richardaon J F. Chemical Engineering，Vol 3. Oxford: Pergamon Press，1971.

［3］ Froment G F，Bischoff K B，Wilde J D. Chemical Reactor Analysis and Design. 3rd ed. New York: John Wiley & Sons Inc，2011.

［4］ 陈敏恒，袁渭康. 工业反应过程的开发方法. 北京: 化学工业出版社，1985.

［5］ Rose L M. Chemical Reactor Design in Practice. Amsterdam: Elsevier，1981.

［6］ Westerterp K R，Van Swaaij W P M. Chemical Reactor Design and Operation. 2nd ed. New York: John Wiley & Sons Inc，1991.

［7］ 戴迎春，陈良恒，袁渭康. Chem Eng Sci，1991，46（7）: 1679-1684.

［8］ 朱中南，贝亦民，陈敏恒. 化学反应工程与工艺，1985（Z1）: 120-132.

［9］ 吴民权，黄发瑞. 水动力学研究与进展，1991（1）: 130-136.

4

固定床反应器

4.1 概述

4.1.1 工业应用

固定床反应器是应用最广的工业反应器之一，主要用于进行气固相催化反应。表 25-4-1 列出了固定床反应器的若干重要工业应用，可见除催化剂需连续再生的过程（如粗柴油催化裂化）外，几乎所有工业上最重要的气固相催化反应都是在固定床反应器中进行的。在液固相催化反应以及气固或液固非催化反应过程中，固定床反应器也有应用。另外，移动床反应器和用于气液固三相反应的滴流床反应器也是特殊型式的固定床反应器。

表 25-4-1 固定床反应器的若干重要工业应用[1]

反应	催化剂	反应器型式	操作条件	操作周期/年	备注
1. 氨合成 $N_2 + 3H_2 \rightleftharpoons 2NH_3$	$Fe_3O_4\text{-}K_2O\text{-}Al_2O_3$	多段绝热	$450 \sim 550℃$ $20 \sim 50MPa$	$5 \sim 10$	
2. 烃类水蒸气转化 $C_nH_m + nH_2O \longrightarrow nCO + \left(\frac{m}{2}+n\right)H_2$	Ni	直接火加热列管式	$500 \sim 800℃$ 3MPa	$2 \sim 4$	
3. 一氧化碳变换 $CO + H_2O \rightleftharpoons CO_2 + H_2$	$CuO\text{-}ZnO$ $Fe_2O_3\text{-}Cr_2O_3$	绝热	$200 \sim 250℃$ 3MPa $350 \sim 500℃$ 3MPa	$2 \sim 6$ $2 \sim 4$	
4. 二氧化硫氧化 $2SO_2 + O_2 \rightleftharpoons 2SO_3$	$V_2O_5\text{-}K_2O$	多段绝热	$420 \sim 600℃$ 0.1MPa	$5 \sim 10$	
5. 甲醇合成 $CO + 2H_2 \rightleftharpoons CH_3OH$	$CuO\text{-}ZnO\text{-}Cr_2O_3$	多段绝热，列管	$200 \sim 300℃$ 3MPa	$2 \sim 8$	
6. 乙苯合成 ⬡ $+ C_2H_4 \longrightarrow$ ⬡C_2H_5	ZSM5 分子筛	多段绝热	$350 \sim 450℃$ $1.7 \sim 2MPa$	$1/8 \sim 1/4$	
7. 乙苯脱氢 ⬡$\longrightarrow$ ⬡ $+ H_2$	$Fe_2O_3\text{-}K_2O\text{-}Cr_2O_3$	多段绝热，列管	$550 \sim 650℃$ $0.05 \sim 0.1MPa$	$2 \sim 4$	
8. 乙烯部分氧化 $2C_2H_4 + O_2 \longrightarrow 2C_2H_4O$	Ag	列管	$200 \sim 270℃$ $1 \sim 2MPa$	$1 \sim 4$	
9. 苯选择性氧化 $C_6H_6 + O_2 \longrightarrow C_4H_2O_3$	$V_2O_5\text{-}MoO$	列管	$350℃$ 0.1MPa	$1 \sim 2$	

续表

反应	催化剂	反应器型式	操作条件	操作周期/年	备注
10. 甲醇部分氧化 $CH_3OH \longrightarrow CH_2O + H_2$ $CH_3OH + \frac{1}{2}O_2 \longrightarrow CH_2O + H_2O$	Ag	列管	600~700℃ 0.1MPa	0.3~1	
11. 丁烯氧化脱氢 $C_4H_8 + \frac{1}{2}O_2 \longrightarrow C_4H_6 + H_2O$	铁尖晶石	绝热	350~580℃ 0.1MPa		
12. 催化重整	Pt	多段绝热	460~525℃ 0.8~2MPa	0.01~0.5	
13. 乙炔加氢 $C_2H_2 + H_2 \longrightarrow C_2H_4$	Pd	绝热	30~100℃ 5MPa	0.1~0.5	
14. 醋酸乙烯合成 $C_2H_2 + C_2H_4O_2 \longrightarrow C_4H_6O_2$	醋酸锌	列管	165~205℃ 0.1MPa	1	以电石乙炔为原料时使用沸腾床反应器

4.1.2 结构型式

固定床反应器有三种基本型式。

(1) 轴向绝热式固定床反应器 如图 25-4-1 所示。这种反应器结构最简单，它实际上就是一个圆筒形的容器，下部设置一多孔筛板，催化剂均匀堆置其上形成床层。预热到一定温度的反应物料自上而下通过床层进行反应，在反应过程中反应物系和外界无热量交换（少量散热常可忽略）。

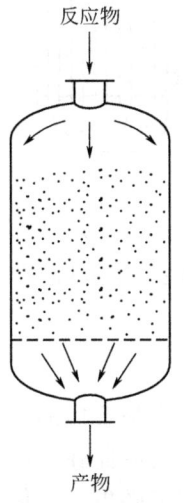

反应物

产物

图 25-4-1 轴向绝热式固定床反应器

(2) 径向绝热式固定床反应器 如图 25-4-2 所示。径向反应器的结构较轴向反应器复杂，催化剂装载于两个同心圆筒构成的环隙中，流体沿径向通过催化剂床层，可采用离心流动

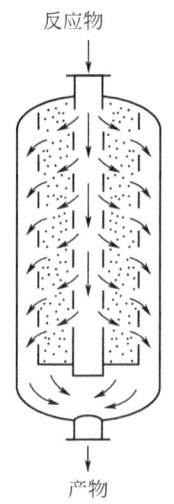

图 25-4-2 径向绝热式固定床反应器

或向心流动，中心管和床层外环隙中流体的流向可以相同，也可以相反。径向反应器的特点是可以使流道截面积很大而反应器直径有限。以上两种反应器通称为绝热式固定床反应器。

（3）列管式固定床反应器 如图 25-4-3 所示。这种反应器由多根管径通常为 $25\sim50mm$ 的反应管并联构成，有时管数可多达上万。管内（偶尔也有管间）装催化剂，载热体流经管间（或管内），在化学反应的同时进行换热。

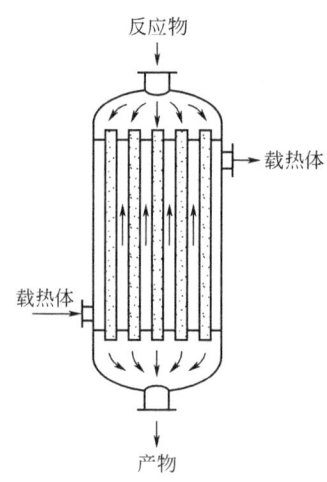

图 25-4-3 列管式固定床反应器

4.1.3 选型

影响固定床反应器选型的最重要因素是反应的热效应。单段绝热固定床反应器由于结构简单往往成为首先考虑的对象。但这种反应器在反应过程中无法和外界进行热交换，当反应热效应较大时，这样简单的反应器构型未必可行。例如，对强吸热反应，温度的降低可能使反应在达到预期的转化率之前已实际停止，如石脑油催化重整和乙苯脱氢制苯乙烯等。对强放热反应，则可能由于各种原因需要对反应引起的温升加以限制：①对可逆反应，如氨、甲醇的合成，二氧化硫的接触氧化，温度升高会降低平衡转化率；②过大的温升会损坏催化剂甚至反应器；③对副反应活化能大于主反应活化能的过程，如苯氧化制顺酐、乙烯氧化制环氧乙烷，温升会导致选择性降低。

对反应物进行稀释以降低绝热温升，虽是解决上述问题的一种方法，例如在催化剂烧焦再生时，常用水蒸气或氮气降低氧分压，但这种方法是以降低反应器的生产强度为代价的。更常用的方法是把催化剂层分为若干段，在段间进行热交换，使反应物流在进入下一段床层前升高或降低到合适的温度。段间热交换可以用热交换器，如图 25-4-4 所示的段间换热的催化重整多段绝热反应器，也可采用掺入冷（或热）反应物（或某种热载体）的方式，通常称为冷激，图 25-4-5 为段间冷激的二氧化硫氧化多段绝热反应器。冷激式反应器结构简单，但当冷激物料为反应物时，会降低反应的推动力。

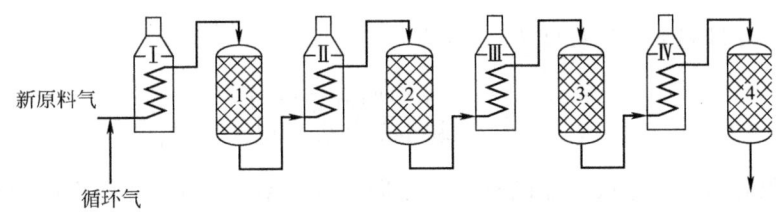

图 25-4-4 段间换热的催化重整多段绝热反应器

Ⅰ～Ⅳ—加热器；1～4—反应器

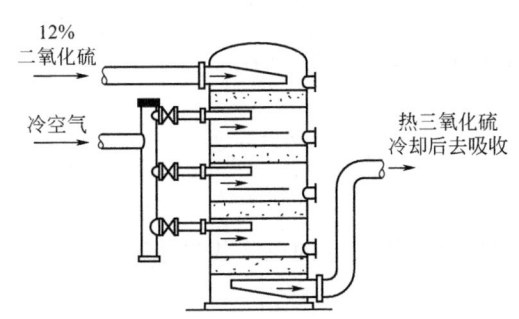

图 25-4-5 段间冷激的二氧化硫氧化多段绝热反应器

为了结构简单、便于操作，工业多段固定床绝热反应器的段数一般不超过 5。但对芳烃氧化这类强放热反应，需要的段数可能会多到不经济的程度。这时采用列管式反应器将更有利。在列管式反应器中，在反应的同时进行传热，当反应热效应不是特别大时，可使反应温度始终保持在比较适宜的水平上。但是对热效应特别大的反应，在进口段由于反应物浓度高、放热量大，物料温度将急剧升高，但随着反应物的消耗，放热速率逐渐减少，物料温度又会逐渐下降，因此床层中会出现一温度最高点——"热点"。热点温度对冷却介质温度、反应物进口浓度及温度都很敏感，即使采用直径 25mm 的细管，仍可能因设计或操作不当而造成床层温度急剧上升——"飞温"。对这类强放热反应过程，传热性能良好的流化床反应器常更为适宜。

4.2 固定床的传递过程

4.2.1 流动阻力

流体通过固定床时，由于流体不断地分流和汇合以及流体与催化剂颗粒和反应器壁间的摩擦阻力，会产生一定的压降。

在颗粒乱堆的固定床中，流体流动的通道曲折而且互相交联，且这些通道的截面大小和形状很不规则，难以进行理论计算。在工程计算中，通常将这种相互交联的不规则通道简化成长度为 L_e、直径为 d_e 的一组平行细管，并假定：

① 细管的内表面积等于床层中颗粒的全部外表面积；

② 细管的全部流动空间等于颗粒床层的空隙容积。

根据上述假定，可求得这些虚拟的平行细管的当量直径 d_e 为：

$$d_e = \frac{4 \times 通道的截面积}{浸润周边}$$

将上式的分子、分母同乘当量长度 L_e，则有

$$d_e = \frac{4 \times 床层的流动空间}{颗粒全部外表面积}$$

以 $1m^3$ 床层体积的基准，床层的流动空间即为床层空隙率 ε，颗粒的外表面积即为床层的比表面积 a_b，因此

$$d_e = \frac{4\varepsilon}{a_b} = \frac{4\varepsilon}{a(1-\varepsilon)} \tag{25-4-1}$$

式中，a 为颗粒的比表面积，对球形颗粒有

$$a = \frac{6}{d_p} \tag{25-4-2}$$

式中，d_p 为颗粒直径。

根据上述简化模型，流体通过固定床的压降相当于通过一组直径为 d_e、长度为 L_e 的细管的压降：

$$\Delta p = \lambda \frac{L_e}{d_e} \frac{\rho u_1^2}{2} \tag{25-4-3}$$

式中，u_1 为细管内的流速，即固定床中颗粒空隙间的流速，它与空床流速（表观流速）u 的关系为：

$$u = \varepsilon u_1 \tag{25-4-4}$$

式中，ε 为床层空隙率。

或

$$u_1 = \frac{u}{\varepsilon} \tag{25-4-5}$$

将式（25-4-1）、式（25-4-2）和式（25-4-4）代入式（25-4-3）得：

$$\frac{\Delta p}{L} = \left(\lambda \frac{L_e}{8L} \right) \frac{(1-\varepsilon)a}{\varepsilon^3} \rho u^2 = \left(\lambda \frac{3L_e}{4L} \right) \frac{1-\varepsilon}{\varepsilon^3 d_p} \rho u^2 \tag{25-4-6}$$

令

$$f_k = \frac{3\lambda L_e}{\Delta L} \quad\quad (25\text{-}4\text{-}7)$$

则式(25-4-6)可写作

$$\frac{\Delta p}{L} = f_k \frac{1-\varepsilon}{\varepsilon^3 d_p} \rho u^2 \quad\quad (25\text{-}4\text{-}8)$$

f_k 称为固定床的流动摩擦系数，其数值必须通过实验测定获得。

Ergun 及其合作者[2,3]关联了 f_k 的计算式，

$$f_k = 1.75 + 150 \frac{1-\varepsilon}{Re} \quad\quad (25\text{-}4\text{-}9)$$

式中，$Re = \dfrac{d_p \rho u}{\mu}$。

Ergun 所用的数据包括对各种不同大小的玻璃珠、砂粒及焦炭和不同气体（CO_2、N_2、CH_4 以及 H_2）所作的实验，由式(25-4-9)计算的流动摩擦系数和实验值的比较如图 25-4-6 所示。

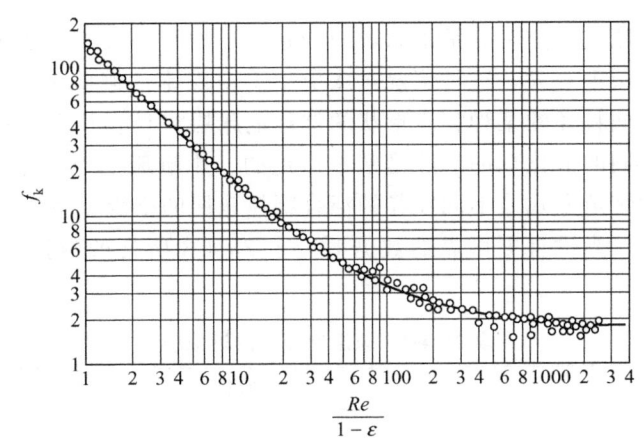

图 25-4-6 流动摩擦系数和实验值的比较

Ergun 方程的适用范围是 $Re/(1-\varepsilon) \leqslant 2500$。当 $2500 \leqslant Re/(1-\varepsilon) \leqslant 5000$ 时可用 Handley-Hegg 方程[4]计算 f_k：

$$f_k = 1.24 + 368 \frac{1-\varepsilon}{Re} \quad\quad (25\text{-}4\text{-}10)$$

Hicks[5]对球形颗粒提出了一个 f_k 的计算式，可同时拟合 Ergun 和 Handley-Hegg 的数据：

$$f_k = 6.8 \left(\frac{1-\varepsilon}{Re}\right)^{0.2} \quad\quad (25\text{-}4\text{-}11)$$

对非球形颗粒以及当颗粒大小不均匀时，上述各式中 Re 数的定性尺寸应用当量直径。当量直径定义为与非球形颗粒具有相同比表面积的球形颗粒的直径。不同形状颗粒的当量直径列于表 25-4-2。

表 25-4-2 不同形状颗粒的当量直径

形状	当量直径 d_p
球(直径为 d_s)	d_s
圆柱体(直径 d_c 和高度 l_c 相等)	d_c
圆柱体($d_c \neq l_c$)	$\dfrac{6d_c}{4+2d_c/l_c}$
圆柱(外径为 d_0,内径为 d_i)	$1.5(d_0-d_i)$
不同粒度混合颗粒	$\dfrac{1}{\sum Y_i/d_{pi}}$ Y_i 是粒度为 d_{pi} 的颗粒的体积分率
不规则形状	$S_p \overline{d_v}$ $\overline{d_v}$ 为与平均颗粒体积相等的球体的直径; S_p 为球形度,$S_p = \dfrac{球的表面积}{颗粒的平均表面积}$ $\overline{d_v}$ 的近似值可取筛分的平均直径 $S_p = 0.5 \sim 0.7$,表面粗糙颗粒去较小值

在压降计算中,床层空隙率非常敏感,因为它以平方与三次方出现在压力降方程中。靠近管壁处空隙率比床层中心大,这种管壁对床层平均空隙率的影响随着管径的增大而减小。对大直径的床层,不同粒径的某种特定形状的催化剂床层将具有几乎不变的空隙率。这是因为形状相同而粒度不同的催化剂的空隙是基本恒定的。影响床层空隙率的因素有颗粒形状、粗糙度、粒度分布和装填方式。不同粒径的混合颗粒床层的空隙率将比较小,因为小颗粒可能填入大颗粒的间隙。当没有更可靠的数据时,表 25-4-3 所列的数据可作为床层空隙率的参考。

表 25-4-3 床层空隙率的近似值

颗粒形状	正常装填	紧密装填①	校正因子②
薄片	0.36	0.31	$1+0.43\dfrac{d_p}{D}$
条形			
短	0.40	0.33	$1+0.46\dfrac{d_p}{D}$
长	0.46	0.40	$1+0.46\dfrac{d_p}{D}$
球			
均匀粒度	0.40	0.36	$1+0.42\dfrac{d_p}{D}$
混合粒度	0.36	0.32	
不规则	0.42(平均值)		$1+0.3\dfrac{d_p}{D}$

① 通常在反应器开工后由于振动和下流流体的作用会很快达到紧密装填状态。

② D 为反应管内径。

用上述方法估算床层压力降的误差约为 $\pm 25\%$。如果在反应器设计中,对压降计算有更高的精度要求,就需要对床层压力降进行实验测定。

4.2.2　床层尺度的传热与传质

固定床反应器中，除了本篇第 2 章中论及的催化剂颗粒尺度的传热与传质外，还存在床层尺度的传热与传质。这种床层尺度的传热和传质，在反应器的径向和轴向都会发生。但在一般情况下，由传导引起的轴向热量传递和由扩散引起的轴向质量传递，与反应物流流动所传输的热量和质量相比是微不足道的。下面主要论述径向传热和传质。

4.2.2.1　径向传热

非绝热固定床反应器的催化剂床层与冷却（或加热）介质进行热交换，要克服三部分热阻：一是换热介质侧的热阻；二是反应管壁的热阻；三是固定床本身的热阻。这里仅讨论固定床本身的热阻。

固定床的热阻又可分为两部分：一是反应管内壁处层流边界层的热阻，可用壁膜传热系数 h_w 表征；另一是床层内部的热阻，通常把整个床层（包括固体颗粒及在其间隙内流动的流体）视为一假想的固体，按热传导方式来处理床层内部的传热。这一假想固体的热导率为径向有效热导率 λ_{er}。固定床的两部分热阻也可合并考虑，用床层传热系数 h_e 表征。这时，若忽略器壁的传热阻力，以 h_c 表示热载体一侧的传热系数，床层和热载体间的总传热系数 K 可表示为

$$\frac{1}{K} = \frac{1}{h_e} + \frac{1}{h_c} \tag{25-4-12}$$

这种处理方法常用于固定床反应器的一维模型，而把两部分热阻分开处理的方法主要用于固定床反应器的二维模型。

(1) 径向有效热导率 λ_{er} 的估算　固定床反应器中径向热量传递的机理是很复杂的，包括传导、对流以及空隙与固体间和固体颗粒相互间的辐射。

已经提出了多种计算径向有效热导率的模型[6]，目前应用最广的计算方法以 Kunii-Smith 模型[7] 为基础。该模型认为径向有效热导率是由静态贡献和动态贡献两部分构成：前者对应于传导和辐射传热，后者则归因于流体对流。这两部分贡献具有加和性：

$$\lambda_{er} = \lambda_s^o + \lambda_d^o \tag{25-4-13}$$

式中，λ_s^o 和 λ_d^o 分别为静态贡献和动态贡献。构成静态贡献的传导和辐射之间也具有加和性：

$$\lambda_s^o = \lambda_{ec} + \lambda_{er} \tag{25-4-14}$$

式中，λ_{ec} 和 λ_{er} 分别为传导贡献和辐射贡献。传导贡献可用下式计算

$$\frac{\lambda_{ec}}{\lambda_g} = \varepsilon + (1-\varepsilon)\frac{\beta}{\delta + \dfrac{2\lambda_g}{3\lambda_s}} \tag{25-4-15}$$

式中，λ_g 为流体热导率；λ_s 为固体热导率；$\beta = L/d_p$ 为颗粒间有效距离和颗粒直径的比值；δ 为静止流体膜当量厚度，其值可由图 25-4-7 读得。图中曲线 A 适用于紧密装填床层，$\beta = 0.895$；曲线 B 适用于疏松装填床层，$\beta = 1.0$。对装填状况介于其间的床层，δ 值可内插确定。

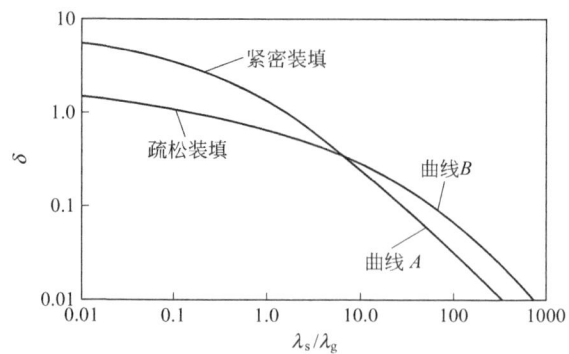

图 25-4-7 静止流体膜当量厚度和 λ_s/λ_g 的关联

辐射贡献 $\lambda_{\varepsilon r}$ 用下式计算：

$$\lambda_{\varepsilon r} = \varepsilon d_p h_b + \frac{1-\varepsilon}{\dfrac{1}{\lambda_e} + \dfrac{1}{d_p h_b}} \qquad (25\text{-}4\text{-}16)$$

式中，d_p 是颗粒直径；h_b 是辐射传热系数，$kJ \cdot m^{-2} \cdot h^{-1} \cdot K^{-1}$。$h_b$ 可用下式计算：

$$h_b = 8.159 \times 10^{-7} e T^3 \qquad (25\text{-}4\text{-}17)$$

式中，e 为辐射系数；T 为绝对温度。

式（25-4-13）中的动态贡献，De Wasch 和 Froment[8] 建议用下式计算：

$$\lambda_d^\circ = \frac{0.14 \lambda_g Pr \cdot Re}{1 + 46 \left(\dfrac{d_p}{D}\right)^2} \qquad (25\text{-}4\text{-}18)$$

式中，Re 为以 d_p 为定性尺寸的 Reynold 数 $\left(= \dfrac{d_p G}{\mu}\right)$；$Pr$ 为流体的 Prandtl 数 $\left(= \dfrac{C_p \mu}{\lambda_g}\right)$；$D$ 为反应器直径。对于空气，式（25-4-18）可写为：

$$\lambda_d^\circ = \frac{0.0105}{1 + 46 \left(\dfrac{d_p}{D}\right)^2} Re \quad kJ \cdot m^{-1} \cdot h^{-1} \cdot K^{-1} \qquad (25\text{-}4\text{-}19)$$

将式（25-4-15）、式（25-4-16）和式（25-4-18）代入式（25-4-13）即可计算径向有效热导率 λ_{er}。可见，λ_{er} 随 Re 增加呈线性增加。图 25-4-8 中直线 1~5 标绘了不同研究者的实验数据，证实了这一关系。由图还可见，在 Re 从 0~800 的范围内，径向有效热导率的值为 $0.8~8kJ \cdot m^{-1} \cdot s^{-1} \cdot K^{-1}$。

（2）床层与器壁间传热系数的估算 床层与器壁间的传热系数有两种定义方法。在固定床反应器的一维模型中，床层径向温度被认为是均匀的，传热速率以床层平均温度 T_m 与壁温 T_w 之差来定义：

$$q = h_e A (T_m - T_w) \qquad (25\text{-}4\text{-}20)$$

De Wasch 和 Froment[8] 推荐可用下式估算床层与器壁间的传热系数 h_e：

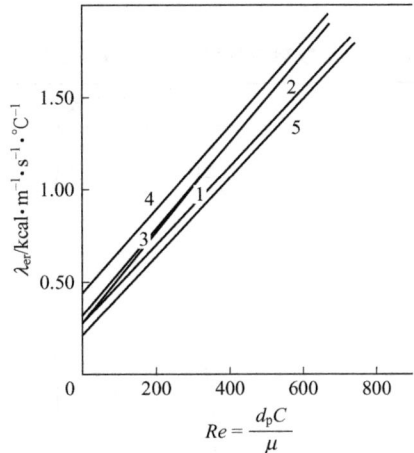

图 25-4-8 径向有效热导率与 Re 的关系

1—Coberly 和 Marshall；2—Campbell 和 Huntington；3—Calderbank 和 Pogotshy；

4—Kwong 和 Smith；5—Kunii 和 Smith

$$h_e = h_e^o + 0.24 \frac{\lambda_e}{d_p} \frac{d_p G}{\mu} \quad \mathrm{kJ \cdot m^{-2} \cdot h^{-1} \cdot K^{-1}} \tag{25-4-21}$$

静态贡献 h_e^o 可用下式计算：

$$h_e^o = 6.15 \frac{\lambda_e^o}{D} \tag{25-4-22}$$

在固定床反应器的二维模型中，需要考虑床层的径向温度分布，传热速率以靠近壁面处流体温度 T，与壁温之差来定义：

$$q = h_w A(T_R - T_w) \tag{25-4-23}$$

De Wasch 和 Froment[8] 推荐可用下式估算壁膜传热系数 h_w：

$$h_w = h_w^o + 0.0481 \frac{D}{d_p} \frac{d_p G}{\mu} \quad \mathrm{kJ \cdot m^{-2} \cdot h^{-1} \cdot K^{-1}} \tag{25-4-24}$$

静态贡献 h_w^o，可用下式计算：

$$h_w^o = \frac{20\lambda_e^o}{D} \tag{25-4-25}$$

(3) 床层长度对径向有效热导率和传热系数的影响 径向有效热导率 λ_{er} 和壁膜传热系数 h_e 及 h_w 不是常数，而是随反应器长度变化。一般说来，这些系数随反应器长度的增加而减小，但当反应器长径比足够大（达 $100\sim200$ 时），其数值会趋近一渐近值。

固定床的有效热导率和传热系数通常是在无反应的条件下在实验室反应器中测定的。实验室反应器的长径比通常较小。工业反应器的长径比则比较大，一般能达到使这些系数恒定所需的长径比。将这些系数都表示成反应器长度的函数是极其困难的，因此在设计计算中都不考虑反应器长度对这些系数的影响。Li 和 Finlayson[9] 根据文献数据求得了这些系数随反应器长度变化的渐近值，并将它们关联成了可供工业反应器设计用的计算式。他们的研究结果列于表 25-4-4。

表 25-4-4　有效热导率和传热系数渐进值关联式

总传热系数	壁膜传热系数	备注
$\dfrac{kD}{\lambda_g}\exp\dfrac{6d_p}{D}=2.03\left(\dfrac{d_pG}{\mu}\right)^{0.8}$ $20<\dfrac{d_pG}{\mu}<7600$ 和 $0.05<\dfrac{d_p}{D}<0.3$	$\dfrac{h_wd_p}{\lambda_g}=0.17\left(\dfrac{d_pG}{\mu}\right)^{0.79}$	球形颗粒
$\dfrac{kD}{\lambda_g}\exp\dfrac{6d_p}{D}=1.26\left(\dfrac{d_pG}{\mu}\right)^{0.95}$ $20<\dfrac{d_pG}{\mu}<800$ 和 $0.03<\dfrac{d_p}{D}<0.2$	$\dfrac{h_wd_p}{\lambda_g}=0.16\left(\dfrac{d_pG}{\mu}\right)^{0.93}$	圆柱颗粒
径向有效热导率		
$\dfrac{h_wd_p}{\lambda_{cr}}\left(\dfrac{\varepsilon}{1-\varepsilon}\right)=0.27$ $500<\dfrac{d_pG}{\mu(1-\varepsilon)}<6000$ 和 $0.05<\dfrac{d_p}{D}<0.15$		

4.2.2.2　轴向传热

固定床轴向有效热导率 λ_{ea} 的作用远不如径向有效热导率重要，研究工作也少得多。Yagi 等[10]认为轴向有效热导率亦由静态贡献和动态贡献两部分构成，提出了一个可用于估算轴向有效热导率近似值的简单关联式：

$$\frac{\lambda_{ea}}{\lambda_g}=\frac{\lambda_s^\circ}{\lambda_g}+\alpha Pr\cdot Re \tag{25-4-26}$$

式中，λ_s° 为静态贡献，其数值和径向有效热导率估算中的静态贡献项相同；Pr 和 Re 的意义也和前述径向热导率计算中相同；α 为一随固体热导率变化的因子，其值对钢珠为 0.7，对玻璃珠为 0.8。

4.2.2.3　质量传递

固定床中的质量传递是由分子扩散和湍流扩散引起的。有效分子扩散系数可以用分子扩散系数乘以 $\dfrac{\varepsilon}{1.5}$ 进行计算。计算湍流扩散系数的理论尚不成熟，因此有效扩散系数通常用如下形式关联：

$$\frac{1}{Pe}=\frac{1}{Pe_m}+\frac{1}{Pe_t} \tag{25-4-27}$$

式中，Pe_m 和 Pe_t 分别为以颗粒直径为定性尺寸的有效分子扩散 Peclet 数和湍流扩散 Peclet 数。$Pe=d_pu/D_c$ 为有效扩散 Peclet 数。有效分子扩散 Peclet 数可表示为 Re 和 Sc（Schmidt 数）的函数：

$$Pe_m = Re \cdot Sc \frac{1.5}{\varepsilon} \tag{25-4-28}$$

式中，$Re = \dfrac{d_p G}{\mu}$；$Sc = \dfrac{\mu}{\rho D_m}$；$D_m$ 为考察气相组分的分子扩散系数需要解决的主要问题是湍流扩散 Peclet 数的关联。实验表明当颗粒雷诺数大于 100 时，总 Peclet 数主要由湍流扩散的 Peclet 数确定。对径向扩散其值趋近 11，对轴向扩散其值趋近 2。Froment[11] 发现，在高雷诺数下，Fahien 和 Smith[12] 提出的经验关联因子 $Pe_r \Big/ \left[1 + 19.4 \left(\dfrac{d_p}{D}\right)^2\right]$ 趋近 11。若将此看作是湍流扩散的贡献，对径向有效扩散，式（25-4-27）可写成：

$$\frac{1}{Pe_r} = \frac{\varepsilon}{1.5 Re \cdot Sc} + \frac{1}{11[1 + 19.49 (d_p/D)^2]} \tag{25-4-29}$$

式中，$Pe_r = \dfrac{u d_p}{D_{er}}$。

在本篇第 2 章中曾述及，轴向有效扩散系数 D_{ea} 可通过测定反应器的停留时间分布求得。此参数也可用 Wen 和 Fan[13] 提出的经验关联式估算：

$$\frac{1}{Pe_r} = \frac{0.3}{Re \cdot Sc} + \frac{0.5}{1 + 3.8/(Re \cdot Sc)} \quad (0.008 < Re < 400，0.28 < Sc < 2.2) \tag{25-4-30}$$

此关联式考虑了高雷诺数下 Pe_a 趋近 2 这一典型实验结果[14]。

Kulkarani 和 Doraiswamy[6] 搜集了固定床中各种传递系数的数值，这些参数的典型取值范围列于表 25-4-5。

表 25-4-5　固定床传递参数的典型取值范围

传递系数名称	数值范围
径向有效热导率 λ_{cr}/λ_g	1～10
轴向有效热导率 λ_{ca}/λ_g	1～300
一维模型的壁膜传热系数 h_c	60～300kJ·m^{-2}·h^{-1}·K^{-1}
二维模型的壁膜传热系数 h_w	400～1000kJ·m^{-2}·h^{-1}·K^{-1}
径向彼克列数 Pe_r	6～20
轴向彼克列数 Pe_a	0.01～10

4.3　数学模型

已提出了固定床反应器从比较简单到相当复杂的多种数学模型，用于固定床反应器的设计及其定态和非定态特性的研究。大体上可区分为如表 25-4-6 所示的六种模型[15,16]。已获普遍认可。

下面分别写出表 25-4-6 所列模型的数学方程，并对其特性和应用作简要说明。模型方程均按定态、单一反应、气相密度为常数的条件写出。

表 25-4-6　固定床反应器模型分类

模型	拟均相模型 $T=T_s$　$C=C_s$		非均相模型 $T \neq T_s$　$C \neq C_s$
一维	基本模型(A-Ⅰ) +轴向混合(A-Ⅱ)		+相间梯度(B-Ⅰ) +颗粒内梯度(B-Ⅱ)
二维	+径向混合(A-Ⅲ)		+径向混合(B-Ⅲ)

4.3.1　拟均相基本模型（A-Ⅰ）

这类模型也称为拟均相一维活塞流模型，是最简单、最常用的固定床反应器模型。"拟均相"系指将实际上的非均相反应系统简化为均相系统处理，即认为流体相和固体相之间不存在浓度差和温度差。本模型适用于：①化学反应是过程的速率控制步骤，流固相间和固相内部的传递阻力均很小，流体相、固体外表面和固体内部的浓度、温度确实可以认为接近相等；②流固相际和（或）固相内部存在传递阻力，但这种浓度差和温度差对反应速率的影响已被包括在表观动力学模型中。"一维"的含义是只在流动方向上存在浓度梯度和温度梯度，而垂直于流动方向的同一截面上各点的浓度和温度均相等。"活塞流"的含义则是在流动方向上质量传递和能量传递的唯一机理是主体流动本身，不存在任何形式的返混。在上述意义下，轴向流动固定床反应器的模型方程为：

物料衡算方程

$$-u \frac{\mathrm{d}C_A}{\mathrm{d}z} = \rho_B r_A \tag{25-4-31}$$

管内能量衡算方程

$$u\rho_g C_p \frac{\mathrm{d}T}{\mathrm{d}z} = (-\Delta H)\rho_B r_A - 4\frac{K}{D}(T-T_c) \tag{25-4-32}$$

管外能量衡算方程

$$u\rho_c C_{pc} \frac{\mathrm{d}T_c}{\mathrm{d}z} = 4\frac{K}{D}(T-T_c) \tag{25-4-33}$$

流动阻力方程

$$-\frac{\mathrm{d}p}{\mathrm{d}z} = f_k \frac{\rho_g u^2}{d_p} \tag{25-4-34}$$

式中，u 为线速度，$m \cdot s^{-1}$；ρ_B 为催化剂床层密度，$kg \cdot m^{-3}$；ρ_g 和 ρ_c 分别为反应物流和管外载热体密度；C_p 和 C_{pc} 分别为反应物流和载热体比热容，$kJ \cdot kg^{-1} \cdot K^{-1}$；$T_c$ 为载热体温度；K 对绝热反应器系数，式(25-4-32) 最后一项为零。

对绝热反应器，模型方程的边界条件为：

$$z=0 \text{ 处 } \quad C_A = C_{A0}, T=T_0, p=p_0 \tag{25-4-35}$$

对反应物流和载热体并流的列管式反应器，边界条件为

$$z=0 \text{ 处 } \quad C_A = C_{A0}, T=T_0, T_c=T_{c0}, p=p_0 \tag{25-4-36}$$

对这两种情况，模型方程的求解均属常微分方程的初值问题。对反应物流和载热体逆流的列管式反应器，边界条件为：

$$z=0 \text{ 处} \quad C_A=C_{A0}, \ T=T_0, \ p=p_0$$
$$z=L \text{ 处} \quad T_c=T_{c0} \tag{25-4-37}$$

属两点边值问题。初值问题和两点边值问题的求解方法，将在后面介绍。

4.3.2 拟均相轴向分散模型（A-Ⅱ）

反应物流通过固体颗粒床层时不断分流和汇合，并作绕流流动，造成一定程度的轴向混合，用分散模型描述：

$$D_{ea}\frac{d^2 C_A}{dz^2}-u\frac{dC_A}{dz}=\rho_B r_A \tag{25-4-38}$$

$$-\lambda_{ea}\frac{d^2 T}{dz^2}+u\rho_g C_p\frac{dT}{dz}=(-\Delta H)\rho_B r_A+4\frac{K}{D}(T-T_w) \tag{25-4-39}$$

管外能量衡算方程和流动阻力方程同式(25-4-33)和式(25-4-34)。上述方程的边界条件为：

$$z=0 \text{ 处} \quad u(C_{A0}-C_A)=-D_{ea}\frac{dC_A}{dz}$$
$$u\rho_g C_p(T_0-T)=-\lambda_{ea}\frac{dT}{dz} \tag{25-4-40}$$
$$z=L \text{ 处} \quad \frac{dC_A}{dz}=\frac{dT}{dz}=0$$

式中，D_{ea}和λ_{ea}分别为轴向有效分散系数和轴向有效热导率，是用类似于Fick扩散定律和Fourier热传导定律的方式定义的。但它们并不是物性常数，而是与颗粒形状和堆置方式、流体的性质和流动状况有关的模型参数。

拟均相轴向分散模型的求解也属于两点边值问题，对其求解方法已作过广泛的研究[17]。

与拟均相基本模型相比，引入轴向混合项的作用主要在于：①降低转化率；②当轴向混合足够大时，反应器可能存在多重定态。研究表明：在工业固定床反应器的操作条件下，这两方面的影响都是可以忽略的。在工业实践中所采用的流速下，当床层高度超过50个颗粒直径时，轴向混合对转化率的影响可以忽略[18]。此模型方程的结构指示有出现多重定态的可能性，但只有活化能高、放热强和（或）返混影响显著时才会出现。在本篇2.5节中已经说明工业固定床反应器的轴向混合程度通常比出现多重定态所需要的返混程度小得多。

Young和Finlayson[19]导出了可忽略轴向混合影响的判据。对于反应速率随床层轴向距离单调减小的情形（例如等温操作，绝热操作的吸热反应，过分冷却的放热反应等），如果进口条件满足下面两式，则轴向混合的影响可以忽略：

$$\frac{r_{A0}\rho_B d_p}{uC_{A0}}\ll(Pe_a)_m \tag{25-4-41}$$

和

$$\frac{(-\Delta H)r_{A0}\rho_B d_p}{(T_0 - T_w)u\rho_g C_p} \ll (Pe_a)_h \tag{25-4-42}$$

式中，$(Pe_a)_m$ 和 $(Pe_a)_h$ 分别为轴向的传质 Peclet 数和传热 Peclet 数。在工业固定床反应器中，由于流速很高，上述条件通常能满足。

4.3.3 拟均相二维模型（A-Ⅲ）

当列管式反应器的管径较粗或（和）反应热效应较大时，反应管中心和靠近管壁处的温度会有相当大的差别，并因此造成离管中心不同距离处反应速率和反应物浓度的差异。这时，一维模型不能满足要求，必须同时考虑轴向和径向的浓度分布和温度分布，即需用拟均相二维模型。其物料衡算方程和能量衡算方程为：

$$u\frac{\partial C_A}{\partial z} = D_{er}\left(\frac{\partial^2 C_A}{\partial r^2} + \frac{1}{r}\frac{\partial C_A}{\partial r}\right) - \rho_B r_A \tag{25-4-43}$$

$$u\rho_B C_p \frac{\partial T}{\partial z} = \lambda_{er}\left(\frac{\partial^2 T}{\partial r^2} + \frac{1}{r}\frac{\partial T}{\partial r}\right) + \rho_B r_A(-\Delta H) \tag{25-4-44}$$

边界条件为

$$z=0 \text{ 处}\quad C_A = C_{A0}, \ T = T_0$$

$$r=0 \text{ 处}\quad \frac{\partial T}{\partial r} = 0 \tag{25-4-45}$$

$$r=0 \text{ 和 } r=R \text{ 处}\quad \frac{\partial C_A}{\partial r} = 0$$

$$r=R \text{ 处}\quad \lambda_{er}\frac{\partial T}{\partial r} = -h_w(T - T_w) \tag{25-4-46}$$

式中，D_{er} 和 λ_{er} 分别为径向有效扩散系数和径向有效热导率，它们也是用类似于 Fick 扩散定律和 Fourie 热传导定律定义的模型参数，其估算方法和取值范围如上述（详见 4.2.2 节）。

用二维模型进行计算时涉及偏微分方程组的求解，其计算工作量远较用一维模型为大。Hlavacek[20] 用一维模型和二维模型进行了大量计算，提出对放热反应系统可以用产热势 S $\left[\text{无量纲绝热温升}\dfrac{(-\Delta H)C_{A0}}{\rho C_p T_0}\text{和无量纲活化能}\dfrac{E}{RT_0}\text{ 的乘积}\right]$ 和发热量对温度的导数与移热量对温度的导数之比值 $R_q\left[=\left(\dfrac{\mathrm{d}Q_g}{\mathrm{d}T}\right)\Big/\left(\dfrac{\mathrm{d}Q_r}{\mathrm{d}T}\right)\right]$ 这两个参数来判断是否应采用二维模型：

(1) 当 $S<15$ 和 $R_q<1$ 时，一维模型和二维模型的计算十分接近，并且对许多实际计算来说，当 $q_p<15$ 时，即使 $R_q>1$，一维模型的计算结果也是令人满意的。

(2) 当 $15<S<50$ 时，只有在 $R_q \leqslant 1$ 时才能采用一维模型。

(3) 当 $S>50$ 时，则当 $R_q>0.5$ 时，就应采用二维模型。

另外，在一些特殊问题的处理上，径向温度分布的影响显著，采用二维模型也很必要。如冷却介质逆流流动时的多重态现象的计算[21]。

4.3.4 考虑颗粒截面梯度的活塞流非均相模型（B-I）

需对气相和固相分别列出物料衡算和能量衡算方程。对气相有

$$-u\frac{\mathrm{d}C_A}{\mathrm{d}z}=k_g a(C_A-C_{AS}) \tag{25-4-47}$$

$$u\rho_g C_p\frac{\mathrm{d}T}{\mathrm{d}z}=h_f a(T_g-T)-4\frac{K}{D}(T-T_c) \tag{25-4-48}$$

对固相有

$$k_g a(C_A-C_{AS})=r_A(C_{AS},T_g)\rho_B \tag{25-4-49}$$

$$h_f a(T_g-T)=(-\Delta H)r_A(C_{AS},T_s)\rho_B \tag{25-4-50}$$

式中　k_g——气膜传质系数，$m^3 \cdot m^{-2} \cdot s^{-1}$；

　　　h_f——气膜传热系数，$kJ \cdot m^{-2} \cdot s^{-1} \cdot K^{-1}$；

　　　a——颗粒比表面积，$m^2 \cdot m^{-3}$。

边界条件

$$z=0 \text{ 处}\quad C_A=C_{A0},\ T=T_0 \tag{25-4-51}$$

在求解上述模型方程时，需首先用迭代法求解代数方程式(25-4-49)和方程式(25-4-50)得到 C_{AS} 和 T_s，再将其值代入气相的微分方程，用数值方法求解。

对于工业固定床反应器，由于流速高，在定态操作时颗粒界面梯度一般并不重要。但在研究反应器的瞬态行为时，例如反应器的开工，反应器的过渡态操作[22]等，气固相之间将存在显著的温度差，采用非均相模型十分必要，但此时式(25-4-47)~式(25-4-50)中均应增加瞬变项。

另外，对强放热的快反应系统，在研究由催化剂颗粒的多重定态引起的固定床反应器的多重定态时，采用非均相模型也是必要的[23]。

4.3.5 考虑颗粒界面梯度和粒内梯度的活塞流非均相模型（B-II）

当催化剂颗粒内的传热、传质阻力很大时，颗粒内不同位置的反应速率将是不均匀的。要描述过程的这一特征，必须采用更复杂的模型。不过，对气固相催化反应而言，传热阻力主要在颗粒外部，传质阻力主要在颗粒内部。在此条件下，模型方程为：

气相

$$-u\frac{\mathrm{d}C_A}{\mathrm{d}z}=k_g a(C_A-C_{AS}) \tag{25-4-52}$$

$$u\rho_g C_p\frac{\mathrm{d}T}{\mathrm{d}z}=h_f a(T_g-T)-\frac{4K}{D}(T-T_c) \tag{25-4-53}$$

固相

$$\frac{D_e}{\xi^2}\frac{\mathrm{d}}{\mathrm{d}\xi}\left(\xi^2\frac{\mathrm{d}C_A^g}{\mathrm{d}\xi}\right)-r_A(C_A^g,T^g)P_s=0 \tag{25-4-54}$$

气相方程的边界条件为：

$$z=0 \text{ 处 } \quad C_A = C_{A0}, \ T = T_0 \tag{25-4-55}$$

固相方程的边界条件为：

$$\xi = \frac{d_p}{2} \text{ 处} \qquad -D_e \frac{dC_A}{d\xi} = r_A(C_{AS}, T_s)\rho_s \tag{25-4-56}$$

$$h_f(T_s - T) = (-\Delta H)D_e \frac{dC_A^s}{d\xi} \tag{25-4-57}$$

$$\xi = 0 \text{ 处} \qquad \frac{dC_A^s}{d\xi} = 0 \tag{25-4-58}$$

求解上述模型方程时，必须在积分气相方程式（25-4-52）和式（25-4-53）所用的计算网络的每一个节点上对固相方程式（25-4-54）进行积分。这一方法可在现代计算机上实现，但相当费时。当可以利用解析式由固相表面浓度 C_{AS} 和表面温度 T_s 计算内部效率因子 η_i 时，固相方程可化简为：

$$k_g a(C_A - C_{AS}) = \eta_i r_A(C_{AS}, T_s)\rho_B \tag{25-4-59}$$

$$h_f a(T_s - T) = \eta_i(-\Delta H) r_A(C_{AS}, T_s)\rho_g \tag{25-4-60}$$

另外，如果能由气相主体参数 C_A 和 T 计算总效率因子 η，则模型方程组可化简成：

$$u \frac{dC_A}{dz} + \eta r_A(C_A, T)\rho_B = 0 \tag{25-4-61}$$

$$u\rho_g C_p \frac{dT}{dz} + \frac{4K}{D}(T - T_c) - \eta(-\Delta H) r_A(C_A, T)\rho_B = 0 \tag{25-4-62}$$

这是一组与拟均相基础模型具有相同结构的方程。

4.3.6　非均相二维模型（B-Ⅲ）

这是迄今结构最复杂的固定床反应器数学模型，它既考虑了沿反应器轴向和径向的浓度分布和温度分布，也考虑了气固相间和固相内部的浓度差和温度差。De Wasch 和 Froment[24] 利用效率因子概念提出的一组形式比较简单的模型方程是：

气相

$$D_{er}\left(\frac{\partial^2 C_A}{\partial r^2} + \frac{1}{r}\frac{\partial C_A}{\partial r}\right) - u\frac{\partial C_A}{\partial z} = k_g a(C_A - C_{AS}) \tag{25-4-63}$$

$$\lambda_{er}^f\left(\frac{\partial^2 T}{\partial r^2} + \frac{1}{r}\frac{\partial T}{\partial r}\right) - u\rho_g C_p \frac{dT}{dz} = h_f a(T - T_s) \tag{25-4-64}$$

固相

$$k_g a(C_A - C_{AS}) = \eta r_A \rho_B \tag{25-4-65}$$

$$h_f a(T_s - T) = \eta(-\Delta H) r_A \rho_B + \lambda_{er}^g\left(\frac{\partial^2 T^g}{\partial r^2} + \frac{1}{r}\frac{\partial T^g}{\partial r}\right) \tag{25-4-66}$$

边界条件为：

$$\left.\begin{array}{ll} z=0, r \text{ 为任意值处} & C_A=C_{A0}, T=T_0 \\[2mm] r=0, z \text{ 为任意值处} & \dfrac{\partial C_A}{\partial r}=0 \\[2mm] & \dfrac{\partial T}{\partial r}=\dfrac{\partial T^g}{\partial r}=0 \\[2mm] r=R, z \text{ 为任意值处} & \dfrac{\partial C_A}{\partial r}=0 \\[2mm] & h_w^f(T_w-T)=\lambda_{er}^f\dfrac{\partial T}{\partial r} \\[2mm] & h_w^g(T_w-T^g)=\lambda_{er}^g\dfrac{\partial T_s}{\partial r} \end{array}\right\} \qquad (25\text{-}4\text{-}67)$$

可见，在上述模型中，在考虑床层内部和床层与器壁的传热时，都对气相和固相的贡献作了区分。

上述模型都是建立在连续介质概念上的。除少数非常简单的情况外，模型方程一般不能得到解析解。为了数学处理的方便，有人提出了细胞室模型（cell model）[25]，这种模型把床层看成由许多按一维或二维排列的小反应器组成，在每个小反应器中气相完全混合。在定态条件下，模型方程为一组代数方程。大多数细胞室模型把热量传递看成仅仅存在于气相中，这种简化会导致严重的误差。也有人提出了更精细的颗粒型[26]，通过颗粒之间的联系去考虑热传导和辐射的影响。但这又将重新面对计算繁复的困难。采用细胞室模型时的另一个困难是如何确定细胞室的大小，因为这必须和流体的停留时间分布以及反应器传热、传质状况相匹配。在无实测数据时，一般取细胞室轴向尺度为一个颗粒直径 d_p，径向尺度为 $0.8d_p$。

4.3.7 拟均相模型求解

固定床反应器的拟均相模型分为常微分方程和偏微分方程两类，常微分方程又分为初值问题和边值问题。

常微分方程初值问题就是数值积分问题，最常用的方法是龙格-库塔（四阶）法；常微分方程边值问题可用打靶法，但从计算效率和精度角度，推荐用配置法。

固定床反应器的拟均相二维模型是抛物型方程，可用差分法将偏微分方程在两个空间上离散，或只在径向方向上离散将其转化为常微分方程。

数值计算软件 MATLAB 中有专门的函数用于上述问题的求解，如 ode45 利用龙格-库塔法求解常微分方程初值问题，bvp4c 利用配置法求解常微分方程边值问题，pdepe 利用正交配置法求解抛物型方程。

4.4 多段绝热反应器的设计计算

多段绝热式固定床反应器中每一段的计算仍可采用本篇"4.3 数学模型"中介绍的方法，只是离开上一段反应器的物料在进入下一段之前，需经过间接换热或直接混入一股冷（或热）物料以调节下一段床层的进口温度，所以在开始下一段床层的计算前，需先根据所

第 **25** 篇

采用的温度调节手段通过简单的热量衡算（和物料衡算）求出下一段床层的进口状态，在图 25-4-9 所示的段间换热式多段绝热反应器，反应物进口状态表示为 a 点。随着反应的进行物流温度不断升高，在第一段出口达到 b 点；此时通过间接换热物流温度降至 c 点，因为在换热过程中转化率保持不变，所以 bc 线平行于纵轴，c 点即为第二段反应器的进口状态。

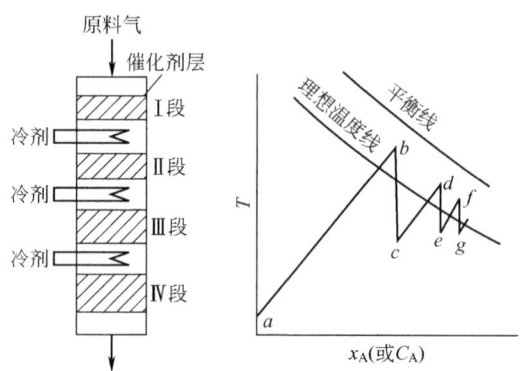

图 25-4-9　段间换热式多段绝热反应器及温度分布

由本篇 2.1 节可知，对可逆放热反应，在每一转化率下都有一使反应速率为最大的最佳反应温度，最佳反应温度点在相平面图上的集合即为理想温度曲线。理想温度曲线可通过实验测定，也可由式(25-2-38) 计算得到。

显然，在多段绝热反应器中，一方面段数越多，反应器的温度分布就能越接近理想温度曲线，催化剂的用量也将越小。但另一方面，段数越多，反应器的设备投资也将越大，操作也越复杂，且当段数超过 4 时，段数继续增加在减少催化剂用量方面的效果也越来越小，因此工业反应器的段数很少超过 5 段。

多段绝热反应器设计中的最优化问题通常被确定为：对一定的进料和最终转化率，在规定段数的条件下，确定各段的进出口温度和转化率以求总的催化剂用量为最少。这优化问题可用微分法、动态规划[27]、极大值原理等求解，此处仅就微分法作一介绍。

第 i 段反应器的催化剂用量 W_i（kg）可由下式计算：

$$W_i = F_{A0} \int_{X_{A,i-1}}^{X_{Ai}} \frac{\mathrm{d}x_A}{r_{Ai}} \tag{25-4-68}$$

式中　F_{A0}——组分 A 的摩尔进料速率，$\mathrm{mol \cdot s^{-1}}$。

于是，各段床层催化剂的总用量为

$$W = \sum_i W_i = F_{A0} \sum_i \int_{X_{A,i-1}}^{X_{Ai}} \frac{\mathrm{d}x_A}{r_{Ai}} \tag{25-4-69}$$

为求得 W 的极小值，将 W 分别对各段的 x 及 T 求导，并令其为零。于是有

$$\frac{\partial W}{\partial T_i} = F_{A0} \frac{\partial}{\partial T_i} \int_{X_{A,i-1}}^{X_{Ai}} \frac{\mathrm{d}x_A}{r_{Ai}} = F_{A0} \int_{X_{A,i-1}}^{X_{Ai}} \frac{\partial}{\partial T_i} \left(\frac{1}{r_{Ai}} \right) \mathrm{d}x_A = 0 \tag{25-4-70}$$

和

$$\frac{\partial W}{\partial X_{Ai}} = F_{A0} \frac{\partial}{\partial x_{Ai}} \int_{X_{A,i-1}}^{X_{Ai}} \frac{\mathrm{d}x_A}{r_{Ai}} + F_{A0} \frac{\partial}{\partial x_{Ai}} \int_{X_{A,i}}^{X_{A,i+1}} \frac{\mathrm{d}x_A}{r_{A,i+1}}$$

$$=F_{A0}\left[\left(\frac{1}{r_{Ai}}\right)_{x_A=x_{Ai}}-\left(\frac{1}{r_{A,i+1}}\right)_{x_A=x_{Ai}}\right]=0 \tag{25-4-71}$$

由上两式可得到为使催化剂用量最少必须满足的两个条件：

① 按中值定律将式（25-4-70）改写为

$$\int_{x_{A,i-1}}^{x_{Ai}}\frac{\partial}{\partial T_i}\left(\frac{1}{r_{Ai}}\right)dx_A=$$

$$(x_{Ai}-x_{A,i-1})\left[\frac{\partial}{\partial T_i}\left(\frac{1}{r_{Ai}}\right)\right]_{x_A=x_{A,i-1}+Q(x_{Ai}-x_{A,i-1})}=0 \tag{25-4-72}$$

由上式可知，在 $x_{A,i-1}$ 与 x_{Ai} 之间必有 $\frac{\partial}{\partial T_i}\left(\frac{1}{r_{Ai}}\right)=0$ 的一点存在，即各段的进口操作点必位于理想温度曲线的下方，出口操作点处位于理想温度曲线的上方。若该反应体系存在最高允许温度的限制时，各段的出口温度不应超过此温度。

② 由式（25-4-71）可看出，此式即表示前一段出口的反应速率和后一段进口的反应速率应相等。

根据上述原理，现以图 25-4-9 中的 4 段反应器为例来说明多段绝热固定床反应器最优化计算的步骤：

① 根据反应器的进口条件，在相平面图上定出 Ⅰ 段反应器的进口状态 a 点，其转化率为 x_0、温度为 T_0。

② 假定 Ⅰ 段反应器的出口转化率 x_{A1}，并根据绝热反应器的热量衡算方程计算 Ⅰ 段反应器出口温度

$$T_1=T_0+\Delta T_{ad}(x_{A1}-x_{A0}) \tag{25-4-73}$$

由 x_{A1} 和 T_1 可确定 Ⅰ 段反应器出口状态 b 点。注意 b 点应位于理想温度曲线上方。

③ 根据 Ⅱ 段反应器进口反应速率应和 Ⅰ 段出口反应速率相等的要求，确定 Ⅱ 段反应器的进口状态 c 点。

④ 根据式（25-4-70）的要求，若以 $\frac{\partial}{\partial T}\left(\frac{1}{r_{A2}}\right)$ 对 x_A 作图，如图 25-4-10 所示，则图中 x_A 轴上下两块阴影面积应相等。由于 x_{Ai} 已确定，因此下部阴影面积已确定，通过试差使上部阴影面积等于下部阴影面积，即可确定 Ⅱ 段反应器的出口转化率 x_{Ai} 和出口温度 T_2。

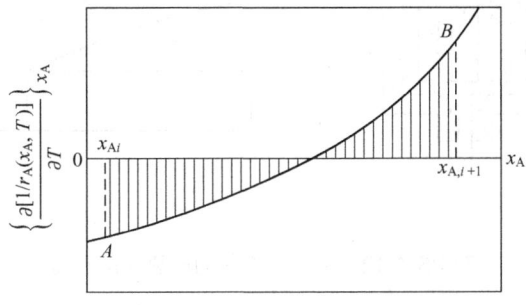

图 25-4-10　式（25-4-70）的图解说明

⑤ 重复步骤③和④，依次决定 Ⅲ、Ⅳ 段反应器的进出口转化率和温度。若第 Ⅳ 段反应器的出口转化率不等于规定的转化率，则对 Ⅰ 段反应器的出口转化率进行修正。修正的原则

是若计算的出口转化率高于规定值则降低Ⅰ段出口转化率，若计算的出口转化率低于规定值则提高Ⅰ段出口转化率。然后返回步骤②，重复上述计算步骤，直至Ⅳ段出口转化率的计算值和规定值之偏差小于规定精度。

⑥ 根据上述计算确定的各段转化率分配，利用式(25-4-68)计算各段的催化剂用量。

4.5   自热式固定床反应器的计算

为满足转化率和选择性的要求，化学反应都需在一定的温度条件下进行。工业上，往往利用反应放出的热量来加热反应物，使之达到所需的反应温度，这类反应器为自热式反应器。自热式固定床反应器可分为两类：一类是在绝热条件下进行反应，在热交换器中用反应后的热物料对反应原料进行预热，图 25-4-11 示意反应器和换热器以及温度分布；另一类是用反应原料作为列管式反应器中的冷却介质，反应与换热同时进行，如图 25-4-12 所示。

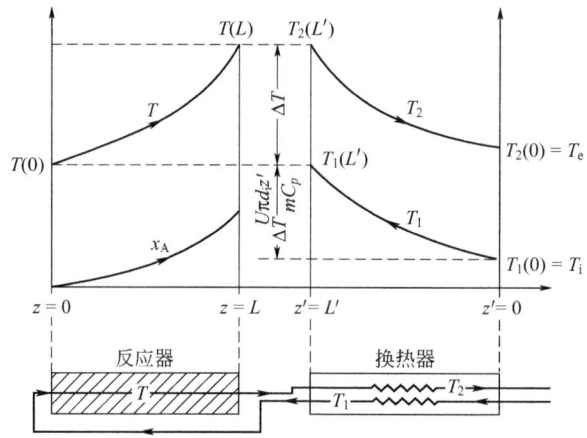

图 25-4-11   用反应器出口物流预热反应物的自热式反应器

U—换热器的传热系数；m—流体的质量流率

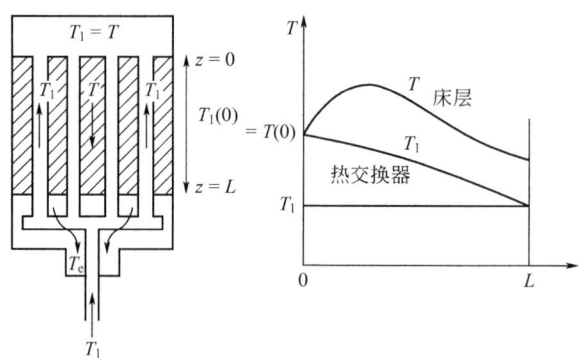

图 25-4-12   带内部换热的自热式反应器

以绝热式自热反应器为例来说明自热反应器的计算方法。反应器和换热器的物料衡算方程和热量衡算方程为：

反应器

$$u \frac{\mathrm{d}C_A}{\mathrm{d}z} = -\rho_B r_A \tag{25-4-74}$$

$$u \rho_g C_p \frac{\mathrm{d}T}{\mathrm{d}z} = \rho_B (-\Delta H) r_A \tag{25-4-75}$$

换热器

$$\frac{\mathrm{d}T_1}{\mathrm{d}z'} = \frac{k \pi d_t}{(G \rho_g C_p)_1} (T_2 - T_1) \tag{25-4-76}$$

$$(G \rho_g C_p)_1 \mathrm{d}T_1 = -(G \rho_g C_p)_2 \mathrm{d}T_2 \tag{25-4-77}$$

式中　T——反应物中物料温度，K；

　　　T_1——换热器中冷流体（进料）温度，K；

　　　T_2——换热器中热物料（出料）温度，K。

边界条件为：

反应器

$$z=0 \text{ 处} \quad C_A = C_{A0}$$
$$T = T_1(L') = T(0) \tag{25-4-78}$$

换热器

$$z'=0 \text{ 处} \quad T_1 = T_i$$
$$T_2 = T_e \tag{25-4-79}$$

由上述边界条件可知：反应器的进口温度 $T(0)$ 是未知的，因为换热器反应物的出口温度 $T_1(L')$ 取决于反应器的出口温度 $T(L)$；对换热器而言，已知反应物的进口温度 T_i，未知反应产物的进口温度 $T_2(L')$ 和出口温度 $T_2(0)$。所以反应器和换热器均需试差。一种方法是先假定换热器反应产物出口温度 $T_2(0) = T_{20}$，以通过求解换热器的能量衡算方程求得反应物的出口温度 $T_1(L')$ 和反应产物的进口温度 $T_2(L')$。再用 $T(0) = T_1(L')$ 和 $C_A(0) = C_{A0}$ 由反应器进口开始对方程式（25-4-74）和式（25-4-75）进行积分，可求得反应器出口温度 $T(L)$。如果 $T(L)$ 和 $T_2(L')$ 的偏差小于规定的精度，则说明原先假定的换热器反应产物出口温度 T_{20} 是正确的，否则就需对 $T_2(0)$ 进行修正。可见，这一问题属于两点边值问题。

不管哪一类自热反应器，反应产物和反应原料之间的热交换都会造成相当大的热反馈，并可能由此产生整个反应换热系统的多重定态和如何选择操作条件使系统能稳定操作的问题。下面仍以绝热式自热反应器为例，对这一问题进行分析。

在绝热反应器中，反应物温度和转化率之间存在以下关系：

$$T = T(0) + \Delta T_{ad}(x_A - x_{A0}) \tag{25-4-80}$$

将此式代入反应速率方程可得

$$r_A(x_A, T) = r_A[x_A, T_0 + \Delta T_{ad}(x_A - x_{A0})]$$

再将此式代入活塞流反应器的积分式

$$\frac{W}{F_{A0}} = \int_{x_{A0}}^{x_A(z)} \frac{\mathrm{d}x_A}{r_A[x_A, T_0 + \Delta T_{ad}(x_A - x_{A0})]} \tag{25-4-81}$$

在进料转化率 x_{A0}、进料流率 F_{A0}、催化剂用量 W 确定的条件下，反应器出口转化率将由进口温度确定，即

$$x_A(z) - x_{A0} = f(T_0) \tag{25-4-82}$$

对可逆放热反应，这种进出口状态之间的关系如图 25-4-13 中的钟形曲线所示。随进口温度的升高，出口转化率 $x_A(z)$ 先上升，这是由于反应速率和反应温度之间的 Arrhenius 关系决定的；但当进口温度超过其临界值后，进口温度的进一步提高将使出口转化率下降，这是由于温度升高对平衡的不利影响造成的。

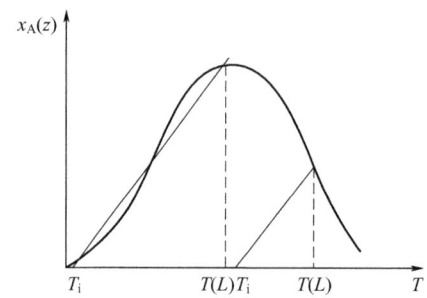

图 25-4-13 绝热式自热反应器的多重定态

反应器的进口温度 T_0 系由整个反应-换热系统的热量衡算确定。该换热器中冷热流体的温度差为常数，即：

$$\Delta T = T_e - T_i = T_2 - T_1 = T_2(L') - T(0)$$

于是换热器的热量衡算方程可写为

$$G\rho_g C_p[T(0) - T_i] = KA\Delta T \tag{25-4-83}$$

将 $T_0 - T_i$ 改写为

$$T(0) - T_2(L') + T_2(L') - T_i = -\Delta T + T_2(L') - T_i \tag{25-4-84}$$

则式(25-4-83) 转化为

$$T_2(L') - T_i = \Delta T\left(1 + \frac{KA}{G\rho_g C_p}\right) \tag{25-4-85}$$

$\Delta T = T_2(L') - T(0)$ 为反应器的绝热温升，所以有 $\Delta T = \Delta T_{ad}[x_A(z) - x_{A0}]$，代入上式得

$$x_A(z) - x_{A0} = \frac{T_2(L') - T_i}{\Delta T_{ad}[1 + KA/(G\rho_g C_p)]} \tag{25-4-86}$$

此式在 x_A-T 图上表示为起点为 T_i，斜率为 $\dfrac{1}{\Delta T_{ad}[1 + KA/(G\rho_g C_p)]}$ 的直线。整个系统（包括反应器和换热器）的定态必须同时满足式(25-4-82) 和式(25-4-86)，定态点即为 x_A-T 图上钟形曲线和直线的交点。它们可能只有一个交点，也可能有多达三个交点，即反应器和换热器组成的系统可能有三个定态。

定态点 1 因为转化率太低无实际意义，定态点 2 是不稳定的，所以反应器的实际操作点一般应选择定态点 3。

4.6 固定床反应器的参数敏感性

固定床反应器的参数敏感性是指某些操作参数（如进料温度或浓度、反应管壁温度、冷却介质温度或流率等）的少许变化，对反应器内的温度或浓度状态的影响程度。如果某操作参数发生一微小变化，反应器的状态变化很小，则称反应器的操作对该参数是不敏感的；反之，如果某操作参数的微小变化会引起反应器状态的显著变化，则称反应器的操作对该参数是敏感的。

在进行强放热反应的列管固定床反应器中，已发现热点温度往往会随操作条件的微小变化而发生显著变化，甚至影响反应器的安全操作。对这一问题已进行了广泛的理论分析和实验研究。

图 25-4-14 为利用拟均相基本模型研究壁温对某反应系统的温度分布影响的计算结果[28]。由图可见，当壁温低于 330K 时，床层温度单调下降，即反应放热不足以补充冷却介质带走的热量。当 T_w 等于 335K 时，出现热点，随着 T_w 的升高，热点位置向反应器进口方向移动，热点温度也急骤升高。特别值得注意的是，壁温从 335K 升至 337.5K 时，T_w 只升高了 2.5K，热点温度却升高了约 70K。这表明此时反应器的操作状态对反应管壁温度是极其敏感的。当反应器的温度过高导致失控，常称"飞温"。

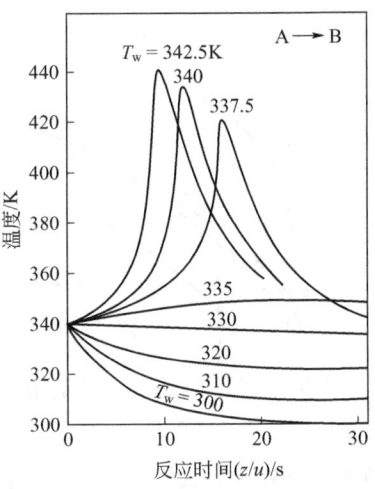

图 25-4-14 固定床反应器温度分布对壁温的敏感性

参数敏感性对反应器的设计和操作都有重要意义。一般来说，反应器不应在敏感区及其邻近操作。因此进行详细的设计计算之前选择合适的操作条件和反应器尺寸，以限制热点温度和避免对参数变化的过度敏感是有意义的。

已经提出了几种方法去导出反应器的失控判据，结果标绘于图 25-4-15。此图的横坐标为 $S=\beta\varepsilon$，即无量纲绝热温升

$$\beta=\frac{(-\Delta H)C_{A0}}{\rho_g C_p T_0} \tag{25-4-87}$$

和无量纲活化能

$$\varepsilon = \frac{E}{RT_0}$$ (25-4-88)

的乘积；纵坐标为 N/S，其中

$$N = \frac{4K}{D\rho_g C_p k}$$ (25-4-89)

式中，k 为以单位体积催化剂为基准的反应速率常数；K 为总传热系数；D 为反应管直径，所以

$$N/S = \frac{4KRT_0^2}{DkC_{A0}(-\Delta H)E}$$ (25-4-90)

图 25-4-15 是在反应物进口温度和冷却介质温度均等于 T_0 的条件下作出的，图中曲线以上的区域表示反应器的状态对操作参数的小变动不敏感，曲线以下的区域则表示可能因操作参数的小变动导致反应器飞温。由图 25-4-15 可见，反应级数越低，对应曲线下可能导致失控的区域越大。这些曲线可以方便地用于选择避免飞温的操作条件和反应管直径。由图 25-4-15 和 N/S 的定义可见，一切使 N/S 增大的措施都有利于降低反应器的参数敏感性。当由于结构的原因不能使管径 D 进一步减小，由于工艺上的原因不能进一步减小初浓度 C_{A0} 或提高反应物进口温度 T_0 时，用惰性固体颗粒稀释催化剂以减小体积反应速率常数 k，也是设计中可以采用的降低反应器敏感性的一种措施。

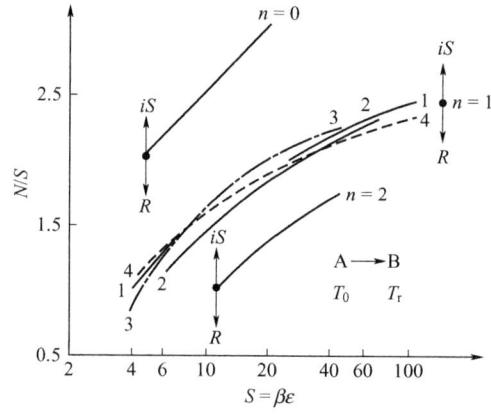

图 25-4-15 列管式反应器失控判据图
曲线 1—Barkelew[29]；曲线 2—Dente 和 Callina[30]；曲线 3—Hlavacek[31]；
曲线 4—Van Welsenaere 和 Froment[32]；$n=0$ 和 $n=2$ 的曲线：Morbidelli 和 Varma[33]

参考文献

[1] Rase H F. Fixed-Bed Reactor Design and Diagnostics. Boston: Butterworths, 1990.
[2] Ergun S, Orning A A. Ind & Eng Chem, 1949, 41 (6): 1179-1184.
[3] Ergun S. Chem Eng Prog, 1952, 48: 89-94.

[4] Handley D, Heggs P. Trans Instn Chem Engrs, 1968, 46:T251-T264.

[5] Froment G F, Bischoff K B. 化学反应器分析与设计. 邹仁鋆, 等译. 北京: 化学工业出版社, 1985: 510.

[6] Kulkarani B D, Doraiswamy L K. Cat Rev, 1980, 22（3）: 431-483.

[7] Kunii D, Smith J M. AIChE J, 1960, 6（1）: 71-78.

[8] De Wasch A P, Froment G F. Chem Eng Sci, 1972, 27（3）: 567-576.

[9] Li C H, Finlayson B A. Chem Eng Sci, 1977, 32（9）: 1055-1066.

[10] Yagi S, Kunii D, Wakao N. AIChE J, 1960, 6（4）: 543-546.

[11] Froment G F. Ind & Eng Chem, 1967, 59（2）: 18-27.

[12] Fahien R W, Smith J M. AIChE J, 1955, 1（1）: 28-37.

[13] Wen C Y, Fan L T. Models for Flow Systems and Chemical Reactors. New York: Marcel Dekker, 1975.

[14] Bischoff K B, Levenspiel O. Chem Eng Sci, 1962, 17（4）: 245-255.

[15] Froment G F. Chemical Reaction Engineering, Advances in Chemistry Series 109, New York: ACS Publication, 1972.

[16] Froment G F. Proc 5th Eur Symp Chem React Eng. Amsterdam: Elsevier, 1972.

[17] Votruba J, Hlaváček V, Marek M. Chem Eng Sci, 1972, 27（10）: 1845-1851.

[18] Carberry J J, Wendel M M. AIChE J, 1963, 9（1）: 129-133.

[19] Young L C, Finlayson B A. Ind & Eng Chem Fund, 1972, 12（4）: 412-422.

[20] Hlavacek V. Ind & Eng Chem, 1970, 62（7）: 8-26.

[21] 程迎生, 袁渭康. 自然科学进展, 1992, 2（4）: 324-334.

[22] 肖文德, 袁渭康. 化学工程, 1993（2）: 13-19.

[23] 张琪宏, 陈敏恒, 袁渭康. IChE Symposium Ser, 1984, 87: 147.

[24] De Wasch A P, Froment G F. Chem Eng Sci, 1971, 26（25）: 629-634.

[25] Deans H A, Lapidus L. AIChE J, 1960, 6（4）: 656-663.

[26] Kunii D, Furusawa T. Chem Eng J, 1972, 4（3）: 268-281.

[27] Roberts S M. Dynamic Programming in Chemical Engineering and Process Control. London: Academic Press, 1964.

[28] Bilous O, Amundson N R. AIChE J, 1956, 2（1）: 117-126.

[29] Barkelew C H. Chem Eng Progr. Symp Ser 55. 1959, 55（25）: 37-46.

[30] Dente M, Collina A. Chim Industrie, 1964, 46（7）: 752-761.

[31] Hlavacek V, Marek M, Jothn T M, et al. Chem Comm, 1969, 34（12）: 3868-3880.

[32] Van Welsenaere R J, Froment G F. Chem Eng Sci, 1970, 25（10）: 1503-1516.

[33] Morbidelli M, Varma A. AIChE J, 1982, 28（5）: 705-713.

第 **25** 篇

5

流化床反应器

　　1926 年德国人 Winkler 发明的粉煤流化床气化炉问世,使流态化技术成为最早应用在化学反应过程的化工技术。到 20 世纪 40 年代烃类催化裂化 (FCC) 实现工业化后,流化床反应器的工业应用得到了迅速拓展。目前流化床反应器已成为化工、石油炼制、能源、轻工、医药、生物制品和环境保护等众多工业过程的一类重要反应装置[1~12]。

5.1　基本类型及基本特点

　　流化床操作的最基本特征是流体(气体或液体)以较高的流速通过床层,带动床内的固体颗粒迅速运动,使之悬浮在流动的主体流中,并呈现出类似流体流动的一些特征,故而得名。床内相应的流动状态(流态)称为流态化。特别在气-固流化床中,流化气体常以气泡形式通过床层,犹如水的沸腾,所以流化床亦常称为沸腾床。

5.1.1　流化床反应器的分类

5.1.1.1　按流化体系分类

　　按流化体系的不同,习惯上把流化床反应器分成两大类:一类为气-固(相)流化床反应器。按在器内所发生的反应过程的不同,又可分为气相催化反应过程(催化或非催化反应)和气-固相非催化反应过程(如煤的燃烧和气化,矿物的焙烧和煅烧等)两类。另一类为液-固(相)和气-液-固(三相)流化床反应器。气-固流化床反应器在工业上应用得最为广泛和成熟,液-固和三相流化床反应器在生化反应过程(酶化、植物细胞培养和药物等生化制品)和工业污水生化处理等过程中推广应用[2]。

5.1.1.2　按流态分类

　　对液-固流化床反应器,固体颗粒均匀地分散在液体中,呈拟均相状态,所以常称为散式流态化或均相流化床反应器。对气-固流化床反应器,流化气体的速度变化范围很大,反应器内发生的流态化的特性很不相同(参见 5.3 节)。一般可以分为三类:鼓泡流化床、湍流流化床和快速流化床反应器,如图 25-5-1 所示。在这些流化床反应器中,固体颗粒在不同程度上成团聚状态,故常统称为聚式流态化。

5.1.2　基本结构

　　流化床反应器除筒体(圆筒形或矩形)外,还包括气(液)体分布器、固体颗粒、内部构件(包括换热构件和控制气泡或颗粒运动等专门构件)、颗粒的捕集、回收系统以及气源

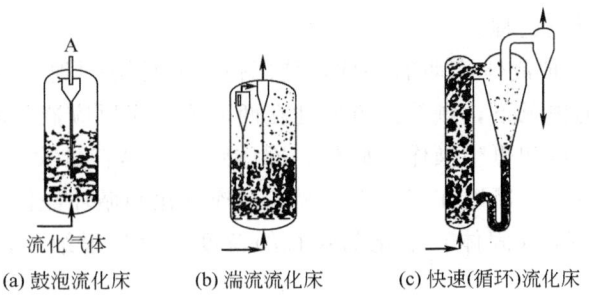

图 25-5-1　三类典型的气-固流化床反应器

(a) 鼓泡流化床　　(b) 湍流流化床　　(c) 快速(循环)流化床

等。对不同的工业生产过程，有时还可设置其他部件，如颗粒的输入和输出装置、气体射流、机械搅拌和振动等机械装置[1]，还有采用电磁等外加力场来改善流化质量的装置[4]。图25-5-2给出了气-固流化床反应器的一般结构示意图。

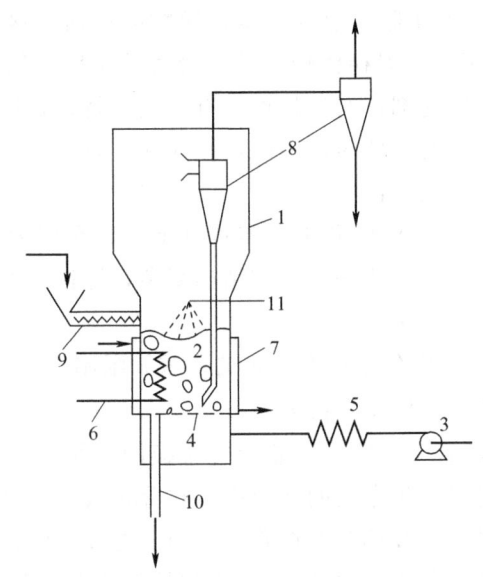

图 25-5-2　气-固流化床反应器的一般结构示意图

1—床体；2—固体颗粒；3—风机；4—气体分布器；5—预热器；6—内部换热器；7—夹套换热器；
8—旋风分离器；9—固体颗粒加料器；10—固体颗粒出料器；11—喷雾加料

5.1.3　基本特点和优缺点

与其他类型的气-固接触式反应器相比较，气-固流化床因其独有的优异性能，故在工业上能得以广泛的应用。主要应用有：

① 流化的固体颗粒在床内做着强烈的循环运动，保证了气-固两相以及颗粒-颗粒之间有效的接触和混合，强烈地冲刷埋在床层中的换热管件和器壁，使它们之间有较高的传热速率。另外，流化气体在通过床层时的混合效应使床层几乎可以达到温度均匀状态，一般不会出现固定床反应器中经常遇到的"热点"和"飞温"现象。反应可在较低温度下进行，对催化剂活性的要求亦不太高。此外，进口的冷物料（无论是气体、液体或固体）几乎可瞬时地

达到床层的温度，通过床层的流化气体还携带走大量的反应热。所以流化床反应器特别适用于强放热和热敏感的反应过程。

② 流化床层呈现着拟流体流动的特性，使固体颗粒能方便地加入和移出反应器。在催化剂颗粒会发生失活的情况下，颗粒能方便地在两台流化床反应器之间作循环流动，并分别在各台反应器中进行反应和再生操作。此外，固体颗粒（热容量大）从反应器移出的同时，还携带走了大量的反应热。所以在工业上容易实现连续化和循环操作。

③ 对气相催化过程，（固体）催化剂颗粒的粒度一般都很细小，所以粒内扩散阻力很小，一般可以忽略。

④ 较低的压降。与固定床反应器相比，当使用的颗粒粒度和表观流化气速相同时，其压降要低得多。在细颗粒体系情况下，尤是如此。

⑤ 机械结构简单，便于制造，适用于大的工业生产过程系统。工业反应器的床径可以从 0.05m（如硅烷的热裂解）到 10m 不等。

但是流化床反应器亦有其自身的一些缺点，从而限制了它们在工业上得到更多的应用。

① 流化的固体颗粒和气体在器内返混严重，颗粒的流动更接近全混流，气体又易发生"旁路"现象。所以与固定床反应器相比较，反应物的转化率一般要低得多，或为了达到同样的转化率需使用较多量的催化剂，对选择性也有影响。特别在固体加工过程中，由于颗粒的流动几近全混，它们在床内的停留时间不一，且往往有较宽的分布，从而严重地影响过程的效率，亦会降低产品的质量或品位。

② 要全面地评估流化质量。理论和工业实践都证实，在床内设置诸如横向挡板或搅拌等机械设施等都很有效，但是这样势必会导致结构复杂，操作和控制变得复杂和困难，投资亦将增大。

③ 对流化颗粒的粒度和粒度分布都有一定的要求和限制。一般地，粒径小于 3×10^{-5} m 或大于 3×10^{-3} m 的颗粒难以流化而不被采用。

④ 床内会明显地存在着不均匀性。在靠近分布板的区域（或分布板区）和床层上方的自由空间区的空隙率明显高于流化床层的空隙率。在分布板区，气、固两相之间的混合和流动十分强烈，反应相当剧烈，一般都会存在着较大的温度和浓度梯度。而在自由空间区，颗粒在上升气流中呈离散的悬浮状态，气-固两相之间接触充分，易发生二次反应（如深度氧化反应等），会导致过程反应选择性的降低，温度控制亦较困难。

⑤ 当有两个或更多个组分参与反应时，欲使它们都能完全反应（或都有高的转化率）是不可行的。这是由于床内返混严重，气体的旁路现象在所难免，如在烃类氧化过程中，常以氧过量来保证烃类有高的转化率。为此，要考虑过量组分和过量比。

⑥ 为了捕集和回收固体颗粒，以免损失掉昂贵的催化剂颗粒并能保持床层内一定细粉比，且避免造成环境污染等，通常要在床的内部或外部设置高效多级旋风分离器等分离装置。

⑦ 流态化现象相当复杂，在不同尺度或规模下的流态化特性大相径庭（参见 5.3 节）。所以从实验室或中试规模下获得的一些结果往往很难直接应用到过程开发和工程放大工作中。对于复杂的反应过程更是如此。目前主要还是采用逐级放大方法。

⑧ 上述这些缺点和困难，在鼓泡流化床反应器中特别突出（参见 5.3 节），在湍流和快速流化床反应器中有所缓解，但是目前在这些方面的工程经验尚有欠缺。

5.2　工业应用

5.2.1　在不同反应过程中的应用

　　流化床反应器在工业上应用很广。对于气-固相反应体系，根据反应过程特性的不同，可分为气相催化过程，气相非催化反应过程和气-固相反应过程等几类。

　　（1）气相催化反应过程　在该类反应过程中，一方面作为催化剂的流化颗粒本身，其化学和物理性质很少会发生变化。但另一方面，它除应有理想的化学反应活性和选择性之外，还要求有良好的物理性能，如对颗粒的粒度和粒度分布、颗粒的密度和机械耐磨性等方面都有一定的要求和限制。重要的应用有：烃类的催化裂化和重整，有机化合物的合成（如苯酐、丙烯和醋酸乙烯的生产，甲醇制烯烃，氧氯化法合成氯乙烯，α-烯烃的聚合，烃类的氧

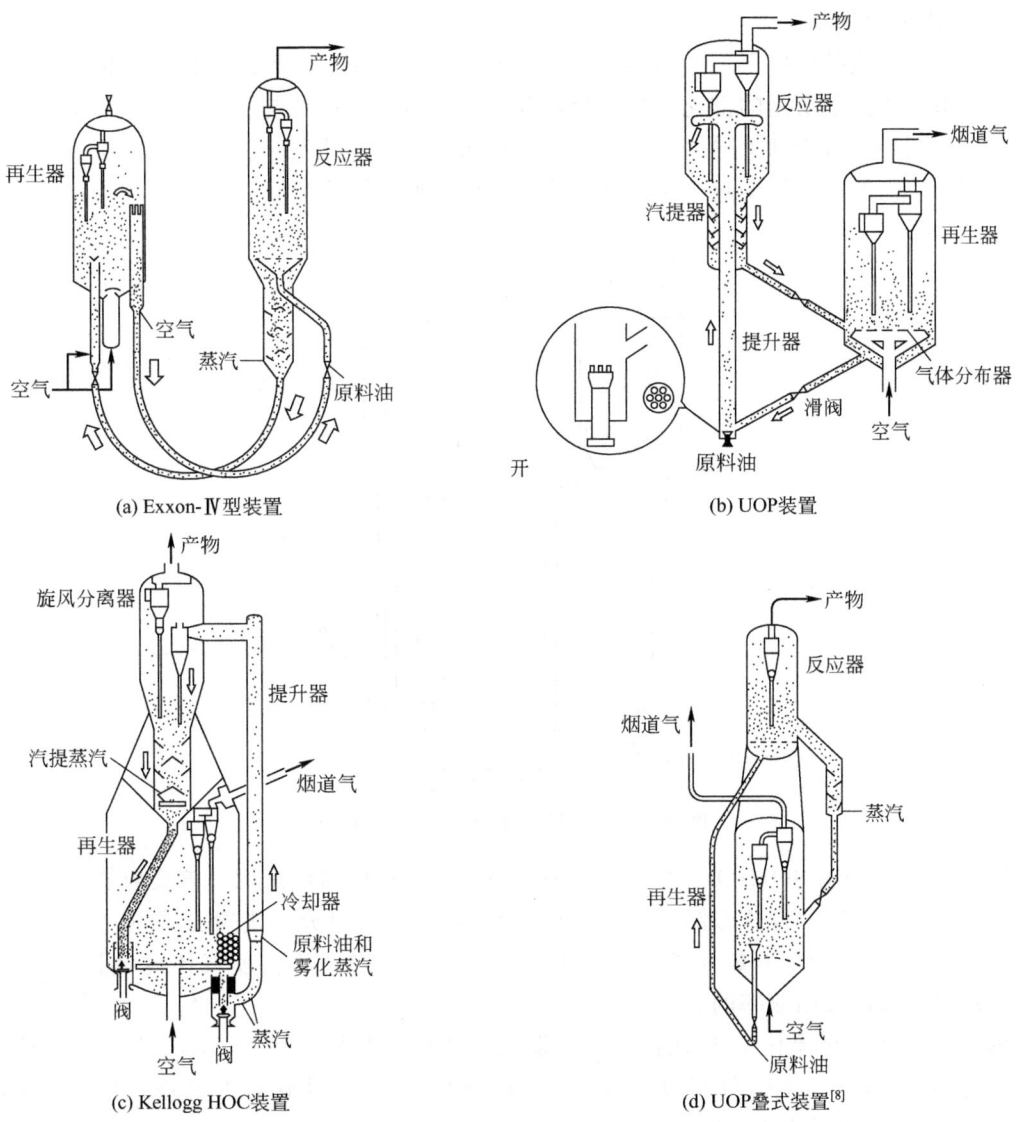

(a) Exxon-Ⅳ型装置　　　　　　　　(b) UOP装置

(c) Kellogg HOC装置　　　　　　　(d) UOP叠式装置[8]

图 25-5-3　几种典型的催化裂化装置[1]

化和氯化），费托合成和 SO_2 氧化制 SO_3 等。

烃类催化裂化装置是石油炼制工业中重要的生产装置。在催化剂（近代多用分子筛）存在下，催化裂化沸程在 $270\sim570℃$ 之间的混合油品（芳烃、烷烃和环烷烃），以生产汽油、煤油和柴油，副产物主要为 $C_2\sim C_4$ 烷烃。其反应温度在 $500\sim600℃$ 之间。在裂化过程中，催化剂表面被炭迅速沉积而失活，需再生。图 25-5-3 为几种典型的催化裂化装置示意图，其中，图 25-5-3(a) 为美国 Exxon-Ⅳ 型生产装置，反应器是在湍动流态化下操作的。图 25-5-3(b) 和图 25-5-3(c) 是近代开发出来的新型提升管（快速流态化）反应装置。图 25-5-3(d) 所示的装置更将反应器和再生器集合在同一容器中。尽管它们在结构上有所不同，但是它们的操作原理是一致的。油料在反应温度下汽化以高速气流通过反应器进行反应，依靠压力差和气流输送方式把失活了的催化剂送往再生反应器再生（高压蒸汽和空气，反应温度 $700\sim800℃$），再生后的催化剂送回反应器。高温再生的催化剂和蒸汽提供裂化反应（吸热反应）所需的热能。失活的催化剂吸附着油品，在进入再生反应器前需先经过蒸汽汽提器（段）脱吸附回收油品。

流化催化裂化的反应再生技术还成功拓展应用于图 25-5-4 所示的甲醇制取低碳烯烃工艺过程。由于该过程所用的催化剂易结焦，反应装置也由反应器与再生器两部分构成。结焦失活的催化剂在气流带动下进入再生器再生，而再生后的催化剂又在气流的作用下进入反应器循环使用。当然反应器的热平衡以及反应器停留时间需要重新计算。

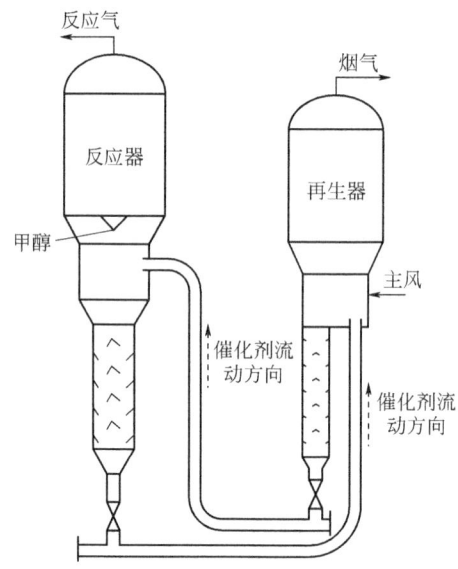

图 25-5-4 甲醇制烯烃流化床反应器

图 25-5-5 是美国 SOHIO 公司开发的丙烯腈流化床反应器示意图。该反应器的特点是反应在接近反应混合物的爆炸极限下进行。SOHIO 设计了两股分别进料方式（一为氨和丙烯混合物，另一为空气），并成功地采用了对喷的管式分布器，不仅使气体混合和分布很好，而且实现了提高丙烯腈收率的目的。

图 25-5-6 为循环流化床费-托合成反应器的示意图，其操作压力 2100kPa。在反应器底部，催化剂与原料气（CO 和 H_2）混合后（温度约 315℃），快速提升和进行反应。顶部温度约为 340℃。转化率接近 85%。

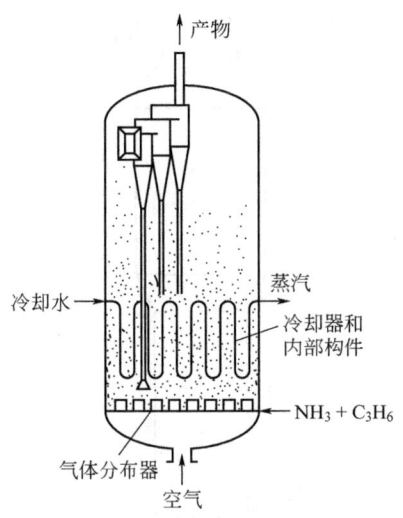

图 25-5-5 丙烯腈流化床反应器[1]

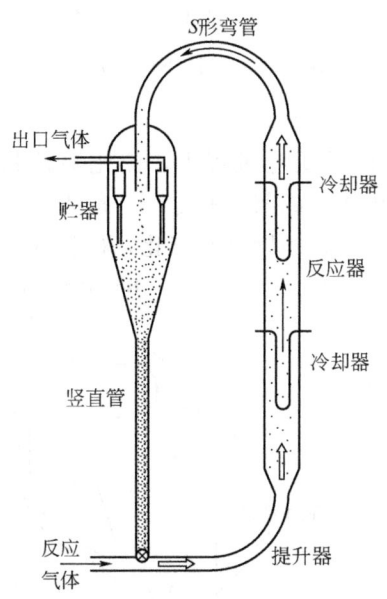

图 25-5-6 循环流化床费-托合成反应器[1]

此外，20 世纪 60 年代出现了以美国 UCC 公司的 Unipol 工艺为代表的流化床烯烃聚合工艺过程，并得到了很快发展（参见 5.2.2）。

（2）气相非催化反应过程 该类反应过程在工业上的应用尚不多见。典型的有：烯烃的水合反应、烃类和硅烷的热裂解及放射性废树脂热裂解等。在反应过程中，流化颗粒本身是惰性的，它只起着均衡的传热介质作用，或作为沉积反应产物的核心。

图 25-5-7 为放射性废树脂热裂解流化床反应器示意图。如图所示，反应器下半部分装有一定高度的流化颗粒（通常为硫酸钡、氧化铝颗粒等），上半部分留有气相自由空间。过热蒸汽从反应器底部通入，带动颗粒流化。浆液态的废树脂由反应器侧面的喷嘴呈雾状水平喷入床层，并覆于流化颗粒表面发生裂解反应。最终的固体产物从底部排出，进行分离和收集。此外，由于该过程是强吸热反应，还需要向反应器内添加木炭、糖类等，通过其与氧气

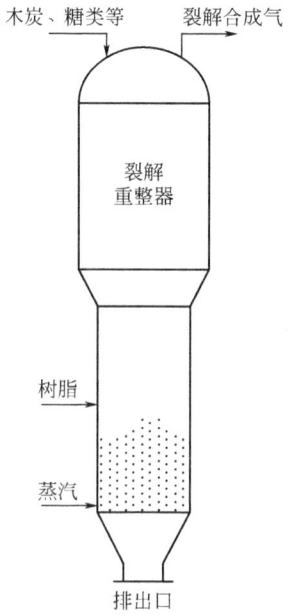

图 25-5-7   放射性废树脂热裂解流化床反应器[13]

的反应为裂解过程提供热量。

（3）气-固相反应过程   在该类反应过程中，流化颗粒和气体都参与反应和发生变化，反应产物可以是气体、液体或热能，或兼而有之。一般来说，对颗粒的粒度和密度没有太严格的要求。工业上重要的应用有：煤的燃烧和气化，矿物的焙烧、煅烧和加氢还原，催化剂

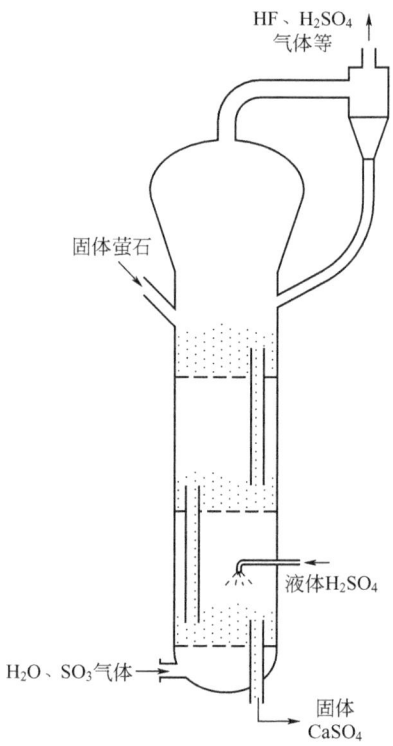

图 25-5-8   用于生产无水氟化氢的多层流化床反应器

的再生，铀的氟化物和氧化物的生产，废渣和废液的焚烧及氟化氢的生产等。

图 25-5-8 是用于生产无水氟化氢的多层流化床反应器示意图。在该反应器中，气体反应物 SO_3 和水蒸气与固体反应物萤石矿颗粒逆流接触，最终生成的气体产物 HF 由反应器顶端排出，而固体残渣 $CaSO_4$ 由反应器底部排出。在整个反应过程中，SO_3 与水蒸气反应放出的热量为萤石矿转化提供热能。同时，通过控制反应在硫酸的露点温度下进行，有效解决了过多硫酸析出导致的设备腐蚀和颗粒团聚失流化等问题。

5.2.2 不同流化床床型的工业应用

即使反应类型固定，所采用的流化床反应器的床型也可能发生很大变化。以烯烃聚合反应过程为例，为了实现聚合物牌号的差别化和高性能化，就使用了各种床型。

(1) 自由流化床反应器 自由流化床反应器内部无其他部件，典型的应用为 UCC 公司发明的 Unipol 气相法聚乙烯/聚丙烯生产工艺[14,15]。该工艺的特点是一步工艺流程，操作条件缓和，气相单体经一步反应转化成固态粒状聚合物，无须分离、提纯和回收溶剂与稀释剂，不会产生废气、废液，对环境影响较小。图 25-5-9 所示的是 Unipol 工艺聚合工段的示意图。反应气体从反应器的底部进入床层后流化催化剂细粉并反应生成聚合物颗粒，未反应的气体从反应器的顶部排出，与新鲜原料气体混合后，依次经过压缩机加压和换热器降温后从反应器底部进入反应器继续参与反应。

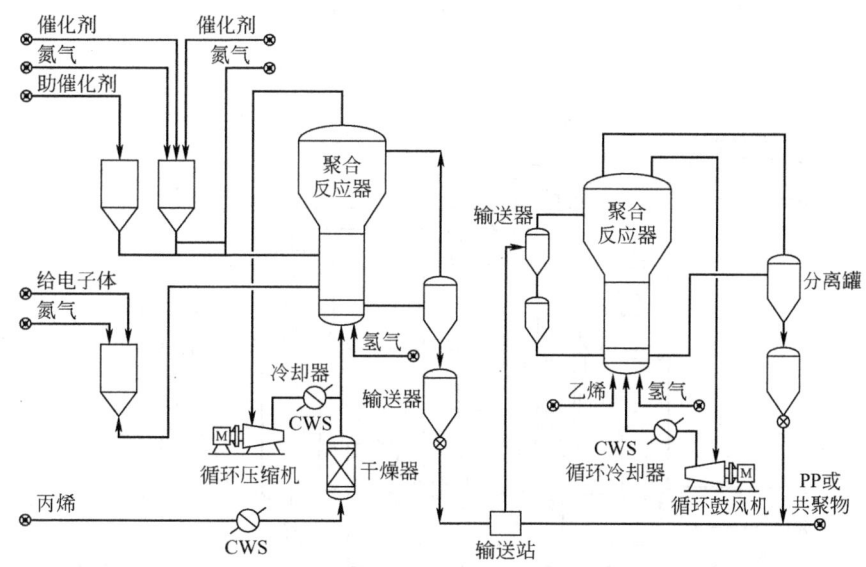

图 25-5-9 Unipol 工艺聚合工段的示意图[16]

(2) 立式搅拌流化床反应器 立式搅拌流化床反应器是在床中增加搅拌桨，以促进物料的混合和均匀分布，有效防止热点的形成和聚合物粘壁的出现[14,15]。该类反应器根据搅拌桨型式的不同可以分为底伸式局部搅拌和整床搅拌。底伸式搅拌流化床反应器的典型应用是 Hypol 聚丙烯工艺和 Borstar 聚乙烯/聚丙烯工艺，图 25-5-10 和图 25-5-11 所示的分别是两种工艺的示意图。整床搅拌流化床反应器的典型应用是 Shperipol 聚丙烯工艺，图 25-5-12 所示为其工艺示意图。由于整床搅拌的保障，该工艺不仅可通过流化气撤出反应热，同时还可向反应器中喷洒液态丙烯，通过液态丙烯的蒸发撤出反应热。

(3) 卧式搅拌流化床反应器 卧式搅拌流化床反应器的典型应用是 Innovene 公司发明

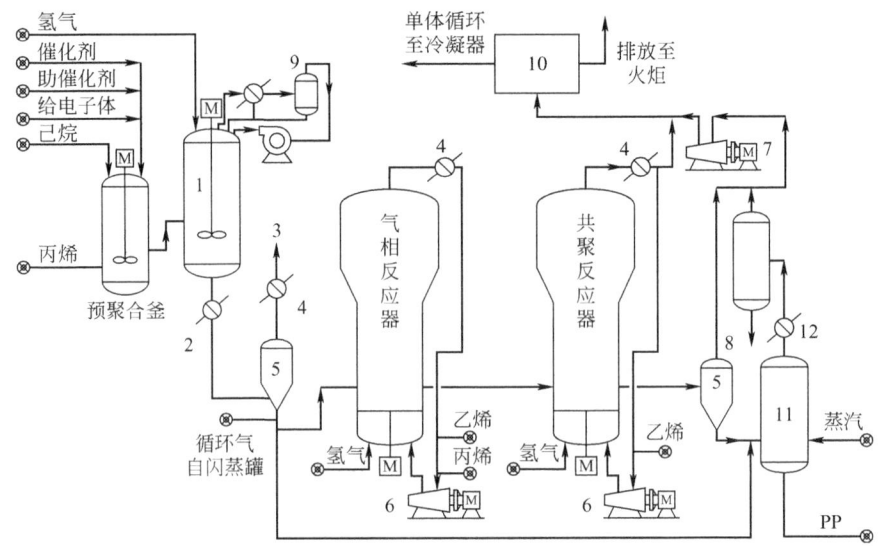

图 25-5-10   Hypol 聚丙烯工艺示意图[16]

1—本体聚合釜；2—加热器；3—单体循环回处理器；4—冷凝器或冷却器；5—闪蒸罐；

6—循环气压缩机；7—压缩机；8—冷凝液；9—分离器；10—尾气回收系统；

11—脱气/脱活罐；12—冷凝器

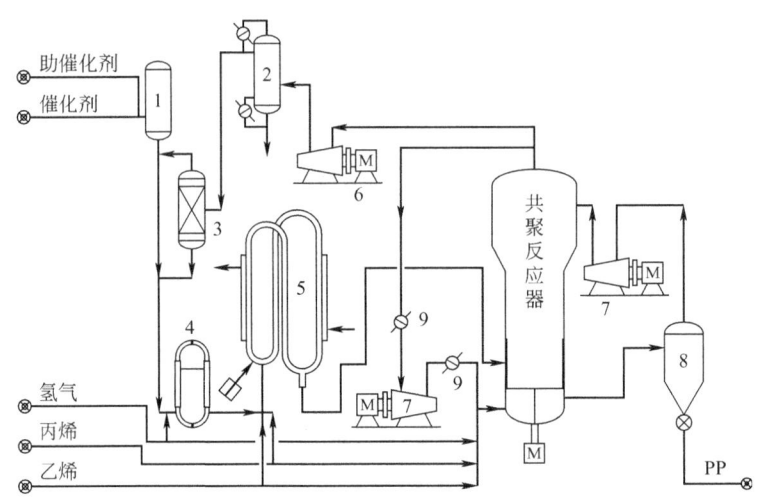

图 25-5-11   Borstar 聚乙烯/聚丙烯工艺示意图[16]

1—催化剂缓冲罐；2—重组分分离塔；3—循环丙烷干燥器；4—预聚合反应器；5—环管反应器；6—循环气压缩机；

7—循环气鼓风机；8—脱气仓；9—冷却器

的气相法聚丙烯生产工艺[14,15]。其独特的卧式搅拌设计能够为床层提供近似平推流的流动模式，将牌号切换过程中的过渡时间以及过渡废料降至最少，具有较为灵活的操作特性。图 25-5-13 为 Innovene 工艺示意图。新鲜主催化剂从卧式釜顶端加入，与床层均匀混合后被助催化剂还原为活性催化剂，再与单体发生聚合反应。在卧式搅拌桨"温和"的带动下，床层粉料缓慢地向出料口运动，其间绝大部分聚合热由反应器顶部喷洒的液态丙烯汽化带走，同

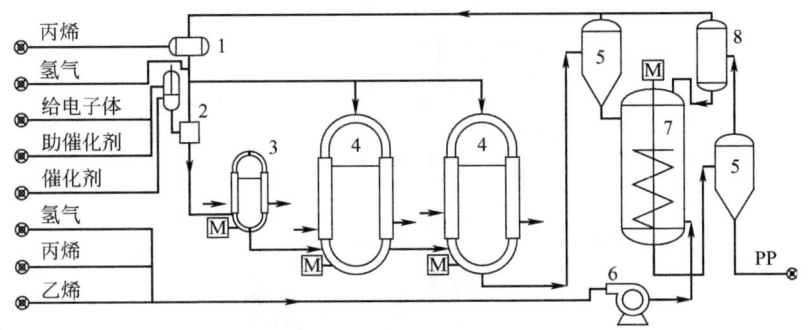

图 25-5-12 Shperipol 聚丙烯工艺示意图[16]

1—丙烯进料罐；2—预接触罐；3—预聚合环管反应器；4—环管反应器；5—闪蒸罐；

6—压缩机；7—气相反应器；8—乙烯汽提塔

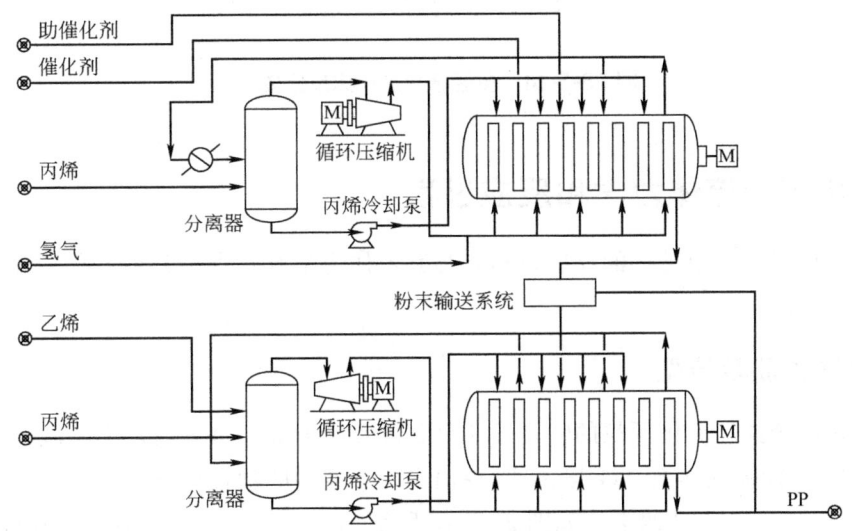

图 25-5-13 Innovene 气相法聚丙烯工艺示意图[16]

时床层底部通有气态丙烯循环气体，目的是使床层处于半流化状态，搅拌桨能在较小功率下工作。

（4）多区循环流化床反应器 Basell 公司的 Spherizone 聚丙烯工艺通过采用多区循环反应器（MZCR）技术，消除了传统双峰串联生产工艺中停留时间分布对产品均匀性的影响，实现了单反应器内分子级混合双峰聚合物的生产。MZCR 作为该工艺的核心设备，属于循环流化床的一种，主要由提升段、下降段、旋风分离段和颗粒循环段组成，如图 25-5-14 所示。反应器操作压力为 2.5～3MPa，操作温度 70～100℃。气相丙烯单体由提升段底部进入并夹带聚丙烯颗粒上行并呈快速流态化，经旋风分离段分离后，聚丙烯颗粒进入下降段并在重力作用下以移动床形式向下运动，其中一部分颗粒可作为产物出料，另一部分经过颗粒循环段返回提升管形成颗粒循环。未反应的丙烯单体由旋风分离段中心管离开反应器，然后进入循环管路经压缩、换热并再次由提升段底部进入反应器。在下降段移动床料面下方通入阻隔气，以在下降段中形成与提升段不同的反应气氛，实现高分子层和低分子层相互间隔以形成多层拟均相结构，得到分子级混合产物。

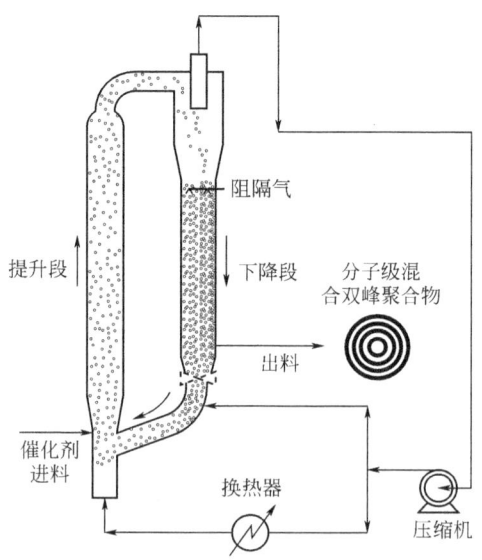

图 25-5-14　多区循环流化床反应器[17]

5.3　流化床的流体力学和反应过程

　　流化床反应器系统中进行的反应过程，与其流体力学有着直接关系。有关流体力学的内容可详见第 21 篇。

5.3.1　颗粒性质及流型

　　（1）颗粒的分类　流化颗粒的物理性质（粒度和密度等）对床内发生的流化特性起着重要作用。对于气-固流化体系，Geldart[18]提出了一个通用的颗粒分类方法，并沿用至今。他把颗粒分成 A、B、C 和 D 四类，如图 25-5-15 所示。表 25-5-1 列出了各类颗粒的一些特征。

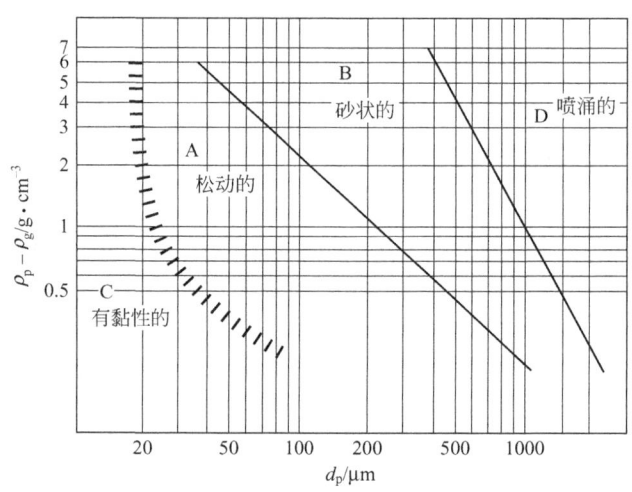

图 25-5-15　Geldart 颗粒分类图

$1\mu m = 10^{-6} m$；$1g \cdot cm^{-3} = 10^3 kg \cdot m^{-3}$

从某一类颗粒体系得出的结果，往往不能用于其他颗粒体系。此外，当操作条件改变时，颗粒的类别也会发生改变。已有研究表明，对于 B 类颗粒，随着颗粒表面温度的升高或者液体量的增大，颗粒的流化行为逐步向 A 类颗粒甚至是 C 类颗粒转变[19,20]。

表 25-5-1　颗粒的分类及其特征[18]

性质 ＼ 颗粒	C 类	A 类	B 类	D 类
特点	易聚团	易气流提升	易鼓泡	易喷动
实例	面粉	FCC 颗粒	砂粒	煤粒
粒度/μm	≤20	$20<\overline{d}_p≤90$	$90<\overline{d}_p≤650$	>6.50mm
沟流	存在	很少	可忽略	可忽略
喷动（射）	无	无	只在浅层床有	易发生
崩溃速率	—	低	高	高
床层膨胀	低	高,初期无泡	中等	中等
气泡形式	无气泡	底部平坦的球状	稍稍凹形的球状	球状
流变性	高塑性	黏度中等	黏度相当大	黏度相当大
颗粒混合	很慢	快	中等	慢
气体返混	很低	高	中等	低
节涌形式	—	轴对称	基本轴对称	沿器壁发生
$\overline{d}_p$对流体力学的影响	不清楚	显著	较小	不清楚
粒度分布的效应	不清楚	显著	可忽略	可能发生离析

（2）颗粒聚团　在气、固两相流中，颗粒间的相互作用会在床内形成颗粒聚集体或聚团，典型的如循环流化床中的颗粒聚集体（cluster）和气固密相流化床中的聚团（agglomerates）[21~23]。颗粒聚团的存在形态、结构以及强度与颗粒间作用力直接相关。对于 A 类和 C 类颗粒，范德华力是形成颗粒聚团的主要作用力，因而聚团多以大量颗粒聚集而形成的颗粒团簇形态存在，其强度较低，容易被气流剪切破碎。而对于 B 类和 D 类颗粒，范德华力等分子间作用力不足以克服流体曳力或颗粒重力从而使得颗粒黏结形成聚团。但是当操作条件发生改变时，如床层温度的升高和液体的引入，导致颗粒的表面特性发生改变，颗粒间接触作用时会形成更强的颗粒间作用力如固桥力、液桥力等，同样会使得颗粒黏结形成聚团，且其强度更高，危害性更大。除流化床造粒工艺外，颗粒聚团的存在常常会影响流化床中气固相间传热传质、床层流化稳定性等，因而近年来越来越多的研究者致力于流化床中颗粒聚团的产生机制、检测预警和消除等研究工作[24~28]。

（3）流型和流型的过渡　随着流化气速的不断提高，器内的流化特性会发生很大变化。一般来说，流态化可以分成如下几个流域：均匀膨胀、鼓泡流态化、节涌流态化、湍流流态化、快速流态化和气流输送等。图 25-5-16（A）、（B）分别给出了流域随流化气速的变化（或过渡）和它们相应流态的示意图。表 25-5-2 列出了各流型的一些基本特征。但在同一装置中，无论流化气速如何变化，上述的诸流化状态不一定都会发生或被观察到。

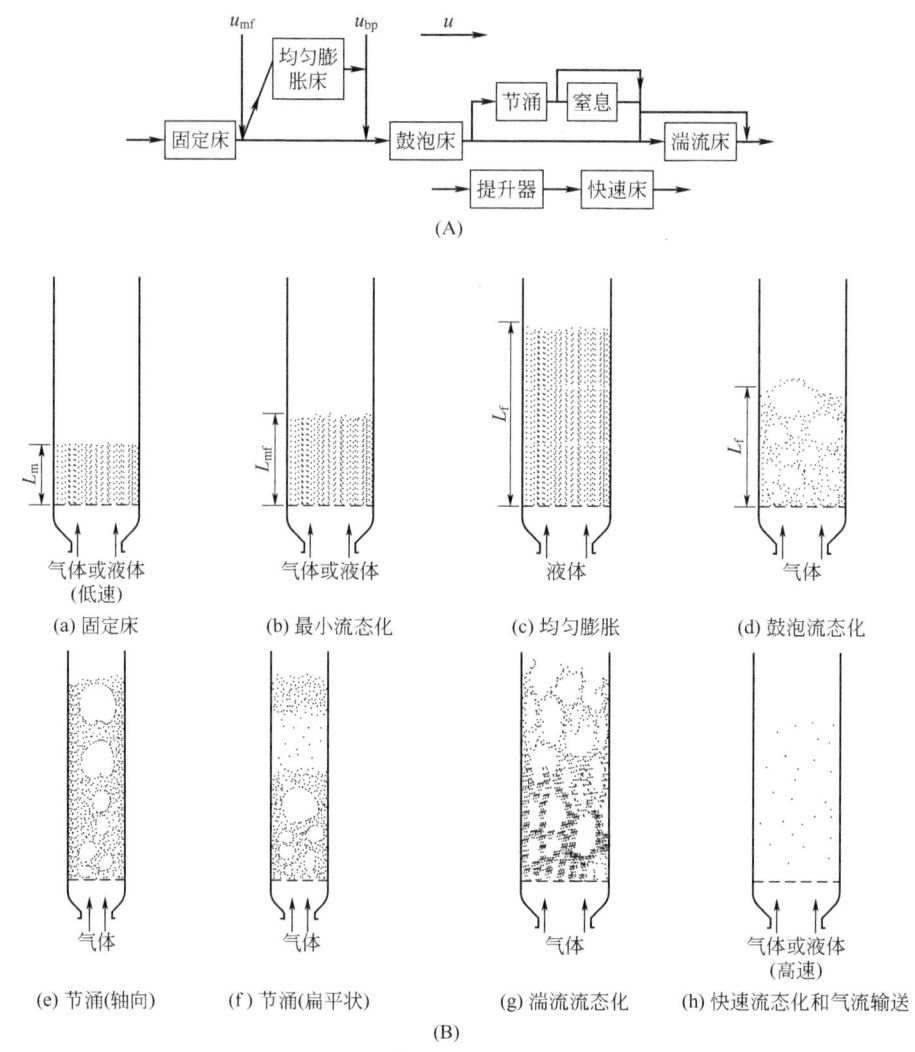

图 25-5-16 流化床中可能发生的流型

（A）流型及其过渡；（B）各流型的形态

表 25-5-2 流型和流型的过渡

区域(图 25-5-16)	气速范围	流域	特征
1	$0 \leqslant u \leqslant u_{mf}$	固定床	颗粒静止,气体从粒间流过
2	$u_{mf} \leqslant u < u_{mb}$	散式流态化	床层均匀膨胀,床层顶部有明确的界面。很少发生聚集状态,压力波动很小
3	$u_{mb} \leqslant u < u_{ms}$	鼓泡流态化	分布板区有较大的空隙率和有细小气泡形成。气泡在上升过程中不断反复地发生聚并和分裂,泡径随之增大,直到床面而破裂;可见到波动的床面;存在较大幅值的不规则压力波动
4	$u_{ms} \leqslant u < u_{k}$	节涌流态化	易在小尺度床中发生,泡径可能与床径相当。床面会周期性波动,压力波动大而规则。可能发生窒息现象

区域(图 25-5-16)	气速范围	流域	特征
5	$u_k \leqslant u < u_{tr}$	湍流流态化	无明显的气泡存在,空隙率大。床面很难确定,压力波动小且规则。有颗粒絮状物或团聚物出现
6	$u_{tr} \leqslant u$	快速流态化	不存在确定的床层界面。颗粒随上升气流携出反应器,需在床底部不断添加颗粒。颗粒呈絮状物,多数沿壁向下运动;含有大量离散颗粒的气体趋向床的中心向上运动。在给定的颗粒加料速率下,流化气速增加,空隙率随之增加,并进入稀相气流输送状态

注:u_{mf}—最小流化气速;u_{mb}—起始鼓泡流化气速;u_{ms}—最小节涌点下流化气速;u_k—节涌、湍动流态化转变气速;u_{tr}—湍动、快速流态化转变点流化气速。

这由于流型的转变点的流化气速不仅仅与颗粒的性质（粒度及其分布、密度等）有关，其他因素（床径、床层深度等）亦可能起着重要作用。对于流型和流型的划分已有详细的评述[1~12,20,29,30]。

图 25-5-16(B) 中的第三种流型，常在液-固流化体系发生。当流化速度超过最小流化速度 u_{mf} 后，床层脱离固定床状态，驱动颗粒进入流化状态，随着流化速度 u 的增高，床层不断膨胀，而颗粒均匀地呈离散状态悬浮在液体主流中，故称它为散式流态化，亦称作均匀膨胀流态化。液-固流化体系中，通常不会出现泡状物。但是当颗粒和液体的密度有数量级差别时，亦可能出现液泡[2]。

在气-固流化体系发生的流态总属于图 25-5-16(B) 中后四种流型之一。颗粒总在不同程度下成团聚状态，故常统称聚式流态化。当流化气速 u 超过最小流化气速 u_{mf} 后，床层中颗粒开始流化。当进一步增加流化气速并超过起始（最小）鼓泡气速 u_{mb} 以后，床层中就会出现气泡，进入鼓泡流态化区域。u 再增高并达到最小节涌点下流化气速 u_{ms}，床层就会发生节涌现象。当 u 再增高，流域就可能过渡和进入湍流流态化，该转变点的流化气速记为 u_k。当 u 再增高和达到 u_{tr} 后，流态将从湍流流态化过渡到快速流态化。

在气-固流化体系，u_{mb} 和 u_k 在实验中易被观察到和定义（在转变点，床层压降和压力波动有明显变化）。而其他几个流型的过渡是逐步的，流态不可能有明显变化，所以相应的流型转变点不易定义（详见第 21 篇）。此外，在设有内部构件的流化床中，有可能出现两个流化特性不同的流化状态（流型）[29]。

5.3.2 鼓泡流化床反应器

鼓泡流化床反应器是工业上常见的一类反应器，研究得较为充分。图 25-5-17 给出了该类反应器的一般结构示意图。床内明显地存在着三个区域，对反应过程的作用很不一样。

(1) 分布板区 靠近分布板的区域称为分布板区。在该区存在着高速的气体射流（垂直的或水平的）和细小的气泡。在该区，气-固两相接触和混合十分强烈，可发生剧烈反应。反应转化率往往占到过程总的反应转化率很大的份额，从而在该区可能有很陡的温度和浓度分布。

(2) 鼓泡区 当流化气速超过起始鼓泡气速后（$u > u_{mb}$），分布板上方的床层中就出现气泡，且沿床自下而上地运动。在上升的同时，又会不断发生聚并和分裂现象，（气）泡（径）随之增大，直至上升到床层表面而破裂。上升气泡的行为（泡径和气泡速度等）决定

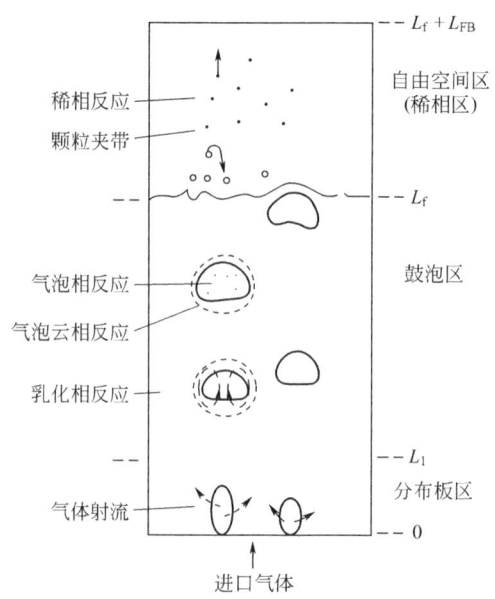

图 25-5-17　鼓泡流化床反应器中反应区

了反应过程的操作特性。气泡相以外的部分称为乳化相。一般认为，乳化相处于最小流化状态（$\varepsilon_e = \varepsilon_{mf}$）。

在乳化相，当流过颗粒之间的气体（乳化气）的实际速度 u_e（一般认为 u_{mf}/ε_{mf}，确切地应为 u_{mb}/ε_{mf}）比气泡的上升速度 u_b 为高时，乳化气将会穿过气泡向上。此种状态下的气泡称为慢气泡 [图 25-5-18(a)]。当使用粗颗粒进行流化时，就会呈现出此类特性。当使用细颗粒时，$u_e < u_b$，此种状态下称为快气泡 [图 25-5-18(b)]。气泡的性质（气泡的结构、泡径和速度等）决定流态化性质，从而直接影响器内进行的反应过程。

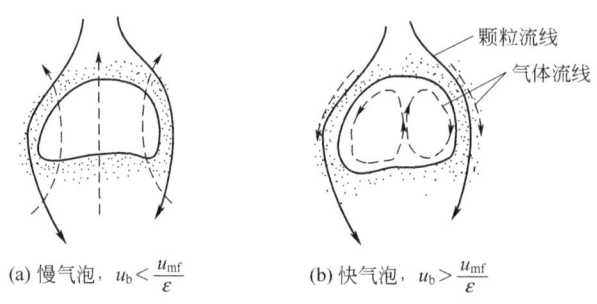

(a) 慢气泡，$u_b < \dfrac{u_{mf}}{\varepsilon}$　　　(b) 快气泡，$u_b > \dfrac{u_{mf}}{\varepsilon}$

图 25-5-18　气泡及其周围流线的示意图

一般认为，气泡是由三部分构成的（图 25-5-19）：①上升气泡的外围有部分气体围绕气泡作环流运动成一薄层，称为气泡云；②气泡下部常呈凹形，该处压力最低，有尾涡形成，它与气泡云融合一体，总称为气泡晕，尾涡中会吸入和裹带固体颗粒，它们随同气泡一起作向上运动；③气泡内部可能会含少量和呈离散状态的固体颗粒。

在不同的反应条件下（局部浓度和/或温度），在气泡晕、乳化相和气泡相内部都可能发生反应。此外，当流化气速足够高时（$u/u_{mf} > 6 \sim 11$），乳化相中会存在下流气流，使乳化相中的颗粒作向下运动，加剧返混，导致反应转化率降低。

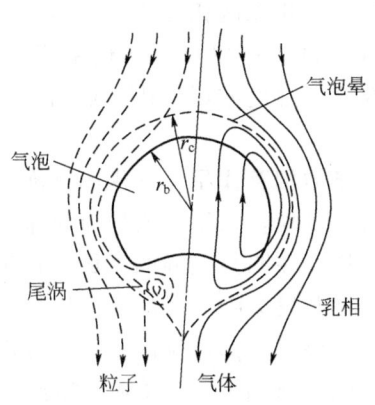

图 25-5-19 气泡结构示意图

(3) 自由空间区（稀相区） 气泡上升到床层表面破裂的同时，把部分固体颗粒向上抛洒。其中较粗的颗粒借重力作用，返落回床层；其余较细的颗粒则被上升气流所夹带、扬析，并进入床的上方空间。颗粒呈离散状态悬浮在该空间，其固含率大大低于鼓泡区的固含率，故称为自由空间或稀相区。在稀相区易发生二次反应，温度控制亦较为困难。鼓泡区又称为密相区。

(4) 各区对反应过程的作用 表 25-5-3 列出了鼓泡流化床反应器中各反应区对反应过程的作用。

表 25-5-3 鼓泡流化床反应器中各反应区对反应过程的作用

反应区	快速反应	慢速反应
分布板区	可能有剧烈的反应发生，和较陡的温度和浓度分布	无显著反应发生
鼓泡区	反应转化率受气泡相-乳相之间的相际传质速率所控制。限制气泡的直径，将会提高反应转化率和减少气体"旁路"现象发生。泡内有固体颗粒存在时，对反应转化率可能有显著影响	反应转化率受反应速率所控制。为提高反应转化率，有必要增加气体的停留时间和/或降低流化气速。气泡的性质不太重要。泡内的固体颗粒不会起重要作用
自由空间区（稀相区）	无气体"旁路"现象发生。气、固接触充分，有显著反应发生，温度不易控制	无显著化学反应发生

对于中等速率和快速气相反应（如对一级反应，反应速率常数 $k_1 > 5 \mathrm{s}^{-1}$ 者），床的流体力学（气泡性质等）起着重要作用。对于慢反应过程，最为重要的参数是气体停留时间。

对于有固体颗粒参与反应的气-固相反应过程，虽然鼓泡区的流体力学起着主导作用，但是在许多情况下，在自由空间区，颗粒会进一步反应，导致颗粒粒径不断缩小（如煤的燃烧和气化）或长大（如 α-烯烃的聚合过程）。此外，颗粒在旋风分离器和其出料管之间作迅速的循环运动，所以稀相区的流体力学亦起着重要作用，需加以一并考虑。一般地，只要在鼓泡区反应气体的浓度能维持在一定水平和有足够高的传热速率，影响反应过程最为重要的参数是固体颗粒在床内的停留时间和停留时间分布（RTD）。RTD 与气泡的结构和运动，床径和床内设置的内部构件，以及颗粒的性质（粒度和密度）密切相关。

由于流化床的流体力学过于复杂，很难期望能用流化床反应器测得较为精确的化学反应动力学。相反地，需用流体力学性质比较简单的反应器来测定，如固定床反应器、无梯度反应器等[31,32]。此外，供流化床反应器模型和设计之用的反应动力学应在较宽的温度范围和较高的转化率条件下测定。这是由流化床两相性质决定的：一般在气泡相不会发生反应，大部分反应是在乳化相中进行和完成的，所以反应转化率可能比过程总的转化率高得多；同时，由于伴随有较大的反应热效应，温度亦可能比气泡相高。另外，工业上应用得较多的是幂函数型反应动力学方程。

（5）多股多相流与鼓泡流化床的相互作用　常规的鼓泡流化床具有床层温度和反应物浓度均一的特点。然而，近年来研究发现，采用向鼓泡流化床反应器内多股进液的方法，可在床内形成多个温度和反应物浓度均存在明显差异的区域，且生产得到高性能产品。在该方法中，进入反应器的液体并不以雾化蒸发为唯一目的，而以特定尺寸液滴的形式进入床层，一方面液体蒸发带走大量的反应热，形成局部低温区；另一方面，液滴与颗粒相互碰撞，并包裹在颗粒表面形成液膜，进而形成气-液-固三相区域。相比于气-固两相，由于液体的存在，气-液-固三相区域中颗粒表面上的反应物具有更高的浓度，致使气-液-固区域与气-固区域内的化学反应环境明显不同。由此，通过气-固两相与气-液-固三相两种流型的复合，构建了新型的流化床反应器。周业丰等对该流型复合的鼓泡流化床的流体力学特性进行了研究，发现液体架桥和液体蒸发两种竞争机制协同控制反应器的流化稳定性[33]。同时，通过调节液体的进液位置、进液流率以及流化气速等操作参数，能够实现反应器平稳运行[34]。根据上述研究结果，我国科技人员成功开发了气-液法聚乙烯流化床工艺，如图 25-5-20 所示，实现了热收缩膜、拉伸套筒膜、拉伸缠绕膜等高性能聚乙烯产品的生产[35]。

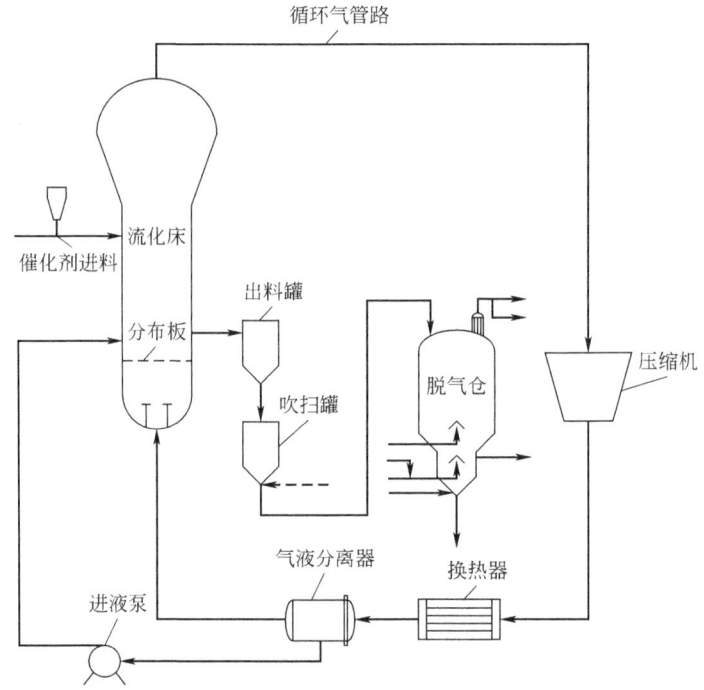

图 25-5-20　气-液法聚乙烯流化床工艺

5.4　流化床反应器的数学模型

流化床反应器的数学模型是对器内所发生的物理传递现象和化学反应的综合描述。所以首要的是有一个适宜的流化床的流动和传递模型，然后结合适宜的化学反应模型，才能构造出流化床反应器的数学模型。本节着重介绍无内部构件的自由鼓泡流化床反应器的数学模型。

对床内所发生的物理传递现象认识的深度和简化程度的不同，人们曾提出过种种不同类型的数学模型。各种模型是基于器内存在的相和它们的作用，作出各种不同的假定而构造的。据此可以把现有的一些模型分成均相模型、两相和三相模型。Horio 和 Wen[36] 曾对常见的 17 个模型，按所考虑的深度的不同，把它们分成 3 个水平等级：

(1) 第一级模型 各模型的诸参数均作恒值处理，它们既不随床高变化，亦不与气泡行为有关；

(2) 第二级模型 诸模型参数亦作恒值处理，亦不随床高变化，但与气泡的大小（直径）有关，一般多用一个称为"当量直径"（亦作为恒值）的来表征和关联诸参数；

(3) 第三级模型 模型中诸参数与气泡直径有关，气泡直径又是沿床高而变的。如 Wen 等提出的多室串联模型和气泡聚并模型[37,38] 等。近代，Werther[39,40]，Peters 等[41] 提出的模型亦属此类模型。

现有的一些模型多是针对 B 类颗粒体系提出的，而工业上应用较多的是 A 类颗粒体系。但是实验证实，它们对后者亦是适用的，必要时需作一些修正[42]。此外，这些模型多是等温体系模型。对于非等温体系，还需增加能量传递模型。再者，它们又多是针对深层流化床反应器而提出的。近年来，对于浅层多层（级）流化床反应器[43,44]，搅拌、喷动和振动流化床反应器的数学模型化和模拟的研究，有长足的进展[1]。

5.4.1 鼓泡区中的相际质量传递

一般认为，相际传质阻力是由气泡边界上的阻力和气泡云边界上的阻力组成，如图 25-5-21 所示。气泡外表面上的传质又是由两个平行机理引起的：对流和扩散流；气泡云边界上的传质可以是由于气体的分子扩散，气体为气泡云中运动着的固体颗粒所吸附或捕集，尾涡的脱落导致气泡的变形、聚并和分裂等原因造成。

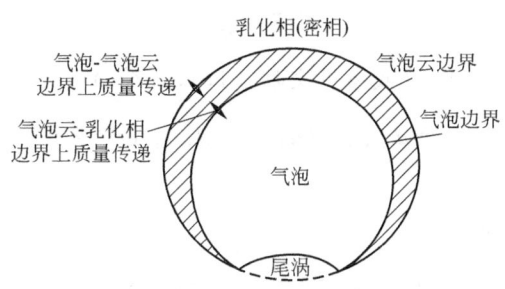

图 25-5-21 相际的质量传递

现有的许多模型多假定只有其中某一项阻力才是起主导作用的。例如忽略气泡云边界上的阻力和其产生的效应，就意味着气泡云中的气体与乳化相中的气体之间无所区别，可归并在一起考虑，即可把床层简单地划分成气泡相和乳化相（包括气泡云）两相 [图 25-5-22 (a)]。另外，如果忽略掉气泡边界上的阻力和其产生的效应，就可把气泡云归并在气泡相中而作为一个相（气泡相），床层的其余部分作为另一相，即乳化相 [图 25-5-22(b)]。此外，有人还做了一些其他的假定，导出了各种不同的两相模型。如果该两项阻力都加考虑，就导

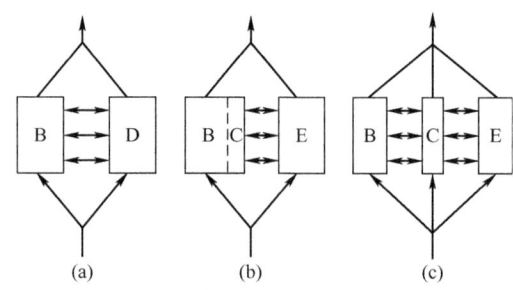

图 25-5-22   两相和三相模型

B—气泡相；C—气泡云相；E—乳化相

出了三相模型 [图 25-5-22(c)]。

关于相际质量传递的研究，大部分是针对孤立的单气泡作出的[5,11]。对于相际传质（或相际气体交换）系数 F_{be}，曾提出许多关联式，现推荐其中一个关联式如下[42]

$$F_{be} = \frac{u_{mf}}{4} + \left(\frac{4D\varepsilon_{mf}u_b}{\pi d_{eq}} \right)^{1/2} \tag{25-5-1}$$

式中 D——气体的分子扩散系数，$m^2 \cdot s^{-1}$；

u_b——气泡上升速度，$m \cdot s^{-1}$；

d_{eq}——气泡的当量直径，m。

对于粗颗粒体系，对流项起主导作用；对细颗粒体系，扩散项起主导作用。实际上在流化床反应器中，气泡是以成串形式通过床层的，气泡之间存在着相互作用，并发生不断的聚并和分裂现象，从而增强了相际的传质速率。下面推荐一个合用的关联式[42]。

$$F_{be} = \frac{u_{mf}}{3} + \left(\frac{4D\varepsilon_{mf}u_b}{\pi d_{eq}} \right)^{1/2} \tag{25-5-2}$$

式中的 u_b 可采用下面的关联式计算[5,11]

$$u_b = 0.71(gd_{eq})^{1/2} \tag{25-5-3}$$

d_{eq} 可用下面关联式计算[38]（或参见文献 [1,3,6,7]）

$$d_{eq} = d_{eq,m} - (d_{eq,m} - d_{eq,0})e^{-0.32/D_c} \tag{25-5-4}$$

式中 D_c——床径，m；

$d_{eq,0}$——初始气泡直径。

$$d_{eq,0} = 0.347[A(u - u_{mf})]^{0.4}$$

式中 A——床的截面积，m^2。

$$d_{eq,m} = 0.334[\pi D_c(u - u_{mf})]^{0.4}$$

5.4.2   流化床反应器数学模型

（1）均相模型   早期的模型工作者多把床内的流化气体和颗粒认作是紧密接触和融合一体的，或为拟均相的。按模型对相的流动（流型）所作的假定的不同，又可以分为平推流模型（P-模型）和全混流模型（M-模型）两类（图 25-5-23）。下面以一级反应过程为例，给出各自的模型方程。

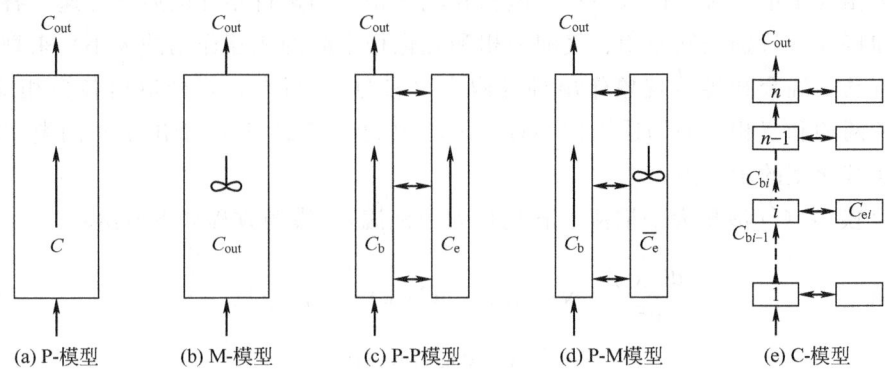

(a) P-模型　　(b) M-模型　　(c) P-P模型　　(d) P-M模型　　(e) C-模型

图 25-5-23 简单的均相和两相模型

① P-模型　对任意的微分床层段作物料衡算，可得出定态模型方程如下：

$$\frac{dC_A}{d\xi} = -N_R C_A \tag{25-5-5}$$

$$\xi = L/L_f \tag{25-5-6}$$

$$N_R = k_1 L_{mf}/u \tag{25-5-7}$$

式中　C_A——气相组分 A 的摩尔浓度，$kmol \cdot m^{-3}$；

　　　ξ——无量纲床高；

　　L_f——床层的膨胀高度，m；

　　N_R——反应单元数；

　　L_{mf}——最小流态化下床层高度，m；

　　k_1——一级反应的速率常数，s^{-1}。

边界条件　　　　　　　　　$\xi = 0, C_A = C_{A,in}$

② M-模型　对于一级反应过程，可得出物料衡算方程如下

$$\frac{\varepsilon L_f}{u} \frac{dC_{A,out}}{dt} = (C_{A,in} - C_{A,out}) \tag{25-5-8}$$

式中　　　　　ε——床层的平均空隙率；

　$C_{A,in}$，$C_{A,out}$——进口和出口气流中反应组分 A 的摩尔浓度，$kmol \cdot m^{-3}$。

在定态下，式(25-5-8) 退化为

$$(C_{A,in} - C_{A,out}) = N_R C_{A,out} \tag{25-5-9}$$

上述两类模型实际上都已假定了可采用气体的停留时间来确定反应器的操作特性。事实上，反应器中存在着两个相，其特性显著不同。所以反应器的操作特性理应与气-固相之间的"有效接触时间分布"有更为密切的依从关系。因此严格地说，这些模型与实际情况偏离得太大。但是它们的计算甚为简单，可以用来估算反应过程的极限情况。当气泡相和乳化相之间的相际传质速率很高时，由均相模型得出的模拟值与下面给出的各种模型得出的模拟值颇为接近，参见图 25-5-24。此外，该类模型对于液-固流态化某些流型还是很适用的。

(2) 鼓泡流化床反应器两相模型　各类两相模型多是基于流态化两相理论导出的[5,11]。两相理论认为超过达到最小流态化所需部分的流化气体 $[(u-u_{mf})A]$ 是以气泡形式通过床层的；乳化相处于最小流态化状态；气泡相和乳化相之间进行相际的质量传递。各人再按气泡的结构和特性（特别是气泡相、气泡云相和乳化相之间的相互作用的大小）来划分相，和对各相的流动、混合和传递现象作出种种假定（参见表 25-5-4），构造出各自相应的模型。现有的各种两相和三相模型的适用性都有一定的限制。图 25-5-23 给出了不同类型的模型所假定的相及其流型的示意图。

① P-P 模型（气泡相为平推流，乳化相为平推流）　模型方程如下所给：

气泡相
$$\frac{dC_{A,b}}{d\xi}=N_M(C_{A,e}-C_{A,b})-N_R\gamma_s C_{A,b} \tag{25-5-10}$$

$$N_M=F_{be}\delta_b L_f/u \tag{25-5-11}$$

式中　N_M——传质单元数；

　　　F_{be}——相际气体交换系数（以气泡外表面积为基准），s^{-1}；

　　　δ_b——气泡体积/床层总体积 $[(L_f-L_{mf})/L_f]$；

$C_{A,b}$,$C_{A,e}$——气泡相和乳化相中反应组分的摩尔浓度，$kmol\cdot m^{-3}$；

　　　γ_s——气泡相（包括气泡云）中固体粒子的体积分数。

乳化相
$$N_M(C_{A,b}-C_{A,e})=N_R(1-\gamma_s)C_{A,e} \tag{25-5-12}$$

② M-M 模型（气泡相为全混流，乳化相为全混流）　模型方程如下所给：

气泡相
$$\frac{\delta_b L_f}{u}\frac{dC_{A,b}}{dt}(C_{A,in}-C_{A,b})-N_M(C_{A,b}-C_{A,e})-N_R\gamma_s C_{A,b} \tag{25-5-13}$$

乳化相
$$\frac{(1-\delta_b)L_f}{u}\frac{dC_{A,e}}{dt}=N_M(C_{A,b}-C_{A,e})-N_R(1-\gamma_s)C_{A,e} \tag{25-5-14}$$

③ P-M 模型（气泡相为平推流，乳化相为全混流）　模型方程如下所给。

气泡相
$$\frac{dC_{A,b}}{d\xi}=N_M(C_{A,e}-C_{A,b})-N_R\gamma_s C_{A,b} \tag{25-5-15}$$

乳化相同方程式(25-5-14)。

表 25-5-4　两相/三相模型中的各种假定

A. 相的划分
1.按流态化两相理论划分[5,11]
2. 出口气流就是气泡所携带的气体
3. 按其他参数来确定(参见第 21 篇)
B. 气泡相(贫相)的特征
1. 气泡中不存在固体颗粒
2. 气泡中只含有少量的和彼此离散的固体颗粒
3. 气泡和气泡云合并成贫相
C. 贫相(气泡相)的流动
1. 平推流
2. 平推-离散流

D. 密相(乳化相)的流动
  1. 平推流
  2. 平推-离散流
  3. 静态稳定流
  4. 串级全混流
  5. 全混流
  6. 乳相中存在下流气流
  7. 存在由气泡诱导的湍流波动

E. 相际的质量传递
  1. 从气体的混合或质量传递研究中得出
  2. 从模型参数拟合中得出
  3. 从中间生产试验装置数据的关联得出
  4. 从单气泡传递的基本理论或实验结果关联得出
  5. 从气泡串传递的基本理论或实验结果关联得出

F. 气泡云的尺度
  1. 按两相流理论计算[5,11]
  2. 按 Mori 关联式计算[37]
  3. 不包含尾涡
  4. 尾涡合并于气泡中,一并考虑
  5. 有尾涡存在,但其效应可忽略不计

G. 气泡的尺度
  1. 不特别指定
  2. 全床按一当量气泡直径(恒值)处理
  3. 气泡直径随床高变化
  4. 用实验测定、关联式或参数估值等方法来确定
  5. 作为模型的拟合参数来处理

④ C-模型（多室串联模型）[37,38]　该模型把床层分割成串联的几个室 ［图 25-5-23 (e)］，各室的高度正好为该室气泡的尺度。对于任意的第 i 室，可按上述的 M-M 模型写出其模型方程。模型参数 n（室数）可按下式计算

$$n = L_f / \overline{d}_b \tag{25-5-16}$$

式中　$\overline{d}_b$——基于床层中部估算的泡径，m。

对于一级反应过程，上述这些简单模型方程的定态解析解的结果示于表 25-5-5 和图 25-5-24。对于复杂反应过程，方程的求解需借助数值计算方法。

表 25-5-5　简单模型得出的反应转化率[56]

模型	$(1-x_\Lambda)$[①]
均相模型	
P	$\exp(-N_R)$
M	$1/(1+N_R)$
两相模型	
P-P	$\exp\left(-N_R\left\{\dfrac{N_M}{N_R}\left[\dfrac{1-\gamma_s}{N_M/N_R+(1-\gamma_s)}\right]+\gamma_s\right\}\right)$
M-M	$\left[1+\gamma_s N_R \dfrac{(1-\gamma_s)N_M}{N_M/N_R+(1-\gamma_s)}\right]^{-1}$

续表

模型	$(1-x_A)^①$
P-M	$\dfrac{1+[\exp(-N_M)(N_R-1)]}{1+N_R-\exp(-N_M)}, \gamma_s=0$
C	$\dfrac{N_M/N_R+(1-\gamma_s)}{(1-\gamma_s)[1+(N_R/n)\gamma_s+N_M/N_R]+N_M/N_R[1+(N_R/n)\gamma_s]}$

① x_A 为过程的反应转化率。

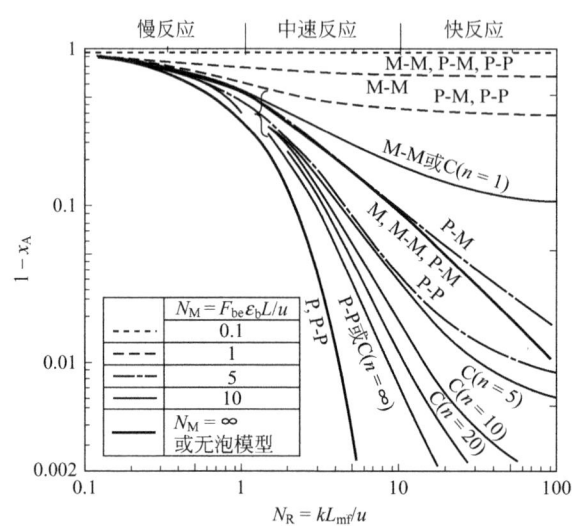

图 25-5-24   简单模型的模拟结果

一般认为，P-P 模型和 P-M 模型较为适用。它们的适用范围：

a. 慢反应（$k_1 \leqslant 0.5s^{-1}$，$N_R < 1$）。模拟得出的反应转化率对 N_M 和所选用的模型都不太敏感，这是因为过程是受化学反应所控制，而不是传质控制，所以上述这些模型都可供应用，其中，P-模型最为合用，M-模型可用来估算反应转化率的下限。所以对于慢反应过程，应该注意如何来获取精确的化学反应动力学，而不必追求床层的流体力学行为。

b. 中速反应（$0.5s^{-1} < k_1 < 5.0s^{-1}$，$1 < N_R < 10$）；过程的反应转化率同时受化学反应和相际传质速率控制，即两者都重要。应选用两相或三相模型。选用的一般准则如下，

P-P 模型 $u/u_{mf} < 6 \sim 11$

P-M 模型 $u/u_{mf} > 6 \sim 11$

c. 快速反应（$k_1 > 5s^{-1}$，$N_R > 10$），对于该类反应过程，在分布板区将发生剧烈的反应，反应转化率已相当高。事实上，鼓泡区床层主要起着传热的作用。所以只要流化气速足够高，鼓泡区中气泡的结构和传质对过程反应转化率不太敏感。但是在稀相区，由于易于发生二次反应对反应过程有重要作用，所以必须考虑分布板区和稀相区的效应。

表 25-5-5 所列的结果是针对 B 类颗粒给出的。对于 A 类颗粒体系，Swaaij 等[47] 利用 P-P 模型进行过模拟，得出如下的结果，

$$1-x_A = \exp\left(-\frac{N_M N_R}{N_M+N_R}\right) \tag{25-5-17}$$

在计算 N_M 时，需用 L_M（传质单元高度）替代 L_f，它可用下式来计算

$$L_M = K^* \left(1.8 - \frac{0.6}{D^{0.35}}\right)\left(3.5 - \frac{2.5}{L_f^{0.25}}\right) \tag{25-5-18}$$

式中，K^* 是细颗粒（$<4.4 \times 10^{-2}$ mm）含率的修正系数。当细颗粒含率为 10% 时，K^* 取值 1.2；当为 15% 时，取值 1.0。

⑤ Orcutt 两相模型[45,48]　该模型的基本假定是：a. 气泡相作平推流运动；b. 气泡内不含有固体粒子；c. 乳化相作全混流运动；d. 乳化相中气体的传质阻力忽略不计。模型方程如下，

气泡相
$$\beta u dC_{A,b} = F_{be}(C_{A,e} - C_{A,b})a_b \delta_b dz \tag{25-5-19}$$

乳化相

$$(1-\beta)u(C_{A,in} - C_{A,out}) + \int_0^L F_{be}(C_{A,e} - C_{A,b})a_b \delta_b d = (1-\delta_b)(1-\varepsilon_{mf})k_n C_{A,e}^n \tag{25-5-20}$$

$$F_{be} = 0.75 u_{mf} + \frac{0.95 g^{0.25} D^{0.25}}{d_{eq}^{0.45}} \tag{25-5-21}$$

式中　β——通过气泡相的气体流率的分率，$(u - u_{mf})/u$；

　　　F_{be}——相际的气体交换系数，s^{-1}；

　　　a_b——气泡的比表面积，$m^2 \cdot m^{-3}$。

边界条件
$$z = 0, \quad C_{A,b} = C_{A,in} \tag{25-5-22}$$

基于乳化相为全混流假定，$C_{A,e}$ 应为一常数。求解上述方程，得出，

$$C_{A,b} = C_{A,e} + (C_{A,in} - C_{A,e})\exp\left(-\frac{F_{be}a_b \delta_b}{\beta u}z\right) \tag{25-5-23}$$

和

$$C_{A,out} = \beta C_{A,b}|_{x=L} + (1-\beta)C_{A,e} \tag{25-5-24}$$

表 25-5-6 列出了对 $n = 0$、0.5、1 和 2 的不可逆反应，一级可逆反应和一级串联反应过程的模拟计算结果，以无量纲出口浓度（$C_{A,out}/C_{A,in}$）与无量纲数群 β、X 和 k_n' 的关系表示。

$$k_n' = k_n L_{mf}(1 - \varepsilon_{mf})C_{A,in}^{n-1}/u \tag{25-5-25}$$

$$X = \frac{F_{be}a_b \delta_b L}{\beta u} \tag{25-5-26}$$

式中　k_n'——无量纲反应速率常数；

　　　X——无量纲相际气体交换系数。

图 25-5-25 给出了一级不可逆反应过程的无量纲出口浓度和 k_1' 之间的关系（$\beta = 0.75$）。图中还给出按简单的 P-模型和 M-模型［式(25-5-5) 和式(25-5-9)］得出的极限曲线。从图可见，当 $X \to \infty$（或 $\beta \to 0$）时，曲线趋近由 M-模型得出的曲线。对于其他 β 值亦可以得出类似的函数关系图。当反应级数较高时，X 和 β 对过程更为敏感。

表 25-5-6　按 Orcutt 两相模型计算的出口流的无量纲浓度

反应	$C_{A,out}/C_{A,in}$
零级不可逆反应$(r_A=k_0)$	$1-k_0'$
$\dfrac{1}{2}$ 级不可逆反应$(r_A=k_{1/2}C_A^{0.5})$	$1+\dfrac{(k_0'\times0.5)^2}{2(1-\beta e^{-X})}\left[1-\sqrt{\dfrac{1+4(1-\beta X)^2}{(k_0'\times0.5)^2}}\right]$
一级不可逆反应 A $\longrightarrow$ B$(r_A=k_1C_A)$	$\dfrac{1-\beta e^{-X}+\beta k_1'e^{-X}}{1-\beta e^{-X}+k_1'}$
二级不可逆反应$(r_A=k_2C_A^2)$	$\beta e^{-X}+\dfrac{(1-\beta e^{-X})^2}{2k_2'}\left[\sqrt{\left\{1+\dfrac{4k_2'}{1-\beta^{-X}}\right\}}-1\right]$
一级可逆反应 A $\rightleftharpoons$ B$[r_A=k_1(C_A-C_B)/k_c]$	$\beta e^{-X}+\dfrac{(1-\beta e^{-X})^2}{1-\beta e^{-X}+k_1'-(k_1')^2/[k_1'+k_c(1-\beta e^{-X})]}$
一级串联反应 A $\xrightarrow{k_A}$ B $\xrightarrow{k_B}$ C	$\dfrac{C_{A,out}}{C_{A,in}}=\beta e^{-X}+\dfrac{(1-\beta e^{-X})^2}{1-\beta e^{-X}+k_1'-(k_1')^2/[k_1'+k_c(1-\beta e^{-X})]}$
进口流中 B 不存在$(r_A=k_AC_A, r_B=k_BC_B)$	$\dfrac{C_{B,out}}{C_{A,out}}=\dfrac{k'}{1-k_B'-\beta e^{-X}}\dfrac{(1-\beta e^{-X})^2}{1-\beta e^{-X}+k_A'}$

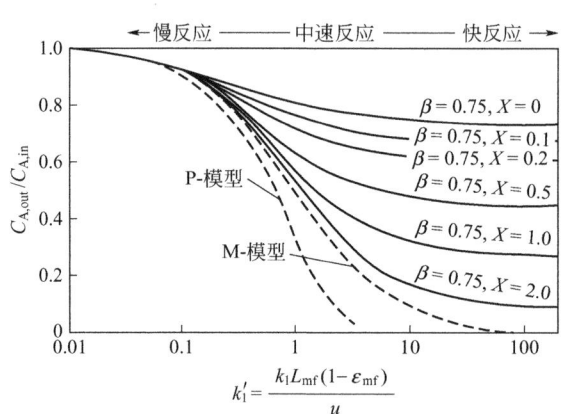

图 25-5-25　Orcutt 两相模型的模拟结果
(一级不可逆反应，$\beta=0.75$)

　　该模型简单，计算方便。对于简单反应过程，能得出解析解。这对于研究和分析模型参数对反应过程的影响十分有用。但是用它来模拟床内的浓度分布，有较大的偏差。

　　⑥ Grace 两相模型[42]　Grace 是基于图 25-5-22 所示的物理模型建立该模型的。此外还假定 $\beta=1.0$。模型方程如下：

气泡相

$$u\frac{dC_{A,b}}{dz}+F_{be}a_b\delta_b(C_{A,b}-C_{A,e})+k_n\phi_bC_{A,b}=0 \tag{25-5-27}$$

乳化相

$$F_{be}a_b\delta_b(C_{A,b}-C_{A,e})+k_n\phi_eC_{A,e}^n=0 \tag{25-5-28}$$

式中 ϕ_b，ϕ_e——气泡相和乳化相中固体颗粒的体积分数（$\phi_b=\gamma_b/\delta_b$）。

边界条件 $\qquad z=0,\quad C_{A,b}=C_{A,e}=C_{A,in}$ (25-5-29)

表 25-5-7 列出了 $n=0$ 和 1 的模拟计算结果，对于其他的复杂反应过程或复杂边界条件，需用数值计算方法。表 25-5-7 中的一些无量纲数群定义如下：$X=(F_{be}a_b\delta_bL)/u$ 和 $k_n'=(k_nLC_{A,in}^{n-1})/u$。其中，$a_b=b/d_{eq}$，$d_{eq}$ 取自 $0.4L_f$ 处的泡径。实验测得[42]，$0.001\leqslant\gamma_b\leqslant0.01$，于是 $0.001\delta_b\leqslant\phi_b\leqslant0.01\delta_b$。乳化相包括气泡云和尾涡，且假定了处于最小流化态，即 $\gamma_b\phi_e=(1-\delta_b)(1-\varepsilon_{mf})$。按上面给出的 ϕ_b 的上、下限就可以计算得出反应转化率的上、下限。对于慢反应，ϕ_b 值不甚敏感。

表 25-5-7 Grace 两相模型的一些模拟结果

反应	$C_{A,out}/C_{A,in}$
零级不可逆反应（$r_A=k_0$）	$1-k_0'(\phi_0+\phi_e)$
一级不可逆反应 A $\longrightarrow$ B（$r_A=k_1C_A$）	$\exp\left\{\dfrac{-k_1'[X(\phi_0+\phi_e)+k_1']}{X+k_1'\phi_e}\right\}$
串联一级反应 A $\xrightarrow{k_A}$ B $\xrightarrow{k_B}$ C	$\dfrac{C_{A,out}}{C_{A,in}}=\exp(-F_A)$
进口流中 B 不存在（$r_A=k_AC_A$，$r_B=k_BC_B$）	$\dfrac{C_{B,out}}{C_{A,out}}=\dfrac{G[\exp(-F_A)-\exp(-F_B)]}{F_B-F_A}$ 式中 $F_A=k_A'[X(\phi_b+\phi_e)+k_A'\phi_b\phi_e]/(X+k_A'\phi_e)$ $F_B=k_B'[X(\phi_b+\phi_e)+k_B'\phi_b\phi_e]/(X+k_B'\phi_e)$ $G=k_A'\phi_b+(X^2k_A'\phi_e)/(X+k_A'\phi_e)(X+k_B'\phi_e)$

（3）鼓泡流化床反应器三相模型 各种三相模型考虑了三个相（气泡相、气泡云相和乳化相）的行为和它们的作用。理应更符合实际，但是模型复杂，含有多个模型参数，有的还难以从实验中测定，往往不得不作为模型的可调参数通过模拟方法来拟合。此外，Fan 等[46]提出的轴向平推-离散模型和 Peters[41]提出的多室串联模型也引用得较多。

（4）湍流流化床反应器模型 湍流流态化具有良好的传质和传热性能，优于鼓泡流态化，许多工业流化床反应器就在该流域操作。对于 A 类颗粒体系，当流化气速约达到 0.3 $m\cdot s^{-1}$ 时，流态化就可能进入湍流流态化[42]，对于床径较小的反应器，可能要较高的流化气速才能进入湍流区。

虽然湍流流化床反应器已得到广泛应用，但是研究得还不够深入，某些研究结果互有矛盾。如一般认为在湍流流域，相际传质阻力很小，可以忽略不计，但是缺乏足够的实验数据来证实。公开的工业生产数据更是缺乏。Swaaij[49] 和 Wen 等[50] 根据在湍流流化床中颗粒和气体常常反复地以扁舌状作向上和向下的喷射运动的实验现象，提出可以采用轴向平推-离散流模型。关键是轴向离散系数如何来测定和获取，公开发表的数据还不多。Deemter[51] 曾作过不少实验研究（小床和大床），提出过经验关联式，可资参考。

（5）快速流化床反应器模型 快速流态化具有许多优异性质：气、固两相接触良好，气体通量大，径向混合均匀，床温均匀，能很好地流化粒度较细又易团聚的细颗粒。近年来，在工业上得到迅速应用，特别在粉煤的燃烧、烃类的催化裂化等工业生产过程中，各种提升管（循环）流化床反应器不断出现。

迄今尚无一个公认的模型可用来模拟快速（循环）流化床反应器。Yoshida 和 Wen[52] 提出可采用均相 P-P 模型。基于在快速流化床内常常会发生离吸现象，床中心区为高速向上运动的稀相区，而在其外围为作向下运动的环隙密相区和颗粒在床内常常以絮状物形式出现[53,54] 等实验事实，不少人推荐采用两相模型，并认为 Deemter 模型[51] 可能更为合用，因为该模型可以较好地描述由作向上运动的稀相区和作向下运动的密相区所构成的流化反应体系。

（6）分布板区和自由空间区模型 分布板区和自由空间的行为对反应过程有显著影响，必须加以考虑。

① 分布板区模型 Behie 和 Rehoe[55] 最早提出一个考虑分布板效应的 P-M 模型。他们假定气体射流作平推流流动，然后以串联形式进入鼓泡区的气泡相（亦作平推流流动）；乳化相作全混流，它与气泡相和射流两者之间都存在着质量传递（气体的交换）。故又可称为 $P_J\overline{M}/P_b\overline{M}$ 模型 [图 25-5-26(a)]。其物料衡算方程可类似地按上述的 P-M 模型写出，但对于质量传递单元数需作如下的修正，

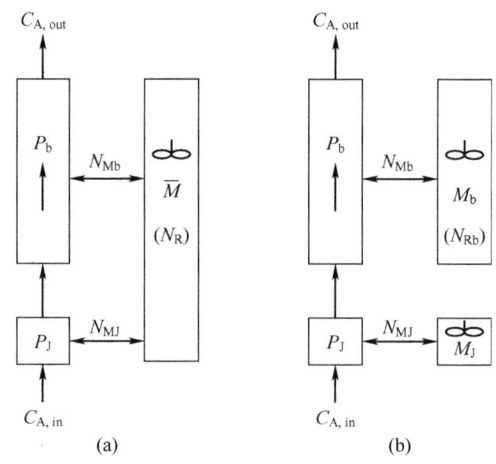

图 25-5-26 考虑分布板效应的 P-M 模型

$$\overline{N}_M = N_{Mb} + N_{MJ} \tag{25-5-30}$$

$$N_{Mb} = F_{be}\delta_b(L_f - L_J)/u \tag{25-5-31}$$

$$N_{MJ} = F_{Je}L_J/u_0 \tag{25-5-32}$$

式中 N_{Mb}——气泡相的相际传质单元数；

N_{MJ}——射流区的相际传质单元数。

L_J 可用式（25-5-51）来计算。Behie 利用式（25-5-30）关联他们的实验数据，得出 N_{MJ} 约在 $3\sim4$ 之间，比 N_{Mb} 值大得多。在浅层床，高气速或大泡径的情况下，更是如此。特别在快速反应过程中，分布板区的反应转化率取决于相际的传质速率。一般认为，该模型适用于快速反应，对慢反应过程不大适用。

Grace 和 Lasa[56] 亦提出过 $P_J\overline{M}_J/P_b\overline{M}_b$ 模型 ［图 25-5-26（b）］。他们假定了射流作平推流流动，但在射流区中还存在一个作全混流的乳化相区（处于最小流态化），两者之间存在着相际气体交换。事实上，该模型是分布板的 P-M 模型和鼓泡区的 P-M 模型的组合。其中 N_{Mb} 和 N_{MJ} 仍按式（25-5-31）和式（25-5-32）计算，而

$$N_{RJ}=kL_f/u \tag{25-5-33}$$

和

$$N_{Rb}=k(L_{mf}-L_J)/u \tag{25-5-34}$$

计算表明[56]，分布板区效应相当显著，特别是在快速反应过程中，尤是如此。对于快速反应过程，上述两个模型的模拟结果相当接近。但是对于慢反应过程，两者有很大的差别，推荐采用 $P_J\overline{M}_J/P_b\overline{M}_b$ 模型。

② 自由空间区（稀相区） 密相床面以上的自由空间，是一个靠沉降进行气、固分离的部分。对于许多中速和快速反应过程（如燃烧和氧化反应等），也是重要的反应区。影响该区进行的反应过程的因素相当复杂：a. 在该区的颗粒浓度分布（或空隙率分布），如为颗粒加工，还有粒内反应组分的浓度分布；b. 气体的流动和流型；c. 气体在空间中的停留时间分布；d. 化学反应速率（均相或非均相的）；e. 气-固两相之间的相际传质速率；f. 温度分布等。

对于等温和有部分返混的体系，Hovmand 等[57] 提出一个轴向分散模型如下，

$$E_z\frac{d^2C_A}{dh^2}-V\frac{dC_A}{dh}-(1-\varepsilon)\rho_p r_A=0 \tag{25-5-35}$$

式中 h——从自由空间底部算起的高度位置，m；

ε——空隙率；

r_A——组分 A 的反应速率，$kmol \cdot m^{-3} \cdot s^{-1}$。

ε 与 h 之间有如下关系，

$$1-\varepsilon=(1-\varepsilon_\infty)\left(\frac{1-\varepsilon_0}{1-\varepsilon_\infty}\right)^{(1-h/H)} \tag{25-5-36}$$

式中 ε_0——床面区的空隙率；

ε_∞——沉降分离高度处空隙率。

边界条件

$$h=0, \quad C_A=C_{A,f} \tag{25-5-37}$$
$$h=H, \quad dC/dh=0 \tag{25-5-38}$$

式中 $C_{A,f}$——床层出口气流中组分 A 的摩尔浓度，$kmol \cdot m^{-3}$。

5.4.3 过程稳定性分析及动态模拟

流化床反应器应用于一些强放热反应过程，如丙烯腈合成，费托合成，乙烯、丙烯聚合

等过程时，由于反应温度和反应速率之间通常存在复杂的非线性关系和交互作用，流化床反应器存在多重稳态和热稳定性问题（参见 5.2 节）。

(1) 鼓泡流化床的热稳定性   以鼓泡流化床中烯烃聚合过程为例介绍流化床反应器的热稳定性[58]。图 25-5-27 所示的鼓泡流化床反应器的两相模型是较为普遍接受的，基本模型假设如下：

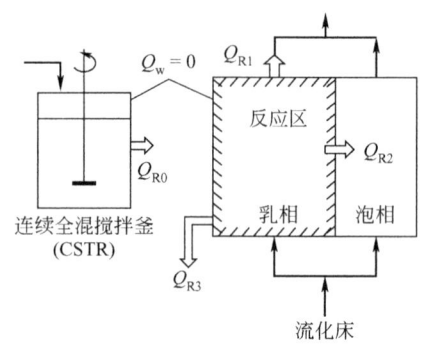

图 25-5-27   鼓泡流化床反应器两相模型

① 流化床乳化相为全混流，并处于起始流化状态，空隙率恒定；
② 过量的操作气体以气泡的形式通过，气泡为尺寸相等的球形，气泡相为平推流；
③ 聚合反应仅在乳化相中进行；
④ 气泡相假设为稳态；
⑤ 催化剂连续喷入床层并迅速达到混合均匀；
⑥ 产物连续排放以保持床层高度恒定。

根据反应器模型计算，如图 25-5-28 所示，模型的解曲线上存在静态分岔 S 点和动态分岔（Hopf 分岔）H 点。并且催化剂进料量 q_c 在一定的范围变化时，反应器将出现三个定态。反应器可操作的区域在 H 点之下，超过该范围后，反应器的操作温度等状态变量会产生振荡。

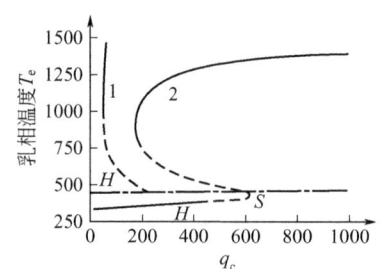

图 25-5-28   流化床反应器的多重定态

实际上，流化床反应器的聚合热是以三种方式从反应区（乳化相）移除的：a. 通过乳化相流化气体的温升吸收聚合热；b. 通过乳化相对气泡相的传热；c. 产物放料排出的热量。它们在聚合反应放热中所占的比例分别为 Q_{R1}、Q_{R2} 和 Q_{R3}，数值取决于流化气速和气泡的尺寸。图 25-5-29 显示了三种移热的比例是如何随流化气速变化的。可见随着气速的增加，乳化相与气泡相之间的传热占了绝对的比重，增加操作气速，可以加快移热速率，于是加宽了反应器的操作范围。当反应器的移热能力固定时，催化剂的活性愈高，反应器的可操作范围（$T_e < 400K$）就愈窄。

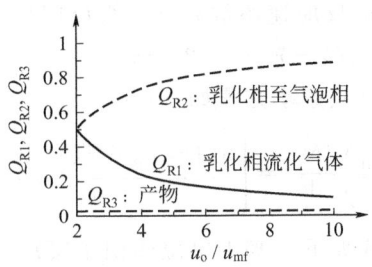

图 25-5-29 流化床三种移热方式与流化气速的关系

（2）流化床反应器的动态模拟 通过动态模拟可以跟踪过程变量和其他干扰随时间的变化。在确定流化床反应器的特定变化所需要的时间或优化过程操作，例如装置开车、停车、牌号切换等过程时，利用动态模拟确定合适的操作方案，有助于减少过渡时间、提高经营效率和经济效益。

动态模拟可以用于系统控制方案的设计和过程可靠性的研究。基于流化床反应器的数学模型和反应动力学，模拟流化床中具体的反应过程，通过输入扰动，比较传统 PID 控制、多变量控制、预测控制、鲁棒控制等不同控制方法在消除扰动、保障系统稳定运行的效果，从而确定最佳控制方案[59]。

此外，动态模拟也是研究流化床反应器分岔和混沌行为的重要手段[60]。

5.4.4 气-固相反应过程

该类过程涉及气、固两相皆参与反应，所以格外复杂。本节介绍一个最简单的 P-P 模型[61]。Yoshida 和 Wen[52] 提出的气泡聚并模型可能更为精确，但计算相当复杂。

考虑如下的反应

$$\text{A(气)} + b\text{B(固)} \longrightarrow \text{产物}$$

令 $\overline{x}_A$ 和 $\overline{x}_B$ 分别为气相反应组分 A 和固相反应组分 B 的平均转化率。在定态下，物料衡算如下，

$$(uAC_{A,in})\overline{x}_A b = W_s C_{SB,in} \overline{x}_B \tag{25-5-39}$$

式中　　　A——流化床截面积，m^2；

　　　　　u——表观气速，$m \cdot s^{-1}$；

　　　　　b——化学计量系数；

$C_{A,in}$，$C_{SB,in}$——气体和固体进口物料中组分 A 和 B 的摩尔浓度，$kmol \cdot m^{-3}$；

　　　　　W_s——固体的体积加料速率，$m^3 \cdot s^{-1}$。

按 P-P 模型计算（查表 25-5-5）得出，

$$\overline{x}_A = 1 - \exp\left\{ -N_R\left[\frac{N_M}{N_R} \frac{1-\gamma_s}{N_M/N_R+(1-\gamma_s)} + \gamma_s \right] \right\} \tag{25-5-40}$$

参数 N_R 和 N_M 分别按式（25-5-7）和式（25-5-11）计算。对于缩核反应模型有如下关系

$$-\frac{dN_A}{dt} = 4\pi r_c^2 k_c C_A \text{（单颗粒）} \tag{25-5-41}$$

式中　k_c——基于颗粒外表面的反应速率常数（一级反应），$kmol \cdot m^{-1} \cdot s^{-1}$；

　　　r_c——未反应核半径，$d_s(1-\overline{x}_B)^{1/3}/2$，m。

由此得出以单位体积为基准的反应速率方程如下

$$-\left(\frac{1-\varepsilon_{mf}}{V_p}\right)\frac{dN_A}{dt}=\left[\frac{6(1-\overline{x}_B)^{2/3}(1-\varepsilon_{mf})k_c}{d_s}\right]C_A \tag{25-5-42}$$

即总括的反应速率常数可表达式如下（基于单位体积床层），

$$k=\frac{6(1-\overline{x}_B)^{2/3}(1-\varepsilon_{mf})k_c}{d_s} \tag{25-5-43}$$

式中　d_s——颗粒直径，m。

参数 γ_s 可近似地计算如下，

$$\gamma_s\cong\frac{\delta_b}{1-\varepsilon_b}\frac{V_w}{V_b}=\frac{\delta_w\delta_b}{1-\varepsilon_b} \tag{25-5-44}$$

式中　V_w——尾涡体积，m^3；

　　　δ_w——尾涡中气体的分率。

含于气泡相（包括气泡云和尾涡）和乳化相中的固体颗粒都可能参与反应。但是在这些相中的气体组分 A 的浓度是不同的，其有效的气体浓度可按下式计算

$$\overline{C}_A=\gamma_s\overline{C}_b+(1-\gamma_s)\overline{C}_e \tag{25-5-45}$$

式中　$\overline{C}_b$，$\overline{C}_e$——气泡相和乳化相中气体组分 A 的平均摩尔浓度，$kmol \cdot m^{-3}$。

气泡相中组分 A 的浓度近似地呈指数衰减变化。作为一级近似，可取其对数平均浓度如下，

$$\overline{C}_b\cong\frac{C_{A,in}\overline{x}_A}{\ln(1-\overline{x}_A)^{-1}} \tag{25-5-46}$$

而 $\overline{C}_e$ 可按式(25-5-12) 计算，即

$$\overline{C}_e=\frac{C_{A,in}\overline{x}_A}{1+(N_R/N_M)(1-\gamma_s)} \tag{25-5-47}$$

对于为化学反应所控制的缩核反应过程（全混），固相组分的转化率可按式(25-5-48) 计算，

$$\overline{x}_B=1-0.25\phi+0.05\phi^2-0.0083\phi^3\quad(\alpha<1) \tag{25-5-48}$$

式中　ϕ——完全反应时间（$\overline{C}_A$ 气氛下）/颗粒平均停留时间，$t^*/\overline{t}$。

对于气膜阻力控制的情况

$$t^*=\frac{d_s\rho_{sm}}{6bk_f\overline{C}_A} \tag{25-5-49}$$

对于床层扩散阻力控制的情况

$$t^*=\frac{d_s^2\rho_{sm}}{24b\delta_{fa}\overline{C}_A} \tag{25-5-50}$$

式中　ρ_{sm}——固相反应物 B 的摩尔浓度，kmol·m^{-3}；

　　　k_f——气-固相际传质系数，m·s^{-1}；

　　　δ_{fa}——气体在床层中的扩散系数，m^2·s^{-1}。

P-P 模型的计算程序：

① 给定 u、D_c（床径）和 L_f，计算 N_M［式（25-5-11）］和 γ_s［式（25-5-44）］；

② 给定 $\overline{x}_B$ 的初值，计算 k［式（25-5-43）］；

③ 计算 N_R［式（25-5-7）］；和 $\overline{x}_A$［式（25-5-40）］；

④ 计算 $\overline{C}_b$［式（25-5-46）］，然后计算 $\overline{C}_e$［式（25-5-47）］，再计算 $\overline{C}_A$［式（25-5-45）］；

⑤ 计算 t^*［式（25-5-49）或式（25-5-50）］和 $\overline{x}_B$［式（25-5-48）］；

⑥ 核算 $\overline{x}_A$ 和 $\overline{x}_B$ 是否满足物料衡算式（25-5-39）。不满足，回到第②步，重复计算，直到预定的精度为止。

5.4.5　计算流体力学模型

在流化床多相反应工艺过程中，床内的流体力学和热质传递过程一直是开发研究工作中的难点。人们为之应用了计算流体力学方法，并取得了很大的进展。

计算流体力学模型一般将颗粒流体流动系统分解为流体相和颗粒相，根据对两相的离散化和连续化处理方法不同，计算流体力学模型可分为：双流体模型、颗粒轨道模型两类。双流体模型将颗粒相处理为类似流体的连续相；颗粒轨道模型则将流体处理为连续相，颗粒相处理为离散相。

（1）模型分类

① 双流体模型　又称连续介质模型，认为颗粒与流体是共同存在且相互渗透的连续介质，对流体相、颗粒相在欧拉坐标系中建立质量、动量和能量守恒方程。颗粒相被当成连续相处理，具有类似气体的黏度和压力，并与气相方程组形式相同。如何描述颗粒相黏度和压力是封闭双流体模型的一个关键问题。Ding 和 Gidaspow[62]基于气相动力学理论提出了颗粒动力学理论。该模型以颗粒速度分布的玻尔兹曼方程为基础，将一般的热温度替换为颗粒温度。颗粒温度是颗粒脉动速度的量度，可由脉动能量方程从理论上求出，固相黏度和压力等流体力学特性参数则为颗粒温度的函数。该模型物理意义明确，经验参数少，预测效果好，得到广泛应用。此外，如何描述相间动量传递是双流体模型另一关键问题。对于气固两相而言，往往构建相间曳力模型描述相间动量传递，常用曳力模型可以分为均匀化曳力模型和非均匀曳力模型。均匀化曳力模型基于单颗粒终端速度和固定床压降推导得到，将气固两相作为均匀系统，对所有参数进行平均，不能正确反映颗粒团聚等非均匀流动结构。由于颗粒团聚效应对曳力的影响不可忽略，李静海等[63]提出采用多尺度最小能量理论构建非均匀曳力模型的理论方法，并模拟到提升段颗粒团聚物的形成与分散。

双流体模型具有数学形式严格、研究成熟、求解方便的特点，通过颗粒压力和黏度来考虑颗粒间相互作用，适用于模拟颗粒浓度较高的体系。但是，不同研究者往往结合自己的研究结论建立颗粒相压力和黏度数学模型，目前尚缺乏准确统一的机理模型以封闭本构方程。此外，由于双流体模型采用欧拉方法处理颗粒相，对颗粒运动采用平均方法处理，无法得到颗粒运动的轨迹。

② 颗粒轨道模型[64]　又称离散颗粒模型，在欧拉坐标系下考察连续流体相的运动，在拉格朗日坐标系下考察单个离散颗粒的运动，通过对大量颗粒轨迹进行统计分析得到颗粒群的运动规律。颗粒运动状态的计算是该模型需解决的关键问题。由于流体中每一个颗粒都受到流体和相邻颗粒的作用，因此需分别考虑流体-颗粒和颗粒-颗粒间相互作用力。根据对颗粒间碰撞处理方式的不同，可将颗粒轨道模型分为两大类：一类是硬球模型；另一类是软球模型。硬球模型把颗粒作为刚性处理，认为两两颗粒间发生瞬时弹性碰撞，用冲量方程处理颗粒间相互作用。碰撞前后的颗粒速度关系由给定的恢复系数和摩擦系数求得。软球模型则认为颗粒碰撞并非瞬时的完全弹性碰撞，存在多颗粒间的相互作用，一个颗粒可以和多个颗粒同时接触，颗粒间的接触也不是瞬时的，可以有一定的有限接触时间。该模型引入弹簧、缓冲器和滑动器的概念来描述颗粒碰撞时的形变，把颗粒间相互作用力模拟为弹性力、阻尼力，用弹性、阻尼及滑移机理来进行颗粒的受力分析，采用牛顿定律计算颗粒的运动速度。

颗粒轨道模型物理概念明确，符合颗粒流体两相流动的特征，用拉格朗日方法处理颗粒相，直接跟踪单个颗粒，便于模拟有蒸发、挥发、燃烧及反应的颗粒历程，可以给出颗粒运动的详细信息。颗粒轨道模型用于颗粒流体稀相流动的模拟具有一定的优势，但是处理密相流动时，随着颗粒数目的增加，计算量也随之增大。目前受计算机速度和存储量的限制，模拟主要针对大颗粒、小装置、短时间的计算。

(2) 研究进展

① CFD-DEM 模拟探究气固间传热特性　Kaneko 等[65]采用 DEM 耦合能量方程和反应过程模拟了聚烯烃流化床反应器中颗粒相与气相的温度分布。反应速率简化为零级动力学表达式，仅取决于反应器内温度分布，忽略反应物浓度对反应速率的影响。模拟揭示了提高操作压力对流化行为与传热过程的影响。此外，还发现采用多孔分布板时，分布板角落处会出现如图 25-5-30 所示的颗粒死区，使得颗粒和气体温度不断上升，导致热点的形成，不利于反应器的安全操作。

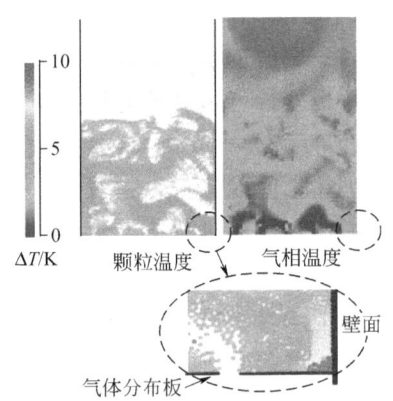

图 25-5-30　多孔分布板流化床内颗粒与气体温度分布

(颗粒数 14000，丙烯聚合反应，$u = 3u_{mf}$，$t = 6.2s$)

② 介尺度结构模拟　对于快速流态化而言，局部区域存在较大的滑移速度，团聚物动态地产生和破碎是该流型的基本特征。杨宁等[66]将最小能量曳力模型（EMMS）与双流体模型进行结合，模拟了提升管气固流动过程，并与传统 Wen&Yu 曳力模型模拟结果进行对

比。在构建 EMMS 曳力模型时以全床操作参数为输入，令密相空隙率为常数，得到曳力系数修正因子与空隙率的函数变化关系，应用到每个计算网格内。动态流动结构的模拟结果如图 25-5-31 所示。由图可知，Wen&Yu 模型得到的流动结构在整床分布均匀，未捕捉到颗粒团聚现象。而采用 EMMS 模型模拟结果呈现出一种非均匀的状态，可捕捉到团聚物动态地产生和消散。

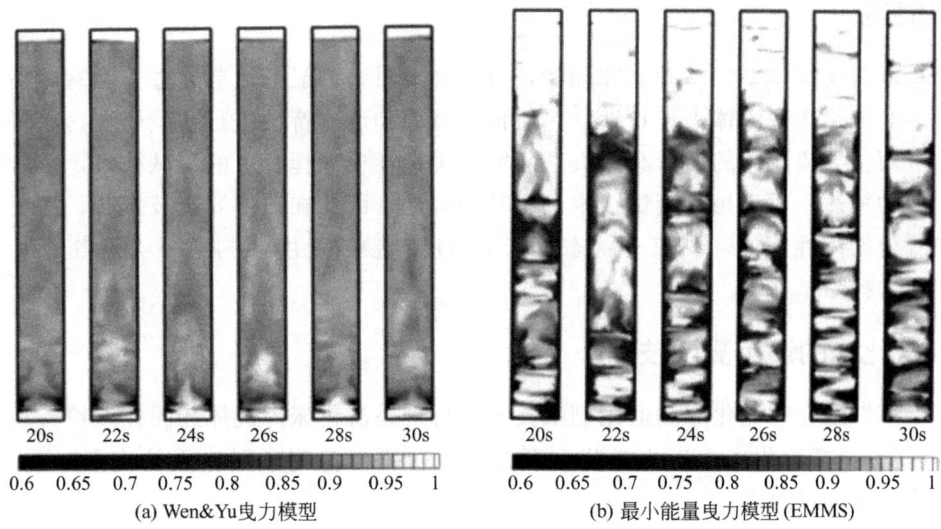

(a) Wen&Yu曳力模型   (b) 最小能量曳力模型 (EMMS)

图 25-5-31 瞬时颗粒浓度分布模拟结果

③ 脉动信号分析。流化床中存在气泡搅动、两相作用、颗粒与壁面的作用及颗粒循环等复杂的流体力学现象，可引发涡旋相干结构，进而引发流场间歇性。孙婧元等[67,68]基于单相湍流脉动理论与流化床脉动的相似性，建立了气固流化床中颗粒脉动能谱及流场间歇性的分析方法，由低频至高频，将颗粒脉动能谱划分为含能区、惯性子区和耗散区，且惯性子区符合 Levy-Kolmogorov 定律。利用标度指数表征了流场的间歇性，即随着标度指数的减小，流场间歇性增强，如图 25-5-32 所示。同时，作者采用小波分析方法对具有多尺度特性的气固流场脉动信号进行解耦，对小波分解后的颗粒速度脉动进行相干结构信号提取，并用对小波系数应用扩展的自相似性标度律以考察相干结构信号提取前后的流场间歇性，验证了

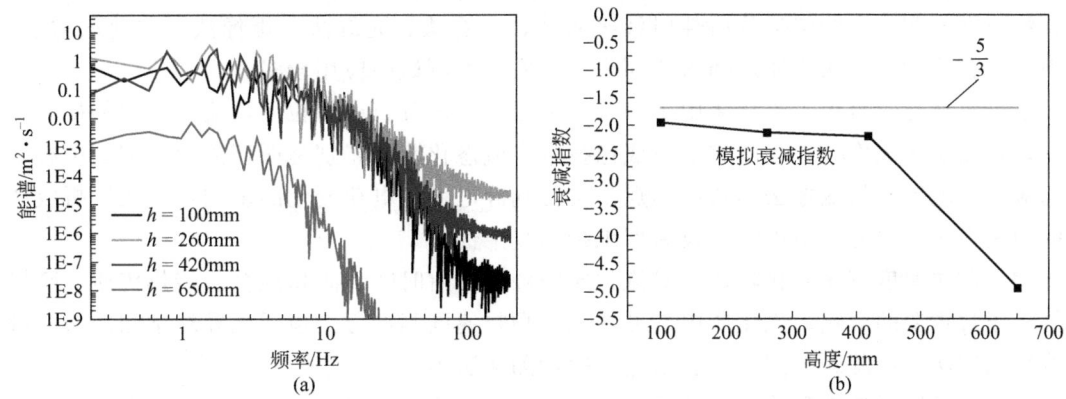

图 25-5-32 不同高度下的（a）颗粒轴向脉动能谱（b）Levy-Kolmogorov

定律衰减指数与 Kolmogorov $-\dfrac{5}{3}$ 定律标度指数比较

相干结构对流场间歇性的作用。

5.5　流化床测试技术

5.5.1　概述

在进行流化反应体系的基础研究和特定过程开发时，一般都需要通过实验室冷态实验或热态实验，对流化床内流体力学特性、热质传递特性和反应特性进行实验研究，获得规律性的关系，从而指导流化床的设计和放大。研究之关键在于选择合适的测试技术，以对待测参数进行正确的描述。由于每种测试技术都有其局限性，因此在选择测试技术时，需要综合考虑颗粒和流化气体性质、气固流动状态、床层浓度、颗粒速度及测试环境等各种因素的影响，合理地选择测试技术。

5.5.2　流化床的通用测试技术

下面概要性地介绍流化床的通用测试技术，特别是流化床内气体和固体颗粒流动规律的测试方法[69]，包括流化床内压力变化、颗粒浓度、颗粒速度、颗粒质量流率、颗粒行为、气泡行为等，供读者参考。

（1）压力（压差）测量　压力和压差是流化床中最常见的测量参数，它们能直接或间接地反映流化床内颗粒浓度、气泡行为、颗粒聚团行为等。特别是在工业流态化过程中，压力（压差）测量是流化床的重要操作指标之一。压力和压差传感器分为工业和实验室两类。工业用代表性产品是电容式传感器，对压力脉动的频率响应较差，只能用于时间平均压力的测量。实验室用代表性产品是硅压阻传感器，对压力脉动的频率响应很快，但是耐压低且受温度影响会发生零点漂移。而应变式、电容式、电感式压力传感器已被逐渐淘汰。

（2）颗粒浓度及分布测量　流化床中颗粒浓度的测量分为区域平均颗粒浓度和局部瞬时颗粒浓度两类。平均颗粒浓度的测量方法较为简单。通过测量两个截面的压差，代入 $\Delta p = \rho_{\mathrm{p}} \overline{C} g + \rho_{\mathrm{g}} (1 - \overline{C}) g$ 即可计算平均颗粒浓度式中，Δp 为两个截面压差，Pa；ρ_{p} 为颗粒密度，$\mathrm{kg \cdot m^{-3}}$；ρ_{g} 为流化气密度，$\mathrm{kg \cdot m^{-3}}$；$\overline{C}$ 为平均颗粒浓度；g 为重力加速度，$\mathrm{m \cdot s^{-2}}$。局部颗粒浓度的测量方法包括放射性射线吸收法、电容法、光纤法、摄像法、快速取样法等。其中，电容法和光纤法均使用插入式探头，在实验室测试中应用较多。

层析成像技术可用于流化床中某一截面上颗粒浓度分布或颗粒质量流率分布的检测。近年来，射线层析成像技术和电容层析成像技术在流态化测试特别是循环流化床测试中有了较多的应用。电容层析成像法的致命弱点是会受到静电场及电荷变化的影响，射线层析成像技术的问题在于放射源的防护安全及后期维护的复杂性。

（3）颗粒速度测量　颗粒速度对流化床中颗粒停留时间、固相混合、传热传质、磨损行为等有非常重要的影响。流化床内常见的固体颗粒速度测试方法包括光导纤维测速法、激光多普勒测速法、示踪颗粒测速法、双电容探针测速法等。

（4）颗粒质量流率测量　颗粒质量流率是循环流化床和气力输送过程的重要参数。在循环流化床中，颗粒质量流率通常被称为颗粒循环率，是决定流体动力学特征的关键参数。常用的颗粒循环率测试方法包括直接观察法、蝶阀测量法以及切换法、传热法、撞击法等其他方法。直接观察法通过观察循环流化床下降管壁面的颗粒下滑速度来计算颗粒循环率；蝶阀测量法通过突然关闭蝶阀，测量阀门上方颗粒的堆积速度进而计算颗粒循环率。这两种方法由于操作简单、准确性相对较高，应用较为广泛。

(5) 颗粒行为测量　颗粒示踪技术是研究流化床中颗粒停留时间分布、颗粒混合等颗粒行为的最方便的测试方法。向流化床中注入一定量的示踪颗粒，通过检测示踪颗粒的分布，即可得到颗粒停留时间分布及颗粒混合行为。示踪颗粒的选择标准包括：与流化颗粒的物性基本一致、易于检测、对流场干扰小、避免在系统中积累等。根据所使用的示踪颗粒的不同，颗粒示踪技术可以分为：盐颗粒示踪技术、热颗粒示踪技术、磁颗粒示踪技术、放射性颗粒示踪技术、磷光颗粒示踪技术等。

(6) 气泡行为测量　气泡尺寸、气泡速度、尾涡大小等气泡行为的测量对密相气固流化床的设计和操作至关重要。流化床内压力脉动信号可以间接地反映气泡行为[70]。用于颗粒浓度检测的光纤传感器和电容传感器也可以用于气泡行为测量，只需对传感器局部结构略作调整即可。在二维床中，可以用摄像法拍摄气泡的形成、生长和演化过程，并结合图像分析获得气泡尺寸、气泡速度、尾涡大小等气泡参数。

(7) 气体扩散及混合行为测量　一般采用气体示踪法研究流化床中气体的扩散及混合行为。通过检测示踪气体在流化床中的浓度分布，即可得到气体停留时间分布及扩散、混合行为特征。示踪气体的选择标准包括：与流化床中主体气相的性质相似、易于检测、与气体注入方式相匹配等。常用的示踪气体有 H_2、CH_4、He、Ar、O_3 等。常用的示踪气体注入方式有脉冲注入、阶跃注入、连续稳态注入。

5.5.3 流化床的声电测试技术

上述流化床通用测试技术中，除压力（压差）测量外，由于测试技术自身的局限性，多限于实验室测试，而不能用于工业装置，严重制约了工业流化床反应器的优化运行和放大设计。近年来，流化床声电测试技术得到了长足的发展，其通过测量分析气固流化床中颗粒流动产生的声波信号和静电信号，可以用于实验室和工业流化床中颗粒相关参数的实时在线检测。

下面简要介绍流化床声波测量和静电测量这两种声电测试技术的测量原理、可测参数及其应用情况，供读者参考。

(1) 流化床声波测量技术　声波测量技术利用流化床壁面或内构件在流体撞击或摩擦作用下发生形变产生的微弱声波信号，根据不同性质的流体所产生的声波振幅、频率或音色的差异，实现流动参数的检测。其检测过程与医生听诊类似，是一种被动式的声波测量技术。

声波测量技术是一种无损检测技术，具有方便快捷、实时准确、安全环保等优点，适用于各种恶劣的工业环境，特别适用于气固流化床中颗粒参数的检测。其测量系统一般由声发射传感器或加速度传感器、前置放大器、具有滤波和放大功能的信号调理器、数据采集卡、主机组成。其中，声发射传感器的谐振频率较高，常用于高频超声波信号的检测；加速度传感器的谐振频率较低，常用于低频声波信号的检测。传感器通常直接固定在容器或管道的外壁面，不会影响内部的两相流动。

声波测量技术的难点在于复杂背景噪声中微弱声波信号的辨识、提取及其与流化参数的关联建模。阳永荣等提出了多相流体系中声波信号的多尺度解析方法[71]，包括：①采用模态分析方法获得传递函数、估计信号传播过程中产生的误差；②对声波信号进行多尺度小波

第25篇

分解；③采用 R/S 分析对解耦后的声波信号进行分类、重构，将声波信号划分为微尺度（Hurst 指数均小于 0.5）、介尺度（二者皆有）和宏尺度（Hurst 指数均大于 0.5）。在此基础上，建立了两相流体系中声波信号多尺度与物理结构多尺度之间的对应关系，认为在流化床中，微尺度声波信号代表颗粒的运动状态，介尺度声波信号代表主体流动相对于系统的运动或者不同主体流之间的相互运动，宏尺度声波信号则反映了整个系统状态随时间的变化。由此，实现了"从噪声到信息"的转变。

声波测量技术可用于实验室和工业气固流化床反应器内颗粒参数的检测，包括微观尺度的颗粒-壁面碰撞角度，颗粒粒径分布，颗粒脉动强度，介观尺度的颗粒聚团、结片、结块、分布板堵塞，宏观尺度的料位高度、流动模式、偏流，颗粒质量流量，流动稳定性等[72~76]。特别是采用声波测量技术首次实验证实了气固流化床中存在的双循环流动模式，见图 25-5-33。该技术也可用于液固流化床和气液固三相流化床中气含率、固含率、流型等参数的检测。

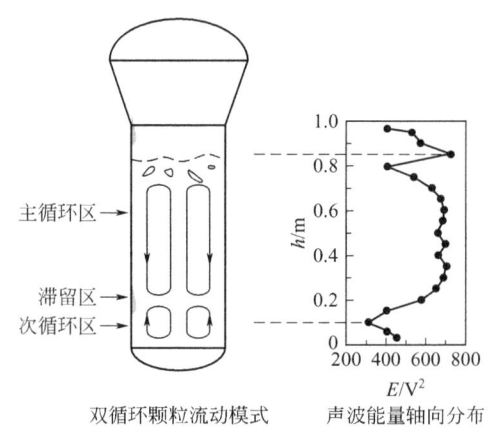

图 25-5-33 流化床双循环流动模式的声波测量结果

（2）流化床静电测量技术 气固流化床中与静电有关的物理参数包括静电势、静电流、静电荷、电场强度等。流化床静电测量技术主要分为两类：静电探头法和法拉第筒法[77]，其他方法多是这两种方法的改进和升级，或是针对特定研究对象进行的特殊设计。根据探头型式和结构的不同，静电探头法又可以分为碰撞式静电探头、感应式静电探头和环形金属探头。

阳永荣等使用碰撞式静电探头阵列，获得了气固流化床内静电场的轴向、径向以及整床分布特征，发现气固流化床中静电势呈以料位为分界面的双马鞍形非均匀分布，见图 25-5-34，并提出了一种根据轴向静电势分布确定流化床料位高度的新方法[78]。他们还发现感应式静电探头可用于气固流化床中颗粒循环时间和结片的检测。

毕晓涛等设计了"双材料探头"和"双电极探头"用于气固流化床中颗粒荷质比检测[79,80]。对于双材料探头，通过测量荷电颗粒与不同材料的探头碰撞时的转移电流，结合模型计算颗粒的平均荷质比。与双材料探头不同的是，双电极探头的两个接触电极为同种材质，利用两个电极测量得到的静电信号的时间差计算气泡速度，再结合模型参数计算得到颗粒的荷质比。这两种方法在使用前均需要进行标定，测量精度有待提高。

张擎[81]建立了气固流化床中静电流信号与压差信号的定量关联式，并以此为基础提出了基于环形感应金属探头的流化床颗粒荷质比的在线测量方法；还提出了一种基于感应式静电探头阵列的颗粒运动行为表征和颗粒荷质比的同步测量方法。该方法测量精度也有待进一步提高。

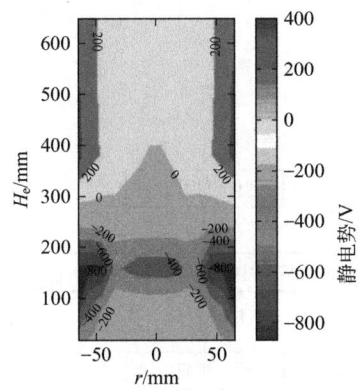

图 25-5-34　气固流化床中静电势轴向分布

5.6　工程放大和设计原则

5.6.1　过程的开发和放大

由于流化反应体系过于复杂，过程的开发目前主要还是依靠逐级放大的方法。其中突出的问题是：①应分几级（水平）来进行试验。在每一级要进行哪些试验工作。②应选用何种类型的模型来进行模拟工作和评估。

下面介绍一个逐级放大试验方案，以供参考。

(1) 实验室规模的试验　一般选用固定床反应器进行反应动力学测试工作。以期获得反应动力学和失活动力学数据。必要时在小型流化床反应器（$D_c \approx 2 \sim 5cm$）中进行催化剂活性考评和反应条件试验工作。

(2) 小型冷模试验（$D_c \approx 15cm$）　主要测定流态化特性，如 u_{mf} 和床的膨胀率等。

(3) 大型冷模试验（$20cm < D_c < 0.5 \sim 1.0m$）　主要测定气体的 RTD、相际气体交换系数和气泡行为（一般用示踪技术），以及内部构件对流化特性的影响和效应。

(4) 中间规模生产性试验（$D_c \approx 10 \sim 25cm$）　对于复杂反应以及相际传质和化学反应皆为重要的反应过程，这一级试验是不可缺少的。对于加压流态化反应过程，亦要求进行该一级试验。

(5) 半工业化规模试验［$20cm < D_c < 0.5m$（工业床的床径）］　通过该级试验，对过程进行综合评估，提出优化设计、操作和控制方案。

实验室规模的试验是必不可少的。其他几级试验，视反应的复杂程度和结合以往的工程经验而定。在进行第 3～5 级试验时，需考虑以下几点：

① 在各级试验中，床的高径比（L/D_c）需加调整，因为气泡行为与床高 L 有更密切的依从关系，而（L/D_c）对它影响不大。

② 分布板应按以后工业床的要求来设计，而不能以简单比例放大或缩小的方法来处理。

③ 对诸如流动和混合、温度和压力等方面有特殊要求的场合，应调整和增添试验内容及选用精度较高的模型。图 25-5-35～图 25-5-37 给出了工程放大的一般策略简图。

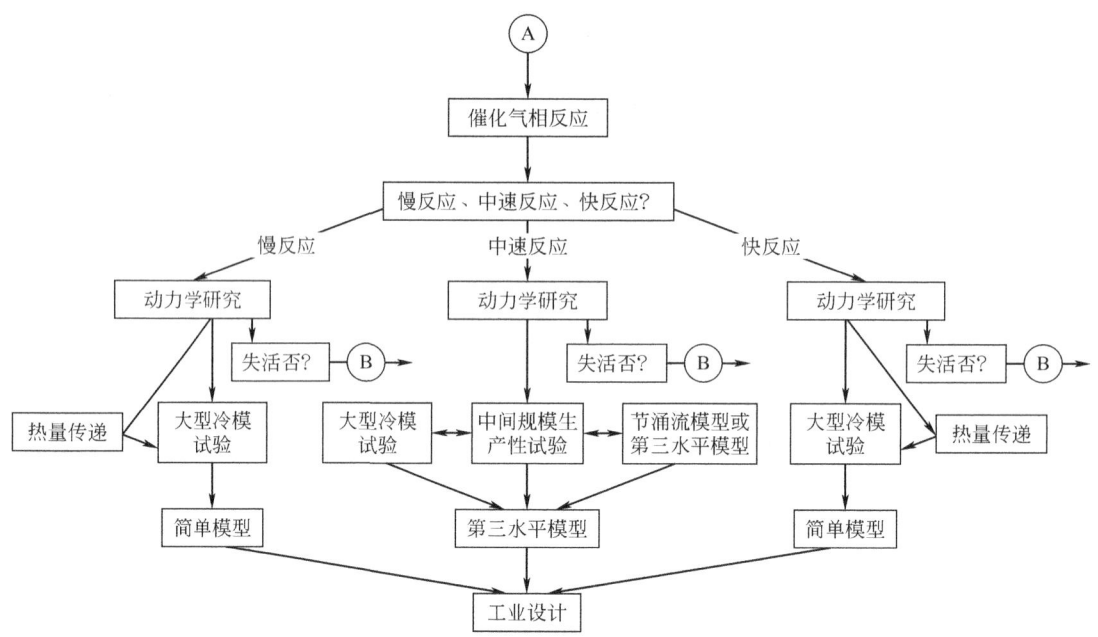

图 25-5-35 催化气相反应过程的放大策略

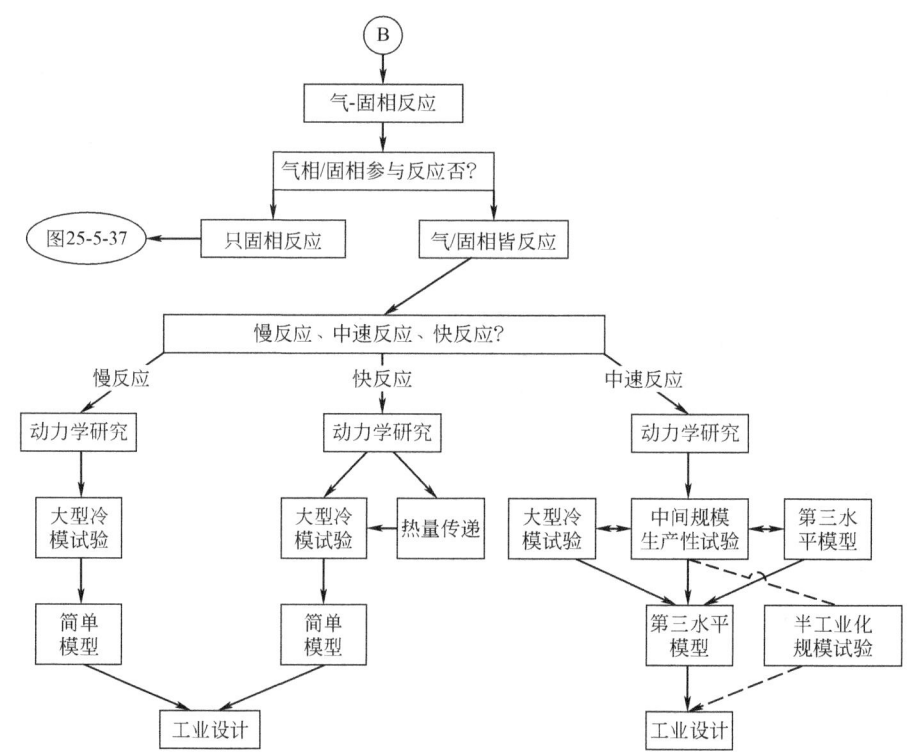

图 25-5-36 气-固反应过程的放大策略（气固两相皆参与反应）

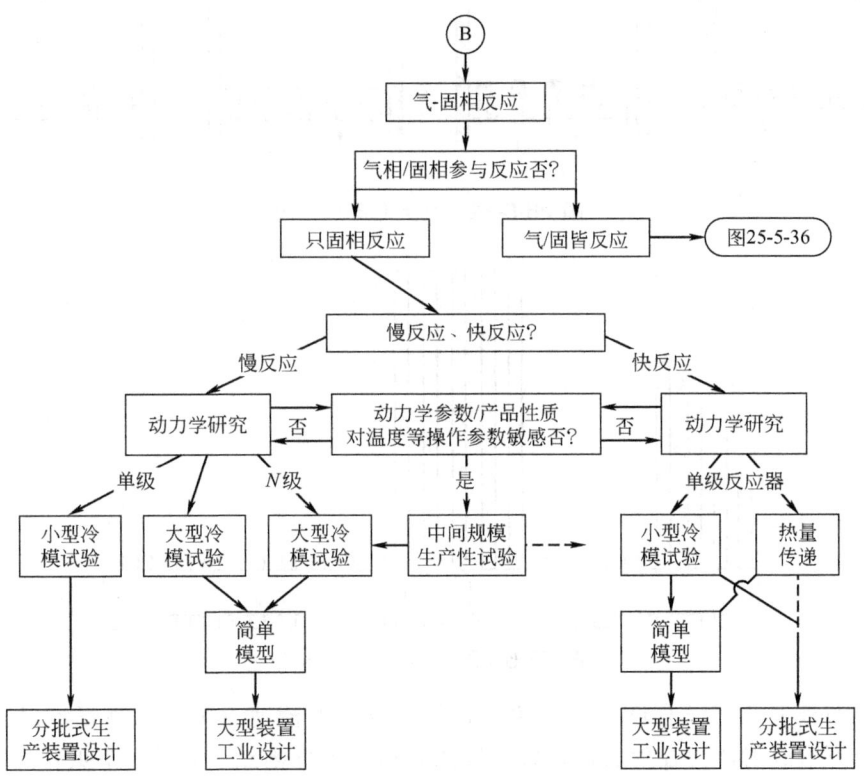

图 25-5-37 气-固反应过程的放大策略（只有固相参与反应）

5.6.2 工程设计原则

有了可靠的基础和工业数据，就可着手进行设计工作。但是由于流化反应体系过于复杂，过程变化繁多，迄今尚没有一个很好的通用设计方法，更多的还是要依靠工程经验。流化床反应器几个重要部件在设计时需考虑以下原则。

(1) 床体的尺寸和催化剂用量 根据反应过程的特性和操作条件范围，选用合适的数学模型（参见5.4节），模拟计算过程的转化率和选择性、床内的浓度和温度分布。根据生产负荷确定催化剂的用量，然后根据 u、ε 等数据确定床的主要结构尺寸（床径 D 和床高 L）。

(2) 分布板的设计 分布板设计的目标是要使进口气流分布均匀（不出现沟流和偏流）、操作稳定（不会堵塞、漏料或有"死区"形成。在有负荷变动和其他外界扰动下，仍能维持一定的流化质量）和有良好的经济性（制造方便，造价低廉，压降较低）。工业生产用的分布板有很多型式和结构。图 25-5-38～图 25-5-40 给出了常见的几类分布板的示意图。现就多孔分布板的设计作些阐述[82]。

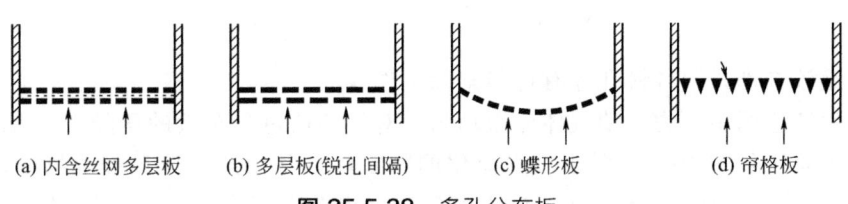

(a) 内含丝网多层板   (b) 多层板(锐孔间隔)   (c) 蝶形板   (d) 帘格板

图 25-5-38 多孔分布板

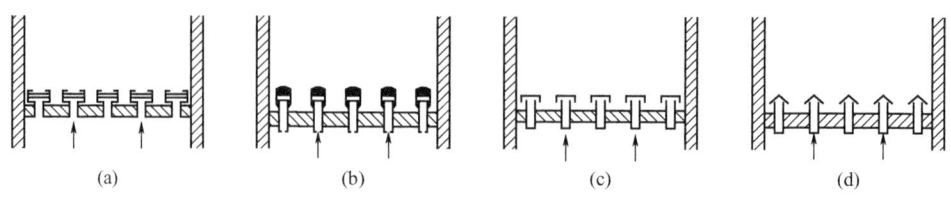

图 25-5-39　几类泡罩分布板

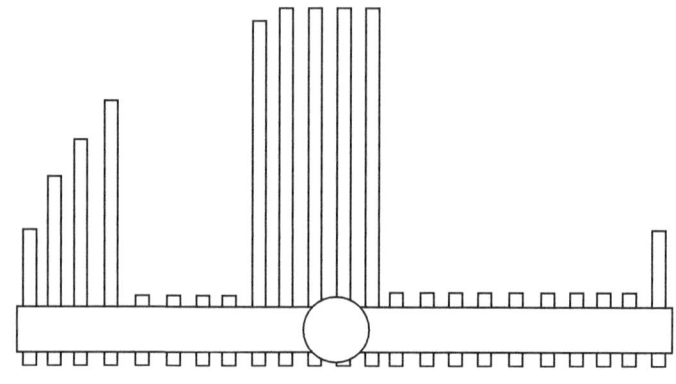

图 25-5-40　管式气体分布器

多孔分布板上总开设有许多小的锐孔,气体以高的流速(可达每秒百米以上)通过锐孔,在其上方形成射流。在射流区,气、固两相运动十分剧烈,亦是一个重要的反应区,所以先要计算射流高度 L_M。Merry[83] 推荐如下计算式:

$$L_J = 5.2d \left(\frac{\rho_f d_{or}}{\rho_g d_g} \right)^{0.3} \left[1.3 \left(\frac{u_{or}^2}{g u_{or}} \right)^{0.2} - 1 \right]$$ （25-5-51）

式中　d_{or}——锐孔的孔径,m;

　　　u_{or}——气体通过锐孔的流速(孔速),m·s^{-1}。

他还指出,只有当 $u_{or} \geqslant 0.5 \sqrt{g d_{or}}$ 时,才会引成射流。分布板上初始形成的气泡的行为(特别是泡径)对床层的流化质量有很大影响。Miwa 等[54] 提出了如下的一个关联式:

$$d_{or} = \frac{1.38}{g^{0.2}} \left[\frac{A(u - u_{mf})}{N_{or}} \right]^{0.4}$$ （25-5-52）

式中　A——床的截面积,m^2;

　　　N_{or}——锐孔数。

在操作时,要求锐孔全部工作(或开启),以保证颗粒不致堵塞锐孔和漏料,以及压力分布均匀。Davidson 等[84] 提出的一个判别式如下:

$$\frac{\rho_g}{2} \frac{u D_C}{N_{or} d_{or}^2} \geqslant \frac{0.363 L_J \rho_g (1 - \varepsilon_{mf}) g}{1 - (u_{mf}/u)^2}$$ （25-5-53）

只有满足该判别式,各锐孔才有可能全部工作。

在工业生产应用中,为了使气体分布均匀,对气体通过分布板的压降 Δp_d 有一定要求,一般不能小于总压降的 10%;对于难以流化的颗粒体系和中速反应过程等场合,Δp_d 可达到总压降的 30%。对于浅层流化床($L/D < 0.5$),更要求有高的 Δp_d。根据 Δp_d 即可以计

算孔速如下：

$$u_{or}=C_d\sqrt{\frac{2\Delta p_d}{\rho_f}}\tag{25-5-54}$$

式中，C_d 为锐孔系数。当 $Re(=\rho_f Dcu/\mu_f)>2000$ 时，C_d 可取值 0.6。

确定了 u 和 u_{or} 后，就可用下式来计算 d_{or}，然后确定开孔率：

$$N_{or}d_{or}^2=\frac{Dcu}{u_{or}}\tag{25-5-55}$$

显然，有多组值（N_{or},d_{or}）能满足上式。下面提出一个选择原则：

① 锐孔孔径小于 1mm 是不合适的，不仅加工困难，而且造价太高；

② 孔间距不宜小于 30mm，亦不宜大于 300mm（否则容易造成"死区"，有颗粒堆积和不运动）；

③ 应满足式（25-5-53），以保证全部锐孔工作；

④ 板上只开设少数大的锐孔更不允许。

(3) 内部构件 设于床层中的换热管多数为垂直管束，而在煤流化燃烧等浅层流化床中常采用水平埋管。此外为了改善气体和固体颗粒的流动状况，抑制气泡的长大，床内还可设有横向挡板（如挡网、多孔筛板、斜片挡板等）或其他型式的内部构件。

具有内部构件的流化床的流化特性更加复杂，变化多端。通常需更多的工程经验。关于床层与换热管件之间的传热计算参见第 21 篇。

(4) 自由空间区 类同于床体的计算和设计。重要的是在该空间的颗粒浓度分布。

(5) 旋风分离器的专门设计 参见第 23 篇。

其他如气体压缩机的选用时，应考虑允许的固体颗粒的体积分数和进口温度（一般需设置换热器来冷却反应器的出口气流的温度）。

5.6.3 应用实例——流化床乙烯聚合反应器的放大案例

(1) 流化床反应器的时空产率（STY） 流化床聚合反应器的生产能力一般以时空产率 STY（$kg\cdot m^{-3}\cdot h^{-1}$，即单位床层体积在单位时间内的聚合物产量）作为指标。时空产率是衡量一种反应器或一种反应工艺的最基本指标，也是流化床反应器设计的关键参数[16]。因此，建立反应器 STY 数学模型可指导流化床反应器的设计。

基于流化床两相模型，根据流化床聚合反应器的热量平衡（热源为聚合反应热，散热包括气体带出热、出料散热、冷凝液移出热和壁面散热），推导出流化床聚合反应器的时空产率的数学模型[16]：

$$\frac{STY}{T_e-T_f}=\frac{\rho_g C_{pg}}{H(\Delta H_r-Q')}[u_{mf}+\eta(u-u_{mf})]\tag{25-5-56}$$

式中，T_e 为乳化相温度；T_f 为反应器入口温度；H 为流化床床高；ΔH_r 为乙烯聚合热；Q' 为聚合物出料、器壁散热以及冷凝液的蒸发所带出的热量；ρ_g 为循环气体密度；C_{pg} 为循环气体比热容；u_{mf} 为起始流化速度。

$$\eta=1-\exp(-KH)\tag{25-5-57}$$

式中，η 为气泡相与乳化相之间的传热接触效率；K 为气泡相和乳化相之间的传热系数。

UCC 专利[85]推荐最大 STY$=96\sim112$kg·m^{-3}·h^{-1}。确定流化床聚合反应器的 STY 对于设计流化床主要结构尺寸极为重要。在保证传热和流动的相似性的前提下，可采用等时空产率设计、变时空产率操作的原则对流化床聚合反应器进行设计放大。当反应器的操作条件和循环气组成确定后，可计算得到单位质量循环气的移热能力，从而确定循环气体积流量 V_g。反应器直径 D 可由循环气体积流量 V_g 和反应器的表观速度 u 确定，即：

$$D=\left(\frac{4V_g}{\pi u}\right)^{0.5} \tag{25-5-58}$$

最后由反应器的设计产量 Y 和 STY 计算反应器的料位高度 H：

$$H=\frac{V}{S}=\frac{Y}{STY\times S}=\frac{4Y}{STY\times \pi \times D^2} \tag{25-5-59}$$

（2）气体均布技术   为保证流体的均匀分布，我国科技人员提出了缩径管、导流器与抗沉积分布板相结合的气体均布技术。其中缩径管[86]结构如图 25-5-41 所示。

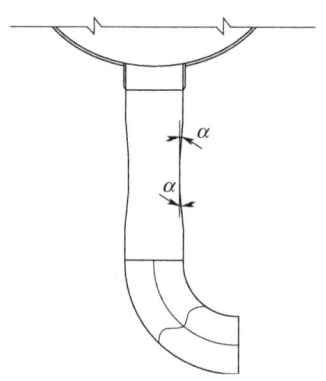

图 25-5-41   缩径管结构示意图

缩径管提高了气体速度和扰动程度，加快了气体沿竖直方向运动，能更好地雾化液体，从而使气液两相流体在流化床反应器中能够均匀分布，有效减少分布板的积液和聚合物结块现象的发生，降低气液流体对反应器的冲刷，起到保护反应器的作用。通过缩径管后进入流化床反应器中的气液混合物无"偏流"现象，避免了流化床内局部热点的出现。

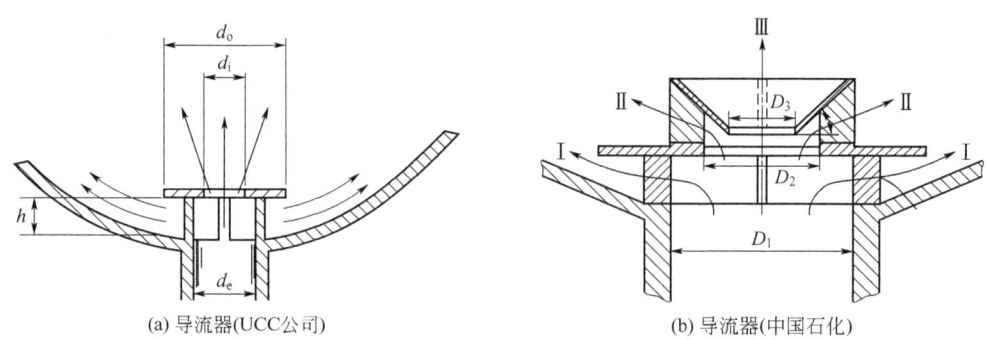

(a) 导流器(UCC公司)   (b) 导流器(中国石化)

图 25-5-42   导流器结构示意图

流体的均布是使流化床稳定运行的另一个关键技术。图 25-5-42(a) 所示为圆盘形导流器结构[87]。中国石化[88]也提出了新型的导流器结构，如图 25-5-42(b) 所示。新型结构的导流器提供了三条使气流通入混合室的通道，可有效防止通过混合室壁的循环气液流因重力和器壁的作用而发生回落，避免了液体在反应器底部和混合室壁的集聚。此外，部分循环物流通过环形板的中心孔在混合室内形成的剪切、冲击作用，使脱离夹带或回落的液体再次被夹带和雾化。

分布板是流化床反应器的又一个重要组成部分。它起着均匀分布流体、形成良好气固接触条件和提高反应器操作稳定性等重要作用，对整个流化床的流化质量以及操作性能都具有决定性的影响。浙江大学和中国石化提出了抗沉积分布板，图 25-5-43 为其结构示意图[89]。抗沉积分布板上设有进气孔，并在各个进气孔上封闭焊接一个风帽，风帽开口处采取侧缝形式。因此在通气量一定的操作条件下，风帽结构使得水平喷射口的空间减小，喷射气速增大，气体在分布板上的吹扫作用范围大幅增加，保证了大颗粒或液体不在板上沉积，有效减少了死区，提高了流化质量。

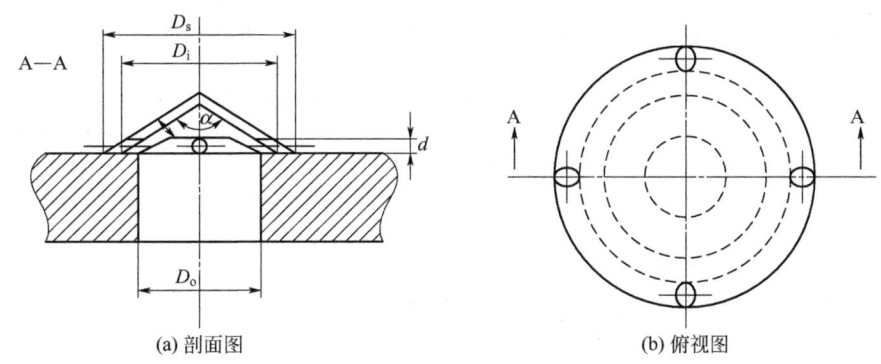

(a) 剖面图　　　　　　　　　(b) 俯视图

图 25-5-43　抗沉积分布板结构示意图

(3) 其他　当气泡在流化床床层表面爆破时，将引起床面附近颗粒的飞溅。由气泡爆破所产生的冲击使大量不能被带出床面的粗颗粒也被抛到了稀相空间，在稀相空间中，细颗粒继续上升，粗颗粒则逐渐返回床面，所以在床面以上的一定高度内将发生颗粒的扬析。在流化床中，为了减少旋风分离器的负荷和细颗粒的破损，一般都设计了较高的自由空间或加设扩大段供颗粒沉降。反应器的扩大段必须有足够的高度，使得大的颗粒能够沉降下来（沉降速度大于扩大段出口速度，但进入扩大段时由于气泡破裂大颗粒有较大的初速度），此高度被定义为输送分离高度 TDH（transport disengaging height）[90]。当扩大段高度高于 TDH 时，细粉夹带量将不随高度的增加而增加。设计准则为扩大段高度必须大于 4m。

与扩大段的高度有关的另一个问题是从直筒段过渡到扩大段最大直径的角度，角度越小则过渡段越长即扩大段越高，越能够满足 TDH 的要求。此外，该角度显然应该小于粉料树脂的休止角（45°左右），否则粉料会沉积在过渡段继续反应而熔结成大块，BP 公司[91]提出此角度应为 10°～60°。实践中的设计准则为 10°～15°。

流化床乙烯聚合反应器如果没有设置旋风分离器，但设计了球形扩大段以供被夹带颗粒有足够的时间和空间来沉降，尽管如此，仍有一定数量的细颗粒被带出流化床进入循环系统。由于从流化床床面带出的粒子均具有一定的聚合活性（一般颗粒愈细则活性愈高），因此，对于扩大段的设计必须给予特别的注意。首先是扩大段球体直径的确定。直径愈大，中心水平截面的气流速度就愈小，对应的固体夹带量也就相应减少。其次是扩大段与直筒段的连接过渡方式。流化床乙烯聚合反应器的连接段上端不与球体相切。

参考文献

[1] Kunii D，Levenspiel O. Fluidization Engineering. 2nd Ed. Boston：Butterworth-Heinemann，1991.

[2] Fan L S. Gas-Liquid-Solid Fluidizing Engineering. Boston：Butterworth-Heinemann，1989.

[3] Cheremisinoff N P. Encyclopedia of Fluid Mechanics//Vol. 4：Solids and Gas-Solids Flows. Houston：Gulf Publishing，1986.

[4] Geldart D. Gas Fluidization Technology. New York：John Wiely & Sons，1986.

[5] Davidson J F，Harrison D. Fluidization. 2nd Ed. New York：John Wiely & Sons，1985.

[6] Cheremisinoff N P. Hydrodynamics of Gas-Solid Fluidization. Houston：Gulf Publishing，1984.

[7] Cheremisinoff N P. Handbook of Fluid in Motion. Boston：Ann Arbor Science/ Butterworth，1983.

[8] Yates J G. Fundamentals of Fluidized-Bed Chemical Processes，Boston：Butterworth-Heinemann，1983.

[9] Hetsroni G. Handbook Multiphase-Systems. Washington D C：Hemisphere Publishing Co，1982.

[10] Davidson J F，Keairns D L. Fluidization. Cambridge：Cambridge Univ Press，1978.

[11] Davidson J F，Harrison D. Fluidizing Particles. Cambridge：Cambridge Univ Press，1962.

[12] Grace J R. AIChE Symp Ser，1971，67（116）：159-177；Doraiswamy L K. in Recent Advances in the Engineering Analysis of Chemically Reacting Systems. New York：Halsted Press，1984.

[13] Mason J B，Myers C A. ASME 13th International Conference on Environmental Remediation and Radioactive Waste Management. New York：ASME，2010.

[14] 张旭之. 丙烯衍生物工学. 北京：化学工业出版社，1995.

[15] Chemical System. Process Evaluation/Research Planning，Polypropylene，98/99（2000）.

[16] 洪定一. 聚丙烯：原理、工艺和技术. 北京：中国石化出版社，2002.

[17] Covezzi M，Mei G. Chem Eng Sci，2001，56（3）：4059-4067.

[18] Geldart D. Powder Technol，1972，6（4）：201-215；1973，7（5）：285-292.

[19] McLaughlin L J，Rhodes M J. Powder Technol，2001，114（1-3）：213-223.

[20] Shabanian J，Chaouki J. Chem Eng J，2015，259：135-152.

[21] Yang N，Wang W，Ge W，et al. Chem Eng J，2003，96（1-3）：71-80.

[22] Horio M，Iwadate Y，Sugaya T. Powder Technol，1998，96（2）：148-157.

[23] Wang J，Cao Y，Jiang X，et al. Ind & Eng Chem Res，2009，48（7）：3466-3473.

[24] Zhou Y F，Dong K，Zhengliang H，et al. Ind & Eng Chem Res，2011，50（14）：8476-8484.

[25] Bartels M，Nijenhuis J，Lensselink J，et al. Energy Fuel，2008，23（1）：157-169.

[26] Bartels M. Proceedings of the 8th International Conference on Circulating Fluidized Beds，Hangzhou，2005：943.

[27] Bartels M，Vermeer B，Verheijen P J T，et al. Ind & Eng Chem Res，2009，48（6）：3158-3166.

[28] Bartels M，Nijenhuis J，Kapteijn F，et al. Powder Technol，2010，202（1-3）：24-38.

[29] Staub F N，Canada G S. in Fluidization（Ed Davidson J F，Keairns D L），Cambridge：Cambridge Univ Press，1978.

[30] 阳永荣. 气-固流态化的理论和实验研究. 杭州：浙江大学，1989.

[31] Smith J M. Chemical Engineering Kinetics. 3rd Ed. New York：McGraw-Hill，1984.

[32] Carberry J J. Chemical and Catalytic Reaction Engineering. New York：McGraw-Hill，1976.

[33] Zhou Y F. AIChE J，2016，62（5）：1454-1466.

[34] Zhou Y F. Chem Eng J，2016，285：121-127.

[35] 中国石油化工集团公司，浙江大学，中国石化工程建设公司. 流化床聚合反应器. US 9174183B2，2015-11-03.

[36] Horio M，Wen C Y. AIChE Symp Ser，1973，73（161）：9-13.

[37] Kato K，Wen C Y. Chem Eng Sci，1971，24（8）：1351-1369.

[38]　Mori S，Wen C Y. in Fluidization Technology（Ed Keairns D L）. Washington D C：Hemisphere，1979.

[39]　Werther J. Fluidized-Bed Reactor，in Bohnet M，et al.Ullmann's Encyclopedia of Industrial Chemistry. Weinheim：VCH，2010.

[40]　Werther J. Intn Chem Eng，1980，20：529-541.

[41]　Peters M H，Fan L S，Sweeney T L. Chem Eng Sci，1982，37（4）：553-565.

[42]　Grace J R. in Gas Fluidization Technology（Ed Geldart D）. New York：John Wiely & Sons，1986.

[43]　Chang C C，Fan L T，Rong S X. Can J Chem Eng，1982，60（2）：272-281.

[44]　戎顺熙，范良政. 浙江大学学报，1985，5（19）：1-12.

[45]　Orcutt J C，Davidson J F，Pigford R L. Chem Eng Prog Symp Ser，1962，58（38）：1-15.

[46]　Fan L T，Fan L S，Miyanami F J. Proc Pochec Conference，1997，1379.

[47]　van Swaaij W P M，Zuiderweg F J. Proc. Int. Symp. Fluidization，475，Societe Chimie Industrielle，Toulouse，1973.

[48]　Fane A G，Wen C Y. in Handbook of Fluid in Motion（Ed Cheremisinoff N P）. Boston：Ann Arbor Science/ Butterworth，1983.

[49]　van Swaaij W P M. ACS Symp Ser，1978，72：193-222.

[50]　Wen C Y，Pros N S F. Workshop on Fluidization and Fluid Particle. Littman H. Rensselaer：Polytechnic Inst，1979：317.

[51]　van Deemter J J. Chem Eng Sci，1961，13（3）：143-154.

[52]　Yoshida K，Wen C Y. Chem Eng Sci，1970，25（9）：1395-1404.

[53]　Bierl T W，Gajdos I J，Mc Iver A E，et al. DOE Rep，1973：EE-2449-11.

[54]　Miwa K，Mori S，Kato T，et al. Intn Chem Eng，1972，12（1）：181-187.

[55]　Behie L A，Rehoe P. AIChE J，1973，19（5）：1070-1072.

[56]　Grace J R，De Lasa H I. AIChE J，1978，24（2）：364-366.

[57]　Hovmand S，Freedman W，Davidson J F. Trans Instn Chem Engrs，1971，49：149-162.

[58]　Choi K Y，Ray W H. Chem Eng Sci，1985，40（12）：2261-2279.

[59]　Salau N P G，Neumann G A，Trierweiler J O，et al. J Process Control，2009，19（3）：530-538.

[60]　Elnashaie S Ajbar. Chaos，Solitons & Fractals，1996，7（8）：1317-1331.

[61]　Wen C Y，Krishnan R，Kalyanaramam R. Fluidization. Grace J R，Matsen J M. New York：Plenum Press，1980.

[62]　Ding J，Gidaspow D. AIChE J，1990，36（4）：523-538.

[63]　Li J H，Ge W，Wang W，et al. From Multiscale Modeling To Meso-Science. Berlin：Springer，2013.

[64]　Zhu H P，Zhou Z Y，Yang R Y，et al. Chem Eng Sci，2008，63（23）：5728-5770.

[65]　Kaneko Y，Shiojima T，Horio M. Chem Eng Sci，1999，54（24）：5809-5821.

[66]　Yang N，Wang W，Ge W，et al. Chem Eng J，2003，96（1-3）：71-81.

[67]　Sun J Y，Zhou Y，Ren C，et al. Chem Eng Sci，2011，66（21）：4972-4982.

[68]　Sun J Y，Wang J D，et al. Chem Eng Sci，2012，82：285-298.

[69]　郭慕孙，李洪钟. 流态化手册. 北京：化学工业出版社，2007.

[70]　Dong K，Zhou Y，Huang Z，et al. Powder Technol，2014，266（6）：38-44.

[71]　He Y，Wang J D，Cao Y，et al. AIChE J，2010，55（11）：2563-2577.

[72]　Wang J D，Ren C，Yang Y R，et al. Ind & Eng Chem Res，2009，48（18）：8508-8514.

[73]　Cao Y，Wang J D，He Y，et al. AIChE J，2009，55（12）：3099-3108.

[74]　Wang J D，Ren C，Yang Y R. AIChE J，2010，56（5）：1173-1183.

[75]　Zhou Y，Ren C，Wang J D，et al. AIChE J，2013，59（4）：1056-1065.

[76]　He L，Zhou Y，Huang Z，et al. Ind & Eng Chem Res，2014，53（23）：9938-9948.

[77]　Wolny A，Kazmierczak W. Chem Eng Sci，1989，44（11）：2607-2610.

[78]　Wang F，Wang J D，Yang Y R. Ind & Eng Chem Res，2008，47（23）：9517-9526.

[79]　He C，Bi X T，Grace J R. Chem Eng Sci，2015，123：11-21.

[80]　He C，Bi X T，Grace J R. Powder Technol，2016，290：11-20.

[81]　张擎. 基于静电信号的气固流化床中颗粒运动的表征和颗粒荷电量的测量研究. 杭州：浙江大学，2016.

[82]　Grace J R. in Handbook of Fluid in Motion. Boston：Ann Arbor Science/Buttetworth，1983.

[83]　Merry J M D. AIChE J，1975，21（3）：507-510.

[84] Davidson J F，Harrison D，Daton R C，et al//Lapidus L，Amundson N R. Chemical Reactor Theory，A Review. Englewood Cliffs：Prentice-Hall，1979.

[85] Miller AR. US 4003712A. 1977-01-18.

[86] 王靖岱，黄正梁，胡东芳，等. CN 205368207U. 2016-07-06.

[87] Iii J M J，Jones T M，Jones R L，et al. US 4543399. 1985-09-24.

[88] 吴文清. CN 99118186. 7. 2001-03-07.

[89] 阳永荣，侯琳熙，胡晓萍，等. CN 2603690Y. 2004-02-08.

[90] Tanaka I，Shinohara H，Hirosue H，et al. Chem Eng Japn，1972，5（1）：51-57.

[91] 安德烈·杜梅因. CN 88104698. 1. 1989-02-08.

符号说明

a_b	单位体积气泡的表面积，$m^2 \cdot m^{-3}$
A	床的截面积，m^2
b	化学计量系数
C_A	气相反应组分 A 的摩尔浓度，$kmol \cdot m^{-3}$
$C_{A,b}$	气泡相中组分 A 的摩尔浓度，$kmol \cdot m^{-3}$
$C_{A,c}$	气泡云相中组分 A 的摩尔浓度，$kmol \cdot m^{-3}$
$C_{A,e}$	乳化相中组分 A 的摩尔浓度，$kmol \cdot m^{-3}$
d_b	气泡直径，m
d_{eq}	气泡的当量直径，m
D	气体分子的扩散系数，$m^2 \cdot s^{-1}$
D_c	床径，m
E_z	气体组分的轴向有效扩散系数，$m^2 \cdot s^{-1}$
F_{be}	气泡相-乳化相之间的相际传质或气体交换系数，s^{-1}
F_{Je}	分布板（射流）区的相际传质或气体交换系数，s^{-1}
g	重力加速度，s^{-1}
k_1	比反应速率常数（一级反应），s^{-1}
k'	无量纲反应速率常数 $[=k_1 L_{mf}(1-\varepsilon_{mf})/u]$
k^*	无量纲反应速率常数 $(=k_1 L/u)$
K^*	细颗粒修正系数
L	床层高度，m
L_f	床层的膨胀高度，m
L_{mf}	最小流态化下的床层高度，m
L_M	传质单元高度 [式(25-5-18)]，m
L_J	射流高度，m
n	反应级数；室数（室）
N	反应组分的物质的量，mol；级数
r	反应速率，$kmol \cdot m^{-3} \cdot s^{-1}$
r_b	气泡的半径，m
r_c	未反应固体核心的半径；气泡云的半径，m
R	气体通用常数，$8.314 J \cdot mol^{-1} \cdot K^{-1}$
t	时间，s
T	温度，K

u_b	气泡的上升速度，m·s^{-1}
u_e	乳化气的速度，m·s^{-1}
u_k	鼓泡流态化-湍流流态化转变点的流化气速，m·s^{-1}
u_{mb}	起始鼓泡流化气速，m·s^{-1}
u_{ms}	最小节涌点下流化气速，m·s^{-1}
u_{tr}	湍动、快速流态化转变点流化气速，m·s^{-1}
u_T	颗粒的终端速度，m·s^{-1}
V_b	气泡相的体积，m^3
V_c	气泡云相的体积，m^3
V_e	乳化相的体积，m^3
V_p	颗粒的体积，m^3
W_g	固体颗粒的体积加料速率，$\text{m}^3\text{·s}^{-1}$
x_A	反应组分 A 的反应转化率
z	轴向坐标，m

无量纲数群

Ar	阿基米德数，$\rho_g g \Delta\rho d_p^3 / \mu_g^2$
Fr	弗洛里德数，$\rho_g u / (g\Delta\rho d_p)$
Fr_{ma}	最小节涌点下弗洛里德数，$\rho_a u_{ma} / (g\Delta\rho d_p)$
N_M	气体传质单元数，$F_{be}\delta L_f / u$
N_{Mb}	气泡相的相际传质单元数，$F_{be}\delta(L_f - L_J)/u$
N_{MJ}	分布板（射流）区的传质单元数，$F_{Je}L_J / u$
N_{MS}	节涌床中的气体传质单元数，$F_{Je}(L_f/u_a)$
N_R	反应单元数，kL_{mf}/U
N_{Rb}	气泡相区的反应单元数，$k(L_{mf} - L_J)/u$
N_{RJ}	分布板（射流）区反应单元数，kL_J / u
Pe	毕克脱数
Re	雷诺数
X	相际气体交换系数，$F_{be}a_b\varepsilon_b L /(\beta u)$

希腊字母

α	气泡速度对乳化气速度的比值，u_b/u_e
β	气泡相速度对表观流化气速的比值（$u - u_{mf}/u$）
γ_s	气泡相中固体粒子的体积分数
δ_b	气泡相体积对床层体积的比值（$=L_f - L_{mf}/L_f$）
ξ	无量纲床层高度（$=L/L_{mf}$）
ε	床层空隙率
ε_b	气泡相占据床层的体积分数
ε_c	乳相的空隙率
ε_{mf}	最小流态下的床层空隙率
ε_p	固体粒子的孔隙率
ρ_g	气体的密度，kg·m^{-3}
ρ_s	固体粒子的密度，kg·m^{-3}
μ_g	气体的黏度，$\text{kg·m}^{-1}\text{·s}^{-1}$
ϕ_b	气泡相中的固体粒子占据床层的体积分数
ϕ_d	乳相中的固体粒子占据床层的体积分数

下角标

A,B	反应组分
b,c,e	气泡相、气泡云相和乳相
in	进口
out	出口

6
搅拌釜式反应器

6.1 概述

搅拌釜式反应器广泛应用于石油化工、聚合物工业、精细化工、制药、冶金等行业。搅拌釜式反应器由搅拌器和釜体组成。搅拌器包括传动装置、搅拌轴（含轴封）、叶轮（搅拌桨）；釜体包括筒体、夹套和内构件；内构件有挡板、盘管、导流筒等。工业上应用的搅拌釜式反应器有成百上千种，按反应物料的相状态可分成均相反应器和非均相反应器两大类，如表 25-6-1 所示。

表 25-6-1　搅拌釜式反应器的分类

搅拌反应器类别		示例
均相反应器	(1)低黏物系	配料与混合过程 酸碱中和反应器 均相催化反应器
	(2)高黏物系	溶液法合成橡胶反应器 苯乙烯本体聚合反应器 聚酯预聚反应器
非均相反应器	(1)固液反应器	溶解过程 固体颗粒的悬浮 磷酸反应器
	(2)液液反应器	液液分散过程 悬浮聚合反应器 乳液聚合反应器
	(3)多相反应器	发酵反应器 淤浆法低压聚乙烯反应器 液相加氢反应器

6.2 搅拌器的基本类型和使用范围

6.2.1 常用的搅拌器

搅拌器可粗分为适用于低黏流体的和适用于高黏流体的两大类。适用于低黏流体的搅拌器有桨式、涡轮式、三叶后掠式、布鲁马金式等；适用于高黏流体的搅拌器有锚式、框式、螺带式、螺杆式等；常用搅拌器型式如图 25-6-1 和图 25-6-2 所示。

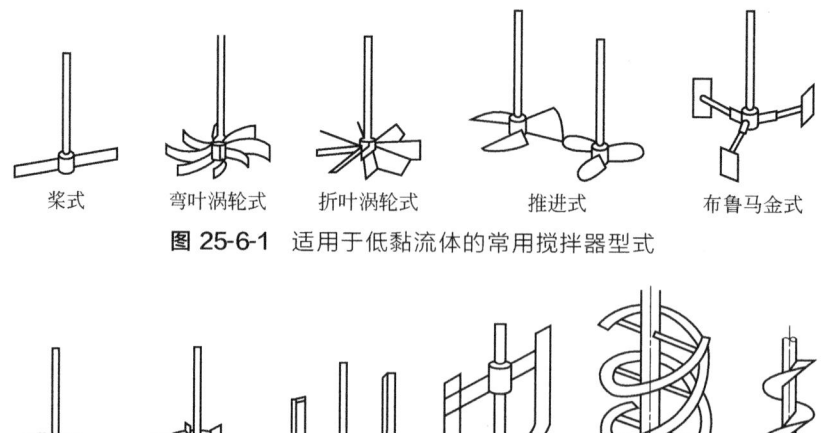

图 25-6-1　适用于低黏流体的常用搅拌器型式

　桨式　　弯叶涡轮式　　折叶涡轮式　　推进式　　布鲁马金式

　齿片式　　直叶圆盘涡轮式　　锚式　　框式　　螺带式　　螺杆式

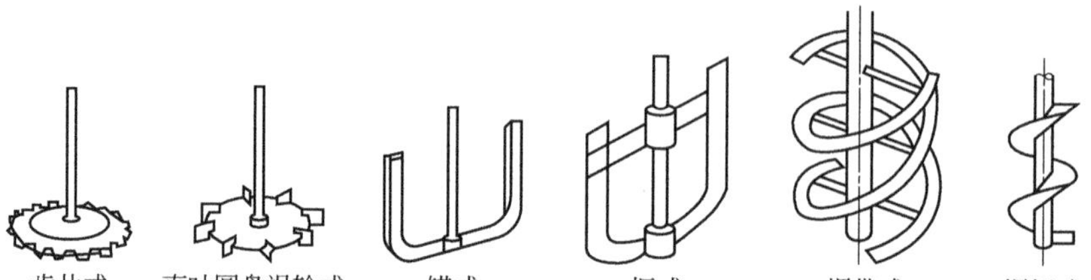

图 25-6-2　适用于高黏流体的常用搅拌器型式

6.2.2　评价搅拌操作特性的参数

搅拌过程是通过搅拌器的旋转向搅拌槽内流体输入机械能，从而使流体获得适宜的流动场，并在流动场内进行动量、热量和质量的传递或者进行化学反应的过程。因此，流场和搅拌轴功率总是搅拌过程所研究的主要问题。即不同的操作目的需要什么样的流场、需要输入多大的能量？不同结构型式的搅拌器在操作条件下又能提供什么样的流场、能供给多大的能量？搅拌器的选型和设计其实就是使这种"需要"和"可能"进行匹配。

通常以搅拌釜内的流动状态、循环量、流速分布、剪切率和剪切率分布来评价搅拌釜内的流动场。搅拌雷诺数 Re 反映了搅拌釜内的流动状态。排出流量 Q_d、循环量 Q_c、排量数 N_{qd}、循环量数 N_{qc}、翻转次数 N_t 和循环次数 N_c 是常用来定量评价搅拌器循环能力的参数。剪切数 N_s 用来宏观地反映搅拌器的剪切能力。

$$Re = d^2 N \rho / \eta \tag{25-6-1}$$

$$Q_d = N_{qd} N d^3 \tag{25-6-2}$$

$$Q_c = N_{qc} N d^3 \tag{25-6-3}$$

$$N_t = Q_d / V \tag{25-6-4}$$

$$N_c = Q_c / V \tag{25-6-5}$$

式中　d ——桨径，m；

　　　N ——转速，$r \cdot s^{-1}$；

　　　ρ ——密度，$kg \cdot m^{-3}$；

　　　η ——黏度，$Pa \cdot s$。

输入能量的大小以单位体积搅拌功率 P_V 来表示。功率准数 N_p 是表征搅拌器功耗特性的重要参数。评价搅拌器的混合特性用混合时间数 T_m 和混合效率数 C_e。

$$N_p = P / \rho N^3 d^5 \tag{25-6-6}$$

$$P_V = P / V \tag{25-6-7}$$

$$T_m = \theta_m N \tag{25-6-8}$$

$$C_e = P_V \theta_m^2 / \eta = W_V \theta_m / \eta \qquad (25\text{-}6\text{-}9)$$

$$N_\theta = (1/N)\sqrt{P_V/\eta} \qquad (25\text{-}6\text{-}10)$$

$$U_i = \pi N d \qquad (25\text{-}6\text{-}11)$$

式中　V——流体体积，m^3；

　　　P——搅拌功率，W；

　　　θ_m——混合时间，s。

排出流量是通过叶轮的轴向循环流量。釜内另有一部分不通过叶轮的轴向循环流量，称为诱导流量 Q_i。循环流量是排量和诱导流量之和。例如，实验研究表明桨式搅拌器的循环流量是排量的约 1.5 倍，由上式可见循环次数也应是翻转次数的 1.5 倍。其他搅拌器也有类似的关系。循环次数和翻转次数常用每分钟多少次表示。

搅拌低黏流体时，单位体积搅拌功率与湍流扩散强度密切有关。功率数与排量数之比 N_p/N_{qd} 反映了搅拌器使流体受剪切和促使流体进行循环所需能耗的相对大小；搅拌器的桨端线速度 U_i 是最大剪切率的量度。这二者也是评价搅拌器操作特性的重要参数。

混合时间是达到规定混合均匀度所需的搅拌时间。混合时间数 T_m 表示达到规定混合均匀度搅拌器所需转的圈数。适于高黏流体的搅拌器，如螺带式搅拌器和螺杆-导流筒式搅拌器，其 T_m 在层流域是常数；适于低黏流体的搅拌器，如桨式、涡轮式、三叶后掠式等搅拌器，其 T_m 在强湍流域是常数。当 T_m 是常数时，易于对搅拌器的混合能力作出评价，搅拌器的 T_m 值越小，表示搅拌器的混合速率越高。在过渡流域，各种搅拌器的 T_m 随 Re 的增大而减小，故在过渡流域评价搅拌器的混合能力较复杂。

混合效率数 C_e 是 W_V 和 θ_m/η 之积，当流体的黏度和需达到的混合时间一定时，两个搅拌器的 C_e 值之比等于其能耗之比。搅拌器的 C_e 值越小，混合效率越高。

可以导出，$\sqrt{P_V/\eta}$ 与剪切率成正比，因此剪切数 N_s 反映了搅拌器每转一圈流体所受的剪切量。N_s 值越大，搅拌器的剪切能力越强。

U_i 值往往是搅拌器设计和放大时的一个重要指标。例如，乳液聚合或进行结晶时，若桨端线速度 U_i 值太高，易产生剪切破乳或晶体细粉化。

在后述的各节中，可看出上述这些参数广泛应用于搅拌器的选型、设计和放大。

表 25-6-2　搅拌器型式适用条件表

| 搅拌器模型 | 流动状态 | | | 搅拌目的 | | | | | | | | 槽容积范围 /m³ | 转速范围 /r·min⁻¹ | 最高黏度 /10⁻¹Pa·s |
	对流循环	湍流扩散	剪切流	低黏度液混合	高黏度液混合传热反应	分散	溶解	固体悬浮	气体吸收	结晶	传热	液相反应			
涡轮式	○	○	○	○		○	○	○	○	○	○	○	1~100	10~300	500
桨式	○	○	○	○	○		○	○	○	○	○	○	1~200	10~300	500
推进式	○	○		○		○	○	○			○	○	1~1000	100~500	20
折叶开启涡轮式	○	○		○		○	○	○	○		○	○	1~1000	10~300	500
布尔马金式	○	○	○	○	○		○	○	○		○	○	1~100	10~300	500
锚式	○			○	○						○		1~100	1~100	1000
螺杆式	○				○		○				○		1~50	0.5~50	1000
螺带式	○				○		○				○		1~50	0.5~50	1000

6.2.3 搅拌器的选型

搅拌器的选型依赖于操作过程的工艺特性，由于操作工艺的多样性和复杂性，搅拌器的选型缺乏理论方法，强烈依赖于经验。表 25-6-2 是以流动状态、搅拌目的、釜容积范围、转速范围、最高黏度作为参数的搅拌器选型表[1]。图 25-6-3 是以物料的黏度作为参数的搅拌器选型图。

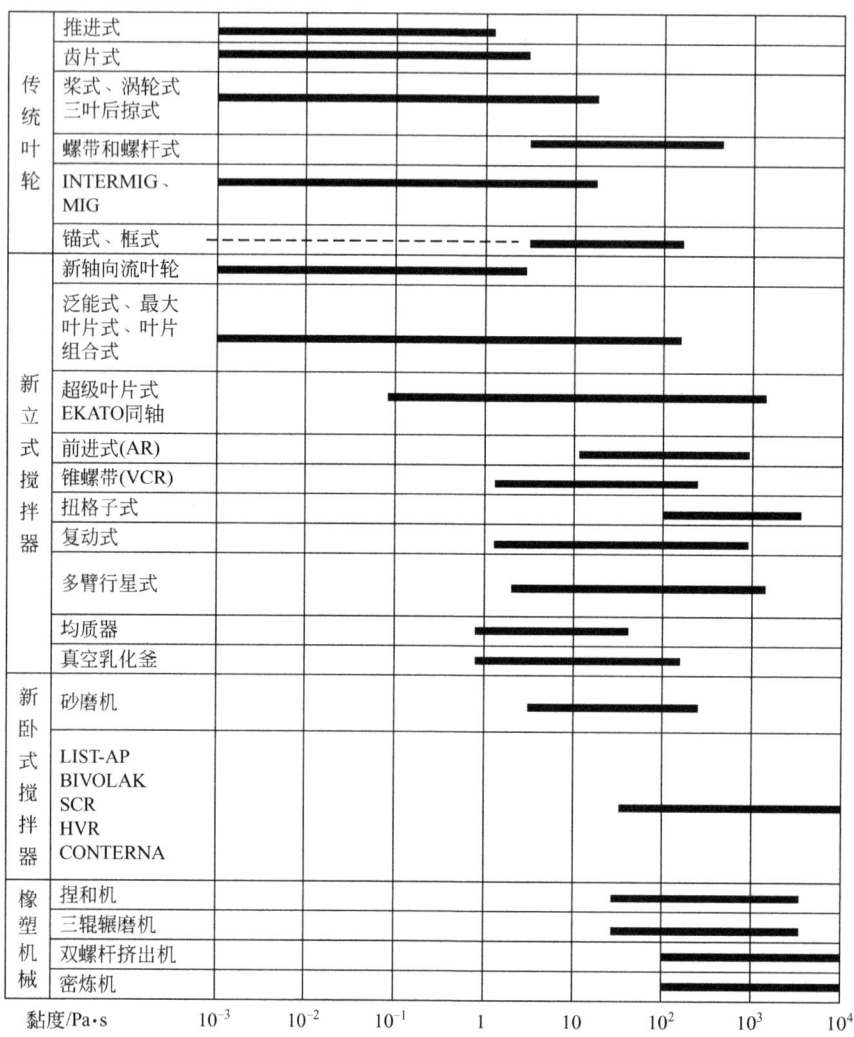

图 25-6-3 以物料黏度作为参数的搅拌器选型图

6.3 搅拌釜内的流型和搅拌器的混合性能

6.3.1 搅拌釜内的流型

搅拌釜内的流型由雷诺数 Re、搅拌器的型式、釜体的型式和内构件的型式所决定。

图 25-6-4 表示搅拌流型、N_p、N_{qd} 和 T_m 随 Re 的变化。在完全层流的 [A] 区 ($Re<$ 10），用涡轮式搅拌器时，仅叶轮附近的液体随叶轮一起旋转，离叶轮较远的液体是停滞的，混合效果很差，T_m 值非常大。这时叶轮的旋转阻力主要是黏滞力，其离心效应可忽略，排量极小。

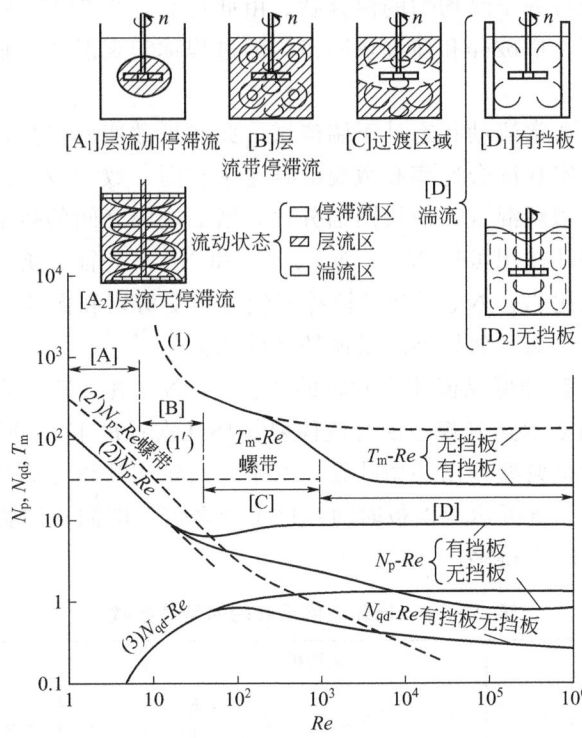

图 25-6-4 搅拌流型、N_p、N_{qd} 和 T_m 随 Re 的变化[2]

然而，若使用能强制高黏流体进行轴向循环的、桨径接近槽径的螺带式搅拌器，即使在低 Re 下，也不产生停滞区。

当 Re 大于 10，即进入称作部分层流域的 [B] 区，叶轮旋转产生的离心力就不可忽视。叶轮的排出流使远离叶轮的液体开始流动，混合效果大为改善，但在离叶轮较远处仍出现环形停滞区。

当 Re 增至数百，进入称作过渡域的 [C] 区，叶轮周围产生湍流，排量显著增加，滞流区消失。若 Re 进一步增加，湍流区扩大直至全釜达到湍流状态。

由图 25-6-4 可见，N_{qd} 值达最大时，Re 约为 90；然而当插入挡板后，排量数在湍流域内最大。

在 [A]、[B]、[C] 三区内，无需使用挡板，否则会在挡板后面出现停滞区。

[D] 区是完全湍流区，这时槽内有挡板或无挡板对流型以及对特性参数-Re 曲线的影响都较大。若槽内无挡板，则槽中部的液面显著降落，并在搅拌轴附近产生一个圆柱形的、称作固体回转部的不良混合区。固体回转部的直径约为桨径的 70%。这时若插入挡板，固体回转部便会很快消失。

6.3.2 搅拌器的混合性能

如果将两种性质不同、但互相溶解的液体一起搅拌，将发生两个过程。首先是两个液体被破碎成块团（或称溶质团、浓度斑），并彼此掺合起来，这些块团的形状是不规则的，块团的尺寸随搅拌的进行而连续地减小。同时这两种液体间的扩散将通过块团的边界进行，边界处的组成先发生变化，逐渐扩展至块团内部，最终达到分子级的混合。若不是液体先被打碎成小块团形成大量的接触面的话，扩散过程进行得很慢；然而若没有扩散过程，即使长时间不断的搅拌也不能获得分子级均匀的混合物。由此可见，"破碎"和"扩散"是混合进程中两种不同性质的过程。把破碎和使细块团掺匀的过程称宏观混合；把通过扩散达到分子级混合的过程称微观混合。

搅拌低黏流体时，通常流动状态处于湍流域，此时扩散速率很高，混合速率由宏观混合控制。搅拌高黏流体时宏观混合速率和微观混合速率在同一数量级。宏观混合靠流体的轴向对流循环来完成；对于微观混合，使块团细分化，增加块团之间的接触面的剪切作用十分重要，流体的轴向对流循环作用可用 N_{qd}、N_{qc}、N_t 和 N_c 来表征；剪切作用则用 N_a 数来评价。功率数与排量数之比 N_p/N_{qd} 反映了搅拌器使流体受剪切和促使流体进行循环所需能耗的相对大小，是判别叶轮属于剪切型还是循环型的依据。

表 25-6-3 中列出了数种低黏流体用叶轮的 N_p 值、N_{qd} 值、N_p/N_{qd} 值和 θ_m/T_c 值。T_c 是循环时间；θ_m/T_c 值表示达到规定混合流体要循环几次；D 和 b 分别表示釜径和桨叶宽。由表可见：推进式叶轮是典型的循环型叶轮，八平叶涡轮式叶轮是典型的剪切型叶轮；对同一叶轮，有挡板时的 N_p 值可达无挡板时的几倍至十多倍，即同样的物料和转速下，有挡板时的功率消耗比无挡板时大得多。

表 25-6-3   低黏流体用叶轮的特性参数[3]

叶轮型式			无挡板				有挡板				
型式	d/D	b/D	N_p	N_{qd}	N_p/N_{qd}	$\dfrac{Re}{\times 10^{-5}}$	N_p	N_{qd}	N_p/N_{qd}	$\dfrac{Re}{\times 10^{-5}}$	θ_m/T_c
八平叶涡轮式	0.513	0.051	0.81	0.25	3.2	1	4.2	0.66	6.4	0.8	4
八平叶涡轮式	0.513	0.103	0.95	0.34	2.8	1	9.5	1.34	7.1	1.3	7
八平叶涡轮式	0.513	0.205	0.107	0.59	1.8	1	19.1	2.33	8.2	0.8	10
八平叶涡轮式	0.308	0.103	2.17	1.23	1.8	0.37	14.2	2.9	4.9	0.76	15
八平叶涡轮式	0.718	0.103	0.57	0.14	4	2					
八平叶涡轮式	0.822	0.103					4.6	0.36	16.7	1	3
八弯叶涡轮式	0.513	0.103	0.55	0.37	1.5	1	2.4	0.66	3.6	0.8	6
三叶后掠式	0.498	0.0513	0.37	0.23	1.6	1.4	0.73	0.29	2.5	1.8	
布鲁马金式	0.513	0.103	0.44	0.34	1.3	1	1.05	0.78	1.3	1	10
45°八折叶涡轮式	0.513	0.103	0.72	0.34	2.3	1	2.8	0.87	3.2	1.3	5
三叶推进式	0.513	螺距=d					0.66	0.43	1.53	1	4
三叶推进式（带导流筒）	0.516	螺距=d					0.42	0.78	0.54	1	7

当叶轮的 d/D 或 b/D 与表中不同时，可用下式来估算 N_q 值[3]：

$$N_{qd} \propto \left(\frac{d}{D}\right)^{-2.5}\left(\frac{b}{D}\right)B_n^{0.7}$$

式中 B_n——叶轮上的叶片数。

由 N_{qc} 估算 N_{qc} 用下式：

$$N_{qc} = N_{qd}\left\{1 + 0.16\left[\left(\frac{D}{d}\right)^2 - 1\right]\right\}$$

表 25-6-4 是高黏流体用叶轮在层流域的特性参数。表中的复动式搅拌器是通过一种特殊的传动装置使叶轮在回转的同时进行上、下往复移动的搅拌设备。由表可见：对于同样的物料、达到同样的混合效果；不同的搅拌器，其能耗可相差几倍之多。螺带式搅拌器是常用于高黏流体的搅拌器；复动式或螺杆-导流筒式搅拌器混合效率很高，但结构较复杂、造价也较高。

表 25-6-4　高黏流体用搅拌器的特性参数（层流域）[4]

序号	叶轮型式	d/D	牛顿流体			假塑性流体，$m = 0.53 \sim 0.63$		
			T_m	N_a	C_c^*	T_m	N_a	$C_c/100000$
1	双螺带-锚式	0.950	34	19.4	4.36	37	19.4	5.16
2	内外单螺带-锚式	0.950				41	16	4.30
3	四螺带-锚式	0.950				30	20.1	3.70
4	复动式	0.947	22.7	11.2	0.645	31	11.2	1.20
5	螺杆-导流筒式	0.574				40	7.9	0.80

在过渡流域，搅拌器的混合时间数 T_m 随 Re 的增加而减小。螺杆-导流筒式搅拌器和复动式搅拌器在过渡流域的混合效率也很高，但成本也高。通常，多层涡轮式搅拌器与挡板的组合适宜于过渡流域的混合。

6.4　搅拌器的功率消耗

6.4.1　功率数的一般关联式

搅拌功率是指搅拌器的轴功率，影响搅拌功率的主要因素有三类：

(1) 有关叶轮的因素　如叶轮直径 d、叶宽 b、倾角 θ、转速 N、单个叶轮上的叶片数 B_n、叶轮安装高度 H_c 等。

(2) 有关搅拌槽的因素　如槽形、槽径 D、液深 H、挡板数 W_n、挡板宽 W_b 等。

(3) 有关被搅液体的因素　如液体的密度 ρ、黏度 η 等。

搅拌功率按下式计算：

$$P = \rho N^3 d^5 N_p$$

由于 ρ、N、d 三个参数易实验测得，故计算搅拌功率的关键是求出 N_p。N_p 的一般化关联式如下：

$$N_p = E(Re)^p(Fr)^q f\left(\frac{d}{D}, \frac{d}{D}, \frac{H}{D}, \theta, \cdots\right) \quad (25\text{-}6\text{-}12)$$

$$Fr = dN^2/g \quad (25\text{-}6\text{-}13)$$

式中　Fr ——弗劳德数；

E ——方程式系数；

p，q ——方程式参数。

一般情况下，Fr 项的影响很小，可将其包含在系数 E 中。

6.4.2 算图法解功率数[1]

图 25-6-5 称 Rushton 算图，适用于多种叶轮，液体黏度为 $1\sim40000\mathrm{mPa\cdot s}$，$Re$ 在百万以内。该图的纵坐标为 ϕ，横坐标为 Re。当 Re 小于 300 时，Fr 的影响可忽略，

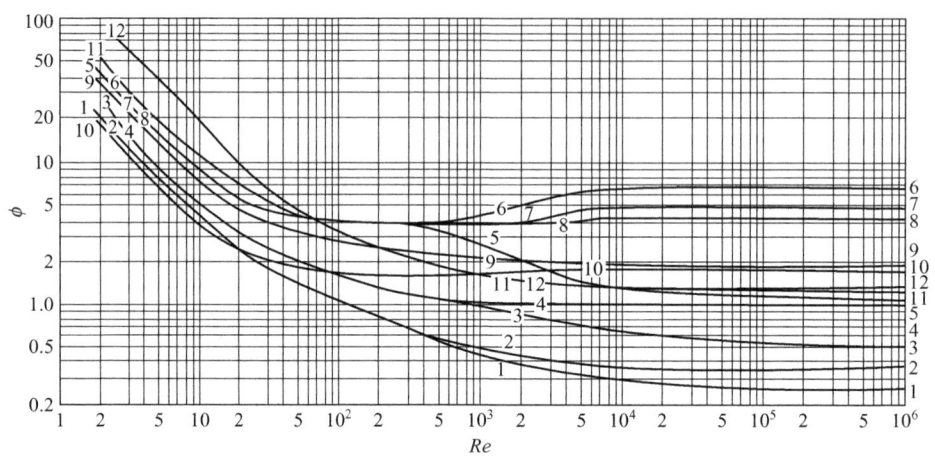

图 25-6-5 Rushton 的 ϕ-Re 图

1—三叶推进式，螺距 $p=d$，NBC；2—三叶推进式，$p=d$，BC；3—三叶推进式，$p=2d$，NBC；
4—三叶推进式，$p=2d$，BC；5—六平叶圆盘涡轮式，NBC；6—六平叶圆盘涡轮式，BC；7—六弯曲
叶涡轮式，BC；8—六箭圆盘叶涡轮式，BC；9—八 45°折叶涡轮式，BC；10—双叶平桨，BC；
11—六叶闭式涡轮，BC；12—六叶闭式涡轮带有二十叶的静止导向器；NBC—无挡板；BC—有挡板

$$N_{\mathrm{p}}=\phi$$

当 Re 大于 300 时，

$$N_{\mathrm{p}}=\phi(\alpha-\lg Re)/\beta$$

上式中的 α 和 β 值如表 25-6-5 所示。

表 25-6-5 α 和 β 值

叶轮型式	d/D	α	β
三叶推进式	0.47	2.6	18.0
	0.37	2.3	18.0
	0.33	2.1	18.0
	0.30	1.7	18.0
	0.22	0	18.0
六叶涡轮式	$0.308\sim0.333$	1.0	40.0

6.4.3 低黏流体的功率数关联式[2]

永田进治对无挡板搅拌槽中使用双叶桨式叶轮时求得如下关联式：

$$N_p = \frac{A}{Re} + B\left(\frac{10^3 + 1.2Re^{0.66}}{10^3 + 3.2Re^{0.66}}\right)^p \left(\frac{H}{D}\right)^{(0.35+b/D)} (\sin\theta)^{1.2} \quad (25\text{-}6\text{-}14)$$

$$A = 14 + \frac{b}{D}\left[670\left(\frac{d}{D} - 0.6\right)^2 + 185\right] \quad (25\text{-}6\text{-}15)$$

$$B = 10^{\left[1.3 - 4\left(\frac{b}{D} - 0.5\right)^2 - 1.14\frac{d}{D}\right]} \quad (25\text{-}6\text{-}16)$$

$$p = 1.1 + 4\left(\frac{b}{D}\right) - 2.5\left(\frac{d}{D} - 0.5\right)^2 - 7\left(\frac{b}{D}\right)^4 \quad (25\text{-}6\text{-}17)$$

当 b/D 值小于或等于 0.3 时，则 p 的算式中的最后一项可忽略。无挡板槽在湍流时多层双叶桨式叶轮或多叶涡轮式叶轮均能用上式近似地计算其搅拌功率。但必须叶片不是曲面，各层叶轮的直径 d 和倾角 θ 要一致，且叶片宽度 b 和叶片总数 Z（当有 N_a 层叶轮时，$Z = N_a B_n$）的乘积要相等。如六平叶涡轮，其叶片宽度为 b，则可把它看作叶宽为 $3b$ 的双叶桨式叶轮。

因 Fr 数对功率数的影响不大，故式中无 Fr 数。式(25-6-14)也可扩展，用来计算有挡板槽时的功率数，根据槽内挡板的多少，分全挡板和部分挡板两种情况。定义挡板系数 K_b 为：

$$K_b = (W_b/D)^{1.2}W_n \quad (25\text{-}6\text{-}18)$$

当 K_b 等于 0.35，称此时的挡板情况为全挡板，全挡板时，功率数最大，若 K_b 大于 0.35，功率数反而下降；当 K_b 大于零、小于 0.35 则称为部分挡板。

全挡板、部分挡板和无挡板时的 N_p-Re 图如图 25-6-6 所示。

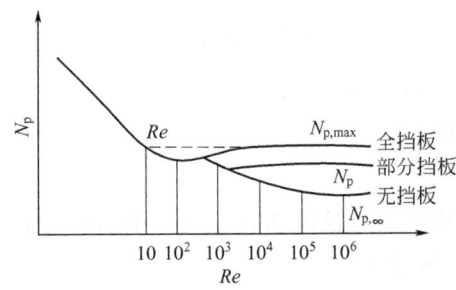

图 25-6-6 全挡板、部分挡板和无挡板时的 N_p-Re 图

$N_{p,\infty}$—无挡板；N_p—部分挡板；$N_{p,max}$—全挡板

计算全挡板的功率数 $N_{p,max}$ 时，首先要计算由层流域向过渡流域转变的临界雷诺数 Re_c，即湍流域全挡板时的 N_p-Re 线与层流域 N_p-Re 线的交点所对应的数值。

$$Re_c = \frac{25}{\frac{b}{D}}\left(\frac{d}{D} - 0.4\right)^2 + \frac{\frac{b}{D}}{0.11\frac{b}{D} - 0.0048} \quad (25\text{-}6\text{-}19)$$

将 Re_c 值替代式(25-6-14)中的 Re 算得的 N_p 值即为全挡板时两叶平桨的功率数。若叶片的倾角为 θ，则要先用 Re_c 计算折叶桨的临界雷诺数 Re_a，

$$Re_a = 10^{4(1-\sin\theta)} Re_c \tag{25-6-20}$$

然后再将 Re_a 替代式(25-6-14) 中的 Re 数,算出折叶桨在全挡板时的功率数。

部分挡板时的功率数可用全挡板时的功率数 $N_{p,max}$ 和无挡板时的功率数来计算,

$$\frac{N_{p,max} - N_p}{N_{p,max} - N_{p,\infty}} = [1 - 2.9(W_b/D)^{1.2} W_n] \tag{25-6-21}$$

式中,$N_{p,\infty}$ 为雷诺数很大时、无挡板条件下的功率数。

式(25-6-14) 适用于全雷诺数范围,当雷诺数很小时,例如雷诺数小于 10,则等式右边第二项可忽略;当雷诺数很大时,则等式右边第一项可忽略,对于一定的叶轮,功率数为常数。此时流体黏度的大小对功率数和搅拌功率无影响。

6.4.4 黏稠性流体的功率数

在式(25-6-14) 中,若雷诺数很小,则等式右边第二项可忽略,变成如下形式:

$$N_p Re = K_p \tag{25-6-22}$$

K_p 称功率常数。这时,搅拌功率由下式求取:

$$P = K_p N^2 d^3 \eta \tag{25-6-23}$$

上式适用于牛顿流体;对于假塑性流体,若用其表观黏度 η_a 代替式中的牛顿流体的黏度 η,则上式也可用来计算假塑性流体的 N_p。

若假塑性流体的流变模型采用幂律表示,则

$$\eta_a = K_{psu} \gamma^{n-1} \tag{25-6-24}$$

式中 K_{psu} ——稠度系数,$kg \cdot s^{n-2} \cdot m^{-1}$;

$\quad\quad n$ ——流动行为指数;

$\quad\quad \gamma$ ——剪切率,s^{-1}。

稠度系数和流动行为指数可用少量流体在流变计中求得。假塑性流体的 n 小于 1;而对于牛顿流体,n 等于 1,K_{psu} 等于 η。

计算假塑性流体的搅拌功率的关键是求出剪切率 γ。使用 Metzner 假定,

$$\gamma = K_s N \tag{25-6-25}$$

式中 K_s —— Metzner 常数。

于是,牛顿流体和假塑性流体的功率数可用一公式计算,即

$$N_p Re^* = K_p \tag{25-6-26}$$

$$Re^* = d^2 N\rho / \eta_a = Re_m K_s^{1-n} = d^2 N^{2-n} \rho K_s^{1-n} / K_{psu} \tag{25-6-27}$$

$$Re_m = d^2 N^{2-n} \rho / K_{psu} \tag{25-6-28}$$

式中 Re^* ——表观雷诺数。

表 25-6-6 中是各种高黏流体用搅拌器的 K_p 和 K_a 值。若搅拌器的几何参数与表 25-6-6 中不同,则可用下列公式分别计算锚式、框式、螺带式搅拌器的功率数。

表 25-6-6　各种高黏流体用搅拌器的 K_p 和 K_s 值

搅拌器类型	几何参数	K_p	K_s
双螺带-锚	$d/D=0.95$	424	32
四螺带-锚	$d/D=0.95$	478	39
内外单螺带-锚	$d/D=0.95$	307	28.1
螺杆-导流筒	$d_s/D=0.547$ $d_s/D_d=0.893$	269	8.2
螺杆	$d_s/D=0.4$	210	
螺杆-导流筒	$d_s/D=0.4$	330	
双螺带-螺杆	$d/D=0.85$ $p/d=1$ $p_s/d=2$	400	
单螺带-螺杆	$d_s/D=0.4$ $w/d=0.1$ $h/d=1$	250	
锚	$d/D=0.87$ $h/D=0.6$ $w/D=0.1$	245	21.5
锚	$d/D=0.89$		

注：d—桨径；D—釜径；h—锚的直边高或螺带高；w—锚的直边宽或螺带宽；d_s—螺杆直径；D_d—导流筒直径；p—螺带的螺距；p_s—螺杆的螺距。

对于锚式和框式搅拌器，w 等于或小于 1，并取 K_s 等于 25，

$$K_p = N_p Re^* = 14 \frac{h}{D} \left[670 \left(\frac{d}{D} - 0.6 \right)^2 + 185 \right] \tag{25-6-29}$$

对于双螺带式搅拌器[2]，取 $K_s = 30$，

$$K_p = N_p Re^* = 74.2 \left(\frac{D-d}{d} \right)^{-0.5} \left(\frac{d}{p} \right)^{0.5} \tag{25-6-30}$$

对于双螺带-锚式搅拌器[5]，取 $K_s = 32$，

$$K_p = N_p Re^* = 362 \left(\frac{\dfrac{d}{D}}{1 - \dfrac{d}{D}} \right)^{0.341} \left(\frac{w}{d} \right)^{0.43} \left(\frac{p}{d} \right)^{-0.41} \left(\frac{h}{d} \right)^{0.78} + \frac{34.3}{\left(\dfrac{d}{D} \right)^3} \tag{25-6-31}$$

过渡流域的 N_p-Re 关系为一曲线，可用二次曲线拟合。而且对于锚式、框式和螺带式等适用于高黏流体的搅拌器，使用了表观雷诺数以后，在过渡流域牛顿流体和假塑性流体也可用同一公式计算功率数。即：

$$\ln(K_p) = A + B \ln Re^* + C (\ln Re^*)^2$$

表 25-6-7 中是 5 种搅拌器的 A、B、C 值和其适用的雷诺数范围[4]。

表 25-6-7　5 种搅拌器的 A、B、C 值和其适用的雷诺数范围[4]

序号	搅拌器型式	Re^*	A	B	C
1	双螺带-锚	100～3000	8.56	−2.10	0.123
2	四螺带-锚	100～4000	7.43	−1.63	0.0774
3	内外单螺带-锚	70～3000	7.80	−1.93	0.108
4	螺杆-导流筒	20～1600	5.46	−1.23	0.0704
5	三层三叶后掠式-D 挡板	20～3100	3.91	−0.787	0.0465

6.5　搅拌釜式反应器的传热

6.5.1　搅拌釜传热概述

搅拌釜可配置的传热元件有三种：夹套、内构件、搅拌器本身。夹套有空心夹套、螺旋挡板夹套和半管螺旋夹套。几何相似的搅拌釜随容积增大，单位容积所对应的夹套传热面积与釜径成比例减小，故对于大型搅拌釜还须在釜内装置传热内构件。其中，盘管和直管是最常用的；D 挡板、发夹形管和板式管组也属直管型传热内构件。这些传热元件分别见图 25-6-7～图 25-6-9。导流筒也往往用作传热元件，有些大型聚合釜为了强化传热还在搅拌器内通入热载体。

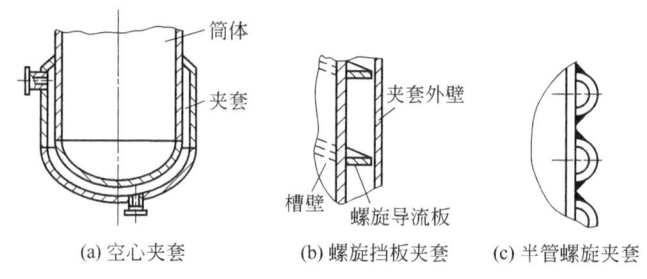

(a) 空心夹套　　(b) 螺旋挡板夹套　　(c) 半管螺旋夹套

图 25-6-7　三种夹套示意图

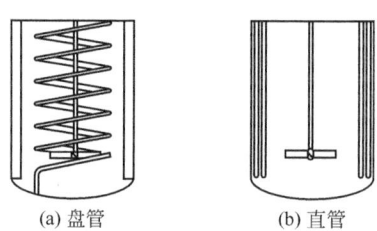

(a) 盘管　　　　(b) 直管

图 25-6-8　盘管和直管

这些传热元件的传热机理是相同的，固体的传热面把被搅液和热载体分隔开，传热面通常由三层组成，中间是金属的釜壁（釜壁有时用不锈钢和碳钢的复合钢板制；对于搪玻璃釜，则釜壁应由碳钢和搪玻璃层二者组成），两侧分别有来自被搅液的黏釜物和来自热载体的污垢。热量从被搅液侧传递到热载体侧必须通过被搅液对传热面的对流传热、多层固体的热传导、传热面对热载体的对流传热三个环节。此传热过程可用下式描述：

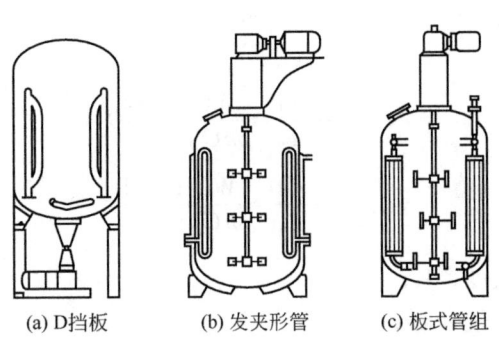

(a) D挡板　　　(b) 发夹形管　　　(c) 板式管组

图 25-6-9 直管型传热内构件的三种变形

$$Q = KF\Delta T \tag{25-6-32}$$

式中　Q ——热流率，W；

　　ΔT ——被搅液和热载体之温差，K；

　　F ——传热面积，m^2；

　　K ——总传热系数，$W \cdot m^{-2} \cdot K^{-1}$。

$\dfrac{1}{K}$ 为传热总阻力，它是多个串联的热阻之和。

$$\frac{1}{K} = \frac{1}{h_1} + \sum_{i=1}^{n} \frac{\delta_i}{\lambda_i} + \frac{1}{h_2} \tag{25-6-33}$$

式中　h_1 ——被搅液对传热面的传热系数，$W \cdot m^{-2} \cdot K^{-1}$；

　　h_2 ——热载体对传热面的传热系数，$W \cdot m^{-2} \cdot K^{-1}$；

　　δ_i ——第 i 层固体的厚度，m；

　　λ_i ——第 i 层固体的热导率，$W \cdot m^{-1} \cdot K^{-1}$。

　　式(25-6-33) 仅适合于传热面为釜壁的场合，因釜壁厚度相对于釜径很小，釜壁两侧的传热面积相差不大。当用圆管作传热元件时，管壁两侧的传热面积的差别显著，就需考虑 K 是以哪个壁面为基准。

　　当釜和夹套（或管）在恒温状态下连续操作，可直接应用式(25-6-32)。当釜在恒温下连续操作，但夹套进、出口温度不同时，则需用被搅液和热载体在夹套进、出口的对数温差 ΔT_m 来代替式(25-6-32) 中的 ΔT。

　　在间歇操作时，若夹套中热载体温度恒定，被搅液在 θ 时间内由初温 t_1 变到终温 t_2，则这加热或冷却过程可分别以下两式表示[2]：

$$\ln \frac{T - t_1}{T - t_2} = \frac{KF}{mC_p} \theta \tag{25-6-34}$$

$$\ln \frac{t_1 - T}{t_2 - T} = \frac{KF}{mC_p} \theta \tag{25-6-35}$$

式中　T ——夹套（或管）中热载体的恒定温度，K；

　　m ——被搅液的质量，kg；

　　C_p ——被搅液的比热容，$J \cdot kg^{-1} \cdot K^{-1}$。

　　若夹套中温度不恒定，然而热载体在夹套进、出口的温差小于 $0.1\Delta T_m$ 时，上两式仍能应用，这时以夹套内平均温度作为 T。当热载体在夹套进、出口的温差较大时，则需相应地改用下面两式[6]：

$$\ln \frac{T_1-t_1}{T_1-t_2}=\frac{WC}{mC_p}\frac{U-1}{U}\theta \qquad (25\text{-}6\text{-}36)$$

$$\ln \frac{t_1-T_1}{t_2-T_1}=\frac{WC}{mC_p}\frac{U-1}{U}\theta \qquad (25\text{-}6\text{-}37)$$

式中　T_1 ——夹套进口温度，K；

　　　W ——热载体的质量，kg；

　　　C_p ——热载体的比热容，$J\cdot kg^{-1}\cdot K^{-1}$；

　　　U ——$\exp[KF/(WC)]$。

使用式（25-6-3）～式（25-6-37）时都是假定 K 是基本不变的；若在热传递过程中 K 有明显的变化，则须把被搅液的整个温度范围分割成许多小区间，并假定在每个小区间内 K 是恒定的，对各个小区间逐一计算。

6.5.2 热载体侧的传热系数

6.5.2.1 管中流体对管壁的传热系数

当雷诺数大于 10000 时，直管中的流体对管壁的传热系数可用下式计算：

$$Nu=0.027Re^{0.8}Pr^{0.33}\left(\frac{\eta}{\eta_w}\right)^{0.14} \qquad (25\text{-}6\text{-}38)$$

$$Nu=hD_e/k \qquad (25\text{-}6\text{-}39)$$

$$Re=du\rho/\eta \qquad (25\text{-}6\text{-}40)$$

$$Pr=C_p\eta/\lambda \qquad (25\text{-}6\text{-}41)$$

式中　Nu ——努塞尔特数；

　　　Re ——雷诺数；

　　　Pr ——普兰特数；

　　　η ——本体温度下的黏度，$Pa\cdot s$；

　　　η_w ——壁温下的黏度，$Pa\cdot s$；

　　　h ——流体对管壁的传热系数，$W\cdot m^{-2}\cdot K^{-1}$；

　　　D_e ——当量直径，m；

　　　λ ——热导率，$W\cdot m^{-1}\cdot K^{-1}$；

　　　u ——流速，$m\cdot s^{-1}$。

流体在螺旋管中流动时，由于流体与管壁的摩擦比直管中大，所以螺旋管中流体的传热系数计算式要在式（25-6-38）上乘上一个校正因子，即[6]：

$$Nu=0.027Re^{0.8}Pr^{0.33}V_{is}^{0.14}\left(1+3.5\frac{D_e}{D_c}\right) \qquad (25\text{-}6\text{-}42)$$

式中　V_{is} ——η/η_w 的略写；

　　　D_c ——螺旋管轮的平均轮径，m。

当雷诺数小于 2100（层流域）时，螺旋管内流体对管壁的传热系数可按下式计算[6]：

$$\frac{hD_e}{\lambda}=1.86\left(RePr\frac{D_e}{L}\right)^{0.33}V_{is}^{0.14} \tag{25-6-43}$$

式中　L——螺旋管的长度，m。

当雷诺数大于2100且小于10000（过渡流域）时，可用式（25-6-38）算出 Nu 值后再乘上一个系数 φ，φ 的值由表25-6-8决定[7]。

表 25-6-8　校正系数 φ

Re	2300	3000	4000	5000	6000	7000	8000
φ	0.45	0.66	0.82	0.88	0.93	0.96	0.99

式（25-6-38）~式（25-6-43）及表25-6-8适用于圆管作为内构件时热载体侧传热系数 h_2 的计算，此时 D_e 即为圆管内径。非圆管的场合，D_e 按下式计算：

$$D_e=4F_h/L_h$$

式中　F_h——热流横截面积，m；

　　　L_h——被热流润湿的边界长，m。

6.5.2.2　夹套中热载体对釜壁的传热系数

空心夹套、螺旋挡板夹套和半管螺旋夹套的传热系数计算法和圆管中流体对管壁的传热系数的计算法基本相同，所不同的仅是其当量直径 D_e、计算流速 u 时的流通面积 A_x 和传热面积 F 的取值另有规定，见表25-6-9。

表 25-6-9　三种夹套的传热系数算法[6]

夹套		螺旋挡板夹套	半管螺旋夹套	环形夹套
传热系数算式	$Re>10000$	式（25-6-42）		式（25-6-42）
	$Re<2100$	式（25-6-43）		
	$Re=2100\sim10000$	式（25-6-42）和表25-6-8		式（25-6-38）和表25-6-8
D_e		$4W$（W—夹套环隙宽度）	中心角180°时，$D_e=(\pi/2)D_{ci}$ 中心角120°时，$D_e=0.708D_{ci}$（D_{ci}—管内径）	$(D_{jo}^2-D_{ji}^2)/D_{ji}$（$D_{jo}$—夹套外径；$D_{ji}$—夹套内径）
A_x		pW（p—螺距）	中心角180°时，$A_x=(\pi/2)D_{ci}$ 中心角120°时，$A_x=0.708D_{ci}$	$\pi(D_{jo}^2-D_{ji}^2)/4$
F		与夹套中热载体接触的釜壁面积	F=半管下面积$+0.6\times$半管间面积①	与夹套中热载体接触的釜壁面积
其他		u 取夹套外壳无泄漏时流速的60%②		进行蒸汽冷凝时,取传热系数等于5670W·m^{-2}·K^{-1}

① 标准的半管螺旋夹套均用50mm、75mm或100mm管制成，两个邻近半管之间的距离通常为19mm。对于这三种半管螺旋夹，有效传热面积与总传热面积之比分别为0.90、0.93和0.94。

② 螺旋挡板一般焊在釜壁上，它与夹套外壳之间常有0~3mm的间隙，流体通过间隙泄漏，使其流速降低。

对于环形夹套，当雷诺数很低（层流域）时，自然对流在一定程度上对传热有帮助，下式是夹套中通水时的近似计算式[6]：

$$\frac{h_{\mathrm{j}} D_{\mathrm{e}}}{\lambda} = 0.512 \left(\frac{\varepsilon D_{\mathrm{e}}^4}{\nu^3}\right)^{0.227} Pr^{0.333} \left(\frac{d}{D_{\mathrm{e}}}\right)^{0.52} \left(\frac{b}{D_{\mathrm{e}}}\right)^{0.08} \qquad (25\text{-}6\text{-}44)$$

$$D_{\mathrm{e}} = D_{\mathrm{jo}} - D_{\mathrm{ji}} \qquad (25\text{-}6\text{-}45)$$

式中 D_{jo}——夹套外径，m；

$\qquad D_{\mathrm{ji}}$——夹套内径，m。

环形夹套中流通的是液体时，可在液体进口处装置扰流喷嘴来强化夹套中流体对釜壁的传热。扰流喷嘴形状如图 25-6-10 所示。为使水呈湍流状态，每平方米夹套传热面需 41～82W·m^{-2}，流速约 0.8～1.2m·s^{-1}，传热系数可达 2900～3500W·m^{-2}·K^{-1}。设计时需根据搅拌釜的大小确定喷嘴的型号、个数及水流量。

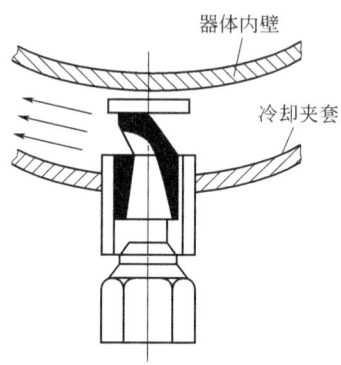

图 25-6-10 扰流喷嘴形状

6.5.3 被搅液侧的传热系数

6.5.3.1 桨式、涡轮式叶轮在湍流域的传热系数

在湍流域，圆盘涡轮式、桨式和开启涡轮式等叶轮的传热系数关联式如下[8]：

$$\frac{h_{\mathrm{j}} D}{\lambda} = 1.0 \left(\frac{\varepsilon D^4}{\nu^3}\right)^{0.227} Pr^{0.333} \left(\frac{d}{D}\right)^{0.52} \left(\frac{b}{D}\right)^{0.08} \qquad (25\text{-}6\text{-}46)$$

$$\frac{h_{\mathrm{c}} d_{\mathrm{c}}}{\lambda} = 0.28 \left(\frac{\varepsilon D^4}{\nu^3}\right)^{0.205} Pr^{0.35} V_{\mathrm{is}}^{0.14} \left(\frac{d}{D}\right)^{0.2} \left(\frac{b}{D}\right)^{-0.3} \qquad (25\text{-}6\text{-}47)$$

式中 h_{j}——被搅液对釜壁的传热系数，W·m^{-2}·K^{-1}；

$\qquad \varepsilon$——单位质量搅拌功率，W·kg^{-1}；

$\qquad \nu$——运动黏度，m^2·s^{-1}；

$\qquad h_{\mathrm{c}}$——被搅液对内冷管外壁的传热系数，W·m^{-2}·K^{-1}；

$\qquad d_{\mathrm{c}}$——内冷管外径，m。

在计算 h_{j} 的式中没有 V_{is} 项，计算物性时须以流体本体温度和壁温的算术平均值作定性温度。

上面两式的特点是既能用于有挡板釜，也能用于无挡板釜，而且盘管设置与否、叶轮型式、叶轮安装高度、叶轮上的叶片数、叶片倾角等的变化都对关联式的系数无影响，故此两关联式的适用面很广。使用上两式时必须知道搅拌功率，由于设计搅拌器时搅拌功率的数据是不可少的，因此没有增加什么麻烦。且由于 $\varepsilon D^4/\nu^3$ 的幂值小于 1/4，即使 ε 有 90% 的误差，也只能使努塞尔数的值产生 20% 的误差，故对搅拌功率值的精度要求不高。

6.5.3.2 锚式叶轮的传热系数[8]

当 $30<Re<300$，且叶端与釜壁的间隙 e 小于 25mm 时，

$$\frac{h_j D}{\lambda}=1.0Re^{0.67}Pr^{0.33}V_{is}^{0.18} \tag{25-6-48}$$

当 $300<Re<4000$，且与上述相同，

$$\frac{h_j D}{\lambda}=0.38Re^{0.67}Pr^{0.33}V_{is}^{0.18} \tag{25-6-49}$$

当 $4000<Re<37000$，且 e 为 $25\sim127$mm，传热系数随 e 的减小而增加。

$$\frac{h_j D}{\lambda}=0.238Re^{0.67}Pr^{0.33}V_{is}^{0.14}\left(\frac{P}{d}\right)^{-0.28} \tag{25-6-50}$$

6.5.3.3 螺带式叶轮的传热系数[6]

当 $Re<130$，

$$\frac{h_j D}{\lambda}=0.248Re^{0.5}Pr^{0.33}V_{is}^{0.14}\left(\frac{e}{D}\right)^{-0.22}\left(\frac{P}{d}\right)^{-0.28} \tag{25-6-51}$$

当 $Re>130$，

$$\frac{h_j D}{\lambda}=0.238Re^{0.67}Pr^{0.33}V_{is}^{0.14}\left(\frac{P}{d}\right)^{-0.25} \tag{25-6-52}$$

6.5.3.4 螺杆-导流筒式叶轮的传热系数

当用下式来关联螺杆-导流筒式叶轮的传热系数时，式中的系数 C 和 a 的值见表 25-6-10。

表 25-6-10 螺杆-导流筒式搅拌器的传热系数[4]

流向	传热面	Nu	Re	C	a
螺杆将流体由上往下推	导流筒内壁	$h_{di}D_{di}/\lambda$	$10\sim60$	0.50	1/2
			$60\sim500000$	0.255	2/3
	导流筒外壁	$h_{do}D_{do}/\lambda$	$40\sim400$	0.82	1/2
			$400\sim500000$	0.30	2/3
	夹套壁	$h_j D/\lambda$	$10\sim700$	0.94	1/2
			$700\sim500000$	0.35	2/3
螺杆将流体由下往上提	导流筒内壁	$h_{di}D_{di}/\lambda$	$25\sim150$	0.49	1/2
			$150\sim500000$	0.24	2/3
	导流筒外壁	$h_{do}D_{do}/\lambda$	$25\sim1500$	0.82	1/2
			$1500\sim500000$	0.24	2/3
	夹套壁	$h_j D/\lambda$	$25\sim900$	0.84	1/2
			$900\sim500000$	0.15	3/4

注：h_{di} 和 h_{do} 分别为流体对导流筒内表面和导流筒外表面的传热系数；D_{di} 和 D_{do} 分别为导流筒内径和外径。

$$Nu = CRe^a Pr^{1/3} V_{is}^{0.14}$$

6.5.3.5　以搅拌器作传热内构件的传热系数

表 25-6-11 中收集了以搅拌器作传热内构件时，流体对搅拌器表面的传热系数。表中列出了各种搅拌器的 a、j、C 值以及 Re 的范围，关联式的形式为：

$$h_j D/\lambda = CRe^a Pr^{1/3} V_{is}^j$$

表 25-6-11　以搅拌器作传热元件时关联式中的参数[4]

叶轮型式	Re	C	a	j
由圆管制成的双螺带	0.1～200	6.2	1/3	0.2
由圆管制成的单螺带	1～200	2.9	1/3	0.2
由扁管制成的双螺带	1～100	6.6	1/3	0.14
偏心螺杆	100～4000	3.1	1/2	0.14
	50～200	1.65	1/2	0.14
	200～2000	0.95	0.6	0.14

6.5.3.6　假塑性流体的传热系数

计算传热系数时黏度的数据十分重要。与计算假塑性流体的搅拌功率时相同，计算假塑性流体的传热系数时，也必须建立一个合适的计算剪切率 γ 的模型。

(1) 层流传热时的剪切率模型　对于锚式、螺带式等近壁型搅拌器，仍可用计算假塑性流体搅拌功率时的关系来计算。

$$\gamma = K_s N$$

(2) 湍流或过渡流传热时的剪切率模型　在叶轮近傍的剪切率决定了流体对传热面的传热系数。在湍流域或过渡流域操作时，常使用 d/D 为 0.2～0.6 的桨式、涡轮式叶轮，这时必须着眼于传热面附近建立适合于传热过程的剪切率模型，而不能套用计算搅拌功率时的剪切率模型。

对于无挡板搅拌釜，设釜壁上的扭矩近似等于搅拌器的旋转扭矩，对于幂律流体可推得釜壁面上的剪切率 γ_w 和表观黏度 η_a 分别为[9]：

$$\gamma_w = \left(\frac{P}{\pi^2 D^2 NHK_{peu}} \right)^{1/n} \tag{25-6-53}$$

$$\eta_a = K_{peu}^{1/n} \left(\frac{P}{\pi^2 D^2 NH} \right)^{(n-1)/n} \tag{25-6-54}$$

将此表观黏度用于式(25-6-46)计算无挡板或盘管等内构件时的传热系数，发现当 $\varepsilon D^4/\nu^3$ 为 100～1000000 时，对于桨式、锚式、螺带式、涡轮式、偏框式等七种搅拌器，式(25-6-46)能扩展应用于假塑性流体，偏差在 ±15% 以内。

当有盘管或直管作传热内构件时，计算假塑性流体在搅拌釜内的湍流或过渡流传热可用下面的剪切率模型。该模型的基本思想为：

① 关联传热系数的代表性剪切率必须是贴近传热壁面的流体的剪切率；

② 剪切率与转速 N 的 b 次方成正比，b 大于 1，且与流体的非牛顿性有关；

③ 剪切率模型须考虑流况的影响。

所得剪切率模型为：

$$\gamma = K^{1/n} N^{[2-f(2-n)]/n} \tag{25-6-55}$$

$$f = \exp(-Qd^2 N^{2-n}\rho/K_{\text{peu}}) \tag{25-6-56}$$

式中 K ——模型参数，$K=0.4$；

Q ——模型参数，$Q=0.00705$。

表观黏度可按下式计算：

$$\eta_a = K_{\text{peu}}(0.4)^{(n-1)/n} N^{[2-f(2-n)](n-1)/n} \tag{25-6-57}$$

对于 MIG 式、圆盘涡轮式、三叶后掠式、半椭圆片式和锚式等六种搅拌器与直管或盘管两种内构件组合而成的多种搅拌体系，使用了式(25-6-57) 所示的表观黏度后，可用下列两式计算其在湍流域和过渡流域的传热系数[10]。式中没有 V_{in} 项，定性温度采用流体本体温度和壁温的算术平均值。

$$h_j D/\lambda = 0.456\left(\frac{\varepsilon D^4}{\nu^3}\right)^{2/9} Pr\gamma^{1/3}\left(\frac{d}{D}\right)^{0.58}\left[\frac{\sum b\sin(\theta)}{H}\right]^{0.71}\left(\frac{D}{H}\right)^{1.63} \tag{25-6-58}$$

$$h_c d_c/\lambda = 0.82\left(\frac{\varepsilon d_c^4}{\nu^3}\right)^{2/9} Pr^{1/3}\left[\frac{\sum b\sin(\theta)}{H}\right]^{0.48} \tag{25-6-59}$$

$\sum b\sin(\theta)$ 的定义为：

$$\sum b\sin(\theta) = B_n N_a b\sin(\theta) \tag{25-6-60}$$

式中 B_n ——一个叶轮上的叶片数；

N_a ——叶轮的层数。

6.6 非均相釜式反应器

6.6.1 气液相搅拌釜式反应器

气液分散搅拌设备有通气式、自吸式和表面曝气式三种。本节仅涉及通气式。通气式常用各种圆盘涡轮式搅拌器，典型的通气式气液搅拌设备如图25-6-11所示。

(1) 气体分散状态 通气速度 V_g 和通气数 N_a 的计算式如下：

$$V_g = Q_g/A_t \tag{25-6-61}$$

$$N_a = Q_g/(Nd^3) \tag{25-6-62}$$

式中 Q_g ——通气量，$m^3 \cdot s^{-1}$；

A_t ——搅拌釜的截面积，m^2。

涡轮式搅拌器的通气速度在 $0.025\sim0.04 m\cdot s^{-1}$ 范围内，最大为 $0.1\sim0.12 m\cdot s^{-1}$。

通气搅拌釜中，回转着的叶轮背后产生流动剥离现象，并形成尾波，从叶片下面供给的气体一旦被减压状态的尾波捕捉，在沿着尾波流动过程中发生气泡的分裂。当用六平直叶圆盘涡轮式叶轮把气体分散于低黏流体时，随通气和搅拌条件不同，有如图 25-6-12 那样的三

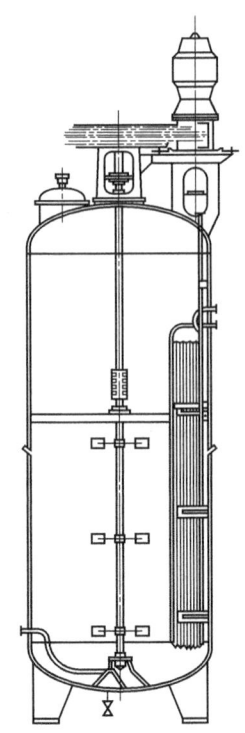

图 25-6-11   典型的通气式气液搅拌设备

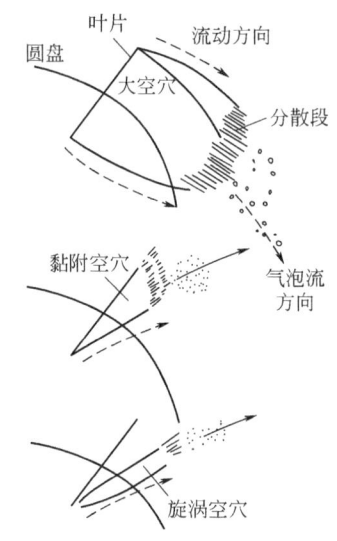

图 25-6-12   叶片背后的三种空穴型式

种捕捉体的方式，即分别形成大空穴、黏附空穴和旋涡空穴。其形成条件分别为：

$N_a > 0.017$ 形成大空穴；

$N_a \approx 0.01$ 叶轮的叶端速度约 $1.5 \text{m} \cdot \text{s}^{-1}$，形成黏附空穴；

$N_a \approx 0.001$ 形成旋涡空穴。

当叶轮转速一定时，随着通气量的增大，叶轮捕捉气体的状态按如下方式推移。

① 在六枚叶片的上端和下端形成六对旋涡空穴;

② 六枚叶片的上端和下端形成六对黏附空穴;

③ 交替形成三个大空穴和三对黏附空穴（形成 3-3 空穴）;

④ 交替形成大小不同的两类大空穴（形成 3-3 空穴）。

通气量再进一步增加,大空穴合并,达到过载状态（气泛）。

搅拌釜中的气液分散状态可把气液分散状态分成如图 25-6-13 所示五类。

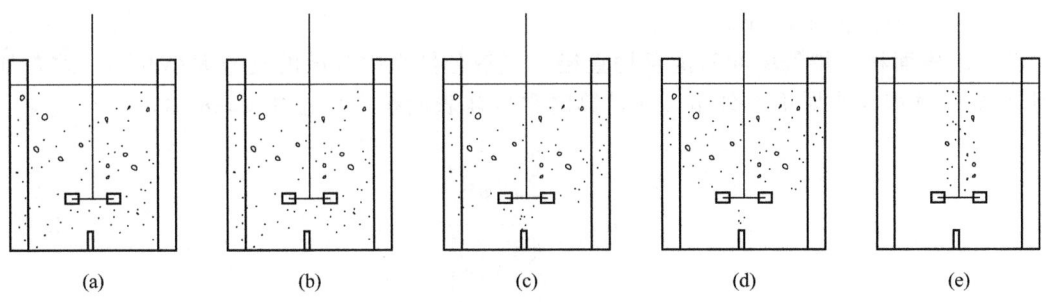

图 25-6-13 转速恒定时,随通气量增加流型的变化[11]

图 25-6-13(b) 中的气液分散状态是较理想的。因此搅拌转速一定时,通气量增加到产生 (e) 那样的流型时便认为过载。其实,通气量一定,搅拌转速逐渐增加,气液搅拌釜内主体流流型变化与图 25-6-13 是一样的,然而顺序与前述相反,即转速增加时,流型从 (e) 变至 (a)。因此通气量一定时,能产生流型 (c) 的转速也就是能达到理想气液分散状态的最低转速,称此转速为临界转速或气泛转速。

圆盘涡轮式搅拌器的气泛转速 N_t 关联式:

$$N_t = (0.064 \sim 0.072)\left(\frac{D}{d}\right)^{3.5/3}\left(\frac{gQ_g}{d^4}\right)^{1/3}(4.07 + 1.21B_n - 0.147B_n^2) \quad (25\text{-}6\text{-}63)$$

式中 N_t ——气泛转速,r·s^{-1};

B_n ——叶片数。

图 25-6-14 为圆盘涡轮式搅拌器分散空气-水系统的两相流动图。图中Ⅴ、Ⅵ二区建立了很好的气液分散状态,气体在叶轮上部和叶轮下部均能较均匀地分散,且叶轮强劲的排出流使釜内流体充分地再循环。然而经常遇到的是Ⅲ、Ⅳ那样的情况。

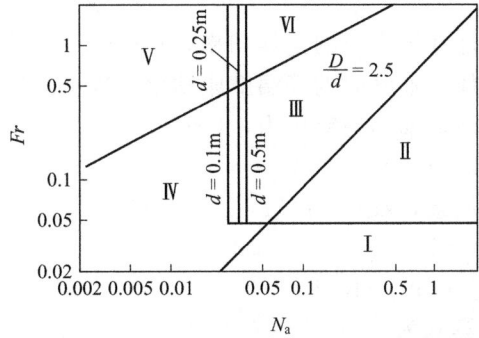

图 25-6-14 六叶圆盘涡轮式搅拌器两相流动图

Ⅰ—气泡柱; Ⅱ—气泛(粗空穴); Ⅲ—"3-3"结构; Ⅳ—涡流空穴和黏附空穴(Ⅰ~Ⅳ有有限的再循环);
Ⅴ—涡流空穴和黏附空穴; Ⅵ—"3-3"结构(Ⅴ~Ⅵ建立起充分的再循环)

(2) 通气时的搅拌功率　通气时的搅拌功率可按式（25-6-64）计算[12]，该式适用于 10～1500L 规模的搅拌釜，V_g 为 0.053 m·s^{-1} 以下。

$$\frac{P_g}{P}=0.10\left(\frac{Q_g}{NV_L}\right)^{-1/4}\left(\frac{N^2d^4}{gbV_L^{2/3}}\right)^{-1/5} \tag{25-6-64}$$

式中　$\dfrac{P_g}{P}$——通气时搅拌功率与不通气时之比；

　　　V_L——液体体积，m^3。

(3) 比界面积、持气率和气泡平均直径　气液分散系中分散的气泡大小并不一致，如空气-水系中气泡大小属正态分布，在计算时常以体表面积平均直径 d_b 表示。

$$d_b=\frac{\sum\limits_i^n n_{gi}d_i^3}{\sum\limits_i^n n_{gi}d_i^2} \tag{25-6-65}$$

一般，空气-水系的 d_b 为 2～5mm。

持气量 Φ 的定义为搅拌釜内气液分散系统中的气体持存量，以通气后分散系中的气体容积与气液分散系统容积之比来表示。

气液分散系中的比界面积 a 与 d_b 和 Φ 之间的关系如下：

$$a=6\Phi/d_b$$

① 对于气体-纯流体系统，气泡直径 (m)[13]

$$d_b=4.15\left[\frac{\sigma^{0.6}}{(P_g/V_L)^{0.4}\rho_c}\right]\Phi^{0.5}+9\times10^{-4} \tag{25-6-66}$$

② 对于不生成泡沫的体系，持气量 Φ 的关联式为[14]：

$$\Phi=0.011V_g^{0.36}\sigma^{0.36}\eta_c^{-0.056}(P_{gv}+P_{av})^{0.27} \tag{25-6-67}$$

对于生成泡沫的体系

$$\Phi=0.0051V_g^{0.24}(P_{gv}+P_{av})^{0.57} \tag{25-6-68}$$

$$P_{gv}=\rho_g Q_g\left(\frac{RT}{M_gV_L}\right)\ln\left(\frac{P_s}{P_0}\right) \tag{25-6-69}$$

式中　P_{gv}——单位体积液体在通气时的搅拌功率，W·m^{-3}；

　　　P_{av}——单位体积液体在通气时的等温膨胀功率，W·m^{-3}；

　P_s，P_0——喷气时和液体表面的绝对压力，Pa；

　　　ρ_g——气相密度，kg·m^{-3}；

　　　M_g——气体的摩尔质量，kg·mol^{-1}；

　　　T——热力学温度，K；

　　　R——气体常数，J·mol^{-1}·K^{-1}。

③ 比界面积 a[15]的计算式为：

$$a=1.44\left[\frac{(P_g/V_L)^{0.4}\rho^{0.2}}{\sigma^{0.6}}\right]\left(\frac{V_g}{V_s}\right)^{0.5}\left(\frac{E_t}{P_g}\right)\left(\frac{\rho_g}{\rho_a}\right)^{0.16} \tag{25-6-70}$$

式中　V_s——气泡上升终端速度，m·s^{-1}；

　　　E_t——总输入功率，W；

　　　ρ_a——操作状态下的空气密度，kg·m^{-3}。

6.6.2　液液相搅拌釜式反应器

（1）液液分散搅拌器　典型的液液分散搅拌设备如图 25-6-15 和图 25-6-16 所示。搅拌器的 d/D 通常为 $\dfrac{1}{3.5}\sim\dfrac{1}{3}$。$d/D$ 过小，液面周边将出现轻液相分离层；d/D 过大，则搅拌轴周围将残留轻液相分离层。在釜内装两支如图 25-6-16 所示的轻液挡板，有利于消除搅拌轴附近的轻液层。其最适尺寸为

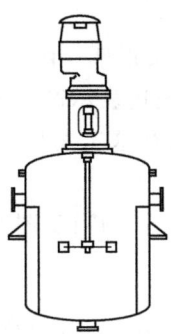

图 25-6-15　典型的有挡板液液相搅拌设备

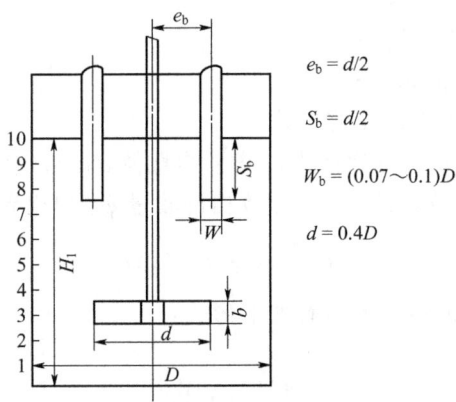

图 25-6-16　装轻液挡板的液液相搅拌设备

$$e_b=d/2；S_b=d/2；W_b=(0.07\sim0.1)D；d=0.4D$$

（2）液液分散的稳定三角区　搅拌互不相溶的两相时，在连续相内液滴不断地被分散和聚结，经过一段时间后，液滴的分散和聚结速率相等，达到动态平衡，于是在釜内形成稳定的分散体。分散体内液滴的大小是不均一的，滴径 d_D 与转速有密切关系，如图 25-6-17 所示。

在湍流场内，当液滴直径大于旋涡的最小尺寸时，湍流动压作用于液滴的力大于液体的表面张力，液滴就被分散成更小的液滴。图 25-6-17 中三角形的上面一条边表示稳定分散体系中存在的最大滴径。

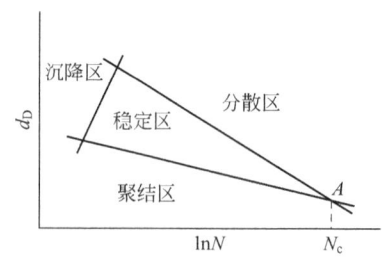

图 25-6-17　搅拌釜内液液相分散状态

当两液滴相碰撞时，并不一定会聚结成较大的液滴，只有液滴间的附着能大于液滴的动能时才会发生聚结，越小的液滴越易聚结，图25-6-17中三角形的下面一条边表示稳定分散体中能存在的最小滴径。

显然，如果液滴直径很大，而转速又很低，由于两液体的密度差，液滴将从连续相中分离出来。图 25-6-17 中三角形的左面的短边表示产生相分离的界限。

与某个转速相对应，液滴的直径落在这三角形内才是稳定的，故称此三角形为稳定三角区。

若把搅拌转速提高到一个临界值 N_c，相当于图 25-6-17 中的 A 点，则液滴的分布非常窄。N_c 的计算式如下[2]：

$$N_c = K D^{-2/3} \nu^{1/9} \left(\frac{\Delta \rho}{\rho} \right)^{0.26} \tag{25-6-71}$$

式中　ν——运动黏度，$m^2 \cdot s^{-1}$；

　　$\Delta \rho$——两液相的密度差，$kg \cdot m^{-3}$；

　　ρ——连续相密度，$kg \cdot m^{-3}$；

　　K——随搅拌釜几何条件而变的参数。

(3) 平均滴径和比界面积　分散体内液滴平均直径 d_D 与气液相系中的气泡平均直径相同，也取其体表面积平均直径。且 d_D 与分散相持液量 φ_d 和比界面积 a 有如下关系：

$$d_D = 6 \varphi_d / a \quad (m) \tag{25-6-72}$$

用于计算 d_D 的关联式很多，大多有如下形式：

$$\frac{d_D}{d} = C f(\varphi_d) We_c^{-0.6} \tag{25-6-73}$$

$$We_c = N^2 d^3 \rho / \sigma \tag{25-6-74}$$

式中　We_c——以桨径表示的韦伯数；

　　$f(\varphi_d)$——φ_d 的某种形式的函数；

　　C——随搅拌釜、搅拌器的几何条件而变的系数。

在进行湍流搅拌时，韦伯数的分子项正比于单位体积搅拌功率 P_V，故式（25-6-73）可写成：

$$d_D \propto f(\varphi_d) \frac{P_V^{-0.4} \rho^{-0.2}}{\sigma^{-0.6}} \tag{25-6-75}$$

可见，在体系物性和相比不变时，d_D 与 P_V 的 -0.4 次幂成正比。

计算 a 的关联式为[16]：

$$a = 72 \frac{N^{1.2} d^{0.8} \rho_e \varphi_d}{\sigma^{0.6} f(\varphi_d)}$$ (25-6-76)

$$\rho_e = \rho_d + \rho_c$$

式中　ρ_e——有效密度，$kg \cdot m^{-3}$；

ρ_d——分散相密度，$kg \cdot m^{-3}$；

ρ_c——连续相密度，$kg \cdot m^{-3}$；

$f(\varphi_d)$——φ_d 的某种形式的函数。

可见，a 与 $(N^2 d^3)$ 成正比。

6.6.3　固液相搅拌釜式反应器

(1) 固液悬浮的判据　固液相系搅拌的目的主要可分成两类，即：使固体颗粒在液体中进行悬浮或降低固体周围的扩散阻力。与之相应，通常使用两类固液悬浮的判据。

① 以槽底未悬浮固体量作判据　固体粒子在槽底的停留时间不超过 $1 \sim 2s$ 则认为达到了完全离底悬浮，此时的搅拌转速称完全离底的临界转速。在达到完全离底悬浮时，槽内各处的固体浓度是不均一的。

② 以槽内悬浮液的均匀程度作判据　实际上对于大多数悬浮体系，粒子在槽内是不可能达到真正均一分布的。有人测量槽内不同位置的固体的浓度，再用下式所示的浓度方差 σ^2 来定义悬浮均匀度。

$$\sigma^2 = \frac{1}{n} \sum_1^n \left(\frac{\Phi_V}{\Phi_{aV}} - 1 \right)^2$$ (25-6-77)

式中　Φ_V——样品的固相分率；

Φ_{aV}——全槽的平均固相分率。

在对样品进行数据处理时还常把固含量表示成悬浮百分数，其定义为：

$$100 \times \frac{\text{取样点的固体质量分数}}{\text{圈槽平均的固体质量分数}} = \text{悬浮百分数}$$

悬浮百分数可大于100%。完全均一悬浮意味着每个取样点的悬浮百分数为100%。最上层的液体是很难达到均一的。

(2) 固液悬浮的搅拌设备　常用的固液悬浮搅拌器有涡轮式、推进式和桨式三种。在低浓度、低黏度溶液中悬浮易沉降的固体粒子时，宜用涡轮式叶轮，叶轮的位置靠近槽底，利用涡轮的旋转扫出槽底的粒子，并使流体获得较大的轴向循环速度。对纤维状固体可采用后弯叶片涡轮，尤其在大直径浅槽中更为有效。对于固液密度差较小、不易沉降的粒子的悬浮操作，可采用推进式叶轮。但若固体浓度大于50%或黏度很高则不适用。槽中液层深时，可用多层桨。

高效轴向流叶轮被认为非常适合于固液悬浮操作。这些叶轮的叶片都有变叶宽和变倾角的特点，典型的如 A310 叶轮和 HPM 叶轮，分别如图 25-6-18 和图 25-6-19 所示。据称这些叶轮和 45°折叶涡轮相比，达到同样悬浮效果时可节能50%。

常用于固液悬浮的搅拌设备如图 25-6-20 所示。

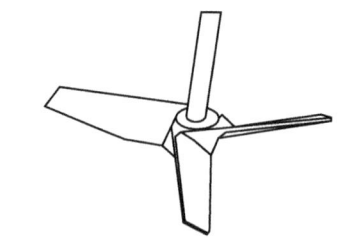

图 25-6-18　A310 叶轮[17]

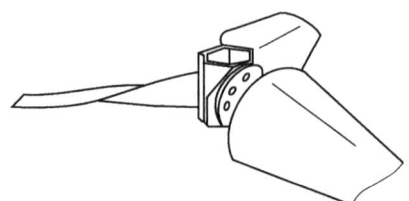

图 25-6-19　HPM 叶轮

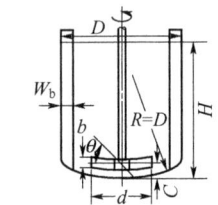

(a) 壁上有挡板的圆筒形搅拌槽

$d = D/2, b = D/10, \theta = 45°$,

$\eta_p = 4, W_b = D/10, \eta_B = 4, C = D/10$

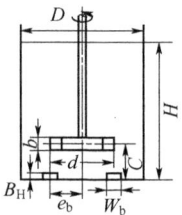

(b) 底部有挡板的圆筒形搅拌槽

$d = D/2, b = D/10, \eta_p = 4$,

$B_H = 0.05D, W_b = 0.1D, \eta_B = 4, C = D/2$

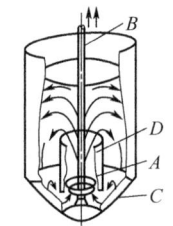

(c) 上、下往复式搅拌设备

A—有孔圆盘；B—振动轴；

C—锥底；D—导流筒

图 25-6-20　用于固液悬浮的搅拌设备[2]

由于槽壁与槽底的交界处和槽中部的粒子最难悬浮，故有人建议采用如图 25-6-21 所示那样的锥盘形槽底。也有建议采用中间不设锥的盘形槽底的，这比前者制造更简单。

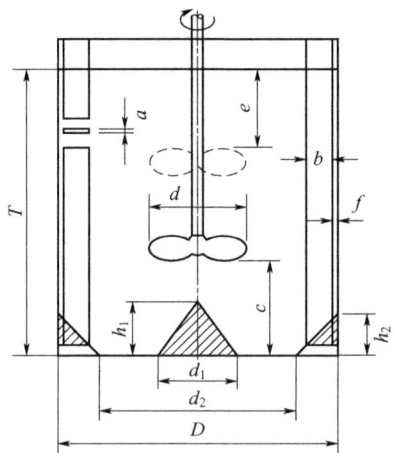

图 25-6-21　具有锥盘形槽底的搅拌设备

$T = D$，$d = 0.33D$，$b = 0.10D$，$a = 0.02D$，$f = 0.02D$，$d_1 = 0.30D$，$h_1 = 0.20D$，

$d_2 = 0.70D$，$h_2 = 0.15D$，$c = (0.25 \sim 0.50)D$，$e = 0.25D$

若液体黏度不大，涡轮式或桨式叶轮的最佳直径推荐如下：

平底圆筒形槽　　　$d=(0.45\sim0.5)D$

碟形底或椭圆底槽　$d=0.4D$

半球形底槽　　　　$d=0.35D$

(3) 临界转速　关于完全离底的临界转速，推荐用下式估算[18]

$$N_c=Kd^{-0.85}\nu^{0.1}d_pg\left|\frac{\rho_p-\rho}{\rho}\right|^{0.45}\left|100\times\frac{\rho_p\varphi_V}{\rho(1-\varphi_V)}\right|^{0.13} \tag{25-6-78}$$

式中　N_c——临界转速，s^{-1}；

　　　K——随叶轮型式而变的常数；

　　　ν——液体的运动黏度，$m^2\cdot s^{-1}$；

　　　ρ——液体的密度，$kg\cdot m^{-3}$；

　　　ρ_p——固体粒子的密度，$kg\cdot m^{-3}$；

　　　d_p——固体粒子的直径，m；

　　　φ_V——固体体积分数；

　　　d——桨径，m；

　　　g——重力加速度，$m\cdot s^{-2}$。

对于完全均匀悬浮，有人发现无量纲均匀段高度 Z 是修正的 Fr 数的函数，即：

$$\frac{Z}{D}=\left[\frac{\rho N^2d}{g\Delta\rho d_p}\left(\frac{d_p}{d}\right)^{0.45}\right] \tag{25-6-79}$$

由于不可能达到真正的均匀悬浮，故上式中的 Z 必须小于或等于90%液高。而对于 Z/D 等于0.9、H/D 等于1的情况，上式变成：

$$\frac{\rho N^2d}{g\Delta\rho d_p}\left(\frac{d_p}{d}\right)^{0.45}\geqslant20 \tag{25-6-80}$$

按上式，放大准则为：

$$N^2d^{1.55}=\text{常数}$$

6.7　搅拌釜式反应器的放大

6.7.1　简介

釜式反应器的放大技术，就是在模试釜研究的基础上运用化学工程原理进行工业釜设计的技术。其要求是工业釜中重现模试釜中的主要过程结果（如反应速率、收率和产品的质量等）。在放大过程中也可以对模试釜中的配方和工艺作一定程度的修改，如为了解决大型反应器的传热问题，可用调整反应温度或催化剂浓度的办法降低工业釜中的反应速率。为简单计，这里仅讨论工业釜与模试釜中配方相同的情况。

影响过程结果的因素有温度、浓度、反应时间和剪切率四个变量。对于低分子反应，浓度和反应时间之间有一定的函数关系，故二者之间只有一个独立变量。然而对于活性链不终止或终止很慢的高分子反应来说，反应时间直接影响聚合物的分子量，浓度和反应时间都可能成为独立变量。对于均相反应，通常剪切率的影响不大，而对于非均相反应，特别如悬浮聚合和乳液聚合那样的高分子反应，剪切率对聚合物的颗粒形态影响非常大，须给予高度重视。在有液相存在的搅拌釜式反应器中，通常压力只对有气液传质的反应有影响，并可把压力的影响归结为浓度的影响。

按理，若工业反应器中的每个体积单元中的温度、浓度、反应时间和剪切率都和模试釜一样，则工业釜中的过程结果必然与模试釜相同，放大问题也就解决了。事实上，这几乎是不可能的。特别是大型搅拌釜中很难与模试釜有相同的剪切率分布。其实，搅拌釜式反应器的放大技术本身就是千方百计使工业釜中的温度、浓度、反应时间和剪切率四者的平均值及其分布与模试釜尽量接近，以使工业釜中得与模试釜中相同的过程结果。

许多场合并非要求工业釜重现模试釜的所有过程结果，且有些反应也并不对上述四个变量都很敏感，这就使放大工作得以简化。因此在着手放大之前，明确哪些是必须重现的过程结果，相应地建立定量的检验手段，并通过具有一定规模（至少数十升）的模试，弄清影响主要过程结果的主要变量是使放大工作顺利进行的基础。

6.7.2　几何相似放大

几何相似放大其实仅回答一个问题，即：在直径为 D_1 的模试釜中，转速为 N_1 能获满意的过程结果，当几何相似放大至釜径 D_2 时，转速 N_2 应取多少才能重现模试釜的过程结果。

从流体力学的角度，理论上严密的几何相似放大法是动力相似放大。对两个尺寸不同而几何相似的均相搅拌体系来说，若两者均处于稳态流动，且它们的 Re 和 Fr 彼此相同，则这两个体系在数学上是等效的，即两者具有同样的无量纲速度分布和无量纲压力分布，达到了动力相似。然而

$$Re = d^2 N \rho / \eta \qquad (25\text{-}6\text{-}81)$$

$$Fr = d N^2 / g \qquad (25\text{-}6\text{-}82)$$

除非 $(\eta/\rho)_2/(\eta/\rho)_1 = (D_2/D_1)^{3/2}$，否则这两个体系不可能 Re 和 Fr 同时相等。而一般大釜中所用流体总与小釜中相同，故动力相似放大并不实用。

不过从上例可见，若有几何相似和物性不变两个制约条件，则这两个体系中只能有一个参数（如 Re 数或 Fr 数）相同；若放弃物性不变的制约，则两者可有两个参数保持相同。由此可推知，若进一步放弃几何相似的制约，便可能使这两体系中有更多的参数保持相同。因此后述的非几何相似放大法是更有效的放大方法。

实用的放大法都是在实验的基础上提出的。许多过程的实验数据都可用指数方程式归纳，即：

$$Q = C R^x S^y \cdots$$

式中，Q、R、S $\cdots$ 均为无量纲数；C、x、y $\cdots$ 的值由实验数据回归求得。

现以传热关联式为例说明这类式子在几何相似放大时的应用。釜壁对流体的膜传热系数 h_j 的关联式如下：

$$\frac{h_j D}{K} = C R e^x P r^{0.33} V_{is}^{0.14} \qquad (25\text{-}6\text{-}83)$$

若忽略 V_{is} 项，并设在放大过程中体系物性不变，则

$$h_j = C' d^{2x-1} N^x \qquad (25\text{-}6\text{-}84)$$

若要使放大过程中 h_j 保持不变，则

$$d^{2x-1} N^x = 常数 \qquad (25\text{-}6\text{-}85)$$

在上例中膜传热系数 h_j 就是要求在放大过程中重现的过程结果。在放大过程中保持不变的量 $d^{2x-1} N^x$ 就称为放大准则。对于几何相似放大，放大准则一般可表示为：

$$N \propto D^{-\beta}$$

在上例中 β 为 $(2x-1)/x$。

在进行搅拌釜的几何相似放大时，唯一要做的事就是对于搅拌釜的不同应用情况决定相应的 β 值。

有人对不同搅拌目的的几何相似放大准则进行了归纳，见表 25-6-12。

表 **25-6-12** 搅拌釜的放大准则（湍流域）[19]

要求重现的过程结果	放大准则
1. 均一系混合速度	$(Q_d/V)^{0.33} P_V^{0.16}$
2. 分散相混合速度	$P_V^{0.5 \sim 1.1}$
3. 对应的流速一定	Nd
4. 同一液滴直径	$N^3 d^2$（与 P_V 等效）
5. 使液滴分散的最小转速	$Nd^{1.1}$
6. 相际传质速度	$N^3 d^2$
7. 固液悬浮	Nd 或 $N^4 d^3$
8. 溶解速度	$(Q_d/V)^{0.33} P_V^{0.16}$ 或 $N^3 d^2$

在几何相似放大时，反应器的热负荷与釜径的三次方成比例地增加，而反应器的传热面仅与釜径的二次方成比例地增加，因此釜放大后传热的矛盾就突显出来，釜的放大倍数往往受传热的限制。这也是几何相似放大法不能广为采用的原因之一。

表 25-6-13 列出了在湍流域操作下，用各种放大准则使釜容积放大 125 倍（釜径放大 5 倍）时各混合参数的变化。

表 **25-6-13** 釜容积放大 125 倍时各混合参数的变化[16]

参数	模试槽 0.019m³	工业釜 2.37m³			
		P_V 恒定	Q_d/V 恒定	Nd 恒定	Re 恒定
D	1.0	5.0	5.0	5.0	5.0
P	1.0	125	3125	25	0.2
P_V	1.0	<u>1.0</u>	25	0.2	0.0016
N	1.0	0.34	1.0	0.2	0.04
Q_d/V	1.0	0.34	<u>1.0</u>	0.2	0.04
Nd	1.0	1.7	5.0	<u>1.0</u>	0.2
Re	1.0	8.5	25.0	5.0	<u>1.0</u>
Q_d	1.0	42.5	125	25	5.0

保持 Q_d/V 恒定（即翻转次数 N_t 恒定）的放大法是最耗能的放大法；而保持 Re 恒定，一般不能重现过程的结果。故实用的放大法是保持 P_V 或 Nd 恒定的放大法，或取二者之间。使用这两种放大法时，大釜的循环混合能力均比模试釜弱。采用 P_V 恒定放大时，大釜的桨端线速度大于模试釜的；采用 Nd 相等放大时，大釜的单位体积功耗小于模试釜。

6.7.3　非几何相似放大

非几何相似放大法的基本思路是：使用几何相似的条件仅是为了简化放大计算；通过使两种尺寸的釜中的关键混合参数相似进而达到过程结果的相似，才是放大的目的。放弃几何相似的制约，便于使两种不同尺寸的釜中有更多的参数保持一致，有利于实现这个目标。

进行非几何相似放大时，必须通过试验尽力找出影响过程结果的关键混合参数以及这些参数允许的波动范围。还须通过冷模试验弄清 N_p、N_{qd} 等混合参数与几何条件参数（如 d/D、b/D、B_n、W_b、θ 等）之间的关系，以便用调节几何参数的办法使大釜中的混合参数按所需方向变化。

6.7.4　搅拌釜式反应器的放大实例

(1) 氯乙烯悬浮聚合反应器[20]　放大氯乙烯悬浮聚合反应器时，要求重现的两个主要过程结果是 PVC 的分子量及其分布以及聚合物粒子的颗粒形态。PVC 的分子量由聚合温度决定，故全釜的温度差不可超过 $0.2℃$。一方面，这要求搅拌提供足够大的循环混合能力；另一方面，聚合初期的油水分散对 PVC 的颗粒形态有决定性的影响。如表 25-6-13 所示，放大时要使油滴平均直径不变，必须使 P_V 保持恒定。氯乙烯悬浮聚合反应器的放大准则为：

① 单位体积搅拌功率 $P_V = 1.0 \sim 1.5 \text{kW} \cdot \text{m}^{-3}$；

② 循环次数 $N_c = 6 \sim 8 \text{min}^{-1}$；

③ 有足够的传热能力，及时移去聚合热。

以上的准则曾成功地用于 80m^3 氯乙烯悬浮聚合反应器的放大。

(2) 苯乙烯本体聚合反应器[21]　有一种工业化的苯乙烯本体聚合反应器采用螺杆-导流筒式搅拌釜，为增加传热面积还在导流筒外壁与釜壁之间安放了数十根内冷管，虽然釜壁和导流筒内、外壁面也是传热面，为使放大计算简单化，进行传热计算时仅考虑内冷管的传热面积。

进行放大时，首先考虑混合条件相似。对螺杆-导流筒搅拌釜来说，循环量 Q_c 和进料量 q_i 之比，即循环比 C_R 是一个重要的参数。C_R 越大，越接近完全混合，当 C_R 大于 100 时，便可作全混釜处理。可取 C_R 保持恒定作为混合相似的放大准则。由于 Q_c 为 Q_d（排量）和 q_i 之和，当 C_R 大时，

$$Q_c \approx Q_d$$

放大时还要使平均停留时间（V/q_i）保持不变。

螺杆-导流筒搅拌器的排量用下式计算：

$$Q_d = A d_s^3 N$$

式中，A 为常数，由搅拌器的几何尺寸决定；d_s 为螺杆直径。

按几何相似的条件使釜容积放大 V_r 倍，则 d_s 增加 $V_r^{1/3}$ 倍。为使停留时间保持不变，

q_i 也应增大 V_r 倍。若放大时转速不变，由上式可知，Q_d 也增加 V_r 倍，结果转速保持恒定的几何相似放大可使大釜的 C_R 保持与小釜相同。苯乙烯本体聚合釜中流体的黏度很高，对于层流操作，放大时 N 不变，与 P_V 保持恒定是等效的。

用几何相似放大法时，单位体积传热面与 $V_r^{1/3}$ 成比例地减少。为确保大釜的传热面积，在放大时可使内冷管的直径与模试釜的相同，但增加内冷管的数量。当然几何相似的制约也就崩溃了。

设模试釜中内冷管外径为 d_t，管长为 L，管数为 n；并设工业釜中内冷管数为 m。为使放大时单位体积传热面保持不变，则必须符合如下关系：

$$m \pi d_t L V_r^{1/3} = n \pi d_t L V_r$$

由上式可得：

$$m = n V_r^{2/3}$$

虽然用增加内冷管数的办法可使传热面得以保证，但随内冷管数增多，流道不畅，会使 C_R 减小。为保持工程上的完全混合状态，就须采取种种措施增加循环量，如适当增加内冷管管径，优化螺杆设计等。需指出的是，不宜用增加转速的办法来增加循环量，这会使搅拌功率激增，传热问题就更突出。

有的工业化苯乙烯本体聚合装置，采用使苯乙烯回流冷凝除去聚合热的方法，由于此法将混合、传热二者分开解决，放大处理就简单得多。

6.8 搅拌釜式反应器的过程强化技术

6.8.1 流动与混合过程强化

（1）高效轴向流搅拌器 近年来国际上开发了多种高效轴向流叶轮，其特点是叶片的倾角和叶宽随径向位置而变，如美国的 A310 叶轮和法国的 HPM 叶轮（图 25-6-18 和图 25-6-19），

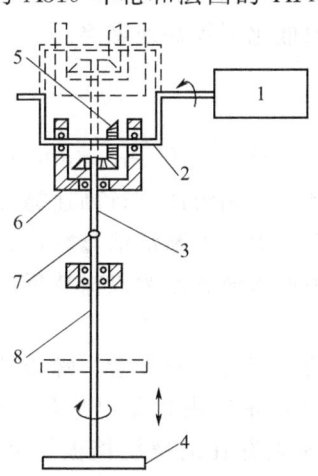

图 25-6-22 复动式搅拌机[21]

1—电动机；2—曲柄；3—连杆；4—搅拌桨；

5—伞齿轮 A；6—伞齿轮 B；7—万向节；8—搅拌轴

瑞典的 SCABA 桨和日本的 SABRA 桨也属此类。这些桨大量用于低、中黏搅拌釜式反应器，如磷酸反应器、发酵反应器等。

（2）组合式转动搅拌机 为强化流动和混合，发展了一些组合式传动装置的搅拌桨，包括复动式、双驱动式、往复式和行星式四类。

复动式搅拌机在回转的同时进行上、下往复移动，如图 25-6-22 所示。它非常适合于高黏流体的混合和粉末的溶解。现已有 30m³ 的使用复动式搅拌器的反应器。

双驱动式搅拌机如图 25-6-23 所示。由两个电机分别带动两个叶轮进行旋转。外层的带刮板的框式叶轮以慢速旋转，刮板能强化高黏流体的传热；中间的多层涡轮式叶轮以较快速度旋转，促进流体混合。这种搅拌设备适宜于溶液聚合。

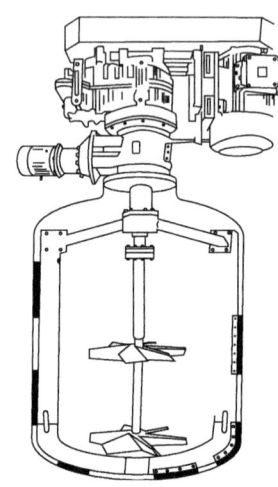

图 25-6-23 双驱动式搅拌机[22]

往复式搅拌机如图 25-6-24 所示，它进行正、反转往复运动。它适于低、高黏流体的快速混合，特别适用于纤维状物料的溶解和分散。

行星式搅拌机如图 25-6-25 所示。图中使用了锥形容器，这种搅拌器常用于粉体混合。它也适用于高黏流体混合。有用行星式搅拌器与圆筒形釜体配合进行液相加氧的例子，其优点是行星式搅拌器能使密度大的镍催化剂较好地悬浮。

6.8.2 传热过程强化

（1）刮壁式搅拌器 图 25-6-26 是意大利 Pressindustria 公司制造的丁基橡胶反应器。釜底部用一个高速回转的推进式叶轮强制流体进行高速循环，釜顶另有一个电机带动一个导流筒和一个框慢速旋转，框上装有刮板，不断清洁釜壁，另有两排固定刮板分别清洁导流筒内表面和外表面。夹套和导流筒中通入液态乙烯以保持反应所需低温，靠乙烯蒸发除去反应热。釜内各点温差不超过 1℃。

（2）夹套传热的强化 传统的夹套有空心夹套、螺旋挡板夹套。对于搪玻璃釜，在冷却水进口处使用扰流喷嘴强化传热的技术国内也早已应用。国际上广泛采用半管夹套，如图 25-6-27 所示。它能克服螺旋挡板夹套存在的螺旋挡板与夹套外壁之间的泄漏问题，使传热系数提高 20％左右[25]。在封头部分安装半管夹套比较困难，一种设计是在釜体直筒部分采用半管夹套，而在封头部分采用空心夹套加扰流喷嘴。日本神钢泛技术公司推出"内部夹套"，釜内壁采用薄不锈钢板制成方形螺旋通道，如图 25-6-27（a）所示，对水-水体系其传

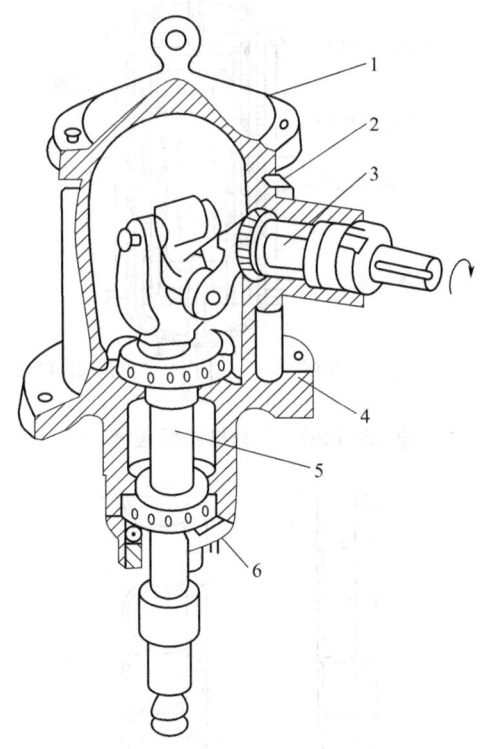

图 25-6-24 往复式搅拌机[21]

1—箱盖；2—传动臂；3—连杆；4—箱体；5—转轴；6—轴封

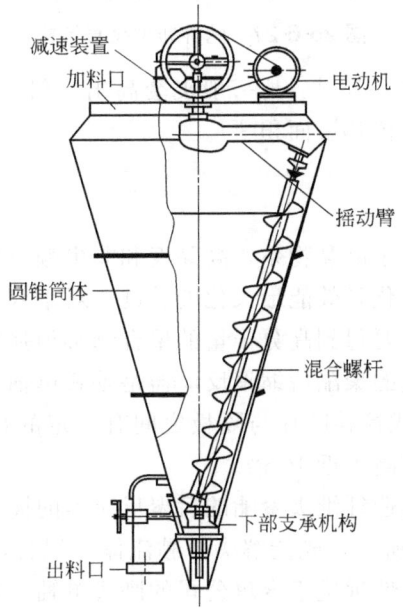

图 25-6-25 行星式搅拌机[23]

第 **25** 篇

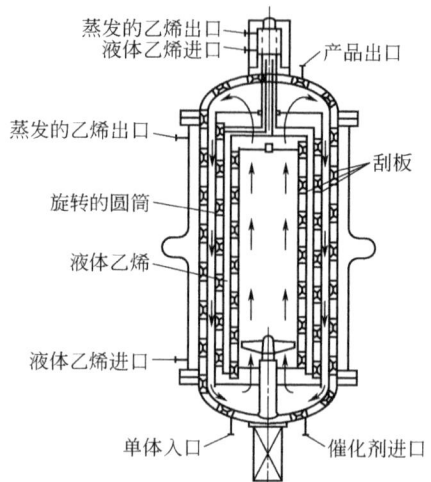

图 25-6-26 丁基橡胶反应器[24]

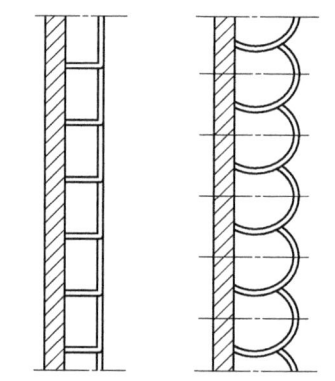

(a) 薄壁内部夹套 　　(b) 半管全流通夹套

图 25-6-27 两种新型夹套结构

热总系数达 1200~1300W·m^{-2}·K^{-1}，比一般夹套高出一倍。图 25-6-27（b）的半管全流通夹套最大限度地利用了釜体外传热表面积[26]。

6.8.3　传质过程强化

（1）卧式搅拌反应器　对于高黏物系，高黏度和非牛顿特性导致聚合物和溶剂及其残余单体的分离异常困难，传质强化是效能最大化的关键。对于双分子缩聚过程，小分子的有效移出决定了缩聚物的聚合度，要得到高分子量的聚合物必须强化小分子的脱出过程。

我国从德国吉玛公司引进的聚酯后缩聚反应器是卧式单轴式的表面更新型反应器，如图 25-6-28 所示，其旋转的盘片式搅拌叶片与隔板之间有一定的自清洁作用。该缩聚反应器的不断增容改造，使单线产能提高了近 10 倍。

日本日立公司用于生产制造纤维级聚酯的后聚反应器的搅拌叶片如眼镜状，故称作眼镜式聚合反应器，如图 25-6-29 所示，既能解决高黏流体的混合，又有强的自清洁作用。日立公司的脱挥设备其表面更新特性远优于吉玛公司的卧式单轴圆盘反应器。

（2）自清洁式搅拌器　比较日立公司的眼镜式叶片卧式双轴搅拌机，瑞士 LIST 开发的双轴自清洁搅拌设备（图 25-6-30）不仅具有高度的表面更新特性，同时具有自清洁的作用，

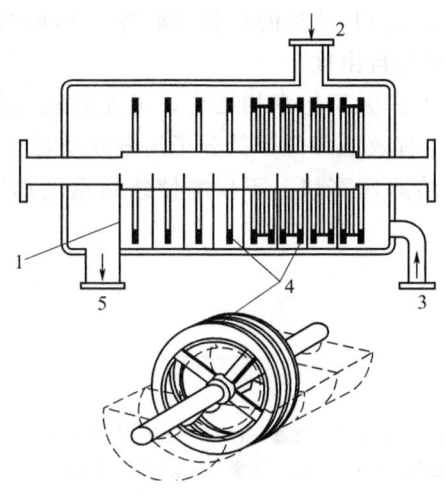

图 25-6-28 吉玛公司的卧式单轴聚合反应器

1—隔板；2—脱气口；3—物料进口；4—圆盘；5—物料出口

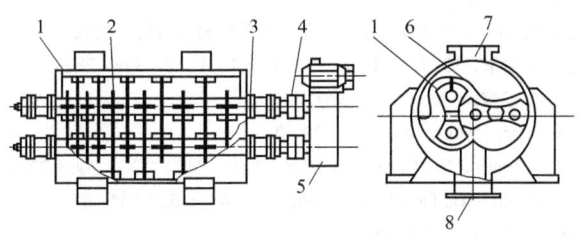

图 25-6-29 日立公司的眼镜式叶片卧式双轴搅拌机

1—叶片；2—轴；3—轴封；4—连轴节；5—驱动装置；

6—液表面；7—蒸汽出口；8—液出口

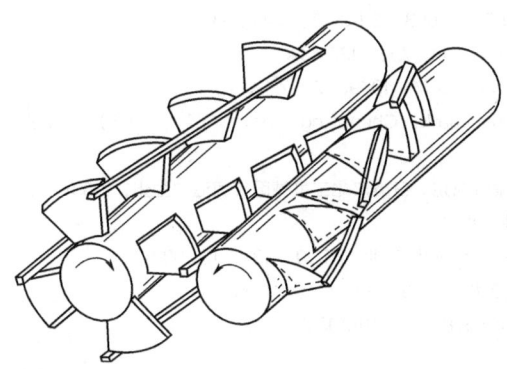

图 25-6-30 瑞士 LIST 自清洁全相体系反应器

用作高黏和黏弹性复杂物系的蒸发或干燥具有非常好的效果[27]。特别适用于本体或浓溶液聚合过程、聚合物系的溶剂回收以及脱挥发物。

与传统的双螺杆挤出型反应器相比较，LIST 反应器除了具有与双螺杆挤出机相同的功能外，还具有如下优点：

① 单位设备体积的有效容积大，从而提高了单位设备体积的产量，减少了设备投资和占地面积。

② 与螺杆式挤出机不同，LIST 设备的搅拌轴转速与物料的停留时间为两个独立变量。这为优化操作条件提供了更多的自由度。

③ 相界面面积大。与高表面更新速率相结合，可充分提高低分子物在物料中的传递速率，加快反应过程总速率，并有效地降低了低分子组分残留量。

④ 设备的传热面积大，传热速率快。不仅能使物料温度迅速地升至反应温度，而且能非常精确地控制物料温度。

参考文献

[1] 化工设备设计全书编辑委员会. 搅拌设备设计. 上海：上海科技出版社，1985.
[2] 永田进治. 混合原理及应用. 马继舜，等译. 北京：化学工业出版社，1984.
[3] [日]井本立也，等. 重合の反应工学. 京都：化学同人，1968：65.
[4] 王凯. 非牛顿流体的流动、混合和传热. 杭州：浙江大学出版社，1988.
[5] 朱秀林，王凯，潘祖仁. 化工学报，1986（3）：358-361.
[6] Bondy F，Lippa S. Chem Eng，1983，90（7）：62-71.
[7] 罗曼科夫. 化工过程设备例题和习题. 潘天铎，译. 上海：高等教育出版社，1959：185.
[8] [日]佐野雄二，等. 化学工化文集，1978，4（2）：159-165；1981，7（3）：253-259.
[9] 唐福瑞，顾培韵，孙建中. 化工学报，1983（4）：389-395.
[10] Wang K，Yu S. Chem Eng Sci，1989，44（1）：33-40.
[11] Warmoeskerken M M C G，Smith J M. Chem Eng Sci，1985，40（11）：2063-2071.
[12] Hughamark G. Ind & Eng Chem Proc Des Dev，1980，19（4）：638-641.
[13] Miller D N. AIChE J，1974，20（3）：445-453.
[14] Loiseau B，Midoux N，Charpenntier J-C. AIChE J，1977，23（6）：931-935.
[15] Sridhar T，Potter O E. Chem Eng Sci，1980，35（3）：683-695.
[16] Oldshue J Y. Fluid Mixing Technology. New York：McGraw-Hill Publication，1983.
[17] [美]Lightnin 公司产品样本，1991.
[18] Zwietering Th N. Chem Eng Sc，1958，8（3-4）：244-253.
[19] [日]桥本真. 化学工学，1980，44（7）：435-437.
[20] 中川俊见. ケミカルエンジニアリング，1979，7：7-12.
[21] Murakami Y，Hirose T，Ohshima M. Chem Eng Prog，1980，76（5）：78-82.
[22] Ekato 公司产品样本，1991.
[23] 化工部设备总公司和化工机械研究院. 日英汉化工机械图解词汇. 兰州，1983：97.
[24] Pressindustria 公司产品样本，1991.
[25] 王文清，冯连芳，王凯，等. 合成橡胶工业，1990，13（2）：83-87.
[26] 纪业，姜瑞霞，杜淼. 聚氯乙烯，2015，43（11）：11-16.
[27] Pierre-Alain F，Pierre L. US8678641，2014-03-25.

7

气液和液液反应器

气液和液液反应在工业上应用广泛，实例见表 25-7-1 和表 25-7-2。气液和液液反应同属多相反应，均涉及相际传质与在一相中的反应共同进行的问题。

表 25-7-1　工业应用气液反应实例

有机物氧化	链状烷烃氧化成酸；对二甲苯氧化成对苯二甲酸；环己烷氧化成环己酮；乙醛氧化成醋酸；乙烯氧化成乙醛
有机物氯化	苯氯化为氯化苯；十二烷烃的氯化；甲苯氯化为氯化甲苯；乙烯氯化
有机物加氢	烯烃加氢；脂肪酸酯加氢
其他有机反应	异丁烯被硫酸所吸收；醇被三氧化硫和硫酸盐化；烯烃在有机溶剂中聚合
酸性气体的吸收	SO_3 被硫酸所吸收；NO_2 被稀硝酸所吸收；CO_2 和 H_2S 被碱性溶液所吸收；CO 被醋酸亚铜溶液所吸收

表 25-7-2　工业应用液液反应实例

有机反应	芳烃硝化；烷基化反应；脂肪水解
萃取法生产无机盐	复分解法生产硝酸钾和其他碱金属盐

7.1　相际传质模型及其表观参数

考察物质 A 通过相界面进行传递。相间传质模型较常见的有膜式论、渗透论、表面更新论和湍流传质论。

膜式论假定相界面两侧各存在一个静止膜，而物质传递速率仅取决于此静止膜内的分子扩散速率，即

$$N = \frac{D}{\delta}(C_i - C_L) \qquad (25\text{-}7\text{-}1)$$

式中　D——扩散系数，$m^2 \cdot s^{-1}$；

　　　δ——静止膜厚，m；

　　　N——传质速率，$kmol \cdot m^{-2} \cdot s^{-1}$；

　　C_i，C_L——界面和液相主体的 A 物质浓度，$kmol \cdot m^{-3}$。

渗透论认为处于界面的液体，由于流体的扰动常被液流主体所置换。当液体在界面逗留期间，溶解气体借不稳定的分子扩散而渗透到液相。Higbie 假设处于界面的各液体单元都具有相同的逗留时间 τ_L[1]。此时，不稳定扩散方程：

$$\frac{\partial C}{\partial \tau} = D \frac{\partial^2 C}{\partial x^2} \qquad (25\text{-}7\text{-}2)$$

边界条件为 $\tau=0$，$C=C_L$；$\tau>0$，$x=0$，$C=C_i$；$x=\infty$，$C=C_L$。上述微分方程的解为

$$(C-C_L)/(C_i-C_L)=[1-\mathrm{erf}(x/2\sqrt{D\tau}\,)] \tag{25-7-3}$$

式中，$\mathrm{erf}(x/2\sqrt{D\tau}\,)$ 是 $x/2\sqrt{D\tau}$ 的误差函数，式(25-7-3) 描述了浓度与逗留时间 τ 和界面距离 x 的函数关系，如表 25-7-3 所示。

表 25-7-3　式(25-7-3) 的数据

$x/2\sqrt{D\tau}$	$\mathrm{erf}(x/2\sqrt{D\tau}\,)$	$(C-C_L)/(C_i-C_L)$
0	0	1
0.354	0.3829	0.6171
0.707	0.6827	0.3173
1.16	0.8991	0.1009
1.82	0.98994	0.01006
2.32	0.99897	0.00103

在某一逗留时间 τ 时界面传质速率可以用 $x=0$ 的分子扩散速率来表示。对式(25-7-3) 求导得

$$N_\tau=-D\left(\frac{\partial C}{\partial x}\right)_{x=0}=\sqrt{\frac{D}{\pi\tau}}(C_i-C_L) \tag{25-7-4}$$

Higbie 假定界面单元具有相同的逗留时间 τ_L，则 $\tau=0\sim\tau_L$ 时间间隔内的平均传递速率为

$$N=\frac{1}{\tau_L}\int_0^\tau N_\tau\mathrm{d}\tau=2\sqrt{\frac{D}{\pi\tau_L}}(C_i-C_L) \tag{25-7-5}$$

式(25-7-5) 为 Higbie 渗透论传质速率表达式，其传质表观参数为 $2\sqrt{D/(\pi\tau_L)}$。

表面更新论[1]提出界面各单元的逗留时间按概率分配，即存在一个界面的寿命分布函数。在任何瞬间，界面中逗留时间处于 $\tau+\mathrm{d}\tau$ 间的界面分率为 $Se^{-S\tau}\mathrm{d}\tau$ 对不同逗留时间的界面进行传质速率的积分可得

$$N=\int_0^\infty \sqrt{\frac{D}{\pi\tau_L}}(C_i-C_L)Se^{-S\tau}\mathrm{d}\tau=\sqrt{DS}(C_i-C_L) \tag{25-7-6}$$

式中，S 为单位时间内界面被新鲜流体所更新面积的比率，是表面更新程度的特性常数。

湍流传质论[2]提出界面传质应考虑分子扩散和湍流扩散的组合。由于表面张力的影响，涡流扩散系数自液流主体连续降低，直至界面等于零为止。因此，在接近界面的情况下，应考虑分子扩散和涡流扩散两方面的因素，此时两组扩散方程式为

$$u\frac{\mathrm{d}C}{\mathrm{d}y}=\frac{\partial}{\partial x}\left[(D+\varepsilon_D)\frac{\partial C}{\partial x}\right] \tag{25-7-7}$$

式中　u——液体流速，$m \cdot s^{-1}$；

　　ε_D——涡流扩散系数，$m^2 \cdot s^{-1}$；

　　y——轴向距离，m。

湿壁塔中涡流扩散系数 ε_D 与 x 的关系为

$$\varepsilon_D = ax^2, \quad a = 7.9 \times 10^{-5} Re^{1.678} \tag{25-7-8}$$

式中　a——湍流扩散系数，s^{-1}。

此时可得

$$N = \frac{2}{\pi}\sqrt{aD}(C_i - C_L) \tag{25-7-9}$$

如果将式（25-7-1）、式（25-7-5）、式（25-7-6）和式（25-7-9）与 $N = k_L(C_i - C_L)$ 相比较，可得膜式论、渗透论、表面更新论和湍流传质论的相间传质系数可分别表示为 D/δ、$2\sqrt{\dfrac{D}{\pi\tau_L}}$、$\sqrt{DS}$ 和 $\dfrac{2}{\pi}\sqrt{aD}$。

各种相间传质模型的传质表征参数例子见表 25-7-4 中。

表 25-7-4　相间传质模型及其表征参数

模型 项目	膜式论	渗透论	表面更新论	湍流传质论
传质系数表达式	$k_L = D/\delta$	$k_L = 2\sqrt{\dfrac{D}{\pi\tau_L}}$	$k_L = \sqrt{DS}$	$k_L = \dfrac{2}{\pi}\sqrt{aD}$
表征参数	膜厚 δ	平均逗留时间 τ_L	表面更新率 S	湍流扩散系数 a
k 与 D 的关系	$k \propto D$	$k \propto D^{0.5}$	$k \propto D^{0.5}$	$k \propto D^{0.5}$
一级反应 Ha 表达式 $Ha = \sqrt{Dk_1/k_L}$	$\delta\sqrt{(k_1/D)}$	$\sqrt{\dfrac{\pi}{4}k_1\tau_L}$	$\sqrt{k_1/S}$	$\dfrac{\pi}{2}\sqrt{k_1/a}$

7.2　反应传质的速率

当组分 A 自界面向反应相传递，且 A 与该相中组分 B 发生化学反应，传质通常会被加速。

7.2.1　反应对传质的影响[3]

（1）反应可忽略的传质过程（极慢反应）　当反应量远小于物理溶解量时，则可忽略化学反应的作用。设反应相的流量为 Q_L，该相在反应器中的储液量为 V，其溶解的 A 组分浓度为 C_A，若该相中进行的是一级不可逆反应，则可忽略反应影响的条件为

$$Vk_1 C_A \ll Q_L C_A$$

$V/Q_L = \tau$，表示该相液体在反应器中的平均逗留时间，则上述条件可改写为

$$k_1\tau \ll 1 \tag{25-7-10}$$

（2）液流主体中慢反应的过程　当反应相中进行慢反应过程，通常此慢反应不能在液膜

（按膜式论）中完成，而需扩散到液流主体中进行。

一级缓慢反应扩展到液流主体进行的条件为

$$\delta k_1 C_{Ai} \ll k_L C_{Ai}$$

整理后可得

$$\frac{k_1 \delta}{k_L} = D k_1 / k_L^2 = Ha^2 \ll 1 \qquad (25\text{-}7\text{-}11)$$

Ha^2 代表了液膜中化学反应与传递之间相对速率的大小。$Ha = \sqrt{k_1 \delta / k_L} = \sqrt{D k_1} / k_L$，$Ha$ 为八田数。

Ha^2 的大小决定反应相对于传递的快慢程度，见表 25-7-5。

表 25-7-5 Ha^2 的判断条件

条件	反应类别	反应进行情况
$Ha^2 \ll 1$	缓慢反应化学吸收	反应在液流主体中进行
$Ha^2 \gg 1$	快速反应化学吸收	反应在膜中进行完毕
Ha^2 更大或趋于无限大	瞬间反应化学吸收	反应在膜中某反应面上瞬间完成
Ha^2 既不大于1，又不远小于1	中等速率的化学吸收	反应既在膜中进行，又在液流主体中进行

（3）传质增强因子   在快速反应传质中，组分 A 在液膜中边扩散边反应，其浓度随膜厚的变化不再是直线关系，如图 25-7-1 所示。在膜中进行，浓度变化呈曲线关系，则界面上 D 点扩散速率大于 E 点向液流主体扩散的速率，其相差为液膜中的反应量。以 E 表示传质增强因子，则

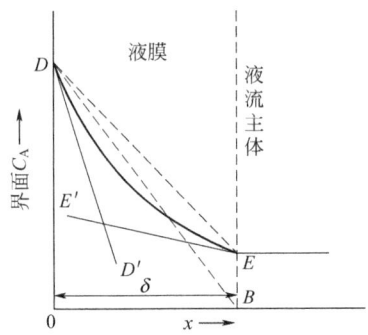

图 25-7-1   液膜中浓度梯度示意

$$E = \frac{\overline{DD'}\text{的斜率}}{\overline{DE}\text{的斜率}} > 1 \qquad (25\text{-}7\text{-}12)$$

在增强因子确定以后，液相传质速率可按定义为

$$N = E k_L (C_i - C_L) \qquad (25\text{-}7\text{-}13)$$

对不可逆反应而言，增强因子常以 A 组分浓度为零作基准，增强因子将是

$$E = \frac{\overline{DD'}\text{的斜率}}{\overline{DB}\text{的斜率}}$$

当反应缓慢液流主体 A 组分浓度较高时，会出现与液流主体 $C_L=0$ 传质速率相比 $\beta<1$ 的情况。

7.2.2　各种反应过程的传质速率

(1) 一级不可逆反应[4]　液膜中扩散和反应相关联，可得

$$\frac{\mathrm{d}^2 C_A}{\mathrm{d}x^2}=\frac{k_1 C_A}{D_A} \tag{25-7-14}$$

令 $\overline{C}_A=C_A/C_{Ai}$，$\overline{x}=x/\delta$，将微分方程无量纲化，得

$$\frac{\mathrm{d}^2\overline{C}_A}{\mathrm{d}\overline{x}^2}=\delta^2(k_1/D_A)\overline{C}_A=(D_A k_1/k_L^2)\overline{C}_A=Ha^2\overline{C}_A \tag{25-7-15}$$

上述微分方程的通解为

$$\overline{C}_A=C_1\mathrm{e}^{Ha\overline{x}}+C_2\mathrm{e}^{-Ha\overline{x}}$$

积分常数 C_1 和 C_2 由边界条件确定后，得

$$\overline{C}_A=\frac{\mathrm{ch}Ha(1-\overline{x})+Ha(\alpha-1)Ha(1-\overline{x})}{\mathrm{ch}Ha+Ha(\alpha-1)\mathrm{sh}Ha} \tag{25-7-16}$$

式中，$\alpha=v/\delta$，v 为单位传质表面该液相的容积。界面上 A 组分向该侧传质速率为

$$N=-D_A\frac{\mathrm{d}C_A}{\mathrm{d}x}\Big|_{x=0}=-k_L C_{Ai}\frac{\mathrm{d}\overline{C}_A}{\mathrm{d}\overline{x}}\Big|_{\overline{x}=0}=\frac{k_L C_{Ai}Ha[Ha(\alpha-1)+\mathrm{th}Ha]}{(\alpha-1)Ha\,\mathrm{th}Ha+1} \tag{25-7-17}$$

与无反应传质速率 $N=k_L C_{Ai}$ 相比较，得增强因子

$$N=\frac{Ha[Ha(\alpha-1)+\mathrm{th}Ha]}{(\alpha-1)Ha\,\mathrm{th}Ha+1} \tag{25-7-18}$$

如与该侧液相均处于界面 C_{Ai} 浓度下进行反应的速率相比，则得液相反应利用率 η 为

$$\eta=\frac{N}{k_1 C_{Ai}v}=\frac{[Ha(\alpha-1)+\mathrm{th}Ha]}{\alpha Ha[(\alpha-1)Ha\,\mathrm{th}Ha+1]} \tag{25-7-19}$$

液相反应利用率 η 表示液相反应由于受传递过程限制而被利用的程度。对快速反应，液流主体组分 A 的浓度接近或等于零，η 亦必接近于零；对缓慢反应，液流主体 A 组分的浓度较高，η 可以高达 1。

① 快反应 $Ha^2\gg1$ 而 $Ha>3$ 时，$\mathrm{th}Ha\to1$，则 $\beta=Ha$，此时传质速率为

$$N=Ha\,k_L C_{Ai}=C_{Ai}\sqrt{k_1 D_A} \tag{25-7-20}$$

而

$$\eta=1/(\alpha Ha)$$

式中，$\alpha=v/\delta$，为该侧液相与液膜厚度之比，通常 α 值远大于 1；填料塔流动的液相口 $\alpha=10\sim100$，鼓泡塔的连续相 $\alpha=10^2\sim10^4$。因此，快反应 η 是很小的数值，通常接近于零。

② 当$(\alpha-1)\gg1/(Ha\,\text{th}Ha)$时，即虽非快反应，但$\alpha$很大，以致从液膜中扩散至液流主体的 A 组分能在主体中进行完毕，即C_{AL}可以等于零，此时式(25-7-18)可简化[利用$Ha(\alpha-1)\gg\text{th}Ha$的条件]为

$$\beta=Ha/\text{th}Ha \tag{25-7-21}$$

而$\eta=1/(\alpha Ha\,\text{th}Ha)$，由于$\alpha$很大且$C_{AL}$已等于零，故$\eta$值将是很小的数值。

③ 当$Ha^2\ll1$，$Ha<0.3$时，反应将是在液流主体中进行的缓慢反应，此时$\text{th}Ha\to Ha$，则

$$E=\frac{\alpha Ha^2}{\alpha Ha^2-Ha^2+1} \tag{25-7-22}$$

$$\eta=\frac{1}{\alpha Ha^2-Ha^2+1} \tag{25-7-23}$$

式中，$\alpha Ha^2=vk_1/k_L$，表示液侧反应速率(vk_1C_A)与液膜传递速率k_LC_A之比值，它是液侧反应能力的量度。

如$Ha^2\gg1$，则表示因α很大足以使反应在液流主体中进行完毕，由式(25-7-22)或式(25-7-23)可得$E=1$和$\eta=1/(\alpha Ha^2)$。

如$Ha^2\ll1$，则表示反应在液流主体中远不能完成，由式(25-7-22)和式(25-7-23)得$\beta\doteq\alpha Ha^2$，$\eta\doteq1$。

(2) 不可逆瞬间反应   当界面一侧发生不可逆瞬间反应时，反应仅在液膜内某一反应面上完成(反应极快，反应带厚度趋近于零)。为了供应反应面反应物质的需要，组分 A 自界面扩散而来，反应剂 B 自液流主体扩散而来，其浓度分布模型见图25-7-2。

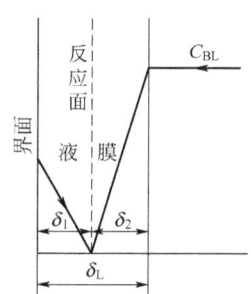

图 25-7-2   不可逆瞬间反应浓度分布模型

对 A+vB$\longrightarrow$Q，扩散至反应面的 A 和 B 必须满足化学计量的关系，即

$$N_A=\frac{D_A}{\delta_1}C_{Ai}=\frac{1}{v}N_B=\frac{D_B}{\delta_2}C_{BL}$$

联合$\delta_1+\delta_2=\delta$的条件消去δ_1和δ_2。得

$$N_A=\left(1+\frac{D_BC_{BL}}{vD_AC_{Ai}}\right)k_LC_{Ai} \tag{25-7-24}$$

与纯传质速率式$N_A=k_LC_{Ai}$比较可得增强因子为

$$E=1+\frac{D_BC_{BL}}{D_AC_{Ai}} \tag{25-7-25}$$

而反应面的位置显然由 $\delta_1/\delta = 1/E$ 确定。显而易见，提高吸收剂浓度 C_{BL} 有利于 E 值的提高。

但是，过高提高 C_{BL} 浓度是不必要的，因为 A 组分的扩散还受到界面另一侧传递的限制。例如，气体吸收中受到气膜扩散的限制。当 C_{BL} 提高得足够高，反应面将移至界面，如图 25-7-3 所示。反应面移至界面所需的临界 B 的浓度 $(C_{BL})_c$，由下式确定：

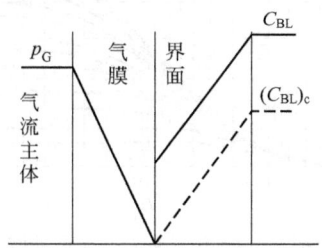

图 25-7-3 气膜控制的浓度分布

$$(C_{BL})_c = (\nu k_G/k_L)(D_A/D_B)p_G \tag{25-7-26}$$

当 $C_{BL} \gg (C_{BL})_c$ 时，过程受气膜控制 $N_A = k_G p_G$；当 $C_{BL} < (C_{BL})_c$ 时过程由气膜和液膜双方所决定，利用 $N_A = k_G(p_G - p_i)$，界面平衡条件 $C_{Ai} = Hp_i$ 与式（25-7-24）联合求解，可得

$$N_A = \frac{p_G + \dfrac{D_B}{\nu H D_A} C_{BL}}{\dfrac{1}{Hk_L} + \dfrac{1}{k_G}} \tag{25-7-27}$$

(3) 二级不可逆反应[1] 当组分 A 与溶剂中活性组分 B 发生不可逆二级反应 A + νB $\longrightarrow$ Q，A 和 B 在膜中扩散微分方程，不能得到解析解，仅能在 $C_{AL} = 0$ 得到近似解，E 为

$$E = \frac{\sqrt{D_A k_2 C_{Bi}}/k_L}{\text{th}(\sqrt{D_A k_2 C_{Bi}}/k_L)} \tag{25-7-28}$$

将 C_{Bi} 代入式（25-7-28）整理可得

$$E = \frac{Ha\sqrt{\dfrac{E_i - E}{E_i - 1}}}{\text{th}\left(Ha\sqrt{\dfrac{E_i - E}{E_i - 1}}\right)} \tag{25-7-29}$$

式中，$Ha = \sqrt{D_A k_2 C_{BL}}/k_L$；$E_i = 1 + \dfrac{D_B C_{BL}}{\nu D_A C_{Ai}}$，为瞬间反应的增强因子，表征组分 A 和 B 扩散速率相对大小。

式（25-7-29）是一个隐函数。为了便于直接得出 E 值，已作出以 E_i 为参变数的 E-Ha 图，如图 25-7-4 所示。只要知道 Ha 和 E_i 就可以从图中读得 β 的数值。

两种极端情况：

① 当 $E_i > 5Ha$ 时，液膜中 B 的供应较为充足，液膜中 B 的浓度可视为定值，就成为虚

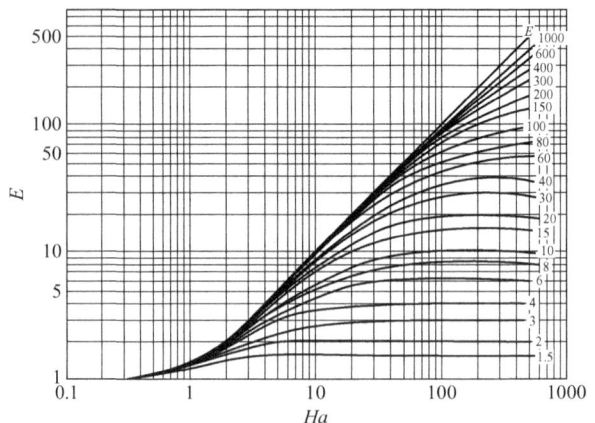

图 25-7-4　二级不可逆 $C_{AL}=0$ 的增强因子

拟一级反应，此时 $E \to Ha$，在图 25-7-4 中以 45°对角线来显示的。

② 当 $E_i < \dfrac{Ha}{5}$ 时，即 B 的供应相对于反应很不充分，反应在液膜中的某一面上完成，此时二级反应就演变成瞬间反应，$E=E_i$，在图 25-7-4 中以与横轴并行线来显示。

与二级反应相类似，存在着 $E_i > 5Ha$ 作为虚拟 m 级和 $E_i < \dfrac{Ha}{5}$ 作为瞬间反应来处理的极端情况。

（4）m、n 级不可逆反应[5]　对 m、n 级 $A+\nu B \longrightarrow Q$ 的反应，反应速率表示式 $R_A = 1/\nu R_B = k_{m,n} C_A^m C_B^n$。在 $C_{AL}=0$ 时增强因子近似解得

$$E = Ha \cdot \eta / \mathrm{th}(Ha \cdot \eta) \tag{25-7-30}$$

式中
$$Ha = \sqrt{[2/(m+1)]k_{m,n} D_A C_{Ai}^{m-1} C_{BL}^n}/k_L$$
$$\eta = [(E_i - E)/(E_i - 1)]^{n/2}$$

与二级反应相类似，存在着 $E_i > 2Ha$ 作为虚拟 m 级和 $Ha > 10E_i$ 作为瞬间反应来处理的极端情况。

（5）可逆反应

① 瞬间可逆反应　对于瞬间可逆反应 $A+\nu_b B \rightleftharpoons \nu_q Q$ 在膜中和主体中任何一点都达到平衡，即保持平衡常数的关系：

$$K = (C_Q)^{\nu_q}/(C_A C_B^{\nu_b})$$

膜中 A、B 和 Q 浓度变化保持反应计量关系，即按 A 和 Q 而言，有

$$D_A \frac{d^2 C_A}{dx^2} + \frac{D_Q}{\nu_q}\frac{d^2 C_Q}{dx^2} = 0$$

边界条件：$x=0$，$C_A=C_{Ai}$，$C_B=C_{Bi}$，$C_Q=C_{Qi}$
　　　　　$x=\delta$，$C_A=C_{AL}$，$C_B=C_{BL}$，$C_Q=C_{QL}$
其解有如下形式：

$$D_A C_A + (D_Q/\nu_q)C_Q = C_1 x + C_2 \tag{25-7-31}$$

积分常数 C_1 和 C_2 由边界条件得

$$C_2 = D_A C_{Ai} + (D_Q/\nu_q) C_{Qi}$$

$$C_1 = -k_1 \left[\left(C_{Ai} + \frac{D_Q}{D_A \nu_q} C_{Qi} \right) - \left(C_{AL} + \frac{D_Q}{D_A \nu_q} C_{QL} \right) \right]$$

由于是瞬间反应，A 组分在界面上的传递速率应等于未反应 A 组分向液膜中扩散与已反应成 Q 组分向液膜中扩散速率之和，即由式（25-7-31）积分得

$$N = \left(-\frac{D_Q}{\nu_q} \frac{dC_Q}{dx} - D_A \frac{dC_A}{dx} \right)_{x=0} = -C_1 = -k_L \left[(C_{Ai} - C_{AL}) + \frac{D_Q}{D_A \nu_q} (C_{Qi} - C_{QL}) \right]$$

即

$$E = 1 + \{ D_Q (C_{Qi} - C_{QL}) / [D_A \nu_q (C_{Ai} - C_{AL})] \} \tag{25-7-32}$$

由此可见，可逆瞬间反应的增强因子与 $(C_{Qi} - C_{QL})/(C_{Ai} - C_{AL})$ 的值有关，通常由界面上方平衡关系可以求出 C_{Qi} 的数值。

同理，可以由 A 与 B 的反应计量关系导得

$$E = 1 + \{ D_B (C_{BL} - C_{Bi}) / [D_A \nu_b (C_{Ai} - C_{AL})] \} \tag{25-7-33}$$

② 可逆反应 $A \rightleftharpoons Q$ [8]，$K = C_Q / C_A$

此反应系统对 A 和 Q 均为一级的可逆反应，其增强因子可表示为

$$\beta = \frac{1 + (K D_B / D_A)}{1 + \dfrac{K D_B}{D_A} \dfrac{\mathrm{th} \sqrt{Ha^2 [1 + C D_A / (K D_B)]}}{\sqrt{Ha^2 [1 + C D_A / (K D_B)]}}} \tag{25-7-34}$$

当 $Ha \to 0$ 或 $K \to 0$，$\beta = 1$；$K \to \infty$，$\beta = Ha / \mathrm{th} Ha$，为一级不可逆反应；当 $Ha \to \infty$，$\beta = \beta_B = 1 + (K D_{BL} / D_{AL})$ 为瞬间反应。

7.3 界面阻力和稳定性

7.3.1 界面传质阻力

无论哪一种传质模型，都假定界面处于平衡态，即界面不存在传质阻力。

实际上界面传质速率不是无限的，它不可能大于分子对界面的碰撞速率。以气液界面而言，分压 p_G 时，分子碰撞的速率 R（kmol·cm^{-2}·s^{-1}）为

$$R = \frac{p_G}{\sqrt{2\pi R T M}}$$

式中，R 为气体常数；M 为气体分子量。由于并非所有碰撞分子都能进入液相，而仅有 ξ 分率的分子被吸收进入界面，$(1-\xi)$ 分率的分子被反射而出。因此，界面传质的极限速率为

$$R = \frac{\xi}{\sqrt{2\pi R T M}} (p_G - p_i) \tag{25-7-35}$$

当 $\xi = 1$，1atm CO_2 在 10℃水的极限界面传质速率约高于液相传质速率 3～4 个数量级，因而一般情况不会对传质速率造成影响。但如果界面受到某些活性剂的污染，界面被单分子吸附界所遮盖而使 $\xi \to 0$，有可能造成额外的界面阻力。

7.3.2 界面的稳定性

气液界面存在稳定性问题，是由于界面液体与液流主体表面张力的不同，从而产生了 Marangoni 不稳定现象[6]。

众所周知，物质总是自动地趋向低能级稳定态。界面也是如此，只有处于较低的表面张力下才是稳定的。当界面的表面张力比液流主体的表面张力高时，就会有产生对流（即液流主体的液体取代界面液体）的可能，此称为"分格式对流"（cellular convection），根据很多研究者的研究，认为只有在 $Ma\left(Ma = \dfrac{\sigma_i - \sigma_L}{\mu_L k_L}\right)$，大于某一临界值时，由此种对流所造成的界面骚动才会显示出来。

例如，当溶解气体是一个表面张力降低的溶质，在气体解吸时，由于液流主体溶质浓度较界面为高，则主体中的表面张力较界面为低，可能出现 Marangoni 不稳定。今石宜之等[7]研究了六种表面张力降低溶质的解吸，得出了临界 $(Ma)_c$ 数与 $k_G/(Hk_L)$ 的关联，如图 25-7-5 所示。而此界面对流动扰动将使传质系数增大，其增强因子与 $Ma/(Ma)_c$ 呈指数关系，即

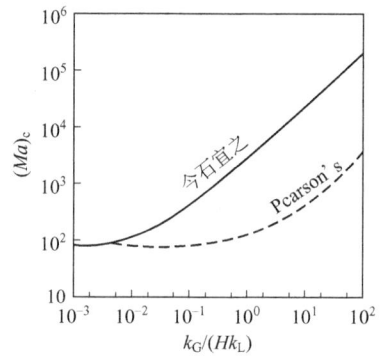

图 25-7-5 $(Ma)_c$ 与 $k_G/(Hk_L)$ 的关系

$$E = \left[\frac{Ma}{(Ma)_c}\right]^n$$
$$n = 0.4 \pm 0.1$$

这种表面张力所引起的界面对流，严重时会引起液体起泡[8]。一旦形成泡沫，泡沫不易破裂。这是因为当泡膜变薄时，更接近气相的平衡状态，即含有更少的溶解气体，比薄膜的表面张力更为加强（由于系表面张力降低的溶质），从而不会破裂。在吸收表面张力降低溶质的实验中[9]得出了界面更稳定从而表面更新次数减少传质系数下降的结果，如图 25-7-6 所示。

对于化学反应吸收所出现的界面不稳定性问题，今石宜之[10]指出有如下几种情况会导致 Marangoni 不稳定：①当液相主体的化学反应产生温度升高，由于液相向气相散热而使界面温度比液相主体温度低，导致界面表面张力提高 $\left(\dfrac{\partial \sigma}{\partial T} < 0\right)$ 引起界面不稳定；②当液相反

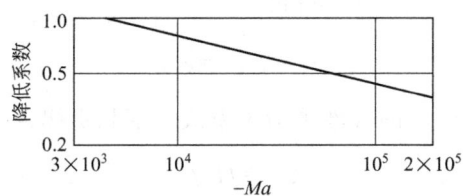

图 25-7-6 界面稳定导致传质系数降低

应剂是使表面张力降低的物质，且气液反应使界面又有反应剂浓度降低时，会造成界面表面张力的升高，造成界面不稳定；③当反应产物为使表面张力增加的盐类，如 NaOH 和 CO_2 反应生成 Na_2CO_3，NH_3 和 H_2SO_4 反应生成 $(NH_4)_2SO_4$ 等反应。这些产物在界面上产生浓度升高，都会引起界面表面张力的升高，造成界面不稳定。

7.4 气液反应器总论

上述反应-传质的速率，可用于气液反应中的液侧。对于另一气侧，通常是并不发生反应的单纯气膜传质。综合气液两相的传质过程以及界面的平衡条件 $C_i = Hp_i$，可得

$$N = K_G(p_G - p^*) = K_L(C^* - C_L) \tag{25-7-36}$$

$$K_G = \cfrac{1}{\cfrac{1}{k_G} + \cfrac{1}{\beta H k_L}}, \quad K_L = \cfrac{1}{\cfrac{H}{k_G} + \cfrac{1}{\beta k_L}} \tag{25-7-37}$$

式中　K_G，K_L——以气相分压和液相浓度为推动力的总传质系数；

　　p_G，p^*——气相 A 组分分压和液流主体的 A 组分平衡分压；

　　C^*，C_L——与气相分压相平衡的 A 组分浓度和液流主体 A 组分浓度；

　　　　H——气体溶解度系数；

　　k_G，k_L——气侧和液侧分传质系数。

7.4.1 气液反应的平衡

气液平衡的重要性表现在：①当气液反应为可逆反应时，气液反应的平衡代表反应进行的可能程度；②当气液反应为不可逆反应时，气体在溶液中的溶解度决定反应速率的推动力。

(1) 气液平衡和亨利定律　气液反应中的常见气体为 H_2，O_2，CO_2，Cl_2 和 H_2S 等。其溶解度一般有限，符合亨利定律，即

$$f_p Y_i \phi_i = e_i x_i \tag{25-7-38}$$

式中　Y_i，ϕ_i——气相中 i 组分的摩尔分数和逸度系数；

　　x_i，e_i——i 组分在液相中的摩尔分数和亨利系数（MPa）；

　　　　f_p——在系统压力下的气相逸度，MPa。

如果气相为理想溶液，$\phi_i = 1$，得

$$f_p Y_i = e_i x_i \tag{25-7-39}$$

若气相为理想气体的混合物，$f_p = p$，可得

$$p_i = py_i = e_i x_i \tag{25-7-40}$$

上式是常压和低压下使用很广泛的气液平衡关系式。亨利定律也可用摩尔浓度来表示，则

$$C_i = H_i p_i \tag{25-7-41}$$

式中，C_i 为气体在溶液中的溶解度，$kmol \cdot m^{-3}$；H_i 为气体在溶液中的溶解度系数，$kmol \cdot m^{-3} \cdot MPa^{-1}$。可以导得 H_i 与 E_i 的近似关系为

$$H_i = \rho / (M^\circ e_i) \tag{25-7-42}$$

式中，ρ 为溶液的密度，$kg \cdot m^{-3}$；M° 为溶剂分子量。

部分气体在水中的溶解度系数（$1/e_i$，MPa^{-1}）示于图 25-7-7。由图可见，在较低温度下气体在水中的溶解度系数将随温度升高而降低。但当温度很高时，多数气体溶解度随温度升高而增大。图 25-7-8 列出了各种气体在水中的溶解度随温度的变化[11]。图 25-7-9 为 CO_2 在水和盐中广阔温度范围内 CO_2 亨利系数的变化[12]。

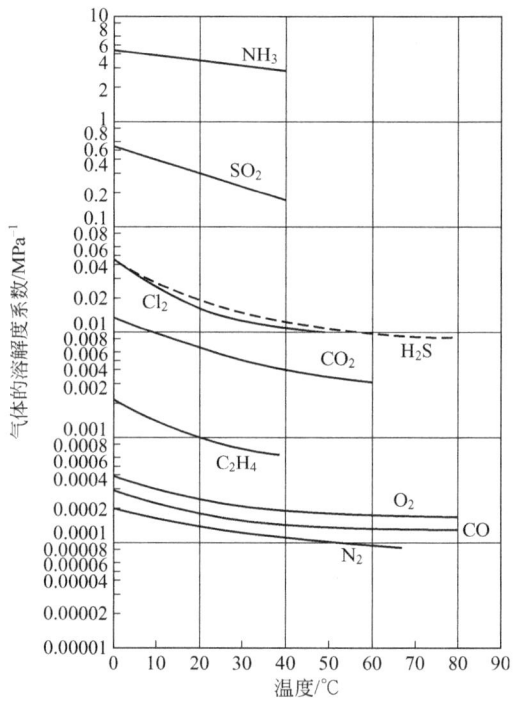

图 25-7-7   气体在水中的溶解度系数

关于气体在有机溶剂中的溶解度和其余气体在水中的溶解度，可参阅 Bettino 和 Clever[13] 的文献总结。

亨利系数 e_i 和溶解度系数 H_i 与温度的关系为

$$\frac{\mathrm{d}\ln e_i}{\mathrm{d}\frac{1}{T}} = -\frac{\mathrm{d}\ln H_i}{\mathrm{d}\frac{1}{T}} = \frac{\Delta H_i}{R} \tag{25-7-43}$$

亨利系数 E_i 和溶解度系数 H_i 与压力的关系为

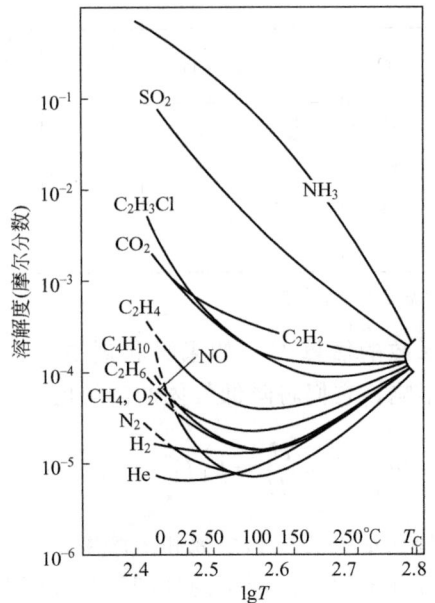

图 25-7-8 气体在水中的溶解度随温度变化

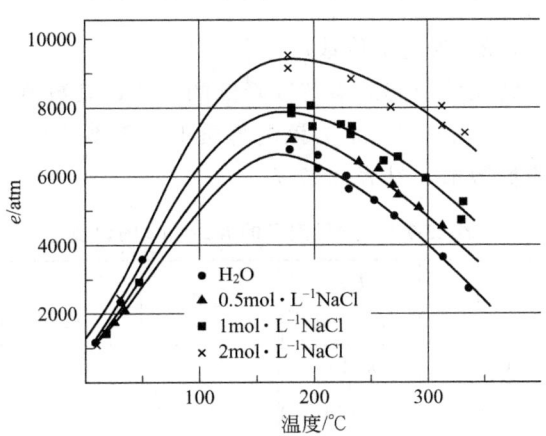

图 25-7-9 CO_2 的亨利系数与温度的关系

$$\frac{\mathrm{dln}e_i}{\mathrm{d}p} = -\frac{\mathrm{dln}H_i}{\mathrm{d}p} = \frac{\overline{V}_i}{RT}$$

(25-7-44)

式中，ΔH_i 为 i 组分气体溶解时的焓变，$kcal \cdot kmol^{-1}$；$\overline{V}_i$ 为气体在溶液中的偏摩尔容积，$m^3 \cdot kmol^{-1}$。一些系统的 $\overline{V}_i$ 见表 25-7-6。

表 25-7-6 在 25℃ 时，气体在溶剂中的偏摩尔容积 $\overline{V}_i$[1] 单位：$cm^3 \cdot mol^{-1}$

气体\溶剂	H_2	N_2	CO	O_2	CH_4	C_2H_4	C_2H_2	C_2H_6	SO_2	CO_2
乙醚	50	66	62	56	58	—	—	—	—	—
丙醇	38	55	53	48	55	58	49	64	68	—
四氯化碳	28	53	53	45	52	61	54	67	54	—
苯	36	53	52	46	52	61	51	67	48	—

续表

气体 \ 溶剂	H_2	N_2	CO	O_2	CH_4	C_2H_4	C_2H_2	C_2H_6	SO_2	CO_2
甲醇	35	52	51	45	52	—	—	—	—	43
氯苯	34	50	46	43	49	58	50	64	48	—
水	26	40	36	31	37	—	—	—	—	—
V_b^*	28	35	35	28	39	50	42	55	45	40

注：V_b^* 为气体在纯液态正常沸腾温度下的摩尔容积。

（2）溶液中气体溶解度系数的估算[1]　如果吸收剂中含有电解质，这些电解质的离子将对气体的溶解度有很大的影响，它们将降低气体的溶解度。

$$\lg\frac{e}{e^\circ}=\lg\frac{H^\circ}{H}=h_1I_1+h_2I_2+\cdots \tag{25-7-45}$$

式中　e°，H°——被吸收组分在水中的亨利系数和溶解度系数；

　　　e，H——被吸收组分在电解质溶液中的亨利系数和溶解度系数；

　　　I_1，I_2——吸收液中各种电解质的离子强度，其数值为 $I=\dfrac{1}{2}\sum C_iZ_i^2$，其中 C_i 为离子浓度，Z_i 为离子价数；

　　　h_1，h_2——各种电解质所引起的溶解度降低的系数，其数值为 $h=h_++h_-+h_G$，其中 h_+、h_-、h_G 分别为该电解质正、负离子及被溶解的气体所引起的溶解度降低数值，见表25-7-7。

表 25-7-7　常见离子的 h_+、h_- 的数值

离子	h_+ /$m^3\cdot kmol^{-1}$	离子	h_+ /$m^3\cdot kmol^{-1}$	离子	h_- /$m^3\cdot kmol^{-1}$	离子	h_- /$m^3\cdot kmol^{-1}$
H^+	0.000	Cr^{3+}	0.0107	F^-	0.150	SO_3^{2-}	0.0069
Li^+	0.050	Mn^{2+}	0.046	Cl^-	0.021	HSO_3^-	0.0663
Na^+	0.091	Fe^{2+}	0.049	Br^-	0.011	HS^-	0.0512
K^+	0.070	Co^{2+}	0.057	I^-	0.005	ClO_3^-	−0.0747
Rb^+	0.071	Ni^{2+}	0.059	SO_4^{2-}	0.029	HCO_3^-	0.108
Cs^+	0.058	Cu^{2+}	0.008	NO_3^-	−0.019	$C_2H_5O^-$	0.0878
Mg^{2+}	0.051	Zn^{2+}	0.049	CO_3^{2-}	0.038	MnO_4^-	−0.0606
Ca^{2+}	0.053	Cd^{2+}	0.1011	OH^-	0.060		
Sr^{2+}	0.065	Al^{3+}	0.0367	CNS^-	−0.0594		
Ba^{2+}	0.061	NH_4^+	0.029	PO_4^{3-}	0.0059		

如果吸收剂中含有非电解质溶质，则气体的溶解度亦会降低，此时溶解度系数可按下式计算

$$\lg\frac{e}{e^\circ}=\lg\frac{H^\circ}{H}=h_sC_s \tag{25-7-46}$$

式中，h_s 为非电解质溶液盐效应系数，$m^3 \cdot kmol^{-1}$；C_s 为溶液非电解质的浓度，$kmol \cdot m^{-3}$。一些非电解质的 h_G、h_s 值见表 25-7-8、表 25-7-9，由数据可见，其盐效应系数随分子量增加而增大。

表 25-7-8 常见被吸收组分的 h_G 数值　　单位：$m^2 \cdot kmol^{-1}$

组分＼温度	15℃	25℃	备注
H_2	−0.008	−0.002	CO_2 在其他温度下的 h_G 数值：
O_2	0.034 (0.046,0℃)	0.022	0℃　　−0.007
CO_2	−0.010	−0.019	40℃　−0.4026
N_2O	0.003	0.000	50℃　−0.029
H_2S		−0.033	60℃　−0.016
NH_3		−0.054	N_2,He,Ne,Ar,Kr 在
C_2H_2	−0.0011	−0.009	25℃时的 h_G 分别为 0.0209,
SO_2	−0.101 (35℃)	−0.103	−0.0108,−0.0127,
Cl_2	−0.0145 (20℃)	−0.0247 (30℃)	0.0247,0.0351
C_2H_4	0.011	0.162	
NO		0.0288	

表 25-7-9 非电解质溶液盐效应系数 h_s　　单位：$m^3 \cdot kmol^{-1}$

非电解质	分子量	h_s
乙醇	46	0.015
尿素	60	0.015
甘油	92	0.035
含水三氯乙醛	165	0.035
葡萄糖	180	0.085
砂糖	342	0.150

(3) 气体反应平衡的关联[14]　　气体溶于液体中，若与溶液中某些组分发生化学反应，则既应服从相的平衡关系，又应服从化学平衡的平衡关系。

设溶解气体 A 与液相中 B 发生反应，则相平衡与化学平衡可表示为

$$\nu_a A(液) + \nu_b B(液) \xrightleftharpoons[\text{化学平衡}]{} \nu_m M + \nu_n N$$

$\Big\updownarrow$ 相平衡

$$\nu_a A(气)$$

化学平衡关系：

$$K = \frac{C_M^{\nu_m} C_N^{\nu_n}}{C_A^{\nu_a} C_B^{\nu_b}} \tag{25-7-47}$$

式(25-7-47) 可改写为

$$C_A = \left(\frac{C_M^{\nu_m} C_N^{\nu_n}}{K C_B^{\nu_b}} \right)^{1/\nu_a}$$

由相平衡关系式，可得

$$\overline{f}_A^* = \frac{C_A}{H_A} = \frac{1}{H_A} \left(\frac{C_M^{\nu_m} C_N^{\nu_n}}{K C_B^{\nu_b}} \right)^{1/\nu_a} \tag{25-7-48}$$

当气相是理想气体的混合物时，式(25-7-48) 为

$$p_A^* = \frac{1}{H_A} \left(\frac{C_M^{\nu_m} C_N^{\nu_n}}{K C_B^{\nu_b}} \right)^{1/\nu_a} \tag{25-7-49}$$

式中，$\overline{f}_A^*$、p_A^* 分别为气相中 A 组分平衡逸度和平衡分压。几种典型气液反应平衡关系列于表25-7-10中。

表 25-7-10　典型气液反应平衡关系[3]

类别 项目	溶剂化	溶液中离解	与溶剂活性组分作用
反应表达式	A(液)＋B(溶剂)⇌M(溶) ⇅ A(气)	A(液)⇌M⁺＋N⁻ ⇅ A(气)	A(液)＋B(液)⇌M(液) ⇅ A(气)
反应平衡关系	$C_A^0 = H_A p_A^* (1 + K C_B)$	$C_A^0 = H_A p_A^* + \sqrt{K H_A p_A^*}$	$C_A^0 = H_A p_A^* + C_B^0 \dfrac{K H_A P_A^*}{1 + K H_A P_A^*}$

注：K 为以浓度表示的液相反应平衡常数；C_A^0 为包括物理溶解和化学作用液相总 A 的浓度；C_B^0 为溶剂活性组分起始浓度。

7.4.2　气液反应器概述

(1) 气液反应器的型式　气液反应器是气液相接触设备，如图 25-7-10 所示。按气液相接触形态可分为：①气体以气泡形态分散在液相中的鼓泡反应器、搅拌鼓泡反应器和板式反应器；②液体以液滴状分散在气相中的喷雾，喷射和文氏反应器等；③液体以膜状运动与气相进行接触的填料反应器和降膜反应器等。

(2) 工业对气液反应器的要求　工业对气液反应器有各种不同的要求，归纳起来主要有如下方面：

① 应具备较高的生产强度　要求反应器型式符合反应系统特性的要求。例如，a. 对于 EH 乘积很大，处于气膜控制的系统，应选择气相容积传质系数 $k_G a$ 大的反应器，即采用液体分散成微滴（造成大的比表面）并与高速的气流相接触（造成大的 k_G）的设备，高速湍流接触设备诸如喷射反应器、文氏反应器、管道反应器是适用的；b. 快速反应系统，反

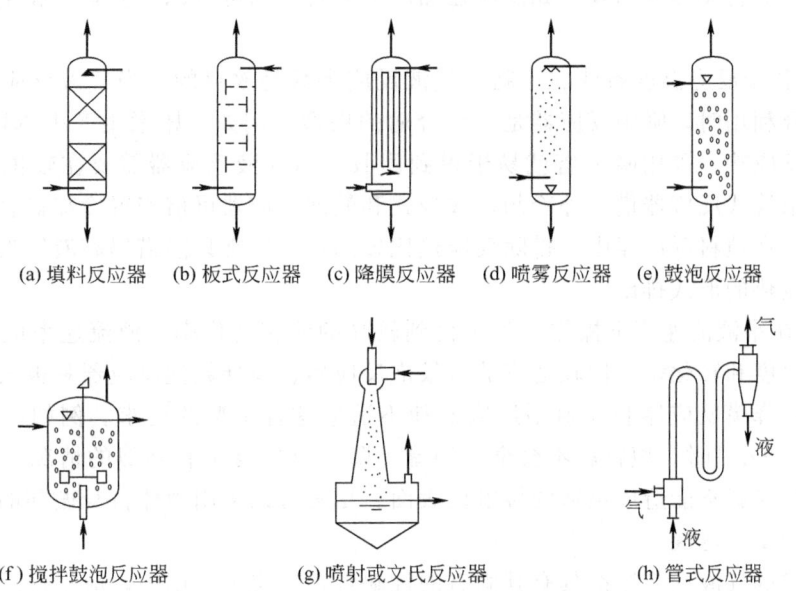

(a) 填料反应器 (b) 板式反应器 (c) 降膜反应器 (d) 喷雾反应器 (e) 鼓泡反应器

(f) 搅拌鼓泡反应器　(g) 喷射或文氏反应器　(h) 管式反应器

图 25-7-10 气液反应器的型式

应是在界面近旁的反应带中进行，要求选择比表面大、传质强度高的反应器，此时填料反应器和板式反应器比较合适；c. 慢反应过程，反应主要在液相主体中进行，要求选用反应容积较大（储液量大）的设备，如鼓泡反应器和搅拌鼓泡反应器等。

② 应有利于反应选择性的提高　要求有利于抑制副反应的发生，以提高选择性。例如，对并行反应，副反应较慢，可以选用储液量较少的设备，如合成氨生产中选择性脱除 H_2S（少脱除 CO_2）的木格填料、喷射塔和喷雾塔等设备。对连串反应，主反应为 $A+B \longrightarrow C$（产物），副反应为 $A+C \longrightarrow D$（副产物），则应采用液相返混少的设备并限定一定的反应时间，此时采用半间歇（液体间歇加入和取出）气体连续反应器，或采用填充床反应器以减少返混。反之，若 D 是主产物而 C 是副产物，则以连续全返混釜式为宜。

③ 应有利于低能耗和能量综合利用　为了造成气液两相的相互接触，气液反应器需消耗一定的动力。图 25-7-11 表明常见气液反应器比表面积与功率消耗的关系[14]。由图可见，就造就相同比表面积而言，喷射吸收器的能耗最少，其次是搅拌槽式反应器和填料塔，文氏管和鼓泡反应器的能量消耗较大。若反应在高于室温的条件下进行，有必要考虑反应热量的

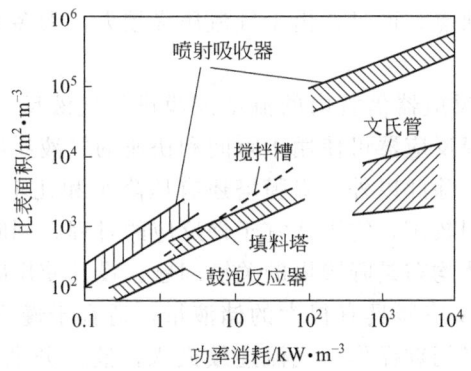

图 25-7-11 常见气液反应器比表面与功率消耗的关系[14]

利用和反应生成物显热的回收。如反应在加压下进行，则可考虑反应余气和生成物液流的能量综合利用。

④ 应有利于反应温度条件的控制　气液反应多数是放热的。当气液反应的热效应很大而又需要综合利用时，降膜反应器是比较合适的塔型。例如，尿素生产中 NH_3 和 CO_2 生成氨基甲酸的反应热，采用降膜塔就易于得到回收。当气液反应器需要在较恒定的温度下进行，可以采用管式反应器借管外冷却，或板式和鼓泡反应器可借安置冷却盘管或夹套来排除热量。但是，在填料反应器中，排除反应热比较困难，通常只能借提高液体喷淋量，以使反应热由液体显热的形式排出。

⑤ 应能在小液流速率下操作　为了得到较高的液相转化率，液流速率应保持较低以获得高的产品浓度和转化率，比较适宜的有鼓泡反应器、搅拌鼓泡反应器和板式反应器。但填充床反应器、降膜反应器和喷射型反应器却不适应这种工况的要求。例如，喷淋密度低于 $5 \sim 10m^3 \cdot m^{-2} \cdot h^{-1}$ 时，填料就不会全部润湿。降膜反应器也有类似的情况。喷射型反应器在液气比较低时就不能造成足够的接触比表面。尽管可以采用液体自身循环的方法来解决问题，但带来严重的返混。

各种型式的气液反应器都具有其固有的优缺点，在实际运用中，应根据反应系统的特性和工艺要求，选择与之相适应的型式。

(3) 常见气液反应器的特点　现就常见的填充床反应器、板式反应器、降膜反应器、鼓泡反应器、搅拌鼓泡反应器、管式反应器、喷雾反应器和高速湍动反应器，分别简介其操作特点。

① 填充床反应器　填充床反应器适用于快速和瞬间反应过程，其轴向返混几乎可以忽略，因此能获得较大的液相转化率，气相流动的压降较小，使得操作费用降低。填充床反应器广泛地应用于带有化学反应的气体净化过程。它具有操作适应性好，结构简单，能耐腐蚀等优点。填充床反应器主要缺点是不适宜于慢速化学反应过程，这是由于液体在填充床中的停留时间较短，不能满足慢速化学反应的需要。其次是要求喷淋密度必须大于 $5 \sim 10m^3 \cdot m^{-2} \cdot h^{-1}$，否则填充物将不能全部润湿。同时填充床反应器还存在液体和气体在塔内的均布问题和反应热的排除等问题。

② 板式反应器　板式反应器适用于快速和中速反应过程。采用多板可以将轴向返混降低，并可能以很小的液流速率进行操作，从而能在塔中直接获得极高的液相转化率。这是板式反应器的主要优点。同时，板式反应器的气液传质系数较大，是强化传质过程的塔型，适用于传质过程控制的化学反应过程。但是，板式反应器具有结构复杂，气相流动压降较大和塔板需要用耐腐蚀材料等缺点。而且，由于气流压降较大，大多数板式反应器仅应用在加压操作的情况。

③ 降膜反应器　降膜反应器借管内的流动液膜进行气液反应，在管外使用载热流体导入或导出反应的热量。降膜反应器可使用于瞬间和快速的气液反应过程，它特别适宜于有较大热效应的气液加工过程。除此以外，降膜塔还有压降小和几乎无轴向返混的优点。然而，由于降膜塔中液体停留时间较短，它不适宜于慢反应的过程，同时，降膜管的安装垂直度要求也较高，液体成膜和液体均布是降膜塔的关键问题，设计使用时必须注意。

④ 鼓泡反应器　鼓泡反应器具有很大的储液量，适宜于慢反应和放热量大的反应。鼓泡反应器可连续操作亦可半间歇操作（气流连续鼓入，液体分批加入和取出）。鼓泡反应器液相轴向返混现象是很严重的，对于不太大的高径比，可认为液相物料是理想混合的。由于

这种轴向返混的影响，连续操作型的反应速率将明显下降，因此较难在单一反应器中达到较高的液相转化率。为此，常使用多级鼓泡反应器相串联或采用半间歇的操作方式。通常，处理量较少时采用半间歇操作方式，处理量较大时，采用多级鼓泡反应串联的操作方式。除此以外，鼓泡反应器尚有鼓泡压降较大的缺点。

⑤ 搅拌鼓泡反应器　搅拌鼓泡反应器亦适用于慢速反应过程，尤其对高黏性的气体和非牛顿型流体间的反应更为适用。例如，发酵工业和高分子材料工业中，经常采用这种搅拌鼓泡反应器。在搅拌鼓泡反应器中，借搅动作用使气体高度分散于湍动的液相，因此，它减弱了传质系数对流体物性的依赖，使高黏性流体间的反应能以较快的速度进行。当然，搅拌需消耗一定的动力，除此以外，它还存在着密封问题。且反应容积和表观气速均受气液分散要求的限制。

⑥ 管式反应器　管式反应器适用于瞬间快速反应，尤适用于反应热大又需要保持温度恒定的反应系统。管式反应器可以按反应温度维持的要求，利用管外壁进行冷却或加热。按管子安置方式分为垂直型和水平型。管式反应器的气液入口通常设置气液接触混合器。按照气液比的大小，可以利用气体抽引液体，或者液体抽引气体。值得注意的是，管式反应器为气液并流接触设备，适宜于不可逆反应的系统。

⑦ 喷雾反应器　喷雾反应器适用于瞬间快速反应，过程受气膜控制的情况。例如，碱性溶液脱除 H_2S、由磷酸和氨生成磷铵的过程。由于喷雾反应器由空塔构成，因而可适用于有污泥、沉淀和生成固体产物的场合。与填料反应器相比，喷雾反应器结构更简单，宜于使用在高温的情况（高温下填料往往是不能承受的）。但是，喷雾反应器具有储液量过低和液侧传质系数过小的缺点，同时由于雾滴在气流中的浮动和气流沟流的存在，气相和液相的返混都比较严重，因此，喷雾反应器仅适用于气膜控制的反应系统，且其单塔的传质单元数一般不超过 2～3。

⑧ 高速湍动反应器　喷射反应器、文氏反应器、湍动浮球反应器等属于高速湍动过程，它们适合于瞬间反应，过程处于气膜控制的情况。此时，由于湍动的影响，加速了气膜传递过程的速率，从而获得很高的反应强度。多数高速湍动反应器，例如喷射和文氏反应器，属于并流气液接触设备，宜使用于不可逆的场合。如果用于可逆反应，则通常需使用多级逆流相串联。

(4) 气液反应器的稳定性　在连续操作的气液反应器中，如果流动为平推流，则仅存在唯一的稳定状态；如有严重的轴向返混，则可能出现多重稳定态。很多作者指出，与单相反应相比，气液反应的稳定状态则更为复杂，它是化学反应速率、传递速率和溶解度的共同作用的结果，多态数也较单相反应的多。

Hoffman 等[15]分析了单一反应连续操作的理想混合绝热气液反应器的多重定态的特征，其 q_I 和 q_{II} 与反应温度 T 的关系见图 25-7-12（q_I 和 q_{II} 分别为以单位体积流量为基准的放热和移热量）。由图可见，当温度极低时，气液反应不进行，产生的 q_I 由溶解热所决定；此时，温度升高，气体溶解度下降，故 q_I 随温度增高而下降。温度稍高，气液反应开始在液相主体中进行，q_I 随温度升高迅速增大，此时 $R_A \propto Hk_1$；当温度再高而达一定水平后，反应已能在液流主体中反应完毕（即 $Ha^2\alpha \gg 1$），此时气液反应由液膜传质决定，q_I 与 T 的关系出现较为平坦的直线（由于气体溶解度随温度升高而下降，因而 q_I 随温度上升稍有下降）；继续升高温度，气液反应落入快反应区间（$Ha>3$），此时反应速率 $R_A \propto H\sqrt{k_1}$，生成热 q_I 曲线将比慢反应时上升缓慢，这是由于其与 k_1 呈 0.5 次方关系的缘故。如此，在广

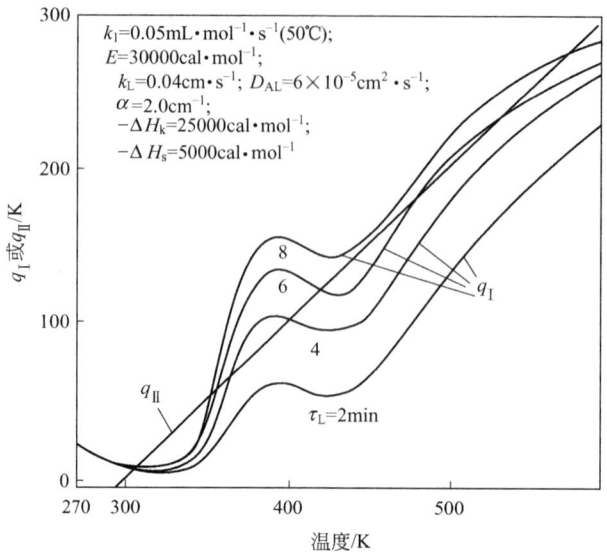

图 25-7-12　低温下为慢反应的绝热反应器的 q_I 和 q_{II} 与反应温度 T 的关系

泛的温度范围内，q_I 将呈现两次突跃升高的波形曲线。在绝热情况下，$q_I = T - T_f$，在图 25-7-12 中为一斜率为 45℃ 的直线，显然，q_I 和 q_{II} 之间最多只能存在五个交点，其交点是否稳定的判别条件为

$$\frac{\mathrm{d}q_I}{\mathrm{d}T} < \frac{\mathrm{d}q_{II}}{\mathrm{d}T} \tag{25-7-50}$$

此式表示只有当 q_I 的曲率小于 q_{II} 直线的斜率时，交点才是稳定的。由图 25-7-12 中可见，五个交点中第 2 和第 4 点（自低温计数起）不符合上述判别条件，因而是不稳定的，而奇数的交点，即第 1、第 3 和第 5 点满足式(25-7-50) 的关系，因而是稳定的。图中还可见，只有在合适的液相逗留时间 τ_L 下才能获得较高温度的稳态操作点，过高和过低都不能在合适温度下稳定操作。例如，在图 25-7-12 的条件下，当 $2\mathrm{min} < \tau_L > 8\mathrm{min}$ 时，就不能获得良好的气液反应操作点。

　　图 25-7-13 示出了 Hoffman 等[15] 所得的液相逗留时间和反应速率常数对稳态操作温度的影响，图中采用的参数条件除反应速率常数以外，均与图 25-7-12 相同。其中，实线表示稳定操作态，虚线表示不稳定操作态。由图可见，在 $k_1 = 0.05 \mathrm{mL} \cdot \mathrm{mol}^{-1} \cdot \mathrm{s}^{-1}$ 时，液体逗留时间在 5～7min 之间存在着五个热平衡操作态，其中三个是稳定的，两个是不稳定的。而其余的 k_1 值仅只存在三个热平衡操作态，其中两个是稳定的，中间一个是不稳定的。此反应速率常数对高温操作态的温度水平有很大影响，这是由于反应热效应所造成温升水平不同所致。同时，反应速率常数的大小还对起燃和熄火时的液相逗留时间有较大的影响，如果 k_1 值减小，则起燃和熄灭的液相逗留时间都将增长；反之，k_1 值增大，起燃和熄灭的液相逗留时间则相应缩短。

　　Raghuram 和 Shah[16] 提出了连续理想混合气液反应器的多重稳定态的判别关系。他们分析了对 A 为假一级反应（B 为过量）时三种情况下的多重稳定操作态，当在温度变化范围内，反应由慢反应转变为快反应的情况。

　　他们指出，在 $\Gamma = \dfrac{G_G Y_A (-\Delta H_S - \Delta H_R)}{T_f G_G C_{PG} + G_L C_{PL}}$ 和 $K_L a \tau_L H_A$ 适中的情况下，则会出现五个

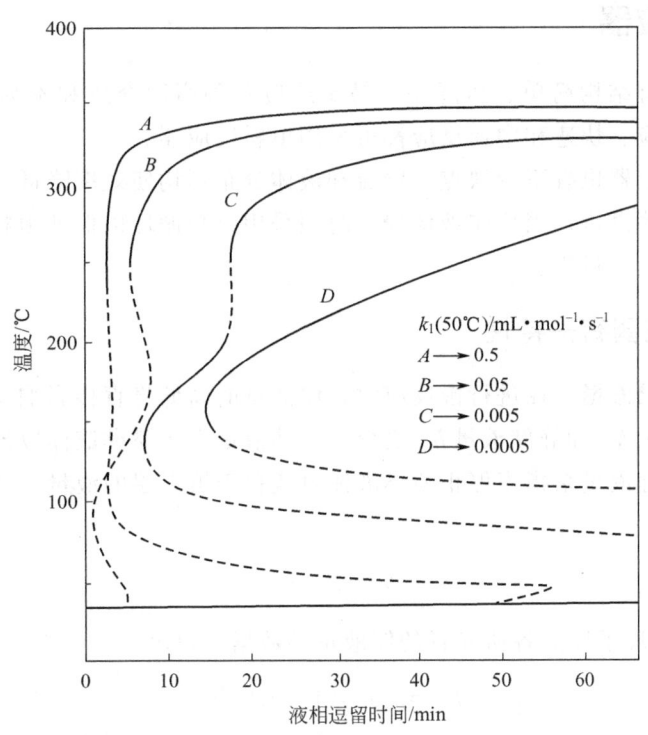

图 25-7-13 液相逗留时间和反应速率常数对稳态操作温度的影响

热平衡交点，在 Γ 和 $K_L a \tau_L H_A$ 较高和较低的情况下，仅会出现三个热平衡点；如果 Γ 和 $K_L a \tau_L H_A$ 更高和更低，则仅有一个热平衡交点。如果起始状态的慢反应能在液流主体中反应完毕，即 $C_{AL}=0$，则由于 q_I 曲线仅存在一个随温度的飞跃（$R_A \propto H \sqrt{k_1}$），而不存在液流主体慢反应加速的波形曲线，因此，最多仅可能有三个热平衡交点，其中第 1 点和第 3 点（奇数点）为稳定操作态，显然，快反应的放热曲线 q_I 随温度的飞跃，仅只在 $E > -2\Delta H_S$ 时存在。如果 $E \leqslant -2\Delta H_S$ 时，q_I 曲线将随温度升高而呈现水平或下降趋势，此时，只可能存在唯一的稳定操作态，不可能出现多重稳定态。

由快反应转变为瞬间反应的情况，放热曲线 q_I 仅存在一个飞跃，其最多的热平衡交点数为三个。当液相中 B 相对于 A 大量过剩时，其唯一稳定态存在的条件为

$$\frac{G_G Y_A (-\Delta H_S - \Delta H_R)}{G_G C_{PG} + G_L C_{PL}} < \frac{2}{R}(E + 2\Delta H_S) \tag{25-7-51}$$

如果不符合上式的条件，在反应程度适中时，存在三个热平衡交点，此时高温和低温两侧的交点为稳定操作状态，中间的交点，则是不稳定的。

当瞬间反应的情况，由于放热曲线 q_I 随温度上升而下降（系溶解度下降之故），因而只可能存在一个稳定操作点，不可能出现多重稳定态的问题。

关于连串反应的气液过程，Sharma 等[17] 指出，每增加一个连串反应，可能出现的最大热平衡交点数要较单一反应多两个，而稳态操作点相应增加一个（另一个是不稳定点）。因此，连串反应的多重稳定操作态将更为复杂。

7.5 填料反应器

填料反应器具有结构简单、压降小，易于适应各种腐蚀介质和不易造成溶液起泡的特点。因此，瞬间反应、快速和中速反应都可采用填料反应器。

但是，填料反应器也有不少缺点。壁流和液体分布不均使效率降低；为从塔体中移去反应热必须增加液体喷淋量；当反应液体较少时须采用自身循环以保证填料的基本润湿，但因增加返混而不利于反应过程。

7.5.1 填料反应器有关特性

(1) 填料层的储液量   在进行慢反应时，储液量的高低将直接影响反应的效果。填料层的储液量有动储液量 h_d 和静储液量 h_s 之分。动储液量系指喷淋液体以流动液膜或液滴状存在于塔内的液量；静液量系指当停止喷淋液体时残存于填料层的液量。总储液量等于两者之和，即

$$h_t = h_d + h_s \tag{25-7-52}$$

有研究者[18]整理了以前各研究者的储液量的数据，得出

$$h_s = 1.53 \times 10^{-4} d_p^{-1.20} \tag{25-7-53}$$

$$h_d = 2.90 \times 10^{-5} \varepsilon Re_L^{0.66} (\mu_L/\mu_W)^{0.75} d_p^{-1.20} \tag{25-7-54}$$

$$Re_L = d_p u_{OL} \rho_L / (\mu_L \varepsilon)$$

式中 ε ——干床层空隙率；

μ_L, μ_W ——液体和水在相同温度下的黏度；

d_p ——填料公称直径，m；

u_{OL} ——液体表观流速。

(2) 润湿表面和有效表面   填料层中，有时并非全部表面润湿和有效。关于填料的润湿表面，以恩田和竹内等[19]关联式较为可靠，其表示式为

$$a_w/a_t = 1 - \exp\{-1.45(\sigma_C/\sigma_L)^{0.75}[G_L/(a_t\mu_L)][G_L^2/(\rho_L\sigma_L a_t)]^{0.2}(a_t G_L^2/\rho_L^2 g)^{-0.05}\} \tag{25-7-55}$$

式中，a_w、a_t 分别为填料的润湿表面积和总表面积；G_L 为填料层的液体空塔质量流速，kg•m^{-2}•s^{-1}；ρ_L、μ_L、σ_L 分别为液体的密度、黏度和表面张力。式(25-7-55)表示了填料润湿表面率除了与液体的质量流速和物性有关外，还与填料材质的润湿性能有关，以材质的临界表面张力 σ_L 来表征。所谓材质的临界表面张力系与该材料的接触角为零度的液体表面张力。各种填料材质的临界表面张力值见表 25-7-11。

表 25-7-11   各种填料材质的临界表面张力值

材质	$\sigma_C/10^3 N \cdot m^{-1}$	材质	$\sigma_C/10^3 N \cdot m^{-1}$
玻璃	73	石墨	60~65
瓷质	61	钢质	71
聚氯乙烯	40	石蜡	20
聚乙烯	37		

物理吸收的有效表面与润湿表面不相一致。例如，在同一填料塔中，水蒸发速率要比吸收速率大一些，这是由于蒸发时所有润湿表面都为有效，而吸收时流动慢的死角却不能发挥有效作用。因此，物理吸收的有效表面要较润湿表面小[20]。

对于化学反应吸收的有效表面积，有研究者[21]提出流动的表面积 a_d（与动储液量相对应）是有效的，而相对静止的表面积 a_s（与静储液量相对应）则是部分有效的，即有效表面积 a_e 可表示为

$$a_e = a_d + f a_n$$

式中，f 为相对静止表面的有效表面率。通过实验，得出拟一级反应系统 $f = 0.87$；物理吸收时 $f = 0.078 \sim 0.1$；瞬间反应剂浓度较低时 $f = 0.06 \sim 0.080$。对 $1/2''$ 拉西环 $a_s = 60 \mathrm{m}^{-1}$。

（3）填料反应器的返混　填料反应器的气液相返混有时会显著降低推动力和吸收效率[22]，尤以高液量操作时由于液体相对流动所造成的气相返混为甚。

图 25-7-14 和图 25-7-15 分别为气、液相以填料单元直径 d_p 为基准的 $Pe'_G = u_G d_p / D_{EG}$ 和 $Pe'_L = u_L d_p / D_{EL}$ 的比较。由图可见，各研究者实验数据相差甚大，这可能系填料的装填、气液分布和壁流等因素所造成。由图 25-7-14 可见，Pe'_G 值随液流速率增加而下降，其值一般在 $0.05 \sim 1.0$ 之间，此值分别相当于 40 个填料和 2 个填料高度为一个理想混合级。可见，在高液量下气相返混将是很严重的。由图 25-7-15 可见，Pe'_L 值一般在 $0.02 \sim 0.15$，它分别相当于 100 个填料和 14.4 个填料高度为一个理想混合级。可见液相返混较气相更为显著，这是由于存在壁流和液体分布不良所致。

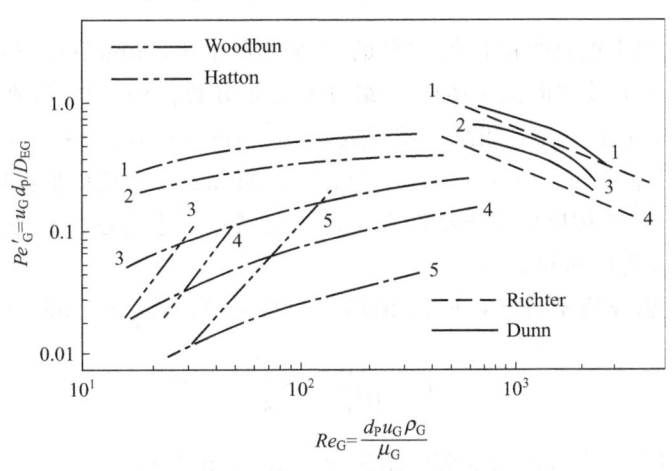

图 25-7-14　气相 Pe'_G 的比较[22]

1—$Re_L = 128$；2—$Re_L = 252$；3—$Re_L = 375$；4—$Re_L = 500$；5—$Re_L = 825$

7.5.2　填料反应器的计算

填料反应器的计算通常假定气液两相均为平推流处理，也可考虑气相轴向分散[23]，现分述如下。

（1）气液相均为平推流　由于反应热效应，液流会出现温升。对可逆反应过程，还必须进行相关的气液平衡计算。为此，首先必须进行物料和热量衡算以确定各物料组成温度分

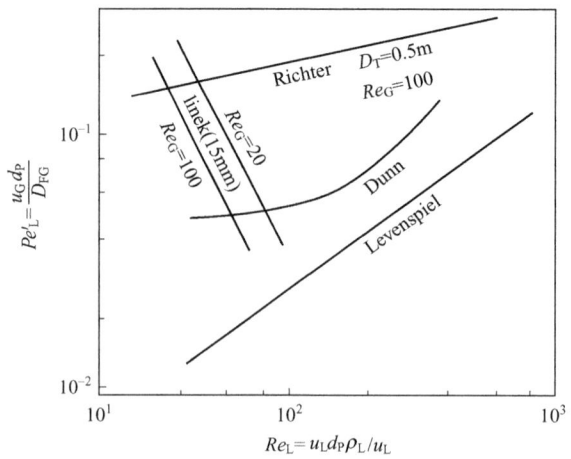

图 25-7-15 液相 Pe'_L 的比较[22]

布，再分别计算其气液平衡，然后根据反应模型确定带化学反应下的气液传质速率，最后分下面两种具体情况分析：

① 气相存在明显浓度变化的化学吸收过程 气相组分浓度随高度 dz 的微分关系为

$$-G'_G d \frac{Y}{1-Y} = K_G a P (Y-Y^*) dz$$

积分后得

$$L = (G'_G/P) \int_{Y_2}^{Y_1} \frac{dY}{K_G a (1-Y)^2 (Y-Y^*)} \tag{25-7-56}$$

式中，G'_G 为气相不被吸收的惰性物料的空塔摩尔流速，$kmol \cdot m^{-2} \cdot s^{-1}$；$Y$、$Y^*$ 分别为气相中 A 组分摩尔分数和液流主体中 A 组分的摩尔分数；Y_1、Y_2 分别为进、出口反应器中 A 组分的摩尔分数；K_G 为气相总传质系数，$kmol \cdot m^{-2} \cdot MPa^{-1} \cdot s^{-1}$，由式(25-7-37) 计算；$a$ 为传质有效比表面积，$m^2 \cdot m^{-3}$；P 为总压，MPa；L 为反应器高度。

通常式(25-7-56)需按反应系统特性和工艺过程特点，进行逐点积分而计算出结果。但有如下几种情况可以得以简化，即

a. 气相 A 浓度低反应不可逆，$K_G a$ 沿塔高为常量时，式(25-7-56) 可简化为

$$L = \frac{G_G}{P K_G a} \ln \frac{Y_1}{Y_2} \tag{25-7-57}$$

式中，G_G 为填料塔内气体的空塔摩尔流速，$kmol \cdot m^{-2} \cdot s^{-1}$。

b. 快速拟一级不可逆反应，气相 A 浓度不高时[23]可推得等温逆流操作时的塔高为

$$L = \frac{G_G}{k_G a P} \ln \frac{Y_1}{Y_2} + \frac{G_G}{H \sqrt{k_2 C_{B1} D_A} a P} \frac{1}{e} \ln \frac{(e+1)(e-b)}{(e-1)(e+b)} \tag{25-7-58}$$

$$e = \sqrt{1 + A(Y_2/Y_1)}$$

$$b = \sqrt{1 + A(Y_2/Y_1) - A} = \sqrt{C_{B2}/C_{B1}}$$

$$A = \nu G_G Y_1 / (V_L C_{B1})$$

式中，C_{B1}、C_{B2} 分别为进塔和出塔液体中活性组分 B 的浓度；V_L 为填料塔中液体喷淋密度，$m^3 \cdot m^{-2} \cdot s^{-1}$；$\nu$ 为与 1mol A 反应的 B 的计量系数。

c. 不可逆瞬间反应，当 $C_{BL} > (C_{BL})_c$ 时为气膜控制，所需高度由式（25-7-57）计算，唯 $K_G = k_G$。当 $C_{BL} < (C_{BL})_c$ 时，逆流操作的高度[24]为

$$L = \left(\frac{1}{k_G} + \frac{1}{Hk_L}\right)\frac{G_G}{aP}$$

$$\frac{\ln\left[\left(1 - \frac{SG_G}{V_L}\right)\frac{p_{G1} + BC_{B1}}{p_{G2} + BC_{B1}} + \frac{SG_G}{V_L}\right]}{1 - \frac{SG_G}{V_L}} \tag{25-7-59}$$

式中，$S = \frac{1}{HP}\frac{D_B}{D_A}$；$B = \frac{D_B}{\nu H D_A}$；$p_{G1}$、$p_{G2}$ 分别为进塔和出塔气体中 A 组分分压。

② 液相存在明显浓度变化的反应过程　当气相接近纯态，反应时将无明显浓度变化，此时应按液相浓度变化来计算塔高，即

$$L = \frac{V_L}{a}\int_{C_{AS2}}^{C_{AS1}} \frac{dC_{AS}}{N_A} \tag{25-7-60}$$

式中，C_{AS} 为物理溶解态和反应已转化为产物 A 组分的总浓度，$kmol \cdot m^{-3}$；N_A 为填料层中单位表面传递 A 组分的速率，$kmol \cdot m^{-2} \cdot s^{-1}$。

（2）考虑气相轴向分散的计算法[25]　考虑气相轴向分散的塔高的计算，其气相轴向分散微分方程为

$$\frac{1}{Pe_G}\frac{d^2\overline{C_A}}{d\overline{Z}^2} - \frac{d\overline{C_A}}{\overline{Z}} - N_{OG}\overline{C_A} = 0 \tag{25-7-61}$$

式中，$\overline{C_A} = C_A/C_{AO}$；$C_{AO}$ 为入塔 A 的浓度；$\overline{Z} = Z/L$；$Pe_G = u_G L/E_G \varepsilon_G$；$N_{OG} = K_G a L/u_{OG}$；$K_G = 1/k_G + 1/(H\sqrt{D_A k_1})$。计算结果以轴向分散所引起塔高增加 L/L_P（L_P 表示气相为平推流所需的塔高）与 Pe_G 和吸收率的关系表示（图 25-7-16）。从 C_A/C_{AO} 和 Pe_G，即可得出所需塔高比平推流高出的倍数 L/L_P。文献［3,22］列出了各研究者

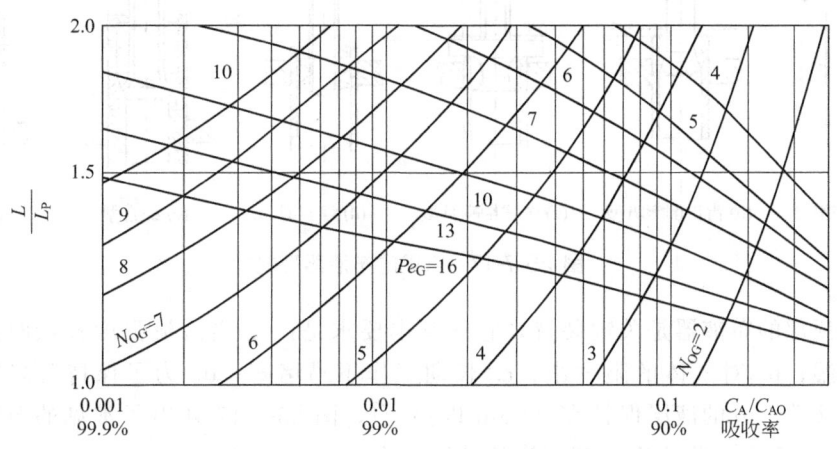

图 25-7-16　L/L_P 与 Pe_G 和 C_A/C_{AO} 的关系

所得出的 $Pe'_G = u_{OG}d_p/E_G\varepsilon_G$ 的关联式供参考。显然，$Pe_G = Pe'_G(L/d_p)$。

7.6　降膜反应器

降膜反应器是由重力作用，液体沿壁面下降形成薄膜并与气体逆流或并流接触反应的设备，适用于具有高热效应瞬间或快反应的系统。

7.6.1　降膜管的润湿和布液装置

降膜管需达到一个最小液流强度方能使管壁完全润湿。对于平板或管径大于 20mm 的降膜管，其完全润湿的最小液流雷诺数按下式判定[26]。

$$Re_{L,min} = 4K_F^{-2/9}(1-\cos\theta)^{2/3} \tag{25-7-62}$$

式中，$K_F = \mu_L^4 g/(\rho\rho_L\sigma^3)$ 为液体准数；θ 为润湿角，实际上液体与壁面所形成的润湿角与壁面厚及状态干或湿有关，干表面润湿角为 θ_D，预先润湿表面的润湿角为 θ_W，且 $\theta_D > \theta_W$。表 25-7-12 列出了不同布液器型式干表面最小液流强度 $\Gamma_{min,D}$ 和湿表面最小液流强度 $\Gamma_{min,W}$。

表 25-7-12　降膜管的最小液流强度（管内径：54mm，介质：水）

布液器型式	图号	$\Gamma_{min,D}/kg \cdot m^{-1} \cdot h^{-1}$	$\Gamma_{min,W}/kg \cdot m^{-1} \cdot h^{-1}$
切线开缝型	图 25-7-17(a)	380～590	213～224
齿口倒喇叭型	图 25-7-17(b)	365～824	127～450
盒式倒喇叭型	图 25-7-17(c)	148～527	58～108
螺旋型	图 25-7-17(d)	838	509

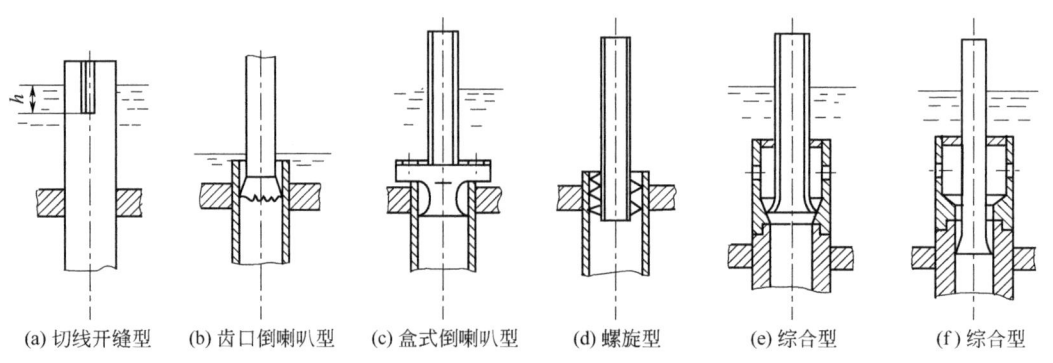

(a) 切线开缝型　　(b) 齿口倒喇叭型　　(c) 盒式倒喇叭型　　(d) 螺旋型　　(e) 综合型　　(f) 综合型

图 25-7-17　常见的布液器型式

降膜管顶部的布液器是关键装置，它的基本要求是：a. 当液流强度较低时仍能保证降膜管完全润湿；b. 对气体的阻力小；c. 长期工作不易堵塞；d. 为了保持各降膜管布液均匀，要求布液孔上方的液层保持在 90mm 以上[27]。图 25-7-17 列出了常见的布液器结构示意。图 25-7-18 示出了降膜塔顶部液体的供给方式。

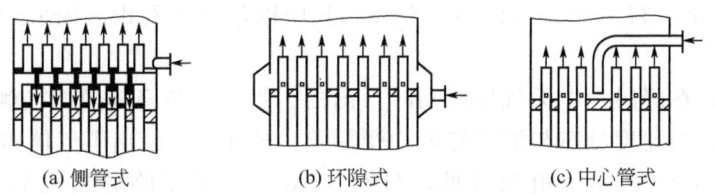

(a) 侧管式　　　　　　(b) 环隙式　　　　　　(c) 中心管式

图 25-7-18　降膜塔顶部液体的供给方式

7.6.2　降膜塔流动特性

(1) 降膜流动的分区　降膜的流动特性由降膜的液流雷诺数 Re_L 来表征。

按照 Re_L 的大小，可区分为层流、拟层流和湍流三种流动状态[26~28]。

当 $Re_L = 4\Gamma/\mu_L < 20 \sim 40$ 时，液膜表面平滑无波，此即为层流区；当 $Re_L > 20 \sim 40$ 时，观察到液膜表面出现波纹，表明降膜已从层流转变为拟层流，此时出现的波纹具有正弦波形态，并以稳定的波长和振幅自上而下运动；当 Re_L 继续增大，出现前后波混合和叠合，并出现环形单波；当 Re_L 进一步增大达 1200 以上时，降膜表面出现明显的粗糙感，类似沸腾的液体表面，此时流动已转入湍流区。

(2) 膜厚与液流强度的关系[3]　层流条件下沿垂直表面的降膜，膜深度 Y 的流速分布为

$$u_L = u_{Li}\left(\frac{2\delta}{Y} - 1\right) \tag{25-7-63}$$

式中，u_{Li} 为降膜表面的流动速度，$u_{Li} = \rho_L g \delta^2 / 2\mu_L$；$\delta$ 为降膜厚度；Y 为膜内任一点至壁面的距离。降膜的平均流速 $\bar{u}_L = (2/3)u_{Li} = \rho_L g \delta^2/(3\mu_L)$，结合液流强度 $\Gamma = \rho_L \delta \bar{u}_L$，可得

$$\delta = \left(\frac{3\mu_L \Gamma}{\rho_L^2 g}\right)^{1/3} \tag{25-7-64}$$

对于沿半径为 R 的垂直圆管的降膜，可得[29]

$$\frac{3\mu_L \Gamma}{\rho_L^2 g} = \delta^3 \left[1 - \frac{1}{2}\left(\frac{\delta}{R}\right) - \frac{1}{10}\left(\frac{\delta}{R}\right)^2 - \cdots\right] \tag{25-7-65}$$

当降膜管径超过 20mm 时，由于 δ/R 很小，可作平板处理。

拟层流的降膜厚度与液流强度的关系为

$$\delta = \left(\frac{2.4\mu_L \Gamma}{\rho_L^2 g}\right)^{1/3} \tag{25-7-66}$$

湍流降膜膜厚与液流强度的关系为

$$G_{aL}^{1/3} = A Re_L^n \tag{25-7-67}$$

式中，$G_{aL} = \delta^3 \rho^2 g/\mu_L^2$；$A$ 和 n 为常数。龟井大石山[29]得 $A = 0.135$，$n = 7/12$；Brauer[30]得 $A = 0.208$，$n = 8/15$；Brötz[31]得 $A = 0.0682$，$n = 2/3$；Feind[32]得 $A = 0.266$，

$n=1/2$；Zhivaikin[33] 得 $A=0.141$，$n=7/12$。其中以龟井大石山、Brötz 和 Zhivaikin 所得关系较为一致。

上述讨论均是在降膜管中无气体流动时得出的。当气体与降膜逆流接触时，气体流动的界面剪应力使液膜内速度分布与液膜厚度均受影响。Feind[32] 给出了气体雷诺数对降膜厚度的关系，如图 25-7-19 所示。由图可见，只有当 Re_G 高于某临界值以后，膜厚才会明显增加。

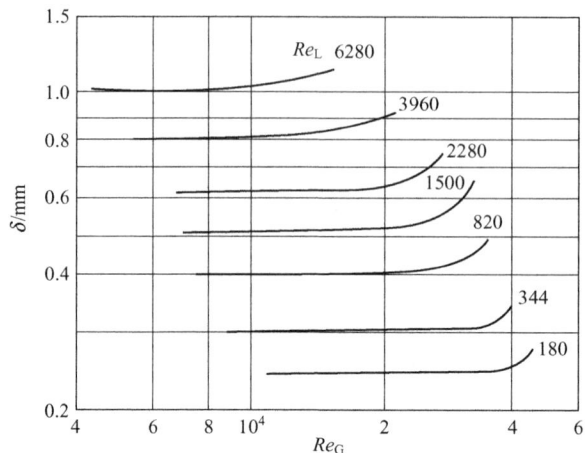

图 25-7-19　逆流操作时气体雷诺数对降膜厚度的影响

（3）压降与液泛　气体通过降膜管的压降可按气液相相对速度 u_{GL}（$u_{GL}=u_G+u_{Li}$）以下式计算[27]：

$$\Delta P = 2f_L \frac{L}{d_e} \frac{\rho_e u_{GL}^2}{g} \tag{25-7-68}$$

式中，f_L 为摩擦系数。当 $Re_G<(Re_G)_c$，$f_L=21.5/Re_G$；当 $Re_G<(Re_G)_c$，$f_L=f_0[1+8.2(\overline{u}_L\mu_L/\sigma)^{2/3}]$。$f_0$ 为气体流经未经喷淋降膜管的摩擦系数。临界雷诺数 $(Re_G)_c$ 由下式确定：

$$(Re_G)_c = \left[\frac{86}{0.11+0.9\left(\dfrac{u_L\mu_L}{\sigma}\right)^{2/3}}\right]^{1.2}$$

降膜管液泛速度关联式列于表 25-7-13 之中。计算方便而言，龟井大石山和 Feind 是较相宜的。

7.6.3　降膜管的传热传质

（1）降膜管的传热　降膜与气相的传热仍可采用熟知的管内传热公式。降膜内的降膜与间壁的传热分系数有 Соколов 式[27]：

$$\frac{\alpha}{\lambda_L}\left(\frac{\mu_L^2}{\rho_L^2 g}\right)^{1/3} = \left(\frac{1.35}{Re_L}+10^{-4}Re_L^{0.7}Pr_L\right)^{1/3} \tag{25-7-69}$$

表 25-7-13　降膜管液泛速度关联式

作者	关联式	精确度	注解
龟井 大石山[29]	$\dfrac{W_G}{W_L}=198Re_L^{-1.225}\left(\dfrac{\sigma}{d^2\rho_L g}\right)^{-0.23}\left(\dfrac{\mu_G}{\mu_L}\right)^{0.7}\left(\dfrac{\rho_G}{\rho_L}\right)^{0.13}\left(\dfrac{d^3\rho_L^2 g}{\mu_L^2}\right)^{0.231}$	$\pm15\%$	W_G、W_L 分别为液泛时 气相和液相质量流量
Feind[32]	$Re_G=\dfrac{1.4\times10^4}{K}\left(\dfrac{\rho_G}{\rho_L}\right)^{2/5}\left(\dfrac{\mu_L}{\mu_G}\right)^{3/4}Re_L\left[B\left(\dfrac{R}{\delta}\right)^{5/4}-1\right]$	$\pm20\%$	$Re_L\leqslant1600,K=92.4,m=\dfrac{1}{3}$ $Re_L>1600,K=315.4,m=\dfrac{1}{2}$ 降膜管末端平直 $B=0.056$ 降膜管末端扩口 $B=0.093$
Соколов 等[27]	$\lg\left[\dfrac{\rho_G\bar{u}_G^2}{(\rho_L-\rho_G)gd}\mu^{0.16}\right]=0.4-1.75\left(\dfrac{\rho_L\bar{u}_L^2}{\rho_G\bar{u}_G^2}\right)$		$\bar{u}_G$、$\bar{u}_L$ 分别为气相和 液相平均流速
Hughmark[34]	$\dfrac{\bar{u}_G+\bar{u}_L}{(gd_c)^{0.5}}-[(f_0/2)(\rho_G/\rho_L)(\delta/R)]^{0.5}=0.0083$	$\pm16.8\%$	$d_c=d-2\left[\delta+34.6\dfrac{\mu_L}{\rho_L(\delta g)^{0.5}}\right]$ f_0 为光滑管摩擦系数

和 BlaB 式[26]：

$$\alpha\delta/\lambda_L=ARe_L^m Pr_L^{0.344} \tag{25-7-70}$$

A 和 m 按以下表取值

	$Re_L\leqslant1600$	$1600\leqslant Re_L\leqslant3200$	$Re_L\geqslant3200$
A	0.0614	0.00112	0.0066
m	0.533	1.2	0.933

（2）降膜管的传质　降膜与气相间传质可采用熟知的管内传质公式。而降膜内的传质系数如表 25-7-14 所示。

表 25-7-14　降膜内传质系数关联式

研究者	Соколов[27]	Hiby[35]	Koziol 等[36]
$Re_L\leqslant300$	$Sh_L=0.89Re_L^{0.45}Sc_L^{0.5}G_a^{-1/2}$ $(40<Re_L\leqslant300)$	$Sh_L=0.408Re_L^{0.4}Sc_L^{0.5}G_a^{-0.05}$	$Sh_L=1.668Re_L^{0.39}Sc_L^{0.5}G_a^{-1/6}$ $(170<Re_L\leqslant335)$
$300<Re_L\leqslant1600$	$Sh_L=0.55[10^{-2}(Re_L^{0.5}-17)+$ $(40-Re_L^{0.5})G_a^{-1/6}]Sc_L^{0.5}$	$Sh_L=1.28Re_L^{0.2}Sc_L^{0.5}G_a^{-0.05}$	$Sh_L=3.882Re_L^{0.24}Sc_L^{0.5}G_a^{-1/6}$ $(335<Re_L\leqslant1080)$
$Re_L>1600$	$Sh_L=3.35\times10^{-4}Re_L^{0.8}Sc_L^{0.5}$	$Sh_L=0.069Re_LSc_L^{0.5}G_a^{-0.05}$	$Sh_L=8.923\times10^{-4}Re_L^{0.71}Sc_L^{0.5}$

注：$Sh_L=(k_L/D_L)(\mu_L^2/\rho_L^2 g)^{1/3}$；$G_a=L^3\rho_L^2 g/\mu_L^2$；$SC_L=\mu_L/(\rho_L D_L)$；$L$ 为降膜管长度。

7.6.4　降膜塔内反应过程

Rest 等[37] 得出了层流膜中一级反应增大因子的解，即

$$\beta=\left[Ha+\dfrac{(2\varphi-1)\pi}{16\varphi Ha}\right]\text{th}\sqrt{\varphi}+\dfrac{(4\varphi+3)\pi}{48\sqrt{\varphi}Ha\cosh^2\sqrt{\varphi}} \tag{25-7-71}$$

式中，$\varphi = k_1\delta^2/D_L$。

由图 25-7-20 可见，当 Ha 较小且 φ 较低时，β 会出现小于 1 的情况。

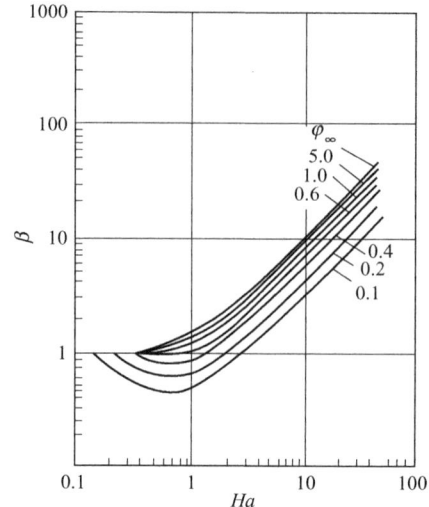

图 25-7-20   一级反应层流膜增大因子

工业降膜塔的反应过程的计算，可参考前述填料反应器的计算方法。唯液相传质系数 k_L 和膜厚 δ 的计算方法不同。通常，降膜塔因 L/d 很大可能会忽略轴向返混的影响。

7.7   板式反应器

板式反应器具有逐板操作的特点，当塔板在 10 块以上时，板式反应器的反应性能可接近平推流反应器。

板式反应器各板上积有一定的液量，反应容积较大，能适应瞬间、快速和中速反应过程。同时，板式反应器可以在很小的液流量下操作，可以直接获得较高的液相转化率。

板式反应器具有气液剧烈接触的特点，气液相界面，传热和传质系数均大于填料反应器，而且还具有板间易于安置传热元件排除热量的优点。

板式反应器的流体力学和传质特性请参见气液传质设备设计篇。本节主要叙述与反应性能有关的板式反应器特性以及反应模型。

7.7.1   板上气荷率

按照气液混合层能量最小的原则[38]获得

$$k_G = 2.21 u_{OG}^{0.25} h_L^{-0.5} D_G^{0.5} \quad (\text{m} \cdot \text{s}^{-1}) \tag{25-7-72}$$

式中，h_L 为清液层高度；u_{OG} 为板面上的空塔气速。

7.7.2   传质系数和传质表面

Andrew[39]得出泡罩板的气相传质分系数关联为：

$$k_L = 0.31(g\nu_L)^{1/3}(D_L/\nu_L)^{2/3} \quad (\text{m} \cdot \text{s}^{-1}) \tag{25-7-73}$$

当 $d_B > 2.5\text{mm}$

$$k_L = 0.42(g\nu_L)^{1/3}(D_L/\nu_L)^{1/2} \quad (\text{m} \cdot \text{s}^{-1}) \tag{25-7-74}$$

式中，$\nu_L = \mu_L/\rho_L$，$\text{m}^2 \cdot \text{s}^{-1}$。板上所得到的 k_L 值均处于上两式之间，为安全起见，选用式(25-7-73)作保守的计算。

对于板上的传质表面，Andrew[39]和 Sharma[40]获得单位泡罩板表面的传质表面积 a' 和两相流单位容积的比表面积 a 分别表示为

$$a' = 325u_{OG}^{1/2}h_L^{5/6}(\text{m}^{-1}) \tag{25-7-75}$$

$$a = 247u_{OG}^{0.5}h_L^{-0.17}(\text{m}^{-1}) \tag{25-7-76}$$

式中，h_L 为板上鼓泡层高度，m。

筛板塔的相界比表面积 a 为

$$a = 0.38(u_{OG}/u_t)^{0.775}\left(\frac{u_t\rho_t}{nd_0\mu_L}\right)^{0.125}\left(\frac{g\rho_L}{d_0\sigma}\right)^{1/3} \tag{25-7-77}$$

式中，u_t 为气泡上升速度，取 $0.265\text{m} \cdot \text{s}^{-1}$；$n$ 为单位板面（m^{-2}）的筛孔数；d_0 为筛孔直径，m；a 为单位容积泡沫层的比表面积，$\text{m}^2 \cdot \text{m}^{-3}$。

7.7.3 板上的返混

气相的返混研究较少，但气相分散系数仅为液相的 $1/5 \sim 1/3$[41]。在实际计算中，可认为气相为平推流。

根据美国化学工程师学会的数据[42]，对泡罩塔板（泡罩直径 76.2mm，三角形排列 $t/d = 1.5$）和筛孔板，其液相分散系数 D_{EL}（$\text{m}^2 \cdot \text{s}^{-1}$）为

$$D_{EL} = (3.78 \times 10^{-3} + 0.0171u_{OG} + 3.68I + 0.18h_w)^2 \tag{25-7-78}$$

式中　u_{OG}——按塔板操作面积计算的空塔气速，$\text{m} \cdot \text{s}^{-1}$；

I——堰板液流强度，$\text{m}^3 \cdot \text{m}^{-1} \cdot \text{s}^{-1}$；

h_w——溢流堰高，m。

Pamm[38]提出泡罩板和筛孔板的液相分散系数表示为

$$D_{EL} = Ch_L[u_{OG}u_L/(1-\varepsilon_G)]^{0.5} \tag{25-7-79}$$

式中　C——常数，对于泡罩板 $C = 0.3 \sim 0.36$，对于筛孔塔板，$C = 0.45 \sim 0.68$；

u_L——板上液体流速。

Gilbert[43]归纳泡罩板和筛孔板的 D_{EL} 关联式为：

泡罩板

$$D_{EL} = 0.143u_L^{0.6}h_L\left(\frac{1}{1-\varepsilon_G}\right)^{2.4}(\text{m}^2 \cdot \text{s}^{-1}) \tag{25-7-80}$$

筛孔板

$$D_{EL} = 2.5 \times 10^{-3}h_L\left(\frac{1}{1-\varepsilon_G}\right)^3(\text{m}^2 \cdot \text{s}^{-1}) \tag{25-7-81}$$

由上述诸式可看出，板式塔的液相分散系数随板上清液层高度、表观气速和液速增加而增大。

塔板的理想混合槽式模型的槽数 n[38]可表示为

泡罩板

$$n = 0.915 Re_L (D_T/h_w)^{1.22} \qquad (25\text{-}7\text{-}82)$$

式中，$Re_L = I\rho_L/\mu_L$；I 为液流强度，$m^3 \cdot m^{-1} \cdot s^{-1}$；$h_w$ 为堰板高度，m；D_T 为塔径，m。

筛板塔

$$n = A Re_G^m Re_L^n (h_w/d_0)^p \varphi^q \qquad (25\text{-}7\text{-}83)$$

式中，$Re_G = d_0 W_0 \rho_G/\mu_G$，即按孔径 d_0 和孔速计算的雷诺数；φ 为开孔率；$Re_L = d_0 u_L \rho_L/\mu_L$；$A$、$m$、$n$、$p$、$q$ 的值如下：

状态	A	m	n	p	q
大蜂窝状泡沫	52.6	−0.36	0.26	−0.35	0.2
移动泡沫	54.4	−0.52	0.6	−0.5	0.28
喷射状态	38.5	−0.65	0.16	−0.2	0.08

Pamm[38]指出，对于泡罩和浮阀板理想混合的槽数 n 可取横过液流的泡罩和浮阀的排数加 1；对于筛孔塔板，可以认为 1 个混合槽相当于液流的 150～200mm。

7.7.4 板上的反应过程

对于一级不可逆反应系统，Kramers 等[44]解出包括物理溶解在内的板上的吸收速率和增强因子为

$$N = E k_L C_A$$
$$E = \frac{Ha\left[Ha(\alpha-1) + (\theta Ha)^{-1} + thHa\right]}{\left[Ha(\alpha-1) + (\theta Ha)^{-1}\right]thHa + 1} \qquad (25\text{-}7\text{-}84)$$

式中，$Ha = \sqrt{k_1 D_L}/k_L$；$\alpha = \nabla/(A\delta_L)$；$\theta = k_L A/Q_L$；$A$、$\nabla$ 和 Q_L 分别为板上总表面、总液相容积和液体流量。

对于缓慢反应，Ha 远小于 1，$thHa$ 趋近于 Ha，则上式可简化为

$$\beta = \frac{(1/\tau) + k_1}{k_L a + (1/\tau) + k_1(1 - 1/\alpha)} \qquad (25\text{-}7\text{-}85)$$

式中 a——单位清液容积的相界面积，$m^2 \cdot m^{-3}$；

$\qquad \tau = \nabla/Q_L$。

7.8 鼓泡反应器

鼓泡反应器是最常用的气液反应器。各种有机化合物的氧化、氯化，各种生化反应、废

水处理和氨水碳化等过程，常采用鼓泡反应器。

鼓泡反应器具有较大的液体持有量和较高的传质传热效率，适用于缓慢化学反应和高度放热反应的情况。同时，鼓泡反应器结构简单，操作稳定，投资和维修费用低，并能处理带固体结晶和悬浮物料的系统。鼓泡反应器的主要缺点是液相具有较大的返混。

鼓泡反应器按其结构特征分为空筒式、内置水箱式、内置筛板式、气体提升式和气体喷射式，如图 25-7-21 所示。

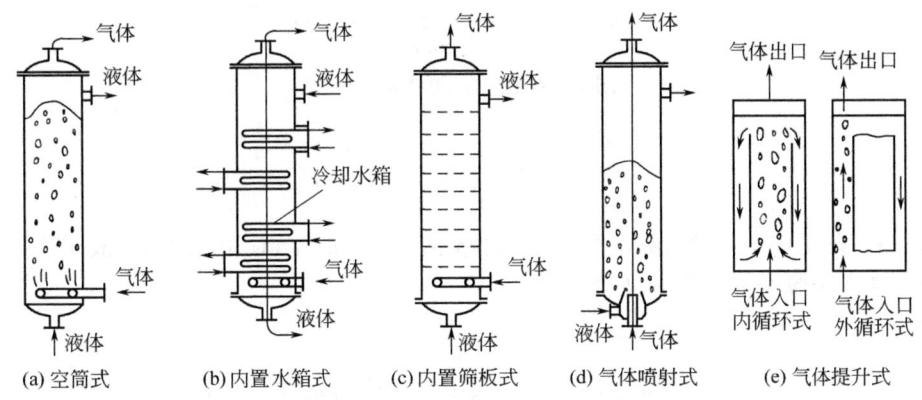

图 25-7-21 鼓泡反应器的型式

7.8.1 鼓泡反应器两相流动特征

(1) 鼓泡反应器的流动状态[45] 鼓泡反应器的流动状态可划分为三种区域。

① 安静鼓泡区 当表观气速低于 $0.05\mathrm{m\cdot s^{-1}}$，常处于此种安静鼓泡区域。此时，气泡呈分散状态，气泡大小均匀，目测液体搅动微弱。此区又可称为视均相流动区域。

② 湍流鼓泡区 在较高的表观气速下，安静鼓泡状态不再维持。此时部分气泡凝聚成大气泡，塔内气液剧烈扰动。气体以大气泡和小气泡两种形态与液体相接触，大气泡上升速度较快，停留时间较短，小气泡上升速度较慢，停留时间较长，形成不均匀接触的流动状态。此区又可称为不均匀湍流鼓泡区域。

③ 栓塞气泡流动区 在小直径鼓泡反应器中，较高表观气速会出现栓塞气泡流动状态。这是由于大气泡直径被器壁所限制。栓塞气泡流可以发生在直径小于 0.15m 的鼓泡反应器中。鼓泡反应器流动状态分区图示于图 25-7-22 中。图中 3 种流动区交界模糊地带，表示受气体分布器型式、液体物化性质和液相的流速一定程度的影响。

工业鼓泡反应器的操作常处于安静区和湍流区状态之中。按照 Schumpe[68] 的观点，工业鼓泡反应器应保持在安静区。

(2) 鼓泡反应器的平均气荷率 鼓泡反应器的气荷率随着表观气速增大而增加。安静区按气速的 0.7~1.2 次方、湍流区按气速的 0.4~0.7 次方而增大。鼓泡反应器的气荷率与系统的特性（包括微量杂质）密切有关。但与其中存在的内构件、反应器直径（高内径大于 0.15m）和压力（当气速换算至标准态时）的关系甚微。

对于低黏性 ($\mu_\mathrm{L}<0.02\mathrm{Pa\cdot s}$)和凝聚性液体，可按 Akita 和 Yoshida[46] 或 Hikita 等[47] 关联式计算，即 Akita 和 Yoshida 式：

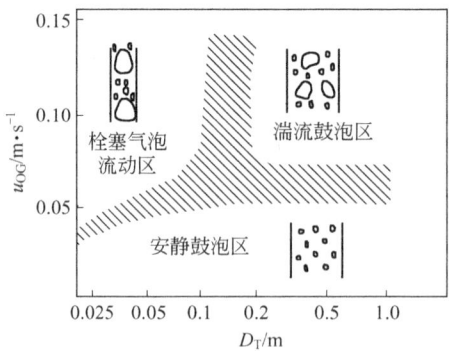

图 25-7-22   流动状态分区图

$$\frac{\varepsilon_{\mathrm{G}}}{(1-\varepsilon_{\mathrm{G}})^4} = C \frac{u_{\mathrm{OG}}\mu_{\mathrm{L}}}{\sigma}\left(\frac{\rho_{\mathrm{L}}\sigma^3}{g\mu_{\mathrm{L}}^4}\right)^{7/24} \tag{25-7-86}$$

式中，C 为系数，对纯液体非电解质溶液 $C = 0.2$，对电解质溶液 $C = 0.25$。式 (25-7-86) 是在单嘴分布器条件下获得的。

Hikita 式：

$$\varepsilon_{\mathrm{G}} = 0.672f\left(\frac{u_{\mathrm{OG}}\mu_{\mathrm{L}}}{\sigma}\right)^{0.578}\left(\frac{g\mu_{\mathrm{L}}^4}{\rho_{\mathrm{L}}\sigma_{\mathrm{L}}^3}\right)^{-0.131}\left(\frac{\rho_{\mathrm{G}}}{\rho_{\mathrm{L}}}\right)^{0.062}\left(\frac{\mu_{\mathrm{G}}}{\mu_{\mathrm{L}}}\right)^{0.107} \tag{25-7-87}$$

式中，f 为系数。对纯液体非电解质溶液 $f = 1$；对电解质溶液，当离子强度 $I < 1.0$g 离子·L^{-1} 时，$f = 10^{0.0414I}$，当 $I > 1.0$g 离子·L^{-1} 时，$f = 1.1$。

对于高黏性的非牛顿型液体和气泡非凝聚的液体气荷量的数值仍需要在塔径大于 0.15m 的实验塔中测定，才能得到可靠的数值。

对于气体提升式鼓泡反应器，由于气荷率所引起的提升作用，液体循环速度较大 （0.4~1.4m·s^{-1}），气荷率与物性依赖减少，可用如下简单关系相关联：

$$u_{\mathrm{OG}}/\varepsilon_{\mathrm{G}} = A(u_{\mathrm{OG}}+u_{\mathrm{OL}}) + B \tag{25-7-88}$$

式中，A、B 为常数。Hill 等[48]得 $A = 1.16$，$B = 0.36$；Merchuk 等[49]得 $A = 1.03$，$B = 0.33$；钱振荣[50]得 $A = 1.15$，$B = 0.34$。

（3）鼓泡反应器两相流动分布   实际上鼓泡反应器内，气荷量和气体浮升速率都随径向和轴向位置而变化[51]。图 25-7-23 表示了 0.6m 直径鼓泡反应器实测所得气体浮升速度 u_t 的分布。由图可见，气泡上升速度在塔中心达到最大，而在塔壁处为最小。当达湍流鼓泡区（$u_{\mathrm{OG}} > 0.05$m·s^{-1}）时，由于造成图 25-7-24 的液体循环的流动，塔壁处气泡上升速度出现负值。

鼓泡反应器的气荷量随径向距离而减少。Koide 等[52]得出气荷量的径向分布可用 $\varepsilon_{\mathrm{G}} = 2[1-(r/R)^2]\bar{\varepsilon}_{\mathrm{G}}$ 来描述。r/R 表示无量纲的径向距离；$\bar{\varepsilon}_{\mathrm{G}}$ 为塔截面平均气荷量。

对于液体循环速度，有人研究了 5.5m 直径大型鼓泡反应器液体循环速度，得出速度分布如图 25-7-25 所示[53]，与 Hill[54]所得结果相吻合。对于液体循环速度与表观气速 u_{OG} 的关系，Nаврюв[55]得出塔中心最大上升液速 u_{CL} 和近壁处最大下降液速 u_{WL} 与 u_{OG} 的关系为

$$u_{\mathrm{CL}} = 1.1u_{\mathrm{OG}}^{0.4} \tag{25-7-89}$$

$$u_{\mathrm{WL}} = 0.9u_{\mathrm{OG}}^{0.4} \tag{25-7-90}$$

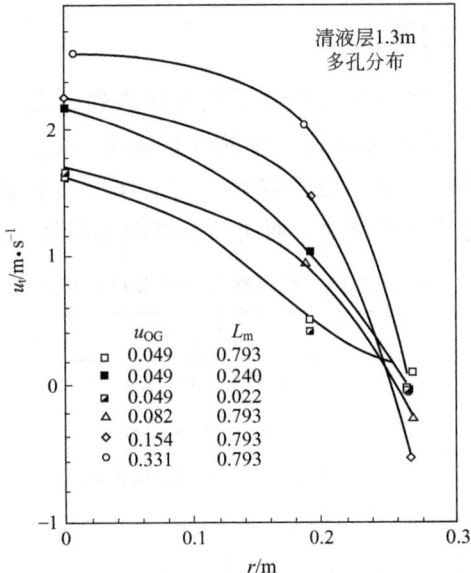

图 25-7-23 气泡上升速度的径向分布（L_M为测定点高度）

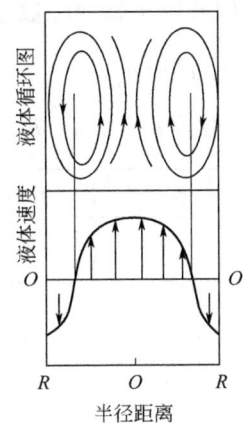

图 25-7-24 液体循环示意

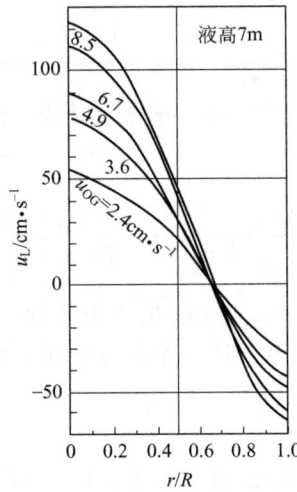

图 25-7-25 大型鼓泡塔中液体循环速度分布

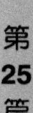
第**25**篇

7.8.2　鼓泡反应器的轴向混合

（1）气相轴向分散系数　气相轴向分散系数关联式列于表 25-7-15。由表可见，气相轴向分散系数随塔径 D_{r} 的 $1\sim2$ 次方增加，并随气相流速（$u_{\mathrm{OG}}/\varepsilon_{\mathrm{G}}$）的 $1\sim3.56$ 次方增大。至于各研究者研究所得结果的分散，可以解释为与气体分布装置有关。由于 D_{EG} 依赖于塔径，因此大塔中气相返混将是很严重的，而实验小塔则返混将大为减弱。

表 25-7-15　气相轴向分散系数关联式

研究者	表达式	文献
Towell 等	$D_{\mathrm{EG}}=19.7D_{\mathrm{r}}^{2}(u_{\mathrm{OG}}/\varepsilon_{\mathrm{G}})$	[56]
Pavlica 和 Olson	$D_{\mathrm{EG}}=5D_{\mathrm{r}}(u_{\mathrm{OG}}/\varepsilon_{\mathrm{G}})$	[57]
Diboun 和 Schügerl	$D_{\mathrm{EG}}=19.7D_{\mathrm{T}}u_{\mathrm{R}}$（$u_{\mathrm{R}}$ 为气液相对速度）	[60]
Mangartz 和 Pilhofer 等	$D_{\mathrm{EG}}=50D_{\mathrm{r}}^{1.5}(u_{\mathrm{OG}}/\varepsilon_{\mathrm{G}})^{3}$	[58]
Field 和 Davidson	$D_{\mathrm{EG}}=56.4D_{\mathrm{r}}^{1.33}(u_{\mathrm{OG}}/\varepsilon_{\mathrm{G}})^{3.56}$	[59]

（2）液相轴向分散系数　研究者们测定了轴向分散系数 D_{EL}，其普遍关联式为

$$D_{\mathrm{EL}}=KD_{\mathrm{T}}^{a}u_{\mathrm{OG}}^{b}(\mu_{\mathrm{L}}/\mu_{\mathrm{w}})^{c}\,(\mathrm{m}^{2}\cdot\mathrm{s}^{-1}) \tag{25-7-91}$$

式中，μ_{L}、μ_{w} 分别为液体和水的黏度；K、a、b、c 各系数如下表所示：

研究者	文献	K	a	b	c
Towell 等	[56]	1.23	1.5	0.5	0
Deckwer 等	[61]	0.678	1.4	0.3	0
Hikita 等	[62]	0.66	1.25	0.38	-0.12
Deckwer 等	[63]	1.2 ± 0.2	1.5	0.5	0
Badura 等	[64]	0.692	1.4	0.33	0
Baird 等	[65]	0.709	1.33	0.333	0
Joshi 和 Sharma	[66]	0.31	1.5	1	0

Shah 等[45]推荐工程计算以采用 Deckwer[61]的系数为宜。按 Deckwer 式整理成 Pe_{L} 的形式，则

$$Pe_{\mathrm{L}}=\frac{u_{\mathrm{OL}}L}{(1-\varepsilon_{\mathrm{G}})D_{\mathrm{EL}}}=\frac{u_{\mathrm{OL}}L}{0.678(1-\varepsilon_{\mathrm{G}})D_{\mathrm{T}}^{1.4}u_{\mathrm{OG}}^{0.3}} \tag{25-7-92}$$

由于鼓泡反应器中 u_{OL} 远小于 u_{OG}，Pe_{L} 的数值常处于 $0.1\sim0.16$ 之间[67]，液相接近全混。仅在高径比 L/D_{T} 很大而塔径很小时，才会与全混流型有较大偏差。

7.8.3　鼓泡反应器传质特性

对于低黏性和凝聚性液体，Akita 和 Yoshida[46]关联式可作为一般鼓泡反应器保守的估计：

$$a = \frac{1}{3D_T}(gD_T^2\rho_L/\sigma)^{0.5}(gD_T^3\rho_L/\mu_L)^{0.1}\varepsilon_G^{1.13} \tag{25-7-93}$$

$$k_La = 0.6D_L/D_T^2[\mu_L/(D_L\rho_L)]^{0.5}(gD_T^2\rho_L/\sigma)^{0.52}(gD_T^3\rho_L/\mu_L)^{0.31}\varepsilon_G^{1.1} \tag{25-7-94}$$

式中，D_T 小于 0.6m，如果大于 0.6m，上式中取 $D_T = 0.6$m；a 为单位两相流容积的传质界面面积。

对于喷射式鼓泡反应器，可以按单位液体所耗功率 $P/V_L = u_{OG}\rho_L(1-\varepsilon_G)g$，用有关关联式（见下节）估计传质特性。喷射式鼓泡反应器的比表面积也可以用下式来估计[69]

$$\ln a = A\ln(P/V_L) + B \tag{25-7-95}$$

式中，A，B 为常数。垂直管喷射 $A = 0.448$，$B = 4.328$；水平管喷射 $A = 0.405$，$B = 4.050$。

对于高黏度的非牛顿型流体，传质表面积和容积传质系数[69]均随有效黏度 μ[70] 增加而下降，即

$$a = 48.7(u_{OG}/\mu_{eff})^{0.51} \tag{25-7-96}$$

$$k_La = 0.00315u_{OG}^{0.59}\mu_{eff}^{-0.84} \tag{25-7-97}$$

关于气相传质系数，可以采用 Sharma[71] 式关联，

$$k_Gd_{Va}/D_G = 6.6 \tag{25-7-98}$$

式中，d_{Va} 为等体积表面比的气泡直径，可以采用 Akita 和 Yoshida 关联式确定，即

$$\frac{d_{Va}}{D_T} = 26(gD_T^2\rho_L/\sigma)^{-0.5}(gD_T^3\rho_L^2/\mu_L^2)^{-0.12}(u_{OG}/\sqrt{gD_T})^{-0.12} \tag{25-7-99}$$

液相传质系数可用式（25-7-74）计算。

7.8.4 鼓泡反应器传热特性

气泡的上升运动使液体产生循环运动，造成鼓泡侧传热分系数 α_w 显著增加。图 25-7-26 表示了 α_w 值与气速 u_{OG} 的变化关系。由图可见，随着 u_{OG} 增大，传热分系数 α_w 趋于一极限值。此极限系数决定于物系的性质，表 25-7-16 列出了各种液体极限传热分系数[72]。

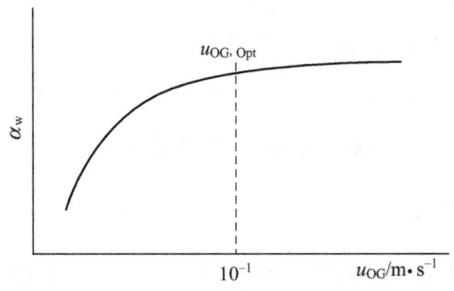

图 25-7-26 传热分系数与 u_{OG} 的关系

对牛顿型流体，对壁和对盘管的传热分系数的数值基本相近；但对非牛顿型流体对盘管的传热分系数要高于对壁的传热分系数。因此，非牛顿型流体采用盘管换热装置较为合适。

鼓泡反应器传热分系数关联式列于表 25-7-17。

第 25 篇

表 25-7-16　各种液体的极限传热分系数

液体种类	黏度 μ_L/cP	热导率 λ_L /kcal·m^{-1}·h^{-1}·℃$^{-1}$	密度×比热容 $\rho_L C_L$/kcal· m^{-3}·℃$^{-1}$	极限传热分系数 α_{max} /kcal·m^{-2}·℃$^{-1}$	
				实验值	计算值
水	0.69	0.537	991.4	4776.3	4776.3
锭子油	15.2	0.121	365.5	370.1	400.2
乙二醇	1.7	0.226	635.5	1385.6	1562.0
乙醇	1.1	0.155	464.6	1497.4	1247.9
甘油	4.3	0.241	728.6	1049.9	817.6
伍德合金	3.3	0.775	398.9	6884.8	6712.7
水银	1.5	0.693	449.8	9466.6	9509.6

表 25-7-17　鼓泡反应器传热分系数关联式

研究者	关联式	文献
Hart	$\dfrac{\alpha_w}{u_{OG}\rho_L C_{pL}}=0.710\left(\dfrac{u_{OG}^3\rho_L}{\mu_L g}\right)^{-0.25}\left(\dfrac{\lambda_L}{C_{pL}\mu_L}\right)^{0.6}$	[73]
Deckwer 等	$\dfrac{\alpha_w}{u_{OG}\rho_L C_{pL}}=1.0\times10^3\left(\dfrac{u_{OG}^3\rho_L}{\mu_L g}\right)^{-0.25}\left(\dfrac{\lambda_L}{C_{pL}\mu_L}\right)^{0.5}$	[74]
Hikita 等	$\dfrac{\alpha_w}{u_{OG}\rho_L C_{pL}}=0.411\left(\dfrac{u_{OG}\rho_L}{\sigma_L}\right)^{-0.851}\left(\dfrac{\mu_L^4 g}{\rho_L\sigma^3}\right)^{0.308}\left(\dfrac{\lambda_L}{C_{pL}\mu_L}\right)^{2/3}$	[75]

7.8.5　气体分布器的设计[76]

多孔板和多孔管分布器是常用的鼓泡反应器分布装置。孔的直径首先由工艺要求所决定，诸如堵塞、强度和腐蚀等方面的考虑。

孔径确定后，孔速的设计成为关键。按 Ruff 等[76]的研究，必须保持足够的孔速 u_{GO}，才能确保分布良好。而此孔速与孔径是否大于临界孔径 d_{OC} 有关：

$$d_{OC}=2.32\left(\frac{\sigma}{\rho_G g}\right)^{0.5}(\rho_G/\rho_L-\rho_G)^{5/8} \tag{25-7-100}$$

$$\left.\begin{array}{l}d_O<d_{OC},\rho_G d_O u_{GO}^2>2 \\ d_O>d_{OC},(\rho_G/\rho_L-\rho_G)^{1.25}u_{GO}/(d_O g)>0.37\end{array}\right\} \tag{25-7-101}$$

u_{GO} 取上述值的 1.5 倍以上，按气体通量即可算得孔数。

7.8.6　鼓泡反应器的计算

（1）气相为平推流液相为全混流　对一不可逆反应系统，气相浓度与高度 L 的关系[3]为

$$P_t L\left(1+\frac{\alpha_P}{2}\right)=\frac{G'}{K_G a}\left[\ln\frac{Y_1(1-Y_2)}{Y_2(1-Y_1)}+\frac{1}{1-Y_1}-\left(\frac{1}{1-Y_2}\right)\right] \tag{25-7-102}$$

当液相连续出料时，物料衡算关系为

$$G'\left(\frac{Y_1}{1-Y_1}-\frac{Y_2}{1-Y_2}\right)=\frac{u_{OL}}{\nu}(C_{B1}-C_{B2})=\frac{u_{OL}}{\nu}C_{B1}x_B \tag{25-7-103}$$

当液相间歇加料和出料，则液相浓度 C_B 随时间而变，由 $L\mathrm{d}C_B/\mathrm{d}t=\nu G'\left(\dfrac{Y_1}{1-Y_1}-\dfrac{Y_2}{1-Y_2}\right)$ 积分得

$$\nu G'\left(\frac{Y_1}{1-Y_1}t-\int_0^t\frac{Y_2}{1-Y_2}\mathrm{d}t\right)=LC_{B0}x_B \tag{25-7-104}$$

将式（25-7-104）与式（25-7-102）在 $t=0$ 至 $t=t$ 进行联解，可得 B 的转化率 x_B 和 Y_2 随 t 的变化。上述式中 P_t 为反应器顶部压力；$\alpha_P=\rho_L g(1-\varepsilon_G)L/P_t$；$L$ 为两相层高度；G' 为气相空塔摩尔流速，$\mathrm{kmol\cdot m^{-2}\cdot s^{-1}}$；$K_G$ 为包括反应因素在内的总传质系数；Y_1，Y_2 分别为进、出气体的摩尔分数；ν 为与每摩尔 A 反应的 B 摩尔数；C_{B1}、C_{B2} 和 C_{B0} 分别为进、出和起始液体 B 组分浓度。

（2）气液两相均为全混　适用于大直径短鼓泡床层。如连续操作则

$$\frac{u_{OL}}{\nu}C_{B1}x_B=G'\left(\frac{Y_1}{1-Y_1}-\frac{Y_2}{1-Y_2}\right)=K_G aL\left[P\left(1+\frac{\alpha_P}{2}\right)Y_2-P^*\right] \tag{25-7-105}$$

如为半间歇操作（两相总容积为 $\overline{V}_L$），则

$$-V_L\frac{\mathrm{d}C_B}{\mathrm{d}t}=\nu K_G a\left[P\left(1+\frac{\alpha_P}{2}\right)Y_2-P^*\right]$$

积分得

$$x_B=\overline{V}_L\frac{\nu}{C_{B0}}\int_0^t K_G a\left[P\left(1+\frac{\alpha_P}{2}\right)Y_2-P^*\right] \tag{25-7-106}$$

（3）气相有轴向分散　考虑轴向分散的不可逆反应系统微分方程为

$$\frac{1}{Pe_G}\frac{\mathrm{d}^2\overline{C}_{AG}}{\mathrm{d}\overline{Z}^2}-\frac{\mathrm{d}\overline{C}_{AG}}{\mathrm{d}\overline{Z}}-St'_G C_{AG}=0 \tag{25-7-107}$$

式中，$Pe_G=\dfrac{u_{OG}L}{D_{EG}\varepsilon_G}$；$\overline{C}_{AG}=C_{AG}/C_{AG0}$ 为以进口态气体无量纲浓度；$\overline{Z}=Z/L$；$St'_G=K_L aLHRT/u_{GO}$。

Deckwer[78]对气相轴向分散模型进行了数值解，发现 Levenspiel 和 Bischoff[77]一级不

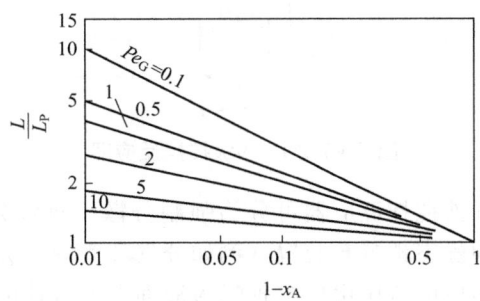

图 25-7-27　气相返混对反应器高度的影响

可逆反应轴向分散比较图（见图 25-7-27）仍能适用。并且不同 α_P 值和进口浓度并不影响它的适用性。

因此，先按气相为平推流的条件计算出所需反应器高度 L_P，再按图 25-7-27 确定气相轴向分散实际应增大的倍数，按此设计工业反应器的尺寸。

既考虑气相又考虑液相轴向分散不等压鼓泡反应器的模型，可参阅有关文献[3,78~80]。

7.9 气液搅拌反应器

气液搅拌反应器适用于气体与黏性液体或悬浮性溶液反应系统。当用于缓慢反应时，搅拌反应器可方便地半间歇操作。另外，搅拌可使气体在黏性液体中充分分散，而搅拌又易于控制，因而反应器操作可靠，放大也较容易。气液搅拌反应器广泛用于生物化工、制药、废水处理及有机物氧化、加氢和氯化等过程。

气液搅拌反应器存在功率消耗较大、严重的气液相返混、转动轴的密封和操作稳态等问题。

7.9.1 气液搅拌反应器的型式

按照反应温度保持的方式不同可分为夹套式、盘管式、外循环换热式（图 25-7-28）。为了降低反应器的返混，还可以制成多级搅拌式（图 25-7-29）。

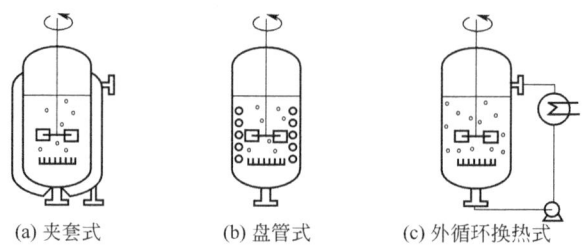

(a) 夹套式   (b) 盘管式   (c) 外循环换热式

图 25-7-28 反应温度保持的方式

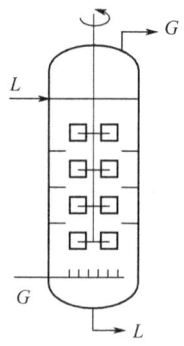

图 25-7-29 多级搅拌反应器

按照气体导入方式，气液搅拌反应器可分为强制分散、自吸分散和表面充气分散三种。采用置于搅拌器之下的各种静态预分布装置（例如分气环管等）分散和导入气体的，为强制分散；利用搅拌器旋转所形成的负压由中空轴吸入液面上方气体的，为自吸分散；利用快速表面搅拌所形成的旋涡，夹带气体而使液体表层充气，并由置于下方轴流型搅拌器使气液混合均匀，为表面充气分散。

　　三种分散方式如图 25-7-30 所示。强制分散方式具有较大的反应适应性，可以独立改变搅拌器转速和气体的通量；自吸和表面充气分散的气体通量是搅拌器转速的函数。而且，即使在高搅拌转速下，自吸分散仅能获得有限的气荷量和气体通量，因而仅适合耗气量较少的缓慢反应过程；表面充气分散虽可获得很高的气荷量和通量，但所需转速较高、功率消耗较大，仅适用于高耗气量和需要强化传质（如气体溶解度很小）的情况。当气体需重复使用时，自吸分散和表面充气分散可避免用气体循环压缩机械。

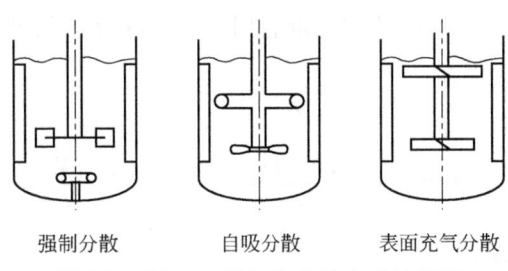

强制分散　　　　　自吸分散　　　　表面充气分散

图 25-7-30　不同气体分散方式的简图

7.9.2　强制分散搅拌反应器

　　(1) 搅拌器的型式和混合　　常用液体搅拌器的应用性能见表 25-7-18。由表可见，盘式平板透平、斜式透平和螺旋桨式搅拌最为适用。盘式平板透平为径向流动型搅拌；螺旋桨系轴向流动型搅拌；斜式透平主要造成轴向流动，而其径向流动分量正比于叶片的宽度。它可分为向上和向下轴向流两种。三种搅拌器所造成的液体循环见图 25-7-31。

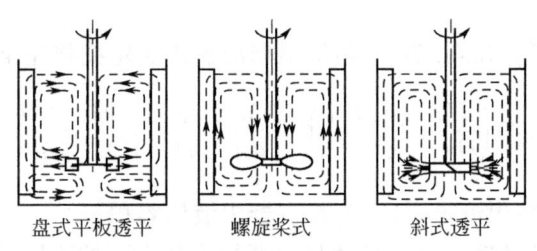

盘式平板透平　　　螺旋桨式　　　　斜式透平

图 25-7-31　三种搅拌器的液体循环

　　盘式平板透平通常有六叶或四叶叶片，叶片转动产生湍流击碎气泡。叶片下方设环形多孔管，环径为桨叶直径的 $80\%\sim100\%$，多孔管小孔流速按环管气速的三倍设计[84]。液层高度与釜直径之比通常为 1。桨叶下缘离釜底距离为 $(0.3\sim0.5)D_T$。搅拌反应器壁上装有纵向挡板 4 条，以增加搅拌时液体的湍动，其宽度为 $D_T/12$。纵向挡板和壁之间可留有 1/6 挡板宽度的间距，以防固体颗粒的截留。更详细的设计资料可参见文献 [85,86]。

表 25-7-18　常用液体搅拌器的应用性能[83]

搅拌器型式	d_I/D_T	$u_{pm}/\mathrm{m \cdot s^{-1}}$	$\mu_{Lm}/\mathrm{Pa \cdot s}$	纵向挡板	气体分散	固体悬浮	盘管换热
螺旋桨式	$0.15\sim0.4$	15	5	有	很适用	很适用	适用
盘式平板透平	$0.2\sim0.45$	15	10	有	很适用	适用	适用
斜式透平	$0.2\sim0.45$	12	20	有	很适用	很适用	很适用
叶轮搅拌	$0.5\sim0.7$	12	20	有	适用	适用	—

续表

搅拌器型式	d_I/D_T	$u_{pm}/m \cdot s^{-1}$	$\mu_{Lm}/Pa \cdot s$	纵向挡板	气体分散	固体悬浮	盘管换热
桨式搅拌	0.4~0.5	5	50	有	适用	有时适用	很适用
锚式搅拌	0.9~0.98	5	50	无	适用	有时适用	—
螺线搅拌	0.9~0.98	1	1000	无	—	—	—

注：u_{pm}为最大允许端点速度；μ_{Lm}为最大允许液体黏度；d_I/D_T为搅拌器直径与反应器直径之比。

根据 Joshi 等[81]的分析，搅拌器完全混合时间 θ（混合均匀度 99%）与转数 N 的乘积分别为：

标准盘式涡轮搅拌：

$$N\theta = 9.43 \frac{\alpha H + D_T}{D_T}(D_T/d_I)^{13/6}\frac{W}{d_I} \tag{25-7-108}$$

斜式平板搅拌和螺旋桨搅拌：

上升流
$$N\theta = C\left(\frac{2H}{d_I} + \frac{D_T}{d_I}\right)\frac{H - H_1}{d_I} \tag{25-7-109}$$

下降流
$$N\theta = C\left(\frac{2H}{d_I} + \frac{D_T}{d_I}\right)\frac{H_1}{d_I} \tag{25-7-110}$$

式中，H 为反应器液层高度；H_1 为搅拌器至反应器底部的高度；d_I 为搅拌器直径；W 为搅拌桨宽度；α 为自流液面至搅拌器的距离乘 2 与 H 之比；C 为常数，斜式平板涡轮 $C=5$，螺旋桨 $C=6$。

对于分散气体情况下，Joshi 等[81]归纳出标准盘式涡轮搅拌完全混合时间 θ 的关系：

$$N\theta = 20.41\left(\frac{H}{D_T} + 1\right)\left(\frac{D_T}{d_I}\right)^{13/6}\frac{W}{d_I}\left(\frac{Q_G}{NV_L}\right)^{1/12}\left(\frac{N^2 d_I^2}{gw\,\overline{V}_L^{2/3}}\right)^{1/15} \tag{25-7-111}$$

式中，Q_G 为气体的容积流量；$\overline{V}_L$ 为反应器中液体容积。

（2）操作区域和特征转速　气液搅拌反应器操作状态可按不同的搅拌速度划分为五个区域[82]，见图 25-7-32。随着搅拌速度的增加（固定表观气速 u_{OG}），气荷量先出现下降，此为区域①；继续增加转速，气荷量呈现增加，为区域②；转速进一步增大，当气荷量大至 0.4~0.5 时，出现湍动气泡聚集现象，为区域③；再增加搅拌速度，气荷量达 0.6，此数值则接近于搅拌器以上的总容积分数，此时液体将全部被抛出容器，为区域④；此外，在 $u_{OG} = 0$ 时由于搅拌的作用会使液层充气，此为区域⑤。实验发现，当搅拌器外端点速度 u_p 大于 $1.8 m \cdot s^{-1}$，则发生表面旋涡而使液体充气；当 $u_p > 5 m \cdot s^{-1}$，则发生机械上的振动。因此，Botton 等[82]提出合理的操作区应在区域②以内，即搅拌器外圆端点速度 u_p 应大于 $0.8 \sim 2.0 m \cdot s^{-1}$，而小于 $5.0 m \cdot s^{-1}$。气液搅拌反应器的表观气速 u_{OG} 一般在 $0 \sim 0.06 m \cdot s^{-1}$ 之间，过高则造成气液接触不均匀。

为保证气泡有效分散，搅拌器所需维持的最小转速 N_{min}（又称临界分散转速）大致相当于搅拌器外缘端点速度 $2.25 m \cdot s^{-1}$ 上下，并由式（25-7-112）确定[87]

$$N_{min} d_I = (\sigma_L g/\rho_L)^{1/4}\left(A + B\frac{D_T}{d_I}\right) \tag{25-7-112}$$

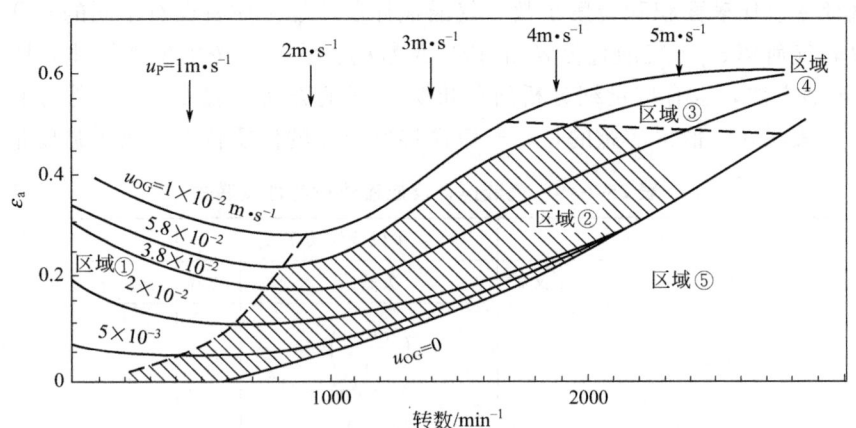

图 25-7-32　搅拌反应器操作区域

式中，N_{min} 单位为 s^{-1}；d_I 单位为 m；对六叶盘式透平搅拌，$A=1.22$，$B=1.25$；对二叶和四叶片搅拌，$A=2.25$，$B=0.68$。

搅拌器转速达到 N_A 后，液面上的气体受表面旋涡的影响，卷入液体使表层充气，此 N_A 由式（25-7-113）确定[88]：

$$N_A d_I^2 = 2\left(\frac{H_P}{D_T}\right)^{1/2}\left(\frac{\sigma_L g}{\rho_L}\right)^{1/4} D_T \tag{25-7-113}$$

式中，H_P 为搅拌器以上的清液高度。

在一定转速下，气体流速不能过大，否则将冲破搅拌中心区而破坏正常操作，此最大气速亦称为液泛速度，它由式（25-7-114）[67]确定

$$u_{OG,max} = \frac{64}{\pi}\frac{N^3 D_T^2}{g}\left(\frac{d_I}{D_T}\right)^{3.3} \tag{25-7-114}$$

有的研究者[81]指出，系统不同所引起的气泡凝聚性能的改变，不能简单地从 $(\sigma_L g/\rho_L)^{1/4}$ 来量度。因此，未知系统（特别是非水有机溶液）的特征参数（外缘端点速度），需在模型搅拌反应器中实测为好。

（3）搅拌功率消耗　无气体存在时，搅拌的功率消耗 P_0 常以功率数 N_P 来表示，即 $P_0 = N_P N^3 d_I^5 \rho_L$，功率数 N_P 是搅拌器种类和形状的函数，例如

$$N_P = \alpha\frac{W}{d_I}\beta \tag{25-7-115}$$

对六叶盘式涡轮搅拌，$\alpha=23.7$，$\beta=1.09$。

当气体分散于液体中，搅拌功率将明显降低，许多学者[81]提出了不相同的功率降低系数 φ（$\varphi=P_G/P_O$）的关系式。各关系式表明：φ 随气体体积流量 Q_G 呈 $0.25\sim0.38$ 次方降低。Joshi 等[81]推荐，按 Hughmark 关联式[89]计算将是合适的，即

$$\varphi = 0.10\left(\frac{Q_G}{NV_L}\right)^{-1/4}\left(\frac{N^2 d_I^4}{gw\overline{V}^{2/3}}\right)^{-1/5} \tag{25-7-116}$$

式中，V_L 为液相清液体积；w 为搅拌桨宽度。

（4）气荷率、比表面积和传质系数　气液搅拌反应器传质特性有不同的关联方法：有按特征转速关联气荷率 ε_G、气泡直径 d_B 和传质系数的方法，有按单位液体体积所耗功率关联 ε_G、a、$k_L a$ 的方法，也有按量纲分析所得准数关联的方法。表 25-7-19 列出了上述三种关联方法的主要关联式。值得注意的是，气流搅拌反应器的传质特性与离子强度很为敏感，即

表 25-7-19　气液搅拌反应器传质特性关联式

方法 项目	特征转速法		单位液体功率法		量纲分析法	
	关联式	文献	关联式	文献	关联式	文献
气荷率	纯液体： $\varepsilon_G = 0.31\left(\dfrac{u_{OG}}{\dfrac{\sigma_L g}{\rho_L}}\right)^{2/3}$ $+0.45\times\dfrac{(N-N_\Lambda)d_I^2}{D_T(gD_T)^{0.5}}$ 电解质溶液： $\varepsilon_G = 0.075$ $\dfrac{(N-N_\Lambda)d_I^2}{\left(\dfrac{\sigma_L g}{\rho_L}\right)^{1/4}}\left(\dfrac{1}{H}\right)$ H 为总清液层高度	[88]	$\varepsilon_G = \left(\dfrac{\varepsilon_G u_{OG}}{u_b}\right)^{0.5}+$ 0.000216 $\times\dfrac{(P_G/V_L)^{0.4}\rho_L^{0.2}}{\sigma_L^{0.6}}$ $\left(\dfrac{u_{OG}}{u_b}\right)^{0.5}\dfrac{P_T}{P_G}\left(\dfrac{\rho_g}{\rho_a}\right)^{0.16}$ $u_b = 0.265\,\mathrm{m\cdot s^{-1}}$ $P_T = P_G + P_K + P_q$ $P_K = 0.5 Q_G \rho_g u_a^2$ $P_q = \rho_L g h_L Q_G$ u_a 为气体分布器孔速； ρ_g 为气体在系统状态密度； ρ_a 为空气在操作态密度	[90]	$\varepsilon_G = 0.74\left(\dfrac{Q_G}{NV_L}\right)^{1/2}$ $\left(\dfrac{N^2 d_I^4}{g w V_L}\right)^{1/2}$ $\times\dfrac{d_B N^3 d_I^4 \rho_L}{\sigma_L V_L^{2/3}}$ $d_B = 2.5\times10^{-3}\,\mathrm{m}$	[89]
比表面积	纯液体： $N>2.5N_\Lambda$ 时， $d_B^2 = \dfrac{0.41\sigma_L}{(\rho_L-\rho_G)g}$ 电解质溶液： $\dfrac{d_B^2(\rho_L-\rho_G)g}{\sigma_L}=$ $\left[1.2+260\dfrac{\mu_L(N-N_{min})d_I}{\sigma_L}\right]^{-2}$ 按 $a=6\varepsilon_G/d_B$ 计算	[88]	$a=1.44\dfrac{(P_G/V_L)^{0.4}\rho_L^{0.2}}{\sigma_L^{0.6}}$ $\left(\dfrac{u_{OG}}{u_b}\right)^{0.5}\dfrac{P_T}{P_G}\left(\dfrac{\rho_g}{\rho_a}\right)^{0.6}$ 符号同前式	[91]	$a=1.38\left(\dfrac{g\rho_L}{\sigma_L}\right)^{1/2}$ $\left(\dfrac{N^2 d_I^4}{g w V_L^{2/3}}\right)^{0.592}$ $\left(\dfrac{d_B N^3 d_I^4 \rho_L}{\sigma_L V^{2/3}}\right)^{0.187}$ 式中，$d_B = 2.5\times10^{-3}\,\mathrm{m}$	[69]
传质系数	$k_L = 210 d_B(\rho_L D_L/\mu_L)^{1/2}$ $[(\rho_L-\rho_G)g\mu_L/\rho_L^2]^{1/3}$	[41]	$k_L a = \dfrac{0.0248}{D_T^4}\left(\dfrac{D_G}{V_L}\right)^{0.551}$ $\times Q_G^{0.551/D_T^{0.5}}$ 　 [92] $k_L a = b_0\left(\dfrac{P_G}{V_L}\right)^m$ $u_{OG}^n\left(\dfrac{D_\Lambda}{D_{O_2}}\right)^{1/2}$ 纯水： $b_0 = 0.026, m=0.4, n=0.5$ 　 [93] 电解质溶液： $b_0 = 0.002, m=0.7, n=0.2$ 　 [69]		$k_L = 0.592 D_L^{1/2}(\bar\varepsilon\rho_L/\mu_L)^{1/4}$ $\bar\varepsilon = \dfrac{8N^3 d_I^5 \phi}{D_T^2 h_L}$； $q=\dfrac{Q_G}{N d_I^3}<0.035$ $\phi = 1\sim1.26q$； $\dfrac{Q_G}{N d_I^3}>0.035$ $\phi = 0.62-1.85q$ $k_G = 6.58\dfrac{D_G}{d_{VS}(1-Y)}$	[94] [69]

使少量电解质即可阻碍气泡的凝聚从而造成很高的比表面积。因此，许多关联式按纯液体和电解度溶液取不同的系数，就是考虑了这一重要影响。对于高黏性的非牛顿型液体，传质特性仍需在模型釜实测 ε_G 和 a 值。

(5) 系数及其他 Rao 和 Murthy[95]研究了盘式透平搅拌的传热分系数，得出关联式为

$$\frac{a_W D_T}{\lambda_L} = A Re^{*m} Pr^{0.33} Fr^{-0.1} \left(\frac{\mu_W}{\mu_L}\right)^{-0.14} \tag{25-7-117}$$

式中，$Re^* = \dfrac{d_I}{\mu_L}(d_I N + 4u_{OG})\rho_L$；$Pr = \dfrac{\mu_L C_{pL}}{\lambda_L}$；$Fr = \dfrac{N^2 d_I}{g}$；$A$、$m$ 为系数，对夹套壁换热，$A = 1.35$，$m = 0.5$，对蛇管换热，$A = 0.87$，$m = 0.64$。

Maerteleire[96]发现上式也适用于斜式平板搅拌。因此，搅拌器类型几乎不影响传热分系数的大小。

搅拌反应器中气液相分散系数 D_{EG} 和 D_{EL} 因机械搅拌而强烈增大，因此，当搅拌转速超过气体分散的最小转速 N_{min} 后，可假定气液相全混。

搅拌反应器液相分散系数[97]表示为

$$D_{EL} = 0.232\left(1 + \frac{H}{D_T}\right)N d_I^2 \tag{25-7-118}$$

在工程放大时，Sharma[97]建议，比表面积 a 和容积传质系数 $k_L a$ 可视作与 $N d_I / D_T^{0.5}$ 成正比。而 Joshi 等[81]建议，按 $(P_T/V_L)^{0.25\sim0.65}$ 关系进行放大（P_T 包含搅拌和气体流动的总功率消耗）。

气液搅拌反应器的反应模型基本与鼓泡反应器相同，唯气液相更接近于全混。

7.9.3 自吸式搅拌反应器

(1) 工作原理 搅拌器旋转时，液层表面和搅拌器远端应符合机械能守恒关系，在无摩擦的理想情况下则

$$\frac{u_P^2}{2g} = H_P \tag{25-7-119}$$

式中，u_P 和 H_P 分别为搅拌器远端的切线速度和表面与搅拌器之间清液层高度。将式 (25-7-119) 整理并考虑校正系数可得

$$\frac{K N_c^2 d_I^2}{g H_P} = \frac{2}{\pi^2} \tag{25-7-120}$$

式中，N_c 为开始吸入气体的临界转速；K 为校正系数，对管式和扁平管式搅拌 $K = 0.9\sim1.3$[98]，对于叶轮式搅拌 $K = 0.965$[99]，而对非水的真实系统，需在式 (25-7-120) 右边乘以校正系数 $\left(\dfrac{\mu_W}{\mu_L}\right)^{0.11}$。

(2) 搅拌器的型式 自吸式搅拌器可分为管式、扁平管式和叶轮式。管式自吸式搅拌器如图 25-7-33 所示[100,101]，它由中空轴和中空的搅拌圆管所组成。搅拌管的远端切开 45°的斜口，当搅拌旋转时，切口处于背面而吸入气体。后来 Joshi[101]改良了气体吸入口的设计，

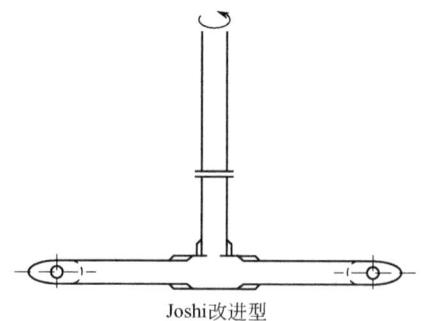

图 25-7-33   管式自吸式搅拌器

以远端钻孔作为气体吸入口,气体吸入量可增加 $30\%\sim60\%$。

扁平管式自吸搅拌桨的剖视图如图 25-7-34 所示[102]。它是由中空轴和中空倾斜的扁平管所组成,其背上方有气体吸入口。此搅拌器系模拟飞机机翼而设计的。

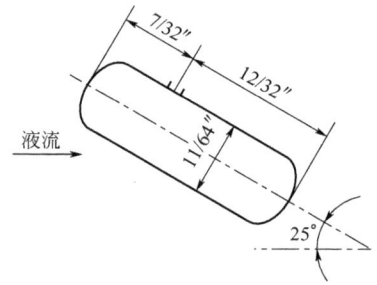

图 25-7-34   扁平管式自吸搅拌桨的剖视图

在浮选中,经常采用叶轮式自吸搅拌器,见图 25-7-35。Zundelevich[103] 改进了叶轮设计,可使气体吸收量增加 100%。

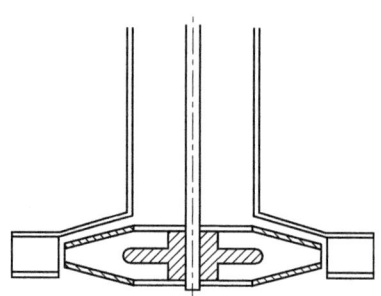

图 25-7-35   叶轮式自吸搅拌器

各种自吸式搅拌器吸气性能比较示于图 25-7-36。此图系在液相容积 $0.05 \mathrm{m^3}$,搅拌器深度 $0.4 \mathrm{m}$ 的空气-水系统中获得。

(3)传质传热   Joshi 和 Sharma[98] 研究了管式和扁平管式搅拌有效界面积和液相容积传质系数 $k_\mathrm{L} a$,得出当 $u_\mathrm{OG} < 5 \times 10^{-3} \mathrm{m \cdot s^{-1}}$,

$$a = 112 \left(\frac{P_\mathrm{G}}{V_\mathrm{L}} \right)^{0.4} u_\mathrm{OG}^{0.5} \tag{25-7-121}$$

当 $u_\mathrm{OG} > 5 \times 10^{-3} \mathrm{m \cdot s^{-1}}$,

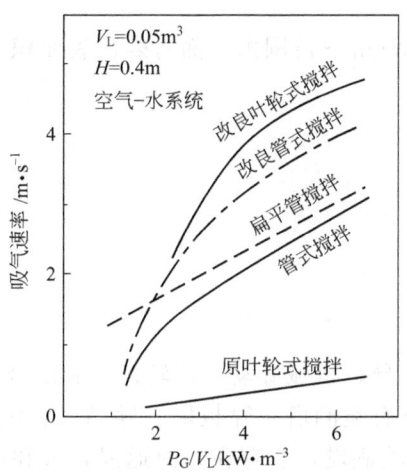

图 25-7-36 各种自吸式搅拌器吸气性能

$$a = 36.7 \left(\frac{P_G}{V_L} \right)^{0.4} u_{OG}^{0.25} \tag{25-7-122}$$

$$k_L a = 3.26 \times 10^{-3} \left(\frac{P_G}{V_L} \right)^{0.55} u_{OG}^{0.25} \tag{25-7-123}$$

Zlokarnik[100]研究了管式自吸搅拌反应器中蛇管加热液相的传热分系数，得出

$$\frac{a_W D_T}{\lambda_L} = 0.185 \left(\frac{\rho_L u_{OG} D_T}{\mu_L} \right)^{0.733} \left(\frac{u_{OG}^2}{g D_T} \right)^{-0.267} \left(\frac{\mu_L C_p}{\lambda_L} \right)^{0.466} \tag{25-7-124}$$

7.9.4 表面充气式搅拌反应器

表面充气式搅拌反应器中气体靠液体表面旋涡卷入气体而充气，然后被轴向流搅拌所混合，广泛应用于废水处理和发酵中。

任何能造成轴向向下流动的搅拌桨都可作为表面充气搅拌之用，而充气程度依赖于表面湍动和液体向下流的循环速度。Matsumura 等[104]改进了搅拌的设计，采用一高速小型搅拌器，置于近液相表面处使表面充气，而另一轴向流搅拌桨置于离底部一定的距离，以增加气体充气速率。

Joshi 等[81]由标准盘式六叶透平搅拌的液体循环速度出发，导出了超过气泡浮升速度的充气临界转速的关联为

$$\frac{N_A d_I^{1.96}}{D_T^{1.1}} = \frac{1.65}{N_P^{0.125}} \left(\frac{\sigma_L g}{\rho_L} \right)^{0.19} \left(\frac{\mu_L}{\mu_G} \right)^{0.031} \left(\frac{W}{d_I} \right)^{0.625} \tag{25-7-125}$$

式中，N_P 为搅拌功率数，$N_P = P_0 / (N^3 d_I^5 \rho_L)$。

Matsumura 等[105]测定了盘式透平搅拌充气时的功率消耗，得出

$$\frac{P_G}{P_0} = 0.26 \left(\frac{V_L}{N d_I} \right)^{-0.2} \left(\frac{N^2 d_I}{g} \right)^{0.055} \tag{25-7-126}$$

在 $0.125 \sim 0.7$m 直径的六叶盘式透平搅拌表面充气反应器中，测得单位容积搅拌功率

$\left(\dfrac{P_{\mathrm{G}}}{V_{\mathrm{L}}}\right)$ 消耗在 $0.017 \sim 41.11 \mathrm{kW \cdot m^{-3}}$ 范围内。而有效比表面积为 $125 \sim 325 \mathrm{m^2 \cdot m^{-3}}$，容积传质系数 $k_{\mathrm{L}}a$ 为 $0.2 \mathrm{s^{-1}}$[81]。

7.10   液液反应器

7.10.1   反应器概述

液液反应器是利用密度差异、机械脉动、回转搅拌和混合澄清等方法使两相接触进行反应的设备。常用的液液反应器有喷洒塔、筛板塔、脉动塔、填料塔、转盘塔和混合澄清器，如图 25-7-37 所示。最简单的喷洒塔，它存在轴向返混较大和传质速率较低的缺点。填料塔和板式塔虽显著降低了轴向返混，但传质速率仍未能明显提高。脉动塔和转盘塔采用机械方法使之产生脉动和湍动以改善两相接触以提高传质和反应速率。另外，多级逆流混合澄清也是常用一种操作方式。可以采用搅拌或其他混合器[106]进行混合，但多级操作有流程较为复杂的缺点。

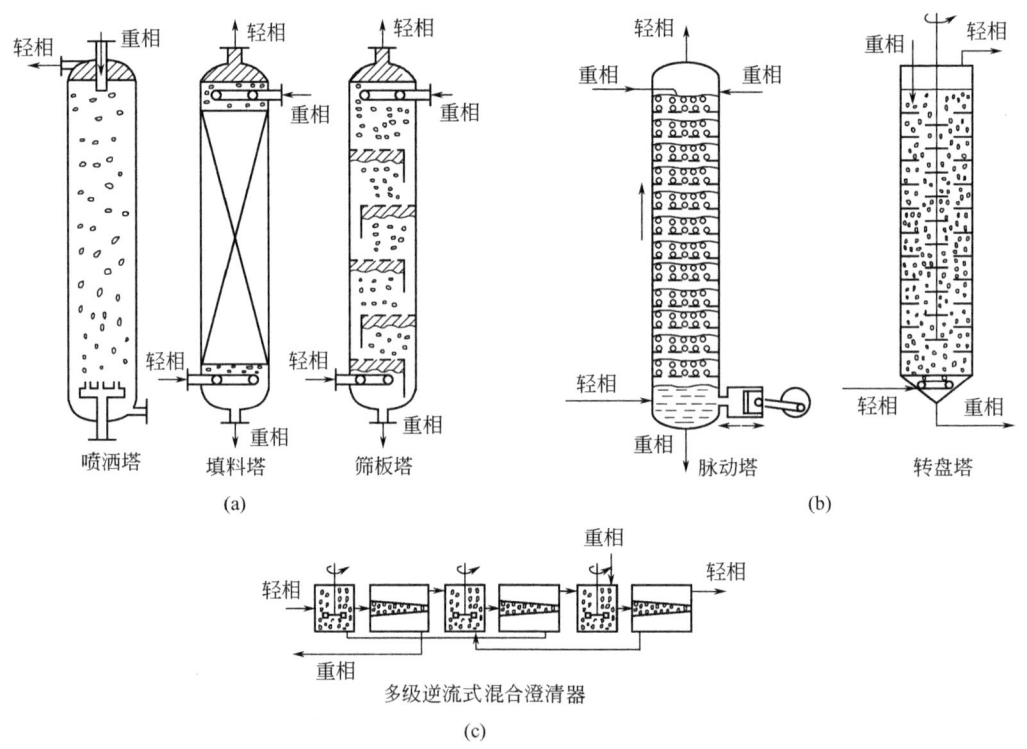

图 25-7-37   常用液液反应器的型式

7.10.2   分散相和连续相的确定

设计液液反应器时，必须首先确定哪一个液流将成为分散相，哪一个液流将成为连续相。通常，表面张力较大的液体倾向处于连续相，而表面张力较小的则倾向处于分散相，以便获得能位（表面能）较低的稳定状态。其次，液相流率比超过一定界限将会引起分散相和连续相的相转变。例如，对庚烷-水系统，通常庚烷处于分散相（因表面张力比水小）。但当庚烷与水的流率比超过 3，则水转变为分散相。这是因为虽然庚烷表面张力较水小，但大于水三倍流率的庚烷需要大的液滴群来适应，如此大的液滴表面所持有的高表面能又会使状态处于不稳定。再次，相转变存在不确定的区域，例如，向油中添加水所获得的保持油为连续相的最高水含量要较向水中添加油水含量要高。这是由于相转变有滞后现象所致。

7.10.3 界面的稳定性

液液反应界面同样存在稳定性问题。当连续相液流主体中表面张力低于界面表面张力时，就会产生 Marangoni 表面骚动，并产生界面对流流动，它增加了传递的速率。

通常，溶质添加于溶剂会引起表面张力的下降（即 $d\sigma/dc < 0$），因此，如果连续相中溶质浓度比界面浓度高（即传质方向由连续相流向分散相时），则主体的表面张力将比界面低，这就造成界面的不稳定并导致液体的对流，使表面张力低的液体取代界面表面张力高的液体。此界面骚动将加速相间传质速率。Sawistowski 等[107]分析这一现象并解释了实验数据。

7.10.4 相对速度和特征速度

液液反应器中，由于两相之间的运动速度可比（气液反应器中，通常 $u_{OG} \gg u_{OL}$），两相的运动必需用相对速度 u_r 来量度，即

$$u_r = \frac{u_{OD}}{\varepsilon_D} \pm \frac{u_{OC}}{\varepsilon_C} \qquad (25\text{-}7\text{-}127)$$

+ 代表逆向流动
- 代表同向流动

式中 u_{OD}，u_{OC}——分散相和连续相表观速度；

ε_D，ε_C——分散相和连续相占有反应器的体积分数。

相对速度实验难以测定，Gayler 等[108]引出液滴群的特征速度的概念，并推出特征速度（即滑动速度）u_g 与 u_r 的关系为

$$u_g \left(\frac{\varepsilon_C}{1 - \varepsilon_B} \right) = u_r = \frac{u_{OD}}{\varepsilon_D} \pm \frac{u_{OC}}{\varepsilon_C} \qquad (25\text{-}7\text{-}128)$$

式中 ε_B——填料占有反应器的体积分数。

7.10.5 传质系数

液液传质由滴内和滴外两部分所组成。滴内和滴外的传质关联式[106]见表 25-7-20 和表 25-7-21。由表看出，滴内和滴外传质按液滴所处的不同状态有不同的关联式。显然，综合滴内外的分传质系数，总传质系数 K_{DC} 可表示为

$$\frac{1}{K_{DC}} = \frac{1}{k_C} + \frac{1}{mEk_D} \qquad (25\text{-}7\text{-}129)$$

式中 m——分配系数，$m = C_D^* / C_C^*$；

E——在分散相内进行化学反应的增强因子。

表 25-7-20　分散相侧传质分系数

滴形成	$\dfrac{k_{Df}t_f}{d_D}=0.0432\left(\dfrac{u_0^2}{d_Dg}\right)^{0.089}\left(\dfrac{d_D^2}{t_fD_D}\right)^{-0.334}\left(\dfrac{\mu_D}{\sqrt{\rho_Dd_D\sigma}}\right)^{0.601}$	(25-7-130)[109]
滴群:刚性不动滴	$\dfrac{k_Dd_D}{D_D}=0.67\pi^2=6.6$	(25-7-131)[106]
内部循环的滴	$\dfrac{k_Dd_D}{D_D}=31.4\left(\dfrac{D_DL}{d_Du_g}\right)^{-0.338}\left(\dfrac{\mu_D}{\rho_DD_D}\right)^{-0.125}\left(\dfrac{d_Du_g^2\rho_C}{\sigma g}\right)^{0.371}$	(25-7-132)[110]
振动的滴	$\dfrac{k_Dd_D}{D_D}=0.320\left(\dfrac{D_DL}{d_Du_g}\right)^{-0.141}\left(\dfrac{d_Du_g\rho_C}{\mu_C}\right)^{0.683}\left(\dfrac{\sigma^3\rho_C^2}{g\mu_C^4\Delta\rho}\right)^{0.1}$	(25-7-133)[110]
滴凝聚	$\dfrac{k_{DC}t_f}{d_D}=0.1727\left(\dfrac{\mu_D}{\rho_DD_D}\right)^{-1.115}\left(\dfrac{\Delta\rho gd^2}{\sigma}\right)^{1.302}\left(\dfrac{u_g^2t_f}{D_D}\right)^{0.146}$	(25-7-134)[109]

注：k_{Df}、k_{DC}、k_D分别为滴形成、滴凝聚和滴运动时的滴内传质系数；t_f为滴生成时间，通常取 1s；d_D、D_D、μ_D、ρ_D为液滴的直径、扩散系数、黏度和密度；μ_C为连续相的黏度；u_g、u_0分别为滴的特征速度和生成滴孔嘴速度；L为滴向上（或向下）运行的距离；$\Delta\rho$为分散相和连续相密度差别；ρ_C为连续相密度；σ为表面张力。

表 25-7-21　连续相侧传质分系数

滴形成	$k_{Cf}\left(\dfrac{t_f}{D_C}\right)^{0.5}=0.386\left(\dfrac{\rho_C\sigma gc}{\Delta\rho gt_f\mu_C}\right)^{0.407}(gt_f^2/d_D)^{0.148}$	(25-7-135)[111]
滴群:刚性滴	$\dfrac{k_cd_D}{D_C}=0.74\left(\dfrac{d_Du_g\rho_C}{\mu_C}\right)^{0.5}\left(\dfrac{\mu_C}{\rho_CD_C}\right)^{0.333}$	(25-7-136)[106]
	$\dfrac{k_cd_D}{D_C}=2+0.95\left(\dfrac{d_Du_g\rho_C}{\mu_C}\right)^{0.5}\left(\dfrac{\mu_C}{\rho_CD_C}\right)^{0.25}$	(25-7-137)[106]
	$\dfrac{k_cd_D}{D_C}=0.98\left(\dfrac{d_Du_g\rho_C}{\mu_C}\right)^{0.333}\left(\dfrac{\mu_C}{\rho_CD_C}\right)^{0.333}$	(25-7-138)[106]
运动的滴	$\dfrac{k_cd_D}{D_C}=50+0.0085\left(\dfrac{d_Du_g\rho_C}{\mu_C}\right)\left(\dfrac{\mu_C}{\rho_CD_C}\right)^{0.7}$	(25-7-139)[106]
	$\dfrac{k_cd_D}{D_C}=1.3\left(\dfrac{d_Du_g\rho_C}{\mu_C}\right)^{0.5}\left(\dfrac{\mu_C}{\rho_CD_C}\right)^{0.42}$	(25-7-140)[106]
	$\dfrac{k_cd_D}{D_C}=0.725(1-\varepsilon_D)\left(\dfrac{d_Du_g\rho_C}{\mu_C}\right)^{0.57}\left(\dfrac{\mu_C}{\rho_CD_C}\right)^{0.42}$	(25-7-141)[106]
振动的滴	$\dfrac{k_cd_D}{D_C}=(2\sqrt{\pi})\left(\dfrac{d_Du_g\rho_C}{\mu_C}\right)^{0.5}\left(\dfrac{\mu_C}{\rho_CD_C}\right)^{0.5}$	(25-7-142)[106]
滴凝聚	$k_{CC}\left(\dfrac{t_f}{D_C}\right)^{0.5}=5.959\times10^{-4}(\rho_Cu_g^3/g\mu_C)^{0.332}[d_D^2\rho_D\rho_Cu_g^3/(\mu_D\sigma g)]^{0.525}$	(25-7-143)[111]

注：k_{cf}、k_{cc}、k_c分别为滴形成、滴凝聚和滴运动的滴外传质系数；D_C、μ_C、ρ_C分别为连续相扩散系数、黏度和密度；其余同表 25-7-20 注。

7.10.6　液液反应器操作特性

（1）喷洒塔　Laddha 等[112]建议用下两式估算 d_D 和 u_g：

$$d_D=\alpha_1\left(\frac{\sigma}{\Delta\rho g}\right)^{0.5}\left(\frac{u_0^2}{2gd_0}\right)^{\beta_1} \tag{25-7-144}$$

$$u_g = \alpha_2 \left(\frac{\sigma \Delta \rho g}{\rho c^2}\right)^{0.25} \left(\frac{u_0^2}{2g d_0}\right)^{\beta_2} \tag{25-7-145}$$

式中，$\alpha_1 = 1.6$，$\beta_1 = -0.067$；对从连续相传递至分散相或无传递发生，$\alpha_2 = 1.09$，$\beta_2 = -0.082$；对从分散相传递至连续相，$\alpha_2 = 1.42$，$\beta_2 = 0.125$。

对喷洒塔由式（25-7-128）得出

$$\frac{u_{OD}}{\varepsilon_D} \pm \frac{u_{OC}}{1-\varepsilon_D} = u_g(1-\varepsilon_D) \tag{25-7-146}$$

上式可用于决定 ε_D，而 $6\varepsilon_D/d_D$ 即可得比表面积 a。

轴向返混按轴向分散系数 D_{EC} 来表征，Vermeulen 等[113]提出用下式来估计 D_{EC}，即

$$D_{EC} = 0.12(u_{OD}D_T)^{1/2} \tag{25-7-147}$$

Laddha 等[114]发现滴的大小直接影响返混，建议采用下式：

$$\frac{u_{CO}d_D}{D_{EC}}\left(\frac{u_{OD}}{u_{OC}}\right)^{0.5} = 0.014\exp\left(0.0005\frac{d_0 u_0 \rho_C}{\mu_C}\right) \tag{25-7-148}$$

Thornton[115]提出用下式确定液泛时的分散相荷量 ε_{DE}：

$$\varepsilon_{DE} = \frac{\left[\left(\frac{u_{OD}}{u_{OC}}\right)^2 + 8\frac{u_{OD}}{u_{OC}}\right]^{1/2} - 3\frac{u_{OD}}{u_{OC}}}{4\left(1-\frac{u_{OD}}{u_{OC}}\right)} \tag{25-7-149}$$

将式（25-7-149）与式（25-7-146）联合，即可算出液泛时 u_{OD} 和 u_{OC}。工程上一般取液泛点的 50%。

（2）筛板塔

① 静态筛板塔 u_g 仍可按式（25-7-145）计算，按 Treybal[116]，筛板塔板上因连续相作横向流动，$u_{OC}=0$，故

$$u_{OD}/u_g = \varepsilon_D(1-\varepsilon_D) \tag{25-7-150}$$

d_D 仍可按式（25-7-144）计算，也可按 Treybal[116]建议的方法计算，即

$$\left.\begin{array}{l} 当 d_0\sqrt{\frac{\Delta\rho g}{\sigma}} < \frac{\pi}{4}, \frac{d_0}{d_D} = 0.5 + 0.2425\left(d_0\sqrt{\frac{\Delta\rho g}{\sigma}}\right)^2 \\[3mm] 当 d_0\sqrt{\frac{\Delta\rho g}{\sigma}} > \frac{\pi}{4}, \frac{d_0}{d_D} = 0.06 + 0.755\left(d_0\sqrt{\frac{\Delta\rho g}{\sigma}}\right) \end{array}\right\} \tag{25-7-151}$$

而最佳孔速 u_{om} 可表示为

$$u_{om} = 2.69\left(\frac{d_D}{2d_0}\right)^2\left[\frac{2\sigma}{d_D(0.5137\rho_D + 0.4719\rho_C)}\right]^{1/2} \tag{25-7-152}$$

分散相的返混可以认为不存在，而连续相在单板中可认为是理想混合的。

液泛条件决定于压力平衡和溢流管特性，详细情况可参见 [112,116]。

② 脉动筛板塔式(25-7-146) 仍适用,而 u_g 按式(25-7-152)[112]计算

$$\frac{u_g \mu_C}{\sigma} = 0.6 \left(\frac{\sum \mu_C^5 g}{\rho_C \sigma^4} \right)^{-0.24} \left(\frac{d_0 \rho_C \sigma}{\mu_C^2} \right)^{0.9} \left(\frac{\mu_C^4 g}{\Delta \rho \sigma^3} \right) \left(\frac{\Delta \rho}{\rho_C} \right)^{1.8} \left(\frac{\mu_D}{\mu_C} \right)^{0.3} \tag{25-7-153}$$

式中, $\sum = \pi^2 [(S_t/S_0)^2 - 1](Af)^3/0.72 h_c$ 为单位质量功率输入; S_t/S_0 为总板面积与孔面积比; h_c 为板间距; A、f 分别为脉动振幅和频率。

脉动塔中连续相和分散相的轴向分散系数可由下式估算:

$$D_{EC} = D_{ED} = 1.75 \left(\frac{h_c}{D_T} \right)^{2/3} \left(\frac{d_0 S_t}{S_\sigma} \right) \left(Af + \frac{u_{OC}}{2} \right) \tag{25-7-154}$$

脉动塔的液泛条件可参见 Thornton[115,117]。

(3) 填料塔   式(25-7-128) 适用于关联 ε_C 和 ε_D。对拉西环、勒辛环和弧鞍形填料 u_g 为

$$u_g = 0.683 \left[\frac{a_p \rho_C}{(1 - \varepsilon_B) g \Delta \rho} \right]^{-\frac{1}{2}} \tag{25-7-155}$$

式中, a_p 为填料比表面积; $1 - \varepsilon_B$ 为空隙率; 如填料为圆球, 则系数用 0.973 代替 0.683。

液滴平均直径 d_D 由 Gayler 和 Pratt[118]关系式计算:

$$d_D = 0.92 \left(\frac{\sigma}{\Delta \rho g} \right)^{1/2} \left(\frac{u_g \varepsilon_D}{u_{OD}} \right) \tag{25-7-156}$$

则比表面积由 $6 \varepsilon_D / d_D$ 可得。

分散相和连续相分散系数[119]关联式为

$$\frac{d_p u_{OD}}{D_{ED}} = 0.35 \tag{25-7-157}$$

$$\left. \begin{array}{l} \text{当} \left(\frac{d_p u_{OC} \rho_C}{\lambda \mu_C} \right)^{1/2} \frac{u_{OC}}{u_{OD}} > 22 \text{ 时}, u_{OC} d_p / D_{EC} = 0.2 \\[3mm] \text{当} \left(\frac{d_p u_{OC} \rho_C}{\lambda \mu_C} \right)^{1/2} \frac{u_{OC}}{u_{OD}} < 22 \text{ 时}, u_{OC} d_p / D_{EC} = \\[3mm] 0.0135 \left(\frac{d_p u_{OC} \rho_C}{\lambda \mu_C} \right)^{0.435} \times \left(\frac{u_{OC}}{u_{OD}} \right)^{0.87} \end{array} \right\} \tag{25-7-158}$$

式中, d_p 为填料直径; λ 为常数, 圆球 $\lambda = 1$, 拉西环和弧鞍形填料等 $\lambda = 0.63$。

Laddha 等[119]建议用下列无量纲关联式计算填料塔的液泛, 即

$$\left[1 + 0.835 \left(\frac{u_{OD}}{u_{OC}} \right)^{0.5} \left(\frac{\rho_D}{\rho_C} \right)^{0.25} \right] \left[\frac{u_{oCf}^2 a_p \rho_C}{g (1 - \varepsilon_B)^3 \Delta \rho} \right]^{0.25} = C \left[\frac{a_p (1 - \varepsilon_B) \sigma}{\rho_C u_{oCf}} \right]^n \tag{25-7-159}$$

式中, C 和 n 为常数, 对拉西环 $C = 0.894$, $n = -0.078$; 对弧鞍形 $C = 0.882$, $n = -0.052$; 对勒辛单格环, $C = 0.853$, $n = -0.046$。

通过床层压降 (Pa·m^{-1}) 为[112]

$$\Delta P/Z = \Delta P_0/Z + 2.82 \frac{\Delta\rho g\varepsilon_D}{1-\varepsilon_B}\left[\frac{u_{OC}^2 a_p\rho_C}{g(1-\varepsilon_B)^3\Delta\rho}\right]^{0.25} \quad (25\text{-}7\text{-}160)$$

式中，$\Delta P_0/Z$ 为单纯连续相同样表观速度下的压降。

（4）转盘塔 可用式(25-7-146)。u_g 按低转速区间Ⅰ和高转速区间Ⅱ分别确定[120]，见图 25-7-38。

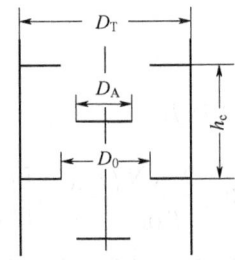

图 25-7-38 转盘塔层间尺寸示意

区间Ⅰ：

$$u_g = 1.5\left[\left(\frac{\sigma\Delta\rho g}{\rho_C^2}\right)^{0.25}\psi_G\right]\left[\psi_P^{0.5}\left(\frac{g}{D_A N^2}\right)\right]^{0.08} \quad (25\text{-}7\text{-}161)$$

区间Ⅱ：

$$u_g = \beta\left[\left(\frac{\sigma\Delta\rho g}{\rho_C^2}\right)^{0.25}\psi_G\right]\left[\psi_P^{0.5}\left(\frac{g}{D_A N^2}\right)\right] \quad (25\text{-}7\text{-}162)$$

式中，β 为常数，对分散相传递至连续相 $\beta=0.110$，对连续相传递至分散相 $\beta=0.077$；D_A 为转盘外径；N 为转盘转速；ψ_G、ψ_P 分别为代表尺寸和物性的集合体：

$$\psi_G = \left(\frac{h_c}{D_A}\right)^{0.9}\left(\frac{D_0}{D_A}\right)^{2.1}\left(\frac{D_A}{D_T}\right)^{2.4} \quad (\text{符号见图 }25\text{-}7\text{-}38)$$

$$\psi_P = \left(\frac{\sigma^3\rho_C}{\mu_C^4 g}\right)^{1/4}\left(\frac{\Delta\rho}{\rho_C}\right)^{3/5}$$

区间Ⅰ和区间Ⅱ的边界：$N = C\left(\dfrac{g}{D_A}\right)^{0.5}\psi_P^{0.25}$，其中分散相传递至连续相，$C=0.2$，反之 $C=0.25$。

液滴平均直径 d_D 亦与区间Ⅰ、Ⅱ有关：

$$\left.\begin{array}{ll} \text{区间Ⅰ} & d_D \approx 1.4\left(\dfrac{\sigma}{\Delta\rho g}\right)^{0.5} \\[3mm] \text{区间Ⅱ} & d_D = C\left(\dfrac{\sigma}{\rho_C}\right)^{0.6}P^{-0.4[122]} \end{array}\right\} \quad (25\text{-}7\text{-}163)$$

式中，P 为单位质量输入功率，$\text{W}\cdot\text{kg}^{-1}$；$C$ 为常数，有机物分散相 $C=0.5$，水溶液分散相 $C=1.0$。

转盘塔功率消耗按每段层功率数等于 0.03[122] 计算：

$$\frac{P_c}{\rho_m N^3 D_A^5}=N_P=0.03 \qquad (25\text{-}7\text{-}164)$$

式中，$\rho_m=\varepsilon_D\rho_D+(1-\varepsilon_D)\rho_C$；$P_c$ 为每段层的功率消耗。式（25-7-164）成立的附加条件为

$$D_A^2 N\rho_m/\mu_m>10^5$$

式中，$\mu_m=\dfrac{\mu_C}{\varepsilon_D}\left(1+\dfrac{1.5\mu_D\varepsilon_D}{\mu_C+\mu_C}\right)$。

连续相和分散相的轴向分散系数[121]为

$$\frac{\varepsilon_J D_{EJ}}{u_{OJ}h_c}=0.5+0.09\varepsilon_J\frac{D_A N}{u_{OJ}}\left(\frac{D_A}{D_T}\right)^2\left[\left(\frac{D_0}{D_T}\right)^2-\left(\frac{D_A}{D_T}\right)^2\right] \qquad (25\text{-}7\text{-}165)$$

式中，下标 J 可以代表 D 或 C，即上式对分散相和连续相均适用。

（5）搅拌混合器　搅拌混合首先是均匀度问题，混合均匀度 I_m 可用下式表示：

$$I_m=\frac{\varepsilon_D(u_{OD}+u_{OC})}{u_{OD}} \qquad (25\text{-}7\text{-}166)$$

Treybal[116]指出，当搅拌比功率超过 $0.32\text{kW}\cdot\text{m}^{-3}$ 可以确保 I_m 高于 0.95。而当搅拌混合均匀时，则

$$\varepsilon_D=\frac{u_{OD}}{u_{OD}+u_{OC}} \qquad (25\text{-}7\text{-}167)$$

搅拌混合的滴径按式（25-7-168）[123]计算

$$d_D=2.24\left[\frac{\sigma^{0.6}}{\left(\dfrac{P}{V_L}\right)^{0.4}\rho_C^{0.2}}\right]\varepsilon_D^{0.5}\left(\frac{\mu_D}{\mu_C}\right)^{0.25} \qquad (25\text{-}7\text{-}168)$$

式中，P/V_L 为单位体积搅拌功率消耗。

参考文献

［1］ Danckwerts P V. Gas-Liquid Reactions. New York: McGraw Hill Inc, 1970: 32, 102.
［2］ Lamourelle A P, Sandall O C. Chem Eng Sci, 1972, 27: 1035-1043.
［3］ 张成芳. 气液反应和反应器. 北京: 化学工业出版社, 1985.
［4］ Carberry J J. Chemical and Catalytic Reaction Engineering. New York: McGraw-Hill, 1976.
［5］ 疋田晴夫, 浅井悟. 化学工学, 1963, 27: 823-830.
［6］ Pearson J R A. J Fluid Mech, 1958, 4: 489-500.
［7］ 今石宜之, 铃木康夫, 宝泽光纪, 等. 化学工学论文集, 1980, 6: 589-590.
［8］ Shah Y T, Sharma M M. Trans Instit Chem Engrs, 1976, 5: 1-141.
［9］ Fujinawa K, et al. J Chem Eng Japan, 1978, 11: 107-111.
［10］ 今石宜之, 等. 化学工学论文集, 1978, 4: 495-499; 1980, 6: 431-433.
［11］ Havdulr W, Laudie H. AIChEJ, 1974, 20: 611.
［12］ 恩田格三朗. 改订ガス吸收. 東京: 化学工业社, 1981.

[13] Bettino R, Clever H L. Chem Rev, 1966, 66: 395-463.

[14] Mersmann A, et al. Ger Chem Eng, 1979, 2: 249-258.

[15] Hoffman L A, et al. AIChE J, 1975, 21: 318-326.

[16] Raghuram S, Shah Y T. Chem Eng J, 1977, 13: 81-92.

[17] Sharma S, et al. AIChE J, 1976, 22: 324-331.

[18] 高橋照男, 赤木靖春. ケミカル·エンシニセンク, 1981, 26: 900-905.

[19] 恩田格三朗, 竹内宽, 小山恭章. 化学工学, 1967, 31: 126-129.

[20] 筱原久. 别册化学工业, 1980, (10): 120-131.

[21] Patwardhan V S. Can J Chem Eng, 1978, 56: 56-64; 1978, 56: 558-563; 1979, 57: 582-585; 1981, 59: 483-486.

[22] 竹内宽. ケミカル·エンシニセンク, 1980, 25(9): 18-24.

[23] Porter K E. Trans Inst Chem Engrs, 1963, 41: 320-325.

[24] Secor R M, Southworth R W. AIChE J, 1961, 7: 705-707.

[25] Burghardt A, Bartelmns G. Chem Eng Sci, 1979, 34: 405-412.

[26] Blaß E. Chem Ing Tech, 1977, 49: 95-105.

[27] Соколов В Н, Доманский И В. газожидкостные Реакторы Лениград: Мащиностроение, 1976.

[28] 疋田晴夫, 石見紘策. ケミカル·エンシニセンク, 1969(12): 15-22.

[29] 龟井大石山. 化学工学, 1954, 18: 364, 421, 545.

[30] Brauer H. VDI-Forschungsh, 1956: 457.

[31] Brötz W. Chem Ing Tech, 1954, 26: 121-129.

[32] Feind K. VDI-Forschungsh, 1960: 481.

[33] Zhivaikin L Y. Intn Chem Eng, 1962, 2: 337-340.

[34] Hughmark G A. Ind & Eng Chem Fundam, 1981, 19: 385-399.

[35] Hiby J W. Chem Ing Tech, 1973, 45: 1103-1106.

[36] Koziol K, Broniarz L, Nowicka T. Intn Chem Eng, 1980, 20: 136-142.

[37] Rest R J, Homer B. Chem Eng Sci, 1979, 34: 759-762.

[38] Pamm B M. 气体吸收. 第2版. 张凤志, 等译. 北京: 化学工业出版社, 1985.

[39] Andrew S P S. Alta Technologia Chimica. Roma: Accadermia Nazionale dei Lincei, 1961: 153.

[40] Sharma M M, Mashelker R A, Metha V D. Brit Chem Eng, 1969, 14(1): 37-45.

[41] Calderbank P H, Mooyoung M B. Chem Eng Sci, 1961, 16: 39-54.

[42] Gerster J A, et al. Tray Efficiencies in Distillation Columns, Final Report from the University of Delaware. New York: AIChE, 1958.

[43] Gilbert T J. Chem Eng Sci, 1959, 10: 243-253.

[44] Kramers M, Westerterp K R. Elements Chemical Reactor Design and Operations. New York: Academic Press, 1963.

[45] Shah Y T, et al. AIChE J, 1982, 28: 353-379.

[46] Akita K, Yoshida F. Ind & Eng Chem Proc Des Dev, 1973, 12: 76-80; 1974, 13: 84-91.

[47] Hikita H, Asai S, et al. Chem Eng J, 1980, 21: 59-67.

[48] Hill J H, et al. Chem Eng J, 1976, 12: 89-99.

[49] Merchuk J C, Stein Y. AIChE J, 1981, 27: 377-388.

[50] 钱振荣. 气提式外循环鼓泡塔研究. 上海: 华东化工学院, 1986.

[51] Ueyama K, et al. Ind & Eng Chem Proc Des Dev, 1980, 19: 592-599.

[52] Koide K, et al. J Chem Eng Japn, 1979, 12: 98-104.

[53] Kojima E, et al. J Chem Eng Japn, 1980, 13: 16-21.

[54] Hill J H. Traps Inst Chem Engrs, 1974, 52: 1-9.

[55] Павлов В П Хпм, Пром, 1965, (9): 58-60.

[56] Towell G D, et al. Proc 2nd Intn Symp Chem Reaction Eng, Amsterdam, 1972: B3~1.

[57] Pavlica R T, Olson J H. Ind & Eng Chem, 1970, 62: 45-58.

[58] Mangartz K H, et al. Verfahrenstechnik(Mainz), 1980, 14: 40-44.

［59］ Field R W, Davidson J F. Trans Instit Chem Engrs, 1980, 58: 228-236.

［60］ Diboun M, Schiigerl K. Chem Eng Sci, 1967, 22: 147-160.

［61］ Deckwer W D, et al. Chem Eng Sci, 1974, 29: 2177-2188.

［62］ Hikita H, KikuKawa H. Chem Eng J, 1974, 8: 191-197.

［63］ Deckwer W D, et al. Chem Eng Sci, 1973, 28: 1223-1225.

［64］ Badura R, et al. Chem Ing Tech, 1974, 46: 399-399.

［65］ Baird M H J, Rice R G. Chem Eng J, 1975, 9: 171-174.

［66］ Joshi J B, Sharma M M. Trans Inatn Chem Engrs, 1976, 54: 42-53.

［67］ Froment G F, Bischoff K B, Wilde J D. Chemical Reactor Analysis and Design, 3rd Ed. New York: John Wiley & Sons, Inc. 2011.

［68］ Schumpe A, Deckwer W D. Ger Chem Eng, 1979, 2: 234-241.

［69］ Carra S, Morbidelli M. Gas-Liquid Reactors. in Chemical Reaction and Reactor Engineering. Carberry J J, Varma A. New York: Marcel Dekker, 1986.

［70］ Nishikawa M, Kato Y, Hashimoto K. Ind & Eng Chem Proc Des Dev, 1977, 16: 133-137.

［71］ Sharma M M, Mashelkar R A. I Chem Eng Symp Ser, 1968, 28: 10.

［72］ Burkel W. Chem Ing Tech, 1972, 44: 265-268.

［73］ Hart F W. Ind & Eng Chem Proc Des Dev, 1976, 15: 109-114.

［74］ Deckwer W D, et al. Chem Eng Sci, 1980, 35: 1341-1346.

［75］ Hikita H, et al. Ind & Eng Chem Proc Des Dev, 1981, 20: 540-545.

［76］ Ruff K, pilhofer T, Mersmann A. Chem Ing Techn, 1976, 48（9）: 759-764; Intn Chem Eng, 1978, 18（3）: 395-441.

［77］ Levenspiel O, Bischoff K B. Ind & Eng Chem, 1959, 51: 1431-1434.

［78］ Deckwer W D. Chem Ing Tech, 1977, 49: 213-223; Intn Chem Eng, 1979, 19（1）: 21-31.

［79］ Deckwer W D, et al. Chem Eng Sci, 1977, 37: 51-57.

［80］ Deckwer W D. Chem Eng Sci, 1976, 31: 309-317.

［81］ Joshi J B, Pandit A B, Sharma M M. Chem Eng Sci, 1982, 37: 813-844.

［82］ Botton R, et al. Chem Eng Sci, 1980, 35: 82-89.

［83］ Steiff A, Poggemann R, Weinspach P M. Ger Chem Eng, 1981, 4: 30-36.

［84］ 张成芳, 朱子彬, 等. 石油炼制, 1980,（10）: 17-28.

［85］ Bater R L, Fondy P L, Fenic J G. Impeller Char-acteristics and Power//Mixing, Vol. 1. Uhl V W, Gray J B. New York: Academic Press, 1966: 112.

［86］ Nagata S. Mixing. Tokyo: Halsted Press, 1975.

［87］ Westertep K R, Van Dievendonck L L, de Kraa J A. Chem Eng Sci, 1963, 18: 157-176.

［88］ Van Dierendonck L L, et al. Proc 4th Eur Symp on Chem React Eng. Brussels: Pergamon Press, 1968: 1971; Proc 5th Eur Symp Chem Rect Eng. Amsterdam: Elsevier, 1972: 136-145.

［89］ Hughmark G. Ind & Eng Chem Proc Des Dev, 1980, 19: 638-641.

［90］ Sridhar T, Potter O E. Ind & Eng Chem Fundam, 1980, 19: 21-26.

［91］ Sridhar T, Potter O E. Chem Eng Sci, 1980, 35: 683-685.

［92］ Chandrasekharan K, Calderbank P H. Chem Eng Sci, 1981, 36: 819-823.

［93］ Van't Riet K. Ind & Eng Chem Proc Des Dev, 1979, 18: 357-364.

［94］ Prasher B D, Wills G B. Ind & Eng Chem Proc Des Dev, 1973, 12: 351-354.

［95］ Rao K B, Murthy P S. Ind & Eng Chem Proc Des Dev, 1973, 12: 190-197.

［96］ Maerteleire E D. Chem Eng Sci, 1978, 33: 1107-1113.

［97］ Mehta V D, Sharma M M. Chem Eng Sci, 1971, 26: 461-479.

［98］ Joshi J B, Sharma M M. Can J Chem Eng, 1977, 55: 683-695.

［99］ Sawant S B, Joahi J B. Chem Eng J, 1979, 18: 87-91.

［100］ Zlokarnik M. Chem Ing Tech, 1966, 38: 357-366

［101］ Joshi J B. Chem Eng Comm, 1980, 5: 213-219.

［102］ Martin G Q. Ind & Eng Chem Proc Des Dev, 1972, 11: 397-404.

[103] Zundelevich Y. AIChE J, 1979, 25: 763-773

[104] Matsumura M, et al. J Ferm Tech, 1980, 58: 69-77.

[105] Matsumura M, et al. J Ferm Tech, 1978, 56, 128-138.

[106] Trambouze P, Van Landeghem H, Wauquier J P. Chemical Reactors, Chapter 9, Houston: Gulf, 1988.

[107] Sawistowski H. Interfacial Phenomena, in Recent Advances in Liquid/Liquid Extraction（Ed Hanson C）. Oxford: Pergamon Press, 1975.

[108] Gayler R, Roberts N W, Pratt H R C. Trans Inst Chem Eng, 1953, 31: 57-69.

[109] Skelland A H P, Minhas S S, AIChE J, 1971, 17: 1316-1324.

[110] Skelland A H P, Wellek R M. AIChE J, 1964, 10: 491-496.

[111] Skelland A H P, Conger W L. Ind & Eng Chem Proc Des Dev, 1973, 12: 448-454.

[112] Laddha G S, Degaleesan T E. Transport Phenomena in Liquid Extraction. New TYork: McGraw Hill, 1976.

[113] Vermeulen T, Moon J S, Hennico A, et al. Chem Eng Prog, 1966, 62: 95-102.

[114] Laddha G S, et al. AIChE J, 1976, 22: 456-462.

[115] Thornton J D. Chem Eng Sci, 1956, 5: 201-208.

[116] Treybal R E. Liquid Extraction, 2nd ed. New York: McGraw Hill, 1963.

[117] Thornton J D. Trans Inst Chem Eng, 1957, 35: 316-330.

[118] Gayler R, Pratt H R C. Trans Inst Chem Eng, 1957, 35: 267-272.

[119] Venkataratnan G, Laddha G S. AIChE J, 1960, 6: 355-358.

[120] Laddha G S, Degaleeean T E, Kannappan R. Can J Chem Eng, 1978, 56: 137-150.

[121] Strand C P, Olney R B, Ackerman G H. AIChE J, 1962, 8: 252-261.

[122] Reman G H, Van de Vusse J G. Genie Chimique, 1955, 74: 106-114.

[123] Danckwerts P V. in Chemical Engineering Practice, Vol 8, Chap 6. London: Butterworths, 1965.

8

气液固反应器

气液固三相反应器广泛应用于工业部门之中。表 25-8-1 列举了重要的实例。由表中可见,固相多数为催化剂,但亦可为反应物或反应产物。虽然三相反应系统分布在聚合物化学、生化、石油工业中,但更多出现在加氢工艺过程中。

表 25-8-1 气液固三相反应器应用实例[1]

序号	反应系统	催化剂	反应器
1	脂肪酸加氢	Raney 镍	淤浆反应器
2	硝基苯磺酸钾盐、硝基酚在水溶液中加氢	Pd、Pt、Ni 基	淤浆反应器
3	α-纤维素(或粉煤)加氢和加氢裂解生产液体和气体燃料	Ni	淤浆反应器
4	腈加氢	Ni	淤浆反应器
5	丁烯-1 加氢异构化至丁烯-2	未公开	填料鼓泡塔
6	烯烃、甲基山梨酸酯加氢和加氢甲酰化	贵金属 Rh 基	淤浆反应器
7	木质素加氢、糖类的氢解	Raney 镍;Ru	淤浆反应器
8	$CO+H_2$ Fisher-Tropsh 合成 CH_4 和直链烃	Ni-MgO	淤浆反应器
9	$CO+H_2$ 合成甲醇	Cu-Zn 氧化物	三相流化床
10	亚硝酸盐和氢反应生成羟胺;$NH_4 NO_3$、$H_3 PO_4$ 和 H_2 生成磷酸、羟胺	贵金属 Pd 载于炭上	淤浆反应器
11	水溶液中用 H_2 还原六价铀酰为四价	Pd 基	填料鼓泡塔
12	空气氧化乙醇为乙酸	Pd 基	涓流床;淤浆床
13	异丁烯乙二醇氧化成 α-羟基异丁酸	Pd 载于炭上	淤浆反应器
14	一乙醇胺胺化成乙烯二胺	未公开	涓流床
15	丙烯氧化物异构化成烯丙醇;环氧乙烷化合物重整	$Li_3 PO_4$ 悬浮于联二苯;SiO_2-$Al_2 O_3$	淤浆反应器
16	葡萄糖氧化成葡萄糖酸钾	Pt 载于炭上	淤浆反应器
17	1-溴-2,4-二氯苯加氢成 1,3-二氯苯	Pd 载于炭上	淤浆反应器
18	苯与丙烯烷基化	磷酸	涓流床反应器
19	异丁烯和水溶甲醛反应(二甲基丁二烯合成步骤之一)		涓流床反应器
20	异丁烯和甲醇生产甲基-叔丁基醚	离子交换树脂	多管填充床反应器
21	乙烯环氧化	银氧化物载于硅胶悬浮于二丁基邻苯二甲酸酯中	淤浆反应器
22	丙烯与叔丁基过氢化物、乙基苯过氧化物等环氧化;苯乙烷和 α-烯烃与异丙基苯过氧化氢环氧化	Mo 硫化物/氧化物	淤浆反应器
23	淤浆聚合	有机金属化合物	淤浆反应器
24	SO_2 在水中氧化成 $H_2 SO_4$	活性炭	涓流床;淤浆反应器
25	稀甲酸和乙酸溶液的氧化(废水处理)	Cu-Zn 氧化物	涓流床
26	石油馏分加氢脱硫和加氢裂解	钼钨基	涓流床
27	丙烯转化为异丙烯	钨基	涓流床
28	由丙烯腈生产丙烯酰胺	亚铬酸铜	涓流床
29	异莰醇脱氢生成樟脑	Cu-Ni-Mn	淤浆反应器
30	仲醇脱氢生成酮	Ni、Cu、Cr	淤浆反应器
31	聚合物加氢	Raney Ni;Pd/C	淤浆反应器
32	苯乙烯、α-烯烃等环氧化合物加氢	Raney Ni	淤浆反应器

序号	反应系统	催化剂	反应器
33	二甲基硝基苯在浓硫酸介质中加氢生成 4-氨基-3-甲基酚	Pt/C	淤浆反应器
34	用相转移催化剂有机取代反应	铵和磷盐交联聚苯乙烯树脂交联直链聚乙烯酯等四元催化剂	淤浆反应器
35	悬浮 Ba(OH)$_2$、BaS、MgO、CaS 液吸收 CO$_2$	—	淤浆反应器
36	悬浮 CaCO$_3$、Ca(OH)$_2$吸收 SO$_2$、H$_2$S、COCl$_2$、Cl$_2$	—	淤浆反应器
37	悬浮于水的聚乙烯(和聚氯乙烯)氯化	—	淤浆反应器
38	木质低浆的氯化	—	淤浆反应器

三相反应器主要可分为固定床和淤浆反应器两大类。其中，固定床又分为气液并流向下的涓流床反应器和气液并流向上的填充层鼓泡反应器。淤浆反应器中催化剂的颗粒通常小于 1mm，它随液相产品一起被排出。淤浆反应器可以用鼓泡和机械搅拌的方法使催化剂颗粒悬浮。当催化剂颗粒较大（1～5mm），气液向上流出反应器并不夹带颗粒（颗粒仍留在床内）称为三相流化床反应器。

图 25-8-1～图 25-8-4 表示了三相反应器几种基本形式。固定床三相反应器具有结构简单、操作较易的优点，但是存在床层排热较困难，催化剂利用率较低，催化剂内部浓度和温度不均一等缺点。淤浆反应器虽然具有催化剂利用率高，反应热可以用盘管和夹套等方便排出的优点，但是带来了催化剂微粒与液体产物的分离问题。因此，必须针对反应系统的特征选择合适的反应器的型式。

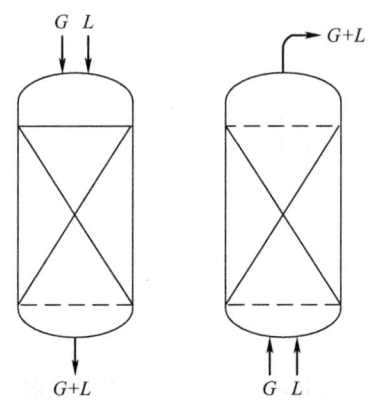

(a) 涓流床反应器   (b) 填充鼓泡反应器

图 25-8-1 固定床三相反应器

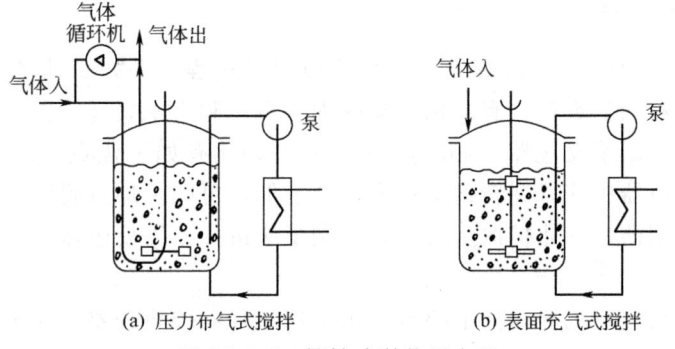

(a) 压力布气式搅拌   (b) 表面充气式搅拌

图 25-8-2 搅拌式淤浆反应器

第 **25** 篇

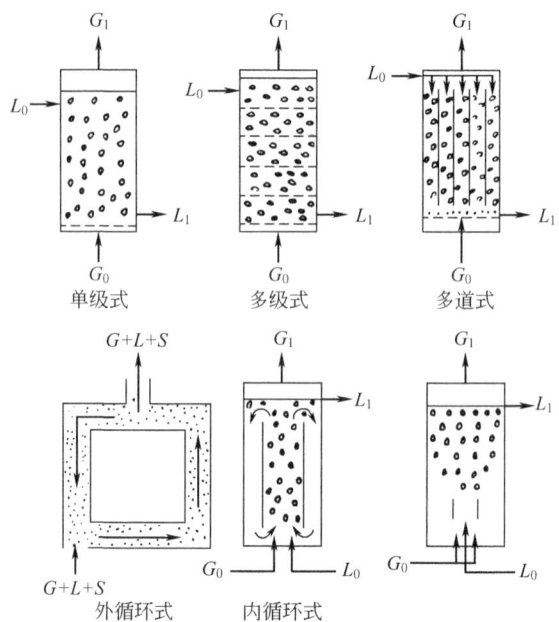

图 25-8-3 鼓泡淤浆反应器基本类型

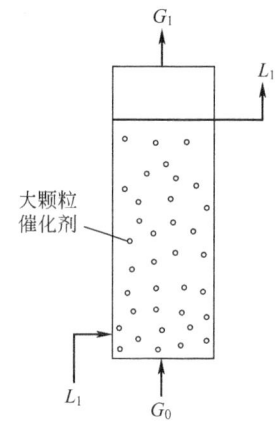

图 25-8-4 三相流化床反应器

8.1 涓流床反应器

涓流床反应器广泛应用于石油、化工和环境保护过程，例如石油产品的加氢脱硫、脱氮、脱钒、脱金属和加氢裂解，有机化合物的加氢氧化和废水处理等。

涓流床反应器与淤浆反应器（slurry reactors）相比有如下优点：①涓流床流动接近平推流，能在单一反应器中获得高转化率；②荷液量低，可减少加氢脱硫时油品热裂化的可能性；③涓流床液膜很薄，气体扩散阻力小，有利反应进行；④反应器阻力小，用于输送气体的能耗较低。

然而，涓流床反应器也存在如下缺点：①涓流床径向传热较差，易于产生局部过热而导致失活；②低液流速率下，发生沟流、短路和不完全润湿的情况，从而影响反应效果；③催化剂颗粒度较大在反应速率较快时，内扩散影响会导致有效系数的降低；④长期操作中，由于积炭、金属硫化物的沉积和污垢等影响，会使催化剂孔口堵塞，影响寿命。

现代工业中，滑流床反应器常采用多层型式，床层的数量可为1～5层，每层催化剂深度为3～6m（催化剂的强度一般允许6～8m高的床层），反应器直径可大至3m。在层间中加入冷的氢气进行"急冷"，每段床层绝热温升应限制在30℃以内。

8.1.1 气液并流向下流过填充床的流动形态

气液并流流过填充床，按照气液流率的不同，可获得滑流、脉动流、喷雾流、鼓泡流和泡沫流等几种流动形态[3]。

在气体和液体流率较低的情况下，气液相间相互作用较小，液体由填充物从上而下以膜状、沟状和滴状滑流而下。当气体流速增加时，较大速度的气体对液相施加一定的曳力。此曳力足够大时，会使液相出现波纹。如果继续增加气体和液体速度，气液的剧烈运动将会使部分液体以丸状和滴状离开原有流道，它不断地堵塞住原有液体流道，从而构成了脉动流。

脉动流首先在床层底部形成（底部压力低，气体流速较高），然后迅速扩展到全床层。脉动流的床层由富液区和富气区交织而成。

如果气速继续提高，气流将由丸状和滴状的流体变成雾状，此时部分液体由填充物表面流下，部分以雾状由连续的气相带走。此种流动方式称为喷雾流，喷雾流通常在$G_L < 2 \sim 5 \text{kg} \cdot \text{m}^{-2} \cdot \text{s}^{-1}$时才会出现[4]。

当液体流速较大而气体流速较小时，气液流动以鼓泡流的形态进行。

Hofmann[5]收集了各研究者关于空气-水系统的数据，制出的流动形态分区图如图25-8-5所示。

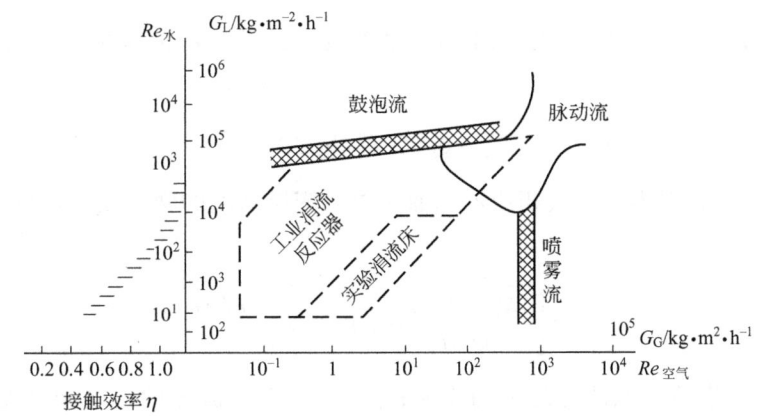

图 25-8-5 空气-水系统的流动区域

Charpentier等[6]观察了各种流动形态，指出$G_L < 5 \text{kg} \cdot \text{m}^{-2} \cdot \text{s}^{-1}$和$G_G < 0.01 \text{kg} \cdot \text{m}^{-2} \cdot \text{s}^{-1}$时，流动以滑流形态进行，此时气体的流动几乎对液体流动没有影响。随着气速和液速的增加，气液两相的相互作用加剧，此时流动形态与液体的发泡性能有关。对不发泡的液体，形成脉动流和喷雾流；对发泡的液体，则形成泡沫流、泡沫脉动流、脉动流和喷雾流。他们研究了20种碳氢化合物和气体在氧化钴、钼和铝催化剂上的流动形态，得出了对于不发泡和发泡液体的不同流动形态区域图。

Morsi[7]、Midoux[8]和Gianetto[9]等继续研究了发泡和不发泡碳氢化合物与气体在填充床中流下的流动形态，指出就涓流区域而言，可以用相同的图线来表达，它与液体的发泡性能有关。但在强烈气液作用的区域，不发泡液体仅生成脉动流和喷雾流，而对于发泡液体，气速较低的脉动流将由泡沫流和泡沫脉动流所代替，其流动形态分区图如图 25-8-6 所示。

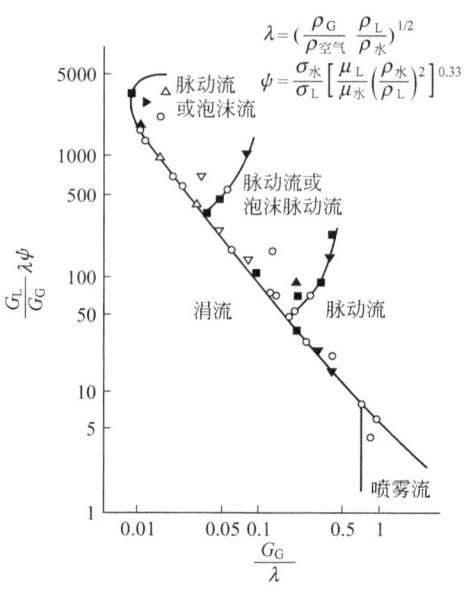

图 25-8-6　气液向下流的流动区域图

8.1.2　涓流床的压力降

当催化剂颗粒大于 1.59mm 时，Shah[3] 推荐按下式计算涓流床单位床层高度的摩擦损失 δ_{LG}，即

$$\lg[\delta_{LG}/(\delta_L+\delta_G)]=0.620/[(\lg\sqrt{\delta_L/\delta_G})^2+0.830] \tag{25-8-1}$$

式中，δ_G、δ_L 分别为单独气相或液相通过单位床层高度的摩擦损失，$W\cdot m^{-3}$。可按下式计算：

$$\delta=\left[\frac{150\mu(1-\varepsilon)}{\rho u_0 d_p}+1.75\right]\frac{1-\varepsilon}{\varepsilon^3}\frac{\rho u_0^3}{d_p} \tag{25-8-2}$$

式中，u_0 为空塔截面积计算的平均流速；ρ、μ 分别为流体的密度和黏度；ε 为床层空隙率；d_p 为等比表面积的当量直径。而床层的实际压降因气流混合物的位头的关系，并流时应在摩擦损失中扣除 $\rho_M=\varepsilon_L\rho_L+(1-\varepsilon_L)\rho_G$，

故

$$(\Delta P/\Delta Z)=\delta_{LG}-\varepsilon_L\rho_L-(1-\varepsilon_L)\rho_G \tag{25-8-3}$$

此时 ε_L 用下列经验关系计算：

$$\lg\varepsilon_L=-0.440+0.400\lg\sqrt{\delta_L/\delta_G}-0.120(\lg\sqrt{\delta_L/\delta_G})^2 \tag{25-8-4}$$

对催化剂颗粒小于 1.59mm 的涓流床，可采用 Clements 和 Schmidt[10] 经验关系式：

$$(\Delta P/\Delta Z)_{LG}\bigg/\left(\frac{\Delta P}{\Delta Z}\right)_{G}=1.507\mu_{L}d_{p}\left(\frac{\varepsilon}{1-\varepsilon}\right)^{3}(Re_{G}We_{G}/Re_{L})^{-\frac{1}{3}} \qquad (25\text{-}8\text{-}5)$$

此处，d_p 单位为 m；μ_L 单位为 kg·m^{-1}·s^{-1}；Re_G 和 Re_L 是以颗粒直径和空塔速度计算所得的雷诺数；$We_G=\dfrac{\mu_{OG}^{2}d_{p}\rho_{G}}{\sigma_{L}}$。

Kan 和 Greenfield[11]发现 0.5~1.85mm 玻璃球涓流床压降数值的非单值函数现象，即气速增高时压降较大而气速降低时压降较低的不可逆现象。

工业涓流床反应器操作时间增长后会出现压降增大的情况，这是由于床层空隙被固体沉积堵塞而造成。

8.1.3　涓流床的荷液率

涓流床荷液率 ε_L 由催化剂内部荷液率 ε_I 和外部荷液率（包括静荷液率 ε_S 和动荷液率 ε_d）所组成。即

$$\varepsilon_{L}=\varepsilon_{I}+\varepsilon_{S}+\varepsilon_{d} \qquad (25\text{-}8\text{-}6)$$

催化剂内部荷液率 ε_I 可由全部毛孔被充满而得：

$$\varepsilon_{I}=\theta_{P}(1-\varepsilon) \qquad (25\text{-}8\text{-}7)$$

式中，θ_P 为催化剂的孔隙率；ε 为涓流床干床层空隙率。

静荷液率 ε_S 又称为残余荷液率，它与液体性质，颗粒形状、尺寸和润湿性能有关。van Swaaij 和 Charpentier 等[12]用 Eötvos 数（$E\ddot{o}$）来关联涓流床的静荷液率（见图 25-8-7），$E\ddot{o}=\rho_{L}gd_{p}^{2}/\sigma_{L}$，代表重力和表面张力之比。由图可见，当 $E\ddot{o}$ 很小时，ε_S 与 $E\ddot{o}$ 无关；当 $E\ddot{o}$ 很大时，ε_S 与 $E\ddot{o}$ 成反比。

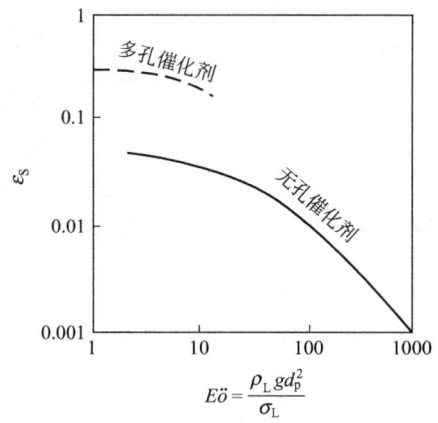

图 25-8-7　静荷液率的关联

Sáez 和 Carbonell[13]提出静荷液率计算关联式：

$$\varepsilon_{S}=\frac{1}{20+0.9E\ddot{o}\dfrac{\varepsilon_{b}^{2}}{1-\varepsilon_{b}}} \qquad (25\text{-}8\text{-}8)$$

对于气液相很少互相作用的涓流区，动荷液率的关联式[14]为

$$\varepsilon_\mathrm{d}=3.86(Re_\mathrm{L})^{0.545}(Ga_\mathrm{L}^{*})^{-0.42}(\alpha_\mathrm{s}d_\mathrm{p}/\varepsilon)^{0.65} \qquad (25\text{-}8\text{-}9)$$

式中，Re_L 以表观液速来计算；α_s 为单位床层容积催化剂外表面积；Ga_L^{*} 为重力和压力梯度对黏性力之比，即

$$Ga_\mathrm{L}^{*}=d_\mathrm{p}^{3}\rho_\mathrm{L}\left[\rho_\mathrm{L}g+\left(\frac{\Delta P}{\Delta Z}\right)_\mathrm{LG}\right]\Big/\mu_\mathrm{L}^{2} \qquad (25\text{-}8\text{-}10)$$

对碳氢化合物液体，涓流床的总荷液率 ε_L 可按 Midoux 等[8]关联式计算，即

$$\varepsilon_\mathrm{L}/\varepsilon_\mathrm{B}=0.66(\delta_\mathrm{L}/\delta_\mathrm{G})^{0.405}/[1+0.66(\delta_\mathrm{L}/\delta_\mathrm{G})^{0.405}] \qquad (25\text{-}8\text{-}11)$$

上式适用条件为 $0.1<(\delta_\mathrm{L}/\delta_\mathrm{G})^{0.45}<80$。

8.1.4　涓流床反应器的宏观反应速率[3,4]

为简单起见，用膜式论分析 $A+\nu B \longrightarrow C$ 的反应包括如下步骤串联而成[15]：①组分 A 从气相主体扩散至气液界面，然后从气液界面扩散至液相主体；②组分 A 由液相主体扩散至催化剂外表面，液相组分 B 也由主体扩散至催化剂外表面；③组分 A 和 B 在催化剂微孔中扩散，同时进行化学反应；④反应产物 C 在毛孔中扩散至催化剂外表面，然后扩散至液相主体。如 C 是可挥发的，这应该自液相主体通过气液界面扩散至气相主体。对于如此反应通常分对 A 为一级和对 B 为一级以及对 A、B 各为一级的三种情况，现分述如下。

8.1.4.1　对组分 A 为拟一级不可逆反应

当组分 B 浓度远高于 A 的浓度时，组分 B 在液相（包括催化剂内部）的浓度差异可以忽略，可视为对气相组分 A 为拟一级反应，其浓度分布示于图 25-8-8。

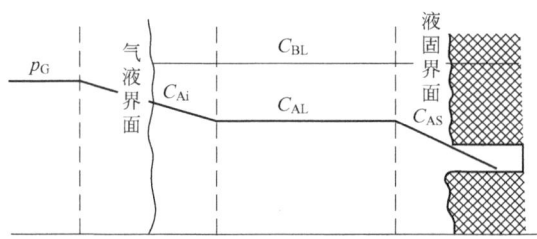

图 25-8-8　对组分 A 为拟一级反应浓度分布图

在稳定情况下，连串过程速率应相等，即

$$R_\mathrm{A}=k_\mathrm{G}a_\mathrm{L}(p_\mathrm{G}-p_\mathrm{i})=k_\mathrm{L}a_\mathrm{L}(C_\mathrm{Ai}-C_\mathrm{AL})=k_\mathrm{s}a_\mathrm{s}(C_\mathrm{AL}-C_\mathrm{AS})=k_2(1-\varepsilon)C_\mathrm{AS}\eta_\mathrm{B}C_\mathrm{BL}$$

气液界面条件 $C_\mathrm{Ai}=H_\mathrm{A}p_\mathrm{i}$ 解得

$$R_\mathrm{B}/v=R_\mathrm{A}=H_\mathrm{A}p_\mathrm{G}\Big/\left[\frac{H_\mathrm{A}}{k_\mathrm{G}a_\mathrm{L}}+\frac{1}{k_\mathrm{L}a_\mathrm{L}}+\frac{1}{k_\mathrm{s}a_\mathrm{s}}+\frac{1}{k_2(1-\varepsilon)\eta_\mathrm{B}C_\mathrm{BL}}\right] \qquad (25\text{-}8\text{-}12)$$

式中　η_B——涓流床催化剂有效因子；

k_s——A 组分从液相主体传递至固体表面的传质系数；

a_L，a_s——单位容积反应器气液和液固比表面积。

有机化工生产中的加氢、氧化等反应，由于氢和氧的溶解度较低，常可认为属于对气相

A 组分为拟一级反应过程。

8.1.4.2 对组分 B 为拟一级不可逆反应

组分 A（因压力较高或溶解度较大）浓度远高于 B 浓度相时，组分 A 在液相的浓度差可以忽略，反应过程可视为对液相组分 B 为拟一级，浓度分布如图 25-8-9 所示。

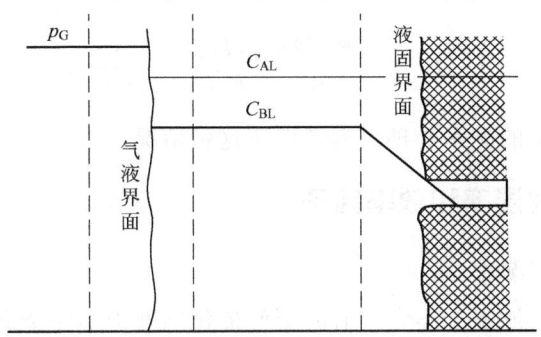

图 25-8-9 对组分 B 为拟一级反应浓度分布图

稳定情况下，连串过程速率相等，即

$$R_B = (k_s a_s)_B (C_{BL} - C_{BS}) = k_2 (1-\varepsilon) C_{BS} C_{AL} \eta_B \tag{25-8-13}$$

界面条件 $C_{AL} = H_A p_G$，解得：

$$vR_A = R_B = C_{BL} \left/ \left[\frac{1}{(k_s a_s)_B} + \frac{1}{v k_2 (1-\varepsilon) \eta_B H_A p_G} \right] \right. \tag{25-8-14}$$

石油炼制中的脱硫、脱氮、脱钒、脱金属和煤的液化过程常属于这类对 B 组分为拟一级反应过程。

8.1.4.3 对组分 A 和 B 均为一级的不可逆反应

当液相 B 和 A 浓度可比时，则必须同时考虑组分 B 和 A 的浓度变化。此时浓度分布示于图 25-8-10。

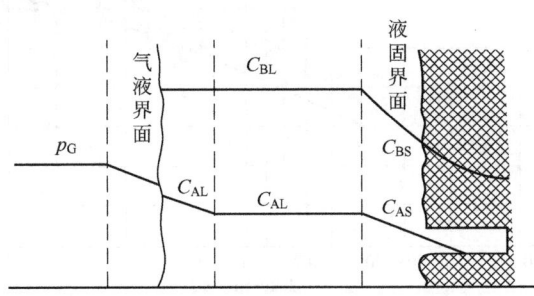

图 25-8-10 对组分 A 和 B 均为一级反应的浓度分布图

采用与上述相同的串联过程速率相等的方法可得

$$R_B/v = R_A = H_A p_{GA} \left/ \left[\frac{H_A}{k_G a_L} + \frac{1}{k_L a_L} + \frac{1}{k_s a_s} + \frac{1}{k_2 (1-\varepsilon) C_{BS} \eta_B} \right] \right. \tag{25-8-15}$$

式中，C_{BS} 为催化剂表面上的 B 组分浓度，可表示为

$$C_{BS} = C_{BL} - vR_A/(k_{SB}a_s) = C_{BL} - \frac{vB_{AL}R_A}{D_{BL}k_sa_s} \tag{25-8-16}$$

式中，k_{SB} 为 B 组分通过液固界面的传质系数。由式（25-8-15）和式（25-8-16）试差可解出该点反应速率 R 的数值来。

如果 B 亦是来自气相，则对组分 B 也可按串联传递关系得 C_{BS} 与 p_{GB} 的关系，即

$$C_{BS} = H_B p_{GB} - \frac{vR_A D_{AL}}{D_{BL}}\left(\frac{H_B}{k_G a_L} + \frac{1}{k_L a_L} + \frac{1}{k_s a_s}\right) \tag{25-8-17}$$

用空气氧化污染物质的废水处理过程常属于这种情况。

8.1.5　催化剂表面润湿率和效率因子

8.1.5.1　催化剂表面润湿率

涓流床反应器液体喷淋密度不大，有时会使催化剂处于不完全润湿状态。关于涓流床反应器催化剂外表面有效润湿率的计算，Shah[3] 指出，有效润湿率应该用实验直接测定，如果没有测定数据，建议采用思田和竹内等[16] 的关联式估算，即按式（25-7-55）计算。

Satterfield[17] 按文献数据关联了接触效率与液体质量速度的关系（参见图 25-8-5 左边图形）。随后，Colombo 等[18]、Herskowitz 等[19] 所获得的表面有效润湿率均在 Satterfield 推荐的图形范围之中。由 Satterfield 图形可见，要使有效润湿率达到 1，液体质量速度需超过 $10^4 \, kg \cdot m^{-2} \cdot h^{-1}$。

Lakota 和 Levec[20] 对文献数据进行了整理，发现润湿率主要集中在一个分布带，并与 Mills-Dudukovic 关联式接近（图中曲线），见图 25-8-11。

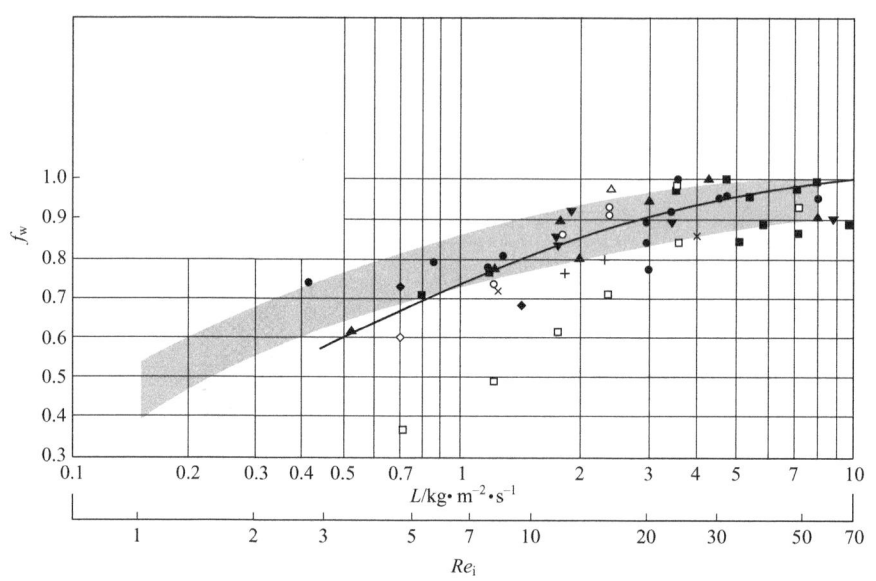

图 25-8-11　涓流床中的液固接触效率

Mill 和 Dudukovic[21] 提出以下关联式：

$$\eta_{ce} = 1.0 - \exp\left[-1.35Re_L^{0.333}Fr_L^{0.235}We_L^{-0.170}\left(\frac{a_t d_p}{\varepsilon^2}\right)^{-0.0425}\right] \tag{25-8-18}$$

式中　Re_L——$d_p u_L \rho_L / \mu_L$；

　　　　Fr_L——$a_t u_L^2 / \rho_L^2 g$；

　　　　We_L——$u_L^2 \rho_L d_p / \sigma_L$。

根据示踪剂法对床层停留时间分布的测量，El-Hisnawi 等[22]提出以下关联式：

$$\eta_{ce} = 1.617 Re_L^{0.146} Ga_L^{-0.071} \tag{25-8-19}$$

式中　Ga_L——$d_p^3 \rho_L^2 g / \mu_L^2$。

程振民等[23]从流体力学角度出发，将床层中的液体流动形态区分为膜流和沟流两种形态，估算了它们在床层中所占体积分数。根据颗粒表面有效润湿率同动态液体体积分数的内在联系，将膜流体积分数的 2/3 次方加上沟流体积分数的总和作为表面有效润湿率，得到以下关联式：

$$\eta_{ce} = 4.85 Re_L^{0.42} Ga_L^{-0.25} Re_G^{0.083} \tag{25-8-20}$$

式中　Re_L——$\rho_L u_L d_p / \mu_L$；

　　　　Ga_L——$\rho_L^2 g d_p^3 / \mu_L^2$；

　　　　Re_G——$\rho_G u_G d_p / \mu_G$。

该关联式表明，润湿率受气速影响很小，受液速影响较大，且随粒径的 -0.25 次方变化。该关联式在较宽广的颗粒直径（5.2mm 以下）范围内有良好的预测性能，见图 25-8-12。但颗粒直径再大时（如图中 9.3mm）预测效果下降。

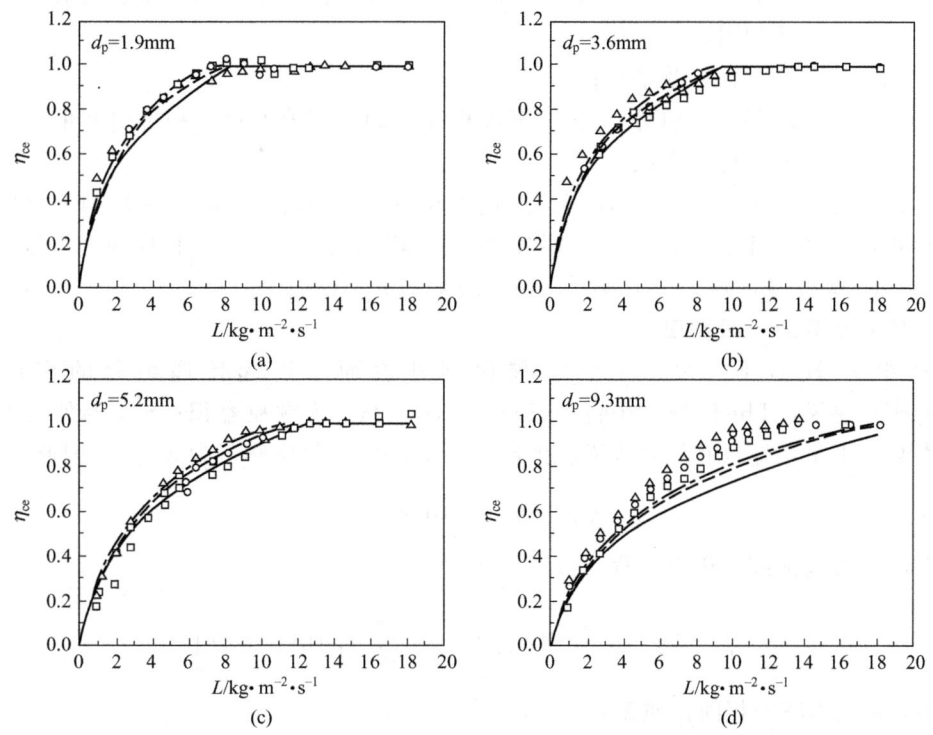

图 25-8-12　催化剂表面有效润湿率的预测值与实验值的比较

$G/kg \cdot m^{-2} \cdot s^{-1}$：□ 0.065；○ 0.130；△ 0.195；—— 0.065；----- 0.130；-·-·- 0.195（预测值）

Colombo 等[18]测定了涓流床多孔炭颗粒孔中液体充满率，得出孔中充满率实际上等于

1 的结论。Schwartz 等[24]发现孔充满率为 0.92。由此，Gianetto 等[25]认为鉴于孔中毛细管现象，液体在孔中充满率实际上接近 1。

8.1.5.2　部分润湿催化剂的效率因子

（1）对组分 A 为一级反应[26]　润湿部分和未润湿部分均能进行反应。如果假定润湿部分和不润湿部分互为分隔的空间，催化剂的特征长度为 L，则润湿部分和未润湿部分的反应速率 R_{AW} 和 R_{AD} 分别可表示为：

$$R_{AW} = K_{GLS}(H_A p_G - C_{AS})\eta_w = k_1(\text{th}\phi/\phi)C_{AS}\eta_w L$$
$$R_{AD} = K_{GS}(H_A p_A - C_{AS})(1-\eta_w) = k_1(\text{th}\phi/\phi)C_{AS}(1-\eta_w)L$$

上两式各消去 C_{AS}，分别可得包括传递过程润湿和未润湿部分的总效率因子 η_{GLS} 和 η_{GS} 为

$$\eta_{GLS} = R_{AW}/(k_1 H_A p_G \eta_w L) = (\text{th}\phi/\phi)/\{1+[\phi De/(K_{GLS}L)]\text{th}\phi\}$$
$$\eta_{GS} = R_{AD}/[k_1 H_A p_G(1-\eta_w)L] = (\text{th}\phi/\phi)/\{1+[\phi De/(K_{GS}L)]\text{th}\phi\}$$

按润湿率将两者组合，则总效率因子 η_B 为

$$\eta_B = (\eta_w \text{th}\phi/\phi)/\{1+[\phi De/(K_{GLS}L)]\text{th}\phi\} + [(1-\eta_w)\text{th}\phi/\phi]/\{1+[\phi De/(K_{GS}L)]\text{th}\phi\}$$

$$(25\text{-}8\text{-}21)$$

式中　　　η_w——润湿率；

ϕ——Thiele 模数，$\phi = L(k_1/De)^{0.5}$ 作为特征长度，对平板为厚度的 $1/2$，圆柱和圆球为半径；

De——有效孔扩散系数；

K_{GLS}，K_{GS}——润湿部分组分 A 通过气液相和未润湿部分通过气相传递至催化剂外表面的总传质系数。

由于 K_{GS} 总是大于 K_{GLS}，因此当传递过程起阻碍作用时，未润湿催化剂的反应效果较润湿部分更为有效。因此，总有效系数将随润湿率增加而降低。如果传质阻力可以忽略，式（25-8-21）分母均为 1，则 $\eta_B = \text{th}\phi/\phi$，将与润湿率 η_w 无关。

（2）对组分 B 为一级反应

① 如组分 B 为不挥发，未润湿催化剂外表面不能起传递组分的作用，按照 Dudukovic[27]建议，Thiele 模数中特征长度 v_p/Se_x（v_p 为颗粒容积；Se_x 为外表面积）由于润湿表面的不足，导致有效外表面积的减少，Thiele 模数应修正为 ϕ/η_w。因此

$$\eta_B = (\eta_w/\phi)\text{th}(\phi/\eta_w) \qquad (25\text{-}8\text{-}22)$$

同理，可得包括液固传递过程总效率因子[26]为

$$\eta_B = (\eta_w/\phi)\text{th}(\phi/\eta_w)\bigg/\left[1+\frac{\phi De}{K_{LS}L}\text{th}(\phi/\eta_w)\right] \qquad (25\text{-}8\text{-}23)$$

式中，K_{LS} 为液固相间传质系数。

对于球形颗粒，包括液固传递过程的总效率因子[28]为

$$\eta_B = \frac{\eta_w/\phi[\text{Coth}(3\phi/\eta_w) - \eta_w/(3\phi)]}{1+3(\phi De/K_{LS}R)[\text{Coth}(3\phi/\eta_w) - \eta_w/(3\phi)]} \qquad (25\text{-}8\text{-}24)$$

式中，$\phi = R(k_1/De)^{1/2}$。

Augier 等[29]从一级反应效率因子定义式 $\eta = \iiint c \, \mathrm{d}V / V$ 出发，计算了颗粒表面润湿率对总反应效率因子的影响，如图 25-8-13 所示。可见，在相同 Thiele 模数 ϕ 下润湿率下降将会得到较大的 ϕ/f，导致效率因子下降。

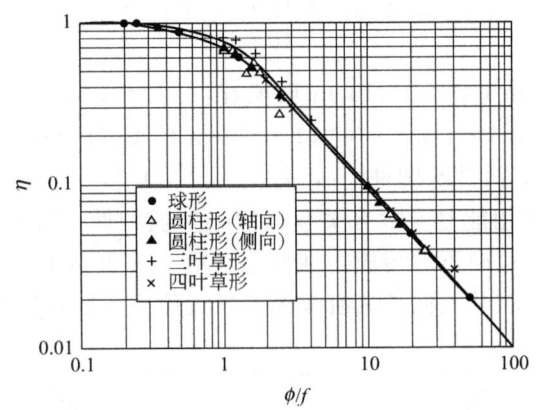

图 25-8-13 催化剂的效率因子随外部润湿率的变化

② 当组分 B 挥发时，颗粒微孔完全充满液体。此时，与挥发性 B 呈平衡的蒸气能传递至未润湿的颗粒表面进行反应，总有效系数需计算润湿区和未润湿区的总和，与润湿区和未润湿为相互分隔的两个空间时，可得球形颗粒总效率因子 η_B 为

$$\eta_B = \frac{\eta \eta_w}{1 + 3\phi^2 \dfrac{\eta De}{K_{GLS} R}} + \frac{\eta(1 - \eta_w)}{1 + 3\phi^2 \dfrac{\eta De}{K_{GS} R}} \tag{25-8-25}$$

式中，$\eta = (1/\phi)[\mathrm{Coth}3\phi - (1/3\phi)]$。

鉴于未润湿区不存在传质阻力较大的液膜，组分 B 挥发时未润湿区具有较大的反应速率，因而催化剂效率因子随润湿率 η_w 增加而降低。

③ 当 B 组分为可挥发，反应强放热，蒸气相覆盖区的反应放热足够蒸发其微孔的液体，而使该区微孔不充满液体。此时环形颗粒总效率因子[23]为

$$\eta_B = \frac{\eta \eta_w}{1 + 3\phi^2 \dfrac{\eta De}{K_{GLS} R}} + \frac{\eta_G(1 - \eta_w)}{HRT\left(1 + 3\phi_G^2 \dfrac{\eta_G De_G}{K_{GS} R}\right)} \tag{25-8-26}$$

式中，$\eta_G = (1/\phi_G)[\mathrm{Coth}3\phi_G - (1/31\phi_G)]$；$\phi_G = R(k_1/De_G)^{1/2}$；$De_G$ 为气相充满微孔的有效扩散系数。由于 De_G 总是大于液体充满微孔的 De，因此 ϕ_G 总是小于 ϕ，η_G 总是大于 η。如果 HRT 远小于 1（即气相浓度远大于液相），由于气相充满微孔的高效反应性，常可导致总有效系数高于 1 的情况。

8.1.6 涓流床的传质

8.1.6.1 气液相间传质

文献指出[3,30]，在低气液作用的涓流条件下，气液相间传质主要取决于液相流速，它

与相同条件的逆流填充床同数量级；在高气液相作用区，气液相际传质既取决于液速，又取决于气速，在较高的气速和液速下，$k_L a_L$ 的数值可超过 $1s^{-1}$，胜过了其他气液接触设备的传质系数。

Goto 和 Smith[31] 关联了涓流床的气液相内容积传质系数 $k_L a_L$；

$$\frac{k_L a_L}{D_L} = a_L \left(\frac{G_L}{\mu_L}\right)^{n_L} \left(\frac{\mu_L}{\rho_L D_L}\right)^{1/2} \tag{25-8-27}$$

式中，a_L 的量纲为 $m^{n_L - 2}$，0.413cm 玻璃球，$a_L = 4.4 \times 10^3$，$n_L = 0.40$；0.0541cm 的 $CuO \cdot ZnO$，$a_L = 12.9 \times 10^3$，$n_L = 0.39$；0.29cm 的 $CuO \cdot ZnO$，$a_L = 9.08 \times 10^3$，$n_L = 0.41$；$\phi 2.5mm$、长 4mm 活性炭圆柱[32]，$a_L = 12.2 \times 10^3$，$n_L = 0.41$。

然而更多研究者[1]采用能量参数来关联气液相传质特性。Specchia 等[33] 以能量参数比较了固定床并流向上和并流向下的传质特性变化（示于图 25-8-14～图 25-8-16）。可以看出，相同能量消耗下并流向上较并流向下具有较高的气液传质系数和较大的比表面积。

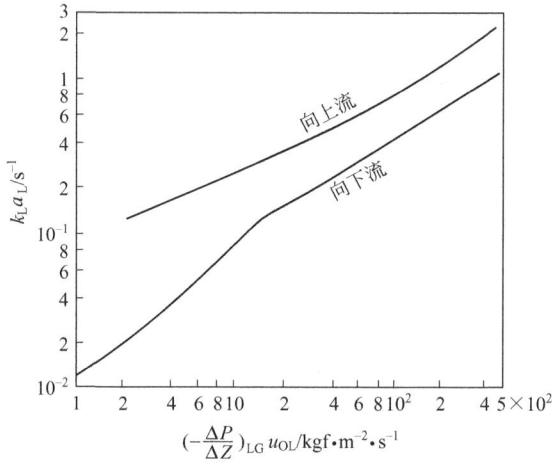

图 25-8-14　$k_L a_L$ 的能量参数关联

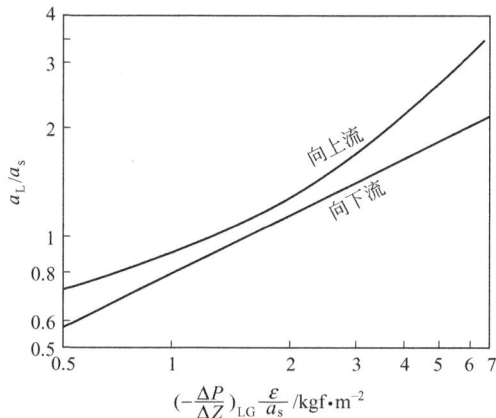

图 25-8-15　a_L / a_s 的能量参数关联

Gianetto 等[34] 推荐采用图 25-8-17 来计算涓流床的气膜传质系数。

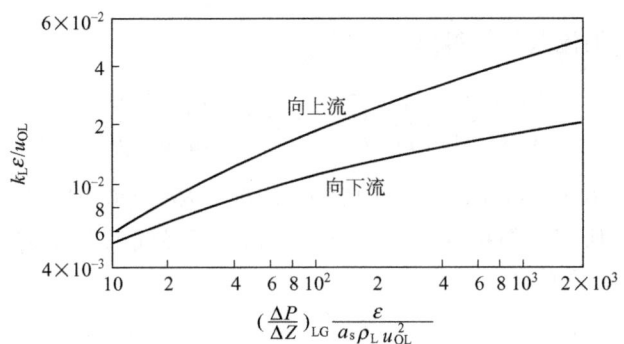

图 25-8-16 k_L 的能量参数关联式

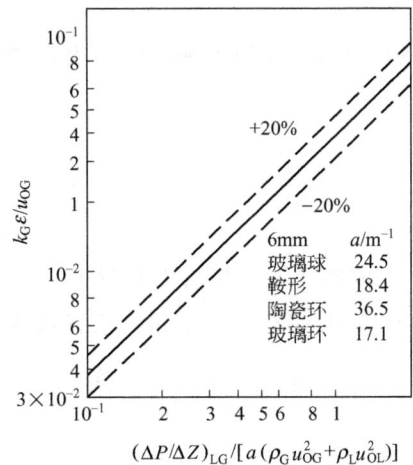

图 25-8-17 k_G 的能量参数关联

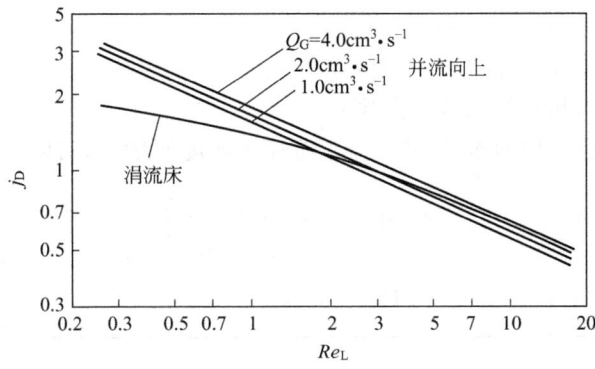

图 25-8-18 固定床 j_D 因子与 Re_L 的关联

8.1.6.2 液固相间传质

Goto 等[35]用 j_D 因子关联了涓流床液固相间容积传质系数 $k_s a_s$

$$j_D = k_s a_s / a_t (1/u_{OL}) [\mu_L/(\rho_L D_L)]^{2/3} = 1.31 (u_{OL} \rho_L d_p / \mu_L)^{-0.436} \quad (25\text{-}8\text{-}28)$$

式中，a_t 为颗粒总外表面积；实验条件：$0.20 < Re_L < 20$。图 25-8-18 示出并流向上流动的 j_D 因子关联并与涓流床相比较。由图可见，并流向上的 j 因子较涓流床为大，尤以低

Re_L 时更为明显。

Specchia 等[36]在涓流条件下得出

$$\frac{(k_s a_s)}{a_t D_L}\left(\frac{\mu_L}{\rho_L D_L}\right)^{-1/3} = 2.79\left(\frac{u_{OL}\rho_L}{a_t \mu_L}\right)^{0.70} \tag{25-8-29}$$

上式试验颗粒 3～6mm 圆柱，$SC_L = 1220～5400$，$Re_L = 0.01～10^2$。

Yoshikawa 等[37]研究了颗粒直径 0.46～1.3mm 床层气液并流向上和向下的液固相间传质，得出如下统一的关系式：

$$\frac{(k_s a_s)}{a_t D_t}\left(\frac{\mu_L}{\rho_L D_L}\right)^{-1/3} = (1+0.003Re_L\sqrt{Re_G})(0.765Re_L^{0.18}+0.365Re_L^{0.614}) \tag{25-8-30}$$

式中，Re_L 和 Re_G 均系由颗粒直径 d_p 和表观速度所表达的雷诺数；使用范围为 $0 < Re_G < 12$，$0.5 < Re_L < 50$。

8.1.7　涓流床的传热

8.1.7.1　床层有效热导率

按照 Weekman 和 Myers[38]的概念，床层有效热导率 λ_e 为无气液流动的静床层有效热导率 $(\lambda_e)_0$、气流径向混合的有效热导率 $(\lambda_e)_G$ 和液相有效热导率 $(\lambda_e)_L$ 之和，即

$$\lambda_e = (\lambda_e)_0 + (\lambda_e)_G + (\lambda_e)_L \tag{25-8-31}$$

上式又可进一步写为

$$\frac{\lambda_e}{\lambda_L} = \frac{(\lambda_e)_0}{\lambda_L} + A_G\frac{d_p G_G C_{pG}}{\lambda_G}\frac{\lambda_G}{\lambda_L} + A_L\frac{d_p G_L C_{pL}}{\lambda_L} \tag{25-8-32}$$

式中　λ_L, λ_G——液体和气体的热导率；

G_L, G_G——液体和气体空塔质量流速；

C_{pL}, C_{pG}——液体和气体的等压热容；

A_G, A_L——系数，松浦等[39]得出 A_L 随气流速度而增大，即

$$A_L = a + \left(1 + b\frac{d_p G_G}{\mu_G}\right) \tag{25-8-33}$$

松浦所得的 $(\lambda_e)_0/\lambda_L$、A_G 和 a、b 值列于下表：

d_p/mm	$(\lambda_e)_0/\lambda_L$	A_G	a	b
1.2	1.3	0.412	0.201	2.83×10^{-2}
2.6	1.7	0.334	0.167	1.34×10^{-2}
4.3	1.5	0.290	0.152	6.32×10^{-2}

8.1.7.2　床层对壁传热分系数

Specchia 和 Baldi[40]得出涓流床对壁面传热分系数关联式为

$$\frac{h_w d_p}{\lambda_L} = 0.057 \left(\frac{d_p G_L}{\beta_L \mu_L}\right)^{0.89} \left(\frac{C_{pL} \mu_L}{\lambda_L}\right)^{1/3} \tag{25-8-34}$$

式中，β_L 为以床层空隙率为基准的荷液率。在脉动流时，可取 $h_w \approx 7536 \text{kJ} \cdot \text{m}^{-2} \cdot \text{h}^{-1} \cdot ℃^{-1}$。

室山等[41]给出涓流床对壁传热分系数关联为

$$\frac{h_w d_p}{\lambda_L} = 0.012 \left(\frac{d_p G_L}{\mu_L}\right)^{1.7} \left(\frac{C_{pL} \mu_L}{\lambda_L}\right)^{1/3} \tag{25-8-35}$$

8.1.8 床层液体分布和轴向返混

涓流床的液体表观流速是较低的，一般低于 $0.2 \sim 0.4 \text{cm} \cdot \text{s}^{-1}$。在如此低的流速下液体沿截面上的均匀分布就更为重要。

通常的液体分布器为带通气管的全截面筛孔板，此板必须保持水平。van Landeghen[42]提出为保证良好分布，每 1m^2 面应有 $50 \sim 200$ 个布液点。Ter Veer[43]用实验证实了每 1m^2 设置 60 个布液点即能达到较理想的布液条件。因此，安全起见每 1m^2 截面设置 60 个以上的布液点将是可行的。

Hochmann 和 Effron[44]以及 Dunn 等[45]已经用轴向分散模型解释了气相逗留时间分布函数，得出轴向分散系数 D_{EG} 随液体和气体速度增加而增大，即

$$\frac{u_{OG} d_p}{\varepsilon_L D_{EG}} = 1.8 \left[\frac{G_G d_p}{\mu_G (1-\varepsilon)}\right]^{-0.7} 10^{-0.005 [G_L d_p / \mu_L (1-\varepsilon)]} \tag{25-8-36}$$

而液相轴向分散系数随液流速度增大而降低。与单相流相比，涓流床的液相分散系数要高 $3 \sim 6$ 倍[3]，这是由于两相流动相互作用所造成的。其关联式为

$$\frac{u_{OL} d_p}{\varepsilon_L D_{EG}} = 0.042 \left[\frac{G L d_p}{\mu_L (1-\varepsilon)}\right]^{0.5} \tag{25-8-37}$$

但是，有些研究者[9]发现采用平推流叠加轴向分散模型解释涓流床逗留分布是不够满意的，从而提出更为复杂的模型，其中较为完善的一个模型由 Iliuta 等[46]提出，该模型将液相存在区划分为动态持液区和静态持液区，不仅考虑了动态持液区和静态持液区之间的传质，而且包含了它们与催化剂颗粒表面的传质和催化剂内部的扩散过程，模型示意图见图 25-8-19。

分别对动态持液区、静态持液区和催化剂颗粒作关于示踪剂的物料衡算，可得：
动态持液区

$$\varepsilon_d \frac{\partial C_d}{\partial t} + \frac{u_L}{H} \frac{\partial C_d}{\partial x} + N \frac{u_L}{H} (C_d - C_s) = \frac{1}{Pe} \frac{u_L}{H} \frac{\partial^2 C_d}{\partial x^2} - D_e \frac{a_t f_d}{r_p} \frac{\partial C_p}{\partial \xi}\Big|_{\xi=1} \tag{25-8-38}$$

静态持液区

$$\varepsilon_s \frac{\partial C_s}{\partial t} + N \frac{u_L}{H} (C_s - C_d) + D_e \frac{a_t f_s}{r_p} \frac{\partial C_p}{\partial \xi}\Big|_{\xi=1} = 0 \tag{25-8-39}$$

催化剂颗粒

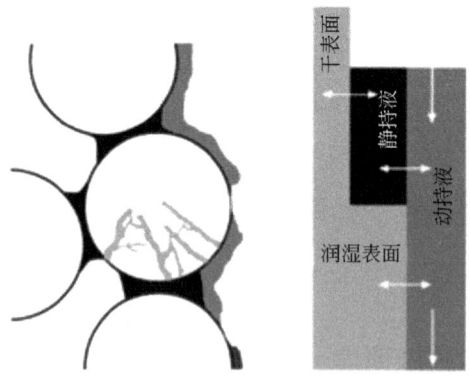

图 25-8-19 �流床中液体与颗粒间的接触方式

$$\varepsilon_{\mathrm{p}} \frac{\partial C_{\mathrm{p}}}{\partial t} = \frac{D_{\mathrm{e}}}{r_{\mathrm{p}}^2 \xi^2} \frac{\partial}{\partial \xi}\left(\xi^2 \frac{\partial C_{\mathrm{p}}}{\partial \xi}\right) \tag{25-8-40}$$

其初始条件为：

$$t = 0, \quad C_{\mathrm{d}} = C_{\mathrm{s}} = C_{\mathrm{p}} = 0$$

对于脉冲示踪，边界条件为：

$$x = 0, \quad C_{\mathrm{d}}\big|_{x=0^-} = C_{\mathrm{d}}\big|_{x=0^+} - \frac{1}{Pe}\frac{\partial C_{\mathrm{d}}}{\partial x}$$

$$x = 1, \quad \frac{\partial C_{\mathrm{d}}}{\partial x} = 0$$

$$\xi = 0, \quad \frac{\partial C_{\mathrm{p}}}{\partial \xi} = 0$$

$$\xi = 1, \quad Bi_{\mathrm{d}}f_{\mathrm{d}}(C_{\mathrm{p}}\big|_{\xi=1} - C_{\mathrm{d}}) + Bi_{\mathrm{s}}f_{\mathrm{s}}(C_{\mathrm{p}}\big|_{\xi=1} - C_{\mathrm{s}}) = f_{\mathrm{w}}\frac{\partial C_{\mathrm{p}}}{\partial \xi}\big|_{\xi=1}$$

以上各式中 C_{d}、C_{s}、C_{p} 分别为动态持液区、静态持液区和催化剂颗粒内示踪剂浓度；u_{L} 为液体表观流速；ε_{d}、ε_{s}、ε_{p} 分别为动持液量、静持液量和催化剂颗粒内持液量；N 为动态和静态持液区间的传质单元数；Pe 为流动液体的 Peclet 数；Bi_{d} 和 Bi_{s} 分别为颗粒表面液相流动区和停滞区的传质 Biot 数；D_{e} 为有效扩散系数；a_{t} 为填料比表面积；f_{d}、f_{s}、f_{w} 分别为催化剂的动态、静态和总润湿分数；x 为无量纲床层高度。

8.1.9 流床反应器反应模型

8.1.9.1 拟均相反应模型[2,3]

就 A 组分相对于 B 组分为过量的石油精炼流反应器，反应对 B 组分为拟一级，通常可以采用拟均相反应模型。此模型假设：①流动为平推流，无轴向返混，径向速度分布均匀；②不存在内外扩散的影响，液体在各点与气相呈饱和状态；③反应为不可逆，对液体反应剂 B 为一级，反应过程为等温；④催化剂全部润湿。

流床反应器微分方程为

$$u_{\mathrm{OL}}\frac{\mathrm{d}C_{\mathrm{B}}}{\mathrm{d}Z} = R_{\mathrm{B}} = k_1 C_{\mathrm{B}}(1-\varepsilon) \tag{25-8-41}$$

积分得，

$$\ln\frac{C_{B1}}{C_{B2}}=\frac{L}{u_{OL}}k_1(1-\varepsilon)=\frac{3600k_1(1-\varepsilon)}{\text{LHSV}}=\frac{3600k_1'}{\text{LHSV}} \qquad (25\text{-}8\text{-}42)$$

式中　　C_{B1}，C_{B2}——进、出反应器反应物的浓度；

　　　　LHSV——进入反应器的液体反应物的空速，h^{-1}；

　　　　　k_1——单位床层容积催化剂本体的一级反应速率常数，s^{-1}；

　　　　　k_1'——单位床层容积的一级反应速率常数，s^{-1}；

　　　　　ε——床层空隙率。

如果对 B 为二级，涓流床反应器进出口浓度与液空速的关系为

$$1/C_{B2}-1/C_{B1}=\frac{3600k_2}{\text{LHSV}} \qquad (25\text{-}8\text{-}43)$$

实际涓流床反应器与上述理想情况有很大的出入。为此，上述式（25-8-42）和式（25-8-43）中反应速率常数 k_1 和 k_2 需用表观反应速率常数 k_{1a}、k_{2a} 来代替。

反应速率常数 k_1、k_2 的数值可以在消除内外扩散影响的搅拌悬浮反应器中测得，将此本征值 k_1 与实验涓流反应器表观速率常数值 k_{1a} 相比较，Bondi[47] 得出如下经验关系

$$1/k_{1a}-1/k_1=A/G_L^{\beta} \qquad (25\text{-}8\text{-}44)$$

式中，A、β 为常数，油品脱硫、葡萄糖加氢、甲醛和乙炔生成丁炔二醇系统中，β 值在 $0.5\sim0.7$ 之间；重质柴油脱硫的涓流床反应器中，$G_L=0.08\text{kg}\cdot\text{m}^{-2}\cdot\text{s}^{-1}$，$k_{1a}/k_1=0.12\sim0.2$；$G_L=0.3\text{kg}\cdot\text{m}^{-2}\cdot\text{s}^{-1}$，$k_{1a}/k_1$ 约为 0.6。

8.1.9.2　非均相反应模型

工业涓流反应器中，由于床层较高（$3\sim6$m），且液流速度较大，Pe_L 数又随 $Re_L^{0.5}$ 而增大，见式（25-8-37）。Trambouze 等[48] 指出，$L/d_p>150$ 轴向分散的影响就可忽略，即床层在 1m 以上通常轴向分散无影响。平推流涓流床反应器的液空速与反应物 B 浓度的关系可由前述瞬时速率进行积分得[15]

$$\frac{3600}{\text{LHSV}}=\int_{C_{B1}}^{C_{B2}}-\frac{dC_{BL}}{R_B} \qquad (25\text{-}8\text{-}45)$$

(1) 对组分 A 为拟一级的不可逆反应　由瞬时速率表达式（25-8-12）进行积分，当气相为纯气体，$k_G\to\infty$ 时，得

$$\frac{3600}{\text{LHSV}}=\frac{1}{vH_Ap_G}\left\{\frac{1}{k_2(1-\varepsilon)\eta_B}\ln\frac{C_{B1}}{C_{B2}}+\left[\frac{1}{k_La_L}+\frac{1}{k_sa_s}\right](C_{B1}-C_{B2})\right\} \qquad (25\text{-}8\text{-}46)$$

(2) 对组分 B 为拟一级的不可逆反应　由瞬时速率表达式（25-8-14）积分得

$$\frac{3600}{\text{LHSV}}=\left[\frac{1}{vk_2(1-\varepsilon)\eta_BH_Ap_G}+\frac{1}{(k_sa_s)_B}\right]\ln\frac{C_{B1}}{C_{B2}} \qquad (25\text{-}8\text{-}47)$$

(3) 对组分 A 和组分 B 均为一级　R_B 需用试差法由式（25-8-15）和式（25-8-16）解得，因而只能用式（25-8-45）进行图解或数值积分，以计算出 LHSV 与 C_{BL} 的数量关系。

当气相非纯气体时，应该利用气液相间物料衡算关系，以求出不同 C_B 浓度下的 p_G 值，

然后才能试差得出各点 R_B 值来，以便进行积分。

8.1.9.3　轴向分散定态模型

考虑扩散阻力和轴向分散的定态模型为对 A 组分

气相
$$D_{EG}\frac{d^2C_{AG}}{dZ^2} - u_{OG}\frac{dC_{AG}}{dZ} - K_La_L(C_{AG} - C_{AL}) = 0 \qquad (25\text{-}8\text{-}48)$$

液相
$$D_{EL}\frac{d^2C_{AL}}{dZ^2} - u_{OL}\frac{dC_{AL}}{dZ} - K_La_L(C_{AG} - C_{AL}) - k_{AS}a_s(C_{AL} - C_{AS}) = 0 \qquad (25\text{-}8\text{-}49)$$

反应
$$k_{AS}a_s(C_{AL} - C_{AS}) = k_2(1 - \varepsilon_B)C_{AS}C_{BS}\eta_B \qquad (25\text{-}8\text{-}50)$$

对 B 组分
$$D_{EL}\frac{d^2C_{BL}}{dZ^2} - u_{OL}\frac{dC_{BL}}{dZ} - k_{BS}a_s(C_{BL} - C_{BS}) = 0 \qquad (25\text{-}8\text{-}51)$$

$$k_{BS}a_s(C_{BL} - C_{BS}) = vk_2(1 - \varepsilon)C_{AS}C_{BS}\eta_B \qquad (25\text{-}8\text{-}52)$$

边界条件

反应器始端 $Z = 0$ 时，

$$D_{EG}\frac{dC_{AG}}{dZ} - u_{OG}(C_{AG} - C_{AGf}) \qquad (25\text{-}8\text{-}53)$$

$$D_{EL}\frac{dC_{AL}}{dZ} - u_{OL}(C_{AL} - C_{ALf}) \qquad (25\text{-}8\text{-}54)$$

$$D_{EL}\frac{dC_{BL}}{dZ} - u_{OL}(C_{BL} - C_{BLf}) \qquad (25\text{-}8\text{-}55)$$

反应器终端 $Z = L$ 时，

$$D_{EG}\frac{dC_{AG}}{dZ} = D_{EL}\frac{dC_{AL}}{dZ} = D_{EL}\frac{dC_{BL}}{dZ} = 0 \qquad (25\text{-}8\text{-}56)$$

式中，k_La_L 为总气液容积传质系数；C_{AGf}、C_{ALf} 和 C_{BLf} 分别为给料中气相 A、液相 A 和 B 组分的浓度。

上述方程一般不能得到解析解，但特殊情况的解更引人注意。

(1) 纯气体对气体组分 A 为一级　Goto 等[49]讨论了包括轴向分散、气液固传递过程的涓流床反应模型，得出反应产物 C 与等温床层高的关系为

$$C_{C1} = C_{C0} + \eta_0 D_a H_A p_G + (1 - \eta_0)(C_{ALf} - \eta_0 H_A p_G) \times \left[1 - \frac{Pe_L(\lambda_1 - \lambda_2 \exp Pe_L)}{\lambda_1^2 e^{\lambda_1} - \lambda_2^2 e^{\lambda_2}}\right]$$

$$(25\text{-}8\text{-}57)$$

式中
$$\lambda_1 = (Pe_L/2)\left[1 + \sqrt{1 + \frac{4D_a}{Pe_L(1 - \eta_0)}}\right]$$

$$\lambda_2 = (Pe_L/2)\left[1 - \sqrt{1 + \frac{4D_a}{Pe_L(1-\eta_0)}}\right]$$

$$\eta_0 = \frac{1}{1 + \dfrac{1 + k_1\eta_B(1-\varepsilon)\eta_L}{(k_La_L)\eta_B}}$$

$$\eta_L = \frac{1}{1 + \dfrac{1 + k_1\eta_B(1-\varepsilon)\eta_L}{k_sa_s}}$$

$$\eta_G = \frac{1}{1 + \dfrac{k_LH_A}{k_G}}$$

$$Pe_L = \frac{u_{OL}L}{\varepsilon_L E_L}$$

$$D_a = \frac{k_1\eta_B(1-\varepsilon)\eta_L L}{u_{OL}}$$

如果 Pe_L 很大,平推流时其关系为

$$C_{Cl} = C_{C0} + \eta_0 D_a H_A p_G + (1-\eta_0)(C_{ALf} - \eta_0 H_A p_G)\left[1 - \exp\left(-\frac{D_a}{1-\eta_0}\right)\right]$$

$$(25\text{-}8\text{-}58)$$

(2) 对组分 B 为一级反应 Sylvester 和 Pitayagulsarn[50] 参照了 Suzuki 和 Smith[51] 对单相流动一级反应的轴向分散、外扩散和内扩散综合处理的方法,推荐下列方程描述 B 组分浓度沿等温床层的变化,即

$$\ln\frac{C_{B0}}{C_{Bl}} = 2\Lambda_3\frac{L}{d_p} \qquad (25\text{-}8\text{-}59)$$

式中

$$\Lambda_3 = \pi(Pe_L/4)(\sqrt{1 + 8\Lambda_2/Pe_L} - 1)$$

$$\Lambda_2 = \frac{1}{\dfrac{1}{\Lambda_1} + \dfrac{u_{OL}}{3(1-\varepsilon_B)k_B}}$$

$$\Lambda_1 = (3/F)(\sqrt{\Lambda_0 F}\,\mathrm{Coth}\,\sqrt{\Lambda_0 F} - 1)$$

$$\Lambda_0 = \frac{(1-\varepsilon)k_1 d_p}{2u_{OL}}$$

$$F = \frac{u_{OL}}{2D_e(1-\varepsilon)}$$

如果 $Pe_L = u_{OL}d_p/D_{EL}$ 很大,轴向分散可以被忽略,此时 $\Lambda_3 = \Lambda_2$;若外扩散又可忽略,$\Lambda_2 = \Lambda_1$;再若内扩散也忽略时,$\Lambda_3 = \Lambda_0$,式(25-8-59)逐渐退化为拟均相反应模型(25-8-42)。

8.2 填充鼓泡床反应器

填充鼓泡床反应器是气液并流向上,气体呈鼓泡状态的固定床三相反应器。与涓流床反

应器相比，填充鼓泡床反应器虽同属固定床三相反应器，但具有较大的相间传质速率，且不存在催化剂的部分润湿问题，因而较涓流床的反应更为有利。填充鼓泡床反应器的缺点在于反应器具有较大的压力降。

8.2.1　气液并流向上流过填充床的流动形态

以气体和液体质量流量为坐标绘制的并流向上流过填充床的流动形态图[1]示于图 25-8-20。由图可见，只有气体质量流速在 $1\text{kg}\cdot\text{m}^{-2}\cdot\text{s}^{-1}$ 以下时才能处于稳定的鼓泡状态。

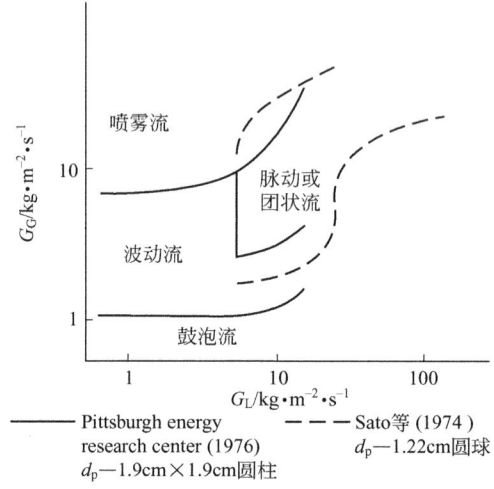

图 25-8-20　空气水系统流动状态图

对于小颗粒床层，Saada[52]得出了包含两相孔隙流和单相孔隙流的流动状态图，如图 25-8-21 所示。当气流速率较小时，两相分别通过个别孔隙流动，称为单相孔隙流。当气流速率较大时，填充物微孔空隙将交替地由气相和液相流过，称为双相孔隙流。

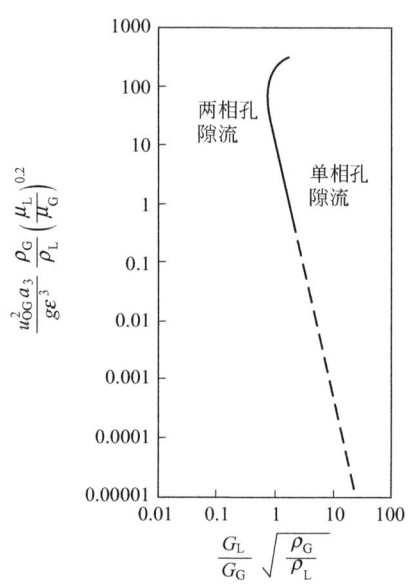

图 25-8-21　$d_p < 0.2\text{cm}$ 颗粒床层流动状态图

8.2.2 填充鼓泡床的压降

填充鼓泡床的压降借用传统关系表示

$$(\Delta p/\Delta Z)_{LG} = 4f_{LG}(1/d_e)\rho_G u_{OG}^2/2 \tag{25-8-60}$$

$$d_e = \varepsilon/(1-\varepsilon)(\nu_p/S_p) \tag{25-8-61}$$

式中 u_{OG}——表观气速；

ε——床层空隙率；

ν_p，S_p——填充物的容积和外表面积；

f_{LG}——两相流摩擦系数由如下经验关系确定[53]。

$$\ln f_{LG} = 8.0 - 1.12(\ln Z) - 0.0769(\ln Z)^2 + 0.0152(\ln Z)^3 \tag{25-8-62}$$

式中，$Z = (d_p G_G/\mu_G)^{1.167}/(d_p G_L/\mu_L)^{0.767}$，上式适用于 $0.3 \leqslant Z \leqslant 500$。

对于小颗粒床层，Saada[52] 提出单相孔隙流压降关联为

$$\frac{1}{g\rho_L}\left(\frac{\Delta p}{\Delta Z}\right)_{LG} = 0.024 Re_G^{0.39} Re_L^{0.60}(d_p/D_T)^{-1.1} \tag{25-8-63}$$

对于两相孔隙流的关联为

$$\frac{1}{g\rho_L}\left(\frac{\Delta p}{\Delta Z}\right)_{LG} = 0.027 Re_G^{0.51} Re_L^{0.35}(d_p/D_T)^{-1.15} \tag{25-8-64}$$

两式中 $Re_G = G_G d_p/\mu_G$；$Re_L = G_L d_p/\mu_L$；d_p 为填充物直径；D_T 为反应器直径。

流动状态由单相孔隙流变为两相孔隙流的转变最小气体雷诺数 Re_G^* 由下式确定：

$$Re_G^* = 0.44 Re_L^2 (d_p/D_T)^{0.38} \tag{25-8-65}$$

8.2.3 填充鼓泡床气荷率和液荷率

Achwai 和 Stepanek[54] 测定了填充鼓泡床的气荷率 ε_G 得出其关联式为

$$1/\varepsilon_G = 1 + 4.33 u_{OL}^{-0.433}(u_{OL}/u_{OG})^{0.563} \tag{25-8-66}$$

Stiegel 和 Shah[55] 获得填充鼓泡床的液荷率关联式为

$$\varepsilon_L = (1.47 \pm 0.1) Re_L^{0.11 \pm 0.06} Re_G^{-0.19 \pm 0.005}(a_s d_s)^{(-0.41 \pm 0.04)} \tag{25-8-67}$$

式中 a_s——单位容积填充床外表面积；

d_s——等表面圆球的直径，对圆柱体 $d_s = (d_p L_p + d_p^2/2)^{1/2}$；

Re_L，Re_G——基于 d_s 的液体和气体的雷诺数，即 $Re_L = d_s G_L/\mu_L$，$Re_G = d_s G_G/\mu_L$。

Turpin 和 Huntington[53] 实验上证实了并流向上流与并流向下流相比具有较大的液荷率，示于图 25-8-22。

8.2.4 轴向分散系数

填充鼓泡床的气相可以视作平推流[3]。

对于液相轴向分散系数，按照 Stiegel 和 Shah[55] 所获得的关联式：

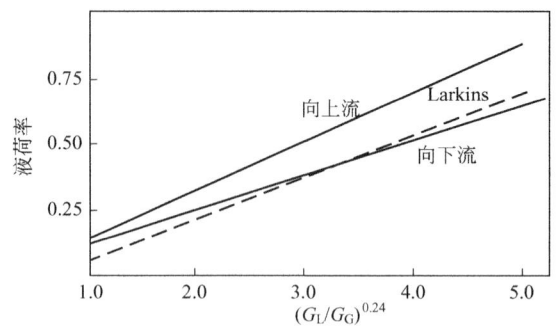

图 25-8-22   并流向上流的与并流向下流的液荷率比较

$$\frac{u_{OL}d_s}{\varepsilon_L D_{EL}} = (0.128 \pm 0.07)(d_s G_L/\mu_L)^{0.245 \pm 0.04}(d_s G_G/\mu_G)^{-0.16 \pm 0.06}(a_s d_s)^{0.53 \pm 0.3}$$

(25-8-68)

式中 a_s——单位容积填充床外表面积；

　　　　d_s——等表面圆球的直径。

填充鼓泡床液相分散系数远较无填充的鼓泡床为小。

8.2.5　填充鼓泡床反应器的设计

填充鼓泡床反应器的气液相传质特性可按图 25-8-14～图 25-8-16 以能量参数关联计算。液固传质系数可按图 25-8-18 关联计算。

填充鼓泡床的反应模型按填充物性质而定。如果是惰性物质，反应模型则与鼓泡床相同，唯轴向分散系数远低，计算可参阅本篇 7.8.6 节；如果填充物是催化剂，反应模型则与涓流床相同，唯流动方向自下而上，计算可参阅本篇 8.1.9 节。

填充鼓泡床气液并流向上，因而必须慎重考虑催化剂床层的固定问题，否则会造成催化剂的流化并粉化而流失，造成反应装置操作的恶化。

图 25-8-23 为填充鼓泡床反应器的一种结构[56]。该装备底部安置一个传统型式的气体

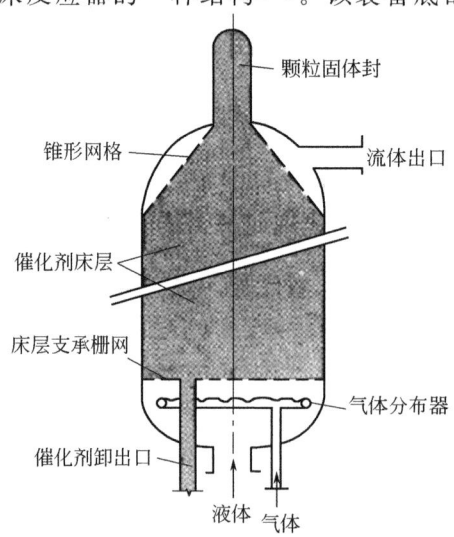

图 25-8-23   填充鼓泡床反应器的一种结构

分布器，但不设置液体分布器。床层顶部系锥形网格为气液两相的出口。锥形网格中心有一个小直径催化剂封，利用充填的颗粒固体的重量压紧床层。

8.3 淤浆反应器

淤浆反应器中反应物通过悬浮于液相中的催化剂微粒进行反应。催化剂颗粒粒度通常在 $10\sim1000\mu m$ 之间，借气流鼓泡或机械搅动而悬浮于液相，由于固体悬浮于液相呈浆状，称淤浆（slurry）反应器。

淤浆反应器常用在石油和化工生产中，例如不饱和烃类的加氢、加氢裂解人造石油、烯烃的氧化、醛的乙炔化和聚合反应等。它适用于氧化除去液相污染物质和催化煤液化等过程。

与气液固定床反应器相比，此类反应器具有以下的优点[57,58]：

① 淤浆反应器的液体荷液量大，且有良好的传热、传质和混合性能，反应温度均匀且无热点存在，即使在强放热反应的条件下也不会发生超温现象。

② 催化剂颗粒小，有利于高活性催化剂的应用。对于内扩散阻力会使催化剂失活或选择性降低的情况，淤浆反应器将是很合适的。

③ 由于气液剧烈的搅动，淤浆反应器的外扩散阻力也较涓流床反应器为小。

④ 反应器易于排出热量，可内置或外置冷却设施。

⑤ 可以在不停止生产的情况下从反应器内排出和添加催化剂，即使对于催化剂很快失活的反应系统，也可通过不断排出失活的催化剂，待再生后加入的方法使反应得以实现。

但是，淤浆反应器亦存在如下缺点：

① 需增设固体催化剂从产物中分离的设备，如采用操作费用较昂贵的过滤设备。

② 连续操作时返混较大，通常可视作液相为理想混合。为获得高转化率，可采用间歇操作，或采用连续多级串联操作。

③ 催化剂微粒常会使搅拌器、泵壳、泵轴和反应器壳体造成磨损。

④ 反应器具有高荷液量，液相均相副反应可能性增大。

8.3.1 淤浆反应器的反应模型[58]

淤浆反应器系三相反应过程，当固体微粒是催化剂时，反应过程包括几个串联阶段所组成：①反应组分 A 从气相主体扩散到气液界面；②组分 A 从气液界面扩散到液相主体；③组分 A 和液相中反应组分 B 从主体扩散至催化剂外表面；④组分 A 和 B 在催化剂微孔中扩散并反应；⑤生成物自催化剂微孔向外表面扩散；⑥反应产物由催化剂外表面扩散到液相主体中。

大部分加氢和氧化反应，气相反应组分 A 的溶解度很小而液相中反应物 B 和生成物 P 可视作过量[58]，因而不足以造成 B 和 P 的明显浓度差别。因此，在反应模型中，一般仅需考虑 A 的浓度变化对反应速率的影响，如图 25-8-24 所示。

8.3.1.1 组分 A 的传递过程

对机械搅拌式和多数鼓泡反应器（$L/D_T<10$）而言，液相可视作全混。Chaudhari 和

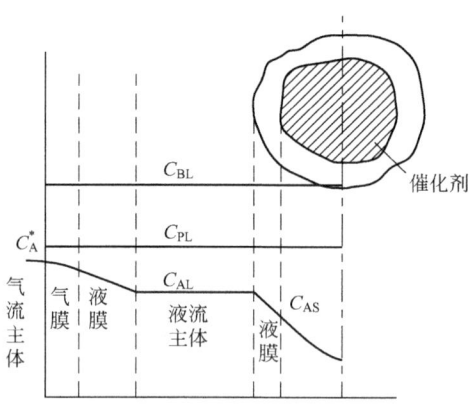

图 25-8-24　淤浆反应器各相浓度分布示意图

Ramachandran 认为气相按平推流考虑不会造成很大的误差[58]。

气体上升过程中组分 A 传递物料平衡为

$$-u_{OG}\frac{d(p_A/R_T)}{dZ}=(K_La)_A(H_Ap_A-C_{AL}) \tag{25-8-69}$$

A 组分总传质系数 $(K_La)_A$ 可表示为

$$\frac{1}{(K_La)_A}=\frac{H_A}{(k_La)_A}+\frac{1}{(k_la)_A} \tag{25-8-70}$$

将式(25-8-69) 在液相理想混合下积分至总高度 L 得

$$\frac{p_{G2}-C_{AL}/H_A}{p_{G1}-C_{AL}/H_A}=\exp(-\alpha_AL) \tag{25-8-71}$$

式中，p_{G1}、p_{G2} 为进、出反应器气相 A 组分分压；$\alpha_A=(k_la)_ART H_A/u_{OG}$。

单位容积悬浮液反应速率 $R_A=V_G(p_{G1}-p_{G2})/(V_LRT)$ 为

$$R_A=\frac{V_G}{V_LRTH_A}[1-\exp(-\alpha_AL)](H_Ap_{G1}-C_{AL}) \tag{25-8-72}$$

在定态条件下从液相传递到催化剂外表面 A 组分的速率应与上述平均吸收率相等，即

$$R_A=(k_sa_s)_A(C_{AL}-C_{AS}) \tag{25-8-73}$$

式中，k_s、a_s 分别为催化剂外表面液膜传质系数和单位反应容积内催化剂的外表面积。

联合式(25-8-72)、式(25-8-73) 消去 C_{AL}，求得 R_A 为

$$R_A=M_A[H_Ap_{G1}-C_{AS}] \tag{25-8-74}$$

$$M_A=\left\{\frac{1}{\dfrac{V_G}{V_LRTH_A}[1-\exp(\alpha_AL)]}+\frac{1}{(k_sa_s)_A}\right\}^{-1}$$

当溶解度系数 H_A 很小时（通常的加氢和氧化反应器中），$\alpha_AL\rightarrow0$，则

$$R_A = \left[\frac{1}{(k_L a)_A} + \frac{1}{(k_s a_s)_A} \right]^{-1} (H_A p_{G1} - C_{AS}) \qquad (25\text{-}8\text{-}75)$$

当气体溶解度系数很大时，$\alpha_A L \to \infty$，表示组分 A 通过气液相界面的扩散阻力可以不计。定态条件下 R_A 应与催化剂上反应速率相等，即

$$R_A = \eta_C W k_m C_{AS}^m \qquad (25\text{-}8\text{-}76)$$

式中，η_C 为催化剂效率因子；W 为单位容积悬浮液中催化剂的质量。

8.3.1.2 无内扩散影响时的反应速率

由于淤浆反应器所使用的催化剂粒度很小，当 Thiele 模数 $\Phi < 0.2$ 时，内扩散影响可以忽略，则

$$R_A = W k_m C_{AS}^m \qquad (25\text{-}8\text{-}77)$$

结合式(25-8-74) 和式(25-8-77) 可得

$$R_A = M_A \left[H_A p_{G1} - \left(\frac{R_A}{W k_m} \right)^{1/m} \right] \qquad (25\text{-}8\text{-}78)$$

上式为隐函数，仅能用试差法求解。对于 $m = 1$、$1/2$ 和 2，可得到显函数表达式。各种不同的反应模型以及可逆反应速率表达式汇总在表 25-8-2 之中。

表 25-8-2　无内扩散影响时的气液悬浮反应器的速率表达式

反应类型	动力学模型 $R_A/\mathrm{mol \cdot g^{-1} \cdot s^{-1}}$	速率表达式
1 级	$k_1 C_A$	$H_A p_{G1} \left(\dfrac{1}{M_A} + \dfrac{1}{W k_1} \right)^{-1}$
2 级	$k_2 C_A^2$	$\dfrac{M_A^2}{2 k_2 W} \left[\left(1 + \dfrac{2 W k_2 H_A p_{G1}}{M_A} \right) - \left(1 + \dfrac{4 W k_2 H_A p_{G1}}{M_A} \right)^{\frac{1}{2}} \right]$
0.5 级	$k_{1/2} \sqrt{C_A}$	$\dfrac{(W k_{1/2})^2}{2 M_A} \left[\left(1 + \dfrac{4 H_A p_{G1} M_A^2}{(W k_{1/2})^2} \right)^{\frac{1}{2}} - 1 \right]$
0 级	k_0	$W k_0$
L-H 型	$\dfrac{k_1 C_A}{1 + K_A C_A}$	$\dfrac{M_A}{2 K_A} \left\{ \left(1 + K_A H_A p_{G1} + \dfrac{W k_1}{M_A} \right)^2 - \left[\left(1 + K_A H_A p_{G1} + \dfrac{W k_1}{M_A} \right)^2 - \dfrac{4 W k_1 K_A H_A p_{G1}}{M_A} \right]^{\frac{1}{2}} \right\}$
气体组分 A 和 B 二级反应	$k_2 C_A C_B$	$\dfrac{M_A M_B H_A H_B p_{GA1} p_{GB1}}{2} \left\{ \dfrac{1}{M_A H_A p_{GA2}} + \dfrac{v}{M_B H_B p_{GB1}} + \dfrac{1}{W k_2 H_A H_B p_{GA1} p_{GB1}} - \left[\left(\dfrac{1}{M_A H_A p_{GA1}} + \dfrac{v}{M_B H_B p_{GB1}} + \dfrac{1}{W k_2 H_A H_B p_{GA1} p_{GB1}} \right)^2 - \dfrac{4v}{H_A H_B p_{GA1} p_{GB1} M_A M_B} \right]^{\frac{1}{2}} \right\}$
$A \rightleftharpoons E$ 可逆反应	$k_1 \left(C_A - \dfrac{C_E}{K} \right)$	$(H_A p_{G1} - C_A^*) \left(\dfrac{1}{M_A} + \dfrac{1}{W k_1} \right)^{-1}$
$2A \rightleftharpoons E$ 可逆反应	$k_2 \left(C_A^2 - \dfrac{C_E}{K} \right)$	$M_A \left\{ \left(H_A p_{G1} + \dfrac{M_A}{2 W k_2} \right) - \left[\left(H_A p_{G1} + \dfrac{M_A}{2 W k_2} \right)^2 - (H_A p_{G1})^2 + (C_A^*)^2 \right]^{\frac{1}{2}} \right\}$

显然，如果传质阻力远较反应阻力为大，即 $M_A \ll k_m (H_A p_{G1})^{m-1} W$ 时，反应为外扩散控制，此时 $R_A = M_A H_A p_{G1}$。为另一极端，则过程为化学反应控制，此时，$R_A = k_m (H_A p_{G1})^m W$。

8.3.1.3　考虑内扩散影响时的反应速率

当内扩散阻力使催化剂内 A 的浓度有明显降低时，催化剂的反应速率为

$$R_A = \eta_C W k_m C_{AS}^m \tag{25-8-79}$$

$$\eta_C = 1/\phi [\coth(3\phi) - 1/3\phi] \tag{25-8-80}$$

式中，ϕ 为 Thiele 模数，对 m 级反应球形催化剂：

$$\phi = R/3 [(m+1)/2\rho_p k_m C_{AS}^{m-1}/D_{eA}]^{1/2} \tag{25-8-81}$$

式中，R 为催化剂半径；ρ_p 为催化剂颗粒密度；D_{eA} 为有效孔扩散系数，由于液相扩散系数的值较低，孔扩散常有较大的影响。除一级反应外，Thiele 模数与浓度 C_{AS} 有关，因而不能直接得到反应速率显函数表达式。为了简化计算，Ramachandran 和 Chaudhari[59] 提出了总效率因子的概念，它不是以外表面浓度而是以进口气体平衡浓度为计算基准的催化剂效率因子。效率因子 η 可表示为

$$\eta = R_A / [W\Omega(H_A p_{G1})] \tag{25-8-82}$$

式中　$\Omega(H_A p_{G1})$——以进口气体平衡浓度所表示的动力学关系式，对组分 A 的 m 级反应，$\Omega(H_A p_{G1}) = k_m (H_A p_{G1})^m$ 则总效率因子为

$$\eta = R_A / [W k_m (H_A p_{G1})^m] \tag{25-8-83}$$

由式(25-8-74)结合式(25-8-82)得

$$\frac{G_{AS}}{H_A p_{G1}} = 1 - \frac{\eta}{\sigma_A}, \quad \sigma_A = \frac{M_A H_A p_{G1}}{W\Omega(H p_{G1})} \tag{25-8-84}$$

将 η 与 η_C 相比较可得

$$\eta = \frac{1}{\phi}\left[\coth\left(3\Phi - \frac{1}{3\phi}\right)\right]\left(1 - \frac{\eta}{\sigma_A}\right)^m \tag{25-8-85}$$

将 Thiele 模数也写成 $H_A p_{G1}$ 的浓度形式，即修正 ϕ 值为

$$\phi = \frac{R}{3}\left[\frac{(m+1)}{2} \frac{\rho_p k_m (H_A p_{G1})^{m-1}}{D_{eA}}\left(1 - \frac{\eta}{\sigma_A}\right)^{m-1}\right]^{1/2} \tag{25-8-86}$$

式(25-8-85)和式(25-8-86)是总效率因子的函数表达式，一般需要试差求解。表 25-8-3 列出各种动力学模型总效率因子 η 和修正 Thiele 模数 Φ 的表达式。图 25-8-25～图 25-8-28 给出了 1 级、0.5 级、0 级和 L-H 型反应的总效率因子。反应速率 R_A 数值即可由式(25-8-82)获得。

8.3.1.4　各反应模型实例和特征

(1) 一级反应　根据研究认为 α-甲基苯乙烯[60]、丙烯醇[61]、巴豆醛[62] 和 2-甲基-2-丁烯的加氢反应对氢是一级反应。

表 25-8-3　各种动力学模型的总效率因子 η 和修正 Thiele 模数 Φ 的表达式

动力学模型 R_A /mol·g^{-1}·s^{-1}	总效率因子 η	修正 Thiele 模数 Φ
$k_m C_A^m$（m 级）	$\eta_C\left(1-\dfrac{\eta}{\sigma_A}\right)^m$	$\dfrac{R}{3}\left[\dfrac{(m+1)}{2}\dfrac{\rho_p k_m (H_A p_{G1})^{m-1}}{D_{eA}}\left(1-\dfrac{\eta}{\sigma_A}\right)^{m-1}\right]^{\frac{1}{2}}$
$k_1 C_A$（1 级）	$\eta_C\left(1-\dfrac{\eta}{\sigma_A}\right)$	$\dfrac{R}{3}\left(\dfrac{\rho_p k_1}{D_{eA}}\right)^{\frac{1}{2}}$
k_0（0 级）	$\sigma_A\left\{1-\dfrac{\Phi^2}{6}\left[1-3(1-\eta)^{\frac{2}{3}}+2(1-\eta)\right]\right\}$	$R\left[\dfrac{\rho_p k_0}{D_{eA}(H_A p_{G1})}\right]^{\frac{1}{2}}$
$\dfrac{k_1 C_A}{1+K_1 C_A}$	$\eta_C\dfrac{(1+K_A H_A p_{G1})\left(1-\dfrac{\eta}{\sigma_A}\right)}{1+K_A H_A p_{G1}\left(1-\dfrac{\eta}{\sigma_A}\right)}$	$\dfrac{R}{3}\left(\dfrac{\rho_p k_1}{D_{eA}}\right)^{\frac{1}{2}}\dfrac{K_A H_A p_{G1}\left(1-\dfrac{\eta}{\sigma_A}\right)}{\left[1+K_A H_A p_{G1}\left(1-\dfrac{\eta}{\sigma_A}\right)\right]}\sqrt{2\left\{K_A H_A p_{G1}\left(1-\dfrac{\eta}{\sigma_A}\right)-\ln\left[1+K_A H_A p_{G1}\left(1-\dfrac{\eta}{\sigma_A}\right)\right]\right\}}$
$\dfrac{k_1 C_A}{(1+K_1 C_A)^2}$	$\eta_C\dfrac{(1+K_A H_A p_{G1})^2\left(1-\dfrac{\eta}{\sigma_A}\right)}{\left[1+K_A H_A p_{G1}\left(1-\dfrac{\eta}{\sigma_A}\right)\right]^2}$	$\dfrac{R}{3}\left(\dfrac{\rho_p k_1}{D_{eA}}\right)^{\frac{1}{2}}\dfrac{K_A H_A p_{G1}\left(1-\dfrac{\eta}{\sigma_A}\right)}{\left[1+K_A H_A p_{G1}\left(1-\dfrac{\eta}{\sigma_A}\right)\right]}\sqrt{2\ln\left\{\left[1+K_A H_A p_{G1}\left(1-\dfrac{\eta}{\sigma_A}\right)\right]-\dfrac{K_A H_A p_{G1}(1-\eta/\sigma_A)}{1+K_A H_A p_{G1}(1-\eta/\sigma_A)}\right\}}$
$k_2 C_A C_B$（2 级）（A,B 均为气体）	$\eta_C\dfrac{\left(1-\dfrac{\eta}{\sigma_A}\right)\left(b_0-\dfrac{\eta}{\sigma_B}\right)}{b_0}$	$\dfrac{R}{3}\left(\dfrac{\rho_p k_2 H_B p_{GB1}}{D_{eA}b_0}\right)^{\frac{1}{2}}\left[\dfrac{b_0-\dfrac{\eta}{\sigma_B}}{\dfrac{P}{3}\dfrac{1-\eta/\sigma_A}{b_0-\eta/\sigma_B}}\right]^{\frac{1}{2}}$
$k_1\left(C_A-\dfrac{C_P}{K}\right)$（可逆反应）	$\eta_C\dfrac{\left(1-\dfrac{\eta}{\sigma_A}\right)-\dfrac{C_A^*}{H_A p_{G1}}}{1-\dfrac{C_A^*}{(H_A p_{G1})}}$	$\dfrac{R}{3}\left(\dfrac{\rho_p k_1}{D_{eA}}\right)^{\frac{1}{2}}\dfrac{\left(1-\dfrac{\eta}{\sigma_A}\right)-\dfrac{C_A^*}{H_A p_{G1}}}{\sqrt{1-\dfrac{\eta}{\sigma_A}}\sqrt{\left(1-\dfrac{\eta}{\sigma_A}\right)\left(1-\dfrac{\eta}{\sigma_A}-2\dfrac{C_A^*}{H_A p_{G1}}\right)}}$

注：$\eta_C=(1/\Phi)[\coth(3\Phi)-1/3\Phi]$；$b_0=H_B p_{GB1}/(H_A p_{GA1})$。

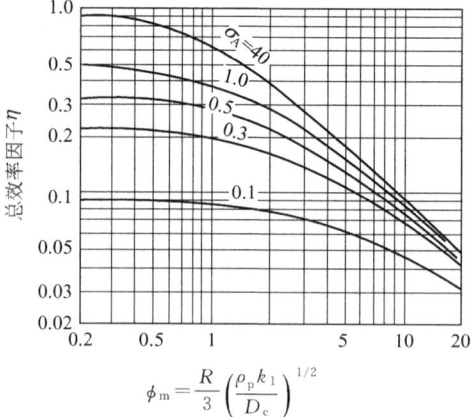

$$\phi_{m} = \frac{R}{3}\left(\frac{\rho_{p}k_{1}}{D_{c}}\right)^{1/2}$$

图 25-8-25　1 级反应总效率因子

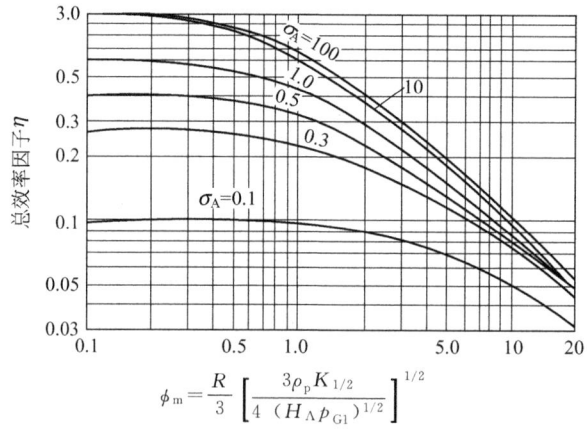

$$\phi_{m} = \frac{R}{3}\left[\frac{3\rho_{p}K_{1/2}}{4\left(H_{\Lambda}p_{G1}\right)^{1/2}}\right]^{1/2}$$

图 25-8-26　0.5 级反应总效率因子

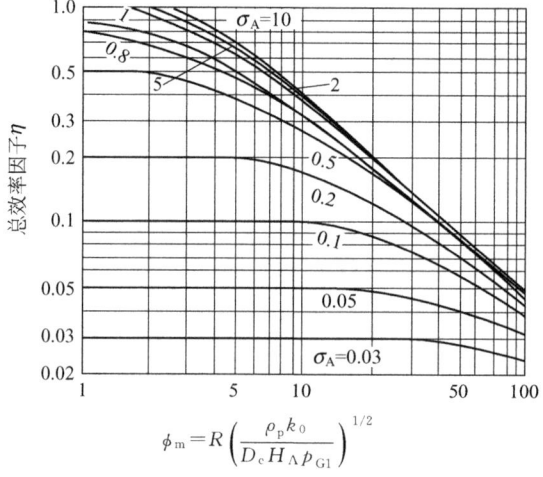

$$\phi_{m} = R\left(\frac{\rho_{p}k_{0}}{D_{c}H_{\Lambda}p_{G1}}\right)^{1/2}$$

图 25-8-27　0 级反应总效率因子[33]

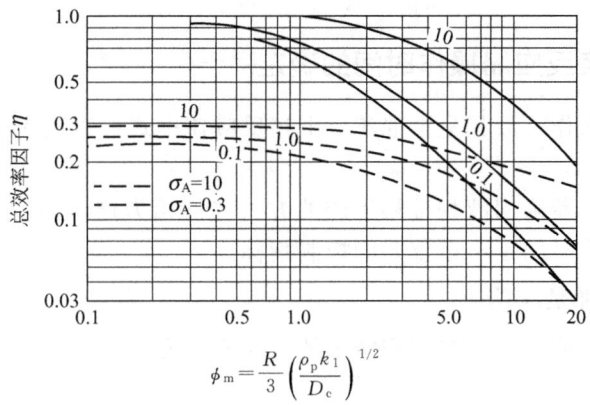

$$\phi_m = \frac{R}{3}\left(\frac{\rho_p k_1}{D_c}\right)^{1/2}$$

图 25-8-28 L-H 型反应总效率因子

(图中参变数为 $K_A H_A p_{G1}$ 的数值)

(2) 0.5 级反应 Lemcoff[63] 研究了丙酮在异丙醇中镍催化剂上的加氢过程，指出此反应对氢为 0.5 级反应，在 14℃时反应速率常数 $k_{1/2} = 2.35 \times 10^{-3} (cm^3 \cdot mol)^{\frac{1}{2}} \cdot g^{-1} \cdot s^{-1}$。

(3) 0 级反应[58] 不少淤浆反应本征动力学对 A 显示零级。例如，二硝基甲苯在 Pd-C 催化剂上的加氢[64]，环己烯在氧化催化剂上的氧化[65]、甲醛在乙醛铜催化剂上加成乙炔[66] 都是零级反应。

(4) 可逆反应 某些情况下淤浆反应为可逆的，例如脂肪酸酯加氢生成脂肪醇[67]。此时，无内扩散影响的速率表达式参见表 25-8-2，如内扩散有影响则可按表 25-8-3 试差计算。

(5) 液相中有均相反应进行 有时反应不仅在催化剂表面上进行，而且还在液相中进行。例如，环氧丙烷由离子交换树脂催化水化成丙烯乙二醇、环氧乙烷水化生成乙烯乙二醇等。此时，总反应速率必须考虑均相反应速率。若均相反应和非均相催化都是一级反应，则

$$R_A = k_H C_{AL} + k_B a_B (C_{AL} - C_{AS}) = k_H C_{AL} + W k_1 C_{AS} \eta_C \qquad (25\text{-}8\text{-}87)$$

式中，k_H 为均相反应速率常数。将上式结合气液相间传质速率式(25-8-72) 消去 C_{AL} 和 C_{AS}，可得总反应速率式为

$$R_A = H_A p_{G1}\left\{\frac{1}{\dfrac{V_G}{VRT_L H_A}[1-\exp(-\alpha_A L)]} + \frac{1}{k_H + k_B k_B \dfrac{W k_1 \eta_C}{k_B a_B + W k_1 \eta_C}}\right\}^{-1}$$

$$(25\text{-}8\text{-}88)$$

式中，η_C 由式(25-8-80) 决定。上式仅在液相中均相反应为慢反应时正确。

(6) 两种气体在淤浆反应器中的反应[59] CO_2 和 H_2 合成碳氢化合物[68]、CO 的氧化[69]、烯烃的加氢、乙烯氧化为环氧乙烷、甲酸的氧化[70] 和污染气体中 SO_2[71] 的氧化等反应都是两种气相在淤浆反应器中反应的实例。与 A 相似，B 的传递速率为

$$R_B = \nu R_A = M_B (H_B p_{GB1} - C_{BS})$$

$$M_B = \left\{\frac{1}{\dfrac{V_G}{VRT_L H_B}[1-\exp(-\alpha_B L)]} + \frac{1}{(k_B a_B)_B}\right\}^{-1} \qquad (25\text{-}8\text{-}89)$$

第 **25** 篇

式中，
$$\alpha_{\mathrm{B}} = (K_{\mathrm{L}}a)_{\mathrm{B}}^{RT} H_{\mathrm{B}}/u_{\mathrm{OG}} \tag{25-8-90}$$

8.3.2 间歇式淤浆反应器操作时间的确定[58,72]

当反应器为连续操作，液相呈全混流，上述反应速率式可直接应用于连续操作反应器的设计计算。

多数工业淤浆反应器采用液相批料生产的方式（气相为连续）。为了获得一定的反应转化率，批料生产的操作时间是一个重要的控制指标。

8.3.2.1 对 A 和 B 都是 1 级

当不存在内扩散影响时，单位容积淤浆的反应速率为

$$-\frac{\mathrm{d}C_{\mathrm{BL}}}{\mathrm{d}t} = R_{\mathrm{B}} = \nu_{\mathrm{B}} H_{\mathrm{A}} p_{\mathrm{G1}} \left(\frac{1}{M_{\mathrm{A}}} + \frac{1}{Wk_2 C_{\mathrm{BL}}} \right)^{-1} \tag{25-8-91}$$

将上式积分（H_{A} 为常量）得反应时间为

$$t_{\mathrm{s}} = \frac{1}{\nu_{\mathrm{B}} H_{\mathrm{A}} p_{\mathrm{G1}}} \left(\frac{C_{\mathrm{BLO}} - C_{\mathrm{BLE}}}{M_{\mathrm{A}}} + \frac{1}{Wk_2} \ln \frac{C_{\mathrm{BLO}}}{C_{\mathrm{BLE}}} \right) \tag{25-8-92}$$

式中，C_{BLO} 和 C_{BLE} 分别为反应器开始运转 $t=0$ 时和反应终了时 B 的浓度。

当内扩散影响显著时，必须涉及效率因子，此时

$$-\frac{\mathrm{d}C_{\mathrm{BL}}}{\mathrm{d}t} = \nu_{\mathrm{B}} H_{\mathrm{A}} p_{\mathrm{G1}} \left\{ \frac{1}{M_{\mathrm{A}}} + \frac{\phi}{\left[\coth(3\phi) - \frac{1}{3\phi} \right] Wk_2 C_{\mathrm{BL}}} \right\}^{-1} \tag{25-8-93}$$

式中
$$\phi = R/3(\rho_{\mathrm{p}} k_2 C_{\mathrm{BL}}/D_{\mathrm{eA}})^{1/2}$$

积分上式得

$$t_{\mathrm{B}} = \frac{1}{\nu_{\mathrm{B}} H_{\mathrm{A}} p_{\mathrm{G2}}} \left\{ \frac{C_{\mathrm{BLO}} - C_{\mathrm{BLE}}}{M_{\mathrm{A}}} + \int_{C_{\mathrm{BLE}}}^{C_{\mathrm{BLO}}} \frac{\mathrm{d}C_{\mathrm{BL}}}{\frac{3WD_{\mathrm{eA}}}{R^2 \rho_{\mathrm{p}}} \left[R \left(\frac{\rho_{\mathrm{p}} k_2 C_{\mathrm{BL}}}{D_{\mathrm{eA}}} \right)^{1/2} \coth R \left(\frac{\rho_{\mathrm{p}} k_2 C_{\mathrm{BL}}}{D_{\mathrm{eA}}} \right)^{1/2} - 1 \right]} \right\} \tag{25-8-94}$$

8.3.2.2 对 A 为一级，对 B 为零级

此时不同时间下 B 的浓度变化并不影响反应速率，故

$$-\frac{\mathrm{d}C_{\mathrm{BL}}}{\mathrm{d}t} = \nu_{\mathrm{B}} H_{\mathrm{A}} p_{\mathrm{G1}} \left(\frac{1}{M_{\mathrm{A}}} + \frac{1}{\eta_{\mathrm{C}} Wk_2} \right)^{-1} \tag{25-8-95}$$

积分后其反应时间为

$$t_{\mathrm{s}} = \frac{C_{\mathrm{BLO}} X}{\nu_{\mathrm{B}} H_{\mathrm{A}} p_{\mathrm{G1}}} \left(\frac{1}{M_{\mathrm{A}}} + \frac{1}{\eta_{\mathrm{C}} Wk_1} \right) \tag{25-8-96}$$

8.3.2.3 对 A 为 m 级，对 B 为 n 级

采用总效率因子 η 的处理方法，单位容积淤浆的速率为

$$-\frac{dC_{BL}}{dt}=\nu_B R_A=\nu_B W k_2 \eta (H_A p_{G1})^m C_{BL}^n \tag{25-8-97}$$

这时，η 将是 C_{BL} 的函数，各 C_{BL} 时的 η 值可由表 25-8-3 中第一项 η 和 ϕ 的关系（注意 $k_m = k_{m,n} C_{BL}^n$）计算而得。反应时间可由下式积分求得

$$t_s = \int_{C_{BLE}}^{C_{BLO}} \frac{dC_{BL}}{\nu_B W k_2 \eta (H_A p_{G1})^m C_{BL}^n} \tag{25-8-98}$$

8.3.2.4　反应时间解析[72]

从以上所述的计算反应时间方程可知，淤浆反应器的间歇操作反应时间可写成下列通式

$$t_B = t_D + t_R \tag{25-8-99}$$

此处

$$t_D = [C_{BLO} X/(\nu_B H_A p_{G1})](1/M_A) \tag{25-8-100}$$

式中，t_D 表示 A 组分通过外扩散所需的时间；t_R 是在无外扩散影响时，反应和内扩散所需的反应时间。若总反应时间 t_B 接近于 t_D 的数值，反应过程为外扩散控制；反之则为化学反应（含内扩散）控制。

8.3.2.5　溶解度系数的改变和产物对反应的抑制

溶液中溶质的存在必降低气体溶解度系数，Lemcoff[63]、Komiyama 等[73]报道了淤浆反应器中溶解度系数发生了明显的变化。

反应过程中，仅只反应物 B 和生成物 C 浓度有变化，当 B 和 C 的溶解度降低系数差别较大时，即 h_B 和 $(\nu_C/\nu_B)h_C$（见本篇 7.4.1 节）的数值相差较大时，溶解度系数随反应过程就会发生显著变化。

8.3.3　固体催化剂的悬浮[64]

为使催化剂得到充分利用，催化剂颗粒必须全部较均匀地悬浮在液相中。为此搅拌悬浮反应器中必须维持必要的转速。鼓泡悬浮反应器中必须保持必要的表观气速。

Nienow[74]得出了搅拌悬浮的完全悬浮条件，他以颗粒在反应器底停留不超过 $1\sim2s$ 作为完全悬浮的基准，获得最低转速 N_{min} 为

$$N_{min} = \frac{\beta d_p^{0.2} \mu_L^{0.1} g^{0.45} (\rho_p - \rho_L)^{0.45} (W/\rho_L)^{0.13}}{\rho_L^{0.55} d_1^{0.85}} \tag{25-8-101}$$

式中　d_1——搅拌器直径；

β——常数，它与反应器直径和搅拌器直径之比 D_T/d_1 以及搅拌器型式有关。

Nienow[74]指出对盘式透平搅拌而言，β 值为

$$\beta = (D_T/d_1)^{1.32} \tag{25-8-102}$$

由于透平式可在较小的转速下（与螺旋桨式相比）实现催化剂的悬浮[68]，因而作为常用的搅拌器型式。式（25-8-101）和式（25-8-102）需以 CGS 制单位计算。

图 25-8-29 为不同催化剂荷量按式（25-8-101）计算获得的最低搅拌速度的一例。

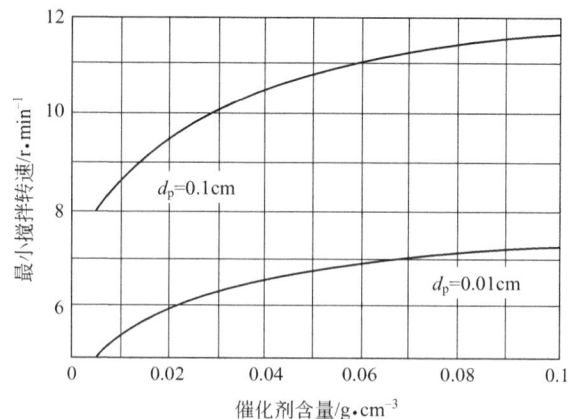

图 25-8-29 最小必须搅拌速度示例

计算条件：$D_T = 10\text{cm}$；$d_1 = 5\text{cm}$；$\rho = 1\text{g}\cdot\text{cm}^{-3}$；$\rho_p = 2\text{g}\cdot\text{cm}^{-3}$；$\mu_L = 8\times10^{-3}\text{g}\cdot\text{cm}^{-3}\cdot\text{s}^{-1}$

Baldi 等[76]提出了一个与 Zweitering 相近的最低转速计算式。Conti 等[77]指出，搅拌器与容器底面距离 H 对 $N_{\min}$ 有不连续的影响，当 $H/D_T < 0.22$ 时，$N_{\min}$ 的数值较低；当 $H/D_T > 0.22$时，$N_{\min}$ 骤然升至相当高的数值。因此，工程上 H/D_T 的值应小于 0.22，以利于颗粒的悬浮。

Weidmann 等[75]对气液搅拌悬浮反应器的泛点进行了研究，得出了如果表观气速超过允许的极限，搅拌器将失去分散气体和固体的作用。图 25-8-29 为此极限气速（即泛速）与转速的一个关系。由图可见，随着转速增大泛速将相应提高，而催化剂荷量对泛速的影响不大。

对鼓泡悬浮方式，Roy 等[78]得出了在给定条件下能悬浮的最大固体荷量 $W_{\max}$，此关系为当 $Re_G = D_T u_{OG} P_G/\mu_G < 500$ 时

$$W_{\max} = 6.8\times10^{-4}(C\mu/\rho_L)(D_T u_{OG}\rho_G/\mu_G)\times[\sigma\varepsilon_G/(u_{OG}\mu_L)]^{-0.23}(\varepsilon_G u_t/u_{OG})^{-0.18}\gamma^{-3.0}$$

$$(25\text{-}8\text{-}103)$$

当 $Re_G > 600$ 时

$$W_{\max} = 1.072\times10^{-1}(C\mu/\rho_L)(D_T u_{OG}\rho_G/\mu_G)^{-0.2}\times[\sigma\varepsilon_G/(u_{OG}\mu_L)]^{-0.23}(\varepsilon_G u_t/u_{OG})^{0.18}\gamma^{-3.0}$$

$$(25\text{-}8\text{-}104)$$

以上两式中 $C\mu$ 为黏度校正系数，其数值为

$$C\mu = 2.31\times10^{-1} - 1.788\times10^{-1}\lg\mu_L + 1.026\times10^{-1}(\lg\mu_L)^2 \qquad (25\text{-}8\text{-}105)$$

式中，μ_L 以泊为单位，而式（25-8-103）、式（25-8-104）需以 CGS 制单位计算；u_t 为 Stokes 最终沉降速度，即

$$u_t = g d_p^2(\rho_p - \rho_L)/18\mu_L \qquad (25\text{-}8\text{-}106)$$

γ 为催化剂润湿系数，多数催化剂可取 $\gamma = 1$。

为了表明悬浮所需的最小气速，按下列条件：$D_T = 10\text{cm}$；$\rho_L = 1\text{g}\cdot\text{cm}^{-3}$；$\rho_p = 3\text{g}\cdot\text{cm}^{-3}$；$\rho_G = 1.2\times10^{-3}\text{g}\cdot\text{cm}^{-3}$；$\mu_L = 8\times10^{-3}\text{g}\cdot\text{cm}^{-1}\cdot\text{s}^{-1}$；$\mu_G = 18\times10^{-4}\text{g}\cdot\text{cm}^{-1}\cdot\text{s}^{-1}$；$\sigma = 72\text{dyn}\cdot\text{cm}^{-1}$；可计算得不同粒径 d_p 和不同催化剂荷量下的鼓泡最小空塔气速，现将计算结果绘于

图 25-8-30。

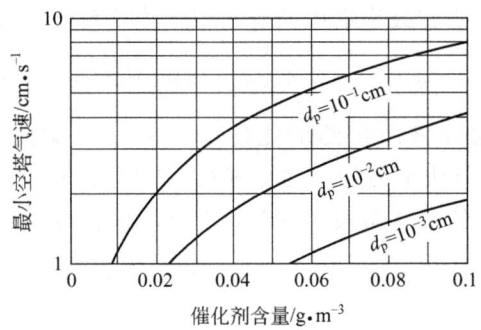

图 25-8-30　搅拌悬浮的泛速

催化剂在鼓泡床中的分布由以下方程描述[75]

$$\varepsilon_B = \varepsilon_{B0} \exp(-u_t L / D_{ES}) \tag{25-8-107}$$

描述 D_{ES} 的 Pe_s 数可表示为[79]

$$Pe_s = \frac{u_{OG} D_T}{D_{ES}} = 6.4 u_{OG} (g D_T)^{-0.5} \tag{25-8-108}$$

式中，ε_B 和 ε_{B0} 分别为在高度为 $Z=L$ 处和 $Z=0$ 处的催化剂荷量，以体积分数表示；D_{ES} 为催化剂轴向分散系数；L 为反应器的总高度。Kato 等[80]以实验证实了催化剂沿高度呈指数关系分布，这一不均匀分布尤以高 L/D_T 时更为明显。

8.3.4　淤浆反应器气液传质特性

气液反应器的传质特性已有较充分研究，但在液相中加入固体催化剂后，将对传质特性会有所影响。

Kürten 等[57]研究了固体粒子的动能是否能使气泡破碎的问题。他指出，如果要使气泡破碎，粒子的动能至少必须等于冲击面的表面能，即

$$\rho_s d_p u_B^2 / \sigma \geqslant 3 \tag{25-8-109}$$

其中 u_B 为气泡和粒子间相对速度。按照气泡上升速度 $0.2 \sim 0.3 \, \mathrm{m \cdot s^{-1}}$，即使催化剂颗粒为 $100 \mu m$ 时 We 数仍处于小于 3 的范围。因此，在粒子不太粗的情况下，气泡是不会被破碎的。同时，Kürten 等指出粒子对气泡的凝聚有所促进，因此固体含量的增加会导致气含量和比表面积的降低。因此，固体含量的存在虽促进气泡的凝聚，使比表面积有所降低，但气泡的凝聚造成气泡直径增大使浮升速度相应增加，它们对传质特性具有相互抵消的影响。Tamhankar 和 Chaudhari[60]以含悬浮固体颗粒水测定了磁力搅拌乙炔吸收的 $k_L a$ 的数值，发现固体颗粒的存在并不影响 $k_L a$ 的大小。同时，Joosten 等[81]也报道了固体颗粒并不明显影响 $k_L a$ 数值的这一事实，因而，Ramachandran 和 Chaudhari[58]建议淤浆反应器的气液相际传质特性可按不含固体颗粒的鼓泡或气液搅拌反应器常规方法进行计算。有关计算公式参见本篇 7.8 节和 7.9 节。

8.3.5　液固相际传质特性

液固相际接触表面积由悬浮液中含有的固体量 ε_s 和颗粒的当量直径 d_p 的关系而确定

$$a_s = 6\varepsilon_s / d_p \tag{25-8-110}$$

Sano 等[82]测定了搅拌槽和鼓泡塔中的液固相际传质系数，得出

$$k_s d_p / (D_L \psi) = 2 + 0.4(e d_p^4 \rho_L^3 / \mu_L^3)^{1/4} (\mu_L / \rho_L D_L)^{1/3} \tag{25-8-111}$$

式中，e 为单位质量悬浮液所供给的能量，$m^2 \cdot s^{-3}$，对搅拌反应器，$e = P_G / V_L \rho_L$，P_G 为有气体通量时的搅拌器功率消耗，参见式（25-7-115）和式（25-7-116），对鼓泡悬浮反应器，$e = u_{OG} g$；ψ 为颗粒的形状系数。齐藤等[83]提出用下式估计 k_s，即

$$k_s d_p / D_L = 2 + 0.212 [d_p^3 (\rho_p - \rho_L) g / (u_L D_L)^{1/3} (d_p u_{OG} \rho_L / \mu_L)^{0.12}] \tag{25-8-112}$$

8.3.6　淤浆反应器传热特性

淤浆反应器因强烈混合，而使其温度均匀。

Shah 和 Sharma[1]总结了淤浆反应器对壁传热的研究工作，得出如下结论：

① 对壁传热分系数 h_w 为鼓泡和气液搅拌反应器 2 倍左右，且与 D_T 和传热元件型式和尺寸关系不大。

② h_w 随固体颗粒 d_p 直径增大而增加，而 $d_p = 3mm$ 后，h_w 将不随 d_p 而变[84]。

③ h_w 随 ε_s 增加而增大，达到某一临界 ε_s 后 h_w 则随 ε_s 而下降。

Zaidi 等[85]关联了前人的研究，得出 h_w 为

$$\frac{h_w}{\rho C_p u_{OG}} = 0.1(u_{OG} d_B / \mu)^{-1/4} (u_{OG}^2 / g d_B)^{-1/4} \left(\frac{C_p \mu}{\lambda}\right)^{-1/2} \tag{25-8-113}$$

式中，ρ、C_p 和 μ 分别为气液固三相系统中液固两相混合的密度、比热容和黏度，按 $\rho = \varepsilon_s \rho_s + \varepsilon_L \rho_L$、$C_p = \varepsilon_s C_{pS} + \varepsilon_L C_{pL}$、$\mu = (1 + 4.5\varepsilon_s)$、$\lambda = \lambda_L[2\lambda_L + \lambda_S - 2\varepsilon_s(\lambda_L - \lambda_S)]/[2\lambda_L + \lambda_S + \varepsilon_s(\lambda_L - \lambda_S)]$ 计算；ε_s 为液体中悬浮固体体积分数；$\varepsilon_L = 1 - \varepsilon_s$。

对于三相流化床，u_{OG} 以相对速度代替，将式（25-8-113）展开，得

$$h_w = 0.1\lambda^{-0.5} \rho^{0.75} C_p^{0.5} \mu^{-0.25} \left[u_{OG} + u_{OL}\left(1 - \frac{\rho_L}{\varepsilon_s \rho_s + \varepsilon_L \rho_L}\right)\right]^{0.25} \tag{25-8-114}$$

式中，ρ、C_p 和 μ 同式（25-8-113）。

8.4　三相流化床反应器

三相流化床反应器中液体和气体自下而上通过床层使 $1 \sim 5mm$ 直径的催化剂保持悬浮状态。气液相均从反应器顶部离开固体催化剂留在床层中。

8.4.1　流动状态图[86]

三相流化床可以近似地认为固体颗粒被液体流化，而气体以鼓泡形式通过床层。如果液体速度较高而气速又较低时，上述状态则是真实的。如果相反，气速较高而液速较低时，则出现完全不同的脉动床层（由稀相和浓相构成）。在中间气速和液速下，床层通过部分流化状态逐渐由固定层转化为三相流化床。

以 u_{OG} 和 u_{OL} 为坐标的三相流化床的流动状态图示于图 25-8-31。

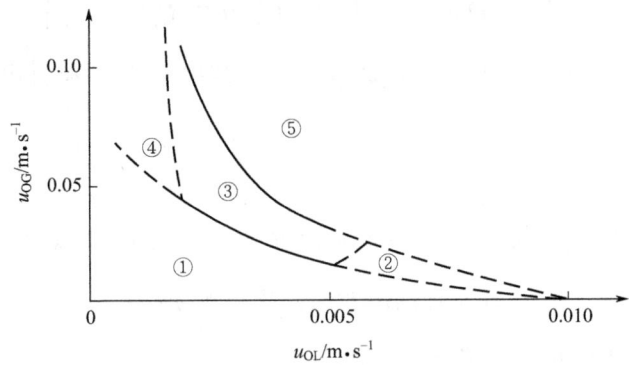

图 25-8-31　三相流化床的流动状态
①固定床；②拟液固流化床；③部分流化床；④脉动床层；⑤三相流化床

8.4.2　最小流化速度[87]

三相流化床的最小流化速度是以最小液速为基础，辅以气体流速的校正，其关联式为

$$(u_{OL,min} d_p \rho_L / \mu_L) = 5.121 \times 10^{-3} [\rho_L d_p^3 (\rho_p - \rho_L) g / \mu_L^2]^{0.662} [u_{OG}^2 / (g d_p)]^{-0.18}$$

$$(25\text{-}8\text{-}115)$$

上式不能用于很低气速的情况。

8.4.3　床层膨胀和压降

床层膨胀可按以下两式[88]计算：

$$(\varepsilon_L + \varepsilon_G) = (1 - \varepsilon_p) = 1.40 [u_{OL}^2 / (g d_p)]^{0.17} (u_{OG} \mu_L / \sigma)^{0.078} \quad (25\text{-}8\text{-}116)$$

$$\varepsilon_L = 1.504 [u_{OG}^2 / (g d_p)]^{-0.086} [u_{OL}^2 / (g d_p)]^{0.234} (d_p G_L / \mu_L)^{-0.082} (u_{OG} \mu_L / \sigma)^{0.092}$$

$$(25\text{-}8\text{-}117)$$

床层的压降可简单地按静压损失计算[87]

$$\Delta p = (\rho_p \varepsilon_p + \rho_L \varepsilon_L + \rho_G \varepsilon_G) H g \quad (25\text{-}8\text{-}118)$$

式中，H 为流化床的高度。

8.4.4　返混特性

气相返混随气速增加和固体颗粒直径减少而增强。但作为一次近似，气相可作平推流考虑。

液相 Peclet 数可按下列关联计算[89]

$$Pe_L = \frac{u_{OL} d_p}{\varepsilon_L D_{EL}} = 5.85 \times 10^{-6} (d_p G_L / \mu_L)^{1.156} \quad (25\text{-}8\text{-}119)$$

固体颗粒相的 Peclet 数的关联为

$$Pe_L = \frac{u_{OG}D_T}{D_{ES}} = 13\left[\frac{Fr_G^{0.5} + 0.009 Fr_G^{0.1} Re_{Lt}}{1 + 8(Fr)_G^{0.425}}\right] \tag{25-8-120}$$

式中，$Fr_G = u_{OG}^2/(gd_p)$；$Re_{Lt} = u_t d_p \rho_L/\mu_L$，其中 u_t 为颗粒自由沉降速度；D_T 单位为 m。

8.4.5　传质特性

气液传质比表面积 $a_L = 6\varepsilon_G/d_B$，气泡平均直径 d_B 的关联[82]式为

$$d_B = 13.4 u_{OL}^{0.052} u_{OG}^{0.248} \mu^{0.008} \sigma^{0.034} \tag{25-8-121}$$

气泡上升速度（相对于液相）可按下式计算：

$$u_B = 83.1 u_{OL}^{0.065} u_{OG}^{0.339} \mu^{0.025} \sigma^{0.179} \tag{25-8-122}$$

上两式中 u_{OL}、u_{OG} 和 u_B 的单位为 mm·s^{-1}；μ_L 单位为 cP；σ 单位为 dyn·cm^{-1}。

液相容积传质系数 $k_L a_L$[80]关联式为

$$\frac{k_L a_L d_p^2}{D_L} = K(\rho_L u_t d_p/\mu_L)^{3.3}(u_{OG}\mu_L/\sigma)^{0.7} \tag{25-8-123}$$

式中，K 为常数，$Re_{Lt} = \rho_L u_t d_p/\mu_L > 2000$，$K = 3.9 \times 10^{-7}$；$Re_{Lt} < 2000$，$K = 2.3 \times 10^{-5}$。

液固传质表面积和传质系数可按式（25-8-110）和式（25-8-111）计算，唯 $e = (u_{OG} + u_{OL})g$。

8.4.6　传热特性

三相流化床对壁传热系数 h，可按式（25-8-114）计算。另外，Baker 等[90]给出的关联式为

$$h_w = 10^4 u_{OL}^{0.070} u_{OG}^{0.059} d_p^{0.106} \tag{25-8-124}$$

式中，h_w 单位为 W·m^{-2}·K^{-1}；u_{OG} 和 u_{OL} 单位为 m·s^{-1}；d_p 单位为 m。

参考文献

[1] Shah Y T, Sharma M M. Gas-Liquid-Solid Reaction, in Chemical Reaction and Reactor Engineering. Carberry J J, Varma A. New York: Marcel Dekker, 1987: 667-734.

[2] Satterfield C N. AIChE J, 1975, 21: 209-228.

[3] Shah Y T. Gas-Liquid-Solid Reactor Design. New York: McGraw-Hill Inc, 1979.

[4] Midoux N, et al. J. Chem Eng Japn, 1976, 9(5): 350-356.

[5] Hofmann H P. Cat Rev, 1978, 17: 71-119.

[6] Charpentier J C, Favier M. AIChE J, 1975, 21: 1213-1218.

[7] Morsi B I, et al. AIChE J, 1978, 24: 357-360.

[8] Midoux N, et al. J Chem Eng Japn, 1976, 9(5): 350-356.

[9] Gianetto A, et al. AIChE J, 1978, 24: 1087-1104.

[10] Clements L D, Schmidt P C. 69th Annual AIChE Meeting, Chicago Illinois, 1976.

[11] Kan K M, Greenfield P F. Ind & Eng Chem Process Des Dev, 1979, 18: 740-745.

[12] van Swaaij W P M, Charpentier J C, Villermaux J. Chem Eng Sci, 1969, 24: 1083-1095.

[13] Sáez A E, Carbonell R G. AIChE J, 1985, 31: 52-62.

[14] Specchia V, Baldi G. Chem Eng Sci, 1977, 32: 515-523.

[15] Levenspiel O. The Chemical Reactor Omnibook. Corvallis: OSU Book Stores, 1979.

[16] 思田格三郎, 竹内宽, 小山恭章. 化学工业, 1967, 31: 126-129.

[17] Satterfield C N. AIChE J, 1975, 21: 209-228.

[18] Colombo A J, Baldi G, Sicardi S. Chem Eng Sci, 1976, 31: 1101-1108.

[19] Herskowitz M, et al. AIChE J, 1979, 25: 272-282.

[20] Lakota A, Levec J. AIChE J, 1990, 36: 1444-1448.

[21] Mills P L, Dudukovic M P. AIChE J, 1981, 27(6): 893-904.

[22] El-Hisnawi A A, Dudukovic M P, Mills P L. Trickle-bed reactors: Dynamic tracer tests, reaction studies, and modeling of reactor performance. ACS Symposium Series, 1981: 421-440.

[23] Cheng Z M, Kong X M, Zhu J, et al. AIChE J, 2013, 59: 283-294.

[24] Schwartz J G, et al. AIChE J, 1976, 22: 894-904.

[25] Gianetto A, et al. AIChE J, 1978, 24: 1087-1104.

[26] Ramachandran P A, Smith J M. AIChE J, 1979, 25: 538-542.

[27] Dudukovic M P. AIChE J, 1977, 23: 940-944.

[28] Sakornwimon W, Sylvester N D. Ind & Eng Chem Proc Des Dev, 1982, 21: 16-25.

[29] Augier F, Koudil A, Royon-Lebeaud A, et al. Chem Eng Sci, 2010, 65(1): 255-260.

[30] Charpentier J C. Chem Eng J, 1976, 11: 161-181.

[31] Goto S, Smith J M. AIChE J, 1975, 21: 706-713.

[32] Wahajani W V, Sharma M M. Chem Eng Sci, 1975, 34: 1425-1428.

[33] Specchia V, Sicardi S, Gianetto A. AIChE J, 1974, 20: 646-653.

[34] Gianetto A, Specchia V, Baldi G. AIChE J, 1973, 19: 916-922.

[35] Goto S, Levec J, Smith J M. Ind & Eng Chem Proc Des Dev, 1975, 14: 473-478.

[36] Specchia V, et al. Ind & Eng Chem Proc Des Dev, 1978, 17: 362-367.

[37] Yoshikawa M, et al. J Chem Eng Japn, 1981, 14: 444-449.

[38] Weekman Jr. V W, Myers J E. AIChE J, 1965, 11: 13-17.

[39] 松浦明德, 日高与佐富, 明岛高司, 等. 化学工学论文集, 1979, 5: 263-268.

[40] Specchia V, Baldi G. Chem Eng Commun, 1979, 3: 483-499.

[41] 室山胜彦, 上垣正俊, 桥本键治, 等. 化学工学论文集, 1975, 1(5): 520-526.

[42] van Landeghen H. Chem Eng Sci, 1980, 35: 1912-1949.

[43] Ter Veer K J R, et al. Chcm Eng Sci, 1980, 35: 759-761.

[44] Hochmann J M, Effron E. Ind & Eng Chem Fundam, 1969, 8: 63-71.

[45] Dunn W E, et al. Ind & Eng Chem Fundam, 1977, 16: 116-124.

[46] Iliuta I, Larachi F, Grandjean B P A. Chem Eng Sci, 1999, 54(18): 4099-4109.

[47] Bondi A. ChemTechnol, 1971, 1: 185-188.

[48] Trambouze P, Vanlandeghem H, Wauquier J P. Chemical Reactors, Chapter 12. Houston: Gulf Publishing Co., 1988.

[49] Goto S, et al. Can J Chem Eng, 1976, 54: 551-555.

[50] Sylvester N D, Pitayagulsarn P. AIChE J, 1973, 19: 640-644.

[51] Suzuki M, Smith J M. AIChE J, 1970, 16: 882-884.

[52] Saada M Y. Period Polytech Chem Eng, 1975, 19: 317-337.

[53] Turpin J L, Huntington R L. AIChE J, 1967, 13: 1196-1202.

[54] Achwai S K, Stepanek J B. Chem Eng J, 1976, 12: 69-75.

[55] Stiegel G J, Shah Y T. Ind & Eng Chem Proc Des Dev, 1977, 16: 37-43.

[56] US Patent No. 3560167, 2 Feb. 1971.

[57] Kürten H, Zehnir P. Ger Chem Eng, 1979, 2: 220-227.

[58] Chaudhari R V, Ramachandran P A. AIChE J, 1980, 26(2): 177-201.

［59］ Ramachandran P A, Chaudhari R V. Ind & Eng Chem Proc Des Dev, 1979, 18: 703-708.

［60］ Chaudhori R V, Ramachandran P A. Ind & Eng Chem Fundam, 1980, 19: 201-206.

［61］ Ruether J A, Puri P S. Can J Chem Eng, 1973, 51: 345-352.

［62］ Kenney C N, Sedricks W. Chem Eng Sci, 1972, 27: 2029-2040.

［63］ Lemcoff N O. J Catalysis, 1977, 46: 356-364.

［64］ Acres G J K, Cooper B J. J Appl Chem Biotech, 1972, 22: 769-785.

［65］ Meyer C G, et al. Proc 3rd Int Cong on Catalysis, 1965, 1: 184-197.

［66］ Kale S S, Chaudhari R V. Ind & Eng Chem Proc Des Dev, 1981, 20: 309-314.

［67］ Muttzall K M K, Van den Berg P J. Proc 4th Eur Symp on Chem React Eng. Brussels: Pergamon Press, 1968: 277.

［68］ Schlesinger M D, et al. Ind & Eng Chem, 1951, 43: 1474-1479.

［69］ Ido T S, et al. Int Chem Eng, 1976, 6: 695-701.

［70］ Baldi G, et al. Ind & Eng Chem Proc Des Dev, 1974, 13: 447-452.

［71］ Komiyama H, Smith J M. AIChE J, 1975, 21: 664-670.

［72］ Ramachandran P A, Chaudhari RV. Chem Eng J, 1980, 20: 75-78.

［73］ Komiyama H, Smith J M. AIChE J, 1974, 20: 1110-1117.

［74］ Nienow A W. Chem Eng Sci, 1968, 23: 1453-1459; Chem Eng J, 1975, 9: 153-160.

［75］ Weidmann J A, et al. Ger Chem Eng, 1980, 3: 303-312; 1981, 4: 125-136.

［76］ Baldi G, et al. Chem Eng Sci, 1978, 33: 21-25.

［77］ Conti R, Sicardi S, Specchia V. Chem Eng J, 1981, 22: 247-249.

［78］ Roy N K, et al. Chem Eng Sci, 1964, 19: 215-225.

［79］ Kojima H, Asano K. Int Chem Eng, 1981, 21: 473-481.

［80］ Kato K, Nishiwaki A, Fukuda T,Tanaka S. J Chem Eng Jpn, 1972（5）: 112-118.

［81］ Joosten G F H, et al. Chem Eng Sci, 1977, 32: 563-566.

［82］ Sano Y, Adachi T. J Chem Eng Japn, 1974, 7: 255-261.

［83］ 齐藤弘太郎, 小林猛. 化学工学, 1965, 29: 327-241.

［84］ Armstrong E R, Bake C G, Bergougnou M A. Fluidization Technology, Vol. 1（Ed Keairns D L）. Washington D C: Hemisphere, 1976: 453.

［85］ Zaidi A, Louisi Y, Balek M, et al. Ger Chem Eng, 1979, 2: 94-102.

［86］ Trambouze P, Van Landeghem H, Wauquier J P. Chemical Reactors. Houston: Gulf Publishing, 1988: 463-471.

［87］ Wild G, Saberian M, Schwartz J L, et al. Entropie, 1982, 106: 3-36.

［88］ Kim S D, Baker C G J, Bergougnou M A. Chem Eng Sci, 1977, 32: 1299-1306.

［89］ El-Temtamy S A, et al. Chem Eng J, 1979, 18: 151-159; 161-168.

［90］ Baker CGJ, et al. Multiphase Chemical Reactors, vol. II, Design Methods, NATO Advanced Study Institute on Multiphase Chemical Reactors, Sijthoff & Noordhoff, 1981.

其他非均相反应器

9.1 气流床反应器

气流床（entrained-flowbed）是利用气体射流携带固体，通过喷嘴雾化（如水煤浆等液体）、弥散（如粉煤）和射流卷吸强化混合的一种反应器类型，广泛应用于煤炭气化过程，工业应用中比较典型的气流床气化炉有 GE（Texaco）水煤浆气化炉、Shell 粉煤气化炉、多嘴对置水煤浆气化炉、E-Gas 水煤浆气化炉、GSP 粉煤气化炉、SE 粉煤气化炉等。

9.1.1 气流床反应器内的流动过程

在气流床反应器内气化过程中，从喷嘴流出的燃料和氧化剂（或气化剂）都是以射流的形式出现的，通常用燃料和气化剂（或氧化剂）的喷射动量来决定火焰的形状和炉内的混合特性，以达到特定的气化结果。当然，炉内流型和混合状况不仅与射流动量有关，也与喷嘴结构密切相关。因此，受限射流是气流床内流体流动的共同特征。

9.1.1.1 受限射流的计算

受限射流在工程计算上，目前有两种方法被广泛采用：

（1）Thring-Newby 方法 Thring 和 Newby[1] 假定卷吸量不受限制壁面的影响，射流发展取决于它的动量通量，提出了对受限射流过程作简化处理的方法，并给出了一个相似准数

$$\theta = \frac{m_a + m_o}{m_o} \frac{r_o}{r_w} \tag{25-9-1}$$

式中，m_o 为射流流体的质量流量；m_a 为周围流体的质量流量；r_o 为喷嘴半径；r_w 为炉子半径。

对于非定常密度系统，改进的 Thring-Newby 准数为

$$\theta' = \frac{m_a + m_o}{m_o} \frac{r_o}{r_w} \left(\frac{\rho_a}{\rho_o}\right)^{0.5} \tag{25-9-2}$$

式中，ρ_o 和 ρ_a 分别为射流和周围流体的密度。

对于双股同轴受限射流，r_o 用当量喷嘴半径 r_e 代替：

$$r_e = \frac{m_i + m_a}{\sqrt{(G_i + G_a)\pi\rho}} \tag{25-9-3}$$

研究表明，回流量与 θ 之间有如下关系

$$\frac{m_r}{m_o + m_a} = \frac{0.47}{\theta} - 0.5 \tag{25-9-4}$$

式中，m_r 为回流量。

（2）Craya-Curtet 方法　Craya 与 Curtet 根据雷诺方程和连续方程推广了 Thring 和 Newby 的处理方法，以使其更加普遍适用，并给出了一个相似准数 m

$$m + \frac{1}{2} = \frac{1}{U^2 S} \iint_S \left(\frac{p}{\rho} + U^2 \right) \mathrm{d}S \tag{25-9-5}$$

式中，U 为射流速度；S 为受限射流通道与其任意两个横截面构成的表面积。当 $r_o \ll r_w$ 时，宏观混合过程只与 m 有关。

Becker 和 Hottel 等对 Craya 和 Curtet 的理论作了进一步推广，对于双股同轴受限射流，得到了如下的相似准数，用 C_t 表示

$$C_t = \frac{u_k}{\sqrt{(u_s^2 - u_{f,o}^2)(r_o/r_w)^2 + 0.5 u_{f,o}^2 - 0.5 u_k^2}} \tag{25-9-6}$$

式中，r_o 为喷口半径；r_w 为炉子半径；u_s 为喷口速度；$u_{f,o}$ 为自由流的速度；u_k 为运动学平均速度，可用下式计算

$$u_k = (u_s - u_{f,o}) \left(\frac{r_o}{r_w} \right)^2 + u_{f,o} \tag{25-9-7}$$

Thring-Newby 理论认为所有的湍流射流都是动力学相似的，他们认为模型与原型炉应保持混合相似，即必须保持 $C_\infty (r_w/r_o)$ 相等，其中 C_∞ 为达到充分混合时射流流体的浓度

$$C_\infty = \frac{m_o}{m_o + m_a} \tag{25-9-8}$$

从工程设计的观点来看，Thring-Newby 理论优于 Craya-Curtet 理论，因为 θ 数可以简单地由进口参数来确定。但是从理论上讲，Craya-Curtet 理论更严格，因此也更普遍适用，其缺点是数学上很复杂。

9.1.1.2　受限射流过程的相似准则

（1）受限射流过程的相似准则[2]　对于受限射流，人们普遍感兴趣的往往是当周围的二次流比射流能够引射的量少，或者无二次流存在的情况，这时有回流产生。Thring 等[1] 认为，要保证相似，则模型和原型中 $C_\infty (r_w/r_o)$ 必须相等。当受限射流中发生气化时，射流流体与引射流的温度不等，引入当量喷嘴半径：

$$r_e = \frac{m_o}{\sqrt{G_o \pi \rho_F}} \tag{25-9-9}$$

式中，m_o 为射流流体的质量流量；G_o 为相应的动量通量；ρ_F 为射流火焰中产物的密度。

这时结合前述的相似准则，模型和原型间的相似应满足下式

$$\left(\frac{m_s + m_o}{m_o} \frac{r_o}{r_w} \right)_M = \left(\frac{m_s + m_o}{\sqrt{G_o \pi \rho}} \frac{1}{r_w} \right)_F \tag{25-9-10}$$

式中，下标 M 表示模型，F 表示原型；m_s 为回流流体的质量流量。回流参数为

$$\theta = \frac{m_s + m_o}{m_o} \frac{r_e}{r_w} \qquad (25\text{-}9\text{-}11)$$

这样就可以通过冷模实验来预测实际受限射流中沿流动方向回流的质量流量,回流涡中心的位置等。

(2) 双股同轴受限射流过程的相似准则 双股同轴射流在工业炉中应用最为广泛,通常它以燃料作为中心射流,而周围被环状气体射流(空气、富氧空气或纯氧)所包围。但也有以气体为中心射流,而燃料作为环状射流的情形。双股同轴射流中,中心射流和环隙射流均具有相当大的动量,且环隙喷口的直径(r_2)与炉子直径相比并不大,即 $r_2 \ll r_w$,研究分析表明,距喷口下游某一位置处,一次射流和二次射流相合并,此处的速度分布可以描述为较为简单的高斯型分布曲线。在这些条件下,前述的 Thring-Newby 回流准数中,$m_s = 0$,从而有

$$\theta = \frac{r_e}{r_w} \qquad (25\text{-}9\text{-}12)$$

式中,r_e 为双股同轴射流的当量喷嘴半径,由式(25-9-3)计算。

在靠近喷口的区域内,两股射流尚未完全合并为一股流,为了保持模型和原型之间的相似,除了 θ 数相等外,还应保证一次射流和二次射流的质量比保持不变,即

$$\left(\frac{m_i}{m_a}\right)_M = \left(\frac{m_i}{m_a}\right)_F \qquad (25\text{-}9\text{-}13)$$

这时模型和原型的中心射流喷口直径有如下关系

$$(d_i)_M = \left(\frac{r_{w,M}}{r_{w,F}}\right) (d_p)_F \left(\frac{\rho_i}{\rho_f}\right)^{0.5} \qquad (25\text{-}9\text{-}14)$$

式中,下标 M 表示模型,F 表示原型;r_w 为炉体半径;ρ_i 为中心射流密度;ρ_f 为火焰产物的密度。

而模型喷嘴环隙射流通道的截面积为

$$(A_a)_M = \left(\frac{r_{w,M}}{r_{w,F}}\right)^2 (A_a)_F \left(\frac{\rho_i}{\rho_f}\right) \qquad (25\text{-}9\text{-}15)$$

式中,下标 M 表示模型,F 表示原型。

通过上述的这些相似准则,我们可以计算冷模实验中喷嘴与炉体的几何尺寸。反之,满足上述准则时,冷模实验的结果即可直接推广到热态条件。

(3) 同轴交叉射流过程的相似准则 工业实际中所采用的喷嘴往往是同轴交叉射流喷嘴,如渣油气化喷嘴、水煤浆气化喷嘴、天然气非催化部分氧化喷嘴,它们既不同于一般的同轴平行射流,也不同于一般的交叉射流,而是兼有两者的特点。因此,为了保证模型与原型的相似,不仅要遵循同轴受限射流过程的相似准则,也要考虑到喷嘴环隙与中心射流动量比和射流交叉角等对交叉射流过程有显著影响的因素。

9.1.1.3 撞击流

撞击流按照喷嘴出口的雷诺数大小来分,可以分为层流撞击流和湍流撞击流;从喷嘴的数目来分,撞击流可分为撞壁流与对置撞击流,对置撞击流又可以分为两股对置撞击流和多

股对置撞击流（三股、四股及以上）；以喷嘴的形状来分，又可以分为平面撞击流和圆射流撞击流；从两股对置射流的出口初始速度是否相等来分，还可以分为对称对置撞击流和不对称对置撞击流。

撞击流的概念由 Elperin 首先提出，其基本构思是使两股流体离开喷嘴后相向流动撞击，撞击的结果是在喷嘴中间造成一个高度湍动的撞击区，流体在撞击区轴向速度趋于零，并转为径向流动。撞击过程如图 25-9-1 所示，撞击流流场一般可以分为以下三个区域：一是流体离开喷嘴以后到还没有撞击之前如同单喷嘴的自由射流，称为射流区；二是相向运动的流体靠近后撞击形成撞击区也称滞止区；三是撞击后流体改变方向形成的区域称为折射流区[3]。

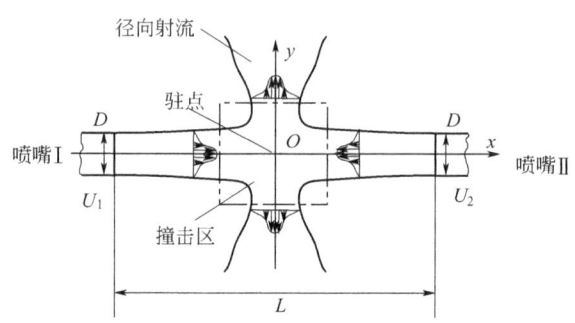

图 25-9-1　撞击流流场示意图

（1）对称撞击流　由于在撞击流中，流体流动呈现出强烈各向异性、流线弯曲的特点，撞击流的理论研究一直是学者们十分感兴趣的研究课题。但是到目前为止，相对于自由射流而言，其相关的理论尚不完善。值得一提的是 Champion M 和 Libby P A[4] 从高雷诺数的雷诺应力方程出发得出的小喷嘴间距下（$L \leqslant 2D$）撞击流流场的近似解析式，被证明和实验结果吻合较好，这也是目前已知关于对置撞击流流场的唯一的近似解析式，其中轴线速度表述为

$$u = -\frac{4u_0 x}{L}\left(1 + \frac{x}{L}\right), x < 0 \qquad (25\text{-}9\text{-}16)$$

$$u = -\frac{4u_0 x}{L}\left(1 - \frac{x}{L}\right), x > 0 \qquad (25\text{-}9\text{-}17)$$

式中，u_0 为两喷嘴出口气速；L 为喷嘴间距。李伟锋等[5] 利用热线风速仪对小间距两喷嘴对置撞击流场进行了实验研究与数值模拟，他们认为该解析式仅适用于小喷嘴间距、出口为均匀分布的情况，当喷嘴的射流边界层厚度不可忽略时，该解析式不适用。利用烟线法流场显示对中等喷嘴间距范围内湍流撞击流进行了研究，两喷嘴气速相等时烟线照片如图 25-9-2 所示。

（2）不对称撞击流　撞击面的稳定性和驻点的偏移规律的研究对撞击流的工程应用是至关重要的，关系到装置的寿命和长周期、稳定运行。李伟锋等[6] 利用热线风速仪测量和烟线法流场显示对不对称撞击流撞击面驻点的偏移规律也进行了大量的实验研究，当两喷嘴的气速比为 0.97 时撞击流烟线照片如图 25-9-3 所示。

大量研究结果表明[7,8]：在喷嘴间距为 $2D \sim 8D$ 范围之内，驻点位置对气速比的变化很

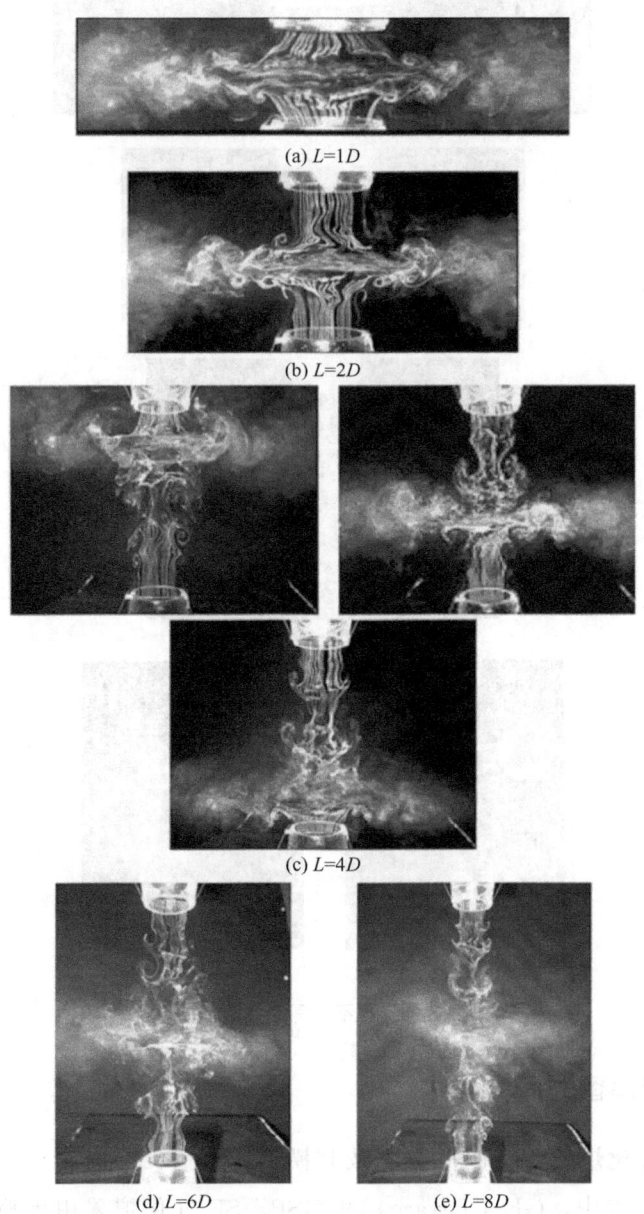

(a) L=1D

(b) L=2D

(c) L=4D

(d) L=6D   (e) L=8D

图 25-9-2 气速相等时流场瞬时照片

敏感，气速比的微小改变可以引起驻点较大程度的偏移；在上述范围之外，随着喷嘴间距的减小或者增大，气速比对撞击面驻点位置的影响逐渐变得不显著。并且，喷嘴间距在这个范围内，气速比对撞击面驻点偏移的影响是非线性的。

对于大喷嘴间距（$L > 20D$），气速比（a）一定时，气速的绝对大小对轴线上撞击面驻点影响可以忽略。通过曲线拟合可以得出无量纲的偏移量 $\Delta x / L$ 随操作条件的变化关系为：

$$\frac{\Delta x}{L} = 0.8086 \times (1-a)^{1.358} \times \left(\frac{D}{L}\right)^{0.0831} \qquad (25\text{-}9\text{-}18)$$

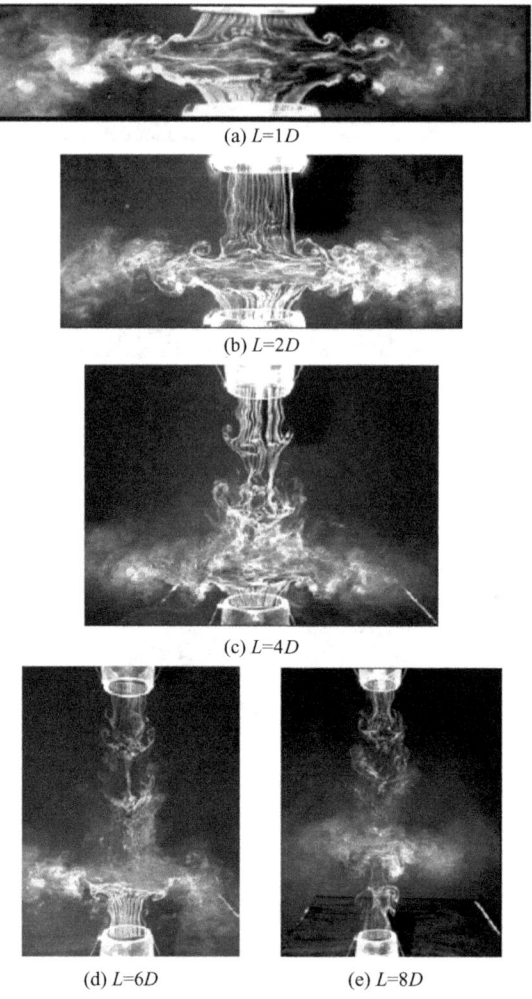

(a) $L=1D$

(b) $L=2D$

(c) $L=4D$

(d) $L=6D$　　　　(e) $L=8D$

图 25-9-3　气速不相等时流场瞬时照片

9.1.2　气流床的停留时间分布

9.1.2.1　单喷嘴气化炉的停留时间分布及其模型[9~11]

在气流床气化技术中，GE（Texaco）和 GSP、SE 气化炉采用单喷嘴型式，尽管气化炉和喷嘴结构尺寸不同，在物理模型上可将其看作是一个具有单喷嘴的受限射流反应器，有一定的共性，其停留时间分布特征具有相似性。

（1）单喷嘴气化炉停留时间分布　脉冲法测定的双通道气流床气化炉无量纲停留时间分布密度图如图 25-9-4 所示。无量纲停留时间分布函数图如图 25-9-5 所示。

从停留时间分布密度图不难看出，气化炉内的流型接近全混流，而非平推流。不同中心和环隙射流速度下的测试结果表明，当环隙射流速度一定，增加中心射流速度，平均停留时间前流出气化炉的物料增加；而当中心射流速度一定，增加环隙与中心射流的动量比时，平均停留时间前流出气化炉的物料减少。

（2）单喷嘴气化炉停留时间分布解析模型

① 模型的构筑　气化炉为气流床反应器，炉内存在回流，射流区和回流区中的流体因

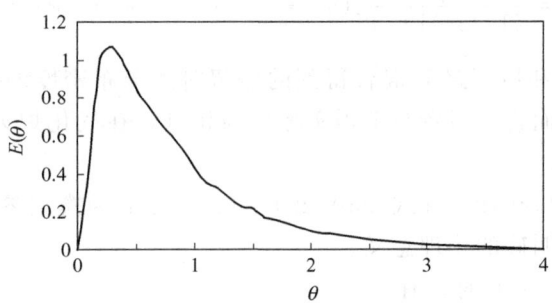

图 25-9-4 无量纲停留时间分布密度图

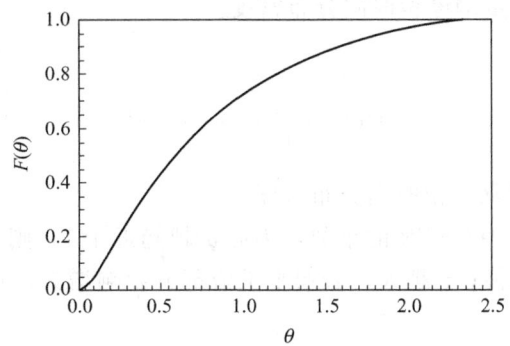

图 25-9-5 无量纲停留时间分布函数图

卷吸而剧烈混合,因而炉内流型接近全混流;同时,由于靠近气化炉出口的速度分布接近管流,这时其流型又具有平推流的特征。再考虑到工业气化炉出口有微量氧存在,可以断定气化炉内的流体因混合不良而存在短路。据此,研究者曾分别提出了如图 25-9-6 所示的网络来描述气化炉内的流动过程,并由此推导气化炉的停留时间分布模型[17]。前者称为前短路 Γ 混合模型,后者称为后短路 Γ 混合模型。

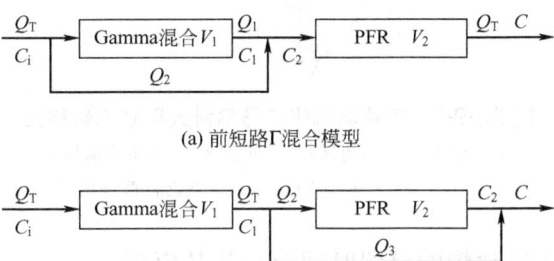

(a) 前短路Γ混合模型

(b) 后短路Γ混合模型

图 25-9-6 气化炉停留时间分布模型

② 数学模型　气化炉停留时间分布密度的后短路数学模型为

$$E(\theta) = \frac{\beta\alpha^{\alpha}}{(1-\beta\tau)\Gamma(\alpha)}\left[\beta(\theta-\tau)^{\alpha-1}\mathrm{e}^{-\alpha\frac{\theta-\tau}{1-\beta\tau}} + (1-\beta)\theta^{\alpha-1}\mathrm{e}^{-\frac{\alpha\theta}{1-\beta\tau}}(1-\beta)\right] \quad (25\text{-}9\text{-}19)$$

对前短路 Γ 混合模型,同样可得到停留时间分布密度的数学模型为

$$E(\theta)=\frac{\beta\,(\alpha\beta)^{\alpha}}{(1-\beta\tau)\,\Gamma(\alpha)}\beta(\theta-\tau)^{\alpha-1}\mathrm{e}^{-\alpha\frac{\theta-\tau}{1-\beta\tau}}+(1-\beta)\delta(\theta-\tau) \qquad (25\text{-}9\text{-}20)$$

尽管前短路 Γ 混合和后短路 Γ 混合得到的停留时间分布密度的数学表达式均能很好关联实验数据，但相比较而言，后者与工程实际更为相符，在气化炉数学模拟中有重要价值。因此下面对其进行讨论。

③ 模型讨论 式（25-9-19）和式（25-9-20）中 α、β、τ 为模型参数，由实验来确定。尽管如此，仍可以赋予其明确的物理意义。

a. 当 $\alpha=1$、$\beta=1$、$\tau=0$ 时，有

$$E(\theta)=\mathrm{e}^{-\theta} \qquad (25\text{-}9\text{-}21)$$

此即理想混合时系统的无量纲停留时间分布密度。

b. 当 $\tau=0$ 时，有

$$E(\theta)=\frac{\alpha^{\alpha}}{\Gamma(\alpha)}\theta^{\alpha-1}\mathrm{e}^{-\alpha\theta} \qquad (25\text{-}9\text{-}22)$$

此即 Γ 混合时系统的无量纲停留时间分布密度。

由于 α 是 Γ 混合单元中 CSTR 的个数，因此 α 越趋近于 1，则 Γ 混合单元越接近于理想混合，即炉内混合过程改善；τ 越大，表明平推流部分影响增大，而 β 的大小则反映了短路物料的多少。

(3) 单喷嘴气化炉停留时间分布随机模型 可根据状态离散、时间离散的马尔科夫链模型模拟 GE（Texaco）气化炉气体停留时间分布[12,13]。其状态转移图见图 25-9-7。结果表明，用马尔科夫链描述气化炉内的停留时间分布是可行的，模拟值与实验值比较吻合。

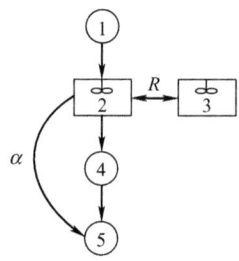

图 25-9-7 单喷嘴气化炉马尔科夫链状态转移图

1—入口；2—射流区；3—回流区；4—平推流区；

5—出口；R—回流比；α—短路物料百分比

9.1.2.2   多喷嘴对置式气化炉的停留时间分布及其模型

撞击流广泛应用于燃烧、气化等化学反应过程，以强化混合，促进热质传递。赵铁钧等[22]测定了四喷嘴撞击气流床气化炉的停留时间分布，发现多喷嘴对置式气化炉内的流动过程接近于平推流反应器（PFR）与全混流反应器（CSTR）的串联，由于撞击流的存在，使得气化炉内的短路行为较单喷嘴气化炉大为减少，有利于气化反应的进行。文献［14］采用 Fluent 软件获得了多喷嘴对置式气化炉内的湍流流动情况，运用标量输运方程得到了气化炉内气体停留时间分布函数，如图 25-9-8 所示。

文献［15］采用连续马尔科夫链模拟了多喷嘴对置式气化炉中气体停留时间分布。通过

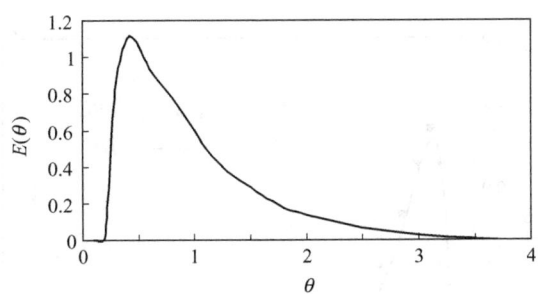

图 25-9-8 多喷嘴气化炉停留时间分布

状态离散化，确定状态空间，并根据待优化的模型参数（如回流量、短路量及射流区、回流区、管流区的体积比等）给出单步转移概率矩阵。由于初始概率向量已知，停留时间分布即可模拟计算。多喷嘴对置式气化炉马尔科夫链状态转移图如图 25-9-9 所示。从模拟结果图 25-9-10 可以看出，该模型的计算值（模拟值）与实验值吻合良好。

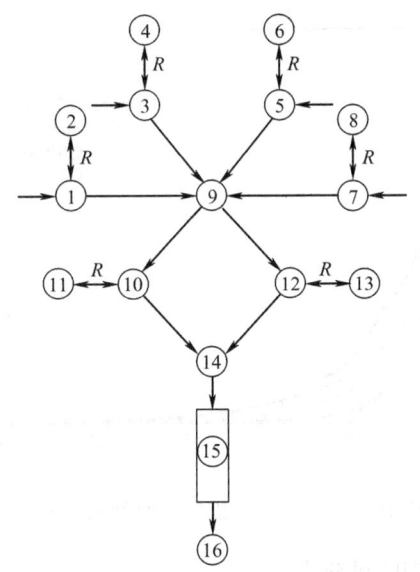

图 25-9-9 多喷嘴对置式气化炉马尔科夫链状态转移图

1,3,5,7—射流区；2,4,6,8—射流回流区；9—撞击区；10,12—撞击流股；11,13—撞击流回流区；

14—折返流区；15—平推流区；16—出口；R—回流比

9.1.2.3 单喷嘴气化炉与多喷嘴对置式气化炉的停留时间的比较[16]

图 25-9-11 为不同结构型式气化炉［Shell、GE（Texaco）、GSP、多喷嘴对置式气化炉（OMB）］的停留时间密度分布曲线。从图中不难看出，返混程度排序：GSP＞Shell＞GE（Texaco）＞多喷嘴对置式，亦即二次反应的时间多喷嘴对置式气化炉最长，有利于气化反应的进行。采用水煤浆的多喷嘴对置式气化炉和 GE（Texaco）气化炉停留时间分布比较见表 25-9-1，显然，GE（Texaco）存在明显的短路，不利于碳转化率的提高。

表 25-9-1 停留时间分布比较

气化炉型式	1.5s 前离开气化炉物料比例/%	平均停留时间前离开气化炉物料比例/%
GE 气化炉	4	62
多喷嘴对置式气化炉	0.9	58

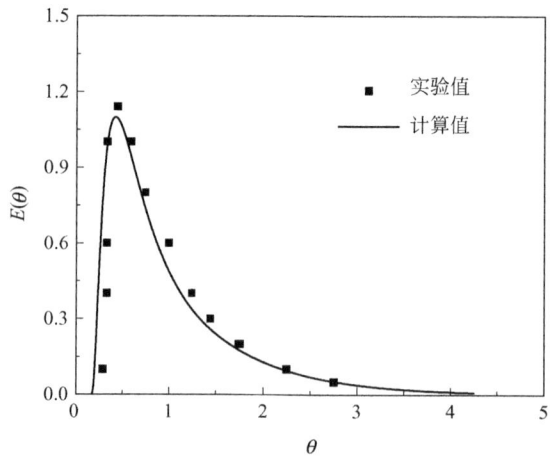

图 25-9-10   模拟值结果与实验值的比较

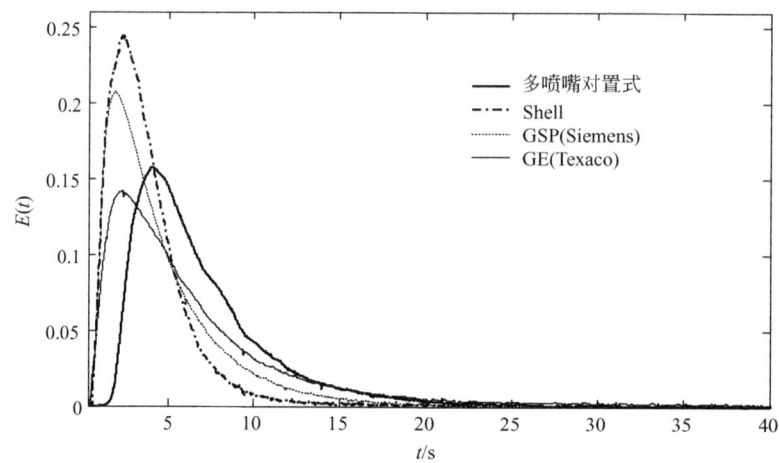

图 25-9-11   不同气化炉停留时间密度分布曲线

9.1.2.4   气化炉内颗粒停留时间分布

气流床气化炉内，雾化后的煤浆液滴或弥散后的粉煤颗粒在气流的曳力作用下弥散于整个床层内，反应后的渣或未反应的部分残炭颗粒被夹带离开床层。目前对气固两相流停留时间的研究主要集中于循环流化床和固定床内颗粒停留时间分布。如 Harris 等[17~19] 采用磷光示踪法系统研究了循环流化床内颗粒停留时间分布，Barysheva 等[20] 采用光学法研究了固定床内颗粒运动轨迹和逗留时间。对气流床内气固两相停留时间研究主要集中于气相系统。炉内流体属气固多相流体系，气相的停留时间分布和混合行为不能反映颗粒在气化炉内的停留时间分布及其混合行为，文献 [21~23] 采用非接触式颗粒停留时间测量方法和数值模拟方法对多喷嘴气化炉、GE 气化炉和 Shell 气化炉内（底部出口）的颗粒停留时间分布进行了初步研究。

在气流床气化炉开发与设计中，颗粒停留时间分布方差和最短停留时间是两个重要的参数，其中方差表示炉内颗粒的返混程度，方差越小，停留时间分布越窄，越趋于其平均停留时间，此时的流体越接近于活塞流；为了研究问题的方便，将颗粒从进入气化炉炉内到开始有颗粒出气化炉的时间定义为最短停留时间，显然最短停留时间的长短是炉内气固两相混合在宏观上最直观的表现，是影响碳转化率的重要参数。

图 25-9-12 给出了三种气化炉内颗粒停留时间分布的实验与模拟结果[23]。从图中可以看出，由于气化炉结构不同，颗粒在炉内的停留时间分布也有很大的差异。从图中可以看出在 0.8 倍平均停留时间前，流出 GE 气化炉的颗粒质量分数最大，而流出多喷嘴对置式气化炉的颗粒质量分数最小。表 25-9-2 给出了不同喷嘴出口气速下炉内颗粒停留时间无量纲方差和最短停留时间[12]。从数据中可以看出，GE 气化炉内无量纲方差最大，最短停留时间最小；多喷嘴对置式气化炉的无量纲方差最小，最短停留时间最长。因此从颗粒停留时间分布可以得出，多喷嘴对置式气化炉在停留时间分布上最合理，Shell 气化炉次之，这与工程实践结果相吻合。

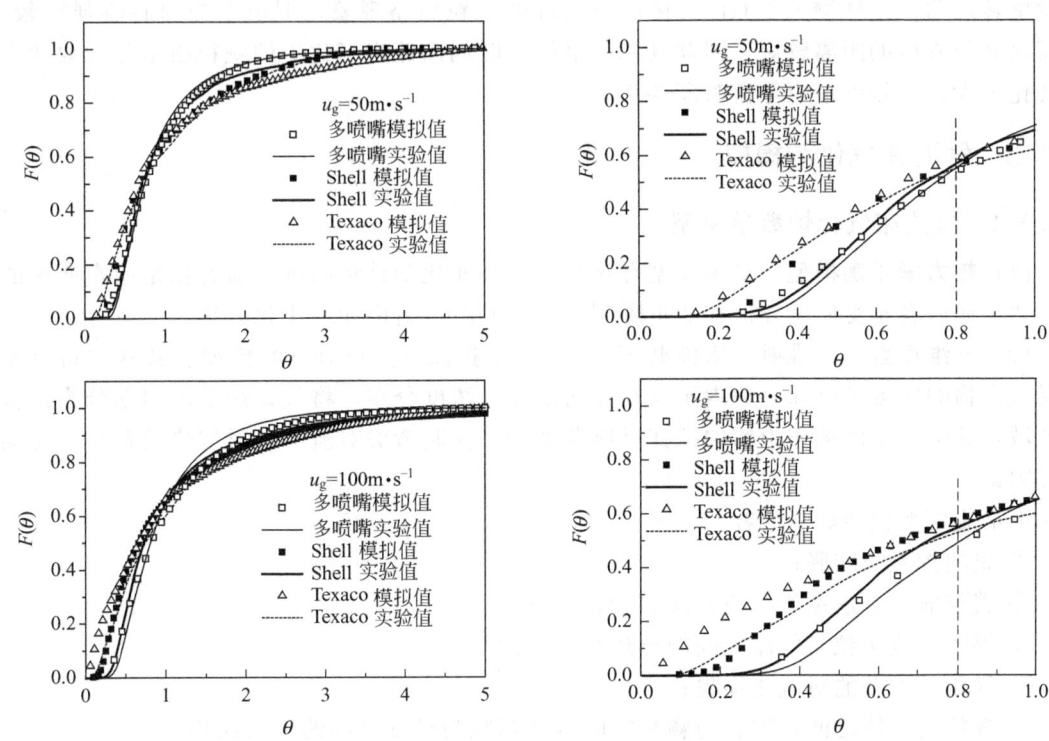

图 25-9-12 三种气化炉内颗粒停留时间分布的实验与模拟结果

表 25-9-2 三种气化炉内颗粒无量纲方差和最短停留时间

炉型	$u_g/\text{m}\cdot\text{s}^{-1}$	实验值		模拟值	
		σ	τ	σ	τ
多喷嘴	50	0.62	0.24	0.60	0.23
多喷嘴	100	0.64	0.19	0.78	0.14
Texaco	50	0.86	0.10	0.96	0.10
Texaco	100	0.82	0.06	0.98	0.06
Shell	50	0.70	0.21	0.78	0.17
Shell	100	0.74	0.13	0.79	0.10

第 25 篇

造成以上差别的原因是在 GE 气化炉内，属受限射流的流场，部分流体和颗粒因短路而直接流出气化炉，造成颗粒的最短停留时间较小，而 0.8 倍停留时间前流出气化炉的颗粒质量较大；同时因射流流股卷吸和壁面的束缚作用而形成一个大的回流区，颗粒在气化炉内的返混增大，导致颗粒具有较大方差。在多喷嘴对置式气化炉内，由于四个喷嘴的轴线与气化炉轴线垂直，出喷嘴后的颗粒在惯性和相向运动的气流作用下来回振荡运动，最后在径向加速和重力作用下离开撞击流股和撞击区。撞击的作用导致颗粒在撞击区内的停留时间延迟，避免了 GE 气化炉中的短路现象。另外由于四股流体的撞击阻滞作用使得离开撞击区的流体和颗粒速度减小，气化炉内流场分布和两相混合更为均匀，因此多喷嘴对置式气化炉内颗粒的返混和死区比 GE 气化炉要小。在 Shell 气化炉内，由于炉内为一强旋流流场，颗粒在炉内做旋转运动，同样避免了 GE 气化炉中出现的颗粒短路现象，但由于炉内旋流强度较大，喷嘴离底部渣口的距离较短，因此其 0.8 倍停留时间前流出气化炉的颗粒质量分数要比多喷嘴气化炉大，无量纲最短停留时间要小。

9.1.3　气流床气化炉模拟

9.1.3.1　气流床气化炉数学模型

(1) 热力学平衡模型　平衡模型有化学计量和非化学计量两种，前者就是通常所说的平衡常数，而后者是受质量守恒和非负限制约束的 Gibbs 自由能最小化方法。

(2) 一维模型　一维射流床模型[24~28]又称平推流（plug flow）模型。其基本特点是假定反应产物的回流量已知，炉内不存在径向温度与浓度分布，将气化炉沿轴向划分为许多小的区域，其中每个区域作为均匀搅拌反应器处理，同时考虑对流与辐射传热及颗粒反应动力学等因素。

平推流模型包括如下内容：
① 煤的挥发与膨胀；
② 碳与氧气、水蒸气、CO_2 及 H_2 的反应；
③ 煤颗粒或炭粒与气体之间的导热和对流换热；
④ 气化炉炉壁的对流热损失；
⑤ 颗粒与气体之间，颗粒与颗粒之间以及颗粒与炉壁之间的辐射换热；
⑥ 煤种与气化剂种类的变化；
⑦ 煤颗粒或炭粒尺寸的变化；
⑧ 挥发产物的气化反应。

与热力学平衡模型相比，该模型无疑进了一步，但其最大的缺陷在于，未考虑气流床内的流体流动特征，平推流流型的假定隐含的意义是：炉内流元具有相同的停留时间。显然，这与实际并不相符。因此在对气流床气化炉的模拟中，一维模型有局限性，表现在：
① 一维模型无法预测气化炉内当地的脉动性质，预测的平均性质仅是轴向位置的函数；
② 一维模型不能预测射流混合或回流速率；
③ 该模型忽略了微观混合等因素对反应的影响。

(3) 综合模型　煤气化综合数学模型图 25-9-13 是将动力学模型或平衡模型与计算流体力学方法集成在一起，考虑了流动和化学反应在微观层次上的相互作用，是综合考虑了各种相关的化学物理作用机理的子模型的集成。图 25-9-13 描述了气流床煤气化综合数学模型所包含的子模型。

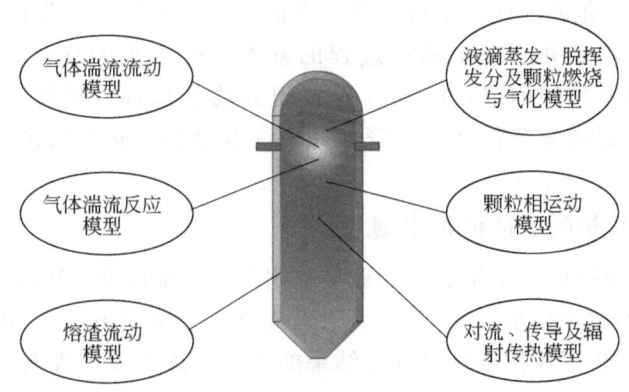

图 25-9-13 煤气化综合数学模型

气流床气化炉内部的流动是复杂的多相湍流反应流动，包括了一系列的物理和化学过程，对其进行数值模拟需要综合利用计算流体力学、计算传热学和化学反应工程等基本原理，建立描述过程动量、质量和能量守恒的偏微分方程组，即气流床气化模型，并求解以获得气化炉的内部特性。

根据不同的模拟要求，气流床气化可以选择相应规模的数学模型。对粉煤气化，用到的数学模型包括气相湍流流动模型、煤脱挥发分模型、煤的燃烧与气化反应模型、气体湍流反应模型、颗粒相运动模型、传热模型、熔渣流动模型等。对水煤浆气化除了粉煤气化需要的模型外，还应包括液滴蒸发模型和煤浆雾化模型。其中气体湍流反应模型可以运用 EBU 模型、EBC 模型和多混合分数的 PDF 等模型描述；颗粒相运动模型可以采用 Lagrange 方法或 Euler 方法描述；传热模型包括热传导、对流和辐射传热。

20 世纪 80 年代开始，众多的研究者致力于综合模型的开发与研究，其中的集大成者是 Smoot 和 Smith 等，他们合作开发了二维粉煤燃烧和气化（pulverized coal gasification and combustion 2-dimensional，PCGC-2）模型[29]。该模型基于计算流体力学、计算传热学和计算燃烧学的基本原理，建立并求解描述过程动量、质量和能量守恒的偏微分方程组，预测气化炉的总体特性。

① 气相湍流流动模型　假定气相是能够用通用守恒方程湍流反应流动的连续场，流动是稳态的，气体性质（密度、温度、组成等）按照一定的概率密度函数随机分布。用梯度扩散过程的 Favre-平均和 k-ε 双方程模型封闭法模拟湍流；用经验关系式模拟煤颗粒对气相湍流的影响。假定气相反应受混合速率的影响，而不受反应动力学的限制，假定局部的瞬时平衡来计算气相性质。

② 辐射传热模型　火焰辐射场是一个多组分、不均匀，有发射、吸收、散射的气体-煤颗粒系统，火焰可能被不均匀的及有发射、反射和吸收的表面所包围。用欧拉坐标系来模拟辐射，使辐射性质与气相方程易于耦合。

③ 煤颗粒特性　煤颗粒无法作为连续介质来考虑，在同一地点不同的煤颗粒由于不同的煤颗粒路径可以表现出完全不同的特性。利用拉格朗日方法，可以把煤颗粒表达为一系列轨道，得到煤颗粒的性质。

④ 煤颗粒反应　在湍流燃烧中，颗粒对气相场的影响现在还知之甚少。综合模型假定煤反应速率同湍流时间尺度相比较小，从而可用平均的气相特性代替脉动的气相特性来计算煤颗粒的性质。假定煤颗粒内部和表面温度相同，挥发分具有不变的组成，灰是惰性的。煤

反应速率用具有固定活化能的许多平行反应速率描述。炭颗粒的膨胀用经验估算。

　　建立综合模型的难点并不在于描述过程的基本微分方程的确立，而在于对特定系统所涉及的复杂的边界条件的确定，以及方程封闭方法的选择，而湍流与化学反应之间的相互作用更增加了问题的复杂程度。尽管如此，综合模型的研究却代表了这一领域未来的发展方向。

9.1.3.2　气流床气化炉的数值模拟进展

　　气流床气化炉的模拟已有多年历史，最早采用的是一维模型，Wen[30]、Govind[31]等开发了 Texaco 气化炉的数学模型，Ni 等[32]基于质量和能量守恒开发了 Shell 气化炉的数学模型，Vamvuka[33,34]分析了操作条件对气化结果的影响，这些模型没有考虑颗粒相在气化炉内的循环运动。Wen 对气相流动采用全混流假设，对颗粒相采用活塞流假设，固相反应采用未反应核缩芯模型，物料能量衡算示意图见图25-9-14。

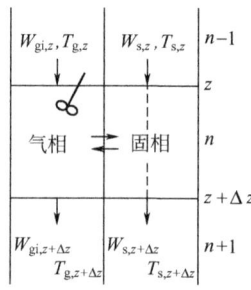

图 25-9-14　计算微元内的热量和质量平衡

　　随着计算流体力学方法和计算机技术的发展，各种商用流体力学软件相继出现，具有代表性的是 PCGC[35,36]、Fluent[37] 和 CFX[38]，为气流床气化炉的数值模拟创造了条件，研究者只需将自己的重点集中到有关气流床气化的基础反应模型的开发，而不是有关湍流反应流、偏微分方程数学模型的求解和网格划分上。最近发表的气流床气化炉数值模拟相关文献见表 25-9-3。共同点是都采用三维模型，但在颗粒相模型、气相湍流反应、脱挥发分和固相反应等方面存在很大差别。

表 25-9-3　气流床气化炉数值模拟相关文献

作者	颗粒相	气相湍流反应	脱挥发分	固相反应
Chen 等[39,40],2000	拉格朗日	混合分数＋MSPV	两步竞争反应[41]	多步平行反应[42]
Choi 等[43],2001	拉格朗日	EBU	平行反应	未反应核缩芯模型
Watanabe 等[44],2006	拉格朗日	EBU	单步反应	随机孔模型[45]
吴玉新等[46],2007	拉格朗日	简单混合分数	单步反应	—
Vicente 等[47],2003	欧拉	EBU	单步反应	多步平行反应

9.2　移动床反应器

　　移动床反应器是化工生产中的一种重要设备。其结构与固定床相似，但是其中旧的催化剂颗粒在重力的作用下不断流出床层，而新的催化剂不断自上部进入床层，从而实现在不中断生产的前提下进行催化剂颗粒的更新。移动床反应器还能够在较大的范围内改变固体和流体的停留时间。这对那些催化剂发生可逆性失活的反应过程（如石脑油的催化重整以及丙烷脱氢等）来说，利用移动床反应器可以实现连续操作[48~50]。相对于流化床反应器，移动床反应器能有效降低催化剂颗粒的磨损，从而降低对催化剂物理强度的要求；移动床反应器中催化剂返混程度较小，有利于催化剂活性的充分发挥。

根据气体与颗粒的流动方向，可以将移动床反应器分为径向流移动床反应器（即错流移动床反应器）以及轴向移动床反应器。相对于后者来说，前一种型式的反应器为反应物提供了更大的流通面积以及较薄的床层，故而能显著降低床层压降，这对于体积增加的反应过程有利于提高转化率，故而径向移动床反应器受到更多的关注。目前，催化重整已经都采用径向反应器。此外，在 UOP 的烷烃脱氢制烯烃工艺 Oleflex 中，也采用这种型式的反应器[51]。

9.2.1 移动床反应器的结构

径向流移动床反应器的结构如图 25-9-15 所示：其中，反应器的中心有中心管，外围有扇形筒，床层的上方和下方分别有沿环向均匀分布的催化剂进出料管[52~54]。

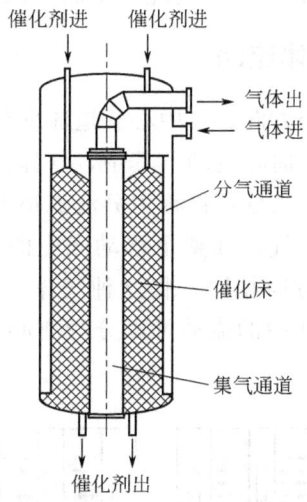

图 25-9-15 径向流移动床反应器的结构简图

中心管由内管，定距圆钢以及外包丝网或外包冲孔板构成[54,55]。其中，中心管中的气体主要在内管流动。内管上有按一定规则排布的一定大小的孔以使得气体流进流出。外包丝网用于防止催化剂进入中心管，进而防止颗粒对压缩机的污染。然而，外包丝网容易造成严重的催化剂磨损。为避免这种情况，一般采用外包冲孔板来代替外包丝网。外包冲孔板上通常开槽孔，槽孔的尺寸应该能够避免催化剂颗粒进入中心管。

对于床层外围的扇形筒来说，其向催化剂一侧布满了长条小孔（如 1mm×12mm），以使得气体流入或流出。扇形筒的形状可以分为两类，如图 25-9-16 所示。其中，对于 A 型的扇形筒来说，其背面的曲率半径与反应器的曲率半径相同，而 B 型扇形筒的背面则是平的[55]。采用 A 型的扇形筒，可以避免催化剂在装填时迁移到反应器的内壁上，从而避免催化剂的浪费。其缺点则在于不易制造，对于不同直径的移动床来说，需要设计不同的扇形筒。B 型扇形筒易于生产，且能够用于不同直径的移动床，但其缺点在于催化剂有可能会在

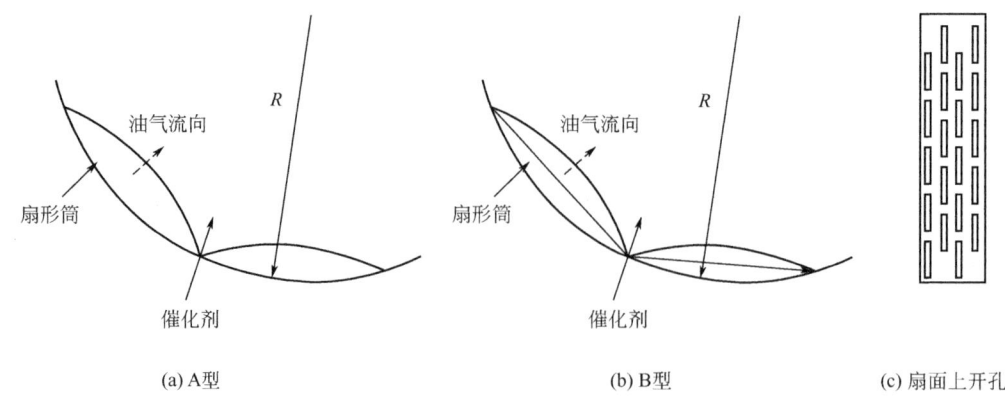

(a) A型   (b) B型   (c) 扇面上开孔

图 25-9-16 移动床中的扇形筒

装填时迁移到扇形筒的背面。扇形筒之间不应该有较大的间隙,以避免催化剂颗粒掉入其中,形成死区。

除了以上结构以外,床层中或床层底部也会添加内构件,如 Binsert 整流子或是多孔隔板[54,56]。这些内构件可以改善颗粒的流动情况,削弱死区的形成。

9.2.2 移动床反应器中的气体流动

在移动床中,反应气体沿半径方向,自中心管道流向外围管道,即进行离心流动,或是自外围管道流向中心管道,即进行向心流动。其中,气体流出和流入的壁面分别被称为上游面和下游面,气体流出和流入的流道分别被称为分流流道和集流流道。根据气体在集流流道和分流流道中的流动方向,可以将气体在整个移动床中的流动分为 Ⅱ 型和 Z 型流动。若集流流道与分流流道中的气体流动方向相同,将这种气体流动称为 Z 型流动;反之则将其称为 Ⅱ 型流动。综上,气体在移动床中的流动可以分为离心 Z 型、离心 Ⅱ 型、向心 Z 型以及向心 Ⅱ 型,如图 25-9-17 所示[57]。

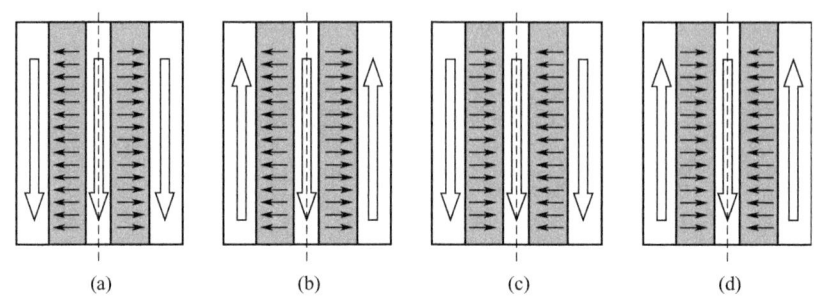

(a)   (b)   (c)   (d)

图 25-9-17 移动床中的气体流动类型

(a) 离心 Z 型;(b) 离心 Ⅱ 型;(c) 向心 Z 型;(d) 向心 Ⅱ 型

气体流经移动床的压降分为以下几个部分:扇形筒中的压降,扇形筒的穿孔压降,催化剂床层压降,中心管穿孔压降,中心管主流道压降,如图 25-9-18 所示。

以下逐一介绍各项压降。

当气体在主流道(集流流道和分流流道)中流动时,其压降来自两个方面:一方面为气体与壁面之间的摩擦而带来的损失(即摩擦损失项),另一方面为主流道中的气体在与床层

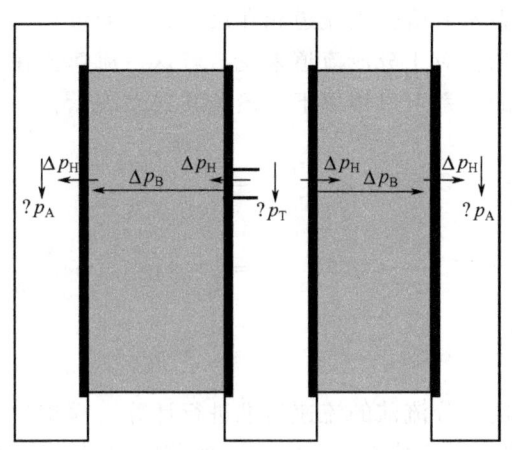

图 25-9-18 气体流经整个移动床
反应器时在各个部分的压降

中的气体进行动量交换的过程中所产生的损失（即动量交换项）。此时，伯努利方程不再适用，而需要采用修正动量方程来描述流体的流动过程[58]，如下式所示：

$$\mathrm{d}p + 2K\rho_{\mathrm{f}}u\,\mathrm{d}u + \frac{f}{d_{\mathrm{e}}}\frac{u^2}{2}\rho_{\mathrm{f}}\mathrm{d}x = 0 \qquad (25\text{-}9\text{-}23)$$

式中，K 表示动量交换系数；u 表示气体在管道中的流速；x 表示集流流道的出口和分流流道的入口至计算界面的距离；d_{e} 表示当量直径；ρ_{f} 表示气体的密度；f 表示摩擦系数；p 表示流道内气体的静压。

动量交换系数与主流道的型式无关，而决定于主流道中分流和集流前后的流速比。对于径向反应器来说，如果侧孔是密布的，则无论是分流还是集流，每个侧孔前后的主流道中气体流速的变化都很小。此时分流和集流的动量交换系数可分别取为 0.72 和 1.15。

当流体沿着管截面均匀分布时，流速随管长呈线性关系。分别以集流流道的末端和分流流道的始端作为这两个流道中压降计算的基准，对以上模型进行积分，则可得气体在集流流道和分流流道中流动时的压降模型，如式 25-9-24 所示：

$$\Delta p_x = p_x - p_0 = u_0^2\rho_{\mathrm{f}}\left\{K\left[1 - \left(1 - \frac{x}{L}\right)^2\right] - \frac{fL}{6d_{\mathrm{e}}}\left[1 - \left(1 - \frac{x}{L}\right)^3\right]\right\} \qquad (25\text{-}9\text{-}24)$$

对于分流流道来说，当动量交换项占优时，沿着气体的流动方向的静压逐渐增大，而当摩擦阻力项占优时，静压的变化则相反。对于集流流道来说，两项无论哪项占优，其中的静压都是沿着流体流动方向而逐渐减小。

当气体自分流流道穿过侧壁孔进入床层时也会产生压降。这种压降主要来源于分流流体和主流流体进行动量交换而引起的能量变化，以及流体转弯，进入、离开小孔时的收缩及扩大和克服孔壁摩擦而引起的能量损失[58]，可以表示为气体穿孔速度的动压头与局部阻力系数之积的形式，如下式所示：

$$\Delta p_{\mathrm{H}} = \zeta_0\frac{w_0^2\rho_{\mathrm{f}}}{2} \qquad (25\text{-}9\text{-}25)$$

式中，Δp_{H} 表示气体穿过小孔时的阻力损失；w_0 表示流体穿过孔时的穿孔流速；ζ_0 表示穿孔阻力系数。这一阻力系数所受主流道和孔尺寸的影响较小，主要受到穿孔流速与主流道流速之间的流速比的影响。对于分流流道来说，若这一流速比在 0.2~25 之间变化，穿孔阻力系数与这一流速比间的关系可以用以下分段关联式来表示：

$$当\frac{w_0}{u} \leqslant 2.5 \text{ 时} \qquad \zeta_0 = 2.52\left(\frac{w_0}{u}\right)^{-0.432}\beta$$

$$当 2.5 < \frac{w_0}{u} < 8 \text{ 时} \quad \zeta_0 = \left(1.81 - 0.046\frac{w_0}{u}\right)\beta$$

$$当\frac{w_0}{u} \geqslant 8 \text{ 时} \qquad \zeta_0 = 1.45\beta$$

以上计算中，流道内的流速以分流前的流速为准进行计算。模型中的 β 表示侧壁厚度 δ 与穿孔直径 d_0 之比的函数，当这一比值在 0.39~3.1 的范围内时，按照下式计算：

$$\beta = 1.11\left(\frac{\delta}{d_0}\right)^{-0.338} \tag{25-9-26}$$

对于集流流道内的气体流动来说，以集流后的流速为准计算流速比。当流速比在 0.2~16 之间变化时，穿孔阻力系数与流速比之间的关系可以用以下分段关联式来表示：

$$当\frac{w_0}{u} \leqslant 2 \text{ 时} \quad \zeta_0 = 1.75\left(\frac{w_0}{u}\right)^{-0.223}\beta$$

$$当\frac{w_0}{u} > 2 \text{ 时} \quad \zeta_0 = 1.5\beta$$

其中的 β 计算方法与分流流道中 β 的计算方法相同。

气体穿过床层时的压降可以通过欧根方程进行计算[58]。此处，随着气体在床层中的流动，其流动面积发生变化，故而气体流动时的流速也会发生变化。将这种径向气速变化而引起的静压变化也考虑到压降的计算中，可以得到以下模型：

$$\frac{\mathrm{d}p_B}{\mathrm{d}r} = \alpha\frac{\rho_g Q^2}{4\pi^2 r^2 L^2}\frac{1-\varepsilon}{d\varepsilon^3} + \kappa\frac{\mu(1-\varepsilon)^2}{d^2\varepsilon^3}\frac{Q}{2\pi rL} \pm \frac{\rho_g Q^2}{4\pi^2 r^3 L^2} \tag{25-9-27}$$

式中，p_B 表示气体在半径为 r 处的压力；ρ_g 表示气体的密度；Q 表示气体的体积流量；L 表示主流道侧壁开孔区高度；d 表示颗粒的平均直径；ε 表示床层的孔隙率；μ 表示气体的黏度；α 和 κ 均为欧根公式中的常数，分别为 150 和 1.75。最后一项在向心流动中取正号，在离心流动中取负号。

对于移动床中的气体流动来说，流体沿高度方向的均匀分布十分重要。若流体沿高度上的分布不均匀，则反应过程的转化率、选择性以及床层中的温度分布都会变差，影响到移动床反应器的正常操作[59]。实现流体均布的一个必要条件是上下游面上的静压差在各高度处保持相等。然而，随着流体的流动，分流流道与集流流道的压差随着高度的变化也会发生变化。调节开孔率，可以调节气体通过集流流道和分流流道壁面的穿孔压降，进而调节不同高度处上下游面的压降，使其相等，以实现流体的均布。具体来说，在已知分流和集流流道的压差随高度的变化时，可以计算不同高度下的穿孔压降以使得不同高度的上下游面压差相同，并由此压降根据式(25-9-25)计算出气体的穿孔速度 w_0。进一步，根据气体穿孔速度与开孔数之间的关系：

$$w_0 = \frac{V}{0.785 d_0^2 n_x} \tag{25-9-28}$$

可以得到如下开孔数计算方法：

$$n_x = \frac{V}{0.785 d_0} \sqrt{\frac{\zeta_x \rho}{2\Delta p_H}} \tag{25-9-29}$$

式中，n_x 表示单位长度流道的开孔数；V 表示流道单位长度侧流的气体流量；d_0 表示开孔的孔径；ζ_x 表示 x 截面上分流或集流流道的穿孔阻力系数；ρ 表示气体的密度；Δp_H 为气体的穿孔压降。

当两个主流流道的压差较大时，可以选择不均匀开孔的方法，以使得这种压差随高度的变化可以被穿孔压降所平衡。当这一压差相对于催化剂床层的压降很小时，催化剂的填充均匀性对流体均布起到很重要的作用。此时，为了改善流体流动的均匀性，应该尽可能地增大气体的穿孔压降，以克服由于催化剂颗粒孔隙率随深度变化而带来的流体均布影响。

9.2.3　移动床反应器中的颗粒流动[60]

移动床中的气体在流经床层时，在催化剂的作用下发生反应，生成目的产物。颗粒自上层的进料管进入床层，在上下游面所构成的通道内流动，并由下部的出料管流出去往下一反应器或再生器。

颗粒的流动状况是各种力作用下的结果。重力的作用使得颗粒向下流动。通过颗粒之间以及颗粒与壁面之间的相互作用，颗粒本身的重力不断传向壁面[61]。当气体沿径向方向穿过床层时，颗粒还要受到由气体所带来的曳力。这种曳力的方向自上游面指向下游面。在上游面处，曳力分担了部分颗粒传向壁面的重力，进而使得颗粒作用于壁面的应力也逐渐减小；在下游面处，曳力增强了颗粒作用于壁面的力，进而使得颗粒作用于壁面的应力逐渐增大。

随着气体过床气速的增加，颗粒作用于上游面的应力也逐渐减小，作用于下游面的应力则逐渐增大。当气速足够大，颗粒传向上游面的重力完全被曳力所承担。若继续增大气速，就可以使得颗粒脱离上游面，形成空腔，如图 25-9-19(a)[62~65]所示。此外，若颗粒作用于下游面的壁面应力足够大，颗粒与壁面之间的摩擦力也足够大，甚至足以平衡颗粒本身的重力，进而使得颗粒的流动停止形成贴壁，如图 25-9-19(b)[66,67]所示。这两种颗粒流动中的现象都会影响到反应过程的转化率和选择性，进而影响移动床的操作性能。

值得指出的是，空腔和贴壁发生时的临界气速可能是相同的，也可能是不同的。当这两种现象的临界气速相同时，将这种贴壁称为同时型贴壁；当空腔的临界气速大于贴壁的临界气速时，将这种贴壁称为空腔型贴壁；反之，则称为渐近型贴壁[68~70]。

尽管以上空腔和贴壁的发生都是在有气流作用下所体现出来的结果，但是要更好地理解以上现象，可先对无气流作用下的颗粒受力进行分析。取移动床颗粒层中的一个微元，如图 25-9-20 所示，并假定扇形筒的形状为与中心管同心的环形。

σ_w 和 σ_p 分别表示扇形筒和中心管壁面对颗粒微元的正应力；τ_w 和 τ_p 分别表示扇形筒和

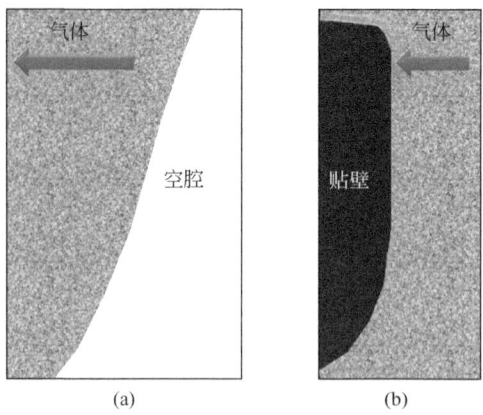

图 25-9-19　移动床中的空腔（a）和贴壁（b）

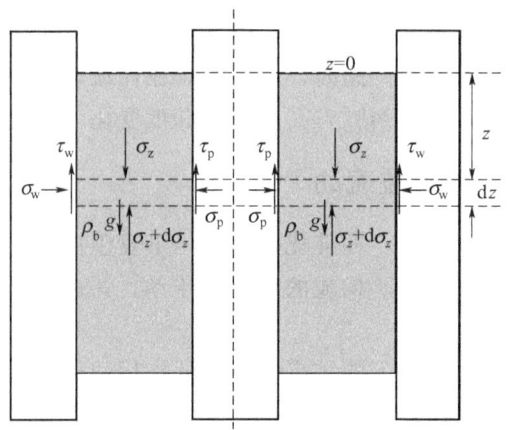

图 25-9-20　移动床颗粒层微元在 z 方向的受力示意图

中心管对颗粒微元的摩擦力；ρ_b 表示颗粒群的堆密度；g 表示重力加速度；z 表示颗粒微元距离颗粒层的顶部（即自由面）的距离。根据这一受力示意图，可以得到如下的颗粒受力平衡模型：

$$\frac{\mathrm{d}\bar{\sigma}_z}{\mathrm{d}z} = \rho_b g - \frac{2r_2\tau_w + 2r_1\tau_p}{r_2^2 - r_1^2} \tag{25-9-30}$$

$$\begin{aligned} \tau_w &= \sigma_w \mu_w \\ \tau_p &= \sigma_p \mu_p \end{aligned} \tag{25-9-31}$$

式中，r_1 和 r_2 分别表示中心管和扇形筒的半径；μ_w 和 μ_p 分别表示扇形筒和中心管壁面与颗粒微元之间的摩擦系数。

根据散料力学的研究结论，在同一垂直面上，颗粒作用于壁面的应力与颗粒中垂直应力的均值呈比例关系[71~73]，即：

$$\sigma_w = \sigma_p = k\bar{\sigma}_z \tag{25-9-32}$$

式中，k 为应力系数，主要受到有效内摩擦系数以及壁面摩擦系数的影响。对于流动中的颗粒来说（如操作中的移动床），可以按照以下模型计算应力系数[74]：

$$k = \frac{1 + \cos 2\psi_{\mathrm{p}} \sin\delta}{1 - \cos 2\psi_{\mathrm{p}} \sin\delta} \qquad (25\text{-}9\text{-}33)$$

$$2\psi_{\mathrm{p}} = \frac{\pi}{2} + \phi - \arccos\frac{\sin\phi}{\sin\delta} \qquad (25\text{-}9\text{-}34)$$

而对于静止在床层中的颗粒来说（如刚填完催化剂的移动床），其应力系数则需要按照另一模型进行求解，如下：

$$k = \frac{1 - \cos 2\psi_{\mathrm{a}} \sin\delta}{1 + \cos 2\psi_{\mathrm{a}} \sin\delta} \qquad (25\text{-}9\text{-}35)$$

$$2\psi_{\mathrm{a}} = \frac{\pi}{2} - \phi - \arccos\frac{\sin\phi}{\sin\delta} \qquad (25\text{-}9\text{-}36)$$

以上，δ 表示颗粒之间的有效内摩擦系数；ϕ 表示颗粒与壁面之间的摩擦系数。

自由面处的垂直正应力为 0。综合这一边界条件以及以上垂直正应力均值与壁面正应力之间的关系，可以获得颗粒层内垂直应力沿垂直方向的分布：

$$\bar{\sigma}_z = \frac{(r_2^2 - r_1^2)\rho_{\mathrm{b}} g}{2r_2 k\mu_{\mathrm{w}} + 2r_1 k\mu_{\mathrm{p}}} \times \left[1 - \exp\left(\frac{2r_2 k\mu_{\mathrm{w}} + 2r_1 k\mu_{\mathrm{p}}}{r_1^2 - r_2^2} z \right) \right] \qquad (25\text{-}9\text{-}37)$$

进一步，根据壁面正应力与垂直应力之间的关系，可以获得壁面正应力沿垂直方向上的分布：

$$\sigma_{\mathrm{w}} = \frac{(r_2^2 - r_1^2)\rho_{\mathrm{b}} g}{2r_2 \mu_{\mathrm{w}} + 2r_1 \mu_{\mathrm{p}}} \times \left[1 - \exp\left(\frac{2r_2 k\mu_{\mathrm{w}} + 2r_1 k\mu_{\mathrm{p}}}{r_1^2 - r_2^2} z \right) \right] \qquad (25\text{-}9\text{-}38)$$

从以上模型中可以看出，当床层足够深时，颗粒作用于壁面的应力不再发生变化。之所以会出现这种情况，是因为足够深的床层中颗粒层的重力完全被颗粒作用于壁面的摩擦力所平衡[74]。

对有气流通过的颗粒受力情况进行分析可得到移动床中空腔发生的临界条件。以向心流动为例，气流通过下的移动床颗粒层进行受力分析如图 25-9-21 所示。

据此可得到以下受力平衡模型：

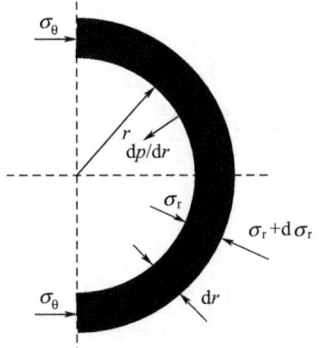

图 25-9-21 径向移动床中沿 r 方向上的受力示意图

$$\frac{\mathrm{d}\sigma_\mathrm{r}}{\mathrm{d}r} + \frac{\sigma_\mathrm{r} - \sigma_\theta}{r} = -\frac{\mathrm{d}p}{\mathrm{d}r} \tag{25-9-39}$$

式中，σ_θ 表示环向正应力。将这一气体流经颗粒微元时的压降代入式（25-9-27）中可以得到

$$\frac{\mathrm{d}\sigma_\mathrm{r}}{\mathrm{d}r} + \frac{\sigma_\mathrm{r} - \sigma_\theta}{r} + \alpha \frac{\rho_\mathrm{g} Q^2}{4\pi^2 r^2 L^2} \frac{1-\varepsilon}{\mathrm{d}\varepsilon^3}$$
$$+ \kappa \frac{\mu(1-\varepsilon)^2}{d^2 \varepsilon^3} \frac{Q}{2\pi r L} + \frac{\rho_\mathrm{g} Q^2}{4\pi^2 r^3 L^2} = 0 \tag{25-9-40}$$

为了求解这一模型，这里假定颗粒间的垂直正应力不再随着床层深度的增加而变化：

$$\rho_\mathrm{b} g - \frac{2r_2 \tau_\mathrm{w} + 2r_1 \tau_\mathrm{p}}{r_2^2 - r_1^2} = 0 \tag{25-9-41}$$

对于操作中的移动床来说，颗粒间的相对滑动主要发生在 (r,z) 平面，故而可以认为最大与最小主应力都在这一平面。此时，可以认为 σ_θ 为中间主应力，即最大与最小主应力的均值。进一步的，根据散料力学的研究，此时的 (r,z) 平面最大和最小主应力为以下方程的根[63,65]：

$$(\sigma_r/k - \sigma)(\sigma_r - \sigma) - f_\mathrm{i}^2 \sigma_r = 0 \tag{25-9-42}$$

由此可以得到环向主应力 σ_θ 与径向主应力 σ_r 之间的关系：

$$\sigma_\theta = \frac{1+k}{2k} \sigma_\mathrm{r} \tag{25-9-43}$$

在此基础上，可由（25-9-40）得到气流通过床层时颗粒作用于壁面的正应力。对于中心管来说，其壁面应力如下式所示：

$$\sigma_\mathrm{rp}^* = \frac{1}{2f_\mathrm{p} r_1^* + 2f_\mathrm{w} r_1^{*\,1-l}}$$
$$\left\{ 1 - r_1^{*\,2} + 2f_\mathrm{w} r_1^{*\,1-l} \left[\frac{AQ^2}{l} \left(\frac{1}{r_1^*} - r_1^{*\,l-1} \right) + \frac{BQ}{1-l}(r_1^{*\,l-1} - 1) - \frac{CQ^2}{1+l} \left(\frac{1}{r_1^{*\,2}} - r_1^{*\,l-1} \right) \right] \right\} \tag{25-9-44}$$

式中，l 为开孔区内周向与径向正应力之比。

对于扇形筒来说，其壁面应力关系式如下：

$$\sigma_\mathrm{rw}^* = \frac{1}{2f_\mathrm{p} r_1^* + 2f_\mathrm{w} r_1^{*\,1-l}}$$
$$\left\{ 1 - r_1^{*\,2} - 2f_\mathrm{p} r_1^* \left[\frac{AQ^2}{l} \left(\frac{1}{r_1^*} - r_1^{*\,l-1} \right) + \frac{BQ}{1-l}(r_1^{*\,l-1} - 1) + \frac{CQ^2}{1+l} \left(\frac{1}{r_1^{*\,2}} - r_1^{*\,l-1} \right) \right] \right\} \tag{25-9-45}$$

其中：

$$A = \alpha \, \frac{1}{4\pi^2 L^2} \, \frac{\rho_g(1-\varepsilon)}{d\varepsilon^3} \, \frac{1}{\rho_s g r_2^2}$$

$$B = \kappa \, \frac{1}{2\pi L} \, \frac{\mu(1-\varepsilon)^2}{d\varepsilon^3} \, \frac{1}{\rho_s g r_2}$$

$$C = \frac{\rho_g}{4\pi^2 \rho_s g r_2^3 L^2}$$

根据以上模型，可以得到上游面壁面应力为 0 时的气体流量，即空腔发生时的临界气体流量。将这一流量代入到欧根方程中，即可得到空腔发生时的临界压降。以上模型表明，发生空腔的临界气体流量除了与进料气体的物性以及催化剂颗粒的物性相关以外，还受到催化剂床层内外径的影响。

确定贴壁的临界条件也需要建立在对颗粒层进行受力分析的基础上。陈允华、龙文宇以及唐玥琪等通过对颗粒层的受力分析分别建立了描述贴壁颗粒层厚度的模型，并将这一厚度为 0 时的条件作为贴壁的临界条件[69,75,76]；王保平等则将垂直正压力与下流面的剪应力相等作为贴壁发生的临界条件[68]。

从以上对颗粒层微元的受力分析中可以看到，无论是对于向心流动还是离心流动来说，颗粒微元环向应力的方向始终是从中心管指向扇形筒的。这种环向应力在离心流动中，则与曳力的方向相同，进而增强流体对颗粒的作用；而在向心流动中与曳力的方向相反，进而可以抵消一部分流体对颗粒的作用。故而，相对于离心流动来说，向心流动时更不容易发生空腔和贴壁[63]。

对移动床的设计除要避免其中的颗粒流动形成空腔和贴壁以外，还要控制其从床层中流出的速率。这一流出速率决定了颗粒在整个工艺流程中的循环速率，进而决定了反应器中催化剂颗粒的活性等重要性质。对这种颗粒流出速率的合理控制有利于提高反应器的操作性。利用声发射技术，可对反应器中颗粒流动速率进行非侵入、实时在线检测。通过对声波信号进行功率谱分析，将声波信号功率谱平均能量与颗粒流出速率进行关联，可建立反应器内颗粒流出速率的预测模型，用于移动床反应器内颗粒流动状况的在线监测和及时控制[77]。

正如之前所说，在移动床的底部有出料管。在出料管下还有出料阀门。颗粒从床层中流出的速率主要由出料阀来决定。但若是出料管的尺寸较小，则一方面有可能会使得颗粒在流出床层时形成架桥，无法流出床层[78~80]，或是由出料管所决定的出料速率较小，而无法发挥出料阀控制流速的作用。因此，需要对床层底部的出料管进行合理的设计。唐玥琪等对原有的 Γ 型出料管的结构进行了改进，分别设计了 r 型出料管和 Y 型出料管，并在冷模实验装置中考察采用三种不同类型出料管时，反应器的体积利用效率及颗粒流型，发现采用 r 型出料管时，反应器体积利用率高、颗粒流动死区小，颗粒流型更接近平推流[81,82]。鉴于上述优势，他们将 r 型出料管成功地应用到移动床甲醇制丙烯工艺[83]。

当球形颗粒从管式出料口流出时，其流出速率（G）可以采用下述的模型进行计算[84]：

$$G = C\gamma g^{0.5}(D_0 - \lambda d)^{2.5} \tag{25-9-46}$$

式中，C 为通过实验回归的模型参数；γ 为颗粒的堆积密度；g 为重力加速度；D_0 为出料口半径；λ 为常数，常取在 1.4 到 2.9 之间，需通过实验来确定。从以上模型中可以看到，催化剂颗粒的卸料速率，主要决定于出料口本身的尺寸以及催化剂颗粒的粒径。在以上模型中，λd 表示的变量代表了催化剂卸料过程中的空环效应：即在距出料口边缘为 $0.5\lambda d$ 的范围内，颗粒都无法进入[85,86]。因此，对于流经出料口的颗粒来说，其仅能够在直径为 $(D_0-\lambda d)$ 的区域内进行流动。

对于多粒径的颗粒系统来说，以上卸料速率模型中的颗粒直径应该用颗粒群的动量直径来代替[85]。其计算方式如下：

$$d_{VM}=\frac{\sum x_{ni}d_i^4}{\sum x_{ni}d_i^3} \tag{25-9-47}$$

式中，d_{VM} 表示颗粒群的动量直径；x_{ni} 表示粒径为 d_i 的颗粒所占的数目比例。

当颗粒在移动床中的循环速度已经确定时，由出料管的数目可以知道每根出料管的出料速度。而在获得了颗粒群的动量直径后，就可以计算出每根出料管的最小直径。

催化剂颗粒在移动床中还可以起到封闭气体流动的作用。在中心管开孔区以上有一定高度的催化剂封。这种催化剂封可以避免气体通过床层时发生短路。一般这一催化剂封的高度取为径向流动距离（L_b）的 $1/3\sim1/2$[55]。

综上所述，在对移动床的设计中，需要充分考虑移动床中颗粒和气体流动情况，并使得这两种流动得到最大程度的优化。对气体流动的优化需要考虑气体流经移动床的压降，以及气体在床层中的均布情况；对颗粒的流动的优化，需要充分考虑颗粒作用于壁面的正应力，避免移动床中空腔、贴壁的形成，并使得颗粒在移动床中的流出速率在一个合理可控的范围之内。

9.2.4   轴向移动床反应器

在移动床反应器中，固体颗粒之间基本上没有相对运动，但却有整个颗粒层的下移运动，因此也可将它看成是一种移动的固定床反应器。因此，无论对径向还是轴向移动床，都可借鉴固定床反应器模型。

9.2.4.1   固相加工过程的计算

在图 25-9-22 所示的逆流移动床反应器里，为简单起见，设反应器等温操作，气相、固相均为活塞流。于是，固体颗粒在反应器中的停留时间 t 和它在反应器中的位置 z 有以下关系：

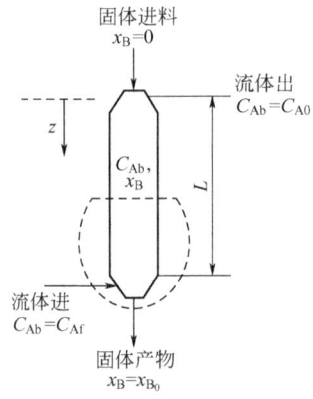

图 25-9-22   逆流移动床反应器的物料衡算

$$t = \frac{床层体积}{固相体积流率} = \frac{A_c z}{G_s} \tag{25-9-48}$$

或

$$\mathrm{d}t = \frac{A_c}{G_s}\mathrm{d}z \tag{25-9-49}$$

式中　A_c——床层横截面积，m^2；

　　　G_s——固相体积流率，$\mathrm{m}^3 \cdot \mathrm{s}^{-1}$。

设固相反应速率为固相转化率 x_B 和气相浓度 C_{Ab} 的函数：

$$\frac{\mathrm{d}x_B}{\mathrm{d}t} = f(x_B, C_{Ab}) \tag{25-9-50}$$

将式（25-9-48）代入可得

$$\frac{\mathrm{d}x_B}{\mathrm{d}z} = \frac{A_c}{G_s}f(x_B, C_{Ab}) \tag{25-9-51}$$

要对上式进行积分，必须将 C_{Ab} 表示为 x_B 的函数，它们之间的关系可由图 25-9-22 所示反应器下部的物料衡算确定，对反应 $A + bB \longrightarrow P + S$，有

$$G(C_{Af} - C_{Ab}) = \frac{G_s \rho_s}{bM_B}(x_{B0} - x_B)$$

或

$$C_{Ab} = C_{Af} - \frac{G_s \rho_s}{bM_B G}(x_{B0} - x_B) \tag{25-9-52}$$

式中，x_{B0} 为离开反应器的固相转化率；C_{Af} 为气相组分 A 的进口浓度。将式（25-9-52）代入式（25-9-51），由 $x_B = 0$ 开始积分，可求得任何长度反应器的固相转化率 x_B。对出口转化率 x_{B0} 已规定的设计问题，可通过积分直接求得所需的反应器长度 L。但对已知反应器长度欲求固相出口转化率的操作模拟计算，因为 x_{B0} 未知，试差是不可避免的。这时可假定一出口转化率 x'_{B0}，由物料衡算可求得反应器顶部组分 A 的浓度 C_{A0}，然后由反应器顶部积分到底部求得出口转化率的计算值 x_{B0}。若 x_{B0} 和假定值 x'_{B0} 足够接近，计算结束，否则重新假定 x'_{B0}，重复上述计算。

9.2.4.2　催化剂失活的气相加工过程

当考虑催化剂失活时，在逆流移动床反应器里，气相物料衡算方程可表示为：

$$u\frac{\mathrm{d}C_A}{\mathrm{d}z} = \psi k_0 f(C_A) \tag{25-9-53}$$

式中，k_0 为新鲜催化剂的反应速率常数；ψ 为催化剂活性。

若催化剂失活仅与催化剂在反应器中已停留的时间有关，则催化剂活性方程为：

$$\frac{\mathrm{d}\psi}{\mathrm{d}f} = -k_d g(\psi) \tag{25-9-54}$$

第 25 篇

将前述固相停留时间和在反应器中位置的关系代入，可得催化剂活性和在反应器中位置的关系：

$$\psi = \varphi(z) \tag{25-9-55}$$

将式(25-9-55)代入式(25-9-53)再由气相进口开始积分，可求得气相组分的出口转化率。

在上述两类计算中，如果反应器不是等温的，而且气固相间也存在温度差，则需对气固相分别建立能量衡算方程，然后和物料衡算方程联立求解。

9.2.5　模拟移动床反应器[87]

模拟移动床反应技术将模拟移动床的逆流色谱分离与化学反应结合起来，是模拟移动床分离技术的拓展。对可逆平衡反应，模拟移动床反应器可以打破平衡限制，得到远高于平衡的转化率。

模拟移动床反应器由多个串联和闭环的固定床塔设备组成，塔内填充的是兼具催化和吸附功能的一种填料，或是催化剂与吸附剂混合填料。如同模拟移动床分离过程，模拟移动床反应器也有两股进料（分别是反应进料和脱附剂进料）和两股出料（分别为萃取液和萃余液出料）。进料和出料位置沿流体流动的方向在串联的固定床间同步平移，每次平移跨过一个固定床，由此实现固体填料相对于流体的模拟逆流移动。相邻两次移动的时间差为切换时间。进料、出料流率，以及切换时间是模拟移动床反应器的关键操作变量。

以反应 A+B $\Longleftrightarrow$ C+D 为例，其中产物 D 比 C 吸附更强。图 25-9-23 为模拟移动床反应器示意图，其中虚线是一次切换后的进料和出料位置。进料和出料把模拟移动床分为四个区：第一区在脱附剂进料和萃取液出料口之间，在这里固体吸附剂被脱附剂（A）再生，强吸附的产物 D 被脱附进入萃取液。第二区在萃取液出料口和反应进料口之间，第三区在反应进料口和萃余液出料口之间，这两个区以化学转化为主，同时发生产物 C 和 D 的吸附分离。第四区在萃余液出料口和脱附剂进料口之间，这里主要发生 C 的吸附，萃取液得到再生。

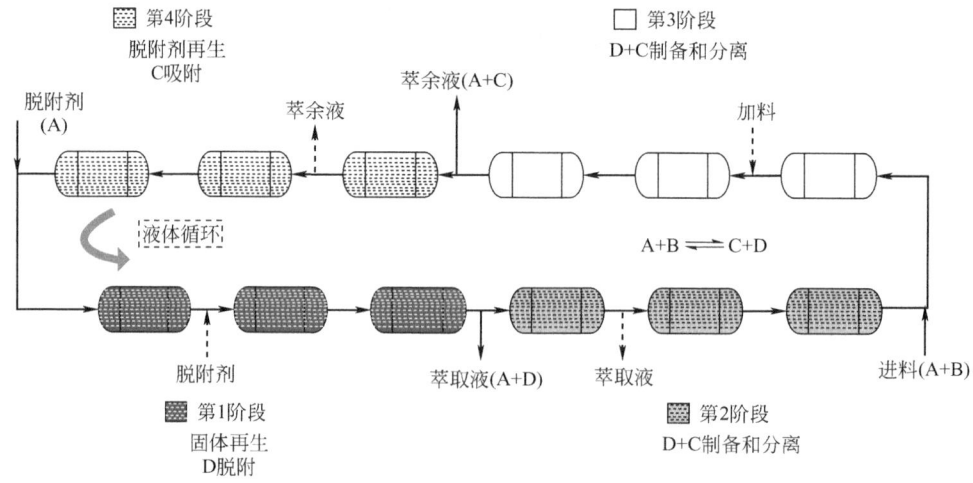

图 25-9-23　模拟移动床反应器示意图

模拟移动床反应器的设计和操作优化需要借助数学模型。由于模拟移动床反应器的进料和出料位置不断变化，需要建立动态数学模型，优化也要以动态模拟为基础。

对线性吸附和不可逆一级反应 A——→B+C，其中 B 比 C 吸附更强。假定固体处于连续流动状态（模拟移动床反应器极限情况，此时相当于真实的移动床反应器），并达到定态操作，可获得解析解[88]。图 25-9-24 为解析解（点）和通过动态模拟获得的真实移动床反应器（实线）和模拟移动床反应器（虚线）数值解的比较，说明解析解的正确性，也表明模拟移动床与真实移动床反应器结果的少许差异。通过解析解可迅速获得模拟移动床反应器的性能参数，如转化率、产率和纯度。

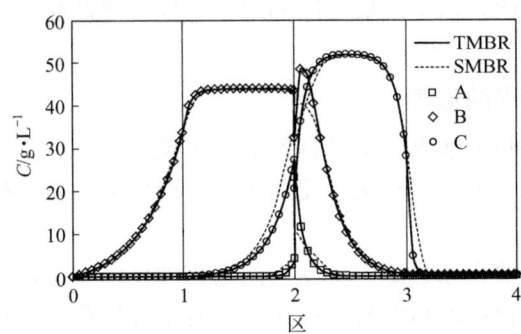

图 25-9-24 解析解和通过动态模拟获得的真实移动床反应器和模拟移动床反应器数值解的比较
反应为 A——→B+C，其中 B 为强吸附，C 为弱吸附

但对非线性吸附和非一级反应等复杂情况，反应器的设计与操作需要通过动态数值模拟进行，gPROMS（general PROcess modeling system）非常适合这类过程的模拟和优化[89]。

现有研究表明，该技术的经济性主要取决于脱附剂的消耗，以及下游分离过程中从萃取液或萃余液中回收脱附剂的费用。目前，模拟移动床反应器技术还未实现工业应用。

9.3 电化学反应器

电化学技术已在许多工业领域得到了应用[90~93]：无机电解、有机电解、水电解、化学电池或燃料电池、电化学分析、电渗析和电分离、电化学传感器、金属冶炼、金属腐蚀和防护、金属的表面精饰和电镀、金属加工、废水和废气的电化学处理等。最新发展起来的光电化学、生物电化学、分子电化学和高分子电化学又为电化学技术开辟了新的应用领域。

电化学已有 200 多年的发展历史，早在 1791 年 Galvani 发现生物电现象；而后在 1800 年，Volta 制成第一个可供使用的电池。随后 Ramsay 在 1803 年用电池开展了电解实验，Davy 在 1807 年用电解法制得钠、钾、镁等。著名的 Faraday 定律是 Faraday 在 1834 年从电解实验中奇迹般地发现了那条至今仍被认为是精确无误的电解定律。自此以后，电解的发展速度加快，1849 年 Kolbe 研究羧酸的电解氧化，1851 年电解氯酸盐成功，1880 年研究了苯电氧化制备对苯二醌，1886 年铝的电冶金法诞生，1890 年有了食盐水的电解工业，1904 年出现过氧化氢的电合成。同时，电化学理论也在发展，1853 年 Helmholtz 提出双电层结构，1887 年 Arrhenius 提出电解质的电离理论，1891 年 Nernst 提出电极电势的热力学方程，1905 年 Tafel 首次提出描述电化学反应动力学的方程式。

9.3.1　电化学反应过程的原理及动力学

大部分化学反应过程都存在电子传递过程，从本质上讲都可以看成为电化学反应，一种物质得到电子，另一种物质失去电子。假如拆分这个反应过程，将失去电子的物质（还原剂）放在阳极，还原剂失去电子被氧化。将得到电子的物质（氧化剂）放在阴极，氧化剂得到电子被还原，用导线连接阴极和阳极就构成了原电池或电解池。电化学可以根据需要任意组合两个单电极反应，而不像化学反应那样受其氧化能力和还原能力的限制。通常只研究其一侧的工作电极反应过程，而不考虑辅助电极（馈电极）过程。如果同时研究阳极和阴极两侧的电极过程称为成对电解，两个电极可以同时生产同一种产品，也可生产两种产品，甚至生产三种或三种以上的产品。

9.3.1.1　电化学反应过程的原理

电极反应就是在电极和溶液界面上进行的电化学反应。这是涉及电荷传递的多相化学反应，其种类和步骤都要比常见的均相化学反应复杂。简单地可将电极反应分为两大类，阴极还原反应和阳极氧化反应。

（1）电极过程　电解槽和原电池中所发生的电化学反应，应包括两种电极过程（即阳极过程、阴极过程）和反应物在液相中的传递过程。对定态过程，上述每一个过程传递的净电量的速率都是相等的，因此，它们是串联进行的。但这些过程又往往在不同的区域进行，并有固有的特征。因此，它们又有一定的独立性。为了研究一个电化学反应，可把上述过程逐个地加以考察，找出每一个过程的特征，这样就可以全面掌握整个电化学体系中进行的过程。在电化学中，习惯上把发生在电极/溶液界面上的电极反应、化学转化、电极附近液层中的传质作用等一系列变化的总和称为电极过程，有关电极过程速率、机理以及其各种影响因素的研究称为电极过程动力学。

电极反应属于氧化和还原反应类型，它发生于电极表面上，电极在反应中起到两个作用：

① 电子传递的媒体，由于反应中涉及电子通过电极和外电路进行传递，因此氧化反应和还原反应可以在不同地点进行。

② 反应地点，它起着异相催化的作用。

电极反应的特殊性主要表现在电极表面处存在双电层和表面电场，这种电场的强度和方向可以人为地连续改变，即连续改变电极反应活化能和反应速率。

（2）液相传质过程　液相传质是电极过程中不可缺少的步骤，由于它的速率较慢，容易成为速率控制步骤，产生很高的浓度极化。对于工业电化学过程，液相传质的缓慢往往成为提高生产强度和电化学反应器时空产率的障碍。

在电化学工程中，传质步骤是整个电极过程不可缺少的部分，当它成为速率控制步骤时，将决定电极反应的速率和动力学特征。

① 传质的三种方法

a. 电迁移传质：离子在电场作用下的定向运动。若以 $J_{i,e}$ 表示离子的电迁移流量，则应有

$$J_{i,e} = \pm u_i E_x c_i \tag{25-9-56}$$

式中　c_i——i 离子的浓度；

u_i——i 离子的淌度；

E_x——电场强度。

式中，正号用于正离子，负号用于负离子。

b. 扩散传质：离子在浓度场中，由高浓度处向低浓度处的迁移。若以 $J_{i,d}$ 表示扩散流量，根据 Fick 第一定律，

$$J_{i,d} = -D_i \frac{dc_i}{dx} \tag{25-9-57}$$

式中 D_i——i 离子的扩散系数。

c. 对流传质：对流是溶液中的离子随液体流动而迁移的传质。它分为两类：自然对流和强制对流。由于溶液内部密度差产生的对流称为自然对流，因外部强制作用产生的对流称为强制对流。

若以 $J_{i,c}$ 表示离子的对流流量，则应有

$$J_{v,c} = v_x c_i \tag{25-9-58}$$

式中 v_x——垂直电极表面的流速。

考虑上述三种传质后，离子传质的总流量为

$$J_{i(x)} = J_{i,e} + J_{i,d} + J_{i,c} \tag{25-9-59}$$

对于所有的离子而言，总的传质流量 J 为

$$J = \sum J_i \tag{25-9-60}$$

而这些离子运动所产生的电流密度为

$$i_x = \sum z_x F J_i \tag{25-9-61}$$

式中 z_x——离子的价态。

② 传质的区域 将电极表面附近液层划分为双电层区、扩散层和对流区。如图 25-9-25 所示。

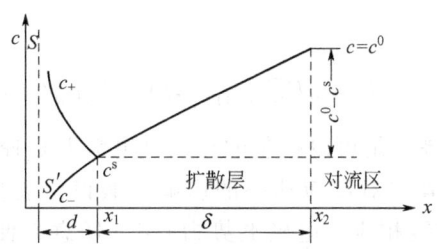

图 25-9-25 阴极极化时扩散层厚度示意图

图中，d 为双电层厚度；δ 为扩散层厚度；c^0 为溶液本体浓度；c^s 为电极表面附近液层的浓度；c_+、c_- 分别表示阳离子和阴离子的浓度；S-S′平面表示电极位置。

由此可见，从电极表面到 x_1 处，其距离为双电层厚度 d。当电解质浓度不太稀时，通常 $d = 10^{-9} \sim 10^{-8}$ m，此区内不同电性的离子浓度将不同。由于电极是阴极，所以阳离子浓度高于阴离子浓度，离子的浓度分布只受双电层电场影响，不受扩散传质过程影响。在边界 x_1 处，正负离子相等。

从 x_1 到 x_2，$\delta = 10^{-5} \sim 10^{-4}$ m，这个区域内的传质主要是电迁移和扩散。由流体力学可知，此流层内流体速度很小，对流传质作用可忽略。当溶液中含有大量局外电解质时，反应离子的电迁移很小，可忽略电迁移作用。因此，在扩散层中的主要传质方式是扩散。

图 25-9-25 中 x_2 以外区域为对流区，认为该区域内各种物质浓度与溶液本体浓度相同，对流作用远大于电迁移。忽略扩散和电迁移后，主要的传质方式为对流。

③ 定态扩散和对流扩散　溶液中的浓度场分布不随时间变化时的扩散称为定态扩散，此时 dc/dx 为定值，与时间无关。这时的扩散流量可由 Fick 第一定律表示。

但是在实际的电化学反应器中，电解液不可能绝对静止，总会存在对流传质，因此扩散和对流共同存在，称为对流扩散。也只有一定强度的对流存在时才能实现定态扩散。

9.3.1.2　电极过程动力学

(1) 电极过程的活化能　对于任意电极过程

$$O + ne^- \underset{k_b}{\overset{k_f}{\rightleftharpoons}} R \tag{25-9-62}$$

它也和化学反应一样，每一个电极过程都存在正方向反应和逆方向反应。正方向分量的速率是 v_f，它一定与物质 O 的表面浓度 $c_O(0, t)$ 成正比。

$$v_f = k_f c_O(0, t) = \frac{i_c}{nF} \tag{25-9-63}$$

同理，逆方向的速率分量为：

$$v_b = k_b c_R(0, t) = \frac{i_a}{nF} \tag{25-9-64}$$

式中，i_a，i_c 分别是电极上的阳极分量和阴极分量。

这样，净反应速率为：

$$v = v_f - v_b = k_f c_O(0, t) - k_b c_R(0, t) = \frac{i}{nF} \tag{25-9-65}$$

也可得到如下的式子

$$i = i_c - i_a = nF[k_f c_O(0, t) - k_b c_R(0, t)] \tag{25-9-66}$$

对于电极反应来说，电势差是可以控制的，而且电势差是控制 k_f 和 k_b 的途径。

首先从自由能来解释电势差对反应速率的影响。假设沿着反应途径的自由能分布如图 25-9-26 所示的一般形状，实线相应于电极电势为 0V（任意方便的标度）。在该电势处阴极和阳极的活化能分别为 ΔG_{0c} 和 ΔG_{0a}。

当电势值变化到 E 时，在这个电极上电子的相对能量变化为 $-nFE$；因此，$O + ne^-$ 曲线向上移动 nFE 或向下移动 nFE。图 25-9-26 上的虚线表示正 E 的影响。显而易见，这时，氧化反应的能垒 ΔG_a，比 ΔG_{0a} 减少了总能量变化的一个分数，令那部分为 $1-\alpha$，在这里，α 可以在 $0 \sim 1$ 的范围内变化，这要看定义区域的形状。α 是能垒对称性的量度，称为传递系数。于是

$$\Delta G_a = \Delta G_{0a} - (1-\alpha)nFE \tag{25-9-67}$$

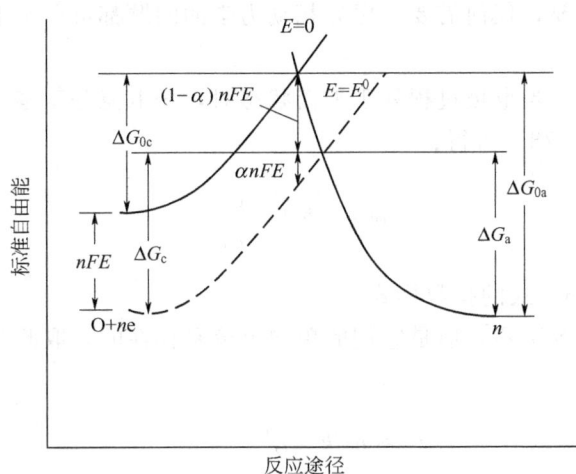

图 25-9-26 电势变化对反应活化自由能影响的图解

由图 25-9-26 可知，在电势 E 处，阴极能垒 ΔG_c 比 ΔG_{0c} 高 $\alpha n FE$；所以

$$\Delta G_c = \Delta G_{0c} + \alpha n FE \tag{25-9-68}$$

速率常数可以用阿伦尼乌斯公式表示：

$$k_f = A_f e^{-\Delta G_c/(RT)} \tag{25-9-69}$$

$$k_b = A_b e^{-\Delta G_a/(RT)} \tag{25-9-70}$$

将活化能公式(25-9-67) 和式(25-9-68) 代入式(25-9-69) 和式(25-9-70) 可得：

$$k_f = A_f e^{-\Delta G_{0c}/(RT)} e^{-\alpha n fE} \tag{25-9-71}$$

$$k_b = A_b e^{-\Delta G_{0a}/(RT)} e^{(1-\alpha)n fE} \tag{25-9-72}$$

式中，$f = F/(RT)$。这两个式子的前两个因子的积与电势无关，且等于当 $E=0$ 时的速率常数。我们用 k_f^0 或 k_b^0 来表示，则

$$k_f = k_f^0 e^{-\alpha n fE} \tag{25-9-73}$$

$$k_b = k_b^0 e^{(1-\alpha)n fE} \tag{25-9-74}$$

当溶液中反应物浓度 c_O^* 等于产物浓度 c_R^*，且电极过程处于平衡状态（$i=0$）的特殊情况时，$E = E^0$ 和 $k_f c_O^* = k_b c_R^*$ 意味着 $k_f = k_b$，即

$$k_f^0 \dot{e}^{-\alpha n fE^0} = k_b^0 e^{(1-\alpha)n fE^0} = k^0 \tag{25-9-75}$$

我们给 k^0 一个名称——标准速率常数，它就是在 E^0 时 k_f 和 k_b 的值，

$$k_f = k^0 e^{-\alpha n f(E-E^0)} \tag{25-9-76}$$

$$k_b = k^0 e^{(1-\alpha)n f(E-E^0)} \tag{25-9-77}$$

将式(25-9-76) 和式(25-9-77) 代入式(25-9-66) 可得到完整的电流-电势特性关系式：

$$i = nFk^0 \left[c_O(0,t) e^{-\alpha n f(E-E^0)} - c_R(0,t) e^{(1-\alpha)n f(E-E^0)} \right] \tag{25-9-78}$$

第 **25** 篇

这个关系式非常重要，任何需要考虑异相动力学的问题都可以用上式或由上式推导的演变式来处理。

(2) 电流电势特性　当电极过程处于平衡状态时，净电流等于零，电极表面浓度等于溶液本体浓度。由式(25-9-78) 可得：

$$e^{nf(E-E^0)} = \frac{c_O^*}{c_R^*} \qquad (25\text{-}9\text{-}79)$$

实际上，它是 Nernst 式的指数形式。

虽然平衡时净电流等于零，但是它们的单向电流是存在的，取此时的单向电流密度为交换电流密度 i_0，

$$i_0 = nFk^0 c_O^{*(1-\alpha)} c_R^{*\alpha} \qquad (25\text{-}9\text{-}80)$$

在动力学方程中 k^0 通常用交换电流密度 i_0 代替，则式(25-9-78) 变成：

$$
\begin{aligned}
i &= i_0 \left\{ \frac{c_O(0,t)}{c_O^*} e^{-\alpha nf(E-E^0)} - \frac{c_R(0,t)}{c_R^*} e^{(1-\alpha)nf(E-E^0)} \right\} \\
&= i_0 \left\{ \frac{c_O(0,t)}{c_O^*} e^{-\alpha nf\eta} - \frac{c_R(0,t)}{c_R^*} e^{(1-\alpha)nf\eta} \right\} \qquad (25\text{-}9\text{-}81)
\end{aligned}
$$

① 没有物质传递的影响　如果溶液充分搅拌或电流维持在很低的值，使得电极表面的浓度不至于与溶液本体的浓度有明显的差别，这时式(25-9-81) 变为巴特勒-弗立默尔方程式：

$$i = i_0 \left[e^{-\alpha nf\eta} - e^{(1-\alpha)nf\eta} \right] \qquad (25\text{-}9\text{-}82)$$

当电流密度比极限电流密度小约 10% 时，此式是一个很好的近似。

图 25-9-27 中的曲线表示式(25-9-82) 在不同交换电流密度下的特性，$n=1$，$\alpha=0.5$。图 25-9-28 表示传递系数 α 的影响，$n=1$，$i_0=10^{-6}\text{A·cm}^{-2}$。在平衡电势处，曲线的弯曲程度取决于交换电流。

交换电流可以看作是通过界面的电荷交换的一种"空载速率"。如果我们要引出的净电流只是这种双向空载电流的一小部分，那么，只需要加一个很小的超电势就能得到。甚至在平衡时，体系也是以一个比我们所需要的还要大得多的速率，使电荷穿越界面。这个很小的超电势所起的作用就是使得两个方向的速率稍微有些失衡，导致其中的一个占优。另外，如果我们要求净电流超过交换电流，那么就要费些力气，要使体系按我们所要求的速率传递电荷，只有向体系提供一个相当大的超电势才能达到这个目的。从这个观点出发，我们可以看出，交换电流是衡量一个体系给出净电流的能力。

在真实体系中，交换电流密度反映 k^0 的宽广范围，可以超过 10A·cm^{-2}，也可能小于 10^{-12}A·cm^{-2}[94~101]。

② 微极化时的线性特性　当超电势 η 足够小时，式(25-9-82) 改写为：

$$i = i_0 \left[-\alpha nf\eta - (1-\alpha)nf\eta \right] = i_0(-nf\eta) \qquad (25\text{-}9\text{-}83)$$

这个式子表明在靠近 E^0 的狭小电势区内，净电流与超电势呈线性关系。式(25-9-83) 与欧姆定律相似，且 $\eta/(iS)$ 具有电阻的量纲，故通常称为电荷传递电阻 R_{ct}：

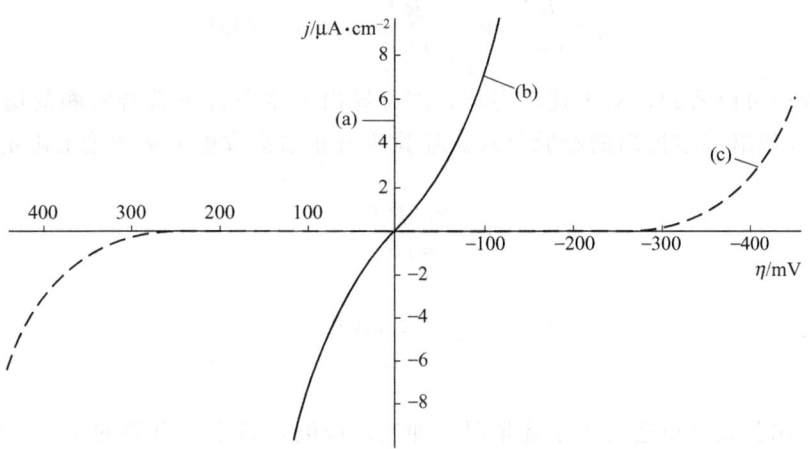

图 25-9-27 交换电流密度对不同净电流密度下的超电势的影响

$\alpha = 0.5$，$n = 1$，$T = 298$K。(a) $i_0 = 10^{-3}$A·cm^{-2}（此曲线与电流坐标重合）；

(b) $i_0 = 10^{-6}$A·cm^{-2}；(c) $i_0 = 10^{-9}$A·cm^{-2}

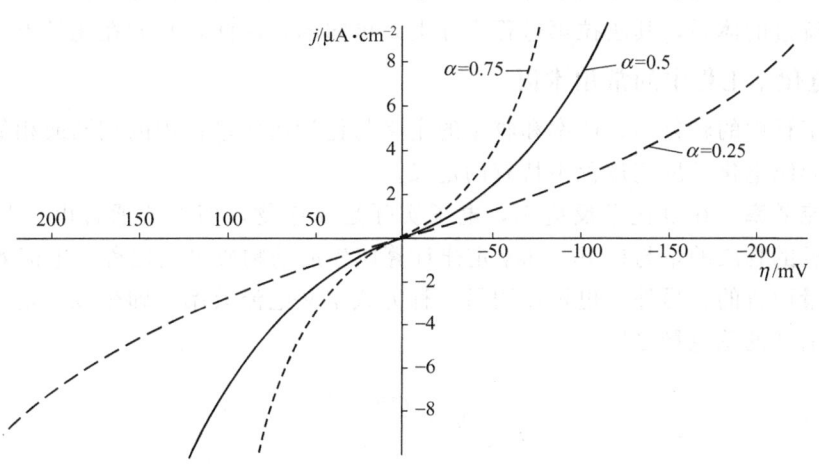

图 25-9-28 传递系数对电流-超电势曲线的影响

$n = 1$，$T = 298$K，$i_0 = 10^{-6}$A·cm^{-2}

$$R_{\mathrm{ct}} = \frac{RT}{nFi_0S} \tag{25-9-84}$$

这个参量可以从某些试验中直接求得，它可以作为衡量动力学难易程度的一个简便标志。很清楚，当 k^0 值很大时，R_{ct} 接近于零。习惯上称此电极反应处于"近似可逆状态"。

当 i_0 很大时，电极上通过很大的外电流，而电极电势改变却很小，称这种电极为难极化电极。i_0 越大，极化越难，可逆性大。所有的参比电极都是"难极化电极"。

③ 强极化时的塔菲尔行为 对于大的 η 值，式(25-9-82) 的一项可以忽略，例如：当超电势为很大的负值时，$\exp(-\alpha nf\eta) \gg \exp[(1-\alpha)nf\eta]$，故式变为：

$$i = i_0 \exp(-nf\eta) \tag{25-9-85}$$

或

$$\eta = \frac{RT}{\alpha nF}\ln i_0 - \frac{RT}{\alpha nF}\ln i = a + b\lg i \qquad (25\text{-}9\text{-}86)$$

因此，我们可以看到，对上述动力学处理可导出一定条件下符合实测的塔菲尔关系式。该式就是 1905 年塔菲尔提出的经验公式。经验的塔菲尔常数也可从理论上确定：

$$a = \frac{2.3RT}{\alpha nF}\lg i_0 \qquad (25\text{-}9\text{-}87)$$

$$b = -\frac{2.3RT}{\alpha nF} \qquad (25\text{-}9\text{-}88)$$

这个塔菲尔公式可以适用于下述情况，即逆反应的贡献小于电流的 1%。如果电极动力学过程相当容易，在超电势尚不是很大时，就能达到物质传递的极限电流。对这样的体系，塔菲尔关系式就不能使用。因为塔菲尔公式只适用于不存在物质传递对电流影响的情况。当电极动力学缓慢时，即需要较大的活化超电势时，可以看出适合于塔菲尔关系。这一点强调指出了塔菲尔行为是完全不可逆动力学的标志。在这个范畴内，那种不在高电势下就不允许有较大电流流过的体系，其法拉第过程实际上是单向的，因此，它们在化学上是不可逆的。

9.3.1.3　电化学工程中的常用术语

电化学工程中的转化率、产率和收率的定义与化学反应过程中的相同或相似，在此不再赘述。下面介绍电化学反应过程中特有的定义。

(1) 电流效率　在电化学反应中，电子实际是反应物，但电流通过电极与电解液界面时，实际生成的物质的量与按 Faraday 定律计算应生成的物质量之比称为电流效率。这是对于一定的电量而言的。另外，也可以用另一种方式定义电流效率，即生成一定量物质的理论电量与实际消耗的总电量之比。

$$\eta_1 = \frac{mnF}{G} \qquad (25\text{-}9\text{-}89)$$

式中　m——产物的量，mol；

　　　G——实际通过的电量，C。

考虑到电化学反应进行时电流可能变化，则

$$G = \int_0^t I\,\mathrm{d}t \qquad (25\text{-}9\text{-}90)$$

如将上式计算的 G 值代入式(25-9-89)，计算所得的是总电流效率（反应时间为 t）。如果要考察一段时间的电流效率，则应先由下式求出 G 值

$$G = \int_{t_1}^{t_2} I\,\mathrm{d}t \qquad (25\text{-}9\text{-}91)$$

电流效率通常都小于 100%，表示副反应的存在。

(2) 电化学反应器的电压构成　电化学反应器工作时，都处于不可逆状态下，原因是工作电压将偏离热力学决定的理论分解电压或电动势。此外还由于电化学反应器中存在各种电阻，产生了欧姆压降。可以下式表示电化学反应器工作电压的组成：

$$V = \varphi_{e,A} - \varphi_{e,K} + |\Delta\varphi_A| + |\Delta\varphi_K| + IR_{AL} + IR_{KL} + IR_D + IR_A + IR_K$$

$$(25\text{-}9\text{-}92)$$

式中 $\varphi_{e,A}$——阳极平衡电极电势；

       $\varphi_{e,K}$——阴极平衡电极电势；

      $|\Delta\varphi_A|$——阳极的超电势（绝对值）；

      $|\Delta\varphi_K|$——阴极的超电势（绝对值）；

      IR_{AL}——阳极区电解液的欧姆压降；

      IR_{KL}——阴极区电解液的欧姆压降；

       IR_D——隔膜的欧姆压降；

       IR_A——阳极与汇流排的欧姆压降；

       IR_K——阴极与汇流排的欧姆压降。

图 25-9-29 表示一个电化学反应器的工作电压的组成。

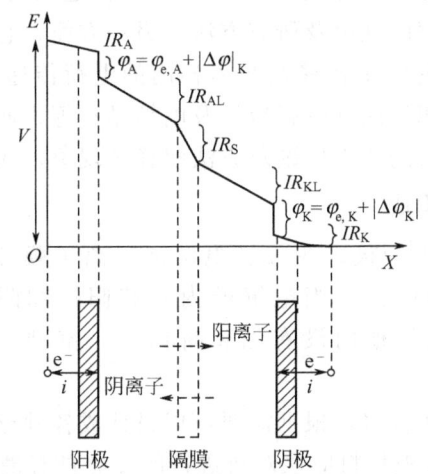

图 25-9-29 电化学反应器工作电压的组成

（3）直流电耗 工业电解过程的直流电耗一般可用每单位产量（kg 或 t）消耗的直流电能表示，即

$$W = \frac{kV}{\eta_1} \qquad (25\text{-}9\text{-}93)$$

式中 W——直流电耗，$kW \cdot h \cdot t^{-1}$；

     k——生成产物的理论耗电量，$kA \cdot h \cdot t^{-1}$；

     V——槽电压，V；

     η_1——电流效率，%。

可以看出，在以上三个因素中，一般说来：因为 k 值不变，影响直流电耗的主要因素是槽电压和电流效率，降低槽电压和提高电流效率是降低直流电耗的关键。

在产品生产的全过程中，除电解外，由于其他过程也消耗能量，因此还使用总能耗这一指标。对于不同的工业电化学过程，直流电耗在总能耗中所占比例不同，但一般都是其主要的组成部分。

第 25 篇

9.3.2   常用的电化学反应器

实现电化学反应的设备或装置称为电化学反应器，它广泛应用于化工、能源、冶金、机械、电子、环保等各种部门。在电化学的三大领域（即工业电解、化学电源、电镀）中应用的电化学反应器，包括各种电解槽、电镀槽、一次电池、二次电池、燃料电池，它们的结构与大小不同，功能与特点迥异，然而却具有一些共同的基本特征。

① 所有的电化学反应器都由两个电极和电解质构成。

② 所有的电化学反应器都可归入两个类别，既有外部输入电能，在电极和电解液界面上促成电化学反应的电解反应器以及在电极和电解质界面上自发地发生电化学反应产生能源的化学电源反应器。

③ 电化学反应器中发生的主要过程是电化学反应，并包括电荷、质量、热量、动量的四种传递过程，服从电化学热力学、电极过程动力学及传递过程的基本规律。

④ 电化学反应器是一种特殊的化学反应器。一方面它具有化学反应器的某些特点，在一定条件下，可借鉴化学工程的理论及研究方法；另一方面，它又具有自身的特点及需要特殊处理的问题，如在界面上的电子转移及在体相内的电荷传递，电极表面的电势及电流分布，以电化学方式完成的新相生成（电解析气及电结晶）等，而且它们与化学及化工过程交叠、错综复杂，难以沿袭现有的化工理论及方法解释其现象，揭示其规律。

9.3.2.1   电化学反应器的构成

(1) 电解槽   电解槽是由阳极、阴极、电解液、离子膜和参比电极组成。它的最简单的构成为阳极、阴极和电解液。当电解槽内只有阳极和阴极时称为两电极型，有参比电极时称为三电极型。电解槽内没有隔膜时称为一室型，隔膜将阳极室和阴极室分开成为两室型。

当然，电解槽的具体型式很多，根据需要可以设计成各种形状，详细可参阅文献[92]。

(2) 电极材料[92,102]   电极材料应该对所进行的反应具有最高的效率，为此，它起码应该有以下几种性质：①电极表面对电极反应具有良好的催化活性，电极反应的超电势要低；②一般来说，它在所用的环境下应该是稳定的，不会受到化学或电化学的腐蚀破坏；③电的良导体；④容易加工，具有足够的机械强度。

实际上，要完全满足上述要求是极其困难的。电极催化活性随反应而异，而且一般具有催化性能的物质都是比较昂贵的。工业上常将它们涂布在某种较便宜的基底金属上，如阳极基体用钛，阴极基体用铁、锌和铝等。稳定性的问题也是相对的，所谓惰性阳极也是有一定的使用寿命。目前氯碱工业中应用的 DSA 阳极寿命已远超过电解槽里的其他部件。而且受到导电性和机械性能的限制，目前可供选择的电极大致如表 25-9-4 所列。

表 25-9-4   常见电极材料

阴　　　极	阳　　　极
Hg,Pb,Cu,Ni,石墨,经过热处理或修饰的碳钢,Ni/Fe,Ni/Al,Ni/Zn	Pt,Pt/Ti,Ir/Ti 石墨或其他形式的碳 Pb,PbO$_2$/Ti 不锈钢,Fe$_3$O$_4$,Ni DSA(RuO$_2$/Ti,Cu$_x$Co$_{3-x}$O$_4$,IrO$_2$/Ti)

（3）隔膜　有些电化学过程，必须把阴极液和阳极液隔开，以防止两室的反应物或产物相互作用或在对电极上发生逆反应，而造成不良的影响。隔膜通常可分为两大类，即非选择性的隔膜（diaphragms）和选择性的离子交换膜（membranes），其主要种类如表 25-9-5 所示。

表 25-9-5　常见的隔膜

非选择性隔膜	离子交换膜
布、毯类：如玻璃，石棉，塑料，纤维布 多孔塑料：如聚乙烯，聚氯乙烯，橡胶，氟塑料 多孔陶瓷：氧化铝，烧结玻璃	阳离子交换膜： 强酸性膜（磺酸膜），弱酸性膜（羧酸膜） 阴离子交换膜： 强碱性膜（季铵膜），弱碱性膜（仲胺膜）

非选择性隔膜是多孔材料，其作用纯粹是降低两极间物质的传递速率，而不能完全防止因浓度梯度存在所发生的渗透作用。随着离子交换膜的发展，这类非选择性隔膜已逐渐被淘汰。

离子交换膜是具有高选择性的隔离膜，它仅让某种离子通过，而阻止其他离子穿透，性能十分优良，可价格昂贵。

在作为隔膜使用的材料中，聚四氟乙烯是新崛起的佼佼者。它具有耐浓酸、浓碱和所有的有机溶剂的特性，即使温度高达 530K，它仍然保持稳定。

9.3.2.2　电化学反应器的常用结构[92,103～106]

箱式反应器和压滤机式反应器是两类应用最广泛的典型的电化学反应器。它们的电极既可以是二维电极，也可以是三维电极。它们是最常用的组装成型电解槽的型式。

（1）箱式电化学反应器　在电化学工程中应用最广泛的箱式电化学反应器既可间歇工作，也可半间歇工作。电池是间歇反应器的一个很好实例，在制造电池时，电极、电解质和其他活性物质被装入并密封于电池中，当电池使用时，这一电化学反应器工作，既可放电，也可充电；电镀中经常使用敞开的箱式电镀槽，周期性地挂入零件和取出镀好的零件，这显然也是一种间歇工作的电化学反应器；然而在电解工程中应用更多的是半间歇工作的箱式反应器，例如电解炼铝、电解制氟及很多传统的工业电解都使用这类反应器。大多数箱式电化学反应器中电极都垂直交错地放置，并减小极距，以提高反应器的空间-时间产率。然而这种反应器中极距的减小往往受到一些因素的限制，例如在电解冶金槽中，要防止因枝晶成长导致的短路，在电解合成中要防止两极产物混合产生的副反应，为此，有时需在两个电极之间使用隔膜。箱式反应器中很少引入外加的强制对流，而往往利用溶液中的自然对流，例如电解析气时，气泡上升运动产生的自然对流可有效地强化传质。

箱式反应器多采用单极式电连接，但是采用一定措施后也实现复极式电连接。

箱式反应器应用广泛的原因是结构简单、设计和制造较容易、维修方便。但是缺点是时空产率较低，难以适应大规模连续生产以及对传质过程要求严格控制的生产过程。

图 25-9-30 为一种水电解用的单极箱式电解槽。

（2）板框式（压滤机式）电化学反应器　这类电化学反应器由很多单元反应器组合而成，每一单元反应器都包括电极、板框、隔膜，电极大多为垂直安放，电解液从中流过，无需另外制作反应器槽体，图 25-9-31 为其示意图。一台压滤机式电化学反应器的单元反应器数量可达 100 个以上。

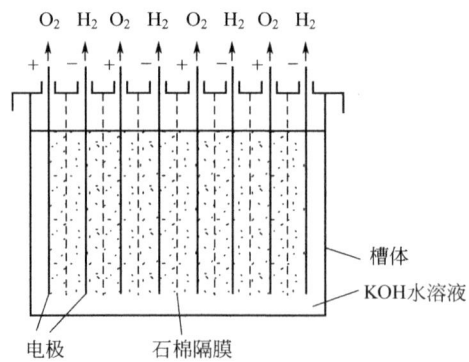

图 25-9-30 水电解用的单极箱式电解槽

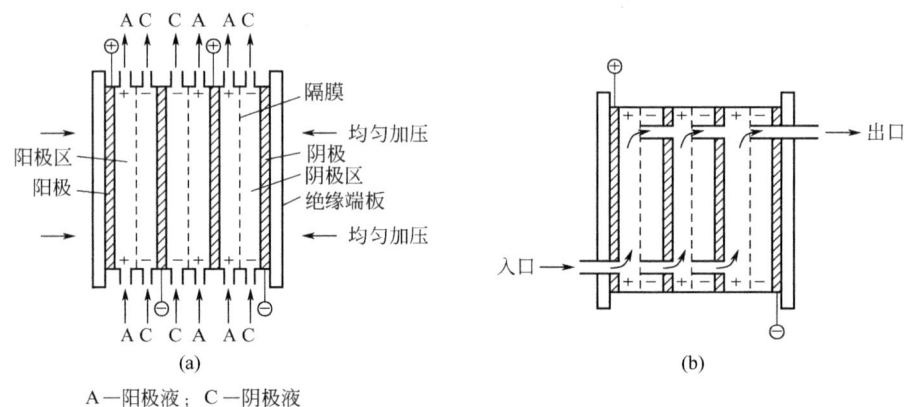

A—阳极液；C—阴极液

图 25-9-31 板框式电化学反应器

（a）单极式；（b）复极式

压滤机式电化学反应器受到欢迎的原因有：

① 单元反应器的结构可以简化及标准化，便于大批量的生产，也便于在维修中更换。

② 可广泛地选用各种电极材料及膜材料满足不同的需要。

③ 电极表面的电势及电流分布较为均匀。

④ 可采用多种湍流促进器来强化传质及控制电解液流速。

⑤ 可以通过改变单元反应器的电极面积及单元反应器数量较方便地改变生产能力，形成系列来适应不同用户的需要。表 25-9-6 表示 Electro Cell 系列压滤机型电解槽的特点。

表 25-9-6 Electro Cell 系列压滤机型电解槽

参数	Micro Flow Cell	Electro MP Cell	Electro Syn Cell	Electro Prod Cell
电极面积/m²	0.001	0.01~0.2	0.04~1.04	0.4~16.0
电流密度/kA·m⁻²	<4	<4	<4	<4
极距/mm	3~6	6~12	5	0.5~4
流经单元电解池的流量/L·min⁻¹	0.18~1.5	1~5	5~15	10~30
流速/m·s⁻¹	0.05~0.4	0.03~0.3	0.2~0.6	0.15~0.45
电极对数	1	1~20	1~26	1~40

⑥ 适于按复极式连接（其优点为可减小极间电压降，节约材料，并使电流分布较均匀），也可按单极式连接。

压滤机式电化学反应器还可组成多种结构的单元反应器，如包括热交换器或电渗析器的单元反应器，如图 25-9-32 所示。

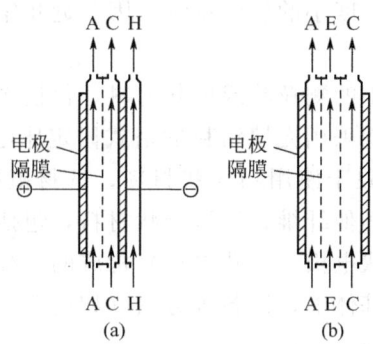

图 25-9-32 带热交换器或电渗析器的压滤机式电化学反应器

（a）带有热交换器（H 室）的反应器；（b）带有电渗析器（E 室）的反应器

压滤机式电化学反应器的单极面积增大时，除可提高生产能力外，还可提高隔膜的利用率，降低维修费用及电槽占地面积，例如在氯碱工业中的压滤机式离子膜电解槽，其单极槽电极面积为 $0.2 \sim 3m^2$，复极槽电极面积为 $1 \sim 5.4m^2$。

压滤机式电化学反应器的板框可用不同材料制造，如非金属的橡胶和塑料以及金属材料，前者价格较低，但使用时间较短，维修更换耗费时间；后者的使用时间长，但价格较高。

在电化学工程中压滤机式电化学反应器已成功用于水电解、氯碱工业、有机合成（如己二腈电解合成）以及化学电源（如叠层电池、燃料电池）。

在氯碱工业和水电解中广泛应用的是电极间距离甚小，贴近隔膜的电解槽，称为零极距电化学反应器（zero-gap cell），如图 25-9-33 所示，其电极（一般为网状电极或孔板电极）直接压在隔膜上，因此使电解液的欧姆压降大大减小，这种电极适用于有气体析出的场合，它使气泡不在电极与隔膜之间存留，能迅速逸散到电极背面，在氯碱工业中得到了应用。

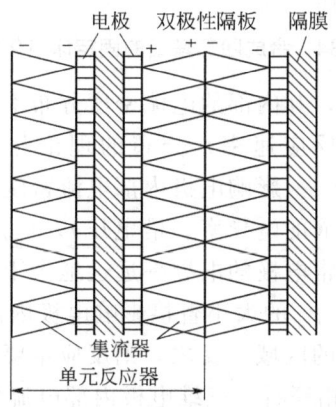

图 25-9-33 零极距电化学反应器

(3) 固定床电化学反应器[107~110]　固定床电化学反应器或称固定床电极（packed bed

electrode）是近年来才出现的一种三维电极，它同一般的两维电极反应器（如平板电极、圆柱电极等）比较，反应的区域不再局限于电极的简单几何表面，而是扩大到床层空间内填充的整个电极材料表面。当电解液通过床层时，整个三维空间都有反应发生。这种反应器具有比表面积大、床层结构紧密、传质速率大和易于实现连续操作等优点，尤其适应于反应速率小或反应系统中极限扩散电流密度小的反应系统。因此近几年来，国外对三维电极的研究日益重视。

早期的三维电极多采用微小的颗粒状或球状材料，包括炭粒、石墨粒、各种金属球，如美国公司电解合成四乙基铅时就采用充填铅粒的塔式固定床电化学反应器，如图 25-9-34 所示。然而现在的三维电极已不限于使用颗粒状材料，选材范围大为扩大，有：①纤维状材料，包括金属纤维、碳纤维及其他纤维；②泡沫状材料，包括金属泡沫或碳质泡沫；③有规则排列的微电极（包括各种网状电极、多孔电极）构成的三维电极；④在以不同工艺（如烧结、压制、腐蚀）制备的多孔基体上，以各种方法（如浸渍、涂覆、镀覆）附载电催化剂活性物质导电材料构制的三维电极。

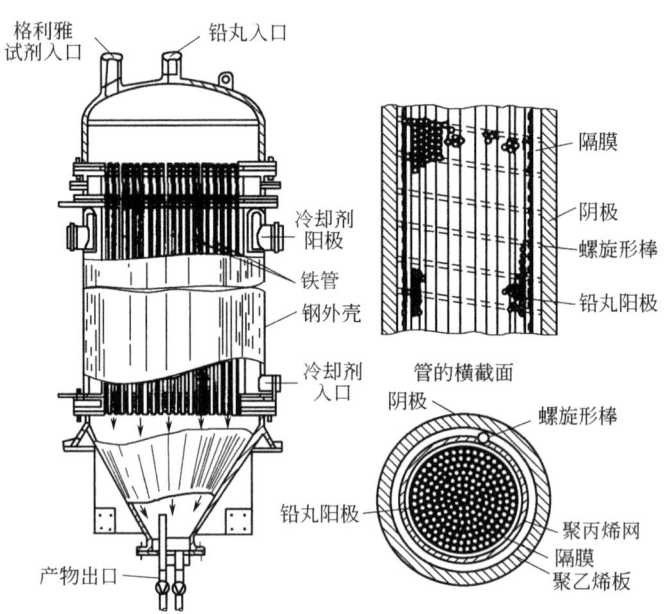

图 25-9-34　合成四乙基铅的固定床电化学反应器

由于三维电极内部结构复杂，其内部的电流密度分布不均匀成为研究的重点。固定床电化学反应器床层内电流密度（反应速率）分布的理论分析和研究最初始于对多孔电极（porous electrode）的研究[111~115]。影响电极内部电流密度分布的因素很多（如电解槽结构和尺寸、电解条件、电极和电解液的电导率、槽电压），但是其根本原因是电极的电导率与电解液的电导率不相等，而且通常电极的电导率远远地大于电解液的电导率。

电极电导率 γ_s 和溶液电导率 γ_m 的大小直接影响电极内部反应区的分布，如果 $\gamma_s > \gamma_m$，电极反应主要发生于靠近离子膜的区域。反之，则反应主要发生于靠近导电板的区域。假如电极电导率 γ_s 和溶液电导率 γ_m 相等时，三维电极内部电流分布最为均匀。也就是说判断反应发生的区域可以基于从电极导电板到离子膜之间电阻最小的原则。

三维电极反应器的结构除圆柱形、塔形之外，亦可为矩形或其他结构。三维电极反应器在电解工程中有成功的应用，如在工业废水处理中回收金属，在电合成中生产四乙基铅、对氨基苯酚和对苯二酚等。在化学电源中广泛使用三维电极，即使用多孔的骨架（基板）负载活性物质，可大大提高电极的真实面积及比特性。在电化学传感器中（如高压液相色谱）也使用微型的多孔三维电极。

（4）毛细间隙反应器（capillary gap cells） 当电化学反应器采用电导率很低的电解质，如有机电合成（己二腈）时，减小电极间隙，形成薄膜状电解液的毛细间隙反应器，对于降低电解液的欧姆压降，具有明显作用。

图 25-9-35 表示用于有机电合成的一种毛细间隙反应器，它可以在使用导电率低的电解质时，能够有效地降低欧姆压降和能耗。反应器亦为圆柱体，内装一组双极性圆盘状石墨电极，每一片电极厚度约 1cm，面积为 $100cm^2$，电极间隙甚小，有的仅为 $125\mu m$，有的达 1mm，电解液被送入反应器上部，通过间隙。德国巴斯夫（BASF）公司电解合成己二腈、癸二酸二甲酯时，都采用这种电化学反应器。

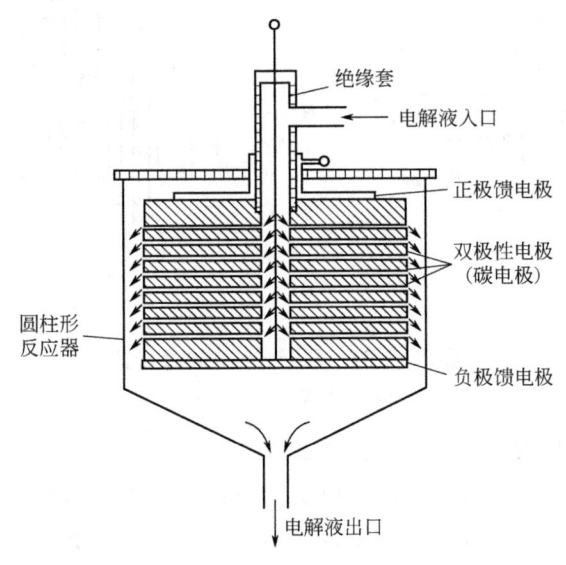

绝缘套
电解液入口
正极馈电极
双极性电极（碳电极）
圆柱形反应器
负极馈电极
电解液出口

图 25-9-35 毛细间隙反应器

（5）旋转电极反应器（rotating electrode cells） 圆柱形旋转电极与理论研究中使用的旋转盘电极具有不同的使用目的及特点，其工作表面，即圆柱面上的各点与转轴距离相等，因而仍具有相同的角速度和线速度，使电极表面具有相同的传质条件及均匀的电流分布，如图 25-9-36 所示。

由于电极旋转时，电解液与电极的相对运动，显然可强化传质，提高电流密度。当旋转速度和圆柱半径增大后传质系数将提高。这种旋转圆柱电极已在水处理中用于回收照相业废液中的银。工业电解中使用的另一种旋转电极反应器是泵吸电解槽（pump cell），如图 25-9-37所示。它由一个双极性的旋转圆盘电极和定子电极构成，当前者旋转时，电解液被抽吸进入狭窄的电极间隙，并具有较高的流速，因而可提高电流密度。改变电极旋转速度可以改变电解液的流速、液压和电解时间，这种反应器不仅可以用于生成可溶性产物的电解合成，也可利用电极旋转时所产生的刮削作用和剪应力生成粗细不同的金属粉末。

（6）流化床电化学反应器 当电解液通过可动的颗粒床，且向上流动的流速足够大时，流态化发生，这时电极和电解液似单相的流体，处于此种状态的反应器称为流化床反应器，

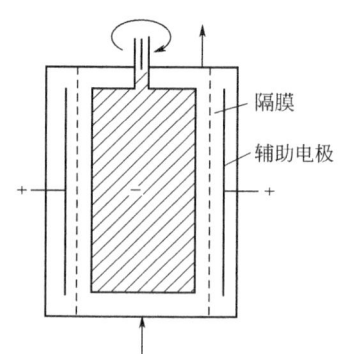

图 25-9-36　旋转电极反应器

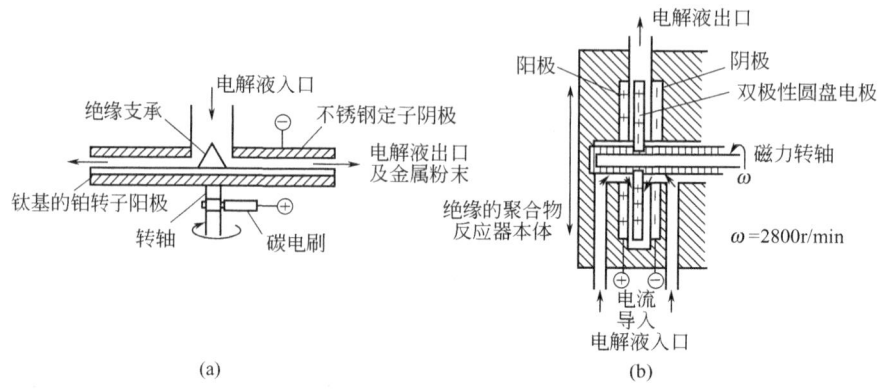

图 25-9-37　泵吸式电化学反应器

（a）单极式；（b）复极式

在三维电极反应器中它与固定床电化学反应器比较，具有以下特点：①由于电极（颗粒状材料）呈悬浮分散状态，因而具有更大的比电极面积；②传质速率更高；③由于颗粒的相互电接触及物理接触有助于提供活性更高的电极表面；④在合适的条件下，电势和电流密度的分布更为均匀；⑤用于金属的电解提取时，产物可连续不断地由反应器取出。

然而，流化床反应器的实际应用却比较复杂，必须解决以下问题：如何使反应器的结构设计合理、流场和电场均匀，如何防止颗粒的聚团、金属在馈电极上的沉积、隔膜的损坏（由于金属颗粒磨损或短路造成的）。此外，反应器内的电势及电流分布的问题也是复杂的，它不仅与时间有关（难以建立定态），而且受反应器中流化床的形状及尺寸，辅助电极的数量、分布（位置），床层厚度，电解液的组成、流量及流速，气体析出的影响。

流化床电化学反应器最成功的应用实例是由 AKZO ZOUT 化学公司开发的，被用于提取及回收金属，如图 25-9-38 所示。研制中的或小规模使用的流化床或移动床电极反应器还有多种。

（7）滴流塔式反应器（trickle tower cells）　图 25-9-39 为一种复极式滴流塔式反应器。圆柱形塔中水平地排列着多层双极性石墨电极，电解液由塔顶进入，在重力作用下以滴流缓缓地通过电极间隙。为了保持滴流，并防止短路电流，必需限制流速，流速过高引起溢流，过低则可能使电极表面不能完全湿润。这种反应器没有隔膜，电解制备的产品必须稳定，它在馈电极上不能发生反应。这种反应器的主要特点是电极间距很小，对于电解液的电导率很小的体系比较适合。但是操作要求苛刻，应用受到限制。

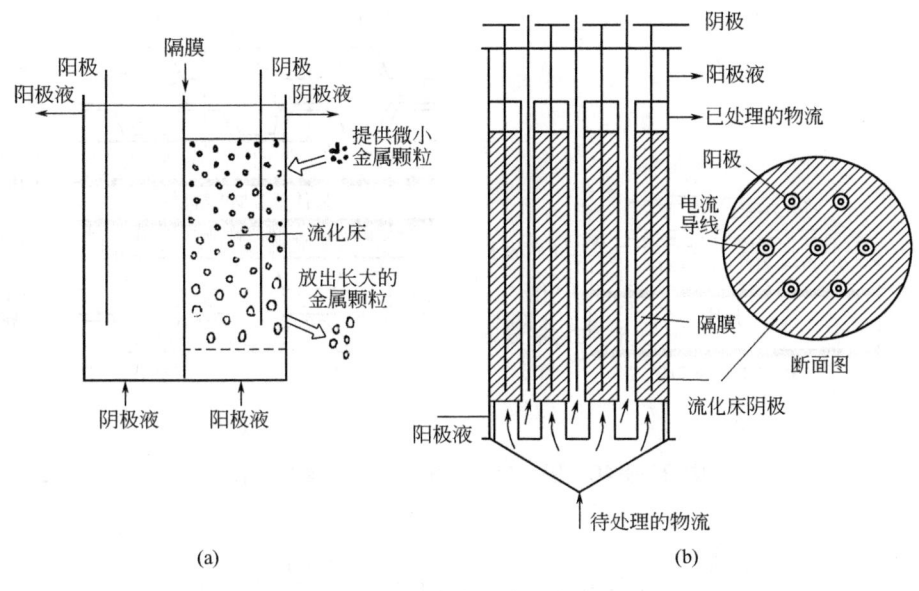

图 25-9-38 回收金属的流化床电极反应器

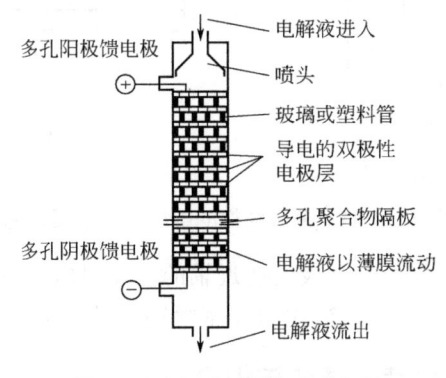

图 25-9-39 滴流塔式反应器

(8) 固体聚合物电解质 (solid polymer electrolyte, SPE) 电化学反应器 它最初在通用电气公司为 NASA 宇航计划研制的燃料电池中采用，后来推广到其他工业电解过程，如水电解、氯碱工业、有机电合成等。

以水电解的 SPE 反应器为例，它实际上是在一张薄薄的离子交换膜，如 Nafion 全氟离子交换膜的两面压附了两层不同的电催化剂作为阳极和阴极，电流则由集流网导出。在这里离子交换膜既作为隔膜，又作为电解质使用。工作时，纯水加至阳极侧，发生反应生成 O_2 和 H^+，H^+ 然后通过聚合物的电解质进入阴极，通过阴极还原反应析出 H_2，如图 25-9-40 所示。

(9) 叠层结构的电极 (swiss-roll cells) 这种反应器具有叠层结构的电极，如图 25-9-41 所示，其阳极和阴极分别为两张很薄的金属箔，为防止短路，各用两层塑料网或织物隔开，这种网布上吸满电解质，构成电化学反应体系，当将它们绕轴卷成一个整体后，即可作为电化学反应器工作。

这种反应器可视为一个具有很长的平行电极，被一层薄薄的电解液隔开的电化学反应器，如图 25-9-41 (b) 所示。由于电极很薄，其电极电阻与电解液的电阻相比已不能忽略，因此可将它视为三维电极。这种电极的特点是具有很高的比电极面积和较低的欧姆压降。为使电流分

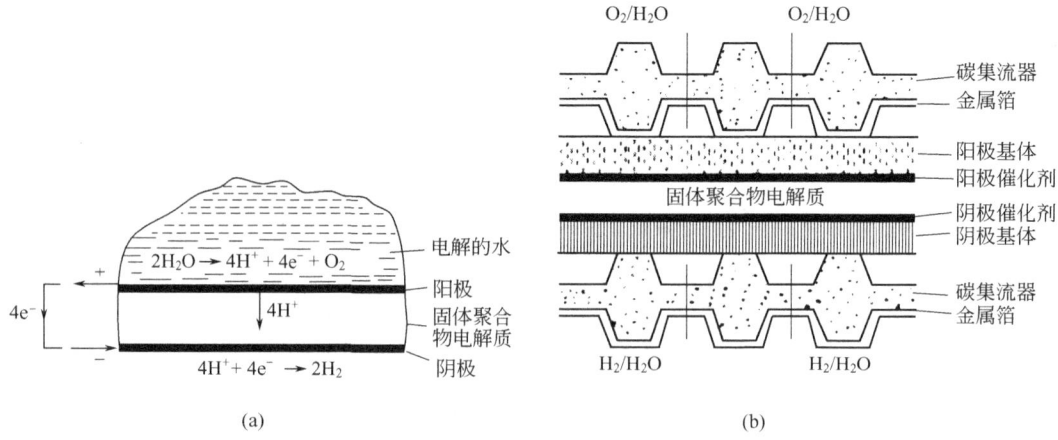

图 25-9-40 固体聚合物电解质电化学反应器

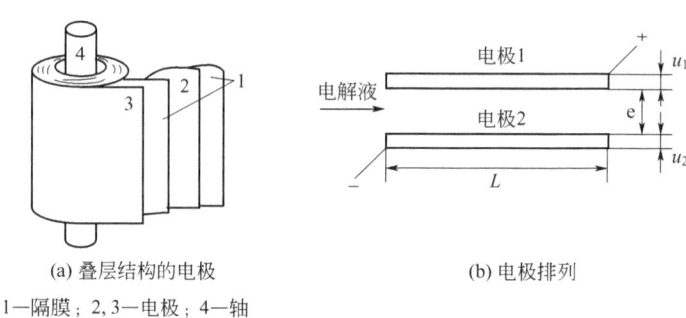

(a) 叠层结构的电极   (b) 电极排列

1—隔膜；2、3—电极；4—轴

图 25-9-41 叠层结构的电极电化学反应器

布均匀，这种反应器的电极连接最好一极由接近轴的一端引出，另一极则从圆柱外面引出。

这种反应器常用于化学电源，如箔式圆柱密封镉镍蓄电池。

9.3.3 电化学反应器的组装、联结与组合

尽管在现代电化学工业中，电化学反应器的容量在不断增大，结构及性能不断改进，电极的电流密度也有所提高，但是和化工、冶金设备比较，单台电化学反应器的生产能力毕竟有限，因此一般电化学工业的工厂（车间）都不可能仅仅设置一台电化学反应器，而必需装备多台电化学反应器同时运转。这样，电化学反应器的组合与联结成为电化学工程中的普遍问题，正确的联结不仅关系到工厂设计和投资，也影响生产和操作及运行的技术经济指标。

电化学反应器的联结包括电联结和液（路）联结，而电联结又可分为反应器内电极的电联结及反应器之间的电联结。

9.3.3.1 电化学反应器的电联结

（1）电化学反应器内电极的联结

按反应器内电极连接的方式可分为单极式槽和复极式槽。有时也称为单极性槽和双极式槽。如图 25-9-42 所示。

可以看出，在单极式电化学反应器中，每一个电极均与电源的一端联结，而电极的两个表面均为同一极性，或作为阳极，或作为阴极；在复极式电化学反应器中则不同，仅有两端的电极与电源的两端联结，每一电极的两面均具有不同的极性，即一面是阳极，另一面是阴

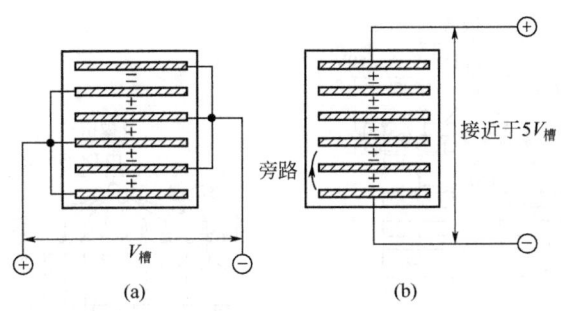

图 25-9-42 电化学反应器内的电联结

极。这两种电化学反应器具有不同的特点，如表 25-9-7 所示。

表 25-9-7 单极式和复极式电化学反应器的比较

特点	单极式电化学反应器	复极式电化学反应器
电极两面的极性	相同	不同
电极过程	电极两侧发生同类电极过程	电极一侧是氧化过程，另一侧是还原过程
槽内电流	并联	串联
电流	大($I_总 = \sum I_i$)	小($I_总 = I_i$)
槽压	低($I_总 = V_i$)	高($I_总 = \sum V_i$)
对直流电源的要求	低压、大电流，不经济	高压、小电流，较经济
设计制造	较简单	较复杂
材料及安装费用	较多	较少
单元电对间欧姆降	较大	极小
电极的电流分布	较不均匀	较均匀
适用的反应器	箱式反应器	压滤机式反应器

（2）电化学反应器之间的电联结

电化学反应器之间的电联结，主要考虑直流电源的要求。现代电化学工业采用的硅整流器，其输出的直流电压在 $200 \sim 700V$ 时，变流效率可达 95%，颇为经济。因此多台电化学反应器连接，一般是串联后的总电压应在此范围内，例如总电压在 $450V$，一般在中间接地，使两端电压为 $+225V$ 和 $-225V$，较为安全。至于直流电流的大小，可通过适当选择整流器的容量或通过并联满足生产需要。

由于单极槽的特点是低压大电流，多台单极槽的电联结宜串联工作；反之，由于复极式电槽的工作特点是高压低电流，多台复极式电解槽的电联结宜并联工作。如图 25-9-43 所示。

9.3.3.2 电化学反应器的液路联结

电化学反应器在液路中可以两种方式联结，即并联和串联，如图 25-9-44 所示。

在一些要求提高反应物转化率的场合，常采用串联的供液方式。既可以反应器内部液路串联，也可以反应器之间液路串联。确定串联的次数既要考虑转化率、也要计算反应物和产物浓度的变化、流体阻力和泵的扬程。如果反应过程中有气体产生，需采用并联供液方式。反应器在液路联结方面的实际情况也复杂得多，既可部分或完全再循环，亦可部分串联或并联，这取决于电解液循环、流动的目的，如反应物、产物的输送、热交换，温度与组成的均

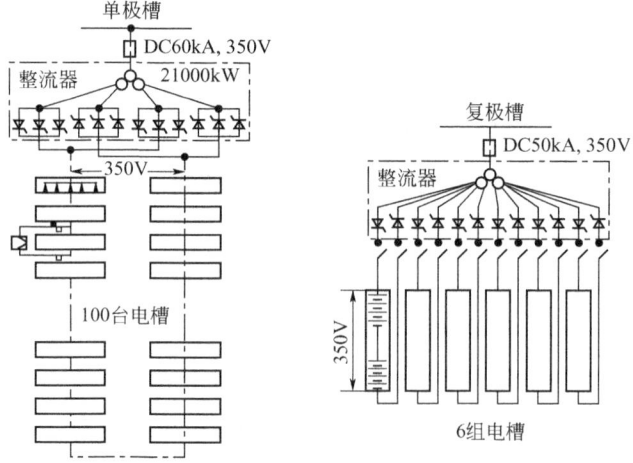

图 25-9-43   电解槽的供电

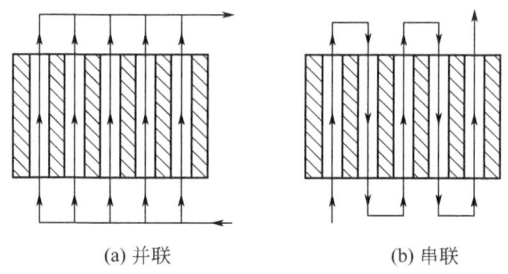

(a) 并联   (b) 串联

图 25-9-44   电化学反应器的液路联结

匀化及调节。还应该指出的是：两种供液方式对电解液系统的要求，包括设备的设计，如液泵、液槽的设置和调控方式，也是不同的。例如，若要在单元反应器中保持相同的流量、流速，显然并联供液需要的总液量大得多，而流量均匀分配到每一个反应器成为关键问题；对于串联供液，由于流程长、阻力大，则需要液泵具有更高的液压。此外，串联供液将使电解液产生更大的温变，也是应考虑的。

参考文献

［1］ Thring M W, Newby M P. 4th Symp（Int）on Combustion. New York: Academic Press, 1953.

［2］ 王辅臣. 射流携带床气化过程研究. 上海: 华东理工大学, 1995.

［3］ Tamir A. 撞击流反应器——原理和应用. 伍沅, 译. 北京: 化学工业出版社, 1996.

［4］ Champion M, Libby P A. Physics of Fluids, 1993, 5: 203-215.

［5］ 李伟锋, 孙志刚, 刘海峰, 等. 化工学报, 2007, 58（6）: 1386-1390.

［6］ 李伟锋, 孙志刚, 刘海峰, 等. 化工学报, 2008, 59（1）: 46-52.

［7］ Li W, Sun Z, Liu H, et al. Chem Eng J, 2008, 138（1-3）: 283-294.

［8］ 许建良, 李伟锋, 曹显奎, 等. 化工学报, 2006, 57（2）: 288-291.

［9］ 龚欣, 于建国, 王辅臣, 等. 燃料化学学报, 1994, 22（2）: 189-195.

［10］ 王辅臣. 气流床气化过程研究. 上海: 华东理工大学, 1995.

［11］ 王辅臣, 龚欣, 于广锁, 等. 化工学报, 1997, 48（2）: 200-207.

[12] 于广锁，王辅臣，代正华，等. 化学工程，2002，30（2）：24-27.

[13] Yu G，Zhou Z，Qu Q，et al. Chem Eng & Proc，2002，41（7）：595-600.

[14] 万翠萍，代正华，龚欣，等. 化学反应工程与工艺，2008，24（3）：285-288.

[15] 许寿泽，于广锁，梁钦锋，等. 燃料化学学报，2006，34（1）：30-35.

[16] 于遵宏. 中国科学技术前沿（第11卷）：多喷嘴对置式水煤浆气化技术. 北京：高等教育出版社，2008：271-272.

[17] Harris A T，Davidson J F，Thorpe R B. Chem Eng Sci，2003，58：2181-2202.

[18] Harris A T，Davidson J F，Thorpe R B. Chem Eng Sci，2003，58：3669-3680

[19] Harris A T，Davidson J F，Thorpe R B. Chem Eng J，2002，89：127-142.

[20] Barysheva L V，Borisova E S. Chem Eng J，2003，91：219-225.

[21] 代正华. 气流床气化炉内多相反应流动及煤气化系统的研究. 上海：华东理工大学，2008.

[22] 赵铁均. 撞击流反应器中的射流行为与宏观混合行为研究. 上海：华东理工大学，2000.

[23] 许建良. 气流床气化炉内多相湍流反应流动的实验研究与数值模拟. 上海，华东理工大学，2008.

[24] Smoot L D. Fundamental of Coal Combustion. New York：Elsevier，1993.

[25] Smith P J，Smoot L D. Comb Sci Technol，1980，23（1）：17-31.

[26] Kenneth M S，Merlin D S. Comb Flame，1981，43：265-271.

[27] Ubhayakar S K，Stickier D B，Gannon R E. Fuel，1977，56（3）：281-291.

[28] Govind R，Shan J. AIChE J，1984，30（1）：79-92.

[29] Smoot L D，Hedman P O，Smith P J. Prog in Energy & Comb Sci，1984，10（4）：359-441.

[30] Wen C，Chaung T Z. Ind & Eng Chem Pro Des Dev，1979，18（4）：684-695.

[31] Govind R，Shah J. AIChE J，1984，30（1）：79-91.

[32] Ni Q，Alan W. Fuel，1995，74（1）：102-110.

[33] Vamvuka D，Woodburn E T，Senior P R. Fuel，1995，74（10）：1452-1460.

[34] Vamvuka D，Woodburn E T，Senior P R. Fuel，1995，74（10）：1461-1465.

[35] Eaton A M，Smoot L D，et al. Prog in Energy & Comb Sci，1999，25：387-436.

[36] Brown B M，Smoot L D，et al. AIChE J，1988，34（3）：435-446.

[37] Skodras G，Kaldis S P，Sakellaropoulos G P，et al. Fuel，2003，82：2033-2044.

[38] Feltcher D F，Haynes B S，Christo F C. Appl Math Model，2000，24：165-182.

[39] Chen C，Masayuki H，Toshinori K. Chem Eng Sci，2000，55：3861-3874.

[40] Chen C，Masayuki H，Toshinori K. Chem Eng Sci，2000，55：3875-3883.

[41] Chen C，Masayuki H，Roshinori K. Fuel，2001，80：1513-1523.

[42] Ubhayakar S K，Stickler D B，Von Rosenberg C Y，et al. 16th symp（Int）on comb. Pittsburgh：The Combustion Institute，1977.

[43] Choi Y C，Li X Y，Park T J，et al. Fuel，2001，80：2193-2201.

[44] Watanabe H，Otaka M. Fuel，2006，85：1935-1943.

[45] Bhatia S K，Perlmutter D D. AIChE J，1980，26（3）：379-386.

[46] 吴玉新，张建胜，王明敏，等. 化工学报，2007，58（9）：2369-2374.

[47] William V，Salvador O，Javier A，et al. Appl Thermal Eng，2003，23：1993-2008.

[48] Brunet F X，Clause O，Deves J M，et al. US 6677494，2004.

[49] Farsi M. J Nat Gas Sci Eng，2014，19（0）：295-302.

[50] Bricker J. Top Catalyst. 2012，55（19-20）：1309-1314.

[51] Farsi M. J Nat Gas Sci Eng，2014，19（0）：295-302.

[52] Koves W J，Estates H，Schaumburg R L T. US 5130106，1992.

[53] Millar R F，Persico P J，Jensen R H. US 4110081，1978.

[54] Niles G R，Heinze W W. US 3706536，1972.

[55] 李成栋. 催化重整装置技术问答. 北京：中国石化出版社，2010.

[56] Euzen J P，Berthelin M，Bonneville J D，et al. US 5658539，1995.

[57] Mu Z，Wang J，Wang T，et al. Chem Eng Proc，2003，42（5）：409-417.

[58] 朱炳辰，翁惠新，朱子斌. 催化反应工程. 北京：中国石化出版社，2001.

[59] Suter D，Bartroli A，Schneider F，et al. Chem Eng Sci，1990，45：2169-2176.

[60] Shamlou P. Handling of bulk solids: theory and practice. Landon: Butterworths, 1988.

[61] Masson S, Martinez J. Powder Technology, 2000, 109 (1-3): 164-178.

[62] 陈允华, 朱学栋, 吴勇强, 等. 化工学报, 2006, 57 (4): 731-737.

[63] Doyle Ⅲ F J, Jackson R, Ginestra J C. Chem Eng Sci, 1986, 41 (6): 1485-1495.

[64] Long W, Xu J, Fan Y, et al. Powder Technology, 2015, 269 (0): 66-74.

[65] 宋续祺, 金涌, 俞芷青, 等. 化工学报, 1993, 44 (4): 433-441.

[66] Gu W, Sechrist P A. US 7241376, 2008.

[67] Koves W J, Estates H, Schaumburg R L T. US 5130106, 1992.

[68] 王保平, 庞桂赐, 金涌. 石油学报, 1993, 9 (3): 78-87.

[69] 龙文宇, 徐军, 范怡平, 等. 化学反应工程与工艺, 2014, 90 (1): 15-21.

[70] Pilcher K A, Bridgwater J. Chem Eng Sci, 1990, 45 (8): 2535-2542.

[71] Cowin S C. J Appl mechanics, 1977, 44 (3): 409-412.

[72] Artoni R, Santomaso A, Canu P. Chem Eng Sci, 2009, 64 (18): 4040-4050.

[73] Chou C S, Chen H H. Particle & Particle Sys Charactn, 2004, 21 (1): 47-58.

[74] 李洪钟, 郭慕孙. 非流态化气固两相流理论及应用. 北京: 北京大学出版社, 2002.

[75] 陈允华, 朱学栋, 吴永强, 等. 高校化学工程学报, 2007, 21 (3): 404-410.

[76] 唐玥琪. 移动床甲醇制丙烯反应器流动特性研究. 杭州: 浙江大学, 2012.

[77] Jiang Y T, Ren C J, Huang Z L, et al. Ind & Eng Chem Res, 2014, 53 (10): 4075-4083.

[78] To K, Lai P Y, Pak H K. Physical Review Letters, 2001, 86 (1): 71-74.

[79] To K, Lai P Y. Physical Review E, 2002, 66 (1): 011308-011315.

[80] Drescher A, Waters A J, Rhoades C A. Powder Technology, 1995, 84 (2): 177-183.

[81] 阳永荣, 唐玥琪, 蒋云涛, 等. CN103285788B. 2015-04-01.

[82] 阳永荣, 唐玥琪, 蒋云涛, 等. CN103285782B. 2015-06-03.

[83] 严丽霞, 蒋云涛, 蒋斌波, 等. 化工学报, 2014, 65 (1): 2-11.

[84] Beverloo W A, Leniger H A, van de Velde J. Chem Eng Sci, 1961, 15 (3-4): 260-269.

[85] Humby S, Tüzün U, Yu A B. Chem Eng Sci, 1998, 53 (3): 483-494.

[86] Brown R, Richards J. Trans Inst Chem Eng, 1960, 38: 243-256.

[87] Rodrigues A E, Pereira C, Minceva M, et al. Simulated Moving Bed Technology: Principles, Design and Process Applications. Oxford: Elsevier, 2015.

[88] Minceva M, Silva V M T, Rodrigues A E. Ind & Eng Chem Res, 2005, 44: 5246-5255.

[89] Process System Enterprise, 2014. gPROMS. www. psenterprise. com/gproms.

[90] 邝生鲁. 应用电化学. 武汉: 华中理工大学出版社, 1994.

[91] 库特利雅采夫别 H T. 应用电化学. 陈国亮, 译. 上海: 复旦大学出版社, 1992.

[92] 陈延禧. 电解工程. 天津: 天津科学技术出版社, 1993.

[93] Kyriacou D K. 有机电解合成基础. 陈敏元, 译. 昆明: 云南科技出版社, 1989.

[94] Parsons R. Handbook of Electrochemical Data. Oxford: Butterworths, 1959.

[95] Delahay P. Double Layer and Electrode Kinetics. New York: Wiley-Interscience, 1965.

[96] Delahay P. New Instrumental Methods in Electrochemistry. New York: Wiley-Interscience, 1954.

[97] Conway B E. Theory and Principles of Electrode Processes. New York: Ronald, 1965.

[98] Veiter K J. Electrochemical Kinetics. Cambridge, MA: Academic Press, 1967.

[99] Erdey-Gruz T. Kinetics of Electrode Processes. New York: Wiley-Interscience, 1972.

[100] Tanaka N, Tamamushi R. Electrochim Acta, 1964, 9: 963-989.

[101] Conway B E. Electrochemical Data. Amsterdam: Elsevier Scientific Publishing, 1952.

[102] 陈康宁. 金属阳极. 上海: 华东师范大学出版社, 1989.

[103] Pletcher D, Walsh F. Industrial Electrochemistry. 2nd Ed. London: Chapman & Hall, 1990.

[104] Pikett D J. Electrochemical Reactor Design. 2nd Ed. Amsterdam: Elsevier Scientific Publishing, 1979.

[105] Fahidy T Z. Principles of Electrochemical Reactor Analysis. Amsterdam: Elsevier Scientific Publishing, 1985.

[106] Ismail M I. Electrochemical Reactors: Their Science and Technology, Amsterdam: Elsevier, 1989.

[107] Zhang X S, Wu G B, Ding P, et al. Chem Eng Sci, 1999, 54: 2969-2977.

［108］ 张新胜，丁平，戴迎春，等．华东理工大学学报，1998，2： 129-133.

［109］ 张新胜，丁平，戴迎春，等．电化学，1998，4： 334-339.

［110］ Xu W L，Ding P，Yuan W K. Chem Eng Sci，1992，47： 2307-2313.

［111］ Langlois S，Coeuret F. J Appl Electrochem，1990，20： 740-748.

［112］ Storck A，Enriquez-Granados M A，Roger M. Electrochem Acta，1982，27： 293-301.

［113］ Risch T，Newman J. J Electrochem Soc，1984，131： 2551-2556.

［114］ Alkire R，Ng P K. J Electrochem Soc，1974，121： 95-103.

［115］ Newman J，Tiedemann W. AIChE J，1975，21： 25-41.

一般参考文献

［1］ 朱炳辰．化学反应工程//第 12 章电化学反应工程基础．第 4 版．北京：化学工业出版社，2007.

［2］ 阿伦 J 巴德，拉里 R 福克纳．电化学方法原理和应用．第 2 版．邵元华，朱果逸，董献堆，等译．北京：化学工业出版社，2005.

［3］ 陈延禧．电解工程．天津：天津科学技术出版社，1993.

第 **25** 篇

10

反应过程强化技术

10.1 膜催化与膜反应器

早期膜分离过程与反应过程结合是在两个操作单元，此处涉及的主要是集成膜反应器系统，即具有分离功能的膜与反应器结合在一个操作单元，如图 25-10-1 所示。膜反应器的突出优势是可以通过选择性移出某一产物或控制加入反应物而显著改善反应结果。选择性移出某一产物对于受平衡限制的反应可以获得远高于热动力学限制的转化率，并减少后续分离操作和能耗。通过膜有控制地加入某反应物可以调整导致副反应组分的浓度和停留时间，从而提高产物选择性。膜反应器可以提高分离效率、选择性和产率，使过程更加紧凑、设备投资更小，从而降低过程的操作费用。膜在膜反应器中的作用不仅是分离某一产物，其他作用也已经被不断提升。

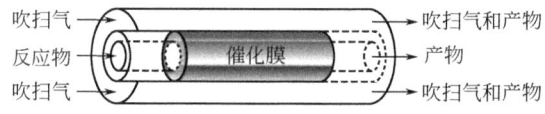

图 25-10-1　集成的膜反应器系统

膜反应器包括膜催化反应器、膜生物反应器和渗透汽化膜反应器等。由于膜生物反应器、渗透汽化膜反应器以及膜反应在其他部分（如第 19 篇膜过程）涉及，这里主要介绍膜催化技术和反应器。本部分内容还可以参考《膜技术手册》[1] 《催化膜及膜反应器》[2] 和《新型反应器与反应器工程中的新技术》[3]。

10.1.1 膜催化反应器概述

若所用的膜不仅具有分离功能，同时还具有催化功能或将催化剂置于膜反应器中，则称为膜催化反应器，该技术称为膜催化技术。膜催化反应器根据膜性质可分为：聚合物（有机）膜反应器，生物医学膜或膜生物反应器，电化学膜反应器，光催化膜反应器，分子筛膜反应器和无机膜反应器。膜反应器技术首先在研究开发相对成熟的有机膜领域得到应用，由于有机膜固有的特性决定了其应用局限于条件较温和的生物体系。20 世纪 80 年代中期，随着无机膜的研究开发，为膜在高温反应器中的应用开辟了途径。有机膜主要用于膜生物反应器和渗透汽化膜反应器。此处主要介绍无机膜反应器。

无机膜反应器中的无机膜可以是惰性的或具有催化活性的，可以是由金属、合金、碳、玻璃和陶瓷等无机材料制备的致密膜、多孔膜或分子筛膜。致密膜和分子筛膜可以负载在多孔支撑体（如多孔玻璃、多孔陶瓷和烧结金属）上，以提高其机械强度和降低透过阻力。致密膜主要有钯及钯与钌、镍和铑等的合金膜、V-Ⅷ族金属（如银和锆）的合金膜和固体氧化物膜（如钙钛矿型混合导体透氧膜）。钯膜仅能渗透氢，而银和锆膜只能渗透氧，这些膜的选择性高，但渗透能力低。锆膜是固体氧化物电解质膜，其渗透能力取决于离子导体。多孔膜主要有多孔陶瓷膜、多孔玻璃膜、多孔金属膜，其渗透能力高而选择性低。分子筛膜主要包括碳分子筛膜、沸石分子筛膜和金属有机框架材料膜等，分子筛膜本身是致密膜层，但具有纳米孔道结构，因而能同时具有高的选择性和渗透能力。膜的形状有平板式、管式和中空纤维式的陶瓷膜，也有卷式和螺旋式的金属膜等。

无机膜的主要制备方法如下：

（1）固体粒子烧结法 主要用于制备膜孔径为数微米的陶瓷膜或支撑体[4]。

（2）化学气相沉积法 可制备膜孔径在 5nm 左右的介孔膜[5]。

（3）溶胶-凝胶法 20 世纪 80 年代应用该技术成功制备出了氧化铝膜[6]。

（4）热分解法 将有机聚合物溶液或含催化剂组分的有机聚合物溶液涂在多孔支撑体上，在惰性气体氛围下加热热解形成碳分子筛膜[7]。

（5）相分离-沥滤法 将含有可溶于酸的组分加入制膜的溶胶（通常为玻璃溶胶）中，经过涂膜、焙烧等过程形成固体薄膜，然后再用酸将膜中的可溶性组分溶解沥滤出来形成多孔膜，如多孔玻璃膜。

（6）水热合成法 将多孔支撑体或涂有晶种的多孔支撑体放入合成液中，在高压釜中进行高温高压水热合成，可以在多孔支撑体表面形成沸石分子筛或金属有机框架材料多晶致密膜[8]。

10.1.2 膜催化反应器类型

可以采用多种不同结构使膜分离器和反应器合并在一个单元设备中，根据膜是否具有催化性能和催化剂的填充方式，Sanchez 和 Tsotsis 将膜催化反应器的结构分为六种基本类型[9]，如表 25-10-1 和图 25-10-2 所示。

表 25-10-1 膜反应器的分类[9]

缩写	全称
CMR	catalytic membrane reactor 催化膜反应器
CNMR	catalytic nonpermselective membrane reactor 催化非渗透选择型膜反应器
PBMR	packed-bed membrane reactor 固定床膜反应器
PBCMR	packed-bed catalytic membrane reactor 固定床催化膜反应器
FBMR	fluid-bed membrane reactor 流化床膜反应器
FBCMR	fluid-bed catalytic membrane reactor 流化床催化膜反应器

（1）催化膜反应器（CMR） 其中的膜不仅具有渗透选择性，同时具有催化活性，反应在膜表面或孔内的催化活性中心上进行，产物透过膜被及时分离，促使反应向生成产物的方向进行。为达到这一目的，可通过使用一个具有催化性质的膜（如分子筛或者金属膜），如应用钯膜反应器转化率可达 90% 以上。也可以通过包埋或离子交换的方式向膜中引入催化点以使膜具有催化活性，如微孔氧化铝膜上涂以活性氧化铁基催化剂，473K 时的平衡转化率为 18.7%。其中的膜既起催化作用，也起分离作用。

（2）催化非渗透选择型膜反应器（CNMR） 膜对反应物和产物不具有选择渗透性，仅作为催化活性组分的载体或仅把催化剂隔离在膜的另一侧，用来提供一个精准的反应界面。

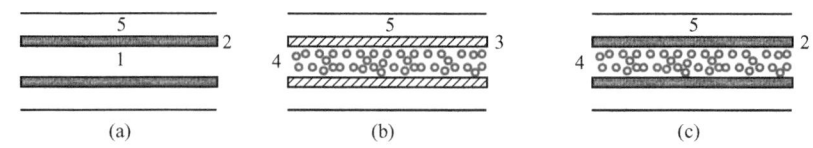

图 25-10-2   不同的膜反应器结构

(a) CMR，CNMR；(b) PBMR，FBMR；(c) PBCMR，FBCMR

1—管内侧；2—催化膜；3—惰性膜；4—催化床；5—壳程

例如，果胶在液相催化剂（酶）的作用下，生成半乳糖醛酸的反应，如图 25-10-3 所示，果胶进入膜的另一侧在催化剂上发生反应后，产物与催化剂分离进入进料侧。

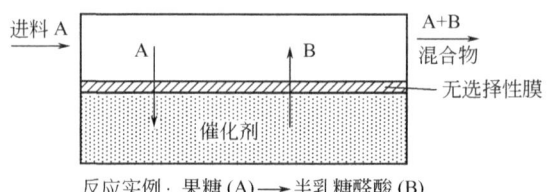

反应实例：果糖(A) ⟶ 半乳糖醛酸(B)

图 25-10-3   CNMR 应用示意图

（3）固定床膜反应器（PBMR）   是膜催化反应器中应用最普遍的，其中的膜仅仅提供分离的功能，催化反应是由安装在膜的内部或外部的一个由催化剂颗粒组成的固定床来实现的。也有人将该类反应器称为无催化活性的膜填充床反应器（inert membrane packed-bed reactor，IMPBR）。这种膜反应器具有较高的催化活性表面积，适用于反应速率较慢、膜渗透较快的反应分离过程，如乙苯脱氢、己烷脱氢和丙烷氧化脱氢等。

（4）固定床催化膜反应器（PBCMR）   当膜具有活性时，同时又在固定床上填充了催化剂颗粒，可以提高催化活性表面积，从而进一步增加膜反应器的催化活性。

（5）流化床膜反应器（FBMR）和流化床催化膜反应器（FBCMR）   为了更好地控制反应过程的温度，有人建议应当将固定床改为流化床（FBMR 或 FBCMR）。

10.1.3   典型膜催化过程

膜反应器在催化反应中的应用已有许多报道，如金属钯和钯合金膜在脱氢反应[10～12]和加氢反应[13]，金属银及其合金、各种固体氧化物和固体氧化物溶液及钙钛矿和钙铁矿制成的致密膜在烃类的选择性催化氧化反应[10,14]等。《膜技术手册》[1]对 2001 年前的膜反应过程进行了非常详细的总结，此处主要介绍近十年的膜催化应用研究。

10.1.3.1   脱氢反应和制氢工艺

环己烷脱氢和乙苯脱氢等反应属于可逆反应，反应的转化率受热力学条件的限制，转化率比较低。在膜反应器中通过移走生成的氢气，可以打破化学平衡，突破热力学的限制，提高反应的转化率及产率。这类反应的例子已经有很多[15,16]，这里不再一一列举，钯膜在这类应用中使用比较多[15]。

由于氢能源具有很多优点，制氢项目的研究开发是当前的一大热点，通过膜反应器可以优先将氢气分离出反应器，获得高纯度氢。表 25-10-2 列举了近年利用膜催化反应器制氢的反应类型和条件。近年利用膜流化床反应器进行水煤气变换制氢也有报道[17]。

表 25-10-2　膜催化反应器制氢反应类型和条件

反应	膜	催化剂	温度/℃	压力/bar	H₂回收率/%	转化率/%	文献
甲烷蒸汽重整	Pd	Pt₃Ni₁₀/CeO₂	525	10	>80	>90	[18]
	Pd-Ag	Ni/ZrO₂	450	4.0	80	65	[19]
甲烷干重整	Pd-Ag	Rh/CaO － SiO₂	550	2.0	88	46	[20]
丙烷蒸汽重整	Pd	Ni-Ag/CeO₂	450	1.0		75	[21]
乙醇蒸汽重整	Pd-Ag	Ru/Al₂O₃	400	1.3		99	[22]
	Pd-Ru	Pt-Ru/DND	450	1.0		99	[23]
	Pd-Ag	Ru/Al₂O₃	450	4.0	97	>98	[24]
甲醇蒸汽重整	Pd-Ag		300	25	96		[25]
	Pd-Ag	Cu/ZnO/Al₂O₃	250	1.3		80	[26]
	Pd-Ag①	Cu/Zn/GaOₓ	250	1.0	50	75	[27]
醋酸蒸汽重整	Pd-Ag	Ni/Al₂O₃	400	4.0	70	92	[28]
甘油蒸汽重整	Pd-Ag	Co/Al₂O₃	400	4.0	60	94	[28]
	Pd-Ag	Ni/CeO₂/Al₂O₃	450	5.0		28	[29]
水煤气变换	Pd	Fe-Cr	400	2.0		59	[30]
	Pd-Ag①	CuO/CeO₂	500	1.0	28	51	[31]
	SiO₂	Cu/ZnO/Al₂O₃	300	1.0	40～80	80	[32]
	Co 掺杂 SiO₂	Fe₃O₄/Cr₂O₃	450	15	95	93	[33]
甲烷催化分解	Pd①	Ni	600	2	84		[34]

① 膜载体为中空纤维，其他为管状。

10.1.3.2　控氧氧化反应

甲烷氧化偶联（OCM）、甲烷水蒸气重整（SMR）、甲烷二氧化碳干重整、甲烷部分氧化（POM）制合成气[35]等，是由天然气生产高附加值产品的有效途径。但是，控制反应过程中的产物深度氧化是这些技术工业化的关键。利用膜反应器控制透氧量能很好地解决此问题，因此，膜催化反应器在甲烷转化领域有非常多的研究报道，主要是利用固体透氧膜。

（1）甲烷直接脱氢芳构化　近年甲烷直接脱氢芳构化转化为芳烃吸引了较多的研究者[36～38]。例如：

2016 年德国的研究者报道了利用致密透氢膜和 Mo/HZSM-5 催化剂构成催化膜反应器来进行甲烷直接脱氢芳构化反应[37]。由于反应器采用了钙钛矿型透氧膜，使氧气可以从空气侧转移到透氧膜另一侧，并与甲烷芳构化所生成的氢气反应产生水，从而打破化学平衡，提高甲烷转化率。此外，通过使用该透氧膜反应器，可以将氮气保留在空气侧，避免其进入甲烷-芳烃体系中。同时他们还发现，由于氧气和水蒸气的存在，显著改善了催化剂 Mo/HZSM-5 的积炭失活问题，延长了催化剂的使用寿命。

2016 年挪威的研究者[38]报道将同时具有质子和氧化物离子传导的电化学 BaZrO₃ 基膜集成到甲烷脱氢芳构化反应可以极大地提高芳烃的收率，并促进催化剂的稳定性。这些效果归因于从反应器中同时抽提氢气和均匀地引入氧气。该膜反应器的碳效率接近 80%。膜反应器结构如图 25-10-4 所示，采用的是 Mo/H-MCM-22 沸石分子筛催化剂。

（2）氨气氧化制 NO　传统的氨气氧化制 NO 的催化反应需要用 Pt-Rh 丝网作催化剂才

能获得高 NO 收率（至 98%），催化剂成本极其昂贵。2005 年挪威研究者报道采用 Ca 和 Sr 替代的镧铁钙钛矿型材料在膜反应器中（图 25-10-5），氨气氧化制 NO 的选择性高达 98%，且不需要贵金属催化剂[39]。钙钛矿材料有两个作用，一个是选择性地从空气中分离氧，把氧在扩散控制离子-电子导体中传递到膜的氨一侧，二是在钙钛矿型材料表面氨与晶格氧发生部分氧化，生成 NO。

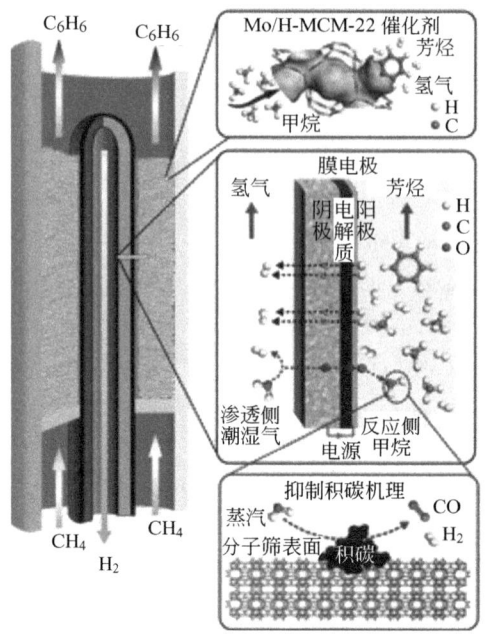

图 25-10-4　甲烷脱氢芳构化膜反应器示意图[38]

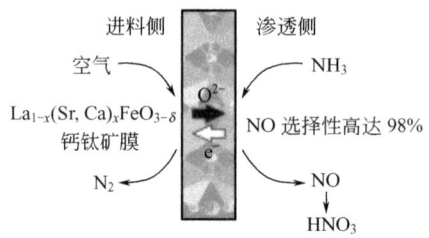

图 25-10-5　氨在钙钛矿型膜反应器中部分氧化示意图[39]

10.1.3.3　光催化膜反应器

膜催化反应器在光催化领域也有报道，例如 CO_2 光催化转化制甲醇。由于温室效应，CO_2 的排放成为影响环境的关键问题。因此，将 CO_2 转化为有用的化学品或燃料具有重要意义。文献报道[40]，采用 TiO_2-全氟磺酸膜在紫外线照射和 0.2MPa 的 CO_2 压力下，CO_2 和水反应生成甲醇，可获得甲醇流量/TiO_2 量为 $0.45\mu mol \cdot g_{催化剂}^{-1} \cdot h^{-1}$ 的反应性能，没有检测到甲烷和 CO 的生成。反应装置如图 25-10-6 所示。将 TiO_2 和全氟磺酸制成薄膜可以使催化剂更分散、更利于与紫外线和反应物接触以及有利于催化剂再生。

10.1.3.4　沸石分子筛膜的应用

沸石分子筛能从反应中移除小分子产物（如，氢气和水），因此分子筛膜在膜反应器中

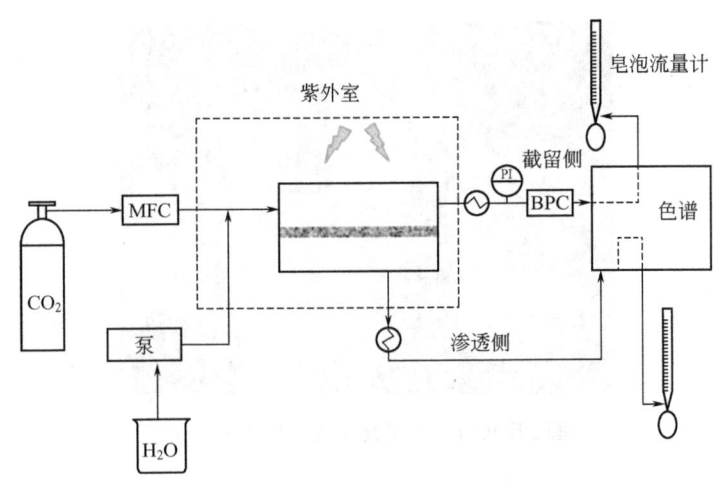

图 25-10-6 光催化膜反应器装置示意图[40]

的应用也有较多报道[41~43]。美国佐治亚理工大学的研究者将 SAPO-34 分子筛膜作为选择透氢膜用于丙烷脱氢膜反应器，在重量时空速率 $0.1～0.5h^{-1}$ 时丙烷的转化率高达 $65\%～75\%$，丙烯选择性高达 80%[41]。伊朗研究者报道在管状 BZSM-5 分子筛膜中填充 Pt/ZSM-5 催化剂的膜反应器用于戊烷异构化反应，可以大幅提高异构化反应的收率[42]。意大利研究者将 Pd 负载的 FAU 沸石分子筛膜用于苯乙酮加氢制苯乙醇，催化性能提高了 5 倍[43]。

10.2 整体式结构化催化反应器

整体式结构化催化反应器是一种基于结构化催化剂的新型反应器，其关键是结构化催化剂。结构化催化剂包括蜂窝式、开放错流结构、膜结构和发泡结构四种类型。目前在工业得到应用的主要有蜂窝式和开放错流整体结构化催化剂。

与传统的颗粒填充固定床相比，结构化载体的特殊结构带来了许多优点：由于载体上较小的孔道尺寸（相对于颗粒催化剂粒径），流-固相接触面积较大，是颗粒状催化剂的 1.5～4 倍，有利于外扩散；涂层厚度较薄，扩散距离短，有利于内扩散；直通道中流动阻力小，床层压力降小，比固定床反应器低 2～3 个数量级，有利于节能。结构化催化剂的结构规整，如果能够很好地解决催化剂入口处流体分配不均的问题，实验室和工业用整体式反应器的差别就仅在于孔道数量的不同，因此，与常规固定床、滴流床和浆态床等相比，整体式反应器的放大比较简单。

结构化催化反应器可用于强化多相催化反应过程，但最突出的不足是单位反应器体积内催化剂装填量较小，因为提供结构的材料如陶瓷、金属等也在反应器中占据一定的体积。

10.2.1 蜂窝整体式结构化催化剂及其应用

10.2.1.1 蜂窝整体式结构化催化剂的结构特点及性能

蜂窝整体式结构化催化剂最常用的基料包括金属、陶瓷、堇青石和活性炭[44]等（见图 25-10-7）。催化剂活性组分通过涂覆、挤压成型或原位合成的方式与载体牢固地结合在一起。蜂窝整体式结构化催化剂为反应物提供了均匀、有规则的直通道。

图 25-10-7　蜂窝整体式结构化催化剂

10.2.1.2　蜂窝整体式结构化催化剂的制备

结构化催化剂一般由载体、涂层和活性组分三部分组成。其中载体不仅起着承载涂层和活性组分的作用，而且还将为催化反应提供合适的流体通道，因此，一个理想的结构化催化剂的载体应具备下列条件：①有适合的表面组成和结构，以便在其表面能均匀地担载具有高比表面积的涂层；②大的几何表面积，能够负载更多的活性组分；③低的比热和热容，适宜的热导率，使催化剂能在较短时间内达到反应温度；④具有优良的耐高温性和抗热震性；⑤有足够的机械强度，以承受反应过程中的机械和热的冲击。

最常用的载体材料有耐高温的陶瓷和金属合金。在陶瓷材料中，堇青石（$2MgO \cdot 2Al_2O_3 \cdot 5SiO_2$）是使用最多的一种结构化催化剂载体材料。与陶瓷载体相比，金属材料具有壁薄、质轻、床层压降小、比表面积大、热导率高、起燃快速、耐振动和易于成型等优点，因而应用前景更为广阔。

结构化催化剂载体的表面积通常都很低，如堇青石材料的比表面积通常小于 $1m^2 \cdot g^{-1}$。在载体表面涂覆一层高比表面积的涂层，除了增大比表面积之外，还能使催化活性组分与载体牢固地有效结合起来，并能极大地发挥活性组分的作用。涂层附载的方法很多，有浸涂法（浸渍体拉法）、旋转法、屏障法、滚动法、喷涂法（喷雾法）以及原位合成法等。载体涂覆涂层后，还需担载活性组分。担载活性组分的方法有多种，如浸渍、沉淀或共沉淀、离子交换、原位晶化等。

对于具有较大的比表面积的整体式载体，如分子筛沸石，活性相可以直接沉积在整体表面；有时候也可将涂层和活性组分同时上载于整体式载体的表面。

10.2.1.3　蜂窝整体式结构化催化反应器的特性

结构化催化剂的各孔道是相对独立的，相邻孔道间无任何传质作用，因而不存在径向传质；孔道壁的径向热传导也很低，热导率很低的陶瓷载体尤甚。对放热反应而言，这会使反应温度迅速升高甚至发生飞温，而对于吸热反应，将使反应温度迅速降低甚至使反应骤停。

结构化通道尺寸是非常重要的几何参数，它对气液分布有重要影响。结构化反应器的通道尺寸通常用胞密度（cpsi 或每平方英寸通道数）表示，一般在 $100 \sim 1200$cpsi。随着胞密度的增加，通道尺寸减小。通道间由薄壁隔开，壁厚一般为 $0.06 \sim 0.5$mm 之间。壁厚和胞密度作为结构化反应器的结构特征参数，二者相互独立可以各自变化。通常用空隙率来表示正面开孔面积（open frontal area，OFA），一般在 $0.5 \sim 0.9$ 之间。与方形截面结构化多相反应器结构相关的可变几何参数还有比表面积（geometric surface area，GSA）和水力直径（hydraulic diameter）。

结构化多相反应器内的床层由互不连通的直通道组成，液相一旦进入结构化多相反应器通道内就要保持其入口处的分布状况而无法重新分布。因此，液相在进入结构化多相反应器床层前一定要确保分布均匀。一般而言，单个毛细管通道内的气液流动在某种程度上可以近似结构化床层作为一个整体的流动状况。但在结构化床层内，床层入口处的不均匀气液流动经常发生。结构化床层截面上的不均匀相分布主要取决于液体分布器类型和表观气、液速条件。在不透明结构化床层内，能够获得流动特性参数的测试技术是非常有限的。近些年来，许多非侵入性测试方法，如液体底部收集法、γ射线计算机扫描成像（γ-ray computed tomography，CT）法和电容扫描成像法、核磁共振成像（nuclear magnetic resonance imaging，MRI）法等被应用到气液相分布的研究中。多相反应器内均匀的气液流动和相分布对提高产率和选择性非常重要，它能确保催化剂的完全利用并且能在放热反应体系中防止局部热点的产生。

对具有正反应级数的反应，反应器中的轴向混合是不利的，在高转化率下更是这样。结构化床层入口处的气液分布依赖于不同的几何结构和操作布局。如将来自不同通道的具有不同停留时间的液体在两段床层间混合后再分布，可以减小轴向混合的影响。

对在传统反应器中受内、外扩散影响较大的快反应，如在结构化反应器中进行，会因优良的气液、液固传质性能和较短的内扩散路径而大大提高催化剂利用效率和表观反应速率。但对于受本征动力学速率限制的反应，结构化反应器的优势并不明显。结构化反应器适用于对传质速率要求很高的快速催化反应。对于受内、外扩散影响较大，且存在快慢不同的本征反应速率多个反应的体系，可考虑将结构化反应器与传统反应器串联起来。在结构化反应器中内、外扩散过程得到强化，有利于本征动力学速率较快的反应，因此，可以降低传统反应器的负荷。

10.2.1.4 整体式蜂窝结构化催化剂的应用

（1）环保领域中的应用 环保领域是结构化催化剂最早也是最成功的应用领域之一。

① 汽车尾气处理 汽车尾气中含有氮氧化物（NO_x）、未燃烧的碳氢化合物（H_mC_m）和一氧化碳（CO）等污染物。目前广泛使用的汽车尾气净化催化剂以整体式蜂窝状堇青石作载体，用 Al_2O_3 和 CeO_2 等作涂层，并用贵金属为活性组分，形成三效催化剂，可同时脱除 CO、NO_x 及 H_mC_m。

② 固定源 NO_x 的选择性催化还原 工业中 NO_x 的发生源主要包括发电厂烟道气，燃气炉、硝酸工业、石油工业的排放气等。目前固定源 NO_x 净化系统普遍使用以蜂窝状 V_2O_5-WO_3/TiO_2 为催化剂的 NH_3 选择性还原（SCR）工艺。

③ 挥发性有机物（VOC）的处理 处理 VOC 最有效的方法就是催化燃烧法，通常工业排放气中的 VOC 浓度低、气量大，这给催化燃烧带来了一定的困难。蜂窝状催化剂可以克服传统的催化剂高压降并能源浪费大等问题。

（2）化工产品合成领域的应用 结构化催化剂大多用于三相反应。虽然绝大多数应用仍处于研究开发阶段，但因其具有许多优于滴流床、浆态床反应器的特点，具有良好的工业应用前景。

甲烷化是结构化催化剂在无机化工领域较早的应用之一。由于结构化催化剂具有低压降、扩散距离短等特点，使得反应的转化率和选择性较颗粒状催化剂均有提高，反应器设计也趋于简单化。结构化催化剂在无机化工领域另一个重要的应用是作为水煤气变换催化剂。水煤气变换催化剂技术已相当成熟，然而采用蜂窝状材料作载体制备整体式水煤气变换催化剂，为水煤气变换催化剂提供了广阔的发展空间。但是，在反应器体积相同的前提下，整体式载体通道壁上沉积的活性组分比颗粒状催化剂少，从而影响了反应器单位体积的反应速率。此外，结构化催化剂还被开发用于烃的蒸汽转化等过程。

结构化催化剂在有机化工领域的应用涉及加氢、脱氢、催化氧化以及 F-T 合成等方面，参见表 25-10-3。迄今为止，蜂窝结构化催化剂在多相反应中的唯一工业应用是蒽醌法生产过氧化氢中的加氢反应。

表 25-10-3 结构化反应器在气液固三相反应的应用

文献	反应	反应器型式/操作方式
Hatziantoniou 等[45]	硝基苯甲酸加氢	结构化反应器/并行向下
Kawakami 等[46]	葡萄糖氧化	结构化反应器/并行向上和向下
Irandoust 等[47]	噻吩加氢脱硫,环己烯加氢	结构化反应器/并行向下
Edvinsson 等[48]	二苯并噻吩加氢脱硫	结构化反应器/并行向下
Edvinsson 等[49]	乙炔加氢	结构化反应器/并行向下
Klinghoffer 等[50]	乙酸氧化	结构化反应器/并行向上
Berčič[51]	硝基苯甲酸加氢	毛细管/并流向上
Liu 等[52]	乙苯脱氢	结构化径向流动反应器/并流向上
Marwan 等[53]	丁炔-1,4-二醇加氢	结构化反应器/并行向下
Natividad 等[54]	2-丁炔-1,4-二醇加氢	毛细管,结构化反应器/并行向下
Bussard 等[55]	α-甲基苯乙烯加氢	结构化活塞式反应器/向上鼓泡

研究表明，在金属做载体的结构化催化剂上进行甲醇选择性氧化制甲醛，乙烯选择性氧化制环氧乙烷的催化氧化反应中，应用热导率大的催化剂可实现近似等温的操作，从而达到控制床层温度，提高反应选择性的目的[56]。对催化加氢脱硫（HDS）反应，结构化反应器的催化剂用量是滴流床的 1/3，但是前者体积更大。采用两段反应器组合（前段为结构化反应器，后段为滴流床），体积产率和催化剂质量产率均优于滴流床反应器[57]。

10.2.2 开放错流整体式结构化催化剂及其应用

开放错流整体式结构化催化剂（open-channel structured catalysts）是由波纹板（起到分离作用）和催化剂捆包（装填颗粒催化剂，发挥催化作用）组合而成的具有规则的结构排布、整体堆砌的一种规整填料催化剂，其结构特征是将颗粒催化剂装填于金属波纹丝网与平板丝网的夹层中，组成一个封闭的催化剂构件。这种整体式结构化催化剂充分利用了现代金属基多孔规整填料高通量、高分离性能的特点，能很好地实现反应与分离的耦合，从而提高平衡反应的转化率、减少副反应的进行、减少循环从而降低能量消耗，进而降低生产成本。

开放错流整体式结构化催化剂在催化反应精馏中有重要应用，详见第 13 篇蒸馏中的相关内容。这里以异丙苯合成为例介绍开放错流整体式结构化催化剂在多相反应中的应用。

合成异丙苯的能耗主要是反应产物分离的能耗。要进一步降低能耗，目前工业界普遍采用的是提高催化剂性能，进一步降低烷基化反应进料摩尔比，从而降低精制单元的热负荷。

但是，分子筛催化剂的性能提高是有限的，而苯烯进料摩尔比降低将降低反应的选择性。目前国内外的苯酚丙酮装置均采用烷基化反应器外循环撤热的方式移除反应热，如果能将这部分反应热利用起来，则可大幅度降低合成异丙苯过程的能耗[58]。

泡点反应就是将反应温度控制在反应液的泡点，实现泡点操作的反应器就是泡点反应器。泡点反应有如下特点：①在反应原料中至少有一种原料是液相；②泡点反应的温度易于控制和调整；③反应收率高；④反应热得到充分利用，反应放出的热量（扣除热损失）全部被蒸发的物料带出，这部分物料进入反应液分离系统，减少了分离系统的能耗。从理论上分析，95％的反应热可以回收利用（扣除5％热损失）。结合整体结构化催化剂和泡点反应器的特点，北京化工大学与燕山石化公司共同开发了结构化催化剂和泡点反应器合成异丙苯的新工艺。其特点是在反应的同时充分利用反应热来汽化未反应的苯，在塔顶闪蒸段回收循环利用过量的苯，从而在低进料苯烯比的条件下通过苯循环可实现反应器内的高苯烯比，同时烃化液中苯含量降低了，从而降低分离工段尤其是苯塔的分离负荷，参见图25-10-8。

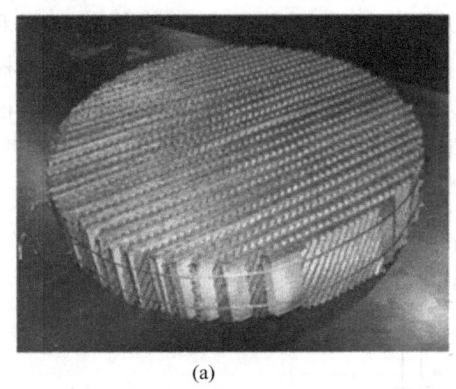 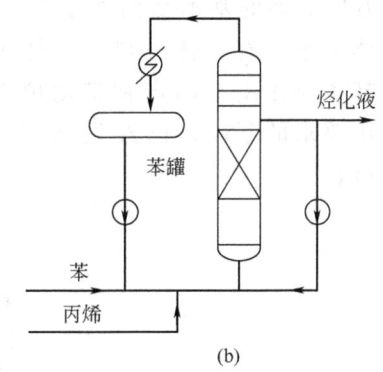

(a)   (b)

图 25-10-8 结构化催化剂（a）和泡点反应工艺苯和丙烯烷基化反应示意图（b）
反应温度：130～160℃，苯和丙烯进料摩尔比：3～4，反应压力：0.25～0.50MPa

燕山石化公司16万吨·a⁻¹苯酚装置将散装催化剂换为结构化催化剂后，异丙苯能耗为73.695kg标油·t⁻¹异丙苯，与之前的96.280kg标油·t⁻¹异丙苯相比节能23％，见表25-10-4。

表 25-10-4　合成异丙苯新工艺装置能耗表

项目	合计	折标系数/kg·t⁻¹	折标油/kg
中压蒸汽用量/t	2989.563	88.000	263081.500
新工艺开车前苯酚装置耗蒸汽/t	1850.090	88.000	162807.900
产生低压蒸汽量/t	400.735	66.000	26448.490
循环水用量/t	28800.000	0.100	2880.000
用电量/kW·h⁻¹	28598.400	0.260	7435.584
总能耗			84140.670
异丙苯总产量/t	1141.743		
产品能耗/kg标油·t⁻¹		73.695	

注：采用三次标定平均数据。

10.3　超重力反应器

10.3.1　超重力反应器概述

超重力反应器是指利用旋转产生的离心力场模拟的比地球重力加速度 g（$g=9.8 \mathrm{m \cdot s^{-2}}$）大得多的超重力环境来强化气-液、液-液、液-固等多相流体间传递和混合过程的一类新型反应器。在超重力环境下，分子扩散和相间传质过程均比常规重力场下的要快得多，高速旋转产生的巨大剪切力将液体撕裂成微米至纳米级的膜、丝和滴，产生巨大、快速更新的相界面，极大强化了传递和微观混合过程[59]，适用于受传递或混合限制的快速反应及分离过程，在新材料、化工、海洋能源、环保等流程工业领域中实现了大规模工业应用，产生了显著的节能、减排、高品质化成效。

10.3.2　超重力反应器的基本结构和分类

超重力反应器的基本结构如图 25-10-9 所示，它主要由转子、液体分布器和壳体等组成，壳体上布置有气体进口、气体出口、液体进口和液体出口等。设备的核心部分为转子，其主要作用是固定和带动填料旋转，实现良好的相间传递和混合。根据应用对象和使用要求的不同，已经发展形成具有不同结构型式的超重力反应器[60]，如表 25-10-5 所示。

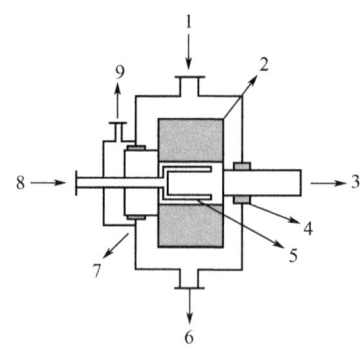

图 25-10-9　超重力反应器基本结构示意图
1—气体进口；2—转子；3—转动轴；4—密封；5—液体分布器；
6—液体出口；7—壳体；8—液体进口；9—气体出口

表 25-10-5　超重力反应器种类

分类方式	名称	特点
按气液流动方式	逆流式	气液流动方式沿相反方向接触,液体由反应器自内向外流动,气体自外向内流动
	并流式	气液流动方式沿相同方向接触,液体由反应器自内向外流动,气体自内向外流动
	错流式	气液流动方式沿十字交叉的方向接触,液体由反应器自内向外流动,气体自下向上同时自外向内流动
按是否装载填料	填充式	转子中装载有散装、缠绕或整体式填料
	非填充式	转子结构为多孔环形板或棒状立柱

续表

分类方式	名称	特点
按转子结构	整体旋转式	转子径向方向上连续填充一定厚度的填料,为单一填料环状,由单台电机驱动
	双动盘式	转子由上下两层多圈同心填料环组合,由两台电机分别驱动
	折流式	转子由同心分布的环形板组成,由单台电机驱动
	定-转子式	转子由同心分布的棒状立柱组成,由单台电机驱动
	雾化式	转子由环形板组成,由单台电机驱动
	螺旋式	转子径向方向间隔布置螺旋型多孔板,由单台电机驱动
	碟片式	转子由多块同心圆环碟片沿轴向方向叠加而成,由单台电机驱动
	板填料式	转子由数个导向板沿圆周方向按一定间隔角度排布组成,由单台电机驱动
	导向板式	转子沿径向间隔,装载有填料和导向板,由单台电机驱动
	分段进液式	转子沿径向间隔,装载有液体分布器和环形填料,由单台电机驱动

10.3.3 超重力反应器内流体力学行为

10.3.3.1 填料层内液体流动的可视化研究

液体在超重力反应器内的流动情况以及填料对流体的作用是建立超重力反应器内传递与混合机理的基础。

采用高速频闪照相观测发现,填料内的液体以液滴、液膜和液线三种形态存在,液体形态随转速的变化也有区别,转速较低时（300~600r·min^{-1}）,液体在填料间隙主要以液膜形式存在,见图 25-10-10,而转速较高时,由于离心力很大,液膜被撕裂成液滴,大多以液滴型式存在,见图 25-10-11[61]。

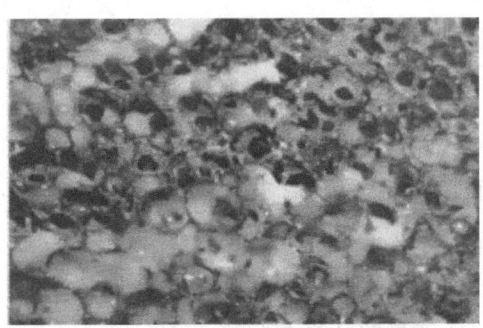

图 25-10-10 液体在填料中的膜流动

采用粒子图像测速技术（PIV）研究了空腔区的液体流动行为（图 25-10-12）,发现空腔区内从填料甩出的液滴平均直径随填料径向厚度、转子转速的增加而减小,液滴的直径在0.15~0.9mm 范围内[62,63]。

10.3.3.2 填料表面液膜厚度

基于观测实验结果,通过简化构建模型,计算得到的不锈钢丝网填料的平均液膜厚度为[64]:

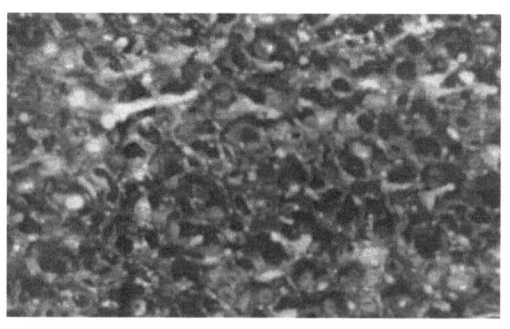

图 25-10-11 液体在填料中的液滴流动

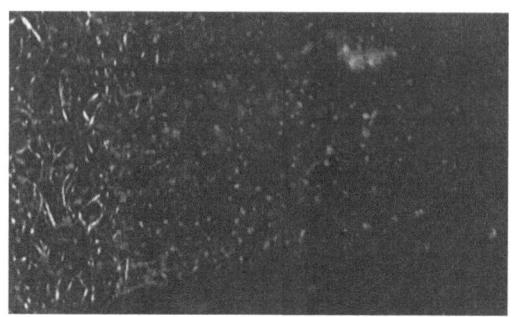

图 25-10-12 空腔区内液体的存在状态

$$\delta = 4.20 \times 10^8 \frac{vL}{a_{\mathrm{f}} \omega^2 R} \tag{25-10-1}$$

式中，δ 为液膜厚度；v 为持液量；L 为液体通量；a_{f} 为填料比表面积；ω 为转子转速；R 为转子半径。

10.3.3.3 填料间隙飞行液滴的直径

填料间隙飞行液滴的平均直径的关联式为[65]：

$$d = 12.84 \left(\frac{\sigma}{\omega^2 R \rho} \right)^{0.63} q_{\mathrm{L}}^{0.201} \tag{25-10-2}$$

式中，σ 为液体的表面张力；ω 为转子转速；ρ 为液体密度；q_{L} 为单位填料周向面积上的液体通量。

10.3.3.4 持液量

实验数据回归后得到的持液量的计算关联式为[64]：

$$v = 47.45 L^{0.772} (\omega^2 R)^{-0.5448} \tag{25-10-3}$$

式中，v 为持液量，即液体体积/填料体积；L 为液体通量。

10.3.3.5 液体在填料中的停留时间

通过把电导探头安装在高速旋转的转子上，能够测得流体在填料中的停留时间，结果表明，液体流量增加时，平均停留时间随之下降；当流量固定时，转速增加，平均停留时间也随之下降，液体在填料中的停留时间约在 0.1~1s 量级[66,67]。

10.3.3.6 端效应区

端效应区是超重力反应器流场中很重要的区域，在该区域内湍流明显加剧、混合传质程度大大增加，电视摄像机及 PIV 图像测试技术均测得端效应区填料的厚度约为 10mm[62,63,68]。

10.3.4 超重力反应器气液传质性能

不同实验体系、不同填料类型的超重力反应器气液传质系数关联式如表 25-10-6 所示[60,69]。

表 25-10-6　超重力反应器气液传质系数实验研究

传递过程特点	实验体系	填料种类	传质关联式
液相控制	水脱氧	锦凸网	$(k_La)_c=(k_La)_g+(k_La)_b$　（端效应区） $(k_La)_b=408.17Q_L^{0.81}Q_G^{0.1}r^{-0.18}$　（主体区） $(k_La)_c=218.20Q_L^{0.81}Q_G^{0.1}r^{0.04}$　（空腔区）
		泡沫金属与 RS 波纹丝网	$(k_La)_c=5.1(r\omega^2)^{0.24}L^{0.84}G^{0.10}$　（端效应区）
		不锈钢丝网	$\dfrac{k_Lad_p}{Da_t}\left(1-0.93\dfrac{V_o}{V_t}-1.13\dfrac{V_i}{V_t}\right)$ $=0.65\left(\dfrac{\mu}{\rho D}\right)^{0.5}\left(\dfrac{L}{a_t\mu}\right)^{0.17}\left(\dfrac{d_p^3\rho^2a_c}{\mu^2}\right)^{0.3}\left(\dfrac{L^2}{\rho a_t\sigma}\right)^{0.3}$
		不锈钢丝网、丙烯酸玻璃珠、陶瓷玻璃珠等	$\dfrac{k_Lad_p}{Da_t}\left(1-0.93\dfrac{V_o}{V_t}-1.13\dfrac{V_i}{V_t}\right)=0.65\left(\dfrac{\mu}{\rho D}\right)^{0.5}\left(\dfrac{L}{a_t\mu}\right)^{0.17}\left(\dfrac{d_p^3\rho^2a_c}{\mu^2}\right)^{0.3}$ $\left(\dfrac{L^2}{\rho a_t\sigma}\right)^{0.3}\left(\dfrac{a_t}{a_p'}\right)^{-0.5}\left(\dfrac{\sigma_c}{\sigma_w}\right)^{0.14}$
		三叶草形与球形	$K_L=x_1\dfrac{D_{ab}}{D}aRe_l^{x_2}Re_g^{x_3}Fr_l^{x_4}We^{x_5}$
		不锈钢丝网与聚四氟乙烯	$\dfrac{k_Lad_p}{D_{O2}a_t}=aRe_L^\beta We^\gamma Fr^\delta\left(\dfrac{\sigma}{\sigma_c}\right)^\xi$
	氢氧化钠吸收二氧化碳	不锈钢丝网	$a=516.465\omega^{1.135}Q^{0.5498}G^{0.538}e^{-41.34r}(0.088\text{m}<r<0.1545\text{m})$ $a=0.1275\omega^{0.745}Q^{0.198}G^{0.355}r^{-2.23}(0.1545\text{m}\leqslant r\leqslant 0.2225\text{m})$
			$\dfrac{(a_c)_p}{a_p}=66510Re_L^{-1.41}Fr_L^{-0.12}We_L^{1.21}\varphi^{-0.74}$
	亚硫酸钠氧化黄元胶水	不锈钢丝网	$k_La=125.57L^{1.17}G^{0.029}\mu^{-0.32}\sigma^{-0.39}\omega^{0.0255}$
	水吸收二氧化硫	RS 钢波纹丝网	$k_La=29G^{0.86}L^{0.20}N^{0.40}r^{1.62}$（逆流操作） $k_La=1.18G^{0.62}L^{-0.08}N^{0.13}r^{-1.47}$（并流操作）

右上：续表

传递过程特点	实验体系	填料种类	传质关联式
液相控制	甘油水溶液（牛顿流体）和羟甲基纤维素钠水溶液（非牛顿流体）脱氧	不锈钢丝网	$\dfrac{k_L a d_p}{D a_t}=0.9 Sc^{0.5} Re^{0.24} Gr^{0.29} We^{0.29}$
	水吸收氨气等	不锈钢丝网	$\dfrac{k_L a d_p}{D_L a_t}\left(1-0.93\dfrac{V_o}{V_t}-1.13\dfrac{V_i}{V_t}\right)$ $=0.35 Sc_L^{0.5} Re_L^{0.17} Gr_L^{0.3}\left(\dfrac{a_t}{a_p'}\right)^{-0.5}\left(\dfrac{\sigma_t}{\sigma_w}\right)^{0.14}$
	离子液体吸收二氧化碳	不锈钢丝网	$\dfrac{k_L a d_p}{D_L a_t}=8.183 Sc^{0.5} Gr^{0.37} We^{0.335}$
气相控制	环己烷/正庚烷全回流	不锈钢丝网	$k_G a=2.3\times10^{-7}\dfrac{a_p D_G}{d_p} Sc^{-1/3} Re^2 Gr^{1/3}$
	空气气提乙醇	不锈钢丝网	$\dfrac{K_G a RT}{D_G a_t^2}=3.111\times10^{-3} Re_{Ga}^{1.163} Re_{La}^{0.631} Gr_G^{0.25}$
	水吸收异丙醇、丙酮、乙酸乙酯和乙醇	不锈钢丝网	$\dfrac{K_G a H_y^{0.27} RT}{D_G a_t^2}=0.077 Re_G^{0.323} Re_L^{0.328} Gr_G^{0.18}$
	水吸收异丙醇、丙酮、乙酸乙酯	不锈钢丝网	$\dfrac{K_G a}{D_G a_t^2}=0.0186 Re_G^{0.389} Re_L^{0.534} Gr_G^{0.245} H_y^{-0.185}$
	水吸收异丙醇、丙酮、乙酸乙酯和乙醇	不锈钢丝网	$\dfrac{k_G a}{D_L a_t^2}\left(1-0.9\dfrac{V_o}{V_t}\right)=0.023 Re_G^{1.13} Re_L^{0.14} Gr_G^{0.31}\left(\dfrac{a_t}{a_p'}\right)^{1.4}$

　　传质过程是一个复杂的物质传递和化学反应过程，至今仍不能建立起严格和完整的理论来描述这一过程，因此常用"模型"一词来表达某种能解释的部分事实。在超重力反应器的传质模型化研究方面，通常基于液体形态假设和传质理论来构建传质模型，并采用实验进行验证，目前的模型化研究结果如表 25-10-7 所示[60,64,70,71]。

表 25-10-7　超重力反应器气液传质模型研究

液体形态	传质理论	传质信息	填料	实验验证体系
液滴＋液膜	表面更新	$K_L a, K_G a$	不锈钢丝网	水吸收二氧化硫，水吸收氨气
		$k_L a$		氢氧化钠吸收二氧化碳
	双膜理论	$K_G a$		水吸收二氧化碳和氨气
液滴	双膜理论	$K_G a$		本菲尔德溶液吸收二氧化碳
	溶质渗透	$k_L a$		甲基二乙醇胺吸收二氧化碳
	表面更新	$k_L a$		离子液体吸收二氧化碳

　　根据不同黏度体系中液体微元形态的差异，可以采用不同的气液传质模型，包括适用于

低黏度体系（＜0.1Pa•s）的变尺寸液滴传质模型[72]、适用于中等黏度体系（0.1～1Pa•s）的表面更新传质模型[73]、适用于高黏度体系（＞1Pa•s）的液膜传质模型[74]，模拟揭示了超重力反应器内的不均匀传质规律。在此基础上结合化学反应动力学，建立了传质耦合的反应过程的超重力多相反应器模型。

10.3.5　超重力反应器的微观混合性能

微观混合是流体混合的最后阶段，一般指物料从湍流分散后的最小微团（Kolmogorov尺度）到分子尺度上的均匀化过程，由流体微元的黏性变形和分子扩散两部分组成[75,76]。分子尺度上的混合直接影响着化学反应过程，尤其是对一些快速复杂反应过程（如缩合、沉淀、聚合、卤化、硝化、复杂有机合成反应等），例如沉淀反应过程中，生成的颗粒大小和粒度分布都将受到微观混合的影响[77～80]。用于微观混合性能研究的化学反应体系大致可分为三类：单反应体系、串联竞争反应体系和平行竞争反应体系。其中，碘化物-碘酸盐平行竞争反应体系具有物料容易配制、无毒且成本低廉、分析简单等优点，得到了较广泛的应用[81,82]。在微观混合研究过程中，常采用 P. V. Danckwerts 提出的离集指数 X_s 来描述微观混合程度[83,84]。在模型化方面，可分为经验模型和机理模型两类。其中较为常见的经验模型包括聚并-分散模型、IEM 模型、多环境模型等。但是经验模型存在一些缺陷，例如计算烦琐、参数确定困难以及对于复杂反应变化趋势与实验相差较大等。因此，注重流体流动机理探索的机理模型正在逐渐取代经验模型，主要的机理模型包括扩散模型、卷吸模型、片状模型、团聚模型等。

可以采用不同的模型，如聚并分散模型、团聚模型、片状模型等对超重力反应器的微观混合性能进行研究。如采用片状模型[85]，根据能量耗散率 ε 定义，应用量纲分析法，得出的超重力反应器内能量耗散率 ε 的表达式为：

$$\frac{\varepsilon}{\omega^3 R} = k\left(\frac{\mu}{\rho\omega^2 R}\right)^e \left(\frac{q_1}{\omega R^3}\right)^d \tag{25-10-4}$$

式中，ω、R 分别为转子的角速度和特征尺寸（转子半径均方根值）；q_1、μ、ρ 分别为流体体积流量、黏度及密度；k 为系数。结合液体通过旋转填料所需功率的数据与相关的计算方法以及 ε 表达式进行回归，得到的 ε 关于转速、流量通量、特征尺寸及流体物性的函数为：

$$\varepsilon = 0.0044\omega^{3.09} R^{0.48} q_1^{0.23}\left(\frac{1}{\nu}\right)^{0.16} \tag{25-10-5}$$

对于碘化物-碘酸盐反应体系，将 $H_2BO_3^-$、H^+、I^-、IO_3^-、I_2、I_3^- 分别用 A、B、C、D、E、F 表示，反应速率分别表示为：

$$r_1 = k_1 c_A c_B \tag{25-10-6}$$

$$r_2 = k_2 c_B^2 c_C^2 c_D \tag{25-10-7}$$

$$r_3 = k_3 c_C c_E - k_4 c_F \tag{25-10-8}$$

式（25-10-6）～式（25-10-8）中，反应速率常数 $k_1 = 1.01\times10^{11}\,L\cdot mol^{-1}\cdot s^{-1}$，$k_2 = 5.306\times10^7\,L^4\cdot mol^{-4}\cdot s^{-1}$，$k_3 = 5.9\times10^9\,L\cdot mol^{-1}\cdot s^{-1}$，$k_4 = 7.5\times10^6\,s^{-1}$，超重力反应器

内的数学模型方程可表示为：

$$\frac{\mathrm{d}c_A}{\mathrm{d}t} = S(1-\eta e_A)(c_{A0}-c_A)-r_1 \tag{25-10-9}$$

$$\frac{\mathrm{d}c_B}{\mathrm{d}t} = S(1-\eta e_A)(c_{B0}-c_B)-r_1-6r_2 \tag{25-10-10}$$

$$\frac{\mathrm{d}c_C}{\mathrm{d}t} = S(1-\eta e_A)(c_{C0}-c_C)-5r_2-r_3 \tag{25-10-11}$$

$$\frac{\mathrm{d}c_D}{\mathrm{d}t} = S(1-\eta e_A)(c_{D0}-c_D)-r_2 \tag{25-10-12}$$

$$\frac{\mathrm{d}c_E}{\mathrm{d}t} = S(1-\eta e_A)(c_{E0}-c_E)+3r_2-r_3 \tag{25-10-13}$$

$$\frac{\mathrm{d}c_F}{\mathrm{d}t} = S(1-\eta e_A)(c_{F0}-c_F)+r_3 \tag{25-10-14}$$

用四阶龙格-库塔法对式(25-10-9)～式(25-10-14) 进行求解，利用初始条件求得各物质的浓度，计算得到 X_s。图 25-10-13 和图 25-10-14 分别给出了物料黏度、体积流量对 X_s 的影响，模型的模拟结果与实验结果良好吻合，平均误差小于 15%。

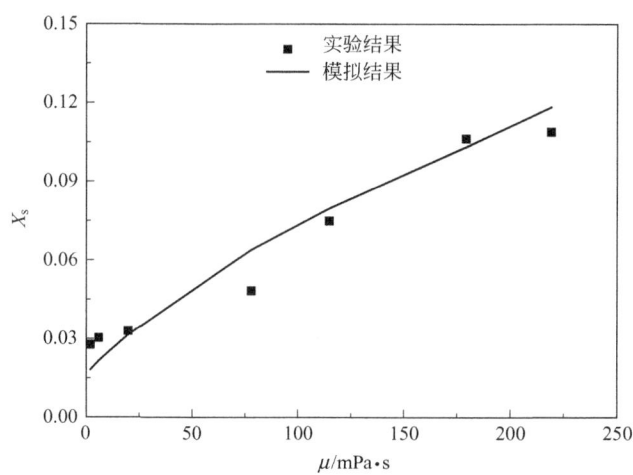

图 25-10-13　物料黏度对离集指数的影响

基于微观混合实验结果，由团聚模型计算得到的超重力反应器的离集指数 X_s 与相应的微观混合特征时间 t_m 之间的关系如图 25-10-15 所示[86]。由图可以看出，X_s 与 t_m 之间近似成直线关系，随着 t_m 的增大，X_s 也相应增大。对应于实验得到的 X_s，超重力反应器的微观混合特征时间 t_m 约为 $10^{-4} \sim 10^{-5}$ s。

10.3.6　工业应用

研究结果表明，与现有其他类型反应器相比，超重力反应器在微观混合和传质效率方面具有双重明显的高效率优势，其微观混合速率和传质速率可快 1～3 个数量级[87]。因此，超

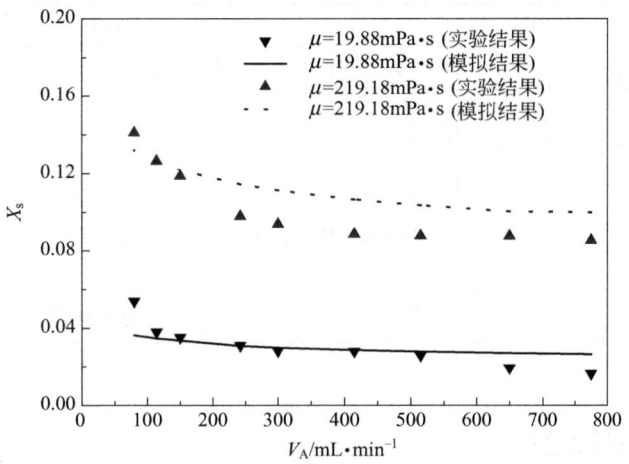

图 25-10-14 体积流量对离集指数的影响

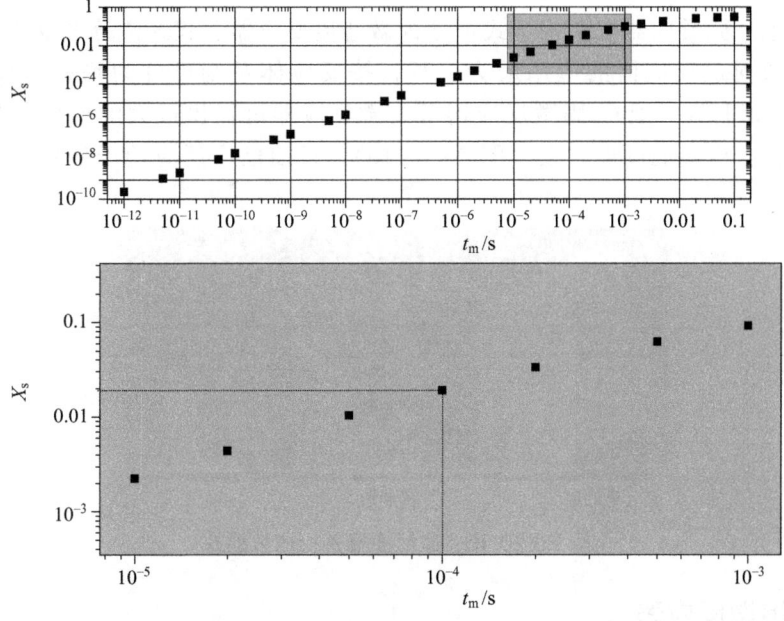

图 25-10-15 X_s 和 t_m 的关系（团聚模型）

重力反应器在受"微观混合和传质过程限制"的多相反应或分离工业领域中具有重要的应用价值。表 25-10-8 给出了典型体系工业应用案例的情况。

表 25-10-8 超重力反应器典型体系工业应用案例

体系	典型工艺/技术	效果
液-液反应	超重力缩合反应强化新工艺	与原搅拌釜反应器工艺比,反应进程加快 100%,总产能提升了 56%,产品杂质含量下降了 30%,单位产品能耗降低 30%
	超重力贝克曼重排反应强化新工艺	与原射流反应器工艺比,杂质含量下降 80%,一级品率提高 15%

续表

体系	典型工艺/技术	效果
气-液体系	超重力脱 SO_2 新工艺	SO_2 进口浓度 4000～5000mg·m^{-3}，出口≤200mg·m^{-3}，气相压降≤1kPa
	超重力法伴生天然气脱 H_2S 工艺	H_2S 进口浓度约 5000mg·m^{-3}，出口≤5mg·m^{-3}，占地面积为传统塔器的 1/3
	超重力法炼厂干气选择性脱 H_2S 工艺	与原填料塔比，H_2S 选择性提高 9 倍，出口≤20mg·m^{-3}
气-液-固体系	超重力法纳米碳酸钙颗粒制备技术	粒径 30～70nm 可调控，反应时间缩短至釜式工艺的 1/4

10.4　微尺度反应器

微化工技术是 20 世纪 90 年代初兴起的新型化工技术，是一类重要的过程强化技术。微化工技术的特征是使用微尺度反应器（微反应器），即特征尺度在数十微米至亚毫米之间的微型化反应装置。微反应器按结构型式可分为微通道反应器、膜式微分散反应器和降膜微反应器等，其中微通道反应器的应用最为广泛；按反应体系则可分为均相微反应器、气-液（液-液）微反应器和气（液）-固微反应器等。微反应器可提供极大的传质传热速率，且通过微通道的并行生产实现过程放大（图 25-10-16），目前已广泛应用于催化、有机合成和微纳材料等领域。

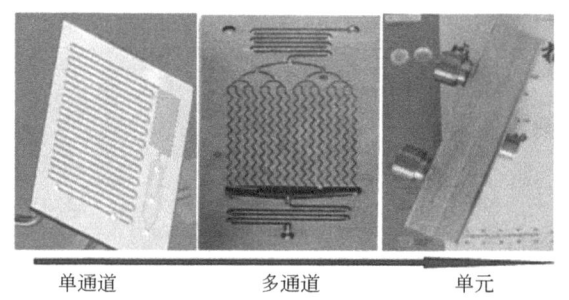

单通道　　　　多通道　　　　单元

图 25-10-16　微反应器并行放大模式

10.4.1　均相微反应器

均相体系中流体的混合对反应过程起着重要作用，故均相微反应器的核心为混合性能。混合过程是指物料从不均匀分布或离集状态到分子尺度的均匀化过程，包括宏观对流分散、介观黏性变形（介观对流）和微观分子扩散三个层次，如图 25-10-17 所示。微反应器内特征尺寸多在 $100\mu m$～1mm 之间，流体微团尺度在 $10\mu m$ 量级，此时流体微团的介观变形和分子扩散成为影响混合效果的主要因素。因而，均相微反应器的设计应该从增加流体微元的介观变形和减小分子扩散路径出发。

微通道内单相流动主要是层流流动，具体存在分层流、涡流和席卷流等子流型。图 25-10-18示出了各子流型的流动特征。分层流流型下，流体间存在清晰的界面，混合以分子扩散为主；涡流流型特征是在通道径向存在涡流二次流，混合效率提高但依然以分子扩散为主；席卷流流型下径向涡流对称性消失，流体微团接触面积增加，对流分散起重要作用。不

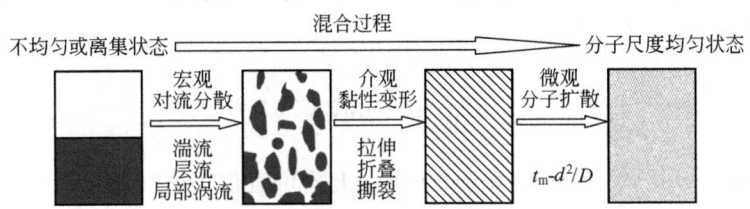

图 25-10-17 混合过程示意图

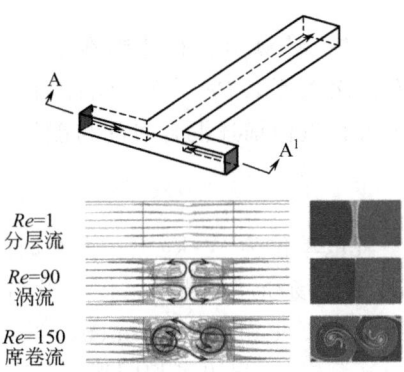

图 25-10-18 T形通道交汇处流动特征

图片来源：Takuya Matsunaga，Koichi Nishino. DOI：10.1039/C3RA44438D

（Paper）RSC Adv，2014，4：824-829

同流型间的转换受流动 Re 数和通道结构影响。以 T 形直通道为例，分层流发生在 Re 数低于 2 而席卷流发生在 Re 数高于 100。根据混合过程中流动形态，微混合器可分为基于分层流混合和基于局部二次流混合两大类。基于分层流混合的原理是通过在微通道中设计分支结构，将物流流体进行一次或多次分层，使物料间的距离成倍减小，可实现快速混合。一般来说，分层流微混合器可使层状物料的厚度减小到 $10\sim100\mu m$，其混合时间为 $0.1\sim10s$（液体扩散系数 $10^{-9}m^2\cdot s^{-1}$）。对于二次流微混合器，通过弯折结构、内构件、喷射撞击、施加外场等方式在通道中形成局部的涡流或混沌对流[88,89]将流体微团变形或进一步分散，从而减小物料间的扩散距离，最终实现完全混合。

微混合器内的混合时间可通过"缠绕流体层"模型估算[90]。该模型将扩散和对流对混合的影响通过"流体层"剪切作用描述：

$$t_{mx} = t_{diff+shear} = \frac{1}{2\dot{\gamma}}\text{arcsinh}\frac{0.76\dot{\gamma}\delta_0^2}{D_m} \tag{25-10-15}$$

式中，δ_0 为流体层的初始厚度；$\dot{\gamma}$ 为剪切率。

层流流动时，平均剪切率和动力黏度及能量耗散相关，计算为：

$$\dot{\gamma} = \left(\frac{\varepsilon}{2\upsilon}\right)^{0.5} \tag{25-10-16}$$

能量耗散可由混合器压降计算得到：

$$\varepsilon = \frac{Q\Delta p}{\rho V} \tag{25-10-17}$$

第 **25** 篇

对于圆形通道，混合器压降符合泊肃叶方程。假设初始流体层厚度为通道半径 $1/2d$，则混合时间可求取为：

$$t_{mx} = \frac{d}{8u}\text{arcsinh}(0.76Pe) \tag{25-10-18}$$

式中，Pe 为 Peclet 数。当 Pe 大于 20 时，上式可近似为：

$$t_{mx} = \frac{d}{8u}\ln(1.52Pe) = \frac{\sqrt{2}}{2}\left(\frac{\upsilon}{\varepsilon}\right)^{0.5}\ln(1.52Pe) \tag{25-10-19}$$

以水为介质，根据式(25-10-19)计算出直径范围在 $50 \sim 1000\mu m$ 内的微通道内理论混合时间与能量耗散的关系为负幂次关系，Pe 数的影响因在对数函数作用下变得不明显。Falk 和 Commenge[90] 提出以下方程近似描述混合时间与能量耗散的关系：

$$t_{mx} = 0.0072\varepsilon^{-0.5} \tag{25-10-20}$$

其中常数单位为 $m \cdot s^{-0.5}$；能量耗散单位为 $W \cdot kg^{-1}$；混合时间单位为 s。

由于能量耗散大部分用于形成流场和产生热量，仅有极小部分用于物料混合，实际混合时间要远大于式(25-10-20)的预测值。Falk 和 Commenge[90] 整理了多类微混合器的混合时间值（通过 Villermaux-Dushman 测定），提出了相同形式的经验关联式，如下：

$$t_{mx} = 0.15\varepsilon^{-0.45} \tag{25-10-21}$$

Kashid 等[91] 根据相同数据，提出幂次关系为 -0.5 的经验关联式：

$$t_{mx} = 0.21\varepsilon^{-0.5} \tag{25-10-22}$$

上述关系表明微混合器内用于混合的能量效率约为 $3\% \sim 4\%$。微混合器的中能量消耗在 $10 \sim 10^5 \, W \cdot kg^{-1}$，混合时间可低至 $0.001 \sim 0.1s$。需要注意的是，亦有研究表明[92] 混合时间较 Falk 和 Commenge 的结果高一个量级左右，设计时需留出足够余量。

10.4.2　气-液/液-液微反应器

10.4.2.1　气-液微反应器

微通道内气-液两相流动流型可一般分为泡状流（bubbly flow）、弹状流（slug or Taylor flow）、不稳定弹状流（unstable slug flow）、弹状-环状流（slug-annular flow）、搅拌流（churn flow）、环状流（annular flow）和分散流（dispersed flow）。不同流型的流动特征及其流动分布示于图 25-10-19。

(1) 泡状流　特征为流动过程中产生形态均一、直径小于通道直径的气泡，发生的条件为气相流速较小受表面张力控制，液相流速较大惯性力及剪应力作用明显。

(2) 弹状流　又称泰勒流（Taylor flow）、分段流。特征为伸长的气泡与液段交替流动，一般情况下气泡与通道壁面被一层薄液膜隔开。弹状流发生的区域占据流型图中较大区域，主要受表面张力作用，操作范围较宽。此流型下气泡的尺寸分布窄，流动可控性强，应用范围广。当流速较大时，流体惯性开始发挥作用，易产生气泡周期性合并的不稳定弹状流。

(3) 弹状-环状流　发生于流体流速较大、气液流量比较高的条件下。特征为气相以长

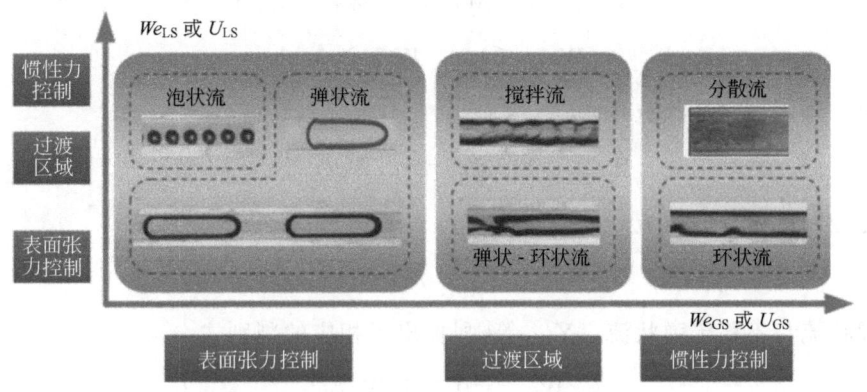

图 25-10-19 微通道内气-液流型分布图[93]

图片来源（Elsvier）：Shao N，Gavriilidis A，Angeli P. Chem Eng Sci，2009，64（11）：2749-2761

气柱形式流动、气柱直径沿轴向变化较大（波纹）、气柱之间偶尔通过微小气核连接。该流型下液相主要以液膜形式流动。

（4）环状流 继续增加气速，气柱波纹消失、直径变化很小，形成环状流。

（5）搅拌流 发生于气相和液相惯性均较明显的过渡区域。液相受气相惯性作用而不断被扰动，液膜出现大量"褶皱"，偶尔在气相中形成液滴。

（6）分散流 气相受惯性控制，液相除一层薄液膜继续润湿壁面外大部分被裹挟到气相中分散成微细液滴。此流型一般不易发生。

气-液两相流型分布规律受壁面性质、两相流速、液体性质以及通道结构、尺度、流向等参数影响。Triplett 等[94]基于两相表观速度分别绘制了具有圆形截面和半三角形截面的微通道内的流型分布图，如图 25-10-20 所示。基于两相表观速度得到的流型图和流型转变线适用于特定的流动体系和通道结构，普适性不强。Akbar 等[95]根据气相和液相韦伯数绘制了两相流型图，并提出了流型转变判据如下：

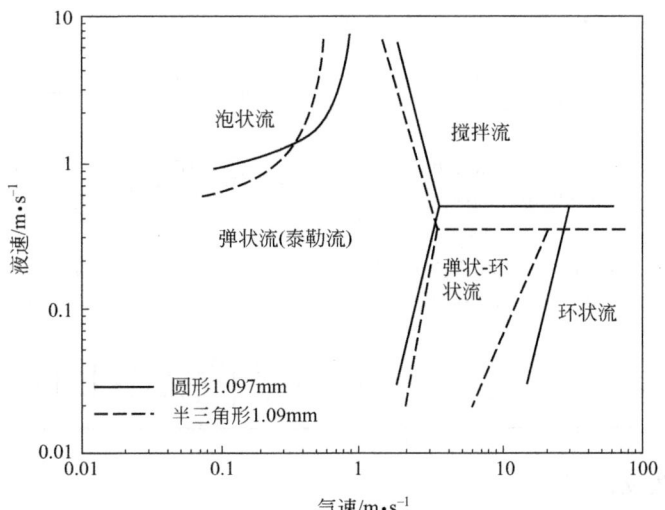

图 25-10-20 微通道内的流型分布图[94]

表面张力控制区域（泡状、弹状流）：

第
25
篇

$$We_{GS} \leqslant 0.11 We_{LS}^{0.315} \quad We_{LS} \leqslant 3.0 \tag{25-10-23}$$

$$We_{GS} \leqslant 1.0 \quad We_{LS} > 3.0 \tag{25-10-24}$$

惯性力控制区域（环状流）：

$$We_{GS} \geqslant 11.0 We_{LS}^{0.14} \quad We_{LS} \leqslant 3.0 \tag{25-10-25}$$

惯性力控制区域（分散流）：

$$We_{GS} > 1.0 \quad We_{LS} > 3.0 \tag{25-10-26}$$

对于弹状流与不稳定弹状流，Yue 等[96]提出了相应的判别式：

$$We_{GS} = 0.0172 We_{LS}^{0.25} \tag{25-10-27}$$

微反应器内液相总体积传质系数 $k_L a$ 与相界面积 a 可分别高达 $21s^{-1}$ 与 $9000 m^2 \cdot m^{-3}$[97]。然而，微反应器内高 $k_L a$ 主要源自其极高的比表面积，而 k_L 与其他接触器相比并无明显提高。由于影响传质的因素非常复杂，目前文献中多采用经验关联式预测传质系数，且不同关联式预测结果相差较大。常用的气-液传质系数关联式列于表 25-10-9 中。

表 25-10-9　微反应器内气-液传质相关研究

体系	流动条件	传质系数 $k_L a / s^{-1}$	流型
CO_2-缓冲溶液（Na_2CO_3 /$NaHCO_3$）[97]	$d_h = 667 \mu m$ $u_G = 0 \sim 2 m \cdot s^{-1}$ $u_L = 0.09 \sim 1 m \cdot s^{-1}$	$Sh_L a d_h = 0.084 Re_{GS}^{0.213} Re_{LS}^{0.937} Sc_L^{0.5}$ $Sh_L a d_h = 0.058 Re_{GS}^{0.344} Re_{LS}^{0.912} Sc_L^{0.5}$	弹状流 弹状-环状流、搅拌流
CO_2-乙醇溶液[94]	$d_h = 400 \mu m$ $u_G = 0 \sim 0.93 m \cdot s^{-1}$ $u_L = 0 \sim 0.93 m \cdot s^{-1}$	$Sh_L a d_h = 1.367 Re_G^{0.421} Re_L^{0.717} Sc_L^{0.640} Ca_{TP}^{0.5}$	弹状流
CO_2-水[98,99]	$d_h = 400 \mu m$ $u_G = 0 \sim 0.93 m \cdot s^{-1}$ $u_L = 0 \sim 0.93 m \cdot s^{-1}$ $0.1 \sim 3.0 MPa$	$Sh_L a d_h = 0.094 Re_G^{0.0656} Re_L^{0.654} Sc_L^{1.449} Ca_{TP}^{0.839}$	弹状流
甲烷-水[100]	$d_h = 1.5mm, 2.5mm, 3.1mm$ $u = 0.02 \sim 0.43 m \cdot s^{-1}$	$k_L a = \dfrac{0.111(u_L + u_G)^{1.19}}{[(1-\varphi_G)(L_B + L_S)]^{0.57}}$	弹状流
数值模拟[101]	$d_h = 1.5mm, 2.0mm, 3.0mm$ $u = 0.02 \sim 0.43 m \cdot s^{-1}$	$k_L a = 2\dfrac{\sqrt{2}}{\pi}\sqrt{\dfrac{DU_B}{d_h}}\dfrac{4}{L_{UC}} + \dfrac{2}{\sqrt{\pi}}\sqrt{\dfrac{DU_B}{\varepsilon_G L_{UC}}}\dfrac{4\varepsilon_G}{d_h}$	弹状流
空气-水[102]	$d_h = 1.5mm, 2.0mm, 3.0mm$ $u = 0.22 \sim 0.43 m \cdot s^{-1}$	$k_L a = 4.1\sqrt{\dfrac{D_m u_G}{L_B + L_S}}\dfrac{1}{d_h}$	弹状流
空气-水[103]	$d_h = 200 \mu m, 400 \mu m$ $u = 0.4 \sim 2 m \cdot s^{-1}$	$k_L a = \dfrac{2}{d_h}\left[\dfrac{D_m(u_G + u_L)}{L_B + L_S}\right]^{0.5}\left(\dfrac{L_B}{L_B + L_S}\right)^{0.3}$	弹状流

10.4.2.2　液-液微反应器

与气-液两相系统类似，微通道内液-液流动过程也有多种流型，如滴状流、弹状流和搅拌流等。由于液体性质变化大，液-液两相复杂性大为增加，流型种类更多。常见的液-液两相流型示于图 25-10-21。

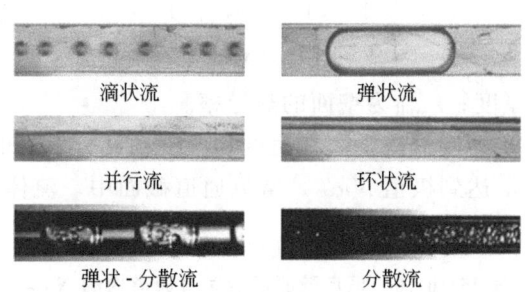

图 25-10-21　微通道内液-液两相流型

图片来源（AIChE）：Yuchao Zhao, Guangwen Chen, Quan Yuan. AIChE J，2007，53：3042-3053

图片来源（RSC）：Madhvanand N Kashid, Albert Renken, Lioubov Kiwi-Minsker. Ind Eng Chem Res，2011，50：6906-6914

（1）滴状流　该流型与气-液流型中的泡状流类似，分散相以液滴形式流动。液滴依入口结构和流体系统不同可直接在入口处断裂，也可先以液柱形式延伸至入口下游再断裂。

（2）弹状流　分散相以长度大于通道直径的液滴形式流动。分散相通常不润湿壁面，然而当连续相对壁面润湿性较弱时，分散相可部分润湿壁面。该流型一般发生于两相表面张力低于液-固表面张力，且两相流量较低、表面张力占主导作用情况下。当流速较高，分散相内静态流场被扰乱，可能席卷连续相进入分散相，形成弹状-分散流。

（3）并行流　两相流体均可润湿壁面，在通道两侧并行流动。该流型发生于两相表面张力较低，流量低，表面张力主导的情形。

（4）环状流　与气-液环状流相同，该流型发生于两相流速较高，惯性力占主导作用区域。流型的稳定性依赖于连续相的剪应作用克服相间表面张力，故流速越高，流型越稳定。

（5）分散流　当两相流速继续增加到一定程度，两相形成极微小液滴，接近乳化。

由于液-液两相流动影响因素复杂，目前还难以准确预测流型。Kashid 等[104]针对甲苯-水体系，提出了以下流型区域判别准则：

表面张力主导区（弹状流）

$$Re_D d_h/\varphi_D \leqslant 0.1\mathrm{m} \tag{25-10-28}$$

过渡区（滴状流）

$$0.1\mathrm{m} < Re_D d_h/\varphi_D \leqslant 3.5\mathrm{m} \tag{25-10-29}$$

惯性力主导区（环状流）

$$Re_D d_h/\varphi_D > 3.5\mathrm{m} \tag{25-10-30}$$

10.4.3　微反应器热量管理

10.4.3.1　单相流体

化学反应涉及热量传递。微反应器内热量的供应或移除通常通过固定温度的介质实现，总体传热能力取决于总传热系数和换热面积。总传热系数（h）包括反应流体热阻（h_r）项、壁面热阻（λ_{wall}）项和冷却介质热阻（h_c）项，可表述为：

第 25 篇

$$\frac{1}{h}=\frac{1}{h_r}+\frac{e}{\lambda_{wall}}+\frac{1}{h_c} \tag{25-10-31}$$

式中，e 为通道壁面厚度；λ_{wall} 为壁面的热导率。

由于微反应器内流体多为层流流动，在速度和温度场充分发展的情况下，热量传递速率为定值且平均努塞尔数 Nu 达到极值 Nu_∞。常见通道截面中，流体充分发展情况下的 Nu_∞ 见表 25-10-10。

表 25-10-10　恒定壁面温度时直通道内的 Nu_∞

截面形状	Nu_∞
圆形	3.66
椭圆形(长短轴比=2)	3.74
矩形(高宽比=0.25)	4.44
矩形(高宽比=0.5)	3.39
方形	2.98
等边三角形	2.47
正弦曲线形	2.47
六边形	3.66

热量传递过程的平均 Nu 数取决于径长比 d_h/L、雷诺数 Re 和普兰德数 Pr。根据下述经验式可计算恒定壁温条件下的反应流体以及移热流体侧的平均 Nu 数[91]。

$$Nu_m=[Nu_\infty^3+0.7^3+(Nu_2^3-0.7)^3+Nu_3^3]^{1/3} \tag{25-10-32}$$

其中

$$Nu_2=1.615\left(Re\cdot Pr\frac{d_h}{L_t}\right)^{1/3} \tag{25-10-33}$$

$$Nu_3=\left(\frac{2}{1+22Pr}\right)^{1/6}\left(Re\cdot Pr\frac{d_h}{L_t}\right)^{1/2} \tag{25-10-34}$$

对于其他构型的通道，如 Z 字形和弯曲通道等，微反应器的换热系数还可进一步提高。

10.4.3.2　多相流体

仿真和实验研究均表明气-液弹状流较单相流动其传热系数有显著提高[105,106]，原因是液弹内的循环涡流和气泡对壁面流体的扰动。Lakehal 等[105]结合圆形通道内的仿真结果，提出了以下经验关联式以预测 Nu 数。

$$Nu_{seg}=Nu_\infty+0.022Pr_L^{0.4}Re_{LS}^{0.8} \tag{25-10-35}$$

式中，Re_{LS} 为液弹雷诺数。

$$Re_{LS}=\frac{u_B d_h}{v_L L_B/(L_B+L_S)} \tag{25-10-36}$$

上式亦可用于其他截面结构的通道内传热系数的估算。

Dai 等[106]提出了微通道内气-液和液-液弹状流传热模型，如图 25-10-22 所示。该模型将传热过程分为三部分：①壁面向连续相液膜传热；②液膜向连续相液弹传热；③液膜向分散相传热。得到的传热系数计算公式如下：

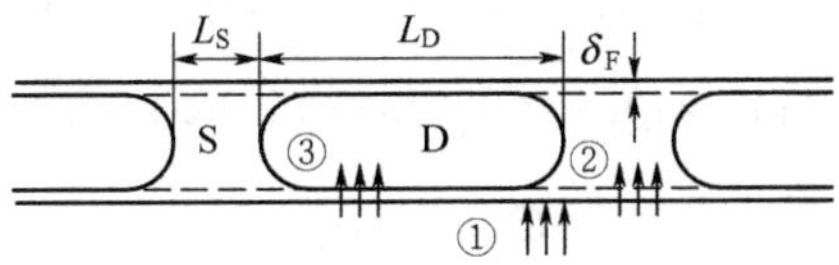

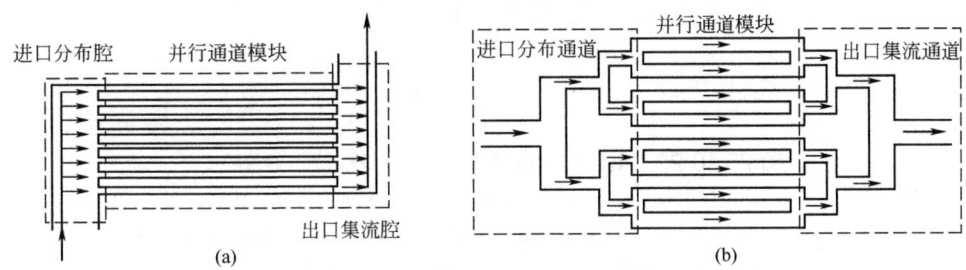

图 25-10-22 微通道内弹状流传热模型（ S 为连续相段， D 为分散相段 ）

$$\frac{1}{Nu_{TP}} = \frac{L_D + L_S}{L_D}\left(\frac{m}{m+1}\right)^2 \frac{1}{Nu_{FD}} \frac{k_C}{k_D} +$$

$$\frac{1}{Nu_W} + \frac{L_D + L_S}{L_S}\left(\frac{1}{m+1}\right)^2 \frac{1}{Nu_{FS}} \quad (25\text{-}10\text{-}37)$$

$$m = \frac{Q_D \rho_D C_{pD}}{Q_C \rho_C C_{pC}} \quad (25\text{-}10\text{-}38)$$

$$Nu_W = d_h/\delta_F = 5 + 1.5Ca^{-2/3} \quad (25\text{-}10\text{-}39)$$

$$Nu_{FD} = 4.364 + \frac{0.0894}{L_D^* + 0.049L_D^{*1/3}}, L_D^* = \frac{L_D/d_h}{Re_D Pr_D} \quad (25\text{-}10\text{-}40)$$

$$Nu_{FS} = 4.364 + \frac{0.171}{L_S^* + 0.0663L_S^{*1/3}}, L_S^* = \frac{L_S/d_h}{Re_{TP} Pr_C} \quad (25\text{-}10\text{-}41)$$

式中，m 代表两相热容对总体传热的重要程度。对于气-液弹状流，m 趋近于 0，液膜向气泡的传热阻力可忽略。该模型可以在较宽的范围内（$Nu < 40$）准确预测微通道内弹状流的传热系数。

10.4.4 分布器/集流器结构设计

微反应器放大过程的重要方式是并行放大，即通过增加通道数目实现处理量的提升。微反应器并行放大的优点在于单通道间"三传"状态重现性好，唯一需要注意的是通道间的流体均一分布问题。多通道微反应器由进口流体分布器、并行通道模块和出口集流器组成，如图 25-10-23 所示。其中流体分布器和集流器主要包括腔型和通道构型结构[107]。

图 25-10-23 多通道微反应器结构[107]

（a）进出口分布/集流器为空腔结构；（b）进出口分布/集流器为通道结构

对于腔型分布器和集流器，流体的分配特性可用基于流体流动阻力的"电阻网络"模型描述[108]。如图 25-10-24 所示，一个流体"回路"内存在质量守恒方程和压力降方程，由 A 点经 C 点至 F 点和经 E 点至 F 点的压力降相同，可分别得出两条阻力路径方程：

$$Q_{k-1}=Q_k+q_k \quad k=1,\cdots,n-1 \tag{25-10-42}$$

$$Q_0=Q_k+Q'_k \quad k=1,\cdots,n-1 \tag{25-10-43}$$

$$Q_{n-1}=q_n \tag{25-10-44}$$

$$\Delta p_1+\Delta p_2+\Delta p_3+\Delta p_4+\Delta p_5=\Delta p_6+\Delta p_7+\Delta p_8+\Delta p_9+\Delta p_{10} \tag{25-10-45}$$

式中，Q、q、n分别为空腔内流体流量、通道内流体流量和通道数；Δp_i（$i=1$，$2,\cdots,10$）为微反应器内不同位置处的压降，下标数字表示位置（图25-10-24）。该模型将多通道分布转化为流量的函数，求解即可得到流体均匀分布程度。Al-Rawashdeh等[109]提出了一种集成增压管道的设计策略，通过在腔型分布器和通道间设置增压管道（图25-10-25中B）实现气液两相较为理想的分布。当4≤增压通道阻力/并行反应通道阻力≤25时，可获得较优设计方案。

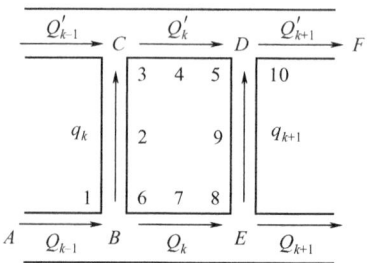

图 25-10-24　多通道反应器内流动阻力示意图[108]

图片来源（Elsvier）：Saber M，Commenge J M，Falk L. Rapid design of channel multi-scale networks with minimum flow maldistribution. Chem Eng Process，2009，48：723-733

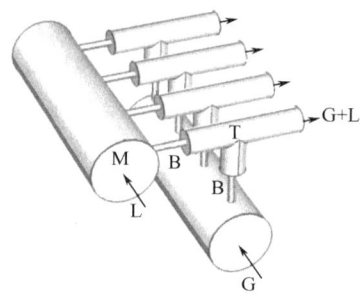

图 25-10-25　集成有增压通道的气-液反应器示意图[109]

图片来源（Elsvier）：Al-Rawashdeh M，Fluitsma L J M，Nijhuis T A，Rebrov E V，Hessel V，Schouten J C. Design criteria for a barrier-based gas-liquid flow distributor for parallel microchannels. Chem Eng J，2012，181-182：549-556

对于具有构型结构的分布器/集流器，因具有典型的二分叉结构特征，流体分配关系可根据 Murry 定律进行设计。上下两级通道间存在流体阻力最小的最优比例关系：

$$d_k^3=d_{k+1,1}^3+d_{k+1,2}^3 \tag{25-10-46}$$

据此构型理论的分布器设计方式在列管式反应器、换热器等领域得到较成功的尝试，但对于多相反应体系，目前研究还非常缺乏，设计理论还不充分。

10.5　流向切换固定床反应器

10.5.1　流向切换固定床反应器概述

对于放热的气-固催化反应过程，一般都必须将反应原料预热升温到反应温度，为此需要额外设置一个或多个换热器。传统的催化反应过程就是反应器＋换热器。原料气体进入换热器升温到反应温度，再进入反应器进行催化反应，同时释放反应热使温度进一步升高成为高温气体，再离开反应器，又进入换热器加热低温的原料气体，这样实现了反应的热平衡。但是，由于实际过程存在散热损失，在低浓度情况下，反应放热速率小，热平衡难以维持，需要外加热量，比如增加电炉。流向切换固定床反应器是一种多功能反应器（multifuanctional reactor），其特点是实现了催化剂床层的多功能化，将反应与传热相偶联，既节省了换热器，又可实现低浓度下的热平衡，节省了投资，降低了成本。

自 20 世纪 80 年代以来，国内外许多学者对流向的固定床反应器进行了大量的理论和实验研究。Matros 等[110~112]提出了流向切换固定床反应器，并用于处理有色冶炼厂的低浓度 SO_2 废气（小于 3%），很快实现了工业化应用。90 年代，国内袁渭康和肖文德[113~115]对此类反应器也进行了系统研究，在国内多家铜、铅、锌冶炼企业实现了工业化应用。

进入 21 世纪后，由于冶炼工业主要采用富氧冶炼技术，烟气中的 SO_2 浓度提高到 10% 以上，流向切换固定床反应器在 SO_2 废气处理的应用逐渐减少。近十年来，由于对有机废气处理的迫切性增加，流向切换固定床反应器在甲烷废气和其他烃类有机废气（VOC）净化处理的应用逐渐增多。

10.5.2　流向切换固定床反应器原理

流向切换固定床反应器的结构如图 25-10-26 所示。流向切换是通过四个双通阀或两个三通阀实现的，切换时间由时间继电器或计算机自动控制，在正常操作情况下，两个方向的通气时间是一样的。

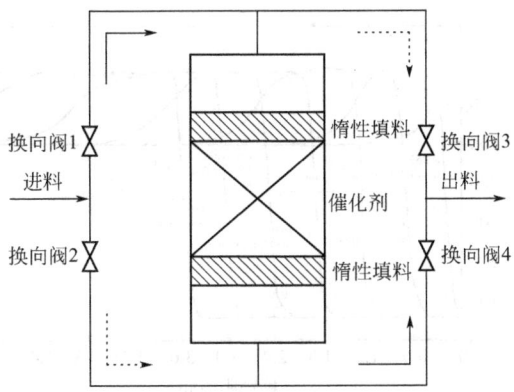

图 25-10-26　流向切换固定床反应器结构示意图

反应原料气通过阀（VF）1，然后由上而下通过反应器，再通过阀 4 流出。反之阀 2、阀 3 开启，阀 1、阀 4 关闭，反应原料由下而上通过反应器。如此周期性变换，进行流向切换的非稳态催化反应。

在反应器启动之前，首先将空气通过开工炉加热，然后将催化剂床层预热至所需温度，再通入原料气进行转化反应。由于原料气的温度低于催化剂的起燃温度，在床层进口端的反应原料气通过催化剂的预热，提高了温度，当其达到催化剂的起燃温度后，立即发生反应，并放出反应热，从而导致催化剂床层的温度升高。温度升高的程度主要由空速和反应原料气浓度决定。由于原料气与催化剂床层之间的气固传热作用，反应区沿着气流方向向下游方向移动，并使整个催化剂床层的进口端温度降低，而出口端的温度升高。经过一定时间（称为半周期）后，反应区可能接近出口端，此时经计算机控制，切换阀门，使反应气反向进入，从而在催化剂床层中形成了一个沿气流方向移动的反应区。由于此时在催化剂床层中的气流方向与前述控制的相反，因而将其称为反向移动反应区。反向移动反应区内发生反应并放热，借助气固传热，催化剂床层的进口端温度降低，而出口端处温度升高。通过若干次流向的自动切换，床层会形成一个周期性变化的温度分布，反应器处于稳定（stable）的非稳态（unsteady-sate）操作状态。

10.5.2.1 热波移动现象

Padberg 等[116]在 Pt/Al_2O_3 催化剂上的氧化，发现了固定床反应器中反应区移动的动态行为。当反应区进口温度降低时，根据气速的大小，反应区既可顺气流方向移动，也可逆气流方向移动。

在图 25-10-26 所示的固定床反应器中，当进料气体温度突然降至低于催化剂起燃温度时，进口端下游催化剂处的气相反应物（比如 SO_2 和 O_2）的浓度突然升高，固体催化剂由于热容远大于气体，其温度还未来得及下降，仍然处于高于起燃温度状态。这使得催化剂表面反应速率突然增大，产生了大量的反应热，导致温度的突然升高。随着气体向前流动，这种突跃的温度分布会向前移动，这种移动像波一样，故被称为热波。

图 25-10-27 为一种典型 SO_2 催化氧化反应的热波移动现象[114]。当气体组成为 $\varphi(SO_2)$ 7.5%，气速 $0.3m \cdot s^{-1}$，在正常稳态操作情况下，反应器进口温度 420℃，反应器中最高不超过 600℃。在床层预热温度 500℃，进料温度 60℃ 时，由图可见，最高温度升至 700℃，热波移动速度为 $30mm \cdot min^{-1}$，大约是气体穿透速度的 1‰～2‰。

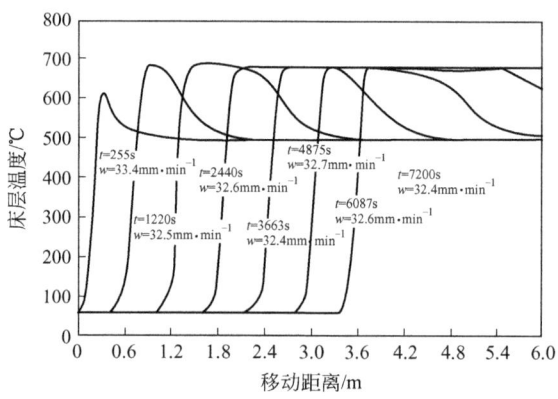

图 25-10-27 反应区的移动

床层预热温度 500℃，原料气进口温度 60℃，$\varphi(SO_2)=7.5\%$，$\varphi(O_2)=10.5\%$，$u=0.3m \cdot s^{-1}$

利用热波的性质，定期变换反应器供气方向，则热峰将随供气方向在催化剂床层中周期变换（上下移动），使反应器定期再现放热规律。按照这一规律，原料气进料温度很低时，仍可使催化剂层保持足够高的温度。因此热波移动是流向切换固定床反应器的理论依据。

图 25-10-28 为普通的（绝热式）流向切换固定床反应器的温度分布[114]，图中，$\varphi(SO_2)$ 为 3%。由图可见，由于热波移动，在反应区内可维持较高的床层温度，对于可逆放热反应，有利于提高转化率和热利用率。另外，还可看到，床层温度最高接近 600℃，接近于催化剂的耐热温度，出口平均转化率为 91.2%。

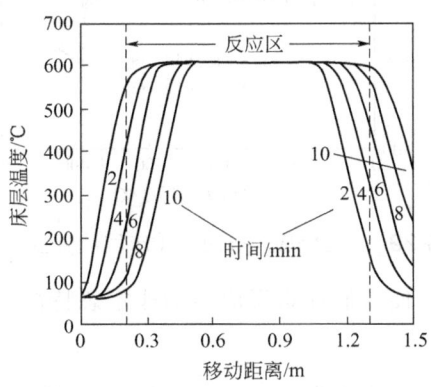

图 25-10-28　单段绝热式非定态反应器
半个周期内的温度分布
$\varphi(SO_2)=3\%$，$u=0.3\mathrm{m \cdot s^{-1}}$，
循环时间 = 20min

10.5.2.2　温度的逆响应

温度的逆响应是固定床反应器的重要动态行为，即进口温度的下降会导致反应温度的上升，严重情况下，上升后的温度足可导致催化剂的烧结。

如在图 25-10-26 所示的绝热式床层中，由于气体的比热容很小，而固体催化剂的比热容很大，两者相差 1000 倍以上。当进料气体的温度突然降至低于催化剂的起燃温度时，在固定床的进口端 SO_2 的反应量显著减少，从而导致进口端下游催化剂床层处 SO_2 和 O_2 浓度的突然升高，反应速率增加，产生了大量的反应热，形成了一个温度的突跃。因此，与稳态操作相比，非稳态操作下游温度并没有发生变化，仍处于稳态时的高温，但由于浓度的增加，导致反应区温度的上升。进口温度下降幅度越大，气速越大，对上游床层的冷却越快，下游的浓度增加越显著，温升也越严重。

图 25-10-29 为固定床反应器的逆响应，催化剂床层的预热温度为 500℃，当进气温度为 390℃（催化剂的起燃温度）附近降低 3～4℃，催化剂床层温度有一个大的飞跃，因此反应器的点火温度应定为 387℃。在点火温度以前，进口温度降低导致床层中催化剂的温度反而升高，与常规的变化趋势相反，即逆响应；在点火温度以后，进口温度升高导致催化剂温度升高，并呈线性关系，为正常响应。由于固定床反应器的逆响应会引起温度飞跃而可能烧毁催化剂，为此，在流向切换 SO_2 转化过程中，应控制原料气的浓度及气速，通常 $\varphi(SO_2)$ 小于 3.5% 和气速应小于 0.15$\mathrm{m \cdot s^{-1}}$。

10.5.3　非定态固定床反应器模型化

工业生产中有许多非定态过程，如间歇反应、催化裂化中催化剂再生，还有定态连续反

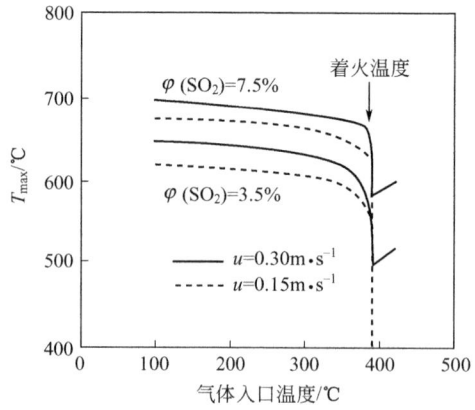

图 25-10-29　"逆响应"行为[7]（床层预热温度 500℃）

应的开停车和事故处理等，促使人们探索反应器的非定态特性。

10.5.3.1　模型建立

固定床反应器的模型可以分为两类，一是以全混釜（CSTR）为基础的细胞池模型；二是以活塞流反应器（PFR）为基础的扩散模型。肖文德等采用 PFR 为基础的扩散模型，提出了非定态固定床反应器的模型[113,114]，如下。

$$C_r \frac{\partial \theta}{\partial \tau} = \frac{1}{Pe_{hs}} \frac{\partial^2 \theta}{\partial Z^2} + \beta_1 r(\theta, Y) - \alpha(\theta - T) \qquad (25\text{-}10\text{-}47)$$

$$\varepsilon_S \frac{\partial Y}{\partial \tau} = \gamma(Y - X) - \beta_2 r(\theta, Y) \qquad (25\text{-}10\text{-}48)$$

$$\frac{\partial T}{\partial \tau} = \frac{1}{Pe_{hg}} \frac{\partial^2 T}{\partial Z^2} - \frac{\partial T}{\partial Z} + \alpha(\theta - T) \qquad (25\text{-}10\text{-}49)$$

$$\frac{\partial X}{\partial \tau} = \frac{1}{Pe_{mg}} \frac{\partial^2 X}{\partial Z^2} - \frac{\partial X}{\partial Z} + \gamma(Y - X) \qquad (25\text{-}10\text{-}50)$$

式中各参数的表达式及意义如下：

$$C_r = (1 - \varepsilon_b) \frac{(\rho C_p)_s}{(\rho C_p)_g} \qquad (25\text{-}10\text{-}51)$$

单位反应器体积中，固体与气体的比热容之比；

$$\frac{1}{Pe_{hs}} = (1 - \varepsilon_b) \frac{\lambda_{es}}{(\rho C_p)_g uL} \qquad (25\text{-}10\text{-}52)$$

固相热传导传热与气体对流传热速率之比，即固相热扩散 Peclet 数的倒数；

$$\frac{1}{Pe_{hg}} = \varepsilon_b \frac{\lambda_{eg}}{(\rho C_p)_g uL} \qquad (25\text{-}10\text{-}53)$$

气相热传导传热与气体对流传热速率之比，即气相热扩散 Peclet 数的倒数；

$$\frac{1}{Pe_{mg}} = \varepsilon_b \frac{D_{ea}}{uL} \qquad (25\text{-}10\text{-}54)$$

气相热量扩散 Peclet 数的倒数；

$$\beta_1 = (1-\varepsilon_b)\frac{(-\Delta H)}{(\rho C_p)_g T_a}\frac{L}{u} \tag{25-10-55}$$

反应的热效应参数；

$$\beta_2 = (1-\varepsilon_b)\frac{L}{u}\frac{1}{C_{in}} \tag{25-10-56}$$

气体在反应器中的停留时间参数；

$$\alpha = (1-\varepsilon_b)\frac{S_v h_f}{(\rho C_p)_g}\frac{L}{u} \tag{25-10-57}$$

气-固传热系数；

$$\gamma = (1-\varepsilon_b)S_v k_f\frac{L}{u} \tag{25-10-58}$$

气-固传质系数。

这个模型被称为非均相（两相）扩散模型。以上方程中，θ 是固体催化剂的温度（无量纲）；T 是反应气体的温度；Y 是固体表面的 SO_2 浓度（无量纲为转化率）；X 是气相的 SO_2 浓度。各参数中，C_r 是非稳态固定床反应器的特征参数，它决定了固定床反应的两个独特的动态行为：缓慢的反应热波移动和温度的逆响应行为。对于一般的固体催化剂，其值在 1000 左右；对于 SO_2 氧化使用的硅藻土载体钒催化剂，其值约为 500。由于上述各方程右边的量级相当，反应器的动态响应主要由固相温度 θ 决定，即与气相温度 T，气相反应物含量 X 和固相反应物含量 Y 相比，θ 的响应要慢得多。因此，模型中方程（25-10-47）～式（25-10-50）中的时间导数项可以忽略，由此可得非定态固定床反应器模型的方程式如下：

$$C_r\frac{\partial\theta}{\partial\tau} = \frac{1}{Pe_{hs}}\frac{\partial^2\theta}{\partial Z^2} + \beta_1 r(\theta,Y) - \alpha(\theta-T) \tag{25-10-59}$$

$$0 = \frac{1}{Pe_{hg}}\frac{\partial^2 T}{\partial Z^2} - \frac{\partial T}{\partial Z} + \alpha(\theta-T) \tag{25-10-60}$$

$$\gamma(Y-X) = \beta_2 r(\theta,Y) \tag{25-10-61}$$

$$\frac{dX}{dZ} = \beta_2 r(\theta,Y) \tag{25-10-62}$$

非均相扩散模型是一个初、边值数学模型，其初、边值条件与反应器的结构有关，如下：

$$\begin{cases}\dfrac{\partial\theta}{\partial Z} = 0 \\[2mm] -\dfrac{1}{Pe_{hg}}\dfrac{\partial T}{\partial Z} + T = T_{in}(Z=Z_{in},\tau>0) \\[2mm] X = X_{in,i}\end{cases} \tag{25-10-63}$$

$$\begin{cases}\dfrac{\partial\theta}{\partial Z} = 0 \\[2mm] \dfrac{\partial T}{\partial Z} = 0(Z=Z_{out},\tau>0)\end{cases} \tag{25-10-64}$$

第
25
篇

另外，对流向切换固定床反应器，还有一个独特的操作参数——换向时间，或称为换向周期 τ_c。在常规操作中，其大小为 $5 \sim 60 min$。

10.5.3.2　模型参数

模型参数包括物性参数和反应动力学。由于流向变换反应器在 SO_2 氧化方面获得广泛应用，下面重点介绍 SO_2 氧化的催化反应动力学。关于 SO_2 钒催化氧化的机理研究较多，一般认为是 V^{5+} 和 V^{4+} 的 Redox 机理。郭汉贤等[120]据此提出了两段双钒机理，动力学方程如下：

$$r = \frac{k_1 p_{SO_2} p_{O_2}^m (1-\beta)}{p_{SO_2} + k_2 p_{O_2}^m + k_3 p_{SO_3}} \tag{25-10-65}$$

$$k_i = k_{i,0} \exp\left(-\frac{E}{RT}\right), i = 1, 2, 3 \tag{25-10-66}$$

$$\beta = \frac{p_{SO_3}}{K_p p_{SO_2} p_{O_2}^{1/2}} \tag{25-10-67}$$

有关参数如表 25-10-11 所示。

表 25-10-11　流向切换 SO_2 转化固定床反应器的模型参数[114]

物理学	动力学
$p = 0.116 MPa$	在 $390 \sim 440℃$ 时
	$k_{1,0} = 1.07 \times 10^9$
$\varepsilon_b = 0.4$	$E_1 = 148.63 kJ \cdot mol^{-1}$
$d_p = 6 \times 10^{-3} m (\phi 5mm \times 10mm)$	$K_2 = K_3 = 0$
$\overline{M} = 31 kg \cdot kmol^{-1}$	$M = 0.5$
$\rho_s = 1.15 kg \cdot m^{-3}$	在 $440 \sim 600℃$ 时
	$k_{1,0} = 2.08 \times 10^4$
$(-\Delta H) = 96.30 kJ \cdot mol^{-1}$	
$T_a = 663.15 K$	$E_1 = 78.147 kJ \cdot mol^{-1}$
$C_{ps} = 1.005 kJ \cdot kg^{-1} \cdot K^{-1}$	$k_{2,0} = 1.839 \times 10^{-5}$
$C_{pg} = 1.005 kJ \cdot kg^{-1} \cdot K^{-1}$	$E_2 = -55.626 kJ \cdot mol^{-1}$
	$k_{3,0} = 2.89 \times 10^4$
$\mu_g = 0.03 cP$	$E_3 = 68.818 kJ \cdot mol^{-1}$
	$m = 0.63$
SO_2 扩散系数 $0.103 cm^2 \cdot s^{-1}$	$\lg K_p = \dfrac{4905.5}{T} - 4.6455$

对以上数学模型，肖文德等开发了一个运算速度快、稳定性高的计算机仿真软件，USSC（Unsteady-State SO_2 Converter）。在这个软件中，储存了有关 SO_2 氧化过程，包括热力学、动力学，以及四种反应器的结构参数。用户只需输入 SO_2 浓度、气体速度、催化剂的充填量，便可在 $10 \sim 20 min$ 内得到非稳态 SO_2 反应器设计和运行的基础数据。USSC 还具有过程控制方面的功能，以用于控制方案的确定。

10.5.4　流向切换固定床反应器的结构

流向切换固定床反应器的优点是：①反应器中的催化剂具备催化反应和蓄热换热双重功

能，对于一个放热的反应系统，不需要外加换热器便可实现自热操作，因此可节省投资和能耗；②可以实现室温进料进行气固相催化反应；③反应器的操作弹性较大，尤其对低浓度的废气很有效。

肖文德等进行了系统的理论研究，提出了四种结构的流向变换的非定态 SO_2 反应器：[114,117~119]

① 绝热式结构（adiabatic unsteady-state converter，AUSC），如图 25-10-26 所示；

② 两层一点移热式结构（ cooled unsteady-state converter，CUSC-1），如图 25-10-30 所示；

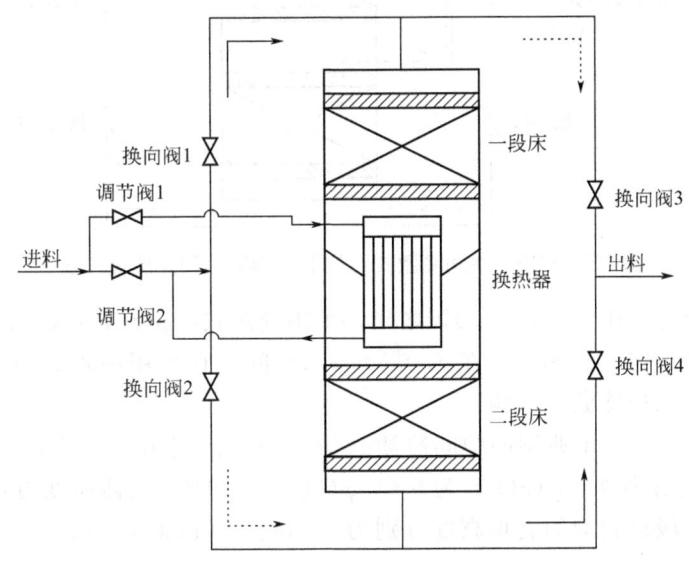

图 25-10-30 中间移热式结构的流向变换固定床反应器（一点式）

③ 三层两点移热式结构（CRUS-2），如图 25-10-31 所示；

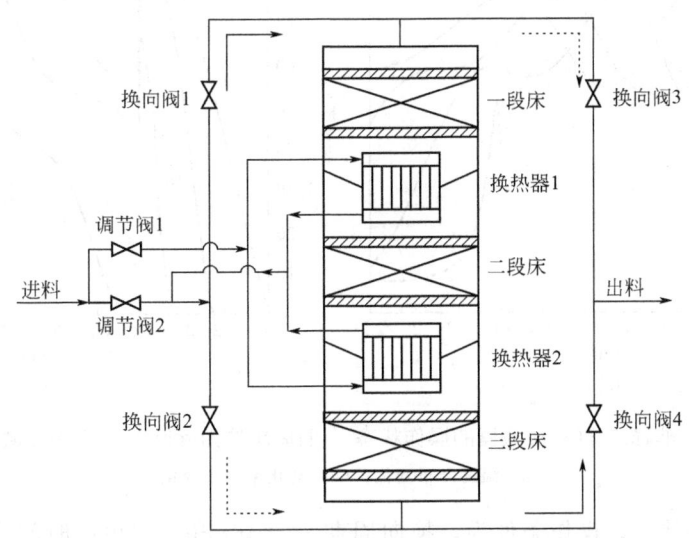

图 25-10-31 中间移热式结构的流向变换固定床反应器（两点式）

④ 三层冷激式结构（ quenched unsteady-state converter，QUSC），如图 25-10-32

所示。

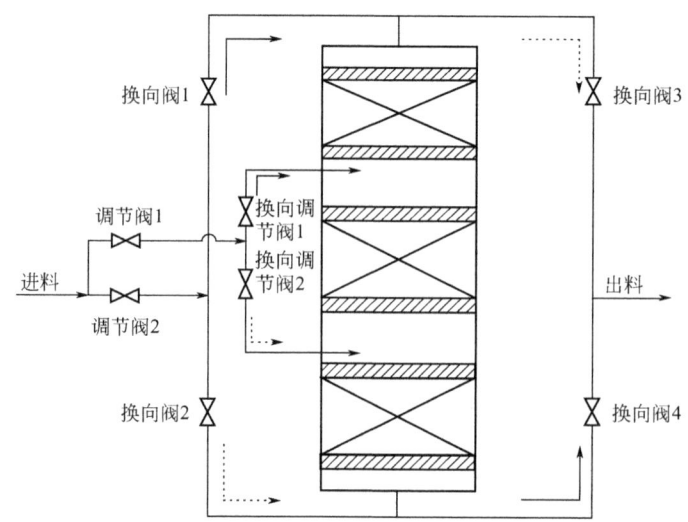

图 25-10-32　中间冷激式结构的流向变换固定床反应器

通常，当 $\varphi(SO_2)$ 在 $0.8\%\sim2.0\%$ 之间，采用绝热式；$\varphi(SO_2)$ 在 $2.0\%\sim3.0\%$ 之间，宜采用一点移热式结构；$\varphi(SO_2)$ 在 $3.0\%\sim4.0\%$ 间，宜采用两点移热式结构；$\varphi(SO_2)$ 在 $4.0\%\sim6.0\%$ 间采用冷激式结构。

图 25-10-33 显示了一个典型的中间冷激式流向切换固定床反应器的温度和转化率在反应器中的分布。反应条件为，$\varphi(SO_2)$ 为 5%，$\varphi(O_2)$ 为 10%，气体速度为 $0.3m$（STP）$\cdot s^{-1}$，进口温度 $60℃$，三段催化剂的装填高度分别为 $0.6m$、$1.0m$ 和 $0.6m$。

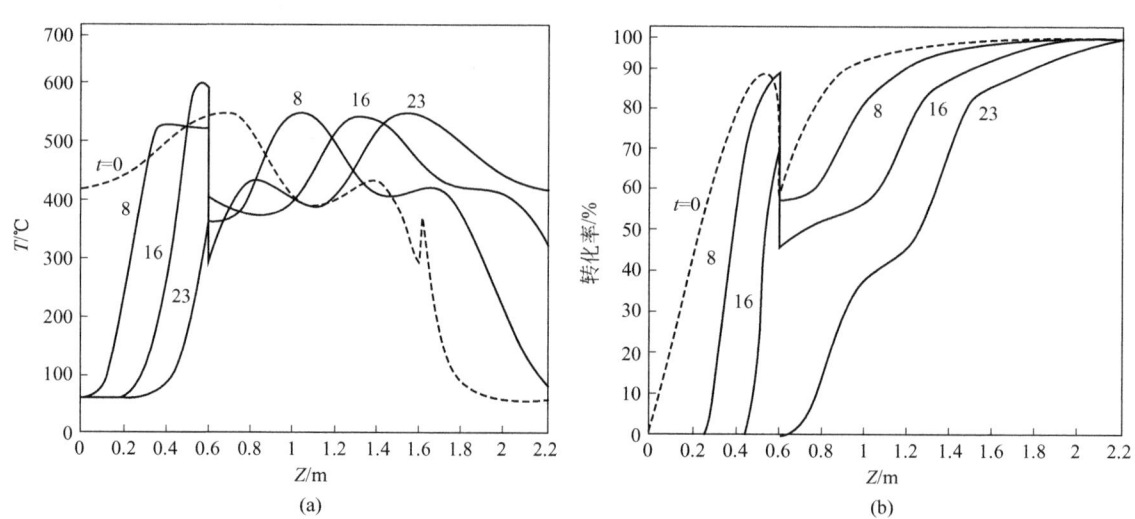

图 25-10-33　非稳态 SO_2 反应器的操作状态（时间单位为 min）（中间冷激式反应器）
（a）温度分布变化；（b）转化率分布变化

在以上工艺条件下，操作条件为，换向周期 $\tau_c=46min$，即单向时间为 $23min$；冷激比（即冷激气流量占总气量的比例）为 35%。在这个条件下，SO_2 的转化率平均为 97%，在单向通气的半周期内，由 96.3% 变化到 97.3%。还可看到，反应区随时间而变，温度分布的变化较大。尽管在反应器中，SO_2 转化率的分布有很大不同，但在出口，其值基本上是不变的。

此外，两层移热式结构在低浓度甲烷废气的燃烧处理中也得到了应用，移除的热量可副产高压蒸汽，甚至发电。

10.6 超临界化学反应技术

10.6.1 超临界化学反应简介

超临界化学反应泛指超临界流体（SCFs）直接参与、以 SCFs 作为介质或者反应处于超临界相态区域的反应体系。由于 SCFs 的平衡性质（如密度、介电常数等）和传递性质（热导率、扩散系数、黏度等）随流体相结构的迁移呈现反常的现象，超临界反应的热力学平衡和反应动力学不仅仅只是温度和浓度的函数，同时也是 SCFs 性质的函数，这使得 SCFs 的热力学状态成为调控化学反应的额外自由度。

10.6.2 超临界对化学反应热力学的影响[121]

实验研究表明，SCFs 介入后化学反应的平衡可发生移动。对于任意化学反应

$$n_a A + n_b B \Longrightarrow n_c C + n_d D \tag{25-10-68}$$

反应的化学平衡常数 K_a 表达式如下

$$K_a = \prod \gamma_i^{n_i} \prod x_i^{n_i} = K_\gamma K_x \tag{25-10-69}$$

式中，γ_i 是参与反应组分的活度系数；n_i 是参与反应组分的计量系数；x_i 是参与反应组分的摩尔分数。

SCFs 密度的涨落，一方面造成参与反应组分的局域浓度形成同步涨落，另一方面使得参与反应组分的活度系数 γ_i 发生改变。普遍认为，在近临界点附近不能用 SCFs 本体的性质，而是应当以溶剂化结构为基础的局域性质计算化学反应平衡。SCFs 溶剂和参与反应各组分之间的作用可改变反应组分的活度系数 γ_i。通过 K_γ 的变化促使化学反应的表观平衡常数 K_x 发生移动。SCFs 与溶质之间的作用程度可通过溶剂的热力学状态进行调节。当反应物和产物的性质如极性差异较大时，活度系数的改变对 K_x 的影响趋于显著。

SCFs 的理化性质及溶剂结构在临界点附近变化最为剧烈。相应地，SCFs 溶剂与反应物溶质之间的相互作用强度达到最大化。通常只有在临界点附近能够观察到反应平衡的移动。当反应体系的热力学状态向远离临界点的超临界区域迁移时，临界溶剂效应对化学平衡的影响迅速减弱。

10.6.3 超临界对化学反应动力学的影响[122]

化学反应的本征速率从微观层面仅取决于反应机理及反应场所的温度和浓度。相际传质、相内扩散和热量扩散等工程因素的存在影响反应的宏观速率。SCFs 或者超临界相态的介入可以从传质、传热和本征反应动力学等多重角度影响化学反应的动力学特征。

对于存在相际传质且传质为过程速率控制步骤的反应体系而言，超临界反应的实现将反

应体系从多相结构转化为单一相结构，从而消除了传质因素对反应动力学的约束。在 SCFs 中反应物的扩散接近气相介质，有利于分子之间的碰撞进行化学反应。同时，SCFs 的导热接近液相介质，反应能够在消除热阻的理想温度范围内进行。

根据反应动力学的过渡态理论，等温条件下压力对反应速率常数 k 的影响可以表示为

$$\left(\frac{\partial \ln k}{\partial p}\right)_T = -\frac{\Delta V^{\neq}}{RT} = -\frac{\overline{V}_{Ts} - \sum \overline{V}_i}{RT} \tag{25-10-70}$$

式中，$\Delta V^{\neq}$ 为活化体积；$\overline{V}_{Ts}$ 为过渡态的偏摩尔体积；$\overline{V}_i$ 是反应物组分的偏摩尔体积。在超临界流体中，反应物的 $\overline{V}_i$ 甚至可以达到 $10^{-5} \text{mL} \cdot \text{mol}^{-1}$ 数量级，相比之下液相中的相应值一般不超过 $30 \text{mL} \cdot \text{mol}^{-1}$。当 SCFs 的热力学状态发生变化，尤其是向临界点附近靠拢时，压力的改变对于反应速率常数的影响异常显著。在稀溶液中，$\Delta V^{\neq}$ 可以表达为本征活化体积（$\Delta V_{\text{in}}^{\neq}$）和溶剂化活化体积（$\Delta V_{\text{sol}}^{\neq}$）的加和

$$\Delta V^{\neq} = \Delta V_{\text{in}}^{\neq} + \Delta V_{\text{sol}}^{\neq} \tag{25-10-71}$$

$\Delta V_{\text{in}}^{\neq}$ 是沿反应坐标形成过渡态结构时，反应物与过渡态在键长、键角和分子构型等内在因素的差异引起的体积变化所致。$\Delta V_{\text{sol}}^{\neq}$ 则与溶剂化相关的体积变化有关。在 SCFs 溶剂中，溶剂化是溶质与溶剂之间相互作用导致的极性、局域溶剂结构、偶极作用等多种因素的综合。SCFs 的性质随其热力学状态的剧烈变化，使得可以通过调节 $\Delta V_{\text{sol}}^{\neq}$ 项放大化学反应速率对工艺参数的敏感性。

对于存在串并联副反应的复杂反应体系，将有可能通过 SCFs 流体或者超临界相态的介入改变主副反应的动力学特征，从而改善反应对目标产物的选择性。对于宏观反应动力学受制于传质扩散的反应体系而言，超临界反应的应用简化或者消除了相应工程因素的影响，反应装置的选择和设计则从基于传质考量的判据放大转化为基于反应动力学的数学模型放大。

10.6.4   常见超临界流体中的化学反应[123~125]

尽管 SCFs 的种类繁多，但实验室研究或者工业规模尝试的 SCFs 大多是超临界 CO_2（sCO_2）和超临界水（SCW），根本原因来自过程经济性和环境友好性等因素的约束。sCO_2 和 SCW 性质的差异，使得它们在超临界化学反应中扮演的角色存在微妙区别。

10.6.4.1   超临界二氧化碳

CO_2 的临界温度为 304.25K，临界压力为 7.39MPa。作为一种临界条件相对温和的非极性溶剂，它能以较高的密度与有机物和气体互溶形成均相，使得有机化学反应在扩散环境优越的均一相中进行。sCO_2 相对于其液相状态具有更大的自由体积，通过与溶质之间的相互作用促使 sCO_2 分子在溶质周围形成不同于溶剂本体相的近程簇结构。

作为温室气体，sCO_2 直接参与化学反应对解决环境问题具有潜在应用价值。例如 sCO_2 在钌系催化剂的作用下加氢制备甲酸、甲酸甲酯和 N,N-二甲基甲酰胺等。然而，在更多的情况下 sCO_2 作为一种物性高度可调的惰性溶剂介入化学反应，所涉及的体系涵盖了氧化、不对称加氢、烷基化、羰基化和羟基化等在内的几乎所有有机化学反应类型。在这些研究过程中，有的利用 sCO_2 对结焦前体的溶解延长催化剂的寿命；有的利用 sCO_2 与不同极性共溶剂的协同考察探针反应以表征超临界反应的特征；也有利用临界溶剂簇等效应调节反应机理或者反应动力学。

10.6.4.2 超临界水

水的临界温度为 647.30K，临界压力为 22.13MPa。除了传统 SCFs 的共性，SCW 还表现出若干特有性质。在水的相态点从常温、常压向超临界区域的迁移过程中，其介电常数因氢键的部分破坏从 74 降低至 2 左右，水从一个质子型极性溶剂转化为典型的非极性溶剂。与此同时水的离子积从 10^{-14} 提高至 10^{-12}，由此 SCW 成为有效的酸碱催化剂。尽管水的临界条件相对其他 SCFs 远为苛刻，上述共性和各种连续可调特性的结合，使得以 SCW 作为环境友好的溶剂、酸碱催化剂、甚至氢供体的研究在学术界得到了广泛关注。

基于水的离子积的数量级变化，原本需要 Brønsted 酸催化的有机反应如：醋酸甲酯、乙酸乙酯的水解；1,4-丁二醇、甘油的脱水；丙烯的水合等都能够在无酸碱催化剂存在的情况下迅速完成。即使是在 SCW 中进行的生物质（木质素和纤维素）催化转化反应，水的酸碱催化作用对于高分子杂环链的水解和开环等仍然具有重要作用。利用 SCW 介质进行氧化分解有机废物（SCWO）是 SCW 最接近工业化应用的体系。氧气和 SCW 发生化学反应能够产生包括氧化电位达到 2.8V 的 HO·自由基，进而与大多数有机废物通过自由基链式反应，无选择性地把它们深度氧化成 CO_2、N_2、H_2O 或矿物盐等。当有机物的含量超过 2% 时，可以依靠 SCWO 自身氧化放热来维持反应所需温度，无需额外供给热量。

10.6.5 超临界烯烃聚合工艺及工业应用[126]

sCO$_2$ 和 SCW 中的化学反应虽已有大量的文献报道，但工业化的实例不多。目前，已大规模工业化的是 Borealis（北欧化工）公司的超临界烯烃聚合技术（即 Borstar 技术）。迄今，全世界采用该技术生产的聚烯烃产量已近 200 万吨·a^{-1}。

Borstar 技术的超临界乙烯聚合，用丙烷（$T_c = 96.7℃$，$p_c = 4.25MPa$）代替传统乙烯淤浆聚合中的异丁烷（$T_c = 134.7℃$，$p_c = 3.64MPa$），因此可在聚乙烯的熔点以下进行超临界聚合。由于在超临界丙烷状态下，聚乙烯的溶解度比在传统淤浆液态异丁烷中要低得多，不仅能有效降低反应器中体系的黏度，而且可避免粘壁，大大改善传热能力。超临界丙烷中的乙烯聚合还可使氢气在反应体系中的溶解度大大提高。这不仅回避了传统淤浆聚合中可能出现的气蚀问题，而且使聚合反应的氢调敏感性大为增加，有利于低分子量聚乙烯的生成；通过与后续气相聚合过程的串联，即可生产力学性能与加工性能俱佳的双峰聚乙烯产品。

北欧化工还将 Borstar 技术推广至丙烯的超临界均聚和共聚合。目前，BASF、Phillips、Fina、Exxonmobil、Eastman Kodak 等公司都拥有了烯烃超临界非均相聚合方面的专利。中国专利[127,128]则报道了一种以异丁烷为溶剂的超临界乙烯/α-烯烃溶液共聚技术，用以制备聚烯烃弹性体（POE）。因聚合体系处于超临界状态，聚合体系的黏度下降，传热能力大幅度提升，不仅可增大反应器的产能，而且能有效提高聚合后反应体系闪蒸脱溶剂的效率。

10.7 外加能量场强化的化学反应技术

外加能量场往往能对化工过程的"三传一反"产生常规加热和常规混合手段所难以企及的强化作用，可有效地拓展化学反应的适用范围，提高反应效率，降低物料和能量消耗，使化学反应过程更绿色。迄今相对成熟和应用广泛的外加能量场强化反应技术主要包括声化学、微波化学，以及超声-微波复合能量场强化反应技术。

10.7.1　声化学反应技术

10.7.1.1　声化学的基本原理

　　超声波是一种频率范围为 20kHz～1000MHz 的功率机械波。声化学（sonochemistry）是利用超声波提高化学反应效率的交叉学科[129]。随着大功率超声设备的普及，声化学在化学化工中的应用迅速发展。超声波能量不足以断裂化学键引发反应，因此超声促进化学反应并非是声场与反应物在分子水平上的直接作用的结果。一般认为，声空化是声化学的主动力[130]。空化作用是指存在于液体中的微空化泡在声波的作用下生长和崩溃的过程。空泡绝热泡崩溃时产生局部高温高压（可达 5000K 和 500atm），在体系中产生热点，引起分子热解离、离子化及产生自由基。空化泡坍塌形成的微射流在液液两相界面上可促进微乳液形成，极大增加两相接触面积；在液固相界面上，微射流可使固体表层发生凹蚀和剥离，也驱使固体粒子间产生高速碰撞，起到粉碎作用的同时为反应提供活性较高的新鲜表面[131]。上述效应与一些次级效应（如振荡、扩散等）可强化反应体系的传热及传质过程，促进反应进行（图 25-10-34）。

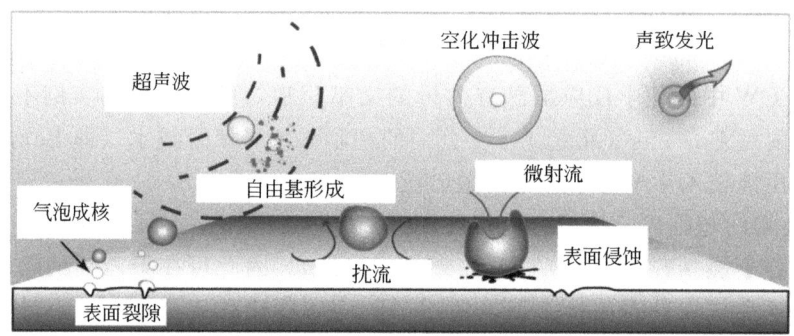

图 25-10-34　体相与固体表面的超声效应

图片来源：David Fernandez Rivas，Pedro Cintas，Han J G E . Gardeniers Chem Commun，2012，48：10935-10947

10.7.1.2　声化学的特点和应用

　　声化学利用声空化的多级效应加速和控制化学反应，具有速度快、产率高、条件温和、反应诱导期短、能进行某些传统方法难以完成的化学反应等特点。在格氏试剂的制备，卡宾加成、偶联、氧化、烃基化等不同类型的反应中得到了广泛的应用[132]。一般来讲，超声波在以下几类反应中往往能获得满意的促进效果：①自由基机理的反应；②不溶性固体物质（特别是金属）参与的反应；③反应物分布在不同相中的液液两相或多相反应。

　　超声波不仅可以促进反应，还可以改变反应的路径，图 25-10-35 中的反应可经历 Friedel-Crafts 亲电取代和 S_N2 亲核取代两条路径，常规条件下亲电取代为主反应，而在超声条件下则以亲核取代为主。这类现象被称为"声化学开关"[133]。

　　超声波利于反应物间的介观均匀混合，加速扩散过程。声空化产生的热点提供了克服成核能量势垒的能量，使得晶核生成速率提高几个数量级，而冲击波和微射流的机械效应则能有效阻止晶核的生长与团聚。因此可获得粒径更小、粒度分布更窄、分散性更好的无机纳米

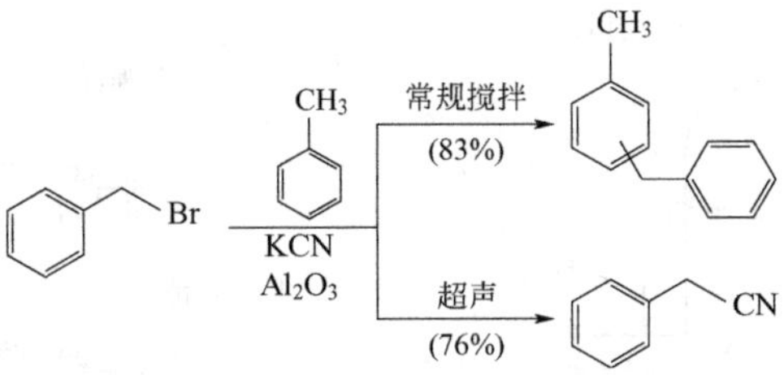

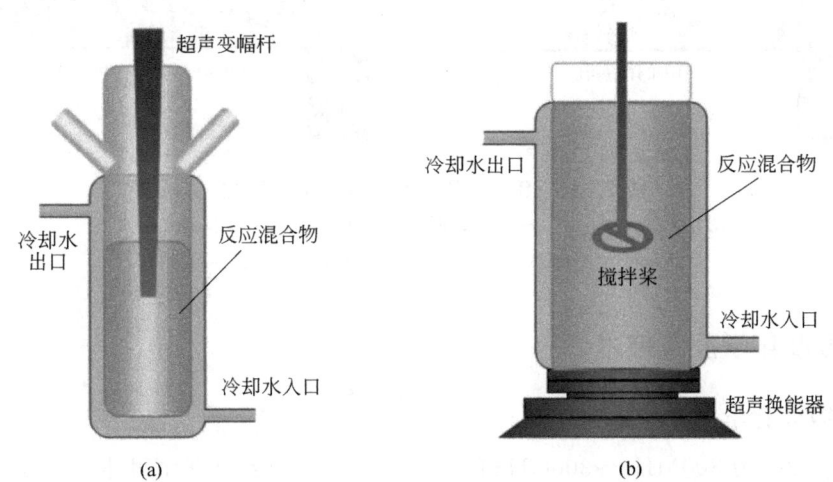

图 25-10-35　声化学开关反应

粉体[134]。除合成化学领域外，超声波在强化膜分离过程、电化学反应、生化分离等过程的质量传递方面也有广阔的应用前景。

　　超声波的物理特性如频率和声强度对反应具有一定的影响。超声频率改变后，空化泡的半衰期发生改变，可能产生不同的自由基[135]。声强度不仅影响产率，也能影响反应的选择性。此外，溶剂的挥发性、黏度和表面张力直接影响空化泡的形成和破裂，因此需进行筛选优化。

10.7.1.3　声化学反应装置

　　实验室中进行的简单合成一般是直接将反应容器放在超声清洗槽的水浴中。在需要较高声强度的反应中，可使用如图 25-10-36 所示的装置。低频超声条件下可将超声变幅杆直接浸入反应溶液，而在高频超声条件下，通常使用将超声换能器粘接在容器外壁的反应器[136]。

图 25-10-36　实验室超声反应装置

图片来源：Wu Zhi-Lin，Jan Lifka，Bernd Ondruschka.

Chem Eng Technol，2006，29：610-615

　　迄今为止，已有多种型式的工业用超声反应器见诸文献[137]。例如，传统反应釜外壁粘贴超声换能器阵列的间歇式超声反应釜［图 25-10-37（a）］和模块化的连续式超声反应器［图 25-10-37（b）］。后者可通过调整反应器模块的数量和流量来适应不同反应体系的要求。

　　超声与微反应器的结合能进一步强化反应条件。在非均相反应中，超声可使微通道内的柱塞流发生微乳化，促进传质（图 25-10-38）。在有固体参与的反应中，超声还能防止固体原料或产物堵塞微通道。

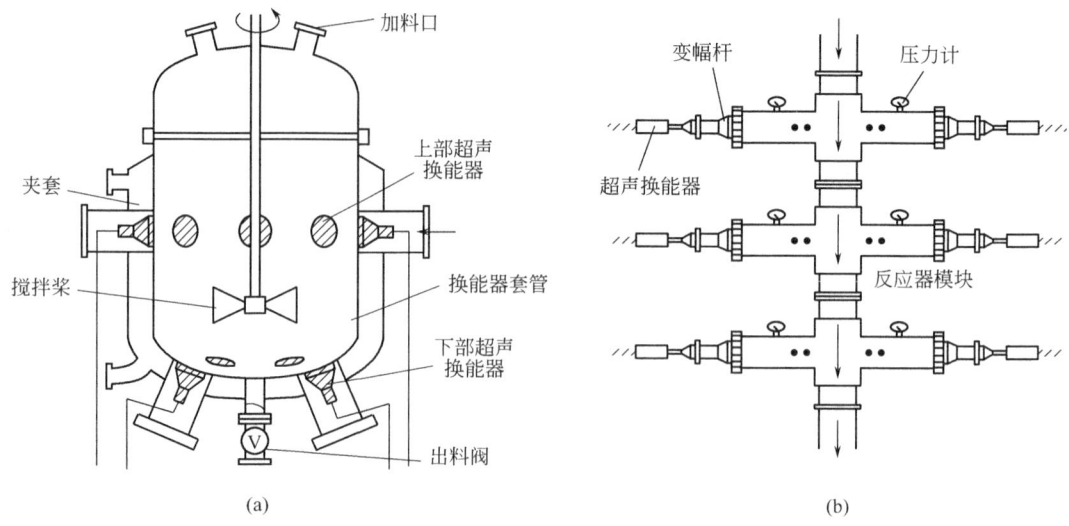

图 25-10-37　工业用超声反应器

图片来源：Thompson L H，Doraiswamy L K. Ind Eng Chem Res，1999，38：1215-1249

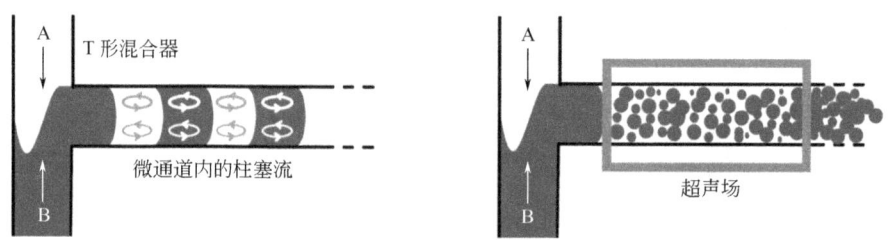

图 25-10-38　超声微反应器中的传质强化

图片来源：Mauro Riccaboni，Elena La Porta，Andrea Martorana，

Roberta Attanasio. Tetrahedron，2010，66：4032-4039

10.7.2　微波化学反应技术

10.7.2.1　微波化学的基本原理

微波是指频率为 300MHz～300GHz 的电磁波，比红外线等波长更长，因此具有更好的穿透性。微波在穿越介质的过程中，可使极性分子产生每秒数十亿次的转动，宏观体现为介质材料内部、外部几乎同时均匀升温，形成体热源状态。因此具有加热速度快、温度梯度小、无热滞后效应等特点，大大强化了热量传递[138]。微波量子能量较低，属于非电离辐射，不能引起化学键断裂，也不能使分子激发到更高的转动或振动能级（图 25-10-39）。自从 1986 年首次发现微波可以促进有机化学反应以来，微波在合成化学中的应用引起了各国化学工作者的关注。微波可以极大地提高化学反应速度。迄今已报道的反应中，最快的可以加速 1240 倍。关于微波促进化学反应的机理存在两种不同的观点：一种是认为微波反应速率或产率的提高来自温度梯度或局部过热[139]；另一种观点则认为微波独特的非热效应降低了反应的活化能，促进了反应的进行[140]。由于微波反应的复杂性，是否存在非热效应尚无

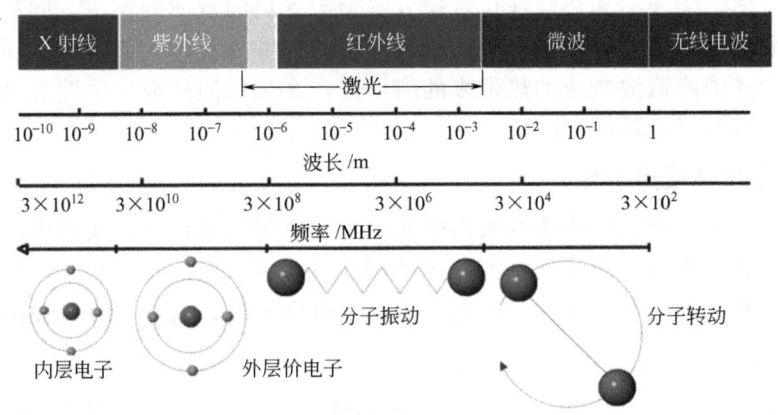

图 25-10-39 电磁辐射频段及其化学效应

定论。

10.7.2.2 微波化学的特点和应用

微波促进的合成反应有以下特点：①微波加热是介质自身介电损耗引起的，直接作用于分子，可实现分子水平上的均匀加热，无热传递过程，能量利用率高；②微波是瞬时加热，升温速度快，调节微波功率，介质温升可无滞后地随之改变，有利于自动控制和减少副反应；③在多种物质存在的情况下，可选择性加热高介电常数介质。例如均相 Hoffmann 消除合成烯酮过程中，由于产物在高温下易聚合，因此无法使用微波加热。改用水-氯仿两相体系，利用微波对水的加热速度远超氯仿的特性，使得季铵盐在高温水相中产生烯酮，产物萃取进入低温的氯仿相而得到保护（图 25-10-40）。另外，还可以使用石墨、碳化硅等微波强吸收材料辅助进行热解反应[141]。

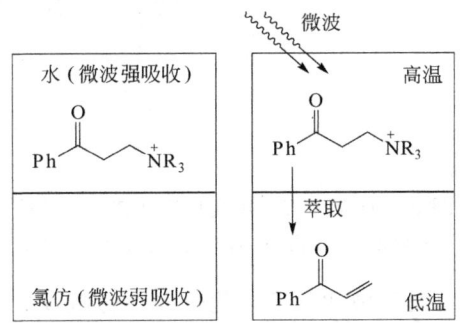

图 25-10-40 微波选择性加热的应用

微波化学反应技术具有反应快、副产物少、产率高、节能等优点。不仅能加速反应，还可完成一些常规方法难以实现的反应，因此已被广泛应用于许多有机合成反应中。由于微波加热温度梯度小，利于在整个体相内快速均匀地成核，因此可用微波法制备纯度高、粒径分布窄而且形态均一的纳米粒子[142]。

微波加快反应速率的影响因素除了与微波功率有关之外，还与溶剂极性和沸点、反应器大小、溶剂体积等有关，所以在应用微波技术的实验中，应注意优化反应条件。由于微波的加热效应，常规温度计不能用于微波场中，需使用光纤温度计或加屏蔽套管的热电偶测温[143]。

微波高效率加热的特性在促进合成反应的同时，也可能引起反应体系局部温度过高，从而导致催化剂失活、酶失活和热敏性化合物分解损失等负面效应的发生。同步冷却微波加热技术采用带夹套的反应容器，使用对微波吸收极弱的硅油为冷却介质，通过强制热交换降低体系温度，减少或消除微波快速加热带来的副反应，在蛋白质研究、手性有机合成和不稳定天然产物提取中得到了成功应用[144]。

10.7.2.3　微波化学反应装置

早期的微波化学合成使用改造的家用微波炉，反应过程难控制，实验重现性差。目前已有多种型号的商品化实验室微波反应器（图 25-10-41），由微波功率源、微波传输系统、微波反应器及终端参数测控系统四部分组成。采用单模谐振腔，通过计算机控制微波输出功率以调节反应温度。

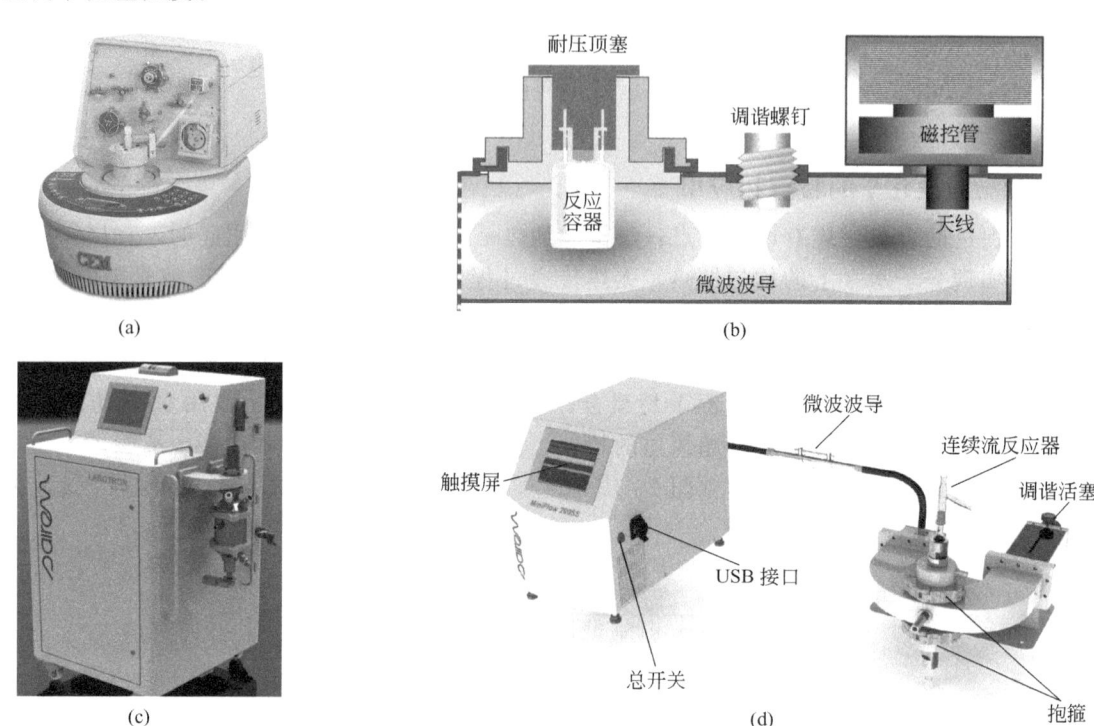

图 25-10-41　商品化实验室微波反应装置

（a）实验室微波反应仪；（b）单模微波反应仪构造；（c）实验室釜式反应器；（d）实验室连续流微波反应器

可放大微波反应器的设计是微波化学工业化过程中的瓶颈之一。微波合成规模放大可通过两种途径实现：连续流反应器和大规模间歇反应器。连续流动微波反应器保留了小型微波反应器的诸多优点，不存在放大效应的限制，但很难适用于非均相体系、高黏度溶液体系以及长时间反应。

大功率千克级微波间歇反应器的研发是一项极具挑战性的工作。由于微波无法穿透传统化工反应器的金属外壁，因此多数微波反应器采用在谐振腔中放置微波透明材料（如聚四氟乙烯、玻璃）反应容器的结构模式（图 25-10-42）[145]。由于受到微波谐振腔大小、场分布以及微波透明材料性能和成本的限制，这类装置缺乏工业放大的潜力。另一种常见设计是用波导管直接将微波导入金属反应器，馈入口用微波透明材质密封。然而，其内部微波分布并不均匀，馈入口附近温度高，装置内温度梯度大。华东理工大学相关课题组设计了一种通过同轴线式缝隙天线将微波直接导入金属反应器的源内置式微波反应釜[146]。反应容器使用常规

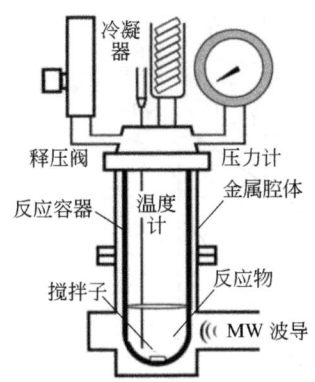

图 25-10-42 一种源外置式微波间歇反应器

图片来源：Satoshi Horikoshi，Suguru Iida，Masatsugu
Kajitani，Susumu Sato，Nick Serpone. Organic Process
Research & Development，2008，12：257-263

金属材料制造，微波能量通过天线在反应器内部从中心轴线向四周均匀发射，场分布均匀、结构简单、耐压性好，具有良好的应用前景。

10.7.3　超声-微波复合能量场强化化学反应技术

超声和微波能量场对众多化学反应具有显著的促进作用，这两种能量场的复合可以创造出热、质传递同时得到高度强化的反应氛围，产生远高于单一能量场简单加和的协同效应。

1996 年报道了首例超声-微波复合能量场促进的合成反应实验[147]。由于超声能量需通过多重传递介质进入反应体系而导致能量衰减，因此未发现复合场协同效应［图 25-10-43 (a)］。2001 年，华东理工大学相关课题组设计了超声变幅杆直接浸没在反应体系中的声波直射式超声微波复合反应装置［图 25-10-43(b)］，在一系列液-液非均相反应中观察到了显著的协同效应[148]。Cravotto 课题组在此基础上进行了改进，采用微波透明材料如石英、耐热玻

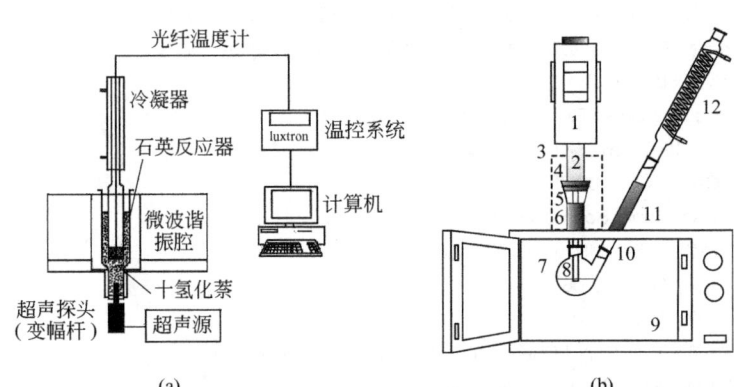
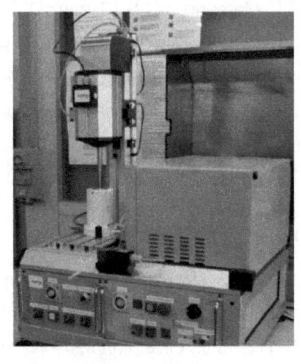

1—超声换能器；2—能量传递杆；3—屏蔽网；4—橡胶塞；
5—玻璃套管；6,11—截止波导；7—烧瓶；8—钛合金变幅杆；
9—谐振腔；10—冷凝器接管；12—冷凝器

图 25-10-43 超声-微波共同强化的化学反应装置

图片（c）来源：Cravotto G，Bonrath W，Tagliapietra S，Speranza C，Calcio Gaudino
E，Barge A. Chemical Engineering and Processing，2010，49：930-935

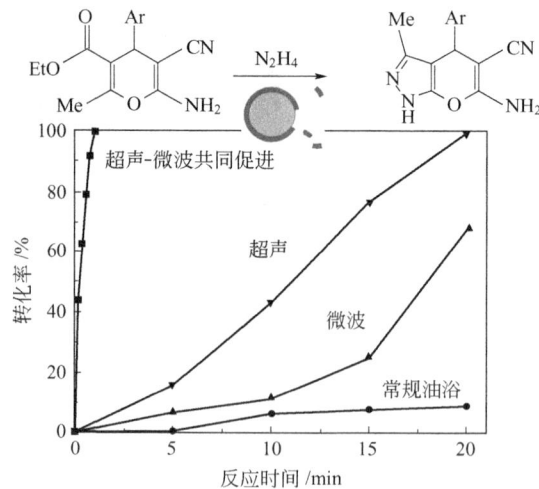

图 25-10-44   超声-微波复合能量场与单一能量场的反应效率对比

璃、工程塑料等材料等制作超声变幅杆，并引入了自动控制单元［图 25-10-43(c)］[149]。

超声-微波共同强化下，许多常规条件需要数小时，甚至不能充分进行的反应都可在数分钟甚至几十秒钟内完成。例如，图 25-10-44 所示的含水固-液非均相环合反应中，产物在固体原料颗粒表面析出导致传质受阻，反应无法顺利进行。使用超声-微波复合能量场，可在强化热量传递的同时打破传质障碍，1min 内即可达到 100％转化率。

除有机合成外，超声-微波复合能量场已在纳米材料制备、污染物处理、能源化学、萃取等领域内得到了成功的应用[150]。

参考文献

［1］ 时钧，袁权，高从堦. 膜技术手册. 北京: 化学工业出版社, 2001: 678.

［2］ Marcano J G S, Tsotsis T T. 催化膜及膜反应器. 张卫东，高坚，译. 北京: 化学工业出版社, 2004.

［3］ 吴圣欣，朱圣东，陈启明. 新型反应器与反应器工程中的新技术. 北京: 化学工业出版社, 2007: 56.

［4］ Kleim L C, Gallagher D. J Membr Sci, 1988, 39（3）: 213-220.

［5］ Niwa M, Yamazaki K, Murakami Y. Ind Eng Chem Res, 1994, 33（2）: 371-374.

［6］ 赵宏宾，李安武，谷景华，等. 石油化工, 1997, 26（12）: 804-808.

［7］ Strano M S, Foley H C. AIChE J, 2001, 47（1）: 66-78.

［8］ Wang Z B, Ge Q Q, Shao J, et al. J Am Chem Soc, 2009, 131（20）: 6910-6911.

［9］ Sanchez J, Tsotsis T T. Membr Sci Technol Ser, 1996, 4: 529-568.

［10］ Gryaznov V M. Platinum Met Rev, 1986, 30（2）: 68-72.

［11］ Gryaznov V M. Platinum Met Rev, 1992, 36（2）: 70-79.

［12］ Shu J, Grandjean B P A, Van Neste A, et al. Can J Chem Eng, 1991, 69（5）: 1036-1060.

［13］ Gryaznov V M, Smirnov V S, Slinko MG. Proc 6th Int Congr Catal, 1976, 2: 894.

［14］ Stoukides M. Catal Rev, 2000, 42（1-2）: 1-70.

［15］ Itoh N. AIChE J, 1987, 33（9）: 1576-1578.

［16］ Terry P A, Anderson M, Tejedor I. J Porous Mater, 1999, 6（4）: 267-274.

［17］ Helmi A, Fernandez E, Melendez J, et al. Molecules, 2016, 21（3）: 376-393.

［18］ Patrascu M, Sheintuch M, Chem Eng J, 2015, 262: 862-874.

［19］ Basile A, Campanari S, Manzolini G, et al. Int J Hydrog Energy, 2011, 36（2）: 1531-1539.

［20］ Múnera J，Faroldi B，Frutis E，et al. Appl Catal A, 2014, 474: 114-124.

［21］ Matsuka M，Shigedomi K，Ishihara T，Int J Hydrog Energy, 2014, 39: 14792-14799.

［22］ Basile A，Gallucci F，Iulianelli A et al. Desalination, 2006, 200（1-3）: 671-672.

［23］ Mironova E Y，Ermilova M M，Orekhova N V，et al. Catal Today, 2014, 236A: 64-69.

［24］ Tosti S，Fabbricino M，Moriani A，et al. J Membr Sci, 2011, 377（1-2）: 65-74.

［25］ Wieland S，Melin T，Lamm A，et al. Chem Eng Sci, 2002, 57（9）: 1571-1576.

［26］ Basile A，Gallucci F，Paturzo L. Catal Today, 2005, 104（2-4）: 244-250.

［27］ Sutthiumporn K，Maneerung T，Kathiraser Y，et al. Int J Hydrog Energy, 2012, 37（15）: 11195-11207.

［28］ Iulianelli A，Liguori S，Huang Y，et al. J Power Source, 2015, 273: 25-32.

［29］ Lin K H，Lin W H，Hsiao C H，et al. Int J Hydrog Energy, 2012, 37（18）: 13770-13776.

［30］ Sanz R，Calles J A，Alique D，et al. Int J Hydrog Energy, 2014, 39（9）: 4739-4748.

［31］ García-García F R，Rahman M A，González-Jiménez I D，et al. Catal Today, 2011, 171（1）: 281-289.

［32］ Battersby S E，Miller D，Zed M，et al. Adv Appl Ceram, 2007, 106: 29-34.

［33］ Battersby S，Ladewig B P，Duke M，et al. Asia-Pac J Chem Eng, 2010, 5（1）: 83-92.

［34］ Maneerung T，Hidajat K，Kawi S，J Membr Sci, 2016, 514: 1-14.

［35］ 董辉，熊国兴，邵宗平，等. 科学通报，1999，44（19）: 2050-2052.

［36］ Gao K D，Yang J H，Seidel-Morgenstern A，et al. Chem Ing Tech, 2016, 88（1-2）: 168-176.

［37］ Xue J，Chen Y，Wei Y Y，et al. ACS Catal, 2016, 6（4）: 2448-2451.

［38］ Morejudo S H，Zanón R，Escolástico S，et al. Science, 2016, 353（6299）: 563-566.

［39］ Pérez-Ramírez J，Vigeland B. Angew Chem Int Ed, 2005, 44（7）: 1112-1115.

［40］ Sellaro M，Bellardita M，Brunetti A，et al. RSC Adv, 2016, 6（71）: 67418-67427.

［41］ Kim S J，Liu Y J，Moore J S，et al. Chem Mater, 2016, 28（12）: 4397-4402.

［42］ Aghdam N C，Ejtemaei M，Babaluo A A，et al. Chem Eng J, 2016, 305: 2-11.

［43］ Molinari R，Lavorato C，Mastropietro T F，et al. Molecules, 2016, 21（3）: 394-411.

［44］ Lei Z G，Long A B，Wen C P，et al. Ind Eng Chem Res, 2011, 50（9）: 5360-5368.

［45］ Hatziantoniou V，Andersson B T. Ind Eng Chem Fundam, 1984, 23（1）: 82-88.

［46］ Kawakami K，Kawasaki K，Shiraishi F，et al. Ind Eng Chem Res, 1989, 28（4）: 394-400.

［47］ Irandoust S，Gahne O. AIChE J, 1990, 36（5）: 746-752.

［48］ Edvinsson R，Irandoust S. Ind Eng Chem Res, 1993, 32（2）: 391-395.

［49］ Edvinsson R K，Holmgren A M，Irandoust S. Ind Eng Chem Res, 1995, 34（1）: 94-100.

［50］ Klinghoffer A A，Cerro R L，Abraham M A. Catalysis Today, 1998, 40（1）: 59-71.

［51］ Berčič G. Catalysis Today, 2001, 69（1-4）: 147-152.

［52］ Liu W，Addiego W P，Sorensen C M，et al. Ind Eng Chem Res, 2002, 41（13）: 3131-3138.

［53］ Marwan H，Winterbottom J M. Catalysis Today, 2004, 97（4）: 325-330.

［54］ Natividad R，Kulkarni R，Nuithitikul K，et al. Chem Eng Sci, 2004, 59（2）: 5431-5438.

［55］ Bussard A G，Waghmare Y G，Dooley K M，et al. Ind Eng Chem Res, 2008, 47（14）: 4623-4631.

［56］ Groppi G，Tronconi E，Catalysis Today, 2001, 69（1-4）: 63-73.

［57］ 许闻. 结构化多相反应器多尺度传递和加氢脱硫反应性能研究. 北京: 北京化工大学, 2012.

［58］ 代成娜. 整体式结构化催化剂合成异丙苯的反应过程强化. 北京: 北京化工大学, 2013.

［59］ 陈建峰. 超重力技术及应用——新一代反应与分离技术. 北京: 化学工业出版社, 2003.

［60］ 桑乐，罗勇，初广文，等. 化工学报，2015，（1）: 14-31.

［61］ 张军. 旋转床内液体流动与传质的实验研究和计算模拟. 北京: 北京化工大学, 1996.

［62］ 杨旷. 超重力旋转床微观混合与气液传质特性研究. 北京: 北京化工大学, 2010.

［63］ 杨旷，初广文，邹海魁，等. 北京化工大学学报，2011，38（2）: 7-11.

［64］ 郭奋. 错流旋转床内流体力学与传质特性的研究. 北京: 北京化工大学, 1996.

［65］ 李振虎. 旋转床内传质过程的模型化研究. 北京: 北京化工大学, 2000.

［66］ 郭锴. 超重机转子内填料流动的观测与研究. 北京化工大学, 1996.

［67］ Guo K，Guo F，Feng Y D，et al. Chem Eng Sci, 2000, 55（9）: 1699-1706.

［68］ 竺洁松. 旋转床内液体微粒化对气液传质强化的作用. 北京: 北京化工大学, 1997.

［69］ Chen Q Y, Chu G W, Luo Y, et al. Ind Eng Chem Res, 2016, 55: 11606-11613.

［70］ Sun B C, Wang X M, Chen J M, et al. Ind Eng Chem Res, 2009, 48: 11175-11180.

［71］ Qian Z, Xu L B, Li Z H, et al. Ind Eng Chem Res, 2010, 49: 6196-6203.

［72］ Yi F, Zou H K, Chu G W, et al. Chem Eng J, 2009, 145: 377-384.

［73］ Zhang L L, Wang J X, Xiang Y, et al. Ind Eng Chem Res, 2011, 50（11）: 6957-6964.

［74］ Li W Y, Wu W, Zou H K, et al. Chin J Chem Eng, 2010, 18（2）: 194-201.

［75］ Baldyga J, Bourne J R. Turbulent Mixing and Chemical Reactions. New York: John Wiley & Sons, 1999.

［76］ Baldyga J, Bourne J R. Chem Eng Sci, 1992, 47: 1839-1848.

［77］ Bourne J R. Org Process Res Dev, 2003, 7（4）: 471-508.

［78］ Pohorecki R, Baldyga J. Chem Eng Sci, 1988, 43: 1949-1960.

［79］ Villermaux J, Blavier L. Chem Eng Sci, 1984, 39: 87-99.

［80］ Marini L, Georgakis C. Chem Eng Comm, 1984, 30: 361-369.

［81］ Guichardon P, Falk L. Chem Eng Res Des, 2001, 79（8）: 906-914.

［82］ Fang J Z, Lee D J. Chem Eng Sci, 2001, 56（12）: 3797-3802.

［83］ Danckwerts P V. Chem Eng Sci, 1953, 2: 1-13.

［84］ Danckwerts P V. Chem Eng Sci, 1958, 8: 93-99.

［85］ 陈建峰. 混合-反应过程的理论与实验研究. 杭州: 浙江大学, 1992.

［86］ 杨海健. 新型化学反应器的微观混合实验、理论及应用研究. 北京: 北京化工大学, 2007.

［87］ 李洪钟. 过程工程——物质·能源·智慧. 北京: 科学出版社, 2010.

［88］ Ottino J M. The Kinematics of Mixing: Stretching, Chaos, and Transport, Vol 3. Cambridge: Cambridge university press, 1989.

［89］ Ottino J M, Wiggins S. Science, 2004, 305（5683）: 485-486.

［90］ Falk L, Commenge J-M. Chem Eng Sci, 2010, 65（1）: 405-411.

［91］ Kashid M N, Renken A, Kiwi-Minsker L. Microstructured Devices for Chemical Processing. New York: John Wiley & Sons, 2014.

［92］ Kashid M, Renken A, Kiwi-Minsker L. Chem Eng J, 2011, 167（2-3）: 436-443.

［93］ Shao N, Gavriilidis A, Angeli P. Chem Eng Sci, 2009, 64（11）: 2749-2761.

［94］ Triplett K A, Ghiaasiaan S M, Abdel-Khalik S I, et al. Int J Multiphase Flow, 1999, 25（3）: 377-394.

［95］ Akbar M K, Plummer D A, Ghiaasiaan S M. Int J Multiphase Flow, 2003, 29（5）: 855-865.

［96］ Yue J, Luo L, Gronthier Y, et al. Chem Eng Sci, 2008, 63（16）: 4189-4202.

［97］ Yue J, Chen G, Yuan Q, et al. Chem Eng Sci, 2007, 62（7）: 2096-4108.

［98］ Yao C Q, Dong Z, Zhao Y, et al. Chem Eng Sci, 2014, 112: 15-24.

［99］ Yao C Q, Dong Z, Zhao Y, et al. Chem Eng Sci, 2015, 123: 137-145.

［100］ Bercic G, Pintar A. Chem Eng Sci, 1997, 52（21-22）: 3709-3719.

［101］ van Baten J M, Krishna R, et al. Chem Eng Sci, 2005, 60（4）: 1117-1126.

［102］ Vandu C O, Liu H, Krishna R. Chem Eng Sci, 2005, 60（22）: 6430-6437.

［103］ Y Yue J, Luo L, Gonthier Y, et al. Chem Eng Sci, 2009, 64（16）: 3697-3708.

［104］ Kashid M, Kiwi-Minsker L. Chem Eng Processing: Process Intensification, 2011, 50（10）: 972-978.

［105］ Lakehal D, Larrignon G, Narayanan C. Microfluid Nanofluid, 2008, 4（4）: 261-271.

［106］ Dai Z, Guo Z, Fletcher D F, et al. Chem Eng Sci, 2015, 138: 140-152.

［107］ 赵玉潮, 陈光文. 中国科学: 化学, 2015, 45（1）: 16-23.

［108］ Saber M, Commenge J-M, Falk L. Chem Eng Proc: Proc Intensificat, 2009, 48（3）: 723-733.

［109］ Al-Rawashdeh M, Fluitsma L J M, Nijhuis T A, et al. Chem Eng J, 2012, 181-182: 549-556.

［110］ Silveston P L, Hudgins R R. Periodic Operation of Chemical Reactors. Oxford: Butterworth-Heinemann, 2013.

［111］ Boreskov G K, Matros Y S. Catal Rev Sci Eng, 1983, 25（4）: 551-590.

［112］ Matros J S, Boreskov G K, Lakhmostov V S, et al. US 4478808, 1984-10-23.

［113］ 肖文德. 非稳态 SO₂ 反应器稳定性及控制的研究. 上海: 华东化工学院, 1991.

［114］ Xiao W-D, Yuan W-K. Chem Eng Sci, 1994, 49（21）: 3631-3641.

［115］ 肖文德, 袁渭康. CN1053220A. 1991-07-24.

[116] Padberg G, Wicke E. Chem Eng Sci, 1967, 22（7）: 1035-1051.

[117] Xiao W-D, Yuan W-K. Chem Eng Sci, 1999, 54（10）: 1307-1311.

[118] Xiao W-D, Wang H, Yuan W-K. Chem Eng Sci, 1999, 54（10）: 1333-1338.

[119] Xiao W-D, Wang H, Yuan W-K. Chem Eng Sci, 1999, 54（20）: 4629-4638.

[120] 郭汉贤, 韩镇海, 谢克昌. 化工学报, 1984（3）: 244-256.

[121] 朱自强. 超临界流体技术——原理和应用. 北京: 化学工业出版社, 2000.

[122] 韩布兴. 超临界流体科学与技术. 北京: 中国石化出版社, 2005.

[123] Savage P E. Chem Rev, 1999, 99: 603-621.

[124] Subramanlam B, McHugh M A. Ind Eng Chem Proc Des Dev, 1986, 25: 1-12.

[125] Kajimoto O. Chem Rev, 1999, 99: 355-389.

[126] 尤侯平, 曹堃, 等. 高分子材料科学与工程, 2005, 21（4）: 37-41.

[127] 王文俊, 刘伟峰, 李伯耿, 等. CN103880999A. 2014-06-25.

[128] 李伯耿, 王文俊, 刘伟峰, 等. CN103936909A. 2014-07-23.

[129] Mason T J. Chem Soc Rev, 1997, 26（6）: 443-451.

[130] Cravotto G, Cintas P. Chem Sci, 2012, 3（2）: 295-307.

[131] Shchukin D G, Skorb E, Belova V, et al. Adv Mater, 2011, 23（17）: 1922-1934.

[132] Cains P W, Martin P D, Price C J. Org Proc Res Dev, 1998, 2（1）: 34-48.

[133] Cravotto G, Cintas P. Angew Chem Int Ed, 2007, 46（29）: 5476-5478.

[134] Xu H, Zeiger B W, Suslick K S. Chem Soc Rev, 2013, 42（7）: 2555-2567.

[135] Petrier C, Jeunet A, Luche J L, et al. J Am Chem Soc, 1992, 114（8）: 3148-3150.

[136] Wu Z L, Lifka J, Ondruschka B. Chem Eng Technol, 2006, 29（5）: 610-615.

[137] Thompson L H, Doraiswamy L K. Ind Eng Chem Res, 1999, 38（4）: 1215-1249.

[138] Gawande M B, Shelke S N, Zboril R, et al. Acc Chem Res, 2014, 47（4）: 1338-1348.

[139] Kappe C O, Pieber B, Dallinger D. Angew Chem Int Ed, 2013, 52（4）: 1088-1094.

[140] Dudley G B, Stiegman A E, Rosana M R. Angew Chem Int Ed, 2013, 52（31）: 7918-7923.

[141] Cho H Y, Ajaz A, Himali D, et al. J Org Chem, 2009, 74（11）: 4137-4142.

[142] Baghbanzadeh M, Carbone L, Cozzoli P D, et al. Angew Chem Int Ed, 2011, 50（48）: 11312-11359.

[143] Kappe C O. Chem Soc Rev, 2013, 42（12）: 4977-4990.

[144] Leadbeater N E, Pillsbury S J, Shanahan E, et al. Tetrahedron, 2005, 61（14）: 3565-3585.

[145] Horikoshi S, Iida S, Kajitani M, et al. Org Proc Res Dev, 2008, 12（2）: 257-263.

[146] 宋恭华, 林盛杰, 彭延庆, 等. CN104383866A. 2015-03-04.

[147] Chemat F, Poux M, Martino J L D, et al. J Microwave Power Electromag Energy, 1996, 31（1）: 19-22.

[148] Peng Y, Song G. Green Chem, 2001, 3（6）: 302-304.

[149] Cravotto G, Cintas P. Chem Eur J, 2007, 13（7）: 1902-1909.

[150] Peng Y, Song G, Dou R. Green Chem, 2006, 8（6）: 573-575.

符号说明

1. 传质

a_c	离心加速度, $m \cdot s^{-2}$
a_e	有效传质比表面积, m^{-1}
$(a_e)_p$	填料区有效传质比表面积, m^{-1}
a_p	填料的比表面积, m^{-1}
a_p'	2mm玻璃珠的比表面积, m^{-1}
a_t	填料的比表面积, m^{-1}
d_p	填料的当量直径, m
D	扩散系数, $m \cdot s^{-2}$
D_G	气相溶质扩散系数, $m^2 \cdot h^{-1}$

第 **25** 篇

H_y	亨利常数
$k_G a$	气相体积传质系数，$mol \cdot atm^{-1} \cdot m^{-3} \cdot s^{-1}$
$K_G a$	气相总体积传质系数，$mol \cdot atm^{-1} \cdot m^{-3} \cdot s^{-1}$
k_L	液相传质系数，$m \cdot s^{-1}$
K_L	液相总传质系数，$m \cdot s^{-1}$
$k_L a$	液相体积传质系数，$mol \cdot s^{-1} \cdot m^{-3}$
$(k_L a)_e$	端效应区的液相体积传质系数，h^{-1}
$(k_L a)_b$	主体区的液相体积传质系数，h^{-1}
$(k_L a)_c$	空腔区的液相体积传质系数，h^{-1}
N	转速，$r \cdot min^{-1}$
q_L	单位填料周向面积上的液体通量，$m^3 \cdot m^{-2} \cdot s^{-1}$
r	填料半径，m
u_g	气相空床气速，$m \cdot s^{-1}$
v	持液量
V_o	填料外径与外壳内径间的体积，m^3
V_i	填料内径以内的体积，m^3
V_t	超重力反应器总体积，m^3
σ	表面张力，$J \cdot m^{-2}$
σ_c	填料临界表面张力，$J \cdot m^{-2}$
σ_w	水表面张力，$J \cdot m^{-2}$
ρ	密度，$kg \cdot m^{-3}$
μ	动力黏度，$Pa \cdot s$
φ	液体未被丝网捕获的理论概率
ω	转速，$rad \cdot s^{-1}$
δ	液膜厚度，m

无量纲数群 （传质）

Fr	弗鲁德数
Gr	格拉斯霍夫数
Re	雷诺数
Sc	施密特数
We	韦伯数

下角标 （传质）

G	气相
g	气相
L	液相
l	液相

2. 混合

c	液相浓度，$mol \cdot L^{-1}$
d	液滴直径，m
e	组分体积分率
q_l	液体体积流量，$m^3 \cdot s^{-1}$
R	填料半径，m
r	反应速率，$mol \cdot L^{-1} \cdot s^{-1}$
s	片状微元变形伸长速率，s^{-1}

t_m	分子微观混合特征时间，s
ε	能量耗散率，$W \cdot kg^{-1}$
X_s	微观混合离集指数
μ	流体黏度，$Pa \cdot s$
ρ	流体密度，$kg \cdot m^{-3}$
η	均匀化分布因子

3. 下角标（混合）

A，B，C，D，E，F	反应与生成物组分区分标识
AO，BO，CO，DO，EO，FO	反应与生成物浓度区分标识
1，2，3	反应速率区分标识

11

化学产品工程与技术

11.1 化学产品工程的概念

化学产品的开发始终是化学工程师的主要任务之一，但化学产品工程概念的提出则是在2000年前后。一批美欧化工界的学者在探索21世纪化学工程学科发展方向时认识到，全球化学工业重心正在发生重大的转变。一方面，大宗基础化学品的生产渐趋饱和，利润空间不断缩小；另一方面，随着信息技术、现代交通、生物医药、新能源等产业的发展，市场对包括化工新材料在内的各种专用化学品的需求量不断增加。化工生产正在由资源的初加工向深度加工的方向发展。许多大型跨国化工公司纷纷进行核心产业的转移，以适应市场需要和追求高额利润。据此，他们提出将化学产品工程作为化学工程的一个新的前沿领域。其中代表性的有美国普林斯顿大学韦潜光教授的重要报告"产品工程：化学工程发展的第三个里程碑？"[1]。一些国内外学者在也相继发表了一批学术评论[2~9]，阐述了化学产品工程研究的基本问题及对化学工程学科的提升作用。指出传统的化学工程多关注产品的生产过程，而化学产品工程则更强调产品的创新设计，以满足市场对产品特定性能或功能的需求。一些学者认为，化学产品工程应涵盖新产品的发现、设计、开发、制造与营销的全过程，范围极为广泛。更多的学者将化学产品工程的研究对象定位于具有特种性能或功能的专用化学品，因为这类专用化学品的性能或功能严重地依赖于它们的结构，所以以性能或功能为导向，进行这类专用化学品结构的理性设计与精准制造已成为当今化学产品工程研究的热点[10]。

2001年，剑桥大学出版社出版的《化学产品设计》[11]一书较全面地阐述了化学产品的开发过程。作者将化学产品工程的研究对象分为特种精细化学品、微结构化产品和化学功能器件三大类，并以若干案例加以说明。2003年，清华大学出版社出版了该书的中译本[12]。2011年，剑桥大学出版社又出版了该书的第二版，对化学产品的设计方法和案例作了较多的补充。2014年，Wiley-YCH出版社出版了《固体和液体工业产品的设计》[13]一书。该书作者早年在大学任教，后长期在产业界从事化工过程的开发，因此书的内容涉及更多的化工产品，案例也更具工业生产背景。作者在书中还把化学产品设计看作是化工产品与过程开发的新途径。

发展化学产品工程的目标是，使专用化学品的开发更加科学化、迅捷化，更快、更好地满足市场对化学产品特殊性能和功能的需求。其实，这也是化学工业迈入当今世界C2B、B2B商业模式的迫切需要。目前，化工过程设计已可通过物料衡算、能量衡算、反应动力学计算及过程模拟等，实现高度理性的设计，实现物能利用的最大化。然而，由于化学产品的性能或功能十分广泛，而决定这些性能或功能的产品结构层次又极为丰富，人们对它们间内在关系的认知还非常有限，现有的分子模拟技术还远不能指导大多数化学产品的理性设计。2011年，美国率先启动了材料基因组计划，试图在大量实验的基础上，通过数据库的建立与共享、云计算技术的应用等，就一些关键材料建立起准确的性能预测模型，以求把现有的材料研发周期从 20～30 年缩短到 2～3 年。这一计划显然可弥补现有分子模拟技术的不足，也可为其他复杂结构化学品理性设计方法的建立提供借鉴。

化学产品快捷开发的另一个基本条件是，其生产工艺与装置的快速建立。高通量实验技术可以加速化学产品合成的配方与催化剂的筛选，但生产工艺路线及反应器等装置的设计还要依靠经验丰富的化学工程师。从缩短产品开发周期、提高反应器等生产装置的适应性、实现产品结构的精准定制的角度考虑，还有必要提高设计师对装置柔性化的认识，引入过程在线检测手段和数字化控制技术。

机械工业产品的数控制造已有半个多世纪的历史；化学品的数控制造应当成为化工学者与工程师们的梦想与追求[14]。所谓数控制造，就是应用计算机程序对生产过程及其产品实现精准的定量控制。3D 打印技术一定程度上实现了化学制品的数控制造，但其能精准可控的还主要是制品的形貌结构。要实现诸如聚合物那样的化学品的分子和聚集态结构的精准定制的数控制造还有赖于聚合反应动力学及其模型化的深入研究[15]。

11.2　纳微结构化学品的合成技术

11.2.1　火焰燃烧合成

11.2.1.1　火焰燃烧合成概述

（1）火焰燃烧合成的基本过程　火焰燃烧合成（flame synthesis）一般是指将前驱体加入高温火焰中，通过反应、成核、凝并、烧结等过程从气溶胶中获得纳米颗粒的方法。火焰燃烧法制备的颗粒粒径分布均匀、分散性能好，过程快速高效，是制备颗粒材料的重要方法，也是最有工业化前景的方法之一。人们对于火焰燃烧制备纳米材料的研究开发十分重视，这些研究涉及颗粒材料的形貌、结构、化学组成和晶体结构等诸多方面，尤其是高温快速反应过程中对纳米材料的结构调控和复杂组分功能性纳米材料的可控制备是近年来的研究热点[16~18]。

火焰燃烧过程中纳米材料生成的基本过程如图 25-11-1 所示。通常前驱体以气体、液滴或固体颗粒的形态注入反应区，液态和固态前驱体加入高温火焰后迅速蒸发汽化，汽化的前驱体发生化学反应生成产物的分子或分子簇。这些分子或分子簇很快就成核（nucleation）、生长（有时也伴随有表面反应）成为初级粒子（primary particles）；这些初级粒子之间相互碰撞，凝并（coagulation）、烧结（sintering）以及产物蒸气在初级粒子表面的凝结使粒子生长形成最终的产物颗粒[19~21]。

（2）火焰燃烧合成的基本理论和模型　不同的前驱物、不同的火焰形式，颗粒在合成过程中基本的变化过程是基本类似的，即都需要经历化学反应、成核、凝并、烧结等过程。对于大部分前驱物来说，化学反应的特征时间相对较短，对颗粒变化过程有控制性影响的是产物分子的成核过程和初级粒子间的凝并、烧结过程。

① 颗粒成核过程　火焰燃烧反应生成纳米颗粒的关键在于是否能在均匀气相中自发成核。在气相情况下有两种不同的成核方式：第一种是直接从气相中生成固相核，或先从气相中生成液滴核然后再从中结晶；第二种是成核，起初为液球滴、结晶时出现平整晶面，再逐

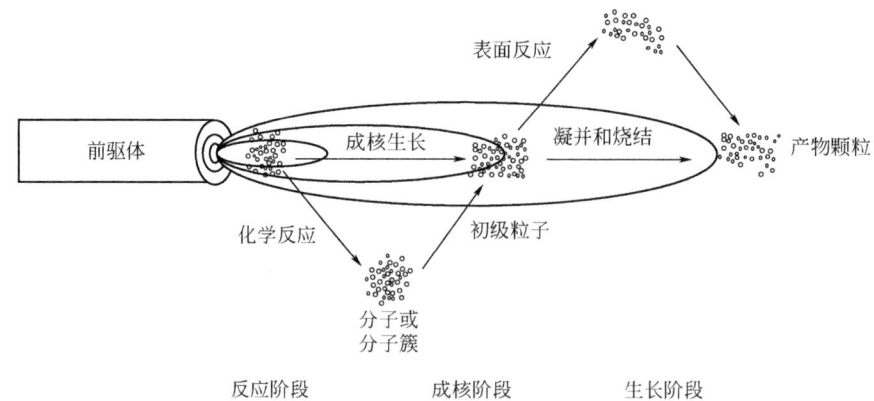

图 25-11-1　火焰燃烧合成纳米颗粒的基本过程

渐显示为立方形。其中间阶段和最终阶段处于一定的平衡，即 Wulf 平衡多面体状态。化合物的结晶过程是很复杂的。按照成核理论，单位时间、单位体积内的成核可表示为[22]：

$$I = N_p \frac{kT}{h} \exp\left(-\frac{\Delta G + \Delta g}{kT}\right) \tag{25-11-1}$$

式中，N_p 为母相单位体积中的原子数；k 为玻尔兹曼常数；T 为绝对温度；h 为普朗克常数；ΔG 为形成一个新相核心时自由能的变化；Δg 为原子越过界面的激活能。其中 $\Delta g > 0$，与温度及界面状态有关，但变化不大。决定大小的关键因素是 ΔG。

② 颗粒凝并过程　在火焰场中颗粒凝并过程的理论研究主线源于 Smoluchowski（1917）提出的气溶胶动力学方程，后又称 Smoluchowski 方程[23]，

$$\frac{\partial n_k}{\partial t} = \frac{1}{2} \sum_{i+j=k} \beta(i,j) n_i n_j - \sum_{i=1}^{\infty} \beta(i,k) n_i n_k \tag{25-11-2}$$

式中，β 是颗粒间的碰撞率函数；n_k，n_i，n_j 分别表示粒径在 k，i，j 级别的颗粒的数密度。右边第一项表示比 k 级粒径小的颗粒通过碰撞过程形成 k 级粒径颗粒，对 k 级颗粒浓度是一个正的源项，前面的 $1/2$ 是由于同一次碰撞事件在累加中被加了两次。第二项表示 k 级颗粒与其他粒径颗粒碰撞形成比 k 级颗粒粒径大的颗粒，对 k 级颗粒是一个负的源项。

对于火焰燃烧合成过程来说，一般认为布朗团聚是小于 $1\mu m$ 的颗粒主要的碰撞机制。假想颗粒为互不作用的小球，类比气体分子运动理论[24]，布朗团聚导致的碰撞率函数可以表示为：

$$\beta(v_i, v_j) = \left(\frac{3}{4\pi}\right)^{\frac{1}{6}} \left(\frac{6kT}{\rho_p}\right)^{\frac{1}{2}} \left(\frac{1}{v_i} + \frac{1}{v_j}\right)^{\frac{1}{2}} (v_i^{\frac{1}{3}} + v_j^{\frac{1}{3}})^2 \tag{25-11-3}$$

式中，k 为玻尔兹曼常数；T 为绝对温度；v_i 和 v_j 分别为颗粒的体积；ρ_p 为颗粒的密度。

③ 颗粒的烧结过程　烧结现象是火焰燃烧合成过程中最重要的动力学行为之一。在颗粒均匀性假设的前提下，如果固体态扩散主导质量迁移[25]，纳米颗粒表面积线性衰减模型可以表示为：

$$\frac{dA}{dt} = -\frac{1}{\tau_f}(A - A_{final}) \tag{25-11-4}$$

式中，A 是颗粒的总表面积；τ_f 是整个烧结过程的特征时间；A_{final} 是烧结结束时的颗粒总表面积。模型描述了烧结过程中表面积的变化规律，如何确定特征烧结时间 τ_f 是人们关注的重点。

一般认为熔点以上的烧结是黏性流机制控制，特征烧结时间受表面张力和黏度影响[26]，具体可以表示为：

$$\tau_f = \frac{\eta d_p}{\sigma} \tag{25-11-5}$$

式中，η 是熔融颗粒的动力黏度；d_p 是烧结开始时的颗粒粒径；σ 是表面张力。烧结的驱动力是表面张力，阻力是黏性力，烧结时间与粒径一次方成正比。

熔点以下的烧结一般认为受固态扩散控制[26]，特征时间 τ_f 可以表示为：

$$\tau_f = \frac{3kTv_p}{64\pi D\sigma v_a} \tag{25-11-6}$$

式中，k 是玻尔兹曼常数；T 是颗粒温度；v_p 是颗粒体积；D 是扩散系数；σ 是颗粒表面张力；v_a 是原子扩散体积。

(3) 火焰燃烧合成分类 按照前驱体的加入方式，火焰燃烧合成可以细分为气相火焰燃烧（vapor-fed flame synthesis）、喷雾火焰燃烧（spray-fed flame synthesis）、固态前驱体火焰燃烧（solid-fed flame synthesis）三大类，如图 25-11-2 所示[27]。

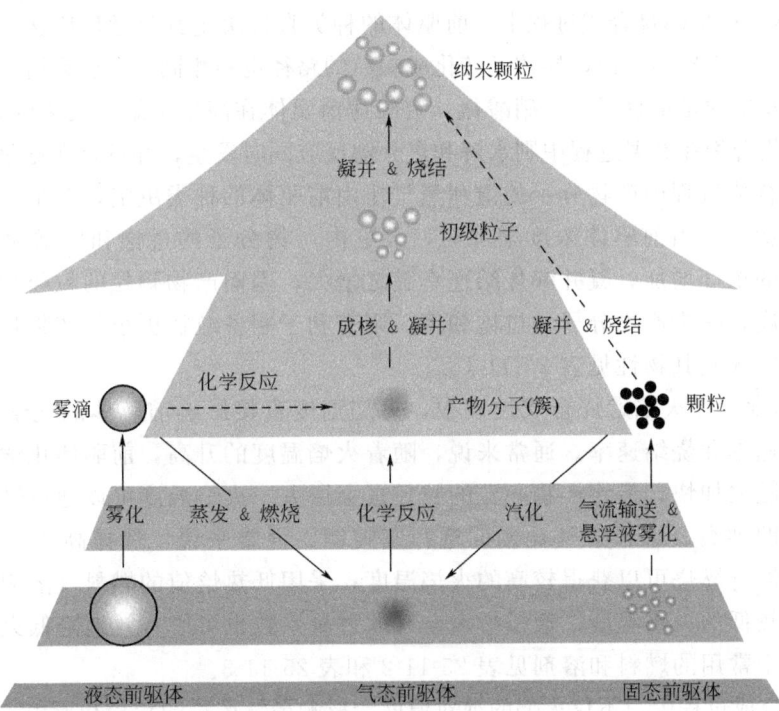

图 25-11-2 火焰燃烧合成的分类

气相火焰燃烧是指前驱体和燃料全部以气态的方式加入燃烧反应器并点燃形成射流火焰，最终得到纳米材料的过程，也是最为常见的一种方式，被广泛地应用于炭黑、SiO_2、TiO_2 等纳米颗粒材料的工业化制备。

喷雾火焰燃烧是指将前驱体或者前驱体溶液雾化后通入火焰内部，利用燃烧产生的高温使雾滴分解，生成产物纳米材料的方法。根据前驱体溶液的溶剂是否作为燃烧参与反应，又可以细分为火焰喷雾热解和火焰辅助喷雾热解。由于前驱体采用溶液进料，不仅解决了前驱体的汽化和计量等方面的难题，可以制备复杂组分的氧化物或者非氧化合物体系，使其更广泛地应用于电子、生物等领域。还可以通过控制雾滴在火焰中的汽化和分解速率，制备出各种具有空心结构或者核壳结构的纳米材料，极大地扩展了火焰燃烧合成的应用领域，因而这种方法近年来得到了迅速的发展。

固态前驱体火焰燃烧是指采用气流输送或者颗粒物悬浮液的方式，将固态前驱体引入高温火焰中，固态前驱体遇到高温火焰后迅速蒸发汽化后，再经过成核、生长、凝并、烧结等过程获得纳米材料的方法。采用固相前驱体进料，可以利用高温火焰将"较大"微米级颗粒"粉碎"成较小的纳米级颗粒，也可以实现对纳米颗粒进行二次的烧结以改善其结晶、增大粒径或者表面掺杂改性等。

（4）火焰燃烧过程中的影响因素　在火焰燃烧合成过程中，纳米颗粒在火焰场中的动力学行为决定了其最终产物的主要结构和性质。理解从前驱物到最终颗粒所经历的反应、成核、碰撞和烧结过程对于纳米材料的可控制备有着关键而基础的意义。在火焰燃烧过程中许多因素对产物纳米材料的结构和性能都有影响。对纳米材料结构和性能影响最大的参数包括：前驱体、火焰温度、停留时间、添加剂等，此外，在火焰燃烧反应器内增加电场或磁场也可以影响产物的形貌和结构[28~31]。

① 前驱体　火焰燃烧合成过程中，前驱体的种类直接决定其化学反应速率。不同前驱体的燃烧和化学反应机理不一样，导致了转化成颗粒的路径也不相同。一般来讲，氯化物前驱体在高温火焰中发生的是水解反应，硝酸盐、硫酸盐前驱体在高温火焰中发生的是热分解反应。金属有机盐类化合物在高温过程中则水解和热分解反应同时发生，并且存在竞争关系。

火焰燃烧合成过程中产物分子的饱和蒸气压由前驱体的种类决定，但是其过饱和度受到前驱体浓度的影响。当前驱体浓度增加时，火焰内产物分子的过饱和度增大，成核速率增大，初级粒子的浓度增加，凝并和烧结速率随之增大，因而产物颗粒的粒径增大。反之，若降低前驱体浓度，减少产物分子的过饱和度，则有利于制备粒径更小的产物颗粒[32~34]。

常用的前驱体及其物性见表 25-11-1。

② 火焰温度　在火焰燃烧合成过程中，火焰温度直接影响前驱体的化学反应速率、成核速率、凝并速率和烧结速率。通常来说，随着火焰温度的升高，前驱体化学反应速率、凝并和烧结速率随之加快，最终产物颗粒的粒径也会增大。火焰温度可以通过燃料（前驱体溶剂）和氧化剂的种类及燃料氧气比例的选择来控制。通常来说，选择高热焓值的燃料（溶剂）与纯氧气混合燃烧可以获得较高的火焰温度；采用低热焓值的燃料（溶剂）与空气混合燃烧可以获得较低的火焰温度，通过增大空气的过量系数也可以有效地降低火焰温度。火焰燃烧合成过程中常用的燃料和溶剂见表 25-11-2 和表 25-11-3。

火焰燃烧合成过程中，不仅火焰的绝对温度会影响最终产物的粒径和形貌，火焰中的温度分布也会很大程度上影响产物的粒径和形貌。火焰内部的温度分布则主要由燃烧火焰的形式和燃烧反应器的结构决定。由于火焰燃烧过程中不可避免地存在外焰、内焰和焰心，其温度存在不均匀性。对于扩散火焰，受到燃料与氧化剂混合速率的影响，外焰的温度最高，焰心的温度最低；对于预混火焰，受到外界环境温度的影响，外焰的温度最低，焰心的温度最高[35~37]。

表 25-11-1 常用前驱体及其物性

目标产物	前驱体	分子式	英文名称	沸点/℃	分解温度(熔点)/℃	可溶溶剂
二氧化硅	四氯化硅	$SiCl_4$	silicon tetrachloride	57.6	−70	苯、氯仿
	正硅酸乙酯	$Si(OC_2H_5)_4$	tetraethoxysilane	165.5	−82.5	乙醇、己烷、甲苯
	六甲基二硅氧烷	$C_6H_{18}OSi_2$	hexamethyldisiloxane	99.5	−66	乙醇、甲醇
二氧化钛	四氯化钛	$TiCl_4$	titanium tetrachloride	136.4		冷水、乙醇、稀盐酸
	钛酸四丁酯	$C_{16}H_{36}O_4Ti$	titanium butoxide	310~314	−55	乙醇
	异丙醇钛	$Ti[OCH(CH_3)_2]_4$	titanium isopropoxide	102~104	14~17	甲苯、二甲苯
	乙酰丙酮氧钛	$C_{10}H_{14}O_5Ti$	titanium oxy acetylacetonate	200		甲醇:乙酸=1:1
三氧化二铝	三氯化铝	$AlCl_3$	aluminum chloride	181	194	水、醇、氯仿
	九水合硝酸铝	$Al(NO_3)_3 \cdot 9H_2O$	aluminium nitrate(+9H₂O)		73(+9H_2O)	乙醇
	异丙醇铝	$C_9H_{21}AlO_3$	aluminium isopropoxide	138~148	138~142	二甲苯、乙酸乙酯乙醇65:35
	乙酰丙酮铝	$Al(C_5H_7O_2)_3$	aluminum acetylacetonate	315	194.6	乙醇、甲苯、二甲苯
二氧化锡	四氯化锡	$SnCl_4$	tin(Ⅳ) chloride	114.1	−33	四氯化碳、乙醇、苯
	五水合四氯化锡	$SnCl_4 \cdot 5H_2O$	tin(Ⅳ) chloride(+5H₂O)	114.15	56	乙醇、苯
	硫酸亚锡	$SnSO_4$	stannous sulfate		378	水/柠檬酸
	四甲基锡	$(CH_3)_4Sn$	tin tetramethyl	78	−54	
三氧化二铁	六水合氯化铁	$FeCl_3 \cdot 6H_2O$	ferric chloride(+6H₂O)	315	306	甲醇、乙醇
	九水合硝酸铁	$Fe(NO_3)_3 \cdot 9H_2O$	iron(Ⅲ) nitrate(+9H₂O)	125(分解)	47	乙醇、水
	二茂铁	$C_{10}H_{10}Fe$	ferrocene	249	172~174	二甲苯:四氢呋喃=1:1
	乙酰丙酮铁	$C_{15}H_{21}FeO_6$	iron(Ⅲ) acetylacetonate	180~183	180~182	乙醇、甲醇、甲苯
	羰基铁	$Fe(CO)_5$	iron pentacarbonyl	102.8	−20	乙醇、乙醚、苯
氧化钴	六水合氯化钴	$CoCl_2 \cdot 6H_2O$	cobalt chloride	1049	86	乙醇、乙醚
	六水合硝酸钴	$Co(NO_3)_2 \cdot 6H_2O$	cobalt(Ⅱ) nitrate(+6H₂O)		55(+6H_2O)	1-丙醇、乙醇、甲醇、丙酸
	四水合醋酸钴	$C_4H_6O_4Co \cdot 4H_2O$	cobalt(Ⅱ) acetate(+4H₂O)		298	丙醇、乙醇、丙酸
	乙酰丙酮钴	$Co(C_5H_7O_2)_3$	cobalt(Ⅱ) acetylacetonate	150	165~170	乙醇、丙酸

续表

目标产物	前驱体	分子式	英文名称	沸点/℃	分解温度（熔点）/℃	可溶溶剂
氧化镍	六水合氯化镍	$NiCl_2 \cdot 6H_2O$	nickel chloride(+6H₂O)	137	80/973	乙醇
	六水合硝酸镍	$Ni(NO_3)_2 \cdot 6H_2O$	nickel(Ⅱ) nitrate(+6H₂O)	220~235	56(+6H₂O)	硝酸水溶液
	乙酰丙酮镍	$C_{10}H_{14}NiO_4$	nickel(Ⅱ) acetylacetone		226~238	四氢呋喃
氧化铜	二水合氯化铜	$CuCl_2 \cdot 2H_2O$	cupric chloride(+2H₂O)	993	498	丙酮,醇
	硝酸铜	$Cu(NO_3)_3$	copper nitrate(+2.5H₂O,+3H₂O)	170	114.5(+3H₂O)	乙醇,醋酸:甲醇=2:1
	醋酸铜	$Cu(CH_3COO)_2 \cdot H_2O$	copper acetate			二甲苯
	丙酸铜	$C_6H_{10}CuO_4$	copper propionate		115	水/丙酸
氧化锌	氯化锌	$ZnCl_2$	zinc chloride	733		甲醇,乙醇,丙酮
	硝酸锌	$Zn(NO_3)_2$	zinc nitrate hexahydrate		36	乙醇
	醋酸锌	$Zn(CH_3COO)_2$	zinc acetate	242	83~86	水
	乙酰丙酮锌	$Zn(C_5H_7O_2)_2$	zinc acetylacetonate(+H₂O)	129~131	135~138	醋酸
氧化锰	氯化锰	$MnCl_2$	manganese(Ⅱ) chloride	1190	650	水,醇
	四水合硝酸锰	$Mn(NO_3)_2 \cdot 4H_2O$	manganese(Ⅱ) nitrate(+4H₂O)	129.4	37	水:DMF=1:3,丙酸
	四水合醋酸锰	$Mn(CH_3COO)_2 \cdot 4H_2O$	manganese(Ⅱ) acetate(+4H₂O)		80(+4H₂O)	丙酸
	乙酰丙酮锰	$C_{10}H_{14}MnO_4$	manganese(Ⅱ) acetylacetonate		248~250	甲苯,甲醇/乙酸
氧化镁	六水合硝酸镁	$Mg(NO_3)_2 \cdot 6H_2O$	magnesium nitrate hexahydrate	330	89	乙酸:甲醇=2:1
	四水合醋酸镁	$C_4H_6O_4Mg \cdot 4H_2O$	magnesium acetate(+4H₂O)		80(+4H₂O)	甲醇
	乙酰丙酮镁	$C_{10}H_{14}MgO_4 \cdot 2H_2O$	magnesium acetylacetonate		276	乙醇
常用贵金属（金、银、铂、钯）	氯化金	$HAuCl_4 \cdot 4H_2O$	chloroauric acid			水、乙醇
	氯化金	$AuCl_3$	gold trichloride		254	乙醇、乙醚
	硝酸银	$AgNO_3$	silver nitrate		209.7	乙醇
	醋酸银	$C_2H_3AgO_2$	silver acetate		220	丙酸
	氯铂酸	$H_2PtCl_6 \cdot 6H_2O$	chloroplatinic acid		60	水、乙醇
	乙酰丙酮铂	$C_{10}H_{14}O_4Pt$	platinum（Ⅱ）acetylacetonate		249~252	乙醇、甲苯、二甲苯
	醋酸钯	$C_4H_6O_4Pd$	palladium acetate		205	二甲苯
	乙酰丙酮钯	$C_{10}H_{14}O_4Pd$	palladium（Ⅲ）acetylacetonate		190/205	乙醇、二甲苯
稀土氧化物	二水合醋酸镧	$C_6H_{11}LaO_7 \cdot 2H_2O$	lanthanum acetate dihydrate		<200	乙醇,丙酸
	六水合硝酸铈	$Ce(NO_3)_3 \cdot 6H_2O$	cerium(Ⅲ) nitrate(+6H₂O)		150/96(+6H₂O)	乙醇
	四水合醋酸钇	$C_2H_3O_2Y \cdot 4H_2O$	yttrium acetate		285	乙醇
	乙酸铕	$C_6H_{14}EuO_7$	europium acetate			柠檬酸

燃烧反应器的结构对火焰温度分布的影响在本篇 11.2.1.2 中进行介绍。

表 25-11-2　火焰燃烧合成中常用燃料

常用燃料	英文名称	密度 /kg·m^{-3}	空气中燃烧极限体积分数/%	热焓 /kJ·mol^{-1}	自燃点 /℃
氢气	hydrogen	0.0899	4～75.6	282	400
甲烷	methane	0.717	5～15.4	890.31	538
乙烷	ethane	1.245	3～16	1558.3	472
丙烷	propane	1.83	2.1～9.5	2217.8	450
乙炔	ethyne	1.12	2.3～72.3	1299.6	305

表 25-11-3　火焰燃烧合成中常用溶剂

常用溶剂	英文名称	熔点 /℃	沸点 /℃	燃烧焓 /kJ·mol^{-1}	黏度 /Pa·s	密度 /g·cm^{-3}
甲醇	methanol	−97.8	65.6	726	0.544	0.7914
乙醇	ethanol	−114.1	78.3	1365.5	1.074	0.789
乙二醇	ethylene glycol	−12.9	197.3	1185	16.06	1.1135
正丙醇	1-propanol		97.2	2021	1.945	0.7997
正丁醇	1-butanol	−88.9	117.73	2676	2.54	0.8095
乙酸	acetic acid	16.6	117.9	874	1.056	1.0446
丙酸	propionic acid	−21.5	141.14	1527	1.03	0.9882
丙酮	propanone	−94.9	56.53	1788.7		0.788
苯	benzene	5.5	80.09	3268	0.604	0.8765
甲苯	toluene	−94.9	110.6	3905	0.59	0.866
间二甲苯	*m*-xylene	−47.9	139.07	4552	0.581	0.8598
邻二甲苯	*o*-xylene	−25.2	144.5	4553	0.76	0.8755
氯苯	chlorobenzene	−45	131.72		0.753	1.1058
己烷	hexane	−118	68.73	4163	0.3	0.6606
四氢呋喃	tetrahydrofuran	−108.4	65～66	2515.2	0.53	0.8892
乙腈	acetonitrile	−45.7	81.65	1256	0.369	0.7857
吡啶	pyridine	−41.6	115.23	2782	0.879	0.9819

③ 停留时间　火焰燃烧合成过程中，凝并和烧结速率受到火焰温度的影响，但其最终产物的粒径还受到高温区内停留时间的影响。通常来说，延长高温区的停留时间会导致产物颗粒的凝并时间延长，烧结加剧，最终产物的粒径增大。同时，延长高温火焰区的停留时间，也有利于产物颗粒的晶相转变。例如，由 $TiCl_4$ 制备 TiO_2 的过程中，要得到一定粒径和金红石含量的颗粒，必须严格控制颗粒在高温区的停留时间。而停留时间对晶型转化的影响，受锐钛颗粒表面金红石相的成核速率的制约，随着停留时间的延长金红石晶相含量逐渐增大，但当停留时间增大到一定值时，金红石晶相含量的变化趋于平衡[28,38]。

④ 添加剂　添加剂对颗粒的团聚和烧结速率也具有很大的影响，并且最终影响到产物颗粒的特征。添加剂按照其作用可以分为粒径控制、晶型控制和形貌控制。

a. 粒径控制：在氧化物的合成过程中，把电解质溶液喷入火焰中，电解质将电离成相应的离子，有些离子会优先吸附在表面上。由于静电斥力的作用，颗粒之间发生相互作用，这会影响到颗粒的大小。粒径的大小取决于颗粒表面带电量的多少，而这又与电解质的电离有关。如果离子的量增加，则可以增加系统的稳定性，制得的颗粒的直径减小，粒径分布也变窄[28]。

b. 晶型控制：在 $TiCl_4$ 制备 TiO_2 的过程中，当 $SnCl_4$ 或者 $AlCl_3$ 添加到反应物中时能够促进二氧化钛由锐钛型向金红石型的转化，这是由于 Al^{3+} 的直径为 0.053nm，Ti^{4+} 的直径为 0.061nm，二者比较接近，因此当引入铝元素时，Al^{3+} 可以以替代式进入钛晶格，形成固溶体，增加氧空位，形成晶格缺陷，从而促进了金红石型颗粒的形成。加入 Si、P、B 等元素时，则产生抑制金红石相的形成，这是因为 Si^{4+}、P^{3+} 和 B^{3+} 的直径分别为 0.042nm、0.035nm 和 0.023nm，与 Ti^{4+} 的直径相差较大，Si、P、B 只能以填隙式进入 TiO_2 晶格，从而使晶格缺陷浓度下降，不利于金红石相的生成[39~42]。

c. 形貌控制：在火焰燃烧合成 SnO_2 的过程中，如果添加适量的 Fe 元素，可以促使 SnO_2 沿着特定的晶面方向生长，从而得到具有一维棒状结构的纳米材料。如果添加适量的 Au 元素，由于初生态的 Au 纳米颗粒具有超强的催化性能，从而促使 SnO_2 取向生长成为长径比较大的纳米线状结构[43~45]。

⑤ 电场　火焰燃烧合成颗粒的过程中，电场也是一个能够有效地控制颗粒尺寸和形貌的工具。加入电场可以在很大程度上控制颗粒尺寸，颗粒直径的减小有两个原因：其一是电场的存在产生了离子风使火焰高度降低，缩短了颗粒在高温反应区的停留时间；其二是颗粒带电，由于静电斥力的作用，阻止颗粒团聚和生长。电极放置的位置不同对颗粒形貌的影响也不一样，如果把电极放置在颗粒刚刚开始形成的区域，更能减小颗粒的直径。如果用板电极代替针形电极就消除了离子风对粒径的影响，在这种情况下，粒径的减小则主要是由于静电斥力的作用。增加板的长度，颗粒的尺寸才会减小，这是因为增加了颗粒在电场中的停留时间[46,47]。

⑥ 磁场　在火焰燃烧过程中，不仅仅外加电场会对颗粒的尺寸和形貌产生影响，在制备一些磁性金属或者金属氧化物的过程中，外部施加的磁场也会对颗粒的形貌和聚集状态产生影响。例如，在利用还原性火焰制备 Co 纳米材料的过程中，在火焰区上部固定方向的磁场可以促使 Co 纳米颗粒取向聚集，由无规则的颗粒团聚体状态定向排列生成纳米线状结构[48]。

11.2.1.2　燃烧反应器

由于物料混合方式不同而形成不同的火焰结构，对物料的微观混合、反应温度场及颗粒的停留时间影响较大，故物料混合的差异对产物颗粒的性质影响较大。燃烧反应器中物料混合方式主要取决于烧嘴的结构。烧嘴的结构直接决定了火焰的燃烧方式、火焰的结构和火焰内的流场分布。在不同类型的反应器中，结构相差很大，各有特点。用于火焰燃烧合成的反应器按照燃料的特性主要分为气相火焰燃烧反应器和喷雾燃烧反应器两大类[18,19,21,49~52]。

(1) 气相火焰燃烧反应器　气相火焰燃烧反应器主要采用气体燃料，前驱体也以气态的方式进入火焰反应区。根据燃料在燃烧时与空气的混合情况，可将气体燃料的燃烧分为两类：预混合燃烧和扩散燃烧。对于预混合燃烧而言，是在燃烧前先将燃料与空气控制一定比例预先均匀混合成可燃混合气，然后通过燃烧器喷嘴喷出进行燃烧。此时燃烧的快慢完全取决于其化学反应的进行速度。扩散燃烧是将燃料和空气分别从两个相邻的喷口喷出，在两者接触界面上边混合边燃烧，此时燃烧过程的快慢主要取决于燃料与空气两者扩散和混合速度。常见的气相火焰燃烧合成反应器可以分为并流扩散火焰燃烧反应器、对流扩散火焰燃烧反应器、平板火焰燃烧反应器、预燃反应器等几大类。

① 并流扩散火焰燃烧反应器　并流扩散火焰反应器通常由三重同心套管组成，如图 25-11-3(a) 所示。燃料、前驱体、氧化剂分别由不同的管子通入，最终在出口处点燃形成扩散火焰。并流扩散火焰燃烧反应器结构简单，适用范围广，在实验室和工业生产中获得了广泛的应用。但受火焰燃烧形式的限制，火焰区的温度场梯度较大，浓度场完全受气流扩散

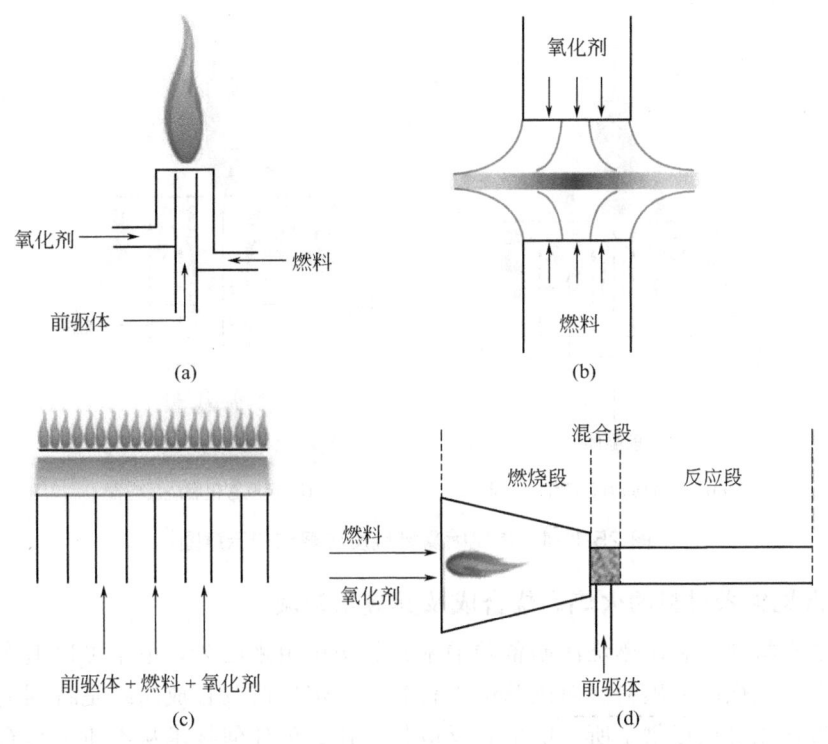

图 25-11-3 常见气相火焰燃烧反应器示意图

速度影响，因而其产物颗粒粒度分布较宽。

② 对流扩散燃烧反应器　对流扩散燃烧反应器如图 25-11-3(b) 所示。一般采用燃料和气态前驱体混合后，通过对流射流烧嘴与氧化剂射流混合，形成锋面性火焰。反应过程在锋面火焰内完成，解决了并流扩散火焰燃烧烧嘴的前驱体扩散速率限制问题。

③ 平板火焰燃烧反应器　为了解决燃烧火焰的温度场和浓度场不均匀的问题，开发了平板火焰燃烧反应器。此种反应器采用蜂窝式小孔阵列烧嘴，如图 25-11-3(c) 所示，燃料、氧化剂、气态前驱体经过完全的预混合后高速射流点燃后形成平板火焰，消除了气动力扩散和温度梯度的影响，有利于粒径均匀的高质量纳米颗粒的制备。

④ 预燃烧反应器　预燃烧反应器的设计思路是将燃料燃烧与前驱体的水解或氧化反应分步进行。先将燃料和氧化剂反应，形成反应所需的高温水蒸气或者高温的氧气流；在管式反应区内，前驱体通过径向的射流与高温气流达到快速的微观混合，避免了扩散火焰的温度梯度，从而可以同时实现温度场和浓度场的均布。其典型结构如图 25-11-3(d) 所示。

（2）喷雾燃烧反应器　火焰燃烧法制备纳米材料的发展趋势是材料组分复杂化、材料结构多样化，要求在反应过程中能够精确控制所得材料的结构和成分，在纳米结构层次上实现可控合成。在此要求下，火焰燃烧反应器也不断地改进，最突出的进步就是前驱体进料方式的变化。由传统的前驱体汽化后以气态方式进入反应区，逐步扩展到前驱体以微小雾滴或者微小颗粒等液态或者固态的方式加入反应区域。这种进料方式的改变，极大地扩展了前驱体的选择范围，使得几乎所有的可溶性盐类都可以在水或者乙醇溶液中雾化后引入火焰区进行反应。

按照前驱体溶液的雾化方式，可以将喷雾燃烧反应器分为气流辅助喷雾燃烧反应器和超声雾化燃烧反应器等等，常见的喷雾燃烧反应器结构如图 25-11-4 所示。

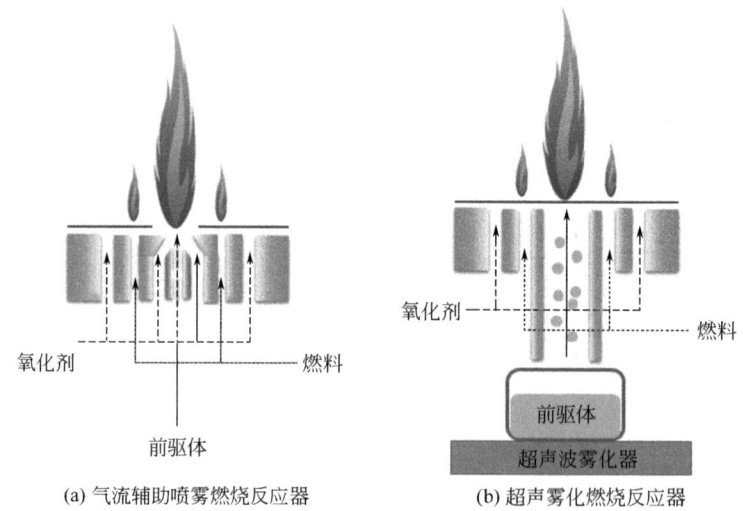

(a) 气流辅助喷雾燃烧反应器   (b) 超声雾化燃烧反应器

图 25-11-4 常见喷雾燃烧反应器结构示意图

11.2.1.3 常见纳米材料的火焰燃烧合成及其应用领域

（1）碳纳米材料 利用燃烧法制备碳纳米材料历史由来已久，最早可以追溯到中国古代利用松枝不完全燃烧制备墨粉。对碳基纳米材料，火焰气溶胶合成路线是特别适合的，由于碳氢化合物为合成过程提供了所需的焓和反应物，比其他任何技术从本质上具有更便宜的过程热来源。因此，燃烧法被广泛应用于大规模工业化制备炭黑，单套装置的年产量可以达到万吨级的规模。除此之外，一些新型结构的碳材料也可以通过火焰燃烧过程进行制备。典型的产物及其制备方式见表 25-11-4。

表 25-11-4 火焰燃烧制备碳纳米材料

产物形貌	燃料/氧化剂	催化剂	燃烧方式	参考文献
富勒烯	C_6H_6/氧	—	低压预混火焰	Homann et al. 1996[53]
	C_6H_6/氧	—	稳定层流火焰	Howard et al. 1998[54], 2000[55]
金刚石	C_2H_2/氧	—	微波辅助低压火焰	Frenklach et al. 1990[56]
单壁碳管	C_6H_6, C_2H_2/氧	茂金属	低压富燃料火焰	Diener et al. 2000[57]
	C_2H_2 或 C_2H_4/氧	—	常压层流扩散火焰	Vander Wal et al. 2000[58]
	C_2H_4/氧	二茂铁	反向扩散火焰	Unrau et al. 2007[59]
	CO, H_2, He/氧 C_2H_2, H_2, He/氧	二茂铁和 金属硝酸盐	预混火焰	Vander Wal et al. 2002[60]
	C_2H_2/氧	—	预混火焰	Height et al. 2004[61]
	C_2H_2/氧	$Fe(CO)_5$	预混火焰	Height et al. 2004[61]
多壁碳管	CH_4/氧	—	逆流富氧火焰	Merchan-Merchan et al. 2002[62]
	CO, H_2/氧	Fe, Ni	超声喷雾燃烧	Vander Wal et al. 2001[63]
	C_2H_4/氧	二茂铁 $Fe(C_5H_5)_2$	火焰辅助沉积	Tse et al. 2008[64]
螺旋碳 纳米纤维	乙醇	Fe, Ni	喷雾燃烧沉积	王兰娟等.2008[65]
石墨烯	C_2H_4/氧	Cu 基板	预混层流火焰沉积	Minutolo et al. 2014[66]
	CH_4, H_2/氧	Cu 基板	扩散火焰沉积	Tse et al. 2011[67]

（2）氧化物、复合氧化物和盐类化合物　火焰燃烧技术制备纳米颗粒相对于传统的液相制备方法，具有设备结构简单、后处理工艺简单、反应无污染、反应速率快等优点。经过几十年的发展，该制备工艺逐步得到了改进，已是一种规模化连续化生产纳米颗粒的成熟工艺，实现了 SiO_2、TiO_2、Al_2O_3、SnO_2、Fe_2O_3、ZrO_2 等氧化物纳米颗粒的可控制备，在基础理论、工艺设备、产品应用等方面开展了广泛深入的研究工作，产品的应用领域不断扩展。

随着喷雾燃烧技术的发展，采用液相前驱体（溶液）的进料方式，极大地扩展了火焰燃烧合成的应用领域。绝大部分金属元素都可以找到可以溶解于水或者乙醇等有机溶剂的前驱体，通入高温火焰中即可得到对应的氧化物纳米颗粒。若是将两种以上的前驱体同时溶解于前驱体溶剂中，则可得到两种元素的复合氧化物，逐步实现了 SiO_2/TiO_2、ITO、ATO、V_2O_5/TiO_2 等复合氧化物的可控制备。在高温火焰的作用下，也可以得到两种前驱体元素形成的盐类化合物。目前，火焰燃烧已经被广泛地应用于钛酸盐、锰酸盐和铁酸盐类化合物的制备。

（3）非氧化合物　由于传统的气相燃烧过程是一个高温氧化气氛，所以一直被人们认为只能制备金属或者半导体的氧化物纳米材料，但是随着喷雾燃烧方法的发展，通过改变前驱体溶剂的方式，火焰燃烧法也被应用于制备非氧化物纳米材料。例如，采用 C_6F_6 做前驱体的溶剂，在火焰中引入 F 离子，由于 F 的化学活性很高，所以在高温火焰中可以制备得到 CaF_2、SrF_2 等氟化物；采用 C_6H_5Cl 做溶剂时，还可以制备 NaCl 等离子晶体。

（4）金属及金属合金　通过提高燃料和氧化剂的比例，降低火焰中氧化剂的过量系数，可以使燃料在火焰中不完全燃烧。初生态的碳、氢等中间产物具有较强的还原性，可以在火焰燃烧过程中实现金属、金属合金和金属碳化物的可控制备。

（5）特殊价态化合物　火焰燃烧涉及高温气相的快速化学反应过程，通常在高温反应区的停留时间只有几个毫秒，极高的反应温度和极短的反应时间使得其可以制备非化学计量比的化合物。例如，通过缩短反应时间和调整燃料氧气比的方法，实现了 TiO_x（$1.88 < x < 1.94$），SnO_{2-x}（$0.2 < x < 0.6$）等纳米颗粒材料的可控制备。

常见纳米材料的火焰燃烧制备及其应用领域见表 25-11-5。

表 25-11-5　常见纳米材料的火焰燃烧制备及其应用领域

分类	名称	燃烧方式	应用领域	参考文献
氧化物	SiO_2	喷雾燃烧	合成基板	Tricoli et al. 2009[68]
	TiO_2	气相燃烧	光催化	赵尹等.2007[69]
	Al_2O_3	喷雾燃烧	水处理	Tangsir et al. 2016[70]
	Fe_2O_3	喷雾燃烧	吸附催化	Li et al. 2007[71]
	SnO	喷雾燃烧	锂离子电池	Hu et al. 2014[72]
	V_2O_5	喷雾燃烧	锂离子电池	Sel et al. 2014[73]
	ZnO	喷雾燃烧	气敏传感器	Tamaekong et al. 2009[74]
	ZrO_2	喷雾燃烧	陶瓷增韧	Torabmostaedi et al. 2013[75]
	CuO	喷雾燃烧	光电水解	Chiang et al. 2012[76]

续表

分类	名称	燃烧方式	应用领域	参考文献
复合氧化物	Pt-TiO$_2$	喷雾燃烧	SO$_2$ 氧化催化剂	Johannessen et al. 2002[77]
	V$_2$O$_5$-TiO$_2$	喷雾燃烧	脱氮催化剂	Miquel et al. 1993[78]
	V$_2$O$_5$-Al$_2$O$_3$	喷雾燃烧	脱氮催化剂	Miquel et al. 1993[78]
	SiO$_2$-TiO$_2$	喷雾燃烧	环氧化催化剂	Stark et al. 2001[79]
	SiO$_2$-WO$_3$	喷雾燃烧	气敏传感器	Righettoni et al. 2010[80]
	SnO$_2$-CuO	喷雾燃烧	锂离子电池	Choi et al. 2013[81]
	CoMo-Al$_2$O$_3$	喷雾燃烧	加氢催化剂	Høj et al. 2011[82]
	Co$_3$Fe$_7$-CoFe$_2$O$_4$	喷雾燃烧	磁性能	Li et al. 2012[83]
非氧化合物	BaF$_2$	气相燃烧	光学	Grass et al. 2005[84]
	NaCl	气相燃烧	光学纤维	Grass et al. 2005[84]
	CaF$_2$	气相燃烧	UV-Vis	Grass et al. 2005[84]
	SrF$_2$	气相燃烧	激光材料	Grass et al. 2005[84]
盐类化合物	Li$_4$Ti$_5$O$_{12}$	喷雾燃烧	锂离子电池	Birrozzi et al. 2015[85]
	LaMnO$_3$	喷雾燃烧	甲烷催化	Lu et al. 2013[86]
	LaCoO$_3$	喷雾燃烧	甲烷催化	Chiarello et al. 2007[87]
	BaCO$_3$	气相燃烧	陶瓷	Strobel et al. 2006[88]
	Ca$_2$(PO$_4$)$_3$	气相燃烧	生物材料	Stefan et al. 2005[89]
	LiMn$_2$O$_4$	喷雾燃烧	锂离子电池	Zhang et al. 2011[90]
	Zn$_{1-x}$Co$_x$Al$_2$O$_4$	喷雾燃烧	陶瓷颜料	Granados et al. 2015[91]
	MFe$_2$O$_4$(M = Cu, Ni,Co,Zn)	喷雾燃烧	催化剂	Li et al. 2015[92]
金属及其合金	AuPd	还原气氛喷雾燃烧	催化	Pongthawornsakun et al. 2015[93]
	Zn-In-O	喷雾燃烧	NO$_2$ 气体传感	Samerjai et al. 2016[94]
	Zn-Mg-O	喷雾燃烧	光电	Zhang et al. 2012[95]
	Pd-Pt	还原气氛喷雾燃烧	甲烷催化	Strobel et al. 2005[96]
	Sn@Ni$_3$Sn$_4$	喷雾燃烧	锂离子电池	Hou et al. 2015[97]
特殊价态化合物	TiO$_x$(x<2)	还原气氛喷雾燃烧	光催化	Dhumal et al. 2009[98]
	SnO$_{2-x}$	还原气氛喷雾燃烧	传感器	Ifeacho et al. 2007[99]
	Ti^{3+} 自掺杂 TiO$_2$	气相燃烧	光催化	Huo et al. 2014[100]

11.2.1.4　火焰燃烧过程中纳米材料的结构调控

火焰燃烧法制备纳米材料的发展趋势是材料组分复杂化、材料结构多样化，要求在反应过程中能够精确控制所得材料的结构和成分，在纳米结构层次上实现可控合成。按照调控的位置，火焰燃烧过程中材料结构材料的调控方法可以分为三类，即火焰前、火焰中和火焰后，如图 25-11-5 所示。常见纳米结构材料的火焰燃烧制备及其应用领域见表 25-11-6。

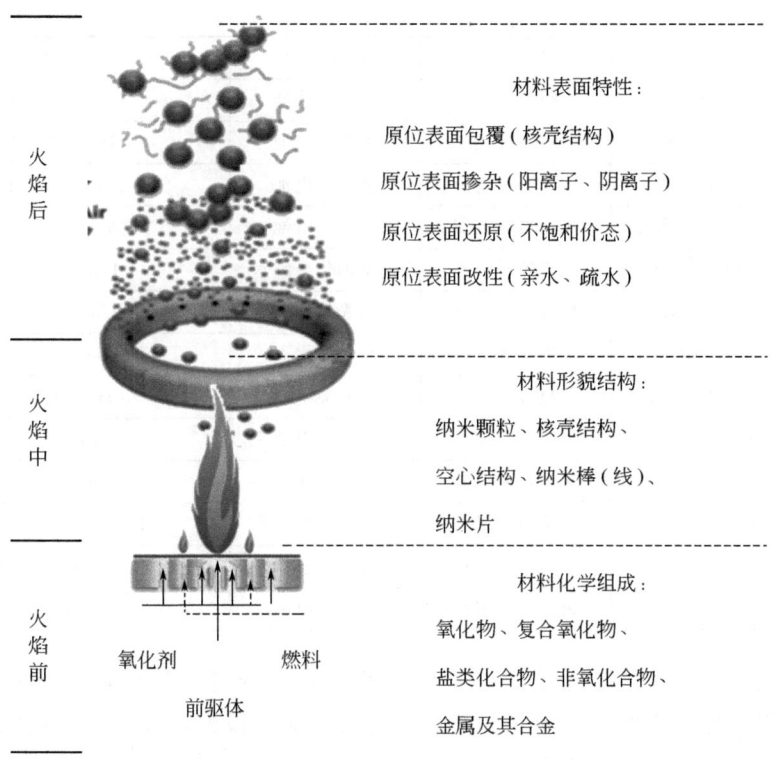

材料表面特性：

原位表面包覆（核壳结构）

原位表面掺杂（阳离子、阴离子）

原位表面还原（不饱和价态）

原位表面改性（亲水、疏水）

材料形貌结构：

纳米颗粒、核壳结构、

空心结构、纳米棒（线）、

纳米片

材料化学组成：

氧化物、复合氧化物、

盐类化合物、非氧化合物、

金属及其合金

图 25-11-5　火焰燃烧合成过程中材料结构设计

表 25-11-6　常见纳米结构材料的火焰燃烧制备及其应用领域

分类	名称	燃烧方式	应用领域	参考文献
颗粒结构	SiO_2	气相燃烧 喷雾燃烧	聚合物复合材料 生物载药	Raliya et al. 2016[101]
	TiO_2	气相燃烧 喷雾燃烧	太阳能电池	Pratsinis et al. 1996[28] Huo et al. 2014[102]
	Al_2O_3	喷雾燃烧	水处理除氟	Tangsir et al. 2016[70]
	CeO_2	喷雾燃烧	催化	Ting et al. 2013[103]
	ZnO	喷雾燃烧	催化剂载体	Kilian et al. 2001[104]
	ZrO_2	喷雾燃烧	催化剂载体	Kilian et al. 2001[104]
	SnO_2	喷雾燃烧	气敏传感器	Sahm et al. 2004[105]
空心结构	TiO_2	喷雾燃烧	太阳能电池	Huo et al. 2013[106]
	Al_2O_3	喷雾燃烧	催化剂载体	Tani et al. 2003[107]
	$SiO_2\text{-}NiO$	喷雾燃烧	锂离子电池	Won et al. 2016[108]
	$SiO_2\text{-}Co_3O_4$	喷雾燃烧	锂离子电池	Won et al. 2016[109]
核壳结构	$Fe_2O_3@SiO_2$	喷雾燃烧	水处理	Abd et al. 2016[110]
	$Ag@SiO_2$	喷雾燃烧	表面拉曼增强	Hu et al. 2013[111]
	$Fe_2O_3@SiO_2$	气相燃烧	磁性材料	Hu et al. 2014[112]
	$Au@CeO_2$	喷雾燃烧	催化	Wei et al. 2013[113]
	$NiO@TiO_2$	喷雾燃烧	锂离子电池	Choi et al. 2013[114]

火焰后

火焰中

火焰前

氧化剂　　　燃料

前驱体

第
25
篇

续表

分类	名称	燃烧方式	应用领域	参考文献
核壳结构	$Fe_2O_3@SnO_2$	喷雾燃烧	气敏传感器	Li et al. 2013[115]
	$SnO_2@TiO_2$	喷雾燃烧	太阳能电池	Huo et al. 2014[116]
	$Sn@Ni_3Sn_4$	喷雾燃烧	锂离子电池	Hou et al. 2015[97]
一维结构	$Mo_{17}O_{47}$ 纳米线	火焰喷雾沉积	锂离子电池	Allen et al. 2016[117]
	WO_3 纳米线	火焰喷雾沉积	光电催化分解水	Ding et al. 2016[118]
	TiO_2 纳米线	溶胶火焰合成	光解水	Cho et al. 2014[119]
	ZnO 纳米棒	喷雾热解	光解水	Height et al. 2006[120]
	SnO_2 纳米线	喷雾燃烧	太阳能电池	Hou et al. 2013[45]
二维结构(薄膜)	SnO 纳米片	喷雾燃烧	锂离子电池	Hu et al. 2014[72]
	TiO_2	火焰喷雾沉积	抗腐蚀涂层	Liberini et al. 2016[121]
	Al_2O_3,SiO_2	火焰喷雾沉积	保护涂层	Hampikian et al. 1999[122]
	Pt/SnO_2	火焰喷雾沉积	气敏传感器	Mädler et al. 2006[123]
	Sn@CNTs	火焰喷雾沉积	锂离子电池	Hou et al. 2013[124]

(1) 纳米颗粒   气相燃烧合成方法通常被用于球形或者类球形颗粒材料的制备，近年来，由于对火焰燃烧过程的深入研究和对燃烧过程控制手段的增多，通过燃烧合成相继制备了多种不同形貌和结构的颗粒材料。

(2) 空心结构材料   火焰合成过程中，空心结构的形成是受到动力学和热力学因素相互影响的。也就是说空心球结构形成的主要原因在于化学反应速率和扩散速率之间的竞争。当温度由低向高变化时，低温倾向于化学反应动力学控制，有利于形成实心结构的颗粒；高温倾向于扩散控制，利于形成空心结构颗粒。

在喷雾燃烧过程中，微小液滴进入氢气/空气燃烧产生的环形扩散火焰内部，液滴内的乙醇也被引燃。这一过程符合 ODOP（one-droplet-to-one-particle）理论，每一个小液滴作为一个微反应器单独发生反应。在液滴的表面，乙醇的燃烧和蒸发同时剧烈进行，引起液滴尺寸收缩；与此同时，前驱体在液滴表面水解形核。在高温的反应环境下，表面的反应速率远远高于扩散速率，导致表面前驱体浓度低于液滴内部，所以前驱体及乙醇在汽化燃烧过程中逐渐向表面扩散，在液滴表面完成反应且形核生长，最终形成空心球结构。据此机理，通过调节前驱体的进料速率和气速，可以实现 TiO_2、Al_2O_3 等空心球结构的制备。

(3) 核壳结构材料   核壳结构材料由于其特有的结构性能优势，近年来受到人们的广泛关注。在火焰燃烧过程中，通常有两种方法用来控制核壳结构材料的制备。第一种方法是利用不同前驱体在火焰中的化学反应速率差异来进行控制。通常来说，两种前驱体同时进入火焰反应区，反应速率快的前驱体先均相成核生长成为"核"，反应速率慢的前驱体在"核"的表面异相成核生长成为"壳"。这种方法适用于两种前驱体反应速率差异较大的情况，同时对反应条件和火焰中的温度分布有较高的要求。第二种方法是利用燃烧反应器的结构设计，改变第二种前驱体的加入位置，使其在第一种前驱体反应结束后再进入高温反应区，直接在"核"的表面异相成核生长成为"壳"。利用带有淬火环结构的喷雾燃烧反应器，已经实现了 TiO_2-SiO_2，$Ag@SiO_2$，$Fe_2O_3@SiO_2$ 等多种具有核壳结构的纳米复合颗粒的制备。

(4) 一维结构材料   高温条件下纳米材料成核生长过程的影响因素极为复杂，因而不同的燃烧反应器结构、不同的火焰燃烧形式下纳米材料的制备工艺大不相同。近年来，随着人们对火焰燃烧过程理解的不断深入，气相燃烧技术逐渐地被应用于纳米棒和纳米线等一维纳米材料的制备中。

（5）二维结构材料 火焰燃烧沉积技术不仅可以用来制备一维结构的纳米材料，更广泛的应用领域是被用来制备二维的纳米薄膜材料。这种方法兼具了化学气相沉积和火焰燃烧的优点，非常适用于制备大面积的功能性薄膜材料。

11.2.1.5 火焰燃烧法制备纳米材料的工业化

气相火焰燃烧法制备氧化物纳米颗粒的工业化技术最早在 20 世纪 40 年代由德国 Degussa 公司开发成功，该过程涉及气相高温快速反应的过程控制、纳米颗粒的成核与生长、反应器结疤、强腐蚀纳米颗粒的收集等一系列的难题。经过几十年的发展，该生产工艺逐步得到改进与完善，被应用于纳米 SiO_2、TiO_2、Al_2O_3 等多种粉体的工业化制备。

气相法制备纳米粉体通常是用气态前驱体在火焰中高温水解制得的，其基本工艺流程如图 25-11-6 所示。气相法纳米粉体制备过程，主要包括前驱体高温水解、颗粒絮凝和产品粉体脱酸三部分组成，其中前驱体的高温水解是技术核心，高温水解反应器是关键设备。在水解反应器内，氢气与空气中的氧气燃烧形成的火焰，为前驱体水解反应提供必需的水蒸气，同时还为水解反应制造了适宜的高温和其他流体力学条件。

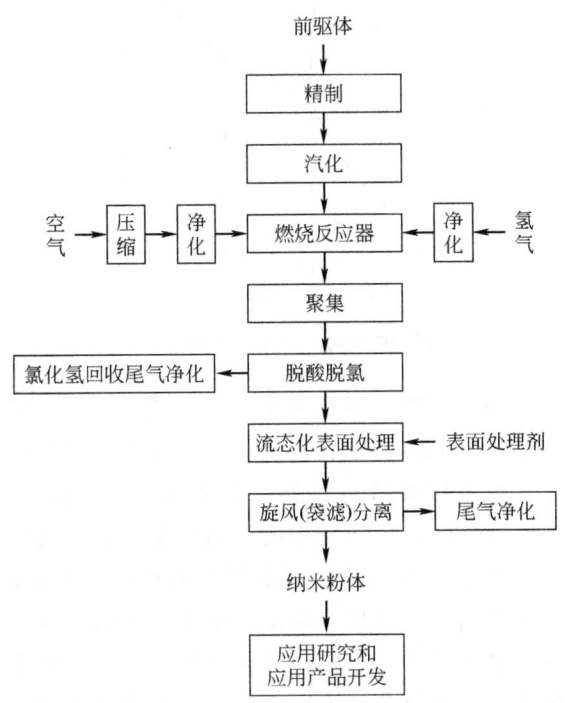

图 25-11-6 气相火焰燃烧法制备纳米颗粒工艺流程图

11.2.2 水热与溶剂热合成技术

11.2.2.1 水热、溶剂热合成简介

水热与溶剂热合成是无机化学常见的合成方法，是在温度高于溶剂沸点时，在密闭或高压条件下溶液中进行的多相化学反应，一般将高温高压水溶液中进行的反应称为水热合成，

而将其他有机溶剂中进行的反应称为溶剂热合成。水热合成条件提高了体系中组成的均一性，并且降低了合成温度，同时也适用于生长单晶样品[125]。水热和溶剂热合成可以根据温度不同进行细分，在临界温度以下进行的反应称为亚临界合成，如沸石的合成一般在 200℃以下，自生压力 10~20atm，即典型的亚临界条件，所需装置相对简单，容易在实验室和大规模工业化生产中实现；而利用水或者有机溶剂在高温高压下超临界流体特性进行的一类合成反应被称为超临界合成，需要特殊的耐压设备和控制系统。超临界流体状态下，相界面消失，因而溶剂并非以液体的形式存在[126]。

就水热合成而言，温度范围可以在常温~1100℃，压力可以在 1~500MPa 范围变化，而根据温度的不同，水热条件分为低温水热合成（100℃以下，此时压力很小）、中温水热合成（100~300℃，对压力要求容易实现，属于经济有效的合成区间）和高温、高压水热合成（300℃以上，在此温度以上，压力会对水的性质产生重要影响；这一条件常见于单晶生长）。水的三相图如图 25-11-7 所示。

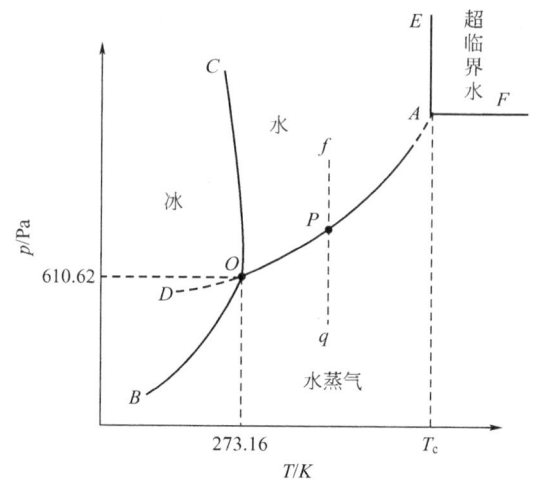

图 25-11-7 水的三相图[127]

最初的水热合成是在封闭的容器（通常是反应釜）内，在水存在的条件下加热反应物。反应釜一般由可以承受一定压力的不锈钢容器制成，上面安装有安全阀，在反应釜内可以加上化学惰性的内衬部件，这些内衬通常由石英、贵金属（如 Au、Ag 等）或者聚四氟乙烯加工而成。在加热封闭的反应釜时，反应釜中的压力在温度高于液体的沸点且低于其临界点时（如对于水在 100~374℃）会升高，而此时溶剂水仍然处于液态，称为"过热水"。在此条件下，反应釜内的自生压力高于大气压，而温度也高于水的沸点，但是远远低于高温化学反应发生所需温度，被称作水热条件。水热条件在自然界中普遍存在，许多天然矿物质，如天然沸石和宝石，都是在典型的水热条件下形成的。水热条件也被延伸用于中等压力条件和温度条件下（低于陶瓷烧结或气凝胶合成，后者一般在温度高于临界温度，即超临界流体中制备）的无机材料合成。因此，水热合成的优势之一在于温度较低。水热合成的其他优势包括：①可以合成特殊氧化态的化合物或物相，在水热条件下这些特殊结构往往能够稳定存在；②水热合成在工业生产中常常被用来合成大块石英单晶和人工宝石，对于氧化物合成而言，该方法尤其适于那些在常压下不溶于水而在水热条件下能够溶解于"过热水"的体系；③在某些情况下，即使反应物在水热条件下仍然不能溶解于"过热水"中，也可以通过加入金属氢氧化物或者金属盐来增加溶解，这些加入物往往被称作矿化剂。矿化剂中的阴离子在水热条件下往往可以和反应物形成复杂络合物，从而促进其溶解。

水热与溶剂热合成化学与溶液化学不同，水或溶剂在一定温度（100～1000℃）下，会产生一定的自生压力（1～100MPa），反应原料在矿化剂或溶剂存在的条件下溶解度提高而进入溶液，又以晶体的形式重新析出。水热和溶剂热与高温固相合成不同，一般认为，固相化学反应主要以界面扩散方式进行，而水热和溶剂热合成则主要以溶解于溶液中的物质作为媒介进行，需要特定的密闭反应器或者高压釜等设备，条件较高温固相反应更为温和。此外，水热和溶剂热条件下还可以得到固相化学反应无法得到的物相或结构，其重要特征在于特殊化合物和材料的制备、合成与组装。

11.2.2.2　水热与溶剂热合成的特点

对于水热合成实验，反应混合物占密闭反应釜空间的体积分数——填充度，是一个重要的控制指标，直接关系到实验安全和合成条件控制。在典型的水热合成中，既要保证反应物处于液相传递和反应状态，也要防止填充度过高导致过压危险。水的 p-T 图（见图 25-11-8）可以提供反应釜中的温度和自生压力与填充度的关系，由图可知，在水热合成中，填充度通常保持在 50%～80% 为宜，相应压力范围控制在 0.02～0.3GPa，在填充度高于 80% 时，240℃下压力有突变。

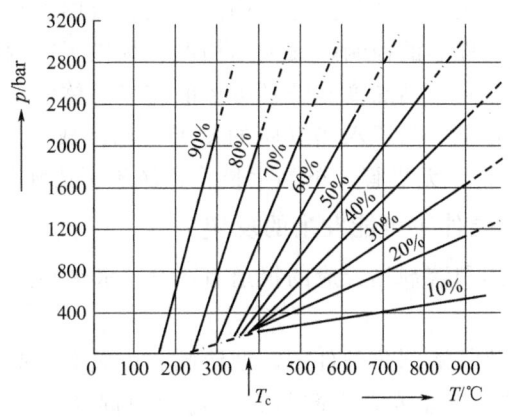

图 25-11-8　不同填充度下水的 p-T 图[128]

图中的 T_c 代表临界温度

对于非水有机溶剂下的溶剂热过程，要根据具体溶剂的状态方程进行估算，同时预留一定的溶剂膨胀空间，以防止合成过程中的过压危险。有些溶剂的化学性质会随着温度和压力而发生显著变化，如甲醇在 180℃ 以上或者临界温度下，都会具有很强的还原性，对此类可能发生的反应需要作出预估。

在高温加压的水热合成条件下，作为媒介的水的性质会因为温度和压力的升高而发生显著的变化，如蒸气压升高、密度减小、表面张力显著下降、黏度变小、离子积变高（在液相中，温度升高离子积常数变大；而当水由液态到气态相变时，离子积会发生突变，急剧减小[129]）等，具体见表 25-11-7。作为反应介质水性质的变化也带来了水热反应的特性：①原料溶解和水解程度加剧，即使在通常情况下不溶于水的反应物，也能在水热条件下诱发离子反应和促进水解；②离子间反应加速，随着温度的升高反应速率会呈指数增加，而反应物溶解度的上升则会进一步提高反应速率；③氧化-还原电势发生明显变化。

表 25-11-7　水在不同条件下的物理化学性质

性质	常温、常压水	超临界水	过热蒸汽
T/K	298	723	723
p/MPa	0.1	27.2	1.4
$\rho/kg \cdot m^{-3}$	998	128	4.19
D（扩散系数）$/m^2 \cdot s^{-1}$	7.74×10^{-8}	7.67×10^{-6}	1.79×10^{-5}
西勒模数	2.82	0.0284	0.0122
ε	78	1.8	1.0
$-\lg K_w$	14	21	41
O_2/C_xH_y 的溶解度 $/kg \cdot m^{-3}$	8×10^{-3}	∞	∞

注：超临界水的特性介于液体和气体之间，物理化学性质不断变化。

在自然界进行的水热过程，一般在接近热力学平衡的条件下缓慢进行，因而容易发现比较大的完美晶体。而人工进行的水热或溶剂热合成，则在热力学推动力比较大的高温高压非平衡状态下进行，此时水或者溶剂处于亚临界或者超临界状态，体系的反应活性大幅提高。参与反应的物质在这一溶剂中的物性和反应性均有很大改变。水热和溶剂热合成的另一个特点是反应产物物相一般受到动力学控制，往往会形成特殊的中间体、介稳化合物以及特殊价态（低价态、中间价态）物相、特殊凝聚态结构。水热合成中温度、压力、原料组成、溶液条件、矿化剂选取和晶化过程等的控制，又为结构调控提供了广阔的空间。因此，水热合成既可用于生长极少缺陷及取向、结晶度和粒径可控的完美晶体，也常常用于介稳结构和均匀掺杂等材料的合成。随着高温、高压水热反应的发展，已经成为无机功能材料、纳米材料、溶胶-凝胶合成、非晶态材料、无机膜、单晶生长等领域不可或缺的合成方法。

11.2.2.3　水热和溶剂热条件下可能发生的反应

从已知文献中关于水热和溶剂热合成的报道看[130]，水热和溶剂热条件下可能发生的基本反应类型有：

(1) 晶化反应　在水热与溶剂热条件下，使溶胶、凝胶等非晶态物质晶化的反应，常见的有分子筛的晶化合成-硅铝酸盐或者磷酸盐在结构导向剂分子作用下，形成微孔材料的过程；最新的一些研究结果也显示，金属-有机骨架材料（MOF）[131]也可以通过水热合成获得。

(2) 合成反应　如 MoVNbTeO 多元氧化物催化剂的合成，就是通过单一前驱体在水热条件下形成的[132]；又如，GaN 在 280℃ 较温和的苯溶剂热条件下可以生成，产率可达 80%[133]，

$$GaCl_3 + Li_3N \xrightarrow[280℃]{苯} GaN + 3LiCl \tag{25-11-7}$$

(3) 水热结晶反应　如

$$Al(OH)_3 \longrightarrow Al_2O_3 \cdot H_2O \tag{25-11-8}$$

(4) 水热或溶剂热沉淀反应　通过沉淀得到新的化合物，如以甲醇作为溶剂和反应物，在溶剂热条件下，180℃ 晶化可以得到介稳沉淀物，后者通过分解可以得到具有（111）晶面取向的 MgO 片状晶体[134]；类似反应也可以发生在 Co 和 Ni 的乙酸盐上[135]。

$$Mg(CH_3CO_2)_2 + 3CH_3OH \longrightarrow Mg(OH)(OCH_3)\downarrow + 2CH_3CO_2CH_3 + H_2O$$
$$(25\text{-}11\text{-}9)$$

(5) 水热分解反应 如

$$ZrSiO_4 + 2NaOH \longrightarrow ZrO_2 + Na_2SiO_3 + H_2O \qquad (25\text{-}11\text{-}10)$$

(6) 水热氧化反应 采用金属单质为前驱体，与高温高压的纯水、水溶液、有机溶剂作用得到新氧化物粉体、配合物、金属有机化合物的反应。例如，以金属钛粉为前驱体，在一定的水热条件（温度高于450℃，压力100MPa）下，得到锐钛矿型、金红石型 TiO_2 晶粒和钛氢化物 $TiH_x(x=1.924)$ 的混合物。如

$$2Cr + 3H_2O \longrightarrow Cr_2O_3 + 3H_2 \qquad (25\text{-}11\text{-}11)$$

(7) 水热/溶剂热条件下的形貌控制合成 如溶剂热条件下，将钛酸酯在乙酸溶液中可以转换为 TiO_2 介晶结构[136]；将 $TiCl_4$、$VOCl_3$、WCl_6 可以在苯甲醇中通过溶剂热制备得到相应的低维氧化物[137]，都属于这类合成。

(8) 水热或溶剂热还原反应 如金属铜盐可以在甲醇等有机溶剂中被还原为金属铜，这主要因为有机溶剂在溶剂热条件下还原性能增强，同时，金属的氧化还原电位发生变化所致。

(9) 水热提取反应 在水热或者溶剂热条件下从化合物或者矿物原料中提取金属的反应，例如，铝矾土冶金就是在 NaOH 水热条件下通过将 $Al_2O_3 \cdot nH_2O$ 和 $Al(OH)_3$ 等转化为 $NaAlO_2$ 来完成的（Bayer 工艺）[138]。

$$Na[Al(OH)_4] \Longleftrightarrow Al(OH)_3 + NaOH \qquad (25\text{-}11\text{-}12)$$

(10) 水热转晶反应 如 Y 沸石可以在水热条件下转晶成为 ZSM-5 和其他小孔沸石[139]，$\alpha\text{-}Fe_2O_3$ 转晶为 Fe_3O_4[140] 等。

此外，水热和溶剂热条件下还可能发生离子交换反应、水解反应、烧结反应、热压反应等。

从这些反应中 H_2O 和有机溶剂的参与方式可以看出，作为溶剂的 H_2O 或者有机分子，同时也可能作为元老组分参与反应，同时也起着矿化促进剂和压力传递媒介的作用。

11.2.2.4 水热和溶剂热合成设备

按照压强产生方式，可以将水热反应釜分为两大类：

(1) 内压釜 靠釜内介质加热形成自生压力，此类釜的压力通过介质填充度计算压强。如，用于沸石合成的反应釜基本都属于这种自生压力反应釜。具体见图 25-11-9 和图 25-11-10。

(2) 外压釜 压力由釜外加入介质的压力实现控制，一般压力范围广，同时需要温度、压力传感和控制系统。如，用于生长单晶或高压合成的反应釜多属于这一类，如图 25-11-11 和图 25-11-12 所示。

11.2.2.5 人工合成石英

第一个投入工业应用的水热合成过程是石英（SiO_2）的生产，石英作为收音机等无线电子设备中的非常关键的谐振器而得到广泛使用。这是因为石英具有正、逆压电效应，压电石英大量用来制造各种谐振器、滤波器、超声波发生器等。石英的生产属于高温高压

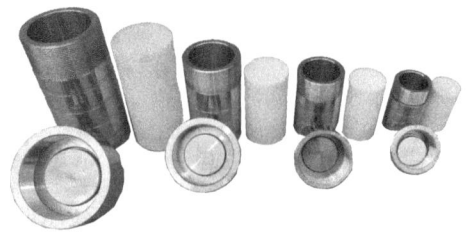

图 25-11-9 内压釜

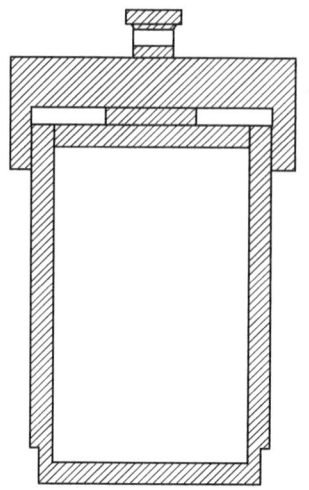

图 25-11-10 内压釜结构图

图 25-11-11 外压釜

（>240℃，>20MPa）水热合成，生产装置和原理如图 25-11-13 所示，水热合成石英晶体需要一个温度梯度，在此体系中，位于反应器底部的原料 SiO_2 溶解于高温的碱性溶液中，在对流作用的推动下进入温度较低的反应器顶部，在置于顶部籽晶的诱导下结晶生长。在反应器的底部装满二氧化硅培养基和碱性矿化剂（1.0~1.2mol·L^{-1} 浓度的 NaOH，添加剂为 LiF、LiNO$_3$ 或者 Li$_2$CO$_3$）溶液，整个反应器的温度可达 300~400℃，产生 $1500×10^5$ Pa 的自生压力，溶解的二氧化硅通过输运作用到达反应釜顶部的低温端（温度低于底部 10~25℃），在此处结晶析出。而母液则重新返回到反应釜的高温底部，再次溶解更多的二氧化

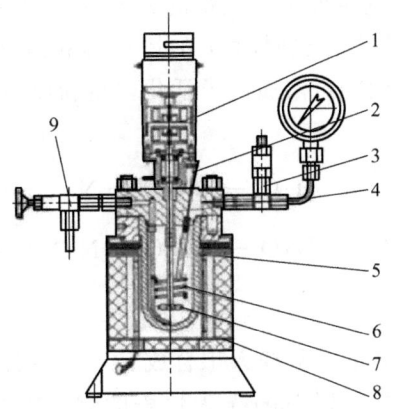

图 25-11-12 外压釜结构图[125]

1—磁力耦合器；2—测温元件；3—压力表/防爆膜装置；4—釜盖；5—釜体；6—内冷却盘管；
7—推进式搅拌器；8—加热炉装置；9—针形阀

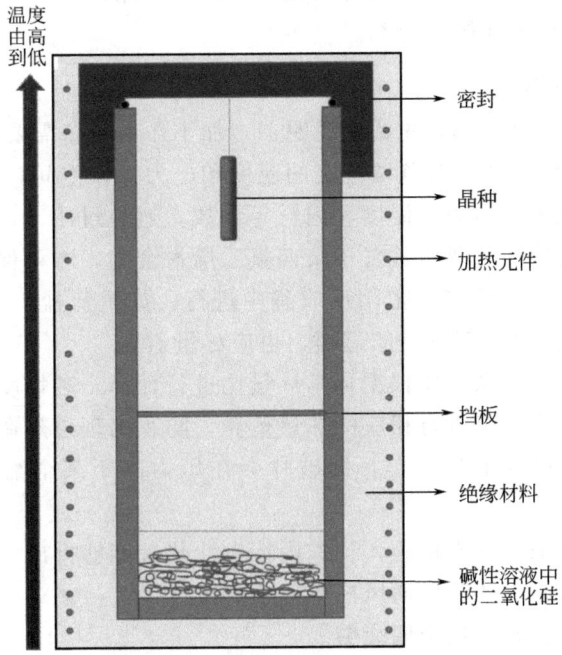

图 25-11-13 石英生产装置和原理[125]

硅并输运到顶端，如此往复。

石英的生长可以分为两个阶段：培养基石英的溶解和溶解的 SiO_2 在籽晶上生长。石英的溶解与温度具有以下关系：

$$\lg S = -\frac{\Delta H}{2.303RT} \tag{25-11-13}$$

式中，S 为溶解度；ΔH 为溶解热；T 为热力学温度；R 为摩尔气体常数，负号表示这一过程吸热。一般认为，在 NaOH 碱液中的溶解反应可以通过下式表示：

$$SiO_2 + (2x-4)NaOH \longrightarrow Na_{(2x-4)}SiO_x + (x-2)H_2O \tag{25-11-14}$$

式中，$x \geqslant 2$。在培养石英的条件下，测得的 x 值为 $7/3 \sim 5/2$，说明溶解后的产物主要以 $Na_2Si_2O_5$，$Na_2Si_3O_7$ 形式存在，也同时存在其水解和解离产物。溶液中存在的这些物种，在经历输运后，在石英表面经过溶质离子活化，重新以氧化硅的形式，并且在石英籽晶表面沉积并发生外延生长。

$$NaSi_3O_7^- + H_2O \longrightarrow Si_3O_6 + Na^+ + 2OH^- \tag{25-11-15}$$

$$NaSi_2O_5^- + H_2O \longrightarrow Si_2O_4 + Na^+ + 2OH^- \tag{25-11-16}$$

11.2.2.6　人工合成分子筛

水热反应已广泛应用于沸石的大规模人工合成。天然沸石可以在自然界的地质水热条件下形成。在20世纪40~50年代，以 Barrer 为代表的化学家在实验室开展了模拟自然水热条件的人工合成分子筛研究。分子筛的水热合成，属于中温中压（100~240℃，1~20MPa）水热合成。一般合成过程是将碱液（NaOH）、铝源（氢氧化铝、拟薄水铝石）、硅源（硅溶胶、硅酸钠、硅酸酯）在水溶液中搅拌混合，混合后的原料会形成无定形的硅铝酸盐凝胶前驱体，再经转移到水热合成反应釜中进行晶化后得到沸石晶体[141]。分子筛也可通过溶剂热合成，如使用乙二醇、离子液体等溶剂。

11.2.2.7　安全注意事项

在使用任何压力设备时，都要先阅读说明书，加工压力设备需要到有资质的单位进行加工，在对压力进行预估后，加工时预留一定的温度和压力操作空间，确保实验安全。

① 注意所用到反应釜的压力、温度和内衬等参数，避免过压、过温和腐蚀。

② 当反应物系有腐蚀性时要将其置于聚四氟乙烯衬套内，方可保证釜体不受腐蚀。

③ 避免具有爆炸危险的反应在密闭反应釜中进行，如重氮盐、叠氮盐、高氯酸盐，不能用于溶解热反应，与有机溶剂可燃的过程，也应尽量避免。

④ 有气体放出的反应体系，要根据化学计量比进行计算，装填度适当降低。

⑤ 有放热反应的体系，要进行相应的热量衡算，防止出现过热造成危险。

⑥ 尽量使用带有爆破片的反应釜，爆破片会在压力高于某个给定值时释放釜内压力，确保安全。

⑦ 在爆破泄压出口采取适当措施，让釜内挥发性热液能够排出。

⑧ 采取其他防护措施，如防压通风橱等。

⑨ 避免急冷，急冷容易导致金属疲劳。

⑩ 金属反应釜表面一般要标明高温表面，戴防热手套进行操作。

⑪ 在对有机溶剂进行溶剂热反应时，要根据状态方程预估压力水平，禁止将反应釜全部装满，预留至少20%的体积防止液体膨胀造成压力升高。

⑫ 将反应釜置于加热器内，按照规定的升温速率升温至所需反应温度（小于规定的安全使用温度）。待反应结束将其降温时，也要严格按照规定的降温速率操作，以利安全和反应釜的使用寿命。

⑬ 当确认釜内温度低于反应物系中溶剂沸点后方能打开釜盖进行后续操作。

⑭ 每次反应釜使用后要及时将其清洗干净，以免锈蚀，釜体、釜盖线密封处要格外注意清洗干净，并严防将其碰伤损坏。

⑮ 要定期检测反应釜的密闭性，检验方法是：将水或其他溶剂导入内衬内，并用天平

记录质量，将内衬放入反应釜，拧紧，放入 150℃ 烘箱中加热 24h。待反应釜冷却后，取出内衬称取质量，并与之前对比，若无差异，表明反应釜密闭性良好。

11.2.3 化学气相沉积技术[142~154]

11.2.3.1 概述

化学气相沉积（chemical vapor deposition，CVD）是利用气相态物质在固体表面进行化学反应、生成固态沉积物的过程，如硅烷和氨反应在固体表面形成氮化硅膜（Si_3N_4）。

现代 CVD 技术发展始于 20 世纪 50 年代，以当时欧洲的机械加工大发展为背景，主要用于制备刀具涂层。以碳化钨为基材的硬质合金刀具经过 CVD 制备 Al_2O_3、TiC 及 TiN 复合涂层处理后，切削性能明显提高，使用寿命也成倍增加。从二十世纪六七十年代以来，CVD 技术得到长足发展，有力地推动了微电子集成电路技术发展。在微电子器件的制备中，CVD 被广泛用于制备半导体外延层（包括Ⅳ族 Si，Ge，SiGe，SiC；Ⅲ-Ⅴ族 AlGaIn-NAsP 系列化合物半导体；Ⅱ-Ⅵ族 ZnS，ZnSe，ZnTe，CdS，CdSe，CdTe；以及 SCN，YN，SnO_2，In_2O_3，PbSnTe 等），各种金属及合金导体互联材料（包括 Ag，Al，Al_3Ta，Au，Be，Cu，Ir，Mo，Nb，Pt，Re，Rh，V，Ta，Ta-W，W，W-Mo-Re 等）和绝缘材料（如 Si_3N_4，各种氧化物，包括 SiO_2，Al_2O_3，TiO_2，ZrO_2，HfO_2，Ta_2O_5，Nb_2O_5 等，铝硅玻璃，砷硅玻璃，硼硅玻璃，磷硅玻璃等）。

近年来，CVD 技术的应用领域得到极大的拓展，包括：①通信技术，如制备高频（1~100GHz）AlGaAs 化合物半导体；②光电子技术，如制备 InGaAlN 系列的固态照明材料；③微电机技术，如制备尺寸为 $50~200\mu m$ 的结构和部件；④纳米技术，如制备碳纳米纤维、碳纳米管、石墨烯等；⑤涂层技术，如制备耐高温、耐腐蚀涂层的高硬度金刚石薄膜，SiC 等；⑥超导技术，如制备高温超导材料等。

11.2.3.2 分类

CVD 是由气源形成，气相输运和气相在固体生长界面上的沉积 3 个主要环节组成。

根据气体流动方向和衬底的关系，可以分为水平式、垂直式等。根据气源不同，CVD 可以分为卤化物输运法（Cl-VPE），氢化物输运法（HVPE），金属有机化学气相沉积法（MOCVD）等。

根据反应室压力不同可以分为常压 CVD（APCVD），低压 CVD（LPCVD，通常小于 1Torr），超高真空 CVD（UHV/CVD，通常小于 10^{-3} Torr）等。

根据反应器壁的温度不同可以分为冷壁式和热壁式。在冷壁式反应器中，只有衬底被感应或电阻加热，反应器壁的温度远远低于沉积温度，因此只在衬底上有固体沉积，而反应器壁上并没有。而热壁式反应器是从外部加热反应室，器壁上也可能有固体沉积。相对于冷壁式而言，采用热壁式反应器能更好地控制过程参数，并更容易实现放大。

根据反应温度不同，可以分为低温 CVD（300℃ 左右），高温 CVD（1000℃ 左右）和超高温 CVD（1600℃ 以上，如利用 SiH_4 和碳氢化合物气体生长 SiC）。

根据反应时不同的能量增强方式也可以划分为等离子增强 CVD（PECVD），光增强 CVD（PCVD），激光增强 CVD（LCVD）等。

根据生长界面上的化学反应又可以分类为：①热分解，如 $CH_3SiCl_3 \longrightarrow SiC + 3HCl$；②氧化还原，如 $SiH_4 + 2O_2 \longrightarrow SiO_2 + 2H_2O$；③化学合成等，如 $GaCl + NH_3 \longrightarrow GaN +$

$HCl+H_2$。此外，根据操作方式的不同可以分为连续式和间歇式。

上述分类方法在用于实际分类时会有侧重。比如常规的氮化镓薄膜生长采用金属有机物作为气源，金属有机物发生热分解反应，反应在低压下进行，但仅以 MOCVD 标志其主要特征。图 25-11-14 为常见的 CVD 反应器示意图。

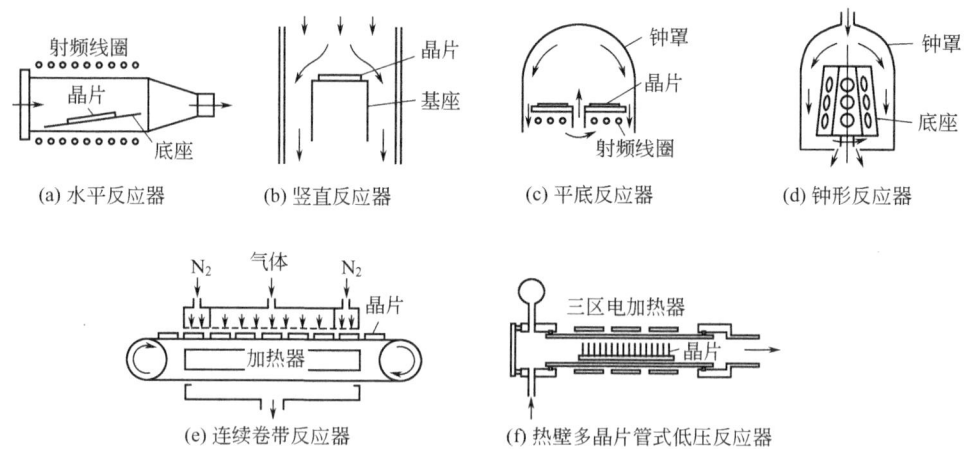

(a) 水平反应器   (b) 竖直反应器   (c) 平底反应器   (d) 钟形反应器

(e) 连续卷带反应器   (f) 热壁多晶片管式低压反应器

图 25-11-14 常见的 CVD 反应器示意图

11.2.3.3 特点

与其他沉积方法相比，CVD 有以下特点：

① 在 CVD 生长中，材料生长的过程，形态和结构等比其他方法更加可控。尤其在晶体薄膜生长中，通过对温度、压力和气相成分（即各组元的气相分压）的调整，可以实现气相沉积速率（取决于生长表面的化学反应速率）和表面原子扩散过程的控制，从而达到晶体结晶质量控制的目的。

② 设备简单并且灵活性强。同一设备，只要原料气稍加改变，采用不同的工艺参数便可制备性能各异的沉积层。

③ 主体气体流动通常是层流，在基体表面形成厚的边界层。由于有效组分通过气相和边界层扩散沉积，一方面沉积组分较易调节和控制，另一方面沉积速率通常较低（一般每小时只有几微米到几百微米）。

④ 可以在大气压（常压）或者低于大气压下进行沉积。不同压力下气相扩散系数和表面脱附吸附性能变化，直接影响材料生长。因此，操作压力是一个简单有效的调控参数。

⑤ 采用等离子和激光辅助等技术可以显著促进化学反应，使沉积可在较低的温度下进行。这样基底材料有更多的选择，操作成本也更低。

⑥ 化学成分可以通过气源改变，从而获得生长组分或掺杂分布陡变或渐变的沉积层和异质结。

⑦ 气相中尤其在低压下，可在复杂形状的基底上以及颗粒材料上沉积。但是选择性局部沉积困难。

⑧ 通常参加沉积反应的气源和反应后的余气可能有一定的毒性，需要后处理。

11.2.3.4 热力学、动力学和传递现象

CVD 过程中涉及复杂的反应与传递过程，受化学平衡、表面化学动力学的影响，也受

流体性质、反应器结构、反应条件等诸多因素的影响。在研究 CVD 过程时，首先要对反应系统进行热力学分析。这需要对其中每一反应进行 Gibbs 自由能计算：

$$\Delta G_r = \sum \Delta G_f(\text{生成物}) - \sum \Delta G_f(\text{反应物})$$

热力学数据（G，C_p，S，H）可从 JANAF 等数据库（http：//kinetics.nist.gov/janaf/）中获得。

利用 Gibbs 反应自由能可以帮助选择特定 CVD 系统中的前驱体。例如 $TiCl_n$ 的 ΔG 随着氯化程度 n 的增加而有着更大的负值，因而更稳定。对于用于沉积 TiN 的反应系统 $2TiCl_4 + N_2 + 4H_2 \Longrightarrow 2TiN + 8HCl$，反应温度要高于 750℃ 才能进行。如果因衬底材料限制要在较低温度下进行，就要使用 $TiCl_3$。

CVD 相图用于提供给定的气相温度压力和各组分浓度下关于固体平衡组分的有用信息。通常采用以下 2 种方法获得，即平衡常数法（又称质量作用定律法）或最小自由能法。

平衡常数法基于如下方程式。对于反应 $aA + bB \Longrightarrow cC + dD$。根据质量作用定律可以得到各气相分压关系（其中 a，b，c，d 是组分 A，B，C，D 的化学计量数）：

$$K_T = \frac{p_C^c p_D^d}{p_A^a p_B^b} \tag{25-11-17}$$

平衡常数由反应 Gibbs 自由能决定，$K_T = \exp[-\Delta G_r/(RT)]$。

这个方法需要所有可能发生的化学反应的信息，包括所有组分（含中间组分）、化学反应途径以及相应的热力学物性数据。通常对于简单反应体系采用这一方法，而对于复杂体系，最小自由能法则更加常用。

最小自由能法的依据是系统达平衡时其 Gibbs 自由能最小，因而这种方法不需要关于反应过程的信息。在系统内，无量纲自由能定义为

$$\frac{G}{RT} = \sum_{i=1}^{m} n_i\left(\frac{u_i^0}{RT} + \ln p + \ln \frac{n_i}{N}\right) + \sum_{j=1}^{s} n_j\left(\frac{u_j^0}{RT} + \ln a_j\right) \tag{25-11-18}$$

式中，$u_i^0/(RT)$ 是气相组分 i 的标准化学势；$u_j^0/(RT)$ 是固相组分 j 的标准化学势；m 和 s 是气相和固相中组分数。

把以上方程和物料衡算方程联立求解可以确定反应达到平衡时的组成。对于特定的 CVD 系统，已有许多软件可以使用，如 SOLGAS，SOLGASMIX，FREEMIN，EKVI-CALC，EKVIBASE 等。

CVD 沉积过程通常用典型的浓度边界层理论描述：①反应气体从气相主体引入边界层；②反应气体由气相主体扩散和流动（黏滞流动）穿过边界层；③气体在基体表面上的吸附；④吸附物之间的或者吸附物与气态物质之间的化学反应过程；⑤吸附物从基体解吸；⑥生成气体从边界层到整体气体的扩散和流动；⑦气体从边界层引出到气相主体。通常质量传递和表面反应在 CVD 中决定了沉积速率。然而在温度非常高时，热力学变为第三个控制因素，如图 25-11-15 所示。

以一个简单的 A 生成 B 的 CVD 过程为例，A 组分的吸附速率：$r_{DA} = k_A(p_A^0 - p_A^*)$，式中，$p_A^0$ 和 p_A^* 分别是气相和固相表面 A 组分的分压；k_A 是组分 A 的传质系数。

B 的脱附速率：$r_{DB} = k_B(p_B^* - p_B^0)$。在主体流动很大并且开始并不含有组分 B 的情况

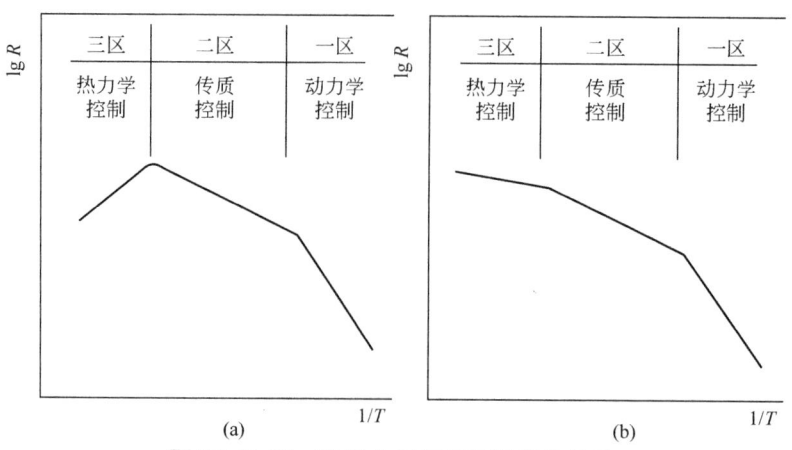

图 25-11-15 CVD 生长速度和温度的关系

(a) 放热反应；(b) 吸热反应

下 $p_B^0=0$，方程简化为 $r_{DB}=k_B p_B^*$。

表面一级反应速率：$r_s=k_f p_A^* - k_r p_B^*$，其中 k_f 和 k_r 分布为正向和逆向反应速率常数；反应平衡常数 $K=\dfrac{k_f}{k_r}$。

在定态条件下三者速率相同，可以得到以下的方程：

$$r=\frac{p_A^0}{\dfrac{1}{k_A}+\dfrac{1}{k_f}+\dfrac{k_r}{k_B k_f}} \tag{25-11-19}$$

假定 $k_A=k_B$ 并以 k_g 表达，这样就可以得到一个沉积速率和 A 组分分压以及包括正向反应速率常数、传质系数和平衡常数在内的三个参数间的关系：

$$r=\frac{p_A^0}{\dfrac{1}{k_f}+\dfrac{1}{k_g}\left(1+\dfrac{1}{K}\right)} \tag{25-11-20}$$

在反应控制区间，$K \gg 1$，$k_f \ll k_g$，反应速率变为 $r=k_f p_A^0$，并且 $p_A^0 \approx p_A^*$。在这种情况下，CVD 过程的沉积速率即为表面反应的一级动力学表达式。

如果是扩散控制，即 $k_g \ll k_f$，反应速率变为 $r=k_g p_A^0$，并且 $p_A^* \approx 0$。

k_f 对温度的依赖关系可以用 Arrhenius 方程描述：$k_f = a\,\mathrm{e}^{-\frac{\Delta E_a}{RT}}$

k_g 对温度的依赖关系比较复杂，一般与温度 T^m（$m=1.5\sim2$）成正比。

平衡常数 K 与温度的关系：$K=c\,\mathrm{e}^{-\frac{\Delta H}{RT}}$

$$r=\frac{p_A^0}{\dfrac{1}{a\,\mathrm{e}^{-\frac{\Delta E_a}{RT}}}+\dfrac{1}{bT^m}\left(1+\dfrac{1}{c\,\mathrm{e}^{-\frac{\Delta H}{RT}}}\right)} \tag{25-11-21}$$

根据上式（即图 25-11-15 曲线）和不同区间内的实验数据，就可以计算 ΔE_a 和 ΔH。

在高温的热力学控制区，反应速度对温度的依赖分为两种情况：放热反应和吸热反应。对于放热反应，温度越高，沉积过程的可逆反应速率越大，沉积速度越慢。而对于吸热反应，升高温度可以增加表面沉积速率，但在高温下可能发生气相反应。

11.2.3.5　MOCVD

金属有机物化学气相淀积（metal-organic chemical vapor deposition，MOCVD，从晶体外延生长角度也称为 MOVPE，metal-organic vapor phase epitaxy），是将稀释于载气中的金属有机化合物导入反应器中，在被加热的衬底上进行分解、氧化或还原等反应，生长非晶薄膜或单晶外延薄层的方法。MOCVD 是 1968 年由美国洛克威尔公司的 Manasevit 提出来的一项制备化合物半导体单晶薄膜的新技术。虽然当时获得的外延层质量不如其他方法如 LPE（liquid phase epitaxy），但是随着原料纯度和工艺水平的提高，在 20 世纪 70～80 年代被广泛用于制备第二代半导体材料Ⅲ-Ⅴ族 AlGaInAsP 系列激光器，场系列效应管，发光二极管，高效太阳能电池等；同时也用于Ⅱ-Ⅵ族半导体化合物，包括 ZnSe、ZnO、HgCdTe 的生长。自 90 年代开始，更是被用于第三代半导体Ⅲ-Ⅴ族氮化合物的生长。Ⅲ-Ⅴ族氮化合物 InN、GaN、AlN 及其合金材料，又称宽禁带半导体，其带隙宽度从 1.9eV 至 6.2eV，覆盖了可见光及紫外光光谱的范围，而且具有电子饱和速率高、热导率好、禁带宽度大和介电常数小等特点和强的抗辐照能力，可用来制备稳定性能好、寿命长、耐腐蚀和耐高温的大功率器件，广泛应用于光电子、蓝光 LED、紫光探测器、高温大功率器件和高频微波器件等光电器件。21 世纪初，基于第三代半导体 GaN LED 的固态照明已进入市场规模高达上千亿美元的普通照明领域，也是目前化合物半导体最大的市场。作为 GaN LED、电力电子、高功率高频电子器件、高效太阳能和 IGZO（氧化铟镓锌）的工业生长技术，MOCVD 举足轻重，是光电子行业最有发展前途的专用技术。

MOCVD 可以精确控制多种不同的原子层材料，实现亚微米和纳米级的超晶格和量子阱结构以及渐变组分的生长，从而实现了半导体异质结构单晶薄膜材料生长技术的飞跃。以生长Ⅲ族氮化物为例，MOCVD 工艺过程如下：在低压（100Torr）下生长 GaN，所用的衬底材料是蓝宝石（Al_2O_3），三甲基镓（TMG）、三甲基铟（TMIn）、三甲基铝（TMAl）和氨气（NH_3）分别作为 Ga 源、In 源、Al 源和 N 源，硅烷（SiH_4）和 Cp_2Mg 分别为 n、p 型掺杂剂，载气为高纯度的 H_2 和 N_2。

MOCVD 通常在质量输运控制（mass transport control）区进行外延生长，因为在该区域内生长效率高，外延层表面形貌好，生长速率对温度不敏感。在这种情况下，表面反应速度相对于质量输运已足够快。通常在气固界面和包括临近界面的气相薄层内假定接近或达到平衡态，可用热力学确定 MOCVD 外延生长的驱动力，并建立沉积固溶体成分与气相成分关系。在给定的温度、压力、Ⅴ/Ⅲ元素进料比，输入源分压等生长条件下，用平衡常数法或自由能最小化法求出与固相平衡的气相各物种的分压。在 MOCVD 生长中，如果生长条件不合适，除了气固两相外，还可能出现对生长不利的液相。通过热力学分析，可判断出第二凝聚相的边界条件。图 25-11-16 为在 MOCVD GaN 的平衡分压图和Ⅲ族氮化物相图。

MOCVD 是在气体连续流动（反应物源气不断进入，生成物尾气不断离开）的情况下进行，反应物流经反应室在沉积基底（衬底）上的停留时间较短，而且存在很大的温度梯度，因此是个非平衡过程，必须考虑动力学因素的影响。MOCVD 的生长动力学包括化学反应动力学和质量输运两部分，而质量输运又与热量输运和动量输运紧密联系在一起。把化学动力学与传递输运现象结合起来，并建立相应的数学模型，可以用于计算生长速度和设计反应器。

MOCVD 的化学反应包括在气相进行的均相反应和在固相表面进行的异相反应。通常

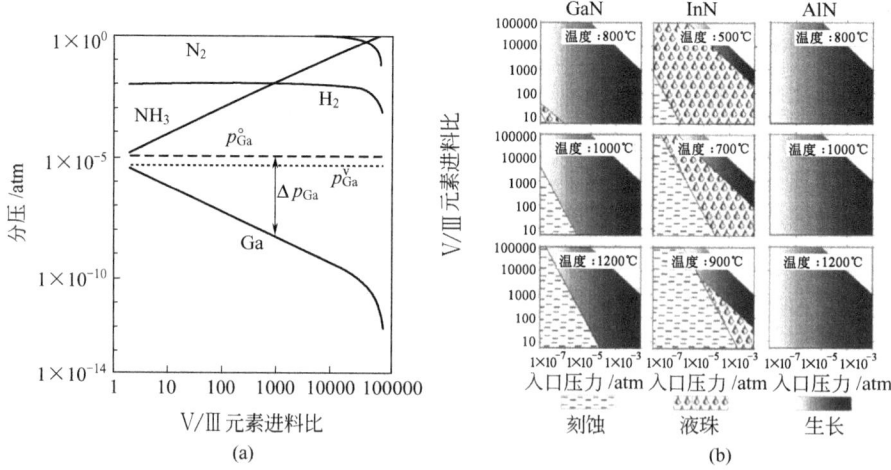

图 25-11-16　MOCVD GaN 的平衡分压（a）和 Ⅲ 族氮化物的相图（b）

气相中存在的组分和量采用质谱、红外吸收、拉曼光谱等各种技术确定。反应动力学通常以 Arrhenius 或修正 Arrhenius 公式表述。动力学参数除来自实验数据拟合外，还可通过统计热力学、过渡态理论或 Bronsed-Evans-Polanyi（BEP）关系估计。固体表面反应通常涉及复杂的表面吸附与反应过程，如 GaN 沉积（图 25-11-17）。与非均相催化反应类似，理论上也可用上述方法确定固体表面每一基元过程的动力学，但由于固体表面结构和反应网络的复杂性，这样获得的动力学对 CVD 反应器设计的指导作用很有限。实际上常采用最大表面理论反应速率（即根据动力学理论估计的气相组分与表面碰撞的频率）乘以相应的反应黏附系数（Sticking Coefficient）来近似沉积速率。

数值模拟在 MOCVD 设计、开发和放大中越来越重要。在工业生产规模设备上试错太过昂贵，而模拟可以大大地节省时间和成本。把反应动力学数据和计算流体力学 CFD 相结合，就可以理解关于气相金属源的热裂解和预反应以及相应的由气相反应产生的颗粒问题，获得整个反应器内的温度和流场分布，判断在反应室内是否产生漩涡等，最终预测外延层衬底上不同位置的生长速度等。预反应大大地消化了原料，使沉积速度降低、衬底上外延层厚度不均匀，同时使外延组分不可控。而漩涡问题通常是由热的衬底基座上的高温与进料气体的低温所造成的热浮力引起。这种回流延长了反应物在反应室内的停留时间，使异质结界面因存储效应加宽，从而影响器件性能如 LED 中的量子阱界面；同时漩涡使外延对生产各因素敏感性大大提高，使生产的重复性大大降低。衬底上的温度不均匀性则会改变 InGaN 外延层中组分配比，从而使 LED 的发光波长发生改变。借助于模型化研究，可更全面地了解这些过程，并优化反应室构型设计、加热器设计，确定气体流量窗口等。

作为 CVD 系统一员，MOCVD 设备同样包括气体输运分系统、生长反应室分系统、尾气处理分系统、生长控制装置分系统、生长的原位监测分系统等。其中，反应室的设计是解决高难的外延生长和大批量生产尖锐矛盾的关键。

为了保证大面积生长（多片机）的均匀性和重复性，系统采用了平衡气压控制，任何一种气流的切换均不影响总体气流的均衡流动，也就消除了湍流、涡流等造成的不良影响。同时大面积生产对衬底托盘的加热均匀性也提出了很高要求，通常采用 RF 感应加热和盘式电阻加热。现有的量产型 GaN MOCVD 反应器主要有 Aixtron 公司的行星反应器（planetary

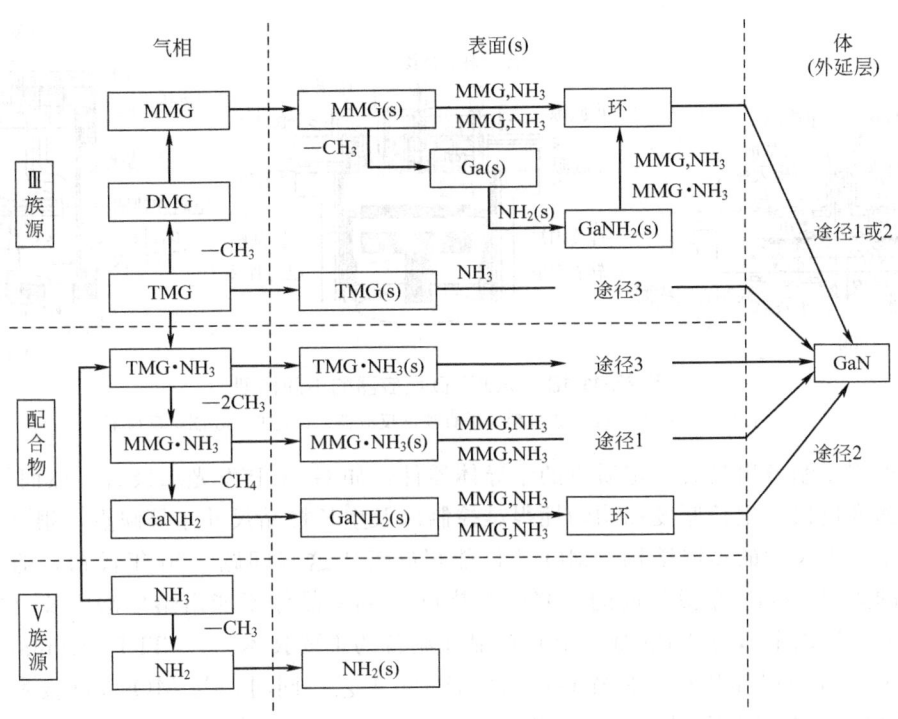

图 25-11-17 GaN 沉积的气相和固相反应路径

reactor)、紧密耦合垂直喷淋反应器（close coupled showerhead reactor），Veeco（原 Emcore）公司的 Turbo Disc 反应器，如图 25-11-18 所示。在行星式旋转大面积反应器中，设备衬底基盘可以做得很大，且缓慢均匀旋转；基盘上装载的衬底在生长材料过程中，被自下向上流入的氢气流轻轻托起并匀速旋转，保证了衬底上的材料可大面积、均匀地生长。而源材料气流从反应室顶部注入，再在衬底上方由垂直式变为水平层流方式。通过托盘的公转和衬底本身的自转，解决了常规水平反应器的因材料生长过程中源材料逐渐消耗引起的不均匀性问题，使得 MOCVD 大规模生产成为可能。而在紧密耦合垂直喷淋反应器中，Ⅲ族和Ⅴ族组分以及载气（H_2，N_2）从间布的小孔中高速射向衬底，以达到混合均匀的目的。另一类是高速涡轮立式生长设备，采用立式结构，虽然衬底自身没有自转，其衬底托盘转速达 1000r·min^{-1} 或更高，基座旋转不仅改善了温度均匀性，而且还由于固气界面黏性曳力，高速旋转的基座还起了泵的作用，改善了基座上方温度和反应剂浓度分布均匀性，有助于获得均匀的外延层和较高的生长速度。这种设备还有如下一些显著的特点：①系统内气流系高速流动，记忆效应小、记忆时间短，因而源材料切换非常快捷，特别适用于突变异质结、量子阱和超晶格等结构的生长；②衬底基座旋转产生的抽吸作用，除生长的外延材料外的其他反应产物全部被甩掉、抽走，反应室上部总是保持很清洁的状态，从而大大减少了反复停机清洗反应室的次数；③衬底表面温度的均匀性好、梯度很大，反应仅在表面上进行。这不仅使得材料生长的均匀性很好，而且还可节省昂贵的原材料。目前这两类主要反应器的最大容量都达到了 50in×2in（1in=2.54cm）以上并在不断放大增加产能。这些设计放大工作以及生产窗口的探索优化都离不开计算机模拟的帮助。

11.2.3.6 HVPE

HVPE 技术在 20 世纪 60 年代就被开发，并逐渐成熟地用于生长 GaAs 和 InGaAlAsP

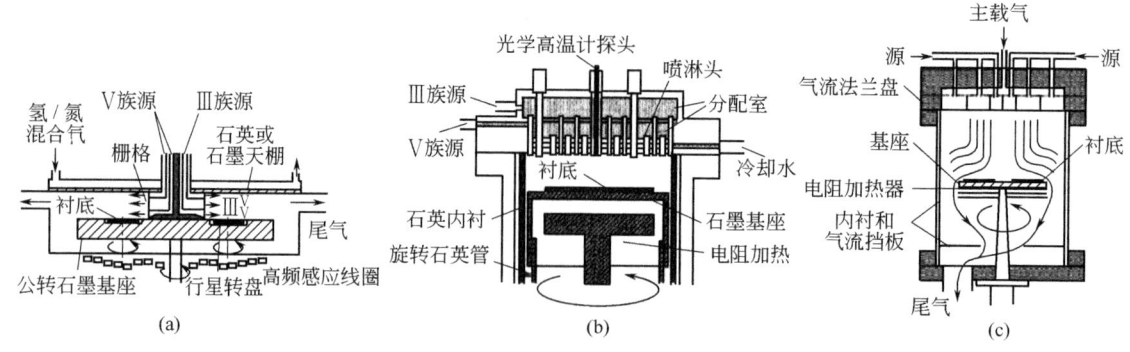

图 25-11-18　MOCVD 反应器的不同构型

（a）行星式反应器；（b）紧密耦合垂直喷淋反应器；（c）Turbo Disc 反应器

等材料，也用于制备出具有一定质量的半导体器件，如 GaAsP 发光二极管。然而 HVPE 存在着生长速度过快、生长厚度和均匀性很难控制以及生长样品尺寸小等缺点，很难生长出亚微米、甚至纳米尺寸的多层结构，MOCVD 能很好解决这些问题。90 年代初，随着Ⅲ族氮化物材料的兴起，GaN 单晶衬底的研究成为热点。GaN 晶体不能由熔体法生长（饱和蒸气压在几万大气压以上），HVPE 成为氮化镓晶体制备的主要技术[10]，TDI，Kyma，Sumitomo，Lumilog 等公司都开发了制备 GaN 的 HVPE 工艺。同时，与 MOCVD 技术一样，利用 HVPE 技术也能成功实现 n 型和 p 型掺杂。

与处于动力学控制的 MOCVD 方法相比，HVPE 方法处于热力学控制，所以可以采用几十倍于 MOCVD 的生长速率而不会对材料沉积质量造成很大影响。同时传统的 MOCVD 是冷壁式设备，气体和衬底温度相差很大，容易产生漩涡，需要大量载气来克服热浮力。而 HVPE 方法采用热壁式反应器以避免反应副产物 NH_4Cl 气体在壁上沉积，气体在到达衬底前被有效加热。而且 HVPE GaN 没有气相反应，这与 MOCVD 不同。HVPE 直接采用金属作为原料，可以不采用氢气而用氮气为载气。与 MOCVD 相比，NH_3 与Ⅲ族气体分压之比降低至近 1%，因此 HVPE 材料成本通常只有 MOCVD 的 1/10 甚至更少。然而 HVPE 的一个最大挑战也来自热壁结构。由于多晶 GaN 可以在任何高温（$>500℃$）的固体表面（这里通常采用石英）沉积，进气喷头不能采用 MOCVD 的方式，否则会造成堵塞。

在 HVPE 中，用 H_2 或 N_2 作为载气的氯化氢（HCl）气体与熔融的镓金属在 800℃ 左右反应生成氯化镓（GaCl），氯化镓再与作为氮源的氨气在 950～1150℃ 生成氮化镓并结晶在衬底表面。目前常用的衬底是蓝宝石，因此随着氮化镓晶体层厚度增加，必须利用激光分离技术或利用本身热应力以及弱的异质界面，从而剥离衬底而获得独立的氮化镓晶体。严格地说，由于使用了非氮化物衬底材料和气相结晶过程，氢化物气相外延不是一种体晶（bulk）生长方法。然而，利用 HVPE 技术容易实现掺杂，晶体材料有较好的电气性质。此外 HVPE 工作压力低、生长速率高（每小时 $300\mu m$），适合用于大规模生产。

GaN 晶体的 HVPE 生长动力学通常包括以下几步：①NH_3 的吸附；②H_2 脱附后的 N 原子与吸附的 GaCl 形成 NGaCl；③NGaCl 通过不同途径分解，脱附形成 HCl 或 $GaCl_3$[11]。这些热力学和动力学模型与 CFD 相结合，可以很好地描述 GaN HVPE 生长的速率[153]。

GaN HVPE 反应器可以分为水平式和垂直式，如图 25-11-19 所示：反应气体在最优距离进入，以保证混合和最优的气体分布；每区的温度用电阻或感应加热独立控制；样品托盘

可以与气流成一定角度或旋转以保证均匀性。在水平反应器中，衬底托盘可以平行或以一定
夹角甚至垂直于气体流动方向。垂直（直立式）反应器的一个好处是容易旋转样品以提
高均匀性。垂直反应器又可以分为衬底朝上和衬底朝下两种。衬底朝上可以利用重力实
现样品的放置，进样取样系统比较简单。而衬底朝下系统一方面完全消除了热浮力可能
引起的漩涡现象，另一方面避免了在反应器壁（通常石英管）上沉积的多晶 GaN 颗粒脱
落对样品的污染。

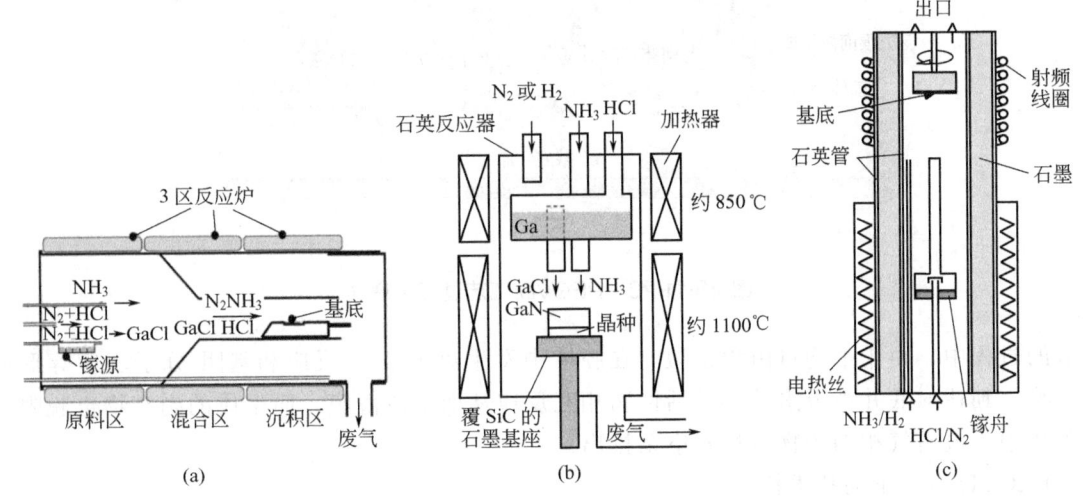

图 25-11-19 HVPE 反应器示意图

（a）水平式；（b）垂直式，衬底朝上；（c）垂直式，衬底朝下

11.2.3.7　PECVD

PECVD 是借助于辉光放电等方法产生等离子体，使含有薄膜组成的气态物质发生和维
持化学反应，从而实现薄膜材料生长的一种制备技术。在等离子体中，物质由气态变为等离
子态，富集了电子、离子、激发态原子、分子及自由基，它们是极活泼的反应性物种，许多
难以进行的反应体系在等离子体条件下变得易于进行。

PECVD 是常规 CVD 的发展。在工艺上，PECVD 与 LPCVD 压力相似，但温度更低。
比如，作为硅芯片钝化层或扩散阻碍层的 Si_3N_4，用 LPCVD 的沉积温度在 $800\sim900℃$；而
PECVD 沉积温度是 $350℃$，这样就能实现在熔点只有 $660℃$ 的金属铝上的沉积。目前
PECVD 已广泛用于 Si_3N_4、SiO_2、SiC 等的沉积，在硅基异质结电池、叠层硅薄膜电池、
OLED 等领域有广泛运用。

PECVD 通常在一个具有间隔几英寸平行导电板的真空腔内进行。一般样品放在底部接
地的平盘上，而 RF 电源加在上端电极。气体进入后在电极之间电离形成具有高能量的物质
第四态等离子体，其反应沉积过程如图 25-11-20 所示[154]。PECVD 和常规 LPCVD 所涉及
的子过程类似，仅是常规 CVD 技术中采用加热能量使反应气体分解，而在 PECVD 技术中
利用等离子体中电子的动能去激发气相化学反应。等离子体中的高密度电子经外电场加速
后，其动能通常可达 10eV 左右甚至更高，足以破坏反应气体分子的化学键，使气体分子电
离（离化）或者使其分解为高活性的粒子和基团。正离子受到离子层加速电场的加速与上电
极碰撞，放置衬底的下电极附近也存在有一较小的离子层电场，所以衬底也受到某种程度的
离子轰击。而分解产生的中性物质依靠扩散到达管壁和衬底。这些粒子和基团在主体流动和

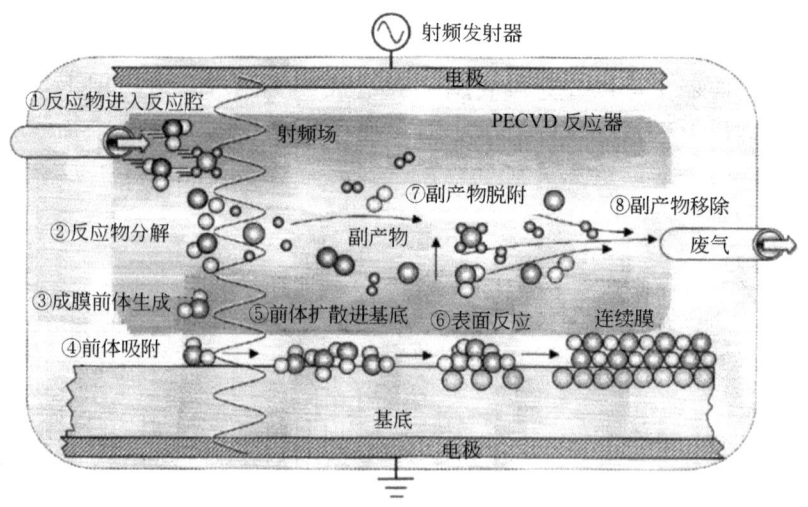

图 25-11-20 PECVD 工艺过程示意图

扩散的过程中，由于平均自由程很短，在腔体中发生离子-分子反应和基团-分子反应等形成副产物。到达衬底并被吸附的化学活性物相互反应从而形成薄膜，而生成的副产物也脱附进入气相中。最后气相副产物通过真空泵排出。

PECVD 有以下的技术特点：

① 实现了薄膜沉积工艺的低温化，拓宽了基底和沉积薄膜的种类。此外，还具有沉积速率快、针孔少、不易龟裂等优点。

② 一些按热平衡理论不能发生的反应和不能获得的物质结构，在 PECVD 系统中将可能发生。如体积分数为 1% 的甲烷在 H_2 中的混合物热解时，在热平衡的 CVD 得到的是石墨薄膜，而在非平衡的等离子体化学气相沉积中可以得到金刚石薄膜。

③ 可用于生长界面陡峭的多层结构。在 PECVD 的低温沉积条件下，如果没有等离子体，沉积反应几乎不会发生。而一旦有等离子体存在，沉积反应就能以适当的速度进行。这样可以把等离子体作为沉积反应的开关，用于开始和停止沉积反应，从而生长界面陡峭的多层结构。

④ 可以提高沉积速率，增加厚度均匀性。这是因为在多数 PECVD 的情况下，体系压力较低，增强了前驱气体和气态副产物穿过在平流层和衬底表面之间的边界层的质量输运。

⑤ 等离子体容易对衬底材料和薄膜材料造成离子轰击损伤。在 PECVD 过程中，相对于等离子体电位而言，衬底电位通常较负，这势必招致等离子体中的正离子被电场加速后轰击衬底，导致衬底损伤和薄膜缺陷。

⑥ 常见的直流等离子体由于电极烧蚀会导致连续工作时间不长，而高频等离子体工作状态不十分稳定，还有高温反应炉的封接以及反应壁的结疤问题，都是未得到很好解决的老问题。再如，对于高频等离子体，反应原料的注入方式也是一个十分棘手的难题，轴向方式容易导致息弧，而径向方式又因温度不均使反应无法完全进行。由于 PECVD 中对反应气体的激励主要是电子碰撞，因此等离子体内的基元反应多种多样，而且等离子体与固体表面的相互作用也非常复杂，这些都给 PECVD 技术制膜过程的机理研究增加了难度。一些新型材料在等离子体中形成的微观过程也有待深入研究。

11.3 聚合物产品工程与技术

11.3.1 概述

聚合物材料的创生只有百余年，但其发展速度远远快于金属和无机材料。究其原因，是聚合物的结构具有多层次性，且几乎无穷可变，结构调控所能赋予的性能变化远胜于其他材料。聚合物的基本结构层次见图 25-11-21[155]。其中链结构是决定聚合物性能的最主要结构；聚集态结构很大程度上取决于链结构，是决定聚合物制品性能的主要结构层次。

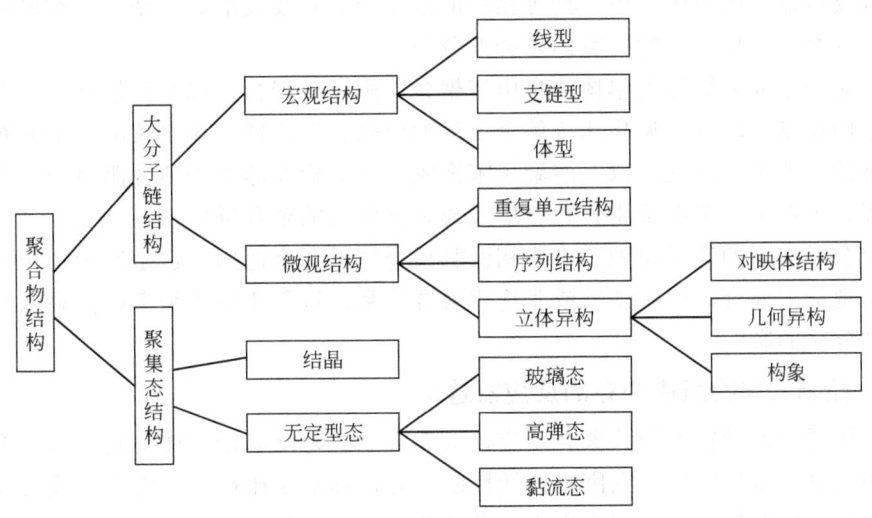

图 25-11-21 聚合物的基本结构层次

世界高分子科学发展至今，关于聚合物合成和结构的理论及基本研究方法已基本确立，但聚合物制备与成型加工过程中各层次结构的精准定制仍远未达到游刃有余的程度。即便近来高分子化学与物理研究产生了不少调控聚合物结构的新原理、新方法，但其在聚合物规模化制备中的应用尚有许多关键的工程问题有待解决。过去半个多世纪的聚合反应工程研究，多以聚合物生产过程的规模化及物能的高效利用为目标，以聚合过程的设计、放大和强化为主要任务。进入 21 世纪，市场对聚合物产品高端化、开发速度迅捷化、商业模式订单化的趋势越来越明显，以聚合产物链结构及原生聚集态结构精准定制为重点的聚合物产品工程与技术正进入快速发展时期，已成为聚合反应工程学科的新生长点。

11.3.2 聚合物链结构的调控技术

本篇已述及了一些调控聚合反应中聚合产物链结构的方法，如：利用链转移反应调控聚合产物的聚合度；利用共聚反应将多种单体单元引入到一条聚合物链中；利用配位聚合催化剂使聚合物链具有立构规整性等。聚合物产品工程研究则可更精准地调控工业聚合过程中产物的聚合度分布、共聚物组成分布和共聚单元的序列分布。

11.3.2.1 控制聚合度分布的反应器选型

工业聚合过程多为连续聚合过程。根据聚合动力学建模与聚合过程的模拟结果[156,157]，不同流混模式下聚合产物的聚合度分布具有以下特点：

① 对于逐步聚合或具有活性聚合特点的连锁聚合反应，大分子链的生长贯穿于整个聚合过程，即聚合物链自其单体进入反应器起即开始生长，直至其流出反应器。这时，若采用停留时间分布很宽的全混流型聚合反应器（如 CSTR），则聚合产物的聚合度分布会很宽；反之，若采用停留时间分布很窄的平推流型聚合反应器，则聚合产物的聚合度分布较窄；若采用多釜串联的聚合反应装置，则随串联反应器数的增加聚合物分布变窄。

② 对于绝大多数存在着链终止或链转移的连锁聚合反应，大分子链的形成时间很短（秒数量级），即活性链在反应器内一旦被引发，即快速地增长，后又迅速地终止生长。CSTR 宽的停留时间分布对聚合产物的聚合度分布的影响不大。但若采用管式、塔式或多釜串联的聚合反应器，则单体、引发剂等物料的浓度会沿管线或塔高而变，或在串联的各釜中变化较大，则会导致聚合产物较宽的聚合度分布。

因此，对于绝大多数烯类单体的自由基聚合、阳离子聚合，以及烯烃配位聚合过程，工业上一般选用单釜、环管、流化床等偏全混流型的聚合反应器。对于聚酯、聚酰胺等基于逐步聚合机理的工业聚合过程，以及溶聚丁苯橡胶、顺丁橡胶等基于活性阴离子聚合机理的工业聚合过程，工业上一般都选用管式、塔式或多釜串联的聚合反应器。

上述聚合反应器的选型原理对于均相低黏聚合体系完全适用，这是因为均相低黏聚合体系几近于微观最大混合。但对高黏或非均相聚合体系，过程建模还须考虑微观混合或传质对产物聚合度分布的影响[157,158]。

11.3.2.2　控制共聚物组成分布的反应器选型

对于单体活性差异较大的共聚合反应，全混流型聚合反应器往往是其连续共聚过程的首选。如采用平推流型反应器，则因单体活性的差异，其浓度比往往会沿管线或塔高而变，或者在串联的各釜中差异较大，因而产生较宽的共聚物组成分布。

一些高放热的连锁共聚过程，因撤热要求（或聚合度分布控制的要求），不得不选用多釜串联反应器，但首釜后的各釜往往需要补加高活性的单体等原料，以控制共聚产物的组成分布。可以通过共聚动力学和连续反应器的流混模式建立聚合过程的模型，以确定各釜须补充的高活性单体的流率。

11.3.2.3　控制共聚单元序列分布的半连续聚合反应技术

对于单体活性差异较大的共聚合反应，基于上述反应器的选型原理可以确保共聚产物组成的均匀性。但这只是解决了各聚合物分子间组成差异的问题。对于相同组成的共聚物分子，仍有可能存在不同的序列结构。以各占 50%（摩尔分数）的 M_1、M_2 两单体的二元共聚为例，其形成的共聚物分子中两种单体单元的排列，如图 25-11-22 所示，可以是无规、交替、嵌段、梯度，甚至主链由一种单体组成、侧链由另一种单体组成的接枝共聚物。不同序列结构的共聚物往往具有完全不同的机械物理性能。

然而，除了采取单体分段加料的方法进行嵌段和接枝共聚物的制备外，目前大多数工业共聚过程的产物为无规共聚物，人们很难制得具有精准梯度、多嵌段等复杂结构的共聚物。

这主要是因聚合机理所限。如烯类单体的自由基共聚，其聚合物链形成的机理是"慢引发、快增长、易转移、速终止"，活性链的寿命仅为秒级，进行共聚反应时，人们很难有效地操控共聚单体单元在链内的排布。近 20 年来，高分子化学界相继开发了一些活性自由基聚合方法，如原子转移自由基聚合（ATRP)[159] 和可逆加成-断裂链转移（RAFT）聚合[160] 等。在这些活性自由基聚合中，聚合反应的机理被不同程度地调整为"快引发、可逆

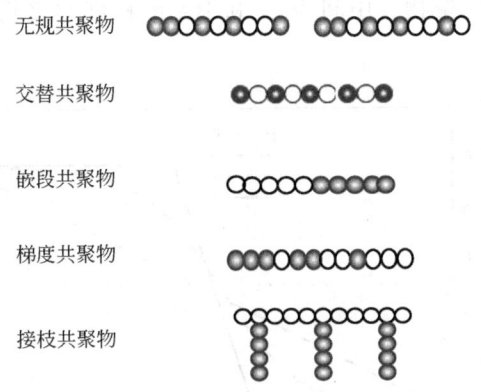

无规共聚物

交替共聚物

嵌段共聚物

梯度共聚物

接枝共聚物

图 25-11-22 二元共聚物中单体单元的序列结构

转移或可逆终止"，活性链寿命被延长到整个单体转化过程（小时级），这不仅使聚合产物的分子量更为均一，而且为共聚过程中调控产物的序列结构提供了可能。

对于活性自由基共聚合反应，可以选择间歇或平推流型聚合反应器，以确保产物窄的聚合度分布，但由于单体活性的差异，共聚物链内的共聚单元一般呈不可控的梯度变化，即一端为活泼单体的均聚物状，而另一端则为不活泼单体的均聚物状。为此，文献[161~163]将传统的动力学建模仅仅针对反应物（或产物）的浓度变化，扩展为针对不同链结构参数的所有物种［包括参与聚合的单体 M_1 和 M_2，也包括链长为 j（$j \geq 2$）、末端和前末端单体单元同为 M_1（或 M_2）或分别为 M_1 和 M_2 的活性链、休眠链和死聚物链等］。联立这所有物种随时间变化的微分方程，并通过矩方法将由无穷个微分方程建立起的动力学模型简化为关于 0~2 次矩的有限元微分方程组，并得共聚物数（重）均聚合度、组成等各结构参数的计算式。进而根据共聚产物聚合度及其分布、组成及其分布和共聚单元序列分布的特定要求，计算出活泼单体的进料程序，由计算机程序控制进料泵的流率（图 25-11-23），从而实现共聚物链结构的精准定制。

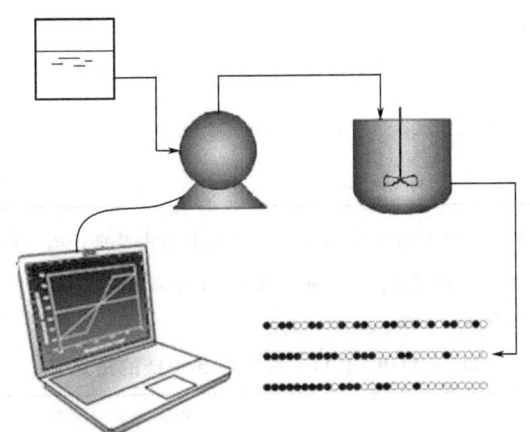

图 25-11-23 数控共聚物链结构装置示意图

以苯乙烯（St）、丙烯酸酯（BA）的二元 RAFT 溶液共聚为例，反应机理、矩的定义及动力学模型见表 25-11-8～表 25-11-10。基于这一动力学模型分别设计和精准制造了共单体组成均匀但无序、组成呈正向或反向线性梯度变化、组成呈双曲正切梯度变化、组成呈三嵌段（两端为 St 和 BA 的均聚物、中间为 St 和 BA 的梯度共聚物）等多种特定序列结构的共聚物（图 25-11-24）。

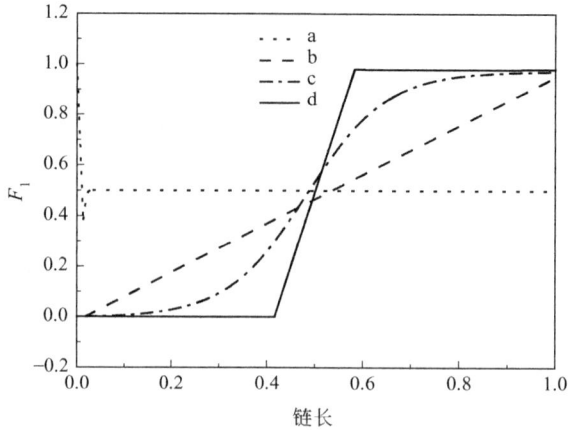

图 25-11-24　数控制得的各共聚物的瞬时组成变化
a—均匀组成共聚物；b—线性梯度共聚物；
c—双曲正切梯度共聚物；d—三嵌段共聚物

表 25-11-8　RAFT 共聚的反应机理

基元反应	基元反应式
链引发	$I \xrightarrow{f,k_d} 2P_0^{\bullet}$ $P_0^{\bullet}+M_j \xrightarrow{k_{i,j}} P_{1,j}^{\bullet}$
链增长	$P_{r,ij}^{\bullet}+M_k \xrightarrow{k_{p,ijk}} P_{r+1,jk}^{\bullet}, r=1,2,\cdots$
RAFT 预平衡	$P_{r,ij}^{\bullet}+TP_0 \underset{k_{a,j}/k_{f,j}}{\rightleftharpoons} P_{r,ij}\dot{T}P_0 \underset{k_{a,0}/k_{f,0}}{\rightleftharpoons} P_0^{\bullet}+TP_{r,ij}$
RAFT 主平衡	$P_{r,ij}^{\bullet}+TP_{s,kl} \underset{k_{a,j}/k_{f,j}}{\rightleftharpoons} P_{r,ij}\dot{T}P_{s,kl} \underset{k_{a,l}/k_{f,l}}{\rightleftharpoons} P_{s,kl}^{\bullet}+TP_{r,ij}$
双基终止	$P_{r,ij}^{\bullet}+P_{s,kl}^{\bullet} \xrightarrow{k_{tc,jl}} P_{s+r}, \; P_{r,ij}^{\bullet}+P_{s,kl}^{\bullet} \xrightarrow{k_{td,jl}} P_r+P_s$ $P_{r,ij}^{\bullet}+P_{s,kl}\dot{T}P_{t,mn} \xrightarrow{k_{ct}} P_{r+s+t}$

注：$P_{1,j}^{\bullet}$—增长自由基链；$P_{r,ij}^{\bullet}$—前末端为 i、末端为 j 的增长自由基链；$P_{r,ij}\dot{T}P_0$—初级"中间态"自由基链；$P_{r,ij}\dot{T}P_{s,j}$—中间态自由基链；$TP_{r,ij}$—休眠链；P_r—死聚物链。下标 r 和 s 为链长；i、j、k、l 为单体单元；ij、jk、kl 中前一字母表示前末端，后一字母表示末端。

表 25-11-9　RAFT 共聚中各种链的矩定义

链的类型	矩的定义
增长链	$Y_m^{ij}=\sum_{r=2}^{\infty} r^m[P_{r,ij}^{\bullet}]$
休眠链	$Z_m^{ij}=\sum_{r=2}^{\infty} r^m[TP_{r,ij}]$
初级中间态自由基链	$T_m^{ij}=\sum_{r=2}^{\infty} r^m[P_{r,ij}\dot{T}P_0]$

续表

链的类型	矩的定义
中间态自由基链	$X_m^{ij,kl} = \dfrac{1}{2}\sum\limits_{r=2}^{\infty} r^m \sum\limits_{s=2}^{r-2}[P_{s,ij}\dot{T}P_{r-s,kl}] \quad (i=k,j=l)$ $X_m^{ij,kl} = \sum\limits_{r=2}^{\infty} r^m \sum\limits_{s=2}^{r-2}[P_{s,ij}\dot{T}P_{r-s,kl}] \quad (i\neq k)或(j\neq l)$ $X_{m,n}^{ij,kl} = \sum\limits_{r=2}^{\infty}\sum\limits_{s=2}^{\infty} r^m s^n[P_{r,ij}\dot{T}P_{s,kl}]$
死聚物链	$Q_m = \sum\limits_{r=2}^{\infty} r^m[P_r]$

表 25-11-10 RAFT 共聚动力学的矩方程

链的类型		矩方程
0 次矩（即链的摩尔浓度）	增长链	$\dfrac{\mathrm{d}Y_0^{ij}}{\mathrm{d}t} = k_{p,ij}[P_{1,i}^{\bullet}][M_j] + \sum\limits_k k_{p,kij}[M_j]Y_0^{ki} - \sum\limits_k k_{p,ijk}[M_k]Y_0^{ij} - k_{a,j}Y_0^{ij}\left([TP_0] + \sum\limits_k\sum\limits_l Z_0^{kl}\right) + \dfrac{1}{2}k_{f,j}\left(T_0^{ij} + \sum\limits_{k\neq i 或 l\neq l}\sum X_0^{ij,kl} + 2\sum\limits_{k=i}\sum\limits_{l=j} X_0^{ij,kl}\right) - \left[k_{tc,0}[P_0^{\bullet}] + \sum\limits_k\sum\limits_l (k_{tc,jl}+k_{td,jl})Y_0^{kl}\right]Y_0^{ij} - k_{ct}Y_0^{ij}\left([P_0\dot{T}P_0] + \sum\limits_k\sum\limits_l T_0^{kl} + \sum\limits_k\sum\limits_l\sum\limits_m\sum\limits_n X_0^{kl,mn}\right)$
	休眠链	$\dfrac{\mathrm{d}Z_0^{ij}}{\mathrm{d}t} = \dfrac{1}{2}\left(k_{f,0}T^{ij0} + \sum\limits_k k_{f,k}T_0^{ijk} + \sum\limits_{k\neq i 或 l\neq j}\sum k_{f,l}X_0^{ij,kl} + 2\sum\limits_{k=i}\sum\limits_{l=j} k_{f,l}X_0^{ij,kl}\right) - \left(k_{a,0}[P_0^{\bullet}] + \sum\limits_k\sum\limits_l k_{a,l}Y_0^{kl}\right)Z_0^{ij}$
	初级中间态自由基链	$\dfrac{\mathrm{d}T_0^{ij}}{\mathrm{d}t} = k_{a,0}[P_0^{\bullet}]Z_0^{ij} + k_{a,j}[TP_0]Y_0^{ij} - \dfrac{1}{2}(k_{f,0}+k_{f,j})T_0^{ij} - k_{ct}T_0^{ij}\left([P_0^{\bullet}] + \sum\limits_k\sum\limits_l Y_0^{kl}\right)$
	中间态自由基链	$\dfrac{\mathrm{d}X_0^{ij,kl}}{\mathrm{d}t} = k_{a,j}Y_0^{ij}Z_0^{kl} - k_{f,j}X_0^{ij,kl} - k_{ct}X_0^{ij,kl}\left([P_0^{\bullet}] + \sum\limits_m\sum\limits_n Y_0^{mn}\right)(i=k,j=l)$ $\dfrac{\mathrm{d}X_0^{ij,kl}}{\mathrm{d}t} = k_{a,j}Y_0^{ij}Z_0^{kl} + k_{a,l}Y_0^{kl}Z_0^{ij} - \dfrac{1}{2}(k_{f,j}+k_{f,l})X_0^{ij,kl} - k_{ct}X_0^{ij,kl}\left([P_0^{\bullet}] + \sum\limits_m\sum\limits_n Y_0^{mn}\right)(i\neq k)或(j\neq l)$
	死聚物链	$\dfrac{\mathrm{d}Q_0}{\mathrm{d}t} = (k_{tc,0}+k_{td,0})[P_0^{\bullet}]\sum\limits_i\sum\limits_j Y_0^{ij} + \dfrac{1}{2}\sum\limits_i\sum\limits_j\sum\limits_{k=i}\sum\limits_{l=j} k_{tc,jl}Y_0^{ij}Y_0^{kl} + \sum\limits_i\sum\limits_j\sum\limits_{k\neq i}\sum\limits_{l\neq j} k_{tc,jl}Y_0^{ij}Y_0^{kl} + \sum\limits_i\sum\limits_j\sum\limits_k\sum\limits_l k_{td,jl}Y_0^{ij}Y_0^{kl} + k_{ct}\left[\left([P_0^{\bullet}] + \sum\limits_i\sum\limits_j Y_0^{ij}\right)\left(\sum\limits_i\sum\limits_j T_0^{ij} + \sum\limits_i\sum\limits_j\sum\limits_k\sum\limits_l X_0^{ij,kl}\right)\right]$

第 25 篇

续表

链的类型		矩方程
1 次矩（即链中单体单元的浓度）	增长链	$\dfrac{\mathrm{d}Y_1^{ij}}{\mathrm{d}t} = 2k_{\mathrm{p},ij}[P_{1,i}^{\bullet}][M_j] + \sum_k k_{\mathrm{p},kij}[M_j]Y_0^{ki} + \sum_k k_{\mathrm{p},kij}[M_j]Y_1^{ki} - \sum_k k_{\mathrm{p},ijk}[M_k]Y_1^{ij} - 2\sum_{k=i=j} k_{\mathrm{p},ijk}[M_k]Y_0^{ij} - k_{\mathrm{a},j}Y_1^{ij}\left([TP_0] + \sum_k \sum_l Z_0^{kl}\right) + \dfrac{1}{2}k_{\mathrm{f},j}\left(T_1^{ij} + \sum_{k\neq i \text{ 或 } l\neq l}\sum X_{1,0}^{ij,kl} + \sum_{k=i}\sum_{l=j} X_1^{ij,kl}\right) - [k_{\mathrm{tc},ij}[P_0^{\bullet}] + \sum_k \sum_l \left(k_{\mathrm{tc},jl} + k_{\mathrm{td},jl}\right)Y_0^{kl}]Y_1^{ij} - k_{\mathrm{ct}}Y_1^{ij}\left([P_0\dot{T}P_0] + \sum_k \sum_l T_0^{kl} + \sum_k \sum_l \sum_m \sum_n X_0^{kl,mn}\right)$
	休眠链	$\dfrac{\mathrm{d}Z_1^{ij}}{\mathrm{d}t} = \dfrac{1}{2}\left(k_{\mathrm{f},0}T_1^{ij} + \sum_{k\neq i \text{ 或 } l\neq j}\sum k_{\mathrm{f},l}X_{1,0}^{ij,kl} + \sum_{k=i}\sum_{l=j} k_{\mathrm{f},l}X_1^{ij,kl}\right) - \left(k_{\mathrm{a},0}[P_0^{\bullet}] + \sum_k \sum_l k_{\mathrm{a},l}Y_0^{kl}\right)Z_1^{ij}$
	初级中间态自由基链	$\dfrac{\mathrm{d}T_1^{ij}}{\mathrm{d}t} = k_{\mathrm{a},0}[P_0^{\bullet}]Z^{ij} + k_{\mathrm{a},j}[TP_0]Y_1^{ij} - \dfrac{1}{2}(k_{\mathrm{f},0} + k_{\mathrm{f},j})T_1^{ij} - k_{\mathrm{ct}}T_1^{ij}\left([P_0^{\bullet}] + \sum_k \sum_l Y_0^{kl}\right)$
	中间态自由基链	$\dfrac{\mathrm{d}X_1^{ij,kl}}{\mathrm{d}t} = k_{\mathrm{a},j}\left(Y_1^{ij}Z_0^{kl} + Y_0^{ij}Z_1^{kl}\right) - k_{\mathrm{f},j}X_1^{ij,kl} - k_{\mathrm{ct}}X_1^{ij,kl}\left([P_0^{\bullet}] + \sum_m \sum_n Y_0^{mn}\right)$ $(i=k, j=l)$ $\dfrac{\mathrm{d}X_1^{ij,kl}}{\mathrm{d}t} = k_{\mathrm{a},j}(Y_1^{ij}Z_0^{kl} + Y_0^{ij}Z_1^{kl}) + k_{\mathrm{a},l}(Y_1^{kl}Z_0^{ij} + Y_0^{kl}Z_1^{ij}) - \dfrac{1}{2}(k_{\mathrm{f},j} + k_{\mathrm{f},l})X_1^{ij,kl} - k_{\mathrm{ct}}X_1^{ij,kl}\left([P_0^{\bullet}] + \sum_m \sum_n Y_0^{mn}\right)$ $(i\neq k)$ 或 $(j\neq l)$ $\dfrac{\mathrm{d}X_{1,0}^{ij,kl}}{\mathrm{d}t} = k_{\mathrm{a},j}Y^{ij}Z_0^{kl} + k_{\mathrm{a},l}Y_0^{ij}Z_1^{kl} - \dfrac{1}{2}(k_{\mathrm{f},j} + k_{\mathrm{f},l})X_{1,0}^{ij,kl} - k_{\mathrm{ct}}X_{1,0}^{ij,kl}\left([P_0^{\bullet}] + \sum_m \sum_n Y_0^{mn}\right)^a$
	死聚物链	$\dfrac{\mathrm{d}Q_1}{\mathrm{d}t} = (k_{\mathrm{tc},0} + k_{\mathrm{td},0})[P_0^{\bullet}]\sum_i \sum_j Y_1^{ij} + \sum_i \sum_j \sum_k \sum_l (k_{\mathrm{tc},jl} + k_{\mathrm{td},jl})Y_1^{ij}Y_0^{kl} + k_{\mathrm{ct}}\left[\left([P_0^{\bullet}] + \sum_i \sum_j Y_0^{ij}\right)\left(\sum_i \sum_j T_1^{ij} + \sum_i \sum_j \sum_k \sum_l X_1^{ij,kl}\right)\right] + k_{\mathrm{ct}}\sum_i \sum_j Y_1^{ij}\left([P_0\dot{T}P_0]\sum_i \sum_j T_0^{ij} + \sum_i \sum_j \sum_k \sum_l X_0^{ij,kl}\right)$
2 次矩	增长链	$\dfrac{\mathrm{d}Y_2^{ij}}{\mathrm{d}t} = 4k_{\mathrm{p},ij}[P_{1,i}^{\bullet}][M_j] + \sum_k k_{\mathrm{p},kij}[M_j]Y_0^{ki} + 2\sum_k k_{\mathrm{p},kij}[M_j]Y_1^{ki} + \sum_k k_{\mathrm{p},kij}[M_j]Y_2^{ki} - \sum_k k_{\mathrm{p},ijk}[M_k]Y_2^{ij} - k_{\mathrm{a},j}Y_2^{ij}([TP_0] + \sum_k \sum_l Z_0^{kl}) + \dfrac{1}{2}k_{\mathrm{f},j}\left(T_2^{ij} + \sum_{k\neq i \text{ 或 } l\neq l}\sum X_{2,0}^{ij,kl} + \sum_{k=i}\sum_{l=j} X_2^{ij,kl}\right) - \{k_{\mathrm{tc},0}[P_0^{\bullet}] + \sum_k \sum_l \left(k_{\mathrm{tc},jl} + k_{\mathrm{td},jl}\right)Y_0^{kl}\}Y_2^{ij} - k_{\mathrm{ct}}Y_2^{ij}\left([P_0\dot{T}P_0] + \sum_k \sum_l T_0^{kl} + \sum_k \sum_l \sum_m \sum_n X_0^{kl,mn}\right)$
	休眠链	$\dfrac{\mathrm{d}Z_2^{ij}}{\mathrm{d}t} = \dfrac{1}{2}\left(k_{\mathrm{f},0}T_2^{ij} + \sum_k \sum_l k_{\mathrm{f},l}X_{2,0}^{ij,kl}\right) - \left(k_{\mathrm{a},0}[P_0^{\bullet}] + \sum_k \sum_l k_{\mathrm{a},l}Y_0^{kl}\right)Z_2^{ij}$
	初级中间态自由基链	$\dfrac{\mathrm{d}T_2^{ij}}{\mathrm{d}t} = k_{\mathrm{a},0}[P_0^{\bullet}]Z_2^{ij} + k_{\mathrm{a},j}[TP_0]Y_2^{ij} - \dfrac{1}{2}(k_{\mathrm{f},0} + k_{\mathrm{f},j})T_2^{ij} - k_{\mathrm{ct}}T_2^{ij}\left([P_0^{\bullet}] + \sum_k \sum_l Y_0^{kl}\right)$

续表

链的类型		矩方程
2次矩	中间态自由基链	$\dfrac{\mathrm{d}X_2^{ij,kl}}{\mathrm{d}t} = k_{\mathrm{a},j}(Y_2^{ij}Z_0^{kl} + 2Y_1^{ij}Z_1^{kl} + Y_0^{ij}Z_2^{kl}) - k_{\mathrm{f},j}X_2^{ij,kl} - k_{\mathrm{ct}}X_2^{ij,kl}\left(\left[P_0^{\bullet}\right] + \sum_m \sum_n Y_0^{mn}\right)$ $(i=k, j=l)$ $\dfrac{\mathrm{d}X_2^{ij,kl}}{\mathrm{d}t} = k_{\mathrm{a},j}(Y_2^{ij}Z_0^{kl} + 2Y_1^{ij}Z_1^{kl} + Y_0^{ij}Z_2^{kl}) + k_{\mathrm{a},l}(Y_2^{kl}Z_0^{ij} + 2Y_1^{kl}Z_1^{ij} + Y_0^{kl}Z_2^{ij}) -$ $\dfrac{1}{2}(k_{\mathrm{f},j} + k_{\mathrm{f},l})X_2^{ij,kl} - k_{\mathrm{ct}}X_2^{ij,kl}\left(\left[P_0^{\bullet}\right] + \sum_m \sum_n Y_0^{mn}\right)$ $(i \neq k)$ 或 $(j \neq l)$ $\dfrac{\mathrm{d}X_{2,0}^{ij,kl}}{\mathrm{d}t} = k_{\mathrm{a},j}Y_2^{ij}Z_0^{kl} + k_{\mathrm{a},l}Y_0^{ij}Z_2^{kl} - \dfrac{1}{2}(k_{\mathrm{f},j} + k_{\mathrm{f},l})X_{2,0}^{ij,kl} -$ $k_{\mathrm{ct}}X_{2,0}^{ij,kl}\left(\left[P_0^{\bullet}\right] + \sum_m \sum_n Y_0^{mn}\right)^a$
	死聚物	$\dfrac{\mathrm{d}Q_2}{\mathrm{d}t} = (k_{\mathrm{tc},0} + k_{\mathrm{td},0})[P_0^{\bullet}]\sum_i \sum_j Y_2^{ij} + \sum_i \sum_j \sum_k \sum_l k_{\mathrm{tc},jl}(Y_2^{ij}Y_0^{kl} + Y_1^{ij}Y_1^{kl}) +$ $\sum_i \sum_j \sum_k \sum_l k_{\mathrm{td},jl}Y_2^{ij}Y_0^{kl} + k_{\mathrm{ct}}\left[\left(\left[P_0^{\bullet}\right] + \sum_i \sum_j Y_0^{ij}\right)\left(\sum_i \sum_j T_2^{ij} +\right.\right.$ $\left.\left.\sum_i \sum_j \sum_k \sum_l X_2^{ij,kl}\right)\right] + k_{\mathrm{ct}}\sum_i \sum_j Y_2^{ij}\left([P_0\dot{T}P_0] + \sum_i \sum_j T_0^{ij} + \sum_i \sum_j \sum_k \sum_l X_0^{ij,kl}\right) +$ $2k_{\mathrm{ct}}\sum_i \sum_j Y_1^{ij}\left(T_0^{ij} + \sum_i \sum_j \sum_k \sum_l X_1^{ij,kl}\right)$
小分子	引发剂	$\dfrac{\mathrm{d}[I]}{\mathrm{d}t} = -k_{\mathrm{d}}[I]$
	单体	$\dfrac{\mathrm{d}[M_i]}{\mathrm{d}t} = -k_{\mathrm{in},i}[P_0^{\bullet}][M_i] - \sum_j k_{\mathrm{p},ji}[P_{1,j}^{\bullet}][M_i] - \sum_k \sum_j k_{\mathrm{p},kji}Y_0^{kj}[M_i]$
	初级自由基	$\dfrac{\mathrm{d}[P_0^{\bullet}]}{\mathrm{d}t} = 2fk_{\mathrm{d}}[I] - \sum_i k_{\mathrm{in},i}[M_i][P_0^{\bullet}] - k_{\mathrm{a},0}[P_0^{\bullet}]\left([TP_0] + \sum_i [TP_{1,i}] +\right.$ $\left.\sum_i \sum_j Z_0^{ij}\right) + \dfrac{1}{2}k_{\mathrm{f},0}\left(\sum_i [P_{1,i}\dot{T}P_0] + \sum_i \sum_j T_0^{ij}\right) + k_{\mathrm{f},0}[P_0\dot{T}P_0] -$ $k_{\mathrm{tc},0}[P_0^{\bullet}]\left(2[P_0^{\bullet}] + \sum_i [P_{1,i}^{\bullet}] + \sum_i \sum_j Y_0^{ij}\right) - k_{\mathrm{ct}}[P_0^{\bullet}]\left([P_0\dot{T}P_0] +\right.$ $\sum_i [P_{1,i}\dot{T}P_0] + \sum_i \sum_j [P_{1,i}\dot{T}P_{1,j}] + \sum_i \sum_j T_0^{ij} + \sum_i \sum_j \sum_k T_0^{ijk} +$ $\left.\sum_i \sum_j \sum_k \sum_l X_0^{ij,kl}\right)$
	初级RAFT试剂	$\dfrac{\mathrm{d}[TP_0]}{\mathrm{d}t} = k_{\mathrm{f},0}[P_0\dot{T}P_0] + \dfrac{1}{2}\sum_i k_{\mathrm{f},i}\left([P_{1,i}\dot{T}P_0] + \sum_j T_0^{ji}\right) - k_{\mathrm{a},0}[P_0^{\bullet}][TP_0] +$ $\sum_i k_{\mathrm{a},i}\left([P_{1,i}^{\bullet}][TP_0] + \sum_j T_0^{ji}\right)$
	初级中间态自由基	$\dfrac{\mathrm{d}[P_0\dot{T}P_0]}{\mathrm{d}t} = k_{\mathrm{a},0}[P_0^{\bullet}][TP_0] - k_{\mathrm{f},0}[P_0\dot{T}P_0] - k_{\mathrm{ct}}[P_0\dot{T}P_0]\left([P_0^{\bullet}] + \sum_i [P_{1,i}^{\bullet}] +\right.$ $\left.\sum_i \sum_j Y_0^{ij}\right)$

　　基于这一数控聚合物链结构技术，研究者还精准地制得了一系列高聚合度并具有 V 型梯度[164]、超支化[165~167]和交联[168]等复杂序列和拓扑结构[169]的共聚物。鉴于 RAFT 溶液聚合的速度过慢，研究者又将这一精准定制技术发展到乳液和细乳液共聚体系。

11.3.3　聚合物原生聚集态结构的调控技术

11.3.3.1　聚合物的反应器内合金化

两种或两种以上聚合物的共混可以制得聚合物的合金，从而赋予其特殊的性能。

聚合物合金的传统制备方法为机械共混法。反应器内合金化法不仅可节省聚合物原料因高温熔融混炼、冷却切粒所消耗的能量，而且可更有效地调控聚合物合金的相态结构，因而产品往往具有更好的力学性能。

目前广泛使用的高抗冲聚苯乙烯树脂（HIPS）、ABS 工程塑料均可看作是反应器内合金化的聚合物产品。以它们的本体聚合法为例，聚合过程中，首先将丁苯弹性体（BS）溶于苯乙烯（S）单体或苯乙烯/丙烯腈共聚单体（SAN）中，单体在引发剂的作用下进行（共）聚合，少量单体接枝到 BS 上，更多的则形成它们独自的聚合物。随着单体向聚合物的不断转化，原来溶有少量 PS 聚合物（或 SAN 共聚物）和 BS 弹性体的单体溶液出现了相分离。如图 25-11-25 所示，形成了粒径为 $0.1 \sim 0.5 \mu m$ 的弹性体为分散相、PS 聚合物（或 SAN 共聚物）单体溶液为连续相的"海-岛型"相态结构。少量的接枝聚合物则如同乳化剂，附着于弹性体相的界面，起分散稳定的作用；而且，伴随着分散相的形成，部分 PS 聚合物（或 SAN 共聚物）被裹覆在弹性体粒子中，使聚合物体系在较低弹性体含量的情况下，有高的分散相体积分数，确保产物在高抗冲性的情况下仍有高的抗张强度。这一聚合过程，工业上多由多釜串联或釜-塔串联的聚合装置来实现。为获得理想的聚合产物的相态结构，相分离过程一般需在第一只反应器内完成。物料在该反应器内的停留时间需与聚合动力学相匹配；此外，该反应器的搅拌剪切强度也十分重要，它往往决定了分散相粒子的尺寸及其分布，进而影响到最终产物的性能。

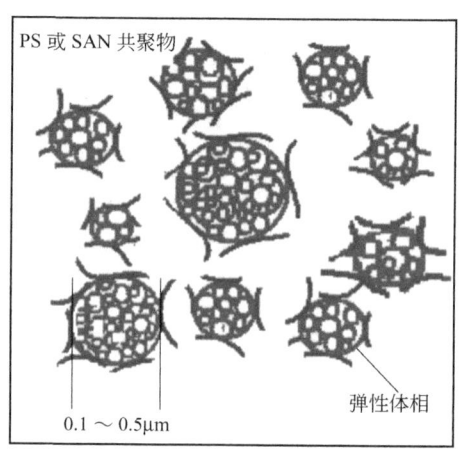

图 25-11-25　HIPS 或本体法 ABS 树脂的相态结构

聚烯烃反应器内的合金化基于球形多孔负载型催化剂，早期采用分段聚合的方法。如图 25-11-26 所示，丙烯在球形催化剂的作用下首先聚合成球形多孔等规聚丙烯（iPP）颗粒，进一步引入乙烯，使其与残余的丙烯在球形颗粒的内部进行共聚合，形成填充有乙丙弹性体（EPR）的聚丙烯颗粒[170,171]。这种 iPP/EPR 原位合金具有较高的抗冲强度，可用于制作汽车保险杠等。

然而，研究表明[175]，这种原位合金制成制品时其相态结构仍不理想。认为，受扩散/

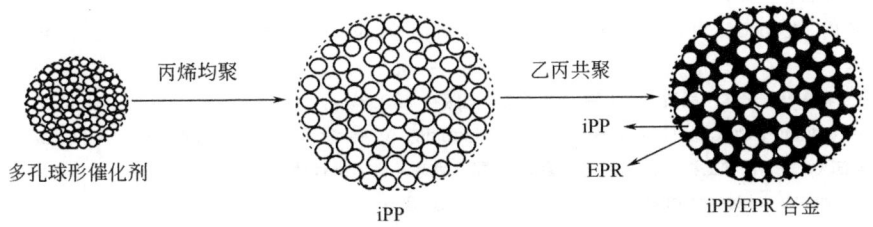

图 25-11-26　两阶段聚合法制备 iPP/EPR 合金的示意图

动力学和停留时间分布的影响，弹性体在聚合物颗粒内与颗粒间分布不匀。这种不均匀性在其加工过程中会造成类似"鱼眼"的缺陷，影响产品性能。为此，Basell 公司发明了一种多区循环流化床反应器（MZCR）技术，用于聚烯烃合金的生产[172]。反应器具有互通的两个流体动力学行为完全不同的区域：流态化的提升管与重力沉降的下降管。由于两个反应区内的"单体气氛"不同，最终的聚合物颗粒将呈层-层包覆的类似"洋葱"的拟均相结构。且催化剂中部分寿命较长的活性种，可产生均聚与共聚单元嵌段的共聚物链（iPP-*b*-EPR），使制品中的弹性体相与聚丙烯基体间有很强的结合力，抗冲性与刚性得到最优平衡，力学性能远胜于采用分段聚合技术制得的聚烯烃合金[173]。

11.3.3.2　ASP 技术及其在 iPP/EPR 合金制备中的应用

基于上述多区循环流化床反应器原理，浙江大学以搅拌流化床反应器为基础，发明了一种气氛切换的气相聚合反应（atmosphere switching polymerization，ASP）技术。采用周期性的共聚单体脉冲进料，将聚合物颗粒在循环反应器两个区域间的循环切换改为颗粒相对静止而反应器单体气氛随时间切换，制备了 iPP/EPR 合金，揭示了切换频率（对应于多区循环反应器中颗粒的循环次数）的影响规律[174~176]。

与 MZCR 技术相比，采用 ASP 技术可根据均聚和共聚的动力学，灵活地设定脉冲进料的频率，以控制不同单体气氛下的聚合时间，进而调控各相聚合物的比例和相尺寸，实现聚合物性能的最优化。此外，ASP 技术采用搅拌流化床反应器，没有 MZCR 反应器因下行共聚时颗粒粘连而发生堵塞的顾虑，适合于制备高弹性体含量的聚烯烃合金。

ASP 技术属于半连续聚合过程，适合于对烯烃间歇聚合装置的改造，从而生产高性能的聚烯烃合金产品。也可实验室规模地制得不同原生聚集态结构的聚烯烃合金，从而揭示原生聚集态结构与制品性能的关系。

参考文献

[1] Wei J. Princeton University Report, 2001.

[2] Charpenticr J C, Trambouze P. Chem Eng Pro, 1998, 37: 559-565.

[3] Wintermantel K. Chem Eng Sci, 1999, 54: 1601-1620.

[4] Wei J. Ind & Eng Chem Res, 2002, 41: 1917-1919.

[5] Favre E, Marchal-Heusler L, Kind M. Trans IChemE Part A, 2002, 80: 65-74.

[6] Cussler E L, Wei J. AIChE J, 2003, 49: 1072-1075.

[7] Costa R, Moggridge G D, Saraiva P M. AIChE J. , 2006, 52: 1976-1986.

[8] 钱宇, 潘吉铮, 江燕斌, 等. 化工进展, 2003, 22: 217-223.

[9] 李伯耿, 罗英武. 化工进展, 2005, 24: 337-340.

［10］李伯耿，罗英武，彭孝军．化学进展，2018，30：1-4.

［11］Cussler E L, Moggridge G D. Chemical Product Design. London: Cambridge University Press, 1st Ed, 2001; 2nd Ed, 2011.

［12］刘铮，余立新，等．化学产品设计．北京：清华大学出版社，2003.

［13］Rahse W. Industrial Product Design of Solids and Liquids: A Practical Guide. Weinheim: Wiley-VCH, 2014.

［14］段雪，李伯耿，等．化学工程学科前沿与展望//第 6 章．北京：科学出版社，2012.

［15］Li B-G, Wang W-J. Macromol React Eng, 2015, 9: 385-395.

［16］Ulrich G D. Combust Sci & Tech, 1971, 4: 47-57.

［17］Okuyama K, Kousaka Y, Hayashi K. J Coll & Inter Sci, 1984, 101: 98-109.

［18］Pratsinis S E. Prog Energy & Combust Sci, 1998, 24: 197-219.

［19］Li C Z, Hu Y J, Yuan W K. Particuology, 2010, 8: 556-562.

［20］胡彦杰，李春忠．中国材料进展，2012，2（2）：44-55.

［21］Li S, Ren Y, Biswas P. et al. Prog Energy & Combus Sci, 2016, 55: 1-59.

［22］张立德，牟季美．纳米材料和纳米结构．北京：科学出版社，2001.

［23］Smoluchowski M V. Coll & Polym Sci, 1917, 21（3）：98-104.

［24］Friedlander S K, et al. Fundamentals of Aerosol Dynamics. Topics in Chemical Engineering. New York: Oxford University Press, 2000.

［25］Friedlander S K, Wu M K. Phys Rev B, 1994, 49（5）：3622-3624.

［26］Ya F. Sci Sintering, 1980, 12（1）：7.

［27］Brezinsky K. Symp Combus, 1996, 26（2）：1805-1816.

［28］Pratsinis S E, Zhu W, Vemury S. Powder Tech, 1996, 86（1）：87-93.

［29］Yang G, Biswas P. Aerosol Sci Tech, 1997, 27（4）：507-521.

［30］Wu M K, Windeler R S, Steiner C K R, et al. Aerosol Sci Tech, 1993, 19（4）：527-548.

［31］Xing Y. Combus & Flame, 1996, 107（1-2）：85-102.

［32］Zachariah M, Semerjian H. High Temp Sci, 1988, 28: 113-125.

［33］Ehrman S H, Friedlander S K, Zachariah M R. J Aerosol Sci, 1998, 29（5-6）：687-706.

［34］Suyama Y, Kato A. J Am Ceram Soc, 1985, 68（6）：C-154.

［35］Yeh C L, Yeh S H, Ma H K. Powder Tech, 2004, 145（1）：1-9.

［36］Kobata A, Kusakabe K, Morooka S. AIChE J, 1991, 37（3）：347-359.

［37］Kammler H K, Pratsinis S E. Chem Eng & Proc: Process Intensific, 2000, 39（3）：219-227.

［38］Akhtar M K, Xiong Y, Pratsinis S E. AIChE J, 1991, 37（10）：1561-1570.

［39］Yang J, Huang Y X, Ferreira J M F. J Mater Sci Lett, 1997, 16（23）：1933-1935.

［40］张青红，高廉，孙静．无机材料学报，2002，17（3）：415-421.

［41］Li C, Shi L, Xie D, et al. J Non-Crystal Solids, 2006, 352（38-39）：4128-4135.

［42］Li C, Hua B. Thin Solid Films, 1997, 310（1-2）：238-243.

［43］Liu J, Gu F, Hu Y J, et al. J Phys Chem C, 2010, 114（13）：5867-5870.

［44］Liu J, Hu Y J, Gu F, et al. Ind & Eng Chem Res, 2011, 50（9）：5584-5588.

［45］Hou X Y, Hu Y J, Jiang H. et al. J Mater Chem A, 2013, 1（44）：13814-13820.

［46］Vemury S, Pratsinis S E. J Aerosol Sci, 1996, 27（6）：951-966.

［47］Kammler H K, Jossen R, Morrison P W, et al. Powder Tech, 2003, 135-136: 310-320.

［48］Athanassiou E K, Grossmann P, Grass R N, et al. Nanotechnology, 2007, 18（16）：165606.

［49］Camenzind A, Caseri W R, Pratsinis S E. Nano Today, 2010, 5（1）：48-65.

［50］Jung D S, Park S B, Kang Y C. Kore J Chem Eng, 2010, 27（6）：1621-1645.

［51］Roth P. Proc Combus Inst, 2007, 31（2）：1773-1788.

［52］Strobel R, Pratsinis S E. J Mater Chem, 2007, 17（45）：4743-4756.

［53］Bachmann M, Wiese W, Homann K H. Symp（Interl）Combus, 1996, 26（2）：2259-2267.

［54］Grieco W J, Lafleur A L, Swallow K C, et al. Symp（Interl）Combus, 1998, 27（2）：1669-1675.

［55］Hebgen P, Goel A, Howard J B, et al. Proc Combus Inst, 2000, 28（1）：1397-1404.

［56］Howard W, Huang D, Yuan J, et al. J Appl Phys, 1990, 68（3）：1247.

[57] Diener M D, Nichelson N, Alford J M. J Phys Chem B, 2000, 104（41）: 9615-9620.

[58] Vander Wal R L, Ticich T M, Curtis V E. Chem Phys Lett, 2000, 323（3-4）: 217-223.

[59] Unrau C J, Axelbaum R L, Biswas P. Proc Combus Inst, 2007, 31（2）: 1865-1872.

[60] Vander Wal R L, Hall L J. Combus & Flame, 2002, 130（1-2）: 27-36.

[61] Height M J, Howard J B, Tester J W, et al. Carbon, 2004, 42（11）: 2295-2307.

[62] Merchan-Merchan W, Saveliev A, Kennedy L A, et al. Chem Phys Lett, 2002, 354（1-2）: 20-24.

[63] Vander Wal R L, Ticich T M. J Phys Chem B, 2001, 105（42）: 10249-10256.

[64] Zak A, et al. Rucore - Rutgers University Community Repository, 2008.

[65] 王兰娟, 李春忠, 顾峰, 周秋玲. 无机材料学报. 2008, 23（6）: 1180-1183.

[66] Minutolo P, Commodo M, Santamaria A, et al. Carbon, 2014, 68: 138-148.

[67] Memon N K, Tse S D, Al-Sharab J F, et al. Carbon, 2011, 49（15）, 5064-5070.

[68] Tricoli A, Righettoni M, Pratsinis S E. Langmuir: the ACS J Sur Coll., 2009, 25（21）: 12578-12584.

[69] 赵尹, 李春忠, 刘秀红. 无机材料学报, 2007, 22（6）: 1070-1074.

[70] Tangsir S, Hafshejani L D, Lahde A, et al. Chem Eng J, 2016, 288: 198-206.

[71] Li D, Teoh W Y, Selomulya C, et al. J Mater Chem, 2007, 17（46）, 4876.

[72] Hu Y, et al. Chem Eng J, 2014, 242（1）: 220-225.

[73] Sel S, Duygulu O, Kadiroglu U, et al. Applied Surface Science, 2014, 318: 150-156.

[74] Tamaekong N, Liewhiran C, Wisitsoraat A. Sensors, 2009, 9（9）: 6652-6669.

[75] Torabmostaedi H, Zhang T, Foot P. et al. Powder Techn, 2013, 246: 419-433.

[76] Chiang C-Y, Aroh K, Ehrman S H. Interl J Hydrogen Energy 2012, 37（6）, 4871-4879.

[77] Johannessen T, Koutsopoulos S. J Catalysis, 2002, 205（2）: 404-408.

[78] Miquel P F, Hung C-H, Katz J L. J Mater Res, 1993, 8（09）, 2404-2413.

[79] Stark W J, Pratsinis S E, Baiker A. J Catalysis, 2001, 203（2）: 516-524.

[80] Righettoni M, Tricoli A, Pratsinis S E. Chem Mater, 2010, 22（10）: 3152-3157.

[81] Kang S H C, et al. Nanoscale, 2013, 5（11）: 4662-4668.

[82] Høj M, Linde K, Hansen T K, et al. Appl Catal A-Gen, 2011, 397（1-2）: 201-208.

[83] Li Y F, Hu Y J, Huo J C, et al. Ind & Eng Chem Res, 2012, 51（34）: 11157-11162.

[84] Grass R N, Stark W J. Chem Commun, 2005,（13）: 1767-1769.

[85] Birrozzi A, Copley M, von Zamory J, et al. J Electrochem Soc, 2015, 162（12）: A2331-A2338.

[86] Lu, Y. Eyssler A, Otal E H, et al. Catalysis Today, 2013, 208: 42-47.

[87] Chiarello G, Grunwaldt J, Ferri D, et al. J Catalysis, 2007, 252（2）: 127-136.

[88] Strobel R, Maciejewski M, Pratsinis S E, et al. Thermochimica Acta, 2006, 445（1）: 23-26.

[89] Loher S, Stark W J, Maciejewski M, et al. Chem Mater, 2005, 17（1）: 36-42.

[90] Zhang X F, Zheng H H, Battaglia V, et al. J Power Sourc, 2011, 196（7）: 3640-3645.

[91] Granados, B N, Yi E, Laine R M, et al. Jom, 2015, 6（1）: 304-310.

[92] Li Y, Shen J, Hu Y, et al. Ind & Eng Chem Res, 2015, 54（40）: 9750-9757.

[93] Pongthawornsakun B, Mekasuwandumrong O, Prakash S, et al. Appl Catal A-Gen, 2015, 506: 278-287.

[94] Samerjai T, Channei D, Khanta C, et al. J Alloys & Comp, 2016, 680: 711-721.

[95] Zhang H, Gheisi A R, Sternig A, et al. ACS Appl Mater & Interfac, 2012, 4（5）: 2490-2497.

[96] Strobel R, Grunwaldt J D, Camenzind A, et al. Catal Lett, 2005, 104（1-2）: 9-16.

[97] Hou X, Hu Y, Jiang H, et al. Chem Commun, 2015, 51（91）: 16373-16376.

[98] Dhumal S Y, Daulton T L, Jiang J, et al. Appl Catal B: Environ, 2009, 86（3-4）: 145-151.

[99] Ifeacho P, Huelser T, Wiggers H, et al. Proc Combus Inst, 2007, 31（2）: 1805-1812.

[100] Huo J, Hu Y, Jiang H, et al. Nanoscale, 2014, 6（15）: 9078-9084.

[101] Raliya R, Chadha T S, Haddad K, et al. Curr Pharm Design, 2016, 22（17）: 2481-2490.

[102] Huo J, Hu Y, Jiang H, et al. Chem Eng J, 2014, 258: 163-170.

[103] Ting S R, Whitelock J M, Tomic R, et al. Biomaterials, 2013, 34（17）: 4377-4386.

[104] Kilian A, Morse T F. Aerosol Sci Tech, 2001, 34（2）: 227-235.

[105] Sahm T, Madler L, Gurlo A, et al. Sens Actuator B-Chem, 2004, 98（2-3）: 148-153.

［106］ Huo J C, Hu Y J, Jiang H, et al. Ind & Eng Chem Res, 2013, 52（32）: 11029-11035.

［107］ Tani T, Watanabe N, Takatori K, et al. J Am Ceram Soc, 2003, 86（6）: 898-904.

［108］ Won J M, Kim J H, Choi Y J, et al. Ceram Int, 2016, 42（4）: 5461-5471.

［109］ Won J M, Cho J S, Kang Y C. J Alloys & Comp, 2016, 680: 366-372.

［110］ Abd Ali L I, Ibrahim W A, Sulaiman A, et al. Talanta, 2016, 148: 191-199.

［111］ Hu Y, Shi Y, Jiang H, et al. ACS Appl Mater & Interfac, 2013, 5（21）: 10643-10649.

［112］ Hu Y, Jiang H, Liu J, et al. RSC Adv, 2014, 4（7）: 3162-3164.

［113］ Wei Y, Zhao Z, Yu X, et al. Catal Sci Tech, 2013, 3（11）: 2958.

［114］ Choi S H, Lee J H, Kang Y C. Nanoscale, 2013, 5（24）: 12645-12650.

［115］ Li Y F, Hu Y J, Jiang H, et al. Rsc Adv, 2013, 3（44）: 22373-22379.

［116］ Huo J C, Hu Y J, Jiang H, et al. J Mater Chem A, 2014, 2（22）: 8266-8272.

［117］ Allen P, Cai L, Zhou L, et al. Sci Rep, 2016, 6: 27832.

［118］ Ding J R, Kim K S. AIChE J, 2016, 62（2）: 421-428.

［119］ Cho I S, Logar M, Lee C H, et al. Nano Lett, 2014, 14（1）: 24-31.

［120］ Height M J, Madler L, Pratsinis S E, et al. Chem Mater, 2006, 18（2）: 572-578.

［121］ Liberini M, De Falco G, Scherillo F, et al. Thin Solid Films, 2016, 609: 53-61.

［122］ Hampikian J M, Carter W B. Mater Prop Microstruct Process, 1999, 267（1）: 7-18.

［123］ Mädler L, Roessler A, Pratsinis S E, et al. Sens Actuator B-Chem, 2006, 114（1）: 283-295.

［124］ Hou X, Jiang H, Hu Y, et al. ACS Appl Mater & Interfac, 2013, 5（14）: 6672-6677.

［125］ Smart L E, Moore E A. Solid State Chemistry. London: Taylor & Francis Group, 2012.

［126］ Feng S, Guanghua L. Modern Inorganic Synthetic Chemistry. Amsterdam: Elsevier, 2011.

［127］ Galkin A A, Lunin V V. Cheminform, 2005, 36（27）: 24-40.

［128］ Rabenau A. Angew Chem, 1985, 97: 1017-1032.

［129］ Marshall W L, Franck E U. J Phys Chem Ref Data, 1981, 10（2）: 295-304.

［130］ 徐如人，庞文琴，霍启升. 无机合成与制备化学. 北京: 高等教育出版社, 2009.

［131］ Wu Y, Breeze M I, Clarkson G J, et al. Angew Chem Int Ed, 2016, 55（16）: 4992-4496.

［132］ Shiju N R, Guliants V V. Chem Phys Chem, 2007, 8（11）: 1615-1617.

［133］ Xie Y, Qian Y, Wang W, et al. Science, 1996, 272（5270）: 1926-1927.

［134］ Zhu K K, Hua W M, Deng W, et al. Eur J Inorg Chem, 2012,（17）: 2869-2876.

［135］ Hutchings G S, Zhang Y, Li J, et al. JACS, 2015, 137（12）: 4223-4229.

［136］ Ye J F, Liu W, Cai J G, et al. JACS, 2011, 133（4）: 933-940.

［137］ Niederberger M, Bard M H, Stucky G D. JACS, 2002, 124（46）: 13642-13643.

［138］ Mambote R C M, Reuter M A, Krijgsman P, et al. Miner Eng, 2000, 13（8）: 803-822.

［139］ Goel S, Zones S I, Iglesia E. JACS, 2014, 136（43）: 15280-15290.

［140］ Lu J F, Tsai C J. Nanoscale Res Lett, 2014, 9: 230-237.

［141］ Cundy C S, Cox P A. Micropor Mesopor Mater, 2005, 82（1-2）: 1-78.

［142］ 介万奇. 晶体生长原理与技术. 北京: 科学出版社, 2010.

［143］ Xu Y, Yan X-T. Chemical Vapour Deposition: An Integrated Engineering Design for Advanced Materials, London: Springer, 2010.

［144］ Tirtowidjojo M, Pollard R. J Cryst Growth, 1988, 93: 108-114.

［145］ Loumagne F, Anglais F, Naslain R. J Cryst Growth, 1995, 155: 198-204.

［146］ Shaw D W. Mechanisms in Vapour Epitaxy of Semiconductors, in Crystal Growth Theory and Techniques Vol 1. Goodman C H L. Springer, 1974.

［147］ Koukitu A, Kumagai Y. J Phs: Condens Matter, 2001, 13: 6907-6934.

［148］ 陆大成，段树坤. 金属有机化合物气相外延基础及应用. 北京: 科学出版社, 2009.

［149］ Karpov S. J Cryst Growth, 2003, 248: 1-7.

［150］ Kadinski L, Merai V, Parekh A, et al. J Cryst Growth, 2004, 261: 175-181.

［151］ Paskova T, Evans K R. IEEE J Selec Topics Quantum Electr, 2009, 15: 1041-1052.

［152］ Aujol E, Napierala J, Trassoudaine A, et al. J Cryst Growth, 2001, 222: 538-548.

[153] Trassoudaine A，Cadoret R，Gil-Lafon E. J Cryst Growth，2004，260：7-12.

[154] Quirk M，Serda J. Semiconductor Manufacturing Technology. Upper Soddle River：Prentice Hall，2001.

[155] 潘祖仁. 高分子化学. 第 5 版. 北京：化学工业出版社，2011.

[156] Biesenberger J A，Sebastian D H. Principles of Polymerization Engineering. New York：John Wiley & Sons，1983.

[157] Dotson N A，Galvan R，Laurence R，et al. Polymerization Process Modeling. New York：VCH Publishers，Inc，1996.

[158] Brandrup J，Immergut E H，Grulke E A. Polymer Handbook. 4th Ed. New York：Wiley，1999.

[159] Matyjaszewski K，Gaynor S，Wang J-S. Macromolecules，1995，28：2093-2095.

[160] Chiefari J，Chong Y K，Ercole F，et al. Macromolecules，1998，31：5559-5562.

[161] Sun X-Y，Luo Y-W，Wang R. Macromolecules，2007，40：849-859.

[162] Sun X-Y，Luo Y-W，Wang R. AIChE J，2008，54：1073-1087.

[163] 孙小英. 半连续 RAFT 共聚的模型化与共聚物链结构的定制. 杭州：浙江大学，2007.

[164] Luo Y-W，Guo Y-L，Gao X，et al. Adv Mater，2013，25：743-748.

[165] Wang D-M，Li X-H，Wang W-J，et al. Macromolecules，2012，45：28-38.

[166] Wang D-M，Wang W-J，Li B-G，et al. AIChE J，2013，59：1322-1333.

[167] Wang W-J，Wang D-M，Li B-G，et al. Macromolecules，2010，43：4062-4069.

[168] Wang R，Luo Y-W，Li B-G，et al. Macromolecules，2009，42：85-94.

[169] Li X，Liang S，Wang W-J，et al. Macromol React Eng，2015，9：409-417.

[170] 胡激江. 聚烯烃反应器内合金化的丙烯均聚和共聚过程研究. 杭州：浙江大学，2006.

[171] 鲁列. 聚丙烯反应器合金制备的工艺及催化剂研究. 杭州：浙江大学，2010.

[172] Covezzi M，Mei G. Chem Eng Sci，2001，56（13）：4059-4067.

[173] Galli P. J Macromol Sci-Pure & Appl Chem，1999，A36（11）：1561-1586.

[174] 田洲. 高性能多相聚丙烯共聚物制备的新方法——气氛切换聚合过程及其模型化. 杭州，浙江大学，2012.

[175] Tian Z，Gu X-P，Wu G-L，et al. Ind & Eng Chem Res，2011，50：5992-5999.

[176] Tian Z，Gu X-P，Wu G-L，et al. Ind & Eng Chem Res，2012，51：2257-2270.

本卷索引